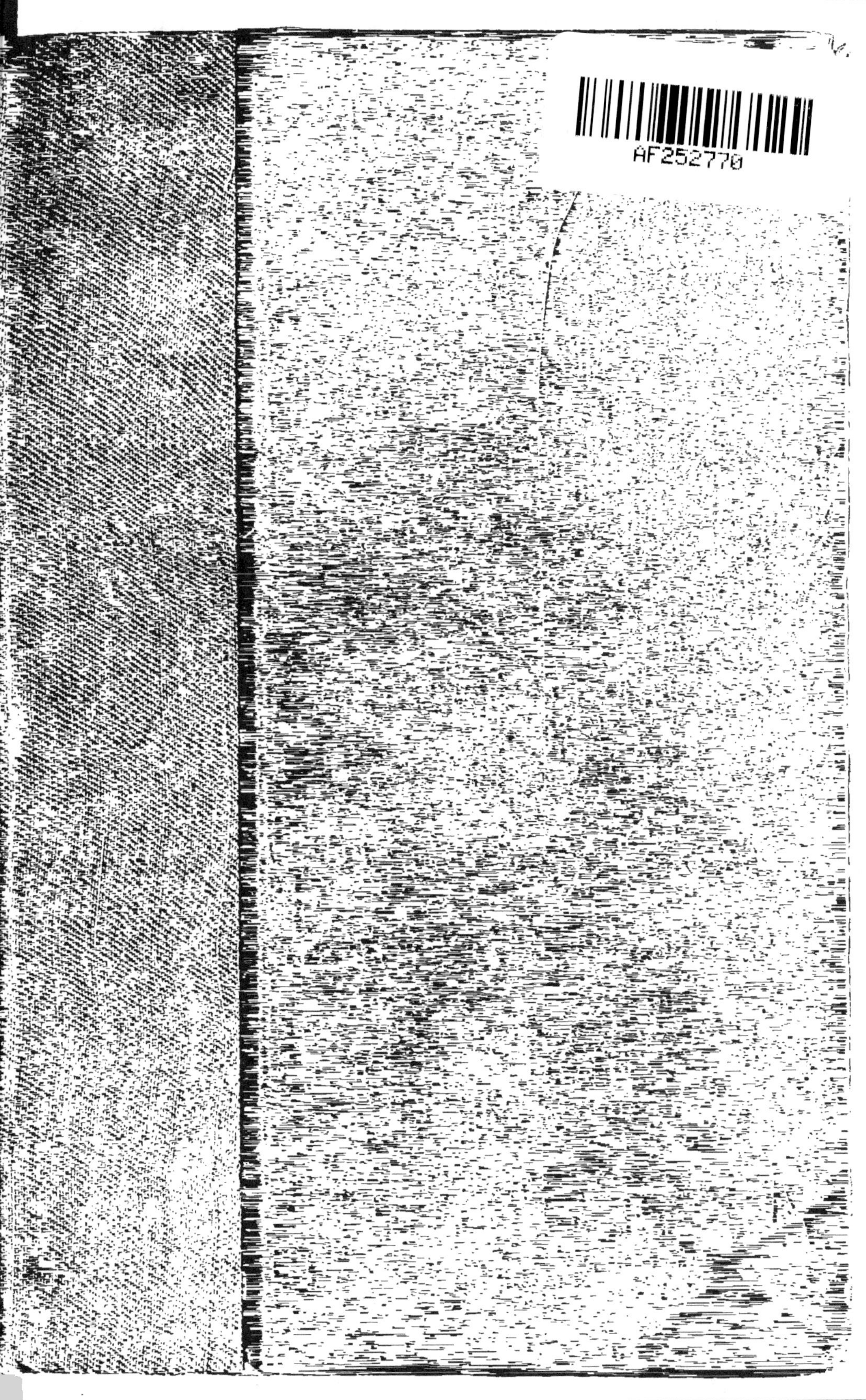

EXERCICES

DE

GÉOMÉTRIE

AVANT-PROPOS

Complément de Géométrie. — Nos *Éléments de Géométrie* sont complétés par un *Livre d'Exercices*, comprenant des théorèmes à démontrer, des lieux géométriques à trouver et des problèmes à résoudre.

Utilité des Exercices de Géométrie. — Nous croyons qu'il est nécessaire d'exercer les élèves à traiter par eux-mêmes un assez grand nombre de *questions*, et l'on peut justifier cette assertion par deux raisons principales :

1º L'exposition synthétique des théorèmes d'un cours élémentaire ne développe pas l'esprit de recherche, car rien n'est laissé à l'initiative de l'étudiant; il faut donc provoquer ses propres réflexions en lui proposant des exercices à résoudre, et le porter ainsi à faire usage de toutes les notions qu'il a acquises.

2º. L'extrême variété des exercices géométriques, l'absence de toute méthode assez générale, ou du moins assez pratique, qui conduise d'une manière certaine à la solution d'une question nouvelle, exigent que l'élève se livre à de nombreuses recherches, s'il veut se préparer sérieuse-

M.   A

ment à tenir tête à l'imprévu que|lui réservent les Examens à subir.

Après avoir rappelé l'importance qu'il faut attacher à la recherche des questions géométriques, indiquons rapidement l'esprit qui a présidé à la rédaction de notre ouvrage, les principales divisions de ce volumineux recueil et l'usage des diverses parties qui le constituent.

PREMIÈRE PARTIE

Des Méthodes. — Le recueil que nous publions commence par l'exposé des *Méthodes ;* nous donnons aussi sous ce titre certaines solutions générales et des exemples de discussion.

Les *Méthodes* constituent la partie la plus importante de tout l'ouvrage, comme elles en sont d'ailleurs la plus originale. *Tout professeur*, et même tout élève sérieux, *devrait posséder parfaitement ce complément de géométrie ;* car l'exposition des méthodes fait naître et développe les idées générales ; elle permet de rattacher des milliers d'exercices variés à quelques types principaux, que l'on retient sans peine et que l'on applique avec facilité.

Afin de contraindre le lecteur, autant qu'il dépend de nous, à s'assimiler complètement cette première partie, nous avons proposé comme *Exercices*, dans nos *Éléments de Géométrie* (4ᵉ édition), tous les théorèmes et problèmes donnés en exemples dans l'exposé même des *Méthodes ;* puis dans le *Livre d'Exercices,* au numéro qui correspond à telle ou telle question, nous nous bornons le plus souvent à renvoyer à la première partie ; par ce moyen, on trouve non seulement la démonstration ou la solution cherchée, mais on voit à quel genre il est possible de les rattacher, et quels sont les Exercices que l'on pourrait traiter d'une manière analogue.

Classement des Méthodes. — Donnons quelques détails sur le classement des méthodes, sur leur importance relative et sur leur emploi.

Analyse et Synthèse. — L'*Analyse* et la *Synthèse* (I, p. 1 à 26) sont les seules méthodes générales; mais par le fait même qu'elles s'appliquent à toutes les questions, il en résulte qu'elles ne dispensent point de chercher des méthodes particulières, des procédés spéciaux pour traiter rapidement certains groupes d'exercices.

Lieux géométriques. — Les *Lieux géométriques* (II, p. 26 à 64) sont si utiles que nul ne regrettera les développements que nous avons donnés à leur recherche et à leur emploi; les quelques pages consacrées aux *enveloppes* présentent des notions intéressantes sur des questions non traitées dans les *Éléments*, mais qui ont conduit au principe si fécond de la *dualité*.

Emploi des figures auxiliaires. — L'*emploi des figures auxiliaires* (III, p. 64 à 93) est presque indispensable; car la plupart des questions exigent le tracé de certaines lignes, la construction de quelques figures ou la considération de surfaces ou de volumes auxiliaires.

Nous devons ajouter que la *duplication* et les *projections* donnent assez souvent des démonstrations aussi simples qu'élégantes.

Transformation des figures. — La *Transformation des figures* (IV, p. 92 à 121), même en se bornant à ce que nous en avons dit, est le moyen le plus puissant d'investigation que les *Éléments de Géométrie* puissent nous fournir pour découvrir de nouveaux théorèmes, ou pour trouver d'heureuses solutions.

Discussion. — La *Discussion* et l'*Extension* (V, p. 121

à 153) ont bien des points communs, malgré les différences caractéristiques qui les distinguent l'une de l'autre.
La *discussion des problèmes* entre de plus en plus dans
les habitudes classiques; car, en réalité, une question
n'est traitée d'une manière complète, que lorsqu'on a étudié les cas de possibilité, les variations que peuvent subir
certaines grandeurs, et, s'il y a lieu, leur maximum ou
leur minimum.

Extension. — L'*Extension* est rarement indiquée et
plus rarement pratiquée; cependant elle contribue plus
que toute autre étude géométrique à développer les forces
de l'esprit, et à produire cet enthousiasme qui rend le travail facile. Il nous semble qu'on rendrait un grand service
aux élèves si l'on cherchait à faire naître en eux cette
faculté créatrice.

L'extension peut être rattachée à la méthode de transformation des figures.

Méthode algébrique. — La *Méthode algébrique*
(VI, p. 153 à 186) offre des ressources qu'on aurait grand
tort de négliger; elle fournit, pour un grand nombre de
questions, des solutions parfois peu élégantes, il est vrai,
mais toujours faciles à imaginer. En effet, quel que soit
le problème proposé, si l'on parvient à lier les inconnues
aux données par des équations des deux premiers degrés
ou par une équation bi-carrée, on peut regarder la question comme complètement résolue; car l'algèbre nous
donne des règles certaines et invariables pour déterminer
les inconnues.

Maxima et Minima. — Les *Maxima* et les *Minima*
(V, p. 186 à 221), traités par des moyens à peu près exclu-
sivement géométriques, présentent sans doute une véritable nouveauté; car le petit nombre d'exemples qu'on
pourrait en trouver dans d'autres ouvrages ne constituent

ni une méthode ni même un simple procédé susceptible de s'appliquer à quelques exercices; tandis que l'inscription d'une figure d'aire maxima, celle d'un volume maximum, de même que la circonscription d'une figure d'aire minima ou d'un volume minimum *n'exigent la connaissance que d'un seul problème :* celui de la *tangente* (n° 310).

DEUXIÈME PARTIE

Recueil d'Exercices. — Après avoir ainsi fait connaître l'utilité de la première partie de l'ouvrage actuel, relative aux *Méthodes*, il nous sera bien permis de passer rapidement sur le reste, consacré aux Exercices proprement dits. Voici néanmoins quelques indications assez importantes.

Choix des Exercices. — Dans chaque livre, on trouve d'abord des théorèmes, puis des lieux géométriques, et enfin des problèmes; chacune de ces trois grandes sections est à son tour subdivisée, et chaque groupe ainsi formé présente, au début, des exercices très faciles et se termine par des questions offrant plus d'intérêt et plus de difficultés; il est donc important que le Professeur se rende compte, par avance, des questions qu'il veut proposer à ses Élèves, afin que les exercices soient en rapport avec les connaissances déjà acquises par ceux qu'il instruit.

Nous avouons sans peine que plusieurs questions réputées difficiles ont trouvé place dans notre recueil, parce que l'emploi judicieux des *Méthodes* (p. 1 à 220) conduit à des démonstrations ou à des solutions remarquables par leur simplicité; d'ailleurs il nous a semblé utile de ne pas nous borner aux questions qu'on rencontre partout, et de laisser à un ouvrage plus élémentaire, en cours de publication, le soin de fournir de nombreux exercices faciles, et d'intéressants problèmes d'application.

Démonstrations ou solutions multiples. — Plusieurs théorèmes ont été démontrés de diverses manières. Quelques problèmes ont été de même résolus par l'emploi successif de plusieurs procédés différents; en agissant ainsi, nous avons voulu montrer l'avantage que peut présenter telle marche sur telle autre, donner quelques exemples de l'admirable fécondité de certaines méthodes, et surtout encourager les chercheurs, en leur prouvant qu'on peut arriver par bien des voies au résultat demandé.

Indication des Exercices. — Les théorèmes, les lieux et les problèmes proposés dans les *Éléments de Géométrie* sont indiqués par le titre : *Exercice;* plusieurs d'entre eux sont accompagnés de questions complémentaires se rattachant autant que possible à l'énoncé principal; parfois même, c'est la question déjà traitée, mais présentée sous un autre point de vue, ou bien une scolie du théorème démontré; le Professeur pourra, à son gré, utiliser ce complément, ou bien le passer sous silence, car les énoncés qui ne sont pas précédés par le titre *Exercice...* ne se trouvent pas dans le livre de l'Élève.

Ces nouvelles questions offrent néanmoins un grand intérêt, car plusieurs groupes présentent de remarquables exemples d'*extension* ou de *déductions successives :* ainsi le *cercle des neuf points* conduit à une vingtaine de *théorèmes* ou de *remarques.*

Problèmes numériques. — Les *problèmes numériques,* relatifs aux livres III, IV, VI et VII, ont été groupés et placés à la suite du livre VIII. Cette disposition conserve une grande homogénéité aux diverses parties du *Livre d'Exercices* et facilite les recherches, car les applications géométriques se trouvent ainsi réunies; or, certains examens, ceux du brevet supérieur, par exemple, ne comportent guère que des opérations se rattachant à des formules connues. Le baccalauréat ès sciences et le diplôme de fin d'études proposent aussi assez fréquemment des questions numériques, mais il faut presque toujours chercher préalablement une solution générale; il est donc nécessaire d'étudier tout ce qui est relatif aux *relations numériques* : aussi avons-nous multiplié les exercices qui s'y rattachent, et chacun des livres rappelés contient un assez grand nombre de formules à démontrer et de relations à trouver.

Désignation de certains Exercices. — Plusieurs questions sont désignées par des noms ou des appellations devenues historiques; par exemple, le *Théorème de Ménélaüs*, le *Théorème de Guldin*, le *Problème de Pappus*, le *Problème de la Section déterminée*, etc.; nous en avons publié un assez grand nombre d'autres sous le nom de leur auteur, ou bien nous avons indiqué, après l'énoncé, le nom de l'auteur présumé du théorème ou du problème; puis une courte notice historique vient satisfaire la louable curiosité du lecteur. De même, nous avons cité très fréquemment les ouvrages auxquels nous avions emprunté des *Exercices*, sans pouvoir affirmer néanmoins que la question est due à l'auteur même du livre rappelé; car on sait qu'un très grand nombre d'ouvrages mathématiques ne donnent aucune indication sur la provenance des matériaux mis en œuvre.

Citation des Auteurs. — Nous avons cité les *grands géomètres*, parce que leur illustre nom relève, ennoblit, en quelque sorte, les questions qu'ils ont traitées; nous regardons d'ailleurs comme un devoir de reconnaissance envers ces illustres mathématiciens de rappeler leur souvenir à tous ceux qui bénéficient de leurs travaux.

Beaucoup de savants moins célèbres, sans nul doute, qu'Archimède, Apollonius, Pascal, Descartes, Newton, Desargues, Poncelet, Chasles, etc., méritent d'autant plus d'être mentionnés, qu'ils trouvent rarement place dans les dictionnaires bibliographiques ; en effet, la plupart de ces ouvrages, dus à des hommes de lettres, ne veulent point oublier le moindre romancier, le moindre utopiste de quelque renom, mais ils ne se préoccupent pas au même degré de ceux qui ont voué leur existence aux laborieuses recherches mathématiques.

Enfin, à côté des plus grands noms se trouvent aussi les noms, parfois très modestes, de certains auteurs que nous avons néanmoins consultés avec profit ; nous n'avons pas hésité à mettre ces hommes estimables dans le cortège des plus illustres géomètres, et nous pouvons même dire que si nous sommes fier de citer les plus grands mathématiciens, nous sommes encore plus heureux de rendre justice à ceux que la gloire ne viendra jamais couronner.

Index. — L'ouvrage se termine par un *Index biographique* et par un *Index bibliographique,* destinés à faciliter les recherches, et à rappeler les sources où nous avons puisé.

HISTORIQUE

Dès le commencement du monde, les hommes ont eu besoin d'évaluer les grandeurs, et ont choisi, à cette fin, des unités convenables ; il n'y a donc pas lieu de rechercher l'origine des idées d'étendue, de mesure, de nombre, et il est impossible d'assigner la date des premières découvertes relatives aux propriétés des figures ; néanmoins on croit communément que la Géométrie proprement dite prit naissance chez les Chaldéens et les Égyptiens. Hérodote, le *père de l'histoire*, fait remonter l'origine de cette science à l'époque où Sésostris fit une répartition générale des terres entre les habitants de l'Égypte ; Aristote place de même dans cette contrée le berceau des mathématiques.

On doit dire cependant que la Grèce est la vraie patrie de la Géométrie, car c'est là qu'elle a été cultivée avec ardeur, que de nombreuses découvertes ont été faites, et que les résultats obtenus ont été coordonnés de manière à former un corps de doctrine.

Au VI⁰ siècle avant J.-C., **Thalès**, né en Phénicie, va s'instruire en Égypte, y mesure la hauteur des pyramides par leur ombre, porte la Géométrie en Grèce, fonde à Milet l'école Ionienne, et enrichit la science de divers théorèmes sur le *triangle isocèle, l'angle inscrit* et *les triangles semblables*.

Pythagore, né à Samos vers 580 avant J.-C., est le plus illustre disciple de Thalès ; comme son maître, il voyage en

Égypte. Après avoir parcouru l'Inde, il se retire en Italie, y fonde une école célèbre; on lui doit la démonstration de l'*in-commensurabilité* de la diagonale du carré comparée au côté de cette figure; la théorie des *corps réguliers*, le théorème du *carré de l'hypoténuse* du triangle rectangle et le premier germe de la doctrine des *isopérimètres*.

Anaxagore de Clazomène, mort vers l'an 430 avant J.-C., s'occupe le premier de la *quadrature du cercle*.

Hippocrate de Chio (vers 450 av. J.-C.), s'adonne aux mêmes recherches, ainsi qu'à l'étude du problème de la *duplication du cube,* et se rend célèbre par la quadrature de ses *lunules*.

Platon (430-347 av. J.-C.), va d'abord s'instruire en Égypte, puis chez les pythagoriciens. De retour à Athènes, le fondateur du Lycée introduit dans la géométrie la *méthode analytique*, les *sections coniques,* la doctrine des *lieux géométriques,* et donne une solution graphique du problème de la *duplication du cube;* il appelle Dieu l'*Éternel Géomètre,* et inscrit sur la porte de son école de philosophie : « Que nul n'entre ici, s'il n'est géomètre. »

Le pythagoricien **Archytas,** né à Tarente vers 430 avant J.-C., s'occupe le premier d'une *courbe à double courbure* à l'occasion du problème des *deux moyennes proportionnelles,* auquel Hippocrate avait ramené celui de la duplication du cube.

A la même époque, **Dinostrate,** disciple de Platon, résout le problème de la *trisection de l'angle* à l'aide d'une courbe qu'il nomme *quadratrice*.

Perseus recherche les propriétés des *spiriques,* c'est-à-dire des lignes obtenues en coupant par un plan la surface annulaire appelée tore.

Euclide (vers 285 av. J.-C.) enseigne à Alexandrie, et rédige *les Éléments de Géométrie,* en y introduisant la méthode de *réduction à l'absurde*.

Les Éléments comprennent treize livres, auxquels on joint deux autres livres, attribués à **Hypsicle,** géomètre d'Alexandrie, postérieur à Euclide de 150 ans. Les six premiers livres traitent des figures planes; les quatre suivants sont nommés *arithmé-tiques,* parce qu'ils traitent des propriétés des nombres, et les cinq derniers s'occupent des plans et des solides. On n'a fait passer dans l'enseignement que les six premiers livres, le onzième et le douzième.

On doit aussi à Euclide un livre des *Données*, et il avait écrit sur les *sections coniques*, et laissé trois livres de *Porismes* qui ne nous sont point parvenus.

Archimède (287-212 av. J.-C.) s'occupe particulièrement de la *géométrie de la mesure*; il opère la *quadrature de la parabole*, étudie les *spirales*, donne l'expression des volumes des segments des ellipsoïdes et des hyperboloïdes, la proposition de la sphère et du cylindre circonscrit, le rapport de la circonférence au diamètre; il lègue aux générations suivantes non seulement un grand nombre de théorèmes nouveaux, mais la *méthode d'exhaustion* qu'il avait si bien employée.

Apollonius (vers 247 av. J.-C.) traite de la *Géométrie de l'ordre*, de la forme et de la situation des figures. On lui doit un *Traité des coniques* en huit livres; sept nous sont parvenus, et le huitième a été rétabli en 1646 par l'astronome Halley, d'après les indications de Pappus. Le *Traité des coniques* fit donner à son auteur le nom de *géomètre par excellence;* on y trouve les principales propriétés des foyers, le germe des théories des *polaires*, des *développées*, des *maxima* et des *minima*.

Après les grands noms d'Archimède et d'Apollonius, il faut se borner à citer rapidement quelques autres géomètres.

Nicomède (150 av. J.-C.) est connu par la *conchoïde*, courbe qui permet de résoudre par un procédé mécanique le problème des *deux moyennes proportionnelles* et celui de la *trisection de l'angle*.

Hipparque (vers 150 av. J.-C.) considère la *projection stéréographique* et s'occupe des triangles sphériques.

Ménélaüs (vers 80 ap. J.-C.), dans son *Traité des sphériques*, découvre plusieurs des propriétés des triangles sphériques et donne comme *lemme* le théorème fondamental de la *théorie des transversales*.

Ptolémée (vers 125 ap. J.-C.), dans sa *Syntaxe mathématique*, nommée *Almageste*, c'est-à-dire *Très grande* par les Arabes, donne le premier traité de *Trigonométrie rectiligne et sphérique* qui nous soit parvenu.

Pappus (sur la fin du IVe siècle de l'ère chrétienne) rassemble dans ses *Collections mathématiques* les découvertes des mathématiciens les plus célèbres, et une multitude de propositions curieuses et de lemmes destinés à faciliter la lecture de leurs ouvrages. On lui doit le célèbre *théorème de Guldin* et la première mention du *rapport anharmonique*.

Dioclès invente la *cissoïde* pour résoudre le problème des deux moyennes proportionnelles, mais le tracé mécanique de cette courbe est dû à Newton.

Aux grands géomètres succèdent quelques commentateurs plus ou moins ingénieux, et l'on arrive à une période de stagnation qui dure jusqu'au xvie siècle.

Viète, de Fontenay-le-Comte (1540-1643), ouvre l'ère moderne de la science; il complète la *méthode analytique* de Platon par l'invention de *l'Algèbre,* il construit graphiquement les équations du second et du troisième degré, préparant ainsi la voie à Descartes, et perfectionne la trigonométrie sphérique.

Képler (1571-1631), dans sa *Nouvelle stéréométrie*, introduit le premier la notion de l'*infini* dans la géométrie, fait remarquer la nullité d'accroissement d'une variable au *maximum* ou au *minimum*, et donne une méthode graphique pour déterminer les circonstances d'une éclipse de soleil.

Cavaliéri (1598-1647) publie sa *Géométrie des indivisibles;* il considère les solides comme formés d'une infinité de plans, et les plans, par la réunion d'une infinité de lignes; cette idée féconde, malgré l'inexactitude du fait qu'elle exprime, permet des évaluations nouvelles de surfaces et de volumes, et la détermination géométrique des *centres de gravité*.

Guldin (1577-1643) découvre les théorèmes célèbres qui portent son nom, et que plus tard on a aperçus dans Pappus.

Grégoire de Saint-Vincent (1584-1667) perfectionne la *méthode d'exhaustion* d'Archimède, et l'on peut dire avec raison que le petit triangle différentiel qui apparaît entre la courbe et deux des côtés consécutifs de l'un des deux polygones inscrit ou circonscrit, a conduit Barrow, Leibnitz et Newton au calcul infinitésimal.

Roberval (1602-1673) donne une méthode pour mener les *tangentes,* basée sur la doctrine des mouvements composés, introduite dans la mécanique par Galilée.

Fermat (1590-1663) publie la belle méthode de *maximis et minimis,* en introduisant pour la première fois l'*infini* dans le calcul, comme Képler l'avait introduit dans la géométrie pure ; il est sans égal dans sa *théorie des nombres.*

Desargues (1593-1662) étend aux coniques les propriétés du cercle qui sert de base au cône, dont il étudie les sections ; il considère les droites parallèles comme concourant à l'infini, et donne le théorème fondamental de l'*involution de six points,* en considérant une sécante qui coupe une conique et un quadrilatère inscrit dans cette courbe. On lui doit aussi le théorème fondamental des deux *triangles homologiques.*

Pascal (1623-1662) écrit à seize ans son *Traité des sections coniques;* à dix-huit, ses découvertes sur la *Roulette* ou *Cycloïde,* et donne le célèbre théorème de l'*hexagramme mystique* relatif à la propriété de l'hexagone inscrit dans une conique.

Descartes (1596-1650), par son inappréciable conception de l'*application de l'algèbre à la théorie des courbes,* change véritablement la face des sciences mathématiques. La physique et l'algèbre elle-même retirent de grands avantages de la doctrine des coordonnées, et l'analyse s'enrichit de la méthode des coefficients indéterminés.

La *méthode analytique* de Descartes est dès lors cultivée par un si grand nombre de géomètres qu'il faut se borner à en citer quelques-uns.

De Witt (1625-1672), le *grand pensionnaire* de Hollande, donne une description organique des coniques.

Wallis (1616-1703) écrit le premier un *Traité analytique des sections coniques.*

Viviani (1622-1703) propose le problème de la voûte sphérique exactement carrable.

Huygens (1629-1695), célèbre à bien des titres, rectifie la cissoïde, donne la théorie des *développées,* établit le *principe de la conservation des forces vives,* et publie son *Traité de la Lumière.*

.La Hire (1640-1718), continuateur des doctrines de Desargues et de Pascal, donne la *Nouvelle Méthode en géométrie pour les sections des superficies coniques et cylindriques,* un *Mé-*

moire sur *les épicycloïdes*, et, en 1685, son grand *Traité des sections coniques*.

Newton (1642-1727), *le grand géomètre*, publie l'*Arithmétique universelle*, modèle parfait de l'application de la méthode de Descartes à la résolution des problèmes de géométrie et à la construction des racines des équations. Le grand ouvrage des *Principes* contient de nombreuses propositions de géométrie pure et la rectification des épicycloïdes; mais tout semble disparaître devant l'invention du *calcul des fluxions* ou *calcul infinitésimal*, dont Newton dispute la gloire à Leibnitz.

Leibnitz (1646-1716) est le principal auteur des méthodes merveilleusement puissantes qu'on nomme *calcul différentiel* et *calcul intégral*; la première est surtout employée pour la détermination des *tangentes* et des *maxima* ou *minima*; la seconde pour les *quadratures*, les *cubatures*, les *rectifications*.

Halley (1656-1742) est non seulement astronome célèbre, mais géomètre distingué. On lui doit la traduction et la restitution de plusieurs ouvrages d'Apollonius.

Maclaurin (1698-1746) montre, dans son *Traité des fluxions*, le grand parti qu'on peut tirer des considérations purement géométriques pour étudier les questions relatives à l'attraction des ellipsoïdes.

R. Simson (1687-1768) publie, dans son *Traité des coniques*, les théorèmes célèbres de Desargues et de Pascal, ainsi que le problème *ad quatuor lineas* de Pappus, et s'occupe de découvrir les *porismes d'Euclide*.

Les **Bernoulli** emploient surtout le calcul infinitésimal.

Jacques **Bernoulli** (1654-1705) est l'un des premiers à faire usage du calcul intégral; il étudie la *spirale logarithmique*.

Le marquis de l'**Hopital** (1651-1704) donne l'*analyse des infiniment petits*.

Jean **Bernoulli** (1667-1748), émule de son frère Jacques, propose le problème de la *brachistochrone*, ou de la plus courte descente, et étudie le problème des *isopérimètres*.

Il faut se borner à nommer **Rolle** (1749-1652) et son théorème d'algèbre; **Riccati** (1676-1754), dont une équation porte le nom; **Taylor** (1685-1731) et sa série; **Moivre** (1667-1756), **Cotes** (1682-

1716) et leurs théorèmes; **Cramer** et son *Introduction à l'analyse des courbes algébriques*, pour passer à un des plus grands analystes.

Euler (1707-1783) publie l'*Introduction à l'analyse des infinis* et un grand nombre de mémoires sur les différentes parties des mathématiques.

Clairault (1713-1765) écrit à seize ans le *Traité des courbes à double courbure*, et expose pour la première fois, d'une manière méthodique, la doctrine des coordonnées dans l'espace, appliquée aux surfaces courbes et aux lignes à double courbure qui résultent de leur intersection.

D'Alembert (1716-1783) est surtout connu par son *Traité de dynamique*.

Lambert (1728-1777) publie son *Traité de perspective* et son *Traité géométrique des comètes*.

Bezout (1730-1783), bien connu par son *Cours complet de mathématiques*.

Lagrange (1736-1813), auteur de la *Mécanique analytique* et du *Calcul des variations*.

Laplace (1749-1827), auquel on doit de nombreux travaux d'analyse et la *Mécanique céleste*.

La puissance et la fécondité des *Méthodes analytiques* exerce dès lors un tel attrait sur les intelligences, qu'on ne cultive plus, pour ainsi dire, la géométrie proprement dite; mais un réveil se produit vers la fin du dernier siècle, et reporte l'attention sur les méthodes purement géométriques.

Monge (1746-1818) coordonne les éléments de construction dispersés dans les œuvres de Desargues, de Frézier et de divers praticiens, et crée la *Géométrie descriptive;* il réduit ainsi à un petit nombre de principes invariables et à des constructions faciles et certaines toutes les opérations géométriques qui peuvent se présenter dans la coupe des pierres, la charpente, la perspective, la gnomonique; il développe en outre la faculté de percevoir les figures dans l'espace et de découvrir leurs propriétés.

· **Carnot** (1753-1823) donne la *Méthode des transversales* et la *Géométrie de position*, qui permet de déduire d'un cas donné d'un problème proposé les divers autres cas qui peuvent se présenter.

Legendre (1752-1833), devenu populaire par ses *Éléments de Géométrie,* publiés en 1794, s'adonne aussi à la plus haute *Analyse* et à la *Théorie des nombres.*

Ch. **Dupin**, dans ses *Développements* et ses *Applications de géométrie,* traite par de simples considérations géométriques quelques-unes des questions les plus difficiles de l'analyse.

Brianchon fait connaître les propriétés de l'*hexagone circonscrit à une conique,* et publie son *Mémoire sur les lignes du second ordre.*

Poncelet (1788-1857) devient le principal auteur des méthodes de transformation des figures par les fécondes doctrines de l'*homologie* et des *polaires réciproques;* son *Traité des propriétés projectives des figures* montre la puissance extraordinaire des instruments qu'il a créés et qu'il met en œuvre. Il est possible, sans nul doute, de trouver, dans des ouvrages publiés antérieurement, quelques germes des méthodes qu'il donne; mais il y a loin d'un théorème isolé, quelque intéressant qu'il puisse être, à une doctrine complète conduisant à de nombreuses applications.

Poinsot, si connu par sa *théorie des couples,* étudie les *polyèdres étoilés.*

Cauchy traite la même question et ne reste étranger à aucune des branches des mathématiques.

Möbius et **Steiner** appliquent avec succès les méthodes de transformation des figures, et le dernier surtout fait connaître un très grand nombre de théorèmes nouveaux.

Gergonne, dans ses *Annales mathématiques,* propage les nouvelles doctrines, il formule le *principe de dualité,* en généralisant les résultats donnés par la *méthode des polaires réciproques.*

Chasles reprend toutes les nouvelles découvertes, les étend par ses propres recherches, puis il les présente d'une manière élégante et rigoureuse, en employant les transformations qu'il désigne sous le nom d'*homographie* et de *corrélation des figures,* et dont le *rapport anharmonique* est la base fondamentale. Sa *Géométrie supérieure,* le *Traité des coniques* et le rétablissement des *porismes d'Euclide* font époque dans l'histoire de la géométrie.

Cremona, dans sa *Géométrie projective*, résume les principes de la géométrie moderne établie par Poncelet, Steiner, Chasles, et trouve le moyen, *trop négligé par la plupart des auteurs,* de rendre justice aux savants qui l'ont précédé.

L'*inversion des figures* a ses propriétés particulières et obtient des travaux spéciaux des géomètres **Thomson, Stubs, Liouville, Salmon**, etc.; pendant ce temps, **Bellavitis** crée la théorie des *équipollences,* et **Mannheim** développe la *Géométrie cinématique,* dont Roberval avait donné une première notion par sa méthode des tangentes, et que Poinsot avait continuée par la théorie du centre instantané de rotation.

TABLE DES MATIÈRES

MÉTHODES

I. Méthodes générales

II. Lieux géométriques

III. Emploi de figures auxiliaires

EXERCICES

LIVRE 1

PROBLÈMES

LIVRE II

THÉORÈMES

LIEUX GÉOMÉTRIQUES

PROBLÈMES

LIVRE III

THÉORÈMES

LIEUX GÉOMÉTRIQUES

PROBLÈMES

LIVRE IV

THÉORÈMES

PROBLÈMES

LIVRE V

THÉORÈMES

LIVRE VI

THÉORÈMES

PROBLÈMES

LIVRE VII

THÉORÈMES

PROBLÈMES

LIVRE VIII

THÉORÈMES

PROBLÈMES

PROBLÈMES NUMÉRIQUES

MÉTHODES

POUR DÉMONTRER LES THÉORÈMES ET RÉSOUDRE LES PROBLÈMES
DE GÉOMÉTRIE

I

MÉTHODES GÉNÉRALES

Introduction *.

1. Il est utile de faire précéder l'exposé des méthodes de quelques indications relatives aux diverses propositions que l'on peut avoir à démontrer. (*Voir n° 10 ci-après.*)

2. Manière d'énoncer les théorèmes. L'énoncé d'un théorème se compose essentiellement d'une *hypothèse* et d'une *conclusion*.

Exemple. *Tout point de la bissectrice d'un angle est équidistant des deux côtés de cet angle.* (*Géométrie **, n° 64.*)

L'*hypothèse* consiste à supposer que le point appartient à la bissectrice ; la *conclusion* consiste à dire que le point est équidistant des deux côtés.

3. Remarque. L'hypothèse s'énonce ordinairement au début de la proposition ; mais on peut aussi commencer par la conclusion et dire, par exemple :

Deux triangles sont égaux lorsqu'ils ont les trois côtés respectivement égaux.

4. Diverses sortes de propositions. Deux *propositions* comparées entre elles peuvent être *réciproques, contraires, contradictoires.*

---

* Dans une première étude, on peut se borner à commencer au § I, n° 11.

** *Éléments de Géométrie*, F. I. C., 4ᵉ édition. Les renvois à cet ouvrage seront indiqués par (G., n° .....).

Propositions réciproques. Deux *propositions* sont *réciproques* lorsque l'hypothèse et la conclusion de la première deviennent respectivement la conclusion et l'hypothèse de la seconde.

Propositions contraires. Deux *propositions* sont *contraires* lorsque les conditions de la seconde sont l'inverse ou la négative des conditions de la première; ainsi l'hypothèse de la proposition contraire est l'opposé de l'hypothèse de la proposition directe, et la conclusion de cette même *proposition* contraire est aussi l'opposé de la conclusion de la proposition énoncée directement.

Propositions contradictoires. Deux *propositions* sont *contradictoires* lorsqu'elles ont même hypothèse avec une conclusion opposée, ou des hypothèses différentes et même conclusion.

5. Propositions correspondantes. A toute *proposition donnée directement* correspondent :

1° La proposition *réciproque.*

2° La proposition *contraire* et sa réciproque.

3° Les deux propositions *contradictoires* et leurs réciproques.

Exemples. *Proposition directe.* Tout point de la bissectrice d'un angle est équidistant des côtés de cet angle.

Proposition réciproque. Tout point équidistant des côtés d'un angle appartient à la bissectrice de cet angle.

Proposition contraire. Tout point pris hors de la bissectrice d'un angle est inégalement éloigné des côtés de cet angle.

Propositions contradictoires. 1° Tout point de la bissectrice serait inégalement éloigné des côtés de l'angle ; 2° tout point pris hors de la bissectrice serait également éloigné des côtés de l'angle.

6. Remarques. 1° La *réciproque* d'un théorème peut être une proposition fausse. Ainsi, du théorème connu : *tous les angles droits sont égaux*, on ne peut pas conclure que tous les angles égaux sont droits.

2° La proposition contraire d'un théorème peut être fausse; telle est la suivante : *tous les angles qui ne sont pas droits sont inégaux.*

3° Il est évident que si une proposition est vraie, sa contradictoire est fausse, et réciproquement.

4° La proposition contradictoire est employée lorsqu'on démontre, par la réduction à l'absurde, la réciproque d'un théorème donné.

7. Dépendance des propositions. I. Si le théorème direct et le théorème contraire sont vrais, il en est de même de la proposition réciproque de chacun de ces théorèmes.

Exemple. *Dans le même cercle, ou dans des cercles égaux, les arcs égaux sont sous-tendus par des cordes égales et les arcs inégaux sont sous-tendus par des cordes inégales.*

On peut en conclure que les cordes égales sous-tendent des arcs égaux et que les cordes inégales sous-tendent des arcs inégaux.

II. Si le théorème direct et la proposition réciproque sont vrais, il en est de même de la proposition contraire de chacun de ces théorèmes.

Exemple. *Toute droite perpendiculaire à l'extrémité d'un rayon est tangente à la circonférence, et, réciproquement, toute droite tangente à la circonférence est perpendiculaire au rayon qui aboutit au point de contact.*

Il en résulte nécessairement que toute droite non perpendiculaire à l'extrémité d'un rayon n'est pas tangente à la circonférence, et que toute droite qui n'est pas tangente n'est pas perpendiculaire à l'extrémité d'un rayon.

8. Résumé. En représentant par A et A′ une proposition et sa réciproque, par B et B′ les propositions contraires de A et A′, par C et C′ les propositions contradictoires de A′, on peut démontrer directement A et B pour en déduire A′ et B′, ou bien démontrer A et A′ pour en déduire B et sa réciproque B′.

Enfin on peut démontrer directement que A étant une proposition vraie, si l'on prouve que l'une des propositions contradictoires C ou C′ de la réciproque A′ est une proposition fausse, on en conclura l'exactitude de A′ et par suite de B et B′.

9. Hypothèses simultanées. Un même théorème peut énoncer ou contenir plusieurs hypothèses devant exister ensemble pour aboutir à une conclusion unique. Dans ce cas, il y a autant de propositions réciproques qu'il y a d'hypothèses.

Exemple. *Deux angles adjacents dont les côtés extérieurs forment une même ligne droite sont supplémentaires.*

La condition d'être *adjacents* forme une première hypothèse, et celle d'avoir les côtés extérieurs en ligne droite en forme une seconde.

On a les deux réciproques suivantes :

1° *Si deux angles supplémentaires sont adjacents, les côtés extérieurs sont en ligne droite.*

2° *Si deux angles supplémentaires ont les côtés extérieurs en ligne droite, ces angles sont adjacents.*

La première réciproque est vraie ; elle correspond aux angles a et b (fig. 1). La seconde ne l'est pas, car si l'on prend l'angle c égal à b, les angles a et c sont supplémentaires, ont deux côtés en ligne droite, et néanmoins ils ne sont pas adjacents.

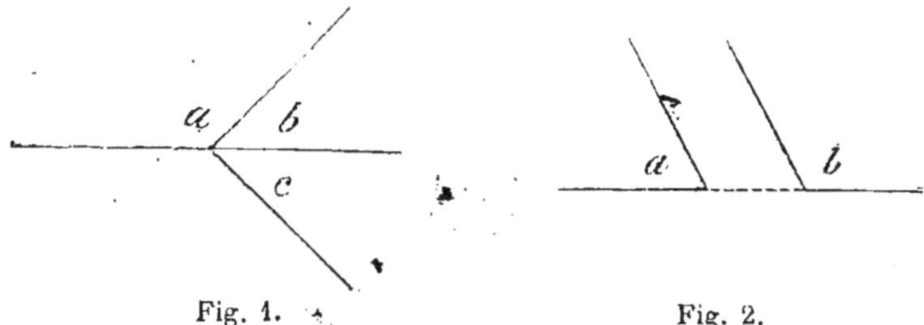

Fig. 1.   Fig. 2.

Dans la figure 2, les angles a et b sont supplémentaires, ont les côtés extérieurs en ligne droite, néanmoins ils ne sont pas adjacents.

10. Remarque. Les indications que l'on vient de donner sont importantes, et même nécessaires pour prévenir les conclusions ou les conséquences inexactes qu'on serait tenté de tirer d'un théorème dont on négligerait d'étudier directement la proposition réciproque ou la proposition contraire. Ainsi « il est bon que les élèves aient des idées « générales précises sur les méthodes de démonstration ; ils suivent « plus facilement les détails d'un théorème, et ils peuvent abréger le « travail relatif aux propositions contraires, réciproques, etc... ».

J. Bourget *, *Journal de mathématiques élémentaires* **, 1877, p. 37.

§ I. — Classification des méthodes.

11. But des méthodes. Les méthodes indiquent la marche qu'il faut suivre pour démontrer un théorème, ou pour résoudre un problème.

En géométrie, il n'est pas possible d'indiquer une même voie qui, dans tous les cas, conduise inévitablement au but ; mais on peut diriger les recherches et faire trouver plus facilement les résultats demandés.

12. Principales sortes de méthodes. On classe les méthodes en deux groupes principaux. On distingue les *méthodes générales* et les *méthodes particulières*.

Les *méthodes générales* peuvent s'appliquer à toutes les questions.

Les *méthodes particulières* ne peuvent être utilisées que dans un certain nombre de questions. L'emploi de plusieurs d'entre elles est si restreint, qu'on doit considérer ces méthodes comme ne constituant que de *simples procédés*.

Les *méthodes générales* sont l'*analyse* et la *synthèse*.

13. Analyse *.** L'analyse est la méthode par laquelle une proposition inconnue A se ramène à une autre proposition inconnue B, puis cette seconde B à une troisième C, et celle-ci à une quatrième D, etc., jusqu'à ce que l'on tombe sur une proposition connue.

---

* M. J. Bourget, ancien professeur à la faculté des sciences de Clermont, puis directeur des études mathématiques à Sainte-Barbe ; actuellement recteur de l'académie d'Aix.

** *Journal de mathématiques élémentaires*, fondé en 1877, publié sous la direction de MM. Bourget et Kœhler. — Depuis 1880, cette utile publication a pour titre : *Journal de Mathématiques élémentaires et spéciales.*

*** L'*Analyse mathématique* est due à Platon. — Platon (430-347 av. J.-C.) alla s'instruire des mathématiques en Égypte, puis en Italie. De retour à Athènes, le célèbre philosophe introduisit dans la géométrie la *méthode analytique ;* il étudia *les sections coniques*, et fit connaître *les cinq polyèdres réguliers convexes.* On connaît l'inscription qu'il avait fait mettre à l'entrée de son école philosophique : *Que nul n'entre ici, s'il n'est géomètre.*

Entre la proposition d'où l'on part et celle où l'on arrive, il peut se trouver un nombre quelconque de propositions intermédiaires.

14. Synthèse. La synthèse est la méthode par laquelle on passe d'une proposition connue D à une autre proposition connue C, puis de cette seconde C à une troisième B, de celle-ci à une quatrième, etc., jusqu'à ce que l'on arrive ainsi à la proposition A que l'on devait étudier.

L'analyse et la synthèse suivent des voies opposées : tandis que la première part de la question à traiter pour arriver à une question connue, la seconde part d'une question connue pour tomber sur la question proposée.

15. Déduction. Quel que soit l'exercice géométrique à étudier et la méthode que l'on veut employer, il faut que les propositions *se déduisent* rigoureusement les unes des autres, et que deux propositions consécutives quelconques soient *réciproques*, au point de vue logique.

16. Propositions réciproques. Deux propositions sont *réciproques*, au point de vue logique, lorsque chacune d'elles entraîne l'autre et toutes ses conséquences*.

Exemple. *Lorsque les angles d'un triangle sont respectivement égaux à ceux d'un autre triangle, les côtés du premier triangle sont à ceux du second dans un rapport constant, et il en est de même des hauteurs correspondantes, etc.*

Réciproquement, de la proportionnalité des côtés on déduit l'égalité des angles et toutes les propriétés qui en découlent.

Ainsi l'*égalité des angles de deux triangles* et le *rapport constant des côtés homologues* donnent lieu à deux *propositions réciproques*.

L'égalité des côtés de deux triangles et l'égalité des angles opposés ne donnent pas lieu, *au point de vue logique*, à deux propositions réciproques, car de l'égalité des côtés on déduit bien l'égalité des angles opposés, mais l'égalité des angles n'entraîne pas celle des côtés**.

17. Exercices de géométrie. Les *exercices* ou *questions de géométrie* comprennent des *théorèmes*, des *lieux géométriques* et des *problèmes*.

Il convient de parler en premier lieu des théorèmes, parce qu'on les utilise pour la résolution des problèmes.

La détermination des lieux géométriques doit venir ensuite, car leur emploi constitue une des méthodes les plus fécondes pour résoudre les problèmes de géométrie.

---

* L'expression *propositions réciproques* n'a pas ici la signification qu'on a déjà indiquée (n° 4). Il est regrettable que les mêmes termes soient employés, en géométrie, avec deux sens différents.

** Pour la rédaction de ce paragraphe, nous avons surtout mis à profit les deux premiers volumes de l'ouvrage suivant : *Des Méthodes dans les sciences de raisonnement,* par DUHAMEL, membre de l'Institut.

§ II. — Démonstration des théorèmes par l'analyse.

18. Emploi de l'analyse. Pour démontrer un théorème par l'analyse, on procède ordinairement comme il suit :

Du théorème à démontrer, regardé comme vrai, on déduit une deuxième proposition; de celle-ci on passe à une troisième, etc., jusqu'à ce que l'on arrive à une proposition connue. Mais il faut que les propositions consécutives, considérées deux à deux, soient toujours réciproques au point de vue logique (n°ˢ 13 et 16).

Voici quelques exemples de théorèmes démontrés par l'analyse.

Exercice.

19. Théorème. *Par un point quelconque de la base d'un triangle isocèle, on mène des parallèles aux côtés égaux; prouver que le parallélogramme ainsi formé a un périmètre constant.*

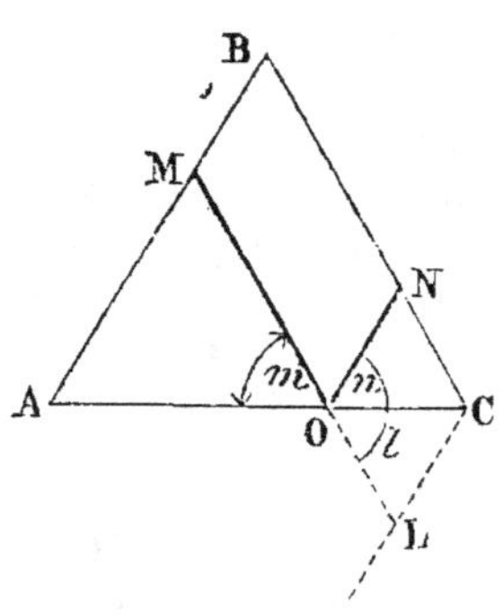

Fig. 3.

Soient OM, ON deux parallèles aux côtés égaux CB, AB.

Il faut prouver que le périmètre du parallélogramme OMBN est constant.

Il suffit de le démontrer pour le demi-périmètre OM + ON.

1° Pour reconnaître s'il est constant, on peut porter les deux parties sur la même droite et prendre OL = ON.

Les angles l, m sont égaux comme opposés par le sommet; $m = n$ comme étant respectivement égaux aux angles A et C; donc les triangles COL, CON sont égaux comme ayant un angle égal compris entre côtés égaux; donc l'angle OCL = OCN = A, et les deux droites CL, AB sont parallèles (G., n° 80) et MLCB est un parallélogramme (G., n° 90); donc ON + ON ou ML = BC, longueur constante; donc...

2° Pour avoir la somme OM + ON, on peut remplacer chacune de ces lignes par une droite égale.

Ainsi OM = BN, comme côtés opposés d'un parallélogramme.

Le triangle ONC est isocèle, car l'angle $n = A = C$; par suite ON = CN; donc...

$$OM + ON = BC. \quad \text{Quantité constante.}$$

Exercice.

20. **Théorème.** *La somme des perpendiculaires abaissées d'un point quelconque de la base d'un triangle isocèle sur les côtés égaux, est une quantité constante.*

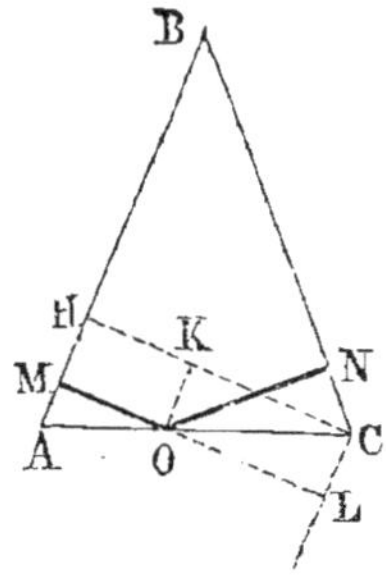

Fig. 4.

1° Une analyse analogue à la précédente nous conduit à prolonger OM d'une quantité OL égale à ON, et à prouver que CL est parallèle à AB; donc la somme OM + ON est constante, car elle est égale à la distance des parallèles AB, CL. Ainsi OM + ON égale la hauteur CH, quantité constante.

2° En menant OK parallèle à AB, on a :

$$OM = HK, \quad ON = CK$$

car les deux triangles rectangles CNO et CKO sont égaux (G., n° 54); donc OM + ON = CH.

21. **Théorème.** *Quatre droites, se coupant deux à deux, forment quatre triangles ; les circonférences circonscrites à ces quatre triangles passent par un même point.*

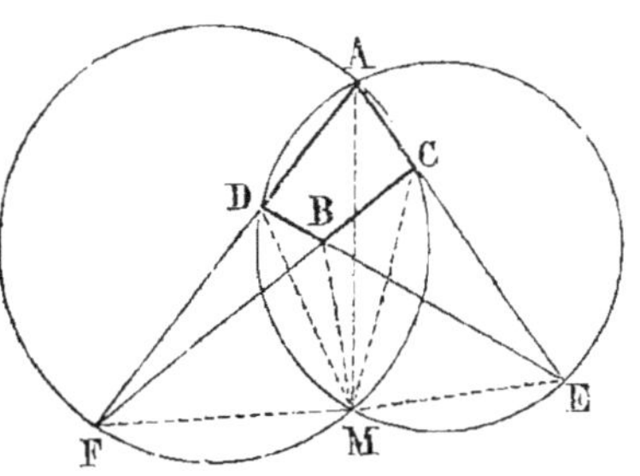

Fig. 5.

Les quatre droites, se coupant deux à deux, donnent six sommets A, B, C, D, E, F. Circonscrivons des circonférences à deux des quatre triangles, par exemple aux triangles ACF, ADE ; soit M le second point où les circonférences se coupent, et joignons ce point aux six sommets ; il faut prouver que les circonférences circonscrites aux triangles BDF, BCE, passent aussi par le point M.

En admettant que cela ait lieu, on reconnaît que le quadrilatère CBME serait inscrit, et, par suite, que l'angle BCM égalerait BEM (G., n° 148); mais l'égalité de ces deux angles peut s'établir directement.

En effet :   angle BCM   ou   FCM = FAM

comme ayant même mesure, $\frac{1}{2}$ FM, car le quadrilataire FACM est de même inscrit ;

     angle BEM   ou   DEM = DAM   ou   FAM

comme ayant même mesure, $\frac{1}{2}$ DM ;

donc   angle BCM = angle BEM

Or les angles BCM, BEM étant égaux, il est démontré (G., n° 154-155) que la circonférence circonscrite au triangle BCE passe par le point M. Il en est de même de la circonférence circonscrite au triangle BDF; donc...

Exercice.

22. Théorème de Simson[*]. *Si d'un point pris sur la circonférence circonscrite à un triangle, on abaisse des perpendiculaires sur chaque côté du triangle, les trois points ainsi obtenus sont en ligne droite.*

Ce théorème s'énonce quelquefois comme il suit :

Les projections d'un point quelconque de la circonférence circonscrite à un triangle, sur chaque côté de ce triangle, sont en ligne droite.

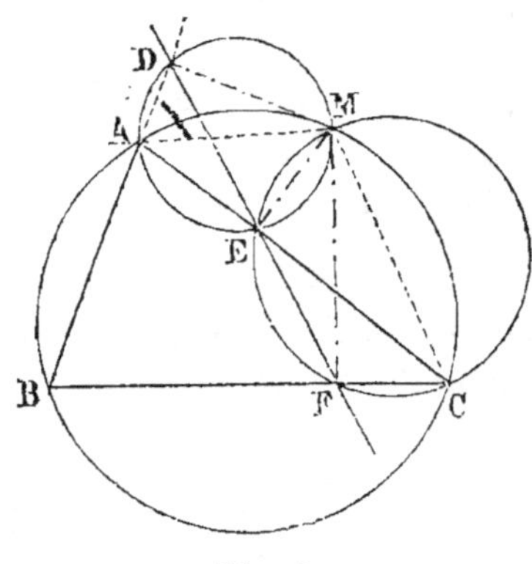

Fig. 6.

Soit M un point quelconque de la circonférence circonscrite au triangle ABC; abaissons les perpendiculaires MD, ME, MF sur les côtés; il faut prouver que les trois points D, E, F sont en ligne droite.

Si les segments DE, EF ne formaient qu'une même droite, les angles AED, CEF seraient égaux comme opposés par le sommet. (G., n° 35.)

Les quadrilatères ADME, CFEM sont inscriptibles, le premier parce que les angles opposés D et E sont supplémentaires (G., n° 157); le deuxième parce que les deux triangles rectangles MEC et MFC ont même hypoténuse MC; donc de l'égalité des angles AED, CEF, on conclurait l'égalité des angles AMD, CMF respectivement égaux aux premiers. Il suffit donc de démontrer directement l'égalité des angles AMD, CMF, ou bien l'égalité de leurs compléments MAD, MCF.

Or l'angle ex-inscrit[**] MAD a pour mesure moitié de l'arc MAB; ainsi il égale l'angle MCF, qui a aussi pour mesure moitié de l'arc MAB.

Donc l'hypothèse qui a servi de point de départ est vraie, et les trois points D, E, F sont en ligne droite.

23. Remarques. 1° Les propositions consécutives dont nous nous sommes servis dans la précédente démonstration sont évidemment réciproques au point de vue logique (n° 16), car tout repose sur l'éga-

---

[*] Robert Simson (1687-1768), mathématicien écossais, professa à Glascow. On a de lui un *Traité des sections coniques.* Il rétablit plusieurs *porismes* d'Euclide, ainsi que la *section déterminée* d'Apollonius.

Il ne faut pas confondre R. Simson avec Thomas Simson (1710-1761). Ce dernier est surtout connu par les formules trigonométriques qui portent son nom (*Trigonométrie*, n° 57) et par une formule de quadrature (*Géométrie*, n° 983).

[**] L'angle *ex-inscrit* n'est autre chose que le supplément de l'angle inscrit proprement dit; ainsi l'angle BAC (G., n° 153, scolie II), supplément de l'angle inscrit BAD, est un angle *ex-inscrit.*

lité des angles; les exercices suivants offriront quelques nouvelles particularités.

2° La droite DEF, qui passe par les trois projections du point M, est appelée *droite de Simson*, parce que le théorème lui-même est dû à *Robert Simson*.

3° Le cercle circonscrit est le lieu des points dont les projections sur les trois côtés d'un triangle sont en ligne droite.

Note. Le théorème de Robert Simson n'est qu'un cas particulier d'un théorème bien remarquable; mais nous devons nous borner au simple énoncé de ce théorème et des principales conséquences qui en découlent :

D'un point M on abaisse des perpendiculaires sur chaque côté d'un triangle, et l'on joint deux à deux les pieds de ces perpendiculaires. Le lieu des points M tels que le triangle DEF ait une surface constante donnée, est une circonférence concentrique au cercle circonscrit au triangle primitif.

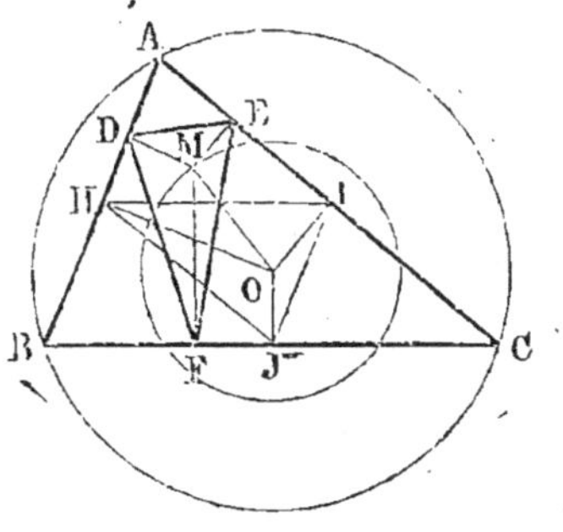

Fig. 7.

1° Pour le point O, centre du cercle circonscrit, l'aire de IHJ égale $\dfrac{ABC}{4} = \dfrac{S}{4}$, chacun des côtés de ce triangle étant la moitié des côtés de l'autre.

2° Quand la distance OM croît de zéro à $R = OA = OB = OC$, la surface diminue de $\dfrac{S}{4}$ à zéro; ainsi, *le cercle circonscrit est le lieu des points M qui donnent une aire nulle.* En effet, d'après le théorème de Simson, il n'y a plus de triangle, mais seulement une ligne droite.

3° Quand OM croît indéfiniment à partir de R, la surface part de zéro et augmente indéfiniment.

4° Pour toute valeur de l'aire, comprise entre zéro et $\dfrac{S}{4}$, il y a deux réponses : une circonférence intérieure et une circonférence extérieure au cercle circonscrit. La relation des rayons R_1 et R_2 du lieu, et du rayon R du cercle circonscrit est

$$R_1^2 + R_2^2 = 2\,R^2.$$

La proposition relative au triangle est à son tour un cas particulier du théorème suivant.

On donne un polygone quelconque; d'un point M de son plan, on abaisse des perpendiculaires sur chaque côté (ou même des droites également inclinées sur chaque côté et dans le même sens).

Le polygone qui a pour sommets les projections du point M sur chaque côté a une certaine aire. Or, quel que soit le nombre de côtés du polygone primitif, le lieu des points M pour une aire donnée est une circonférence.

Le lieu pour des aires différentes A, A'... est formé par des circonférences concentriques.

(*Revue des sociétés savantes*, tome V, année 1870, page 203. *Étude d'un lieu géométrique*, par M. COMBETTE, ingénieur à Brest.)

Exercice.

24. Théorème. *Lorsque la demi-circonférence décrite sur le côté oblique d'un trapèze rectangle coupe le côté opposé, chaque point d'intersection divise la hauteur en deux segments dont le produit égale le produit des bases du trapèze.*

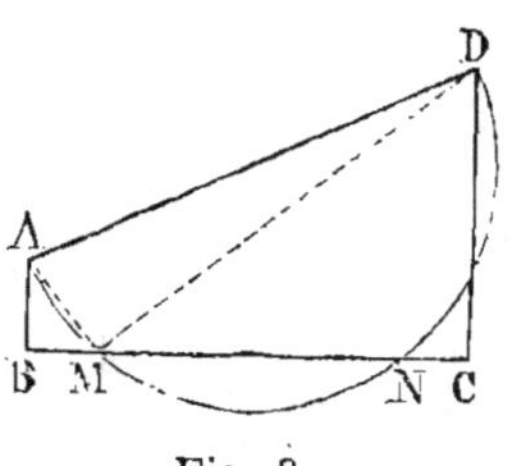

Fig. 8.

Supposons que la demi-circonférence ayant AD pour diamètre coupe la hauteur BC aux points M et N.

Il faut prouver que l'on a, par exemple :

$$BM.MC = AB.CD \qquad (1)$$

En admettant cette relation comme vraie, on peut écrire :

$$\frac{BM}{AB} = \frac{CD}{MC} \qquad (2)$$

Alors les triangles rectangles ABM, MCD seraient semblables comme ayant un angle égal compris entre côtés proportionnels (G., n° 225); il suffit donc de démontrer directement la similitude de ces triangles; or les angles AMB, DMC sont complémentaires, car l'angle AMD est droit.

Donc l'angle AMB égale MDC comme ayant même complément DMC.

Donc les triangles sont semblables, et l'on peut en déduire la proportion (2) et par suite la relation (1).

Remarque. 1° On a de même

$$BN.NC = AB.CD \qquad (\text{fig. 8}).$$

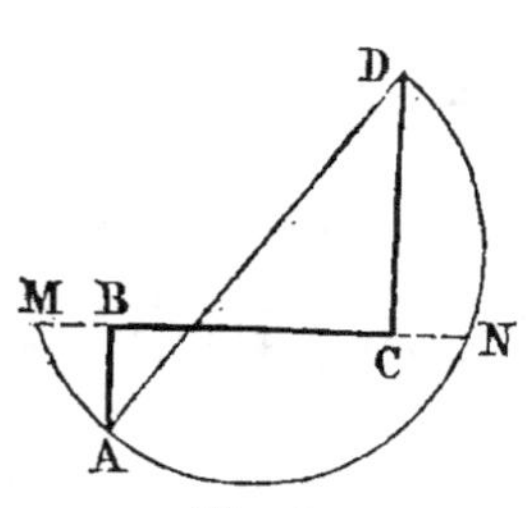

Fig. 9.

2° Quand la demi-circonférence AD est tangente à BC, le point de contact est au milieu de la hauteur; le carré de la moitié de BC égale AB.CD.

3° Lorsque la demi-circonférence ne coupe point BC, on ne peut pas alors diviser BC en deux segments additifs dont le produit égale AB.CD.

4° Lorsque les perpendiculaires AB, CD sont dirigées en sens contraire (fig. 9), il y a toujours intersection; mais les points M, N sont sur le prolongement de BC, et l'on a comme précédemment :

$$BM.CM = AB.CD = BN.CN$$

Exercice.

25. Théorème. *La distance MP d'un point quelconque M d'une circonférence à une corde donnée AB, est moyenne proportionnelle entre les distances MG, ME du même point M aux tangentes AC, BC, menées par les extrémités de la corde donnée.*

Il faut prouver que l'on a :

$$MP^2 = ME \cdot MG \qquad (1)$$

Regardant cette relation comme étant démontrée, nous pouvons en déduire les rapports égaux

$$\frac{ME}{MP} = \frac{MP}{MG} \qquad (2)$$

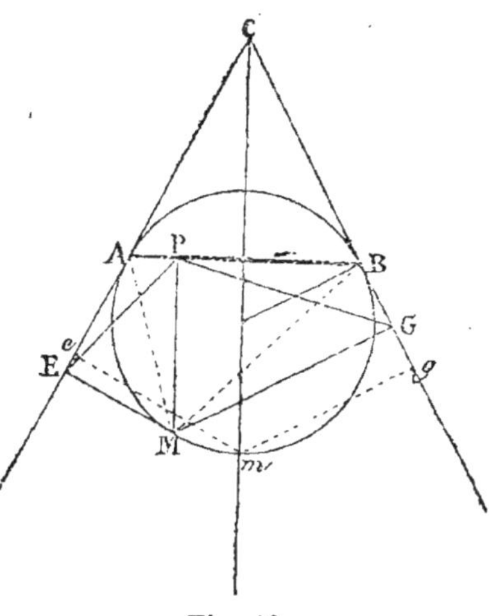

Fig. 10.

Mais les angles EMP, PMG sont égaux, car ils égalent respectivement les angles égaux emC, gmC; donc, en admettant (2), on trouve que les triangles EMP, PMG sont semblables comme ayant un angle égal compris entre deux côtés homologues proportionnels.

Comme conséquence de cette similitude de triangles, on peut dire que l'angle MPE = MGP.

En réalité, pour pouvoir conclure que les propositions intermédiaires et celle du point de départ sont vraies, il suffit de démontrer directement l'égalité des angles MPE et MGP. Or les deux quadrilatères APME, BGMP sont inscriptibles (G., n°s 156 et 157), car chacun d'eux a deux angles opposés supplémentaires, puisqu'ils sont droits; donc l'angle MPE = MAE comme correspondant au même arc dans la circonférence circonscrite au quadrilatère APME.

De même l'angle MGP = MBP. Or les angles MAE, MBP ont pour mesure la moitié de l'arc AM; donc ils sont égaux, et il en est de même des angles MPE, MGP.

Le théorème est donc démontré et l'on peut écrire :

$$MP^2 = ME \cdot MG$$

26. Remarque. Dans le raisonnement ci-dessus, deux propositions consécutives sont toujours réciproques.

Ainsi, de même que, de la similitude des triangles établie par l'égalité de trois angles, on déduit :

$$\frac{ME}{MP} = \frac{MP}{MG}$$

de même, de l'égalité de ces rapports et de l'égalité des angles en M, on déduit que l'angle MPE = MGP, etc.

Exercice.

27. Théorème. — Cercle des neuf points. *Dans un triangle, les milieux des côtés, les pieds des hauteurs et les milieux des droites qui joignent les sommets au point de concours des hauteurs, sont situés sur une même circonférence.*

EULER *, *Mémoires de Saint-Pétersbourg*, 1765.

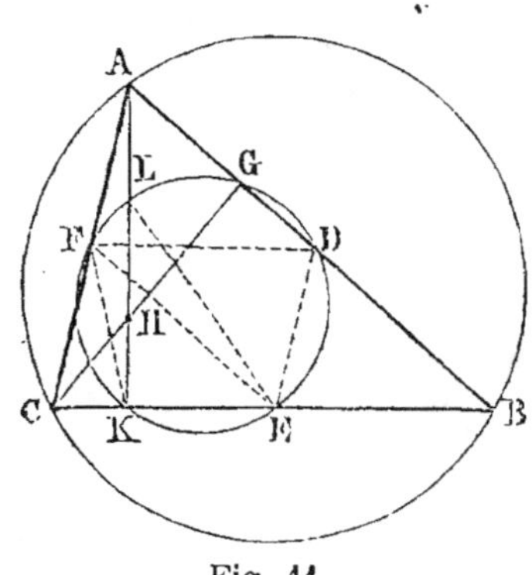

Fig. 11.

Soient D, E, F les points milieux des côtés; AK, CG deux des hauteurs, et L le point milieu de AH.

Circonscrivons une circonférence au triangle DEF.

Pour démontrer le théorème, il suffit de prouver que cette circonférence passe par le pied K, d'une hauteur quelconque, et par le point L, milieu de AH.

1° La droite FK, qui joint le sommet K de l'angle droit au point milieu F de l'hypoténuse, égale la moitié de cette hypoténuse (G., n° 222);

donc FK = FC = donc DE.

Ainsi le trapèze EDFK est isocèle; par suite, la circonférence qui passe par E, D, F, passe aussi par le quatrième sommet K.

2° La droite FL, qui joint les points milieux F, L des côtés du triangle ACH, est parallèle à la base CH; d'ailleurs FE est aussi parallèle à AB; donc l'angle EFL égale l'angle AGC, égale donc 90 degrés.

Le quadrilatère EKFL est inscriptible à cause des angles droits EKL, EFL; donc la circonférence qui passe par les trois sommets E, K, F, passe aussi par le quatrième sommet L.   *C. Q. F. D.*

28. Scolies. 1. *Le centre du cercle des neuf points est au milieu de la droite qui joint le point de concours des hauteurs au centre du cercle circonscrit à ce triangle.*

En effet, le centre se trouve sur les perpendiculaires élevées au milieu de FG et de KE; or ces perpendiculaires passent par le point M, milieu de OH (fig. 12).

---

* EULER, né à Bâle en 1707, mort en 1783, célèbre analyste; perfectionna le *calcul intégral* et fit connaître les cinq surfaces du second degré. (G., n° 857.)

II. — *Le rayon du cercle des neuf points est la moitié du rayon du cercle circonscrit.*

Car $EM = \dfrac{1}{2}\,EL = \dfrac{1}{2}\,AO$

Cela résulte aussi des triangles semblables EOM, AHO.

III. *La tangente EJ, au point milieu d'un côté, et ce même côté sont anti-parallèles par rapport à l'angle opposé.*

Les tangentes EJ, AT sont parallèles, car elles sont perpendiculaires aux rayons parallèles EM, AO; de plus, l'angle CAT = CBA.

Donc AT et CB ou EJ et CB sont anti-parallèles par rapport à l'angle A.

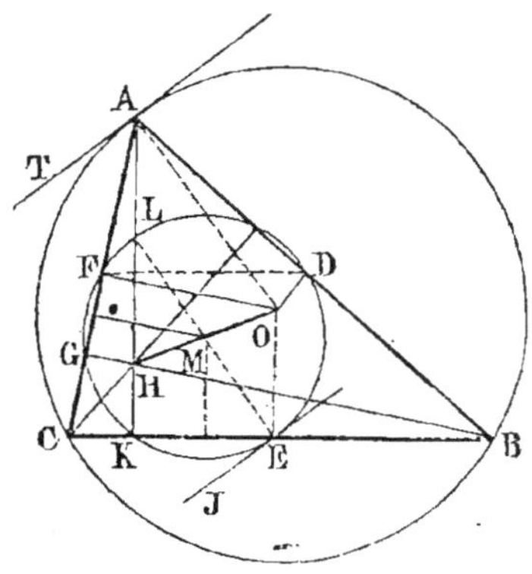

Fig. 12.

Note. Deux droites AT et CB (fig. 12) sont *anti-parallèles* par rapport à un angle CAB, lorsque l'angle CAT, que la première forme avec l'un des côtés de l'angle donné, égale l'angle que forme la seconde droite avec l'autre côté. Ainsi l'angle CAT égale ABC.

La dénomination de lignes anti-parallèles est due à A. Arnauld[*], vers 1667. (*Nouvelles Annales mathématiques*[**], 1850, page 409.)

29. Remarque. 1° Le théorème du *cercle des neuf points* peut être démontré de plusieurs manières différentes, mais il n'en est pas de plus élémentaire et de plus rapide que la précédente (n° 27).

2° C'est par l'emploi judicieux de l'analyse que l'on découvre les

---

[*] Antoine Arnauld, né à Paris en 1612, mort à Bruxelles en 1694, est beaucoup plus connu par son séjour à Port-Royal et par ses œuvres de polémique que par ses *Nouveaux Éléments de géométrie*, publiés en 1667, mais sans nom d'auteur.

[**] Le journal connu sous le nom de *Nouvelles Annales mathématiques* a été fondé, en 1842, par MM. Terquem et Gerono.

M. Terquem, mort en 1862, a été successivement remplacé par MM. E. Prouhet, J. Bourget, Ch. Brisse, tandis que l'honorable et savant M. Gerono continue à rédiger le journal qu'il a fondé il y a quarante ans.

Nous aurons à citer fréquemment les *Nouvelles Annales,* car cet ouvrage nous a fourni de nombreuses et intéressantes questions et d'utiles renseignements bibliographiques. Les renvois seront indiqués par (N. A., année ..., page ...).

Terquem, né à Metz en 1782, mort à Paris en 1862; fut admis à l'École polytechnique en 1801; il occupa la chaire de mathématiques transcendantes, au lycée de Mayence, de 1804 à 1814. A partir de cette époque, il fut bibliothécaire au dépôt d'artillerie à Paris, publia divers ouvrages, et collabora assidûment au journal de M. Gerono.

relations les plus simples qui rattachent entre elles les diverses parties d'une même question et que l'on trouve, par suite, le meilleur mode de démonstration.

3° L'analyse est aussi très utile lorsqu'il s'agit de la géométrie dans l'espace. Dans bien des cas elle permet de se passer de figure, ou du moins de remplacer par une construction simple une figure compliquée peu facile à étudier. En voici quelques exemples.

Exercice.

30. Théorème. *On donne une sphère et un point fixe* P ; *par ce point on mène trois plans rectangulaires deux à deux et qui déterminent trois cercles ; prouver que la somme de ces trois cercles est constante.*

Soient a, b, c les rayons de ces cercles, r le rayon de la sphère et a', b', c' les distances du centre de la sphère aux cercles ; il faut prouver que l'on a :

$$\pi a^2 + \pi b^2 + \pi c^2 = \text{constante}$$

ou, ce qui revient au même, $a^2 + b^2 + c^2 =$ une valeur constante

mais $a^2 = r^2 - a'^2$; $b^2 = r^2 - b'^2$; $c^2 = r^2 - c'^2$

on a donc $a^2 + b^2 + c^2 = 3r^2 - (a'^2 + b'^2 + c'^2)$

Il suffit de prouver que la quantité à soustraire est constante.

Or les trois distances a', b', c', perpendiculaires deux à deux, menées du centre O sur les trois plans rectangulaires, dont P est le point commun, sont les trois arêtes latérales d'un parallélépipède rectangle ayant PO pour diagonale ; par suite, la somme des carrés de ces arêtes égale PO^2 (G., n° 439), et le théorème est démontré.

31. Remarque. La détermination de la valeur constante n'offre aucune difficulté.

Ainsi $a^2 + b^2 + c^2 = 3r^2 - PO^2$

donc $\pi a^2 + \pi b^2 + \pi c^2 = 3\pi r^2 - \pi PO^2$

La somme des trois cercles déterminés par le trièdre tri-rectangle dont P est le sommet, égale trois grands cercles moins le cercle qui aurait PO pour rayon.

Exercice.

32. Théorème. *Lorsque les arêtes opposées d'un octaèdre inscrit dans une sphère sont dans un même plan, les trois diagonales de l'octaèdre se coupent au même point. En menant un plan tangent à la sphère par chaque sommet de l'octaèdre, on forme un hexaèdre circonscrit dont les faces, prises quatre à quatre, concourent en un même point.* (G., n° 429.)

1° Les arêtes opposées étant dans un même plan, les deux diagonales qui joignent les extrémités des arêtes opposées se coupent, car elles sont deux à deux dans un même plan. Les trois diagonales de l'octaèdre ne peuvent être dans un même plan ; car, si cela avait lieu, les six sommets seraient ainsi dans un même plan, et il n'y aurait pas de solide ; or les trois diagonales n'étant pas dans un même plan, et se coupant deux à deux, doivent passer par un même point.

2° Les quatre sommets qui correspondent à deux quelconques des diagonales de l'octaèdre sont dans un même plan. Les plans tangents, en ces quatre points, déterminent quatre faces consécutives de l'hexaèdre circonscrit. Or le plan des quatre sommets considérés coupe la sphère suivant un cercle dont la circonférence peut être considérée comme la courbe de contact d'un cône circonscrit à la sphère ; mais les plans tangents menés par les quatre sommets sont en même temps tangents à la sphère et au cône circonscrit ; donc ces quatre plans passent par le sommet du cône, et par suite se coupent au même point.

33. Remarque. Les six faces de l'hexaèdre, prises quatre à quatre, donnent lieu à trois groupes, et par suite à trois points de concours ; le point de rencontre des diagonales de l'octaèdre inscrit est le pôle du plan des trois points de concours des faces de l'hexaèdre.

§ III. — Synthèse et Réduction à l'absurde.

34. Emploi de la synthèse. Pour démontrer un théorème par la synthèse, *on part d'une vérité connue, on en déduit une deuxième proposition connue, de celle-ci une troisième, etc., jusqu'à ce que l'on tombe sur la proposition à démontrer.*

Comme enchaînement de propositions, la synthèse suit une marche inverse de celle de l'analyse.

Appliquons la synthèse à l'exemple déjà donné (n° 25).

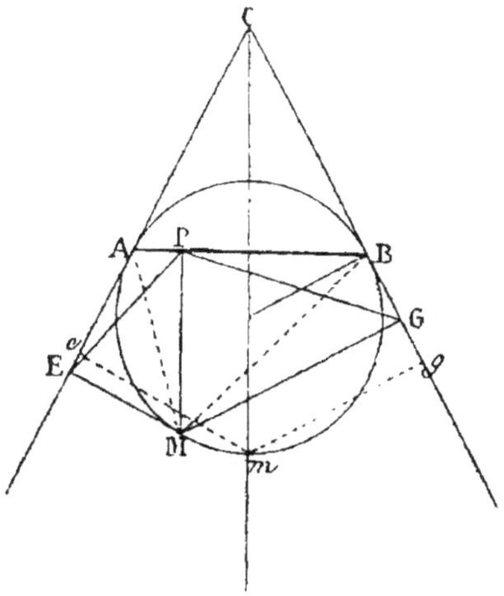

35. Théorème. *La distance* MP, *d'un point quelconque* M *d'une circonférence à une corde donnée* AB, *est moyenne proportionnelle entre les distances* MG, ME *du même point* M *aux tangentes* AC, BC, *menées par les extrémités de la corde donnée.*

Le quadrilatère APME est inscriptible parce que deux de ses angles opposés sont droits ; donc l'angle MPE = MAE, comme angles inscrits dans un même segment.

De même l'angle MGP = MBP

D'ailleurs les angles inscrits MAE, MBP sont égaux ; donc l'angle   MPE = MGP

Fig. 13.

et puisque les angles EMP, GMP sont égaux comme étant respectivement égaux aux angles en m, il en résulte que les triangles MPE,
MGP sont équiangles et par suite semblables. (G., n° 223.)

Donc
$$\frac{ME}{MP} = \frac{MP}{MG}$$

d'où
$$MP^2 = ME \cdot MG \qquad\qquad C.\ Q.\ F.\ D.$$

Remarque. Mais comment est-on conduit à considérer le quadrilatère
APME?... pourquoi s'occuper de l'égalité des angles MBP, MAE ...
et autres questions analogues? .

Aucune réponse complètement satisfaisante ne peut être donnée.
*L'intuition la plus heureuse n'est que la conséquence d'une analyse
rapide, parfois inconsciente, mais néanmoins très réelle.* Pour rechercher la vérité, il faut donc recourir presque toujours à l'analyse.

36. Réduction à l'absurde [*]. *La démonstration d'un théorème par
la réduction à l'absurde consiste à admettre provisoirement comme
vraie la proposition contradictoire du théorème énoncé, à en déduire
une suite de conséquences, jusqu'à ce que l'on parvienne à un résultat
évidemment incompatible avec les vérités connues.*

Exemple. Pour démontrer le théorème suivant :

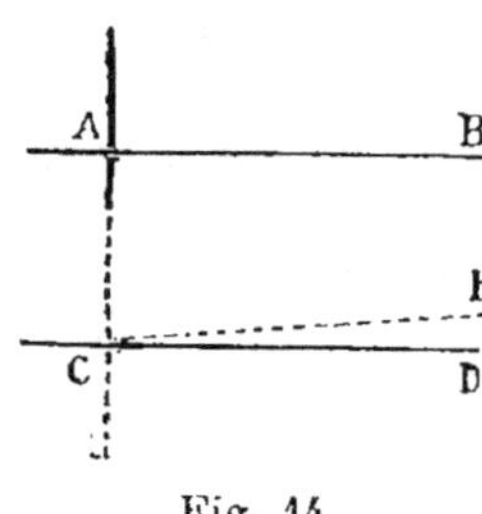

Fig. 14.

*Si deux droites sont parallèles, toute droite
perpendiculaire à l'une d'elles AB est aussi
perpendiculaire à l'autre droite CD.* (G.,
n° 76.)

On admet, ou plutôt l'on raisonne comme
si l'on admettait la proposition contradictoire : *Si deux droites AB et CD sont parallèles, une droite AC perpendiculaire à l'une
d'elles, AB, n'est pas perpendiculaire à l'autre, CD.*

---

[*] La méthode par réduction à l'absurde est due à EUCLIDE; elle a été employée fréquemment par LEGENDRE.

EUCLIDE vivait vers 285 av. J.-C. Il se fixa à Alexandrie, auprès de Ptolémée I.
Ses *Éléments de géométrie*, composés de treize livres, ont l'inappréciable avantage de réunir en un corps de doctrine les vérités géométriques plus ou moins
éparses jusqu'à cette époque; et, tout en ajoutant aux découvertes des ouvrages
antérieurs, de donner des démonstrations rigoureuses.

Les *Éléments* d'Euclide sont encore classiques en Angleterre; on doit citer le
Manuel de TODUNTHER, les Éléments édités par W. COLLINS, et surtout l'édition
magistrale de ROBERT POTTS. Ce dernier ouvrage contient un grand nombre
d'*exercices,* et des *notes* très importantes.

LEGENDRE, né à Toulouse en 1752, mort en 1833; fut membre du bureau des
Longitudes. On lui doit plusieurs savants ouvrages : ses *Éléments de géométrie*
publiés en 1794, ont rendu son nom populaire.

Par suite, on pourrait élever une perpendiculaire CE sur AC; mais les droites AB et CE seraient parallèles d'après le théorème direct déjà démontré (G., n° 72); il en résulterait que par le point C on aurait deux parallèles à une même droite. Or cette conséquence est évidemment inadmissible d'après le *Postulatum* (G., n° 74); il faut donc que CD soit perpendiculaire à AC.

37. Remarque. Il faut avoir soin d'étudier les cas différents que peut présenter la proposition contradictoire, car, sans cela, de l'absurdité de l'un d'eux on ne pourrait pas conclure la vérité du théorème proposé.

Exemple. On sait que toute parallèle DE, *menée à la base d'un triangle, détermine un second triangle* ADE *semblable au premier* (G., n° 221); c'est-à-dire détermine un triangle ayant même angle au sommet que le premier et dont les côtés, qui comprennent l'angle commun, sont respectivement proportionnels.

La proposition réciproque serait fausse si on l'énonçait comme il suit :

Lorsque deux triangles ont un angle commun compris entre des côtés proportionnels, les bases de ces triangles sont parallèles.

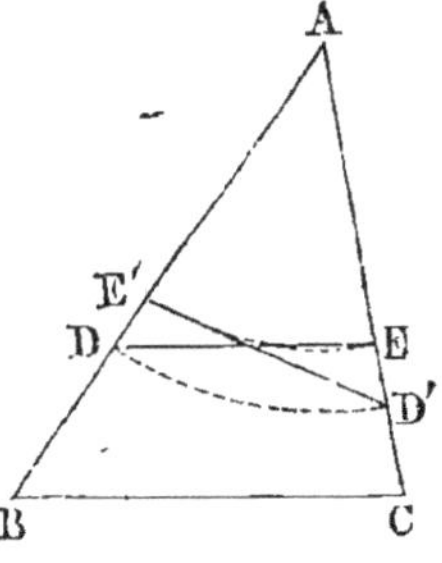
Fig. 15.

En effet, une droite telle que D'E' obtenue en prenant AD' = AD ; AE' = AE donne deux triangles semblables AD'E', ABC, qui remplissent toutes les conditions de l'énoncé de la proposition réciproque; néanmoins D'E' n'est pas parallèle à BC. Ces deux autres droites sont anti-parallèles (n° 28, *note*).

38. Emploi de la réduction à l'absurde. La démonstration par la réduction à l'absurde convainc, mais n'éclaire pas; elle contraint à reconnaître l'exactitude de la proposition énoncée, néanmoins elle satisfait peu l'esprit, parce qu'elle ne traite pas directement le théorème demandé; aussi on a rarement recours à cette méthode aujourd'hui[*].

§ IV. — Problèmes graphiques.

39. Analyse. *Pour traiter par l'analyse un problème graphique, on le suppose résolu; puis on considère les rapports des données et des inconnues, et l'on en déduit des conséquences jusqu'à ce qu'on arrive à des résultats connus.*

On doit avoir soin que les propositions déduites les unes des autres soient *réciproques, au point de vue logique* (n° 16), sans quoi on

---

[*] D'après Duhamel : *Des Méthodes dans les sciences de raisonnement.*

pourrait omettre ou perdre des solutions, ou en introduire d'étrangères à la question proposée.

40. **Synthèse.** *Pour traiter par synthèse un problème graphique, on indique immédiatement les constructions à effectuer pour arriver au résultat demandé, et l'on justifie successivement les constructions ainsi faites.*

Nous allons appliquer successivement l'analyse et la synthèse à un même problème.

Exercice.

41. **Problème.** *Construire un carré, connaissant la somme l de la diagonale et du côté.*

1° *Analyse.* Supposons le problème résolu, et soit ABCD le carré demandé.

Menons la diagonale AC, prolongeons cette ligne, et prenons une longueur CE égale à CB; il faut que l'on ait AE = l.

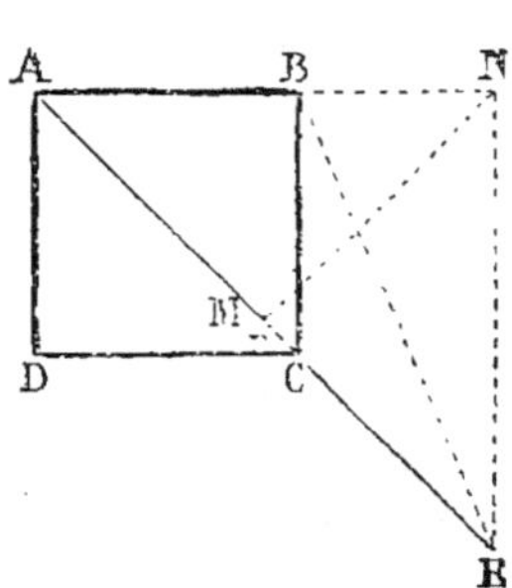

Fig. 16.

Si l'on mène BE, on reconnaît que le triangle BCE est isocèle; l'angle BCA, extérieur à ce triangle, étant de 45 degrés, chacun des angles B, E du triangle isocèle BCE égale la moitié de 45 degrés. Ainsi, dans le triangle ABE, on connaît la base AE ou l et les angles adjacents A, E.

On peut donc construire le triangle, et le petit côté AB sera le côté du carré demandé.

L'ordre le plus pratique, pour ces constructions, est celui que nous allons indiquer dans la synthèse.

2° *Synthèse.* Sur le milieu d'une droite AE, égale à la longueur donnée l, il faut élever une perpendiculaire; porter MA de M en N; tracer NA et NE; mener EB bissectrice de l'angle E, puis BC perpendiculaire à AB, et enfin AD et CD qui complètent le carré.

En effet, dans le triangle ABC, l'angle B est droit, l'angle A égale 45 degrés, et, par suite, C égale aussi 45 degrés; ainsi BC = AB.

L'angle AEN égale 45 degrés; donc AEB = la moitié de 45 degrés.

Dans le triangle BCE, l'angle B égale l'angle extérieur C moins l'angle intérieur E;

$$\text{ou} \qquad \text{angle } B = 45° - \frac{45°}{2} = \frac{45°}{2}$$

donc le triangle BCE est isocèle; CE = CB ou AB, et la ligne AE ou l égale la diagonale AC plus la longueur du côté.

Le problème est donc résolu.

Remarque. Nous allons donner quelques autres exemples de résolution de problèmes, mais en nous bornant à les traiter par l'analyse.

Exercice.

42. Problème. *Diviser un arc de cercle en deux parties, de manière que les cordes des arcs, ainsi déterminés, soient entre elles dans un rapport donné $\dfrac{m}{n}$.*

Soit ABC l'arc donné. Supposons le problème résolu et admettons qu'on ait :

$$\frac{AD}{BD} = \frac{m}{n}$$

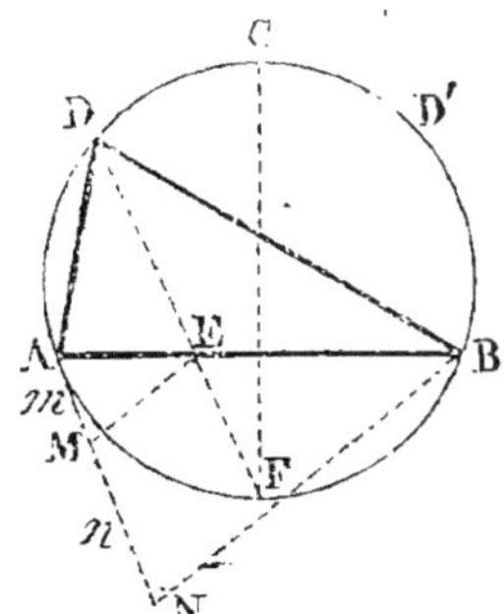

Fig. 17.

Pour être conduit à la solution, il suffit d'employer le théorème de la bissectrice (G., n° 215), car on sait que la base est divisée en segments proportionnels aux côtés.

On a donc $\quad \dfrac{AE}{BE} = \dfrac{AD}{BD} = \dfrac{m}{n}$

On peut dès lors déterminer le point E ; de plus, la bissectrice de l'angle D doit passer par le point milieu de l'arc AFB. On est donc conduit à la construction suivante.

Construction. Sur une droite quelconque menée par le point A, il faut prendre $AM = m$, $MN = n$; joindre B au point N ; par M, mener la parallèle ME et joindre le milieu F de l'arc au point E : la droite FED détermine le point D.

Remarque. Le point D', symétrique de D, par rapport au diamètre CF, correspond à $\quad \dfrac{BD'}{AD'} = \dfrac{m}{n}$

Exercice.

43. Problème. *Construire un triangle, connaissant deux côtés et la bissectrice de l'angle compris entre ces côtés.*

Soit ABC le triangle demandé ; les côtés BC, BA respectivement égaux aux longueurs données a, c, et la bissectrice BD, égale à une autre longueur connue b.

En menant une parallèle AE à la bissectrice, on forme un triangle isocèle ABE (G., n° 215), dont nous pouvons déterminer la base.

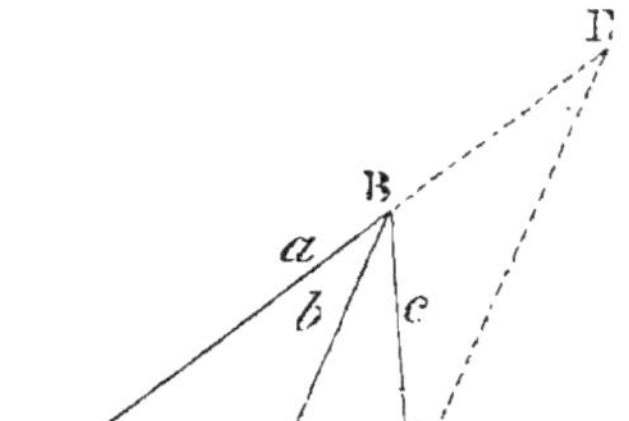

En effet, les triangles semblables CAE, CDB donnent la relation :

$$\frac{AE}{b} = \frac{CE}{a} \quad \text{ou} \quad \frac{AE}{b} = \frac{a+c}{a} \quad \text{car} \quad BE = c$$

d'où $\quad AE = \dfrac{b(a+c)}{a}$

Fig. 18

Ainsi, après avoir déterminé, par une quatrième proportionnelle, la longueur de AE, il faudra construire un triangle isocèle ABE, ayant AE pour base et *c* pour longueur des côtés égaux.

Par le sommet B du triangle isocèle, mener une parallèle à la base ; pendre BD = *b* et mener les droites EB, AD jusqu'à leur point de concours.

Exercice.

44. Problème. *Étant donné un triangle ABC, ayant trois côtés inégaux, on demande de mener des droites OM, ON par un point quelconque de la base, de manière que ces droites OM, ON, limitées aux deux côtés, aient pour somme une longueur donnée* l, *et que, pour tout autre point de la base, les parallèles menées aux droites OM, ON aient constamment pour somme la longueur* l.

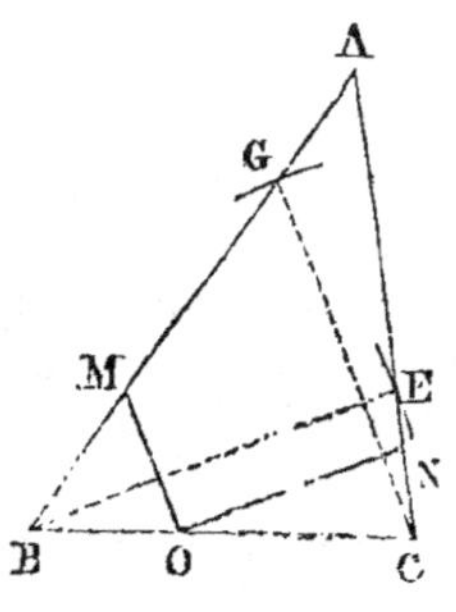

Fig. 19.

Admettons que la question proposée puisse être résolue, et soit OM + ON = *l*.

Puisque la somme doit être constante pour un point quelconque de la base, il faut que BE, parallèle à ON, égale *l* ; car, pour le point B, la parallèle menée à OM est nulle, puisqu'elle est complètement hors du triangle. De même CG, menée parallèlement à OM, doit égaler *l*. Nous sommes donc conduits à la construction suivante :

Du point B, pris pour centre, avec *l* pour rayon, il faut couper AC ; du centre C, avec le même rayon, décrire un arc qui détermine le point G ; puis, par un point quelconque O de la base, mener des parallèles aux droites BE, CG.

Il suffit de prouver que OM + ON = *l*.

En effet, les triangles semblables OCN, BCE donnent :

$$\frac{ON}{l} = \frac{OC}{BC} ; \quad \text{d'où} \quad ON = l \cdot \frac{OC}{BC}$$

Les triangles semblables OBM, CBG donnent :

$$\frac{OM}{l} = \frac{OB}{BC} ; \quad \text{d'où} \quad OM = l \cdot \frac{OB}{BC}$$

Par suite $\qquad OM + ON = l \cdot \dfrac{OB + OC}{BC} = l \qquad$ C. Q. F. D.

45. Remarque. Dans les problèmes précédents, le rappel d'un seul théorème a conduit à la solution ; mais il n'en est pas ainsi pour la plupart des questions ; on peut procéder alors comme il suit :

On cherche à ramener le problème proposé à un problème plus simple ; puis ce second à un troisième encore plus facile à résoudre,

*et ainsi de suite, jusqu'à ce que l'on parvienne à une question connue,
ou du moins à un problème qui puisse être résolu immédiatement.*

Voici quelques exemples :

Exercice.

46. Problème. *Décrire une circonférence tangente à trois circonférences données A, B, C*.*

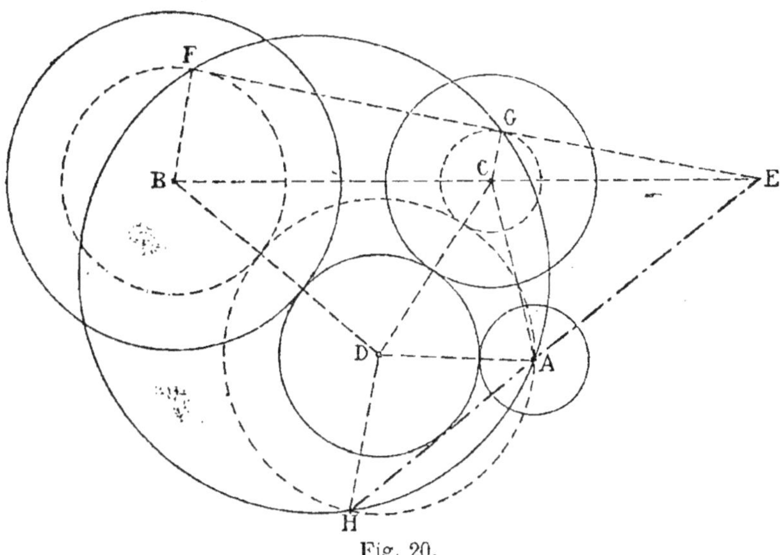

Fig. 20.

Soient *a*, *b*, *c* les rayons respectifs de ces circonférences, et D le
centre de la circonférence demandée.

En décrivant une circonférence du centre D, avec le rayon AD, on
reconnaît qu'elle sera tangente à la circonférence décrite du centre B
avec le rayon $b - a$, et à celle que l'on décrirait du centre C avec le
rayon $c - a$; donc le problème est ramené au suivant.

Exercice.

47. Problème. *Décrire une circonférence qui passe par un point A
et qui soit tangente à deux circonférences données BF et CG.*

En supposant le problème résolu, menant la tangente commune EGF et joignant le centre de similitude E au point A, on sait que l'on a (fig. 20) :

$$EA . EH = EF . EG \qquad (\text{G., n}^{\circ}\ 819);$$

donc, pour déterminer le point H, il suffit de faire passer une circonférence par les points A, F, G ; puis le cercle demandé devant passer par deux points connus A, H, la question est ramenée à la suivante.

Exercice.

48. **Problème.** *Décrire une circonférence qui passe par deux points donnés A, H, et qui soit tangente à une circonférence donnée.*

On sait (G., n° 299) que ce troisième problème se ramène à ce quatrième : *faire passer une circonférence par trois points donnés.*

49. **Remarque.** La marche indiquée est complètement analytique ; mais, comme les questions successives ne sont pas réciproques les unes des autres, il faut étudier chacune d'elles avec soin, afin de ne pas omettre certaines solutions. Ainsi le quatrième problème, *faire passer une circonférence par trois points*, n'a qu'une solution ; le troisième, *faire passer une circonférence par deux points et tangente à une autre circonférence*, en a deux ; le deuxième, *faire passer une circonférence par un point et tangente à deux autres circonférences*, en a quatre ; et le premier, *décrire une circonférence tangente à trois autres circonférences*, a huit solutions *.

La méthode synthétique expose en premier lieu le problème le plus simple. Dans l'exemple cité, c'est le quatrième ; puis viennent successivement le troisième, le deuxième et le premier.

Exercice.

50. **Problème.** *Dans une ellipse, quelle est la distance OL du centre à une corde MN parallèle à AA', et dont la longueur est la moitié du grand axe?* (Baccalauréat ès sciences ; Toulouse, août 1874.)

1° Considérons le cercle principal de l'ellipse. (G., n° 626.) La corde correspondante *mn* égale *a*, rayon de ce cercle ; en joignant les extrémités au centre, on forme un triangle équilatéral *nOm*. La hauteur de

---

* Ce bel exemple de *simplifications successives* se trouve dans les *Problèmes de géométrie* de Ritt.

Georges Ritt, ancien inspecteur général, est surtout connu par son *Arithmétique élémentaire* et par les *recueils de problèmes* relatifs à l'Algèbre, aux Éléments de géométrie et à la Géométrie analytique.

ce triangle égale $\dfrac{a}{2}\sqrt{3}$. (G., n° 316.) Or cette distance est réduite, pour la corde de l'ellipse, dans le rapport $\dfrac{b}{a}$ (G., n° 636); donc la distance du centre à la corde de l'ellipse égale

$$\frac{b}{a} \times \frac{a}{2}\sqrt{3} = \frac{b}{2}\sqrt{3}$$

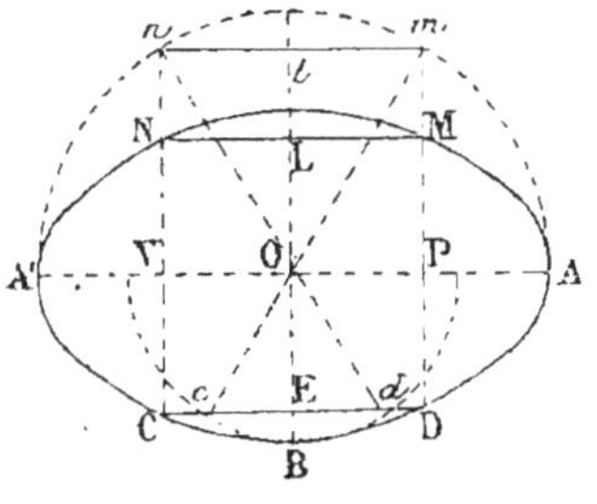

Fig. 21.

2° On peut arriver plus rapidement à ce résultat. Par rapport au cercle décrit sur le petit axe, la demi-corde $\dfrac{a}{2}$ est l'abscisse DE d'un point D; pour le petit cercle, la demi-corde correspondante $dE = \dfrac{b}{2}$. (G., n° 635.) Mais $dc = b$ est la base d'un triangle équilatéral; donc $OE = \dfrac{b}{2}\sqrt{3}$.

3° Le moyen général pour traiter ces questions, c'est d'employer l'équation de la courbe $a^2y^2 + b^2x^2 = a^2b^2$. (G., n° 645.)

Remplaçons x par ML ou $\dfrac{a}{2}$, d'où $x^2 = \dfrac{a^2}{4}$, l'équation devient successivement :

$$a^2y^2 + \frac{b^2a^2}{4} = a^2b^2$$

$$y^2 + \frac{b^2}{4} = b^2; \quad y^2 = \frac{3b^2}{4}; \quad \text{d'où} \quad y = \frac{b}{2}\sqrt{3}$$

Exercice.

51. Problème de Castillon. *On donne trois points* A, B, C *et une circonférence; inscrire dans cette circonférence un triangle* DEF, *tel que chaque côté passe par un des points donnés*.*

Soit le problème résolu et DEF le triangle demandé. Il suffit qu'un

---

* Ce problème, proposé par CRAMER, a été résolu par CASTILLON, géomètre italien, en 1776. Le problème avait été résolu par PAPPUS dans le cas particulier où les trois points A, B, C sont en ligne droite. (*Nouvelles Annales mathématiques*, année 1844, page 464.)

CRAMER, né à Genève en 1704, mort en 1752. On lui doit l'*Introduction à l'analyse des courbes algébriques* et les formules d'élimination qui portent son nom.

PAPPUS vivait à Alexandrie vers la fin du IV° siècle de l'ère chrétienne. Ses *Collections mathématiques* contiennent les principales découvertes faites jusqu'alors en géométrie, et les recherches personnelles de l'auteur. On y trouve même une question analogue au *théorème de Guldin*, et le théorème fondamental relatif au *rapport anharmonique*.

seul sommet soit déterminé. Pour établir aisément certaines relations entre les données et les inconnues, menons FG parallèle à BC et menons GEH.

Les angles inscrits D, G sont égaux, donc l'angle EHB = D ; les triangles BHE, BDC sont semblables, car ils ont un angle B commun et un angle H égal à D ; on a par conséquent :

$$\frac{BH}{BD} = \frac{BE}{BC}, \quad \text{d'où} \quad BH = \frac{BD \cdot BE}{BC}$$

Les longueurs BE et BD ne sont point connues, mais leur produit égale le carré de la tangente BT ;

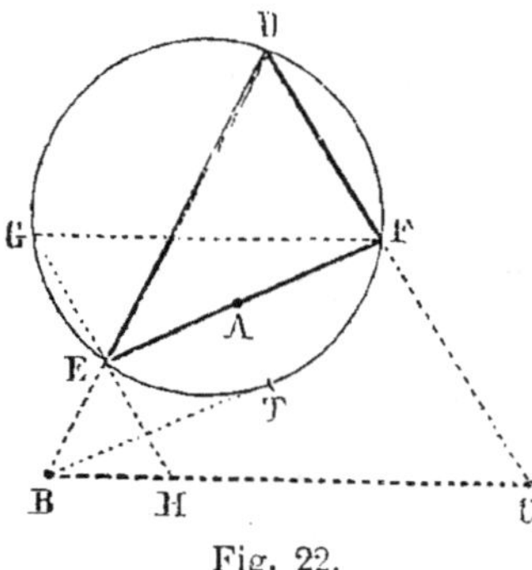

Fig. 22.

d'où
$$BH = \frac{BT^2}{BD}$$

Ainsi le point H peut être déterminé, et le problème proposé serait résolu, si l'on savait déterminer un point E, tel qu'en le joignant aux points A et H, la corde GF fût parallèle à BC. On est donc conduit à résoudre le problème suivant.

Exercice.

52. Problème. *On donne deux points* A, H, *une circonférence et une droite* BC. *Il faut déterminer sur cette circonférence un point* E, *tel qu'en le joignant aux points donnés* A, H, *la corde* FG *soit parallèle à la droite* BC.

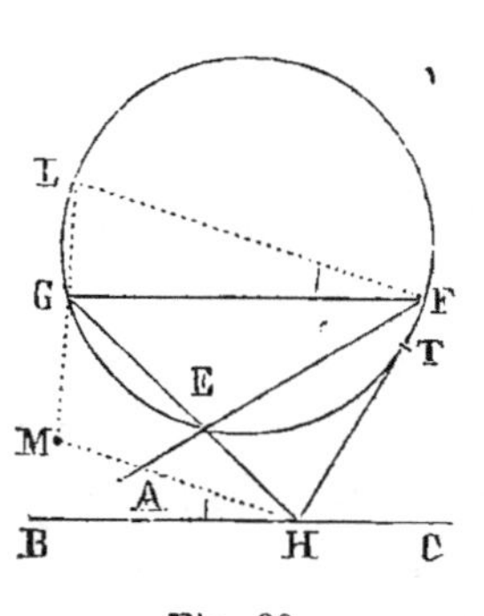

Fig. 23.

Soit le problème résolu et FG parallèle à BC.

Par analogie à la question précédente, menons FL parallèle à AH, puis la ligne LGM et déterminons la position du point M.

Les triangles MGH, EAH sont semblables. En effet, l'angle H est commun et l'angle M égale l'angle E, car ces deux angles ont pour supplément le même angle L.

On a donc
$$\frac{HM}{HE} = \frac{HG}{HA},$$

d'où
$$HM = \frac{HE \cdot AG}{AH} = \frac{HT^2}{AH}$$

Ainsi le point M est connu de position ; d'ailleurs l'angle LFG = AHB angle donné ; donc il suffit de mener par le point M une sécante MGL telle que l'angle inscrit correspondant LFG soit égal à l'angle formé par les droites données AH et BC.

La résolution complète du *problème de Castillon* n'exige plus que la résolution de l'exercice très simple que voici.

Exercice.

53. Problème. *Par un point donné* M, *mener une sécante telle que l'angle inscrit* LFG, *qui correspond à la corde interceptée* GL, *soit égal à un angle donné* AHB.

Tous les angles inscrits égaux correspondent à des arcs égaux, et par suite à des cordes égales. Il suffit donc de faire un angle inscrit C égal à H ; de mener une circonférence concentrique à la première et tangente à la corde DE, puis par le point M de mener à cette deuxième circonférence une tangente MGL. Tout angle inscrit tel que F égalera H.

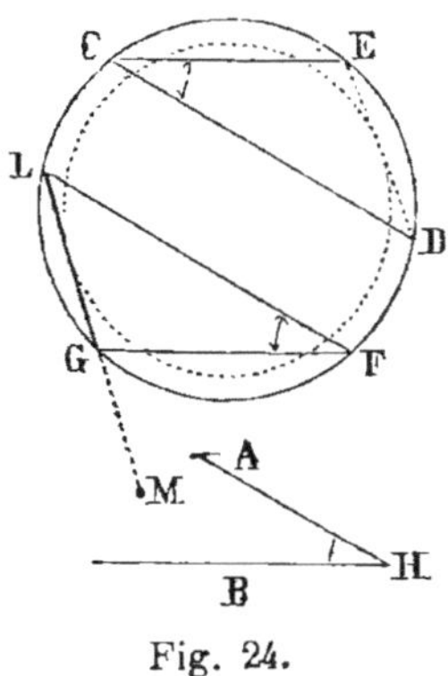

Fig. 24.

Résumé.

54. La *synthèse* permet à celui qui sait d'exposer ce qu'il connaît ; il est d'usage de l'employer, dans les éléments de géométrie, à la démonstration des théorèmes ; mais la synthèse ne peut guère être utilisée dans la résolution des problèmes, car rien n'indique, *à priori*, les constructions à effectuer.

L'*analyse* est, par excellence, la méthode pour découvrir ; par suite, on en fait constamment usage dans la solution des questions que l'on n'a pas encore étudiées.

55. Méthodes particulières. Pour faciliter la démonstration des théorèmes et la résolution des problèmes graphiques, il est à propos d'indiquer plusieurs méthodes particulières qui se rapportent en réalité à l'analyse.

La classification des *méthodes particulières* n'a rien d'absolu, car un grand nombre d'exercices pourraient être rapportés à plusieurs de ces méthodes. Souvent aussi la démonstration ou la résolution d'une question proposée peut exiger l'emploi simultané de plusieurs des procédés spéciaux qui vont être indiqués. On ne doit jamais perdre de vue l'observation suivante :

Il faut, dans chaque cas, employer la méthode qui mène promptement et le plus facilement au but ; mais toujours en conservant l'inexorable rigueur logique qui est l'âme de la science. (TERQUEM, *Nouvelles Annales mathématiques*, 1852, page 447.)

II

LIEUX GÉOMÉTRIQUES [*]

§ I. — Recherche des Lieux géométriques.

56. Définition. On sait qu'on appelle *lieu géométrique* l'ensemble des points qui jouissent d'une même propriété.

On a déjà vu dans les *Éléments de géométrie* un assez grand nombre de lieux géométriques; ainsi :

La perpendiculaire élevée au milieu d'une droite est le lieu des points équidistants des extrémités de cette droite. (G., n° 42.)

La bissectrice d'un angle est le lieu des points équidistants des deux côtés de cet angle. (G., n° 66.)

On connaît aussi le lieu des points distants d'une longueur donnée d'une droite ou d'une circonférence. (G., n°ˢ 84, 115, 2°.)

Le lieu des points distants d'une longueur donnée d'un plan ou d'une sphère, est un plan parallèle au premier ou une sphère concentrique à la sphère proposée.

57. Détermination du lieu. Pour reconnaître la nature du lieu des points qui jouissent d'une propriété donnée, et pour reconnaître la position de ce lieu par rapport aux grandeurs connues, on considère quelques points spéciaux du lieu et l'on cherche quelle est la ligne qui peut passer par les points ainsi trouvés, puis on suit un des deux modes ci-après.

Premier mode. 1° On démontre que tous les points de la ligne jouissent de la propriété énoncée.

2° On prouve que tout point pris hors de la ligne considérée n'a pas la propriété demandée.

Second mode. 1° On démontre qu'un point quelconque, jouissant de la propriété voulue, se trouve sur la ligne.

---

[*] La doctrine des *lieux géométriques* est attribuée à PLATON.

2° On prouve que toute la ligne appartient au lieu, ou on reconnaît quelle est la partie de cette ligne qui appartient réellement à ce lieu.

Remarque. A cause de l'importance de la détermination des lieux géométriques et des difficultés que présente l'application des considérations générales ci-dessus, nous allons traiter quelques exemples avec tous les détails nécessaires.

Exercice.

58. Problème. *Par chaque point d'une circonférence, on mène des droites parallèles sur lesquelles on prend une longueur constante* l; *quel est le lieu des points ainsi obtenus ?*

Soit CN égale et parallèle à BM.

Par le centre A menons une parallèle AO égale à *l*.

La figure ABMO est un parallélogramme comme ayant deux côtés opposés égaux et parallèles; donc

$$OM = AB$$

De même $ON = AC = r$

Le lieu est donc une circonférence égale à la première.

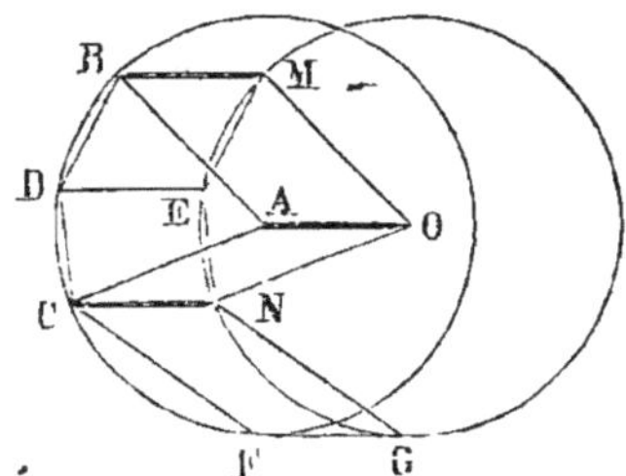

Fig. 25.

59. Remarque. 1° En appliquant les conditions de l'énoncé ci-dessus à une figure quelconque, on obtiendrait aussi une figure égale.

La démonstration générale est la suivante (fig. 25) :

Les droites BD et ME sont égales et parallèles, car BM et DE sont égales et de même DC et EN sont égales et parallèles, et les angles BDC, MEN sont égaux comme ayant les côtés parallèles et de même sens.

Ainsi les figures BDCF, MENG sont égales comme ayant les côtés respectivement égaux et les angles égaux.

Les figures courbes sont égales comme limites de polygones égaux.

2° Dans les applications, on peut considérer la figure MENG comme ayant été obtenue par le déplacement de la figure BDCF, dont tous les sommets ont glissé sur des parallèles. Ainsi on peut dire que la figure MENG a été obtenue à l'aide de BDCF, en employant un *déplacement* ou une *translation parallèle* *.

---

* Le terme *translation parallèle* se trouve dans un ouvrage bien remarquable : *Méthodes et théories pour la résolution des problèmes de constructions géométriques,* par Julius Petersen, professeur à l'École polytechnique de Copenhague; traduction de M. O. Chemin, ingénieur des ponts et chaussées.

Exercice.

60. Problème. *Quel est le lieu des points dont le rapport des distances à deux droites égale un rapport donné $\dfrac{m}{n}$?*

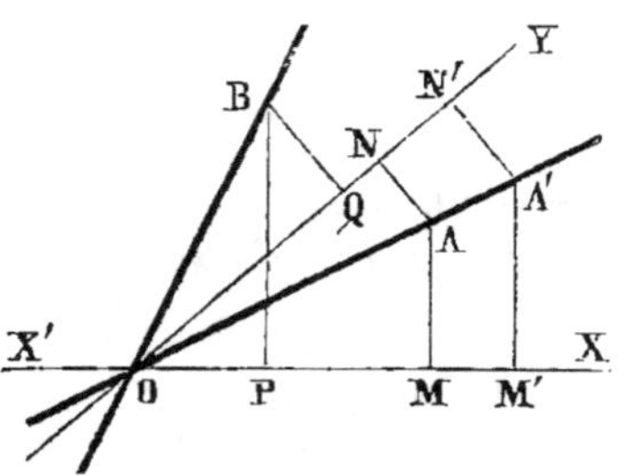

Fig. 26.

Soient OX, OY les droites données.

Le point O appartient au lieu ; soit A un point tel qu'on ait :

$$\frac{AM}{AN} = \frac{m}{n}$$

La droite AO est le lieu demandé, car pour tout autre point A'

on aura $\quad \dfrac{A'M'}{A'N'} = \dfrac{AM}{AN}$

donc $\quad \dfrac{A'M'}{A'N'} = \dfrac{m}{n}$

La droite OB appartient aussi au lieu, car on peut avoir

$$\frac{BP}{BQ} = \frac{m}{n}$$

Exercice.

61. Problème. *Quel est le lieu géométrique des points dont les distances à deux points donnés A et B sont dans un rapport constant $\dfrac{m}{n}$?*

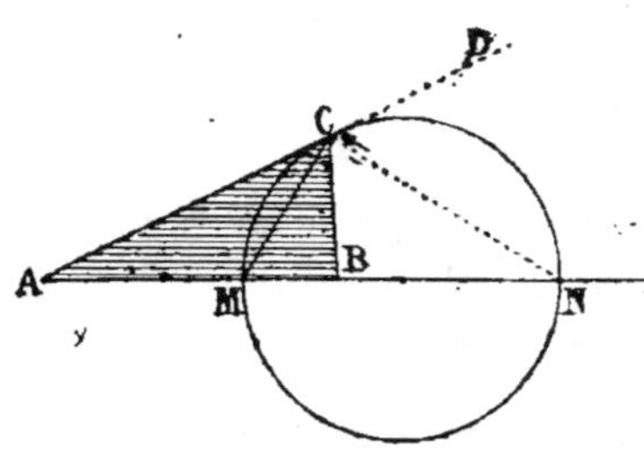

Fig. 27.

Sur la droite AB et sur son prolongement, déterminons les points M et N tels qu'on ait :

$$\frac{MA}{MB} = \frac{NA}{NB} = \frac{m}{n} . \text{(G., n}^\text{o}\,307.)$$

Ces deux points M et N appartiennent au lieu demandé.

Pour un autre point quelconque C du lieu, on a par hypothèse :

$$\frac{CA}{CB} = \frac{m}{n}$$

donc $\qquad \dfrac{CA}{CB} = \dfrac{MA}{MB} = \dfrac{NA}{NB}$

Mais la bissectrice de l'angle ACB et celle de l'angle supplémentaire BCD donneraient, sur la base, deux points dont le rapport des distances aux points A et B égalerait $\dfrac{CA}{CB}$ ou $\dfrac{m}{n}$; donc les droites CM et CN sont elles-mêmes les bissectrices cherchées.

Les bissectrices de deux angles supplémentaires sont perpendiculaires l'une à l'autre; donc l'angle MCN est droit, et le point C appartient à la circonférence décrite sur le diamètre MN.

On prouve ensuite que tout point de la circonférence appartient au lieu. (G., n° 307, 2°.)

62. Remarque. Le lieu des points dont le rapport des distances à un point et à une droite est constant est une conique.

On obtient une ellipse lorsque $\dfrac{m}{n}$ est < 1. (G., n° 846.)

— une parabole lorsque $\dfrac{m}{n}$ $= 1$. (G., n° 848.)

— une hyperbole pour $\dfrac{m}{n}$ > 1. (G., n° 850.)

Exercice.

63. Problème. *On joint les divers points M d'une droite à un point donné O, et l'on prend sur chaque ligne ainsi menée une distance ON, telle que* $\dfrac{OM}{ON} = \dfrac{m}{n}$. *Quel est le lieu des points N?*

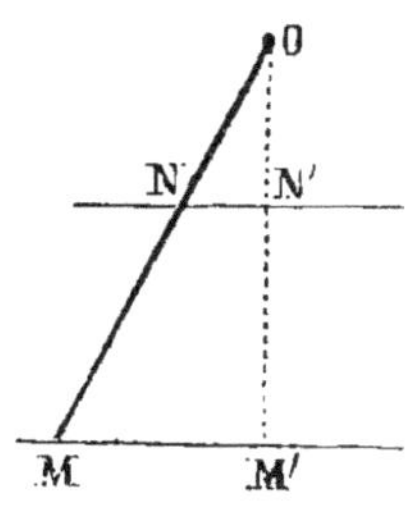

Fig. 28.

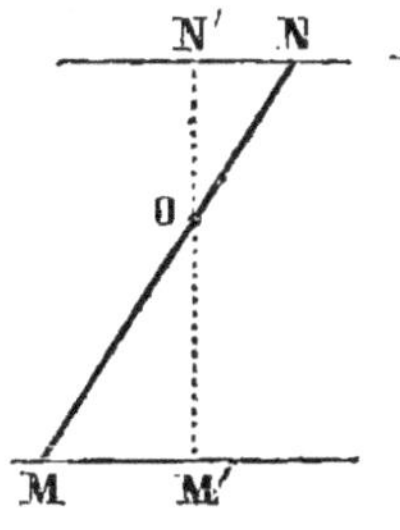

Fig. 29.

Soient N et N′ deux points du lieu.

Les triangles MOM′, NON′ sont semblables, comme ayant un angle égal compris entres côtés homologues proportionnels, car

$$\frac{OM}{ON} = \frac{m}{n} = \frac{OM'}{ON'}$$

donc les droites MM′ et NN′ sont parallèles.

64. Remarque. Le point O (fig. 28) est le centre de similitude directe. Le point O (fig. 29) est le centre de similitude inverse. (G., n°ˢ 305 et 813.)

Exercice.

65. Problème. *On joint les divers points M d'une circonférence à un point donné O, et l'on prend sur chaque ligne ainsi menée une distance ON, telle que* $\dfrac{OM}{ON}$ *égale un rapport donné* $\dfrac{m}{n}$. *Quel est le lieu des points N?*

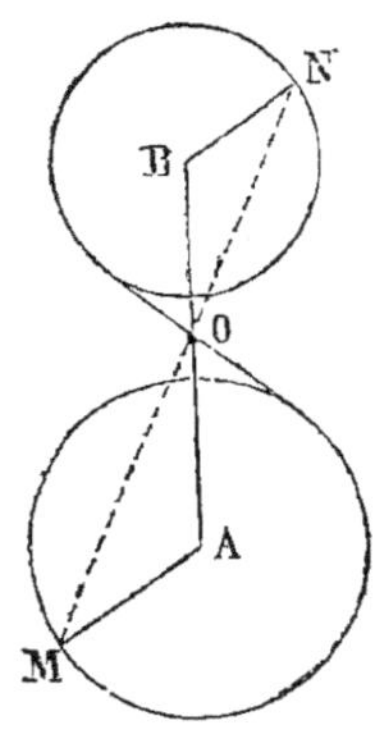

Fig. 30.

Soit N un point quelconque du lieu.

Sur la ligne AO prenons une longueur OB, telle qu'on ait :

$$\frac{OA}{OB} = \frac{m}{n} = \text{donc } \frac{OM}{ON}$$

Les triangles AOM, BON sont semblables comme ayant un angle égal compris entre côtés proportionnels ; donc

$$\frac{AM}{BN} = \frac{OM}{ON} \; ; \quad \frac{AM}{BN} = \frac{n}{m}$$

d'où $\qquad BN = AM \cdot \dfrac{m}{n} \qquad$ quantité constante.

Donc le lieu des points N est une circonférence décrite du point B comme centre avec BN ou AM $\dfrac{m}{m}$ pour rayon.

66. Remarques. 1° Quand le point O est entre M et N, la similitude est inverse ; elle est directe dans le cas contraire.

2° Le théorème s'applique à une figure quelconque ; le lieu des points N est une figure semblable à la première.

Exercice.

67. Problème. *Par un point donné O, l'on mène une sécante quelconque; elle rencontre une droite donnée AB en un point N, et l'on prend sur la sécante une longueur OM telle que le produit OM . ON ait une valeur constante k². Quel est le lieu du point M?*

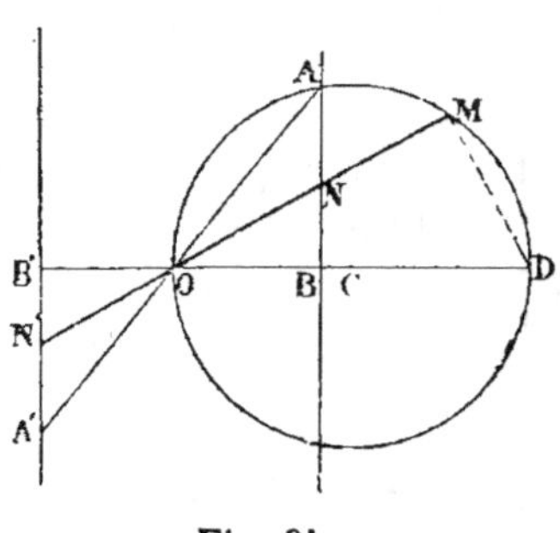

Fig. 31.

Le lieu est évidemment symétrique par rapport à la perpendiculaire OB, abaissée du point O sur la droite donnée ; déterminons donc le point D tel que l'on ait : $\quad$ OB . OD $= k^2$

Soit M un point quelconque du lieu, on aura :

$$OM . ON = k^2$$

Les produits égaux OB.OD et OM.ON donnent :

$$\frac{OM}{OB} = \frac{OD}{ON}$$

Donc les triangles OBN, OMD sont semblables, car ils ont un angle égal compris entre côtés homologues proportionnels; donc l'angle M est droit, car il égale B. Ainsi tout point M du lieu appartient à la circonférence décrite sur le diamètre OD.

68. Remarques. 1° Il serait facile de prouver que tous les points de la circonférence appartiennent au lieu.

2° En donnant un point O sur une circonférence ayant OD pour diamètre, et déterminant ON par la relation

$$OM.ON = k^2$$

le lieu des points N est la perpendiculaire NB, menée au diamètre par un point B, tel que l'on ait :

$$OB.OD = k^2 \qquad (\text{G., n}^\circ 825.)$$

3° Lorsque le point O n'est pas sur la circonférence des points M, le lieu des points N, tels que $OM.ON = k^2$, est une seconde circonférence; les deux courbes ont le point O pour centre de similitude. (G., n° 828.)

Exercice.

69. Problème. *Quel est le lieu des points dont la somme des carrés des distances à deux points donnés égale un carré donné* k² ?

Soient A, B les points donnés; C un point du lieu tel que l'on ait :

$$AC^2 + BC^2 + = k^2$$

Puisqu'on a la somme des carrés de deux côtés du triangle ABC, on est conduit à appliquer le théorème du carré de la médiane. (G., n° 254.) Joignons donc le point C au point milieu O de la base, on aura :

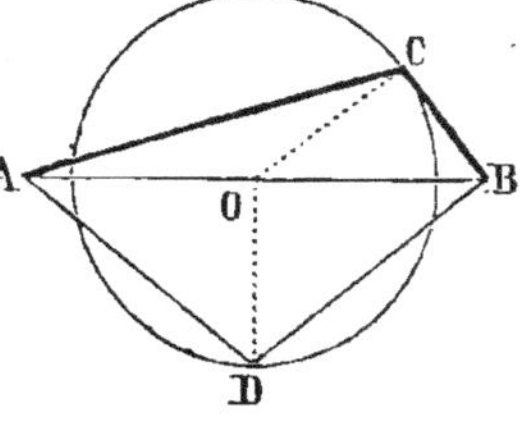

Fig. 32.

$$AC^2 + BC^2 = 2AO^2 + 2OC^2$$

donc $\qquad 2AO^2 + 2CO^2 = k^2$; d'où $\quad CO^2 = \dfrac{k^2 - 2AO^2}{2}$

Ainsi CO est une longueur constante.

Le lieu est donc la circonférence décrite du point milieu O comme centre, avec OC pour rayon.

70. Remarques. 1° Toute la circonférence appartient au lieu.

2° Pour déterminer le rayon, on peut élever une perpendiculaire au point O sur AB (fig. 32), et du point B comme centre, avec un rayon égal au côté du carré équivalent à la moitié de k^2, couper la perpendiculaire au point D.

3º Il faut que k^2 égale au moins $2AO^2$ ou $\dfrac{AB^2}{2}$.

Exercice.

71. Problème. *Quel est le lieu des points dont la différence des carrés des distances à deux points donnés égale un carré donné* k^2?

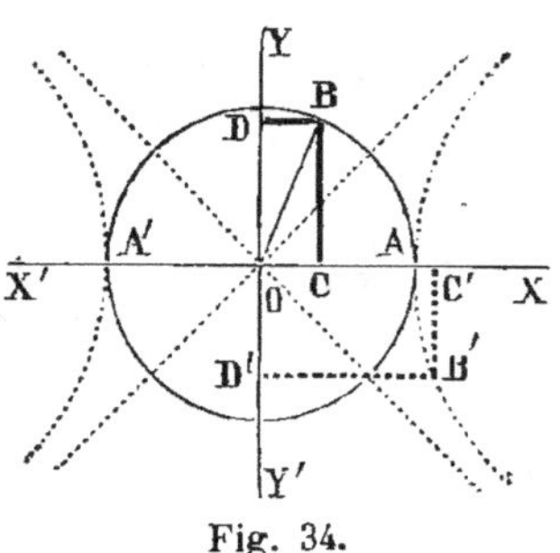

Fig. 33.

Soit $\qquad AC^2 - BC^2 = k^2$

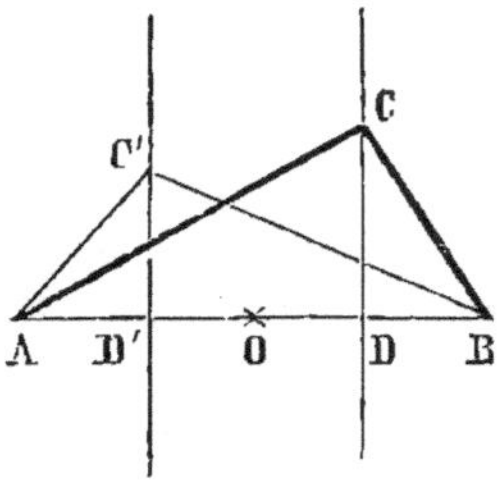

Puisqu'il s'agit de la différence des carrés des deux côtés d'un triangle, on est conduit à étudier les projections de ces côtés sur AB. (G., nº 255, 2º.) Abaissons donc la perpendiculaire CD ; on a :

$$AC^2 = AD^2 + CD^2 ; \quad BC^2 = BD^2 + CD^2$$

d'où $\qquad AC^2 - BC^2 = AD^2 - BD^2$

Ainsi, quel que soit le point du lieu, la différence $AD^2 - BD^2$ ne varie point, elle égale k^2; donc le point D est déterminé et la perpendiculaire CD appartient au lieu demandé.

Le lieu complet comprend encore la perpendiculaire C′D′ telle que

$$BC'^2 - AC'^2 = k^2$$

Remarques. 1º Les deux perpendiculaires sont équidistantes du milieu O.

2º La différence peut varier de zéro à $+\infty$.

Lorsqu'elle est nulle, les deux droites DC, D′C′ se réduisent à une seule perpendiculaire au milieu de AB au point O.

Exercice.

72. *Quel est le lieu des points dont la somme des carrés des distances à deux droites rectangulaires est égale à un carré donné* a^2?

Soit $\qquad BC^2 + \overline{BD}^2 = a^2$

On a $\qquad BC^2 + OC^2 = a^2$;

donc $\qquad OB^2 = a^2$

OB étant une longueur constante, le lieu du point B est la circonférence décrite du centre O avec a pour rayon.

Fig. 34.

73. Remarques. 1º Pour la différence des carrés ou $B'D'^2 - B'^2C' = a^2$, le lieu est une hyperbole équilatère (fig. 34) ayant $AA' = 2a$ pour axe transverse. (G., nº 676.)

2º Lorsque les axes ne sont pas rectangulaires, le premier lieu est une ellipse et le second une hyperbole à **axes inégaux**.

3º Le lieu des points dont la somme ou la différence des carrés des distances à un point et à une droite est constante, est aussi une conique.

Exercice.

74. Problème. *Quel est le lieu des points dont la somme des distances à deux droites concourantes égale une longueur donnée l ?*

Soient deux droites concourantes BX, BY.

Sur chacune de ces droites il y a un des points du lieu ; pour BY c'est un point C tel que la hauteur $CH = l$, car la distance du même point C à la droite BY est nulle.

Pour déterminer C, on prend une perpendiculaire M′L′ égale à la longueur donnée l, et l'on mène une parallèle L′L.

On détermine de même un point A tel que $AG = l$.

Il suffit d'ailleurs de prendre $BA = BC$, car le triangle ABC est isocèle comme ayant deux hauteurs égales.

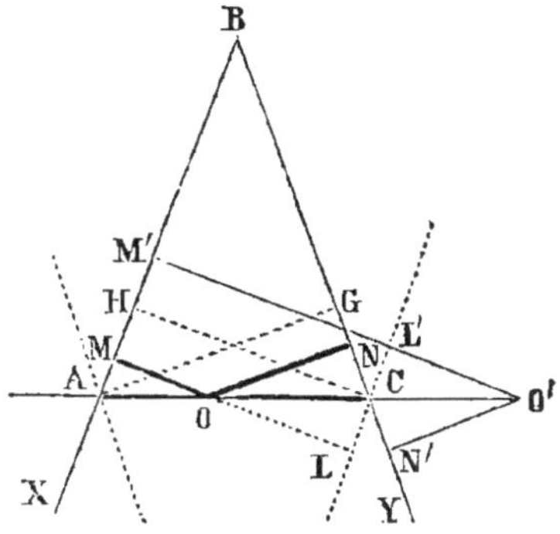

Fig. 35.

1º On est donc conduit à regarder hypothétiquement la droite AC comme étant le lieu demandé.

En effet, on sait que pour tout autre point O de la base, on a (nº 20)

$$OM + ON = ML = l$$

2º Il reste à examiner si tous les points de la ligne déterminée par les points A et C appartiennent au lieu.

Or, pour tout point O′ pris sur le prolongement de la base AC du triangle isocèle, on a $\quad O'M' - O'N' = M'L' = l$

Ainsi l'on doit regarder une des perpendiculaires comme étant négative ou modifier l'énoncé, car les points situés sur le prolongement de la base appartiennent au lieu des points dont la différence des distances aux droites données égale l.

Extension. Mais les droites BX, BY sont illimitées ; il y a donc lieu de considérer les quatre angles que ces droites forment en se coupant (fig. 36). On trouve ainsi la solution complète qui suit.

75. Théorème. *Le lieu des points dont la somme des distances est égale à l est formé par le périmètre d'un rectangle ACDE ; et le lieu des points dont la différence des distances est égale à l est formé par les prolongements des quatre côtés de ce rectangle.*

Figures complémentaires. On nomme *figures complémentaires* les figures qui répondent aux mêmes données et à la même question,

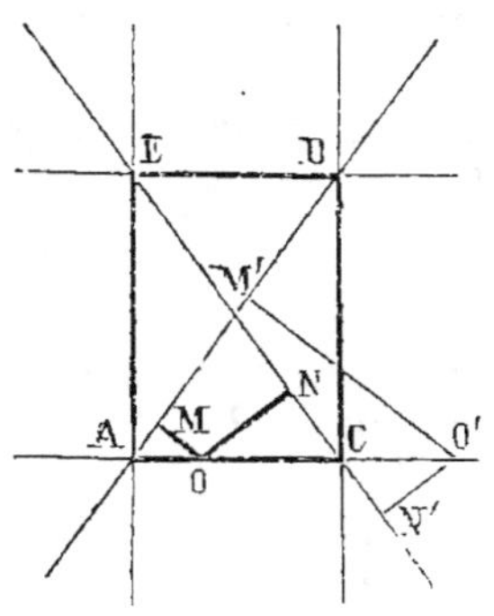

Fig. 36.

mais avec un changement de signe dans la relation : elles constituent l'ensemble complet d'un lieu géométrique. Ainsi le rectangle ACDE, qui correspond à une somme (n° 75), et les prolongements des côtés de ce même rectangle, qui correspondent à une différence, sont des figures complémentaires. Il en est de même du cercle et de l'hyperbole (n° 72).

Remarque. On sait que le lieu des points dont la somme ou la différence des distances à deux points donnés égale une longueur donnée $2a$, est une ellipse ou une hyperbole. (G., n°s 618 et 653.)

Exercice.

76. Problème. *Quel est le lieu des points dont la somme ou la différence des distances à un point et à une droite donnés est constante?*

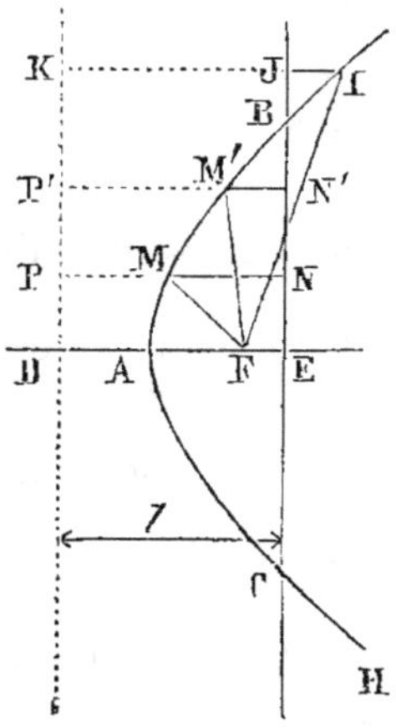

Soient F le point et BC la droite donnés.

Soient M, M'... des points du lieu; on a donc

$$MF + MN = l$$

Pour ajouter les deux droites, il suffit de prendre MP égal à MF; M'P' égal à M'F;

donc $$PN = P'N' = l$$

Le lieu des points P est une droite parallèle à BC; et les points M, M', étant équidistants d'un point F et d'une droite DP, appartiennent à une parabole ayant F pour foyer et DP pour directrice. (G., n° 684.)

Les points de la parabole compris à droite de BC correspondent à la différence;

car $$FI = IK$$

et $$FI - IJ = JK = l$$

Fig. 37.

77. Remarques. 1° Lorsque l est $<$ FE, tous les points de la parabole correspondent à une différence; la courbe ne coupe point la droite donnée.

2° Si l'on retranchait le rayon vecteur de la distance du point considéré à la droite donnée, la directrice se trouverait entre la droite et le point donnés.

Exercice.

78. Problème. *Quel est le lieu des points dont le produit des distances à deux axes rectangulaires égale un carré donné k^2.*

Soit $MP . MN = k^2$

Le lieu est une hyperbole équilatère rapportée à ses asymptotes. (G., n° 678.)

Tous les rectangles tels que ceux qui ont pour sommets les points M, M' sont équivalents entre eux.

On sait que la tangente DE, à la courbe, est divisée en deux parties égales par le point de contact (voir n° 175, ci-après), et que, par suite, le triangle DOE, double du rectangle OPMN, est équivalent au triangle D'OE'.

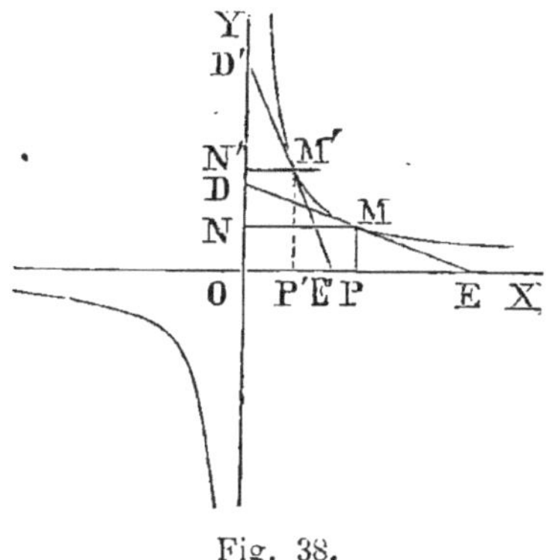

Fig. 38.

79. Remarques. 1° Lorsque les droites OX, OY ne sont pas rectangulaires, le lieu des points dont le produit des distances aux deux droites est constant est une hyperbole à axes inégaux.

2° En géométrie élémentaire, il n'y a point à s'occuper du lieu des points dont le produit des distances à un point et à une droite est constant, car la courbe est du troisième degré.

3° Le lieu des points dont le produit des distances à deux points donnés est constant est du quatrième degré; il est connu sous le nom de *courbe cassinienne* et comprend plusieurs variétés, entre autres *l'ovale de Cassini* et une *lemniscate*, ou courbe en forme de 8 *.

Exercice.

80. Problème. *Quel est le lieu des points milieux des cordes menées à une circonférence par un même point A ?*

1° Le lieu doit passer par le centre O, milieu du diamètre, et par le point A, car ce point est le milieu de la corde GH, perpendiculaire au diamètre LK; d'ailleurs le lieu est symétrique par rapport à AO.

2° Pour le point milieu D d'une corde quelconque CB, on sait que la droite OD est perpendiculaire à la corde BC; donc le point D, sommet de l'angle droit ADO, appartient à la circonférence décrite sur AO, comme diamètre.

3° Lorsque le point A est intérieur (fig. 39), toute la circonférence AO appartient évidemment au lieu; mais il n'en est pas de même lorsque le point A est extérieur (fig. 40).

---

* Pour l'étude de ce lieu géométrique, on peut consulter la *Géométrie analytique de Briot*, 10e édition, n° 339.

Les Cassini ont été surtout astronomes, et ont travaillé de père en fils, pendant quatre générations, soit au tracé de la méridienne, soit à celui de la grande carte de France, commencée en 1744 et terminée en 1793.

Lorsqu'on se place au point de vue de la géométrie élémentaire et des constructions ultérieures qu'on pourrait avoir à effectuer, *l'arc* MODN, *limité aux tangentes* AM, AN, *appartient seul au lieu*, puisque, en dehors de ces tangentes, il n'y a point de corde menée par le point A qui puisse rencontrer la circonférence O.

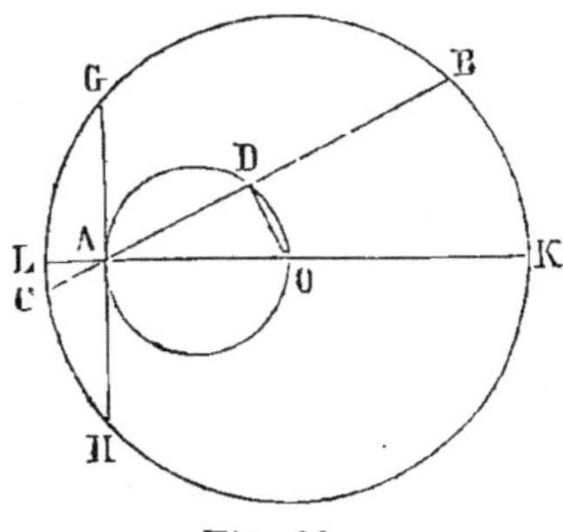

Fig. 39.

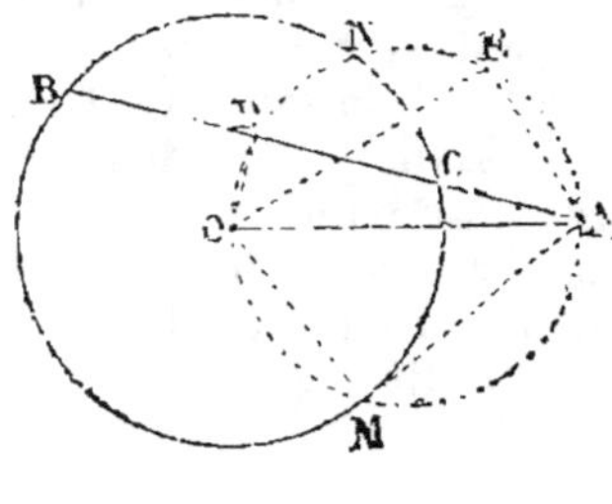

Fig. 40.

Néanmoins, afin de pouvoir se rendre compte de la présence de l'arc MAN comme lieu, il suffit de remarquer que l'angle ADO est droit et de poser la question comme il suit :

Quel est le lieu géométrique du sommet de l'angle droit d'un triangle rectangle dont AO est l'hypoténuse?

Car, dans ce cas, le point E appartient évidemment au lieu; mais il y a une manière plus générale de se rendre compte de la présence de l'arc MAN.

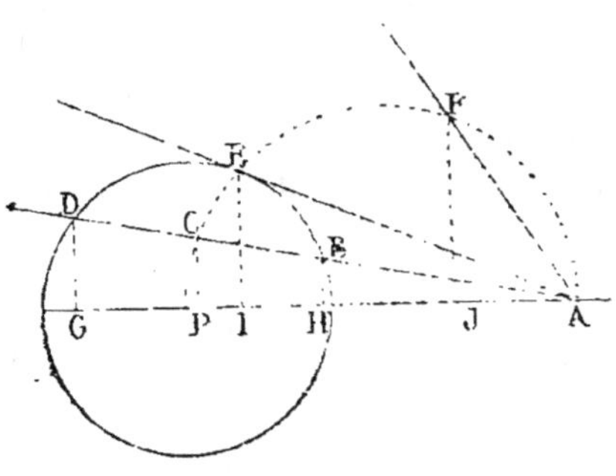

Fig. 41.

81. Autre explication. L'équation du cercle rapportée à deux axes rectangulaires menés par son centre est :

$$x^2 + y^2 = r^2. \quad (G., n^o 646.)$$

L'équation d'une sécante quelconque menée par le point A est de la forme

$$y = ax + b. \quad (Algèbre, n^o 439 \star).$$

b est une longueur constante; a un coefficient angulaire variable pour caractériser la position de la droite par rapport à AO.

En éliminant y, on trouve l'équation du second degré

$$x^2 + a^2 x^2 + 2abx + b^2 - r^2 = 0$$

ou

$$x^2 + \frac{2ab}{1 + a^2}\, x + \frac{b^2 - r^2}{1 + a^2} = 0$$

$\star$ Voir ÉLÉMENTS D'ALGÈBRE, F. I. C., 3e édition.

Les deux valeurs de x correspondent aux abscisses AG, AH des deux points d'intersection ; la demi-somme de ces lignes est l'abscisse AP du point milieu de la corde ; de même que CP est la demi-somme des ordonnées BH et DG. Or, on sait que la somme des racines égale le coefficient de x, pris en signe contraire ; donc l'abscisse AP du point milieu est toujours réelle, même lorsque les racines sont imaginaires, c'est-à-dire lorsque la sécante ne rencontre pas la circonférence. Il en est de même de l'ordonnée ; dans ce cas, on dit que les points de rencontre sont *imaginaires*. Ainsi :

Une sécante quelconque menée par le point A rencontre la circonférence en deux points réels ou imaginaires, mais le point milieu de la distance des deux points d'intersection est toujours réel et appartient au lieu.

Exercice.

82. Problème. *On donne une circonférence et un diamètre fixe AB. D'un point quelconque C, pris sur le prolongement du diamètre, on mène une tangente CT, puis la bissectrice de l'angle ACT ; quel est le lieu du pied de la perpendiculaire abaissée du centre sur la bissectrice ?* (Énoncé de BLANCHET*.)

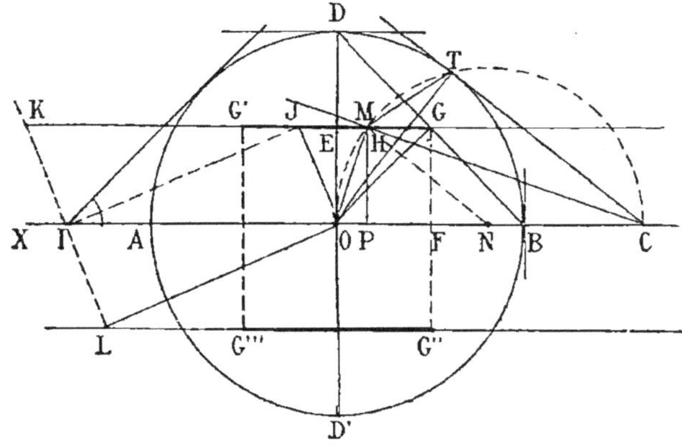

Fig. 42.

1° Étudions les positions particulières de la tangente.

Pour la tangente au point D, la bissectrice est parallèle à la tangente et au diamètre AB ; elle passe par le point milieu E de OD.

La tangente au point B donne une bissectrice BD, qui coupe le diamètre sous un angle de 45°. La perpendiculaire OG détermine un triangle OGB, rectangle isocèle;

donc
$$GF = GE = \frac{R}{2}$$

Les quatre points G, G', G″, G‴ sont les sommets d'un carré ayant le point O pour centre. Le côté GG' passe par le point E déjà déterminé.

2° Pour une tangente quelconque CT, le point M est la projection du centre sur la bissectrice CM. Prouvons que le point M appartient à la droite CEG'.

Menons le rayon NM de la circonférence OCT qui détermine le point de contact; soit H le point où ce rayon coupe la corde OT,

on a
$$OH = \frac{OT}{2} = \frac{R}{2}$$

Or les triangles rectangles OMP, OMH sont égaux comme ayant l'hypoténuse commune et l'angle MON = OMN.

Donc
$$MP = OH = \frac{R}{2}$$
$$C.\ Q.\ F.\ D.$$

83. Remarque. Le lieu complet, pour le diamètre fixe AB, se compose de deux parallèles illimitées. Les segments GG', G″G‴ correspondent à la bissectrice IJ de l'angle aigu que la tangente fait avec le diamètre, tandis que les prolongements correspondent à la bissectrice IK de l'angle obtus.

Exercice.

84. Problème. *Deux côtés opposés* AB *et* CD *d'un quadrilatère sont donnés; ils se coupent en un point* O. *Un des côtés* AB *est fixe, l'autre* CD *tourne autour du point* O. *Quel est le lieu du point* M *où se coupent les deux autres côtés* AC, BD, *et le lieu du point* M' *d'intersection des diagonales* AD, BC?

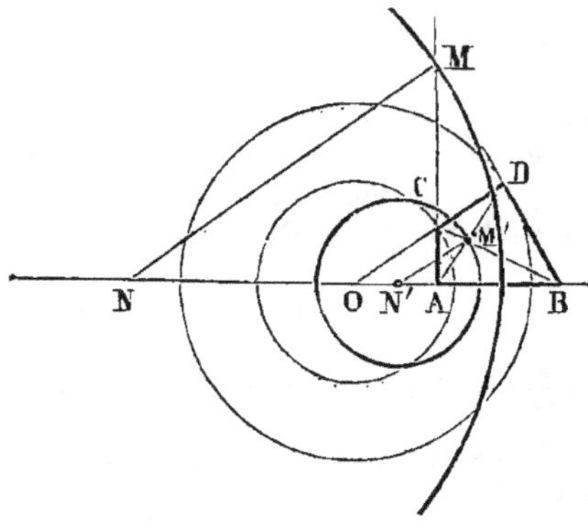
Fig. 43.

Par le point M menons MN parallèle à OCD, et cherchons la relation qui existe entre AN, NM et les longueurs données.

Soient $OA = a;$ $OB = b;$ AB ou $b - a = l;$ $OC = c;$ $OD = d.$

Les triangles semblables NBM, OBD; puis NAM, OAC donnent :

$$\frac{MN}{NB} = \frac{OD}{OB} = \frac{d}{b}; \quad MN = NB . \frac{d}{b}$$

$$\frac{MN}{NA} = \frac{OC}{OA} = \frac{c}{a}; \quad MN = NA . \frac{c}{a}$$

d'où
$$NA . \frac{c}{a} = NB . \frac{d}{b}$$

mais $\quad NB = NA + l;\quad$ donc $\quad NA . \frac{c}{a} = NA . \frac{d}{b} + l . \frac{d}{b}$

d'où
$$NA \frac{bc - ad}{ab} = l . \frac{d}{b}$$

$$NA = l . \frac{ad}{bc - ad} \qquad \text{quantité constante;}$$

puis, de $MN = NA . \frac{c}{a}$, on tire $MN = l . \frac{cd}{bc - ad}$ quantité constante.

Donc *le lieu du point* M *est une circonférence dont le centre* N *est sur* OAB.

Le lieu de M' *est la circonférence dont* N' *est le centre et* N'M' *le rayon.*

L'ensemble des deux circonférences, ayant pour centres respectifs N et N', constitue le lieu complet.

85. Lieu composé. Le lieu géométrique demandé peut être formé par plusieurs lignes d'espèces différentes; par exemple d'un cercle et d'une hyperbole. Dans ce cas l'étude en est plus difficile, car on est exposé à omettre quelque partie du lieu.

Soit proposé le problème suivant.

Exercice.

86. Problème. *Un triangle isocèle est donné; on demande le lieu des points tels que la distance de chacun d'eux à la base du triangle soit moyenne proportionnelle entre les distances du même point aux deux autres côtés.* (Concours des lycées, 1865; cours de logique, section scientifique.)

On reconnaît immédiatement que le centre O du cercle inscrit et les centres H, L, J des cercles ex-inscrits appartiennent au lieu demandé, car chacun d'eux est équidistant des trois côtés.

Les points A et B appartiennent aussi au lieu. En effet, la distance de chacun de ces points à la base et à l'un des côtés est nulle, ce qui suffit pour annuler le carré et le produit.

Les six points ainsi trouvés directement ne peuvent évidemment appartenir ni à une même droite, ni à une même circonférence; les meilleurs élèves ont été arrêtés par cette considération, tandis que ceux qui n'avaient songé qu'aux points A, O, B, H, ont donné pour réponse une circonférence, et telle était bien la solution demandée.

Mais le lieu complet comprend les deux parties indiquées ci-après :

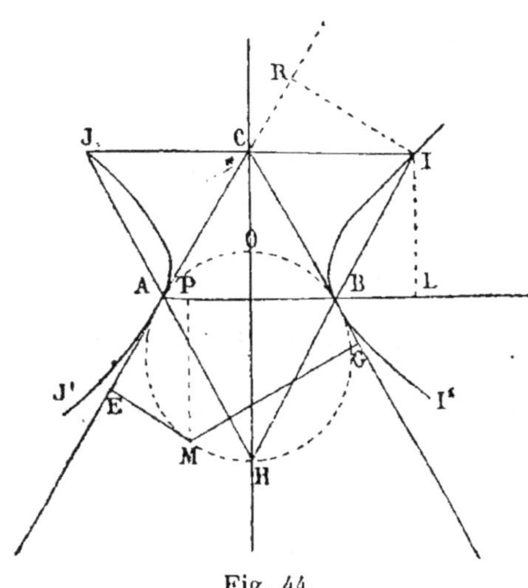

Fig. 44.

1° La circonférence tangente aux deux côtés en A et B ; cette courbe passe par les centres H et O. On sait que tous les points de cette circonférence appartiennent au lieu (n° 25).

La géométrie analytique donne en outre, comme solution :

2° Une hyperbole JAJ′, IBI′ tangente aux côtés en A et B, et par suite tangente à la première partie du lieu. Cette seconde courbe contient les centres I et J des cercles ex-inscrits aux côtés égaux du triangle isocèle.

Remarques. 1° La circonférence et l'hyperbole sont des figures complémentaires (n° 75).

2° Lorsque les droites CA, CB sont parallèles et sont coupées par une perpendiculaires AB, le lieu se compose de la circonférence décrite sur AB comme diamètre, et de l'hyperbole équilatère ayant A et B pour sommets.

§ II. — Emploi des lieux géométriques.

87. Lieux à employer. Les *principaux lieux géométriques* à utiliser dans la recherche des problèmes sont les suivants :

(a) Lieu des points dont la somme ou la différence des distances à deux droites données égale une ligne donnée ;

(b) Lieu des points dont les distances à deux droites sont dans un rapport donné ;

(c) Lieu des points dont les distances à deux points donnés sont dans un rapport donné ;

(d) Lieu des points où les droites menées d'un point à une droite ou à une circonférence sont divisées dans un rapport donné $\frac{m}{n}$;

(e) Lieu des points N où une droite OM, menée d'un point O, à

une droite ou à une circonférence, est divisée en deux parties telles
que le produit OM × ON est constant;

(f) Lieu des points dont la somme ou la différence des carrés des
distances à deux points donnés égale une valeur donnée.

88. Détermination d'un point. Dans la plupart des cas, la résolution
d'un problème graphique revient à déterminer la position d'un point.

Or, en ne tenant pas compte d'une des *données* de la question proposée, on trouve une ligne contenant le point cherché; puis, en prenant la condition négligée, mais en faisant abstraction d'une autre
donnée, on obtient encore une ligne à laquelle appartient le point à
déterminer; donc l'intersection des deux lieux géométriques donne le
point demandé.

La détermination d'un point n'exige parfois que *la construction d'un
seul lieu;* cette circonstance se présente lorsque le point doit appartenir à une ligne donnée. En voici quelques exemples.

Exercice.

89. Problème. *Entre deux circonférences données, inscrire une
droite de longueur* l, *et qui soit parallèle à une ligne* xy.

Soient A et B les circonférences données, il faut recourir au lieu géométrique qu'on
obtient par une *translation parallèle* (n° 59, rem. 2°).

Par le centre A menons la
droite AC égale à *l* et parallèle
à *xy*; puis, du point C comme
centre, décrivons une circonférence égale au cercle A.

Les points d'intersection M,
M′ donnent les solutions, puis-
que les figures ANMC et AN′M′C sont des parallélogrammes.

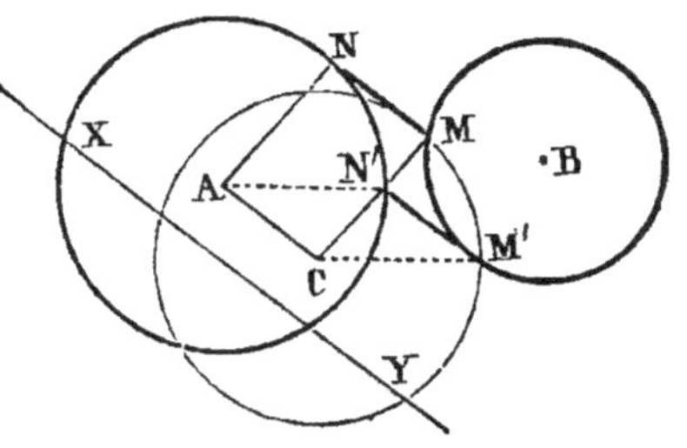
Fig. 45.

90. Remarque. La circonférence A peut être remplacée par un polygone quelconque, parce que le déplacement pourra être effectué en
n'employant que la règle et le compas.

La circonférence B peut être remplacée par une courbe quelconque.

Exercice.

91. Problème. *On donne deux circonférences extérieures* A *et* B,
ainsi qu'une droite xy; *mener une sécante parallèle à* xy, *de manière
que la somme des cordes interceptées égale une longueur* l.

Employons une translation parallèle, et, comme à l'exercice précédent, menons la droite AC parallèle à XY et égale à la longueur

donnée l, et du point C décrivons une circonférence de même rayon que A. Toute parallèle à XY, telle que $EG = l$.

Par un second déplacement parallèle, amenons le cercle B à avoir son centre en D sur la perpendiculaire élevée au milieu de AC.

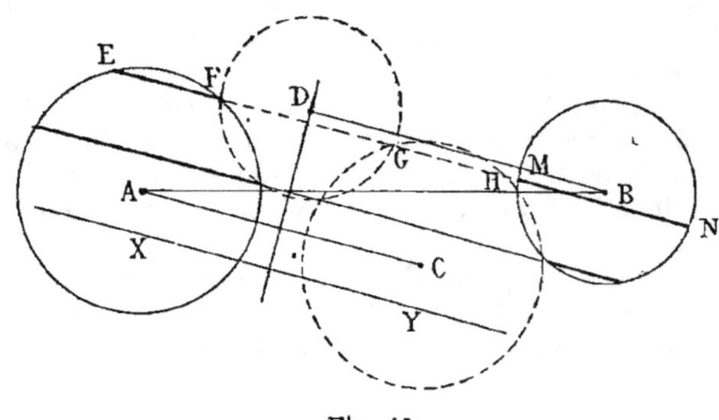

Fig. 46.

Les points d'intersection donnent la solution.

En effet $EG = AC = l$; $FG = MN$;   donc $EF + MN = l$

On voit, sur la figure, une seconde solution plus rapprochée de XY.

Exercice.

92. Problème. *On donne un point sur une circonférence ainsi qu'une corde; par le point, mener une seconde corde qui soit divisée en deux parties égales par la première.*

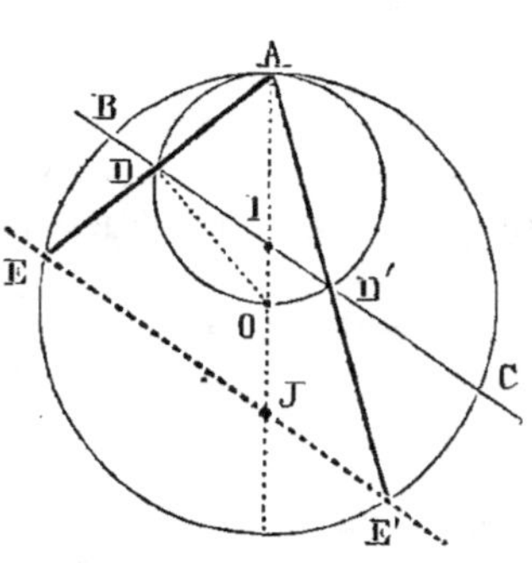

Fig. 47.

1re *Solution.* Soient A le point donné et BC la corde donnée.

Si ADE est la corde demandée, le point D doit se trouver sur BC et sur le lieu des points milieux des cordes menées par le point A (n° 80). Il suffit donc de décrire une circonférence sur le diamètre AO.

Les points D et D′ déterminent les cordes demandées.

2e *Solution.* Le point E doit se trouver sur la circonférence donnée et sur le lieu, tel que toute ligne menée par le point A se trouve divisée en deux parties égales par BC.

Donc sur une ligne droite quelconque AIJ, il suffit de prendre $IJ = AI$ et de mener une parallèle EE′ à BC.

93. Remarques. 1° *Lorsqu'une solution dépend de l'intersection d'une droite et d'un cercle,* il peut y avoir *deux réponses, une seule,* ou *aucune.* Nous nous dispenserons parfois de répéter cette observation.

2° La seconde solution peut être employée même lorsque la circonférence est remplacée par une courbe quelconque.

La question proposée n'est qu'un cas particulier de l'exercice suivant.

Exercice.

94. Problème. *On donne un point O et deux droites quelconques ; par le point donné, mener une sécante MON limitée aux deux lignes données, et telle que les segments interceptés OM, ON soient dans un rapport donné* $\dfrac{m}{n}$.

Soient les droites XY, XZ et MON dans le rapport voulu.

Le point N doit appartenir à XZ et au lieu des points tels que toute droite menée par le point O se trouve divisée dans le rapport $\dfrac{m}{n}$. Il faut donc construire ce lieu. Pour cela, menons une droite quelconque AOB, prenons $\dfrac{AO}{OB} = \dfrac{m}{n}$, et par le point B menons une parallèle à XY.

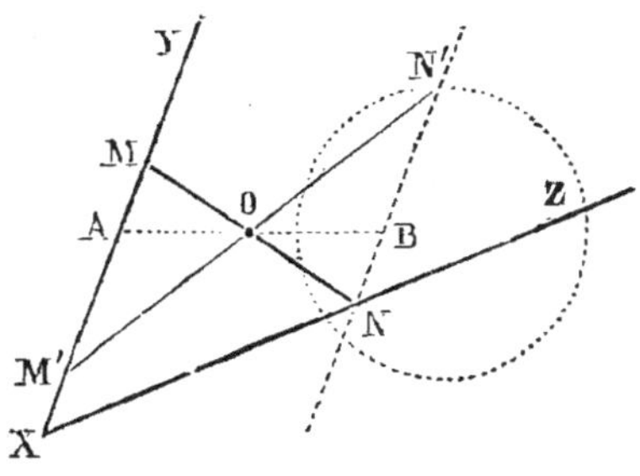

Fig. 48.

On aura $$\dfrac{OM}{ON} = \dfrac{m}{n}$$

95. Remarque. Pour une droite XY et une circonférence, le même lieu donne $$\dfrac{OM'}{ON'} = \dfrac{m}{n}$$

Dans cette seconde hypothèse, on sait qu'il y a deux solutions, une seule, ou aucune, suivant que le lieu coupe la circonférence en deux points, la touche en un point, ou ne la rencontre pas.

Exercice.

96. Problème. *Même question (n° 94), mais on donne deux circonférences.*

Soient les circonférences ayant respectivement pour centres les points A et B.

Il faut trouver le lieu des points tels que $\dfrac{OM}{ON} = \dfrac{m}{n}$.

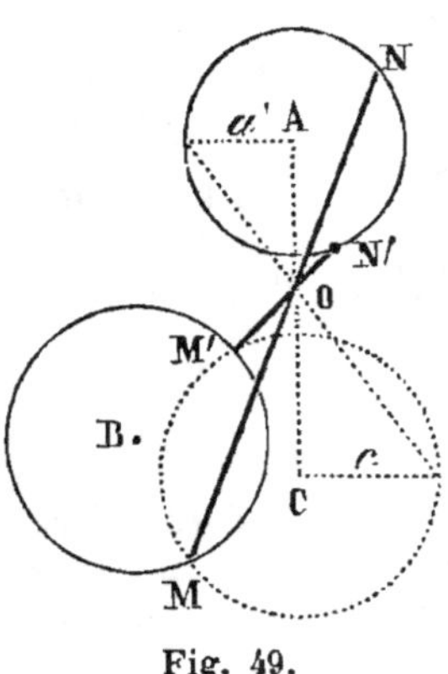

Fig. 49.

On sait (n° 65) que ce lieu est une circonférence de centre C, telle que le point donné O soit le centre de similitude des circonférences A et C ; donc sur la droite AO prenons

$$\frac{OC}{OA} = \frac{m}{n}$$

puis un rayon C, tel qu'on ait

$$\frac{c}{a} = \frac{m}{n}$$

Les points M et M′ répondent à la question, car on a :

$$\frac{OM}{ON} = \frac{OC}{OA} = \frac{m}{n}$$

Exercice.

97. Problème. *Par un point* O, *donné dans un angle* YXZ, *mener une sécante* MON, *telle que le produit* OM . ON *ait une valeur donnée* k².

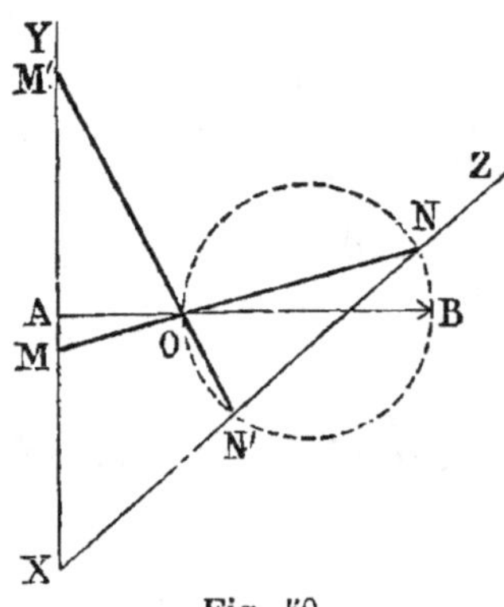

Fig. 50.

Il suffit, comme précédemment, de déterminer directement une des extrémités de la sécante, N par exemple. Or le point N doit se trouver sur XZ et sur le lieu des points tels que

$$OM . ON = k^2.$$

Or, on sait que, pour déterminer ce dernier lieu (n° 67), il faut abaisser la perpendiculaire OA, prendre OB tel que $OB . OA = k^2$, et sur OB comme diamètre décrire une circonférence. Les points d'intersection N et N′ répondent à la question.

98. Remarque. Il peut y avoir deux solutions, une seule, ou aucune. Une des droites peut être remplacée par une circonférence. On peut donner deux circonférences.

Exercice.

99. Problème. *Par un point de l'hypoténuse d'un triangle rectangle, mener des parallèles aux côtés de l'angle droit, de manière que le rectangle obtenu réalise certaines conditions imposées.*

(**a**) *Le périmètre du rectangle doit égaler une longueur donnée* 2p.

Soient ABC le triangle rectangle donné ; APMN un rectangle tel que le demi-périmètre $MN + MP = p$

Le point M doit appartenir au côté BC et au lieu des points dont la somme des distances aux droites rectangulaires AB, AC égale p (n° 75) ; donc il suffit de prendre $AD = AE = p$ et de mener DME.

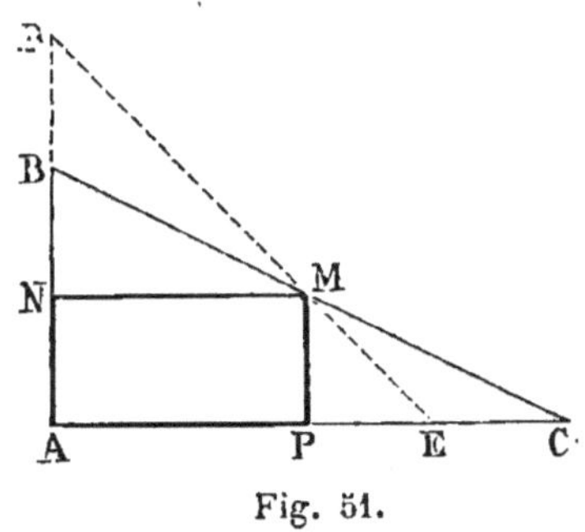

Fig. 51.

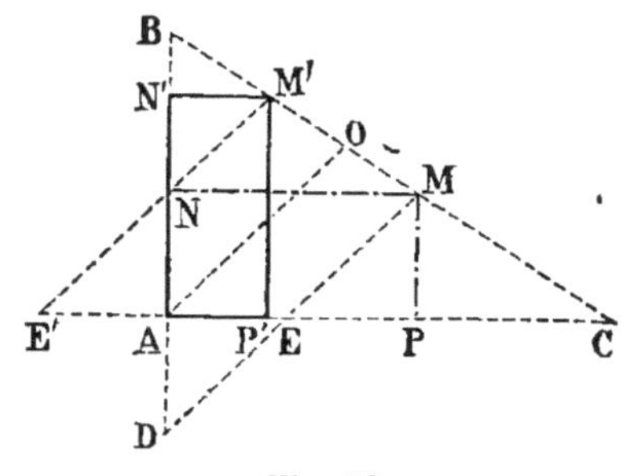

Fig. 52.

Remarpue. p doit être $< AC$ et $> AB$.

(**b**) *La différence de deux côtés adjacents du rectangle doit égaler une longueur donnée* d.

Il faut employer le lieu des points dont la différence des distances égale une ligne donnée (n° 75), et prendre $AD = AE = d$.

Le point M étant sur le prolongement de la base DE du triangle isocèle ADE, on a $MN - MP = d$

Remarques. 1° E'M' donne une seconde solution : $E'P' - M'N' = d$.

2° La différence peut être nulle ; on obtient alors le carré inscrit ; la ligne AO, à 45°, correspond à ce cas.

Il y a deux solutions lorsque d est moindre que le plus petit des côtés.

Une seule pour $d < AC$,   mais $> AB$.

Aucune pour $d > AC$.

(**c**) *Le rapport des côtés du rectangle doit égaler* $\dfrac{m}{n}$.

Ou bien : *le rectangle doit être semblable à un rectangle donné.*

Le point M doit appartenir au lieu des points dont le rapport des distances aux côtés AB et AC égale $\dfrac{m}{n}$.

Pour construire ce lieu, il suffit de déterminer un point M' dont les

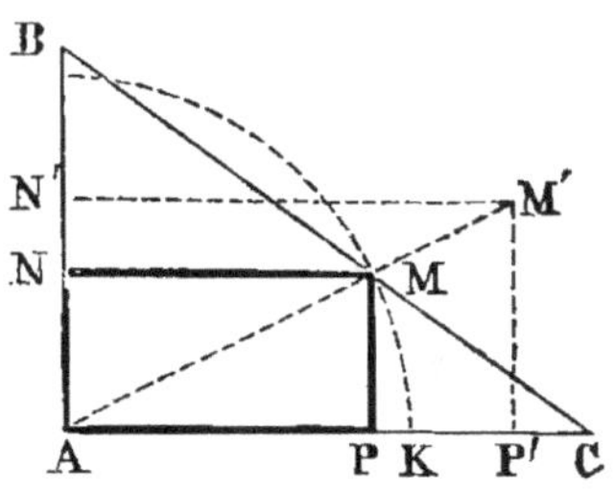

Fig. 53.

distances soient dans le rapport voulu. Pour cela, il suffit de prendre $\dfrac{AP'}{AN'} = \dfrac{m}{n}$ et de mener des parallèles P'M', N'M', ou bien de construire un rectangle AP'M'N' égal au rectangle donné.

Remarque. Il y a deux solutions, car on peut disposer le rectangle AP'M'N' de manière que la petite base soit sur AC.

(d) *La somme des carrés des côtés adjacents du rectangle doit égaler un carré donné* k².

Du point A comme centre, avec une longueur $AK = k$, on décrit un arc de cercle (fig. 53).

Remarque. Il peut y avoir deux solutions, une seule, ou aucune.

(e) *Dans un triangle rectangle isocèle, inscrire un rectangle dont la surface soit équivalente à un carré donné* k².

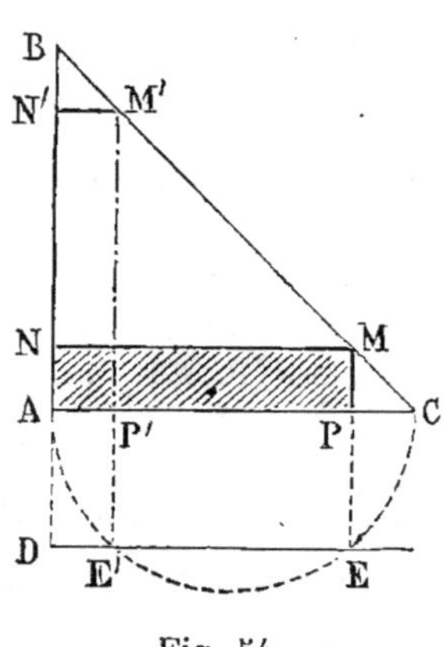

Fig. 54.

Il faudrait chercher l'intersection de l'hypoténuse BC et de l'hyperbole équilatère, lieu des points M de produit constant (nᵒ 78); mais l'hyperbole ne pouvant être tracée par des procédés géométriques, il faut recourir à d'autres constructions.

Le rectangle sera déterminé lorsque le point P sera connu.

Or le triangle étant isocèle, la somme des côtés MP, MN est constante; elle égale AC (nᵒ 74). Or tous les rectangles qui ont AC pour somme des côtés, ont pour surface le carré des diverses ordonnées telles que PE, du demi-cercle AEC décrit sur AC comme diamètre (G., nᵒ 256); donc il faut prendre $AD = k$ et mener une parallèle DE. (G., nᵒ 340.)

On aura : $AP \cdot PC = EP^2$ ou $AP \cdot PM = k^2$

Exercice.

100. Problème. *Dans un cercle donné, inscrire un rectangle dont le périmètre égale une longueur donnée* l.

(a) Il suffit évidemment de s'occuper du quart du périmètre et de

poser $MP + MN = \dfrac{l}{4}$

Le point M doit appartenir à l'arc BMC et au lieu des points dont la somme des distances aux droites AB, AC égale $\dfrac{l}{4}$; donc il faut prendre $AD = AE = \dfrac{l}{4}$, et mener DE (n° 99, a).

Remarque. Il peut y avoir deux solutions, une seule, ou aucune (n° 93).

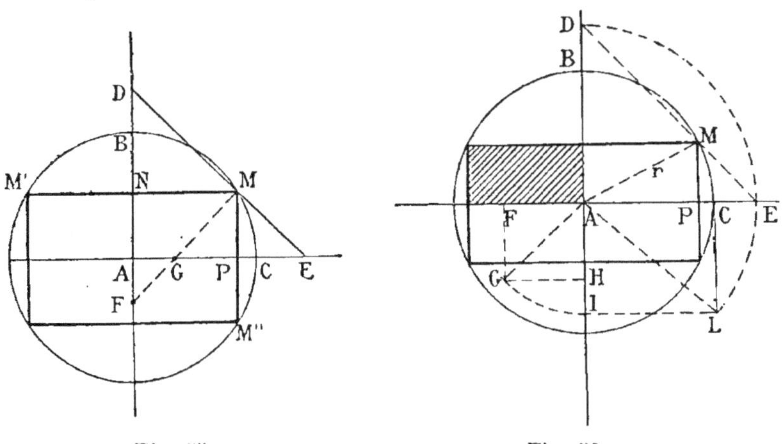

Fig. 55.   Fig. 56.

(b) *La différence des côtés adjacents du rectangle doit égaler* d (fig. 55).

On prend $AF = AG = \dfrac{d}{2}$ et on mène FGM.

On trouve $MN - MP = \dfrac{d}{2}$; d'où $MM' - MM'' = d$.

(c) *Le rapport des côtés adjacents du rectangle doit égaler* $\dfrac{m}{n}$ (fig. 55).

On procède comme pour le triangle (n° 99, c).

(d) *La surface du rectangle doit égaler un carré donné* (fig. 56).

Puisqu'il suffit de s'occuper du quart APMN du rectangle demandé, représentons la surface totale par $4k^2$.

On aura : $\qquad\qquad AP \cdot MP = k^2$

d'ailleurs $\qquad\qquad AP^2 + MP^2 = AM^2 = r^2 \qquad$ (G., n° 646.)

Donc $AP^2 + 2AP \cdot MP + MP^2$ ou $(AP + MP)^2 = r^2 = 2k^2$

Nous pouvons donc connaître la somme des deux côtés adjacents et retomber sur une question connue (a).

Soit AFGH le carré donné; $AG^2 = 2k^2$

Portons cette longueur AG de A en I, et menons les perpendiclaires IL, CL. On a : $\qquad\qquad AL^2 = r^2 + 2k^2$

donc $\qquad\qquad AL = AP + MP$

Puis portons AL de A en E et en D, et menons le lieu DE

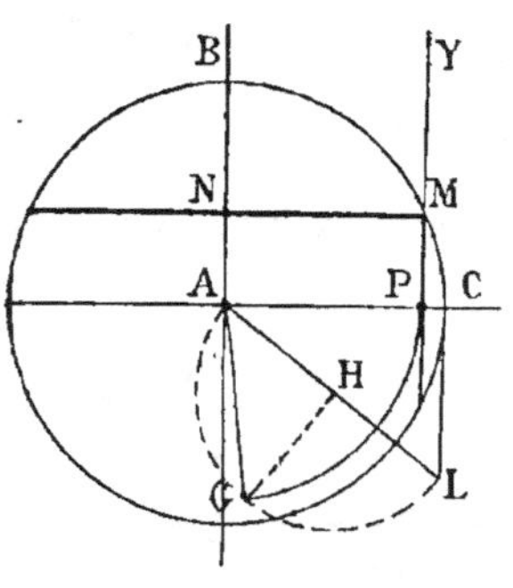

Fig. 57.

(e) *La différence des carrés de deux côtés adjacents du rectangle doit égaler un carré donné* (fig. 57).

Il faudrait, comme au n° 99 (e), construire une hyperbole et prendre son intersection avec le cercle donné ; mais on préfère remplacer cette courbe par une droite.

En représentant la différence des carrés par $4k^2$,

on aura : $\qquad MN^2 - MP^2 = k^2$

d'ailleurs $\qquad MN^2 + MP^2 = r^2$

d'où, en additionnant $\quad 2MN^2 = r^2 + k^2$

$$MN^2 = \frac{r^2 + k^2}{2}; \quad MN = \sqrt{\frac{r^2 + k^2}{2}}$$

Il suffit donc de construire cette longueur.

Il faut prendre $CL = k$; alors $AL^2 = r^2 + k^2$; puis élever une perpendiculaire HG au milieu de AL, jusqu'à la rencontre de la demi-circonférence AGL.

On aura : $$AG^2 = \frac{r^2 + k^2}{2}$$

Enfin, en portant AG de A en P, la droite PY, parallèle à AB, est le lieu des points distants de AB de la longueur MN voulue ; donc M est le sommet du rectangle.

Remarque. Les exercices déjà résolus conduisent à faire les remarques suivantes.

Pour certains problèmes, on utilise immédiatement les lieux géométriques (nᵒˢ 89, 92, 94 …), tandis que pour d'autres questions, il faut préparer la solution.

Les exemples donnés (99, e ; 100, d, e) peuvent se rapporter à la *Méthode algébrique* (n° 293), tandis que les deux suivants réclament des *constructions auxiliaires* (n° 135).

Exercice.

101. Problème. *On donne deux points A et B sur une circonférence, ainsi qu'un diamètre EF fixe de position ; trouver sur la circonférence un point C, tel que les cordes CA, CB déterminent sur le diamètre fixe un segment MN de longueur donnée l.*

Supposons le problème résolu, et $MN = l$.

Nous connaissons la position des points A, B, et par suite la grandeur de l'angle inscrit C. On connaît aussi la longueur donnée.

Or, en menant des parallèles ND, AD aux droites AM, MN, nous formons un parallélogramme dans lequel $AD = MN = l$; de plus, l'angle $DNB = C$ comme correspondant.

Mais le point D peut être déterminé directement; donc nous sommes conduits à la construction suivante :

Par le point A, il faut mener une parallèle au diamètre fixe; prendre $AD = l$; sur BD, décrire un segment capable de l'angle connu C, puis mener BNC et CA.

On aura $\qquad MN = l$

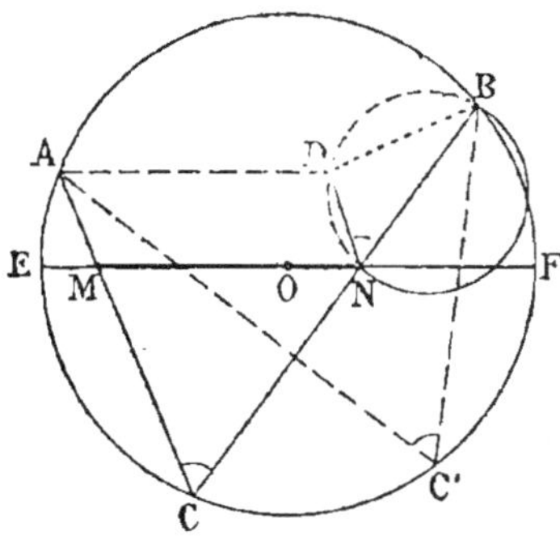

Fig. 58.

Exercice.

102. Problème. *On donne deux points A et B sur une circonférence ainsi qu'un diamètre EF fixe de position; trouver sur la circonférence un point C, tel que les cordes CA, CB déterminent sur le diamètre fixe, à partir du centre O, des segments égaux OM, ON.*

Supposons le problème résolu et $OM = ON$ (fig. 59).

En menant le diamètre AOD et joignant le point N au point D, nous formons deux triangles AOM, DON qui sont égaux, comme ayant un angle égal, au point O, compris entre deux côtés égaux; donc la droite ND est parallèle à AC, et nous pouvons connaître la valeur de l'angle BND.

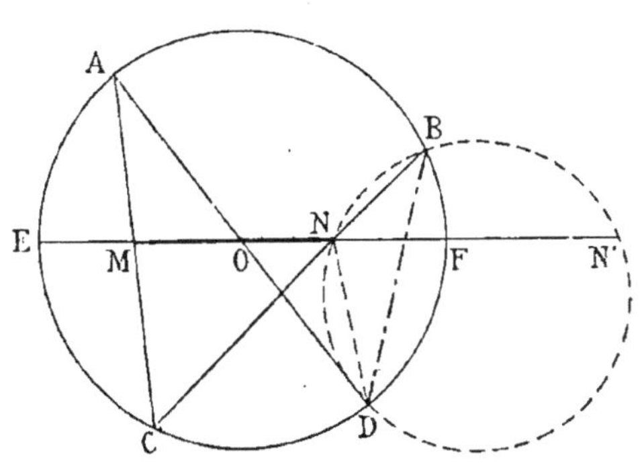

Fig. 59.

En effet, l'angle $DNC = C$.

Or ce dernier angle est connu, car il a pour mesure la moitié de l'arc AB. Puis l'angle BND, supplément de DNC, est aussi le supplément de C; nous sommes donc conduits à la construction suivante :

Il faut mener le diamètre AOD; sur BD décrire un segment capable du supplément de l'angle connu C.

Le point N se trouve ainsi déterminé; on mène BNC et l'on joint C au point A.

Remarque. Le point N' correspond à une seconde solution. L'angle N' supplément de $BND = C$.

103. Emploi des lieux géométriques. Lorsque le point à déterminer ne doit pas se trouver sur une ligne donnée, il faut recourir à l'emploi simultané de deux lieux géométriques (n° 88); mais il faut chercher les lieux les plus faciles à construire, en se rappelant qu'on ne peut tracer directement que des droites et des circonférences.

Voici quelques exemples.

Exercice.

104. Problème. *Construire un rectangle, connaissant le périmètre* 2p *et la somme* k² *des carrés des côtés adjacents.*

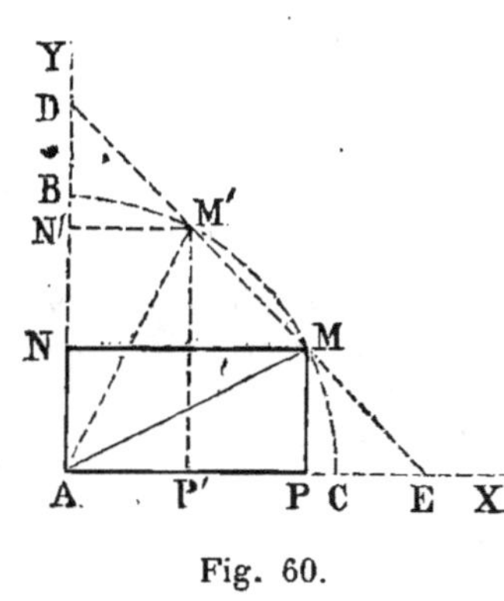

Fig. 60.

Soit un angle droit XAY.

En ne considérant que la première condition, on est conduit à prendre

$$AE = AD = p$$

Le sommet M doit se trouver sur DE.

En ne tenant compte que de la seconde, on décrit un arc de cercle du centre A avec k pour rayon.

L'intersection des deux lieux fait connaître le point M.

En effet,

$$MN + MP = AE = p \qquad (n° 74.)$$

$$MN^2 + MP^2 = AM^2 = k^2 \qquad (n° 72.)$$

Exercice.

105. Problème. *Construire un triangle, connaissant la base* AB, *l'angle du sommet opposé et la hauteur* h *abaissée de ce dernier point.*

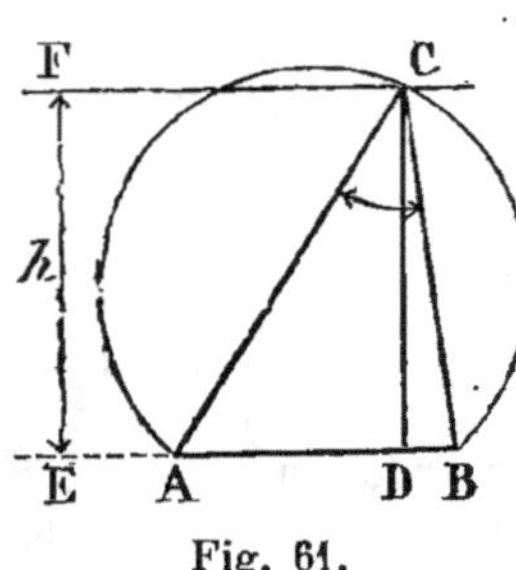

Fig. 61.

En ne tenant pas compte de la hauteur, le sommet pourrait être en un point quelconque de l'arc ACB, capable de l'angle donné.

Mais tous les triangles ayant AB pour base et h pour hauteur ont leur troisième sommet sur une parallèle FC, distance de la base AB d'une longueur donnée h.

Donc le sommet C est au point d'intersection du segment capable de l'angle donné et de la parallèle FC.

Exercice.

106. Problème. *Construire un triangle, connaissant la base, l'angle opposé et le produit* a² *des deux côtés qui comprennent cet angle.*

1° Le sommet doit se trouver sur l'arc du segment capable de l'angle donné. Il en résulte qu'on connaît le diamètre d du cercle circonscrit. Or le produit a^2 des deux côtés du triangle égale le produit du diamètre d par la hauteur inconnue h. (G., n° 270.)

Donc $$h = \frac{a^2}{d}$$

2° Le sommet se trouvera sur une parallèle à la base, la distance des deux parallèles ayant pour valeur $\dfrac{a^2}{d}$ (n° 105).

Exercice.

107. Problème. *Construire un triangle, connaissant la base* AB, *la hauteur* h *et la valeur* k² *de la somme des carrés des deux autres côtés.*

En ne tenant pas compte de la hauteur, il ne reste que la relation

$$a^2 + b^2 = k^2 ;$$

donc le sommet M doit se trouver sur le lieu des points dont la somme des carrés des distances à deux points fixes A et B a une valeur constante k^2.

On sait que ce lieu est une circonférence décrite du point milieu C, pris pour centre, avec un rayon

$$r = \sqrt{\frac{1}{2} k^2 - d^2} \quad (\text{G., n° 255.})$$

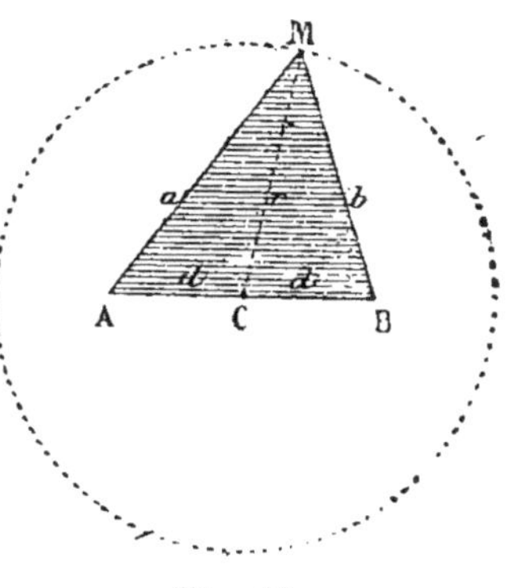
Fig. 62.

Puis, en négligeant la condition $a^2 + b^2 = k^2$, et en considérant la hauteur donnée h, on voit que le sommet doit se trouver sur une parallèle à AB menée à une distance h de AB. Donc le sommet M sera déterminé par l'intersection de la circonférence et d'une droite parallèle à la base.

Exercice.

108. Problème. *Construire un triangle, connaissant la longueur de la base, une droite sur laquelle cette base doit se trouver, l'angle opposé, et sachant que les côtés qui comprennent cet angle doivent passer par deux points fixes* A *et* B.

1° Le sommet C doit se trouver sur l'arc du segment capable de l'angle donné C et décrit sur la corde AB.

La considération de cet arc ACB suffit pour ramener le problème proposé à une question déjà connue (n° 101), mais où la droite donnée remplace le diamètre fixe. En réalité, on pourra donc se borner aux constructions suivantes.

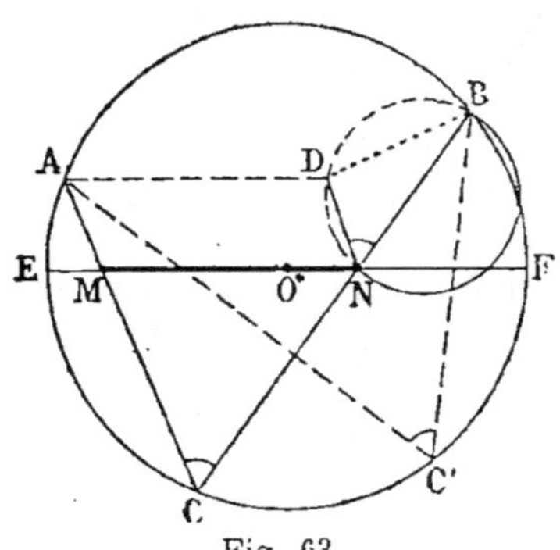

Fig. 63.

2° Par le point A, mener une parallèle à EF. Prendre la ligne AD égale à la longueur que la base doit avoir ; sur BD décrire un segment capable de l'angle donné, joindre le point B au point N, où l'arc du segment coupe la droite donnée EF ; mener la droite BNC, et par le point A mener une parallèle à DN.

Le triangle MCN est le triangle demandé.

109. Remarques. 1° Ce problème peut s'énoncer autrement : *Une droite EF et deux points extérieurs étant donnés, ainsi qu'une longueur l, placer cette ligne sur EF, de manière que l'angle C, formé par les droites AM et BE, égale un angle donné.*

2° Le nouvel énoncé conduit à poser une question très intéressante, qui sera traitée au paragraphe relatif aux *maxima* et aux *minima*. Voici le problème : *Comment varie l'angle C, lorsque le segment MN se déplace sur EF.*

Exercice.

110. Problème. *Construire un trapèze, connaissant les angles et les diagonales* *.

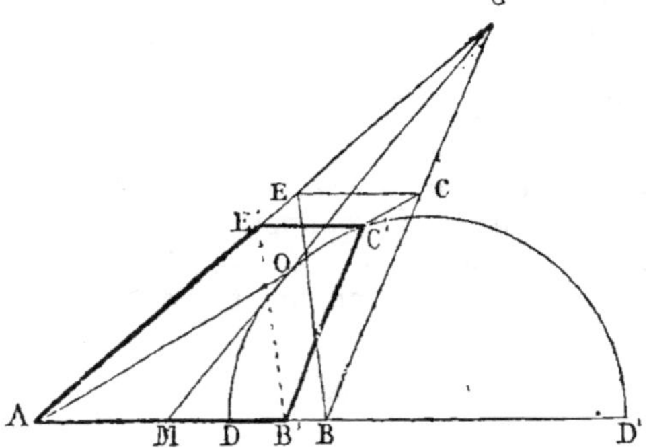

La médiane, le demi-cercle et les diagonales AC, EB, devraient se couper au même point.

Fig. 64.

On sait que dans un trapèze, à partir du point de concours des diagonales, les segments AO, OB sont dans le même rapport que les diagonales.

---

* *Éléments de géométrie de Legendre,* revus par BLANCHET, n° 28 des problèmes à résoudre.

Soient d et d' les diagonales. Sur une droite quelconque AB je fais les angles donnés A et B ; je décris le lieu DD' des points dont les distances aux points A et B sont dans le rapport $\dfrac{d}{d'}$; et je mène la médiane MG, qui généralement coupe le lieu en deux points. Menons AOC, BOE ; la figure obtenue est un trapèze, comme il est facile de le démontrer ; de plus, il est semblable au trapèze proposé. Portons d de A en C', menons les parallèles C'E', E'B' ; et AB'C'E' est le trapèze demandé. Le point a été déterminé par la rencontre de deux lieux géométriques.

111. Remarque. On ne peut employer directement à la résolution des problèmes que les lieux géométriques constitués par des droites ou des circonférences (n° 103) ; car on ne sait pas construire d'une manière continue, par des moyens suffisamment rigoureux, ni l'ellipse, ni les deux autres courbes du second degré. Lorsque le point à déterminer se rapporte à un lieu qu'on ne tracerait pas géométriquement, il faut chercher une solution particulière qui n'exige point la construction du lieu ; c'est ainsi qu'on a procédé (n° 99, **e**; 100, **d**) ; en voici quelques autres exemples.

Exercice.

112. Problème. *Construire un triangle, connaissant la base FF', la hauteur* h *correspondante à la somme* 2a *des deux autres côtés.*

Soit $\qquad\qquad$ MP $= h$; $\quad$ MF $+$ MF' $= 2a$

Le sommet M est sur la parallèle distante de la base, d'une longueur h, et sur l'ellipse qui aurait F, F' pour foyers et AA' $= 2a$ pour grand axe. Le problème proposé revient donc au problème connu :

Sans construire la courbe, trouver les points d'intersection d'une ellipse et d'une droite MM'. (G., n° 642.)

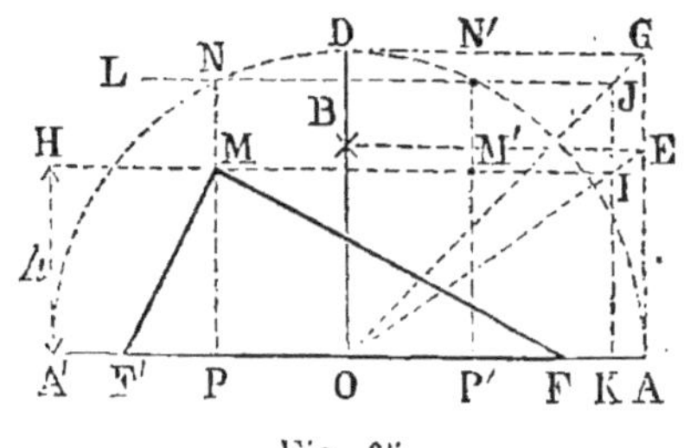

Fig. 65.

Sur AA' comme diamètre, décrivons le cercle principal ; cherchons quelle est la droite NN' qui correspond à MM'. Pour cela, déterminons le rapport des ordonnées correspondantes de l'ellipse et du cercle. Du centre F, avec A pour rayon, coupons la perpendiculaire OD au point B ; cette ligne OB est le demi petit axe de l'ellipse ; puis traçant AG, DG, BE et les droites OG, OE, il suffira de mener l'ordonnée du point I. Son intersection J, avec OG, fait connaître la ligne JL, qui correspond à HI. L'intersection de la circonférence et de JL donne les points N et N', et par suite M et M'.

Le point M appartient à l'ellipse, car on a :

$$\frac{MP}{NP} = \frac{IK}{JK} = \frac{EA}{GA} = \frac{b}{a}$$

donc $MF + MF' = 2a$,   et FMF' est le triangle demandé.

Exercice.

113. Problème. (a) *Construire un triangle dont la base est donnée, connaissant la différence d des autres côtés et sachant que le sommet inconnu doit se trouver sur une droite donnée.*

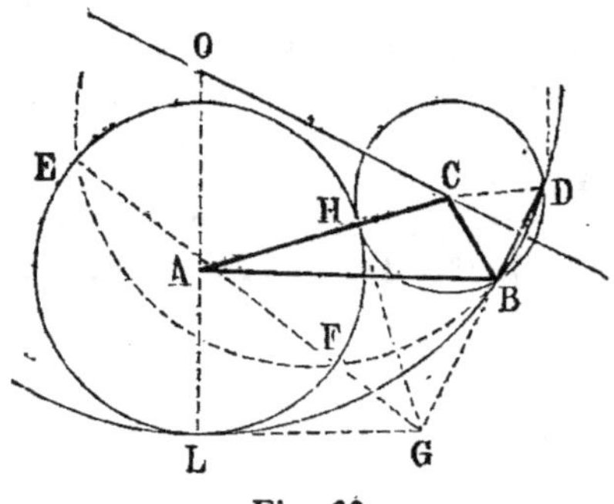

Fig. 66.

Soient A et B les points donnés, xy la droite sur laquelle doit se trouver le troisième sommet.

Supposons le problème résolu et $AC - BC = d$.

On reconnaît que le point C appartient à l'hyperbole qui aurait A et B pour foyers et d pour axe transverse.

Le problème revient donc à la question suivante :

Problème. (b) *Déterminer les points où une droite* xy *coupe une hyperbole dont on connaît les foyers* A, B *et la différence constante* d.

En décrivant une circonférence du point A comme centre avec d pour rayon, on trouve $CB = CH$
Donc on est ramené au problème suivant :

(c) *Décrire une circonférence qui ait son centre sur une droite* xy, *qui passe par un point* B *et soit tangente à une circonférence* AH.

Mais le cercle qui a son centre sur xy et passe par le point B passe nécessairement par le point D, symétrique de B.
Donc la question peut s'énoncer :

(d) *Décrire une circonférence qui passe par deux points donnés* B, D *et qui soit tangente à un cercle* AH.

Or cette question est connue. (G., n° 299.)
Par B et D on fait passer un cercle qui coupe le cercle AH, on mène EFG, BDG, puis les tangentes GH, GL, et l'on fait passer une circonférence par les trois points B, D, H, ce qui donne une première solution C; et une autre circonférence par D, B, L, ce qui donne une seconde solution O; car $OB - OA = d$

114. Remarques. Dans les exemples ci-dessus (n°s 112 et 113), la considération du lieu que l'on ne peut tracer conduit néanmoins à la solution.

Dans les exemples suivants (nᵒˢ 115 et 117), la solution trouvée directement résout un problème relatif aux coniques.

Exercice.

115. Problème. *Construire un triangle, connaissant la base* AB, *l'angle opposé et la somme* 2a *des côtés qui comprennent cet angle.*

1° Le sommet C appartient à l'arc de segment capable de l'angle donné.

2° Le sommet appartient à l'ellipse qui aurait A et B pour foyers et 2a pour longueur du grand axe; mais comme on ne peut point utiliser directement cette ellipse, il faut chercher une autre solution.

Supposons le problème résolu et soit

$$AC + CB = 2a.$$

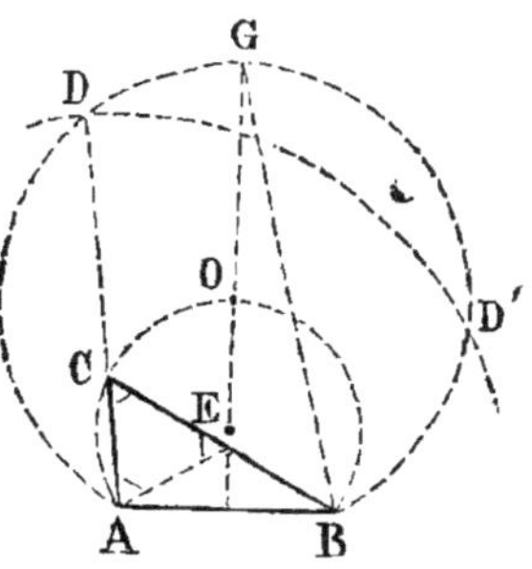

Fig. 67.

En portant CB de C en D, sur le prolongement de AC, nous formons un triangle isocèle BCD; or, l'angle extérieur C égale la somme des angles égaux CBD, CDB; donc l'angle D est constant, car il égale la moitié de l'angle donné C; donc sur AB décrivons un segment capable de l'angle $\dfrac{C}{2}$, et du point A comme centre, avec une longueur 2a, coupons en D et D' l'arc décrit, puis menons DA et BC; ACB est une des réponses.

Le problème résolu donne la solution du suivant:

116. Problème. *Sans tracer une ellipse dont on connaît les foyers* A *et* B, *la longueur* 2a *du grand axe, déterminer les points où cette courbe est coupée par une circonférence* ACB, *dont le centre est sur le petit axe de l'ellipse.*

Remarques. 1° Pour décrire l'arc capable de l'angle $\dfrac{C}{2}$, on prend le point O pour centre et OB pour rayon. Ou bien on se borne à décrire directement le segment capable de l'arc $\dfrac{C}{2}$, et l'on élève une perpendiculaire au milieu de BD jusqu'à la rencontre de AD.

2° Si la différence des côtés était donnée, on porterait CA de C en E.

$$A = E = 90 - \frac{C}{2}; \quad \text{donc} \quad E = 90 + \frac{C}{2}$$

Sur AB on décrirait un segment capable de $\left(90 + \dfrac{C}{2}\right)$, et du point B, avec la différence donnée, on couperait l'arc du segment.

Exercice.

117. Problème. *Couper les côtés d'un angle droit, par une droite d'une longueur donnée, de manière que le triangle rectangle résultant ait une aire donnée.*

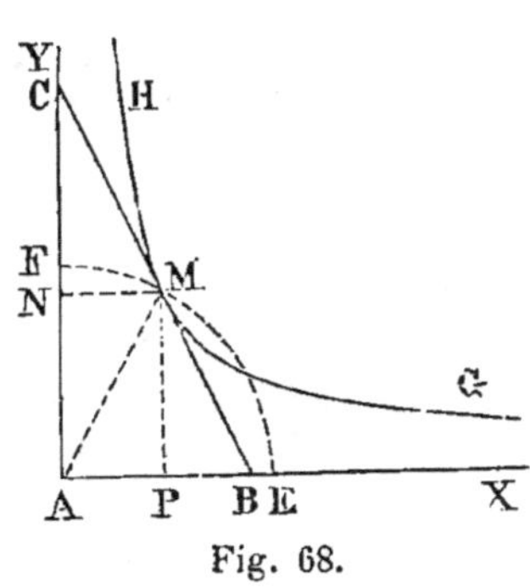

Fig. 68.

Soit le triangle ABC, tel que sa surface égale $2k^2$, aire donnée, et que BC = la longueur $2l$.

Par M, point milieu de l'hypoténuse, menons des parallèles aux côtés AB, AC.

Le rectangle APMN est la moitié du triangle, il égale k^2, et

$$AM = \frac{1}{2}\,BC = l$$

donc le point M appartient au cercle décrit du centre A, avec l pour rayon; il faut ensuite inscrire un rectangle APMN ayant une aire donnée k^2; c'est une question connue (n° 100, **d**); enfin il faut prendre PB = AP et joindre BMC.

118. Remarque. On sait que le lieu des points M, tels que le produit des distances MP, MN à deux axes rectangulaires, égale une quantité constante, k^2 est une hyperbole équilatère ayant k^2 pour puissance, et AX, AY pour asymptotes (G., n° 678); donc on a résolu la question suivante :

Problème. *Une hyperbole équilatère étant donnée par ses asymptotes et par sa puissance* k^2, *mener une tangente sans construire la courbe, de manière que la droite interceptée entre les asymptotes ait une longueur donnée* $2l$.

§ III. — Enveloppes.

119. Définition. On nomme *courbe enveloppe* ou simplement *enveloppe* d'une droite mobile, la courbe tangente à la droite dans chaque position que cette dernière ligne peut occuper.

Exemple. *L'enveloppe des droites équidistantes d'un point donné est une circonférence ayant ce point pour centre.*

L'*enveloppe* se réduit au point donné, lorsque la distance des droites à ce point devient nulle.

L'*enveloppe* peut être considérée comme formée par la suite des points d'intersection de ses tangentes, prises deux à deux, dans des positions qui diffèrent infiniment peu l'une de l'autre.

120. Droite mobile. La droite qui engendre la courbe enveloppe est assujettie à se mouvoir suivant une certaine loi ; en d'autres termes, chaque tangente jouit d'une même propriété, et l'ensemble de ces lignes constitue une famille de droites, analogue au lieu géométrique formé par l'ensemble des points qui jouissent d'une même propriété.

121. Emploi des enveloppes. De même qu'un point peut être déterminé par l'intersection de deux lieux, de même une droite peut être déterminée par deux enveloppes, car elle est tangente à chacune de ces courbes. Il suffit que l'on connaisse une enveloppe de cette droite et une autre condition à laquelle la ligne demandée est assujettie.

122. Remarque. La connaissance des propriétés des *courbes enveloppes* facilite non seulement la résolution de quelques problèmes, mais elle est indispensable pour arriver à comprendre et à utiliser la théorie des polaires réciproques. Il faut reconnaître néanmoins que les éléments de Géométrie n'offrent que de faibles ressources pour traiter des enveloppes. Nous devons donc nous borner à citer quelques exemples très simples qui, d'ailleurs, seront suffisants pour les questions à traiter ultérieurement.

Exercice.

123. Problème. *Un des côtés AX d'un angle droit XAY roule sur une circonférence, pendant que le sommet A glisse sur une circonférence concentrique à la première; quelle est l'enveloppe du second côté AY de l'angle droit?*

Soit O le centre commun aux circonférences données OB, OA.

Quelle que soit la position ABX, la perpendiculaire OC forme un rectangle ABOC dont les dimensions ne varient pas, car OA, OB ont des longueurs données et l'angle ABO est droit ; donc la perpendiculaire OC est constante; par suite, le côté ACY sera constamment tangent à la circonférence OC; donc l'enveloppe de AY est la circonférence décrite du centre O, avec OC pour rayon.

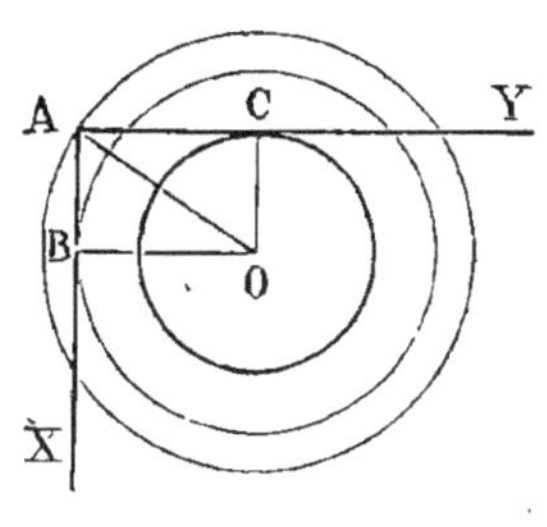

Fig. 69.

Remarque. Quel que soit l'angle A, le côté AY reste à une distance constante du centre O, et l'enveloppe demandée est une circonférence concentrique aux premières.

Exercice.

124. Problème. *Quelle est l'enveloppe de la base BC d'un triangle BAC* *dont le périmètre est constant, et dont l'angle* A *est donné de grandeur et de position.*

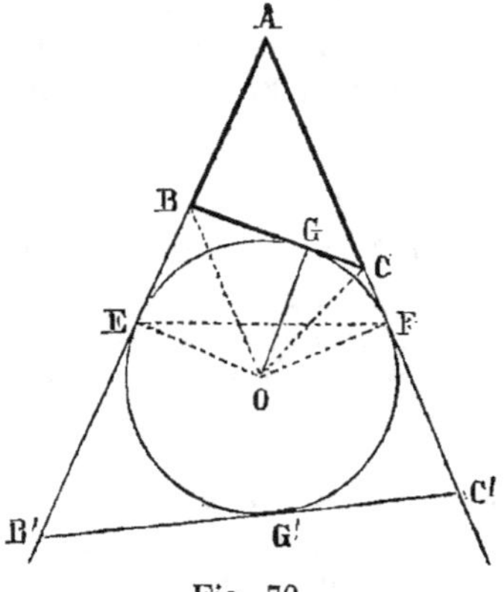

Fig. 70.

Proposons-nous de trouver un triangle isocèle EAF dont la somme des côtés AE, AF égale le périmètre ABC ; menons les bissectrices des angles extérieurs B et C.

On aura

$$AE + AF = AB + BC + AC$$

et

$$OG = OE = OF$$

Donc la base BC est tangente à la circonférence ex-inscrite ; en d'autres termes, l'enveloppe de la droite BC est l'arc EGF.

Remarque. L'arc EG'F est l'enveloppe de la droite B'C', telle que AB' + AC' — B'C' est une quantité constante.

Exercice.

125. Problème. *Par un point fixe* A *pris sur une circonférence, on mène deux cordes* AB, AC *dont le produit* k^2 *est constant ; quelle est l'enveloppe de la base* BC *du triangle* BAC ? (*N. A.* — 1868, *page* 187.)

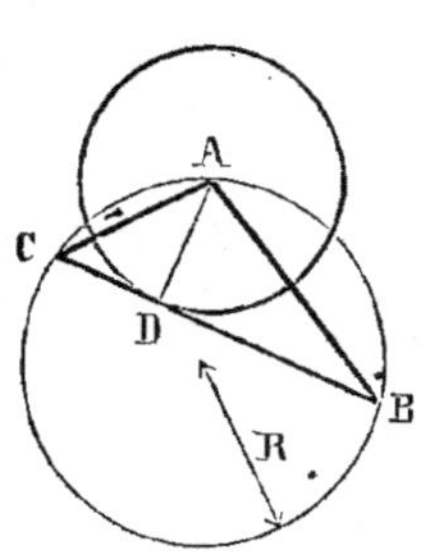

Fig. 71.

En abaissant la perpendiculaire AD, on reconnaît que sa longueur est constante, car le produit des deux côtés d'un triangle égale la hauteur de ce triangle multipliée par le diamètre du cercle circonscrit. (G., n° 270.)

Donc $$AD = \frac{k^2}{2R}$$

Ainsi l'enveloppe de BC est une circonférence décrite du point A comme centre, avec la valeur $\frac{k^2}{2R}$ pour rayon.

Remarque. L'enveloppe est la même pour toutes les circonférences ayant R pour rayon et passant par le point donné A.

Exercice.

126. Problème. *Le côté* CX *d'un angle droit* XCY *passe par un point fixe* F, *tandis que le sommet* C *de l'angle droit glisse sur une droite* AC ; *quelle est l'enveloppe du côté* CY ?

En prolongeant FC d'une grandeur CF_1 égale à CF, le lieu des points F_1 sera une droite DF_1 parallèle à AC et telle que AD = AF.

Or on sait que toute perpendiculaire CY, élevée au milieu de EF_1, est tangente à la parabole dont F est le foyer et DF_1 la directrice ; donc *l'enveloppe de CY est une parabole ayant F pour foyer et AC pour tangente au sommet.*

Remarque. Il est possible d'arriver plus rapidement à la conclusion, car il suffit de se rappeler que *le lieu des projections du foyer d'une parabole, sur les tangentes à cette courbe, est tangente au sommet* (G., n° 697) ; mais si les théorèmes relatifs à la directrice et à la tangente au sommet (G., n°ˢ 695 et 697) n'étaient pas connus, les *Éléments de Géométrie* ne conduiraient pas à la connaissance de la courbe enveloppe.

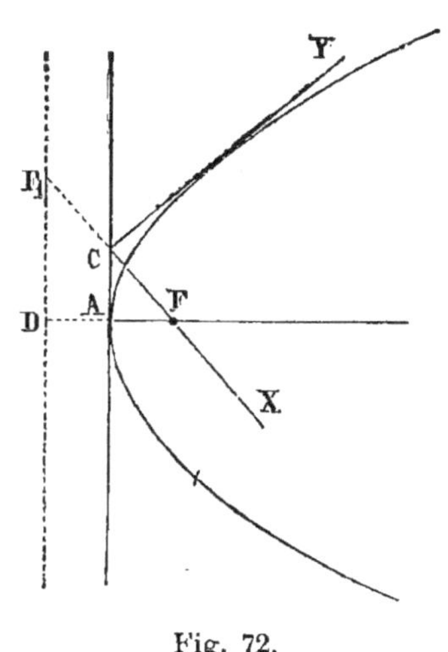

Fig. 72.

Exercice.

127. **Problème.** *Le côté CG d'un angle droit FCT passe par un point fixe F ; quelle est l'enveloppe de l'autre côté CT, lorsque le sommet C glisse sur une circonférence donnée ACA'*?*

Quand le point F est dans le cercle, l'enveloppe de CT est une ellipse ayant AA' pour grand axe et F pour foyer ; car on sait que le lieu de la projection C du foyer F sur les tangentes à l'ellipse est le cercle principal décrit sur le diamètre AA'. (G., n° 626.)

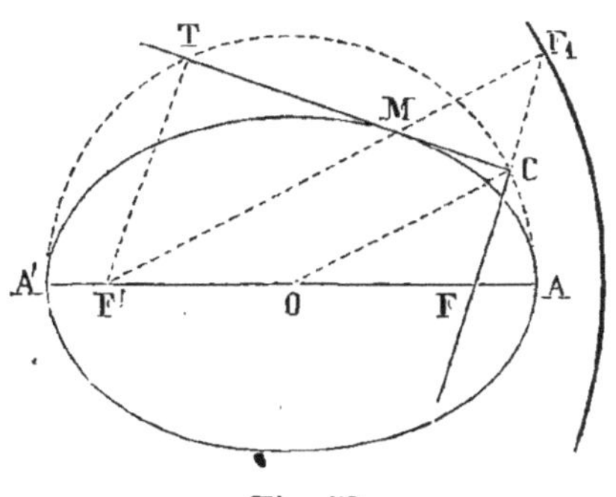

Fig. 73.

Lorsque le point fixe est extérieur au cercle, l'enveloppe est une hyperbole ayant F pour un de ses foyers et le diamètre AA', qui passe par le point fixe, pour axe transverse. (G., n° 667.)

---

* Ce théorème est dû à **Maclaurin**. *Traité des propriétés projectives des figures*, tome I, n° 447. Il est attribué souvent à **La Hire**. Voir *Aperçu historique*, page 125.

Maclaurin ou **Mac-Laurin**, né en 1698, mort à York en 1746, donna divers

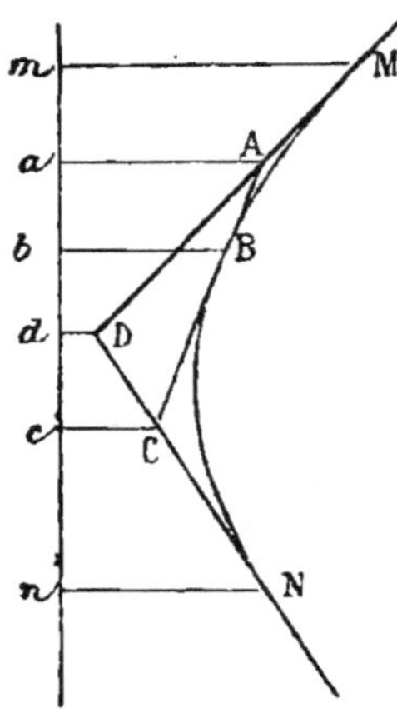

Fig. 74.

Exercice.

128. Problème. *Quelle est l'enveloppe d'une droite AC qui divise deux droites DM, DN, données de longueur et de position, en parties inversement proportionnelles?*

On a :
$$\frac{AM}{AD} = \frac{CD}{CN}$$

L'enveloppe est une parabole, car un théorème connu (G., n° 710) prouve que la parabole tangente en M, N aux lignes données, est tangente à toute droite AC qui divise les côtés DM, DN en parties inversement proportionnelles.

Exercice.

129. Problème. *On coupe les côtés XOY d'un angle droit par une droite DE, de manière que le triangle DOE ait une aire constante* a^2; *quelle est l'enveloppe du côté DE?*

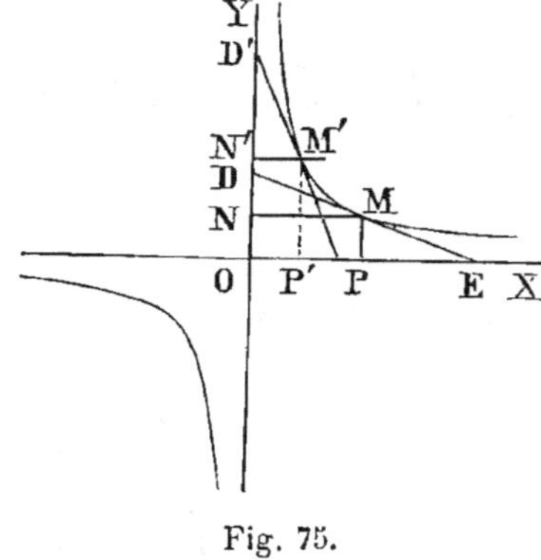

Fig. 75.

Soit
$$\frac{OD \cdot OE}{2} = a^2$$

Du point M milieu de DE, abaissons les perpendiculaires MN, MP, on aura
$$MN \cdot MP = \frac{1}{2} \cdot \frac{OD \cdot OE}{2} = \frac{a^2}{2}$$

Or, le produit $MN \cdot MP$ des coordonnées du point milieu **M**, étant constant, le lieu du point M est une hyperbole équilatère ayant OX, OY pour asymptotes et $\dfrac{a^2}{2}$ pour puissance. (G., n° 677.)

---

procédés pour le tracé organique des courbes, et publia son *Traité des fluxions.* Cet ouvrage célèbre a été traduit en français par le Père PÉZENAS.

LA HIRE, né à Paris en 1640, mort en 1718, publia, en 1685, un grand traité sur les Coniques. Dans cet ouvrage, il étudiait les propriétés du cercle, considéré comme étant la base d'un cône, et en déduisait des propriétés correspondantes pour les Sections coniques. Il fit un grand emploi de la *proportion harmonique,* et établit les théorèmes principaux de la théorie des polaires.

Dans son *Traité des planiconiques,* il donne la première méthode, suffisamment générale, pour transformer des figures données en d'autres figures de même genre.

On sait d'ailleurs que la tangente, limitée aux asymptotes, est divisée en deux parties égales par le point de contact (n° 75) ; donc DE est tangente au lieu obtenu ; par suite, *l'enveloppe de* DE *est l'hyperbole, lieu des points* M.

Remarque. Quel que soit l'angle donné, l'enveloppe de la base DE d'un triangle à aire constante est une hyperbole ayant OX, OY pour asymptotes.

Exercice.

130. Problème. *Les hauteurs d'un triangle* ABC, *inscrit dans un cercle de centre* O, *se coupent en un point* H. *Ce dernier point peut servir de point de concours des hauteurs d'une infinité de triangles inscrits dans le même cercle ; quelle est l'enveloppe des côtés de tous ces triangles?* (*N. A. —* 1866, *page* 170.)

1° On sait qu'en prolongeant chaque hauteur jusqu'à la circonférence, chaque côté, BC par exemple, est perpendiculaire au milieu de HL, car l'angle CBL = CAL ; mais l'angle CAD = CBE, donc DH = DL, etc.

De même HE = EM ; HF = FN

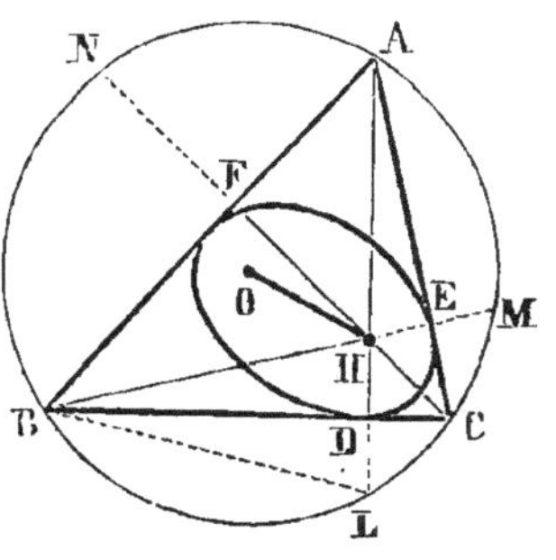

Fig. 76.

2° Il y a une infinité de triangles dont les hauteurs se coupent en un point donné H. En effet, admettons qu'on ne donne que le cercle et le point H, prouvons qu'à toute corde menée par H correspond un triangle dont ce point est le point de concours des hauteurs. Menons une corde quelconque BHM, élevons une perpendiculaire AC au milieu de HM, les trois hauteurs de ABC se couperont au point H, car EH = EM ; donc...

3° La propriété connue du cercle directeur (G., n° 624) prouve que les côtés AC perpendiculaire au milieu de HM, AB perpendiculaire au milieu de HN, etc., sont tangents à une ellipse ayant pour foyers les points O et H, et le cercle circonscrit pour cercle directeur ; donc *l'enveloppe des côtés est l'ellipse* OH *.

---

* La dénomination de *foyers*, pour l'ellipse et l'hyperbole, se trouve dans APOLLONIUS (vers 247 av. J.-C.).

APOLLONIUS de Perge (vers 247 av. J.-C.) vivait à Alexandrie sous le règne de Ptolémée Philopator ; il publia un traité célèbre sur les *Sections coniques*. Ce grand ouvrage, dans lequel se trouvent les propriétés les plus remarquables des coniques, avait fait donner à son auteur le surnom de *géomètre par excellence*.

Remarque. Lorsque le point de concours des hauteurs est hors du cercle, l'enveloppe est une hyperbole. (G., n° 660.)

131. Enveloppe d'une courbe variable. L'enveloppe d'une courbe qui varie suivant une loi donnée, est une seconde courbe tangente à la première dans toutes les positions que celle-ci peut occuper.

Exemple. *L'enveloppe d'un cercle de rayon constant dont le centre décrit une circonférence donnée, est l'ensemble de deux circonférences concentriques à celle que décrit le centre du cercle mobile.*

Lorsque r est le rayon de la circonférence fixe et s le rayon de la circonférence mobile, l'un des rayons de l'enveloppe $= r + s$ et l'autre $r - s$.

Exercice.

132. Problème. *Quelle est l'enveloppe des cercles dont le centre est sur une parabole et qui sont tangents à une corde perpendiculaire à l'axe de cette courbe?*

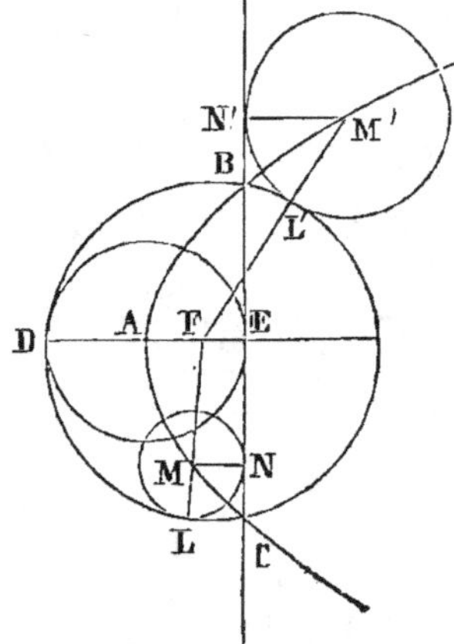

Fig. 77.

La parabole est le lieu des points dont la somme ou la différence des distances au foyer F et à une droite BC est constante (n° 76).

Donc $\quad\quad$ FM $+$ MN

ou $\quad\quad$ FL $=$ FA $+$ AE $=$ FD

de même $\quad\quad$ FM$'$ $-$ M$'$N$'$

ou $\quad\quad\quad\quad$ FL$'$ $=$ FD

Ainsi l'enveloppe est la circonférence DLL$'$, décrite du foyer F pris pour centre, avec $\;$ FA $+$ AE $\;$ pour rayon.

Remarque. La courbe passe par les points B et C.

Exercice.

133. Problème. *Quelle est l'enveloppe des cercles dont le centre est sur une ellipse et qui sont tangents à une circonférence décrite d'un foyer comme centre?*

Soit MN un cercle quelconque; décrivons le cercle directeur relatif au foyer F$'$.

On sait que pour tout centre M, pris sur l'ellipse, la circonférence qui passe par le foyer est tangente au cercle directeur au point O. (G., n° 625.)

Donc l'enveloppe des cercles décrits du centre M, et tangents au cercle LF, est une circonférence concentrique au cercle directeur ; F'N en est le rayon.

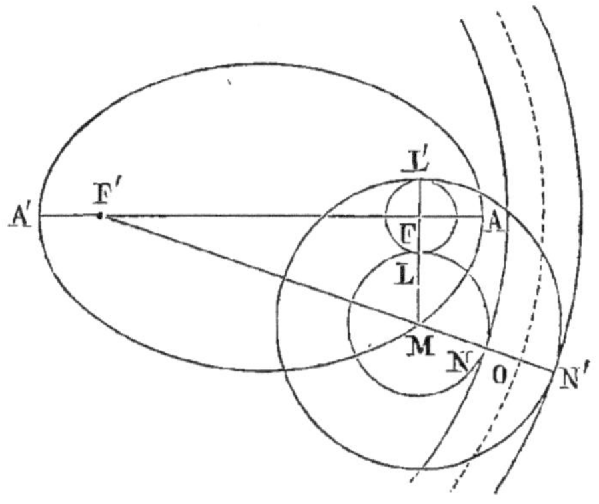

Fig. 78.

Les circonférences auxquelles le cercle F serait tangent intérieurement auraient pour enveloppe le cercle dont F'N' serait le rayon.

Application.

134. Problème. *Construire un triangle, connaissant le périmètre, un angle et la hauteur abaissée du sommet de cet angle.*

Formons un angle A égal à l'angle donné ; déterminons l'enveloppe de la base du triangle à périmètre constant $2p$ (n° 124). Pour cela, prenons $AD = AE = p$; élevons les perpendiculaires DO, EO et décrivons le cercle ex-inscrit au triangle demandé *. Du sommet A, il faut décrire une autre circonférence avec h pour rayon, puis mener un tangente commune aux deux circonférences A, O.

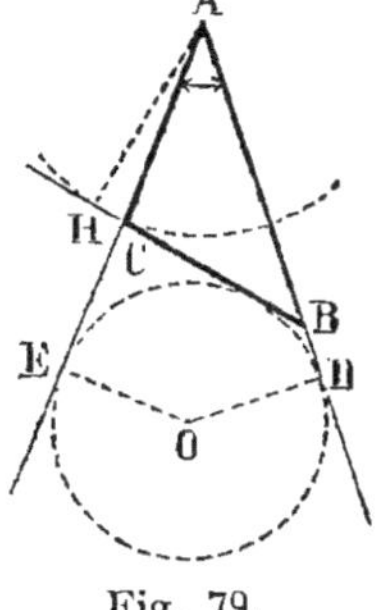

Fig. 79.

* La dénomination de *cercles ex-inscrits* (G., n° 189) est due à Lhuillier, de Genève, en 1812.

Simon Lhuillier, né à Genève en 1750, eut pour professeur Louis Bertrand, connu par la démonstration des parallèles (n° 425). Lhuillier résida longtemps à Varsovie, puis à Genève, où il publia la *Polygonométrie*. Il mourut en 1840, après avoir compté Sturm au nombre de ses élèves.

III

EMPLOI DE FIGURES AUXILIAIRES

§ 1. — Constructions auxiliaires.

135. Le recours à des constructions auxiliaires, soit pour démontrer un théorème, soit pour résoudre un problème, est moins une méthode qu'un procédé dont l'emploi est réclamé par la plupart des questions à traiter. Les exercices déjà proposés en fournissent plusieurs exemples (nᵒˢ 48, 49, 51).

Il est impossible d'indiquer d'une manière générale les constructions qu'il convient de faire; mais parfois une seule ligne donne des rapports inattendus d'où dérive directement la solution.

Dans les exemples que nous allons donner, les lignes auxiliaires seront tantôt une ou plusieurs droites, et tantôt une circonférence.

Exercice.

136. Théorème. *Les côtés opposés d'un quadrilatère inscriptible, dont une des diagonales est un diamètre, se projettent sur l'autre diagonale suivant des longueurs égales.*

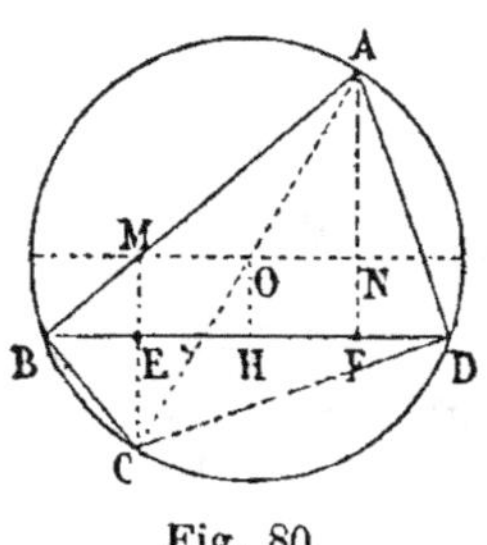

Fig. 80.

Soit ABCD un quadrilatère inscrit, AOC le diamètre, CE, AF les perpendiculaires abaissées sur la diagonale BD.

Il faut prouver que   BE = DF

En effet, en traçant comme ligne auxiliaire le diamètre parallèle à BD, prolongeant CE, et menant la perpendiculaire OH, on obtient deux triangles rectangles égaux

$$OAN, OCM,$$

donc $$OM = ON$$

Donc   BE = FD.

De même   BF = ED   *C. Q. F. D.*

Exercice.

137. Problème. *Une rivière, dont le cours est rectiligne dans la partie considérée, passe entre deux localités inégalement éloignées du cours d'eau. Où faut-il construire un pont perpendiculaire à la rivière, pour que les deux localités soient à des distances égales de l'entrée correspondante du pont?*

Supposons le problème résolu ; soit AMNB la ligne brisée telle que MN soit perpendiculaire à RM et que AM = BN.

En menant une droite auxiliaire BC égale et parallèle à MN, on reconnaît immédiatement que le point M sera déterminé par la perpendiculaire DM élevée au milieu de AC; car la figure BCMN est un parallélogramme; donc

$$BN = CM = AM$$

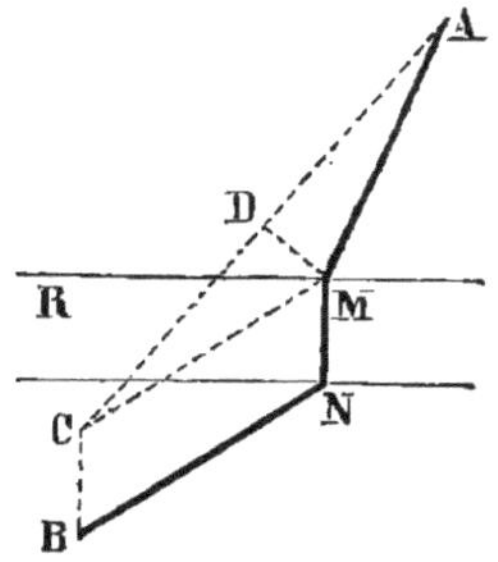

Fig. 81.

Exercice.

138. Problème. *Étant données deux circonférences sécantes A et B, mener par l'un des points d'intersection E une sécante qui soit divisée par ce point dans un rapport donné $\dfrac{m}{n}$.*

Pour résoudre la question proposée, on pourrait recourir à un lieu géométrique déjà étudié (n° 65); mais le problème comporte une solution particulière très simple, qu'il est utile d'indiquer.

Soit le problème résolu et

$$\frac{CE}{DE} = \frac{m}{n} \quad \text{ou} \quad \frac{GE}{HE} = \frac{m}{n}$$

en ne prenant que la moitié des cordes.

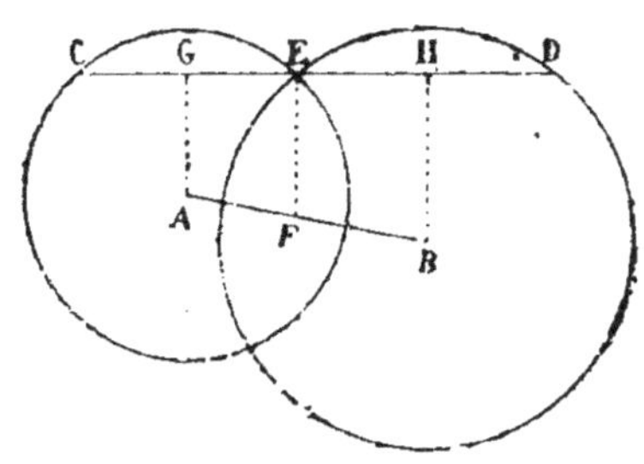

Fig. 82.

Si l'on mène par le point E une perpendiculaire EF à GH, la ligne AB sera divisée dans le rapport donné, et le point F fera connaître la direction de FE; donc il faut diviser AB dans le rapport $\dfrac{m}{n}$.

Joindre le point F au point E, puis élever une perpendiculaire CD à la droite FE.

Exercice.

139. Problème. *Par l'un des points d'intersection de deux circon-férences qui se coupent, mener une sécante qui ait une longueur donnée 2l.*

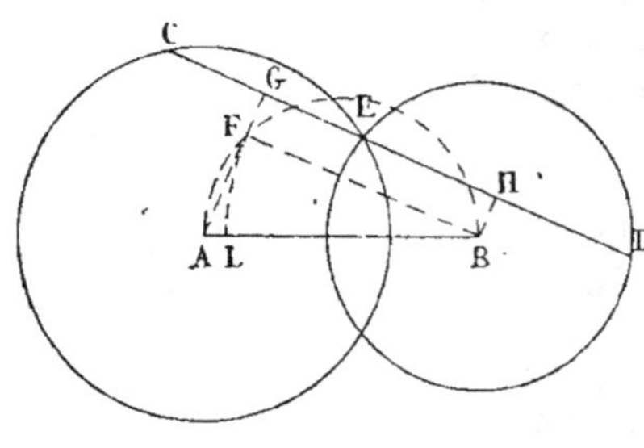

Fig. 83.

En supposant le problème ré-solu, et $CED = 2l$, on est conduit comme précédemment (n° 138) à ne considérer que la moitié GH de la sécante.

Il suffit de considérer une droite auxiliaire BF parallèle à CD pour reconnaître que le problème est ramené à construire un triangle rectangle AFB dont on connaît l'hypoténuse AB et la longueur l d'un côté BF de l'angle droit. On est donc amené à faire la construction suivante :

Sur AB comme diamètre, il faut décrire une demi-circonférence; du point B comme centre, avec un rayon BL égal à l décrire un arc LF, enfin mener une droite CED parallèle à BF.

Remarque. La longueur donnée $2l$ peut au plus être égale à 2AB; ainsi la *sécante maxima* est parallèle à la ligne des centres.

Exercice.

140. Problème. *Une droite DF étant donnée de longueur et de position, trouver sur un cercle aussi donné un point C tel qu'en le joignant aux points D, F, la corde interceptée AB soit parallèle à DF *.*

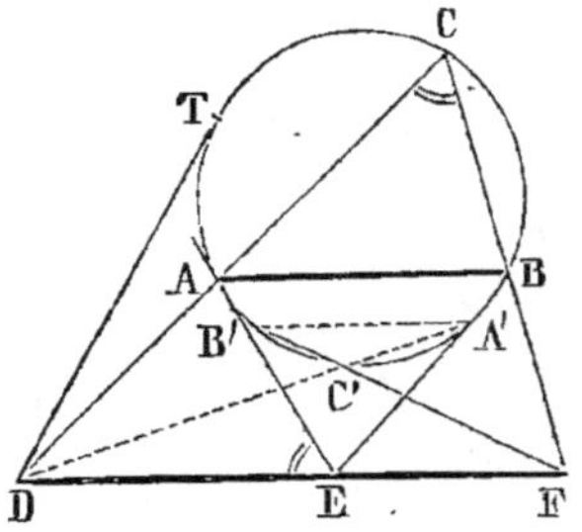

Fig. 84.

Supposons le problème résolu et AB parallèle à DF. Il suffit de déterminer un des points A ou B.

Pour rattacher le point inconnu A aux données du problème, menons la tangente AE. Tout serait déterminé si le point E était connu de position. Or les triangles ADE, FDC sont sembla-bles comme ayant un angle D commun, et l'angle A égale F ; car l'angle A

---

  * Cette question a été choisie par BOURDON dans son *Application de l'algèbre à la géométrie* (n°s 20 et 21), pour montrer toute l'utilité qu'on peut retirer de l'introduction de certaines lignes auxiliaires, telles que la tangente AE.

  M. BOURDON, ancien examinateur d'admission à l'École polytechnique, est sur-tout connu par l'admirable clarté qui règne dans tous ses ouvrages : *Arithmé-tique, Algèbre, Application de l'Algèbre à la géométrie.*

ou son opposé par le sommet, a pour mesure la moitié de l'arc ATC, et il en est de même de l'angle B, auquel l'angle F est égal.

Les triangles semblables donnent :

$$\frac{DE}{DC} = \frac{DA}{DF}; \quad \text{d'où} \quad DE = \frac{DA \cdot DC}{DF}$$

Nous ne connaissons ni DA, ni DC; mais leur produit est connu, car en menant la tangente DT, on a : $DA \cdot DC = DT^2$.

donc
$$DE = \frac{DT^2}{DF}$$

Il suffit donc de construire une troisième proportionnelle aux lignes connues DT et DF.

Construction. Sur DF, décrivons une demi-circonférence; portons DT de D en H, abaissons la perpendiculaire HE; menons la tangente EA; puis les lignes DAC et CF.

Il y a deux solutions.

Exercice.

141. Théorème. *Lorsqu'un parallélogramme ABCD de grandeur invariable se meut dans son plan, de manière que deux côtés adjacents AB, AD passent respectivement par deux points fixes M et N, la diagonale AC passe aussi par un point fixe.*

L'angle DAB est constant, donc le sommet A du parallélogramme se meut sur l'arc du segment MAN capable de l'angle donné A.

La considération de la circonférence MANO conduit très simplement à la démonstration du théorème.

En effet, l'angle MAO ou DAC est constant, le premier côté A'D' de l'angle passe par le point M; donc le second côté A'C' passera par un point fixe O.

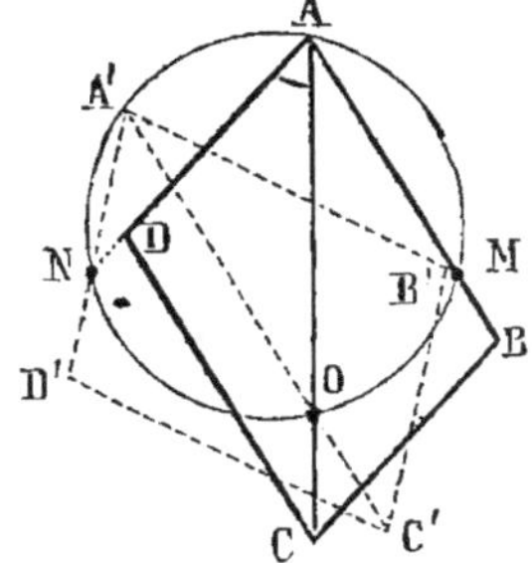

Fig. 85.

Remarque. Ce théorème si élémentaire conduit à un théorème remarquable de statique : *Lorsqu'on fait tourner deux forces concourantes d'une même quantité angulaire et dans le même sens autour de leurs points respectifs d'application, la résultante tourne de la même quantité et passe par un point fixe*[*].

---

[*] MAURICE D'OCAGNE, élève de l'École polytechnique. N. A., 1880, page 116.

Exercice.

142. Lieu. *Quel est le lieu des points M tels que la droite AB qui joint les pieds des perpendiculaires MA, MB, abaissées de ce point sur deux droites fixes OX, OY, ait une longueur constante l?*

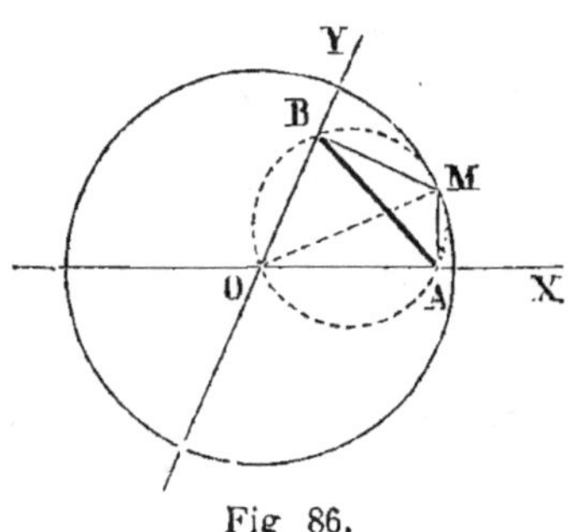

Fig 86.

Soit M un point du lieu; MA perpendiculaire sur OX, MB sur OY et $AB = l$.

La considération du cercle circonscrit au quadrilatère AMBO, dont deux angles sont droits, conduit immédiatement à la réponse.

En effet, à cause des angles droits A et B, le cercle circonscrit a pour diamètre MO. Mais AB ayant une longueur constante, on peut dire que l'arc AOB est l'arc de segment décrit sur AB et capable de l'angle donné XOY. Ainsi la circonférence circonscrite change de position, mais non de grandeur; donc le diamètre MO a une longueur constante; donc le lieu du point M est une circonférence décrite du centre O, avec OM pour rayon.

Exercice.

143. Lieu. *Les sommets A et B d'un triangle ABC glissent respectivement sur les deux droites fixes OX, OY, dont l'angle XOY est le supplément de l'angle C; quel est le lieu décrit par ce troisème sommet C?*

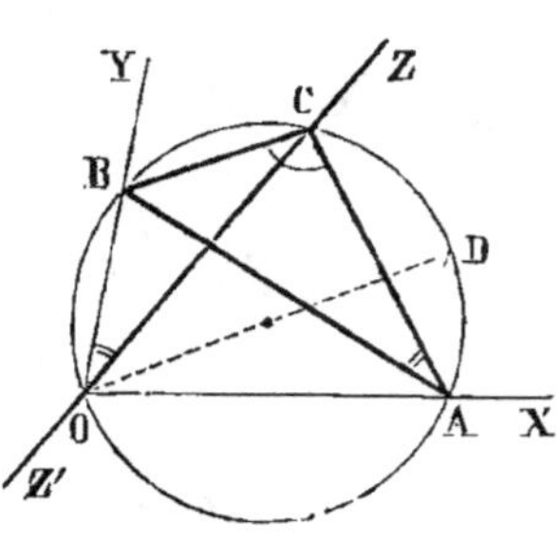

Fig. 87.

Soit l'angle C supplémentaire de l'angle O.

Comme précédemment, la considération du cercle circonscrit amène facilement à la connaissance du lieu.

En effet, quelle que soit la position du triangle donné ABC, le cercle circonscrit passe par le point O, car le quadrilatère AOBC est inscriptible; or l'angle BOC égale A; donc l'angle BOC est constant; le point C, quelle que soit la position du triangle mobile, se trouve sur une droite ZOZ' formant avec OY un angle égal à l'angle donné A.

Remarque. Pour avoir les positions extrêmes du sommet B, il faut porter sur OZ et sur OZ' des longueurs égales au diamètre OD du cercle circonscrit.

Exercice.

144. Lieu. *Les sommets* A *et* B *d'un triangle* ABM *glissent respectivement sur deux droites fixes* OX, OY. *Quel est le lieu décrit par le troisième sommet* M?

Le problème précédent nous conduit à déterminer des points liés au triangle, et dont le lieu soit une droite passant par le point O.

Or tous les points de l'arc EDF se meuvent suivant des droites, car pour le point D, par exemple, l'angle ADB est le supplément de O.

Les points de l'arc AOB donnent aussi des droites, car l'angle

$$ACB = O$$

Menons le diamètre CM qui passe par le sommet M; soit D le point où l'arc EF est coupé par CM.

La ligne CDM reste invariablement liée au triangle.

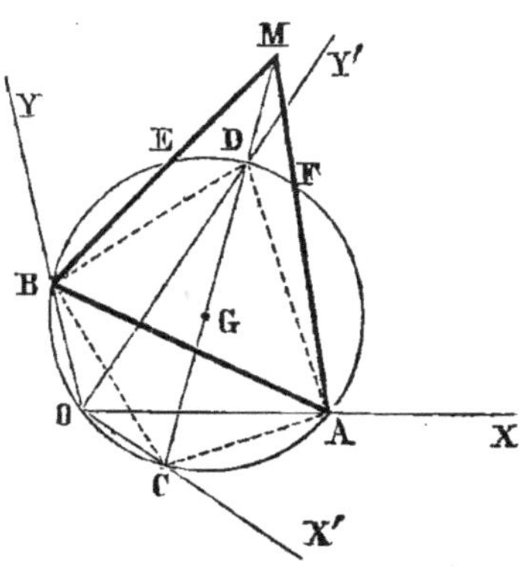

Fig. 88.

En effet, l'arc ADB, capable d'un angle supplémentaire de l'angle XOY, a un rayon constant et une situation invariable par rapport au triangle donné. Il coupe BM en un certain point E tel que le segment BE ne varie pas de longueur; de même, le centre du cercle AOBD reste à une distance invariable de la base AB; ainsi le diamètre MDGC a une position déterminée, et passe constamment par un même point G de la base AB; donc MDGC participe au mouvement du triangle donné ABM, et le quadrilatère inscriptible ACBD est mobile dans son plan, mais il ne varie point de forme ni de grandeur.

Or l'angle DOC est droit; donc les extrémités C et D de la droite CD glissent sur deux droites rectangulaires OX' OY'; donc tout point M de cette droite décrit une ellipse. (G:, n° 643.)

Remarque. O est le centre de la courbe, les axes sont dirigés suivant OX' et OY'. Les longueurs MC, MD font connaître les demi-axes a et b *.

---

* La recherche analytique du lieu demandé n'offre aucune difficulté, elle est connue depuis longtemps; mais la détermination géométrique des diamètres de l'ellipse ne remonte qu'à 1850; elle est due à M. MANNHEIM, alors élève à l'École polytechnique, actuellement professeur à la même école, auteur d'aperçus nouveaux et remarquables sur la *Géométrie cinématique.*

§ II. — Figures symétriques.

145. L'emploi des *figures symétriques* constitue la *méthode par duplication* * ou par *retournement*.

Dans certains cas on détermine, par rapport à un axe donné, le point symétrique d'un point donné ; en d'autres circonstances, on remplace une ligne droite ou courbe par la ligne symétrique.

On trouve une application de cette méthode dans la résolution du problème du *chemin brisé minimum* (G., n° 176), et aussi dans le suivant.

Prouver qu'on peut circonscrire une circonférence à tout polygone régulier. (G., n° 163.)

Exercice.

146. Théorème. *Dans un triangle isocèle, la somme des distances d'un point quelconque de la base aux deux autres côtés est constante, et la différence des distances d'un point pris sur le prolongement de la base est aussi constante.*

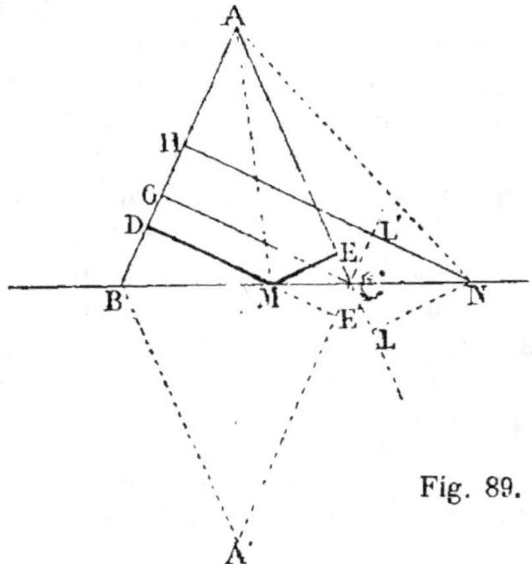

Fig. 89.

Dans le rabattement, à cause des angles égaux en M, ME devient ME' sur le prolongement de DM.

Or DE' = CG, quantité constante.

De même NL devient NL', et NH — LN = L'H = CG.

---

* Les mots *méthode par duplication* se trouvent dans un ouvrage de M. PAUL SERRET : *Des Méthodes en géométrie*, 1855. Ce livre remarquable nous a été fort utile.

M. Paul Serret a publié divers articles dans les *Nouvelles annales de M. Gerono*. Il professait, de nos jours, à l'institut catholique de Paris.

Exercice.

147. Problème. *Sur une droite donnée* xy, *déterminer un point G tel que les tangentes menées de ce point à deux circonférences données A et B fassent des angles égaux avec* xy.

Je cherche B′ symétrique de B ; je mène une tangente commune aux circonférences A et B′.

Le point C est le point demandé.

Il y a généralement quatre solutions.

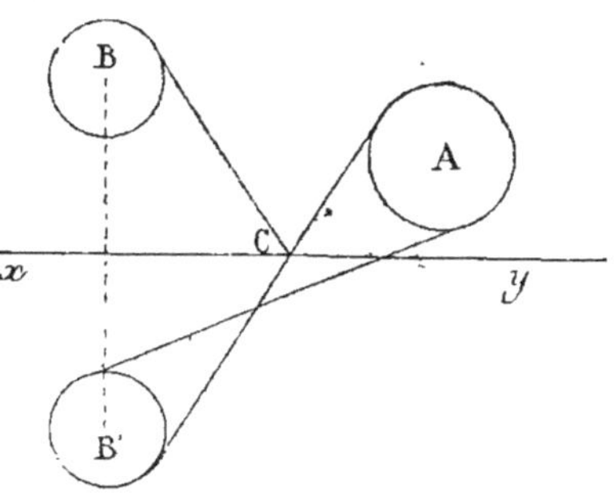

Fig. 90.

Exercice.

148. Théorème de Fuss[*]. *Quelle que soit la base* AB *du triangle sphérique* ACB, *le lieu du troisième sommet* C *est un grand cercle, lorsque la somme des arcs latéraux est une demi-circonférence.* (*Aperçu historique*[**], page 326, note 1.)

Soit   arc AC + arc BC $= \pi$R

La somme constante des arcs étant une demi-circonférence, nous sommes conduits à considérer une figure double de celle qui est donnée. Pour cela, déterminons les points symétriques de A et B, par rapport au diamètre parallèle à la corde AB, ou bien menons les diamètres AOA′, BOB′.

L'arc   AC + arc BC $= \pi$R $=$
        arc AC + arc CA′

donc   arc BC = arc CA′

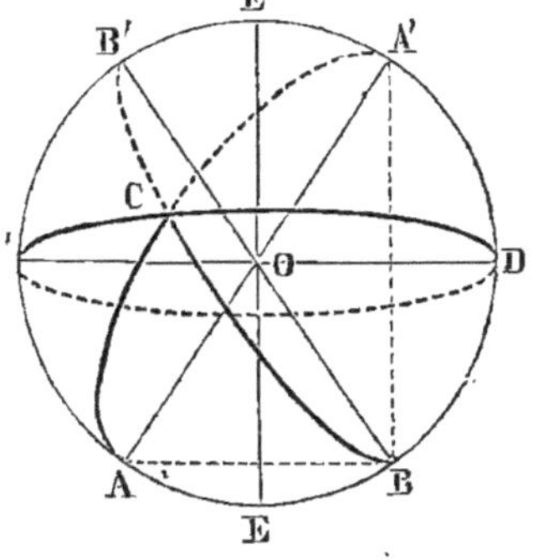

Fig. 91.

Ainsi, quelle que soit la longueur de la base AB et la position des

---

[*] NICOLAS FUSS, secrétaire perpétuel de l'Académie des sciences de Saint-Pétersbourg à la fin du siècle dernier. (Voir n° 1183, note.)

[**] *Aperçu historique sur l'origine et le développement des Méthodes en géométrie*, par M. CHASLES.

Nous avons eu fréquemment recours à cet ouvrage si complet et si riche en renseignements.

M. MICHEL CHASLES, mort récemment, est sans contredit un des plus illustres et des plus féconds géomètres de notre siècle. On doit à cet auteur de nombreux mémoires mathématiques, la *Géométrie supérieure*, l'*Aperçu historique*, un *Traité des coniques*.

demi-cercles ACA', BCB', le triangle sphérique BCA' est isocèle, la corde BA' est perpendiculaire à la corde AB ; donc le sommet C a pour lieu géométrique le grand cercle DCD', dont le plan est perpendiculaire au diamètre EE' qui passe par le milieu de la base AEB.

149. Remarque. A la méthode par duplication, on peut rattacher le procédé qui consiste à disposer les diverses parties d'une figure, de manière à ramener une question proposée à une question déjà connue. En voici deux exemples.

Exercice.

150. Théorème. *Lorsque deux triangles ont deux angles respectivement égaux et deux angles supplémentaires, les côtés opposés aux angles égaux sont proportionnels aux côtés opposés aux angles supplémentaires.*

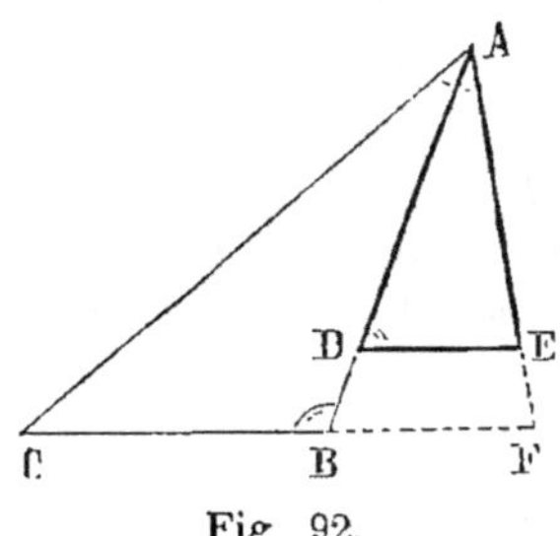

Fig. 92.

Plaçons les deux triangles en ABC et ADE, de manière que les angles égaux soient adjacents, et que le côté commun soit adjacent aux angles supplémentaires B et D.

A la seule disposition de la figure, on reconnaît le théorème de la bissectrice. (G., n° 215.)

On a :
$$\frac{AC}{BC} = \frac{AF}{BF}$$

donc
$$\frac{AC}{BC} = \frac{AE}{DE} \quad \text{ou} \quad \frac{AC}{AE} = \frac{BC}{DE} \quad . \qquad C.\ Q.\ F.\ D.$$

Exercice.

151. Problème. *Construire un quadrilatère inscriptible, connaissant les quatre côtés.* (STURM *.)

Supposons le problème résolu, et a, b, c, d, les quatre côtés donnés.

La propriété caractéristique du quadrilatère inscriptible d'avoir les angles opposés supplémentaires, et l'étude de l'exercice précédent (n° 150), conduisent à placer le triangle BCD en BEF, afin de découvrir quelque relation simple entre les lignes données.

---

* STURM, né à Genève, a passé la plus grande partie de sa vie à Paris ; il est mort professeur à l'École polytechnique. On connaît son *Traité de calcul infinitésimal* et son *Traité de mécanique rationnelle*.

Son élégante démonstration du *parallélogramme des forces* se trouve dans la plupart des traités de mécanique.

EF est parallèle à DA, et le problème serait résolu si l'on pouvait construire le triangle DBG.

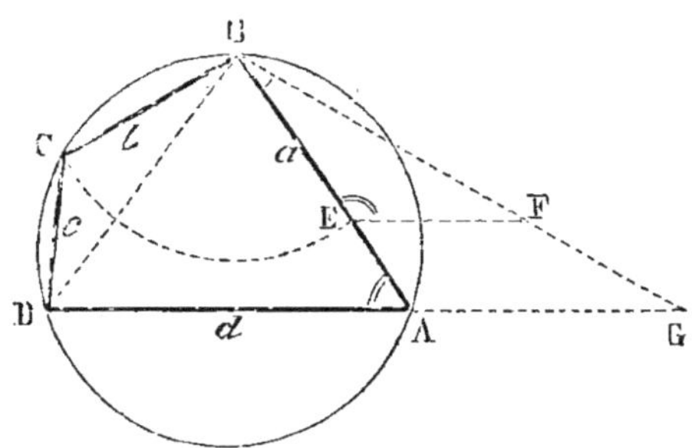

Fig. 93.

Or les triangles semblables ABG et EBF ou CBD donnent :

$$\frac{AG}{CD} = \frac{AB}{CB} \quad \text{ou} \quad \frac{AG}{c} = \frac{a}{b}$$

d'où
$$AG = \frac{ac}{b}$$

Ainsi DG est connu.

On peut déterminer en outre le rapport des côtés BD et BG.

En effet :
$$\frac{BD}{BG} = \frac{BF}{BG} = \frac{BE}{BA} = \frac{b}{a}$$

donc, par rapport aux points D et G, dont la distance DG est connue, il faut décrire le lieu des points B tels que le rapport des distances aux deux premiers égale $\frac{b}{a}$. Puis, du point A comme centre, avec la longueur a pour rayon, couper le lieu, et l'on trouve ainsi le point B.

Enfin circonscrire une circonférence au triangle ABD, et prendre une corde BC égale à b. La corde CD sera égale à longueur donnée c.

§ III. — Composition ou Décomposition.

152. Composition. La méthode par *composition* consiste à compléter une figure donnée, en ne la considérant que comme une partie d'une figure déjà connue.

Exemples. Pour avoir l'aire du triangle, on considère le parallélogramme, dont la première figure n'est que la moitié. (G., n° 314.)

Pour avoir le volume du prisme triangulaire, on considère le parallélépipède de volume double. (G., n° 443.)

Pour obtenir le volume de la pyramide triangulaire, on prouve que cette pyramide est le tiers du prisme de même base et de même hauteur. (G., n° 469.)

153. **Décomposition.** La méthode par *décomposition* consiste à partager la figure à étudier en plusieurs autres figures connues.

Exemples. Pour trouver la somme des angles d'un polygone, on décompose ce polygone en triangles. (G., n° 94.)

On procède de la même manière pour trouver l'aire d'un polygone. (G., n° 317 et 319.)

Pour déterminer le volume du tronc de pyramide triangulaire ou du tronc de prisme, on décompose le tronc en trois tétraèdres. (G., n° 475.)

Dans la *Méthode de sommation* (G., n° 943), la surface à étudier est décomposée en rectangles, et le solide à évaluer est décomposé en prismes.

154. **Résumé.** Par la *composition* ou par la *décomposition*, la figure donnée est considérée comme étant la différence ou la somme de plusieurs figures connues.

(Voir n° 556, construction de polygones, comme application de cette méthode.)

Exercice.

155. **Théorème.** *Lorsque deux droites* AC, BD *de longueur donnée se coupent sous un angle constant, le quadrilatère* ABCD, *formé en joignant deux à deux les extrémités de ces droites, a une surface constante.*

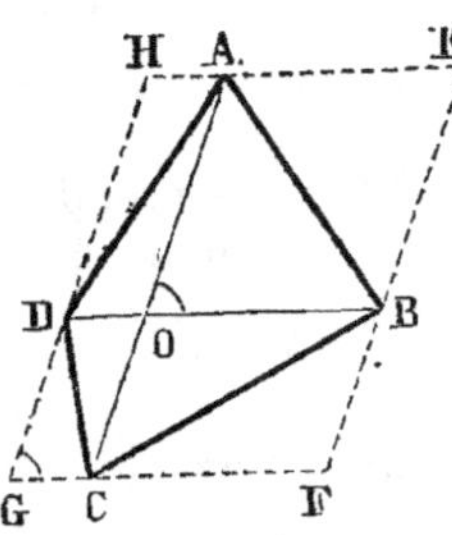

Fig. 94.

On peut donner plusieurs démonstrations élémentaires de ce théorème, mais la plus simple se rapporte à la méthode par *composition.*

Par les sommets A et C, menons des parallèles à la diagonale BD; et par les sommets B et D, menons des parallèles à AC.

Le parallélogramme ainsi formé est constant, car l'angle G ou O est donné, et il en est de même des côtés GF, GH. Or le quadrilatère est la moitié du parallélogramme, car le triangle AOB égale ABE, etc.; donc le quadrilatère a une surface constante.

Exercice.

156. **Théorème.** *Lorsque trois droites de longueur donnée* AB, CD, EF *se coupent en un même point* O *et sous des angles constants, l'octaèdre, qui aurait pour sommets les extrémités des trois droites, a un volume constant.*

En effet, le quadrilatère CEDF qui divise l'octaèdre en deux pyramides quadrangulaires est la moitié du parallélogramme invariable LMNP, que l'on forme comme à l'exercice précédent. Or, en menant par les sommets A et B des plans parallèles au parallélogramme LMNP, et en menant par MN, NP, etc. des plans latéraux parallèles à AB, on forme un parallélépipède invariable, car les arêtes sont égales et parallèles aux trois lignes données AB, CD, EF, et ces lignes ont des longueurs données et se rencontrent sous des angles constants.

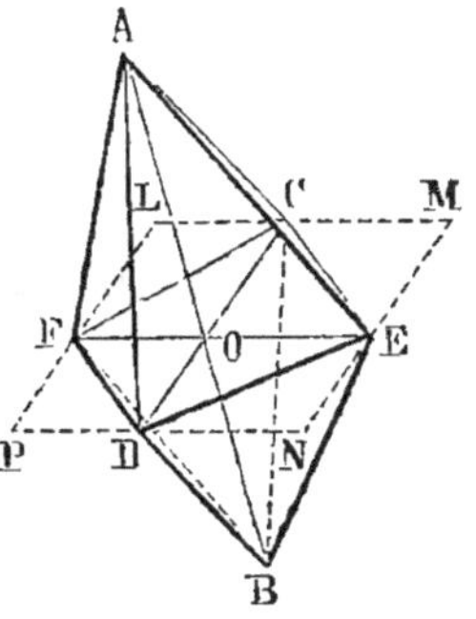

Fig. 95.

Mais la pyramide A,CDEF n'est que la sixième partie du parallélépipède de même hauteur et de base double LMNP, car le volume de la pyramide s'obtient en multipliant la base CEDF par le tiers de la perpendiculaire abaissée du point A sur la base. De même, la pyramide B,CDEF est le sixième du parallélépipède correspondant; donc *l'octaèdre a un volume constant,* car ce volume est le sixième de celui du parallélépipède total.

Remarque. Dans le cas particulier où les droites données sont rectangulaires deux à deux, on a : $V = \dfrac{1}{6} AB \cdot CD \cdot EF$

Exercice.

157. Problème. *Par les arêtes opposées d'un tétraèdre, on mène des plans parallèles; on forme ainsi un parallélépipède circonscrit; quel est le rapport des volumes des deux corps ?*

Par les deux arêtes opposées AB et DC, on peut mener deux plans parallèles. En effet, si l'on mène CX parallèle à AB, le plan DCX sera parallèle à la droite AB, et par cette dernière ligne on pourra mener un plan parallèle au plan DCX. (G., n° 378.) De même, par les arêtes opposées AD, BC on peut mener deux plans parallèles entre eux. Enfin, par AC et BD,

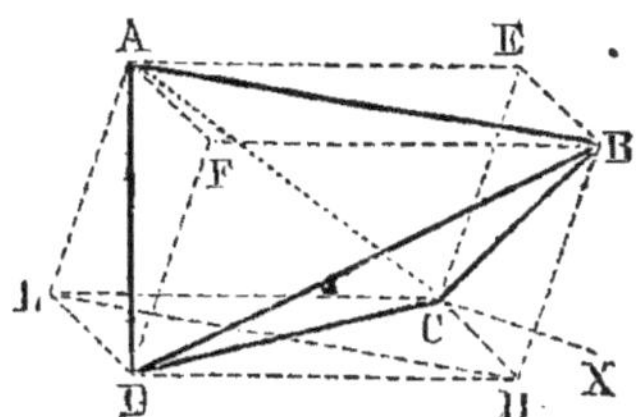

Fig. 96.

on peut aussi mener deux plans parallèles, et former ainsi un parallélépipède circonscrit au tétraèdre donné.

Le volume du tétraèdre égale celui du parallélépipède diminué de celui de quatre pyramides équivalentes, dont chacune est le sixième du parallélépipède.

En effet, la pyramide B,DCH a même hauteur que le parallélépipède, et sa base DCH n'est que la moitié du parallélogramme LDHC.

En représentant par P le volume du parallélépipède, on a donc :

pyramide $$B,DCH = \frac{1}{6}P$$

Il en est de même pour chacune des pyramides A,CDL ; C,AEB ; D,ABF ; donc le tétraèdre égale $P - \frac{4}{6}P = \frac{1}{3}P$.

Ainsi le tétraèdre est le tiers du parallélépipède circonscrit.

Exercice.

158. **Théorème de Steiner** [*]. *Sur deux droites XX', YY' non situées dans un même plan, on prend respectivement deux longueurs données AB, CD ; prouver que le tétraèdre qui aurait pour sommets les quatre points A, B, C, D, a un volume constant, quelle que soit la position de AB sur XX', et celle de CD sur YY'.*

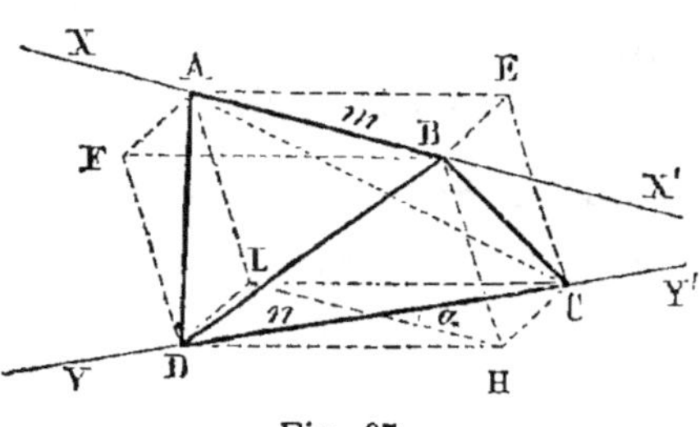

Fig. 97.

Construisons le parallélépipède circonscrit ; il suffit de prouver que le volume de ce corps est constant, car celui du tétraèdre en est le tiers (n° 157.)

Or la diagonale HL est égale et parallèle à AB ; donc, quelle que soit la position des segments donnés AB et CD, le parallélogramme de base CHDL a une surface constante, car ses deux diagonales ont des longueurs données et se coupent sous un angle égal à celui que forment entre elles les droites XX' et YY'.

La hauteur ou perpendiculaire abaissée du point B, par exemple, sur la base CHDL, est la longueur de la plus courte distance des lignes XX', YY' (G., n° 411) ; donc elle ne varie point. Par suite, le volume du parallélépipède est constant, et il est de même de celui du tétraèdre.

---

[*] STEINER, professeur à Berlin, auteur de nombreuses questions proposées dans les *Annales de Gergonne* ou dans le *Journal de Crelle*, a publié, en 1832, l'ouvrage intitulé : *Développement systématique de la dépendance des formes géométriques.*

Les *Annales mathématiques* de GERGONNE ont été publiées de 1810 à 1831 ; elles comprennent vingt et un volumes, et contiennent de nombreux articles de Poncelet et de Steiner. On y trouve la première exposition de la méthode si féconde des *Polaires réciproques.*

Le *Journal* du docteur CRELLE a été fondé en 1826. Il a rendu en Allemagne des services analogues à ceux qu'ont rendus en France les *Annales de Gergonne* et les *Nouvelles Annales de Gerono.*

159. Remarque. Dans le cas particulier où les droites CD et LH seraient perpendiculaires l'une à l'autre, et représentées comme longueurs par m et n, la surface de base serait $\dfrac{mn}{2}$. Si d représente la plus courte distance des droites XX' YY', on aurait, pour le parallélépipède,

$$\text{Volume} = \frac{mnd}{2}$$

donc le tétraèdre serait

$$\frac{mnd}{6}$$

Si les diagonales forment entre elles un angle α, on a :

$$\text{Tétraèdre} = \frac{mn \cdot \sin\alpha}{2} \cdot \frac{d}{3} \quad \text{ou} \quad \frac{mnd \cdot \sin\alpha}{6} \quad (Trig., n°76^{\star}.)$$

Exercice.

160. Théorème. *En prenant deux à deux les arêtes opposées d'un tétraèdre, on obtient trois groupes d'arêtes.*

1° Un tétraèdre peut avoir un, deux, ou trois groupes d'arêtes égales.

2° Un tétraèdre peut avoir un seul groupe d'arêtes perpendiculaires l'une à l'autre, ou trois groupes d'arêtes perpendiculaires.

1° Pour que deux arêtes opposées AB et DC ou LH et DC soient égales, il faut et il suffit que la base CHDL soit un rectangle. Dans ce cas le parallélépipède serait à base rectangle, mais les deux autres faces BHCE, BHDE seraient des parallélogrammes quelconques.

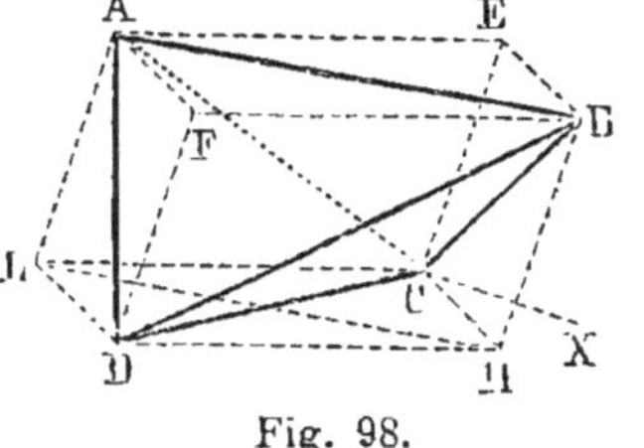

Fig. 98.

Le parallélépipède droit a deux groupes de faces rectangulaires; donc le tétraèdre correspondant aura deux groupes d'arêtes égales.

Enfin le tétraèdre aura trois groupes d'arêtes égales, si le parallélépipède est rectangle.

2° Pour que deux arêtes opposées AB et DC ou LH et DC soient perpendiculaires l'une à l'autre, il faut que la face CHDL soit un losange.

Si dans deux groupes les arêtes opposées sont rectangulaires, il en est de même dans le troisième groupe.

En effet, si AD est perpendiculaire à BC, la figure BHCE est un losange; donc   HB = HC = donc aussi HD

Ainsi la face HBFD est aussi un losange, et l'arête BD est perpendiculaire à AC.

---

* Voir *Éléments de Trigonométrie rectiligne*. F. I. C., 2e édition.

161. Remarque. On nomme tétraèdre *orthogonal* le tétraèdre dont les trois groupes d'arêtes sont formés par des lignes perpendiculaires l'une à l'autre.

Le tétraèdre orthogonal jouit de nombreuses propriétés pour l'étude desquelles on peut consulter les ouvrages suivants :

Nouvelles Annales, année 1854, pages 296 et 385; année 1871, page 451.

Questions de Géométrie, par M. DESBOVES. 3e édition, page 218 et 219.

Journal de Mathématiques élémentaires et spéciales, année 1881, pages 337 et suivantes.

Exercice.

162. Théorème de Guéneau d'Aumont *. *La somme de deux angles opposés d'un quadrilatère sphérique inscrit est égale à la somme des deux autres angles.* (*Aperçu historique,* page 238.)

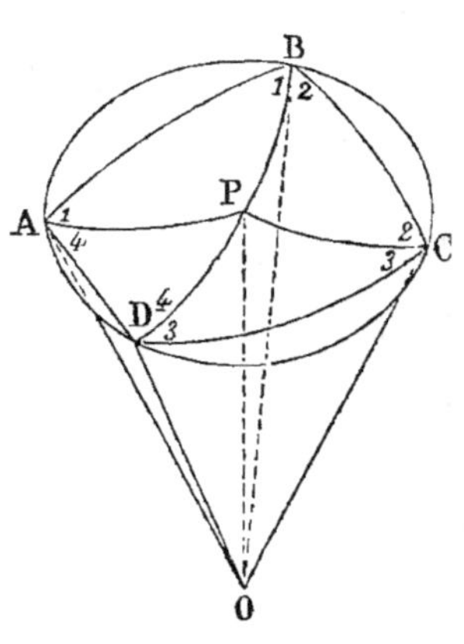

Fig. 99.

Soit O le centre de la sphère; ABCD le quadrilatère formé par quatre arcs de grand cercle, dont les sommets A, B, C, D se trouvent sur une même circonférence ayant P pour un de ses pôles. (G., n° 544.) Il faut démontrer que les angles dièdres qui correspondent aux arêtes AO, CO, ont une somme égale à celle des dièdres qui correspondent aux arêtes BO, DO.

Par le pôle P et par chaque sommet faisons passer des grands cercles; chaque côté AB, par exemple, est la base d'un triangle isocèle APB, car l'arc

$$PA = PB$$

donc l'angle $BAP = ABP$

ou $1 = 1; \quad 2 = 2$ etc.

Or la somme de deux angles dièdres opposés se compose de

$$1 + 2 + 3 + 4$$

donc $A + C = B + D$ *C. Q. F. D.*

---

* GUÉNEAU D'AUMONT, professeur durant de longues années au collège royal de Dijon, puis à la faculté de cette ville, s'est distingué par son zèle pour l'enseignement. Le théorème qui porte son nom a été publié dans le tome XII, année 1821-1822, des *Annales de Gergonne.*

§ IV. — Surfaces auxiliaires.

163. Surfaces auxiliaires. La méthode des *Surfaces auxiliaires* consiste à faire intervenir des surfaces, lorsqu'il s'agit d'établir certaines relations entre des lignes données.

En voici quelques exemples.

164. Problème. *Dans un triangle isocèle la somme des distances d'un point quelconque de la base aux deux autres côtés est constante, et la différence des distances d'un point pris sur le prolongement de cette base est aussi constante.*

Menons AM et AN.

Le double de l'aire du triangle isocèle peut être exprimé par

$$AB \times CG$$

ou par $AB \times MD + AC \times ME$

lorsque l'on considère les deux triangles ABM, AMC ; mais $AC = AB$.

Donc

$$AB \times CG = AB(MD + ME)$$

d'où $\qquad CG = MD + ME$

Pour le point N on a :

$$AB \times CG = AB \times NH - AC \times NL$$

d'où $\qquad CG = NH - NL$

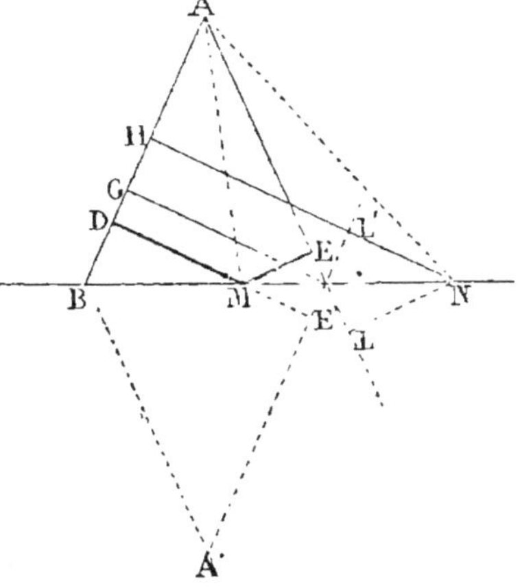

C est le point de concours des droites AE, A'E.

Fig. 100.

Remarque. La question précédente a déjà été traitée par une autre méthode (n° 146).

Exercice.

165. Problème. *Lorsque trois droites issues des sommets d'un triangle se coupent au même point O, on a la relation :*

$$\frac{DO}{AD} + \frac{OE}{BE} + \frac{OG}{CG} = 1$$

En effet, les triangles BOC et BAC sont entre eux comme leurs hauteurs, ou comme les lignes BO et AD, proportionnelles à ces hauteurs.

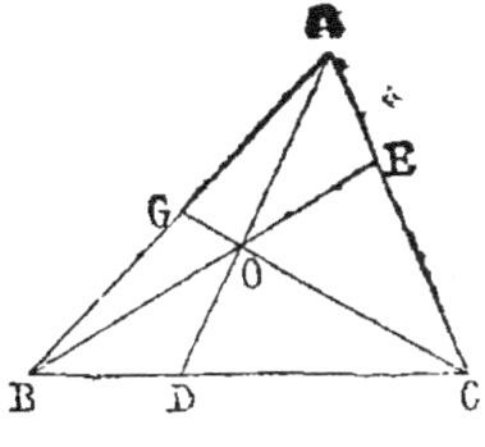

Fig. 101.

$$\frac{BOC}{BAC} = \frac{DO}{AD} \; ; \quad \text{de même} \quad \frac{BOA}{ABC} = \frac{OG}{CG} \quad \text{et} \quad \frac{AOC}{ABC} = \frac{OE}{BE}$$

En ajoutant ces égalités on trouve :

$$\frac{BOC + BOA + AOC}{ABC} \quad \text{ou} \quad 1 = \frac{DO}{AD} + \frac{OE}{BE} + \frac{OG}{CG}$$

On trouverait, par une marche analogue, que :

$$\frac{AO}{AD} + \frac{BO}{BE} + \frac{CO}{CG} = 2$$

Exercice.

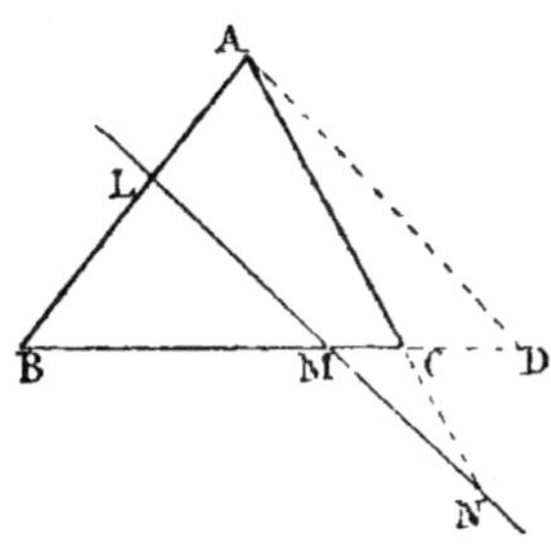

Fig. 102.

les produits des côtés qui comprennent cet angle ;

donc (G., n° 329) :

166. Théorème de Ménélaüs *. *Lorsqu'une transversale coupe les trois côtés d'un triangle, le produit des trois segments, n'ayant pas d'extrémité commune, égale le produit des trois autres segments.*

Désignons par A, B, C les triangles ALN, BLM, CMN.

On peut écrire $\quad \dfrac{A}{B} \cdot \dfrac{B}{C} \cdot \dfrac{C}{A} = 1$

Or les triangles qui ont un angle égal, ou supplémentaire, sont entre eux comme

$$\frac{A}{B} = \frac{AL \cdot LN}{BL \cdot LM}$$

$$\frac{B}{C} = \frac{BM \cdot LM}{CM \cdot MN}$$

$$\frac{C}{A} = \frac{CN \cdot MN}{AN \cdot LN}$$

En multipliant ces égalités membre à membre et simplifiant, on a :

$$\frac{A \cdot B \cdot C}{B \cdot C \cdot A} \quad \text{ou} \quad 1 = \frac{AL \cdot BM \cdot CN}{BL \cdot CM \cdot AN}$$

ou $\qquad AL \cdot BM \cdot CN = BL \cdot CM \cdot AN \qquad\qquad C. Q. F. D.$

---

* MÉNÉLAÜS (vers l'an 80 après J.-C.), a vécu à Alexandrie; il paraît être le premier qui se soit occupé de trigonométrie. On lui doit le théorème fondamental des transversales. Néanmoins ce théorème est fréquemment attribué à Ptolémée.

PTOLÉMÉE (vers 125 après J.-C.), résida à Canobe, près d'Alexandrie. Il est surtout connu comme astronome, et c'est par son *Almageste* que le théorème de Ménélaüs est venu jusqu'à nous. On lui doit aussi les premières notions de la doctrine des *projections*.

Exercice.

167. **Théorème de Ceva** *. *Les droites qui joignent les sommets d'un triangle à un même point O, déterminent six segments tels que le produit de trois d'entre eux, n'ayant pas d'extrémité commune, égale le produit des trois autres.*

Désignons par a, b, c... les triangles AOL, BOM, etc.

Les triangles qui ont même sommet sont entre eux comme leurs bases; on a donc :

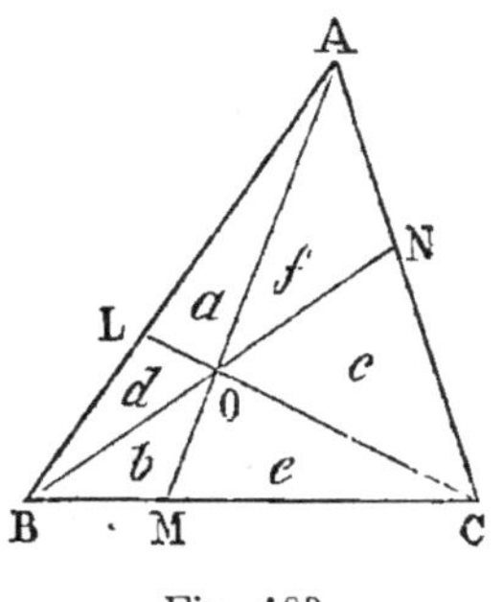

Fig. 103.

$$\frac{a}{d} = \frac{AL}{BL}\,;\quad \frac{b}{e} = \frac{BM}{CM}\,;\quad \frac{c}{f} = \frac{CN}{AN}$$

d'où
$$\frac{a.b.c}{e.f.g} = \frac{AL.BM.CN}{BL.CM.AN}$$

Il suffit de prouver que $\dfrac{abc}{def} = 1$

Or
$$\frac{a}{e} = \frac{OL.OA}{OM.OC}$$

$$\frac{b}{f} = \frac{OB.OM}{OA.ON}$$

$$\frac{c}{d} = \frac{OC.ON}{OL.OB}$$

En multipliant ces égalités membre à membre, on trouve :

$$\frac{abc}{def} = 1 \qquad\qquad C.\ Q.\ F.\ D.$$

Exercice.

168. **Théorème.** *La droite la plus courte que l'on puisse mener par un point donné E dans un angle donné, est définie par cette condition que la perpendiculaire EC à cette droite menée par le point donné E, et les perpendiculaires BC, DC aux côtés de l'angle, menées par les extrémités de la droite BED, concourent en un même point C.* (NEWTON **, *Opuscules*, tome 1, page 87.)

<hr>

* JEAN CEVA, de Milan, publia divers ouvrages de mathématiques, entre autres, en 1678, *De lineis rectis se invicem secantibus statica constructio*.

Son frère, THOMAS CEVA (1648-1736), construisit un instrument pour opérer mécaniquement la trisection de l'angle.

** NEWTON (1642-1727) naquit dans le comté de Lincoln, en Angleterre. Un de ses principaux ouvrages a pour titre : *Philosophiæ naturalis principia mathematica*. Newton inventa le *calcul des fluxions*, qui ne diffère du *calcul différentiel* de Leibnitz que par le point de départ et par la notation. On doit aussi au géo-

En admettant que les droites concourantes BC, DC, EC soient respectivement perpendiculaires aux côtés du triangle ABCD, on reconnaît que le quadrilatère ABC a deux angles opposés B et D qui sont droits; par suite AC serait le diamètre du cercle circonscrit, et comme on a déjà prouvé que les côtés opposés BC, AD ont des projections BE, FD égales entre elles (n° 136), le théorème revient au suivant.

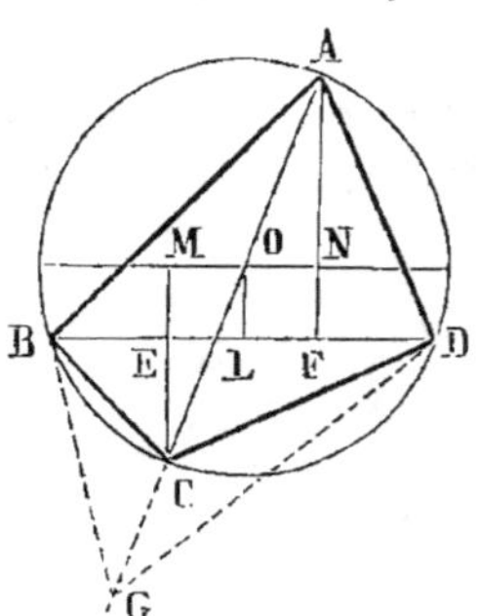

Fig. 104.

La droite la plus courte qu'on puisse mener par un point donné E dans un angle donné XAY, est une droite BED telle que le segment BE égale la projection FD du côté AD.

Démonstration. Soit $$BE = FC \quad \text{(fig. 104)}$$

En élevant une perpendiculaire EG à BC et prenant EG = AF, on forme un parallélogramme ABGC, car BE = CF (n° 136).

Par le point E menons une autre droite MEN; il faut prouver que BC est < MN.

Comparons les triangles BGC, MGN.

Si nous démontrons que BGC est plus petit que MGN, nous aurons prouvé que BC est < MN, car la hauteur GE du premier est plus grande que la hauteur GH du second.

Or, à cause des parallèles AC et BG, les triangles BGC, BGN sont équivalents, car ils ont même base BG et même hauteur.

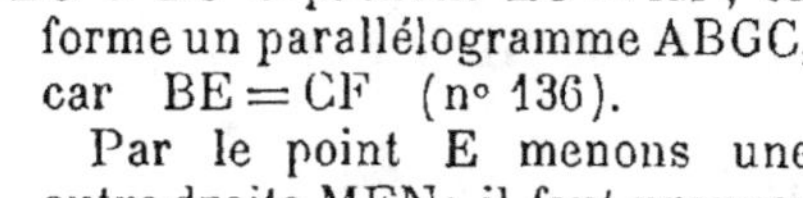

Fig. 105.

Il suffit donc de comparer BGN et MGN; pour cela menons une parallèle BO au côté NG pris pour base. Le point O se trouve entre M et G, car l'angle GBO, égal à BGN, est plus petit que les angles égaux BGC, GBM; donc la perpendiculaire abaissée du point B sur GN est plus courte que la perpendiculaire abaissée du sommet M sur la même base GN; ainsi le triangle BGN est plus petit que MGN.

Donc le triangle BGC est plus petit que MGN,

d'où $$BC < MN \qquad\qquad C.\ Q.\ F.\ D.$$

---

mètre anglais une première étude de la classification des *courbes du troisième degré.*

LEIBNITZ, né à Leipzig en 1646, mort en 1716, est l'inventeur du *calcul différentiel*, nommé aussi *calcul infinitésimal.*

Note. Le théorème précédent n'est qu'un cas particulier du théorème général de NEWTON : *La droite la plus courte qu'on puisse mener entre deux courbes données, de manière que cette droite BEC passe par un point donné, ou soit tangente à une troisième courbe, est celle qui remplit les conditions suivantes : Les normales menées aux courbes par les extrémités B et C de la droite doivent concourir en un même point avec la normale menée à la troisième courbe par le point de contact E.*

On peut consulter les ouvrages suivants : *Principles of modern Geometry, by* JOHN MULCAHY, n° 104, page 106. *Questions de Géométrie,* par M. DESBOVES, pages 126, 434 ; et surtout des *Méthodes en Géométrie,* par PAUL SERRET, n° 56, page 104.

§ V. — Volumes auxiliaires.

169. Volumes auxiliaires. L'emploi des volumes auxiliaires est analogue à celui des surfaces auxiliaires, mais il est beaucoup plus étendu. A l'aide des volumes auxiliaires on peut chercher :

1° Des relations entre certaines lignes (n° 170);

2° L'aire d'une figure (n° 173) ;

3° Les propriétés d'une figure plane considérée comme section d'un solide (n° 174).

Premier Cas. *Relations linéaires.*

Exercice.

170. Théorème. *Lorsqu'un tétraèdre a trois faces égales, la somme des distances d'un point quelconque de la quatrième face à chacune des trois autres est constante.*

La démonstration est analogue à celle d'un théorème connu (n° 164). On joint le point donné aux quatre sommets, ce qui décompose le solide donné en trois pyramides ayant pour base une des faces latérales, etc.

De même le théorème relatif aux droites issues d'un même point (n° 165) conduit au théorème suivant, facile à démontrer à l'aide de volumes auxiliaires :

Lorsque des droites issues de chaque sommet d'un tétraèdre se coupent en un même point O dans l'intérieur du solide, l'unité est la valeur qu'on obtient, lorsqu'on divise, par la ligne entière correspondante, chaque segment compris depuis le point O jusqu'à la face de la pyramide.

Exercice.

171. *La somme des perpendiculaires abaissées, sur les faces d'un polyèdre régulier, d'un même point pris dans l'intérieur de ce polyèdre, est une quantité constante.*

On prend chaque face pour base d'une pyramide ayant en premier lieu le point donné pour sommet, puis on considère un autre groupe de pyramides ayant pour sommet le centre du polyèdre.

Le volume s'obtient tantôt en multipliant le tiers d'une face par la somme des perpendiculaires, et tantôt en multipliant le tiers d'une face par la somme des apothèmes du polyèdre; donc la somme des perpendiculaires est constante, car elle égale celle des apothèmes.

172. Remarque. La méthode par les surfaces ou les volumes auxiliaires est parfois moins élégante qu'une solution directe; mais elle s'applique à un assez grand nombre de questions. Au point de vue des méthodes que l'on peut employer pour démontrer le théorème connu : *La somme des perpendiculaires abaissées d'un point quelconque de la base d'un triangle isocèle sur les côtés égaux, est une quantité constante,* on peut faire les remarques suivantes :

La démonstration donnée (n° 20) est ingénieuse, mais ne s'applique qu'à cette question. La méthode par duplication (n° 74), est plus générale, mais ne convient qu'aux figures planes; et l'emploi des surfaces auxiliaires (n° 164) a de bien plus nombreuses applications, et conduit à des démonstrations analogues pour la géométrie dans l'espace.

2° Cas. *On considère des volumes connus, pour obtenir l'aire d'une surface demandée.*

Exercice.

173. Problème. *Trouver la surface convexe d'un cône de révolution coupé par une section oblique.*

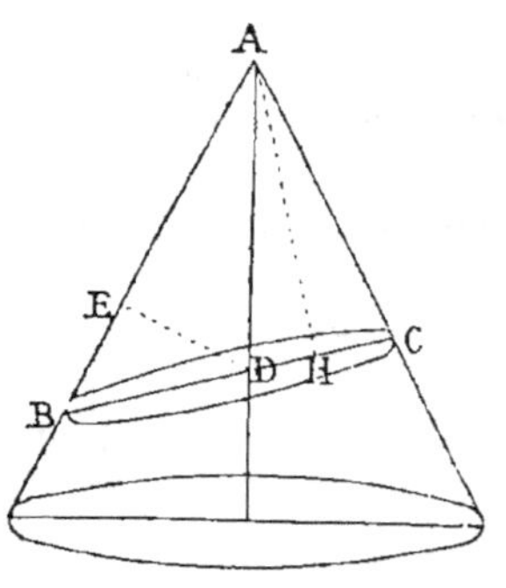

Fig. 106.

La section BC est une ellipse dont on peut mesurer ou calculer les axes. Du point D, où l'axe rencontre la section, abaissons une perpendiculaire DE sur une génératrice; abaissons la perpendiculaire AH sur la section.

Le volume du cône ABC égale

$$\text{ellipse } BC \times \frac{AH}{3} ;$$

mais le point D est à égale distance de toutes les génératrices. Le cône peut donc être regardé comme la limite vers laquelle tend la somme des pyramides triangulaires qui auraient le point D pour sommet, et dont le triangle de base aurait pour côtés deux génératrices voisines et une corde de l'ellipse. Donc le volume peut s'obtenir en multipliant la surface latérale par $\dfrac{DE}{3}$; donc aussi : Surface convexe $BAC = \dfrac{\text{ellipse } CB \times AH}{DE}$.

Cet exercice 173 permet d'obtenir la surface de la *sinusoïde,* connaissant le volume de l'onglet cylindrique *.

---

* Voir *Appendice aux Exercices de Géométrie,* n°ˢ 875 et 876.
Pour l'*Appendice,* voir ci-après la note du n° 199.

3ᵉ Cas. *On emploie un volume auxiliaire, afin d'étudier les propriétés d'une figure plane, que l'on peut considérer comme étant une section du solide.*

Exercice.

174. Théorème. *Sur une sécante quelconque, l'hyperbole et ses asymptotes interceptent des segments égaux.*

Considérons le cône formé par la rotation de ON autour de Ox.

Un plan sécant perpendiculaire au méridien principal, et dont la trace serait NN′, couperait le cône suivant une ellipse, puisque toutes les génératrices de la même nappe seraient rencontrées. (G., nᵒ 844.)

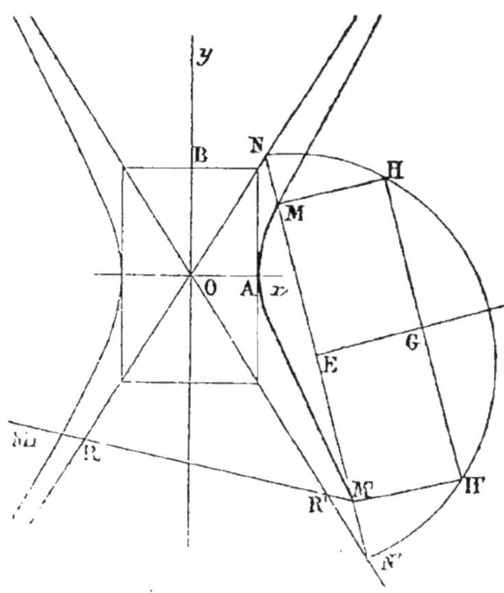

Fig. 107.

Soit NHN′ le rabattement de la moitié de l'ellipse : le plan qui donne l'hyperbole est éloigné de l'axe du cône de la longueur OB ; donc sa trace sur l'ellipse est une corde HH′ parallèle à NN′ et telle que EG = OB. Mais, NN′ étant le grand axe de l'ellipse, la perpendiculaire élevée au milieu de NN′ divise toute corde parallèle en deux parties égales : ainsi GH = GH′ ; donc MN = M′N′.

Si la sécante coupait les deux branches, la section serait une hyperbole dont RR′ serait l'axe transverse ; M′M₁ serait la projection d'une corde parallèle ; donc encore, $M_1R = M'R'$.

Application. A l'aide de la propriété démontrée, on construit très facilement une hyperbole lorsqu'on connaît les asymptotes et un point de la courbe.

175. Corollaire. *Toute tangente limitée aux asymptotes est divisée en deux parties égales par le point de contact* *.

Exercice.

176. Théorème de d'Alembert **. *Trois circonférences, considérées deux à deux, ont six centres de similitude; les trois centres extérieurs sont en ligne droite; il en est de même de deux centres intérieurs et d'un centre extérieur.*

Démonstration de Monge ***. Considérons des sphères ayant pour grands cercles les cercles donnés A, B, C. Les cônes, circonscrits à ces sphères prises deux à deux, ont respectivement pour sommets les centres de similitude.

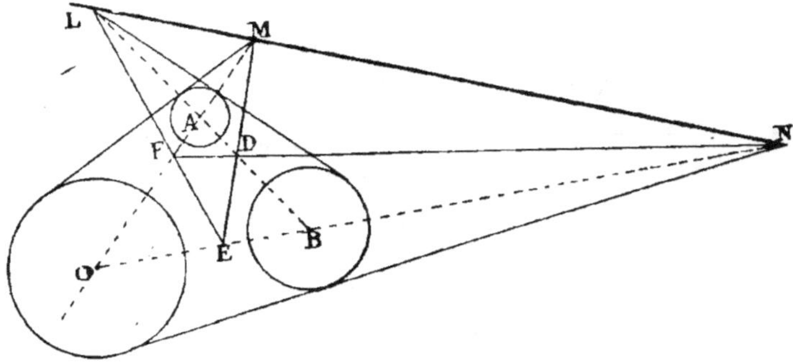

Fig. 108.

Pour démontrer que les trois centres extérieurs L, M, N sont en ligne droite, il suffit de considérer les deux plans tangents qui laissent les trois sphères d'un même côté. Ces deux plans contiennent les trois sommets L, M, N des cônes circonscrits; or deux plans se coupent suivant une droite; donc les trois points L, M, N sont en ligne droite.

Remarque. Pour F, D, N, on considère les deux plans tangents qui laissent les sphères B et C d'un même côté, tandis que la sphère A est de l'autre côté, etc.

---

* On trouve facilement la plupart des propriétés de l'ellipse lorsqu'on la considère comme étant obtenue par la section oblique d'un cône de révolution. MAC-LAURIN, dès 1742, en donne de nombreux exemples dans son *Traité des fluxions*, tome II, chap. XIV, page 96.

** D'ALEMBERT, né à Paris en 1716, mort en 1783. On lui doit un *Traité de dynamique*, le *Traité de l'équilibre et du mouvement des fluides*, et un grand nombre d'autres écrits.

*** MONGE, né à Beaune en 1746, mort en 1818, élève, puis répétiteur à l'école militaire de Mézières, est le principal créateur de la *Géométrie descriptive*. Après avoir accompagné Bonaparte en Égypte, il eut à son retour la direction de l'École polytechnique.

Exercice.

177. Théorème de Desargues *. *Lorsque deux triangles* ABC, abc *se coupent deux à deux en trois points situés en ligne droite, les droites* Aa, Bb, Cc, *qui joignent les sommets correspondants, se coupent au même point.*

Admettons que *abc* soit la base d'un prisme triangulaire, dont A′B′C′ serait la section par un plan mené par la droite LMN.

Les droites AB, A′B′ concourent ou point L, car LA′B′ est l'intersection du plan sécant et du plan conduit par L*ab.*

Il est évident que les droites AA′, BB′ CC′ concourent en un même point S; car si par les lignes concourantes LAB, LA′B′ on fait passer un premier plan, puis un second par MAC, MA′C′, un troisième par NBC′, NB′C′, les trois plans se coupent en un même point S.

Donc les trois droites A*a*, B*b*, C*c* concourent en un même point *s*, projection du sommet S de la pyramide sur la base ABC.

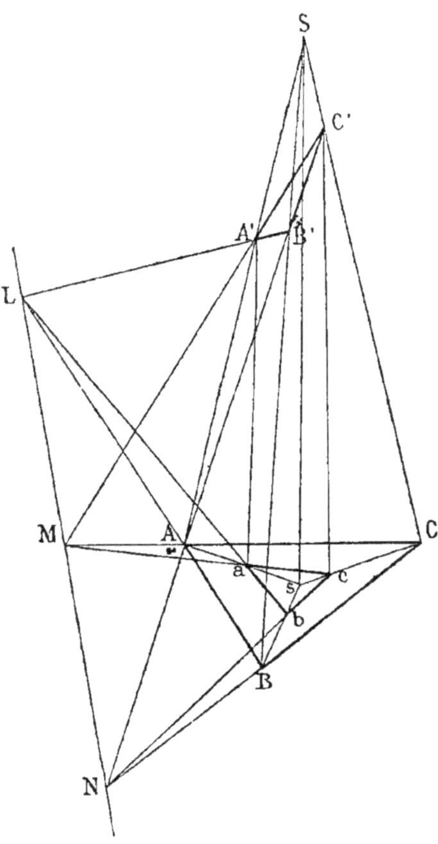

Fig. 109.

Exercice.

178. Théorème réciproque. *Lorsque les sommets de deux triangles* ABC, abc *sont deux à deux sur trois droites qui concourent en un même point* s, *les côtés des triangles se coupent deux à deux, en trois points* L, M, N *situés en ligne droite.*

---

* **DESARGUES**, né à Lyon en 1593, mort en 1662, s'occupa surtout de la partie pratique des mathématiques. Pascal, Descartes, Fermat, la Hire, ont profité des idées de cet auteur. On doit à Desargues le théorème relatif à deux triangles dont les sommets sont deux à deux sur trois droites concourantes, théorème que Poncelet a pris pour base de sa théorie des figures homologiques.

Considérons une pyramide dont saA, sbB, scC seraient les projections des arêtes latérales. Les projetantes qui correspondent aux sommets a, b, c donneraient A', B', C', sur les arêtes correspondantes.

Or le plan de la section A'B'C' coupe celui de la base suivant une certaine droite, et les côtés correspondants AB, A'B' se coupent sur cette droite, en L, par exemple; donc ab passe aussi par ce point, car ab est la projection de A'B'.

Remarque. Les deux théorèmes de *Desargues* sont fondamentaux dans la théorie de *l'Homologie* [*].

§ VI. — Projections ou Sections.

179. La méthode des projections ou des sections est, en quelque sorte, la contre-partie de la méthode qui emploie des surfaces ou des volumes auxiliaires pour étudier des questions de géométrie plane. En effet, par la méthode des projections, on se propose d'obtenir une figure plus simple que la figure proposée, ou bien on ramène une question de géométrie dans l'espace à un exercice plan, se bornant à étudier la section obtenue en coupant le solide par un plan convenablement choisi.

Nous ne considérons ici que la *projection cylindrique*, c'est-à-dire la projection obtenue par des droites parallèles entre elles, mais dans une direction d'ailleurs quelconque par rapport au plan de la section. Ainsi, étudier la projection plane d'une figure donnée, revient à considérer la section du cylindre formé par les projetantes de cette figure donnée.

Exercice.

180. Théorème de Ménélaüs. *Lorsqu'une transversale coupe les trois côtés d'un triangle, le produit de trois segments n'ayant pas d'extrémité commune, égale le produit des trois autres segments* (n° 166).

---

* *L'homologie*, comme corps de doctrine et procédé général de transformation des figures, est due à Poncelet. Pour se rendre compte de la fécondité de cette méthode et de l'esprit investigateur du créateur de l'homologie, il faut lire son *Traité des propriétés projectives des figures*, et les *Applications d'analyse et de géométrie*, du même auteur.

Traité des propriétés projectives des figures, 2 vol. in-4°. La première édition est de 1822, et la seconde de 1865. Les premières recherches datent de 1813, pendant la captivité de l'auteur en Russie; elles furent communiquées dès 1814 à MM. François et Servois, professeurs aux écoles d'artillerie et du génie à Metz.

Quelques fragments de ces recherches ont été publiés en 1817-1818 dans le tome VIII des *Annales de Gergonne*.

Sur une droite quelconque, projetons les trois sommets du triangle par des lignes A*a*, B*b*, C*c* parallèles à la transversale. Le point *o* est la projection des trois points L, M, N.

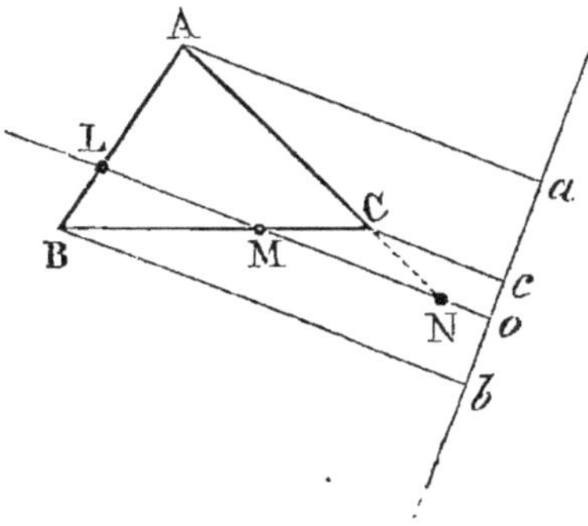

Fig. 110.

On sait que les parallèles divisent les sécantes en parties proportionnelles; on peut donc remplacer le rapport $\dfrac{AL}{BL}$ par $\dfrac{ao}{bo}$, etc.

Mais $$AL \cdot BM \cdot CN = BL \cdot CM \cdot AN$$

ou $$\dfrac{AL}{BL} \cdot \dfrac{BM}{CM} \cdot \dfrac{CN}{AN} = 1 \quad \text{peut être remplacé par}$$

$$\dfrac{ao}{bo} \cdot \dfrac{bo}{co} \cdot \dfrac{co}{ao} = 1$$

Or cette dernière égalité est évidente; la relation demandée est par suite démontrée.

Exercice.

181. Théorème de Carnot [*]. *Lorsqu'une transversale coupe les côtés d'un polygone plan, chaque côté est divisé en deux segments; le produit de tous les segments n'ayant pas d'extrémité commune, égale le produit de tous les autres segments* [**].

Soit, par exemple, un pentagone ABCDE dont les côtés successifs AB, BC,... sont coupés par une transversale en des points H, K, L, M, N.

Projetons la figure sur une droite quelconque *xy* située dans son plan, par des droites parallèles à la transversale, et soit O le point où cette ligne rencontre *xy*.

<hr>

[*] CARNOT, né à Nolay (Côte-d'Or) en 1753, mort à Magdebourg en 1823, élève de Monge à l'école de Mézières, publia un *Essai sur les transversales; De la corrélation dans les figures de Géométrie,* la *Géométrie de position.*

[**] On ne cite généralement que la *Géométrie de position,* publiée en 1803, mais le théorème ci-dessus, ainsi que son extension à un polygone gauche, se trouve déjà dans l'ouvrage publié en 1801 : *De la corrélation des figures de Géométrie,* n°ˢ 220 et 221, page 162.

Il faut prouver qu'on a :

$$\frac{AH}{BH} \cdot \frac{BK}{CK} \cdot \frac{CL}{DL} \cdot \frac{DM}{EM} \cdot \frac{EN}{AN} = 1$$

ou

$$\frac{ao}{bo} \cdot \frac{bo}{co} \cdot \frac{co}{do} \cdot \frac{do}{eo} \cdot \frac{eo}{ao} = 1$$

Or cette dernière relation est évidente. La première est donc démontrée.

Exercice.

182. Lieu. *Une pyramide triangulaire SABC est coupée par un plan qui rencontre le plan de base suivant LMN, et détermine dans la pyramide une section A'B'C'. On fait tourner la section A'B'C' autour de l'axe MN, et l'on joint AA', BB', CC'; quel est le lieu décrit par le sommet de la pyramide*?*

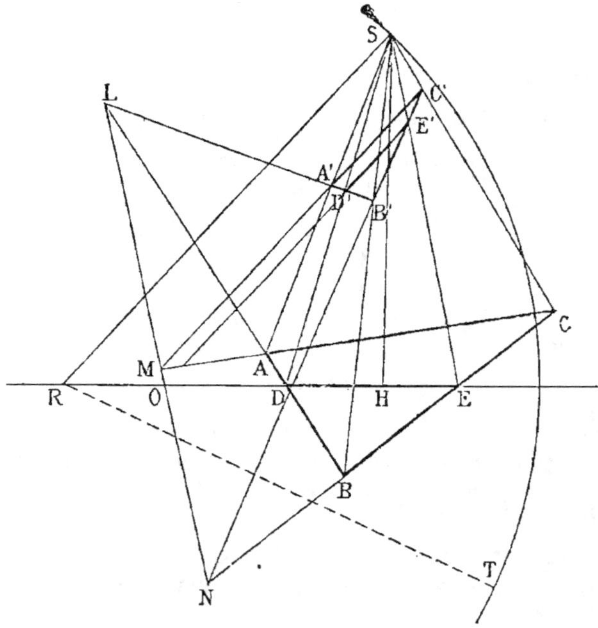

Fig. 111.

Par la hauteur SH menons un plan SHOR perpendiculaire à l'axe

---

* On peut considérer le point S comme le point de vue de deux figures perspectives A'B'C', ABC, et la question s'énonce fréquemment sous la forme de théorème :

Lorsqu'une figure ABC reste fixe et que sa perspective A'B'C' tourne autour de la trace du tableau LMN, le lieu du point de vue S est un cercle dont le plan est perpendiculaire à l'axe LMN.

Le théorème a été indiqué par Poncelet dans l'étude de l'homologie; mais il

de rotation ; ce plan détermine deux droites DE, D'E' dont il suffit d'étudier la position respective, car elles sont invariablement liées à la base et à la section. Le problème revient donc à une question connue de géométrie plane. *On demande le lieu décrit par le point de concours S des droites DD' EE' (n° 84).*

Le sommet S décrit une circonférence dont le plan est perpendiculaire à MN; R en est le centre et RS le rayon.

Exercice.

183. Théorème. *Dans un trièdre, les trois plans menés par une arête et la bissectrice de l'angle de la face opposée, se coupent suivant une même droite.*

Prenons des grandeurs égales SA, SB, SC sur chaque arête, nous aurons une pyramide ayant pour base ABC et pour faces latérales trois triangles isocèles. La bissectrice de l'angle au sommet de chacun d'eux, passe au milieu du côté opposé; donc les traces sur le plan ABC des trois plans menés dans le trièdre, sont les médianes du triangle ABC; or ces lignes se coupent en un même point M; par suite les trois plans se coupent suivant SM.

Exercice.

184. Problème. *Circonscrire un cône de révolution à un trièdre donné.*

D'après le théorème précédent, on voit qu'il suffit de circonscrire une circonférence au triangle ABC, obtenu en prenant

$$SA = SB = SC$$

Les arêtes étant égales, le cône sera de révolution. L'angle au sommet est le double de l'angle aigu d'un triangle rectangle, dont SA serait l'hypoténuse et R le côté opposé à l'angle demandé.

Remarque. On peut traiter par la géométrie plane un assez grand nombre de questions relatives au trièdre (n°ˢ 417, 419).

---

est attribué ordinairement à Steiner, qui l'a formulé explicitement dans le *Journal de Crelle.*

La démonstration que nous avons donnée est très simple; néanmoins on lira avec fruit celle de A. Amiot, *Leçons nouvelles de Géométrie élémentaire,* 2ᵉ édition, page 570.

A. Amiot, ancien professeur de mathématiques spéciales au lycée Saint-Louis, est surtout connu par les nombreux élèves qu'il a préparés pour l'École normale supérieure et pour l'École polytechnique. On lui doit divers ouvrages classiques, entre autres, des *Éléments de Géométrie* et les *Leçons nouvelles de Géométrie descriptive.*

IV

TRANSFORMATION DES FIGURES

---

185. **Définition.** La méthode dite par Transformation] des figures consiste à remplacer une figure donnée par une figure plus simple, liée à la première par des relations de position ou de grandeur.

Dans l'exposé des méthodes élémentaires, nous emploierons les transformations qui résultent des modifications suivantes :

1° Le déplacement parallèle ;

2° La réduction et l'inclinaison des ordonnées d'une figure ;

3° La similitude ;

4° Le problème contraire ;

5° L'inversion.

§ I. — Déplacement parallèle.

186. **Déplacement d'un sommet.** Les théorèmes fondamentaux relatifs à ce mode de transformation sont les suivants :

Deux triangles qui ont même base et même hauteur sont équivalents. (G., n° 315. 2°.)

Deux pyramides qui ont même base et même hauteur sont équivalentes. (G., n° 467.)

On emploie fréquemment le premier de ces théorèmes dans toutes les questions où il s'agit de transformer un polygone donné en un triangle équivalent, et de partager un polygone en parties équivalentes, ou en parties proportionnelles à des grandeurs données.

On emploie le second pour démontrer des théorèmes relatifs au volume du tronc de prisme et du tronc de pyramide. (G., n°ˢ 473 et 474.)

Voici la propriété dont nous ferons le plus fréquemment usage.

Exercice.

187. **Théorème.** *Lorsque le sommet d'un triangle glisse sur une parallèle à la base, le segment déterminé par les deux autres côtés du*

triangle sur une sécante parallèle à cette base, a une longueur con-
stante, quelle que soit la position du
sommet mobile.

Soit le triangle ABC, dont le sommet
est transporté en C'. On doit avoir

$$MN = M'N'$$

On a
$$\frac{MN}{AB} = \frac{d}{h}$$

mais
$$\frac{d}{h} = \frac{M'N'}{AB}$$

donc
$$M'N' = MN$$

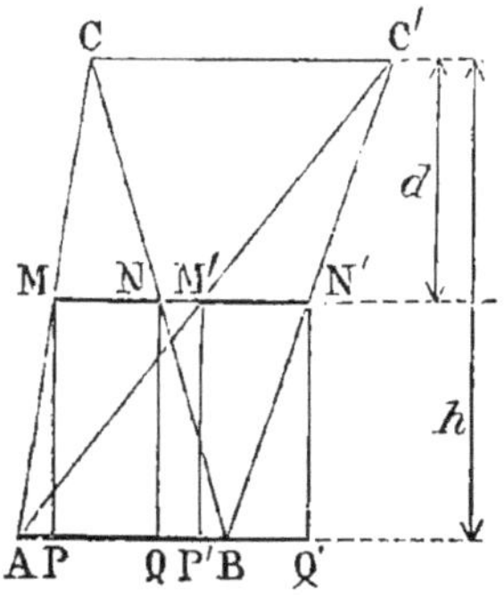

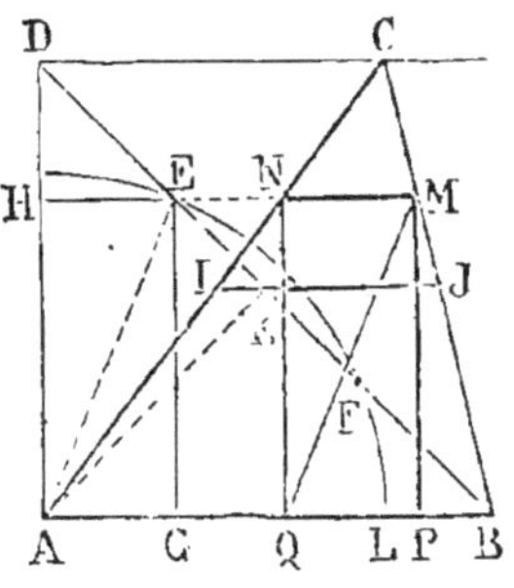
Fig. 112.

188. Scolie. Les rectangles correspondants MNPQ et M'N'P'Q' sont égaux.

Les parallélogrammes qu'on obtiendrait en menant par N et N' des
droites respectivement parallèles aux côtés AC et AC', seraient équivalents.

Voici une application.

Exercice.

189. Problème. *Dans un triangle ABC, mener une parallèle à la
base, de manière que le rectangle inscrit correspondant ait une valeur donnée* r^2 *pour somme des carrés des deux côtés adjacents.*

Transportons le sommet C en D, de manière à obtenir un triangle rectangle ABD.

On doit avoir $EG^2 + EH^2 = r^2$;

donc $AE = r$.

Ainsi du point A comme centre, avec r
pour rayon, il faut décrire une circonférence. Cette courbe rencontre BD aux
points E, F.

Par le point E, menons une parallèle
ENM à la base du triangle, puis abaissons
les perpendiculaires MP et NQ.

On sait que $MN = HE$ (n° 187);

donc $MN^2 + MP^2 = r^2$.

Fig. 113.

Exercice.

190. Problème. *Dans un triangle donné ABC, inscrire un rectangle
dont le périmètre égale une longueur donnée* 2l.

En supposant le problème résolu et MPNQ le rectangle, tel que
$MN + MP = l$, on reconnaît que la question revient à inscrire le rec-

tangle AHGI dans le triangle rectangle CAD, de même base et de même hauteur que le triangle proposé.

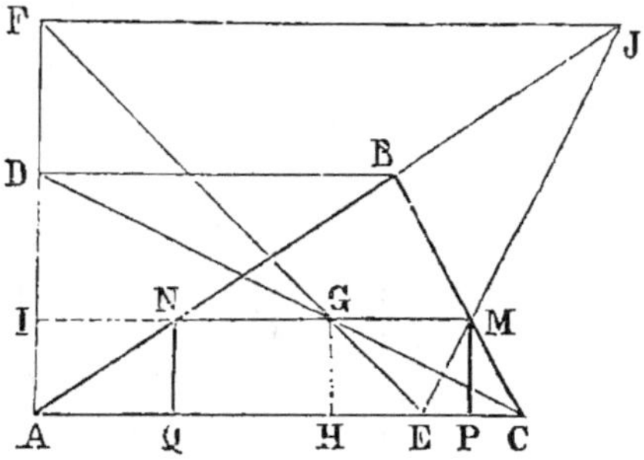

Or il suffit de prendre

$$AE = AF = l$$

et de mener FE (n° 99, a).

On a $\quad GH + GI = l$

donc aussi $\quad MP + MN = l$

191. Remarques. 1° On peut éviter la construction du triangle CAD, car il suffit de mener une parallèle FJ jusqu'à la rencontre de ABJ, et de joindre le point J au point E.

On a en effet $\quad \dfrac{MP}{AF} = \dfrac{ME}{JE}\quad$ d'où $\quad MP = l \cdot \dfrac{ME}{JE}$

$$\dfrac{MN}{AE} = \dfrac{JM}{JE}\quad \text{d'où}\quad MN = l \cdot \dfrac{JM}{JE}$$

donc $\qquad MP + MN = l \cdot \dfrac{JM + ME}{JE} = l$

2° Cette seconde construction conduit immédiatement à la solution d'un problème qui, de prime abord, semble plus difficile.

Exercice.

192. Problème. *Dans un triangle quelconque, mener une parallèle MN à la base, et par les points M et N, des droites MP, MQ parallèles à une ligne donnée xy, de manière que le parallélogramme inscrit MNQ ait un périmètre donné 2p.*

La solution développée du problème précédent, et l'emploi des mêmes lettres, permet de nous borner à l'indication des constructions à effectuer.

Par le sommet A menons une parallèle à XY; prenons

$$AF = AE = p.$$

Prolongeons AB jusqu'à la rencontre de la parallèle FJ, et la droite EJ détermine le sommet M du parallélogramme.

On aura $\quad MN + MP = p$

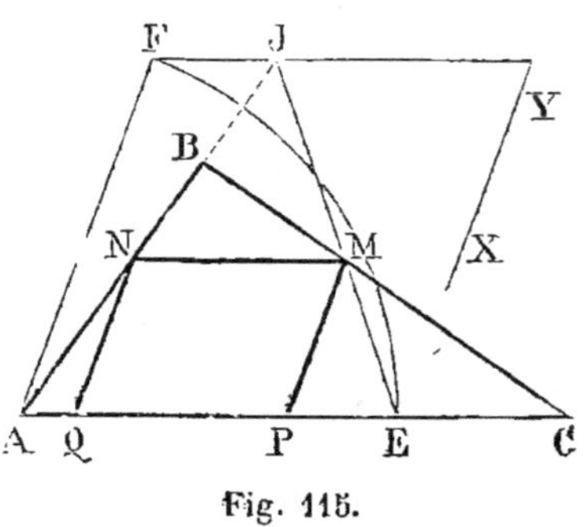

Fig. 114.

Fig. 115.

Exercice.

193. Problème. *Dans un triangle donné, inscrire un rectangle ayant pour diagonale une longueur donnée.*

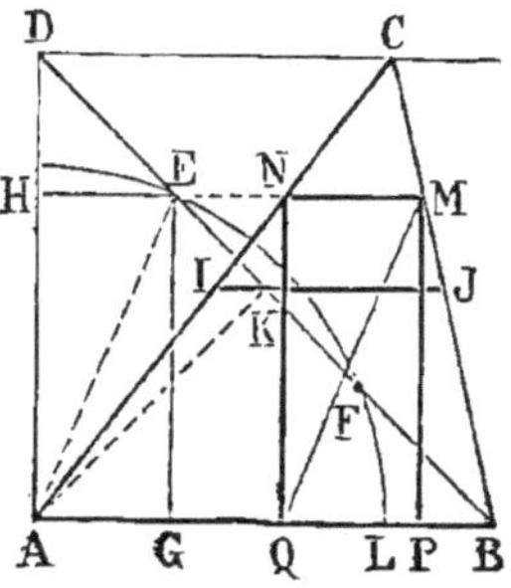

On a déjà traité cette question sous un énoncé différent (n° 189).

Considérons le triangle rectangle CAD.

Du point A comme centre, avec la longueur donnée AL pour rayon, décrivons un arc de cercle qui coupera l'hypoténuse en deux points E et F.

Ces points d'intersection donnent la réponse   QM = AE = l.

Fig. 116.

194. Remarque. Il peut y avoir deux solutions, une seule, ou aucune.

La perpendiculaire AK est la plus petite longueur que l'on puisse prendre pour diagonale du rectangle, et l'on prépare ainsi la question suivante.

Exercice.

195. Problème. *Dans un triangle quelconque, inscrire le rectangle dont la diagonale est minima. (Fig. 115.)*

La perpendiculaire AK détermine IJ, base supérieure du rectangle. (Voir n° 194.)

Note. La *méthode par translation parallèle* indiquée par M. Pétersen, et que nous n'employons que rarement, consiste à transporter toute une figure d'une position donnée à une autre position. Le lieu géométrique connu (n° 58) est la base de cette méthode; les problèmes résolus (n°ˢ 89 et 91) en montrent l'application. Le savant auteur danois propose un grand nombre d'exercices qu'on peut résoudre par la méthode de translation plus ou moins modifiée, pages 50 à 60.

§ II. — Modification des Ordonnées.

196. Définition. On sait qu'on nomme *ordonnées* d'une figure les perpendiculaires abaissées des divers points d'un périmètre sur une droite fixe prise pour axe. (G., n° 357).

L'*abscisse* d'un point est la distance du pied de l'ordonnée à un point fixe, nommé origine, et pris sur l'axe choisi.

On prend plus généralement pour axes deux droites concourantes

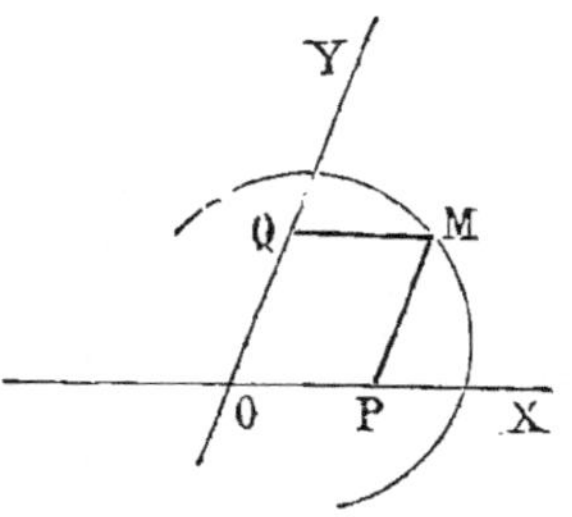

Fig. 117.

OX, OY, formant un angle quelconque. Par chaque point du périmètre de la figure étudiée, on mène les parallèles aux axes. Les parallèles à l'axe OY sont les ordonnées, et les parallèles à OX sont les abscisses. Ainsi MP est l'*ordonnée* du point M, MQ, ou son égale OP, en est l'*abscisse*.

197. Remarque. Les modes de transformation que l'on va indiquer sont connus sous les noms de *réduction des ordonnées* ou *inclinaison des ordonnées;* mais la modification peut être opérée sur les abscisses aussi bien que sur les ordonnées.

On peut indifféremment *réduire* ou *amplifier* les ordonnées; c'est-à-dire que l'on peut multiplier chaque ordonnée ou chaque abscisse par un *nombre constant,* entier, expression fractionnaire, ou fraction.

Exercice.

198. Problème. *Étudier les modifications qui résultent de la réduction des ordonnées d'une figure.*

Il faut distinguer ce qui se rapporte à la géométrie de position, et ce qui est relatif aux aires ou aux volumes.

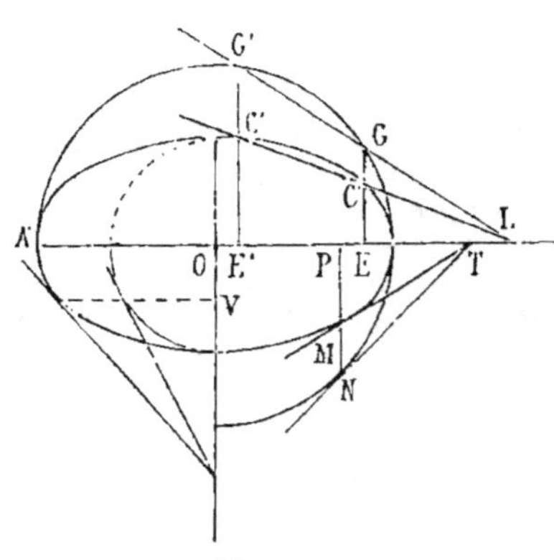

Fig. 118.

1° Pour les mêmes abscisses OE, OE', OP.

Les sécantes correspondantes CC′ GG′ coupent l'axe au même point L. (G., n° 640.)

Les tangentes MT, NT rencontrent aussi l'axe en un même point T. (G., n° 640.)

2° Les surfaces sont réduites ou amplifiées dans le rapport des ordonnées correspondantes. (G., n° 637.)

3° Les volumes sont réduits ou amplifiés dans le même rapport que les lignes correspondantes. (G., n° 911 *.)

---

* Le célèbre peintre ALBERT DURER (1471-1528) transformait le cercle en ellipse en faisant croître proportionnellement toutes les ordonnées de la première courbe. (*Aperçu historique,* pages 216 et 529.)

Exercice.

199. Problème. *Étudier les variations qui résultent de l'inclinaison des ordonnées.*

1° Les sécantes correspondantes concourent au même point du diamètre commun à la figure donnée et à sa transformée; il en est de même des tangentes correspondantes.

2° L'aire de la surface qu'on obtient en inclinant les ordonnées d'une figure donnée, s'obtient en multipliant l'aire de cette figure par le sinus de l'angle d'inclinaison. (G., n° 910.)

3° Il en est de même des volumes. (G., n° 913.)

Remarque. Les éléments de géométrie, et surtout les exercices proposés dans l'appendice, offrent un grand nombre d'exemples relatifs à l'ellipse obtenue par l'inclinaison des ordonnées du cercle; mais nous ne pouvons point insister ici sur ce mode de transformation, parce que nous n'y aurons pas recours dans ce travail. (Voir *Appendice aux Exercices de Géométrie* *. N°ˢ 724, 726, 734, 737, etc.)

Exercice.

200. Théorème. *Quand on modifie les ordonnées ou les abscisses d'une figure donnée, les figures inscrites correspondantes sont entre elles dans le même rapport que les figures circonscrites correspondantes.*

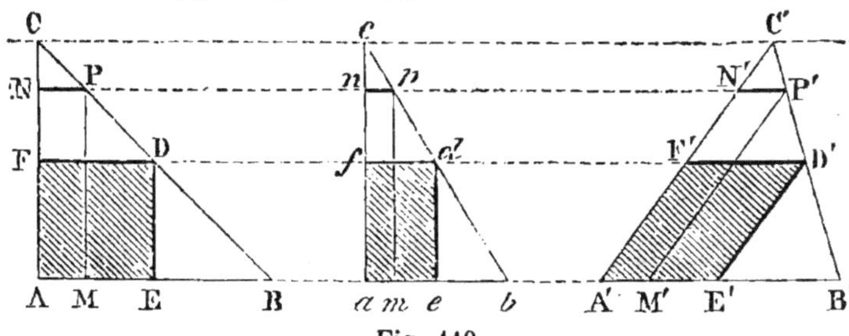

Fig. 119.

Considérons trois triangles ayant même hauteur, et dont les bases sont sur une même droite; coupons ces triangles par une droite NP′ parallèle à la base, et menons PM parallèle à AC, P′M′ parallèle à A′C′, etc.

On a évidemment

$$\frac{CNP}{CAB} = \frac{cnp}{cab} = \frac{C'N'P'}{C'A'B'}$$

$$\frac{PMB}{CAB} = \frac{pmb}{cab} = \frac{P'M'B'}{C'A'B'}$$

donc

$$\frac{ANPM}{ACB} = \frac{anpm}{acb} = \frac{A'N'P'M'}{A'C'B'} \qquad C.\ Q.\ F.\ D.$$

---

* *Appendice aux Exercices de Géométrie*, F. I. C., 1877. Cet ouvrage donne la solution des questions complémentaires proposées à la fin de l'*Appendice aux Éléments de Géométrie*, 3ᶜ édition. Il contient quelques développements relatifs aux *coniques*; il donne le volume des segments des corps qui sont limités par une *surface du second degré*, et traite plusieurs questions dont la connaissance est utile en *Géométrie descriptive*.

3*

Exercice.

201. **Théorème.** *Les figures inscrites de surface maxima sont correspondantes.*

C'est une conséquence immédiate du théorème précédent; mais le grand parti que nous tirerons de ce corollaire, nous conduit à le présenter directement.

Dans un triangle rectangle isocèle ABC, on démontre très simplement que le rectangle maximum inscrit AFDE (fig. 118), a son sommet au milieu de l'hypoténuse, car la somme $DE + DF$ est constante, elle égale $PM + PN = CA$; or, pour le point milieu D, les facteurs sont égaux. Le rectangle maximum est la moitié du triangle circonscrit.

On a donc
$$\frac{AFDE}{ABC} = \frac{1}{2}$$

et ce rapport du rectangle inscrit au triangle rectangle circonscrit est maximum. Or on a de même

$$\frac{afde}{abc} = \frac{A'F'D'E'}{ABC} = \frac{1}{2}$$

donc, *pour un triangle quelconque, le parallélogramme inscrit maximum est celui qu'on obtient en menant, par le point milieu du côté donné, des parallèles aux deux autres côtés.*

Exercice.

202. **Problème.** *Dans un triangle quelconque, inscrire un rectangle dont la surface soit équivalente à un carré donné* k^2.

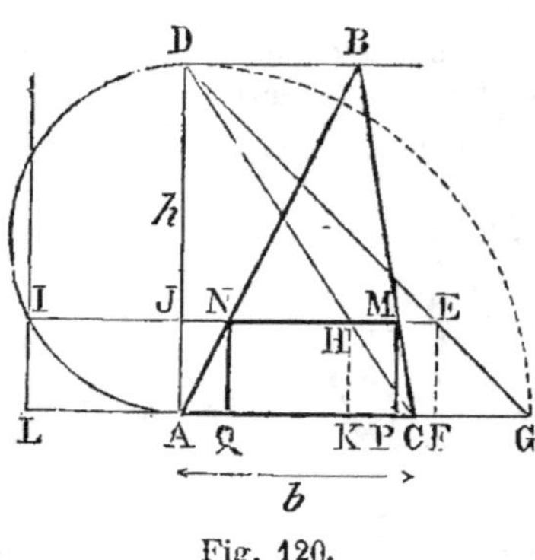

Fig. 120.

Nous pouvons remplacer le triangle donné ABC, par un triangle rectangle ADC de même base et de même hauteur (n° 187).

Soit $\quad AJHK = NMPQ = k^2$

Si le triangle ADC était rectangle isocèle, la question serait résolue (n° 99, *e*). Or, en prenant

$$AG = AD = h$$

on a $\quad \dfrac{AJEF}{AJHK} = \dfrac{JE}{JH}$

Or $\quad \dfrac{JE}{JH} = \dfrac{AG}{AC} = \dfrac{h}{b}$

d'où $\quad \dfrac{AJEF}{k^2} = \dfrac{h}{b}$; d'où l'on déduit $AJEF = k^2 \cdot \dfrac{h}{b}$

Nous pouvons chercher un carré l^2 qui soit au carré k^2 dans le rapport $\dfrac{h}{b}$ (G., n° 345), puis porter le côté trouvé l, de A en L, mener une parallèle LI à AD et abaisser une perpendiculaire IJNM. On a successivement

$$AJ \cdot JE = AJ \cdot JD = l^2 = k^2 \cdot \frac{h}{b}$$

Mais
$$\frac{AJHK}{AJEF} = \frac{AC}{AG} = \frac{b}{h}$$

ou
$$AJHK = AJEF \cdot \frac{b}{h}.$$

Remplaçons AJEF ou AJ . JD par sa valeur $k^2 \cdot \dfrac{h}{b}$

On aura
$$AJHK = k^2 \cdot \frac{h}{b} \cdot \frac{b}{h} = k^2 \qquad C.\ Q.\ F.\ D.$$

203. Parallélépipède inscrit. Lorsque par un point quelconque de la base ABC d'un tétraèdre S,ABC on mène des plans parallèles aux faces latérales, on forme un parallélépipède dont trois faces sont sur les faces de l'angle S et dont un sommet est sur ABC

Exercice.

204. Théorème. *Quelle que soit la modification apportée à une ou à plusieurs des arêtes de l'angle S, le parallélépipède inscrit est au tétraèdre primitif, dans le rapport du nouveau parallélépipède au tétraèdre transformé.*

Bornons-nous à examiner le cas le plus simple. Admettons que dans le tétraèdre S,ABC, dont P est le sommet du parallélépipède inscrit, on réduise l'arête SA de moitié, par exemple, la distance de P' à la face B'S'C' ne sera que la moitié de la distance de P à la face BSC, tandis que les deux autres dimensions du parallélépipède ne varient point; donc, en désignant les solides inscrits par P et P',

on aura :
$$\frac{P}{S,ABC} = \frac{P'}{S',A'B'C'} \qquad C.\ Q.\ F.\ D.$$

205. Corollaire. Au maximum du parallélépipède inscrit dans le tétraèdre S, correspondra le maximum de celui qui serait inscrit dans le tétraèdre S'.

Ainsi, après avoir démontré que dans le trièdre tri-rectangle à trois arêtes égales, le maximum est obtenu quand P est au point de concours des médianes du triangle équilatéral ABC, et qu'alors le parallélépipède est les $\dfrac{2}{9}$ du tétraèdre, nous en conclurons que pour un tétraèdre quelconque, le sommet P' doit être au point de concours des médianes de A'B'C', et que le solide inscrit maximum est les $\dfrac{2}{9}$ du tétraèdre considéré.

§ III. — Similitude.

206. **Similitude.** L'étude des *figures semblables* repose principalement sur le *théorème de Thalès**, relatif aux triangles semblables. (G., n° 221.)

Pour résoudre un problème à l'aide de la similitude, on construit une figure semblable à la figure demandée, et on compare une dimension à son homologue donnée. On opère surtout ainsi lorsque le problème proposé, ou le problème plus simple auquel on a pu le ramener, ne dépend que d'une ligne donnée.

Exercice.

207. **Problème.** *Construire un carré, connaissant la somme ou la différence de sa diagonale et de son côté.*

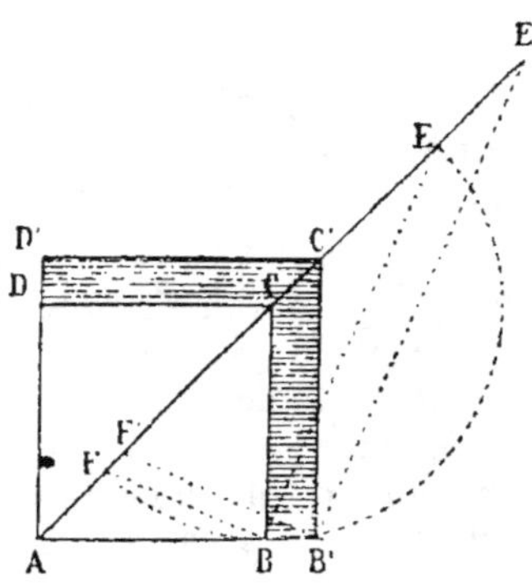

Fig. 121.

Tous les carrés sont des figures semblables; ainsi toutes leurs dimensions homologues sont dans un même rapport. Or la somme ou la différence du côté et de la diagonale dans un carré quelconque, est homologue à la somme ou à la différence du côté et de la diagonale dans un autre carré. De là on conclut la construction ci-après:

Construire un carré quelconque ABCD; tracer et prolonger la diagonale AC; du point C, avec CB pour rayon, décrire la demi-circonférence FBE, ou du moins marquer les points F et E.

Porter en AE′ ou AF′ la longueur donnée pour la somme ou pour la différence du côté et de la diagonale; mener EB ou FB, puis E′B′ ou F′B′ parallèle à EB ou FB. On détermine ainsi le côté AB′ du carré demandé.

208. **Remarques.** 1° L'emploi des figures semblables fournit des

---

* THALÈS, un des sept sages de la Grèce (639 à 548 av. J.-C.), alla s'instruire en Égypte; il mesura la hauteur des pyramides par le moyen de leur ombre; aussi lui attribue-t-on les théorèmes relatifs aux triangles semblables. Thalès s'établit ensuite à Milet, et y fonda l'École ionienne. Il eut la gloire de compter PYTHAGORE au nombre de ses disciples.

solutions faciles à trouver, mais peu élégantes. Ce procédé est utile dans l'inscription d'une figure semblable à une figure donnée.

2° Dans certains cas, il faut combiner l'emploi des constructions auxiliaires à celui des figures semblables.

Exercice.

209. Problème. *Dans un triangle* ABC, *inscrire un rectangle semblable à un rectangle donné.*

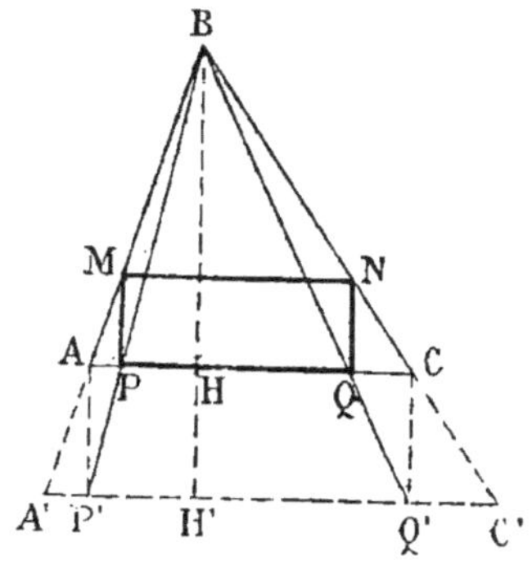

Fig. 122.

Cette question a déjà été résolue (n° 99, *c*), mais la *similitude* est la méthode naturelle, puisqu'on veut une figure de forme donnée.

Sur AC il faut construire un rectangle semblable au rectangle donné, et joindre le sommet B aux points P' et Q'; enfin il faut élever les perpendiculaires PM, QM.

On a
$$\frac{MP}{AP'} = \frac{NQ}{CQ'}$$

Mais $AP' = CQ'$

donc $MP = NQ$

Exercice.

210. Remarques. 1° On peut construire un rectangle sur chaque côté, ce qui donne trois solutions.

2° Comme, sur le côté AC, on peut construire un second rectangle semblable au rectangle demandé, on obtiendra sur AC une seconde solution, et en considérant les trois côtés, on aurait six solutions.

3° Pour inscrire un carré, il suffit de prendre $AP' = AC$. Il n'y a alors que trois solutions.

Exercice.

211. Problème. *Dans un cercle donné, inscrire un triangle isocèle, connaissant la somme* l *de la base et de la hauteur.*

Supposons le problème résolu, et ABC le triangle demandé, tel que
$$AC + BD = l$$

Portons la base AC de D en L à la suite de la hauteur; alors
$$BL = l$$

Pour tout triangle semblable à LAC, la hauteur égale la base; donc en prolongeant LA, LC jusqu'à la tangente en B, on aura
$$FE = BL \quad \text{ou} \quad BE = \frac{l}{2}$$

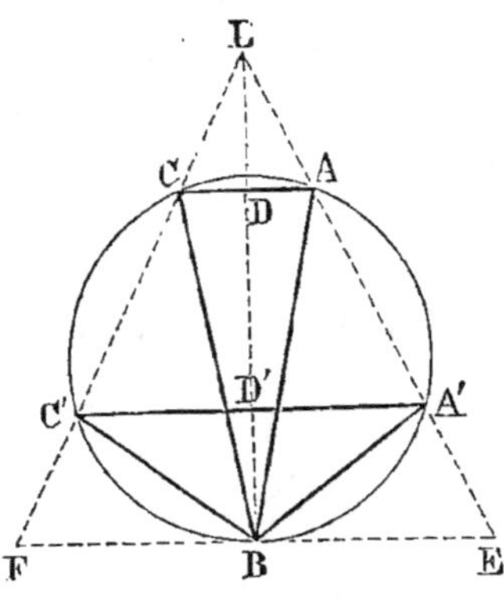

Fig. 123.

De là, on déduit la construction suivante :

Sur une tangente, il faut prendre $BE = \dfrac{l}{2}$; puis $BL = l$ et mener LE.

Le point A est déterminé ; on a en effet

$$AD = \frac{1}{2}DL ; \quad \text{d'où} \quad AC = DL$$

donc $\quad AC + BD = BL = l \quad C.Q.F.D.$

Il y a généralement une seconde solution A'BC'.

212. Remarques. 1° Ce problème sera développé et discuté (n° 1503).

2° On procéderait d'une manière analogue pour inscrire un triangle isocèle, connaissant $b + h$, dans un polygone régulier quelconque, et même dans toute figure ayant un axe de symétrie, pourvu que le sommet du triangle dût se trouver à l'un des points où l'axe de symétrie coupe le périmètre.

§ IV. — Méthode du Problème contraire *.

213. Problème contraire. La méthode du problème contraire consiste à s'occuper d'abord d'un problème opposé à celui qui est proposé, et à revenir ensuite à ce dernier, en construisant une figure égale ou semblable à celle qu'on a d'abord obtenue.

On emploie le *problème contraire* dans la plupart des cas relatifs à l'inscription des figures. Par exemple, pour inscrire une figure A dans une figure donnée B, on circonscrit à la figure A une figure égale ou semblable à la figure B, et l'on cherche les relations de position qui permettent de faire la construction dans un sens inverse.

Exercice.

214. Problème. *A un arc donné* AB *mener une tangente* MCN, *limitée aux rayons* OAM, OBN, *de manière que le segment* CM *soit double de* CN.

Nous pouvons construire une figure *omn* semblable à celle que l'on demande ; pour cela :

Prenons $mc = 2cn$. Sur mn décrivons un segment capable de l'angle donné AOB. Élevons la perpendiculaire CO, et du point O comme centre décrivons l'arc acb.

Il ne reste plus qu'à revenir à la figure donnée. Nous pouvons décrire, avec oa pour rayon, un arc A′C′B′ puis prendre l'arc

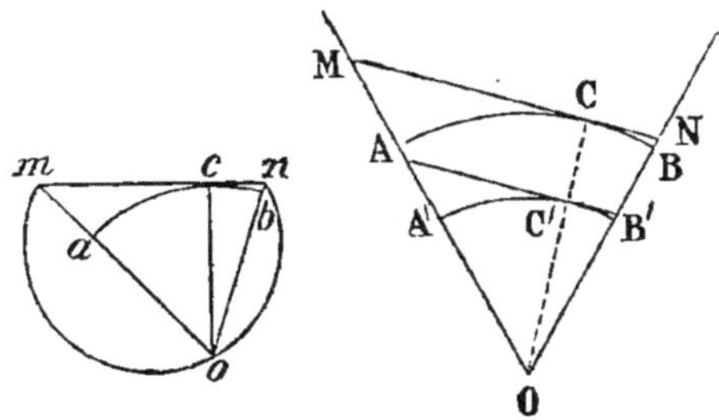

Fig. 124.

A′C′ = ac, mener OC′C, et par le point C mener une perpendiculaire MCN au rayon OC.

A cause des figures semblables, on a   MC = 2CN.

Exercice.

215. Problème. *Dans un triangle donné* ABC, *inscrire un triangle égal à un triangle donné* DEF.

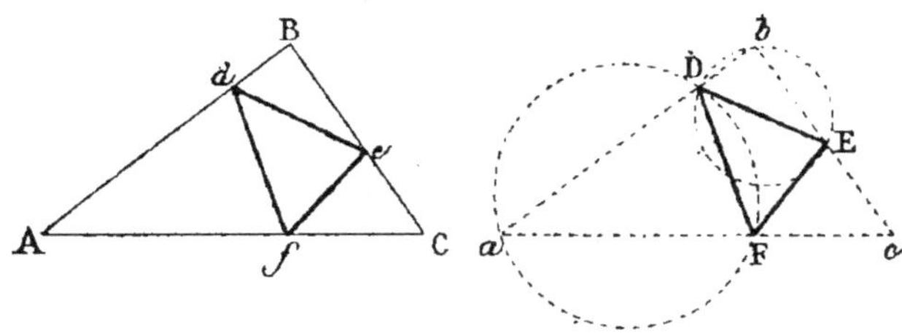

Fig. 125.

Circonscrivons au triangle DEF un triangle égal à ABC.

Sur DE décrivons un segment capable de l'angle B; sur DF, un segment capable de l'angle A; par le point D menons une sécante ab égale à AB (n° 139).

Les triangles abc, ABC sont égaux, comme ayant un côté égal adjacent à deux angles égaux; donc la figure de droite est semblable à celle qu'on demande. Prenons Ad = aD, etc., et def sera le triangle demandé.

Remarque. Dans bien des cas, on se borne à traiter le problème contraire; car de ce dernier on passe facilement à la question proposée.

Exercice.

216. Problème. *Deux parallèles AC et DB sont éloignées d'une longueur donnée* d; *d'un point fixe* O, *distant de* h *de la première, on mène la perpendiculaire commune OAB. A quelle distance* y *de cette droite une autre perpendiculaire commune CD sera-t-elle vue du point O sous un angle maximum COD?* (*Trigonométrie,* chapitre II, Application nº 7, page 41.)

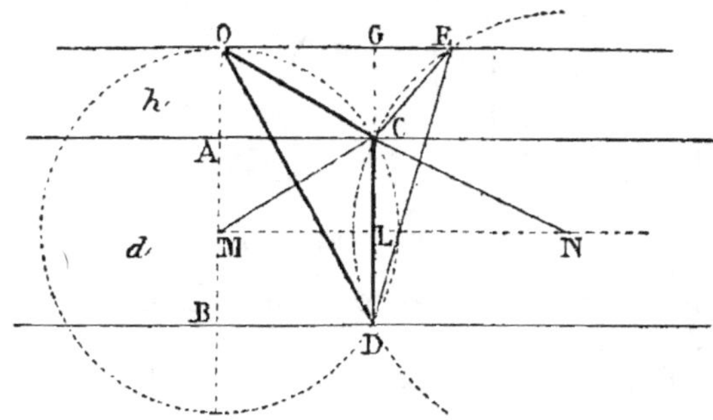

Fig. 126.

Résolvons le problème contraire.

Par le point O menons une parallèle aux droites AC, BD; et, DC étant donnée de position, cherchons sur OE le point O qui donne l'angle maximum COD.

Pour un cercle quelconque de centre N, qui passe par D et C, et qui rencontre la parallèle, l'angle E = N.

Donc il sera maximum lorsque le rayon sera le plus petit possible. Ainsi par DC faisons passer un cercle M tangent à la parallèle, l'angle O = M; et, puisque CM est < CN, on a : angle M > N.

Remarque. On peut facilement calculer les éléments trigonométriques de l'angle maximum COD.

En effet, l'angle inscrit O a pour mesure demi-arc CD, l'angle au centre CML égale demi-arc CD;

donc   angle O = angle M

Le triangle rectangle CLM a pour côtés :

$$CL \quad \text{ou} \quad \frac{d}{2}; \quad CM = MO = \frac{d}{2} + h$$

donc

$$LM = \sqrt{\left(\frac{d}{2} + h\right)^2 - \frac{d^2}{4}}$$

Ainsi $\quad LM = \sqrt{dh + h^2} \quad$ ou $\quad \sqrt{h(h + d)}$

Sinus O ou sinus $\quad CML = \dfrac{CL}{CM} = \dfrac{d}{2} : \left(\dfrac{d}{2} + h\right)$

donc
$$\text{sinus } O = \frac{d}{d+2h}$$

Tangente M ou tangente $O = \dfrac{CL}{ML} = \dfrac{d}{2\sqrt{h(h+d)}}$

§ V. — Inversion.

217. **Définition.** On appelle *figures inverses* deux figures telles que toute droite OMN, menée par un point donné O, et coupant l'une d'elles en M et l'autre en M′, donne un produit OM.OM′ dont la valeur est constante.

On nomme *origine* ou *centre d'inversion* le point fixe donné. Les points correspondants M et M′ sont appelés *points réciproques* ou *points inverses*.

Les distances OM, OM′ sont connues sous le nom de *rayons vecteurs réciproques*. On appelle *puissance d'inversion*[*] le produit constant des rayons vecteurs de deux points correspondants.

La puissance est *positive*, lorsque les points M et M′ sont d'un même côté de l'origine O; elle est *négative*, lorsque ces points sont de part et d'autre de l'origine. La puissance se représente assez fréquemment par $\pm k^2$.

La transformation d'une figure MNP..... en une autre M′N′P′...... à l'aide de l'inversion, se nomme : *Transformation par rayons vecteurs réciproques*. Nous dirons simplement : *Transformation par inversion*.

Théorème.

218. *Deux couples de points inverses appartiennent à une même circonférence. Les cordes correspondantes MN, M′N′ sont antiparallèles.*

Soit k^2 la puissance, on a :

$$OM.OM' = k^2 = ON.ON'$$

donc *les quatre points appartiennent à une même circonférence.* (G., n° 260.)

Les angles M′ et ONM sont égaux, il en est de même de N′ et de OMN; donc les cordes cor-

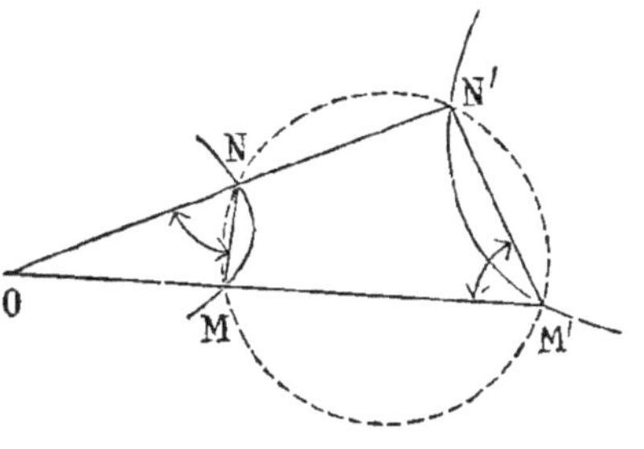

Fig. 127.

---

[*] La dénomination : *puissance d'un point* par rapport à un cercle (G., n° 829), d'où est venue *puissance d'inversion*, a été introduite par STEINER.

respondantes sont antiparallèles par rapport aux rayons OMM' ONN'
qui aboutissent à leurs extrémités.

Théorème.

219. *La longueur d'une corde MN s'obtient en multipliant la corde
correspondante par la puissance, et en divisant ce résultat par le
produit des rayons vecteurs, qui aboutissent aux extrémités de cette
seconde corde.*

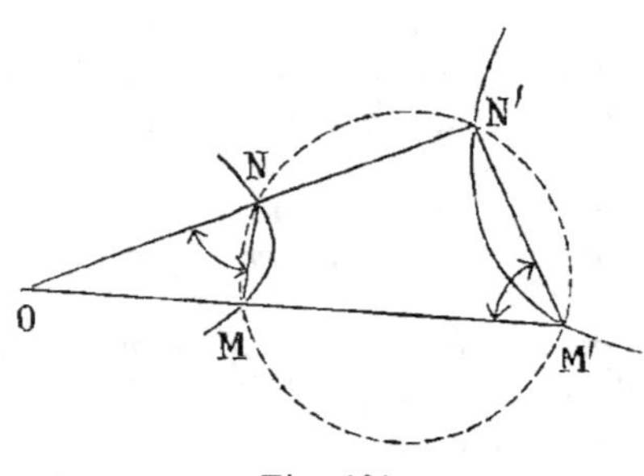

Fig. 128.

Les cordes MN, M'N' sont antiparallèles; les triangles OMN,
ON'M' sont donc semblables, d'où

$$\frac{MN}{M'N'} = \frac{ON}{OM'}$$

$$MN = M'N' \cdot \frac{ON}{OM'}$$

Il suffit d'exprimer ON en fonction de la puissance et de ON'.

Or $\qquad ON = \dfrac{k^2}{ON'}$

donc $\qquad MN = k^2 \cdot \dfrac{M'N'}{OM' \cdot ON'}$ $\hfill (1)$

On aurait de même

$$M'N' = k^2 \frac{MN}{OM \cdot ON} \hfill (2)$$

Théorème.

220. *Les tangentes menées à deux courbes inverses, par deux points
correspondants, forment des angles égaux avec le rayon vecteur qui
passe par les points de contact.*

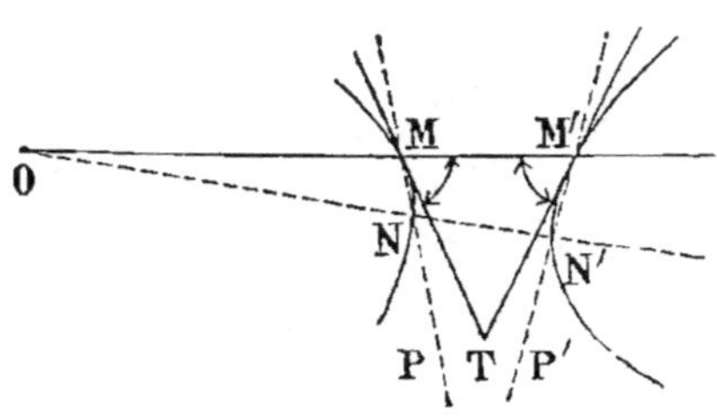

Fig. 129.

En effet, pour deux rayons
quelconques OMM', ONN', le
quadrilatère MM'N'N est inscriptible, les cordes MN, M'N'
sont antiparallèles;

l'angle $\quad$ PMM' $=$ P'N'O

A la limite, quand les rayons
se rapprochent indéfiniment l'un
de l'autre, les cordes deviennent
des tangentes en M et M'; on a

donc : $\qquad$ Angle TMM' $=$ TM'M $\hfill$ *C. Q. F. D.*

Scolie. Deux tangentes TM, TM′, et le segment MM du rayon vecteur des points de contact, forment un triangle isocèle.

Théorème.

221. *L'angle de deux lignes d'une figure donnée égale l'angle des deux lignes réciproques de la figure inverse.*

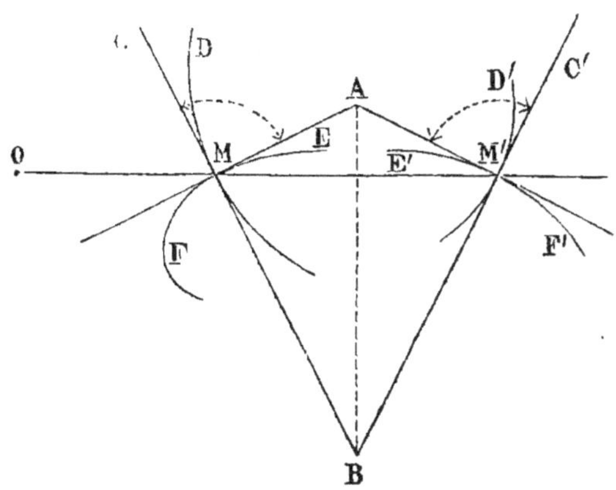

Fig. 130.

On sait que l'angle de deux courbes qui se coupent est l'angle des tangentes menées à ces courbes par le point commun.

Soient les courbes MD, ME qui appartiennent à une première figure; M′D′ M′E′ les courbes inverses des premières.

Il faut prouver que l'angle AMC des tangentes = AM′C′.

Or l'angle	CMM′ = C′M′M	(n° 220)
l'angle	AMM′ = AM′M	
donc l'angle	AMC = AM′C′	*C. Q. F. D.*

222. Scolie. I. Les deux couples de tangentes donnent un quadrilatère symétrique, par rapport à la droite AB des points de concours.

II. Dans certains cas, la figure inverse d'une circonférence MD est une droite M′C′ (n° 223). Le théorème n'en subsiste pas moins.

L'angle des tangentes AMC égale l'angle que la tangente AM′ fait avec la droite M′C′, inverse de l'arc MD.

III. Il ne faut pas comparer l'angle formé par deux couples de cordes correspondantes, car ces droites ne sont pas inverses, mais bien l'angle de deux couples de tangentes.

Théorème.

223. *L'inverse d'une circonférence, lorsque le centre d'inversion est sur cette courbe, est une droite perpendiculaire au diamètre qui passe par l'origine donnée.* (G., n° 825.)

224. Réciproquement : *L'inverse d'une droite donnée est une circonférence qui passe par l'origine; le diamètre mené par ce point est perpendiculaire à la droite donnée. (G., n° 827.)*

225. *L'inverse d'une circonférence, lorsque le centre d'inversion n'est pas sur la courbe donnée, est une circonférence homothétique de la première, par rapport à l'origine donnée (G., n° 828.).*

Applications.

226. **1ᵉʳ Théorème de Ptolémée.** *Dans tout quadrilatère inscrit, le produit des diagonales égale la somme des produits des côtés opposés.*

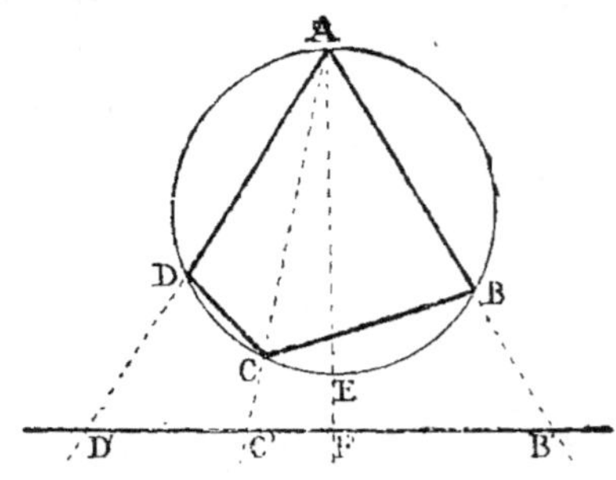

Fig. 131.

Considérons un quadrilatère inscrit. Menons une droite quelconque B'D', perpendiculaire au diamètre qui passe par le sommet A : la puissance égale
$$AE \times AF = k^2$$

Les segments déterminés par les droites AD, AC, AB donnent la relation :
$$D'B' = D'C' + C'B' \tag{1}$$

Mais (n° 219)
$$D'B' = DB \times \frac{k^2}{AD \times AB}$$

$$D'C' = DC \times \frac{k^2}{AD \times AC}, \quad C'B' = CB \times \frac{k^2}{AC \times AB}$$

L'égalité (1) devient
$$\frac{DB \times k^2}{AD \times AB} = \frac{DC \times k^2}{AD \times AC} \times \frac{CB \times k^2}{AC \times AB}$$

En réduisant au même dénominateur et simplifiant, on trouve :
$$DB \times AC = DC \times AB + CB \times AD \tag{2}$$

Donc le produit des diagonales égale la somme des produits des côtés opposés.

Remarque. Quand le triangle ADB est équilatéral, $AD = BD = AB$; l'égalité (2) devient $AC = DC + CB$, ce qui démontre ce théorème connu : *La distance d'un point du cercle circonscrit à un triangle équilatéral à l'un des sommets de ce triangle, égale la somme des distances du même point aux deux autres sommets* (n° 680).

Autre démonstration. Prenons pour origine un point quelconque du cercle; désignons par a, b, c, d les rayons vecteurs AO, BO, CO, DO.

On sait que pour quatre segments consécutifs, on a l'*identité* suivante :

$$A'B' \times C'D' + A'D' \times B'C' = B'D' \times A'C' \qquad (1)$$

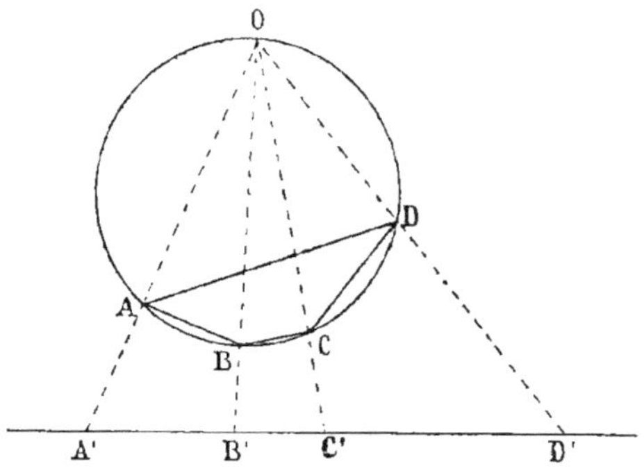

Fig. 132.

Car, en remplaçant les lignes A'D' B'D' et A'C' par les segments qui les composent, chaque membre de l'égalité (1) a pour valeur

$$A'B' \times C'D' + A'B' \times B'C' + B'C' \times B'C' + C'D' \times B'C' \qquad (2)$$

Mais $\qquad A'B' = \dfrac{AB}{ab}, \quad C'D' = \dfrac{CD}{cd}, \quad$ etc.

En mettant ces valeurs dans (2), on trouve :

$$\frac{AB \times CD}{abcd} + \frac{AD \times BC}{adbc} = \frac{BD \times AC}{bdac}$$

Et, en supprimant le dénominateur commun, on a :

$$AB \times CD + AD \times BC = BD \times AC \qquad C.\ Q.\ F.\ D.$$

Remarque. Lorsque $\quad AB \times CD = AD \times BC$, on a aussi :

$A'B' \times B'D' = A'D' \times B'C'$ ou $\dfrac{B'C'}{B'A'} = \dfrac{D'C'}{D'A'}$. Dans ce cas, la droite 'A'C' est dite divisée *harmoniquement* aux points B' et D' (G., n° 786); réciproquement, B'D' est divisée de la même manière aux points A' et C'. Les droites qui concourent au point O forment un *faisceau harmonique*. On sait que toute droite qui traverse un tel faisceau est toujours divisée harmoniquement (G., n° 794); on a donc le résultat suivant :

227. **Théorème.** *Lorsque les rectangles formés par les côtés opposés d'un quadrilatère inscrit sont équivalents, toute droite qui coupe le faisceau formé en joignant les quatre sommets du quadrilatère à un point quelconque de la circonférence circonscrite est divisée harmoniquement par ce faisceau.*

M.   4

Problème.

228. *Par deux points* A *et* B, *faire passer une circonférence qui coupe une circonférence donnée* C, *sous un angle donné* m.

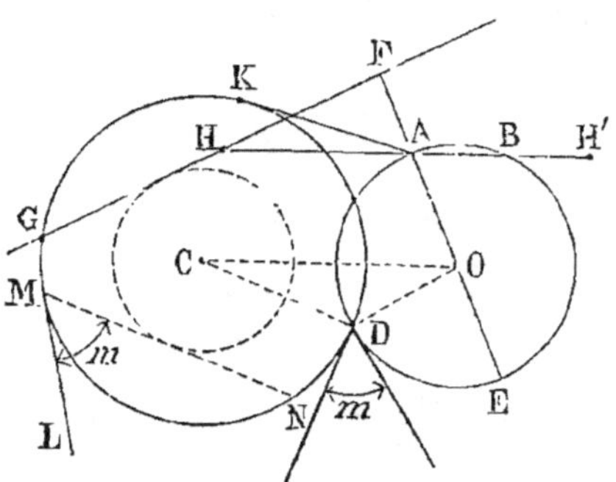

Fig. 133.

Soit le problème résolu et l'angle des tangentes, au point D, égal à l'angle donné LMN ou m.

Transformons par inversion la figure donnée, par rapport à l'origine A. Afin de conserver le cercle donné CM, prenons AK² pour puissance. L'inverse de la circonférence demandée O sera une droite telle que FG, qui coupera la circonférence C sous un angle égal à l'angle donné. Il suffit donc de déterminer cette sécante FG.

Or, prenons l'inverse du point B, par rapport au point A; c'est-à-dire prenons $\qquad AB \cdot AH = AK^2$

Par le point H il suffira de mener une tangente à la circonférence qui est elle-même tangente à MN, puis le centre O se trouvera sur la perpendiculaire abaissée du point A sur FG. Le diamètre est donné par : $\qquad AE \cdot AF = AK^2$

Remarque. Il y a généralement quatre solutions; car chaque point H et H′ inverse de B, par rapport à l'origine A, en donne deux.

Exercice.

229. **Lieu.** *Quel est le lieu du point de contact des circonférences tangentes deux à deux et tangentes à deux cercles donnés?*

Considérons une suite de circonférences tangentes deux à deux et tangentes aux côtés d'un angle A. En prenant dans le plan un point quelconque O pour origine, et une puissance quelconque k^2, les côtés de l'angle et la bissectrice qui contient les centres ont pour figure inverse des circonférences qui passent par le même point. On doit avoir : $OB \times OB' = OC \times OC' = OD \times OD' = k^2$. Les circonférences tangentes deux à deux ont pour inverse des circonférences tangentes

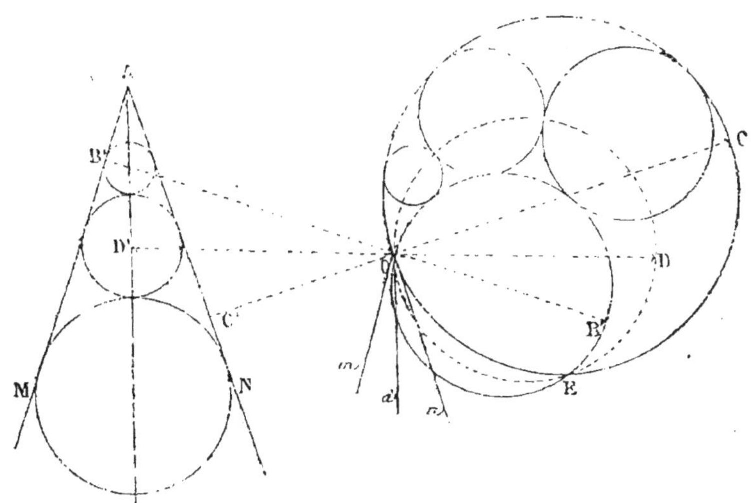

Fig. 134.

deux à deux et tangentes aux inverses des côtés de l'angle : on arrive donc au théorème suivant :

Théorème. *Lorsqu'on inscrit une suite de circonférences tangentes deux à deux, entre deux cercles* B *et* C, *les points de contact sont sur une même circonférence* D.

230. Remarques. 1° Le lieu des points de contact, c'est-à-dire, le cercle OD, étant la figure inverse de la bissectrice AD', est le *cercle bissecteur* des cercles qui se coupent aux points O, E. La tangente Oa, qui lui correspond, est bissectrice de l'angle mOn.

2° En vue des transformations à faire, il est utile d'indiquer les théorèmes suivants.

<h3 align="center">Théorème.</h3>

231. *Toutes les circonférences qui coupent orthogonalement deux cercles donnés* A *et* B *passent par deux mêmes points situés sur la lignes des centres des cercles* A *et* B (fig. 135).

On sait que l'axe radical CD est le lieu des centres des cercles tels que C et D qui coupent orthogonalement deux cercles donnés A et B. (G., n° 835.)

Et même, d'une manière plus générale, l'axe radical est le lieu des centres des cercles qui coupent orthogonalement tous les cercles qui ont ce même axe radical CD; car les tangentes CE, CF, CF' sont égales et perpendiculaires aux rayons AE, BF, B'F'...

Mais deux cercles du second système, ayant pour centres C et D, ont pour axe radical la ligne des centres AB des premiers, car le point A est d'égale puissance pour ces deux cercles; et il en est de même du point B, car $AE^2 = AG^2$ et $BF^2 = BH^2$.

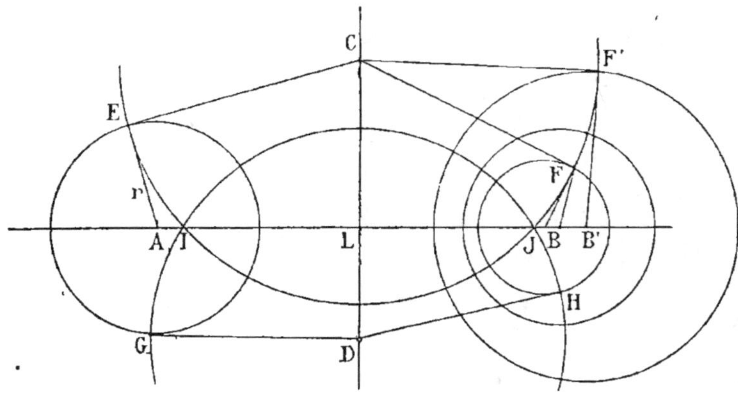

Fig. 135.

Or la corde commune des cercles C et D est l'axe radical des deux premiers A et B; donc les cercles C et D se coupent en deux points I et J de la ligne des centres AB; car on sait que les points d'intersection de deux cercles sont des points d'égale distance.

232. Remarques. 1° PONCELET *, à qui l'on doit la considération de ces points remarquables, les nomme *points limites* **.

2° Les points limites sont réels, quand les cercles donnés A, B, B′ ne se coupent point; mais pour les cercles orthogonaux C, D du second système, ils sont imaginaires, parce que les cercles A et B de l'autre système ne rencontrent point la ligne des centres CD.

Théorème.

233. *Deux cercles qui ne se coupent point se transforment par inversion en cercles concentriques, lorsqu'on prend pour origine un des points limites.*

En effet, en prenant, par exemple, le point I (fig. 135) pour origine,

---

* PONCELET, né à Metz en 1788, mort en 1867, fut fait prisonnier pendant la campagne de Russie, et s'occupa dès lors des *Méthodes de transformation des figures*. On lui doit la doctrine de *l'homologie* et celle des *polaires réciproques*. Il est en réalité le principal créateur des méthodes modernes. Au point de vue géométrique, il faut citer avant tout son *Traité des propriétés projectives des figures*, puis ses *Applications d'analyse et de géométrie*.

** Voir *Traité des propriétés projectives des figures*, tome I, n° 76.

tous les cercles orthogonaux du second système se transforment en ligne droite, car ils passent par l'origine (G., n° 825); mais les droites, qui sont les transformées des cercles C, D..., doivent couper orthogonalement tous les cercles obtenus par l'inversion des cercles A, B, B'...; donc ces cercles se transforment en de nouveaux cercles ayant le point I pour centre commun.

234. **Scolie.** Tous les cercles qui ont même axe radical CD se transforment en cercles concentriques.

Théorème.

235. *Deux cercles qui se coupent, se transforment en cercles égaux lorsqu'on prend pour origine un point quelconque d'un des cercles bissecteurs des cercles donnés.*

En effet, le cercle bissecteur, passant par l'origine, se transforme en une droite qui devient l'axe radical des figures inverses des cercles donnés; mais ces cercles inverses coupent l'axe radical sous des angles égaux, donc ils sont égaux; car deux cercles qui coupent sous le même angle leur corde commune ont nécessairement des rayons égaux.

236. **Remarque.** Le théorème s'applique même lorsque les deux cercles ne se coupent pas. Dans ce cas, le cercle qui correspond au cercle bissecteur de deux circonférences sécantes, est le cercle qui passe par les points de contact des circonférences tangentes entre elles deux à deux et tangentes à deux circonférences données (n° 229).

Théorème.

237. *Entre deux cercles A et B non concentriques, et qui n'ont pas de point commun, on inscrit un cercle C tangent aux deux premiers, puis un cercle D tangent au cercle C et aux deux premiers; ensuite un cercle E tangent à D et à A et B, etc.*

1° Les points de contact qu'ont entre eux les cercles inscrits C, D, E... sont sur une même circonférence; 2° si un dernier cercle N, de rang n, ferme la série en se trouvant tangent au cercle C, une nouvelle série, commençant en un point quelconque, se terminera après n cercles consécutifs.

Il suffit de transformer par inversion les cercles A et B en deux cercles concentriques A' et B'.

Tous les cercles C', D'... seront égaux entre eux; les points de contact seront sur un cercle concentrique à C' et D'. Si n cercles ferment le circuit, on peut les considérer comme inscrits dans n secteurs égaux. Et quel que soit le point de départ d'une nouvelle série, on n'aura qu'à former n secteurs égaux pour revenir au point de départ.

Exercice.

238. Théorème de Fuerbach [*]. *Le cercle des neuf points est tangent au cercle inscrit et aux trois cercles ex-inscrits.*

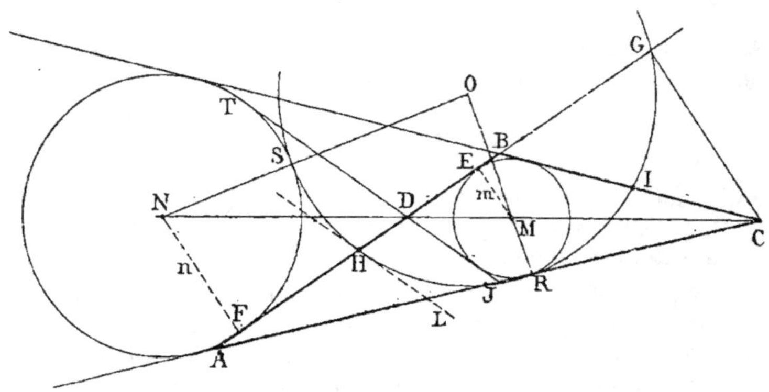

Fig. 136.

Soit ABC le triangle donné, M, N les centres et m, n les rayons du cercle inscrit et d'un cercle ex-inscrit; H, I, J les milieux des côtés.

Menons les rayons des points de contact et projetons le point C, en G, sur AB.

On sait qu'on a :

$$\frac{\text{CM}}{\text{CN}} = \frac{m}{n}; \quad \frac{\text{DM}}{\text{DN}} = \frac{m}{n}; \quad \text{d'où} \quad \frac{\text{CM}}{\text{CN}} = \frac{\text{DM}}{\text{DN}}$$

(G., n°s 305 et 306.)

On peut remplacer chaque ligne par sa projection sur AB; on a donc :

$$\frac{\text{GE}}{\text{GF}} = \frac{\text{DE}}{\text{DF}}$$

Ainsi les points D, G divisent harmoniquement le segment EF. (G., n° 786.)

Mais on sait que la moitié du segment divisé, est une moyenne proportionnelle entre les distances de son point milieu aux deux conjugués (G., n° 787); d'ailleurs AF = BE (G., n° 351), d'où HE = HF; donc HE² = HD.HG; soit HE² = k^2.

Ceci établi, transformons la figure par inversion, en prenant H pour pôle et k^2 pour puissance d'inversion. Les cercles M et N se reproduisent, puisque le carré de leurs tangentes respectives HE, HF égalent k^2. Le cercle des neuf points, passant par l'origine H, point milieu

---

de AB, se transforme suivant une droite; mais le cercle des neuf points passe par le pied G de la hauteur CG, or D est le point inverse de G, car $HD \cdot HG = k^2$; donc la droite passe par ce point D.

La droite obtenue par la transformation du cercle des neuf points, coupe la base AD sous le même angle que la tangente HL, car on sait que HL et AB sont antiparallèles par rapport à l'angle C (no 28, III). Or la ligne antiparallèle, menée par le point D, n'est autre chose que la seconde tangente intérieure DT, et puisque cette droite est tangente aux cercles M et N, il en est de même du cercle des neuf points.

Note. Le *théorème de Fuerbach* se démontre de plusieurs manières, mais il n'en est pas de plus élégante que celle qui procède de l'*inversion*.

La démonstration donnée par BALTZER * dans ses *Elemente der mathematik*, Planimétrie, § 12, no 8, est simple, mais assez longue.

MM. ROUCHÉ et DE COMBEROUSSE, dans leur *Traité de Géométrie élémentaire*, donnent la démonstration que nous avons reproduite.

Plusieurs articles des *Nouvelles Annales mathématiques* s'occupent du *théorème de Fuerbach*. On y trouve deux démonstrations dues à M. MENTION ** (1846), page 403, et 1850, page 401. Le savant rédacteur des *Annales*, M. GERONO, a donné le moyen de déterminer les points de contact du cercle des neuf points avec les cercles inscrits et ex-inscrits, en n'employant que la règle, sans avoir une seule circonférence à décrire. (Année 1865, page 220.)

Le *Journal de mathématiques élémentaires et spéciales* (1879), page 359, donne la solution de JAMES BOOTH, membre de la Société royale de Londres. Cette solution est analogue à la première de M. Mention. Elle est fondée sur le calcul de la distance du centre du cercle des neuf points au centre du cercle inscrit.

Inversion dans l'espace.

239. Considérons les figures inverses dans l'espace, mais en nous bornant à la sphère et au plan.

En faisant tourner une droite et un cercle autour du diamètre perpendiculaire à la droite, on obtient une sphère et un plan.

Deux cercles tournant autour de la ligne des centres engendrent deux sphères, on a donc les résultats suivants :

Théorème.

240. *La figure inverse d'une sphère, par rapport à un point de cette surface pris pour origine, est un plan perpendiculaire au diamètre mené par l'origine.*

---

* RICHARD BALTZER, professeur à l'université de GIESSEN, a publié un *Traité de mathématiques*, remarquable par la rapidité d'exposition et les notes nombreuses dont il est enrichi.

Die Elemente der mathematik ont été traduits en italien par CREMONA, sous le titre de *Elementi di matematica del Dr Riccardo Baltzer.*

CREMONA, directeur de l'école d'application des ingénieurs à Rome, et auteur des *Éléments de Géométrie projective.*

** MENTION, auteur d'un grand nombre d'articles des *Nouvelles Annales mathématiques.*

La figure inverse d'un plan, par rapport à un point extérieur à ce plan, est une sphère qui passe par l'origine, et dont le diamètre correspondant est perpendiculaire au plan donné.

La figure inverse d'une sphère, par rapport à un point extérieur à cette surface, est une autre sphère, et l'origine est un centre de similitude pour les deux sphères.

Théorème.

241. *Dans deux figures inverses, les angles correspondants sont égaux.*

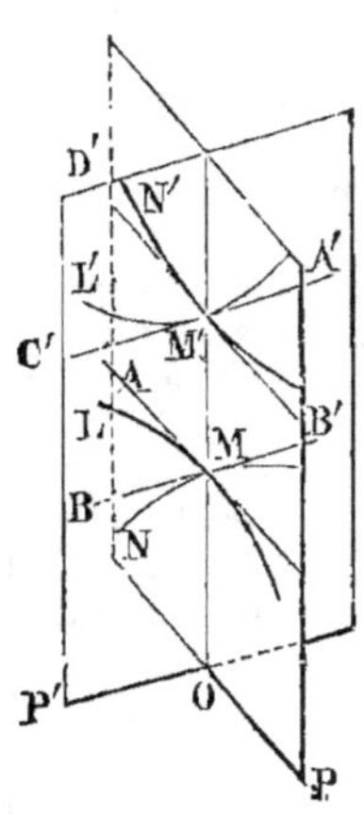

Fig. 137.

Soient dans l'espace la courbe M′ N′ inverse de MN et M′L′ inverse de ML. Ces courbes MN et M′N′ sont dans un même plan passant par l'origine; il en est de même des deux autres. Dans chacun de ces plans, on mène les tangentes; il faut prouver que ces lignes se coupent sous des angles égaux.

Considérons MA, MB et les prolongements M′A′, M′B′ dirigés en sens contraire.

Les angles trièdres M, OAB et M′, OA′B′ sont égaux comme ayant un angle dièdre égal compris entre deux angles plans respectivement égaux.

En effet, les dièdres qui ont pour arête commune OMM′ sont opposés au sommet. L'angle plan AMO = A′M′O, ainsi qu'on l'a démontré (n° 221). De même l'angle BMO = B′M′O. Donc le troisième angle plan AMB = A′M′B′

$$C.\ Q.\ F.\ D.$$

Remarque. On étudie les angles opposés afin que les trièdres considérés soient égaux; mais les angles opposés par le sommet sont égaux; donc Angle AMB = C′M′D′

Théorème.

242. *L'inverse d'un cercle, par rapport à une origine située hors de son plan, est un cercle.*

Soit AB un cercle (fig. 138), O un point extérieur pris pour origine. Abaissons la perpendiculaire OM sur le plan du cercle. Prenons le plan OMC pour plan principal de la figure à représenter, déterminons l'inverse M′ du point M.

La sphère décrite sur le diamètre OM′ sera l'inverse du plan P qui contient le cercle donné (n° 240). Donc tous les points inverses du cercle AB se trouvent sur la sphère S. En menant un rayon vecteur quelconque DOD′ limité à la sphère, on aura OD . OD′ = k^2.

Dans le plan OMC faisons passer un cercle par les points A et B

et leurs inverses A′ B′. La sphère V qui aura pour grand cercle la circonférence décrite ABA′B′, doit passer par tous les points inverses tels
que D′, E′, car chaque corde
menée par le point O donne
un produit constant.

L'inverse du cercle AB
est donc un cercle A′D′B′E′,
car cette figure est donnée
par l'intersection de deux
sphères S et V.

243. Scolie. I. Les cercles inverses AB, A′B′ sont
les sections antiparallèles
du cône dont O est le sommet.

II. Tout plan parallèle
au plan du cercle AB donne
un autre cercle inverse de
A′B′, mais avec une puis-
sance différente d'inver-
sion.

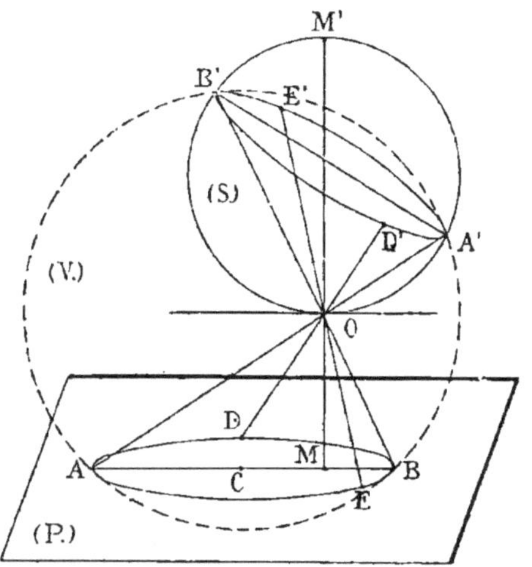

Fig. 138.

III. Le plan tangent au sommet O du cône donne un cercle infiniment petit. Sa direction suffit pour déterminer les sections antiparallèles d'un cône oblique OA′B′, à base circulaire, inscrit dans une
sphère.

IV. En considérant la sphère V on peut dire : tout cône de sommet
quelconque O, ayant pour base un cercle AB de la sphère, coupe encore cette sphère suivant un autre cercle A′B′.

Cas particulier.

Avec une puissance positive k^2 égale à $2r^2$, le plan passe par le
centre de la sphère inverse.

En effet, on doit avoir :

$$OC \cdot OD = k^2 = 2r^2 ; \quad \text{d'où} \quad OC = r$$

244. Définition. On nomme *projection stéréographique** d'une figure
sphérique, la projection conique obtenue sur un plan diamétral de la
sphère, lorsqu'on prend, pour sommet du cône projetant, une des extrémités du diamètre perpendiculaire au plan de projection.

Conséquences. Tout ce qui a été démontré pour les figures inverses

---

* La dénomination de *projection stéréographique*, que l'on a donnée à la projection employée par PTOLÉMÉE dans son planisphère, est assez récente, car
elle est due au P. AGUILLON, de Bruxelles, et se trouve dans son *Optique*,
publiée en 1613. (*Aperçu historique*, page 516.)

dans l'espace s'applique au cas particulier qui constitue la *projection stéréographique*.

Ainsi un cercle AMB a pour projection un cercle A'M'B'.

Les angles sont conservés en vraie grandeur.

Théorème de Chasles.

245. *Le centre N' de la circonférence obtenue par la projection d'un cercle AMB de la sphère est la projection du sommet N du cône circonscrit à la sphère, suivant le cercle considéré AMB*.*

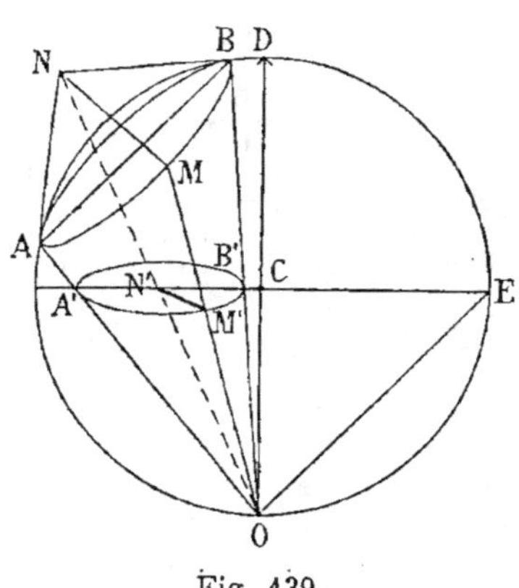

Fig. 139.

En effet, pour un point quelconque M, menons le plan MON qui passe par l'origine O et par le sommet N du cône circonscrit.

La droite NN'O est la projectante du sommet N, et la ligne M'N' est la projection de la tangente MN.

Pour démontrer le théorème proposé et pour fournir en même temps une autre démonstration d'un théorème connu (n° 242), il suffit de prouver que M'N' a une longueur constante.

En effet, l'angle OMN formé par le rayon OM et la tangente MN mesure l'angle que fait le même rayon OM avec l'arc de cercle que détermine le plan OMN.

L'inverse de cet arc est la droite M'N' (n°s 220 et 223); donc les angles OMN et OM'N' sont supplémentaires. Or les côtés opposés aux angles égaux ou supplémentaires sont proportionnels (n° 150); donc

$$\frac{M'N'}{MN} = \frac{ON'}{ON}; \quad M'N' = MN\,\frac{ON'}{ON}$$

Ainsi la longueur de M'N' est constante; donc...

Remarque générale.

246. Quelle que soit la position du plan P qui a pour inverse une sphère donnée, l'origine est à une des extrémités du diamètre perpendiculaire au plan, et l'on peut faire les remarques suivantes, en désignant par M' le point du plan que détermine le diamètre OM mené par l'origine.

---

* Le théorème de Chasles a été donné en 1817. L'énoncé précédent (n° 245) est devenu classique et ne doit pas être modifié; mais il ne s'agit point de *projection orthogonale*, mais bien de *projection conique* ou *projection centrale*, c'est-à-dire du point d'intersection N' de la droite ON et du cercle A'B'.

Tout grand cercle de la sphère qui passe par l'origine O se transforme en une droite qui passe par le point M'.

Tout petit cercle qui passe par l'origine a une droite pour inverse, mais cette ligne ne passe point par M'.

Tout cercle qui ne passe pas par l'origine a un cercle pour inverse.

Les cercles qui passent par M', dans le plan P, sont les inverses des petits cercles qui passent par l'extrémité du diamètre opposé à l'origine.

Toute propriété d'une figure sphérique donne lieu à une propriété correspondante d'une figure plane.

Réciproquement, toute propriété d'une figure plane donne une propriété correspondante pour une figure sphérique.

Exemples.

247. Théorèmes. (a) *Dans un même plan, toute sécante menée par un des centres de similitude de deux circonférences, coupe ces deux courbes sous le même angle.*

(**b**) *Deux points antihomologues peuvent être considérés comme étant les points de contact d'un cercle tangent aux deux premiers.* (G., n° 818 2°.)

(**c**) *Quatre points antihomologues appartiennent à une même circonférence.* (G., n° 818, 2°.)

(**d**) *Le lieu des points d'où l'on peut mener à deux circonférences des tangentes égales est une perpendiculaire à la ligne des centres.* (G., n° 830.)

Cette droite se nomme *axe radical* des deux circonférences.

(**e**) *Tout cercle ayant pour centre un point de l'axe radical et pour rayon la tangente menée de ce point à deux circonférences données, coupe orthogonalement ces deux circonférences.* (G., n° 835.)

(**f**) *Lorsque par deux points fixes on fait passer une suite de circonférences qui coupent un cercle donné, toutes les cordes communes passent par un même point.*

Théorèmes corrélatifs. (a) *Sur une sphère, tout grand cercle mené par un des centres de similitude de deux petits cercles coupe ces deux courbes sous le même angle.*

(**b**) *Deux points antihomologues peuvent être considérés comme étant les points de contact d'un cercle tangent aux deux petits cercles donnés.*

(**c**) *Quatre points antihomologues appartiennent à une même circonférence.*

(**d**) *Le lieu des points d'où l'on peut mener à deux petits cercles des arcs de grand cercle tangents et égaux, est un grand cercle perpendiculaire à celui qui passe par les centres des deux petits cercles.*

Ce grand cercle se nomme *cercle radical* des deux petits cercles.

(**e**) *Tout cercle ayant pour centre un point du cercle radical et pour rayon polaire la corde de l'arc tangent mené de ce point aux deux cercles donnés, coupe orthogonalement ces deux cercles.*

(**f**) *Lorsque par deux points fixes d'une sphère on fait passer une suite de circonférences qui rencontrent un petit cercle donné, tous les grands cercles, qui tiennent lieu de corde commune, passent par un même diamètre.*

248. Remarque. *L'hexagramme de Pascal* (G., n° 747)*, l'hexagone de Brian-*

---

* PASCAL, né à Clermont-Ferrand en 1623, mort en 1662, donna, dès l'âge le plus tendre, des marques d'un esprit extraordinaire. A l'âge de seize ans, il publia un *Essai sur les coniques*, ouvrage qui contient *l'hexagramme mystique*

chon * (G., n° 807) ont leurs analogues sur la sphère, et l'on peut énoncer les théorèmes suivants :

Théorèmes. *Dans tout hexagone sphérique inscrit à un petit cercle, les points de concours des côtés opposés se trouvent sur un grand cercle.*

Les arcs diagonaux qui joignent les sommets opposés d'un hexagone sphérique circonscrit à un petit cercle, se coupent aux mêmes points.

En d'autres termes, *les trois grands cercles qui passent par les sommets opposés d'un hexagone sphérique circonscrit à un petit cercle, se coupent suivant un même diamètre.*

Voici un exemple d'un théorème sphérique, conduisant à un théorème de géométrie plane.

Le *Théorème de Guenaut d'Aumont* (n° 162) devient :

La somme de deux angles opposés d'un quadrilatère plan inscrit, et dont les côtés sont des arcs de cercle de rayon quelconque, égale la somme des autres angles. (BALTZER, §§ IV, n° 4.)

Il est d'ailleurs facile, ainsi que nous l'établirons (*Exercices* du livre II), de démontrer directement ce dernier théorème, ainsi que plusieurs autres, qui ont été déduits, par inversion, de théorèmes relatifs aux polygones sphériques.

Note. La projection stéréographique paraît due à HIPPARQUE (150 av. J.-C.). Elle nous a été transmise par PTOLÉMÉE. (*Aperçu historique*, pages 24 et 28.) La méthode de *transformation par inversion* a été proposée par STUBBS en 1843. Puis appliquée par WILLIAM THOMSON ** sous le nom de *Principe des images.* — M. LIOUVILLE *** a généralisé ce principe en 1849 ; il l'a traité par l'analyse et l'a désigné sous le nom de *Transformation par rayons vecteurs réciproques.* — Le nom de *Surfaces inverses* a été employé par BRAVAIS **** lorsque la puissance k^2 égale — 1. (N. A., 1854, pages 227 et suivantes.)

La *méthode de transformation par inversion* est très féconde ; on peut même l'appliquer utilement à l'étude de la Trigonométrie sphérique. (Voir PAUL SERRET, *Des Méthodes en Géométrie*, page 30.)

---

et le *théorème fondamental de l'involution.* Il fit connaître le *triangle arithmétique* et étudia les propriétés de la Cycloïde.

* BRIANCHON, ancien élève de l'École polytechnique, était capitaine d'artillerie en 1817, lorsqu'il publia son *Mémoire sur les courbes du second ordre.* Le théorème qui porte son nom est le 36e de cet ouvrage ; mais il l'avait publié en 1810, dans le XIIIe cahier du journal de l'École polytechnique.

** WILLIAM THOMSON, rédacteur du *Cambridge and Dublin mathematical Journal.*

*** M. LIOUVILLE, membre de l'académie des sciences et du bureau des Longitudes, fondateur du *Journal de Mathématiques*, cité fréquemment sous le nom de *Journal de M. Liouville.*

**** A. BRAVAIS. On lui doit divers théorèmes relatifs à la Symétrie. (G., n° 489-496.) Le *Journal de M. Liouville* a publié plusieurs de ses mémoires.

V

---

§ I. — Discussion d'un Problème.

249. Définition. Discuter un problème, c'est étudier les divers cas qui peuvent se présenter lorsque certaines données varient.

Exercice.

250. Problème. *Mener une parallèle aux bases d'un trapèze, de manière que le segment compris entre les diagonales ait une longueur donnée l.*

Construction. On prend $BE = l$, et on mène EM parallèle à BD ; la droite MN parallèle aux bases est la ligne demandée.

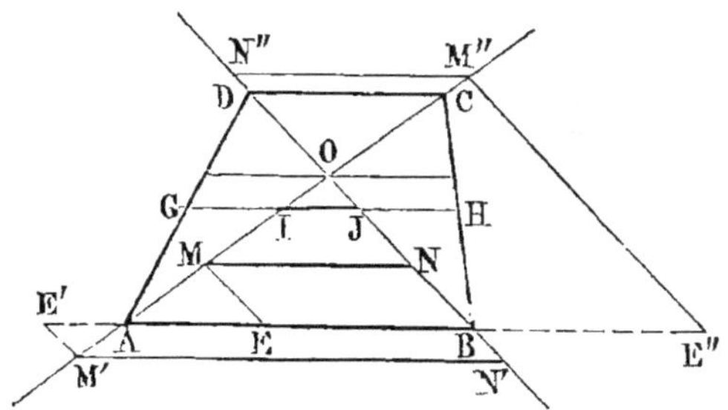

Fig. 140.

(a) Soit
$$l > BA$$

On prend $BE' = l$, puis on mène E′M′ parallèle à OB ; par cette construction, l'on obtient une droite M′N′ extérieure au trapèze ; mais il y a une solution, quelle que soit la longueur de l.

(b) Soit
$$l = BA$$
Dans ce cas, AB répond à la question.

(c) Soit
$$l = \frac{AB - CD}{2}$$

Lorsque l est la demi-différence des bases, le segment IJ est sur la base moyenne.

En effet
$$IH = \frac{AB}{2}\;;\quad JH = \frac{DC}{2}$$

donc
$$IJ = \frac{AB - DC}{2}$$

d) Si $l =$ zéro, on n'a plus que le point de concours des diagonales.

(**e**) Enfin, pour une valeur négative, on porterait l de B en E″, et l'on obtiendrait M″ N″, dont la direction de droite à gauche est contraire à celle de MN.

Résumé. Le problème admet toujours une solution, et une seule ; la longueur donnée l peut varier de $+\infty$ à zéro, et de zéro à $-\infty$.

Si l'on ne tenait pas compte de la direction de MN, et le point M devant se trouver sur AC, la longueur l ne recevrait que des valeurs positives ; à chacune d'elles correspondraient deux solutions : l'une d'elles serait située dans l'angle AOB, et l'autre dans l'angle COD.

Exercice.

251. Problème. *Soit à décrire une circonférence tangente à trois cercles donnés* A, B, C*.

Le contact peut être extérieur ou intérieur. Dans le premier cas, représentons les cercles par A, B, C ; et dans le second, par a, b, c. On a les huit solutions suivantes :

(1)	A, B, C				A, b, c
	A, B, c		et	(3)	a, B, c
(2)	A, b, C				a, b, C
	a, B, C			(4)	a, b, c

Mais, en réalité, il n'y a que quatre constructions différentes.

En effet (1) donne trois contacts extérieurs.

Le groupe (2) correspond à deux contacts extérieurs et un intérieur.

Le groupe (3) donne un contact extérieur et deux intérieurs.

Enfin (4) a les trois contacts intérieurs.

Remarque. Les huit solutions se correspondent deux à deux comme il suit :

A, B, C	A, B, c	A, b, C	a, B, C
a, b, c	a, b, C	a, B, c	A, b, c

Cas particuliers. Un ou plusieurs cercles peuvent se réduire à un point ; car un point peut être considéré comme un cercle dont le rayon est nul ; on peut avoir successivement :

---

* On peut voir la belle solution due à GERGONNE, en 1814. (*Annales mathématiques*, tome IV.) Cette solution est reproduite dans la *Géométrie de Bobillier*, page 372 ; dans le *Traité de Géométrie de Rouché et de Comberousse*, n° 389. — PONCELET, dans son *Traité des propriétés projectives des figures*, tome I, page 137, etc., indique diverses solutions.

GERGONNE, professeur, puis recteur à Montpellier, fondateur d'un journal célèbre, connu maintenant sous le nom d'*Annales de Gergonne*.

BOBILLIER, professeur à l'école d'*arts et métiers de Châlons*, auteur du *Cours de Géométrie*, des *Principes d'Algèbre*, destinés aux élèves des écoles d'arts et métiers.

1° Deux cercles et un point.

2° Un cercle et deux points.

3° Trois points.

Un ou plusieurs cercles peuvent être remplacés par une droite, car une droite peut être considérée comme un cercle de rayon infini. On peut donc avoir :

4° Deux cercles et une droite.

5° Un cercle et deux droites.

6° Trois droites.

On doit encore considérer les trois combinaisons suivantes :

7° Un cercle, un point et une droite.

8° Deux points et une droite.

9° Un point et deux droites.

Variétés. Le cas général de trois cercles et chaque cas particulier peuvent offrir des *variétés* relatives à la position des données. Ainsi, pour trois cercles donnés, A, B, C, on peut faire les remarques suivantes :

(a) Trois cercles extérieurs deux à deux, et dont les centres ne sont pas en ligne droite, donnent lieu à *huit solutions différentes*.

(b) Trois cercles extérieurs deux à deux, mais dont les centres sont en ligne droite, donnent *huit solutions* symétriques deux à deux par rapport à la ligne des centres.

(c) Trois cercles, dont deux, A et B, se coupent, tandis que C est extérieur, n'offrent plus que *quatre solutions*. En effet, A et B seront en même temps ou tangents extérieurement ou tangents intérieurement au cercle demandé ; on n'a donc que les groupes ci-après :

$$\left\{ \begin{matrix} A, B, C \\ A, B, c \end{matrix} \right. \quad \text{et} \quad \left\{ \begin{matrix} a, b, C \\ a, b, c \end{matrix} \right.$$

(d) A et B sont extérieurs l'un à l'autre, mais intérieurs au cercle C.

Quatre solutions. Le contact avec C sera toujours intérieur, mais on peut avoir les groupes suivants.

$$\left\{ \begin{matrix} A, B, c \\ a, b, c \end{matrix} \right. \quad \text{et} \quad \left\{ \begin{matrix} A, b, c \\ a, B, c \end{matrix} \right.$$

(e) A et B se coupent et sont intérieurs à C.

Deux solutions : A, B, c et a, b, c.

Remarque. Les indications précédentes suffisent pour montrer l'étonnante variété des aspects différents que peut présenter un problème donné ; mais on aurait à examiner bien d'autres particularités, si l'on voulait rechercher toutes les circonstances possibles.

Exercice.

252. Problème. *Examiner le nombre de solutions que peut avoir la question suivante : Avec un rayon donné c, décrire une circonférence C tangente à deux circonférences A et B.*

Soient a et b les rayons de A et B ; d la distance des centres.

On sait que la plus grande distance des circonférences données égale $a + b + d$; et que la plus petite distance égale $d - (a + b)$. (G., nᵒ 138.)

Admettons en outre que a soit plus grand que b et que les deux circonférences A et B soient extérieures, c'est-à-dire qu'on ait d'une manière générale $\qquad d > a + b$

1º $2c > d + a + b$. On a huit solutions, symétriques deux à deux, par rapport à la ligne des centres des cercles A et B.

2º $2c = d + a + b$. On obtient sept solutions; car les deux circonférences symétriques qui enveloppaient A et B dans le cas précédent se réduisent à une seule.

3º $2c < d + a + b$, mais $> d + a - b$, et *à fortiori* $> d + b - a$. On a six solutions.

4º $2c = d + a - b$.	Cinq solutions.
5º $2c < d + a + b$, mais $> d + b - a$.	Quatre solutions.
6º $2c = d + b - a$.	Trois solutions.
7º $2c < d + b - a$, mais $> d - (a + b)$.	Deux solutions.
8º $2c = d - (a + b)$.	Une solution.
9º $2c < d - (a + b)$.	Point de solution.

Cas particuliers. Il y aurait ensuite à examiner les réponses que l'on obtient suivant la position relative des deux circonférences données et les diverses valeurs que c peut recevoir.

Ainsi, quand la circonférence B est dans la circonférence A, on peut avoir, suivant la grandeur relative des rayons et la distance des centres, soit quatre solutions, trois, deux, une ou aucune.

Exercice.

253. Problème. *Sur une droite illimitée* xy, *se meut un segment* MN *de longueur constante. Deux points fixes* A *et* B *sont donnés; on mène* AMC, BNC; *étudier les variations de l'angle* C *ainsi déterminé.*

Soit MN le segment dans une position quelconque.

Pour simplifier la question, il suffit de mener la droite AD égale et parallèle à MN. Le point D sera ainsi déterminé, et l'angle DNB sera égal à l'angle variable C. Or, on sait que l'angle N est d'autant plus grand que le rayon du cercle qui passe par les points fixes B et D est plus petit (nᵒ 216); donc le maximum G est donné par le cercle tangent BDF. Le cercle BDF' donne un second maximum.

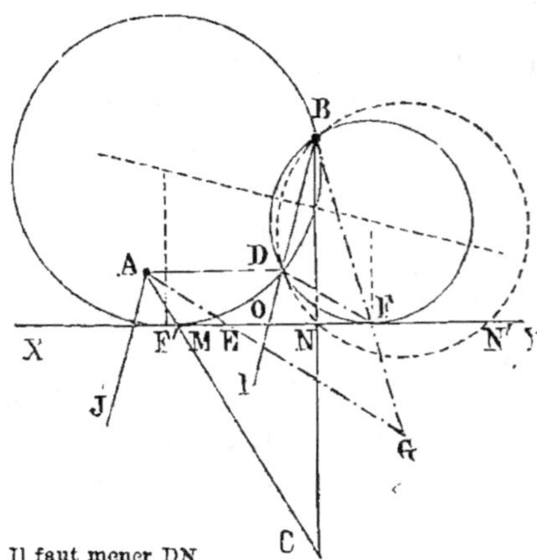

Il faut mener DN.

Fig. 141.

Entre les deux maximums, l'angle devient nul pour le cercle de rayon infini, c'est-à-dire pour la corde commune BD. En effet, les droites BDI, AJ sont alors parallèles.

Variations. Lorsque N est situé à l'infini, vers la droite, l'angle est nul ; puis, lorsque le point vient en N′, l'angle a une certaine valeur, et cette valeur augmente jusqu'à la position où il y a un maximum G ; ensuite il diminue en N, jusqu'en O où il est nul. Depuis le point O jusqu'à l'infini, vers la gauche, l'angle, d'abord nul, augmente, passe par le maximum F′, diminue et revient à zéro.

Exercice.

254. Problème. *Diviser un trapèze en deux parties équivalentes, par une droite menée par un point donné.*

La droite MN, qui joint les points milieux des bases (fig. 142), divise le trapèze en deux parties équivalentes ; par suite, toute droite EF, menée par le milieu O de MN, et qui rencontre les deux bases, divise le trapèze en deux parties équivalentes. Il n'en est plus ainsi lorsque le point F tombe sur le prolongement de la petite base ; on est donc conduit à déterminer les positions extrêmes de la ligne de division.

(**a**) Menons COC′, DOD′ (fig. 142). La droite EF passe par le point O et coupe les deux bases du trapèze, lorsque le point P est situé dans l'angle COD ou dans son opposé par le sommet.

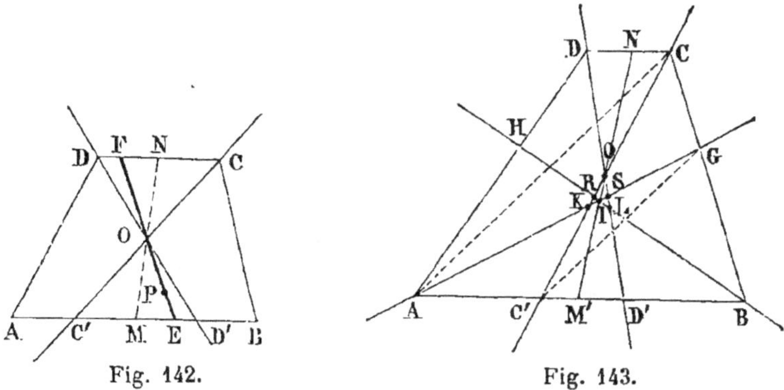

Fig. 142.   Fig. 143.

(**b**) Déterminons les positions limites de la droite de division, lorsqu'elle coupe la grande base et un des côtés latéraux.

Graphiquement. Il suffit de joindre le point A au point C (fig. 143), de mener la parallèle C′G et de joindre le sommet à G.

Le triangle ABG est équivalent à C′BC.

Numériquement. On peut calculer la hauteur h' du triangle ABG en fonction de la hauteur h du trapèze et de ses bases b et b'.

On doit avoir $\quad bh' = \dfrac{b+b'}{2} \cdot h ; \quad$ d'où $\quad h' = \dfrac{(b+b')\,h}{2b}$

Le point H est à la même hauteur que G. Les droites AG, BH se coupent sur MN en un point I. En outre, AG coupe CC′ au point K et BH coupe DD′ au point L; donc...

La droite de division coupe la grande base et le côté BC, lorsque le point P est compris dans l'angle CKG ou dans son opposé au sommet.

La droite coupe AB et AD, lorsque le point est situé dans l'angle DLH ou dans son opposé.

(c) Enfin la droite coupe les deux côtés non parallèles, lorsque le point P est dans l'angle AIH ou dans son opposé par le sommet.

(d) Soient R et S les points où BH rencontre CC′ et où AG rencontre DD′.

Pour tout point compris dans le quadrilatère non convexe OKIL, il y a trois solutions, car le point appartient à trois des positions considérées.

Pour ORIS, la droite peut couper CD et C′D′, ou CG et AC′, ou bien DH et BD′.

Pour un point P compris dans le triangle RIK, la droite coupe DC et C′D′, ou AH et GB, ou bien CG et AC′; remarque analogue pour SIL. On aura : DC et C′D′, ou BG et AH, ou bien DH et BD′.

(e) Pour tout point du périmètre du quadrilatère OKIL, il y a deux solutions.

(f) Tout point pris hors du quadrilatère ne donne qu'une solution.

(g) Le périmètre du trapèze est partagé en huit segments associés deux à deux. La droite de division doit toujours rencontrer deux segments correspondants.

Exercice.

255. Problème. *On donne une circonférence et une droite, mener une corde telle que le carré qui aurait cette corde pour un de ses côtés, ait le côté opposé sur la droite donnée.*

Discuter le problème, en admettant que la droite varie de position par rapport au centre de la circonférence.

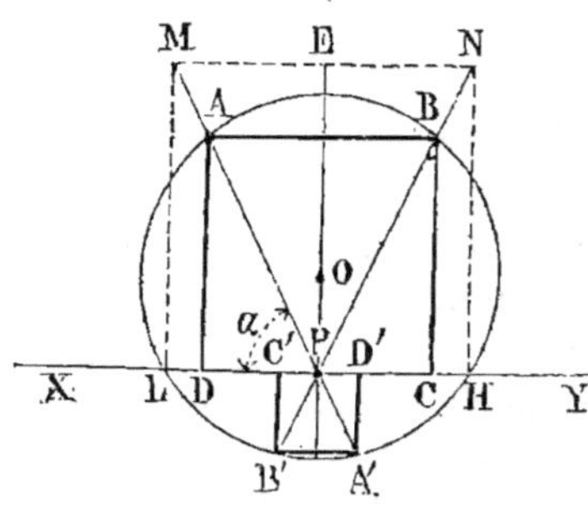

Fig. 144.

Soit XY la ligne donnée.

Puisqu'il s'agit d'inscrire une figure semblable à une figure donnée, on peut recourir à la similitude (n° 206).

Sur XY construisons un carré de côté quelconque, mais dont P, milieu du côté des carrés, soit aussi le milieu de HL, et menons PM, PN.

La figure ABCD est un carré, puisqu'elle est semblable à LMNH.

La corde A′B′ donne un second carré.

Remarque. Il suffit de mener le diamètre perpendiculaire à XY, de prendre une perpendiculaire HN, égale au double de PH, et de mener NBPB'. Les perpendiculaires BC et B'C' sont les côtés des carrés.

On peut aussi mener par le point P une droite PN, faisant avec XY, l'angle constant α d'un triangle rectangle PHN, dont le côté HN est double de PH.

La droite PN détermine les sommets B et B', et par suite les côtés BC et B'C' des deux carrés.

Discussion. Il suffit de déplacer la droite XY, parallèlement à elle-même, à partir du centre et d'un seul côté de ce point, car les deux positions symétriques de XY, par rapport au point O, donnent des résultats analogues.

(**a**) XY passe par le centre (fig. 145).

Il y a deux solutions égales AD, BC ;

d'ailleurs
$$OD = \frac{AD}{2}$$

donc
$$OD^2 + AD^2 \quad \text{ou} \quad \frac{AD^2}{4} + AD^2 = r^2$$

$$5AD^2 = 4r^2; \quad \text{d'où} \quad \overline{AD}^2 = \frac{4}{5}\,r^2$$

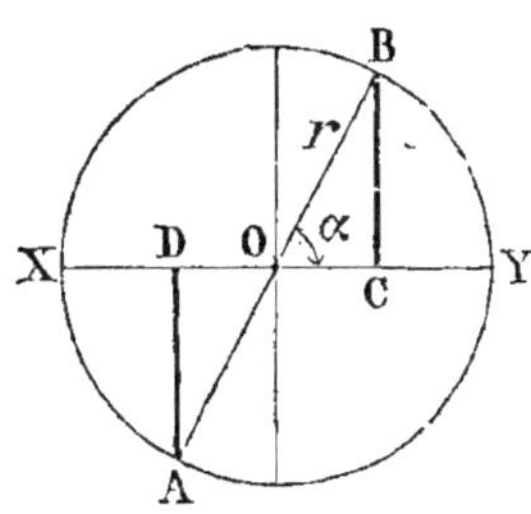

Fig. 145.

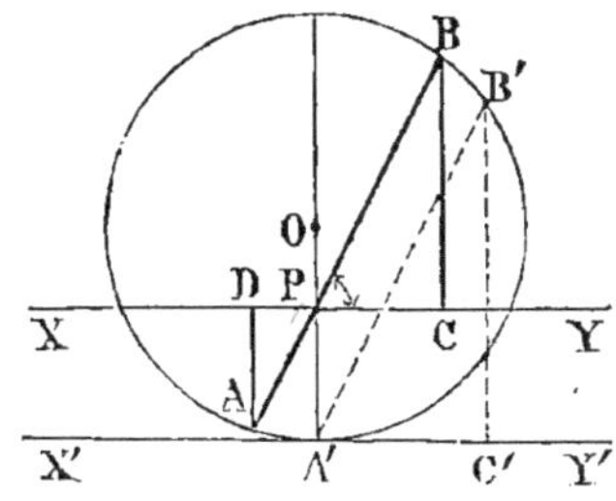

Fig. 146.

(**b**) Dès que XY s'éloigne du centre, on obtient deux carrés inégaux AD, BC (fig. 146).

(**c**) Lorsque la droite X'Y' est tangente au cercle, un des carrés s'annule; il ne reste plus que B'C' (fig. 146).

(**d**) Lorsque la droite XY devient extérieure, il y a deux carrés AD, BC de même sens, pourvu que la droite PAB coupe la circonférence en deux points (fig. 147).

(**e**) Lorsque OP' égale le diamètre, la droite P'B' passe par l'extrémité du rayon OB', parallèle à X'Y'; alors B'C' donne le carré maximum. Il égale $4r^2$ (fig. 147).

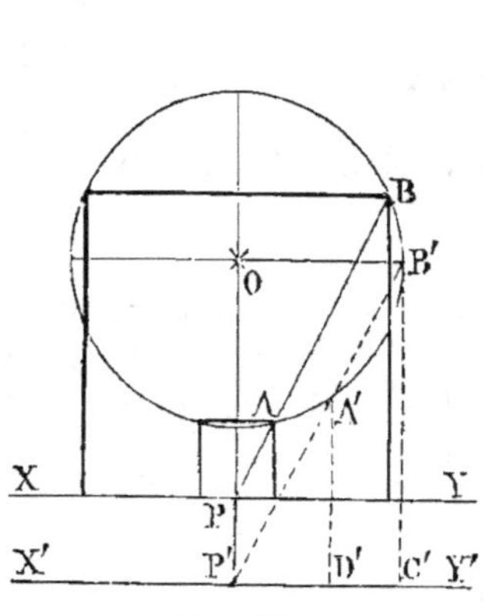

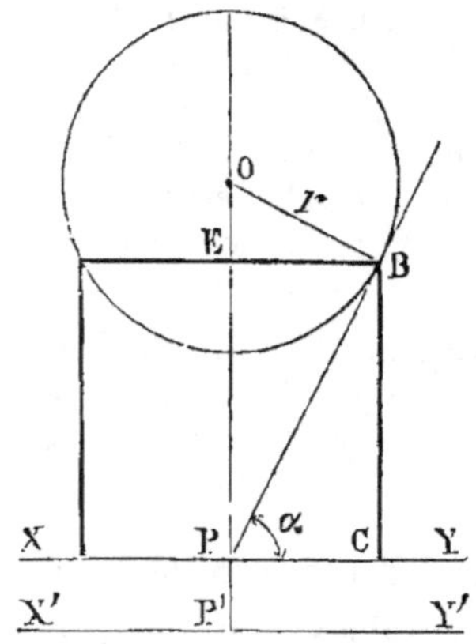

Fig. 147.   Fig. 148.

(**f**) XY, s'éloignant encore du centre O, atteint une position pour laquelle la droite PB se trouve tangente à la circonférence. Les deux solutions coïncident; et, au point de vue géométrique, il n'y a qu'un seul carré. Pour calculer la superficie de ce carré, on peut considérer les triangles rectangles semblables OBE, PBE.

D'abord $BE = 2 . OE$, puisque $BC = 2 . CP$

$$BE^2 + OE^2 = BE^2 + \frac{BE^2}{4} = r^2; \quad \text{d'où} \quad 5BE^2 = 4r^2; \quad \text{d'où} \quad BE^2 = \frac{4}{5} r^2$$

Or BE est la moitié du côté du carré;

donc $$BC^2 = \frac{16}{5} r^2$$

Le triangle rectangle OBP est semblable à BEP;

donc $BP = 2r$ et $OP^2 = 5r^2$

Ainsi, à la position limite, $OP = r\sqrt{5}$

(**g**) Pour une valeur de OP plus grande que $r\sqrt{5}$, pour P' par exemple, il n'y a plus de solution *.

Exercice.

256. Problème. *Dans un triangle quelconque ABC, inscrire un rectangle de périmètre donné 2p.*

Construction. Élevons une perpendiculaire AF sur AB, menons la parallèle BD.

---

* Il est utile de comparer la *discussion géométrique* précédente à la *discussion algébrique* du même problème. (Voir *Exercices d'Algèbre*, 2e édit., n° 980.)

On sait qu'on résout le problème pour le triangle rectangle CAD, en prenant $AE = AF = p$ et menant FE. Le point O fait connaître M (n° 99, **a**).

On peut se borner à mener FG et GE (n° 191).

On a :
$$MN + MP = p$$

Lorsque le demi-périmètre variera, il suffira de mener des parallèles à GE.

1° *Soit la base AC plus grande que la hauteur BH ou AD.*

(**a**) Supposons $p > AC$; par exemple $p = AE'$

La droite E'M', parallèle à GE, coupe le prolongement inférieur de BC.

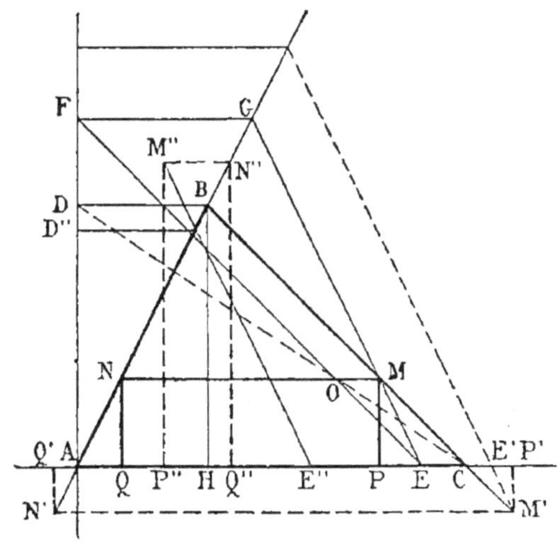

Fig. 149.

La hauteur M'P' est de sens contraire à MP, elle doit être regardée comme négative, et, en ne tenant compte que des valeurs absolues, on a, en effet :
$$M'N' - M'P' = AE' = p$$

(**b**)
$$p = AC$$

La hauteur est nulle; le demi-périmètre se réduit à la longueur AC.

(**c**)
$$p < AC, \quad \text{mais} \quad > AD$$

Le point M est donné par une droite GE, qui coupe BC entre les points B et C.

On a la somme proprement dite $MN + MP = p$.

(**d**)
$$p = AD$$

Le demi-périmètre se réduisant à la hauteur abaissée du point B sur AC, la base du rectangle est nulle.

(**e**) $\quad p < AD$ égale $AD'' = AE''$ par exemple.

La parallèle menée par E'' coupe BC en son prolongement M''.

Le point M″ est à gauche du point N″. La base devrait être regardée comme négative. On a réellement, en ne tenant compte que des valeurs absolues : M″P″ — M″N″ = AE″ = p.

Pour toute grandeur de p, moindre que AD, la parallèle coupe le prolongement supérieur de CB ; néanmoins il y a encore deux hypothèses à faire.

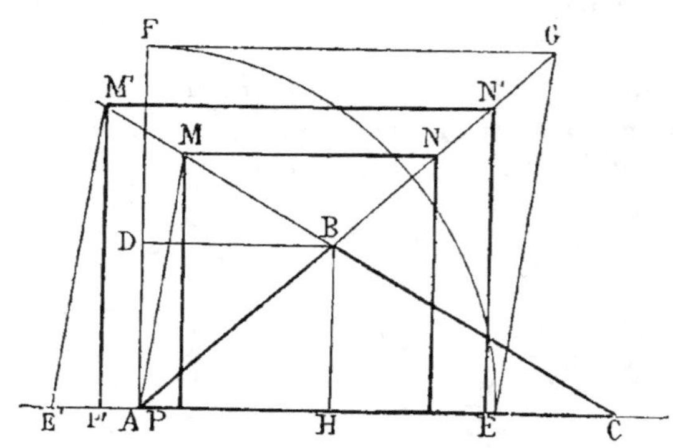

Fig. 150.

(**f**) Soit $p = $ zéro.

La différence est nulle ; donc la parallèle AM à EG (fig. 150), menée par le point A, donne un carré inscrit ; car   MP — MN = zéro.

L'inscription de ce carré se résout facilement par la similitude (n° 206).

(**g**) Soit $p = - l$

Portons la longueur donnée de A en E′ ;

on aura   M′P′ — M′N′ = — l

En réalité, au point de vue géométrique, on a simplement un rectangle dont la base M′N′ surpasse la hauteur d'une quantité donnée l.

Remarque. (**a**) et (**g**) répondent à la question suivante : Inscrire un rectangle dont la base surpasse la hauteur d'une quantité donnée.

(**c**) Le périmètre a une longueur donnée.

(**e**) La hauteur surpasse la base d'une longueur donnée.

(**f**) Inscrire un carré.

257. 2° *La base du triangle égale la hauteur.*

Le problème est indéterminé, car le triangle transformé ADC (fig. 151) est isocèle, et l'on sait que   OR + OL = AC ; et quel que soit le point M sur BC, on aura toujours   MN + MP = AC.

Sur le prolongement de BC, on a une différence (n° 75).

3° *La base est plus petite que la hauteur.*

La discussion est analogue à celle de 1°.

Remarque. Comme on peut opérer sur un côté quelconque du triangle, les solutions se trouvent triplées. Ainsi, pour un triangle à trois côtés inégaux, si l'on donne à p une valeur comprise entre le côté et la hauteur correspondante qui diffèrent le moins l'un de l'autre, on obtiendra trois rectangles ayant pour périmètre 2p.

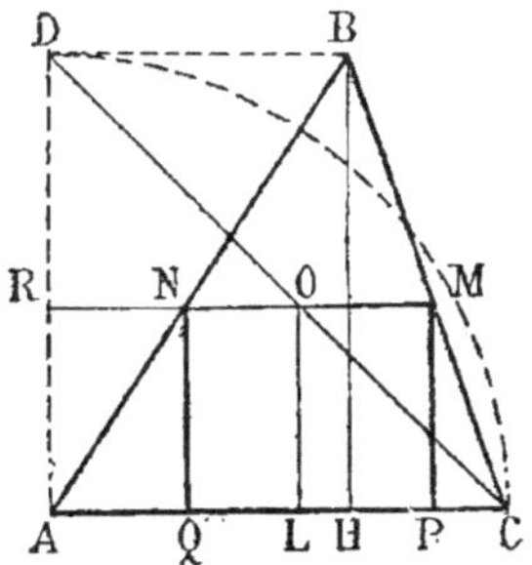

Fig. 151.

Pour tout triangle quelconque il y a trois carrés inscrits, et *le plus grand carré est celui qui correspond au plus petit côté du triangle.* (Voir ci-après, n° 1635 *.)

Exercice.

258. Problème. *Étudier les variations de la différence des distances de deux points donnés à un même point d'une droite donnée* **.

1° *Les deux points* A *et* B *sont d'un même côté de* XY.

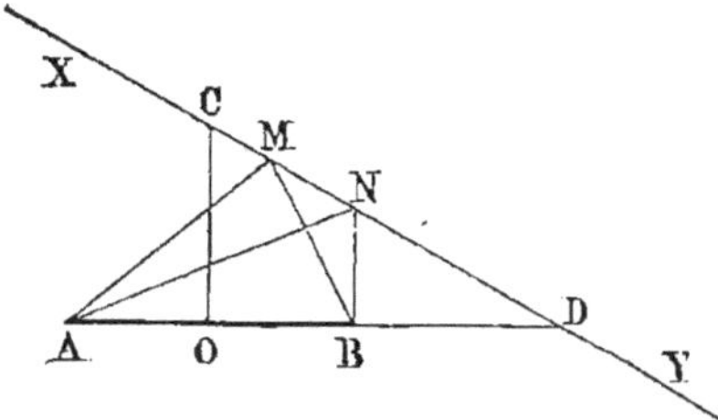

Fig. 152.

Élevons une perpendiculaire OC au milieu de AB, et prolongeons AB jusqu'à la rencontre de XY.

Il y a trois parties à étudier séparément : CD, CX, DY.

(a) *Pour le point* C, *la différence est nulle;* car   AC $=$ BC.

(b) *De* C *à* D *la différence augmente graduellement* (fig. 152).

Prouvons qu'on a   AM $-$ BM $<$ AN $-$ BN.

On sait que lorsque deux triangles ont même base et que deux de leurs côtés se coupent, la somme des côtés qui se rencontrent est plus grande que la somme des deux autres (G., n° 178) ;

donc   AM $+$ BN $<$ AN $+$ BM

---

* Voir n° 302, où le même problème est résolu par la *Méthode algébrique.* Il est d'ailleurs utile de recourir aux *Exercices d'Algèbre*, n° 480.

** Cette belle étude est due à M. Régis PIALAT, sorti de l'école des *Mineurs de Saint-Étienne* en 1876 avec le numéro 1.

Mais aux deux membres d'une inégalité, on peut retrancher une même quantité sans changer le sens de l'inégalité;

donc $\qquad AM - BM < AN - BN \qquad$ C. Q. F D.

(c) Au point D, on a $\quad AD - BD = AB$.

(d) De D à Y *la différence diminue graduellement* (fig. 153).

Comme précédemment, on prouve que $\quad AM - BM < AN - BN$.

A la limite, quand Y tend vers l'infini, les droites AF, BG deviennent parallèles.

Leur différence $= AH = ab$, projection de AB sur la ligne donnée.

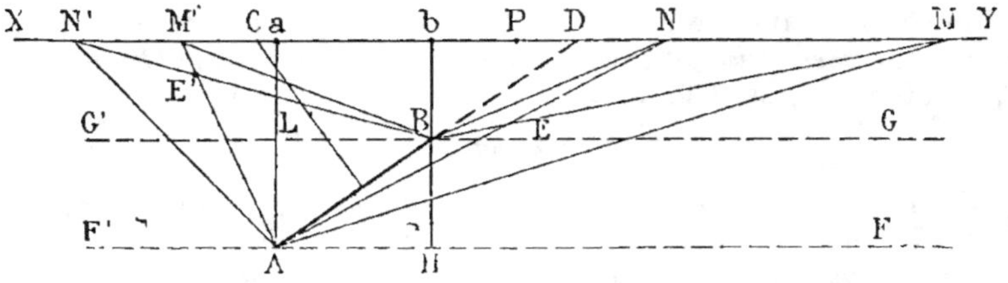

Fig. 153.

(e) De C à X, la distance BM' surpasse AM' (G., nᵒ 42) en prenant BM' — AM' pour différence; on doit dire que la différence augmente lorsqu'on s'éloigne du point C.

En effet, $\qquad BM' + AN' < BN' + AM' \qquad$ (G., nᵒ 152.)

d'où $\qquad BM' - AM' < BN' - AN' \qquad$ C. Q. F. D.

A la limite, quand X s'éloigne indéfiniment vers la gauche, les droites BG' et AF' sont parallèles; elles ont aussi ab pour différence.

(f) En prenant constamment AM' — BM' pour différence, on doit dire que de C vers X la différence est négative et augmente en valeur absolue jusqu'à égaler ab.

259. Résumé. De X vers C la différence est négative; sa *valeur absolue*, égale d'abord à ab, décroît de plus en plus et devient nulle au point C. A droite de ce point, la différence reste constamment positive et augmente graduellement jusqu'au point D, où elle égale AB. Au delà du point D, la différence toujours positive décroît, et pour Y à l'infini, elle devient égale à ab; donc *la différence* part de $-ab$, arrive à zéro, croît jusqu'à AB, puis diminue jusqu'à ab.

Remarques. 1ᵒ De C à D, la différence passe de zéro à AB; donc il y a un point P pour lequel la différence égale ab.

2ᵒ En ne tenant compte que de la *valeur absolue* de la différence, on peut dire :

De X à P il y a deux positions et deux seulement, pour lesquelles la différence peut avoir une valeur comprise entre zéro et *ab*.

De P à Y il y a deux positions et deux seulement, pour lesquelles la différence peut avoir une valeur comprise entre *ab* et AB.

Donc de X à Y il y a deux positions et deux seulement, pour lesquelles la différence a une valeur donnée, lorsque cette valeur est comprise entre zéro et AB.

Cas particulier. Lorsque XY est parallèle à AB, la projection *ab* = AB. A partir du point C, soit vers la droite, soit vers la gauche, la différence augmente graduellement et varie de zéro à AB.

2° *Les deux points donnés* A *et* B *sont de part et d'autre de* XY (fig. 154).

On retombe dans le cas précédent, en déterminant le symétrique B' du point B, par rapport à la droite donnée XY.

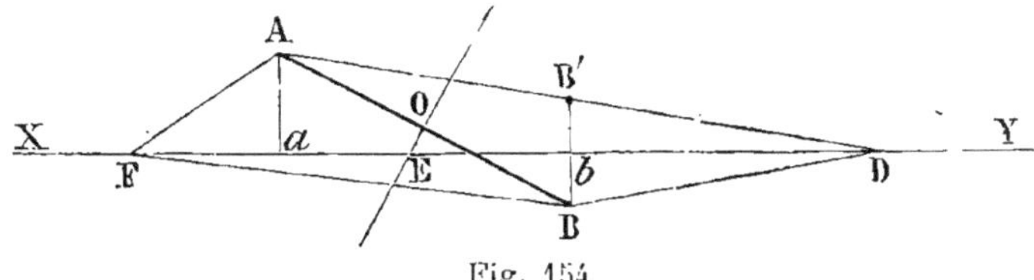

Fig. 154.

Sur la droite donnée, et pour toute différence comprise entre zéro et AB', on trouve deux points qui donnent la différence demandée.

(g) Le point D, tel que XY est bissectrice de l'angle ADB, donne la différence maxima AB'.

(h) De D vers Y, la différence diminue de plus en plus et tend à devenir égale à la projection *ab* de AB sur XY. Il est évident que AB' donne la même projection *ab*.

(i) Au point E, où la perpendiculaire OE, élevée au milieu de AB, coupe XY, la différence est nulle.

(j) De D vers E, la différence diminue depuis sa valeur maxima AB' jusqu'à zéro.

(k) A partir de E vers X, la différence AF — BF est négative; en ne tenant compte que de la *valeur absolue,* ou de BF — AF, on peut dire qu'au delà du point E, la différence augmente quand le point s'éloigne de E, et tend à devenir égale à la projection *ab*.

260. **Application.** On sait que l'hyperbole est le lieu des points dont la différence des distances à deux points donnés est constante.

Soient F, F' les points fixes (fig. 155); 2a la différence constante; elle doit être plus petite que FF'. Soit donc AA' = 2a.

1° *L'hyperbole est une courbe convexe,* car une droite ne peut la couper qu'en deux points. En effet, sur cette droite, on ne peut trouver que deux points dont la différence des distances à F et F' soit égale à 2a (n° 259. *Remarque,* 2°).

4*

2º Toute droite XY qui laisse F et F' d'un même côté, coupe la courbe en deux points; car il existe deux positions pour lesquelles la différence des distances est moindre que FF'.

En effet, la droite MN coupe les deux branches, car les différences F'M — FM et F'N — FN ont même valeur absolue, mais sont de signe contraire, car elles sont de part et d'autre du point C (n° 258, f).

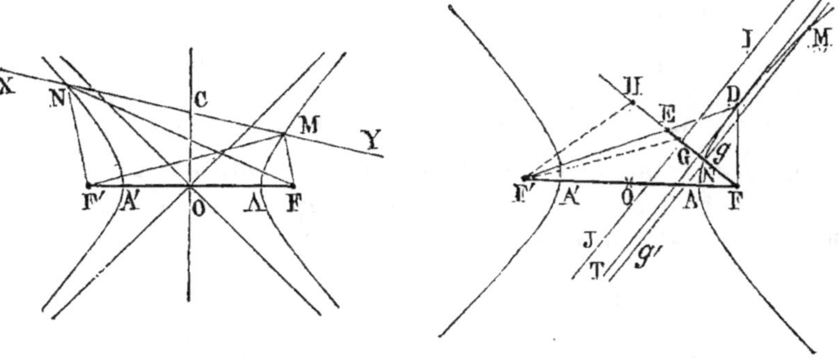

De F', on abaisse une perpendiculaire F'g' sur MN.

Fig. 155.Fig. 156.

3º *Une droite qui passe entre les points F et F' peut couper l'hyperbole en deux points, lui être tangente ou ne pas rencontrer la courbe.*

En effet, soit MN (fig. 156); déterminons le symétrique G du point F par rapport à MN, et projetons les foyers en g et g' sur la droite donnée.

Lorsque la longueur AA' ou $2a$ est comprise entre gg' et F'G, il y a deux points d'intersection appartenant à la même branche.

Pour toute parallèle à MN, la projection de FF' égale toujours gg'.

Or, en déterminant le symétrique E du point F, par rapport à une certaine droite DT, on peut trouver que F'E $= 2a$; alors la droite DT est tangente à la courbe; les deux points d'intersection se réduisent à un seul.

Enfin, pour IJ, l'on a $2a >$ F'H, et la droite ne rencontre pas la courbe.

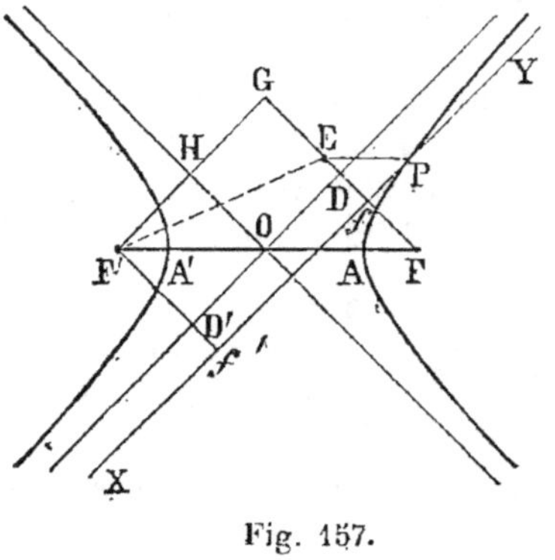

4º *Une droite OD (fig. 157), qui passe par le centre O, ne rencontre la courbe qu'à l'infini, égale la projection DD' de FF' lorsque la distance 2a.*

En effet, on sait que pour une droite menée par le milieu O de FF', la différence, d'abord nulle, augmente de part et d'autre du point O, et ne devient égale à la projection de FF' que pour les points infiniment éloignés du centre.

Fig. 157.

Les droites OD, OH *sont asymptotes de la courbe.* On peut les considérer comme des tangentes dont le point de contact est infiniment éloigné du point O, car en prenant $DG = DF$ pour avoir le symétrique de F, on a : $\qquad GF' = DD' = 2a$

5° *Toute droite qui ne passe pas par le centre, et telle que la projection* ff' *égale* 2a, *ne coupe l'hyperbole qu'en un seul point.*

En effet, soit $2a = ff' = F'G$. Le point G étant le symétrique du foyer F par rapport à l'asymptote OD, le point E symétrique de F par rapport à la parallèle XY est différent du point G.

On a donc $\qquad 2a < EF'$

Or, on sait qu'à distance finie, il existe un point P et un seul tel que $\qquad PF' - PF = ff' = 2a$ (n° 259, *Remarque*, 1°).

261. Remarque. La droite XY n'est point tangente, quoiqu'elle n'ait qu'un seul point de commun à distance finie avec l'hyperbole ; car par la nature même de la variation de la différence, on reconnaît que le point P n'est pas obtenu par la réunion de deux points infiniment rapprochés (n° 259, *Remarque*, 1°).

Ainsi *une droite qui n'a qu'un point commun* (à distance finie) *avec une courbe convexe non fermée, peut n'être point tangente à cette courbe.*

262. Manières diverses d'envisager un problème.

Une question donnée peut être proposée de différentes manières, et chaque énoncé conduit à une solution plus ou moins facile ; il y a donc parfois utilité à transformer l'énoncé proposé. En voici un exemple :

(1) *Un angle* A *constant a ses deux côtés tangents à un cercle donné, de rayon* r. *Quelle position doit occuper cet angle pour que les côtés interceptent une longueur* BC = 1 *sur une tangente fixe* DX ?

(2) *Étant données deux tangentes fixes* AB, AC, *mener une troisième tangente* DX *telle que le segment* BC, *intercepté par les deux premières, égale une ligne donnée* 1.

(3) *Construire un triangle connaissant la base* BC, *l'angle au sommet,* A, *et le rayon de cercle inscrit.*

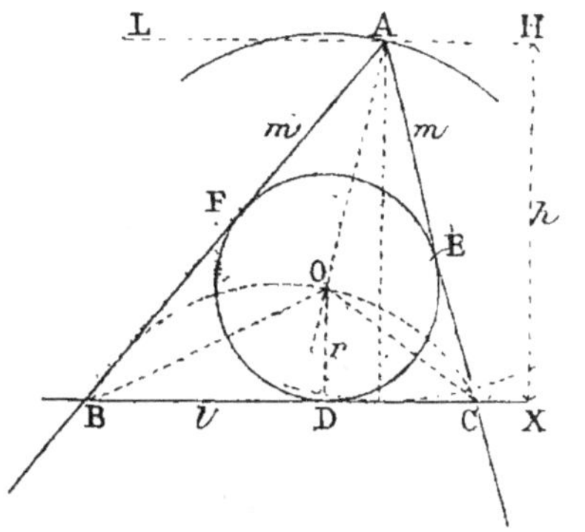

Fig. 158.

Ces divers énoncés correspondent à la même question ; mais ils conduisent avec plus ou moins de facilité à la solution.

1re *Solution*. Supposons le problème résolu et prenons les diverses questions en commençant par (3). L'angle BOC égale $A + \dfrac{B+C}{2}$;

mais $\dfrac{B+C}{2} = \dfrac{180^\circ - A}{2}$; donc $O = \dfrac{2A}{2} + \dfrac{180 - A}{2} = 90^\circ + \dfrac{A}{2}$:

et le problème est ramené à construire un triangle BOC, connaissant la base BC, l'angle au sommet BOC et la hauteur *r*.

2e *Solution*. La longueur AE ou *m* peut être regardée comme connue, puisqu'on donne l'angle A et le rayon *r*. Le périmètre égale $2(m + l)$; car $BF + CE = l$. La surface égale $pr = (m + l)r$; mais elle égale aussi $\dfrac{lh}{2}$. Donc $\dfrac{lh}{2} = r(m + l)$; $h = \dfrac{2r(m + l)}{2}$, 4e proportionnelle. Et le problème est ramené à construire un triangle, connaissant la base BC, l'angle au sommet A et la hauteur *h*.

En considérant la tangente mobile comme trouvée, on voit qu'elle est déterminée lorsqu'on connaît sa distance au sommet A ; donc, pour construire directement le n° (2), du sommet A, avec *h* pour rayon, décrivons un arc et menons une tangente commune BC à cet arc et au cercle inscrit.

3e *Solution*. Pour le 1er énoncé, à la tangente fixe DX, menons une parallèle HL à la distance *h*, et du point O, avec la longueur connue AO, décrivons un arc qui fera connaître la position du sommet de l'angle mobile.

La considération de la hauteur *h* permet de résoudre directement chaque énoncé.

§ II. — Méthode par extension.

263. Extension. La méthode par *extension* consiste à étendre les propriétés d'une figure élémentaire à une figure de même espèce, mais dont la première n'est qu'un cas particulier.

L'*extension* consiste aussi à passer d'une figure plane à une figure de l'espace ayant certaines analogies avec la première.

Il y a donc deux cas à considérer :

1° *D'une figure plane donnée, passer à une figure plane plus générale que la première.* Par exemple, étendre le théorème de *Ménélaüs* relatif au triangle à un polygone plan quelconque (n°^s 180 et 181).

2° *D'une figure plane, passer à une figure de l'espace.* C'est ce qui a lieu quand le théorème de *Ménélaüs* est appliqué à un polygone gauche.

264. Emploi de l'extension. L'extension est une méthode très féconde pour découvrir par intuition de nouveaux théorèmes ; mais il faut

une certaine sagacité et une grande habitude pour arriver à généraliser ; d'ailleurs il faut démontrer l'exactitude du résultat auquel on
est parvenu.

265. Réduction. La *réduction* est l'opposé de l'*extension,* et constitue
une véritable *simplification.* La *réduction* consiste à étudier en premier lieu un ou plusieurs cas particuliers d'une question générale
donnée, afin de parvenir à la démonstration du théorème ou à la
résolution du problème proposés.

Voici quelques exemples d'*extension.*

Exercice.

266. Problème. *Sur la base* BC *d'un triangle isocèle, on élève, en
un point quelconque, une perpendiculaire* PMN *qui coupe les côtés*
BA, CA *aux points* M *et* N; *la somme* PM + PN *est constante.
Que devient ce théorème pour un triangle quelconque?*

Pour le triangle isocèle
(fig. 159), on a :

$$PM + PN = 2PO = 2AD.$$

Pour le triangle quelconque
(fig. 160), il faut que la droite
MN soit parallèle à la médiane,
car on aura :

$$PM + PN = 2PO = 2AD;$$

donc :

Théorème. *Dans un triangle
quelconque, si l'on mène par un
point quelconque de la base une*

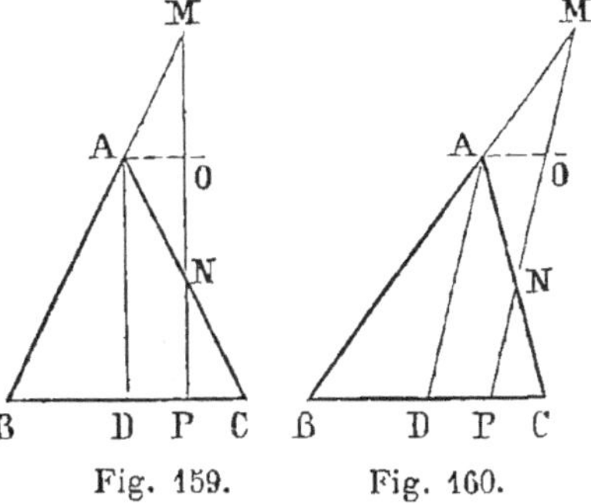

*parallèle à la médiane correspondante, et que cette parallèle coupe
les côtés en* M *et* N, *la somme* PM + PN *sera constante.*

267. Remarque. *Réciproquement.* Si l'on avait à démontrer le théorème relatif à la parallèle menée à la médiane d'un triangle quelconque, et si la démonstration ne se présentait pas immédiatement,
on pourrait établir le théorème pour un triangle isocèle; le mode
employé pour traiter ce cas particulier conduirait presque inévitablement à la démonstration de la question générale.

Exercice.

268. Problème. Généraliser le théorème connu : *La somme des
perpendiculaires abaissées d'un point quelconque de la base d'un
triangle isocèle sur les côtés égaux est constante.*

1° Extension. La méthode par duplication conduit immédiatement à
la généralisation suivante.

Théorème. *Les droites* OP, OQ, *qui rencontrent les côtés égaux sous* *des angles égaux et constants P et Q, ont une somme constante, quelle que soit la position du point O sur la base du triangle.*

En effet, $OP + OQ = PQ'$ (fig. 161), longueur constante pour un angle donné P, puisque la figure BACA' est un losange.

Corollaire. *Les parallèles menées aux côtés égaux par un point quelconque de la base d'un triangle isocèle ont une somme constante.*

Dans un cas particulier la somme égale $AB = AC$ (n° 19).

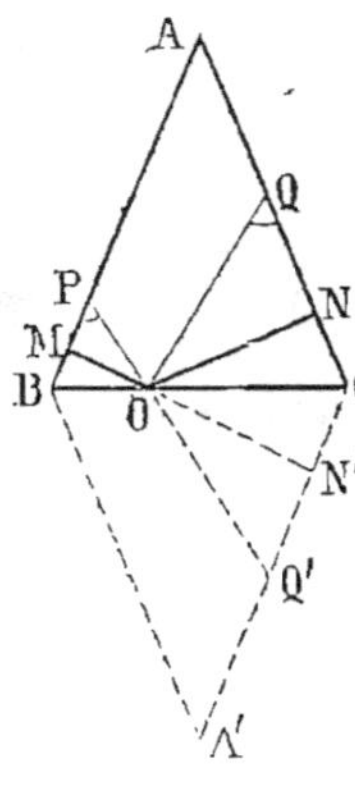

Fig. 161.

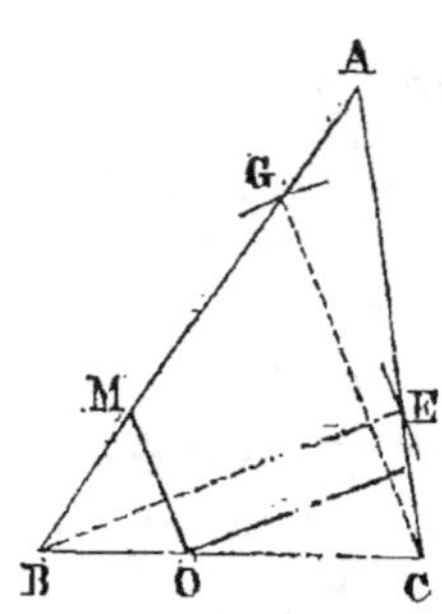

Fig. 162.

269. **2° Extension.** Recherchons quelque propriété analogue pour le triangle scalène et la direction constante à donner aux droites OM, ON, pour que leur somme soit constante et égale à une longueur l (fig. 162).

D'après un problème déjà résolu (n° 44), nous savons qu'en prenant $BE = CG = l$, et menant des parallèles OM, ON aux droites CG, BE, on a : $\qquad OM + ON = l$

270. **3° Extension.** Prenons pour point de départ le corollaire établi précédemment (n° 268). Bornons-nous au cas d'un triangle dont un des côtés est double de l'autre ; soit $AB = 2AC$.

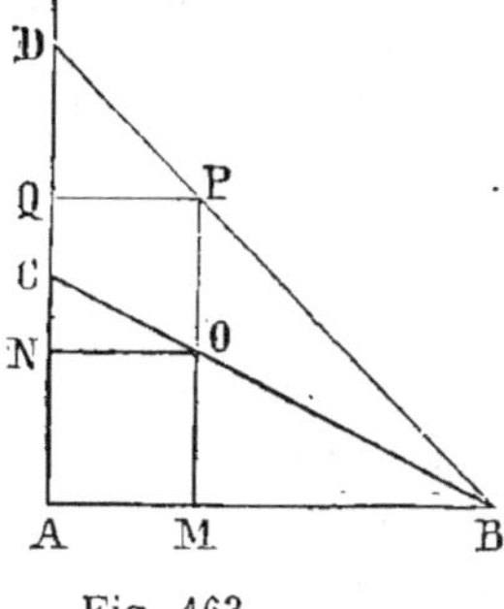

Fig. 163.

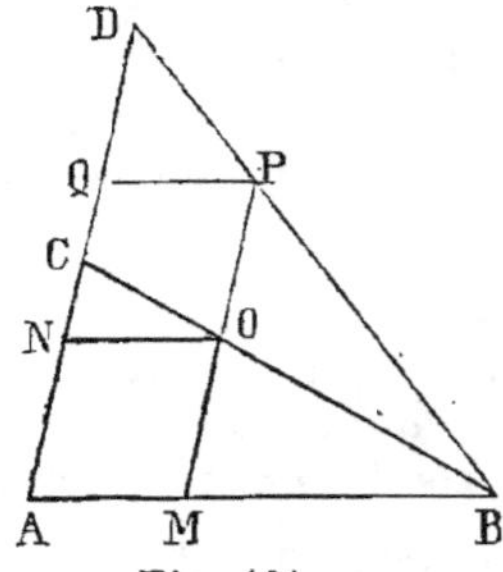

Fig. 164.

Prenons $AD = AB$ (fig. 163). Le triangle BAD est isocèle ; donc la somme $PM + PQ$ est constante, elle égale $AB = 2AC$ (n° 20).

Mais   PM = 2MO; donc, pour OM et ON, on a la relation :

$$2MO + ON = AB; \quad \text{ou} \quad OM + \frac{1}{2} ON = AC$$

En représentant ON par x et OM par y, on écrirait $x + 2y = AB$, et l'on arriverait au théorème suivant (fig. 164).

271. Théorème. *Dans tout triangle, les parallèles* x *et* y *menées à deux côtés* AB *et* AC *par un point quelconque du troisième, donnent une somme constante, lorsqu'on multiplie ces perpendiculaires* x *et* y *par des coefficients* n *et* m *dont le rapport est inverse du rapport de* AB *à* AC*; ainsi pour* $\dfrac{AB}{AC} = \dfrac{m}{n}$, *on aura* nx + my = *constante.*

Exercice.

Soit à transformer par extension une question déjà traitée (nº 216); proposons-nous, par suite, les problèmes suivants (nᵒˢ 272 et 273) :

272. Problème. *Un point fixe et deux parallèles sont donnés. Mener une sécante* CD *parallèle à une droite* AB, *de manière que l'angle* COD *soit maximum.*

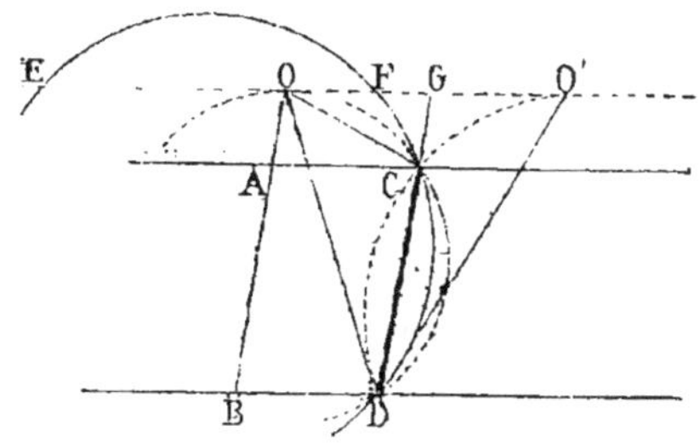

Fig. 165.

Prenons la question inverse :
Menons une parallèle à AC à une distance CG, comptée sur CD, du point fixe aux parallèles.
Pour une position donnée CD, déterminons le point O de l'angle maximum.
Par les points C et D, faisons passer une circonférence tangente à OG.
Il y a deux réponses : O et O'.
Lorsque du point E, par exemple, le point s'avance vers la droite, le rayon de l'arc dont CD est la corde diminue constamment jusqu'au point O, puis il augmente; donc l'angle augmente. Au point O a lieu le maximum; puis l'angle diminue. Au point G il est nul; ensuite il augmente jusqu'en O', nouveau maximum, et diminue indéfiniment. On a encore : $OG^2 = CG \times DG$.
Pour calculer l'angle COD, on résout les triangles OGC, OGD,

dans lesquels on connaît deux côtés et l'angle G qu'ils comprennent;
puis le triangle COD, dont les trois côtés sont alors connus. (V. Trig.,
n° 75, 2ᵉ édit.)

273. **Même problème.** *Les deux parallèles sont remplacées par deux
circonférences concentriques.*

1° La droite CD peut être normale aux circonférences concentriques;
2° La droite CD peut rencontrer une de ces circonférences sous un
angle donné.

En considérant le *problème contraire*, on reconnaît que la droite
CD est donnée de position et que le sommet O doit se trouver sur une
circonférence concentrique aux deux premières.

Remarque. Le grand nombre de cas intéressants que présente ce
dernier problème nous conduit à le traiter avec quelques développements, au paragraphe des *maxima* et des *minima* (n° 341).

<h3 style="text-align:center">Exercice.</h3>

274. **Problème.** Généraliser le problème suivant déjà résolu (n° 102):
*On donne deux points A et B sur une circonférence ainsi qu'un dia-
mètre EF fixe de position; déterminer sur la circonférence un point C,
tel que les cordes CA, CB interceptent sur le diamètre fixe, à partir
du centre O, des segments égaux OM, ON.*

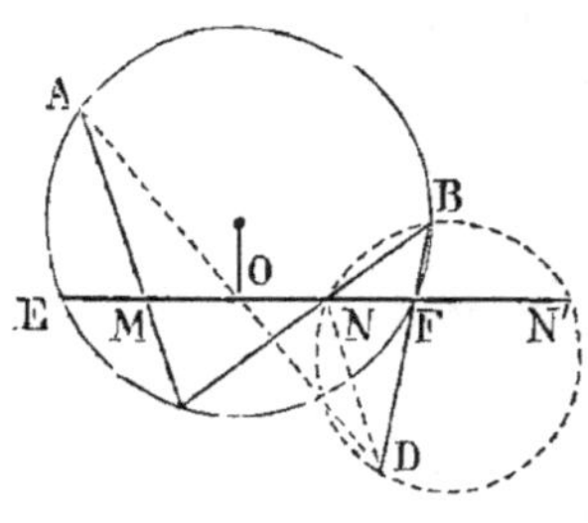

Fig. 166.

1° Remplaçons le diamètre fixe et le
centre du cercle par une corde quelconque EF et par son point milieu O.

En procédant par analogie à la solution déjà donnée, on arrive immédiatement à la construction suivante qui se
justifie comme précédemment (n° 102).

Il faut joindre le point A au point O
milieu de la corde; prendre OD = AO,
afin d'avoir DN parallèle à AM; et sur
BD décrire un segment capable du supplément de C.

275. **Problème.** Deuxième extension. *La corde EF étant donnée, ainsi
que son point milieu, déterminer le point C de manière que les segments MO, ON soient dans un rapport donné* $\dfrac{m}{n}$.

En se reportant à la figure précédente, on reconnaît immédiatement
qu'il faut mener AO; prendre une longueur OD telle qu'on ait :

$$\frac{AO}{OD} = \frac{m}{n}$$

car alors la parallèle DN donnera

$$\frac{MO}{ON} = \frac{AO}{OD} = \frac{m}{n}$$

Remarque. Une étude attentive de la question montre qu'on peut remplacer le point milieu O de la corde par un point donné sur une droite quelconque, et l'on parvient ainsi à la question beaucoup plus générale qui suit.

276. Problème. *On donne deux points* A *et* B *sur une circonférence ainsi qu'une droite* EF *et un point* O *sur cette droite; déterminer sur la circonférence un point* C *tel que les cordes* CA, BC *déterminent sur la droite donnée, à partir du point fixe* O, *des segments* OM, ON, *qui soient dans un rapport donné* $\dfrac{m}{n}$.

Reprenons cette question par l'analyse. Supposons le problème résolu et soit

$$\frac{OM}{ON} = \frac{m}{n}$$

En menant, par le point N, une parallèle ND à ACM, et menant AOD par le point fixe, on aurait :

$$\frac{AO}{OD} = \frac{OM}{ON} = \frac{m}{n}$$

D'ailleurs, à cause des parallèles AM et ND, l'angle BND est le supplément de l'angle C; mais ce dernier est connu, puisqu'il a pour mesure moitié de l'arc AC'B; donc nous sommes conduits à la construction suivante :

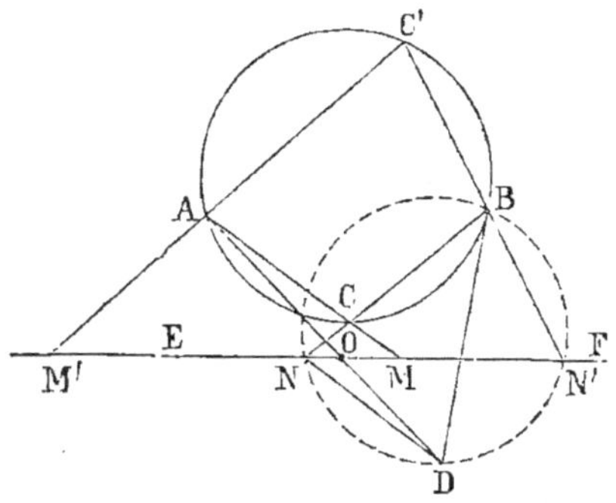

Fig. 167.

Il faut joindre le point A au point fixe O, prendre OD tel que $\dfrac{AO}{OD} = \dfrac{m}{n}$, et, sur BD, décrire un segment capable de l'angle supplément de C.

Le point N' donne une seconde solution.

On mène $\qquad$ N'BC' et C'AM'

On a : $\qquad \dfrac{OM'}{ON'} = \dfrac{m}{n}$

Remarque. Pour une droite quelconque (fig. 167), on peut demander de déterminer le point C, de manière que le segment MN ait une longueur donnée *l*. Il suffit de procéder comme on l'a fait lorsque EF est un diamètre (n° 101).

Extension aux figures de l'espace.

Exercice.

277. Extension du théorème relatif à la perpendiculaire élevée en un point quelconque de la base d'un triangle isocèle (n° 266).
Il suffit d'indiquer les résultats.

Théorème. *On donne une pyramide régulière, en un point quelconque P de la base, on élève une perpendiculaire qui rencontre successivement en M, N, Q, R... les faces latérales de la pyramide ou leur prolongement; prouver que la somme* PM + PN... + PR *est constante.*

Si la base a n côtés, la somme égale n fois la hauteur.
Pour une pyramide non régulière, mais à base régulière, il faut mener PMN... parallèle à la droite qui joint le sommet S au centre de la base.

Exercice.

278. Extension du théorème relatif aux perpendiculaires abaissées d'un point quelconque de la base d'un triangle isocèle sur les côtés égaux de ce triangle isocèle (n° 268).

Théorème. *Les perpendiculaires abaissées d'un point quelconque de la base d'une pyramide régulière sur les faces latérales, ont une somme constante.*

Si la base a n côtés, la somme égale n fois la distance du centre de la base à une des faces latérales.

Théorème. *Lorsqu'on mène par un point quelconque de la base d'une pyramide régulière des droites sur chaque face et rencontrant les faces sous un angle constant, la somme des lignes ainsi menées est constante.*

Exercice.

279. Théorème. *Par un point fixe O, pris sur la bissectrice d'un angle droit, on mène une sécante MON; prouver que la somme* $\dfrac{1}{AM} + \dfrac{1}{AN}$ *des inverses des segments AM, AN, déterminés sur les côtés de l'angle, est une quantité constante.*

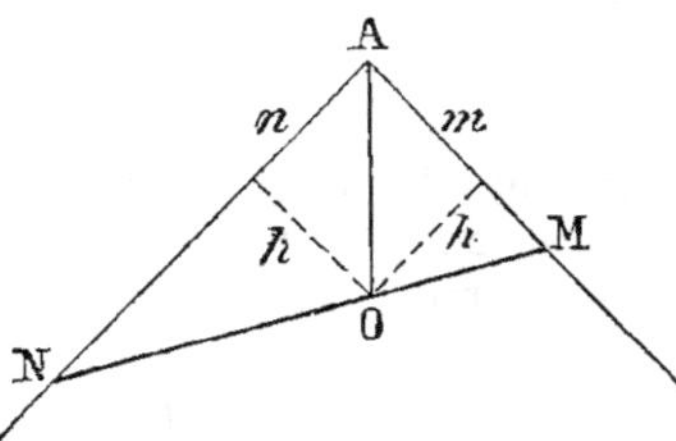

Fig. 168.

Soient m, n les segments, h la perpendiculaire abaissée du point O sur chaque côté de l'angle droit.

Il faut prouver que $\dfrac{1}{m} + \dfrac{1}{n}$ est une quantité constante.

En effet, $\dfrac{1}{m} + \dfrac{1}{n}$ revient à $\dfrac{n+m}{mn}$

Le double de l'aire du triangle rectangle AMN peut être exprimé par $nh + mh$ et par mn ;

d'où $$nh + mh = mn$$

en divisant chaque terme par mnh,

on trouve $\dfrac{1}{m} + \dfrac{1}{n} = \dfrac{1}{h}$ quantité constante ; donc...

1re Extension.

280. Théorème. *Même question pour un angle α quelconque.*

Le double de l'aire peut être exprimé de deux manières différentes :

$$nh + mh = n \cdot MP = mn \cdot \frac{MP}{m}$$

Le rapport $\dfrac{MP}{m}$ est constant pour un même angle α.

En divisant tous les termes par mnh,

on trouve $\dfrac{1}{m} + \dfrac{1}{n} = \dfrac{1}{h} \cdot \dfrac{MP}{m}$

quantité constante.

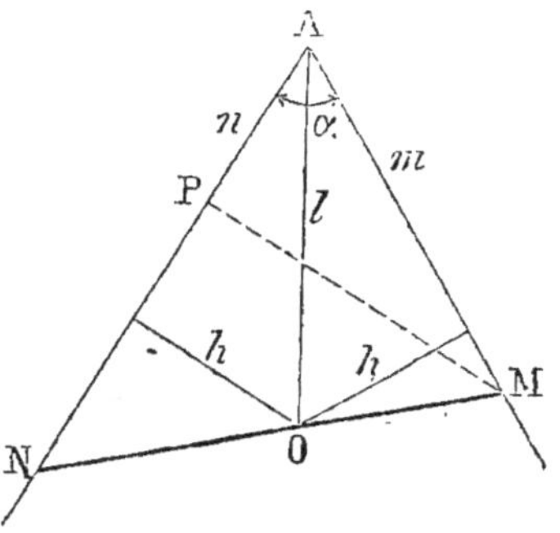

Fig. 169.

281. Remarque. Il est avantageux d'employer la notation trigonométrique. Sachant que le double de l'aire d'un triangle égale le produit des côtés multiplié par le sinus de l'angle qu'ils forment (Trig., nº 76),

on a : $nh + mh = mn \sin \alpha$; d'où $\dfrac{1}{m} + \dfrac{1}{n} = \dfrac{\sin \alpha}{h}$.

282. Valeur de la constante. Proposons-nous d'exprimer la quantité constante en fonction de AO et de l'angle α.

Soit $$AO = l$$

$$h = l \sin \tfrac{1}{2}\alpha ; \quad \text{donc} \quad \frac{1}{h} = \frac{1}{l \sin \frac{1}{2}\alpha}$$

La formule $\dfrac{1}{m} + \dfrac{1}{n} = \dfrac{\sin \alpha}{h}$ (nº 281), devient $\dfrac{1}{m} + \dfrac{1}{n} = \dfrac{\sin \alpha}{l \sin \frac{1}{2}\alpha}$

Mais on sait que $$\sin \alpha = 2 \sin \frac{\alpha}{2} \cos \frac{\alpha}{2} \qquad \text{(Trig., nº 41.)}$$

On peut donc écrire $$\frac{1}{m} + \frac{1}{n} = \frac{2}{l} \cdot \cos \frac{\alpha}{2}$$

2ᵉ Extension.

283. Théorème. *Par un point O de la diagonale SO d'un octaèdre régulier on mène un plan quelconque qui coupe les quatre arêtes issues du point S; prouver que la somme des inverses des quatre segments est constante.*

Dans l'octaèdre régulier, les arêtes opposées d'un même angle solide S sont à angle droit; donc en désignant par h la distance du point donné O à chacune des quatre arêtes considérées,

on aura
$$\frac{1}{SA} + \frac{1}{SC} = \frac{1}{h} \; ; \quad \frac{1}{SB} + \frac{1}{SD} = \frac{1}{h}$$

d'où
$$\frac{1}{SA} + \frac{1}{SB} + \frac{1}{SC} + \frac{1}{SD} = \frac{2}{h}$$

3ᵉ Extension.

284. Théorème. *Tout plan mené par le point de concours O des diagonales d'un octaèdre régulier coupe les douze arêtes ou leur prolongement. La somme des inverses des vingt-quatre segments est constante.*

Chaque arête passe par deux sommets et donne lieu à deux segments additifs ou soustractifs, suivant que le plan sécant passe entre les deux sommets, ou qu'il les laisse d'un même côté.

Or, pour chaque groupe de quatre segments d'un même sommet, on a pour constante $\dfrac{2}{h}$; donc, pour les six sommets, la somme des vingt-quatre segments égale $\dfrac{12}{h}$.

Remarque. Le théorème est vrai pour tout octaèdre ayant les douze arêtes équidistantes du point de concours des diagonales.

4ᵉ Extension.

285. Théorème. *Tout plan mené par un point fixe O pris sur la droite équidistante des arêtes considérées deux à deux d'un angle polyédrique S, dont les faces en nombre pair sont opposées et égales deux à deux, détermine des segments dont la somme des inverses est constante.*

En effet, soient SA, SA′ les segments déterminés sur deux arêtes opposées, α l'angle qu'elles forment entre elles et dont SO est bissectrice; représentons par a la perpendiculaire abaissée du point O sur chacune de ces lignes,

on aura :
$$\frac{1}{SA} + \frac{1}{SA'} = \frac{\sin \alpha}{a} \qquad (\text{n}^\text{o}\ 281),$$

de même
$$\frac{1}{SB} + \frac{1}{SB'} = \frac{\sin \beta}{b} \qquad \text{etc...};$$

donc la somme des inverses est constante, car, pour un même point O, $\dfrac{\sin \alpha}{a}$, $\dfrac{\sin \beta}{b}$ ne varient point.

Pour six arêtes, on aurait :

$$\frac{1}{SA} + \frac{1}{SB} + \frac{1}{SC} + \frac{1}{SA'} + \frac{1}{SB'} + \frac{1}{SC'} = \frac{\sin \alpha}{a} + \frac{\sin \beta}{b} + \frac{\sin \gamma}{c}$$

Scolie. Si l'angle polyédrique est régulier $\alpha = \beta = \gamma$ et $a = b = c$,

on a pour constante $\qquad \dfrac{3 \sin \alpha}{a}$

5ᵉ Extension.

286. Théorème. *Par un point fixe O, pris sur la droite qui se trouve équidistante de toutes les faces d'un angle polyédrique régulier, on mène un plan quelconque; la somme des inverses des arêtes est une quantité constante.*

Le théorème est justifié quand l'angle polyédrique a un nombre pair d'arêtes (nᵒ 285); mais il reste à le démontrer, dans le cas où il y a un nombre *impair d'arêtes*. La difficulté est la même quel que soit ce nombre impair; considérons, par exemple, un trièdre.

Circonscrivons un cône de révolution à l'angle polyédrique donné; par chaque arête et par chaque génératrice équidistante de deux arêtes consécutives menons des plans tangents à ce cône; nous formons ainsi un angle polyédrique régulier à six faces. La section donne un hexagone DEGHI circonscrit à une ellipse; le triangle ABC correspond au trièdre donné.

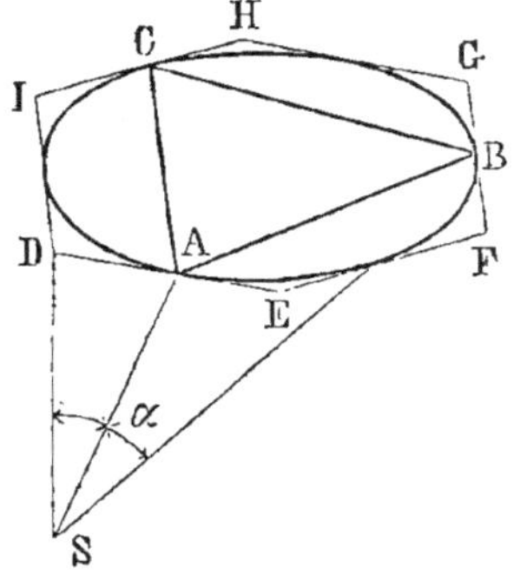

Joindre S au point E.

Fig. 170.

Supposons qu'une des faces de l'angle hexaédrique soit rabattue en DSE; DS, ES sont deux arêtes de cet angle solide à six faces; AS, arête du trièdre, est bissectrice de l'angle plan DSE.

Or, on sait qu'on a $\dfrac{1}{SD} + \dfrac{1}{SE} = \dfrac{2}{SA} \cos \frac{1}{2} \alpha$ (nᵒ 282); donc

$$\left(\frac{2}{SA} + \frac{2}{SB} + \frac{2}{SC}\right) \cos \frac{1}{2} \alpha = \frac{1}{SD} + \frac{1}{SE} + \frac{1}{SF} + \frac{1}{SG} + \frac{1}{SH} + \frac{1}{SI} =$$

constante (nᵒ 285).

M.   5

Représentons cette constante par $\dfrac{1}{c}$,

on a donc $\qquad \dfrac{1}{SA} + \dfrac{1}{SB} + \dfrac{1}{SC} = \dfrac{1}{2c \cdot \cos\frac{\alpha}{2}}$ quantité aussi constante;

donc...

Application.

287. Théorème. *Par le foyer d'une ellipse, on mène des rayons vecteurs formant des angles consécutifs égaux entre eux; prouver que la somme des inverses de ces rayons vecteurs est une quantité constante.*

Il suffit de considérer un angle polyédrique régulier ayant autant d'arêtes qu'on a formé d'angles égaux autour du foyer, cinq par exemple, de circonscrire un cône de révolution et de couper tout le système par un plan quelconque;

on aura $\qquad \dfrac{1}{SA} + \dfrac{1}{SB} + \dfrac{1}{SC} + \dfrac{1}{SD} + \dfrac{1}{SE} = $ constante $\qquad$ (n° 286).

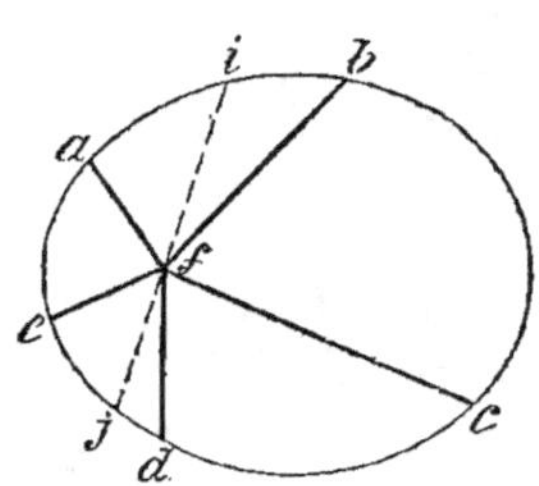

Fig. 171.

En projetant la section sur un plan perpendiculaire à l'axe du cône on obtient une ellipse *abcde*, ayant pour foyer *f*, la projection du sommet. (G., n° 855.) Les faces égales de l'angle polyédrique se projettent suivant des angles égaux. Les arêtes SA, SB, étant également inclinées sur le plan de projection perpendiculaire à l'axe, seront réduites dans un rapport constant;

donc $\qquad \dfrac{1}{fa} + \dfrac{1}{fb} + \dfrac{1}{fc} + \dfrac{1}{fd} + \dfrac{1}{fe}$

est aussi une quantité constante.

Remarques. 1° Le théorème est vrai pour une conique quelconque.

2° Comme cas particulier, on peut mener une corde focale *ifj*, on aura $\qquad \dfrac{1}{fi} + \dfrac{1}{fj} = $ constante

et l'on obtiendra le théorème suivant, qui se trouve énoncé dans les traités de *Géométrie analytique.*

Théorème. *Dans une conique quelconque, la somme des inverses des segments d'une corde focale est une quantité constante.*

La constante se détermine très simplement lorsqu'on considère le grand axe, car les segments égalent $a - c$ et $a + c$;

or $\qquad \dfrac{1}{a-c} + \dfrac{1}{a+c} = \dfrac{a+c+a-c}{a^2-c^2} = \dfrac{2a}{b^2}$

donc $\qquad \dfrac{1}{fi} + \dfrac{1}{fj} = \dfrac{2a}{b^2}$

288. Extension du triangle au trièdre. La plupart des propriétés du triangle plan peuvent conduire à des propriétés analogues pour le trièdre. A son tour, chaque propriété du trièdre donne une propriété correspondante pour le triangle sphérique.

Dans un *triangle*, un côté quelconque est plus petit que la somme des deux autres.	Dans un *trièdre*, une face quelconque est plus petite que la somme des deux autres.	Dans un *triangle sphérique*, un côté quelconque est plus petit que la somme des deux autres.
Les trois hauteurs d'un triangle se coupent au même point.	Dans un trièdre, les trois plans menés par chaque arête perpendiculairement à la face opposée se coupent suivant la même droite.	Les trois arcs de grands cercles, menés par chaque sommet perpendiculairement au côté opposé, se coupent au même point.
Les trois bissectrices se coupent au même point.	Les trois plans bissecteurs des dièdres du trièdre se coupent suivant une même droite.	Les trois arcs bissecteurs des angles d'un triangle sphérique se coupent au même point.
A tout triangle on peut inscrire et circonscrire une circonférence.	A tout trièdre on peut inscrire et circonscrire un cône de révolution.	A tout triangle sphérique on peut inscrire et circonscrire un cercle.

289. Extension des relations numériques. Il est facile, par extension, de transformer certaines relations et d'obtenir une autre relation exprimant un théorème nouveau.

On doit distinguer deux cas principaux.

1° *Lorsque la relation, déjà connue, se rapporte à une somme ou à une différence, il faut que chaque terme soit multiplié par une quantité constante.* En voici un exemple très simple.

Exercice.

Problème. *Par un point pris dans l'intérieur d'un triangle équilatéral on mène des droites; chacune d'elles coupe respectivement le côté correspondant sous un angle donné α; prouver que la somme des lignes menées est constante.*

Soient OD, OE, OF les droites coupant les côtés sous l'angle donné α.

Abaissons les hauteurs OL, OM, ON ainsi que CH, et menons CG sous la même inclinaison que les droites OD, OE, OF.

On sait que l'on a :

$$OL + OM + ON = CH \qquad (1)$$

d'ailleurs, pour démontrer cette question bien connue, il suffit de procéder comme on l'a fait pour le triangle isocèle (n° 146).

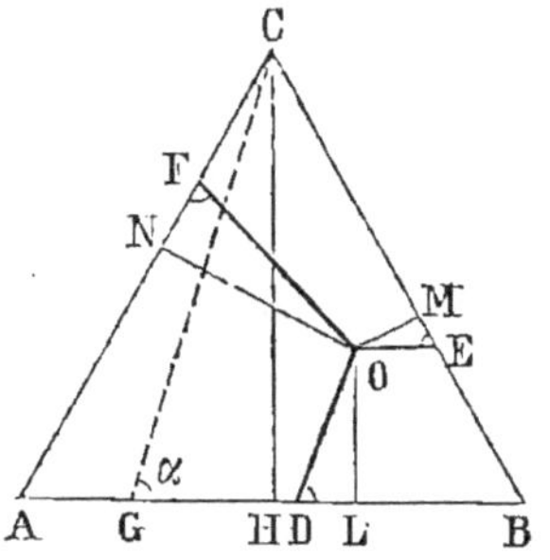

Or les triangles ODL, OEM, OFN, CGH sont semblables;

Fig. 172.

... donc

$$\frac{OL}{OD} = \frac{OM}{OE} = \frac{ON}{OF} = \frac{CH}{CG}$$

d'où
$$\frac{OL + OM + ON}{OD + OE + OF} = \frac{CH}{CG}$$

Les numérateurs étant égaux, il doit en être de même des dénominateurs ; donc $\quad OD + OE + OF = CG \quad$ quantité constante.

Remarques. 1° La considération des triangles semblables suffit pour conduire au résultat ; mais il est assez long et peu élégant d'écrire une suite un peu nombreuse de rapports, tandis qu'on peut procéder rapidement comme il suit :

Soit r la valeur du rapport constant $\dfrac{OL}{OD}$, $\dfrac{OM}{OE}$ ... ;

on a : $\qquad OL = OD \cdot r, \quad OM = OE \cdot r \quad$ etc.

Dans (1), remplaçons les termes OL, OM... par leurs valeurs respectives, on trouve $\qquad OD \cdot r + OE \cdot r + OF \cdot r = CH$

d'où $\qquad OD + OE + OF = \dfrac{CH}{r} \qquad$ quantité constante ;

donc...

2° Le rapport r n'est autre chose que le sinus de l'angle α. *Il serait avantageux d'employer les notations trigonométriques connues :* sin α, sin β, etc. ; *même en géométrie,* pour désigner, d'une manière abrégée, les rapports constants.

290. 2° *Lorsque la relation, déjà connue, est un rapport ou un produit, chaque facteur peut être multiplié par une constante différente.* Exemple :

Exercice.

Théorème. *Par un point quelconque M d'une circonférence, on mène une sécante dans une direction donnée ; elle coupe une corde fixe IJ en un point A, et les tangentes menées au cercle par les extrémités de cette corde, en des points B, C ; prouver que le rapport* $\dfrac{MA^2}{MB \cdot MC}$ *est constant.*

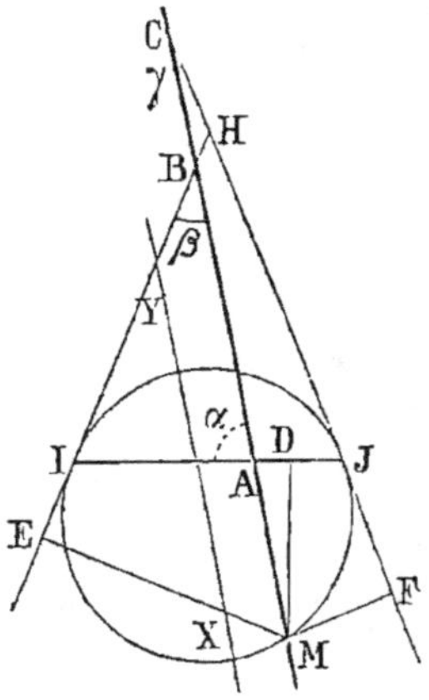

Cette question est l'extension d'une solution connue (n° 25).

Soit XY la direction invariable de la sécante ; MD, ME, MF les perpendiculaires abaissées sur les côtés du triangle isocèle HIJ, les angles α, β, γ sont constants pour une direction donnée XY.

En représentant par a, b, c les rapports constants $\dfrac{MD}{MA}$, $\dfrac{ME}{MB}$, $\dfrac{MF}{MC}$; on aura :

$$MD = MA \cdot a ; \quad ME = MB \cdot b ; \quad MF = MC \cdot c$$

Fig. 173.

Or $\qquad MD^2 = ME \cdot MF$, ou $\dfrac{MD^2}{ME \cdot MF} = 1 \quad$ (n° 25) ;

remplaçons MD, ME, MF par leurs valeurs MA . a, MB . b, MC . c,

on trouve
$$\frac{MA^2 . a^2}{MB . b \times MC . c} = 1$$

d'où
$$\frac{MA^2}{MB . MC} = \frac{bc}{a^2}$$ quantité constante.

Remarque. En recourant à la notation trigonométrique, on écrirait :
$$\frac{MA^2}{MB . MC} = \frac{\sin \beta . \sin \alpha}{\sin^2 \alpha}$$

§ III. — Déductions successives.

291. A la *Méthode par extension* (n° 263) ou aux *Diverses manières d'envisager un problème* (n° 262), on peut rattacher un genre d'étude dont il est plus facile de donner l'exemple que d'indiquer le principe.

Indication. *Une question étant donnée, on la considère non seulement sous les différents aspects qu'elle peut présenter, mais on fait varier certaines parties de la figure, on a recours à de nouvelles constructions, etc., et du théorème primitif on arrive ainsi à de nouveaux résultats.*

Le traité de la *Corrélation des figures de géométrie*, de CARNOT, reproduit et développé sous le nom de *Géométrie de position*, en fournit des exemples très remarquables. D'une seule figure bien étudiée dérivent une foule de questions qu'on rencontre dans la plupart des recueils d'exercices géométriques ; mais ces divers théorèmes, étant présentés indépendamment les uns des autres, ne laissent guère soupçonner leur commune origine et les déductions successives qui ont été faites.

Exercice.

292. Problème. *Trouver les rapports existant entre les côtés d'un triangle quelconque, les perpendiculaires menées des angles sur les côtés opposés et les segments formés sur ces côtés et ces perpendiculaires.* (CARNOT, *de la Corrélation des figures de géométrie*, n° 142, p. 101.)

Prolongeons les hauteurs jusqu'à la circonférence ; on sait que les trois hauteurs se coupent en un même point D.

(a) *Chacun des points* A, B, C, D *peut être considéré comme le point de concours des hauteurs du triangle formé par les trois autres points.*

A, par exemple, est le point

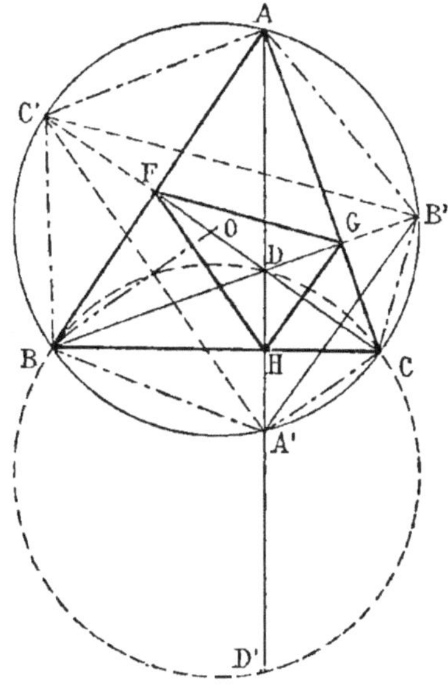

Fig. 174.

de concours des hauteurs du triangle BCD. En effet, puisque BDG est perpendiculaire sur CGA, CGA sera perpendiculaire sur BDG; de même CDF étant perpendiculaire sur BFA, BFA sera perpendiculaire sur BDC. Donc A est bien le point de concours des trois hauteurs de BDC.

(b) *Les six arcs déterminés par les sommets* A, B, C *et par les extrémités* A', B', C' *des prolongements des hauteurs sont égaux deux à deux.*

En effet, les angles ABC', ACC' ont même mesure; mais l'angle ACC' égale ABB' comme ayant l'angle BAC pour complément.

Ainsi l'angle $\qquad$ ABC' = ABB'

donc $\qquad$ AC' = AB'; BC' = BH'; CA' = CB'

(c) *La distance du point de concours des hauteurs à un côté donné, égale le prolongement de la hauteur abaissée sur ce côté.*

Par exemple : $\qquad$ DF = FC'

cela résulte de l'égalité des angles ABC', ABB'.

De même, pour le cercle circonscrit au triangle BDC, le point A est le point de concours des hauteurs; donc AH = HD'.

Mais, par rapport au triangle primitif ABC, cette dernière égalité conduirait à l'énoncé suivant :

(d) *Lorsqu'on fait passer une circonférence par deux sommets* B, C *d'un triangle et par le point de concours des hauteurs, la hauteur* AHD', *abaissée du troisième sommet et prolongée jusqu'à la circonférence, est divisée en deux parties égales par la base* BC.

Ceci peut être regardé comme une simple conséquence du théorème suivant :

(e) *Le cercle circonscrit à un triangle, et les cercles circonscrits aux trois triangles formés par un côté quelconque du premier et le point de concours de ses hauteurs, sont égaux entre eux.*

En effet, le cercle ABC peut être considéré comme étant le cercle circonscrit au triangle BA'C; or ce triangle égale le triangle BDC, qui donne lieu à un des trois autres cercles; donc tous les cercles sont égaux.

(f) *Le produit des segments de l'un quelconque des côtés est égal au produit de la hauteur correspondante par la distance de ce même côté au point de concours des hauteurs.*

En effet, $\qquad$ AF . FB = CF . FC'

donc $\qquad$ AF . FB = CF . DF

(g) *Les trois produits formés en multipliant l'un par l'autre les deux segments d'une même hauteur sont égaux entre eux.*

Il faut prouver qu'on a :

$$AD \cdot DH = BD \cdot DG = CD \cdot DF$$

Or, à cause des angles droits en G et F, les quatre points BCGF appartiennent à une même circonférence, dont BC serait le diamètre, donc $\qquad BD \cdot DG = CD \cdot DF \quad$ etc.

On peut encore faire les remarques suivantes :

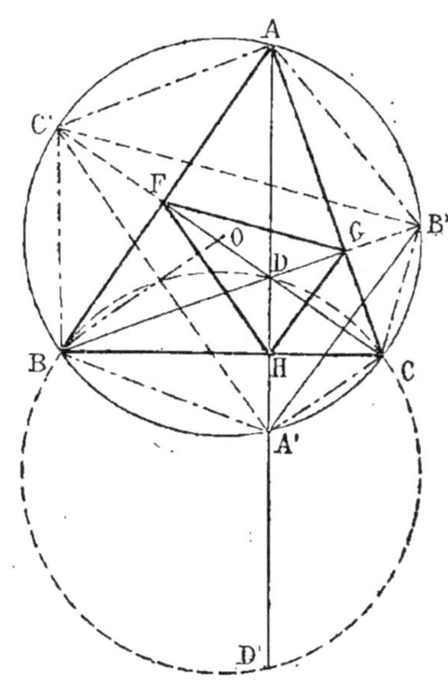

Fig. 175.

(h) *La droite qui joint les pieds des hauteurs abaissées de deux sommets est perpendiculaire au rayon du cercle circonscrit mené par le troisième sommet.*

Joignons A' à C'. Le rayon BO est perpendiculaire à la corde A'C', car BA' = BC'; mais les droites FH et C'B' sont parallèles, car F est le milieu de DC et H le milieu de DA'; donc le rayon BO est perpendiculaire à FH.

On retrouve aussi le théorème connu :

(i) *Les hauteurs sont bissectrices des angles du triangle FGH formé en joignant deux à deux les pieds de ces hauteurs.*

En effet, CC' est bissectrice de l'angle A'C'B', car l'arc CA' = CB'; donc CF est bissectrice de l'angle F formé par deux parallèles aux deux premières lignes.

(j) *Le triangle FGH, formé par les pieds des hauteurs, est le triangle de périmètre minimum que l'on puisse inscrire dans ABC.*

En effet, en admettant les principes que nous démontrerons au paragraphe spécial des *maxima* et *minima* (n° 342), on reconnaît qu'en regardant comme fixes les points G, H, le minimum ne dépend que de la position du sommet mobile F. Or, on sait que le chemin GF + FH est minimum lorsque les droites GF et FH sont également inclinées sur AB. (G., n° 177.) Pour la même raison, en rendant mobile successivement chaque sommet, on reconnaît qu'il faut que FH et HG soient également inclinées sur BC, etc.; donc le triangle FGH, qui réalise cette condition pour chaque côté de ABC, a le périmètre minimum.

Voici de nouvelles propriétés : On sait que le *cercle des neuf* *points* d'un triangle ABC passe par les trois points milieu de chaque côté, par les pieds des trois hauteurs, par le point milieu de chaque segment, tel que AD, BD, CD, compris entre les sommets et le point de concours des hauteurs; le théorème de FUERBACH (n° 238) prouve que le cercle des neufs points est tangent au cercle inscrit et à chaque cercle ex-inscrit. On a donc le théorème de W. HAMILTON* :

(k) *Les quatre triangles* ABC, ABD, BDC, CDA, *formés par trois droites données et par les hauteurs, ont le même cercle des neuf points. Ce cercle est tangent aux seize cercles inscrits ou ex-inscrits aux quatre triangles.*

Remarque. L'étude attentive de la figure formée par trois droites, se coupant deux à deux, et par les trois hauteurs de ce triangle, conduit, ainsi qu'on vient de le voir, à un grand nombre de théorèmes. En procédant d'une manière analogue, on peut étudier la figure formée par un triangle et ses trois médianes; étudier aussi le système d'un triangle et de ses bissectrices intérieures, ou d'un triangle et de ses bissectrices extérieures. Plus généralement, on peut considérer un triangle et les trois droites qui joignent chaque sommet à un même point donné.

Il faut reconnaître cependant que l'étude de ces dernières figures est loin de fournir autant de résultats intéressants que le problème donné comme exemple (n° 292); ou du moins ces nouvelles questions n'ont pas encore rencontré leur *Carnot*.

---

* Le théorème de sir WILLIAM HAMILTON a été proposé, en 1861, dans les *Nouvelles Annales mathématiques*, page 216.

Le théorème (k) peut conduire à son tour à de nouveaux énoncés. On peut voir à ce sujet l'ouvrage suivant : *Théorèmes et Problèmes de géométrie élémentaire,* par Eugène CATALAN, 5ᵉ édition, livre III, théorèmes XCVII, XCVIII, XCIX et C.

M. John CASEY, géomètre anglais, établit que le *Cercle des neuf points* est tangent à 64 cercles, et que par le moyen de ceux-ci il est tangent à 256 centres, et ainsi de suite.

VI

MÉTHODE ALGÉBRIQUE

---

§ I. — Construction des formules.

293. Emploi de l'Algèbre. Pour employer l'algèbre à la résolution des problèmes de géométrie, on prend pour inconnues une ou plusieurs grandeurs à déterminer ; ensuite on établit autant d'équations qu'il y a d'inconnues ; on résout le système d'équations, et l'on construit la valeur trouvée pour l'inconnue conservée dans les éliminations successives.

294. Principales formules. Les principales expressions algébriques à construire sont les suivantes :

(a) $\begin{cases} x = \dfrac{ab}{c} \\[2mm] \text{ou} \quad \dfrac{a}{c} = \dfrac{x}{b} \end{cases}$ 4e proportionnelle. (G., n° 295.)

(b) $\begin{cases} x = \dfrac{a^2}{b} \\[2mm] \text{ou} \quad \dfrac{a}{b} = \dfrac{x}{a} \end{cases}$ 3e proportionnelle. (G., n° 295, 3°.)

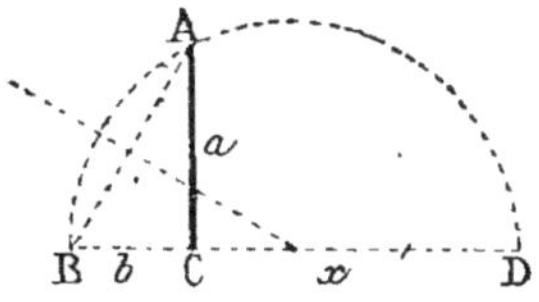

Fig. 176.

Outre le procédé de la 4e proportionnelle, on emploie la construction suivante :

On prend $BC = b$, une perpendiculaire $AC = a$, et on fait passer par A et B une demi-circonférence ayant son centre sur BC ; alors $x = \dfrac{a^2}{b}$.

(c) $\begin{cases} x = \sqrt{ab} \\ x^2 = ab \end{cases}$ moyenne proportionnelle. (G., n° 297.)

(d) $\begin{cases} x = \sqrt{a^2 + b^2} \\ x^2 = a^2 + b^2 \end{cases}$ et $\begin{cases} x = \sqrt{a^2 - b^2} \\ x^2 = a^2 - b^2 \end{cases}$ (G., n° 347.)

(**e**) $x = \sqrt{a^2 \pm bc}$ $\left\{ \begin{array}{l} \text{Il faut remplacer } bc \text{ par un carré, et l'on} \\ \text{est ramené au } 4^e \text{ cas (}\mathbf{d}\text{).} \end{array} \right.$

(**f**) $x = \dfrac{abc}{de}$.   En posant $\dfrac{ab}{d} = y$,   on a $x = \dfrac{cy}{e}$.

Il faut trouver deux quatrièmes proportionnelles (**a**).

On peut aussi construire directement la valeur de x (fig. 177).

Après avoir pris $OA = a$, $OB = b$, $OC = c$, $OD = d$, $OE = e$, on joint BD, CE ; par le point A on mène AY parallèle à BD, puis YX parallèle à CE. OX est la longueur cherchée.

(**g**) $\left\{ \begin{array}{l} x = a\sqrt{\dfrac{m}{n}} \\[2mm] \dfrac{x^2}{a^2} = \dfrac{m}{n} \end{array} \right.$ (G., n° 345.)

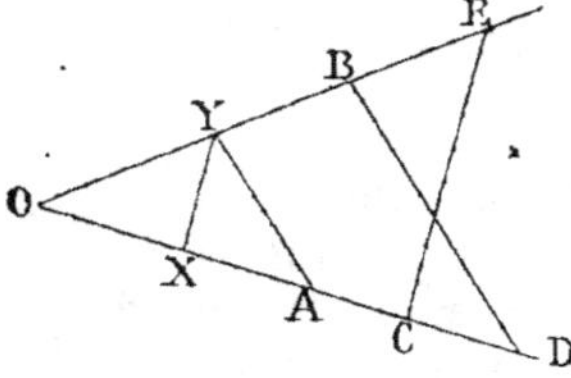
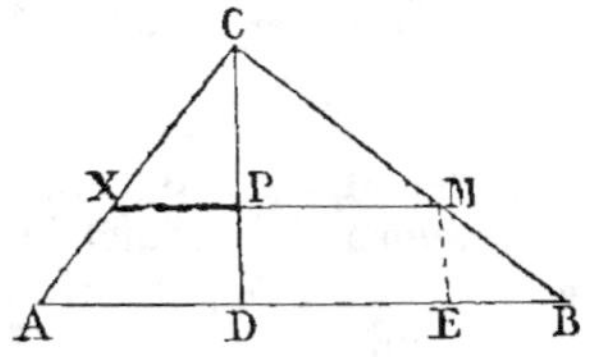

Fig. 177.   Fig. 178.

(**h**) $\left\{ \begin{array}{l} x = \dfrac{m \cdot a^2}{b^2} \\[2mm] \dfrac{x}{m} = \dfrac{a^2}{b^2} \end{array} \right.$

Sur les côtés d'un angle droit (fig. 178) on prend $CA = a$, $CB = b$; on abaisse la perpendiculaire CD sur l'hypoténuse ; on porte m de D en E. Puis les lignes EM, MX donnent : $\dfrac{PX}{PM} = \dfrac{a^2}{b^2}$ (G., n° 345.)

Double radical.

295. (**i**) $x = \sqrt{a^2 \pm \sqrt{b^4 - c^4}}$

On peut écrire : $b^4 - c^4 = (b^2 + c^2)(b^2 - c^2)$ (G., n°ˢ 246 et 327.)

Puis, soit : $b^2 + c^2 = m^2$ et $b^2 - c^2 = n^2$

On a : $x = \sqrt{a^2 \pm \sqrt{m^2 \times n^2}} = \sqrt{a^2 \pm mn}$

On est ramené au 5e cas (**e**).

Soit $AB = b$ (fig. 179). Décrivons une demi-circonférence sur AB comme diamètre, élevons une perpendiculaire au point B, et prenons $BC = DB = c$; nous aurons AC^2 ou $m^2 = b^2 + c^2$, $\overline{AD}^2$ ou $n^2 = b^2 - c^2$.

Prenons $AE = n$, nous aurons $\dot{AF}^2 = mn$; portons a de A en G.
Alors $FG^2 = a^2 + mn$; et, lorsque $AH = AF$, on a $GH^2 = a^2 - mn$.

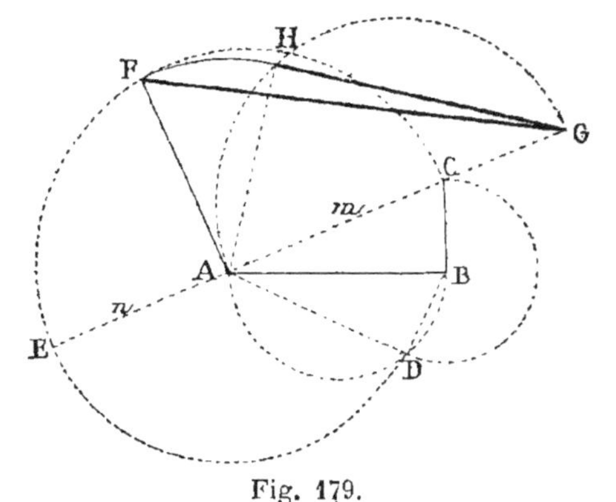

Fig. 179.

(j) $$x = \sqrt{a^2 \pm \sqrt{b^4 + c^4}}$$

On peut écrire : $$b^4 + c^4 = c^2\left(\frac{b^4}{c^2} + c^2\right)$$

Posons $\dfrac{b^2}{c} = d$, nous aurons :

$$b^4 + c^4 = c^2(d^2 + c^2), \quad \text{puis} \quad d^2 + c^2 = f^2$$

On aura : $$b^4 + c^4 = c^2 \times f^2$$

d'où $$x = \sqrt{a^2 \pm cf}$$

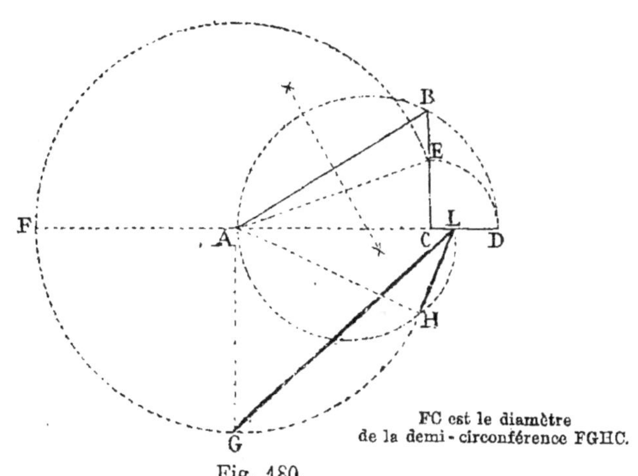

FC est le diamètre
de la demi-circonférence FGHC.

Fig. 180.

Prenons $AC = c$, $CB = b$. En décrivant une demi-circonférence
ABD, on a : $d = \dfrac{b^2}{c}$ (n° 294, b) ou $d^2 = \dfrac{b^4}{c^2}$. Portons d de C en E,

nous aurons : f^2 ou $AE^2 = c^2 + d^2$; puis, prenant $AF = AE = f$, on a : $AG^2 = AF \times AC = fc$. Et si $AL = a$, on trouve :

$$GL^2 . = a^2 + fc \quad \text{ou} \quad GL = \sqrt{a^2 + \sqrt{b^4 + c^4}}$$

et
$$HL^2 = a^2 - fc, \quad HL = \sqrt{a^2 - \sqrt{b^4 + c^4}}$$

Exercice.

296. (k) *Construire directement les racines de l'équation du second degré.*

$$x^2 + px + q = 0$$

Il y a quatre cas à considérer.

On peut toujours rendre x^2 positif. Alors, en faisant passer la quantité toute connue à droite, et en la remplaçant par a^2, afin que tous les termes soient du même degré, on peut avoir les quatre cas suivants :

$$(1) \quad x^2 - px = -a^2 \qquad (2) \quad x^2 - px = +a^2$$
$$(3) \quad x^2 + px = -a^2 \qquad (4) \quad x^2 + px = +a^2$$

La première équation peut s'écrire :

$$-x^2 + px = +a^2 \quad \text{ou} \quad x(p - x) = a^2$$

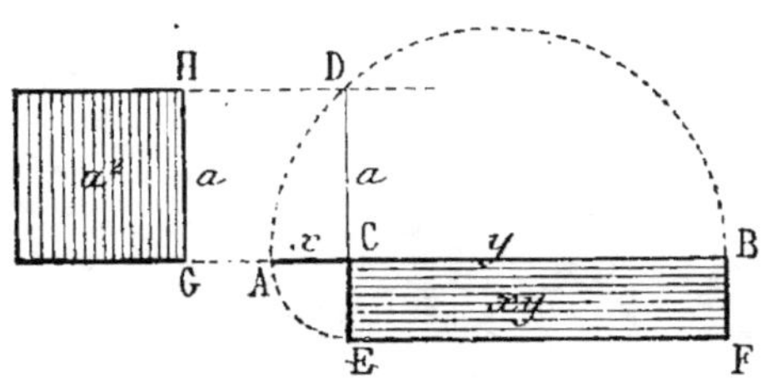

Fig. 181.

Les deux facteurs x et $p - x$ ont pour somme p.

Le problème correspond à l'énoncé suivant (G., n° 340) :

Construire un rectangle, connaissant sa surface a^2 et la somme p de ses côtés.

On sait qu'il faut décrire une demi-circonférence sur $AB = p$, comme diamètre; élever une perpendiculaire $GH = a$; mener une parallèle HD, et abaisser la perpendiculaire DC. Les segments AC et BC sont les racines de l'équation (1).

297. Seconde construction *. Dans bien des cas le terme connu est formé de deux facteurs m, n, par exemple, et l'on a une équation de la forme $\quad x^2 - px = -mn \quad$ ou $\quad x(p - x) = mn$

A l'aide d'une moyenne proportionnelle, on pourrait remplacer

---

* E. BURAT, *Traité élémentaire d'Algèbre*, page 358. Cet ouvrage présente de très beaux exemples de discussion.

mn par a^2, mais il est plus simple de trouver directement les racines par la construction suivante :

Aux extrémités de BC, dont la longueur égale p, on élève des perpendiculaires et l'on prend

$$AB = m; \quad CD = n$$

et l'on décrit une demi-circonférence sur le diamètre AD.

On sait que l'on a, à cause des triangles semblables ABM, DCM,

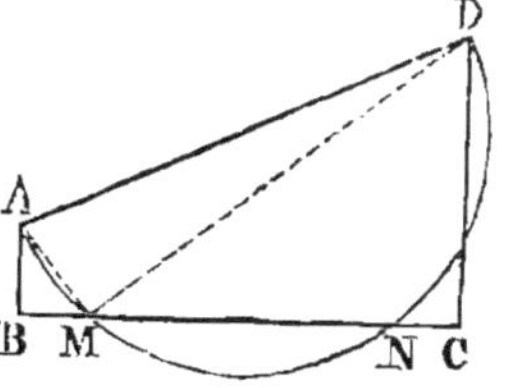

Fig. 182.

$$BM \cdot MC = AB \cdot CD = mn \qquad (\text{n}^{\circ} 24).$$

Remarque. La construction suivante est aussi simple que la précédente, et elle est plus facile à justifier.

A l'extrémité C de la somme BC des racines, élevons une perpendiculaire et prenons $CA = m$ et $CD = n$.

Élevons des perpendiculaires EO, FO par les points milieux E, F, de AD et de BC.

Enfin du point O, comme centre, avec OD, décrivons une circonférence.

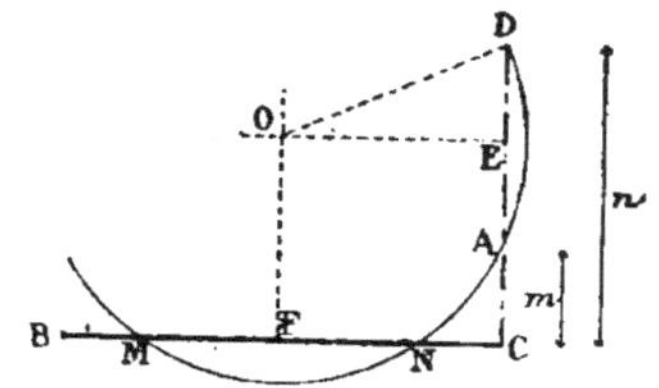

Fig. 183.

On aura $\quad CN \cdot CM \quad$ ou $\quad CN \cdot NB = CA \cdot CD = mn. \quad$ (G., n° 261.)

Ainsi $\quad$ CN et BN sont les racines demandées.

298. *Deuxième équation.* La deuxième équation peut s'écrire :

$$x(x - p) = a^2$$

La différence des facteurs x et $x - p$ égale p.

On est ramené au Problème connu (G., n° 341) :

Construire un rectangle, connaissant sa surface a^2 *et la différence* AB *de ses côtés.*

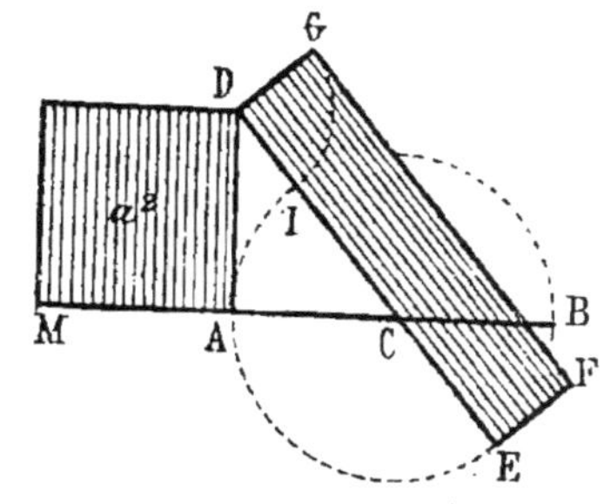

Fig. 184.

On sait qu'il faut décrire une circonférence ayant AB ou p pour diamètre, mener une tangente AD égale à la longueur a et mener DC. La sécante DE, et la partie extérieure DI sont les racines de l'équation (2).

299. Seconde construction [*]. On peut construire directement

$$x(x-p)=mn$$

Aux extrémités de BC (fig. 185), dont la longueur égale p, on élève des perpendiculaires de sens contraire, et l'on prend :

$$AB = m; \quad CD = n$$

et l'on décrit une circonférence ayant AD comme diamètre.

On sait que l'on a (n° 24. *Remarque*).

$$BM . CM = AB . CD = mn$$

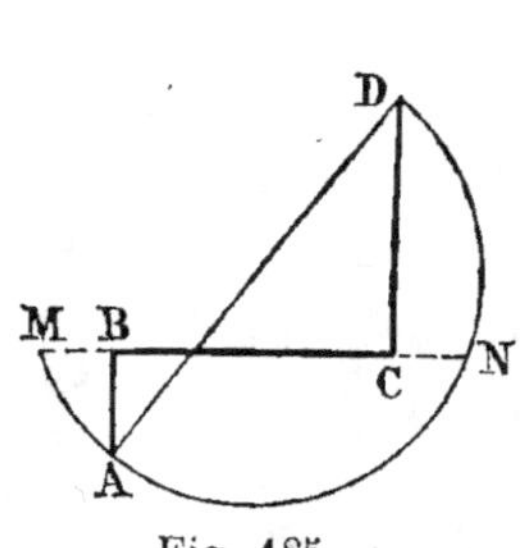

Fig. 185.

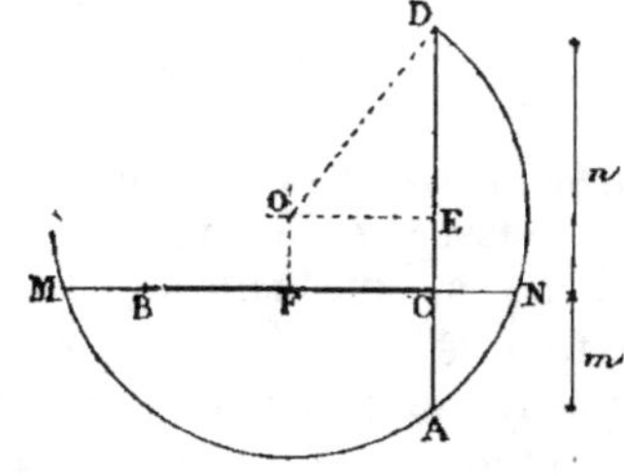

Fig. 186.

Remarque. Nous pouvons indiquer une autre construction (fig. 186).

Il faut élever une perpendiculaire à l'extrémité C de la différence des racines; prendre $CA = m$ et $CD = n$. Par les points milieux E, F, élever des perpendiculaires aux droites AD et BC; enfin, du point O comme centre, avec OD pour rayon, décrire une circonférence.

On aura : $CM . CN = CA . CD = mn$ (G., n° 259.)

Équations (3) et (4). L'équation (3) donne les mêmes racines que l'équation (1), mais changées de signe; de même (4) se ramène à (2).

Exercice.

300. *Construire directement l'équation bicarrée.*

$$(5) \quad x^4 - a^2x^2 + b^4 = 0$$
$$(6) \quad x^4 - a^2x^2 - b^4 = 0$$
$$(7) \quad x^4 + a^2x^2 + b^4 = 0$$
$$(8) \quad x^4 + a^2x^2 - b^4 = 0$$

En posant $x^2 = by$ ces équations deviennent :

$$(5\ bis) \quad y^2 - \frac{a^2}{b}\,y + b^2 = 0$$
$$(6\ bis) \quad y^2 - \frac{a^2}{b}\,y - b^2 = 0$$
$$(7\ bis) \quad \text{Racines imaginaires.}$$
$$(8\ bis) \quad y^2 + \frac{a^2}{b}\,y - b^2 = 0$$

On obtient les racines des équations en y en opérant comme ci-dessus; puis une quatrième proportionnelle donne x.

---

[*] *Traité élémentaire d'Algèbre*, n° 268, par E. BURAT.

Exemple pour (5 *bis*). Faisons passer une demi-circonférence par
A et B, ayant son centre sur BC, on aura $CD = \dfrac{a^2}{b}$; puis décrivons une demi-circonférence sur CD, prenons $CB' = b$, on aura CE
et DE pour les deux racines de
l'équation en y : car

$$CE \times ED = b^2$$

et $\qquad CE + DE = \dfrac{a^2}{b}$.

Pour avoir x, prenons $EF = b$;
on a : $EH^2 = DE \times b$. Ainsi
$x^2 = HE^2$; de même $x^2 = EL^2$,
puisque $EL^2 = b \times CE$ ou by.

Les quatre racines sont :
$$\pm EH,\ \pm EL.$$

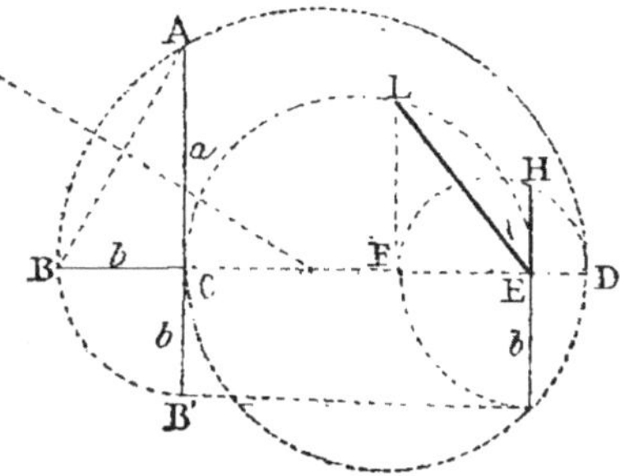

Fig. 187.

Remarque. On a recours rarement à la construction directe des racines d'une équation bicarrée; tandis qu'il est très utile de construire
celles de l'équation du second degré, dans toutes les questions de
Géométrie qui donnent lieu à cette équation.

§ II. — Emploi de la méthode algébrique.

Exercice.

301. Problème. *Dans un triangle donné ABC, inscrire un rectangle
tel que deux côtés adjacents remplissent une des conditions ci-après :*

(a) *La somme égale une longueur donnée* p.
(b) *La différence égale une longueur donnée* d.
(c) *Le rapport des deux côtés égale un rapport connu* $\dfrac{m}{n}$.
(d) *Le produit des deux côtés, ou l'aire du rectangle, égale* a².
(e) *La somme des carrés des deux côtés égale une valeur donnée* a².
(f) *La différence des carrés des deux côtés égale* a².

En représentant la base par y et la hauteur par z, les relations deviennent :

(a)	$y + z = p$	(b)	$y - z = d$
(c)	$\dfrac{y}{z} = \dfrac{m}{n}$	(d)	$yz = a^2$
(e)	$y^2 + z^2 = a^2$	(f)	$y^2 - z^2 = a^2$

Il suffit de déterminer la position du point D; prenons donc CD ou x pour inconnue. Exprimons les deux côtés y et z en fonction des quantités connues b, h, et de l'inconnue x.

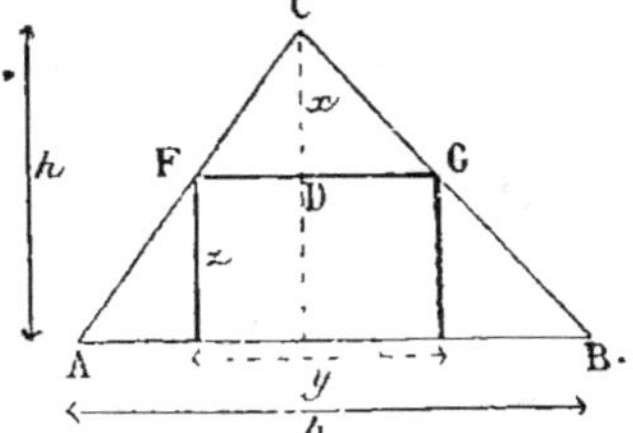

Fig. 188.

On a : $\quad \dfrac{CD}{CE} = \dfrac{FG}{AB}\quad$ ou $\quad \dfrac{x}{h} = \dfrac{y}{b}$

d'où $\qquad y = \dfrac{bx}{h}\qquad\qquad$ (1)

d'ailleurs $\qquad z = h - x \qquad\qquad$ (2)

Quelle que soit la condition que les côtés adjacents doivent remplir, les relations ci-dessus (1) et (2) peuvent être employées.

Nous allons traiter ensemble les cas analogues.

Exercice.

302. Problème. *Dans un triangle donné, inscrire un rectangle dont la somme ou la différence des côtés ait une longueur donnée.*

Le problème a déjà été résolu par l'emploi des lieux géométriques (n°s 190 et 256); en voici la solution algébrique.

(a) Dans le problème précédent (a), $\quad y + z = p.$

donc (1) + (2) ou $\qquad \dfrac{bx}{h} + h - x = p$

d'où $\qquad\qquad x = \dfrac{h(p - h)}{b - h}$

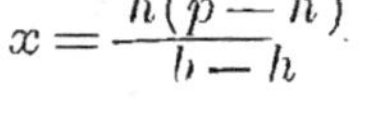

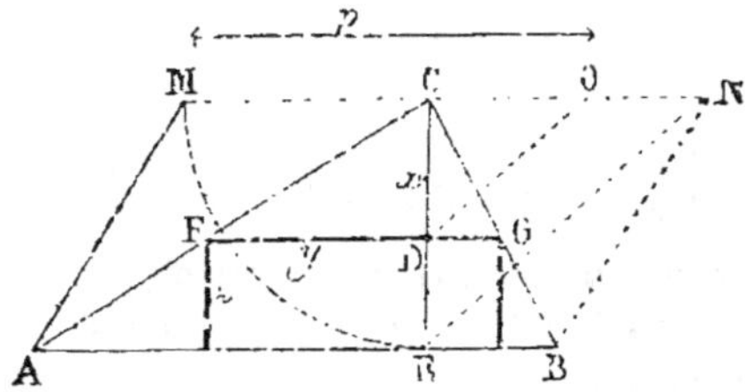

Fig. 189.

C'est une quatrième proportionnelle à construire; on a :

$$\frac{b - h}{p - h} = \frac{h}{x}$$

Sur une ligne quelconque passant par le sommet du triangle, prenons $CM = h$, puis $MN = AB$ et $MO = p$; alors $CN = b - h$, $CO = p - h$. Joignons NE, la parallèle OD détermine x.

(b) $\qquad y - z = d, \quad$ donc $\quad \dfrac{bx}{h} - (h - x) = d$

$$x = \frac{h(d + h)}{b + h} \quad\text{ou}\quad \frac{h + b}{h + d} = \frac{h}{x}$$

Prenons $CM = h$, $MN = b$, $MO = d$; joignons NE, et menons
la parallèle OD. On a :

$$\frac{NC}{OC} = \frac{CE}{CD}, \qquad \frac{h+b}{h+d} = \frac{h}{x}$$

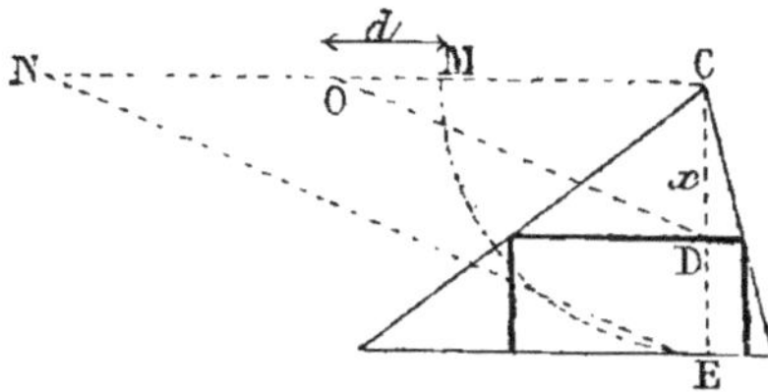

Fig. 190.

La discussion des solutions des problèmes (a) et (b) serait très intéressante.

Exercice.

303. Problème. *Dans un triangle ABC, inscrire un rectangle tel :*
1° Que le rapport des côtés adjacents égale un rapport donné;
2° Que le produit des côtés adjacents égale un carré donné.

1° **(c)** soit $\qquad \dfrac{y}{z} = \dfrac{m}{n}$.

2° **(d)** soit $\qquad yz = k^2$

(c) $\quad \dfrac{y}{z} = \dfrac{m}{n}, \quad \dfrac{\frac{bx}{h}}{h-x} = \dfrac{m}{n}, \quad \dfrac{bx}{h(h-x)} = \dfrac{m}{n}, \quad bxn = mh^2 - mhx$

$$bnx + mhx = mh^2, \quad x = \frac{mh^2}{mh + nb}$$

Pour construire cette expression, divisons tout par m :

$$x = \frac{h^2}{h + \frac{n}{m} b}$$

Le dénominateur est la
somme de deux lignes.

Déterminons $\quad \dfrac{n}{m} \cdot b = u$;

d'où $\qquad \dfrac{m}{n} = \dfrac{b}{u}$

Sur une droite quelconque
menée par A, prenons les
grandeurs m et n, on aura

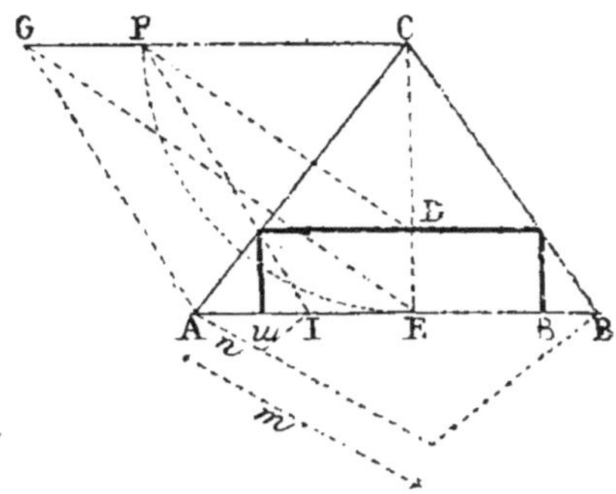

Fig. 191.

$AI = u$; or $\quad x = \dfrac{h^2}{u + h} \quad$ d'où $\quad \dfrac{h+u}{h} = \dfrac{h}{x}$; prenons $CF = h$ et
$FG = u$, joignons GE. La parallèle FD donne la réponse.

Remarques. 1° Quand $\dfrac{m}{n} = 1$, la figure est un carré; la valeur de x devient $\dfrac{h^2}{h+b}$. On doit prendre $FG = b$, et continuer comme ci-dessus.

2° Le problème a été résolu graphiquement par deux méthodes : par l'*emploi des lieux géométriques* (n° 99, c), et par la *similitude* (n° 209). L'inscription du rectangle de surface donnée, qu'on va traiter algébriquement, a déjà été faite par d'autres procédés (n° 202).

(**d**) On veut avoir $\qquad yz = a^2$

On a $\quad \dfrac{bx}{h} \times (h - x) = a^2, \quad bhx - bx^2 = ha^2, \quad x^2 - hx = \dfrac{-ha^2}{b},$

ou $$x(x - h) = \dfrac{-h}{b}\, a^2$$

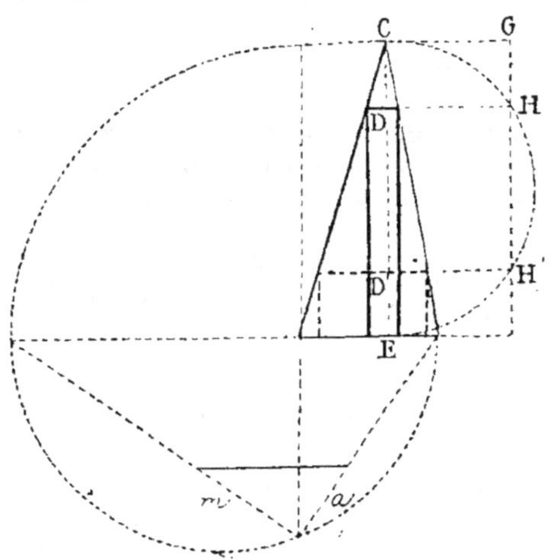

Fig. 192.

Nous pouvons employer la première formule du n° 296 (k); mais, avant, il faut trouver un carré m^2 égal à

$$\dfrac{h}{b}\, a^2; \quad \text{d'où} \quad \dfrac{m^2}{a^2} = \dfrac{h}{b}$$

Problème [g]) (n° 293) et écrire $x(h - x) = + m^2$.

Sur h comme diamètre, décrivons une demi-circonférence; prenons $CG = m$; CD et CD′ sont les deux racines.

m ne peut dépasser $\dfrac{h}{2}$.

En prenant cette valeur limite, la surface du rectangle donné par $\dfrac{h}{b}\, a^2$ devient $\dfrac{h^2}{4}$

ou $$\dfrac{h}{b}\, a^2 = \dfrac{h^2}{4}$$

d'où $$\dfrac{a^2}{b} = \dfrac{h}{4}$$

Le plus grand rectangle est celui qui est donné par $\quad x = \dfrac{h}{2}$.

Remarque. On parvient ainsi à un théorème que nous aurons occasion de démontrer par diverses méthodes; on peut donc consigner le résultat suivant :

Théorème. *Le rectangle maximum que l'on peut inscrire dans un triangle donné, a pour base supérieure la droite qui joint les points milieux des deux côtés latéraux du triangle.*

Exercice.

304. Problème. *Inscrire, dans un triangle ABC, un rectangle tel que la somme ou la différence des carrés des côtés adjacents égale un carré donné.*

La première partie du problème a été résolue graphiquement (n° 193), mais il n'en a point été de même de la seconde; voici d'ailleurs la solution algébrique des deux parties.

$$(e) \qquad y^2 + z^2 = a^2 \quad \text{ou} \quad \left(\frac{bx}{h}\right)^2 + (h-x)^2 = a^2$$

$$\frac{b^2x^2}{h^2} + h^2 - 2hx + x^2 = a^2, \quad b^2x^2 + h^4 - 2h^3x + h^2x^2 = a^2h^2$$

$$x^2(b^2+h^2) - 2h^3x = a^2h^2 - h^4, \quad x^2 - \frac{2h^3}{b^2+h^2}\,x = \frac{a^2h^2-h^4}{b^2+h^2}$$

Au lieu de construire directement les racines, résolvons l'équation :

$$x = \frac{h^3}{b^2+h^2} \pm \sqrt{\frac{h^6+(b^2+h^2)(a^2h^2-h^4)}{(b^2+h^2)^2}} \text{ ou } \frac{h^6+a^2h^2b^2+a^2h^4-b^2h^4-h^6}{(b^2+h^2)^2}$$

$$x = \frac{h^3}{b^2+h^2} \pm \sqrt{\frac{h^2(a^2b^2+a^2h^2-b^2h^2)}{(b^2+h^2)^2}}$$

Cette expression, bien que déjà fort compliquée, se construit cependant aussi facilement que les précédentes, mais elle exige un plus grand nombre d'opérations.

Le numérateur peut s'écrire : $h^4\left(\frac{a^2b^2}{h^2} + a^2 - b^2\right)$. Le premier terme de la parenthèse est le carré de la quatrième proportionnelle $\frac{ab}{h}$; puis on ajoute ce carré à a^2, et on soustrait b^2.

Soit m^2 la valeur obtenue, on a alors :

$$x = \frac{h^3}{b^2+h^2} \pm \sqrt{\frac{h^4m^2}{(b^2+h^2)^2}} = \frac{h^3 \pm h^2m}{b^2+h^2} = \frac{h^2}{b^2+h^2}(h \pm m)$$

Et le problème est l'inverse de (g); il consiste à trouver une ligne x qui soit à une autre ligne $(h \pm m)$ dans le rapport des deux carrés h^2 et (h^2+b^2). On peut écrire :

$$\frac{x}{h \pm m} = \frac{h^2}{h^2+b^2}$$

(Voir [h], n° 294).

Soient $AB = h$, $AC = b$; CB^2 égale donc $b^2 + h^2$. Puis sur les côtés d'un angle droit prenons $BD = BC$, $BE = BA = h$; abaissons la perpendiculaire BF. On a :

$\frac{FE}{FD} = \frac{h^2}{h^2+b^2}$. Puis prenons FO égale, par exemple, à $(h+m)$; me-

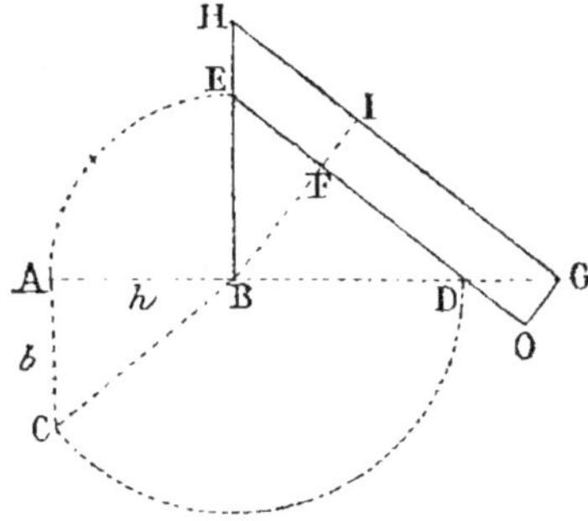

Fig. 193.

nons OG parallèle à BF, et GH parallèle à DO. On aura :

$$\frac{HI}{IG \text{ ou } h+m} = \frac{h^2}{h^2+b^2}$$

(f) $\quad y^2 - z^2 = a^2, \quad \left(\frac{bx}{h}\right)^2 - (h-x)^2 = a^2, \quad \frac{b^2x^2}{h^2} - h^2 + 2hx - x^2 = a^2$

$$b^2x^2 - h^4 + 2h^3x - h^2x^2 = h^2a^2, \quad x^2(b^2-h^2) + 2h^3x = h^2a^2 + h^4$$

$$x^2 + \frac{2h^3}{b^2-h^2} = \frac{h^2(a^2+h^2)}{b^2-h^2}. \qquad \text{Analogue au précédent.}$$

Relations et Lieux à utiliser.

305. Relations principales. En employant les lieux géométriques, il est très facile d'imaginer un grand nombre de questions qu'on peut traiter comme la précédente. En appelant x et y les deux parties d'une droite à mener, ou les deux dimensions d'un rectangle à construire, etc., on a les six relations suivantes :

(a) $\quad x + y = p$ } La somme ou la différence des variables égale
(b) $\quad x - y = d$ } une longueur donnée.

(c) $\quad \dfrac{x}{y} = \dfrac{m}{n}$ } Le rapport des variables égale un rapport donné.

(d) $\quad xy = a^2$ } Le produit des variables égale une valeur donnée.

(e) $\quad x^2 + y^2 = a^2$ } La somme ou la différence des carrés des va-
(f) $\quad x^2 - y^2 = a^2$ } riables égale un carré donné.

Autres relations. Telles sont les six relations élémentaires que l'on rencontre ordinairement; mais, dans une question donnée, on pourrait poser : $mx \pm ny = p$ ou $mx^2 \pm ny^2 = a^2$, m et n étant des coefficients quelconques; ou même établir toute autre relation.

Lorsqu'on choisit une des relations précédentes $(a, b, \ldots f)$ comme relation fondamentale, les cinq autres relations permettent de poser cinq problèmes différents.

Exemple. *Les deux segments d'une corde menée par un point fixe, pris à l'intérieur d'une circonférence, donnent un produit constant. On peut demander les cinq questions suivantes :*

Problème. *Par un point pris dans une circonférence, mener une corde :*
(a) *qui égale une ligne donnée* $x + y = p$;
(b) *dont la différence des segments égale une longueur donnée ou* $x - y = d$;
(c) *qui soit divisée par ce point dans un rapport donné ou*
$\dfrac{x}{y} = \dfrac{m}{n}$;
(e), (f) *telle que la somme ou la différence des carrés des segments ait une valeur donnée ou* $x^2 \pm y^2 = a^2$.

306. Lieux géométriques. Pour avoir une relation entre deux quantités variables, on peut utiliser les lieux géométriques connus : voici quelques-uns des plus simples et des plus employés.

1. Lorsque la hauteur et la base d'un triangle sont égales entre elles, tout rectangle inscrit a un *périmètre* constant (n° 257).

2. Le rectangle inscrit dans un carré, et dont les côtés sont parallèles aux diagonales du carré, a un *périmètre* constant (n° 19).

3. La *somme* des distances d'un point quelconque de la base d'un triangle isocèle aux deux autres côtés est constante (n° 20).

4. La *somme* des rayons vecteurs d'un point de l'ellipse est constante. (G., n° 613.)

Dans tous ces cas, l'équation générale est : $x + y = p$.

5. Dans les n°ˢ 1, 2, la *différence* des côtés adjacents est constante lorsque le rectangle est ex-inscrit; il en est de même dans le n° 3 quand le point est pris sur le prolongement du triangle isocèle; et enfin pour l'hyperbole. (G., n° 647.)

On a donc : $x - y = d$.

Le *rapport* est constant lorsqu'on considère :

6. Les distances d'un point quelconque d'une droite à deux autres qui la coupent en un même point (n° 60);

7. Les distances d'un point de la circonférence à deux points fixes (G., n° 317 et E. de G., n° 61);

8. Les distances d'un point d'une ellipse ou d'une hyperbole à un foyer et à la directrice correspondante (G., n°ˢ 845 et 850);

9. Les distances d'un point fixe aux points où toute droite menée par ce point fixe coupe deux parallèles (n° 63).

10. Question analogue pour deux circonférences, en prenant pour point fixe un des centres de similitude; on a : $\dfrac{x}{y} = \dfrac{m}{n}$ (n° 65).

Le *produit* de deux lignes est constant quand on considère :

11. Les deux segments d'une corde menée par un point fixe (G., n° 259);

12. La sécante entière et sa partie extérieure quand le point est fixe (G., n° 261);

13. Les rayons vecteurs réciproques des figures inverses (n°ˢ 223, 224, 225);

14. Les distances d'un point quelconque d'une hyperbole à ses deux asymptotes (n°ˢ 78 et 79).

Dans tous ces problèmes on a : $xy = a^2$.

La *somme des carrés* des distances est constante :

15. Pour le lieu géométrique connu (n° 69);

Pour tout point de l'ellipse par rapport aux deux diamètres conjugués égaux (n° 73, 2°).

16. La *différence des carrés* est constante pour le lieu étudié au n° 71;

17. Pour tout point d'une hyperbole équilatère, relativement aux axes (n° 73, 1° et 3°).

307. **Remarque sur le choix des méthodes.** *Les méthodes particulières n'ont jamais qu'une valeur relative ; le grand art est de savoir les utiliser à propos, suivant la nature de la question à traiter.*

Ainsi il convient de renoncer à l'algèbre lorsque les deux inconnues sont liées par une relation fondamentale trop compliquée ; dans ce cas, on peut recourir aux procédés particuliers ou à l'intersection des lieux géométriques.

En voici un exemple.

Exercice.

308. **Problème.** *Par le point* C, *intersection de deux circonférences* A *et* B, *mener une sécante* EF *telle que les cordes* CE, CF *remplissent certaines conditions.*

Cherchons une relation entre les longueurs AI, BM et les rayons des cercles.

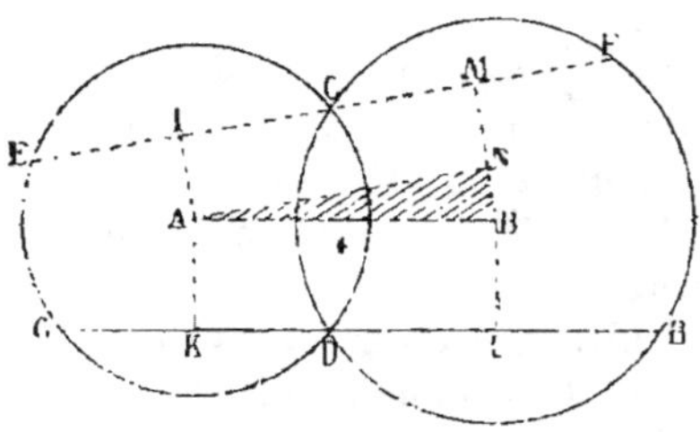

Fig. 194.

Soient $CI = x$, $CM = y$, $CA = r$, $CB = R$.

On peut obtenir une relation entre les deux demi-cordes x et y ; car, en menant AN parallèle à la sécante, on trouve :

$$AB^2 = AN^2 + BN^2 \quad \text{ou} \quad = AN^2 + (BM - AI)^2$$

Mais $\quad AN = x + y$, $\quad BM = \sqrt{R^2 - y^2}$, $\quad AI = \sqrt{r^2 - x^2}$

donc $\quad AB^2 = (x + y)^2 + (\sqrt{R^2 - y^2} - \sqrt{r^2 - x^2})^2$

Cette équation est trop compliquée pour qu'on puisse l'employer ordinairement, bien qu'on en trouve un exemple dans l'Algèbre de Briot[*]. Le problème $x + y = p$ est résolu ci-après (n° 878) ; $\dfrac{x}{y} = \dfrac{m}{n}$ (n° 96) ; $xy = a^2$ (n° 1427). On trouve facilement la solution pour $x - y = d$ (n° 880).

Remarque. Il est utile d'étudier aussi l'exemple suivant ; pour certains cas, les solutions directes sont très simples, mais l'algèbre reprend l'avantage pour plusieurs autres cas :

---

[*] Briot, maître de conférences à l'École normale supérieure, auteur d'ouvrages classiques très estimés : *Leçons d'Algèbre*, de *Géométrie analytique*, etc.

Exercice.

309. Problème. *Par un point* A, *pris entre les côtés* OX, OY *d'un angle droit, mener une sécante limitée aux côtés de l'angle, de manière que les deux segments* x *et* y *de la droite soient liés par une relation donnée.*

Soient a et b les distances du point A aux côtés OX, OY. On trouve la relation :
$$x^2y^2 = a^2x^2 + b^2y^2 \qquad (1)$$

En se reportant au n° 305, pour les divers problèmes à se proposer, on connaît les solutions suivantes : (c) $\dfrac{x}{y} = \dfrac{m}{n}$ (n° 94), (d) ou $xy = a^2$ (n° 97).

Le calcul a néanmoins ses avantages spéciaux, car il permet de traiter (c), (d), (e), (f) à l'aide d'une équation bicarrée.

Mais (a) et (b) donnent une équation complète du quatrième degré.

Lorsque dans (1) $a = b$, la relation fondamentale devient :
$$x^2y^2 = a^2(x^2 + y^2) \qquad (2)$$

et l'on peut résoudre (a) et (b). On tombe sur le *Problème de Pappus :*

Problème. *Par un point* A *pris sur la bissectrice d'un angle droit, mener une sécante telle que la partie* (x + y), *comprise entre les côtés de cet angle, ait une longueur donnée* p.

A l'aide de quelques artifices de calcul on résout le système des équations (2) et (a) ou $x + y = p$. En élevant cette dernière au carré, on trouve successivement :
$$x^2 + 2xy + y^2 = p^2, \quad x^2 + y^2 = p^2 - 2xy$$

L'équation (2) devient : $x^2y^2 = a^2(p^2 - 2xy)$.

On regarde xy comme inconnue.
$$xy = -a^2 \pm \sqrt{a^2(a^2 + p^2)}$$

On connaît donc la somme et le produit des deux inconnues, et le problème peut être regardé comme résolu. (Algèbre, n° 231.)

§ III. — Problèmes sur la tangente.

Exercice.

310. Problème. *On donne une demi-circonférence* ADG *et une perpendiculaire* PF *au diamètre* AC ; *mener une tangente* EDF *limitée à ces deux droites, de manière que les distances* DE, DF *soient entre elles dans un rapport donné* $\dfrac{m}{n}$.

Soient $\qquad$ OP $= a$, $\quad$ OE $= x$ $\quad$ et $\quad \dfrac{DE}{DF} = \dfrac{m}{n}$

En prenant DE pour inconnue auxiliaire, on a les relations suivantes :

$$DE^2 = x^2 - r^2 \qquad (1)$$

$$DE^2 = x \cdot HE \qquad (2)$$

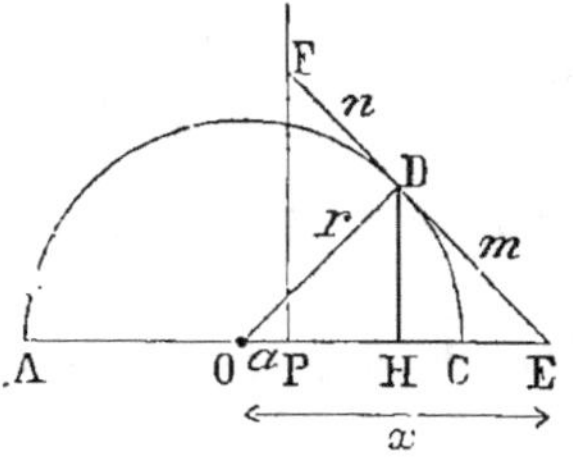

Fig. 195.

Or
$$\frac{HE}{PE} = \frac{m}{m+n}$$

ou
$$\frac{HE}{x-a} = \frac{m}{m+n}$$

$$HE = \frac{m}{m+n}(x-a)$$

d'où
$$DE^2 = \frac{m}{m+n}(x^2 - ax) \qquad (3)$$

(1) et (3) donnent :
$$x^2 - r^2 = \frac{m}{m+n}(x^2 - ax)$$

d'où
$$nx^2 + m \cdot ax - (m+n)r^2 = 0 \qquad (4)$$

donc
$$x = \frac{-am \pm \sqrt{a^2m^2 + 4n(m+n)r^2}}{2n} \qquad (5)$$

Quantité facile à construire.

Remarque. Il convient d'examiner avec quelques détails les deux cas que nous aurons à utiliser, et même de les traiter directement.

Exercice.

311. Problème. *Mener une tangente EDF, limitée à un diamètre prolongé ACE, et à une perpendiculaire PF à ce diamètre, de manière que le point de contact D soit au milieu de la tangente EDF.*

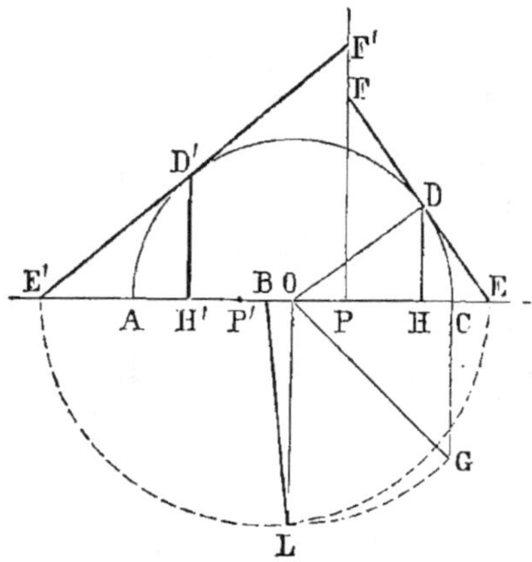

Fig. 196.

Lorsque $DE = DF$, $m = n$. Dans ce cas, la formule (5)

$$x = \frac{-am \pm \sqrt{a^2m^2 + 4n(m+n)r^2}}{2n}$$

devient
$$x = -\frac{a}{2} \pm \sqrt{\frac{a^2}{4} + 2r^2} \qquad (6)$$

Directement on aurait :
$$DE^2 = OE \cdot HE = \frac{x(x-a)}{2} \quad et \quad DE^2 = x^2 - r^2$$

d'où
$$2x^2 - 2r^2 = x^2 - ax$$
$$x^2 + ax - 2r^2 = o$$
$$x = -\frac{a}{2} \pm \sqrt{\frac{a^2}{4} + 2r^2} \qquad (6)$$

ou
$$x = \frac{-a \pm \sqrt{a^2 + 8r^2}}{2} \qquad (6\ bis)$$

Mais de
$$x^2 + ax - 2r^2 = 0$$
on peut déduire
$$x(x+a) = 2r^2 \qquad (7)$$

Construction. (7) revient à construire un rectangle, connaissant la surface $2r^2$ et la différence a des deux côtés $a+x$ et x; mais il est aussi facile de construire (6) que (7).

Prenons $OB = -\dfrac{a}{2}$ (il suffit de porter vers la gauche la demi-longueur de OP); élevons une perpendiculaire CG égale à $CO = r$;
d'où
$$OG^2 = 2r^2$$

Reportons OG de O en L; BL représente le radical, car
$$BL^2 = \frac{a^2}{4} + 2r^2$$

puis du centre B, avec BL pour rayon, décrivons une demi-circon-férence
$$OE = -OB + BL = -\frac{a}{2} + \sqrt{\frac{a^2}{4} + 2r^2}$$
$$OE' = -OB - BL = -\frac{a}{2} - \sqrt{\frac{a^2}{4} + 2r^2}$$

312. *Calcul de* PH *et de* DH; *de* P'H' *et de* D'H'.

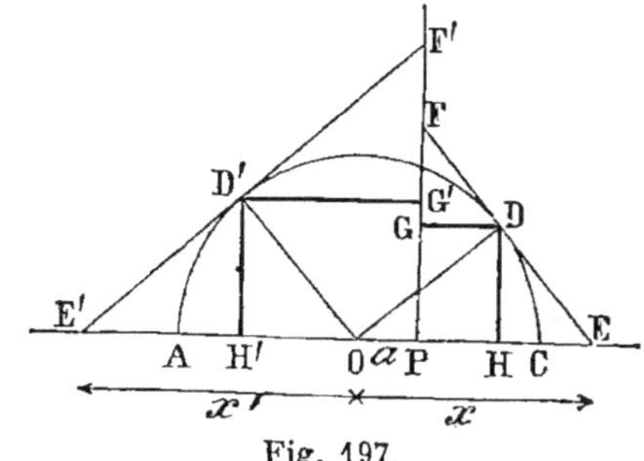

Fig. 197.

1°
$$PH = \frac{1}{2}PE = \frac{1}{2}(x-a) = \frac{x}{2} - \frac{2a}{4}$$
$$DG\ ou\ PH = \frac{-a + \sqrt{a^2 + 8r^2} - 2a}{4} = \frac{-3a + \sqrt{a^2 + 8r^2}}{4} \qquad (1)$$

5*

$$2° \quad DH^2 = OH \cdot HE = \left[a + \frac{x-a}{2} \right] \left(\frac{x-a}{2} \right) = \frac{x^2 - a^2}{4}$$

$$DH^2 = \frac{1}{4} \left[\left(\frac{-a + \sqrt{a^2 + 8r^2}}{2} \right)^2 - a^2 \right]$$

$$DH^2 = \frac{-2a^2 + 8r^2 - 2a\sqrt{a^2 + 8r^2}}{16}$$

ou
$$DH^2 = \frac{-a^2 + 4r^2 - a\sqrt{a^2 + 8r^2}}{8} \tag{2}$$

3° Il suffit de tenir compte de la valeur absolue de D′G′, et de prendre PH′ ou

$$D'G' = \frac{1}{2}(x' + a) = \frac{1}{2} \left(\frac{a + \sqrt{a^2 + 8r^2}}{2} + \frac{2a}{2} \right) = \frac{3a + \sqrt{a^2 + 8r^2}}{4} \tag{3}$$

$$D'H'^2 = OH' \cdot H'E' = \left[\frac{x' + a}{2} - a \right] \left(\frac{x' + a}{2} \right) = \frac{x'^2 - a^2}{4}$$

$$D'H'^2 = \frac{1}{4} \left[\left(\frac{a + \sqrt{a^2 + 8r^2}}{2} \right)^2 - \frac{4a^2}{4} \right]$$

$$D'H'^2 = \frac{-2a^2 + 8r^2 + 2a\sqrt{a^2 + 8r^2}}{16}$$

ou
$$D'H'^2 = \frac{-a^2 + 4r^2 + a\sqrt{a^2 + 8r^2}}{8} \tag{4}$$

313. Discussion. Dans la mise en équation, nous avons supposé que la longueur a ou OP, portée vers la droite du centre, était positive. En prenant OP′ = OP, etc., les réponses géométriques seraient identiques aux précédentes, mais la plus petite tangente FDE serait à gauche du centre et réciproquement pour EF′; il suffit donc, comme étude géométrique, de faire varier la longueur a depuis zéro jusqu'à plus l'infini.

1° a est nul.

C'est-à-dire que la perpendiculaire PF passe par le centre.

La formule (6) ou $\quad x = -\dfrac{a}{2} \pm \sqrt{\dfrac{a^2}{4} + 2r^2}$

donne deux racines égales, car elle se réduit à

$$x = \pm r\sqrt{2}$$

ainsi qu'on pouvait le prévoir, car les deux tangentes deviennent les côtés du carré circonscrit.

2° $a > o$ mais $< r$

Les deux valeurs sont réelles et plus grandes, en valeur absolue, que la longueur r, par conséquent on peut mener les deux tangentes.

3°
$$a = r$$

La formule devient

$$x = -\frac{r}{2} \pm \sqrt{\frac{r^2}{4} + 2r^2} \text{ ou } \left(\frac{9r^2}{4}\right)$$

$$x = -\frac{r}{2} \pm \frac{3r}{2} = \begin{cases} +\ r \\ -\ 2r \end{cases}$$

Le point E se confond avec le point C. — Le point E′ donné par $x = -2r$ est le sommet d'un triangle équilatéral dont E′C serait la hauteur.

4°
$$a > r$$

La valeur négative donnée par le signe inférieur du radical sera plus grande en valeur absolue que $2r$, par suite la tangente E′F′ pourra être menée; mais il n'en est plus de même de EF, car la valeur positive est plus petite que R.

314. Résumé. *Au point de vue géométrique,* quel que soit a, il y

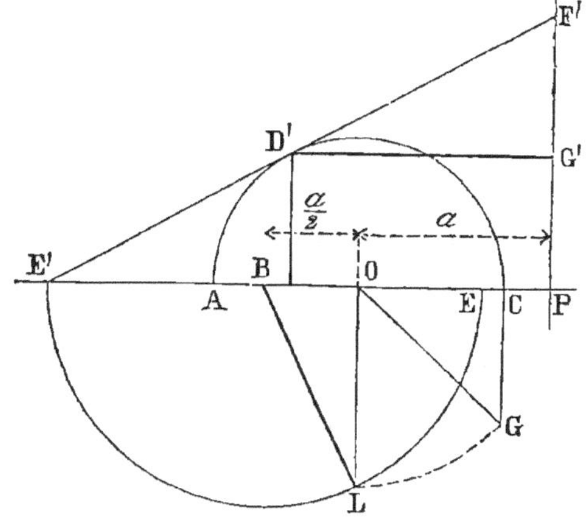

Fig. 198.

a au moins *une tangente* qui répond à la question; il y a *deux tangentes* lorsque la valeur absolue de a est plus petite que r; mais il n'y en a qu'*une* lorsque a est plus grand que r (fig. 198), car le point E se trouve entre A et C, et par ce point E on ne saurait mener de tangente à la demi-circonférence AC.

Exercice.

315. Problème. *Mener une tangente, de manière que la partie DE, limitée au diamètre, soit double de DF.*

$$m = 2n$$

La formule

$$x = \frac{-am \pm \sqrt{a^2m^2 + 4n(m+n)r^2}}{2n}$$

devient

$$x = \frac{-2an \pm \sqrt{4a^2n^2 + 12n^2r^2}}{2n^2}$$

$$x = -a \pm \sqrt{a^2 + 3r^2} \tag{8}$$

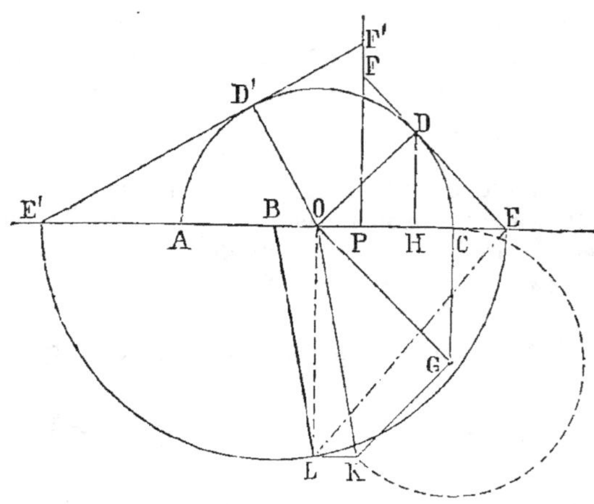

Fig. 199.

Construction. Prenons $OB = -a$; $CG = r$.

Élevons GK perpendiculaire sur OG; prenons $GK = r$;

on a : $\qquad\qquad\qquad\qquad OK^2 = 3r^2$

On peut aussi, du point C comme centre, couper la perpendiculaire OL avec un rayon égal à AC, car OL serait la hauteur d'un triangle équilatéral dont AC serait la base.

Reportons OK de O en L; puis BL de B en E et en E'.

On a : $\qquad\qquad\qquad\qquad OL^2 = 3r^2$

donc $\qquad\qquad\qquad\qquad BL = \sqrt{a^2 + 3r^2}$

$$OE = -a + \sqrt{a^2 + 3r^2}$$

$$OE' = -a - \sqrt{a^2 + 3r^2}$$

Remarques. 1º La valeur négative $-a - \sqrt{a^2 + 3r^2}$ est toujours plus grande en valeur absolue que le rayon; pour avoir la valeur limite de a qui donne une longueur positive plus grande que r,

posons $\qquad\qquad\qquad -a + \sqrt{a^2 + 3r^2} = r$

d'où $\qquad\qquad\qquad a^2 + 3r^2 = r^2 + 2ar + a^2$

$$2r^2 = 2ar; \quad \text{d'où} \quad a = r$$

Ainsi, comme dans l'exemple précédent, lorsque a atteint la valeur de r ou dépasse cette valeur, il n'y a qu'*une seule tangente*.

2° Pour $a = r$, on a :

$$x = -r \pm \sqrt{r^2 + 3r^2} ; \quad x = -r \pm 2r = \begin{cases} +r \\ -3r \end{cases}$$

La valeur $+r$ correspond à la perpendiculaire PF (fig. 199), alors tangente à la circonférence.

316. Cas particuliers. 1er Cas (fig. 200). Examinons le cas où les deux droites rectangulaires OE, OF passent par le centre, et calculons OH, OL en fonction du rayon. Sans recourir à la formule générale, on trouve immédiatement :

$$OE \cdot OH = r^2, \quad ou \quad OE \cdot \frac{OE}{3} = r^2$$

d'où
$$OE^2 = 3r^2 \qquad\qquad \textbf{(a)}$$

puis
$$OL \cdot OF = r^2 \quad ou \quad OF \cdot \frac{2}{3} OF = r^2$$

d'où
$$OF^2 = \frac{3}{2} r^2 \qquad\qquad \textbf{(b)}$$

Mais OH est le tiers de OE ; OH^2 égale donc $\frac{1}{9} OE^2$

d'où
$$OH^2 = \frac{r^2}{3} \qquad\qquad \textbf{(c)}$$

$$OL = \frac{2}{3} OF ; \quad OL^2 = \frac{4}{9} OF^2 = \frac{4}{9} \times \frac{3}{2} r^2$$

d'où
$$OL^2 = \frac{2}{3} r^2 \qquad\qquad \textbf{(d)}$$

Ainsi
$$OL^2 = 2 \cdot OH^2$$

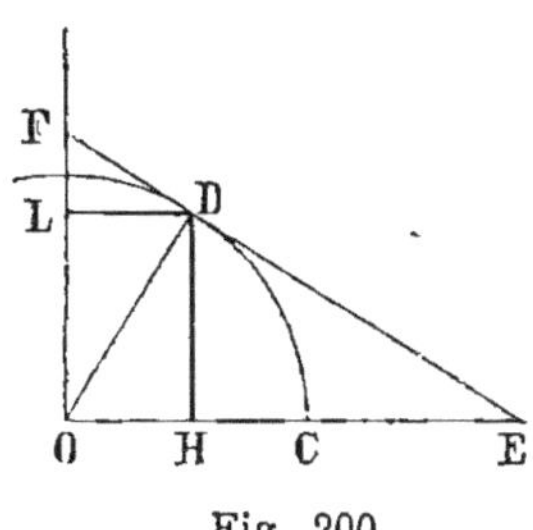

Fig. 200.

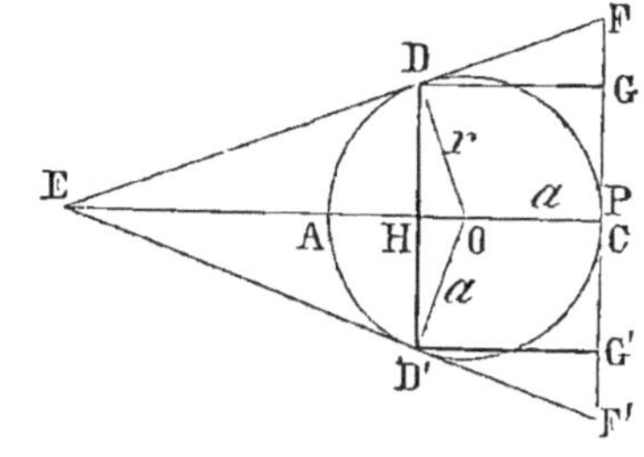

Fig. 201.

2e Cas (fig. 201). $\qquad\qquad a = r$

On déjà vu que $\qquad\qquad x = \begin{cases} +r \\ -3r \end{cases} \qquad$ (n° 315, 2°).

La première valeur correspond au point P ; et c'est la tangente donnée PF elle-même.

La seconde valeur $-3r$ donne OE ; ainsi, en ne tenant compte que de la valeur absolue, on a :

$$OE = 3r ; \quad PE = 4r ; \quad AE = AC = 2r$$

Donc
$$OH = \frac{OD^2}{OE} = \frac{r^2}{3r} = \frac{r}{3}; \quad CH = \frac{4r}{3} \tag{e}$$

$$DH^2 = OD^2 - OH^2 = \frac{9r^2 - r^2}{9} = \frac{8r^2}{9}; \quad DH = \frac{2}{3}r\sqrt{2} \tag{f}$$

$$PF = \frac{3}{2}DH; \quad \text{donc} \quad PF = r\sqrt{2} \tag{g}$$

317. *Calcul de* PH *et* DH, *lorsque* DE = 2DF.

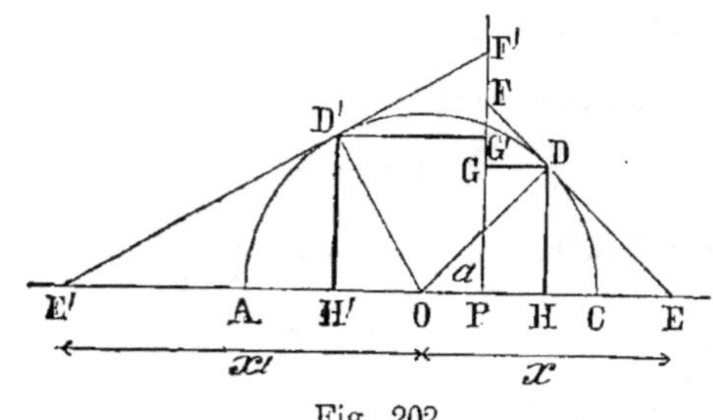

Fig. 202.

$$PH = \frac{PE}{3} = \frac{x - a}{3}; \quad PH = \frac{-a + \sqrt{a^2 + 3r^2} - a}{3}$$

$$PH = \frac{-2a + \sqrt{a^2 + 3r^2}}{3} \tag{h}$$

$$DH^2 = OH.HE = (PH + a).2PH = \frac{a + \sqrt{a^2 + 3r^2}}{3} \cdot \frac{-4a + 2\sqrt{a^2 + 3r^2}}{3}$$

$$DH^2 = \frac{-2a^2 + 6r^2 - 2a\sqrt{a^2 + 3r^2}}{9} \tag{i}$$

La valeur absolue de $PE' = OE' + a = +a + \sqrt{a^2 + 3r^2} + a$

$$PH' = \frac{2a + \sqrt{a^2 + 3r^2}}{3} \tag{j}$$

$$D'H'^2 = r^2 - OH'^2 = r^2 - (PH' - a)^2 = r^2 - \left(\frac{-a + \sqrt{a^2 + 3r^2}}{3}\right)^2$$

$$D'H'^2 = \frac{-2a^2 + 6r^2 + 2a\sqrt{a^2 + 3r^2}}{9} \tag{k}$$

$$PF^2 = \left(\frac{3}{2}DH\right)^2; \quad \text{donc} \quad PF^2 = \frac{-2a^2 + 6r^2 - 2a\sqrt{a^2 + 3r^2}}{4} \tag{l}$$

$$PF'^2 = \frac{-2a^2 + 6r^2 + 2a\sqrt{a^2 + 3r^2}}{4} \tag{m}$$

Note. Nous n'avons résolu le *problème de la tangente* que lorsque les deux droites passent par le centre du cercle (n° 214), ou lorsqu'une des droites passe par le centre et que l'angle des deux lignes est droit (n° 310 à 317); mais, dans le cas général, les deux droites déterminent quatre arcs différents; il y a quatre solutions, et le problème, dépendant d'une équation complète du 4e degré, ne peut être résolu en n'employant que la règle et le compas.

On peut obtenir les quatre points de contact par l'intersection d'une hyberbole et de la circonférence donnée.

(N. A., 1869, page 232.) Le problème de la recherche du point brillant d'une sphère lorsqu'on donne la position du point lumineux et celle de l'œil du spectateur peut être ramené à la question précédente (page 235).

Exercice.

318. Problème. *Un segment parabolique* ABC *est limité par une corde* BC *perpendiculaire à l'axe de la courbe; mener une tangente* FEG, *telle que le point de contact* E *soit le milieu du segment* FG, *limité à la corde prolongée et à la droite* CG, *menée parallèlement à l'axe par l'extrémité* C *de la corde donnée.*

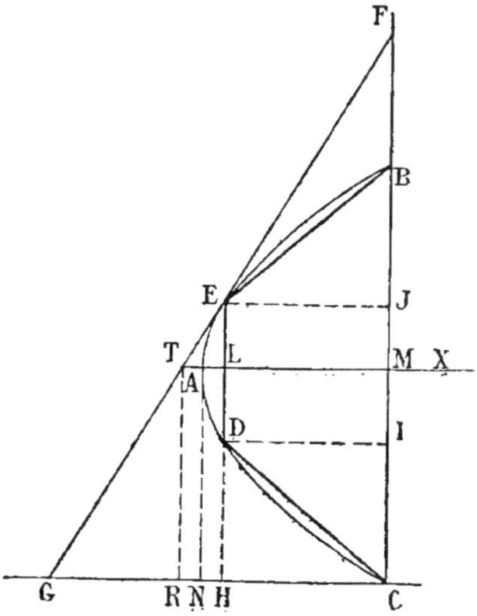

Supposons le problème résolu EF = EG.

On sait que le sommet A divise la sous-tangente TL en parties égales (G., n° 699); prenons pour inconnues AL ou x et LE = y; soit AM = a; BM = b.

Les triangles semblables GRT, TLE donnent :

$$\frac{GR}{RT} = \frac{TL}{LE}$$

ou $\qquad \dfrac{a-3x}{b} = \dfrac{2x}{y} \qquad$ (1)

Fig. 203.

Car $\qquad\qquad$ GR = GH — TL

mais $\qquad$ GH ou HC = AM — AL = $a - x$; TL = $2x$

donc $\qquad\qquad\qquad$ GR = $a - 3x$

(1) donne $\quad ay - 3xy = 2bx \quad$ ou $\quad 3xy + 2bx - ay = o \qquad$ (2)

L'équation de la courbe donne $\dfrac{y^2}{x} = \dfrac{b^2}{a} \qquad$ (G., n° 708)

d'où $\qquad\qquad\qquad x = \dfrac{ay^2}{b^2}$

Cette valeur mise dans l'équation (2) donne :

$$\frac{3ay^3}{b^2} + \frac{2ay^2}{b} - ay = o \quad \text{ou} \quad 3ay^2 + 2aby - ab^2 = o$$

d'où $\qquad\qquad\qquad y = \dfrac{-ab \pm \sqrt{a^2b^2 + 3a^2b^2}}{3a}$

$$y = +\frac{b}{3} \quad \text{et} \quad y = -b$$

La racine positive conduit à $x = \dfrac{a}{9}$; donc AL est le neuvième de AM. Par le point L, ainsi déterminé, il faut mener une corde ELD parallèle à BC.

La racine $y = -b$ donne $x = a$.

On retrouve ainsi la corde CB; cette valeur ne correspond point directement à la question proposée.

Remarques. 1° Au chapitre des *maxima* et des *minima* (n° 365), nous verrons qu'à la corde DE déterminée par la tangente FG, dont le point de contact est le point milieu, correspond le *trapèze maximum* BCDE qu'on puisse inscrire dans le segment parabolique BAC.

L'aire maxima ou $(\text{MB} + \text{LE}) \cdot \text{LM} = \left(b + \dfrac{b}{3} \right) \cdot \dfrac{8}{9} a$

L'aire du trapèze $= \dfrac{32}{27} ab$.

L'aire du segment parabolique $\text{BAC} = \dfrac{2}{3} \text{AM} \cdot \text{BC}$ (G., n°ˢ 707 et 982)

égale $\dfrac{2}{3} a \cdot 2b = \dfrac{4ab}{3}$ ou $\dfrac{36}{27} ab$;

donc l'aire du *trapèze maximum* est les $\dfrac{32}{36}$ ou les $\dfrac{8}{9}$ du segment parabolique.

2° Pour un segment terminé par une corde quelconque, il faut considérer le diamètre conjugué à la corde donnée. L'équation de la parabole rapportée à un diamètre quelconque et à la tangente parallèle aux cordes conjuguées étant de même forme que l'équation de la courbe rapportée à l'axe et à la tangente au sommet, la recherche du trapèze maximum inscrit est identique à la précédente.

On sait que le *diamètre conjugué* à un système de cordes est le diamètre qui divise en deux parties égales toutes les cordes parallèles à la direction donnée.

(*Appendice aux exercices de Géométrie*, n°ˢ 735 et 736.)

319. **Nombre de solutions d'un problème.** On sait qu'une équation a autant de racines qu'il y a d'unités dans le nombre qui exprime le degré de cette équation; néanmoins un problème de géométrie a parfois un plus grand nombre de solutions que le degré de l'équation obtenue pour déterminer l'inconnue.

Nous en donnons un exemple; mais il arrive encore plus fréquemment que les solutions géométriques sont moins nombreuses que ne le comporterait le degré de l'équation, parce que certaines racines ne peuvent être acceptées.

Exercice.

320. **Problème.** *Par le point milieu d'un arc de cercle, mener une droite telle que le segment compris entre la corde de l'arc et l'autre partie de la circonférence ait une longueur donnée l.*

(FRANCŒUR, *Cours de Mathématiques*, tome I.)

Supposons le problème résolu, et $\text{MN} = l$.

Prenons OM, ou x pour inconnue; soit $\text{OA} = a$.

On sait qu'on a : $OM . ON = OD . OB = a^2$ (n° 68, 2°)

$$x(x + l) = a^2$$

On peut déterminer l'inconnue en cherchant les côtés d'un rectangle ayant l pour différence et a^2 pour produit.

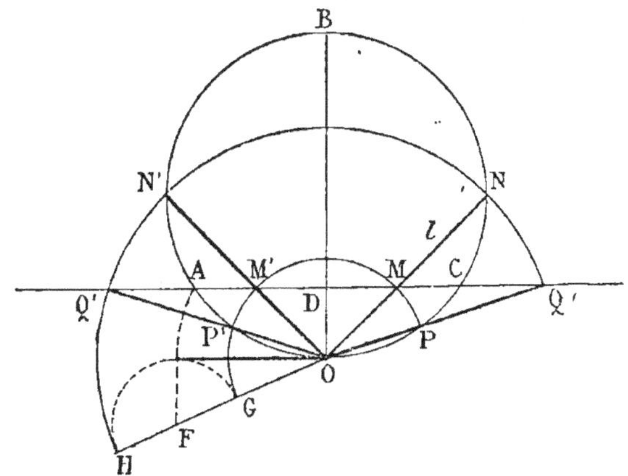

Fig. 204.

On peut aussi résoudre l'équation, et l'on trouve

$$x = -\frac{l}{2} \pm \sqrt{\frac{l^2}{4} + a^2}$$

Construction. Sur une droite parallèle à AC, prenons $OE = OA = a$. Élevons une perpendiculaire EF égale à $\dfrac{l}{2}$.

On aura $OF = \sqrt{\dfrac{l^2}{4} + a^2}$

Puis reportons $\dfrac{l}{2}$ de F en G et en H. La longueur OG représente la première racine et OH la seconde. Or il y a quatre solutions géométriques.

Car PQ répond à la question proposée aussi bien que MN. Il y a en outre les **deux solutions géométriques** M'N', P'Q'.

321. Remarque. Le problème précédent peut s'énoncer comme il suit :

Construire un triangle ANC (ce triangle n'est pas tracé), connaissant la base AC, l'angle N opposé et la longueur l de la bissectrice qui part du sommet N.

Les deux triangles ANC, AN'C ne diffèrent que par leur position.

Les triangles APC, AP'C ne répondent pas à la nouvelle question, car l'angle APC est supplémentaire de l'angle inscrit dans le segment ABC, mais il correspond à la question analogue : *Construire un*

*triangle APC, connaissant la base, la valeur AOC de l'angle opposé
P, et la longueur PQ de la bissectrice extérieure qui part du sommet P.*

Note. L'emploi du problème contraire (nº 213) et de la question qu'on vient
de résoudre (nº 320) donne une solution très simple du *Problème de Pappus*
(nº 309); mais cette solution est indirecte; il en existe plusieurs autres plus ou
moins algébriques; l'une d'elles est de PAPPUS lui-même. NEWTON en a donné plusieurs. On peut consulter les ouvrages suivants :

Nouvelles Annales, 1847, page 458, note de M. ABEL TRANSON; l'auteur indique six solutions, dont plusieurs s'appliquent à un angle donné quelconque.

Dans les *Examens et compositions de Mathématiques*, par MM. MOMENHEIM et
FRANCK, on trouve jusqu'à dix solutions différentes; mais l'angle donné est toujours droit.

Les *Questions d'Algèbre* de M. DESBOVES reproduisent deux des solutions
données par Newton, et en indiquent plusieurs autres. (Voir *Questions d'Algèbre*,
2ᵉ édition, nº 231.)

§ IV. — Relations numériques.

322. **Recherche des relations.** Pour découvrir ou démontrer les
relations qui existent entre les diverses parties d'une figure donnée,
on a recours aux figures semblables, aux propriétés du triangle rectangle ou à des relations préalablement établies.

Exercice.

323. **Problème.** *Par un point fixe A, on mène une sécante MAN
qui coupe les côtés d'un angle XOY. Quelle est la relation qui existe
entre les distances OM, ON ?*

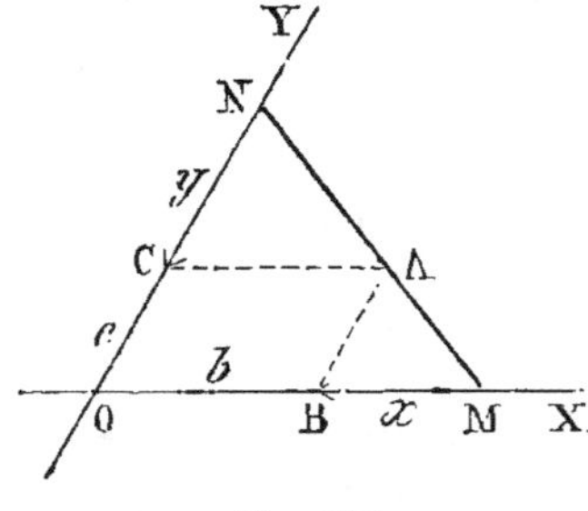

Fig. 205.

Puisque le point A est donné, on
peut mener les parallèles AB, AC
et chercher à exprimer OM, ON en
fonction des longueurs connues b
et c.

Les triangles ABM, NOM sont
semblables et donnent :

$$\frac{AB}{ON} = \frac{BM}{OM} \quad \text{ou} \quad \frac{c}{ON} = \frac{OM - b}{OM}$$

d'où $\quad OM \cdot ON = c \cdot OM + b \cdot ON$

324. **Remarque.** Les points B et C sont connus, on peut donc les
prendre respectivement pour origine des distances BM ou x et CN
ou y, et l'on trouve une relation très simple entre x et y.

Les triangles semblables ABM, NCA donnent :

$$\frac{AB}{x} = \frac{y}{AC} \quad \text{ou} \quad \frac{c}{x} = \frac{y}{b}$$

d'où
$$xy = bc$$

Le produit des segments x et y est constant.

Exercice.

325. Problème. *Du point milieu de la base AB d'un triangle isocèle, on décrit une demi-circonférence tangente aux deux autres côtés; une tangente MN coupe ses côtés : trouver une relation entre les distances AM et BN.*

Les triangles AOM, BON sont équiangles.

En effet, les angles formés au point O sont égaux deux à deux :

$$1 = 1 \quad 2 = 2 \quad \text{et} \quad 3 = 3$$

d'où
$$1 + 2 + 3 = 1^{\text{dr}}$$

Or l'angle N est le complément de 1; mais 1 est aussi le complément de $(3 + 2)$; donc $AOM = N$, et comme $A = B$, les deux triangles sont semblables, et où a

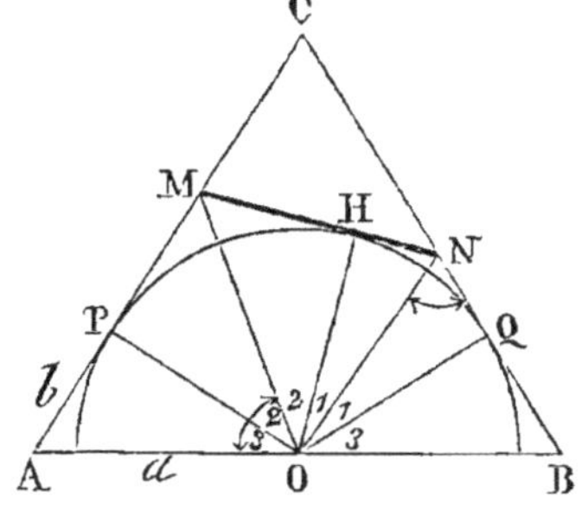

Fig. 206.

$$\frac{AM}{AO} = \frac{OB}{BN}; \quad \text{d'où} \quad AM \cdot BN = AO^2$$

Ainsi le produit des distances AM, BN est constant.

Exercice.

326. Problème. *Lorsqu'on a deux points fixes A et B sur une circonférence, ainsi qu'une corde EF donnée de position et qu'on joint un point quelconque C de la circonférence aux deux points fixes, la corde EF se trouve divisée en trois segments EM, MN, NF; trouver une relation entre ces trois segments.*

Par le point A, menons une parallèle à EF et joignons le point D au point B et prolongeons jusqu'à la rencontre avec EF.

Les triangles MCN, NBO sont équiangles, car les angles N sont égaux, et $C = O$; en effet $C = \frac{1}{2} ADB$

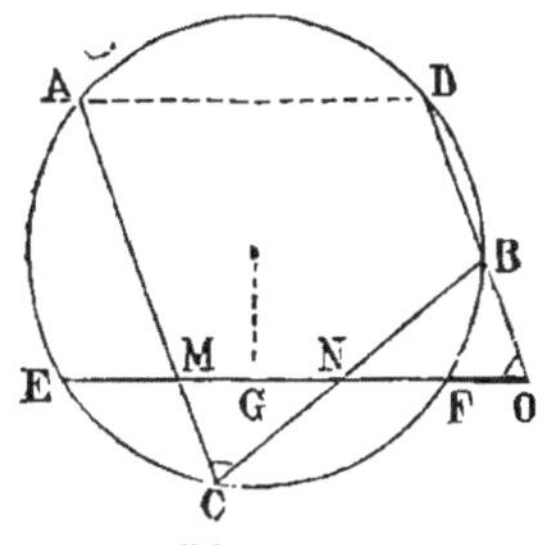

Fig. 207.

$$O = \frac{1}{2}(EAD - BF) = \frac{1}{2}(EADB - DF) = \frac{1}{2} ADB$$

donc
$$\frac{MN}{CN} = \frac{NB}{ND}; \quad MN \cdot NO = CN \cdot NB$$

Mais
$$CN \cdot NB = EN \cdot NF$$

donc
$$EN \cdot NF = MN \cdot NO$$

d'où
$$\frac{EN}{MN} = \frac{NO}{NF}; \quad \text{d'où} \quad \frac{EN - MN}{MN} = \frac{NO - NF}{NF}$$

$$\frac{EM}{MN} = \frac{FO}{NF} \quad \text{d'où} \quad \frac{EM \cdot NF}{MN} = OF \qquad (1)$$

Mais OF est une quantité constante pour les points donnés A et B; donc (1) exprime une relation entre les segments variables EM, MN, NF et une constante OF.

Exercice.

327. **Théorème d'Euler** [*]. *Dans tout triangle ABC la distance d du centre du cercle inscrit, ayant r pour rayon, au centre du cercle circonscrit dont R est le rayon, est donnée par la relation*

$$d^2 = R(R - 2r)$$

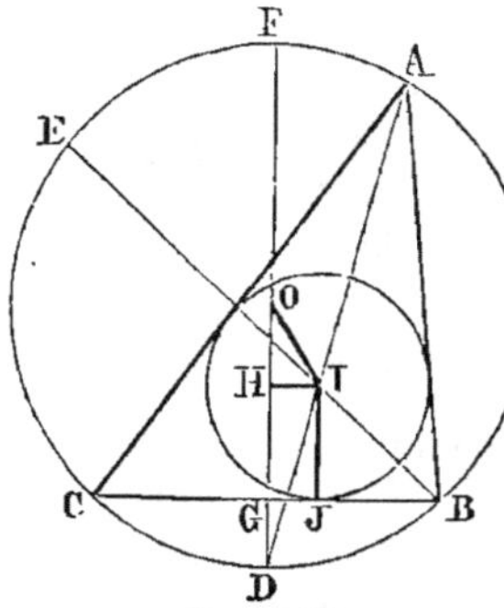

Soient $\quad OI = d; \quad OD = R; \quad IJ = r$

A cause des bissectrices AID, BIE, on a :

Arc $BD = CD; \quad$ arc $AE = CE$

donc　l'arc $DCE = DB + AE$

et l'angle　$DBE = $ angle DIB;

d'où　　　　　　$DB = DI$

Le diamètre DOF est perpendiculaire au milieu de BC; donc

$$BD^2 \quad \text{ou} \quad DI^2 = DG \cdot DF$$
$$DI^2 = 2R \cdot DG$$

Fig. 208.

Du point I, abaissons la perpendiculaire IH sur le diamètre DF, nous aurons :

$$DI^2 = IO^2 + OD^2 - 2 \cdot OD \cdot OH; \quad \text{mais} \quad DI^2 = 2R \cdot DG$$

donc
$$2R \times DG = d^2 + R^2 - 2R(OG - r)$$

$$d^2 + R^2 = 2R(DG + OG - r) = 2R(R - r) = 2R^2 - 2Rr$$

d'où, en simplifiant, et mettant R en facteur commun, on trouve :

$$d^2 = R(R - 2r) \qquad (1)$$

328. **Théorème.** *En désignant par r_a le rayon du cercle ex-inscrit tangent au côté BC ou a, et par d_a la distance correspondante, on aurait :*

$$d_a^2 = R(R + 2r_a) \qquad (2)$$

---

[*] Ce *Théorème d'Euler* a été publié en 1747. (**N. A.**, 1845, page 397.)

328 *bis*. Applications des relations. Dans la méthode algébrique, les relations jouent un rôle analogue à celui que remplissent les lieux géométriques dans la résolution graphique des problèmes.

La formule obtenue établit une première équation entre les inconnues du problème. En voici quelques exemples.

Exercice.

329. Problème. *On donne deux tangentes à un cercle; mener une troisième tangente telle que le segment intercepté sur cette ligne par les deux premières ait une longueur donnée l.*

Menons le diamètre perpendiculaire à la droite OC, qui joindrait le centre au point de concours des tangentes.

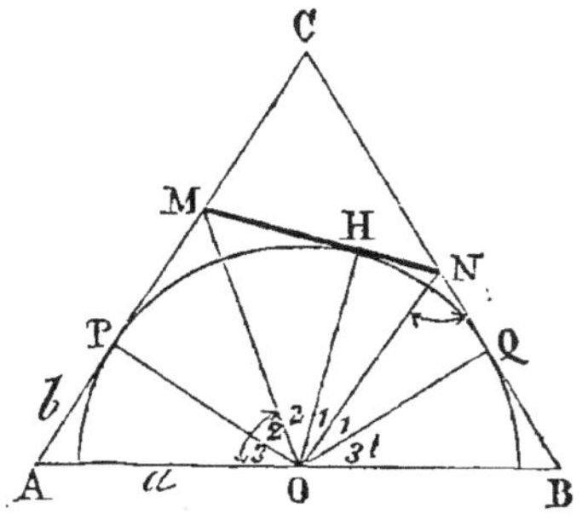

Soient $\quad AO = a, \quad AP = BQ = b;$
$PM = x, \quad NQ = y$

On sait que $\quad MN = MP + NQ,$

donc $\qquad x + y = l \qquad (1)$

d'ailleurs $\quad AM \cdot BN = a^2$ (n° 325)

ou $\qquad (x + b)(y + b) = a^2$

d'où $\quad xy + b(x + y) + b^2 = a^2$

Mais $\qquad x + y = l;$

donc $\qquad xy = a^2 - b^2 - bl \qquad (2)$

Fig. 209.

La question est ramenée à un problème connu, car on connaît la somme et le produit des inconnues (n° 296, et *Alg.*, n° 231).

330. Problème. *On donne une circonférence, une corde fixe EF et deux points A, B sur la circonférence; trouver, sur la courbe, un point C, tel que les droites AC, BC interceptent sur la corde EF, à partir du point milieu G de cette corde, des segments GM, GN dont le produit égale un carré donné k².*

Employons la relation connue (n° 326):

$$\frac{ME \cdot NF}{MN} = FO$$

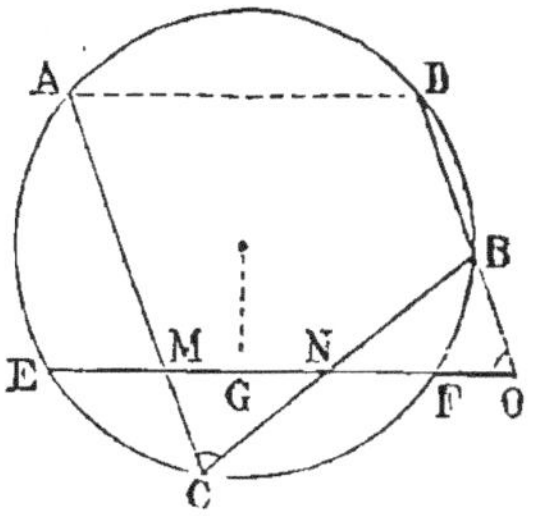

Soient $\quad GE = GF = a; \quad FO = b;$
$\qquad MG = x$ et $\quad GN = y$

On a $\qquad \dfrac{(a - x)(a - y)}{x + y} = b \qquad (1)$

et $\qquad xy = k^2 \qquad (2)$

Fig. 210.

(1) devient $a^2 - a(x + y) + xy = b(x + y)$

remplaçons xy par sa valeur k^2, nous aurons :

$$a^2 + k^2 = (a + b)(x + y)$$

d'où $\qquad x + y = \dfrac{a^2 + k^2}{a + b} \qquad (3)$

M.   6

La question peut être regardée comme résolue, car (2) et (3) font connaître la somme et le produit des deux inconnues. (*Algèbre*, nº 231, et *Exercices de Géométrie*, nº 296.)

Construction. Prenons $HI = GF = a$, $IJ = FO = b$, la perpendiculaire $IK = k$, on aura $HK^2 = a^2 + k^2$.

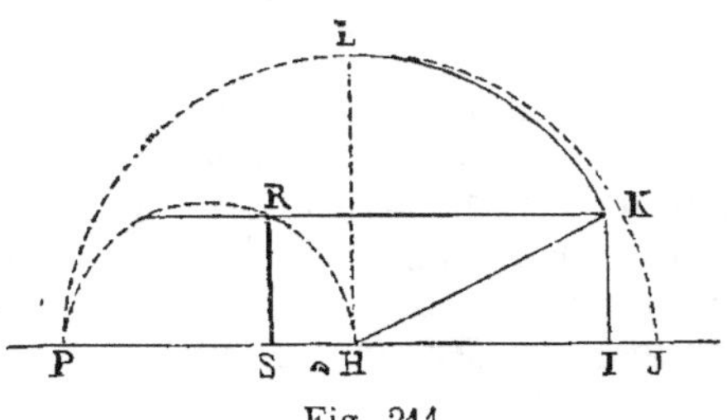

Fig. 211.

Reportons HK de H en L. Décrivons une demi-circonférence ayant son centre sur HJ et passant par L et J, on aura

$$PH = \frac{HL^2}{HJ} = \frac{a^2 + k^2}{a + b} = \text{donc } PH = x + y$$

puis coupons la demi-circonférence PH par la parallèle KR, on aura PS et SH pour les segments demandés, car $PS \cdot SH = k^2$.

331. Remarque. On a résolu d'une manière très simple les problèmes où l'on demandait qu'on eût $MN = l$ ou $MG = GN$ (nºˢ 101, 102, 275 et 276, *Remarque*); néanmoins il est utile d'examiner la solution que donne la relation connue (nº 326)

$$\frac{ME \cdot NF}{MN} = FO = b \qquad (1)$$

1º *Soit à trouver* $\quad MN = l$

On a (fig. 212)

$$ME + NF = 2a - MN = 2a - l \qquad (2)$$

Puis (1) devient $\quad \dfrac{ME \cdot NF}{l} = b$

d'où $\qquad ME \cdot NF = bl \qquad (3)$

(2) et (3) donnent encore la somme et la différence des inconnues.

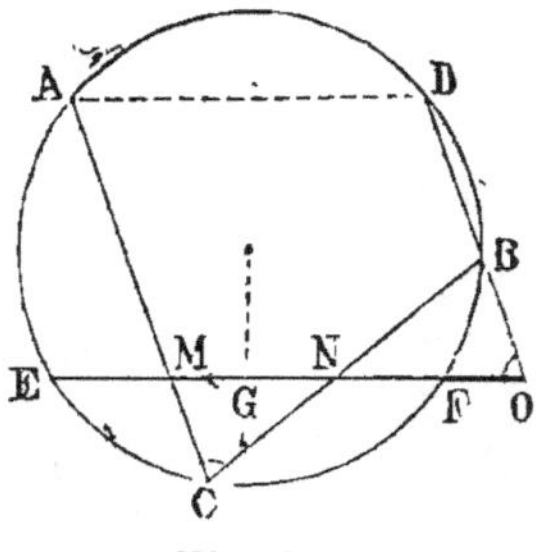

2º *Soit à trouver* $\quad MG = GN$,

d'où $\qquad EM = NF$

La relation (1) devient $\quad \dfrac{ME^2}{2a - 2ME} = b$

Équation du second degré que l'on sait résoudre et construire.

3º *Soit à trouver* $\quad MG - GN = d$

d'où $\qquad NF - EM = d, \quad NF = EM + d$

Fig. 212.

Ainsi $MN = 2a - EM - (EM + d) = 2a - 2EM - d$

La relation (1) devient

$$\frac{ME(ME + d)}{2a - 2ME - d} = b \quad \text{Équation du second degré.}$$

4° Pour $\dfrac{MG}{GN} = \dfrac{m}{n}$,   on trouve $MG = GN \dfrac{m}{n}$

$$MN = MG + GN = GN\frac{m}{n} + GN = GN \cdot \frac{m + n}{n}$$

$$EM = a - MG = a - GN \cdot \frac{m}{n} = \frac{na - mGN}{n}$$

La relation (1) devient

$$\frac{\dfrac{na - mGN}{n} \cdot (a - GN)}{GN\dfrac{m + n}{n}} = b$$

d'où

$$\frac{(na - mGN)(a - GN)}{GN(m + n)} = b$$

$$\text{Équation du second degré.}$$

Problèmes d'Apollonius.

332. *Sur deux droites concourantes* OX, OY *on donne deux points fixes* D, F. *Par un point* A, *mener une sécante* MAN *de manière qu'on ait une des relations suivantes.*

(a) **Problème de la section de raison** *. Les segments DM, FN doivent être dans une raison donnée, c'est-à-dire dans un rapport donné $\dfrac{m}{n}$.

Prenons BM, CM pour inconnues, on aura la relation générale (n° 324) $xy = bc$ (1)

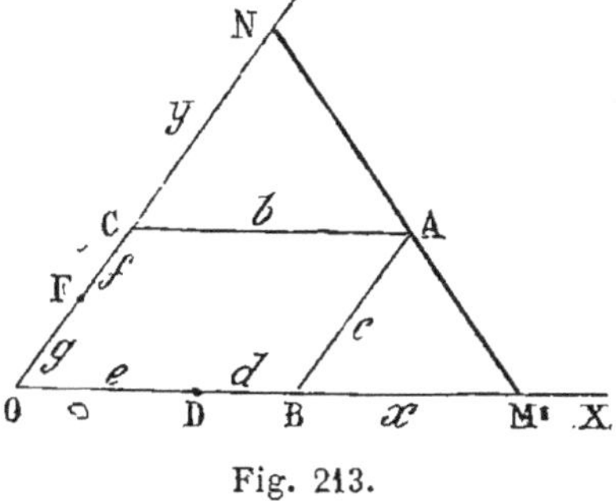

Fig. 213.

puis $\dfrac{DM}{FN}$ ou $\dfrac{d + x}{f + y} = \dfrac{m}{n}$

d'où $nd + nx = mf + my$ (2)

On peut regarder le problème comme résolu, car (1) est du second degré et (2) n'est que du premier.

---

* Nous conservons les dénominations données par Apollonius. (*a*) est nommé *section de raison*, parce qu'il faut que les segments soient dans un *rapport* ou dans une *raison* donnée. (*b*) est nommé *section de l'espace*, parce que le produit est un carré, c'est-à-dire une surface. Le troisième problème (n° 334) est appelé *section déterminée*, parce que le rapport des produits est une quantité connue.

(b) Problème de la section de l'espace. Le produit des distances DM, FN doit égaler un carré donné k^2.

On a donc

$$(d+x)(f+y)=k^2; \quad df+dy+fx+xy=k^2$$

mais $xy = bc$ (n° 324); donc

$$fx+dy=k^2-bc-df \tag{3}$$

Les équations (1) et (3) donnent la solution.

333. Autres Problèmes. Il est facile de proposer plusieurs autres questions.

(c) *On veut avoir* $\mathrm{DM+FN}=l$

ou $d+x+f+y=l$, d'où $x+y=l-d-f$ (4)

(4) et (1) donnent la somme et la différence des racines.

(d) $\mathrm{DM-FN}=l$

$$d+x-(f+y)=l, \quad \text{d'où} \quad x-y=l-d+f \tag{5}$$

(e) $$\dfrac{\mathrm{OD}\,.\,\mathrm{OM}}{\mathrm{OF}\,.\,\mathrm{ON}} = \dfrac{m}{n}$$

ou $$\dfrac{c(x+b)}{g(y+c)} = \dfrac{m}{n} \tag{6} \qquad \text{Premier degré.}$$

Remarque. Nous croyons utile de donner un troisième problème célèbre d'Apollonius (n° 334), bien qu'il ne se rapporte point à la relation utilisée pour les deux premiers.

334. Problème de la section déterminée. *Étant donnés quatre points en ligne droite, on demande de déterminer un cinquième point, tel que le produit de ses distances à deux des points donnés soit au produit des distances aux deux autres, dans une raison donnée* $\dfrac{m}{n}$.

Soient A, B, C, D les points donnés, X le point cherché.

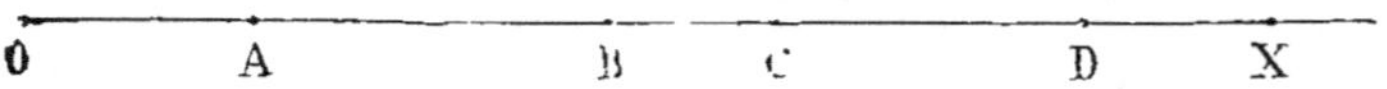

0   A   B   C   D   X

Fig. 214.

Rapportons tous les points à une origine commune; l'un d'eux pourrait être pris comme point de départ, mais, pour plus de généralité, prenons un point quelconque O.

Soient $\mathrm{OA}=a \quad \mathrm{OB}=b... \quad \mathrm{OX}=x$

On a immédiatement $$\dfrac{\mathrm{AX}\,.\,\mathrm{BX}}{\mathrm{CX}\,.\,\mathrm{DX}} = \dfrac{m}{n}$$

c'est-à-dire, en remplaçant AX par $x-a$.. .., DX par $x-d$.

$$\dfrac{(x-a)(x-b)}{(x-c)(x-d)} = \dfrac{m}{n}$$

Équation du second degré que l'on sait résoudre et discuter, car elle n'est qu'un cas particulier de l'équation connue

$$\frac{ax^2 + bx + c}{a'x^2 + b'x + c'} = y \quad (\textit{Exerc. d'Alg.}, \text{n}^\circ 964.)$$

Il y a donc deux solutions, une seule ou aucune, suivant le cas. On sait déterminer, quand il y a lieu, le maximum et le minimum de y, c'est-à-dire de $\frac{m}{n}$.

En un mot, on connaît entre quelles limites $\frac{m}{n}$ peut varier pour des longueurs connues a, b, c, d.

Lorsque les segments AB et CD empiètent l'un sur l'autre, c'est-à-dire quand le point B, par exemple, se trouve entre C et D, il n'y a ni maximum ni minimum.

Note. APOLLONIUS a publié trois traités : *De Sectione rationis* (de la section de raison), *De Sectione spatii* (de la section de l'espace) et *De Sectione determinata* (de la section déterminée). Ce dernier contenait quatre-vingt-une propositions.

HALLEY[*] a traduit le premier des trois traités, et il a rétabli le second d'après les indications de PAPPUS. (Voir *Aperçu historique*, pages 21, 41, 154; et *Géométrie supérieure*, n°s 281, 296 et 298.)

Les trois *Problèmes d'Apollonius* comprenaient un grand nombre de propositions, parce que les anciens démontraient directement chaque cas, chaque variété, chaque figure différente d'une même question. Les généralisations algébriques et analytiques n'étaient point connues : il fallait donc étudier laborieusement les diverses particularités que pouvaient présenter un théorème ou un problème proposés.

Le problème de la *section déterminée* revient au suivant : *Sur la ligne des centres de deux circonférences données, déterminer un point dont les puissances, relatives à chaque cercle, soient dans un rapport donné* $\dfrac{m}{n}$.

Car $(x - a)(x - b)$ (n° 334) est la puissance du point cherché X au cercle décrit par AB comme diamètre. (G., n° 829.)

---

[*] HALLEY, né à Londres en 1656, mort en 1742; célèbre astronome, prédit le retour de la comète qui porte son nom. Comme géomètre, il est connu par son édition du *Traité des coniques d'Apollonius* et par le rétablissement ou la publication des traités *De Sectione spatii* et *De Sectione rationis*, du même auteur.

VII

MAXIMA ET MINIMA

---

335. **Définition.** On appelle *variable* une quantité qui peut passer successivement par différents états de grandeur.

Deux variables sont *fonction* l'une de l'autre, lorsque la variation de l'une entraîne la variation de l'autre.

La *variable indépendante* est celle à laquelle on attribue des valeurs arbitraires; l'autre se nomme *variable dépendante* ou fonction de la première.

Lorsqu'une fonction, variant d'une manière continue, diminue après avoir augmenté, elle passe par une valeur plus grande que les valeurs qui la précèdent et qui la suivent immédiatement; cette valeur est dite un *maximum*. Au contraire, si après avoir diminué la fonction augmente, elle passe par une valeur plus petite que les valeurs voisines; cette valeur est dite un *minimum* *.

336. **Méthode algébrique.** La méthode la plus générale et la plus féconde pour déterminer le *maximum* ou le *minimum* d'une quantité, consiste à traiter la question par l'algèbre, et à discuter le résultat d'après les règles connues (*Alg.*, n° 283); mais il convient de réserver cette méthode pour les exercices proposés dans le cours d'algèbre.

Sans recourir aux équations, on peut résoudre d'une manière très simple un grand nombre de questions géométriques, relativement au *maximum* ou au *minimum* qu'elles peuvent présenter.

§ I. — Solution limite.

337. Pour déterminer la solution limite que peut comporter un problème, on résout ce problème pour une *valeur particulière*, et l'on examine pour quelle valeur ou quelle position spéciales le problème cesse d'être possible.

---

* D'après les exemples donnés par divers auteurs, nous écrivons : les *maxima* et les *minima*; le *maximum* et le *minimum* d'une quantité. Un rectangle de périmètre *maximum* ou *minimum*; un rectangle de surface *maxima* ou *minima*. Plusieurs auteurs écrivent : les *maximums* et les *minimums*, et n'emploient jamais ces mots comme qualificatifs.

Exercice.

338. Problème. *Dans un cercle donné, inscrire le triangle isocèle dont la somme de la base et de la hauteur a une valeur maxima.*

Examinons en premier lieu si la question comporte un maximum.

Pour une base infiniment rapprochée du sommet B, la somme de la base et de la hauteur est nulle ; puis elle prend une certaine valeur quand la base s'éloigne du sommet B. La somme devient égale à 3R, quand la base passe par le centre; mais plus loin elle diminue, car elle se réduit à 2R lorsque la base est à l'extrémité du diamètre mené par le sommet B. Entre ces deux positions, la somme atteint donc une certaine valeur maxima.

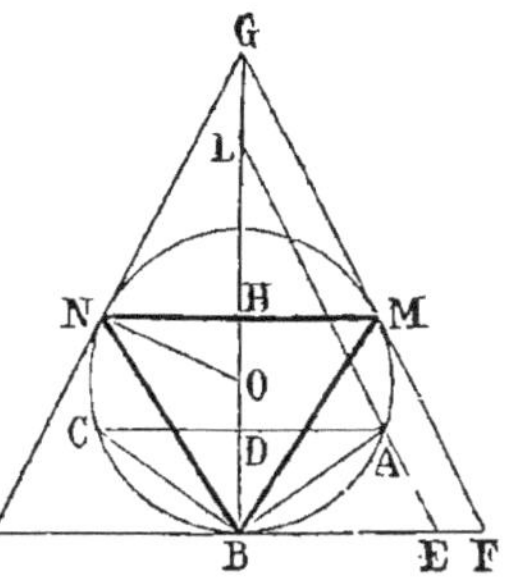

Fig. 215.

Construction. Lorsque la somme doit avoir une longueur déterminée l, on fait la construction connue (n° 211). On prend $BL = l$, $BE = \dfrac{l}{2}$, et la droite EL détermine les points A et A' qui donnent deux triangles isocèles répondant à la question.

Donc le maximum sera donné par la tangente, FMG *parallèle à* EL. La somme

$$BH + MN = BG$$

Valeur du maximum. Les triangles ONG, FBG sont semblables; donc

$$NG = 2NO = 2R, \quad car \quad BG = 2BF$$

$$OG = \sqrt{R^2 + 4R^2} = R\sqrt{5}$$

$$BG = R + R\sqrt{5} = R(1 + \sqrt{5})$$

Exercice.

339. Problème. *Dans un cercle, inscrire le rectangle du périmètre maximum, ou même : Dans une ellipse, mener deux parallèles équidistantes d'un diamètre donné, de manière que le parallélogramme inscrit ait un périmètre maximum.*

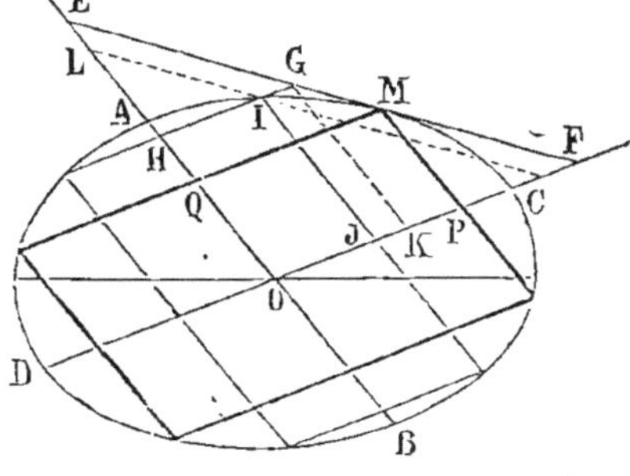

Fig. 216.

On sait que les côtés d'un parallélogramme inscrit sont parallèles à deux diamètres conjugués; menons donc le conjugué DC du diamètre donné AB et une tangente EMF qui détermine un triangle isocèle; le point M est le sommet demandé.

En effet, d'après une propriété connue du triangle isocèle (n° 20),
on a : $$MQ + MP = GH + GK$$
donc $$MP + MQ > IJ + IH, \quad \text{etc.}$$

Remarque. La question précédente peut être considérée comme
n'étant qu'un cas particulier de la suivante.

Exercice:

340. Problème. *On donne deux droites et une courbe; par chaque
point de la courbe on mène des parallèles aux droites données; étudier les variations de la somme des parallèles ainsi menées.*

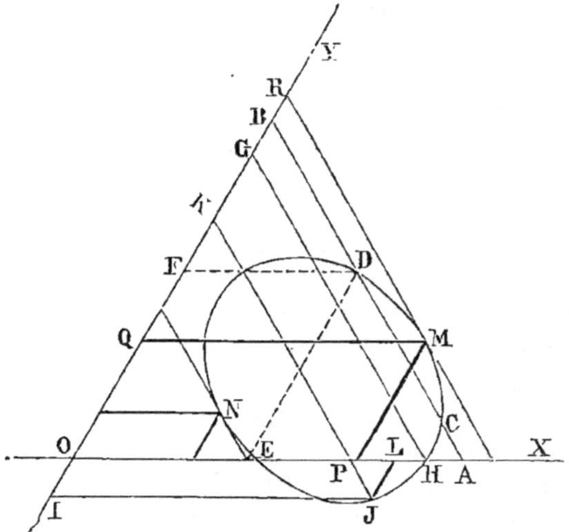

Fig. 217.

Prenons deux longueurs égales OA, OB; le triangle AOB sera
isocèle et donnera $$DE + DF = OB$$
Pour avoir le maximum et le minimum, il faut mener des tangentes
parallèles à BA.

M correspond au maximum.
$$MP + MQ = OR$$
Pour le point D la somme diminue.
Le point de contact N donne le minimum.
Pour le point J, on a : $$JI - JL = OK$$
Pour les points d'intersection, tels que H, une des lignes est nulle.

Remarque. On procède d'une manière analogue lorsqu'on abaisse
des perpendiculaires de chaque point de la courbe sur OX et OY.

Exercice.

341. Problème. *On donne de grandeur et de position une circonférence et une droite limitée CD. Pour quel point A de la circonférence l'angle CAD est-il maximum ou minimum?*

Pour obtenir un angle CAD ayant une grandeur donnée, il faudrait décrire sur CD un arc de segment capable de l'angle donné.

Or l'arc de segment tangent à la circonférence aura, suivant les cas, le plus petit rayon ou le plus grand rayon, parmi les arcs menés par C et D et qui rencontreront la circonférence. On obtiendra donc un maximum ou un minimum. .

Il est intéressant d'examiner les principaux cas de cette question.

1° La droite CD est extérieure, et son prolongement coupe la circonférence sur laquelle doit se trouver le sommet (fig. 218).

Par C et D décrivons des circonférences tangentes à la circonférence donnée AB.

Au point A, l'angle est nul; quand le sommet s'élève sur la circonférence, l'angle augmente; le maximum a lieu au point O, puis l'angle diminue jusqu'au point B, où il devient nul; augmente de nouveau : il y a un second maximum en O', et diminue jusqu'au point A.

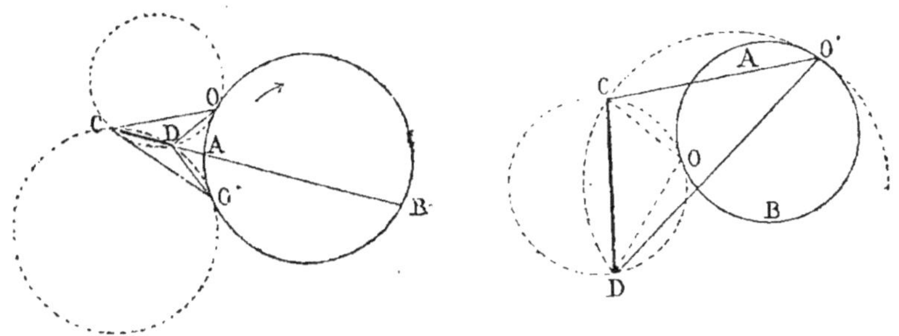

Fig. 218.   Fig. 219.

2° Quand le prolongement de CD ne rencontre pas la circonférence AB (fig. 219), le maximum a lieu au point O; puis l'angle diminue; il arrive à son minimum en O', et augmente de nouveau jusqu'au point O.

3° Quand le prolongement de DC est tangent, le point de contact O' donne un angle nul; puis l'angle augmente jusqu'au point de contact O de la circonférence menée par C et D et tangente à la circonférence : là a lieu le maximum; puis l'angle diminue jusqu'au point de contact du prolongement de la droite.

4° Quand le contact O de CD et de la circonférence que doit décrire le sommet a lieu entre C et D, l'angle égale deux droits en O; puis il diminue, atteint le minimum en O', point de contact intérieur du cercle donné et de celui qu'on peut mener par D et C, etc.

5° Lorsque la circonférence donnée coupe CD (entre C et D), l'angle est nul pour le point où le prolongement de CD coupe de nouveau la circonférence; puis il augmente jusqu'au point où CD coupe la même circonférence : là il égale deux droits, et diminue jusqu'à zéro.

6° Enfin, quand la circonférence coupe deux fois CD entre C et D, il y a deux minimum, et les points d'intersection correspondent à deux droits.

§ II. — Emploi des principes.

342. En géométrie, de même qu'en algèbre, on peut s'appuyer sur quelques *principes* que l'on invoque fréquemment dans les questions de maxima et de minima.

Il est facile de démontrer ces principes, ou, du moins, de les justifier par des voies purement géométriques, car il suffit d'étudier les variations de quelques figures connues.

Exercice.

343. Premier principe. *Le produit de deux facteurs, dont la somme est constante, est maximum lorsque ces facteurs sont égaux entre eux.*

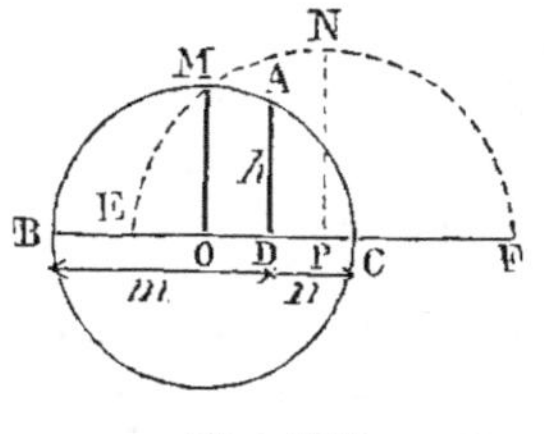

Fig. 220.

En effet, sur BC, somme constante des deux facteurs linéaires, m et n, décrivons une demi-circonférence. On sait que l'on a

$$mn = h^2 \qquad (\text{G., n}^\circ 256);$$

donc le maximum du produit a lieu quand les facteurs BO, OC sont égaux; car alors

$$BO . OC = MO^2$$
$$\text{or} \qquad MO > AD$$

Exercice.

344. Deuxième principe. *La somme de deux facteurs, dont le produit est constant, est minima quand ces facteurs sont égaux.*

Ce principe se déduit du précédent. En effet, soit MO^2 le produit constant. Quand les facteurs sont égaux on a BC ou 2MO pour somme. Mais, quand ils sont inégaux, on peut les considérer comme obtenus par une demi-circonférence EMNF qui passerait par M, car

on a : $$EO . OF = OM^2$$

Mais $$EF = 2PN, \quad \text{or} \quad PN > OM$$

donc, on a $$BC < EF$$

Exercice.

345. Troisième principe. *Le produit de deux facteurs, dont la somme des carrés est constante, est maximum quand ces facteurs sont égaux entre eux.*

On peut considérer les deux facteurs AB, AC comme les côtés de l'angle droit d'un triangle rectangle dont l'hypoténuse égale la racine carrée de la constante, car on a

$$AB^2 + AC^2 = BC^2 = MB^2 + MC^2$$

Mais le produit $AB \cdot AC = BC \cdot AD$

tandis que $MB \cdot MC = BC \cdot MO$

or on a $MO > AD$

donc le produit $MB \cdot MC$ est plus grand que $AB \cdot AC$.   *C. Q. F. D.*

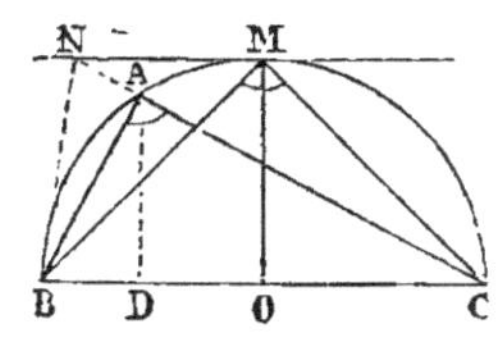

Fig. 221.

On en déduit le principe réciproque suivant:

346. Quatrième principe. *La somme des carrés de deux facteurs, dont le produit est constant, est minima lorsque ces facteurs sont égaux.*

La démonstration directe de cette réciproque est d'ailleurs très simple. Par le point M (fig. 221), menons une parallèle à la base BC, prolongeons CA et joignons BN.

Les triangles BMC, BNC sont équivalents, car ils ont même base et même hauteur, donc $BM \cdot MC = BA \cdot NC$

Mais $BM^2 + MC^2 = BA^2 + AC^2$

donc $BM^2 + MC^2 < BA^2 + NC^2$ *C. Q. F. D.*

Exercice.

347. Problème. *Dans un triangle isocèle rectangle, inscrire le rectangle de surface maxima.*

1° On sait que pour chaque point de la base d'un triangle isocèle, la somme des perpendiculaires abaissées sur les autres côtés est constante; donc

$$MP + MQ = DE + DF$$

donc, d'après le premier principe, le rectangle MPAQ est maximum lorsque les côtés MP, MQ sont égaux; par suite le rectangle maximum a pour sommet le milieu M de l'hypoténuse.

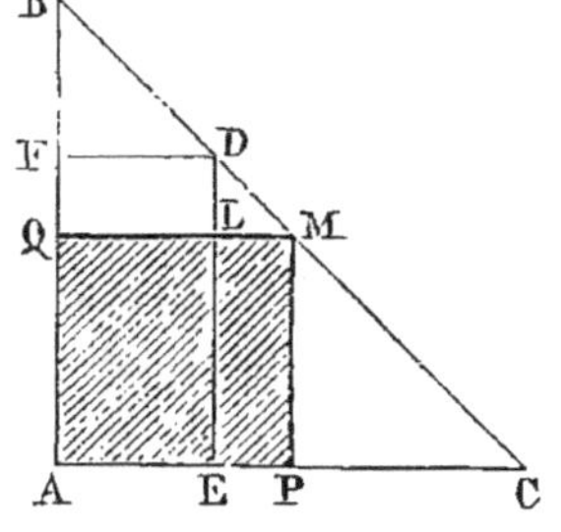

Fig. 222.

2º On peut encore dire :

Les rectangles MPAQ, DEAF ont une partie commune; il suffit de comparer MPEL à DLQF.

Or les hauteurs ML, DL sont égales, tandis que

$$MP \quad ou \quad MQ > LQ$$

donc $$MPEL > DLQF$$

Ainsi le carré MPAQ est le rectangle maximum.

Exercice.

348. Problème. *Dans un cercle donné, inscrire le rectangle de surface maxima.*

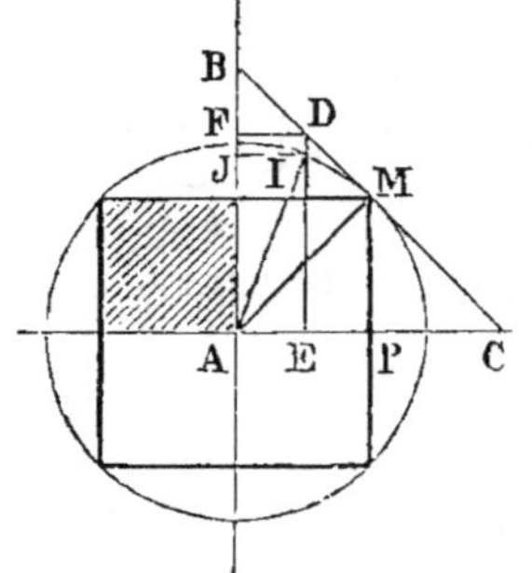

1º D'après le problème précédent (nº 347), on peut mener la tangente BC de manière à former un triangle rectangle isocèle, et le milieu M de l'hypoténuse sera le point de contact.

On aura, en envisageant le ¹/₄ de la surface,

$$surface \ APMQ > AEDF$$

donc à fortiori

$$APMQ > AEIJ$$

Fig. 223.   2º On peut encore dire

$$IE^2 + IJ^2 = R^2 = MP^2 + MQ^2$$

donc le maximum a lieu quand les facteurs sont égaux (IIIe Principe, nº 345).

Remarque. Le rectangle inscrit maximum est un carré, soit pour le triangle rectangle isocèle, soit pour le cercle.

Exercice.

349. Problème. *Par le sommet M d'un parallélogramme APMQ, mener une droite BMC de manière que le triangle BAC soit minimum.*

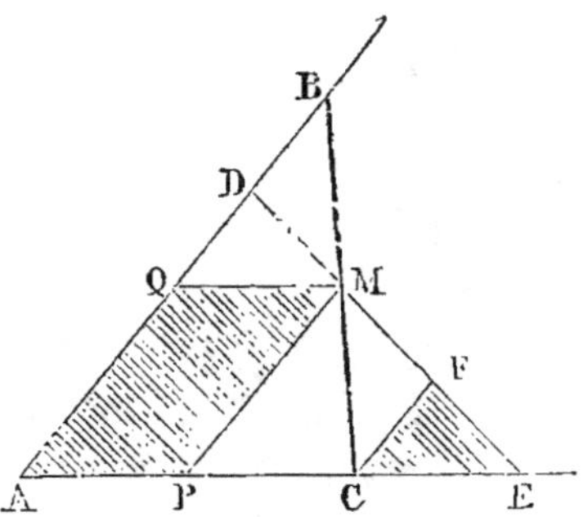

Considérons deux sécantes : l'une quelconque DME, et l'autre BMC, dont le point M est le milieu; cette dernière donne le *minimum*.

En effet, menons CF parallèle à BD.

A cause de BM = MC, les deux triangles MBD, MCF sont égaux. Donc le triangle ABC est équivalent à ADFC.

Fig. 224.

Donc   ABC < ADE   *C. Q. F. D.*

Ainsi : *Le triangle circonscrit ABC est minimum lorsque la base BC est divisée en deux parties égales par le sommet du parallélogramme.*

350. Remarque. *A toute question de maximum répond une question de minimum, et réciproquement;* on pourrait donc tirer de l'exemple ci-dessus la conclusion suivante :

Théorème. *Le parallélogramme APMQ, inscrit dans un triangle ABC, est maximum lorsque son sommet M est au milieu de la base.*

Ce théorème a d'ailleurs été déjà donné comme application de la méthode de *modification des ordonnées* (n° 201), et déduit aussi d'un problème résolu par la *Méthode algébrique* (n° 303, *d, Remarque*).

Mais l'emploi très fréquent que nous en ferons exige quelques nouveaux détails.

Exercice.

351. Problème. *Dans un triangle quelconque inscrire le rectangle maximum.*

Deux des sommets du rectangle doivent être sur la base du triangle, et les deux autres sommets sur les côtés.

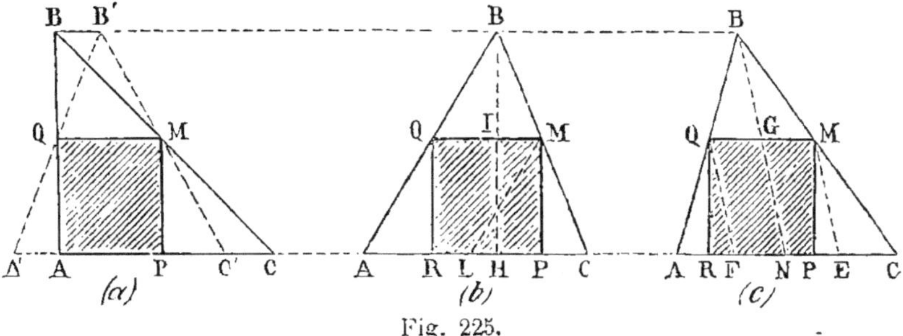

Fig. 225.

1° Fig. (*a*). Pour un triangle rectangle BAC, dont les côtés AB, AC pourraient être inégaux, le rectangle maximum est donné par le point milieu M de BC.

Surface
$$APMQ = \frac{1}{2}ABC$$

2° Fig. (*b*). D'après le théorème relatif à la modification des ordonnées (n° 201), le parallélogramme maximum ALMQ est donné par le point milieu M de BC; d'ailleurs, comme on peut le vérifier directement, on a $ALMQ = \frac{1}{2}ABC$, ainsi qu'on le déduirait du n° 201. Or le rectangle RPMQ est équivalent au parallélogramme; donc, *pour un triangle quelconque*, le rectangle minimum a deux de ses sommets aux points milieux des deux côtés.

Sa surface est la moitié de celle du triangle.

En menant la hauteur on aurait pu dire, d'après le premier cas, le rectangle RHIQ est maximum pour AHB, et il égale sa moitié;

de même HPMI est maximum ,pour HCB et égale sa moitié ; donc RPMQ est maximum pour ABC et égale sa moitié.

3° Fig. (c). On peut encore arriver au résultat précédent par une voie qui sera très utile pour l'étude des figures inscrites dans les courbes à diamètres rectilignes. Menons la médiane BN (fig. c) et les parallèles ME et QF. Chacun des parallélogrammes NEMG, FNGQ, égaux entre eux, est maximum pour le triangle correspondant ; mais le rectangle RPMQ est équivalent au parallélogramme FEMQ ; donc le rectangle est maximum.

352. Scolie. I. Pour un triangle donné ABC, en prenant successivement chaque côté pour base, on obtient trois rectangles équivalents entre eux, car *chaque rectangle maximum est la moitié du triangle.*

II. Tous les triangles circonscrits au rectangle (fig. a) et ayant même hauteur ont aussi même base, car cette ligne égale 2MQ ; ils sont équivalents entre eux et correspondent au triangle minimum circonscrit.

§ III. — Variable regardée comme constante.

353. Lorsqu'il y a plus de deux variables, trois, quatre, par exemple, on peut regarder momentanément une ou plusieurs de ces variables comme étant constantes, afin de ne conserver que deux quantités variables ; on cherche le maximum ou le minimum relatifs qui peuvent résulter de ces deux variables, puis on en déduit le maximum ou le minimum réels qu'entraîne l'ensemble des variables.

Exercice.

354. Problème. *Dans un demi-cercle, inscrire le quadrilatère de surface maxima, le diamètre du demi-cercle étant un des côtés du quadrilatère.*

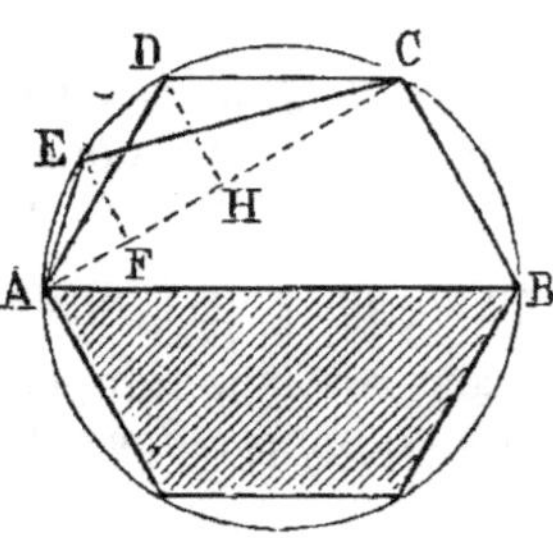

Fig. 226.

Soit un quadrilatère quelconque AECB. Admettons que BC ne change point. Les variations de la surface ne peuvent dépendre que du déplacement du sommet E sur l'arc AEDC ; or le maximum du triangle ADC a lieu quand D est au milieu de l'arc, car alors la flèche DH est plus grande que EF ; ainsi le *maximum relatif exige que les cordes AD et DC soient égales entre elles.*

Pour la même raison il faut que C soit le milieu de l'arc DCB ; donc le maximum a lieu quand les trois cordes sont égales.

Remarques. 1° Le quadrilatère ADCB est la moitié de l'hexagone régulier inscrit.

2° Quelle que soit la corde donnée AB, le maximum a lieu lorsque les trois cordes variables sont égales entre elles.

3° **On** démontre de la même manière que le triangle inscrit de surface maxima est équilatéral.

Exercice.

355. Théorème. *Dans un cercle donné, et pour un nombre donné de côtés, le polygone régulier inscrit est celui dont la surface est maxima.*

En effet, si deux cordes AB et BC n'étaient point égales entre elles, on augmenterait la surface du triangle formé par ces deux cordes et la diagonale BC en prenant le point milieu de l'arc; donc les cordes prises deux à deux doivent être égales, donc le polygone maximum est régulier.

Exercice.

356. Théorème. *De deux polygones réguliers inscrits dans le même cercle, celui qui a le plus grand nombre de côtés est maximum.*

En effet soit, par exemple, un carré ABCD.

Le pentagone AEBCD a une surface plus grande; or le pentagone régulier a une plus grande surface que AEBCD; donc le pentagone régulier inscrit est maximum par rapport au carré, etc.

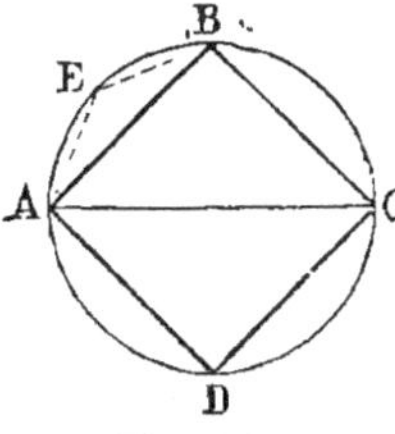

Fig. 227.

Exercice.

357. Problème. *Inscrire dans un demi-cercle, en prenant pour base le diamètre, le quadrilatère de périmètre maximum.*

En regardant un côté BC comme invariable, il suffit de considérer AE et EC, ou leurs moitiés EF, EG obtenues en abaissant du centre des perpendiculaires sur les cordes. Menons la tangente au point milieu D de l'arc. Or on sait que pour chaque point de IJ la somme des perpendiculaires est constante; donc

$$DH + DL > EF + EG,$$

puisque E est dans l'intérieur de IOJ (n°s 339 et 340).

Ou $DM + DN < AE + EC$

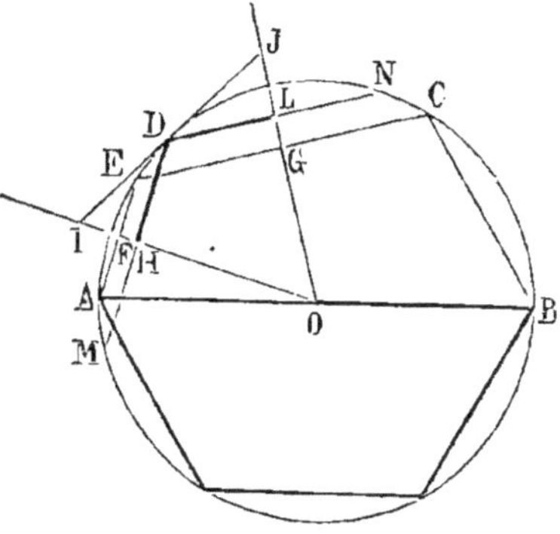

Fig. 228.

Mais les arcs AEC, MDN sont égaux ; donc, pour deux arcs dont la somme est constante, la somme des cordes est maxima lorsque les arcs sont égaux.

Donc le *quadrilatère inscrit a le périmètre maximum lorsque les trois côtés variables sont égaux entre eux.* On retombe ainsi sur le demi-hexagone régulier (n° 354).

Scolie. Pour un nombre donné de côtés, le polygone régulier inscrit a le périmètre maximum.

Exercice.

358. Problème. *Trouver un point dans l'intérieur d'un triangle, tel que la somme des carrés de ses distances aux trois sommets soit un minimum.*

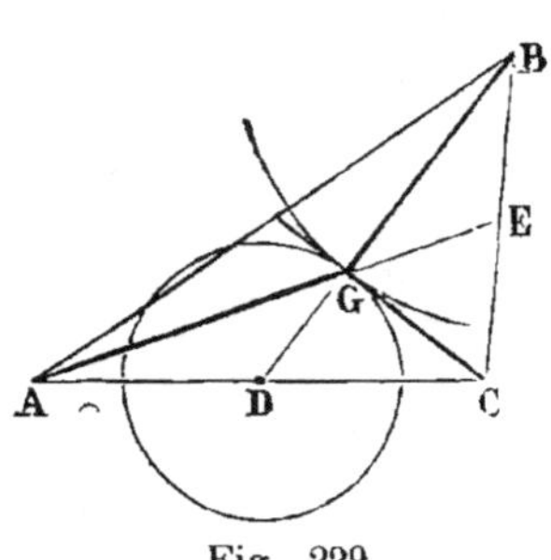

Fig. 229.

Admettons que la somme des carrés de AG et de CG soit constante.

On sait que le lieu des points G est une circonférence ayant pour centre le point milieu D de AC ; car le théorème du carré de la médiane (G., n° 254) donne

$$AG^2 + CG^2 = 2AD^2 + 2DG^2$$

La variation de la somme demandée ne peut dépendre que de la position du point G sur la circonférence ; or la plus courte distance du sommet B à la circonférence est donnée par la ligne des centres BD ; donc le point G se trouve sur la médiane BD. Pour une raison analogue, en regardant la somme $BG^2 + CG^2$ comme constante, le point demandé est sur la médiane AE ; donc *le point de concours des médianes donne la somme minima.*

Remarque. Un calcul facile donne :

$$AG^2 + BG^2 + CG^2 = \frac{AB^2 + BC^2 + AC^2}{3}$$

§ IV. — Emploi de la Tangente.

359. Lorsqu'on donne une courbe quelconque et deux droites OX, OY (fig. 230), on peut demander le *maximum* ou le *minimum* du parallélogramme formé en menant par un point de la courbe deux droites parallèles aux axes, ou, ce qui revient au même, on peut demander le *minimum* ou le *maximum* du triangle MON, déterminé par une tangente MN à la courbe.

Dans tous les cas possibles, le maximum ou le minimum sont donnés par une tangente MCN *divisée en deux parties égales par le point de contact* C.

Remarque. La solution indiquée ci-dessus est générale, mais on doit se rappeler que le problème qui consiste à mener la tangente ne peut pas toujours être résolu quand on n'emploie que la règle et le compas (n° 317, *note*).

Exercice.

360. Problème. *On donne une courbe et deux droites, quel est le parallélogramme inscrit maximum?*

Menons la tangente MCN telle que le point C soit le milieu de MN. Le parallélogramme OPCQ est maximum. En effet :

1re Démonstration. Pour tout autre point G, on a :

$$ORGL < OKHL$$

mais $OKHL < OPCQ$ (n° 351);

donc $ORGL < OPCQ$ *C. Q. F. D.*

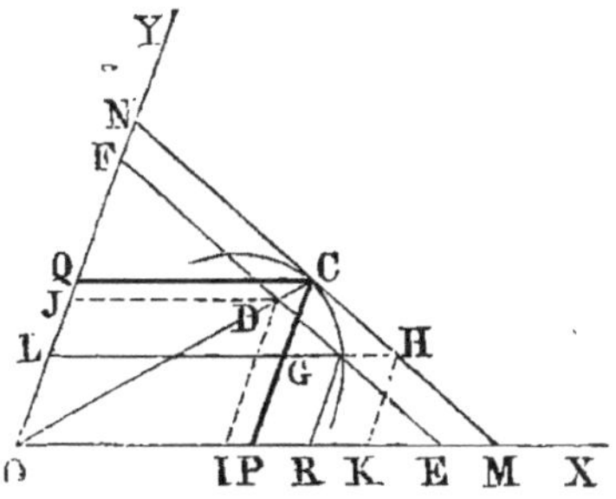

2e Démonstration. Par le point G, menons une parallèle EF à MN; on aura $DE = DF$, c'est-à-dire que D est le point milieu de EF.

Or $ORGL < OIDJ$ (n° 351),

mais $OIDJ < OPCQ$

donc $$ORGL < OPCQ \qquad C. Q. F. D.$$

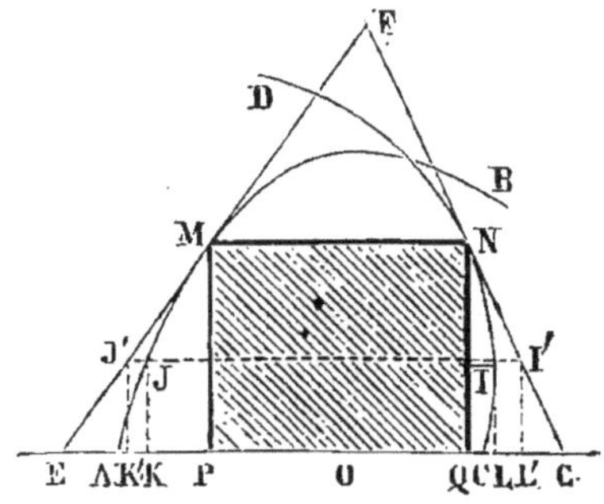

Fig. 230.

Remarque. Ces deux démonstrations exigent que la courbe, dans les régions voisines du point C, soit comprise entre la tangente et les axes OX, OY.

Exercice.

361. Théorème. *Lorsqu'on a deux courbes* AB, CD *qui tournent leur concavité vers un même point* O *du segment rectiligne* AC *qui joint deux points de ces courbes, le rectangle maximum inscrit.* PMNQ *est celui qui est déterminé par des tangentes* EMF, FNG, *divisées en deux parties égales par les points de contact* M *et* N.

En effet, le rectangle PMNQ est le plus grand qu'on puisse inscrire

Fig. 231.

dans le triangle EFG; donc tout autre rectangle inscrit dans les courbes donne

$$IJKL < I'J'K'L' < NMPQ \qquad C. \ Q. \ F. \ D.$$

362. **Problème de Newton.** *Dans un segment donné d'une courbe quelconque, inscrire un rectangle d'aire maxima.*

A la courbe donnée, il faut circonscrire un angle EFG, tel que les points de contact M, N soient les milieux des côtés EF, FG.

Remarques. 1° On peut arriver à la solution de ce problème en recourant à des considérations infinitésimales assez élémentaires.

(Voir Paul SERRET, *Des Méthodes en Géométrie*, page 105.)

2° Voici quelques applications de l'emploi de la tangente.

Exercice.

363. **Problème.** *A une circonférence donnée, inscrire le triangle isocèle d'aire maxima.*

On sait que le triangle d'aire maxima est équilatéral (n° 354, *Remarque* 3°). On arrive à la même conclusion en employant la tangente.

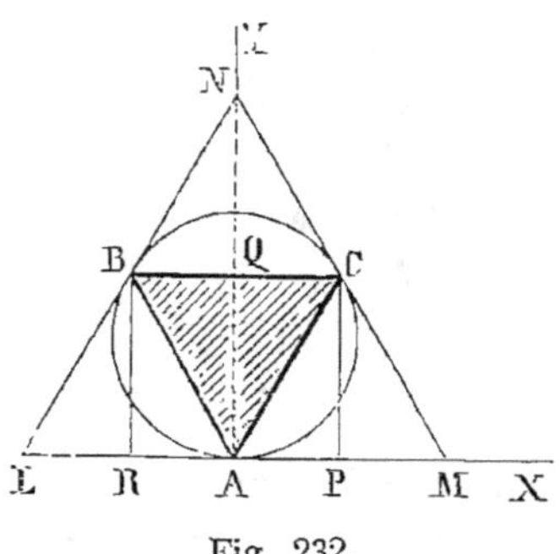

Il suffit de considérer la moitié de la figure comprise entre la tangente AX et la perpendiculaire AY.

La tangente MCN telle que MC = CN répond à la question, APCQ est maximum (n° 360), mais les tangentes MA, MC sont égales comme issues du même point; donc $\quad$ LM = MN.

Puis le triangle ABC est maximum en même temps que le rectangle PCBR; d'ailleurs AC, médiane du triangle rectangle MAN, égale

$$CM = AM = BC$$

Fig. 232.

Donc, pour les triangles inscrits, le triangle équilatéral ABC est maximum.

Remarque. La tangente MCN, que le point de contact C divise en deux parties égales, donne aussi le triangle circonscrit minimum, ainsi qu'on le démontrera bientôt (n° 367).

Exercice.

364. **Problème.** *Dans un secteur AOB, ou dans un segment EGF, inscrire le rectangle maximum.*

Il suffit de s'occuper de la moitié de la figure.

1° Pour le secteur, il suffit de prendre la moitié C de l'arc AD, car la tangente MCN sera divisée en deux parties égales.

RPCQ est maximum pour le triangle RMN.

RPHL est maximum pour RMO.

Donc LHCQ est maximum pour OMN; d'ailleurs C est le seul point
du périmètre du triangle
qui appartienne à l'arc;
donc, à fortiori, tout autre
rectangle appuyé sur l'arc
et sur A serait-il plus petit
que LHCQ.

2° Pour le segment, il
faut mener IHJ de manière
que H soit le milieu. Le
calcul du rectangle dépend
de la longueur OJ qui dé-
termine la tangente (n° 312).

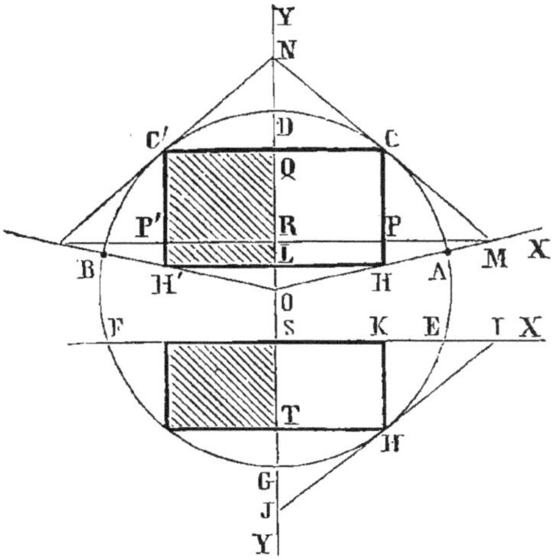

Soient $OA = r$ et $OS = a$,
on a :

$$HK = \frac{-3a + \sqrt{a^2 + 8r^2}}{4}$$

(n° 312, *formule* 1).

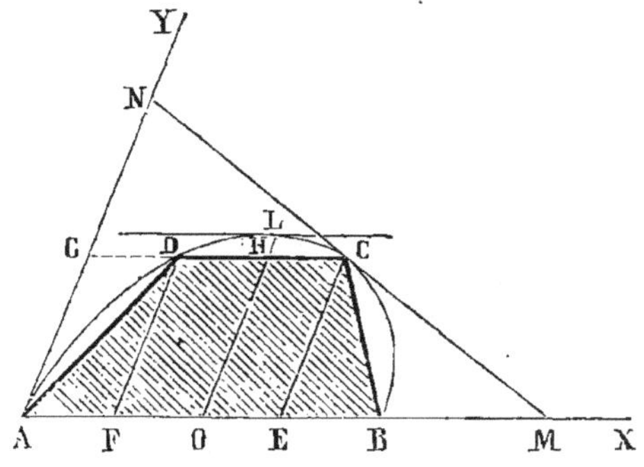

Fig. 233.

$$TH^2 = \frac{-a^2 + 4r^2 - a\sqrt{a^2 + 8r^2}}{8} \qquad (\textit{formule } 2).$$

$$2TH \cdot HK = \frac{-3a + \sqrt{a^2 + 8r^2}}{2} \sqrt{\frac{-a^2 + 4r^2 - a\sqrt{a^2 + 8r^2}}{8}}$$

Exercice.

365. Problème. *Dans un segment donné, inscrire le trapèze maximum.*

Le trapèze doit avoir pour
bases la corde qui limite le
segment et une parallèle à
cette corde.

La solution très simple
que nous allons donner s'applique avec facilité à toutes
les courbes qui ont un diamètre rectiligne pour lieu
géométrique des points milieux des cordes qui sont
parallèles à la base du segment.

Soit le problème résolu;

Fig. 234.

OL le diamètre qui divise en deux parties égales toute parallèle à AB,
et AGN une parallèle à OL. On a donc $AO = OB$, $DH = HC$,
par suite $AF = EB$. Donc les triangles AGD, CBE sont équivalents
comme ayant des bases égales et même hauteur; donc le trapèze

ABCD est équivalent au parallélogramme AECG; donc encore le maximum est déterminé par la tangente MCN, que le point de contact divise en deux parties égales *.

Exercice.

366. Problème. *Dans une courbe à centre, et à diamètres rectilignes, mener une corde* BC *parallèle à une droite donnée* xy, *de manière que le quadrilatère* ABCD, *ayant pour côtés opposés la corde* BC *et un diamètre* AD *donné, ait une aire maxima.*

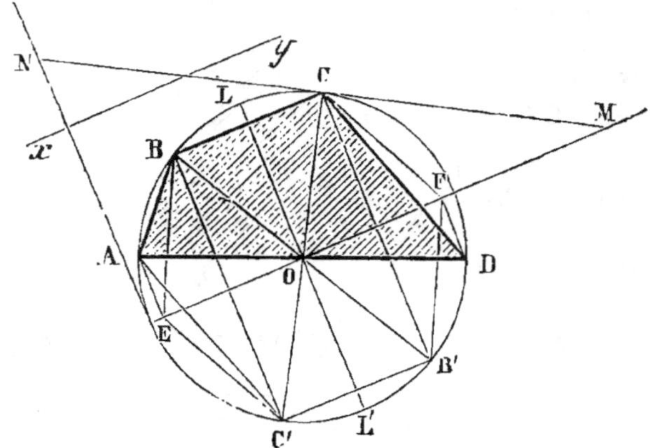

La droite AN ne doit pas être tangente, mais passer par le point E, par le sommet A, et être parallèle à LoL'.

Fig. 235.

Supposons le problème résolu. Menons un diamètre parallèle à la droite donnée; projetons les sommets A et B sur EF par des droites parallèles au diamètre LOL′ conjugué de EF, on aura DE = OF. Menons aussi les diamètres BOB′ COC′; les cordes BC′ et CB′ sont parallèles aux projetantes AE, DF.

Donc la figure ABCDB′C′A est équivalente à la figure EBCFB′C′E, car les triangles tels que CFB′ et CDB′ sont équivalents.

Donc le maximum de ABCD a lieu en même temps que le maximum du trapèze équivalent EBCF; mais le maximum de EBCF s'obtient en menant MCN de manière que MC = CN; donc, etc. **

---

* On peut consulter la solution analytique de cette question. (*Nouvelles Annales mathématiques*, 1879, page 379.)

** Pour la solution analytique, voir N. A., 1879, page 425.

Les solutions analytiques dues à MM. LEZ et MORET-BLANC sont remarquables à divers titres; mais *elles font valoir la simplicité et l'élégance* de la solution géométrique que nous donnons.

M. MORET-BLANC, professeur de mathématiques spéciales au lycée du Havre, a résolu un grand nombre de questions proposées par les *Nouvelles Annales mathématiques*.

Exercice.

367. Problème. *On donne deux axes* DX, DY *et une courbe dont la concavité est tournée vers l'origine* D; *mener une tangente* MN *qui détermine le triangle minimum.*

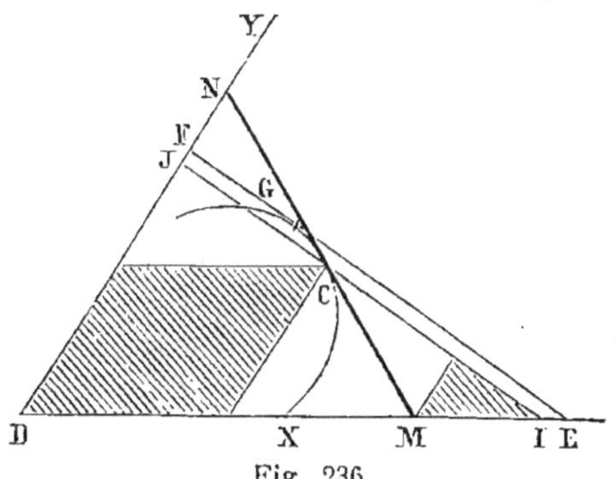

Fig. 236.

On mène la tangente MCN telle que   MC = CN.
Le triangle MDN est minimum.

En effet, la courbe est comprise entre la tangente et l'origine; toute autre ligne ICJ sera sécante et plus courte que la tangente EGF qui lui serait parallèle; or le triangle MDN est plus petit que IDJ (n° 349) et à plus forte raison que DEF; donc MDN est minimum.

Exercice.

368. Problème. *On donne deux axes* OX, OY *et une courbe tangente à ces deux axes; étudier, d'une manière générale, le maximum et le minimum pour le parallélogramme ayant son sommet sur la courbe, et pour le triangle formé par une tangente et les axes.*

1° *Hyperbole rapportée à ses asymptotes.*

On sait que toute tangente est divisée en deux parties égales par le point de contact (n° 175), et que tous les triangles tels que MON, M'ON' sont équivalents (n° 78, *Remarque*); donc pour cette courbe tangente aux asymptotes en des points infiniment éloignés de l'origine, il n'y a ni maximum ni minimum, puisqu'on a :

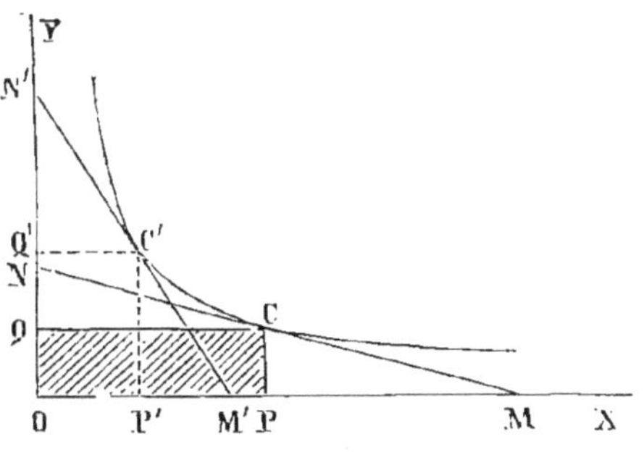

Fig. 237.

$$MON = M'ON' \quad \text{et} \quad OPCQ = OP'C'Q'$$

Mais toute autre courbe donnera un maximum ou un minimum, suivant le sens de la concavité de la partie considérée.

369. 2° *Courbe quelconque tangente aux axes, ou coupant les axes.*

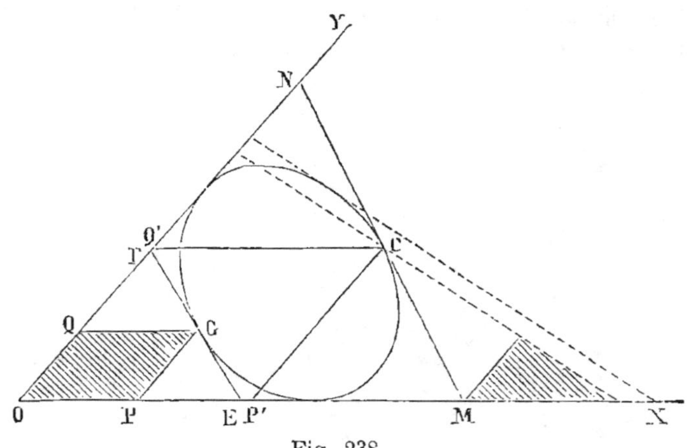

Fig. 238.

1° La tangente MCN telle que MC = CN, lorsque la courbe, dans les environs du point de contact, tourne sa concavité vers les axes, donne le *parallélogramme maximum* OP'CQ' et le *triangle minimum* MON (n°ˢ 360 et 367).

2° La tangente EGF, menée à la partie de la courbe qui tourne sa concavité vers les axes (fig. 238), et telle que EG = GF, donne le *triangle maximum* OEF.

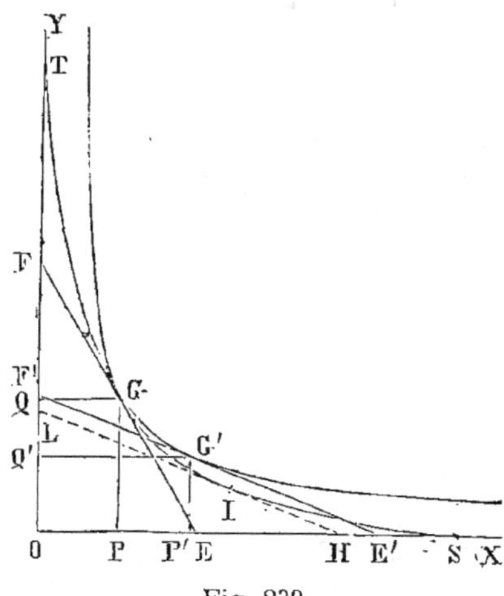

Fig. 239.

En effet, l'hyperbole tangente à FE au point G (fig. 239), et dont OX, OY seraient les asymptotes ayant ses points de contact à l'infini, se trouve à droite de la partie convexe SGIT, par rapport à l'origine O. Or le triangle OE'F', donné par une tangente quelconque, est équivalent au triangle OEF; donc

$$OHL < OEF \quad C.Q.F.D.$$

Mais OPGQ est aussi *maximum*, car il est équivalent au parallélogramme OP'G'Q' (n° 78), et ce dernier est plus grand que celui dont le sommet serait au milieu de HL, et, à plus forte raison, plus grand que celui dont le sommet serait au point I.

370. **Remarque.** Les exercices précédents (n°ˢ 367, 368 et 369) répondent d'une manière très simple aux divers cas d'inscription d'un rectangle, d'un parallélogramme, d'un triangle dans une courbe donnée, ainsi qu'au problème du triangle minimum circonscrit. La seule difficulté *est de mener une tangente qui soit divisée en deux parties égales par le point de contact.* On sait néanmoins mener la tangente dans un assez grand nombre de cas (n⁰ˢ 310 à 319); dans les autres circonstances, lorsque la règle et le compas ne suffisent plus pour résoudre géométriquement le problème de la tangente, *la méthode algébrique cesse d'être élémentaire, et il en est de même de l'emploi de la Trigonométrie.*

Un autre avantage de la méthode géométrique est de manifester l'analogie que présentent un grand nombre de questions qui réclament cependant une mise en équation et une analyse différentes.

Enfin, avec de légères modifications, *la Méthode de la tangente s'applique aux questions de volume.*

§ V. — Volume maximum et minimum.

371. Pour résoudre les questions de maxima et de minima relatives au volume, on a recours aux principes algébriques connus, principes pour lesquels on peut trouver parfois des démonstrations géométriques très simples.

On peut employer aussi des constructions analogues à celles de la Géométrie plane.

Exercice.

372. Problème. *Quel est le parallélépipède de volume maximum dont la somme des trois arêtes égale une longueur donnée l?*

Soient x, y, z les trois arêtes. En admettant que z soit invariable, on aura une somme constante pour $x + y$,

car
$$x + y = l - z$$

Or le triangle xy est maximum lorsque $x = y$.

Donc le parallélépipède doit être à base carrée.

En prenant une face quelconque pour base, on arrive à la même conclusion; donc *le cube est le parallélépipède de volume maximum.*

Remarque. La question ci-dessus peut être regardée comme la démonstration géométrique du principe suivant :

373. Premier principe. *Un produit de trois facteurs, dont la somme est constante, est maximum lorsque ces trois facteurs sont égaux entre eux.*

On en déduirait le principe réciproque.

374. Deuxième principe. *Pour une valeur donnée a^3, du produit de trois facteurs, la somme des trois facteurs est minima lorsque les trois facteurs sont égaux entre eux.*

Exercice.

375. Problème. *De tous les parallélépipèdes droits qui ont pour base un carré et dont la somme du côté du carré et de la hauteur est constante, quel est celui dont le volume est maximum ?*

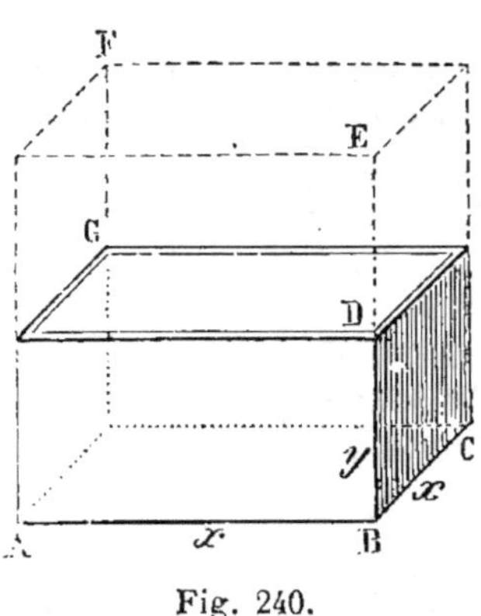

Fig. 240.

Soient x^2 la base, y la hauteur et $(x + y) = l$ la somme constante.

Le volume est exprimé par $x^2 y$.

Prolongeons y d'une quantité DE égale à BD, nous obtiendrons ainsi un solide BF double du précédent BG.

Au maximum du solide ACEF correspondra celui de ACDG. Or la somme des trois arêtes du premier est constante, car

$$AB + BC + BE = 2(x + y) = 2l$$

donc le solide BF est maximum lorsque les trois arêtes sont égales; donc *le volume BG est maximum lorsque le côté du carré est double de la hauteur.*

Alors

$$V = \frac{4l^3}{27}$$

376. Troisième principe. Pour une somme constante l de deux facteurs x et y, le produit $x^2 y$ est maximum lorsqu'on partage l en parties proportionnelles aux exposants 2 et 1 des facteurs x et y.

377. Quatrième principe. *Réciproquement, pour un produit donné* $x^2 y = a^3$, *la somme des facteurs* $x + y$ *est minima lorsqu'on prend* x *double de* y.

Dans ce cas $\quad x^2 y = a^3 \quad$ revient à $\quad 4y^3 = a^3$

d'où $\qquad y = \dfrac{a}{\sqrt[3]{4}} \quad$ et $\quad x = \dfrac{2a}{\sqrt[3]{4}}$

Exercice.

378. Problème. *Pour une même surface donnée* $2a^2$, *quel est le parallélépipède rectangle de volume maximum ?*

Soient x, y, z les trois arêtes, xyz exprimera le volume.

$xy + xz + yz = a^2$ est la moitié de la surface; en prenant xy pour base, et $z(x + y)$ est la demi-surface latérale.

Admettons que la surface de base xy ne varie point, il en sera de même de la demi-surface latérale, car sa valeur $a^2 - xy$ sera constante.

Mais la hauteur z s'obtient en divisant la demi-surface latérale par le demi-périmètre de base

ou
$$z = \frac{a^2 - xy}{x + y}$$

Or la hauteur sera d'autant plus grande et, par suite, le volume $xy + z$ sera d'autant plus grand que le diviseur $x + y$ sera plus petit; mais on sait que le minimum $x + y$, lorsque le produit xy est constant, a lieu quand les deux facteurs sont égaux. *Donc la base doit être carrée.*

Il en serait de même pour toute autre face; *donc, pour une surface totale donnée, le cube est maximum.*

Exercice.

379. Problème. *Quel est le volume maximum d'une boîte creuse, dont la surface des cinq faces a une valeur donnée* a².

Doublons le volume à étudier, en prenant la longueur DE égale à la profondeur de la boîte.

La surface totale du parallélépipède ainsi formé est constante, elle égale $2a^2$, donc ce corps est un cube; la boîte ACDG est donc la moitié d'un cube, *et la hauteur* y *ne doit être que la moitié du côté du carré de la base* *.

La surface des cinq faces ou
$$x^2 + 4xy = a^2$$

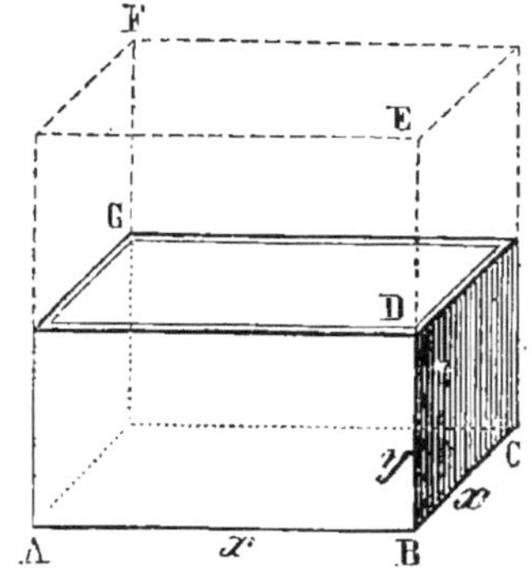

Fig. 241.

devient
$$x^2 + 4x + \frac{x}{2} = a^2 \quad \text{ou} \quad 3x^2 = a^2$$

d'où
$$x = \frac{a}{\sqrt{3}} \quad \text{et} \quad y = \frac{a}{2\sqrt{3}}$$
$$V = \frac{a^2}{3} \cdot \frac{a}{2\sqrt{3}} = \frac{a^3}{6\sqrt{3}}$$

Exercice.

380. Problème. *Quel est le parallélépipède à base carrée dont le volume est maximum, lorsque la somme du carré de base et d'une face latérale est une quantité constante* a².

Soit x le côté du carré, y la hauteur. Le volume égale x^2y, et la surface constante et donnée par
$$x^2 + xy = a^2$$

---

* Il serait utile de comparer cette solution si simple et si élégante, ainsi que plusieurs autres déjà indiquées, aux solutions que donne l'algèbre pour les mêmes problèmes. (Voir *Exercices d'Algèbre*, n° 1002.)

6*

Pour ramener ce cas au précédent, il suffit de multiplier la surface donnée par 16, ou de poser

$$(4x)^2 + 4 \times 4xy = 16a^2$$

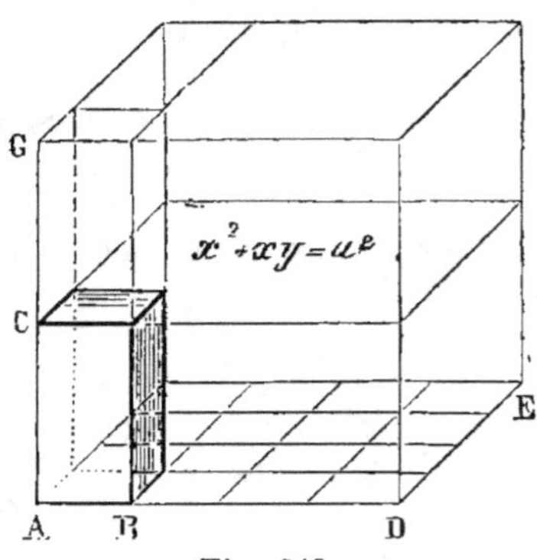

Fig. 242.

car le premier terme représente la surface d'un carré de base ayant $4x$ pour côté, et le second terme est la somme de quatre faces latérales ayant $4x$ pour base et y pour hauteur.

Or le maximum du volume a lieu lorsque le côté du carré de base est double de la hauteur (n° 379), et, par suite, pour l'exemple donné, $4x$ étant le côté du carré, on a :

$$4x = 2y \quad \text{d'où} \quad y = 2x$$

Le maximum a lieu quand la hauteur y *est double du côté* x *de la base du solide demandé.*

$$x^2 + xy = a^2$$

devient
$$x^2 + 2x^2 = a^2$$

d'où
$$x^2 = \frac{a^2}{3}$$

d'où
$$x = \frac{a}{\sqrt{3}} \quad \text{et} \quad y = \frac{2a}{\sqrt{3}}$$

Dans ce cas :
$$V \quad \text{ou} \quad x^2 y = \frac{2a^3}{3\sqrt{3}}$$

Exercice.

381. Problème. *Par un point quelconque de la base d'un tétraèdre, dont l'angle au sommet est un trièdre tri-rectangle à trois arêtes égales, on mène des plans parallèles aux faces du trièdre, et l'on forme un parallélépipède rectangle; par quelle position du point, pris sur la base, ce parallélépipède est-il maximum?*

1° Prenons un trièdre tri-rectangle à trois faces égales entre elles.

Soit donc $OA = OB = OC = l$; donc ABC est un triangle équilatéral.

Représentons par x, y, z les distances d'un point quelconque de la base ABC aux trois faces; on sait que cette somme est constante, et égale l (n° 278). Donc le volume xyz est maximum quand les trois facteurs sont égaux entre eux.

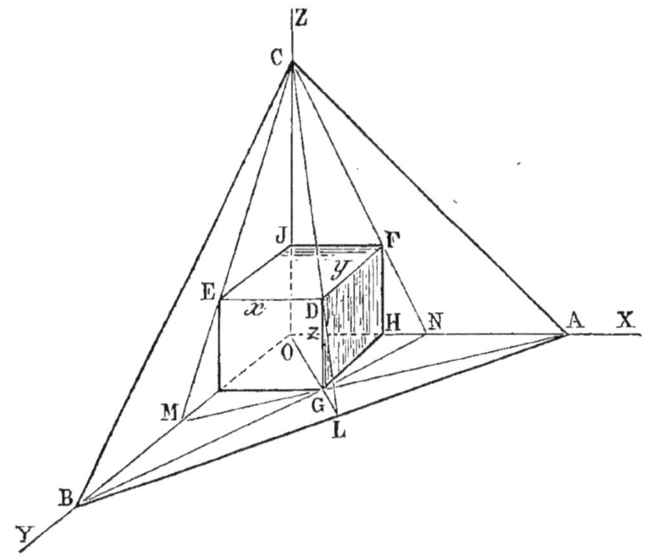

Fig. 243.

Alors
$$x = y = z = \frac{l}{3}$$

$$xyz = \frac{l^3}{27} \cdot \quad \text{ou} \quad \frac{2l^3}{54}$$

Le tétraèdre a pour volume

$$\text{AO} \cdot \frac{\text{OB}}{2} \cdot \frac{\text{OC}}{3} \quad \text{ou} \quad \frac{l^3}{6} \quad \text{ou} \quad \frac{9l^3}{54}$$

donc *le parallélépipède maximum est les* $^2/_9$ *du tétraèdre.*

Remarque. Le point D est au point de concours des médianes du triangle équilatéral, aux $^2/_3$ de CL à partir du sommet.

Le point D se projette en E, F, G, aux points de concours des médianes des faces du trièdre O.

382. 2° Trièdre quelconque. D'après un théorème connu, quelle que soit la modification apportée à l'une, ou à plusieurs des arêtes de l'angle S, le parallélépipède inscrit est au tétraèdre primitif dans le rapport du nouveau parallélépipède au tétraèdre transformé (n° 204). On peut énoncer le théorème suivant:

Théorème. *Pour un tétraèdre quelconque ayant O pour sommet, ABC pour base, le parallélépipède formé en menant par un point de la base des plans parallèles aux trois faces de l'angle O, a un* *volume maximum lorsque le sommet D est au point de concours des médianes de la base.*

Son volume est les $^2/_9$ du volume du tétraèdre.

Exercice.

383. Problème. *Par le sommet D d'un parallélépipède, mener un plan ABC qui coupe les trois arêtes OX, OY, OZ du sommet O, opposé à D, de manière que le tétraèdre OABC soit minimum.*

C'est la réciproque de la question précédente; il faut prendre des arêtes OA, OB, OC, triples des arêtes correspondantes OH, OI, OJ du parallélépipède, et le plan ABC passe par le sommet D et donne le tétraèdre minimum égal aux $^9/_2$ du parallélépipède.

Exercice.

384. Problème. *Couper une pyramide parallèlement à la base, de manière que le prisme, ayant la hauteur du tronc et la section pour base, ait un volume maximum.*

Première solution. 1ᵉʳ Cas. *Pyramide à base carrée et dont le côté a égale la hauteur de la pyramide.*

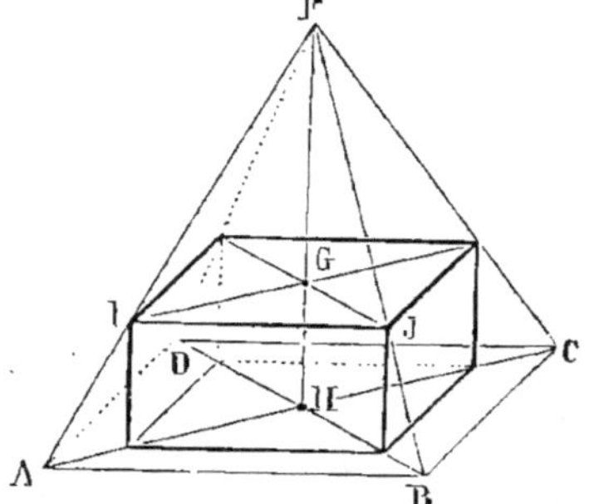

Fig. 244.

Pour toute section on aura

$$IJ = FG$$

ou $\qquad IJ + GH = FH = a$

Soient $\quad IJ = x$ et $GH = y$

on a $\qquad x + y = a$

Or le volume du prisme $= x^2 y$ mais ce produit est maximum lorsque $x = 2y$ $\qquad$ (n° 376)

d'où $\quad x = \dfrac{2a}{3}$ et $y = \dfrac{a}{3}$

Donc *la section doit être faite au premier tiers de la hauteur à partir de la base, ou aux $^2/_3$ à partir du sommet.*

$$V = \frac{4a^2}{9} \cdot \frac{a}{3} = \frac{4a^3}{27}$$

2ᵉ Cas. D'après les transformations indiquées (n° 202, 203, 204) on peut dire immédiatement :

Pour une pyramide quelconque, le prisme maximum correspond à la section menée aux $^2/_3$ de la hauteur à partir du sommet.

Seconde solution. *Considérons d'abord une pyramide triangulaire, ayant pour base AOB.*

Menons une section PJR parallèle à la base, mais à une hauteur quelconque.

Construisons le prisme triangulaire correspondant et le parallélépipède DFJE, GHOI, dont le sommet D est au point milieu de PR, et appartient par suite à la médiane CDL de la face ABC.

1º Le parallélépipède dont DFJE est une des bases est équivalent à la moitié du prisme triangulaire qui a pour base PJR, car ce triangle est double du parallélogramme.

2º Au parallélépidède maximum correspondra un prisme triangulaire double, et, par suite, ce prisme sera maximum, mais le parallélépipède EF,IH est maximum quand le sommet D est au tiers de LC à partir de la base (n° 381); donc le prisme PJR, MON est maximum lorsque la section est faite aux deux tiers de la hauteur, à partir du sommet C.

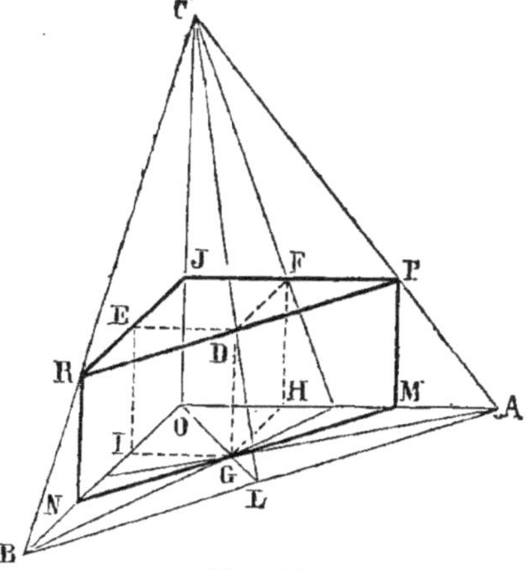

Fig. 245.

3º Le sommet D du parallélépipède maximum est aux $^2/_3$ de la médiane CL (n° 381), et CJ est aux $^2/_3$ de CO; donc *le prisme triangulaire est maximum lorsque la section PJR est faite aux $^2/_3$ des arêtes, à partir du sommet, ou bien au tiers de la hauteur, à partir de la base.*

385. Volume du prisme maximum. Soient B et h la base et la hauteur de la pyramide donnée, le volume de cette pyramide $= ^1/^3 Bh$.

La section PJR étant faite aux $^2/_3$ de la hauteur, on a :

$$\frac{PJR}{AOB} = \frac{\left(\frac{2}{3}\right)^2}{1} \quad ou \quad \frac{PJR}{B} = {^4/_9}$$

d'où
$$PJR = {^4/_9}\,B$$

La hauteur du prisme
$$= \frac{h}{3}$$

donc
$$V = {^4/_9}\,B \cdot \frac{h}{3} = {^4/_{27}}\,Bh$$

D'autre part la pyramide donnée a pour volume $B\dfrac{h}{3}$; donc le prisme est les $^4/_9$ de la pyramide donnée.

Remarque. Ce résultat est conforme à celui qu'on a obtenu par une autre méthode (n° 384). En effet, la pyramide F,ABCD (fig. 244) $= \dfrac{a^3}{3} = \dfrac{9a^3}{27}$; donc le prisme $\dfrac{4a^3}{27}$ est les $\dfrac{4}{9}$ de la pyramide donnée $\dfrac{9a^3}{27}$.

386. Extension. Le théorème démontré pour une pyramide triangulaire s'applique, par extension, à une pyramide quelconque, et en particulier au cylindre; on peut donc énoncer le théorème suivant :

Théorème. *Le cylindre maximum, inscrit dans un cône donné, est celui qu'on obtient en coupant le cône par un plan parallèle à la base, ce plan étant mené aux $^2/_3$ de la hauteur à partir du sommet.*

$$\text{Cône} = {}^1/_3 \pi r^2 h, \quad \text{cylindre maximum} = {}^4/_9 \cdot {}^1/_3 \pi r^2 h$$

387. Réciproquement. *La pyramide de volume minimum circonscrite à un prisme donné, a une hauteur FH triple de celle du prisme.*

Il en est de même pour le cône minimum circonscrit à un cylindre donné.

Exercice.

388. Problème. *Inscrire dans une sphère le parallélépipède de volume maximum.*

Soient x, y, z les trois dimensions du parallélépipède, et d le diamètre de la sphère.

Admettons que z ne varie point; la face xy est inscrite dans un cercle obtenu en coupant la sphère par un plan éloigné du centre de la longueur $\dfrac{z}{2}$. Mais, pour une hauteur constante, le solide est maximum lorsque la face xy est maxima; or le carré est le plus grand rectangle qu'on puisse inscrire dans un cercle; donc la face xy est carrée. Un raisonnement analogue prouve qu'il doit en être ainsi d'une face quelconque.

Donc le cube est le parallélépipède maximum que l'on peut inscrire dans une sphère donnée.

Remarques. 1° Le cube inscrit a pour diagonale un diamètre de la sphère.

Donc
$$x^2 + y^2 + z^2 = d^2, \quad 3x^2 = d^2$$

d'où
$$x = \frac{d}{\sqrt{3}}$$

$$xyz \quad \text{ou} \quad x^3 = \frac{d^2}{3} \cdot \frac{d}{\sqrt{3}} = \frac{d^3}{3\sqrt{3}}$$

2° La somme des carrés des trois dimensions est constante; on peut donc en conclure le principe suivant :

Cinquième principe. *Lorsque la somme des carrés des trois facteurs d'un produit est constante, le produit est maximum quand les facteurs sont égaux entre eux.*

§ VI. — Emploi de la Tangente.

Exercice.

389. Problème. *On donne trois plans qui se coupent deux à deux suivant les droites OX, OY, OZ ; une surface courbe abc est comprise entre ces plans ; déterminer sur cette surface un point D tel, qu'en menant par ce point des plans parallèles aux faces du trièdre donné, on obtienne le parallélépipède maximum.* (La concavité de la surface est tournée vers l'origine O.)

D'après les théorèmes connus relatifs au tétraèdre et au prisme inscrit (nos 381 et 382), le problème serait résolu si l'on menait un plan tangent ABC tel que le point de contact D fût le point de concours des médianes du triangle obtenu ABC, car le parallélépipède D serait les $^2/_9$ du tétraèdre OABC, tandis que tout parallélépipède ayant son sommet en un autre point quelconque du triangle ABC, donnerait un volume moindre, et puisqu'on admet que la surface est concave par rapport au point O, cette surface est comprise dans le tétraèdre ; tout autre point que D donnera un parallélépipède plus petit que le point correspondant du triangle ABC ; on a donc le théorème suivant :

Théorème. *Le parallélépipède maximum a pour sommet le point de contact d'un plan tangent tel, que ce point de contact est le point de concours des médianes du triangle obtenu.*

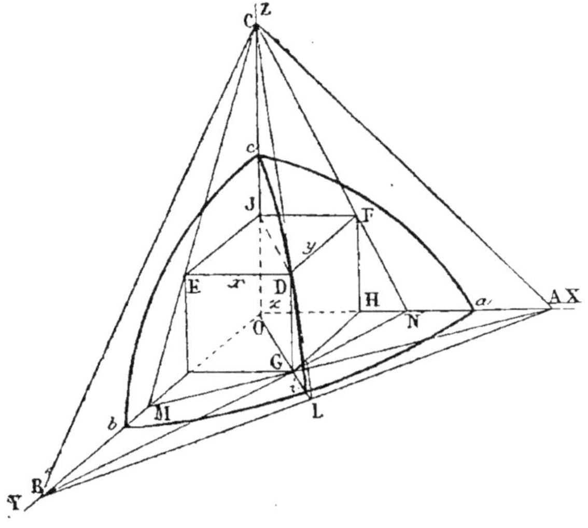

Fig. 246.

Remarques. 1° Nous allons indiquer la manière de déterminer le point de contact dans les seuls cas que nous aurons à traiter plus tard.

La surface courbe sera de révolution, et ordinairement ce sera une zone sphérique.

Soit OC l'axe de la zone de révolution, AOY un plan perpendiculaire à cet axe. Pour inscrire dans la zone ou dans le segment un parallélépipède maximum, il suffit de considérer le quart de la zone, en menant par l'axe oz deux plans rectangulaires, car pour une même hauteur du parallélépipède le solide maximum a pour base un carré (n° 355). De plus le quart ainsi obtenu est symétrique par rapport au plan bissecteur COL; par suite le triangle ABC est toujours isocèle, quand il s'agit d'une surface de révolution. Donc *il suffit de considérer l'arc cDi déterminé par le plan bissecteur COL, et de mener à cet arc une tangente CDL telle que* DC = 2DL (n° 315).

2° En ne considérant que la courbe cDi, la tangente CDL telle que DC = 2DL donne le sommet du parallélépipède DO; les deux lignes DG et DJ ne remplissent pas la même fonction : DG est une arête du solide, tandis que DJ est la diagonale du carré de base.

Ainsi, dans le cas particulier où DO serait un cube, on aurait

$$DJ^2 = 2DG^2$$

3° Pour inscrire un prisme triangulaire maximum, on mènerait par l'axe oz trois plans formant entre eux des angles de 120°, car la base du prisme maximum est inscrite dans un cercle, et par suite cette base est un triangle équilatéral (n° 355).

Exercice.

390. Problème. *Dans le segment déterminé par un plan perpendiculaire à l'axe d'un corps de révolution, inscrire le parallélépipède maximum.* Une des faces du parallélépipède doit être sur le plan de base du segment.

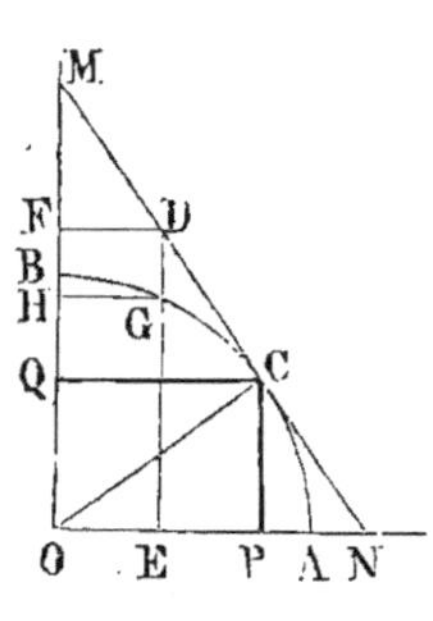

Fig. 247.

Il suffit de considérer le quart du segment, c'est-à-dire l'onglet compris entre le plan de base, et deux plans perpendiculaires entre eux et menés par l'axe.

Le solide maximum inscrit doit avoir pour sommet, sur la surface courbe de l'onglet, le point de contact d'un plan tangent à la surface et coupant les trois faces du trièdre tri-rectangle suivant un triangle dont le point de contact est le point de rencontre des médianes (n° 381). Donc si l'arc AB représente la courbe méridienne de l'onglet, il faut mener une tangente MCN de manière que

$$CM = 2CN \qquad (n° 315)$$

car chaque médiane du triangle est divisée par le centre de gravité aux $^2/_3$ à partir du sommet.

Le parallélépipède rectangle ayant CP pour arête et CQ pour diagonale de la face supérieure est maximum. En effet, pour tout autre point G de la courbe, le parallélépipède correspondant à GE et GH est moindre que le parallélépipède DE, DF ; mais ce dernier est moindre que le solide CP, CQ ; donc ce dernier est maximum.

391. Remarque. Pour l'hémisphère, la tangente divisée aux $2/3$ à partir du point M donne (n° 316, formules c et d)

$$CP^2 = \frac{r^2}{3} \quad \text{et} \quad CQ^2 = \frac{2r^2}{3}$$

Le parallélépipède inscrit dans la sphère entière est donc un cube. En effet, CP est le côté et CQ la diagonale du carré qui termine le solide (n° 389, *Remarque* 2°) ; car la figure OACB est la section de l'onglet sphérique du parallélépipède inscrit et du tétraèdre circonscrit par le plan diagonal conduit par OB et par la médiane opposée MN.

392. Maximum de x^2y. Le problème précédent conduit d'une manière très simple au maximum du produit x^2y, lorsque la somme des carrés x^2 et y^2 est constante.

Soit donc $$x^2 + y^2 = a^2$$

Dans l'inscription du parallélépipède rectangle maximum, x ou CQ est la moitié de la diagonale du carré de base, y ou CP est la moitié de la hauteur totale du parallélépipède demandé.

Il suffit de considérer le huitième de ce corps, c'est-à-dire la partie comprise dans un des huit trièdres tri-rectangles déterminés par trois plans rectangulaires deux à deux et menés par le centre de la sphère.

Or le parallélépipède maximum est le cube inscrit dans la sphère le huitième de ce solide est aussi un cube ayant x pour diagonale du carré de base et y pour hauteur.

Donc x^2 doit égaler $2y^2$.

L'égalité $\qquad x^2 + y^2 = a^2 \quad$ devient $\quad 3y^2 = a^2$

d'où $\qquad y^2 = \dfrac{a^2}{3} \quad$ par suite $\quad x^2 = 2/3\, a^2$

Mais le cube considéré a pour volume $1/2\, x^2 \times y$.

Le produit x^2y exprime le double du cube partiel.

Donc *le produit* x^2y *est maximum lorsqu'on a* :

$$x^2 = 2/3\, a^2 \quad \text{et} \quad y^2 = \frac{a^2}{3} \quad \text{d'où} \quad y = \frac{a}{\sqrt{3}}$$

d'ailleurs V ou x^2y égale alors $\quad 2/3\, a^2 \cdot \dfrac{a}{\sqrt{3}}$

$$V = \frac{2}{3\sqrt{3}}\, a^3$$

Exercice.

393. Problème. *Dans un secteur sphérique, ou dans un segment sphérique à une base, inscrire le cylindre de volume maximum.*

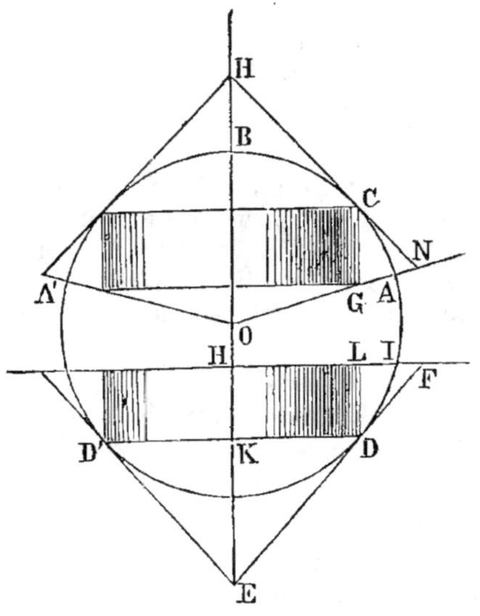

Fig. 248.

Il suffit de considérer la section principale obtenue en coupant le solide par un plan mené par l'axe.

1° Pour le secteur (fig. 248), il faut mener la tangente HCN limitée aux rayons OA, OB, et telle que HC $= \frac{2}{3}$ HN (n° 315).

2° Pour le segment, il faut mener EDF telle que

$$ED = 2DF$$

Par rapport au cône, dont E serait le sommet et EDF la génératrice, le cylindre est maximum lorsque la section DD′ est aux $\frac{2}{3}$ de la hauteur à partir du sommet (n° 386); donc...

Exercice.

394. Problème. *A un segment sphérique ACC′A′, circonscrire le cône de volume minimum.*

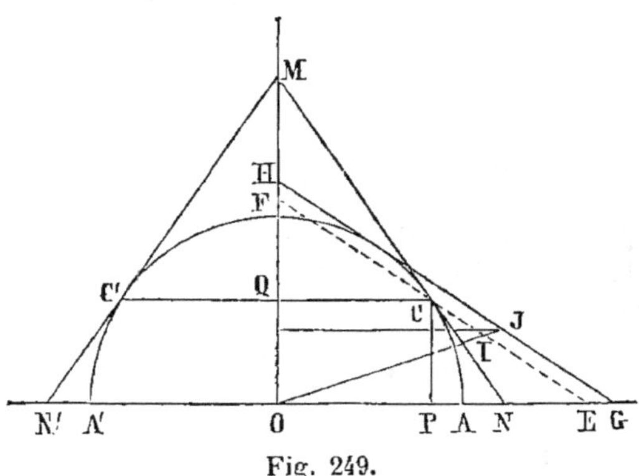

Fig. 249.

Il faut mener la tangente MCN de manière que MC $=$ 2CN (n°s 387 et 390).

Il faut prouver que le cône ayant M pour sommet et MCN pour génératrice, a un volume plus petit que le cône engendré par une autre tangente quelconque HG.

En effet, le cylindre CPOQ, ayant CP pour hauteur et CQ pour rayon, est les $\frac{4}{9}$ du cône engendré par MON (n° 386).

Ou　　　　　　　　cône MON $= \frac{9}{4}$ cylindre CPOQ

Par le point C, menons une parallèle EF à la tangente GH.

Soient I et J les points situés aux $^2/_3$ de ces lignes, à partir de F et de H.

Dans le cône engendré par FOE, le cylindre CPOQ est moindre que le cylindre IKOL qui correspond au premier tiers, à partir de la base.

Donc   cône FOE $> ^9/_4$ cylindre CPOQ

ou   cône FOE $>$ cône MON

donc, à fortiori,   cône HOG $>$ MON

Remarque. La démonstration présuppose que la courbe est concave vers les axes OA, OH.

Exercice.

395. Problème. *Dans un segment à une base, de paraboloïde de révolution, inscrire le cylindre de volume maximum.*

Il faut mener la tangente DEF de manière que DE = 2EF (n° 390).

Pour cela, il suffit de diviser AH en deux parties égales, car on aura AD, AO, puisque la sous-tangente est divisée en deux parties égales par la tangente au sommet. (G., n° 699.)

Ainsi le cylindre maximum a pour base la section équidistante du sommet A et de la base BC du tronc de paraboloïde.

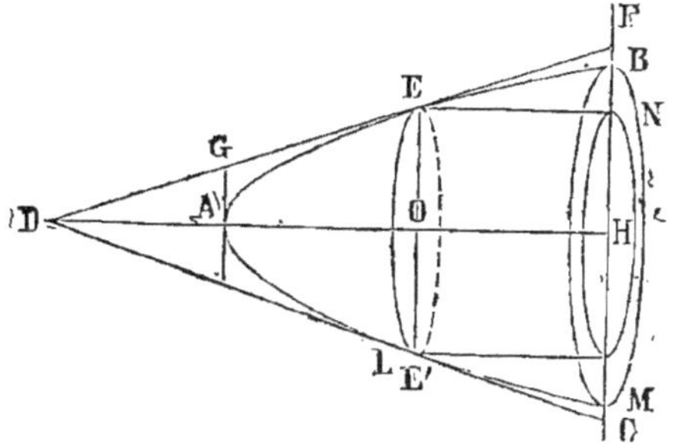

Fig. 250.

Soient   AH $= a$ BH $= b$

Le paraboloïde a pour volume $\dfrac{\pi ab^2}{2}$ (G., n° 953.)

Le cylindre a pour base πOE^2, mais $OE^2 = {}^1/_2 HB^2$, et $OH = \dfrac{a}{2}$;

donc   cylindre $= \dfrac{\pi ab^2}{4}$

Le cylindre est la moitié du paraboloïde donné.

396. Remarques. 1° Pour un tronc obtenu en coupant un paraboloïde elliptique par un plan quelconque, le cylindre maximum aurait aussi pour base la section équidistante de la base du paraboloïde et du plan tangent parallèle à cette base.

2° Pour le paraboloïde de révolution, DF serait la génératrice du cône minimum circonscrit (n° 394).

Pour avoir le volume de ce cône, il suffit de remarquer que la hauteur

$$DH = \tfrac{3}{2}a$$

On a ensuite

$$\frac{HF^2}{OE^2} = \frac{DH^2}{DO^2} = \tfrac{9}{4}; \quad \frac{HF^2}{\frac{1}{2}b^2} = \tfrac{9}{4}$$

d'où

$$HF^2 = \tfrac{9}{8}b^2$$

$$V = \tfrac{9}{8}\pi b^2 \cdot \frac{a}{2} = \frac{9}{16}\pi a b^2$$

Exercice.

397. Problème. *Inscrire, dans une sphère donnée, un prisme régulier maximum, par exemple, un prisme triangulaire.*

Première solution. En appelant y la demi-hauteur du prisme triangulaire inscrit, x le rayon du cercle circonscrit au triangle équilatéral qui sert de base au prisme, a le rayon de la sphère, on a la relation

$$x^2 + y^2 = a^2$$

Il faut exprimer la surface du triangle équilatéral de base en fonction de x.

Or le rayon du cercle circonscrit est les $\tfrac{2}{3}$ de la hauteur de ce triangle; donc

$$h = \tfrac{3}{2}x \quad \text{d'où} \quad h^2 = \tfrac{9}{4}x^2$$

Mais la surface du triangle équilatéral, en fonction de h, est donnée par

$$S = \frac{h^2\sqrt{3}}{3} \qquad\qquad \text{(G., n° 316.)}$$

$$S = \tfrac{9}{4}x^2 \cdot \frac{\sqrt{3}}{3} = \frac{3\sqrt{3}}{4}x^2$$

Alors le volume de la moitié $= \dfrac{3\sqrt{3}}{4}x^2 y$, et le volume total du prisme

$$= \frac{3\sqrt{3}}{2}x^2 y$$

Le maximum ne dépend que de la fonction $x^2 y$.

Et puisqu'on a

$$x^2 + y^2 = a^2$$

La somme des carrés est constante, et l'on doit avoir :

$$x^2 = 2y^2 \quad \text{d'où} \quad 3y^2 = a^2$$

$$y = \frac{a}{\sqrt{3}} \quad \text{et} \quad x^2 = \frac{2a^2}{3}$$

Pour avoir le volume total du prisme, il faut tenir compte du coefficient $\dfrac{3\sqrt{3}}{2}$.

$$V = \frac{3\sqrt{3}}{2} \times \tfrac{2}{3}a^2 \times \frac{a}{\sqrt{3}} = a^3$$

398. Seconde solution. Soit le problème résolu, et ABCL le demi-prisme triangulaire régulier maximum.

Choisissons pour méridien principal celui qui passe par une arête AL, et menons le grand cercle SS' perpendiculaire aux arêtes latérales.

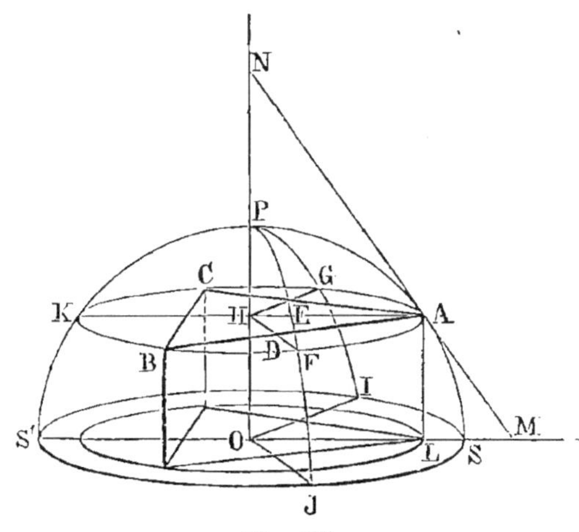

Fig. 251.

Pour ramener le problème proposé à une question connue, menons par PO des plans méridiens PFJ, PGI respectivement perpendiculaires aux faces BAL et ALC du prisme. Le tiers du prisme se trouve compris entre les deux plans ainsi menés (n° 389, *Remarque 3°*). Il suffit de considérer la partie du prisme qui a pour base ADHE et pour hauteur la ligne AL.

Or AD est perpendiculaire à HD, AE est perpendiculaire à HE, donc le prisme (AL, ADHE) inscrit dans le trièdre formé par le plan du grand cercle SS' et par les méridiens menés suivant HF, HG sera maximum lorsque son sommet A sera le point de contact d'une tangente divisée au tiers, à partir du point M (n° 389, *Remarque 1°*).

Donc le sommet A *du prisme maximum est le même point que le sommet du cube inscrit dans la sphère* (n° 390).

399. Extension. Il en serait de même pour tout prisme inscrit, ayant la base semblable à un polygone inscriptible donné. En un mot :

La tangente MAN *telle que* AN = 2AM *fait connaître le cylindre inscrit de volume maximum, et tout prisme maximum, ayant une base semblable à un polygone inscriptible donné, est inscrit dans le cylindre de volume maximum.*

Volume des solides inscrits. Désignons par a le rayon de la sphère. On sait qu'on a les relations suivantes (n° 316, c et d) :

$$AL^2 = \frac{a^2}{3} \quad \text{d'où} \quad AA' = \frac{2a}{\sqrt{3}}; \quad AH^2 = {}^2\!/_3\, a^2, \quad \text{ainsi} \quad AH = a\sqrt{{}^2\!/_3}$$

AA' est la hauteur commune à tous les solides prismatiques maxima qu'on peut inscrire dans la sphère, et AH est le rayon du cercle circonscrit à la base de ces prismes.

(a) *Cylindre* $V = \pi r^2 h = \pi\,{}^2/_3 a^2 \cdot \dfrac{2a}{\sqrt{3}} = \dfrac{4}{3\sqrt{3}}\,\pi a^3$

(b) *Cube*   AH² ou ${}^2/_3 a^2$ égale 2 fois AL², car $AL^2 = \dfrac{a^2}{3}$

Ainsi lorsque le prisme régulier inscrit doit être à base carrée, on obtient un cube ayant AA' ou $\dfrac{2a}{\sqrt{3}}$ pour côté, et AK pour diagonale d'une face.

$$V = \left(\dfrac{2a}{\sqrt{3}}\right)^3 = \dfrac{8}{3\sqrt{3}}\,a^3$$

(c) *Prisme triangulaire.* Le côté du triangle équilatéral inscrit dans un cercle de rayon AH a pour expression $AH\sqrt{3}$. (G., n° 277.)
La hauteur de ce triangle égale ${}^3/_2 HA$.

Donc aire de $ABC = {}^1/_2\,AH\sqrt{3} \times {}^3/_2\,AH = \dfrac{3\sqrt{3}}{4}\,AH^2$

mais $AH^2 = {}^2/_3\,a^2$;   donc $ABC = \dfrac{3\sqrt{3}}{4} \cdot {}^2/_3\,a^2 = \dfrac{\sqrt{3}}{2}\,a^2$

$$\text{Volume} = ABC \cdot AA' = \dfrac{\sqrt{3}}{2}\,a^2 \cdot \dfrac{2a}{\sqrt{3}} = a^3$$

Ainsi, *le prisme triangulaire maximum, inscrit dans une sphère, est équivalent au cube du rayon de cette sphère.*

Exercice.

400. **Problème.** *On donne une sphère, un grand cercle fixe AB, et un plan NT; mener un plan parallèle au plan NT, tel que le cylindre qu'on obtient en projetant le cercle CIDJ sur le grand cercle fixe ait un volume maximum.*

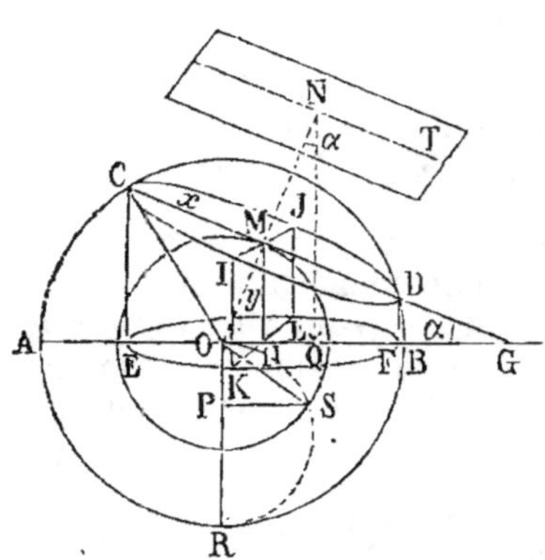

Fig. 252.

Du centre O, abaissons une perpendiculaire OMN sur le plan donné; cette perpendiculaire passe par le centre M de la section.

Abaissons la perpendiculaire NQ.

Les angles ONQ, OGM sont égaux.

Le rapport $\dfrac{NQ}{NO}$ est donc connu, car l'angle α est donné.

Représentons $CM = MJ$ par x et OM par y.

La projection ELFK du cercle CD est une ellipse. (G., n° 634.)

Le diamètre IJ, parallèle au grand cercle, se projette en vraie grandeur; donc
$$LH = MJ = x$$

$$HF = HE = CM \cos \alpha \quad \text{ou} \quad y \cos \alpha \quad \left(\text{d'ailleurs } \cos \alpha = \frac{NQ}{NO} \right)$$

$$V = \pi HE \cdot HL \cdot HM \qquad (\text{G., n}^{os}\ 520 \text{ et } 637.)$$

Or $\qquad MH = y \cos \alpha, \quad$ donc $\quad V = \pi x \cos \alpha \cdot x \cdot y \cos \alpha$

$$V = \pi x^2 y \cos \alpha$$

Le maximum ne dépend que de la variation de $x^2 y$.

Or $\qquad\qquad x^2 + y^2 = r^2$

Donc le maximum a lieu quand $\quad x^2 = {}^2/_3 r^2$

et que $\qquad\qquad y^2 = \dfrac{r^2}{3}$ $\qquad\qquad$ (n° 392).

Ainsi, en divisant OR en trois parties égales, élevant la perpendiculaire PS, il faudra décrire une circonférence avec OS pour rayon, et mener un plan tangent parallèle au plan donné.

Note. Nous venons d'indiquer les méthodes élémentaires que l'on peut employer avec avantage pour démontrer les théorèmes ou résoudre les problèmes de géométrie.

On sait qu'on distingue la *Géométrie de la mesure* et la *Géométrie de l'ordre*, ou *Géométrie de position*. La *Géométrie de la mesure*, ou *Géométrie d'Archimède*, s'occupe des *quadratures* et des *cubatures*. La *Géométrie de l'ordre*, ou *Géométrie d'Apollonius*, s'occupe des *formes* et des *situations;* on peut l'appeler *Géométrie de position*, mais avec une signification plus étendue que celle que CARNOT a donnée à cette dénomination.

La plupart de ces méthodes se rapportent à la *Géométrie de position;* cependant la *Géométrie de la mesure* n'a pas été complétement oubliée; ainsi, la méthode par *composition* ou *décomposition* (n°^{os} 152 à 153) ne s'occupe, en quelque sorte, que des surfaces ou des volumes.

La *Méthode par duplication* (n° 145) est employée, sous le nom de *Méthode de retournement*, dans les *Éléments de géométrie* pour démontrer le 3e cas d'égalité des triangles. (G., n° 52.)

L'emploi d'un *volume auxiliaire* peut conduire à la détermination de l'aire de quelques surfaces (n° 173); enfin le chapitre des *Maxima* et des *Minima* (n°^{os} 335 à 401) est surtout relatif aux surfaces et aux volumes.

Les méthodes élémentaires les plus fécondes pour traiter les questions qui se rapportent à la *Géométrie de la mesure* ont été exposées dans l'*Appendice aux Éléments de géométrie*. On y trouve notamment : les *Théorèmes de Guldin* (G., n° 895, etc), les *Théorèmes généraux* (G., n°^{os} 909 à 923), et les méthodes de *sommation* (G., n°^{os} 943 à 971) et des *sections comparées* (G., n°^{os} 971 à 982), dont nul ne conteste la simplicité et l'élégance.

Les *Méthodes infinitésimales* proprement dites (sauf les sommations élémentaires) n'ont pas été employées, car elles n'appartiennent pas aux *Éléments ;* par suite, on en trouve à peine quelques traces. (G., n° 881, et *Appendice aux Exercices de géométrie,* 1re *note.*)

Les méthodes données précédemment (n° 1 à 335) pour étudier les questions relatives à la *Géométrie de position* suffisent amplement pour traiter les nombreux exercices qui sont énoncés dans les *Éléments de géométrie,* et néanmoins, c'est avec un vif sentiment de peine, que nous avons dû renoncer à exposer, d'une manière élémentaire, les principales *Méthodes modernes.*

L'*Appendice aux Éléments de géométrie* traite, il est vrai, de plusieurs de ces méthodes. Ainsi on y trouve : les *Transversales* (G., n° 743), le *Rapport anharmonique* (G., n° 754), la *Division harmonique* (G., n° 786), les *Polaires* (G., n° 797), les *Figures homothétiques* (G., n° 810), les *Figures inverses.* (G., n° 824.)

La *Transformation par inversion* a trouvé place dans l'ouvrage actuel (n°ᵉ 217 à 249) ; mais les travaux célèbres de PONCELET, de CHASLES, etc., ne sont pas résumés, car nous n'avons pas exposé les méthodes si puissantes et si fécondes de l'*Homologie,* des *Polaires réciproques,* de l'*Homographie* et de l'*Involution.* Nous ne parlons pas non plus des théories qu'on a nommées *Géométrie cinématique,* de cette méthode qu'on peut faire remonter à ROBERVAL, que POINSOT a enrichie, et dont M. MANNHEIM a grandement étendu le domaine.

EXERCICES

DE

GÉOMÉTRIE

LIVRE I

—

Choix des Exercices.

401. La plupart des constructions graphiques se font en employant simultanément la règle et le compas ; on ne peut donc les indiquer qu'après l'étude de la circonférence, c'est-à-dire à la fin du livre II.

Les questions proposées sont groupées en familles naturelles ; autant du moins que cela est utile ou possible *.

On peut traiter un groupe donné en ne s'appuyant que sur le paragraphe correspondant des *Éléments de géométrie*, et sur ceux qu'on aurait déjà rappelés dans les exercices précédents ; néanmoins *il est bon d'accepter toute démonstration satisfaisante, quels que soient les paragraphes invoqués.*

Afin de n'être pas conduit à trop demander aux commençants, le maître doit se rappeler qu'un élève ne traite avec fruit, et surtout avec quelque facilité les questions de géométrie, que lorsqu'il est parvenu à bien posséder les deux ou trois premiers livres des Éléments.

---

* Comme classement d'*exercices élémentaires*, nous ne connaissons rien d'aussi méthodique que les *Exercices de géométrie élémentaire* de M. VAN DEN BROECK, professeur au pensionnat de MALONNE. Cet ouvrage complète le *Cours de géométrie* du même auteur.

THÉORÈMES

Angles

Dans ce paragraphe, il n'est question que de l'angle droit et des angles supplémentaires ou complémentaires.

Exercice 1

402. Théorème. *Si deux angles adjacents sont supplémentaires, leurs bissectrices sont perpendiculaires l'une à l'autre, et réciproquement.*

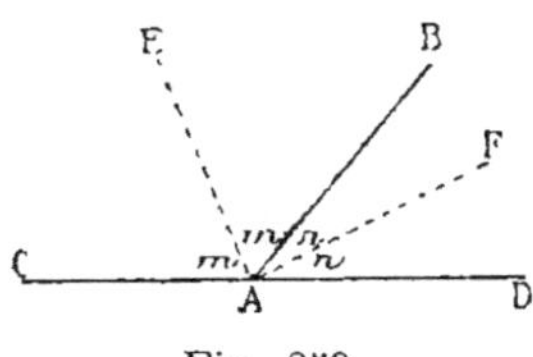

Fig. 253.

Soient BAC et BAD deux angles adjacents supplémentaires, et soient AE et AF leurs bissectrices. On a, par hypothèse,

$$2m + 2n = 2 \text{ droits}$$

d'où

$$m + n = 1 \text{ droit}$$

Donc les droites AE et AF sont perpendiculaires l'une à l'autre. *Ce qu'il fallait démontrer.*

Réciproquement. Soient BAC et BAD deux angles adjacents tels que leurs bissectrices AE et AF soient perpendiculaires l'une à l'autre. On a, par hypothèse,

$$m + n = 1 \text{ droit}$$

d'où

$$2m + 2n = 2 \text{ droits}$$

Donc les deux angles considérés sont supplémentaires. *C. Q. F. D*.

Exercice 2

403. Théorème. *Si l'angle des bissectrices de deux angles adjacents n'est pas droit, les côtés extérieurs ne sont pas en ligne droite.*

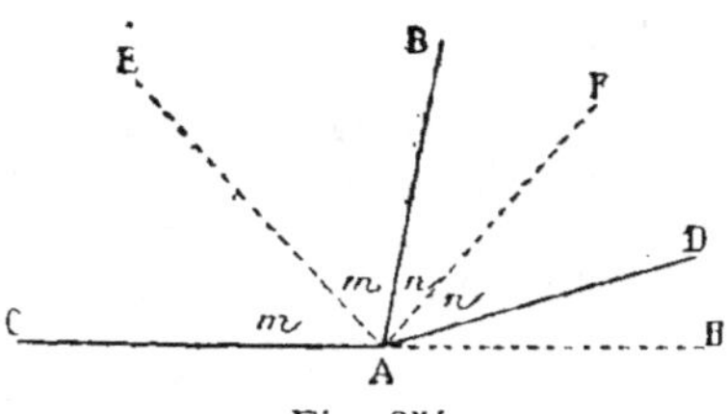

Fig. 254.

Soient BAC et BAD deux angles adjacents tels que l'angle EAF des deux bissectrices soit aigu. Appelons AH le prolongement de CA.

On a

$$m + n < 1 \text{ droit}$$

d'où

$$2m + 2n < 2 \text{ droits}$$

Donc l'angle BAD est moindre que BAH, supplément de BAC (G., nº 30), et la ligne CAD est brisée en A.

---

* Ces quatre lettres C. Q. F. D. sont mises pour : *Ce qu'il fallait démontrer.*

La démonstration serait analogue si l'angle donné des deux bis-sectrices était obtus.

404. **Théorème réciproque.** *Lorsque deux angles adjacents ont les côtés extérieurs non en ligne droite, les bissectrices de ces angles ne sont pas perpendiculaires.*

Soient BAC, BAD (fig. 254) deux angles adjacents dont les côtés AC, AD ne soient pas en ligne droite.

On a $\qquad 2m + 2n < 2\,\text{droits}$

d'où $\qquad m + n < 1\,\text{droit}$ $\qquad\qquad$ *C. Q. F. D.*

Exercice 3

405. **Théorème.** *Lorsque deux angles, ayant un côté commun, sont placés l'un sur l'autre et que leur diffé-rence égale un angle droit, les bissectrices font entre elles un angle égal à la moitié d'un angle droit.*

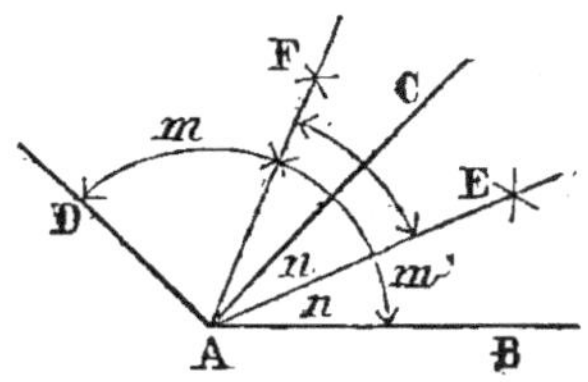

Soient $\quad$ BAD — BAC = CAD = 1 droit

On a $\qquad 2m - 2n = 1\,\text{droit}$

d'où $\qquad m - n = {}^1/_2\,\text{droit}$

Or $\qquad$ EAF $= m - n$; donc...

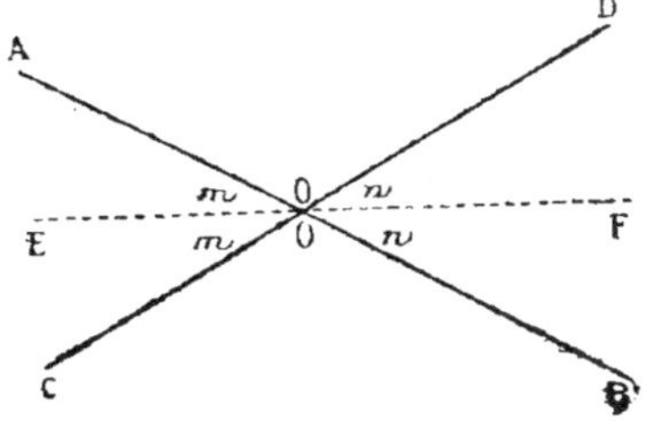

Fig. 255.

Exercice 4

406. **Théorème.** *Les bissectrices de deux angles opposés par le sommet sont en ligne droite.*

Soient OE et OF les bissec-trices de deux angles opposés par le sommet. On a (G., n° 31, 3°)

$$2m + 2o + 2n = 4\,\text{droits}$$

d'où $\quad m + o + n = 2\,\text{droits}$

Donc les bissectrices OE et OF sont en ligne droite. (G., n° 33.)

Fig. 256.

407. **Théorème réciproque.** *Lorsque les bissectrices de deux angles égaux ayant même sommet sont en ligne droite, les angles sont op-posés par le sommet.*

Soient les angles égaux AOC, DOB et les bissectrices OE, OF en ligne droite. On a $\qquad$ EOC + COB + BOF = 2 droits

Mais $\quad$ BOF = AOE $\quad$ comme moitié de deux angles égaux;

donc $\qquad$ AOE + EOC + COB = 2 droits

ou $\qquad$ AOC + COB = 2 droits

Ainsi AO et OB sont en ligne droite. (G., n° 32.)
On prouverait de même que CO et OD sont en ligne droite.

408. Théorème. *Lorsque deux droites se croisent, les bissectrices des quatre angles forment deux droites perpendiculaires entre elles.*

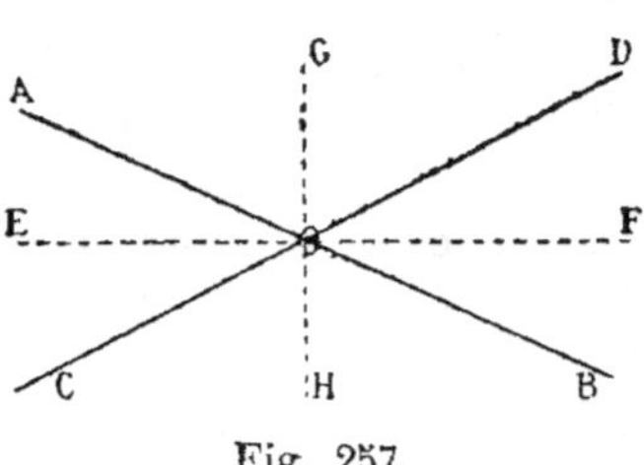

Fig. 257.

Soient AB et CD deux droites qui se coupent. Les bissectrices OE et OF sont en ligne droite, aussi bien que OG et OH (n° 406).

Or les deux angles adjacents AOC et AOD étant supplémentaires, leurs bissectrices OE et OG sont perpendiculaires l'une à l'autre (n° 402). Il en est donc de même des droites EF et GH. Donc *lorsque deux droites se croisent...*

Exercice 5

409. Théorème. *La distance du milieu d'une droite à un point quelconque pris sur le prolongement de cette droite, égale la demi-somme des distances de ce point quelconque aux extrémités de la droite.*

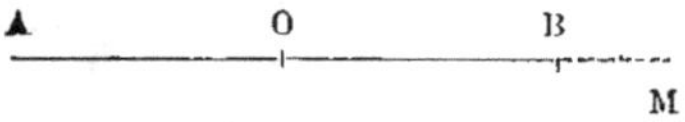

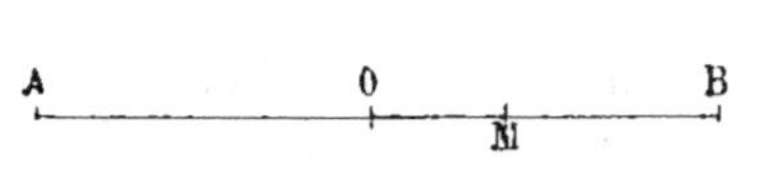

Fig. 258.

Soit O le milieu de la droite AB, et M un point quelconque pris sur le prolongement de la droite.

On a
$$MA = MO + OA$$
$$MB = MO - BO$$

additionnant membre à membre,

on trouve
$$MA + MB = 2MO$$

d'où
$$MO = \tfrac{1}{2}(MA + MB) \qquad C.\ Q.\ F.\ D.$$

Scolie. Lorsque le point mobile M est en B, la distance MB est nulle, et l'on a encore $\quad MO = \tfrac{1}{2}(MA + MB)$

410. Théorème. *La distance du milieu d'une droite à un point quelconque pris sur cette droite, égale la demi-différence des distances de ce point aux extrémités de la droite.*

Fig. 259.

Soit O le milieu de la droite AB, et M un point quelconque pris sur cette droite. On a
$$MA = OA + MO$$
$$MB = OB - MO$$

soustrayant membre à membre,

on a
$$MA - MB = 2MO$$

d'où
$$MO = \tfrac{1}{2}(MA - MB)$$

Scolie. Lorsque le point mobile M se trouve en O, la distance MO est nulle, et la différence $MA - MB$ est nulle également; lorsque le

point mobile est en B, c'est la distance MB qui est nulle, et on a
encore $MO = \frac{1}{2}(MA - MB)$.

411. Discussion. Afin d'obtenir une formule générale, représentons par a la distance AM, par b la distance BM, par m la distance OM du point milieu o au point M, et par l la longueur de la moitié du segment rectiligne donné, AB.

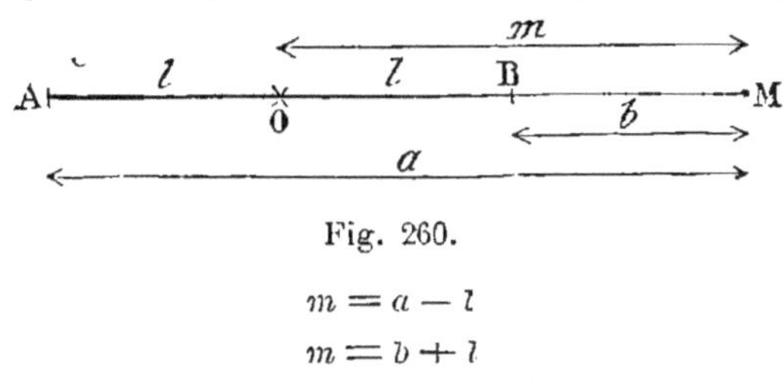

Fig. 260.

On a :
$$m = a - l$$
$$m = b + l$$

d'où, en additionnant,

$$2m = a + b$$
$$m = \frac{1}{2}(a + b)$$

Ainsi, quand le point est extérieur, m est la demi-somme des distances a et b. Or cette formule est générale et s'applique quelle que soit la position du point M, pourvu qu'on adopte la convention que nous allons faire connaître.

412. Convention des signes. Une droite peut être parcourue par un mobile en deux sens différents; les distances comptées dans une direction, d'ailleurs quelconque, *de gauche à droite*, par exemple, seront affectées du signe $+$, et les distances comptées dans le sens contraire auront le signe $-$.

Ainsi, en regardant comme positives les distances AM, OM, BM parcourues de gauche à droite, on considérera comme négatives les distances telles que MA, MO, MB parcourues en allant de droite à gauche.

Conformément à cette convention, on écrit :

$$AM = - MA$$

parce que les deux longueurs ont même valeur absolue, mais sont parcourues suivant des directions opposées.

Deuxième cas. Lorsque le point M est donné sur le segment AB, on peut encore écrire :

$$m = \frac{1}{2}(a + b)$$

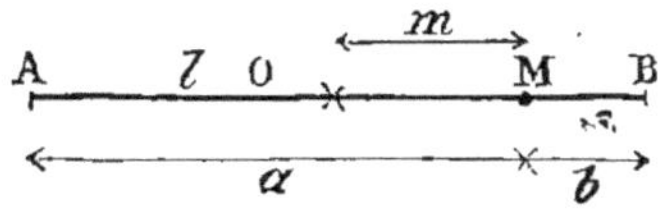

En effet, ainsi qu'on l'a vu (n° 410),

on a $\quad OM = \frac{1}{2}(AM - BM)$;

Fig. 261.

mais en regardant OM et AM comme des grandeurs positives, BM, dirigée en sens contraire, est négative; donc la formule

$$m = \frac{1}{2}(a + b)$$

est encore vérifiée; mais la quantité b est négative lorsque M est sur le segment donné AB; donc...

On peut énoncer le *théorème général* suivant :

413. **Théorème.** *Lorsque trois points A, B, M sont en ligne droite, la distance m de l'un d'eux au point milieu du segment déterminé par les deux autres est la moyenne arithmétique des distances du même point à chacun des deux autres.*

Remarque. Pour que deux des trois points donnés coïncident, il faut que a ou b soit nul.

m est nul lorsque M est au point milieu du segment AB; dans ce cas, la somme algébrique $(a + b)$ doit être nulle.

En effet, elle devient :

$$OA + OB$$

Or ces deux grandeurs ont même valeur absolue et sont de signes contraires.

La discussion précédente s'applique à l'exercice suivant :

Exercice 6

414. **Théorème.** *L'angle formé par la bissectrice d'un angle et une droite quelconque menée hors de cet angle par le sommet, égale la demi-somme des angles que forme cette droite avec les côtés de l'angle primitif.*

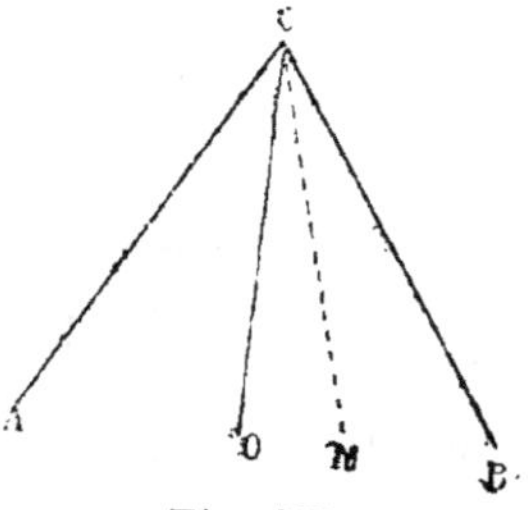

Soit CO la bissectrice de l'angle ACB, et CM une droite quelconque menée hors de cet angle par le sommet.

On a   angle $MCA = MCO + OCA$

angle $MCB = MCO - BCO$

d'où $MCA + MCB = 2MCO$

Fig. 262.   et $MCO = {}^1/_2 (MCA + MCB)$ *C. Q. F. D.*

Scolie. Pour que ce théorème et le théorème suivant puissent s'appliquer d'une manière générale, les côtés de l'angle donné, la bissectrice et la droite mobile doivent être considérés comme indéfinis, même au delà du sommet.

415. **Théorème.** *L'angle formé par la bissectrice d'un angle et une droite quelconque menée dans cet angle par le sommet, égale la demi-différence des angles partiels que cette droite détermine dans l'angle primitif.*

Soit CO la bissectrice de l'angle ABC, et CM une droite quelconque menée dans cet angle par le sommet.

On a   angle $MCA = OCA + MCO$

angle $MCB = BCO - MCO$

d'où $MCA - MCB = 2MCO$

et   angle $MCO = {}^1/_2 (MCA - MCB)$

Fig. 263.   *C. Q. F. D.*

Extension. On a des théorèmes analogues pour les arcs de circonférence, pour les secteurs circulaires. Il en est de même pour les fuseaux sphériques, les onglets sphériques qui correspondent à un même diamètre, et il en est encore ainsi pour les zones sphériques déterminées par des plans parallèles.

Dans tous les cas précédents, la démonstration est identique à celle des exercices connus (nos 400, 410 et 413).

Perpendiculaires et Obliques.

416. Il suffit de donner un petit nombre d'exercices, car la plupart des auteurs préfèrent s'appuyer sur les cas d'égalité des triangles, plutôt que de tirer du théorème des obliques toutes les conséquences qu'on pourrait en déduire.

Méthode de retournement. Pour démontrer que *deux obliques dont les pieds s'écartent également du pied de la perpendiculaire sont égales*, on a recours à la *méthode de retournement.* (G., no 38, 2o.) Cette méthode est très simple et peut être considérée comme n'étant qu'un cas particulier de la méthode de superposition, employée par tous les auteurs pour démontrer les deux premiers cas d'égalité des triangles.

Utilisée en premier lieu pour les obliques égales, la méthode de retournement permet de démontrer directement que deux triangles sont superposables lorsqu'ils ont les trois côtés respectivement égaux (G., no 52), et, par suite, les trois cas d'égalité sont démontrés d'une manière analogue; néanmoins *il est d'usage de ne recourir que rarement au retournement des figures,* bien que cette méthode ne donne prise à aucune objection sérieuse.

Nous avons déjà employé la méthode de retournement à la résolution de plusieurs problèmes. (Voir § II, *Figures symétriques,* nos 145 à 152.)

Exercice 7

417. Théorème. *Deux obliques dont les pieds s'écartent également du pied de la perpendiculaire, font des angles égaux avec cette perpendiculaire. Ces obliques font aussi des angles égaux avec la droite qui joint leurs pieds.*

Pour démontrer ce théorème, on peut recourir aux cas d'égalité des triangles; mais on peut le déduire, comme scolie, du théorème des obliques égales.

En effet, les angles en B sont droits et BC = BD; donc, si l'on fait tourner ABC autour de AB, le point C coïncidera avec le point D; AC s'appliquera sur AD (G., no 38, 2o);

donc   l'angle BAC = BAD

et   l'angle ACB = ADB   *C. Q. F. D.*

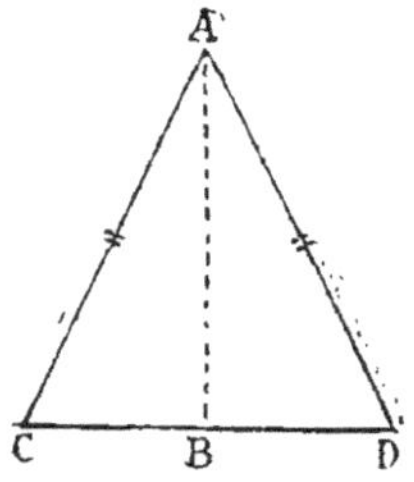

Fig. 264.

Scolie. La perpendiculaire AB est bissectrice de l'angle formé par deux obliques égales.

418. **Théorème réciproque.** *Deux obliques sont égales dans les cas suivants :*

1° Lorsque la perpendiculaire est bissectrice de l'angle qu'elles forment.

2° Lorsque leurs pieds sont équidistants du pied de la perpendiculaire.

3° Lorsqu'elles font des angles égaux avec la droite qui joint leurs pieds.

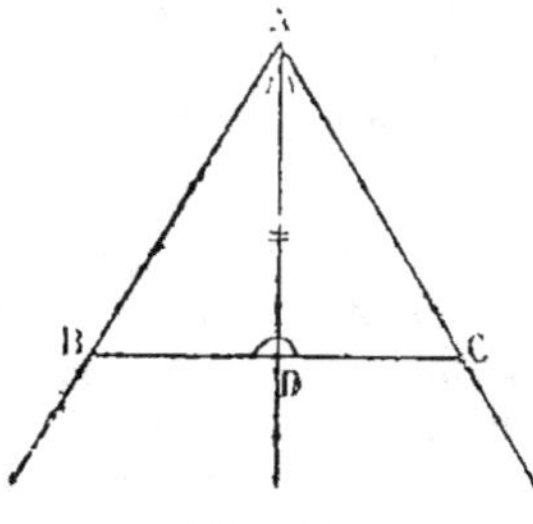

Fig. 265.

419. **Théorème.** *Toute perpendiculaire à la bissectrice d'un angle coupe les côtés de cet angle en deux points également éloignés du sommet, et le point milieu de cette perpendiculaire est sur la bissectrice.*

En effet, les obliques AB, AC sont égales, car elles font des angles égaux avec la perpendiculaire AD (n° 417).

On a aussi   DB = DC

420. **Théorème.** *Le pied de la perpendiculaire est équidistant de deux obliques égales.*

Ainsi les perpendiculaires abaissées du point D sur AB et sur AC sont égales, parce que le point D appartient à la bissectrice de l'angle A. (G., n° 64.)

Exercice 8

421. **Théorème.** *Démontrer directement que tout point pris hors de la perpendiculaire élevée au milieu d'une droite est inégalement distant des extrémités de cette droite.* (Voir G., n° 42, renvoi.)

La démonstration suivante est très simple.

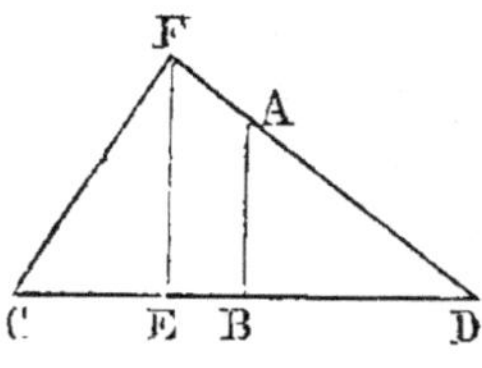

Fig. 266.

Soit F le point donné pris hors de la perpendiculaire AB élevée au milieu de CD.

En abaissant une perpendiculaire FE sur CD, le pied E ne peut coïncider avec B, sans quoi il y aurait deux perpendiculaires élevées à une même droite, par un même point ; donc les lignes CE, DE sont inégales, et les distances FC, FD sont des obliques inégales, car elles sont inégalement éloignées du pied E de la perpendiculaire FE. (G., n° 38, 3°.)   *C. Q. F. D.*

Exercice 9

422. **Théorème.** *Si d'un point A, extérieur à une droite MN, on mène à cette droite la perpendiculaire AB et les obliques AC, AD, AE, et si ces droites croissent successivement d'une même quantité, les distances CD, DE iront en diminuant.* (N. A. 1846, p. 479.)

On a, d'après les données : AE − AD = AD − AC

d'où   AE + AC = 2AD

Prolongeons AD d'une quantité égale à elle-même; prenons DH = DC et menons GH.

Il suffit de prouver que l'oblique AH est > AE; car on aura, dans ce cas,

$$DE < DC$$

Or, les triangles égaux ADC, HDG

donnent $HG = AC$

mais $AH + HG > AC$

donc $AH + AC > 2AD$

mais $AE + AC = 2AD$

donc $AH > AE$

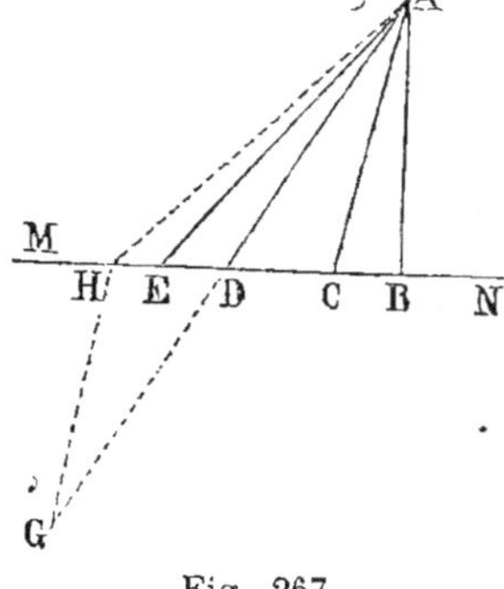

C. Q. F. D.   Fig. 267.

Réciproquement. *Si l'on prend des grandeurs égales* CD, DH... *les différences* AD — AC, AH — AD... *vont en croissant.*

Parallèles.

423. La théorie des parallèles fournit deux théorèmes principaux, que l'on utilise pour résoudre quelques exercices.

Les parallèles coupées par une sécante forment des angles correspondants égaux et des angles alternes-internes égaux. (G., nᵒ 80.)

Les parties de parallèles comprises entre parallèles sont égales. Comme cas particulier de ce dernier théorème, on sait que *les perpendiculaires comprises entre deux parallèles sont égales.* (G., nᵒ 82.)

Sans recourir aux parallèles, on peut établir plusieurs des propriétés du triangle; mais l'ordre que nous adoptons nous permettra de placer dans un même groupe un grand nombre de questions relatives au triangle.

Théorie des Parallèles.

424. Postulatum. Malgré les efforts des plus grands géomètres, les *Éléments de géométrie* ne donnent la théorie des parallèles qu'à l'aide d'un *postulatum.* Voici celui d'Euclide :

Deux droites se rencontrent, lorsque étant coupées par une sécante elles forment des angles intérieurs non complémentaires.

Dans la plupart des traités récemment publiés, on a recours au postulatum suivant, proposé par GERGONNE dans les *Annales mathématiques de Montpellier :*

Par un point on ne peut mener qu'une seule parallèle à une droite donnée.

Démonstration. Pour pouvoir exposer la théorie des parallèles, sans employer de postulatum, il faut recourir à des considérations infinitésimales qui paraissent déplacées, car il faut les présenter au début des éléments de Géométrie. La démonstration que l'on cite le plus fréquemment est celle de BERTRAND, de Genève*; elle considère l'espace plan, illimité, compris entre les côtés d'un angle, et a recours à des *bandes infinies*, déjà proposées par A. ARNAULD dans ses *Nouveaux Éléments de géométrie*, publiés en 1667.

I. — Lemme.

425. *Sur l'un des côtés AX d'un angle droit XAA′, on prend des longueurs égales AB, BC, CD…; par les points de division, on mène des perpendiculaires BB′, CC′, etc., au côté AX; les bandes A′ABB′ ainsi formées, sont illimitées dans le sens de A′; néanmoins il est impossible de recouvrir l'espace angulaire XAA′, quelque nombre de bandes que l'on puisse prendre.*

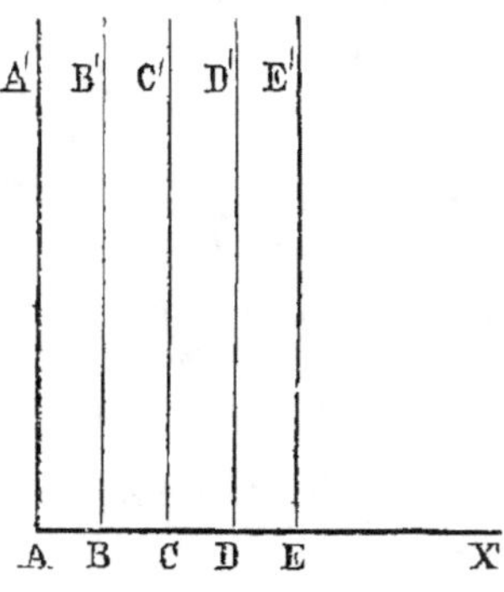

Fig. 268.

En effet, les bandes sont illimitées dans le sens de A′, mais un nombre fini de longueurs telles que AB ne peut jamais égaler la ligne AX qui se prolonge indéfiniment vers la droite; donc les bandes formées par les parallèles AA′, BB′… ne peuvent pas recouvrir complètement l'espace angulaire XAA′.

II. — Lemme.

426. *Un angle A′AB′, quelque petit qu'il soit, étant ajouté successivement à lui-même, peut recouvrir complètement l'angle droit XAA′.*

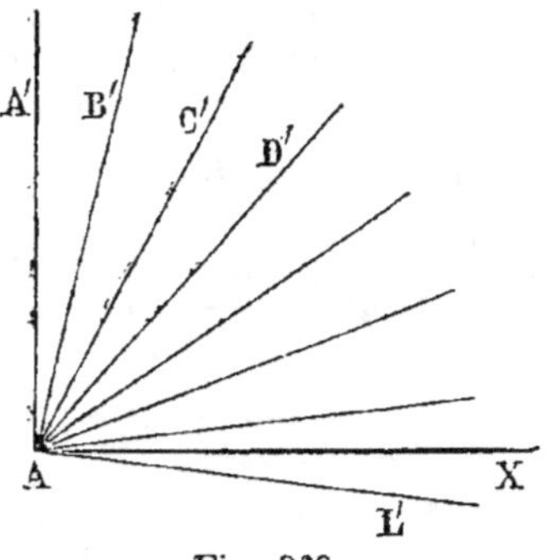

Fig. 269.

En effet, les quantités comparées A′AX, A′AB′ étant de même espèce, il est

---

BERTRAND LOUIS, né à Genève en 1731, mort en 1812; élève et ami d'Euler, a publié des *Éléments de géométrie*, et a donné son nom à une *théorie des parallèles* (nᵒˢ 425-428).

évident qu'en prenant la grandeur A'AB' un nombre de fois suffisant, on recouvrira l'espace A'AX.

III. — Théorème.

427. *Deux droites, CD et AB, dont l'une est perpendiculaire et l'autre oblique à une troisième droite AX, sont nécessairement concourantes.*

En effet, élevons la perpendiculaire AF. Les deux perpendiculaires AF, CD, forment une bande qui ne saurait contenir l'espace angulaire illimité FAB, car un nombre fini de grandeurs telles que FAB peut recouvrir FAX, tandis que le même nombre de bandes égales à FACD ne peut le recouvrir, mais AF est un côté commun à l'angle et à la bande; donc il faut que l'autre côté AB coupe CD, afin que l'espace angulaire FAB puisse se développer hors de la bande.

Donc AB et CD sont des lignes concourantes.

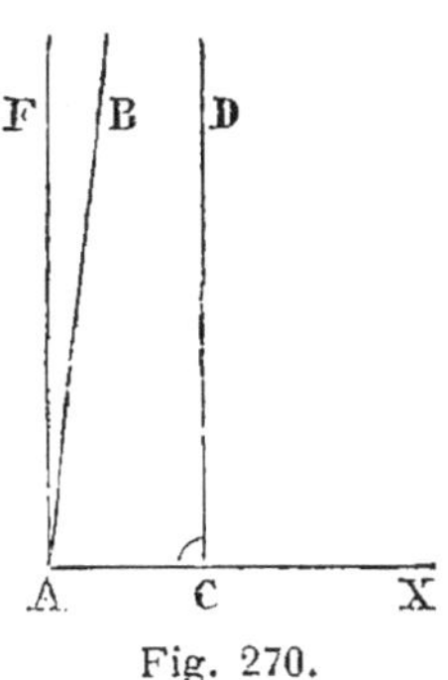

Fig. 270.

428. **Remarque.** Il est plus facile d'entrevoir que d'exprimer tout ce qu'il y a d'étrange dans la démonstration précédente.

En fait, on compare des espaces illimités, un angle et une bande, qu'on ne peut rapporter l'un à l'autre.

S'il est vrai de dire que les *postulata* ne satisfont pas complètement l'esprit, on peut bien en dire autant de certaines démonstrations.

Exercice 10

429. **Théorème.** *Si deux angles ont les côtés parallèles, leurs bissectrices sont parallèles ou perpendiculaires.*

Si les angles considérés, ABC et DEF, sont de même nature (aigus ou obtus), ces angles sont égaux (G., n°85), et leurs moitiés sont aussi *égales*.

En effet, BA étant parallèle à ED, si l'on menait, par le point B, une parallèle à EK, on obtiendrait, au-dessous de BA, un angle égal à DEK; donc la parallèle menée se confondrait avec BI.

Si l'on considère l'angle aigu ABC et l'angle obtus DEG, ces deux

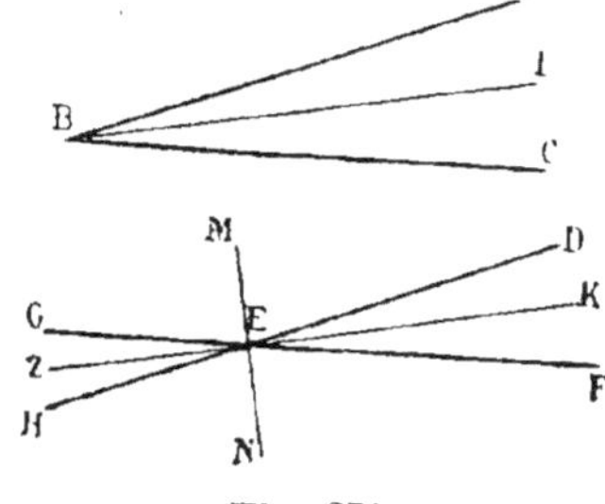

Fig. 271.

angles sont supplémentaires; et la bissectrice MN, perpendiculaire à EK (n° 402), l'est aussi à la parallèle BI. (G., n° 76.)   *C. Q. F. D.*

430. **Théorème.** *Si deux angles ont les côtés respectivement perpendiculaires, leurs bissectrices sont perpendiculaires ou parallèles.*

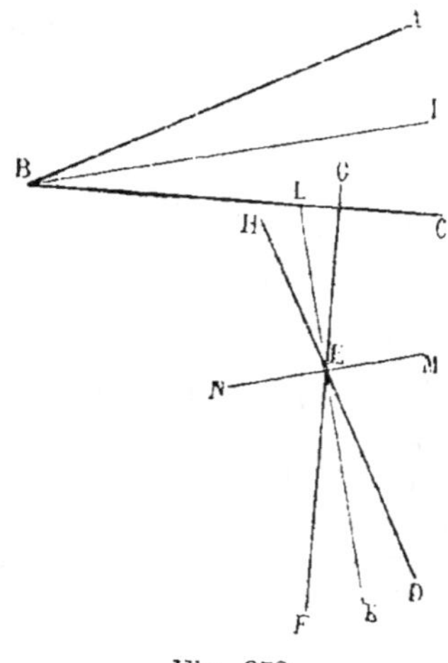

Fig. 272.

Si les angles considérés, ABC et DEF, sont de même nature, ces angles sont égaux (G., n° 85, 2°), et leurs moitiés sont aussi égales.

Or BA étant perpendiculaire à ED, si l'on menait, par le point B, une perpendiculaire à EK, on obtiendrait, au-dessus de BA, un angle égal à DEK; donc la perpendiculaire menée se confondrait avec BI.

Si l'on considère l'angle aigu ABC et l'angle obtus DEG, ces deux angles sont supplémentaires; et les bissectrices MN et BI, perpendiculaires à LK, sont parallèles entre elles (n° 72).

Exercice 11

431. Théorème. *La droite qui joint les milieux des deux côtés d'un triangle est parallèle au troisième côté, et égale sa moitié.*

1ʳᵉ Démonstration. Soit ABC un triangle quelconque (fig. 273). Par le point F, milieu du côté AB, menons FE parallèle à BC, et FD parallèle à AC.

La figure FDCE est un parallélogramme (G., n° 98); ainsi FE = DC, et FE = EC. (G., n°ˢ 81 et 100.)

Les triangles AFE et FDB sont égaux, comme ayant un côté égal adjacent à des angles respectivement égaux;

donc $\qquad$ AE = FD = EC,   BD = FE = DC

Ainsi la droite FE joint les milieux des côtés AB et AC; et cette droite est parallèle au troisième côté BC, et égale à sa moitié.

C. Q. F. D.

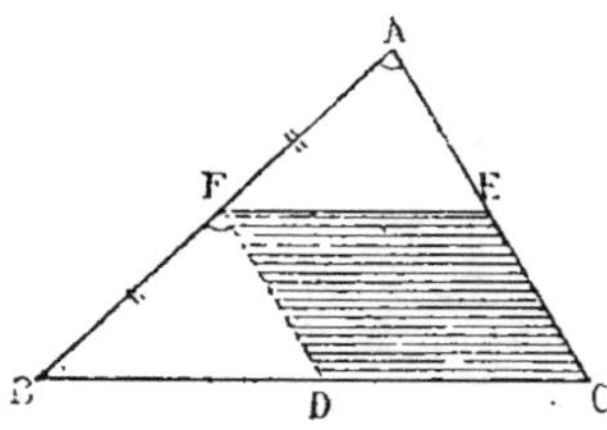

Fig. 273.

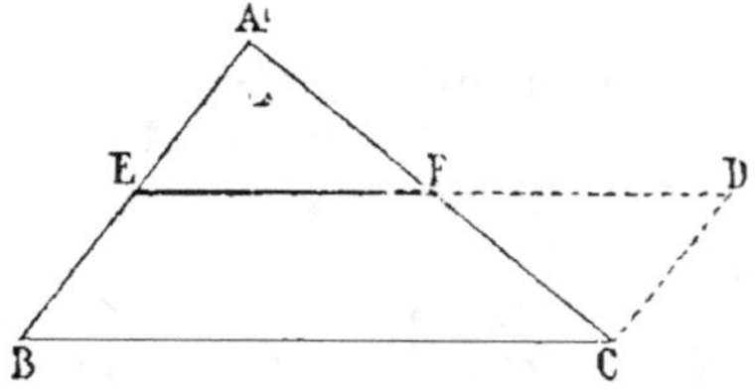

Fig. 274.

2ᶜ Démonstration (fig. 274). Prolongeons la droite EF d'une longueur FD égale à EF, et menons CD. Les deux triangles AFE, CFD sont égaux comme ayant un angle égal compris entre côtés égaux;

car $\qquad$ AF = CF   et   EF = DF

donc $\qquad$ CD = AE   par suite   CD = DE

L'angle FCD = FAE; or, ces angles ont la position d'alternes-internes; ainsi CD est parallèle à BE, et la figure BCDE est un pa-

rallélogramme comme ayant deux côtés opposés égaux et parallèles ;
donc EFD est parallèle à BC, et EF est la moitié de BC.   *C. Q. F. D.*

Corollaire. *La droite menée par le milieu d'un côté d'un triangle, parallèlement à un second côté, passe au milieu du troisième côté.*

432. Théorème. *En joignant par des droites les milieux des côtés d'un triangle, on partage ce triangle en quatre triangles égaux.*

Soient D, E, F, les milieux des côtés du triangle ABC. Chacune des droites DE, EF, FD, est la moitié du côté qui lui est parallèle (n° 431). Donc les quatre triangles formés dans la figure sont égaux comme ayant les côtés respectivement égaux...

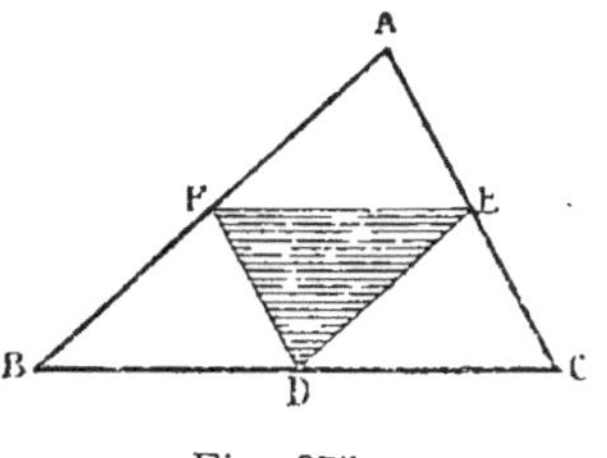

Fig. 275.

C. Q. F. D.

Corollaire. La figure AFDE est un parallélogramme, car
$$AE = DF \quad \text{et} \quad AF = DE. \quad (G., n° 101.)$$

Exercice 12

433. Théorème. *La droite qui joint les milieux de deux côtés d'un triangle, et la médiane qui aboutit au troisième côté, se coupent respectivement en deux parties égales.*

1re Démonstration En effet, on a déjà vu que la droite FE est parallèle à BC (n° 431) ; et, d'après le corollaire du n° 431, la droite FG, menée dans le triangle ABD par le milieu F, parallèlement à BD, passe par le milieu G de l'autre côté AD ; elle égale aussi la moitié de la base BD ; de même GE est la moitié de DC ; donc FG = GE. Donc le point G est le milieu de la médiane AD et le milieu de FE. *C. Q. F. D.*

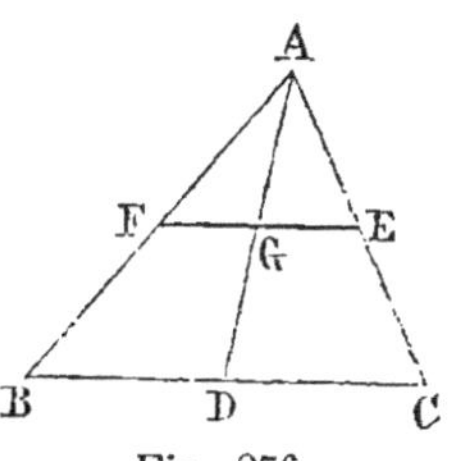

Fig. 276.

2e Démonstration. En joignant le point D aux points E, F, on formerait un parallélogramme (n° 432, *corollaire*) ; or les diagonales AD, FE, d'un parallélogramme se coupent respectivement en parties égales. (G., n° 103.)   Donc   AG = GD   et   FG = GE

Exercice 13

434. Théorème. *Les droites menées par les sommets d'un triangle, parallèlement aux côtés opposés, forment un nouveau triangle qui a les sommets primitifs pour milieux de ses côtés.*

Soit ABC le triangle proposé, et DEF le nouveau triangle obtenu.

À cause des trois parallélogrammes ABCE, ACBF et ACDB (G., n°s 96 et 100),
on a   AE = BC = AF

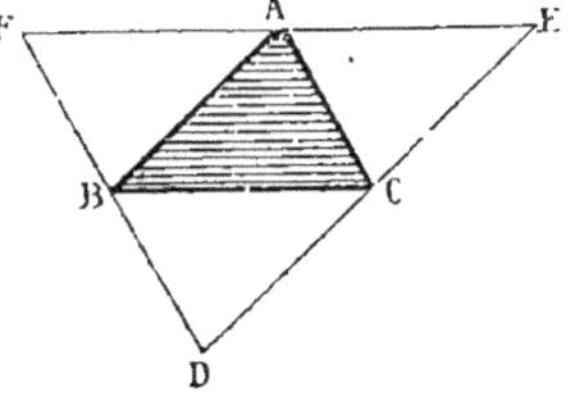

Fig. 277.

        FB = AC = BD ;   CD = AB = CE
Donc les points A, B, C, sont les milieux des nouveaux côtés.

C. Q. F. D.

Scolie. Le nouveau triangle DEF se compose de quatre triangles égaux au triangle primitif.

435. Théorème. *La droite ALN, qui joint un sommet d'un triangle ADB au point milieu L d'une des médianes des autres sommets, divise le côté BD opposé au sommet considéré en deux parties, dont l'une est double de l'autre.*

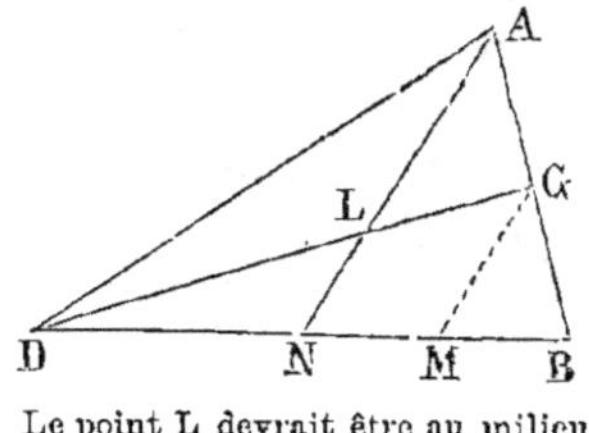

Le point L devrait être au milieu de DG.

Fig. 278.

Par le point G, menons GM parallèle à AN.

On sait que toute parallèle menée à la base d'un triangle par le point milieu d'un côté, divise l'autre côté en deux parties égales (n° 431, *corollaire*).

Dans le triangle ABN, on a donc

$$NM = MB$$

Dans le triangle DGM, on a aussi DN = NM, car L est le milieu de DG; donc DN = NM = MB; $DN = \dfrac{BN}{2}$

Exercice 14

436. Théorème. *Par les extrémités A et C d'une droite et par le point milieu B de cette droite, on mène trois parallèles limitées à une autre droite DEF; prouver que la ligne BE est la demi-somme algébrique des deux autres parallèles.*

Représentons par a, b, c, les trois lignes.
Trois cas peuvent se présenter.

1er Cas. *Les droites AC et DF ont une extrémité commune* (fig. 279).

On sait que la parallèle BE, menée à la base d'un triangle par le point milieu B d'un des côtés, égale la moitié de la base (n° 431, *corollaire*); et comme la ligne CF est nulle, on peut écrire :

$$b = {}^{1}/_{2}(a + c)$$

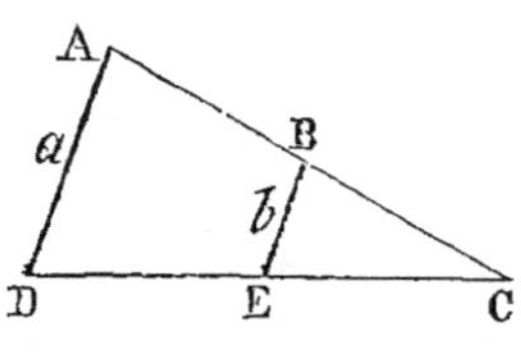

Fig. 279.

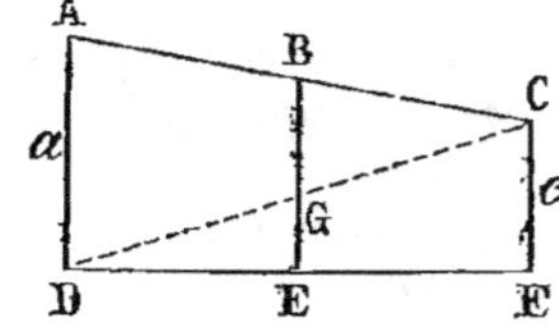

Fig. 280.

2e Cas. *Les droites AC, DF ne se rencontrent pas* (fig. 280).

BE est la base moyenne d'un trapèze; elle égale donc la demi-somme des bases parallèles.

En effet, d'après le 1er cas,

$$BG = \frac{a}{2}; \quad GE = \frac{c}{2}; \quad donc \quad b = \tfrac{1}{2}(a+c)$$

3e Cas. *Les droites* AF, DC *se coupent entre* A *et* F (fig. 381).

Menons FEG.

$$BE = \tfrac{1}{2}AG \quad et \quad DG = CF$$

donc $\qquad b = \tfrac{1}{2}(AD - CF)$

En réalité, BE est la demi-différence des lignes extrêmes; mais, afin
de généraliser et de comprendre
tous les cas dans un même énoncé,
on regarde CF comme ayant une
valeur négative lorsqu'elle est de
sens contraire à AD; on écrit donc encore :

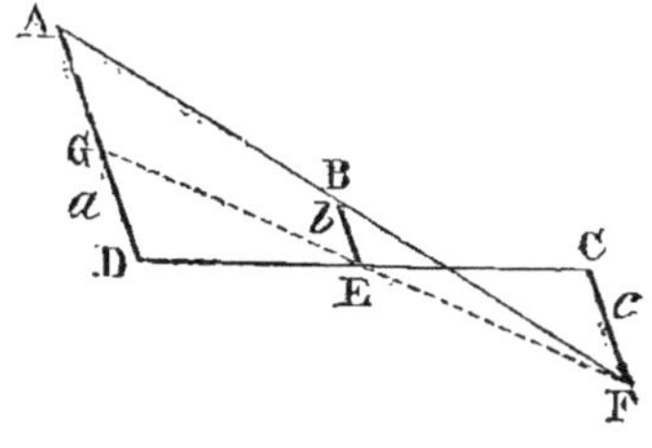
Fig. 281.

$$b = \tfrac{1}{2}(a+c)$$

mais, dans le troisième cas, la valeur absolue de c doit être retranchée
de la valeur de a.

Remarque. Dans un grand nombre de questions, l'énoncé général ne
s'applique à certains cas qu'autant qu'on admet des quantités négatives (n° 412).

Exercice 15

437. Théorème. *Dans un triangle, cha-*
que médiane est équidistante des deux
autres sommets.

Puisque AO est médiane, les triangles
rectangles BOF, COG sont égaux comme
ayant l'hypoténuse égale et un angle aigu
égal;

donc $\qquad$ BF = CG

$\qquad$ *C. Q. F. D.*

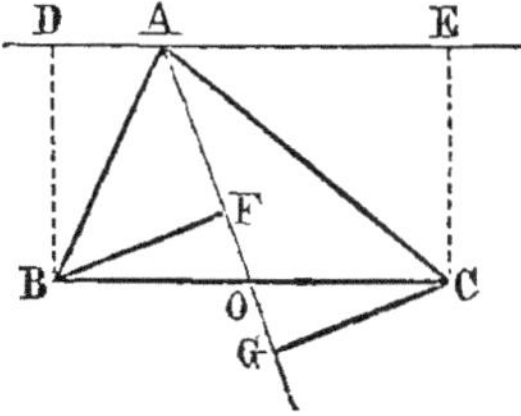
Fig. 282.

Scolie. *Par chaque sommet d'un triangle,* A *par exemple, on peut*
mener deux droites telles que chacune d'elles soit équidistante des deux
autres sommets.

Ces deux droites sont la médiane AO, et la droite DAE menée
parallèlement à BC.

438. Théorème. *Dans un triangle, un sommet et le point milieu du*
côté opposé sont équidistants de la droite qui joint les milieux des deux
autres côtés, et ces deux points milieux sont équidistants de la médiane
qui passe par le milieu de l'autre côté.

Cela résulte du théorème précédent (n° 437).

Trois droites concourantes.

439. Dans un assez grand nombre de cas, on doit prouver que trois droites, déterminées par certaines conditions, vont concourir en un même point.

On peut procéder comme il suit :

Après avoir déterminé le point de concours de deux des trois droites et recherché les particularités que présente la situation de ce point, on démontre qu'il doit appartenir à la troisième droite (*Exemples*, n⁰ˢ 443, 444), ou bien, par le point de concours des deux premières lignes, on mène une droite qui remplisse certaines conditions imposées aux données, et il suffit de prouver que la ligne ainsi menée jouit de toutes les propriétés de la troisième droite *Exemples*, n⁰ˢ 440, 441). Dès lors on peut conclure que les trois lignes données concourent en un même point.

En résumé, on cherche à démontrer que le point commun à deux droites données, appartient au lieu géométrique constitué par la troisième droite.

Exercice 16

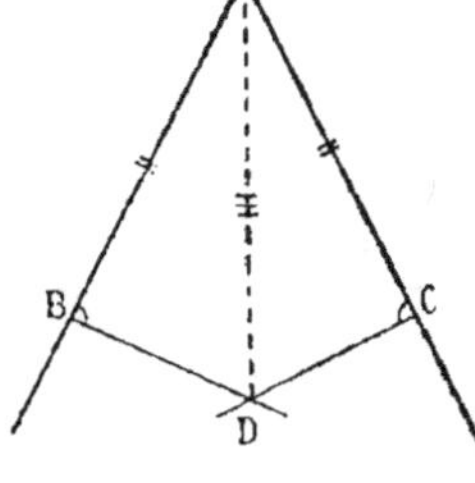

Fig. 283.

440. Théorème. *Les perpendiculaires menées aux deux côtés d'un angle, à des distances égales du sommet, se rencontrent sur la bissectrice.*

Soit D le point de rencontre des perpendiculaires menées AB et à AC, lorsque AB = AC; joignons le point A au point D.

Les triangles rectangles ABD et ACD sont égaux, comme ayant même hypoténuse AD et un autre côté égal (AB = AC). Ainsi les angles formés en A sont égaux, et AD est bissectrice de l'angle A. Donc *les perpendiculaires...*

Exercice 17

441. Théorème. *Étant donné un angle quelconque A, si l'on porte sur les côtés des distances égales AB et AD, AC et AE, les droites BE et CD sont égales, et se rencontrent sur la bissectrice.*

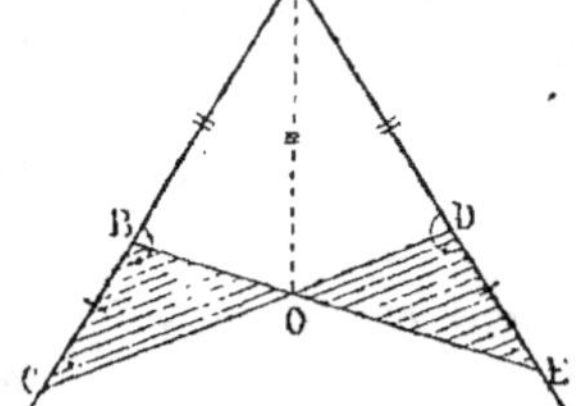

Fig. 284.

Menons AO. D'après les données, les triangles ABE et ADC sont égaux, comme ayant en A un angle égal compris entre des côtés respectivement égaux. Donc BE = CD... De plus, les angles en C et en E sont égaux, ainsi que les angles en B et en D, et les suppléments de ces derniers sont pareillement égaux.

Ainsi les triangles OBC et ODE sont égaux, comme ayant un côté égal (BC, DE) adjacent à des angles respectivement égaux;

donc   OB = OD.

Enfin, les triangles AOB et AOD sont égaux comme ayant les trois côtés respectivement égaux; ainsi les angles en A sont égaux, et la droite AO est bissectrice de l'angle A.   *C. Q. F. D.*

442. Théorème. *Deux droites comprises dans l'intérieur d'un angle sont égales lorsqu'elles se coupent sur la bissectrice, et qu'elles sont également inclinées sur cette bissectrice.*

En effet, si l'angle AOB = AOD (fig. 284), les triangles AOB, AOD sont égaux, comme ayant un côté commun adjacent à deux angles

égaux. Donc   OB = OD

On a de même   OC = OE.   Donc...

Exercice 18

443. Théorème. *Les trois perpendiculaires élevées sur les milieux des côtés d'un triangle se rencontrent en un même point, et ce point est équidistant des trois sommets.*

Soit ABC un triangle quelconque, et soit O le point de rencontre des perpendiculaires élevées sur les milieux des côtés AB et AC.

Le point O appartenant à la première perpendiculaire, les distances OA et OB sont égales. (G., n° 40.) Ce même point O appartenant à la deuxième perpendiculaire, les distances OA et OC sont égales. Ainsi le point O est équidistant des trois sommets A, B, C.

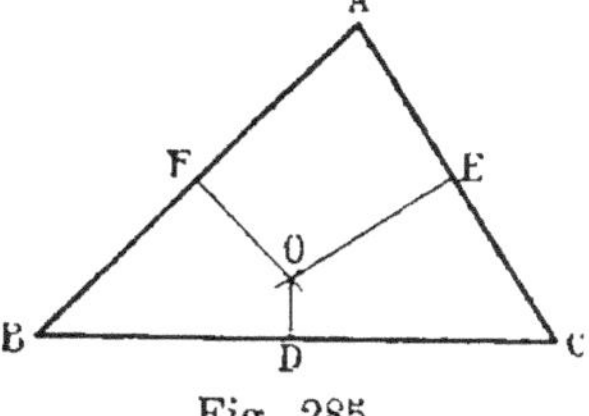
Fig. 285.

Et puisque ce point est équidistant de B et de C, il appartient à la perpendiculaire élevée sur le milieu de BC. (G., n° 41.) Donc *les trois perpendiculaires...*

Exercice 19

444. Théorème. *Les trois bissectrices des angles d'un triangle se rencontrent en un même point, et ce point est équidistant des trois côtés.*

Soit ABC un triangle quelconque, et soit O le point de rencontre des bissectrices des angles B et C.

Le point O, appartenant à la première bissectrice, est équidistant des côtés BA et BC (G., n° 64); ce même point, appartenant à la deuxième bis-

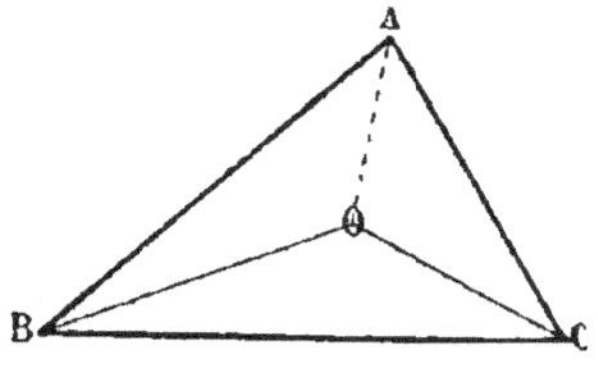
Fig. 286.

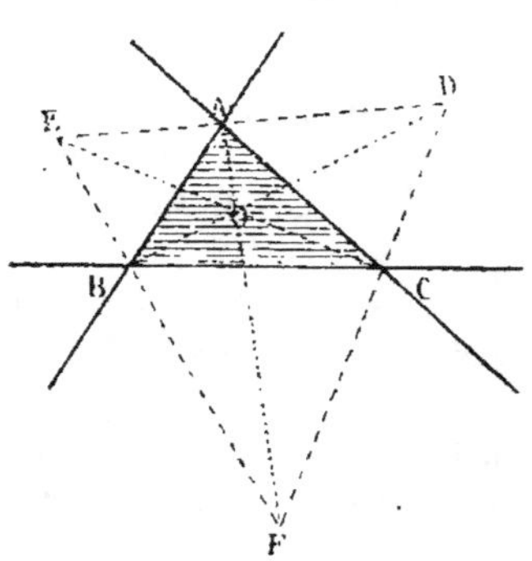

Fig. 287.

sectrice, est équidistant des côtés BC et CA. Ainsi le point O est équidistant des trois côtés du triangle.

Et puisque ce point est équidistant des côtés AB et AC, il appartient à la bissectrice de l'angle A. (G., n° 65.) — Donc *les trois bissectrices...*

Scolie. Outre le point de concours des bissectrices intérieures, il y a trois autres points équidistants des trois côtés : ce sont les points de concours des bissectrices des angles extérieurs, savoir : D, E, F.

Les bissectrices des angles extérieurs forment trois lignes droites perpendiculaires aux bissectrices des angles intérieurs (n° 402).

Cette propriété sera utilisée (n° 630).

Exercice 20

445. **Théorème.** *Les trois hauteurs d'un triangle se rencontrent en un même point.* (ARCHIMÈDE, *Lemme* 5.)

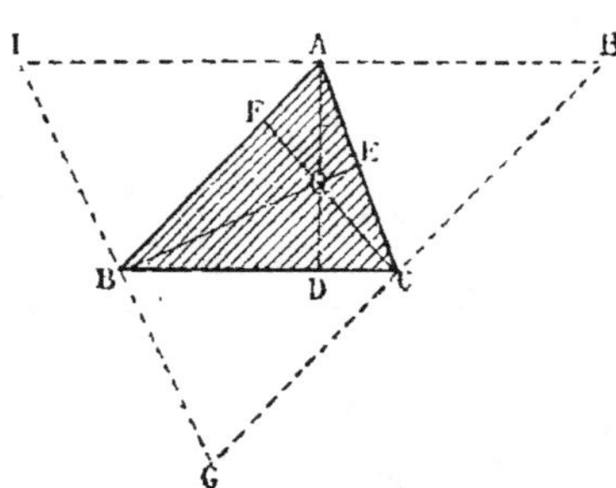

Fig. 288.

Démonstration de Gauss [*]. Soit ABC un triangle quelconque. Par les sommets A, B, C, menons les parallèles aux côtés opposés.

Dans le triangle GHI, les points A, B, C sont les milieux des côtés (n° 434); et les hauteurs du triangle ABC ne sont autre chose que les perpendiculaires élevées sur les milieux des côtés du triangle GHI. Or (n° 443) ces trois perpendiculaires se rencontrent en un même point. Donc *les trois hauteurs...*

446. **Théorème.** *Sur deux côtés AC, BC d'un triangle quelconque ABC, on construit des carrés; prouver que les droites AD, BE se coupent sur la hauteur CF du troisième sommet.*

---

* GAUSS, né à Brunswick en 1777, mort à Gœttingue en 1855. Savant astronome mathématicien, il a démontré *qu'au moyen de la règle et du compas* on peut inscrire au cercle le polygone régulier de dix-sept côtés.

La démonstration géométrique de ce théorème est attribuée à AMPÈRE. Elle est reproduite dans les *Théorèmes et Problèmes de géométrie élémentaire* de M. CATALAN.

AMPÈRE, né à Lyon en 1775, mort en 1836; est surtout célèbre par la théorie *électro-dynamique* dont l'expérience d'ŒRSTED fut l'occasion.

(n° 431). Dans le triangle BOC, menons GH par les milieux des côtés.

Le théorème sera démontré si l'on prouve que les perpendiculaires AM, BN, abaissées respectivement du sommet A sur BE et de B sur AD, se coupent sur la hauteur CF; car si cela a lieu, les droites AD, BE, CF seront les hauteurs d'un triangle AOB (n° 445).

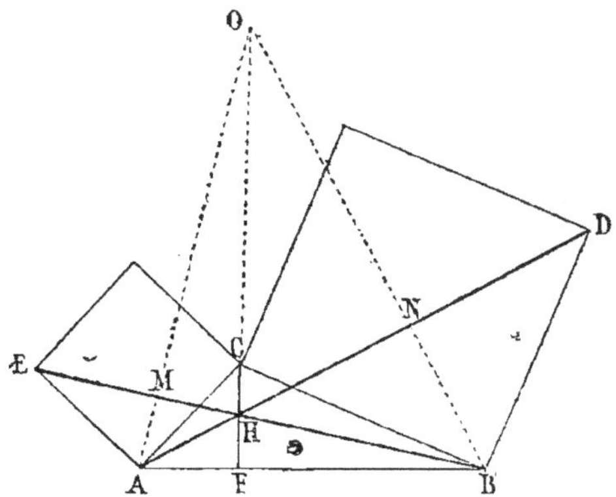

Fig. 289.

Prolongeons AM jusqu'à sa rencontre avec FC, soit O l'intersection, et déterminons la longueur de CO.

Les triangles EAB, ACO sont égaux, comme ayant un côté égal adjacent à deux angles égaux, car $AE = AC$.

Et les angles AEB, CAO sont égaux, comme ayant les côtés perpendiculaires. (G., n° 85, 2°.)

Il en est de même des angles EAB, ACO.

Donc $CO = AB$

En prolongeant BN, on obtiendrait un triangle O'CB que l'on démontrerait égal au triangle ABD, et dans ces triangles on aurait

$$O'C = AB = OC$$

ce qui exige que O et O' se confondent.

Donc les droites AD, BE, CF passent par un même point*.

Exercice 21

447. Théorème. *Les trois médianes d'un triangle se rencontrent en un même point, et ce point est situé aux $^2/_3$ de chaque médiane en partant des sommets.*

Soit ABC un triangle quelconque, et soit O le point de rencontre des deux médianes BE et CF.

Menons FE; cette ligne est parallèle à BC, et égale à sa moitié

---

* Cette belle démonstration, d'une question d'ailleurs connue, est prise dans le *Journal de mathématiques élémentaires*, par M. VUIBERT. (Année 1879-1880, page 36.) Nous aurons occasion de citer encore cet intéressant recueil.

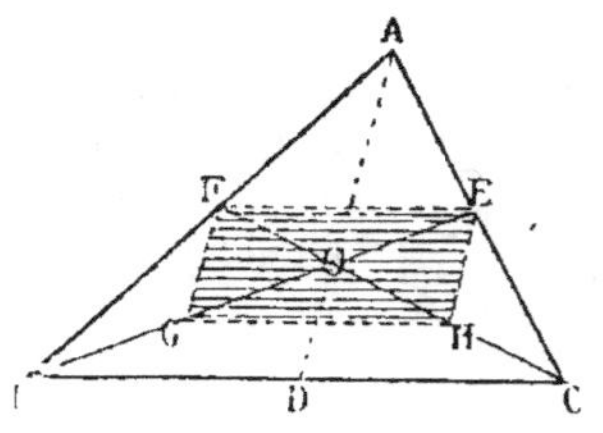

Fig. 290.

OB et OC; cette ligne GH est parallèle à BC, et égale à sa moitié.

Ainsi les deux droites EF et GH sont égales et parallèles, la figure EFGH est un parallélogramme (G., n° 104), et le point O est le milieu des deux diagonales FH et GE. (G., n° 105.) On a donc

$$OE = OG = GB, \quad \text{et} \quad OF = OH = HC$$

Et puisque deux médianes quelconque BE et CF se coupent aux $^2/_3$ de leur longueur, c'est au même point O que doit passer la troisième médiane. Donc *les trois médianes...*

Remarque. La démonstration précédente est très ingénieuse, mais elle est peu naturelle. La démonstration la plus simple repose sur le livre III. (G., n° 230.)

On peut en indiquer une troisième, assez simple, et fondée aussi sur le livre III.

Soient deux médianes AN et DG (n° 435, fig. 278).

On a par construction DN = NB; puis on obtient MN = MB. Ainsi DN = $^2/_3$ DM; donc aussi DL = $^2/_3$ DG.

Triangle quelconque.

448. Les propriétés déjà indiquées pour le triangle (n°ˢ 444 à 448) sont principalement des propriétés de position : ainsi les trois hauteurs se coupent au même point; il en est de même des trois bissectrices, des trois médianes, etc. Il reste à établir les propriétés de relation. Dans le triangle, on a des *relations linéaires* et des *relations angulaires*.

Les relations, entre certains éléments linéaires d'un triangle, n'exigent guère que la connaissance des définitions relatives au triangle, du théorème des obliques (G., n° 38) et du théorème : *Chaque côté d'un angle est plus petit que la somme des deux autres.* (G., n° 49.)

Les *relations angulaires* se déduisent du théorème fondamental : *La somme des angles d'un triangle quelconque est égale à deux angles droits* (G., n° 92), et des corollaires qui en découlent.

449. Théorème. *Si d'un point O, pris au dedans du triangle ABC, on mène aux extrémités d'un côté BC les droites OB, OC, la somme de ces droites sera moindre que celle des deux autres côtés AB, AC.*

1° En effet, la ligne convexe enveloppée BO + OC est plus petite que la ligne enveloppante BA + AC. (G., n° 36.)

2° On peut donner une démonstration directe du théorème proposé. (LEGENDRE, *Éléments de géométrie.* Livre I, Proposition VI.)

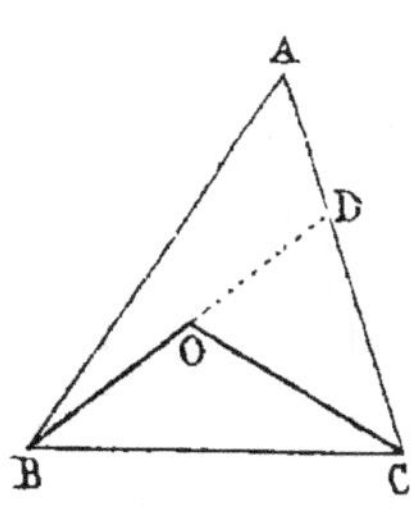

Fig. 291.

Prolongeons BO jusqu'à la rencontre de AC.

On a
$$BO + OD < BA + AD$$
$$OC < OD + DC$$

Ajoutons et simplifions
$$BO + OC < BA + AC \qquad C.\ Q.\ F.\ D.$$

Exercice 22

450. Théorème. *Si l'on joint les trois sommets d'un triangle à un point quelconque pris à l'intérieur, la somme des trois lignes intérieures ainsi tracées est comprise entre la somme et la demi-somme des trois côtés.*

Soit O un point quelconque pris à l'intérieur du triangle ABC.

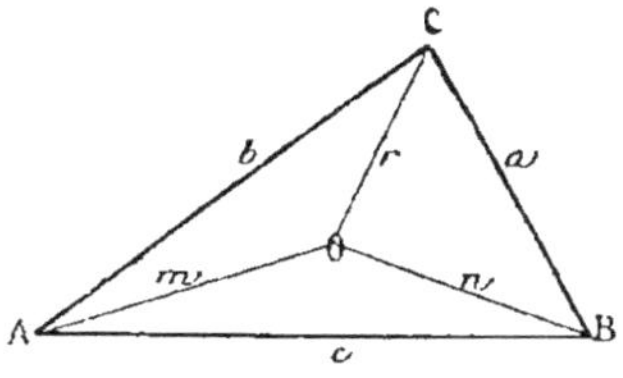

On a
$$m + n > c$$
$$n + r > a$$
$$r + m > b$$

d'où $\quad 2m + 2n + 2r > a + b + c$

et, en divisant par 2,

on a $\quad m + n + r > \tfrac{1}{2}(a + b + c)$

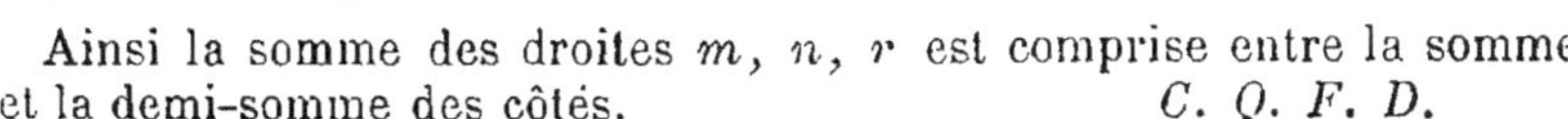

Fig. 292.

On a aussi (n° 449)
$$m + n < a + b$$
$$n + r < b + c$$
$$r + m < a + c$$

d'où $\qquad 2m + 2n + 2r < 2a + 2b + 2c$

et, en divisant par 2, $\quad m + n + r < a + b + c$

Ainsi la somme des droites m, n, r est comprise entre la somme et la demi-somme des côtés. $\qquad C.\ Q.\ F.\ D.$

451. Théorème. *La distance d'un sommet d'un triangle à un point quelconque, pris sur le côté opposé à ce sommet, est plus grand que la moitié du résultat qu'on obtient en retranchant ce côté de la somme des deux autres.*

Il suffit de considérer l'inégalité précédente,
$$2m + 2n + 2r > a + b + c$$

et de supposer que le point O vient sur AB (fig. 292); dans cette hypothèse $\qquad m + n = c$

et l'on a $\qquad 2c + 2r > a + b + c$

d'où $\qquad 2r > a + b - c$

$$r > \frac{a + b - c}{2} \qquad C.\ Q.\ F.\ D.$$

7*

Exercice 23

452. Théorème. *La hauteur d'un trian-gle est moindre que la demi-somme des deux côtés qui partent du même sommet.*

Soit ABC un triangle quelconque, h l'une des hauteurs, a et c les deux côtés qui partent du même sommet que cette hauteur.

En vertu de la propriété des perpendi-culaires et des obliques, on a

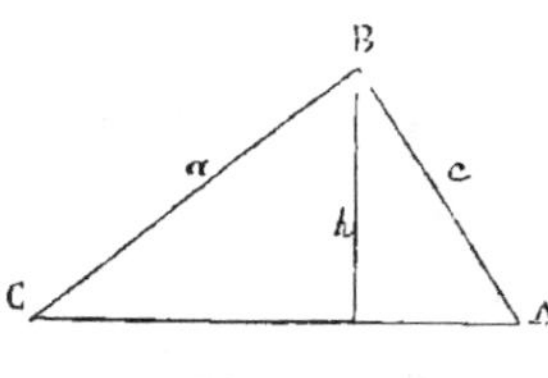

Fig. 293.

$$h < a \quad \text{et} \quad h < c \quad \text{d'où} \quad 2h < a+c \quad \text{et} \quad h < \frac{a+c}{2} \qquad \text{C. Q. F. D.}$$

453. Théorème. *La somme des trois hauteurs d'un triangle est moindre que la somme des trois côtés.*

Soient d, e, f, les trois hauteurs du triangle ABC. Chaque hauteur étant moin-dre que la demi-somme des côtés qui par-tent du même sommet (n° 452), on a

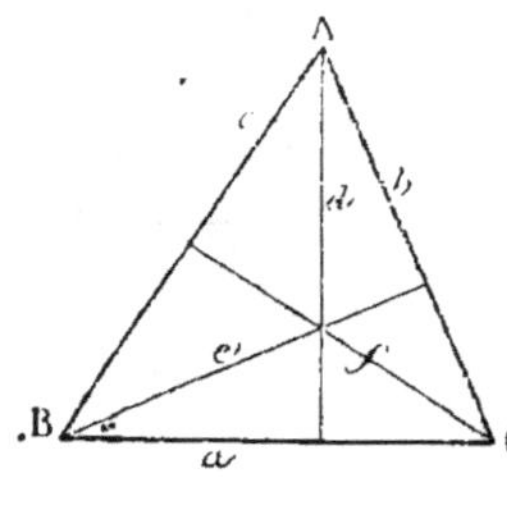

Fig. 294.

$$d < {}^1\!/_2 b + {}^1\!/_2 c$$
$$e < {}^1\!/_2 c + {}^1\!/_2 a$$
$$f < {}^1\!/_2 a + {}^1\!/_2 b$$

d'où
$$d + e + f < a + b + c$$
$$\text{C. Q. F. D.}$$

454. Théorème. *La somme des trois hauteurs d'un triangle acu-tangle est plus grande que la demi-somme des trois côtés.*

1re Démonstration. On sait déjà que les trois hauteurs se coupent au même point (n° 445), et de plus que le théorème énoncé (n° 454) a lieu, même en n'envisageant que les trois parties comprises entre le point de concours des hauteurs et les trois sommets (n° 450); donc, à plus forte raison, a-t-il lieu en prenant les hauteurs entières.

2e Démonstration. En utilisant la propriété démontrée au n° 451, indépendante du point de concours des trois hauteurs, on a

$$d > \frac{b+c-a}{2}$$

$$e > \frac{a+c-b}{2}$$

$$f > \frac{a+b-c}{2}$$

d'où
$$d + e + f > \frac{a+b+c}{2} \qquad \text{C. Q. F. D.}$$

Remarque. Les deux démonstrations précédentes exigent que le triangle soit acutangle, afin que le point de concours des hauteurs se trouve dans le triangle, c'est-à-dire afin que le pied de chaque hauteur soit sur le côté et non sur le prolongement.

Exercice 24

455. Théorème. *Une médiane quelconque d'un triangle est plus petite que la demi-somme des deux côtés adjacents.*

Soit AO une médiane du triangle ABC. Traçons le prolongement OD égal à AO, et menons BD.

Les deux triangles AOC et BOD sont égaux, comme ayant, en O, un angle égal compris entre des côtés respectivement égaux ; d'où AC = BD. D'autre part, le triangle ABD donne (G., n° 49) :

$$AD < AB + BD$$

ou $$AD < AB + AC$$

et, en divisant par 2,

$$AO < \tfrac{1}{2}(AB + AC)$$

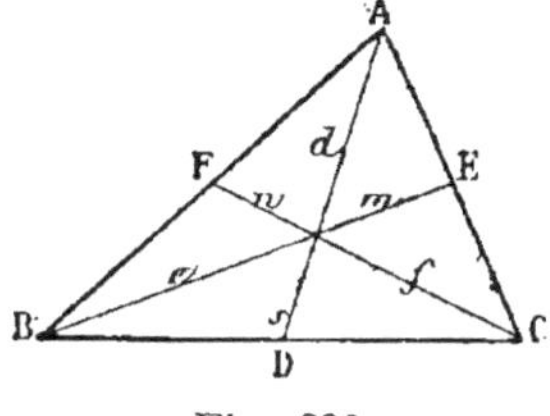
Fig. 295.

$$C. \ Q. \ F. \ D.$$

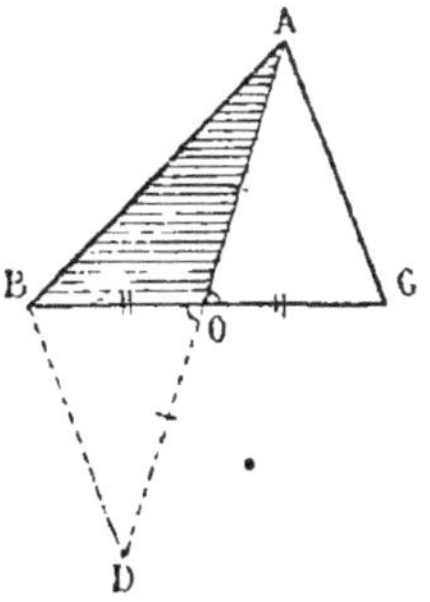

456. Théorème. *La somme des trois médianes d'un triangle est comprise entre le périmètre et le demi-périmètre de ce triangle.*

Soient d, e, f, les trois médianes du triangle ABC.

Chaque médiane étant moindre que la demi-somme des deux côtés adjacents (n° 455), on a

$$AD < \tfrac{1}{2}AB + \tfrac{1}{2}AC$$
$$BE < \tfrac{1}{2}AB + \tfrac{1}{2}BC$$
$$CF < \tfrac{1}{2}AC + \tfrac{1}{2}BC$$

d'où $AD + BE + CF < AB + BC + AC$

Fig. 296.

D'autre part, on a $e + s > BD$ $f + m > CE$ $d + n > AF$

D'où, en additionnant membre à membre ces trois dernières inégalités, $AD + BE + CF > \tfrac{1}{2}(AB + BC + AC)$

Ainsi la somme...

Remarque. On peut appliquer à la démonstration de la seconde partie les deux démonstrations données au n° 454, mais les limites peuvent être resserrées davantage, ainsi que le prouve le théorème suivant.

Exercice 25

457. **Théorème.** *La somme des trois médianes d'un triangle est plus grande que les* $^3/_4$ *du périmètre.*

Soient a, b, c, les trois côtés, m, n, p, les trois médianes du triangle ABC.

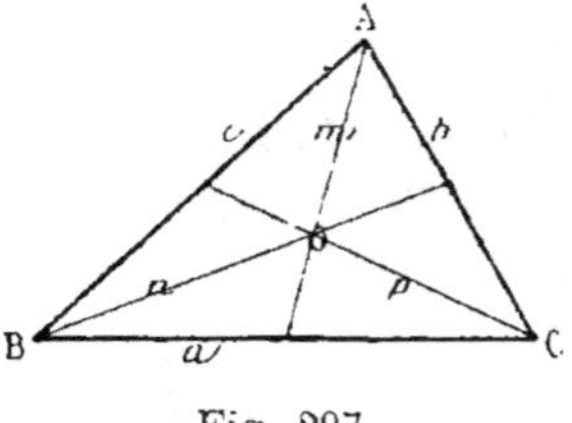

Fig. 297.

Puisque les médianes se coupent aux $^2/_3$ de leur longueur (n° 447, ou G., n° 230), les triangles AOB, BOC, COA, donnent :

$$^2/_3\, m + {}^2/_3\, n > c$$
$$^2/_3\, n + {}^2/_3\, p > a$$
$$^2/_3\, p + {}^2/_3\, m > b$$

d'où $\qquad ^4/_3 (m + n + p) > a + b + c$

et, en multipliant par 3 et divisant par 4 :

$$m + n + p > {}^3/_4 (a + b + c) \qquad C.\ Q.\ F.\ D.$$

458. **Théorème.** *Si, par le point de concours des bissectrices d'un triangle, on mène une parallèle à l'un des côtés, cette ligne égale la somme des segments déterminés sur les deux autres côtés, et compris entre les parallèles.*

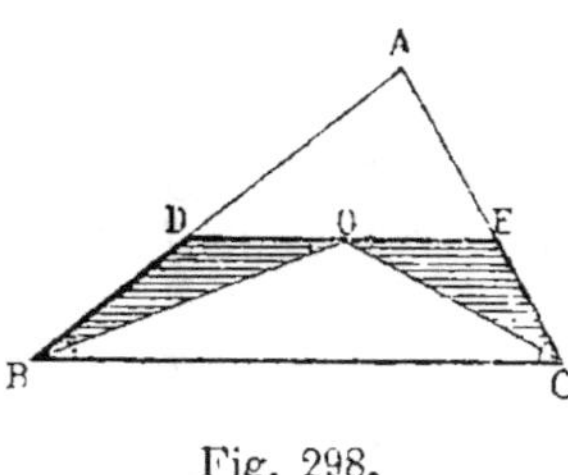

Fig. 298.

Soit O le point de concours des bissectrices du triangle ABC, et soit DOE une parallèle au côté BC.

Les angles DOB et OBC sont égaux comme alternes-internes ; et comme les angles en B sont égaux, le triangle ODB est isocèle, et $OD = DB$. De même le triangle OEC est isocèle, et $OE = EC$.

Ainsi $\qquad DE = DB + EC$

$$C.\ Q.\ F.\ D.$$

459. **Théorème.** *Si par le point de concours des bissectrices des deux angles extérieurs d'un triangle, on mène une parallèle GF au côté AC adjacent aux deux angles, la droite ainsi menée égale la somme des segments AF et CG.*

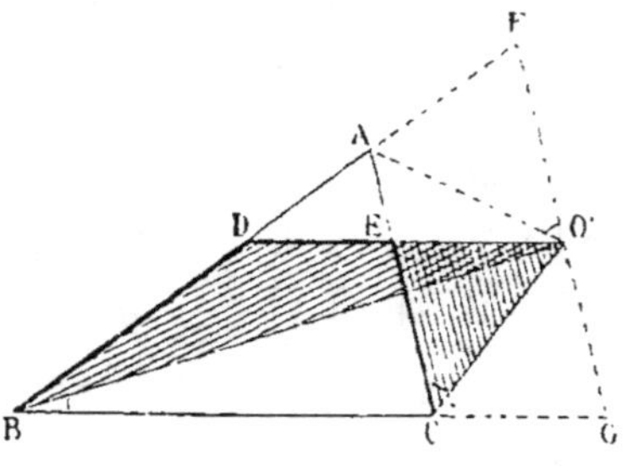

Fig. 299.

Car $\quad AF = O'F$ et $CG = O'G$

Remarque. La parallèle OED menée à BC, donne (fig. 299)

$$O'E = CE \quad \text{et} \quad O'D = BD$$

d'où $\qquad O'D - O'E \quad \text{ou} \quad DE = BD - CE$

Le théorème général peut alors s'énoncer comme il suit :

460. Théorème. *Les bissectrices des angles intérieurs et celles des angles extérieurs d'un triangle donnent lieu à quatre points de concours (n° 444). Toute parallèle menée à un côté par un des points de concours, et limitée aux deux autres côtés, égale la somme ou la différence des segments déterminés sur ces côtés par les deux droites parallèles.*

Exercice 26

461. Théorème. *La somme des distances des sommets d'un triangle ABC, à une droite quelconque MN, égale la somme des distances de cette même droite aux milieux des trois côtés.*

En effet, on a (n° 436) :

$$d = \tfrac{1}{2}a + \tfrac{1}{2}b$$
$$e = \tfrac{1}{2}b + \tfrac{1}{2}c$$
$$f = \tfrac{1}{2}c + \tfrac{1}{2}a$$

d'où $\qquad d + e + f = a + b + c$

$$C.\ Q.\ F.\ D.$$

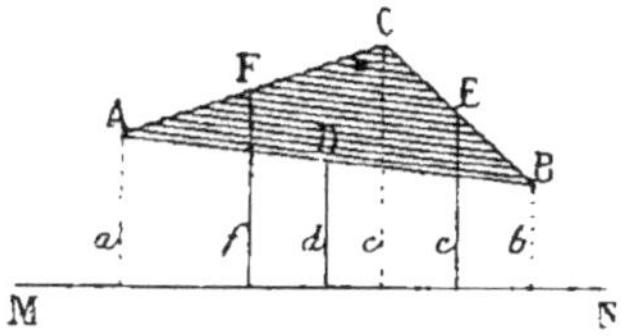

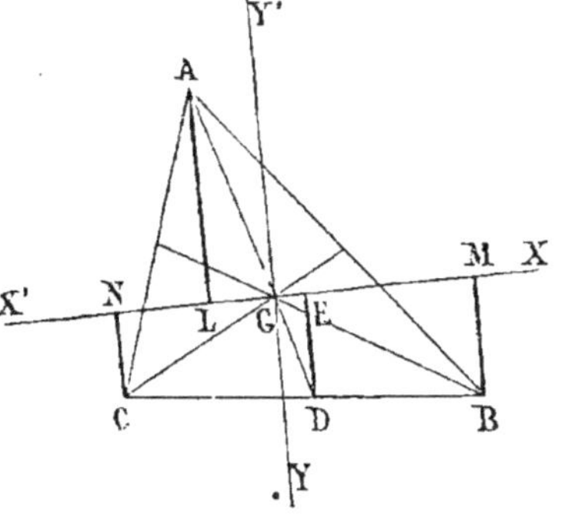

Fig. 300.

Exercice 27

462. Théorème. *Par le point de concours des médianes d'un triangle, on mène une droite quelconque, la somme des distances des deux sommets situés d'un même côté de la droite égale la distance du troisième sommet à cette même ligne*.*

Soit G le point de concours des médianes, XX' la droite donnée.

On a $\ \mathrm{BM} + \mathrm{CN} = 2\mathrm{DE}$ (n° 436).

Mais les médianes se coupent aux $\tfrac{2}{3}$ de leur longueur, à partir des sommets ; ainsi $\mathrm{AG} = 2\mathrm{DG}$ et par suite $\mathrm{AL} = 2\mathrm{DE}$ (n° 447, *Remarque*).

donc $\qquad \mathrm{AL} = \mathrm{BM} + \mathrm{CN}$

$$C.\ Q.\ F.\ D.$$

Fig. 301.

463. Théorème. *On a aussi* $\ \mathrm{GM} = \mathrm{GL} + \mathrm{GN}.$

En effet, ces grandeurs sont les distances des trois sommets à une droite YY' parallèle à AL.

---

* Le point G est le *centre de gravité* de la surface du triangle (*Éléments de mécanique*, n° 75) ; CARNOT (*Géométrie de position*, 269) l'a aussi nommé centre des moyennes distances des trois sommets du triangle. L'introduction dans les *Éléments de géométrie* de la notion du *centre des moyennes distances* nous semble due à BOBILLIER (*Cours de géométrie*, pages 55 et 83) ; après lui, divers auteurs l'ont introduite dans leurs ouvrages. On peut citer BALTZER, § 8, n° 4.

Exercice 28

464. Théorème. *La somme des distances des trois sommets d'un triangle à une droite quelconque, égale trois fois la distance de la même droite au point de concours des médianes.*

Soient $AA' = a$, $BB' = b$, $CC' = c$, $GG' = g$

Il faut prouver que l'on a

$$a + b + c = 3g \quad \text{ou} \quad g = \tfrac{1}{3}(a + b + c)$$

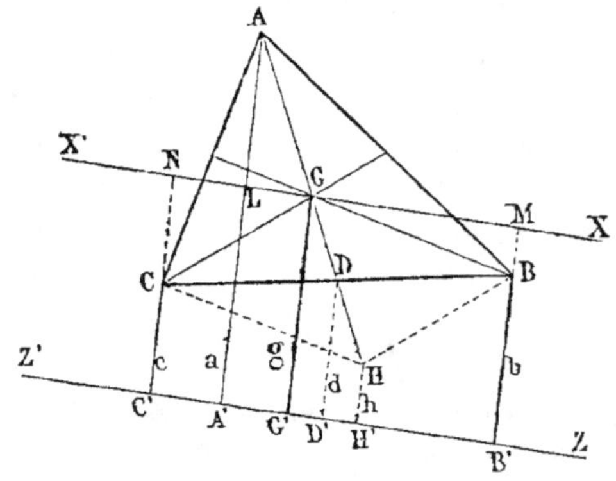

Fig. 302.

1ʳᵉ Démonstration. Menons XX' parallèle à ZZ'.

On a (nº 462) $AL = BM + CN$

ou $AL - BM - CN = 0$

Ajoutons $3g$ à chaque membre de l'égalité.

On a $g + AL + g - BM + g - CN = 3g$

ou $AA' + BB' + CC' = 3g$

donc $g = \tfrac{1}{3}(a + b + c)$ *C. Q. F. D.*

2ᵉ Démonstration. Prenons $DH = DG$ (fig. 302) et joignons HB, HC.

On a $b + c = 2d$, $2d = g + h$;   donc $b + c = g + h$

Ainsi $a + b + c = a + g + h$,   mais $a + h = 2g$

car $AG = GH$

donc $a + b + c = 3g$

3ᵉ Démonstration (fig. 303) (basée sur le livre III). Considérons successivement les triangles ABC, DEF, GHI, etc.; ce sont les mêmes droites qui servent de médianes à tous ces triangles; car les parallèles AC et EF sont coupées dans un même rapport par les droites BA, BD, BC (G., nº 231); de même, les parallèles EF et GH sont coupées dans un même rapport par les droites BE, DI, DF; et ainsi de suite.

On a donc, en appelant a, b, c, d,... les distances de la droite MN aux points A, B, C, D,... (n° 461) :

$$a + b + c = d + e + f = g + h + i = \dots$$

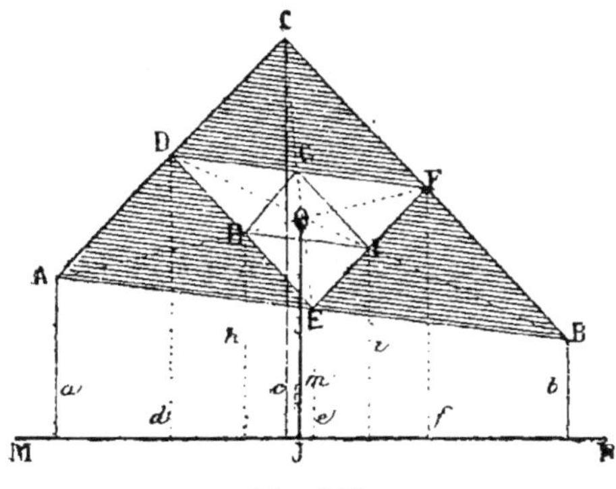

Fig. 303.

Or la construction de ces triangles peut être considérée comme étant continuée indéfiniment. Les trois sommets se rapprochent de plus, et tendent à se confondre en O ; ainsi chacune des trois distances tend vers OJ ou m ; et à la limite, cette somme est $3m$.

Mais la variation a lieu seulement dans les grandeurs respectives des distances, et non dans leur somme, qui est constante ; donc, même au début, cette somme

$$a + b + c = 3m, \quad \text{et} \quad m = \frac{a + b + c}{3} \qquad C.\ Q.\ F.\ D.$$

Exercice 29

465. **Théorème.** *La différence des angles qu'une bissectrice intérieure forme avec le côté opposé d'un triangle, égale la différence des angles à la base de ce triangle.*

En effet, l'angle extérieur à un triangle égale la somme des deux angles intérieurs opposés (G., n° 93 ; 1°) ; donc :

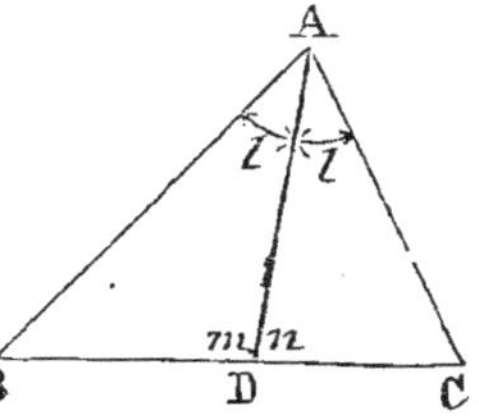

Fig. 304.

$$m = C + l$$
$$n = B + l$$

d'où $\qquad m - n = C - B \qquad C.\ Q.\ F.\ D.$

Exercice 30

466. **Théorème.** *L'angle formé par deux bissectrices intérieures d'un triangle égale un angle droit, plus la moitié de l'angle du troisième sommet.*

Il faut prouver qu'on a $\quad BDC = 90° + \dfrac{A}{2}$

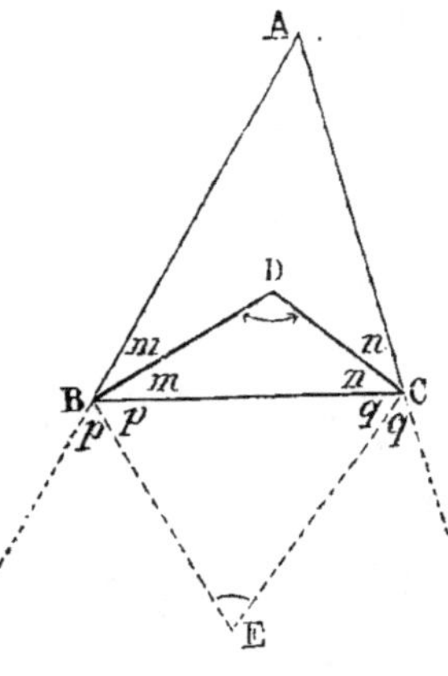

En effet $\quad D = 180° - (DBC + DCB)$

$$D = 180° - \left(\frac{B}{2} + \frac{C}{2} \right)$$

D'ailleurs $\quad \dfrac{B}{2} + \dfrac{C}{2} = 90° - \dfrac{A}{2}$

donc $\quad D = 180° - \left(90° - \dfrac{A}{2} \right)$

$$D = 90° + \frac{A}{2}$$

467. Théorème. L'angle des bissectrices extérieures $= \dfrac{B}{2} + \dfrac{C}{2}$.

On peut le calculer d'une manière analogue à la précédente ; d'ailleurs le quadrilatère BDCE a deux angles droits ; donc les angles D, E sont supplémentaires.

Exercice 31

468. Théorème. *L'angle formé par la bissectrice de l'angle d'un triangle et par la hauteur abaissée du même sommet, égale la demi-différence des angles à la base.* (M. MENTION. N. A. — 1830, p. 326.)

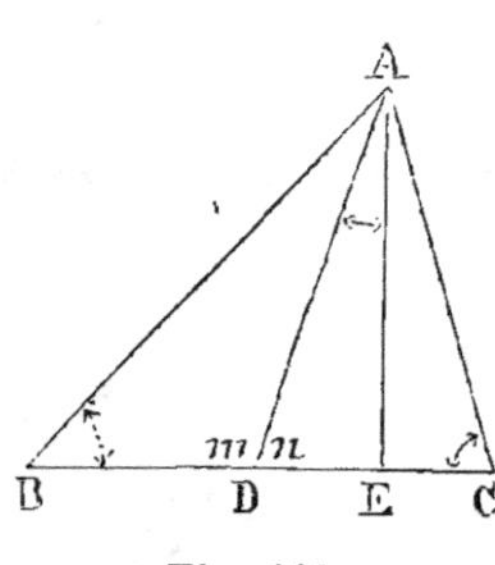

Fig. 306.

$$\text{L'angle } \frac{A}{2} = \frac{180° - (B + C)}{2}$$

$$\text{L'angle } DAE = \frac{A}{2} - CAE$$

Mais $\quad CAE = 90° - C$

donc $\quad DAE = \dfrac{180 - (B + C)}{2} - (90 - C)$

$$DAE = \frac{180 - B - C - 180 + 2C}{2}$$

d'où $\quad DAE = \dfrac{C - B}{2} \qquad C.\ Q.\ F.\ D.$

469. Remarque. D'après un exercice connu (n° 465)

$$C - B = m - n$$

on a donc aussi $\quad \text{Angle } DAE = \dfrac{m - n}{2}$

Vérification. $\quad DAE = 90 - n$

d'où $\quad \dfrac{m - n}{2} = 90 - n$

ou $\quad m - n = 180 - 2n$

$$m + n = 180$$

On peut démontrer directement que

$$DAE = \frac{m - n}{2}$$

ll suffit d'élever une perpendiculaire à BC au point D.

On peut dire aussi : l'angle m, extérieur au triangle rectangle DAE

donne : $m = \mathrm{DAE} + \mathrm{E} = \mathrm{DAE} + 90$; $n = 90 - \mathrm{DAE}$

d'où $m - n = 2\mathrm{DAE}$;   donc $\mathrm{DAE} = \dfrac{m - n}{2}$

Triangle isocèle.

470. Toutes les propriétés spéciales au triangle isocèle procèdent de l'égalité des angles à la base et de l'égalité des côtés opposés. Le triangle isocèle est composé de deux parties symétriques par rapport à la hauteur; il en résulte qu'un assez grand nombre de propriétés peuvent être trouvées si facilement qu'elles paraissent évidentes. Ainsi, sans recourir à la théorie des lignes proportionnelles, on peut dire :

Les parallèles à la base, qui divisent un des côtés en parties égales, divisent aussi l'autre côté en parties égales; chacune de ces parallèles est divisée en deux parties égales par la hauteur. Le point milieu de la base est équidistant des deux côtés égaux.

Les perpendiculaires élevées sur la base, en des points équidistants du milieu de cette base, et limitées aux côtés, sont égales entre elles; la droite qui joint leurs extrémités est parallèle à la base, etc.

La *Méthode par duplication* (n° 145) ou par *retournement* est la méthode naturelle pour étudier les propriétés du triangle isocèle; elle conduit à des démonstrations très simples; néanmoins il est d'usage de recourir aux divers cas d'égalité des triangles.

471. **Lignes antiparallèles.** Rappelons que par rapport à un angle XOY, deux droites AB, CD sont antiparallèles (n° 20, *note*) lorsque l'angle OAB égale l'angle OCD (fig. 307).

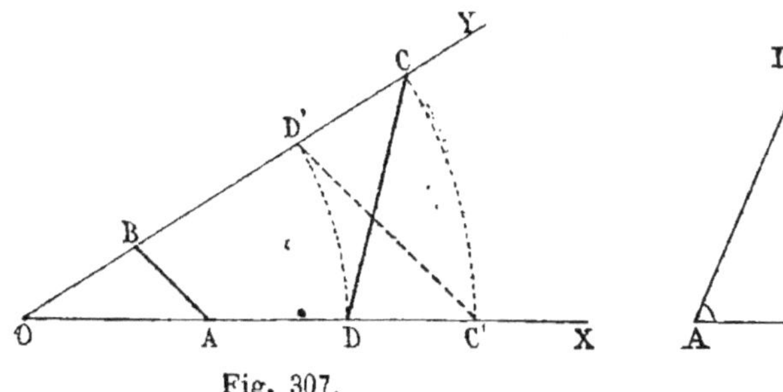

Fig. 307.

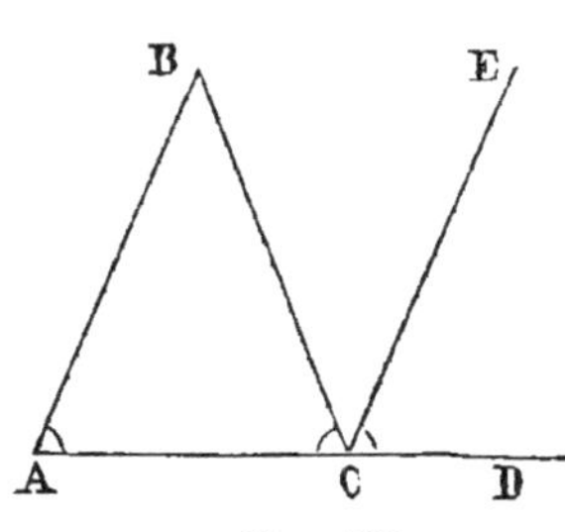

Fig. 308.

ll en résulte que l'angle B égale l'angle D, et que si l'on prend
$$\mathrm{OC}' = \mathrm{OC}, \quad \mathrm{OD}' = \mathrm{OD}$$
les droites AB et C'D' sont parallèles, car les angles OBA et OD'C' sont égaux et correspondants.

Lorsque deux droites AB et CB (fig. 308) forment des angles égaux d'un même côté de la sécante ACD, on les nomme aussi parfois lignes antiparallèles; prolongées suffisamment elles forment, avec la sécante, un triangle isocèle. ABC.

CB et CF sont aussi antiparallèles par rapport à ACD.

Exercice 32

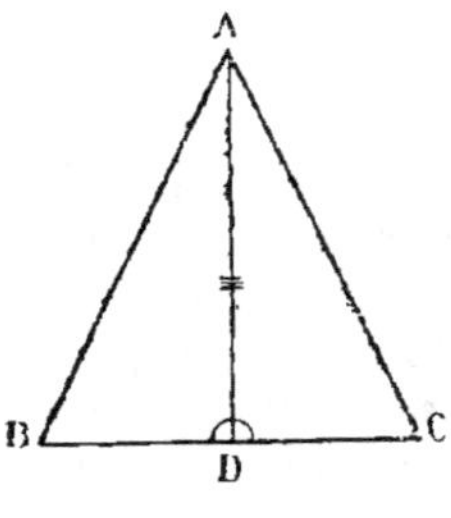

Fig. 309.

472. Théorème. *Un triangle est isocèle lorsqu'une même droite est à la fois médiane et hauteur, ou bien bissectrice et hauteur, ou bien bissectrice et médiane.*

1° Si la droite AD est à la fois médiane et hauteur, DB = DC, les angles en D sont droits; donc les triangles ADB et ADC sont égaux, comme ayant en D un angle égal compris entre des côtés respectivement égaux. Ainsi le côté AB de l'un égale AC de l'autre, et le triangle ABC est isocèle.

2° Si la droite AD est à la fois bissectrice et hauteur, les angles en A sont égaux, aussi bien que les angles en D. Donc les triangles ADB et ADC sont égaux, comme ayant un côté égal AD adjacent à des angles respectivement égaux. Ainsi le côté AB de l'un égale AC de l'autre, et le triangle ABC est isocèle.

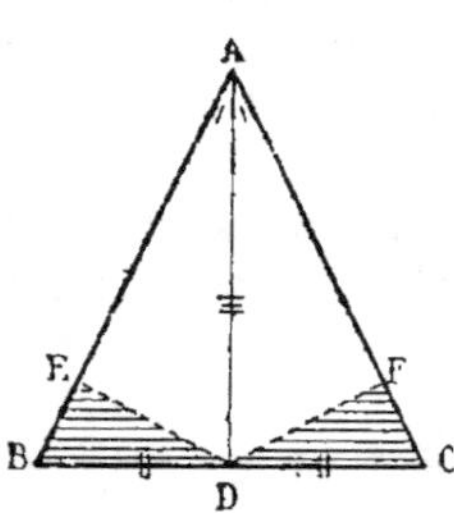

Fig. 310.

3° Si la droite AD est à la fois bissectrice et médiane (fig. 310), les angles en A sont égaux, et DB égale DC.

Menons les droites DE et DF respectivement perpendiculaires aux côtés AB et BD. Le point D appartenant à la bissectrice AD, on a DE = DF.

Et alors les triangles rectangles DBE et DCF sont égaux, comme ayant l'hypoténuse égale (DB, DC) et un autre côté égal (DE, DF); donc les angles B et C sont égaux, et le triangle ABC est isocèle. (G., n° 59.)

Donc enfin *un triangle est isocèle...*

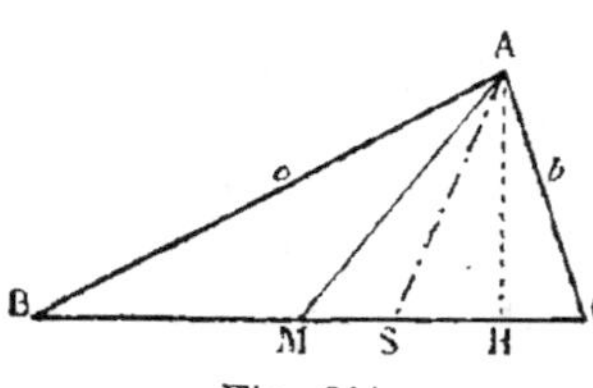

Fig. 311.

473. Corollaire. *Si deux côtés d'un triangle sont inégaux, la hauteur, la bissectrice et la médiane comprises forment trois droites différentes.* Car si la hauteur AH et la bissectrice AS se confondaient, les côtés b et c seraient égaux, ce qui est contre l'hypothèse; il en serait de même si la médiane AM se confondait avec la hauteur ou avec la bissectrice.

474. Théorème. *Si deux côtés d'un triangle sont inégaux, la bis-sectrice et la médiane comprises sont l'une et l'autre plus grandes que la hauteur qui part du même sommet* (fig. 311).

Soient *b* et *c* deux côtés inégaux dans le triangle ABC. La hauteur AH, la bissectrice AS et la médiane AM, qui partent du sommet A, forment trois droites différentes (n° 473). Or AH est perpendiculaire à BC; donc AS et AM sont des obliques, et sont par conséquent plus grandes que AH. (G., n° 38.)   *C. Q. F. D.*

Exercice 33

475. Théorème. *Un triangle isocèle a deux hauteurs égales, deux bissectrices égales, et deux médianes égales.*

1° Soient BD et CE (fig. 312) les hauteurs qui tombent sur les côtés égaux du triangle ABC. Les triangles rectangles ABD et ACE sont égaux comme ayant l'hypoténuse égale (AB, AC) et un angle aigu égal, en A. Donc   BD = CE

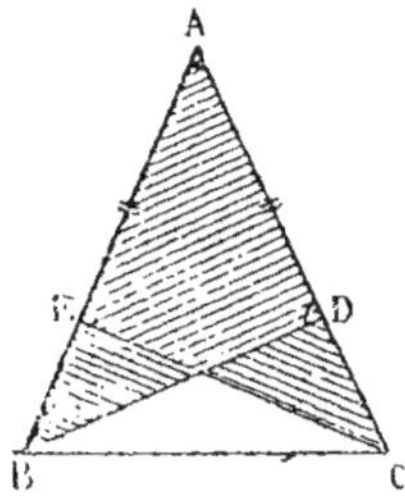

Fig. 312.

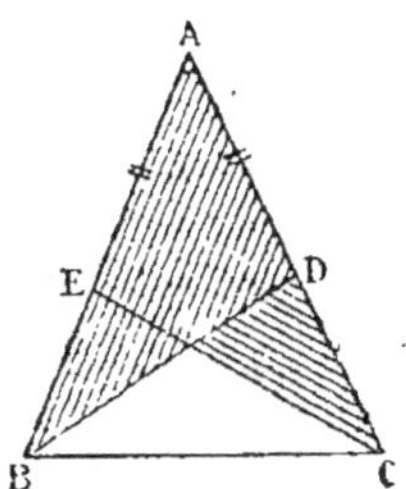

Fig. 313.

2° Soient BD et CE (fig. 313) les bissectrices qui tombent sur les côtés égaux du triangle ABC. Par hypothèse, les angles B et C sont égaux; donc leurs moitiés sont égales, et les triangles ABD et ACE sont égaux, comme ayant un côté égal (AB, AC) adjacent à des angles respectivement égaux; ainsi   BD = CE.

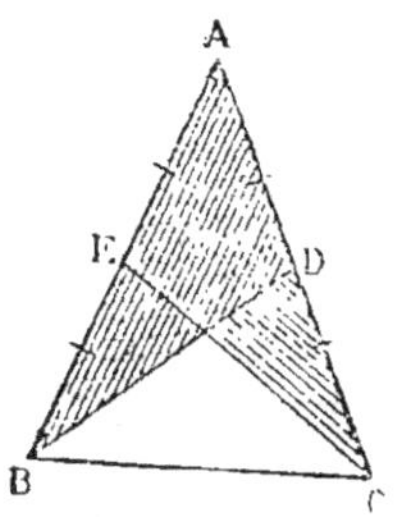

Fig. 314.

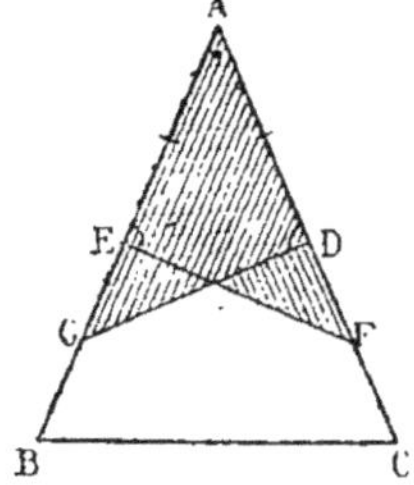

Fig. 315.

3° Soient BD et CF (fig. 314) les médianes qui tombent sur les côtés égaux du triangle ABC. Les droites AD et AE sont égales, comme moitiés de côtés égaux. Donc les triangles ABD et ACE sont égaux, comme ayant en A un angle égal compris entre des côtés respectivement égaux. Ainsi BD = CE. Donc *un triangle...*

Théorème. *Dans un triangle isocèle, les perpendiculaires élevées sur les milieux des côtés égaux, et terminées aux côtés opposés, sont aussi égales.*

Soient EF et DG (fig. 315) les perpendiculaires élevées sur les milieux des côtés égaux du triangle ABC. Les distances AD et AE sont égales, comme moitiés de côtés égaux. Donc les triangles ADG et AEF sont égaux, comme ayant un côté égal adjacent à des angles respectivement égaux. Ainsi DG = EF.
Donc...

Corollaire. *Dans un triangle équilatéral, les trois hauteurs sont égales, ainsi que les trois bissectrices et les trois médianes; il en est de même des perpendiculaires élevées sur les milieux des trois côtés; ces quatre systèmes de droites se confondent en un seul.*

Exercice 34

476. Théorème. *Un triangle est isocèle lorsqu'il a deux hauteurs égales; il en est de même lorsque deux des perpendiculaires élevées sur les milieux des côtés opposés sont égales.*

1º Soit le triangle ABC (fig. 316) ayant deux hauteurs égales BD et CE. Les triangles rectangles BCE et BCD sont égaux, comme ayant la même hypoténuse BC, et un autre côté égal (CE, BD); donc les angles ABC, ACB sont égaux, et le triangle ABC est isocèle.

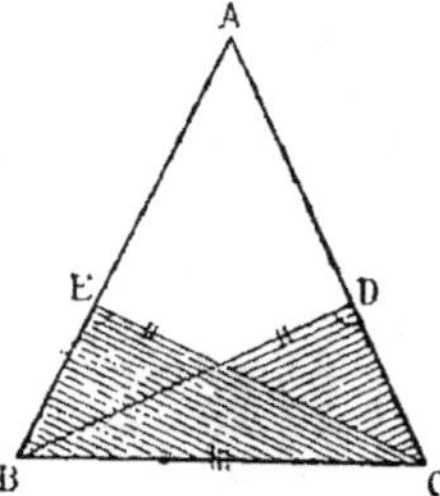
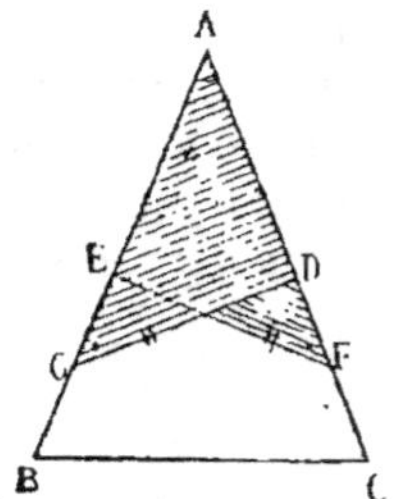

Fig. 316.   Fig. 317.

2º Soit ABC (fig. 317) un triangle dans lequel les perpendiculaires DG et EF élevées sur les milieux des côtés AC et AB sont égales.

Les triangles rectangles ADG et AEF ayant un angle aigu commun A, les deux autres angles aigus G et F sont égaux (G., nº 93, 3º); donc ces triangles sont égaux comme ayant un côté égal (DG, EF) adjacent à des angles respectivement égaux.

Donc   AD = AE, et par suite AC = AB   *C. Q. F. D.*

477. Théorème. *Un triangle est isocèle lorsque deux perpendiculaires élevées sur les milieux des côtés opposés et limitées à leur point de concours sont égales.*

Soit O le point de concours des droites DG, EF (fig. 317), et supposons qu'on ait mené DE.

Le triangle EOD est isocèle comme ayant deux côtés égaux, car on donne DO = EO ; donc les angles en E et D de ce triangle sont égaux ; il en est de même des angles complémentaires AED, ADE ; donc le triangle AED est isocèle ; par suite AE = AD ; donc AB = AC.

478. Théorème. *A un plus grand côté d'un triangle correspond une plus petite médiane.*

Soit le triangle ABC, et soit le côté AB > AC. Pour prouver que la médiane CF est moindre que BE, menons la troisième médiane AOD.

Les triangles ADB et ADC ont deux côtés respectivement égaux, et le troisième côté AB > AC ; il en résulte l'angle $m > n$. (G., nº 56.)

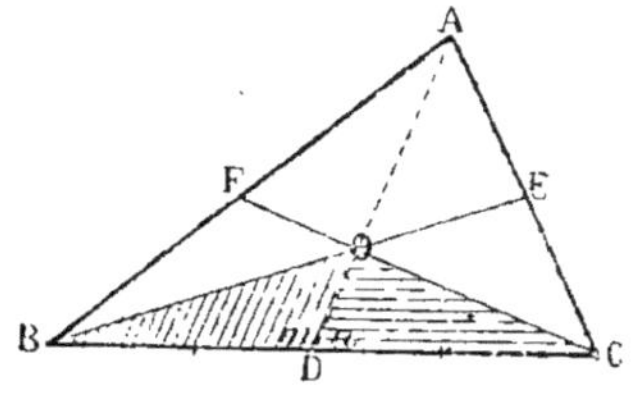

Fig. 318.

Et alors les triangles ODB et ODC ont deux côtés respectivement égaux, et l'angle compris $m > n$; on a donc le côté OB > OC, ou $^2/_3$ BE > $^2/_3$ CF (nº 447) ; donc BE > CF.   *C. Q. F. D.*

Exercice 35

479. Théorème. *Un triangle est isocèle lorsqu'il a deux médianes égales.*

Cela résulte du théorème précédent (nº 478).
On peut aussi le démontrer comme il suit :

Soit   BD = CE

Puisque les médianes se coupent aux deux tiers de leur longueur (nº 447), il en résulte

que   BO = CO   et   OD = OE

Ainsi les triangles BOE, COD sont égaux comme ayant un angle égal au point O, compris entre côtés égaux.

Donc   BE = CD,   d'où   BA = CA

         C. Q. F. D.

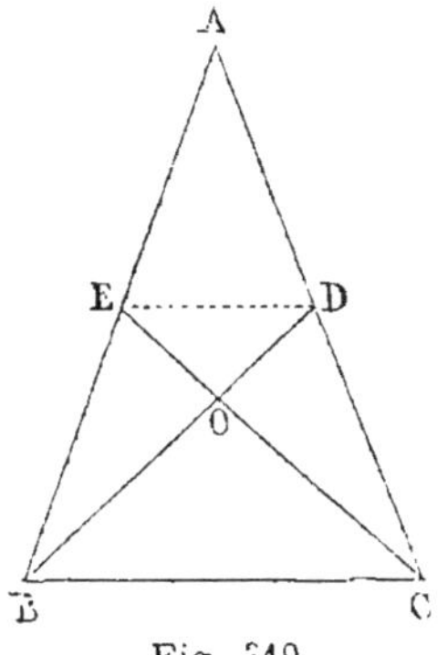

Fig. 319.

Exercice 36

480. Théorème. *Un triangle est isocèle lorsqu'il a deux bissectrices égales.*

Soit la bissectrice AD = CE ; il faut prouver que l'angle A = C, ou

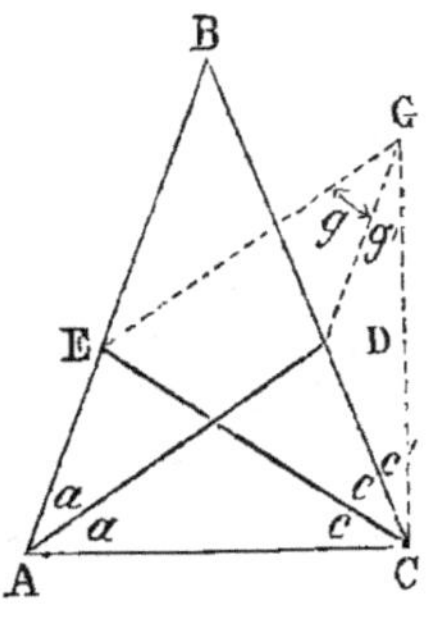

Fig. 320.

que sa moitié CAD = ACE; et comme les deux triangles CAD, ACE ont deux côtés respectivement égaux, il suffit de prouver que

$$CD = AE$$

Par les points D, E, menons des parallèles aux droites AE, AD; on forme ainsi un parallélogramme: le côté EG = AD = CE, DG = AE, l'angle $g = a$

Le triangle CEG est isocèle comme ayant deux côtés égaux EG = EC, ainsi l'angle ECG = EGC.

Si les angles A et C sont inégaux, supposons que le premier soit le plus grand, d'où $g > c$, et par suite on aurait $g' < c'$; donc le côté DC serait plus petit que DG. Mais puisqu'on suppose $a > c$, on aurait DC plus grand que AE, c'est-à-dire DC > DG, ce qui est incompatible avec le premier résultat obtenu DC < DG. Ainsi l'hypothèse que les angles A et C seraient inégaux est fausse, puisqu'elle conduit à deux résultats contradictoires; donc A = C *et le triangle est isocèle* *.

Exercice 37

481. Théorème. *Dans un triangle isocèle, on mène les médianes qui correspondent aux côtés égaux, puis une parallèle quelconque à la base; prouver que le segment compris entre un des côtés et une des médianes égale le segment compris entre la seconde médiane et le second côté.*

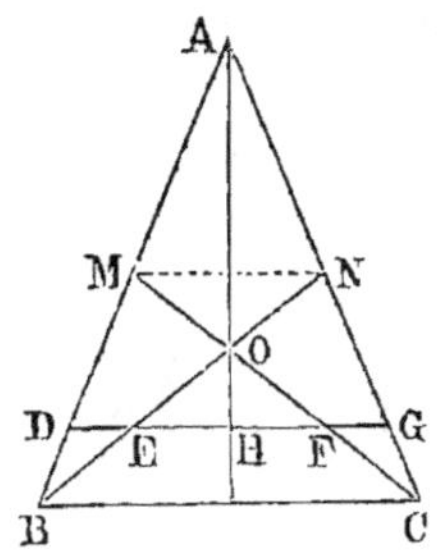

Fig. 321.

1re Démonstration. Les triangles DBE et CFG sont égaux comme ayant un côté égal adjacent à deux angles égaux.

En effet, 1° Toute parallèle DG détermine un triangle isocèle, car les angles D et ABC, G et ACB sont égaux comme correspondants.

Donc $\qquad D = G$ et $AD = AG$,

donc $\qquad\qquad BD = CG$

2° Les angles obtus D et G sont égaux comme suppléments de deux angles égaux, puis l'angle ABN = ACM comme opposés à des côtés égaux dans les triangles égaux ABN, ACM.

Alors les triangles DBE, GCF sont égaux;

donc $\qquad\qquad DE = FG \qquad\qquad C. Q. F. D.$

On peut encore démontrer le théorème comme il suit:

2e Démonstration. Toute parallèle, à la base d'un triangle isocèle, est divisée en deux parties égales par la hauteur; donc DH = HG

---

* Cette démonstration est due à M. Descube, ingénieur. (*Journal de Mathématiques élémentaires et spéciales*, 1880, page 538.)

(n° 470); et comme les médianes se coupent au même point (n° 447), le point O est sur la hauteur élevée au milieu de la base BC; le triangle BOC est isocèle, par suite

$$EH = HF, \quad donc \quad DE = FG \qquad C.\,Q.\,F.\,D.$$

482. Théorème. *Lorsque deux triangles isocèles ont leurs bases sur une même droite et que les hauteurs sont aussi sur une même droite, les côtés égaux de l'un d'eux coupent les côtés égaux de l'autre en deux points équidistants des bases et symétriques par rapport à la hauteur.*

483. Théorème. *On joint le milieu de la base d'un triangle isocèle au point milieu de chacun des autres côtés, on prolonge les lignes ainsi tracées jusqu'à la droite menée par le sommet parallèlement à la base; prouver que le triangle ainsi formé est égal au proposé.*

484. Théorème. *Prouver que les perpendiculaires élevées sur les côtés égaux d'un triangle isocèle en des points équidistants du sommet coupent ces mêmes côtés en des points situés sur une parallèle à la base.*

Remarque. Les théorèmes précédents (n°ˢ 481, 482, 483 et 484) se démontrent très simplement par la *Méthode de duplication*, car il est évident que la hauteur du triangle est un axe de symétrie pour les parties de la figure.

Exercice 38

485. Théorème. *Par un point quelconque de la base d'un triangle isocèle, on mène des parallèles aux côtés égaux; prouver que le parallélogramme ainsi formé a un périmètre constant.*

(*Méthodes*, n° 19.)

Exercice 39

486. Théorème. *La somme des perpendiculaires abaissées d'un point quelconque de la base d'un triangle isocèle sur les côtés égaux est une quantité constante.*

La différence des distances d'un point pris sur le prolongement de la base est aussi constante (voir n°ˢ 20 et 146).

La démonstration par les surfaces auxiliaires (n° 164) se rapporte au livre IV.

Pour la seconde partie du théorème, on peut donner la démonstration suivante, analogue à celle qu'on a indiquée pour la première (n° 20).

Soit ABC un triangle isocèle, et M un point quelconque pris sur le prolongement de la base BC. Les distances de ce point aux deux côtés égaux sont MD et ME. Menons BF perpendiculaire à AC, et BH parallèle à AC.

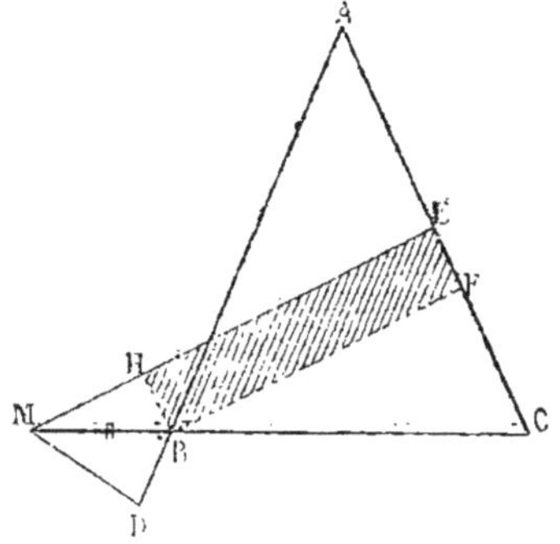

Fig. 322.

La figure EFBH est un rectangle; ainsi   HE = BF.

Les triangles rectangles BMD et BMH sont égaux, comme ayant même hypoténuse BM, et un angle aigu égal; donc   MD = MH.

Ainsi ME — MD = ME — MH = ME = BF, qui est l'une des hauteurs égales du triangle considéré. Donc, *pour un point quelconque...*

487. **Théorème.** *Par un point quelconque de la base d'un triangle isocèle, on mène des droites qui rencontrent les côtés égaux sous des angles égaux; prouver que la somme de ces deux droites est constante.*

(Voir n° 268.)

Exercice 40

488. **Théorème.** *Pour un point quelconque pris à l'intérieur d'un triangle équilatéral, la somme des distances aux trois côtés est constante et égale à la hauteur du triangle.*

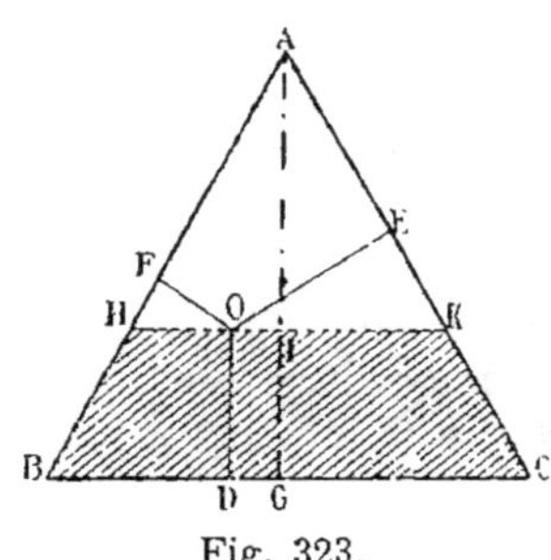
Fig. 323.

Soit O un point quelconque pris à l'intérieur du triangle équilatéral ABC. Les distances de ce point aux trois côtés sont OD, OE et OF.

Menons HOK parallèle à BC. Les angles aigus H et K sont respectivement égaux à B et C; et ainsi le triangle AHK est équilatéral. (G., n° 59.) Donc on a (n° 486)

$$OE + OF = AI$$

En ajoutant   OD = IG

il vient $$OD + OE + OF = AG$$ *C. Q. F. D.*

Scolie I. Si le point mobile O se trouve sur l'un des côtés, l'une des trois distances est nulle; s'il est à l'un des sommets, deux des distances sont nulles. Le théorème est toujours vrai.

Scolie II. Le théorème qui vient d'être démontré pour les points intérieurs peut être étendu aux points extérieurs, moyennant une convention sur le signe algébrique des distances.

Les trois côtés peuvent être considérés comme trois droites indéfinies; pour chacune de ces droites, on peut considérer une face *interne* ou *intérieure*, du côté du triangle, et une face *externe* ou *extérieure*, à l'opposé du triangle. La distance sera considérée comme *positive* quand elle tombera à l'*intérieur* du côté, et comme *négative* quand elle tombera à l'*extérieur*.

Par exemple, pour le point P, les distances sont PD, PE et — PF; or le point P étant sur le prolongement d'un côté du triangle équilatéral AHK, on a (n° 486)   PE — PF = AI

Si l'on ajoute $PD = IG$
il vient $PD + PE - PF = AG$

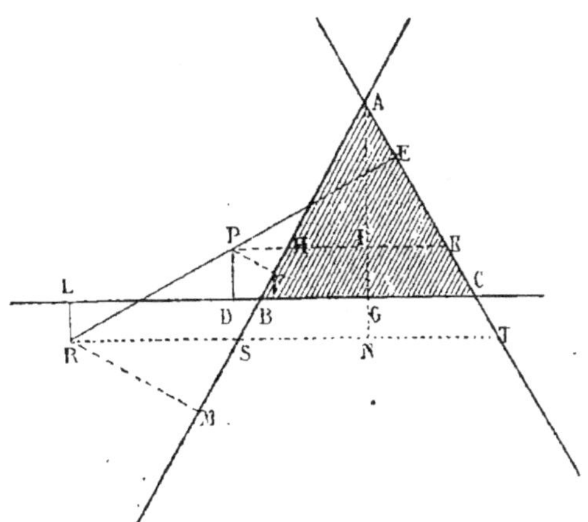

Fig. 324.

Pour le point R, les distances sont RE, — RM et — RL. Or le point R
étant sur le prolongement d'un côté du triangle équilatéral AST,

on a $RE - RM = AN$
Si l'on retranche $RL = NG$
il vient $RE - RM - RL = AG$

489. Remarque. La démonstration par les surfaces auxiliaires est
très simple (n° 164), mais elle dépend du livre IV.

Ainsi (fig. 323) soit a le côté du triangle.

Le double de l'aire du triangle équilatéral est donné par

$$a \cdot AG \quad \text{ou par} \quad a \cdot OD + a \cdot OE + a \cdot OF$$

d'où $a \cdot AG = a(OD + OE + OF)$
ainsi $AG = OD + OE + OF$

Exercice 41

490. Théorème. *Sur la base* BC *d'un triangle isocèle* BAC, *on
élève, en un point quelconque, une perpendiculaire* PMN *qui coupe
les côtés* BA, CA *aux points* M *et* N; *prouver que la somme*
PM + PN *est constante.*

(*Méthodes,* n° 266.)

Triangle rectangle.

491. Les propriétés descriptives du triangle rectangle qu'il est possible d'étudier dans le livre I peuvent être rattachées à la propriété

qu'ont les angles à la base d'être complémentaires. Il en résulte, ainsi qu'on va le démontrer, que l'hypoténuse est double de la médiane qui part du sommet de l'angle droit ; donc le triangle rectangle peut être considéré comme étant formé par la réunion de deux triangles isocèles ayant pour côté commun un de leurs côtés égaux, et dont les angles au sommet sont supplémentaires.

Exercice 42

492. **Théorème.** *La médiane relative à l'hypoténuse d'un triangle rectangle est moitié de cette hypoténuse.*

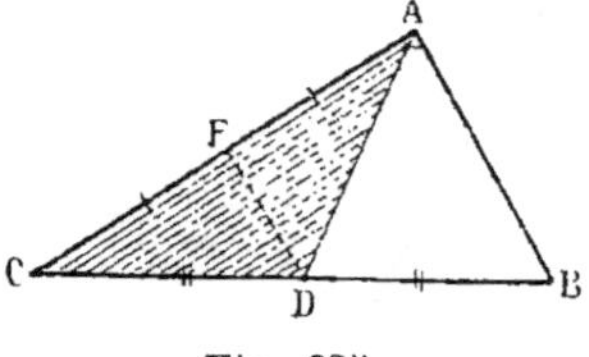

Fig. 325.

Soit ABC un triangle rectangle, et AD la médiane.

Menons DF par les milieux des côtés CB et CA ; cette droite est parallèle à AB (n° 431), et par suite perpendiculaire sur AC, au milieu de cette dernière ligne.

On a donc DA = DC = DB. Donc *la médiane...*

493. **Théorème.** *Les perpendiculaires élevées au milieu des deux côtés de l'angle droit d'un triangle rectangle se rencontrent sur l'hypoténuse.*

En effet, l'angle C = DAC ; or B est le complément de C, BAD est le complément de DAC ; donc les angles B et BAD sont égaux ; le triangle DAB est isocèle, et par suite la perpendiculaire élevée au milieu de AB passe par le sommet D.   *C. Q. F. D.*

Scolie. D est le point milieu de l'hypoténuse.

494. **Théorème.** *Les perpendiculaires élevées au milieu des côtés de l'angle droit d'un triangle rectangle, et la droite qui joint leur point de concours au sommet de l'angle droit, divisent le triangle rectangle en quatre triangles égaux.*

Exercice 43

495. **Théorème.** *Si une médiane d'un triangle est moitié du côté sur lequel elle tombe, le triangle est rectangle.*

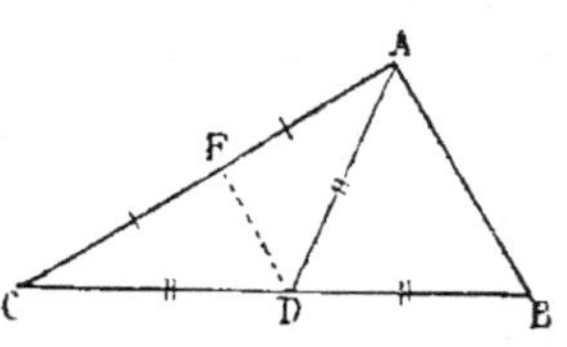

Fig. 326.

Soit ABC un triangle dans lequel la médiane AD est moitié du côté BC.

Menons DF par les milieux des côtés CB et CA ; cette droite est parallèle à AB.

Chacun des points D et F étant équidistant des points A et C, la droite DF est perpendiculaire sur AC (G., n° 42), et il en est de même de la parallèle AB. Ainsi le triangle est rectangle en A. Donc *si une médiane...*

Remarque. La démonstration la plus naturelle dépend du livre II.

Puisque $DA = DB = DC$, du point D comme centre avec DA pour rayon, on peut décrire une demi-circonférence BAC, et l'angle A est droit comme inscrit dans cette demi-circonférence. (G., n° 148, 2°.)

496. Théorème. *Si un côté de l'angle droit d'un triangle rectangle est moitié de l'hypoténuse, l'angle opposé à ce côté égale $1/3$ d'angle droit, et réciproquement.*

Soit ABC un triangle rectangle, et soit $AB = 1/2$ BC. La médiane AD qui tombe sur l'hypoténuse est moitié de cette hypoténuse (n° 492); ainsi le triangle ABD est équilatéral, l'angle $B = 2/3$ d'angle droit (G., n° 93, 6°), et l'autre angle C du triangle rectangle égale $1/3$.

C. Q. F. D.

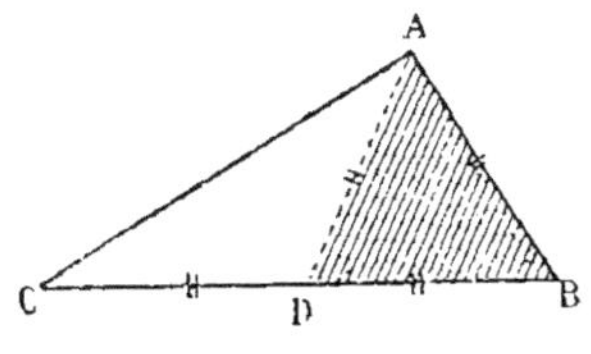
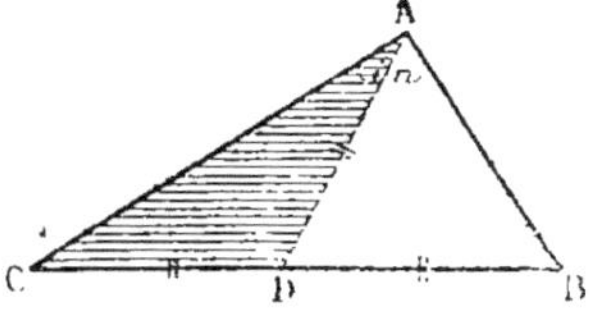

Fig. 327.   Fig. 328.

497. Réciproque. *Si l'un des angles aigus d'un triangle rectangle égale $1/3$ d'angle droit, le côté opposé à cet angle est moitié de l'hypoténuse.*

Soit le triangle rectangle ABC (fig. 328), et soit BCA un angle égal à $1/3$ d'angle droit.

La médiane AD qui tombe sur l'hypoténuse étant moitié de cette hypoténuse, les triangles ADC et ADB sont isocèles; donc l'angle $i = 1/3$, son complément $n = 2/3$, B égale aussi $2/3$, et il en est de même du troisième angle D, du triangle ABD. (G., n° 92.)

Donc ce triangle ABD est équilatéral, et $AB = BD = 1/2$ BC.

C. Q. F. D.

498. Théorème. *Un triangle est rectangle lorsqu'un des angles aigus vaut $1/3$ d'angle droit et que la hauteur du triangle tombe aux $3/4$ de la base à partir du sommet de l'angle aigu donné.*

499. Théorème. *Dans un triangle rectangle, la médiane et la hauteur qui partent du sommet de l'angle droit font entre elles un angle égal à la différence des angles aigus.*

Soit ABC un triangle rectangle, AD la hauteur, et AE la médiane issues du sommet de l'angle droit.

La médiane AE est moitié de l'hypoténuse (n° 492); donc le triangle ACE est isocèle, et l'angle $C = i$. A cause des triangles rectangles ABC

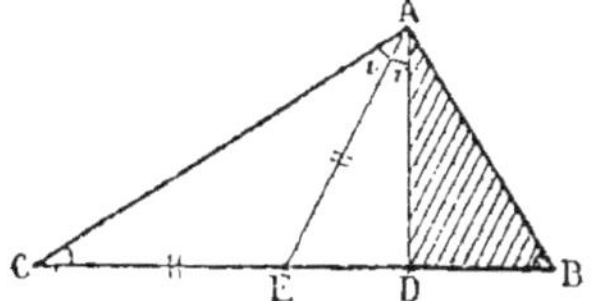

Fig. 329.

et ADC, les angles B et CAD sont égaux comme compléments du même angle C. (G., n° 92, 5°.) Donc l'angle r, qui égale CAD $- i$, égale aussi B $-$ C. *C. Q. F. D.*

Exercice 44

500. Théorème. *Dans un triangle rectangle, la bissectrice de l'angle droit est bissectrice de l'angle formé par la médiane et la hauteur qui partent de cet angle droit.*

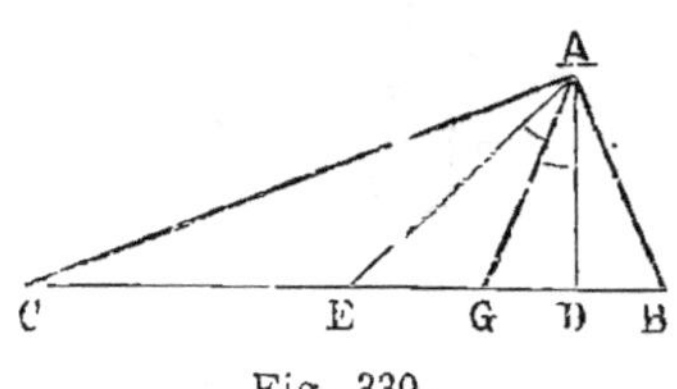

Fig. 330.

1re Démonstration. On sait que l'angle DAE $=$ B $-$ C (n° 499).

On sait aussi que l'angle de la bissectrice et de la hauteur égale la demi-différence des angles à la base (n° 468).

D'où   angle DAG $= \dfrac{B - C}{2}$

donc l'angle DAG est la moitié de DAE. *C. Q. F. D.*

2e Démonstration. Le triangle AEC est isocèle (n° 492);

donc   l'angle CAE $=$ C

mais l'angle BAD $=$ C comme étant le supplément de B;

donc   angle CAE $=$ BAD

Ainsi la bissectrice de l'angle droit est en même temps bissectrice de l'angle DAE. *C. Q. F. D.*

Remarque. Ce théorème n'est qu'un cas particulier d'un théorème relatif au triangle quelconque (n° 646).

501. Théorème. *On donne deux parallèles; d'un point A de l'une d'elles, on abaisse sur l'autre une perpendiculaire AC et une oblique AB. Du point B on mène une sécante BED, telle que ED $=$ 2AB; démontrer que l'angle EBC est le tiers de ABC.*

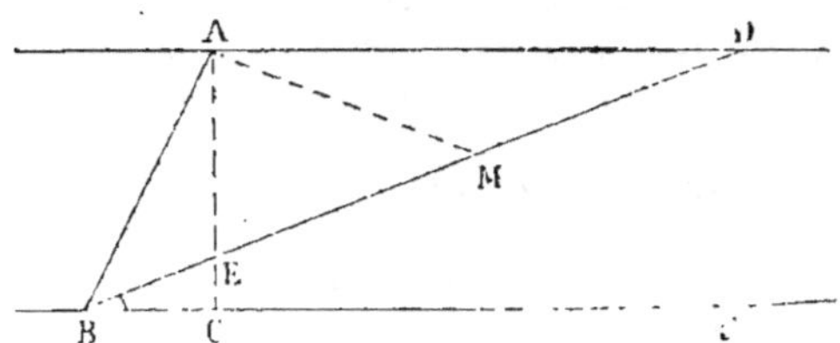

Fig. 331.

Soit   EM $=$ MD $=$ AB

Dans le triangle rectangle AED, la médiane AM égale la moitié de l'hypoténuse (n° 492);

donc   AM $=$ MD $=$ AB

Or l'angle AMB extérieur au triangle AMD = MAD + D = 2D.

D'ailleurs l'angle D = DBF comme alterne-interne.

L'angle AMB égale ABM, car AM = AB;

donc   angle DBF = $^1/_2$ ABE

Ainsi   l'angle DBF = $^1/_3$ ABF   *C. Q. F. D.*

Remarque. Pour diviser l'angle ABF en trois parties égales, il faudrait mener une sécante BED telle que ED = 2AB; mais on ne peut pas résoudre ce dernier problème en n'employant que la règle et le compas (voir nᵒˢ 910 et 913).

Parallélogramme.

Pour les exercices relatifs au parallélogramme, on a recours aux divers théorèmes connus. (G., nᵒˢ 100 à 108.)

Le rectangle, le losange et le carré sont des variétés du parallélogramme.

Chacune de ces figures peut être considérée comme formée par la réunion de deux triangles égaux; par suite, chaque cas d'égalité établi pour le triangle peut en donner un pour le parallélogramme.

Exercice 45

502. Théorème. *Deux parallélogrammes sont égaux :*

1° Lorsqu'ils ont un angle égal compris entre des côtés respectivement égaux;

2° Lorsqu'ils ont deux côtés adjacents respectivement égaux, et une diagonale égale et de même position;

3° Lorsque leurs diagonales sont égales et se coupent sous un même angle.

1° Soient les parallélogrammes P et P', ayant un angle égal (B, B') compris entre les côtés respectivement égaux.

Les diagonales AC et A'C' divisent chacun de ces parallélogrammes en deux triangles égaux, comme équilatéraux entre eux. Or les triangles ABC et A'B'C' sont égaux par suite de l'hypothèse; donc les parallélogrammes P et P' sont aussi égaux.

C. Q. F. D.

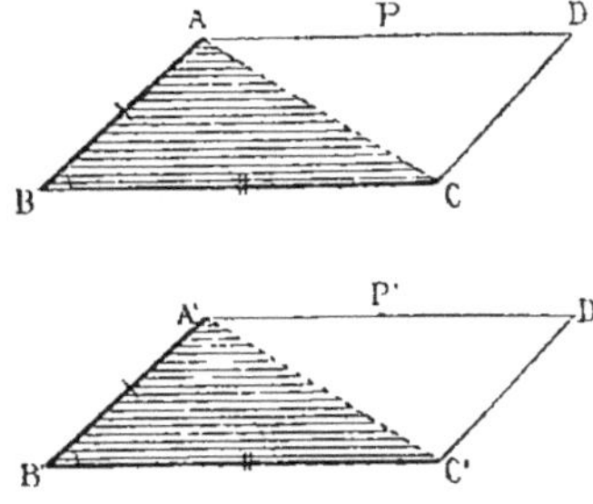

Fig. 332.

2° Soient les parallélogrammes P et P', ayant deux côtés adjacents respectivement égaux (AB = A'B', AD = A'D'), et la diagonale AC égale à A'C' (fig. 333).

Donner deux côtés adjacents respectivement égaux, c'est donner les quatre côtés respectivement égaux; donc les triangles ACD et A'C'D' sont égaux comme équilatéraux entre eux, et les parallélogrammes P et P', doubles de ces triangles, sont aussi égaux. *C. Q. F. D.*

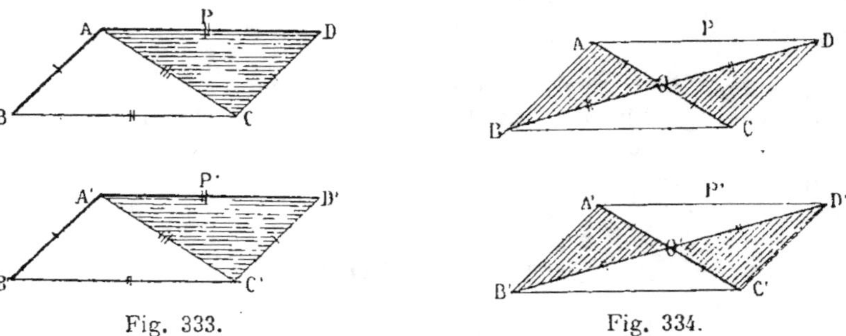

Fig. 333.   Fig. 334.

3° Soient les deux parallélogrammes P et P' (fig. 334), dont les diagonales sont respectivement égales, et se coupent sous un même angle.

Dans chaque parallélogramme, les diagonales se coupent en leurs milieux; donc les quatre triangles AOB, A'O'B', COD, C'O'D', sont égaux comme ayant un angle égal compris entre des côtés respectivement égaux; et il en est de même des quatre autres triangles. Ainsi les deux parallélogrammes sont égaux. *C. Q. F. D.*

Donc *deux parallélogrammes sont égaux....*

503. Théorème. *Deux parallélogrammes sont égaux :*
4° *Lorsqu'ils ont un côté égal et les diagonales respectivement égales ;*
5° *Lorsqu'ils ont une diagonale égale rencontrant les côtés adjacents sous des angles respectivement égaux.*

En effet : 4° Les triangles AOB, A'O'B' (fig. 334) ont les trois côtés égaux.

5° Les triangles ABD, A'B'D' ont un côté égal adjacent à deux angles égaux.

Exercice 46

504. Théorème. *Toute droite menée dans un parallélogramme par le point de rencontre des diagonales a ce point pour milieu.*

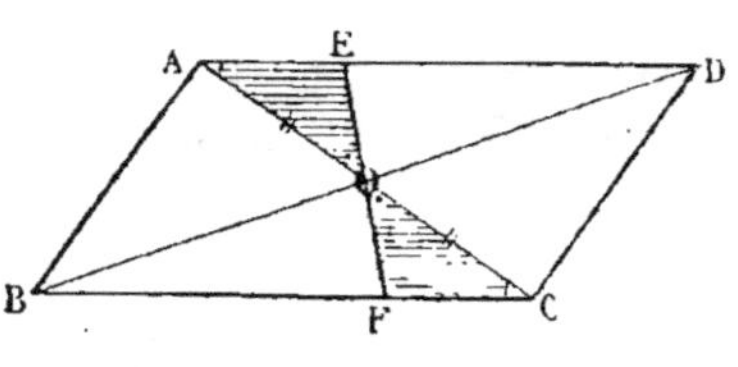

Fig. 335.

Soit le parallélogramme ABCD, et soit EF une droite quelconque menée par le point de rencontre dés deux diagonales.

Les deux triangles OAE et OCF sont égaux, comme ayant un côté égal adjacent à des angles respectivement égaux ; donc

OE = OF. *C. Q. F. D.*

Remarque. Le point de concours des diagonales d'un parallélogramme est le centre de ce parallélogramme, parce qu'il divise en deux parties égales toutes les droites qui passent par ce point.

Exercice 47

505. Théorème. *Les diagonales de deux parallélogrammes, dont l'un est circonscrit à l'autre, passent par un même point.*

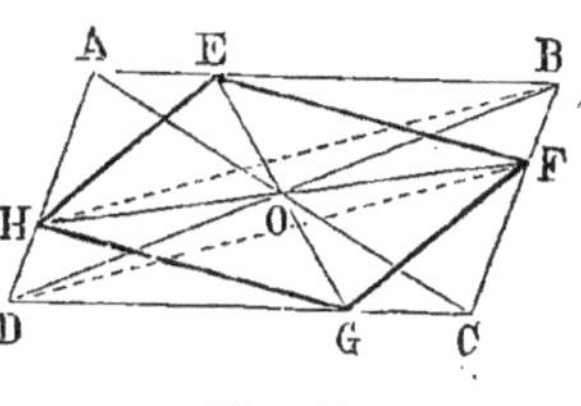

Fig. 336.

Les triangles EBF, GDH sont égaux comme ayant un côté égal adjacent à deux angles égaux, car GH est égal et parallèle à EF.

Ainsi les angles BEF, DGH sont égaux comme ayant les côtés parallèles et de sens contraire; il en est de même des angles en F et en H; donc

$$BF = DH$$

Ces deux lignes étant égales et parallèles, la figure BFDH est un parallélogramme; les diagonales FH et BD se coupant en leur milieu, le point O est donc le point de rencontre de toutes les diagonales.

Exercice 48

506. Théorème. *A partir de chaque sommet d'un carré, et en parcourant le périmètre dans un même sens, on prend sur chaque côté une grandeur donnée; prouver que la figure obtenue en joignant deux à deux les points déterminés sur le périmètre est un carré.*

Soit $AE = BF = CG = DH$

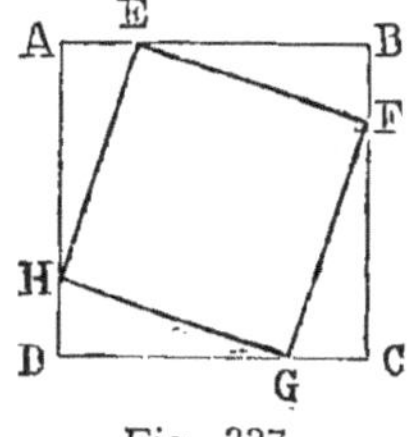

Fig. 337.

Les quatre triangles rectangles sont égaux, comme ayant les côtés de l'angle droit respectivement égaux; donc les hypoténuses sont égales $EF = FG,$ etc.

L'angle $AHE = BEF$;

donc l'angle $BEF + AEH = 1$ droit.

Ainsi l'angle FEH est droit; donc la figure est un carré.

507. Théorème. *A partir de deux sommets opposés d'un losange, on porte sur chaque côté une grandeur donnée; la figure formée en joignant deux à deux les points obtenus est un rectangle.*

Exercice 49

508. Théorème. *A partir de deux sommets opposés d'un carré, on prend sur chaque côté une longueur donnée; la figure formée en* *joignant deux à deux les points ainsi obtenus est un rectangle à périmètre constant.*

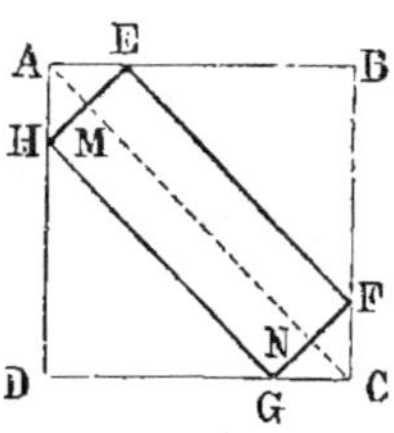
Fig. 338.

Soit $AE = AH = CF = CG$

Les quatre triangles AHE, BEF, etc., sont isocèles-rectangles; donc chaque angle aigu vaut 45 degrés; ainsi l'angle MEF est droit, et de même pour les autres; la figure EFGH est un rectangle.

On a, d'ailleurs :

$$ME = AM ; \quad EF = MN ; \quad FN = NC$$

donc le périmètre est constant, car il égale 2AC.

Exercice 50

509. Théorème. 1° *Le point de concours des diagonales d'un losange est équidistant des quatre côtés de ce losange;* 2° *Les diagonales sont bissectrices des angles que forment entre elles les perpendiculaires abaissées de ce point sur les côtés.*

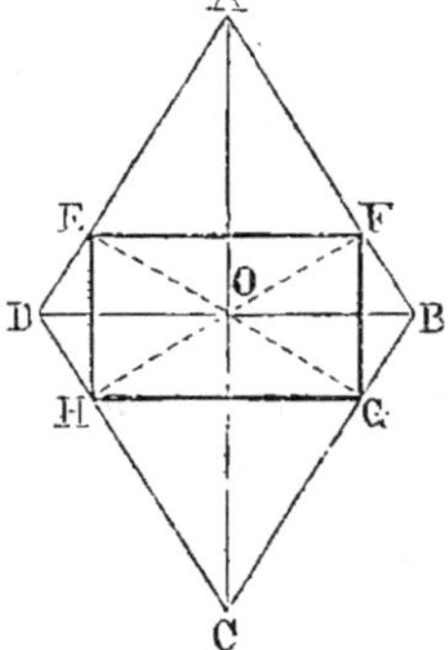
Fig. 339.

1° Les quatre triangles rectangles OFB, OCB; OED, OHD sont égaux comme ayant l'hypoténuse égale $OB = OD$ et un angle aigu égal; car l'angle $ABO = CBO$, etc.;

donc $\qquad OF = OG = OH = OE$

2° Les angles aigus en B et en D sont égaux;

donc $\qquad OF = OG = OH = OE$

et les angles aigus, au point O, sont égaux, OB est bissectrice de GOF, etc.

510. Théorème. *En joignant deux à deux les pieds des perpendiculaires abaissées du point de concours des diagonales d'un losange sur les côtés de ce losange, on forme un rectangle inscrit.*

La figure EFGH est un rectangle, car ses deux diagonales sont égales et se coupent respectivement en leur milieu.

511. Théorème. *En élevant des perpendiculaires aux extrémités de deux droites égales qui se coupent en leur milieu, on forme un losange dont les diagonales passent par le point de concours des lignes données.*

Exercice 51

512. Théorème. *Les bissectrices intérieures d'un parallélogramme se rencontrent de manière à former entre elles un rectangle.*

Soit le parallélogramme ABCD, et soit EFGH le quadrilatère formé par les bissectrices intérieures.

A cause des parallèles AB et CD,
et de la sécante BC,

on a $2b + 2c = 2$ droits ;

d'où $b + c = 1$ droit.

Donc le triangle BCG est rectangle
en G. (G., n° 92.)

Ainsi les bissectrices de deux
angles consécutifs sont perpendiculaires l'une à l'autre. Donc la
figure EFGH est un rectangle.

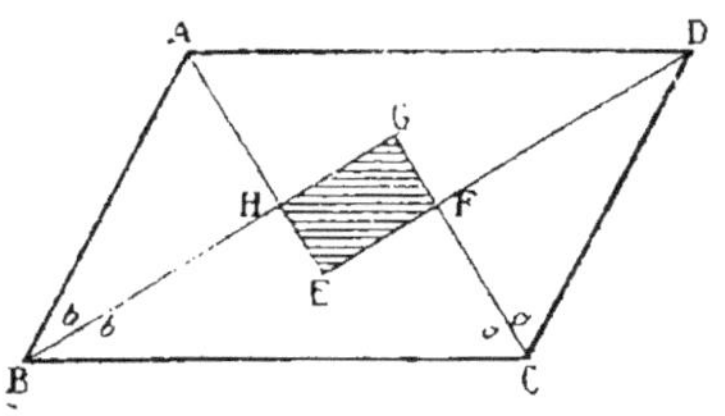

Fig. 340.

C. Q. F. D.

513. Théorème. *Les bissectrices intérieures d'un rectangle se rencontrent en formant un carré.*

Soit le rectangle ABCD. Les quatre
angles étant droits, leurs moitiés sont
égales ; les quatre triangles AGB, CED,
BFC et AHD sont isocèles ; et les angles
E, F, G, H, sont droits. (G., n° 12.)

Les deux premiers triangles sont égaux,
ainsi que les deux derniers. (G., n° 50.)
Donc les quatre droites GA, GB, EC,
ED, sont égales, aussi bien que HA, HD,
FB, FC. Il suit de là que la figure
EFGH a ses quatre côtés égaux ; et comme ses angles sont droits,
cette figure est un carré.

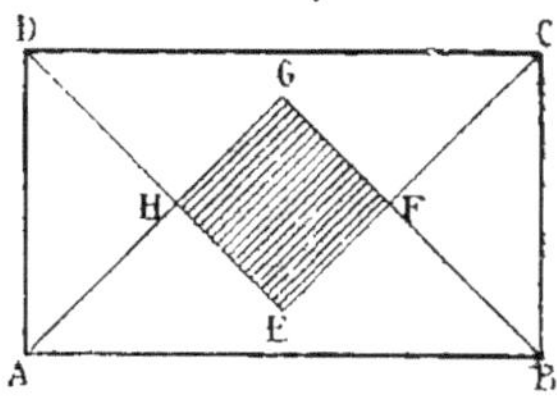

Fig. 341.

C. Q. F. D.

514. Théorème. *La diagonale est égale à la différence des côtés du
rectangle donné. Il en est de même dans le théorème précédent.*

En menant HF et prolongeant cette ligne, on obtient la médiane
des triangles rectangles ABH, CDF (fig. 340) ; la somme de ces deux
médianes égale AB (n° 492) ;

donc $HF = AD - AB$

515. Théorème. *Les bissectrices extérieures d'un parallélogramme
se coupent en formant un rectangle dont les diagonales égalent la
somme des côtés du parallélogramme.*

Remarque. La question peut être posée comme il suit :
On mène les bissectrices des angles intérieurs et extérieurs d'un
parallélogramme, démontrer :

1° Que les bissectrices, en se coupant, forment des rectangles ;

2° Que les diagonales de ces rectangles coupent en leurs milieux les
côtés du parallélogramme ;

3° Que la diagonale du grand rectangle est égale à la somme des
deux côtés adjacents du parallélogramme, et la diagonale du petit
rectangle est égale à la différence des mêmes lignes ;

4° Que la surface du rectangle extérieur est égale à deux fois la surface du parallélogramme, plus la surface du rectangle intérieur.

Examiner dans quel cas les rectangles deviennent des carrés, et dans quel cas le rectangle intérieur se réduit à un point.

Exercice 52

516. Théorème. *En menant des parallèles équidistantes d'une des diagonales d'un rectangle et en joignant les extrémités de ces parallèles, on forme un parallélogramme inscrit dans le rectangle, et le périmètre de la figure inscrite égale la somme des diagonales du rectangle.*

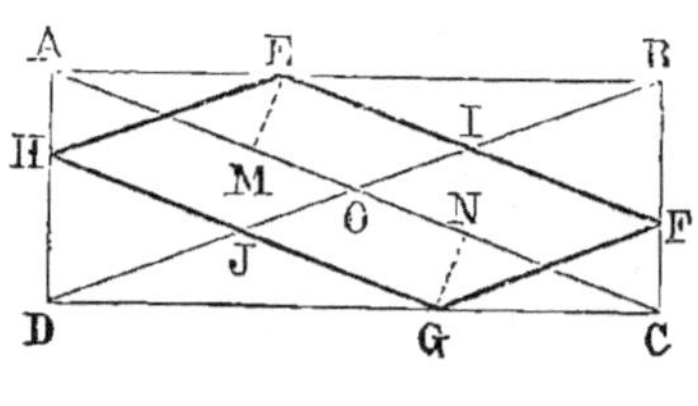

Fig. 342.

Soient les parallèles équidistantes EF, GH; on a donc la perpendiculaire EM = GN

Les deux triangles rectangles AEM, CGN sont égaux comme ayant un côté égal et un angle aigu égal ; car EM = GN, et les angles MAE, NCG sont alternes-internes ;

donc on a   AE = CG

on aurait de même   AH = CF

par suite   BE = DG   et   BF = DH

Les triangles rectangles EBF, GDH sont égaux, parce que les côtés de l'angle droit de l'un d'eux sont respectivement égaux à ceux de l'autre triangle ; donc   EF = GH

Ainsi la figure EFGH est un parallélogramme, parce qu'elle a deux côtés opposés EF, GH égaux et parallèles. (G., n° 93.)

2° Le périmètre égale la somme des diagonales, car les triangles BIF, GJD sont isocèles ;

ainsi   IF = IB,   JG = JD

d'ailleurs   FG = IJ

donc le demi-périmètre   IF + FG + GJ = BD   *C. Q. F. D.*

517. Théorème. *En menant deux parallèles équidistantes d'une des diagonales d'un rectangle, mais de manière que ces parallèles coupent les prolongements de l'autre diagonale, puis en joignant deux à deux les points où les parallèles rencontrent les prolongements des côtés du rectangle, on forme un parallélogramme dont la différence des côtés adjacents égale la diagonale du rectangle.*

Exercice 53

518. Théorème. *Par l'un des sommets d'un parallélogramme on mène une droite quelconque xy; de chacun des trois autres sommets* *on abaisse une perpendiculaire sur la ligne menée; prouver que la perpendiculaire abaissée du point intermédiaire égale la somme ou la différence des perpendiculaires extrêmes.*

Par le sommet B, menons une parallèle BH à xy.

Les triangles rectangles BCH, ADG sont égaux, comme ayant l'hypoténuse égale et les angles égaux;

donc $\qquad$ CH $=$ DG

mais $\qquad$ BE $=$ FH

donc $\qquad$ CF $=$ BE $+$ DG

C. Q. F. D.

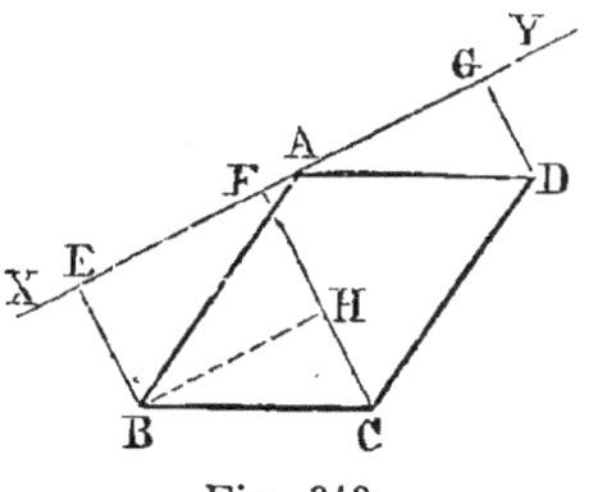

Fig. 343.

Remarque. Quand xy coupe le parallélogramme, on a une différence au lieu d'une somme.

519. Théorème. *La projection de la diagonale d'un parallélogramme sur une droite quelconque égale la somme des projections de deux côtés adjacents sur la même droite.* (VARIGNON*.)

Soit la diagonale BD et les côtés adjacents BA, BC (fig. 343).
La projection de BD sur XY égale EG; il faut prouver qu'on a

$$EG = EA + EF$$

Or $\qquad$ EF $=$ BH $=$ AG et EG $=$ EA $+$ AG

donc $\qquad$ EG $=$ EA $+$ EF $\qquad$ *C. Q. F. D.*

Remarque. L'énoncé est général, pourvu qu'on regarde comme de signes différents les lignes qui vont en sens contraire; ainsi la projection AF de AC donne $\quad$ AF $=$ AE $-$ AG

520. Théorème. *La somme des perpendiculaires abaissées des sommets d'un parallélogramme sur une droite extérieure à cette figure, égale quatre fois la distance de cette droite au point de concours des diagonales.*

(Voir n° 461.)

Exercice 54

521. Théorème. *La somme ou la différence des perpendiculaires abaissées d'un point donné sur les deux côtés adjacents d'un losange,*

---

* VARIGNON, né à Caen en 1654, mort en 1722. On lui doit un *Projet d'une nouvelle mécanique,* puis la *Nouvelle Mécanique ou statique.* C'est dans ces ouvrages que se trouve le célèbre *théorème des moments.* (*Mécanique,* F. I. C., n° 45.)

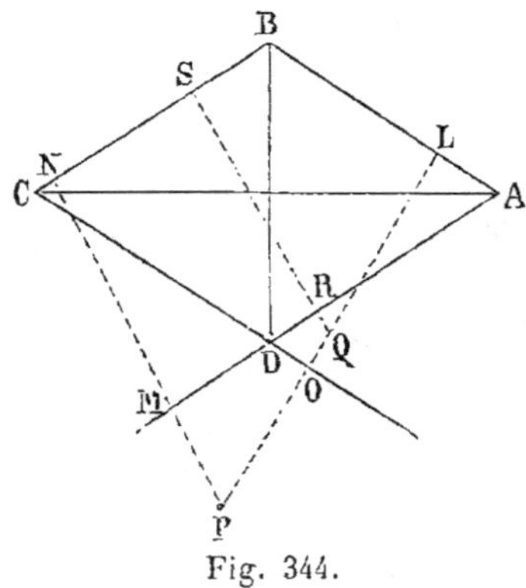

Fig. 344.

égale la somme ou la différence des perpendiculaires abaissées du même point sur les deux autres côtés.

On doit avoir

$$PL + PM = PO + PN$$

En effet, cela revient à

$$PO + OL + PM = PO + PM + MN$$

Or, $OL = MN$; donc...

Pour que le théorème soit général, il faut avoir égard aux signes.

Ainsi $QL + QR = QS + (-QO)$

Exercice 55

522. **Théorème.** *Lorsqu'on joint deux sommets opposés d'un parallélogramme aux points milieux de deux côtés opposés de la figure, une des diagonales du parallélogramme se trouve divisée en trois parties égales.* (P. ANDRÉ, *Exercices de Géométrie.*)

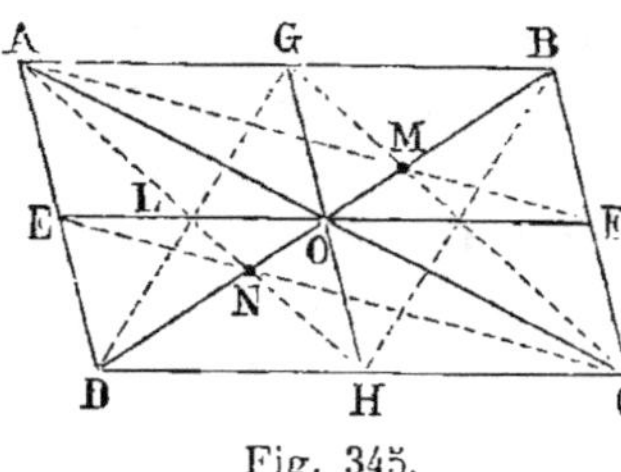

Fig. 345.

1re Démonstration. En effet, AF, CG, BO sont les médianes du triangle ACB; donc $BM = \frac{2}{3} BO$ (n° 447)

ou $$BM = \frac{2}{3} \times \frac{BD}{2} = \frac{BD}{3}$$

de même $$DN = \frac{BD}{3}; \quad donc...$$

2e Démonstration. Considérons le triangle AOB.

La droite AF, diagonale du parallélogramme ABFE, passe par le point milieu de OG; or, on sait que la droite AM, qui passe par le milieu de la médiane OG du triangle AOB, détermine sur la base OB un segment OM qui n'est que la moitié de BM (n° 435); donc BM est le tiers de BD.

Scolie. *Les droites AF, AH, qui joignent un sommet d'un parallélogramme aux points milieux des côtés opposés à ce sommet, divisent une des diagonales en trois parties égales.*

Trapèze.

523. Le parallélogramme et ses variétés ne sont qu'un cas particulier du trapèze; néanmoins nous considérerons spécialement le trapèze proprement dit, c'est-à-dire le quadrilatère dans lequel les deux côtés parallèles sont inégaux.

On nomme *trapèze symétrique* ou *trapèze isocèle* le trapèze dont les côtés non parallèles sont égaux.

Le trapèze isocèle peut être considéré comme obtenu en coupant un triangle isocèle par une parallèle à la base, car on démontre que les angles à la base sont égaux entre eux (n° 534). Il en résulte que les côtés considérés sont des lignes *antiparallèles* (n° 471) par rapport aux bases du trapèze.

Exercice 56

524. Théorème. *Dans tout trapèze, la différence des deux bases est plus petite que la somme des deux autres côtés; chacun de ces côtés est plus petit que l'autre côté augmenté de la différence des bases.*

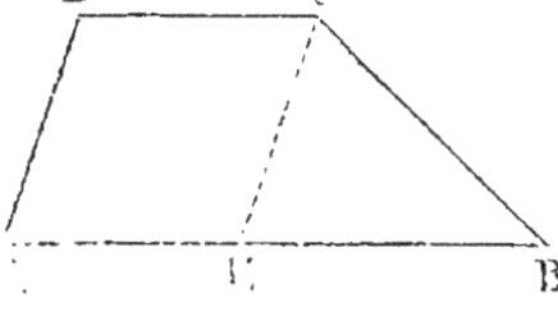
Fig. 346.

Par le sommet C, menons CE parallèle à AD.

BE est la différence des bases,

$$CE = AD.$$

Or, pour que le triangle BCE soit possible, il faut et il suffit qu'un côté quelconque soit plus petit que la somme des deux autres. (G., n° 45.)

Théorème. *Dans tout trapèze, la somme des bases est plus petite que la somme des diagonales.*

Par le point C (fig. 346) on mène une parallèle à la diagonale BD.

525. Remarque. En admettant que ces conditions soient constamment réalisées pour quatre lignes données, et chaque groupe de deux lignes étant pris successivement pour former les bases, on pourrait construire six trapèzes différents.

En effet, soient les quatre lignes a, b, c, d, on aurait les trapèzes

$$\begin{array}{ll} abcd & bacd \\ acbd & badc \\ abdc & dacb \end{array}$$

Exercice 57

526. Théorème. *Deux trapèzes sont égaux lorsque leurs bases sont respectivement égales chacune à chacune, et qu'il en est de même des côtés non parallèles.*

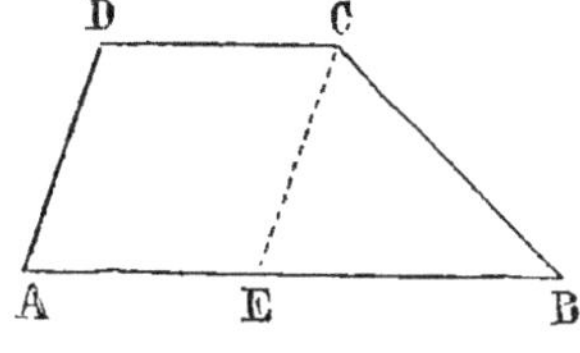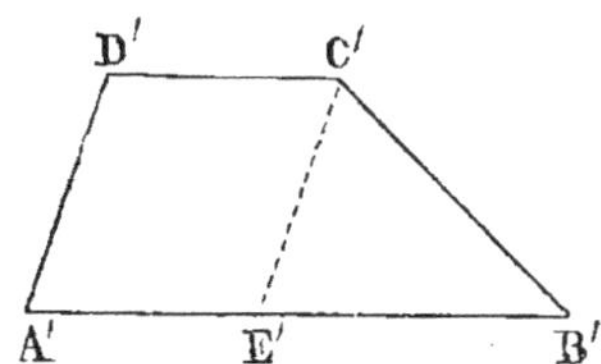
Fig. 347.

Par C et C', menons des parallèles à AD en A'D'.

BE = B'E', car ces deux lignes sont la différence des bases de chaque trapèze.

D'ailleurs $$CE = AD; \quad C'E' = A'D'$$

Donc les triangles BEC, B'E'C' sont égaux comme ayant les trois côtés égaux chacun à chacun ; par suite, l'angle $B = B'$, $E = E'$; donc $A = A'$, et les deux trapèzes sont superposables.

527. Remarque. Pour que deux trapèzes soient égaux, il ne suffit point qu'ils aient les quatre côtés respectivement égaux et placés dans le même ordre ; car, avec quatre droites données, on peut parfois former plusieurs trapèzes différents (n° 525). Ainsi les quatre longueurs a, b, c, d, prises dans l'ordre indiqué, pourraient donner un premier trapèze ayant a et c pour bases, et un second trapèze ayant b et d pour bases.

528. Théorème. *Deux trapèzes sont égaux lorsque leurs bases sont respectivement égales chacune à chacune, et qu'il en est de même des diagonales.*

En effet, le triangle auxiliaire est formé par les deux diagonales et la somme des bases du trapèze.

529. Théorème. *Deux trapèzes sont égaux lorsqu'ils ont trois côtés respectivement égaux et un angle égal.*

Remarque analogue à la précédente (n° 527).

Exercice 58

530. Théorème. *Dans un trapèze, la droite qui joint les milieux des côtés non parallèles est parallèle aux bases, et égale à leur demi-somme ; et la partie de cette droite comprise entre les deux diagonales est égale à la demi-différence des bases.*

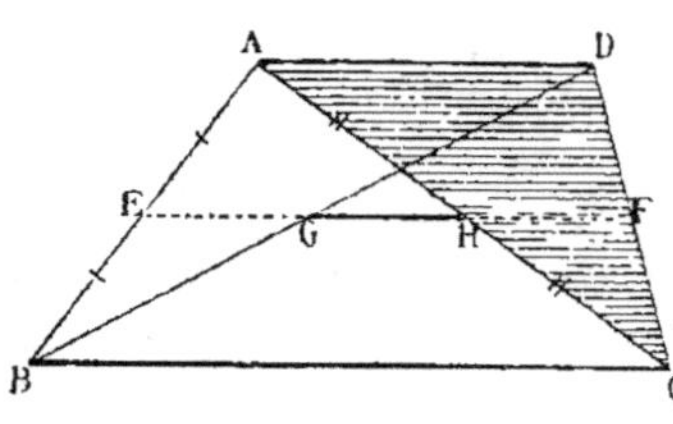

Fig. 348.

Soit le trapèze ABCD, ayant pour diagonales AC et BD.

1° Dans le triangle BAC, menons la droite EH par les milieux des côtés AB et AC ; cette droite est parallèle à BC, et égale à sa moitié. Son prolongement HF est parallèle à AD et égal à la moitié de cette base.

Donc $$EF = \tfrac{1}{2}\,BC + \tfrac{1}{2}\,AD = \tfrac{1}{2}\,(BC + AD)$$

2° Dans le triangle BDC, la droite GF joint les milieux des côtés BD et DC, et l'on a $$GF = \tfrac{1}{2}\,BC$$

Si l'on retranche $$HF = \tfrac{1}{2}\,AD$$

il vient $$GH = \tfrac{1}{2}\,BC - \tfrac{1}{2}\,AD = \tfrac{1}{2}\,(BC - AD). \qquad \text{Donc...}$$

Corollaire. *La droite menée parallèlement aux bases d'un trapèze* *par le milieu de l'un des côtés non parallèles, passe au milieu de l'autre côté.*

531. **Théorème.** *Lorsque la petite base d'un trapèze est la moitié de la grande, la base moyenne de ce trapèze est divisée en trois parties égales par les diagonales.*

En effet, dans ce cas, $EG = \dfrac{AD}{2}$ ou $\dfrac{BC}{4}$

et $EH = \dfrac{BC}{2}$

donc $EG = GH$

De même $GH = HF.$ Donc...

Exercice 59

532. **Théorème.** *Lorsque la petite base d'un trapèze égale la somme des côtés non parallèles, les bissectrices intérieures des angles adjacents à la grande base viennent concourir sur la petite base.*

Soit $DE = BD + EC.$
Prenons $DO = DB.$

on aura $OE = EC$

donc les triangles ODB, OEC sont isocèles ;
les angles DBO, DOB sont égaux ;
mais l'angle $DOB = OBC$ comme alternes-internes ;
donc l'angle $DBO = OBC$
et la droite BO est bissectrice de l'angle B.
De même CO est bissectrice de l'angle C. Donc...

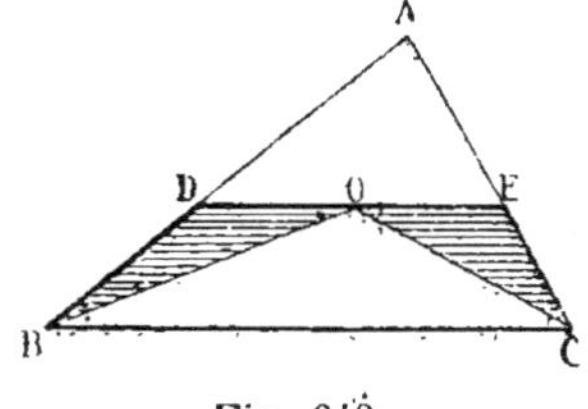

Fig. 349.

533. **Théorème.** *Lorsque la grande base d'un trapèze égale la somme des côtés non parallèles, les bissectrices des angles adjacents à la petite base viennent concourir sur la grande base.*

On peut consulter avec profit le n° 458, car toutes ces questions ne diffèrent que par l'énoncé.

Exercice 60

534. **Théorème.** *Dans le trapèze isocèle, les angles adjacents à une même base sont égaux, les diagonales sont égales et se coupent sur la droite qui joint les milieux des deux bases.*

Soit $AC = BD.$

1° Abaissons les hauteurs CE, DF ;

on a : $CE = DF$

Les triangles rectangles ACE, BDF sont égaux comme ayant l'hypoténuse égale et un côté égal,   CE = DE

donc   angle CAE = DBF

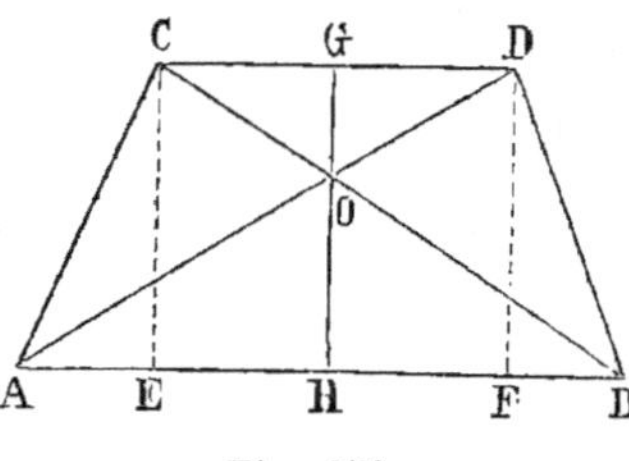

Fig. 350.

2° Les triangles CAB, DBA sont égaux comme ayant un angle égal compris entre deux côtés égaux ; car l'angle A = B

donc   AD = BC

de plus, l'angle   ABO = BAO ainsi le triangle AOB est isocèle et le sommet O se trouve sur la perpendiculaire élevée au point H milieu de AB.

Mais le triangle COD est aussi isocèle ; la perpendiculaire HO est aussi perpendiculaire à la parallèle CD (G., n° 76) ; or la perpendiculaire OG, abaissée du sommet d'un triangle isocèle sur la base de ce triangle, passe au milieu de cette base. (G., n° 61.) Ainsi G est le point milieu de CD, et la droite GH, qui joint les deux points milieux, passe par le point de concours des deux diagonales.   *C. Q. F. D.*

535. **Théorème.** *En joignant deux à deux les points milieux des quatre côtés d'un trapèze isocèle, on obtient un losange.*

On a vu (n° 534) que la droite qui joint les milieux des deux bases est perpendiculaire sur ces lignes ; elle le sera donc aussi à la base moyenne et la divisera en deux parties égales.

La figure obtenue est un losange, car ses deux diagonales se croisent à angle droit et se rencontrent en leur milieu.

536. **Théorème.** *Deux trapèzes isocèles sont égaux lorsqu'ils ont des bases égales et même hauteur.*

En effet, ils sont superposables.

537. **Théorème.** *Les perpendiculaires élevées au milieu des côtés d'un trapèze symétrique se coupent au même point.*

Car les perpendiculaires élevées au point milieu de chaque base se confondent, et les perpendiculaires élevées sur les côtés non parallèles vont concourir sur la droite qui joint les milieux des bases.

Quadrilatère quelconque.

538. Le quadrilatère se rencontre fréquemment dans les Exercices de Géométrie ; il y a donc lieu d'étudier quelques cas d'égalité de deux quadrilatères, ainsi que les propriétés de ces figures.

Pour démontrer l'égalité de deux quadrilatères, on a recours à la superposition ou à la décomposition en deux triangles.

Exercice 61

539. **Théorème.** *Deux quadrilatères sont égaux :*

1° Lorsqu'ils ont trois côtés et les deux angles compris respectivement égaux ;

2° Lorsqu'ils ont deux côtés consécutifs et les trois angles adjacents respectivement égaux ;

3° Lorsqu'ils ont un angle égal et les quatre côtés respectivement égaux, et placés dans le même ordre.

1° Soient P et P′ deux quadrilatères dans lesquels on ait :

$$AB = A'B', \quad BC = B'C', \quad CD = C'D', \quad B = B', \quad C = C'$$

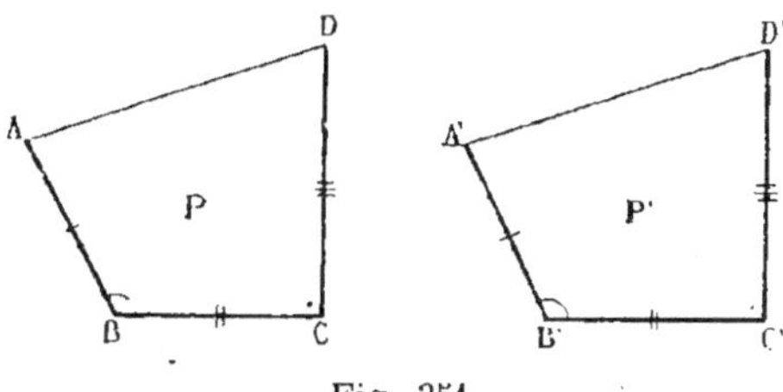

Fig. 351.

Si l'on transporte la première figure sur la seconde, le côté AB coïncide avec A′B′, l'angle B avec B′, le côté BC avec B′C′, l'angle C avec C′, et le côté CD avec C′D′. Donc le quatrième côté AD coïncide aussi avec A′D′, et les deux quadrilatères sont égaux.

2° Soient P et P′ deux quadrilatères dans lesquels on ait :

$$A = A', \quad B = B', \quad C = C', \quad AB = A'B', \quad BC = B'C'$$

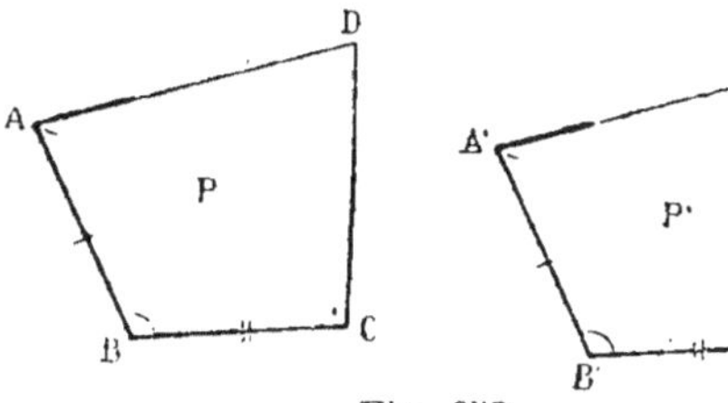

Fig. 352.

Si l'on transporte la première figure sur la seconde, l'angle A coïncide avec A′, le côté AB avec A′B′, l'angle B avec B′, le côté BC avec B′C′, et l'angle C avec C′. Donc le quatrième sommet D coïncide aussi avec D′, et les deux quadrilatères sont égaux.

3° Soient P et P′ deux quadrilatères ayant l'angle B égal à B′ (fig. 353), et les côtés respectivement égaux et disposés dans le même ordre.

Menons les diagonales AC et A′C′. Les triangles ABC et A′B′C′ sont égaux comme ayant un angle égal compris entre des côtés respectivement égaux; donc $AC = A'C'$.   Et alors les triangles ACD et A'C'D'

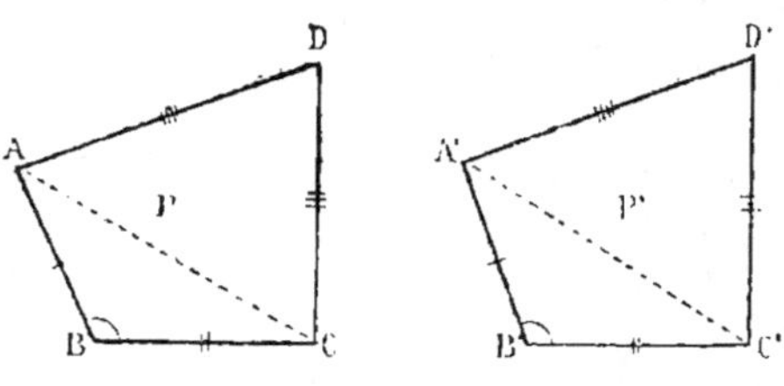

Fig. 353.

sont égaux comme équilatéraux entre eux. Ainsi les quadrilatères P et P' sont égaux.

Donc *deux quadrilatères sont égaux...*

Exercice 62

540. Théorème. *Dans tout quadrilatère convexe, la somme des diagonales est plus grande que la somme de deux côtés opposés.*

$$e + g > a$$
$$f + h > c$$

d'où

$$e + g + f + h > a + c$$

ou

$$AC + BD > a + c$$ C. Q. F. D.

Remarque. Ce théorème a été présenté sous un énoncé différent. (G., n° 178.)

541. Théorème. *Dans un quadrilatère convexe, la somme des diagonales est comprise entre le périmètre et le demi-périmètre.*

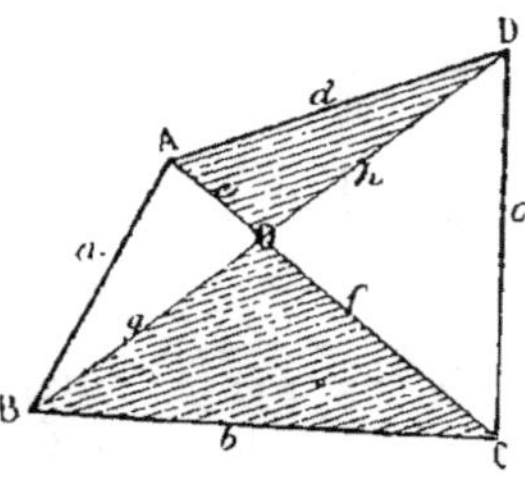

Fig. 354.

Soient AC et BD les diagonales du quadrilatère convexe ABCD.

1° Appelons $2p$ le périmètre

$$a + b + c + d.$$

On a $e + f < a + b$, $e + f < c + d$,

d'où $2e + 2f < 2p$, et $e + f < p$

On trouverait de même $g + h > p$

En additionnant, il vient

$$(e + f) + (g + h) < 2p$$

2° On a $e + g > a$, $g + f < b$, $f + h < c$, $h + e > d$

d'où $2e + 2f + 2g + 2h > 2p$,   et $(e + f) + (g + h) > p$

Donc *la somme des diagonales d'un...*

Exercice 63

542. Théorème. *Les points milieux des côtés d'un quadrilatère quelconque sont les sommets d'un parallélogramme.*

Soit ABCD un quadrilatère quelconque, et EFGH la figure obtenue en joignant les milieux des côtés.

Si l'on mène la diagonale BD, le quadrilatère donné se trouve divisé en deux triangles, BDA et BDC. La droite EF joint les milieux des côtés AB et AD, et GH les milieux des côtés CB et CD; ainsi chacune de ces droites est parallèle à BD et égale à sa moitié (nº 431). Donc ces deux lignes sont égales et parallèles, et la figure EFGH est un parallélogramme.   *C. Q. F. D.*

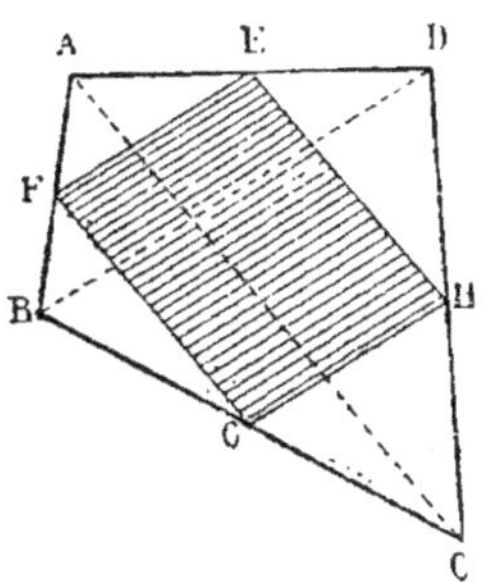

Fig. 355.

543. Théorème. *Dans un quadrilatère quelconque, les droites qui joignent les milieux des côtés opposés se coupent en leurs milieux.*

Soit le quadrilatère ABCD. Les points E, F, G, H, milieux des côtés, sont les sommets d'un parallélogramme (nº 542), et les droites EG et FH ne sont autre chose que les diagonales de ce parallélogramme; donc ces droites se coupent en leurs milieux. (G., nº 105.)

C. Q. F. D.

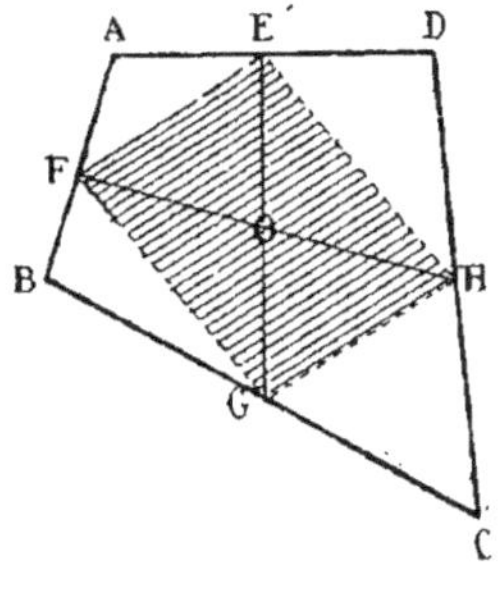

Fig. 356.

544. Théorème. *Le parallélogramme obtenu en joignant deux à deux les points milieux des côtés d'un quadrilatère est un rectangle, lorsque les diagonales du quadrilatère primitif sont rectangulaires, ou lorsque les droites qui joignent les milieux des côtés opposés sont égales entre elles.*

545. Théorème. *On obtient un losange lorsque la figure donnée est un trapèze isocèle ou un rectangle. On obtient un carré lorsque la figure donnée est un carré, ou un trapèze isocèle à diagonales rectangulaires égales.*

Exercice 64

546. Théorème. *Le parallélogramme formé en joignant deux à deux les milieux des côtés d'un quadrilatère quelconque est la moitié de ce quadrilatère.*

Dans le triangle ABO, la droite FG est menée par le point milieu F de AB, de plus elle est parallèle à AC; donc elle passe par le milieu de l'autre côté BO (nº 431, corollaire). Ainsi M est le point milieu de BO; de même N est le point milieu de CO; par suite, la droite MN, qui joint les milieux de OB et de OC, est parallèle à BC et en égale la moitié (n° 431);

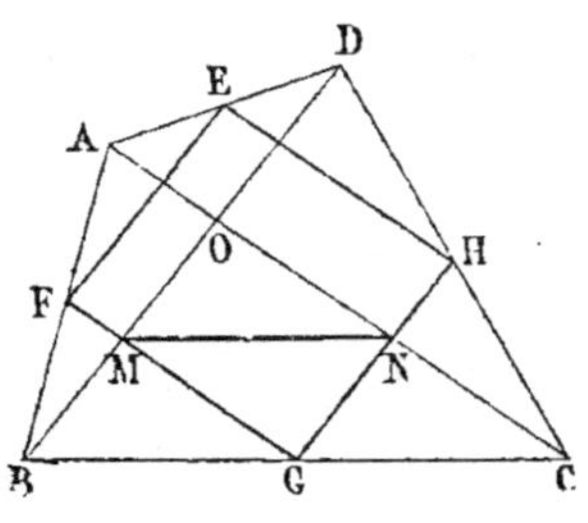

Fig. 357.

donc $\qquad$ MN = BG = CG

Les quatre triangles OMN, BMG, GNC, NGM sont donc égaux comme ayant tous les côtés respectivement égaux; donc le parallélogramme OMGN, qui contient deux de ces triangles, est la moitié du triangle BOC, qui en contient quatre.

Il en serait de même des autres parties des figures comparées; donc le parallélogramme EHGF est la moitié du quadrilatère ABCD.

547. Théorème. *Le parallélogramme formé en menant par chaque sommet d'un quadrilatère des parallèles aux diagonales, est double de ce quadrilatère et quadruple du parallélogramme formé en joignant deux à deux les milieux des côtés du quadrilatère donné.*

Démonstration analogue à celle qui est donnée ci-dessus, mais beaucoup plus simple; on peut aussi consulter les *Méthodes*, n° 155.

Exercice 65

548. Théorème. *Dans un quadrilatère quelconque, les droites qui joignent les milieux des côtés opposés se rencontrent au milieu de la droite qui joint les milieux des diagonales.*

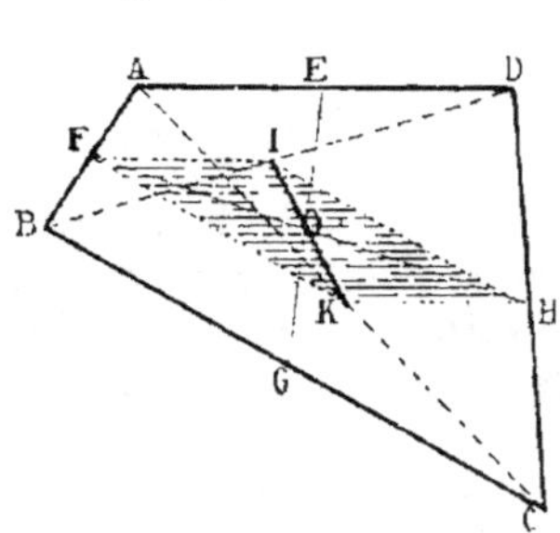

Fig. 358.

Soit ABCD un quadrilatère quelconque, EG et FH les droites qui joignent les milieux des côtés opposés, AC et BD les diagonales, et IK la droite qui joint les milieux des diagonales.

Traçons le quadrilatère IFKH.

Dans le triangle ABD, la droite IF est parallèle à AD, et en est la moitié; dans le triangle ACD, la droite KH est parallèle à AD, et en est la moitié; ainsi les droites IF et KH étant parallèles et égales, la figure IFKH est un parallélogramme (G., n° 104), et les diagonales FH et IK se coupent en leurs milieux (G., n° 103); mais FH et EG se coupent aussi en leurs milieux (n° 543); donc le point O est le milieu des trois droites EG, FH et IK.　　*C. Q. F. D.*

Exercice 66

549. Théorème. *L'angle des bissectrices intérieures de deux angles consécutifs d'un quadrilatère est égal à la demi-somme des deux autres* *angles de ce quadrilatère; l'angle des bissectrices extérieures de deux angles consécutifs est égal à la demi-somme de ces deux angles consécutifs.*

1° L'angle
$$E = 180 - \frac{A + B}{2}$$

Mais
$$\frac{A + B}{2} + \frac{C + D}{2} = 180 \qquad \text{(G., n° 94.)}$$

d'où
$$\frac{C + D}{2} = 180 - \frac{A + B}{2}.$$

Donc
$$E = \frac{C + D}{2} \qquad C.\ Q.\ F.\ D.$$

2° Les angles supplémentaires de A et B ont pour valeur :

$$180 - A \quad \text{et} \quad 180 - B$$

donc

$$F = 180 - \frac{180 - A + 180 - B}{2}$$

d'où
$$F = \frac{A + B}{2}$$

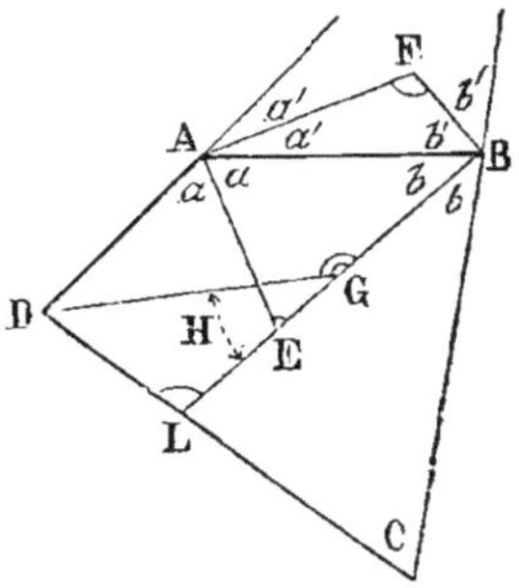

Vérification. Les angles E, F doivent être supplémentaires, car le quadrilatère AFBE a deux angles droits en A et B ;

or
$$E + F = \frac{A + B}{2} + \frac{C + D}{2} = 180°$$

Fig. 359.

Exercice 67

550. **Théorème**. *L'angle aigu des bissectrices intérieures de deux angles opposés d'un quadrilatère égale la demi-différence de deux autres angles.*

Soit G l'angle DGB, et H son supplément formé par les deux bissectrices (fig. 359).

L'angle L, extérieur au triangle $BCL = C + \dfrac{B}{2}$;

donc
$$H = 180 - C - \frac{B}{2} - \frac{D}{2}$$

Mais 180° peut se remplacer par $\dfrac{A + B + C + D}{2}$ et $- C$ par $- \dfrac{2C}{2}$.

On a donc
$$H = \frac{A + B + C + D - 2C - B - D}{2}$$

ou
$$H = \frac{A - C}{2} \qquad C.\ Q.\ F.\ D.$$

8*

Exercice 68

551. Théorème. *Les bissectrices intérieures d'un quadrilatère quelconque se rencontrent de manière à former un nouveau quadrilatère dont les angles opposés sont supplémentaires.*

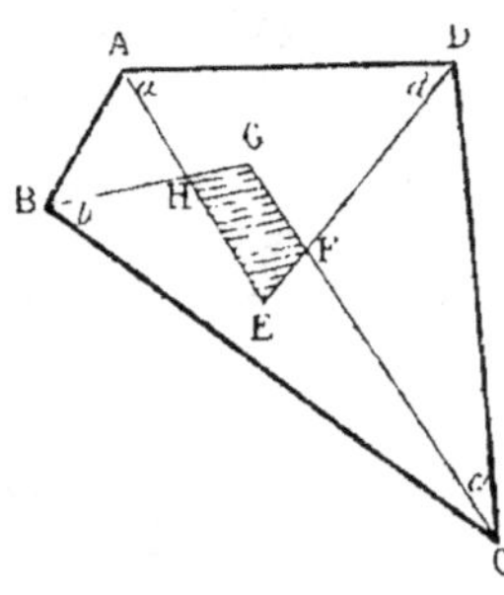

Fig. 360.

Soit ABCD un quadrilatère quelconque, et EFGH le quadrilatère formé par les bissectrices intérieures.

Les quatre angles du quadrilatère ABCD égalent ensemble 4 droits (G., n° 94); on a donc

$$2a + 2b + 2c + 2d = 4 \text{ droits}$$

d'où $\quad a + b + c + d = 2 \text{ droits}$

Pour les deux triangles ADE et BCG, la somme totale des six angles est de 4 droits

$$a + b + c + d + E + G = 4 \text{ droits}$$

Si, de cette égalité, on retranche la précédente, il vient

$$E + G = 2 \text{ droits}$$

Ainsi les deux angles E et G sont supplémentaires, et il en résulte que F et H le sont aussi. (G., n° 94.)

Donc *les bissectrices intérieures...*

Remarque. Les exercices relatifs aux figures formées par les bissectrices des angles d'un parallélogramme, d'un rectangle (n°⁵ 512, 513), ne sont que des cas particuliers de celui-ci.

552. Théorème. *Les bissectrices extérieures d'un quadrilatère quelconque se rencontrent de manière à former un quadrilatère dont les angles opposés sont supplémentaires.*

Comme ci-dessus.

Exercice 69

553. Théorème. *L'angle des bissectrices des deux angles formés par les côtés opposés d'un quadrilatère égale la demi-somme de deux angles opposés du quadrilatère.*

Soient EG, FG les bissectrices des angles formés par les côtés opposés du quadrilatère; par les sommets opposés A et C menons des parallèles aux bissectrices.

Tous les angles marqués 1 sont égaux entre eux; il en est de même des angles marqués 2.

Les trois angles G, LAM, NCP, ayant les côtés parallèles de même sens, ou tous deux de sens contraire, sont égaux.

Or, $\qquad$ l'angle $A = LAM + 1 + 2$

$\qquad\qquad$ l'angle $C = NCP - 1 - 2$

En additionnant $\quad A + C = LAM + NCP = 2G$

donc $\qquad\qquad$ angle $G = \dfrac{A + C}{2}$ $\qquad\qquad$ *C. Q. F. D.*

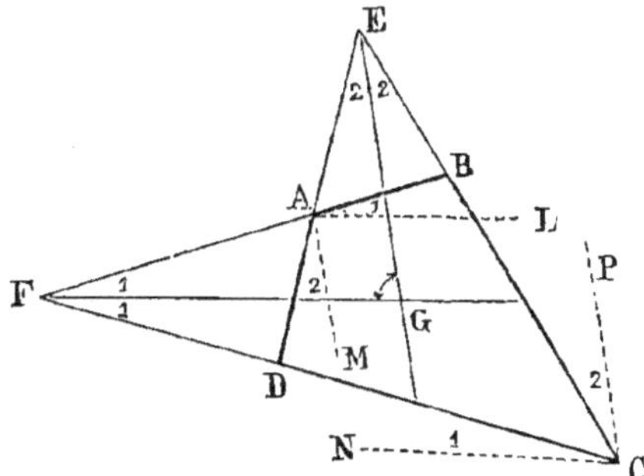

Fig. 361.

Remarques. 1° Le supplément de l'angle $\quad G = \dfrac{B + D}{2}$.

2° Lorsque les angles opposés du quadrilatère sont supplémentaires, l'angle G des diagonales est droit. On sait que le quadrilatère dont deux angles opposés sont supplémentaires est inscriptible (G., n° 156); par suite, la remarque ci-dessus conduit à l'énoncé suivant :

554. Théorème. *Les bissectrices des deux angles formés par les côtés opposés d'un quadrilatère inscriptible sont perpendiculaires entre elles.*

Exercice 70

555. Théorème. *La somme des distances des quatre sommets d'un quadrilatère à une droite donnée, égale quatre fois la distance de cette même droite au point de concours des droites qui joignent deux à deux les points milieux des côtés opposés du quadrilatère.*

En effet, en joignant deux à deux les points milieux, on obtient un parallélogramme (n° 542) qui a pour diagonales les droites qui joignent les milieux des côtés opposés; or, la somme des distances des quatre sommets du quadrilatère égale la somme des distances des quatre sommets du parallélogramme, et celle-ci égale quatre fois la distance du point de concours des diagonales; donc...

556. Théorème. *Un polygone convexe d'un nombre impair de côtés est déterminé par la connaissance des points milieux de ses côtés.*

1° Si l'on donne les points milieux I, K, L des trois côtés d'un triangle, ce triangle est déterminé. En effet, par chaque point donné, il suffit de mener une parallèle à la droite qui joint les deux autres (n° 434).

2° Lorsqu'on connaît les points milieux des côtés d'un pentagone, la figure est aussi déterminée; car, soient donnés les points F, G, H, K, L;

en admettant que le pentagone demandé soit construit, on reconnaît, en

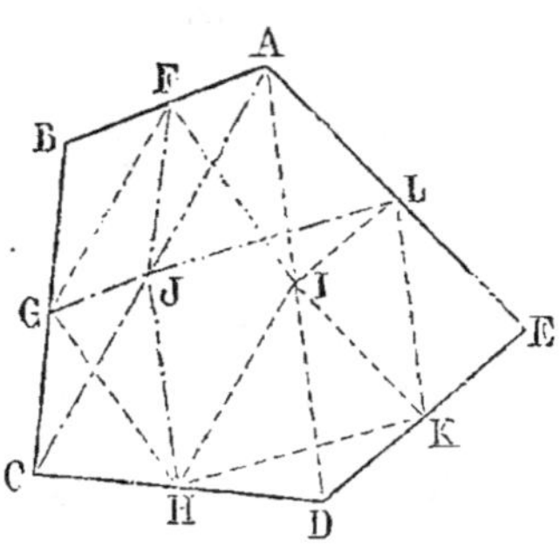

Fig. 362.

menant une diagonale quelconque AD, que le point I, milieu de AD et dont la position détermine le triangle ADE et par suite le quadrilatère ABCD, peut s'obtenir à l'aide des trois points F, G, H, car la figure FGHI est un parallélogramme (n° 542).

Il en serait de même pour une autre diagonale, AC par exemple. Le point milieu J est le quatrième sommet d'un parallélogramme IIJLK, que les trois points donnés H, K, L déterminent complètement. Ainsi, soit qu'on construise le parallélogramme FGHI, puis le triangle ADE, ou bien le parallélogramme HJLK et le triangle ABC, on n'obtient qu'un seul et même pentagone.

Il en serait de même pour 7 points, pour 9 points, etc...; donc...

LIEUX GÉOMÉTRIQUES

557. Les constructions n'étant indiquées qu'à la fin du livre II, on doit se borner, dans les questions suivantes, à reconnaître la nature et la position du lieu demandé.

Le lieu peut se composer d'une ou de plusieurs droites; d'une ou de plusieurs circonférences.

Dans certains cas, une partie seule de la ligne obtenue répond à la question proposée; l'autre partie répond généralement à une question présentant quelque analogie avec la première (n° 570).

Pour la recherche des lieux et pour leur construction, il est utile de recourir aux développements déjà donnés. (*Méthodes,* n° 56.)

La recherche des lieux géométriques est très importante, parce que la résolution d'un grand nombre de problèmes réclame l'emploi des lieux géométriques.

Exercice 71

558. Lieu. *Quel est le lieu des points également distants de deux droites parallèles AB et CD?*

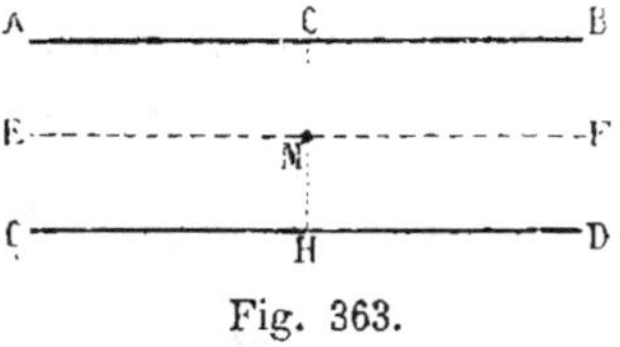

Fig. 363.

Pour chaque point M du lieu, il faut qu'on ait la distance MG égale à MH. Ainsi le point M se trouve au milieu d'une droite GH perpendiculaire aux deux parallèles AB et CD. Le lieu demandé est la droite indéfinie EF menée par le point M parallèlement aux deux droites données.

559. Lieu. *Lieu du milieu des sécantes comprises entre deux parallèles.*

C'est la droite EF équidistante des parallèles données (fig. 363).

560. Lieu. *Entre deux parallèles, on mène des perpendiculaires telles que GH; sur ces perpendiculaires, prises pour bases, on construit des triangles isocèles égaux entre eux; quel est le lieu du sommet de ces triangles isocèles?*

C'est encore la droite EF (fig. 363).

561. Lieu. *Même problème. Le triangle est quelconque, mais il est constamment égal à lui-même.*

Le lieu du sommet M est encore une parallèle aux droites données.

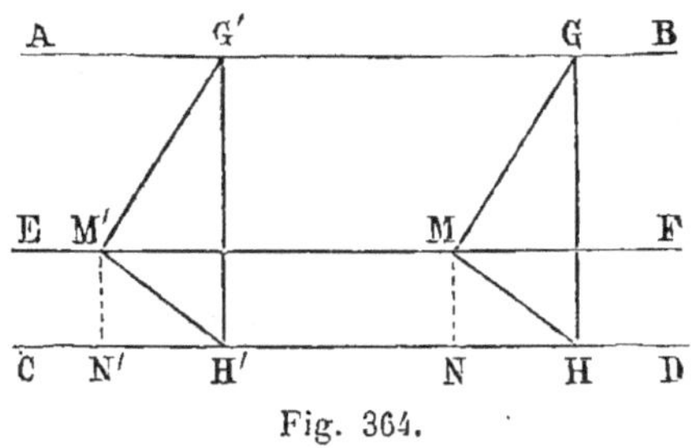

Fig. 364.

En effet, soient MGH, M'G'H' deux des triangles égaux; abaissons les perpendiculaires MN, M'N'.

Les triangles rectangles MNH, M'N'H' sont égaux comme ayant l'hypoténuse égale MH = M'H' et un angle aigu égal; l'angle MHN = M'H'N' comme compléments des angles égaux H et H'; donc MH = M'H' et les deux droites MM', NN' sont parallèles.

Exercice 72

562. Lieu. *Deux sommets d'un triangle glissent sur deux parallèles données; quel est le lieu du troisième sommet?*

Même réponse et même démonstration que précédemment.

Exercice 73

563. Lieu. *Lieu des milieux des droites menées d'un point donné à une droite donnée.*

Soit A le point donné, et BC la droite donnée; menons AD perpendiculaire à BC. Le point I, milieu de AD, appartient au lieu demandé.

Menons une droite quelconque AH, et joignons son milieu au point I; la droite GI est parallèle à BC. Ainsi le

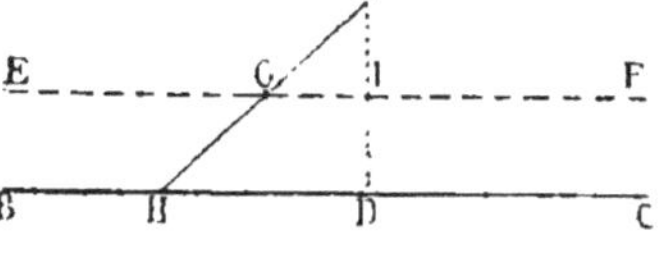

Fig. 365.

milieu de toute droite, telle que AH, se trouve sur la droite indéfinie EF menée par le point I parallèlement à BC.

Exercice 74

564. Lieu. *Lieu des centres des parallélogrammes qui ont la même base BC et la même hauteur h.*

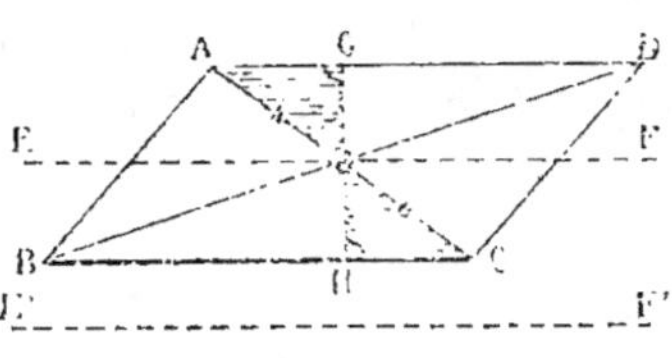

Fig. 366.

Soit ABCD un parallélogramme ayant BC pour base, et h ou GH pour hauteur. Les triangles OGA et OHC sont égaux; ainsi le centre O est au milieu de la hauteur GH. Le lieu demandé n'est donc autre que le lieu des points situés à la distance $\frac{1}{2}h$ de la droite BC; ce lieu comprend les deux droites indéfinies EF et E′F′. (G., n° 84.)

565. Lieu. *Lieu des centres des parallélogrammes obtenus en coupant deux parallèles données par deux sécantes parallèles entre elles.*

C'est la droite EF.

Exercice 75

566. Lieu. *Lieu des sommets des triangles qui ont même base BC et même hauteur h.*

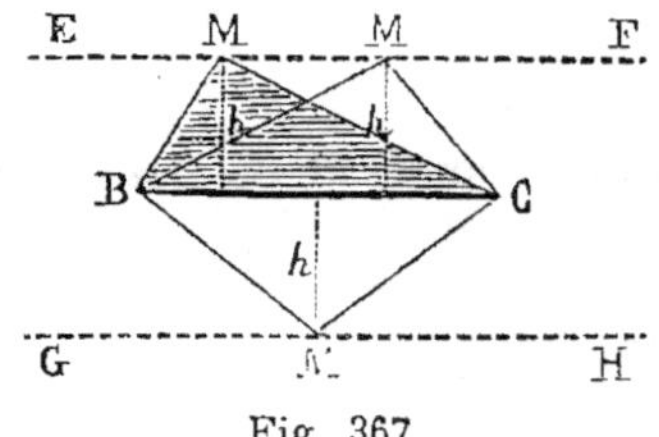

Fig. 367.

Ce lieu n'est autre que le lieu des points situés à la distance h de la droite BC; c'est donc l'ensemble des deux droites indéfinies EF et GH menées de part et d'autre parallèlement à BC, à la distance h. (G., n° 84.)

567. Remarque. Après l'étude des superficies, la question précédente peut s'énoncer comme il suit :

Lieu des sommets des triangles qui ont même base et même superficie.

568. Lieu. *Lieu du point de concours des médianes des triangles qui ont une base commune et même hauteur.*

Les médianes se coupent aux $\frac{2}{3}$ de leur longueur, à partir du sommet; le lieu est donc la parallèle menée à la base par le point situé aux $\frac{2}{3}$ de la hauteur du triangle, à partir du sommet.

Exercice 76

569. Lieu. *Lieu des points de concours des diagonales des trapèzes symétriques formés en menant des parallèles à la base d'un triangle isocèle.*

Les parallèles BD et CE donnent lieu à des angles correspondants égaux. (G., n° 78.)

Ainsi l'angle   ABD = ACE

de même   ADB = AEC

mais   C = E

donc   B = D

Ainsi le triangle ABD est isocèle, et le côté AB = AD.

Or, on sait que les droites telles que DC, BE, se coupent sur la bissectrice de l'angle A (n° 534); donc la bissectrice est le lieu du point de concours des diagonales des trapèzes symétriques.

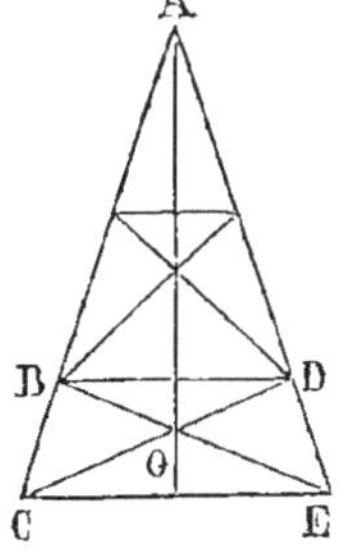
Fig. 368.

570. Remarque. La bissectrice de l'angle A ou la hauteur du triangle isocèle répond directement à la question, lorsque les trapèzes sont compris dans le triangle. Les prolongements de la bissectrice au delà du sommet A ou au delà de la base CE correspondent au point de concours des diagonales des trapèzes obtenus, lorsque les parallèles menées coupent les prolongements de AC et de AE.

Exercice 77

571. Lieu. *Lieu des points dont la somme ou la différence des distances à deux droites données égale une ligne donnée.*

(Voir *Méthodes*, n° 74.)

Exercice 78

572. Lieu. *Lieu des sommets des parallélogrammes à périmètre constant que l'on peut obtenir en coupant un angle donné de grandeur et de position par des sécantes parallèles aux côtés de cet angle.*

La question se ramène à la précédente.

MAXIMA ET MINIMA

573. Avec les faibles ressources que procure le livre 1, on ne peut traiter que de la variation des droites.

Voici les théorèmes que l'on utilise le plus fréquemment :

Toute ligne convexe enveloppée est plus petite que la ligne enveloppante. (G., n° 36. — *Exemples*, n°ˢ 574, 589, 591.)

La perpendiculaire est plus courte que toute oblique qui part du même point. (G., n° 38. — *Exemples*, n°ˢ 584, 587.)

On emploie aussi les lieux géométriques déjà étudiés; car tous les points d'un lieu considéré jouissent de la même propriété, tandis que les autres points sont ou plus éloignés ou moins éloignés d'une droite donnée. (*Exemple*, n° 580.)

La méthode par duplication donne parfois des solutions très simples. (*Exemples*, n° 574, 577, 582, 2ᵉ dém.)

Enfin la remarque suivante conduit, dans bien des cas, sinon à la démonstration, du moins à la découverte du maximum ou du minimum demandés : *Lorsqu'un triangle a un côté invariable, ou bien un angle donné, et que les autres parties varient, le triangle isocèle donnera le maximum ou le minimum cherchés;* car ce triangle est la limite commune de deux triangles égaux entre eux, ayant des positions symétriques par rapport à la perpendiculaire élevée au milieu de la base donnée, ou par rapport à la bissectrice de l'angle donné. Il suffit donc de comparer le triangle isocèle à un autre triangle remplissant les conditions imposées. (*Exemples*, n°ˢ 574, 581, 582, 583.)

Exercice 79

574. Problème. *De tous les triangles qui ont même base et même hauteur, quel est celui dont la somme des deux autres côtés est minima?*

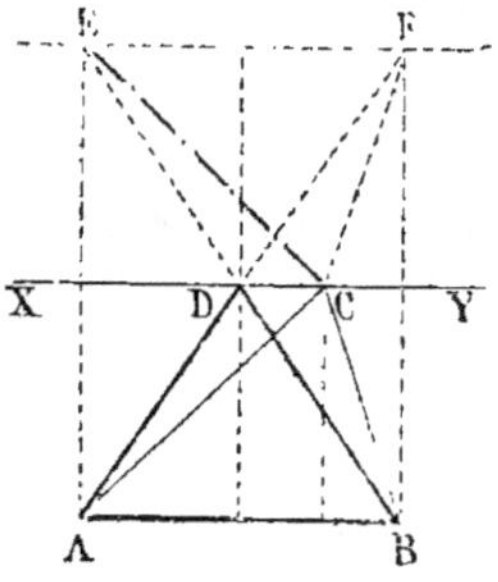

Soit ABC l'un de ces triangles; les sommets des triangles à considérer se trouvent sur la parallèle XY menée à la base.

Cherchons les points symétriques E, F de A et B, par rapport à XY.

La somme AC + CB égale la ligne brisée AC + CF; donc le minimum demandé correspond à la droite ADF, et l'on obtient ainsi un triangle isocèle ADB pour réponse.

Fig. 369.

Remarque. Ce problème n'est qu'un cas particulier du *Problème du chemin minimum.* (G., n° 176.)

575. Problème. *De tous les parallélogrammes qui ont une diagonale commune et dont les autres sommets se trouvent sur les droites parallèles à cette diagonale, quel est celui dont le périmètre est minimum?*

C'est le losange, d'après l'exercice précédent.

576. Problème. *De tous les parallélogrammes qui ont même base et même hauteur, quel est celui dont le périmètre est minimum?*

C'est le rectangle.

Exercice 80

577. Problème. *De tous les triangles ABC qui ont même sommet A et dont les autres sommets sont sur les côtés d'un angle aigu donné, O, quel est celui dont le périmètre est minimum?*

Il suffit de recourir à la méthode par duplication, pour reconnaître
que le triangle de périmètre minimum
est celui qu'on obtient en joignant les
points A′, A″ symétriques de A par
rapport à chaque côté de l'angle, et
en menant AB, AC; car le périmètre
du triangle ABC est moindre que celui
de tout autre triangle ADE.

En effet, les droites OM et ON sont
respectivement perpendiculaires sur
les milieux des droites AA′ et AA″;
on a donc : $CA = CA'$, $EA = EA'$,
$BA = BA''$, $DA = DA''$. Ainsi le périmètre du triangle ABC est égal à la
ligne droite A′A″, tandis que le périmètre du triangle ADE est égal à la
ligne brisée A′EDA″...

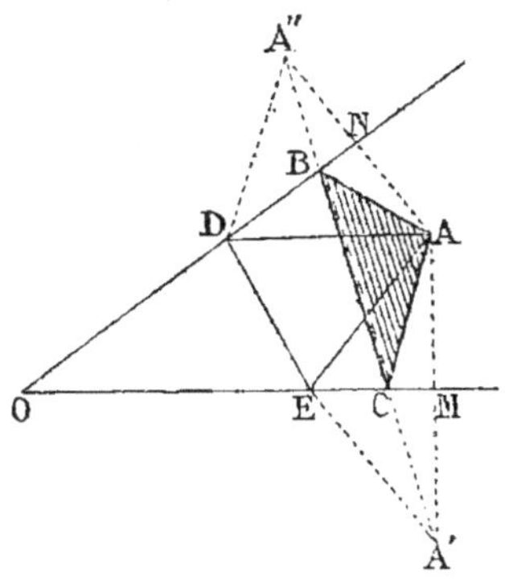

Fig. 370.

578. Problème. *De toutes les lignes brisées qui partent d'un point A
pour aboutir à un point B, et dont les sommets doivent se trouver
respectivement sur deux droites données, quelle est celle dont la longueur est minima?*

Solution analogue à la précédente.

On peut poser une question de même genre pour une ligne brisée
assujettie à rencontrer un nombre quelconque de droites données.

Exercice 81

579. Problème. *Étant donné un triangle ABC, on demande quel est
le point de BC pour lequel la somme des distances aux deux autres
côtés du triangle est minima.*

On sait que la somme des distances
est constante pour tout point pris sur la
base d'un triangle isocèle (n° 74).

Ainsi, en considérant le triangle isocèle ACD, dont les côtés égaux sont
AD, AC, et un second triangle isocèle
AGH, on reconnaît que pour tout point
de la base CD, la somme des distances
aux deux autres côtés est égale à la
hauteur (n° 74). De même le triangle
AGH est isocèle; et pour tout point de la
base GH, la somme des distances aux
côtés est égale à la hauteur GI.

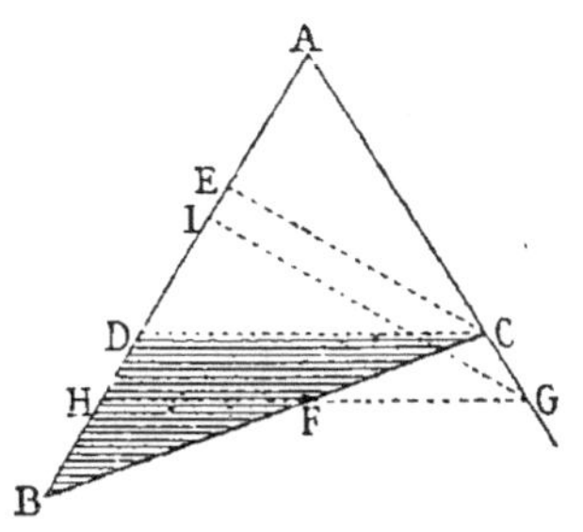

Fig. 371.

Ainsi, de tous les points du côté BC, c'est le point C qui donne le
minimum pour la somme de ses distances aux deux autres côtés.

Scolies. I. On voit que l'une des deux distances est nulle, et que
l'autre est l'une des hauteurs du triangle considéré. Donc, *de tous les*

points du périmètre d'un triangle, celui pour lequel la somme des distances aux deux côtés opposés est un minimum, est le sommet opposé au plus grand côté.

II. Dans le cas du triangle équilatéral, il n'y a pas de minimum, non plus que sur la base d'un triangle isocèle.

Exercice 82

580. Problème. *On donne un polygone et deux droites* OX, OY; *quel est le point du périmètre de ce polygone dont la somme des distances aux deux droites est maxima, et le point où elle est minima?*

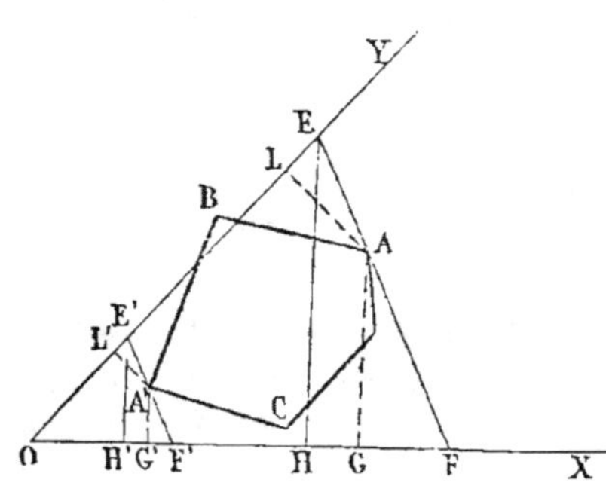

Fig. 372.

La base d'un triangle isocèle est le lieu des points dont la somme des distances aux deux côtés égaux est constante (n°s 20, 74); on est donc conduit à mener EF de manière que $OE = OF$. Le sommet A donne le maximum $AG + AL = EH$

Le sommet A' donne le minimum.

Exercice 83

581. Problème. *De tous les triangles qui ont même angle au sommet et dont la somme des côtés qui comprennent cet angle est constante, quel est celui qui a la plus petite base?*

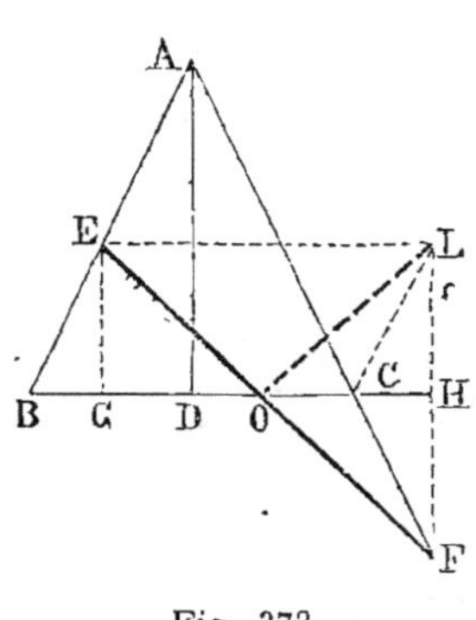

Fig. 373.

1re Démonstration. Considérons le triangle isocèle BAC et le triangle EAF, tel que $BE = CF$; nous allons prouver que toute base telle que EF est plus grande que la base BC du triangle isocèle.

Abaissons les perpendiculaires EG, FH.

Les triangles rectangles BEG, CFH sont égaux comme ayant l'hypoténuse égale et l'angle B = l'angle FCH; donc

$$BG = CH$$

et par suite $GH = BC$

Or, GH est plus petit que EF; donc

$$BC < EF.$$

2e Démonstration. La méthode par duplication conduit à une démonstration très simple. Déterminons le point L symétrique de F, par rapport à BC; on aura $OL = OF$, puis les lignes BE et CL sont égales et parallèles; il en est donc de même de BC et de EL;

or $EL < EO + OL$;   donc $BC < EF$

Exercice 84

582. Problème. *Un angle A est donné de grandeur et de position ainsi qu'un point D sur la bissectrice de cet angle. Par ce point on mène une sécante BDC; quel est le triangle dont le périmètre est minimum?*

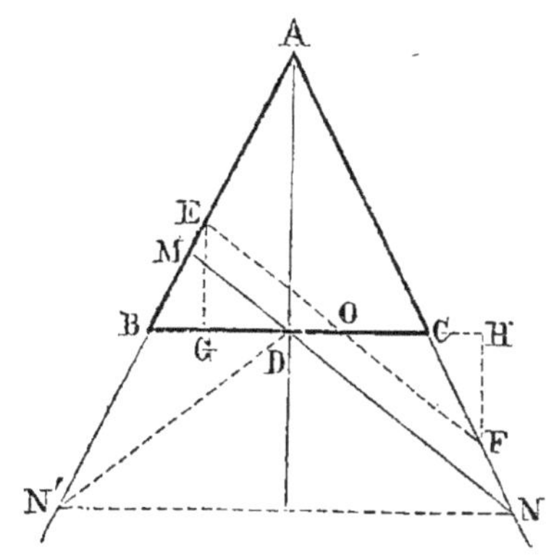

Fig. 374.

1re Démonstration. Le triangle isocèle ABC, obtenu en menant BC perpendiculaire à la bissectrice, a le périmètre minimum.

En effet, soit un autre triangle AEF, tel que $BE = CF$;

on a $BC < EF$ (n° 581).

Or, puisque $GE = FH$; on a aussi $GO = OH$, et le point O est sur le segment DC; la paralèlle MDN, menée par le point D, donne $MN > EF$; donc, à plus forte raison, $MN > BC$.

D'ailleurs $AE + AF = AB + AC$

donc $AM + AN > AB + AC$

Ainsi le triangle isocèle a le périmètre minimum.

2e Démonstration. La méthode par duplication conduit à une démonstration très simple :

En déterminant le point N′ symétrique de N par rapport à la hauteur AD du triangle isocèle ABC, on a $DN' = DN$; d'ailleurs DB est bissectrice de l'angle MDN′.

Or, la bissectrice est plus petite que la demi-somme des côtés, car elle est comprise entre la hauteur et la médiane (n°s 500 et 646); par suite elle est plus courte que cette dernière ligne; or la médiane est plus petite que la demi-somme des deux côtés adjacents (n° 455); donc

$$2DB < DM + DN' \quad \text{ou} \quad BC < MN \qquad C.\,Q.\,F.\,D.$$

Exercice 85

583. Problème. *On prolonge deux côtés d'un triangle donné, au-dessous de la base, de manière que la somme des prolongements soit égale à cette base. Dans quel cas la droite qui joint les extrémités du prolongement est-elle minima ?*

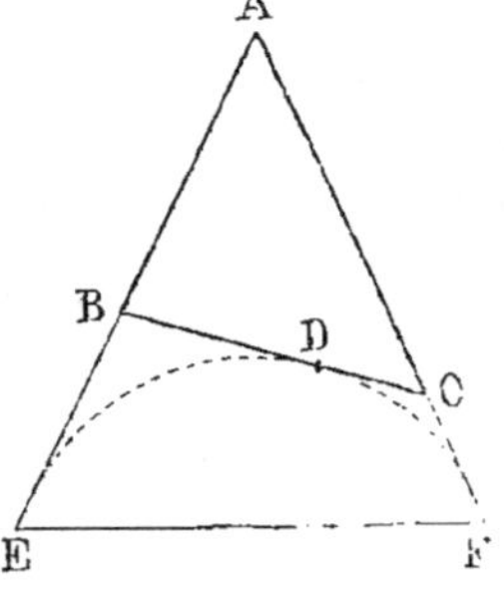

Fig. 375.

Soit un point quelconque D de la base.

Prenons $BE = BD$ et $CF = CD$

Joignons E et F.

Le triangle AEF a un angle constant A ; la somme des côtés AE et AF est aussi constante, puisqu'elle égale $AB + AC + CB$; donc la base EF est minima lorsque le le triangle est isocèle (n° 581).

Donc il faut prendre $AE = AF = \dfrac{AB + BC + AC}{2}$.

Remarque. Les trois points D, E, F sont les points de contact d'un des cercles ex-inscrits au triangle ABC. (G., n° 190.)

Exercice 86

584. Problème. *D'un point D de l'hypoténuse BC d'un triangle rectangle ABC, on abaisse des perpendiculaires DE, DF sur les côtés de l'angle droit ; dans quel cas la droite EF qui joint les pieds des perpendiculaires est-elle minima ?*

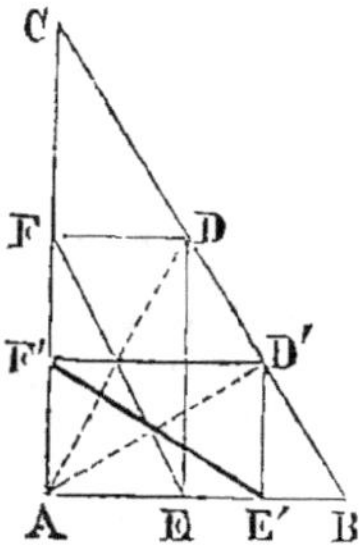

Pour un point D quelconque $FE = AD$; or la plus petite droite qu'on puisse mener du sommet A à un point de l'hypoténuse est la perpendiculaire AD' ; donc F'E' est la ligne minima.

Fig. 376.

585. Problème. *Par un point D, pris sur le périmètre d'un losange, on mène des parallèles aux diagonales de cette figure et on termine le rectangle inscrit ; pour quelle position du point D la somme des diagonales du rectangle sera-t-elle un minimum ?*

Solution analogue à la précédente.

586. Problème. *Pour quelle position du point D le périmètre du rectangle sera-t-il maximum, puis sera-t-il minimum ?*

D'après un exercice connu (n° 579), le périmètre sera maximum quand le point D sera à une des extrémités de la grande diagonale ; mais, en réalité, le triangle aura une hauteur nulle, et le périmètre se composera de deux fois la grande diagonale. Le minimum a lieu quand le point D est pris à l'une des extrémités de la petite diagonale. Pour toute position intermédiaire du point D, le périmètre du rectangle est plus grand que le double de la petite diagonale et plus petit que le double de la grande.

Exercice 87

587. Problème. *Une droite XY est menée par le sommet A d'un triangle ABC; des sommets B et C on abaisse des perpendiculaires sur la droite donnée; quelle position faut-il donner au triangle, en le faisant tourner dans son plan autour du sommet A, pour que la somme des perpendiculaires soit maxima? Dans quel cas est-elle minima?*

1° Du point F, milieu de BC, abaissons une perpendiculaire sur xy; on a un trapèze. La somme des bases égale le double de la base moyenne, ou $$BD + CE = 2FG \qquad (\text{n}^\circ\ 436)$$ donc le maximum de la somme a lieu pour le maximum de FG. Cette droite ne peut être plus grande que l'hypoténuse AF, mais elle peut l'égaler; donc le maximum a lieu lorsque la droite AF, qui joint le sommet A au point milieu du côté opposé, est perpendiculaire à XY.

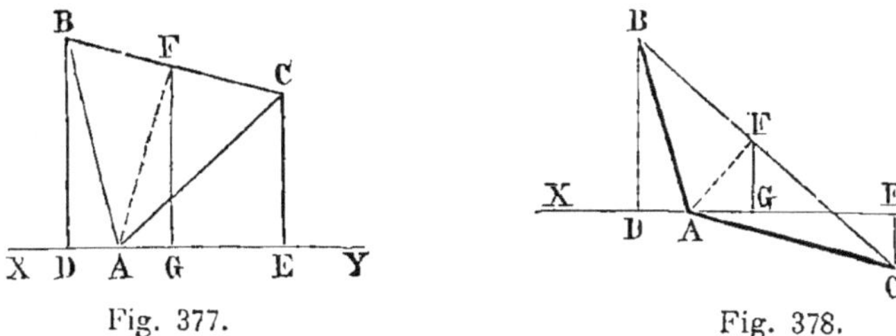

Fig. 377.   Fig. 378.

2° FG diminue lorsque AF se rapproche de XY.

Lorsque C vient sur la droite, $FG = \dfrac{BD}{2}$.

Mais, en réalité, il faut continuer le mouvement et regarder comme négative la perpendiculaire EC (fig. 378), qui tombe en sens contraire de BD (n° 436, 3° *cas*). On a une différence,

car $$FG = \frac{BD - CE}{2}$$

cette différence s'annule lorsque F vient sur XY.

Le minimum a donc lieu lorsque XY se confond avec AF.

Remarque. Lorsque les deux points B et C sont au-dessous de XY, les deux ordonnées BD, CE doivent être regardées comme étant négatives; il en est de même de leur demi-somme, dont le *minimum* réel a lieu lorsque la valeur absolue est aussi grande que possible; il égale alors —AF.

Exercice 88

588. Problème. *A partir de chaque sommet d'un carré, en suivant le périmètre d'une manière continue, on prend sur chaque côté une*

M.   9

longueur donnée et l'on joint deux à deux les points ainsi déterminés; trouver le carré minimum que l'on peut obtenir.

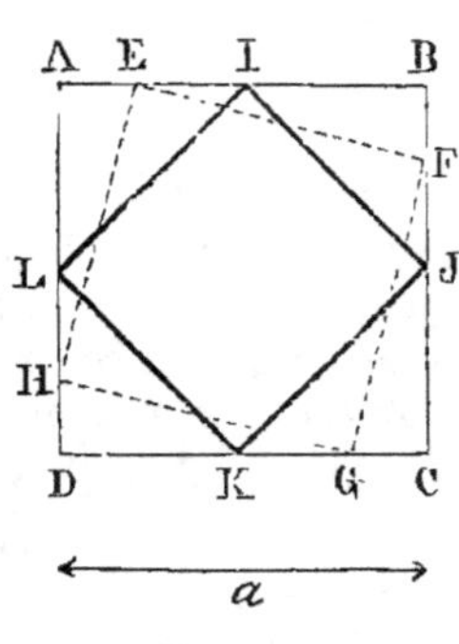

Fig. 379.

Soit $\qquad AE = BF = CG = DH$

1° Il faut d'abord prouver que la figure est un carré.

En effet, les triangles rectangles AEH, BFE... sont égaux comme ayant les côtés de l'angle droit respectivement égaux;

donc $\qquad HE = EF = FG = GH$

En outre, l'angle $\quad BEF = AHE$

Ainsi BEF est le complément de l'angle AEH; donc l'angle HEF est droit, et il en est de même des angles F, G, H; donc la figure EFGH est un carré.

2° La grandeur du carré ne dépend que de la longueur du côté; il faut donc déterminer quel est le carré dont le côté est le plus petit.

Or $\qquad AE + AH = AD \qquad$ quantité constante;

donc le minimum de l'hypoténuse a lieu lorsque les deux côtés de l'angle droit sont égaux entre eux (n° 581).

Ainsi le carré minimum IJKL est celui qu'on obtient en joignant deux à deux les points milieux des côtés du carré donné.

Exercice 89

589. Problème. *Étudier les variations de la somme des distances de deux points donnés à un même point d'une droite donnée.*

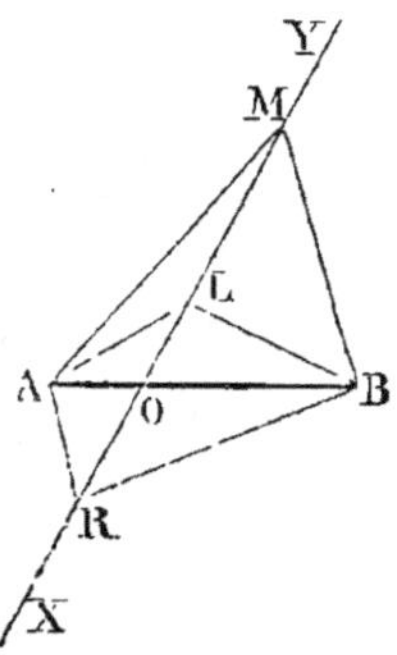

Fig. 380.

1° *Les points donnés sont de part et d'autre de la droite.*

(a) Lorsque la droite coupe AB, le point d'intersection O donne la plus petite somme; car

$$AB < AL + LB$$

(b) La somme augmente lorsque le point s'éloigne de AB. En effet, la ligne convexe enveloppée AL + LB est plus petite que la ligne enveloppante AM + MB.

(c) La somme tend vers l'infini lorsque le point mobile s'éloigne indéfiniment dans la direction OX ou dans la direction OY.

Résumé. I. La somme peut varier de AB à $+\infty$.

II. Pour une somme donnée $2a > AB$, il y a deux points M, N, et deux points seulement qui donnent

$$AM + MB = AN + NB = 2a$$

2° *Les points donnés sont d'un même côté de la droite.*

Pour ramener ce cas au précédent, il suffit de déterminer le point C symétrique de A par rapport à XY, car AN + BN revient à CN + BN. Donc le minimum de la somme est donné par la droite BC, et la somme peut varier de BC à $+\infty$.

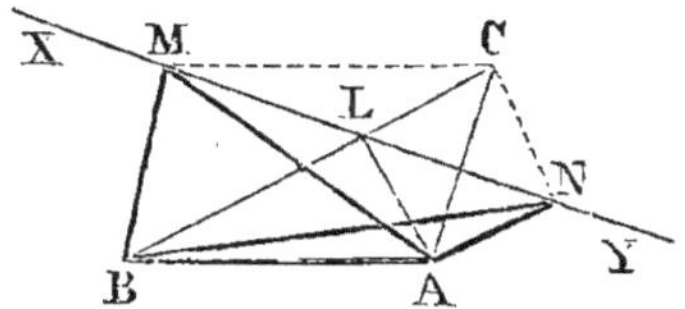

Fig. 381.

590. Conséquences. De l'étude précédente, on peut déduire plusieurs conséquences qui se rapportent à l'ellipse. (G., n° 613.)

On sait que l'ellipse est le lieu des points dont la somme des distances à deux points fixés est constante ; donc si A et B sont les deux foyers de la courbe, et $2a$ la somme des rayons vecteurs, on peut admettre les résultats suivants :

1° La somme $2a$ doit être plus grande que la distance focale AB ;

2° Toute droite qui passe entre les foyers A et B coupe l'ellipse en deux points (fig. 380).

3° Une droite qui ne passe point entre les foyers (fig. 381) coupe l'ellipse en deux points lorsque $2a$ est plus grand que la droite BC qui joint un des foyers au point symétrique du premier par rapport à cette droite ;

4° Elle ne rencontre pas la courbe lorsque $2a$ est moindre que AC ;

5° Elle est tangente à la courbe quand $2a = $ AC, car alors les deux points d'intersection M et N se rapprochent indéfiniment ;

6° L'ellipse est une courbe convexe, car une droite ne peut la couper qu'en deux points.

Exercice 90

591. Problème. *Étudier les variations de la différence des distances de deux points donnés à un même point d'une droite donnée.*

(*Méthodes*, n° 258.)

Remarque. De même que l'étude des variations de la somme des distances de deux points donnés à un même point d'une droite, conduit à la connaissance de plusieurs propriétés de l'ellipse (n° 590); de même, l'étude des variations de la différence des distances de deux points à un même point d'une droite donnée, fait connaître diverses propriétés de l'hyperbole (n° 260); mais la seconde étude est plus longue et plus difficile que la première. On comprend donc pourquoi les *Éléments de Géométrie* (n° 651) ne démontrent pas d'une manière complète et rigoureuse *qu'une droite ne saurait couper une hyperbole en plus de deux points.*

LIVRE II

THÉORÈMES

Distances et Cordes.

592. Pour démontrer facilement les théorèmes de ce paragraphe, il est utile de se rappeler les théorèmes suivants :

La plus courte et la plus longue des distances d'un point à une circonférence se mesurent sur la droite qui joint le point au centre de la circonférence. (G., n° 114.)

La plus courte et la plus longue des distances qui puissent exister entre les divers points de deux circonférences se mesurent sur la ligne des centres.

De deux cordes inégales, la plus longue est la plus rapprochée du centre. (G., n° 125.)

Remarque. Les divers cas d'égalité de deux triangles suffisent pour démontrer les théorèmes proposés dans ce paragraphe; néanmoins nous admettons que l'on connaît la mesure de l'angle inscrit, car cela donne lieu à des démonstrations beaucoup plus simples que celles qu'on obtient en ne s'appuyant que sur les cas d'égalité de deux triangles.

Un ou deux exercices présupposent aussi la connaissance de la définition de la tangente.

Exercice 91

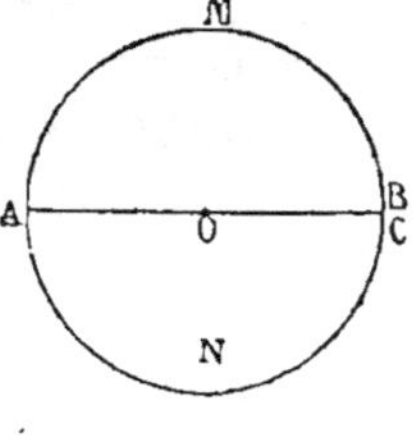

Fig. 382.

593. Théorème. *Toute droite* AB *qui partage la circonférence en deux parties égales* AMB *et* ANB *est un diamètre.*

En effet, si par le point A on menait un diamètre AOC, les deux arcs AMC et ANC seraient égaux; donc le point C se confond avec le point B, et le diamètre AC avec la droite AB. *C. Q. F. D.*

Exercice 92

594. Théorème. *La plus grande ligne droite que l'on puisse mener d'un point M à une circonférence donnée est la droite MOA qui part de ce point, passe au centre, et va se terminer à la circonférence.*

Soit MB une ligne quelconque; menons le rayon OB.

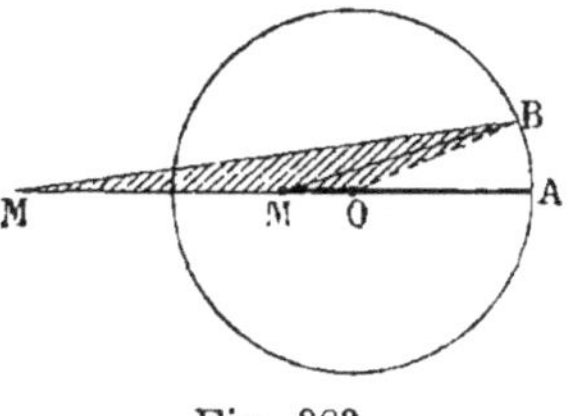

Fig. 383.

On a $MB < MO + OB$

ou $MB < MO + OA$

ou simplement $MB < MA$

C. Q. F. D.

Exercice 93

595. Théorème. *Lorsque deux circonférences n'ont aucun point commun, leurs points les plus rapprochés sont sur la ligne des centres AB.*

1° Soient deux circonférences extérieures. Pour prouver que la distance EF est plus courte que toute autre GH, menons les rayons AG et BH. La ligne droite AEFB est plus courte que la ligne brisée AGHB; si l'on retranche de part et d'autre les rayons AE et AG, BF et BH, il vient $EF < GH$.   *C. Q. F. D.*

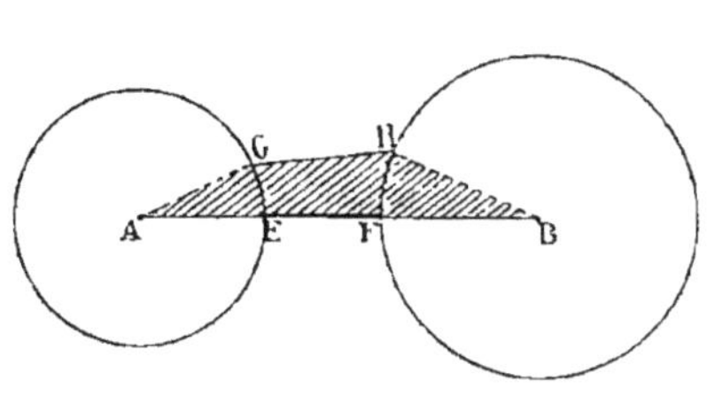

Fig. 384.

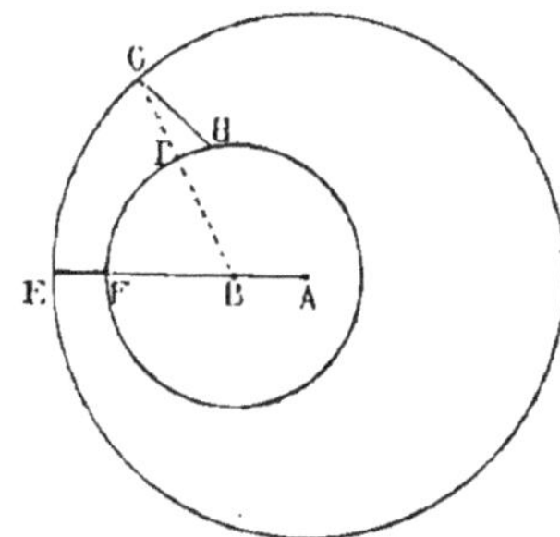

Fig. 385.

2° Soient deux circonférences intérieures. Pour prouver que la distance EF est moindre que toute autre GH, menons BG.

Le point G étant sur le prolongement du rayon BI du petit cercle, on a $GI < GH$. (G., n° 114, 2°.)

Le point B étant sur le rayon AE du grand cercle, on a $BE < BG$ (G., n° 114, 1°); en retranchant $BF = BI$, on tire $EF < GI$. On a donc, à plus forte raison, $EF < GH$.   *C. Q. F. D.*

Exercice 94

596. Théorème. *Quelle que soit la position respective de deux circonférences A et B, la plus grande sécante que l'on puisse mener de l'une à l'autre est dans la direction des centres.*

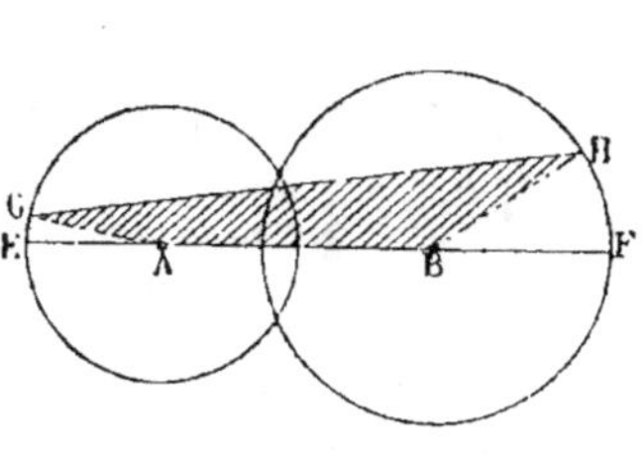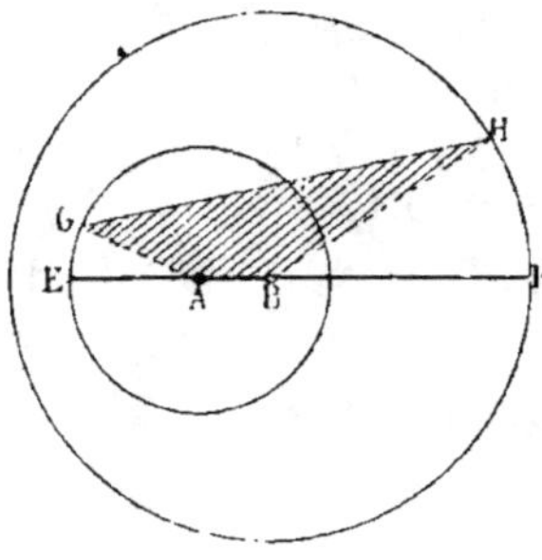

Fig. 386.

Pour prouver que la sécante EF, menée par les centres, est plus grande que toute autre sécante GH, menons les rayons AG et BH.

On a　　　　　Ligne droite GH $<$ ligne brisée GABH

Ou　　　　　GH $<$ EABF　　　　　*C. Q. F. D.*

Exercice 95

597. Théorème. *Les points pris sur une corde à égale distance du milieu de cette corde sont équidistants de la circonférence.*

Soit CD $=$ CE. Il faut prouver que DF $=$ EG.

En effet, les obliques OD, OE sont égales comme également éloignées du pied de la perpendiculaire OC.

Donc　　　　　DF $=$ EG

Fig. 387.

598. Théorème. *Les points pris sur une tangente, à égale distance du point de contact, sont équidistants de la circonférence.*

599. Théorème. *Les points pris sur une même circonférence, à égale distance du point de contact de deux circonférences tangentes, sont équidistants de la seconde circonférence.*

Exercice 96

600. Théorème. *Les cordes parallèles menées par les extrémités d'un diamètre sont égales, et la droite qui joint leurs autres extrémités est aussi un diamètre.*

1° L'arc $BC = AD$ comme opposés à des angles égaux A et B. Or, si l'on retranche chacun de ces arcs d'une demi-circonférence, on aura :

$$\text{arc } AC = \text{arc } BD$$

donc,   corde $AC = $ corde AC

$$C. \ Q. \ F. \ D.$$

2° L'arc $BC + BD$ égale une demi-circonférence, car $BD = AC$; donc CD est un diamètre.

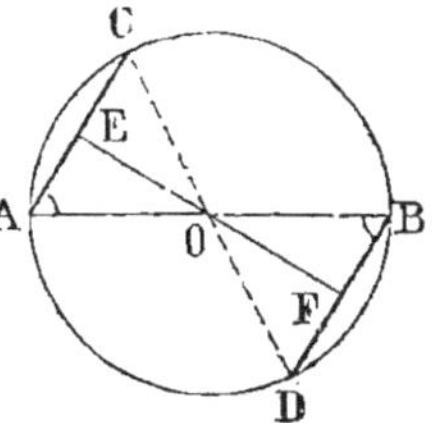

Fig. 388.

2ᵉ Démonstration. Lorsqu'on ne veut pas employer les angles inscrits, on abaisse la perpendiculaire EOF.

Les triangles rectangles AOE, BOF sont égaux comme ayant l'hypoténuse égale et un angle aigu égal; donc $OE = OF$ et les cordes sont égales. Le reste comme ci-dessus.

601. Théorème. *Par les extrémités d'une corde, et dans un même segment de cercle, on mène deux cordes également inclinées sur la première; prouver que ces deux lignes sont égales, et que la droite qui joint leurs autres extrémités est parallèle à la première corde.*

Exercice 97

602. Théorème. *Deux cordes sont égales lorsqu'elles sont également inclinées sur le diamètre qui passe par leur point de concours.*

En effet, du centre, abaissons les perpendiculaires OM, ON.

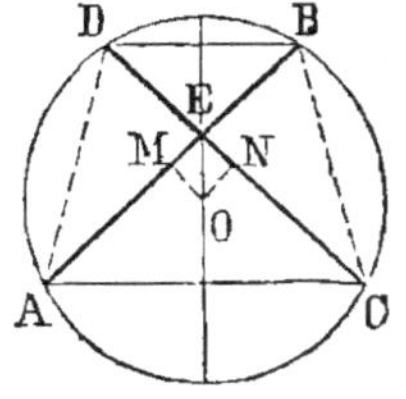

Fig. 389.

Les triangles rectangles OME, ONE sont égaux comme ayant l'hypoténuse commune et un angle aigu égal $MEO = NEO$.

Donc $OM = ON$, et les cordes sont égales comme étant également éloignées du centre.

Remarque. Le point O est sur la bissectrice EO; donc $OM = ON$, etc.   (G., n° 64.)

603. Théorème. *Deux droites, AB et CD, sécantes ou tangentes, qui, sans se couper, interceptent sur une même circonférence des arcs égaux AC et BD, sont parallèles.*

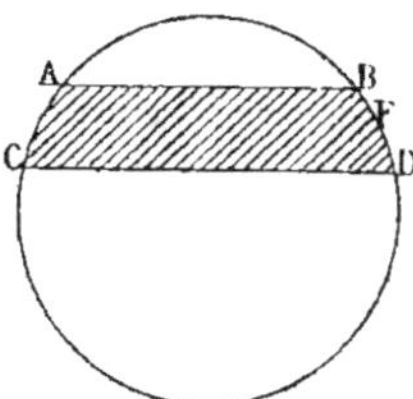

Fig. 390.

En effet, si, par le point A, on menait une droite AF parallèle à CD, on déterminerait un arc FD égal à AC, et par suite égal à BD. Ainsi la parallèle en question se confond avec AB. Donc *les deux droites...*

Autre démonstration. On joint A et D; les angles BAD, ADC sont égaux comme ayant même mesure; donc les droites AB et CD sont parallèles. (G., n° 80.)

Exercice 98

604. Théorème. *Dans un même cercle, deux cordes égales, AC et BD, qui se coupent, sont les diagonales d'un trapèze isocèle.*

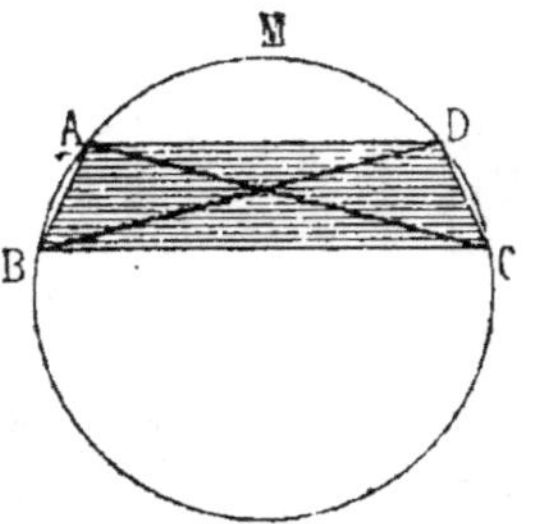

Fig. 391.

En effet, les cordes AC et BD étant égales, les arcs sous-tendus ADC et BAD sont égaux; si l'on enlève la partie commune AMD, les arcs restants AB et CD sont égaux.

Donc les cordes AB et CD sont égales; or les cordes AD et BC qui interceptent les arcs égaux sont parallèles (n° 603).

Ainsi la figure ABCD est un trapèze iso-cèle.   *C. Q. F. D.*

Remarque. En procédant comme à l'exercice 97 (n° 602), il n'est pas nécessaire de recourir au *théorème de l'angle inscrit*, mais la démonstration serait beaucoup plus laborieuse que la précédente.

605. Théorème. *Dans un même cercle, deux cordes égales, AB et CD, qui ne se coupent pas, sont les côtés non parallèles d'un trapèze isocèle* (fig. 391).

En effet, les cordes AB et CD étant égales, les arcs sous-tendus sont égaux, et les cordes AD et BC qui, sans se couper, interceptent ces arcs égaux, sont parallèles (n° 603). Donc la figure ABCD est un trapèze isocèle.   *C. Q. F. D.*

Exercice 99

606. Théorème. *Deux cordes égales d'une même circonférence et les arcs que les cordes sous-tendent interceptent des segments égaux sur toute sécante parallèle à la droite qui joint les milieux des cordes.*

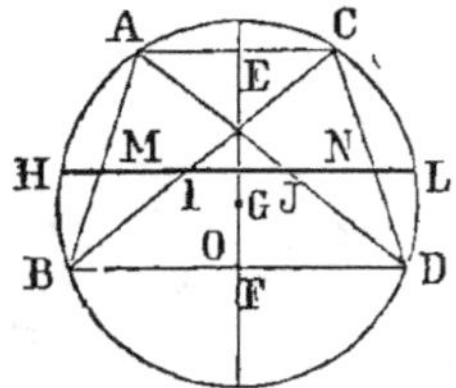

Fig. 392.

Soient les cordes égales AB, CD.

La figure ABCD est un trapèze symétrique (n° 604).

La perpendiculaire abaissée du centre divise les trois cordes parallèles en deux parties égales; ainsi le milieu G de la corde HL est sur EF.

D'ailleurs les deux figures EFDC, EFBA sont superposables.

Donc   GN = GM

par suite,   MH = NL   *C. Q. F. D.*

Remarque. Les cordes égales AD, BC donnent HI = JL.

607. Théorème. *Lorsqu'on fait pivoter une corde autour d'un point fixe, et qu'on mène par les extrémités de la corde mobile des cordes* *parallèles à une ligne donnée, la droite qui joint les extrémités des parallèles passe constamment par un même point. (Cas particulier d'un problème de* PONCELET. *Voir* n° 1236.)

Soit AB qui pivote autour du point M (fig. 392); la quatrième corde CD passera constamment par le point N symétrique de M, par rapport à la perpendiculaire EOF.

Exercice 100

608. Théorème. *Par deux points pris sur une corde et équidistants du point milieu de cette corde, on élève deux perpendiculaires limitées au même arc de cercle; prouver que ces perpendiculaires sont égales.*

Soit CD = CE. Il faut prouver que DF = EG.
Menons le diamètre parallèle à la base donnée AB.

La droite OC, qui joint le centre au milieu de la corde, est perpendiculaire à cette corde (G., n° 122), et perpendiculaire à sa parallèle. (G., n° 76.) Donc OH = OL, par suite les demi-cordes HF, LG, également éloignées du centre, sont égales, mais HD = LE; donc DF = EG.

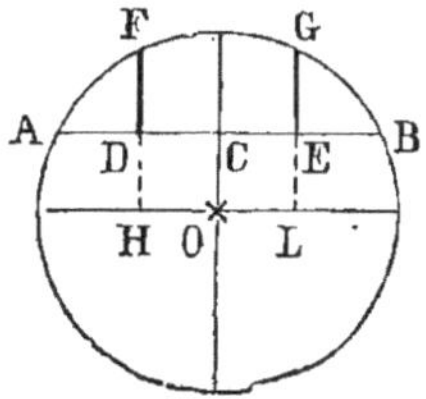

Fig. 393.

Remarque. Par rapport à l'arc AFGB et à la corde AB, les perpendiculaires DF, EG sont appelées *ordonnées* des points F et G.

609. Théorème. *Par rapport à un arc et à sa corde, les ordonnées égales sont équidistantes du milieu de la corde.*

De   DF = EG,   on déduit   HF = LG
donc   OH = OL, etc.

Exercice 101

610. Théorème. *Les ordonnées sur la tangente, prises à équidistance du point de contact, sont égales.*

Ce théorème est analogue au précédent, mais présuppose la connaissance de la propriété fondamentale suivante. *La tangente est perpendiculaire à l'extrémité du rayon qui aboutit au point de contact.* (G., n° 132.)

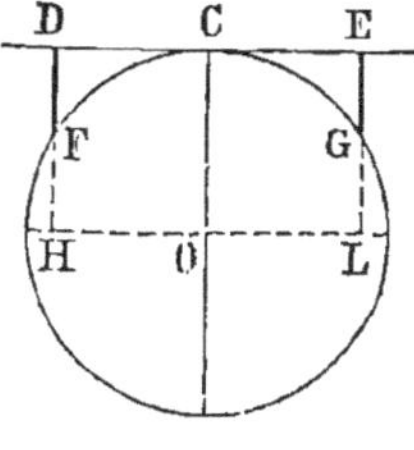

Fig. 394.

611. Théorème. *Les distances égales CD, CE déterminent des arcs égaux CF, CG.*

Puisque   CE = CD
on a   OL = OH,   donc   HF = LG
Par suite   DF = GE   *C. Q. F. D.*

Exercice 102

612. Théorème. *La plus grande et la plus petite corde que l'on puisse mener par un point A donné dans un cercle, sont perpendiculaires l'une à l'autre, et l'une d'elles est un diamètre.*

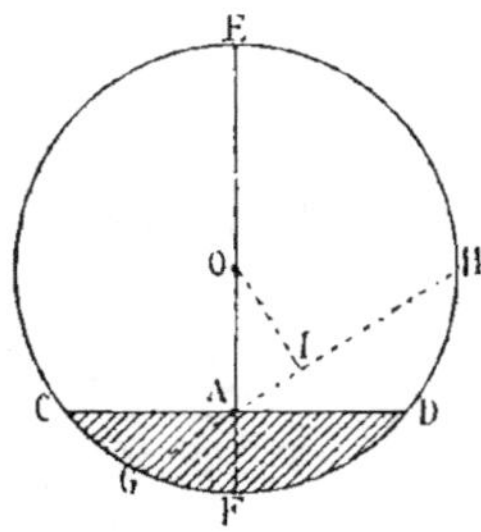

Fig. 395.

(G., n° 126, 2°.)

Par le point donné A, menons un diamètre EF, une corde CD perpendiculaire à ce diamètre; soit GH une autre corde quelconque et OI la distance du centre à cette corde.

Le diamètre EF est évidemment la plus grande corde que l'on puisse mener par le point A. (G., n° 113.) Il reste à prouver que la corde CD est plus courte que toute autre GH.

La droite OA, perpendiculaire sur CD, est oblique sur GH. On a donc OA > OI, et par suite la corde CD plus courte que GH.
C. Q. F. D.

Remarque. Lorsque le point est extérieur, il n'y a lieu de considérer que la plus grande corde. La sécante qui passe par le centre donne une corde égale au diamètre. A droite et à gauche de cette position, la sécante donne des cordes de plus en plus petites; la corde se réduit à un point lorsque la sécante devient tangente. Au delà de cette position, les droites menées par le point extérieur ne rencontrent pas la circonférence.

613. Théorème. *Deux cordes de longueurs connues l et l' sont inscrites dans la même circonférence; la plus courte et la plus longue distance de leurs points milieux sont données lorsque les cordes sont parallèles.*

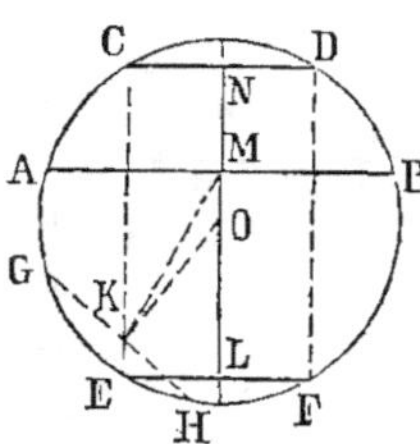

Fig. 396.

Soient les deux cordes AB et GH de longueurs l et l'.

Soit EF = CD = GH, CD et EF étant parallèles à AB.

MN est la plus courte distance,

car $\quad$ MN = ON − OM = OK − OM

Or MK est > OK − OM; donc MN est le minimum.

ML est la plus longue distance,

car $\quad\quad$ MK est < OK + OM

ou $\quad\quad$ MK < ML, donc... $\quad\quad$ *C. Q. F. D.*

Exercice 103

614. Théorème. *Lorsque deux circonférences se coupent, et que de chaque centre on abaisse une perpendiculaire sur la sécante menée*

par un des points d'intersection, la distance entre les deux perpendi-
culaires est la demi-somme ou la demi-différence des cordes inter-
ceptées par chaque circonférence sur la sécante menée.

1° Pour la sécante EF, telle que
le point A est compris entre E et F.
On a :

$$AH = \tfrac{1}{2}AF \quad (G., n° 121.)$$

d'où $\quad AG = \tfrac{1}{2}AE$

et $\quad HG = \tfrac{1}{2}FE$

$$C.\ Q.\ F.\ D.$$

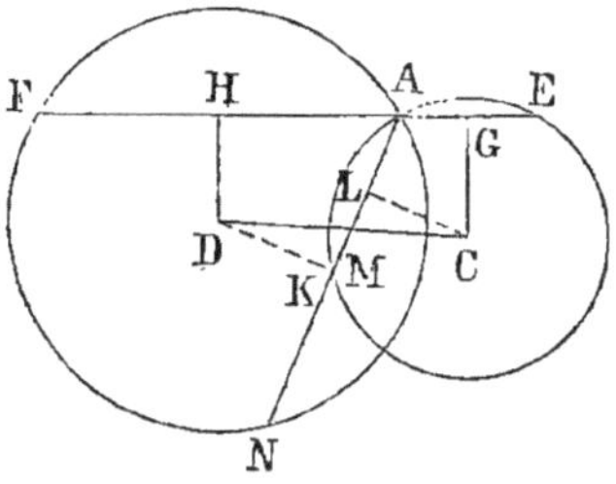

2° Pour la sécante AMN, telle que
le point A est sur le prolongement
de MN.
On a :

$$AK = \tfrac{1}{2}AN$$
$$AL = \tfrac{1}{2}AM$$

d'où, en soustrayant, on trouve

$$KL = \tfrac{1}{2}(AN - AM) = \tfrac{1}{2}MN \qquad C.\ Q.\ F.\ D.$$

Fig. 397.

Remarque. Dans les applications, on prend pour longueur de la sécante commune aux deux circonférences la partie EF ou MN, comprise entre les points autres que le point commun A.

615. Théorème. *Si deux circonférences A et B se coupent, deux
sécantes parallèles EF et GH menées par les points d'intersection C
et D sont égales.*

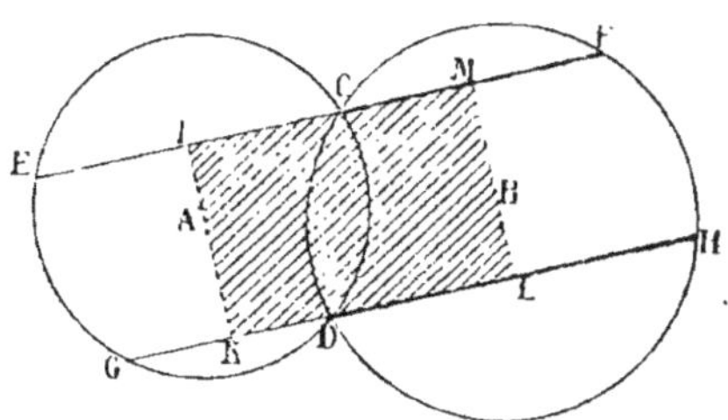

Fig. 398.

En effet $\qquad\qquad IM = KL$

or $\qquad\qquad EF = 2IM, \quad GH = 2KL$

donc $\qquad\qquad EF = GH \qquad\qquad C.\ Q.\ F.\ D$

Exercice 104

616. Théorème. *De toutes les sécantes que l'on peut mener par l'un
des points d'intersection de deux circonférences A et B, la plus grande
est celle qui est parallèle à la ligne des centres.*

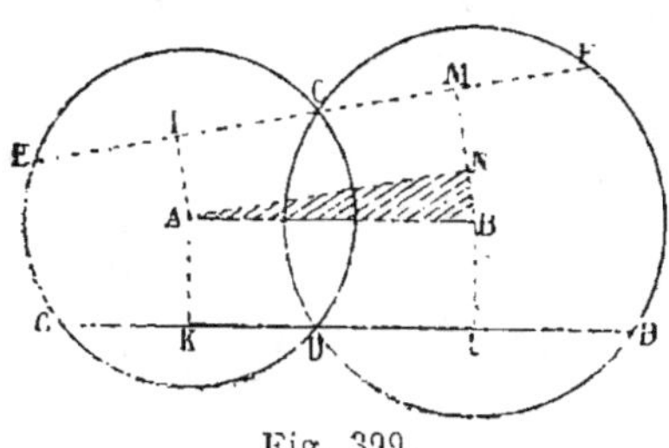

Soil GH une sécante menée par le point D, parallèlement à la ligne des centres AB, et soit EF une autre sécante quelconque, menée, soit par le même point D, soit par l'autre point d'intersection C. Il s'agit de prouver que GH est plus grand que EF.

Des centres A et B, menons les perpendiculaires AK et AI, BL et BM, puis AN parallèle à EF.

Fig. 399.

Les points I, K, L, M, étant les milieux des cordes, on a

$$IM = \tfrac{1}{2} EF, \quad \text{et} \quad KL = \tfrac{1}{2} GH$$

Or IM = AN; et par rapport à BM, la perpendiculaire AN est plus courte que AB ou KL. On a donc IM < KL, et, en doublant, EF < GH.   *C. Q. F. D.*

Tangente.

617. Définitions : *1° La tangente à une courbe est une droite indéfinie qui n'a qu'un point de commun avec cette courbe.*

Cette définition s'applique exactement à la tangente au cercle, à l'ellipse et aux autres courbes convexes et fermées; mais elle ne convient ni à l'hyperbole ni à la parabole, car une droite peut n'avoir qu'un seul point commun, *à distance finie,* avec chacune de ces courbes, et n'être cependant pas tangente à ces lignes.

Il faut donc recourir à d'autres définitions.

2° La tangente est la limite des positions que prend une sécante qui se meut parallèlement à elle-même, jusqu'à ce que les deux points d'intersection se réduisent à un seul.

Cette nouvelle définition s'applique à toutes les courbes convexes; elle convient donc à l'hyperbole et à la parabole aussi bien qu'à l'ellipse; elle permet de démontrer d'une manière très simple la propriété fondamentale de la tangente au cercle.

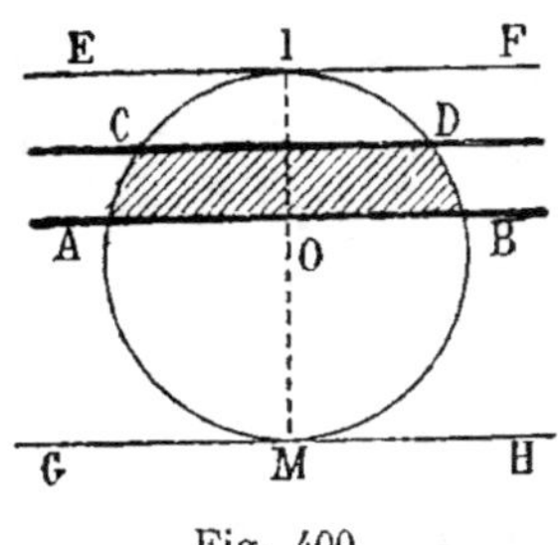

Fig. 400.

Toute droite tangente à une circonférence est perpendiculaire au rayon qui aboutit au point de contact. (G., n° 132.)

En effet, considérons une corde quelconque AB et la perpendiculaire OI abaissée du centre sur cette corde.

Cette perpendiculaire passe au milieu de la corde, et se trouve également perpendiculaire au milieu de toute corde CD parallèle à la première; donc quelque position que prenne la corde AB en s'éloignant du centre, mais en restant parallèle à elle-même, elle sera perpendiculaire au rayon, et son milieu se trouvera sur OI; par suite à la limite, lorsque la corde devient infiniment petite et que les deux points tendent à se confondre en un seul I, le rayon passe par ce point et se trouve perpendiculaire à la direction EF de la corde limite considérée.

Réciproquement. *Toute droite EF perpendiculaire à l'extrémité d'un rayon OI est tangente à la circonférence.*

Remarque. La seconde définition ne s'applique point aux courbes à points multiples qu'on rencontre si fréquemment en géométrie descriptive ; il est donc utile de donner une définition qui convienne à tous les cas, et de reprendre le théorème du cercle en s'appuyant sur la définition générale suivante :

3° *La tangente à une courbe est la limite MT* (fig. 401) *des positions que prend une sécante MM' tournant autour de l'un des points d'intersection, de telle sorte que le second point M' se rapproche indéfiniment du premier* *.

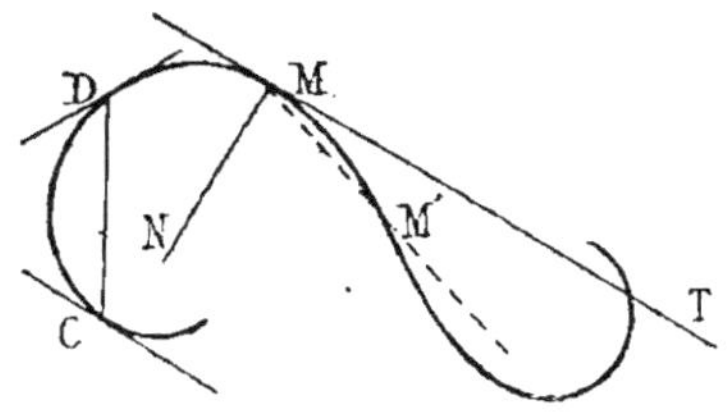 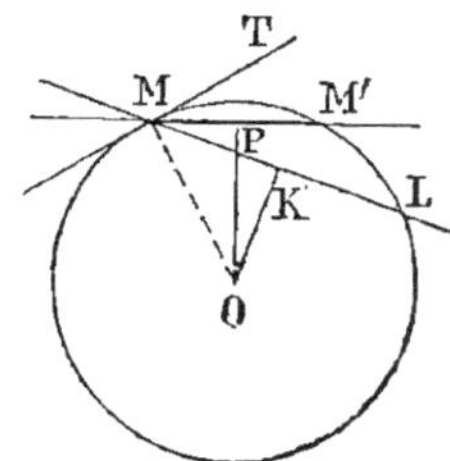

Fig. 401.   Fig. 402.

Démonstration du théorème relatif au cercle. Soit une sécante quelconque MM' (fig. 402) ; du centre, abaissons une perpendiculaire OP sur cette ligne ; la perpendiculaire passera au milieu de la corde, quelque rapprochés que soient les points M et M' ; donc à la limite, lorsque les deux points d'intersection se rapprochent indéfiniment, la sécante devient la tangente MT ; la perpendiculaire devant passer au milieu de la corde, n'est autre que le rayon OM du point de contact ; donc la tangente est perpendiculaire au rayon qui aboutit au point de contact.

618. Courbes tangentes. *Deux courbes sont tangentes en un point donné M, lorsque ces deux courbes ont même tangente en ce point.*

De cette définition générale, trop rarement donnée, résulte immédiatement que les rayons du point de contact de deux cercles tangents sont en ligne droite, car chacun d'eux doit être perpendiculaire à la tangente commune et au même point.

619. Angle d'une droite et d'une courbe. On nomme angle d'une droite AB et d'une courbe CD (fig. 403) l'angle BAT formé par la droite AB et par la tangente AT, menée à la courbe par le point où elle est rencontrée par la droite.

---

* Cette définition est due aux grands géomètres du xviiᵉ siècle : Fermat Huygens, Newton, Leibniz.

L'angle ABT est l'angle formé au point B par AB et par la courbe donnée.

On considère généralement le plus petit des deux angles supplémentaires BAT, DAT, que la sécante AD forme avec la tangente AT.

Une droite est *normale* à la courbe, ou *coupe normalement* la courbe, lorsqu'elle est perpendiculaire à la tangente.

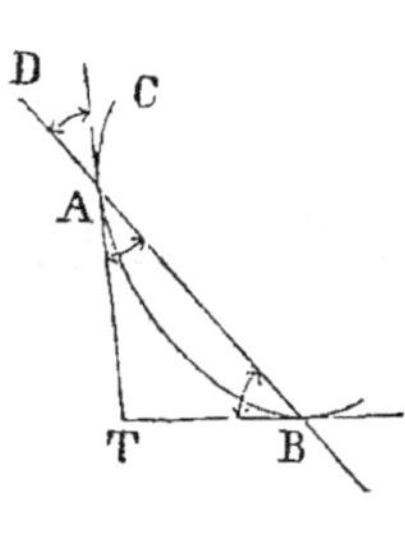

Fig. 403.

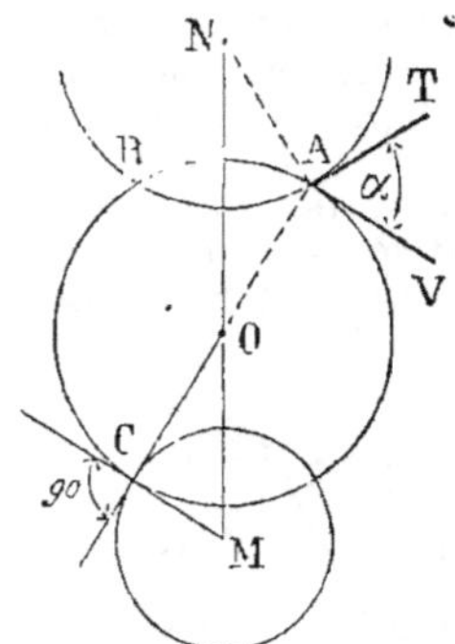

Fig. 404.

Angle de deux courbes. On nomme angle de deux courbes AB, AC qui se coupent (fig. 404), l'angle TAV formé par les tangentes AT, AV menées respectivement à chaque courbe par le point d'intersection.

620. Cercles orthogonaux. On dit qu'un cercle *coupe orthogonalement* un autre cercle lorsque les tangentes menées respectivement à ces cercles, par le point d'intersection, font entre elles un angle droit.

Dans ce cas, les rayons menés au point d'intersection sont perpendiculaires l'un à l'autre.

Exemple (fig. 404). Le cercle M coupe orthogonalement le cercle O, car l'angle C est droit.

Exercice 105

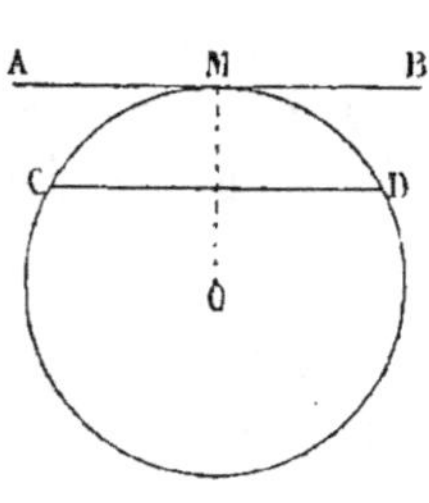

Fig. 405.

621. Théorème. *La tangente AB menée par le milieu d'un arc CMD est parallèle à la corde CD qui sous-tend cet arc.*

Le rayon OM, mené au point de contact, est perpendiculaire à la tangente (G., n° 131); ce même rayon étant mené au milieu de l'arc CMD, est perpendiculaire à la corde CD. (G., n° 122.) Donc les deux droites AB et CD sont parallèles comme étant perpendiculaires à la même droite OM.

Remarque. Ce théorème est évident d'après la seconde définition de la tangente (n° 617).

Exercice 106

622. **Théorème.** *Lorsque deux circonfé-*
rences sont concentriques, 1° la plus grande
circonférence intercepte des cordes égales
sur les tangentes à la circonférence inté-
rieure.

2° Pour une corde qui coupe les deux
circonférences, les parties GM, NH, com-
prises entre les deux courbes, sont égales.
Ces deux propriétés sont évidentes.

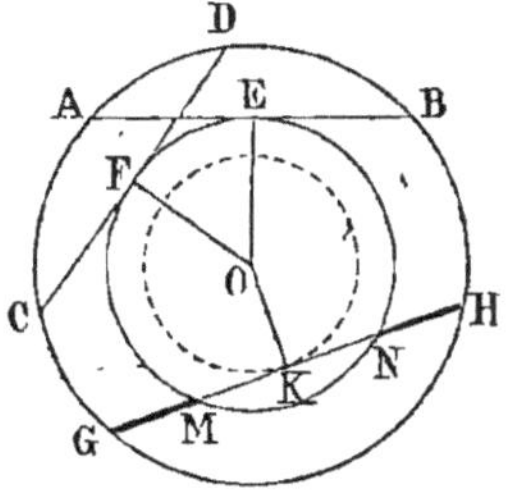

Fig. 406.

Exercice 107

623. **Théorème.** *Lorsque, d'un même point, on*
mène deux tangentes à une circonférence, 1° la
corde des contacts est perpendiculaire à la droite
qui joint le centre au point de concours des
tangentes;
2° Les tangentes sont également inclinées sur
la corde des contacts.

En effet, les tangentes menées d'un même
point à une circonférence sont égales (G., n° 192);
de plus $OB = OC$; donc AO est perpendiculaire
au milieu de BC (G., n° 42); les angles ABC,
ACB sont égaux, puisque le triangle BAC est
isocèle.

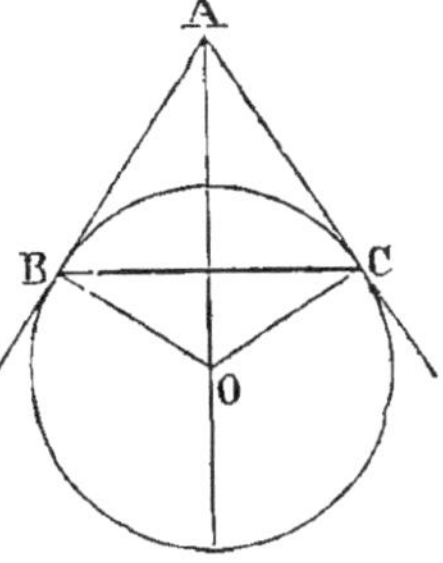

Fig. 407.

Remarque. Le procédé usuel que l'on emploie pour mener une tangente à une circonférence, par un point donné hors du cercle (G., n° 191),
est très simple, mais il ne peut être utilisé pour la sphère, tandis que
le suivant conduit à une solution qui est aussi applicable aux arcs
tangents.

Du point O comme centre (fig. 407), avec un rayon double de
celui de la circonférence donnée, il faut décrire une circonférence concentrique à la première. Du point A comme centre, avec AO pour
rayon, couper la circonférence décrite : soient D et D' les points
d'intersection. La perpendiculaire élevée au milieu de la corde OD est
la tangente demandée.

On peut mener OD, et joindre le point C au point A.

Exercice 108

624. **Théorème.** *Lorsque deux arcs, ayant même rayon, sont tan-*
gents à la même circonférence, 1° la corde des contacts est perpen-
diculaire à la droite qui joint le centre de la circonférence au point
de concours des deux arcs;
2° Les arcs sont égaux et également inclinés sur la corde des
contacts.

Soient E, F les centres des arcs tangents à la circonférence O.

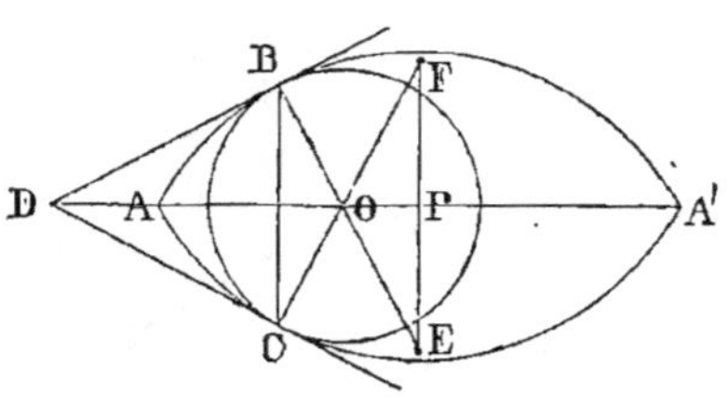

Fig. 408.

1° La ligne des centres EF est perpendiculaire à la corde commune AA' (G., n° 137, 2°), les rayons EB, FC sont égaux, et ces rayons passent par le centre O; ainsi OB = OC; donc OE = OF, et ces obliques égales donnent aussi PE = PF; donc les triangles FOE, BOC sont isocèles et ont un angle opposé par le sommet; mais la droite OP, perpendiculaire au milieu de FE, est bissectrice de l'angle FOE et de son opposé BOC; donc cette droite AOP est perpendiculaire au milieu de la corde des contacts B, C.

2° On sait que l'angle d'une droite BC et d'une courbe BA est l'angle CBD formé par la droite et par la tangente BD (n° 619); or l'angle OBC = OCB; donc l'angle complémentaire CBD = BCD.

Exercice 109

625. Théorème. *Les tangentes extérieures CD et EF, communes à deux circonférences A et B, se rencontrent sur la ligne des centres, et il en est de même des tangentes intérieures GL et KH.*

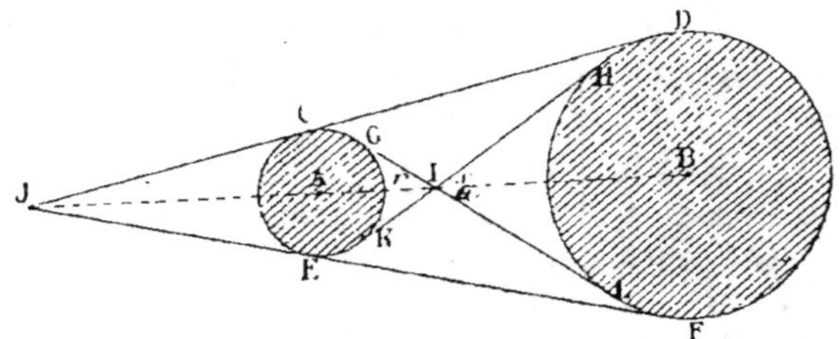

Fig. 409.

Le point A étant équidistant des tangentes extérieures, appartient à la bissectrice de leur angle, et il en est de même du point B. Donc la bissectrice de l'angle J se confond avec la ligne des centres.

On voit de même que les points A et B appartiennent aux bissectrices des angles opposés formés en I par les tangentes intérieures.

Et comme ces angles sont égaux, leurs moitiés sont aussi égales. Or $1 + s + u = 2$ droits; donc $1 + s + r = 2$ droits; et les deux bissectrices IA et IB ne font qu'une même ligne droite qui est la ligne des centres.

Donc *les tangentes...*

626. Théorème. 1° *Les cordes des contacts CE, GK, HL, DF sont parallèles.*

2° *Les sécantes CF, DE sont égales entre elles; il en est de même de GH et KL.* (Supposer ces diverses lignes tracées.)

1° Les quatre cordes sont perpendiculaires à la ligne des centres (n° 623).

2° La droite AB étant perpendiculaire au milieu des cordes CE, DF, la figure CDFE est un trapèze symétrique, et les diagonales CF, DE sont égales.

Le trapèze GKLH est aussi symétrique; donc les côtés GH, KL sont égaux.

Remarque. Le point I est le centre intérieur de similitude, et le point J le centre extérieur. (G., n° 813.)

627. Théorème. *Si l'on mène les trois tangentes communes à deux cercles I et K tangents l'un à l'autre, la tangente interne AB rencontre chacune des deux autres à égale distance des points de contact.*

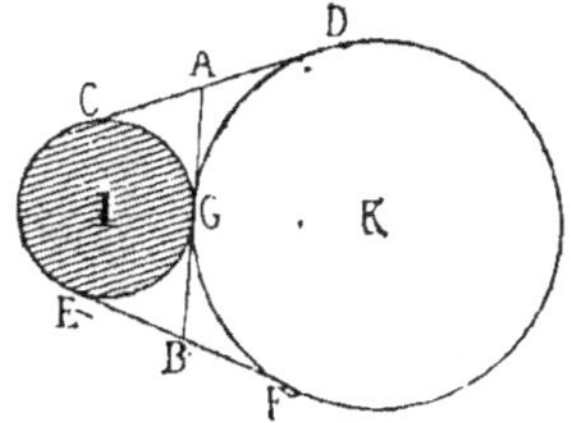

En effet, les tangentes menées d'un même point à un même cercle étant égales (G., n° 192), on a AC = AG, et AG = AD; ainsi le point A est le milieu de CD.

Et de même, le point B est le milieu de EF.   *C. Q. F. D.*

Fig. 410.

628. Théorème. *Le point de contact des circonférences données, et les points de contact d'une même tangente extérieure, déterminent une demi-circonférence; les deux demi-cercles qui correspondent aux deux tangentes extérieures sont tangents entre eux.*

En effet, il suffit de prendre A et B pour centres, et AG = GB pour rayon.

Les demi-cercles sont tangents parce que les rayons AG et GB sont en ligne droite.

Exercice 110

629. Théorème. *Les points de rencontre des bissectrices extérieures d'un triangle, servent de centres à des cercles tangents aux trois côtés (on les nomme cercles ex-inscrits).*

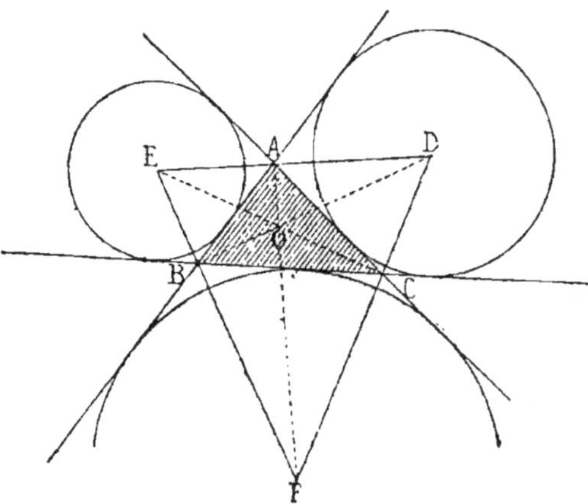

Fig. 411.

En effet, les bissectrices, tant intérieures qu'extérieures, déterminent, par leurs rencontres, des points équidistants des trois côtés (n° 445, G., n° 189). Chacun de ces points peut donc servir de centre à un cercle tangent aux trois côtés.

630. Théorème. *Les bissectrices des angles extérieurs d'un triangle forment entre elles un nouveau triangle, dont les hauteurs se confondent avec les bissectrices intérieures du premier triangle* (fig. 411).

En effet, les bissectrices des angles extérieurs forment trois lignes droites perpendiculaires aux bissectrices des angles intérieurs (n° 444, scolie).

De plus, les points de concours des bissectrices extérieures appartiennent aussi aux bissectrices intérieures; car le point F, par exemple, étant équidistant des côtés AB et AC, appartient à la bissectrice AO.

Ainsi le triangle DEF a pour hauteurs les trois droites FA, DB, EC, bissectrices intérieures du premier triangle. *C. Q. F. D.*

Exercice 111

631. Théorème. *Les circonférences décrites des trois sommets d'un triangle ABC, et passant par les points de contact du cercle inscrit, sont tangentes deux à deux.*

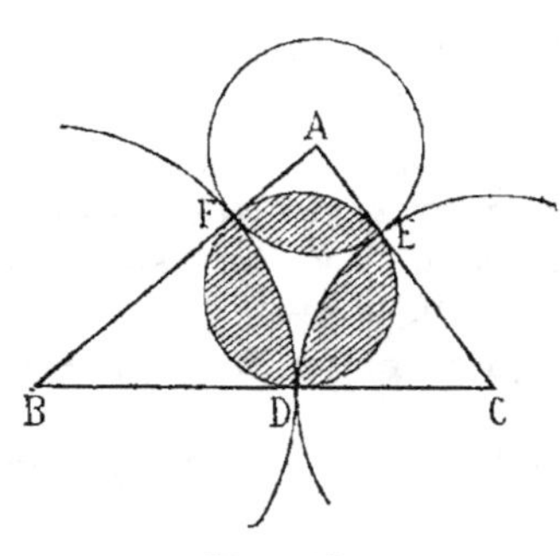

Fig. 412.

En effet, les tangentes menées d'un même point à un même cercle étant égales (G., n° 192), on a   AE = AF, BF = BD,   CD = CE.

Ces circonférences ayant un point commun sur la ligne des centres, sont tangentes deux à deux. (G., n° 138, 2°.)

C. Q. F. D.

632. Théorème. *Les circonférences décrites des trois sommets d'un triangle ABC, et passant par les trois points de contact que détermine chaque cercle ex-inscrit, sont tangentes deux à deux.*

Démonstration analogue à la précédente. On a trois groupes de trois circonférences.

633. Théorèmes. *1° Le cercle inscrit dans un triangle, et chacun des cercles ex-inscrits, coupe orthogonalement le groupe des trois circonférences tangentes deux à deux qui lui correspond.*

Rappelons que deux cercles se coupent orthogonalement lorsque les deux rayons d'un même point d'intersection sont perpendiculaires l'un à l'autre (n° 620).

Or le rayon du cercle inscrit DEF, qui aboutit au point D, est perpendiculaire à CD; donc les cercles DEF et CDE sont orthogonaux...

2° Lorsque trois circonférences sont tangentes deux à deux, la circonférence qui passe par les trois points de contact coupe orthogonalement les trois circonférences données.

Mesure des Angles.

634. Les démonstrations données pour les angles inscrits (G., nᵒˢ 147 à 154) sont très simples; néanmoins on peut aussi donner les suivantes :

Théorème. *L'angle inscrit a pour mesure la moitié de l'arc compris entre ses côtés.* (G., nᵒ 147.)

Soit A un angle inscrit dont un côté passe par le centre.

Menons le diamètre DOE parallèle à AC.

Les angles A et O sont égaux comme correspondants, ils auront donc même mesure; or l'angle au centre O a pour mesure l'arc BD; mais l'arc BD = l'arc AE comme mesurant des angles au centre opposés par le sommet; les arcs AE, DC sont égaux comme compris entre parallèles (G., nᵒ 134); donc l'arc BD = DC; par suite l'arc BD est la moitié de l'arc BC. Ainsi l'angle inscrit a pour mesure la moitié de l'arc BC compris entre ses côtés.

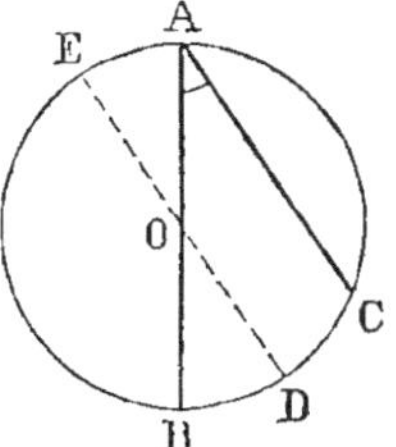

Fig. 413.

Théorème. *L'angle du segment a pour mesure la moitié de l'arc compris entre ses côtés.* (G., nᵒ 149.)

Soit BAC un angle du segment; menons BD parallèle à la tangente; les arcs AD et AB sont égaux comme compris entre parallèles; les angles A et B sont égaux comme alternes-internes (G., nᵒ 78); or B a pour mesure moitié de l'arc AD; donc son égal A a pour mesure moitié de l'arc AB.   C. Q. F. D.

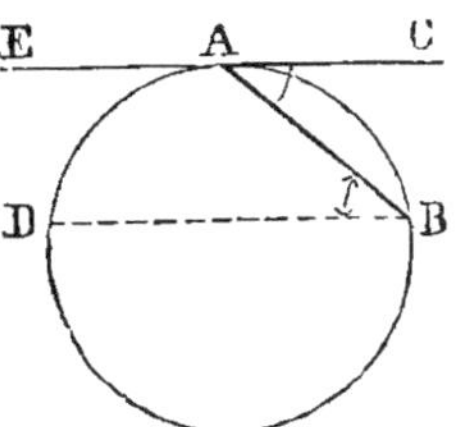

Fig. 414.

635. Théorème. *L'angle qui a son sommet entre le centre et la circonférence a pour mesure la demi-somme des arcs compris entre ses côtés et leurs prolongements* *. (G., nᵒ 151.)

Soit l'angle BOC.

Par le point E, menons une parallèle EA à la corde DC; les arcs AC et DE sont égaux (G., nᵒ 134), les angles O, E sont égaux comme correspondants. (G., nᵒ 78.)

L'angle E a pour mesure $\dfrac{BAC}{2}$ ou $\dfrac{BC}{2} + \dfrac{CA}{2}$

donc O a pour mesure $\dfrac{BC}{2} + \dfrac{DE}{2}$ C. Q. F. D.

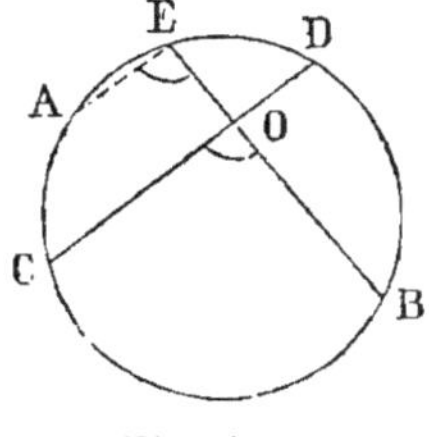

Fig. 415.

---

* L'étude de l'angle dont le sommet est dans la circonférence, et de celui dont le sommet est hors de la circonférence, est due à ALHAZEN, l'auteur du problème connu sous le nom de *billard circulaire* ou *miroir circulaire* (nᵒ 1545).

636. Théorème. *L'angle formé par deux sécantes a pour mesure la demi-différence des arcs compris entre ses côtés.* (G., n° 152.)

Soit l'angle BAC; menons FG parallèle à AC (fig. 416).
L'arc CG $=$ DF; l'angle A $=$ F.

Or F a pour mesure $\dfrac{BG}{2}$ ou $\dfrac{BC}{2} - \dfrac{CG}{2}$

donc A a pour mesure $\dfrac{BC}{2} - \dfrac{DF}{2}$ *C. Q. F. D.*

L'angle BAC, formé par une corde et le prolongement d'une autre (fig. 417), et dont le sommet est sur la circonférence, a pour mesure $\dfrac{1}{2}$ AMB $+ \dfrac{1}{2}$ AND. (G., n° 153, 2°.)

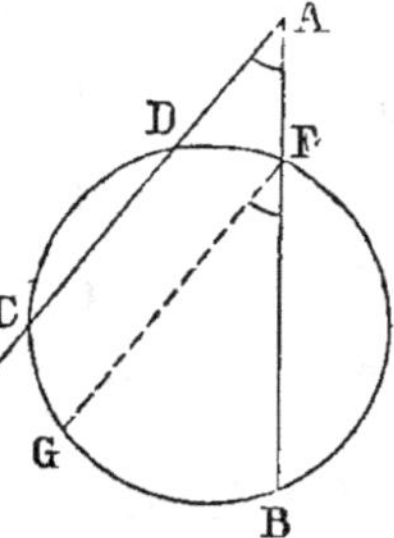

Fig. 416.

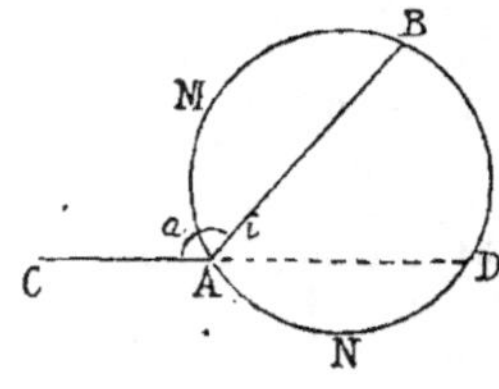

Fig. 417.

Cet angle se présente assez fréquemment ; on le nomme *ex-inscrit*. Pour avoir sa mesure, *on fait la demi-somme des arcs qui ne sont pas compris entre les deux cordes*, dont l'une est un des côtés de l'angle, et l'autre le prolongement de l'autre côté.

Exercice 112

637. Théorème. *Toute sécante CD menée par le point de contact de deux circonférences tangentes, détermine des arcs opposés CMG et GND d'un même nombre de degrés. (De tels arcs peuvent être nommés arcs semblables. G., n° 240.)*

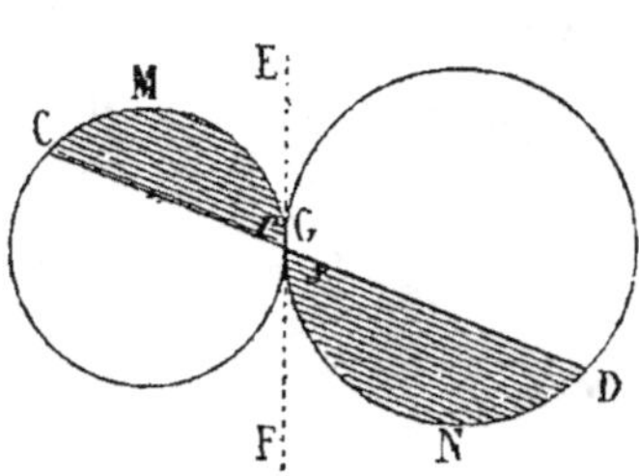

Fig. 418.

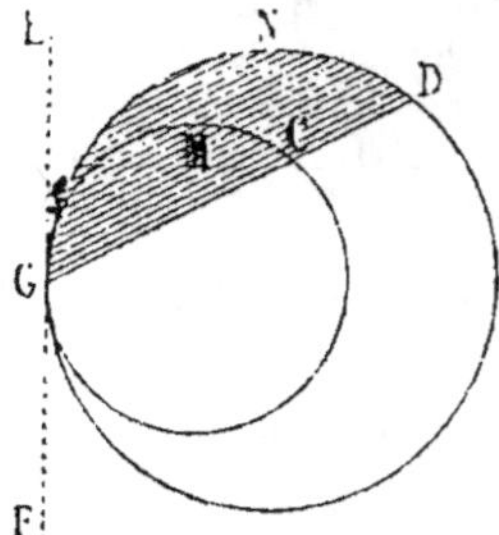

Fig. 419.

Menons la tangente commune EF. Les angles *r* et *s*, égaux comme opposés par le sommet, sont des angles du segment ; donc les arcs

CMG et GND, dont les moitiés servent de mesure à ces angles égaux, ont nécessairement le même nombre de degrés.   *C. Q. F. D.*

Scolie. Si les circonférences sont tangentes intérieurement, les arcs semblables GMC et GND sont d'un même côté de la sécante.

Exercice 113

638. Théorème. *Si deux sécantes CD et EF se croisent au point de contact de deux circonférences tangentes A et B, les cordes CE et DF qui joignent leurs extrémités sont parallèles.*

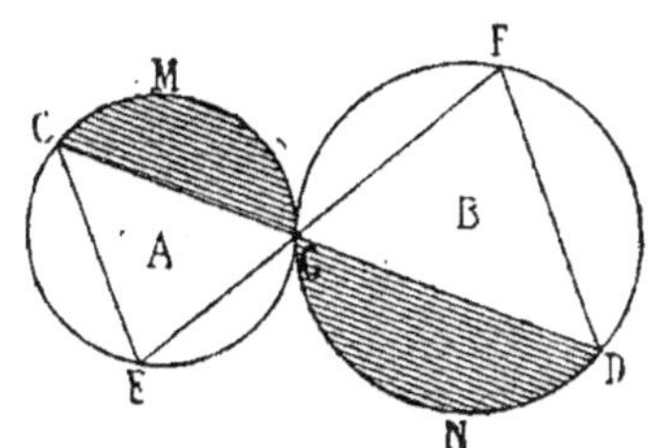

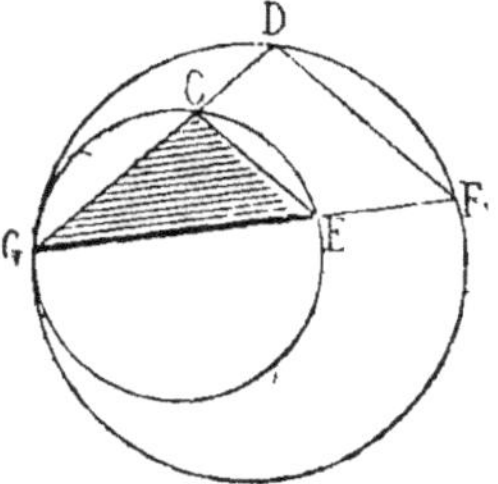

Fig. 420.   Fig. 421.

En effet, les arcs opposés GMC et GND (fig. 420) ont le même nombre de degrés (n° 637). Ainsi les angles inscrits E et F sont égaux; et comme ces angles ont la position d'alternes–internes, les droites EC et FD sont parallèles.   *C. Q. F. D.*

Scolie. Le théorème est encore vrai pour le cas des cercles tangents intérieurement (fig. 421) : les arcs GC et GD ont le même nombre de degrés; ainsi les angles E et F sont égaux, et les droites CE et DF sont parallèles.

639. Théorème. *Si l'on mène une sécante commune CD par le point de contact de deux circonférences tangentes, les tangentes EF et GH menées par les extrémités de cette sécante sont parallèles.*

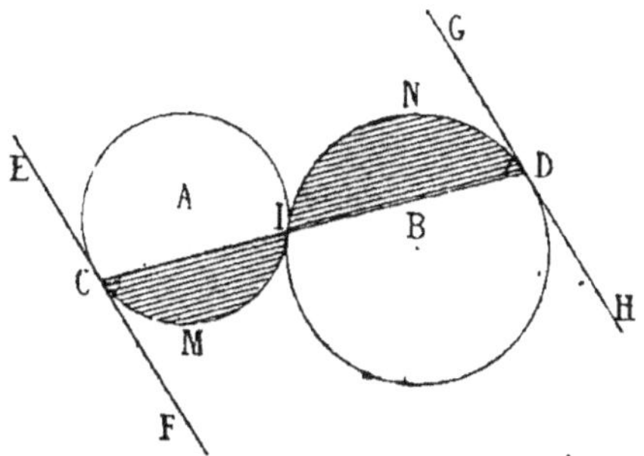

Fig. 422.

Ce théorème n'est qu'un cas particulier du précédent; il suffit de considérer deux sécantes infiniment rapprochées l'une de l'autre; les cordes qui joignent leurs extrémités deviennent des tangentes.

Voici d'ailleurs une démonstration directe du théorème proposé.

Les tangentes sont parallèles, car la sécante commune CD détermine des arcs opposés CM et ND d'un même nombre de degrés (n° 637); donc les angles aigus C et D sont égaux (G., n° 149), et les droites EF et GH sont parallèles. (G., n° 80.) *C. Q. F. D.*

Remarque. L'emploi d'une tangente commune intérieure donne aussi un moyen très facile de démontrer ce théorème.

Exercice 114

640. Théorème. *Si deux circonférences A et B se coupent, et si, par l'un des points d'intersection, C, on mène un diamètre de part et d'autre, la droite qui joint les extrémités E et F de ces diamètres passe par le second point d'intersection D, et cette droite est double de la distance des centres.*

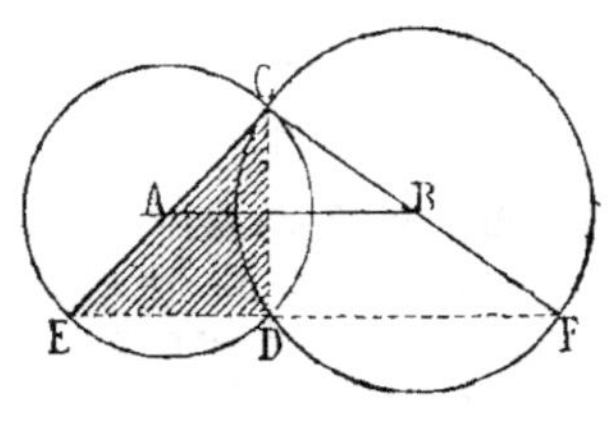

Fig. 423.

Menons la corde commune CD, puis les cordes DE et DF.

1° L'angle CDE inscrit dans un demi-cercle est droit, et il en est de même de l'angle CDF. Donc les deux cordes DE et DF ne font qu'une même ligne droite.

2° Dans le triangle CEF, la droite AB joint les milieux de deux côtés;

on a donc $$EF = 2AB$$

Donc *si deux circonférences...*

Remarque. Pour prouver que trois points sont en ligne droite, on peut joindre celui du milieu à chacun des deux autres, et prouver que les deux droites ainsi menées n'en font qu'une.

Exercice 115

641. Théorème. *Si deux circonférences A et B se coupent, et si, par l'un des points d'intersection, C, on mène une sécante mobile EF, la somme des arcs CGE et CF situés d'un même côté de cette sécante est constante, quant au nombre des degrés.*

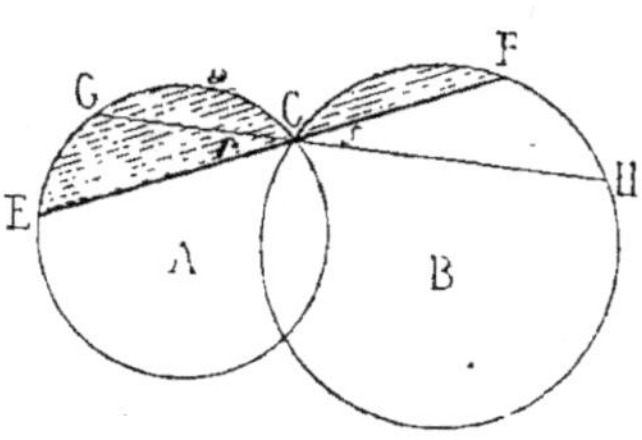

Fig. 424.

En effet, lorsque la sécante mobile passe de la position EF à la position GH, l'arc GE est remplacé par FH; or ces arcs ont le même nombre de degrés (n° 637), puisque leurs moitiés servent de mesure aux angles égaux *r* et *s*.

Donc *si deux circonférences...*

Scolie. *Discussion.* La sécante étant mobile autour du point C, nous allons nous rendre compte des divers cas qui peuvent se présenter.

Et d'abord, la sécante prenant la position CH′, devient tangente au cercle A; l'arc sous-tendu dans ce cercle est nul, et toute la somme se trouve dans l'arc CNH′.

Les deux cordes CG et CH peuvent se trouver l'une sur l'autre; le théorème sera encore vrai, à la condition que l'on prendra *négativement* l'arc CG.

Enfin, la sécante mobile peut prendre la position de la corde commune CD; les deux arcs seront CNHD, que l'on

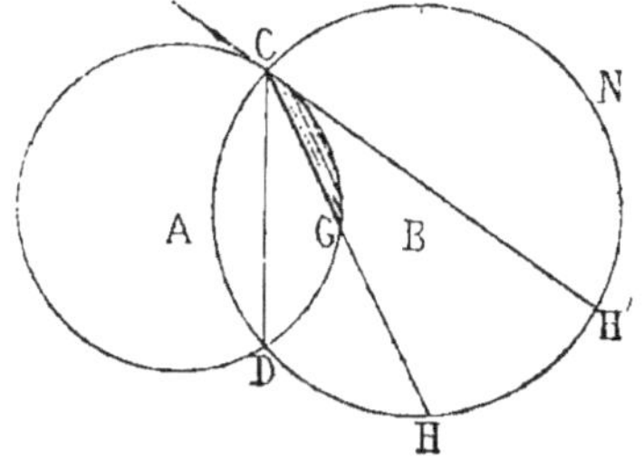

Fig. 425.

continue à regarder comme *positif,* et CGD, qu'il faut considérer comme *négatif.*

<h2 align="center">Exercice 116</h2>

642. Théorème *Une sécante mobile EF étant menée par l'un des points d'intersection de deux circonférences A et B, les droites DE et DF qui joignent l'autre point d'intersection aux deux extrémités de la sécante, forment entre elles un angle constant.* (MOBIUS, *Statik,* p. 118. Cit. par BALTZER, § IV, p. 53.)

En effet, si l'on mène la corde commune CD, l'angle D se trouve décomposé en deux parties r et s, qui ont respectivement pour mesures $\frac{1}{2}$ CME et $\frac{1}{2}$ CNF; et comme la somme des arcs CME et CNF est constante (n° 641), il en est de même de la somme des angles r et s.   *C. Q. F. D.*

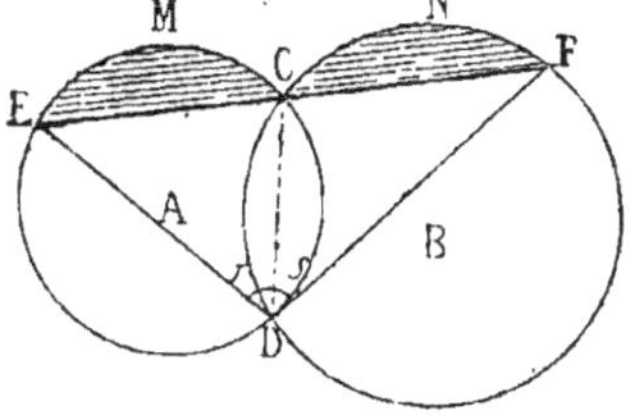

Fig. 426.

Autre démonstration. Dans le triangle EDF, les angles E et F sont constants (G., n° 147. E. de G., n° 634); donc l'angle D est aussi constant.

Scolie. Si la sécante mobile devient tangente à l'un des deux cercles, l'un des angles particiels r ou s est nul.

Si les deux cordes sont repliées l'une sur l'autre, l'un des deux angles devra être pris *négativement,* comme l'arc qu'il comprend.

Enfin, si la sécante mobile prend la position de la corde commune, et si l'on considère les extrémités mobiles de cette sécante un peu avant qu'elles se réunissent en D, on voit que les lignes DE et DF tendent vers les tangentes DG et DH, qui donnent encore l'angle constant.

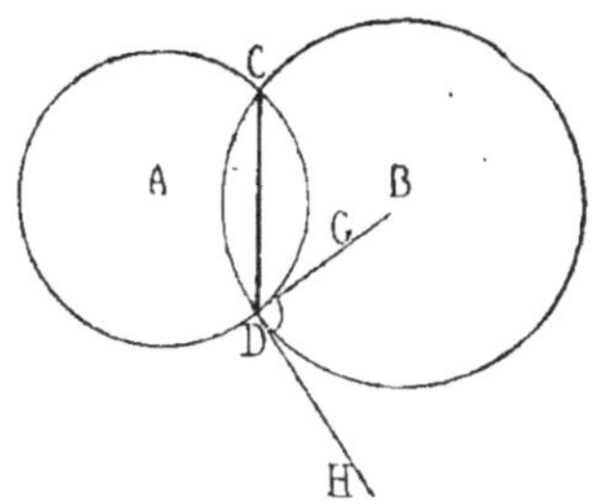

Fig. 427.

Remarque. *L'angle constant est le supplément de l'angle des deux cercles.* En effet l'angle EDF (fig. 426) étant constant, serait le même que l'angle ACB (fig. 423), que forment entre eux les rayons CA, CB : or l'angle ACB est le supplément de l'angle aigu des deux tangentes menées aux cercles par le point C; donc...

Exercice 117

643. Théorème. *Si l'on mène une sécante mobile CD par l'un des points d'intersection de deux circonférences sécantes, les tangentes CO et DO menées par les extrémités de la sécante mobile font entre elles un angle constant O.*

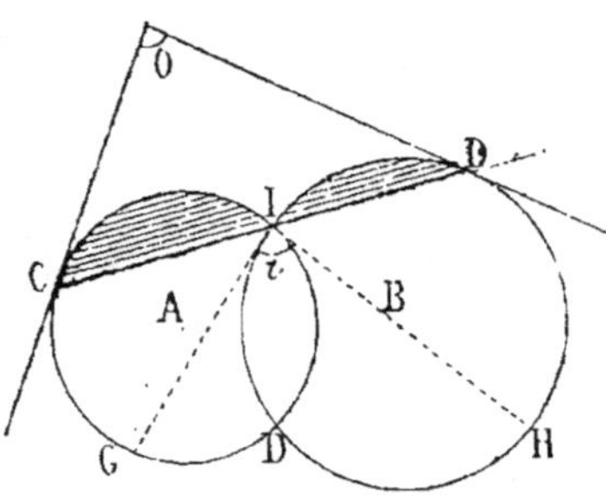

Fig. 428.

En effet, la somme des arcs IC et ID est constante quant au nombre des degrés (n° 637) ; ainsi, dans le triangle OCD, la somme des angles C et D est constante, et le troisième angle O est constant. (G., n° 93, 2°.)

Scolie. Ce théorème peut se conclure du cas où l'on mène deux sécantes CD et EF (n° 644, qu'on pourrait démontrer en premier lieu); les cordes EC et DF font un angle constant, égal à l'angle t sous lequel se coupent les deux circonférences. Les deux sécantes CD et EF peuvent se confondre; alors les cordes ECO et DFO deviennent des tangentes aux deux cercles A et B.

Exercice 118

644. Théorème. *Si deux sécantes, CD et EF, se coupent en l'un des points d'intersection de deux circonférences, A et B, les cordes EC et DF, qui joignent leurs extrémités, forment par leurs prolongements un angle constant O.*

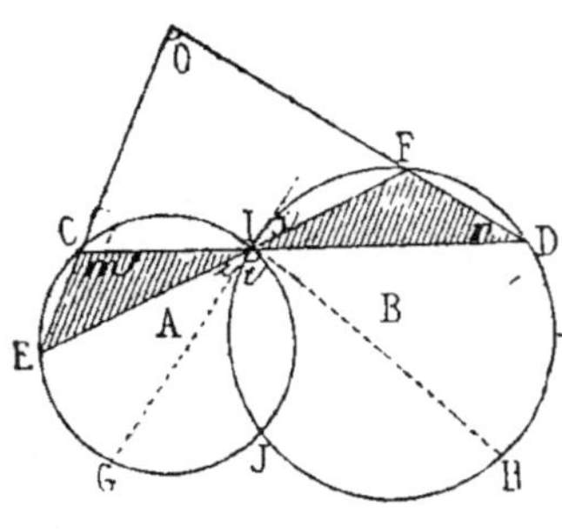

Fig. 429.

Par le point I menons les droites IG et IH tangentes respectivement aux deux circonférences A et B. L'angle t de ces deux tangentes est indépendant de la proposition des sécantes considérées.

Sur la première circonférence, on voit, par les mesures, que l'angle
$$m = t + z$$
Et sur la seconde circonférence, on voit que $\quad r = x$ ou z
De là on tire, en soustrayant
$$m - r = t$$

Or l'angle m est extérieur au triangle OCD; on a donc $O + r = m$, d'où $O = m - r = t$, quantité constante.

Scolie. *Discussion.* 1° Si l'une des sécantes EF devient tangente au cercle B (fig. 430), la corde IF devient nulle, aussi bien que l'angle r; la droite DFO se confond avec l'autre sécante CD, et l'angle O, qui se confond avec m, est encore égal à l'angle t des tangentes, comme on le voit par les mesures.

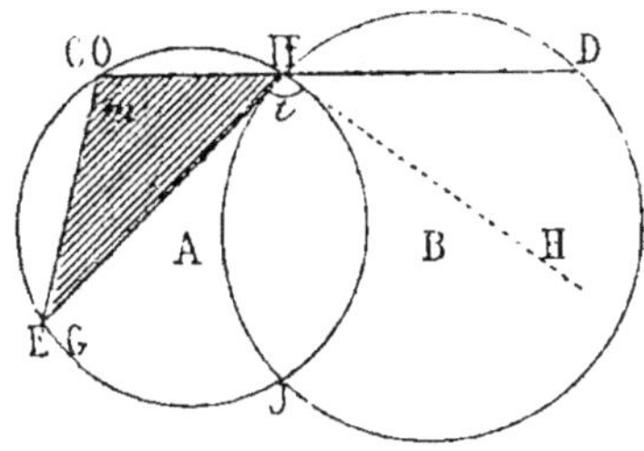

Fig. 430.

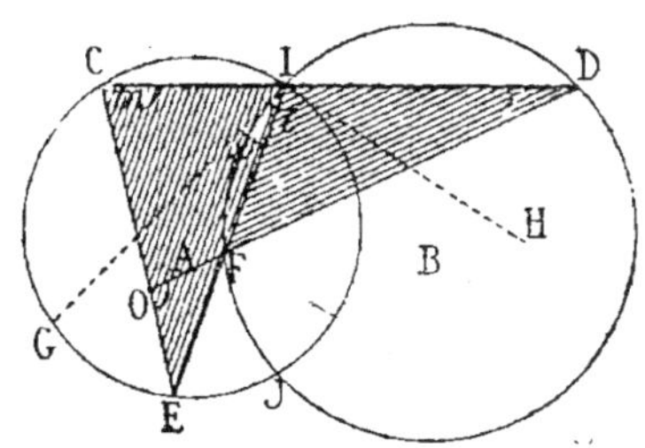

Fig. 431.

2° Si l'une des sécantes, EF, passe dans la partie commune aux deux cercles (fig. 431), on a, par les mesures, $m = t - z$, et $r = z$;

d'où, en additionnant, $m + r$ ou $0 = t$, quantité constante.

3° Enfin, les sécantes peuvent passer l'une et l'autre dans la partie commune aux deux cercles (fig. 432). L'angle m, supplément de m', a pour mesure $^1/_2$ ICJE;

ainsi on a $\qquad m = t - z$

et si l'on y ajoute $r = z$, il vient

$$m + r \quad \text{ou} \quad 0 = t$$

quantité constante.

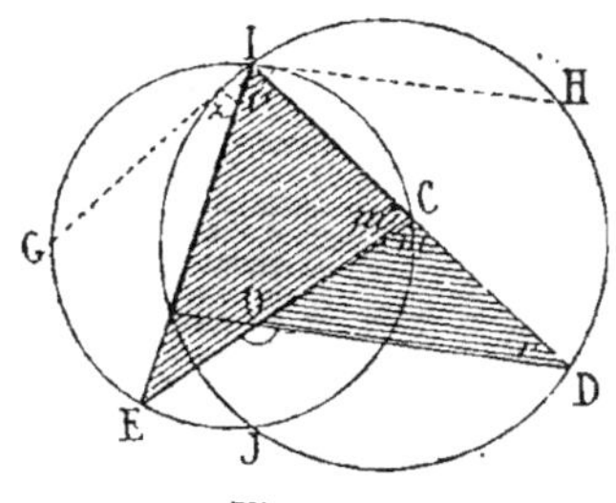

Fig. 432.

Exercice 119

645. **Théorème.** *On a deux circonférences tangentes intérieurement en un point* A; *si par la seconde extrémité* B *de la ligne des centres* AB *on mène une corde* BCD, *tangente au point* C, *à la circonférence intérieure, la droite* AC *est bissectrice de l'angle* BAD.

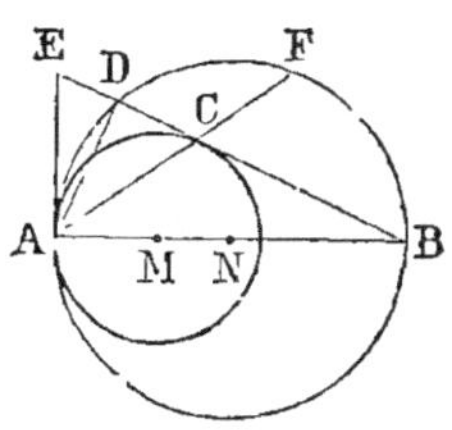

Fig. 433.

Menons la tangente AE et la ligne ACF.
Les tangentes AE et CE étant égales,

$$\text{l'angle EAC} = \text{ECA}$$

mais $\qquad \text{EAC} = \dfrac{\text{AD} + \text{DF}}{2}$ $\qquad$ (G., n° 149.)

$$\text{ECA} = \dfrac{\text{AD} + \text{BF}}{2} \qquad \text{(G., n° 151.)}$$

donc $\qquad\qquad$ Arc DF = BF
d'où $\qquad\qquad$ Angle DAC = CAB

Donc AC est bissectrice. $\qquad$ *C. Q. F. D.*

Autre démonstration. Menons le rayon MC; le triangle isocèle AMC donne CAM = ACM; mais MC est perpendiculaire à la tangente BC,

9*

par suite MC est parallèle à AD; ainsi l'angle ACM = CAD comme alternes-internes; donc l'angle CAD = CAM.   *C. Q. F. D.*

646. **Théorème.** *La bissectrice intérieure de l'angle d'un triangle, est bissectrice de l'angle formé par le diamètre du cercle circonscrit, et la hauteur abaissée du sommet de l'angle considéré.*

Soient le triangle ACB. Circonscrivons une circonférence au triangle; joignons le sommet C au point milieu de l'arc AB, afin d'avoir la bissectrice de l'angle C; menons le diamètre CD et la hauteur CH; prolongeons cette hauteur jusqu'à la circonférence; soit E le point de rencontre. L'angle droit CAD a pour mesure $\dfrac{CB + BE + ED}{2}$.

L'angle droit H a pour mesure $\dfrac{CB + ED + DA}{2}$.

donc   l'arc BE = AD

Mais la bissectrice CG donne   BG = AG

donc   l'arc EG = DG   *C. Q. F. D.*

Remarques. 1° On peut procéder plus rapidement comme il suit : joignons l'extrémité D du diamètre au point E, où le prolongement de la hauteur coupe la circonférence; CED est droit, il en est de même de CHA; donc les côtés AB et DE sont parallèles; ainsi l'arc BE=AD, etc.

2° La question connue : *La bissectrice de l'angle droit d'un triangle rectangle est bissectrice de l'angle formé par la hauteur et la médiane issues de ce même sommet* (n° 500), n'est qu'un cas particulier du théorème ci-dessus, car alors la médiane est un rayon du cercle circonscrit.

3° On peut donner une seconde démonstration du théorème proposé (voir ci-après, n° 664).

Exercice 120

647. **Théorème.** *Lorsqu'un parallélogramme ABCD, de grandeur invariable, se meut dans son plan, de manière que deux côtés adjacents AB, AD passent par deux points fixes, la diagonale AC passe aussi par un point fixe.*

(*Méthodes*, n° 141.)

Figures inscrites au cercle *.

648. Les solutions des exercices relatifs aux angles, aux triangles, aux quadrilatères inscrits dans le cercle, nécessitent surtout l'emploi des théorèmes suivants :

---

* *Inscrit* veut dire qui est à l'intérieur, qui est situé dans l'objet considéré; par suite, d'après l'exemple donné par M. CATALAN (*Théorèmes et problèmes de Géométrie élémentaire*), nous disons: *figures inscrites au cercle,* au lieu de *figures inscrites dans le cercle.*

L'angle inscrit a pour mesure la moitié de l'arc compris entre ses côtés. (G., n° 147; E. de G., n° 634.)

Aux arcs égaux, aux cordes égales, correspondent des angles au centre égaux. (G., n°ˢ 117, 119.)

En combinant ces deux théorèmes, on arrive au suivant, que l'on emploie fréquemment :

Aux arcs égaux, aux cordes égales, correspondent des angles inscrits égaux, et réciproquement.

Pour les exercices relatifs au quadrilatère, on a recours à deux théorèmes principaux :

Dans un quadrilatère convexe inscrit, les angles opposés sont supplémentaires, et réciproquement, un quadrilatère convexe est inscriptible lorsque les angles opposés sont supplémentaires. (G., n°ˢ 156, 157.)

On peut y ajouter les deux théorèmes suivants (n° 658) :

Dans un quadrilatère non convexe inscrit, les angles opposés sont égaux, et réciproquement, un quadrilatère non convexe est inscriptible lorsque les angles opposés sont égaux.

On doit remarquer que deux côtés opposés d'un quadrilatère convexe et les deux diagonales constituent un quadrilatère non convexe, auquel on peut appliquer les deux théorèmes ci-dessus.

Exercice 121

649. Théorème. *Aux arcs égaux, aux cordes égales, correspondent des angles inscrits égaux, et réciproquement.*

En effet, l'angle inscrit ayant pour mesure la moitié de l'arc compris entre ses côtés, les arcs égaux ne peuvent correspondre qu'à des angles égaux; mais les arcs égaux sont sous-tendus par des cordes égales; donc aux cordes égales correspondent des angles inscrits égaux.

Réciproquement, à des angles inscrits égaux correspondent des arcs égaux, car les moitiés de ces arcs mesurent les angles; mais les arcs égaux sont sous-tendus par des cordes égales; donc aux angles inscrits égaux correspondent des cordes égales.

650. Théorème. *Lorsque plusieurs angles sont égaux, l'arc opposé à l'angle au centre égale une quelconque des valeurs suivantes :*

1° La moitié de l'arc de l'angle inscrit;

2° La moitié de la somme des arcs opposés à l'angle dont le sommet est entre le centre et la circonférence;

3° La moitié de la différence des arcs compris entre les côtés de l'angle, dont le sommet est hors de la circonférence, et réciproquement.

Remarque. Il n'y a point de relation simple entre les cordes des angles égaux, dont l'un serait au centre, un autre inscrit, et dont un autre aurait le sommet dans une position quelconque.

651. Théorème. *Lorsqu'un triangle inscrit dans une circonférence a un angle constant, le côté opposé est tangent à une circonférence concentrique à la première.*

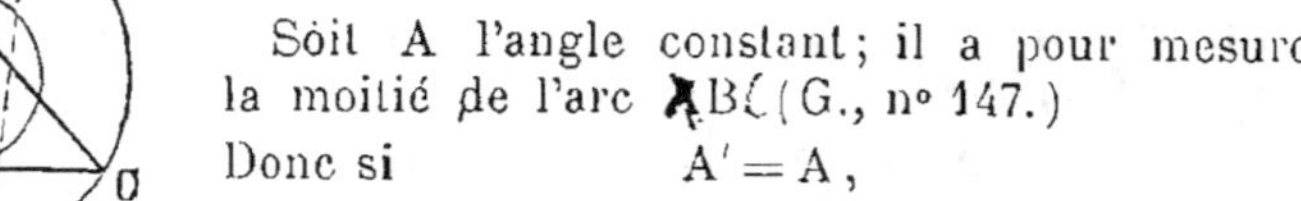

Soit A l'angle constant; il a pour mesure la moitié de l'arc BC (G., n° 147.)

Donc si　　　　　　$A' = A$,

on a　　　　　　arc BC = arc $B'C'$

d'où　　　　　　la corde $BC = B'C'$　　　(G., n° 118.)

Fig. 435.

Or ces cordes égales sont également éloignées du centre, donc les cordes BC, $B'C'$... sont tangentes à une même circonférence décrite du point O comme centre.

652. Théorème. *Lorsqu'un triangle circonscrit à une circonférence a deux angles dont la somme est constante, le troisième sommet est sur une circonférence concentrique à la première.*

Le troisième angle est aussi constant, et par suite son sommet est toujours à la même distance du centre.

Exercice 122

653. Théorème. *Dans la même circonférence, on a deux angles égaux : l'un est au centre et l'autre est inscrit.*

Lorsque chaque angle égale $^4/_3$ *de droit, les cordes correspondantes sont égales.*

Soient l'angle $AOD = DCE = {}^4/_3$ de droit; il faut prouver que $DE = AB$.

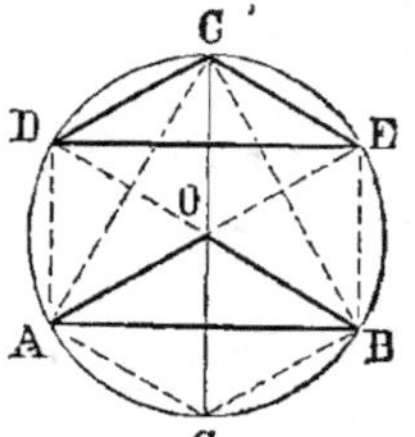

En effet, tous les angles que l'on peut former autour d'un point O valent quatre droits (G., n° 31); or $^4/_3$ est contenu trois fois dans 4 droits; autour du point O il est donc possible de former trois angles égaux à $^4/_3$ et six angles égaux à $^2/_3$ de droit.

Supposons l'angle AOB égal à $^4/_3$ de droit, et l'angle AOG égal à $^2/_3$.

Dans le triangle isocèle AOG, l'angle O, valant $^2/_3$ de droit, la somme des deux autres angles égale $^4/_3$; chacun d'eux égale $^2/_3$ de droit; donc le triangle est équiangle et équilatéral (G., n° 60), et

Fig. 436.

$$AG = AO = OG$$

L'angle inscrit AGB égale $^4/_3$ de droit, égale AOB; or ils correspondent à la même corde; donc...

654. Théorème. *Lorsque chacun des angles égaux donnés est moindre que* $^4/_3$, *la corde de l'angle au centre est plus petite que celle de l'angle inscrit, mais plus grande que sa moitié.*

Lorsque la valeur de chaque angle est plus grande que $^4/_3$ *de droit, la corde de l'angle au centre est plus grande que celle de l'angle inscrit, mais plus petite que le double de cette corde.*

Pour un angle plus petit que $^4/_3$, considérons un angle ACB, ayant COG pour bissectrice (fig. 436).

$$\text{L'angle } AOG = GOB = ACB$$

Or, dans le triangle isocèle AGB, òn a :

$$AG < AB$$

et
$$AG > \frac{AB}{2} \qquad\qquad C.\ Q.\ F.\ D.$$

La seconde partie du théorème se démontre d'une manière analogue.

Exercice 123

655. **Théorème.** *Tout parallélogramme ABCD inscrit à un cercle est un rectangle, et les diagonales sont des diamètres.*

En effet, les cordes AD et BC sont égales, comme étant les côtés opposés d'un parallélogramme; ainsi les arcs AD et BC sont égaux, et il en est de même des arcs AB et CD.

Chacun des quatre angles A, B, C, D, a pour mesure $^1/_2(m + n)$; donc ces angles sont égaux, chacun d'eux est droit (G., n° 95), et la figure est un rectangle.

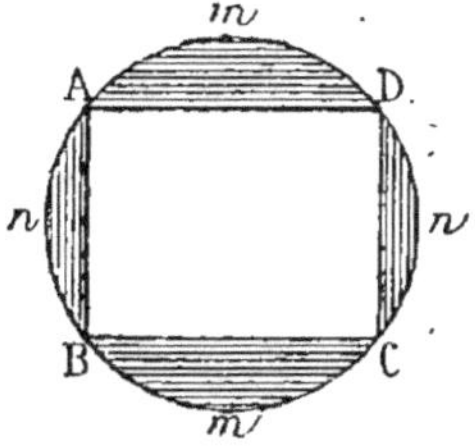

Fig. 437.

L'angle D étant droit et inscrit, il faut que l'arc ABC soit une demi-circonférence (G., n° 148, 2°); donc la diagonale AC est un diamètre. Il en est de même de BD.

656. **Théorème.** *Quatre tangentes, parallèles deux à deux, forment un losange circonscrit, et le quadrilatère obtenu en joignant deux à deux les points de contact est un rectangle.*

657. **Théorème.** *Les cordes perpendiculaires aux extrémités d'une troisième corde quelconque forment les côtés opposés d'un rectangle inscrit.*

658. **Théorème.** *Les angles opposés d'un quadrilatère non convexe inscriptible sont égaux.*

Réciproquement. *Un quadrilatère non convexe est inscriptible lorsque les angles opposés sont égaux.*

Soit ABCD un quadrilatère non convexe inscriptible.

En parcourant le périmètre, à partir d'un sommet quelconque A, pour revenir au même sommet, on voit que les angles A et C occupent le premier et le troisième rang : tels sont les angles opposés. Il en est de même de B et D.

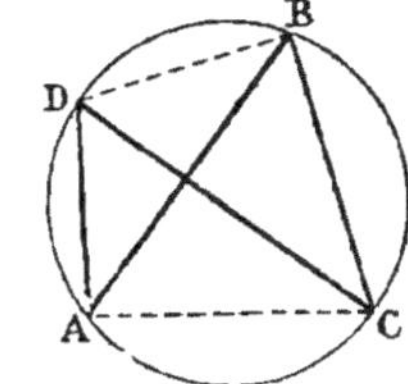

Fig. 438.

1° A = C comme ayant même mesure demi-arc BD.

2° Lorsque A égale C, les deux points A et C se trouvent sur l'arc de segment décrit sur BD et capable de l'angle A (G., n° 154); donc les quatre points A, B, C, D appartiennent à une même circonférence.

Remarque. Deux côtés opposés AD, BC d'un quadrilatère convexe ADBC (fig. 438), et les deux diagonales AB, CD, constituent un quadrilatère non convexe ABCD, auquel on peut appliquer les deux théorèmes précédents.

Exercice 124

659. Théorème. *Les circonférences qui passent par deux sommets A et B d'un triangle, coupent les côtés du troisième sommet suivant des cordes DE, MN parallèles entre elles.*

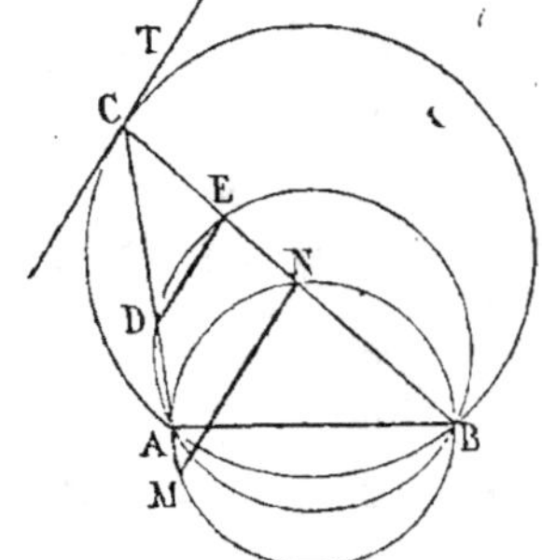

Fig. 439.

Les quadrilatères ADEB, AMNB sont inscriptibles (n° 648); donc l'angle E = N. En effet, l'angle E est le supplément de BAD, et l'angle N égale BAM. Les angles E, N étant égaux et correspondants, les droites ED, NM sont parallèles.   *C. Q. F. D.*

Remarques. I. *Les côtés opposés d'un quadrilatère inscriptible sont des lignes antiparallèles* (n° 471).

En effet, les angles opposés étant supplémentaires, les angles CDE et ABC sont égaux; il en est de même des angles BAC et DEC.

II. La tangente CT est parallèle à DE.

Exercice 125

660. Théorème. *Sur une base donnée AB, on construit divers triangles ABC, tels que l'angle, au sommet C, a une valeur constante; prouver que la droite DE, qui joint les pieds des hauteurs AD, BE abaissées des extrémités de la base, a une longueur constante.*

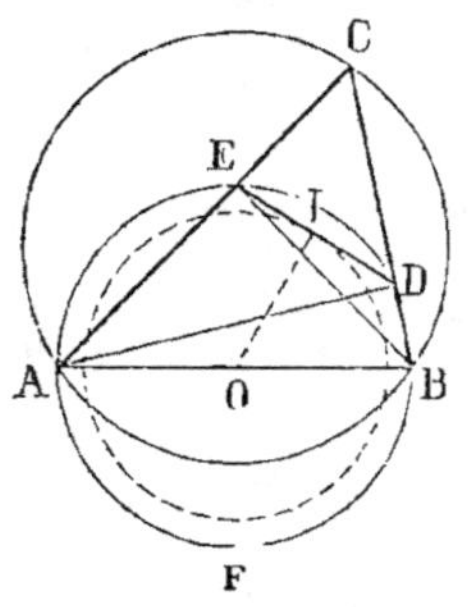

Fig. 440.

L'angle C étant constant aura son sommet sur le segment capable. (G., n° 203.)

La circonférence décrite sur AB comme diamètre passe par les pieds D, E des hauteurs (G., n° 148, 2°), quelle que soit la position du sommet C sur l'arc du segment.

Or, par rapport au cercle ABDE, l'angle extérieur C a pour mesure la demi-différence des arcs. (G., n° 152.)

$$C = \frac{\text{arc AFB} - \text{arc DE}}{2}$$

Mais l'angle C est constant; il en est de même de la demi-circonférence AFB. donc l'arc DE est aussi constant, et par suite la corde DE a une longueur invariable.

661. Remarques. 1º Soit I le milieu de la corde; dans chaque position du sommet C, la corde DE est tangente à la circonférence décrite du centre O avec le rayon OI. En d'autres termes : *la circonférence OI est l'enveloppe de la droite* DE, *qui joint les pieds des hauteurs* (nº 119).

2º *La droite* DE, *qui joint les pieds des hauteurs, est antiparallèle au côté* AB, *qui joint les sommets d'où partent ces hauteurs.*

En effet le quadrilatère ABDE est inscriptible (nº 659), et l'angle CDE, supplément de EDB, est égal à l'angle EAB, supplément de EDB.

Exercice 126

662. Théorème. *Les trois hauteurs d'un triangle servent de bissectrices au triangle qui a pour sommets les pieds de ces mêmes hauteurs.*

Cette question est déjà traitée aux *Méthodes* (nº 292, *i*); néanmoins nous en donnons une démonstration directe.

Soit ABC le triangle proposé, et DEF le triangle qui a pour sommets les pieds des hauteurs du premier triangle.

Sur les côtés AB et AC comme diamètres, décrivons des demi-circonférences. La première passe par les points D et E, car les angles droits ABD et AEB ont leurs sommets sur le demi-cercle; il en est de même pour les points D et F.

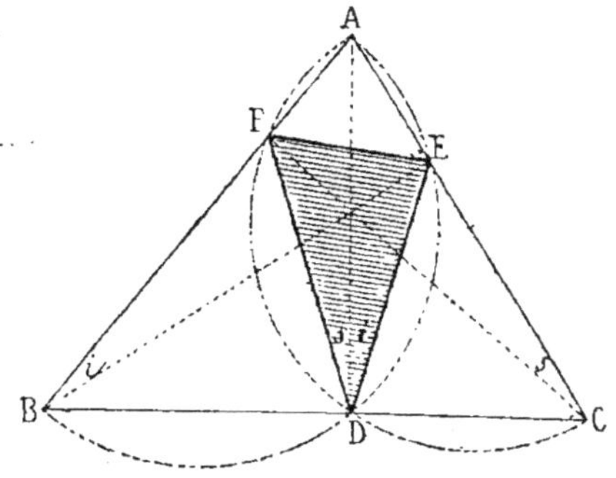

Fig. 441.

Les deux angles marqués *i* sont égaux comme ayant pour mesure la moitié du même arc AE (G., nº 147); les deux angles marqués *s* sont égaux comme ayant pour mesure la moitié de l'arc AF. Or, à cause des triangles rectangles AEB et AFC, les angles *i* et *s* de ces triangles sont égaux comme ayant pour complément le même angle A. (G., nº 93, 5º.) Donc les deux angles *i* et *s* qui constituent l'angle D sont égaux, et la hauteur AD est bissectrice de l'angle FDE.

Donc *les trois hauteurs...*

Remarque. On peut consulter aussi le théorème du nº 1136 et celui du nº 1138.

Exercice 127

663. **Théorème de Nagel** [*]. *Les rayons qui joignent les sommets d'un triangle au centre du cercle circonscrit à ce triangle sont respectivement perpendiculaires aux droites qui joignent deux à deux les pieds des hauteurs du triangle.*

(Voir *Méthodes*, n° 292, h.)

Autre démonstration. (HOUSEL [**]. N. A. 1860, page 438.)

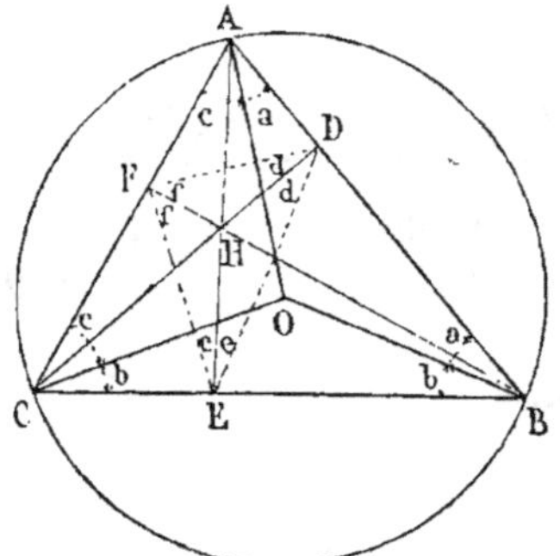

Fig. 442.

Le point O étant équidistant de chaque sommet,

l'angle $a = a$, $b = b$, $c = c$

Or $2a + 2b + 2c = 180°$

ou $a = 90° - (b + c)$

ou $a = 90° - C$

Mais les hauteurs sont les bissectrices (n° 662) des angles du triangle DEF.

Donc aussi $d = 90° - (e + f)$

Or $(e + f)$ est le supplément de EHF dont C est aussi le supplément;

par suite $e + f = c$ et   l'angle $a = d$

Mais AD est perpendiculaire à DC; donc AO est aussi perpendiculaire à DF.   C. Q. F. D.

664. **Corollaire.** *La bissectrice d'un angle d'un triangle divise en deux parties égales l'angle formé par le rayon du cercle circonscrit et par la hauteur qui partent du sommet considéré.*

En effet, dans B, on a $a = 90° - C$ (valeur trouvée ci-dessus).

Or l'angle CBF égale aussi $90° - C$; donc la bissectrice de l'angle B est aussi bissectrice de l'angle OBF.   C. Q. F. D.

On a donc une seconde démonstration d'un théorème déjà démontré (n° 646).

665. **Théorème.** *Dans un triangle ABC, les trois hauteurs se coupent en un même point. On circonscrit une circonférence au triangle, et l'on prolonge les hauteurs jusqu'à la circonférence; on obtient ainsi six arcs égaux deux à deux.* (CARNOT, *De la Corrélation des figures en Géométrie*, 1801.)

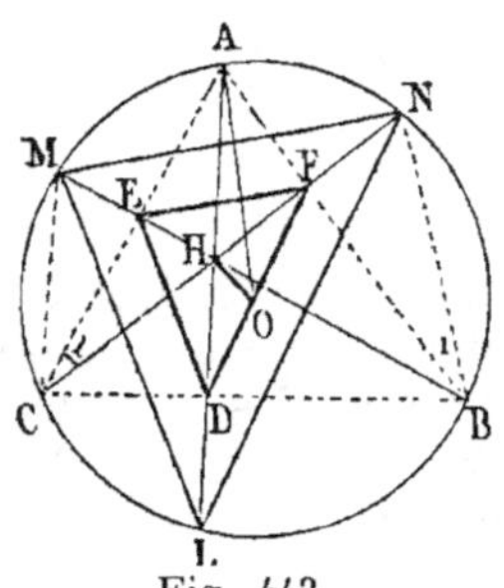

Fig. 443.

(Voir *Méthodes*, n° 292, b.)

---

666. Théorème. *La distance du point où les hauteurs se coupent à un côté donné égale le prolongement de la hauteur abaissée sur ce même côté.*

Ainsi $DH = DL$

(Voir *Méthodes*, n° 292, c.)

Exercice 128

667. Théorème. *Les cercles circonscrits à un triangle donné et aux triangles, ayant deux des sommets du premier et le point de concours des hauteurs pour troisième sommet, sont égaux.* (CARNOT.)

(Voir *Méthodes*, n° 292, c.)

Exercice 129

668. Théorème. *Les sommets d'un triangle rectangle inscrit divisent la circonférence en trois arcs; l'un est une demi-circonférence et les deux autres sont supplémentaires. Après avoir prolongé les trois côtés du triangle, on mène à chacun de ces trois arcs une tangente telle que le point de contact soit au milieu de la portion de tangente interceptée entre les côtés de l'angle suffisamment prolongés; démontrer que les trois points de contact sont les sommets d'un triangle équilatéral.* (Sir FREDERICK POLLOCK. — N. A. 1855, p. 367.)

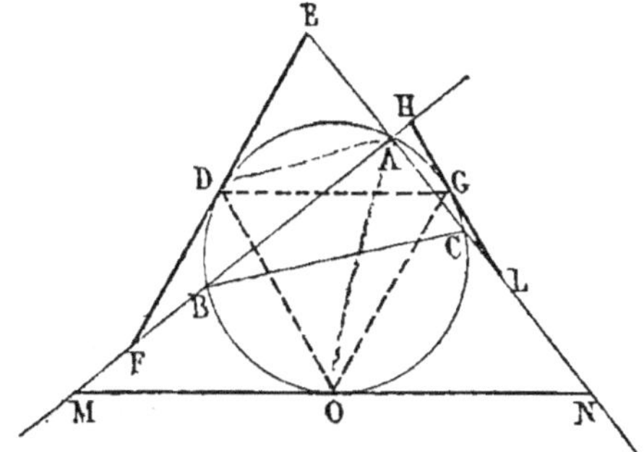

Mener les droites AD et AO.

Fig. 444.

Soit l'angle droit BAC, et les tangentes EF, HL, MN, telles que
$$DE = DF, \quad GH = GL \quad \text{et} \quad OM = ON$$

Il faut prouver que l'arc DAG est le tiers de la circonférence, et qu'il en est de même de DBO.

Joignons le point A au point D. Dans le triangle rectangle EAF, la médiane AD égale la moitié de l'hypoténuse; donc
$$AD = DE = DF$$

donc   l'angle $DAF = DFA$

Mais   l'angle $DAF = \dfrac{\text{arc } DB}{2}$

tandis que   l'angle $F = \dfrac{\text{arc } AD - \text{arc } DB}{2}$

donc l'arc BD est la moitié de l'arc AD ; c'est-à-dire que

$$\text{l'arc AD} = {}^2/_3 \text{ de l'arc ADB}$$

De même   l'arc AG $= {}^2/_3$ arc AGC

Donc   arc AD $+$ arc AG

ou   arc DAG $= {}^2/_3$ demi-circonférence BAC

Ainsi l'arc DAG est le tiers de la circonférence, et DG est la corde du triangle équilatéral inscrit.

On a de même   l'angle MAO $=$ AMO

donc   arc BO $= {}^1/_2$ arc ACO

mais   arc BD $= {}^1/_2$ arc AD

donc   arc OBD $= {}^1/_2$ arc DACO

ou   arc OBD $= {}^1/_3$ de circonférence   C. Q. F. D.

669. Remarque. La construction des tangentes de EF, par exemple, exige en réalité la trisection de l'arc ADB ; par conséquent elle ne saurait être effectuée en n'employant que la règle et le compas ; mais le *théorème de sir Pollock* est néanmoins remarquable, et nous l'utiliserons au livre IV, pour traiter une question de *maximum*.

670. Théorème. *Lorsque deux des angles d'un quadrilatère sont droits, les projections des côtés opposés sur la diagonale qui joint les sommets des angles droits sont égales entre elles.*

(Voir n° 136.) On a   BF $=$ DE

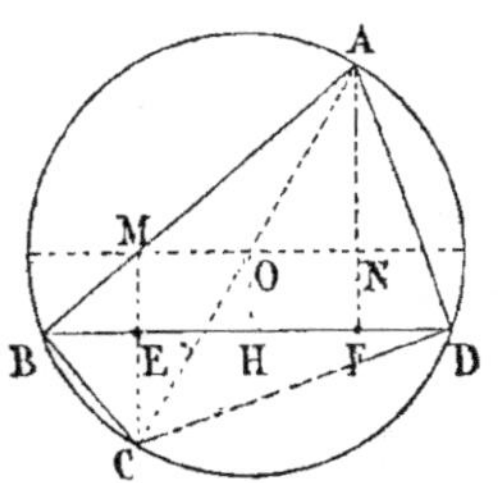

Fig. 445.

671. Théorème. *Les projections des extrémités d'un diamètre, sur une corde quelconque, sont équidistantes du point milieu de cette corde.*

C'est un nouvel énoncé du théorème précédent. On a   HE $=$ HF

672. Théorème réciproque. *Si deux droites sont les diagonales d'un quadrilatère inscriptible, et que les projections des extrémités de l'une d'elles sur la seconde soient équidistantes du point milieu de cette seconde diagonale, la première ligne est un diamètre du cercle circonscrit.* (N. A. 1852, p. 156.)

Exercice 130

673. Théorème. *Dans un cercle, on donne une corde AB et un diamètre CD perpendiculaire à cette corde* (fig. 446). *On joint un point quelconque O de la circonférence aux extrémités des deux lignes déjà menées. On projette les droites OC, OD sur OA ; démontrer que la somme des projections est égale à OA, et que la différence des mêmes projections est égale à OB.* (*Grand concours en 1847. Mathématiques élémentaires.*)

Soient OM et ON les projections des droites OC et OD.

1° Projetons le centre G sur la corde OA. Les lignes égales CG, DG ont des projections égales MH, NH (n°ˢ 670 et 136). D'ailleurs H est le milieu de la corde; donc   OM = NA

par suite   OM + ON = OA   *C. Q. F. D.*

2° Prolongeons CM jusqu'à la circonférence en L, et joignons L au point D.

A cause des grandeurs égales OM, AN, la corde LD est égale et parallèle à MN; de plus on a :

$$\text{Arc } OL = \text{arc } AD = \text{arc } DB$$

d'où   l'arc OB = l'arc LD

par suite   la corde OB = LD = MN   *C. Q. F. D.*

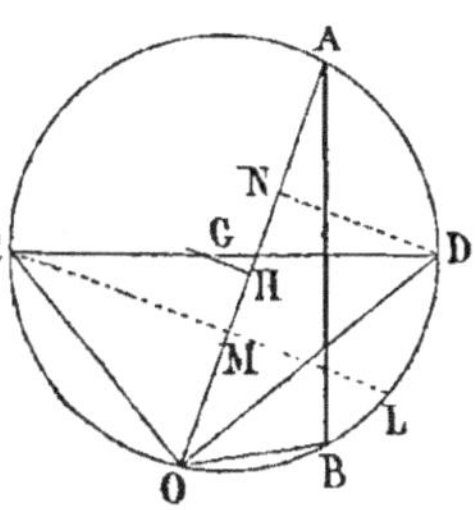

Mener la droite DL.

Fig. 446.

Exercice 131

674. Théorème. *Dans tout quadrilatère inscriptible, les bissectrices des angles formés par les côtés opposés sont parallèles aux bissectrices des angles formés par les diagonales.*

Par le point O de concours des diagonales, menons des parallèles IJ, MN aux bissectrices EH, FL des angles E, F.

Il faut prouver que IJ et MN sont les bissectrices des angles O.

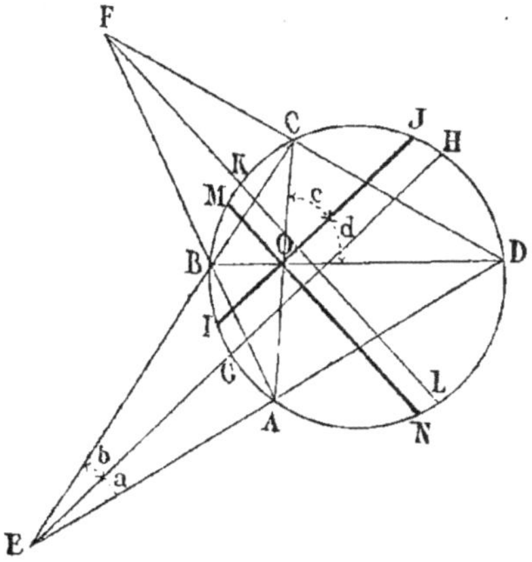

En effet, $a = \frac{1}{2}(DH - AG)$

mais   l'arc GI = HJ

on peut ajouter ou retrancher ces grandeurs égales et écrire :

$$a = \frac{1}{2}(DJ - AI)$$

de même $b = \frac{1}{2}(CJ - BI)$

mais $a = b$

donc   DJ − AI = CJ − BI

d'où   DJ + BI = CJ + AI

Fig. 447.

Le premier membre est le double de la mesure de l'angle c; le second est le double de d.

Donc $c = d$ *C. Q. F. D.*

On prouverait de même que MN est bissectrice de l'angle BOC.

Exercice 132

675. Théorème. *Lorsqu'on prolonge les côtés opposés d'un quadrilatère inscriptible, et qu'on mène les bissectrices des deux angles ainsi* *obtenus, ces lignes coupent les côtés du quadrilatère en quatre points, qui sont les sommets d'un losange inscrit dans la figure donnée.*

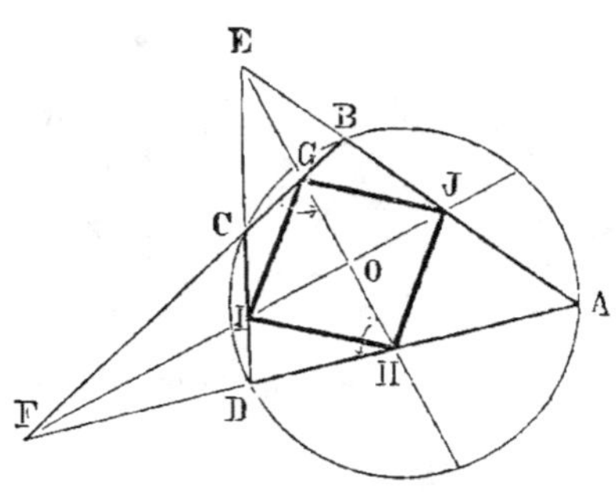

Fig. 448.

Soient EH, FJ les bissectrices des angles E, F formés par les côtés opposés du quadrilatère donné ABCD. Il faut prouver que la figure IGJH est un losange. Pour cela, il suffit de démontrer que les diagonales GH, IJ sont à angle droit et se coupent respectivement en leur milieu. On sait déjà que les bissectrices sont à angle droit (n° 554); mais pour démontrer directement le théorème proposé (n° 675) il suffit de prouver que le triangle FGH est isocèle.

Or les triangles DEH, BEG ont les deux angles CEG et BEG égaux, ainsi que les angles D et GBE, comme ayant même supplément ABC; donc le troisième angle DHE = BGE = donc CGH. Ainsi le triangle FGH est isocèle; la bissectrice FO de l'angle du sommet est perpendiculaire au milieu de la base; ainsi OH = OG. On démontrerait de même que OI = OJ; donc la figure IGJH est un losange.

Remarque. Les lignes CB et DA sont antiparallèles.

676. Théorème. *Par le sommet A d'un angle donné et par un point fixe B, pris sur la bissectrice de cet angle, on fait passer une circonférence quelconque; elle coupe les côtés de l'angle en C et D; prouver que la somme des segments AC, AD est constante.*

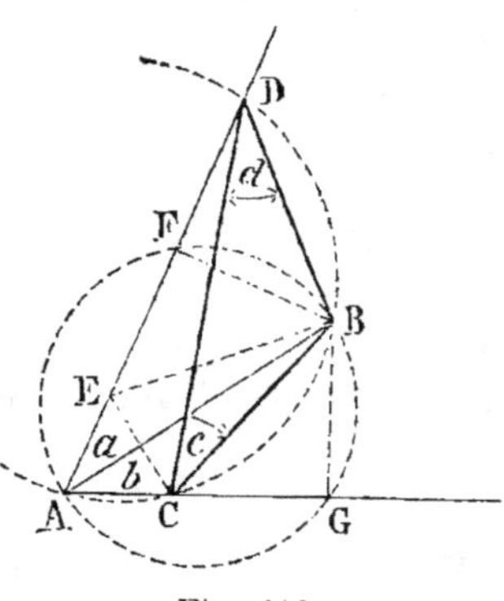

Fig. 449.

En prenant AB pour diamètre, on a AF = AG; donc la constante doit égaler 2AF.

Il suffit donc de prouver qu'on a
$$AC + AD = 2AF.$$

La droite BF est perpendiculaire sur AD; projetons le point C sur la bissectrice AB, afin d'obtenir AE = AC. Il suffit de prouver que FE = FD.

Or   l'angle $a = c$, $b = d$

donc $c = d$

par suite   BD = BC = BE

le triangle DBE est isocèle, et la perpendiculaire BF donne

FD = FE   C. Q. F. D.

Remarque. Le théorème peut être énoncé comme il suit :

677. Théorème. *Lorsqu'un triangle CAD a un angle A, donné de grandeur et de position, et que la somme AC + AD des côtés qui comprennent cet angle est constante, la circonférence inscrite au triangle passe par un point fixe.*

678. Remarque. On retrouve ainsi une question connue du livre VIII (n°s 2170 et 2141), car la base enveloppe une parabole; le cercle ACD circonscrit au triangle formé par trois tangentes quelconques passe par le foyer B.

679. Théorème. *Lorsqu'un angle CBD pivote autour de son sommet, et que les côtés BC, BD coupent les côtés d'un angle fixe A, supplémentaire du premier, les segments interceptés AC, AD ont une somme constante.*

Exercice 133

680. Théorème. *Lorsqu'une circonférence est circonscrite à un triangle équilatéral, démontrer que la distance d'un point quelconque de cette circonférence à un des sommets du triangle égale la somme des distances du même point de la circonférence aux deux autres sommets.*

Il faut prouver qu'on a :

$$MC = MA + MB$$
ou
$$MD + DC = MA + MB$$

1re Démonstration. Par le sommet A, menons ADE parallèle à MB; il en résulte :

$$\text{Arc } BE = \text{arc } AM$$

$$\text{Arc } MBE = \text{arc } AMB = \text{arc } \frac{ABC}{2}$$

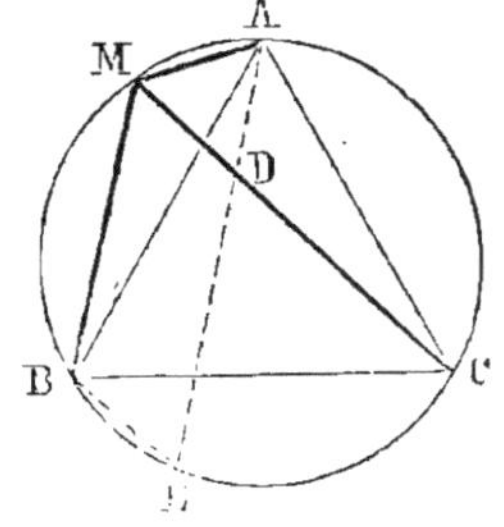

Fig. 450.

Le triangle ADM est équilatéral, car il est équiangle.

$$\text{L'angle } MAD = \frac{MBE}{2} = \frac{BC}{2} = {}^2/_3 \text{ de droit;}$$

et
$$\text{l'angle } AMD = \text{arc } \frac{AC}{2} = {}^2/_3 \text{ de droit}$$

le troisième angle MDA = aussi $^2/_3$ de droit;

donc
$$MD = MA$$

Prouvons maintenant que $DC = MB$

Les triangles ABM, ADC sont égaux, comme ayant un côté égal adjacent à deux angles égaux.

$$AC = AB, \quad \text{angle } ACD = ABM \quad \text{et} \quad \text{angle } MAB = DAC$$

donc
$$DC = MB$$

Ainsi
$$MC = MA + MB \qquad \qquad C. \ Q. \ F. \ D.$$

M.   10

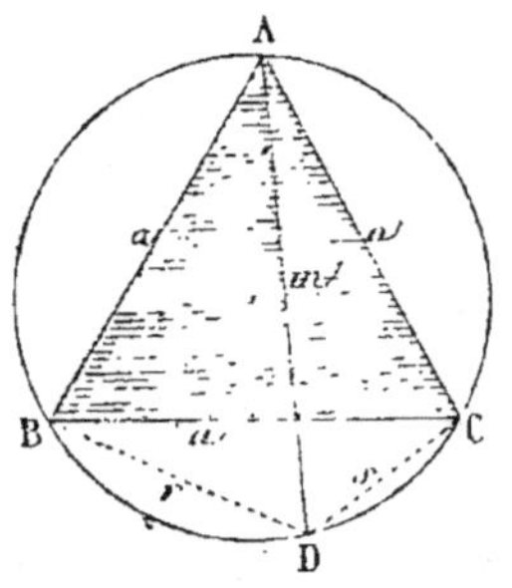

Fig. 451.

681. **2° Démonstration.** En regardant comme connu le livre III, on peut s'appuyer sur le *premier théorème de Ptolémée*.

Dans le quadrilatère inscrit ABDC, le produit am des diagonales égale la somme des produits des côtés opposés (n° 1209); on a donc

$$am = ar + as$$

d'où, en divisant par a

$$m = r + s$$

Exercice 134

682. **Théorème.** *Soient* A, B, C, D, E *les sommets d'un pentagone régulier inscrit dans un cercle, et* M *un point quelconque de l'arc* AE; *démontrer que* $MB + MD = MA + MC + ME$. (N. A. 1876. P. 383.)

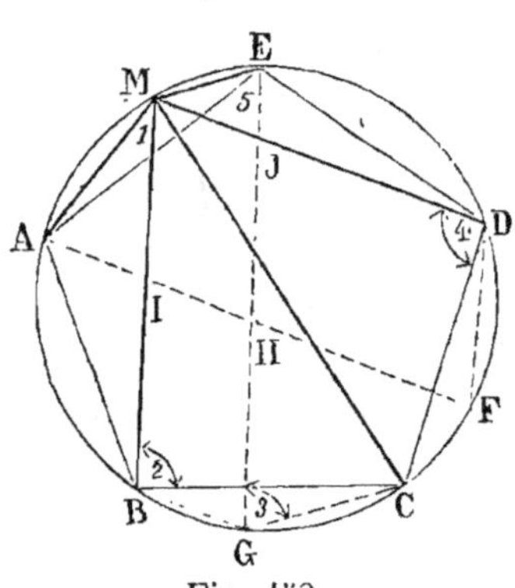

Fig. 452.

Par le sommet A, menons AF parallèle à MD; il en résulte

$$DF = AM = MI$$

car le triangle AMI est isocèle.

En effet, l'angle MAI a pour mesure

$$\frac{MEDF}{2} \quad \text{ou} \quad \frac{AMED}{2},$$

ou le cinquième de la circonférence;

$$\text{l'angle } I = \frac{BCF + AM}{2}$$

ou le cinquième aussi;

donc $\qquad IM = AM$

De même, en menant par le sommet E la droite EG parallèle à MB, on a $\qquad BG = ME = MJ$

et par suite $\qquad CG = AM = DF$

Ainsi les figures HIBG, HIMJ, HFDJ sont des parallélogrammes.

Dès lors, démontrer que

$$MB + MD = MA + MC + ME$$

revient à prouver que

$$(HJ + HG) + (HI + HF) = MA + MC + ME$$

ou, en supprimant les quantités égales, HJ, MA, puis HI et ME, il suffit de prouver que $\qquad HG + HF = MC$

Or le triangle IHF est isocèle, car chacun des arcs AE et GF égale un cinquième de la circonférence;

donc $\qquad HG + HF = EG$

D'ailleurs $\qquad EG = MC$

parce que ces deux cordes sous-tendent des arcs égaux EDCG et CBAM; donc *la somme des distances du point M aux sommets de rang impair égale la somme des distances de ce même point aux sommets de rang pair.*

Exercice 135

683. **Théorème.** *On divise une demi-circonférence de diamètre AH en un nombre impair de parties égales, en sept, par exemple, A, B, C, D, E, F, G, H. Par les points de division, on mène des parallèles au diamètre AH, l'on joint le centre O aux points du milieu D, E; prouver que la somme des segments DE, LK, MN, interceptés par les côtés de l'angle DOE sur les parallèles, égale le rayon.* (Le Cointe *. N. A. 1842, p. 508.)

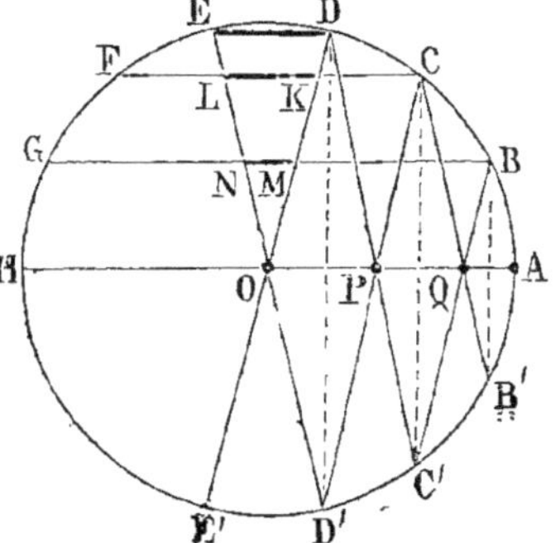

Il faut prouver que

$$DE + KL + MN = r$$

Déterminons les points symétriques D′, C′, B′, et menons diverses droites.

On a évidemment

$$DE = OP, \quad KL = PQ, \quad MN = AQ$$

donc $\quad DE + KL + MN = r$

$$C.\ Q.\ F.\ D.$$

Fig. 453.

Polygones curvilignes.

684. Les polygones plans curvilignes, c'est-à-dire les polygones formés par des arcs de cercle décrits sur un même plan, ont été peu étudiés jusqu'à présent; néanmoins ils offrent un grand intérêt, car ils peuvent conduire à des théorèmes nouveaux, relatifs aux petits cercles de la sphère; tandis que le triangle rectiligne correspond plus directement au triangle sphérique formé par trois arcs de grand cercle.

On sait que l'angle de deux cercles qui se coupent est l'angle formé par les tangentes menées à ces deux arcs par le point d'intersection des courbes données (n° 619).

Les questions sont parfois assez simples pour ne réclamer que la connaissance des deux premiers livres; néanmoins l'étude des polygones plans curvi-

---

* Le R. P. Le Cointe, durant son séjour à Vals, près le Puy, a publié divers articles dans les *Nouvelles Annales mathématiques*. Ses *fonctions circulaires* contiennent un grand nombre d'exercices trigonométriques, soit inédits, soit empruntés au *Journal de Crelle*.

lignes peut tirer un grand secours de *l'inversion* (*Méthodes*, n° 217), car toute propriété connue des triangles sphériques fait connaître une propriété correspondante des triangles curvilignes.

Exercice 136

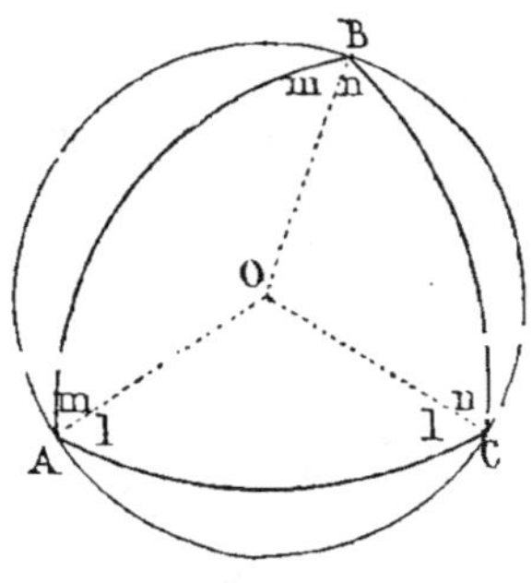

Fig. 454.

685. Théorème. *Lorsqu'un triangle curviligne est inscrit dans un cercle, que la base de ce triangle est invariable, tandis que le troisième sommet se meut sur la circonférence, la somme des angles à la base étant diminuée de l'angle au sommet, est une quantité constante.*

Quelle que soit la position du sommet B sur l'arc ABC,

on a $\qquad l = l; \; m = m; \; n = n$

donc $\qquad A + C - B = 2l,$

quantité constante.

Exercice 137

686. Théorème. *Dans tout quadrilatère curviligne inscriptible, la somme de deux angles opposés égale la somme des deux autres angles.*

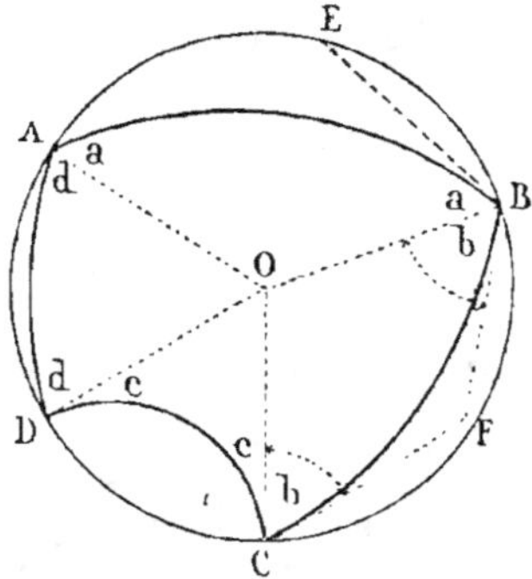

Fig. 455.

Rappelons que l'angle EBF mesure l'angle curviligne B (n° 619).

Joignons chaque sommet au centre du cercle circonscrit.

On a évidemment $\;b = b\;$; car les tangentes BF, CF sont égales et se coupent sur la bissectrice de l'angle O.

De même, on aurait $\;a = a,\;$ etc.

Or $\qquad A + C = a + d + b + c$

$\qquad\qquad B + D = a + b + c + d$

d'où $\qquad A + C = B + D.$ $\qquad$ *C. Q. F. D.*

687. Remarque. La propriété connue du quadrilatère rectiligne inscriptible n'est qu'un cas particulier de la précédente.

La somme des angles opposés égale deux droits, parce que *la somme de deux angles opposés égale celle des deux autres*, et que la somme des quatre angles de tout quadrilatère rectiligne égale quatre droits.

688. Théorème. *Lorsqu'un polygone curviligne d'un nombre pair de côtés est inscrit dans un cercle, la somme des angles de rang pair égale la somme des angles de rang impair.*

Exercice 138

689. Théorème. *Lorsque trois circonférences, se coupant deux à deux, ont un point commun, la somme des angles du triangle curviligne ayant pour* *sommets les trois autres points d'intersection des circonférences est égale à deux angles droits.* (MIQUEL[*], *Journal de Liouville*, tome IX, page 24. — Citation de Baltzer, *Planimétrie*, § 3, nᵒ 6.)

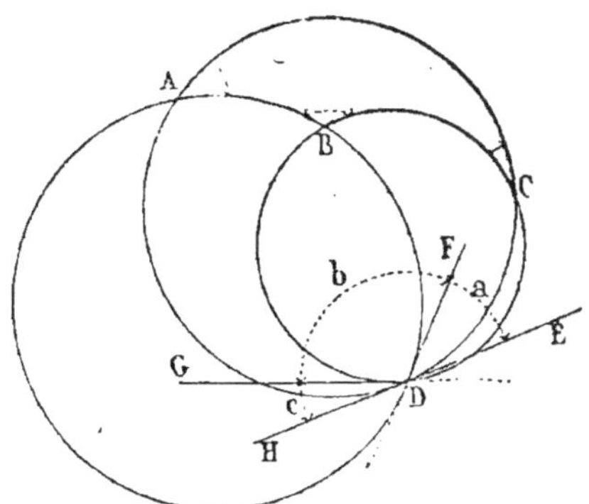

Fig. 456.

Soient trois circonférences passant par un même point D ; il faut prouver que la somme des angles du triangle curviligne ABC égale deux droits.

Les angles de ce triangle sont égaux aux angles formés en D.

Ainsi l'angle A égale l'angle ayant D pour sommet et ACD, ABD pour côtés curvilignes ; or si l'on mène les tangentes à ces deux arcs, on aura l'angle $A = a$.

De même $\qquad\qquad\qquad B = b ; \quad C = c$

donc $\qquad\qquad A + B + C = a + b + c = 2$ droits.   *C. Q. F. D.*

690. Théorème. *De chaque sommet d'un triangle équilatéral pris pour centre, on décrit un arc de cercle, avec le côté du triangle pour rayon ; prouver que la somme des trois angles du triangle équilatéral curviligne obtenu égale quatre droits.*

En effet, la tangente AE est perpendiculaire à AC ; la tangente AF est perpendiculaire à AB ; donc l'angle EAF, dont les côtés sont respectivement perpendiculaires aux côtés de l'angle BAC, est le supplément de cet angle ; il égale donc 120°.

Or l'angle EAF fait connaître l'angle curviligne A et lui sert de mesure (nᵒ 619).

Donc

$\qquad A + B + C = 3$ fois $120 = 360° = 4$ droits.

$\qquad\qquad$ *C. Q. F. D.*

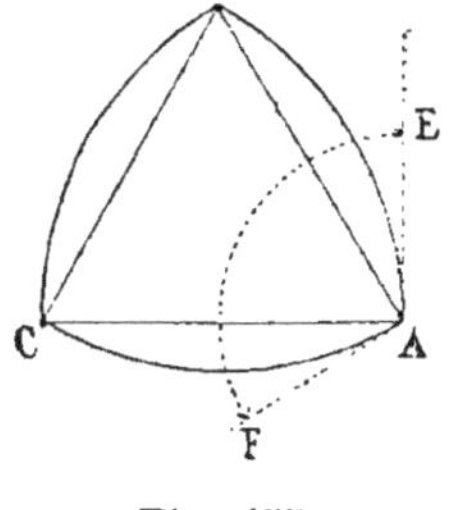

Fig. 457.

691. Théorème. *La somme des angles d'un triangle curviligne convexe est comprise entre deux et six droits.*

Un triangle curviligne est convexe lorsqu'une droite ne peut couper le périmètre en plus de deux points. Dans ce cas, chaque arc de cercle est à l'extérieur du triangle rectiligne formé en joignant deux à deux les sommets du triangle donné ABC ; car un arc tel que BGC pourrait donner lieu à quatre points d'intersection (fig. 458).

---

[*] MIQUEL, fondateur du journal mathématique : *Le Géomètre.*

1º La somme des angles du triangle curviligne a deux droits pour minimum, car cette somme est plus grande que celle du triangle rectiligne ABC, lorsque chaque arc a pour rayon une longueur finie ; mais le triangle curviligne tend à se confondre avec le triangle rectiligne, lorsque chaque rayon tend vers l'infini.

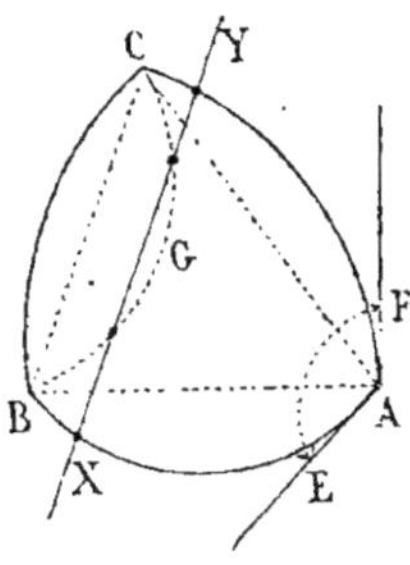

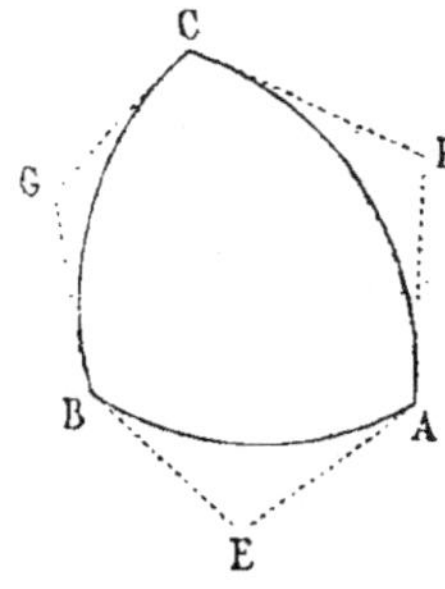

Fig. 458.   Fig. 459.

2º La somme des angles a six droits pour maximum, car l'angle A, par exemple, a deux droits pour limite lorsque les tangentes AE, AF tendent à être en ligne droite, et les arcs sont de part et d'autre du point de contact. Lorsque chaque angle tend vers deux droits, les trois centres doivent se confondre, et le triangle curviligne devient en réalité la circonférence qui passe par les trois points.

On peut encore démontrer la seconde partie du théorème en procédant comme il suit :

Le triangle curviligne étant convexe, l'hexagone formé par les tangentes est aussi convexe. Or la somme des angles de l'hexagone égale huit droits ; or le minimum de E + F + G est deux droits et correspondrait au cas où les tangentes en A, B, C seraient en ligne droite et formeraient un triangle ; donc la somme A + B + C a (8 — 2) ou 6 droits pour limite.

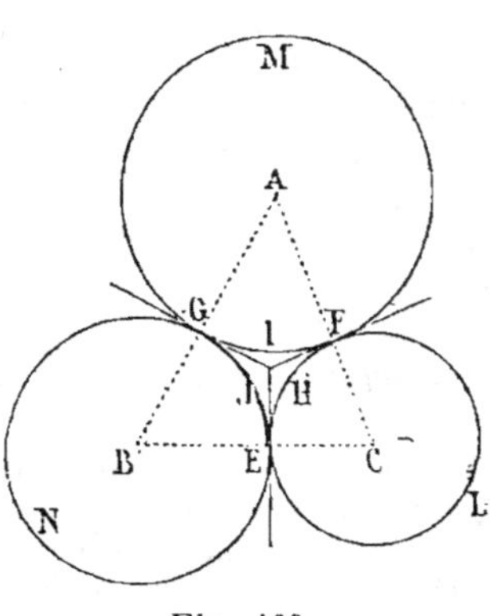

Fig. 460.

692. **Théorème.** *La somme des angles d'un triangle curviligne non convexe peut varier de zéro à six droits.*

1º Cette somme peut descendre jusqu'à zéro. En effet, quand deux circonférences sont tangentes et que l'on considère les arcs situés d'un même côté du point de contact, l'angle des deux arcs est nul, puisqu'il est la limite d'un angle aigu qui devient infiniment petit.

Ainsi les circonférences décrites des sommets d'un triangle ABC et tangentes deux à deux, donnent un triangle curviligne EHFIGJE dont la somme des angles est nulle.

Il en est de même du triangle non convexe formé par les arcs ELF, FMG, GNE.

D'ailleurs, il est utile de considérer ces deux triangles simultanément.

2º Les arcs tangents GI, GJ donnent lieu à un angle nul ; par suite, les arcs tangents GI et GN peuvent être considérés comme formant un angle de 180°; par suite, les trois angles d'un triangle curviligne peuvent égaler au plus trois fois 2 droits ou six droits.

693. Remarque. Trois circonférences qui se coupent deux à deux en six points A, A′; B, B′; C, C′ donnent lieu à huit triangles curvilignes. Nous nommerons *correspondants* les triangles tels que ABC et A′B′C′, qui n'ont aucun sommet commun.

Voici les quatre groupes de triangles correspondants :

$$\left\{ \begin{array}{l} \text{ABC} \\ \text{A}'\text{B}'\text{C}' \end{array} \right. \quad \left\{ \begin{array}{l} \text{ABC}' \\ \text{A}'\text{B}'\text{C} \end{array} \right. \quad \left\{ \begin{array}{l} \text{AB}'\text{C}' \\ \text{A}'\text{BC} \end{array} \right. \quad \left\{ \begin{array}{l} \text{A}'\text{BC}' \\ \text{AB}'\text{C} \end{array} \right.$$

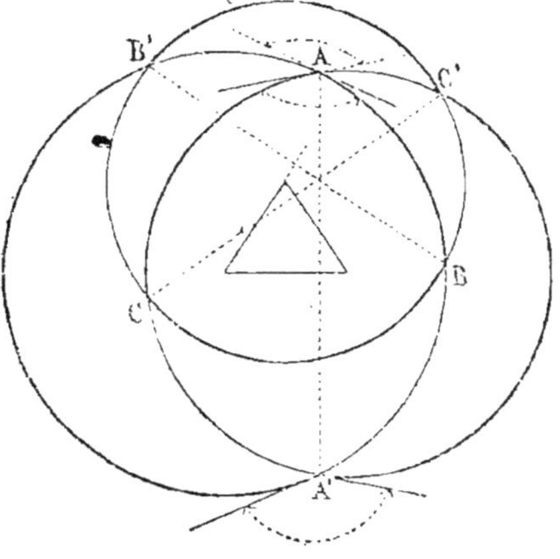

Les triangles correspondants ont les angles respectivement égaux, car l'angle A du triangle convexe ABC égale l'angle A′ du triangle non convexe A′B′C′, etc.

Les triangles qui ont deux sommets communs, par exemple ABC, A′BC forment un *bi-segment* ou surface comprise entre deux arcs de cercle ABA′, ACA′.

La somme des angles égale quatre droits, plus deux fois l'angle du bi-segment, car les angles en B valent deux droits; il en est de même des angles en C et A′ = A.

Les triangles qui n'ont qu'un sommet commun, par exemple, ABC et AB′C′, ont un angle égal opposé par le sommet, et la somme des autres angles égale aussi quatre droits, car l'angle AB′C′ est le supplément de A′B′C, et par suite, de l'angle B.

Fig. 461.

694. Théorème. *Lorsqu'un triangle curviligne ayant une base donnée est tel que la somme des angles à la base, diminuée de l'angle au sommet, est une quantité constante, le lieu de ce sommet est un arc de cercle qui passe par les extrémités de la base.*

Soient $2d$ la différence donnée, et ABC un triangle dont la base AC est invariable de grandeur et de position, et tel qu'on ait

$$A + C - B = 2d$$

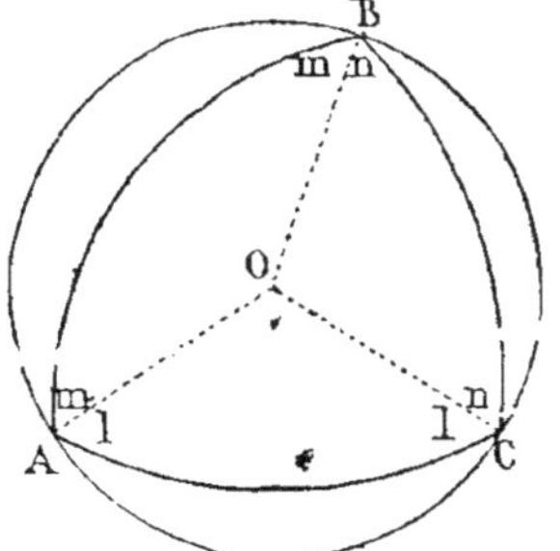

Pour reconnaître le lieu du sommet, déterminons le centre O du cercle circonscrit à ABC, on aura

$$A + C - B = 2l \qquad (\text{n}° 685);$$

donc $2l = 2d$ différence donnée.

Mais le triangle AOC est isocèle; donc le point O est sur la perpendiculaire qu'on élèverait au milieu de la corde AC, et la position de ce point sur cette perpendiculaire ne dépend

Fig. 462.

que de la demi-différence l ou d; donc la position du centre du cercle circonscrit au triangle est invariable, donc l'arc ABC est le lieu du sommet B.

695. Remarque. La base donnée, AC, peut être remplacée par une autre base quelconque menée de A à C ; mais la différence $2l$ variera d'après la base, tout en restant constante pour une même base donnée.

696. Théorème. *Un quadrilatère curviligne est inscriptible lorsque la somme de deux angles opposés égale celle des deux autres angles.*

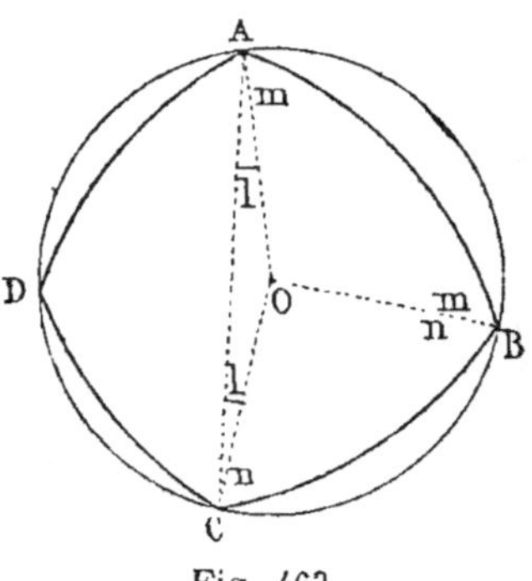

Fig. 463.

Soit $A + C = B + D$.

Menons la diagonale AC, et faisons passer une circonférence par trois sommets A, B, C : il faut prouver que le sommet D se trouve sur cette circonférence.

On a $\qquad B + D = A + C,$

ou

$$m + n + D = DAC + l + m + DCA + n + l$$

donc $\qquad D - (DAC + DCA) = 2l$

quantité constante qui correspond au triangle isocèle AOC, donc le sommet D est sur le cercle décrit du centre O, avec OA pour rayon.

697. Théorème. *Lorsqu'un quadrilatère curviligne, circonscrit à un cercle, est formé par quatre arcs de même rayon, et dont la concavité est tournée vers le centre du cercle, la somme de deux côtés opposés égale celle des deux autres côtés.* (Il en est de même lorsque la convexité des quatre arcs est tournée vers le centre.)

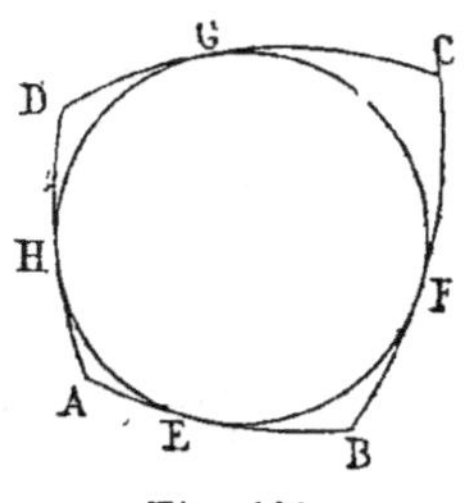

Fig. 464.

On sait que les arcs décrits avec le même rayon et tangents au même cercle sont égaux lorsque ces deux arcs sont concaves par rapport au centre (n° 624) ;

donc : $\qquad AB = BF + AH$

$\qquad\qquad CD = CF + DH$

d'où $\qquad AB + CD = BC + AD$

Remarques : 1° La réciproque est vraie ; mais la démonstration exigerait l'étude préalable du triangle curviligne et des différents cas qu'il peut présenter ; car dans un triangle curviligne, formé par trois arcs décrits avec le même rayon, un côté peut être, suivant le cas, ou plus petit que la somme des deux autres, ou bien plus grand que cette somme.

Comme passage d'un cas à l'autre, on peut considérer la circonstance où un côté est égal à la somme des deux autres.

2° Le théorème précédent (n° 697) aurait pris place naturellement au paragraphe des polygones circonscrits, mais il a paru plus simple de le réunir aux questions précédentes, relatives aux polygones curvilignes inscrits.

Cercle circonscrit à un polygone.

698. Pour démontrer que quatre points appartiennent à une même circonférence, il suffit d'établir que le quadrilatère qui aurait ces points pour sommets est inscriptible.

On sait que le rectangle, le trapèze isocèle et tout quadrilatère dont les angles opposés sont supplémentaires sont des figures inscriptibles.

Les problèmes où l'on donne un plus grand nombre de points, six, neuf, par exemple, se ramènent à la considération du quadrilatère inscriptible.

699. Théorème. *Tout trapèze isocèle* ABCD *est inscriptible.*

Menons DE parallèle à AB. Le trapèze se trouve décomposé en un parallélogramme ABED et un triangle isocèle CDE.

On a donc   angle B = E = C

L'angle D du trapèze a pour supplément m, qui égale C, qui égale B. Ainsi le trapèze considéré a ses angles opposés supplémentaires, et par suite il est inscriptible. (G., n° 157.)
                    C. Q. F. D.

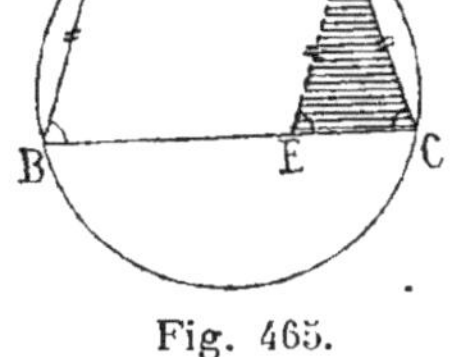

Fig. 465.

700. Théorème. *Lorsque les diagonales d'un quadrilatère se coupent à angle droit, les quatre points milieux des quatre côtés de ce quadrilatère appartiennent à une même circonférence.*

En effet, le parallélogramme formé en joignant les points milieux deux à deux est un rectangle, car ses côtés sont parallèles aux diagonales du quadrilatère.

701. Théorème. *Les sommets* B, C *d'un triangle* ABC, *le centre du cercle inscrit et le centre du cercle ex-inscrit tangent à* BC, *appartiennent à une même circonférence.*

En effet, les bissectrices BI, BD des angles supplémentaires ABC, CBE sont perpendiculaires l'une à l'autre ; il en est de même de IC et de CD ; donc la circonférence décrite sur ID comme diamètre, passe par B et C.

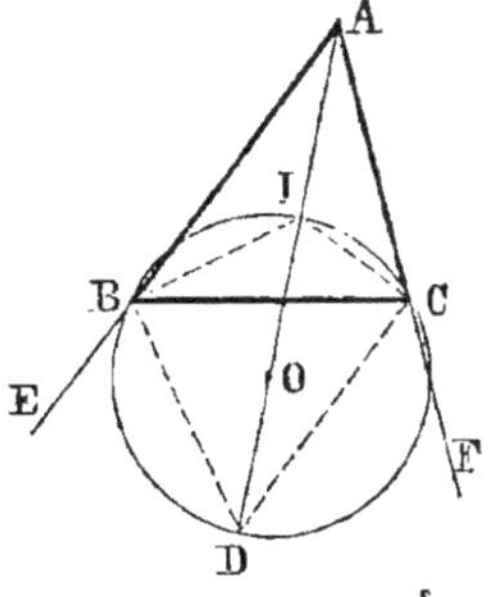

Fig. 466.

702. Théorème. *Si du milieu de l'arc sous-tendu par une corde* AB, *on mène deux autres cordes* CD *et* CE *coupant la première, et si l'on joint leurs extrémités, on forme deux triangles* CDE *et* CFG *équiangles entre eux, et un quadrilatère inscriptible* DEGF.

1° L'angle C est commun aux deux triangles ; l'angle D du grand triangle a pour mesure $\frac{1}{2}(m+n)$, et l'angle G du petit a aussi pour mesure $\frac{1}{2}(m+n)$. (G., n° 151.) Donc les deux triangles sont équiangles. (G., n° 93.)

2° L'angle D du quadrilatère a pour

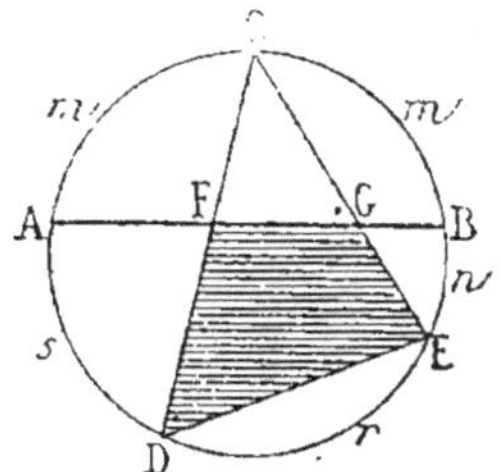

Fig. 467.

mesure $\frac{1}{2}$ CBE; et l'angle opposé G a pour mesure $\frac{1}{2}(m + s + r)$ ou $\frac{1}{2}$ CADE; les angles opposés étant supplémentaires, le quadrilatère est inscriptible.   *C. Q. F. D.*

Remarque. Les deux cordes AB et DE sont antiparallèles (n° 28, *note*).

Exercice 139

703. Théorème. *Un polygone est régulier lorsqu'il est inscriptible et circonscriptible à deux circonférences concentriques.*

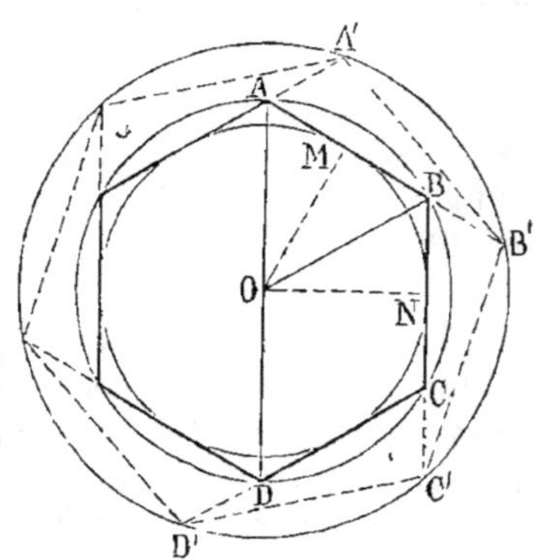

Fig. 468.

Le polygone étant circonscriptible, il en résulte OM = ON; donc les deux cordes AB, BC sont égales comme également éloignées du centre O du cercle de rayon OA.

De l'égalité des cordes résulte l'égalité des angles.

704. Théorème. *Lorsqu'on prolonge chaque côté d'un polygone régulier, dans le même sens et d'une même quantité, on obtient un nouveau polygone régulier A'B'C'...*

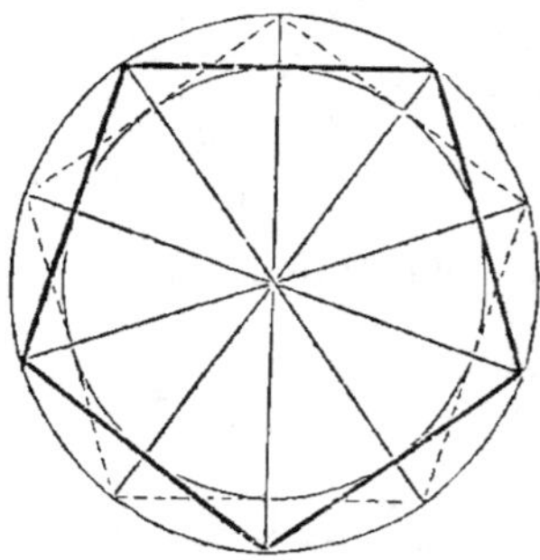

Fig. 469.

705. Théorème. *On donne un polygone régulier d'un nombre impair de côtés, par exemple un pentagone; on prolonge les apothèmes jusqu'au cercle circonscrit; on obtient ainsi les sommets d'un pentagone égal au premier. Les côtés des deux pentagones, en se coupant deux à deux, forment un décagone régulier.*

Exercice 140

706. Théorème. *Si, par les sommets d'un triangle, on fait passer trois circonférences qui se coupent deux à deux sur les côtés de ce triangle, ces trois circonférences passent par un même point.*

Soit O le point de concours des circonférences qui passent par les sommets A et B.

A cause des quadrilatères inscrits, l'angle
FOD est le supplément de A, DOE est le
supplément de B; mais les trois angles au
point O et les angles A, B, C valent ensemble
6 droits; or les angles A, B et leurs suppléments donnent 4 droits; donc FOE et C valent ensemble 2 droits; par suite, le quadrilatère CFOE est inscriptible et la circonférence FCE passe par le point O.

C. Q. F. D.

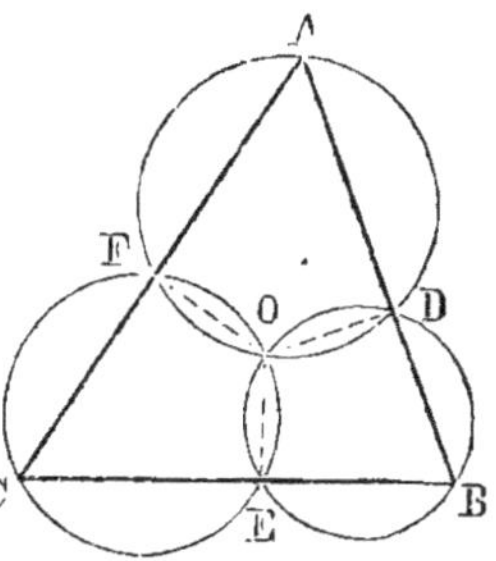

Fig. 470.

707. Théorème. *Une circonférence est circonscrite à un triangle ABC;
les trois circonférences qui se coupent deux à deux aux points A, B, C,
et dont le centre est sur la circonférence circonscrite, passent par un
même point.*

Il suffit de se reporter à un théorème précédent (nᵒ 701).

Les trois circonférences, telles que celle dont O est le centre (fig. 466),
passent par le point de concours 1 des bissectrices intérieures.

Exercice 141

708. Théorème. *Étant donné un quadrilatère, si l'on mène des
circonférences tangentes intérieurement aux côtés pris trois à trois,
les quatre centres ainsi obtenus sont les sommets d'un quadrilatère
inscriptible.*

En effet, les centres en question ne sont autres que les points de
concours des bissectrices intérieures du quadrilatère considéré. Or
ces bissectrices forment un nouveau quadrilatère dont les angles opposés sont supplémentaires (nᵒ 551); donc ce quadrilatère est inscriptible. (G., nᵒ 157.)

709. Théorème. *A chaque côté d'un quadrilatère et aux prolongements des deux côtés adjacents du côté considéré, on décrit une circonférence tangente; prouver que les centres des quatre cercles tangents, ainsi décrits, appartiennent à une même circonférence.*

Exercice 142

710. Théorème. *Sur chaque côté d'un quadrilatère inscriptible pris
pour corde on décrit une circonférence; les quatre circonférences se
coupent deux à deux en quatre autres points qui appartiennent à une
même circonférence.*

Les trois angles formés au point G valent 4 droits, donc, à
cause des quadrilatères inscrits, l'angle G du quadrilatère FGHI égale

la somme des suppléments des deux autres angles du point G; ainsi

$$\text{HGF} \quad \text{ou} \quad \text{G} = \text{BAF} + \text{BCH}$$

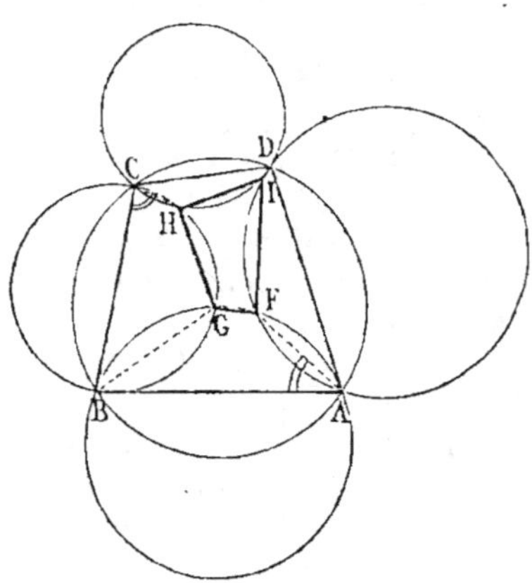

Fig. 471.

De même   FIH   ou $\text{I} = \text{DCH} + \text{DAF}$

d'où $\text{G} + \text{I} = \text{A} + \text{C} = 2$ droits

donc le quadrilatère FGHI est inscriptible.

Remarque. Ce théorème se rapporte directement aux polygones curvilignes. On sait que la somme de deux angles opposés d'un quadrilatère curviligne inscriptible égale la somme des deux autres angles (n° 686), et que, réciproquement, le quadrilatère est inscriptible lorsque cette relation a lieu (n° 696); d'ailleurs, lorsque deux cercles se coupent, les angles curvilignes aux deux points d'intersection sont égaux entre eux (n° 693). Par suite, ABCD étant inscriptible, on a, pour les angles curvilignes,

$$\text{A} + \text{C} = \text{B} + \text{D}; \quad \text{d'où} \quad \text{F} + \text{H} = \text{G} + \text{I}$$

donc FGHI est inscriptible.

Exercice 143

711. Théorème. *Quatre droites se coupant deux à deux forment quatre triangles; les circonférences circonscrites à ces quatre triangles passent par un même point.* (STEINER, *Annales de Gergonne*, t. XVIII, 1827, p. 302. Citation de BALTZER, Planimétrie, § IV, n° 7.)

(Voir *Méthodes,* n° 21.)

Exercice 144

712. Théorème. *Les centres des circonférences circonscrites aux quatre triangles formés par quatre droites qui se coupent deux à deux appartiennent à une même circonférence.*

On sait que les quatre circonférences circonscrites aux quatre triangles formés par quatre droites se coupent en un même point P (n° 711); les quatre quadrilatères ACPF, ADPE, BCEP, BDFP sont inscrits, ils ont deux à deux une corde commune; pour avoir les centres, élevons des perpendiculaires au milieu de ces cordes.

Pour les quadrilatères ADPE, BCEP, les centres sont sur HOL.

Pour ADPE, DBPF, les centres L et N sont sur les perpendiculaires élevées au milieu de DP, etc.

Or les arcs CPF, DPE sont semblables comme mesurant le même angle A; mais l'angle

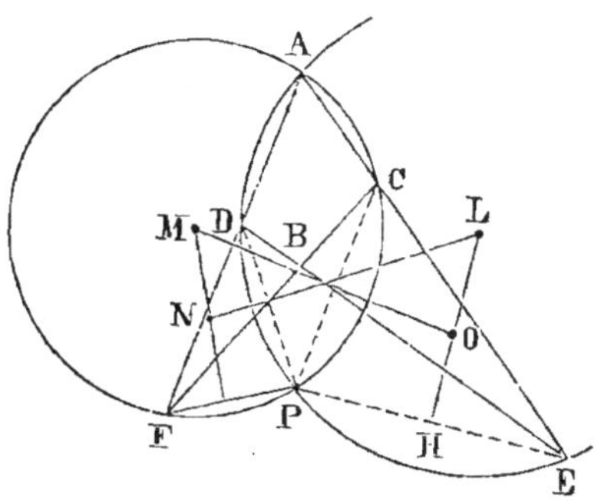

$$L = {}^1/_2\,DPE \quad \text{et} \quad M = {}^1/_2\,CPF;$$

donc $L = M$ et le quadrilatère LMNO des quatre centres est inscriptible.

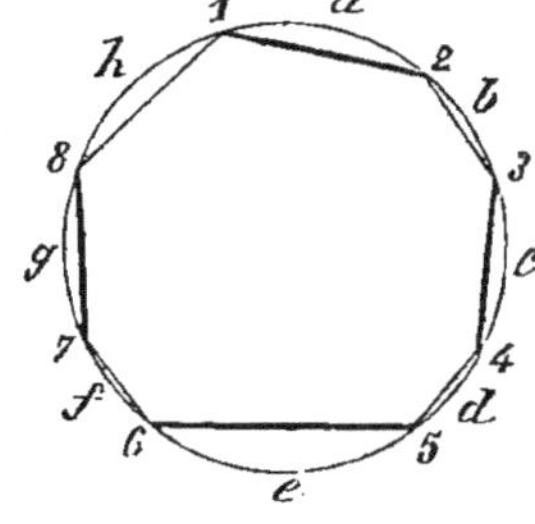

Fig. 472.

Exercice 145

713. Théorème. *Dans tout polygone inscrit de 2n côtés, la somme des angles de rang pair est égale à la somme des angles de rang impair.*

En prenant le double de la valeur de chaque angle inscrit, on a :

$$
\begin{aligned}
1 &= b + c + d + e + f + g \\
3 &= d + e + f + g + h + a \\
5 &= f + g + h + a + b + c \\
7 &= h + a + b + c + d + e
\end{aligned}
$$

$$1 + 3 + 5 + 7 = \text{3 fois la circonférence entière.}$$

Il en serait de même du double de la somme des angles de rang pair; *donc les deux sommes sont égales.*

Dans l'exemple donné, chaque somme égale trois fois la moitié de la circonférence ou six angles droits.

714. Remarque. En général, la somme des angles intérieurs d'un polygone ayant 2n côtés, est donnée par la formule :

$$\text{2 droits } (2n - 2)$$

donc la somme des angles de rang pair est donnée par

$$\text{1 droit } (2n - 2)$$

Fig. 473.

La somme des angles d'un des groupes égale autant d'angles droits qu'il y a de côtés moins deux.

Exercice 146

715. 1er **Théorème de Poncelet.** *Si deux polygones inscrits de 2n côtés ont* (2n — 1) *côtés respectivement parallèles, les deux derniers côtés sont aussi parallèles.*

En effet, tous les côtés étant donnés parallèles deux à deux, sauf deux d'entre eux, AB et A'B' par exemple, on reconnaît que tous les angles du premier polygone, sauf les angles A et B, sont connus; il en est de même pour le second. Or A et B appartiennent à deux groupes différents et se trouvent déterminés. En effet, supposons que nous ayons des octogones, la somme des angles de rang pair égale six droits; il en est de même de celle des angles de rang impair.

Soit M la somme des trois angles de rang pair qui sont connus, et N celle des trois angles de rang impair;

nous aurons A = 6 droits — M et B = 6 droits — N

or, on a aussi   A' = 6d — N et B' = 6d — N

donc A = A', B = B' et les côtés AB et A'B' sont parallèles.

716. Remarque. Le théorème peut être énoncé comme il suit :

Si un polygone de 2n côtés demeure constamment inscrit dans un même cercle et que chacun de (2n — 1) *côtés se meuve parallèlement à lui-même, le dernier côté se mouvra aussi parallèlement à lui-même.* (N. A., 1850, page 136.)

Exercice 147

717. 2e **Théorème de Poncelet.** *Lorsqu'un polygone de* (2n + 1) *côtés est constamment inscrit dans un cercle, si 2n côtés se meuvent parallèlement à eux-mêmes, le dernier côté conservera une grandeur constante.*

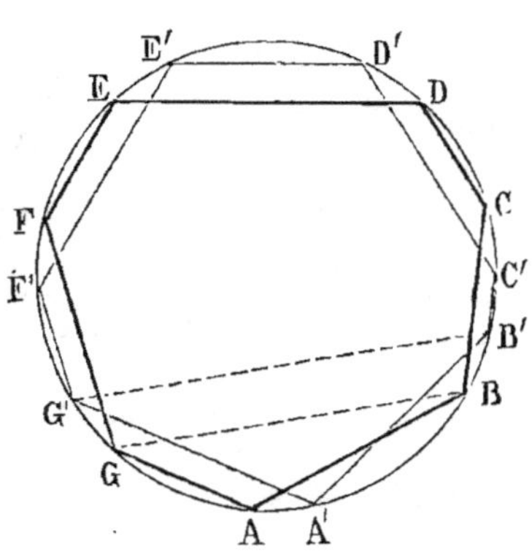

Fig. 474.

En effet, soit AB... GA un polygone d'un nombre impair de côtés, dont tous les côtés, sauf AB, se meuvent parallèlement à eux-mêmes et deviennent

B'C'D'E'F'G'.

Il faut prouver que A'B' = AB.

Or, en limitant les polygones par les diagonales BG et B'G', on a des polygones d'un nombre pair de côtés; donc B'G' est parallèle à BG (n°s 715 et 716).

Mais G'A' est aussi parallèle à GA par construction; donc les angles inscrits AGB et A'G'B' sont égaux; par suite, la corde A'B' = AB.   *C. Q. F. D.*

Exercice 148

718. Théorème. *Dans un triangle, les milieux des côtés, les pieds des hauteurs et les milieux des droites qui joignent les sommets au point de concours des hauteurs sont situés sur une même circonférence. (Euler*.)*

(*Méthodes*, n° 27; on peut voir aussi le n° 720.)

Exercice 149

719. Théorèmes. *Le centre du cercle des neuf points est au milieu de la droite qui joint le point de concours des hauteurs au centre du cercle circonscrit à ce triangle.*

Le rayon du cercle des neuf points est la moitié du rayon du cercle circonscrit.

(*Méthodes*, n° 28. Après l'étude du livre III, on peut recourir à une autre démonstration, n° 1262.)

La tangente du cercle des neuf points au point milieu d'un côté et ce côté sont antiparallèles par rapport à l'angle opposé.

(*Méthodes*, n° 28.)

Remarque. Il nous paraît avantageux de reproduire ici la démonstration du théorème fondamental, à cause des questions nombreuses qu'on peut rattacher au cercle des neuf points.

720. Cercle des neuf points. *Dans un triangle, les milieux des côtés, les pieds des hauteurs et les milieux des droites qui joignent les sommets au point d'intersection des hauteurs, sont situés sur une même circonférence.*

Soient D, E, F les points milieux des côtés; AK, CG deux hauteurs; H leur point d'intersection et L le milieu de AH.

Il suffit de prouver que la circonférence DEF passe par K et par L.

1° Menons FK. Le trapèze EDFK est isocèle et partant inscriptible (n° 699). En effet, dans le triangle rectangle ACK, la médiane FK = FC.

Mais $$DE = \frac{AC}{2} = FC$$

donc $$ED = KF$$

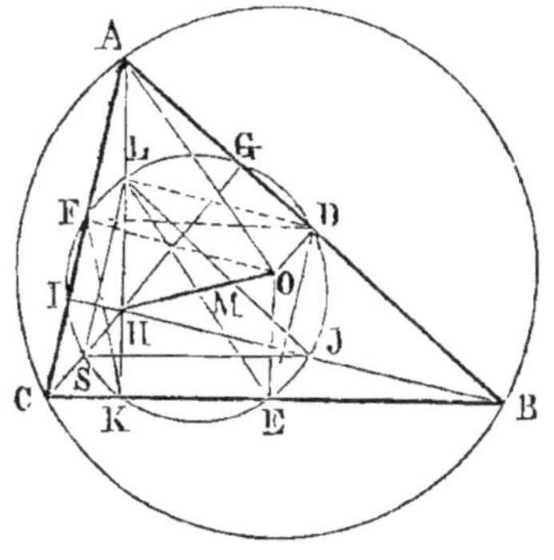

Ainsi la circonférence DEF passe par le point K.

Mener FL et FE.

Fig. 475.

---

* Euler. *Mémoires de Saint-Pétersbourg* en 1765.

2º La droite FL, qui joint les milieux de AC et de AH, est parallèle à CH; mais FE est parallèle à AB;

donc l'angle   LFE égale G = 1 droit

Ainsi le quadrilatère ELFK est inscriptible et la droite LE est le diamètre du cercle, car les angles LFE, LKE sont droits. Donc...

721. Remarques. 1º La droite LE qui joint le point milieu L, pris sur une hauteur au point milieu E du côté, est un diamètre.

2º Pour simplifier les énoncés et rappeler qu'EULER est le premier qui ait considéré les points tels que L, nous appellerons *point eulérien* d'une hauteur AK, le point milieu L de la distance AH du sommet d'un triangle au point de concours des hauteurs.

3º Si O est le centre du cercle circonscrit, DO et FO sont perpendiculaires au milieu de AC et de AB; donc, à cause du diamètre LE, l'angle LDE est droit; il égale donc OFC, mais DE est parallèle à AC; donc DL est aussi parallèle à FO, mais FL est déjà parallèle à CHG, par suite à DO; ainsi la figure ODLF est un parallélogramme;

donc   DL = OF

et   OD = FL = ½ CH

De ces remarques, on peut déduire les théorèmes suivants :

722. Théorème. *Dans un triangle, la droite qui joint le point eulérien d'une hauteur au milieu d'un des côtés adjacents à cette hauteur, est égale et parallèle à la perpendiculaire abaissée du centre de la circonférence circonscrite au triangle, sur le second côté adjacent à la hauteur considérée.*

En effet, on vient de prouver que la ligne LD est égale et parallèle à la perpendiculaire OF (fig. 475).

723. Théorème. *La distance de chaque côté d'un triangle au centre du cercle circonscrit à ce triangle, égale la moitié de la distance du sommet opposé au côté considéré, au point d'intersection des hauteurs.*

En effet, on a   FL = ½ CH

mais   DO = FL

donc   DO = ½ CH

De même   OE = ½ AH = AL = LH   (fig. 475.)

724. Théorème. *Les trois droites qui joignent le point eulérien de chaque hauteur d'un triangle au point milieu du côté opposé, sont des diamètres du cercle des neuf points; elles sont égales au rayon du cercle circonscrit et se coupent au point milieu de la droite qui joint le point de concours des hauteurs au centre du cercle circonscrit.*

LE est un diamètre; il en serait de même de FJ.

Les lignes OE et AH sont parallèles;

d'ailleurs   OE = AL = LH

par suite, les figures ALEO, LHEO sont des parallélogrammes;
donc $LE = AO$
et LE, HO se coupent respectivement en leurs milieux (fig. 475).

C. Q. F. D.

Remarques. 1° Le diamètre LME, qui aboutit au point milieu d'un côté BC, est égal et parallèle au rayon AO du cercle circonscrit, rayon qui aboutit au troisième sommet.

2° La considération des figures semblables établit plus simplement que le rayon du cercle des neuf points est la moitié de celui du cercle circonscrit, car les deux cercles sont circonscrits aux triangles semblables EDF, ABC; donc le rapport des côtés égale $^1/_2$.

725. Théorème. *Un triangle donné et les trois triangles qui ont pour base un des côtés du premier et pour sommet commun le point de* concours des hauteurs de ce même triangle, ont même cercle des neuf points.

En effet (fig. 475), pour le triangle BCH, par exemple, E, S, J sont les milieux des trois côtés dont le cercle de centre M est le cercle des neuf points.

Les trois hauteurs sont HK, BGA et CIA; ces trois lignes se coupent au point A. Pour la hauteur BGA, BA est la distance du sommet au point A de concours; donc D, milieu du côté primitif BA, est le *point eulérien* de la hauteur BG du triangle BHC.

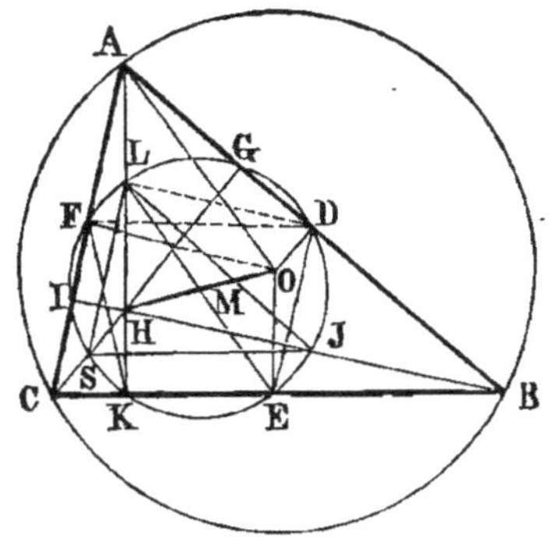

Mener FL et FE.

Fig. 475.

Remarque. Les *points eulériens* des trois hauteurs d'un triangle donné et les points milieux des trois côtés devaient jouir des mêmes propriétés, puisqu'ils jouent le même rôle dans la figure d'ensemble formée par les quatre triangles ABC, ABH, BCH, CAH.

On pourrait déduire bien d'autres conséquences du théorème du cercle des neuf points; en voici encore une assez remarquable : M est au milieu de HO, et par suite au milieu de la droite qui joindrait le sommet C au centre du cercle circonscrit au triangle AHB; on a donc le théorème suivant :

726. Théorème. *Les circonférences circonscrites à chacun des triangles* ABC, ABH, BCH, CAH *sont égales. Les quatre droites qui joignent chaque sommet et le point H au cercle circonscrit correspondant passent par le même point; ce point est le milieu de chacune de ces lignes.*

Note. Plusieurs des théorèmes précédents sont de CARNOT. (*Géométrie de position*, n°ˢ 129, 130, page 162.)

727. Théorème. *Dans un triangle BAC, l'angle DEG, formé par les droites qui joignent le point milieu E d'un côté de ce triangle au pied G de la hauteur et au point milieu D de BC, égale la différence des angles B et C du triangle.*

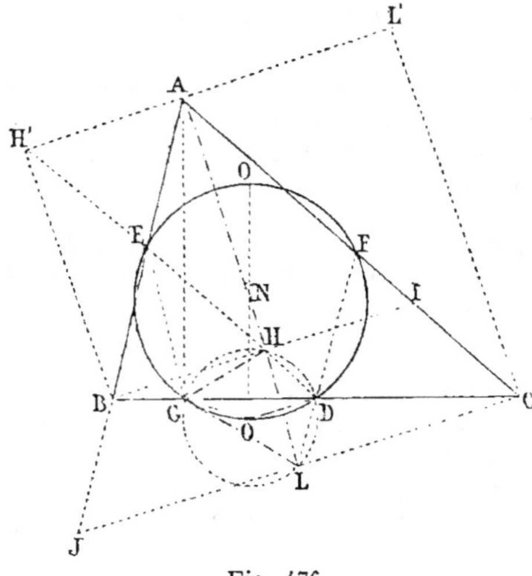

Fig. 476.

En effet, la droite DE, qui joint les milieux de deux côtés, est parallèle au troisième AC; donc

l'angle $BDE = C$

Le triangle AGB étant rectangle, la médiane GE égale la moitié de la base; ainsi le triangle EBG est isocèle; donc

l'angle $BGE = B$

Or,

l'angle $DEG = BGE - BDE$
(G., n° 93.)

donc $DEG = B - C$
                    C. Q. F. D.

728. Théorème. *Si l'on mène la bissectrice AL de l'angle A et qu'on abaisse les perpendiculaires BH, CL, le quadrilatère DHGL est inscriptible* (fig. 476).

Prolongeons BH et CL jusqu'à la rencontre des côtés opposés, les triangles ABI, ACJ seront isocèles. La droite DL, qui joint les points milieux de BC et de CJ, est parallèle à AB; elle est donc sur le prolongement de DF; donc l'angle $DLH = \dfrac{A}{2}$.

Le quadrilatère ABGH est inscriptible, car les angles AHB, AGB sont droits.

Ainsi HGD, supplément de $HGB = BAH = \dfrac{A}{2}$.

Les angles DLH, DGH étant égaux, le quadrilatère DHGL est inscriptible.   C. Q. F. D.

729. Corollaires. I. La droite DH, qui joint les milieux D, H de BC, BI, est parallèle à CA, elle est située sur DE et

l'angle $BDH = C$

Or,   angle $GLH = GDH = C$

Ainsi   l'angle $GLD = C + \dfrac{A}{2}$

II. Lorsqu'on projette les sommets B et C en H′ et L′ sur la bissectrice extérieure de l'angle A, le quadrilatère DGH′L′ est inscriptible.

III. La droite DHE passe par le point H′.

730. Théorème. *Le centre du cercle DHGL est sur le cercle des neuf points. Il en est de même du centre du cercle DGH′L′* (fig. 476).

Soit O le centre du cercle circonscrit au quadrilatère DHGL.

L'angle au centre $\qquad DOG = 2\,\overset{\frown}{DLG}$

donc $\qquad DOG = 2\left(C + \dfrac{A}{2}\right) = 2C + A$

Mais $\qquad$ l'angle $\;DEG = B - C$

donc $\qquad DOG + DEG = A + B + C = 180$

Ainsi le quadrilatère DOGE est inscriptible; donc le centre O est sur le cercle des neuf points, puisque ce cercle passe par D, E, G.

731. Scolies. I. On démontrerait aussi que le centre du cercle circonscrit au quadrilatère DGH′G′ est sur le cercle des neuf points.

II. Les bissectrices de l'angle B donneraient lieu à deux nouveaux cercles, dont les centres seraient sur le cercle des neuf points; il en serait de même des bissectrices de l'angle C; donc on a *six nouveaux points* qui appartiennent au cercle connu sous le nom de cercle des neuf points.

III. Les centres O, O′ sont aux extrémités du diamètre ONO′ perpendiculaire au milieu du segment DG.

732. Théorème. *Le cercle des neuf points passe par les centres de vingt-quatre cercles que l'on peut déterminer directement.*

On sait que les quatre triangles ABC, AHB, AHC, BHC, ont même cercle des neuf points (n° 725); or chacun de ces triangles donne lieu à six cercles; donc...

Exemple. La bissectrice de l'angle CAH donne les cercles O, O′.

Le cercle O passe par le milieu K du côté CH, par le pied P de la perpendiculaire AP abaissée sur CH et par les projections L, M des sommets C, H, sur la bissectrice AML.

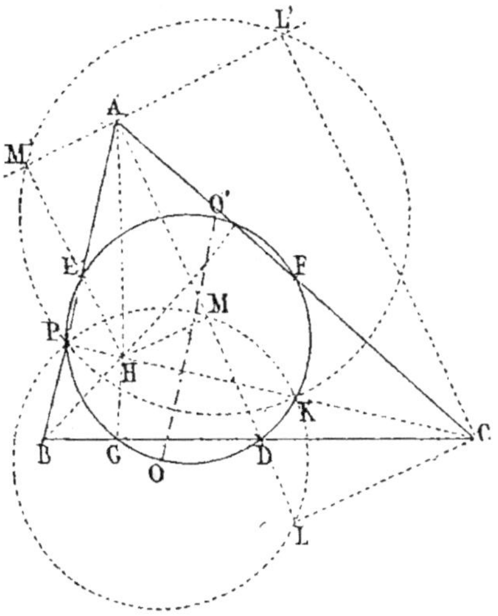

Fig. 477.

733. Remarques. 1° Rien n'est plus facile que de multiplier indéfiniment le nombre de points que l'on peut déterminer directement, et
par lesquels passe néanmoins le *cercle des neuf points* d'un triangle
donné ABC.

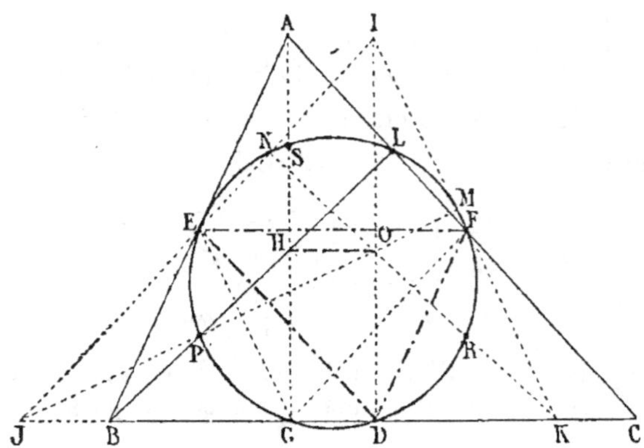

Fig. 478.

En effet, le cercle considéré est circonscrit au triangle DEF, que
l'on peut nommer *triangle médian,* pour rappeler qu'il passe par les
pieds des trois médianes. Or, en prenant G, pied de la hauteur AG,
comme le point milieu de la base d'un triangle, on peut dire que EFG
est le *triangle médian* auquel est circonscrit le cercle des neuf points.

En menant par les sommets E, F, G des parallèles aux côtés opposés, on obtient IJK pour triangle principal; les points D, E, F, G
sont communs aux deux triangles ABC et IJK. Il en est de même du
point P, milieu de BH et en même temps milieu de OJ. Le point R
est le milieu de OK et celui de CH; mais il y a trois points nouveaux :
le point milieu de OI et les pieds M, N des perpendiculaires JM, KN.

On peut construire deux triangles analogues à IJK; donc les trois
triangles ainsi formés donnent *neuf nouveaux points.*

734. 2° Le triangle dont ESF serait le *triangle médian* ne donnerait
que deux nouveaux points, car le point milieu de OI serait le pied de
la hauteur abaissée sur le côté parallèle à EF et D serait le *point
eulérien.* Les deux autres hauteurs passeraient par P, R; mais le
triangle correspondant à ELF donnerait aussi deux points. Il y aurait
à considérer quatre autres triangles analogues pour les côtés DE, DF;
donc on aurait *douze nouveaux points,* etc.

Exercice 150

735. Théorème. *Les quatre centres des cercles inscrits et ex-inscrits à
un triangle étant joints deux à deux donnent six longueurs; démontrer que les six milieux de ces droites sont sur la circonférence
circonscrite au triangle donné. (The Mathematical monthly,* 1859,

États-Unis. — Théorème indiqué dès 1849 par M. Mension. — N. A., 1850, page 324.)

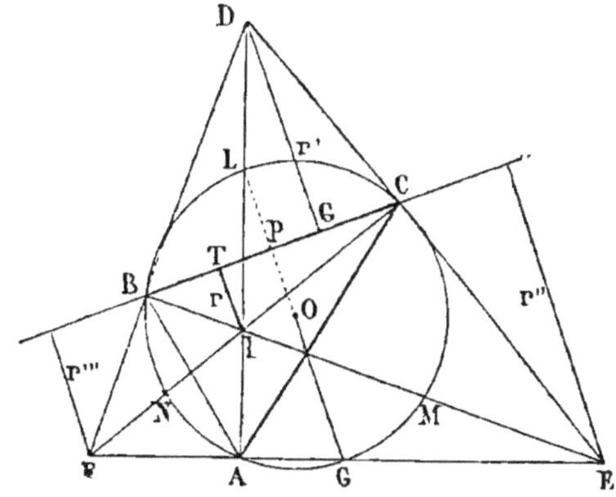

Fig. 479.

Soient ABC le triangle donné, O, D, E, F les quatre centres. Les bissectrices intérieures AD, BE, CF sont perpendiculaires aux bissectrices extérieures; elles sont donc les hauteurs du triangle DEF (n° 662). Dès lors, le cercle circonscrit au triangle ABC est le cercle des neuf points de DEF. Il passe donc par le point L milieu de ID (n° 720) et par le point G milieu de FE, etc.

Remarque. On sait que LG est un diamètre du cercle des neuf points (n° 711, I).

Exercice 151

736. Théorème. *La somme des rayons des trois cercles ex-inscrits égale le rayon du cercle inscrit, augmenté de quatre fois le rayon du cercle circonscrit.*

Soient (fig. 479) R le rayon du cercle circonscrit, r du cercle inscrit, r', r'', r''' les rayons des cercles ex-inscrits tangents aux côtés a, b, c.

$$IT = r, \quad DG = r'; \quad LG = 2R$$

Le point L étant le milieu de DI, on a

$$LP = \frac{r' - r}{2} \quad \text{(fig. n° 436, 3}^e\text{ cas)}$$

$$GP = \frac{r'' + r'''}{2}$$

d'où LG ou $2R = \dfrac{r' + r'' + r''' - r}{2}$ ou $r' + r'' + r''' = 4R + r$

C. Q. F. D.

Exercice 152

737. Théorème. *Dans tout triangle, la somme des rayons du cercle inscrit et du cercle circonscrit égale la somme des perpendiculaires* *abaissées du centre du cercle circonscrit sur chaque côté.* (Carnot, *Géométrie de position,* n° 137, page 167. — Démonstration de M. Mension. — N. A., 1850, page 325.)

Soient d', d'', d''' les distances du centre O aux trois côtés a, b, c.

On a trouvé au théorème précédent:

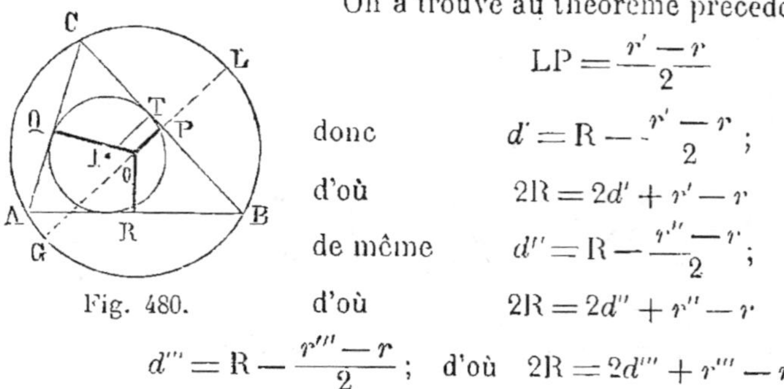

Fig. 480.

$$LP = \frac{r' - r}{2}$$

donc $\qquad d' = R - \frac{r' - r}{2}$;

d'où $\qquad 2R = 2d' + r' - r$

de même $\qquad d'' = R - \frac{r'' - r}{2}$;

d'où $\qquad 2R = 2d'' + r'' - r$

$$d''' = R - \frac{r''' - r}{2} ; \quad \text{d'où} \quad 2R = 2d''' + r''' - r$$

Ajoutons, on a:

$$6R = 2(d' + d'' + d''') + (r' + r'' + r''') - 3r$$

Mais (736) $\qquad r' + r'' + r''' = 4R + r$

d'où $\qquad 6R = 2(d' + d'' + d''') + 4R - 2r$

ou $\qquad d' + d'' + d''' = R + r \qquad C. Q. F. D.$

Polygones circonscrits au cercle.

738. Les exercices relatifs aux polygones circonscrits demandent fréquemment l'emploi du théorème suivant:

Les tangentes qui partent d'un même point sont égales. L'angle qu'elles forment entre elles est le supplément de l'angle des rayons de contact. (G., n° 192.)

Exercice 153

739. **Théorème.** *Un angle quelconque A étant formé par deux tangentes AD et AE à une même circonférence, si l'on mène une troisième tangente BC mobile du côté du sommet, le triangle ABC ainsi formé a un périmètre constant,*

Et l'angle au centre BOC sous lequel est vue cette tangente mobile est constant.

Examiner le cas où l'on mènerait la tangente à l'opposé du sommet, en B'C' *.

---

* Le théorème de l'angle au centre constant, qui correspond à une tangente mobile, limitée à deux tangentes fixes, est de Poncelet. (*Traité des propriétés projectives des figures,* n°s 462 et 463.)

L'illustre auteur en a déduit de belles propriétés relatives aux coniques. (G., n° 633; *Exercices,* n°s 2110, 2112.)

1° Menons les rayons OD, OE, OI, aux points de contact des tangentes. On a BI = BD et CI = CE, comme tangentes issues d'un même point. Donc le périmètre du triangle ABC égale la somme des tangentes AD et AE, quantité indépendante de la position de BC.

2° La droite OB est bissectrice de l'angle DOI formé par les rayons qui vont aux points de contact (G., n° 192), et de même OC est bissectrice de l'angle IOE. Donc l'angle BOC est la moitié de l'angle total DOE, lequel est constant, et égal au supplément de A.

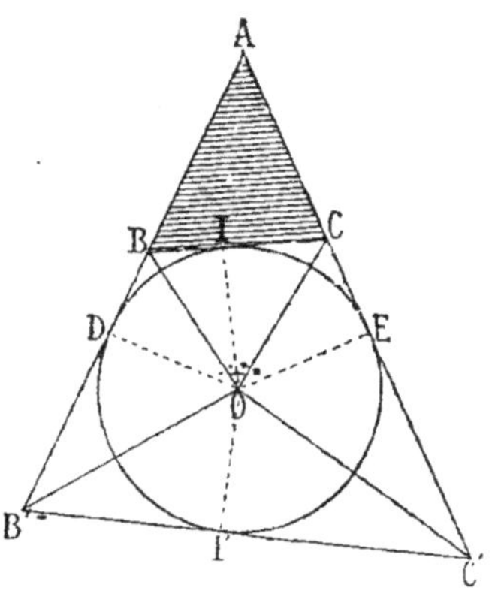

Fig. 481.

Scolie. Si l'on considère la tangente B'C', on voit qu'il faut retrancher cette droite B'C' de la longueur AB' + AC' pour avoir la valeur constante AD + AE.

Quant à l'angle B'OC', il est constant, car il est la demi-somme des angles constants DOI' et EOI'.

On a donc le théorème suivant :

740. Théorème. *Lorsqu'un triangle circonscrit à un cercle donné a un angle constant, la somme des côtés qui comprennent cet angle, diminuée du côté opposé, est une quantité constante.*

Le côté opposé est vu du centre sous un angle constant.

Exercice 154

741. Théorème. *Dans un triangle rectangle ABC, la somme des côtés de l'angle droit égale la somme des diamètres des deux circonférences inscrite et circonscrite.*

La circonférence circonscrite a pour diamètre l'hypoténuse BC du triangle.

Dans la circonférence inscrite, si l'on mène, aux points de contact, les rayons OE et OF, la figure OEAF est un carré. On a, à cause des tangentes qui partent d'un même point,

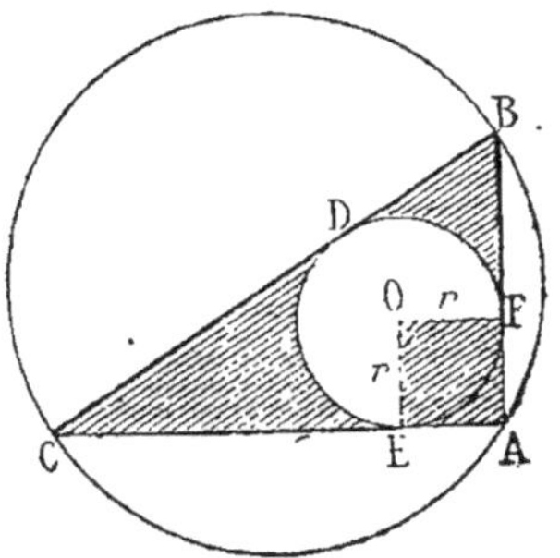

Fig. 482.

$$CE = CD$$
$$BF = BD$$

d'où $\quad CE + BF = BC$

Ajoutons-y l'égalité $\quad AE + AF = 2r$

Il vient $\quad AC + AB = BC + 2r$

$$C.\,Q.\,F.\,D.$$

742. Théorème. *Le rayon du cercle ex-inscrit tangent à l'hypoténuse égale la somme des rayons des deux autres cercles ex-inscrits
et du rayon du cercle inscrit.*

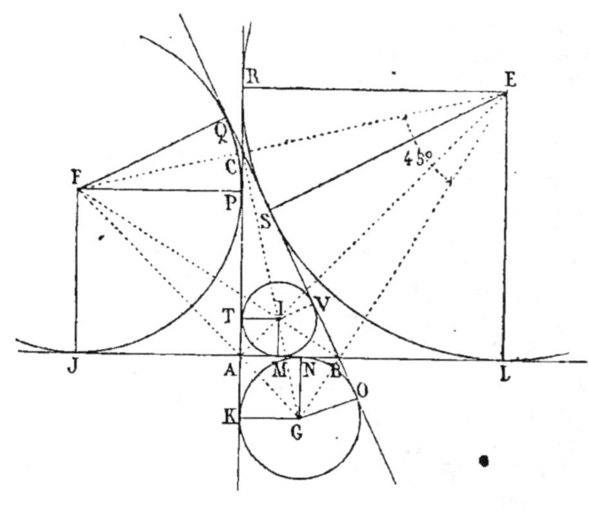

Fig. 483.

Il faut prouver qu'on a

$$EL = FP + GK + IT$$

ou

$$AL = AJ + AN + AM$$

Il suffit donc de démontrer que $AM = NB$ et que $AJ = BL$.

1° $$AM + AN = KT \quad \text{et} \quad BM + BN = OV$$

mais $$KT = OV$$

donc $$AM + AN = BM + BN$$

d'où $$AM = BN$$

2° Le triangle EBF est rectangle et isocèle, car l'angle EBF est
droit comme angle des bissectrices de deux angles adjacents supplémentaires (n° 402), et l'angle BEF égale 45°, puisque EF et EG sont
bissectrices des angles complémentaires RES, SEL.

Donc $$BE = BF$$

Les triangles rectangles BEL, BFJ sont égaux comme ayant l'hypoténuse égale et les angles aigus égaux, car les angles EBL et FBJ
sont complémentaires, puisque EBF est droit.

Ainsi   EL ou $AL = AN + BN + BL = GN + IM + FJ$

C. Q. F. D.

743. Remarques. 1° Dans tout triangle, le périmètre égale (fig. 483)

$$2AM + 2BM + 2BS$$

car $AM = AT, \quad BM = BV, \quad BS = CV = CT = BL$

Ainsi, en désignant le périmètre par $2p$, on a

$$AM = p - a$$
$$BM = p - b$$
$$AP = p - c$$

Or $AL = AJ + AB = p - c + c = p$

donc les rayons des cercles inscrit et ex-inscrit aux trois côtés d'un triangle rectangle donnent les relations suivantes :

$$
\begin{aligned}
IM \quad &\text{ou} \quad r = p - a\\
GN \quad &\text{ou} \quad r_c = p - b\\
FJ \quad &\text{ou} \quad r_b = p - c\\
EL \quad &\text{ou} \quad r_a = p
\end{aligned}
$$

2° *La tangente intérieure* AB, *limitée aux tangentes extérieures, égale les segments* KT, OV, *compris entre les points de contact des tangentes extérieures.*

Car $AN = AK \quad \text{et} \quad AM = AT$

Or $AN = BM$

donc $AB = KT = OV \qquad C.\ Q.\ F.\ D.$

Exercice 155

744. Théorème de Pitot[*]. *Dans tout quadrilatère circonscrit* ABCD, *la somme de deux côtés opposés,* AB *et* CD, *est égale à la somme des deux autres côtés*[**].

En effet, les tangentes menées d'un même point à un même cercle étant égales (G., n° 192), on a

$$AF = AE$$
$$BF = BG$$
$$CH = CG$$
$$DH = DE$$

D'où, en additionnant,

$$AB + CD = AD + BC$$

$$C.\ Q.\ F.\ D.$$

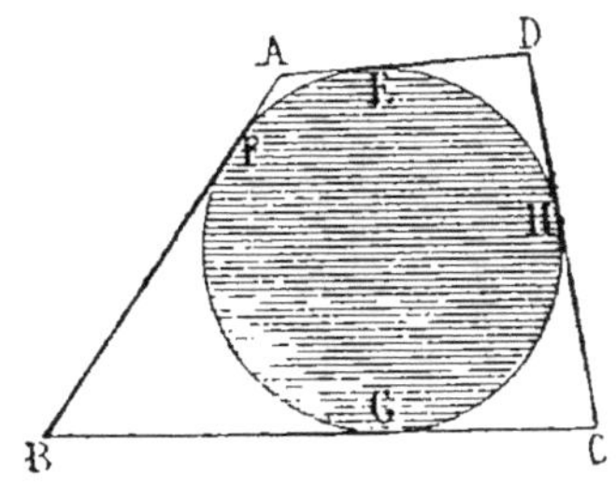

Fig. 484.

---

[*] Pitot (1695 — 1771), ingénieur en Languedoc; auteur de la *Théorie de la manœuvre des vaisseaux.*

[**] Ce théorème remonte à 1725; il a été complété en 1846 par Steiner. (Citation de Baltzer, § 4, n° 10. — *Nouvelles Annales*, 1849, page 367.)

Exercice 156

745. Théorème réciproque. *Si un quadrilatère ABCD est tel que la somme de deux côtés opposés AB et CD soit égale à la somme des deux autres côtés, BC et AD, ce quadrilatère est circonscriptible à un cercle.*

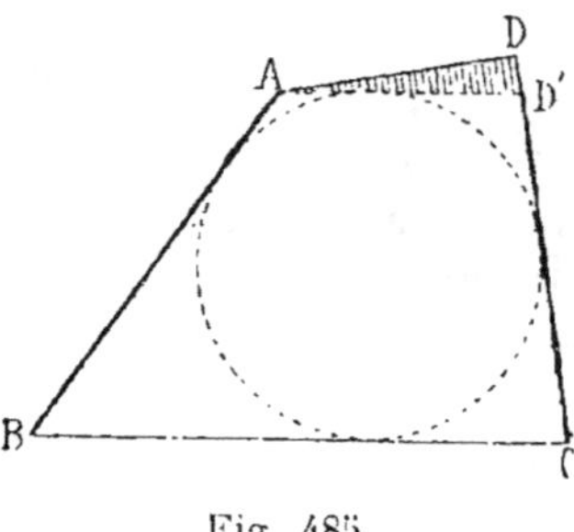

Fig. 485.

Pour le prouver, menons une circonférence tangente aux trois côtés AB, BC et CD, puis une droite AD′ tangente à cette circonférence.

Le quadrilatère ABCD′ donne

$$AB + CD' = BC + AD'$$

Mais on a supposé que

$$AB + CD = BC + AD$$

En soustrayant membre à membre, il viendrait

$$DD' = AD - AD'$$

Or un côté d'un triangle ne peut être égal à la différence des deux autres (G., n° 49); le triangle ADD′ est donc impossible : AD se confond nécessairement avec AD′, et le quadrilatère considéré est circonscriptible.   *C. Q. F. D.*

Exercice 157

746. Théorème. *Lorsque le cercle tangent aux quatre côtés d'un quadrilatère est extérieur à cette figure, la différence de deux côtés opposés de ce quadrilatère égale la différence des deux autres côtés.* (STEINER, *Journal de Crelle*, 1846.)

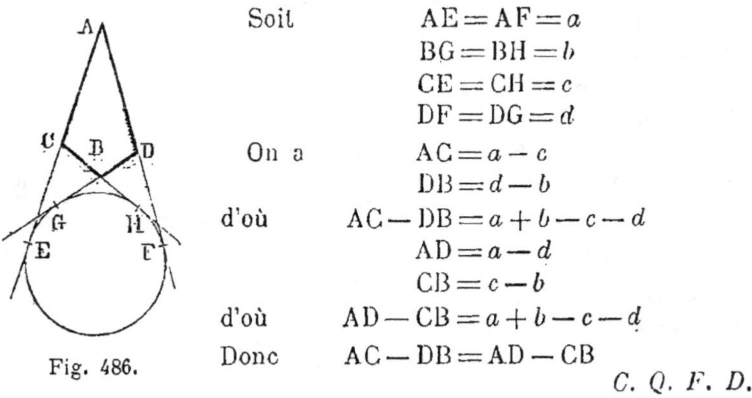

Fig. 486.

Soit

$$AE = AF = a$$
$$BG = BH = b$$
$$CE = CH = c$$
$$DF = DG = d$$

On a

$$AC = a - c$$
$$DB = d - b$$

d'où

$$AC - DB = a + b - c - d$$
$$AD = a - d$$
$$CB = c - b$$

d'où

$$AD - CB = a + b - c - d$$

Donc

$$AC - DB = AD - CB$$

C. Q. F. D.

Exercice 158

747. Théorème. *Dans le quadrilatère ex-circonscrit, on a deux côtés adjacents dont la somme égale celle des deux autres.*

Réciproquement, *quand ces sommes sont égales, le quadrilatère est circonscriptible.*

On a (fig. 486)

$$AC + CB = a - c + c - b$$
$$AD + DB = a - d + d - b$$

Donc $$AC + CB = AD + DB \qquad C.\ Q.\ F.\ D.$$

La réciproque est analogue à celle de la question connue (n° 745).

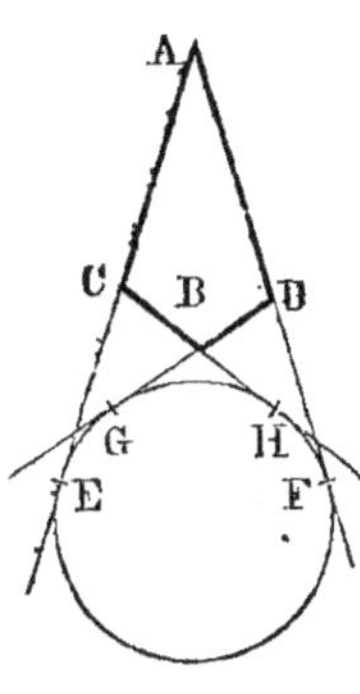

Fig. 487.

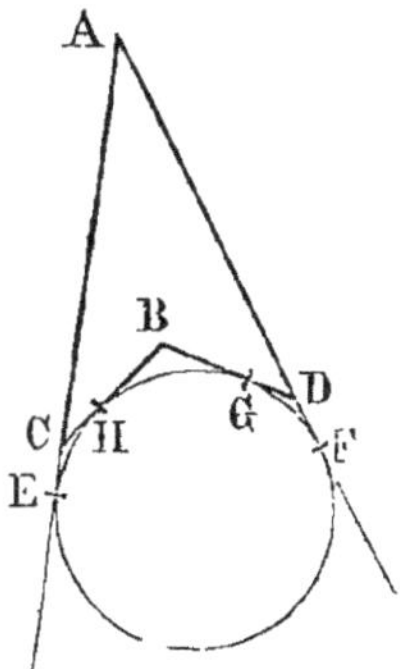

Fig. 488.

Remarques. 1° Il est évident que la somme $BC + BD$ n'égale point $AC + AD$; donc le théorème ne peut pas être énoncé pour deux côtés adjacents quelconques.

2° Le théorème est vrai pour un quadrilatère non convexe.

$$AC + CB = a - c + c + b$$
$$AD + DB = a - d + d + b$$

d'où $$AC + CB = AD + DB \qquad C.\ Q.\ F.\ D.$$

On a aussi $$AC - BD = AD - BC$$

748. Théorème. *Un trapèze isocèle est circonscriptible, lorsque chacun des côtés non parallèles égale la droite qui joint les points milieux de ces côtés.*

Car la somme des bases égale la somme des deux autres côtés.

Exercice 159

749. Théorème. *Lorsqu'un quadrilatère inscriptible a ses diagonales rectangulaires, le quadrilatère formé en joignant deux à deux les projections du point de concours des diagonales, sur les côtés de la figure donnée, est à la fois inscriptible et circonscriptible.*

La circonférence qui passe par les quatre projections passe aussi par les quatre points milieux des côtés du quadrilatère donné.

Soient ABCD le quadrilatère donné, O le centre du cercle circonscrit, EFGH la nouvelle figure obtenue. Les quadrilatères AHME, EBFM, etc., sont inscriptibles.

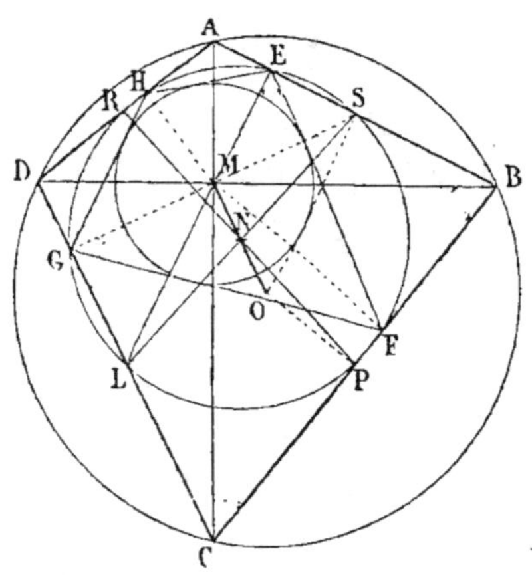

Fig. 489.

Donc l'angle HEM = HAM
$$FEM = FBM$$

Mais HAM = FBM

car ces angles ont pour mesure $\frac{1}{2}$ DC.

Donc HEM = FEM

Ainsi EM est bissectrice de l'angle FEH; de même FM est bissectrice de l'angle F. Donc le quadrilatère EFGH est circonscriptible, car les quatre bissectrices se coupent au même point M.

1° Les angles HEF + HGF = 2(MBF + MCF).

Mais le triangle MBC est rectangle; donc MBF + MCF = 1 droit.

Ainsi HEF + HGF = 2 droits, et le quadrilatère EFGH est circonscriptible.

2° Joignons le point M au point L milieu de DC, et prouvons que ML est dans le prolongement de EM.

Dans le triangle rectangle CMD, la médiane LM = LC; donc

l'angle LMC = LCM = MBA = AME

(Ces deux derniers sont complémentaires du même angle MAE.)

Les angles égaux LMC et AME prouvent que le prolongement de ME passe par le milieu de DC; de même pour les autres lignes. A cause des angles droits E et G, ces points appartiennent à la circonférence décrite sur LS comme diamètre.

De même F et H appartiennent à la circonférence décrite sur le diamètre RP.

Mais le parallélogramme LRSP est rectangle, car ses côtés sont parallèles à AC et à DB; donc LS = RP et les huit points appartiennent à une même circonférence.

Remarque. Le centre N du cercle des *huit points* du quadrilatère ABCD est au milieu de MO.

Exercice 160

750. Théorème. *Par le centre d'un polygone régulier d'un nombre quelconque de côtés, on mène une droite quelconque xy; la somme des perpendiculaires abaissées des sommets situés d'un côté donné de la droite égale la somme des perpendiculaires abaissées des sommets situés de l'autre côté de cette droite.*

1° C'est évident quand le polygone a un nombre pair de côtés, car les sommets sont symétriques deux à deux par rapport au centre de figure, et, par suite, leurs distances à la sécante centrale seront égales.

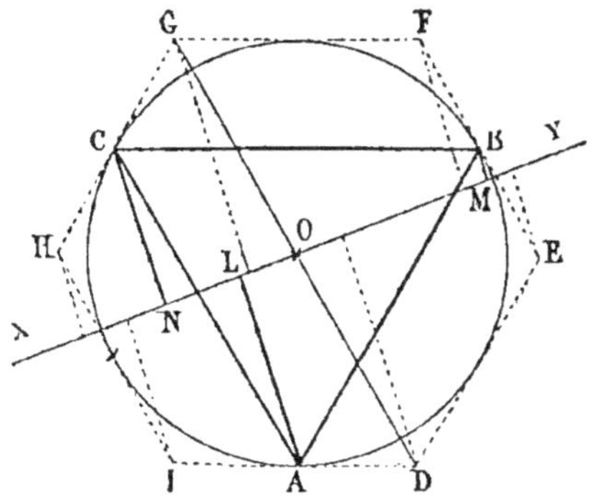

Fig. 490.

2° Si le polygone a un nombre impair de côtés, trois par exemple, circonscrivons une circonférence au triangle équilatéral donné ABC; puis, par les sommets A, B, C et les milieux de chaque arc, menons des tangentes afin de former un hexagone régulier circonscrit. (G., n° 161.)

Désignons chaque perpendiculaire par une lettre rappelant le sommet d'où elle est abaissée.

Il faut prouver qu'on a $AL = BM + CN$ ou $a = b + c$.

Or on sait que la perpendiculaire menée par le point milieu d'une droite est la demi-somme ou la demi-différence, suivant le cas, des perpendiculaires abaissées des extrémités de la droite (n° 436).

Donc
$$a = \frac{d+i}{2}, \quad b = \frac{f-e}{2}, \quad c = \frac{h+g}{2}$$

$$b + c = \frac{f+g+h-e}{2} = \frac{f+g}{2}, \quad \text{car} \quad h = e \ (1°)$$

Donc cette somme égale a, car $d = g$ et $i = f$.

Ainsi $AL = BM + CN$ C. Q. F. D.

Remarque. On aurait de même $OM = OL + ON$,   en projetant les sommets sur un axe parallèle à AL.

Lignes concourantes.

751. Pour démontrer que plusieurs droites concourent au même point, on utilise les remarques déjà faites (livre 1, n° 439).

Divers théorèmes établis au livre II fournissent de nouveaux éléments de démonstration. (Voir Exercices 163, 164, n°° 757, 758.)

Exercice 161

752. Théorème. *D'un point quelconque, on abaisse des perpendiculaires sur trois droites données; la circonférence qui passe par les trois pieds des perpendiculaires coupe les droites données en trois autres points qui sont aussi les projections d'un même point.*

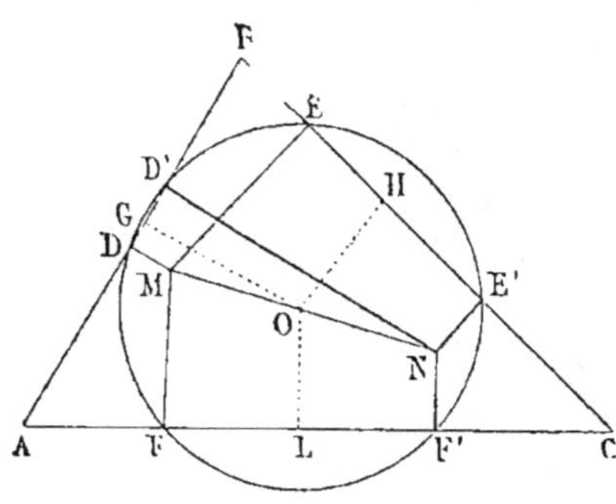

Fig. 491.

Soient M le point et D, E, F ses projections sur les côtés du triangle ABC; les trois autres points d'intersection D', E', F' sont aussi les projections d'un même point N.

En effet, joignons M au centre O du cercle qui passe par D, E, F. Prenons ON = OM, la droite NF' est perpendiculaire à AC, car LF' = LF; donc NF' est parallèle à MF; de même pour NE' et ND'; donc...

753. Théorème. *Quel que soit le nombre de côtés d'un polygone qu'une circonférence coupe en A, A'... D, D', etc., si les points A, B, C, D, etc., sont les projections d'un même point, il en est de même des points A', B', C', D', etc.*

Exercice 162

754. Théorème. *Sur chaque côté d'un triangle on construit un triangle équilatéral, et l'on joint le troisième sommet de chacun de ces triangles au sommet opposé du triangle primitif; démontrer :*
1° Que les trois droites ainsi menées sont égales entre elles;
2° Qu'elles se coupent au même point.

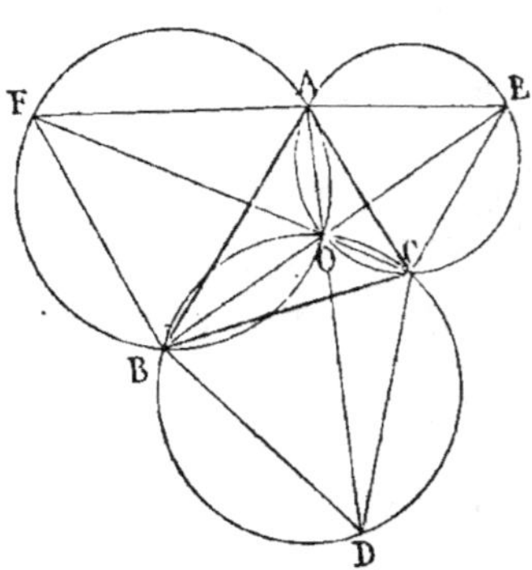

Fig. 492.

1° Les triangles FAC, BAE sont égaux comme ayant un angle égal compris entre deux côtés égaux.

L'angle FAC = BAE, puis l'arc FA = BA et AC = AE.

Donc FC = BE; on aurait de même FC = AD.

2° Les circonférences circonscrites aux deux triangles équilatéraux ABF, AEC se coupent en un point O, tel que les angles AOB, AOC sont égaux entre eux et valent 120°, comme suppléments des angles F, E qui valent 60°; donc l'angle BOC égale aussi 120°, et la circonférence circonscrite au triangle équilatéral BDC passe par le point de concours O des deux premières.

Joignons ce point O aux six sommets, et pour démontrer la seconde partie du théorème il suffit de prouver que OF et OC sont en ligne droite.

Or chaque angle formé autour du point O vaut 60°, car l'arc BF est le tiers de la circonférence, etc. ; donc la somme des trois angles FOB, BOD, DOC vaut 180°, et les côtés extérieurs OF et OC sont en ligne droite.   *C. Q. F. D.*

755. Remarques. 1° Le théorème est encore vrai lorsque chaque triangle équilatéral tel que ABF est rabattu sur ABC, au lieu d'être placé à l'extérieur, comme cela a lieu dans la figure précédente.

2° Chaque côté du triangle ABC est vu du point O sous un même angle.

756. Théorème. *Les trois droites qui joignent chaque sommet d'un triangle au point milieu de l'arc opposé du cercle circonscrit se coupent au même point.*

Car ces trois droites sont les bissectrices des angles du triangle.

Exercice 163

757. Théorème. *Les perpendiculaires abaissées des centres des cercles ex-inscrits sur les côtés du triangle se coupent au même point.*

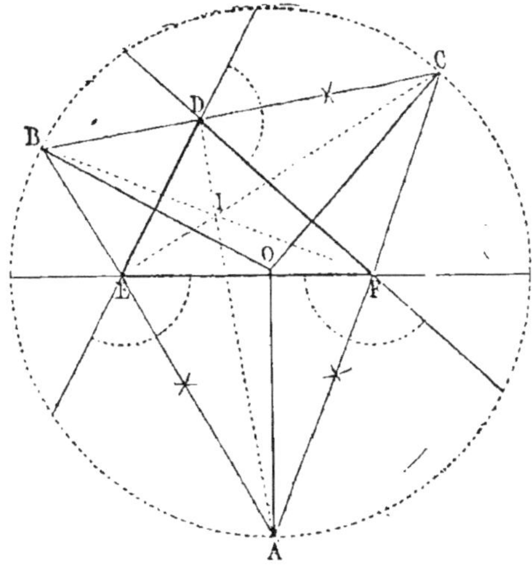

Fig. 493.

Soit DEF le triangle donné.

On sait que le triangle DEF, formé en joignant deux à deux les pieds des hauteurs d'un triangle ABC, a ces hauteurs pour bissectrices intérieures et les côtés de ABC pour bissectrices extérieures (n° 662) ; donc, réciproquement, par rapport au triangle donné DEF, les points A, B, C sont les centres des cercles ex-inscrits.

Mais les rayons qui joignent les sommets d'un triangle ABC au centre du cercle circonscrit sont respectivement perpendiculaires aux

droites DE, EF, FD qui joignent deux à deux les pieds des hauteurs
de ABC (n° 663); donc les perpendiculaires abaissées des centres
A, B, C des cercles ex-inscrits à DEF, ne sont autre chose que les
rayons AO, BO, CO de la circonférence circonscrite à ABC; donc ils
se coupent au même point O, et ce point est équidistant des trois
centres donnés.

Remarque. On peut démontrer le théorème proposé sans recourir
au *théorème de Nagel* (n° 663). Voir n° 1246, 2° *Démonstration*.

Exercice 164

758. Théorème. *Trois cercles* L, M, N *sont situés dans un même
plan; si par un même point passent trois tangentes intérieures communes aux cercles pris deux à deux, les trois autres tangentes communes passent aussi par un même point.* (MANNHEIM. — N. A., 1854,
p. 210.)

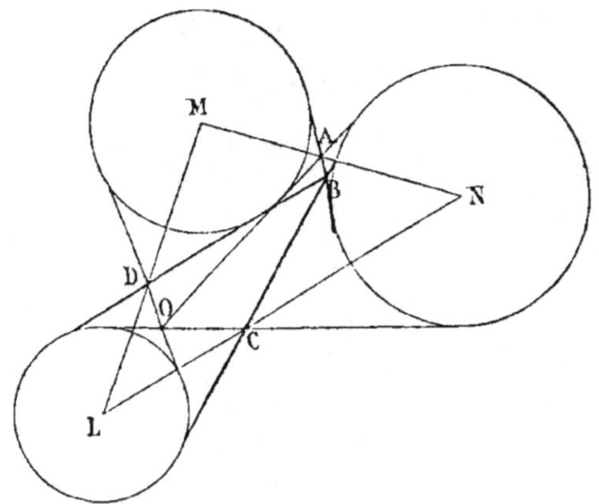

Fig. 494.

Supposons que trois tangentes intérieures se coupent en B. Soit O
le point de rencontre de deux autres tangentes CO, OA. Par ce point,
menons au cercle M la tangente OD; il suffit de prouver que OD est
tangente au cercle L, pour que le théorème soit démontré.

On sait que lorsqu'un quadrilatère est ex-circonscrit à un cercle, la
somme de deux côtés adjacents égale la somme des deux autres côtés,
et réciproquement (n° 747).

Or le quadrilatère BCOA est circonscrit au cercle N; on a donc
$$BC + CO = BA + OA$$
Le quadrilatère BDOA est circonscrit au cercle M; donc
$$BA + AO = OD + BD$$
d'où
$$BC + CO = OD + BD$$

Donc le quadrilatère BCOD est circonscriptible, et comme trois de
ses côtés sont tangents au cercle L, il en est de même du quatrième
OD; donc...

759. Théorème. *Si une tangente intérieure du groupe* L, M, *une* *tangente extérieure de* M, N, *une extérieure de* N, A *passent par un même point, il en est de même de la seconde tangente intérieure* L, M *et des tangentes extérieures des groupes* M, N *et* N, L.

Démonstration comme ci-dessus.

Points en ligne droite.

760. Pour démontrer que trois points sont en ligne droite, on procède fréquemment comme il suit :

On joint un des points à chacun des deux autres, et l'on prouve que les deux droites sont dans la même direction, soit en établissant qu'elles sont parallèles à une même ligne, soit en prouvant qu'elles forment avec une autre droite, menée par le point commun, des angles égaux opposés par le sommet.

Malgré la différence apparente des questions, on reconnaît que pour démontrer que trois points sont en ligne droite, on procède à peu près comme pour prouver que trois droites concourent au même point. Les méthodes modernes rendent compte de cette analogie en établissant que les deux questions sont corrélatives.

Exercice 165

761. **Théorème.** *Les projections du sommet d'un triangle sur les quatre bissectrices des deux autres angles sont en ligne droite.* (N. A., 1859, p. 171.)

Soient les perpendiculaires AE, AD sur les bissectrices des angles B ; les bissectrices BD, BE étant perpendiculaires l'une à l'autre, la figure ADBE est un rectangle. Par suite la diagonale DE passe au point milieu M du côté AB, et ME = MB, donc on a

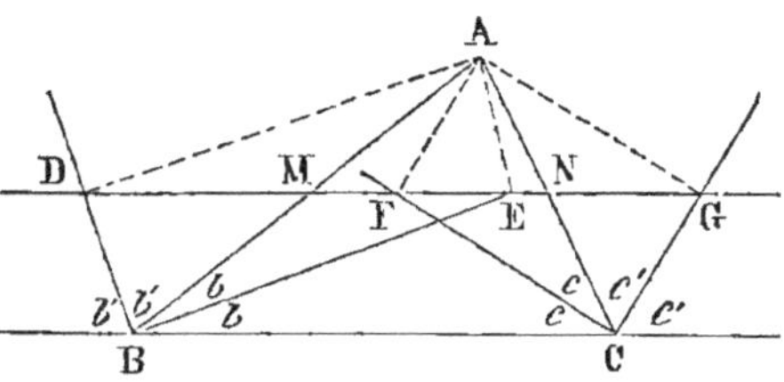

Fig. 495.

Angle MEB = MBE = CBE

Donc les droites ME et BC sont parallèles, et ME passe aussi par le point N milieu du second côté, et la ligne DE est déterminée de position ; on démontrerait de même que FG est parallèle à BC et qu'elle passe par le point N ; donc les deux projections F, G se trouvent sur une même ligne.

Exercice 166

762. **Théorème.** *Si d'un point pris sur la circonférence circonscrite à un triangle, on abaisse des perpendiculaires sur chaque côté de ce* *triangle, les trois points ainsi obtenus sont en ligne droite.* (Robert SIMSON[*].)

On peut donc énoncer le théorème comme il suit :

Les projections d'un point quelconque de la circonférence circonscrite à un triangle, sur chaque côté de ce triangle, sont en ligne droite.

La droite obtenue est nommée *droite de Simson.*

1ʳᵉ *Démonstration.* (Voir *Méthodes,* nº 22.)

763. Remarque. La démonstration de BALTZER est analogue à celle que nous avons exposée dans les méthodes ; mais afin de donner un exemple de concision géométrique, nous reproduisons la figure et la démonstration de cet auteur (*Planimétrie,* § IV, 3) :

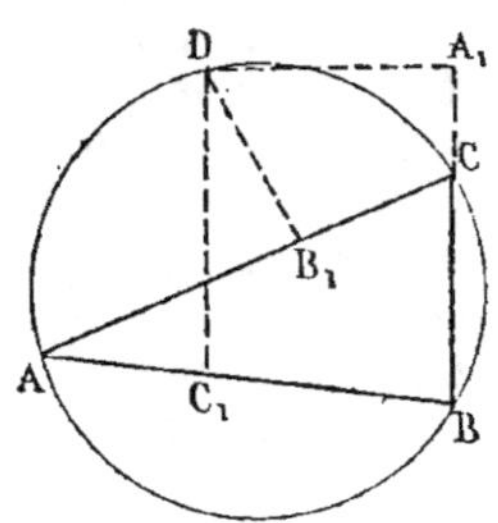

Fig. 496.

« Si quatre points A, B, C, D sont une circonférence, et si l'on mène les perpendiculaires DA_1, DB_1, DC_1 sur les côtés BC, CA, AB du triangle ABC, les pieds A_1, B_1, C_1 se trouvent en ligne droite.

« Puisque A_1, B_1, C, D et A_1, B, C_1, D sont respectivement sur une circonférence, on a

$$2DA_1B_1 = 2DCB_1 = 2DCA = 2DBA = 2DBC_1 = 2DA_1C_1$$

« Par suite, on aura $2DA_1B_1 = 2DA_1C_1$; donc les points A_1, B_1, C_1 sont sur une droite. »

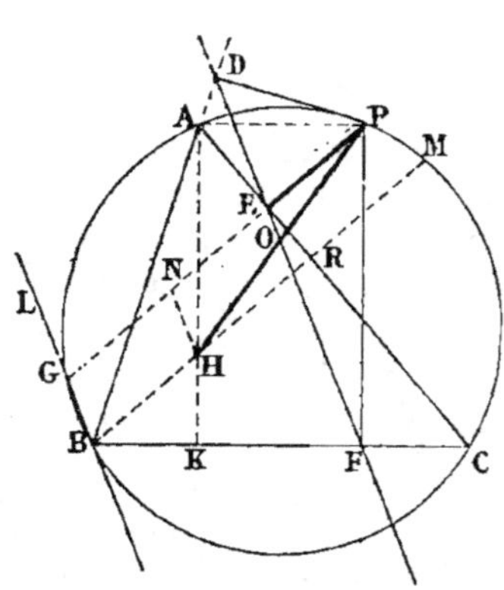

Fig. 497.

764. Démonstration de M. Retsin [**]. Prolongeons PE jusqu'à la circonférence et menons BG. Il suffit de prouver que les segments DE puis EF sont parallèles à la même droite BG (nº 760).

Dans le quadrilatère inscriptible ADEP, l'angle DEF = DAP, comme ayant même mesure.

Mais   DAP = LGP = ½ arc BAP

donc   l'angle DEP = LGP

l'angle PEF = 180° — PCF

car le quadrilatère PEFC est inscriptible.

---

[*] Voir le renvoi du nº 22 ; mais il faut : R. SIMSON et THOMAS SIMPSON.

[**] RETSIN, professeur de mathématiques supérieures à l'athénée de Gand.

Or   angle PCF $= \frac{1}{2}$ arc BAP $=$ angle LGP
Ainsi   l'angle PEF $=$ PGB
donc les segments ED, EF parallèles à BG sont en ligne droite.

C. Q. F. D.

Exercice 167

765. Théorème. *La droite de Simson divise en deux parties égales la droite qui joint le point P au point de concours H des hauteurs du triangle.*

Soit H le point de concours des hauteurs AK et BR. Il faut prouver que DF passe par le milieu de PH.

Prolongeons la hauteur BR jusqu'en M, et prenons EN $=$ EP.

On sait que RM $=$ RH (n° 292, c); donc le trapèze NHMP est isocèle. Il en est de même d'ailleurs de GBMP; donc la droite NH est parallèle à BG et par suite à EF. Mais la ligne EF, parallèle à NH et passant par le point E, milieu de PN, passe donc aussi par le point milieu de PH.   *C. Q. F. D.*

Exercice 168

766. Théorème de Salmon. *Si par un point M, pris sur une circonférence, on mène trois cordes, et que l'on décrive sur chacune d'elles, comme diamètre, une circonférence, ces trois courbes, qui ont un point commun, se coupent en trois autres points situés sur une même ligne droite* *.

Soient les cordes MA, MB, MC. Elles déterminent un triangle inscrit ABC. Or la perpendiculaire abaissée du point M sur le côté AB doit couper ce côté en un point situé sur la circonférence dont AM est le diamètre, et pour une raison analogue sur celle dont MB est le diamètre; donc cette perpendiculaire n'est autre que la corde commune ME. Le point E, où les circonférences se coupent, est situé sur AB, et il se trouve être le pied de la perpendiculaire abaissée du point M du cercle circonscrit sur le côté du triangle ABC. Il en est de même pour les points F et D; donc ces trois points E, F, D sont en ligne droite (n°° 22, 763, 764).

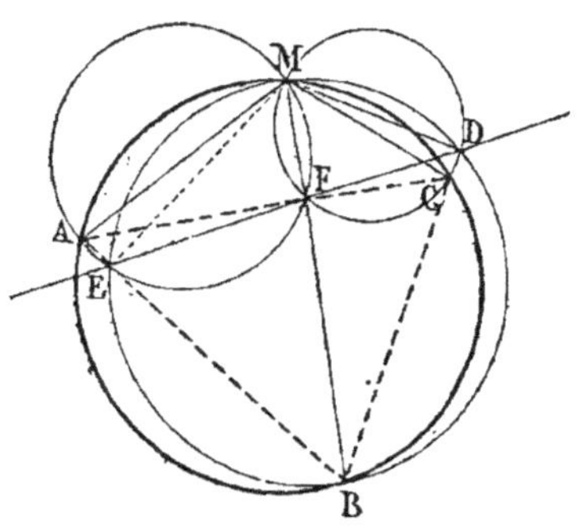

Fig. 498.

* *Nouvelle Correspondance mathématique,* par M. CATALAN, année 1876, page 401.

M. CATALAN, ancien élève de l'École polytechnique, professeur à l'université de Liège; a publié un grand nombre d'ouvrages. Il suffira de citer le *Manuel des candidats à l'École polytechnique;* le recueil si remarquable intitulé : *Théorèmes et problèmes de Géométrie élémentaire,* et la *Nouvelle Correspondance mathématique* (1875 à 1881).

Remarque. D'après la démonstration précédente, on voit que le *théorème de Salmon* peut être considéré comme le corollaire de celui de *Robert Simson*.

Exercice 169

767. Théorème d'Aubert. *Les quatre points de rencontre des hauteurs des quatre triangles formés par quatre droites qui se coupent deux à deux sont sur une même droite.*

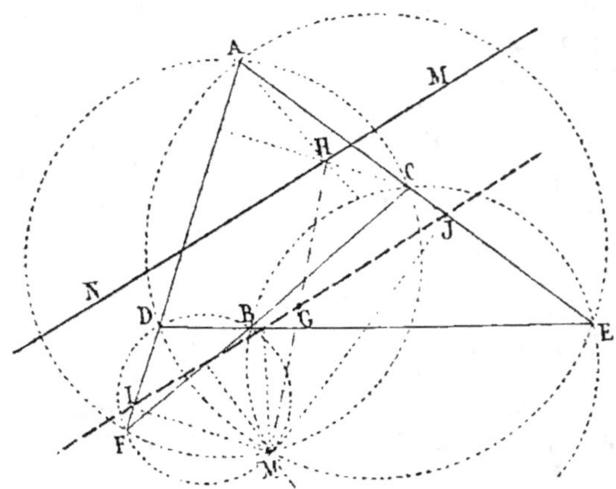

Fig. 499.

On sait déjà que les circonférences circonscrites aux quatre triangles passent par un même point. (*Méthodes*, n° 21.)

Du point M abaissons des perpendiculaires sur chacune des quatre droites données; les quatre points obtenus sont sur une même droite, car ils sont trois à trois en ligne droite d'après le théorème de Simson. (*Méthodes*, n° 22 et n° 764.)

Or la *droite de Simson* IJ passe au point milieu de la droite qui joint le point M au point de concours des hauteurs de chaque triangle (n° 765).

Donc si H est un de ces points de concours, le point milieu G de MH appartient à IJ, et il en serait de même pour le point de concours des hauteurs de chacun des autres triangles; et puisque les quatre points milieux sont sur IJ, les quatre points de concours des hauteurs sont sur HN, parallèle à IJ et passant par le point H.

Note. Ce théorème peut se démontrer sans recourir à celui de Simson, mais la voie à suivre est beaucoup plus laborieuse. On peut consulter les *Nouvelles Annales*, 1846, page 13, et 1847, page 196.

Le théorème est attribué à Steiner (*Journal de Crelle*, 2, page 97) par Baltzer (*Planimétrie*, § 14, n° 11). D'autre part, ce même théorème est attribué à Aubert, par Millet, dans ses *Principales Méthodes de la Géométrie moderne*, page 176.

Exercice 170

768. Théorème. *Si trois circonférences passent par un même point de la circonférence menée par leurs trois centres, ces circonférences se coupent deux à deux en trois autres points situés en ligne droite.* (N. A., 1871, p. 206.)

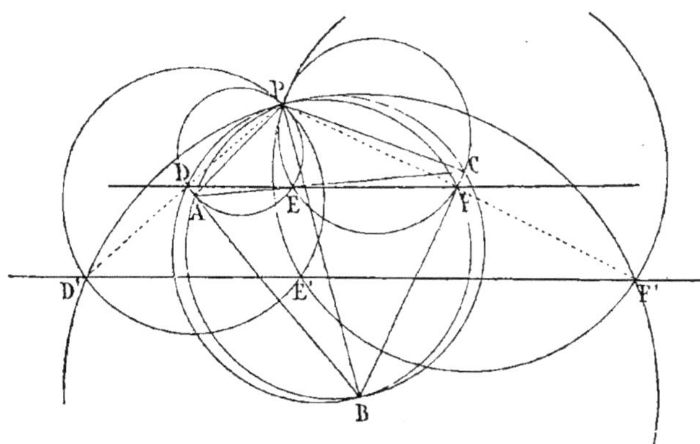

Fig. 500.

Soient A, B, C les centres et un point commun P, pris sur la circonférence ABC; il faut prouver que D', E', F' sont en ligne droite.

En effet, les circonférences de rayon moitié, c'est-à-dire celles qui ont pour diamètre PA, PB, PC, se coupent en trois points D, E, F situés en ligne droite (*Théorème de Salmon*, nº 766), et ces points sont les projections du point P sur les côtés du triangle, car les angles AEP, CEP sont droits comme inscrits dans des demi-circonférences, donc DEF est la *droite de Simson*.

Mais $PD' = 2PD, \quad PE' = 2PE, \quad 2PF' = PF$

Donc D', E', F' sont aussi en ligne droite.

Exercice 171

769. Théorème. *Le centre du cercle inscrit, celui du cercle circonscrit et le point de concours des perpendiculaires abaissées des centres des cercles ex-inscrits sur les trois côtés d'un triangle, sont trois points en ligne droite; le centre du cercle circonscrit est équidistant des deux autres points.* (Nagel. N. A., 1860, p. 358.)

Soit le triangle DEF. Les bissectrices intérieures se coupent en I, et les extérieures donnent lieu au triangle ABC.

Les perpendiculaires abaissées des points de concours A, B, C se coupent en un même point O (nº 757), et ce point est le centre du cercle circonscrit au triangle ABC.

Le point I est le centre du cercle inscrit à DEF.

Quant au cercle circonscrit au même triangle DEF, ce sera en même

M.   11

temps le cercle des neuf points du triangle ABC ; car on sait que
AD, BF, CE sont les hauteurs de ce triangle (n° 662), et que I est leur

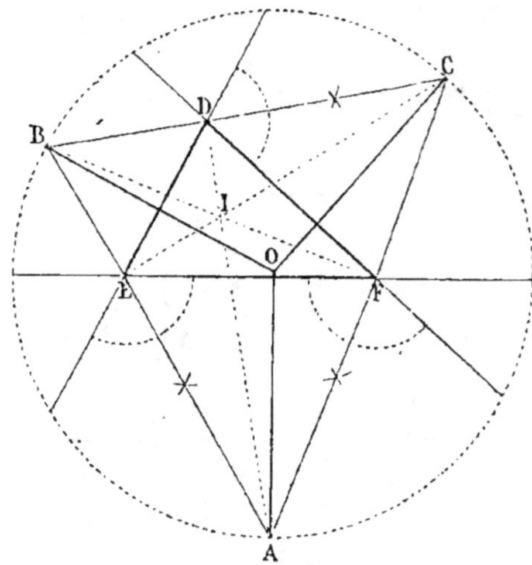

Fig. 501.

point de concours ; or le centre du cercle des neuf points du triangle
ABC est sur IO et à égale distance du point de concours I des hauteurs et du centre O du cercle circonscrit (n° 719) ; donc...

Exercice 172

770. Théorème de Chasles. *Si une figure plane F se déplace d'une
manière quelconque dans
son plan, elle peut être amenée d'une position F à l'autre F′ par une rotation autour d'un centre convena-
blement choisi sur ce plan.*

Le point A peut aller en
A′ par un arc quelconque
ayant pour corde AA′ ; le
point B peut aller en B′ par
un arc quelconque ayant
pour corde BB′.

Les perpendiculaires éle-
vées sur les milieux de ces
cordes donnent, par leur rencontre en O, le centre de
rotation cherché.

Car si l'on suppose le point

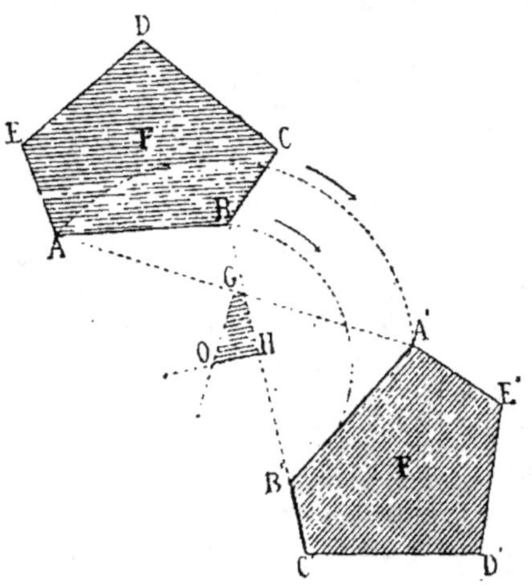

Fig. 502.

O joint aux divers sommets A , B, C, D, E, les triangles OAB, OBC, OCD, etc., se transporteront simultanément en OA'B', OB'C', etc.

Note. Le théorème ci-dessus a été énoncé pour la première fois, d'une manière complètement générale et purement géométrique, par M. CHASLES, en 1830. Divers cas particuliers ont été donnés par DESCARTES * et JEAN BERNOULLI **.

LIEUX GÉOMÉTRIQUES

771. Relation de distance. Dans les questions traitées au livre II, on ne peut guère employer que les trois relations de distance que l'on va rappeler :

1° *Un point peut être à une distance constante d'un point donné;* le lieu est une circonférence ayant ce point pour centre et la distance donnée pour rayon.

2° *Un point peut être à une distance constante d'une droite ou d'une circonférence;* le lieu est une parallèle à la droite ou une circonférence concentrique à la première.

3° *Un point peut être équidistant de deux droites;* le lieu est la bissectrice de l'angle de ces deux droites.

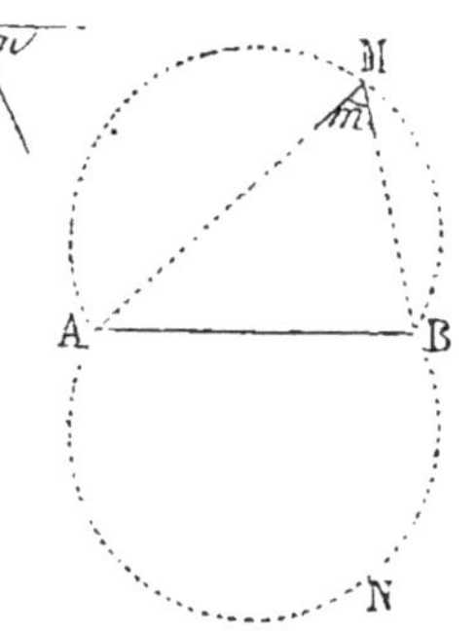

Fig. 503.

Relation angulaire. La relation la plus employée est celle de l'angle constant dont les côtés passent par deux points fixes. Le lieu du sommet de l'angle M est l'arc du segment capable de l'angle donné *m* ; mais le lieu complet se compose de deux arcs symétriques AMB, ANB. Les arcs non tracés des circonférences ci-dessus correspondent à un angle égal à (180° — *m*).

772. Lieux à proposer. Lorsqu'un théorème est relatif à la détermination d'un point remarquable par rapport à une figure donnée, on peut se proposer de chercher le lieu de ce point lorsqu'on fait varier de grandeur ou de position une ou plusieurs des données, tandis qu'un certain nombre d'autres restent invariables.

---

* DESCARTES, né en 1596 dans la Touraine, mort en 1650 à Stockholm, fait époque, dans l'histoire des mathématiques, par son *Application de l'Algèbre à la théorie des courbes.* Comme exemple, il donna la solution du problème *ad tres aut plures lineas* des anciens, et le désigna sous le nom de *problème de Pappus.* Il fit connaître aussi *une règle générale pour la détermination des tangentes des courbes.*

** JEAN BERNOULLI, né à Bâle en 1667, mort en 1748, frère de JACQUES BERNOULLI (1654-1705), l'un et l'autre mathématiciens célèbres. Plusieurs de leurs descendants ont aussi fourni une carrière mathématique fort remarquable.

Voici quelques exemples relatifs au triangle :

Les médianes se coupent au même point; et ce point, comme on l'établit en statique, est le centre de gravité de la surface du triangle. (*Mécanique* *, n° 75.)

Les trois hauteurs se coupent au même point.

Les trois bissectrices intérieures déterminent le centre du cercle inscrit.

Les bissectrices extérieures font connaître les centres des cercles ex-inscrits.

Les perpendiculaires élevées au milieu de chaque côté se coupent au centre du cercle circonscrit.

Le centre du cercle *des neuf points* est au milieu de la droite qui joint le point de concours des hauteurs au centre du cercle circonscrit.

Ceci rappelé, admettons, par exemple, que le triangle ABC ait une base BC invariable de longueur et de position et que l'angle opposé ait une valeur constante. A chaque position que prendra le sommet mobile A sur l'arc de segment décrit sur BC et capable de la valeur angulaire donnée, le point de concours M des médianes occupera une position différente sur le plan du triangle; l'ensemble de ces positions est le lieu demandé; mais, dans bien des cas, l'étude du lieu peut exiger des connaissances plus étendues que celles que donnent les *Éléments de Géométrie.*

Dans l'exemple relatif à un triangle ABC,

Le point de concours des médianes donne un arc de cercle (livre III);

Le point de concours des hauteurs donne un segment capable d'un angle constant;

Il en est de même du centre du cercle inscrit et des centres des cercles ex-inscrits, le livre II suffit;

Le centre du cercle circonscrit est fixe;

Le centre du cercle des neuf points décrit un arc de cercle (livre III).

On peut encore proposer d'autres lieux :

Les pieds des hauteurs abaissées des sommets B et C se trouvent sur la demi-circonférence décrite sur le diamètre BC;

Le point milieu de chaque médiane, mené des sommets B et C, est un arc de cercle.

Emploi d'une relation linéaire.

Exercice 173

773. **Lieu.** *Lieu des centres des circonférences tangentes en un point donné P d'une droite AB ou d'une circonférence A'B'.*

La droite AB doit être tangente en P à tous les arcs que l'on veut

---

* *Éléments de mécanique,* F. I. C., 1881.

tracer ; donc les centres peuvent être pris à volonté sur la droite in-

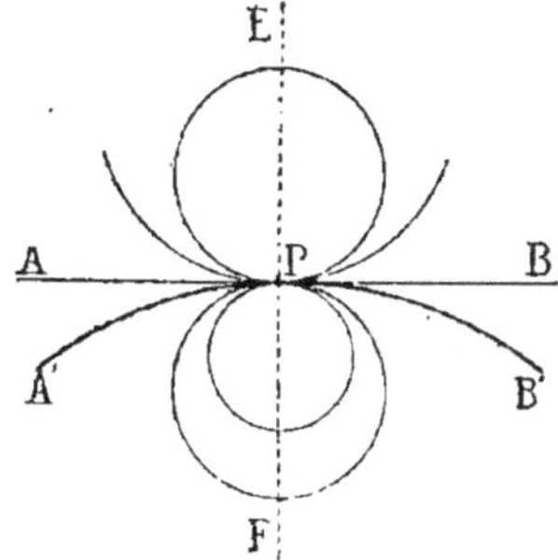

Fig. 504.

définie EF, menée par le point P, perpendiculairement ou normalement à la ligne donnée AB ou A'B'.

774. Lieu. *Lieu des centres des circonférences tangentes à deux droites AB et CD qui se coupent.*

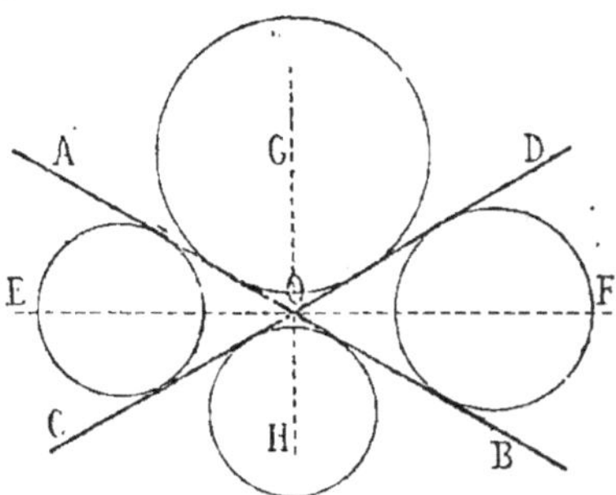

Fig. 505.

Ce lieu est le même que le lieu des points équidistants des deux
droites AB et CD : c'est l'ensemble des deux droites indéfinies EF
et GH, qui servent de bissectrices aux angles formés en O.

Exercice 174

775. Lieu. *Lieu des points d'où un cercle C est vu sous un angle donné m.*

Soit M un point du lieu. Menons CM,
puis CD au point de contact de la tangente.

L'angle M devant être constant, il en
sera de même de sa moitié, et par suite
aussi du complément, qui est l'angle C.
Donc le triangle CDM est constant, car,
en toutes les positions, il aura un côté
égal CD, adjacent à des angles constants
C et D.

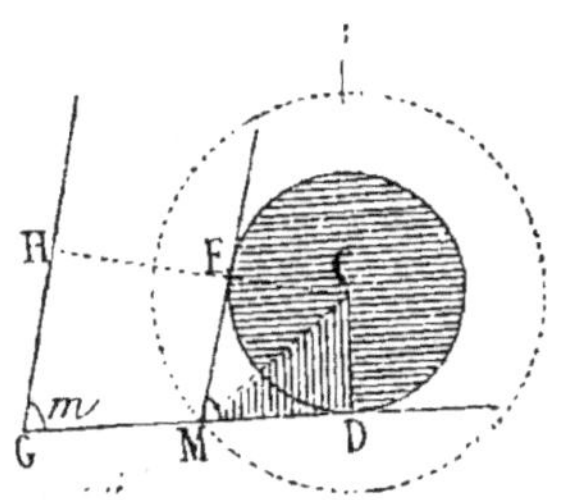

Fig. 506.

Ainsi la distance CM est constante, et le lieu demandé est la circonférence décrite avec CM pour rayon.

Remarque. Pour obtenir un premier point du lieu, on mène une tangente GD ; en un point quelconque G, on construit l'angle donné *m* ; on mène CH perpendiculaire à GH, puis EM parallèle à GH.

776. Lieu. *Lieu des points d'où les tangentes menées à une circonférence donnée A sont d'une longueur donnée m.*

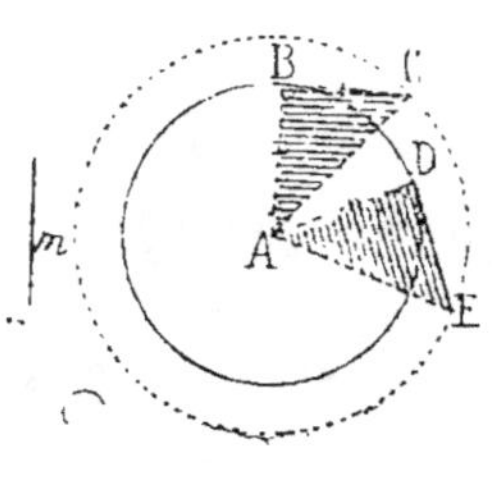

Fig. 507.

Considérons deux tangentes quelconques BC et DE, ayant la longueur donnée *m*. Menons AB, AC, AD, AE. Les triangles ABC et ADE sont égaux comme ayant en B et D un angle égal compris entre des côtés respectivement égaux ; donc AC = AE. Ainsi la distance du centre à l'extrémité libre de la tangente est constante. Le lieu demandé sera donc la circonférence ayant A pour centre, et AC pour rayon.

Exercice 175

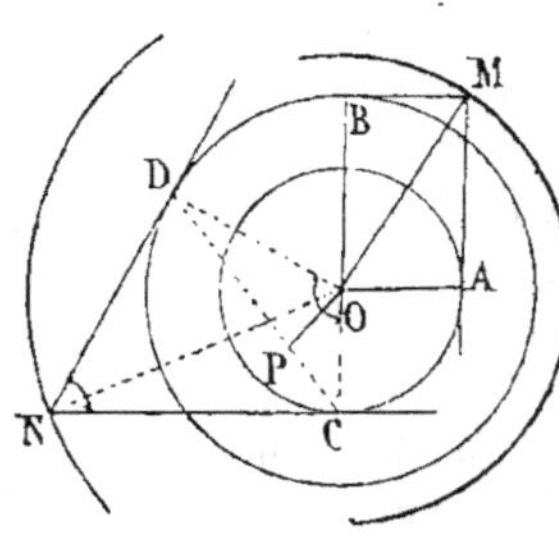

Fig. 508.

777. Lieu. *Deux circonférences concentriques étant données, quel est le lieu du sommet d'un angle droit dont un côté est tangent à une des circonférences, tandis que l'autre côté est tangent à la seconde.*

La figure OAMB est un rectangle dont les côtés sont connus ; donc la longueur OM est constante ; le lieu du point M est une circonférence concentrique aux premières.

778. Lieu. *Lorsque les tangentes font un angle constant N.*

C'est encore une circonférence concentrique aux proposées, car le quadrilatère OCND est de grandeur connue, les angles et deux côtés adjacents étant connus.

779. Enveloppe. *Quelle est l'enveloppe de la droite CD des contacts, lorsque l'angle N est constant (n° 119)?*

C'est la circonférence décrite avec la perpendiculaire OP pour rayon, car la corde CD reste à une même distance OP du centre ; donc cette corde est tangente à la circonférence OP.

Exercice 176

780. Lieu. *Une corde de longueur donnée AB se meut dans un cercle O; quel est le lieu décrit par son milieu M?*

La longueur de la corde étant constante, sa distance au centre est aussi constante. Or cette distance est représentée par la droite OM qui joint le centre au milieu de la corde. (G., n° 121.) Donc le point M se meut sur la circonférence qui a OM pour rayon.

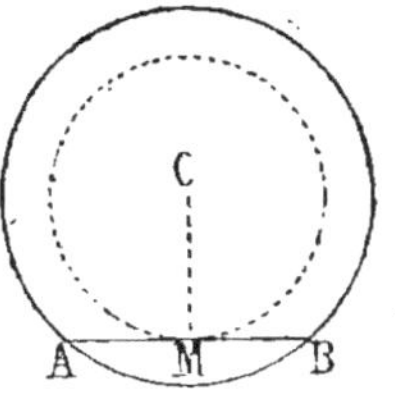

Fig. 509.

781. Lieu. *Un angle ADB de grandeur donnée a son sommet sur une circonférence; quel est le lieu géométrique du point milieu de la corde qui joint les extrémités des côtés de cet angle?*

L'angle inscrit a pour mesure la moitié de l'arc compris par ses côtés (G., n° 137); donc l'arc AB est constant pour un angle donné; il en est de même de la corde AB qui sous-tend cet arc; donc le point milieu M décrit une circonférence concentrique à la première (n° 780).

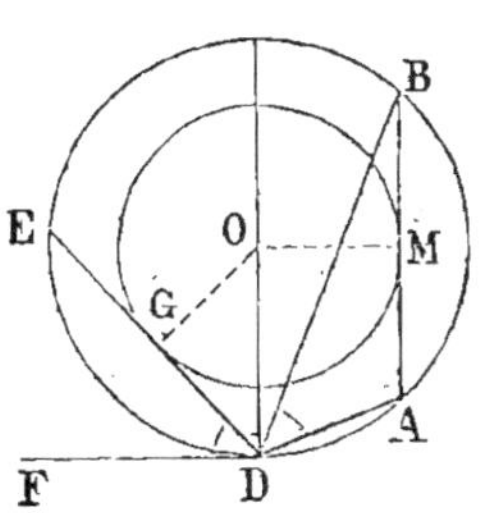

Fig. 510.

782. Lieu. *Un angle de grandeur donnée est inscrit dans une circonférence; un de ses côtés passe par un point donné (non situé sur la circonférence); quel est le lieu géométrique du point milieu de la corde interceptée?*

Le sommet se déplace, mais le lieu est encore une circonférence concentrique à la première.

783. Lieu. *Des points milieux des bases des trapèzes ayant pour diagonales deux sécantes menées par le point de contact de deux circonférences tangentes, lorsque ces sécantes se coupent sous un angle constant.*

Le point milieu de CE est une circonférence concentrique à la circonférence A; il en est de même pour le milieu de FD.

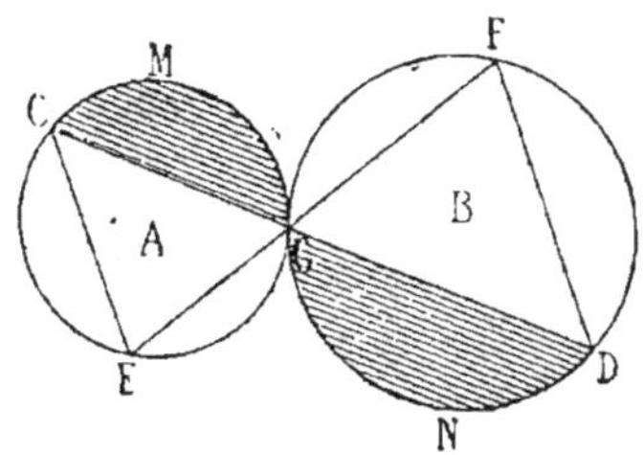

Fig. 511.

Remarque. Lorsque les circonférences sont tangentes intérieurement, les sécantes forment les côtés non parallèles du trapèze.

Exercice 177

784. **Lieu.** *Lieu des centres des circonférences décrites avec un rayon donné* r, *et qui interceptent, sur une droite donnée* AB, *des cordes d'une longueur donnée* m.

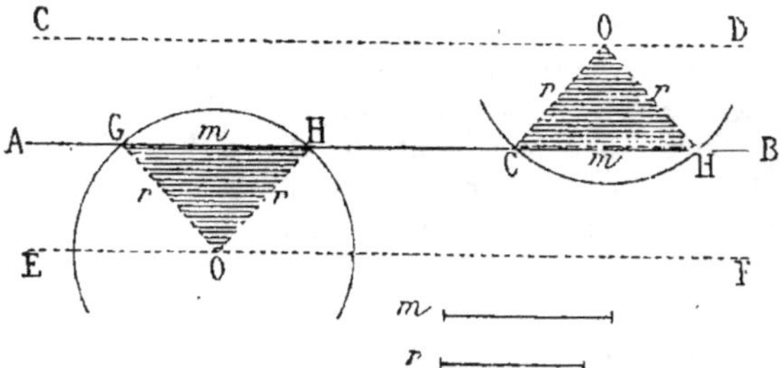

Fig. 512.

Soit O un point du lieu demandé. Le triangle OGH est déterminé en grandeur par la corde m et le rayon r. Le lieu cherché est donc le même que le lieu qui serait décrit par le point O, si le triangle OGH glissait sur le plan, en conservant sa base GH sur la droite AB.

Ce lieu se compose de deux droites CD et EF menées parallèlement à AB, de part et d'autre de cette droite.

Pour déterminer un premier point O, on portera la longueur donnée m sur la droite AB, en GH, par exemple; des points G et H comme centres, avec r pour rayon, on décrira des arcs dont la rencontre donnera le point O.

785. **Lieu.** *Lieu des centres des circonférences décrites avec un rayon* r, *et qui déterminent, en coupant une circonférence, une corde commune de longueur donnée.*

On trouvera deux circonférences concentriques à la circonférence proposée.

786. **Lieu.** *Lieu des centres des circonférences décrites avec un rayon* r, *et qui coupent orthogonalement une circonférence donnée* (n° 620).

C'est une circonférence concentrique à la circonférence donnée et qui a pour rayon $r' = \sqrt{R^2 + r^2}$.

Il en est de même lorsque les circonférences doivent se couper sous un angle donné, mais de grandeur quelconque.

Exercice 178

787. **Lieu.** *Par chaque point d'une circonférence, on mène des droites parallèles sur lesquelles on prend une longueur constante* l; *quel est le lieu des points ainsi obtenus?*

(Voir *Méthodes*, n° 58.)

788. Lieu. Même question. *La figure donnée est quelconque.*

(Voir *Méthodes,* n° 59.)

789. Lieu. *On donne deux circonférences concentriques; par chaque point de la circonférence extérieure on mène des tangentes à l'autre circonférence; sur chacune de ces lignes, à partir de la circonférence extérieure, on prend une longueur constante; quel est le lieu des points ainsi obtenus ?*

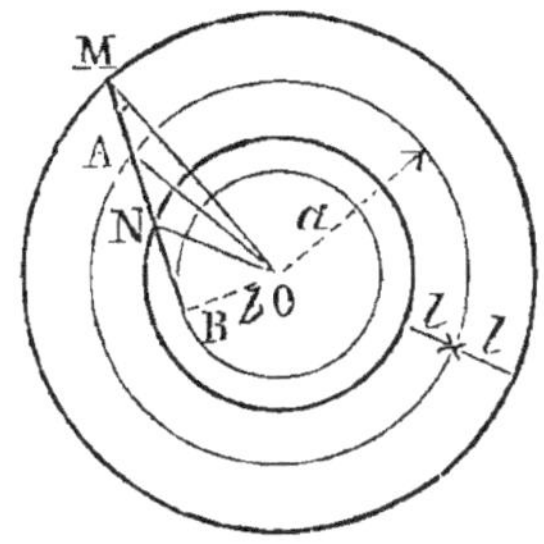

Soient OA, OB, les circonférences données.

On obtient deux circonférences concentriques aux circonférences proposées.

Le calcul des rayons OM, ON dépend du livre III.

$$AB^2 = a^2 - b^2; \quad AB = \sqrt{a^2 - b^2}$$

$$BM = l + \sqrt{a^2 - b^2}; \quad BN = -l + \sqrt{a^2 - b^2}$$

$$OM^2 = BM^2 + b^2 = l^2 + 2l\sqrt{a^2 - b^2} + a^2 - b^2 + b^2$$

Fig. 513.

Ainsi
$$OM^2 = l^2 + a^2 + 2l\sqrt{a^2 - b^2} \qquad (1)$$

$$ON^2 = l^2 + a^2 - 2l\sqrt{a^2 - b^2} \qquad (2)$$

Vérification. Dans le triangle MON, la droite AO est médiane; or $(1) + (2)$ donnent en effet $OM^2 + ON^2 = 2l^2 + 2a^2$. (G., n° 254.)

790. Lieu. *Lieu du point milieu de chacun des trois côtés mobiles du parallélogramme ABCD.*

Le lieu du milieu de AB est une circonférence égale aux premières et ayant son centre au milieu de CD.

Le lieu du point milieu de CA est une circonférence décrite du centre C avec la moitié de CA pour rayon; de même pour DB.

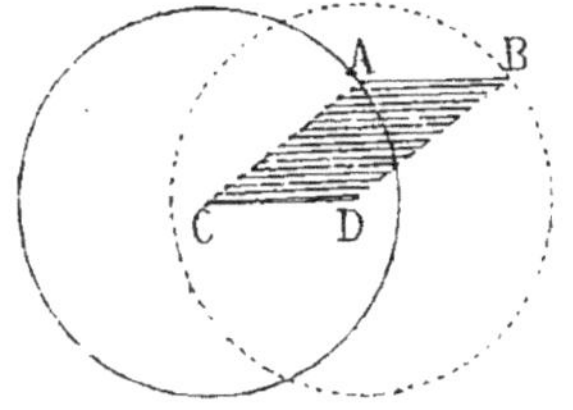

Fig. 514.

Remarque. Le lieu du point de croisement des diagonales dépend du livre III. Ce lieu est celui du point milieu d'une droite qui joint un point fixe C à chaque point d'une circonférence ayant D pour centre (n° 65).

Exercice 179

791. Lieu. *On fait tourner une circonférence autour de l'un de ses points, et dans chacune de ces positions on lui mène des tangentes parallèles à une droite fixe donnée; trouver le lieu des points de contact.* (Concours général, 1865; classe de troisième.)

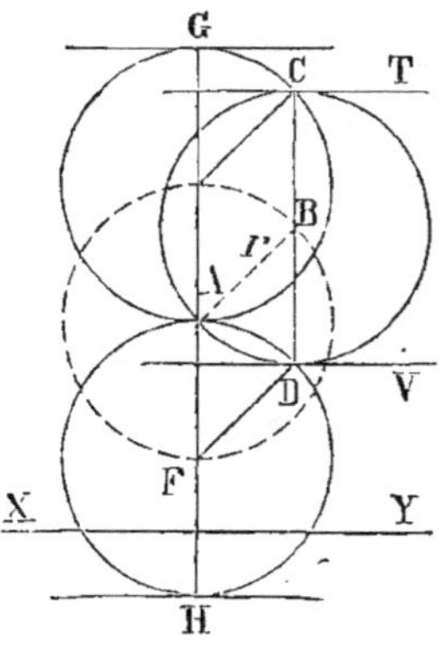

Fig. 515.

Soient XY la direction donnée, A le point fixe, B le centre de la circonférence mobile dans une position quelconque, CT, DV, les tangentes parallèles à XY.

Le lieu des centres, tels que B, est une circonférence décrite du point fixe A, comme centre, avec un rayon égal à celui de la circonférence mobile.

Pour avoir les points de contact C et D, il faut mener par le centre B une perpendiculaire à XY. En menant EF perpendiculaire à cette même ligne XY, on reconnaît que les lignes EC, AB, FD sont égales et parallèles; donc le lieu des points C est la circonférence décrite du centre E avec r pour rayon. Le lieu du point D est la circonférence qui a F pour centre.

Remarque. Le lieu est le même que celui que l'on obtient lorsque, par chaque point B d'une circonférence fixe FBE, on mène dans une direction donnée une droite BC d'une longueur connue r.

792. Lieu. Même problème. *Lorsque la circonférence mobile est constamment tangente à une circonférence donnée.*

C'est le même lieu que celui qui est rappelé dans la remarque ci-dessus.

Exercice 180

793. Lieu. *Lieu décrit par le milieu M d'une droite finie AB qui se meut dans un angle droit C, de manière que ses extrémités glissent sur les côtés de l'angle.*

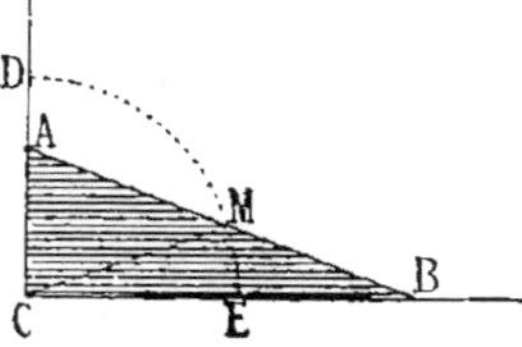

Fig. 516.

Soit AB une position quelconque de la droite mobile. Joignons son milieu M au point C.

La droite CM étant médiane sur l'hypoténuse du triangle rectangle ACB, égale $\frac{1}{2}$ AB ; et comme AB est une longueur constante, il en est de même de CM. Ainsi le point M se meut sur l'arc DME, décrit du point C avec CM pour rayon.

Remarque. Le lieu du point milieu d'une droite mobile finie, lorsque l'angle C n'est pas droit, est une ellipse, ayant C pour centre.

Le lieu d'un point de AB (autre que le point milieu) est une ellipse, même lorsque l'angle C est droit. (G., n° 643.)

Tout point lié invariablement au segment AB, et situé dans le plan BCD décrit aussi une ellipse, d'après le *théorème de Schooten* (n° 144).

794. Lieu. *Lieu décrit par le point de concours des médianes d'un triangle rectangle ABC, dont l'hypoténuse de longueur constante a ses extrémités sur deux droites rectangulaires données (fig. 516).*

Les médianes se coupent aux deux tiers de leur longueur à partir des sommets; or, comme la médiane CM a une longueur constante, il en résulte que le lieu du point de concours est une circonférence décrite du point C comme centre avec les deux tiers de CM pour rayon.

795. Lieu. *Quel est le lieu du point M de contact de deux circonférences tangentes entre elles et respectivement tangentes à une droite en deux points donnés A et B, mais dont les rayons sont variables ?*

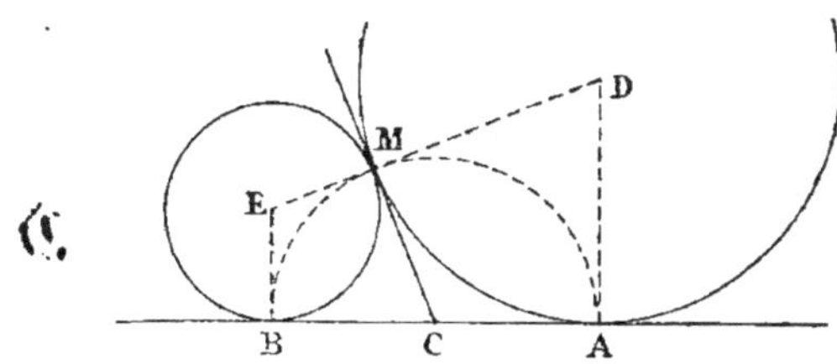

Fig. 517.

Menons la tangente commune MC.

On a $$CB = CM = CA$$

donc le lieu est la circonférence décrite du centre C, avec la moitié de AB pour rayon.

Remarque. Ce problème n'est qu'un cas particulier d'une question qui sera traitée ultérieurement (nº 820).

Exercice 181

796. Lieu. *Lieu du point milieu des cordes menées à une circonférence par un même point.*

(Voir *Méthodes*, nº 80.)

797. Lieu. *Lieu des points milieux des côtés d'un triangle ABC, dont la base est fixe et l'angle au sommet constant.*

Soit AB la base; O le centre du segment capable de l'angle donné; le lieu se compose des deux circonférences égales décrites sur les diamètres AO et BO.

La partie de ces circonférences comprise entre la base AB et l'arc qui complète l'arc ACB, correspond aux triangles qui auraient 180° — C pour angle au sommet.

Exercice 182

798. Lieu. *Dans une circonférence, une corde fixe AB est l'une des bases d'un trapèze inscrit; quel est lieu géométrique du point milieu*

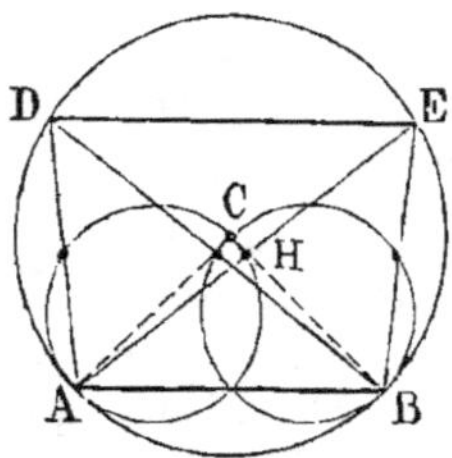

Fig. 518.

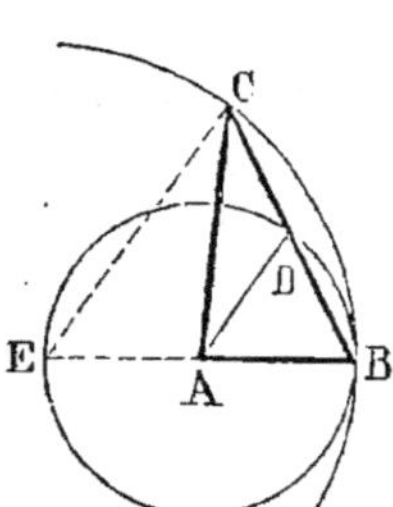

Fig. 519.

de chaque diagonale et de chacun des deux côtés adjacents à la base AB?

Les points milieux F, H des cordes AD, AE se trouvent sur la circonférence décrite sur AC comme diamètre (n° 796).

Les points milieux de BD, BE appartiennent à la circonférence décrite sur BC comme diamètre (n° 80).

799. Lieu. *Quel est le lieu géométrique du sommet C d'un triangle ayant AB pour base et dont la médiane AD, qui part du point A, a une longueur constante?*

Prenons AE = AB ; la droite AD médiane de longueur constante, joignant les points milieux de BE et de BC, est parallèle à EC et en égale la moitié ; donc EC égale 2AD ; par suite, le lieu du point C est la circonférence décrite du point E comme centre avec un rayon double de la médiane donnée.

Exercice 183

800. Lieu. *Dans un quadrilatère, un côté est fixe, une diagonale et deux autres côtés sont donnés de longueur ; quel est le lieu du point milieu de l'autre diagonale et le lieu du point milieu de la droite qui joint les milieux des deux diagonales ?*

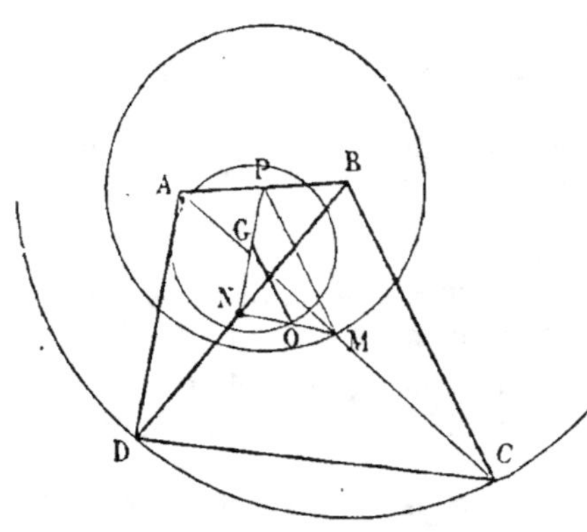

Fig. 520.

Soient AB, BC, AD, BD les côtés et la diagonale donnés.

AB, AD, BD forment un triangle invariable ; donc le lieu du point C est la circonférence décrite du centre B.

1° Si, par le point M, nous menons MP parallèle à BC, on aura

PA = PB

et MP = ½ BC = constante (n° 431). Donc le lieu du point M est la circonférence décrite du centre P avec la moitié de BC pour rayon.

2° Pour le point O on trouve d'une manière analogue que la droite OG menée parallèlement à MP est constante ; donc le lieu du point O est une circonférence décrite du point G avec la moitié de MP, ou le quart de BC pour rayon.

Exercice 184

801. Lieu. *Quel est le lieu des points A, tels que la droite BC, qui joint les pieds des perpendiculaires AB, AC abaissées de ce point sur deux droites fixes OX, OY, ait une longueur constante l?*

(Voir *Méthodes,* n° 142.)

Exercice 185

802. Lieu. *On donne une circonférence de centre O et un point fixe A; par ce point on mène une sécante BAC; par les points A et B, puis A et C, on décrit deux circonférences tangentes à la première et qui se coupent entre elles au point M; quel est le lieu de ce point?*

Les centres des circonférences tangentes se trouvent en D, E, sur les rayons OB, OC. Les triangles BOC, BDA, AEC sont isocèles et ont les angles égaux; donc la figure ADOE est un parallélogramme, et la droite DE, qui joint les centres des deux circonférences D, E, passe par le point G milieu de AO; donc le point G est fixe.

Or la droite DE est perpendiculaire au milieu de la corde commune AM; par suite MG = AG; par conséquent le lieu du point M est la circonférence décrite du point G comme centre avec AG pour rayon.

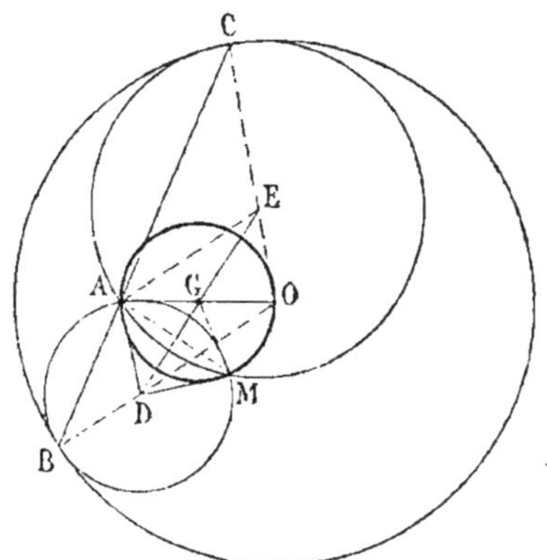

Fig. 521.

803. Remarques. 1° Le lieu demandé ne diffère pas de celui du point milieu des cordes BAC menées par le point A; on doit faire alors certaines restrictions. Ainsi, quand le point A est situé hors du cercle O, le lieu ne se compose que de la partie extérieure de la circonférence décrite sur AO comme diamètre (n° 80).

2° Pour déterminer le lieu du point M, on peut aussi recourir à une relation angulaire. En effet, la ligne AD est égale et parallèle à OE; d'ailleurs DM est symétrique de AD, par rapport à la ligne des centres DE; donc la figure DMOE est un trapèze symétrique; la ligne MO est parallèle à DE, mais la ligne MA est perpendiculaire à cette même droite DE. Par suite, l'angle AMO est droit, et le lieu du point M est la circonférence décrite sur AO comme diamètre.

804. **Lieu.** *Par l'un des points où deux circonférences B et C se coupent on mène une sécante, à partir du point d'intersection A on prend sur cette ligne des longueurs AM, AN égales à la demi-somme des cordes interceptées; quel est le lieu des points M et N?*

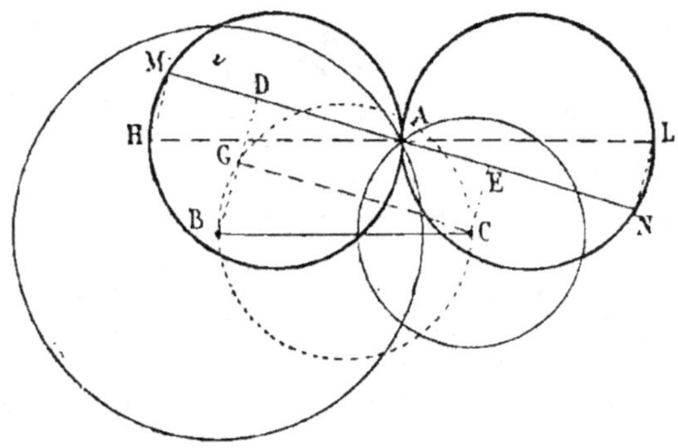

Fig. 522.

En abaissant les perpendiculaires BD, CE sur la sécante MN, la longueur DE égale la demi-somme des cordes.

On sait que si l'on décrit la demi-circonférence BC, la parallèle CG à MN égale DE; donc on prend AM = AN = CG.

Le lieu du point M est donc une circonférence égale à la circonférence de diamètre BC.

Pour construire le lieu, il faut mener une parallèle HL à la ligne des centres, et prendre pour diamètres AH = AL = BC.

Exercice 186

805. **Lieu.** *Dans un triangle ABC, la base AB est donnée de longueur et de position; l'angle C opposé est de grandeur constante; du point milieu E d'un des côtés variables on abaisse une perpendiculaire EM sur l'autre côté variable; quel est le lieu du point M ?*

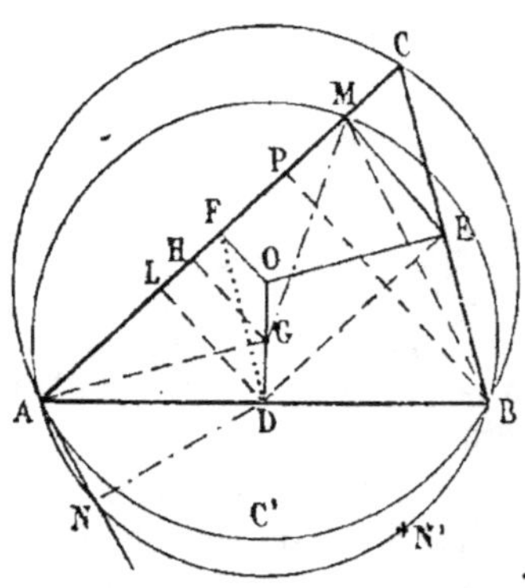

Fig. 523.

1re Démonstration. Les perpendiculaires élevées au milieu de chaque côté se coupent au centre O du cercle circonscrit.

Le sommet C se meut sur l'arc ACB, car l'angle C est constant. Du point G milieu de OD et des points D, B, E, abaissons des perpendiculaires sur AC; menons AG, DF et GM; nous allons prouver que GM a une longueur constante.

---

* *Mathématiques élémentaires,* journal par M. Vuibert, tome II, n° 86.

Le point D étant le milieu de AB, E le milieu de BC, on a
$$AL = LP; \quad PM = MC$$
d'ailleurs $$AF = FC$$

Les triangles rectangles LDF, MEC sont égaux, car DF est égal et parallèle à EC, et il en est de même de DL et EM.

Ainsi $$LF = PM = MC$$
donc LH, moitié de LF, est aussi la moitié de PM; et comme
$$AL = \tfrac{1}{2} AP$$
on aura $$AH = \tfrac{1}{2} AM$$
donc $$AG = GM$$

Le lieu du point M est la circonférence décrite du centre G avec le rayon AG.

Remarque. Quand le point C vient en B, la perpendiculaire passe par ce point; mais quand C vient au point A, la corde AC est remplacée par la tangente AN, menée à la circonférence O. Le point milieu de BC vient en D, et la perpendiculaire devient DN; donc l'arc BMAN est le lieu obtenu lorsque le point C décrit l'arc ACB. L'arc NB est le lieu lorsque C se meut sur l'arc AC'B.

La perpendiculaire abaissée de F sur BC donne l'arc AMBN' pour lieu cherché.

806. **2ᶜ Démonstration.** La première démonstration précise bien la position du lieu et fait connaître le centre G; mais elle est longue. La suivante est beaucoup plus simple et plus rapide. Prouvons que l'angle AMB est constant (fig. 523).

Quelle que soit la longueur de la corde BC, comme le point E en est le milieu et que l'angle C est constant, il en est de même de l'angle BMA, qu'on obtient en joignant B au pied M de la perpendiculaire, car le triangle BPC reste semblable à lui-même; il en est de même de BMC, puisque BM est la médiane du premier; ainsi l'angle AMB ne varie pas. Donc le lieu du point M est un arc de segment décrit sur AB et passant par un point quelconque M du lieu demandé.

Remarque. La démonstration ci-dessus, qui repose sur les figures semblables, s'applique facilement au cas plus général où E divise BC dans un rapport donné (n° 1372).

807. Lieu. *Sur une corde AB d'une circonférence ABC on décrit une seconde circonférence ayant cette ligne AB pour diamètre; par le point A on mène une sécante APC; quel est le lieu du point M milieu du segment PC compris entre les deux circonférences?*

D'après la question précédente, le lieu est la circonférence décrite du point G milieu de OD avec le rayon AG.

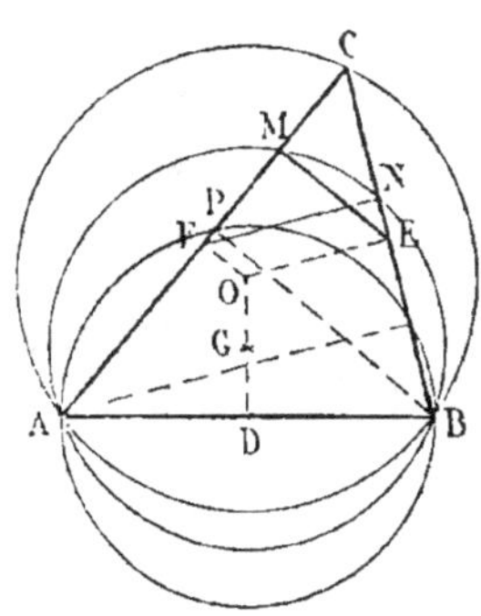

Fig. 524.

En effet, P est le pied de la perpendiculaire BP; donc le point milieu M est le pied de la perpendiculaire EM abaissée du point milieu de BC.

Exercice 187

808. **Lieu.** *Par un point fixe, pris dans un cercle, on mène deux cordes rectangulaires, on joint les extrémités deux à deux de manière à former un quadrilatère inscrit; quel est le lieu du point milieu de chaque côté du quadrilatère et le lieu des projections du point de croisement des diagonales sur les côtés du quadrilatère?*

En se reportant à l'Exercice 159 (n° 749), on reconnaît que la circonférence GLFS de centre N est le lieu demandé, car les points M et O sont fixes; or N est le milieu de MO.

Exercice 188

809. **Lieu.** *On donne une circonférence et un diamètre fixe AB. D'un point quelconque C pris sur le prolongement du diamètre on mène une tangente CT, puis la bissectrice de l'angle ACT; quel est le lieu du pied de la perpendiculaire abaissée du centre sur la bissectrice?*

(Voir *Méthodes*, n° 82.)

Exercice 189

810. **Lieu.** *Lieu des points tels que la somme des distances de chacun d'eux aux trois côtés d'un triangle équilatéral ABC soit égale à une longueur donnée z.*

Considérons un point quelconque O en dehors du triangle équilatéral. On sait que, si l'on prend négativement la distance OR qui tombe à l'extérieur du côté BC, on a (n° 488, *scolie II*) :

$$m + n - r = AD, \text{ hauteur du triangle.}$$

Ajoutons $2r$, il vient $\quad m + n + r = AD + 2r = AL$

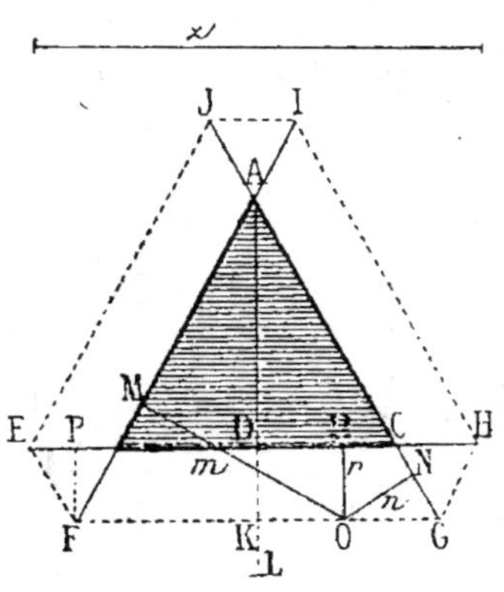

Fig. 525.

Et cela sera vrai pour tout point pris sur l'une des lignes FG, HI, JE, menées parallèlement aux côtés, à la distance r.

Il en est de même pour tout point pris sur l'une des droites EF, GH, IJ; car, pour un point quelconque pris sur EF, la distance au côté AC est la même que pour le point F, ces deux lignes étant parallèles; et la somme des distances aux deux autres côtés est égale à FP ou r, l'une des hauteurs égales du triangle équilatéral EFB.

Ainsi la propriété est vraie pour tous les points du périmètre de l'hexagone EFGHIJ.

ll reste à indiquer la construction à faire pour que l'on ait $m + n + r = z$, longueur donnée. Or on a vu que $m + n + r = AD + 2r = AL$; il suffit donc de mener la hauteur AD prolongée, de porter la longueur z en AL. C'est à la distance DK, moitié de DL, qu'il faut mener des parallèles aux côtés.

Scolie. La longueur donnée z ne peut être inférieure à la hauteur du triangle donné. Si l'on a $z = AD$, le lieu est le périmètre du triangle.

811. Lieu. *Lieu des points tels que la somme des distances de chacun d'eux aux trois côtés d'un triangle quelconque soit égale à une longueur donnée r.*

Le lieu est analogue au précédent; mais pour déterminer les points extrêmes E, F, G... (fig. 525), il faut recourir à une construction déjà indiquée (n° 74), et employer les *lignes proportionnelles*, pour démontrer que pour tout point O du périmètre de l'hexagone EFGHIJ, la somme des distances égale la ligne donnée.

Exercice 190

812. Problème. *Un des côtés d'un angle droit roule sur une circonférence pendant que le sommet décrit une circonférence concentrique à la première; quelle est l'enveloppe du second côté de l'angle droit?*

(Voir *Méthodes*, n° 123.)

813. Problème. Même question. *L'angle donné est constant, mais il n'égale pas un droit.*

L'enveloppe est encore une circonférence concentrique aux deux premières.

Exercice 191

814. Problème. *Quelle est l'enveloppe de la base d'un triangle dont le périmètre est constant et dont l'angle opposé à la base est donné de grandeur et de position?*

(Voir *Méthodes*, n° 124.)

815. Problème. *Enveloppe d'un cercle de rayon constant dont le centre décrit une circonférence donnée.*

(Voir *Méthodes*, n° 131.)

Emploi d'une relation angulaire.

Exercice 192

816. Lieu. *Un triangle a pour base une corde fixe AB d'un cercle, et le troisième sommet M se meut sur l'arc sous-tendu AMB; quel est le lieu décrit par le point de concours des bissectrices du triangle mobile? — Quel est le lieu du point de concours des hauteurs de ce même triangle?*

1° L'angle M est constant; donc les angles A et B du triangle ont une somme constante, et il en est de même de leurs moitiés m et n.

Ainsi dans le triangle AOB, l'angle O est constant, et le lieu du point O est l'arc AOB capable de l'angle O.

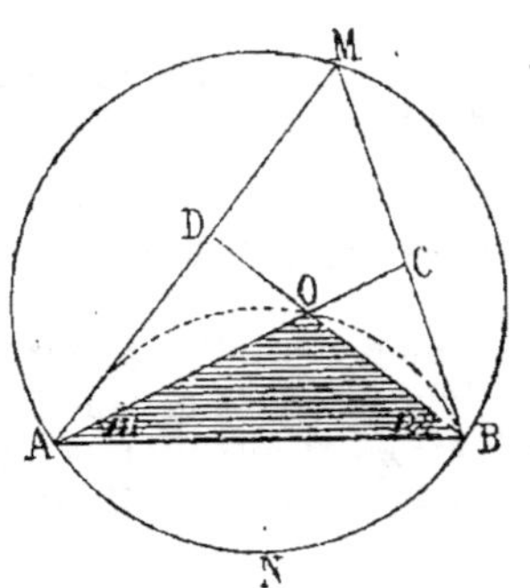

Fig. 526.

Cet angle O est le supplément de la somme $m + n$.

La somme $\quad$ A + B + M = 2 droits

donc $\qquad m + n + \frac{1}{2} M = 1$ droit

Ainsi la somme $m + n$ a pour complément $\frac{1}{2} M$, et par suite, pour supplément, 1 droit $+ \frac{1}{2} M$.

Donc l'angle O $= 1$ droit $+ \frac{1}{2} M$.

2° L'angle M est constant ainsi que la somme A + B. Or, à cause des triangles rectangles ABD et ABC, les angles A et B ont pour compléments m et n.

La somme $m + n$ est donc constante, de même que son complément O; donc le point de rencontre des hauteurs est sur l'arc AOB capable de l'angle O. Cet angle O est le supplément de l'angle M, car le quadrilatère MDOC a ses angles opposés supplémentaires.

Remarque. Si l'arc AOB est le lieu du point de concours des bissectrices intérieures, le reste de cette circonférence AOB est le point de concours des bissectrices extérieures et des angles A et B.

Exercice 193

817. Lieu. *Dans une circonférence on donne une corde fixe AB, une corde mobile CD de longueur constante; ces deux cordes sont les*

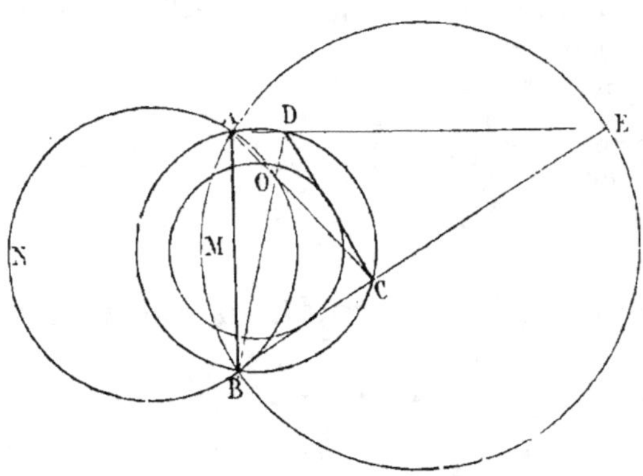

Fig. 527.

côtés opposés d'un quadrilatère; quel est le lieu du point de concours des deux autres côtés et le lieu du point de concours des diagonales?

L'angle O est constant, car il a pour mesure la demi-somme des arcs AB et DC, qui ne varient pas de longueur.

L'angle E est aussi constant, car il a pour mesure la demi-différence des mêmes arcs.

Donc chaque lieu est un arc de segment capable d'un angle connu.

Remarque. Lorsque les cordes AB, DC se coupent, il faut les considérer comme étant les diagonales du quadrilatère.

Exercice 194

818. Lieu. *Par un des points d'intersection de deux circonférences A et B on mène une sécante mobile MCN, puis l'on joint chaque extrémité de cette sécante au centre correspondant; quel est le lieu des points de rencontre des droites* MAO, NBO? (Concours général de 1873, classe de troisième.)

Joignons le point C aux deux centres, les triangles MAC, CBN étant isocèles, l'angle ACB est le supplément des angles M + N.

Mais l'angle O est aussi le supplément de M + N; donc l'angle O est constant. Le lieu demandé est le segment du cercle décrit sur AB, capable de l'angle ACB ou ADB.

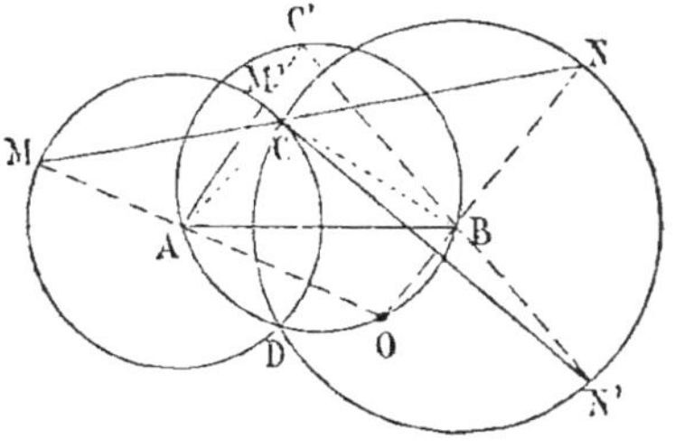

Fig. 528.

Remarques. 1° L'arc du segment passe par le point D.

2° Pour la sécante M'N', le point O' est sur l'arc AC'B.

Exercice 195

819. Lieu. *Par un point B, situé dans un angle* XOY, *on mène une sécante fixe* ABC *et une sécante mobile* DBE ; *on circonscrit des circonférences aux triangles* ABD, ACE *ainsi obtenus; quel est le lieu du second point* M *d'intersection des deux circonférences?*

Joignons le point M aux trois points A, B, C de la sécante fixe.

Prouvons que l'angle AMC est constant :

$$\text{angle } AMB = D$$
$$\text{angle } BMC = BEO$$
$$\text{donc} \quad AMC = ODE + OED$$
$$AMC = 2 \text{ droits} - DOE$$

Ainsi l'angle M est le supplément de l'angle O; donc le quadrilatère AMCO est inscriptible.

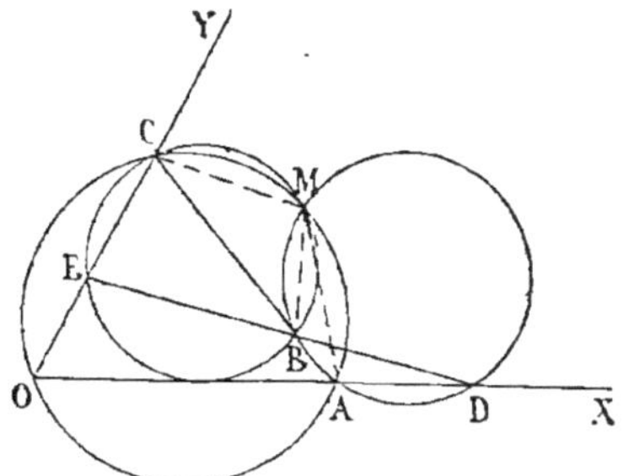

Fig. 529.

Le lieu demandé est la circonférence circonscrite au triangle invariable AOC.

Remarque. Le lieu est indépendant de la position du point B sur la sécante fixe.

Exercice 196

820. Lieu. *Sur les côtés d'un angle BAC on a marqué deux points B et C inégalement éloignés du sommet A; on décrit deux circonférences tangentes entre elles et dont l'une est tangente à AB au point B et l'autre à AC au point C; quel est le lieu géométrique du point de contact des deux circonférences?* (ENDRÈS, *Manuel des ponts et chaussées*, sixième édition, tome 1, p. 309.)

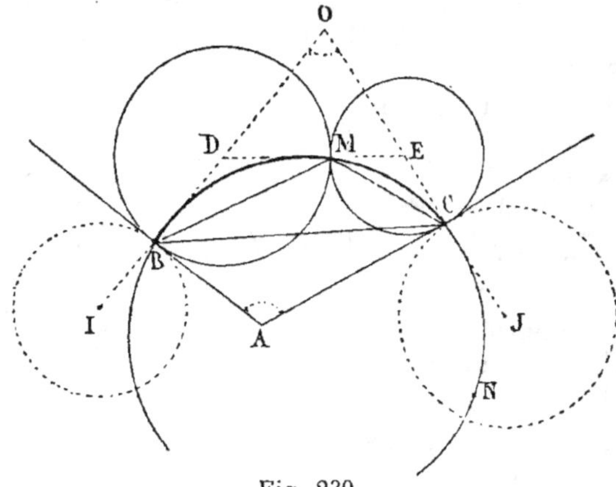

Fig. 230.

Menons MB, MC. Le quadrilatère ABOC a deux angles droits; donc les angles **A**, O sont supplémentaires. (G., n° 97.)

Or, les triangles BDM, CEM sont isocèles; ainsi

$$\text{l'angle DMB} = {}^1\!/_2\,\text{MDO}$$
$$\text{l'angle EMC} = {}^1\!/_2\,\text{MEO}$$

Or, l'angle BMC = 180° − (DMB + EMC)

$$\text{BMC} = 180° - \frac{D}{2} - \frac{E}{2} = 180° - \left(\frac{D+E}{2}\right)$$

Mais (D + E) est le supplément de l'angle O;

donc
$$\frac{D+E}{2} = \frac{A}{2}$$

Ainsi l'angle $\text{BMC} = 180° - \dfrac{A}{2}$, valeur constante; donc le lieu du point M est l'arc de segment décrit sur BC et capable d'un angle de $\left(180° - \dfrac{A}{2}\right)$.

Remarque. L'arc BNC correspond à un contact intérieur.

821. Lieu. Même problème, *en remplaçant les côtés de l'angle par deux circonférences* I, J, *les points de contact* B *et* C *étant donnés.*

On mène les tangentes BA, CA, et l'on retombe sur le cas précédent.

Exercice 197

822. Lieu. *D'un point quelconque* C *de l'arc d'un segment circulaire* ACB, *on abaisse une perpendiculaire* CP *sur la corde de l'arc; du point* C, *avec cette perpendiculaire pour rayon, on décrit une circonférence à laquelle on mène des tangentes par les extrémités de la corde; quel est le lieu du point* M *où se coupent les tangentes* AM, BM.

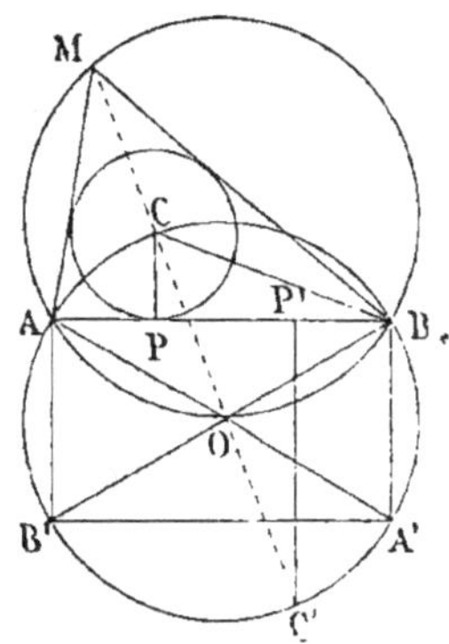

Fig. 531.

Joignons le centre C aux trois points A, B, M.

On sait que l'angle ACB se déduit de l'angle M, et réciproquement (n° 466). Or le premier est constant; il en est donc de même du second.

En effet angle $ACB = 180° - \dfrac{A}{2} - \dfrac{B}{2} = 180° - \left(\dfrac{A+B}{2}\right)$

$$\frac{A}{2} + \frac{B}{2} = 90 - \frac{M}{2}$$

donc $$ACB = 180 - \left(90 - \frac{M}{2}\right) = 90 + \frac{M}{2}$$

d'où $$\frac{M}{2} = ACB - 90$$

$$M = 2ACB - 180$$

D'ailleurs les points A et B appartiennent au lieu, car ils correspondent au cas où le rayon CP est nul; donc le lieu est l'arc de segment décrit sur AB et capable de l'angle $2ACB - 180$.

Remarque. On peut étudier les particularités que présente la question, lorsque le point C est sur ACB ou sur A'C'B', et lorsqu'il est sur AB' ou sur BA'.

Exercice 198

823. Lieu. *Sur les côtés d'un angle droit donné on prend deux grandeurs* OA, OB *dont la somme est constante* $= l$; *quel est le lieu des points* M *où la circonférence circonscrite au triangle* ABO *est rencontrée par la droite* OM *menée par le sommet* O *parallèlement à la base* AB? (Concours académique, Caen, 1877.)

Soit $OA + OB = l$, somme donnée.

Prenons $OC = OD = l$ et joignons le point M aux points C et D.

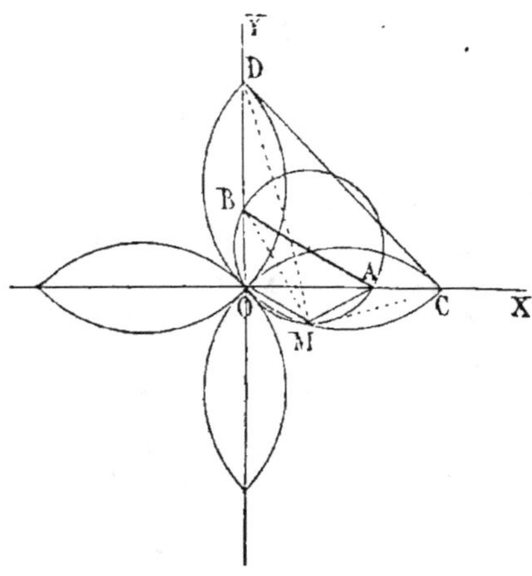

Fig. 532.

On a $AM = OB = AC$

$OA = MB = BD$

donc les triangles MAC, MBD sont isocèles.

Or, les angles au sommet MAC, MBD sont égaux comme suppléments des angles égaux OAM, OBM;

donc   angle $OCM = ODM$

Par suite, les quatre points O, M, C, D appartiennent à une même circonférence; donc le lieu de points M est la demi-circonférence décrite sur le diamètre CD.

Remarques. 1° Le lieu complet, pour les quatre angles formés autour du point O se compose de quatre demi-circonférences.

2° Lorsque l'angle COD n'est pas droit, le lieu est l'arc de segment décrit sur la corde DC et capable de l'angle donné DOC.

Le lieu complet se compose de quatre arcs égaux deux à deux.

824. Extension. Livre VIII. L'enveloppe de AB est une parabole tangente à OD, OC, aux points C et D, quel que soit l'angle des axes OX, OY (n° 2170). Le cercle BOA est circonscrit au triangle AOB formé par trois tangentes; or ce cercle passe par le foyer; donc les cercles tels que AOB passent par un point fixe.

Exercice 199

825. Lieu. *Les sommets B et C d'un triangle ABC glissent sur deux droites OX, OY qui se coupent en faisant un angle supplémentaire de l'angle A; quel est le lieu du sommet A?*

Discuter le problème, en admettant que le sommet B peut glisser sur le prolongement OX' de OX, et que le point C parcourt pendant ce temps la ligne YOY'.

Soit ABC une position quelconque du triangle donné.

À cause des angles supplémentaires XOY et BAC, le quadrilatère ABOC est inscriptible;

donc   angle $AOX = ACB$

Donc le point A se meut sur une droite menée par le point O et qui fait avec OX un angle égal à l'angle C du triangle, et par suite avec OY un angle égal à l'angle B.

826. Discussion. Il est évident que le lieu ne comprend pas toute la droite menée par le point de concours O; car le point A ne peut pas s'éloigner indéfiniment du point O.

Appliquons CB sur OX. Soit DEO la position du triangle. Pour l'angle XOY, le point E est une position limite du sommet A ; puis ce sommet vient en A et jusqu'à une position extrême M donnée par le triangle LMT, dont les côtés ML, MP sont respectivement perpendiculaires à OX, OY. Dans ce cas, la diagonale OM du quadrilatère inscriptible est le diamètre même de ce cercle. Puis le sommet glisse de M jusqu'à une autre position limite F, donnée par le triangle OFG.

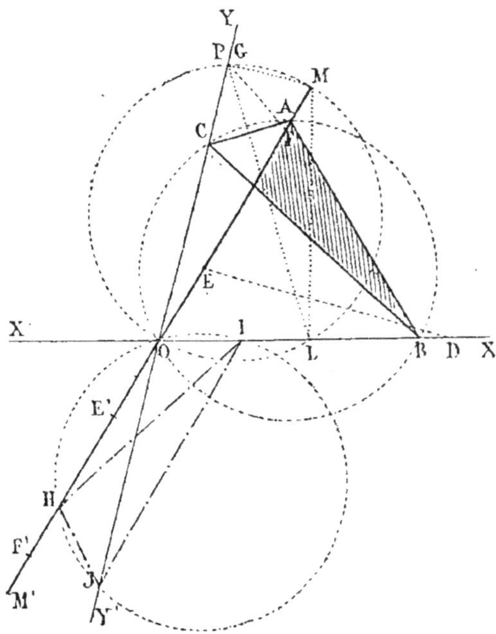

Fig. 533.

Angle XOY′. En faisant glisser B sur OX et C sur OY′, le sommet A part du point E, glisse jusqu'au point O et continue, vient en H et jusqu'à une position limite F′, telle que OF′ = OF.

Angle X′OY′. En continuant le mouvement, le sommet A glisse de F′ jusqu'en M′ ; puis de M′ repasse par les positions déjà coupées F′, H et s'arrête en E′.

Angle X′OY. Enfin le sommet A part de E′, passe en O, E, et s'arrête au point F.

En un mot, le sommet A décrit deux fois la droite MOM′.

Remarques : 1° L'énoncé doit être complété en disant que l'angle O doit être supplémentaire de l'angle A, ou être égal à cet angle, car XOY′ = A.

2° Lorsque l'angle A n'égale ni XOY ni son supplément XOY′, le lieu du point A est une ellipse (n° 144). Le problème précédent n'est qu'un cas particulier de la question plus générale où le triangle ABC est quelconque par rapport à l'inclinaison des axes. Avec l'angle A, supplément de XOY, l'ellipse est infiniment aplatie et se réduit à son grand axe MOM′, parcouru deux fois par le point mobile.

PROBLÈMES

Distances diverses.

827. La distance d'un point à une droite est donnée par la perpendiculaire abaissée du point sur la droite. (G., n° 39.)

La distance d'un point à une circonférence est la partie du rayon, ou du rayon prolongé, comprise entre ce point et la circonférence. (G., n° 114.)

La distance de deux circonférences se mesure sur la ligne des centres (n°ˢ 595 et 596).

Exercice 200

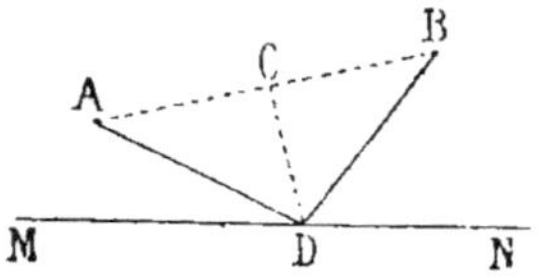

828. Problème. *Un chemin de fer MN passe en ligne droite à une certaine distance de deux villages A et B, qui doivent être desservis par une station équidistante de l'un et de l'autre. Déterminer la position de cette station.*

Fig. 534.

La droite CD, perpendiculaire au milieu de AB, détermine sur MN un point D équidistant des deux points A et B.

Remarque. La solution est applicable quelle que soit la ligne MN.

Exercice 201

829. Problème. *Une rivière dont le cours est rectiligne dans la partie considérée passe entre deux localités inégalement éloignées du cours d'eau. Où faut-il construire un pont perpendiculaire à la rivière pour que les deux localités soient à des distances égales de l'entrée correspondante du pont.*

(Voir *Méthodes*, n° 137.)

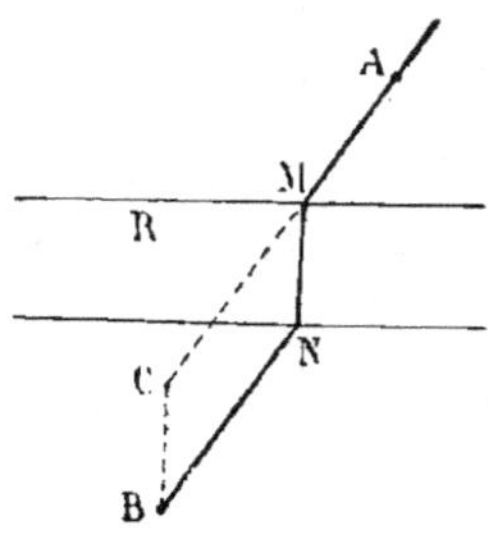

Fig. 535.

830. Problème. Mêmes données, *on demande le plus court chemin q⁚ ⁚⁚ desservir les deux localités.* (N. ⁚ ⁚⁚ p. 45.)

On prend la distance BC égale ⁚ ⁚ ⁚ geur de la rivière; on joint AC; ⁚ ⁚ mène MN par le point où la d⁚⁚ coupe la rive la plus proche de A ⁚ ⁚ ⁚⁚ min le plus court est

$$AM + MN + BN = AC + B⁚$$

Tout autre chemin est plus long, car il se composerait de BC et d'une ligne brisée allant du point C au point A.

831. Extension. On peut demander que le chemin ait une longueur donnée 2*a*, la question se rapporte au livre VIII. *Trouver les points d'intersection de la droite RM et d'une ellipse ayant* A *et* C *pour foyer et* 2a *pour longueur du grand axe.* (G., n° 642.)

Exercice 202

832. Problème. *Par un point donné, mener une droite qui passe à égale distance de deux points donnés.*

Considérons une droite AF passant à égale distance de deux points quelconques B et C, de sorte que l'on ait BE = CF, et menons BC.

Les deux droites BE et CF, perpendiculaires à la même droite AF, sont parallèles l'une à l'autre; donc les deux triangles BDE et CDF sont égaux, et l'on a DB = DC.

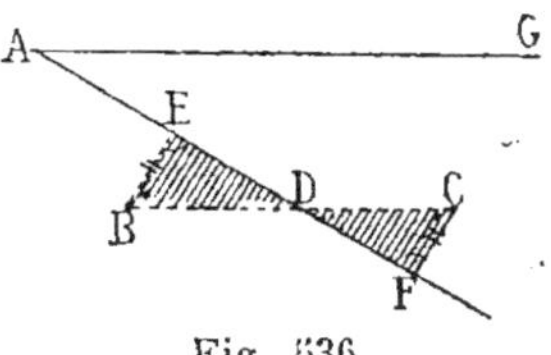

Fig. 536.

Ainsi la droite demandée doit passer par le milieu de la droite qui joint les deux points donnés.

Remarque. On a une seconde réponse au problème en menant par le point donné une droite AG parallèle à BC.

833. Problème. *Mener une droite parallèle à une droite donnée et qui passe à égale distance de deux points donnés.*

Par le point milieu D, on mène une droite parallèle à la ligne donnée.

834. Problème. *Mener une droite équidistante de trois points, non en ligne droite.*

Il suffit de joindre deux à deux les points milieux des côtés du triangle formé par les trois points.

Il y a trois droites qui répondent à la question.

Exercice 203

835. Problème. *Trois points* A, B, C *étant donnés, mener par le point* A *une droite telle que la somme ou la différence des distances des deux autres points à cette droite égale une longueur donnée* l.

Premier moyen. Supposons le problème résolu, et BM + CN = *l* (fig. 537).

En prenant MD = CN, on reconnaît que BD = *l* et que l'angle D est droit.

Donc, sur le diamètre BC, décrivons une circonférence. Du point B comme centre, avec *l* pour rayon, coupons cette circonférence en D, D', et par le point A menons une parallèle à CD.

11*

Remarques. 1° Lorsque AM passe entre les deux points B et C, on a une somme; tandis que AM' correspond à une différence.

En effet $$BM' - CN' = l$$

2° En décrivant du centre C un arc avec le rayon l, on obtient deux autres solutions.

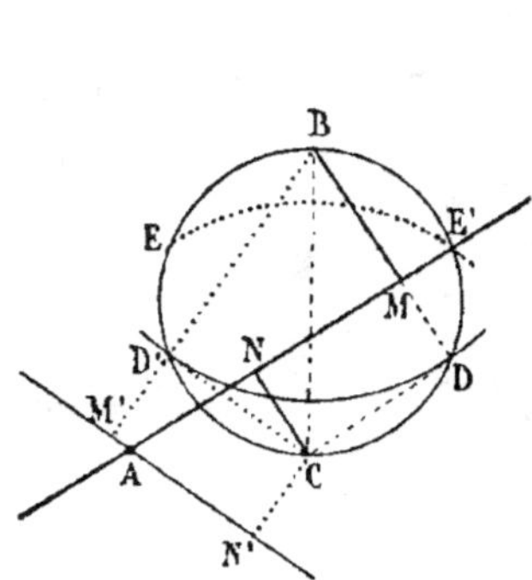

Fig. 537.

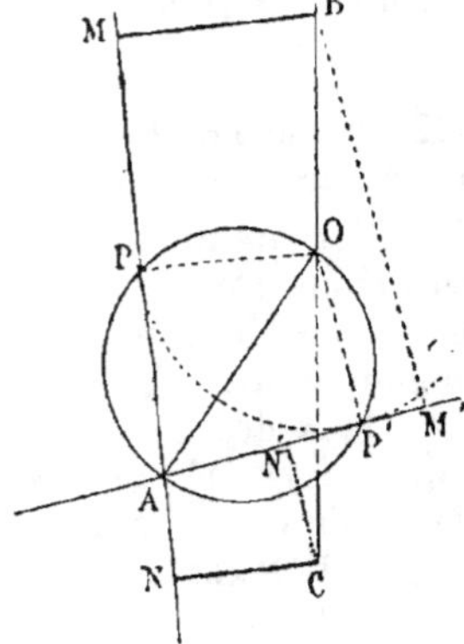

Fig. 538.

Second moyen (fig. 538). En admettant que les deux perpendiculaires BM, CN, dont la somme égale l, soient de même sens, la propriété connue de la base moyenne du trapèze conduit à la construction suivante.

Il faut prendre le milieu O de BC. Sur le diamètre AO décrire une circonférence, et la couper par un arc décrit du centre O avec $\frac{l}{2}$ pour rayon. Enfin joindre le point A au point P.

On a $$BM + CN = 2 \cdot PO = l$$

Remarques. 1° On obtient une somme lorsque AP laisse d'un même côté les deux points donnés, et une différence dans le cas contraire.

Ainsi $$BM' - CN' = 2 \cdot OP' = l$$

2° Le problème admet généralement six solutions : sommes ou différences.

836. Problème. *Un point A, étant donné sur l'un des côtés d'un angle B, trouver sur ce même côté un point équidistant du point donné et de l'autre côté de l'angle.*

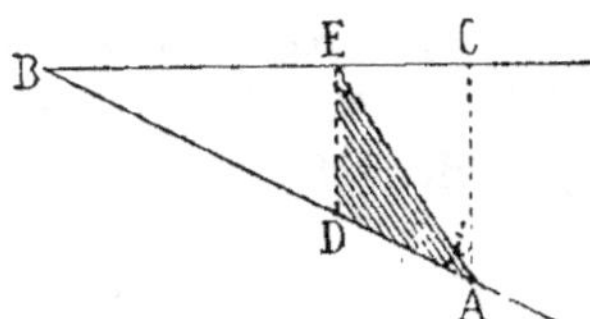

Fig. 539.

Soit D le point à obtenir. Menons DE et AC perpendiculaires à BC; menons aussi AE.

On doit avoir DA = DE; donc le triangle ADE est isocèle, et ses angles A et E sont égaux.

Mais les angles E et i sont égaux comme alternes-internes; donc AE est bissectrice de l'angle BAC, et c'est cette bissectrice qui permet de trouver le point E, et par suite le point cherché D.

Remarque. Il y a un second point donné par la bissectrice extérieure de l'angle BAC.

837. Problème. *On donne une circonférence, une droite et un point A sur cette ligne. Trouver un second point sur cette droite qui soit équidistant du point donné et de la circonférence.*

Soit B le point tel que   BA = BC

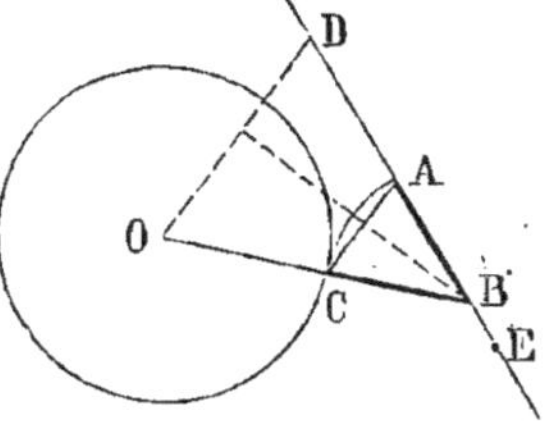
Fig. 540.

Le triangle ABC est isocèle; mais on ne peut pas déterminer immédiatement la position du point C, tandis que la parallèle OD donne un triangle isocèle facile à construire, car AD = le rayon.

Il faut donc prendre AD $= r$; élever une perpendiculaire au milieu de OD, afin de déterminer le sommet B demandé.

Remarque. Il y a généralement deux solutions, car on peut porter r de A en E.

Exercice 204

838. Problème. *Par un point A, mener une droite équidistante d'un point B et d'une circonférence de centre C.*

Soit r le rayon de la circonférence donnée. Par le point A, il faut mener une droite telle que la différence de ses distances aux points C et B égale r (n° 835).

Soient CE, BD les distances des points C et B à la droite donnée; si l'on a CE — BD $= r$, la distance de la circonférence étant CE $- r$, sera égale à BD, ainsi qu'on le demande.

839. Problème. *Par un point A, mener une droite équidistante de deux circonférences données.*

Soient B et C, r, s, les centres et les rayons des circonférences données. Par le point A, il faut mener une droite telle que la différence de ses distances aux points B et C égale $r — s$ (n° 835).

840. Problème. *Par un point A, mener une droite dont la somme des distances à deux circonférences données égale une ligne l.*

Avec les données du problème précédent, il suffit de mener une droite, de manière que la somme des distances des centres B et C à cette droite égale $l + r + s$, car la somme des plus courtes distances des deux circonférences à la droite menée égalera la longueur l.

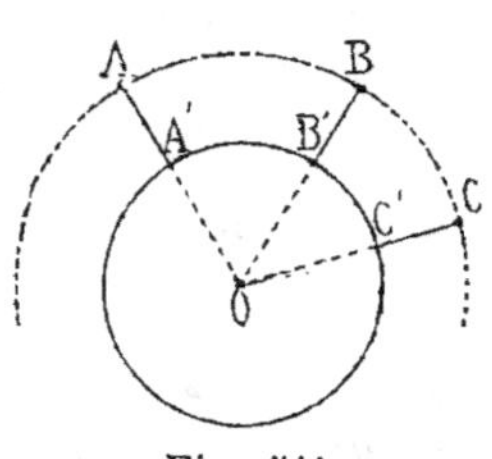

Fig. 541.

841. **Problème.** *Avec un rayon donné* r, *décrire une circonférence qui passe à égale distance de trois points*, A, B, C, *donnés non en ligne droite.*

On cherche le centre O de la circonférence qui passerait par les trois points donnés, et de ce point on décrit la circonférence demandée.

Exercice 205

842. **Problème.** *Trois points*, A, B, C, *non en ligne droite, étant donnés, décrire une circonférence équidistante de chacun d'eux, et telle que la distance de chaque point à cette circonférence ait une longueur donnée.*

On procède comme on l'a indiqué (n° 841, fig. 541), mais on porte la longueur donnée l de A en A′ et sur le prolongement du rayon OA, ce qui donne deux solutions.

843. **Discussion.** Il n'y a que deux solutions lorsque les trois points donnés doivent être hors de la circonférence, ou tous les trois à l'intérieur, ou même sur la courbe, mais le problème général comporte *six autres solutions;* car les points A, B, peuvent être extérieurs et C intérieur, ou réciproquement, ce qui donne deux solutions.

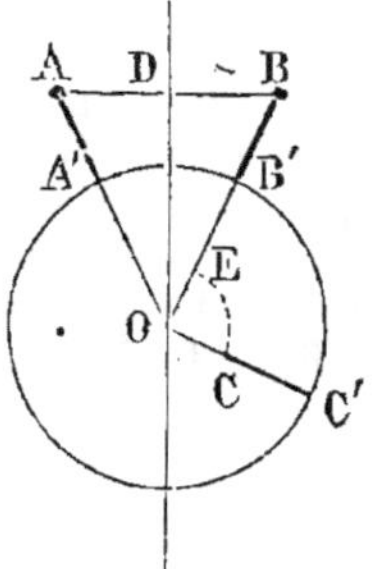

Fig. 542.

Puis on aurait

     A et C d'un même côté   et   B de l'autre;

ou   B et C d'un même côté   et   A de l'autre.

Supposons le problème résolu et   AA′ = BB′ = CC′.

Le problème revient à déterminer sur la perpendiculaire DO élevée au milieu de AB un point O tel que la différence (OB − OC) ou BE de ces distances OB, OC à deux points donnés égale une grandeur donnée BE ou $2l$.

Ce *problème auxiliaire* dépend du livre VIII, et revient à déterminer les points d'intersection d'une droite donnée DO et d'une hyperbole ayant B et C pour foyers, et la longueur $2l$ pour axe transverse (n° 113, *b*).

Remarque. L'exemple ci-dessus montre qu'il faut étudier les questions avec grand soin, pour qu'on puisse indiquer le nombre exact de solutions possibles.

844. **Problème.** *Décrire une circonférence qui passe à égale distance de quatre points*, A, B, C, D, *donnés non en ligne droite.*

On décrit une circonférence par trois quelconques de ces points,

A, B, C, par exemple. Par le centre O et par le quatrième point D, on trace OBE ; on prend le point I milieu de DE, et avec OI comme rayon on décrit la circonférence demandée.

Chacun des points donnés pouvant être pris comme quatrième point, on aura, en général, quatre circonférences remplissant la condition imposée.

Le problème serait possible lors même que trois des points donnés seraient en ligne droite ; mais l'une des quatre solutions disparaîtrait.

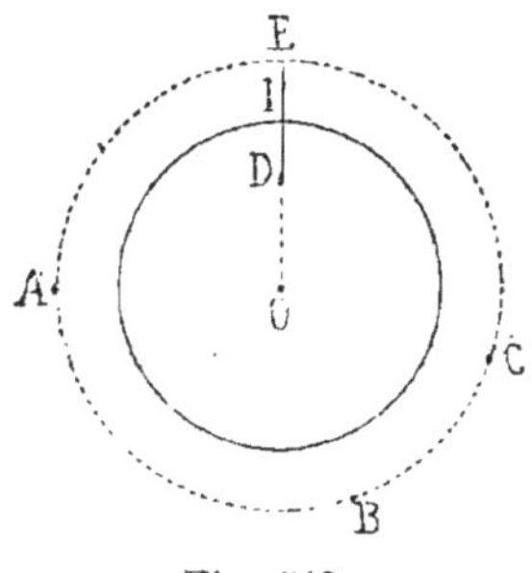
Fig. 543.

Exercice 206

845. Problème. *Trouver un point donné à une distance donnée* a, *de deux lignes données AC et CMD, droites ou circulaires.*

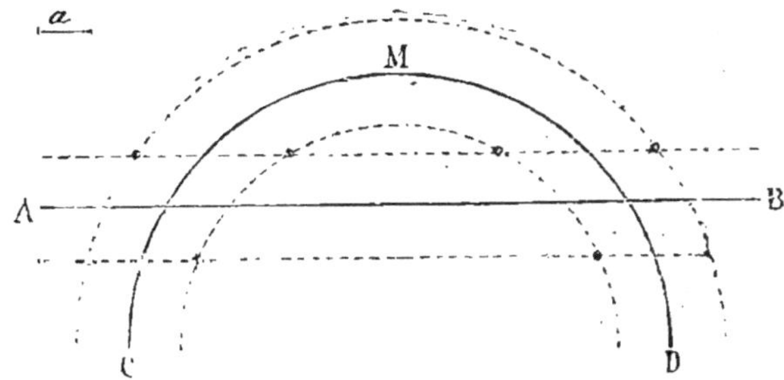
Fig. 544.

Pour chacune des deux lignes données, on construit le double lieu des points situés à la distance donnée *a ;* les rencontres de ces lieux peuvent fournir huit points remplissant la condition demandée.

Remarque. Chacun des points obtenus peut servir de centre à une circonférence décrite avec le rayon *a* tangentiellement aux deux lignes données.

846. Problème. *Avec un rayon donné* r, *décrire une circonférence qui passe par un point donné* A, *et dont la plus courte distance à une circonférence donnée* B *soit d'une longueur donnée* e.

La distance BD des deux centres doit être égale à la somme des rayons augmentée de la distance donnée *e.* Donc le centre D doit se trouver sur la circonférence

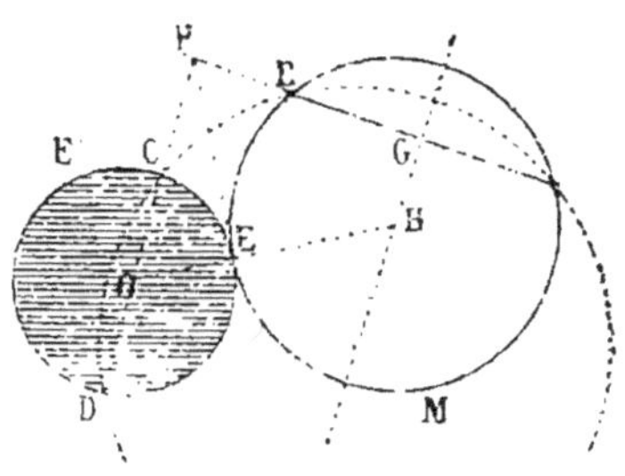
Fig. 545.

décrite du point B, avec un rayon égal à cette longueur totale.

Puisque la circonférence demandée doit passer par le point A, son centre doit se trouver sur la circonférence décrite du point A avec le rayon r.

La rencontre de ces deux lieux géométriques donne généralement deux points D et E qui peuvent servir de centre à des circonférences répondant à la question.

Sécantes.

847. Les problèmes sur les sécantes sont nombreux et intéressants. Pour les résoudre, il faut utiliser non seulement les théorèmes du second livre des *Éléments de Géométrie*, mais encore plusieurs de ceux que l'on a proposés pour exercices; voici les théorèmes qu'on emploie le plus fréquemment.

Les parties de parallèles comprises entre parallèles sont égales. (G., n° 82.)

Les cordes égales sont équidistantes du centre de la circonférence. (G., n° 125.)

Lorsque deux circonférences se coupent, la sécante commune la plus longue est parallèle à la ligne des centres (n° 616).

Exercice 207

848. Problème. *Étant donnés un point fixe A et deux droites parallèles CD et EF, mener par le point A une sécante AE telle que la partie CE comprise entre les deux parallèles soit d'une longueur donnée r.*

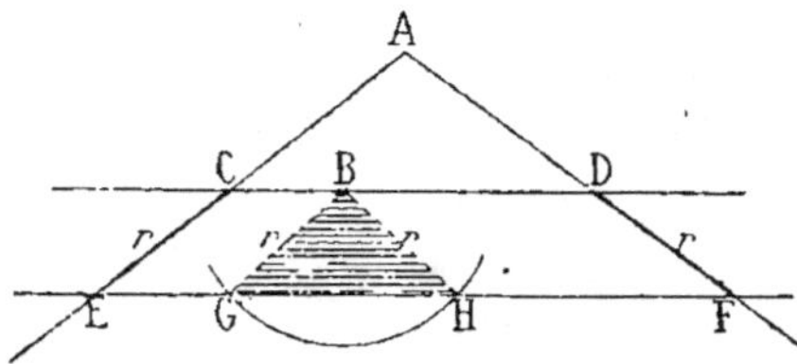

Fig. 546.

D'un point quelconque B pris sur l'une des parallèles, et avec un rayon égal à la longueur donnée r, on décrit un arc qui coupe l'autre parallèle en G et H; on mène BG et BH, puis AE et AF parallèles à BG et BH.

On a CE = BG, et DF = BH...

Remarque. La longueur donnée r ne peut être moindre que la distance des deux parallèles.

Exercice 208

849. Problème. *Étant donnés un cercle B et un point fixe A, mener par ce point une sécante telle que la partie CD comprise dans le cercle soit d'une longueur donnée m.*

D'un point quelconque G, pris sur la circonférence donnée, et avec un rayon égal à la longueur donnée m, on décrit un arc qui coupe en H la circonférence donnée; on décrit, du point B, une circonférence tangente à la corde GH, et l'on mène, tangentiellement à cette circonférence auxiliaire, les droites AD et AF, qui satisfont au problème.

Car les cordes CD, EF et GH sont égales, comme également éloignées du centre.

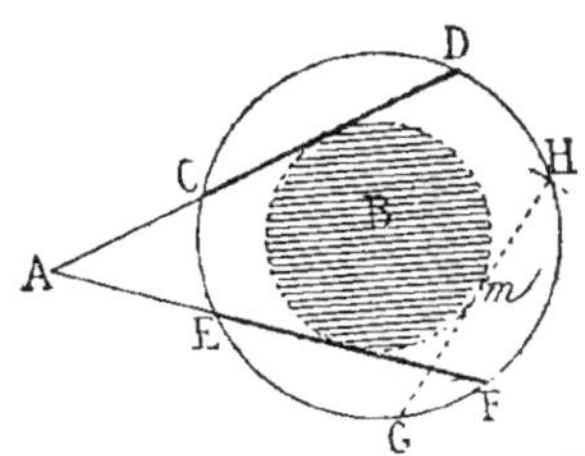

Fig. 547.

850. Problème. *Par un point donné dans un cercle, mener une corde telle que la somme ou la différence des segments égale une longueur donnée l.*

1° Pour la somme, on procède comme ci-dessus (n° 849.).

2° Pour la différence, supposons le problème résolu.

Soit BAC la corde demandée telle que $AB - AC = l$.

Pour retrancher AC de AB, on peut porter AC de B en D; alors $AD = l$; mais A et D appartiennent à la circonférence décrite du centre O avec OA pour rayon; donc il faut décrire la circonférence OA; du point A avec l pour rayon, couper la circonférence auxiliaire en D, la corde ADBC répond à la question.

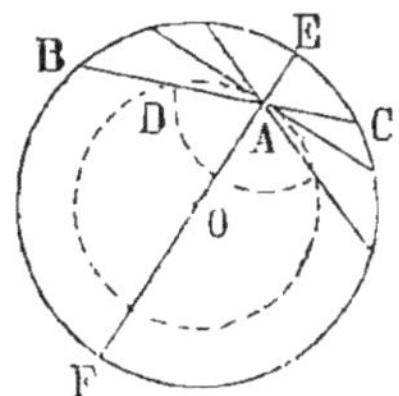

Fig. 548.

Discussion. Il y a généralement deux solutions.

La différence l peut au plus égaler 2AO; alors la sécante EOF passe par le centre. La différence peut devenir nulle, alors la sécante MN est tangente à la circonférence auxiliaire.

Dans les deux derniers cas, il n'y a qu'une seule solution.

851. Problème. *On donne un point A et deux circonférences concentriques; par le point donné, mener une sécante telle que la partie comprise entre les deux circonférences ait une longueur l.*

D'un point B pris sur l'une des circonférences, on coupe la seconde en C avec la longueur l; on décrit une circonférence concentrique aux premières et tangentes à la droite BC prolongée; puis par le point donné A, on mène une tangente à la circonférence décrite.

Exercice 209

852. Problème. *Étant données deux circonférences non concentriques, mais dont l'une est intérieure à l'autre, mener à la circonférence intérieure une tangente telle que la corde comprise dans la grande circonférence ait une longueur donnée l. Entre quelles limites peut varier cette longueur ?*

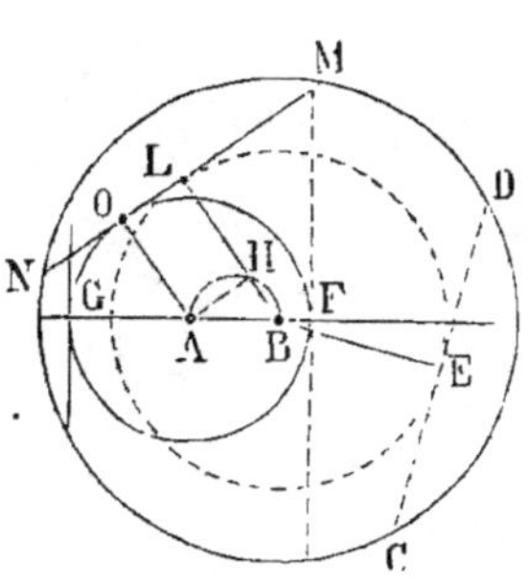

Fig. 549.

Soient A et B les centres des circonférences données, MN, la tangente demandée, égale à *l*.

1° Toutes les cordes égales sont également éloignées du centre. Donc il faut prendre CD = *l*, décrire une circonférence avec le rayon BE, et mener une tangente commune à la circonférence ainsi décrite et à la circonférence A.

2° La perpendiculaire élevée au point G est la plus petite corde que l'on puisse mener, et la perpendiculaire élevée en F est la plus grande.

Quand le point B n'est pas dans le cercle A, la plus grande corde est le diamètre tangent mené par le point B.

853. Problème. Même énoncé, *mais la différence des segments* OM, ON *déterminés par le point de contact doit égaler une ligne donnée* 2d.

En supposant le problème résolu, et menant les rayons AO, BL puis la parallèle AH, on reconnaît que

$$OM - ON \quad \text{ou} \quad 2d = 2LO = 2AH$$

ou $$AH = d$$

Donc, sur le diamètre AB, il faut décrire une circonférence. Du point A comme centre, avec *d*, demi-différence donnée, couper cette circonférence en H et mener une tangente parallèle à AH.

Exercice 210

854. Problème. *On donne un point sur une circonférence, ainsi qu'une corde. Mener par le point une seconde corde qui soit divisée par la première en deux parties égales.*

(Voir *Méthodes*, n° 92.)

855. Problème. *On donne un point sur une circonférence et une courbe quelconque, etc.*

(Voir *Méthodes*, n° 93, *Remarques*, 2°.)

856. Problème. *On donne un point A et deux lignes, mener une sécante* MAN *limitée à ces lignes et telles que* AM = AN.

1° *On donne deux droites.*
2° *Une droite et une circonférence.*
3° *Deux circonférences.*

On peut recourir aux lieux géométriques.

1° Soient les droites BC, BE et le point A.
Sur une droite quelconque AC, prenons $AD = AC$.
Menons la parallèle DN.

On aura $AN = AM$ (n° 558, 563).

On a fréquemment recours à une construction qui n'emploie pas les lieux géométriques (n° 857).

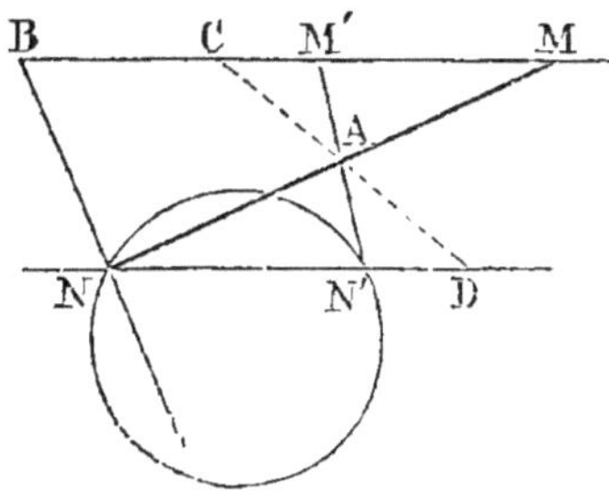

Fig. 550.

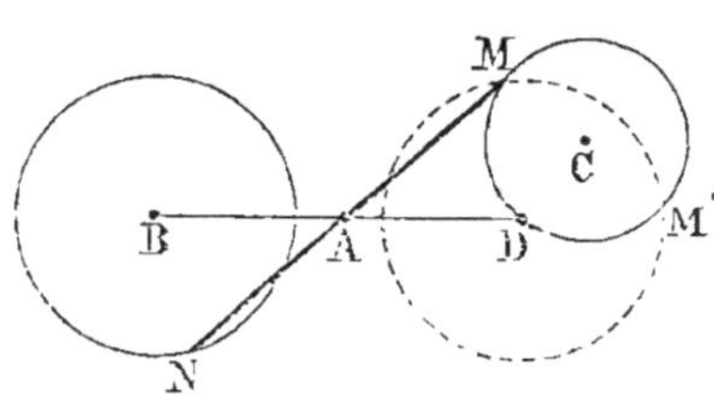

Fig. 551.

2° (Fig. 550). On procède comme dans le 1er cas. La parallèle peut couper la circonférence en deux points, lui être tangente ou ne pas la rencontrer.

On a donc deux solutions, une seule, ou aucune (n° 93, 1°).

3° (Fig. 551). Soient les circonférences B et C.
Il faut prendre $AD = AB$, décrire une circonférence D égale à B.

On aura $AM = AN$

857. Remarques. 1° La première question peut se traiter comme il suit :

Soit O le point donné dans l'angle A.

En supposant le problème résolu et $OB = OC$, on voit que la parallèle OD passe par le milieu de AB (n° 431, *Corollaire*), donc il faut mener la parallèle OD, prendre $DB = DA$, et mener BOC.

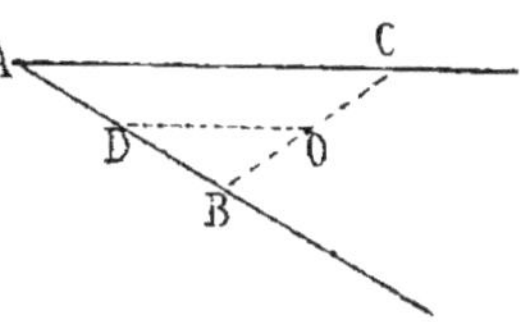

Fig. 552.

2° Le cas particulier suivant est le plus intéressant de tous, et il dépend d'une question déjà traitée (n° 138).

858. Problème. *Par l'un des points d'intersection de deux circonférences A et B, mener une sécante qui ait ce point pour milieu.*

Soit EF une sécante qui ait pour milieu le point C. Des centres A

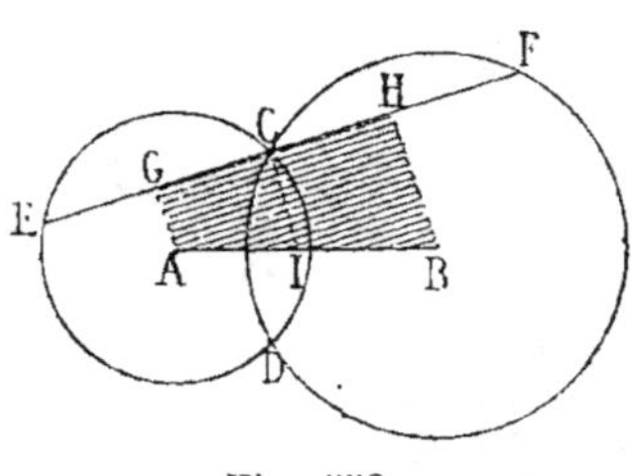

Fig. 553.

et B, menons les perpendiculaires AG et BH, puis CI également perpendiculaire à EF.

Les points G et H sont les milieux des cordes égales CE et CF ; on a donc CG = CH ; et dans le trapèze ABHG, la droite CI étant parallèle aux bases AG et BH, le point I est le milieu de AB (n° 436). Ainsi la sécante EF est perpendiculaire à la droite CI qui joint le point C au point I, milieu de la ligne des centres.

859. Problème. *On donne deux circonférences concentriques; par un point donné sur la circonférence extérieure, mener une corde qui soit divisée en trois parties égales.*

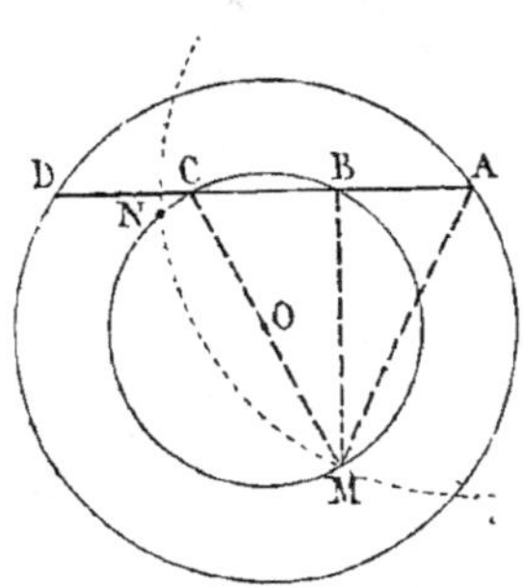

Fig. 554.

Soit AB = BC.

Si l'on élève la perpendiculaire BM, on aura AM = CM.

Mais l'angle B est droit, ainsi COM est un diamètre ; donc, du point donné A. comme centre, avec le diamètre de la circonférence intérieure pour rayon, il faut décrire un arc MN, puis mener MOC et AC.

Remarque. Suivant que l'arc décrit coupe en deux points la circonférence intérieure, lui est tangent, ou ne la rencontre pas; il y a deux solutions, une seule, ou aucune.

860. Problème. *Par deux points A et B, mener deux parallèles distantes l'une de l'autre d'une longueur donnée l.*

Sur AB, comme diamètre, on décrit une circonférence. Du point A, avec *l*, on coupe cette circonférence en C. On joint B à C, et par le point A on mène une parallèle. La longueur AC ou *l* est la distance des parallèles.

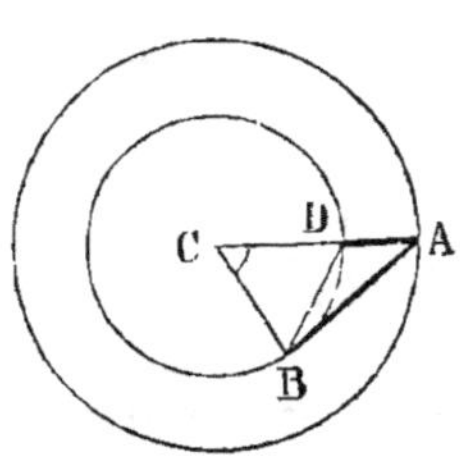

Fig. 555.

861. Problème. *Par deux points A et B, faire passer deux circonférences concentriques, éloignées l'une de l'autre d'une longueur l.*

On sait en outre que les rayons CA, CB, qui aboutissent aux points donnés, font entre eux un angle 2m.

En supposant le problème résolu, on remarque que dans le triangle ABC on connaît le côté AB, la différence AD ou *l* des deux autres et l'angle C. Or chacun des angles égaux CDB, CBD est le complément de la moitié de l'angle C; donc

$$CDB = 90° - m$$
$$ADB = 180 - (90 - m) = 90 + m$$

Ainsi, on peut construire le triangle ADB, dans lequel on connaît un angle et deux côtés. (G., n° 185.)

Exercice 211

862. Problème. *Mener une parallèle aux bases d'un trapèze, de manière que le segment compris entre les diagonales ait une longueur donnée. Discuter le problème.*

(Voir *Méthodes*, n° 250.)

Exercice 212

863. Problème. *On donne deux circonférences et une droite; mener une perpendiculaire à cette droite, de manière que le segment déterminé par les circonférences soit divisé en deux parties égales par la droite donnée.*

La solution est fournie immédiatement en recourant à la duplication. Il suffit de décrire une circonférence B′ égale à B et symétrique, par rapport à XY.

MN et M′N′ répondent à la question.

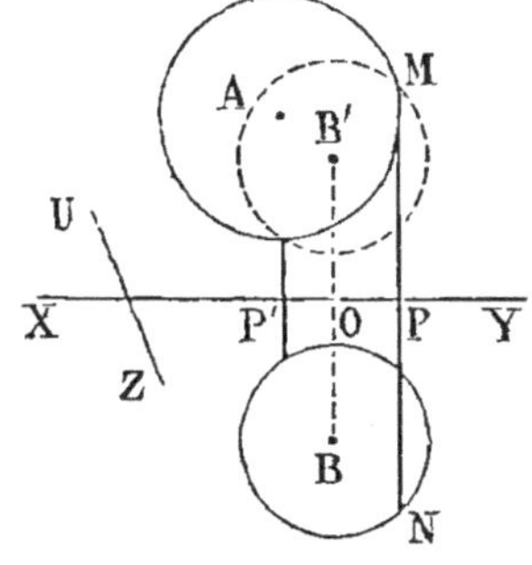

Fig. 556.

Remarque. *On peut résoudre le problème, même lorsque la droite MN doit être parallèle à une droite UZ oblique par rapport à XY.*

Par le point B, on mènerait BOB′ parallèle à ZU, et l'on prendrait

$$OB' = OB$$

Exercice 213

864. Problème. *Entre deux circonférences données, inscrire une droite de longueur l qui soit parallèle à une ligne xy.*

(Voir *Méthodes*, n° 89.)

Exercice 214

865. Problème. *On donne deux circonférences extérieures A et B, ainsi qu'une droite xy. Mener une sécante parallèle à xy, et telle que la somme des cordes interceptées égale une longueur donnée l.*

(Voir *Méthodes*, n° 91.)

Exercice 215

866. Problème. *Par deux points A et B donnés sur les côtés d'un angle C, mener deux sécantes parallèles, telles que la somme des segments interceptés sur ces parallèles ait une longueur donnée 2l.*

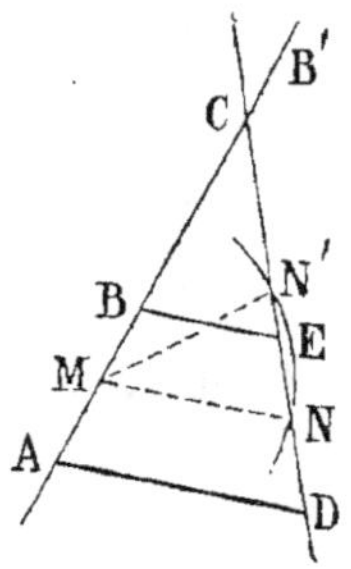

Fig. 557.

Supposons le problème résolu et AD + BE = 2*l*. La base moyenne MN = *l*; donc, du point milieu M de AB, avec *l* pour rayon, il faut couper CD.

Remarques. 1° Il y a deux solutions, une seule, ou aucune, suivant que l'on coupe CD en deux points, est tangent à cette ligne ou ne la rencontre pas.

2° Pour les points tels que A et B', placés de part et d'autre de C (fig. 557), La construction précédente donnerait deux parallèles, ayant 2*l* pour différence.

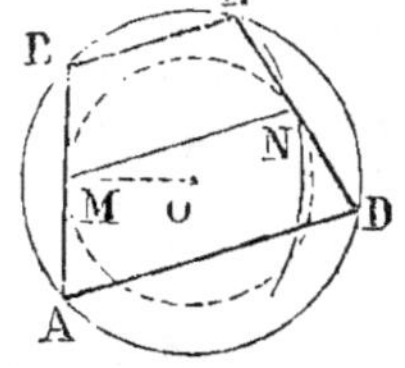

Fig. 558.

867. Problème. Même question. *Les deux points A et B appartiennent à une circonférence.*

Il faut décrire une circonférence avec le rayon OM et prendre MN = *l*.

On aura   AD + BE = 2*l*

Exercice 216

868. Problème. *Mener, à l'un des côtés d'un triangle, une parallèle qui soit égale à la somme ou à la différence des segments déterminés sur les deux autres côtés, entre les deux parallèles.*

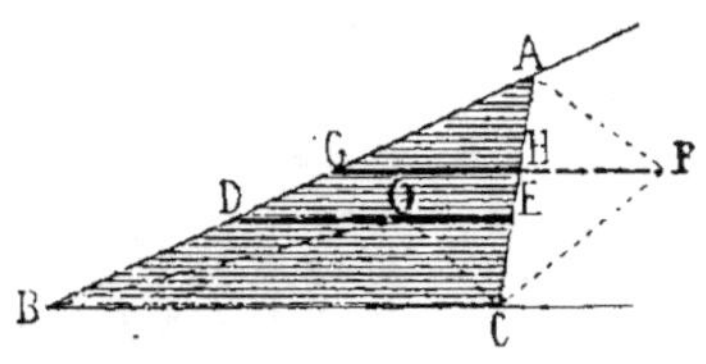

Fig. 559.

1° La droite DE menée parallèlement à BC, par le point de concours des bissectrices intérieures du triangle, égale la somme des segments BD et CE (n° 458).

2° La droite FG étant menée parallèlement à BC, par le point de concours des bissectrices extérieures CF et AF, la partie intérieure GH égale la différence des segments BG et EH (n° 459).

869. Problème. *Par un point donné* P, *mener une sécante* PBC *qui coupe un angle donné* A *de manière que le périmètre du triangle formé ait une longueur donnée.*

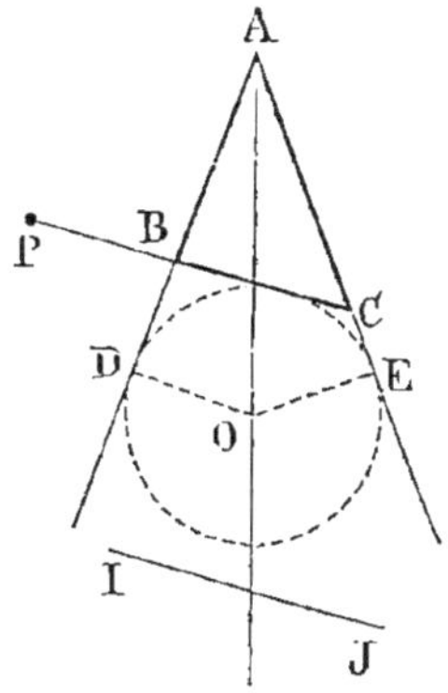

Supposons le problème résolu et soit

$$AB + BC + CA = 2p.$$

On sait que toute tangente menée au cercle ex-inscrit O donne un triangle de périmètre constant (n° 739).

Donc il faut prendre $AD = AE = p$. Élever des perpendiculaires DO, EO, décrire le cercle et mener la tangente PBC.

870. Problème. *Couper un angle donné* A *par une sécante* BC *qui soit parallèle à une droite* IJ, *et qui détermine un triangle de périmètre donné.*

Il faut, dans ce cas, mener la tangente BC parallèle à IJ.

Fig. 560.

871. Problème. *Questions analogues, lorsque* $AB + AC - BC$ *doit égaler* 2p.

Il faut mener la tangente PBC de manière que la circonférence O soit inscrite, au lieu d'être ex-inscrite au triangle.

Exercice **217**

872. Problème. *Par un point donné* P, *mener une sécante* PDE *qui coupe les côtés d'un triangle* BAC, *de manière que* DE *égale* DC + BE.

Supposons le problème résolu.
De la relation $DE = BE + CD$, on déduit

$$AD + DE + AE = AB + AC$$

Donc le périmètre du triangle ADE est connu, et l'on retombe sur un exercice connu (n° 869).

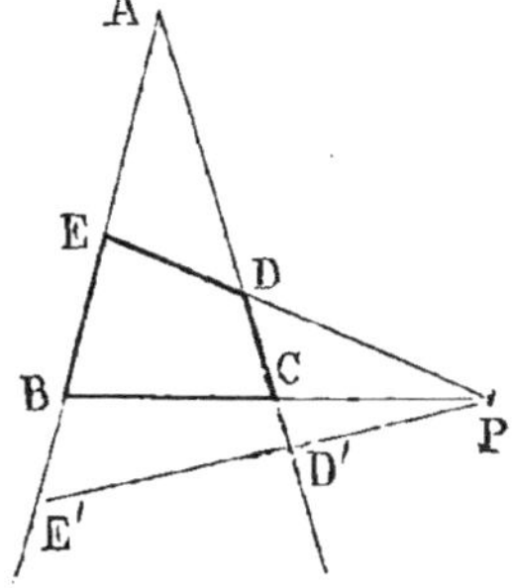

Fig. 561.

Remarques. 1° Lorsque les segments doivent être extérieurs, on a

$$D'E' = BE' + CD'$$

donc $AD' + AE' - D'E' = AB + AC$ (n° 871)

2° Solutions analogues, lorsque la sécante doit être parallèle à une ligne donnée (n° 870).

N.   12

873. Problème. *Inscrire dans un triangle ABC une sécante DE, de longueur connue l, et telle que cette sécante égale la somme des segments BD et CE.*

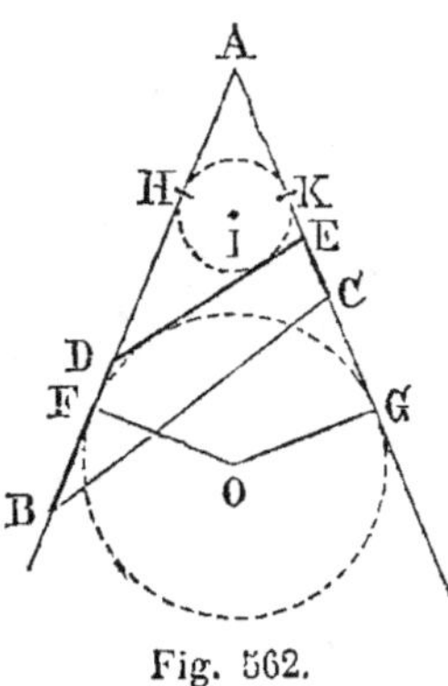

Fig. 562.

Soit le problème résolu, et

$$DE = BD + CE = l.$$

En prenant $AF + AG = \frac{1}{2}(AB + AC)$.

Nous savons que tout triangle, tel que ADE, aura pour périmètre $AB + AC$. Il suffit donc de mener une tangente DE d'une longueur donnée *l*.

Or, on sait qu'un côté DE, compris entre le cercle inscrit et le cercle ex-inscrit, égale $FH = GK$ (n° 743, II); donc il faut prendre $FH = GK = l$.

Décrire le cercle de centre I, et mener la tangente intérieure DE commune aux deux cercles.

Exercice 218

874. Problème. *Sur le côté AB d'un triangle ABC, déterminer un point D tel que la somme des parallèles DE, DF menées par ce point aux côtés CA, CB ait une longueur donnée l.*

Entre quelles limites peut varier l, suivant la position du point D.

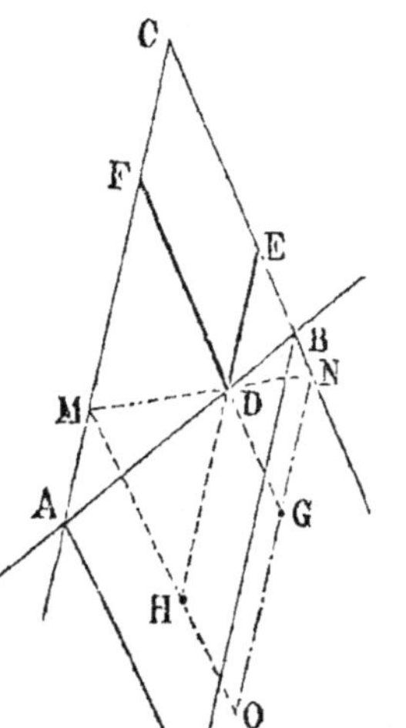

Fig. 563.

Soit le problème résolu, et $DE + DF = l$.

Par le point D, menons MN de manière à obtenir un triangle isocèle.

On sait que pour tout point de la base, la somme sera constante (n° 268, Cor.); d'ailleurs cette somme égale $CM = CN$. La construction du losange CMON rend la proposition évidente, car

$$DF + DE = FG = HE = MC$$

On prend donc $CM = CN = l$, et la droite MN détermine le point D.

Par le point B on a la plus petite longueur, car la somme des parallèles se réduit à BC. Lorsque le point D glisse vers le sommet A, la somme augmente pour atteindre son maxima AC au point A.

875. Problème. Même problème. *Les droites DE, DF doivent être parallèles à deux droites données.*

La solution est analogue à la précédente, mais il faut recourir au III° livre. Le lieu des points à somme constante n'est plus la base d'un triangle isocèle, mais bien celle d'un triangle scalène. (*Méthodes,* nᵒ 269.)

Exercice 219

876. Problème. *D'un point A donné comme centre, décrire une circonférence qui coupe deux circonférences concentriques, de manière que la droite menée par les deux points d'intersection passe par le centre des circonférences concentriques.* (RITT, *Problèmes de Géométrie et de Trigonométrie.*)

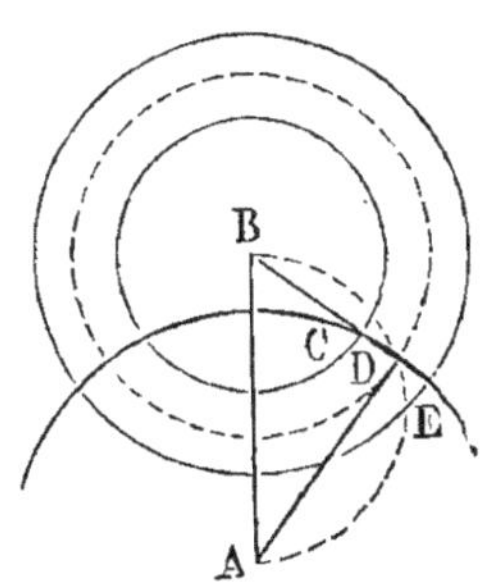

Fig. 564.

En supposant le problème résolu, on reconnaît que la perpendiculaire AD sur la corde CE, passe par un point D de la circonférence équidistante des deux circonférences données; donc il suffit de mener une tangente AD à la circonférence équidistante BD, puis mener BD, et prendre AC = AE pour rayon de la circonférence demandée.

877. Problème. *D'un point B donné comme centre, décrire une circonférence qui coupe les côtés d'un angle A de manière que la corde MN soit parallèle à une droite CD.*

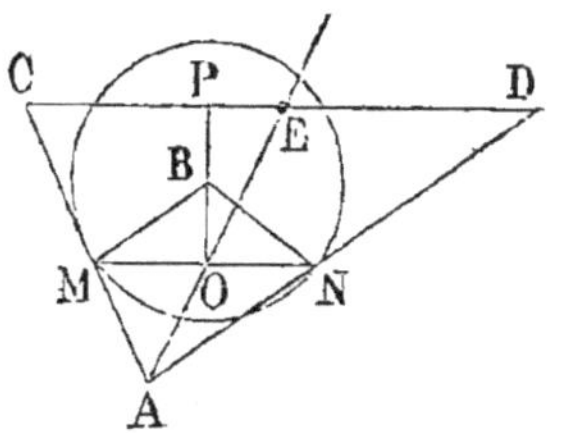

Fig. 565.

Supposons le problème résolu. Le milieu de la corde se trouve sur la perpendiculaire BP abaissée du centre sur la direction donnée CD, et si l'on mène AOE, cette droite sera la médiane du triangle ACD; donc il faut joindre le point A au point milieu E de CD. Du centre B, abaisser une perpendiculaire sur CD. Par le point O ainsi déterminé, mener MN parallèle à CD, on aura BM = BN; le rayon de la circonférence demandée sera BM.

Exercice 220

878. Problème. *Par l'un des points d'intersection de deux circonférences A et B, mener une sécante qui soit d'une longueur donnée.*

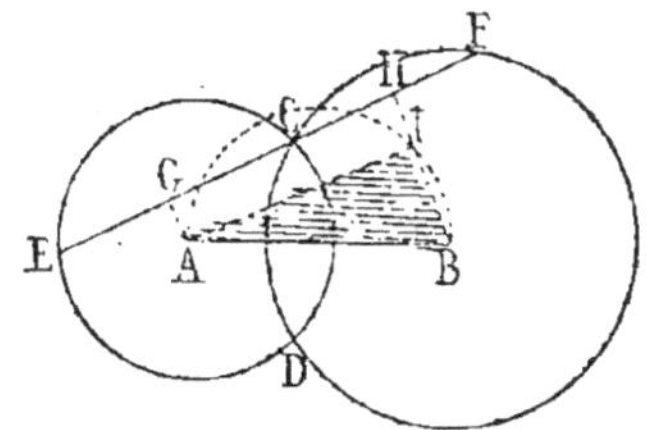

Fig. 566.

Considérons une sécante quelconque ECF; menons les perpendiculaires AG et BH, puis AI parallèle à EF, et par suite perpendiculaire à BH.

Les points G et H sont les milieux des cordes CE et CF; ainsi GH ou AI est la moitié de EF.

On aura donc la direction de EF si l'on construit sur AB, comme hypoténuse, un triangle rectangle

AIB, dans lequel le côté AI soit égal à la moitié de la longueur donnée.

La longueur AI pouvant être portée du point B comme du point A, il y a une seconde solution.

Remarque. La longueur donnée ne peut surpasser le double de la distance des centres.

879. Problème. *Par l'un des points d'intersection de deux circonférences A et B, mener la sécante la plus courte possible.*

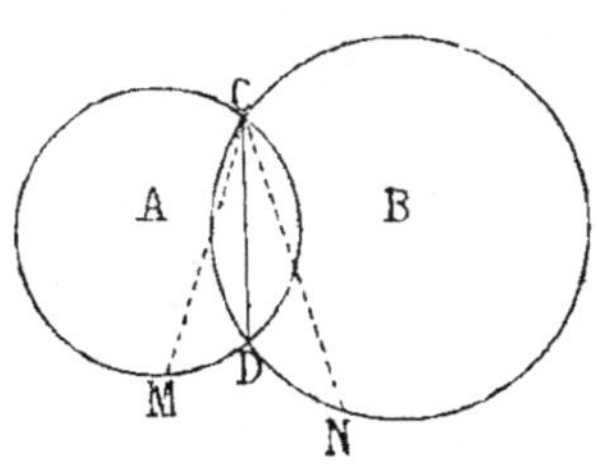

Fig. 567.

C'est la corde commune CD; car toute autre corde CM, CN, est plus longue comme étant plus rapprochée du centre.

Variation de la sécante. De la longueur *minima* CD, la sécante devenant CM, augmente successivement lorsque le point M se rapproche de C, jusqu'à la position où cette ligne devient parallèle à la ligne des centres; à partir de cette position, où elle est *maxima*, elle décroît, devient CN, et atteint de nouveau la position limite CD.

880. Problème. *Par l'un des points d'intersection de deux circonférences, mener une sécante telle que la différence des cordes ait une longueur donnée* 2d *.

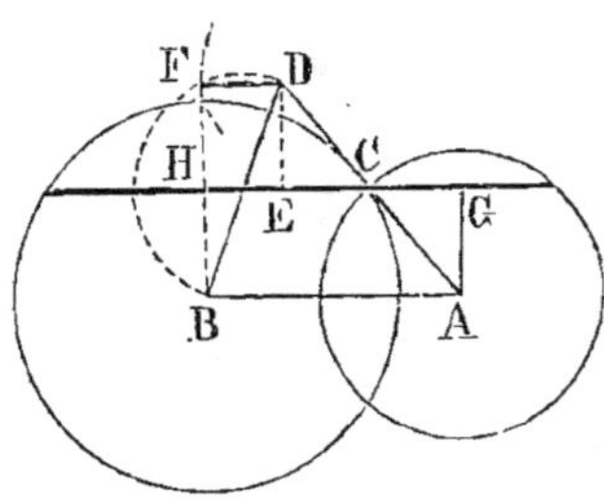

Fig. 568.

Supposons le problème résolu, et soit $CH - CG = d$.

Pour déterminer la différence, on pourrait porter CG de C en E, ou bien prolonger le rayon AC d'une quantité CD égale à CA; puis, abaissant les perpendiculaires DE, DF, on aurait $DF = HE = d$.

Donc, après avoir déterminé le point D, il faut décrire une circonférence sur le diamètre BD; puis du point D comme centre, avec la demi-différence d, couper DFB en F. La sécante demandée doit être menée parallèlement à DF.

Exercice 221

881. Problème. *Décrire une circonférence qui intercepte sur trois droites données, AB, CD, EF, des cordes égales et d'une longueur donnée.*

---

* GUILMIN, *Exercices de Géométrie,* page 94.

En général, les droites données se rencontrent et forment un triangle. On trace la circonférence inscrite ; on mène le rayon OI au point de contact de l'un des côtés ; on porte en IA et en IB la moitié de la longueur donnée, et avec OA comme rayon, on décrit la circonférence demandée. Car les cordes AB, CD et EF sont égales comme également éloignées du centre.

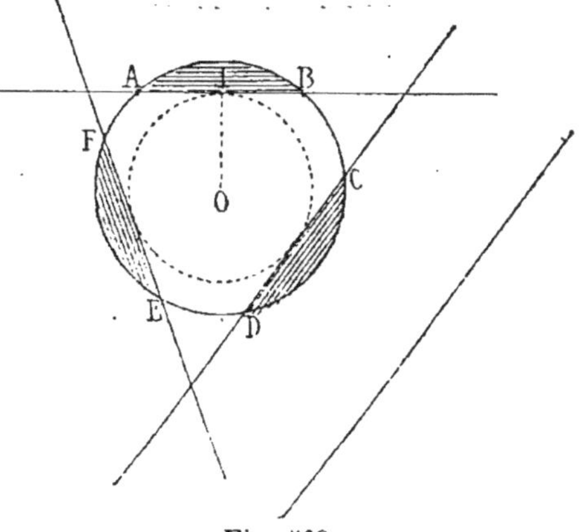

Scolie. 1° Chacune des trois circonférences ex-inscrites fournit une autre solution.

2° Si deux des droites données sont parallèles, il n'y a plus que deux solutions.

Fig. 569.

3° On peut **aussi** proposer la question suivante : *Avec un rayon donné* r, *décrire une circonférence qui intercepte des longueurs données sur deux droites données* AB, DC.

882. Problème. *Mener une sécante à deux circonférences de manière que la corde interceptée par la première circonférence égale une longueur donnée* l, *et que la corde interceptée par la seconde égale une longueur aussi donnée* l'.

Dans la première circonférence, on mène une corde égale à *l*, et dans la seconde, une corde égale à *l'*.

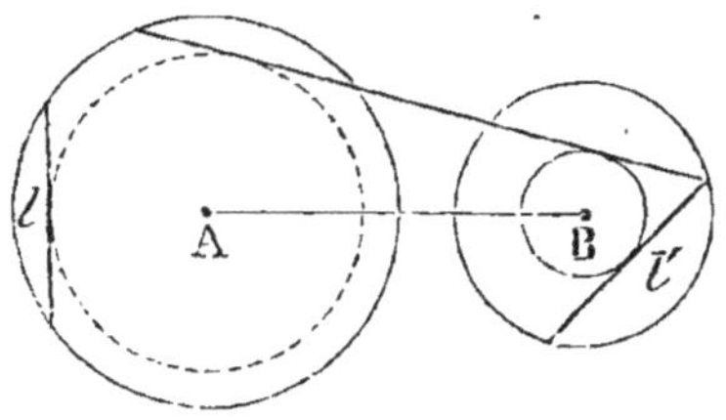

La tangente commune aux circonférences tangentes aux cordes menées répond à la question. (G., n° 193.)

Fig. 570.

Il y a généralement quatre solutions ; car on peut mener quatre tangentes communes à deux circonférences extérieures. (G., n° 194.)

883. Problème. *On donne un angle et deux longueurs* l *et* r. *Déterminer sur l'un des côtés de l'angle un point tel que la circonférence décrite de ce point comme centre, avec* r *pour rayon, intercepte sur l'autre côté de l'angle une longueur égale à* l.

Supposons le problème résolu, et soient la corde AB $= l$ et BC $= r$.

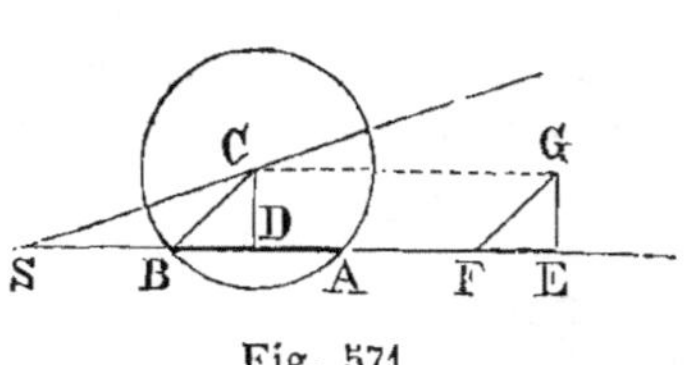

Fig. 571.

Dans le triangle rectangle BDC on connaît $BD = \dfrac{l}{2}$ et $BC = r$; on peut donc le construire, déterminer sa hauteur et trouver sur l'un des côtés le point C ayant la distance voulue par rapport à l'autre côté de l'angle.

Donc, en un point quelconque E de SE, élevons une perpendiculaire illimitée; prenons $EF = \dfrac{l}{2}$; du point F avec r pour rayon, coupons la perpendiculaire en G; par ce point, menons une parallèle GC à SE, le centre C sera déterminé.

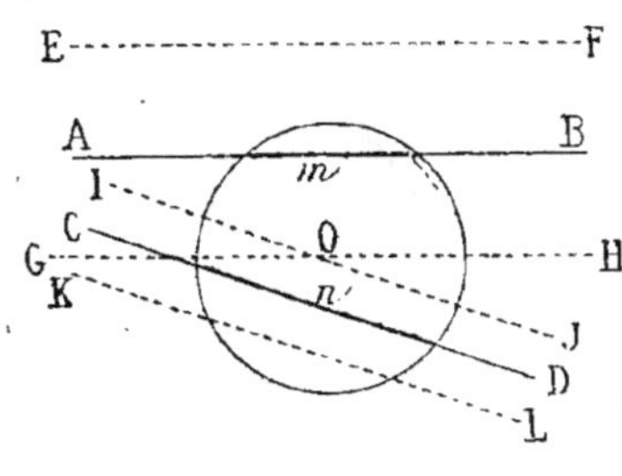

Fig. 572.

884. Problème. *Avec un rayon donné r, décrire une circonférence qui intercepte sur deux droites données AB et CD des longueurs données m et n.*

Pour chaque droite donnée, on décrit le lieu des centres des circonférences qui, avec le rayon donné, intercepteraient des cordes égales à la longueur donnée (n° 881). Les rencontres de ces lieux donnent quatre centres, et par suite quatre solutions.

Exercice 222

885. Problème. *On donne deux droites AA', BB' et un point C. Du point donné comme centre, décrire une circonférence qui intercepte sur les lignes données des cordes dont la somme égale une ligne donnée 2l.*

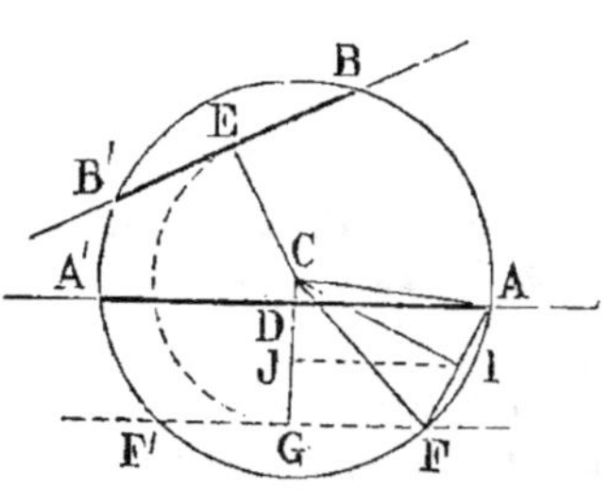

Fig. 573.

Supposons le problème résolu, et $AA' + BB' = 2l$.

Il suffit de s'occuper de la moitié des cordes.

Prenons une corde FF' égale à BB', mais parallèle à AA'.

Prenons $CG = CE$, on aura $AD + FG = l$.

Menons la base moyenne du trapèze AFGD, on aura $IJ = \dfrac{l}{2}$, valeur connue.

Donc il faut joindre le centre C au point I que l'on vient de déter-

miner. Élever une perpendiculaire AIF à la droite CI, et décrire une
circonférence avec le rayon $CA = CF$.

Remarque. On procède d'une manière analogue quand on donne la
différence ; mais la perpendiculaire AF est alors une des diagonales
du trapèze.

Exercice 223

886. Problème. *Avec un rayon donné r, décrire une circonférence
qui coupe en deux parties égales une circonférence A et une circonférence B données de grandeur et de posi-
tion.*

Supposons le problème résolu, et soient
$CD = CF = r$ et les diamètres DE, FG.

On peut déterminer AC et BC, car dans
chacun des triangles rectangles CBF, CAD,
l'hypoténuse égale r, et l'un des côtés de
l'angle droit égale AD ou bien BF.

Donc du centre A, avec la distance trouvée
AC pour rayon, on décrit un arc qui coupe
en C et C' l'arc décrit du centre B, avec la
seconde longueur obtenue.

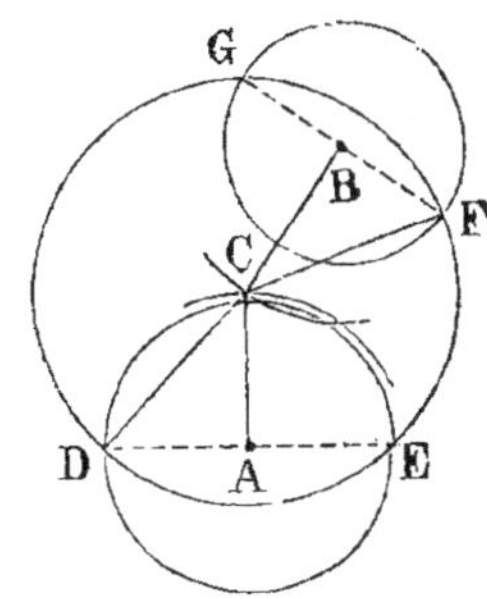

Fig. 574.

Remarque. Il y a deux solutions, une seule ou aucune, suivant que
les arcs décrits se coupent, sont tangents ou n'ont aucun point commun.

887. Problème. *Avec un rayon donné, décrire une circonférence qui
coupe une circonférence de centre A, suivant une corde de longueur
donnée, et une circonférence B, suivant une corde de longueur aussi
donnée.*

(Solution analogue à la précédente.)

888. Problème. *Avec un rayon donné r, décrire une circonférence
qui intercepte, sur une circonférence donnée A, une corde CD parallèle et égale à une droite donnée m.*

Soit la corde CD égale et parallèle
à *m* ; sa distance au centre est facile
à déterminer ; il suffit de mener une
première corde EF égale à *m*, et
d'abaisser la perpendiculaire AJ, qui
sera égale à AI.

Les deux droites CD et *m*, devant
être parallèles, sont perpendiculaires
à la même droite AH, perpendiculaire
elle-même à *m*.

Le centre G de la circonférence de-

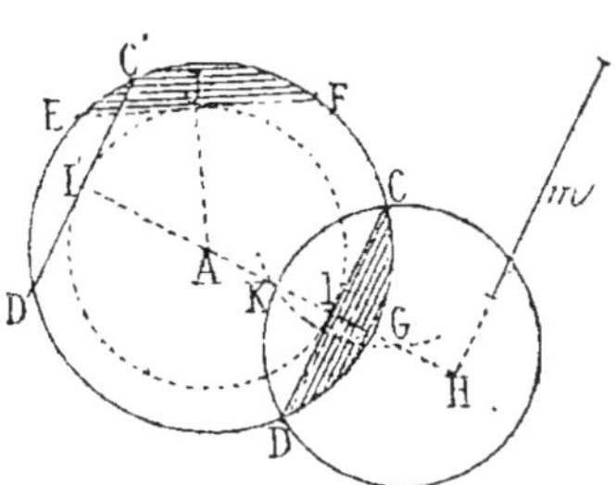

Fig. 575.

mandée doit se trouver sur AH; et puisque cette circonférence doit passer par le point C, on obtiendra son centre en coupant la droite AH par un arc décrit du point C avec r pour rayon.

Scolie. La circonférence décrite du point K avec r pour rayon, intercepterait la même corde CD; d'où deux solutions.

La corde pourrait occuper la position C'D', ce qui fournirait deux autres solutions.

889. Problème. *Décrire une circonférence qui passe par deux points donnés A et B, et qui coupe une circonférence de centre C, suivant une corde parallèle à une droite donnée* xy.

Le centre O de la circonférence demandée se trouve sur la perpendiculaire élevée au milieu de AB et sur la perpendiculaire abaissée du point C sur xy. Le rayon égale $AO = BO$.

890. Problème. *Décrire une circonférence qui passe par un point A, qui coupe une circonférence B suivant une corde parallèle à une droite* uv *et une circonférence C suivant une corde parallèle à une droite* xy.

Le centre O de la circonférence demandée se trouve sur la perpendiculaire abaissée du centre B sur uv et sur la perpendiculaire abaissée du centre C sur xy. Le rayon égale AO.

Exercice 224

891. Problème. *Couper les trois côtés d'un triangle ABC par une sécante LMN de manière que* $LM = MN = l$.

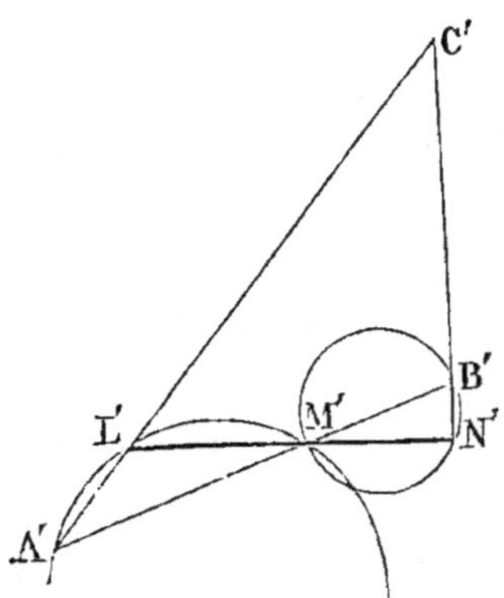

Fig. 576.

Recourons au problème contraire (n° 213). Soit ABC le triangle donné. Prenons $L'M' = M'N' = l$, et par les points L', M', N', faisons passer trois lignes formant un triangle A'B'C' égal au triangle donné. Sur L'M', il faut décrire un segment capable de l'angle A. Sur M'N', un segment capable du supplément de B. Puis par M', menons une sécante A'M'B' égale à AB (n° 878).

Le triangle obtenu A'B'C' sera égal à ABC, triangle donné. Il ne reste plus qu'à prendre AL = A'L' et BN = B'N'. La droite LMN sera égale à L'M'N'.

892. Problème. *Dans un triangle ABC, inscrire un triangle égal à un triangle donné LMN.*

On a recours au problème contraire, et l'on procède comme ci-dessus.

(Voir *Méthodes*, n° 213.)

Exercice 225

893. Problème. *On donne deux points* A *et* B *sur une circonfé-rence, ainsi qu'un diamètre EF fixe de position. Déterminer sur la circonférence un point* C, *tel que les cordes* CA, CB *déterminent sur le diamètre fixe un segment MN de longueur donnée.*

(Voir *Méthodes*, n° 101.)

Exercice 226

894. Problème. *On donne deux points* A *et* B *sur une circonférence, ainsi qu'un diamètre EF fixe de position. Déterminer sur la circon-férence un point* C, *tel que les cordes* CA, CB *déterminent sur le diamètre fixe, à partir du centre* O, *des segments égaux* OM, ON.

(Voir *Méthodes*, n° 102.)

895. Problème. Même question, *en remplaçant le diamètre par une corde donnée et son point milieu.*

(Voir *Méthodes*, n° 274, 1°.)

896. Problème. Même question; *la droite donnée est quelconque et le point* O *est donné sur cette droite.*

(Voir *Méthodes*, n° 276.)

Angles.

897. Les problèmes proposés peuvent se rapporter à trois groupes principaux :

1° *Division des angles.* Ce groupe comprend toutes les questions où l'on doit mener la bissectrice d'un angle donné (n°ˢ 898, 899) et la division d'un arc en trois parties égales (n°ˢ 910, 912).

2° *Construction d'un angle égal à un angle donné* (n°ˢ 900, 901, 917, 919). Dans ce groupe, on peut placer les questions où l'on de-mande que deux ou trois segments rectilignes donnés soient vus sous un même angle (n°ˢ 902, 903, 904, 915, etc.).

3° Quelques exercices étudient la variation d'un angle dont le som-met se déplace, ou dont les côtés varient suivant une certaine loi (n°ˢ 923, 924, 929).

Pour résoudre les problèmes des deux derniers groupes, on a sur-tout recours à l'*arc de segment capable d'un angle donné* (n°ˢ 904, 907, 919, 921, 924, 926) et à la *Méthode par duplication* (n°ˢ 902, 914, 915, 925).

898. Problème. *Étant donnés la bissectrice GH, et l'un des côtés AB d'un angle, trouver l'autre côté sans recourir au sommet.*

On sait que toute droite menée dans un angle, perpendiculairement à la bissectrice, a son milieu sur cette bissectrice (n° 419).

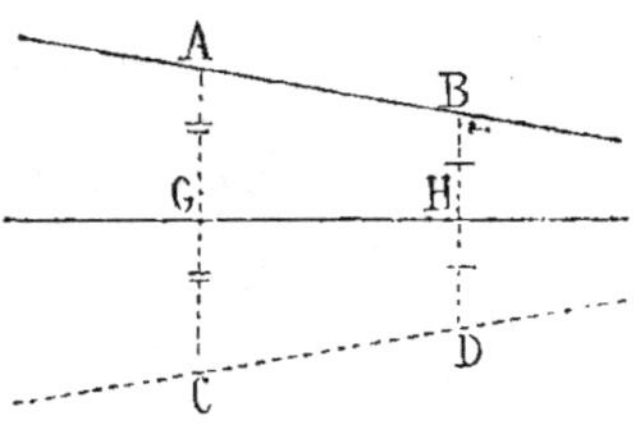

Fig. 577.

On mènera donc deux droites quelconques AGC et BHD perpendiculaires à la bissectrice, on portera GA en GC, HB en HD, et on tracera CD.

Remarque. Un des problèmes les plus utiles est celui qui consiste à mener la bissectrice de l'angle de deux droites, sans recourir au sommet de cet angle. (G., n° 175.)

Exercice 227

899. Problème. *Diviser un angle* A *en deux parties égales sans le secours du compas.*

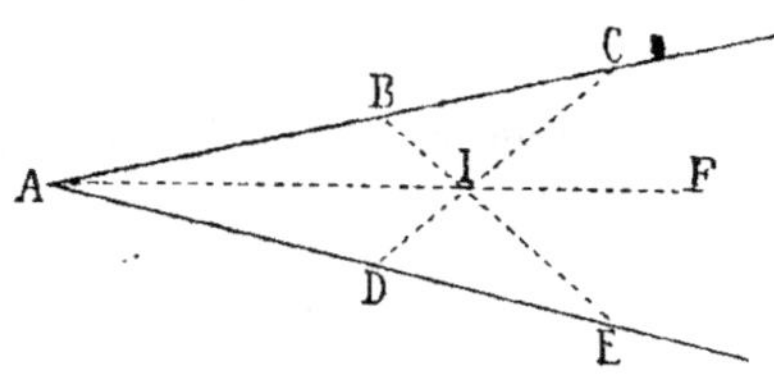

Fig. 578.

A l'aide d'une règle divisée, ou même d'une simple bande de papier, on marque, sur l'un des côtés, des longueurs quelconques AB et BC, que l'on reproduit sur l'autre côté, en AD et DE. On mène BE et CD, puis AIF, qui est la bissectrice cherchée. Car on sait que les droites BE et CD se croisent sur la bissectrice (n° 441).

Exercice 228

900. Problème. *Par un point donné* A, *mener une droite qui coupe une droite donnée* BC *sous un angle donné* m.

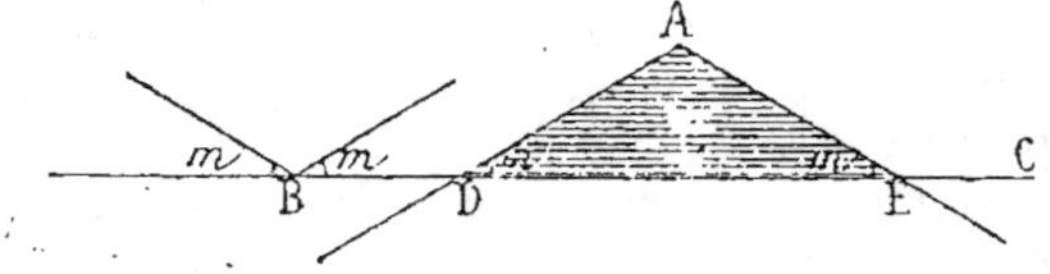

Fig. 579.

En un point quelconque B de la droite donnée, on construit l'angle donné *m*, et par le point A on mène des droites AD et AE parallèles aux droites menées en B.

901. Problème. *On donne une droite et deux points hors de cette ligne. Déterminer un point sur cette droite de manière qu'une des* *médianes du triangle ainsi formé coupe la droite sous un angle donné.*

Soient ABC le triangle demandé; xy et A,B les données.

1° Pour la médiane DC, il suffit de mener par le point milieu D de la base AB une droite DC qui rencontre xy en faisant l'angle donné (n° 900).

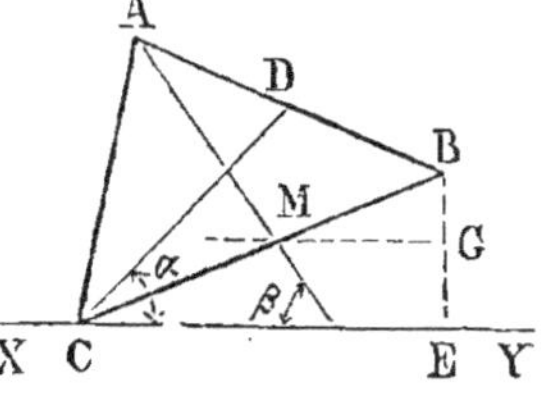

Fig. 580.

2° Si on demande que la médiane parte d'un des deux sommets donnés, de A, par exemple, il faut mener AF formant l'angle donné. Le côté BC doit être divisé en deux parties égales par la médiane; il suffit donc de mener une parallèle GM équidistante de B et de xy, puis de mener BMC, car on aura $BM = MC$ (n° 563).

902. Problème. *Deux murs OC et OD forment un angle quelconque; deux personnes placées en A et B dans cet angle sont tournées l'une vers le mur OC, l'autre vers le mur OB. On demande où il faut placer deux miroirs E et F, appliqués aux murs, pour que ces deux personnes puissent se voir l'une l'autre.*

On détermine les points A' et B' symétriques de A et B par rapport aux droites OC et OD, et l'on trace A'B', qui détermine en E et F les points demandés.

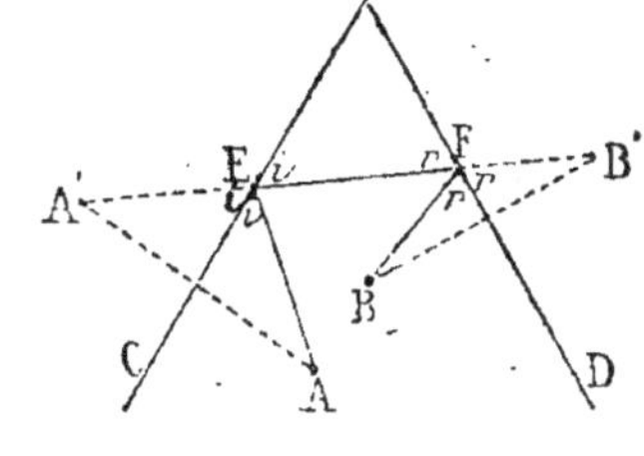

Fig. 581.

Car les angles marqués i sont égaux, ainsi que les angles marqués r; donc le rayon lumineux AE se réfléchit suivant EF, et celui-ci revient suivant FB. Réciproquement, le rayon lumineux qui part de B suivra le chemin brisé BFEA.

903. Problème. *Dans un quadrilatère quelconque ABCD, trouver les points du périmètre d'où deux côtés opposés, AD et CB, par exemple, sont vus sous le même angle.*

Pour avoir le point situé sur AB, par exemple, déterminons le symétrique C' de C (n° 902), et menons DC' puis EC; les angles AED, BEC sont égaux.

De même, en déterminant le point A' symétrique de A par rapport au côté DC, on obtient le point F, d'où les côtés AD, BC sont vus sous des angles égaux.

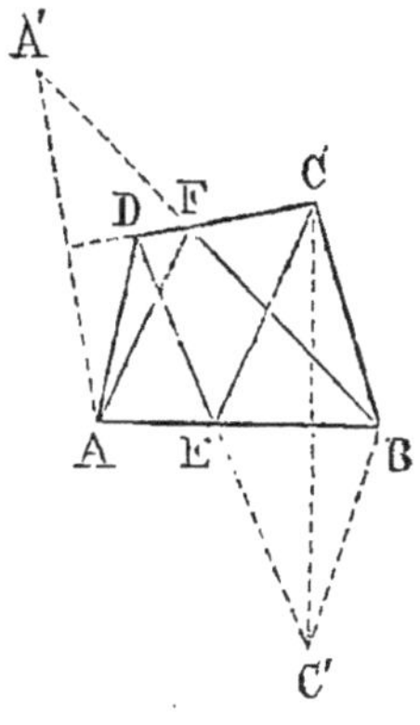

Fig. 582.

Exercice 229

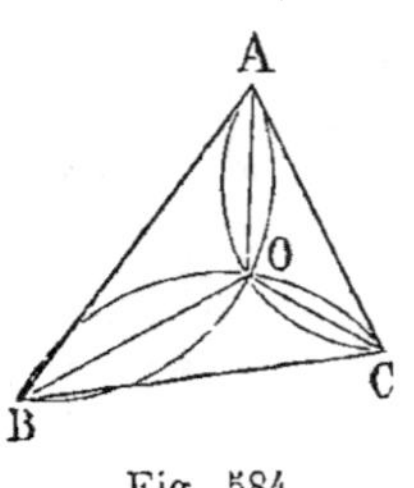

Fig. 584.

904. Problème. *Trouver un point d'où les trois côtés d'un triangle soient vus sous le même angle.*

Soit le problème résolu, et O le point demandé.

Puisque les angles en O sont égaux, chacun d'eux vaut $4/3$ d'un droit. Donc sur deux côtés du triangle, il faut décrire un segment capable de 120°.

905. Problème. *Trouver un point d'où le côté AB d'un triangle soit vu sous un angle donné m, le côté BC sous un angle n et le côté CA sous un angle p.*

1° Si le point est intérieur, on doit avoir $m + n + p = 4$ droits.

Sur AB, on décrit un segment AOB capable de m; sur AC, un segment AOC capable de n; le troisième angle BOC égalera p.

2° Si le point est extérieur, un des angles doit égaler la somme des deux autres; on procède d'ailleurs comme ci-dessus.

906. Problème. *Trouver à l'intérieur d'un triangle ABC un point O, tel que les angles OAB, OBC, OCA soient égaux entre eux.* (N. A. 1875, p. 286.)

$$\text{L'angle } BOC = 180 - C$$
$$AOB = 180 - B$$
$$AOC = 180 - A \qquad (\text{n}° 904.)$$

Exercice 230

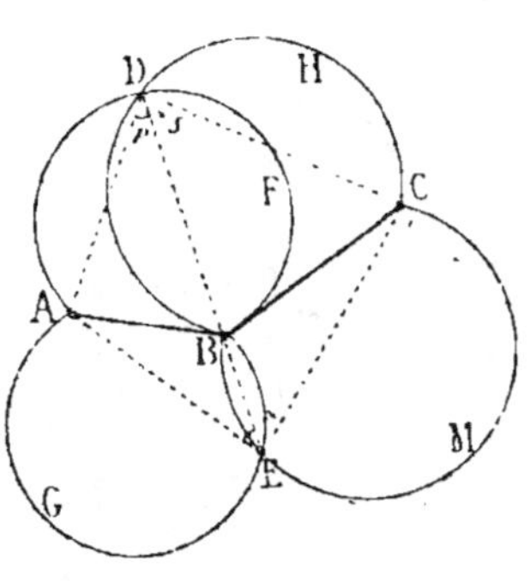

Fig. 585.

907. Problème de la Carte. *Trois points, A, B, C, étant donnés, trouver un point d'où les distances AB et BC soient vues sous des angles donnés r et s.*

De part et d'autre de la droite AB, on décrit un segment ADFB, AGEB capable de l'angle r; on décrit de même, sur BC, les segments BDHC et BEMC, capables de l'angle s.

Les points D et E, communs aux arcs de ces segments, sont les points demandés.

908. Note. *Le problème de la Carte* est attribué à Pothenot, qui le publia dans les *Mémoires de l'Académie* en 1692. Pothenot fut adjoint à La Hire pour continuer la méridienne de Paris au Nord.

Les Anglais réclament la priorité pour John Collins, dont la solution se trouve dans les *Transactions philosophiques* de 1671.

Enfin le problème avait été déjà traité par Snellius (1591-1626), géomètre hollandais, dans son *Eratosthènes batavus*, publié en 1616; il indique l'emploi de deux *segments capables* pour déterminer, par une seule station, la position d'un quatrième point, lorsqu'on connaît déjà les distances mutuelles de trois autres points. (N. A., 1857; *Bulletin*, page 89.)

Le *problème de la carte* se résout d'une manière élégante par la Trigonométrie. (*Trigonométrie*, F. 1. C., nᵒ 92.)

M. Bellavitis indique la construction suivante très simple.

On fait l'angle BCF = *r;* l'angle BAF = *s*, et l'on joint le sommet B au point F.

Le triangle BFC est semblable à BAD; par suite, il suffit de faire l'angle ABD = FBC et BAD = BFC

ou   BCD = BFA

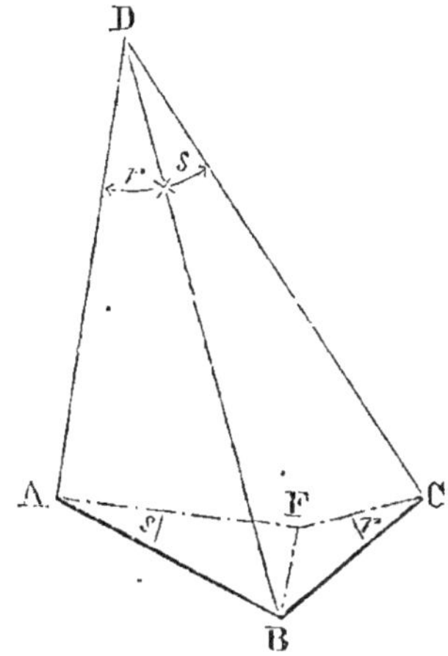

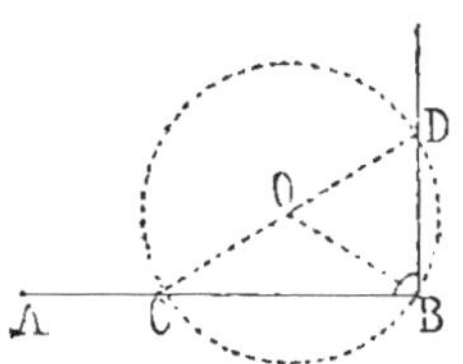

Fig. 586.

La construction a été suggérée par la *Méthode des Équipollences*. Dans cette méthode, « on considère les droites tracées sur un plan dans des directions quelconques; puis, les représentant par des notations qui impliquent à la fois la grandeur et la direction, et cherchant à exprimer les relations géométriques qui lient entre elles les diverses parties des figures planes, on arrive à établir un calcul (*calcul des équipollences*), dont les règles sont les mêmes que celles du calcul algébrique ordinaire. On voit que, de la sorte, on se trouve mis en possession d'un instrument analytique facile à manier, et dont l'usage est très général en ce qui touche la géométrie plane. » (*Exposition de la méthode des Équipollences*, par Giusto Bellavitis; traduit par C.-A. Laisant.)

909. Problème. *En se basant sur la propriété de l'angle inscrit, mener une perpendiculaire à l'extrémité d'une droite AB que l'on ne peut prolonger.*

D'un point O pris à volonté, et avec la distance OB pour rayon, on décrit une circonférence; on trace le diamètre COD, puis la droite BD, qui est la perpendiculaire demandée.

Car l'angle B, inscrit dans un demi-cercle, est droit.

Remarque. Cette question élémentaire, mais essentielle, se trouve déjà indiquée. (G., nᵒ 169.)

Fig. 587.

La détermination de la perpendiculaire BD n'est satisfaisante que lorsque D est assez éloigné de AB.

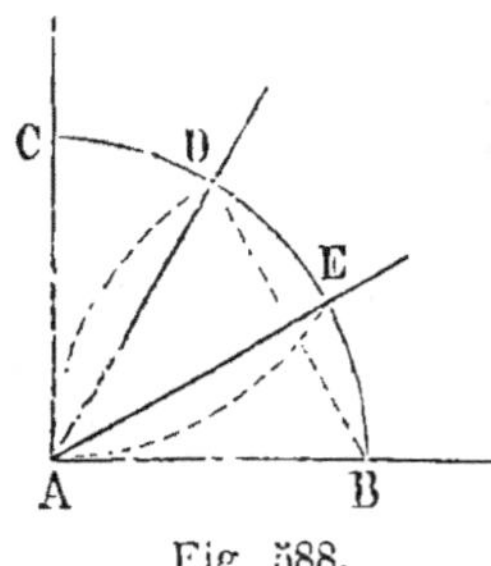

Fig. 588.

Exercice 231

910. Problème. *Diviser un angle droit en trois parties égales.*

Du sommet A, avec un rayon quelconque, il faut décrire un arc de cercle; des centres B et C, avec le même rayon, décrire les arcs AD et AE.

Le triangle DAB a les trois côtés égaux; chaque angle vaut donc $2/3$ de droit; par suite CAD vaut un tiers de droit.

Exercice 232

911. Problème. *Par un point B donné sur un diamètre AC, mener une corde DBE, telle que l'arc CE soit triple de l'arc AD.*

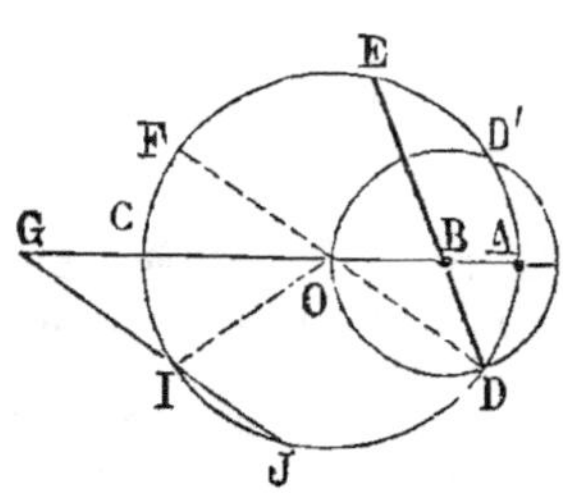

Fig. 589.

Supposons le problème résolu. Menons le diamètre DOF.

L'arc $CF = AD = \frac{1}{3} CE = \frac{1}{2} FE$

Or l'angle D a pour mesure $\frac{1}{2}$ FE, et l'angle $BOD = COF$, qui a pour mesure arc $CF = \frac{1}{2}$ FE; donc l'angle $BOD = BDO$.

Ainsi le triangle BOD est isocèle; par conséquent, du point B comme centre avec BO pour rayon, il faut couper la circonférence donnée et mener DBE.

Remarque. Il faut que $OB > AB$. Le point D′ correspond à une seconde solution.

912. Problème. Même question, *mais le point donné est sur le prolongement du diamètre.*

Quand le point donné G, par exemple, est extérieur au cercle, il faut couper la circonférence donnée par un arc décrit du point G avec OC pour rayon.

En effet angle $G = GOI$, puisque le triangle GIO est isocèle par construction; l'angle GIO a pour mesure CI; donc G a pour mesure CI.

Or G a aussi pour mesure $\dfrac{\text{arc AJ} - \text{arc CI}}{2}$

d'où $\qquad$ arc $AJ = 3$ arc CI $\qquad$ *C. Q. F. D.*

913. Note. Les questions précédentes (nᵒˢ 501, 910, 911 et 912) se rapportent à la trisection des angles. Les anciens se sont beaucoup occupés du problème qui consiste à diviser un angle en trois parties égales; mais, sauf pour l'angle droit (sa moitié, son quart...), on ne peut pas le résoudre lorsqu'on n'emploie que la règle et le compas.

Exercice 233

914. Problème. *Sur une droite donnée* xy, *déterminer un point* C, *tel que les tangentes menées de ce point à deux circonférences données* A *et* B *fassent des angles égaux avec* xy.

(Voir *Méthodes*, n° 147.)

915. Problème. *On donne une droite* XY *et deux points* A *et* B, *situés du même côté de la droite. Trouver un point* C *sur* XY, *tel que l'angle* ACX *soit double de l'angle* BCY.

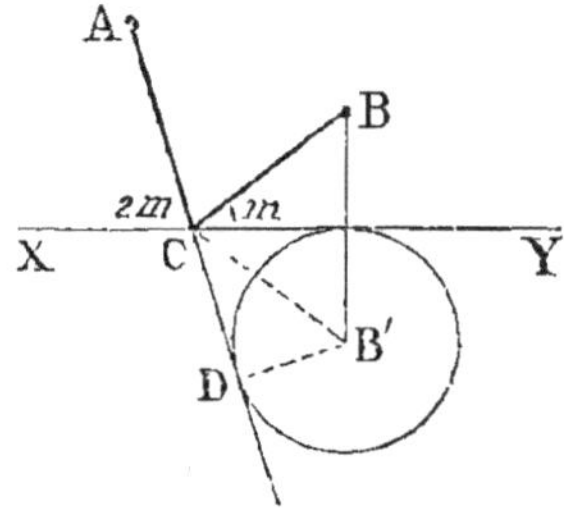

La solution est très simple en recourant à la duplication (n° 145).

Après avoir déterminé B′ symétrique de B, on décrit une circonférence tangente à XY et, par le point A, on mène une tangente ACD.

On a   angle BCY = B′CY = B′CD

d'où   angle BCY = ¹/₂ DCY = ¹/₂ ACX

Fig. 590.

Remarque. Il y a deux solutions.

916. Théorème. *Déterminer le point* C, *de manière que la somme des angles* ACX *et* BCY *ait une valeur donnée; quel est le minimum de cette valeur?*

Sur AB, il faut décrire un segment capable de l'angle supplémentaire de la somme donnée.

Le minimum de la somme a lieu pour le maximum du supplément; or le maximum de l'angle ACB est donné par l'arc tangent à XY. Il y a deux maximum pour ce supplément; mais il faut savoir décrire les circonférences passant par deux points A, B, et tangentes à une droite XY. (G., n° 299. E. de G., n° 948.)

Exercice 234

917. Problème. *Trouver un point d'où deux cercles donnés* A *et* B *soient vus sous un angle donné.*

Pour chacun des deux cercles, on décrit le lieu des points d'où ce cercle est vu sous l'angle donné (n° 775). La rencontre des deux lieux donne généralement deux points C et D qui répondent à la question.

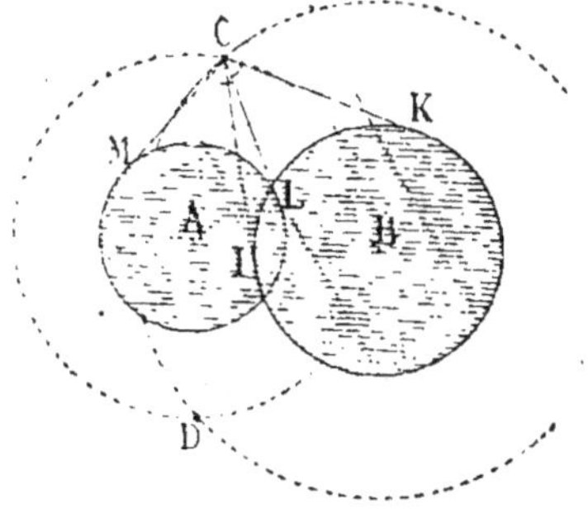

Fig. 591.

918. Problème. *Trouver un point d'où trois cercles égaux soient vus sous le même angle.*

C'est le centre du cercle qui passe par les trois autres centres.

Remarque. Quand les rayons sont inégaux, le problème se rapporte au livre III.

919. Problème. *Deux circonférences égales A et B étant données, ainsi qu'un point C sur l'une d'elles, mener MN parallèle et égale à AB, et telle que l'angle MCN égale un angle donné.*

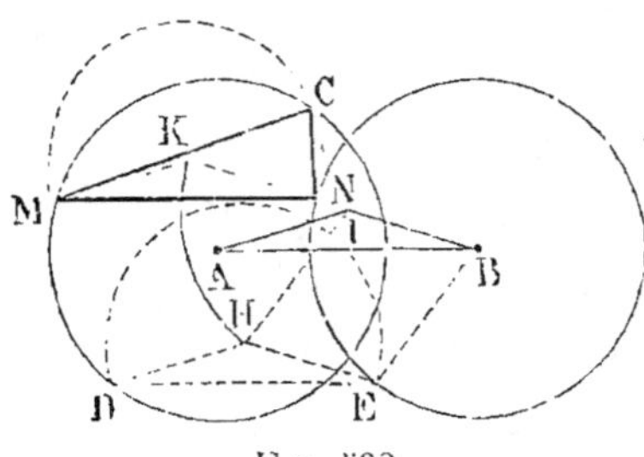
Fig. 592.

En supposant le problème résolu et MCN l'angle demandé, on est conduit à la construction suivante.

Sur DE, égale et parallèle à AB, on décrit un segment DOE de centre H, capable de l'angle donné; tel est le segment qu'il faut faire glisser entre les deux circonférences, jusqu'à ce que l'arc passe par le point C. Il suffit de recourir à une translation parallèle, de manière à amener l'arc DOE à passer par le point C.

On peut déterminer la position de MN comme il suit :

On forme un triangle AIB égal à DHE. La figure HIBE est un parallélogramme. Du centre I, avec le rayon IH, on décrit un arc HK, que l'on coupe par un arc décrit du centre C avec DH pour rayon. K sera le centre de l'arc du segment capable de l'angle donné, et la corde MN sera égale et parallèle à AB.

920. Problème. *On donne deux droites égales AB, A'B', et l'on demande d'amener AB à coïncider avec A'B', à l'aide d'une rotation autour d'un centre à déterminer.*

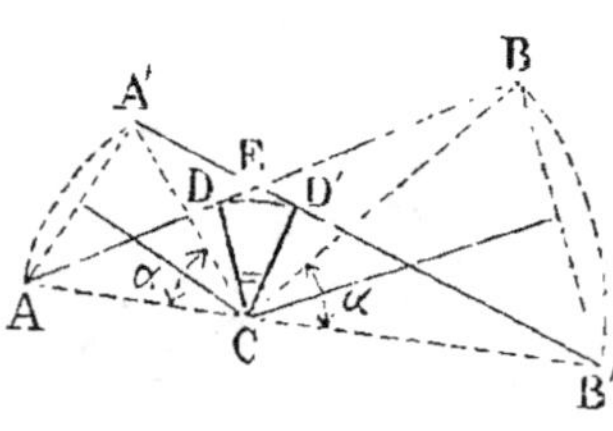
Fig. 593.

Menons AA' et BB'; élevons des perpendiculaires au milieu de chacune de ces lignes; le point C où les perpendiculaires se coupent est le centre demandé.

En effet, CA = CA'; CB = CB' comme obliques également éloignées du pied de la perpendiculaire; puis les triangles ACB, A'C'B' sont égaux comme ayant les trois côtés égaux.

Scolie. I. Les perpendiculaires CD et C'D' sont égales, car les triangles rectangles ADC, A'D'C' sont égaux comme ayant l'hypoténuse égale et l'angle CAD = CA'D'; donc, pour opérer la rotation de la droite, il suffit de la considérer comme liée au centre par la perpendiculaire CD, et faire tourner CD d'un angle DCD' égal à l'angle α.

II. Le quadrilatère DCD'E a deux angles droits; donc l'angle DCD' ou α égale l'angle BEB' que les droites forment entre elles.

Remarque. Le problème proposé (n° 920) est celui qu'il faut résoudre pour amener une figure plane donnée à occuper dans son plan une position aussi donnée; d'après le *théorème de Chasles* on sait que ce résultat peut toujours être obtenu.

Exercice 235

921. Problème. *Deux points* A *et* B *étant donnés sur une circonférence* AOB, *trouver sur cette courbe un troisième point* C, *tel que la somme des distances* AC + CB *égale une ligne donnée* l.

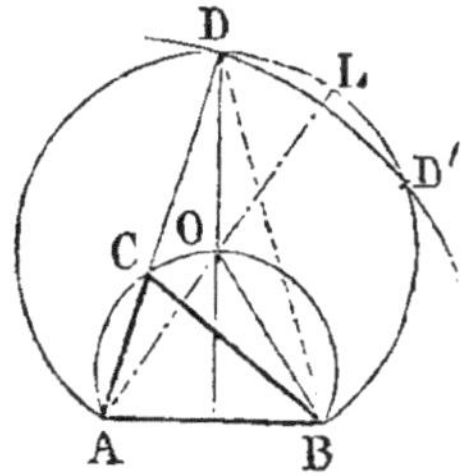

Fig. 594.

Soit C le point demandé, tel que AC + CB = l.

En prenant CD = CB, on obtient un triangle isocèle BCD, dans lequel l'angle D est la moitié de l'angle ACB; donc il faut décrire un segment ADB capable d'un angle moitié de ACB, ou moitié de AOB, puis, du point A comme centre, avec l pour rayon, décrire un arc DD', joindre AD et CB.

Scolie. I. Il y a deux solutions, une seule ou aucune, suivant que l'arc DD' coupe le segment en deux points, lui est tangent ou ne le rencontre pas.

II. Le point O est le centre du segment AD'DB, car l'angle inscrit D est la moitié de l'angle au centre AOB.

III. Le maximum de l est donné par le diamètre AOL; il égale deux fois AO, côté du triangle isocèle inscrit.

IV. Le problème proposé revient à construire un triangle ABC, connaissant la base AB, l'angle opposé C et la somme l des côtés qui comprennent l'angle C.

(Voir *Exercice* 266, n° 989.)

922. Problème. *Déterminer le point* C *de manière que la différence* CB — CA *ait une longueur donnée.*

Solution analogue au problème précédent; le segment auxiliaire doit être capable d'un angle de $90° + \dfrac{C}{2}$.

Exercice 236

923. Problème. *Dans un triangle, la base et la médiane correspondantes ont des longueurs données. Comment varie l'angle au sommet?*

Il y a trois cas à examiner, suivant les longueurs relatives des lignes données :

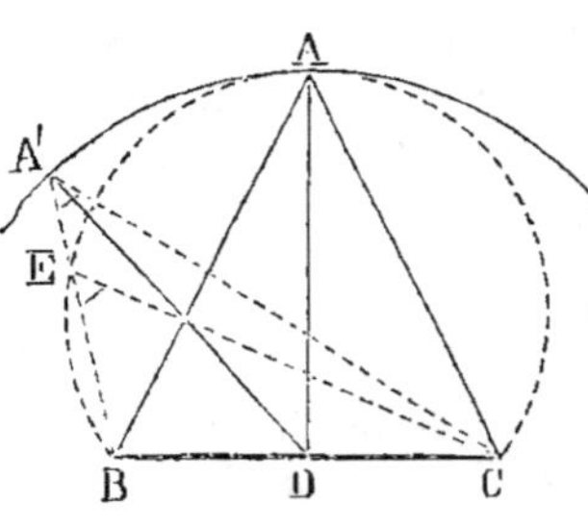

Fig. 595.

1° *La médiane AB est plus grande que la moitié de la base BC.*

Le triangle isocèle BAC donne l'angle maximum, car si l'on décrit le segment BAC capable de l'angle A, et une circonférence AA′ avec la médiane DA pour rayon, on reconnaît que l'angle A′ est plus petit que l'angle E, qui égale A.

Ainsi, à partir du point A, l'angle diminue, et il devient nul lorsque le sommet vient se placer sur le prolongement de la base.

2° *La médiane AD égale la moitié de la base.*

Dans ce cas le triangle est rectangle, l'angle est constant.

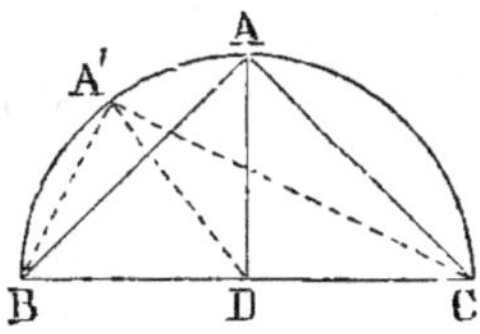

Fig. 596.

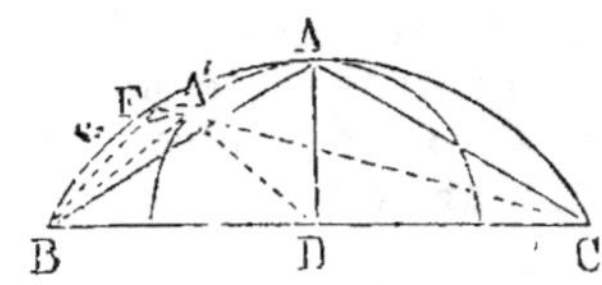

Fig. 597.

3° *La médiane est plus petite que la moitié de la base.*

Le triangle isocèle donne l'angle minimum.

Car on a A′ ou BA′C > BFC. L'angle augmente et tend vers 180°, lorsque le sommet se rapproche de plus en plus de la base BC.

Exercice 237

924. Problème. *Un segment rectiligne, d'une longueur constante MN, glisse sur une droite illimitée. Deux points fixes A et B sont donnés; on mène AMC, BNC. Étudier les variations de l'angle C ainsi déterminé.*

(Voir n° 253.)

925. Problème. *On donne un diamètre fixe DOE, un point A sur le prolongement de ce diamètre; on mène une corde MN parallèle au diamètre. Pour quelle position de cette corde la somme des angles MAO et NAO est-elle maxima?*

En menant le diamètre MOL, nous retombons sur une question précédente (n° 922); car MAO + NAO = MAL.

Or la base ML est constante; il en est de même de la médiane AO;
donc le maximum a lieu quand le triangle BAC est isocèle, car la médiane AO est plus grande que la moitié de la base ML. Dans ce cas la parallèle devient la tangente BT, et l'on a

$$2 \text{ fois } BAO > MAO + NAO$$

Remarque. Lorsque le point A est dans la circonférence, le triangle isocèle BAC correspond à la somme minima, ainsi qu'on l'a vu précédemment (n° 923, 3°).

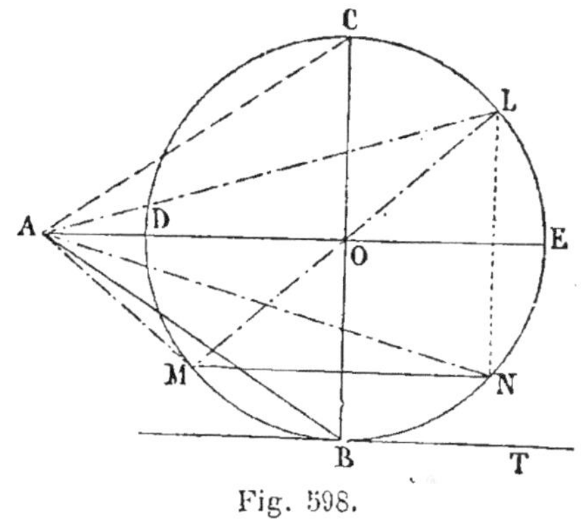

Fig. 598.

Exercice 238

926. Problème. *On donne deux parallèles et un point fixe O. A quelle distance de ce point faut-il mener une droite CD perpendiculaire aux parallèles, pour que l'angle COD soit maximum?*

(Voir *Méthodes*, n° 216.)

927. Problème. *Un point fixe O et deux parallèles sont donnés; mener une sécante CD parallèle à une droite AB, de manière que l'angle COD soit maximum.*

(Voir *Méthodes*, n° 272.)

Exercice 239

928. Problème. *On donne, de grandeur et de position, une circonférence et une droite CD. Pour quel point A de la circonférence l'angle CAD est-il maximum ou minimum?*

(Voir *Méthodes*, n° 341.)

Exercice 240

929. Problème. *On donne deux circonférences concentriques et un angle droit EAF dont le sommet est placé au centre commun. On projette les points E, F sur un diamètre fixe, et par les points D, G, on mène les parallèles DN et GL. Pour quel position de l'angle droit EAF l'angle LAN atteint-il son maximum?* (Concours général pour les classes de logique, en 1860. — N. A. 1861, p. 21.)

Le maximum a lieu lorsque la somme $LAG + DAN$ est aussi grande que possible. Pour ramener cette question à une question déjà

connue, il suffit de décrire une circonférence sur DE comme diamètre,
et de prendre $DM = GL$.

Les trois triangles rectangles GLF, END, DME sont égaux comme
ayant l'hypoténuse égale; de plus les deux premiers ont les angles

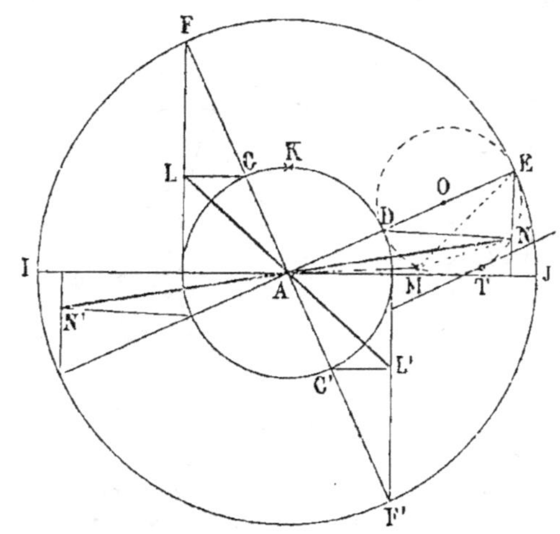

Fig. 599.

égaux, et le premier et le troisième ont le côté $DM = GL$; donc ce
côté égale EN. Ainsi la droite MN est parallèle à DE; l'angle
$DAM = GAL$, et l'on peut remplacer $LAG + DAN$ par $MAD + NAD$.

Or le maximum de cette somme a lieu quand MN devient tangente.
Alors l'angle DET égale 45°; mais pour que la projection du point E
fasse 45° avec AE, *il faut que AE fasse aussi 45° avec le diamètre
fixe IJ.*

930. Remarque. On sait que LL', NN' sont deux diamètres conjugués de
*l'ellipse qui aurait AJ et AK pour demi-axes; donc l'angle maximum que
peuvent faire entre eux deux diamètres conjugués est obtenu en projetant les
extrémités de deux diamètres rectangulaires du cercle AJ, lorsque ces deux diamètres coupent IJ sous des angles de 45°.*

L'angle NAL' est le supplément de NAL; ainsi à l'angle maximum correspond l'angle minimum.

Droites et Circonférences sécantes.

931. Droite et circonférence. On sait que l'angle d'une circonférence
et d'une sécante est l'angle formé par la droite donnée et la tangente
à la circonférence au point d'intersection (n° 610).

Lorsque deux circonférences sont concentriques et qu'on mène des
tangentes à la circonférence intérieure :

1° *Les cordes interceptées par la circonférence extérieure sont égales entre elles;*

2° *Chaque tangente coupe la circonférence extérieure sous un angle constant.*

932. Deux circonférences. L'angle de deux circonférences sécantes est l'angle formé par les tangentes menées à chacune de ces courbes par un des points d'intersection (n° 619). Cet angle est le supplément de l'angle formé par les rayons qui joignent le point d'intersection considéré aux centres des cercles donnés.

Lorsqu'on a deux circonférences concentriques et que chaque point de l'une d'elles est pris pour centre d'une circonférence de rayon constant qui coupe la seconde circonférence donnée :

1° *La corde commune aux deux circonférences qui se coupent a une longueur constante;*

2° *Les deux circonférences sécantes se coupent sous un angle constant.*

Exercice 241

933. Problème. *Par un point donné A, mener une droite qui coupe une circonférence donnée sous un angle donné* m.

On a rappelé qu'on nomme angle d'une droite et d'une circonférence, l'angle *m* formé par la droite BD avec la tangente BT, menée à la circonférence par un des points B d'intersection (n° 619).

Ainsi, par un point quelconque B de la circonférence, menons une tangente BT; formons l'angle donné *m*, et, par le point A, menons une sécante AFG telle que la corde interceptée FG = BD.

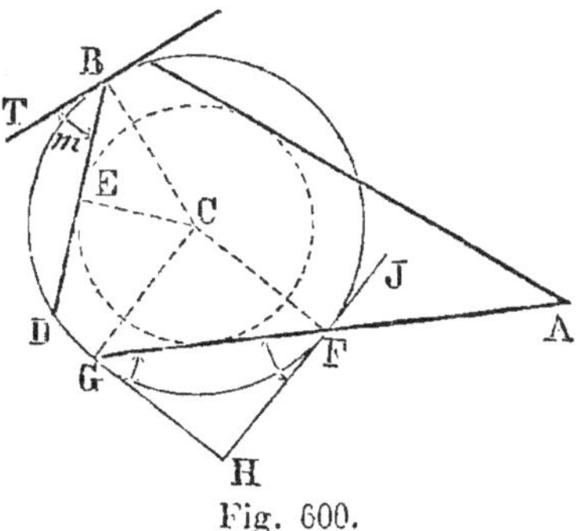

Fig. 600.

Il suffit de mener, du point A, une tangente à la circonférence de rayon CE.

$$\text{L'angle } m = F = AFJ \qquad (\text{n° 931}).$$

934. Problème. *Mener une droite qui coupe une circonférence A sous un angle donné* m, *et une circonférence B sous un angle* n.

On procède comme ci-dessus et l'on mène une tangente commune aux deux circonférences auxiliaires.

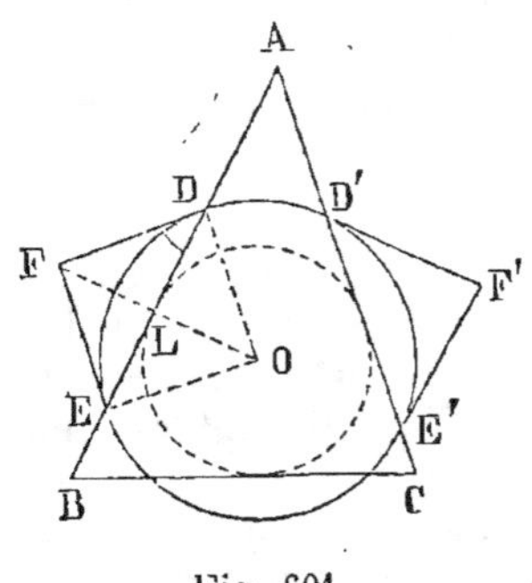

Fig. 601.

935. Problème. *Décrire une circonférence qui coupe chaque côté d'un triangle sous un angle donné* m.

Soit le problème résolu et l'angle D = m.

Les trois cordes doivent être égales, car alors les triangles DFE, D'F'E' sont égaux; donc le centre est équidistant des trois côtés; par suite, le point O est le point de concours des bissectrices du triangle. Le rayon OD est l'hypoténuse d'un triangle rectangle DLO, dans lequel on connaît OL et l'angle O = D = m.

Exercice 242

936. Problème. *On donne deux droites; décrire une circonférence avec un rayon donné : le centre doit être sur une des droites et la circonférence doit couper l'autre droite sous un angle donné.*

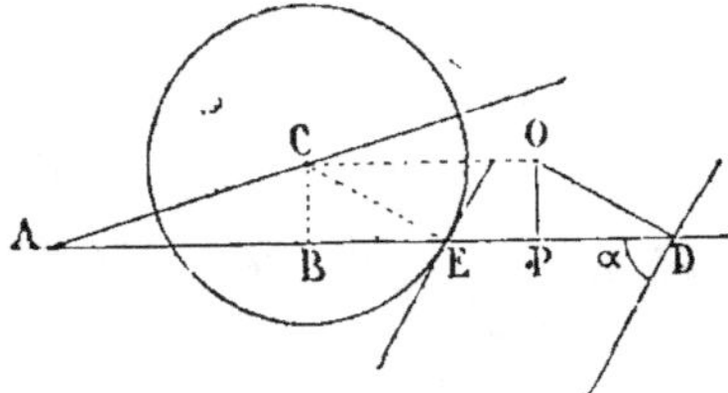

Fig. 602.

En supposant le problème résolu, on voit qu'il est facile de déterminer la distance OP du centre à la droite AB.

Il faut élever au sommet de l'angle α donné une perpendiculaire DO égale au rayon; mener une parallèle OC à la ligne AD); le centre C est déterminé.

937. Problème. *Décrire une circonférence de rayon donné, qui soit coupée sous un angle* m *par une droite, et sous un angle* n *par une autre droite aussi donnée de position.*

Solution analogue au problème précédent (n° 936).

Exercice 243

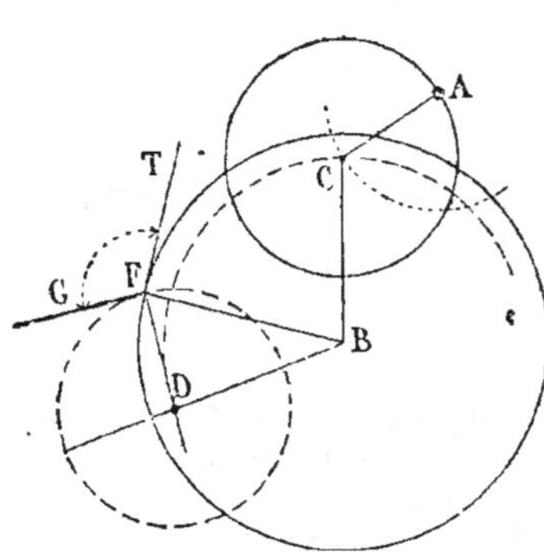

Fig. 603.

938. Problème. *Avec un rayon donné, décrire une circonférence qui passe par un point A et qui coupe une circonférence donnée* B *sous un angle donné.*

Cherchons le lieu des centres des circonférences coupant la circonférence donnée sous un angle donné.

Avec une tangente quelconque FT faisons l'angle donné TFG; élevons une perpendiculaire à FG et prenons FD égale au rayon donné r. La circonférence décrite du point B comme centre, avec BD pour rayon, sera le lieu cherché; il suffit alors de le couper avec un arc décrit du point A comme centre avec r pour rayon.

Exercice 244

939. Problème. *D'un point donné comme centre, décrire une circonférence qui coupe orthogonalement une circonférence donnée; ou bien, d'un point donné A comme centre, décrire une circonférence telle que la tangente menée d'un point donné B ait une longueur l.*

On a déjà dit (n° 620) que deux cercles se coupent *orthogonalement* lorsque les tangentes menées respectivement à ces cercles, par un des points d'intersection, sont à angle droit.

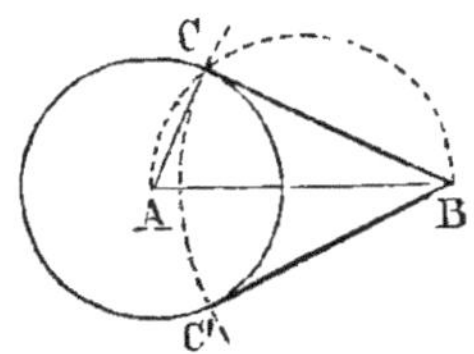

Fig. 604.

En supposant le problème résolu et la tangente $BC = l$, on voit qu'il suffit de décrire une circonférence sur AB comme diamètre, et de la couper par un arc décrit du centre B avec la longueur l. AC est le rayon demandé.

940. Problème. *Décrire une circonférence telle que les tangentes menées des trois sommets d'un triangle soient égales entre elles et égales à une ligne donnée l.*

Le centre du cercle circonscrit au triangle donné est le centre cherché, et l'on retombe sur le problème précédent.

941. Problème. *Avec un rayon donné r, décrire une circonférence qui passe par un point donné A, et telle que la tangente menée d'un second point B ait une longueur l.*

Supposons le problème résolu.

On connaît la longueur de BC et celle du rayon CO; donc on peut déterminer la longueur de l'hypoténuse BO.

Pour cela, prenons $BD = l$; $DE = r$; BE est l'hypoténuse.

Du point B, avec le rayon BE, décrivons un arc EO et coupons-le par un arc décrit du point A avec r pour rayon; on obtient ainsi le point O comme centre de la circonférence demandée.

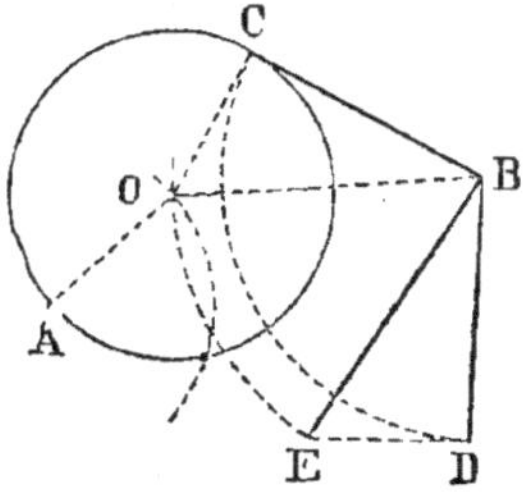

Fig. 605.

Remarque. Ce problème n'est qu'un cas particulier d'une question plus générale (n° 944 ci-après).

942. Problème. *Avec un rayon donné r, décrire une circonférence telle que la tangente menée d'un point A ait une longueur k, et la tangente menée d'un point B ait une longueur l.*

On construit deux lignes analogues à BE, etc.

Remarque. Ce problème peut aussi se ramener à un problème plus général (n° 945).

943. Problème. *D'un point donné A comme centre, décrire une circonférence qui coupe une circonférence donnée B, sous un angle donné m.*

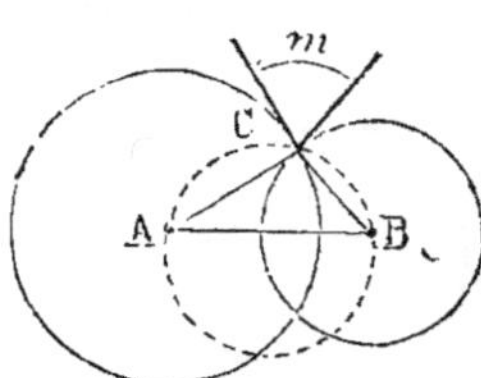

Fig. 606.

Supposons le problème résolu et l'angle C = m.

Chaque tangente est perpendiculaire au rayon du point de contact; donc les angles ACB et C ou m sont supplémentaires comme ayant les côtés perpendiculaires et de même sens. (G., n° 85.)

Ainsi ACB = 180 — m. Il suffit donc de décrire sur AB un segment capable de (180 — m); il déterminera le point C, et on décrira une circonférence avec AC pour rayon.

Exercice 245

944. Problème. *Avec un rayon donné, décrire une circonférence qui coupe une autre circonférence et une droite sous des angles donnés m et n.*

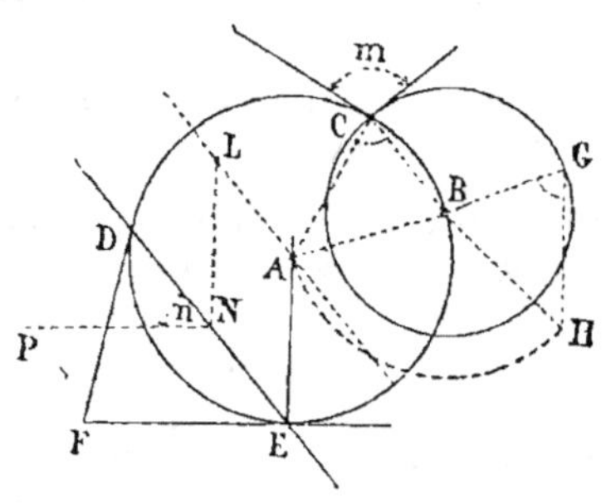

Fig. 607.

Supposons le problème résolu. Soient A la circonférence demandée, et m, n les angles donnés.

1° On peut construire le triangle BGH égal à BCA, car BG est donné; l'angle BGH = 180 — m, et GH égale le rayon qui est aussi donné; donc le centre cherché est sur la circonférence décrite du point B avec le rayon BH.

2° On fait l'angle PND = n; on élève une perpendiculaire NL égale au rayon donné GH; le centre doit se trouver encore sur la parallèle LA à DE; donc...

945. Problème. *Avec un rayon donné, décrire une circonférence qui coupe une circonférence A sous un angle donné m, et une autre circonférence sous un autre angle aussi donné n.*

La question se résout comme précédemment.

Cas particulier. *Avec un rayon donné, décrire une circonférence qui coupe orthogonalement deux circonférences données (n° 942).*

Tangentes et Raccordement des lignes.

946. Le raccordement des lignes droites ou circulaires dépend des problèmes relatifs aux circonférences et aux droites tangentes ; néanmoins il est utile de désigner les diverses questions qui s'y rattachent par l'énoncé que l'usage a consacré.

Les éléments de Géométrie fournissent directement la solution des questions suivantes :

Raccordement de deux droites, n°s 197 et 200.

Raccordement d'une droite et d'un arc circulaire, n°s 199 et 201.

Plusieurs questions de raccordement ne peuvent être traitées qu'après les problèmes du Livre III.

Exercice 246

947. Problème. *Avec un rayon donné* a, *décrire une circonférence tangente :*
   1° *A deux droites ;*
   2° *A une droite et à une circonférence ;*
   3° *A deux circonférences.*
Discuter ce dernier cas.

Le problème proposé revient à *trouver un point situé à une distance donnée* a, *de deux lignes données droites ou circulaires.*

(Voir *Discussion*, n° 252.)

Exercice 247

948. Problème. *Par deux points donnés* A *et* B, *faire passer une circonférence qui soit tangente à un droite donnée* XY.

Supposons le problème résolu et ABC la circonférence tangente.

Déterminons le point E symétrique du point B, et menons AC, BC, CE. Cherchons la valeur de l'angle ACE.

$$ACE = ACY + DCE$$

$$ACE = ACY + DCB = ACY + DAC$$

Mais la somme ACY + DAC a pour supplément l'angle D ;

donc $$ACE = 180 - D$$

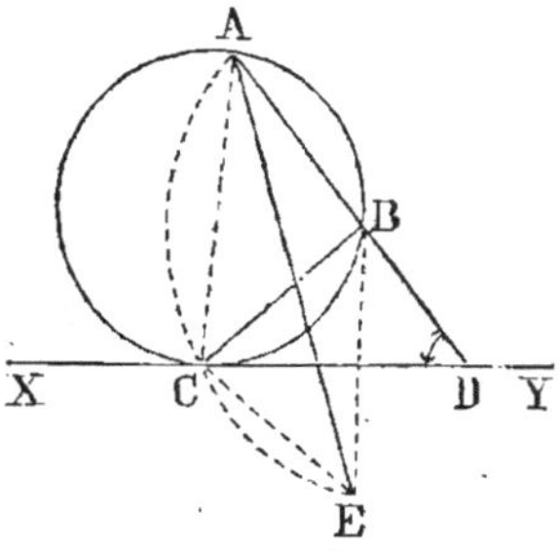

Fig. 608.

Ainsi sur AE il faut décrire un segment capable de l'angle 180—D, c'est-à-dire un segment capable de l'angle ADY.

12*

Note. Cette solution d'un problème connu (G., n° 298) est avantageuse, parce qu'elle n'exige que la connaissance du livre II.

Elle est due à M. E. LEMOINE, ancien élève de l'École polytechnique. (*Journal de Mathématiques élémentaires*, 1879, page 21.)

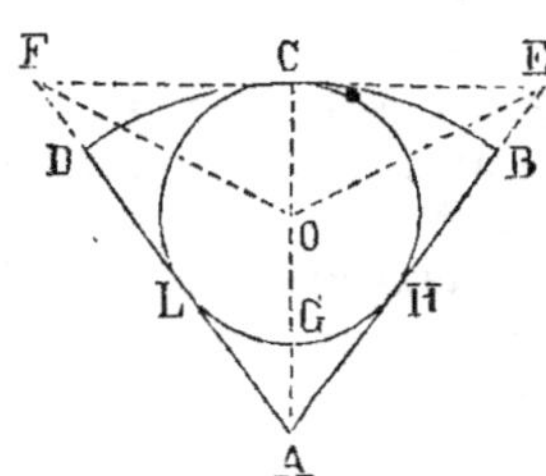

Fig. 609.

949. Problème. *Inscrire un cercle dans un secteur circulaire.*

En supposant le problème résolu, on reconnaît qu'il suffit de mener une tangente ECF par le point milieu C de l'arc donné BCD, puis de mener les bissectrices des angles égaux E, F du triangle isocèle EAF.

Remarque. On procède comme ci-dessus (n° 949) lorsqu'on veut inscrire un cercle dans le triangle formé par les tangentes AL, AH et par l'arc HGL.

Exercice 248

950. Problème. *Une circonférence de centre A étant donnée, décrire, d'un point B aussi donné pris pour centre, une autre circonférence, de manière que la tangente commune, mesurée entre les points de contact, ait une longueur donnée l.*

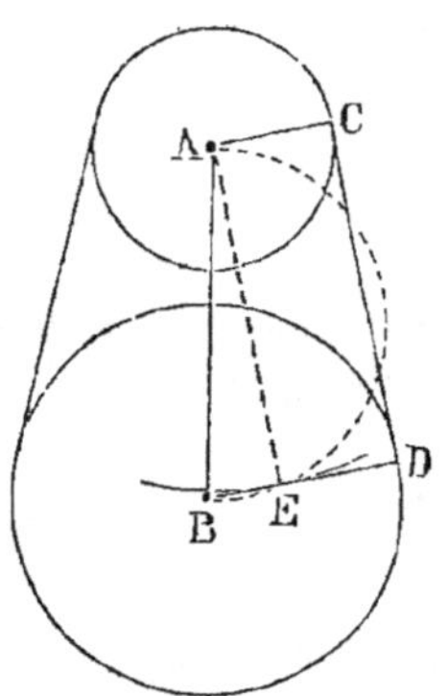

Fig. 610.

En supposant le problème résolu et CD $= l$; on voit que la parallèle AE égale aussi l.

Donc, sur AB comme diamètre, il faut décrire une circonférence; puis, du point A, la couper avec le rayon l; mener BE, prendre ED $=$ AC.

Remarque. Lorsqu'on porte ED sur le prolongement de BE, la tangente est extérieure; lorsqu'on prend ED sur EB, la tangente est intérieure.

951. Problème. Même énoncé; *mais les deux tangentes doivent se couper sous un angle donné 2m.*

Par le point A, on mène AE coupant AB sous un angle *m*, et l'on abaisse une perpendiculaire BE, etc.

Exercice 249

952. Problème. *Deux points A et B étant donnés, décrire une circonférence avec un rayon donné, telle que les tangentes menées de A et de B fassent entre elles un angle donné 2m et que la différence des tangentes égale une ligne l.*

Soit le problème résolu;

$$AC - BD = l$$

et   l'angle $AEB = 2m$

Prenons $EF = EA$

on aura $BF = l$

On peut construire le triangle BAF, car on connaît AB, la longueur BF et l'angle AFB.

En effet, $AFE = 90^\circ - m$

donc

$$BFA = 180 - (90^\circ - m) = 90^\circ + m$$

Le triangle ABF étant construit, prolongeons FB jusqu'à la rencontre E du segment décrit sur AB et capable de $2m$; puis, entre les côtés de l'angle AEB, on déterminera un point O, tel que $OC = OD = r$.

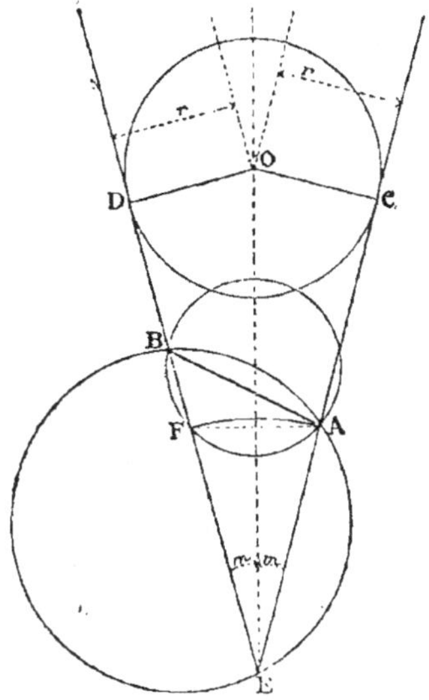

Fig. 611.

953. Problème. *Trois points A, B, C étant donnés, du point A, comme centre, décrire une circonférence telle que les tangentes menées des points B et C fassent entre elles un angle donné.*

Sur BC il faut décrire un segment BDC capable de l'angle donné;

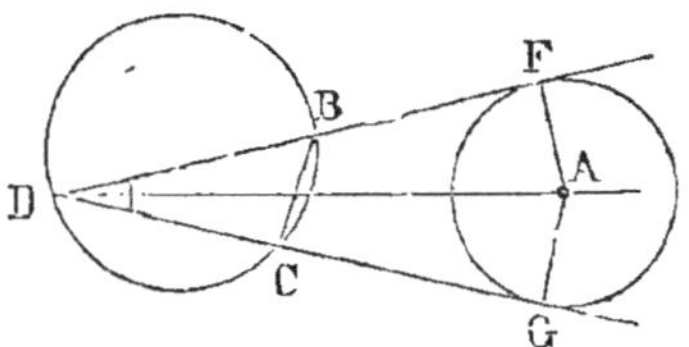

Fig. 612.

joindre le centre A au point milieu de l'arc BC. Cette ligne AD est bissectrice de l'angle D; donc les perpendiculaires AF, AG sont égales.

Exercice 250

954. Problème. *Décrire une circonférence qui soit tangente à une droite CD et qui coupe une circonférence donnée en un point A, sous un angle α.*

Par le point A, menons une tangente AB à la circonférence donnée; faisons l'angle BAC égal à α. La droite AC doit être tangente à la circonférence demandée; donc le centre O se trouve sur la bissectrice de l'angle C et sur la droite AO perpendiculaire à la tangente AC.

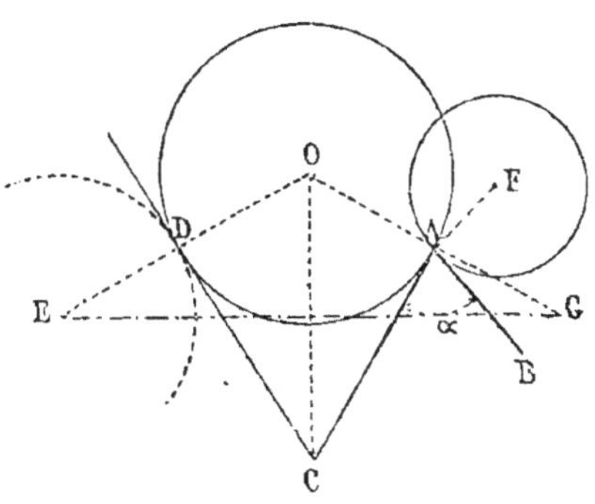

Fig. 613.

955. Problème. *Décrire une circonférence qui soit tangente à une circonférence E qui coupe une circonférence F en un point A sous un angle donné* α *(fig. 613).*

Comme précédemment, mais, sur le prolongement du rayon OA, on prend une longueur AG égale au rayon de la circonférence E; puis on élève une perpendiculaire au milieu de EG.

956. Problème. *Avec un rayon donné* r, *décrire une circonférence tangente à une circonférence de centre* A *et coupant orthogonalement une circonférence de centre* B.

Soient *a* et *b* les rayons des circonférences données, *o* le centre de la circonférence demandée.

La distance AO des centres des circonférences tangentes égale *a* ± *r*.

La distance BO des circonférences orthogonales est l'hypoténuse d'un triangle rectangle ayant *b* et *r* pour côtés de l'angle droit.

Exercice 251

957. Problème. *Raccorder deux lignes données, droites ou circulaires, par un arc d'un rayon donné.*

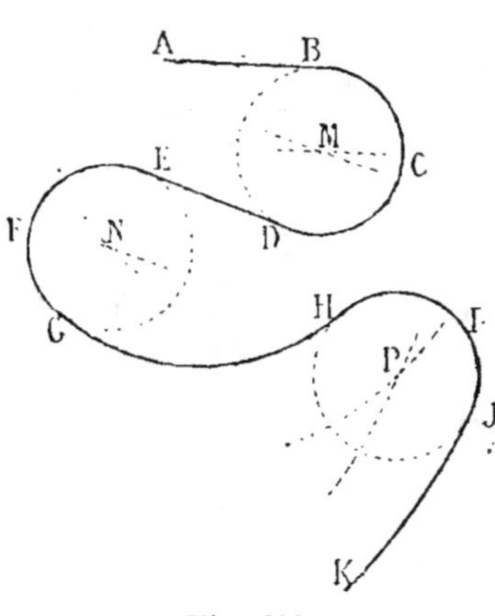

Fig. 614.

Pour chaque ligne donnée, on trace le lieu des centres des circonférences qui peuvent être décrites avec le rayon donné, tangentiellement à la ligne donnée. Les rencontres de ces lieux donnent les centres des arcs à décrire.

Les points de raccordement sont déterminés par des perpendiculaires abaissées des centres sur les droites, ou des normales communes aux deux courbes qui se raccordent (la normale commune passe par les deux centres).

On peut avoir à raccorder deux droites entre elles, deux arcs entre eux, ou une droite et un arc. Ces trois cas se trouvent dans la figure ci-dessus (n°s 197 et 198).

Remarque. Le raccordement des lignes est d'une grande utilité dans toutes les questions pratiques qui se rattachent au dessin linéaire. A un autre point de vue, le raccordement des lignes est aussi très important dans les opérations sur le terrain pour le *tracé des routes.* Ces diverses applications exigent des développements qui ne sauraient trouver place ici. On doit donc consulter et la *Méthode de dessin* et l'*Arpentage.* Pour ce dernier traité, on peut voir le § IV (n°s 508 et suivants).

958. Problème. *Étant donnés des pieds-droits, CD et EF, les rac-corder par un arc rampant, qui touche une ligne donnée AG, en un point donné B.*

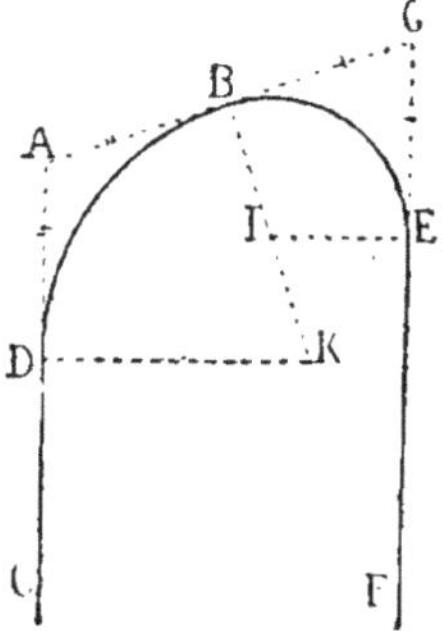

On prend le point donné B pour point de raccordement; les deux arcs seront tangents à la droite AG, au point B.

Ainsi les deux centres se trouvent sur la perpendiculaire BK. Et comme les tangentes menées d'un même point à un même cercle sont égales, on porte AB en AD, et GB en GE. Les perpendiculaires DK et EI détermi-nent les centres K et I.

En effet, le point K est sur la bissectrice de l'angle A, et le point I sur la bissectrice de l'angle G (n° 440).

Fig. 615.

959. Problème. *Tracer la scotie ou l'arc rampant par deux quarts de circonférences, les points de raccordement D et E étant donnés.*

On connaît la somme des rayons EH, et leur différence HD. En vertu d'une formule bien connue, le plus grand rayon égale la demi-somme plus la demi-différence, et le plus petit égale la demi-somme moins la demi-différence.

Si l'on porte HD en HG (fig. 616), le point K, milieu de EG, sera le centre du grand arc EB, et le point I le centre du petit arc BD.

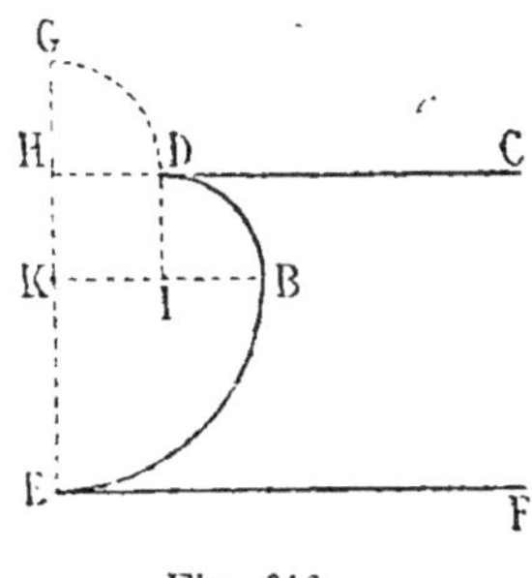

Fig. 616.

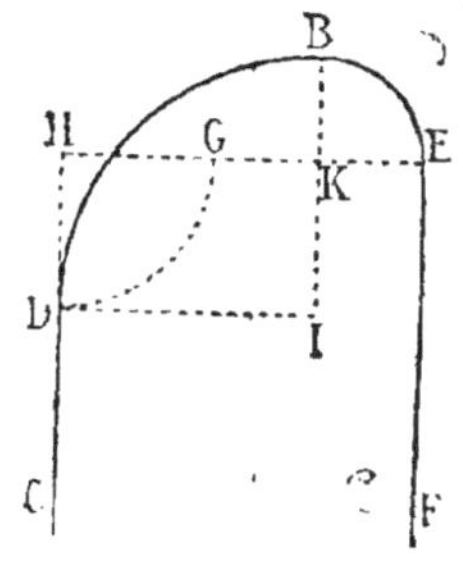

Fig. 617.

Si l'on porte HD en HG (fig. 617), le point K, milieu de GE, sera le centre du petit arc EB, et le point I le centre du grand arc BD.

960. Problème. *Tracer une scotie entre deux parallèles données CD et EF, les points de raccordement D et E étant donnés, ainsi que la profondeur r de la moulure.*

La profondeur *r* n'est autre chose que le petit rayon. Le tracé se fait par deux arcs, dont les centres doivent se trouver sur les droites

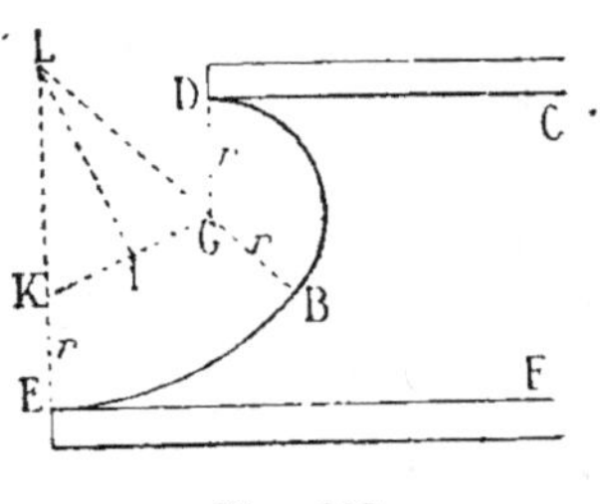

Fig. 618.

DG et EL, perpendiculaires aux droites données.

On porte le rayon donné *r* en DG, et du point G on décrit un premier arc indéfini DB. On porte le même rayon *r* en EK; on mène KG, puis IL perpendiculaire au milieu de KG. Le point L est le centre du second arc BE. Car on a LG = LK, et si l'on ajoute GB = KE, il vient LB = LE.

961. Problème. *Raccorder deux lignes données, CD et EF, en deux points donnés, D et E, par deux arcs de cercles, l'un des rayons étant donné* r, *ou la courbe devant passer par un point donné A.*

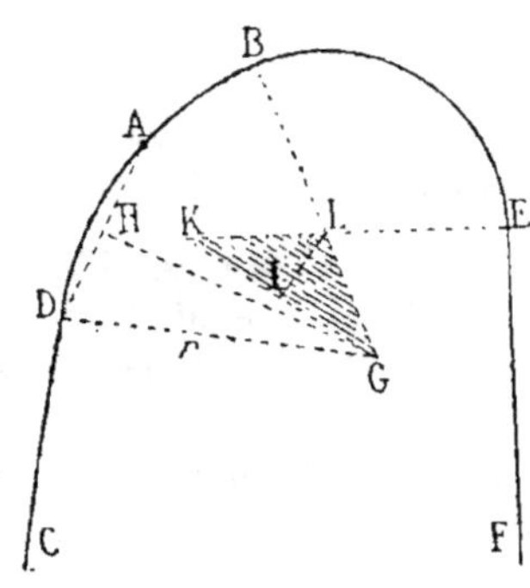

Fig. 619.

1er Cas. *r* est donné. On mène DG perpendiculaire à CD et égal au rayon donné; du point G on décrit l'arc indéfini DB.

Le second arc doit avoir son centre sur EK perpendiculaire à EF. Pour déterminer ce centre, on porte DG ou *r* en EK, on mène GK, puis IL perpendiculaire au milieu de GK. Le point L est le second centre, LE est le second rayon, et la droite des centres GLB détermine le point de raccordement de deux arcs.

En effet, le point B appartenant au premier arc DB, on a GB = GD = EK; si l'on retranche LG = LK, il vient LB = LE. Ainsi les deux arcs ont le point B commun, et comme ce point est sur la ligne des centres, les circonférences seront tangentes l'une à l'autre, et les arcs se raccordent parfaitement.

2e Cas. La courbe doit passer par un point donné A. Le centre doit se trouver sur DG, perpendiculaire à CD, et aussi sur HG, perpendiculaire au milieu de la corde DA; la rencontre de ces deux droites détermine le centre G et le rayon GD. On rentre alors dans le premier cas.

Exercice 252

962. Problème. *Raccorder deux alignements par des arcs tangents entre eux, ayant respectivement pour rayon deux longueurs données* a *et* b; *les angles au centre des deux arcs devant être égaux entre eux.*

Supposons le problème résolu et l'angle ADH = BEH.

A cause des angles égaux, le triangle FOJ est isocèle; donc la ligne des centres est parallèle à la bissectrice de l'angle O que forment les alignements donnés OM, ON; d'ailleurs, la distance du centre D à la droite OM est connue, etc.; donc on est conduit à la construction suivante :

A une distance a, il faut mener une parallèle à MO. A une distance b, mener une parallèle à ON; déterminer la bissectrice OCG, prendre CG égale à la différence ou à la somme des rayons, mener GE parallèle à CD et ED parallèle à CG. Pour déterminer les points de contact, on abaisse les perpendiculaires DA, EB.

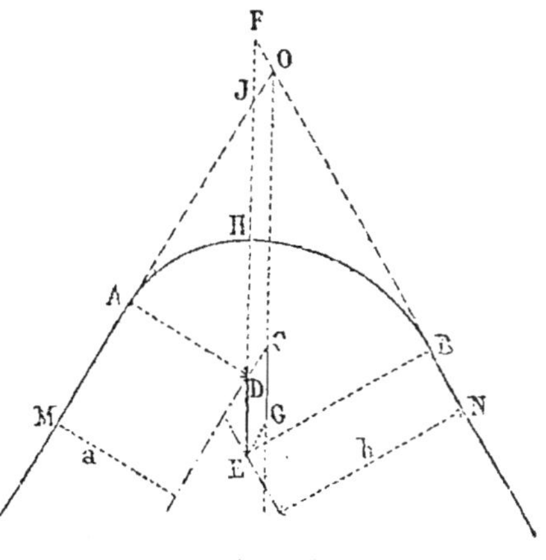

Fig. 620.

963. Problème. *Raccorder deux alignements par deux arcs tangents entre eux.*

Avec les données suivantes :

1° *On connaît les points de contact, le rayon* a *et l'angle* ADH;

2° — *les deux points de contact et une tangente à la courbe de raccordement;*

3° *On connaît le point de raccordement* H *et les deux rayons.*

Construction des Triangles isocèles ou rectangles.

964. Pour construire un triangle quelconque, il faut connaître trois éléments du triangle, et l'un d'eux, au moins, doit être linéaire.

La figure donnée peut être un côté, une médiane, une hauteur, etc.; la somme ou la différence de deux de ces lignes; le rayon du cercle inscrit ou celui du cercle circonscrit.

Les problèmes relatifs à la construction des triangles sont si nombreux et si variés qu'on utilise successivement la plupart des théorèmes étudiés et des problèmes déjà résolus. Il n'est donc pas possible d'indiquer un mode général de résolution.

Exercice 253

965. Problème. *Construire un triangle équilatéral, connaissant :*

1° *La hauteur;*

2° *Le rayon du cercle inscrit;*

3° *Le rayon du cercle circonscrit.*

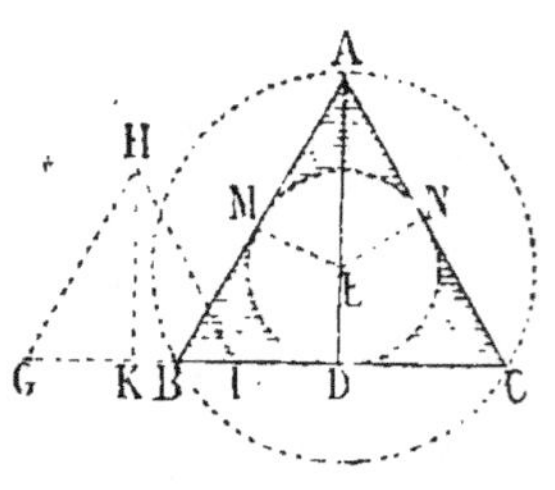

Fig. 621.

Soit ABC le triangle équilatéral à reproduire.

1° Si l'on connaît la hauteur AD, on trace une droite indéfinie BC, et la perpendiculaire DA égale à la hauteur donnée; avec un côté pris à volonté, on construit sur la direction BC un triangle équilatéral GHI, et par le sommet A on mène AB parallèle à GH, et AC parallèle à HI.

Les angles du triangle ABC sont égaux à ceux du triangle GHI; ainsi le triangle ABC est équiangle, et par suite équilatéral.

2° Si l'on connaît le rayon du cercle inscrit, on décrit ce cercle; on mène une tangente indéfinie BC, sur laquelle on construit un triangle équilatéral quelconque GHI; on mène les rayons EM et EN perpendiculaires aux directions GH et HI, et l'on termine le triangle par les tangentes AMB et ANC.

3° Si l'on connaît le rayon du cercle circonscrit, on décrit ce cercle; on construit, dans une position quelconque, un triangle équilatéral GHI, et l'on trace sa hauteur HK; par le centre E, on mène un rayon EA parallèle à la hauteur HK, puis les cordes AB et AC parallèles aux côtés HG et HI, et l'on mène BC.

L'angle A est de 60 degrés; AE est bissectrice de cet angle; ainsi la distance EM = EN, et les cordes AB et AC sont égales; les angles B et C égalent ensemble 180 — 60 ou 120 degrés; chacun d'eux égale donc 60 degrés, comme l'angle A, et ABC est le triangle demandé.

Exercice 254

966. Problème. *Construire un triangle isocèle, connaissant :*
1° *La base BC et la hauteur AD;*
2° *La base BC et l'angle adjacent B ou C;*
3° *La base BC et l'angle au sommet A.*

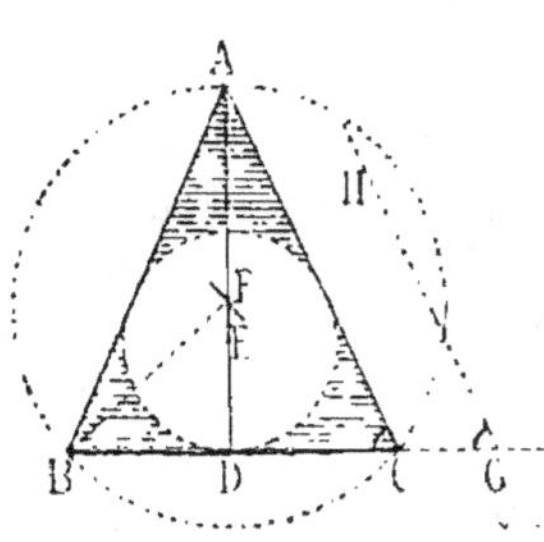

Fig. 622.

1° Avec la base BC et la hauteur AD; on élève cette dernière ligne perpendiculairement sur le milieu de la première, et l'on a ainsi les trois sommets.

2° Avec la base BC et l'angle adjacent B ou C; on construit cet angle aux deux extrémités de la base, et le troisième sommet se trouve déterminé.

3° Avec la base BC et l'angle au sommet A; on peut décrire sur la base un segment capable de l'angle donné; une perpendiculaire au milieu de la base détermine le troisième sommet.

967. Problème. *Construire un triangle isocèle, connaissant :*

1° *La base et le rayon du cercle inscrit;*
2° *La base et le rayon du cercle circonscrit;*
3° *La hauteur et le lieu de angles égaux* (fig. 622).

1° Avec la base BC et le rayon DE du cercle inscrit ; on élève au milieu de la base une perpendiculaire indéfinie, sur laquelle on porte le rayon DE; on décrit ce cercle, et par des points B et C on mène des tangentes qui déterminent le sommet A.

2° Avec la base BC et le rayon BF du cercle circonscrit; on élève au milieu de la base une perpendiculaire indéfinie; du point B, avec le rayon donné, on coupe cette perpendiculaire en F; du point F on décrit la circonférence circonscrite, qui détermine le sommet A.

3° Avec la hauteur AD et l'un des angles égaux; on trace la hauteur AD et une perpendiculaire indéfinie BG; en un point quelconque G, on construit l'angle donné, puis on mène AC parallèle à GH; on porte DC en DB, et l'on a les trois sommets.

Exercice 255

968. Problème. *Construire un triangle isocèle, connaissant la circonférence circonscrite et la position du point milieu, soit de la base, soit d'un des côtés égaux.*

Supposons le problème résolu et soit M le point milieu du côté.

La perpendiculaire AB, menée au rayon MO, est un des côtés; puis on mène le diamètre BOD et une perpendiculaire ADC sur ce diamètre, etc.

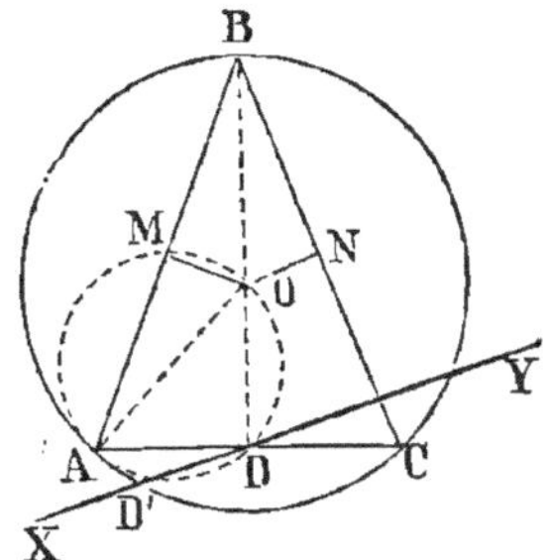
Fig. 623.

969. Problème. *Construire un triangle isocèle, connaissant le cercle circonscrit, sachant que le milieu de la base se trouve sur une droite donnée XY, et connaissant un sommet A.*

Sur AO pris pour diamètre on décrit une circonférence, lieu géométrique du point milieu des cordes qui passent par le point A, puis on mène la base ADC et le diamètre DOB.

Le point D' fournit une seconde solution.

Exercice 256

970. Problème. *Construire un triangle rectangle, connaissant un côté de l'angle droit et la somme ou la différence de l'hypoténuse et de l'autre côté.*

1° La somme $= l$.
Supposons le problème résolu, AB le côté donné et $BC + AC = l$.

Pour avoir la somme (fig. 624), on peut porter BC de C en D. Or le triangle rectangle BAD est déterminé, car AD $= l$; donc il suffit de construire ce triangle et d'élever une perpendiculaire EC au milieu de BD; le point C sera déterminé.

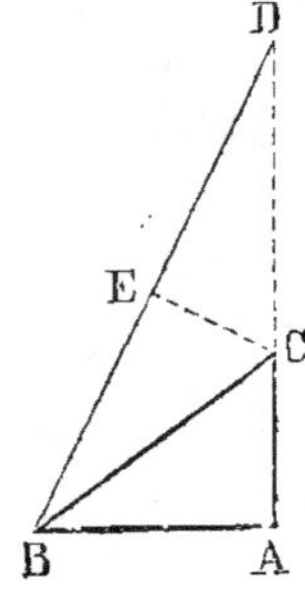

Fig. 624.

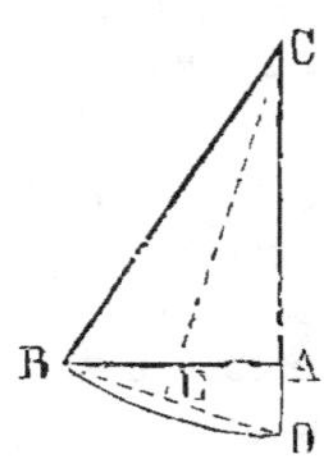

Fig. 625.

2° Soit d la différence (fig. 625).

Un raisonnement analogue conduit à prendre AD $= d$ et à élever une perpendiculaire EC au milieu de BD.

On aura :   BC $-$ AC $=$ AD $= d$

971. Problème. *Construire un triangle rectangle, connaissant l'hypoténuse et la somme ou la différence des côtés de l'angle droit.*

Le problème revient à *trouver un point sur une demi-circonférence, de manière que la somme ou la différence de ses distances aux extré-mités du diamètre égale une longueur donnée* (n° 921).

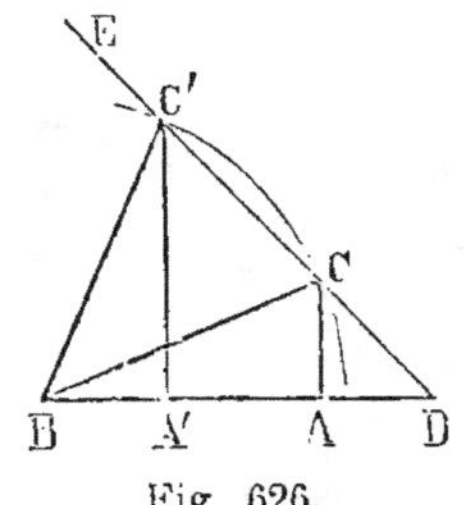

Fig. 626.

On peut aussi employer la construction suivante :

Supposons le problème résolu et AB $+$ AC $= l$.

Pour avoir la somme, on peut porter AC de A en D. Or D $= 45°$; donc il faut prendre BD $= l$, faire un angle D de 45°, et, du point B comme centre, avec l'hypoténuse donnée couper DE en C et C'.

Il y a une solution analogue pour la différence, mais on fait un angle de (180 $-$ 45) ou de 135°.

Exercice 257

972. Problème. *Construire un triangle rectangle, connaissant :*
1° *Les rayons* r *et* R *des cercles inscrit et circonscrit;*
2° *L'un des angles aigus* C, *et le rayon* r *du cercle inscrit.*

Soit ABC le triangle demandé.

1° Si l'on connaît les rayons r et R, on a l'hypoténuse en doublant le rayon R du cercle circonscrit; d'autre part, on aura la somme des côtés de l'angle droit en faisant la somme des deux diamètres $2r$ et $2R$ (nᵒ 741). Dès lors on connaît l'hypoténuse BC, l'angle opposé A, et la somme des deux autres côtés (nᵒ 971).

On tracera donc une droite BD égale à la somme des deux diamètres; on fera en D un angle de 45°; du point B, avec un rayon égal au diamètre du cercle circonscrit, on coupera la droite DC, et une perpendiculaire élevée sur le milieu de CD déterminera le troisième sommet A.

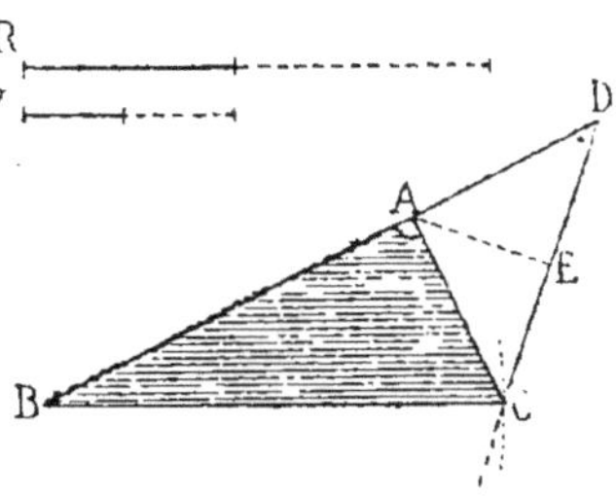
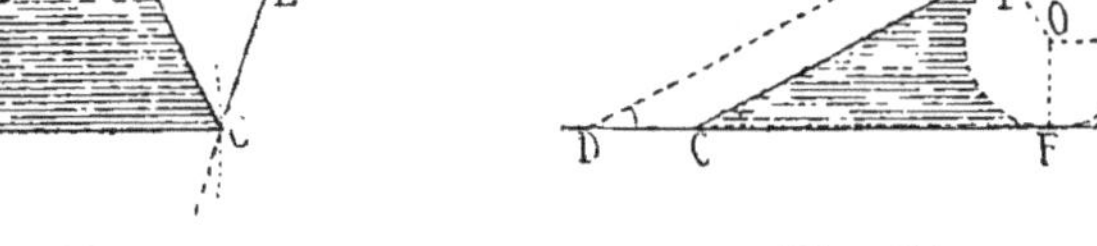

Fig. 627.   Fig. 628.

2ᵒ Si l'on connaît l'angle aigu C et le rayon du cercle inscrit; on décrit ce cercle et on mène deux tangentes perpendiculaires AC et AB; en un point quelconque de AC on construit l'angle D égal à l'angle donné; on mène OG perpendiculaire sur DG, et par le point I la parallèle CIB.

973. Problème. *Construire un triangle rectangle, connaissant :*
1ᵒ *Un côté de l'angle droit et le rayon du cercle inscrit;*
2ᵒ *La somme des côtés de l'angle droit et le rayon du cercle inscrit.*

1ᵒ Si l'on connaît le côté AB et le rayon du cercle inscrit (fig. 628), on décrit ce cercle et on mène deux tangentes perpendiculaires AC et AB; on donne à cette dernière la longueur AB, et, par le point B, on mène au cercle inscrit la tangente BIC.

2ᵒ Si l'on donne la somme des côtés de l'angle droit et le rayon r du cercle inscrit, on retranche $2r$ de la somme donnée (fig. 627), et l'on a le diamètre du cercle circonscrit, qui n'est autre que l'hypoténuse (nᵒ 741); on rentre alors dans le premier cas ci-dessus.

974. Problème. *Construire un triangle rectangle, connaissant :*
1ᵒ *Un côté de l'angle droit et la hauteur qui tombe sur l'hypoténuse;*
2ᵒ *L'un des angles aigus et la somme ou la différence des côtés de l'angle droit;*
3ᵒ *La médiane et la hauteur qui tombent sur l'hypoténuse.*

Soit ABC le triangle demandé.

1ᵒ Si l'on connaît le côté AC et la hauteur AD, on trace une droite indéfinie BC, sur laquelle on élève la perpendiculaire DA égale à la hauteur donnée ; du point A, avec un rayon égal au côté donné, on coupe BC, ce qui donne un second sommet C ; on mène enfin AB perpendiculaire à AC.

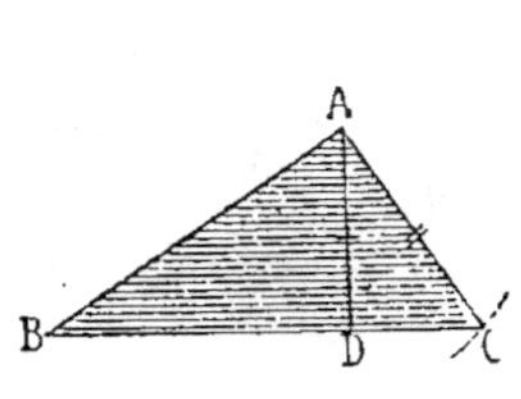

Fig. 629.

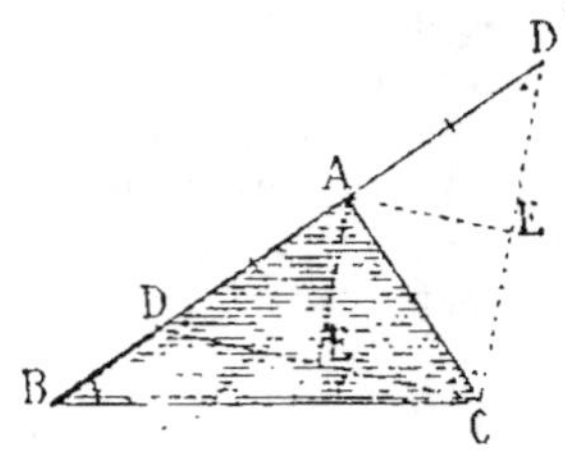

Fig. 630.

2° Si l'on connaît l'angle aigu B et la somme ou la différence BD des côtés de l'angle droit, on construit l'angle B et l'on porte la longueur BD ; on fait en D un angle de 45° et l'on mène EA perpendiculaire au milieu de CD. Le triangle isocèle CAD a deux angles C et D de 45° ; donc le troisième angle est droit. ABC est le triangle demandé.

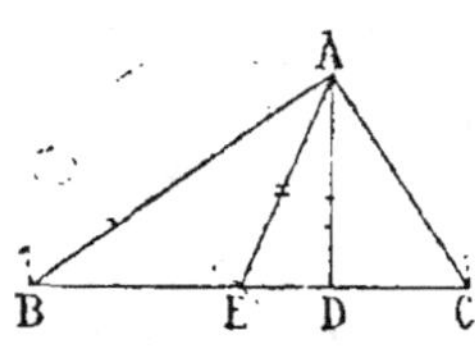

Fig. 631.

3° Si l'on connaît la médiane AE et la hauteur AD qui tombent sur l'hypoténuse, on trace une droite indéfinie BC et une perpendiculaire AD égale à la hauteur donnée ; du point A, avec un rayon égal à la médiane donnée, on coupe BC en E ; ce point E est le milieu de l'hypoténuse ; et, comme l'hypoténuse est double de la médiane (n° 492), on porte EA en EB et EC.

Exercice 258

975. Problème. *Construire un triangle rectangle ABC, connaissant la longueur* a *de l'hypoténuse, le sommet A de l'angle droit, et sachant que les sommets B, C doivent se trouver respectivement sur deux droites rectangulaires données.*

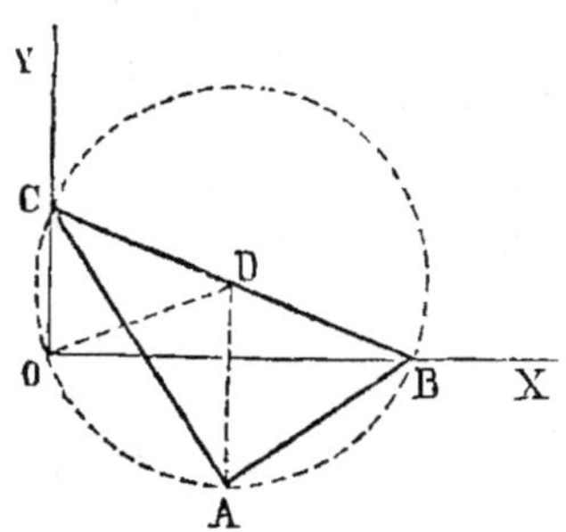

Fig. 632.

Soit XOY l'angle droit donné, A le sommet connu.

Le quadrilatère BAOC est inscriptible, car les angles BOC, BAC sont droits ; de plus, BC est le diamètre et cette droite doit égaler a.

Mais, dans le triangle rectangle, la médiane OD est la moitié de l'hypoténuse (n° 492) ; donc, avec $\frac{a}{2}$ pour rayon, des points A et O comme centre, décrivons des arcs ; ils se coupent en D, et, de ce point comme centre, décrivons une circonférence avec le même rayon $\frac{a}{2}$; elle fera connaître les points B et C.

Construction des Triangles quelconques.

Exercice 259

976. Problème. *Construire un triangle, connaissant les milieux des trois côtés.*

·Soit ABC un triangle quelconque, et D, E, F, les milieux des trois côtés. Les côtés du triangle DEF sont parallèles à ceux du triangle ABC (n° 431).

Il suffit donc de construire le triangle DEF, et par les trois sommets de mener des parallèles aux côtés opposés, ce qui formera le triangle ABC.

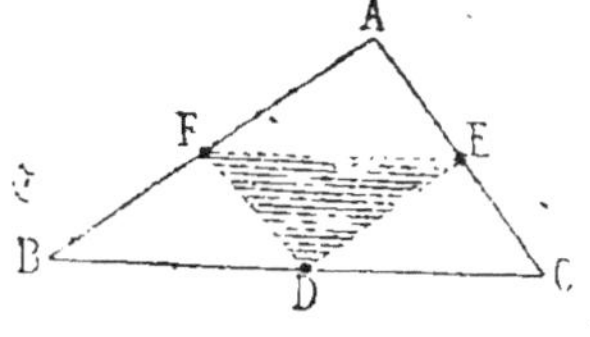

Fig. 633.

977. Problème. *Construire un triangle, connaissant deux côtés a et b, et la projection n du troisième côté sur le second.*

Soit ABC le triangle demandé. On trace CB égal au côté *a* ; on porte la longueur *n* en BD ; on élève la perpendiculaire indéfinie DA, et l'on détermine le troisième sommet A, en coupant la ligne DA par un arc décrit du point C, avec un rayon égal au côté *b*.

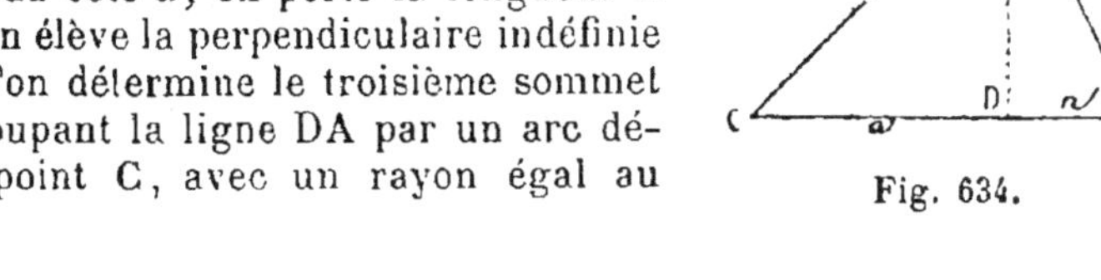

Fig. 634.

978. Problème. *Construire un triangle, connaissant les centres D, E, F, des cercles ex-inscrits.*

On sait que les centres des cercles ex-inscrits sont les sommets d'un triangle dont les hauteurs se confondent avec les bissectrices intérieures du premier triangle (n° 662). On retrouvera donc le triangle primitif en traçant le triangle DEF et ses trois hauteurs. Les pieds A, B, C, de ces hauteurs seront les sommets du triangle demandé.

M.

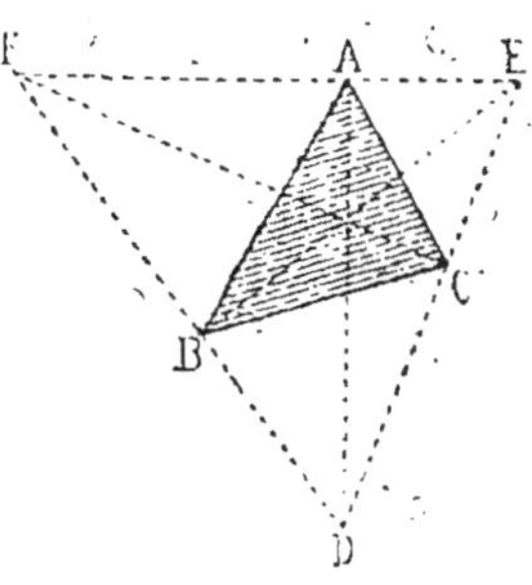

Fig. 635.

13

Exercice 260

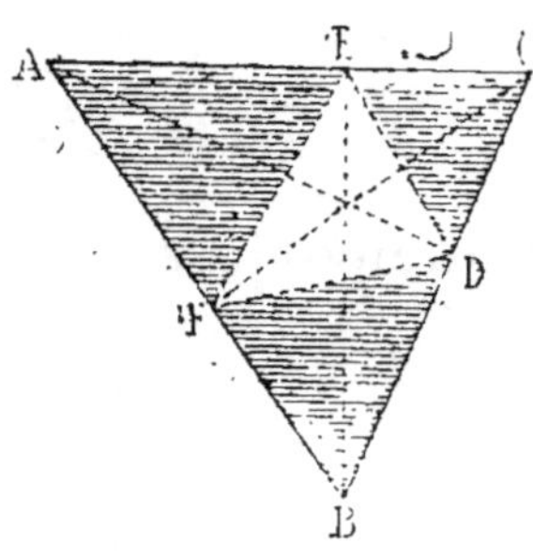

Fig. 636.

979. Problème. *Construire un triangle, connaissant les pieds* E, F, D, *des trois hauteurs.*

On sait que les trois hauteurs d'un triangle ABC servent de bissectrices au triangle DEF qui a pour sommets les pieds de ces mêmes hauteurs (n° 662).

On tracera donc le triangle DEF, puis ses trois bissectrices; par les points D, E, F, on mènera des perpendiculaires à ces bissectrices, ce qui donnera le triangle ABC.

Exercice 261

980. Problème. *Construire un triangle, connaissant :*

1° *Deux côtés* AB *et* BC, *et la médiane* AD *qui tombe sur l'un d'eux;*

2° *Deux côtés* AB *et* AC, *et la médiane comprise* AD ;

3° *Un côté* BC, *et les deux médianes* BE *et* CF *qui partent de ses extrémités.*

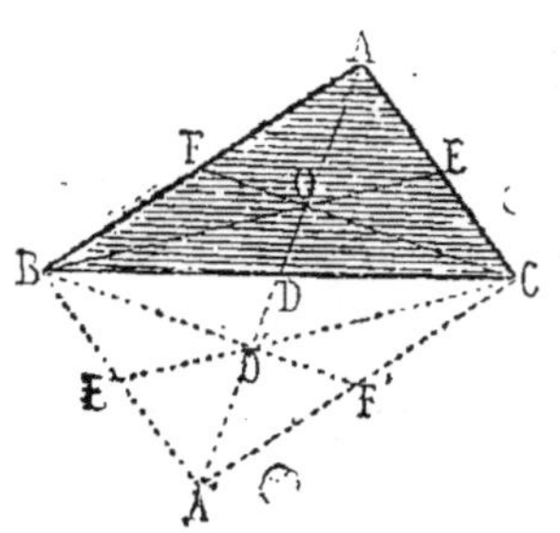

Fig. 637.

Supposons le problème résolu ; prolongeons la médiane AD de sa propre longueur, en DA', et menons BA' et CA', puis, dans le triangle BCA', les médianes BF' et CE'. La figure totale ayant pour diagonales les droites BC et AA' qui se coupent en leurs milieux, est un parallélogramme. Comme les médianes d'un triangle se coupent aux $\frac{2}{3}$ de leur longueur, on a DO = DO', et la figure BOCO' est aussi un parallélogramme.

Enfin, remarquons que si, avec les données, on peut reproduire l'un quelconque des triangles ou des parallélogrammes de la figure, on achèvera facilement le triangle proposé.

1° Avec les côtés AB et BC, et la médiane AD, on peut construire le triangle ABD, qui permettra ensuite de trouver le sommet C.

2° Avec les côtés AB et AC, et la médiane AD, on peut construire le triangle ABA' (en prenant BA' = AC, et AA' = 2AD); dans ce triangle ABA', on mènera la médiane BD, que l'on prolongera de sa propre longueur, et on aura le troisième sommet C.

3° Avec le côté BC, et les médianes BE et CF, on peut construire le triangle BOC, en prenant les $\frac{2}{3}$ des médianes données; on prolonge ensuite ces médianes de manière à leur donner leur vraie longueur, et l'on trace les droites BF et CE, dont la rencontre détermine le sommet A.

981. Problème. *Construire un triangle, connaissant :*

1° *Deux médianes AD et BE, et le côté BC, sur lequel tombe l'une d'elles.*

2° *Les trois médianes* (fig. 637).

1° Avec les médianes AD et BE, et le côté BC, on peut construire le triangle BOD; ensuite on donne aux droites BDC et DOA leur vraie longueur, et on a les sommets C et A.

2° Avec les trois médianes, on peut construire le triangle BOO′, qui a pour côtés les $^2/_3$ des médianes données. Dans ce triangle, on mènera la médiane BD, que l'on prolongera de sa propre longueur, ce qui donnera le sommet C; enfin on donnera à DOA sa vraie longueur, ce qui donnera le sommet A.

Exercice 262

982. Problème. *Construire un triangle, connaissant :*

1° *Deux côtés AB et BC, et la hauteur AD, qui tombe sur l'un d'eux;*

2° *Deux côtés AB et AC, et la hauteur comprise AD.*

Soit ABC le triangle à reproduire.

1° Connaissant les côtés AB et BC, et la hauteur AD, on tracera une droite BC indéfinie, et, en un point quelconque D, on élèvera la hauteur DA; du point A, avec le côté AB pour rayon, on coupera BC en B, et l'on donnera à BC la longueur voulue.

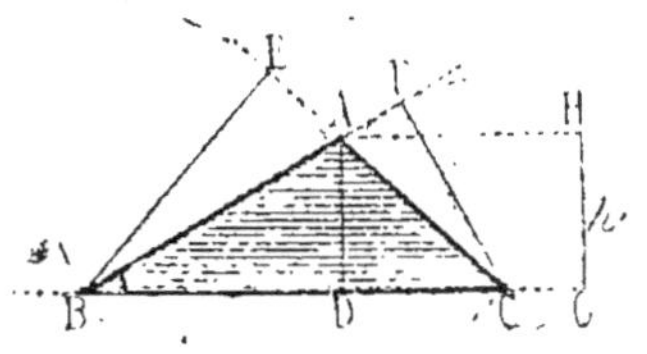

Fig. 638.

2° Connaissant les côtés AB et AC, et la hauteur AD, sur une droite indéfinie BC, on élèvera une perpendiculaire AD égale à la hauteur donnée; du point A comme centre, avec des rayons égaux aux côtés donnés, on coupera BC en B et en C, ce qui déterminera complètement le triangle.

Remarque. Si la hauteur devait tomber en dehors du triangle, cette condition devrait être énoncée pour que le problème fût complètement déterminé.

983. Problème. *Construire un triangle, connaissant :*

1° *Un côté BC et les deux hauteurs BE et CF, qui partent de ses extrémités;*

2° *Deux hauteurs AD et BE, et le côté BC, sur lequel tombe l'une d'elles* (fig. 638).

1º Connaissant le côté BC et les hauteurs BE et CF, on trace d'abord le côté BC; des points B et C, avec des rayons égaux aux hauteurs données, on décrit des arcs indéfinis, en E et F, et l'on mène à ces arcs les tangentes BF et CE, dont la rencontre en A détermine le troisième sommet du triangle.

2º Connaissant les hauteurs AD et BE, et le côté BC, on trace ce côté BC; du point B avec un rayon égal à BE, on décrit en E un arc auquel on mène la tangente CE; en un point quelconque de la direction BC, on élève une perpendiculaire GH égale à la hauteur qui doit tomber sur BC, et l'on mène parallèlement à BC la droite HA, qui détermine le troisième sommet A du triangle.

Exercice 263

984. Problème. *Construire un triangle, connaissant la base, l'angle opposé et la hauteur abaissée du sommet de cet angle.*

(Voir *Méthodes*, nº 105.)

985. Problème. *Construire un triangle, connaissant :*
1º *Un angle B, un côté BC de cet angle, et la hauteur BE, qui part du sommet de ce même angle;*
2º *Un angle B, et les deux hauteurs opposées AD et CF;*
3º *Un angle B, la hauteur BE, qui tombe sur le côté opposé, et AD, l'une des deux autres hauteurs.*

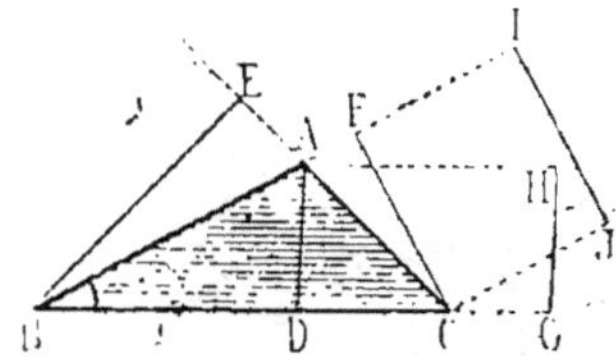

Fig. 639.

Soit ABC le triangle demandé.

1º Si l'on connaît l'angle B, le côté BC, et la hauteur BE, on peut tracer BC, et construire l'angle B; décrire, du point B, avec un rayon égal à la hauteur donnée, un arc en E, et mener la tangente CE; le troisième sommet A est déterminé.

2º Si l'on connaît l'angle B, et les deux hauteurs opposées AD et CF, on peut construire l'angle B; mener à volonté GH perpendiculaire à BC, et égal à l'une des hauteurs données, puis HA parallèle à BC, ce qui détermine un second sommet A. Une construction analogue donne le troisième sommet C.

3º Si l'on connaît l'angle B, et les hauteurs BE et AD, on peut construire l'angle B; mener à volonté GH perpendiculaire à BC, et égal à la seconde des hauteurs données, puis HA parallèle à BC, ce qui détermine un second sommet A; décrire, du point B, avec un rayon égal à l'autre hauteur, un arc en E, et mener la tangente indéfinie AE, qui donne le troisième sommet C.

986. Problème. *Construire un triangle, connaissant :*
1º *Un côté BC, un angle adjacent B, et la médiane AD, qui tombe sur ce côté;*

2° *Un côté BC, un angle adjacent B, et la médiane CF, qui tombe sur l'autre côté de cet angle.*

Soit ABC le triangle à reproduire.

1° Connaissant le côté BC, l'angle B, et la médiane AD, on trace BC, et l'on construit l'angle B; du point D, milieu de BC, avec un rayon égal à la médiane donnée, on décrit un arc qui détermine le troisième sommet A.

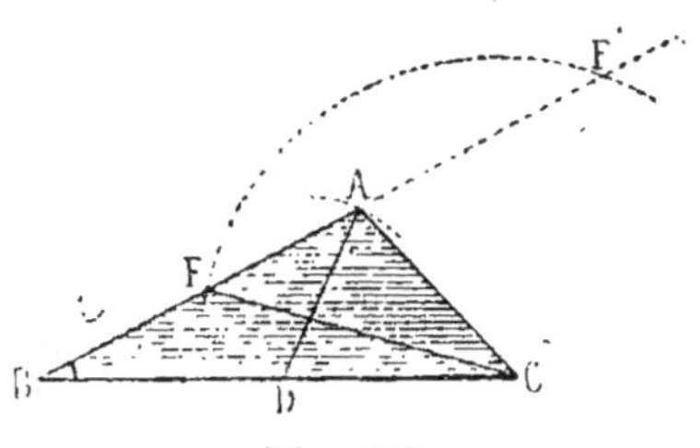

Fig. 640.

Si l'on a DA $<$ DB, l'arc décrit du point D coupe BA en deux points, et il y a deux solutions; en un mot, on est dans le *cas incertain*. (G., n° 185.)

On connaît la discussion relative à la construction de ce triangle. (G., n° 186.)

2° Connaissant le côté BC, l'angle B, et la médiane CF, on trace BC, et l'on construit l'angle B; du point C, avec un rayon égal à la médiane donnée, on décrit un arc qui détermine le pied F de cette médiane; en portant FB en FA, on obtient le troisième sommet A.

Si l'on a CF $<$ CB, l'arc décrit du point C coupe BA en deux points, et il y a deux solutions.

Exercice 264

987. Problème. *Construire un triangle, connaissant le périmètre et les angles.*

Considérons un triangle quelconque ABC; prolongeons BC, portons BA en BD, et CA en CE, et menons AD et AE.

Le triangle ABD étant isocèle, l'angle D est la moitié de l'angle B extérieur au triangle ABD. De même l'angle E $= \frac{1}{2}$ C.

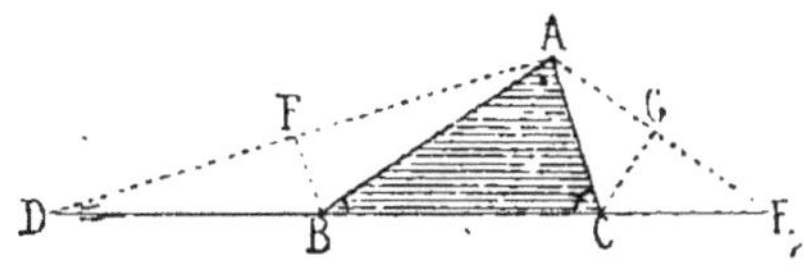

Fig. 641.

On peut donc tracer une droite DE égale au périmètre donné, et construire en D et E des angles qui soient moitié de deux des angles donnés; cela détermine le sommet A; les perpendiculaires FB et GC, élevées sur les milieux de AD et AE, donnent les deux autres sommets B et C.

Exercice 265

988. Problème. *Construire un triangle, connaissant un côté, un angle adjacent, et la somme ou la différence des deux autres côtés.*

Soit le triangle ABC, dont on connaît le côté AB, l'angle A, et la somme ou la différence AD des deux autres côtés.

On peut construire l'angle A, et porter sur ses côtés les longueurs AB et AD. La partie CD étant égale à CB, le triangle BCD est isocèle; on tracera donc BD, et, en son milieu, la perpendiculaire EC fera connaître le troisième sommet du triangle.

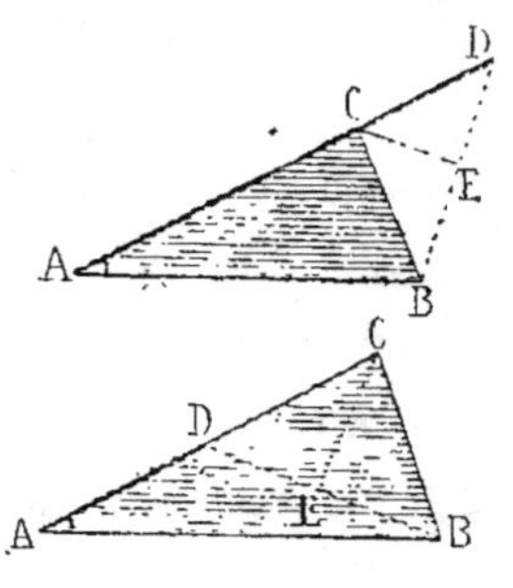

Fig. 642.

Exercice 266

989. Problème. *Construire un triangle, connaissant un côté* BC, *l'angle opposé* A, *et la somme ou la différence des deux autres côtés.*

Soit ABC le triangle demandé.

1º (Fig. 643.) Prolongeons BA, et portons AC en AD; le triangle CAD est isocèle; la somme des angles égaux C et D égale l'angle A, extérieur, à ce triangle; ainsi l'angle $D = \frac{1}{2} A$.

On peut donc construire un angle D égal à la moitié de l'angle donné, prendre DB égal à la longueur donnée pour la somme de deux côtés; décrire, du point B, avec un rayon égal au côté donné, un arc qui coupe DC, ce qui donne un second sommet C; enfin, élever au milieu de CD la perpendiculaire EA, qui détermine le troisième sommet.

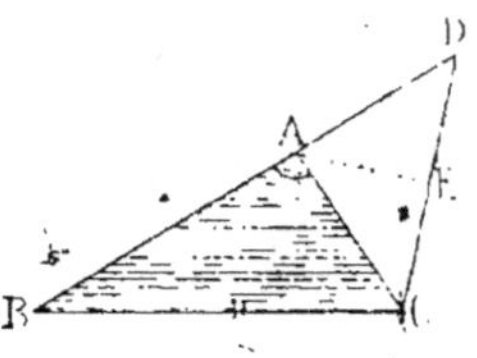

Fig. 643.

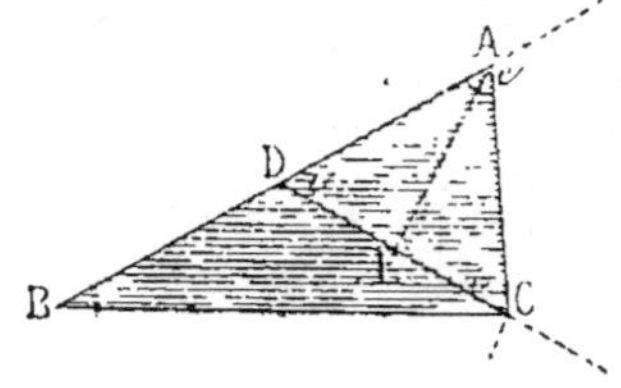

Fig. 644.

2º (Fig. 644.) Portons AC en AD; le triangle CAD est isocèle; la somme des angles égaux C et D est égale à l'angle extérieur c, supplément de A; ainsi l'angle $i = \frac{1}{2} c$.

On peut donc construire un angle ADC égal à la moitié du supplément de l'angle donné, et prendre le prolongement DB égal à la longueur donnée pour la différence de deux côtés, ce qui donne un premier sommet B ; du point B, avec un rayon égal au côté donné, on coupe DC, ce qui donne un second sommet C ; enfin, on mène CD, et, en son milieu, la perpendiculaire EA, qui donne le troisième sommet A.

Remarque. Sur BC, on peut décrire un segment capable de l'angle connu A, et le problème peut s'énoncer comme il suit :

Diviser un arc de cercle BAC en deux parties, telles que la somme ou la différence des cordes des deux arcs partiels obtenus ait une longueur donnée.

Ce problème, résolu directement (n° 921), donne une seconde méthode pour construire un triangle avec les données ci-dessus.
(Voir aussi *Méthodes*, n° 115.)

Exercice 267

990. Problème. *Construire un triangle, connaissant la base, la différence m des deux angles adjacents et la somme l des deux autres côtés.*

Soit ABC le triangle demandé. AB la base donnée ; $AC + CB = l$. A et B les angles adjacents, tels que $A - B = m$.

Prolongeons AC d'une quantité CD égale à BC ; dans ce cas $AD = l$.

L'angle extérieur $ACB = D + CBD = 2CBD$

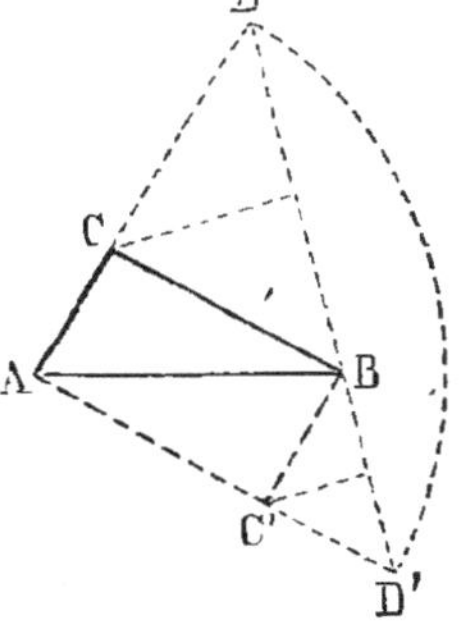

Fig. 645.

d'où
$$CBD = \frac{C}{2}$$

Mais
$$\frac{C}{2} = 90 - \frac{A + B}{2}$$

d'où
$$CBD = 90 - \frac{A + B}{2}$$

L'angle $ABD = B + CBD = \frac{2B}{2} + 90 - \frac{A}{2} - \frac{B}{2}$

d'où
$$ABD = 90 + \frac{B}{2} - \frac{A}{2} \quad \text{ou} \quad 90 - \frac{A - B}{2}$$

$$ABD = 90 - \frac{m}{2}$$

Ainsi l'angle ABD est connu. On peut le construire, du point A comme centre, avec une longueur AD égale à l, couper BD en D, puis élever une perpendiculaire au milieu de BD.

Remarque. On doit avoir AD ou $l > AB$. Le point D' donne un second triangle ABC' égal au premier.

991. Problème. *Construire un triangle, connaissant la base, la somme des deux angles adjacents et la différence des deux autres côtés.*

Cette question revient au problème connu : *Construire un triangle, connaissant la base, l'angle opposé et la différence des côtés qui comprennent cet angle* (n° 989, 2°).

Exercice 268

992. Problème. *Construire un triangle, connaissant la longueur de la base, une droite sur laquelle doit se trouver cette base, l'angle opposé et deux points par lesquels doivent passer les deux autres côtés.*

(Voir *Méthodes*, n° 108.)

Exercice 269

993. Problème. *Construire un triangle, connaissant le périmètre, un angle et la hauteur abaissée du sommet de cet angle.*

(Voir *Méthodes*, n° 134.)

Exercice 270

994. Problème. *Construire un triangle* ABC, *connaissant la base* AB, *la différence* m *des deux angles adjacents, et sachant que le sommet* C *doit se trouver sur une droite* xy. (COMPAGNON*, *Questions proposées de Géométrie*, p. 34, n° 158.)

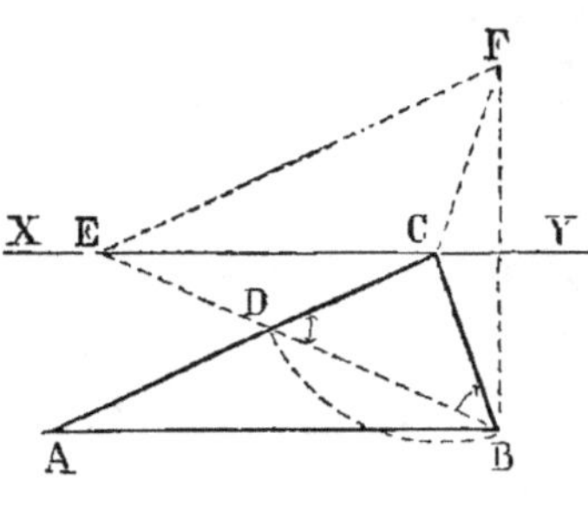

Fig. 646.

Supposons le problème résolu. Soit F le point symétrique de B, et CD = CB.

Les angles A + B et CDB + CBD ont même supplément C.

$$\text{Donc} \quad CBE = \frac{A+B}{2}$$

$$ABE = B - CBD = B - \frac{A+B}{2} = \frac{B-A}{2} = \frac{m}{2}$$

On peut donc mener la droite BDE et connaître l'angle BEF.

Or le quadrilatère EDCF est inscriptible, car l'angle EFC égal à EBC est le supplément de EDC.

Donc aussi l'angle ACF est le supplément de l'angle connu BEF.

Ainsi, sur AF, il faut décrire un segment capable d'un angle qui a pour valeur 180° — BEF, et l'on obtiendra le point C.

---

* M. COMPAGNON, professeur au collège Stanislas, auteur de divers ouvrages relatifs aux *Éléments de Géométrie*. Nous prendrons plusieurs énoncés dans les *Questions proposées de Géométrie* de cet auteur.

995. Problème. *Construire un triangle, connaissant la hauteur, la bissectrice qui part du même sommet et le rayon du cercle inscrit.*

Supposons le problème résolu.
On connaît CD, CH et OE.
On construit le triangle rectangle DCH et l'on détermine le point O tel que OE égale le rayon donné ; puis, par le sommet C, on mène les tangentes CA, CB.

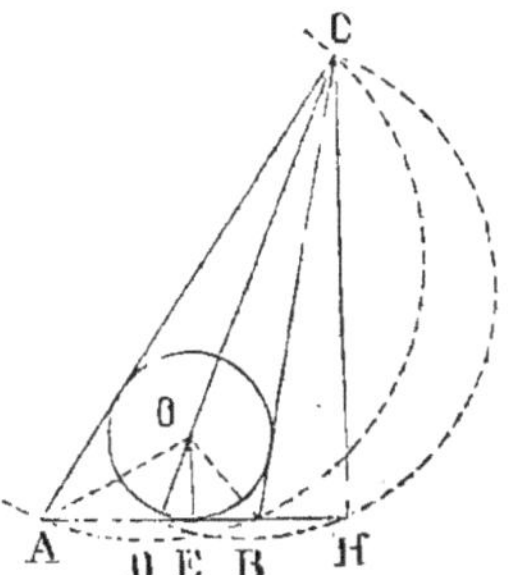

Fig. 647.

996. Problème. *On donne la hauteur, la bissectrice et l'angle au sommet C.*

On fait l'angle C ; sur la bissectrice de l'angle, on prend la longueur donnée CD, et du point C avec la hauteur, on coupe en H la demi-circonférence décrite sur le diamètre CD.

Exercice 271

997. Problème. *On donne la base, l'angle au sommet et le rayon du cercle inscrit.*

(Voir *Méthodes*, nº 262, 3º.)

998. Problème. *Couper les côtés d'un angle A, de manière que le triangle déterminé ait un périmètre donné 2p. Le côté BC doit passer par un point donné P.*

On sait que lorsqu'une circonférence est tangente aux côtés d'un angle A, toute tangente, telle que BC, donne un triangle dont le périmètre constant égale 2AD (739).
Donc, il faut prendre   AD = AE = p.
Élever les perpendiculaires DO, EO, décrire la circonférence et mener la tangente PBC.

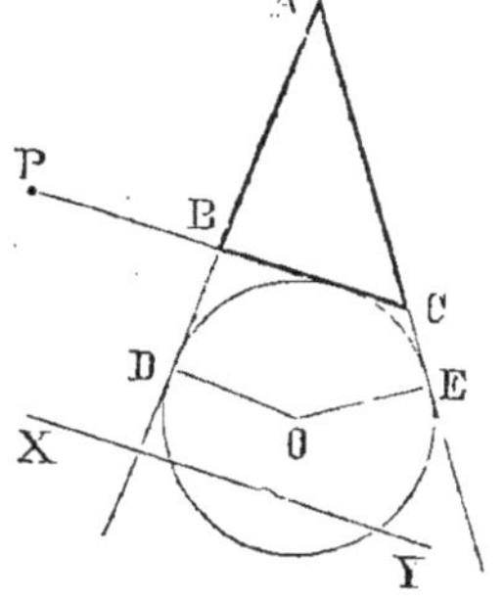

Fig. 648.

Remarque. On peut recourir à des exemples déjà donnés. (*Méthodes*, nº 134.)

999. Problème. *Le côté BC doit être parallèle à une droite xy.*

1000. Problème. *On donne le rayon du cercle inscrit.*

Avec le rayon donné, on décrit une seconde circonférence tangente aux côtés de l'angle A, et le côté BC est donné par la tangente intérieure commune aux deux circonférences.

1001. Problème. *La hauteur abaissée du sommet A doit avoir une longueur donnée h (voir nº 134).*

Du centre A, avec le rayon h, on décrit une seconde circonférence, et l'on mène la tangente intérieure commune aux deux circonférences.

1002. Problème. *La longueur de la bissectrice de l'angle A est donnée.*

Ce problème se ramène au n° 998; il en serait de même si l'on donnait la hauteur abaissée du sommet B. Le problème se ramènerait au n° 999, si l'on donnait l'angle B.

Exercice 272

1003. Problème. *Inscrire dans une circonférence un triangle dont deux côtés soient parallèles à deux droites données, et dont le troisième passe par un point donné A.*

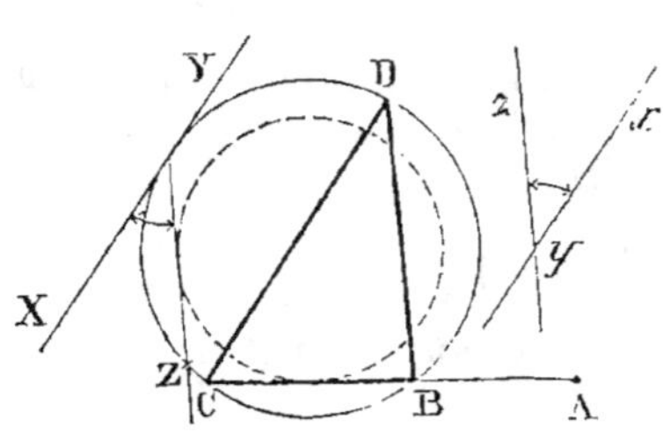

Fig. 649.

Soient A, xy et yz le point et les droites données.

Supposons le problème résolu.

L'angle D égale y, donc le segment et sa corde sont connus; par suite, par un point quelconque Y de la circonférence, menons des parallèles aux droites données et, par le point A, une sécante telle que la corde BC = la corde Z ; par le point C, menons CD parallèle à XY, et joignons B à D.

L'angle D égalant Y, le côté DB se trouve parallèle à yz.

1004. Problème. *On donne deux points, A et B, et une circonférence. Déterminer sur cette courbe un point C, tel qu'en le joignant aux points donnés A et B, la base DE du triangle inscrit DCE ait une longueur donnée l.*

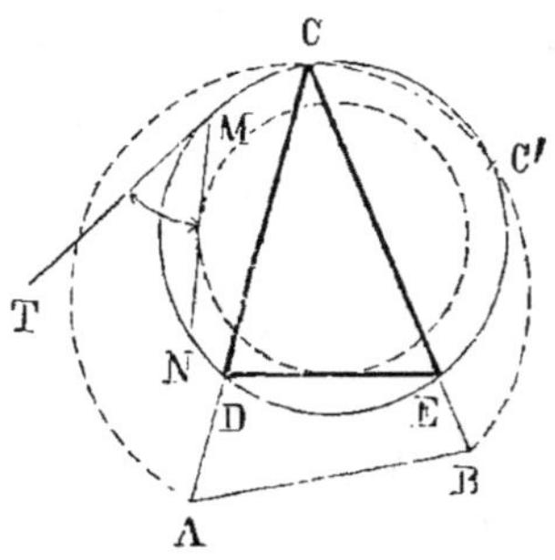

Fig. 650.

Soit le problème résolu, et DE = l.

Puisque la longueur de DE est connue, il en est de même de l'angle C, car il égale la moitié de l'arc DE. Pour le déterminer, prenons une corde MN égale à la longueur donnée l, menons la tangente MT : l'angle M est égal à celui du sommet C; donc, sur AB, décrivons un segment ACC'B capable de l'angle M.

Remarque. Il peut y avoir deux solutions, une seule ou aucune.

Exercice 273

1005. Problème. *Inscrire dans un cercle donné un triangle qui ait les côtés parallèles à trois droites données.*

1° Soient ab, bc, ca les trois droites données. Faisons un angle inscrit D égal à l'angle a; cet angle fait connaître la longueur EF du côté opposé à l'angle A.

Décrivons donc une circonférence O tangente à EF; menons une tangente BC parallèle à bc, puis une parallèle AC à la droite ac; et joignons B et A. Cette droite sera parallèle à ba, car l'angle A $= a$, il a en effet même mesure $\frac{1}{2}$ FE ou $\frac{1}{2}$ CB, C $= c$; donc B $= b$; or CB est parallèle à cb; donc BA est parallèle à ba.

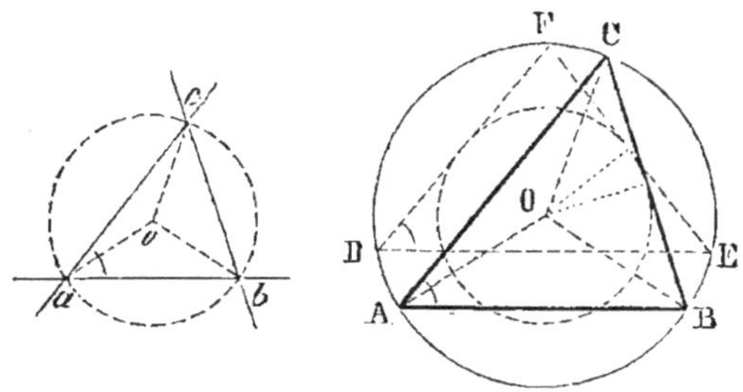

Fig. 651.

2° On peut aussi recourir aux figures semblables, circonscrire une circonférence au triangle abc, et par le centre O, mener des parallèles à oa, ob, oc.

1006. Problème. *On donne deux points A et B ainsi qu'une circonférence; sur cette courbe, déterminer un point C, tel qu'en le joignant aux points A et B, on forme un triangle inscrit CDE, dont l'un des angles ait une grandeur donnée.*

Soit l'angle D égal à l'angle donné.

La corde CE est déterminée, car l'angle D égale la moitié de l'arc CE.

Formons un angle inscrit TMN égal à l'angle donné; décrivons une circonférence tangente à la corde MN, et, par le point B, menons une tangente BEC à la circonférence auxiliaire; on aura D $=$ M.

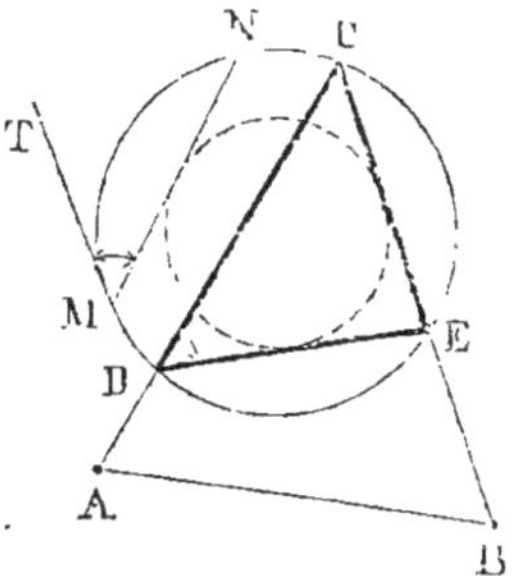

Fig. 652.

Scolies. I. Par ce point B, on peut mener deux tangentes, ce qui donne deux solutions; si l'angle donné M doit être au point E, il faut mener les tangentes par le point A, ce qui donne deux autres solutions.

II. Lorsque C est l'angle donné, on procède comme on l'a déjà indiqué (n° 1004), et l'on a encore deux solutions; donc, en tout, on a six solutions.

Exercice 274

1007. Problème. *Construire un triangle LMN, sachant que ses côtés vont passer par trois points fixes A, B, C; que les sommets M, N sont sur un cercle fixe, passant par les points A et B; et enfin que l'angle L a une valeur donnée.* (Concours général de 1875, classe de seconde.)

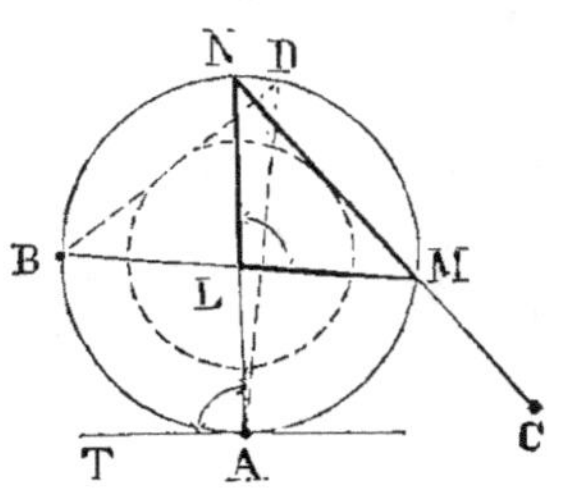

Fig. 653.

Soit le problème résolu, et LMN le triangle demandé.

L'angle L égale la demi-somme des arcs AB et MN; donc MN peut être connu; pour cela, faisons l'angle inscrit TAD égal à l'angle donné, on aura l'arc BD = l'arc MN. Donc, par le point C, menons une tangente CMN à la circonférence concentrique à la première et tangente à la corde BD.

Scolie. On peut mener deux tangentes, il y a donc deux solutions.

1008. Problème. *Inscrire, dans une circonférence, un triangle ABC dont l'angle A est connu et dont les deux côtés AC et BC sont tangents à deux cercles donnés.* (Concours général de 1875, classe de troisième.)

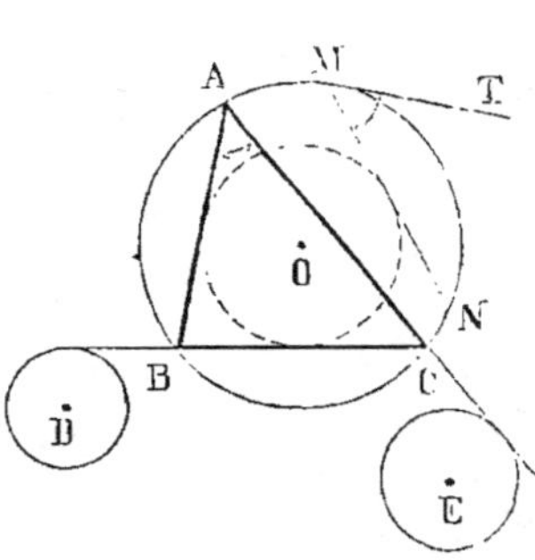

Fig. 654.

Soient O, D, E, les centres des circonférences données.

Puisque l'angle A est connu, il en est de même de l'arc BC et de la corde BC; pour cela, on peut mener une tangente MT, faire l'angle TMN égal à l'angle donné.

Du centre O, décrire une circonférence tangente à MN, et, puisque le côté BC doit être tangent à la circonférence D, il faut mener une tangente commune BC; puis, par le point C, mener une tangente à la circonférence E.

Scolie. A la tangente commune BC correspondent deux solutions. Et comme on peut mener généralement quatre tangentes communes à deux circonférences, on peut avoir huit solutions.

Exercice 275

1009. Problème. *Deux circonférences concentriques étant données, construire un triangle dont les angles sont donnés, et qui ait un sommet sur une des circonférences, et les deux autres sommets sur la* *seconde circonférence.* (FRANCŒUR *, *Cours complet de Mathématiques pures*, t. I.)

Supposons le problème résolu, ABC, le triangle demandé.

Prolongeons BA. L'angle inscrit B étant connu, il en est de même de la corde CD. En effet, il suffit de faire avec une tangente quelconque CT, un angle TCD égal à l'angle donné B, puis, sur CD, décrire un segment DAC capable de l'angle supplémentaire de l'angle A.

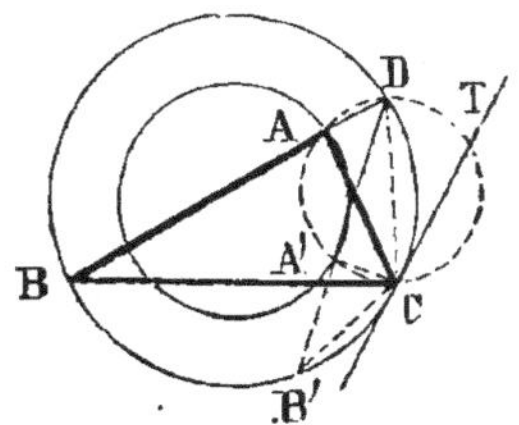

Fig. 655.

Remarque. On peut se donner un point quelconque C pour sommet d'un des angles donnés, et l'on trouve deux solutions CAB, CA'B'.

D'ailleurs, chacun des trois angles peut avoir son sommet sur la circonférence intérieure; on a donc six solutions, lorsqu'un seul sommet est sur la circonférence AA'. On trouve pareillement six solutions, avec la condition qu'un seul sommet doit être sur la circonférence extérieure.

Exercice 276

1010. Problème. *Dans un triangle donné, inscrire un triangle égal à un triangle donné.*

A l'aide du problème contraire, la question est ramenée à la suivante :

Problème. *Par trois points donnés, faire passer trois droites qui déterminent un triangle égal à un triangle donné.*

(*Méthodes*, n° 215.)

1011. Problème. *A un triangle donné* ABC, *circonscrire le triangle équilatéral maximum.*

Soit GHI le plus grand triangle équilatéral que l'on puisse circonscrire au triangle donné ABC.

Les sommets G, H, I appartiennent aux arcs décrits sur les côtés BC, CA, AB, et capables d'une valeur angulaire de 60°.

La droite GH est la sécante la plus grande que l'on puisse mener par le point d'intersection C des deux cercles D et E; donc cette droite GH est parallèle à la ligne des centres DE

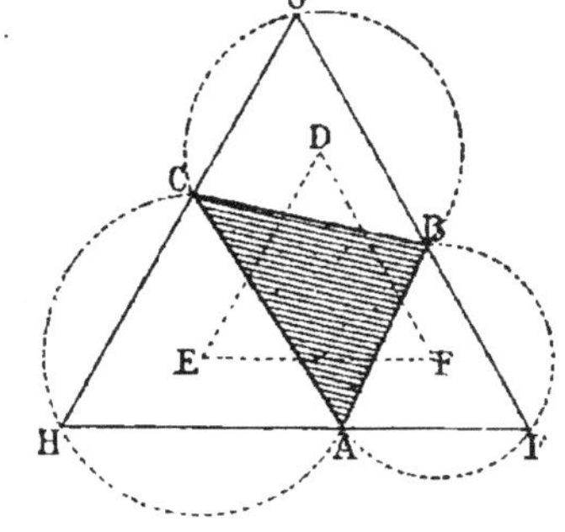

Fig. 656.

* FRANCŒUR, né à Paris en 1773, mort en 1849; membre de l'Académie des sciences, auteur de plusieurs ouvrages mathématiques très estimés : *Cours complet de Mathématiques pures*, *Uranographie*, *Traité de Géodésie*, etc.

(n° 139, R). De même HI est parallèle à EF, et GI est parallèle à DF.

Donc, pour avoir le triangle GHI, il faut décrire sur les côtés AB, BC et CA, des arcs capables d'angles de 60°, joindre les centres de ces arcs, et mener, par les sommets du triangle donné, des parallèles aux lignes des centres.

1012. Problème. *A un triangle équilatéral, circonscrire un carré ayant pour sommet un des sommets du triangle.*

1013. Problème. *A un carré, inscrire un triangle équilatéral ayant pour un de ses sommets un des sommets du carré.*

Construction des Quadrilatères. ·

1014. Chaque cas de construction de triangle peut en donner un pour le parallélogramme; mais comme il est très facile de passer des uns aux autres, nous ne dirons presque rien du parallélogramme.

Le trapèze offre quelques questions intéressantes, surtout quand on connaît le troisième livre de Géométrie. On peut en dire autant du quadrilatère inscriptible et du quadrilatère quelconque.

Exercice 277

1015. Problème. *Dans un carré donné, inscrire un autre carré ayant pour côté une ligne donnée l. Entre quelles limites peut varier cette longueur ?*

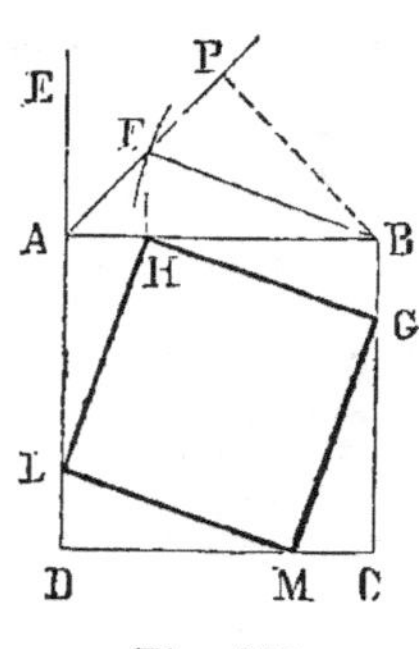

Fig. 657.

1ᵉʳ Moyen. Du point de rencontre des diagonales du carré donné, il faut décrire une circonférence avec $\dfrac{l}{2}$ pour rayon, puis mener des tangentes parallèles aux côtés du premier carré.

2ᵉ Moyen. Menons la bissectrice de l'angle droit BAE. Du point B, comme centre, avec l pour rayon, coupons la bissectrice en F, abaissons la perpendiculaire FH, menons HG parallèle à BF. Puis, sur GH, élevons des perpendiculaires GM, HL.

On a GH = BF. La figure GHLM est un carré, car AH = HF = BG; donc BH = CG, etc.

Le côté BF peut varier de BA à BP, perpendiculaire abaissée sur la bissectrice. On sait que $BP = \dfrac{AB}{\sqrt{2}}$.

(W. COLLINS, *Key to exercises on Euclid's elements of Geometry,* p. 20.)

Exercice 278

1016. Problème. *Construire un triangle, connaissant la somme de la diagonale et du côté du carré.*

(*Méthodes*, n° 41.)

Exercice 279

1017. Problème. *Inscrire un carré dans l'espace compris entre deux circonférences égales qui se coupent.*

Par le point milieu de la partie de la ligne des centres, comprise entre deux arcs égaux des deux circonférences, il faut mener des lignes à 45°. On obtient ainsi les diagonales du carré.

1018. Problème. *Dans un carré, inscrire quatre cercles égaux tangents entre eux et à deux côtés du carré. Exprimer le rayon en fonction du côté a du carré.*

Il suffit de diviser le carré donné en quatre carrés égaux, et inscrire un cercle dans chacun de ces carrés. Le rayon est le quart de *a*.

1019. Problème. *Construire un carré, connaissant la somme ou la différence de la diagonale et du côté.*

Pour la *somme*, voir *Méthodes*, n° 41.

Pour la *différence*, soit AB la longueur donnée, de manière que AB = AD — CD.

En supposant le problème résolu, et en élevant une perpendiculaire BH à AB, on reconnaît que le triangle ABH est rectangle isocèle, car l'angle A vaut 45°; puis le quadrilatère HBDC est formé de deux triangles égaux, comme étant rectangles ayant l'hypoténuse DH commune et le côté DB = DC. Donc HC = BH = BA.

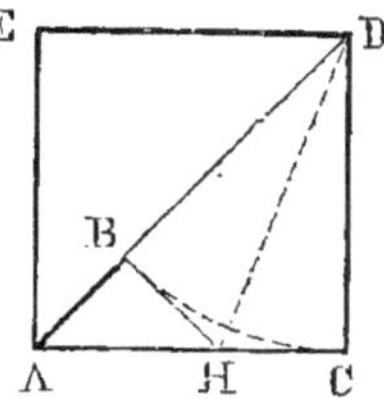

Fig. 658.

Ainsi, on peut faire un angle droit CAE, mener la bissectrice AD, porter la différence de A en B, puis de B en H et de H en C, élever la perpendiculaire CD, etc.

Exercice 280

1020. Problème. *Circonscrire un carré à un quadrilatère donné.*

Soit ABCD le quadrilatère donné.

Supposons le problème résolu. Le sommet E est sur le cercle dont AB est le diamètre; de même pour F.

La diagonale FE, divisant chaque angle droit en deux parties égales, doit passer par le point N, milieu de ANB, et par M, milieu de DMC. Il suffit donc de joindre ces deux points milieux.

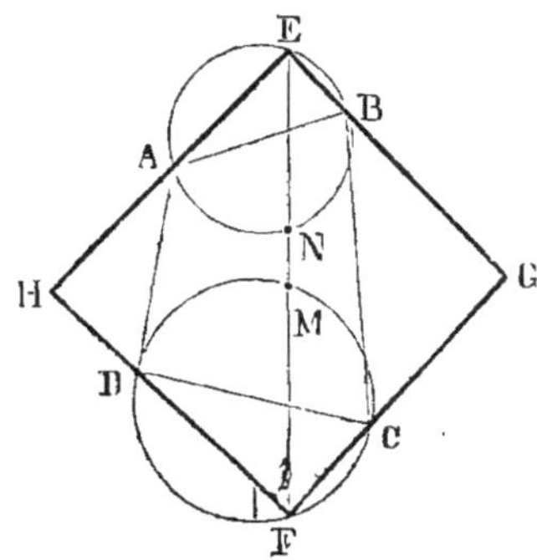

Fig. 659.

1021. *A un quadrilatère ABCD, circonscrire un quadrilatère semblable à un quadrilatère donné egfh.* (LAMÉ*.)

En procédant d'une manière analogue à celle qu'on vient d'employer, on est conduit aux constructions suivantes :

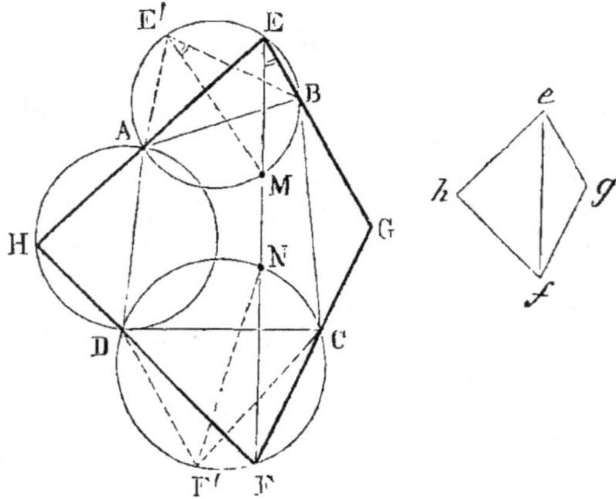

Fig. 660.

Sur AD, décrire un segment capable de l'angle *h;* sur AB, un segment capable de l'angle *heg,* et sur DC, un segment capable de *gfh.* Actuellement, il faut trouver un point H, tel que le triangle EHF soit semblable à *ehf.* Pour cela, il faut diviser l'arc AMB en deux parties, telles que AEM = *hef,* et par suite MEB = *feg.*

Il suffit de faire l'angle AE'M égal à *hef.* De même, il faut faire DF'N = *hfe,* puis mener MN ; cette droite détermine les sommets E, F. Les quadrilatères EGFH, *egfh* sont semblables comme formés de triangles respectivement semblables.

Exercice 281

1022. **Problème.** *Dans un parallélogramme donné, inscrire un carré.*

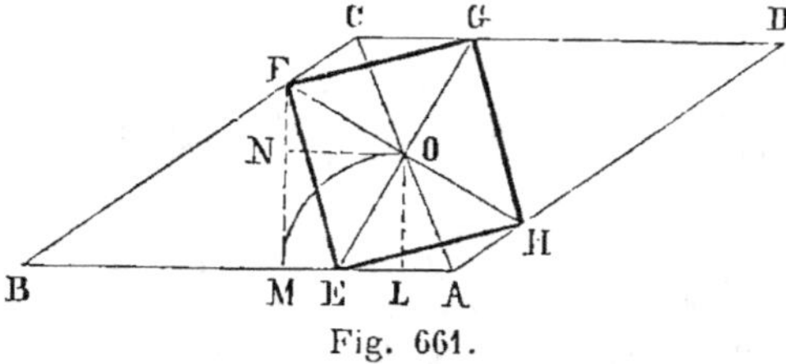

Fig. 661.

Soit le problème résolu ; FE perpendiculaire à EH et FE = EH.

Le carré a pour centre le point de concours des diagonales du parallélogramme.

---

* LAMÉ, auteur de : *Examen des différentes méthodes employées pour résoudre les problèmes de Géométrie.*

Cet ouvrage est cité par MM. RITT (*Problèmes de Géométrie*), PAUL SERRET (*Des Méthodes en Géométrie*), CH. DE COMBEROUSSE (*Cours de Mathématiques à l'usage des candidats à l'École centrale,* tome II).

Abaissons les perpendiculaires OL, FM sur AB, et la perpendiculaire ON sur FM.

Les triangles rectangles OLE, ONF sont égaux, comme ayant les angles égaux et l'hypoténuse égale. En effet, OE = OF, et les angles LOE, NOF ont les côtés respectivement perpendiculaires.

Donc ON = OL

De là on déduit la construction suivante.

Du centre O du parallélogramme, il faut abaisser la perpendiculaire OL sur AB; prendre LM = LO, et la perpendiculaire MF détermine le sommet F; puis on porte FN de L en E, et l'on mène FE, etc.

1023. Note. La discussion est très intéressante, mais fort longue; elle emploie d'ailleurs la trigonométrie; il n'y a donc pas lieu de la donner ici; mais on peut la lire dans les *Nouvelles Annales mathématiques*, 1859, page 451.

Exercice 282

1024. Problème. *Construire un rectangle lorsqu'on connaît :*

1° Le périmètre et l'angle des diagonales.

Connaître l'angle O, c'est connaître l'angle BAO et chacun des autres angles. On a donc à construire un triangle rectangle BAC, connaissant les angles et la somme des côtés de l'angle droit (974, 2°).

2° L'angle des diagonales et la différence des côtés adjacents.

Soit AE cette différence; on peut construire le triangle AED, car on connaît la base AE et les deux angles adjacents.

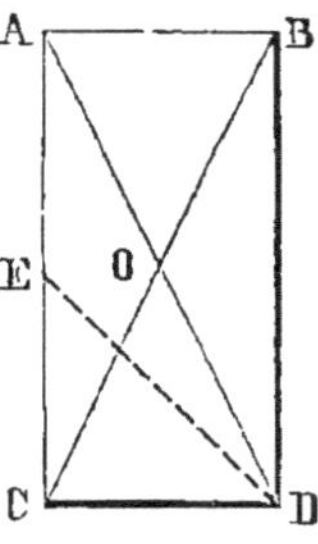

Fig. 662.

Ainsi   l'angle $DAE = 90° - \dfrac{AOC}{2}$

$$AED = 90° + 45 = 135°$$

3° Le périmètre et la diagonale.

On a à construire un triangle rectangle ACD, connaissant l'hypoténuse AD et la somme des autres côtés (n° 989).

On peut aussi donner la diagonale et la différence des côtés adjacents.

1025. Problème. *Construire un losange, connaissant le côté et la somme ou la différence des diagonales.*

En prenant la demi-somme ou la demi-différence, on est encore ramené à construire un triangle rectangle, connaissant l'hypoténuse et la somme ou la différence des autres côtés.

Exercice 283

1026. Problème. *Par un point de l'hypoténuse d'un triangle rectangle, mener des parallèles aux côtés de l'angle droit, de manière que le rectangle obtenu réalise certaines conditions imposées.*

(a) *Le périmètre doit égaler une longueur donnée (voir n° 99, a).*

(b) *La différence des deux côtés adjacents doit égaler une longueur donnée (n° 99, b).*

(c) *Inscrire un carré (n° 99, b, II). ·*

(d) *La diagonale du rectangle doit être aussi petite que possible.*

Du point A, il faut abaisser une perpendiculaire sur l'hypoténuse.

Exercice 284

1027. Problème. *Dans un cercle, inscrire un rectangle.*

(a) *Le périmètre doit égaler une longueur donnée (voir n° 100, a).*

(b) *La différence des côtés adjacents doit égaler d (voir b).*

1028. Problème. *Construire un parallélogramme, connaissant :*

1° *Un côté et les deux diagonales ;*
2° *Deux côtés et l'une des diagonales ;*
3° *Deux côtés adjacents et leur angle ;*
4° *Les diagonales et leur angle.*

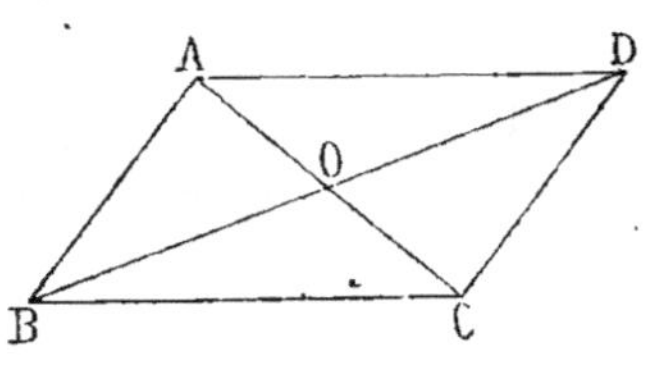

Fig. 663.

Soit ABCD le parallélogramme demandé.

1° On peut construire le triangle BOC, avec le côté donné et les demi-diagonales ; et prolongeant BO et CO, de manière à les doubler, on a les sommets A et D.

2° On peut construire le triangle ABC, et le parallélogramme s'achève par les droites AD et CD, parallèles aux côtés opposés.

Si l'on connaît AB et AD, et la diagonale AC, on remarque que donner AD c'est donner BC, ou le cas qui vient d'être résolu.

3° On construit le triangle ABC, et le parallélogramme s'achève par les droites AD et CD, parallèles aux côtés opposés.

4° Enfin, connaissant les diagonales AC et BD, et leur angle, on trace deux droites indéfinies, se coupant sous l'angle donné, on porte de part et d'autre du point d'intersection les deux moitiés de l'une des diagonales sur l'une des droites, et les deux moitiés de l'autre diagonale sur l'autre droite, et on a les quatre sommets.

Exercice 285

1029. Problème. *Construire un trapèze* ABCD, *connaissant les quatre côtés.*

Supposons le problème résolu. En menant par le sommet C une parallèle CE au côté AD, on forme un triangle BCE, dont on connaît les trois côtés, car BE est la différence des deux bases, et BC, CE, les deux côtés non parallèles.

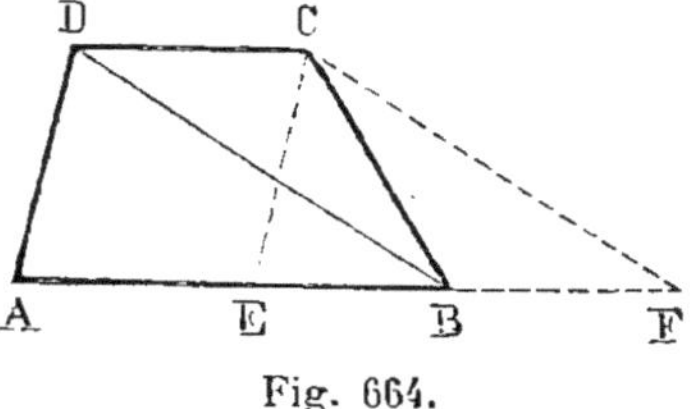

Fig. 664.

Donc il faut construire un triangle BCE ayant pour base la différence des bases du trapèze et les longueurs BC et AD pour côtés; puis, par le point C, mener une parallèle à BE et prendre CD = EA = la petite base du trapèze.

1030. Problème. *On donne les bases et les deux diagonales.*

Il faut construire un triangle AFC ayant pour base la somme des bases du trapèze, et pour côtés les diagonales données.

Exercice 286

1031. Problème. *Construire un trapèze, connaissant le rayon du cercle inscrit et les deux côtés non parallèles.*

Après avoir décrit le cercle O et mené deux tangentes parallèles, il faut mener une tangente AB égale à un des côtés GH non parallèles, et une tangente DC égale à l'autre côté.

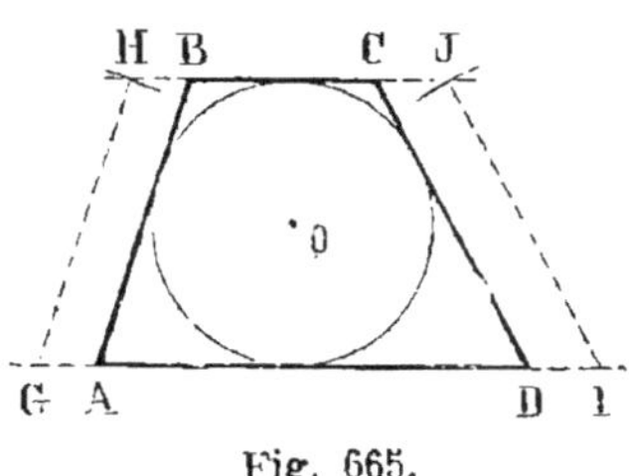

Fig. 665.

1032. Problème. *On connaît le rayon du cercle inscrit, une base et un des côtés non parallèles.*

Après avoir mené AB, on prend BC de la longueur de la base donnée, on mène par le point C une tangente CD.

1033. Problème. *Construire un trapèze, connaissant les bases et les angles.*

On porte les longueurs données pour bases en AB et AC, on fait les angles données A et B, et l'on mène CF parallèle à AD, on a

$$EF = AC$$

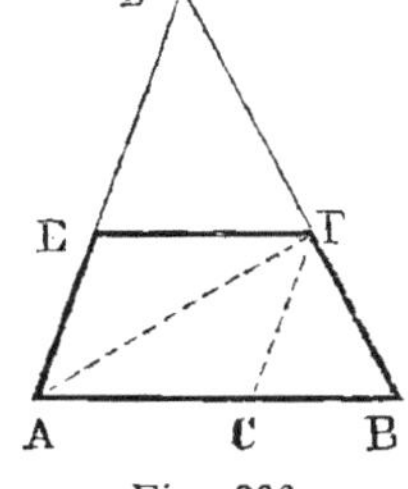

Fig. 666.

1034. Problème. *On connaît les angles, une base AB et un des côtés non parallèles AE, ou une diagonale AF.*

1035. Problème. *On connaît la base AB, l'angle B, la diagonale AF et le côté AE.*

1036. Problème. *Construire un quadrilatère, connaissant les milieux de trois côtés, et une droite parallèle et égale au quatrième côté.*

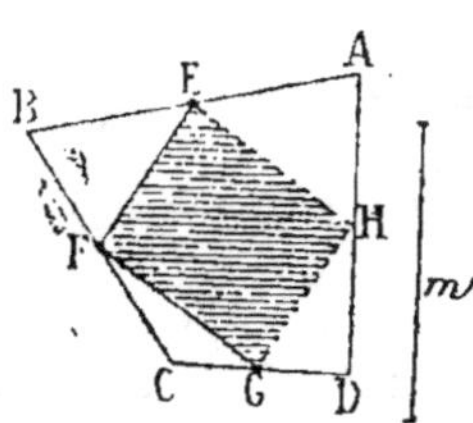

Fig. 667.

Considérons le quadrilatère ABCD; les milieux E, F, G, H, des côtés sont les sommets d'un parallélogramme (n° 542).

Donc, on peut construire ce parallélogramme, et trouver ainsi le milieu H du quatrième côté; on mène alors la droite AHD parallèle à *m;* on porte la moitié de la longueur *m* en HA et HD, ce qui donne deux sommets, A et D; on trace AEB et DGC; on porte EA en EB, et GD en GC, ce qui donne les deux autres sommets.

Exercice 287

1037. Problème. *Construire un quadrilatère, connaissant les quatre côtés, et l'une des droites EG qui joignent les milieux des côtés opposés.*

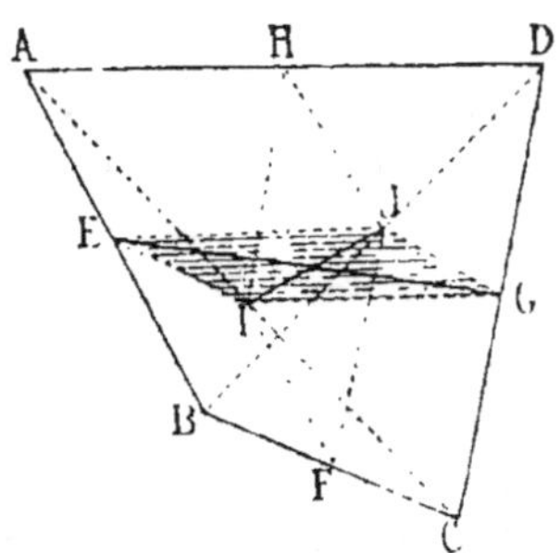

Fig. 668.

Soit ABCD le quadrilatère demandé; E, F, G, H, les milieux des côtés; I et J les milieux des diagonales AC et BD. Traçons les quadrilatères EIGJ et HIFJ.

Dans le triangle ABD, la droite EJ est parallèle à AD, et en est la moitié; dans le triangle ACD, la droite IG est parallèle à AD, et en est la moitié. Pareillement, chacune des lignes EI et JG est parallèle à BC, et en est la moitié. Ainsi EIGJ est un parallélogramme, dans lequel on connaît les quatre côtés, et la diagonale EG. On peut donc construire ce parallélogramme, et tracer sa diagonale IJ.

On construit de même le parallélogramme FIHJ, dans lequel chacun des côtés HI et JF est moitié de CD, et HJ, IF moitié de AB.

Alors on peut construire le quadrilatère ABCD, car on a les milieux des côtés, avec les directions et les longueurs de ces mêmes côtés.

1038. Problème. *Construire un quadrilatère inscriptible avec les données suivantes :*

1° *Les diagonales, l'angle qu'elles forment et le rayon du cercle circonscrit.*

Dans le quadrilatère inscrit, les angles opposés sont supplémentaires. Donner une diagonale, un angle opposé à cette ligne, revient à donner le rayon du cercle circonscrit et la diagonale. Ainsi le problème précédent revient à construire un quadrilatère, connaissant les angles, les diagonales et leur angle.

On décrit le cercle avec le rayon donné, on prend AC, EF égales aux diagonales. Il faut décrire une circonférence tangente à la corde EF, et mener pour seconde diagonale une tangente DB formant, avec AC, l'angle donné m. On a DB = EF, comme cordes équidistantes du centre.

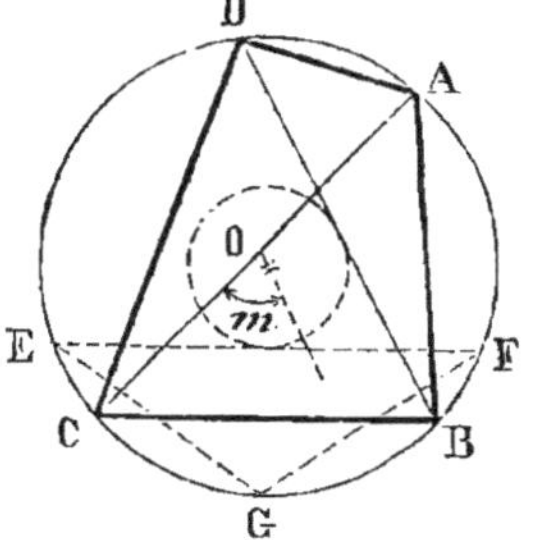

Fig. 669.

1039. 2° *Les angles, une diagonale AC et l'angle* m *qu'elle forme avec l'autre diagonale.*

Sur la diagonale connue AC, il faut décrire un segment capable de l'angle opposé D. On obtient ainsi le cercle circonscrit.

La seconde diagonale BD dépend de l'angle A ; donc, en un point quelconque G du cercle circonscrit, faisons l'angle EGF égal à l'angle donné A, puis menons une tangente DB, formant avec AC l'angle m.

1040. 3° *La diagonale AC, l'angle opposé D, un côté AB et l'angle des diagonales.*

1041. Problème. *Construire un quadrilatère quelconque ABCD avec les données suivantes :*

1° *Une diagonale AC, un côté AB et les angles.*

Sur la diagonale AC, je décris un segment capable de l'angle B et un segment capable de D.

Du point A comme centre, avec la longueur AB, je coupe l'arc du segment. Je joins B au point C, et je fais l'angle donné BCD.

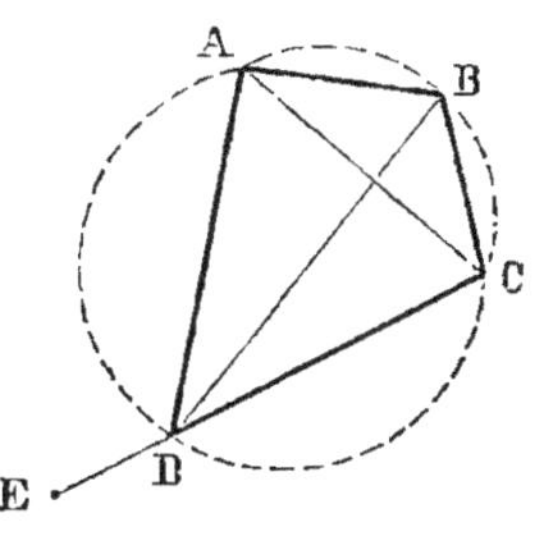

Fig. 670.

1042. 2° *Deux angles adjacents B et C, le côté AB adjacent à l'un d'eux et les diagonales* (fig. 670).

On construit d'abord le triangle ABC, dans lequel on connaît un angle B et deux côtés AB, AC. Puis on fait l'angle donné BCE, et l'on coupe CE par un arc décrit du point B avec la seconde diagonale BD pour rayon.

Exercice 288

1043. *Construire un quadrilatère, connaissant les deux diagonales, leur angle et deux angles opposés B et D.*

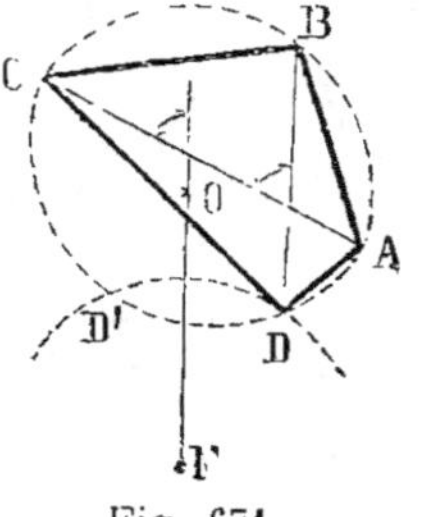

Sur AC, on décrit les segments capables des angles B et D. Par le centre O d'un de ces arcs, de B, par exemple, on mène une droite OF égale et parallèle à la seconde diagonale, et l'on décrit une circonférence égale à la circonférence O.

Par le point D, on mène une parallèle à FO, qui donne le sommet B, etc.

Fig. 671.

Exercice 289

1044. Problème. *Construire un quadrilatère, connaissant deux angles non opposés, les diagonales et leur angle.*

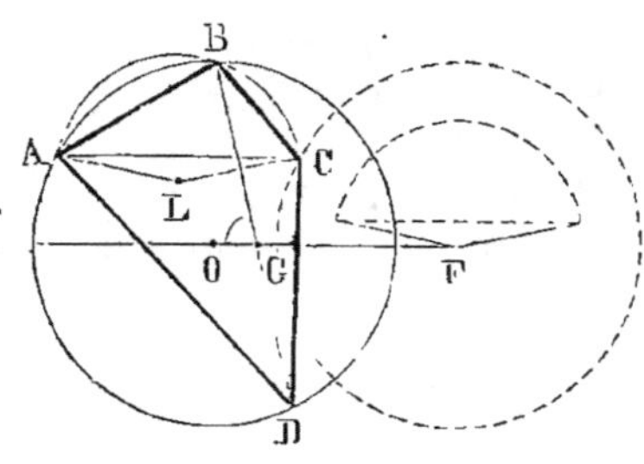

Sur la diagonale BD, on décrit un segment capable de l'angle donné BAD. Par le centre O, il faut mener une droite OF qui coupe BD, en faisant l'angle donné pour les diagonales; prendre OF égale à la seconde diagonale AC, décrire du centre F une circonférence égale à la première. Toute droite AC, parallèle à la ligne des centres, aura la longueur demandée; il suffit de la mener de manière que l'angle ABC ait la grandeur donnée (n° 919).

Fig. 672.

1045. Problème. *Construire un quadrilatère ABCD, connaissant les diagonales, leur angle, un angle A du quadrilatère et un côté DC non adjacent à l'angle connu.*

Comme au problème précédent (1044); mais du point D avec le côté donné, on coupe en C le lieu de centre F, et l'on détermine ainsi la position de la seconde diagonale.

1046. Problème. *Construire un quadrilatère ABCD, connaissant les diagonales, leur angle et les angles opposés A et C du quadrilatère.*

Le point C sera déterminé par l'intersection du lieu de centre F et du segment décrit sur BD et capable de l'angle C.

Exercice 290

1047. Problème. *Construire un quadrilatère ABCD, connaissant le^s angles et les diagonales.*

Supposons le problème résolu; sur une diagonale BD, décrivons un segment capable de l'angle A. Soient E, F les points où les côtés sont coupés par cette circonférence; menons la tangente MAN.

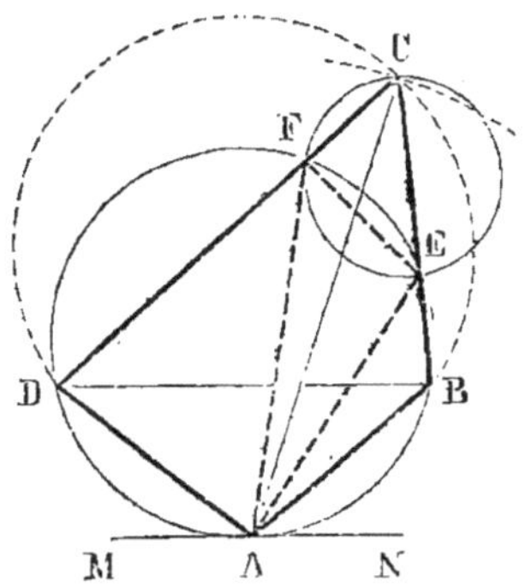

Fig. 673.

Les angles MAE, NAF sont connus, car ils égalent respectivement ABE, ADF, donc la corde FE est connue. De là, on déduit la construction suivante :

A l'aide de la longueur connue BD et de l'angle BAD, on décrit une circonférence. En un point quelconque A, on mène une tangente, on fait les angles connus MAE, NAF. Sur la corde EF, on décrit le segment capable de l'angle C. Du point A comme centre, avec la seconde diagonale pour rayon, on coupe en C l'arc décrit, l'on mène CFD, CEB, puis AB, AD. (Desboves*, *Questions de Géométrie*, 2ᵉ édit., p. 336.)

1048. Problème. *Deux cercles BAD, BCD se coupent suivant BD. Mener une sécante AC, limitée aux deux cercles d'une longueur donnée l, et telle qu'en joignant ses extrémités A et C à un des points D d'intersection, l'angle ADC ait une valeur donnée.*

Même problème que ci-dessus. On connaît les deux diagonales AC, BD et les angles A, C, D du quadrilatère ABCD.

Exercice 291

1049. Problème. *Construire un pentagone, connaissant les milieux des côtés.* (Lionnet **.)

Soit ABCDE le pentagone demandé, et F, G, H, K, L, les milieux des côtés. Une diagonale quelconque AD partage ce polygone en un quadrilatère ABCD et un triangle ADE.

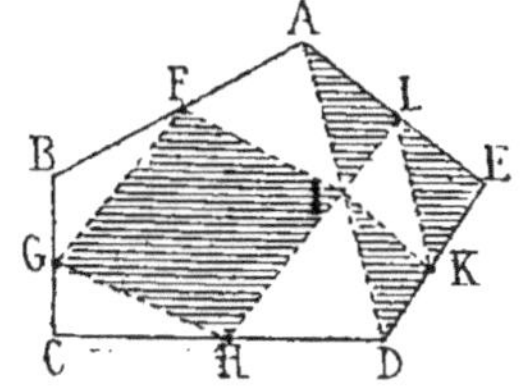

Fig. 674.

Avec les trois milieux F, G, H, on peut construire un parallélogramme FGHI, qui donne le milieu I de la diagonale AD; et avec les trois milieux I, K, L, on peut construire le triangle ADE, qui donne trois

---

* M. Desboves, professeur au lycée Fontanes, auteur des ouvrages suivants : *Questions de Géométrie, Questions d'Algèbre, Questions de Trigonométrie.*

** Lionnet, professeur à Louis-le-Grand, en 1844.

sommets. On trouve les deux autres sommets en traçant AFB et DHC, et en portant FA en FB, et HD en HC.

Remarque. Le pentagone peut être construit en n'employant que le compas. (N. A. 1844, p. 19; *solution* par M. A. PROUHET *.)

Maxima et Minima.

1050. Périmètre minimum. Les trois premiers exercices qui vont être résolus se rapportent au livre I. Tout périmètre minimum, étant développé entre deux points fixes, doit donner une ligne droite ou la plus petite ligne brisée que les données du problème puissent comporter.

Angle maximum. Le maximum de l'angle dont les côtés doivent passer par deux points fixes, est celui qui est inscrit dans le segment qui a le plus petit rayon possible, eu égard aux données. Le minimum de l'angle correspond au segment qui a le plus grand rayon. L'angle tend vers zéro, c'est-à-dire que ses côtés tendent à être parallèles lorsque le rayon tend vers l'infini.

Méthodes. Pour résoudre les exercices proposés, on a recours aux diverses méthodes déjà indiquées (n° 325, chap. VII).

Ainsi, suivant le cas, on emploie les *lieux géométriques*, une *constante provisoire* ou les *principes déjà exposés*, etc.

Exercice 292

1051. Problème. *On donne un point P sur le périmètre d'un quadrilatère ABCD; quel est le chemin minimum qui, partant du point donné, aboutit à ce même point après avoir rencontré les trois autres côtés?*

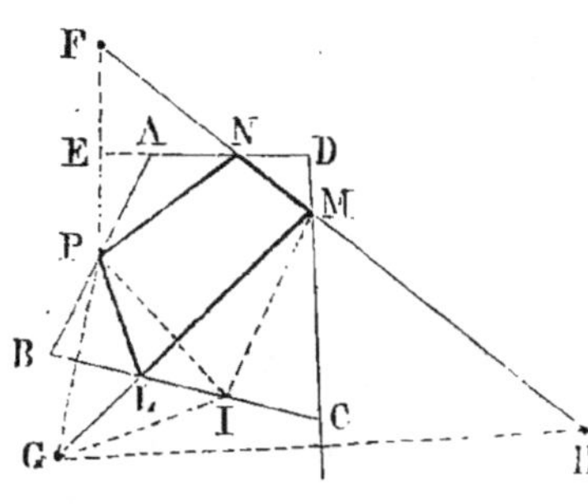

Fig. 675.

Il faut déterminer le point F symétrique de P par rapport à AD. Pour cela, on abaisse une perpendiculaire PE, qu'on prolonge d'une quantité EF égale à PE.

De même, on détermine le point G symétrique de P par rapport à BC, puis le symétrique H du point G par rapport à CD. Enfin on mène FH, NP, MG, LP. Le quadrilatère PLMNP a le périmètre minimum.

En effet, pour un autre point quelconque l, on a

$$PI + IM > PL + LM \qquad (G., n° 176.)$$

---

* M. A. PROUHET, professeur à l'École polytechnique, auquel on doit la publication de divers ouvrages de STURM

Remarque. Dans l'énoncé de la question, le point d'arrivée peut être différent du point de départ; d'ailleurs, chacun de ces points peut être pris à l'intérieur du quadrilatère donné.

Exercice 293

1052. Problème. *Dans un triangle donné* ABC, *inscrire le triangle* DEF *de périmètre minimum.*

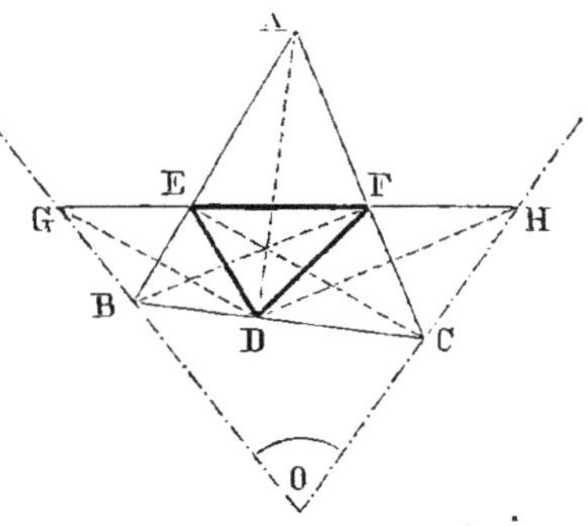

Fig. 676.

Le périmètre dépend de la position des points D, E, F.

Pour simplifier le problème, supposons qu'il n'y ait que deux sommets de position indéterminée.

En admettant que le sommet D soit connu, on aura le chemin minimum DEFD (G., n° 76) en cherchant le symétrique G de D par rapport à AB; le symétrique H de D par rapport à AC et en menant GH, car DE + EF + FD égale la droite GH.

Pour résoudre le problème, il suffit donc de trouver la droite minima GH; car, en menant GBO et HCO, on reconnaît que ces lignes sont fixes de position, car l'angle ABG = ABD, l'angle ACH = ACB. D'ailleurs BG = BD, CH = CD; donc la somme OG + OH des côtés qui comprennent l'angle O est constante, elle égale OB + BC + CO; donc la base GH sera minima lorsque le triangle GOH sera isocèle.

Ainsi il faut prendre $OG = OH = \dfrac{OB + BC + CO}{2}$.

Mener GH, déterminer le symétrique D du point G, et le triangle DEF a le périmètre minimum*.

Remarque. Le triangle DEF est celui qu'on obtient en joignant deux à deux les pieds des hauteurs du triangle donné, car les hau-

---

* Cette belle solution est de M. CATALAN (*Théorèmes et problèmes de Géométrie élémentaire*, problème XII, page 15).

La remarque que le triangle obtenu, en joignant deux à deux les pieds des hauteurs, est le triangle inscrit de périmètre minima est de FAGNANO JUNIORE. (Cit. BALTZER, *Planimétrie*, § 4, n° 9.)

FAGNANO CHARLES (1682-1766) est surtout connu par le théorème qui porte son nom et par ses études sur les *Propriétés du triangle rectiligne* et sur la *Lemniscate*.

Le *théorème de Fagnano* est relatif aux arcs d'ellipse. (PAUL SERRET, *Des Méthodes en Géométrie*, page 139.)

Le théorème du triangle à périmètre minima est dû à JEAN-FRANÇOIS FAGNANO, fils du précédent.

13*

teurs étant les bissectrices intérieures de DEF, les côtés DF, DE sont également inclinés sur BC, etc.

1053. Problème. *Un segment rectiligne* MN *glisse sur une droite* XY *donnée de position; deux points* A *et* B *sont situés d'un même côté de la droite; placer* MN *de manière que la ligne brisée* AM + MN + NB *soit minima.*

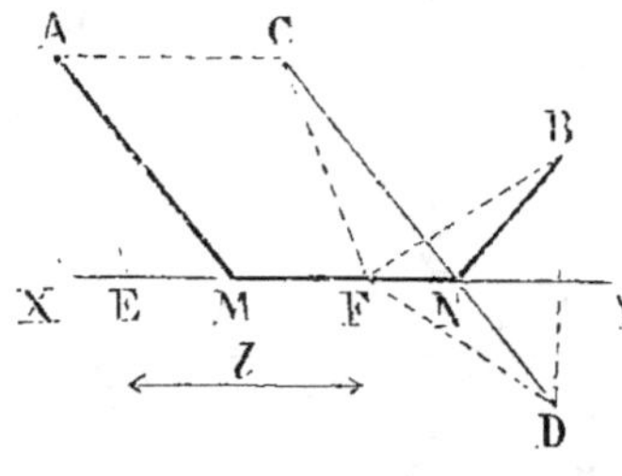

Fig. 677.

En supposant le problème résolu et en se reportant à une question connue (n° 138), on reconnaît qu'il suffit de déplacer le point A parallèlement à XY, d'une quantité AC égale au segment donné *l*, puis de joindre le point C au point D symétrique de B.

Tout autre chemin AEFB ou ACFD est plus long que ACNB; donc...

1054. Problème. *Placer* MN *de manière que* AM = BN (fig. 677).

Il faut élever une perpendiculaire au milieu de CD jusqu'à la rencontré de XY.

1055. Problème. *Placer* MN *de manière que* $\dfrac{AM}{BN} = \dfrac{m}{n}$ *ou* $AM^2 \pm BN^2 = k^2.$

Par rapport aux points C et D (fig. 677), on décrit le lieu des points dont le rapport des distances égale $\dfrac{m}{n}$. (G., n° 307.) Les points où ce lieu coupe XY répondent à la question.

Pour $AM^2 \pm BN^2 = k^2$, on décrit le lieu des points dont la somme des carrés ou bien celui dont la différence des carrés égale k^2.

Exercice 294

1056. Problème. *De tous les triangles qui ont même base et même hauteur, quel est celui dont l'angle au sommet est maximum?*

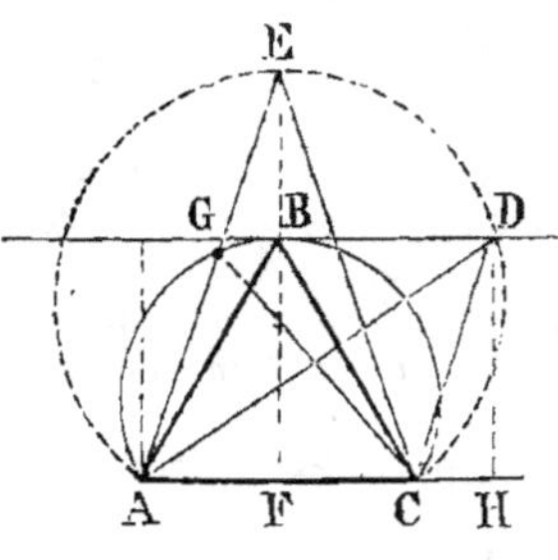

Fig. 678.

C'est le triangle isocèle ABC.

Soient ABC et ADC ayant leur sommet sur une parallèle BD à la base.

Pour tout point D non situé sur la perpendiculaire FB élevée au milieu de la base, l'arc du segment capable de l'angle D coupera FB en un point E tel que FE > DH.

Or, l'angle B est plus grand que E; en effet, B = G; or, G = E + GCE; donc B est maximum.

1057. Problème. *De tous les triangles qui ont même base et dont le point d'intersection des hauteurs se trouve sur une droite donnée parallèle à la base, quel est celui dont l'angle au sommet est minimum?*

Les hauteurs abaissées des sommets A et C se coupent sous un angle égal au supplément de l'angle B ; donc l'angle au sommet est minimum quand l'angle des hauteurs est maximum ; on obtient donc aussi un triangle isocèle.

Exercice 295

1058. Problème. *On donne une droite AO ; un angle constant pivote autour de son sommet placé à un point fixe P et intercepte un segment MN sur la droite ; pour quelle position de l'angle le segment intercepté est-il minimum?*

Cet exercice est l'inverse du précédent (n° 1056). Les considérations qui suivent permettent, dans un grand nombre de cas, de déduire un problème de minimum d'un problème de maximum, et réciproquement.

Soit APB l'angle donné ; mais, placé dans une position quelconque, il intercepte un segment AB ; mais, d'après le problème précédent, pour un segment AB, l'angle ACB, qui a son sommet sur la perpendiculaire DC élevée au milieu de AB, est plus grand que l'angle APB ;

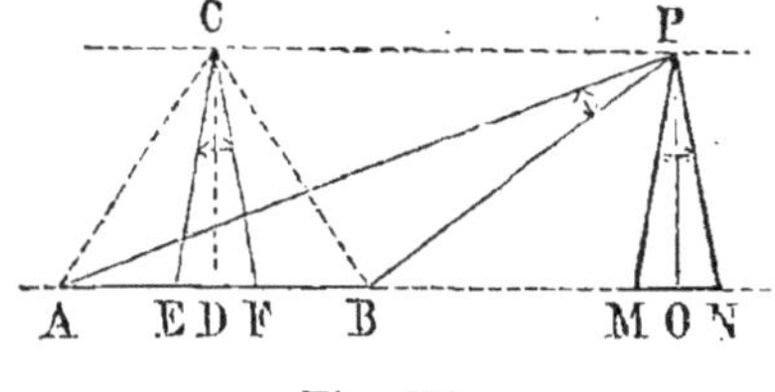

Fig. 679.

donc ce dernier ne donne pas le segment minimum, et, puisque pour un segment de longueur donnée le maximum de l'angle a lieu quand la perpendiculaire CD est bissectrice, formons l'angle ECF ou MPN égal à APE, mais de manière que la perpendiculaire soit bissectrice.

Ainsi le segment MN est minimum quand le point P se projette au milieu de MN.

1059. Remarque. La plupart des problèmes donnent lieu à une question inverse. Ainsi, pour une base et une hauteur données, l'angle au sommet est maximum quand le triangle est isocèle ; donc, pour une hauteur et un angle au sommet donnés, la longueur de la base est minima quand le triangle est isocèle ; mais pour une base et un angle au sommet donnés, le maximum de la hauteur a lieu quand le triangle est isocèle.

1060. Problème. *Parmi les triangles qui ont pour base une longueur donnée et qui sont circonscrits au même cercle, quel est celui dont l'angle au sommet est maximum?*

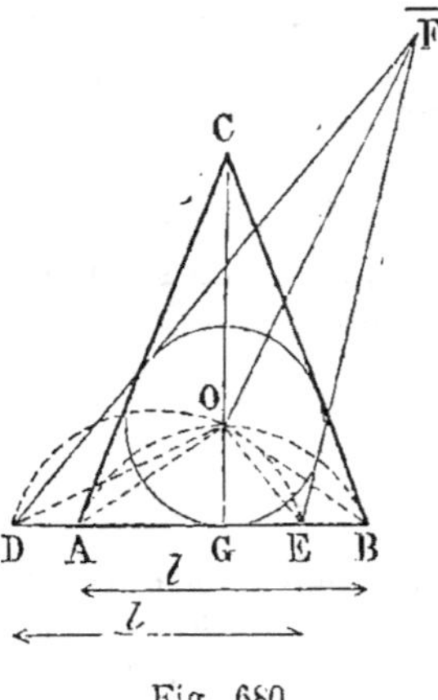

Fig. 680.

Considérons le triangle isocèle ABC et le triangle quelconque DEF, tels que AB = DE.

Les bissectrices des angles à la base se rencontrent au centre du cercle inscrit.

D'ailleurs, on sait (nº 466) que

$$\text{l'angle } AOB = 90 + \frac{C}{2} ;$$

$$DOE = 90 + \frac{E}{2} .$$

Donc, au plus grand angle au centre correspond le plus grand angle au sommet; par suite, il suffit de comparer les angles AOB et DOE.

Or, pour le triangle isocèle AOB, OG est la flèche du segment capable de l'angle AOB, tandis que pour le segment capable de l'angle DOE, OG n'est plus que l'ordonnée d'un point quelconque de cet arc: donc le segment BOA est $<$ que le segment EOD; donc l'angle DOE est $<$ AOB; d'où $F < C$.

Ainsi l'angle au sommet est maximum lorsque le triangle est isocèle.

Exercice 296

1061. **Problème.** *Un mât vertical AB, d'une longueur donnée a, est placé au sommet d'une tour BC, de hauteur b, et qui repose sur un plan horizontal; à quelle distance de la tour faut-il se placer pour voir le mât sous un angle maximum?*

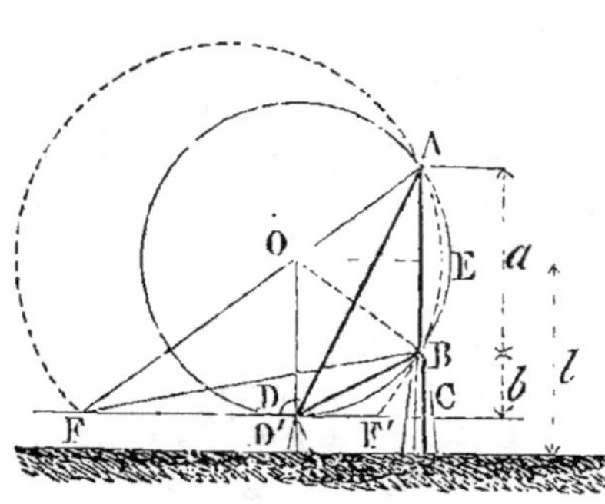

Fig. 681.

Soit le problème résolu; le segment de l'angle capable de l'angle maximum doit être tangent au plan horizontal mené par l'œil du spectateur, car tout segment qui passe par AB et coupe CD a un rayon plus grand que OD; par suite, l'angle F est $<$ D.

Le problème est donc ramené à faire passer une circonférence par les points A et B, de manière qu'elle soit tangente à l'horizontale CD.

Le rayon $OD = b + \dfrac{a}{2}$; donc du point B comme centre avec $b + \dfrac{a}{2}$ pour rayon, il faut couper en O la perpendiculaire élevée au milieu de AB; le point de contact D donne le sommet demandé.

1062. Remarques. 1° De la hauteur totale de la tour, il faut retrancher la hauteur DD′ de l'observateur.

2° L'angle maximum ADB = le demi-angle au centre AOB, ou D = DOE. En supposant connus le troisième livre et la Trigonométrie,

on a
$$DC^2 = (a + b)\,b; \quad BE^2 = \frac{a^2}{4}$$

donc
$$\frac{BE^2}{OE^2} \quad \text{ou} \quad \tan^2 BOE = \frac{a^2}{4(a+b)b}$$

Le sinus est encore plus facile à calculer, car il égale $\dfrac{BE}{OB}$.

Mais
$$BE = \frac{a}{2}; \quad OD = \frac{a + 2b}{2}$$

donc
$$\sin D = \frac{BE}{OD} = \frac{a}{a + 2b}$$

1063. Problème. *On donne deux droites et une circonférence; par chaque point de la circonférence on mène des parallèles aux droites données; étudier la variation de la somme des côtés adjacents des parallélogrammes ainsi formés.*

(Voir *Méthodes*, n° 340.)

Exercice 297

1064. Problème. *De tous les triangles qui ont même base et même angle au sommet, quel est celui dont le périmètre est maximum?*

1re Démonstration. C'est le triangle isocèle ABC (fig. 682).

En effet, en prolongeant AC d'une quantité CE égale à CB, puis AD d'une quantité DF égale à DB, l'angle E = ½ C, F = ½ D; donc les points E, F appartiennent au segment capable d'un angle égal à la moitié de l'angle donné. Or ce segment a le point C pour centre, car CE = CB; donc le diamètre ACE, qui correspond au triangle isocèle, donne le maximum, car il est plus grand que la corde AF.

Ainsi
$$AC + CB > AD + DB \qquad\qquad C.\,Q.\,F.\,D.$$

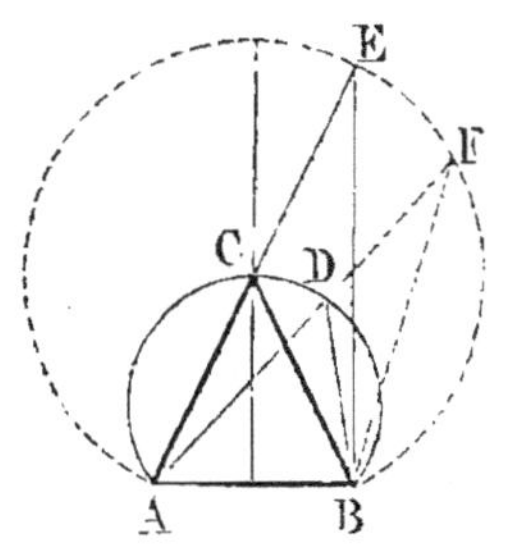

Fig. 682.

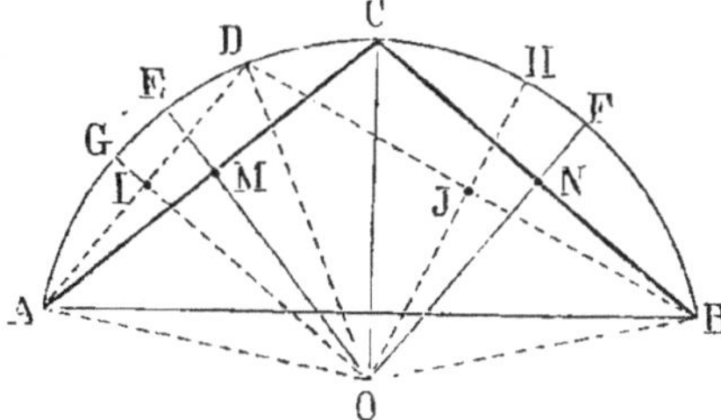

Fig. 683.

1065. 2e Démonstration (fig. 683). Du centre, abaissons les perpendiculaires OG, OH sur les cordes AD, DE; le maximum de la somme de ces dernières lignes est le même que celui de leurs moitiés DI,

DJ; or (n° 339) le maximum de DI + DJ a lieu lorsque le point D est au milieu de l'arc; donc il faut que les deux cordes AC, CB soient égales.

En effet, dans ce cas, l'angle EOF égale GOH, car chacun d'eux est la moitié de AOB; or, dans les secteurs égaux EOF, GOH, la somme CM + CN, donnée par le point C milieu de l'arc, est plus grande que DI + DJ. Ainsi, pour un segment donné ADCB, les cordes doivent être égales.

1066. 3ᵉ Démonstration. La méthode par duplication conduit aussi fort simplement au résultat.

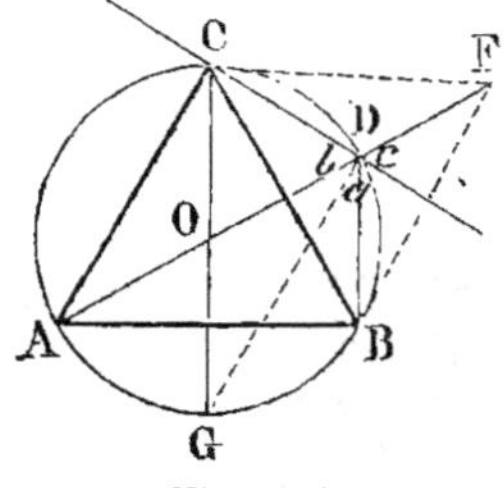

Fig. 684.

La bissectrice de l'angle D passe au point G milieu de l'arc AGB; la bissectrice de l'angle extérieur passe par suite par le point C, extrémité du diamètre GOC.

En déterminant le symétrique F du point B par rapport à CD, le côté DB viendra dans le prolongement de AD, car les angles a, b, c sont égaux.

En outre, $\qquad CF = CB$

Or, on a $\qquad AF < AC + CF$

ou $\qquad AD + DB < AC + CB \qquad C. Q. F. D.$

Remarque. Lorsque le sommet D se rapproche du point C, le périmètre AD + DB augmente, car l'angle ACF a deux côtés de longueur invariable, tandis que l'angle compris augmente, lorsque le point D se rapproche de C.

En effet, $\qquad$ angle $ACF = ACB + 2$ fois BCD

Exercice 298

1067. Problème. *Dans un cercle, inscrire le triangle de périmètre maximum.*

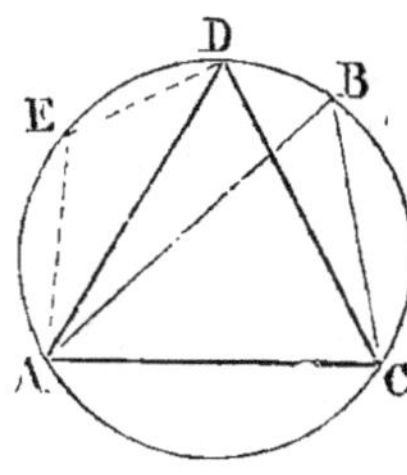

Fig. 685.

Soit ABC un triangle quelconque; regardons momentanément une des variables comme constante, soit donc une base connue AC; il faut trouver le triangle à périmètre maximum inscrit dans le segment ABC; or, on sait que le triangle isocèle ADC répond à la question; donc, *quand il y a deux côtés variables AB, CB, ces côtés doivent être égaux entre eux.* Un raisonnement analogue prouve que les côtés AC, AD doivent être égaux entre eux lorsque CD est constant; donc le triangle à périmètre maximum est équilatéral.

1068. Théorème. *Pour un nombre donné de côtés, le polygone régulier a le périmètre maximum.*

C'est une conséquence immédiate de la démonstration précédente.

1069. Théorème. *De deux polygones réguliers inscrits dans le même cercle, le polygone qui a le plus grand nombre de côtés a le périmètre maximum.*

En effet, considérons par exemple le triangle équilatéral ADC et un quadrilatère ACDE; on a AE + ED > AD; donc le périmètre du quadrilatère est plus grand que celui du triangle; mais le carré inscrit dans le cercle donné a le périmètre plus grand que celui du quadrilatère considéré; donc le périmètre du carré est plus grand que celui du triangle équilatéral, etc.

Exercice 299

1070. Problème. *En prenant pour base le diamètre, inscrire dans un demi-cercle le quadrilatère de périmètre maximum.*

Un raisonnement analogue à celui de l'exercice précédent prouve que les trois côtés variables doivent être égaux entre eux; le quadrilatère est donc le demi-hexagone régulier inscrit.

Dans les *Méthodes* (n° 357), on a appliqué directement à l'étude du quadrilatère la deuxième démonstration donnée pour prouver que de deux triangles qui ont même base et même angle au sommet, le triangle isocèle a le périmètre maximum (n° 1065).

1071. Problème. *Dans un demi-cercle, inscrire un quadrilatère dont le périmètre ait une longueur donnée; le côté opposé au diamètre doit avoir une longueur donnée l. Quel est le quadrilatère de périmètre maximum?*

Soit d la différence obtenue en retranchant $2r + l$ du périmètre donné.

En prenant DE égale à la corde donnée l, on voit que le problème est ramené à diviser l'arc AE, de manière que la somme des cordes AB + BE ait une longueur connue d; ou, ce qui revient au même, à construire un triangle connaissant la base, l'angle opposé et la somme des deux autres côtés (n°ˢ 921 et 989).

Pour cela, du point F milieu de l'arc AFE, il faut décrire l'arc AGE; puis, du

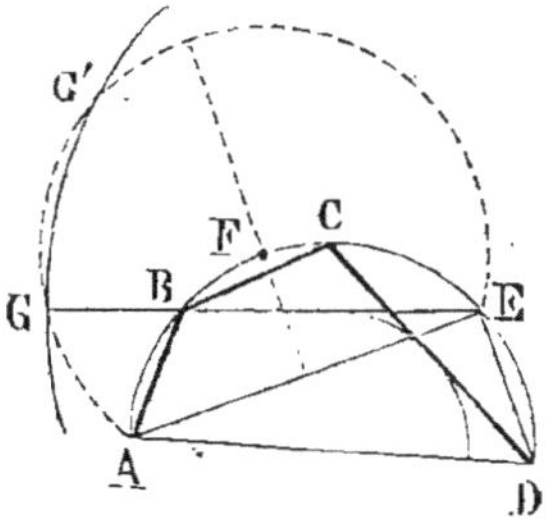

Fig. 686.

centre E avec d pour rayon, couper l'arc décrit, enfin mener GE.

On a   AB + BE = d

donc, en prenant   DC = BE

on aura   BC = DE = l

et le quadrilatère ABCD répond à la question.

Maximum. Le maximum est donné par des cordes égales AF, FE. Dans ce cas la corde donnée l doit être parallèle au diamètre.

1072. Problème. *Par un point donné dans l'intérieur d'un angle, mener une droite qui forme avec les côtés de l'angle un triangle dont le périmètre soit minimum.*

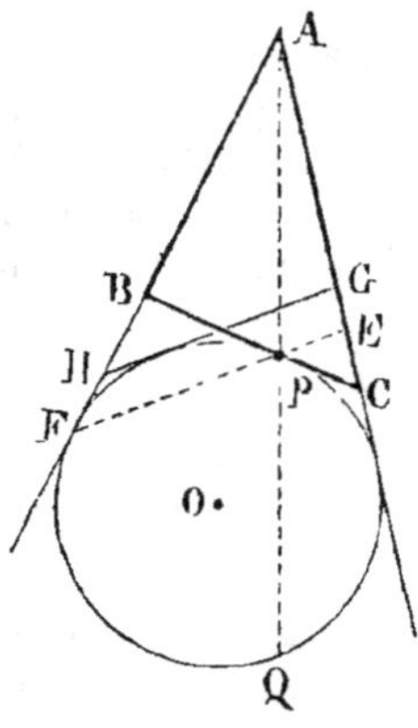

Fig. 687.

Soit P le point donné dans l'angle A. Le théorème du triangle à périmètre constant (n° 739) conduit à la construction suivante : Il faut décrire une circonférence O passant par le point B et tangente aux côtés de l'angle, et mener la tangente BPC (n° 948).

Il suffit de prouver que le périmètre du triangle ABC est moindre que celui de AEF, dont la base est menée par le point donné; or, BPC étant une tangente, EPF est une sécante, mais on peut mener une tangente GH parallèle à EF. Or le périmètre de AEF est plus grand que celui de AGH, et par suite de ABC; donc...

Remarque. Il y a deux circonférences tangentes; on prend 'a circonférence telle qu'en menant la sécante APQ, le point soit plus rapproché du sommet A que ne l'est le second point d'intersection.

1073. Problème. *Par un point donné dans l'intérieur d'un angle, mener une droite qui forme, avec les côtés de l'angle, un triangle tel que la somme des côtés de l'angle A, diminuée de la base du triangle, soit un minimum.*

La circonférence tangente doit être telle que P soit plus éloigné du sommet A que ne l'est le second point d'intersection.

Exercice 300

1074. Problème. *Pour un arc donné ABC, quelle est la tangente à cet arc dont la longueur est minima? la ligne menée est limitée par les rayons extrêmes OA, OC.*

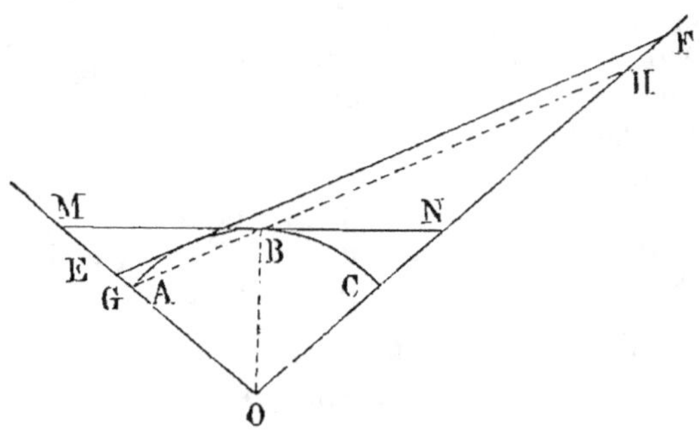

Fig. 688.

Le point de contact B doit être au milieu de l'arc; en effet, la tangente DEF est plus grande que sa parallèle GBH; mais cette ligne, menée par le point milieu B de la base d'un triangle isocèle, est plus grande que cette base MN; donc, *à fortiori*, MN < DEF.

Exercice 301

1075. Problème. *Un arc ABC est divisé en deux parties quelconques AB, BC; on mène des tangentes par les points extrêmes A et C et on limite ces lignes par le rayon OB prolongé; pour quelle position du point B la somme des tangentes est-elle minima ?*

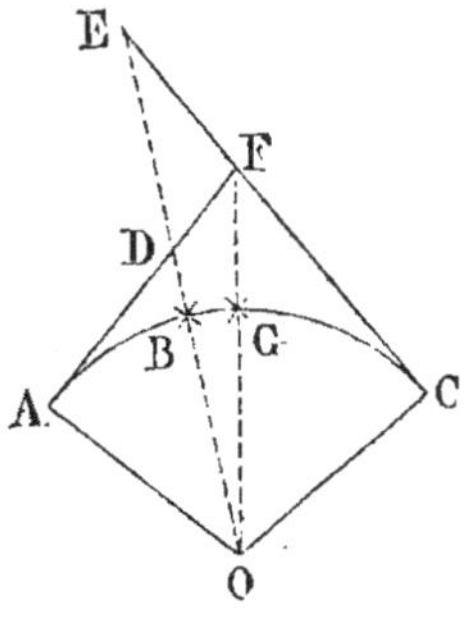

Fig. 689.

Soient les tangentes AD et CE, et supposons B plus près de A que de C; par suite, l'angle AOB est < BOC; donc l'angle EDF ou ADO, complément de AOB, est plus grand que l'angle E, complément de BOC; donc DF, opposé à l'angle E, est moindre que FE; donc AF + CF < AD + CE. Ainsi le minimum AF + FC a lieu lorsque les tangentes sont égales; donc le point G doit diviser l'arc donné en deux parties égales.

Remarque. Des deux questions précédentes découlent les conséquences suivantes :

1076. Théorème. 1° *Pour qu'une ligne brisée d'un nombre donné de côtés, circonscrite à un arc et limitée par les rayons qui terminent cet arc, ait une longueur minima, il faut que chaque côté soit divisé en deux parties égales par le point de contact, et que ces lignes soient égales entre elles.*

2° *Pour un nombre de côtés et un cercle donnés, le polygone régulier circonscrit a le périmètre minimum.*

1077. Problème. *Par un point pris sur une circonférence, mener une corde telle que sa projection sur une droite donnée de position ait une longueur minima; étudier les variations de la projection des diverses cordes que l'on peut mener par le point donné A.*

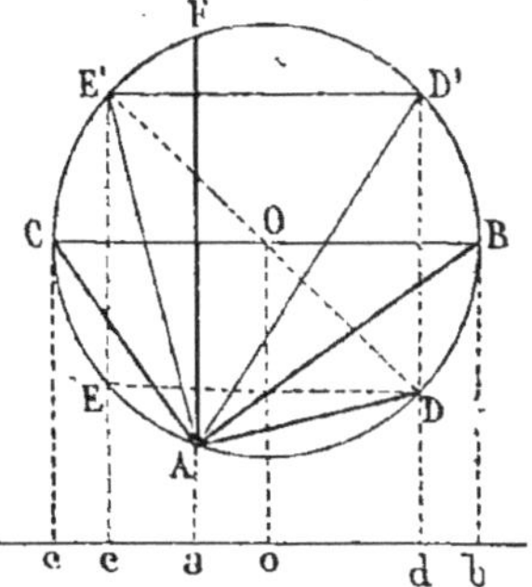

Fig. 690.

1° Quand la corde est nulle, la projection est nulle.

En allant vers la droite, AD donne *ad*, et la projection croît jusqu'au point *b* donné par la corde AB menée à l'extrémité du diamètre parallèle à la droite donnée *ab*; donc *ab* est un maximum, car à partir du point B les cordes telles que AD' donnent une projection plus petite. La projection décroît constamment; pour la perpendiculaire AF, elle s'annulle de nouveau, puis devient ae, atteint un nouveau maximum ac, en valeur absolue, décroît de nouveau et s'annule en a.

Remarque. En tenant compte de la direction des projections et du signe conventionnel qu'on leur attribue (n° 412), on doit dire que ae a une valeur négative, et que ac est un minimum.

1078. Problème. *Par un point donné A pris dans un cercle, mener une corde telle que la différence des projections des segments de cette corde sur une droite xy ait une longueur maxima.*

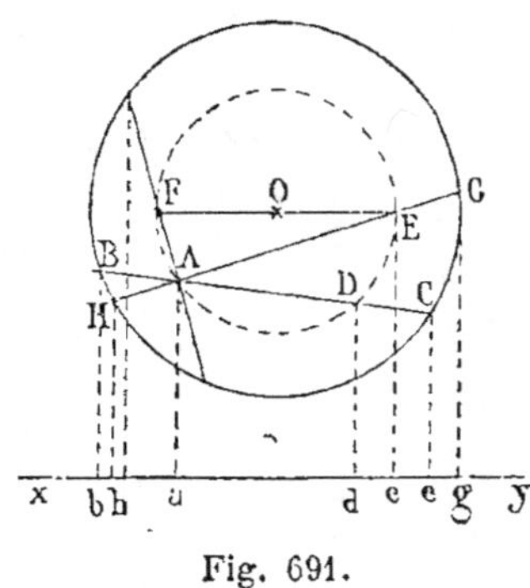

Fig. 691.

Pour une corde quelconque ABC', la différence des projections égale $ac - ab$, et si l'on prend $CD = AB$, la différence $= ad$. Or le point D se trouve sur une circonférence concentrique à la première; la différence ad est la projection de la corde AD de la circonférence AO; donc le maximum ae est donné par la corde AE (n° 1077)

$$ag - ah = ac$$

AF donne un second maximum, en valeur absolue; ou bien le *minimum*, si l'on regarde ab, ah comme des grandeurs négatives (n° 412).

Exercice 302

1079. Problème. *Trouver un point dont la somme des distances aux trois sommets d'un triangle soit minima.*

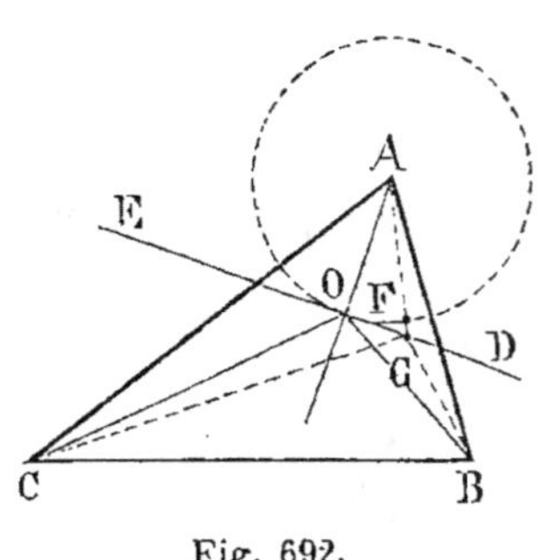

Fig. 692.

Soit O le point cherché, tel que AO + BO + CO soit un minimum.

Si AO est invariable, et par suite si le point O doit appartenir à une circonférence de rayon donné, le minimum de BO + OC a lieu lorsque BO et CO sont également inclinés sur le rayon AO; car, pour la tangente DOE, on sait que dans ce cas BO + CO est un minimum (G., 176); or, pour un autre point F de la circonférence, on aurait à plus forte raison une somme

$$BF + FC < BG + GC > BO + OC.$$

Par un raisonnement analogue, en regardant BO comme fixe, on trouve que BO doit être également incliné sur AO et CO; donc le minimum a lieu lorsque les trois angles AOB, BOC, COA sont égaux; par suite, sur deux côtés du triangle donné, il faut décrire des segments capables d'un angle de 120° *.

Exercice 303

1080. Problème. *De tous les triangles qui ont une base de longueur donnée et qui sont circonscrits au même cercle, quel est celui dont le périmètre est minimum?*

Le triangle isocèle ABC a le périmètre minimum, car l'angle C est $>$ F (n° 1060).

Or les triangles rectangles OMC, ONF ont un côté égal; donc à l'angle NFO $<$ MCO correspond une oblique CF plus longue que OC et dont la distance NF au pied de la perpendiculaire est plus grande que MC.

Ainsi

$$MC + CL < FN + FP$$

mais

$$DN + EP = DE$$

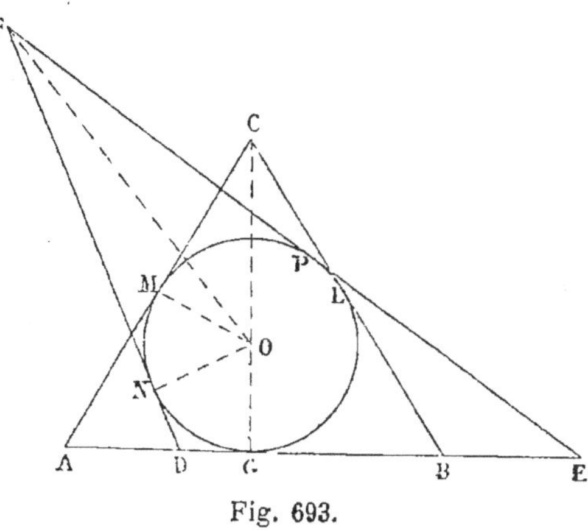

Fig. 693.

AM $+$ BL $=$ AB $=$ DE; donc les variations de périmètre ne dépendent que de MC et de NF; donc le triangle isocèle a le périmètre minimum.

1081. Remarques. 1° Le triangle équilatéral circonscrit est le triangle qui a le périmètre minimum; car, pour AB et AC, on prouverait que le minimum a lieu lorsque ces côtés sont égaux entre eux.

2° Généralement l'étude du périmètre maximum ou minimum est plus difficile que celle des surfaces. Aussi on se borne à déduire le périmètre maximum ou minimum, circonscrit à un cercle, de l'étude de la surface (n° 1694, *Remarque*).

Néanmoins, il est avantageux de traiter directement les périmètres sans recourir à des notions qui ne sont présentées qu'au livre IV.

Calcul des Angles.

Exercice 304

1082. Problème. *Quel angle font les deux aiguilles d'une horloge à 1 heure, à 2 heures, à 3 heures, à 4 heures et à 5 heures?*

---

* Cette solution se trouve dans le *Manuel des candidats à l'École centrale*, t. II, par M. DE COMBEROUSSE, professeur à cette école.

Les chiffres des heures divisant le cadran de l'horloge en 12 parties égales, la distance angulaire des chiffres consécutifs est le $1/_{12}$ de 360 degrés, ou 30 degrés.

L'angle des deux aiguilles sera donc, pour les heures désignées, 30, 60, 90, 120 et 150 degrés.

1083. Problème. *Quel angle font les deux aiguilles d'une horloge quand il est 2 heures moins 12 minutes ?*

Les lignes des minutes divisant le cadran de l'horloge en 60 parties égales, la distance angulaire des traits consécutifs est $360/_{60}$, ou 6 degrés.

Lorsqu'il est 2 heures moins 12 minutes, la grande aiguille est à 12 divisions à gauche du chiffre de midi, ce qui fait 12 fois 6 degrés ou 72 degrés.

La petite aiguille est à gauche du chiffre de 2 heures, à une distance 12 fois moindre que celle qu'il y a entre la grande aiguille et le chiffre de midi, ou 1 division. Ainsi la petite aiguille est à 9 divisions à droite du chiffre de midi, ce qui correspond à 9 fois 6 degrés ou 54 degrés.

L'angle des deux aiguilles est donc de 72 + 54 ou 126 degrés.

1084. Problème. *Quelle heure est-il lorsque la petite aiguille d'une horloge se trouve entre 2 et 3 heures et que l'angle des deux aiguilles est de 60 degrés ?*

D'un chiffre à l'autre du cadran, la valeur angulaire est de $360/_{12}$ ou 30 degrés, et chaque petite division du cadran est de $1/_5$ de 30 degrés ou 6 degrés. On sait, d'ailleurs, que le chemin fait par la grande aiguille est constamment égal à 12 fois le chemin fait par la petite dans le même temps.

A 2 heures juste, l'angle des deux aiguilles est de 60 degrés ; car la distance angulaire des deux aiguilles est alors de 10 divisions du cadran.

L'heure demandée arrivera lorsque la grande aiguille, ayant rattrapé la petite, l'aura dépassée de 10 divisions.

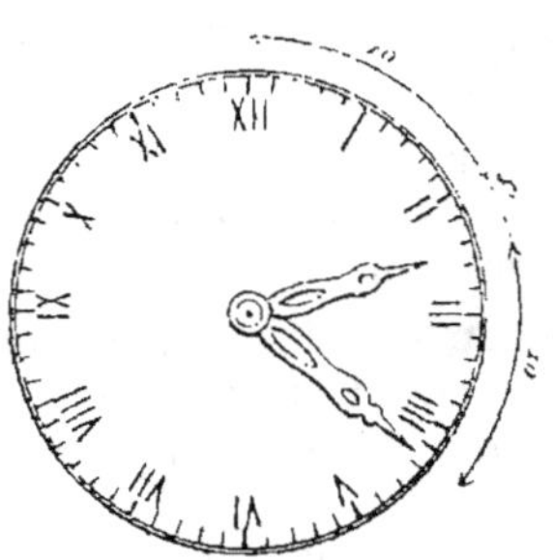

Fig. 694.

Appelons x le nombre des divisions que va parcourir la petite aiguille, depuis l'instant où il est 2 heures jusqu'au moment cherché.

Le chemin fait en même temps par la grande aiguille sera $12x$. Mais ce chemin peut aussi être exprimé par $10 + x + 10$ ou $20 + x$.

On a donc l'équation $12x = 20 + x$

d'où $11x = 20$

$$x = 1\,{}^9/_{11}$$

Le chemin fait par la grande aiguille sera $21\,{}^9/_{11}$.

Il sera donc alors $2^h\,21^m\,{}^9/_{11}$.

Exercice 305

1085. Problème. *Quel est le complément d'un angle de 23° 27' 19"?*
— Quel est le supplément de ce même angle? — (C'est l'angle de l'éclip-
tique et de l'équateur, le 1ᵉʳ janvier 1877. *Cosmographie**, n° 88.)

Pour trouver le complément, il suffit de retrancher l'angle donné
de 90 degrés, ou 89° 59' 60".

$$89° \ 59' \ 60''$$

Valeur donnée. . . . .   23° 27' 19"

Complément demandé . . . . . .   66° 32' 41"

Calcul du supplément.

Pour trouver le supplément, il suffit de retrancher l'angle donné
de 180° degrés, ou 179° 59' 60".

$$179° \ 59' \ 60''$$

Valeur donnée . . . .   23° 27' 19"

Supplément demandé . . . . . .   156° 32' 41"

1086. Problème. *Quel est l'angle formé par les côtés extrêmes des
angles consécutifs suivants : 47° 15'; 28° 55'; 31° 27' et 25° 49'?*

La somme égale 133° 26'.

1087. Problème. *Quel est l'angle qui a pour supplément 47° 45'?* —
(Cet angle est le maximum de l'*élongation* de la planète Vénus, c'est-
à-dire de sa distance angulaire au soleil.)

$$179° \ 60'$$

Supplément donné . . . .   47° 45'

Valeur demandée. . . . .   132° 15'

Exercice 306

1088. Problème. *Calculer la valeur angulaire égale à 7 fois 128°34'17"¹/₇.*
— (Angle de l'heptagone régulier.)

Il faut se rappeler que 60 secondes font une minute, et que 60 minutes font un degré.

Valeur angulaire donnée. . . .   128° 34' 17" ¹/₇
7 fois. . . . .   900° 00' 00"

---

* Voir *Éléments de Cosmographie,* par F. I. C.

Exercice 307

1089. Problème. *Quelle est la moitié de l'angle 125° 17'?*

Réponse : 62° 38' 30''.

1090. Problème. *Deux angles adjacents font ensemble 153° 48'; quel est l'angle des deux bissectrices?*

C'est la moitié de la somme, c'est-à-dire 76° 54'.

1091. Problème. *Quelle est la valeur de l'angle de l'ennéagone régulier?*

L'ennéagone est le polygone de neuf côtés.

La somme des angles du polygone égale autant de fois deux droits qu'il y a de côtés moins deux (G., n° 94); elle égale donc 14 droits ou 1260°.

Il suffit de diviser ce nombre par 9.

L'angle égale 140°.

L'angle au centre égale $^{360}/_9 = 40°$.

Exercice 308

1092. Problème. *Dans un triangle ABC les angles A et B valent 42° 18' et 63° 54'; quelle est la valeur des trois angles formés par les bissectrices prises deux à deux.*

On a : $C = 180° - (42° 18' + 63° 54') = 73° 48'$

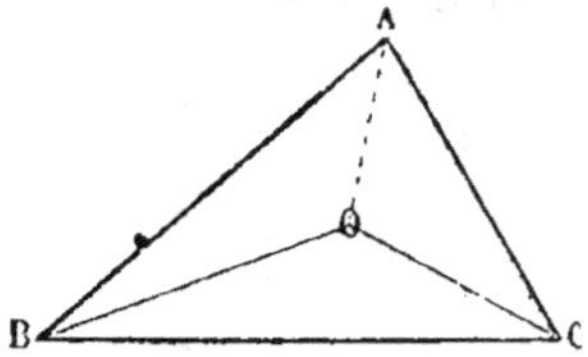

$$\frac{A}{2} = \frac{42° 18'}{2} = 21° 9'$$

$$\frac{B}{2} = \frac{63° 54'}{2} = 31° 57'$$

$$\frac{C}{2} = \frac{73° 48'}{2} = 36° 54'$$

Fig. 695.   *Vérification :*   90° 0'

$$AOB = 180° - \left(\frac{A}{2} + \frac{B}{2}\right) = 180° - (21° 9' + 31° 57') = 126° 54'$$

$$BOC = 111° 9'; \quad COA = 121° 57'$$

Vérification : $126° 54' + 111° 9' + 121° 57' = 360°$

Exercice 309

1093. Problème. *Dans un triangle ABC l'angle A = 47° 18', B = 71° 26'; quelle est la valeur de chaque angle aigu formé par les bissectrices intérieures avec le côté opposé au sommet considéré.*

L'angle $C = 180^\circ - (47^\circ 18' + 71^\circ 26') = 61^\circ 16'$.

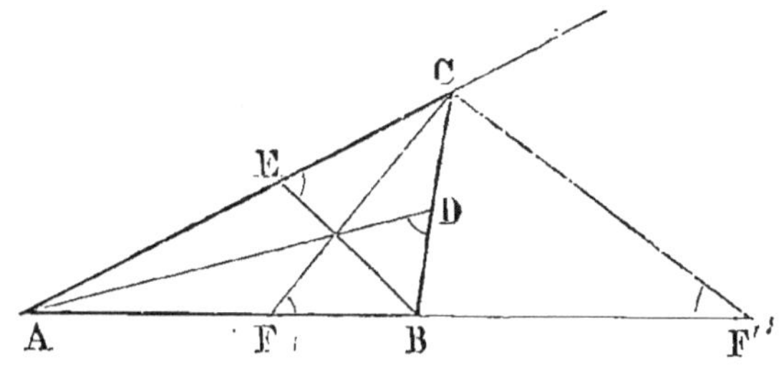

Fig. 696.

L'angle aigu F est opposé au plus grand des angles A et C, car il égale $180^\circ - \left(B + \dfrac{C}{2} \right)$.

$$F = 180 - \left(71^\circ 26' + \frac{61^\circ 16'}{2} \right) = 77^\circ 56'$$

$$D = 180 - \left(71^\circ 26' + \frac{47^\circ 18'}{2} \right) = 84^\circ 55'$$

$$E = 180 - \left(61^\circ 16' + \frac{71^\circ 26'}{2} \right) = 83^\circ\ 1'$$

1094. Problème. *Avec les mêmes données, calculer la valeur de chaque angle aigu, formé par les bissectrices extérieures avec le côté opposé au sommet considéré.*

En désignant par A', B', C' le supplément de A, B, C; par E', F', G' l'angle aigu formé par les bissectrices extérieures, on a :

$$F' = 180 - \left(B' + \frac{C'}{2} \right)$$

$$F' = 180 - \left(180 - B + \frac{180 - C}{2} \right)$$

$$F' = B + \frac{C}{2} - 90^\circ$$

$$F' = 71^\circ 26' + \frac{61^\circ 16'}{2} - 90^\circ = 12^\circ 04'$$

Vérification. Les bissectrices CF, CF' sont perpendiculaires l'une à l'autre (n° 402); donc les angles F et F' doivent être complémentaires.

Or, $77^\circ 56' + 12^\circ 04' = 90^\circ$

Exercice 310

1095. Problème. *Quel est le nombre des côtés d'un polygone dont les angles valent ensemble 36 angles droits?*

Soit x le nombre des côtés; la somme des angles est égale à 2 droits multipliés par $x - 2$.

On a donc $2(x-2) = 36$

d'où $x - 2 = 18$

et $x = 20$

1096. Problème. *Combien un polygone régulier a-t-il de côtés, si son angle intérieur vaut 1 droit $5/7$?*

Soit x le nombre des côtés; la somme des angles intérieurs égale un nombre d'angles droits marqué par $2(x-2)$, et l'angle intérieur est $\dfrac{2(x-2)}{x}$.

On a donc $\dfrac{2(x-2)}{x} = 1\,2/7$

Divisons par 2, il vient $\dfrac{x-2}{x} = 6/7$

Multiplions par x et par 7 $7x - 14 = 6x$

d'où $x = 14$

Exercice 311

1097. Problème. *Une ligne brisée est formée par cinq droites AB, BC, CD, DE, EF; en mesurant les angles de 0 à 360° et du même côté de la ligne, on a trouvé les valeurs suivantes : B=47°15'; C=165°20'; D=215°15'; E=23°. Quel est l'angle formé par les prolongements des lignes extrêmes AB et EF ?*

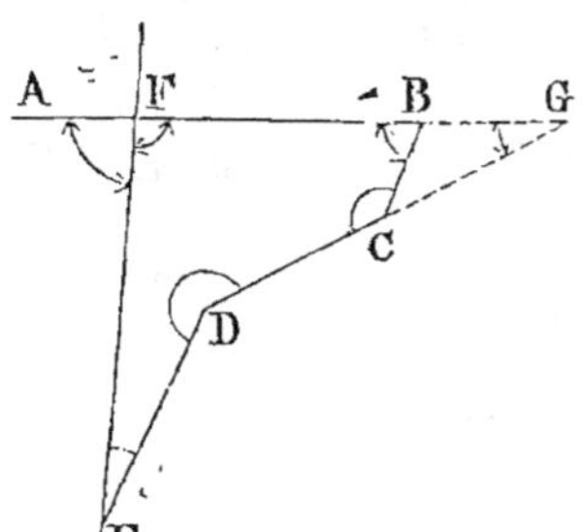

Fig. 697.

On peut calculer l'angle G que la ligne DC fait avec AB; car, dans le triangle BGC, les angles CBG, BCG sont les suppléments de deux angles connus B et C.

De même, connaissant G et l'angle D, on calculerait l'angle que ED forme avec AB, etc.

Mais on opère plus rapidement comme il suit : BCDEF est un pentagone, donc la somme des angles intérieurs égale 6 droits ou 540°;

donc $BFE = 540° - (47°15' + 165°20' + 215°15' + 25°)$

            $BFE = 540° - 452°50' = 87°10'$

Exercice 312

1098. Problème. *Peut-on faire un carrelage avec des carreaux taillés en triangles équilatéraux égaux? — avec des carrés égaux? — avec des pentagones réguliers égaux? — avec des hexagones réguliers égaux?*

La réponse sera affirmative ou négative, selon que l'angle intérieur du polygone proposé sera ou ne sera pas une partie aliquote de quatre angles droits.

Le *triangle* équilatéral a pour angle intérieur 60° ou le $1/6$ de 360° : le carrelage est possible, et il y aura six triangles équilatéraux à chaque point d'assemblage.

Dans le *carré* l'angle intérieur est 1 droit ou le $1/4$ de 4 droits : le carrelage est possible, et il y aura quatre carrés à chaque point d'assemblage.

Le *pentagone* a pour angle intérieur 108° : 108 n'étant pas contenu exactement dans 360, le carrelage proposé est impossible.

Dans l'*hexagone* régulier, l'angle intérieur est de 120° ou le $1/3$ de 360° : le carrelage est possible, et il y aura trois hexagones réguliers à chaque point d'assemblage.

1099. Problème. *Quelle est la valeur des angles d'un losange, lorsque l'une des diagonales égale le côté du losange?*

Même question *pour un trapèze symétrique dont la petite base égale chaque côté non parallèle, égale la moitié de la grande base.*

Le losange est formé de deux triangles équilatéraux ayant un côté commun ; chaque angle aigu vaut donc 60°, et chaque obtus vaut 120°.

Le trapèze est la moitié de l'hexagone régulier ; donc chaque angle adjacent à la petite base vaut 60°, et chaque angle adjacent à la grande base vaut 120°.

1100. Problème. *En employant simultanément différents polygones réguliers, peut-on faire un carrelage?*

Il existe quelques combinaisons.

Ainsi, quatre octogones réguliers, ayant deux à deux un côté commun, laissent entre eux un vide qui peut être rempli par un carré.

Deux hexagones réguliers ayant un côté commun, étant placés sommet contre sommet à côté de deux autres hexagones ayant un côté commun, laissent entre eux un vide qui peut être rempli par deux triangles équilatéraux.

Remarque. On peut donner une assez grande variété aux carrelages obtenus par l'emploi de polygones réguliers, en décomposant certains de ces polygones en parties égales. Ainsi le carrelage hexagonal fournit une nouvelle disposition, lorsque chaque hexagone est décomposé en trois losanges ; de même le carré est souvent divisé en deux triangles rectangles isocèles, ou même en quatre triangles égaux.

LIVRE III

THÉORÈMES

Lignes proportionnelles.

Exercice 313

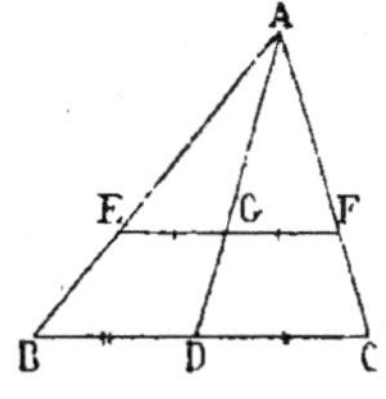

Fig. 698.

1101. Théorème. *Toute parallèle EF à la base d'un triangle a son milieu sur la médiane AD.*

En effet, les trois droites AB, AD, AC, forment un faisceau qui divise dans un même rapport les parallèles BC et EF; et puisque la droite BC est divisée en deux parties égales, il en est de même de EF. *C. Q. F. D.*

Exercice 314

1102. Théorème. *La droite indéfinie EF, menée par les milieux des bases d'un trapèze AC, passe au point de concours des côtés non parallèles.*

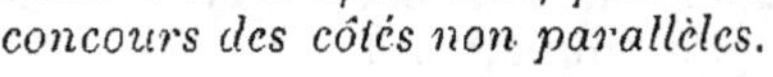
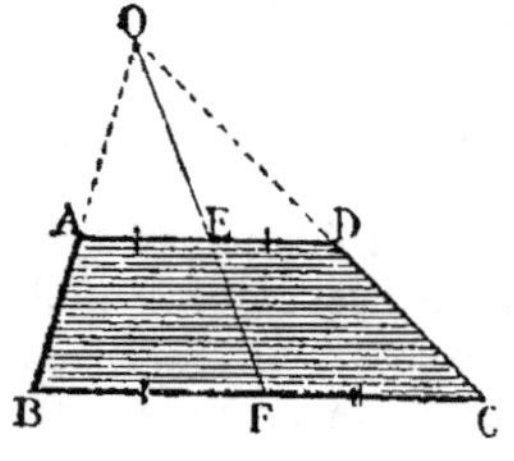

Fig. 699.

En effet, les trois droites AB, AF et DC divisent dans un même rapport les deux parallèles AD et BC; donc ces trois droites concourent en un même point. (G., n° 232.)

1103. Théorème. *La droite qui joint les points milieux des bases d'un trapèze passe aussi par le point de concours des diagonales.*

Exercice 315

1104. Théorème. *Le point de concours des diagonales d'un trapèze divise ces lignes en parties proportionnelles aux bases.*

Les triangles COB, AOD sont équiangles; donc

$$\frac{BO}{OD} = \frac{CO}{OA} = \frac{BC}{AD} = \frac{b}{a} \qquad C.\ Q.\ F.\ D.$$

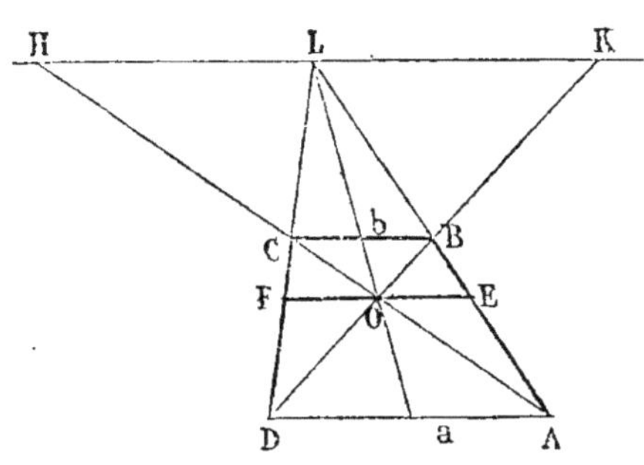

Fig. 700.

On peut écrire
$$\frac{CO}{CA} = \frac{b}{a+b}$$

Corollaire. La parallèle FOE donne aussi

$$\frac{BE}{AE} = \frac{CO}{AO} = \frac{b}{a}, \qquad \frac{BE}{BA} = \frac{b}{a+b}, \qquad BE = AB \cdot \frac{b}{a+b}$$

de même
$$AE = AB \cdot \frac{a}{a+b}$$

1105. Théorème. *Le point de concours des côtés non parallèles d'un trapèze divise ces lignes en segments soustractifs proportionnels aux bases.*

On a
$$\frac{LB}{LA} = \frac{b}{a} \quad \text{ou} \quad \frac{LA}{LB} = \frac{a}{b}$$

On a aussi
$$\frac{LA - LB}{LB} = \frac{AB}{LB} = \frac{a-b}{b}$$

d'où
$$LB = AB \cdot \frac{b}{a-b}$$

de même
$$LA = AB \cdot \frac{a}{a-b}$$

Corollaire. On a aussi
$$\frac{HC}{HA} = \frac{b}{a}$$

1106. Théorème. *Dans un triangle quelconque ABC, on forme des trapèzes par des parallèles DE, FG... à la base. Démontrer que les diagonales de ces trapèzes se rencontrent sur la médiane du triangle.*

Soit O le point de rencontre des diagonales BE et CD; par ce point O, et par le milieu M du côté BC, menons la droite MOI.

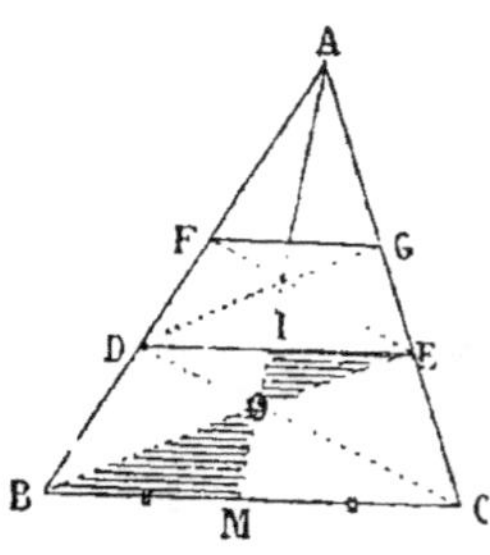

Fig. 701.

Les triangles semblables OMB et OIE donnent

$$\frac{OM}{OI} = \frac{MB}{IE}$$

Les triangles semblables OMC et OID donnent

$$\frac{OM}{OI} = \frac{MC}{ID}$$

A cause du rapport commun, on a $\dfrac{MB}{IE} = \dfrac{MC}{ID}$; les numérateurs étant égaux, les dénominateurs le sont aussi, et le point I est le milieu de DE.

Or la médiane qui part du sommet A passe par le milieu de DE (n° 1101); donc cette médiane passe aussi par le point O. On prouverait de même que cette médiane passe par le point de rencontre des diagonales DG et EF.

1107. Théorème. *Par un point A, on mène des sécantes qui coupent deux parallèles données, les points de concours des diagonales des divers trapèzes ainsi formés se trouvent sur une même droite.*

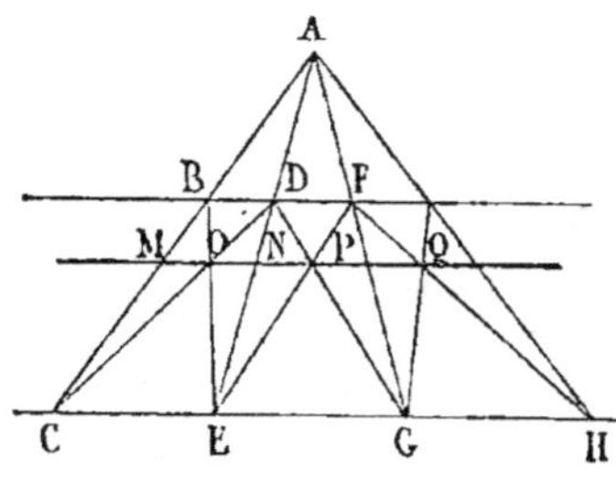

Fig. 702.

Par le point O, menons MN parallèle à CE.

On a $\dfrac{DN}{NE} = \dfrac{BD}{CE}$ (G., n° 231, et Ex. de G., n° 1104, *Corollaire.*)

Mais $\dfrac{BD}{CE} = \dfrac{DF}{EG}$; donc la parallèle menée par le point P passe par N et se trouve dans le prolongement de MN, donc tous les points de concours O, P, Q appartiennent à une même droite.

1108. Théorème réciproque. *On donne trois parallèles* BF, MQ, CG. *Par chaque point de* MQ, *on mène deux droites telles que* BOE, DOC. *Prouver que les sécantes* CB, ED, GF, *etc., passent par le même point.*

Exercice 316

1109. Théorème. *Dans tout trapèze, la parallèle menée aux bases par le point de concours des diagonales est divisée en deux parties égales par ce point de concours* (fig. 703).

En effet $\dfrac{EO}{BC} = \dfrac{AO}{AC}$ ou $\dfrac{EO}{b} = \dfrac{a}{a+b}$

d'où $EO = \dfrac{ab}{a+b}$

De même $\dfrac{FO}{CB} = \dfrac{DO}{DB}$, $\dfrac{FO}{b} = \dfrac{a}{a+b}$

d'où
$$FO = \frac{ab}{a+b}$$

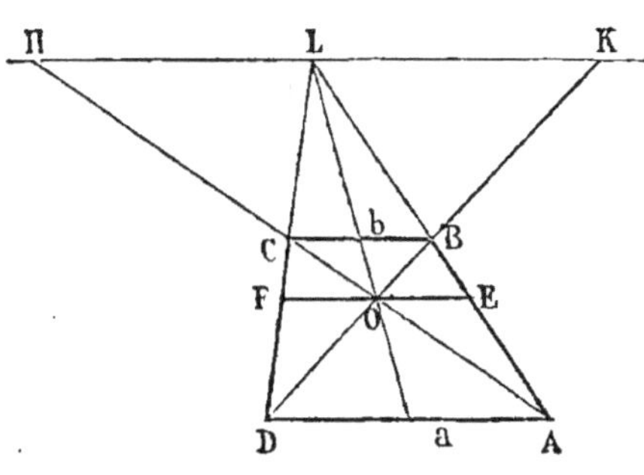

Fig. 703.

Ainsi $\qquad FO = EO \qquad$ *C. Q. F. D.*

Remarque. On utilisera la relation trouvée $EO = FO = \dfrac{ab}{a+b}$; mais le théorème (n° 1109) n'est qu'une conséquence d'une autre question déjà traitée (n° 1101).

1110. Théorème. *La parallèle menée aux bases par le point de concours des côtés non parallèles et limitée aux diagonales prolongées, est divisée en deux parties égales par le point L.*

$$LH = \frac{ab}{a-b} = LK$$

Exercice 317

1111. Théorème. *On mène des parallèles AB, CD à une des diagonales d'un quadrilatère. Prouver que les droites AC, BD se coupent sur l'autre diagonale.*

On a $\quad \dfrac{AL}{BL} = \dfrac{EO}{FO} = \dfrac{CM}{DM}$

Donc les sécantes AC, LM, BD se coupent aux mêmes points. (G., n° 232.)

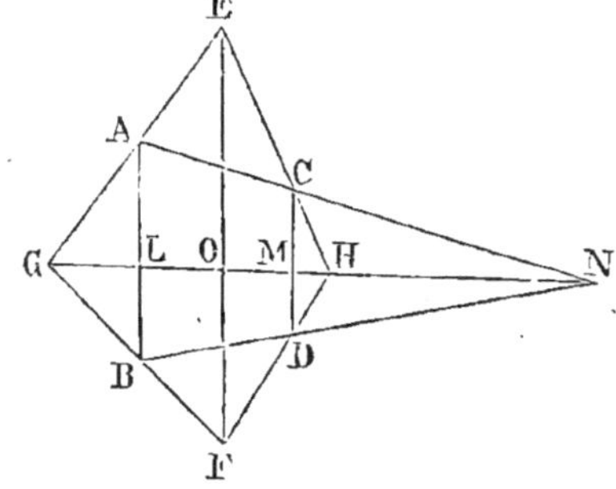

Fig. 704.

1112. Théorème réciproque. *On joint un point N d'une diagonale GH aux extrémités A et B d'une parallèle à la seconde diagonale. Prouver que CD est parallèle à EF.*

Exercice 318

1113. Théorème. *Lorsque deux triangles ont deux angles respectivement égaux et deux angles supplémentaires, les côtés opposés aux* *angles égaux sont proportionnels aux côtés opposés aux angles sup-plémentaires.*

(*Méthodes*, n° 150.)

Exercice 319

1114. Théorème. *Par un point quelconque de la base BC d'un triangle ABC, on mène une parallèle PMN à la médiane qui aboutit au milieu de BC; cette parallèle coupe les côtés BA, CA aux points M et N. Prouver que la somme* PM + PN *est constante.*

(*Méthodes*, n° 266.)

Remarque. Lorsque le point est pris sur le prolongement de la base, une des distances doit être regardée comme négative.

1115. Théorème. *Par un point pris dans l'intérieur d'un triangle équilatéral, on mène des droites qui rencontrent chaque côté sous un même angle donné. Prouver que la somme de ces trois droites est constante.*

(*Méthodes*, n° 289.)

1116. Théorème. *Trois droites indéfinies OA, OB, OC, passent par un même point, si un point M se meut sur l'une d'elles, les distances de ce point aux deux autres droites sont dans un rapport constant.*

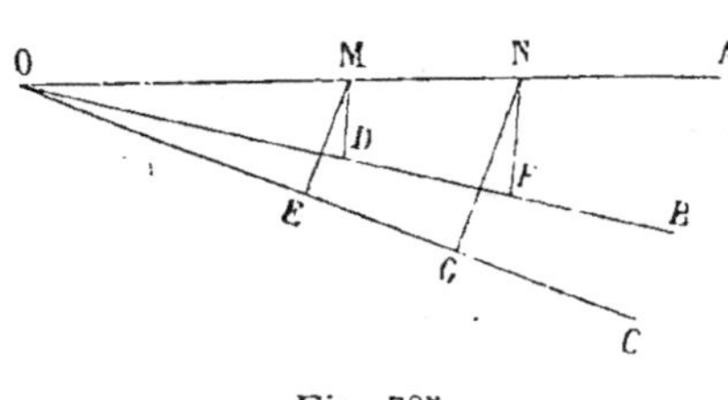

Fig. 705.

Soient M et N deux positions quelconques du point mobile. Il suffit de prouver que

$$\frac{MD}{ME} = \frac{NF}{NG}$$

Les triangles semblables OMD et ONF donnent la proportion

$$\frac{MD}{NF} = \frac{OM}{ON}$$

Les triangles semblables OME et ONG donnent $\dfrac{ME}{NG} = \dfrac{OM}{ON}$

d'où, à cause du rapport commun, $\dfrac{MD}{NF} = \dfrac{ME}{NG}$

ou

$$\frac{MD}{ME} = \frac{NF}{NG}$$

1117. Théorème. Même question. *Les droites ME, NG sont parallèles à une droite donnée, et MD, NF sont parallèles à une seconde droite aussi donnée.*

1118. Théorème réciproque. *Si un triangle DME (fig. 705) se meut en restant semblable à lui-même, de manière que deux sommets M, E* *glissent sur deux droites données, et que dans toutes les positions les côtés homologues tels que NG, ME soient parallèles, le troisième sommet D décrit une droite qui concourt en un même point O que les deux premières.*

Exercice 320

1119. Théorème. *Dans un triangle le point de concours des perpendiculaires élevées au milieu des côtés du triangle, le point de concours des médianes et celui des hauteurs sont en ligne droite.*

La distance des deux derniers points est double de celle des deux premiers. (EULER, en 1765 *.)

Soit H le point de concours des hauteurs, M le point de concours des médianes.

Prolongeons HM d'une quantité MO égale à la moitié de HM, et joignons le point O aux points milieux F et G. Il suffit de prouver que OF, OG sont perpendiculaires à BC et à AC.

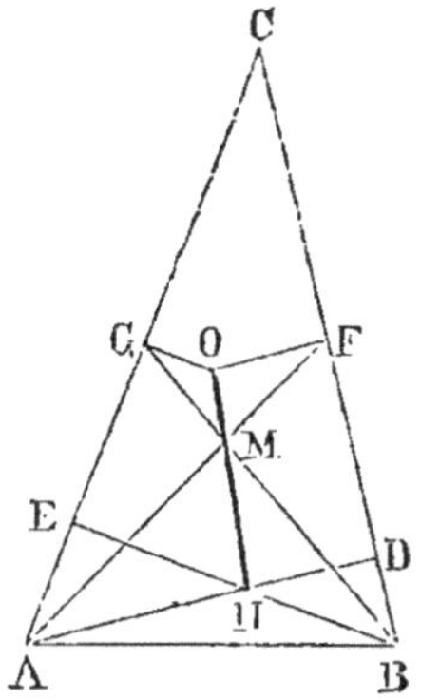

Les médianes se coupent aux deux tiers de leur longueur. (G., n° 230.)

Ainsi MB = 2MG, mais MH égale aussi 2MO.

Donc les triangles BMH, GMO sont semblables comme ayant un angle égal compris entre côtés proportionnels.

Donc GO est parallèle à BH.

Ainsi GO est perpendiculaire à AC.   C. Q. F. D.

De même FO est perpendiculaire à BC; donc le point O est le point de concours des perpendiculaires élevées au milieu des côtés; or les trois points H, M, O sont en ligne droite, et MH = 2MO; donc...

1120. Théorème. *La distance d'un sommet au point de concours des hauteurs est double de la distance du côté opposé au centre du cercle circonscrit.*

En effet   BH = 2GO   car   BM = 2GM

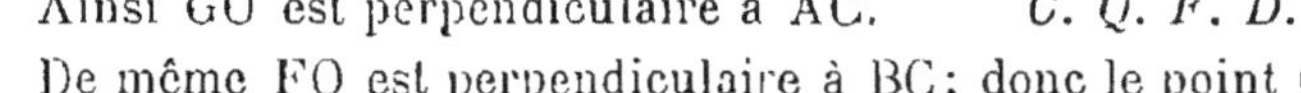

Fig. 706.

---

* Le théorème est dû à EULER en 1765. (Mémoires de Saint-Pétersbourg.) La droite qui joint le point de concours des hauteurs au centre du cercle circonscrit est nommée *droite d'Euler.* (Voir BALTZER, *Planimétrie*, § 12, n° 8.) Cette droite passe par le point de concours des médianes et contient aussi le centre du *cercle des neuf points* (n° 719).

On lira avec fruit un remarquable article de TERQUEM sur les relations linéaires qui existent entre certains points du triangle. (*Nouvelles Annales*, 1842, p. 79.)

Le *Journal de Mathématiques élémentaires et spéciales* (années 1879 et 1880) a reproduit une étude très complète du triangle par JAMES BOOTH, membre de la Société royale de Londres. La traduction est de M. MOREL, un des rédacteurs du journal, et dont le nom se trouve fréquemment dans les *Nouvelles Annales de M. Gérono*.

Exercice 321

1121. Théorème. *Dans tout triangle, le centre du cercle inscrit, le point de concours des médianes, et le centre du cercle inscrit au triangle formé en joignant deux à deux les milieux des côtés du triangle donné, sont trois points en ligne droite, et la distance des deux premiers est double de celle des deux derniers.* (HOUSEL *.)

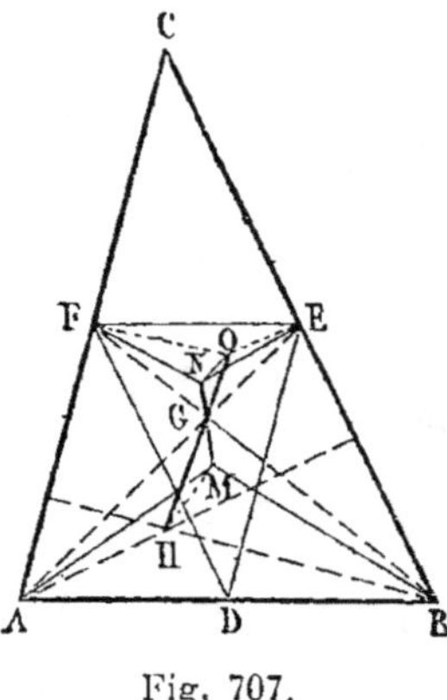

Fig. 707.

Soit M le centre du cercle inscrit au triangle ABC, N celui du cercle inscrit au triangle DEF.

Les bissectrices AM, EN des angles opposés A, E d'un parallélogramme sont parallèles entre elles; il en est de même de BM et FN. Les triangles AMB, FNE sont semblables comme équiangles, car l'angle BAM est la moitié de A comme l'angle NEF est la moitié de E; de même l'angle NFE = MBA.

Mais
$$EF = \frac{AB}{2}; \quad \text{donc} \quad EN = \frac{AM}{2}$$

Soit G le point où la médiane AE coupe MN.
Les triangles semblables AMG et ENG donnent

$$\frac{EG}{AG} = \frac{NG}{MG} = \frac{EN}{AM} = \frac{1}{2}$$

Donc G est le point de concours des médianes et $MG = 2GN$.

C. Q. F. D.

1122. Théorème. *Dans tout triangle, le centre du cercle inscrit, le centre de gravité de la surface et le centre de gravité du périmètre sont trois points en ligne droite; la distance des deux premiers points est double de la distance des deux derniers.*

C'est un nouvel énoncé du théorème précédent (n° 1121), car le point de concours des médianes est le centre de gravité du triangle. (*Mécanique*, n° 75.) Le point de concours des bissectrices du triangle formé en joignant deux à deux les points milieux des côtés d'un triangle est le centre de gravité du périmètre de ce dernier triangle. (*Mécanique*, n° 72.)

1123. Théorème. *La distance du point de concours des hauteurs au centre du cercle inscrit est double de la distance du centre du cercle inscrit au centre de gravité du périmètre du triangle donné.*

En effet (fig. 707) $GH = 2GO$ (n° 1119), et $GM = 2GN$ (n° 1121); donc
$$HM = 2ON$$

---

* Voir *Introduction à la Géométrie supérieure*, par HOUSEL, p. 123.

Exercice 322

1124. Théorème. *Si les quatre côtés d'un parallélogramme passent par quatre points fixes en ligne droite, les diagonales passent par deux points fixes de cette même droite.*

(*Nouvelle Correspondance mathématique* de CATALAN, 1877, p. 146.)

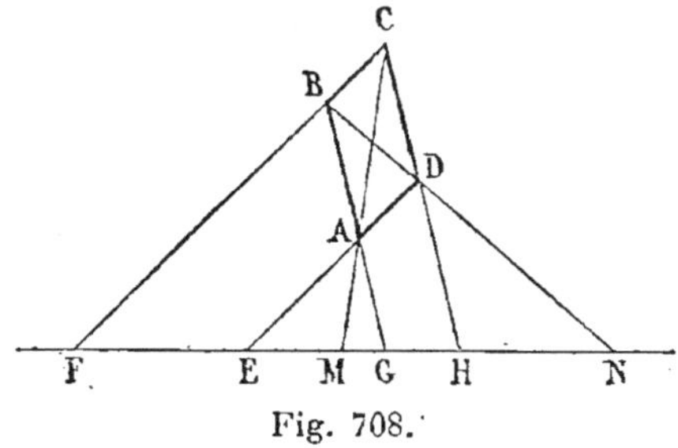

Fig. 708.

On a
$$\frac{ME}{MF} = \frac{MA}{MC} = \frac{MG}{MH}$$

Donc, pour obtenir le point M, il suffit de diviser GE en parties proportionnelles à GH et EF. Ainsi le point M est fixe.

Il en est de même du point N.

Exercice 323

1125. Théorème. *Un triangle ABC reste semblable à lui-même, un sommet A est fixe, tandis que le sommet B glisse sur une droite donnée. Prouver que le troisième sommet C décrit une autre droite.*

1re Démonstration. Considérons le triangle dans la position spéciale où le côté AB se trouve perpendiculaire à By. Par le point C, il faut mener zx perpendiculaire à AC, et l'on a le lieu demandé.

En effet, si nous menons une ligne quelconque AB′, et formons l'angle B′AC′ égal à l'angle BAC, le nouveau triangle sera semblable à ABC, car les triangles rectangles ABB′ et ACC′, ayant un angle aigu égal, l'angle BAB′ = CAC′ sont équiangles; donc on a les rapports égaux

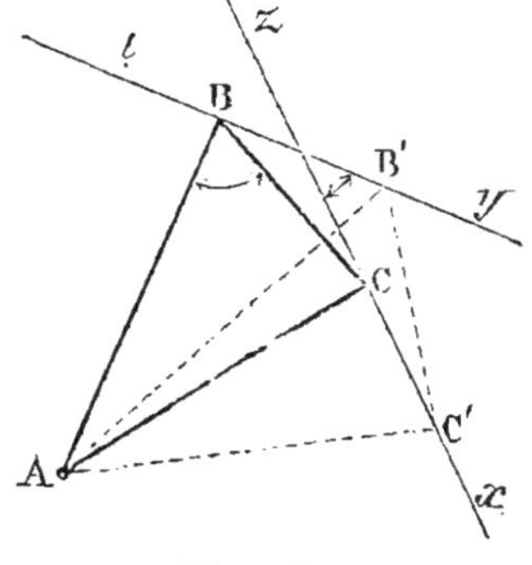

Fig. 709.

$$\frac{AB}{AC} = \frac{AB'}{AC'}$$

Donc les triangles ABC, AB′C′ sont semblables, comme ayant un angle égal compris entre côtés homologues proportionnels; par suite, si l'on construit directement un triangle AB′C′ ayant B′ sur *ly*, et si ce triangle est semblable à ABC, le sommet C′ sera sur zx. *C. Q. F. D.*

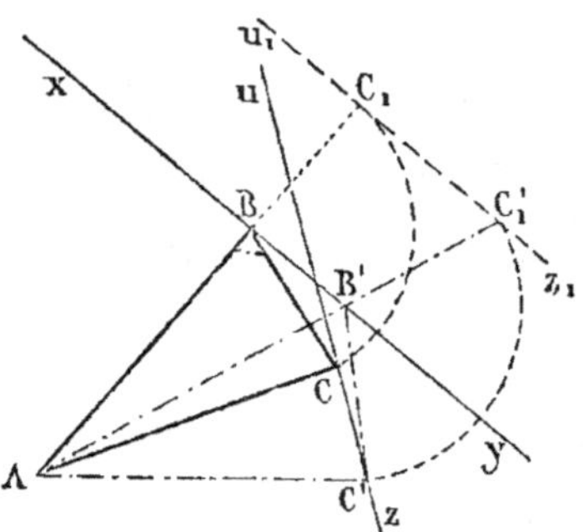

Fig. 710.

2ᵉ Démonstration. Le mode suivant peut être employé utilement pour toute figure qui reste semblable à elle-même, et dont un sommet reste fixe, tandis qu'un autre sommet décrit une ligne donnée.

Le rapport $\dfrac{AB}{BC}$ ou $\dfrac{AB'}{B'C'}$ est constant; sur le prolongement de AB, prenons $BC_1 = BC$; le lieu du point C_1 est une droite $u_1 z_1$ parallèle à xy (nᵒ 63). Lorsqu'on amène C_1 en C, C_1' en C', en formant un angle $CBC_1 = C'B'C_1'$, la droite $u_1 z_1$ vient en uz, et c'est par conséquent le lieu du troisième sommet du triangle.

Exercice 324

1126. **Théorème.** *Lorsque la demi-circonférence décrite sur le côté oblique d'un trapèze rectangle, pris pour diamètre, coupe le côté opposé, chaque point d'intersection divise ce côté en deux segments dont le produit égale le produit des bases du trapèze.*

(*Méthodes*, nᵒ 24.)

1127. **Théorème.** *Deux perpendiculaires AB, CD menées à une droite BC, sont dirigées en sens contraire l'une de l'autre; la circonférence décrite sur AD, comme diamètre, coupe le prolongement de BC en deux points M, N tels que chacun d'eux détermine deux segments soustractifs BM, NC, dont le produit égale le produit des perpendiculaires.*

(Voir *Méthodes*, nᵒ 24. R. 2ᵒ.)

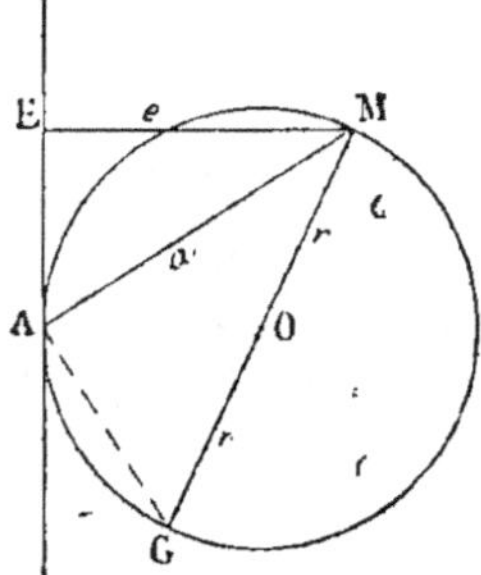

Fig. 711.

1128. **Théorème.** *La distance d'un point quelconque d'une demi-circonférence au point de contact d'une tangente fixe, est moyenne proportionnelle entre le diamètre du cercle et la distance du point considéré à la tangente fixe.*

Il faut prouver qu'on a $\quad a^2 = 2re$

Menons le diamètre MOG; joignons le point A au point G.

Les triangles rectangles AEM, GAM sont semblables, car l'angle G égale l'angle MAE.

Donc $\qquad \dfrac{MG}{MA} = \dfrac{MA}{ME} \quad$ d'où $\quad a^2 = 2re \quad$ C. Q. F. D.

Remarques. 1ᵒ On en déduit $e = \dfrac{a^2}{2r}$

2° Le théorème précédent peut être déduit, comme cas particulier, du théorème connu :

Le produit de deux côtés d'un triangle égale la hauteur relative au troisième côté, multipliée par le diamètre du cercle circonscrit. (G., n° 270.)

En effet, lorsque les deux extrémités de la base se réduisent à un point, cette base est tangente à la circonférence. Les deux côtés sont égaux entre eux et sont donnés par la corde qui joint le point considéré au point de contact; la hauteur est la perpendiculaire abaissée du même point sur la tangente; donc...

Remarque. Ce théorème n'est qu'un cas particulier du *théorème de Pappus*, relatif au quadrilatère inscrit (n° 1214), mais il convient de le présenter directement, car il conduit non seulement à une démonstration nouvelle du théorème du quadrilatère, mais encore à diverses extensions remarquables (n°s 1176, 1178, 1179, 1222, 1224).

Exercice 325

1129. Théorème. *La distance d'un point quelconque d'une circonférence à une corde donnée, est moyenne proportionnelle entre les distances du même point aux tangentes menées par les extrémités de la corde.*

(Voir *Méthodes*, n° 25.)

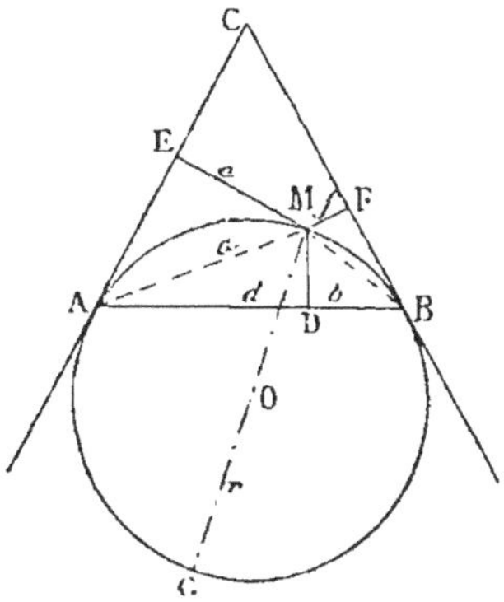

Autre démonstration. Soient $MA = a$, $MB = b$, $MD = d$, $ME = c$, $MF = f$.

On sait que $d = \dfrac{ab}{2r}$ (G., n° 270)

ou $\qquad d^2 = \dfrac{a^2 b^2}{4r^2}$.

D'ailleurs $\qquad a^2 = 2rc$ (n° 1128)

d'où $\qquad c = \dfrac{a^2}{2r}$

De même $\qquad f = \dfrac{b^2}{2r}$.

donc $\qquad d^2 = \dfrac{a^2}{2r} \cdot \dfrac{b^2}{2r} = cf$ *C. Q. F. D.*

Fig. 712.

Similitude.

1130. Définitions. On sait que deux polygones sont semblables, lorsqu'ils ont les angles respectivement égaux et les côtés homologues proportionnels. (G., n° 220.) Ces polygones sont composés de triangles semblables et semblablement placés.

Deux figures curvilignes sont semblables, lorsqu'elles peuvent être considérées comme étant les limites de polygones semblables.

Dans un grand nombre de cas, il n'est pas nécessaire de recourir à la décomposition en triangles pour reconnaître la similitude de deux figures. Il suffit d'utiliser les considérations suivantes et les conséquences qui en découlent.

On nomme *figures homothétiques* les figures semblables et semblablement placées *.

1131. Moyen principal. 1° *Après avoir déterminé les conditions nécessaires et suffisantes pour que deux figures soient égales, on conserve l'égalité des angles et on remplace l'égalité des lignes correspondantes par des rapports égaux.*

Exemple. Deux parallélogrammes sont égaux, lorsqu'ils ont un angle égal compris entre deux côtés égaux ; donc *deux parallélogrammes sont semblables, lorsqu'ils ont un angle égal compris entre deux côtés homologues proportionnels.*

2° *Les données qui permettent de construire une figure et de n'en construire qu'une seule, conduisent à un cas d'égalité et par suite à un cas de similitude.*

Exemple. Avec une base donnée, la hauteur correspondante et l'angle opposé, on ne peut construire qu'un seul triangle ; donc, *deux triangles sont égaux, lorsqu'ils ont un angle égal, la base opposée et la hauteur correspondante respectivement égales.*

Par suite :

Deux triangles sont semblables, lorsqu'ils ont un angle égal et que la base et la hauteur sont respectivement proportionnelles.

1132. Remarque. *Lorsque les données fournissent plusieurs figures différentes de forme et de grandeur, on ne peut plus affirmer directement l'égalité de deux figures qui auraient les mêmes données, ni la similitude des figures que l'on déduirait des premières.*

Ainsi, lorsqu'on inscrit dans un cercle donné de rayon r un triangle isocèle, connaissant la somme l de la base et de la hauteur, on obtient deux triangles différents (n° 211). On ne peut donc pas dire que deux triangles isocèles sont égaux, lorsqu'ils sont inscrits dans des cercles égaux et que la somme de la base et de la hauteur de l'un d'eux égale la somme des éléments correspondants de l'autre. On doit faire une remarque analogue pour la similitude.

---

* L'étude des figures semblables est due à THALÈS. La considération des figures, non seulement semblables, mais *semblablement placées*, a été faite par PONCELET en 1822. (*Traité des propriétés projectives des figures,* tome I, chap. III.) Enfin, la dénomination de *figures homothétiques* a été donnée par CHASLES en 1827. (*Annales de Gergonne,* tome XVIII, page 280.)

Pour énoncer une proposition vraie, on doit dire par exemple :

Dans deux cercles de rayons r *et* r′, *on inscrit des triangles isocèles ayant respectivement* l *et* l′ *pour sommes de la base et de la hauteur. On obtient ainsi dans le cercle* r *deux triangles* T *et* V, *dans le cercle* r′, *on obtient deux triangles* T′ *et* V′; *or les triangles* T *et* T′ *sont semblables entre eux, et il en est de même de* V *et* V′, *lorsqu'on a la relation*

$$\frac{r}{r'} = \frac{l}{l'}$$

1133. Conséquences. 1° *Toutes les figures d'espèce donnée sont semblables, lorsque la figure ne dépend que d'une seule longueur.*

Exemple. Les carrés sont des figures semblables. Il en est de même des triangles équilatéraux, des polygones réguliers d'un même nombre de côtés, des circonférences, des paraboles, des spirales d'Archimède, des cycloïdes.

2° *Les figures d'espèce donnée qui dépendent de deux longueurs sont semblables, lorsque les deux longueurs de la première sont directement proportionnelles aux longueurs correspondantes de la seconde.*

Exemple. Les rectangles sont semblables, lorsque les bases sont proportionnelles aux hauteurs.

Deux ellipses sont semblables, lorsque les axes de l'une sont proportionnelles aux axes de l'autre.

3° *Les figures d'espèce donnée qui dépendent des angles et de certaines longueurs sont semblables, lorsque les angles sont égaux et que les côtés homologues sont proportionnels.*

On peut d'ailleurs, au point de vue des lignes, retomber sur un des deux cas précédents.

Exemple. Deux secteurs circulaires sont semblables, lorsqu'ils ont même angle au centre.

Deux parallélogrammes sont semblables, lorsqu'ils ont un angle égal compris entre côtés homologues proportionnels.

4° *La même question peut parfois être énoncée de deux manières différentes, suivant que l'on considère les angles ou les lignes.*

Exemples. Deux losanges sont semblables, lorsqu'ils ont un angle égal, *ou bien,* deux losanges sont semblables, lorsque les diagonales de l'un d'eux sont proportionnelles à celles de l'autre.

Deux triangles isocèles sont semblables, lorsqu'ils ont même angle au sommet, *ou bien,* lorsque les bases sont proportionnelles aux autres côtés.

1134. Énoncés à proposer. La considération des cas d'égalité de deux figures, ou celui des données nécessaires pour construire une figure, permet de proposer un grand nombre de questions. Aux exemples donnés, bornons-nous à ajouter quelques cas relatifs aux trapèzes.

Deux trapèzes sont semblables :

1° Lorsqu'ils ont les angles égaux et les bases respectivement proportionnelles ;

2° Lorsqu'ils ont les angles égaux et que les bases moyennes sont proportionnelles aux hauteurs;

3° Lorsqu'ils ont les quatres côtés homologues proportionnels;

4° Lorsqu'ils ont les bases et les diagonales proportionnelles;

5° Lorsqu'ils ont les angles égaux et les diagonales proportionnelles.

Mais on obtient dans ce dernier cas deux groupes différents de trapèzes semblables, car, avec des angles et des diagonales données, on obtient deux trapèzes différents (n° 1132).

Exercice 326

1135. Théorème. *Les droites également inclinées sur la bissectrice d'un angle déterminent des triangles semblables.*

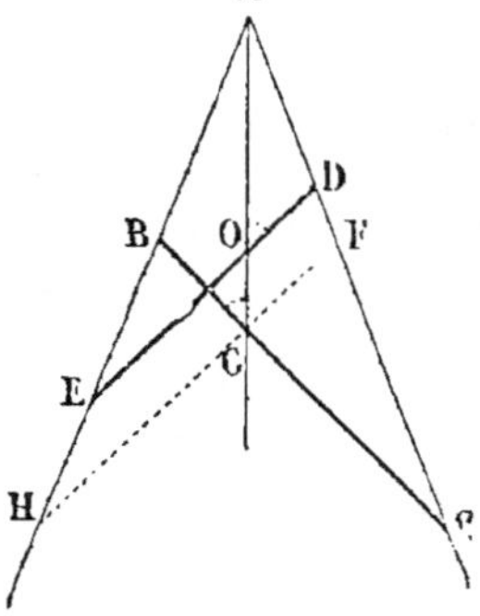

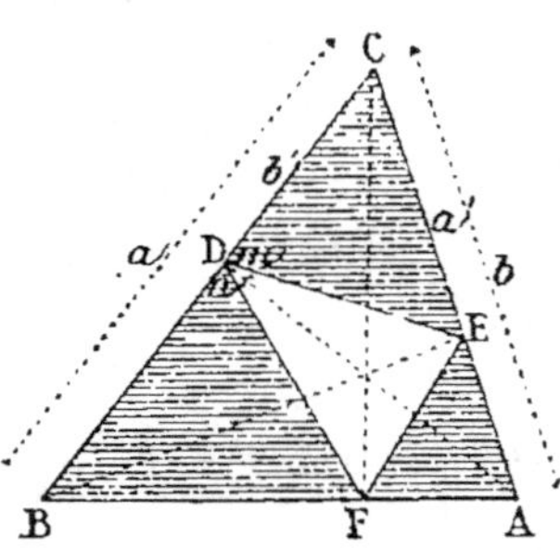

Fig. 713.

1° Les lignes sont parallèles. Le théorème est connu. (G., n° 212.)

2° Les lignes sont antiparallèles; si les angles AOD, AGB sont égaux, les triangles AOD, AGB ont deux angles égaux; donc B = D, et les triangles ABC, ADE sont équiangles; donc ils sont semblables.

C. Q. F. D.

On peut aussi mener FGH parallèle à DE.

Les triangles ABC, AFH sont égaux; donc ABC, ADE sont semblables.

Exercice 327

1136. Théorème. *Les droites qui joignent deux à deux les pieds des hauteurs d'un triangle déterminent trois triangles semblables au triangle primitif.*

Fig. 714.

Dans le triangle total ABC, les côtés a et b sont entre eux comme leurs projections a' et b' l'un sur l'autre; car les triangles rectangles BCE, ADC ont un angle aigu commun; donc ils sont semblables, et par suite

$$\frac{a}{b} = \frac{a'}{b'}$$

De cette proportion, il résulte que les deux triangles ABC et DEC sont semblables comme ayant en C un angle commun compris entre des côtés proportionnels. On démontrerait de même la similitude du triangle total avec les triangles BDF et AEF.

Il résulte de cela que les trois triangles formés vers les sommets sont semblables entre eux.

Remarque. Les droites AB et DE sont antiparallèles, par rapport aux côtés de l'angle C.

On peut dire aussi : ABDE est inscriptible, car les angles ADB, AEB sont droits; donc l'angle CDE = A, etc.

1137. Théorème. *Les hauteurs sont les bissectrices du triangle qui a pour sommets les pieds de ces mêmes hauteurs.*

En considérant la disposition des côtés homologues a et a' dans les deux triangles ABC et DEC, on reconnaît que l'angle A du grand triangle égale m du petit; en comparant les deux triangles ABC et DFB, on trouverait de même que l'angle A du premier égale n du second. Ainsi les deux angles m et n sont égaux, aussi bien que leurs compléments, qui, dans le triangle DEF, sont de part et d'autre de la hauteur AD.

Il en est de même en E et en F; donc *les hauteurs...* (Voir nº 662.)

Remarque. On obtient une seconde démonstration en considérant le quadrilatère inscriptible ABDE (fig 714).

1138. Théorème. *Si dans un triangle* ABC, *deux droites* BM, CN *se coupent sur la hauteur* AD, *cette hauteur est bissectrice de l'angle* MDN.

Abaissons les perpendiculaires MEF, NGH.

Les triangles OME, OGN sont équiangles, car G = M comme alternes-internes, et les angles en O sont égaux.

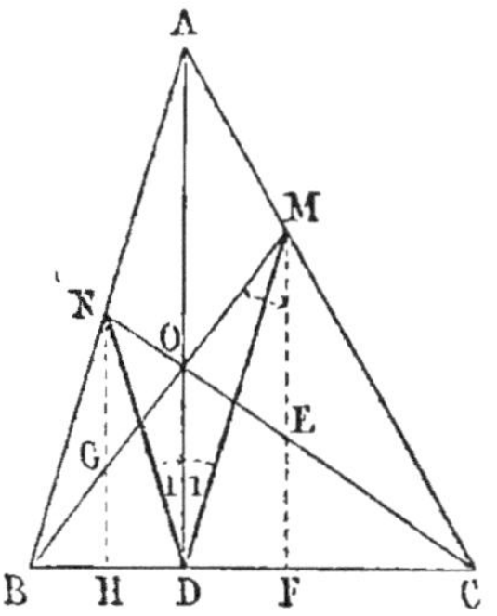

Donc $\dfrac{ME}{NG} = \dfrac{OE}{ON} = \dfrac{DF}{DH}$ (1)

(DF, DH sont les hauteurs des triangles semblables.)

Or $\dfrac{ME}{MF} = \dfrac{AO}{AD} = \dfrac{NG}{NH}$

On peut écrire $\dfrac{ME}{NG} = \dfrac{MF}{NH}.$ (2)

En comparant (1) et (2), on trouve

$$\frac{DF}{DH} = \frac{MF}{NH}$$

Ainsi les triangles rectangles DFM, DHN sont semblables comme ayant un angle égal compris entre côtés homologues proportionnels. Donc l'angle MDF = NDH, et la hauteur AD est bissectrice de l'angle MDN.

Remarque. Le théorème précédent (nº 1137) n'est qu'un cas particulier de celui-ci *.

Fig. 715.

---

* La démonstration que nous venons de donner (nº 1138) est analogue à celles que l'on trouve dans les ouvrages suivants : *Applications de Blanchet*, par E.-E. NÉEL, 1879, p. 11, nº 6, 2ᵉ moyen, et *Journal de mathématiques de Vuibert*.

Exercice 328

1139. **Théorème.** *Avec les médianes d'un triangle, prises pour côtés, on construit un nouveau triangle. Démontrer que les médianes de ce second triangle sont les $^2/_3$ des côtés correspondants du premier.*

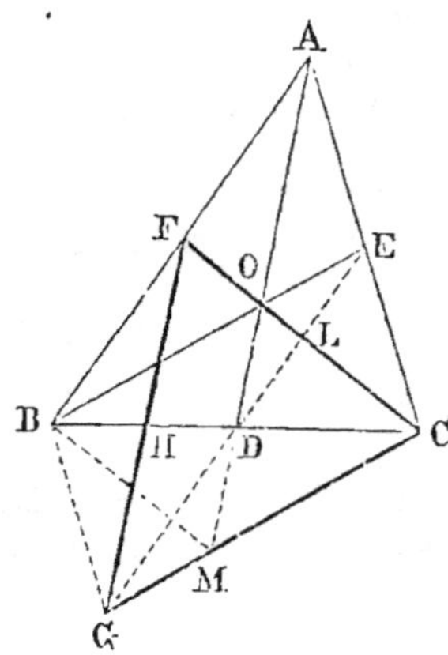

Fig. 716.

Soit ABC le triangle donné; les médianes se coupent en O aux $^2/_3$ de leur longueur.

En prenant DM = DO, on forme un parallélogramme BOCM, et le triangle OCM est formé par les $^2/_3$ des médianes, car OM = $^2/_3$AD, OC = $^2/_3$FG et CM = $^2/_3$BE.

Donc, si par le point B nous menons BG parallèle à AC, nous avons GC = BE et FG parallèle à OM, car CO et CM sont respectivement les $^2/_3$ de CF et de CG (G., n° 230); donc aussi OM = $^2/_3$FG, d'où FG = AD. Ainsi CFG est le triangle construit avec les médianes du triangle primitif.

Or DH, moitié de DC, égale la moitié de DB. En d'autres termes CH, médiane du second triangle, est les $^2/_3$ du côté CB.

Il en serait donc de même des autres médianes.

Remarque. Les points G, D, E sont en ligne droite, et GL est parallèle à AB.

1140. **Théorème.** *On donne le triangle 1. Avec les médianes de 1, prises pour côtés, on forme un triangle 2; avec les médianes du triangle 2, on forme un triangle 3, etc. Les triangles de rang impair 1, 3, 5... sont semblables entre eux. Les triangles de rang pair 2, 4, 6... sont semblables entre eux. Dans chaque groupe, les côtés d'un triangle sont les $^2/_3$ des côtés du triangle qui le précède.* (N. A., 1863, p. 93.)

Exercice 329

1141. **Théorème.** *Tous les rectangles circonscrits à un quadrilatère dont les diagonales se coupent à angle droit sont semblables entre eux.*

Deux rectangles sont semblables, lorsque les côtés adjacents de l'un d'eux sont dans le même rapport que les côtés adjacents du second (n° 1132, 2°).

Soit EFGH un rectangle circonscrit.

Par les points A et D, menons des parallèles aux côtés. Les triangles

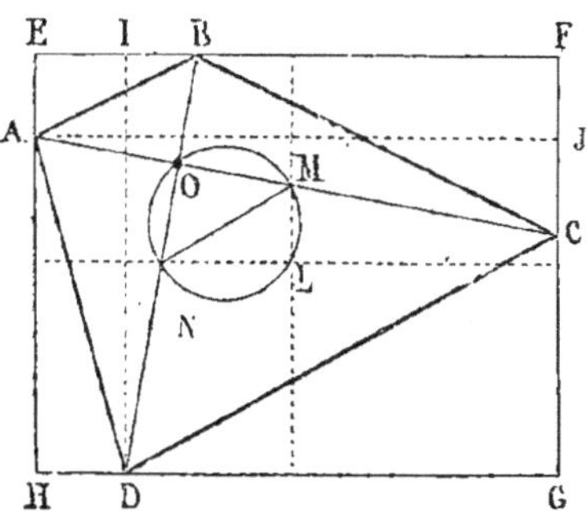

Fig. 717.

rectangles AJC, DBI sont semblables, car les côtés sont respectivement perpendiculaires; donc

$$\frac{AJ}{DI} = \frac{AC}{BD} \quad \text{rapport constant.} \qquad C.\,Q.\,F.\,D.$$

1142. Théorème. *Le lieu du point de concours des diagonales des rectangles circonscrits est la circonférence décrite, sur la droite MN, qui joint les milieux des diagonales du quadrilatère donné.*

En effet, le point de concours des diagonales est le même que le point de concours des droites qui joignent les points milieux des côtés opposés du rectangle; or ces droites sont à angle droit et passent par M et N; donc le lieu des points L est la circonférence MON.

Exercice 330

1143. Théorème. *On joint un point donné O à tous les sommets A, B, C, D... d'une figure donnée; sur chaque droite, ainsi menée, on détermine un point A', B'... tel qu'on ait*

$$\frac{OA}{OA'} = \frac{OB}{OB'} = \frac{OC}{OC'} = \frac{m}{n}, \quad \textit{rapport donné.}$$

Prouver que les polygones ABCD, A'B'C'D' sont semblables et semblablement placés; c'est-à-dire prouver que ces polygones sont homothétiques (n°s 1130 et 1145).

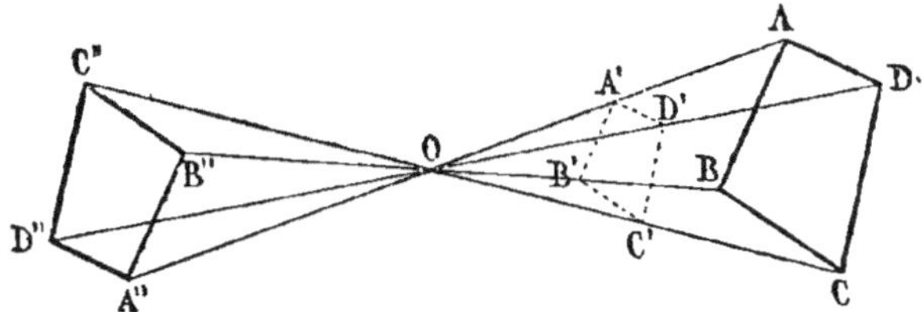

Fig. 718.

Les triangles tels que AOB, A'OB' sont semblables, comme ayant un angle égal compris entre côtés homologues proportionnels.

Donc
$$\frac{AB}{A'B'} = \frac{AO}{A'O} = \frac{m}{n}$$

et   l'angle $OAB = OA'B'$

De même
$$\frac{AD}{A'D'} = \frac{m}{n}$$

et   l'angle $OAD = OA'D'$

donc   l'angle $BAD = B'A'D'$

et les triangles BAD, $B'A'D'$ sont semblables, comme ayant un angle égal compris entre côtés homologues proportionnels; donc les polygones $ABCD$, $A'B'C'D'$ sont semblables, comme étant composés d'un même nombre de triangles semblables et semblablement placés.

1144. Théorème réciproque. *Les droites menées par les points homologues de deux figures homothétiques concourent au même point.* (G., n° 811.)

1145. Définitions. Le point O est le *centre* de similitude ou d'homothétie. On nomme *axe de similitude* toute droite OA'A qui passe par le centre de similitude *.

L'homothétie est *directe* ou *positive*, quand les polygones $ABCD$, $A'B'C'D'$ sont d'un même côté du centre O d'homothétie.

Les rayons vecteurs correspondants OA, OA' étant dans la même direction ont le même signe; le rapport $\dfrac{OA}{OA'}$ est positif.

L'homothétie est *inverse* ou *négative* quand les polygones $ABCD$, $A''B''C''D''$ sont de part et d'autre du centre O.

Les rayons vecteurs correspondants OA, OA'' sont dans le prolongement l'un de l'autre et, par rapport à l'origine O, ils sont de signe contraire; le rapport $\dfrac{OA}{OA''}$ est négatif.

1146. Théorème. *Toute droite, menée par le centre d'homothétie de deux polygones coupe les côtés de ces polygones ou leur prolongement en des points homologues, et détermine des segments proportionnels.*

Réciproquement. *Toute droite qui joint deux points homologues est un axe de similitude, et passe par le centre de similitude **.*

Exercice 331

1147. Théorème. *Deux polygones semblables, $ABCD$, $A'B'C'D'$, placés d'une manière quelconque sur un plan, ont un centre de similitude.*

---

* La dénomination *centres de similitude* et la considération de ces centres est due à EULER. (*Actes de Saint-Pétersbourg*, page 154. — Cit. BALTZER, *Die Elemente der Mathematik*, § 7, n° 3.)

** Dans l'*Appendice aux Éléments de Géométrie*, le § 7 (n° 810 à 823) est consacré à l'homothétie.

Il faut prouver qu'on peut trouver un point O tel que

$$\frac{AO}{A'O} = \frac{BO}{B'O} = \frac{CO}{C'O}, \text{ etc.}$$

et que l'angle $AOA' = BOB' = COC' = DOD'$, etc.

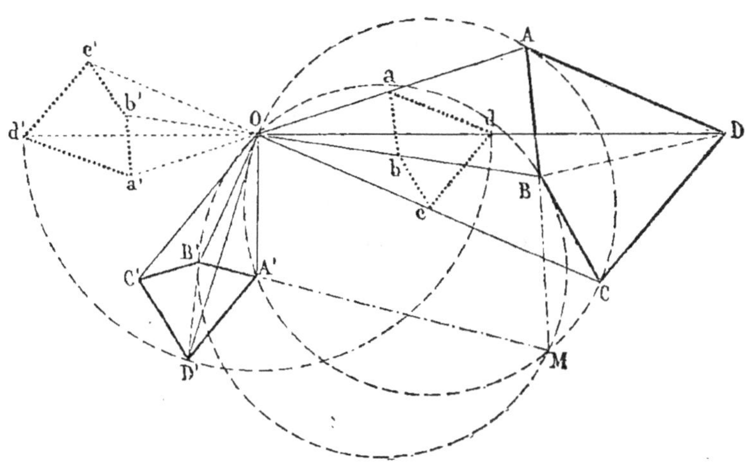

Fig. 719.

Prolongeons deux côtés homologues AB, A'B'; faisons passer une circonférence par AMA' et une autre par BMB'.

Ces deux circonférences se coupent en un point O qui est le point demandé. En effet, à cause des quadrilatères inscrits AOA'M, BOB'M, les angles AOA', BOB' sont égaux, comme ayant le même supplément M; donc l'angle $AOB = A'OB'$.

D'ailleurs l'angle OAB égale OA'B', car ils ont le même supplément OA'M.

Ainsi les triangles OAB et OA'B' sont semblables, car ils sont équiangles; d'où

$$\frac{OA}{OA'} = \frac{OB}{OB'} = \frac{AB}{A'B'} = \frac{m}{n}, \text{ rapport de similitude.}$$

Mais on a aussi $\dfrac{AD}{A'D'} = \dfrac{m}{n} = $ donc $\dfrac{OA}{OA'}$

et l'angle $BAD = B'A'D'$, car les triangles BAD, B'A'D' sont semblables par construction.

Ainsi les triangles AOD, A'OD' sont semblables, comme ayant un angle égal $A = A'$ compris entre côtés homologues proportionnels, d'où

$$\text{l'angle } AOD = A'OD' \quad \text{et} \quad \frac{OD}{OD'} = \frac{OA}{OA'} = \frac{m}{n}$$

Il en serait de même pour deux autres sommets homologues quelconques, donc O peut être considéré comme le centre de similitude des polygones donnés.

$$\frac{AB}{A'B'} \quad \text{ou} \quad \frac{m}{n} \quad \text{est le rapport de similitude.}$$

Les rayons vecteurs homologues tels que OA, OA′, OB, OB′ font entre eux un angle constant AOA′ supplémentaire de l'angle M formé par deux côtés homologues quelconques.

Remarque. En faisant tourner A′B′C′D′ de manière à l'amener en *abcd*, on obtient l'homothétie directe, et en l'amenant en *a′b′c′d′*, on obtient l'homothétie inverse. (Voir n° 1125, 2ᵉ *Démonstration*.)

1148. Théorème. *On joint un point O à tous les sommets d'un polygone ABCD; on forme des angles constants AOA′, BOB′, et l'on prend* $\dfrac{OA}{OA'} = \dfrac{OB}{OB'} = \dfrac{m}{n}$, *rapport donné; on obtient ainsi un polygone A′B′C′D′ semblable au premier.*

Ce théorème se déduit du précédent (n° 1147). Pour le démontrer, on peut considérer en premier lieu que les points *a, b, c, d* sont situés sur le prolongement de AO, BO,... puisque la figure *abcd* est amenée à la position A′B′C′D′ par une rotation autour du point O (n° 1125, 2° D).

Exercice 332

1149. Théorème. *Les trois centres de similitude de trois polygones homothétiques, pris deux à deux, sont en ligne droite.*

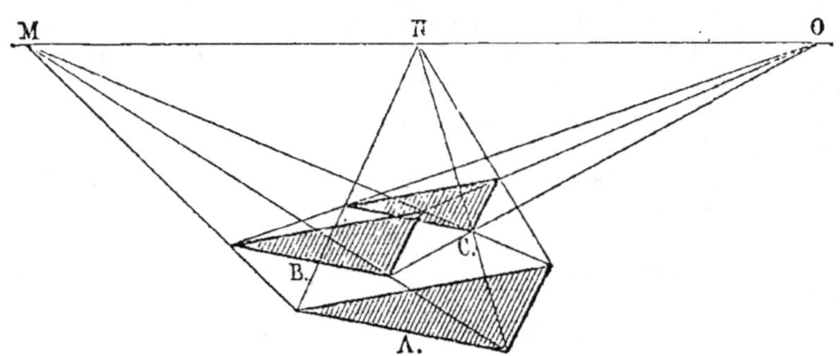

Fig. 720.

Soient M le centre de similitude des polygones A et B, N celui de A et C. Il faut prouver que la droite MN passe par le point O, centre de similitude de B et C.

La ligne MN, passant par M, est un axe de similitude pour A et B (n° 1145); passant par N, elle est un axe de similitude pour A et C; donc MN est un axe de similitude pour B et C, et doit passer par leur centre O.

Remarque. La proposition peut aussi se démontrer à l'aide des transversales. (G., n° 821.)

Les trois centres de similitude sont externes, ou bien deux sont externes et l'autre interne.

Relations numériques dans le Triangle.

1150. On peut trouver un grand nombre de relations numériques entre les côtés d'un triangle et les lignes principales telles que les hauteurs, les bissectrices, les médianes et les segments déterminés sur ces lignes par les divers points de concours auxquels elles peuvent donner lieu.

On emploie les triangles semblables et on utilise aussi les relations déjà obtenues (G., n°ˢ 245 et suivants.) On a recours très fréquemment au *Théorème de Pythagore* *. (G., n°ˢ 247-249.)

Exercice 333

1151. **Théorème.** *Deux hauteurs quelconques d'un triangle sont inversement proportionnelles aux bases correspondantes.*

Si l'on appelle a et b deux côtés quelconques, a' et b' les hauteurs correspondantes, les triangles rectangles qui ont respectivement pour côtés a, b' et b, a' sont semblables, car ils ont un angle aigu commun ;

donc $$\frac{a}{b'} = \frac{b}{a'} \qquad C.\ Q.\ F.\ D.$$

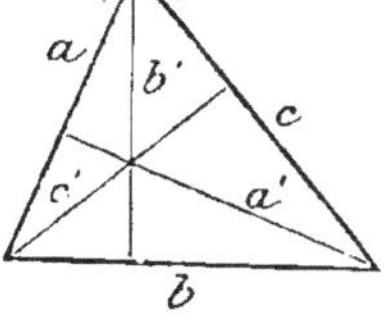

Fig. 721.

Après l'étude du livre IV, on peut donner cette seconde démonstration : le double de l'aire du triangle est donné par aa' ou bb' ;

donc $$aa' = bb' ; \quad \text{d'où} \quad \frac{a}{b'} = \frac{b}{a'}$$

---

* PYTHAGORE, né à Samos vers 580 av. J.-C., fut disciple de THALÈS. Il séjourna pendant vingt ans en Égypte, puis il fonda *l'École italique*. Il s'occupa beaucoup de la théorie des nombres. En géométrie, on lui doit le théorème du carré de l'hypoténuse d'un triangle rectangle.

Le mot *hypoténuse* veut dire *sous-tendante*, c'est-à-dire ligne qui sous-tend l'angle droit du triangle rectangle.

Les Grecs nommaient *cathètes* les côtés de l'angle droit ; les Italiens ont conservé cette dénomination.

Exercice 334

1152. **Théorème.** *Deux côtés quelconques a et b d'un triangle sont entre eux comme leurs projections l'un sur l'autre.*

Soient a' la projection du côté a sur b, et b' la projection de b sur a. Les triangles rectangles CDA et CEB sont semblables, car ils ont un angle aigu commun, en C. On a donc la proportion

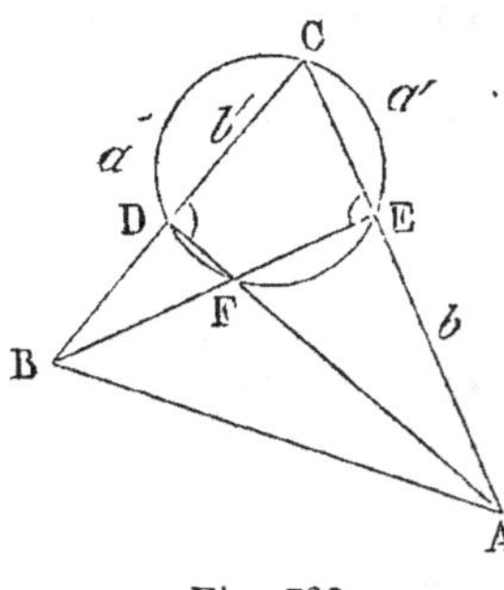

Fig. 722.

$$\frac{a}{b} = \frac{a'}{b'} \qquad C.\ Q.\ F.\ D.$$

1153. **Théorème.** *Le produit AC.AE d'un côté par le segment déterminé par la hauteur abaissée du sommet B, égale le produit AD.AF de la hauteur AD par le segment déterminé par la hauteur abaissée du sommet B.*

Le quadrilatère CDFE est inscriptible (fig. 722); on peut appliquer le théorème connu. (G., n° 259.)

(Voir aussi *Méthodes*, n° 292, *f.*)

1154. **Théorème.** *Les trois produits obtenus en multipliant l'un par l'autre les deux segments d'une même hauteur sont égaux.*

(*Méthodes*, n° 292, *g.*)

1155. **Théorème.** $\qquad AC^2 = BC.DC + BE.BF \qquad$ (fig. 722).

Exercice 335

1156. **Théorème.** *Lorsqu'on élève une perpendiculaire sur l'hypoténuse d'un triangle rectangle, le produit $PM \times PN$ des distances de son pied P aux points M et N où elle coupe les côtés de l'angle droit, égale le produit des segments déterminés sur cette hypoténuse par le point P.*

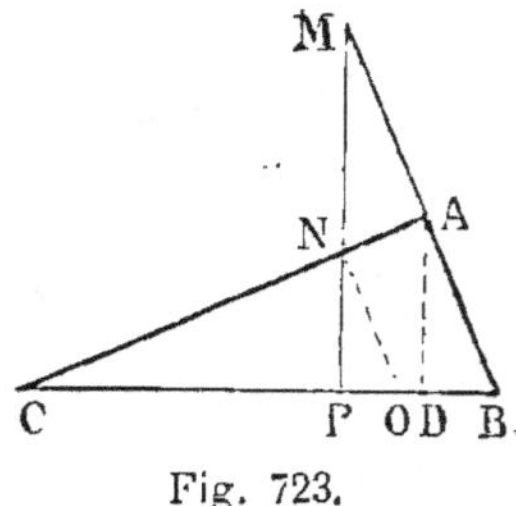

Fig. 723.

En effet, les triangles rectangles PBM et PCN sont semblables, car les angles M et C sont égaux;

donc $\qquad \dfrac{PM}{PB} = \dfrac{PC}{PN}$

d'où $\qquad PM \times PN = PB \times PC$

Scolie. Si on prend $PM \times PN = PB \times PC$ et qu'on mène les droites BM, CN, le lieu des points d'intersection A est la circonférence décrite sur BC comme diamètre.

1157. **Théorème.** *On a les relations :*

$$MA.MB = MN.MP \quad \text{et} \quad NA.NC = NP.NM$$

En effet, le quadrilatère ABPN est inscriptible; il en est de même du quadrilatère non convexe ACPM.

1158. Théorème. *Lorsque, par le sommet B d'un triangle ABC, on mène BD qui coupe AC ou son prolongement de manière qu'on ait l'angle CBD = CAB, le côté BC est moyen proportionnel entre CA et CD.*

Les triangles ABD, BCD sont équiangles;

donc $\dfrac{AD}{BD} = \dfrac{BD}{CD}$; $\quad BD^2 = AC \cdot AD$

$$C.\ Q.\ F.\ D.$$

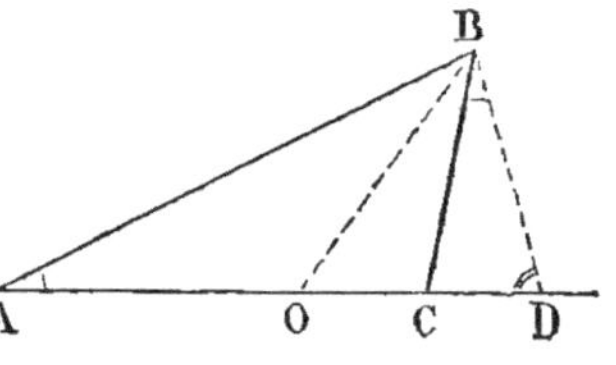

Fig. 724.

Exercice 336

1159. Théorème. *Lorsque la différence des angles à la base d'un triangle égale un droit, la hauteur de ce triangle est moyenne proportionnelle entre les distances de son pied aux extrémités de la base.*

Admettons que l'angle AOB — A = 1 droit et que BC soit la hauteur du triangle ABO (fig. 724). L'angle ABC = BOC, car ils ont pour complément le même angle A.

En effet, $\quad BOC = 2d - BOA = 2d - (1d + A)$

d'où $\quad\quad\quad\quad\quad BOC = 1d - A$

Les triangles rectangles ACB, CBO sont semblables, et l'on a

$$\frac{AC}{BC} = \frac{BC}{CO}; \quad \text{d'où} \quad BC^2 = CA \cdot CO \quad\quad C.\ Q.\ F.\ D.$$

Exercice 337

1160. Théorème. *Dans tout triangle, les parallèles x et y, menées à deux côtés AB, AC par un point quelconque du troisième, donnent une somme constante lorsqu'on multiplie ces perpendiculaires x et y par des coefficients n et m dont le rapport est inverse du rapport de AB à AC. Ainsi, pour* $\dfrac{AB}{AC} = \dfrac{m}{n}$, *on aura* $nx + my = constante.$

(*Méthodes*, n° 271.)

1161. Théorème. *Dans un triangle isocèle ABC ayant BC pour base, on abaisse la perpendiculaire CD sur un des côtés égaux; prouver que la somme des carrés des trois côtés du triangle égale* $BD^2 + 2DA^2 + 3CD^2$. (*Questions proposées sur les Éléments de Géométrie, par* P.-F. Compagnon, n° 255.)

$$CB^2 = CD^2 + BD^2$$
$$AC^2 = CD^2 + AD^2$$
$$AB^2 \text{ ou } AC^2 = CD^2 + AD^2$$

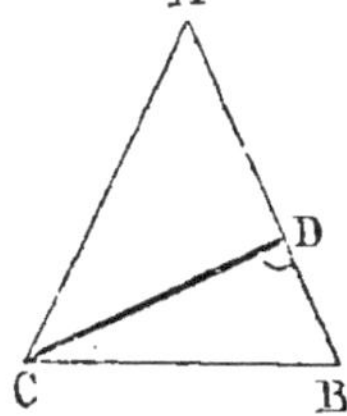

Fig. 725.

$$\overline{AB^2 + AC^2 + BC^2 = BD^2 + 2AD^2 \times 3CD^2}$$

$$C.\ Q.\ F.\ D.$$

Exercice 338

1162. Théorème. *La somme de deux côtés quelconques d'un triangle, multipliée par leur différence, égale la somme de leurs projections sur le troisième côté, multipliée par la différence de ces mêmes projections.*

Soit ABC un triangle quelconque, a et b les deux côtés considérés, a' et b' leurs projections sur le troisième côté AB.

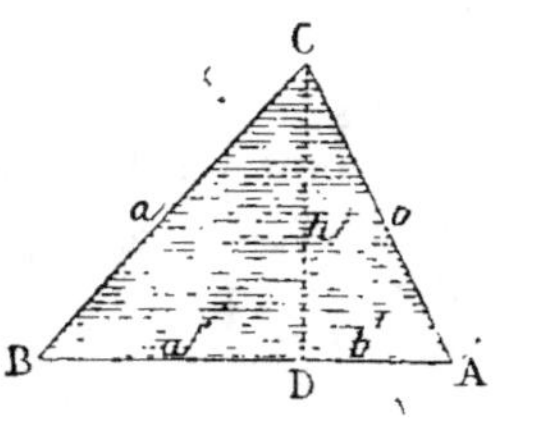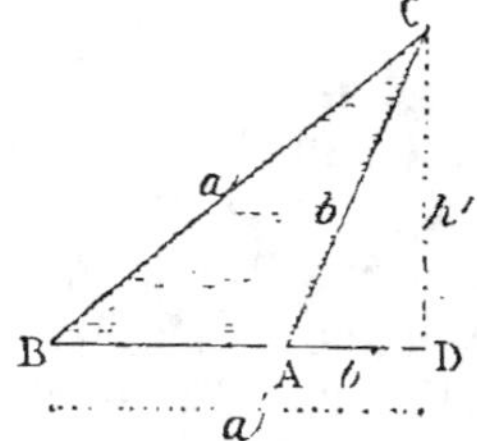

Fig. 725.

Les triangles rectangles CDA et CDB donnent

$$a^2 = h^2 + a'^2; \quad b^2 = h^2 + b'^2$$

d'où
$$a^2 - b^2 = a'^2 - b'^2$$

ce qui revient à $\quad (a+b)(a-b) = (a'+b')(a'-b') \qquad$ C. Q. F. D.

Exercice 339

1163. Théorème. *La différence des carrés de deux côtés quelconques CB et CA d'un triangle, égale la différence des carrés de leurs projections DB et DA sur le troisième côté.*

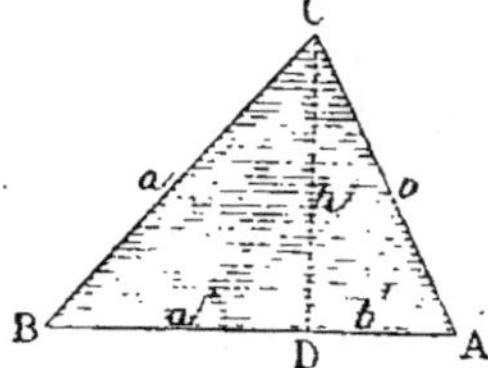

En effet, des relations $\quad a^2 = h^2 + a'^2 \quad$ et $b^2 = h^2 + b'^2$,

on déduit $\quad a^2 - b^2 = a'^2 - b'^2$

Remarque. On sait d'ailleurs que la perpendiculaire DC est le lieu des points C tels que la différence des carrés de leurs distances aux points A et B est constante (n° 71).

Fig. 726.

1164. Théorème. *La différence des carrés de deux côtés quelconques d'un triangle égale deux fois le troisième côté, multiplié par la* *projection, sur ce même côté, de la médiane comprise entre les deux premiers.*

En effet, dans le triangle CDB, on a $a^2 = d^2 + m^2 + 2mn$ (1)

dans le triangle CDA,

$$b^2 = d^2 + m^2 - 2mn \quad (2).$$

d'où en soustrayant

$$a^2 - b^2 = 4mn = 2cn$$

C. Q. F. D.

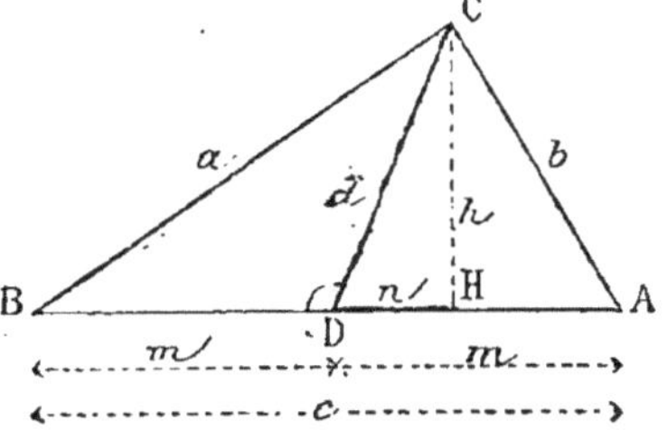

Fig. 727.

Remarque. On peut écrire $n = \dfrac{a^2 - b^2}{2c}$;   donc, pour une différence constante, $a^2 - b^2 = k^2$;   le segment n est constant ; ainsi le lieu des points C est une perpendiculaire HC telle que $n = \dfrac{k^2}{2c}$.

Ce résultat est bien connu (nos 71 et 1163); mais il est utile de montrer qu'on peut y parvenir par différentes voies.

Exercice 340

1165. Théorème. *Lorsque deux triangles rectangles sont semblables, le produit des hypoténuses est égal à la somme des produits des côtés homologues.* (Doston*, N. A. 1869, page 433.)

Soient a, b, c les côtés d'un triangle; a', b', c' ceux du second. Si m est le rapport de similitude des côtés des deux triangles, on aura

$$a' = am; \quad b' = bm; \quad c' = cm$$

Or la relation à démontrer, c'est-à-dire

$$aa' = bb' + cc' \qquad (1)$$

peut se représenter par $aam = bbm + ccm$

ou $\quad a^2 = b^2 + c^2$ égalité connue ;

donc la relation (1) est démontrée.

1166. Théorème. *Si, du milieu d'un côté de l'angle droit d'un triangle rectangle, on abaisse une perpendiculaire sur l'hypoténuse, la différence des carrés des segments formés sur l'hypoténuse égale le carré de l'autre côté de l'angle droit.*

Soit $AD = DB$ et $EC = m$, $BE = n$

$$m^2 = DC^2 - DE^2$$
$$n^2 = BD^2 - DE^2$$

d'où $m^2 - n^2 = DC^2 - BD^2 = DC^2 - AD^2 = b^2$

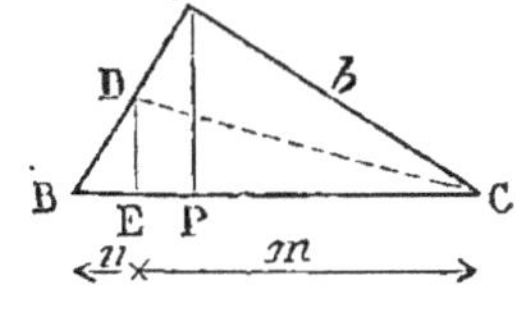

Fig. 728.

---

* M. Doston, professeur à l'université catholique de Paris, auteur de nombreux articles publiés par les *Nouvelles Annales mathématiques*, les *Archives de mathématiques et de physique*, etc. On lui doit aussi les *Éléments de la théorie des déterminants.*

1167. **Théorème.** *Pour avoir la moyenne proportionnelle entre deux lignes données a et b, on peut procéder comme il suit :*

Sur une droite, on prend une longueur AB égale à b, la plus petite des lignes données, puis on prend ABC et BAD = a. Des points C et D comme centre avec a pour rayon, on décrit des arcs qui se coupent au point O. La ligne OA = OB est la moyenne proportionnelle demandée. (N. A., 1857, page 125.)

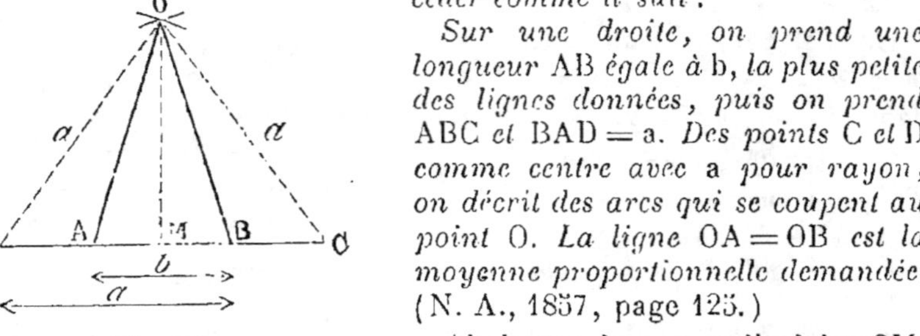

Fig. 729.

Abaissons la perpendiculaire OM.

$$AO^2 = AM^2 + OM^2$$

$$AM^2 = \frac{b^2}{4}; \quad OM^2 = OD^2 - DM^2 = a^2 - \left(a - \frac{b}{2}\right)^2$$

$$OM^2 = a^2 - a^2 + ab - \frac{b^2}{4} = ab - \frac{b^2}{4}$$

donc $\quad AM^2 + OM^2 \quad$ ou $\quad AO^2 = ab \qquad$ C. Q. F. D.

Exercice 341

1168. **Théorème.** *Si du sommet de l'angle droit d'un triangle rectangle on abaisse une perpendiculaire sur l'hypoténuse, les cubes des côtés de l'angle droit sont entre eux comme les projections des segments de l'hypoténuse sur les mêmes côtés.*

Soient $\quad AC = b, \quad AB = c, \quad DC = m, \quad DB = n, \quad CE = p, \quad BF = q.$

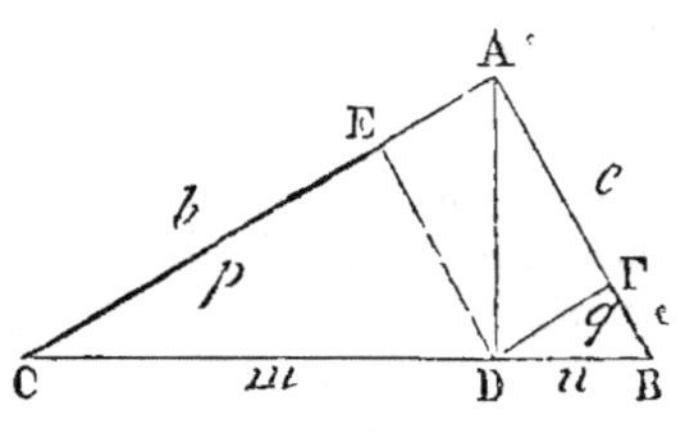

Fig. 730.

On sait qu'on a

$$\frac{b^2}{c^2} = \frac{m}{n} \quad \text{ou} \quad \frac{b^4}{c^4} = \frac{m^2}{n^2}$$

Or, les triangles semblables ADC, DEC donnent

$$\frac{m}{b} = \frac{p}{m}; \quad m^2 = bp$$

de même $\quad \dfrac{n}{c} = \dfrac{q}{n}; \quad n^2 = cq$

donc $\quad \dfrac{b^4}{c^4} = \dfrac{bp}{cq};$ d'où $\quad \dfrac{b^3}{c^3} = \dfrac{p}{q} \qquad$ C. Q. F. D.

1169. **Théorème.** *Soit m la projection de b sur l'hypoténuse; m_1 la projection de m sur b; m_2 celle de m_1 sur l'hypoténuse, etc.; on a :*

$$\frac{b^2}{c^2} = \frac{m}{n}; \quad \frac{b^3}{c^3} = \frac{m_1}{n_1}; \quad \frac{b^4}{c^4} = \frac{m_2}{n_2} \ldots \quad \frac{b^k}{c^k} = \frac{m_{k-2}}{n_{k-2}}$$

Exercice 342

1170. Théorème. *La somme des carrés des trois médianes d'un triangle égale les $^3/_4$ de la somme des carrés des trois côtés.*

Soient d, e, f les médianes qui aboutissent respectivement aux côtés a, b, c.

On sait que la somme des carrés de deux côtés quelconques d'un triangle égale deux fois le carré de la médiane du troisième côté, plus la moitié du carré de ce troisième côté. (G., n° 254.)

Donc
$$2d^2 + \frac{a^2}{2} = b^2 + c^2$$

$$2e^2 + \frac{b^2}{2} = a^2 + c^2$$

$$2f^2 + \frac{c^2}{2} = a^2 + b^2$$

d'où $\qquad 2(d^2 + e^2 + f^2) + {}^1/_2(a^2 + b^2 + c^2) = 2(a^2 + b^2 + c^2)$

d'où $\qquad\qquad d^2 + e^2 + f^2 = {}^3/_4(a^2 + b^2 + c^2) \qquad$ C. Q. F. D.

1171. Théorème. *La somme des carrés des médianes des triangles rectangles qui ont même hypoténuse est une quantité constante.*

Soit a l'hypoténuse constante; d, la médiane correspondante, est la moitié de l'hypoténuse (n° 492).

D'ailleurs $\qquad\qquad\qquad b^2 + c^2 = a^2$

donc la formule (1170) $\quad d^2 + e^2 + f^2 = {}^3/_4(a^2 + b^2 + c^2)$

devient $\qquad\qquad\qquad \dfrac{a^2}{4} + e^2 + f^2 = \dfrac{3}{4}(2a^2)$

d'où $\qquad\qquad\qquad c^2 + f^2 = {}^5/_4 a^2 \quad$ quantité constante.

1172. Théorème. *Dans tout triangle, le carré de la distance du centre du cercle circonscrit au point de concours des médianes, égale le carré du rayon du cercle circonscrit, moins le neuvième de la somme des carrés des côtés.*

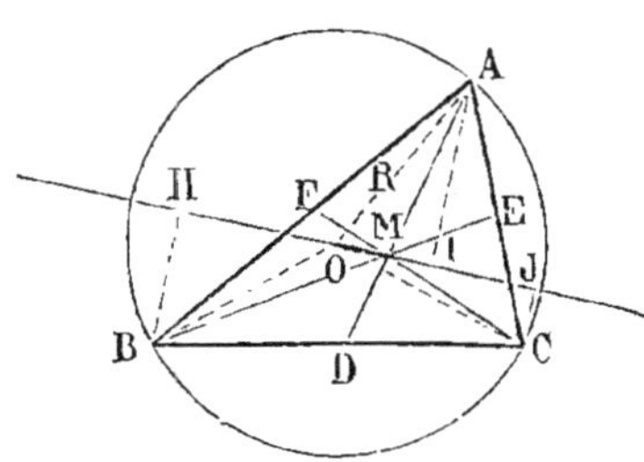

Fig. 731.

Projetons les sommets sur la droite OM; on sait que
$$MH = MI + MJ \qquad (n° 463) \qquad\qquad (1)$$

Dans le triangle AOM, on a $R^2 = MA^2 + MO^2 + 2MO \cdot MI$

        »   COM   » $R^2 = MC^2 + MO^2 + 2MO \cdot MJ$

        »   BOM   » $R^2 = MB^2 + MO^2 - 2MO \cdot MH$

En ajoutant et tenant compte de la relation (1), on trouve

$$3R^2 = MA^2 + MC^2 + MB^2 + 3MO^2$$

Mais $AM = {}^2/_3 AD$; donc $AM^2 = {}^4/_9 AD$, et de même pour les autres médianes; ainsi la somme $MA^2 + MC^2 + MB^2$ est les ${}^4/_9$ de la somme des carrés des médianes; or, celle-ci est les ${}^3/_4$ de la somme des carrés des côtés.

Ainsi $MA^2 + MB^2 + MC^2 = {}^3/_9 (a^2 + b^2 + c^2)$

d'où $3MO^2 = 3R^2 - {}^3/_9 (a^2 + b^2 + c^2)$

donc $MO^2 = R^2 - {}^1/_9 (a^2 + b^2 + c^2)$ C. Q. F. D.

Exercice 343

1173. Théorème. *Si dans un triangle on joint le sommet à un point quelconque de la base, le carré de cette droite, multiplié par la base, égale la somme des carrés des autres côtés, chacun d'eux étant multiplié par le segment opposé de la base, moins le produit obtenu en multipliant la base par chacun de ses deux segments.* (CARNOT, *Géométrie de position,* page 263.)

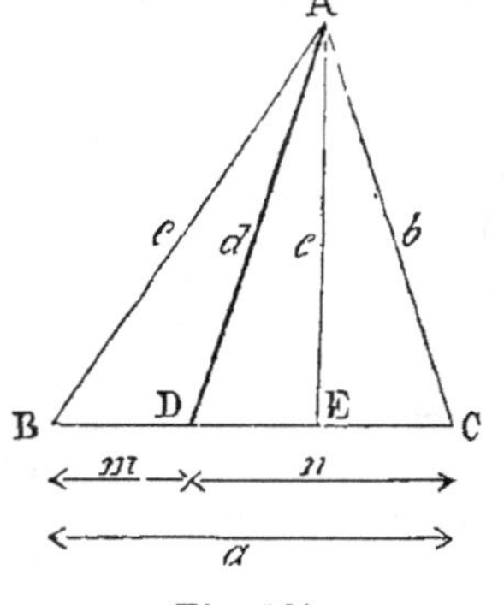

Fig. 732.

Le théorème proposé est l'extension du théorème connu des médianes, et se démontre d'une manière analogue.

Soient AD ou d la ligne donnée, et AE la hauteur du triangle.

$$c^2 = d^2 + m^2 + m \cdot DE$$
$$b^2 = d^2 + n^2 - n \cdot DE$$

Multiplions tous les termes de la première égalité par n, et ceux de la seconde par m.

$$c^2 n = d^2 n + m^2 n + mn \cdot DE$$
$$b^2 m = d^2 m + n^2 m - mn \cdot DE$$

d'où $b^2 m + c^2 n = d^2 (m + n) + m \cdot n (m + n) = d^2 a + amn$

donc $d^2 a = b^2 m + c^2 n - amn$ C. Q. F. D.

Remarques. 1° Ce théorème permet de calculer la longueur d'une droite qui joint le sommet d'un triangle à un point donné de la base.

Pour la médiane, on a $m = n = \dfrac{a}{2}$, ce qui permet de diviser par m,

$d^2 \times 2 = b^2 + c^2 - 2m^2$; résultat connu.

2° Le *théorème de Carnot* (n° 1173) peut être employé dans un grand nombre de cas. On peut citer, comme scolie, le théorème suivant :

Théorème. *L'hypoténuse d'un triangle rectangle est divisée en trois parties égales ; on joint le sommet de l'angle droit aux deux points de division. La somme des carrés de ces deux lignes, augmentée du carré du $1/3$ de l'hypoténuse, égale les $2/3$ du carré de l'hypoténuse.* (COMPAGNON, n° 268.)

Lorsque $m = \dfrac{a}{3}$ et que $n = \dfrac{2a}{3}$,

il faut prouver que l'on a
$$d^2 + e^2 + DE^2 = {}^2/_3\, a^2$$

La formule connue (n° 1173)
$$d^2 a = b^2 m + c^2 n - a m n$$

devient, lorsque $m = \dfrac{a}{3}$,

$n = \dfrac{2}{3} a$ et qu'on simplifie,
$$d^2 = {}^1/_3\, b^2 + {}^2/_3\, c^2 - {}^2/_9\, a^2$$

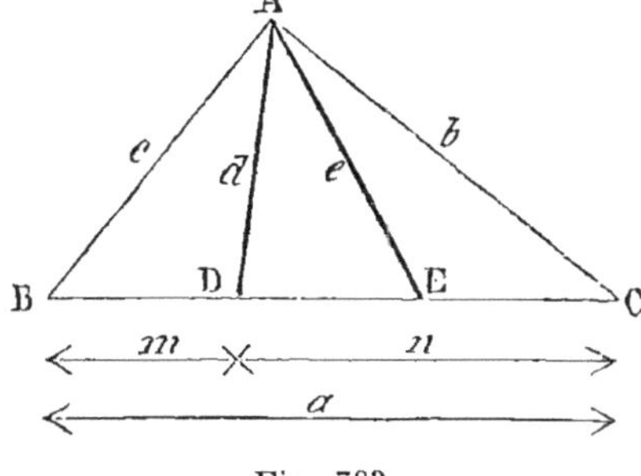

de même
$$e^2 = {}^2/_3\, b^2 + {}^1/_3\, c^2 - {}^2/_9\, a^2$$

Fig. 733.

En ajoutant membre à membre ces deux égalités, on obtient successivement
$$d^2 + e^2 = b^2 + c^2 - {}^4/_9\, a^2$$

Mais
$$DE^2 = \frac{a^2}{9} \quad \text{et} \quad b^2 + c^2 = a^2$$

donc
$$d^2 + e^2 + \frac{a^2}{9} = a^2 - \frac{4}{9} a^2 + \frac{a^2}{9}$$

ou
$$AD^2 + DE^2 + AE^2 = {}^2/_3\, a^2 \qquad C.\ Q.\ F.\ D.$$

1174. Théorème. *Le carré d'une bissectrice extérieure d'un triangle égale le produit des segments du côté opposé, diminué du produit des côtés adjacents.*

Les deux triangles semblables CDB et CAE donnent :
$$\frac{CB}{CE} = \frac{CD}{CA}.$$

ou
$$\frac{a}{e - d} = \frac{d}{b}$$

d'où
$$ab = de - d^2$$

et
$$d^2 = de - ab$$

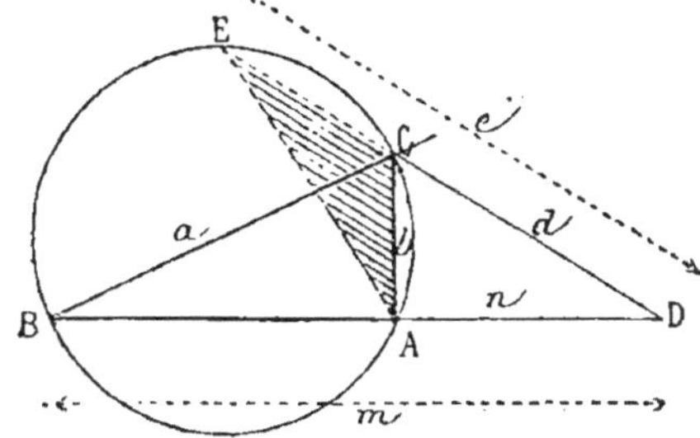

Fig. 734.

A cause des sécantes DB et DE, le produit *de* peut être remplacé par son égal *mn*, et l'on a $d^2 = mn - ab$ $\qquad C.\ Q.\ F.\ D.$

1175. Théorème. *On mène une parallèle LM à la base d'un triangle inscrit ABC, et l'on joint le sommet C aux points L et M. Prouver que le produit CM.CN égale le produit CA.CB des deux côtés.*

Les triangles BCN, ACM sont semblables (fig. 735), car ils sont équiangles.

En effet, l'angle inscrit $B = N$ et l'angle $BCN = ACM$;

donc
$$\frac{CA}{CM} = \frac{CN}{CB}$$

d'où
$$CA . CB = CM . CN \qquad\qquad C. Q. F. D.$$

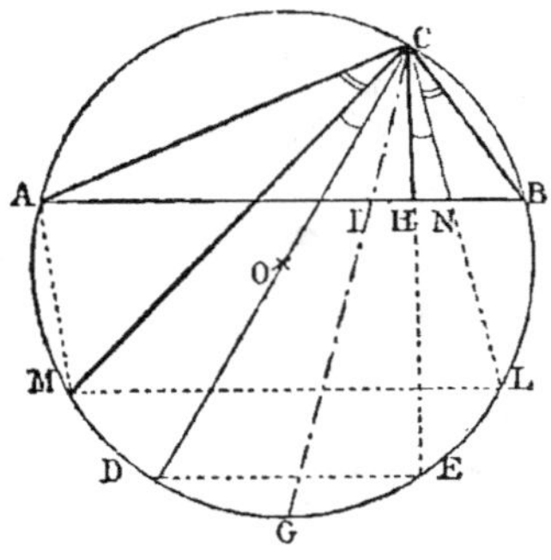

Fig. 735.

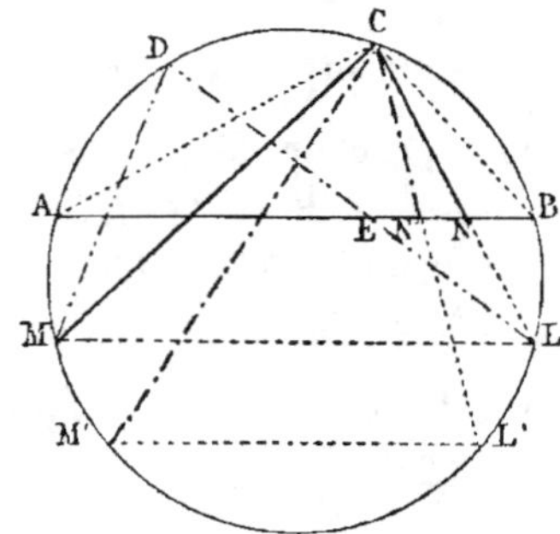

Fig. 736.

Scolies. 1. Deux théorèmes connus (G., n°s 270 et 268) ne sont que des cas particuliers du théorème que nous venons de donner.

1° *Le produit de deux côtés quelconques d'un triangle égale la hauteur relative au troisième côté, multipliée par le diamètre du cercle circonscrit* (fig. 735).

En effet, l'angle CAD est droit, il a pour mesure $\dfrac{CB + BE + ED}{2}$.

L'angle droit H a pour mesure $\dfrac{CB + ED + DA}{2}$.

Donc $BE = DA$, et la corde DE est parallèle à AB; donc
$$CA . CB = CD . CH$$

2° *Le produit de deux côtés quelconques d'un triangle égale le carré de la bissectrice intérieure correspondante, plus le produit des segments déterminés sur le troisième côté par cette bissectrice* (fig. 735).

En effet, la parallèle extrême donne le point G milieu de AB, et la droite CG est bissectrice de l'angle C. Les droites, telles que CM, CN, coïncident; donc $CA . CB = CI . CG = CI^2 + AI . BI$

De même pour la bissectrice extérieure.

II. *Pour les parallèles quelconques* LM, L'M' (fig. 736), *on a*
$$CM . CN = CM' . CN'$$

III. *Pour un point quelconque de l'arc ACB* (fig. 736) *et une parallèle donnée* LM, *on a* $CM . CN = DM . DE$

Ainsi les triangle MCN, MDE sont équivalents, car ils ont un angle égal compris entre deux côtés qui donnent des produits égaux. (G., n° 329.)

Exercice 344

1176. Théorème. *Le produit des distances d'un point quelconque de la circonférence inscrite dans un triangle aux trois côtés de ce* *triangle, égale le produit des distances du même point aux trois côtés du triangle formé en joignant deux à deux les points de contact du premier.*

Soient a, b, c les distances du point M aux côtés du triangle inscrit, et d, e, f les distances du même point aux côtés du triangle circonscrit.

On sait que la distance du point M à une corde est moyenne proportionnelle entre les distances du même point aux tangentes menées par les extrémités de cette corde (n°s 25 et 1129, R).

Donc $a^2 = de$; $b^2 = ef$; $c^2 = fd$

d'où $abc = def$

C. Q. F. D.

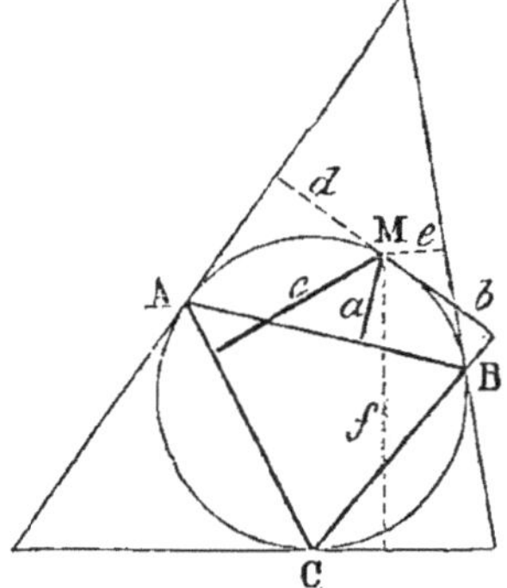

Fig. 737.

Remarque. On peut démontrer le théorème en utilisant directement les théorèmes connus : *Le produit de deux côtés d'un triangle égale la hauteur multipliée par le diamètre du cercle circonscrit* (G., n° 270); et *La distance d'un point quelconque d'une circonférence au point de contact d'une tangente fixe est moyenne proportionnelle entre le diamètre du cercle et la distance du point considéré à la tangente fixe* (n° 1128).

Ainsi $2ra = \mathrm{MA.MB}$; $2rb = \mathrm{MA.MC}$; $2rc = \mathrm{MB.MC}$

d'où $8r^3 abc = \mathrm{MA^2 . MB^2 . MC^2}$ (1)

Mais $2rd = \mathrm{MA^2}$; $2re = \mathrm{MB^2}$; $2rf = \mathrm{MC^2}$

d'où $8r^3 def = \mathrm{MA^2 . MB^2 . MC^2}$ (2)

En comparant (1) et (2), on a

$abc = def$ C. Q. F. D.

1177. Théorème. *Lorsque les points de contact* L, M, N *d'un triangle circonscrit* ABC *sont les sommets d'un triangle inscrit, le rapport des distances du centre à deux sommets opposés de ces deux triangles égale le rapport des distances de ces mêmes sommets aux côtés opposés.* (SALMON*.)

Il faut prouver que l'on a

$$\frac{\mathrm{AO}}{\mathrm{LO}} = \frac{\mathrm{AF}}{\mathrm{LE}}$$

---

* SALMON, géomètre anglais, auteur de nombreux mémoires; on lui doit, entre autres ouvrages, un remarquable *Traité de Géométrie analytique.*

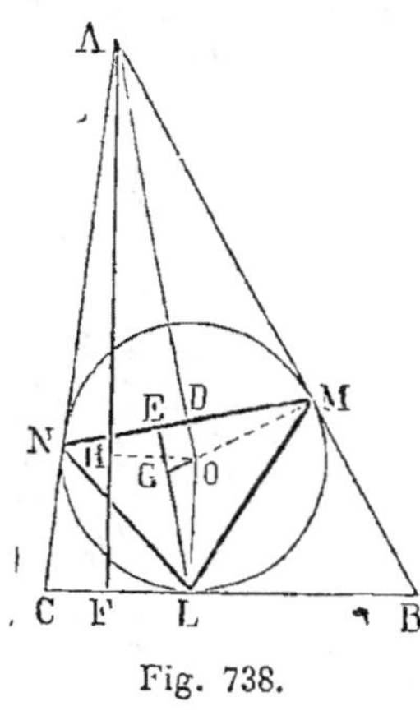

Fig. 738.

Les triangles semblables AOH, OLG donnent

$$\frac{AO}{LO} = \frac{AH}{LG} \qquad (1)$$

Or, $\qquad AO.DO = OM^2 = OL^2$

d'où $\qquad \dfrac{AO}{LO} = \dfrac{LO}{DO} \qquad (2)$

D'après les proportions (1) et (2), on peut écrire

$$\frac{AO}{LO} = \frac{LO}{DO} = \frac{AH}{LG}$$

d'où

$$\frac{AO}{LO} = \frac{LO + AH}{LO + LG} = \frac{AF}{LE}$$

C. Q. F. D.

Exercice 345

1178. Théorème. *Par un point quelconque M d'une circonférence, on mène une sécante dans une direction donnée; elle coupe une corde fixe en un point A et les tangentes menées au cercle par les extrémités de la corde en des points B et C; prouver que le rapport* $\dfrac{MB.MC}{MA^2}$ *est constant.*

(*Méthodes*, n° 290.)

1179. Théorème. *On donne un triangle circonscrit à un cercle, et le triangle inscrit formé par les trois cordes de contact du premier (n° 1176); si l'on coupe la circonférence et les deux triangles par des sécantes parallèles à une droite donnée, le produit des distances du point M aux points où la sécante rencontre les côtés du triangle inscrit est au produit des distances du même point M aux points où la sécante rencontre les côtés du triangle circonscrit, dans un rapport constant.*

C'est évident, d'après les théorèmes précédents (n°s 1176 et 1178).

1180. Théorème. *Par un point quelconque de la circonférence inscrite dans un triangle, on mène une sécante dans une direction donnée; le produit des distances de ce point aux trois points d'intersection des cordes de contact et de la sécante, étant divisé par le produit des distances de ce même point aux trois côtés du triangle circonscrit, donne un rapport constant.*

Ce théorème, qu'on peut étendre à un polygone circonscrit d'un nombre quelconque de côtés et au polygone inscrit, obtenu en joignant deux à deux les points de contact du premier, se démontre d'une manière analogue au théorème de l'*Exercice 344*, mais en utilisant le théorème de l'*Exercice 345* (n°s 1176 et 1178).

Soient a, b, c les distances du point de la circonférence aux trois points d'intersection de la sécante et des côtés du triangle inscrit; *d*, *e*, *f* les distances du même point aux points où la sécante rencontre les côtés du triangle circonscrit; enfin représentons par *l*, *m*, *n* des valeurs constantes; on aura :

$$\frac{a^2}{de} = l; \quad \frac{b^2}{ef} = m; \quad \frac{c^2}{fd} = n$$

$$\frac{abc}{efg} = \sqrt{lmn} \qquad\qquad C.\ Q.\ F.\ D.$$

1181. Remarques. 1° La constante dépend à la fois du triangle donné et de la direction de la sécante.

2° En représentant par a', b', c'; d', e', f' les distances des mêmes points d'intersection au second point où la sécante coupe la circonférence, on aura, *quelle que soit la direction de cette sécante* :

$$\frac{abc}{def} = \frac{a'b'c'}{d'e'f'}$$

Exercice 346

1182. Théorème d'Euler. *Dans tout triangle, la distance* d *du centre du cercle circonscrit au centre du cercle inscrit est donnée par la relation* $d^2 = R(R - 2r)$.

(Voir *Méthodes*, n° 327.)

1183. Théorème. *En désignant par* r_a *le rayon du cercle ex-inscrit tangent au côté* a, *et par* d_a *la distance de ce centre au centre du cercle circonscrit, on a* $d_a^2 = R(R + 2r_a)$.

(Voir *Méthodes*, n° 328.)

Note. *La relation d'Euler* est le premier pas qui ait été fait dans une voie où d'illustres géomètres ont marché après lui : il s'agit des polygones à la fois inscrit et circonscrit à deux cercles, ou plus généralement à deux coniques. Nicolas Fuss, en 1792, chercha à résoudre un problème qui porte son nom : *déterminer la relation qui lie les rayons et la distance des centres de deux circonférences dont l'une est inscrite et l'autre circonscrite à un polygone donné,* mais il ne put réussir que pour quelques cas particuliers.

Plus tard, Poncelet, en 1817-1822, traita géométriquement le problème plus étendu de l'inscription et de la circonscription d'un même polygone à deux coniques, et le résolut dans toute sa généralité.

En 1828, Jacobi [*] s'est occupé du même problème au point de vue analytique.

1184. Théorème. *Dans tout triangle, la somme des carrés des distances du centre du cercle circonscrit aux centres des quatre cercles*

---

[*] Jacobi (1804-1851), un des plus illustres mathématiciens de l'Allemagne, s'occupa, dès 1829, des *fonctions elliptiques,* et découvrit la *galvanoplastie* en 1836

tangents aux trois côtés du triangle, égale douze fois le carré du rayon du cercle circonscrit.

$$d^2 = R(R - 2r) \qquad (n° 1182)$$
$$d_a^2 = R(R + 2r_a)$$
$$d_b^2 = R(R + 2r_b)$$
$$d_c^2 = R(R + 2r_c)$$
$$d^2 + d_a^2 + d_b^2 + d_c^2 = R(4R + 2r_a + 2r_b + 2r_c - 2r)$$

Mais on sait que la somme des trois rayons des cercles ex-inscrits, étant diminuée du rayon du cercle inscrit, égale 4R (n° 736); donc le second membre devient

$$R(4R + 8R) \quad \text{ou} \quad 12R^2 \qquad C. \ Q. \ F. \ D.$$

1185. Théorème. *Si l'on mène un diamètre commun MN aux circonférences inscrite et circonscrite à un triangle ABC, le rayon de la circonférence inscrite est moyen proportionnel entre les segments MP, NQ compris entre les deux circonférences.* (N. A., 1850, page 216.)

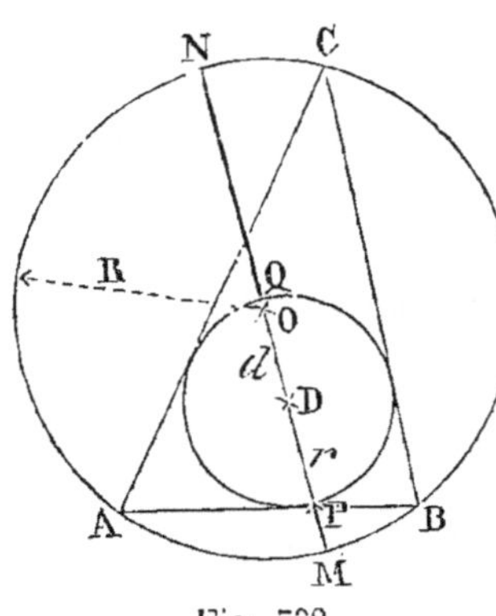

Fig. 739.

Soient $ON = OM = R$; $OD = d$; $DQ = DP = r$.

$$MP = OM - OD - DP = R - r - d$$
$$NQ = ND - DQ \qquad = R - r + d$$
$$MP \cdot NQ = (R - r)^2 - d^2$$

Or, d'après le théorème d'*Euler*,

$$d^2 = R(R - 2r) \quad \text{ou} \quad = R^2 - 2Rr$$

donc $$MP \cdot NQ = R^2 - 2Rr + r^2 - (R^2 - 2Rr)$$
ou $$MP \cdot NQ = r^2 \qquad C. \ Q. \ F. \ D.$$

Remarque. $$MQ \cdot NP = 4Rr + r^2$$

Relations numériques dans le Quadrilatère.

1186. L'étude des relations numériques dans le quadrilatère offre un grand intérêt, par suite de l'emploi des *systèmes articulés* en mécanique. (*Mécanique*, § 3, n°s 230 à 234.)

Un quadrilatère, dont on connaît les quatre côtés, n'est pas complètement déterminé; on peut le déformer, rapprocher deux sommets et éloigner les deux autres; les relations qui peuvent lier certains points fixes pris sur les côtés ou sur les diagonales, permettent parfois de transformer un mouvement donné en un autre mouvement aussi donné. Nous citerons les exemples les plus simples et les plus remarquables, en étudiant d'abord le parallélogramme dont le losange est un cas particulier; puis le quadrilatère à diagonales rectangulaires, dont le losange est aussi un cas paaticulier, le trapèze et le quadrilatère quelconque.

Exercice 347

1187. Théorème. *Pour tout point pris dans un rectangle, la somme des carrés des distances à deux sommets opposés égale la somme des carrés des distances de ce même point aux deux autres sommets.*

Par le point donné O, menons des parallèles aux côtés du rectangle. Soient a, b, c, d les quatre segments de ces lignes.

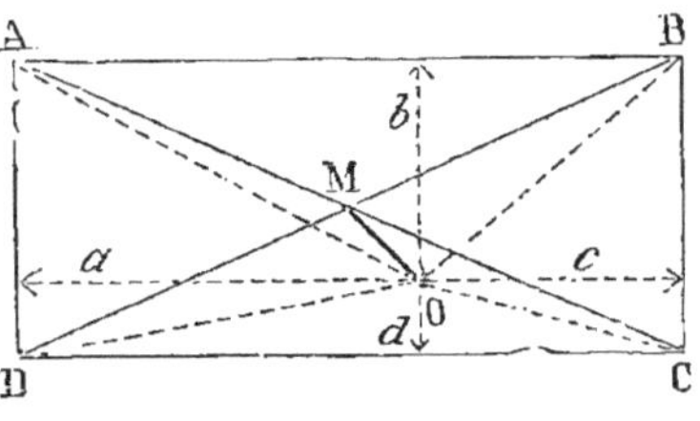

Fig. 740.

$$AO^2 = a^2 + b^2$$
$$CO^2 = c^2 + d^2$$

donc $\qquad AO^2 + CO^2 = a^2 + b^2 + c^2 + d^2$

Il en est de même de $BO^2 + DO^2$;

donc $\qquad AO^2 + CO^2 = BO^2 + DO^2 \qquad$ *C. Q. F. D.*

1188. Théorème. *La somme des carrés des distances d'un point O aux quatre sommets du rectangle égale le carré de la diagonale, plus quatre fois le carré de la distance du point donné au point de concours des diagonales.*

$$AO^2 + CO^2 = 2AM^2 + 2MO^2; \quad BO^2 + DO^2 = 2BM^2 + 2MO^2$$

Mais $\quad AM = BM \quad$ et $\quad 4AM^2 = AC^2 \quad$ ou $\quad (AB^2 + BC^2)$

donc $\qquad AO^2 + BO^2 + CO^2 + DO^2 = AC^2 + 4MO^2 \qquad$ *C. Q. F. D.*

Exercice 348

1189. Théorème. *Dans un parallélogramme ABCD, les distances ME et MF d'un point quelconque d'une diagonale aux deux côtés adjacents sont entre elles inversement comme ces côtés.*

Menons les droites MG et MH parallèles aux côtés du parallélogramme, et considérons les triangles rectangles MEH et MFG; leurs angles aigus G et H sont égaux comme ayant les côtés parallèles; ainsi ces triangles sont semblables (G., n° 223), et l'on a

$$\frac{ME}{MF} = \frac{MH}{MG \text{ ou } AH}$$

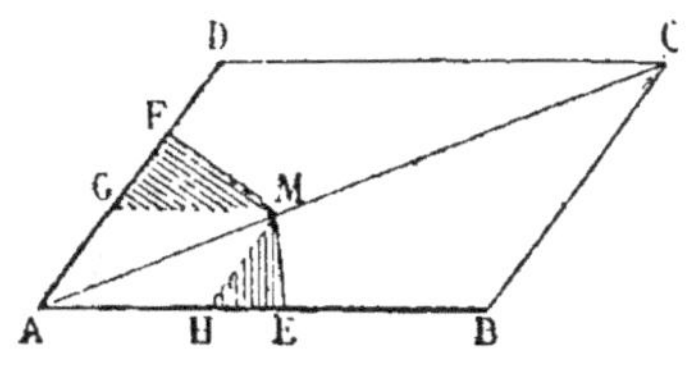

Fig. 741.

Or les triangles semblables AHM et ABC donnent :

$$\frac{MH}{AH} = \frac{BC \text{ ou } AD}{AB}$$

On a donc, à cause du rapport commun,

$$\frac{ME}{MF} = \frac{AD}{AB} \qquad C.\ Q.\ F.\ D.$$

Scolie. De cette relation, on déduit $ME . AB = MF . AD$. Ainsi les produits des distances ME et MF par les côtés respectifs AB et AD sont égaux.

Remarque. On obtient une démonstration très simple lorsqu'on a recours au livre IV. (Voir *Mécanique*, p. 22, n° 46.)

1190. Théorème. *Dans tout parallélogramme ABCD, la somme des carrés des côtés égale la somme des carrés des diagonales.*

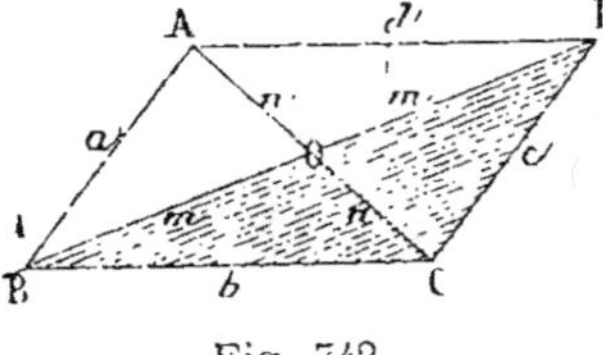

Fig. 742.

En effet, dans le triangle ABD, la demi-diagonale AO est une médiane, et l'on a (G., n° 254) :

$$a^2 + d^2 = 2n^2 + 2m^2$$

Le triangle BCD donne de même

$$b^2 + c^2 = 2n^2 + 2m^2$$

d'où

$$a^2 + b^2 + c^2 + d^2 = 4m^2 + 4n^2 = (2m)^2 + (2n)^2$$

$$C.\ Q.\ F.\ D.$$

Remarque. Cette question est un cas particulier du *théorème d'Euler* (n° 1205).

1191. Théorème. *Par le sommet A d'un parallélogramme ABCD, on mène une sécante AMN qui coupe BC en M et DC en N ; prouver que le produit BM . DN est constant.* (COMPAGNON, n° 222.)

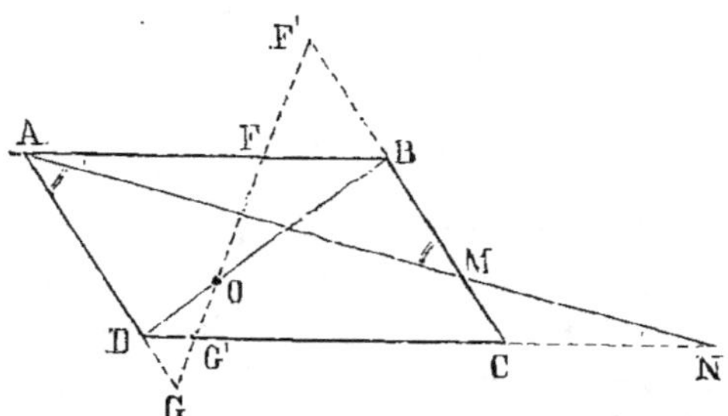

Fig. 743.

En effet, les triangles ABM, ADN sont équiangles; donc

$$\frac{BM}{AB} = \frac{AD}{DN}$$

d'où

$$BM . DN = AB . AD \quad \text{quantité constante.}$$

1192. Théorème. *Par un point O pris sur la diagonale BD d'un parallélogramme, on mène une sécante qui coupe les côtés adjacents*

AB, AD *en* F *et* G, *et qui coupe les deux autres en* F' *et* G'; *prouver
que* OF.OG = OF'.OG'.

Les triangles OFB, ODG' (fig. 743) sont semblables; il en est de
même de OF'B, OGD; on a donc

$$\frac{OF}{OG'} = \frac{OB}{OD} = \frac{OF'}{OG}$$

d'où $$OF.OG = OF'.OG'$$

Exercice 349

1193. Théorème. *Sur les côtés d'un parallélogramme articulé* ABCD,
*ou sur les prolongements de ces
côtés, on prend quatre points* L,
M, N, O, *situés en ligne droite.
En admettant que ces points
restent fixes sur les côtés respectifs auxquels ils appartiennent,
tandis que le parallélogramme
se déforme, prouver que le rapport des distances d'un de ces
points à deux autres points reste
constant.*

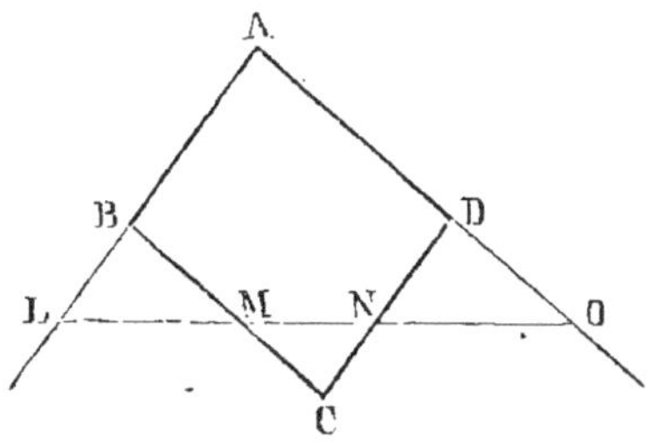
Fig. 744.

Soit, par exemple, L, M, N.

Les triangles semblables MBL, MCN donnent :

$$\frac{ML}{MN} = \frac{MB}{MC} \qquad \text{rapport constant; donc...}$$

De même $$\frac{LM}{LO} = \frac{BM}{AO}. \qquad \text{rapport aussi constant, etc.}$$

1194. Pantographe. Le *pantographe* repose sur le théorème précédent.

On sait que le pantographe est un instrument qui permet de reproduire rapidement un dessin, en l'amplifiant ou en le réduisant dans
un rapport donné.

En fixant le point M, par exemple, et en faisant décrire au point L
une figure donnée, le point N décrira une figure semblable à la première. Les deux figures homothétiques décrites par L et N auront M
pour centre intérieur de similitude.

En fixant le point L, les points M et O décriront des figures homothétiques ayant L pour centre extérieur de similitude.

Il en est de même du point N, car on a

$$\frac{LM}{MN} = \frac{MB}{MC}; \quad \text{d'où} \quad \frac{LM}{LM + MN} = \frac{MB}{MB + MC} \quad \text{ou} \quad \frac{LM}{LN} = \frac{MB}{BC}$$

rapport constant.

Remarque. Dans les applications mécaniques, ABCD est ordinairement un losange; mais un parallélogramme jouit des mêmes propriétés.

Exercice 350

1195. Théorème de Peaucellier [*]. *Un point quelconque P pris sur la diagonale AC d'un losange ABCD, divise cette diagonale en deux segments dont le produit égale la différence $AB^2 - PB^2$ du carré du côté du losange et du carré de la distance PB du point P au sommet B. (Année 1864.)*

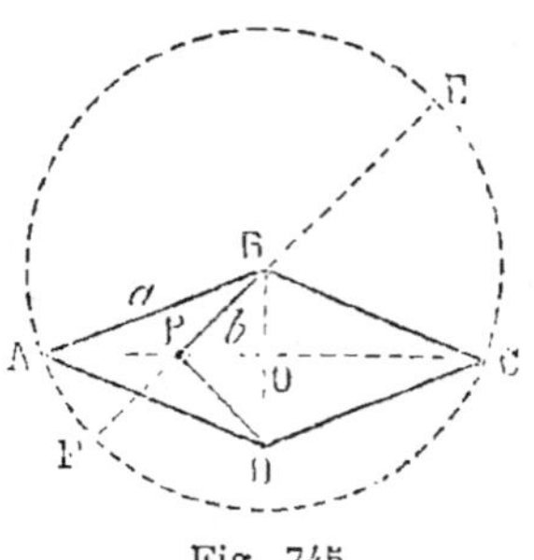

Fig. 745.

Démonstration de M. Mannheim, N. A., 1873, p. 73.

Prolongeons PB jusqu'à la rencontre de la circonférence décrite du centre B avec BA pour rayon :

$$AP \cdot PC = PE \cdot PF = (a+b)(a-b) = a^2 - b^2$$

Autre démonstration. On sait que la différence des carrés des distances d'un point B à deux points donnés A et P, égale la différence des carrés des distances de la projection O du point B aux deux mêmes points A et P (n° 71), ou $AB^2 - BP^2 = AO^2 - PO^2$

donc $a^2 - b^2 = (AO - PO)(AO + PO)$ ou $a^2 - b^2 = AP \cdot PC$

$$C. \ Q. \ F. \ D.$$

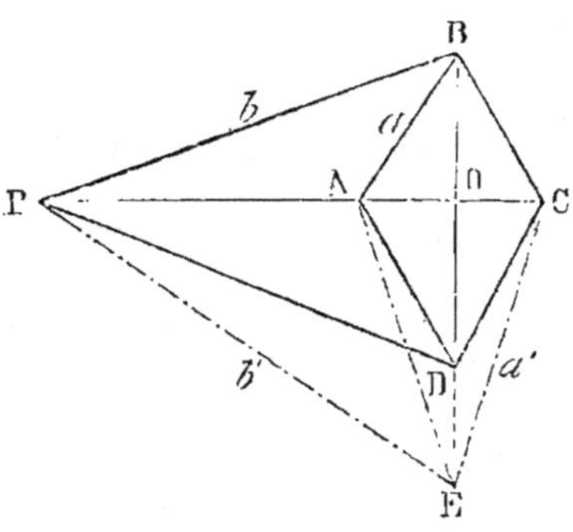

Fig. 746.

1196. Théorème. *Le produit $AP \cdot CP$ est constant :*

1° Lorsque le point P est sur le prolongement de la diagonale AC du losange ABCD.

2° Il en est de même lorsque le losange est remplacé par un quadrilatère BAEC, dont la diagonale BE est perpendiculaire au milieu de AC.

1° $b^2 - a^2 = OP^2 - OA^2 = (OP - OA)(OP + OA) = AP \cdot CP$

2° $b^{2'} - a^{2'} = b^2 - a^2 = AP \cdot CP$

1197. Théorème. *Lorsque la différence des carrés de deux côtés adjacents d'un quadrilatère égale la différence des carrés des deux*

---

[*] M. PEAUCELLIER, capitaine du génie en 1864, inventeur de l'*inverseur* qui porte son nom.

(Voir la note relative aux *inverseurs*, n° 1203, et *Mécanique* F. I. C., n° 232 et 233.)

autres côtés, et si le grand côté de chaque groupe part d'un même sommet, les diagonales du quadrilatère sont à angle droit.

Admettons qu'on ait la relation $b^2 - a^2 = c^2 - d^2$ et que les plus grands côtés b et c partent d'un même sommet C (fig. 747). Il faut prouver que BD et AC sont des droites rectangulaires.

Soient O le pied de la perpendiculaire abaissée du sommet B sur AC, et O' le pied de la perpendiculaire abaissée du sommet D sur AC; il suffit de prouver que les points O et O' coïncident.

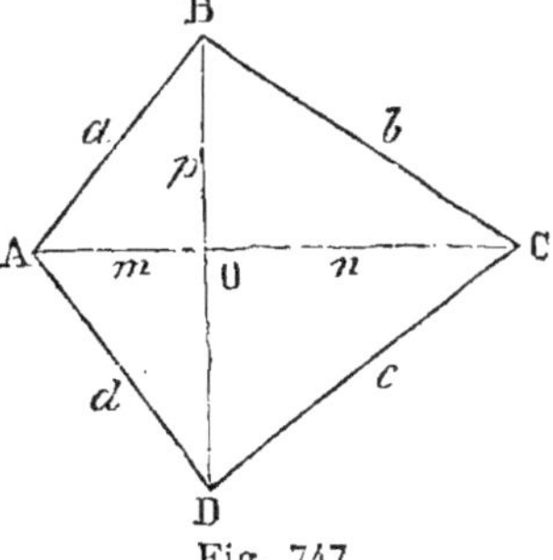

Fig. 747.

Or, on a $b^2 - a^2 = CO^2 - AO^2$ (n° 71)

$$c^2 - d^2 = CO'^2 - AO'^2$$

donc $CO^2 - AO^2 = CO'^2 - AO'^2$

Or cette égalité n'est possible qu'autant que O et O' coïncident.

Exercice 351

1198. Théorème. *Dans un quadrilatère ABCD, les diagonales AC, BD se coupent à angle droit. Si l'on déforme le quadrilatère en gardant les quatre mêmes côtés, mais en rapprochant deux sommets opposés A et C, les diagonales de la nouvelle figure se couperont aussi à angle droit (fig. 747).*

Les diagonales se coupant à angle droit, on a
$$a^2 - b^2 = m^2 - n^2 = d^2 - c^2$$

Mais la relation $a^2 - b^2 = d^2 - c^2$ subsiste constamment, car les quatre côtés ne varient pas de longueur; donc les points B et D appartiennent à une même droite perpendiculaire à AC (n° 1197).

Remarque. *Les carrés des quatre segments des diagonales donnent une somme constante.*

$$m^2 + n^2 + p^2 + q^2 = \tfrac{1}{2}(a^2 + b^2 + c^2 + d^2)$$

Exercice 352

1199. Théorème. *En désignant par a et b les bases d'un trapèze, par d la longueur de la parallèle menée aux bases par le point de concours des diagonales, on a la relation*

$$d = \frac{2ab}{a+b}$$

En effet

$$OE = OF = \frac{ab}{a+b}$$

(n° 1109); donc...

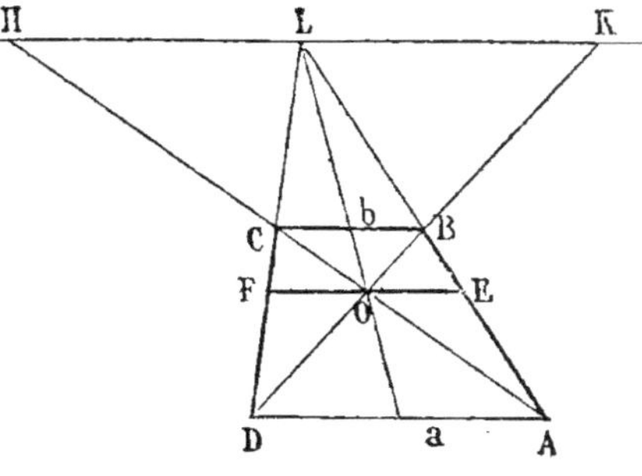

Fig. 748.

2° *En désignant par* d' *la longueur de* HLK, *on a la relation*

$$d' = \frac{2ab}{a - b}$$

1200. Théorème. *En désignant par* d *la longueur d'une parallèle* DL *aux bases du trapèze, par* $\frac{m}{n}$ *le rapport dans lequel cette parallèle divise les deux autres côtés, on a la relation*

$$d = \frac{an + bm}{m + n}$$

Trois cas peuvent se présenter :

1° *Les bases* AM, BN *sont d'un même côté de* MN (fig. 749).

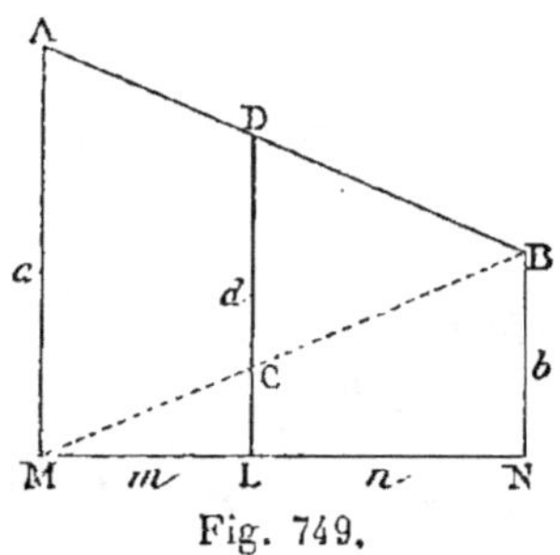

Fig. 749.

Menons BM. On a

$$\frac{DC}{AM} = \frac{LN}{MN} \quad \text{ou} \quad \frac{DC}{a} = \frac{n}{m + n}$$

d'où
$$DC = \frac{an}{m + n}$$

De même
$$CL = \frac{bm}{m + n}$$

d'où
$$d = \frac{an + bm}{m + n} \qquad (1)$$

2° *Une base est nulle* (fig. 750).

La formule (1) se réduit à
$$d = \frac{an}{m + n} \qquad (2)$$

La figure donne immédiatement ce résultat.

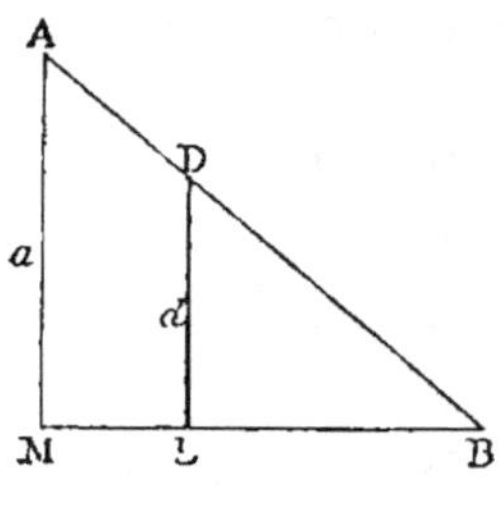

Fig. 750.

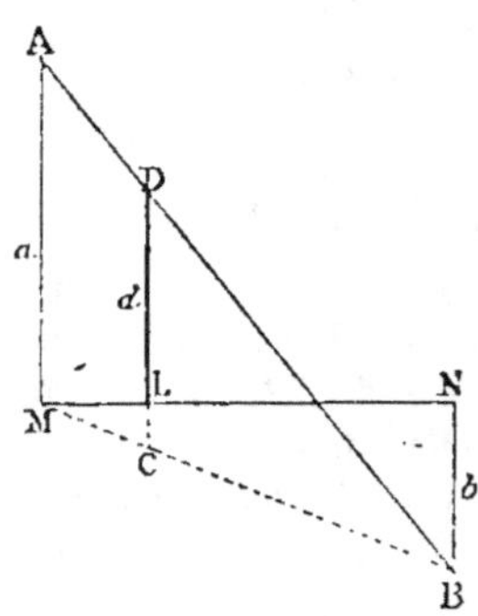

Fig. 751.

3° *Les bases* AM, BN *sont de sens contraire* (fig. 751).

$$d \quad \text{ou} \quad DC - CL = \frac{an - bm}{m + n} \qquad (3)$$

Remarques. *1° Pour que la formule (1) convienne à tous les cas, il suffit de regarder les bases comme étant de même signe dans le 1ᵉʳ cas, et de signes contraires dans le 3ᵉ (nᵒˢ 412 et 436).*

2° A cause de l'importance de cette question, il convient de la proposer aussi comme problème. (Voir ci-après nᵒ 1436.)

1201. Théorème. *En parcourant le périmètre d'un triangle dans un même sens, on divise les trois côtés dans un même rapport. Le triangle qui a pour sommets les trois points de division à même point de concours des médianes que le triangle donné.*

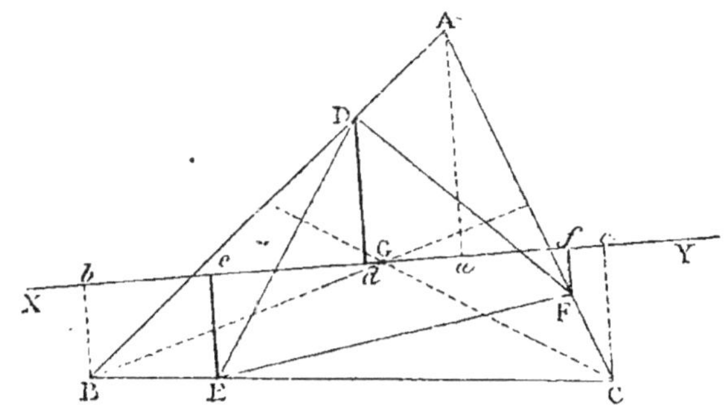

Fig. 752.

Soit
$$\frac{AD}{BD} = \frac{BE}{CE} = \frac{CF}{AF} = \frac{m}{n}$$

Il faut prouver que les triangles ABC, DEF ont même point de concours des médianes.

Par le point G de concours des médianes de ABC, menons une droite quelconque XY et abaissons les perpendiculaires Aa, Bb, Cc, et Dd, Ee, Ff. Représentons ces perpendiculaires par a, b, ... On sait que pour toute droite XY menée par le point G, on a

$$a = b + c \qquad (\text{nᵒ } 462).$$

La somme algébrique $a + b + c$ est nulle, lorsqu'on regarde comme négative les perpendiculaires b et c.

Réciproquement. Si l'on a la valeur absolue $a = b + c$, la droite XY doit passer par le point de concours des médianes; donc, pour démontrer le théorème proposé, il suffit de prouver que $d = e + f$.

Or,
$$d = \frac{an - bm}{m + n} \quad \ldots\ldots \quad (1200)$$

$$e = \frac{bn + cm}{m + n}; \quad f = \frac{cn - am}{m + n}$$

d'où
$$d = e + f$$

car
$$\frac{an - bm}{m + n} = \frac{bn + cm}{m + n} + \frac{cn - am}{m + n}$$

ou
$$an + am = bn + bm + cn + cm$$
$$a(m + n) = b(m + n) + c(m + n)$$

ainsi
$$a = b + c \quad \text{relation connue; donc...}$$

Remarques. 1° Le théorème précédent peut donner lieu à diverses observations. Ainsi

Le lieu du point milieu L *de* EF *est la droite* MN *qui joint les points milieux des côtés* CA, CB.

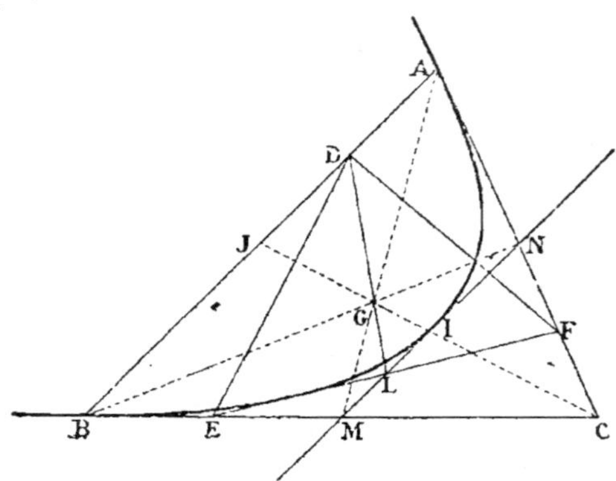

Fig. 753.

Car DGL est médiane du triangle DEF, et puisque les médianes des deux triangles concourent au même point, et que ce point divise chacune d'elles aux deux tiers de sa longueur à partir du sommet, on a :

$$\frac{AG}{GM} = \frac{DG}{GL} = \frac{2}{1}$$

Ainsi les triangles AGD, MGL sont semblables; par suite, ML est parallèle à AD. Ainsi MLN est la droite qui joint les points milieux des côtés CA, CB.

2° On sait que toute droite EF qui divise les côtés CA, CB en parties inversement proportionnelles, à partir du sommet C, est tangente à une parabole qui se raccorde elle-même aux droites CA, CB, aux points donnés A et B. (G., n° 710.) La droite MN est elle-même tangente à la même courbe au point I; MN est la tangente au sommet lorsque CA = CB.

Ainsi *l'enveloppe du côté* EF *est la parabole* AIB.

Chacun des autres côtés DE, DF a aussi pour enveloppe une parabole.

3° On prouvera, au livre IV, que parmi tous les triangles DEF, le triangle de surface minima est celui qu'on obtient en joignant deux à deux les points milieux J, M, N du triangle donné.

Autre démonstration. La considération des solides auxiliaires ou des projections conduit, comme on le sait, à une méthode très utile pour démontrer facilement certains théorèmes. Aux exemples déjà donnés (n°ˢ 174, 176, 177) on peut joindre le suivant :

On sait qu'un triangle quelconque peut être projeté suivant un triangle équilatéral, ou, ce qui revient au même, qu'un prisme triangulaire qui aurait pour section un triangle donné, peut être coupé suivant un triangle équilatéral (n° 1843, *remarque*); donc nous pouvons remplacer le triangle donné ABC par un triangle équilatéral correspondant, que nous désignons par *abc*.

Or les rapports se conservent eu projection ; donc on aura :

$$\frac{ad}{ab} = \frac{AD}{AB} ; \quad \frac{be}{bc} = \frac{BE}{BC} , \text{ etc. ;}$$

mais $\quad \dfrac{AD}{AB} = \dfrac{BE}{BC} = \dfrac{CF}{CA} \quad$ donc $\quad \dfrac{ad}{ab} = \dfrac{be}{bc} = \dfrac{cf}{ca}$

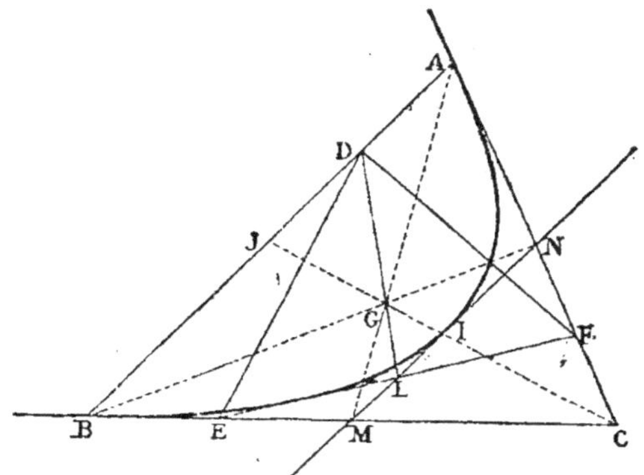

Fig. 753.

Or, dans le triangle équilatéral abc, les côtés ab, bc, ca sont égaux ; donc $ad = be = cf$, et le triangle def est équilatéral, car les trois triangles adf, bed, cfe sont égaux ; donc $de = ef = fd$. Mais il est évident que les médianes des triangles équilatéraux abc, def, dont le second est inscrit au premier, passent par un même point ; donc il en est de même des médianes des triangles ABC, DEF, car à la médiane dl correspond DL, etc.

Exercice 353

1202. Théorème de S. Roberts. *Dans un trapèze isocèle articulé dont les deux côtés égaux et les diagonales ont des longueurs invariables, une droite PMN, menée parallèlement aux bases par un point fixe de AB, donne un produit PM . PN qui est constant, quel que soit le trapèze formé par les quatre droites données. (Nouvelle Correspondance de M. Catalan, 1877, p. 132.)*

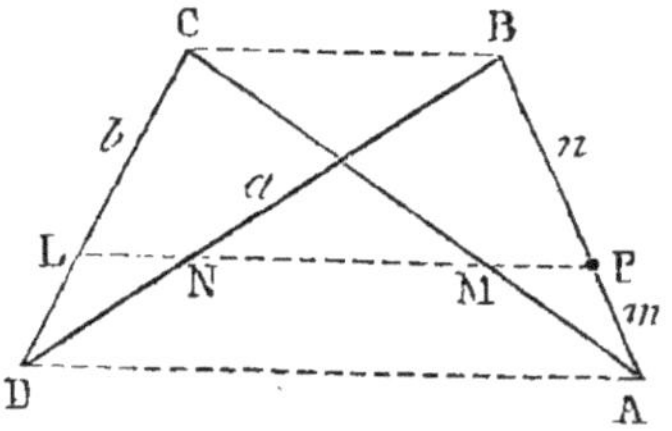

Fig. 754.

Soient $\quad AP = m ; \quad BP = n ;$

$\quad AB = CD = b ; \quad AC = BD = a$

On a $\qquad \dfrac{PM}{BC} = \dfrac{m}{m+n} ; \quad PM = BC . \dfrac{m}{m+n}$

$\qquad\qquad \dfrac{PN}{AD} = \dfrac{n}{m+n} ; \quad PN = AD . \dfrac{n}{m+n}$

d'où $\qquad\qquad PM . PN = AD . BC . \dfrac{mn}{(m+n)^2} \qquad\qquad (1)$

Mais le trapèze isocèle est inscriptible; donc le produit des diagonales égale la somme des produits des côtés opposés, ou

$$AD.BC = a^2 - b^2$$

donc

$$PM.PN = (a^2 - b^2)\,\frac{mn}{(m+n)^2}\quad \text{quantité constante.}$$

Remarque.

$$MP.ML = PM.PN$$

On peut donc prendre P ou M pour pôle d'inversion (n° 1203).

1203. Note sur les inverseurs. L'*inverseur de M. Peaucellier* a résolu pour la première fois la transformation rigoureuse d'un mouvement circulaire en mouvement rectiligne. Cette découverte a été énoncée en termes généraux, et sous forme de question, en 1864, dans les *Nouvelles Annales mathématiques*, page 414. L'auteur en a donné un exposé détaillé, dans le même journal, en 1873, page 71; mais M. Lipkine, de Saint-Pétersbourg, ayant trouvé la même solution en 1870, en avait présenté la description et la théorie à l'Académie de Saint-Pétersbourg en 1871.

Depuis cette époque, les études et les découvertes sur les inverseurs se sont succédé avec rapidité. M. Sylvester, célèbre géomètre anglais, a fait, en 1874, une lecture aussi belle que savante sur la *transformation du mouvement circulaire en mouvement rectiligne*. Deux autres savants de la même nation, MM. Hart et Kempe, ont établi de nouveaux modèles, pendant que M. Peaucellier continuait à inventer de nouveaux *systèmes à tiges articulées*.

L'inverseur de Hart n'a que cinq tiges; il utilise le théorème de Roberts (n° 1202). L'*inverseur Peaucellier* en a sept; il en est de même de celui de Kempe. Ce dernier inverseur repose sur le théorème suivant :

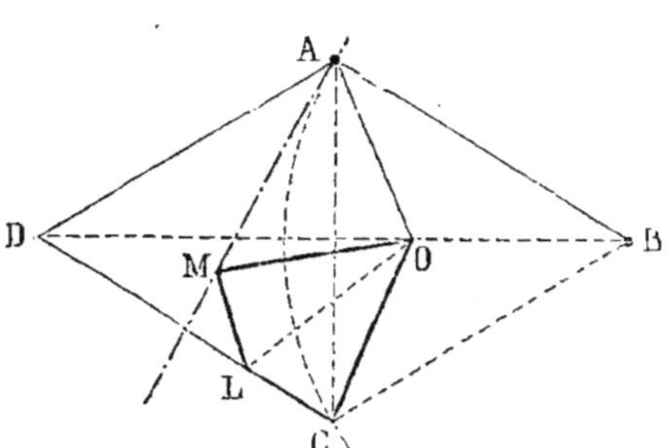

Théorème. *On donne un losange ABCD, un point O sur une de ses diagonales; on forme ainsi un quadrilatère AOCD à diagonales rectangulaires; sur OC considéré comme côté homologue de CD, on construit un quadrilatère OCLM semblable à DAOC; prouver que la droite AM est perpendiculaire sur AB.*

On peut recourir à la *Géométrie analytique* pour démontrer le *théorème de Kempe*, ou chercher une démonstration qui ne réclame que la connaissance des Éléments de Géométrie.

Fig. 755.

Pôle d'Inversion. Dans les *Inverseurs* de Peaucellier, de Hart, etc., on nomme *pôle d'inversion* l'origine P des rayons vecteurs PA, PC (fig. 745 et 746) ou PM, PN (fig. 754), dont le produit est constant.

Dans les inverseurs, à l'exception de celui de Kempe, le pôle d'inversion et les deux extrémités des rayons vecteurs sont en ligne droite.

Pour tout ce qui est relatif aux inverseurs, il est utile de lire les articles suivants : dans les *Nouvelles Annales mathématiques*, 1873, page 71; *Note sur une Question de géométrie de compas*, par M. Peaucellier. — *Sur les Systèmes de tiges articulées*, par M. V. Liguine, professeur à Odessa.

On trouve dans la *Nouvelle Correspondance mathématique* deux articles très remarquables, 1876, page 129 : *Les Compas composés* de Peaucellier, Hart et Kempe, par M. P. Mansion, professeur à l'université de Gand, année 1877, pages 129 et 177 ; *sur la Production du mouvement rectiligne exact, au moyen de tiges articulées,* par M. A.-B. KEMPE, de l'*Inner Temple,* ancien élève du collège de la Trinité à Cambridge.

Exercice 354

1204. Théorème. *Dans un quadrilatère quelconque ABCD, la somme des carrés des diagonales* f *et* g *est double de la somme des carrés des deux droites* r *et* s *qui joignent les milieux des côtés opposés.*

Les milieux des côtés sont les sommets d'un parallélogramme, dont les côtés sont moitiés des diagonales du quadrilatère (n° 542); et dans ce parallélogramme, la somme des carrés des côtés égale la somme des carrés des diagonales (1190). On a donc

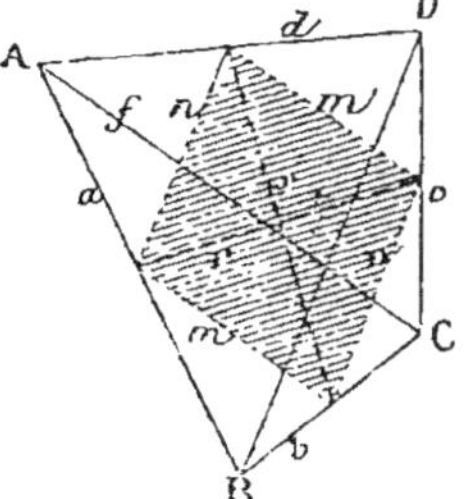

Fig. 756.

$$2m^2 + 2n^2 = r^2 + s^2,$$

et
$$4m^2 + 4n^2 = 2(r^2 + s^2) \qquad (1)$$

Mais $\quad 4m^2 = (2m)^2 = f^2, \quad$ et $\quad 4n^2 = (2n)^2 = g^2$

L'égalité (1) ci-dessus devient donc $\quad f^2 + g^2 = 2(r^2 + s^2)$

$$C. \ Q. \ F. \ D.$$

Exercice 355

1205. Théorème d'Euler. *Dans tout quadrilatère ABCD, la somme des carrés des côtés égale la somme des carrés des diagonales, plus quatre fois le carré de la droite EF qui joint les milieux des diagonales.*

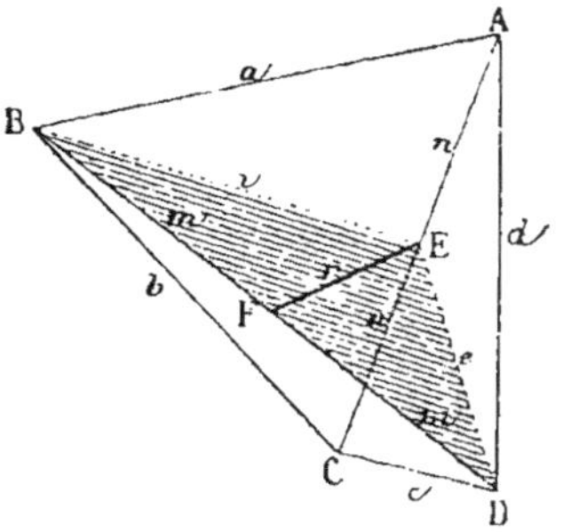

Joignons le point E, milieu de l'une des diagonales, aux sommets opposés B et D. La droite BE sera une médiane du triangle ABC, DE une médiane du triangle CDA, et FE une médiane du triangle BED. On aura donc

$$a^2 + b^2 = 2i^2 + 2n^2$$
$$c^2 + d^2 = 2e^2 + 2n^2$$

d'où, en additionnant,

$$a^2 + b^2 + c^2 + d^2 = 2i^2 + 2e^2 + 4n^2$$

Or $\quad i^2 + e^2 = 2r^2 + 2m^2$; donc $\quad 2i^2 + 2e^2 = 4r^2 + 4m^2$

et enfin $\quad a^2 + b^2 + c^2 + d^2 = (2m)^2 + (2n)^2 + 4r^2$

ou $\quad a^2 + b^2 + c^2 + d^2 = BD^2 + AC^2 + 4r^2 \quad C. \ Q. \ F. \ D.$

Fig. 757.

1206. Extension. Le théorème est vrai pour le quadrilatère gauche, c'est-à-dire pour le quadrilatère dont les quatre côtés ne sont pas dans le même plan.

La démonstration est identique à celle qu'on vient de donner, bien que les diagonales du quadrilatère ne se rencontrent pas.

Remarque. Le théorème 1190 n'est qu'un cas particulier de 1205; car, si le quadrilatère devient parallélogramme, la ligne qui joint les milieux des diagonales est nulle.

1207. Théorème. *Dans un trapèze quelconque ABCD, la somme des carrés des diagonales égale la somme des carrés des côtés non parallèles, plus deux fois le produit des bases.*

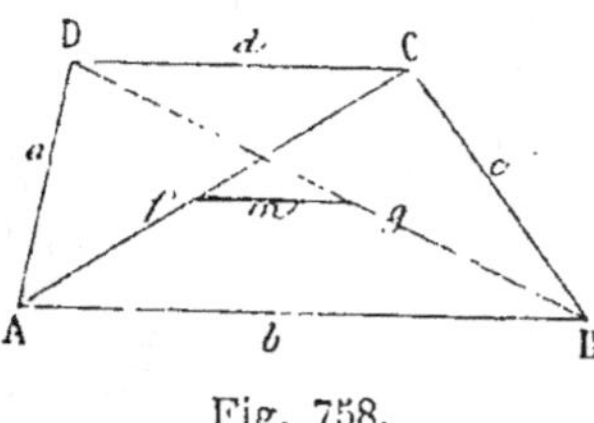

Fig. 758.

Menons la droite m qui joint les milieux des diagonales. En appliquant au trapèze le théorème d'Euler (nᵒ 1205), on a

$$a^2 + b^2 + c^2 + d^2 = f^2 + g^2 + 4m^2 \quad (1)$$

Or, la droite m qui joint les milieux des diagonales est égale à la demi-différence des bases (nᵒ 530); on a donc

$$b - d = 2m$$

et, en élevant au carré, $b^2 + d^2 - 2bd = 4m^2$ (2)

Si l'on retranche cette égalité de la première, il vient

$$f^2 + g^2 = a^2 + c^2 + 2bd \qquad C.\ Q.\ F.\ D.$$

1208. Théorème. *Lorsque, dans un trapèze, la petite base est la moitié de la grande base, la somme des carrés des diagonales égale la somme des carrés de la grande base et des côtés non parallèles.*

La droite m est la demi-différence des bases; elle est donc la moitié de la petite base; $4m^2 = d^2$

La formule connue

$$f^2 + g^2 + 4m^2 = a^2 + b^2 + c^2 + d^2$$

se réduit donc à $f^2 + g^2 = a^2 + b^2 + c^2$ $C.\ Q.\ F.\ D.$

Exercice 356

1209. 1ᵉʳ Théorème de Ptolémée. *Dans tout quadrilatère inscrit ABCD, le produit des diagonales égale la somme des produits des côtés opposés.*

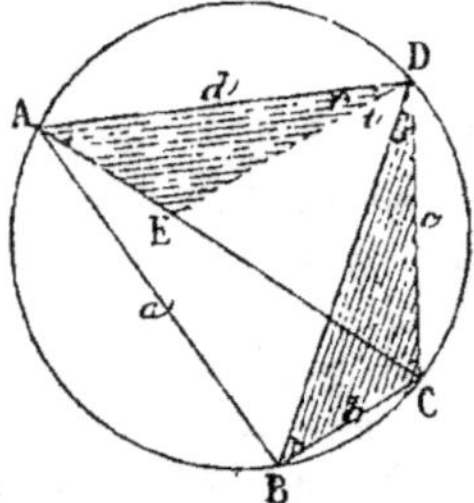

Fig. 759.

Il faut prouver que l'on a

$$AC \cdot BD = ac + bd$$

Construisons l'angle r égal à l'angle s.
Les triangles DEA et DCB sont équiangles, car leurs angles A et B ont pour mesure la moitié de l'arc CD; on a donc

$$\frac{d}{BD} = \frac{AE}{b}   \text{d'où}   bd = BD \cdot AE$$

Les triangles CDE et BDA sont aussi équiangles, car leurs angles en C et B ont pour mesure la moitié de l'arc AD, et l'angle CDE ou $t + s$ de l'un, égale ADB ou $t + r$ de l'autre; on a donc

$$\frac{c}{BD} = \frac{CE}{a} \quad \text{d'où} \quad ac = BD \cdot CE$$

En additionnant les résultats obtenus, on trouve

$$ac + bd = BD\,(AE + CE) = BD \cdot AC \qquad C.\ Q.\ F.\ D.$$

Note. Le théorème démontré (n° 1209) est celui que PTOLÉMÉE donne dans son *Almageste* pour la construction d'une table de la valeur des cordes inscrites dans le cercle, et répondant à des arcs donnés.

De ce théorème on peut déduire les principales formules de la Trigonométrie rectiligne, ainsi que CARNOT l'a montré dans sa *Géométrie de position*.

On peut voir à ce sujet l'*Aperçu historique* de CHASLES, et l'*Histoire des mathématiques*, par FERDINAND HOEFFER.

Exercice 357

1210. **2ᵉ Théorème de Ptolémée.** *Dans tout quadrilatère non inscriptible ABCD, le produit des diagonales est moindre que la somme des produits des côtés opposés.*

Il faut prouver que l'on a $\quad AC \cdot BD < ac + bd$

Faisons passer une circonférence par trois des sommets, A, D, C, par exemple.

Construisons l'angle r égal à s, et l'angle DAE égal à CBD, et menons EC. Le point B n'étant pas sur la circonférence, l'angle CBD n'a pas la même mesure que DAC, et ainsi la droite AE ne se confond pas avec AC.

Les triangles semblables DEA et DCB donnent

$$\frac{d}{BD} = \frac{AE}{b} \quad \text{d'où} \quad bd = BD \cdot AE \qquad (1)$$

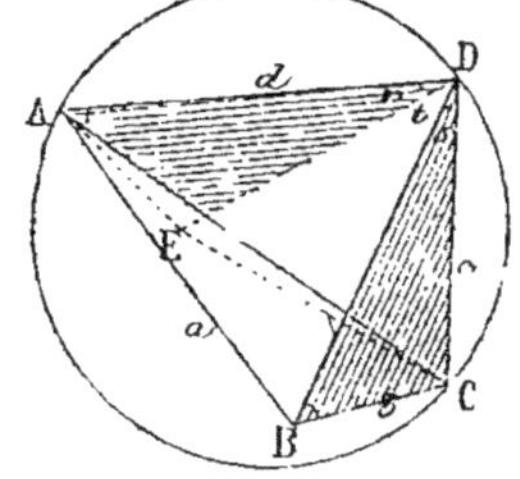

Fig. 760.

Ces mêmes triangles donnent encore $\dfrac{DA}{DB} = \dfrac{DE}{DC}$; et comme l'angle total $t + s = t + r$, les deux triangles CDE et BDA sont semblables, comme ayant en D un angle égal compris entre des côtés proportionnels, et l'on a

$$\frac{c}{BD} = \frac{CE}{a} \quad \text{d'où} \quad ac = BD \cdot CE \qquad (2)$$

En additionnant les résultats obtenus (1) et (2), on trouve

$$ac + bd = BD\,(AE + CE)$$

Et si l'on remplace AE + CE par sa valeur moindre AC, on aura

$$BD \cdot AC < ac + bd \qquad C.\ Q.\ F.\ D.$$

1211. **Remarques.** 1° Le sommet B peut être indifféremment à l'intérieur ou à l'extérieur du cercle, et l'énoncé n'est pas modifié.

2º Des deux premiers théorèmes de Ptolémée, on conclut que si *le produit des diagonales d'un quadrilatère est égal à la somme des produits des côtés opposés, le quadrilatère est inscriptible* (nº 7).

Exercice 353

1212. 3ᵉ Théorème de Ptolémée. *Les diagonales d'un quadrilatère inscrit sont entre elles comme les sommes des produits des côtés qui aboutissent à leurs extrémités :* $\dfrac{m}{n} = \dfrac{ab + cd}{ad + bc}$.

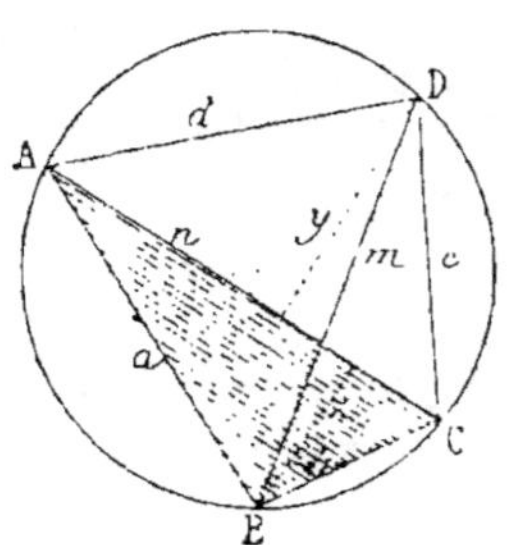

Fig. 761.

(La démonstration qui suit suppose connue la formule qui exprime la surface d'un triangle : l'aire du triangle ADC égale $\frac{1}{2}\,ny$, et l'aire du triangle ABC égale $\frac{1}{2}\,nz$; de sorte que l'aire du quadrilatère est $\dfrac{ny + nz}{2}$).

Appelons 2R le diamètre du cercle circonscrit.

On sait que le produit de deux côtés d'un triangle égale la hauteur relative au troisième côté, multipliée par le diamètre du cercle circonscrit. (G., nºˢ 270 et 316, III.)

On a donc, dans les triangles ADC et ABC :

$$cd = 2Ry \quad \text{d'où} \quad cdn = 2Ryn = 4R\,\frac{yn}{2}$$

$$ab = 2Rz \quad \text{d'où} \quad abn = 2Rzn = 4R\,\frac{zn}{2}$$

Et en additionnant $n(ab + cd) = 4R \times$ quadrilatère ABCD

On trouverait de même $m(ad + bc) = 4R \times$ quadrilatère ABCD

On a donc $m(ad + bc) = n(ab + cd)$ d'où $\dfrac{m}{n} = \dfrac{ab + cd}{ad + bc}$

$$C.\ Q.\ F.\ D.$$

1213. Théorème. *Lorsqu'une circonférence passe par le sommet A d'un parallélogramme et coupe la diagonale et les côtés aux points L, M, N, on a la relation* AC.AL = AB.AM + AD.AN.

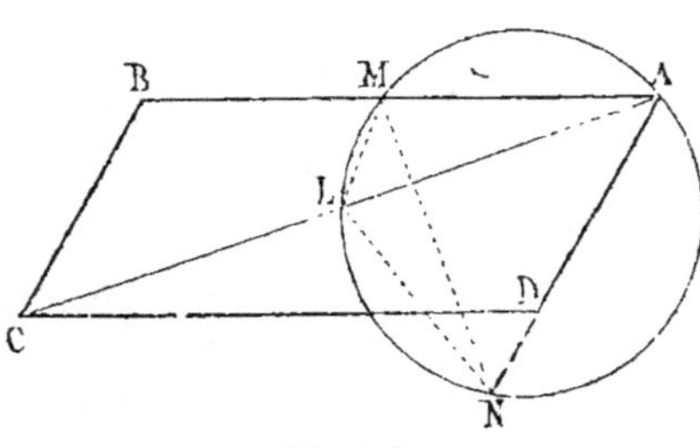

Fig. 762.

Menons LM, LN, MN.

Le quadrilatère AMLN étant inscrit, on a

AL.MN = AM.LN + AN.LM (1)

Les triangles ABC, NLM sont semblables; donc

$$\frac{AC}{MN} = \frac{AB}{LN} = \frac{AD}{LM} \quad (2)$$

On peut multiplier chaque terme de l'égalité (1) par la même quantité ou par des quantités égales (2), et l'on trouve

$$\frac{AC}{MN}\,.\,AL\,.\,MN = \frac{AB}{LN}\,.\,AM\,.\,LN + \frac{AD}{LM}\,.\,AN\,.\,LM$$

d'où
$$AC\,.\,AL = AB\,.\,AM + AD\,.\,AN$$

Remarque. Les triangles ABC, NLM sont semblables et donnent :

$$\frac{AB}{BC} = \frac{NL}{LM}, \quad \text{d'où} \quad AB\,.\,LM = AD\,.\,LN$$

Le théorème connu (n° 1189) n'est qu'un cas particulier de celui que nous venons de démontrer.

Exercice 359

1214. Théorème de Pappus. *Le produit des distances d'un point quelconque M d'une circonférence à deux côtés opposés d'un quadrilatère inscrit ABCD, égale le produit des distances de ce même point aux deux autres côtés.*

Il faut prouver que l'on a $ME\,.\,MG = MF\,.\,MH$ ou $eg = fh$.

1re Démonstration. Joignons le point M à deux sommets opposés, B et D, par exemple, par les droites MB ou r, et MD ou s.

Les triangles MBE et MDH sont rectangles en E et H, et leurs angles en B et D ont l'un et l'autre pour mesure la moitié de l'arc AM; ainsi ces triangles sont semblables et donnent $\dfrac{c}{h} = \dfrac{r}{s}$ (1)

Les triangles MDG et MBF sont rectangles en G et H, et leurs angles en B et D ont l'un et l'autre pour mesure la moitié de l'arc CBM; ainsi ces triangles sont semblables et donnent $\dfrac{g}{f} = \dfrac{s}{r}$ (2)

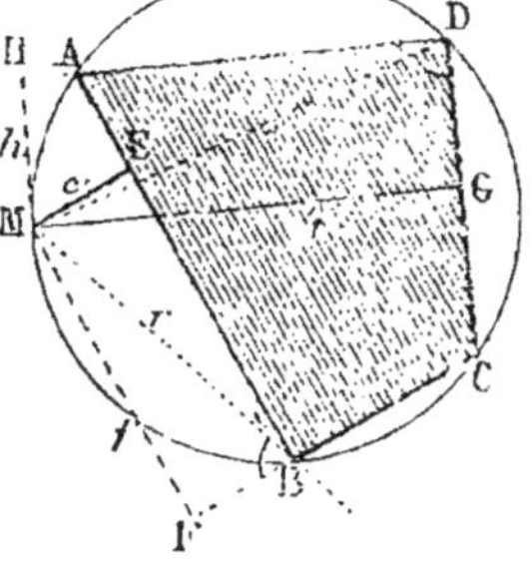

Fig. 763.

En multipliant membre à membre les deux égalités obtenues, on a

$$\frac{eg}{fh} = \frac{rs}{rs}; \quad \text{donc} \quad eg = fh. \quad C.\ Q.\ F.\ D.$$

2e démonstration. On sait que le produit de deux côtés d'un triangle égale la hauteur abaissée sur le troisième côté, multipliée par le diamètre du cercle circonscrit. (G., n° 270.)

Prenons chaque côté du quadrilatère donné pour troisième côté d'un triangle qui aurait M pour sommet.

On aura : $ab = 2rc$ et $cd = 2rg$
            $bc = 2rf$ et $da = 2rh$

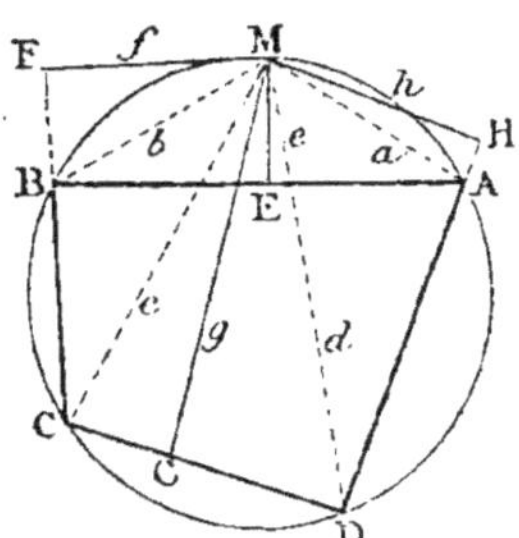

Fig. 764.

donc
$$abcd = 4r^2 eg$$
$$bcda = 4r^2 fh$$

d'où
$$eg = fh \qquad\qquad C.\ Q.\ F.\ D.$$

1215. **Cas particulier.** *Deux sommets C et D sont au même point.*

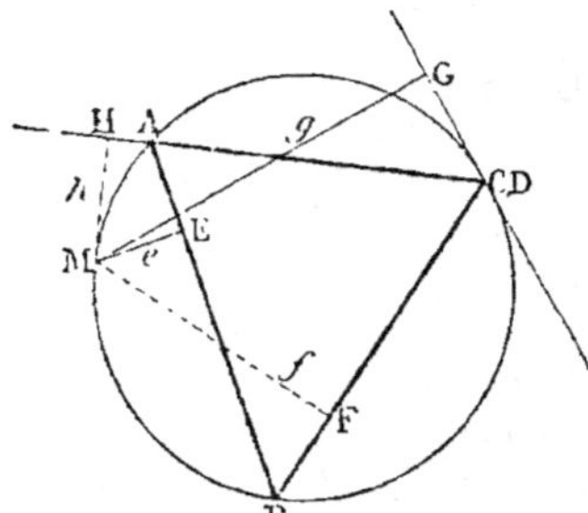

Fig. 765.

Le quadrilatère est remplacé par un triangle, et le côté C D est une tangente ; on a encore

$$eg = fh$$

Ainsi on obtient le théorème suivant :

Théorème. *Lorsqu'une circonférence est circonscrite à un triangle, le produit des distances d'un point du cercle à deux côtés du triangle égale le produit des distances du même point au troisième côté et à la tangente menée par le sommet opposé.*

2° *Deux côtés opposés du quadrilatère* AB *et* CD *coïncident* (fig. 766).

On retrouve un théorème connu (n° 1129) :

Théorème. *La distance d'un point quelconque d'une circonférence à une corde donnée, est moyenne proportionnelle entre les distances du même point aux tangentes menées par les extrémités de la corde.*

En effet, $eg = fh$ revient à $e^2 = fh$.

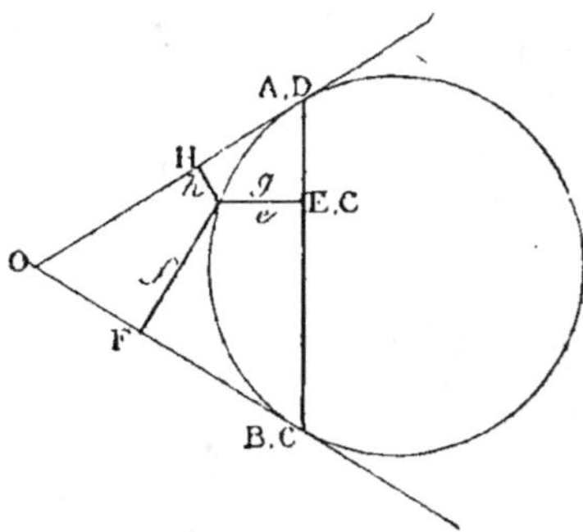

Fig. 766.

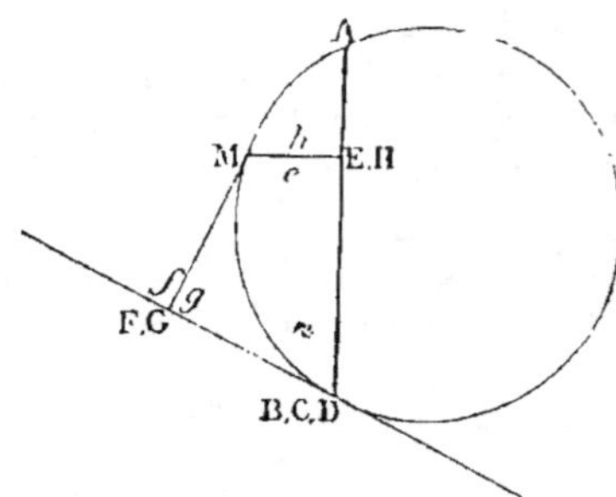

Fig. 767.

3° *Trois sommets* B, C, D *coïncident* (fig. 767).

La question n'offre plus d'intérêt ; mais il est évident qu'on a encore

$$eg = fh$$

1216. **3° Démonstration.** Le *théorème de Pappus* peut être démontré à l'aide d'un de ses cas particuliers (n° 1215, 2°) établi directement. (*Méthodes*, n° 25.) Cette nouvelle démonstration sera appliquée à une question beaucoup plus générale que celle du quadrilatère inscrit, et cette dernière elle-même deviendra ainsi un simple corollaire du théorème général que nous donnerons plus loin (n° 1222).

1217. Théorème. *Le produit des distances d'un point quelconque M à deux côtés opposés, égale le produit des distances du même point aux deux diagonales.*

Démonstration analogue à celle qu'on a déjà donnée (n° 1214).

D'ailleurs, il suffit de considérer les diagonales comme étant deux côtés opposés d'un quadrilatère.

1218. Mêmes théorèmes (n°s 1214 et 1217). *Par un point quelconque M on mène une droite c′ qui coupe AB sous un angle donné α; une droite f′ qui coupe BC sous un angle donné β; une droite g′ qui coupe CD sous un angle donné γ, et h′ qui coupe DA sous un angle δ. Le rapport du produit des lignes qui coupent deux côtés opposés au produit des lignes qui coupent les deux autres côtés (ou les diagonales), est constant.*

La démonstration est identique à celle du théorème de *Desargues*, ci-après, relatif à l'involution (n° 1219).

Exercice 380

1219. Théorème de Desargues. *Lorsqu'une sécante coupe une circonférence en deux points M, M′; deux côtés opposés d'un quadrilatère inscrit en A et A′; les deux autres côtés opposés en B et B′; le rapport des produits des distances de M aux points déterminés sur les côtés opposés pris deux à deux, égale le rapport des produits des distances de M′ aux mêmes points.*

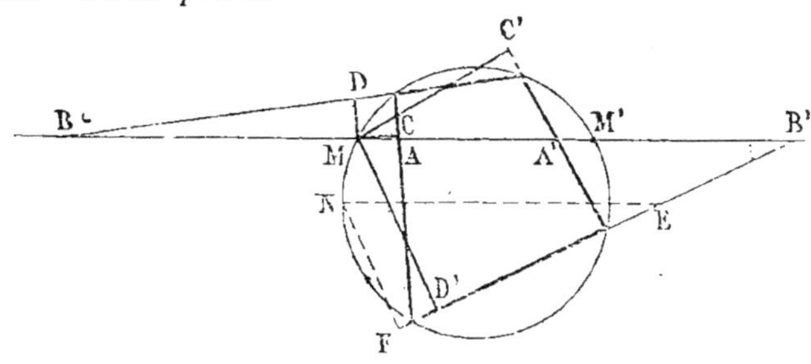

Fig. 768.

Du point M, abaissons les perpendiculaires MC, MC′, MD, MD′ sur les côtés du quadrilatère. On a (n° 1214) :

$$MC.MC' = MD.MD' \quad \text{ou} \quad \frac{MC.MC'}{MD.MD'} = 1 \qquad (1)$$

Or, nous allons prouver que, pour une même direction de la sécante, le rapport $\dfrac{MA.MA'}{MB.MB'}$ est constant, quel que soit le point M.

Chaque triangle, tel que MD′B′, reste semblable à lui-même; ainsi, pour un point N, on a le triangle NFE semblable à MD′B′; donc MB′ = MD′, multiplié par un rapport constant qui ne dépend que de l'angle B′; on aurait, en effet, $\dfrac{MB'}{MD'} = \dfrac{NE}{NF}$; d'où $MB' = MD' \cdot \dfrac{NE}{NF}$.

(D'ailleurs, le rapport $\dfrac{NE}{NF}$ n'est autre chose que l'inverse du sinus B′ ou $\dfrac{1}{\sin B'}$.) Représentons $\dfrac{NE}{NF}$ par un rapport égal $\dfrac{1}{b'}$; on aura

$$\frac{MB'}{MD'} = \frac{1}{b'}; \quad \text{d'où} \quad MD' = MB' \cdot b'$$

c'est-à-dire $\qquad MD' = MB \sin B'$

On obtiendrait de même

$$MD = MB \cdot b; \quad MC = MA \cdot a \quad \text{et} \quad MC' = MA' \cdot a'$$

Dans (1), remplaçons MC, MC′, etc., par leurs valeurs respectives; on trouve $\dfrac{MA \cdot a \times MA' \cdot a'}{MB \cdot b \times MB' \cdot b'} = 1$; d'où $\dfrac{MA \cdot MA'}{MB \cdot MB'} = \dfrac{bb'}{aa'}$

Or, $\dfrac{bb'}{aa'}$ est une quantité constante qui ne dépend que de la direction de la sécante; on aurait donc aussi

$$\frac{M'A \cdot M'A'}{M'B \cdot M'B'} = \frac{bb'}{aa'}$$

donc $\qquad \dfrac{MA \cdot MA'}{MB \cdot MB'} = \dfrac{M'A \cdot M'A'}{M'B \cdot M'B'} \qquad\qquad$ C. Q. F. D.

1220. Corollaires. Le *théorème de Desargues* a un grand nombre de corollaires; il faut se borner à citer les plus importants :

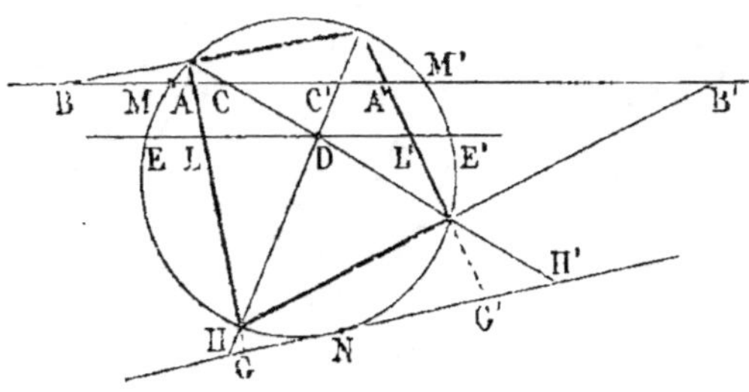

Fig. 769.

1° *Deux côtés opposés peuvent être remplacés par les deux diagonales.*

Les quatre couples de points A, A′; B, B′; C, C′; M, M′ étant pris trois à trois, donnent six points en involution; on obtient quatre combinaisons différentes.

2º *Lorsque la transversale* EE' *passe par un point commun à deux côtés opposés ou aux diagonales, le point* D *est un point double.*

3º *Dans le cas particulier où le point* D *serait au milieu de la corde* EE', *les points* L, L' *seraient équidistants de* D; *il en serait de même des points où la transversale couperait les deux autres côtés opposés.*

4º *La tangente* HH' *donne un point double* N.

5º *La transversale qui passerait par le point de concours* D *des diagonales et par le point de concours* A *de deux côtés opposés et qui rencontrerait la circonférence en* M *et* M', *donnerait une involution de quatre points, dont deux,* A *et* D, *seraient des points doubles.*

On aurait
$$\frac{MA^2}{MD^2} = \frac{M'A^2}{M'D^2}$$

car A et A' se confondent, et il en est de même de D et D'.

La proposition revient à
$$\frac{MA}{M'A} = \frac{MD}{M'D}$$

Ainsi M et M' sont les points conjugués qui divisent harmoniquement la droite AD.

1221. **Note sur l'involution.** Le *théorème de Desargues* est fondamental dans la *théorie de l'involution.*

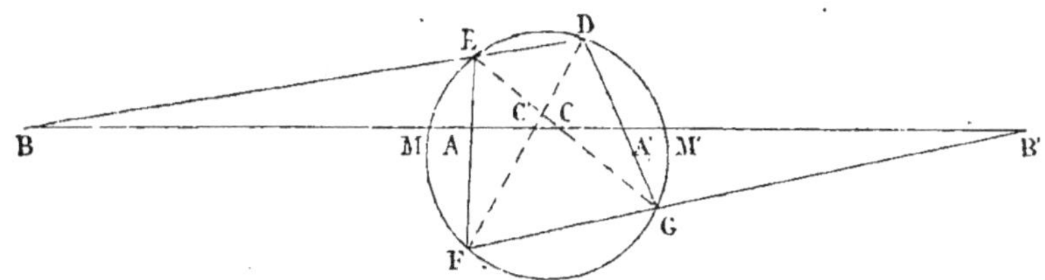

Fig. 770.

L'égalité
$$\frac{MA \cdot MA'}{MB \cdot MB'} = \frac{M'A \cdot M'A'}{M'B \cdot M'B'} \qquad (1)$$

qui a lieu entre huit quantités peut se transformer en relations à six termes et donner :

$$AB' \cdot BM' \cdot MA' = A'B \cdot B'M \cdot M'A \star \qquad (2)$$

On dit que six points, situés en ligne droite, sont en involution, lorsque le produit de trois segments rectilignes, n'ayant pas d'extrémité commune, égale le produit des trois autres segments.

L'*involution* est une méthode très féconde, surtout pour l'étude des coniques. DESARGUES a établi le théorème fondamental; PASCAL l'a cité dans son *Essai sur les coniques.* CHASLES a rattaché l'involution à la théorie du *rapport anharmonique.*

---

* Pour passer de la formule (1) à la formule (2), on peut recourir aux propriétés du *rapport anharmonique.* (Voir *Géométrie supérieure,* ch. IX, nº 184.)

Les principaux ouvrages que l'on peut consulter sont les suivants :

CHASLES, *Géométrie supérieure;* HOUSEL, *Introduction à la Géométrie supérieure.* — CREMONA, *Géométrie projective;* LENTHÉRIC*, *Exposition élémentaire de la Géométrie moderne.* Ces deux derniers ouvrages se complètent l'un par l'autre : le premier est surtout descriptif, tandis que le second utilise principalement les relations algébriques.

On connaît aussi le bel Appendice au livre VIII du *Traité de Géométrie* de MM. ROUCHÉ et DE COMBEROUSSE.

Aucun ouvrage n'est plus élémentaire que l'*Introduction à l'étude de l'homographie* de M. REYNAUD, professeur à Toulouse.

1222. Théorème. *Lorsqu'un polygone d'un nombre pair 2n de côtés est inscrit dans une circonférence, le produit des distances d'un point quelconque de la circonférence à n côtés, n'ayant pas d'extrémité commune, égale le produit des distances du même point aux n autres côtés.*

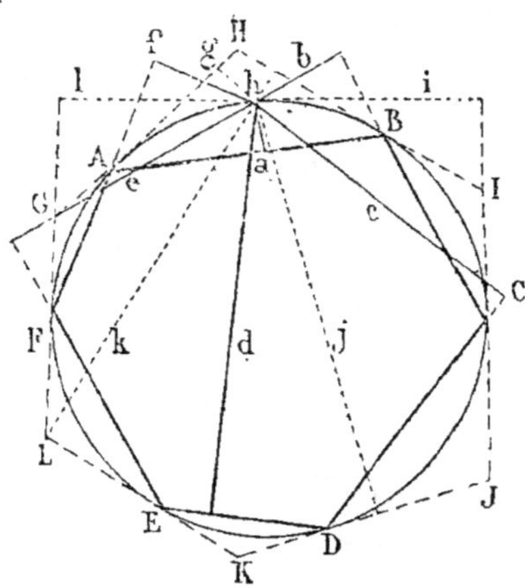

Le point M est le point d'où partent les hauteurs a, b, c, ...

Fig. 771.

Considérons des hexagones.

Soient a, b, c, d, e, f les distances de M aux côtés de l'hexagone inscrit, et g, h, i, j, k, l les distances de M aux côtés de l'hexagone circonscrit, a étant la perpendiculaire abaissée sur la corde qui correspond aux tangentes dont g, h sont les distances au point M.

On sait que la distance d'un point M à une corde quelconque, est moyenne proportionnelle entre les distances du même point aux deux tangentes correspondantes (n° 25); donc

$$a^2 = gh; \quad b^2 = hi; \quad c^2 = ij;$$
$$d^2 = jk; \quad e^2 = kl; \quad f^2 = lg$$

donc
$$a^2 c^2 e^2 = gh \cdot ij \cdot kl$$
$$b^2 d^2 f^2 = hi \cdot jk \cdot lg$$

donc $\quad\quad ace = bdf \quad\quad\quad$ C. Q. F. D.

1223. Remarque. Lorsque le polygone a un nombre impair de côtés (2n — 1), on le considère comme étant un polygone de 2n côtés, en menant une tangente par l'un des sommets, ainsi qu'on l'a déjà indiqué (n° 1215, 1°).

1224. Théorème. *Lorsqu'un polygone a pour sommets les points de contact d'un polygone circonscrit d'un nombre quelconque de côtés, le produit des distances d'un point quelconque de la circonférence aux*

---

* LENTHÉRIC, nom porté par trois honorables membres d'une même famille, successivement professeurs de mathématiques à Montpellier.

côtés du polygone inscrit, égale le produit des distances du même point aux côtés du polygone circonscrit.

Soient a, b, c, d, e les distances de M aux côtés du polygone inscrit; g, h, i, j, k les distances du même point aux côtés du polygone circonscrit.

Comme précédemment, on aura :

$$a^2 = gh; \quad b^2 = hi; \quad c^2 = ij; \quad d^2 = jk; \quad e^2 = kg$$

d'où $\qquad\qquad\qquad\qquad abcde = ghijk \qquad\qquad\qquad$ C. Q. F. D.

1225. Théorèmes. I. Même énoncé pour les **polygones** inscrit et circonscrit (n° 1224). *Si l'on mène une sécante dans une direction donnée et qu'on désigne par* a, b, *etc.,* g, h, *etc., les distances d'un point d'intersection* M *de la sécante et de la circonférence aux divers points où la sécante coupe les côtés, on aura*

$$\frac{abcde}{ghijk} = \text{constante}$$

II. *En désignant par* a', b'..... g', h'..... *les distances du second point* M' *d'intersection de la circonférence aux points où la sécante coupe les côtés, on aura, quelle que soit la direction des sécantes menées,*

$$\frac{abcde}{ghijk} = \frac{a'b'c'd'e'}{g'h'i'j'k'}$$

Remarque. La propriété fondamentale du quadrilatère inscriptible (n° 1221, 1), relative à l'involution, est donc ainsi étendue à un polygone inscriptible quelconque (n° 1225, II).

Transversales.

1226. Pour prouver que trois points donnés sont en ligne droite, ou que trois droites concourent au même point, il est parfois très utile de recourir aux théorèmes de *Ménélaüs* et de *Ceva*. D'ailleurs la démonstration de ces deux théorèmes fondamentaux est si simple qu'il serait très fâcheux d'en priver les élèves.

Exercice 361

1227. Théorème de Ménélaüs. *Lorsqu'une transversale coupe les trois côtés d'un triangle, le produit de trois segments, n'ayant pas d'extrémité commune, égale le produit des trois autres segments.*

La démonstration donnée dans les *Éléments de Géométrie* (n° 743) est basée sur les lignes proportionnelles.

Dans les *Méthodes* (n° 166), on a recours aux surfaces auxiliaires. Au n° 180, la démonstration, extrêmement simple, est basée sur les projections, et se trouve indiquée dans le *Traité des propriétés projectives* de *Poncelet*.

Enfin, la démonstration suivante ne le cède en simplicité et en élégance à aucune des précédentes.

Par les trois sommets, menons trois droites parallèles entre elles ;
par exemple, des perpendiculaires a, b, c à la transversale.

On sait qu'on a

$$\frac{AL}{BL} = \frac{a}{b}, \quad \frac{BM}{CM} = \frac{b}{c}, \quad \frac{CN}{AN} = \frac{c}{a}$$

donc la relation à démontrer, ou

$$\frac{AL}{BL} \cdot \frac{BM}{CM} \cdot \frac{CN}{CA} = 1$$

revient à prouver qu'on a

$$\frac{a}{b} \cdot \frac{b}{c} \cdot \frac{c}{a} = 1$$

Or cette relation est évidente ; donc...

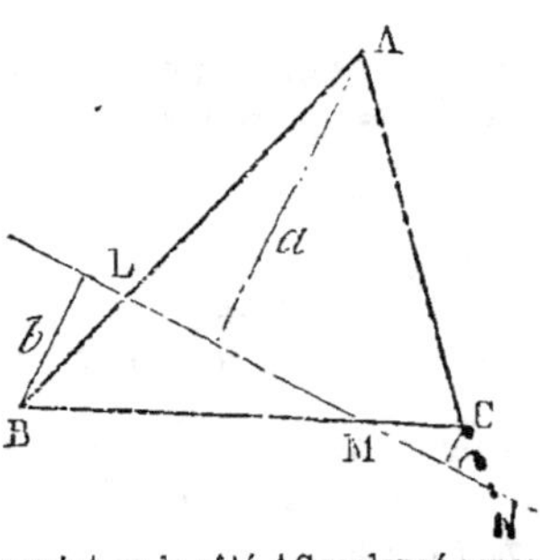

Le point où le côté AC prolongé rencontrerait DM doit être marqué N.

Fig. 772.

Exercice 362

1228. Théorème réciproque. *Si trois points déterminent sur les côtés d'un triangle six segments tels que le produit des trois autres segments non consécutifs égale le produit des trois autres segments, les trois points sont en ligne droite.*

Un seul des trois points doit se trouver sur le prolongement d'un côté, ou les trois points doivent se trouver sur les prolongements.

On a recours à la *réduction par l'absurde*. (G., n° 745.)

1229. Théorème de Carnot. *Lorsqu'une transversale coupe les côtés d'un polygone plan, chaque côté est divisé en deux segments, le produit de tous les segments, n'ayant pas d'extrémité commune, égale le produit de tous les autres segments.*

(*Méthodes*, n° 181.)

Exercice 363

1230. Théorème. *Les bissectrices extérieures des angles d'un triangle rencontrent les côtés opposés en trois points situés en ligne droite.*

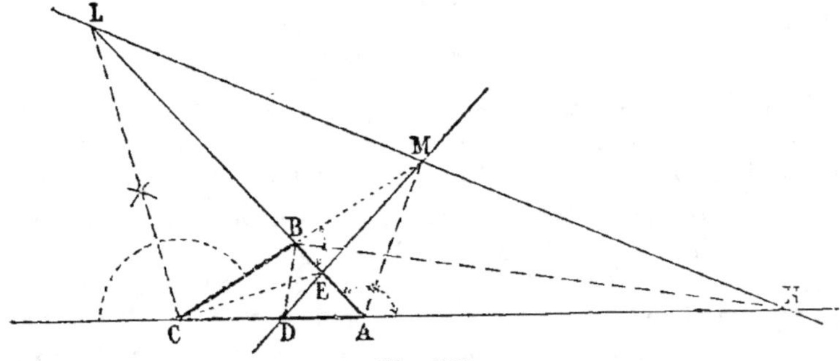

Fig. 773.

La bissectrice extérieure de l'angle C coupe le côté opposé AB au point L, etc. Il faut prouver que L, M et N sont en ligne droite.

Désignons les trois côtés du triangle par a, b, c.

Les segments AL, BL, déterminés par la bissectrice CL, sont proportionnels aux côtés AC et BC; on a donc

$$\frac{AL}{BL} = \frac{b}{a}; \quad \frac{BM}{CM} = \frac{c}{b}; \quad \frac{CN}{AN} = \frac{a}{c}$$

d'où

$$\frac{AL}{BL} \cdot \frac{BM}{CM} \cdot \frac{CN}{AN} = \frac{bca}{abc} = 1$$

Donc les trois points L, M, N sont en ligne droite.

1231. Théorème. *Deux points D, E déterminés par les bissectrices intérieures et le point M de la bissectrice extérieure du troisième angle, sont en ligne droite.*

Même démonstration que précédemment (n° 1230).

On obtient trois nouvelles droites; ainsi les bissectrices intérieures et les bissectrices extérieures, en coupant les côtés opposés d'un triangle, donnent lieu à six points d'intersection.

1232. Théorème. *La médiane AD d'un triangle quelconque BAC coupe la corde EF d'un arc décrit du sommet A, et limité aux côtés du triangle en deux parties, dont le rapport est inverse de celui des côtés AB, AC.* (Housel, *Introduction à la Géométrie supérieure*, p. 175.)

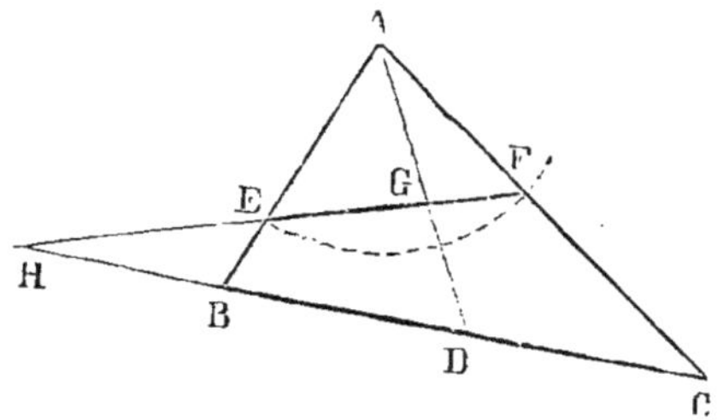

Fig. 774.

Prolongeons EF et BC jusqu'à leur rencontre; considérons les deux triangles AEF, ABC et la transversale AD; on a

$$HD \cdot BA \cdot EG = BD \cdot EA \cdot HG$$
$$CD \cdot FA \cdot HG = HD \cdot CA \cdot FG$$

Multiplions ces deux égalités membre à membre, supprimons les facteurs HD, HG communs aux deux termes de la fraction et les facteurs égaux AE, AF et BD, CD; on trouve

$$BA \cdot EG = CA \cdot FG$$

d'où

$$\frac{AB}{AC} = \frac{FG}{EG} \qquad\qquad C.\ Q.\ F.\ D.$$

Remarque. Lorsqu'on mène AD de manière que $\dfrac{CD}{BD} = \dfrac{BA}{CA}$, on a la relation

$$\frac{FG}{EG} = \frac{AB^2}{AC^2}$$

Exercice 364

1233. Théorème *Les milieux des trois diagonales d'un quadrilatère complet sont en ligne droite.* (GAUSS, en 1810*.)

Démonstration de M. MENSION. (N. A. 1853, p. 420.)

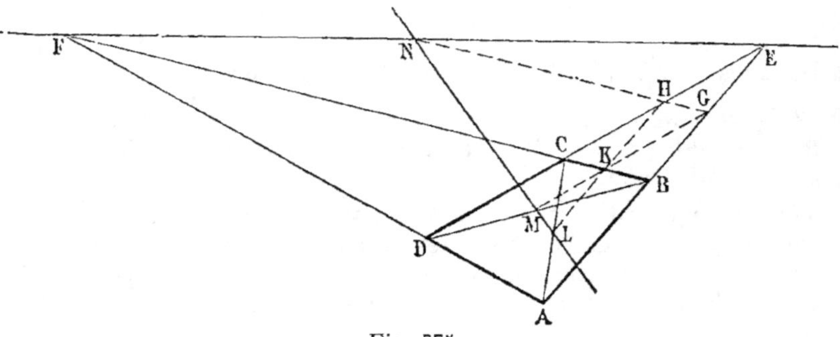

Fig. 775.

Pour prouver que L, M, N sont trois points en ligne droite, considérons le triangle GHK formé en joignant deux à deux les points milieux du triangle BCE.

Le côté HK passe par le point L milieu de AC, GK passe par M, milieu de BD, et GH par N.

Il suffit donc de démontrer qu'on a la relation

$$\frac{GM}{MK} \cdot \frac{KL}{HL} \cdot \frac{HN}{GN} = 1 \qquad (\text{n}^o\ 1128)$$

Or chacun des six segments ci-dessus est la moitié du segment correspondant que la transversale ADF déterminerait sur les côtés du triangle BCE. En effet, $GM = \frac{1}{2} ED$, $KM = \frac{1}{2} CD$, etc. Donc la relation écrite est exacte, car les segments de longueur double, déterminés par la transversale ADF, donnent une relation analogue.

Ainsi L, M, N sont en ligne droite.

Remarque. Cette belle démonstration est beaucoup plus rapide que celle de BOBILLIER; cette dernière a été reproduite par BLANCHET, dans son *appendice* aux *Éléments de Géométrie*.

Exercice 365

1234. Théorème. *Si, d'un point quelconque du cercle circonscrit à un triangle, on mène des droites qui fassent, dans le même sens, des angles égaux avec le côté du triangle, les pieds de ces droites seront sur une même ligne droite.*

Soit l'angle CEO = CFO = BDO.

Les triangles COE, AOD sont semblables, car E = D, et les angles

* Voir *Die Elemente der Mathematick* von Dr BALTZER, ou *Elementi di Matematica* del Dr B., § 7, n° 5.

DAO, ECO sont égaux, comme suppléments l'un et l'autre de l'angle
BAO; donc
$$\frac{AD}{CE} = \frac{AO}{CO} \qquad (1)$$

Les triangles OBE, AOF sont aussi semblables, car les angles en
A et en B sont égaux, et il en
est de même des angles en E
et en F. Donc

$$\frac{BE}{AF} = \frac{BO}{AO}$$

Les triangles COF, BOD
sont aussi semblables, car les
angles F et D sont égaux entre
eux, et les angles OCF, OBD
ont même mesure. Donc

$$\frac{CF}{BD} = \frac{CO}{BO}$$

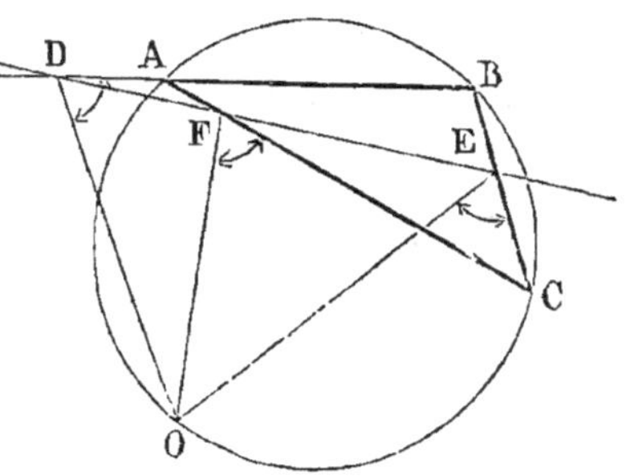

Fig. 776.

En multipliant terme à terme les trois égalités, on trouve
$$\frac{AD \cdot BE \cdot CF}{BD \cdot CE \cdot AF} = \frac{AO \cdot BO \cdot CO}{CO \cdot AO \cdot BO} = 1$$

Donc les trois points D, E, F sont en ligne droite (n° 1228).

1235. Remarque. Le théorème de *Robert Simson* (n° 22) n'est qu'un
cas particulier du précédent.

L'extension ci-dessus (n° 1231) est de CARNOT.

1236. Théorème. *On donne une circonférence, un point extérieur* A
et un point intérieur B; *par ce dernier point, on mène une corde
quelconque* CBD *et les sécantes* ACC′ ADD′. *Prouver que la corde*
C′D′ *passe par un point fixe.* (PONCELET, *Applications d'Analyse et
de Géométrie.*)

1ʳᵉ Démonstration. En appliquant l'*homologie* (n° 1249), on
fait passer le point A à l'infini;
les droites DD′, CC′ deviennent
parallèles et sont menées dans
une direction constante; dès
lors la figure obtenue est un
trapèze isocèle, et le côté C′D′
passe évidemment par un point

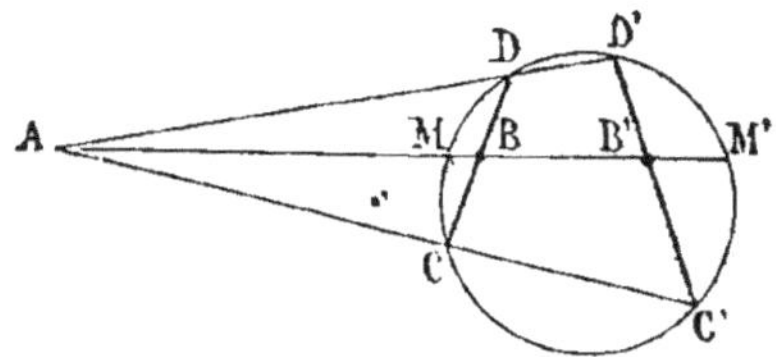

Fig. 777.

fixe B′, symétrique de B par rapport au diamètre perpendiculaire aux
bases (n° 607).

Donc, dans la figure donnée, le côté C′D′ passe aussi par un point fixe.

2ᵉ Démonstration. Le *Théorème de Desargues*, relatif à l'involution
(n° 1219), donne la démonstration sans qu'il soit nécessaire de recourir à l'homologie.

En effet, A, étant le point de concours des côtés opposés du quadrilatère, est un point double de l'involution ; on a

$$\frac{MA^2}{MB \cdot MB'} = \frac{M'A^2}{M'B \cdot M'B'} \; ; \quad \text{d'où} \quad \frac{M'B'}{MB'} = \frac{M'A^2 \cdot MB}{M'B \cdot MA^2}.$$

Le membre de droite est constant ; donc le rapport $\dfrac{M'B'}{MB'}$ est connu, et le point B' est déterminé de position. (G., n° 208.)

1237. Remarque. Le théorème est vrai, lorsque trois côtés CC', DD', CD oscillent respectivement autour de trois points A, A', B placés en ligne droite.

Le quatrième côté C'D' oscille aussi autour d'un point fixe B', situé sur la même droite que les trois premiers.

Exercice 366

1238. Théorème. *Deux cordes AD et BC se coupent au milieu O d'une troisième corde EF. Prouver que les segments OM, ON, interceptés sur EF par les droites AC et BD, sont égaux.*

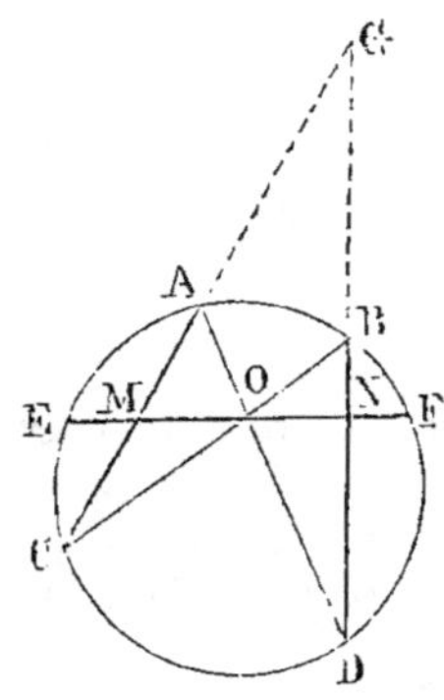

Fig. 778.

1re Démonstration. On peut utiliser le *théorème de Ménélaüs*, relatif aux transversales (n° 1227).

Le triangle MGN, coupé par BC et par AD, donne

$$\frac{OM}{ON} \cdot \frac{BN}{BG} \cdot \frac{CG}{CM} = 1$$

$$\frac{OM}{ON} \cdot \frac{DN}{DG} \cdot \frac{AG}{AM} = 1$$

Multiplions membre à membre, on trouve

$$\frac{OM^2}{ON^2} \cdot \frac{BN \cdot DN}{CM \cdot AM} \cdot \frac{CG \cdot AG}{BG \cdot DG} = 1$$

Nous pouvons supprimer la dernière fraction, car $CG \cdot AG = BG \cdot DG$

d'où

$$\frac{OM^2}{ON^2} = \frac{AM \cdot CM}{BN \cdot DN} \tag{a}$$

Exprimons $BN \cdot DN$ et $AM \cdot CM$ en fonction de OM, ON et de la constante OF.

Or $\quad BN \cdot DN = EN \cdot NF = (OF + ON)(OF - ON) = OF^2 - ON^2$

$\quad CM \cdot AM = EM \cdot MF = (OE - OM)(OE + OM) = OE^2 - OM^2$

D'ailleurs $OF = OE$; donc (a) devient

$$\frac{OM^2}{ON^2} \cdot \frac{OF^2 - ON^2}{OF^2 - OM^2} = 1 \; ; \quad \text{d'où} \quad \frac{OM^2}{ON^2} = \frac{OF^2 - OM^2}{OF^2 - ON^2}$$

$$OM^2 \cdot OF^2 - OM^2 \cdot ON^2 = ON^2 \cdot OF^2 - OM^2 \cdot ON^2$$

$$OM^2 \cdot OF^2 = ON^2 \cdot OF^2 \; ; \quad \text{d'où} \quad OM = ON \quad \textit{C. Q. F. D.}$$

2ᵉ Démonstration. Il est possible de démontrer le théorème en se bornant à recourir aux *Éléments de Géométrie*. Les triangles qui ont un angle égal sont entre eux comme les produits des côtés qui comprennent l'angle égal; donc, on a successivement (fig. 778)

$$\frac{BON}{COM} = \frac{BO \cdot ON}{CO \cdot OM} \tag{1}$$

$$\frac{DON}{AOM} = \frac{DO \cdot ON}{AO \cdot OM} \tag{2}$$

$$\frac{COM}{DON} = \frac{CO \cdot CM}{DO \cdot DN} \tag{3}$$

Multiplions (1) par (3), on trouve

$$\frac{BON}{DON} \quad \text{ou} \quad \frac{BN}{DN} = \frac{BO \cdot ON \cdot CM}{OM \cdot DO \cdot DN}$$

d'où

$$\frac{ON}{OM} = \frac{BN \cdot DO}{CM \cdot BO} \tag{4}$$

Multiplions (2) par (3), on trouve

$$\frac{COM}{AOM} \quad \text{ou} \quad \frac{CM}{AM} = \frac{CO \cdot CM \cdot ON}{DN \cdot AO \cdot OM}$$

d'où

$$\frac{ON}{OM} = \frac{AO \cdot DN}{AM \cdot CO} \tag{5}$$

(4) et (5) donnent

$$\frac{ON^2}{OM^2} = \frac{DO \cdot AO \times BN \cdot DN}{CO \cdot BO \times AM \cdot CM} = \frac{BN \cdot DN}{AM \cdot CM} \tag{6}$$

Nous retrouvons ainsi l'égalité connue (*a*).

Donc $$OM = ON$$

3ᵉ Démonstration. La question proposée n'est qu'un cas particulier du *théorème de Desargues* sur l'involution (nº 1219). En vertu de ce théorème, en prenant AC et BD comme côtés opposés du quadrilatère inscrit ABCD et AD, BC comme diagonales, on a

$$\frac{EM \cdot EN}{EO \cdot EO} = \frac{FM \cdot FN}{FO \cdot FO}$$

Mais le point O est le point milieu de EF; ainsi les dénominateurs sont égaux, et par suite il en est de même des numérateurs; donc

$$EM \cdot EN = FM \cdot FN$$

d'où

$$\frac{EM}{FN} = \frac{FM}{EN}$$

Or cette proportion ne peut être vérifiée que par $EM = FN$, car si EM, par exemple, était plus petit que FN, FM serait plus grand que EN, et il n'y aurait point de proportion.

1239. Remarques. 1º En employant le *théorème de Desargues*, on reconnaît que le théorème proposé subsiste, lorsque les points I et J (fig. 779), au lieu de coïncider, sont équidistants du milieu O de la corde. La démonstration est analogue à celle du premier cas (n° 1238).

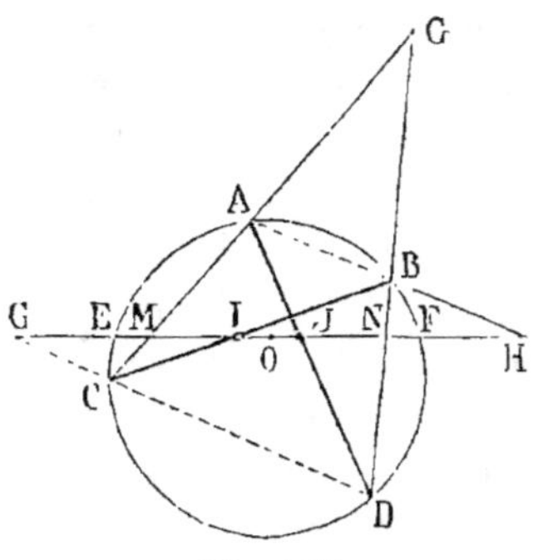

Fig. 779.

2° Les côtés opposés AB, CD donnent aussi OG = OH. Il suffit que les deux points d'un des trois couples IJ, MN ou GH soient équidistants du milieu de la corde, pour qu'il en soit de même des points des deux autres couples.

Note. L'exemple donné montre combien il est important d'étudier quelques théorèmes fondamentaux, tels que ceux de MÉNÉLAÜS sur les transversales (n° 1227) ; de DESARGUES, pour les trois couples de points en involution (n° 1219) ; et il en est de même de celui de CÉVA, pour les droites concourantes (n° 1240) ; car rien n'est plus facile que de prendre un des cas particuliers de ces théories et de le proposer comme question élémentaire ; mais il est souvent difficile de traiter la question à l'aide des seules ressources que fournissent les *Éléments de Géométrie*. Ainsi la 2ᵉ *démonstration*, uniquement basée sur les théorèmes les plus connus des *Éléments*, est extrêmement laborieuse ; la 1ʳᵉ *démonstration*, qui utilise les *transversales*, est encore assez longue ; tandis que la 3ᵉ *démonstration*, qui se rapporte à l'*involution*, est d'une merveilleuse simplicité.

Exercice 367

1240. **Théorème de Ceva.** *Les droites qui joignent les sommets d'un triangle à un même point, déterminent sur les côtés six segments tels que le produit de trois d'entre eux, n'ayant pas d'extrémité commune, égale le produit des trois autres.*

(G., n° 749 ; *Méthodes*, n° 167.)

Exercice 368

1241. **Théorème réciproque.** *Si trois points situés sur les côtés d'un triangle divisent les côtés en six segments tels que le produit de trois segments non consécutifs égale le produit des trois autres, les trois droites, qui joignent chacun de ces points au sommet opposé, passent par un même point.*

Les trois points passent sur les côtés, ou bien un seul est sur un côté et les deux autres sur les prolongements.

On a recours à la résolution à l'absurde. (G., n° 751.)

Exercice 369

1242. Théorème. *Les droites qui joignent les points de contact du cercle inscrit à un triangle, aux sommets opposés, se coupent au même point. Il en est de même pour les points de contact de chaque cercle ex-inscrit.*

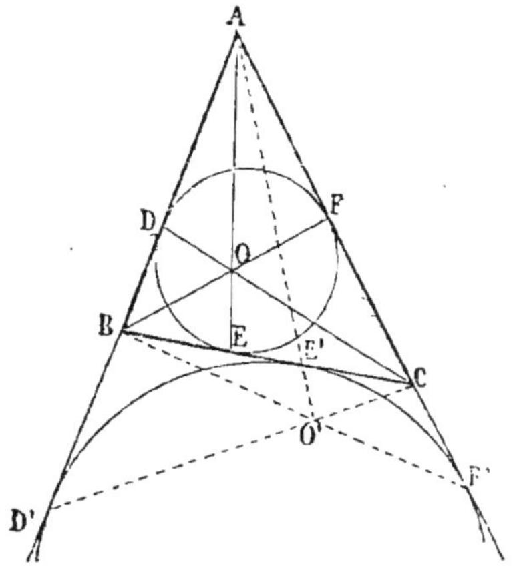

Fig. 780.

1° On a

$$BE = BD$$
$$CF = CE$$
$$AD = AF$$

En multipliant terme à terme, on trouve

$$BE . CF . AD = BD . CE . AF$$

Donc, d'après le *théorème de Céva* (n° 1240), les droites se coupent en un même point O.

2° Même démonstration pour les droites AE′, BF′, CD′, relatives à chaque cercle ex-inscrit.

Exercice 370

1243. Théorème. *Les perpendiculaires abaissées d'un même point, sur les trois côtés d'un triangle, déterminent six segments tels que la somme des carrés de trois d'entre eux non consécutifs, égale la somme des carrés des trois autres segments.*

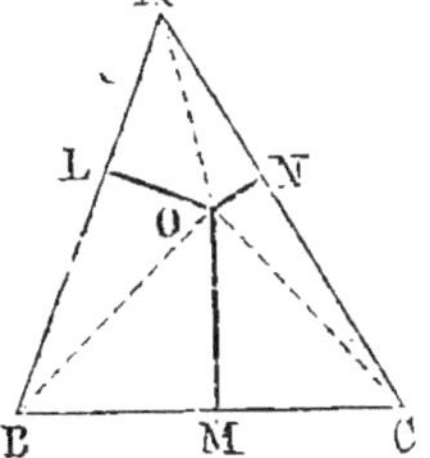

Fig. 781.

Soient les perpendiculaires OL, OM, ON. D'après un théorème connu (n° 1163), on a

$$AL^2 - BL^2 = AO^2 - BO^2$$
$$BM^2 - CM^2 = BO^2 - CO^2$$
$$CN^2 - AN^2 = CO^2 - AO^2$$

En ajoutant ces égalités membre à membre, on trouve

$$AL^2 + BM^2 + CN^2 - BL^2 - CM^2 - AN^2 = 0$$

ou

$$AL^2 + BM^2 + CN^2 = BL^2 + CM^2 + AN^2 \qquad (1)$$

C. Q. F. D.

Remarque. Lorsque le point de concours est extérieur au triangle, un des points L, M, N, ou deux, ou même les trois points peuvent être sur le prolongement des côtés.

Exercice 371

1244. **Théorème.** **Réciproquement.** *Lorsque trois points déterminent sur les côtés d'un triangle six segments tels que la somme des carrés de trois d'entre eux non consécutifs, égale celle des trois autres, les trois points peuvent être considérés comme étant les projections d'un même point.*

On le démontre par la réduction à l'absurde, ainsi qu'on l'a fait pour les réciproques des théorèmes de *Ménélaüs* et de *Céva* (n°ˢ 1228 et 1241).

1245. **Théorème.** *Les perpendiculaires élevées au milieu des trois côtés d'un triangle se coupent au même point; il en est de-même des trois hauteurs de ce triangle.*

1° La relation $AL^2 + BM^2 + CN^2 = BL^2 + CM^2 + AN^2$ (n° 1243) a lieu évidemment, lorsqu'on élève des perpendiculaire au milieu de chaque côté d'un triangle, car, dans ce cas, $AL = BL$, $BM = CM$ et $CN = AN$ par construction; donc les trois perpendiculaires concourent au même point (n° 1244).

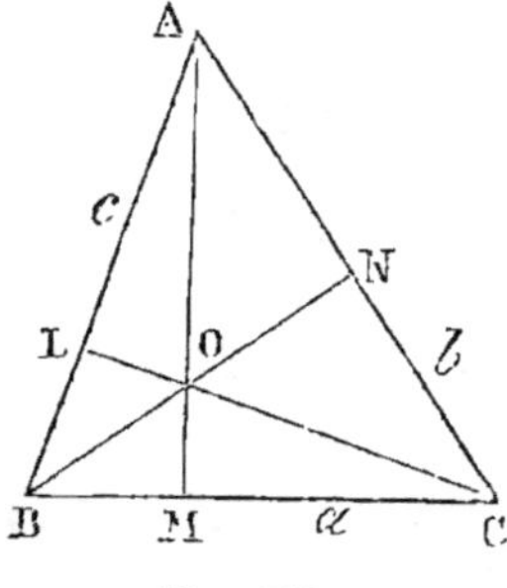

Fig. 782.

2° Considérons les hauteurs (fig. 782); a, b, c désignant les côtés du triangle, on a (n° 1163)

$$AL^2 - BL^2 = AC^2 - BC^2$$

Or
$$AL^2 - BL^2 = b^2 - a^2$$
$$BM^2 - CM^2 = c^2 - b^2$$
$$CN^2 - AN^2 = a^2 - c^2$$

d'où
$$AL^2 + BM^2 + CN^2 - (BL^2 + CM^2 + AN^2) = 0$$
$$C. \; Q. \; F. \; D.$$

1246. **Théorème.** *Les perpendiculaires élevées sur les côtés d'un triangle, aux trois points où les cercles ex-inscrits sont tangents à ces côtés, se coupent au même point.*

1ʳᵉ Démonstration (n° 757).

2ᵉ Démonstration. Soient L, M, N (fig. 783) les points de concours des bissectrices extérieures; il faut prouver que les perpendiculaires LD, ME, NF se coupent au même point.

Il suffit de prouver que $\quad BD^2 + CE^2 + AF^2 = DC^2 + AE^2 + BF^2$

Or
$$BD^2 - DC^2 = BL^2 - CL^2$$
$$CE^2 - AE^2 = MC^2 - MA^2$$
$$AF^2 - BF^2 = NA^2 - NB^2$$

Ajoutons, on trouve

$$BD^2 + CE^2 + AF^2 - (DC^2 + AE^2 + BF^2) = BL^2 + MC^2 + NA^2 - (CL^2 + MA^2 + NB^2)$$

Mais les bissectrices intérieures qui donnent le centre O du cercle inscrit sont les hauteurs du triangle LMN (n° 662), et se coupent au même point; donc le second membre de l'égalité ci-dessus égale zéro (n° 1243).

Donc, il en est de même du premier, et l'on a

$$BD^2 + CE^2 + AF^2 = DC^2 + AE^2 + BF^2$$

et les trois perpendiculaires LD, ME, NF se coupent au même point P (n° 1244).

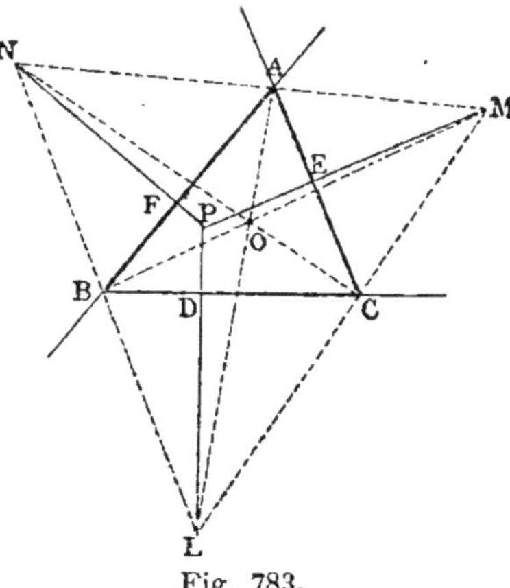

Fig. 783.

Exercice 372

1247. Théorème de Desargues. *Lorsque les côtés de deux triangles se coupent deux à deux en trois points situés en ligne droite, les droites qui joignent deux à deux les sommets correspondants se coupent au même point.*

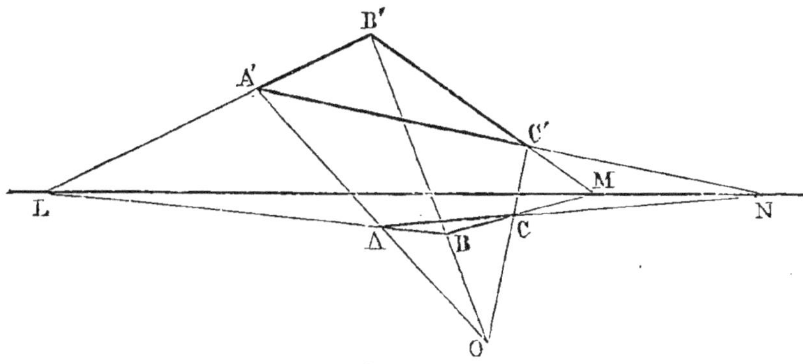

Fig. 784.

Soient les triangles ABC, A'B'C' tels que les points L, M, N soient en ligne droite; il faut prouver que les lignes A'A, B'B, C'C concourent en un même point O.

1° On peut démontrer ce théorème à l'aide des transversales et du *théorème de Céva*;

2° En employant le rapport anharmonique (G., n° 782);

3° En recourant à un solide auxiliaire. (*Méthodes*, n° 177.)

Exercice 373

1248. Théorème réciproque. *Lorsque les sommets de deux triangles sont deux à deux sur trois droites qui concourent en un même point, les côtés des triangles se coupent deux à deux en trois points situés en ligne droite.*

1249. Note sur l'homologie. L'*homologie* est due à l'illustre PONCELET. Le *théorème de Desargues* et le *théorème réciproque* (n°s 1247, 1248) servent de base aux recherches et aux constructions relatives à cette méthode. Lorsqu'on met une figure plane en perspective et qu'on rabat le *tableau* sur le plan de projection, on obtient deux *figures homologiques*, c'est-à-dire deux figures telles que les points se correspondent deux à deux et sont situés sur des droites qui concourent en un même point nommé *centre d'homologie*. Les perspectives de deux *figures homothétiques* sont aussi homologiques.

Les droites qui joignent entre eux deux points d'une des figures et les deux points correspondants de l'autre figure se coupent sur une droite nommée *axe d'homologie*.

L'*homologie* est un mode de transformation de figures qui permet, par exemple, de remplacer une ellipse ou une hyperbole par un cercle dont la première courbe pourrait être regardée comme la perspective.

Pour se rendre compte du merveilleux instrument que Poncelet a créé, il suffit de lire le *Traité des Propriétés projectives des figures* de cet auteur.

Exercice 374

1250. Théorème de Carnot. *Lorsqu'une circonférence coupe les côtés d'un triangle ABC, le côté AB aux points* D *et* D', BC *en* E *et* E', CA *en* F *et* F', *on a la relation suivante :*

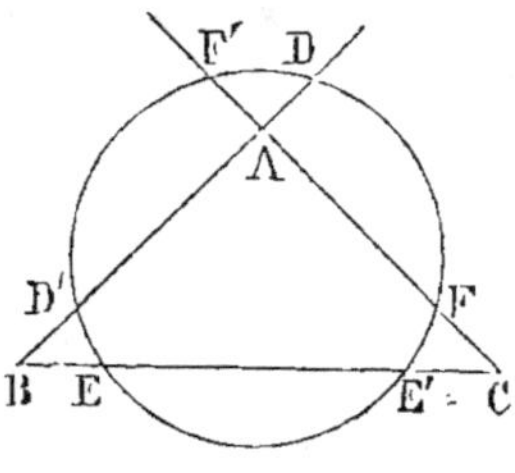

$$\frac{AD \cdot BE \cdot CF}{BD \cdot CE \cdot AF} \times \frac{AD' \cdot BE' \cdot CF'}{BD' \cdot CE' \cdot AF'} = 1$$

En effet, $AD \cdot AD' = AF \cdot AF'$

$$BE \cdot BE' = BD \cdot BD'$$

$$CF \cdot CF' = CE \cdot CE'$$

En multipliant ces égalités membre à membre, on trouve la relation ci-dessus.

Fig. 785.

Remarque. Le *théorème de Carnot* (n° 1250), aussi bien que le *théorème de Pappus* (n° 1214) et le *théorème de Desargues* (n° 1219), ont leurs analogues lorsqu'on remplace la circonférence par une conique quelconque.

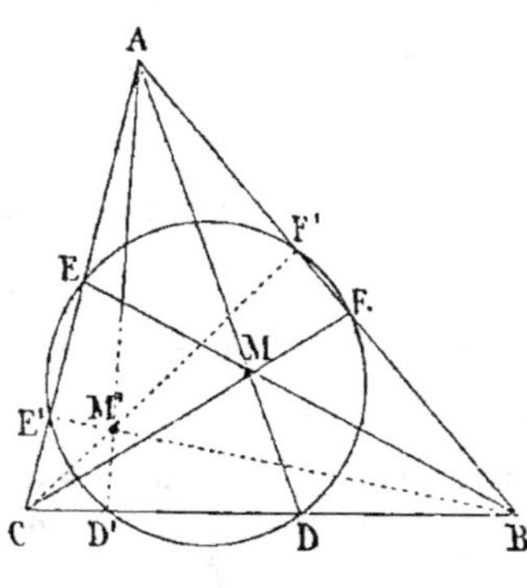

Fig. 786.

1251. Théorème. *Lorsqu'on joint un point* M *aux trois sommets d'un triangle, la circonférence qui passe par les trois points* D, E, F *déterminés sur les côtés par les droites* AM, BM, CN, *coupe les côtés en trois autres points* D', E', F' *tels que les droites qui les joignent aux sommets opposés se coupent en un même point* M'. (TERQUEM. N. A. 1842, p. 403.)

D'après le *théorème de Céva* (n° 1240), on a

$$BD \cdot AF \cdot CE = CD \cdot BF \cdot AE$$

Mais on peut écrire les égalités suivantes :

$$BD'.AD = BF'.BF$$
$$AF''.AF = AE'.AE$$
$$CE'.CE = CD'.CD$$

Multiplions ces égalités terme à terme, on trouve

$$BD'.AF'.CE' \times BD.AF.CE = BF''.AE'.CD' \times BF.AE.CD$$

Mais, d'après les données, le produit des trois derniers facteurs du premier membre égale celui des trois derniers du second ; donc

$$BD'.AF'.CE' = BF''.AE'.CD'$$

et par suite les droites se coupent en un même point M'.

Circonférences. — Situation.

Exercice 375

1252. Théorème. *Un rectangle ABCD a pour base une droite AB double de la hauteur BC ; on joint le point A au point situé au quart de DC. Prouver que le point M où cette ligne coupe la diagonale BD appartient à la demi-circonférence décrite sur AB comme diamètre.*

Soit DF = $^1/_4$ DC

Le point M appartient à la demi-circonférence AB. En effet :

Les triangles ADF, BAD sont semblables comme ayant un angle droit compris entre côtés homologues proportionnels ; donc les angles DAF, ABD sont égaux, ainsi ABM est le complément de BAM.

Donc l'angle M est droit et son sommet est sur la demi-circonférence.

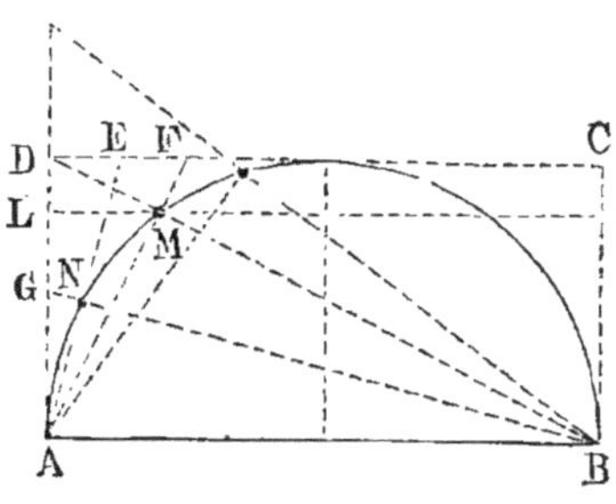

Fig. 787.

1253. Théorème. *Le point N appartient à la demi-circonférence, lorsqu'on prend* AG = 2DE.

Les triangles rectangles ABG, DAF sont semblables, car AB est double de AD et AG est double de DE.

1254. Théorème. *On prend* AL = $^4/_5$ AD, *la parallèle LM coupe la diagonale BD en un point M qui appartient à la demi-circonférence.*

Remarque. Ces théorèmes sont utilisés pour mettre une circonférence en perspective. (*Géométrie descriptive* *, nᵒ 568.)

---

* Voir *Éléments de Géométrie descriptive,* par F. I. C., 2ᵉ édition.

1255. Théorème. *On construit des carrés sur les côtés de l'angle droit d'un triangle rectangle. La circonférence décrite sur l'hypoténuse comme diamètre passe par le point milieu de la droite qui joint les deux sommets opposés des deux carrés.*

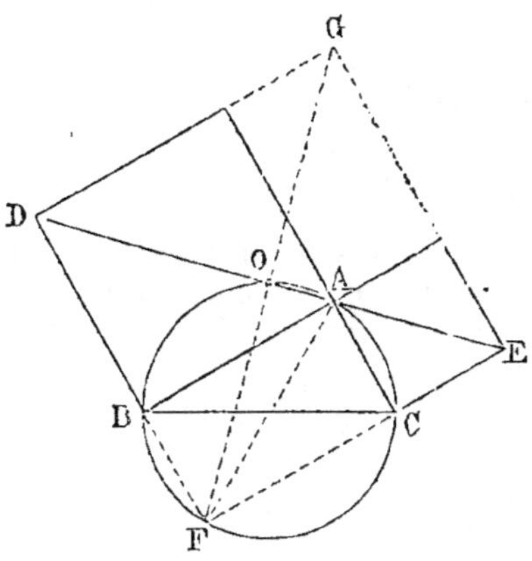

Fig. 788.

Il faut prouver que le point O, milieu de DE, appartient à la circonférence.

En prolongeant les côtés qui aboutissent aux points D, E, on forme un carré DFEG, dont le sommet F est sur la circonférence décrite; or AF, diagonale du rectangle ABFC, est un diamètre; donc l'angle droit AOF, formé par les diagonales du carré, doit avoir son sommet sur la circonférence.

Exercice 376

1256. Théorème. *Deux cercles quelconques A et B étant donnés de grandeur et de position, si deux rayons AC et BD se meuvent en restant constamment parallèles l'un à l'autre, les droites menées par leurs extrémités rencontrent la ligne des centres en un même point.*

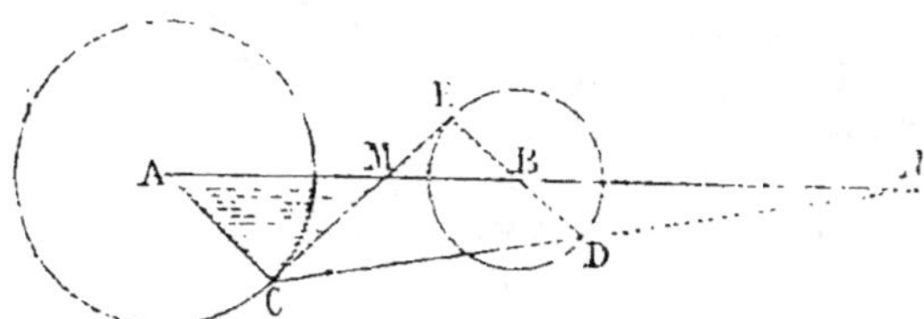

Fig. 789.

Soit CDN la droite menée par les extrémités des rayons, en l'une quelconque de leurs positions. Les triangles semblables NAC et NBD donnent $\dfrac{NA}{NB} = \dfrac{AC}{BD}$; ainsi le rapport $\dfrac{NA}{NB}$ est constamment égal au rapport des rayons AC et BD; et comme il n'y a, sur la droite AB, qu'une seule position du point N qui donne le rapport $\dfrac{NA}{NB}$ égal au rapport $\dfrac{AC}{DB}$ (G., n°s 208 et 209), ce point N est donc déterminé, car sa distance NA est indépendante de la direction des rayons parallèles.

Scolie. Si les rayons parallèles sont tracés dans des directions opposées AC et BE, la sécante CE rencontre la ligne des centres en un point M dont la position est déterminée par la proportion

$$\frac{MA}{MB} = \frac{CA}{BE}$$

La ligne des centres est divisée *harmoniquement*, car on a

$$\frac{MA}{MB} = \frac{NA}{NB}$$

1257. Théorème. *Les droites qui joignent un point quelconque d'une circonférence, aux extrémités d'une corde perpendiculaire à un diamètre donné, divisent harmoniquement ce diamètre.* (*Porismes d'Euclide, ou de Chasles,* p. 95 et 255.)

Soit CD perpendiculaire à AB, E un point quelconque; il faut prouver que les points A, M, B, N donnent des segments en proportion harmonique. (G., n°s 219 et 786.)

Joignons le point E aux points A et B.

Les angles AED, AEC sont égaux comme ayant même mesure; donc AE est bissectrice de l'angle CED.

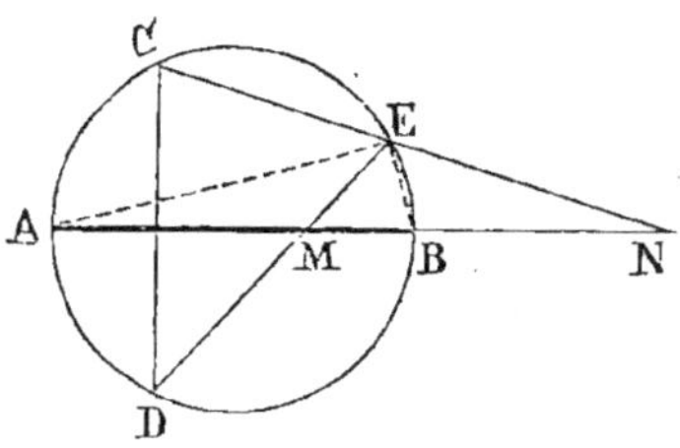
Fig. 790.

De même $$DEB = \frac{DB}{2}.$$

Or l'angle BEN, supplément de BEC, a pour mesure $\dfrac{CB}{2}$; mais l'arc DB = CB, donc l'angle DEB = BEN; EB est la bissectrice intérieure de l'angle MEN, donc (G., n° 245)

$$\frac{AM}{AN} = \frac{BM}{BN} \qquad C.\ Q.\ F.\ D.$$

1258. Note. *Les Trois livres des Porismes d'Euclide,* par M. CHASLES. Pour donner une juste idée de ce qu'il faut entendre par porisme, dans le sens des anciens, nous allons citer textuellement quelques lignes de l'ouvrage même que nous venons d'indiquer.

« *Les porismes sont des théorèmes non complets, exprimant certaines relations entre des choses variables suivant une loi commune,* relations indiquées dans l'énoncé du porisme, mais qu'il faudrait compléter par la détermination de grandeur ou de position de certaines choses qui sont la conséquence de l'hypothèse, et qui seraient déterminées dans l'énoncé d'un théorème proprement dit ou *théorème complet.*

« Exemple de porisme : *Dans un cercle, l'angle sous lequel on voit, du centre, la partie de chaque tangente comprise entre deux tangentes fixes, est constant;* on bien *est donné* afin d'énoncer le porisme dans le style même d'Euclide.

« *Exemple de théorème complet :* Dans un cercle, l'angle sous lequel on voit, du centre, la partie de chaque tangente comprise entre deux tangentes fixes est égal à la moitié de l'angle formé par les rayons qui vont aux points de contact des tangentes fixes. » (Pages 54 et 55.)

Les porismes sont employés pour déterminer les lieux géométriques et pour résoudre les problèmes.

L'ouvrage d'Euclide était en trois livres et contenait 171 propositions. Pappus ramène 171 porismes à XXIX énoncés qu'il appelle *genres*. Pour démontrer les porismes d'Euclide, Pappus établit d'abord XXXVIII lemmes.

De nombreuses tentatives ont été faites pour rétablir le texte d'Euclide, d'après les indications laissées par Pappus.

L'astronome HALLEY s'en est occupé; ROBERT SIMSON a rétabli le texte de trois porismes principaux; M. BRETON DE CHAMP, ingénieur distingué, auquel on doit des traités de lever des plans et de nivellement, a publié en 1855, puis en 1858, ses *Recherches nouvelles sur les Porismes d'Euclide*. Enfin, M. CHASLES, en 1860, a donné *les Trois Livres de Porismes d'Euclide*, rétablis d'après la notice et les lemmes de Pappus et conformément au sentiment de R. Simson sur la forme des énoncés de ces propositions. Nous devons encore mentionner la réclamation de M. BRETON DE CHAMP (N. A., 1867, page 522), et dire avec PONCELET qu'on attribue, ce semble, un peu trop facilement aux anciens certaines théories, ou certains théorèmes, dont ils n'ont connu peut-être que quelques cas particuliers.

Nous utiliserons un certain nombre de porismes, soit qu'ils viennent en réalité d'EUCLIDE, ou soit qu'ils procèdent de CHASLES; mais dans la forme des énoncés nous nous conformerons généralement aux habitudes modernes.

1259. Théorème. *Deux circonférences ont pour centres A et B; la circonférence décrite sur AB, comme diamètre, passe par les quatre points d'intersection des tangentes intérieures et des tangentes extérieures.* (N. A. 1869, p. 458.)

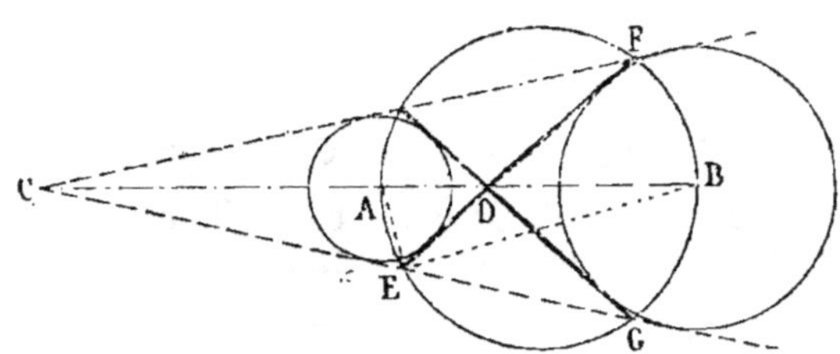

Fig. 791.

Il faut prouver que l'angle AEB est droit.

En effet, le rayon AE est bissectrice de l'angle DEC formé par deux tangentes; de même la droite BE est bissectrice de l'angle supplémentaire FEG; donc AEB est droit. Donc....

Exercice 377

1260. Théorème de d'Alembert. *Trois circonférences, considérées deux à deux, ont six centres de similitude; les trois centres extérieurs sont en ligne droite; il en est de même de deux centres extérieurs et d'un centre intérieur.*

La démonstration est identique à celle qu'on a déjà donnée pour les centres de similitude de trois polygones homothétiques pris deux à deux (n° 1149).

Les transversales donnent aussi une bonne démonstration. (G., n° 821, 2°.)

Enfin l'emploi des *volumes auxiliaires* a conduit MONGE à une démonstration très simple et très élégante. (*Méthodes*, n° 176.)

1261. **Théorème.** *Dans tout triangle, la distance d'un côté quelconque au centre du cercle circonscrit, est la moitié de la distance du sommet opposé au point de concours des hauteurs.*

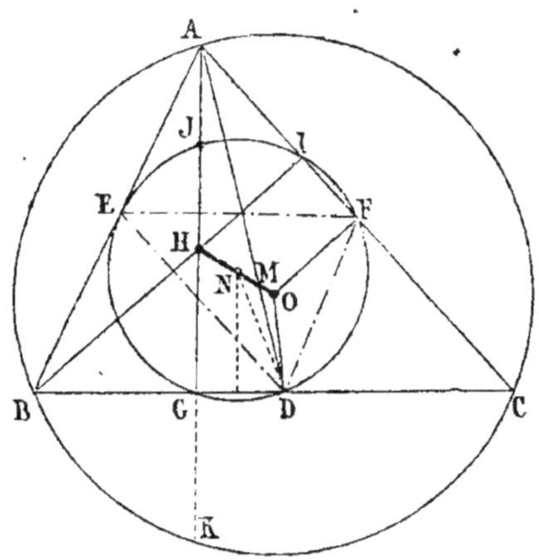

Fig. 792.

On a déjà démontré cette proposition (n°s 666 et 292, *c*), mais il est facile de la prouver directement.

Soient H le point de concours des hauteurs, M celui des médianes, O le centre du cercle circonscrit.

D'après le *théorème d'Euler* (n° 1119), on sait que les points H, M, O sont en ligne droite.

Or $AM = 2MD$ (G., n° 230);

donc $AH = 2OD$

Exercice 378

1262. **Théorème.** *Le rayon du cercle des neuf points est la moitié de celui du cercle circonscrit. Le point de concours des hauteurs est le centre de similitude de ces deux cercles.*

1re Démonstration. (*Méthodes*, n° 28.)

2e Démonstration (fig. 792). 1° Le cercle des neuf points passe par les points D et G, F, I; son centre est donc en N au milieu de OH. Le cercle des neuf points est circonscrit au triangle DEF, dont les côtés sont les moitiés des côtés de ABC; donc ND doit égaler $\frac{1}{2}$ AO.

On peut encore dire : les triangles AHO, DON sont semblables comme ayant un angle égal compris entre côtés homologues proportionnels, car $OD = \frac{1}{2}$ AH, $ON = \frac{1}{2}$ OH; donc $ND = \frac{1}{2}$ AO.

2° H est centre de similitude, car $\dfrac{HN}{HO} = \dfrac{1}{2} = \dfrac{ND}{AO}$.

Ainsi, *toute droite menée par le point H et limitée à la grande circonférence, est divisée en deux parties égales par le cercle des neuf points.*

On a prouvé directement que le point J, milieu de AH, appartient au cercle des neuf points (n° 720), et que $HG = \frac{1}{2} HK$ (n° 292, c).

1263. Théorème. *Deux circonférences égales se coupent suivant une corde commune CD. Toute circonférence, tangente à cette corde au point C ou au point D, coupe les deux circonférences en deux points M, N, qui sont en ligne droite avec le point O, milieu de la distance AB des centres des circonférences données.*

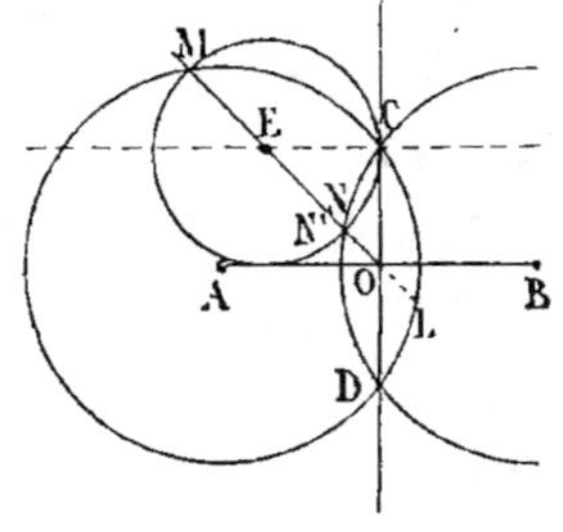

Fig. 793.

Joignons le point milieu O au point M.

Soient N′ le point où cette ligne coupe le cercle E, N le point où elle coupe le cercle B.

La droite OC est tangente au cercle E; donc

$$OM . ON' = OC^2$$

Mais $OM . OL = OC . OD = OC^2$

Donc $OM . ON' = OM . OL$

Mais $OL = ON$; donc $ON = ON'$; ainsi N et N′ se confondent et les trois points M, N, O sont en ligne droite.

Exercice 379

1264. Théorème. *Le lieu des points d'égale puissance, par rapport à deux circonférences, est une perpendiculaire à la ligne des centres. Ce lieu se nomme axe radical des deux circonférences* [*].

(G., n° 830.)

Exercice 380

1265. Théorème. *L'axe radical de deux circonférences est le lieu des points d'où l'on peut mener à ces circonférences des tangentes égales.*

(G., n° 833.)

---

[*] L'expression *axe radical* a été proposée par Gaultier, de Tours, dans un mémoire sur les contacts des cercles. (*Journal de l'École polytechnique*, XVIᵉ cahier, année 1813).

(Citation d'après PONCELET et CHASLES : *Traité des Propriétés projectives des figures*, tome I, page 41; *Géométrie supérieure*, page 501.)

Exercice 381

1266. **Théorème.** *Lorsque, par le centre de similitude de deux cir-conférences, on mène une sécante qui les coupe en quatre points, les quatre tangentes menées en ces points aux circonférences forment un parallélogramme dont l'une des diagonales passe par le centre de similitude et dont l'autre est sur une droite donnée de position.* (*Porismes d'Euclide, p. 315.*)

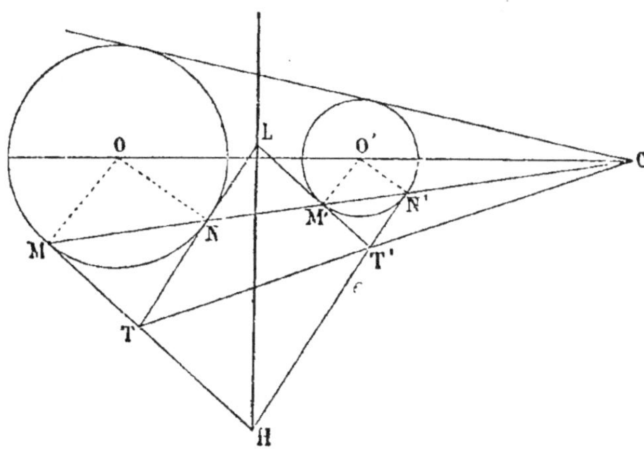

Fig. 794.

Les triangles isocèles MTN, M'T'N' sont semblables, car les angles T, T' sont les suppléments des angles égaux O, O' (n° 1256).

Les triangles MHN', NLM' ont les angles aigus égaux aux angles des deux premiers triangles, ils sont donc isocèles; ainsi $LN = LM'$, $MH = HN'$, et les tangentes étant égales, les points H, L appartiennent à l'axe radical, ligne qui est perpendiculaire à OO' (n° 1265).

Les points T, T' étant homologues, la droite TT' est un axe de similitude et doit passer par le centre C (n° 1146).

Exercice 382

1267. **Théorème.** *L'axe radical de deux circonférences est le lieu des centres des circonférences qui les coupent orthogonalement.*

(G., n° 835.)

Exercice 383

1268. **Théorème de Poncelet.** *Toutes les circonférences qui coupent orthogonalement deux cercles donnés, extérieurs l'un à l'autre, passent par deux points fixes. Ces points se nomment points limites.*

(Voir *Méthodes,* n° 231.)

La démonstration rappelée présuppose la connaissance des notions relatives à l'axe radical; il peut donc être nécessaire de donner une autre démonstration.

Rappelons qu'une circonférence C coupe orthogonalement une circonférence A, lorsque les rayons AE, CE du point d'intersection sont perpendiculaires l'un à l'autre; chacun de ces rayons est tangent à la seconde circonférence; ainsi CE est tangent au cercle A, de même que AE est tangent au cercle C (n° 620).

La circonférence C, coupant orthogonalement les cercles A et B, les tangentes CE, CF doivent être égales, puisque ce sont des rayons.

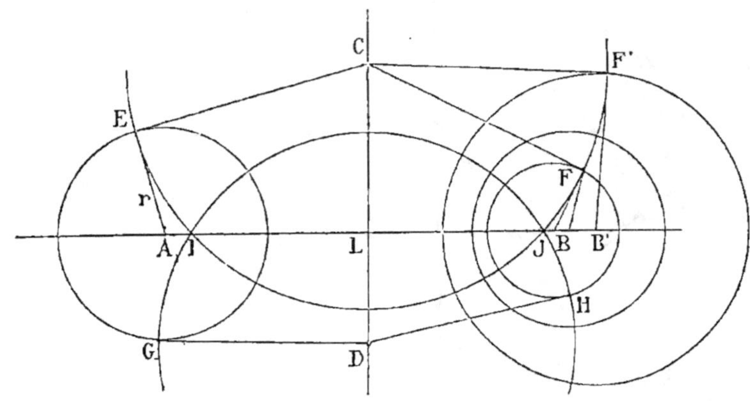

Fig. 795.

Soient I et J les points d'intersection; il suffit de prouver que la position de ces points est indépendante du rayon CE : on sait que

$$LI = LJ$$

Or
$$AI . AJ = r^2$$

d'où
$$(AL - LI)(AL + LI) = r^2$$

d'où
$$AL^2 - LI^2 = r^2, \text{ quantité constante}$$

On aurait de même
$$BL^2 - LJ^2 = r^2$$

Ainsi la position des points I, J est indépendante du rayon CE.

1269. Théorème. *Si, d'un point pris à volonté sur le plan d'une suite de cercles ayant même axe radical, on mène deux tangentes à chaque cercle de la série, le point milieu de chaque corde des contacts se trouve sur une circonférence coupant orthogonalement les premières.* (PONCELET, *Applications d'Analyse et de Géométrie*, t. II, p. 397.)

Soit C un des cercles dont OD est l'axe radical commun, A le point donné, AE, AF les tangentes, B le point milieu de la corde des contacts.

Tout cercle qui coupe orthogonalement les cercles donnés doit avoir

son centre sur OD. Faisons donc passer par les points A et B un
cercle dont le centre soit sur l'axe radical ; il suffit d'élever une perpendiculaire au milieu de AB. Le théorème sera démontré, si nous prouvons que l'angle CHO est droit, car le cercle de centre O sera le cercle orthogonal qui passe par le point A, et ce cercle passera en outre par le point B.

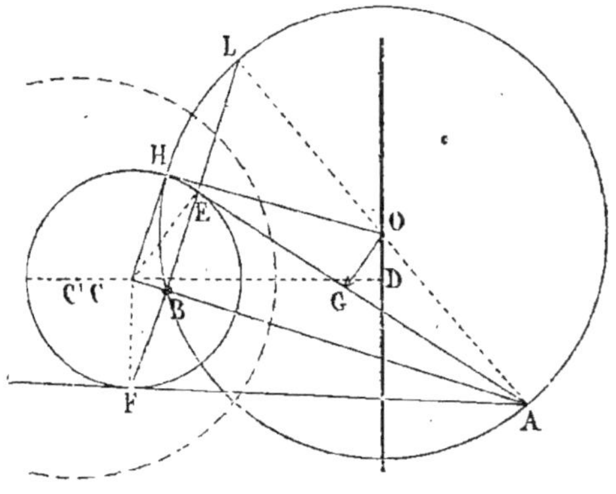

Or le triangle rectangle CEA donne

$$CE^2 = CB \cdot CA$$

Mais $\qquad CE^2 = CH^2$; donc $\quad CH^2 = CB \cdot CA$

Fig. 796.

Ainsi la droite CH est tangente au cercle, car son carré égale le produit de la sécante CA par la partie extérieure CB. Donc l'angle CHO est droit.

Le cercle orthogonal de centre O, ne dépendant que du point A et de l'axe radical commun DO, est donc le lieu du point milieu B des cordes de contact de tous les cercles, tels que ceux qui ont respectivement pour centres les points c, c'…

1270. Théorème. *Dans le théorème précédent, toutes les cordes des contacts passent par un même point, quel que soit le cercle considéré.*

En effet, l'angle ABE étant droit, toute corde telle que FE passe par le point L, extrémité du diamètre AOL.

Exercice 384

1271. Théorème. *Lorsque trois cercles* M, N, R *se coupent, les trois cordes d'intersection se rencontrent en un même point.* (MONGE *.)

1ʳᵉ Démonstration. Soit O le point de rencontre de deux cordes AB et CD ; menons EO, et appelons F et G les points de rencontre de cette droite avec les circonférences N et R.

Désignons par a, b, c, d, e, f, g, les segments des cordes. On a (G., nᵒˢ 259 et 261) :

Dans le cercle M	$ab = cd$	(1)
Dans le cercle N	$ab = ef$	(2)
Dans le cercle R	$cd = eg$	(3)

---

* Le théorème est de Monge, dans le cas où les sécantes sont réelles. (D'après PONCELET, *Traité des Propriétés projectives des figures*, tome I, page 40.)

MONGE, né à Beaune en 1746, mort en 1818, est le véritable créateur de la *Géométrie descriptive*.

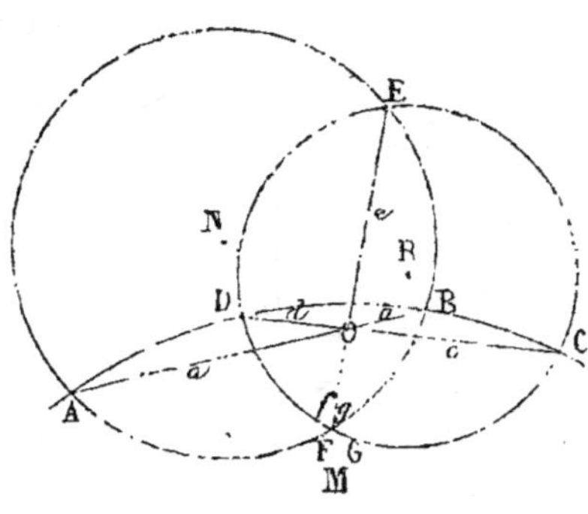

Fig. 797.

Les deux dernières égalités ont le premier membre égal, comme on le voit par la première; on a donc $ef = eg$, et par suite $f = g$, ou $OF = OG$. Ainsi les points F et G se confondent.

2ᵉ Démonstration. On peut recourir aux *solides auxiliaires* (nᵒˢ 169 et suivants). Admettons que les trois circonférences données (fig. 797) soient les grands cercles de trois sphères ayant respectivement pour centres les points M, N, R. Les sphères M et N se coupent suivant un petit cercle qui se projette en AB, les sphères M et R se coupent suivant un petit cercle qui se projette en CD; donc le point projeté en O, et qui se trouve sur le cercle AB et sur le cercle CD, appartient aux trois sphères; donc il doit se trouver sur le cercle EF comme aux sphères N et R; donc EF doit passer par le point O.   *C. Q. F. D.*

Scolie. 1º La rencontre peut avoir lieu sur les prolongements des cordes; la première démonstration ci-dessus s'applique exactement à ce cas.

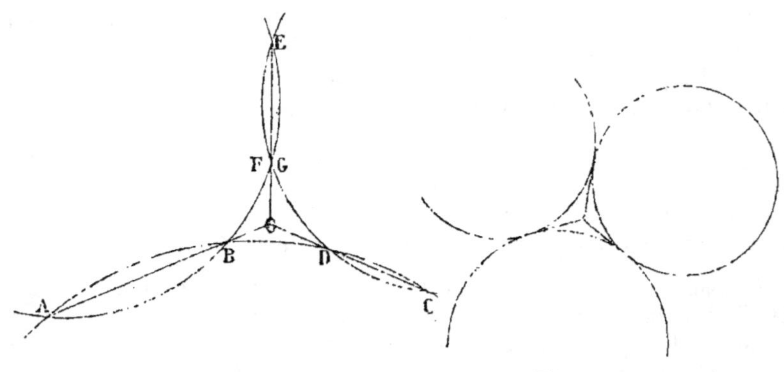

Fig. 798.   Fig. 799.

2º Les cercles peuvent se déplacer de manière à devenir tangents : chaque corde devient nulle en longueur; mais sa direction limite est la tangente commune. Donc, *lorsque trois cercles sont tangents entre eux, les trois tangentes communes se rencontrent en un même point.*

Remarque. Ces deux théorèmes ne sont que des cas particuliers du théorème suivant :

1272. Théorème. *Les axes radicaux de trois cercles, pris deux à deux, concourent au même point*.*

(G., n° 838.)

Exercice 385

1273. Théorème. *La corde commune aux circonférences décrites sur les diagonales d'un trapèze, prises pour diamètre, passe par le point de concours des côtés non parallèles.*

La circonférence qui a BD pour diamètre, détermine le point F, pied de la hauteur BF, car l'angle BFD est droit.

De même AE est perpendiculaire sur OB; les points E, F appartiennent donc à la circonférence décrite sur AB comme diamètre.

Soient N le point où la droite OM coupe la circonférence MBN et N′ le point où OM coupe la circonférence MAN′. Il suffit de prouver que les points N et N′ coïncident.

On a OM . ON = OD . OF (1)

OM . ON′ = OE . OC (2) .

Prouvons que les produits OD . OF et OE . OC sont égaux.

Le demi-cercle AFEB donne

OB . OE = OA . OF (3)

Les parallèles AB, DC donnent

$$\frac{OB}{OC} = \frac{OA}{OD}$$

d'où $\qquad\qquad$ OB . OD = OA . OC $\qquad\qquad$ (4)

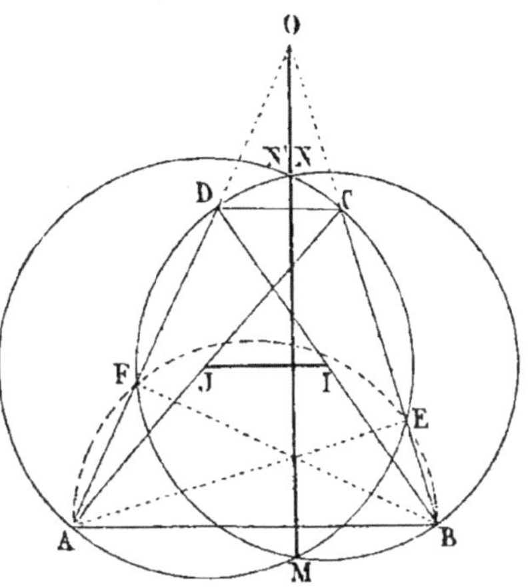
Fig. 800.

Divisons (3) par (4), on trouve

$$\frac{OE}{OD} = \frac{OF}{OC}$$

d'où $\qquad\qquad$ OE . OC = OD . OF

Ainsi, en comparant (1) et (2), on a

OM . ON = OM . ON′

d'où $\qquad\qquad$ ON = ON′ $\qquad\qquad$ *C. Q. F. D.*

Remarque. AE, BF, OM sont les hauteurs du triangle AOB, car la ligne des centres IJ est parallèle aux bases du trapèze.

* L'illustre Poncelet a donné une grande extension au théorème ci-dessus, en l'appliquant aux coniques quelconques. (Voir *Traité des propriétés projectives des figures*, tom. I.)

Exercice 386

1274. Théorème de Newton. *Les diagonales d'un quadrilatère circonscrit à un cercle et les cordes des points de contact des côtés opposés, se coupent au même point.*

Ou bien : *Lorsqu'un quadrilatère inscrit dans un cercle a pour sommets les points de contact d'un quadrilatère circonscrit à ce même cercle, les diagonales des deux quadrilatères se coupent au même point.*

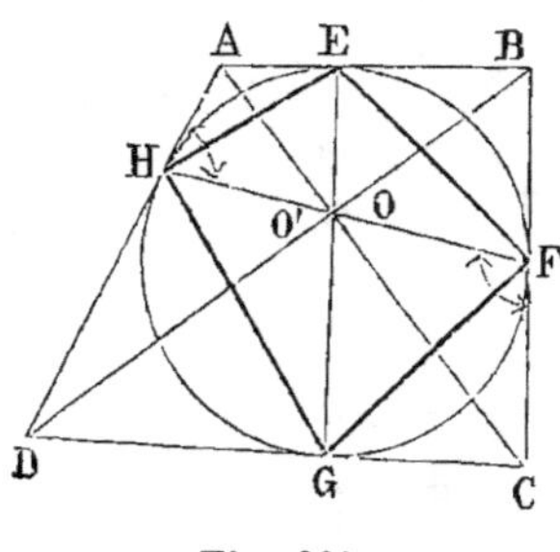

Fig. 801.

Démonstration de L. Anne [*]. On sait que lorsque deux triangles ont deux angles égaux et deux angles supplémentaires, les côtés opposés aux angles égaux sont proportionnels aux côtés opposés aux angles supplémentaires (n° 150).

Soit O le point d'intersection de AC et HF.

Les triangles AHO, CFO ont des angles égaux au point O, et les angles en F et H sont supplémentaires, comme formés par des tangentes aux extrémités d'une même corde FH; donc

$$\frac{AH}{CF} = \frac{AO}{CO}$$

Soit O' la rencontre de AC et de EG, on aura

$$\frac{AE}{CG} = \frac{AO'}{CO'}$$

Mais $AH = AE$, $CF = CG$; donc

$$\frac{AO}{CO} = \frac{AO'}{CO'}$$

Ainsi les points O et O' se confondent. C. Q. F. D.

1275. Théorème. *Lorsque deux quadrilatères, dont l'un est inscrit et l'autre circonscrit à un cercle, sont tels que les sommets du premier sont les points de contact des côtés du second, les côtés opposés de chaque quadrilatère concourent deux à deux en quatre points situés en ligne droite, et les diagonales des deux polygones concourent au même point* [**].

---

* Léon Anne, ancien élève de l'École polytechnique, répétiteur au collège Louis-le-Grand. Les *Nouvelles Annales* lui doivent plusieurs démonstrations très ingénieuses.

** *Le théorème de Newton* est vrai pour une conique quelconque. Ainsi que nous l'avons indiqué, la démonstration donnée (n° 1274) est de Léon Anne. (N. A., 1842, page 186 et 1844, pages 28 et 465.)

Bobillier (*Géométrie*, 11e édition, page 361) reproduit une démonstration par les polaires, donnée par Carnot dans sa *Géométrie de position*.

Les mots *pôle* et *polaire* ont été employés, en 1809, par Servois, ancien professeur de l'école de Metz.

Soient les quadrilatères ABCD et EFGH.

1° Soit O le point de concours des cordes de contact EG, FH; la troisième diagonale MN du quadrilatère complet est la polaire du point O. (G., n° 798, 3°).

Le point L est le pôle de la corde EG (G., n° 806), K est celui de FH; donc LK est la polaire du point O (G., n° 805); ainsi les quatre points K, L, M, N sont en ligne droite.

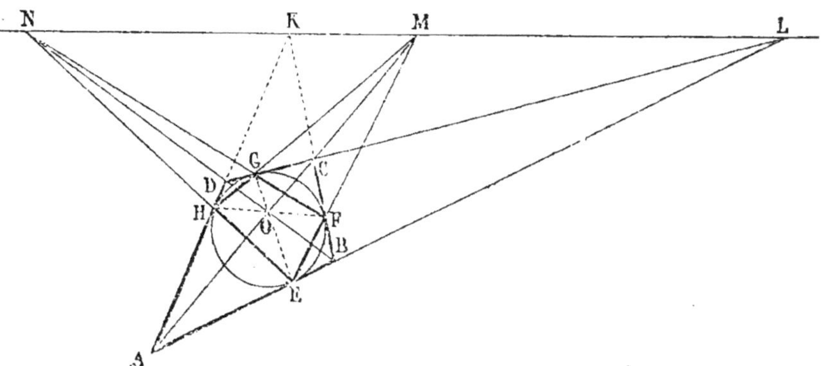

Fig. 802.

2° B est le pôle de EFM, O celui de MK et D celui de HGM.

Or les trois droites ME, MH, MK concourent en un même point M; donc les trois points B, O, D sont en ligne droite (G., n° 804, 2°), et cette ligne BOD est la polaire du point M.

De même AC passe par le point O.

3° Les diagonales du quadrilatère circonscrit passent par les points de concours des côtés opposés du quadrilatère inscrit, car les droites HG, AC, FE sont les polaires de trois points D, N et B, situés en ligne droite. (G., n° 804, 1°.)

Exercice 387

1276. Théorème. *Lorsqu'on prolonge les côtés opposés d'un quadrilatère inscriptible et qu'on mène les bissectrices des deux angles ainsi obtenus, les points d'intersection de ces deux lignes et le point milieu des diagonales du quadrilatère donné sont en ligne droite.* (N. A. 1842, p. 359.)

On sait que la figure IJGH est un losange (n° 675).

Prouvons d'abord que les côtés de ce losange sont parallèles aux diagonales du quadrilatère.

La bissectrice FJ donne $\dfrac{AJ}{BJ} = \dfrac{AF}{BF}$

Les triangles semblables AFC, BFD donnent

$$\frac{AF}{BF} = \frac{AC}{BD}$$

donc

$$\frac{AJ}{BJ} = \frac{AC}{BD} \qquad (1)$$

La bissectrice EH et les triangles semblables AEC, DEB donnent

$$\frac{AH}{DH} = \frac{AE}{DE} = \frac{AC}{BD} \qquad (2)$$

A cause du rapport commun aux proportions (1) et (2), on peut écrire

$$\frac{AJ}{BJ} = \frac{AH}{DH}$$

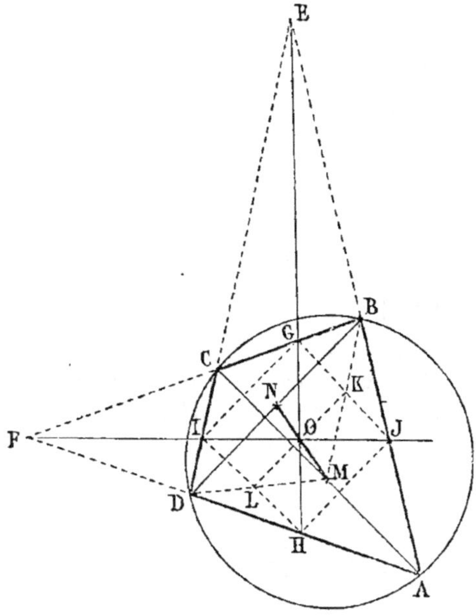

Donc la droite HJ est parallèle à BD, car elle divise en parties proportionnelles les côtés du triangle BAD.

De même HI est parallèle à AC.

Soient M et N les milieux des diagonales.

Menons MB, MD et la droite LK qui joint les deux points obtenus.

BM est la médiane du triangle ABC; donc elle divise la parallèle GJ en deux parties égales; de même le point L est le milieu de HI.

La droite LK, qui joint les milieux des côtés opposés du losange, passe donc par le point O où les diagonales se coupent, et se trouve en outre parallèle à IG et à BD. Son point milieu O appartient donc à la médiane MN du triangle BMD.

Fig. 803.

rallèle à IG et à BD. Son point milieu O appartient donc à la médiane MN du triangle BMD.

C. Q. F. D.

Théorème. *Les bissectrices des angles formés par les côtés opposés d'un quadrilatère inscriptible, et les droites qui joignent deux à deux les milieux des côtés opposés de ce quadrilatère, passent par un même point.*

En effet, les droites qui joignent les milieux des côtés opposés se rencontrent au milieu de la droite MN qui joint les milieux des diagonales (n° 548); donc les bissectrices et les droites qui joignent les milieux des côtés opposés passent par le même point O, milieu de MN.

Exercice **388**

1277. Théorème. *Les points de concours des hauteurs des quatre triangles, formés par deux côtés adjacents et par une diagonale d'un quadrilatère inscriptible, sont les sommets d'un quadrilatère égal au premier.*

Soit ABCD le quadrilatère inscriptible, A' le point de concours des hauteurs du triangle BCD, C' celui de BAD, B' celui de ADC et D' celui de ADC; il faut prouver que   A'B'C'D' = ABCD.

On sait que la distance OP du centre du cercle circonscrit à la base BD du triangle inscrit BAD est la moitié de la distance AC' du sommet opposé (n° 1261) au point de concours des hauteurs.

Donc AC' = 2PO = CA'.

La figure ACA'C', ayant deux côtés opposés égaux et parallèles, est un parallélogramme; donc la diagonale A'C' est égale et parallèle à AC; de même B'D' est égale et parallèle à BD.

Dans le triangle BCD, BA', perpendiculaire à CD, égale 2.OL.

Dans le triangle CAD, AB', perpendiculaire à CD, égale 2.OL.

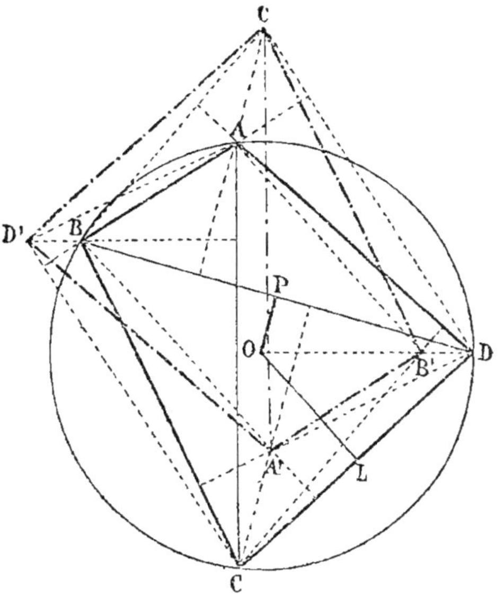

Fig. 804.

Donc la figure ABA'B' est un parallélogramme, comme ayant deux côtés BA', AB' égaux et parallèles; donc AB et A'B' sont des côtés égaux et parallèles.

On démontrerait de même l'égalité et le parallélisme des autres côtés; donc les quadrilatères ABCD, A'B'C'D' sont égaux.

C. Q. F. D.

Théorème. *Si l'on considère le cercle des neuf points de chacun des quatre triangles formés par deux côtés adjacents et par une diagonale, les quatre centres des cercles obtenus sont les sommets d'un quadrilatère semblable au quadrilatère donné.*

On sait que le centre du *cercle des neuf points* d'un triangle BCD est au point milieu de la droite OA' qui joint le centre O du cercle circonscrit au point de concours A' des hauteurs du triangle (n° 28);

ainsi le centre d'un second cercle est au milieu de OB', etc.; donc les centres A″, B″, etc., forment un quadrilatère A″B″C″D″ homothétique de A'B'C'D', et semblable, par suite, au quadrilatère ABCD; d'ailleurs

$$A''B'' = \tfrac{1}{2}A'B' = \tfrac{1}{2}AB$$

Exercice 389

1278. Théorème. *Si deux polygones réalisent les conditions suivantes : 1° sont semblables, 2° ont les côtés homologues parallèles, 3° ont des intervalles égaux entre les côtés homologues, ces deux polygones sont circonscriptibles à des cercles.* (Bordoni, professeur à Pavie. — N. A. 1860, p. 306.)

Les deux polygones sont *homothétiques,* c'est-à-dire semblables et semblablement placés.

Soit O le centre de similitude ou d'homothétie.

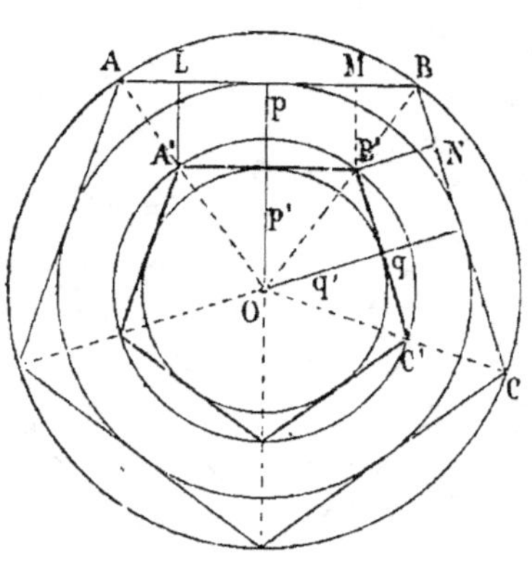

Fig. 805.

Abaissons les perpendiculaires p et p' sur deux côtés homologues AB et A'B', et les perpendiculaires q, q' sur les côtés BC, BC'.

Ces perpendiculaires sont des lignes homologues, ainsi

$$\frac{p}{p'} = \frac{q}{q'}$$

d'où $\quad \dfrac{p - p'}{p'} = \dfrac{q - q'}{q'}$

Mais les différences sont égales par construction; donc $p' = q'$ et $p = q$; donc les côtés sont tangents à des circonférences ayant O pour centre.

Remarques. 1° Les polygones donnés (n° 1278) sont inscriptibles lorsque $\qquad$ AB = BC, etc.

2° Le théorème proposé peut être énoncé comme il suit : *Deux polygones semblables dont les côtés homologues sont parallèles et équidistants, sont circonscriptibles à des cercles concentriques.*

Exercice 390

1279. Théorème. *Lorsque trois circonférences ont une même corde commune AB, toute sécante AMON, menée par un des points d'intersection et qui coupe les trois courbes en M, O, N, détermine des segments MO, ON dont le rapport est constant.*

Joignons le second point d'intersection B aux trois points M, O, N, et prouvons que la figure MONB reste semblable à elle-même, quelle que soit la direction de la sécante AN.

Les angles M, O, N ont une valeur constante, car M est le supplément de AMB qui égale $\frac{1}{2}$ arc AM''M'B.

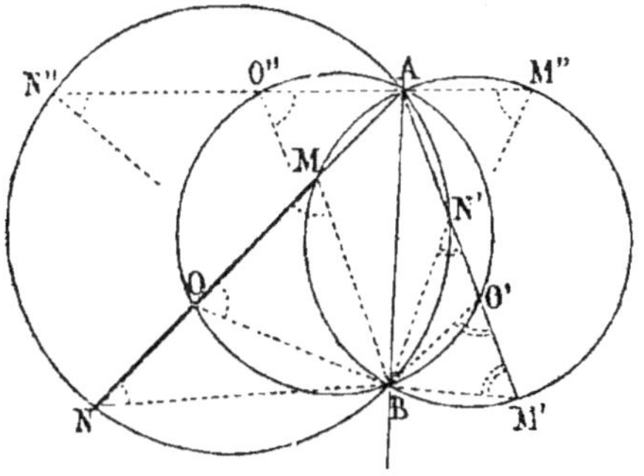

Fig. 806.

$$O = \tfrac{1}{2}\ \text{arc AO'B}, \quad N = \tfrac{1}{2}\ \text{arc AN'B}$$

Donc le rapport $\dfrac{MO}{ON}$ est constant.   *C. Q. F. D.*

Remarques. 1° Il en est de même des rapports $\dfrac{BM}{BN}$, $\dfrac{BM}{BO}$, etc.

2° Ce théorème peut être déduit comme *remarque* d'un lieu géométrique (n° 1373).

3° La sécante AM' donne $\dfrac{M'O'}{O'N'} = \dfrac{MO}{ON}$, car l'angle $M' = M$,
$O' = O$, $N' = N$.

4° La sécante AM'' donne aussi $\dfrac{M''O''}{O''N''} = \dfrac{MO}{ON}$, car $M'' = M' = M$,
$O'' = O$, $N'' = N$.

Ainsi *toute sécante menée par le point A donne lieu à un rapport
constant.*

Théorème réciproque. *Lorsqu'on mène une corde quelconque AMN
(fig. 806) par l'un des points de concours de deux circonférences sécantes, et qu'on divise MN en deux parties MO, ON qui soient dans
un rapport donné, le point O se trouve sur une circonférence AOBO'
qui passe par les points de concours des deux circonférences données.*

1280. Théorème. *Lorsque trois circonférences ont une corde commune AB, toute tangente menée par le point A à une des circonférences, est divisée par les deux autres et par le point A en deux segments dont le rapport est constant.*

Si une droite mAn est tangente à la circonférence OO'O'' (fig. 806),
le point A tiendra lieu du point O, et l'on aura

$$\frac{m\text{A}}{n\text{A}} = \frac{\text{MO}}{\text{NO}}$$

Si la droite est tangente à la circonférence MM'M'', le point A tiendra lieu du point M, et l'on aura, par exemple,

$$\frac{Ao'}{o'n'} = \frac{MO}{ON}.$$

d'où
$$\frac{mA}{nA} = \frac{Ao'}{o'n'} \qquad\qquad C.\ Q.\ F.\ D.$$

Enfin, la droite pourrait être tangente à la circonférence NN'N''.

1281. Théorème. *Lorsqu'un triangle LMN (fig. 807) se meut dans son plan en restant semblable à lui-même, tandis que deux sommets M, N se meuvent sur deux circonférences ayant une corde commune AB, et que le côté AMN passe par un des points d'intersection A, le troisième sommet L décrit une circonférence qui passe par le point B.*

Joignons le point B au point L; soit O le point où la ligne BL coupe MN.

Le quadrilatère LMBN reste semblable à lui-même, car tous les angles sont constants, et il en est de même du rapport $\dfrac{BM}{BN}$ (nº 1279). Donc la diagonale BL divise MN en deux segments dont le rapport $\dfrac{MO}{ON}$ est constant; donc le point O décrit une circonférence AOB qui passe par les deux points d'intersection des deux premières (nº 1279).

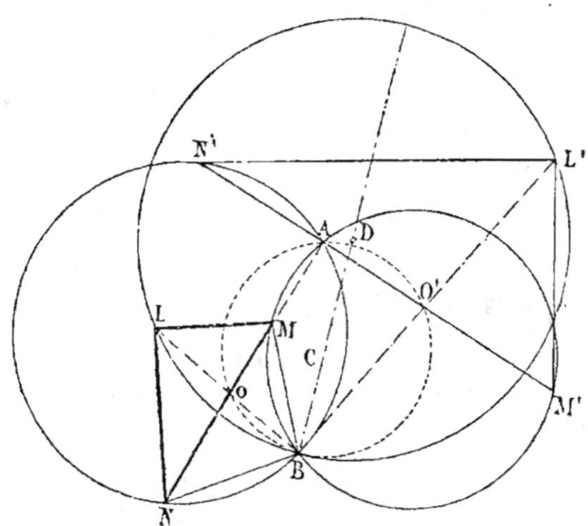

Fig. 807.

Le quadrilatère LMBN restant semblable à lui-même, le rapport $\dfrac{BO}{BL}$ est constant; donc les points L, O décrivent des circonférences ayant le point B pour centre extérieur de similitude (nº 1279, *théorème réciproque*).

1282. Théorème. *Par un des points d'intersection de deux circon-férences qui se coupent, on mène des sécantes ABC ; sur chacune d'elles on construit des figures semblables entre elles. Les points homologues de toutes ces figures se trouvent sur une même circonfé-rence.*

Il suffit de combiner les théorèmes déjà démontrés (n°s 1281 et 1147).

Exercice 391

1283. Théorème. *Lorsqu'une figure se meut dans son plan, en restant semblable à elle-même, et que trois de ses droites passent res-pectivement par trois points fixes, tout point de la figure donnée décrit une circonférence.* (JULIUS PETERSEN *. N. A. 1867, p. 80.)

Soient A, C, D les trois points fixes, MNP le triangle formé par les trois droites qui passent par les points fixes, L un point quel-conque de la figure mobile.

Joignons L à deux sommets M et N.

Le triangle MNP reste semblable à lui-même, donc M se meut sur l'arc de segment AMC, capable de l'angle donné M.

De même, N se meut sur l'arc AND.

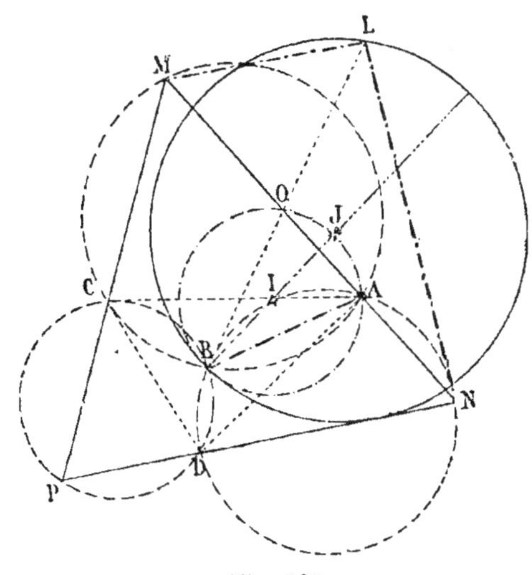

Fig. 808.

Nous retombons ainsi sur la question précédente ; soit B le second point d'intersection des circonférences AMC, AND ; les points M, N

---

* Nous avons déjà cité l'ouvrage si remarquable de cet auteur : *Méthodes et Théories pour la résolution des problèmes de constructions géométriques*, 1880.
Cet ouvrage, récemment traduit en français par M. O. CHEMIN, ingénieur des ponts et chaussées, est bien propre à montrer tout le parti qu'il est possible de tirer de quelques méthodes bien appliquées.

glissent sur deux circonférences; donc le point O décrit une circonférence BAO, et le point L une circonférence ayant son centre J sur le prolongement du rayon BI.

1284. Théorème. *Toutes les circonférences, lieu des points L, passent par un même point B.*

En effet, l'angle   ABC = 2d — M,   ABD = 2d — N.

Donc   CBD = 4d — (M + N)   ou   CBD = 2d — P

Ainsi le point B appartient à la circonférence CPD et à toute circonférence L.

Exercice 392

1285. Théorème de La Hire. *Si un cercle roule sans glissement à l'intérieur d'une circonférence de rayon double, un point quelconque de la circonférence mobile décrit un diamètre du grand cercle.*

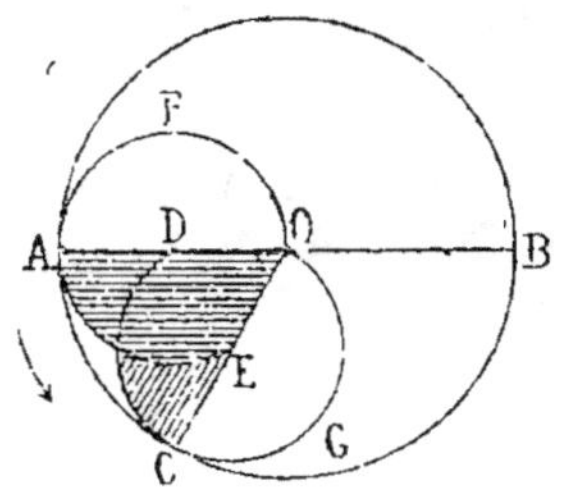

Fig. 803.

Soit OA le rayon de la grande circonférence, et en même temps le diamètre de la petite. Supposons que le petit cercle, placé d'abord en AEOF, roule sans glissement à l'intérieur de la grande circonférence; et soit CGOD une position quelconque du cercle mobile. Menons la droite OC au nouveau point de contact C. Nous allons prouver que le point A décrira le diamètre AB.

On a   angle AOC = arc AC = ½ arc AE = ½ arc CD

et comme le petit cercle a un rayon moitié de OA, l'arc d'un degré de la petite circonférence est moitié de l'arc d'un degré de la grande; et ainsi l'arc AC est égal, en longueur absolue, à chacun des arcs AE et CD.

Donc lorsque le cercle mobile passe de la première position à la seconde, le point E vient en G, et le point A se trouve en D, c'est-à-dire sur le diamètre AB.   C. Q. F. D.

Note. Ce théorème, souvent attribué à La Hire (N. A., 1843, page 495; 1854, page 297), l'est parfois à Cardan* (N. A., 1845, page 85); mais du moins on doit à La Hire la construction de l'engrenage intérieur, dont le principe repose sur le théorème précédent; cet engrenage permet de transformer un mouvement circulaire en un mouvement rectiligne alternatif.

On sait que tout point d'une circonférence qui roule sur une autre circonférence décrit une *épicycloïde.* (G., n° 892.)

Lorsque la circonférence roule à l'intérieur, on obtient une *hypocycloïde;* dans le cas particulier où le rayon de la circonférence intérieure est la moitié du rayon de la circonférence directrice, l'hypocycloïde se transforme en ligne droite.

---

* Cardan, géomètre français, né à Paris en 1501, est mort à Rome en 1576. Il fit connaître la résolution de l'équation du troisième degré, et parvint à résoudre celle du quatrième degré. On connaît le *Joint universel* qui porte son nom. (*Mécanique*, page 163, n° 125.)

Relations numériques. — Circonférence.

Exercice 393

1286. **Théorème.** *Les diagonales d'un pentagone régulier se divisent mutuellement en moyenne et extrême raison.*

Le triangle COB est isocèle, car les angles en C et en B ont même mesure.

Les triangles isocèles COB, CAB sont semblables, car ils ont un angle commun; donc.

$$\frac{CO}{CB} = \frac{CB}{CA}; \quad CB^2 = CO.CA$$

Mais le triangle OAB est aussi isocèle, car les angles en O et en B ont même mesure; donc $OA = AB = BC$

Ainsi $AO^2 = CO.CA$ *C. Q. F. D.*

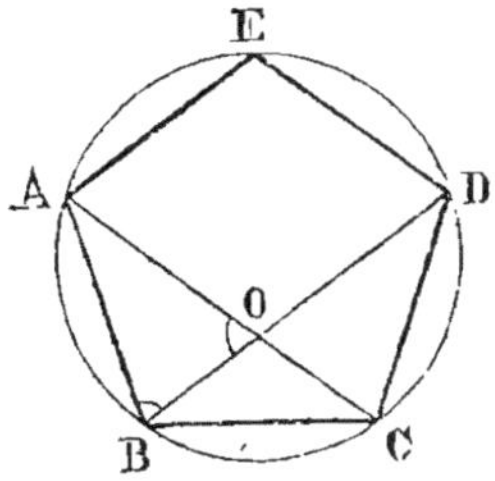

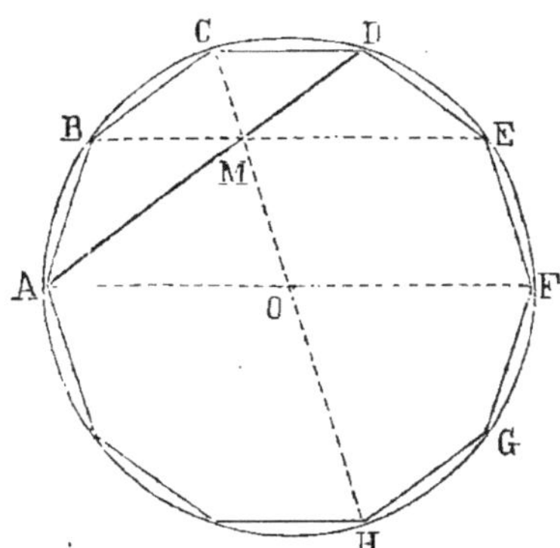

Fig. 810.

1287. **Théorème.** *Lorsqu'une droite est divisée en moyenne et extrême raison, la somme du carré de la ligne entière et du carré du petit segment égale trois fois le carré du grand segment.*

En effet, soit a la ligne entière, m le grand segment et n le petit; m est la différence de a et de n; donc

$$m^2 = a^2 + n^2 - 2an$$

Mais, par définition, $m^2 = an$

donc $3m^2 = a^2 + n^2$ *C. Q. F. D.*

Remarque. On a aussi $a^2 + n^2 = 3an$

Exercice 394

1288. **Théorème.** *La corde qui sous-tend un arc triple de celui qui correspond au côté du décagone inscrit, égale la somme du rayon et du côté du décagone.*

Il faut prouver que

$$AD = AO + CD$$

Menons BME et CMOH.

La figure BCDM est un losange, car $BC = CD$ et BME se trouve parallèle à CD, et AD parallèle à BC.

La droite CM est donc bissectrice de l'angle BCD, et elle passe par le centre O.

Le triangle CDM, moitié du losange, est isocèle; il en est

Fig. 811.

donc de même du triangle AMO, dont les angles M, O sont respectivement égaux aux angles M et C du triangle MCD; donc

$$AM = AO; \quad MD = CD; \quad \text{d'où} \quad AD = AO + AB$$

C. Q. F. D.

Exercice 395

1289. Théorème. *Dans la méthode des isopérimètres*, si on représente par r et a le rayon et l'apothème du polygone de n côtés et par r' et a' le rayon et l'apothème du polygone de 2n, on a*

$$r' - a' < \tfrac{1}{4}(r - a) \qquad \text{(N. A., 1847, p. 27.)}$$

Soit AB le côté du polygone inscrit ayant AO pour rayon, OD pour apothème. En joignant les milieux A' et B' des cordes égales AC, CB, on obtiendra A'B' pour côté du polygone isopérimètre d'un nombre double de côtés. car $A'B' = \tfrac{1}{2} AB$, et l'angle $A'OB' = \tfrac{1}{2} AOB$.

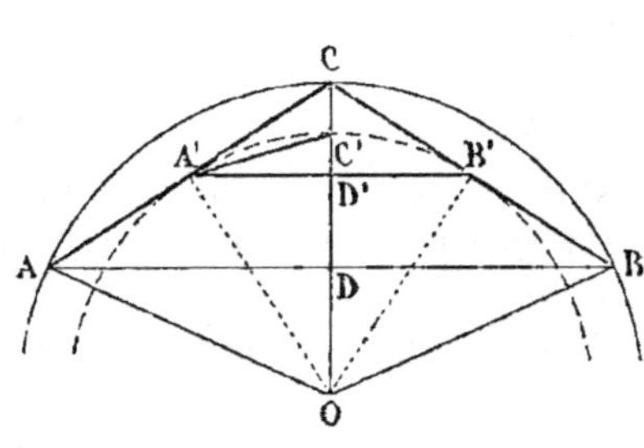

Fig. 812.

Or, $r' = A'O$ et $a' = OD'$ donc $r - a = CD$; $r' - a' = C'D'$

Mais $CD' = \tfrac{1}{2} CD$, ainsi $CD' = DD'$. Il suffit de prouver que $C'D'$ est $< CC'$. La droite A'C' est bissectrice de l'angle du segment CA'D', et, comme A'D' est $< A'C$, il en résulte $C'D' < CC'$ (n° 182); donc

$$C'D' < \tfrac{1}{2} CD' < \tfrac{1}{4} CD$$

C. Q. F. D.

On aurait de même $\quad r'' - a'' < \tfrac{1}{4}(r' - a')$

donc $\quad r'' - a'' < \tfrac{1}{16}(r - a)$ etc.

et généralement $\quad r_n - a_n < \dfrac{1}{4^n}(r - a)$

La différence du rayon et de l'apothème tend donc vers zéro.

Exercice 396

1290. Théorème. *La différence des périmètres des polygones réguliers de 2n côtés inscrit et circonscrit à un cercle, est moindre que le $\tfrac{1}{4}$ de la différence des périmètres des polygones réguliers de n côtés inscrit et circonscrit au même cercle. (N. A., 1843, p. 188.)*

---

* La *méthode des isopérimètres*, attribuée à SCHWAB, est due à DESCARTES; elle a été reproduite par EULER dans un de ses mémoires. (Citation de M. CATALAN, N. A. 1864, page 545.)

J. SCHWAB est né en 1765 à Mannheim; mais quand il a publié la *Méthode des figures isopérimétriques*, il était citoyen français; car dès 1793 il avait quitté définitivement l'Allemagne pour venir habiter la France. Sa Géométrie plane a été publiée à Nancy en 1813; l'auteur mourut dans cette ville le 23 novembre de la même année.

Soient AB, CD deux demi-
côtés des polygones de n
côtés, et AD, EF les côtés
des polygones de $2n$ côtés.

Menons le rayon OG per-
pendiculaire à EF, AP pa-
rallèle à ce rayon, AJM
parallèle à OD, et PML parallèle à AD.

EJ est la différence des
côtés des polygones $2n$, CR
la différence des demi-côtés
des polygones n.

Il suffit donc de prouver
qu'on a $EJ < {}^1/_4\, CR$

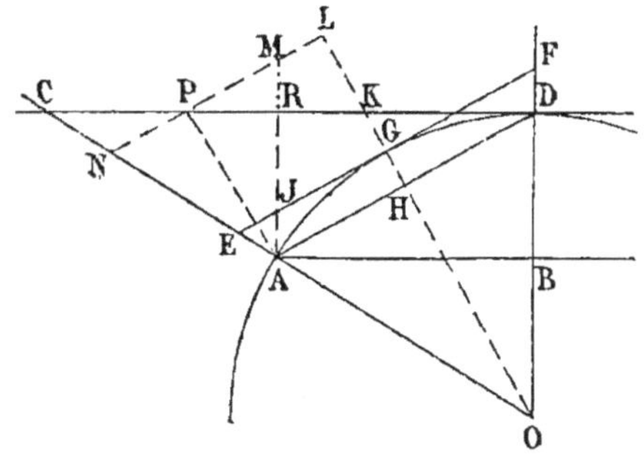

Fig. 813.

A cause des triangles égaux OGF, ODK, la ligne DF égale GK;
mais la perpendiculaire GH est plus courte que l'oblique DF; d'ailleurs $HK = LK$

car $PK = DK$

donc $HG < GK$ d'où $HG < {}^1/_2\, HK$ ou $HG < {}^1/_4\, AP$

Mais les triangles semblables EAJ, NAM ont des bases proportionnelles à leurs hauteurs; donc

$$EJ < {}^1/_4\, NM$$

D'ailleurs la perpendiculaire MPN, menée à la bissectrice AP, est
$< CR$; donc, *à fortiori,* $EJ < {}^1/_4\, CR$ *C. Q. F. D.*

Exercice 397

1291. Théorème. *Par l'extrémité d'une corde, on mène deux autres
cordes également inclinées sur la première. Par un second point de
la circonférence, on mène des parallèles aux trois lignes déjà considérées; prouver que la somme des côtés du premier angle est à celle
des côtés du second dans le même rapport que les cordes qui servent
de bissectrices à ces angles.* (MACLAURIN,
en 1743; *Traité des fluxions.*)

Soit AB bissectrice de CAD; menons
le diamètre EF parallèle à AB, et les
cordes EG, EH parallèles aux côtés de
l'angle CAD.

Le triangle GEH sera isocèle. Il suffit
de s'occuper des moitiés des cordes;
donc, du centre O, abaissons les perpendiculaires OMN, OIJ et OP. Cette
dernière sera bissectrice de l'angle LOK;
donc

$$PL = PK$$

d'ailleurs $ME = JE$

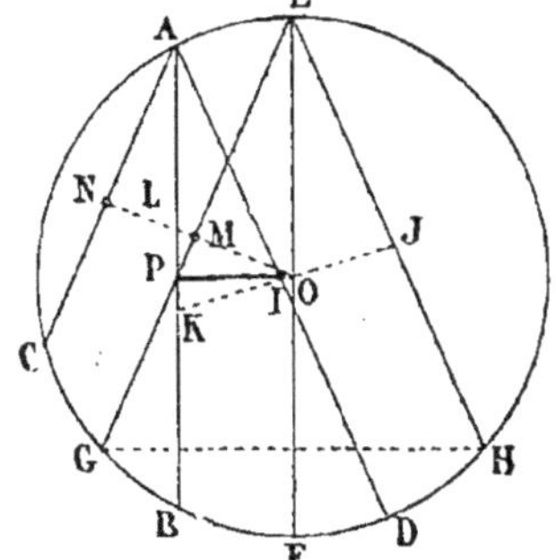

Fig. 814.

Les triangles semblables LAN, OME donnent

$$\frac{AN}{AL} = \frac{ME}{OE}$$

Les triangles semblables AIK, EJO donnent

$$\frac{AI}{AK} = \frac{JE}{OE}$$

donc

$$\frac{AN}{AL} = \frac{AI}{AK} = \frac{ME}{OE}$$

d'où

$$\frac{AN + AI}{AL + AK} = \frac{ME}{OE}$$

Mais AL + AK revient à 2AP ou AB.

Donc

$$\frac{AN + AI}{AB} = \frac{ME}{OE} = \frac{EG}{FE}$$

ou

$$\frac{AC + AD}{AB} = \frac{EG + EH}{EF}$$

on peut écrire

$$\frac{AC + AD}{EG + EH} = \frac{AB}{EF} \qquad C.\ Q.\ F.\ D.$$

Exercice 398

1292. **Théorème.** *Par deux points A et B également éloignés du centre et pris sur un même diamètre, on mène deux droites parallèles AM, BN terminées à la même demi-circonférence; prouver que le produit AM . BN est constant. (Porismes d'Euclide,* page 306.)

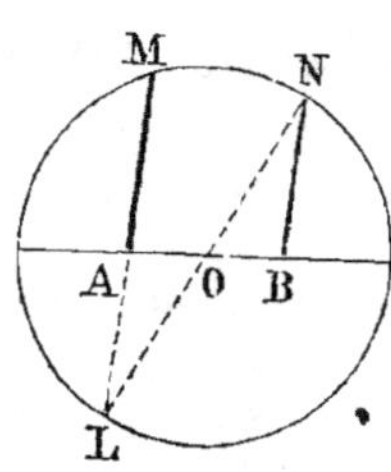

Fig. 815.

Soit OA = OB; prolongeons MA et NO jusqu'à leur rencontre : le point L appartient à la circonférence.

En effet, les triangles AOL, BON sont égaux, comme ayant un côté égal adjacent à deux angles égaux, car A = B, comme alternes-internes; donc OL = ON; AL = BN.

Or, AL . AM est une quantité constante pour un même point donné A (G., n° 239); donc il en est de même de AM . BN.

Remarque. AM . BN = $r^2 - AO^2$.

1293. **Théorème.** *On donne un cercle et une tangente fixe dont A est le point de contact; prouver que deux tangentes parallèles déterminent sur la tangente fixe deux segments AM, AN dont le produit est constant. (Porismes d'Euclide,* page 305.)

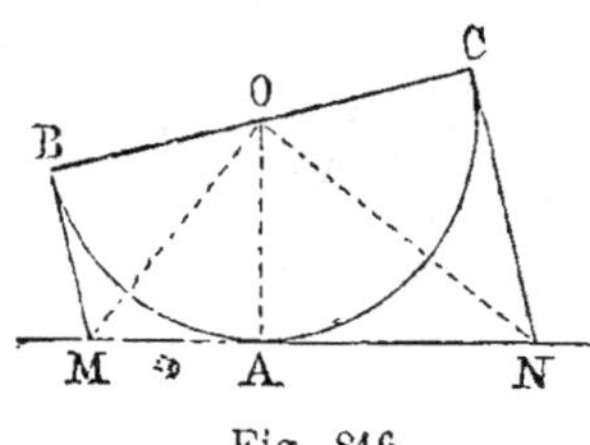

Fig. 816.

L'angle MON est droit, car les angles MOB, MOA sont égaux; il en est de même de AOC, NOA.

Dans le triangle rectangle MON, on a

$$AM . AN = AO^2 \qquad \text{Donc...}$$

Remarque. On a aussi BM . CN = AO^2

1294. Théorème. *Dans un cercle quelconque, on mène une corde CD perpendiculaire au diamètre AB; par un point M mobile sur CD, on mène une corde AME; démontrer que le produit AM . AE est constant.*

1re Démonstration. Menons BE. Le quadrilatère BFME a deux angles opposés droits E et F; donc les deux autres angles B et M sont supplémentaires, et le quadrilatère est inscriptible. (G., no 157.)

Par rapport au cercle circonscrit à ce quadrilatère, les droites AE et AB sont deux sécantes, et l'on a (G., no 261)

$$AE . AM = AB . AF$$

quantité constante.

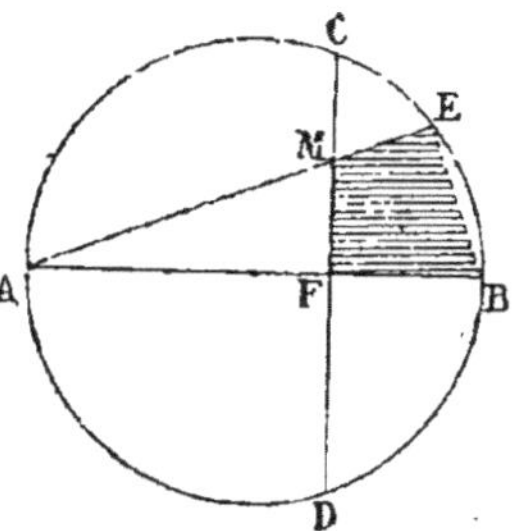

Fig. 817.

2e Démonstration. Les triangles AMF, ABE sont semblables, car ils sont équiangles; en effet l'angle AMF a pour mesure $\frac{1}{2}(AD + CE)$, l'angle B a pour mesure $\frac{1}{2}(AC + CE)$; mais $AD = AE$; donc l'angle $B = M$. Les triangles semblables donnent :

$$\frac{AE}{AF} = \frac{AB}{AM}, \quad \text{d'où} \quad AE . AM = AB . AF$$

Remarque. La droite CD, infiniment prolongée, est la figure inverse de la circonférence, par rapport à l'origine A. (G., no 825; E. de G., no 223.)

1295. Théorème. *Étant donné un triangle rectangle ABC inscrit dans un cercle, on élève, en un point quelconque du diamètre, une perpendiculaire DG allant rencontrer les deux autres côtés du triangle. Démontrer que la partie DF de cette perpendiculaire comprise entre le diamètre et la circonférence est moyenne proportionnelle entre la ligne entière DG et la partie DE de cette même ligne comprise à l'intérieur du triangle.*

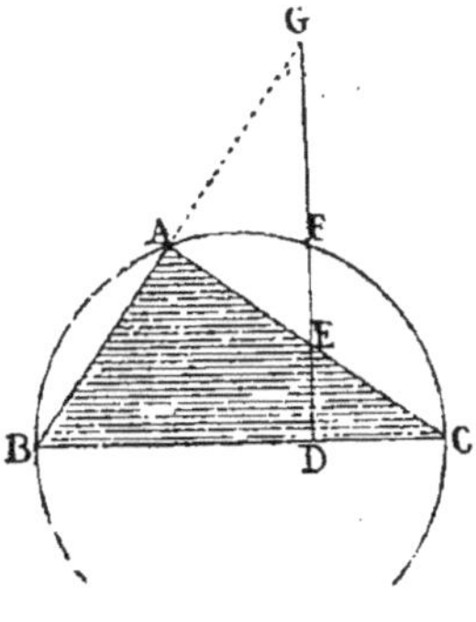

Il faut démontrer que

$$\frac{DG}{DF} = \frac{DF}{DE}$$

ou que $\qquad DF^2 = DG . DE$

Fig. 818.

Or, on sait que $\qquad DF^2 = BD . DC$

Il faut donc prouver que

$$DG . DE = BD . DC \quad \text{ou que} \quad \frac{DG}{BD} = \frac{DC}{DE}$$

Ce qui est évident, puisque les triangles BDG et CDE sont semblables comme étant rectangles et ayant un angle aigu C commun. Donc...

Théorème. $\qquad DE . EG = DF^2 - DE^2 = AE . EC$

Exercice 399

1296. Théorème. *Du point milieu de la base AB d'un triangle iso-cèle, on décrit une demi-circonférence tangente aux deux autres côtés; une tangente MN coupe ces deux côtés; prouver que le produit AM.BN est constant.* (*Porismes*, page 297.)

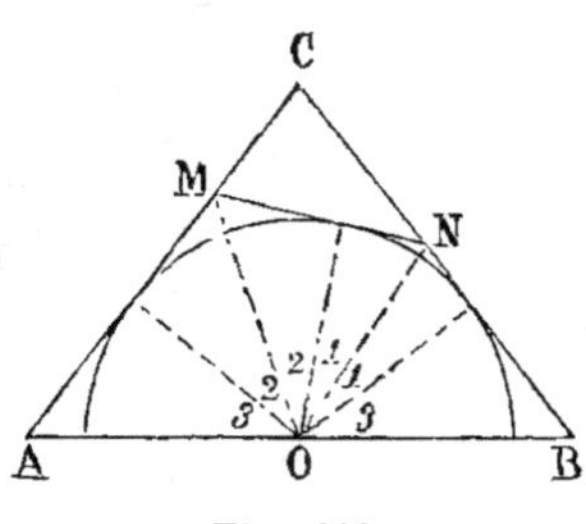

Fig. 819.

Les triangles AOM, BON sont équian-gles. En effet, les angles 1, 1, sont égaux entre eux : 2 = 2, 3 = 3. .

Or, N est le complément de 1.

AOM + 1 = 1 droit, car les angles au point O valent deux droits;

donc $\dfrac{AM}{AO} = \dfrac{OB}{BN}$; d'où $AM.BN = AO^2$

1297. Théorème. *Par un point L pris sur un diamètre AB, on mène une corde quelconque CLD et les droites BCE, BDF jusqu'à la rencontre de la tangente EAF menée par le point A; prouver que le produit AE, AF est constant.*

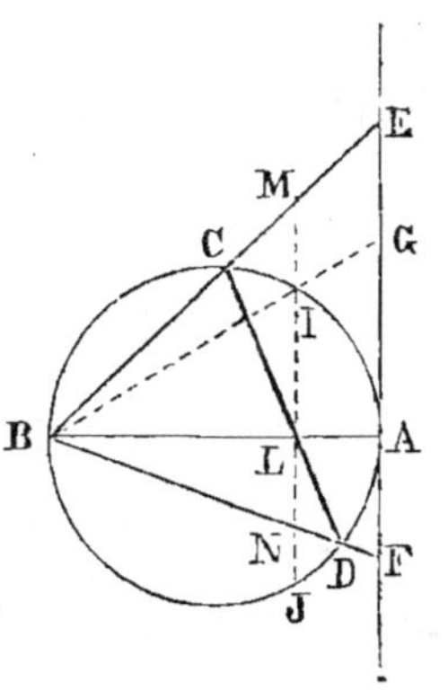

Fig. 820.

Menons MLN parallèle à la tangente.
Les droites CM, DN sont antiparallèles.
En effet,

l'angle $M = \frac{1}{2}(BJ - CI) = \frac{1}{2}BC$

mais $D = \frac{1}{2}BC$

donc $M = D$

Ainsi le quadrilatère CMND est inscrip-tible, et l'on a

$$LM.LN = LC.LD = LI^2$$

donc $AE.AF = AG^2$
quantité constante.

Exercice 400

1298. Théorème. *On donne une droite XY, une circonférence et deux points A et B sur cette courbe; on joint chaque point M de la circon-férence aux points A et B, l'on détermine ainsi des points C, D sur la droite; prouver qu'il existe sur XY deux points fixes I, J, tels que le produit CI.DJ soit constant.* (*Concours de 1876, Mathématiques élémentaires.*)

On ne peut être conduit à la détermination des points I et J, qu'en présupposant l'existence d'une certaine symétrie dans les éléments de la figure. En menant les parallèles AA', BB' et les sécantes AB'I, A'BJ, on obtient deux triangles semblables AIC, DJB; car l'angle I=J, l'angle A=MBB', parce qu'ils ont le même supplément MAB'; donc l'angle CAI=D.

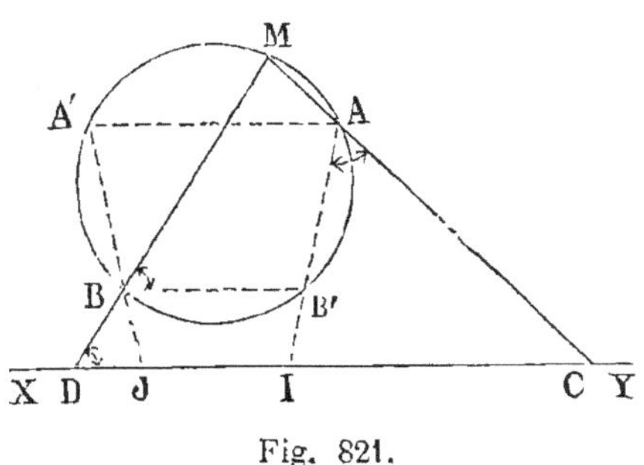

Fig. 821.

On a
$$\frac{IC}{BJ} = \frac{AI}{DJ}; \quad \text{d'où} \quad CJ.DJ = AI.BJ$$

Or, le produit AI, BJ est constant; donc il en est de même de CI.DJ.

Note sur l'homographie. Les côtés d'un angle constant M, qui passent par deux points fixes A et B, déterminent sur une même droite XY, deux *divisions homographiques*, c'est-à-dire deux suites de points se correspondant deux à deux, et tels que le produit des distances CI, DJ, de deux points correspondants C et D à deux points fixes I, J, est constant. Les divisions homographiques peuvent appartenir à deux droites différentes.

L'*homographie* est due à M. CHASLES. (*Géométrie supérieure*, chap. VI et VII.) L'illustre auteur définit l'homographie par la propriété que présentent quatre points quelconques d'une division d'avoir même rapport anharmonique que les quatre points correspondants de la seconde division. Il traite l'involution comme cas particulier de l'homographie (chap. IX), et établit un grand nombre de propriétés nouvelles relatives à une suite de points en involution.

Puis, à l'aide du puissant instrument qu'il a créé, il s'empare des travaux de ses devanciers, et rattache les uns aux autres les théorèmes les plus célèbres relatifs aux coniques : c'est ainsi que l'*hexagramme de Pascal* (G., n° 747), le *quadrilatère de Pappus* (n° 1214), l'*involution de Desargues* (n° 1219), le *théorème de Carnot*, relatif au triangle et à une conique (n° 1250), le *théorème de Brianchon* (G., n° 807), le *théorème de Newton*, relatif aux sécantes parallèles, etc., se déduisent facilement les uns des autres. (CHASLES, *Traité des Sections coniques*, chap. II et III.)

Dans les *Éléments de Géométrie projective* *, M. CREMONA fait dériver l'homographie de la *projection centrale*. Pour cet auteur, une suite de points en ligne droite est une *ponctuelle*; les *divisions homographiques* sur deux droites différentes constituent deux *ponctuelles projectives*; deux divisions sur la même droite donnent lieu à deux *ponctuelles projectives superposées*. Avec cette nomenclature, les théorèmes peuvent être énoncés avec plus de concision.

---

* Les *Éléments de Géométrie projective* ont été traduits par M. ED. DEWULF, chef de bataillon du génie. L'ouvrage de M. CREMONA contient de nombreuses citations; on y rencontre les noms des plus illustres géomètres, et la *France* y est dignement représentée par DESARGUES, PASCAL, LA HIRE, CARNOT, BRIANCHON, PONCELET, CHASLES, etc.

16*

1299. Théorème. *Par un point L pris sur un diamètre AB ou sur son prolongement, on mène une sécante quelconque CD, on élève une perpendiculaire LM sur le diamètre, et l'on mène les droites BCM, BDN jusqu'à la rencontre de la perpendiculaire; prouver que le produit LM.LN est constant. (N. A., 1844, page 502.)*

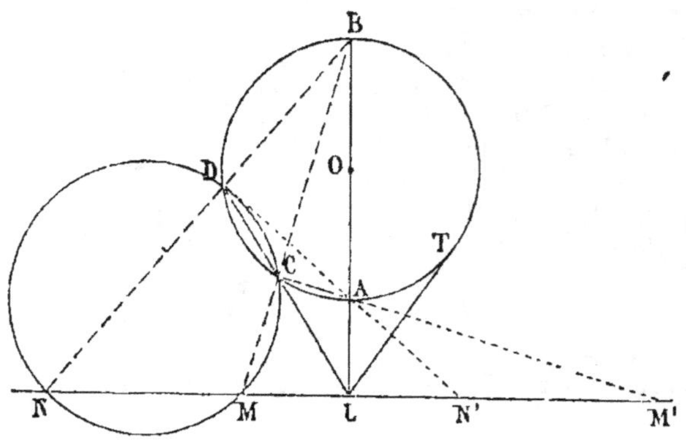

Fig. 822.

La quadrilatère CDNM est inscriptible.

En effet, l'angle N est le complément de ABD; donc

$$N = \tfrac{1}{2} \text{ arc BD}$$

Mais l'angle ex-inscrit est le supplément de BCD, dont la mesure est $\tfrac{1}{2}$ arc BD; ainsi les angles N et MCD sont supplémentaires.

Les quatre points C, D, N, M appartenant à un même cercle, on a

$$LM.LN = LC.LD = LT^2 \qquad \text{C. Q. F. D.}$$

On trouve aussi $\qquad LM'.LN' = LT^2$

Remarque. Les points M et N déterminent deux divisions homographiques.

1300. Porisme. *Si d'un point P pris sur le diamètre AB d'un demi-cercle, on mène une droite à chaque point M de la circonférence, et que par ce point on mène à cette droite une perpendiculaire qui rencontrera en deux points C et D les tangentes en A et en B, le rectangle* AC × BD *sera donné. (Porismes d'Euclide ou de Chasles, p. 295, énoncé textuel.)*

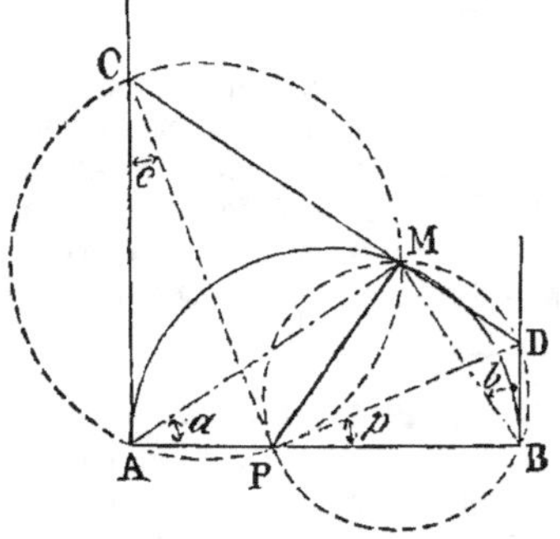

Fig. 823.

L'angle P n'est pas droit.

Prouver que l'on a

$$AC.BD = AP.PB$$

revient à prouver que $\dfrac{AC}{AP} = \dfrac{PB}{BD}$

On est donc conduit à établir que les deux triangles CAP, PBD sont semblables.

Menons AM, MB.

Les quadrilatères ACMP, BDMP sont inscriptibles, car chacun d'eux a deux angles opposés droits; donc $a = c$, $b = p$.

Or $a = b$, comme ayant pour mesure la moitié de l'arc AM; donc $p = c$, et les triangles CAP, PBD sont équiangles.   C. Q. F. D.

1301. Théorème. *On donne deux cercles, le centre A de l'un d'eux est sur la circonférence du second; si l'on mène au cercle A une tangente BMN qui coupe le second aux points M et N, le produit des distances AM et AN est constant. (Porismes, page 305.)*

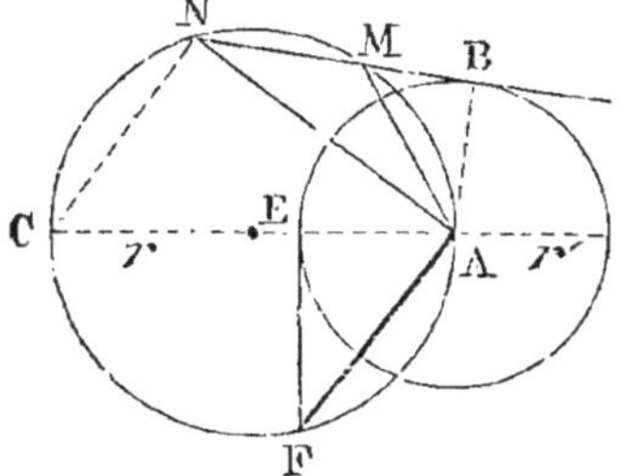

Fig. 824.

Menons le diamètre AC et le rayon AB du point de contact; les triangles rectangles CAN, BAM sont semblables, car l'angle AMB égale C comme supplément du même angle AMN;

donc $\dfrac{AC}{AM} = \dfrac{AN}{AB}$

d'où $AM . AN = 2rr'$

          C. Q. F. D.

Remarques. 1° Si on élève la perpendiculaire EF, on trouve $AF^2 = 2rr'$
donc $AM . AN = AF^2$

2° Le point F est le point de contact de la tangente commune aux deux circonférences données.

Exercice 401

1302. Théorème. *Deux circonférences ont une corde commune AB; par un point C de l'une d'elles, on mène une tangente CD à la seconde; prouver que le rapport* $\dfrac{CD^2}{CA . CB}$ *est constant.*

En effet, $CD^2 = CA . CE$

Mais les triangles CBE, MBN sont semblables, car l'angle au centre M a pour mesure $\frac{1}{2}$ arc AB, aussi bien que l'angle inscrit ACB.

De même, l'angle $E = N$; donc

$\dfrac{CE}{CB} = \dfrac{MN}{MB}$; $CE = CB . \dfrac{MN}{MB}$

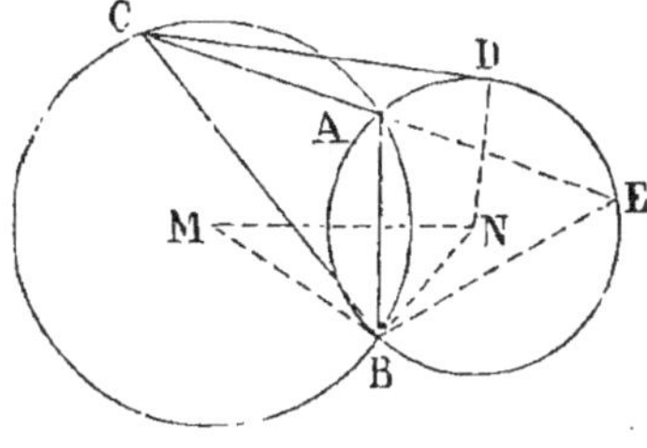

Fig. 825.

Ainsi $CD^2 = CA . CB . \dfrac{MN}{MB}$;

d'où $\dfrac{CD^2}{CA . CB} = \dfrac{MN}{MB}$

quantité constante.

1303. Théorème. *Lorsqu'on joint un point A pris sur une circon-férence à deux points M et N équidistants du centre et pris sur un même diamètre EF et qu'on mène les cordes AMB, ANC, la somme* $\dfrac{AM}{BM} + \dfrac{AN}{CN}$ *est constante.*

Soient $\quad AO = a; \quad MO = ON = b; \quad EM.MF = a^2 - b^2$

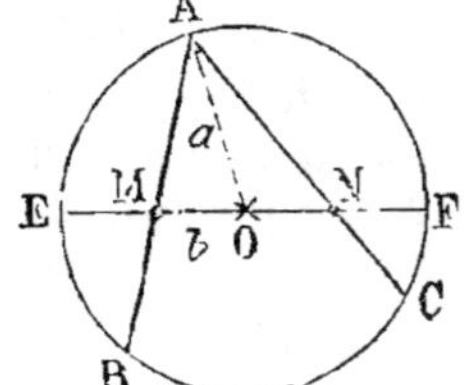

Fig. 826.

On sait qu'on a

$$AM.BM = EM.MF = \text{donc } a^2 - b^2 \qquad (1)$$

Pour avoir le rapport $\dfrac{AM}{BM}$, on peut poser $AM^2 = AM^2$, et diviser chaque carré par un des membres de l'égalité (1); on obtient ainsi

$$\frac{AM^2}{AM.BM} = \frac{AM^2}{a^2 - b^2}$$

ou

$$\frac{AM}{BM} = \frac{AM^2}{a^2 - b^2}$$

De même

$$\frac{AN}{BN} = \frac{AN^2}{a^2 - b^2}$$

d'où $\quad \dfrac{AM}{BM} + \dfrac{AN}{CN} = \dfrac{AM^2 + AN^2}{a^2 - b^2} = \dfrac{2a^2 + 2b^2}{a^2 - b^2} \quad$ quantité constante.

1304. Théorème. *Un triangle isocèle ABC a pour base la ligne BC; on mène une sécante ADE qui coupe la base au point D et le cercle circonscrit au point E; prouver qu'on a* $\quad AB^2 = AD.AE.$

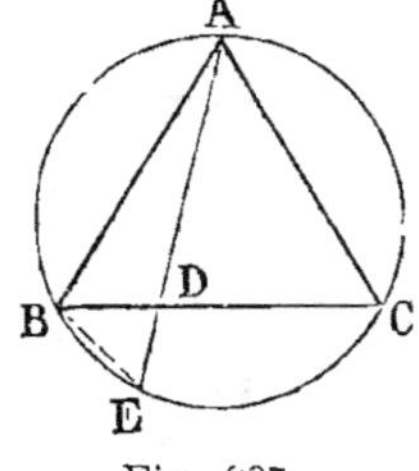

Fig. 827.

Les triangles ABD, EAB sont semblables, car ils ont un angle commun, et l'angle ABD a même mesure que l'angle AEB; donc

$$\frac{AD}{AB} = \frac{AB}{AE}$$

d'où $\quad AB^2 = AD.AE$

Remarque. Ce théorème peut être considéré comme cas particulier d'une question connue (n° 1294).

Exercice 402

1305. Théorème. *Lorsque deux cercles sont tangents extérieurement, la distance des points de contact d'une tangente extérieure commune aux deux cercles est moyenne proportionnelle entre les diamètres des cercles.*

Soient r et s les rayons des cercles, t la distance AB.

$$AB^2 = DC^2 - CE^2$$

mais
$$DC = r + s; \quad CE = r - s$$
$$l^2 = (r + s)^2 - (r - s)^2$$

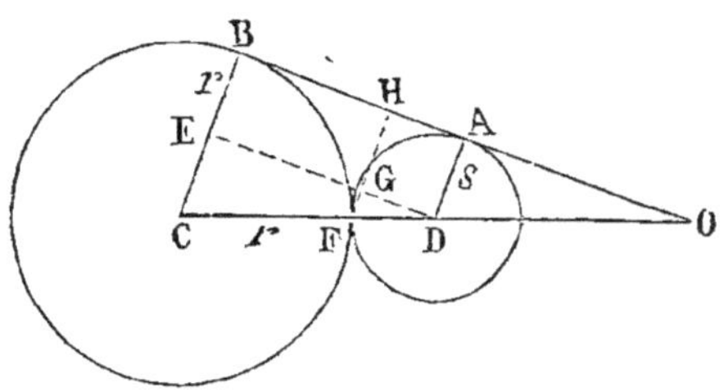

Fig. 828.

$$l^2 = r^2 + 2rs + s^2 - r^2 + 2rs - s^2 = 4rs$$
$$l^2 = 2r \cdot 2s \qquad\qquad C.\ Q.\ F.\ D.$$

1306. Théorème. *La distance* FH *du point de contact à la tangente extérieure égale* $\dfrac{2rs}{r+s}$ *; c'est une quatrième proportionnelle à la demi-somme des rayons et à chacun de ces rayons.*

$$FH = FG + s$$
$$\frac{FG}{CE} = \frac{DF}{DC}; \quad \frac{FG}{r-s} = \frac{s}{r+s}$$
$$FG = \frac{s(r-s)}{r+s}$$
$$FH = \frac{sr - s^2}{r+s} + s = \frac{sr - s^2 + rs + s^2}{r+s} = \frac{2rs}{r+s} \quad \text{ou} \quad \frac{rs}{\frac{1}{2}(r+s)}$$

1307. Théorème. *La distance* FO *du point de contact au centre extérieur de similitude des deux cercles est donnée par* $\dfrac{2rs}{r-s}$.

$$\frac{FO}{FH} = \frac{CD}{CE}; \quad FO = \frac{2rs}{r+s} \cdot \frac{r+s}{r-s} = \frac{2rs}{r-s}$$

Remarque.
$$\frac{1}{FH} + \frac{1}{FO} = \frac{1}{s}; \quad \frac{1}{FH} - \frac{1}{FO} = \frac{1}{r}$$
$$\frac{1}{FH} : \frac{1}{FO} = \frac{r+s}{r-s}; \quad \frac{1}{FH} \cdot \frac{1}{FO} = \frac{r^2 - s^2}{4rs}$$

Exercice 403

1308. Théorème. *Lorsque trois circonférences sont tangentes deux à deux et sont inscrites dans le même angle, le rayon de la circonférence intermédiaire est une moyenne proportionnelle aux rayons des circonférences extrêmes.*

Soient r, s, t les rayons donnés. Il faut prouver qu'on a

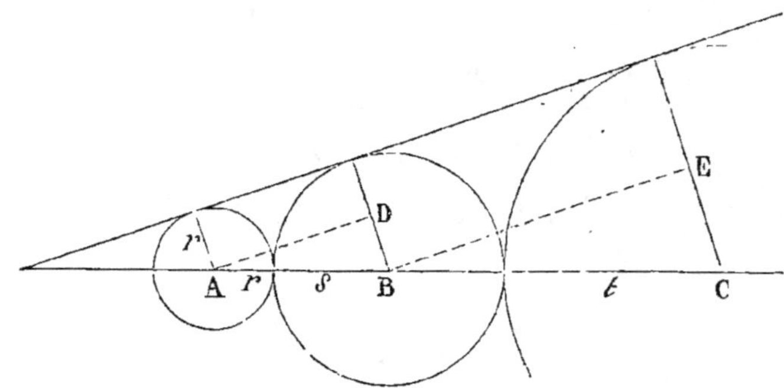

Fig. 829.

$$\frac{t}{s} = \frac{s}{r} \quad \text{ou} \quad \frac{t-s}{t+s} = \frac{s-r}{s+r} \quad \text{ou} \quad \frac{CE}{CB} = \frac{BD}{AB}$$

Or, les triangles ABC, CBE sont équiangles; donc...

Exercice 404

1309. Théorème. *Lorsqu'une même circonférence AO est inscrite et circonscrite à deux polygones réguliers semblables, sa longueur est moyenne proportionnelle entre la circonférence circonscrite au poly-gone extérieur et la circonférence inscrite au polygone intérieur.*

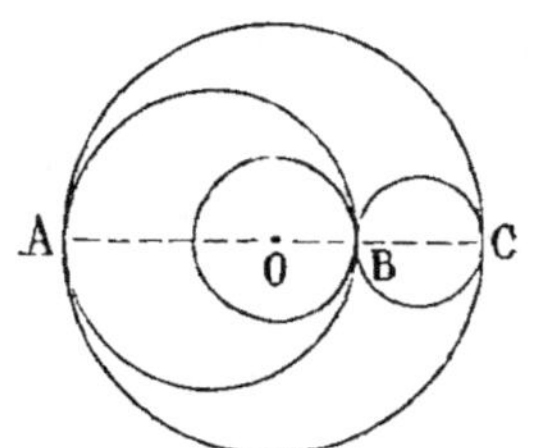

Fig. 830.

OB est le rayon de la circonférence circonscrite; CO celui de l'inscrite.

Les circonférences sont entre elles comme leurs rayons; il suffit donc de prouver qu'on a $\qquad AO^2 = BO \cdot CO$

Or, $\dfrac{BO}{DO} = \dfrac{AO}{OC}$ ou $\dfrac{BO}{AO} = \dfrac{AO}{OC}$

d'où $\qquad AO^2 = BO \cdot CO \qquad C. Q. F. D.$

1310. Théorème. *Toute circonférence tangente à deux circonférences concentriques égale leur demi-somme ou leur demi-diffé-rence.*

Soient $\qquad AO = a; \quad OB = b$

Le rayon de la circonférence, dont AB est le diamètre, égale $\dfrac{a+b}{2}$.

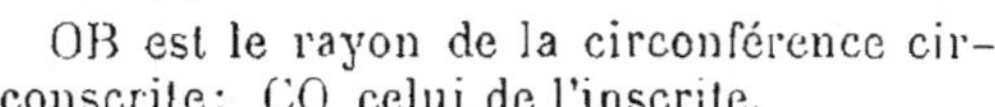

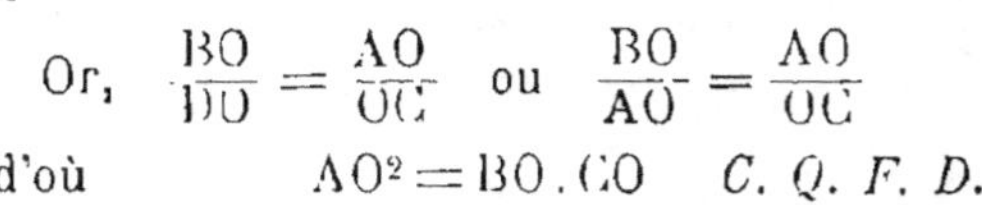

Celui de la circonférence, dont BC est le diamètre, égale $\frac{1}{2}(a-b.)$

Fig. 831.

1311. Théorème. *La somme des deux circonférences tangentes aux deux circonférences données, égale la plus grande des circonférences* *données ; la différence égale la plus petite des circonférences données.*

$$\frac{a+b}{2} + \frac{a-b}{2} = a \quad \text{et} \quad \frac{a-b}{2} - \frac{a-b}{2} = b$$

Exercice 405

1312. Théorème. *La somme des inverses des distances d'un point fixe aux deux tangentes menées à une circonférence par les extrémités de toute corde qui passe par ce point, est une quantité constante. (Journal des Mathématiques de M. Vuibert, tome II, page 60.)*

Soient $AP = a$; $PB = b$; $PO = d$; $OC = r$.

Les triangles rectangles CAP, OEC sont semblables, car l'angle $OCE = APC$; donc

$$\frac{CP}{a} = \frac{r}{CE}$$

En divisant chaque membre par CP, on trouve

$$\frac{1}{a} = \frac{r}{CE} \cdot \frac{1}{CP}$$

de même

$$\frac{1}{b} = \frac{r}{CE} \cdot \frac{1}{DP}$$

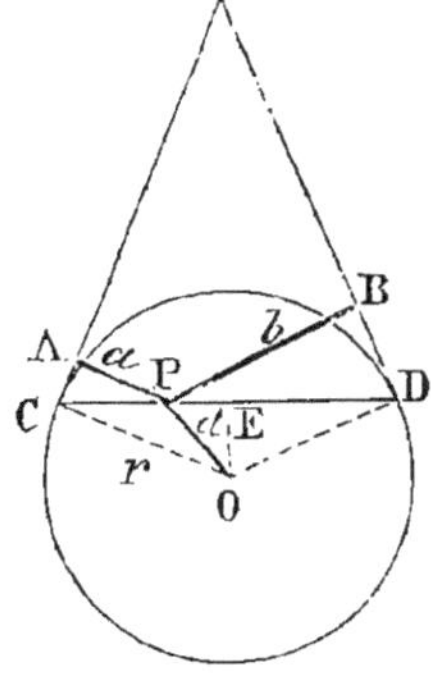

Fig. 832.

d'où

$$\frac{1}{a} + \frac{1}{b} = \frac{r}{CE}\left(\frac{1}{CP} + \frac{1}{DP}\right) = \frac{r}{CE}\left(\frac{DP + CP}{CP \cdot DP}\right)$$

Mais $DP + CP = 2CE$; on pourra supprimer le facteur commun CE, puis le produit CP.DP des segments d'une corde menée par un point fixe P est une quantité constante (G., n° 257) ; ce produit égale celui des segments du diamètre mené par le point donné ; il égale donc $(r + d)(r - d)$ ou $r^2 - d^2$

$r^2 - d^2$; donc

$$\frac{1}{a} + \frac{1}{b} = \frac{2r}{r^2 - d^2} \quad \text{quantité constante.}$$

Exercice 406

1313. Théorème. *Lorsque deux circonférences égales se coupent à angle droit, la somme des carrés des cordes, interceptées par les circonférences sur une sécante quelconque menée par le point A, est une quantité constante.*

Il suffit de prouver que $AD^2 + AE^2$ est une quantité constante.

Les triangles rectangles sont égaux, car $AB = AC$; l'angle $DAB = ACE$ comme ayant les côtés perpendiculaires.

Ainsi $AD^2 + AE^2 = AD^2 + BD^2 = r^2$

$$AM^2 + AN^2 = 4r^2$$

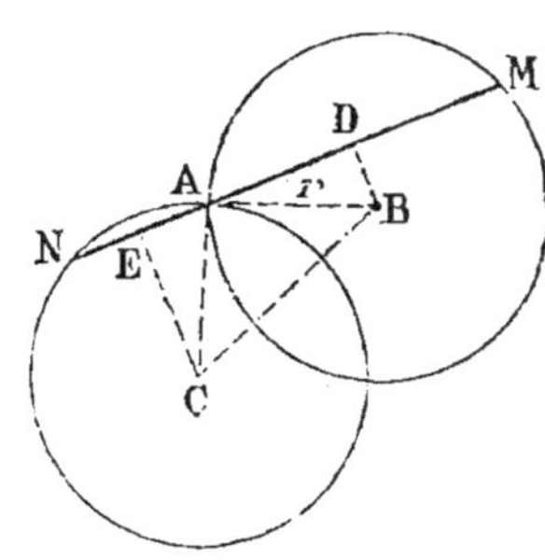

Fig. 833.

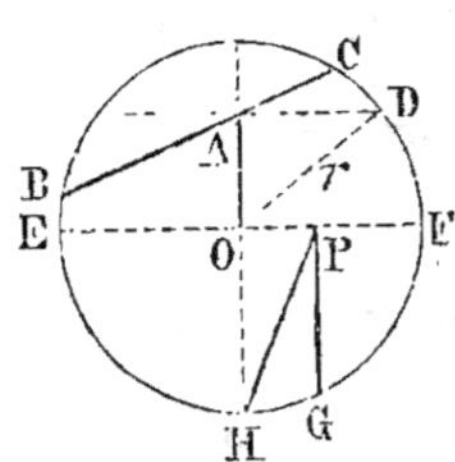

Fig. 834.

1314. Théorème. *Dans un cercle, par un point donné A, on mène une corde quelconque BAC; démontrer que le produit des segments de la corde, augmenté du carré de la distance du point fixée au centre du cercle, égale le carré du rayon.*

Menons la corde perpendiculaire à AO.
On a

$$AB \cdot AC + AO^2 = AD^2 + AO^2 = r^2$$

1315. Théorème. *On élève la perpendiculaire PG et on mène PH; démontrer que l'on aura* $PG^2 + PH^2 = \frac{1}{2} EF^2$ (fig. 834).

En effet,
$$PH^2 = PO^2 + r^2$$
$$PG^2 = PE \cdot PF = r^2 - PO^2$$

donc
$$PH^2 + PG^2 = 2r^2 \quad \text{ou} \quad \tfrac{1}{2} EF^2$$

Exercice 407

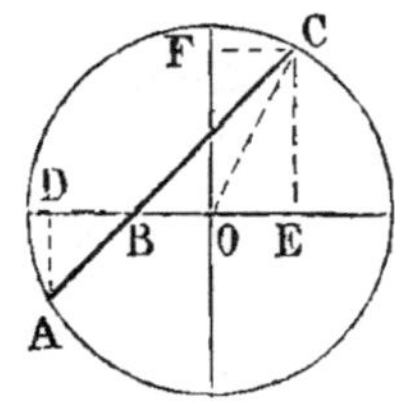

Fig. 835.

1316. Théorème. *Lorsqu'une corde ABC coupe un diamètre sous un angle de 45°, la somme des carrés des segments AB, BC égale* $2r^2$.

En effet,

$$AB^2 = 2BD^2 = 2CF^2$$
$$BC^2 = 2CE^2$$

donc
$$AB^2 + BC^2 = 2CO^2 = 2r^2$$

1317. Théorème. *Si deux circonférences quelconques sont concentriques, la somme des carrés des distances d'un point quelconque de l'une aux deux extrémités d'un diamètre de l'autre est constante.*

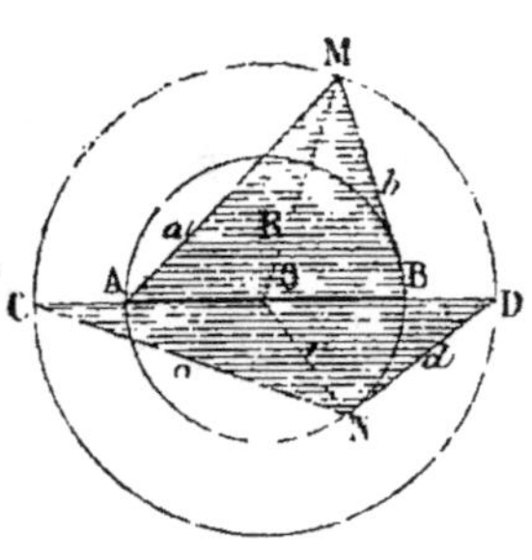

Fig. 836.

Soit M un point quelconque de la grande circonférence, et AB un diamètre quelconque de la petite. Menons le rayon OM, qui sera une médiane du triangle AMB.

On a donc (G , n° 254)

$$a^2 + b^2 = 2R^2 + 2OA^2 = 2R^2 + 2r^2$$

quantité constante.

De même, le triangle CND donne

$$c^2 + d^2 = 2r^2 + 2OC^2 = 2r^2 + 2R^2$$

quantité constante.

1318. Théorème. *Sur un diamètre, on prend, à partir du centre,* *des grandeurs égales* OA, OB; *par un de ces points on mène une corde quelconque* CBD *et l'on joint le point* A *aux points* C *et* D; *prouver que la somme des carrés de* AC, AD, CD *est constante.* (COMPAGNON, n° 269.)

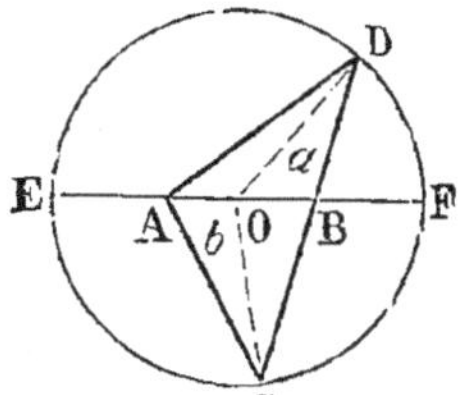

On sait qu'on a

$$AD^2 + BD^2 = 2a^2 + 2b^2$$
$$AC^2 + BC^2 = 2a^2 + 2b^2$$
$$2DB \cdot BC = 2BE \cdot BF = 2a^2 - 2b^2$$
$$AD^2 + AC^2 + CD^2 = 6a^2 + 2b^2 = 2(3a^2 + b^2) \quad \text{quantité constante.}$$

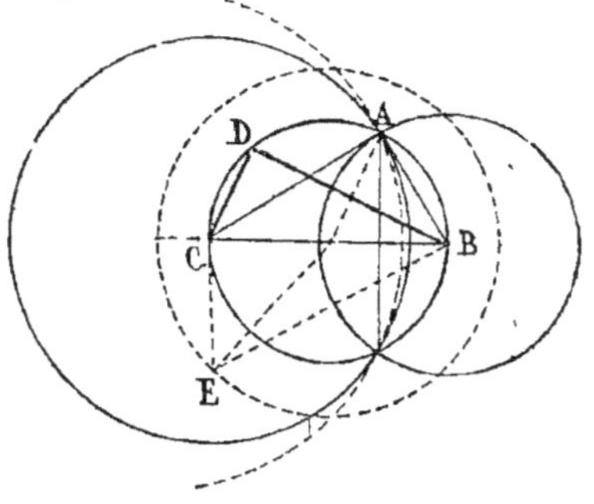

Fig. 837.

Exercice 408

1319. Théorème. *Étant donnés deux cercles qui se coupent orthogonalement, si l'on fait passer un cercle par leurs centres et par leurs points d'intersection, la somme des puissances d'un point de ce cercle, par rapport aux cercles donnés, est nulle.* (H. FAURE [*], N. A., 1868, p. 240.)

La *puissance d'un point* par rapport à un cercle donné égale le carré de la distance de ce point au centre du cercle, moins le carré du rayon du cercle (G., n° 825); pour un point quelconque D, la puissance par rapport au cercle de centre $B = DB^2 - AB^2$ [**].

La puissance par rapport au cercle $C = DC^2 - AC^2$.

Ajoutons

$$DB^2 + DC^2 - (AB^2 + AC^2)$$

Or, cette somme algébrique est nulle, car

$$DB^2 + DC^2 = CB^2 = AB^2 + CA^2 \quad \text{donc...}$$

Fig. 838.

Remarque. Ce théorème n'est qu'un cas particulier d'un théorème plus général (n° 1321).

1320. Théorème. *Pour tout point de la circonférence décrite du point* O *milieu de* CB *pris pour centre, la somme des puissances, par rapport aux deux cercles qui se coupent orthogonalement, est une quantité constante.*

Soit O le centre du cercle décrit sur BC comme diamètre (fig. 838).

La somme des puissances est donnée par

$$s = EC^2 - AC^2 + EB^2 - AB^2$$

Or, $EC^2 + EB^2 = 2OE^2 + 2CO^2$ et $AC^2 + AB^2 = 4CO^2$

donc $s = 2EO^2 + 6CO^2 \quad$ quantité constante.

---

[*] M. H. FAURE, officier du génie, a publié de nombreux articles dans les *Nouvelles Annales.*

[**] La dénomination de *puissance d'un point,* par rapport à un cercle, est due à STEINER. (*Journal de Crelle,* tome I, p. 164, cit. BALTZER.)

1321. Théorème. *On donne deux circonférences qui ont pour centres respectifs A et B et qui se coupent suivant une corde commune CD; du point O milieu de AB pris pour centre, on décrit un cercle qui passe par C et D; prouver que la somme des puissances de chaque point de ce cercle, par rapport aux cercles donnés, est nulle.*

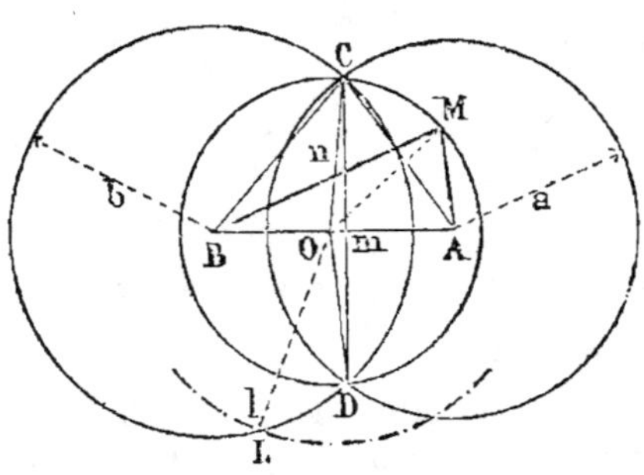

Fig. 839.

Soient $OA = OB = m$; $OC = n$; a et b les rayons donnés.

Pour le point C, la somme des puissances est nulle, car la puissance est nulle pour chaque cercle.

Or, pour le point M, on a pour somme des puissances

$$MA^2 - a^2 + MB^2 - b^2 \qquad (1)$$

Or, $\quad MA^2 + MB^2 = 2n^2 + 2m^2 = CA^2 + CB^2 = a^2 + b^2$

donc la somme algébrique (1) est nulle.   *C. Q. F. D.*

1322. Problème. *Décrire une circonférence dont la somme des puissances de chaque point, par rapport à deux circonférences données, ait une valeur k^2 (fig. 839).*

Il faut prendre pour rayon OL, la longueur l que donne la relation $\qquad 2m^2 + 2l^2 - a^2 - b^2 = k^2$

d'où $$l^2 = \frac{k^2 + a^2 + b^2}{2} - m^2$$

1323. Théorème. *Par un point quelconque pris dans un cercle, on mène deux cordes rectangulaires; la somme des carrés des quatre segments de ces cordes est une quantité constante.*

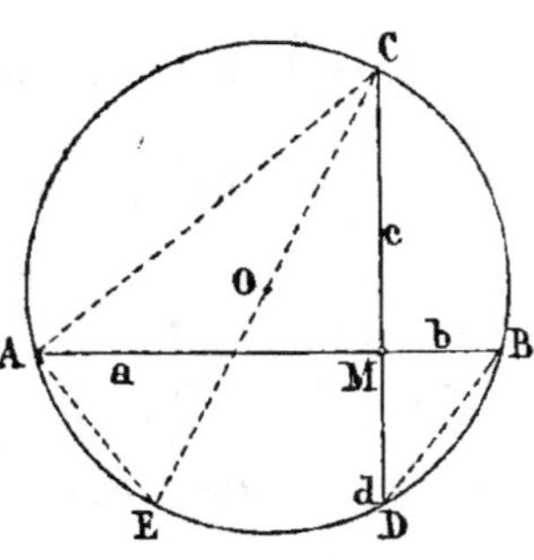

Fig. 840.

$a^2 + c^2 = AC^2$; $\quad b^2 + d^2 = BD^2$

d'où $\quad a^2 + b^2 + c^2 + d^2 = AC^2 + BD^2$

Menons le diamètre COE; on aura

$$AE = BD.$$

En effet

angle droit $M = \frac{1}{2}(\text{arc } AC + \text{arc } BD)$

angle droit $A = \frac{1}{2}(\text{arc } AC + \text{arc } AE)$

donc la corde AE égale la corde BD;

or, $\quad AC^2 + AE^2 = CE^2 = 4r^2$

donc $\quad a^2 + b^2 + c^2 + d^2 = 4r^2$

1324. Remarque. Le théorème est vrai, quelle que soit la position du point M ; mais, quand ce point est extérieur, il faut prendre le carré de la sécante entière, moins le carré de sa partie extérieure.

Exercice 409

1325. Théorème. *Si d'un point donné O, on mène à une circonférence donnée deux sécantes quelconques AB et CD perpendiculaires entre elles, la somme des carrés AB² et CD² des parties intérieures de ces sécantes est constante.* (ARCHIMÈDE.)

1re Démonstration. Procédons ainsi qu'il a été indiqué précédemment (*Méthodes,* no 30).

Soient a et b les demi-longueurs des cordes rectangulaires données, r le rayon du cercle, a' et b' les distances du centre du cercle aux deux cordes.

Il faut prouver qu'on a :

$$4a^2 + 4b^2 = \text{constante}$$

Or
$$a^2 = r^2 - a'^2 \quad \text{et} \quad b^2 = r^2 - b'^2$$

d'où
$$a^2 + b^2 = 2r^2 - (a'^2 + b'^2)$$

Il suffit de prouver que la quantité à soustraire est constante.

Or a' et b' sont les côtés d'un rectangle ayant pour diagonale la longueur invariable OG (fig. 841) ; donc $a^2 + b^2 = 2r^2 - OG^2$, quantité constante, et le théorème est démontré.

Remarque. Comme terme de comparaison, nous croyons utile de donner la démonstration déjà publiée dans la 1re édition, afin de montrer ainsi, par un nouvel exemple, combien il est avantageux de recourir aux méthodes générales, au lieu de se borner à étudier isolément chaque question, chaque figure, chaque cas, etc.

1er Cas. *Le point O est dans le cercle.*

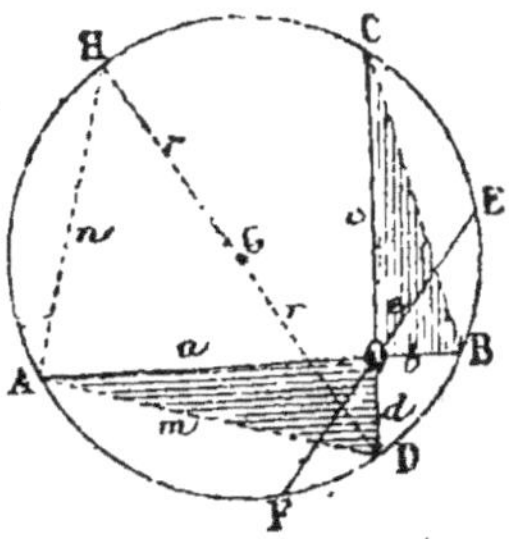

Menons la corde EF qui a le point O pour milieu ; menons aussi le diamètre DGH, et les cordes BC, AD et AH. La corde AH est égale à BC,

car   arc DA + arc AH = 1/2 circonf.

de même   arc DA + arc BC = 1/2 circonf.

donc   arc AH = arc BC

Nous avons $a^2 + d^2 = m^2$; $b^2 + c^2 = n^2$

Fig. 841.

d'où $a^2 + b^2 + c^2 + d^2 = m^2 + n^2 = AD^2 + AH^2 = DH^2 = (2r)^2 = 4r^2$

Ainsi *la somme des carrés...*

En considérant les cordes entières, nous aurons

$$AB^2 + CD^2 = (a+b)^2 + (c+d)^2 = a^2 + b^2 + 2ab + c^2 + d^2 + 2cd = 4r^2 + 4c^2$$

quantité constante.

Remarque. Les quantités $4r^2$ et $4c^2$ sont les carrés respectifs de $2r$ et $2c$. Ainsi la somme des carrés des cordes AB et CD égale le carré du diamètre, plus le carré de la corde qui a le point O pour milieu.

1326. 2ᵉ Cas. *Le point donné O est hors du cercle.*

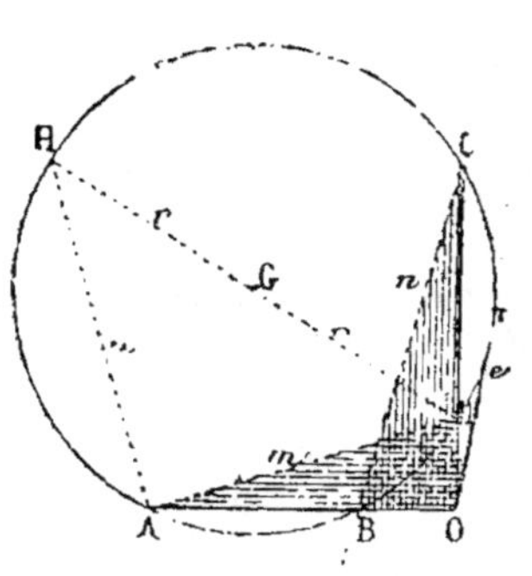

Fig. 842.

Menons la tangente OE ou c, le diamètre DGH ou $2r$, et les cordes BC, AD et AH.

On a aussi

$$a^2 + d^2 = m^2; \quad b^2 + c^2 = n^2$$

d'où

$$a^2 + b^2 + c^2 + d^2 = m^2 + n^2 =$$
$$AD^2 + AH^2 + DH^2 = (2r)^2 = 4r^2$$

Ainsi *la somme des carrés des quatre segments égale quatre fois le carré du rayon.*

En considérant les cordes AB et CD, nous aurons

$$BA^2 + CD^2 = (a-b)^2 + (c-d)^2 = a^2 + b^2 - 2ab + c^2 + d^2 - 2cd = 4r^2 - 4c^2,$$

quantité constante.

1327. Théorème. *Par le point de contact de deux circonférences tangentes extérieurement, on mène deux sécantes rectangulaires ; prouver que la somme des carrés des deux droites interceptées égale le carré de la somme des diamètres des circonférences données.*

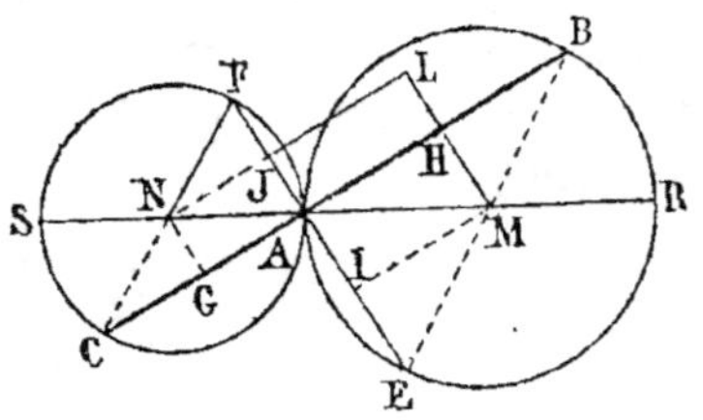

Fig. 843.

Menons NL parallèle à GH :

$$NL = \tfrac{1}{2}\,CAB; \quad ML = \tfrac{1}{2}\,EF;$$
$$MN = \tfrac{1}{2}\,RS$$

Or, $\quad MN^2 = LN^2 + ML^2$

donc $\quad RS^2 = BC^2 + EF^2$

Remarque. Cette démonstration, si simple, est analogue à la 1ʳᵉ démonstration donnée pour le théorème précédent (n° 1325).

1328. Théorème. *Lorsqu'on mène deux sécantes rectangulaires, la somme des carrés des distances, comptées sur les sécantes, depuis le point A jusqu'aux circonférences, est constante.*

$$AH^2 + AI^2 = AM^2; \quad AJ^2 + AG^2 = AN^2$$

donc $\quad AB^2 + AC^2 + AE^2 + AF^2 = AR^2 + AS^2 \quad$ *C. Q. F. D.*

on peut dire encore

$$AB^2 + AE^2 + AC^2 + AF^2 = BE^2 + CF^2 \quad \text{quantité constante.}$$

Exercice **410**

1329. Théorème. *Soient ABCD un rectangle dans lequel* $AB = BC\sqrt{2}$, *E est un point quelconque de la demi-circonférence décrite sur* AB *comme diamètre ; F et G les points d'intersection des droites* ED, EC *avec le diamètre* AB, *on a la relation* $AG^2 + BF^2 = AB^2$. (FERMAT*.)

Soit $\qquad AF = a ; \quad FG = b ; \quad BG = c$

Pour vérifier la relation, remplaçons chaque ligne par sa valeur en fonction des segments a, b, c.

Il faut prouver qu'on a l'égalité suivante :

$$(a + b)^2 + (b + c)^2 = (a + b + c)^2 \qquad\qquad (1)$$

développons et réduisons

$$a^2 + 2ab + b^2 + b^2 + 2bc + c^2 = a^2 + 2ab + b^2 + 2ac + 2bc + c^2$$

tout se réduit à prouver qu'on a

$$b^2 = 2ac \qquad\qquad (2)$$

Élevons des perpendiculaires FM, GN ; on obtient un rectangle semblable au rectangle donné.

En effet

$$\frac{FM}{AD} = \frac{EF}{ED} = \frac{EG}{EC} = \frac{GN}{BC} = \text{aussi } \frac{FG}{DC}$$

donc $\qquad FM = NG$ et FG^2

ou $\qquad b^2 = 2MF^2$

Les triangles rectangles AMF, NBG sont semblables, car ils sont équiangles ;

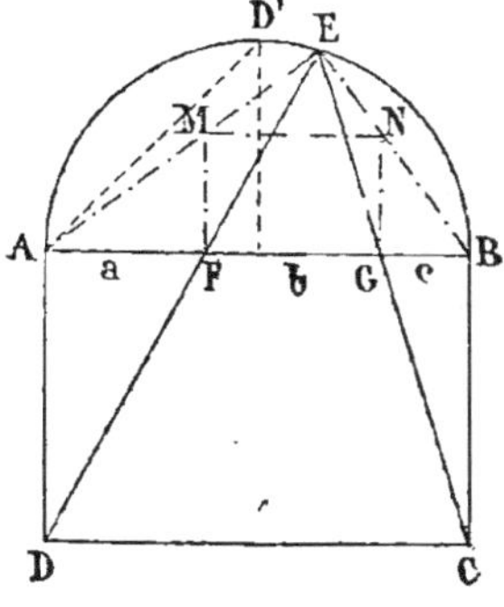

Fig. 844.

donc $\qquad \dfrac{a}{MF} = \dfrac{NG}{c} ;$ d'où $MF^2 = ac$

donc $\qquad 2MF^2$ ou $b^2 = 2ac$

donc l'égalité hypothétique (1) est vérifiée, et le théorème est démontré.

Figures inverses.

Définition. Par rapport à une origine donnée O, deux points M et N sont *réciproques* ou *inverses*, lorsqu'ils sont situés sur une même droite OMN, et que le produit OM.ON égale une valeur constante k^2, nommée *puissance d'inversion*.

Deux figures réciproques ou inverses sont composées de points inverses, deux à deux, par rapport à une même origine donnée, prise pour centre d'inversion.

Exercice 411

1330. Théorème. *Deux couples de points inverses appartiennent à une même circonférence.*

(*Méthodes*, n° 218.)

Exercice 412

1331. Théorème. *La droite qui joint deux points d'une figure, et la droite qui joint les deux points correspondants de la figure inverse, sont antiparallèles par rapport aux deux rayons vecteurs menés aux deux couples de points considérés.*

(*Méthodes*, n° 218.)

Exercice 413

1332. Théorème. *La longueur d'une corde s'obtient en multipliant la corde correspondante par la puissance d'inversion, et en divisant ce résultat par le produit des rayons vecteurs qui aboutissent aux extrémités de cette seconde corde.*

(*Méthodes*, n° 219.)

Exercice 414

1333. Théorème. *L'angle de deux lignes d'une figure donnée égale l'angle des lignes réciproques de la figure inverse.*

(*Méthodes*, n° 221.)

Exercice 415

1334. Théorème. *L'inverse d'une circonférence, lorsque le centre d'inversion est sur cette courbe, est une droite perpendiculaire au diamètre qui passe par l'origine donnée.*

(*Méthodes*, n° 223.)

Exercice 416

1335. **Théorème.** *L'inverse d'une droite donnée est une circonférence qui passe par l'origine ; le diamètre mené par ce point est perpendiculaire à la droite donnée.*

(*Méthodes*, n° 224.)

Exercice 417

1336. **Théorème.** *L'inverse d'une circonférence, lorsque le centre d'inversion n'est pas sur la courbe donnée, est une circonférence homothétique de la première par rapport à l'origine donnée.*

(*Méthodes*, n° 225.)

1337. **Théorème.** *Lorsque les rectangles formés par les côtés opposés d'un quadrilatère inscrit sont équivalents, toute droite qui coupe le faisceau formé en joignant les quatre sommets du quadrilatère à un point quelconque du cercle circonscrit est divisée harmoniquement par ce faisceau.*

(*Méthodes*, n° 227.)

Exercice 418

1338. **Théorème.** *Deux cercles qui ne se coupent point se transforment en cercles concentriques, lorsqu'on prend pour origine un des points limites.*

(*Méthodes*, n° 233.)

1339. **Théorème.** *Deux cercles qui se coupent se transforment en cercles égaux, lorsque l'on prend pour origine un point quelconque d'un des cercles bissecteurs des cercles donnés.*

(*Méthodes*, n° 235.)

1340. **Théorème.** *Entre deux cercles intérieurs non concentriques A et B, on inscrit un cercle C tangent aux deux premiers ; puis un cercle D tangent aux cercles A, B, C ; un cercle E tangent aux cercles A, B, D, etc.*

1° Les points de contact communs aux cercles C, D, E... sont sur une même circonférence.

2° Si un cercle N, de rang n, ferme la série en se trouvant tangent au cercle C, une nouvelle série, commençant en un point quelconque, se terminera après n cercles consécutifs.

(*Méthodes*, n° 237.)

Exercice 419

1341. **Théorème de Fuerbach.** *Le cercle des neuf points est tangent au cercle inscrit et aux trois cercles ex-inscrits.*

(*Méthodes*, n° 238.)

1342. **Théorème d'Hamilton** ⋆. *Soit* D *le point de concours des hauteurs d'un triangle* ABC; *les quatre triangles ayant pour sommet les points* A, B, C, D, *pris trois à trois, ont même cercle des neuf points, et ce cercle est tangent aux seize cercles inscrits ou ex-inscrits aux quatre triangles.*

(*Méthodes*, n° 292, k.)

LIEUX GÉOMÉTRIQUES

Relation de rapport et point de concours.

1343. **Relations numériques.** La détermination d'un point dépend de deux grandeurs données; or les deux variables peuvent être liées ensemble par une relation numérique connue.

On peut avoir une des relations suivantes :

1° La somme des deux distances est constante;

2° La différence est constante;

3° Le rapport des distances est constant;

4° Le produit est constant;

5° La somme des carrés des deux distances est constante;

6° La différence des carrés est constante.

En représentant par x et y les deux longueurs propres à déterminer le point, et les quantités connues par a, b, ... k, l, m, n, on peut écrire les relations comme il suit :

$$1° \qquad x + y = l$$

$$2° \qquad x - y = d$$

$$3° \qquad \frac{x}{y} = \frac{m}{n}$$

$$4° \qquad yx = k^2$$

$$5° \qquad x^2 + y^2 = a^2$$

$$6° \qquad x^2 - y^2 = b^2$$

⋆ Sir WILLIAM HAMILTON a énoncé ce théorème en 1861, dans *The Quarterley Journal.* (Cit. CATALAN, *Théorèmes et Problèmes de Géométrie élémentaire.*)

Exercice 420

1344. Lieu. *Quel est le lieu des points dont le rapport des distances à deux droites égale un rapport donné $\dfrac{m}{n}$?*

(Voir *Méthodes*, n° 60.)

1345. Lieu. *Par les divers points M, M' d'une droite on mène des parallèles MA, M'A' à une droite donnée, et l'on prend $\dfrac{AM}{OM} =$ un rapport constant $\dfrac{m}{n}$; quel est le lieu des points A ?*

C'est la droite OA.

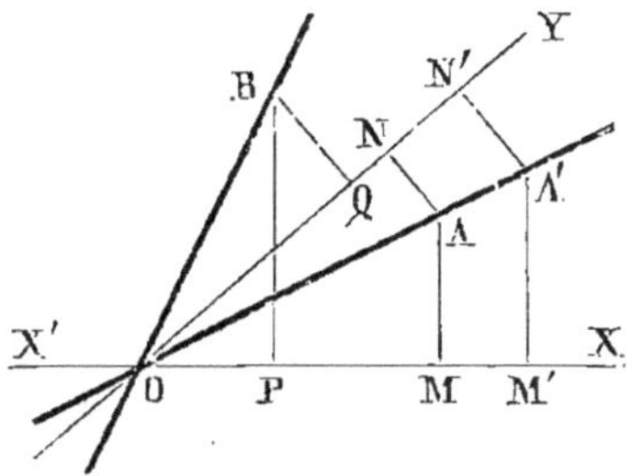

Fig. 845.

1346. Lieu. *Sur deux droites OX, OY on prend des longueurs telles qu'on ait $\dfrac{MO}{NO} = \dfrac{M'O}{N'O} = \dfrac{m}{n}$; par les points M, M' on mène des parallèles à une droite donnée ; par N, N' on mène des parallèles à une autre droite aussi donnée ; quel est le lieu des points d'intersection A, A' des parallèles correspondantes ?*

La question peut être énoncée comme il suit :

On coupe un angle XOY par des parallèles MN, M'N' ; par les points M, M', etc.

Le lieu est une droite qui passe par le sommet de l'angle.

Exercice 421

1347. Lieu. *On joint un point donné O aux divers points M d'une droite, et l'on prend sur chaque ligne ainsi menée une distance ON, telle que $\dfrac{OM}{ON} = \dfrac{m}{n}$; quel est le lieu des points N ?*

(Voir *Méthodes*, n° 63.)

Exercice 422

1348. Lieu. *On joint un point donné O aux divers points M d'une circonférence, et l'on prend sur chaque ligne ainsi menée une distance ON, telle que $\dfrac{OM}{ON} = \dfrac{m}{n}$; quel est le lieu des points N ?*

(Voir *Méthodes*, n° 63.)

Exercice 423

1349. Lieu. *On donne une droite XX' et un point extérieur A ; par ce point on mène une droite quelconque AB limitée à XX', on*

fait un angle donné BAC et l'on prend une longueur AC telle que
$\dfrac{AB}{AC}$ *égale un rapport donné* $\dfrac{m}{n}$; *quel est le lieu du point C?*

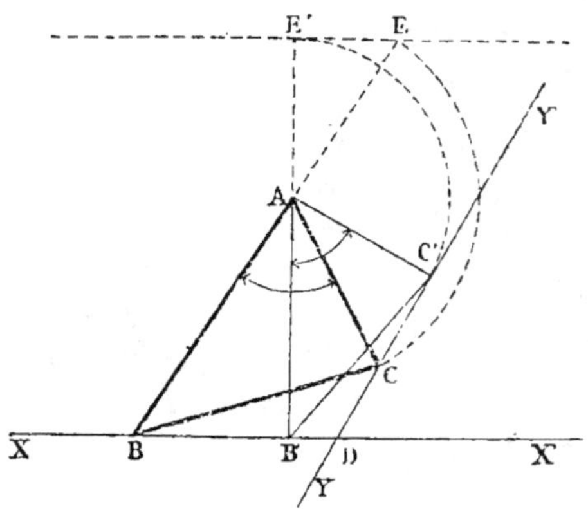

Fig. 846.

1re Démonstration. Afin de retrouver une question connue, prolongeons BA d'une quantité AE égale à AC; le lieu du point E est une parallèle à XX' (n° 1347). On a, en effet,

$$\frac{AB'}{AE'} = \frac{m}{n}$$

La connaissance de ce lieu conduit immédiatement à la construction suivante : *Abaissons la perpendiculaire AB', formons l'angle B'AC' = BAC et élevons une perpendiculaire C'Y à la droite AC'*; les angles X'DC' et B'AC' sont égaux comme ayant les côtés respectivement perpendiculaires; donc, *par un point C quelconque du lieu, il faut mener une droite CY qui fasse avec XX' un angle égal à l'angle donné.*

2e Démonstration. La question se traite facilement par synthèse, de la manière suivante : Par le point C, menons CD formant un angle CDX' égal à l'angle BAC; pour prouver que CD est le lieu demandé, il suffit de mener une ligne quelconque AB', de faire l'angle B'AC' = BAC

et de prouver qu'on a $\qquad \dfrac{AB'}{AC'} = \dfrac{m}{n}$

En effet, le quadrilatère ABDC est inscriptible, car les angles opposés BAC, BDC sont supplémentaires; donc l'angle ABD est le supplément de ACD; donc l'angle ABB' = ACC'.

Le quadrilatère AB'DC' est aussi inscriptible, car l'angle B'DC' est le supplément de B'AC'; donc l'angle AB'B = AC'C; donc les triangles ABB', ACC' sont équiangles et par suite semblables; donc

$$\frac{AB'}{AC'} = \frac{AB}{AC} = \frac{m}{n} \qquad\qquad C.\ Q.\ F.\ D.$$

1350. Remarques. 1° La question est souvent énoncée comme il suit :

Un triangle ABC reste semblable à lui-même, tandis qu'il tourne dans son plan autour de son sommet fixe A et que le sommet B décrit une ligne droite ; quel est le lieu décrit par le sommet C ?

A l'exemple de PONCELET, on peut dire aussi :

Un triangle ABC reste semblable à lui-même, tandis qu'il pivote autour de son sommet fixe A, etc.

2° Le premier mode de démonstration conduit à dire immédiatement :

Le sommet C décrit constamment une figure semblable à la figure que décrit le sommet B.

Néanmoins, à cause de l'importance de la question, nous étudierons le cas où le point B décrit une circonférence donnée (n° 1355).

1351. Théorème. *Lorsqu'un triangle ABC reste semblable à lui-même, tandis qu'il tourne dans son plan autour du sommet fixe A, et que le sommet B décrit une droite donnée, la circonférence circonscrite au triangle passe par un second point fixe* (fig. 846).

En effet, pour tout triangle, la circonférence circonscrite doit passer par le point fixe D.

1352. Lieu. *Deux triangles semblables ont même sommet A ; l'un d'eux, B'AC', tourne dans son plan autour du sommet A ; quel est le lieu du point D d'intersection des lignes BB', CC' ?*

1° On reconnaît facilement que la question posée peut se rattacher à la précédente : car les triangles ABC, AB'C' sont deux positions du triangle qui reste semblable à lui-même ; donc, si B décrit la droite BB', on sait que C décrira une droite CC' coupant la première sous un angle BDC' supplémentaire de A ; ainsi le lieu est la circonférence circonscrite au triangle donné ABC.

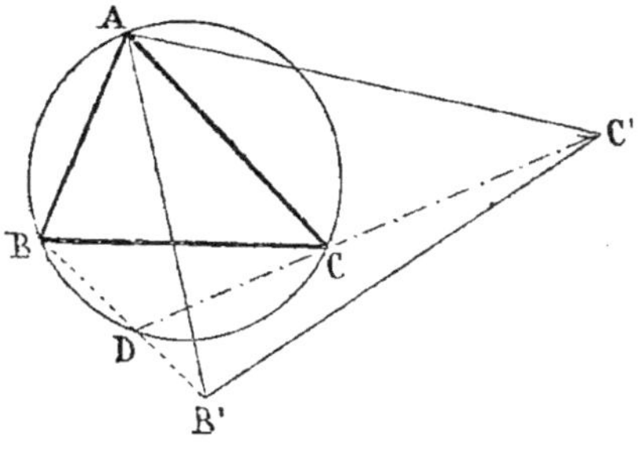

Fig. 847.

Voici d'ailleurs une démonstration directe :

2° On a, par construction, $\dfrac{AB}{AB'} = \dfrac{AC}{AC'}$ et l'angle BAB' = CAC', car l'angle BAC = B'AC' ; donc les triangles ABB', ACC' sont semblables.

Ainsi l'angle ACC' = ABB' ; donc l'angle ACD, supplément de ACC', est aussi le supplément de ABD, et le quadrilatère ABDC est inscriptible.

Ainsi le lieu du point D est le cercle circonscrit au triangle fixe.

1353. Lieu. *Par un point A on mène une sécante AMN qui coupe deux parallèles aux points M et N ; sur MN on construit un triangle MNO semblable à un triangle donné ; quel est le lieu du sommet O ?*

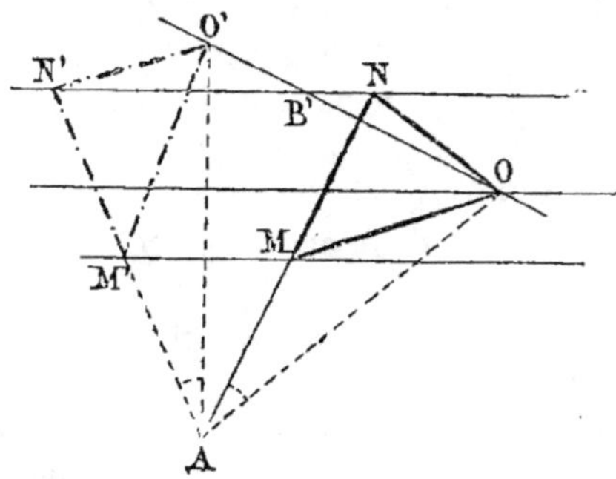

Fig. 848.

Soient MNO, M'N'O' deux positions du triangle.

On a
$$\frac{AM}{AN} = \frac{AM'}{AN'} = \frac{MN}{M'N'} = \frac{NO}{N'O'} \quad \text{etc.}$$

Les triangles ANO, AN'O' sont semblables, et l'on retombe sur une question connue (n° 1350).

Le lieu du sommet O est une droite OB'O' qui coupe les parallèles sous un angle égal à l'angle NAO.

1354. Lieu. *Sur la diagonale MN on construit un carré ; quel est le lieu des deux autres sommets ? Ou plus généralement : On construit sur MN une figure semblable à une figure donnée.*

Chaque sommet a pour lieu une droite que l'on détermine comme OB'O'. Chaque point de la figure décrit aussi une droite.

Exercice 424

1355. Lieu. *Lorsqu'un triangle ABC reste semblable à lui-même, tandis qu'il tourne dans son plan autour de son sommet fixe A et que le sommet B décrit une circonférence, quel est le lieu décrit par le troisième sommet C ?*

1re Solution. Le triangle ABC restant semblable à lui-même, le rapport $\dfrac{AB}{AC}$ est constant ; il en est de même de l'angle BAC.

Joignons le point A au centre D, faisons l'angle DAE égal à BAC, et prenons AE de manière qu'on ait

$$\frac{AD}{AE} = \frac{AB}{AC}$$

Les deux triangles BAD, CAE seront semblables comme ayant un angle égal compris entre deux côtés homologues proportionnels ; donc

$$\frac{BD}{CE} = \frac{AB}{AC}; \quad \text{d'où} \quad CE = BD \cdot \frac{AB}{AC}$$

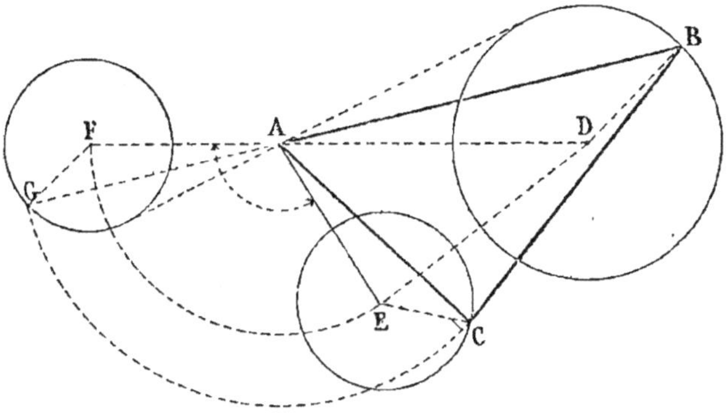

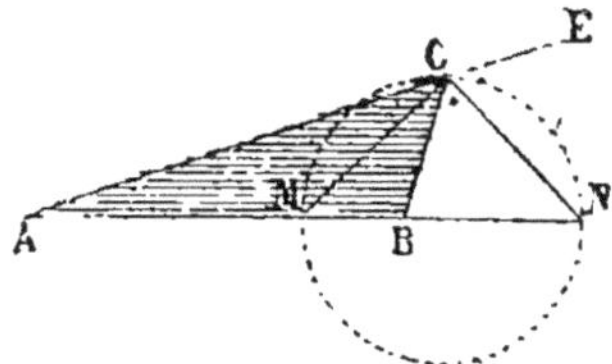

Fig. 849.

La longueur CE est constante ; par suite, le lieu du point C est une circonférence décrite du point E comme centre avec la valeur (1) pour rayon.

2ᵉ Solution. En reportant AE de A en F et prenant A pour centre de similitude, on a constamment $\dfrac{AB}{AG} = \dfrac{BD}{FG}$; donc le lieu du point G est une circonférence, et il en est de même pour le point C ; car les figures AEC, AFG sont égales entre elles.

1356. Remarque. Lorsque, dans l'énoncé, on donne l'angle B constant et $\dfrac{AB}{BC} = \dfrac{m}{n}$, on est ramené à la question ci-dessus ; car les triangles successifs ABC, AB'C' sont semblables comme ayant un angle B = B' compris entre deux côtés homologues proportionnels,

ou $\dfrac{AB}{BC} = \dfrac{AB'}{B'C'}$.

1357. Énoncé général. Théorème. *Lorsqu'une figure plane tourne dans son plan autour d'un de ses points A et reste semblable à elle-même, pendant qu'un autre de ses points, B par exemple, glisse le long d'une ligne donnée, chacun de ses autres points C décrit une ligne semblable à la proposée, et qu'on rendrait homothétique à celle que décrit B, en la faisant tourner de l'angle BAC que forment entre eux les rayons AB, AC. (Voir fig. 849.)*

1358. Lieu. *Lieu des sommets des triangles qui ont même base AB, et mêmes segments MA et MB, NA et NB, déterminés sur cette base par les bissectrices intérieure et extérieure.*

Dans toutes les positions du point C,

Fig. 850.

les bissectrices CM et CN sont perpendiculaires l'une à l'autre; donc le lieu du sommet mobile C est la circonférence décrite sur MN.

Exercice 425

1359. Lieu. *Lieu des points tels que, de chacun d'eux, deux cercles donnés, A et B, soient vus sous un même angle.*

Il est évident que les points de concours I et O des tangentes communes aux deux cercles font partie du lieu demandé.

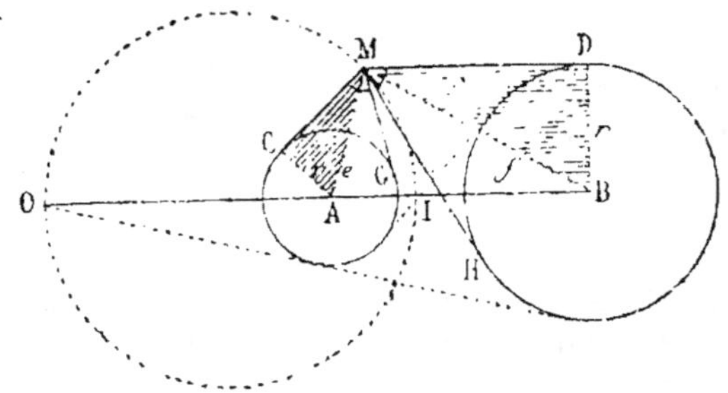

Fig. 851.

Soit M un autre point, tel que l'on ait l'angle CMG = DMH; leurs moitiés sont aussi égales, et les triangles rectangles ACM et BDM sont semblables, et donnent $\dfrac{e}{f} = \dfrac{r}{r'}$, rapport constant.

Le lieu demandé est donc le même que *celui des points dont les distances aux deux points* A *et* B *sont dans le rapport* $\dfrac{r}{r'}$. (G., n° 307.) Ce lieu est la circonférence décrite sur OI comme diamètre.

1360. Lieu. *Le sommet C de l'angle droit d'un triangle rectangle se meut sur la circonférence décrite sur l'hypoténuse* AB, *cette dernière ligne restant fixe; on prolonge l'un des côtés* BC *de l'angle droit de sa propre longueur au delà du sommet mobile, et l'on joint le centre à l'extrémité du prolongement. On demande le lieu de la rencontre de* ED *avec* AC.

Menons AD, puis IF parallèle à CB.

Dans le triangle ABD, les droites AC et DE sont des médianes; ainsi le point I est aux $\frac{2}{3}$ de AC: et puisque IF est parallèle à CB, le point F est aux $\frac{2}{3}$ de AB.

Or l'angle AIF est droit; donc le lieu du point I est la circonférence décrite sur AF.

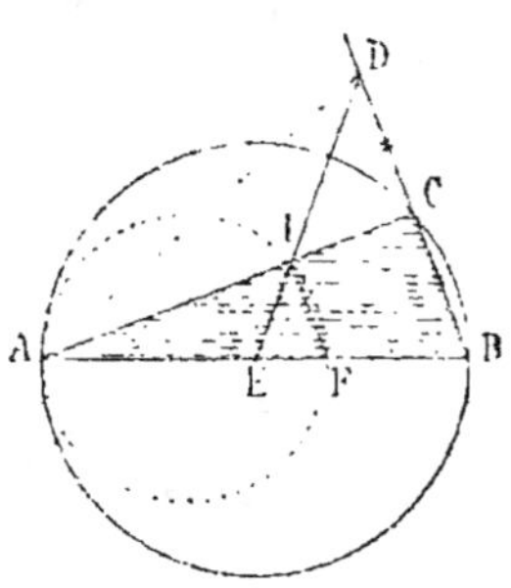

Fig. 852.

Exercice 426

1361. Problème. *Sur une même droite, on donne quatre points A, B, C, D; quel est le lieu des points d'où l'on voit les segments AB et CD sous des angles égaux.* (CATALAN, *Théorèmes et Problèmes de Géométrie élémentaire*, 5e édition, page 196.)

Soit M un point du lieu. Les triangles qui ont un angle égal sont entre eux comme les produits des côtés qui comprennent les angles égaux; d'ailleurs, les triangles qui ont même hauteur sont entre eux comme leurs bases.

Ainsi les triangles AMB, CMD donnent

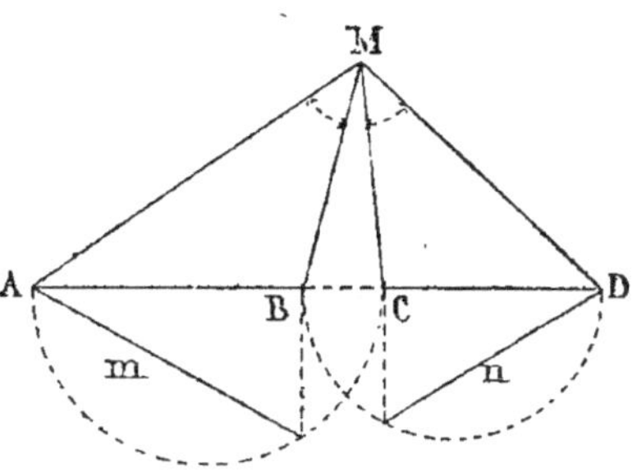

Fig. 853.

$$\frac{AM.BM}{CM.DM} = \frac{AB}{CD} \qquad (1)$$

Les triangles AMC, BMD donnent

$$\frac{AM.CM}{BM.DM} = \frac{AC}{BD} \qquad (2)$$

Multipliant membre à membre les relations (1) et (2), on a

$$\frac{AM^2}{DM^2} = \frac{AB.AC}{CD.BD}$$

Déterminons les moyennes proportionnelles, ou cherchons les carrés équivalents $m^2 = AB.AC$; $n^2 = CD.BD$.

Nous aurons $\quad \dfrac{AM^2}{DM^2} = \dfrac{m^2}{n^2}$; $\quad$ d'où $\quad \dfrac{AM}{DM} = \dfrac{m}{n}$

Ainsi le lieu demandé est le lieu des points dont le rapport des distances à deux points A et D égale un rapport connu $\dfrac{m}{n}$. (G., n° 307.)

Exercice 427

1362. Lieu. *Quel est le lieu du point de concours des diagonales des parallélogrammes inscrits dans un quadrilatère donné?* (LONGCHAMPS *, Recueil de problèmes, in-4°, p. 159.)

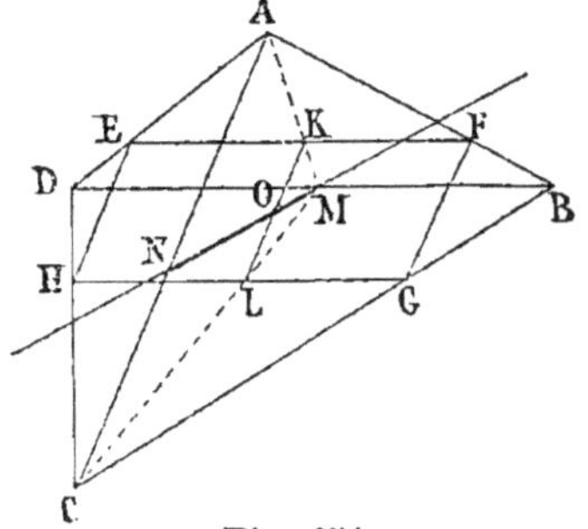

Fig. 854.

Pour inscrire un parallélogramme EFGH dans un quadrilatère donné ABCD, il suffit de mener EF parallèle à la diagonale BD, FG parallèle à la diagonale AC.

Les droites EH, GH, respectivement parallèles aux deux premières, se coupent sur CD.

---

* LONGCHAMPS, professeur de mathématiques spéciales au lycée Charlemagne.

Le point O de concours des diagonales est au milieu de la droite LK, qui joint les milieux de deux côtés opposés; mais le lieu du point K est la médiane AM du triangle ABD. Le lieu du point L est la médiane CM du triangle BCD; enfin le lieu du point O, milieu de LK, est la médiane MN du triangle AMC; donc le lieu du point de concours des diagonales est la droite MN qui joint les points milieux des diagonales du quadrilatère.

Remarque. Les prolongements de MN correspondent au point de concours des parallélogrammes dont les sommets sont placés sur le prolongement des côtés de ABCD.

1363. Lieu. *Lieu du point de rencontre des diagonales des rectangles inscrits dans un triangle donné.*

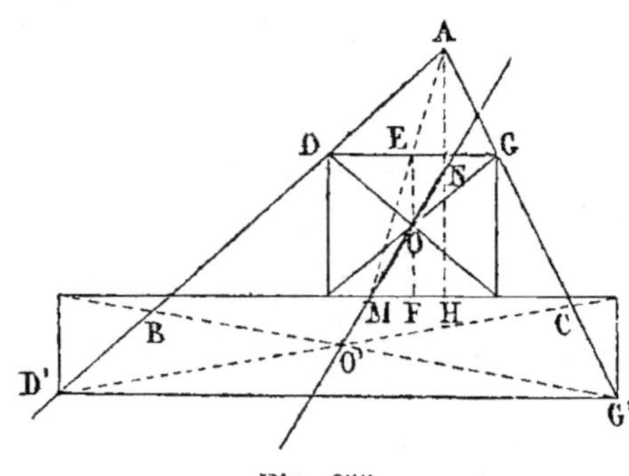

Fig. 855.

Pour inscrire un rectangle, il suffit de mener une parallèle DG à la base BC, et d'abaisser des perpendiculaires des points D et G.

Le point de concours O est au milieu de EF.

Le point E, milieu de DG, est sur la médiane AM du triangle ABC; donc le lieu du point O est la médiane MN du triangle MAH.

Ainsi le lieu du point O est la droite MN qui joint le milieu de la base BC au milieu de la hauteur AH.

Remarque. Chaque côté pris pour base donne un lieu analogue.

1364. Lieu. *Par un point A, on mène une sécante ABD qui coupe une circonférence donnée C en deux points B et D; quel est le lieu*

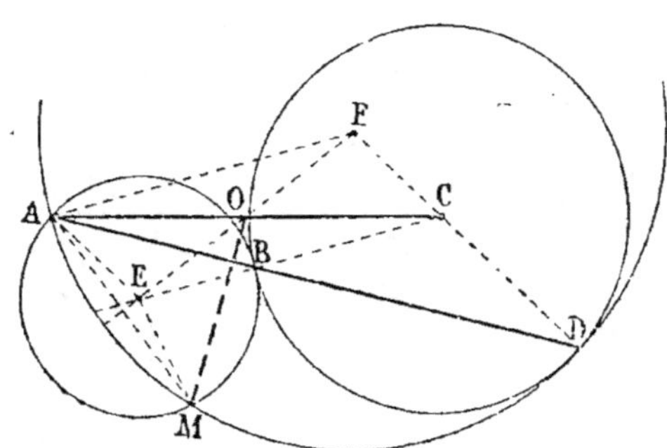

Fig. 856.

du point M d'intersection des circonférences menées par les points A et B et par les points A et D, lorsque ces circonférences sont tangentes au cercle donné? (N. A., 1872, page 468.)

Les centres E, F sont sur les rayons BE, DC.

Les triangles AFD, BCD, ABE sont isocèles et semblables; la figure AFCE est un parallélogramme; ainsi les diagonales EF, AC se coupent en leurs milieux O; mais la ligne des centres EF est perpendiculaire au milieu de la corde commune AM; donc

$$OM = OA = OC$$

Le lieu du point M est la circonférence décrite du point O comme centre avec $^1/_2$ AC pour rayon.

Exercice 428

1365. Lieu géométrique. *Un des côtés non parallèles d'un trapèze est donné de grandeur et de position, on connaît aussi les longueurs a et b des deux bases; quel est le lieu du point de concours des diagonales et celui du point milieu du côté inconnu?*

Soient AB le côté fixe, AD et BC ayant pour longueur a et b.

On sait que les diagonales d'un trapèze se divisent respectivement en parties proportionnelles aux bases.

On a $\qquad \dfrac{AO}{OC} = \dfrac{a}{b} \qquad$ (n° 1104)

De plus, lorsqu'on divise un côté AB dans un rapport donné $\dfrac{m}{n}$, la parallèle menée aux bases a une longueur constante, car elle ne dépend que des bases a et b et du rapport $\dfrac{m}{n}$; donc

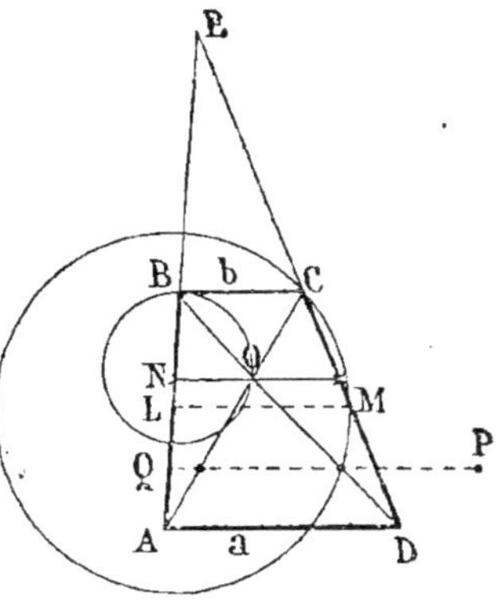

Fig. 857.

1°$\qquad NO = \dfrac{ab}{a+b}$ (n° 1109); 2°$\quad LM = \dfrac{a+b}{2}$

donc le lieu du point O est la circonférence décrite du centre N avec $\dfrac{ab}{a+b}$ pour rayon.

Le lieu du point M est la circonférence décrite du centre L avec $\dfrac{a+b}{2}$ pour rayon.

Remarque. Tout point de DCE, ou de AC, ou de DB, décrit une circonférence ayant son centre sur ABE.

Il en est de même de tout point P, lié au trapèze par une parallèle PQ de longueur constante, pourvu que la parallèle passe par un point donné sur l'axe.

Exercice 429

1366. Lieu géométrique. *On donne les longueurs a et b des bases d'un trapèze; l'une d'elles, AD, est fixe de position; on connaît aussi la longueur c d'un des autres côtés. Quel est le lieu du point de con-*

cours des côtés non parallèles et le lieu du point de concours des diagonales ?

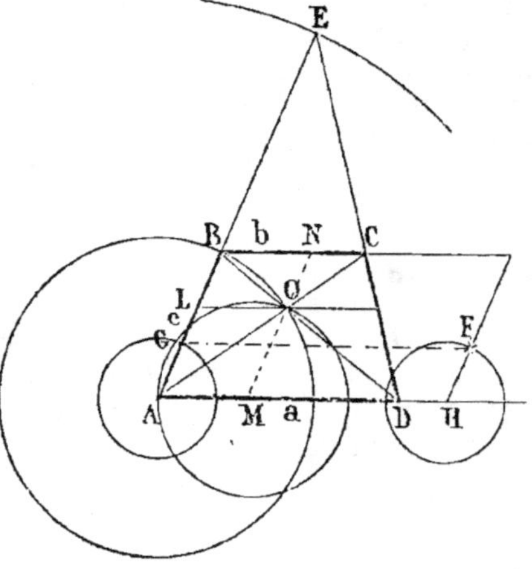

Fig. 858.

1° Puisque AB a une grandeur constante, le point B décrit une circonférence ayant A pour centre et AB pour rayon.

Chaque point de ABE décrit aussi une circonférence ayant A pour centre.

Or, $\dfrac{AE}{AB} = \dfrac{a}{a-b}$;

d'où $AE = \dfrac{ac}{a-b}$

quantité constante ; donc le point E décrit une circonférence, car sa distance au point A est constante.

2° Pour avoir le lieu du point O, menons les droites OL, OM parallèles à AD et à BA.

On sait que AM et MO ont des longueurs constantes.

En effet, $\qquad AM = LO = \dfrac{ab}{a+b}$ (n° 1109)   (1)

$$\frac{OM}{MN} = \frac{OD}{BD} = \frac{a}{a+b} ; \quad \frac{OM}{c} = \frac{a}{a+b} ; \quad \text{d'où} \quad OM = \frac{ac}{a+b} \qquad (2)$$

donc le lieu du point O est une circonférence décrite du point M comme centre avec MO pour rayon.

1367. Lieu. *Quel est le lieu d'un point F, relié au trapèze par une parallèle FG de longueur donnée qui rencontre AB en un point fixe G de cette ligne ?*

Le point G décrit une circonférence ayant A pour centre et AG pour rayon ; donc le point F décrit une circonférence ayant le point H pour centre et FH pour rayon (n° 58).

1368. Lieu. *Dans un trapèze ABCD (fig. 859), la base AD est donnée de grandeur et de position ; la base BC est donnée de longueur ; quel est le lieu du point de concours des côtés non parallèles et celui du point de concours des diagonales, lorsque le sommet B décrit une ligne droite ou une circonférence donnée ?*

On donne $AD = a$ et la longueur b de l'autre base ; en outre, le sommet B glisse sur la droite BB″.

Tout point de AB décrira une droite parallèle à BB′.

Ainsi $\qquad AL = \dfrac{ac}{a+b} = AB \cdot \dfrac{a}{a+b}$

donc L se meut sur LL″ parallèle à BB″.

En effet, pour une position quelconque B′ du sommet, on a

$$AL' = AB' \cdot \frac{AL}{AB} = AB' \cdot \frac{a}{a+b}$$

donc L′ est bien la nouvelle position de L.

De même $AE = AB \cdot \dfrac{a}{a+b}$

donc les points B, E décrivent simultanément des droites parallèles.

La longueur LO ou $\dfrac{ab}{a+b}$ étant constante, le point O décrit une droite OO″
parallèle à LL″.

Si B décrit une circonférence, E décrira aussi une circonférence; il en sera
de même de L. Le point A sera le centre
extérieur de similitude de toutes ces circonférences.

Le point O décrira une circonférence
égale à celle que décrit le point L.

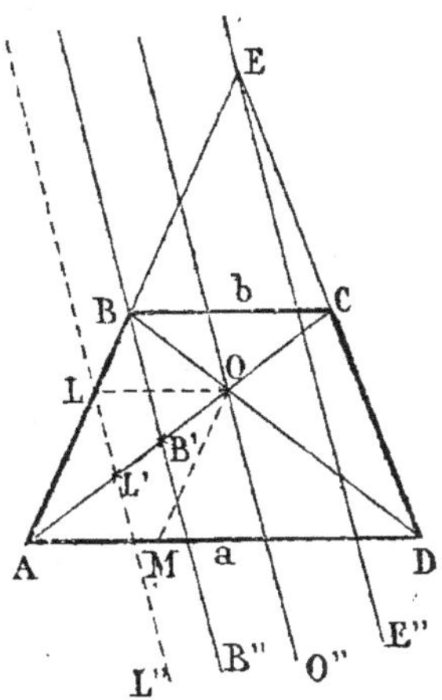

Fig. 859.

1369. Lieu. *On donne la base* AD *d'un trapèze* ABCD, *ainsi que la
longueur* b *de l'autre base* BC; *quel est le lieu du point de concours
des côtés non parallèles et du point de concours des diagonales, lorsque
les côtés non parallèles sont entre eux dans un rapport donné* $\dfrac{m}{n}$?

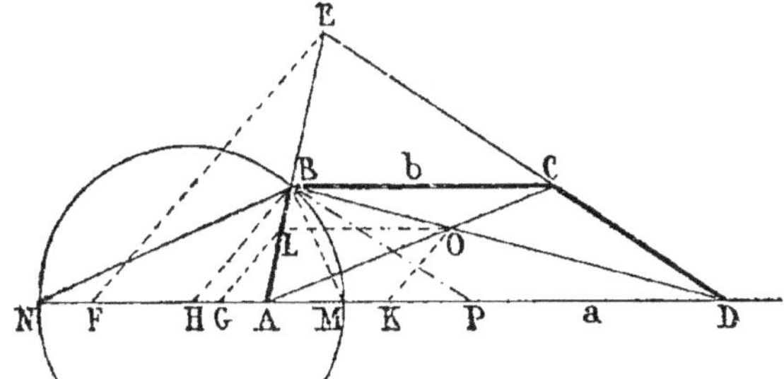

Fig. 860.

D'après les exemples précédents, il suffit de reconnaître le lieu
décrit par un point de AB; par exemple par le point B.

Pour cela, il suffit de mener BP parallèle à CD.

Le point P est fixe, car $AP = a - b$

puis $\dfrac{AB}{BP} = \dfrac{m}{n}$

donc le lieu du point B est la circonférence MN, lieu des points dont

le rapport des distances aux points A et P égale $\dfrac{m}{n}$. (G., n° 307.)

Il suffit de mener les deux bissectrices des angles formés par AB et BP.

Tous les points considérés décriront des lieux analogues, car on a

$$\frac{AE}{ED} = \frac{AB}{BP} = \frac{m}{n}$$

La parallèle EF est le rayon de la circonférence lieu des points E.
Les parallèles LG, OK donnent le centre et le rayon du lieu pour les points L, O.

1370. Lieu. *Mêmes données ; mais on a* $AB^2 \pm CD^2 = k^2$.

On détermine le lieu du point B.

Pour la somme des carrés égale k^2, le lieu du point B est une circonférence ayant pour centre le point milieu de AP (n° 69) ; le lieu relatif à la différence des carrés se compose de deux perpendiculaires à AP (n° 71).

Exercice 430

1371. Lieu. *Deux côtés opposés AB, CD d'un quadrilatère sont donnés ; ils se coupent en un point O. Un des côtés AB est fixe, l'autre côté CD tourne autour du point O. Quel est le lieu du point de concours des deux autres côtés, et le lieu du point d'intersection des diagonales du quadrilatère ?*

(Voir *Méthodes*, n° 84.)

1372. Lieu. *Dans un triangle ABC, la base AB est donnée de longueur et de position ; l'angle opposé C est de grandeur constante ; sur BC on prend un point E qui divise ce côté dans un rapport donné* $\frac{m}{n}$ *; par ce point E, on mène une droite EM qui coupe le côté opposé sous un angle donné AME. Quel est le lieu des points M ?*

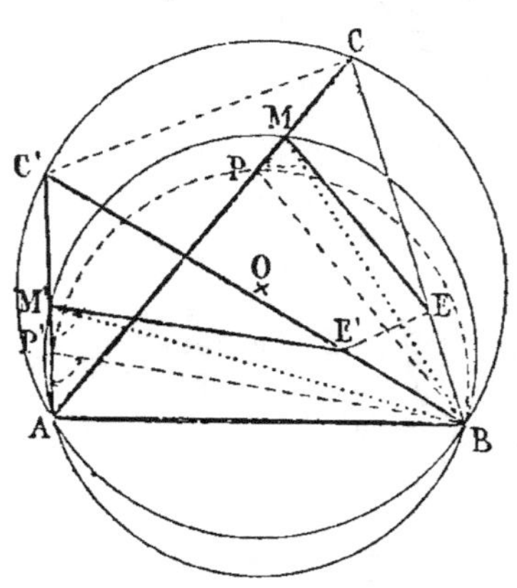

Fig. 861.

Considérons deux positions différentes C, C' du sommet.

On a $\dfrac{BE}{EC} = \dfrac{BE'}{E'C'} = \dfrac{m}{n}$

puis angle $AM'E' = AME$

Par suite, les triangles EMC, E'M'C' sont semblables comme ayant deux angles égaux.

Puis les triangles BME, BM'E' sont semblables comme ayant un angle égal $E = E'$ compris entre deux côtés homologues proportionnels. Ainsi l'angle $AM'B = AMB$; donc le lieu du point M est un segment AMB capable de l'angle AMB déterminé par une position quelconque du point C.

Remarques. 1° La parallèle BP à EM donne un point P qui se trouve constamment sur l'arc AP'PB. De plus, on a

$$\frac{MP}{MC} = \frac{M'P'}{M'C'} = \frac{m}{n}$$

donc si par le point A où deux circonférences APB, ACB se coupent, on mène une corde quelconque APC, et qu'on divise le segment PC compris dans un rapport donné $\frac{m}{n}$, le lieu du point M est une autre circonférence qui passe par les deux points A et B communs aux deux premières. Ce théorème a déjà été démontré directement (n° 1279).

2° L'*Exercice* 186, n° 805, n'est qu'un cas particulier de celui-ci.

Relations de Produit ou de Carrés.

Exercice 431

1373. Lieu. *Par un point donné O, l'on mène une sécante quelconque qui rencontre une droite donnée en un point N; on prend sur la sécante une longueur OM, telle que le produit ait une valeur constante* k^2. *Quel est le lieu des points M?*

(Voir *Méthodes*, n°s 67 et 68, 2°, 3°.)

1374. Lieu. *Étant donnés un point A et une droite indéfinie CD, on mène du point à la droite une sécante mobile AM, et en chaque position, on prend un point N tel que l'on ait* $AM \cdot AN = k^2 = 2AD^2$. *Trouver le lieu des points N.*

Ce problème n'est qu'un cas particulier de l'exercice précédent (n° 1373); mais il offre quelque intérêt à cause de la valeur $2AD^2$, attribuée à la constante k^2.

Prenons le point R symétrique de A. Le lieu demandé est la circonférence décrite sur AR; le centre est en D; et si l'on appelle r la distance AD, on a

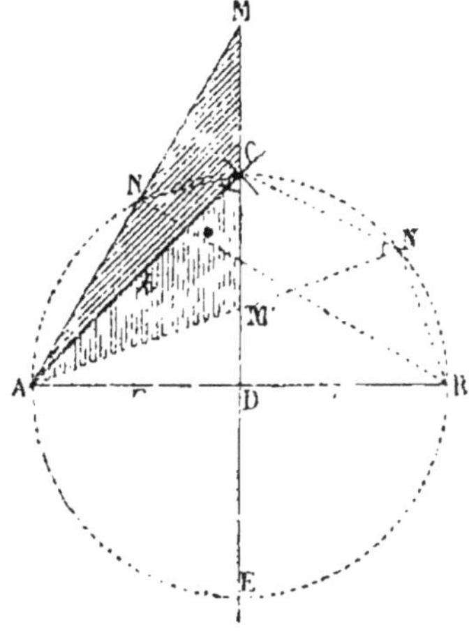

Fig. 862.

$$k^2 = AD \cdot AR = r \cdot 2r = 2r^2 = DA^2 + DC^2 = AC^2; \quad \text{d'où} \quad k = AC$$

Si l'on joint le point N au point R, on considère les triangles rectangles ADM et ANR, qui sont semblables comme ayant l'angle A commun; et l'on a

$$\frac{AM}{AR} = \frac{AD}{AN}; \quad \text{d'où} \quad AM.AN = AD.AR = k^2$$

On peut aussi démontrer directement que $AM.AN = AC^2$ ou k^2. On considère les triangles ACM et ANC. L'angle A est commun; l'angle M a pour mesure $\dfrac{AE - NC}{2}$ ou $\dfrac{AN}{2}$, et l'angle NCA a aussi pour mesure $\dfrac{AN}{2}$.

Ainsi les triangles considérés sont semblables, et l'on a

$$\frac{AM}{AC} = \frac{AC}{AN}; \quad \text{d'où} \quad AM.AN = AC^2 \quad \text{ou} \quad k^2$$

Remarque. On reconnaît graphiquement que ce cas remarquable a lieu lorsqu'en coupant CD du point A comme centre avec k pour rayon, on trouve $DC = DA$.

1375. Lieu. *Un angle A de grandeur constante se meut autour de son sommet; ses côtés varient de longueur, mais en restant toujours dans le même rapport, ou bien en donnant toujours le même produit; l'un de ses côtés a son extrémité mobile B sur une droite donnée CD ou sur une circonférence C. On demande le lieu décrit par l'extrémité M de l'autre côté.*

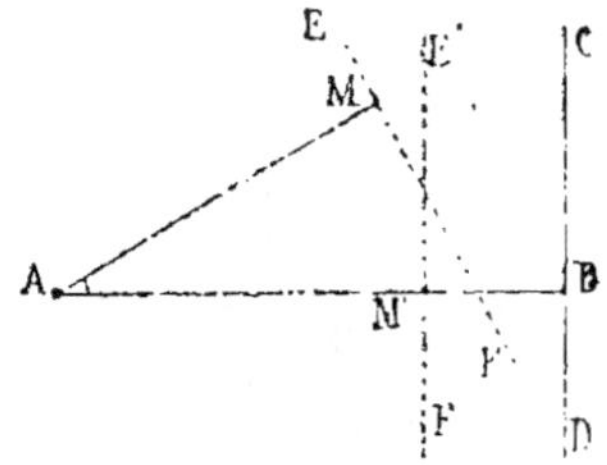

Fig. 863.

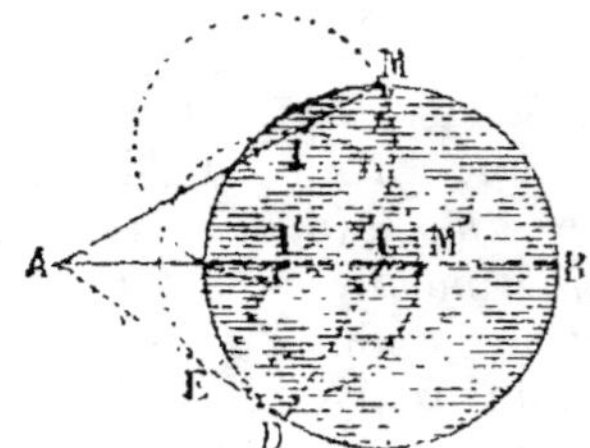

Fig. 864.

1º Soit d'abord $\dfrac{m}{n}$ le rapport $\dfrac{AM}{AB}$. Si le second point mobile se trouvait sur AB, en M', le lieu de ce point serait la droite E'F' parallèle à CD; c'est donc ce même lieu, transporté en EF, qu'il faut prendre, comme si la figure AM'E'F' tournait autour du point A.

La droite CD peut être remplacée par la circonférence C (fig. 864). Soit encore $\dfrac{m}{n}$ le rapport constant de AM à AB. Si le second point mobile venait sur AB, en M', le lieu de ce point serait une circonférence dont le rayon serait $CB \times \dfrac{m}{n}$, et dont le centre serait à une distance AI′ égale à AC. $\dfrac{m}{n}$; c'est donc ce même lieu, transporté en IM, qu'il faut prendre, comme si la figure AI′M′E tournait autour du point A.

2° S'il s'agit d'un produit constant $AB.AM = k^2$, le lieu sera de même forme que si le second point mobile était sur la droite mobile (n° 1373); mais ce lieu devra être transporté par un mouvement angulaire autour du point A.

1376. Lieu. *Par un point* D *pris dans un cercle, on mène une corde quelconque* BDC; *sur cette corde prise pour hypoténuse, on construit un triangle rectangle* BAC *dont le sommet* A *se projette sur l'hypoténuse au point* D. *Quel est le lieu du sommet* A?

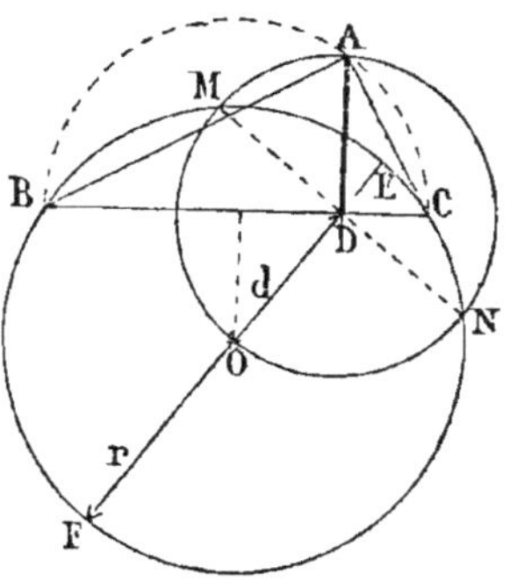

On a $AD^2 = BD.DC$

Or le produit BD.DC est constant pour un point A donné; donc le lieu du point A est le cercle décrit du point D comme centre avec $\sqrt{BD.DC}$ ou $\sqrt{r^2 - d^2}$ pour rayon.

Fig. 865.

Remarque. La droite MN, perpendiculaire à OD, est le diamètre du lieu, car $DM^2 = DE.DF = DB.DC$

1377. Lieu. *Par le centre intérieur* I *de similitude de deux circonférences, on mène une droite* BCIC′B′; *les points extrêmes* B *et* B′ *sont homologues; il en est de même des intermédiaires* C *et* C′, *tandis que* B *et* C, C *et* B′ *sont antihomologues.* (G., n° 818.) *Quel est le lieu du sommet* A *du triangle rectangle* BAC′, *dont le sommet se projette au point* I?

On retrouve la question précédente : le lieu demandé est le cercle AI; car le produit IB.IC′ est constant. (G., n° 818, 2°.)

1378. Lieu. *Sur l'hypoténuse* BC *d'un triangle rectangle* BAC, *on élève une perpendiculaire* DEF *qui coupe* BA *au point* E *et* CA *au point* F; *sur cette même perpendiculaire on prend une longueur* DM, *telle que* $DM^2 = DE.DF$. *Quel est le lieu du point* M?

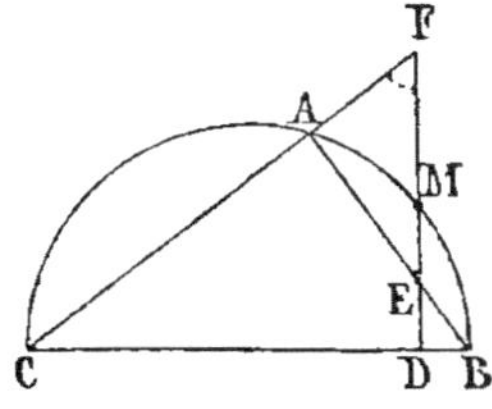

Les triangles rectangles CDF et DBE sont semblables, car, outre les angles droits A et D, les deux angles B et F sont égaux comme ayant même complément C,

Fig. 866.

et l'on a $$\frac{CD}{DE} = \frac{DF}{BD};\quad \text{d'où}\quad DE.DF = CD.BD$$

donc $$DM^2 = BD.CD$$

Le lieu du point M est la circonférence décrite sur le diamètre BC.

1379. Lieu. *Sur une perpendiculaire DEF à une droite BDC, on prend deux points* E, F *tels que* DE.DF = BD.CD; *quel est le lieu des points* A *ou se coupent* BEA, CAF?

On prouve que le triangle BAC est rectangle.

1380. Lieu. *Sur une droite CB on élève une perpendiculaire DF, on mène une droite CF et l'on prend CA, de manière que* CA.CF = CD.CB; *quel est le lieu du point* A?

C'est la circonférence BAC, inverse de la droite DF. (G., n° 826.)
On a aussi   BE.BA = BD.BC   et   BE.AE = DE.FE   (fig. 866).

Exercice 432

1381. Lieu. *On donne un triangle isocèle, et l'on demande le lieu des points tels que la distance de chacun d'eux à la base du triangle soit moyenne proportionnelle entre les distances du même point aux deux autres côtés.*

(Voir *Méthodes*, n° 86.)

Exercice 433

1382. Lieu. *On donne un triangle ABC; sur la bissectrice extérieure de l'angle* A *on prend des distances* AD, AF, *telles que leur produit égale constamment* AB × AC; *quel est le lieu géométrique des points* M *où les droites DB et FC se rencontrent?*

Soit   AF × AD = AC × AB

1re Solution. De l'*Exercice* 400 (n° 1298) on peut conclure que le lieu des points M est une circonférence qui passe par les points B et C, ainsi que par les symétriques G, H de ces points, par rapport à la bissectrice intérieure de l'angle A; d'ailleurs la démonstration est très simple.

2e Solution. De l'égalité AF.AD = AC.AB on déduit $\frac{AD}{AB} = \frac{AC}{AF}$; donc les deux triangles ADB, ACF sont semblables comme ayant un angle égal compris

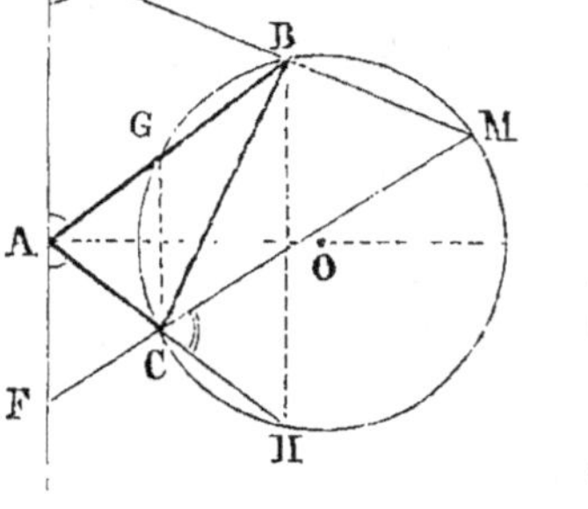

Fig. 867.

entre deux côtés homologues proportionnels; donc l'angle C = D; F = ABD. Mais l'angle M est le supplément de D + F; donc il égale l'angle BAD supplément de D + ABD; par suite, le lieu des points M est le segment décrit sur BC, capable de l'angle DAB.

Remarque. Le point H, symétrique de B, donne l'angle H égal à CAF, etc.; ainsi le lieu géométrique est la circonférence qui passe par BCGH.

Exercice 434

1383. Lieu. *Une sécante AC, menée à un cercle donné O, se meut autour d'un point fixe A ; aux deux points d'intersection avec la circonférence, on mène deux tangentes BM et CM. On demande le lieu des points de concours de ces couples de tangentes ?*

Menons OC et OM, puis MP perpendiculaire sur AO.

Les triangles rectangles ODA et OPM sont semblables, comme ayant en O un angle aigu commun ; on a donc

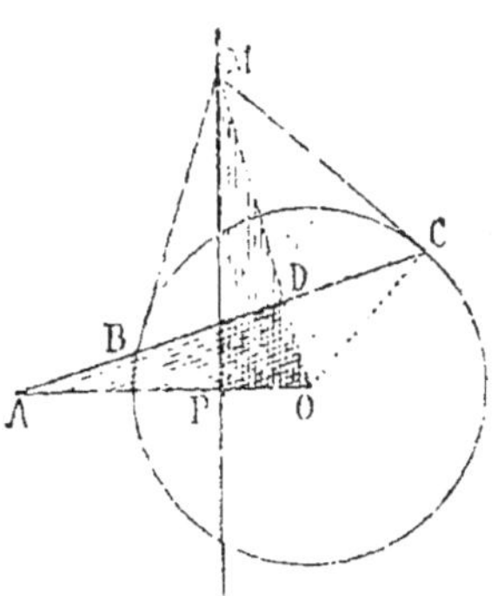

Fig. 868.

$$\frac{OA}{OD} = \frac{OM}{OP}$$

d'où $\qquad OA . OP = OM . OD \qquad (1)$

Or, la droite OM est perpendiculaire à la corde des contacts BC. Dans le triangle rectangle OCM, on a donc (G., n° 247)

$$OC^2 = OM . OD \qquad (2)$$

De ces deux égalités résulte

$$OA . OP = OC^2; \quad \text{d'où} \quad OP = \frac{OC^2}{OA} \quad \text{quantité constante.}$$

Donc le lieu du point M est la droite indéfinie MP menée perpendiculairement à AO, à une distance OP donnée par la relation

$$OP = \frac{OC^2}{OA}$$

Remarque. La partie intérieure de cette droite ne fait pas partie du lieu, ou du moins elle ne correspond pas à des tangentes réelles ; mais la question peut être énoncée d'une manière plus générale (G., n° 802); et, dans ce cas, toute la droite appartient au lieu demandé.

1384. Théorème. *Réciproquement, étant donnés une droite indéfinie MP et un cercle O, si, d'un point M mobile sur MP, on mène des tangentes MB et MC, la corde BC des contacts passera constamment par le point A. Ce point est sur OA perpendiculaire à MP, à une distance OA donnée par la relation* $OA . OP = OC^2$ *ou* $OA = \frac{OC^2}{OP}$.

Rappelons que, par rapport au cercle O, le point A est appelé le *pôle* de la droite MP, et cette droite est appelée la *polaire* du point A. A chaque *pôle* correspond une *polaire*, et réciproquement. (G., n° 801.)

Lorsque le pôle A est extérieur au cercle, le point P est intérieur, et réciproquement. Si le pôle est sur la circonférence, la polaire correspondante est la tangente menée par le pôle lui-même.

1385. Remarque. Du théorème ci-dessus (n° 1384), MONGE a donné une démonstration très simple, basée sur la considération des *solides auxiliaires* (n° 169).

Remplaçons le cercle par une sphère de même centre et de même rayon; chaque point de la droite peut être pris pour sommet d'un cône circonscrit à la sphère; la ligne de contact est une circonférence.

Or, si par la droite donnée on mène deux plans tangents à la sphère, chaque courbe de contact passera par les deux points de contact ainsi obtenus; donc toutes les circonférences ont une corde commune, et le point où cette droite rencontre le cercle donné est un point par lequel passent les cordes des contacts de divers groupes de tangentes menées au cercle.

Exercice 435

1386. Lieu. *Quel est le lieu du point milieu M de l'hypoténuse BC d'un triangle rectangle BAC qui tourne autour de son sommet A, tandis que les sommets B et C décrivent une circonférence donnée?*

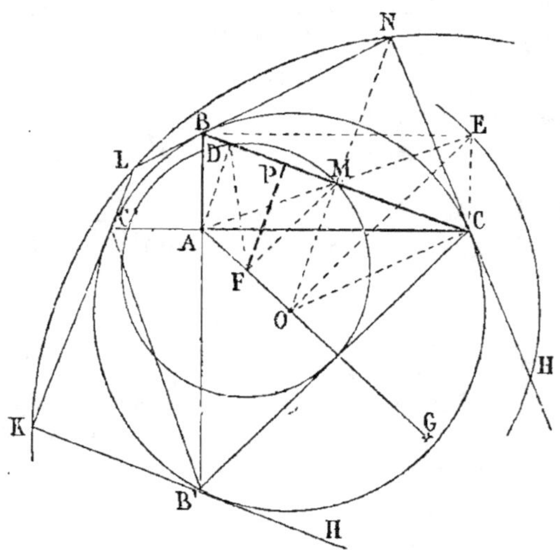

Fig. 869.

Il suffit de se reporter à un théorème du II⁰ livre, n° 749, pour reconnaître que le lieu du point milieu M est le cercle décrit du point F milieu de AO, avec le rayon FM.

Mais on peut rechercher directement ce lieu et donner ainsi une seconde démonstration du théorème précité.

Dans le triangle rectangle BAC, la médiane AM égale MC; or
$$OM^2 + MC^2 = OC^2 = r^2; \quad \text{donc} \quad AM^2 + OM^2 = r^2$$

Ainsi le lieu du point M est le lieu des points dont la somme des carrés des distances à deux points fixes A, O, est constante ; donc le lieu est une circonférence décrite du point F milieu de AO, avec le rayon FM (n° 69 ; voir aussi n° 1394, ci-après).

1387. Lieu. *Quel est le lieu de la projection D du point A sur l'hypoténuse ?*

On sait que c'est la même circonférence FM (n° 749). D'ailleurs, on peut le prouver comme il suit :

Abaissons la perpendiculaire FP, elle tombe au milieu de DM, car F est le point milieu de AO ; donc   FD = FM ;   donc...

1388. Lieu. *Quel est le lieu du sommet E du rectangle BACE construit sur AC et AB ?*

$$AE = 2AM ; \quad AO = 2AF$$

donc c'est la circonférence décrite du centre O, avec OE pour rayon.

On peut en conclure les théorèmes suivants :

1389. Théorème. *Par les sommets d'un quadrilatère inscrit BCB'C' à diagonales rectangulaires, on mène des parallèles à ces diagonales ; les sommets du rectangle ainsi formé se trouvent sur une circonférence concentrique à la première.*

En effet, le point E (fig. 869) est un des sommets de ce rectangle ; donc... (n° 1388).

1390. Théorème. *Le rectangle circonscrit, formé par des parallèles aux diagonales rectangulaires du quadrilatère BCB'C', a sa surface maxima lorsque les droites BB', CC' sont égales entre elles.*

Dans ce cas, elles rencontrent OA sous des angles de 45°.

1391. Lieu. *Quel est le lieu du point de concours des tangentes BN, CN ?*

Le triangle rectangle OCN donne

$$OM . ON = OC^2 = r^2$$

donc, par rapport à l'origine O, le point décrit la figure inverse du cercle FM. Le lieu est donc un cercle facile à déterminer. (G., n° 827.)

1392. Théorème. *Le quadrilatère HKLN, formé par les quatre tangentes, est inscriptible.*

Exercice 436

1393. Lieu. *Lieu des points dont la somme des carrés des distances à deux droites rectangulaires égale un carré donné.*

(Voir *Méthodes*, n° 72.)

Exercice 437

1394. Lieu. *Quel est le lieu des points dont la somme des carrés des distances à deux points fixes égale un carré donné* k^2?

(Voir *Méthodes*, n° 69.)

Pour la différence des carrés, voir n° 1397.

1395. Lieu. *On donne deux points* A *et* B; *quel est le lieu des points* C *tels que* $2AC^2 + BC^2 = k^2$?

Prenons un point quelconque O sur AB; abaissons la perpendiculaire CD, et l'on a :

$$2.AC^2 = 2.AO^2 + 2.CO^2 + 2.2AO.OD$$
$$BC^2 = BO^2 + CO^2 - 2BO.OD \quad \text{(G., n}^{os}\text{ 251 et 252.)}$$

La somme des deux membres de droite est connue; elle égale k^2.

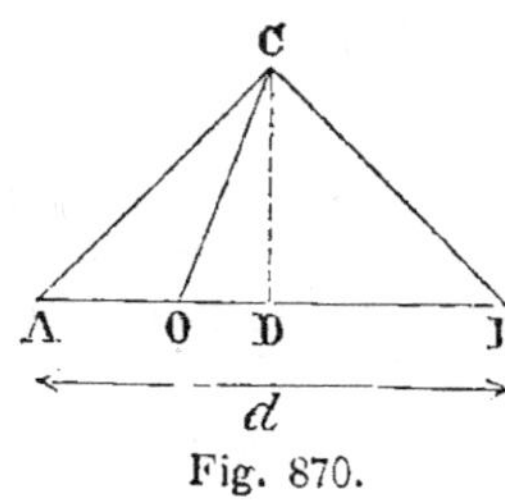

Fig. 870.

Pour que cette somme soit indépendante de la position du point C, il suffit d'éliminer la distance OD, qui particularise la position de C. Mais pour que $4AO.OD$ et $-2BO.OD$ donnent une somme algébrique nulle; il suffit que $BO = 2AO$, ou que $AO = {}^1/_3\,AB$.

Prenons donc $\quad AO = \dfrac{d}{3}\; ; \quad BO = \dfrac{2d}{3}$

Dans ce cas, on a

$$2AC^2 = 2\frac{d^2}{9} + 2CO^2 + \frac{4}{3}\,d.OD$$

$$BC^2 = \frac{4}{9}d^2 + CO^2 - \frac{4}{3}\,d.OD$$

d'où $\qquad 2AC^2 + BC^2 \quad$ ou $\quad k^2 = \dfrac{6}{9}d^2 + 3CO^2$

donc $\qquad 3CO^2 = k^2 - \dfrac{2}{3}d^2\; ; \quad CO^2 = \dfrac{3k^2 - 2d^2}{9}$

CO étant une quantité constante, le lieu est une circonférence décrite du point O, pris au tiers de AB, avec un rayon dont le carré égale $\dfrac{3k^2 - 2d^2}{9}$.

1396. Lieu. *On donne deux points* A *et* B; *quel est le lieu des points* C, *tels que* m *fois* AC^2 *plus* n *fois* BC^2 *égale* k^2?

Par extension de la question précédente et par analogie, divisons d en parties inversement proportionnelles à m et n; ainsi prenons

$$AO = \frac{nd}{m+n}\; ; \quad BO = \frac{md}{m+n}$$

$$m.AC^2 = m.AO^2 + m.CO^2 + 2mAO.OD$$

ou
$$m \cdot AC^2 = \frac{mn^2 d^2}{(m+n)^2} + m CO^2 + \frac{2mnd}{m+n} \cdot OD$$

$$n BC^2 = \frac{nm^2 d^2}{(m+n)^2} + n CO^2 - \frac{2mnd}{m+n} \, OD$$

donc $m \cdot AC^2 + n BC^2$ ou $k^2 = \frac{mn(m+n)d^2}{(m+n)^2} + (m+n) CO^2$

Ainsi le lieu est une circonférence, dont O est le centre; le rayon

est donné par $$CO^2 = \frac{k^2}{m+n} - \frac{mn}{(m+n)^2} d^2$$

Remarque. Le lieu demandé (n° 1396) dépend d'un théorème déjà démontré (n° 1173)*.

1397. Lieu. *Lieu des points dont la différence des carrés des distances à deux points donnés égale un carré donné.*

(Voir *Méthodes*, n° 71.)

Exercice 438

1398. Lieu. *Lieu des points tels que, pour chacun d'eux, les tangentes menées à deux cercles donnés, A et B, soient égales.*

Soit M un point tel que les tangentes MC et MD soient égales. Menons aux points de contact les rayons AC et BD, puis les droites MA et MB.

Les triangles rectangles ACM et BDM donnent

$$g^2 = c^2 + r^2 \quad \text{et} \quad f^2 = c^2 + r'^2$$

d'où $\quad g^2 - f^2 = r^2 - r'^2$

quantité constante.

Ainsi le lieu demandé est le même que *le lieu des points tels que la différence des carrés de leurs distances aux deux centres* A *et* B *soit d'une valeur donnée* $r^2 - r'^2$.

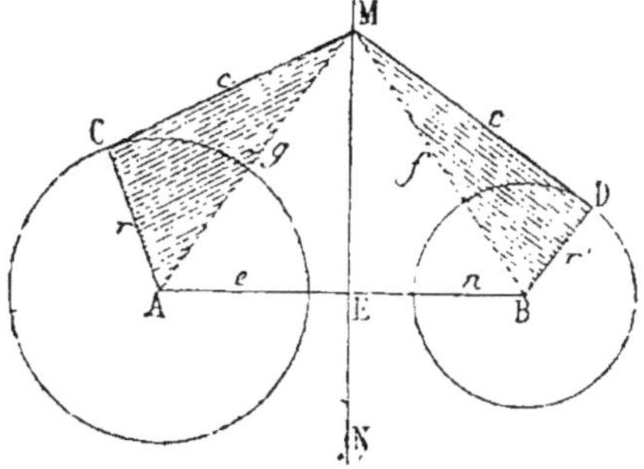

Fig. 871.

Or (n°s 1397 et 71) ce lieu est une perpendiculaire indéfinie menée à la droite AB par un point E dont la position est déterminée par la

relation $\quad r^2 - r'^2 = c^2 - n^2 = (c+n)(c-n)$

d'où $$c - n = \frac{r^2 - r'^2}{c+n}$$

Remarque. La droite MN est l'*axe radical* des deux cercles. (G., appendice n°s 829 à 839. — *Exercices de Géométrie*, n°s 1264 et suiv.)

---

* La relation établie au n° 1173 a été prise dans la *Géométrie de position*, de CARNOT; mais elle est due à STEWART. (*Aperçu historique*, page 175.)
STEWART, mathématicien écossais, né en 1717, mort en 1785.

17*

1399. Lieu. *Lieu des points d'où la différence des carrés des tangentes menées à deux cercles donnés est constante.*

Soient M un point du lieu et $MC^2 - MD^2 = k^2$.

On a donc $\qquad g^2 - r^2 - (f^2 - r'^2) = k^2$

d'où $\qquad g^2 - f^2 = k^2 + r^2 - r'^2$

Or le membre de droite est constant ; donc le lieu des points M est une droite perpendiculaire à AB (n° 71).

Exercice 439

1400. Lieu. *Pour un point donné D pris dans un cercle, quel est le lieu des points M tels que la tangente MT égale la distance MD? (Porismes d'Euclide, page 263.)*

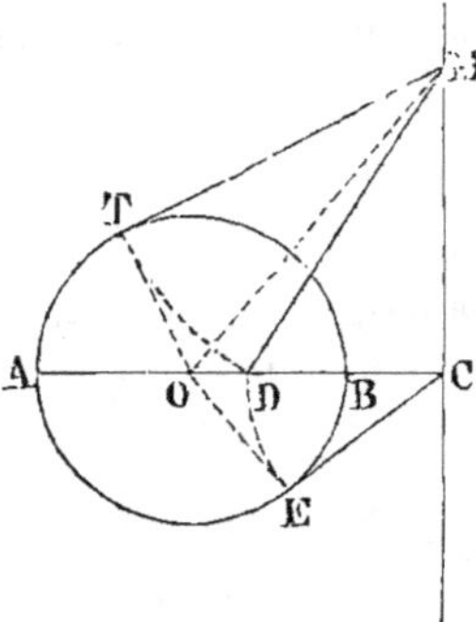

Fig. 872.

Soit M un point du lieu.

On a, par construction, $\quad DM = TM$

Projetons le point M sur le diamètre ADC :

$$MD^2 = MT^2 = MO^2 - R^2$$

retranchons MC^2 de chaque membre de cette égalité, on trouve

$$MD^2 - MC^2 = MO^2 - MC^2 - R^2$$

ou $\qquad DC^2 = OC^2 - R^2$

mais

$$OC^2 - R^2 = (OC + R)(OC - R) = AC \times BC$$

Donc le lieu des points M est la perpendiculaire MC, telle qu'on ait

$$AC . BC = DC^2$$

Exercice 440

1401. Lieu. *Quel est lieu des centres des cercles qui coupent deux cercles donnés suivant des diamètres? (N. A., 1846, page 352, et A. Amiot. Problèmes, page 285.)*

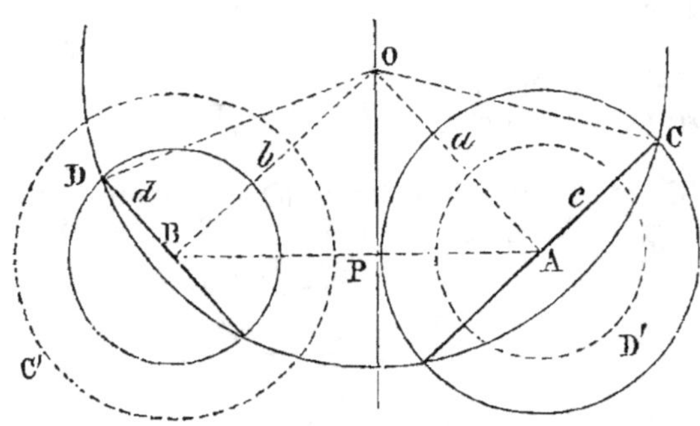

Fig. 873.

Soient a, b les distances OA, OB des centres donnés à un point du lieu, et c, d, les rayons BD et AC; donc

$$a^2 + c^2 = b^2 + d^2 ; \quad \text{d'où} \quad c^2 - d^2 = b^2 - a^2$$

Mais on sait que $\quad b^2 - a^2 = BP^2 - AP^2 \quad$ (n° 1398).

Il suffit donc de diviser AB en deux parties dont la différence des carrés BP^2 et $AP^2 = c^2 - d^2$.

Remarque. Au plus grand rayon c correspond la plus petite distance AP; donc le lieu OP est l'axe radical des cercles BC', AD' égaux aux cercles donnés.

1402. Lieu. *Lieu des centres O des cercles qui coupent le cercle A suivant un diamètre, et qui coupent le cercle B orthogonalement.*

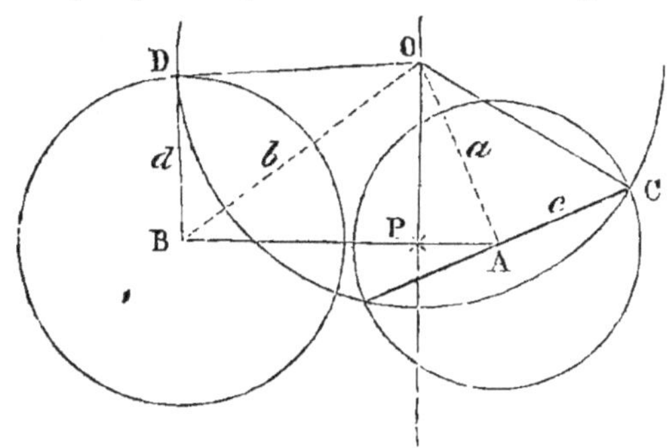

Fig. 874.

On a $\qquad\qquad OC = OD$

donc $\qquad\qquad b^2 - d^2 = a^2 + c^2$

d'où $\qquad\qquad b^2 - a^2 = d^2 + c^2$

La différence des carrés b^2 et a^2 est encore constante; le lieu demandé est donc une perpendiculaire OP à la ligne des centres, de manière que $\qquad BP^2 - AP^2 = c^2 + d^2$

Mais il faut connaître le problème suivant :

Problème. *Diviser une droite AB en deux parties dont la différence des carrés égale une quantité donnée* (n° 1429, ci-après).

1403. Lieu. *Lieu des centres des cercles qui passent par un point B et qui coupent un cercle A suivant un diamètre.*

d est nul; on n'a plus que

$$b^2 - a^2 = c^2$$

Le lieu est encore une droite perpendiculaire à la ligne des centres.

1404. Lieu. *Lieu des centres des cercles qui coupent orthogonalement un cercle B et qui passent par un point A.*

Le rayon c est nul, et l'on a

$$b^2 - a^2 = d^2$$

Exercice 441

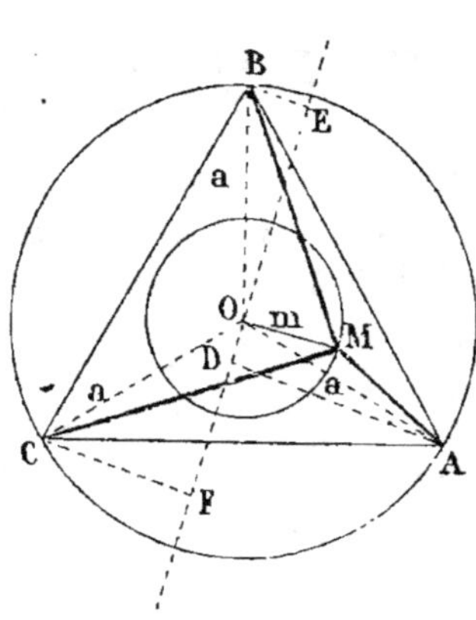

Fig. 875.

1405. Lieu. *Quel est le lieu des points tels que la somme des carrés de leurs distances aux sommets d'un polygone régulier quelconque soit égale à un carré donné k^2 ?*

Le cas le plus difficile est celui où le polygone régulier a un nombre impair de côtés ; d'ailleurs la démonstration étant la même, quel que soit ce nombre impair, on peut donc se borner au triangle équilatéral.

Soit M un point du lieu, a le rayon du cercle circonscrit et m la distance OM.

Projetons les sommets sur une droite perpendiculaire à OM.

Les théorèmes relatifs au carré du côté opposé à un angle aigu, ou à un angle obtus, donnent les relations suivantes :

triangle AOM $AM^2 = a^2 + m^2 - 2m \cdot AD$

car AD est la projection du côté AO sur la direction du côté OM.

triangle BOM $BM^2 = a^2 + m^2 + 2m \cdot BE$

triangle COM $CM^2 = a^2 + m^2 + 2m \cdot CF$

d'où $AM^2 + BM^2 + CM^2$ ou $k^2 = 3a^2 + 3m^2 + 2m(BE + CF - AD)$

Or, pour un axe quelconque EDF (n° 730) mené par le centre des moyennes distances des sommets d'un polygone, la somme des perpendiculaires qui tombent d'un côté de l'axe égale celle des perpendiculaires qui tombent de l'autre côté ; donc la parenthèse est nulle, et l'on a

$$k^2 = 3a^2 + 3m^2 ; \quad \text{d'où} \quad m^2 = \frac{k^2}{3} - a^2 \quad \text{quantité constante ;}$$

donc le lieu du point M est le cercle décrit du centre O avec m pour rayon.

1406. Lieu. *Quel est le lieu des points dont la somme des carrés des distances aux trois sommets d'un triangle égale un carré donné k^2 ?*

C'est une circonférence décrite du point de concours des médianes avec une longueur donnée par

$$m^2 = \frac{k^2 - (a'^2 + b'^2 + c'^2)}{3}$$

lorsqu'on représente par a', b', c les $\frac{2}{3}$ de chaque médiane.

Remarque. *Le lieu des points dont la somme des carrés des distances à tous les sommets d'un polygone quelconque est aussi une circon-*

*férence ayant pour centre le centre des moyennes distances de tous les sommets *.*

1407. Lieu. *Quel est le lieu des points dont la somme des carrés des distances aux côtés d'un polygone régulier égale un carré donné k^2?*

On sait que si l'on projette un point sur des droites concourantes formant les angles au centre d'un polygone régulier, on forme un nouveau polygone régulier en joignant deux à deux les projections obtenues; la question proposée se ramène à la question déjà résolue (n° 1405). En effet, projetons le centre O sur les trois droites MD, ME, MF, le triangle JKL sera équilatéral.

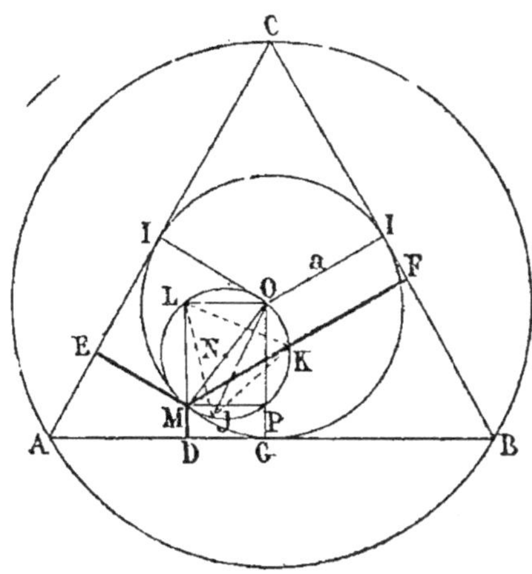

Fig. 876.

Soit $\qquad OI = OG = a; \quad OM = m$

on a $\qquad MD = a - ML;$ d'où $\quad MD^2 = a^2 - 2aML + ML^2$

$\qquad ME = a - MJ;$ » $\quad ME^2 = a^2 - 2aMJ + MJ^2$

$\qquad MF = a + MK;$ » $\quad MF^2 = a^2 + 2aMK + MK^2$

d'où $\qquad MD^2 + ME^2 + MF^2$

ou $\quad k^2 = 3a^2 + (ML^2 + MJ^2 + MK^2) + 2a\,(MK - ML - MJ)$

Le dernier terme est nul; l'avant-dernier est la somme des carrés des distances d'un point M du cercle circonscrit aux sommets du triangle équilatéral; ainsi

$$ML^2 + MJ^2 + MK^2 = 3MN^2 + 3MN^2 = 6MN^2 = {}^3/_2\,MO^2 = {}^3/_2\,m^2$$

Ainsi ${}^3/_2\,m^2 + 3a^2 = k^2;$ d'où $\quad m = 2a^2 + {}^2/_3\,k^2$ quantité constante.

Le lieu du point M est un cercle concentrique au cercle circonscrit ABC.

---

* On peut voir BOBILLIER, *Cours de Géométrie*, 11ᵉ section, § 4, prop. 8,

PROBLÈMES

Lignes proportionnelles.

Exercice 442

1408. Problème. *Par un point donné E, mener une droite EF qui passe par le point de concours de deux droites qu'on ne peut pas prolonger.*

1re Construction. Les trois droites AB, CD et EF, devant concourir en un

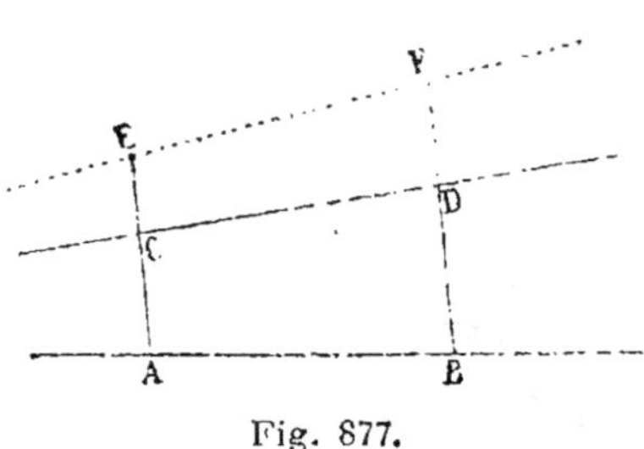

Fig. 877.

même point, divisent en parties proportionnelles deux parallèles quelconques AE et BF qui les traversent. (G., n° 232.)

On tracera donc, par le point donné E, une transversale quelconque EA, et une autre droite quelconque BF parallèle à EA ; on cherchera le quatrième terme de la proportion $\dfrac{AC}{CE} = \dfrac{BD}{DF}$

ou x, ce qui déterminera un second point F de la droite demandée.

2° Construction. La considération des *solides auxiliaires* conduit à une construction très rapide :

On mène deux parallèles MN, M'N' qui coupent les droites données ; on joint le point E aux points M et N ; puis, par M', on mène une parallèle à NE, par N' une parallèle à NE ; soit E' le point de rencontre des deux droites M'E', N'E', la ligne EE' sera la droite demandée.

1409. Problème. *On donne trois droites concourantes et un point A. Par ce point, mener une transversale telle que les segments interceptés* BC, CD *soient entre eux dans un rapport donné* $\dfrac{m}{n}$.

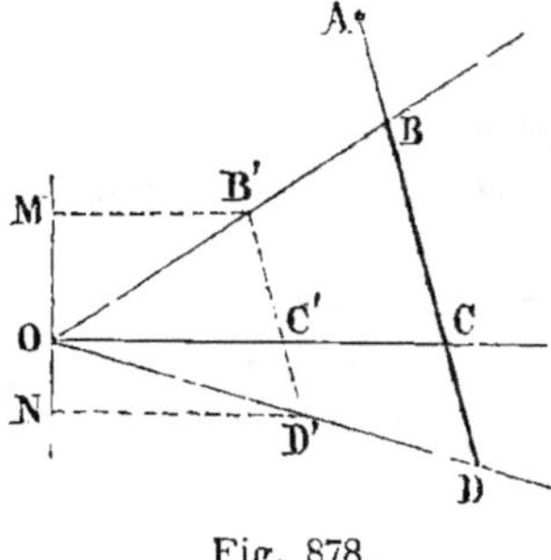

Fig. 878.

En supposant le problème résolu et $\dfrac{BC}{CD} = \dfrac{m}{n}$, on voit que le même rapport aura lieu pour une parallèle quelconque B'C'D'. Or, pour mener cette dernière ligne, on peut prendre sur une droite quelconque, menée par le sommet O, deux grandeurs telles qu'on ait $\dfrac{OM}{ON} = \dfrac{m}{n}$; puis mener des parallèles MB', ND' à OC, et joindre B' à D' ; enfin, par le point donné A, mener une parallèle AD à B'D'.

Exercice 443

1410. Problème. *Trouver une ligne qui soit à une ligne connue dans le même rapport que deux carrés donnés.*

(*Méthodes*, n° 294, h.)

1410 bis. Problème. *Trouver deux lignes qui soient entre elles dans le rapport de deux cubes donnés.*

On peut recourir à un théorème déjà démontré (n° 1168); d'ailleurs l'intérêt que présente ce problème nous engage à le résoudre complètement, sans renvoyer au théorème rappelé.

Soient m et n les côtés des cubes donnés.

Construisons un triangle rectangle BAC, ayant pour côtés de l'angle droit les longueurs données m et n.

Abaissons la perpendiculaire AD sur l'hypoténuse et les perpendiculaires DE sur AB et DF sur AC.

On aura

$$\frac{BE}{CF} = \frac{m^3}{n^3}$$

En effet, dans les triangles rectangles ADB, ADC, on a

$$BE = \frac{BD^2}{AB} \quad \text{ou} \quad BE = \frac{BD^2}{m}$$

$$CF = \frac{DC^2}{AC} \quad \text{ou} \quad CF = \frac{CD^2}{n}$$

d'où

$$\frac{BE}{CF} = \frac{BD^2 \cdot n}{CD^2 \cdot m}$$

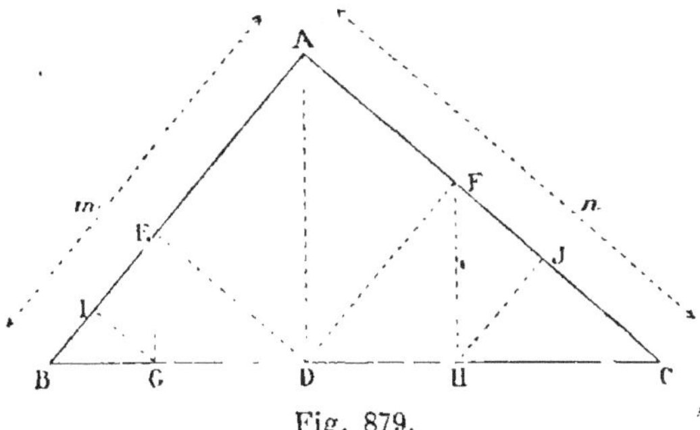

Fig. 879.

Remplaçons $\dfrac{BD^2}{CD^2}$ par sa valeur $\dfrac{AB^4}{AC^4}$ ou $\dfrac{m^4}{n^4}$, on aura

$$\frac{BE}{CF} = \frac{m^4 \cdot n}{n^4 \cdot m} = \frac{m^3}{n^3} \qquad C.\ Q.\ F.\ D.$$

Remarque. En abaissant les perpendiculaires EG, FH, GI, HJ,

on a

$$\frac{BG}{CH} = \frac{m^4}{n^4}, \quad \frac{BI}{CJ} = \frac{m^5}{n^5}, \quad \text{etc.}$$

1411. Problème. *On donne un point et deux droites; par le point donné, mener une sécante limitée aux droites et qui soit divisée par ce point dans un rapport donné.*

(Voir *Méthodes*, n° 94.)

Exercice 444

1412. Problème. *On donne un point O, une droite et une circonférence; par le point donné, mener une sécante MON, limitée aux deux lignes et telle que les segments interceptés OM, ON soient entre eux dans un rapport donné.*

(Voir *Méthodes*, n° 95.)

1413. Problème. *Les droites sont remplacées par des circonférences.*

(Voir *Méthodes*, n° 96.)

Exercice 445

1414. Problème. *Étant données deux circonférences sécantes, mener par un des points d'intersection une sécante qui soit divisée par ce point dans un rapport donné.*

Ce n'est qu'un cas particulier du problème précédent (n° 1413); néanmoins il est utile de connaître une solution directe très simple.

(*Méthodes*, n° 139.)

1415. Problème. *Par un point A donné dans le plan d'un cercle O, mener une sécante AC telle que les distances AB et AC du point donné aux deux intersections soient dans un rapport donné, ²/₃, par exemple.*

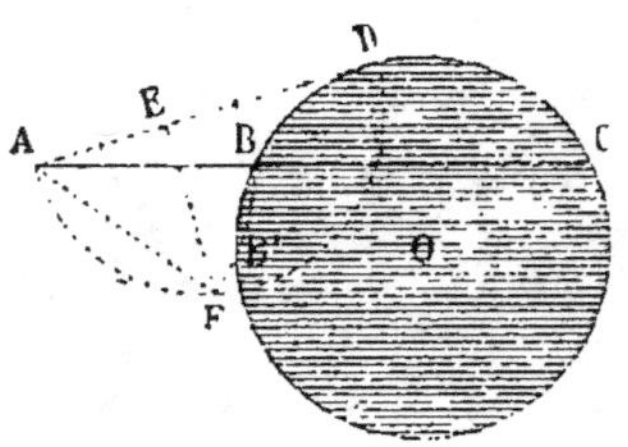

Fig. 880.

La question a été traitée d'une manière générale (n° 1413).

Voici une solution particulière :

Menons la tangente AD. On a

$$AB.AC = AD^2$$

on doit avoir aussi

$$\frac{AB}{AC} = \frac{2}{3}$$

d'où, en multipliant membre à membre,

$$AB^2 = \frac{2}{3}AD^2$$

De là on conclut la construction suivante : prendre AE égal aux ²/₃ de AD; sur AD, décrire une demi-circonférence; mener EF perpendiculaire sur AD; du point A, avec AF pour rayon, couper la circonférence donnée, et mener ABC, qui répond à la question.

En effet, $AB^2 = AF^2$; et le carré de la corde AF est au carré du diamètre AD, comme la projection AE de cette corde est au diamètre

entier. (G., n° 258, 1°.) On a donc $AB^2 = \dfrac{2}{5} AD^2$

si l'on divise par la relation connue $AB \cdot AC = AD^2$

il vient $\dfrac{AB}{AC} = \dfrac{2}{5}$

Remarques. 1° La sécante qui serait menée par les points A et B′ serait égale à la première, et satisferait également à la condition.

2° La solution par l'emploi des *lieux géométriques* (n° 1413) est beaucoup plus simple, soit comme construction, soit comme justification.

1416. Problème. *On donne un angle Pyz et une circonférence; mener une droite perpendiculaire à Py et telle que le segment compris entre la circonférence et Py soit la moitié du segment compris entre Py et yz.*

On mène une perpendiculaire quelconque, et l'on prend

$$BC = \frac{1}{2} CD$$

On a $MP = \dfrac{1}{2} PN$, $M'P' = \dfrac{1}{2} P'N'$

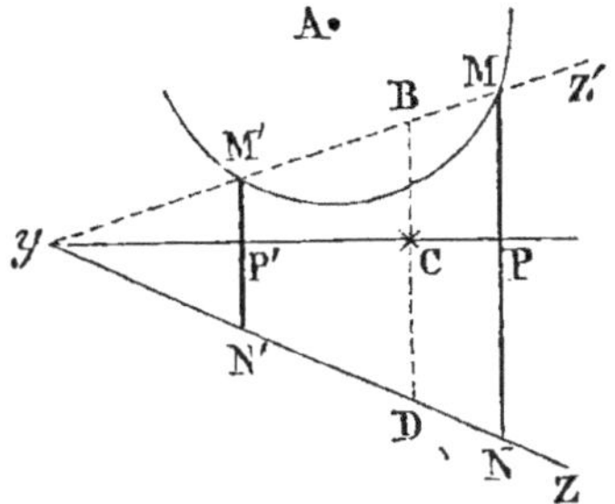

Fig. 881.

1417. Problème. Questions analogues. *Pour un rapport quelconque* $\dfrac{MP}{PN} = \dfrac{m}{n}$, *et lorsque* MN *doit être parallèle à une droite donnée.*

Exercice 446

1418. Problème. *On donne une circonférence et une corde* AB; *déterminer sur la circonférence un point* C *dont le rapport des distances* CA, CB *égale un rapport donné* $\dfrac{m}{n}$.

1ʳᵉ Solution. Voir *Méthodes*, n° 42.

2ᵉ Solution. *Emploi des lieux géométriques.* Déterminons les points conjugués M et N tels qu'on ait

$$\frac{MA}{MB} = \frac{NA}{NB} = \frac{m}{n}$$ (G., n° 304.)

La circonférence décrite sur MN comme diamètre fait connaître les points C et C′. (G., n° 307.)

3ᵉ Solution. (PONCELET, *Applications d'analyse et de géométrie*, tome II, p. 280.)

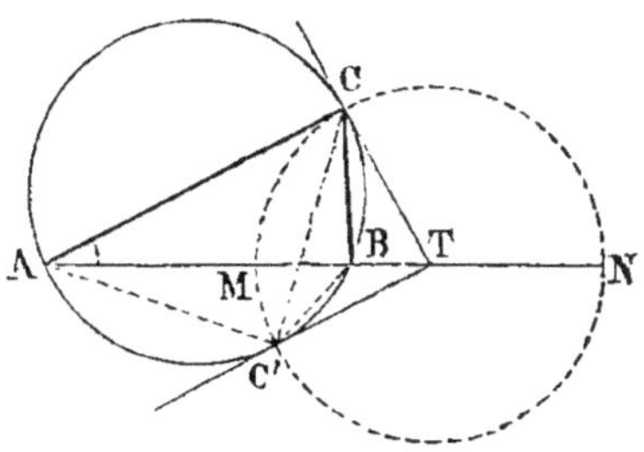

Fig. 882.

Soit $\dfrac{CA}{CB} = \dfrac{m}{n}$,   rapport donné

Menons la tangente CT. Les triangles ACT, TCB sont semblables, car l'angle T est commun et l'angle $BCT = BAC$.

Donc $\dfrac{AC}{CB} = \dfrac{CT}{BT}$, $\dfrac{AC}{BC} = \dfrac{AT}{CT}$

Nous pouvons remplacer $\dfrac{AC}{BC}$ par $\dfrac{m}{n}$. En multipliant, terme à terme, les deux proportions et supprimant le facteur CT commun aux deux termes du second rapport, on trouve

$$\frac{AT}{BT} = \frac{m^2}{n^2}$$

d'où

$$\frac{AT - BT}{BT} = \frac{m^2 - n^2}{n^2}$$

mais

$$AT - BT = AB$$

donc

$$\frac{BT}{AB} = \frac{n^2}{m^2 - n^2}$$

Il faut trouver une ligne BT qui soit à AB dans le même rapport que deux carrés donnés. (G., n° 346, II.)

1419. Problème. *On donne un point A sur un diamètre dont B est une des extrémités; déterminer sur la circonférence un point C, tel que le rapport de ses distances aux points A et B égale un rapport donné $\dfrac{m}{n}$.*

Discuter le problème.

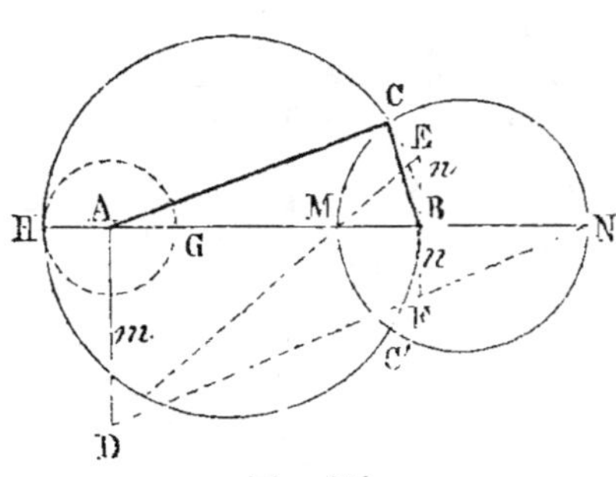

Fig. 883.

Il faut recourir au lieu des points dont le rapport des distances aux points A, B égale $\dfrac{m}{n}$. (G., n° 307.)

On détermine d'abord les points conjugués M, N (G., n° 304), et l'on décrit la circonférence dont MN est le diamètre.

On a $\dfrac{AC}{BC} = \dfrac{m}{n}$

Discussion. (a) L'emploi du lieu donne une solution tout à fait générale; ainsi la circonférence peut être dans une position quelconque par rapport aux points A et B; elle peut même être remplacée par une courbe quelconque.

(b) En reprenant les données de la question, on reconnaît qu'il y a deux points symétriques C et C'.

(**c**) Quand m est $> n$, il y a toujours deux solutions, car le point M est entre A et B, tandis que N est hors de la circonférence; donc le cercle MN coupe le cercle BH.

(**d**) Quand m est $< n$, le rapport $\dfrac{m}{n}$ ne doit pas descendre au-dessous d'une certaine *valeur minima* qu'il faut déterminer, car il faut que le point N ne soit pas dans la circonférence HB.

Donc le minimum de $\dfrac{m}{n}$ est donné par $\dfrac{HA}{HB}$.

En prenant $\dfrac{GA}{GB} = \dfrac{HA}{HB}$, le lieu HLG est tangent au cercle donné.

Les deux points C, C' se confondent en un seul H.

(**e**) Le problème qui consiste à diviser un arc en deux parties, dont les cordes aient un rapport donné (n° 1418), est un cas particulier du problème proposé (n° 1419).

(**f**) Les points A et B peuvent avoir une position quelconque, non seulement sur le diamètre HB, *mais même une position quelconque dans le plan du cercle donné*. Le problème aura deux solutions, une seule, ou aucune, suivant que le lieu géométrique MCNC' coupera en deux points la ligne donnée HCBC', lui sera tangente, ou ne le rencontrera pas.

Exercice 447

1420. Problème. *Dans le plan d'un triangle, mener une droite telle que les perpendiculaires abaissées des sommets du triangle sur cette droite soient proportionnelles à des grandeurs données 1, m, n.*

(GUILMIN[*], *Exercices de Géométrie*, livre III, n° 82.)

1re Solution. Admettons qu'on ait

$$\frac{AL}{l} = \frac{BM}{m} = \frac{CN}{n}$$

Les triangles semblables DAL, DBM donnent

$$\frac{DB}{DA} = \frac{BM}{AL} = \frac{m}{l}$$

d'où

$$\frac{DB - DA}{DA} = \frac{m - l}{l}$$

d'où

$$DA = AB \cdot \frac{l}{m - l} \qquad (1)$$

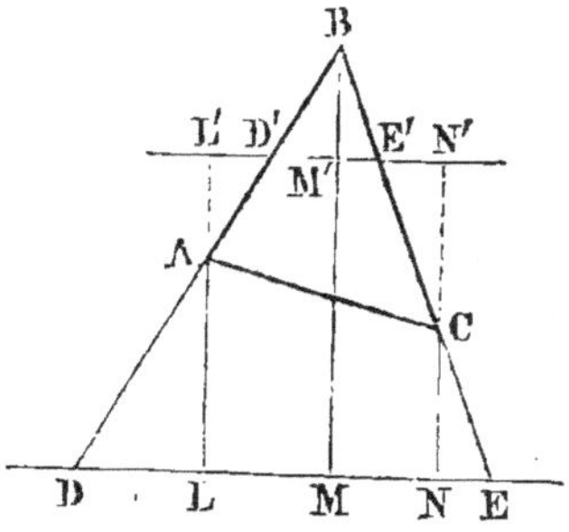

Fig. 884.

De même

$$\frac{EB}{EC} = \frac{BM}{CN} = \frac{m}{n}$$

$$\frac{EB - EC}{EC} = \frac{m - n}{n}$$

---

[*] M. GUILMIN, auteur de divers ouvrages de mathématiques élémentaires : *Géométrie*, *Algèbre*, etc.

d'où
$$EC = BC \, \frac{n}{m-n} \tag{2}$$

On peut donc construire les longueurs AD, CE et joindre D au point E.

Remarques. 1° Lorsque la droite demandée doit couper le triangle, on a
$$\frac{D'B}{D'A} = \frac{BM'}{AL'}, \qquad \frac{D'B + D'A}{D'A} = \frac{m+l}{l}$$

d'où
$$AD' = AB \cdot \frac{l}{l+m}$$

de même
$$CE' = BC \cdot \frac{n}{m+n}$$

2° On peut peut résoudre le problème d'une manière plus générale, en procédant comme il suit :

2ᵉ Solution. Si l'on décrit deux circonférences des centres A et B avec des rayons respectivement proportionnels à l et m, et qu'on détermine leurs centres de similitude, soit L le centre extérieur et L' le centre intérieur, les distances des points A et B à toute droite menée par L ou L' seront dans le rapport de l à m; car la détermination des points conjugués de A et B ne dépend que du rapport $\frac{l}{m}$. (G., nᵒˢ 304 et 305; Ex. de G., nᵒ 1257.)

De même pour B et C, soient M et M' les points conjugués relatifs au rapport donné $\frac{m}{n}$, le point M étant le centre extérieur de similitude, et M' l'intérieur.

Enfin, pour CA, soient N et N' les points conjugués relatifs au rapport $\frac{n}{l}$.

D'après le *théorème de d'Alembert* (nᵒ 1260), les six centres donnent lieu aux quatre droites LMN, LM'N', L'MN', L'M'N.

Or, *chacune de ces lignes répond à la question proposée* (nᵒ 1420).

Il y a donc quatre solutions; la seule droite LMN est extérieure au triangle ABC.

Exercice 448

1421. Problème. *On donne deux points A et B sur une circonférence, ainsi qu'une corde fixe EF: déterminer sur la circonférence un point C tel que les cordes CA, CB interceptent sur la corde fixe EF, à partir du milieu O, des segments OM, ON qui soient entre eux dans un rapport donné.*

(*Méthodes*, nᵒ 275.)

Exercice 449

1422. Problème. *On donne un triangle quelconque ABC; on demande de mener, par un point de la base, des droites limitées aux deux côtés,* *de manière que la somme* OM + ON *ait une longueur donnée, et que pour tout autre point de la base, les parallèles menées aux droites* OM, ON *aient constamment pour somme la longueur donnée.*

(*Méthodes*, n° 44.)

Exercice 450

1423. Problème. *Par un point* L *pris sur la base d'un triangle* ABC, *mener la droite* LMN *qui détermine deux segments égaux* AM *et* BN.

Le théorème des transversales donne la relation

$$\frac{AM}{CM} \cdot \frac{CN}{BN} \cdot \frac{BL}{AL} = 1$$

Supprimons les facteurs égaux AM et BN, puis divisons les deux membres de l'équation par $\frac{BL}{AL}$, on

trouve $\quad \dfrac{CN}{CM} = \dfrac{AL}{BL}$

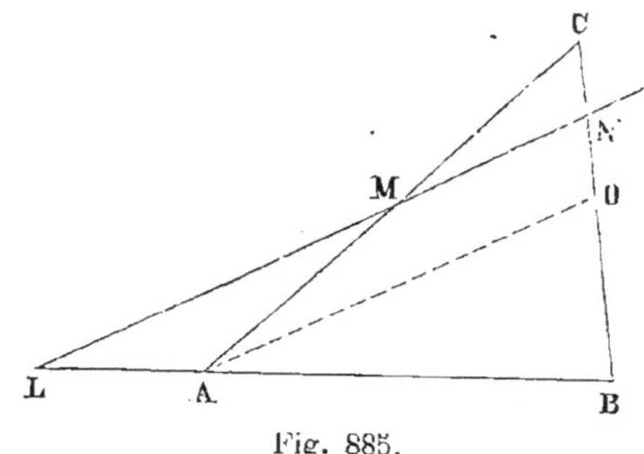

Fig. 885.

Or le rapport $\dfrac{AL}{BL}$ est connu. Il suffit donc de prendre deux grandeurs CO, CA proportionnelles à AL, BL; puis, par L, mener une parallèle LMN à AO.

Exercice 451

1424. Problème. *On donne une circonférence, un diamètre fixe* AB *et une droite* xy; *mener une corde parallèle à* xy *et telle que sa projection sur le diamètre fixe ait une longueur donnée* l.

Supposons le problème résolu, FH = l.

Par le milieu D de la corde, menons une ligne IJ égale et parallèle à FH.

Une *translation parallèle* (n° 186) conduit immédiatement à la solution suivante.

Il faut mener ODD'; sur une parallèle à AB, prendre

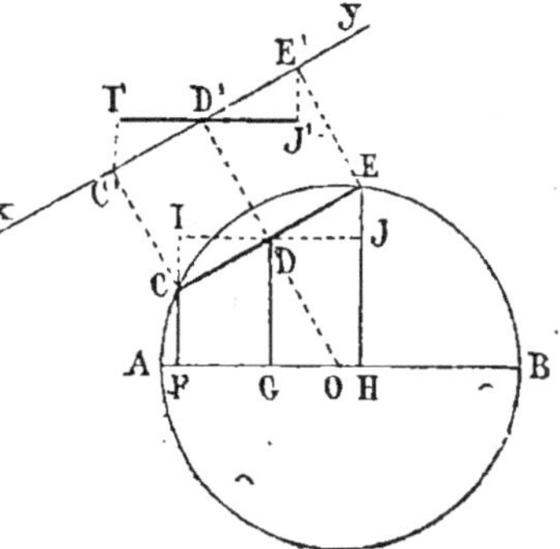

Fig. 886.

$$D'I = D'J = \frac{l}{2}$$

Élever les perpendiculaires J'E', I'C', on aura D'C' = D'E', et reporter C'E' en CE à l'aide des projetantes E'E, C'C parallèles à D'D.

Exercice 452

1425. Problème. *Étant donné un triangle* ABC, *on demande de* *mener par le sommet C une droite CE telle que la somme des projections des côtés CA et CB sur cette droite soit égale à une longueur donnée l.*

On discutera le problème. (Concours général, classe de philosophie. — N. A. 1864, p. 313.)

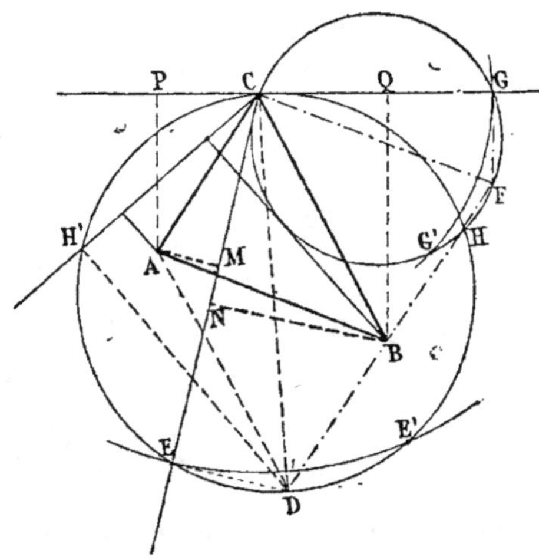

Fig. 887.

Soient CE la droite demandée ; AM, BN des perpendiculaires abaissées des points A et B sur CE, afin d'obtenir les projections CM et CN des côtés CA et CB'.

Soit enfin

$$CM + NC = l$$

Les droites égales et parallèles ont des projections égales ; nous sommes donc conduits à construire le parallélogramme ACBD ; il faut que la projection de la diagonale $CD = l$; donc sur le diamètre CD décrivons une circonférence. Du centre C, coupons-la par un arc ayant l pour rayon.

Soit E un des points d'intersection.

On aura $CM = NE$ comme projections de deux droites égales et parallèles ; donc $\qquad CM + CN = CE = l$

E' donne une deuxième solution.

Les projections peuvent être de part et d'autre du point C ; on peut demander que $\qquad PCQ = l$

Un raisonnement analogue au précédent conduit à construire le parallélogramme CABF, à décrire une circonférence sur le diamètre CF ; du point C avec la longueur donnée, à couper cette circonférence en G et en G'. On a $\quad PQ = CG$

Discussion. Soit $\qquad AB < CD$

1° Pour $l < AB$, il y a quatre solutions, elles sont données par les points G, H, G', H'.

2° $l = AB$. Trois solutions, car l'arc de centre C sera tangent à la circonférence CF.

3° $l > AB$ mais $< CD$, deux solutions.

4° $l = CD$, une solution.

5° $l > CD$, point de solution.

Note. La *Méthode des projections* conduit souvent à des démonstrations très simples (nos 180 et 1227) ; en voici un nouvel exemple : Soit à prouver que *la bissectrice d'un angle d'un triangle divise le côté opposé en segments proportionnels aux deux autres côtés* (G., nos 215 et 217) ; il suffit de projeter les segments de la base sur la bissectrice extérieure.

Si PCQ est la bissectrice extérieure de l'angle C (fig. 887) et qu'on désigne par O le point où la bissectrice intérieure rencontrerait AB, et par O′ celui où la bissectrice extérieure PQ rencontrerait AB, on aura

$$\frac{OA}{OB} = \frac{CP}{CQ} \; ; \quad \frac{O'A}{O'B} = \frac{AP}{BQ}$$

Or les triangles CAP, CBQ sont semblables; donc

$$\frac{CA}{CB} = \frac{CP}{CQ} = \frac{AP}{BQ} \; ; \quad \text{donc} \quad \frac{CA}{CB} = \frac{OA}{OB} = \frac{O'A}{O'B} \qquad C.\ Q.\ F.\ D.$$

Exercice 453

1426. **Problème.** *Par un point O donné dans l'intérieur d'un angle BAC, mener une droite BC telle que le produit de ses deux segments soit égal au carré d'une ligne donnée.*

On peut recourir aux lieux géométriques. (*Méthodes*, n° 97.)

Voici une solution particulière, moins simple, d'ailleurs, que la solution générale.

On doit avoir $OB.OC = k^2$; au triangle ABC, circonscrivons une circonférence; menons AOD et CD.

Les deux cordes AD et BC donnent $OA.OD = OB.OC = k^2$. Comme on connaît AO, on peut trouver OD, car on a

$$\frac{AO}{k} = \frac{k}{OD}$$

Les deux angles inscrits m et n sont égaux; on peut donc décrire sur OD un arc OCD capable de l'angle m, qui est connu; la rencontre de cet arc avec l'un

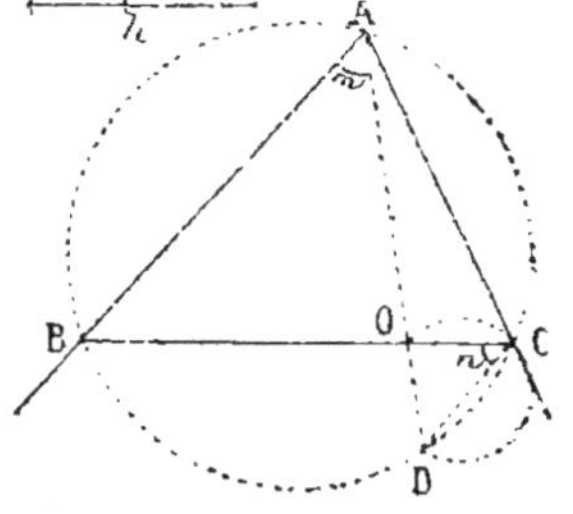

Fig. 888.

des côtés donnés détermine le point C, et par suite la droite COB.

1427. **Problème.** *Par l'un des points d'intersection de deux cir-*

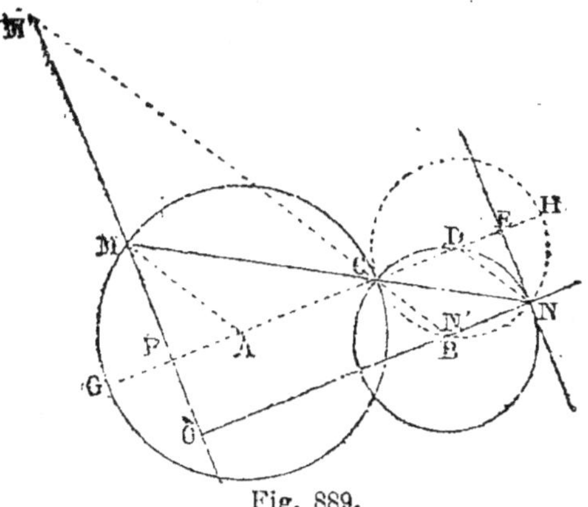

Fig. 889.

conférences, mener une sécante telle que le produit des cordes interceptées égale un carré donné.

On peut recourir aux lieux géométriques. (*Méthodes*, n° 97.)

Sur le diamètre GAC, prendre $CE \times CG = k^2$ et mener la droite EN perpendiculaire à CG.

Exercice 454

1428. Problème. *Diviser une droite en deux segments dont la somme des carrés égale* a².

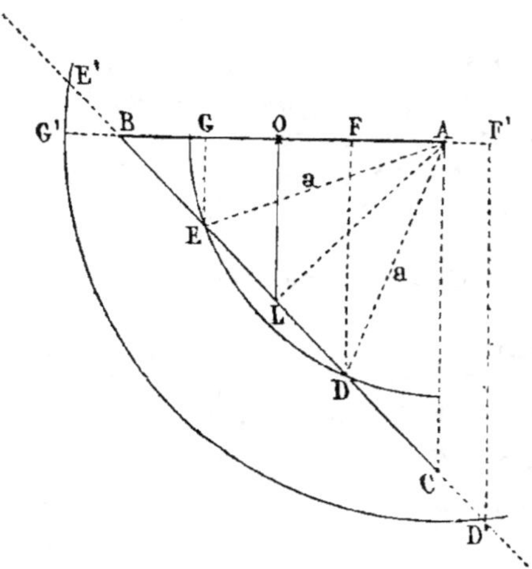

Le point G' est la projection de E' sur AB.

Fig. 890.

Soit $$AF^2 + BF^2 = a^2$$

Pour avoir la somme des carrés, nous pouvons porter FB sur une perpendiculaire FD, alors on a $AD = a$, et le triangle FDB est isocèle rectangle; donc on peut procéder comme il suit :

Construisons un triangle isocèle rectangle BAC en prenant sur une perpendiculaire $AC = AB$; du point A comme centre, avec a pour rayon, décrivons un arc DE et projetons les points D, E sur AB.

On a, en effet, $\quad AG^2 + BG^2 = AG^2 + GE^2 = a^2$

(Julius Petersen. *Méthodes et théories*, p. 10.)

Discussion. Il y a généralement deux solutions.

Le minimum a^2 est donné par la perpendiculaire AL, car alors l'arc est tangent. $\quad AL^2 = 2AO^2 = \frac{1}{2} AB^2$

Lorsque a est $< \dfrac{AB}{\sqrt{2}}$ ou $AO\sqrt{2}$, il n'y a pas de solution.

Enfin a peut avoir une valeur supérieure quelconque. Mais pour $a^2 = AC^2 = AB^2$, un des segments est nul, et pour les valeurs supérieures à AB², on a des segments soustractifs

$$F'A^2 + F'B^2 = G'B^2 + G'A^2 = AE^2 = a^2$$

Exercice 455

1429. Problème. *Diviser une droite en deux segments, dont la différence des carrés égale un carré donné* a^2.

Soit $BF^2 - AF^2 = a^2$.

Si l'on prend un point quelconque de la perpendiculaire FD, on sait qu'on a

$$BD^2 - AD^2 = BF^2 - AF^2 = a^2$$

Donc on peut élever une perpendiculaire AC égale à la ligne a; du centre B avec BC pour rayon, décrire un arc; du centre A avec AB, couper le premier arc en D, E et mener la ligne DFE.

En permutant les rayons, on obtient D'E' et un point G symétrique de F, par rapport au milieu O.

Discussion. 1° La différence peut être nulle; on obtient alors le point O milieu de AB.

2° Généralement il y a deux solutions F, G.

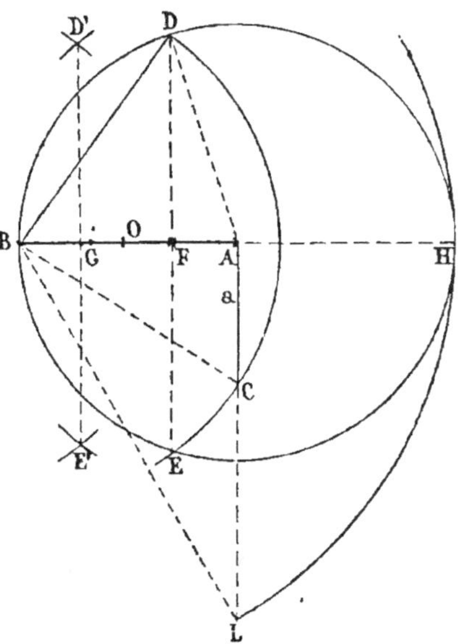

Fig. 891.

3° Lorsque $a = AB$, les points A et B répondent à la question; un des segments est nul.

4° Des valeurs plus grandes que AB donnent des segments soustractifs.

5° Le maximum de a correspond à deux circonférences tangentes; dans ce cas $\qquad BH = 2AB, \quad BH^2 = 4AB^2$

donc $\qquad BH^2 - AH^2 = 3AB^2$

Ainsi le maximum est $\qquad a^2 = 3AB^2$

1430. Problème. *Sur un des côtés d'un angle quelconque O, on porte une longueur OU, que l'on prend pour unité. On porte sur l'autre côté une longueur OA, représentant un nombre quelconque a. On trace UA, et l'on reproduit l'angle OUA en OAB, en OBC, en OCD, et ainsi de suite. On demande d'exprimer les longueurs OB, OC, OD, OE... en fonction du nombre a.*

Désignons par u, a, b, c, d, e... les distances OA, OB, OC, etc.

Il résulte de la construction que les droites UA, BC, DE... sont parallèles, aussi bien que AB, CD, etc., et que tous les triangles OUA, OAB, OBC, OCD... sont semblables. Si donc on considère successivement le premier triangle avec le second, le second avec le troisième, le troisième avec le quatrième, et ainsi de suite, on obtient une suite indéfinie de rapports égaux, savoir :

$$\frac{OU}{OA} = \frac{OA}{OB} = \frac{OB}{OC} = \frac{OC}{OD} = \frac{OD}{OE} \cdots$$

ou

$$\frac{u}{a} = \frac{a}{b} = \frac{b}{c} = \frac{c}{d} = \frac{d}{e} \cdots$$

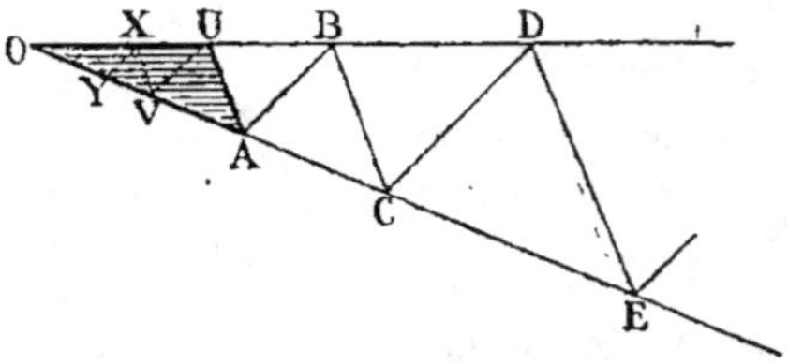

Fig. 892.

On prendra successivement le premier rapport avec le deuxième, le deuxième avec le troisième, etc., et on en tirera :

$$ub = a^2 ; \text{ et, comme } u = 1, \text{ on a } \ldots \ldots \quad b = a^2$$
$$ac = b^2 = a^4, \text{ d'où, en divisant par } a. \ldots \quad c = a^3$$
$$bd = c^2 = a^6, \text{ ou } a^2 d = a^6, \text{ d'où} \ldots \ldots \quad d = a^4$$
$$ce = d^2 = a^8, \text{ ou } a^3 e = a^8, \text{ d'où} \ldots \ldots \quad e = a^5$$

Et ainsi de suite.

Recherche des Relations numériques.

Exercice 456

1431. Problème. *Par le sommet* A *d'un parallélogramme* ABCD, *on mène une sécante* AMN ; *elle coupe les côtés* CB, CD *ou leurs prolongements en* M *et* N. *Quelle est la relation qui existe entre les distances* BM, DN *et les côtés du parallélogramme ?*

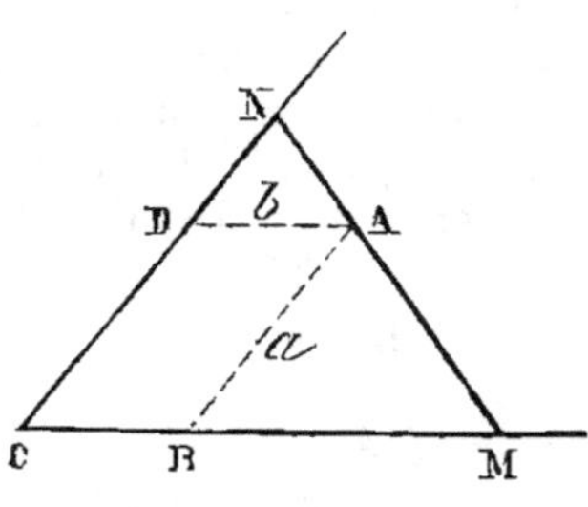

Fig. 893.

Soient AB = CD = a, AD = BC = b.
Les triangles semblables ABM, NDA donnent

$$\frac{BM}{a} = \frac{b}{DN}$$

d'où $\qquad BM . DN = ab \qquad\qquad (1)$

Le produit des segments est constant.

1432. Remarque. Les points M et N décrivent sur les côtés de l'angle C *deux divisions homographiques* (nº 1298).

1433. Problème. *Relation entre* CM *et* CN.

$$BM = CM - b, \quad DN = CN - a$$

Dans (1) remplaçons BM et DN par les valeurs trouvées ci-dessus, on a $\quad (CM - b)(CN - a) = ab, \quad CM \cdot CN - a \cdot CM - b \cdot CN + ab = ab$

ou $\qquad\qquad CM \cdot CN = a \cdot CM + b \cdot CN \qquad\qquad (2)$

1434. Problème. *Relation entre* CM *et* CN, *lorsque le point* A *est sur la bissectrice.*

Dans ce cas la figure ABCD est un losange, $b = a$. La formule (2) devient $\qquad\qquad CM \cdot CN = a(CM + CN) \qquad\qquad (3)$

Le produit des segments égale la somme de ces mêmes segments multipliée par a.

Ou, en divisant chaque membre par $a \cdot CM \cdot CN$,

$$\frac{1}{a} = \frac{1}{CM} + \frac{1}{CN}$$

1435. Remarque. Maclaurin a appelé *moyenne harmonique* de plusieurs quantités, la quantité dont l'inverse est la moyenne arithmétique des inverses de toutes les autres. Ainsi a est la moyenne harmonique de CM et CN.

Poncelet, dans son *Traité des propriétés projectives des figures* (tome II), a étendu la notion de *moyenne harmonique* en l'appliquant à un nombre quelconque de points en ligne droite, et en l'utilisant pour étudier les *courbes algébriques*.

Exercice 457

1436. Problème. *On divise la hauteur* AB *d'un trapèze quelconque en deux parties* AD, DB *proportionnelles à* m *et* n. *Par le point obtenu, on mène une parallèle aux bases* a *et* b. *Exprimer la longueur de cette parallèle en fonction des bases et de* m *et* n.

La question a déjà été traitée comme théorème (n° 1200), en vue des applications ultérieures; mais il convient de la proposer comme problème à résoudre.

Soient $\quad AE = a, \quad BC = b, \quad DF = d \quad$ et $\quad \dfrac{AD}{DB} = \dfrac{m}{n}$

Menons la diagonale AC, nous aurons

$\dfrac{DG}{BC} = \dfrac{AD}{AB} \quad$ ou $\quad \dfrac{DG}{b} = \dfrac{m}{m + n}$

d'où $\qquad DG = b \cdot \dfrac{m}{m + n}$

$\dfrac{FG}{EA} = \dfrac{BD}{BA} \quad$ ou $\quad \dfrac{FG}{a} = \dfrac{n}{m + n}$

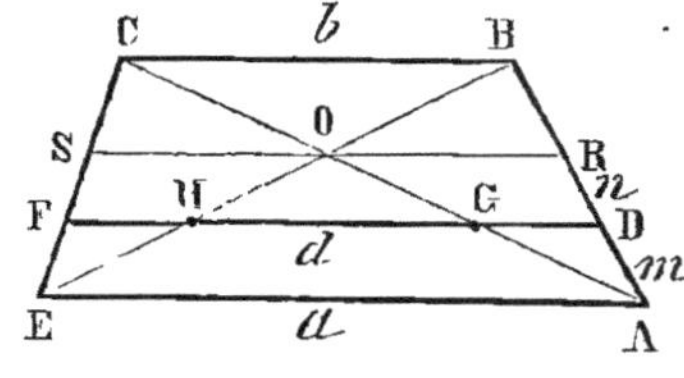

Fig. 894.

d'où
$$FG = a \cdot \frac{n}{m + n}$$

donc
$$d = \frac{an + bm}{m + n} \qquad (1)$$

Remarque. La partie GH comprise entre les diagonales
$$= DH - DG = FG - DG$$

donc
$$GH = \frac{an - bm}{m + n} \qquad (2)$$

1437. Corollaire. Pour avoir la valeur de la parallèle ROS, menée par le point de concours des diagonales, en recourant à la formule
$$d = \frac{an + bm}{m + n}$$

il faut remplacer n par b et m par a, car
$$\frac{BR}{RA} \quad \text{ou} \quad \frac{n}{m} = \frac{BO}{OE} = \frac{b}{a}; \quad \frac{n}{m} = \frac{b}{a} \qquad (3)$$

ainsi, dans ce cas particulier,
$$an = ab, \quad bm = ab$$

donc
$$d = \frac{2ab}{a + b} \qquad (4)$$

Valeur déjà connue (n° 1199).

Remarque. Pour justifier la substitution, on peut écrire
$$d = \frac{an + bm}{m + n} = \frac{an}{m + n} = \frac{bm}{m + n} \qquad (5)$$

Or la relation (3) donne
$$\frac{n}{m + n} = \frac{b}{a + b} \quad \text{et} \quad \frac{m}{m + n} = \frac{a}{a + b}$$

donc la relation (5) devient
$$d = \frac{ab}{a + b} + \frac{ba}{a + b} = \frac{2ab}{a + b}$$

1438. Problème. *Sur le prolongement du côté AB d'un trapèze, on prend un point D tel que* $\dfrac{AD}{BD} = \dfrac{m}{n}$. *Par le point obtenu, on mène une parallèle aux bases a et b. Exprimer la longueur de la ligne GH comprise entre les diagonales prolongées.*

$$GH = DH + DG$$

Les triangles semblables DBH, ABE donnent
$$\frac{DH}{a} = \frac{DB}{AB} = \frac{n}{m - n}$$

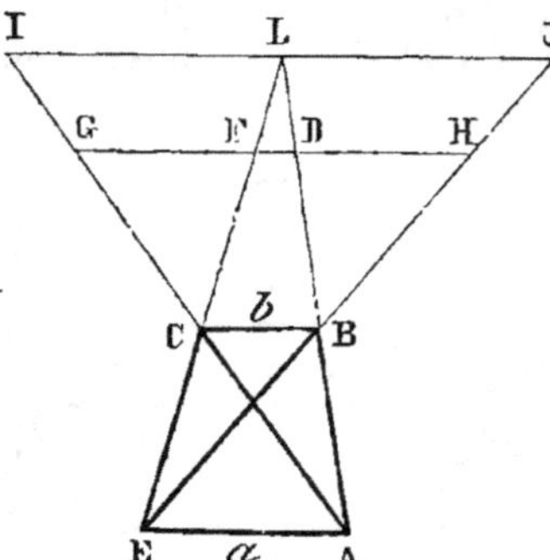

Fig. 895.

d'où
$$DH = \frac{an}{m-n}$$

Les triangles semblables ADG, ABC donnent

$$\frac{DG}{b} = \frac{DA}{AB} = \frac{m}{m-n}$$

d'où
$$DG = \frac{bm}{m-n}$$

donc
$$GH = \frac{an+bm}{m-n} \qquad (6)$$

Remarque. $\qquad\qquad DG = FH$

donc
$$DF = DG - DH = \frac{bm-an}{m-n} \qquad (7)$$

1439. Corollaire. Pour avoir la longueur de IJ, il suffit de remplacer dans la formule (6) n par b et m par a, car $\dfrac{LB}{LA} = \dfrac{b}{a}$.

Donc
$$IJ = \frac{2ab}{a-b} \qquad (8)$$

Valeur déjà connue (n° 1199).

Exercice 458

1440. Problème. *En fonction des quatre côtés d'un trapèze, exprimer la droite qui joint les milieux des côtés parallèles.*

Soient a, c les bases du trapèze, b, d les deux autres côtés.

Par le point N, menons des parallèles à DA et CB.

On aura

$$LM = MO = \tfrac{1}{2}(a-c)$$

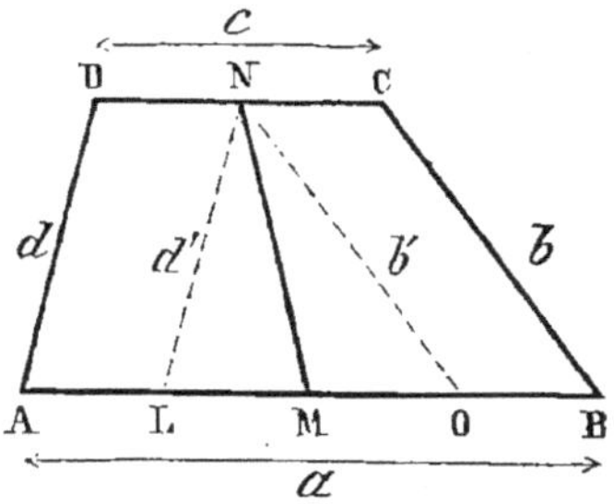

Le triangle ONL est déterminé, car ses trois côtés sont connus.

Pour avoir la longueur de MN, il suffit d'employer le théorème des médianes.

Fig. 896.

$$2MN^2 = b^2 + d^2 - 2MO^2 = b^2 + d^2 - \tfrac{1}{2}(a-c)^2$$

d'où
$$MN^2 = \frac{b^2+d^2}{2} - \frac{1}{4}(a-c)^2$$

On peut écrire

$$MN^2 = \frac{2(b^2+d^2+ac) - (a^2+c^2)}{4}$$

1441. Problème. *Exprimer* MN, *en fonction des bases* a, c *et des diagonales* f, g.

En menant par le point N des parallèles aux diagonales, on forme un triangle dont la moitié de la base $= \frac{1}{2}(f+g)$; on a

$$MN^2 = \frac{f^2+g^2}{2} - \frac{1}{4}(a+c)^2$$

ou

$$MN^2 = \frac{2(f^2+g^2-ac)-(a^2+c^2)}{4}$$

1442. Problème. *Un triangle isocèle rectangle est inscrit dans une circonférence, on décrit une circonférence tangente à la première et tangente aux deux côtés de l'angle droit du triangle donné; exprimer le rayon de cette circonférence en fonction de celui de la première.*

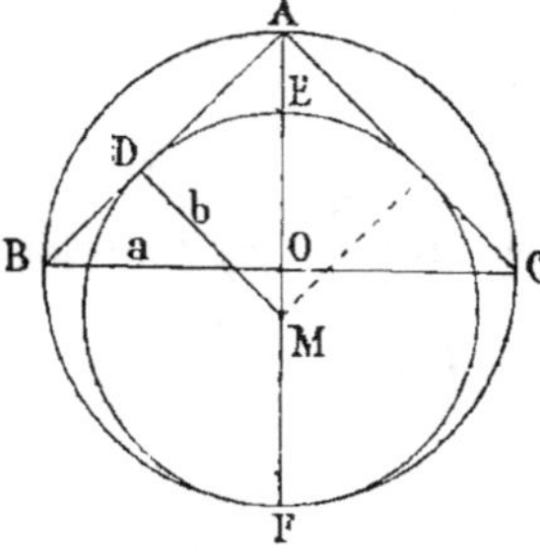

Fig. 897.

Soient $\quad$ BO $=$ AO $=$ OF $= a$,

$$AD = DM = MF = b$$

$$AE \cdot AF = AD^2 \quad \text{ou} \quad (2a-2b)2a = b^2$$

$$4a^2 - 4ab = b^2 \quad \text{ou} \quad b^2 + 4ab = 4a^2$$

Telle est la relation qui existe entre a et b.

1443. Problème. *Deux circonférences se coupent; par l'un des points d'intersection, on mène une sécante commune. Quelle est la relation qui existe entre les longueurs des deux cordes obtenues, la distance des centres et les rayons des circonférences?*

(*Méthodes*, n° 308.)

En désignant par d la distance des centres, par x et y les demi-cordes, par r et R les rayons, on a

$$d^2 = (x+y)^2 + \left(\sqrt{R^2 - y^2} - \sqrt{r^2 - x^2}\right)^2$$

Exercice 459

1444. Problème. *Lorsqu'on a deux points fixes* A *et* B *sur une circonférence, ainsi qu'une corde* EF *donnée de position, et qu'on joint un troisième point* C *quelconque de la circonférence aux points* A, B, *on divise la corde* EF *en trois segments* EM, EN, NF. *Trouver une relation entre ces trois segments.*

(Voir *Méthodes*, n° 326.)

Exercice 460

1445. Problème. *Exprimer la longueur de la corde de la somme et celle de la différence de deux arcs, en fonction des cordes de ces arcs et du diamètre du cercle.*

Soient a, b deux cordes données, d le diamètre, m la corde de la somme et n celle de la différence.

Dans tout quadrilatère inscrit, le produit des diagonales égale la somme des rectangles formés par les côtés opposés (n° 1029); donc

$$md = a \cdot DC + b \cdot BD$$

Mais à cause du diamètre AOD, le triangle ABD est rectangle; ainsi

$$BD = \sqrt{d^2 - a^2},$$

de même $\quad DC = \sqrt{d^2 - b^2}$;

donc, on a

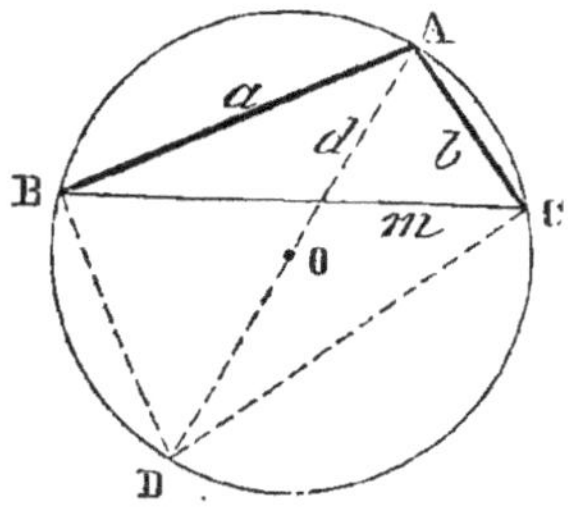

$$m = \frac{a\sqrt{d^2 - b^2} + b\sqrt{d^2 - a^2}}{d}$$

On trouverait aussi

$$n = \frac{a\sqrt{d^2 - b^2} - b\sqrt{d^2 - a^2}}{d}$$

Fig. 898.

Exercice 461

1446. **Problème.** *Deux circonférences extérieures ont pour centres respectifs A et B, pour rayons r, s et d pour distance des centres. En fonction de ces données, exprimer les distances AO, BO de chaque centre au point O de concours des tangentes extérieures, la longueur des cordes de contact et la distance de chaque corde au centre de la circonférence correspondante.*

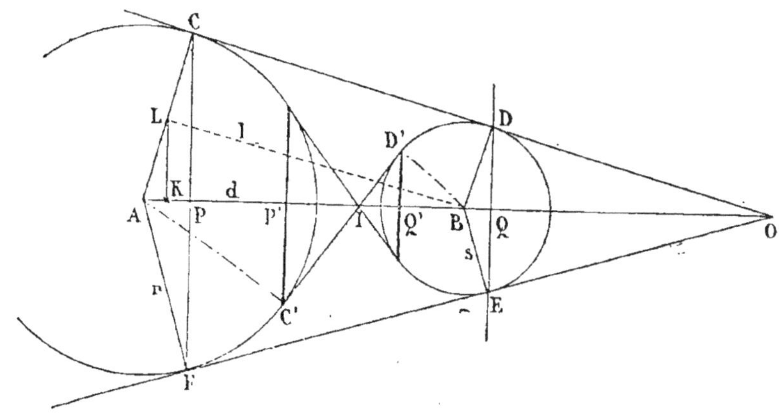

Fig. 899.

Menons BL parallèle à CD.

$$AL = r - s, \quad l = \sqrt{d^2 - (r - s)^2}$$

1° Les triangles semblables AOC, ABL, BOD donnent :

$$\frac{AO}{AB} = \frac{AC}{AL}, \qquad \frac{AO}{d} = \frac{r}{r-s}, \qquad AO = \frac{rd}{r-s} \qquad (1)$$

$$\frac{BO}{AB} = \frac{BD}{AL}, \qquad \frac{BO}{d} = \frac{s}{r-s}, \qquad BO = \frac{sd}{r-s} \qquad (2)$$

On aurait de même

$$CO = \frac{rl}{r-s}, \qquad DO = \frac{sl}{r-s}$$

2° Le triangle rectangle ACO donne $\quad AP = \dfrac{AC^2}{AO}$

d'où
$$AP = r^2 : \frac{rd}{r-s} = \frac{r(r-s)}{d} \qquad (3)$$

de même
$$BQ = \frac{s(r-s)}{d} \qquad (4)$$

3°
$$CP^2 = AP \cdot PO$$

or
$$PO = AO - AP = \frac{rd}{r-s} - \frac{r(r-s)}{d}$$

$$PO = \frac{r\left[d^2 - (r-s)^2\right]}{d(r-s)} = \frac{rl^2}{d(r-s)}$$

$$CP^2 = \frac{r(r-s)}{d} \times \frac{rl^2}{d(r-s)} = \frac{r^2 l^2}{d^2}, \qquad CP = \frac{rl}{d} \qquad (5)$$

Les triangles semblables ACP, ABL conduisent rapidement à cette valeur ; en effet
$$\frac{CP}{AC} = \frac{BL}{AB}$$

d'où
$$CP = \frac{rl}{d}$$

de même
$$DQ = \frac{sl}{d} \qquad (6)$$

4° *Longueur de* PQ $\quad$ ou de $\quad$ AB $-$ AP $+$ BQ.

$$PQ = d - \frac{r(r-s)}{d} + \frac{s(r-s)}{d} = \frac{d^2 - r^2 + 2rs - s^2}{d}$$

On peut écrire $\qquad PQ = \dfrac{d^2 - (r-s)^2}{d} = \dfrac{l^2}{d} \qquad (7)$

Le triangle rectangle ABL conduit au même résultat, car BK $=$ PQ comme projection des droites égales et parallèles BL, DC.

Or
$$BK = \frac{BL^2}{AB} = \frac{l^2}{d}$$

1447. Problème. Même question. *Pour le centre intérieur de simi-litude, on sait que le point I est obtenu en menant les tangentes in-térieures.*

Il suffit de remplacer $r - s$ par $r + s$, $l' = \sqrt{d^2 - (r+s)^2}$.

$$\text{Al} = \frac{rd}{r+s} \quad (1') \qquad\qquad \text{BI} = \frac{sd}{r+s} \quad (2')$$

$$\text{C'I} = \frac{rl'}{r+s} \qquad\qquad\qquad \text{D'I} = \frac{sl'}{r+s}$$

$$\text{AP'} = \frac{r(r+s)}{d} \quad (3') \qquad\qquad \text{BQ'} = \frac{s(r+s)}{d} \quad (4')$$

$$\text{C'P'} = \frac{rl'}{d} \quad (5') \qquad\qquad \text{D'Q'} = \frac{sl'}{d} \quad (6')$$

$$\text{P'Q'} = \frac{l'^2}{d} \quad (7')$$

Exercice 462

1448. Problème. *Quelle est la longueur du côté et de l'apothème du dodécagone régulier inscrit en fonction du rayon?*

Le côté C' d'un polygone inscrit d'un nombre double de côtés est donné par la formule

$$C' = \sqrt{2r^2 - r\sqrt{4r^2 - C^2}} \qquad (G., n^o\ 286.)$$

Le côté C de l'hexagone régulier égale le rayon; donc

$$C' = \sqrt{2r^2 - r\sqrt{4r^2 - r^2}}$$

$$C' = \sqrt{2r^2 - r^2\sqrt{3}} = r\sqrt{2 - \sqrt{3}} \qquad \text{côté.}$$

L'apothème a' est donné par

$$a'^2 = r^2 - \frac{C'^2}{4}$$

$$a'^2 = r^2 - \frac{r^2}{4}(2 - \sqrt{3}) = \frac{r^2(2 + \sqrt{3})}{4}$$

$$a' = \frac{r}{2}\sqrt{2 + \sqrt{3}} \qquad \text{apothème.}$$

Exercice 463

1449. Problème. *Trouver une relation entre deux cordes parallèles, la corde équidistante et la distance des deux premières.*

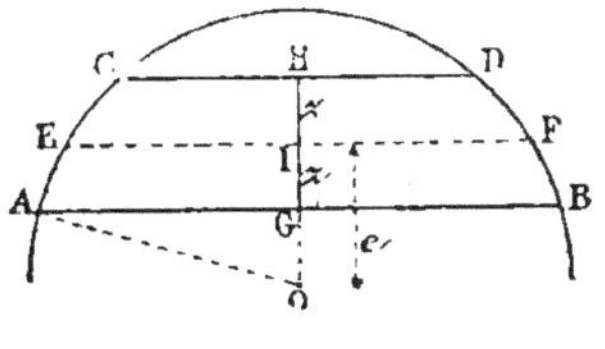

Si l'on appelle r le rayon, $2m$ la corde AB, $2n$ la corde CD, $2s$ la corde EF, $2z$ la distance des deux premières cordes, et e la distance du centre à la corde médiane, on a

$$\text{OA}^2 = \text{AG}^2 + \text{OG}^2$$

Fig. 900.

ou

$$r^2 = m^2 + (e - z)^2 = m^2 + e^2 + z^2 - 2ez \qquad (1)$$

De même
$$r^2 = n^2 + (e + z)^2 = n^2 + e^2 + z^2 + 2ez \qquad (2)$$

$$r^2 = s^2 + e^2 \quad \text{et} \quad 2r^2 = 2s^2 + 2e^2 \qquad (3)$$

La somme des deux premières relations, diminuée de la troisième,
donne
$$\text{zéro} = m^2 + n^2 - 2s^2 + 2z^2$$

d'où
$$2s^2 - 2z^2 = m^2 + n^2$$

Si l'on multiplie par 4, il vient :
$$8s^2 - 8z^2 = 4m^2 + 4n^2$$

ou
$$2(2s)^2 - 2(2z)^2 = (2m)^2 + (2n)^2$$

ou bien
$$2EF^2 - 2GH^2 = AB^2 + CD^2$$

Ainsi *la somme des carrés de deux cordes parallèles égale le
double du carré de la corde équidistante, moins le double du carré de
la distance des cordes données.*

Exercice 464

1450. Problème. *Connaissant le rayon d'un cercle et une corde de
ce même cercle, on demande d'exprimer :*

*1° La distance du centre à la corde, ainsi que la flèche de cette
même corde ;*

2° La corde qui sous-tend l'arc moitié ;

*3° La tangente parallèle à la corde, et li-
mitée par les mêmes rayons prolongés.*

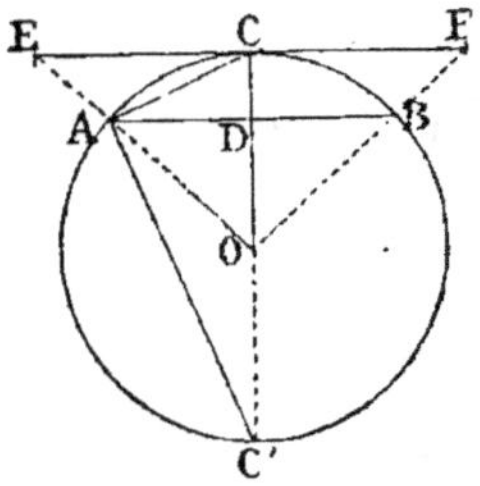

Soit AB ou a une corde donnée, ainsi que
le rayon AO ou r du cercle.

Dans le triangle rectangle ADO, on con-
naît l'hypoténuse OA et le côté AD égal à $\dfrac{a}{2}$;
on peut donc calculer OD distance du centre
à la corde AB.

Fig. 901.

$$OD^2 = r^2 - \frac{a^2}{4} \quad \text{d'où} \quad OD = \sqrt{r^2 - \frac{a^2}{4}}$$

La flèche
$$DC = OC - OD$$

$$DC = r - \sqrt{r^2 - \frac{a^2}{4}}$$

2° La corde AC qui sous-tend l'arc AC, moitié de ACB, est
l'hypoténuse d'un triangle rectangle ADC dont on connaît les côtés
de l'angle droit ; donc

$$AC^2 = \frac{a^2}{4} + \left(r - \sqrt{r^2 - \frac{a^2}{4}} \right)^2$$

3° Pour calculer EF, on a recours aux triangles semblables EOF,
AOB.

Ces triangles donnent :

$$\frac{EF}{AB} = \frac{OC}{OD}$$

d'où

$$EF = \frac{AB \times OC}{OD}$$

$$EF = \frac{ar}{\sqrt{r^2 - \dfrac{a^2}{4}}}$$

Exercice 465

1451. **Problème.** *Exprimer en fonction des carrés des côtés d'un triangle, la somme des carrés des distances aux trois sommets du point de concours des médianes.*

Désignons les trois côtés par a, b, c et les distances AG, BG, CG par m, n, p.

Le théorème des médianes donne

$$2\,AD^2 = b^2 + c^2 - \frac{a^2}{2}$$

mais $AG = \dfrac{2}{3} AD$ ou $AD = \dfrac{3}{2} AG$

donc $AD^2 = \dfrac{9}{4} AG^2 = \dfrac{9}{4} m^2$

$$2\,AD^2 = \frac{9}{2} m^2$$

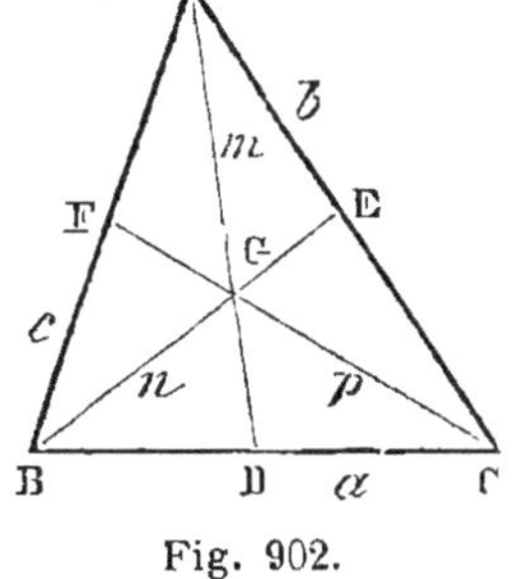

Fig. 902.

On a donc

$$\frac{9}{2} m^2 = b^2 + c^2 - \frac{a^2}{2}$$

$$\frac{9}{2} n^2 = a^2 + c^2 - \frac{b^2}{2}$$

$$\frac{9}{2} p^2 = a^2 + b^2 - \frac{c^2}{2}$$

d'où

$$\frac{9}{2}(m^2 + n^2 + p^2) = \frac{3}{2}(a^2 + b^2 + c^2)$$

$$m^2 + n^2 + p^2 = \frac{1}{3}(a^2 + b^2 + c^2)$$

Ainsi *la somme des carrés des distances du point de concours des médianes aux trois sommets égale le tiers de la somme des carrés des côtés du triangle.*

1452. **Problème.** *On divise la base d'un triangle en trois parties égales, les deux points de division sont joints au sommet opposé. Exprimer la somme des carrés des deux lignes ainsi menées, en fonction des carrés des côtés du triangle.*

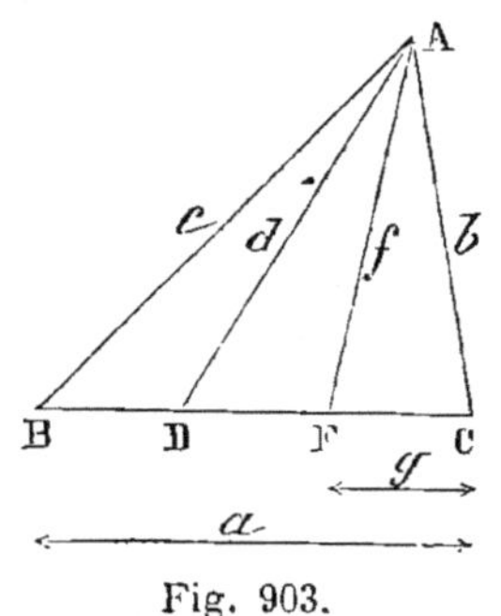

Fig. 903.

En appliquant le théorème relatif au carré de la médiane (G., n° 254), on a

$$2f^2 + 2g^2 = b^2 + d^2$$
$$2d^2 + 2g^2 = f^2 + c^2$$

Ajoutons les égalités, réduisons et transposons.

On a $\quad d^2 + f^2 = b^2 + c^2 - 4g^2$

Mais $\quad g = \dfrac{a}{3}$; d'où $\quad 4g^2 = \dfrac{4a^2}{9}$

donc $\quad d^2 + f^2 = b^2 + c^2 - \dfrac{4}{9}a^2$

La somme des carrés des droites qui joignent un sommet aux points situés au tiers et aux deux tiers de la base d'un triangle, égale la somme des carrés des côtés qui aboutissent au sommet considéré, moins les $^4/_9$ du carré de la base.

Scolie. Lorsque $\quad \mathrm{BD} = \mathrm{FC} = \dfrac{a}{4}$, on trouve

$$d^2 + f^2 = b^2 + c^2 - \frac{3a^2}{8}$$

Exercice 466

1453. *Exprimer, en fonction des côtés d'un triangle, les trois médianes, les trois bissectrices, les trois hauteurs et les distances des trois côtés au centre du cercle circonscrit.*

1° Le calcul des *médianes* repose sur ce principe : *La somme des carrés de deux côtés quelconques égale deux fois le carré de la médiane du troisième côté, plus deux fois le carré de la moitié de ce même côté.* (G., n° 254.)

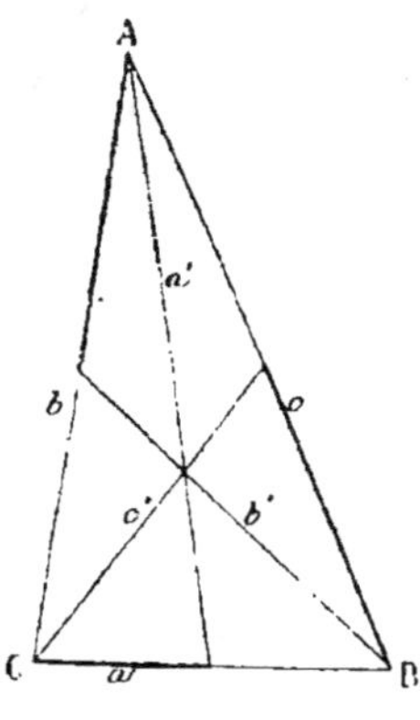

Fig. 904.

Appelons a', b', c', les médianes respectives des côtés a, b, c.

On a successivement :

$$2a'^2 + {}^1/_2 a^2 = b^2 + c^2 \quad \text{ou} \quad 2a'^2 = b^2 + c^2 - {}^1/_2 a^2$$
$$a'^2 = {}^1/_2 (b^2 + c^2 - {}^1/_2 a^2)$$
$$a' = \sqrt{{}^1/_2 (b^2 + c^2 - {}^1/_2 a^2)}$$

On trouverait de même :

$$b' = \sqrt{{}^1/_2 (c^2 + a^2 - {}^1/_2 b^2)}$$
$$c' = \sqrt{{}^1/_2 (a^2 + b^2 - {}^1/_2 c^2)}$$

2° Le calcul des *bissectrices* repose sur ce principe : *Le produit de deux côtés quelconques d'un triangle égale le carré de la bissectrice de l'angle compris, plus le produit des deux segments que cette bissectrice détermine sur le troisième côté.* (G., n° 268.)

Appelons a', b', c', les bissectrices qui tombent sur les côtés a, b, c; a_1 et a_2, b_1, et b_2, c_1 et c_2, les segments déterminés sur les côtés a, b, c (fig. 905).

Les segments du côté a sont entre eux comme les deux autres côtés b et c. (G., n° 215.)

Les formules générales de ces segments sont :

$$\text{Pour} \quad a_1 \quad \text{et} \quad a_2 \qquad \frac{ab}{b+c} \quad \text{et} \quad \frac{ac}{b+c}$$

$$\text{Pour} \quad b_1 \quad \text{et} \quad b_2 \qquad \frac{ba}{a+c} \quad \text{et} \quad \frac{bc}{a+c}$$

$$\text{Pour} \quad c_1 \quad \text{et} \quad c_2 \qquad \frac{ca}{a+b} \quad \text{et} \quad \frac{cb}{a+b}$$

Pour calculer la bissectrice a', on posera :

$$a'^2 + a_1 a_2 = bc; \quad \text{d'où} \quad a'^2 = bc - a_1 a_2 \quad \text{et} \quad a' = \sqrt{bc - a_1 a_2}$$

On trouverait de même
$$b' = \sqrt{ac - b_1 b_2}$$
$$c' = \sqrt{ab - c_1 c_2}$$

Et si l'on exprime les segments en fonction des côtés, on a

$$a' = \sqrt{bc - \frac{a(abc)}{(b+c)^2}}$$
$$b' = \sqrt{ac - \frac{b(abc)}{(a+c)^2}}$$
$$c' = \sqrt{ab - \frac{c(abc)}{(a+b)^2}}$$

Telles sont les expressions générales des *bissectrices* en fonction des côtés du triangle donné.

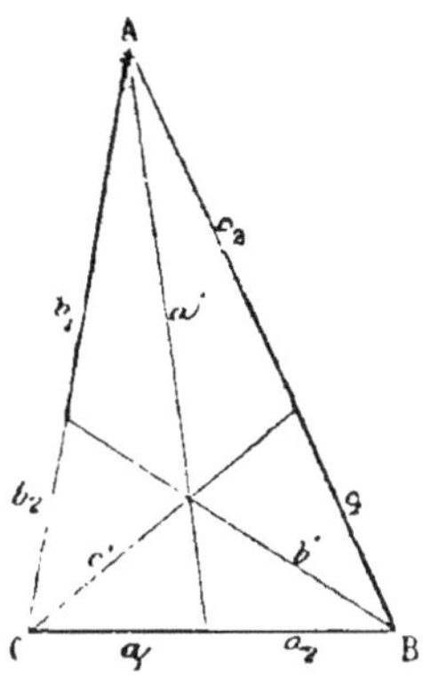

Fig. 905.

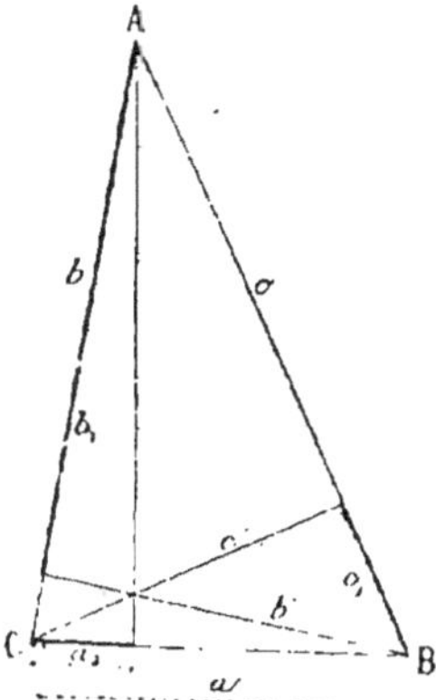

Fig. 906.

3° Le calcul des *hauteurs* se déduit du théorème de Pythagore. (G., n° 249.)

Appelons a', b', c', les hauteurs correspondantes aux côtés a, b, c, et a_1, b_1 et c_1, l'un des segments déterminés sur chaque côté (fig. 906). On a (G., n° 251.)

$$c^2 = a^2 + b^2 - 2aa_1, \quad \text{d'où} \quad 2aa_1 = a^2 + b^2 - c^2, \quad \text{et} \quad a_1 = \frac{a^2 + b^2 - c^2}{2a}$$

On trouverait de même :
$$b_1 = \frac{b^2 + c^2 - a^2}{2b}$$
$$c_1 = \frac{c^2 + a^2 - b^2}{2c}$$

Le triangle rectangle qui a pour côtés b, a' et a_2 donne

$$a'^2 = b^2 - a_1{}^2 = b^2 - \frac{(a^2 + b^2 - c^2)^2}{4a^2} = \frac{4a^2b^2 - (a^2 + b^2 - c^2)^2}{4a^2}$$

Soit
$$a + b + c = 2p$$
retranchant $2c$,
$$a + b - c = 2(p - c)$$
de même
$$a - b + c = 2(p - b)$$
et
$$-a + b + c = 2(p - a)$$

L'expression trouvée plus haut pour la hauteur devient :

$$\begin{aligned}
4a^2 a'^2 &= (2ab)^2 - (a^2 + b^2 - c^2)^2 \\
&= (2ab + a^2 + b^2 - c^2)(2ab - a^2 - b^2 + c^2) \\
&= \left[(a + b)^2 - c^2\right]\left[c^2 - (a - b)^2\right] \\
&= (a + b + c)(a + b - c)(c + a - b)(c - a + b) \\
&= 2p.2(p - c).2(p - b).2(p - a) = 16p(p - a)(p - b)(p - c)
\end{aligned}$$

En divisant les deux membres par $4a^2$, il vient :

$$a'^2 = \frac{4}{a^2} p(p - a)(p - b)(p - c) \quad \text{d'où} \quad a' = \frac{2}{a}\sqrt{p(p - a)(p - b)(p - c)}$$

On trouverait de même
$$b' = \frac{2}{b}\sqrt{p(p - a)(p - b)(p - c)}$$
et
$$c' = \frac{2}{c}\sqrt{p(p - a)(p - b)(p - c)}$$

4° Le calcul des distances des côtés au centre du cercle circonscrit exige la connaissance du rayon de ce cercle; le principe suivant (G., n° 316, III) le donne immédiatement : *Le produit de deux côtés quelconques d'un triangle égale la hauteur relative au troisième côté, multipliée par le diamètre du cercle circonscrit.*

On a donc
$$2Rh = bc, \quad \text{d'où} \quad R = \frac{bc}{2h}$$

Désignons par a', b', c', les distances des côtés a, b, c, au centre du cercle circonscrit.

Le triangle rectangle OCD donne
$$a'^2 = R^2 - \tfrac{1}{4}a^2 \quad \text{d'où} \quad a' = \sqrt{R^2 - \tfrac{1}{4}a^2}$$
On a de même
$$b' = \sqrt{R^2 - \tfrac{1}{4}b^2}$$
$$c' = \sqrt{R^2 - \tfrac{1}{4}c^2}$$

Si l'on veut exprimer directement ces trois distances en fonction des côtés et de leur demi-somme p, on reprend l'expression $2Rh = bc$, d'où l'on tire $4R^2h^2 = b^2c^2$; en remplaçant h^2 par sa valeur trouvée plus haut, il vient $4R^2\dfrac{4}{a^2}p(p-a)(p-b)(p-c) = b^2c^2$

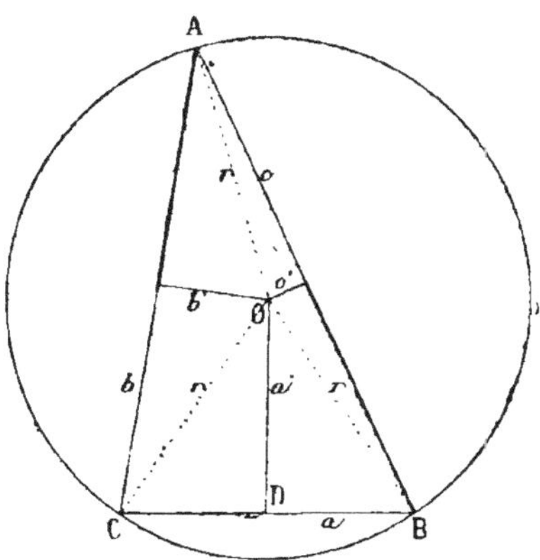

Fig. 907.

de là, on tire $$R^2 = \frac{a^2b^2c^2}{16p(p-a)(p-b)(p-c)}$$

d'où $$R = \frac{abc}{4\sqrt{p(p-a)(p-b)(p-c)}}$$

expression remarquable du rayon du cercle circonscrit.

En portant la valeur de R^2 dans les formules qui donnent les distances des côtés au centre du cercle circonscrit, on a

$$a' = \sqrt{\frac{(abc)^2}{16p(p-a)(p-b)(p-c)} - \frac{a^2}{4}}$$

$$b' = \sqrt{\frac{(abc)^2}{16p(p-a)(p-b)(p-c)} - \frac{b^2}{4}}$$

$$c' = \sqrt{\frac{(abc)^2}{16p(p-a)(p-b)(p-c)} - \frac{c^2}{4}}$$

1454. Problème. *Dans un triangle ABC on joint chaque point de contact D, E, F du cercle inscrit au sommet opposé; la droite AD rencontre le cercle inscrit en un second point D', etc. On demande quelle est la valeur de la somme des produits*

$$AD \cdot AD' + BE \cdot BE' + CF \cdot CF'$$

en fonction des côtés a, b, c *du triangle.*

$$AD \cdot AD' = AF^2, \quad BE \cdot BE' = BD^2, \quad CF \cdot CF' = CD^2$$

mais $AF = \dfrac{b+c-a}{2}, \quad BD = \dfrac{a+c-b}{2}, \quad CD = \dfrac{a+b-c}{2}$

(G., n° 188, 2°.)

donc la somme S des produits ou

$$AD.AD' + BE.BE' + CF.CF' = \left(\frac{b+c-a}{2}\right)^2 + \left(\frac{a+c-b}{2}\right)^2 + \left(\frac{a+b-c}{2}\right)^2$$

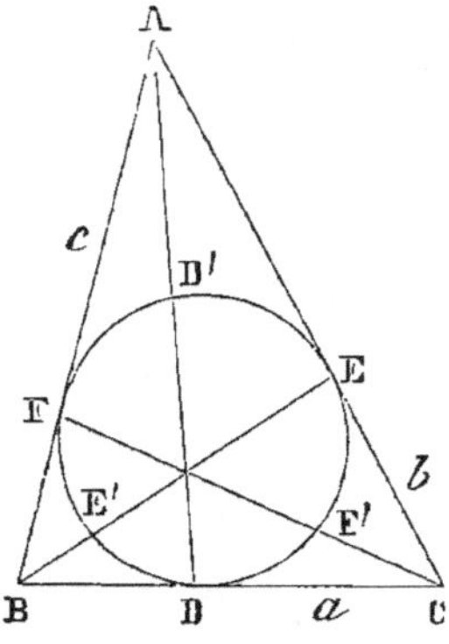

Fig. 908.

ou, en opérant et réduisant la somme a pour valeur,

$$S = \frac{3}{4}(a^2 + b^2 + c^2) - \frac{1}{2}(ab + ac + bc)$$

Exercice 467

1455. Problème. *Étant données deux circonférences concentriques, exprimer la différence de leurs longueurs, en fonction de la distance l qui les sépare.*

Appelons r le rayon de la circonférence intérieure; celui de la circonférence extérieure est $r+l$; les longueurs sont :
pour la circonférence intérieure $2\pi r$,
pour l'extérieure $2\pi(r+l)$ ou $2\pi r + 2\pi l$.

Ainsi *la différence de longueur entre deux circonférences concentriques égale la circonférence qui aurait pour rayon la distance des deux circonférences considérées.*

Scolie. L'arc de n degrés a pour expression :
dans la circonférence intérieure $\dfrac{\pi r n}{180}$

et dans l'extérieure $\dfrac{\pi(r+l)n}{180}$ ou $\dfrac{\pi r n}{180} + \dfrac{\pi l n}{180}$

Ainsi *la différence de longueur entre deux arcs semblables appartenant à des circonférences concentriques égale l'arc semblable de la circonférence qui aurait pour rayon la distance des deux circonférences considérées.*

1456. Problème. *Étant données deux courbes ABC et A'B'C' formées de plusieurs cercles concentriques deux à deux, exprimer la différence de longueur de ces deux courbes entre des normales communes.*

1° Soient m et n les angles formés par les rayons des deux arcs AB et BC (fig. 909), et soit l la distance des arcs parallèles. On a (n° 1455,

scolie) :
$$\text{Arc } A'B' = AB + \frac{\pi l m}{180}$$

$$\text{Arc } B'C' = BC + \frac{\pi l n}{180}$$

Donc $\quad \text{Arc } A'B'C' = ABC + \frac{\pi l(m+n)}{180} = ABC + \text{Arc } abc$

Ainsi la différence des deux courbes égale l'arc abc, qui a pour rayon l, et pour angle au centre l'angle P formé par les rayons extrêmes.

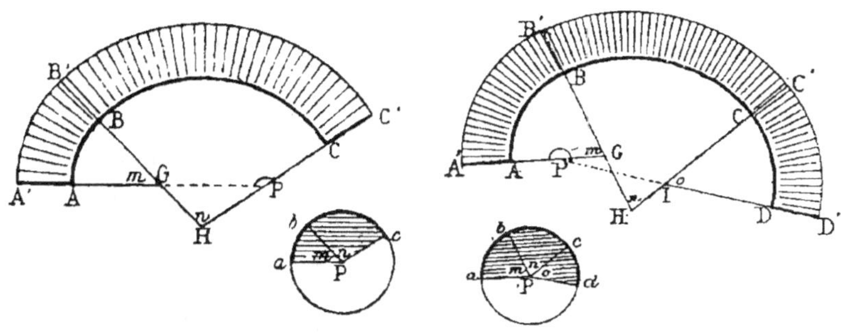

<table>
<tr><td>Fig. 909.</td><td>Fig. 910.</td></tr>
</table>

2° Considérons trois arcs, correspondant aux angles m, n, o (fig. 910).

On a :
$$\text{Arc } A'B' = AB + \frac{\pi l m}{180}$$

$$\text{Arc } B'C' = BC + \frac{\pi l n}{180}$$

$$\text{Arc } C'D' = CD + \frac{\pi l o}{180}$$

Donc $\quad \text{Arc } A'B'C'D' = ABCD + \frac{\pi l(m+n+o)}{180} = ABCD + abcd$

Ainsi la différence des deux courbes égale l'arc $abcd$ qui a pour rayon l, et pour angle au centre l'angle P formé par les rayons extrêmes.

3° Soit le cas où la courbure des arcs n'est pas de même sens (fig. 911);

on a :
$$\text{Arc } A'B' = AB + \frac{\pi l m}{180}$$

$$\text{Arc } B'C' = BC + \frac{\pi l n}{180}$$

$$\text{Arc } C'D' = CD - \frac{\pi l o}{180}$$

Donc

$$\text{Arc } A'B'C'D' = ABCD + \frac{\pi l(m+n-o)}{180} = ABCD + ab + bc - cd = ABCD + ad$$

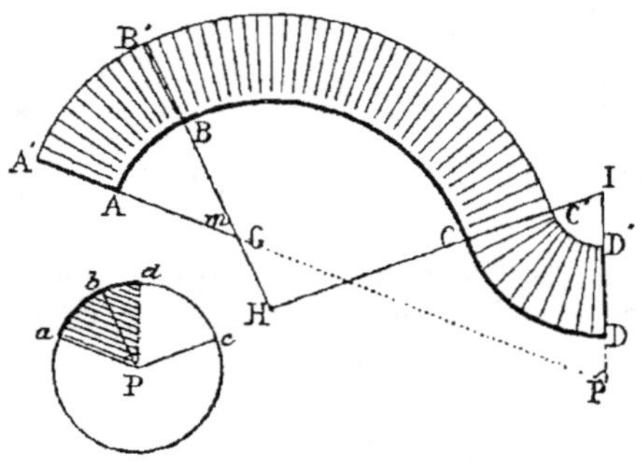

Fig. 911.

Ainsi la différence des deux courbes égale l'arc ad, qui a pour rayon l, et pour angle au centre l'angle P formé par les rayons extrêmes.

Donc *si deux courbes sont formées de plusieurs arcs concentriques deux à deux, la différence de longueur de ces deux courbes égale un arc circulaire qui aurait pour rayon la distance des deux courbes, et pour angle au centre la valeur angulaire comprise entre les rayons extrêmes.*

Pour trouver *la valeur angulaire comprise entre les rayons extrêmes,* il faut considérer *le mouvement angulaire* que ferait le premier rayon, dans le sens des arcs, pour prendre une position parallèle au dernier rayon.

1457. Scolies. 1° Cette propriété est vraie pour deux courbes parallèles quelconques, AEG, A'E'G', dans lesquelles il peut même y avoir des parties droites FG, F'G' *.

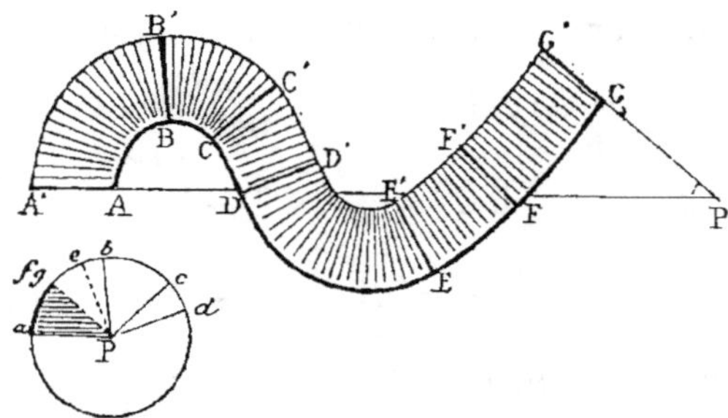

Fig. 912.

Les rayons sont remplacés par des droites AA' BB' CC'.... *normales* aux deux courbes, et d'une longueur constante l. La différence de longueur des deux courbes égale $ab + bc + cd - de - ef = af$.

---

* La surface comprise entre deux courbes parallèles quelconques se nomme *bandeau.* Nous venons d'indiquer la manière de calculer une des courbes en fonction de l'autre courbe et de la largeur l; puis, au livre IV, nous apprendrons à évaluer la surface. Les *bandeaux* se rencontrent fréquemment dans les constructions. Tout ce qui est relatif à la mesure des courbes et de la surface des bandeaux est indiqué dans le *Traité des mesurages et des métrages,* etc., par M. E. SERGENT, ingénieur civil.

Car on peut tracer des normales assez rapprochées pour que les éléments courbes puissent être confondus avec des arcs de cercles, ce qui ramène au cas précédent.

2° Le rayon mobile Pa passe successivement par les positions Pb, Pc, Pd, Pe, Pf. Si ce rayon revient sur lui-même jusqu'à reprendre sa position primitive Pa, son mouvement angulaire est nul, et *les deux courbes sont égales;* alors les normales extrêmes sont parallèles.

3° Si le rayon mobile Pa qui suit le mouvement de la courbe décrit un demi-cercle, la différence des deux courbes égale πl, ou la demi-circonférence de rayon l.

4° Si le rayon mobile Pa décrit un cercle entier, la différence des deux courbes égale $2\pi l$, ou la circonférence qui a pour rayon l. Si le rayon mobile fait plusieurs tours dans un même sens, la différence des deux courbes est d'autant de circonférences de rayon l qu'il y a de tours.

5° La propriété peut être établie directement pour *une courbe convexe quelconque.*

On part d'une *ligne polygonale convexe* ACDEFB; on forme sur les divers éléments des rectangles qui ont tous même largeur l, et l'on complète le contour extérieur par des arcs de cercle décrits des points C, D, E, F, avec l pour rayon.

Les secteurs formés en C, D, E, F, peuvent être reproduits en O; et les arcs C′, D′, E′, F′, forment ensemble l'arc GH, qui a m degrés, comme l'angle des normales extrêmes.

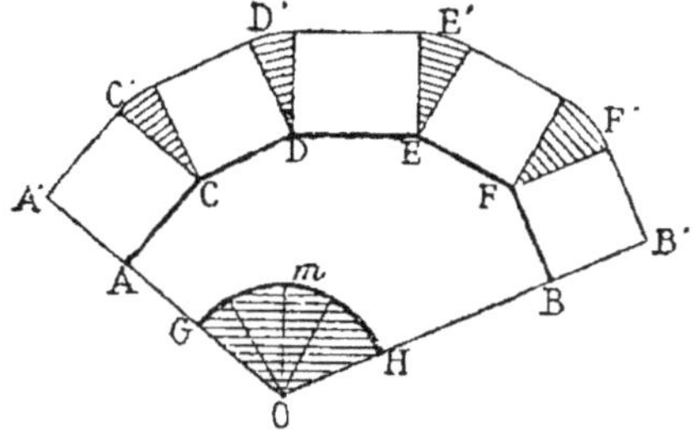

Fig. 913.

Donc la longueur $\quad$ A′B′ $=$ AB $\dfrac{\pi l m}{180}$

Or lorsque les éléments rectilignes de la ligne ADB tendent vers zéro, cette ligne devient une *courbe,* ainsi que sa parallèle A′D′B′. Donc *la courbe extérieure égale la courbe intérieure, plus l'arc circulaire qui a pour rayon la distance des deux courbes, et pour angle au centre l'angle des normales extrêmes.*

Exercice 468

1458. Problème. *Étant donnés les périmètres* p *et* P *de deux polygones réguliers semblables, l'un inscrit et l'autre circonscrit à un même cercle, exprimer les périmètres* p′ *et* P′ *des polygones réguliers inscrit et circonscrit d'un nombre double de côtés.*

1° Les premiers polygones étant semblables, leurs périmètres p et P sont entre eux comme leurs rayons OA et OC, ou comme les droites OE et OC.

La droite OF est bissectrice de l'angle EOC; ainsi les droites OE et OC sont entre elles comme les segments EF et FC.

On a donc
$$\frac{p}{P} = \frac{EF}{FC}$$

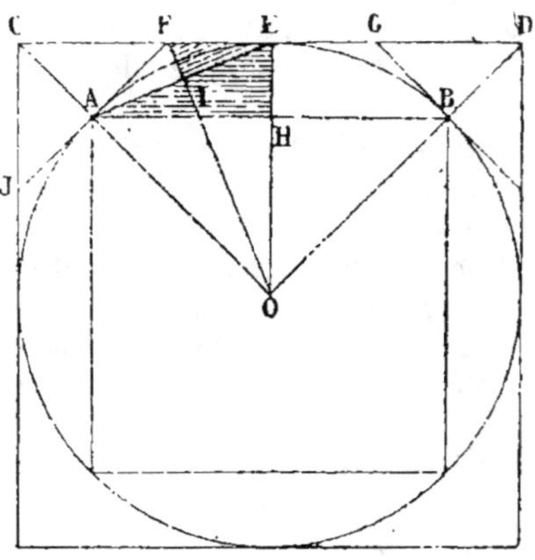

Fig. 914.

Augmentons les dénominateurs de leurs numérateurs, et doublons ensuite les numérateurs, il vient :

$$\frac{2p}{p + P} = \frac{FG}{EC} = \frac{2mFG}{2mEC} \quad \text{ou} \quad \frac{P'}{P}$$

Des rapports extrêmes on tire $\quad P' = \frac{2pP}{p + P}$ $\hfill (a)$

2° Les périmètres inscrits p et p' sont entre eux comme AH et AE; les triangles rectangles AHE et EIF sont semblables, car ils ont en A et E des angles égaux comme alternes-internes.

On a donc $\quad \dfrac{p}{p'} = \dfrac{AH}{AE} = \dfrac{EI}{EF} = \dfrac{4mEI}{4mEF} \quad$ ou $\quad \dfrac{p'}{P'}$

Les rapports extrêmes donnent
$$p'^2 = pP' \quad \text{d'où} \quad p' = \sqrt{pP'} \hfill (b)\,^\star$$

Remarque. Ce problème permet de calculer facilement le nombre π.

Circonférences tangentes.

Exercice 469

1459. Problème. *Décrire une circonférence tangente à deux droites OA, OB et à une circonférence donnée C.*

---

* Les formules (a) et (b) sont dues à SAURIN (1659-1737), membre de l'Académie des sciences, en 1723. (N. A., 1842, page 190.)

Soit D le cercle demandé. Son centre doit se trouver sur la bissectrice OD de l'angle O.

Menons CE perpendiculaire à OD, et DF perpendiculaire à OB; du point D avec DC pour rayon, décrivons l'arc ECF, et menons FG perpendiculaire à DF, et par suite parallèle à OB. On a :

$$DF = DC$$

retranchons $DH = DI$

il vient $HF = IC = r$

Ainsi, il faut tracer la droite indéfinie GF parallèlement à OB, et à une distance égale à r; déterminer E symétrique de C par rapport à OD, et enfin décrire l'arc ECF par les deux points E et C, et tangentiellement à la droite GF. (G., n° 298.)

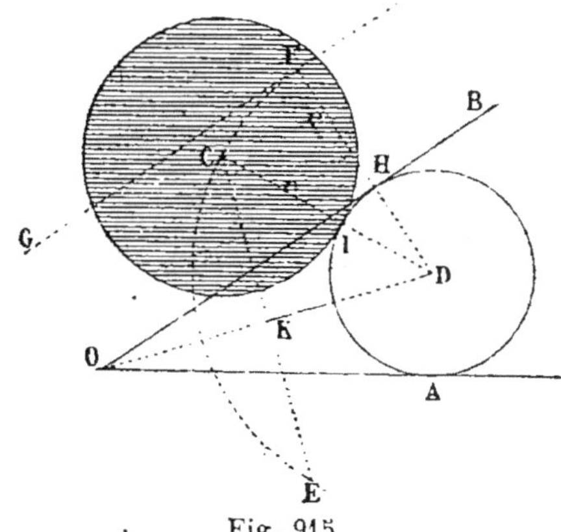

Fig. 915.

Le centre de cet arc est le centre de la circonférence demandée.

Remarque. Un second arc pouvant être tracé par les deux points E et C tangentiellement à GF, il y a une seconde solution. Deux autres solutions seront obtenues, si l'on prend le centre sur la bissectrice de l'angle obtus formé par les deux droites. — Si les deux droites données étaient parallèles, la bissectrice serait remplacée par la droite équidistante.

Exercice 470

1460. Problème. *Décrire une circonférence tangente à une circonférence A et à une droite donnée CD, et qui passe par un point donné B.*

Soit I cette circonférence. La droite AI, qui joint les deux centres, passe par le point de contact E.

Par le centre A, menons OG perpendiculaire à CD, puis OED, OBH, ID et EF.

Les triangles isocèles OAE et EID ont leurs angles en E égaux; donc leurs angles O et D sont aussi égaux. Ainsi ID est parallèle à OG, et, par conséquent, perpendiculaire à CD; et le point D est le point de contact de la circonférence l avec la droite CD.

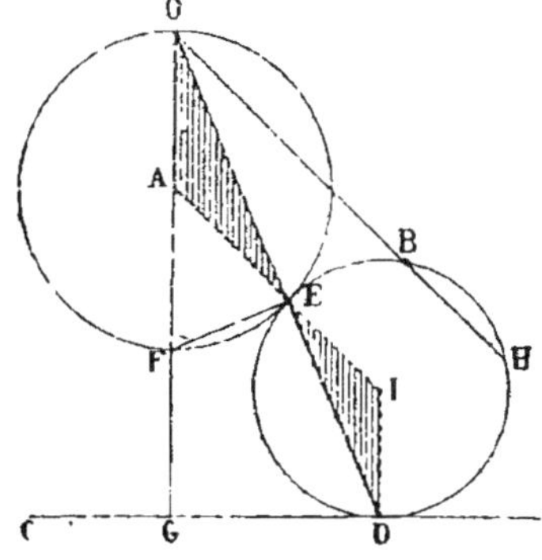

Fig. 916.

L'angle inscrit OEF est droit; donc le quadrilatère EFGD a deux

18*

angles opposés E et G droits, et ce quadrilatère est inscriptible. On
a donc $$OF.OG = OE.OD = OB.OH$$

D'où $\dfrac{OB}{OF} = \dfrac{OG}{OH}$, proportion qui permet de trouver OH, et par
suite le point H.

Le problème se trouve ainsi ramené à celui-ci : Décrire une circonférence qui passe par les deux points B et H, et qui soit tangente
à la droite CD. On sait que ce problème est susceptible de deux solutions. (G., n° 298.)

Remarque. La longueur OH pourrait être portée, en sens inverse,
sur le prolongement de BO ; ce qui fournirait deux autres solutions.

Exercice 471

1461. Problème. *Décrire une circonférence tangente à une droite* AB,
et à deux circonférences données C *et* D.

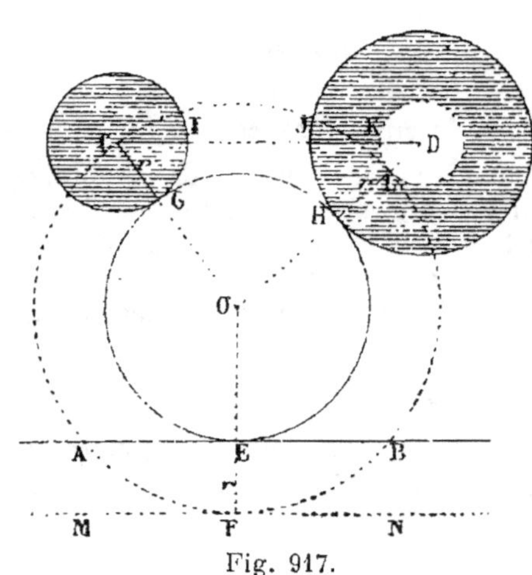

Fig. 917.

Soit EGH cette circonfé-
rence. Menons OC, OD et
CD ; puis OF perpendiculaire
sur AB.

Du point O, avec un rayon
égal à la plus petite des
distances OC et OD, décrivons la circonférence CFL :
avec DL pour rayon, décrivons une autre circonférence ;
et par le point F, menons
MN perpendiculaire à OF, et
par suite parallèle à AB.

Il faut donc tracer MN parallèle à AB, à la distance r ;
décrire du point D la circonférence auxiliaire qui a pour
rayon la différence des rayons des circonférences données.

Puis décrire une circonférence qui passe par le point C, et qui soit
tangente à la droite MN et à la circonférence auxiliaire. (G., n° 299.)

Le centre de cette circonférence est aussi le centre de la circonférence demandée.

Remarque. Comme on peut mener, par le point C, quatre circonférences tangentes à MN et à la circonférence auxiliaire DL, le problème actuel a aussi quatre solutions.

Exercice 472

1462. Problème. *Décrire une circonférence tangente à deux circonférences données* A *et* B, *et qui passe par un point donné* C.

Ce problème et le suivant (n° 1463) ont déjà été résolus (n°ˢ 46 et 47), néanmoins il est bon de les traiter de nouveau.

Soit CDGF la circonférence cherchée, F et G étant les points de contact. Menons les sécantes AB et FG, et, par leur point de concours O, la sécante OCD; puis les droites AFL, BGL, AE, FM, GN.

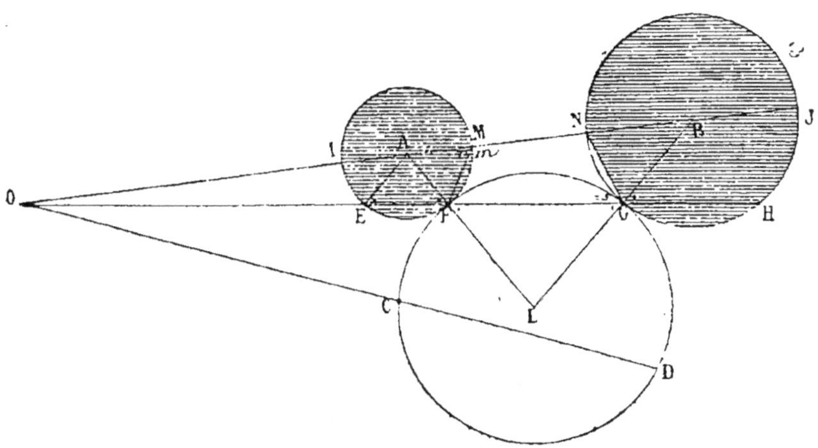

Fig. 918.

Les triangles AEF et FGL étant isocèles, les cinq angles marqués en E, F, G, sont égaux. Ainsi AE est parallèle à BG, et l'on

a $\dfrac{OB}{OA} = \dfrac{R}{r}$;   d'où $\dfrac{OB - OA}{OA} = \dfrac{R - r}{r}$ ou $\dfrac{AB}{OA} = \dfrac{R - r}{r}$.

Cette relation permet de trouver OA, et par conséquent le point O.

L'angle m a pour supplément r, dont la mesure est $^{1}/_{2}$ IEF; l'angle s a pour mesure $^{1}/_{2}$ NCH. Mais les arcs MF et JH sont égaux quant au nombre des degrés, comme étant des arcs homologues (G., n° 240); donc les angles r et s sont égaux; alors les angles m et s sont supplémentaires, et le quadrilatère MNGF est inscriptible.

On aura donc $OC.OD = OF.OG = OM.ON$;   d'où $\dfrac{OC}{OM} = \dfrac{ON}{OD}$,

proportion qui donnera OD, et par suite le point D.

Le problème se trouve ainsi ramené à celui-ci : Par deux points C et D, décrire une circonférence tangente à un cercle A (n° 299).

Remarque. L'application du problème précédent donne deux solutions; de plus, comme la distance OD pourrait être portée en sens inverse à partir du point O, il y aurait deux autres solutions.

Exercice 473

1463. Problème. *Décrire une circonférence tangente à trois circonférences données* A, B, C.

Soit IJK la circonférence demandée; menons les droites EA, EB, EC. Avec EA, la plus petite de ces trois droites, décrivons la circonférence AFG, puis les circonférences qui ont pour rayon BF et CG.

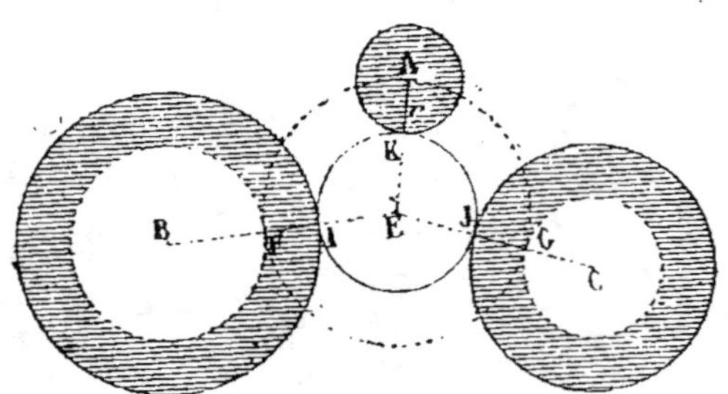

Fig. 919.

Il faut décrire ces deux circonférences auxiliaires, qui ont pour rayons BI et CJ, diminués de *r*; puis décrire une circonférence qui passe par le point A, et qui soit tangente aux deux circonférences auxiliaires BF et CG (nº 1462).

Le centre de cette circonférence est aussi le centre de la circonférence demandée.

Remarque. Il y a huit solutions; lorsque les trois cercles sont extérieurs l'un à l'autre, les circonférences obtenues sont conjuguées deux à deux; ainsi, à la circonférence tangente extérieurement aux trois cercles donnés, correspond une circonférence tangente intérieurement aux trois mêmes cercles.

A la circonférence tangente extérieurement aux cercles A et B et intérieurement à C, correspond une circonférence tangente intérieurement aux deux premières et extérieurement à la troisième, etc.

Exercice 474

1464. Problème. *On donne deux points* A, B *et une droite* xy; *sur cette ligne, déterminer un point* C *tel que la somme des carrés des distances* AC, BC *soit minima.*

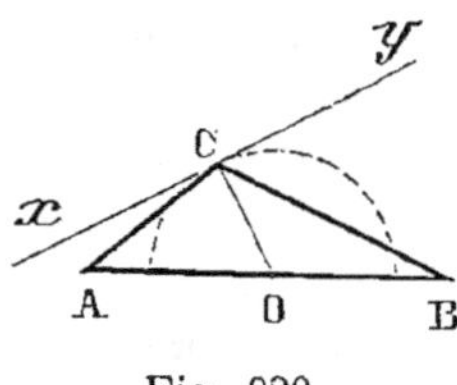

Fig. 920.

On sait que le lieu des points dont la somme des carrés des distances à deux points A et B est constante, est une circonférence décrite du point milieu O comme centre.

Le minimum de la somme des carrés a donc lieu pour la circonférence tangente.

Donc il suffit d'abaisser la perpendiculaire OC sur *xy*.

1465. Problème. *On donne deux points et une circonférence; déterminer sur la courbe un point C tel que $AC^2 + BC^2$ soit minimum ou maximum.*

Il faut joindre le milieu O au centre du cercle donné. C correspond au minimum et D au maximum.

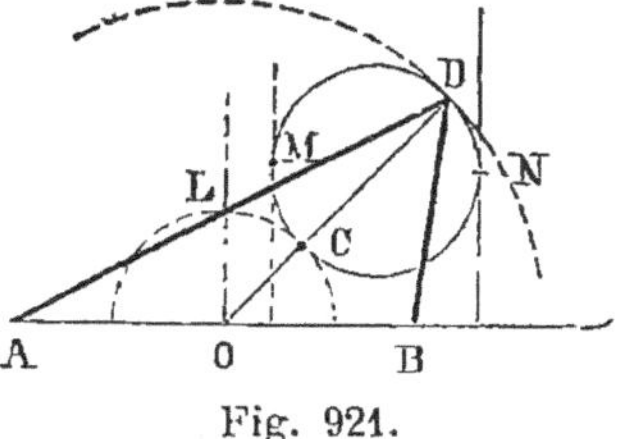

Fig. 921.

1466. Problème. *Mêmes données; déterminer C de manière que la différence des carrés soit minima ou maxima.*

Il faut mener des tangentes perpendiculaires à AB.

1° Lorsque OL ne rencontre pas la circonférence donnée, M correspond au minimum et N au maximum.

2° Lorsque OL coupe la circonférence, chaque tangente donne un maximum et la différence décroît lorsque le point s'approche de OL.

La différence est nulle pour les points où OL coupe la circonférence.

Exercice 475

1467. Problème. *Trouver un point dans l'intérieur d'un triangle tel que la somme des carrés des distances de ce point aux trois sommets soit minima.*

(*Méthodes, n° 358.*)

1468. Problème. *Étant données deux circonférences A et B, trouver un point tel que les tangentes menées à l'une et à l'autre soient égales et se coupent sous un angle donné.*

Soit O ce point.

Par les points de contact, menons les rayons CA et DB, prolongés jusqu'à leur rencontre en E, et traçons OE.

Le quadrilatère OCED ayant deux angles droits C et D, les deux autres angles O et E sont supplémentaires.

Les triangles rectangles OEC et OED sont égaux comme ayant même hypoténuse OE, et un autre côté égal à OC, OD; on a donc   EC = ED,   ou

$$a + r = b + R, \quad a - b = R - r,$$

quantité connue.

Ainsi, dans le triangle ABE, on connaît la base AB, l'angle

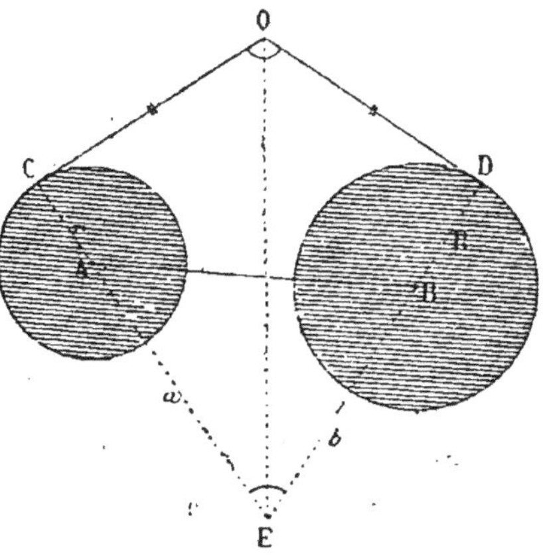

Fig. 922.

opposé E (supplément de l'angle donné O), et la différence
$(a - b = R - r)$ des deux autres côtés.

On peut donc construire ce triangle ABE (n° 989), prolonger AE
et EB, et mener en C et D les tangentes qui déterminent le point O.

Remarque. On sait que le lieu des points d'où l'on peut mener des
tangentes égales à deux circonférences est l'axe radical (G., n° 833,
Ex., n° 1398); ainsi le point E peut s'obtenir par l'intersection de
l'axe radical OE des deux cercles, et par le segment AEB capable
d'un angle supplémentaire de l'angle donné.

Exercice 476

1469. Problème. *Sur une base donnée EF, on construit des trian-*
gles EMF dont la somme des côtés EM, MF est constante. Sur chaque
côté EM, MF, pris pour diamètre, on décrit des circonférences. Quelle
est l'enveloppe de ces circonférences.

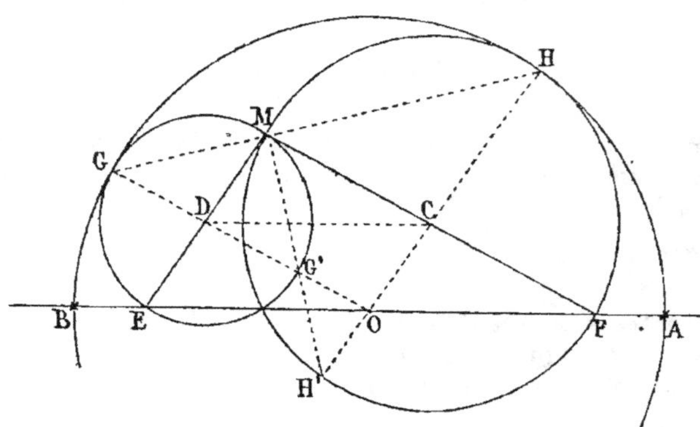

Fig. 923.

L'enveloppe est évidemment symétrique par rapport à EF, car le
triangle peut être construit au-dessous de cette ligne aussi bien qu'au-
dessus. Le point O, milieu de EF, doit être le centre de l'enveloppe,
car à tout triangle EMF correspond un triangle égal tel que la longueur EM aboutirait au point F et la longueur FM aboutirait au
point E.

Nous sommes donc conduits à joindre le point O aux centres C et D,
milieux respectifs de EM et MF; la figure DOCM est un parallélogramme.

Ainsi $OH = OC + CM = OD + DM = OG$

donc l'enveloppe est un cercle décrit du point O comme centre, avec
un rayon OH égal à la demi-somme constante $MC + MD$.

1470. Théorème. *Les trois points G, M, H sont en ligne droite.*
Les trois points M, G', H' sont aussi en ligne droite.

Exercice **477**

1471. Problème. *On donne deux cercles dont les centres* A *et* B *sont fixes et dont les rayons* a *et* b *doivent satisfaire à la relation*

$$an + bm = p^2$$

dans laquelle m, n, p *représentent des lignes.*

On demande l'enveloppe des tangentes communes à ces deux cercles.
(N. A. 1851, p. 340.)

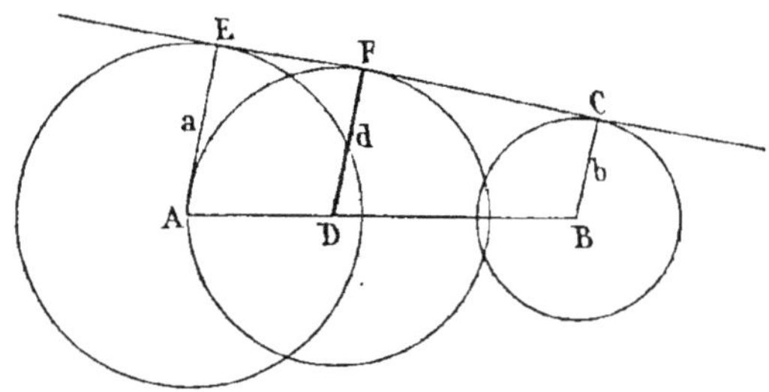

Fig. 924.

Divisons AB en parties inversement proportionnelles à m et n;

c'est-à-dire prenons $\qquad \dfrac{AD}{BD} = \dfrac{m}{n}$

Pour le trapèze ABCE formé par les rayons des points de contact, on aura (n° 1200)

$$d = \frac{an + bm}{m + n} = \frac{p^2}{m + n}$$

Or $\dfrac{p^2}{m + n}$ est une quantité constante; donc l'enveloppe des tangentes est la circonférence décrite du point D comme centre avec d pour rayon.

Droites et Circonférences sécantes.

Exercice **478**

1472. Problème. *D'un point donné* C *comme centre, décrire une circonférence qui coupe les côtés d'un angle* O *de manière que la corde obtenue soit parallèle à une droite donnée* xy.

En supposant le problème résolu, on reconnaît que le point milieu

D de la corde demandée doit se trouver sur la médiane OGD du

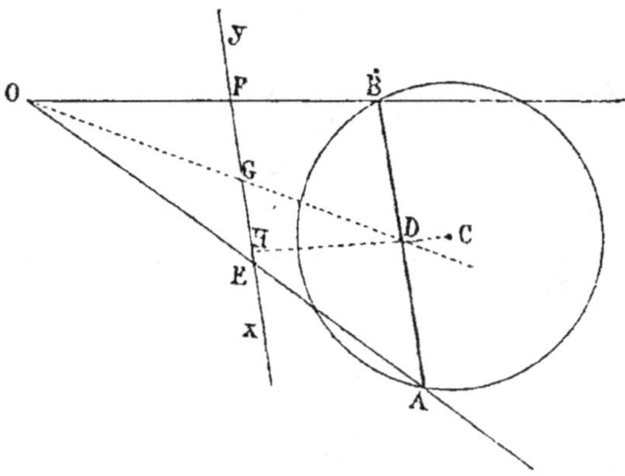

Fig. 925.

triangle OEF et sur la perpendiculaire CDH abaissée du centre C
sur xy.

1473. Problème. *Avec un rayon donné, couper les côtés d'un angle
donné de manière à obtenir un trapèze isocèle dont les bases soient
dans un rapport donné.*

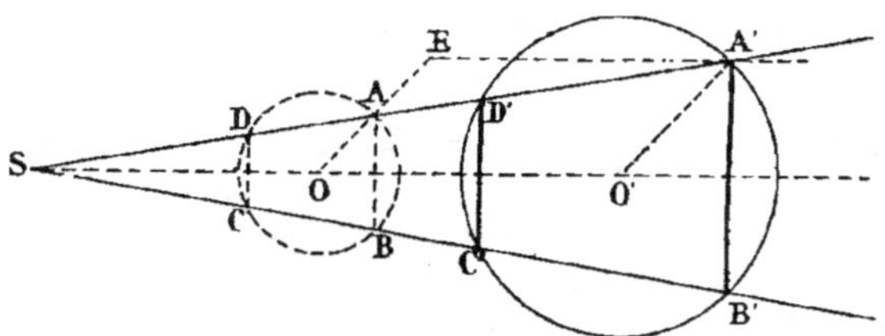

Fig. 926.

Le centre doit être sur la bissectrice; les bases sont perpendiculaires à cette ligne.

On emploie les figures semblables. On mène deux perpendiculaires
AB, CD dont les longueurs soient dans le rapport donné; on circonscrit une circonférence au trapèze isocèle ABCD; soit O le centre,
OA = OB = OC = OD le rayon. On détermine facilement la position
du centre O' tel que O'A' = r. Il suffit de prendre OE = r et de
mener EA' parallèle à la bissectrice SO.

1474. Problème. *On donne une droite XY et deux points A et B
situés de part et d'autre de cette droite; par les deux points, faire
passer une circonférence qui intercepte sur XY la plus petite corde
possible.*

Supposons le problème résolu, et soit OB le rayon du cercle qui détermine la corde minima MN.

On sait que dans un cercle donné, la plus petite corde qu'on puisse mener par un point C est perpendiculaire au rayon qui passe par ce point.

Donc, pour déterminer le centre O du cercle demandé, il faut élever une perpendiculaire sur XY au point C, puis une perpendiculaire DO au milieu de AB.

Le point O sera le centre demandé *.

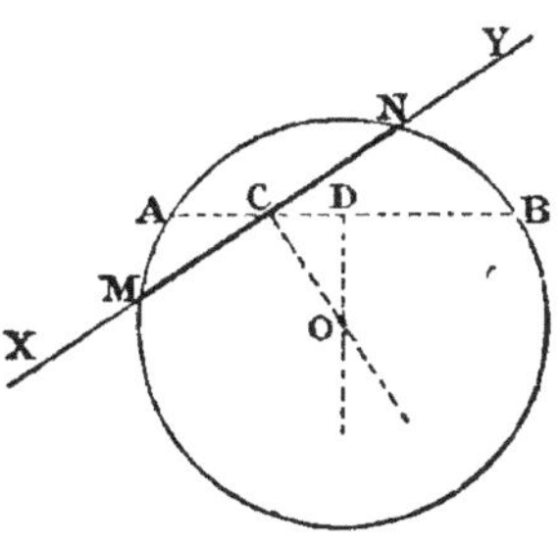

Fig. 927.

Exercice 479

1475. Problème. *Par deux points donnés A et B, faire passer une circonférence qui coupe en deux parties égales une circonférence donnée C.*

Soit le problème résolu et FE un diamètre du cercle donné C.

En menant ACD, on a (G., n° 259) $AC . CD = CF . CE = r^2$.

Donc DC est une troisième proportionnelle à CA et r, et le problème est ramené à faire passer une circonférence par les trois points A, B, D.

Pour trouver la longueur de CD, on peut décrire une demi-circonférence ayant son centre sur AC et passant par A, et par le point H extrémité du rayon CH perpendiculaire à AC, car on aura

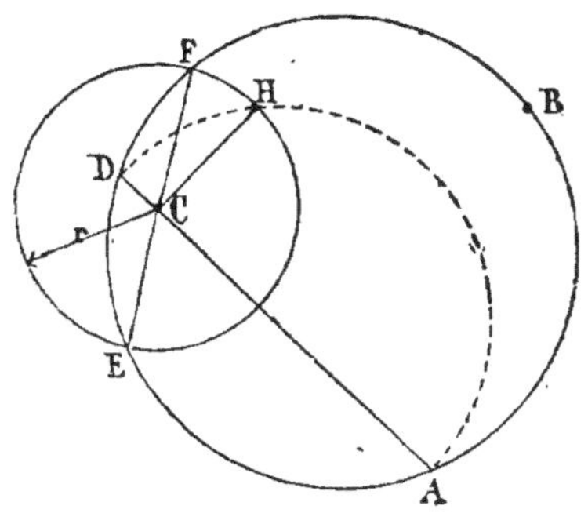

Fig. 928.

$$DC = \frac{CH^2}{AC} \qquad \text{(G., n° 247, 2°.)}$$

Exercice 480

1476. Problème. *Par deux points A et B, faire passer une circonférence qui coupe une circonférence C de manière que la corde commune ait une longueur donnée l.*

1° En supposant le problème résolu, et $MN = l$ (fig. 929), on reconnaît qu'il faut déterminer le point O, où les cordes AB, MN doivent se couper.

Il suffit de décrire une circonférence ABDF qui coupe le cercle C et de mener ABO, FDO.

---

* Voir la solution algébrique de ce même problème : *Exercices d'algèbre* (n° 977).

En désignant OM par x, $ON = x - l$.

La relation connue $OM \cdot ON = a^2$ devient $x(x-l) = a^2$, et l'on est ramené à la question connue : *Déterminer les côtés d'un rectangle, connaissant leur différence* l *et leur produit* a^2. (G., n° 341.)

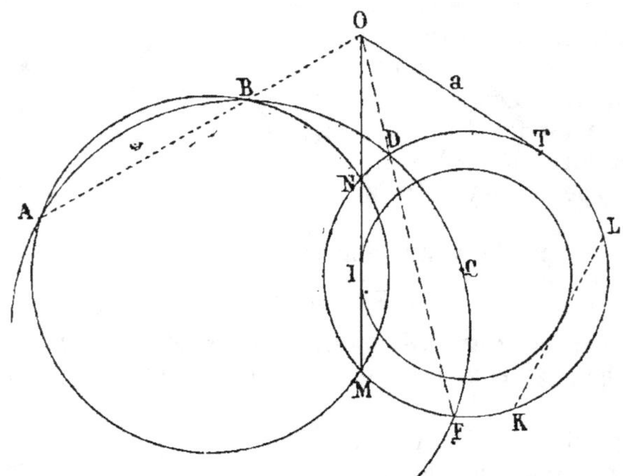

Fig. 929.

2° On peut aussi prendre une corde $KL = l$; décrire une circonférence de centre C tangente à cette corde, et par le point O mener une tangente ONM. Enfin, faire passer une circonférence par les quatre points A, B, M, N qui donnent lieu à la relation

$$OA \cdot OB = OM \cdot ON$$

Exercice 481

1477. Problème. *On donne trois points* A, B, C; *par deux de ces points* A *et* B, *faire passer une circonférence telle que la tangente menée du troisième point* C *ait une longueur donnée* l.

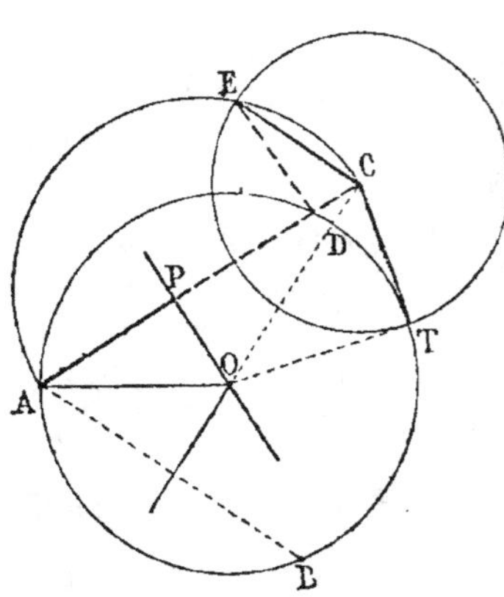

Fig. 930.

En supposant le problème résolu, et $CT = l$, on voit qu'en joignant le point C au point A on a

$$CD \cdot CA = CT^2 = l^2$$

On peut donc déterminer CD.

Pour cela, décrivons une demi-circonférence sur le diamètre AC, prenons $CE = l$ et abaissons la perpendiculaire ED.

Il faudra faire passer une circonférence par les trois points A, B, D.

1478. Problème. *Par deux points donnés* A *et* B, *faire passer une circonférence qui coupe orthogonalement un cercle donné* C.

C'est la même question, car la longueur de la tangente CT est connue, elle égale le rayon du cercle C.

Mais on peut traiter la question en suivant une marche plus générale qui sera utilisée assez fréquemment.

Joignons le centre O, supposé connu, aux points A, C, T.

On a $\overline{OC}^2 - OT^2 = CT^2 = l^2$; donc $OC^2 - OA^2 = l^2$

Ainsi le centre O est sur la perpendiculaire PO, telle que la différence des carrés des distances de chacun de ses points à deux points C et A égale un carré donné l^2.

D'ailleurs le centre se trouve aussi sur la perpendiculaire élevée au milieu de AB.

1479. Problème. *Décrire une circonférence telle que les tangentes menées de trois points donnés* A, B, C *aient respectivement pour longueur des lignes données* a, b, c.

Le problème proposé revient à *décrire un cercle qui coupe orthogonalement trois cercles donnés*.

Le centre du cercle demandé est le point de concours des axes radicaux des cercles considérés deux à deux. (G., n° 837.)

1480. Problème. *Décrire une circonférence qui passe par un point et qui coupe orthogonalement deux cercles donnés*.

C'est un cas particulier du précédent.

Exercice 482

1481. Problème. *Décrire une circonférence qui coupe orthogonalement trois circonférences données.*

Le centre du cercle demandé est le *centre radical* des trois cercles donnés, car les tangentes menées de ce point sont égales entre elles; il suffit de prendre la longueur de ces lignes pour rayon.

(G., n° 837, *Remarques* 1°.)

Exercice 483

1482. Problème. *Décrire une circonférence qui coupe trois cercles donnés suivant un diamètre.*

Lorsqu'un cercle en coupe deux autres A et B suivant des diamètres, le centre O se trouve sur une droite DO perpendiculaire à la ligne AB des centres et telle que, pour un point quelconque, on ait la relation $\qquad a^2 - b^2 = m^2 - l^2$ (n° 1401)   (1).

De même, pour B et C, il faut qu'on ait

$$b^2 - c^2 = n^2 - m^2 \qquad (2)$$

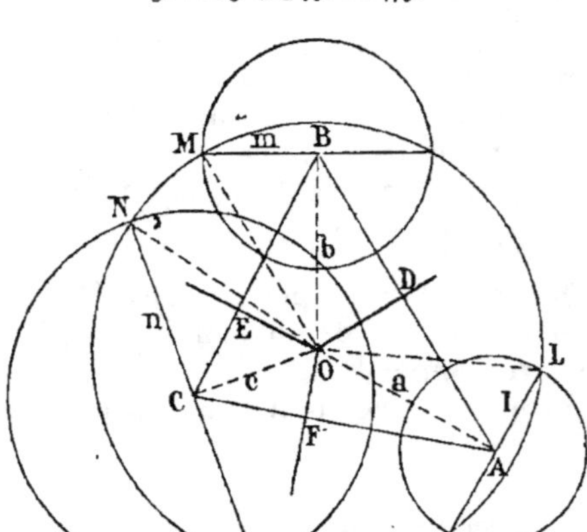

Fig. 931.

L'intersection des perpendiculaires DO, EO est le centre demandé.

1483. Théorème. *Les trois lieux* DO, EO, FO *se coupent au même point.*

C'est une simple conséquence de la question précédente, car le point O, où se coupent DO, EO, appartient au lieu des centres des cercles qui coupent A et C suivant un diamètre.

Les formules (1) et (2) conduisent au même résultat.

En effet, en les additionnant membre à membre, elles donnent

$$a^2 - c^2 = n^2 - l^2 \qquad (3)$$

relation qui caractérise chaque point du lieu FO.

1484. Problème. *Par deux points donnés* B *et* C, *faire passer un cercle qui coupe un cercle* A *suivant un diamètre.*

Les lieux DO, FO sont déterminés par les relations (fig. 931)

$$a^2 - b^2 = -l^2 \quad (1\ bis) \qquad \text{ou} \qquad b^2 - a^2 = l^2$$
$$a^2 - c^2 = -l^2 \quad (3\ bis) \qquad \text{ou} \qquad c^2 - a^2 = l^2$$

D'ailleurs, il suffit de construire un seul des lieux DO, FO, car le centre est aussi sur la perpendiculaire élevée au milieu de BC.

1485. Problème. *Par un point* C, *faire passer une circonférence qui coupe deux cercles donnés* A *et* B *suivant des diamètres.*

Les lieux sont déterminés par les relations suivantes :

DO (fig. 931) $a^2 - b^2 = m^2 - l^2$
EO $b^2 - c^2 = -m^2$
FO $c^2 - b^2 = -l^2$

On construit deux quelconques de ces lieux.

1486. Problème. *Décrire un cercle qui coupe orthogonalement les deux cercles A et B et qui coupe le cercle C suivant un diamètre.*

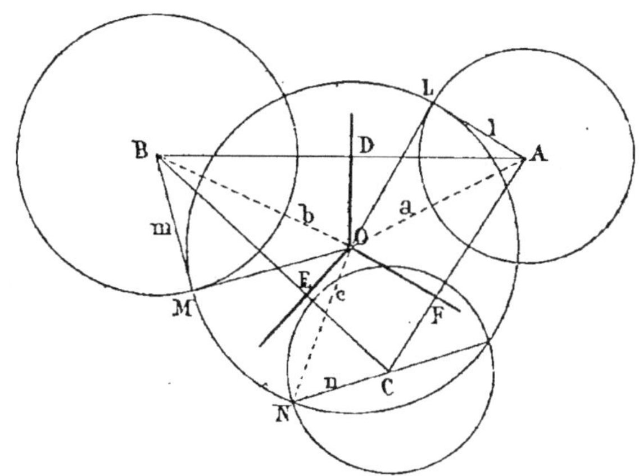

Fig. 932.

Pour A et B, le lieu DO est l'axe radical des deux cercles.
Pour A et C, B et C, la relation a été déterminée (nᵒˢ 1401 et 1482).

DO	$b^2 - a^2 = m^2 - l^2$
EO	$b^2 - c^2 = m^2 + n^2$
FO	$a^2 - c^2 = n^2 + l^2$

On construit deux de ces lieux.
On peut se proposer les problèmes suivants :

1487. Problèmes. I. *Un cercle doit passer par un point A, couper orthogonalement B et couper C suivant un diamètre.*

II. *Un cercle doit couper orthogonalement un cercle A et couper B et C suivant des diamètres.*

Exercice 484

1488. *Par deux points A et B, faire passer une circonférence qui coupe une autre circonférence donnée sous un angle donné.*

(Voir *Méthodes,* nᵒ 228.)

Inscription des figures.

Exercice 485

1489. Problème. *Par un point de l'hypoténuse d'un triangle rectangle, mener des parallèles aux côtés de l'angle droit, de manière que le rectangle réalise certaines conditions imposées.*

M.   19

Le rapport des côtés doit égaler $\dfrac{m}{n}$. (Voir *Méthodes*, n° 99, c.)

La somme des carrés des côtés adjacents doit égaler k². (*d.*)

Le produit des côtés adjacents du rectangle doit égaler k². (Voir *Méthodes*, 99, c.)

1490. Problème. *Inscrire un carré dans un triangle équilatéral* ABC.

Menons à l'un des côtés une perpendiculaire quelconque E'F' (fig. 933), achevons le carré E'F'G'D', et menons B'D'C' parallèle à BC. La droite indéfinie ADD' fera connaître le point D sur BC; les parallèles DE, DG et EF donneront le carré.

En effet, les deux figures ABC et AB'C' sont semblables; les droites AD et AD' sont homologues, aussi bien que DG et D'G'; et puisque D'G' est le côté du carré inscrit dans le triangle équilatéral A'B'C', D'G' est le côté du carré inscrit dans le triangle AB'C'.

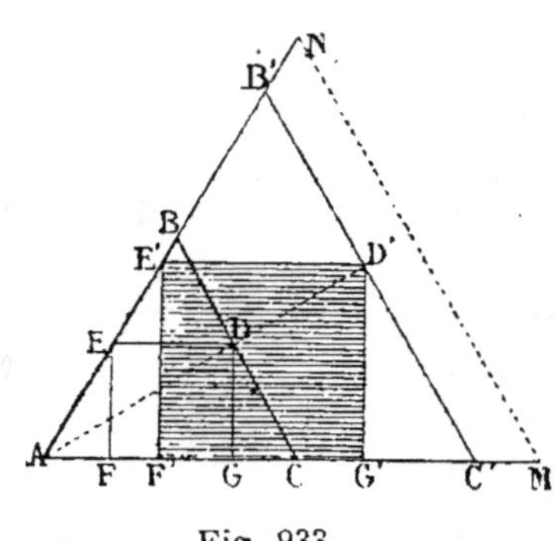

Fig. 933.

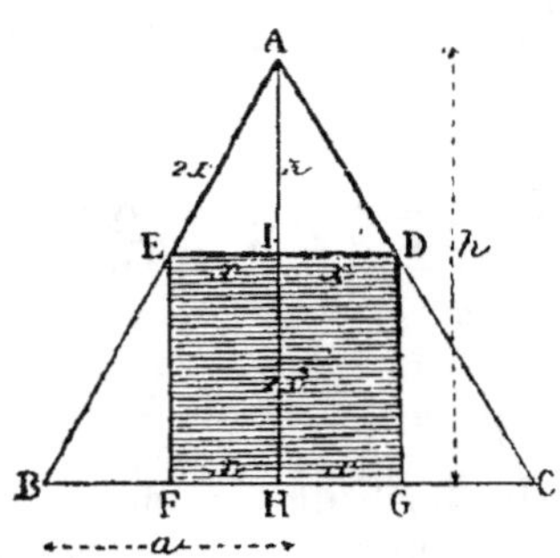

Fig. 934.

Solution algébrique. Considérons un carré DEFG inscrit dans un triangle équilatéral ABC (fig. 934). Appelons 2a le côté du triangle équilatéral, h sa hauteur, 2x le côté du carré inscrit, et z la partie AI de la hauteur qui se trouve au-dessus du carré.

Le triangle ADE est équilatéral, ainsi son côté AE = 2x; et le triangle rectangle AEI donne :

$$z^2 = (2x)^2 - x^2 = 4x^2 - x^2 = 3x^2; \quad \text{d'où} \quad z = x\sqrt{3}$$

Ainsi la hauteur $AH = 2x + x\sqrt{3} = x(2 + \sqrt{3})$

De là on tire

$$x = \frac{h}{2 + \sqrt{3}}$$

D'autre part on a $AH^2 = AB^2 - BH^2$ ou $h^2 = (2a)^2 - a^2 = 3a^2$ d'où $h = a\sqrt{3}$.

Donc $x = \dfrac{a\sqrt{3}}{2 + \sqrt{3}}$, valeur facile à calculer.

On obtient pour x une expression plus simple en multipliant numérateur et dénominateur par $2-\sqrt{3}$. Il vient alors (*Alg.*, F. I. C., n° 198) :

$$x = a\,\frac{(2-\sqrt{3}\,)\sqrt{3}}{(2+\sqrt{3}\,)\,(2-\sqrt{3}\,)} = a\,\frac{2\sqrt{3}-3}{4-3} = a\,(2\sqrt{3}-3)$$

Exercice 486

1491. Problème. *Dans un cercle, inscrire un rectangle qui soit semblable à un rectangle donné.*

(Voir *Méthodes*, n° 100, c.)

Problème. *Même question, inscrire le rectangle dans un demi-cercle.*

Il faut recourir aux figures semblables, ou aux lieux géométriques.

1° Prenons $\dfrac{AC}{AB} = \dfrac{m}{n}$; menons CO, on aura

$$\frac{DF}{FG} = \frac{CA}{AB} = \frac{m}{n}$$

2° Si la petite base du rectangle doit être sur le diamètre, on peut prendre H'C tel que

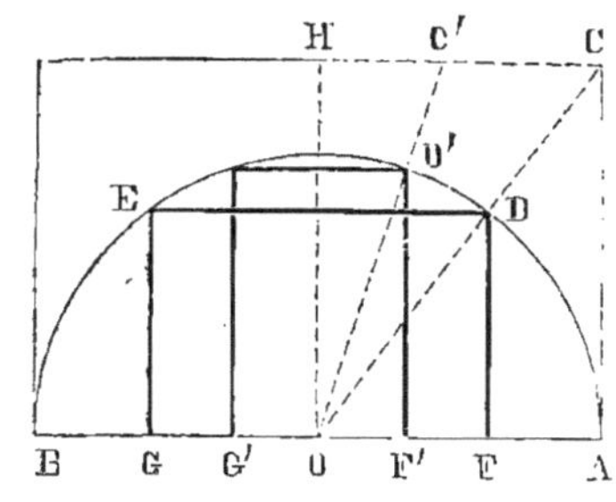

Fig. 935.

$$\frac{OH}{2HC'} = \frac{m}{n} \quad \text{d'où} \quad \frac{F'G'}{D'F'} = \frac{m}{n}$$

1492. Problème. *Dans un cercle, inscrire un rectangle dont la différence des carrés des côtés adjacents égale k².*

(Voir *Méthodes*, n° 100, c.)

Exercice 487

1493. Problème. *Dans un triangle, inscrire un rectangle de périmètre donné 2p.*

Discuter le problème, en attribuant à p toutes les valeurs possibles et en prenant pour le triangle donné : 1° $b < h$, 2° $b = h$, 3° $b > h$.

(Voir *Méthodes*, n° 256.)

1494. Problème. *Dans un triangle, mener une parallèle MN à la base; par les points M, N, mener des droites parallèles à une ligne donnée, de manière que le périmètre du parallélogramme inscrit ait une longueur donnée.*

(Voir *Méthodes*, n° 192.)

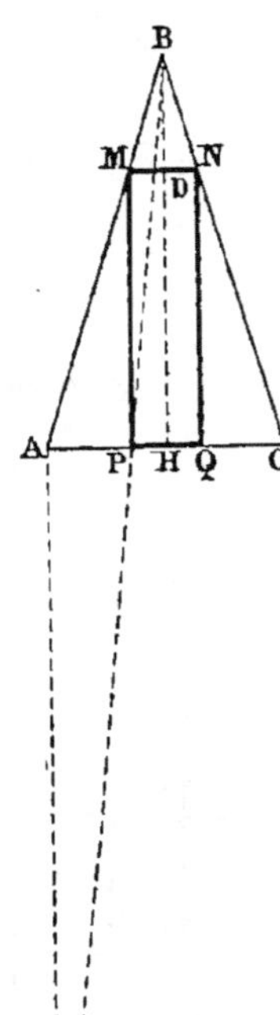

Fig. 396.

Exercice 488

1495. Problème. *Dans un triangle donné, inscrire un rectangle ayant pour diagonale une longueur donnée.*

(Voir *Méthodes*, n° 193.)

1496. Problème. *Dans un triangle donné, inscrire le rectangle de diagonale minima.*

(Voir *Méthodes*, n° 195.)

1497. Problème. *Dans un triangle quelconque, inscrire un rectangle semblable à un rectangle donné.*

(Voir *Méthode géométrique*, n° 209.)
(»   *algébrique*, n° 303, c.)

Exercice 489

1498. Problème. *Dans un triangle isocèle, inscrire un rectangle dont le périmètre soit le double du périmètre du triangle isocèle partiel qui surmonte le rectangle.*

Soit $2(MP + MN) = 2(MN + 2BM)$ (fig. 396)

d'où $MP = 2BM$

Le problème est ramené à trouver un point M tel que la hauteur MP soit égale à deux fois MB.

Il suffit de recourir aux figures semblables et d'élever une perpendiculaire AL égale à 2AB.

La droite LB détermine le point P.

1499. Problème. *Dans un triangle isocèle, inscrire un rectangle tel que le périmètre du triangle partiel soit les ²/₃ du périmètre du rectangle.*

Représentons la longueur de la base par $2b$, la hauteur par h et AB par l.

Prenons la distance BD pour inconnue.

Il suffit de considérer la moitié des périmètres.

On doit avoir

$$BM + MD = \tfrac{2}{3}(MP + 2MD) \qquad (1)$$

Or $\dfrac{BM}{l} = \dfrac{x}{h}$ d'où $BM = \dfrac{lx}{h}$

        $\dfrac{MD}{b} = \dfrac{x}{h}$ d'où $MD = \dfrac{bx}{h}$

               $MP = h - x$

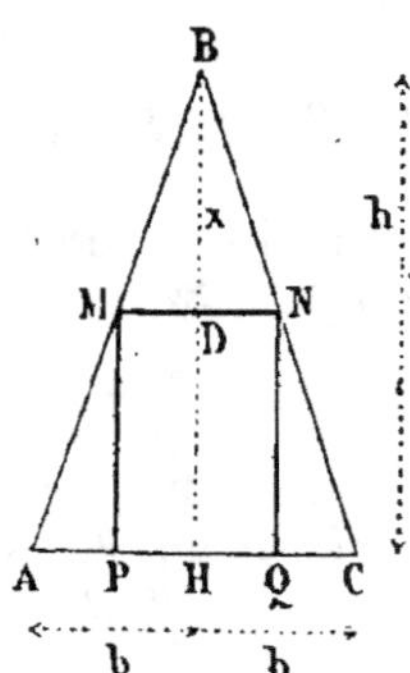

Fig. 937.

d'où (1) devient

$$\frac{lx}{h} + \frac{bx}{h} = \frac{2}{3}\left(h - x + \frac{2bx}{h} \right)$$

En réduisant au même dénominateur, et simplifiant, on obtient

$$3lx + 3bx = 2h^2 - 2hx + 4bx$$

$$x(3l + 2h - b) = 2h^2$$

$$x = \frac{2h^2}{3l + 2h - b}$$

Quatrième proportionnelle facile à construire.

Remarque. On procéderait d'une manière analogue pour un rapport quelconque.

1500. Même problème. *La somme des périmètres du triangle partiel et du rectangle doit avoir une valeur donnée s.*

En utilisant les valeurs trouvées précédemment, il suffit de poser

$$\frac{lx}{h} + \frac{bx}{h} + h - x + \frac{2bx}{h} = s$$

$$lx + bx + h^2 - hx + 2bx = hs$$

$$x(l + 3b - h) = hs - h^2$$

$$x = \frac{h(s - h)}{l + 3b - h}$$

1501. Même problème. *La différence des périmètres du rectangle et du triangle doit égaler d.*

Si le périmètre du triangle doit être retranché de celui du rectangle, il suffit de poser

$$h - x + \frac{2bx}{h} - \frac{lx}{h} - \frac{bx}{h} = d$$

$$h^2 - hx + 2bx - lx - bx = dh$$

$$x = \frac{h(d - h)}{b - l - h} \quad \text{ou} \quad x = \frac{h(h - d)}{h + l - b}$$

Exercice 490

1502. Problème. *Inscrire dans un triangle un autre triangle dont les côtés soient parallèles à des directions données.* (Paul SERRET, *des Méthodes en Géométrie*, 14.)

Il faut mener une droite E'F' parallèle à une des lignes données; par les points E', F', mener des parallèles E'D', F'D' aux deux autres droites données.

Le triangle D'E'F' répondrait à la question, si le sommet D' était sur AB; il suffit donc de mener CD'D, puis DE, DF parallèles à D'E', D'F', et le côté EF sera parallèle à E'F'.

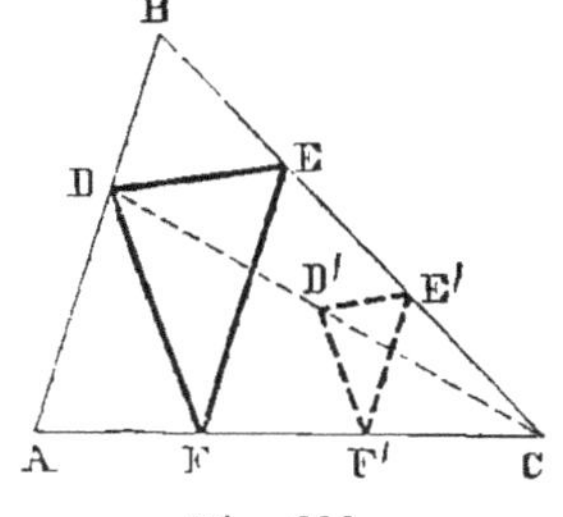

Fig. 938.

Exercice 491

1503. Problème. *Dans un cercle donné, inscrire un triangle isocèle, connaissant la somme de la base et de la hauteur.*

Discuter le problème.

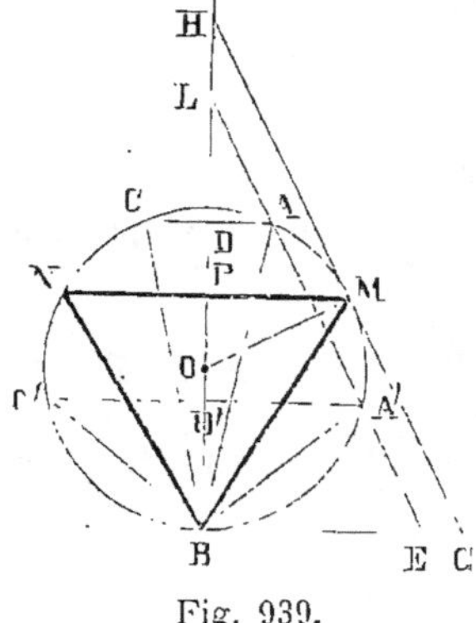

Fig. 939.

(a) Construction. On sait qu'on prend $BE = \dfrac{l}{2}$, $BL = l$, et qu'on joint EL (n° 211).

Il peut y avoir deux solutions BAC, BA'C'.

Pour discuter le problème, il suffit de mener des droites parallèles à une ligne EL telle que $BE = \frac{1}{2} BL$.

(b) Maximum de l. Le maximum de la somme l est donné par la tangente GH.

Les triangles POM, BGH sont semblables; ainsi $OP = \frac{1}{2} PM$.

Donc
$$PM^2 + \frac{PM^2}{4} = OM^2 = r^2, \quad PM^2 = \frac{4r^2}{5}$$

d'où
$$PM = \frac{2r}{\sqrt{5}}, \quad OP = \frac{r}{\sqrt{5}}$$

Or
$$OH = \frac{PM^2}{OP} = \frac{4r^2}{5} : \frac{r}{\sqrt{5}} = \frac{4r\sqrt{5}}{5} = \frac{4r}{\sqrt{5}}$$

donc BH ou
$$l = OH + OR = r + \frac{4r\sqrt{5}}{5} = r\left(\frac{5 + 4\sqrt{5}}{5}\right)$$

On peut écrire
$$l = r\left(1 + \frac{4}{\sqrt{5}}\right)$$

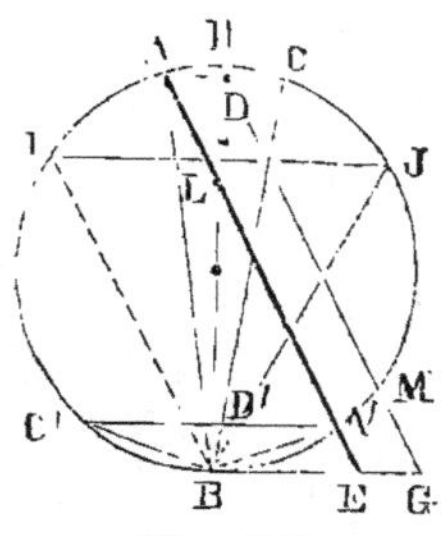

Fig. 940.

(c) (fig. 940) $l = 2r$

Une solution est déterminée par le point M; l'autre, donnée par le point H, se réduit à une droite.

(d) (fig. 940) $l < 2r$; soit $BL = l$

A' donne une solution telle que
$$A'C' + BD' = l.$$

A donne en réalité $BD - DL$

ou
$$BD - AC = l.$$

Ainsi lorsque la droite EL coupe le diamètre, et non son prolongement supérieur, c'est-à-dire quand on a $l < 2r$, mais $l >$ zéro, une des solutions correspond à l'énoncé direct, tandis que l'autre solution correspond au problème suivant.

Problème. *Inscrire un triangle isocèle tel que la hauteur diminuée de la base égale l.*

l peut décroître de $2r$ à zéro.

(e) $l = 0$

La solution de la somme se réduit à un point ; celle de la différence, ou BIJ, donne un triangle tel que la hauteur égale la base (fig. 940).

(f) $l < 0$, c'est-à-dire l porté à l'opposé de BH (fig. 941).

On prend encore $BE = {}^1/_2 l$, $BL = l$

Ainsi $A'C' = D'L$

d'où $A'C' - BD' = BL = l$

de même $AC - BD = BL = l$

Ainsi il y a généralement deux solutions.
Elles répondent à la question suivante.

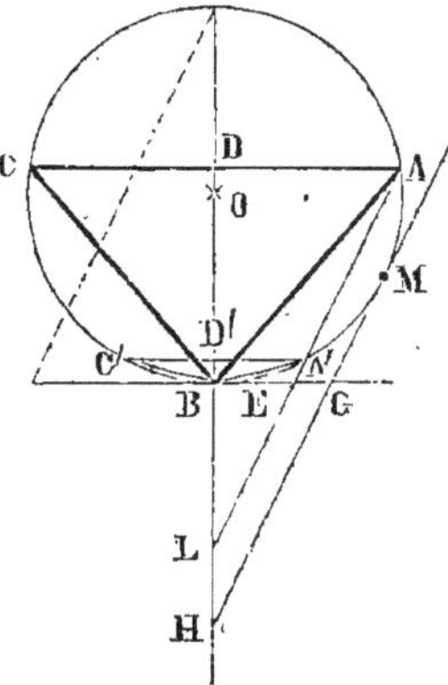

Fig. 941.

1504. Problème. *Inscrire un triangle isocèle tel que la base diminuée de la hauteur égale l.*

(g) *Maximum de la différence l.*

Le maximum de BH correspond à la tangente MH.

Or $OH = \dfrac{4r\sqrt{5}}{5}$ ou $\dfrac{4}{\sqrt{5}} \cdot r$, $OB = r$

donc $BH = r\left(-1 + \dfrac{4}{\sqrt{5}} \right)$

1505. Problème. *Dans un cercle, mener une corde parallèle à une tangente donnée, de manière que le rectangle inscrit qui aurait cette corde pour côté, et le côté opposé sur la tangente, ait un périmètre donné.*

Le périmètre du rectangle est double de la somme de la base et de la hauteur du triangle isocèle qui aurait la corde pour base et le point de contact pour sommet.

Exercice 492

1506. Problème. *On donne une circonférence et une droite ; mener une corde telle que le carré qui aurait cette ligne pour un de ses côtés, ait le côté opposé sur la droite donnée. Discuter le problème, en admettant que la droite varie de position par rapport au centre de la circonférence.*

(Voir *Méthodes*, nᵒ 255 ; on peut consulter aussi : *Exercices d'Algèbre*, nᵒ 980, p. 372.)

1507. Problème. Question analogue. *La corde doit être un des côtés d'un rectangle semblable à un rectangle donné.*

Même solution; sur XY, on construit un rectangle semblable à celui qui est donné, *mn* par exemple.

Discussion. Soit $m > n$

Il y a deux parties principales :

1º Lorsque la corde doit être l'homologue de *m*;

2º Lorsqu'elle doit être l'homologue de *n*.

Chacune de ces parties donne lieu à une discussion complète analogue à celle du carré.

Exercice 493

1508. Problème. *On donne une circonférence et une droite; mener une corde telle que le rectangle qui aurait cette ligne pour un de ses côtés, ait le côté opposé sur la droite donnée et que le périmètre ait une longueur 2p.*

Discuter le problème :

1º *Lorsque la droite est fixe de position et que 2p varie;*

2º *Lorsque 2p est constant et que la distance de la droite au centre est variable.*

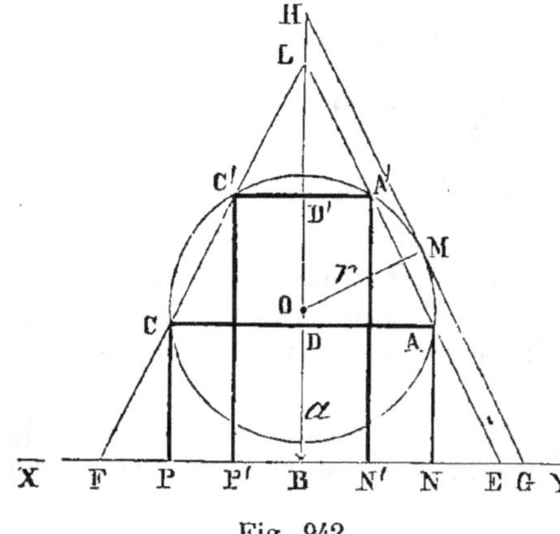

Fig. 942.

Le problème connu : *Dans un cercle, inscrire un triangle isocèle dont la somme de la base et de la hauteur ait une longueur donnée l* (nᵒˢ 211 et 1503), conduit immédiatement à la construction suivante :

Il faut prendre $BE = \dfrac{p}{2}$,

$BL = p$, et mener EL.

En effet, $AC = DL$;

donc $AC + BD = BL = p$

Ainsi $2AC + 2AN = 2p$

Discussion. 1º Pour une position donnée de XY, lorsque *p* varie, la discussion est analogue à celle du triangle isocèle; le maximum de *p* ou BH est donné par la tangente GMH.

En désignant par *a* la distance OB, on a

$$OH = \frac{4r}{\sqrt{5}}, \quad OB = a$$

donc　　　　BH ou $p = a + \dfrac{4r}{\sqrt{5}}$

2° Soit p invariable et a variable.

La discussion n'offre aucune difficulté ; il suffit d'indiquer un moyen très simple de reconnaître immédiatement les solutions au simple aspect de la figure ; en déplaçant XY à partir du centre et d'un seul côté de la figure.

En prenant $OE = OF = \tfrac{1}{2}p$,

$$OL = OK = p$$

on a $EF = p$, $LK = 2p$

Déplacer XY revient à faire glisser le losange le long de UZ.

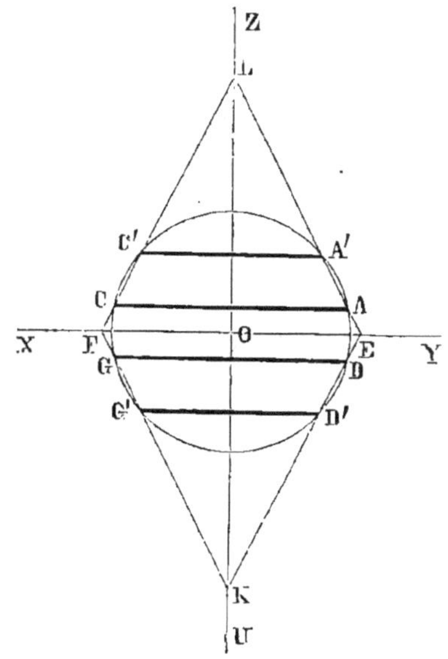

Fig. 943.

1° Il y a autant de solutions qu'il y a de cordes communes au cercle et au losange. Ainsi il peut y en avoir quatre.

2° Lorsque le côté même du losange rencontre le cercle, la base plus la hauteur égalent p. Ainsi

$$b + h = p$$

3° Quand les prolongements des côtés aux points L et K coupent le cercle, on a $h - b = p$

4° Lorsque, par suite de la valeur donnée à p, les prolongements des côtés aux points E, F coupent le cercle, on a $b - h = p$.

5° Quand deux côtés tels que EL, FL, par exemple, deviennent tangents, deux solutions se réduisent à une seule, et pour la position donnée à XY, la longueur P est un maximum.

6° Suivant les valeurs relatives attribuées aux grandeurs a, p, r, on peut avoir quatre solutions, trois, deux, une ou aucune.

Exercice 494

1509. Problème. *On donne deux points et une circonférence ; trouver un point sur la circonférence tel qu'en le joignant aux deux points donnés la corde soit parallèle à la ligne qui joint les deux points.*

La solution donnée aux *Méthodes* est très simple (n° 140). Il en est de même de la suivante.

On sait que les circonférences tangentes interceptent des cordes parallèles AB, DE sur tout angle dont le sommet C est au point de contact ; donc le problème revient à décrire une circonférence qui passe par deux points D, E et qui soit tangente à une circonférence donnée ABC. (G., n° 299.)

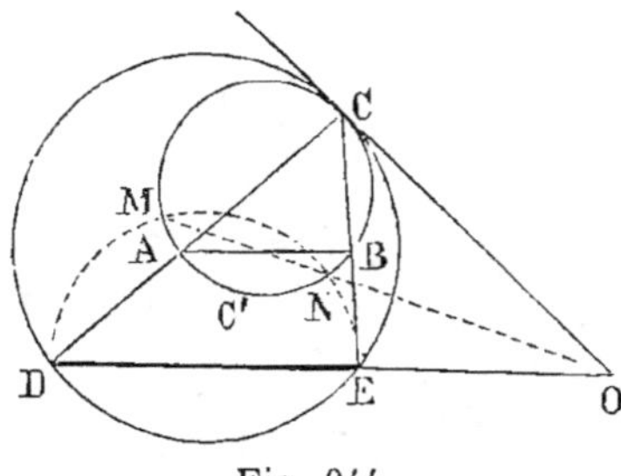

Fig. 944.

Construction. Par D, E faisons passer un arc qui donne lieu à la sécante MNO.

Menons la tangente OC; C est le point demandé. La tangente OC' donne une seconde réponse.

1510. Remarque. On peut être conduit à la solution précédente en remarquant que le point C, supposé connu, est le centre de similitude des triangles CAB, CDE et des circonférences circonscrites à ces mêmes triangles; donc, pour obtenir le point C, il faut faire passer par D, E une circonférence qui soit tangente à la circonférence donnée AMB.

Exercice 495

1511. Problème. *On donne deux points, une circonférence et une droite; déterminer sur la courbe un point tel qu'en le joignant aux deux points la corde soit parallèle à la droite donnée.*

(Voir *Méthodes*, nº 52.)

Exercice 496

1512. Problème de Castillon. *On donne trois points et une circonférence; inscrire dans cette circonférence un triangle tel que chaque côté passe par un des points donnés.*

(Voir *Méthodes*, nº 51.)

Note. Pappus résolut le problème lorsque les trois points donnés sont en ligne droite. GABRIEL CRAMMER, l'auteur des formules de ce nom, généralisa la question en prenant trois points quelconques, et le proposa à CASTILLON; ce dernier en donna une solution synthétique en 1776, déduite de celle de Pappus.

La même année, LAGRANGE* publia une solution analytique très simple; mais la construction la plus élégante est celle que nous avons donnée; elle est due à un jeune napolitain, ANNIBALE GIORDANO DI OTTAIANO. (Cit. N. A., 1844, page 464.)

Construction des Triangles.

Exercice 497

1513. Problème. *Construire un triangle, connaissant la base, l'angle opposé et le rapport des deux autres côtés.*

---

* LAGRANGE, né à Turin en 1736, mort à Paris en 1813. On lui doit le *Calcul des variations*, un traité de *Mécanique analytique*, la *Théorie des fonctions analytiques*, la *Résolution des équations numériques*.

Soit ABC le triangle demandé.

Le sommet C se trouve sur le segment capable décrit sur AB; les bissectrices intérieure et extérieure de l'angle C donnent deux points M et N constants. (G., n°ˢ 215 et 217.)

La circonférence décrite sur MN comme diamètre est le lieu du point C; donc, après avoir déterminé les deux points M et N tels

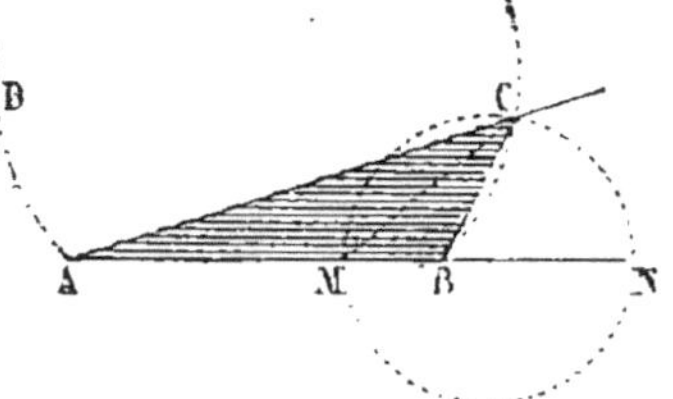

Fig. 945.

que $\dfrac{MA}{MB}$ et $\dfrac{NA}{NB} = \dfrac{m}{n}$, on décrit sur MN une $1/2$ circonférence et sur AB le segment capable de l'angle donné, et le point C sera déterminé par la rencontre des deux lieux qui doivent le contenir.

1514. Problème. *Construire un triangle, connaissant deux côtés et le pied de la bissectrice qui tombe sur l'un d'eux.*

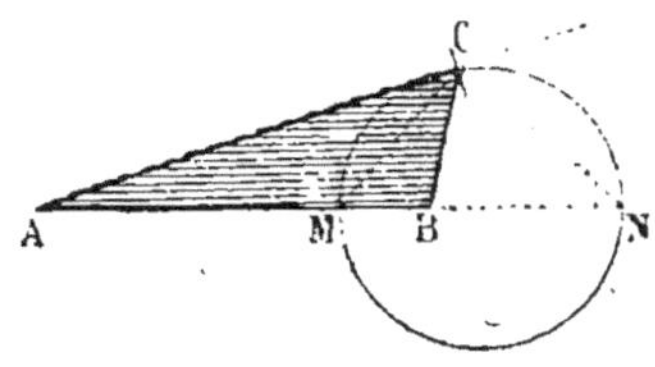

Fig. 946.

Soit ABC le triangle demandé.

Menons CN, bissectrice de l'angle extérieur en C. On a

$$\frac{MA}{MB} = \frac{NA}{NB}; \quad \text{d'où} \quad \frac{MA - MB}{MB} = \frac{AB}{NB}$$

Ainsi une quatrième proportionnelle donnera le prolongement BN.

Le troisième sommet C a pour lieu la circonférence décrite sur MN. On le déterminera en coupant cette circonférence par un arc décrit du point A, avec la longueur AC comme rayon.

Exercice **498**

1515. Problème. *Construire un triangle, connaissant la base, l'angle opposé et le produit des deux côtés qui comprennent cet angle.*

(Voir *Méthodes*, n° 106.)

Exercice **499**

1516. Problème. *Construire un triangle, connaissant un angle, le produit des côtés qui comprennent cet angle, et sachant que la longueur de la base doit être minima.*

Construisons un triangle isocèle ABC et un triangle quelconque DBF tels que　AB × BC = DB × BF

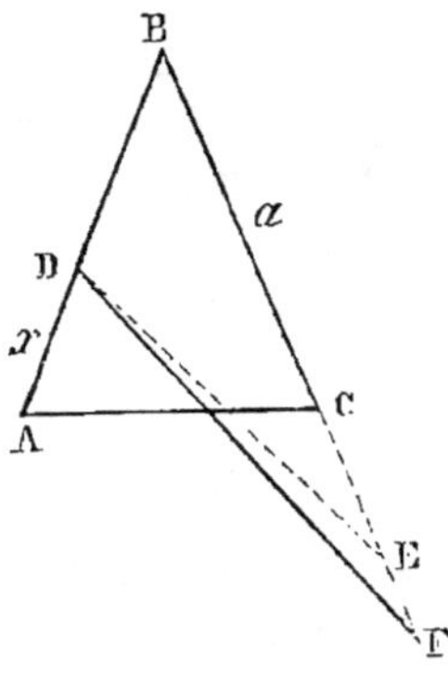

Fig. 947.

Soit AB = BC = a; prenons deux grandeurs égales AD et CE; soit x cette longueur.

Le produit　AB × BC = a^2

$$DB \times BE = (a - x)(a + x) = a^2 - x^2$$

Quelque petit que soit x, ce produit est moindre que a^2. Or pour que AB × BE = a^2, il faut donc que CF soit plus grand que CE; donc DF > DE; mais on a vu (n° 581) que AC est < DE; donc, à fortiori, on a AC < DF.

Par conséquent, *le triangle isocèle est celui dont la base est minima.*

Exercice 500

1517. **Problème.** *Construire un triangle, connaissant la base, la hauteur et la somme des carrés des deux autres côtés.*

(Voir *Méthodes*, n° 107.)

Exercice 501

1518. **Problème.** *Construire un triangle, connaissant deux côtés et la longueur de la bissectrice de l'angle compris entre ces côtés.*

(Voir *Méthodes*, n° 43.)

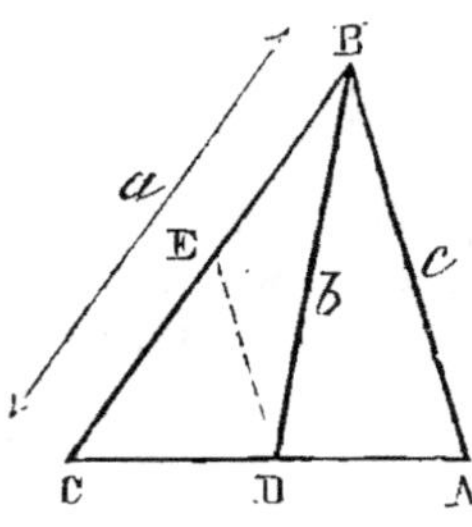

Fig. 948.

À cette solution, on peut rattacher la suivante (*Journal des Mathématiques élémentaires et spéciales*, 1877, p. 303):

On mène DE parallèle à AB.

On a　$\dfrac{CE}{CB} = \dfrac{CD}{CA} = \dfrac{a}{a + c}$,

car　$\dfrac{CD}{DA} = \dfrac{a}{c}$

$$\frac{CE}{a} = \frac{a}{a + c}, \quad CE = \frac{a^2}{a + c}$$

D'ailleurs　$BE = a - \dfrac{a^2}{a + c} = \dfrac{a^2 + ac - a^2}{a + c} = \dfrac{ac}{a + c}$

On peut construire le triangle isocèle DEB, dont les trois côtés sont connus, puis prendre BC = a, etc.

Remarque. On peut encore donner la solution ci-après (ROUCHÉ ET DE COMBEROUSSE, *Cours de mathématiques, à l'usage des candidats à l'École centrale*, t. II, p. 224):

Supposons le problème résolu.

Prenons $BE = BA$; la droite AE est perpendiculaire à la bissectrice BD; menons la parallèle MDN.

On a
$$\frac{a}{c} = \frac{CD}{DA},$$

mais
$$\frac{CN}{NE} = \frac{CD}{BA} = \text{donc } \frac{a}{c}$$

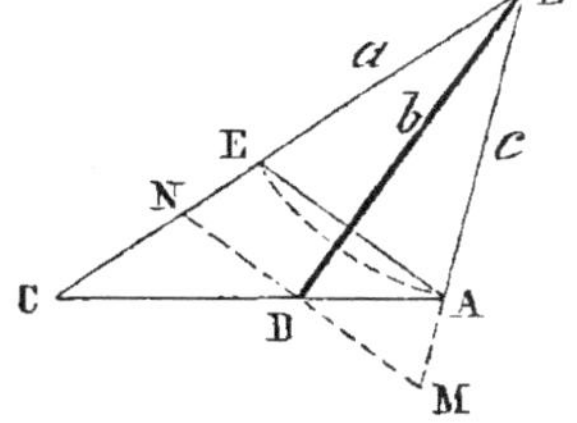

Fig. 949.

Ainsi on peut connaître le point N, car il suffit de diviser CE, différence des côtés donnés, en segments proportionnels à ces mêmes côtés a et c.

Puis construire un triangle rectangle NBD, connaissant la hauteur BD et l'hypoténuse BN. Ce triangle fera connaître l'angle CBD et, par suite, l'angle ABC.

1519. Problème. *Construire un triangle rectangle, connaissant l'hypoténuse et la différence des carrés des côtés de l'angle droit.*

Soient a l'hypoténuse et m^2 la différence données.

1er Moyen. On a
$$b^2 + c^2 = a^2$$
$$b^2 - c^2 = m^2$$

d'où
$$b^2 = \frac{a^2 + m^2}{2} \quad \text{et} \quad c^2 = \frac{a^2 - c^2}{2}$$

On peut donc connaître b et c et construire le triangle.

Comme construction graphique, le moyen suivant est plus rapide.

2e Moyen. Sur l'hypoténuse donnée BC, décrivons une demi-circonférence; puis construisons le lieu géométrique DA des points dont la différence des carrés des distances aux points B et C égale m^2 (n° 71).

Le point A où DA coupe la demi-circonférence est le sommet de l'angle droit.

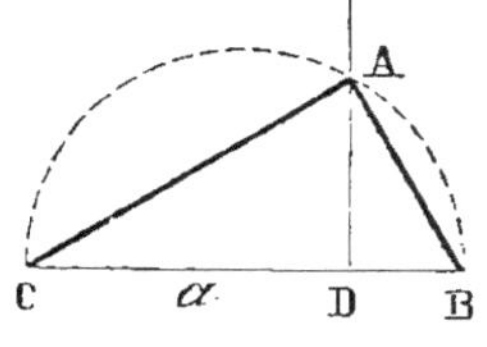

Fig. 950.

Exercice 502

1520. Problème. *Construire un triangle semblable à un triangle donné T, et dont les sommets se trouvent sur trois parallèles données M, N, P, ou sur trois circonférences concentriques données.*

1er Cas. Soit ABC un triangle semblable à T. Considérons trois parallèles quelconques M, N, P, menées par les sommets; traçons la circonférence circonscrite, et menons CD et AD.

L'angle inscrit $BDC = BAC = A'$, qui est donné; de même l'angle inscrit $BDA = BCA = C'$, qui est donné.

On peut donc prendre le point D à volonté sur la droite du milieu N, construire l'angle A' au-dessus et l'angle C' au-dessous, et décrire une circonférence par les trois points A, D, C. Le triangle ABC sera le triangle demandé.

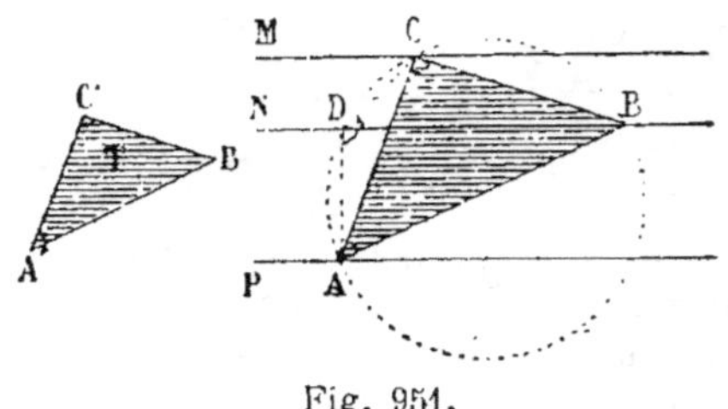

Fig. 951.

On remarquera que les deux angles qu'il faut construire de part et d'autre de la droite du milieu, sont ceux dont les sommets doivent être sur les deux autres lignes.

Remarque. Le triangle ABC (fig. 951) pourrait glisser sur les parallèles, et y occuper une infinité de positions.

On peut d'ailleurs construire l'angle A′ au-dessous de la droite N, et l'angle C′ au-dessus; ce qui donnerait une seconde solution.

Enfin, on peut réserver pour la ligne du milieu l'un quelconque des trois sommets A, B, C; et ainsi l'on peut avoir six solutions différentes, quant à la grandeur des triangles obtenus.

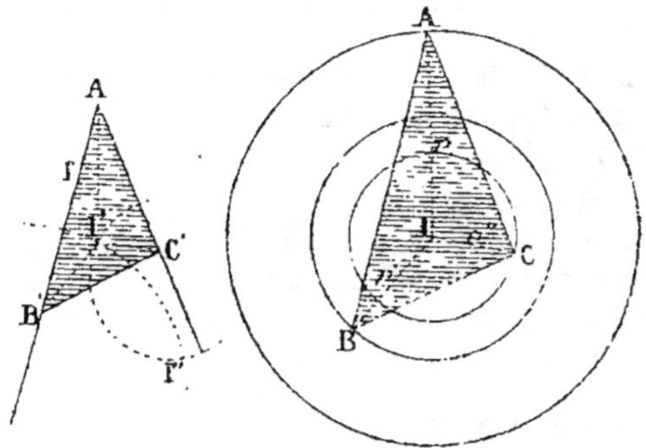

Fig. 952.

2ᵉ Cas. Soit ABC un triangle semblable à T (fig. 952). D'un point quelconque I, avec les distances IA, IB, IC, décrivons trois circonférences concentriques.

Sur A′B′, construisons le triangle A′B′I′ semblable à ABI : le point I′ est homologue de I, les distances I′A′ et I′B′ sont dans le rapport $\frac{r}{r'}$, et le point I′ appartient à un lieu géométrique connu. (G., n° 307.) De même, les distances I′A′ et I′C′ sont dans le rapport $\frac{r}{r''}$, et le point I′ appartient à un second lieu géométrique analogue au premier.

De ces considérations résulte la construction suivante, qui suppose donnés le triangle T et les trois circonférences ayant pour rayons r, r' r''.

Construire sur A'B' le lieu des points dont les distances aux deux points A' et B' sont dans le rapport $\frac{r}{r'}$, et sur A'C' le lieu des points dont les distances aux deux points A' et C' sont dans le rapport $\frac{r}{r''}$; joindre le point de rencontre des deux lieux aux trois sommets du triangle T; mener IA quelconque; construire les angles AIB et AIC égaux respectivement à A'I'B' et A'I'C', et achever le triangle ABC.

Remarque. Le triangle ABC pourrait tourner autour du centre 1, et occuper, sur les circonférences données, une infinité de positions.

On peut d'ailleurs prendre pour homologue du centre I, le second point de rencontre 1'' des deux lieux; ce qui donnerait une seconde solution.

Enfin, on peut réserver pour la circonférence extérieure l'un quelconque des trois sommets A, B, C; et ainsi l'on peut avoir six solutions différentes, quant à la grandeur des triangles obtenus.

Si les lieux ne se rencontraient pas, le problème serait impossible.

Exercice 503

1521. Problème. *Construire un triangle, connaissant la base, l'angle opposé et le rapport de la somme à la différence des deux autres côtés.*
(Diplôme de fin d'études, Clermont-Ferrand, 1871.)

Supposons le problème résolu; BAC le triangle demandé.

Le lieu du point D tel que, pour tout triangle inscrit dans le segment BAC, on ait BD = AB + AC, est l'arc de segment capable de l'angle $\frac{A}{2}$ (n° 921).

Le lieu du point E, pour lequel BE = AB − AC, est l'arc de segment capable de $90° + \frac{A}{2}$ (n° 922).

On connaît le rapport $\dfrac{BD}{BE} = \dfrac{m}{n}$.

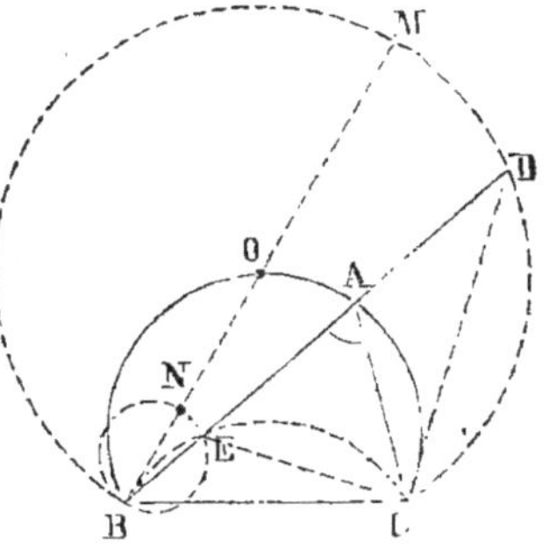

Fig. 953.

Donc, par rapport au point B et à l'arc BDC, il faut décrire le lieu des points qui divise les cordes telles que BD dans le rapport donné.

Ainsi, on peut mener le diamètre BM, prendre BN tel que $\dfrac{BM}{BN} = \dfrac{m}{n}$, et décrire une circonférence sur le diamètre BN.

L'intersection de ce lieu et de l'arc de segment capable de $90 + \dfrac{A}{2}$ fait connaître le point E.

Exercice 504

1522. Problème. *Construire un triangle, connaissant les rayons de deux des cercles tangents aux trois côtés et le rayon du cercle circonscrit.* (VAN AUBEL, *Nouvelle correspondance mathématique*, 1876, p. 315.)

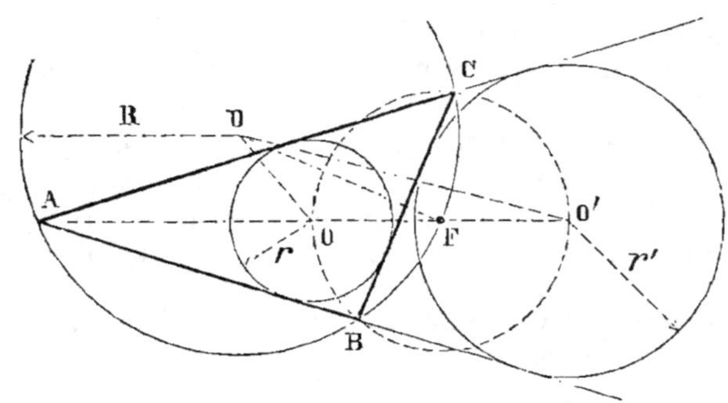

Fig. 954.

Soit ABC le triangle demandé.

On sait que les quatre points B, O, C, O′ appartiennent à une circonférence dont le centre est au point F; par suite $DF = R$ (n° 1259).

D'ailleurs, le *théorème d'Euler* (n° 327) donne :

$$OD^2 = R(R - 2r)$$
$$O'D^2 = R(R + 2r')$$

Ainsi, dans le triangle ODO′, on connaît deux côtés OD, O′D et la médiane DF du troisième côté, et l'on peut construire le triangle (n° 980, 2°).

Puis on décrit les cercles O et O′, et l'on mène les tangentes communes AB, AC, BC.

1523. Problème. *Construire un triangle rectangle, sachant que la différence des carrés des côtés de l'angle droit égale un carré donné k^2,*

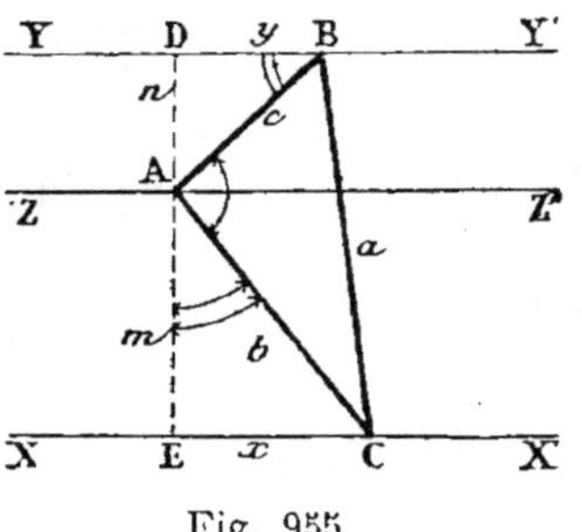

Fig. 955.

et que les sommets du triangle doivent se trouver respectivement sur trois droites parallèles données.

Soit ABC le triangle demandé, m, n les distances données des parallèles, et k^2 la valeur de $b^2 - c^2$.

On peut prendre un sommet A à volonté sur l'une des droites. Le triangle sera déterminé, si l'on connaît BD.

Soit donc $EC = x$ et $BD = y$.

On a les relations suivantes :

$$b^2 = m^2 + x^2$$
$$c^2 = n^2 + y^2$$
$$b^2 - c^2 \quad \text{ou} \quad k^2 = m^2 + x^2 - n^2 - y^2$$

ou
$$x^2 - y^2 = k^2 + n^2 - m^2 \tag{1}$$

Les triangles rectangles AEC, ABD sont semblables, car l'angle ACE égale BAD ; donc

$$\frac{x}{m} = \frac{n}{y} ; \quad \text{d'où} \quad xy = mn ; \quad y^2 = \frac{m^2 n^2}{x^2} \tag{2}$$

En mettant cette valeur dans l'équation (1), on trouve :

$$x^2 - \frac{m^2 n^2}{x^2} = k^2 + n^2 - m^2$$
$$x^4 - m^2 n^2 = (k^2 + n^2 - m^2) x^2$$
$$x^4 - x^2 (k^2 + n^2 - m^2) = m^2 n^2$$

Équation bi-carrée que l'on sait résoudre et dont on peut construire les racines (n°s 295 et 300).

Le problème peut donc être regardé comme complètement résolu.

Remarque. Ce problème donnerait lieu à une intéressante discussion.

1524. Problème. *Construire un rectangle, connaissant le périmètre et la somme des carrés des côtés adjacents.*

(Voir *Méthodes*, n° 104.)

1525. Problème. *Construire un rectangle avec les données suivantes :*
1° *Le périmètre et la différence des carrés de deux côtés adjacents ;*
2° *Le périmètre et le rapport des côtés.*

(Voir *Méthodes*, n° 104.)

1° On construit le triangle isocèle ADE (fig. 60), et l'on mène le lieu PM de la différence des carrés, de manière que $PE^2 - PA^2 = k^2$; car on trouve ainsi $PM^2 - PA^2 = k^2$.

2° On construit le triangle isocèle ADE ; par le point A, on mène la droite, lieu des points dont le rapport des distances à AX, AY égale $\dfrac{m}{n}$.

Exercice 505

1526. Problème. *Construire un trapèze, connaissant les angles et les diagonales.*

(Voir *Méthodes*, n° 110.)

Exercice 506

1527. Problème de Sturm. *Construire un quadrilatère inscriptible, connaissant les quatre côtés.*

(Voir *Méthodes*, n° 151.)

Applications des Relations numériques.

Exercice 507

1528. Problème. *Par deux points donnés sur une circonférence, mener deux cordes parallèles dont le rectangle soit équivalent à un carré donné.*

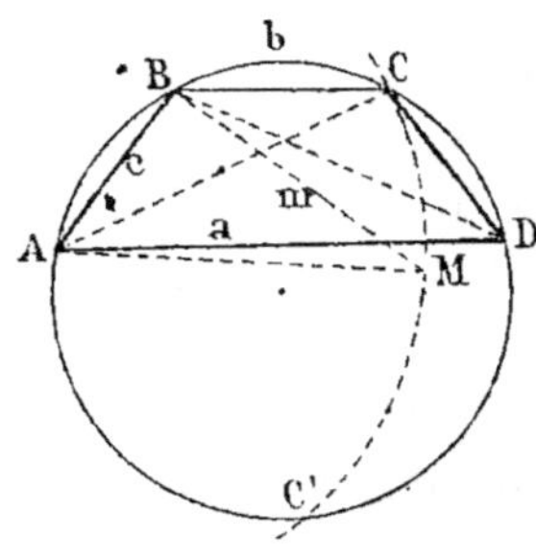

Fig. 956.

Soient A et B les points donnés et m^2 le carré donné. Le trapèze inscrit ABCD est symétrique $AB = CD$, $AC = BD$ (n° 699).

Or, dans tout trapèze, la somme des carrés des diagonales égale la somme des carrés des côtés non parallèles, plus deux fois le produit des bases (n° 1207); donc, en désignant les bases par a et b, chaque diagonale par d et le côté connu $AB = CD$ par c, on a :

$$2d^2 = 2c^2 + 2ab, \quad \text{mais} \quad ab = m^2$$

donc
$$d^2 = c^2 + m^2$$

Il suffit de construire un triangle rectangle ABM, ayant m et c pour côtés de l'angle droit, puis porter AM de A en C.

Exercice 508

1529. Problème. *On donne deux tangentes à un cercle; mener une troisième tangente telle que le segment intercepté sur cette ligne par les deux premières ait une longueur donnée.*

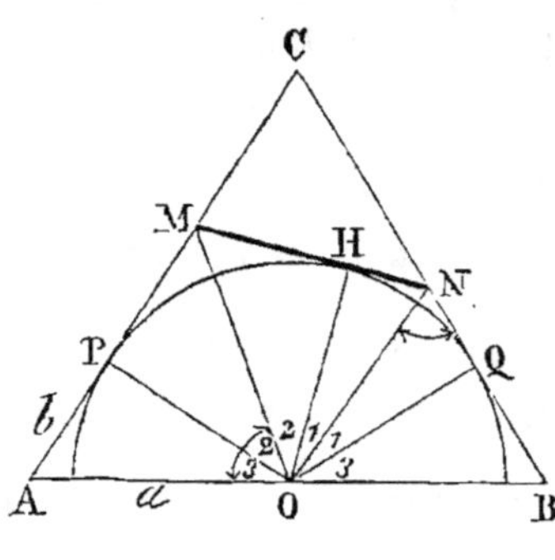

Fig. 957.

1° On peut employer une relation algébrique (n° 329).

2° On sait que l'angle MON est constant, car il est la moitié de POQ, supplément de l'angle connu C; donc, par le *problème contraire* (n° 213), on est ramené à construire un triangle MON, connaissant la longueur de la base MN, l'angle au sommet MON et la hauteur OH (n° 105).

3° On peut recourir aussi à une question déjà traitée (n° 262).

1530. Problème *Diviser un arc de cercle en deux parties, de manière que les cordes des arcs ainsi déterminés soient entre elles dans rapport donné* $\dfrac{m}{n}$.

Ce problème, déjà résolu (n° 1418), n'est rappelé qu'à cause du groupe naturel qu'il forme avec les questions suivantes (n°ˢ 1531 à 1535).

1531. Problème. *La somme des cordes doit égaler une longueur donnée* l.

La question revient à construire un triangle, connaissant la base, l'angle opposé et la somme des deux autres côtés.

(Voir *Méthodes*, n° 115 et n°ˢ 921, 989.)

1532. Problème. *La différence des cordes doit égaler une longueur donnée* d.

La question revient à la suivante :

Construire un triangle, connaissant la base, l'angle opposé et la différence des deux autres côtés.

(Voir n°ˢ 922 et 989.)

1533. Problème. *La somme des carrés des cordes doit égaler* k².

On emploie le lieu géométrique des points dont la somme des carrés des distances aux extrémités de la corde donnée égale k^2 (n° 69).

Du point D, milieu de la corde donnée AB, on décrit une circonférence ECF, avec un rayon DC tel que $2CD^2 + 2AD^2 = k^2$.

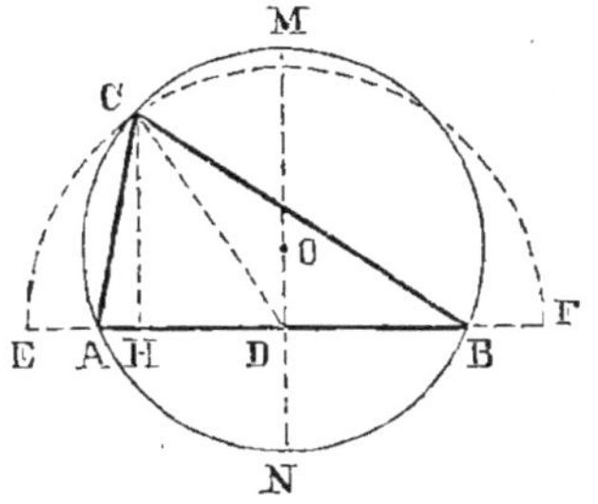

Fig. 958.

1534. Problème. *La différence des carrés* = k².

On a recours au lieu de la différence des carrés (n° 71).

1535. Problème. *Le produit des deux cordes doit égaler* k².

On sait que le produit des deux côtés d'un triangle égale le diamètre multiplié par la hauteur (G., n° 270); donc $CH = \dfrac{k^2}{MN}$.

Le problème revient à construire un triangle, connaissant la base, l'angle opposé et la hauteur (n° 105).

Exercice 509

1536. Problème. *Par le point milieu d'un arc de cercle, mener une droite telle que le segment compris entre la corde de l'arc et l'autre partie de la circonférence ait une longueur donnée (4 solutions).* (Francœur. *Cours de Mathématiques*, t. 1.)

(Voir *Méthodes*, n° 320.)

Exercice 510

1537. **Problème de Pappus.** *Par un point pris sur la bissectrice d'un angle donné, mener une sécante limitée aux côtés de cet angle et telle que le segment intercepté ait une longueur donnée.*

La solution algébrique (n° 309) se rapporte au cas où l'angle est droit.

A l'aide du *problème contraire* (n° 213), la question se ramène aux problèmes connus (n°ˢ 321 et 320).

1538. **Note.** Le *problème de Pappus,* dans le cas le plus général, celui où le point est inégalement éloigné des côtés de l'angle, ne peut point être résolu en n'employant que la règle et le compas. Il comporte quatre solutions différentes, et par suite, on obtient une équation complète du quatrième degré dont on ne sait pas construire géométriquement les racines. Néanmoins il serait facile de résoudre mécaniquement le problème proposé, ainsi que ceux de la trisection de l'angle (n° 911) et de la duplication du cube à l'aide d'un instrument qui décrirait une *conchoïde.* (Pour l'étude de cette courbe, on peut consulter la *Géométrie analytique de Briot,* 10ᵉ édition, n° 36.)

La *conchoïde* est due à NICOMÈDE, géomètre d'Alexandrie, que l'on croit contemporain du célèbre géographe ERATHOSTÈNE (276-196 av. J.-C.). Ce dernier a indiqué un procédé connu sous le nom de *crible d'Erathostène,* pour trouver les nombres premiers inférieurs à un nombre donné, 10.000 par exemple. (D'après l'*Histoire des Mathématiques,* par FERDINAND HOEFER, page 242.)

Exercice 511

1539. **Problème.** *On donne une demi-circonférence ADC et une perpendiculaire au diamètre AC ; mener une tangente EDF limitée à ces deux droites, de manière que les segments DE, DF soient égaux entre eux.*

(Voir *Méthodes,* n° 311.)

Exercice 512

1540. **Problème.** *Le segment DE doit être double de DF.*

(Voir *Méthodes,* n° 315.)

1541. **Problème.** *On doit avoir* $\dfrac{DE}{DF} = \dfrac{m}{n}$.

(Voir *Méthodes,* n° 310.)

Exercice 513

1542. **Section de raison.** *Sur deux droites concourantes OX, OY, on donne deux points fixes D, F. Par un point A, mener une sécante MAN, de manière que les segments DM, FN soient dans un rapport donné.* (APOLLONIUS.)

(Voir *Méthodes,* n° 332, *a.*)

Exercice 514

1543. Section de l'espace. *Le produit des distances* DM, DF *doit égaler un carré donné* k². (APOLLONIUS.)

(Voir *Méthodes*, n° 332, *b*.)

(c) $DM + FN = l,$ somme donnée.

(d)   (n° 333) $DM - FN = l,$ différence donnée.

(e) $\dfrac{OD.OM}{OF.ON} = \dfrac{m}{n},$ rapport donné.

Exercice 515

1544. Section déterminée. *Étant donnés quatre points en ligne droite, on demande de déterminer un cinquième point tel que le produit de ses distances à deux des points donnés soit au produit des distances aux deux autres dans un rapport donné* $\dfrac{m}{n}$. (APOLLONIUS.)

(Voir *Méthodes*, n° 334.)

Note. Les principes de la *Géométrie moderne* permettent de résoudre les problèmes de la *section de raison*, de la *section de l'espace* et beaucoup d'autres, plus ou moins analogues, par une méthode uniforme, aussi élégante que simple, due à CHASLES. (*Géométrie supérieure*, n°ˢ 290 à 296 et 298.)

Le problème de la *section déterminée* revient à déterminer les *points doubles d'une involution*. (G. S., n° 281. On peut voir aussi les *Éléments de Géométrie projective* de CREMONA, n° 267.)

Exercice 516

1545. Problème d'Alhazen. *On donne un billard circulaire et une bille placée en un point donné* A; *dans quelle direction faut-il lancer la bille pour qu'elle repasse par le point* A, *après deux réflexions successives?* (Concours général des collèges de Paris, 1842.)

Supposons le problème résolu et ABCA le chemin parcouru.

Le rayon BO est la normale menée à la courbe par le point de contact. (G., n° 129.)

D'après la loi de la réflexion, les droites AB et BC font des angles égaux avec la normale BO, donc l'angle ABO = CBO. De même l'angle BCO = OCA, mais BOC est un triangle isocèle; donc il en est de même du triangle BAC. La droite BC est perpendiculaire à OA.

Si nous menons les tangentes aux points B, C, puis une perpendiculaire EF à la droite AO, nous formerons un triangle isocèle EDF circonscrit au triangle demandé, et chaque hauteur telle que FOB est bissectrice de l'angle ABC.

En d'autres termes, le triangle ABC peut être considéré comme obtenu en joignant deux à deux les pieds des hauteurs de DEF (n° 662), et le triangle inscrit sera déterminé dès qu'on connaîtra le triangle circonscrit.

Or, pour ce dernier, il suffit de trouver la longueur de AF ou de OF.

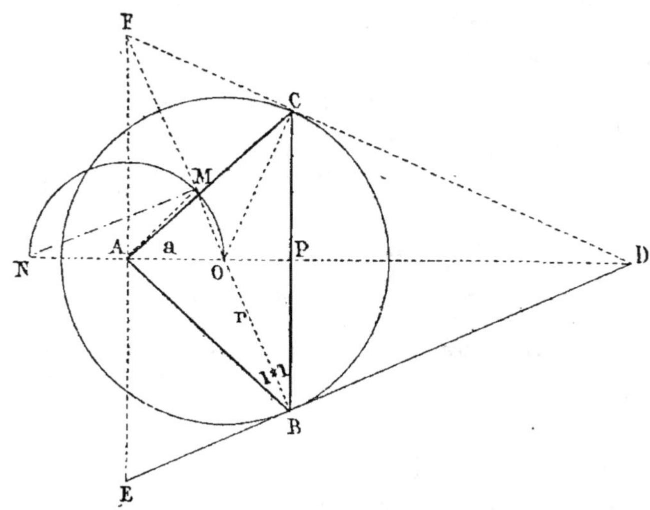

Fig. 959.

Soit $$OA = a, \quad OB = r$$

Les triangles rectangles FAO, FBE sont semblables, car ils ont un angle aigu commun ; donc

$$\frac{OF}{AF} = \frac{FE}{FB} \quad \text{ou} \quad \frac{OF}{AF} = \frac{2AF}{OF + r}$$

d'où
$$2AF^2 = OF(OF + r)$$

Afin de n'avoir qu'une seule inconnue, remplaçons $2AF^2$ par sa valeur $2OF^2 - 2a^2$, nous obtiendrons :

$$2OF^2 - 2a^2 = OF^2 + OF \cdot r$$

ou
$$OF^2 - r \cdot OF - 2a^2 = a$$

$$OF = \frac{r \pm \sqrt{r^2 + 8a^2}}{2}$$

Quantité facile à construire.

1546. Remarque. La solution précédente est facile à imaginer et à retenir. Il en est de même de celle qu'on obtient en prenant OP pour inconnue.

La solution ci-après, donnée par Léon Anne (N. A. 1842, p. 36), n'exige pas la considération des tangentes.

Seconde solution. Prolongeons la bissectrice BOF jusqu'à la rencontre de la perpendiculaire AF menée à la droite AO.

Comme précédemment, il suffit de déterminer le point F.

Or si nous décrivons une demi-circonférence OMN avec a pour rayon, et si nous joignons N, A au point M, où cette demi-circonférence coupe OF, nous obtiendrons deux triangles rectangles semblables AOF, OMN, car l'angle O est commun ; donc

$$\frac{OF}{AO} = \frac{ON}{OM} \quad \text{ou} \quad \frac{OF}{a} = \frac{2a}{OM}$$

d'où
$$OF \cdot OM = 2a^2$$

Or le triangle MAO est isocèle ; il en est de même de BAF, car l'angle F égale CBF égale donc ABF.

Par suite
$$FM = OB = r$$

Ainsi les inconnues OF, OM *sont les côtés d'un rectangle dont on connaît la surface* 2a² *et la différence* r *des deux côtés, et l'on est ramené à une question connue.* (G., n° 341.)

Note. La question de concours posée en 1841 est connue sous le nom de *billard circulaire;* elle a été résolue par l'Arabe ABHASEN, ou mieux ALHAZEN [*] (xie siècle). On peut demander que la bille parte d'un point donné A et passe, après une réflexion, par un autre point donné B.

Le problème peut être énoncé comme il suit :

On donne un cercle et deux points A *et* B ; *trouver le point brillant du cercle, dans le cas d'un point lumineux* A, *l'observateur étant placé en* B. *Ou bien* : *Inscrire dans le cercle un triangle isocèle dont les deux côtés égaux passent par les deux points donnés.* On peut dire aussi : *Déterminer un point* C *sur la circonférence, tel que la somme* AC + BC *soit maxima ou minima.*

Le problème général a été résolu successivement par HUYGENS, le marquis de L'HOPITAL, RICCATI, SIMSON, PUISSANT, QUÉTELET [**], etc. (*Aperçu historique,* page 478. *Nouvelles Annales,* 1842, page 86.)

Une étude élémentaire très complète a été faite par LÉON ANNE (N. A., 1842, page 36). L'étude analytique est de M. GÉRONO (N. A., 1844, page 242).

Les solutions sont obtenues par l'intersection d'une hyperbole et de la circonférence donnée. Il y a quatre solutions quand les deux points sont à l'intérieur de la circonférence, et deux seulement quand ils sont à l'extérieur.

(On peut consulter aussi les articles suivants : N. A., 1850, page 340; année 1870, pages 133 et 423.)

---

[*] ALHAZEN est le même que HASSAN-BEN-HAŸTHEM, mort au Caire en 1038. Il a laissé un *Traité des Connues géométriques,* ayant de l'analogie avec les *Données* ou *Porismes d'Euclide.* Il est surtout connu par un *Traité d'Optique,* où se trouve le problème du *miroir circulaire.* (D'après l'*Histoire des Mathématiques,* par M. Hoefer.)

[**] HUYGENS, né à La Haye en 1629, mort en 1695 ; fit connaître diverses propriétés de la *cycloïde* (G., n° 890) et la *théorie des développées.*

L'HOPITAL, né à Paris en 1661, mort en 1704. On lui doit l'*Analyse des infiniment petits* et un *Traité analytique des sections coniques.*

RICCATI (1676-1754), géomètre italien, célèbre par l'intégration de l'équation qui porte son nom.

ROBERT SIMSON, géomètre écossais, déjà cité (n° 22).

PUISSANT (1769-1843), membre de l'académie des sciences, bien connu par son *Traité de Géodésie.*

QUÉTELET, membre de l'académie des sciences de Belgique, auquel on doit l'étude des *focales.* (Voir l'*Aperçu historique* de Chasles.)

LIVRE IV

THÉORÈMES

Aire des figures.

1547. Dans les *Éléments de Géométrie* (IVe livre), les aires sont déduites de celle du rectangle par la comparaison directe de la surface à évaluer à une surface déjà connue. Ainsi, on prouve qu'un parallélogramme est équivalent à un rectangle de même base et de même hauteur; donc on peut prendre pour mesure du parallélogramme le produit des nombres qui mesurent la base et la hauteur de la figure donnée.

On procède d'une manière analogue pour le triangle et le trapèze; mais, pour le cercle, il a fallu recourir aux considérations infinitésimales et considérer cette figure comme la limite des polygones réguliers dont le nombre de côtés augmente indéfiniment.

ARCHIMÈDE * est le principal auteur de la *Géométrie de la mesure*. On lui doit l'expression de l'aire du cercle et la quadrature du segment parabolique. (G., n° 947.) Jusqu'à lui, les géomètres n'étaient parvenus qu'à évaluer les polygones. On pouvait citer, il est vrai, les *lunules d'Hippocrate* (n°s 1577 et 1578); mais ce n'était que la constatation d'une *équivalence* heureuse entre une figure à périmètre curviligne et un triangle rectiligne, mais non une méthode qui pût conduire à l'évaluation des surfaces planes limitées par une courbe.

La *Méthode d'exhaustion*, due à ARCHIMÈDE, et appliquée à la parabole, ainsi qu'à la mesure des solides, est indiquée au livre VII (n° 1902); il en est de même de la *Méthode des indivisibles*, de CAVALIERI, et de la *Méthode de sommation*, que l'on peut rattacher aux deux premières.

Les formules de quadrature approximative que nous avons employées sont dues à THOMAS SIMPSON (G., n° 983) et à PONCELET. (G., n° 357.)

Cette dernière formule a été modifiée avantageusement par le capitaine PARMENTIER **. (G., n° 996.)

---

* ARCHIMÈDE de Syracuse (287 av. J.-C, à 212). Ce grand géomètre a traité *de la sphère et du cylindre; des conoïdes et des figures sphéroïdes; des spirales; de la mesure du cercle,* etc.; il a créé la *Méthode d'exhaustion* et a laissé un livre de *Lemnes.*

** THÉODORE PARMENTIER, capitaine du génie, aide de camp du maréchal NIEL en Crimée. (N. A., 1855, page 370.)

Exercice 517

1548. Théorème. *L'aire d'un polygone circonscrit à un cercle égale la moitié du produit du périmètre par le rayon du cercle.*

Car un tel polygone est décomposable en triangles ayant tous pour hauteur le rayon r du cercle, et pour bases les divers côtés; ainsi on a

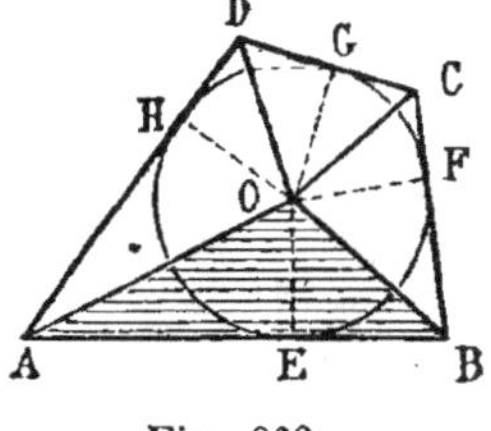
Fig. 960.

$$\text{surf AOB} = \tfrac{1}{2}r.\text{AB}$$
$$\text{surf BOC} = \tfrac{1}{2}r.\text{BC}$$
$$\text{surf COD} = \tfrac{1}{2}r.\text{CD}$$
$$\text{surf DOA} = \tfrac{1}{2}r.\text{DA}$$

L'aire totale égale donc

$$\tfrac{1}{2}r(\text{AB} + \text{BC} + \text{CD} + \dots)$$

ou, en appelant $2p$ le périmètre, $\tfrac{1}{2}r.2p$ ou enfin pr.

Exercice 518

1549. Théorème. *Les droites menées des sommets d'un triangle ABC au point de concours O des médianes, divisent ce triangle en trois triangles équivalents.*

En effet, les triangles ADB et ADC sont équivalents, comme ayant même hauteur et des bases égales; et il en est de même des triangles ODB et ODC. Donc les différences sont égales, et les triangles AOB et AOC sont équivalents.

On prouverait de même l'équivalence des triangles BOA et BOC. Ainsi les trois triangles AOB, AOC et BOC sont équivalents.

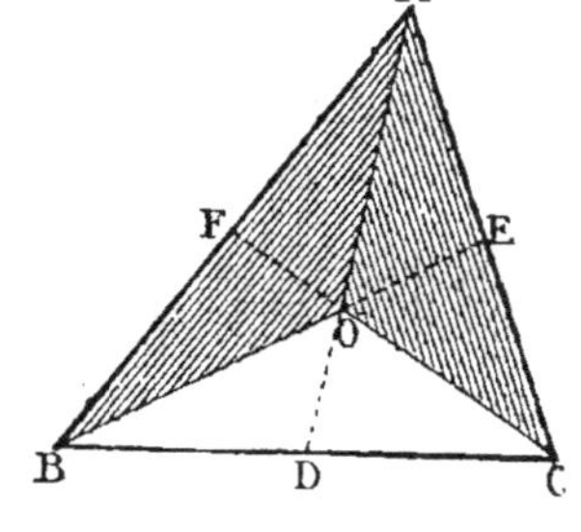
Fig. 961.

C. Q. F. D.

Scolie. *Les trois médianes divisent le triangle en six triangles équivalents.*

En effet BOC est équivalent à AOC; or COD est la moitié du premier, COE est la moitié du second; donc COD et COE sont équivalents.

Exercice 519

1550. Théorème. P, Q, R *étant des carrés construits sur les trois côtés d'un triangle rectangle :*

1° *Chacun des trois triangles* S, T, U, *que l'on obtient en joignant les sommets extérieurs des carrés, est équivalent au triangle rectangle primitif;*

2° La somme des carrés des côtés de l'hexagone obtenu égale huit fois le carré de l'hypoténuse.

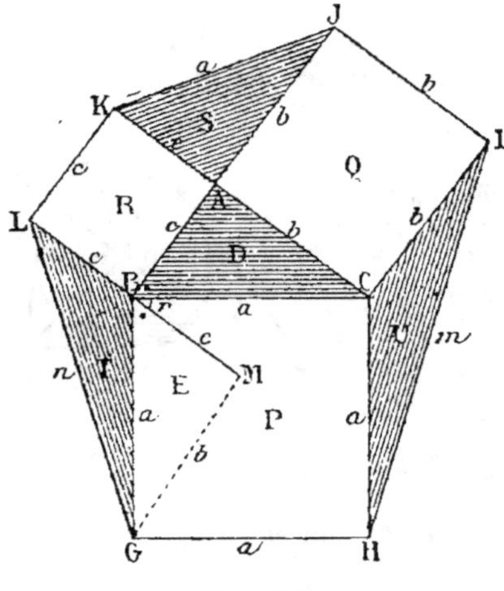

Fig. 962.

Prolongeons LB, et menons sur cette droite la perpendiculaire GM.

1° Les triangles D et S sont égaux, comme ayant en A un angle égal compris entre des côtés respectivement égaux.

Les triangles rectangles D et E sont égaux, comme ayant les hypoténuses égales et un angle égal en B. (Ces angles en B sont égaux, comme ayant même complément r.) Il en résulte que $BM = BA = c$.

Les triangles T et E sont équivalents, comme ayant même hauteur GM, et des bases égales LB et BM. Donc les triangles T et D sont équivalents.

Et l'on prouverait de même l'équivalence des triangles U et D.

2° Le triangle BGL donne (G., n° 252)

$$n^2 = c^2 + a^2 + 2BL \cdot BM = c^2 + a^2 + 2c^2 = a^2 + 3c^2$$

On aurait de même $\qquad m^2 = a^2 + 3b^2$

Les carrés des quatre autres côtés de l'hexagone donnent

$$2a^2 + b^2 + c^2$$

On a donc pour la somme des carrés des six côtés

$$4a^2 + 4b^2 + 4c^2 \quad \text{ou} \quad 4a^2 + 4a^2 \quad \text{ou enfin} \quad 8a^2$$

$$C.\ Q.\ F.\ D.$$

Exercice 520

1551. Théorème. *Un triangle rectangle est équivalent au rectangle des deux segments faits sur l'hypoténuse par le point de contact du cercle inscrit.* (BURLET, de Dublin, N. A., 1856, p. 290.)

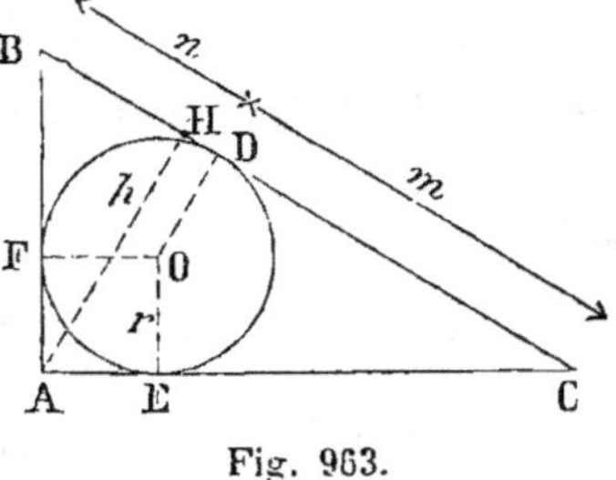

Fig. 963.

Soient m, n les segments faits sur l'hypoténuse, r le rayon du cercle inscrit.

On sait que

$$AE = AF = r; \quad CE = m; \quad BF = n$$

Le double de l'aire du triangle est donnée par $AC \cdot AB$

ou $\qquad (AE + EC)(AF + FB)$

$$2.S = (r + m)(r + n) = r^2 + r(m + n) + mn$$

Or $r^2 + r(m+n)$ est l'aire du triangle, car mr est le double du triangle DOC ou bien l'aire du quadrilatère DOEC; de même rn exprime l'aire de DOFB, et r^2 complète le triangle rectangle.

Ainsi $\qquad\qquad 2S = S + mn;$ d'où $\quad S = mn$

Exercice 521

1552. Théorème. *L'aire d'un triangle ABC peut s'obtenir en multipliant le rayon du cercle circonscrit par le demi-périmètre du triangle formé en joignant deux à deux les pieds des hauteurs.*

Joignons le point O aux trois sommets A, B, C et aux points D, E, F.

On sait que le rayon AO du cercle circonscrit est perpendiculaire à DF (n°s 292 et 663); donc l'aire du quadrilatère ADOF s'obtient en multipliant AO ou R par la moitié de DF.

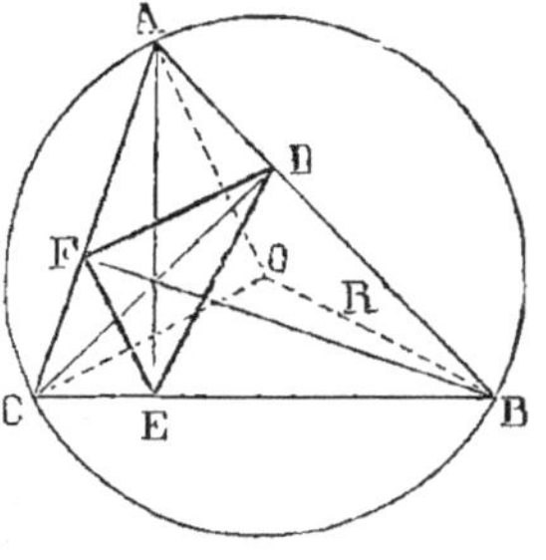

Fig. 964.

On a donc $\quad ADOF = R \times \dfrac{DF}{2}$

$$BDOE = R \times \frac{DE}{2}$$

$$CEOF = R \times \frac{FE}{2}$$

d'où $\qquad ABC = R \cdot \dfrac{DF + DE + EF}{2} \qquad$ *C. Q. F. D.*

Scolie. En désignant les trois côtés du triangle donné par a, b, c, et ceux du triangle DEF par d, e, f, on a

$$\text{surf ABC} = \frac{a \cdot b \cdot c}{4R}$$

d'où $\quad \dfrac{abc}{4R} = R \cdot \dfrac{DF + DE + EF}{2}\quad$ ou $\quad DF + DE + EF = \dfrac{abc}{2R^2}$

ou $\qquad\qquad d + e + f = \dfrac{abc}{2R^2}$

Ainsi la somme des droites qui joignent deux à deux les pieds des hauteurs s'obtient en divisant le produit des trois côtés du triangle par le double du carré du rayon du cercle inscrit.

Exercice 522

1553. Théorème. *On donne un triangle et le cercle circonscrit; chaque rayon qui aboutit à un des sommets est prolongé jusqu'à la circonférence, et l'on joint deux à deux les extrémités des trois diamètres ainsi menés; prouver que l'hexagone obtenu est double du triangle.* (N. A., 1844, page 317.)

Les deux quadrilatères AFBD, DCEA sont égaux (fig. 965), car

$$DC = AF, \quad CE = FB \quad \text{et} \quad EA = BD$$

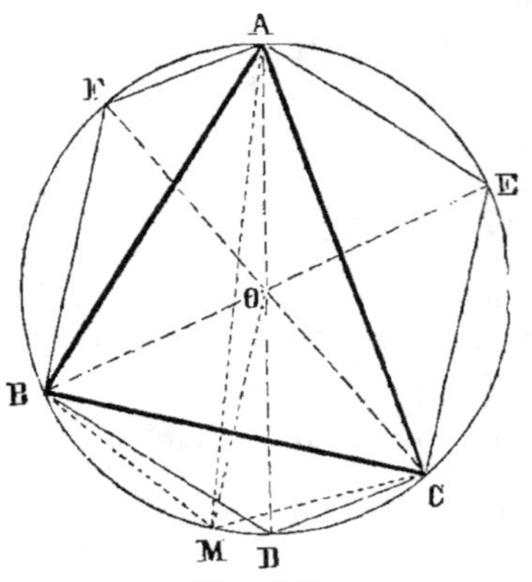

Fig. 965.

Il suffit donc de prouver que le triangle donné est équivalent à l'un de ces quadrilatères.

Or les triangles de même base et de même hauteur sont équivalents; donc

$$AOB = AOE;$$
$$BOC = COE;$$
$$AOC = COD$$

En ajoutant, on trouve

$$ABC = ADCE$$

C. Q. F. D.

1554. Théorème. *L'hexagone qui correspond aux trois hauteurs prolongées est équivalent à l'hexagone obtenu en prolongeant les trois rayons du cercle circonscrit.*

En effet, l'hexagone des trois·hauteurs prolongées est aussi le double du triangle primitif.

1555. Théorème. *L'hexagone de surface maxima est obtenu par le prolongement des bissectrices du triangle donné, ou par le prolongement des trois perpendiculaires élevées au milieu des côtés du triangle.*

La bissectrice de l'angle A passe au milieu de l'arc; il en est de même de la perpendiculaire OM élevée au milieu de BC; or le triangle BMC est $>$ BDC, etc.

Exercice 523

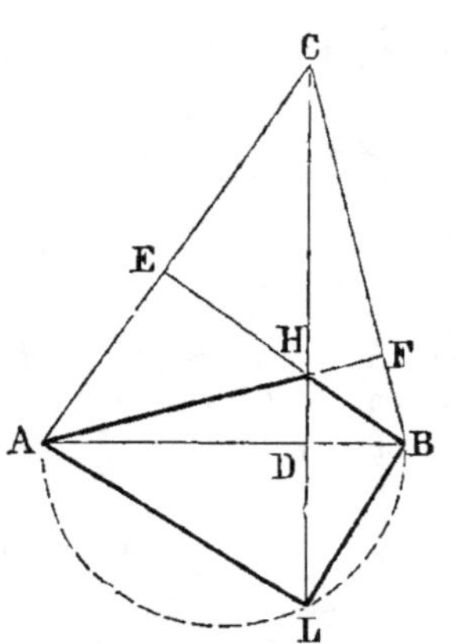

Fig. 966.

1556. Théorème. *Les trois hauteurs d'un triangle se coupent au point H; sur AB on construit un triangle rectangle ayant le sommet de l'angle droit sur la perpendiculaire CD; prouver que la surface du triangle rectangle ALB est moyenne proportionnelle entre les surfaces ABC et ABH.*

Les triangles ABC, ABL, ABH ayant même base, il suffit de prouver qu'on a

$$DL^2 = DC.DH$$

Or

$$DL^2 = DA.DB$$

Il faut démontrer que

$$DA.DB = DC.DH$$

Les triangles ADH, CDB sont semblables, car les angles en A et en C sont égaux; donc

$$\frac{AD}{DC} = \frac{DH}{BD};$$ d'où $DA.DB$ ou $DL^2 = DC.DH$

C. Q. F. D.

1557. Théorème. *Sur chaque côté d'un triangle ABC on construit un triangle rectangle ayant le sommet de l'angle droit sur la hauteur correspondante ou sur son prolongement ; prouver que la somme des carrés des trois triangles rectangles égale le carré de la surface du triangle donné ABC.*

Représentons les trois triangles rectangles par L, M, N, et ABC par T ; on a

$$L^2 = T.ABH ; \quad M^2 = T.ACH ; \quad N^2 = T.BCH$$

donc
$$L^2 + M^2 + N^2 = T(ABH + ACH + BCH) = T^2$$

C. Q. F. D.

Exercice 524

1558. Théorème. *Quand deux triangles ont même hauteur, les rectangles inscrits qui ont même hauteur sont dans le même rapport que les triangles donnés.*

(Voir *Méthodes*, n° 200.)

Exercice 525

1559. Théorème de Clairaut *. *Sur deux des côtés AB, AC d'un triangle quelconque on construit des parallélogrammes quelconques ; on joint le sommet A au point de concours H des côtés DE, FG ; on prolonge HAM d'une quantité MN égale à AH, et l'on construit un parallélogramme sur BCN.*

Prouver que ce parallélogramme BCN est équivalent à la somme des parallélogrammes construits sur les autres côtés du triangle.

Déduire de ce théorème que le carré de l'hypoténuse d'un triangle rectangle est équivalent à la somme des carrés des deux autres côtés.

1° Par les sommets B et C menons des parallèles LBP et KCR à NH.
Les parallélogrammes de même base et de même hauteur sont équivalents ; donc

$$BCIJ = BCKL ; \quad ABDE = ABPH ; \quad ACFG = ACRH$$

---

* Le théorème est souvent attribué au frère de Clairaut (voir *Million de faits*, page 131), et nous le laissons sous ce nom afin de rappeler un mathématicien distingué ; mais il est dû à Pappus. (D'après les *Récréations mathématiques* d'Ozanam, rééditées et augmentées par Montucla, en 1778.)

Clairaut, né à Paris en 1713, mort en 1765, publia de nombreux mémoires relatifs à l'astronomie. Ses *Éléments de géométrie* se distinguent par de grandes qualités. Son frère mourut fort jeune, après avoir fait paraître, à seize ans, en 1731, un petit ouvrage où se trouve un théorème ingénieux qu'on lui doit probablement (n° 1561).

Ozanam, né en 1640, dans les Dombes, mort à Paris en 1717, est surtout connu par son *Dictionnaire des mathématiques* et par ses *Récréations mathématiques et physiques*. Un de ses arrière-petits-neveux, Frédéric Ozanam (1813-1853), a occupé la chaire de littérature étrangère à la Sorbonne, et a été un des fondateurs de l'admirable *Société de Saint-Vincent-de-Paul*.

Montucla, né à Lyon en 1725, mort à Versailles en 1800, a publié divers ouvrages, et en outre une *Histoire des mathématiques*.

Or, par suite de l'égalité des lignes AH et MN, on a
$$BMNL = ABPH \quad \text{et} \quad CMNK = ACRH$$
donc
$$ABDE + ACFG = BCIJ \qquad C.\ Q.\ F.\ D.$$

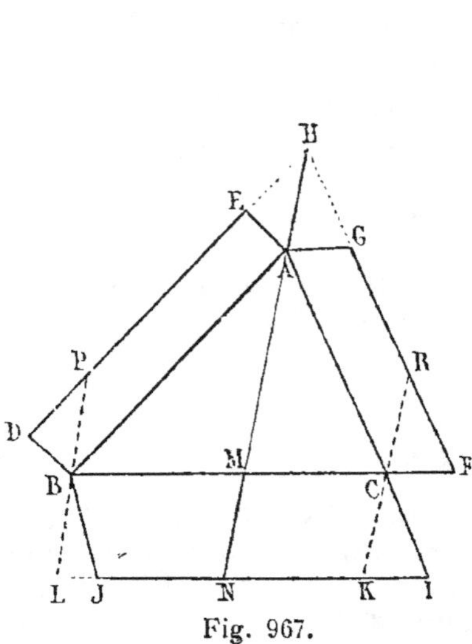

Fig. 967.

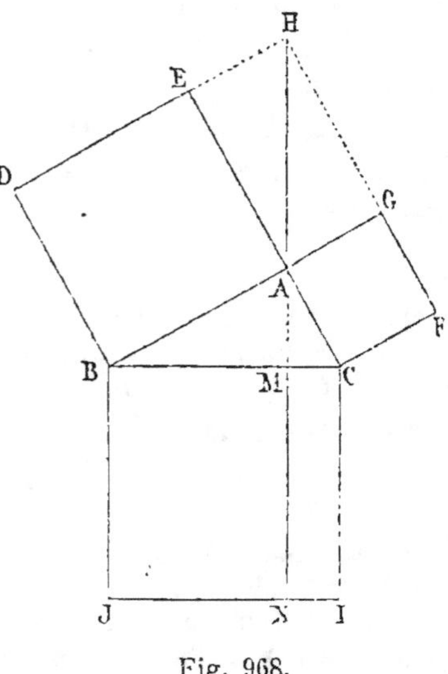

Fig. 968.

2° Pour ramener le *théorème de Pythagore* (fig. 967) à celui de *Clairaut* (fig. 968), il suffit de prouver que la droite AH est égale et perpendiculaire à l'hypoténuse BC.

Or, les triangles rectangles ABC, EAH sont égaux comme ayant un angle égal compris entre deux côtés égaux; car
$$AD = AE; \quad AC = AG = EH$$
donc
$$AH = BC$$

En outre l'angle $EAH = ABC$; d'ailleurs l'angle $EAH = CAM$ comme opposé par le sommet; donc
$$\text{angle } CAM = ABC$$
donc AM est perpendiculaire sur BC.

1560. Remarque. On peut démontrer le théorème de Pythagore de bien des manières; en voici encore quelques autres :

Sur IJ (fig. 969) on construit un triangle rectangle ILJ égal au triangle donné; mais IL correspond à AB.

Les quatre quadrilatères DBCF, DEGF, ABJL, ACIL sont égaux, car ils sont superposables; donc l'hexagone DBCFGED est équivalent à l'hexagone ABJLICA.

Mais ces deux figures ont une partie commune ABC, et
$$AEC = ILJ$$
donc les restes sont équivalents
$$BCIJ = ABDE + ACFG$$

Autre démonstration [*]. Soit ABC le triangle rectangle donné, et BCDE le carré construit sur l'hypoténuse.

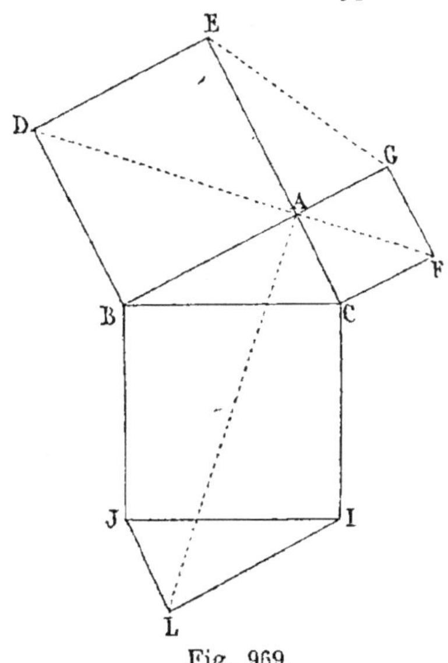

Fig. 969.

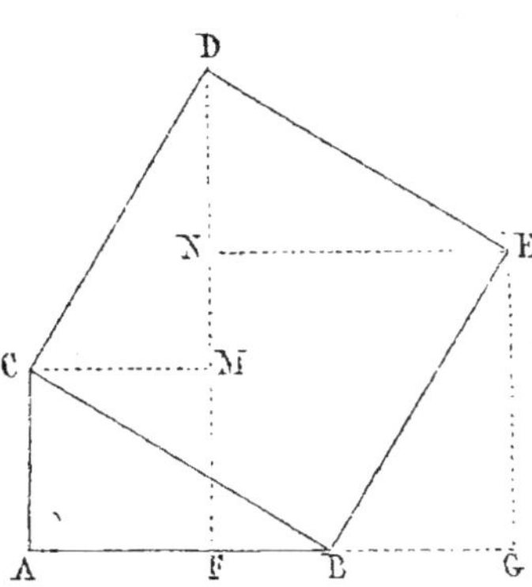

Fig. 970.

En menant les perpendiculaires DF, EG sur AB, puis CM, EN sur DF, on obtient quatre triangles rectangles égaux ABC, BGE, END, DMC.

Or si, du pentagone AGEDC, on retranche les triangles ABC et BGE, on obtient le carré de l'hypoténuse; tandis que si l'on retranche du même pentagone les triangles CMD et DNE, on obtient pour reste les carrés des côtés de l'angle droit; donc

$$CBED = CAFM + FGEN$$

1561. Théorème. *On construit des carrés sur les côtés d'un triangle quelconque BAC (fig. 968); si l'on fait l'angle AMB égal à BAC, et qu'on mène une droite MN parallèle à BJ, le carré ABDE sera équivalent au rectangle BMNJ.*

En effet, les triangles BAC, BMA sont équiangles.

1562. Théorème. *L'aire d'un quadrilatère quelconque ABCD égale le produit d'une diagonale AC, par la demi-somme des perpendiculaires abaissées des sommets opposés B et D.*

En effet, le quadrilatère est la somme des deux triangles ACB et ACD, qui ont même base AC, et dont les hauteurs sont BE et DF...

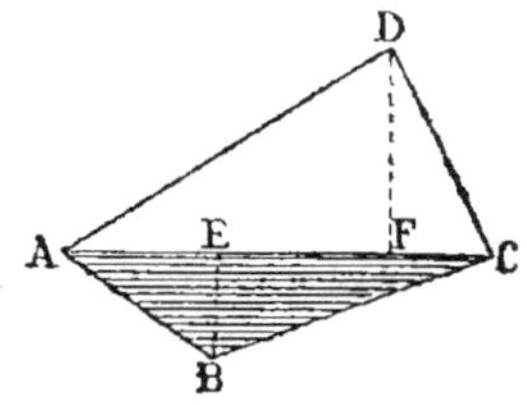

Fig. 971.

* On peut voir le traité suivant, page 80 : *Lehrbuch der Geometrie* von Dr RUDOLF SONNDORFER, director der academischen handelsmittelschule in Wien

Exercice 526

1563. Théorème. *Lorsque deux droites de longueurs données se coupent sous un angle constant, le quadrilatère formé en joignant deux à deux les extrémités de ces droites a une surface constante.*

(Voir *Méthodes*, n° 155.)

1564. Théorème. *Le parallélogramme EG, qui a pour sommets les milieux des côtés d'un quadrilatère quelconque ABCD, est la moitié de ce quadrilatère.*

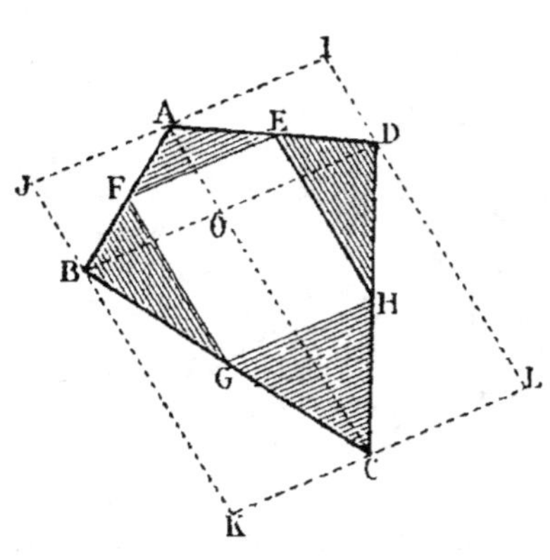

Fig. 972.

Menons les diagonales AC et BD, et, par les sommets, des parallèles à ces mêmes diagonales.

La figure IJKL est un parallélogramme dont les côtés sont respectivement égaux et parallèles aux diagonales AC et BD. Le parallélogramme EFGH a ses côtés parallèles aux diagonales AC et BD, et égaux aux moitiés de ces mêmes diagonales. (G., n° 222.)

Ainsi les deux parallélogrammes IJKL et EFGH sont semblables. Le rapport des dimensions homologues est $\frac{2}{1}$, et le rapport des surfaces est $\frac{4}{1}$.

Les droites AC et BD divisent le parallélogramme total en quatre parallélogrammes; et dans chacun d'eux, comme dans AOBJ, par exemple, une moitié fait partie du quadrilatère ABCD, et l'autre moitié est en dehors de ce quadrilatère.

Ainsi le quadrilatère ABCD est la moitié du parallélogramme IJKL, et le double du parallélogramme EFGH.   *C. Q. F D.*

Remarque. Cette question est un cas particulier du *théorème de Prouhet* (n° 1575).

Exercice 527

1565. Théorème. *Toute droite menée d'une base à l'autre d'un trapèze par le milieu de la base moyenne, divise la figure en deux trapèzes équivalents.*

Soient G et H les milieux des bases AD et BC du trapèze ABCD. La droite GH détermine deux trapèzes GHBA et GHCD équivalents, comme ayant même hauteur et des bases respectivement égales. Donc ces trapèzes ont aussi même base moyenne, et le point O est le milieu de la droite EF.

<hr>

(1873-1877). Cet ouvrage, remarquable à divers titres, est fait pour les écoles qui correspondent à notre *Enseignement spécial*.

Les parallèles AD, EF et BC déterminent des parties égales sur AB, et aussi par conséquent sur GH. (G., n° 210.) Ainsi le point O est le milieu de GH comme de EF.

Soit MN une droite menée par le point O. Les triangles OGM et OHN sont égaux, comme

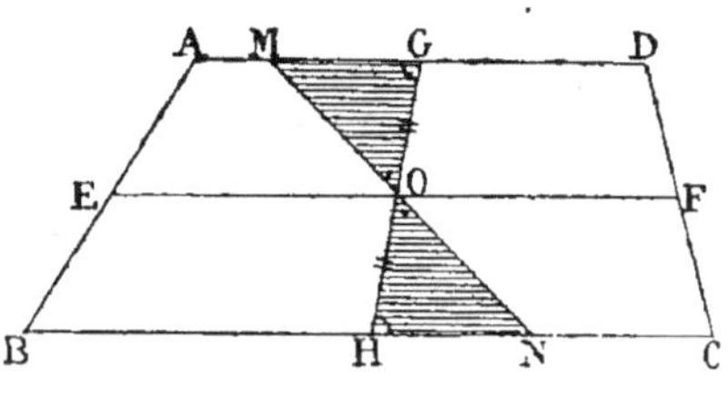

Fig. 973.

ayant un côté égal adjacent à des angles respectivement égaux. Donc, dans chacun des trapèzes équivalents déterminés par GH, l'un de ces triangles peut être remplacé par l'autre. Donc les trapèzes déterminés par MN sont équivalents.   *C. Q. F. D.*

Exercice 528

1566. Théorème. *L'aire d'un trapèze égale le produit de l'un des côtés non parallèles, par sa distance au milieu du côté opposé.*

En effet, menons HG parallèle à AB par le milieu E de DC; les deux triangles DHE et ECG étant égaux, le trapèze est équivalent au parallélogramme. Or ce dernier a pour surface $AB \times EF$; donc le trapèze...

Scolie. *Les distances de chaque point milieu des côtés non parallèles d'un trapèze, au côté opposé à celui dont on considère le milieu, sont inversement proportionnelles à ces mêmes côtés.*

En effet, soit IJ la perpendiculaire abaissée du point milieu de AB sur le côté opposé CD, on a

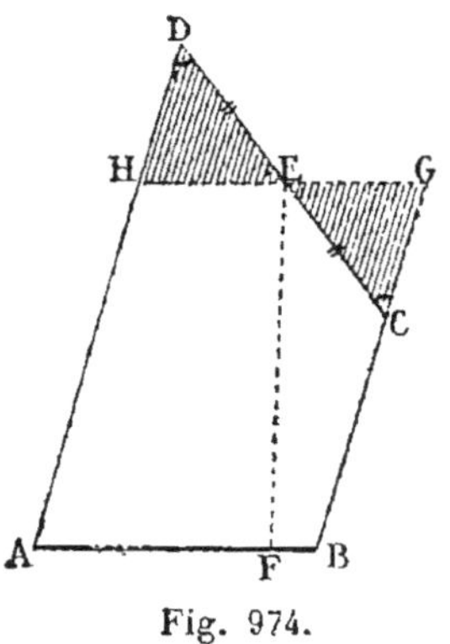

Fig. 974.

$$AB . EF = CD . IJ$$

d'où

$$\frac{EF}{IJ} = \frac{CD}{AB}$$ *C. Q. F. D.*

1567. Théorème. *Les triangles qui ont pour bases les côtés non parallèles d'un trapèze et qui ont pour sommet commun le point de concours des diagonales, sont équivalents.*

Il faut prouver qu'on a

$$AOD = BOC$$

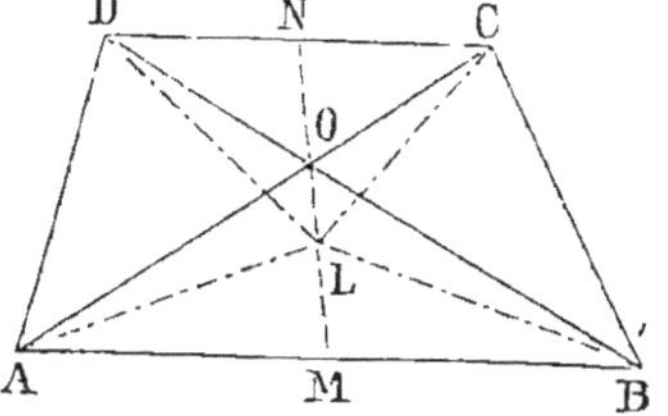

Fig. 975.

En effet ADB et ACB sont équivalents; si l'on supprime la partie commune AOB, les restes sont équivalents; donc...

1568. Théorème. *Les triangles* ALD, BLC *qui ont pour bases les côtés non parallèles et dont le sommet commun est sur la droite qui joint les milieux des bases, sont équivalents* (fig. 975).

Exercice 529

1569. Théorème. *Par un point pris sur la diagonale d'un parallélogramme, on mène des parallèles aux côtés de cette figure; prouver que les deux parallélogrammes obtenus sont équivalents.*

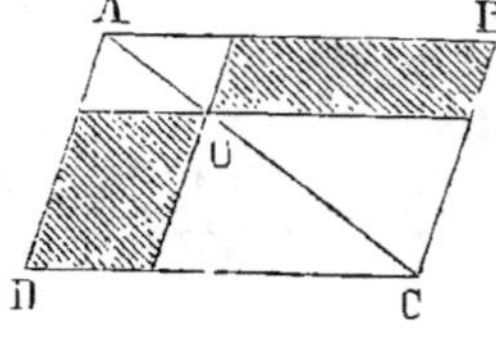
Fig. 976.

La diagonale divise la figure donnée en deux triangles égaux; il en est de même des parallélogrammes qui ont pour diagonales AO, OC; donc le parallélogramme OB est équivalent à OD.

Exercice 530

1570. Théorème. *On joint chaque sommet d'un parallélogramme à un point pris à l'intérieur de cette figure; prouver que la somme des triangles ayant pour bases deux côtés opposés est égale à la somme des deux autres triangles.*

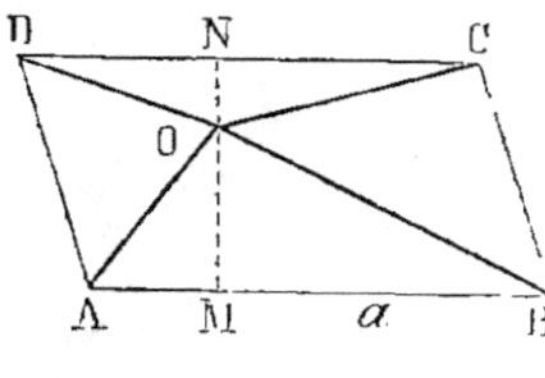
Fig. 977.

Soient   AB = DC = a.

$$AOB = \frac{a \cdot OM}{2}; \quad DOC = \frac{a \cdot ON}{2}$$

donc $AOB + DOC = \frac{a}{2} \cdot MN = \frac{1}{2} ABCD = AOD + BOC$

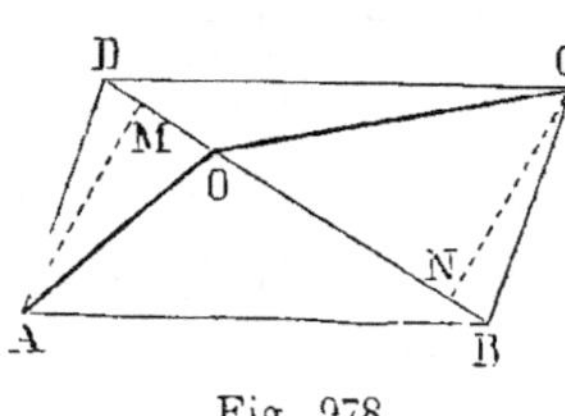
Fig. 978.

1571. Théorème. *Lorsqu'on joint un point pris sur une diagonale aux quatre sommets d'un parallélogramme, on décompose la figure en quatre triangles équivalents deux à deux.*

En effet, les triangles ADO, CDO sont équivalents, car ils ont même base DO et des hauteurs égales AM, CN.

1572. Théorème. *La somme des deux triangles qui ont pour sommet commun un point du périmètre d'un parallélogramme et pour base chaque diagonale, est constante.*

La somme AOC + BOD est constante.

En effet AOC, BOC sont équivalents; donc

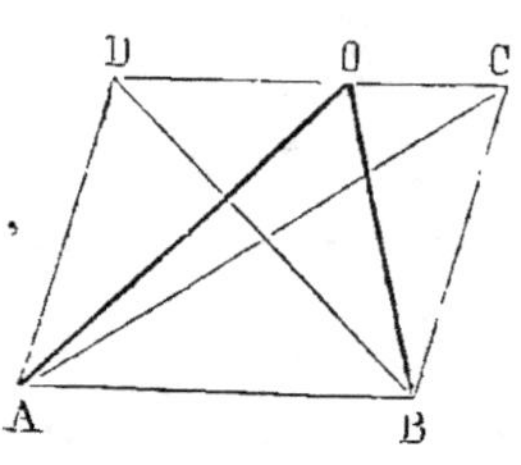
Fig. 979.

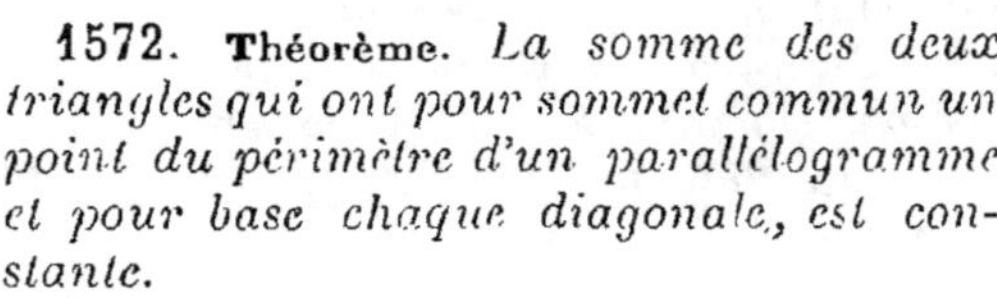
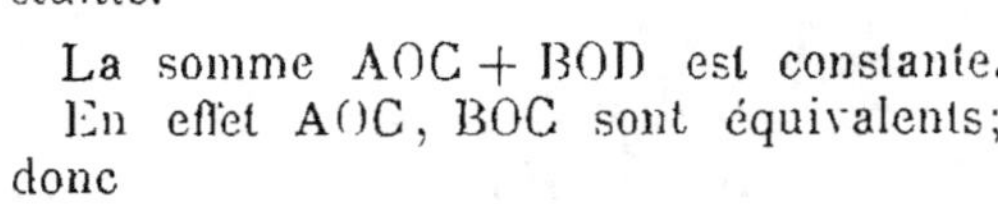

$$AOC + BOD = BOD + BOC = BCD$$

1573. Théorème. *Lorsqu'on joint un point quelconque O aux quatre sommets d'un parallélogramme, le triangle qui a ce point pour sommet et une diagonale pour base est la somme ou la différence des triangles qui ont même sommet, et pour bases respectives les deux côtés adjacents qui aboutissent à une des extrémités de la diagonale considérée.*

1° Considérons la diagonale AC et les côtés AB, AD; on doit avoir

$$OAC = OAB + OAD$$

Pour comparer les triangles qui ont AO pour base commune, il suffit de mener les hauteurs CE, BG, DF et de prouver qu'on a

$$CE = BG + DF$$

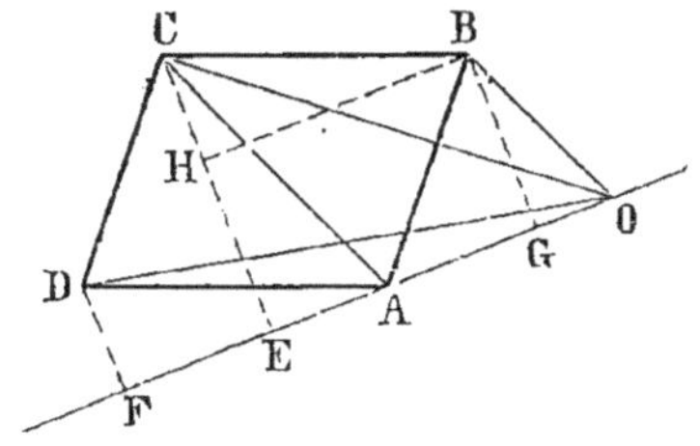

Fig. 980.

Or, menons la parallèle BH. Les triangles rectangles AFD, BHC sont égaux, car les hypoténuses sont égales et parallèles; tous les angles sont égaux; donc CH = DF.

Ainsi $\qquad CE = BG + DF \qquad\qquad$ *C. Q. F. D.*

2° Lorsque le point est pris dans l'intérieur de l'angle BAD ou dans son opposé au sommet, le triangle OAC est la différence des deux autres.

3° Lorsque le point O est sur AC ou sur son prolongement, le triangle OAC est nul; les deux autres triangles sont équivalents.

Exercice 531

1574. Théorème de Brune*. *Si, dans un quadrilatère quelconque ABCD, on mène, par les milieux M, N de chacune des diagonales, une parallèle à l'autre, et qu'on joigne leur point de concours O aux milieux E, F, G, H des côtés du quadrilatère, cette figure sera partagée en quatre quadrilatères équivalents.*

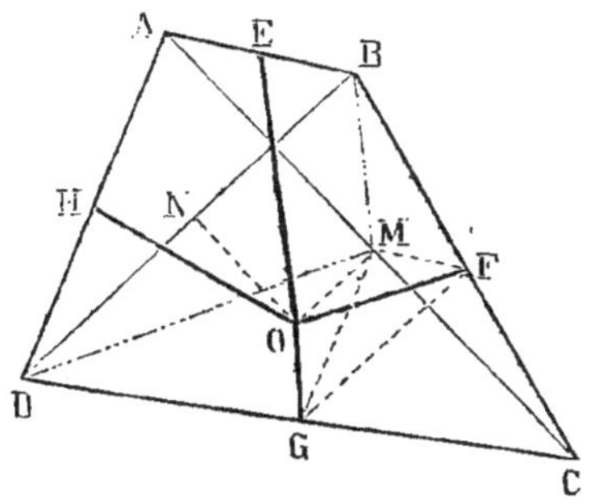

Fig. 981.

Soient MO parallèle à BD, NO parallèle à AC.

Il suffit de prouver qu'une des divisions, OFCG par exemple, est le quart du quadrilatère total.

Joignons le point M aux points B, D, G.

---

* Brune, ancien conseiller à la chambre des comptes de Berlin. Le théorème a été publié dans le *Journal de Crelle* en 1841; depuis cette époque, il a paru dans plusieurs publications périodiques et dans quelques recueils de problèmes.

1° M étant le milieu de AC, la ligne brisée BMD divise le quadrilatère en deux parties équivalentes.

2° F et G étant les milieux de BC et de DC, la ligne brisée FMG divise le quadrilatère CBMD en deux parties équivalentes; donc CFMG est le quart de la figure totale.

Mais FG est parallèle à BD et par suite à MO; donc le quadrilatère CFOG est équivalent à CFMG.

Ainsi CFOG est le quart de ABCD.   *C. Q. F. D.*

Exercice 532

1575. Théorème. *Deux polygones quelconques de 2n côtés sont équivalents, quand leurs côtés ont les mêmes milieux.* (E. PROUHET [*], N. A., 1851, page 181.)

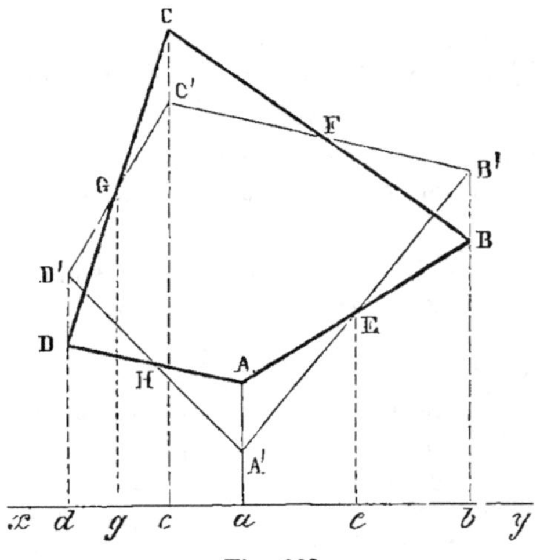

Fig. 982.

Soit un polygone ABCD de $2n$ côtés; E, F, G, H les points milieux. Joignons le sommet A au sommet correspondant A'.

On a par construction   AE = EB;   A'E = EB'
donc BB' est une droite égale et parallèle à AA'. (G., n° 80.)

Il en est de même de CC', de DD', etc.

Projetons les sommets et les points milieux sur une droite xy perpendiculaire à AA'.

Les trapèzes sont équivalents deux à deux; ainsi $ABba = A'B'ba$, car ils ont même base moyenne Ee et même hauteur ab.

---

* E. PROUHET, répétiteur à l'École Polytechnique, collaborateur de M. GERONO de 1862 à 1868.

Or les deux polygones sont équivalents, parce qu'ils sont la somme algébrique de trapèzes équivalents; ainsi :

$$ABCD = BCcb + CDdc - DAad - ABba$$
$$A'B'C'D' = B'C'cb + C'D'dc - D'A'ad - A'B'ba$$

donc $\qquad ABCD = A'B'C'D'$

Exercice 533

1576. Théorème. *La surface d'un polygone de 2n côtés ne change pas lorsque tous les sommets de rang pair décrivent dans la même direction des lignes droites, égales et parallèles.* (Prouhet.)

Soit l la longueur des droites parcourues par les sommets B, D, etc.; les sommets de rang impair A, C, etc., ne changent pas. Les points milieux E, F, etc., avancent d'une même quantité $\dfrac{l}{2}$, et l'on obtient un polygone tel que $AB'_1CD'_1\ldots$ avec E_1, $F_1\ldots$ pour points milieux. Conservons au polygone la forme AB_1CD_1; mais, par un mouvement contraire au premier, ramenons les points milieux à leur première position; nous aurons un polygone $A'B'C'D'$ équivalent à ABCD, d'après le théorème ci-dessus; donc

$$AB_1CD_1 = ABCD$$

Exercice 534

1577. Lunules d'Hippocrate[*]. *Si, sur les trois côtés d'un triangle rectangle ABC pris comme diamètres, on décrit des demi-circonférences, la somme des surfaces des deux croissants M et N, compris entre les demi-circonférences, est égale à la surface du triangle rectangle T.*

En effet, les trois demi-cercles sont semblables : ils sont donc entre eux comme les carrés des diamètres, c'est-à-dire comme les carrés des côtés du triangle T. Ainsi le demi-cercle construit sur l'hypoténuse égale la somme des demi-cercles décrits sur les côtés de l'angle droit.

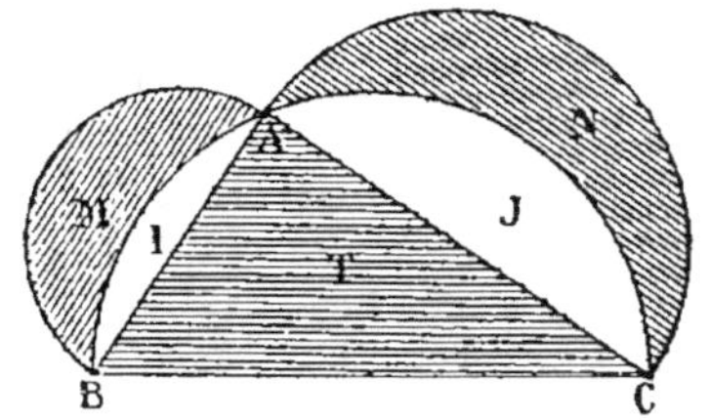

Fig. 983.

On a donc $\qquad M + I + N + J = T + I + J$

D'où $\qquad M + N = T \qquad\qquad C.\ Q.\ F.\ D.$

---

[*] HIPPOCRATE de Chios, qu'il ne faut pas confondre avec le célèbre médecin de même nom, vivait vers 420 avant l'ère chrétienne. Par l'étude de la *lunule* (n° 1578), il donna le premier exemple de quadrature d'une figure curviligne.

M.   20

1578. Autre lunule d'Hippocrate. *Dans une demi-circonférence ACB, on inscrit un triangle rectangle isocèle MON dont la base MN est parallèle à AB; sur MN comme diamètre on décrit une circonférence; la lunule MCND est équivalente au triangle MON. La figure curviligne AOEM + BOFN = le triangle MON.*

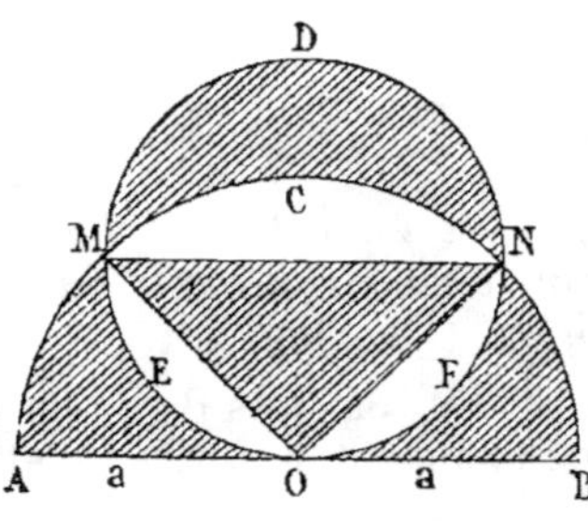

Fig. 984.

On pourrait opérer une vérification de formule; on peut aussi se borner à comparer entre elles les différentes parties de la figure.

MN étant le côté du carré inscrit dans le cercle dont AB serait le diamètre, on a

$$MN^2 = 2r^2 = {}^1/_2\, AB^2$$

Ainsi le demi-cercle MDN est la moitié du demi-cercle ACB.

Le segment OEM est la moitié du segment MCN; donc :

1° *Lunule* MCND ou demi-cercle MND — segment MCN = demi-cercle MON — segments (OEM + OFN).

Ainsi   *lunule* MCND = triangle MON

2° AOEM+BOFN = secteurs(AOM+BON) — segments(OEM+OFN), par suite   AOEM + BOFN = secteur MONC — segment MCN

donc   AOEM + BOFN = triangle MON   *C. Q. F. D.*

On sait que le triangle MON $= \dfrac{r^2}{2}$.

Exercice 535

1579. Théorème. *On donne un demi-cercle ayant AB pour diamètre; d'un point C pris sur ce diamètre, on élève une perpendiculaire CM jusqu'à la circonférence, et on décrit deux demi-circonférences ayant AC et CB pour diamètres.*

*Démontrer que le demi-cercle AB, diminué des demi-cercles AC et CB, égale la surface du cercle qui a CM pour diamètre. (*ARCHIMÈDE*, *Lemme 4.)*

---

* ARCHIMÈDE (287-212 av. J.-C.) naquit en Sicile; il s'occupa surtout de la *Géométrie des mesures;* il donna la *quadrature de la parabole*, étudia les *spirales*, détermina le rapport de la circonférence au diamètre. Les procédés qu'il employa constituent la *méthode d'exhaustion* ou *d'épuisement.* Il ordonna que l'on plaçât sur son tombeau une sphère inscrite dans un cylindre, comme pour rappeler un de ses plus beaux théorèmes. (G., n° 574.)

Archimède fut tué par un soldat romain lors de la prise de Syracuse. — Environ un siècle et demi plus tard, CICÉRON retrouva le tombeau du grand géomètre. (Voir aussi n° 1547.)

C'est une simple vérification de formule.

Soit $AC = a$, $BC = b$ et $CM = c$

L'espace curviligne compris entre
les trois demi-circonférences égale

$$^1/_8 \pi (a + b)^2 - {}^1/_8 \pi a^2 - {}^1/_8 \pi b^2$$

(G., n° 322.)

Le cercle CM est donné par $^1/_4 \pi c^2$
ou $^2/_8 \pi c^2$.

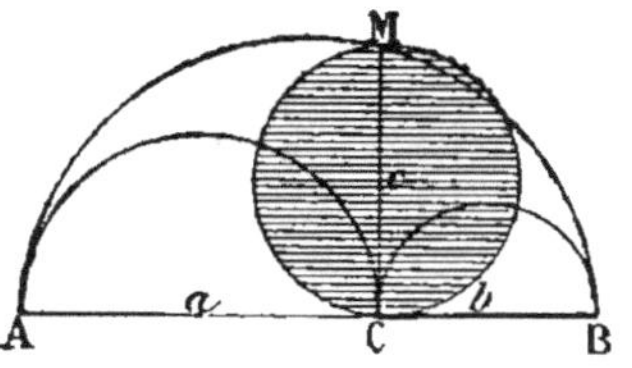

Fig. 985.

En supprimant le facteur commun $\dfrac{\pi}{8}$, il suffit de vérifier l'égalité

hypothétique suivante :

$$(a + b)^2 - a^2 - b^2 = 2c^2$$

ou
$$a^2 + 2ab + b^2 - a^2 - b^2 = 2c^2$$

ou
$$2ab = 2c^2$$

Or, on sait que le produit ab des segments de l'hypoténuse égale c^2;
donc...

Remarque. L'espace curviligne compris entre les trois demi-circonférences a été nommé *arbelo* par Archimède, et celui du théorème
suivant (n° 1580) a été nommé *salinon*. (BALTZER, *Planimétrie*, § XII,
n° 3, page 84 de l'édition allemande et page 140 de l'édition italienne.)

1580. Théorème. *On décrit deux demi-circonférences concentriques
AB, CD et deux demi-circonférences égales AC, BD; prouver que la
superficie comprise entre les quatre demi-circonférences égale le
cercle EF. (*ARCHIMÈDE, *Lemme 14.)*

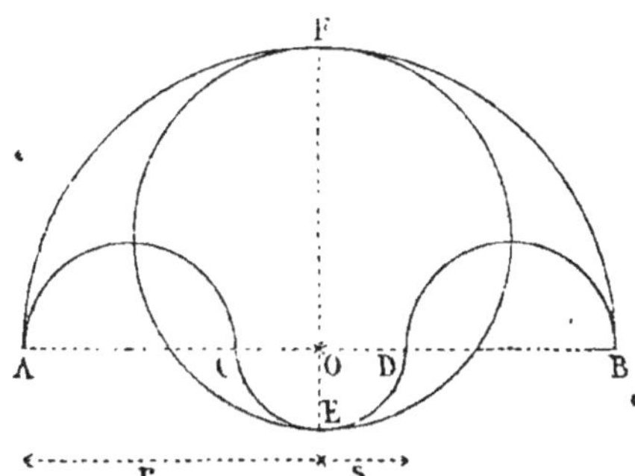

Fig. 986.

$$AC = BD = r - s; \quad FE = r + s$$

On doit avoir

$$\frac{\pi r^2}{2} + \frac{\pi s^2}{2} - \frac{\pi (r - s)^2}{4} = \frac{\pi (r + s)^2}{4}$$

ou
$$2r^2 + 2s^2 - r^2 + 2rs - s^2 = (r + s)^2$$

Or cette l'égalité hypothétique se ramène à l'identité

$$(r + s)^2 = (r + s)^2 \qquad \text{donc...}$$

1581. Théorème. *On prend un point C au tiers du diamètre AB d'un cercle, et l'on décrit sur AC et sur CB comme diamètres les demi-circonférences situées de côtés différents du diamètre AB.*

Démontrer que la courbe ACB divise le cercle primitif en deux parties qui sont dans le rapport de 1 à 2. — Démontrer que si le point C divisait le diamètre en moyenne et extrême raison, le cercle primitif serait lui-même divisé en moyenne et extrême raison.

1° Appelons n et $2n$ les parties AC et CB (fig. 987) : le diamètre entier sera $3n$; et les trois demi-cercles qui ont pour diamètres $3n$, n et $2n$, ont pour expressions : $\frac{1}{8}\pi.9n^2$, $\frac{1}{8}\pi n^2$ et $\frac{1}{8}\pi.4n^2$. On a donc :

$$\text{ACEBF} = \tfrac{9}{8}\pi n^2 + \tfrac{1}{8}\pi n^2 - \tfrac{4}{8}\pi n^2 = \tfrac{6}{8}\pi n^2$$
$$\text{ACEBG} = \tfrac{9}{8}\pi n^2 - \tfrac{1}{8}\pi n^2 + \tfrac{4}{8}\pi n^2 = \tfrac{12}{8}\pi n^2$$

Ainsi ces deux parties sont entre elles dans le rapport de 1 à 2.

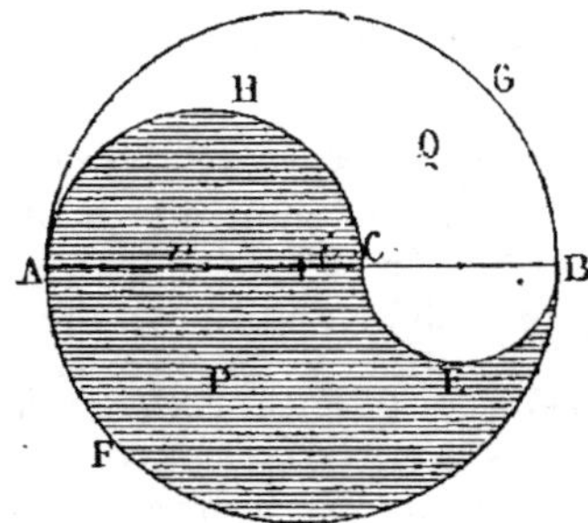

Fig. 987.

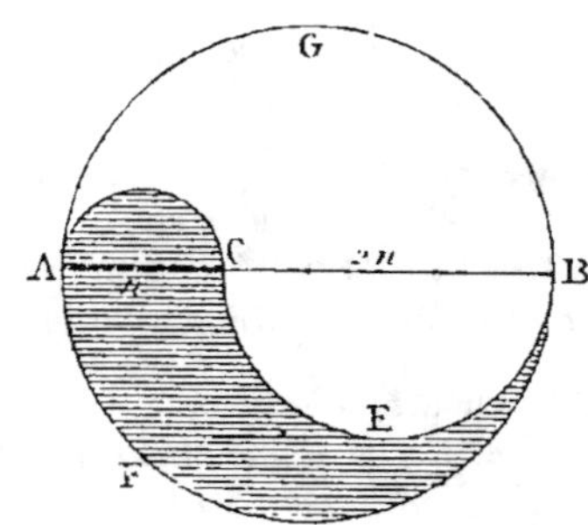

Fig. 988.

2° Soit r le rayon du cercle primitif (fig. 988), et i la distance du point C au centre. Les deux segments du diamètre sont $r + i$ et $r - i$. Les trois demi-cercles qui ont pour diamètres $2r$, $r + i$ et $r - i$, ont pour aires $\frac{1}{8}\pi(2r)^2$, $\frac{1}{8}\pi(r + i)^2$, $\frac{1}{8}\pi(r - i)^2$.

$$P = \tfrac{1}{8}\pi(4r^2 + r^2 + i^2 + 2ri - r^2 - i^2 + 2ri) = \tfrac{4}{8}\pi(r^2 + ri)$$
$$Q = \tfrac{1}{8}\pi(4r^2 - r^2 - i^2 - 2ri + r^2 + i^2 - 2ri) = \tfrac{4}{8}\pi(r^2 - ri)$$

Donc $\quad \dfrac{P}{Q} = \dfrac{\frac{4}{8}\pi(r^2 + ri)}{\frac{4}{8}\pi(r^2 - ri)} = \dfrac{r^2 + ri}{r^2 - ri} = \dfrac{r + i}{r - i} = \dfrac{\text{AC}}{\text{CB}}$

Scolie. P *et* Q *sont entre eux comme les segments* AC *et* CB *du diamètre.*

De
$$\frac{P}{Q} = \frac{\text{AC}}{\text{CB}}$$

on déduit $\quad \dfrac{P}{P + Q} = \dfrac{\text{AC}}{\text{AC} + \text{CB}} \quad$ ou $\quad \dfrac{P}{\text{cercle AB}} = \dfrac{\text{AC}}{\text{diam. AB}}$

Donc, si AC est la plus grande partie du diamètre divisé en moyenne et extrême raison, P sera aussi la plus grande partie du cercle divisé en moyenne et extrême raison.   *C. Q. F. D.*

Exercice 536

1582. Théorème. *L'aire d'une couronne circulaire égale la circon-férence intérieure multipliée par la lar-geur de la couronne, plus le cercle qui aurait pour rayon cette même largeur de la couronne.*

En appelant r le rayon du cercle inté-rieur, l la largeur de la couronne, le rayon r' du cercle extérieur égale $r + l$.

Or, l'aire de la couronne égale

$$\pi r'^2 - \pi r^2 \qquad (G., n^o 355) ;$$

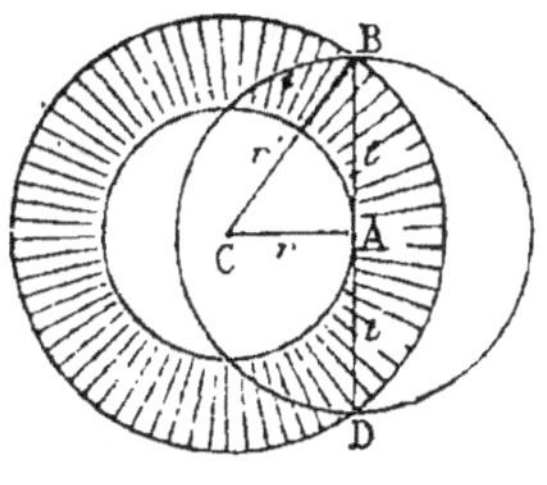

Fig. 989.

donc

$$A = \pi (r + l)^2 - \pi r^2 = \pi r^2 + 2\pi r l + \pi l^2 - \pi r^2$$
$$A = 2\pi r l + \pi l^2 \qquad\qquad C.\ Q.\ F.\ D.$$

1583. Théorème. *L'aire d'une couronne circulaire égale la circon-férence extérieure multipliée par la largeur de la couronne, moins le cercle qui aurait pour rayon cette même largeur de la couronne.*

$$r = r' - l ; \quad r^2 = r'^2 - 2r'l + l^2$$

d'où
$$A = \pi r'^2 - \pi r'^2 + 2\pi r'l - \pi l^2$$
$$A = 2\pi r'l - \pi l^2$$

1584. Problème. *Étant données deux courbes ABCDE et A'B'C'D'E', formées de plusieurs arcs de cercle concentriques, exprimer l'aire du bandeau limité par ces deux courbes entre des normales communes*.*

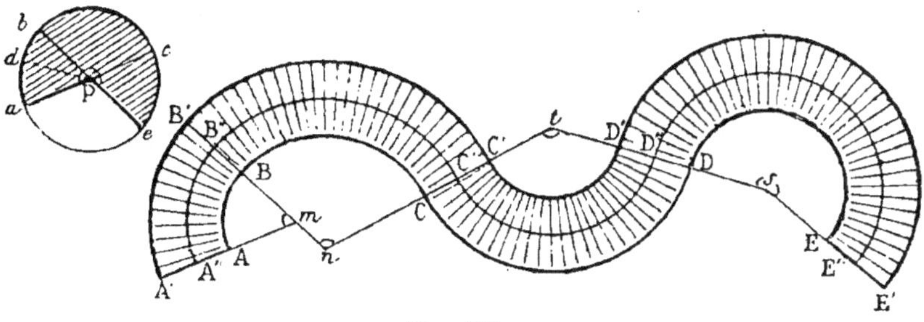

Fig. 990.

Soient m, n, t, s, les angles formés par les rayons des arcs consécutifs.

Le bandeau considéré est la somme de plusieurs secteurs de couronnes circu-laires ayant même largeur l, et les diverses courbes moyennes forment ensemble une courbe moyenne continue.

On a donc pour *l'aire du bandeau*, selon la formule que l'on prend pour le secteur de couronne circulaire :

---

* Les théorèmes relatifs à *l'aire du bandeau* se trouvent énoncés dans le *Traité de métrage et de mesurage* de M. SERGENT, ingénieur civil.

1° *L'arc moyen multiplié par la largeur du bandeau;* ce à quoi on arriverait directement par la considération des trapèzes infiniment petits.

On peut rattacher cette formule au *théorème de Guldin* *, et dire : *l'aire égale la ligne génératrice* AA' *ou* 1, *multipliée par l'arc* A"B"C"D"E" *que décrit son point milieu.*

2° *Le petit arc ou le grand arc multiplié par la largeur du bandeau, plus ou moins le secteur* Pabcde *qui aurait pour rayon la largeur du bandeau, et pour angle au centre la valeur angulaire comprise entre les rayons extrêmes.*

Pour trouver *la valeur angulaire comprise entre les rayons extrêmes,* il faut considérer le mouvement angulaire que ferait le premier rayon, dans le sens des arcs, pour prendre une position parallèle au dernier rayon.

1585. Scolie. 1° Cette propriété est vraie pour *le bandeau compris entre deux courbes parallèles quelconques* AEG, A'E'G', dans lesquelles il peut même y avoir des parties droites, FG, F'G'.

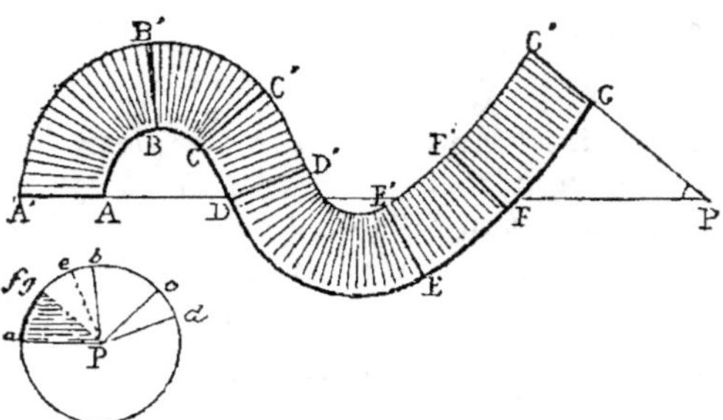

Fig. 991.

Les rayons sont remplacés par des droites AA', BB', CC'..., *normales* aux deux courbes, et d'une longueur constante *l*.

On peut tracer des normales assez rapprochées pour que les éléments courbes puissent être confondus avec des arcs de cercles, ce qui ramène au cas précédent.

2° Le rayon mobile P*a* passe successivement par les positions P*b*, P*c*, P*d*, P*e*, P*f*. Si ce rayon revient sur lui-même jusqu'à reprendre sa position primitive P*a*, son mouvement angulaire est nul, les deux courbes sont égales, et *les normales extrêmes sont parallèles et de même sens;* alors le bandeau équivaut au rectangle qui aurait pour dimensions l'une des courbes et la largeur du bandeau.

3° Si le rayon mobile P*a* qui suit les directions des normales successives décrit un demi-cercle, les normales extrêmes sont parallèles et de sens opposés. Le bandeau égale le produit de la largeur *l* par la courbe intérieure ou par l'extérieure, plus ou moins le demi-cercle de rayon *l* (fig. 991).

4° Si le rayon mobile P*a* décrit un cercle entier, le bandeau égale le produit

---

* Les *théorèmes de Guldin* (G., nᵒˢ 903 et 904) se trouvent mentionnés dans Pappus; mais ils étaient complètement ignorés, lorsqu'au xviᵉ siècle le P. Guldin parvint aux mêmes théorèmes; dès lors la connaissance s'en répandit promptement, et ce n'est que de nos jours qu'on a pu leur attribuer une origine plus ancienne.

Guldin, né à Saint-Gall en 1577, mort à Graetz en 1643, entra dans l'ordre des jésuites, et publia, à Vienne, les théorèmes célèbres auxquels on a donné son nom.

de la largeur l par la courbe intérieure ou par l'extérieure, plus ou moins le cercle de rayon l. Si le rayon mobile fait plusieurs tours dans un même sens, il faut tenir compte d'autant de cercles de rayon l qu'il y a de tours.

5° La propriété peut être établie directement pour un *bandeau compris entre deux courbes convexes parallèles, d'une forme quelconque.*

On part d'une ligne polygonale convexe ACDEFB; on forme sur les divers éléments des rectangles qui ont tous même largeur l, et l'on complète le contour extérieur par des arcs de cercle décrits des points C, D, E, F, avec l pour rayon.

Les secteurs CC', DD', EE', FF', peuvent être reproduits en O, et forment ensemble le secteur circulaire GOH, qui a m degrés, comme l'angle des normales extrêmes.

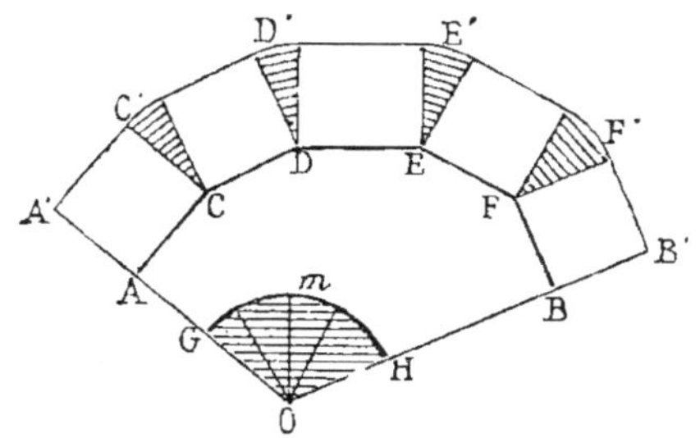

Fig. 992.

Ainsi le bandeau AB' équivaut au rectangle qui aurait pour dimensions la ligne intérieure ADB et la largeur l du bandeau, augmenté du secteur GOH.

Or, lorsque les éléments rectilignes de la ligne ADB tendent vers *zéro*, cette ligne devient une *courbe*, ainsi que sa parallèle A'D'B'.

Donc *l'aire du bandeau égale la courbe intérieure multipliée par la largeur du bandeau, plus le secteur circulaire qui a pour rayon la largeur du bandeau, et pour angle au centre l'angle des normales extrêmes.*

1586. Scolie général sur les bandeaux. Les aires du *cercle*, de la *couronne*, du *secteur de cercle*, du *secteur de couronne*, et du *bandeau quelconque*, peuvent être exprimées par une formule unique, qui se rattache à une vérité plus générale, connue sous le nom de *théorème de Guldin*. (G., n° 903.)

On arrive à cette formule en considérant les surfaces dont il est ici question comme étant produites par une ligne en mouvement.

Cercle. Le *cercle* est la surface produite sur un plan par la révolution complète d'une droite autour de l'une de ses extrémités. Une révolution partielle produit le *secteur de cercle.*

La droite mobile est le rayon du cercle; l'extrémité fixe est le *centre*, et l'extrémité mobile décrit la circonférence; chaque point de la droite décrit une circonférence, et en particulier, *le milieu de la droite génératrice décrit une circonférence égale à la moitié de la circonférence principale,* puisque son rayon est la moitié du rayon du cercle. (G., n° 241.)

L'aire *du cercle égale* la moitié du produit du rayon par la circonférence (G., n° 322), ou le produit du rayon par la demi-circonférence, soit *le produit de la droite génératrice par le chemin que décrit le milieu de cette même droite.*

L'aire *du secteur de cercle égale* la moitié du produit du rayon par l'arc (G., n° 323), ou le produit du rayon par la moitié de l'arc, soit *le produit de la droite génératrice par le chemin que décrit le milieu de cette même droite.*

Couronne. La *couronne circulaire* est la surface produite sur un plan par une partie déterminée d'une droite qui fait une révolution complète autour de l'une de ses extrémités.

Une révolution partielle produit le *secteur de couronne circulaire.*

La droite mobile est la *largeur* de la couronne; les extrémités de cette largeur décrivent *les deux circonférences* de la couronne; le milieu de cette même largeur décrit la *circonférence équidistante,* qui est la *moyenne arithmétique* des deux autres.

L'aire de la couronne circulaire égale le produit de la largeur par la circonférence moyenne (G., n° 355), soit *le produit de la droite génératrice par le chemin que décrit le milieu de cette même droite.*

L'aire du secteur de couronne circulaire égale le produit de la largeur par l'arc moyen (G., n° 356, scolie), soit *le produit de la ligne génératrice par le chemin que décrit le milieu de cette même ligne.*

Bandeau. Le *bandeau* est la surface produite sur un plan par une droite de longueur constante, qui se meut, en restant toujours normale à la ligne que décrit l'un de ses points. Cette ligne est appelée *courbe directrice*, et la droite mobile est le rayon décrivant.

L'aire du bandeau égale le produit de sa largeur par la longueur de la courbe moyenne (n° 1584), soit *le produit de la droite génératrice par le chemin que décrit le milieu de cette même droite.*

Le *rectangle* est un cas particulier du bandeau.

La couronne circulaire n'est autre chose qu'un bandeau, et le cercle lui-même est une couronne dans laquelle la circonférence intérieure est nulle.

D'après des considérations empruntées à la Mécanique, le milieu d'une droite est appelé *centre de gravité* de cette droite; si l'on applique à la Géométrie plane le théorème de Guldin, on peut formuler l'énoncé suivant :

Lorsqu'une droite d'une longueur déterminée se meut dans un plan de manière à rester constamment normale à la ligne que décrit l'un de ses points,

L'aire de la figure engendrée égale le produit de la droite génératrice par le chemin que décrit son centre de gravité.

Cette propriété est utilisée pour l'évaluation de la surface d'une route ou d'un chemin non rectiligne, que l'on considère alors comme une figure plane.

Exercice 537

1587. Théorème. *Toute figure non convexe ABCDE peut être transformée en une autre isopérimètre et de surface plus grande.*

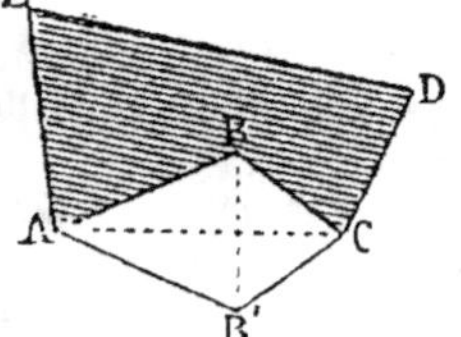

Fig. 993.

Menons AC, et déterminons le point B' symétrique de B par rapport à AC. AC étant perpendiculaire au milieu de BB', on a :

$$AB = AB'; \quad CB = CB'$$

Ainsi la figure convexe AB'CDE a le même périmètre que la figure donnée, mais elle est plus grande. Donc...

Exercice 538

1588. Théorème. *Dans un cercle donné et pour un nombre donné de côtés, le polygone régulier inscrit est celui dont la surface est maxima.*

(Voir *Méthodes*, n° 355.)

Exercice 539

1589. Théorème. *De deux polygones réguliers inscrits dans le même cercle, celui qui a le plus grand nombre de côtés est maximum.*

(Voir *Méthodes*, n° 356.)

Relations déduites de la Considération des aires.

Exercice 540

1590. Théorème. *Deux polygones quelconques* P *et* P' *circonscrits à un même cercle, sont entre eux comme leurs périmètres* p *et* p'.

En effet, si l'on appelle r le rayon du cercle, les aires des deux polygones sont respectivement $\frac{1}{2}pr$ et $\frac{1}{2}p'r$ (n° 1548). On a donc

$$\frac{P}{P'} = \frac{\frac{1}{2}pr}{\frac{1}{2}p'r} = \frac{p}{p'} \qquad C.\ Q.\ F.\ D.$$

Exercice 541

1591. Théorème. *Lorsque trois droites* AOD, BOE, COF, *issues des sommets d'un triangle* ABC, *se coupent au même point* O, *on a la relation*
$$\frac{DO}{AD} + \frac{OE}{BE} + \frac{OG}{CG} = 1$$

(Voir *Méthodes*, n° 165.)

Exercice 542

1592. Théorème de Viviani [*]. *Si, d'un point pris dans l'intérieur d'un polygone régulier de* n *côtés, on abaisse des perpendiculaires sur chaque côté, la somme de ces lignes égale* n *fois l'apothème du polygone.*

Soit le polygone de cinq côtés, a l'apothème, b le côté et h, k, l, m, n les perpendiculaires.

Le double de l'aire du polygone est donné par

$$5ab \quad \text{et par} \quad bh + bk + bl + \ldots$$

d'où
$$5a = h + k + l + m + n$$

Exercice 543

1593. Théorème. *Dans un triangle rectangle, la somme des inverses des carrés des côtés de l'angle droit, égale l'inverse du carré de la hauteur* h, *abaissée du sommet de l'angle droit sur l'hypoténuse.*

---

[*] VIVIANI, né à Florence en 1622, mort en 1703, disciple de GALILÉE et de TORICELLI, est surtout cité pour le problème de la *voûte sphérique carrable*. (*Exercices de Géométrie descriptive* F. I. C., Ex. 237, II.)

Il faut prouver qu'on a $\quad \dfrac{1}{b^2} + \dfrac{1}{c^2} = \dfrac{1}{h^2}$ (1)

ou $\quad \dfrac{c^2}{b^2c^2} + \dfrac{b^2}{b^2c^2} = \dfrac{1}{h^2}$ ou $\quad \dfrac{a^2}{b^2c^2} = \dfrac{1}{h^2}$ ou $\quad \dfrac{a^2h^2}{b^2c^2} = 1$

Or $ah = bc$, car c'est le double de l'aire du triangle; donc...

Exercice 544

1594. Théorème. *Par un point fixe O pris sur la bissectrice d'un angle droit* A, *on mène une sécante quelconque* MON; *prouver que la somme* $\dfrac{1}{AM} + \dfrac{1}{AN}$ *des inverses des côtés de l'angle droit est une quantité constante.*

(Voir *Méthodes*, n° 279.)

1595. Théorème. *Même question, lorsque l'angle* A *est quelconque.*
(Voir *Méthodes*, n° 280.)

Exercice 545

1596. Théorème. *Par un point fixe O pris dans le plan d'un angle droit* A, *on mène une sécante quelconque* BOB', *la somme* $\dfrac{1}{S} + \dfrac{1}{S'}$

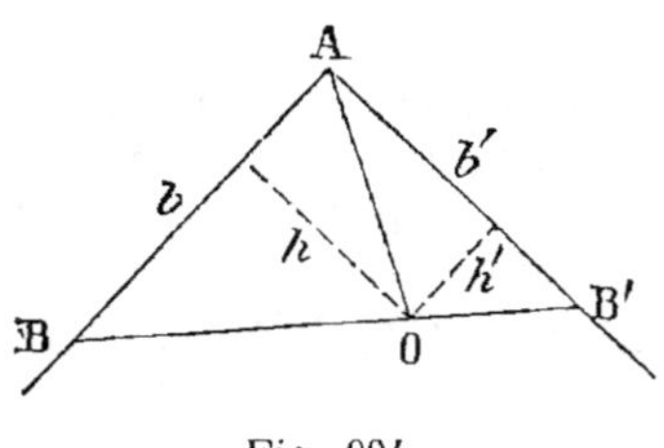

Fig. 994.

des inverses des aires des triangles ABO, AB'O *est constante, quelle que soit la sécante menée.* (MANNHEIM[*], N. A. 1856, p. 383.)

Soit $AB = b$, $AB' = b'$.

Abaissons les perpendiculaires h et h'.

Le double de l'aire de chaque triangle est bh et $b'h'$; il faut donc prouver qu'on a

$$\frac{1}{S} + \frac{1}{S'} = \frac{2}{bh} + \frac{2}{b'h'} = \text{constante.}$$

Or $\dfrac{2}{bh} + \dfrac{2}{b'h'} = \dfrac{2(b'h' + bh)}{bh \cdot b'h'}$;   mais le double de l'aire de BAB' est donné par bb';

donc $\quad \dfrac{2(b'h' + bh)}{bb'hh'} = \dfrac{2bb'}{bb' \times hh'} = \dfrac{2}{hh'}$ quantité constante.

---

* On doit à M. MANNHEIM un grand nombre de relations numériques. (Voir *Transformation des propriétés métriques des figures à l'aide de la théorie des polaires réciproques*, par A. Mannheim. Le théorème (n° 1593) est du même auteur, p. 19, n° 16 de l'ouvrage cité ci-dessus.)

1597. Théorème. *Même énoncé pour un angle quelconque.*

Le double de l'aire du triangle BAB' est donné par bb' sinus A. On a donc

$$\frac{1}{S} + \frac{1}{S'} = \frac{2\,(b'h' + bh)}{bb' \times hh'} = \frac{2bb'\sin A}{bb' \times hh'} = \frac{2\,sinus\,A}{hh'} \quad \text{quantité constante.}$$

1598. Théorème. *Par un point O pris dans un triangle, on mène les transversales* AOL, BOM, CON; *on divise ainsi le triangle donné en six triangles. La somme des inverses de trois triangles non consécutifs égale la somme des inverses des trois autres triangles.* (MANNHEIM.)

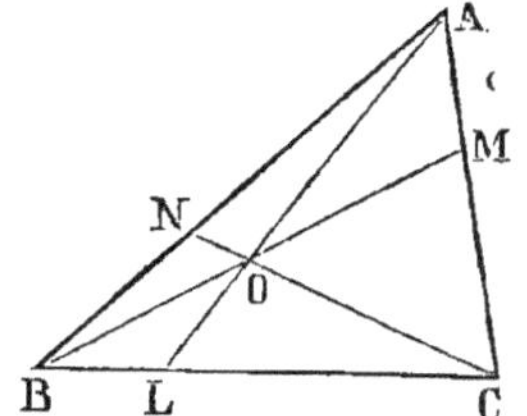

Fig. 995.

Ce théorème n'est qu'un corollaire d'un autre théorème du même auteur (nº 1597). En effet :

Pour un point fixe O et un angle A, deux sécantes BOM, CON donnent :

$$\frac{1}{\overline{AOM}} + \frac{1}{\overline{AOB}} = \frac{1}{\overline{ANO}} + \frac{1}{\overline{AOC}}$$

On a de même

$$\frac{1}{\overline{BON}} + \frac{1}{\overline{BOC}} = \frac{1}{\overline{BOL}} + \frac{1}{\overline{AOB}}$$

$$\frac{1}{\overline{COL}} + \frac{1}{\overline{AOC}} = \frac{1}{\overline{COM}} + \frac{1}{\overline{BOC}}$$

En additionnant membre à membre et en simplifiant, on a :

$$\frac{1}{\overline{AOM}} + \frac{1}{\overline{BON}} + \frac{1}{\overline{COL}} = \frac{1}{\overline{AON}} + \frac{1}{\overline{BOL}} + \frac{1}{\overline{COM}}$$

$$C.\ Q.\ F.\ D.$$

Exercice 546

1599. Théorème. *Le carré du rayon du cercle inscrit dans un triangle rectangle égale la somme des carrés des rayons des cercles inscrits dans les triangles rectangles obtenus en abaissant la hauteur qui part du sommet de l'angle droit.*

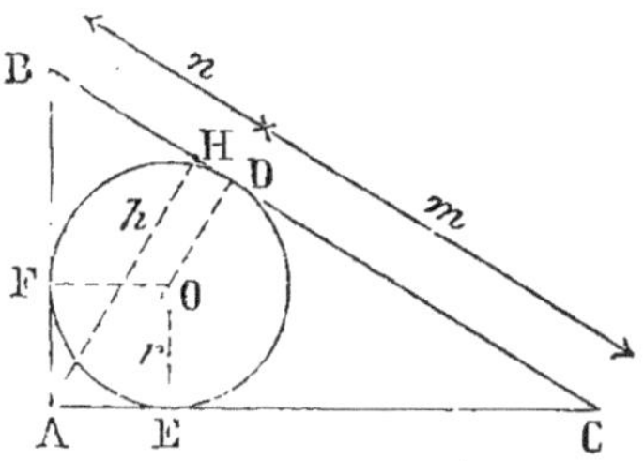

1º Les trois triangles ABC, HAC, HBA sont semblables; donc les carrés des lignes homologues sont proportionnels; donc en représentant par r le rayon du cercle inscrit dans ABC, par s celui du triangle ACH, et par t celui de ABH, on aura :

Fig. 996.

$$\frac{r^2}{a^2} = \frac{s^2}{b^2} = \frac{t^2}{c^2} \quad \text{d'où} \quad \frac{r^2}{a^2} = \frac{s^2 + t^2}{b^2 + c^2}$$

Mais $\qquad a^2 = b^2 + c^2; \quad$ donc $\quad r^2 = s^2 + t^2$

Remarque. On peut demander de vérifier ce résultat, et l'on obtient ainsi une seconde démonstration.

2° On sait que la différence de la somme des côtés de l'angle droit à l'hypoténuse égale le diamètre du cercle inscrit ;

donc
$$2r = b + c - a \qquad\qquad (1)$$
$$2s = m + h - b \qquad\qquad (2)$$
$$2t = n + h - c \qquad\qquad (3)$$

Il faut prouver que
$$r^2 = s^2 + t^2 \quad \text{ou} \quad 4r^2 + 4s^2 + 4t^2$$
ou
$$(b + c - a)^2 = (m + h - b)^2 + (n + h - c)^2$$

Développons :
$$b^2 + c^2 + 2bc - 2ab - 2ac + a^2 = \begin{cases} m^2 + h^2 + 2mh - 2mb - 2hb + b^2 \\ n^2 + h^2 + 2nh - 2nc - 2hc + c^2 \end{cases}$$

Or dans le membre de droite
$$m^2 + h^2 = b^2, \quad n^2 + h^2 = c^2 \quad \text{et} \quad b^2 + c^2 = a^2$$

donc, en simplifiant et supprimant $\quad a^2 + b^2 + c^2, \quad$ on trouve :
$$2bc - 2ab - 2ac = 2h(m + n) - 2mb - 2nc - 2h(b + c)$$

mais $\qquad\qquad 2h(m + n) \quad \text{ou} \quad 2ah = 2bc$

il ne reste plus qu'à comparer
$$-2ab - 2ac \quad \text{et} \quad -2mb - 2nc - 2hb - 2hc$$
ou $\quad -2mb - 2nb - 2mc - 2nc \quad \text{et} \quad -2mb - 2nc - 2hb - 2hc$

Mais, à cause des triangles semblables AHC, AHB, on a
$$mc = bh, \quad nb = ch$$

donc tout se réduit à une identité
$$-2mc - 2nb = -2bh - 2ch$$

Remarque. *La moyenne proportionnelle de deux lignes inégales* m *et* n *est plus petite que la moyenne arithmétique de ces mêmes lignes. En effet, AH est la moyenne proportionnelle (fig. 996); or cette ligne est plus petite que la perpendiculaire qu'on élèverait au milieu de BC, jusqu'à la demi-circonférence décrite sur BC comme diamètre.*

Exercice 547

1600. Théorème de du Faye [*]. *La différence des aires de deux polygones réguliers semblables circonscrit et inscrit au même cercle, égale*

---

* DU FAYE (1698-1739), membre de l'Académie des sciences.

l'aire du polygone régulier semblable inscrit dans le cercle qui aurait pour diamètre le côté du polygone circonscrit donné. (N. A. 1845, p. 55.)

Représentons par a^2 la surface du polygone dont AC est le côté, et par b^2 celle du polygone BD.

Les surfaces sont proportionnelles aux carrés des rayons. (G., n° 334.)

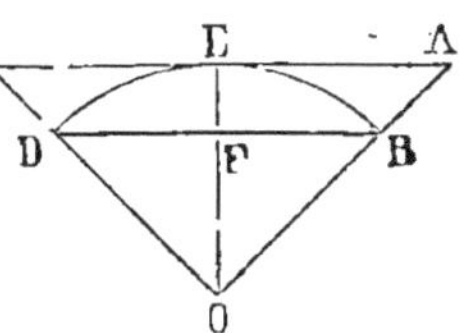
Fig. 997.

Donc
$$\frac{a^2}{b^2} = \frac{AO^2}{OB^2}$$

d'où
$$\frac{a^2 - b^2}{b^2} = \frac{AO^2 - BO^2}{BO^2} \qquad (1)$$

Soit c^2 la surface du polygone semblable inscrit dans le cercle qui aurait AE pour rayon, on aurait

$$\frac{c^2}{b^2} = \frac{AE^2}{BO^2} \qquad (2)$$

Mais
$$AE^2 = AO^2 - OE^2 = \text{donc } AO^2 - BO^2$$

donc, en comparant (1) et (2), on trouve

$$\frac{a^2 - b^2}{b^2} = \frac{c^2}{b^2}$$

d'où
$$a^2 - b^2 = c^2 \qquad C. \ Q. \ F. \ D.$$

1601. Théorème. *La différence des aires ou* $a^2 - b^2$ *est égale à l'aire du polygone semblable qui serait circonscrit à une circonférence qui aurait pour diamètre le côté* BD *du polygone inscrit donné.*

Exercice 548

1602. Théorème. *La différence des aires des polygones réguliers de* 2n *côtés inscrit et circonscrit à un cercle, est moindre que le quart de la différence des polygones réguliers de* n *côtés inscrit et circonscrit à ce même cercle.* (N. A., 1844, p. 13.)

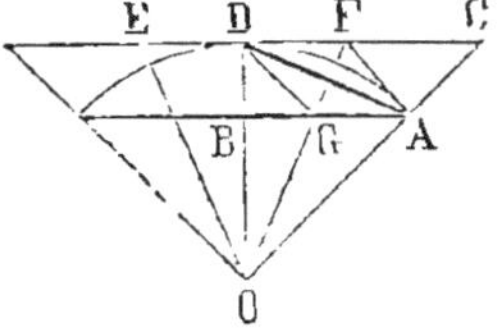
Fig. 998.

Soient AB, DC les demi-côtés des polygones de n côtés.

La différence des aires égale 2n fois le trapèze ABCD.

Soient AD, EF les côtés des polygones de 2n côtés.

La différence des aires égale 2n fois le triangle ADF.

Il faut prouver qu'on a $ADF < \frac{1}{4} ABCD$

Le triangle et le trapèze ayant même hauteur BD, il suffit de prouver que la base DF du triangle est plus petite que le quart de la somme AB + DC des bases du trapèze.

Or OF est bissectrice de l'angle AOD, la figure AFDG est un losange; donc $DF = AG$ et $DF < FC$

Les parallèles AB, CD donnent la relation

$$\frac{AG}{BG} = \frac{CF}{DF} \quad \text{d'où} \quad AG^2 = BG \cdot CF$$

Mais la moyenne proportionnelle AG est plus petite que la demi-somme des côtés BG et CF (n° 1599, *Remarque*).

Donc $$AG < \tfrac{1}{2} BG + FC$$
d'ailleurs $$AG = \tfrac{1}{2} AG + DF$$

En additionnant, on trouve $2AG < \tfrac{1}{2}(AB + DC)$

ou $$DF < \tfrac{1}{4}(AB + DC) \quad C.\ Q.\ F.\ D.$$

Exercice 549

1603. Théorème. *Par chaque sommet d'un triangle, on mène une droite qui divise le côté opposé en segments proportionnels aux carrés des deux autres côtés; prouver que ces trois droites se coupent au même point.* (P. HOSSARD, capitaine d'état-major en 1848. N. A., p. 407 et 454.)

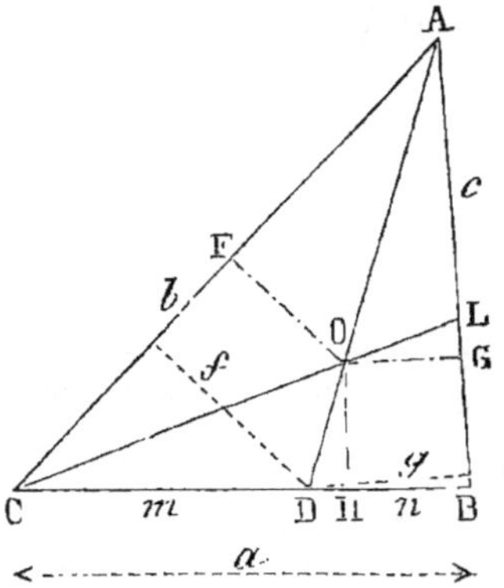

Soit AD telle que $\dfrac{m}{n} = \dfrac{b^2}{c^2}$

1re Démonstration. Abaissons les perpendiculaires f et g sur les côtés correspondants b et c.

Les triangles ADC, ADB ont même hauteur, lorsqu'on prend A pour sommet ; ils sont entre eux comme les doubles produits de la base par la hauteur.

Donc $$\frac{ADC}{ADB} = \frac{m}{n} = \frac{bf}{cg}$$

mais $$\frac{m}{n} = \frac{b^2}{c^2}$$

Fig. 999.

donc $$\frac{b^2}{c^2} = \frac{bf}{cg}, \quad \text{d'où} \quad \frac{b}{c} = \frac{f}{g}$$

Ainsi le rapport des perpendiculaires f et g ou OF et OG égale le rapport des côtés b et c.

Soit CL une seconde droite telle que $\dfrac{LA}{LB} = \dfrac{b^2}{a^2}$.

On aura 1° $$\frac{OF}{OG} = \frac{b}{c}$$

2° $$\frac{OF}{OH} = \frac{b}{a}$$

ou $$\frac{OF}{b} = \frac{OG}{c}, \quad \frac{OF}{b} = \frac{OH}{a}$$

d'où $$\frac{OG}{c} = \frac{OH}{a} \quad \text{ou} \quad \frac{OG}{OH} = \frac{c}{a}$$

Donc le point O appartient à la troisième droite. $\quad C.\ Q.\ F.\ D.$

2ᵉ Démonstration. On emploie avec avantage le *théorème de Céva* (nᵒ 1240). Soit K le point où AC est rencontré par la droite issue du sommet B, on a :

$$\frac{AL}{BL} = \frac{b^2}{a^2}, \quad \frac{BD}{CD} = \frac{c^2}{b^2}, \quad \frac{CK}{AK} = \frac{a^2}{c^2}$$

d'où

$$\frac{AL \cdot BD \cdot CK}{BL \cdot CD \cdot AK} = \frac{b^2 c^2 a^2}{a^2 b^2 c^2} = 1 \qquad C.\ Q.\ F.\ D.$$

Remarques. 1º Le point O est le point dont la somme des carrés des distances aux trois côtés du triangle est minima. (N. A., p. 407.)

2º Les droites AD, BK se coupent au même point, lorsqu'on a :

$$\frac{AL}{BL} = \frac{b^m}{a^m}, \quad \frac{BD}{CD} = \frac{c^m}{b^m}, \quad \frac{CK}{AK} = \frac{a^m}{c^m}$$

Exercice 550

1604. Théorème. *Le produit des rayons du cercle inscrit à un triangle et des trois cercles ex-inscrits, égale le carré de la surface de ce triangle.*

En effet, on a (G., nᵒ 354)

$$r = \frac{T}{p}, \quad r' = \frac{T}{p-a}, \text{ etc.}$$

donc

$$r r' r'' r''' = \frac{T^4}{p(p-a)(p-b)(p-c)} = \frac{T^4}{T^2} = T^2 \text{ }^*.$$

$$C.\ Q.\ F.\ D.$$

Exercice 551

1605. Théorème. *L'inverse du rayon du cercle inscrit égale la somme des inverses des rayons des cercles ex-inscrits.*

$$\frac{1}{r} = \frac{p}{T}, \quad \frac{1}{r'} = \frac{p-a}{T}, \text{ etc.}$$

donc

$$\frac{1}{r'} + \frac{1}{r''} + \frac{1}{r'''} = \frac{(p-a)+(p-b)+(p-c)}{T} = \frac{3p-(a+b+c)}{T} = \frac{p}{T} = \frac{1}{r}$$

Exercice 552

1606. Théorème. *L'inverse du rayon du cercle inscrit égale la somme des inverses des trois hauteurs du triangle.*

---

* La démonstration géométrique de la formule

$$T = \sqrt{p(p-a)(p-b)(p-c)}$$

est attribuée à FIBONACCI, dit *Léonard de Pise*. Ce mathématicien, né en 1180, est mort dans le milieu du XIIIᵉ siècle.

Soient h, h', h'' les hauteurs qui correspondent aux côtés a, b, c. Le double de l'aire du triangle est donné par $2pr$ ou ah, etc.

Donc $$2pr = ah = bh' = ch''$$

Mais le produit ah peut s'écrire :

$$a \cdot \frac{h}{1}, \quad a : \frac{1}{h} \quad \text{ou} \quad \frac{a}{\dfrac{1}{h}}$$

donc
$$\frac{2p}{\dfrac{1}{r}} = \frac{a}{\dfrac{1}{h}} = \frac{b}{\dfrac{1}{h'}} = \frac{c}{\dfrac{1}{h''}}$$

Or $2p = a + b + c$, et, si l'on ajoute terme à terme les trois dernières fractions égales, on aura

$$\frac{2p}{\dfrac{1}{r}} = \frac{a + b + c}{\dfrac{1}{h} + \dfrac{1}{h'} + \dfrac{1}{h''}}$$

donc
$$\frac{1}{r} = \frac{1}{h} + \frac{1}{h'} + \frac{1}{h'}$$

1607. Théorème. *La somme des inverses des rayons des cercles exinscrits égale la somme des inverses des hauteurs.*

Car chacune de ces sommes égale $\dfrac{1}{r}$; donc

$$\frac{1}{r'} + \frac{1}{r''} + \frac{1}{r'''} = \frac{1}{h} + \frac{1}{h'} + \frac{1}{h''}$$

Exercice 553

1608. Théorème. *Si, d'un point pris dans l'intérieur d'un triangle, on abaisse des perpendiculaires 1, 1', 1'' sur les côtés a, b, c, on aura la relation*

$$\frac{l}{h} + \frac{l'}{h'} + \frac{l''}{h''} = 1$$

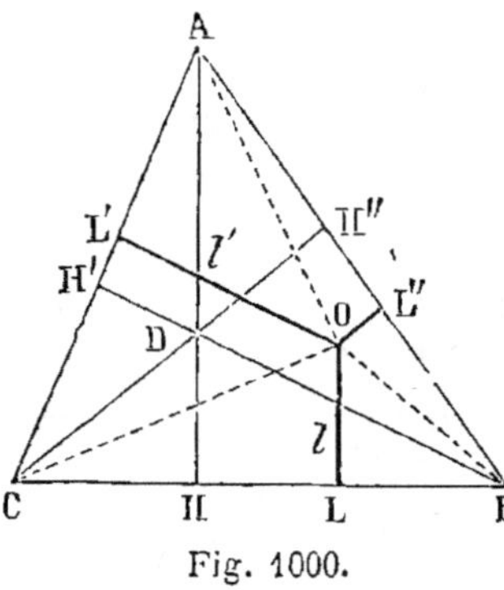

Fig. 1000.

Représentons par T le triangle total ABC; par L, le triangle BOC, etc.

Les triangles OBC, ABC ont même base, ils sont donc entre eux comme leurs hauteurs l et h.

$$\frac{L}{T} = \frac{l}{h}$$

de même $\quad \dfrac{L'}{T} = \dfrac{l'}{h'}, \quad \dfrac{L''}{T} = \dfrac{l'}{h''}$

d'où

$$\frac{L + L' + L''}{T} = \frac{l}{h} + \frac{l'}{h'} + \frac{l''}{h''} = 1$$

Car le numérateur de la première fraction égale son dénominateur.

Remarques. 1° Le théorème (n° 1606) n'est qu'un cas particulier du précédent, car on aurait

$$\frac{r}{h} + \frac{r}{h'} + \frac{r}{h''} = 1, \quad \text{d'où} \quad \frac{1}{h} + \frac{1}{h'} + \frac{1}{h''} = \frac{1}{r}$$

2° Le théorème subsiste pour trois droites l, l', l'' menées par un point O, parallèlement à trois droites qui partent des sommets, passent par un même point D.

Ainsi le théorème (n° 1605) peut être rapporté au précédent.

1609. Théorème. $\quad \dfrac{AD}{h} + \dfrac{BD}{h'} + \dfrac{CD}{h''} = 2 \quad$ (fig. 1000.)

Car $\quad \dfrac{DH}{h} + \dfrac{DH'}{h'} + \dfrac{DH''}{h''} = 1$

Or $\dfrac{AD}{h} + \dfrac{DH}{h} = 1$, etc. Par suite la somme des six fractions égale 3; donc le premier groupe a 2 pour somme.

1610. Théorème. *La moyenne géométrique des deux triangles semblables AGI et AMC est le triangle AGC.*

En effet, AGI, AGC ont même hauteur; donc

$$\frac{AGI}{AGC} = \frac{AI}{AC}$$

De même $\quad \dfrac{AGC}{AMC} = \dfrac{AG}{AM}$

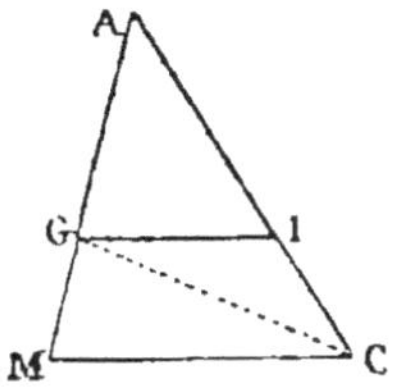

Les derniers rapports des deux suites étant égaux, les premiers le sont aussi, et l'on a :

$$\frac{AGI}{AGC} = \frac{AGC}{AMC} \quad \text{ou} \quad \frac{T}{T''} = \frac{T''}{T'}$$

Fig. 1001.

On peut remarquer que $T''^2 = TT'$; d'où $T'' = \sqrt{TT'}$.

Le triangle AGC a un angle commun aux deux triangles donnés, avec un côté du premier et un côté du second.

Exercice 554

1611. Théorème. *Si deux triangles sont semblables, intérieurs l'un à l'autre, et ont les côtés homologues parallèles, tout triangle circonscrit au triangle intérieur et inscrit à l'autre triangle, a une surface moyenne proportionnelle entre celles des triangles donnés.* (Théorème proposé par Gergonne et démontré par L. Anne. N. A. 1844, p. 27.)

Joignons le sommet B aux trois sommets D, E, F du triangle semblable dont les côtés sont parallèles à ceux du premier. Pour comparer les triangles, menons EG parallèle à DF et joignons D au point G.

On sait que les triangles de même base et de même hauteur sont équivalents; donc on a :   DGF = DEF

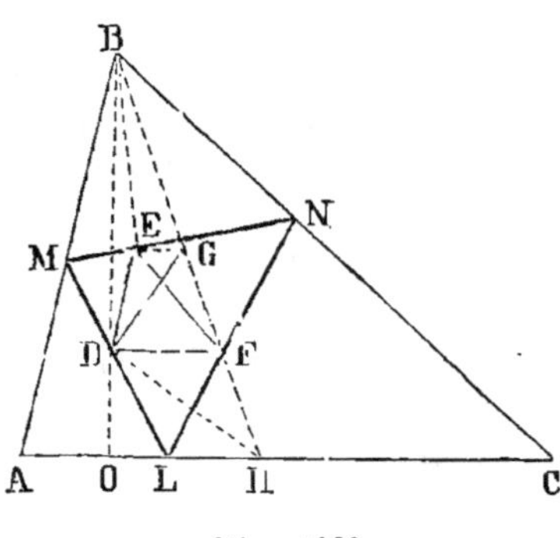

$$\text{DME} = \text{DBE}, \quad \text{DLF} = \text{DHF},$$
$$\text{ENF} = \text{EBF}$$

En additionnant membre à membre les quatre égalités, on reconnaît qu'on a

$$\text{LMN} = \text{DBH}$$

Ainsi les trois triangles à comparer peuvent être remplacés par

$$\text{ABC}, \quad \text{DBH}, \quad \text{DGF}$$

Les triangles GDF, BDH, ayant même hauteur, sont entre eux comme leurs bases FG et BH;

Fig. 1002.

mais à cause des parallèles EG et DF, le rapport $\dfrac{\text{FG}}{\text{BH}}$ est égal au rapport donné par ces mêmes parallèles et la perpendiculaire BO; c'est-à-dire que les lignes FG et BH sont dans le même rapport que les hauteurs des triangles semblables DEF, ABC et, par suite, dans le rapport de deux côtés homologues.

Donc $\dfrac{\text{DGF}}{\text{BDH}}$ ou $\dfrac{\text{DEF}}{\text{LMN}} = \dfrac{\text{DF}}{\text{AC}}$ (1)

d'ailleurs $\dfrac{\text{BDH}}{\text{BOH}} = \dfrac{\text{BD}}{\text{BO}}$ ou $\dfrac{\text{BDH}}{\text{BOH}} = \dfrac{\text{DF}}{\text{OH}}$

On a de même $\dfrac{\text{BOH}}{\text{ABC}} = \dfrac{\text{OH}}{\text{AC}}$

En multipliant membre à membre ces deux proportions et simplifiant, on trouve $\dfrac{\text{BDH ou LMN}}{\text{ABC}} = \dfrac{\text{DF}}{\text{AC}}$ (2)

En comparant (1) et (2), on a

$$\frac{\text{DEF}}{\text{LMN}} = \frac{\text{LMN}}{\text{ABC}} \qquad C.\ Q.\ F.\ D.$$

1612. Théorème. *La surface d'un triangle est moyenne proportionnelle entre celle du triangle ayant pour sommets les centres des cercles ex-inscrits, et celle du triangle ayant pour sommets les points de contact du cercle inscrit au premier avec ses côtés.* (N. A. 1880, p. 59.)

Le triangle des trois centres des cercles ex-inscrits et le triangle des trois points de contact du cercle inscrit sont homothétiques; donc (n° 1611)...

Exercice 555

1613. Théorème. *Dans tout quadrilatère, le lieu géométrique des points tels que la somme des triangles ayant ce point pour sommet et deux côtés opposés pour base est équivalente à celle des deux autres triangles, est la droite qui joint les milieux des diagonales.* (Léon Anne.)

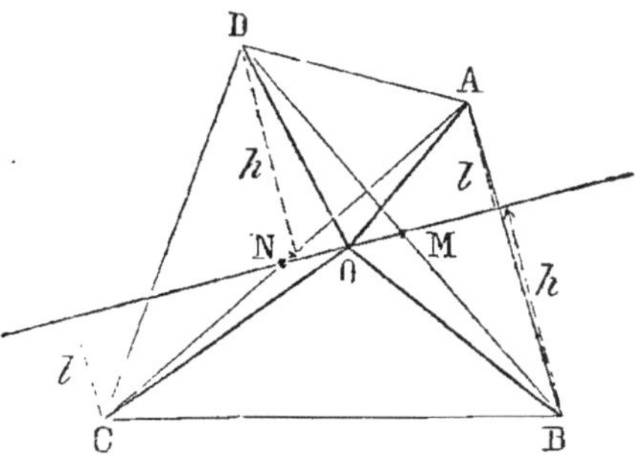

Fig. 1003.

Soit MN la droite qui joint les points milieux des diagonales ; les perpendiculaires abaissées des sommets sur MN sont égales deux à deux ; donc les triangles de même base, situées sur MN, sont équivalents quand ils ont leur sommet en A et en C ; il en est de même pour ceux qui ont le sommet en B et en D.

Or, on a
$$AOB = AMB + AOM + BOM$$
$$DOC = DMC - COM - DOM$$
Mais
$$AOM = COM, \quad BOM = DOM$$
donc
$$AOB + DOC = AMB + DMC \qquad (1)$$
De même
$$AOD = AMD + DOM - AOM$$
$$COB = CMB - BOM + COM$$
Donc
$$AOD + COB = AMD + CMB \qquad (2)$$

Or les triangles AMB et AMD des formules (1) et (2) ont même sommet A et des bases égales DM et BM ; donc ils sont équivalents ; il en est de même de DMC et de BMC.

Donc
$$AOB + DOC = AOD + COB \qquad C.\ Q.\ F.\ D.$$

Exercice 556

1614. Théorème de Newton. *La droite qui joint les milieux des diagonales d'un quadrilatère circonscriptible, passe par le centre du cercle inscrit.*

Ce théorème peut être considéré comme un corollaire du *théorème de Léon Anne* (n° 1613).

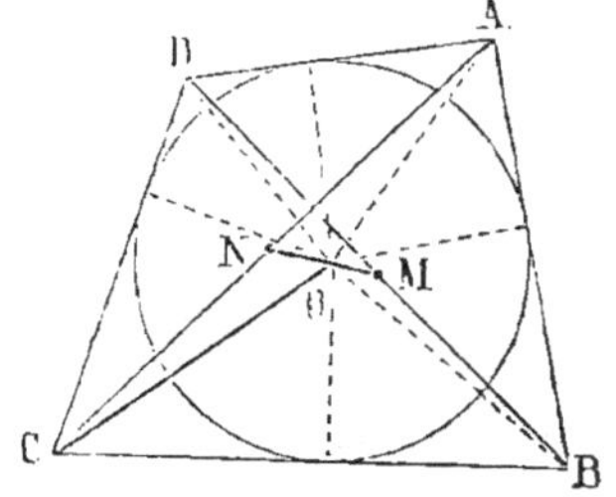

Fig. 1004.

En effet, la somme des côtés opposés AD et CB égale celle des deux autres ;

donc $COB + AOD = AOB + COD$

Car tous ces triangles ont pour hauteur le rayon du cercle inscrit, et la somme des bases CB, AD des premiers égale la somme AB + CD de celles des seconds ; donc le point O se trouve sur MN.

Corollaire (dû à GERGONNE). *Dans tout triangle ex-inscrit, la droite qui joint le milieu d'un côté, au milieu de la distance d'un point de contact de ce côté au sommet opposé de ce triangle, passe par le centre du cercle.*

Exercice 557

1615. **Théorème.** *La droite la plus courte BED qu'on puisse mener par un point donné E dans un angle donné A, est définie par cette condition que la perpendiculaire EC, menée à cette droite par le point E, et les perpendiculaires BC, DC menées aux côtés de l'angle par les extrémités de la droite BED, concourent en un même point C.* (NEWTON.)

(Voir *Méthodes*, nº 168.)

Construction des figures.

Exercice 558

1616. **Problème.** *Construire un triangle, connaissant ses angles et sa surface m².*

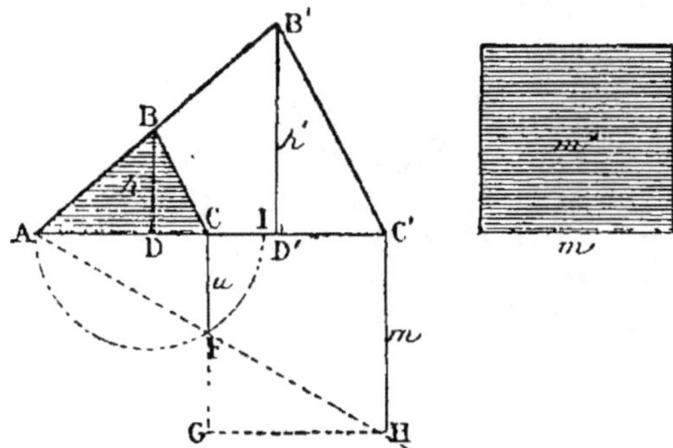

Fig. 1005.

Avec les angles donnés, on construit un triangle quelconque ABC, semblable au triangle demandé.

Prolongeons la base AC d'une longueur CI égale à la moitié de la hauteur *h*; sur AI décrivons la demi-circonférence AFI : la perpendiculaire CF ou *u* est le côté du carré équivalent au triangle ABC; car on a : $u^2 = AC . CI$.

Sur CF portons la longueur CG égale à *m*; menons AFH, puis GH parallèle à AC, HC' perpendiculaire à AC, et enfin C'B' parallèle à BC.

A'B'C' est le triangle demandé. En effet, les deux triangles ABC, AB'C' étant semblables, aussi bien que ACF et AC'H, on a :

$$\frac{ABC}{AB'C'} = \frac{AC^2}{AC'^2} = \frac{CF^2 \text{ ou } u^2}{C'H^2 \text{ ou } m^2}$$

En considérant les rapports extrêmes, on voit que les numérateurs
sont équivalents; donc les dénominateurs le sont aussi...

Exercice 559

1617. Problème. *Construire un triangle, connaissant les trois hauteurs.*

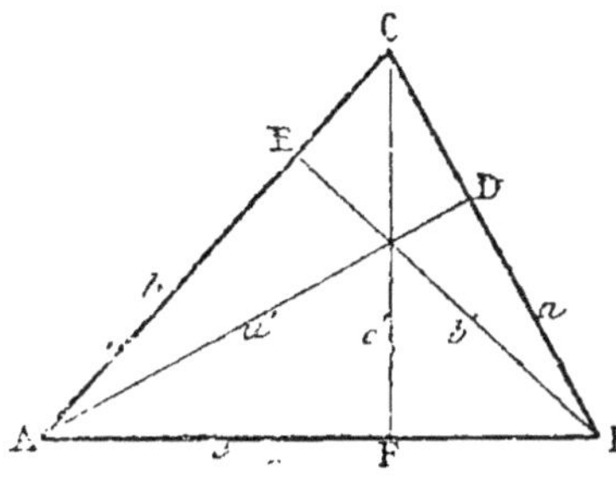 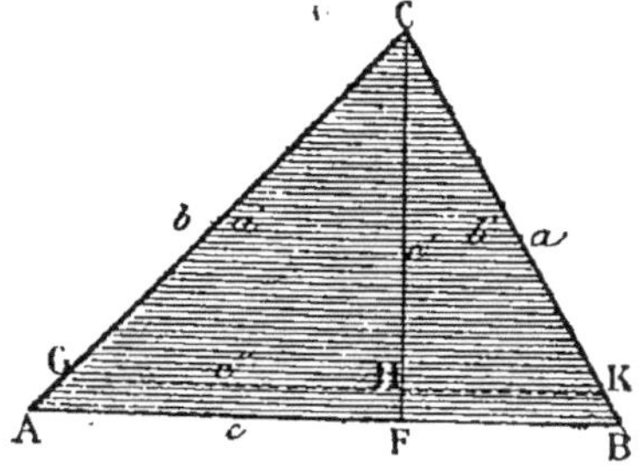

Fig. 1006.

Soit ABC un triangle ayant pour ses trois hauteurs a', b', c'. La
surface $S = \frac{1}{2}aa' = \frac{1}{2}bb' = \frac{1}{2}cc'$.

Ainsi $\qquad aa' = bb'$; d'où $\dfrac{a}{b} = \dfrac{b'}{a'} \ldots = \dfrac{b'c'}{a'c'}$

$\qquad\qquad bb' = cc'$; d'où $\dfrac{b}{c} = \dfrac{c'}{b'} \ldots = \dfrac{a'c'}{a'b'}$

Donc les trois côtés . . . . $a \quad b \quad c$

sont entre eux comme les produits . . . . $b'c' \quad a'c' \quad a'b'$

ou, en divisant par c', ... $b' \quad a' \quad \dfrac{a'b'}{c'}$

Posons $c'' = \dfrac{a'b'}{c'}$. Il en résulte $\dfrac{c''}{a'} = \dfrac{b'}{c'}$; ce qui montre que c''

est une quatrième proportionnelle aux trois droites c', b', a'.

On cherche cette quatrième proportionnelle par une construction
connue (G., n° 295), et l'on construit le triangle CGK, ayant pour
côtés les trois droites a', b, c''. Ce triangle est semblable au triangle
demandé, et c'est le côté c'' qui est l'homologue de c. On trace la
hauteur CH, sur laquelle on porte une longueur CF égale à c', et
l'on mène parallèlement à GK la droite AFB, qui donne le triangle
demandé.

Exercice 560

1618. Problème. *Par un point A pris dans un angle XOY, mener
une sécante MAN telle que le triangle MON ait une aire donnée k^2.*

Pour fixer la position du point donné A par rapport aux côtés de l'angle XOY, formons le parallélogramme ABOC.

Abaissons la perpendiculaire AH.

Les longueurs a, b, h sont connues.

Soit $BM = x$

Il suffit d'établir une relation, à l'aide de la surface k^2, entre l'inconnue x et les données.

Les triangles semblables MON, MBA sont entre eux comme les

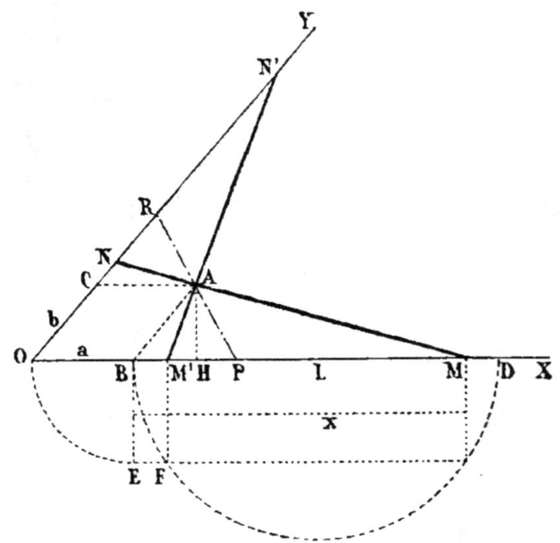

Fig. 1007.

carrés des côtés homologues; d'ailleurs le double de l'aire de MON $= 2k^2$, le double de MBA $= xh$; donc

$$\frac{2k^2}{hx} = \frac{OM^2}{x^2} ; \qquad \frac{2k^2}{h} = \frac{(a+x)^2}{x} \tag{1}$$

$$\frac{2k^2x}{h} = a^2 + 2ax + x^2; \quad 2\left(\frac{k^2}{h} - a\right)x - x^2 = a^2$$

ou

$$x\left[2\left(\frac{k^2}{h} - a\right) - x\right] = a^2 \tag{2}$$

Il faut *déterminer les côtés d'un rectangle, connaissant la somme* $2\left(\dfrac{k^2}{h} - a\right)$ *des deux côtés, et leur produit* a^2.

Construction. Soit l la quatrième proportionnelle $\dfrac{k^2}{h}$; portons cette grandeur du point O en L.

$BL = \dfrac{k^2}{h} - a$;   prenons $LD = LB$, afin d'avoir $BD = 2(l - a)$.

Décrivons la demi-circonférence BD, prenons $BE = a$, et menons la parallèle EFG.

On obtient généralement deux solutions.

Minimum. L'équation (2) montre que le problème n'est possible qu'autant qu'on a
$$\frac{k^2}{h} \geqq a$$

La limite inférieure est donnée par $\frac{k^2}{h} = a$.

d'où
$$k^2 = ah$$

Or ah exprime l'aire du parallélogramme ABOC.

Donc le triangle minimum POR est double du parallélogramme qui correspond au point A.

1619. Problème. *Même question, lorsque le point donné A ne doit pas être dans le même angle que le triangle demandé.*

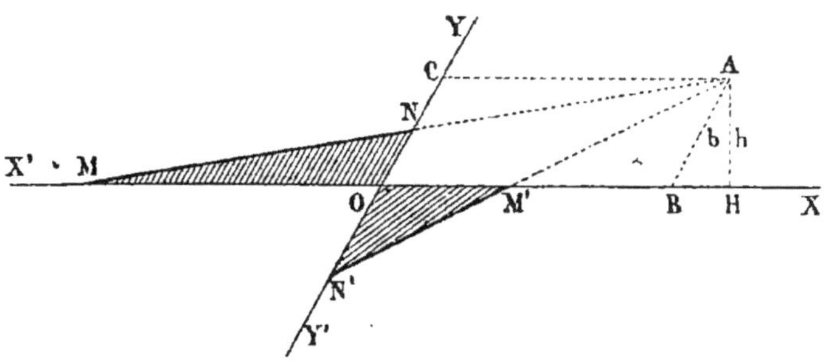

Fig. 1008.

Soit
$$MON = k^2, \quad BM = x$$

$$\frac{2MON}{2MBA} \quad \text{ou} \quad \frac{2k^2}{hx} = \frac{OM^2}{x^2} = \frac{(x-a)^2}{x^2}$$

d'où
$$\frac{2k^2 x}{h} = x^2 - 2ax + a^2$$

$$x\left[2\left(\frac{k^2}{h} + a\right) - x\right] = a^2 \qquad (3)$$

Deux solutions et k^2 peut varier de zéro à $+\infty$

Remarque. Pour $k^2 > ah$, le problème complet admet quatre solutions.

1620. Problème. *A un rectangle donné, circonscrire un losange de surface donnée.*

En divisant le rectangle en quatre parties égales par deux droites rectangulaires, menées par le centre du rectangle et respectivement perpendiculaires aux côtés du rectangle, on retombe sur le théorème précédent.

Exercice 561

1621. Problème. *Par le point milieu O de la base BC d'un triangle* ABC, *mener une sécante MON limitée aux côtés* AB *et* AC, *de manière que la différence des aires des triangles* OBM, OCD *ait une valeur donnée* k^2.

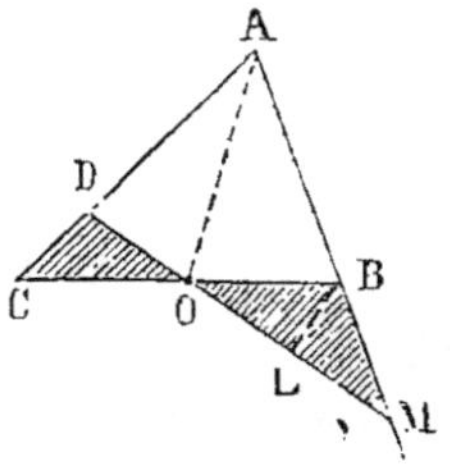

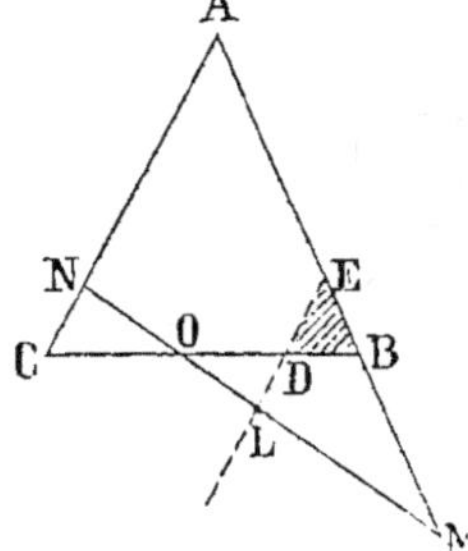

Fig. 1009.

Soit $\qquad$ OBM $-$ OCD $= k^2$

En menant par le point B une parallèle BL à AC, on a

$\qquad$ triangle OBL $=$ OCD ,

donc $\qquad\qquad$ BLM $= k^2$

Le problème est ramené à la question connue :

Étant donnés un angle LBM *et un point* O, *mener par ce point une sécante telle que le triangle* LBM *égale* k^2 (n° 1618).

Remarque. On peut résoudre le même problème, *quand le point* O *est un point quelconque de* BC.

En prenant OD $=$ OC, et menant une parallèle DL, on a LDBM $= k^2$; mais l'aire du triangle BDE peut être calculée.

Soit a^2 sa valeur, le triangle total

$$\text{LEM} = k^2 + a^2,$$

et l'on retombe sur une question connue (n° 1623).

Fig. 1010.

1622 (fig. 1009). **Problème.** *Par le point milieu* O *de la base d'un triangle, mener la sécante DOM telle que les triangles* OBM, OCD *aient un rapport donné* $\dfrac{m}{n}$.

Par le point O, il faut mener OLM telle que $\dfrac{\text{OM}}{\text{OL}} = \dfrac{m}{n}$.

1623. Problème. *Couper les côtés d'un angle droit par une droite d'une longueur donnée, de manière que le triangle rectangle ait une aire donnée.*

(Voir *Méthodes*, n° 117.)

Remarque. On peut employer la méthode du problème contraire, mais nous allons l'utiliser pour la question plus générale ci-après.

Exercice 562

1624. Problème. *Dans un angle donné* XOY, *inscrire une droite* MN *de longueur donnée* l, *de manière que le triangle* MON *ait une aire donnée* k^2.

L'emploi du *problème contraire* conduit à une solution peu élégante, mais très simple.

1°. Sur $M'N' = l$, décrivons un segment capable de l'angle donné XOY (fig. 1011).

h est connu, car $lh = 2k^2$; d'où $h = \dfrac{2k^2}{l}$

Portons la quatrième proportionnelle ainsi obtenue de M' en J', et la parallèle J'O' donne un triangle M'O'N' égal au triangle demandé.

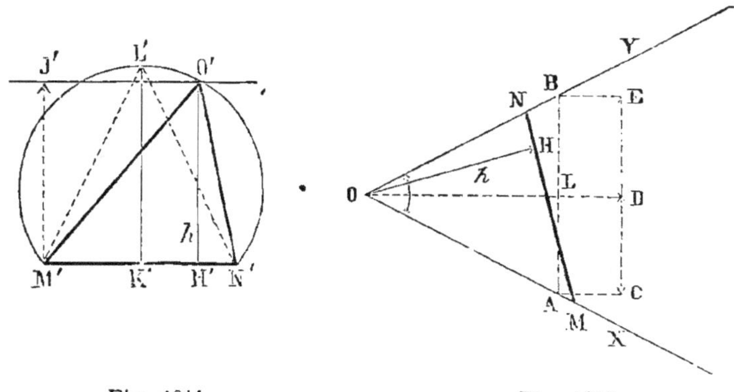

Fig. 1011.   Fig. 1012.

2° Prenons $OM = O'M'$ et $ON = O'N'$ (fig. 1012).

3° *Maximum de* k^2 *pour une ligne donnée* l.

Le plus grand triangle qu'on puisse obtenir M'L'N' est isocèle; donc, pour une base l, un angle au sommet XOY, il faut qu'on ait

au plus $$k^2 = \frac{M'N' \cdot L'K'}{2} = \frac{l \cdot L'K'}{2}$$

Donc, pour une longueur l, le triangle isocèle AOB est maximum.

4° *Minimum de* 1, *pour une valeur donnée* k^2.

C'est la base d'un triangle isocèle ayant l'aire k^2.

Remarque. Le problème peut être résolu par la méthode algébrique. Le cas le plus remarquable est traité dans l'*Arpentage* (n° 345).

Exercice 563

1625. Problème. *Déterminer un point O sur la base BC d'un triangle, de manière que le produit OM . ON des perpendiculaires abaissées de ce point sur les côtés AB, AC, ait une valeur donnée* k^2.

20*

Abaissons la perpendiculaire AH sur BC.

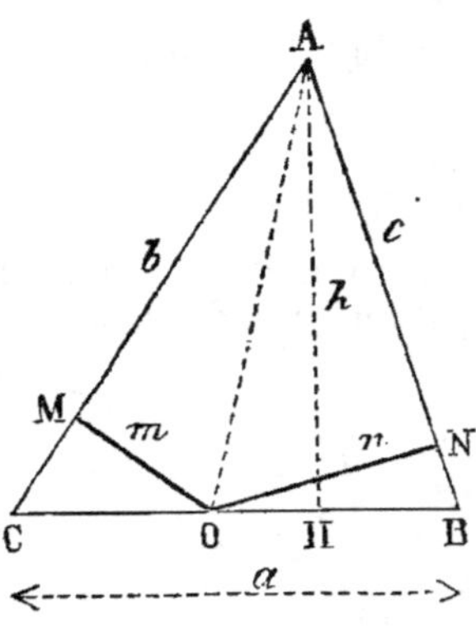

Fig. 1013.

Menons AO.

Le double de l'aire du triangle ABC peut être exprimée de **deux manières** différentes.

On a donc l'égalité
$$bm + cn = ah \qquad (1)$$

d'ailleurs
$$mn = k^2 \qquad (2)$$

Ces deux équations permettent de déterminer m et n.
$$n = \frac{ah - bm}{c}; \quad mn = m\,\frac{ah - bm}{c} = k^2$$

Ainsi
$$mah - bm^2 = ck^2$$
$$m \cdot \frac{ah}{b} - m^2 = \frac{ck^2}{b}.$$

Quantité facile à construire.

En effet $\dfrac{ah}{b}$ est une quatrième proportionnelle que nous pouvons représenter par d; $\dfrac{ck^2}{b}$ est un carré l^2 tel que $\dfrac{l^2}{k^2} = \dfrac{c}{b}$. (G., n° 340.)

L'équation devient donc
$$dm - m^2 = l^2 \quad \text{ou} \quad (d - m)m = l^2$$

Il faut déterminer les côtes $(d - m)$ *et* m *d'un rectangle qui a pour surface* l². (G., n° 340.)

Remarque. Le maximum du produit des perpendiculaires a lieu lorsque le point O est au milieu de BC (voir ci-après, n° 1680).

1626. Problème. *Par un point donné* A, *dans l'intérieur d'un*

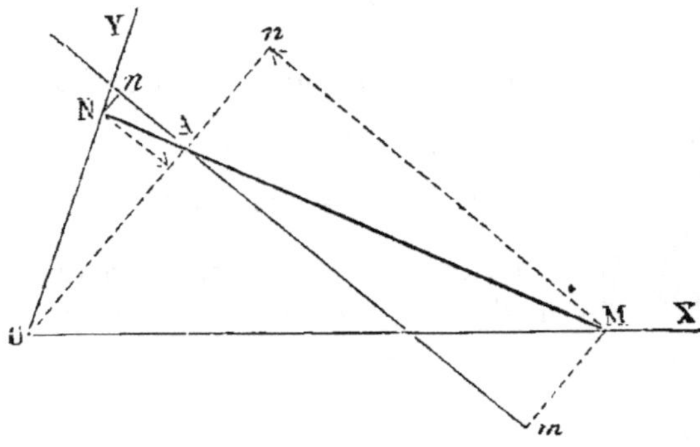

Fig. 1014.

angle XOY, *mener une sécante* MAN *telle que la projection* mAn *de cette droite sur une ligne perpendiculaire à la droite* AO *ait une longueur donnée* l.

Supposons le problème résolu, et $mAn = l$.

L'aire du triangle MON est connue.

En effet, le double de cette surface est donné par

$$AO . Am + AO . An = AO . l$$

Donc $2k^2 = AO . l$ et la surface MON étant connue, on retombe sur une question précédente (n° 1618).

Exercice 564

1627. **Problème.** *Par le sommet d'un parallélogramme, mener une sécante limitée aux côtés opposés du parallélogramme, de manière que le triangle obtenu soit minimum.*

(Voir *Méthodes*, n° 349.)

Exercice 565

1628. **Problème.** *Construire un carré, connaissant la somme du côté et de la diagonale.*

(Construction directe, *Méthodes*, n° 41.)
(Emploi des figures semblables, *Méthodes*, n° 207.)

1629. **Problème.** *Construire un carré, connaissant la différence de la diagonale et du côté.*

On peut recourir aux figures semblables. (*Méthodes*, n° 207.)

Une analyse analogue à celle qu'on a faite pour le problème de la somme (n° 41) donnerait une construction directe.

On peut aussi indiquer la solution suivante, très simple et très élégante.

Sur une droite AY, formant avec AX un angle de 45 degrés, on prend $AE = d$; du point E comme centre, avec la différence d pour rayon, on coupe AX au point F, et l'on porte d de F en B.

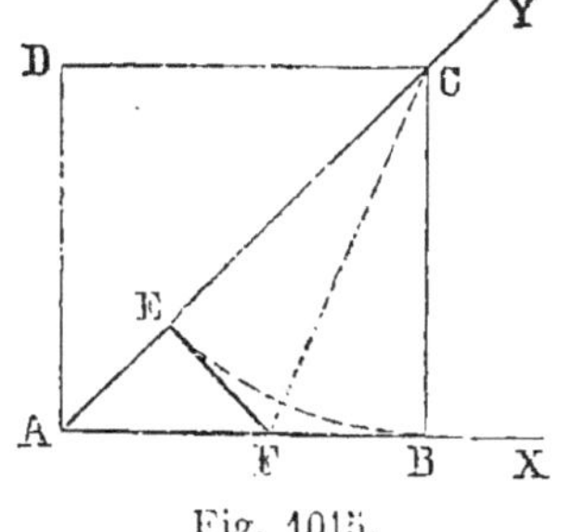

Fig. 1015.

La longueur AB est le côté du carré; puis on élève la perpendiculaire BC, etc.

En effet, le triangle AEF est isocèle rectangle; donc EF est perpendiculaire sur AC. Le quadrilatère EFBC a deux angles droits en B et en E, de plus FB = FE; donc BC = EC.

Ainsi $AC - BC = AE = d$

1630. *Calcul du côté* a *et de la diagonale* b *en fonction de la somme* l *ou de la différence* d.

1° On sait que $b = a\sqrt{2}$; donc $a + a\sqrt{2} = l$; d'où $a = \dfrac{l}{1 + \sqrt{2}}$.

De même $a = \dfrac{b}{\sqrt{2}}$; d'où $\dfrac{b}{\sqrt{2}} + b = l$; d'où $b = \dfrac{l\sqrt{2}}{1 + \sqrt{2}}$.

2° $a\sqrt{2} - a = d$; d'où $a = \dfrac{d}{\sqrt{2} - 1}$.

$$b - \dfrac{b}{\sqrt{2}} = d ; \quad \text{d'où} \quad b = \dfrac{d\sqrt{2}}{\sqrt{2} - 1}.$$

Exercice 566

1631. Problème. *Construire une figure qui donne les côtés des carrés équivalents à 2 fois, 3 fois, 4 fois, etc., un carré donné.*

1° Soit OA le côté du carré donné. La diagonale OB est le côté du carré double ; on construit le triangle rectangle OBC, en prenant BC égal à OA ; le carré qui serait construit sur OC serait égal à OB² + BC², et serait par conséquent triple du carré donné. La figure se continue indéfiniment.

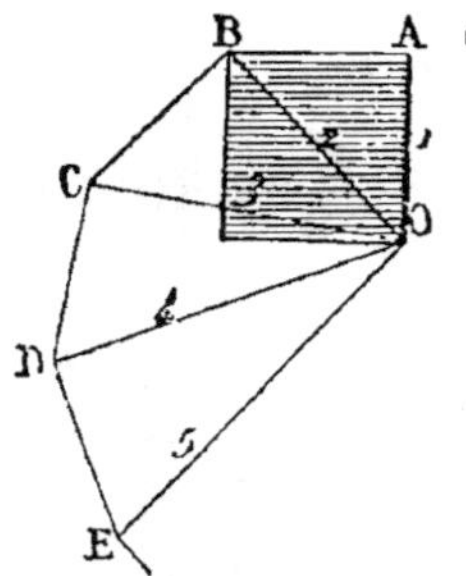

Fig. 1016.

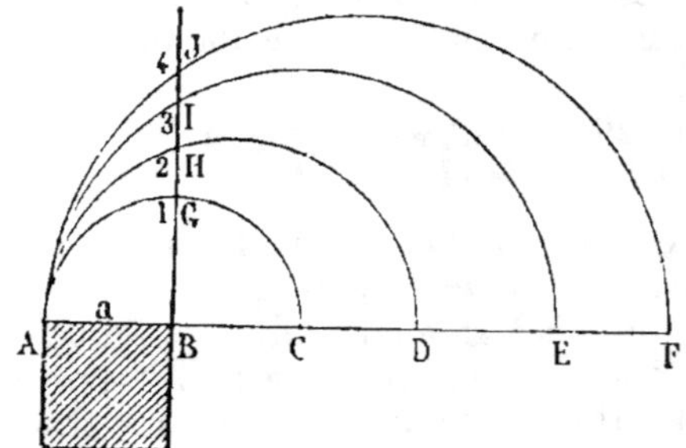

Fig. 1017.

2° Portons le côté AB du carré donné de B en C, de C en D, etc. Décrivons des demi-circonférences sur les diamètres AC, AB, AE, etc.

On aura $BG^2 = a^2$

$$BH^2 = 2a^2$$
$$BI^2 = 3a^2, \text{ etc.}$$

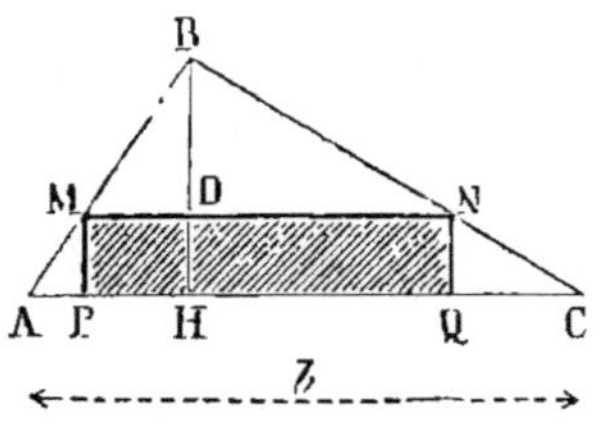

Fig. 1018.

1632. *Dans un triangle, inscrire un rectangle qui soit équivalent au triangle partiel qui surmonte ce rectangle.*

Soit la surface $BMN = PMNQ$

ou $\dfrac{MN \cdot BD}{2} = MN \cdot MP$

d'où $\dfrac{BD}{2} = MP$

Ainsi *la hauteur du triangle doit être double de celle du rectangle.*
Donc BD est les $^2/_3$ de la hauteur, et MP en est le $^1/_3$.

1633. **Même Problème.** *Le triangle doit être les $^2/_3$ du rectangle.*

$$\frac{\text{MN}.\text{BD}}{2} = \frac{2}{3}\text{MN}.\text{MP}$$

$$\text{BD} = \frac{4}{3}\text{MP}$$

d'où
$$\frac{\text{BD}}{\text{MP}} = \frac{4}{3}$$

Ainsi BD est les $^4/_7$ de la hauteur, et MP en est les $^3/_7$.

1634. **Même Problème.** *Le triangle doit être au rectangle dans le rapport* $\dfrac{m}{n}$.

$$\frac{\text{BD}}{2\text{MP}} = \frac{m}{n}\,;\quad \frac{\text{BD}}{\text{MP}} = \frac{2m}{n}$$

$$\frac{\text{BD}}{\text{BD} + \text{MP}} = \frac{2m}{2m+n}$$

d'où
$$\text{BD} = \frac{2mh}{2m+n}$$

Exercice 567

1635. **Problème.** *Dans un triangle, inscrire un carré. Quel est le plus grand des trois carrés que l'on peut obtenir ?*

La considération des figures semblables conduit immédiatement à la construction suivante :

On construit un carré avec AC pour côté, et l'on mène BPE puis PM et MN.

On a, en effet

$$\frac{\text{MP}}{\text{AE}} = \frac{\text{BM}}{\text{BA}} = \frac{\text{MN}}{\text{AC}}$$

ou
$$\frac{\text{MP}}{b} = \frac{\text{MN}}{b}$$

d'où
$$\text{MP} = \text{MN} \qquad C.\ Q.\ F.\ D.$$

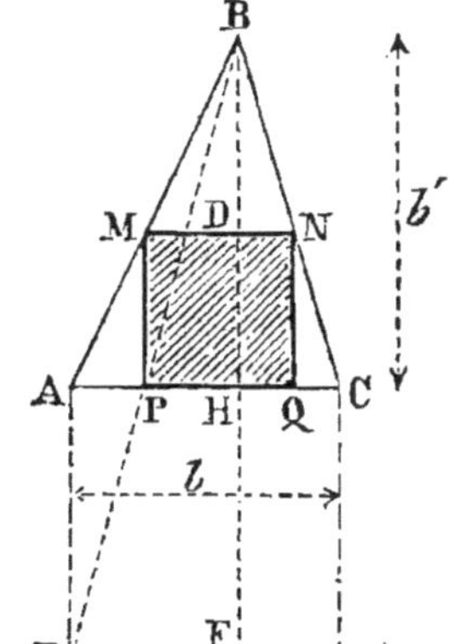

Fig. 1019.

Discussion. Chaque côté du triangle donne lieu à un carré inscrit. Exprimons le côté du carré en fonction de la base et de la hauteur correspondante; soient a, b, c les côtés du triangle, a', b', c' les hauteurs correspondantes, x, y, z les côtés des carrés inscrits.

On a
$$\frac{MP}{AE} = \frac{BP}{BE} = \frac{BH}{BF}$$

ou
$$\frac{y}{b} = \frac{b'}{b+b'} \; ; \quad \text{d'où} \quad y = \frac{bb'}{b+b'} \qquad (1)$$

de même
$$x = \frac{aa'}{a+a'} \quad \text{et} \quad z = \frac{cc'}{c+c'}$$

Or les numérateurs sont égaux, car ils expriment le double de l'aire du triangle; ainsi $aa' = bb' = cc'$

Donc au plus petit dénominateur correspondra la plus grande fraction, c'est-à-dire le plus grand carré.

Soit
$$a > b$$

De $aa' = bb'$, on déduit $\dfrac{a}{b'} = \dfrac{b}{a'}$

d'où
$$\frac{a-b'}{a} = \frac{b-a'}{b}$$

Mais, puisque a est plus grand que b, il faut qu'on ait
$$a - b' > b - a'$$

d'où
$$a + a' > b + b'$$

Ainsi au plus petit côté b correspond la plus petite somme $b + b'$.
$$\frac{bb'}{b+b'} > \frac{aa'}{a+a'} \; ; \quad \text{d'où} \quad y > x$$

Donc *le plus grand carré est celui qui correspond au plus petit côté du triangle.*

1636. Théorème. *La somme des inverses des côtés des trois carrés égale la somme des côtés et des hauteurs, divisée par le double de l'aire du triangle.*

$$\frac{1}{x} = \frac{a+a'}{aa'}, \quad \frac{1}{y} = \frac{b+b'}{bb'}, \quad \frac{1}{z} = \frac{c+c'}{cc'} \qquad (1635\ (1))$$

Mais
$$aa' = bb' = cc' = 2S$$

donc
$$\frac{1}{x} + \frac{1}{y} + \frac{1}{z} = \frac{a+b+c+a'+b'+c'}{2S} \qquad C.\ Q.\ F.\ D.$$

Remarque. En représentant le demi-périmètre du triangle par p et la demi-somme des hauteurs par p', on aurait
$$\frac{1}{x} + \frac{1}{y} + \frac{1}{z} = \frac{p+p'}{S}$$

Exercice 568

1637. Problème. *Construire un rectangle, ayant un périmètre donné et équivalent à un autre rectangle donné.*

Soit $2p$ le périmètre et mn le rectangle donné; le problème revient à trouver graphiquement les racines de l'équation
$$x(p-x) = mn \qquad (n°\ 297)$$

1638. Problème. Même question, *on donne la différence p des côtés adjacents et la surface* mn.

Ou trouver les racines de l'équation

$$x(x-p) = mn \qquad (\text{n}^\circ\ 299).$$

Exercice 569

1639. Problème. *Dans un cercle, inscrire un rectangle de surface donnée.*

(Voir *Méthodes*, n° 100, *d*.)

Autre solution. Le rectangle se compose de deux triangles rectangles ayant un diamètre AB pour base commune; soit h la hauteur abaissée du point C ou du point D sur AB.

Donc, en prenant $4a^2$ pour surface totale,

on a $2ABC$ ou $AB . h = 4a^2$

d'où $$h = \frac{4a^2}{AB}$$

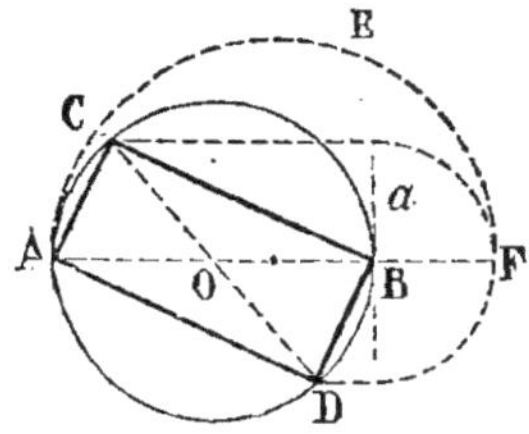

Fig. 1020.

Prenons $BE = 2a$

et décrivons sur ABF une demi-circonférence passant par A, E.

On aura $$BF = \frac{BE^2}{AB} = \frac{4a^2}{AB}$$

Puis, portant BF sur la perpendiculaire élevée en B, à la droite AF, on mène par l'extrémité de cette perpendiculaire une parallèle à AB, et l'on obtient le point C, puis le point D.

1640. Problème. *Dans un demi-cercle, inscrire un rectangle d'une surface donnée* $2k^2$.

On a recours à la première solution (n° 100, *d*).

Exercice 570

1641. Problème. *Dans un triangle quelconque, inscrire un rectangle dont la surface soit équivalente à un carré donné* k^2.

(*Méthode géométrique.* n° 205. — *Méthode algébrique*, n° 303, *d*.)

Exercice 571

1642. Problème. *Dans un triangle, inscrire le rectangle de surface maxima.*

1° Le cas du triangle rectangle isocèle peut être étudié directement, afin de conduire à la solution générale. (*Méthodes*, n° 347.)

2° Le triangle est quelconque. (*Méthodes*, n° 351.)

3º On peut regarder le maximum comme la solution limite d'une question déjà traitée (nº 205). Le maximum a lieu lorsque la parallèle LI est tangente à la demi-circonférence.

La parallèle qu'on mènerait par le point de contact passerait par les milieux des côtés AB et BC (fig. 1021).

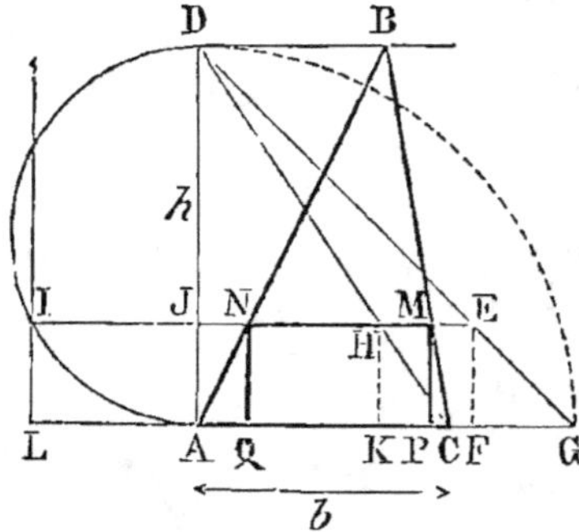

Fig. 1021.

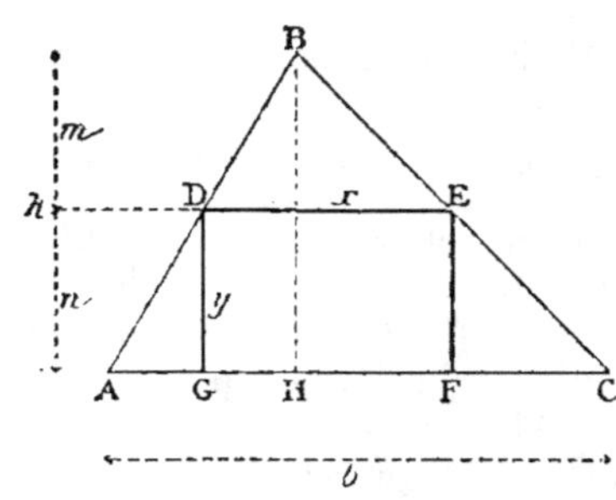

Fig. 1022.

4º Le rectangle maximum peut être obtenu d'une manière directe et très élégante, comme il suit (fig. 1022) :

Soient x, y la base et la hauteur du rectangle, et m, n les deux segments que la parallèle DE détermine sur la hauteur h du triangle.

Exprimons x et y en fonction des données et de m, n.

$$\frac{DE}{AC} \quad \text{ou} \quad \frac{x}{b} = \frac{m}{m+n} \tag{1}$$

$$\frac{DG}{BH} \quad \text{ou} \quad \frac{y}{h} = \frac{n}{m+n} \tag{2}$$

En multipliant (1) par (2), on trouve

$$\frac{xy}{bh} = \frac{mn}{(m+n)^2} ; \quad \text{d'où} \quad xy = bh . \frac{mn}{h^2} = \frac{b}{h} mn$$

Or le produit mn est la seule quantité variable, car la somme des facteurs $m+n$ ou h est constante; donc le maximum a lieu lorsque $m = n$.

Ainsi la parallèle DE doit diviser les côtés AB, BC en deux parties égales.

1643. **Problème.** *Dans un losange, inscrire un rectangle ayant une surface donnée, les côtés étant parallèles aux diagonales du losange. Maximum de ce rectangle.*

En considérant le quart de la figure, on est ramené aux problèmes précédents (nºˢ 1641 et 1642).

Le rectangle maximum est formé par les droites qui joignent deux à deux les milieux des côtés du losange; la surface de ce rectangle est la moitié de celle du parallélogramme.

1644. Problème. *Dans un carré, inscrire un carré ayant une surface donnée. Étudier les variations du carré inscrit.*

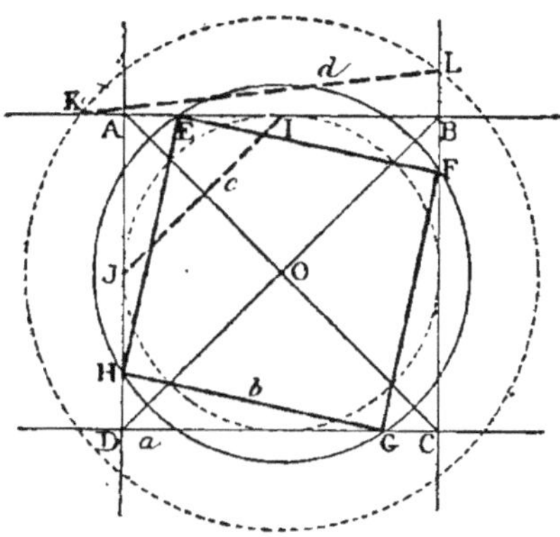

Fig. 1023.

Soit a le côté du carré donné, b celui du carré demandé.

Du point de concours des diagonales, il suffit de décrire un cercle avec $\dfrac{b}{\sqrt{2}}$ pour rayon (n° 1015, 1°). On aura, en effet :

$$EF^2 = OE^2 + OF^2 = \frac{b^2}{2} + \frac{b^2}{2} = b^2$$

Le minimum est donné par la circonférence tangente aux côtés du carré donné ABCD.

On obtient IJ pour côté; $OI = OJ = \dfrac{a}{2}$

donc $$IJ^2 = \frac{a^2}{2}$$

La carré minimum est obtenu en joignant deux à deux les milieux des côtés du carré donné.

On peut donner à b toutes les valeurs plus grandes que IJ ou $\dfrac{a}{\sqrt{2}}$.

En effet, la circonférence coupera les côtés ou leurs prolongements; et pour $b > a$, on obtient un carré ayant KL pour côté.

Toute valeur plus grande que $\dfrac{a^2}{2}$ donne deux solutions.

Remarque. La construction de *W. Collins* (n° 1015, 2°) conduit aux mêmes résultats.

Théorème. *Le minimum du polygone inscrit dans un polygone régulier quelconque, correspond au cas où l'on joint deux à deux les points milieux des côtés consécutifs du polygone donné.*

En effet, quel que soit l'angle A du polygone régulier donné de

n côtés, le polygone inscrit en prenant $AE = BF = CG$, etc., égale le polygone donné moins n triangles égaux à HAE; mais les triangles tels que HAE, JAI ont un angle commun; donc les aires sont entre elles comme les produits des côtés qui comprennent cet angle; ainsi

$$\frac{HAE}{JAI} = \frac{AH \cdot AE}{AJ \cdot AI}$$

Mais $\qquad\qquad\qquad AH + AE = a = AJ + AI$

Donc le triangle AJI est maximum lorsque $AJ = AI$; par suite le polygone régulier inscrit minimum correspond à IJ, etc.

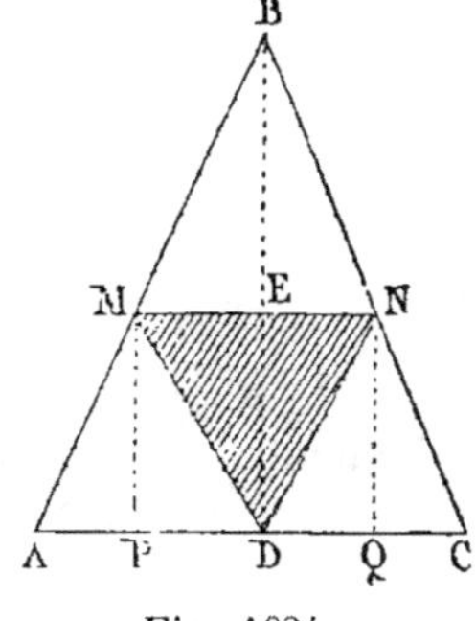

Fig. 1024.

1645. Problème. *Par le pied* D *de la hauteur* BD *d'un triangle isocèle* ABC, *mener deux droites* DM, DN *également inclinées sur la hauteur, de manière que le triangle* MDN *ait une surface donnée.*

Le triangle MDN est équivalent au rectangle DENQ; donc le problème proposé revient à une question connue (n° 1642).

Le *maximum* a lieu quand M et N sont les points milieux des côtés. (n° 351.)

1646. Problème. *Mener une droite* MN *parallèle à la base* AC *d'un triangle quelconque* ABC, *de manière que le triangle* DMN, *obtenu en joignant les points* M *et* N *à un point quelconque* D *donné sur la base, ait une surface donnée.*

MDN est équivalent à la moitié du rectangle inscrit dans le triangle donné.

Exercice 572

1647. Problème. *Construire un rectangle dont la différence des carrés des côtés adjacents égale une quantité donnée.*

On peut recourir à la méthode algébrique (n° 304, *f*).

Il faut renoncer à l'emploi des lieux géométriques, car le lieu des points dont la différence des carrés des distances à deux droites rectangulaires est constante, est une hyperbole équilatère ayant ses axes sur les droites données.

Ou bien on aurait à résoudre le problème connu : *trouver les points d'intersection d'une droite et d'une hyperbole sans construire cette courbe.*

1648. Problème. *Établir la formule de l'aire du trapèze en le considérant comme la différence de deux triangles.*

Le triangle ABCD est la différence des deux triangles semblables OBC et OAD. On a donc :

$$\text{Trapèze } ABCD = \tfrac{1}{2}b(h+i) - \tfrac{1}{2}b'i = \tfrac{1}{2}bh + \tfrac{1}{2}bi - \tfrac{1}{2}b'i$$
$$= \tfrac{1}{2}bh + \tfrac{1}{2}i(b-b')$$

Or les triangles semblables donnent

$$\frac{h+i}{i} = \frac{b}{b'}$$

d'où

$$\frac{h}{i} = \frac{b-b'}{b'}$$

et

$$i(b-b') = b'h$$

Donc

$$\text{trap. } ABCD = \tfrac{1}{2}bh + \tfrac{1}{2}b'h = \tfrac{1}{2}(b+b')h$$

$$C.\ Q.\ F.\ D.$$

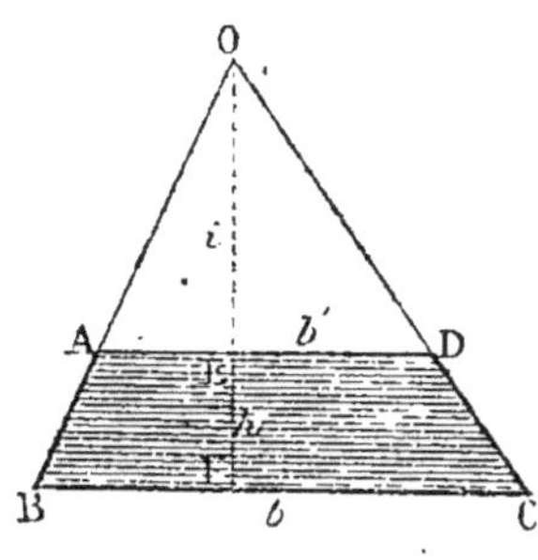

Fig. 1025.

Remarque. On peut obtenir la surface en considérant le trapèze comme étant la somme d'un parallélogramme ayant h pour hauteur, b' pour base, et d'un triangle de même hauteur h ayant pour base $b - b'$.

$$\text{Surface} = \frac{b-b'}{2} \cdot h + b'h = \frac{b+b'}{2} \cdot h \quad C.\ Q.\ F.\ D.$$

Exercice 573

1649. Problème. *Par deux points A et B pris sur un des côtés d'un angle O, mener deux droites parallèles telles que le trapèze résultant ait une surface donnée* k^2.

Le théorème qui établit qu'on peut obtenir l'aire d'un trapèze ABCD, en multipliant AB par la hauteur GH abaissée du point milieu de CD sur le côté opposé (n° 1566), conduit à la solution suivante :

Il faut élever une perpendiculaire EF telle que

$$EF = \frac{k^2}{AB}$$

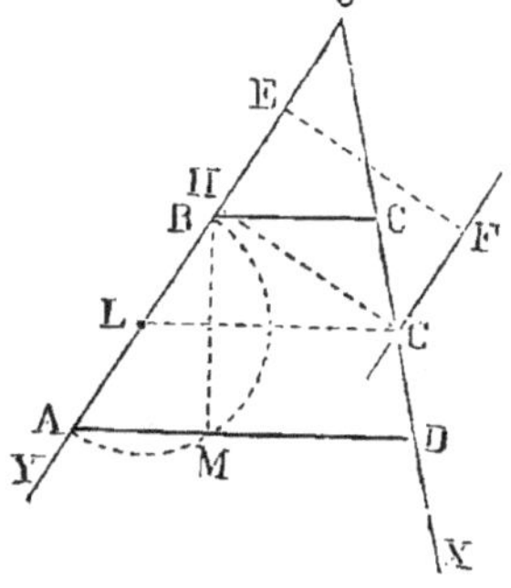

Fig. 1026.

Mener la parallèle FG. On obtient ainsi le point milieu G du côté inconnu CD ; joindre G au point L, milieu de AB, et mener AD, BC parallèles à LG.

Remarque. Le problème peut être propre avec les données suivantes :

1° *On donne A et B sur les côtés de l'angle O et la longueur de la hauteur BM du trapèze.*

2° *On donne A et B sur les côtés de l'angle O et la longueur l du côté opposé CD.*

Il faut mener deux parallèles AD, BC qui interceptent sur OX un segment CD égal à la longueur donnée.

Or
$$\frac{OC}{l} = \frac{OB}{AB}$$

d'où
$$OC = l \cdot \frac{OB}{AB}$$

Exercice 574

1650. Problème. *Par deux points donnés A et B pris sur une circonférence, mener deux cordes parallèles telles que le trapèze qui aurait ces cordes pour bases soit équivalent à un carré donné k².*

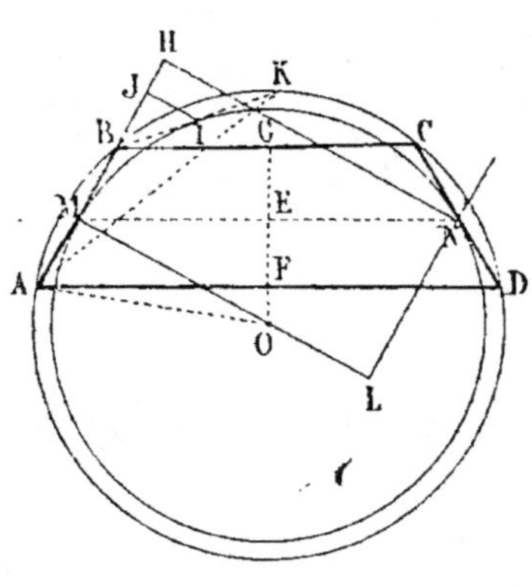

Fig. 1027.

Soit ABCD le trapèze demandé.

L'aire s'obtient en multipliant un des côtés non parallèles AB par la hauteur NH abaissée du point milieu des côtés opposés (n° 1566).

Donc $AB \cdot NH = k^2$;

d'où $NH = \dfrac{k^2}{AB}$

Quatrième proportionnelle facile à construire.

Portons la longueur trouvée sur une perpendiculaire de M en L.

Menons une parallèle LN jusqu'à la rencontre de la circonférence décrite du centre O, avec OM pour rayon.

Discussion. 1° Il y a généralement deux solutions, parce que la droite LN coupe la circonférence OM en deux points.

2° Le maximum a lieu lorsque ML ou $\dfrac{k^2}{AB} = 2MO$;

d'où $k^2 = 2 \cdot MO \cdot AB$ telle est le maximum de k^2.

3° Le trapèze se réduit à un triangle ABK, lorsque la quatrième proportionnelle devient égale à IJ.

Alors $k^2 = AB \cdot IJ$

4° Pour des valeurs $k^2 < AB \cdot IJ$, la corde AB n'est plus un des côtés non parallèles, mais elle devient une des diagonales du trapèze, car le sommet C se trouve en A et B.

Avec AB pour diagonale, le trapèze peut décroître de plus en plus jusqu'à une aire nulle.

Exercice 575

1651. Problème. *D'un point O comme centre, décrire une circonférence qui coupe deux parallèles données, de manière que le trapèze ABCD ait une aire donnée k².*

En supposant le problème résolu, on a (fig. 1027)

$$MN . FG = k^2; \quad \text{d'où} \quad MN = \frac{k^2}{GF}$$

Or GF est connu, il en est donc de même de $EM = \dfrac{k^2}{2GF}$.

On joindra le centre O au point M; puis au point M on élèvera la perpendiculaire AB à la droite OM, et $AO = BO$ sera le rayon demandé.

1652. Problème. *Avec un rayon donné r, couper deux parallèles de manière que le trapèze ABCD = k²* (fig. 1027).

En un point quelconque, on mène la perpendiculaire GF, une parallèle équidistante des deux lignes données; on prend

$$ME = EN = \frac{k^2}{2GF}.$$

et tout trapèze dont les côtés non parallèles passeront par M, N aura l'aire k^2.

Le problème est ramené à *construire un triangle rectangle AMO*, connaissant la longueur r de l'hypoténuse, le sommet de l'angle droit devant être en M et les autres sommets devant se trouver sur des droites données AF, GF (n° 975).

Exercice 576

1653. Problème. *D'un point O pris comme centre sur la bissectrice d'un angle, décrire une circonférence telle que le trapèze déterminé ait une aire donnée k².*

Le trapèze est divisé en deux parties égales par la bissectrice; chaque partie a pour surface

$$AB . h = CD . h = \tfrac{1}{2} k^2$$

donc

$$AB = \frac{k^2}{2h}$$

Il faudra porter la moitié de cette troisième proportionnelle de M en A et en B, et prendre $AO = BO$ pour rayon.

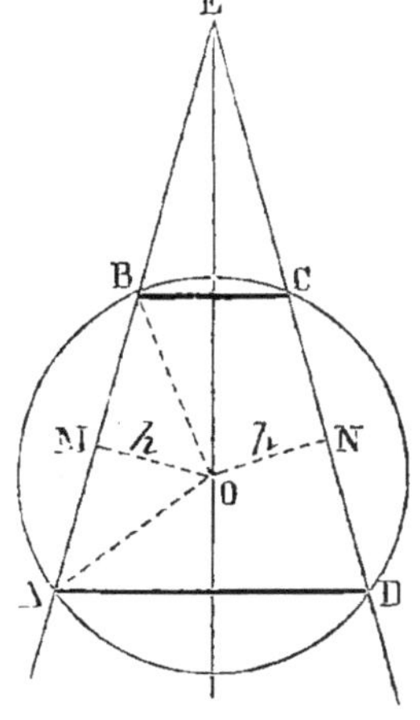

Fig. 1028.

Exercice 577

1654. Problème. *Construire une figure G semblable à une figure donnée A, et équivalente à une autre figure donnée B.*

Soient m et x deux lignes homologues quelconques des figures A et C.

Les figures données A et B peuvent être transformées en des carrés équivalents a^2 et b^2.

Ainsi les deux figures   A   et   C
ont pour aires respectives a^2 et b^2
et pour lignes homologues m et x

On a donc $\dfrac{a^2}{b^2} = \dfrac{\text{A}}{\text{C}} = \dfrac{m^2}{x^2}$;   de là on conclut $\dfrac{a}{b} = \dfrac{m}{x}$.

On peut trouver la ligne x homologue de m; ce qui permet de construire la figure C.

Exercice 578

1655. Problème. *Sur une droite quelconque, on marque deux points A et B distants de d. Décrire deux cercles tangents à la droite en A et B, et tangents entre eux, et tels que la somme des aires de ces cercles ait une valeur donnée S.*

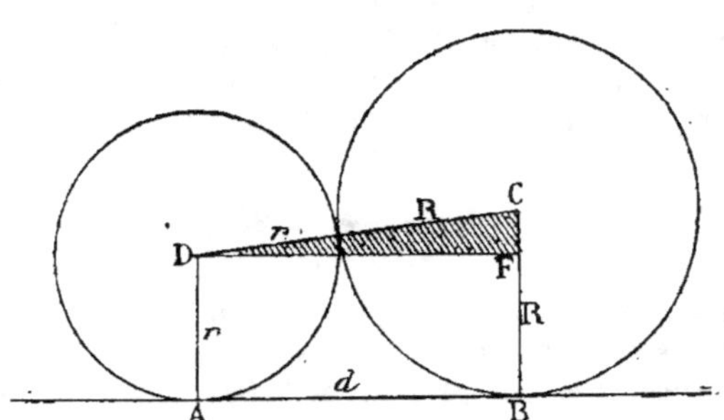

Fig. 1029.

Soient CB et DA, ou R et r, les rayons des deux cercles demandés. Menons DF parallèle à AB.

Le triangle CFD, rectangle en F, a pour hypoténuse CD $=$ R $+ r$; le côté CF $=$ R $- r$, et DF $=$ AB $= d$.

Entre les deux inconnues R et r, on a une première relation

$$\pi \text{R}^2 + \pi r^2 = \text{S} \quad \text{d'où} \quad \text{R}^2 + r^2 = \frac{\text{S}}{\pi} \tag{1}$$

Le triangle rectangle CFD fournit la seconde équation :

$$d^2 = (\text{R} + r)^2 - (\text{R} - r)^2 = 2\text{R} \cdot 2r = 4\text{R}r$$

d'où $\qquad\qquad\qquad 2\text{R}r = {}^1/_2 d^2 \tag{2}$

La somme des équations (1) et (2) donne :

$$R^2 + r^2 + 2Rr \quad \text{ou} \quad (R+r)^2 = \frac{S}{\pi} + \frac{d^2}{2} \tag{3}$$

La différence de ces même équations donne :

$$R^2 + r^2 - 2Rr \quad \text{ou} \quad (R-r)^2 = \frac{R}{\pi} - \frac{d^2}{2} \tag{4}$$

Le calcul des relations (3) et (4) donnera la somme et la différence des rayons ; ce qui permettra de trouver l'un et l'autre.

Exercice 579

1656. Problème. *Par un point A donné dans un cercle, mener une corde EF telle que le secteur correspondant à l'arc sous-tendu soit les $^5/_{12}$ du cercle entier.*

Puisque le secteur MONL doit être les $^5/_{12}$ du cercle entier, l'arc MLN ou $2a$ doit être aussi les $^5/_{12}$ de la circonférence.

Divisons la circonférence en douze parties égales ; menons la corde CD qui correspond aux cinq douzièmes.

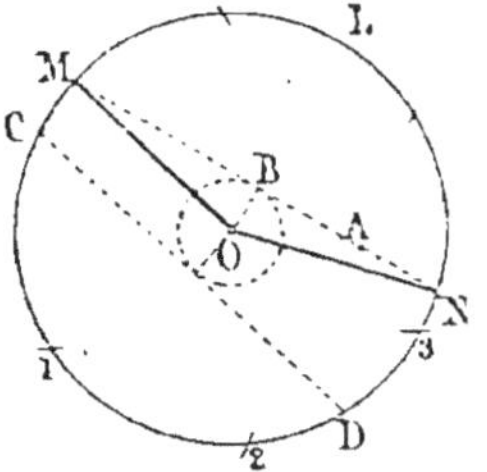

Fig. 1030.

Il suffira de mener par le point A une corde égale à CD (n° 850).

Du centre O, décrivons une circonférence tangente à CD, et menons par le point A une tangente MAN.

Le secteur MONL est égal aux cinq douzièmes du cercle.

Remarque. Il peut y avoir deux solutions, une seule, ou aucune, suivant que le point A est hors du cercle décrit, ou sur la circonférence OB, ou dans l'intérieur de ce cercle.

Exercice 580

1657. Problème. *Par un point fixe pris sur une circonférence, on mène deux cordes dont le produit est constant. Quelle est l'enveloppe du triangle formé en joignant les extrémités des deux cordes menées par le point fixe?*

(Voir *Méthodes*, n° 125.)

1658. Problème. *Construire un triangle, connaissant le produit k^2 de deux côtés, la hauteur correspondante h et la médiane m qui part du même sommet.*

Le diamètre d du cercle circonscrit est donné par $d = \dfrac{k^2}{h}$.

(G., n° 270.)

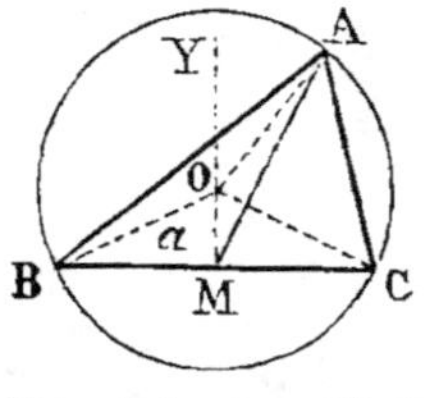

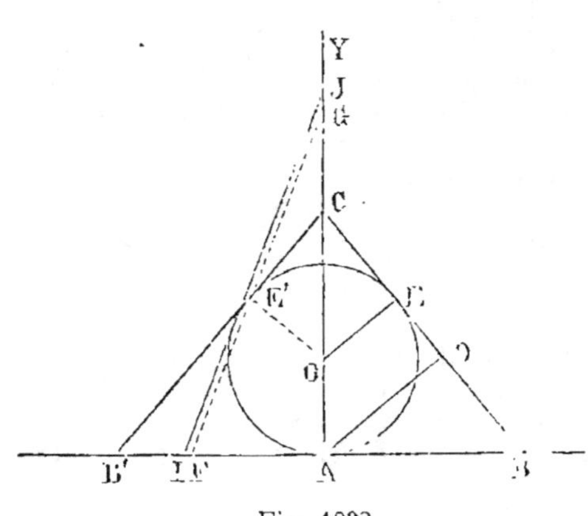

Mener la hauteur AH du triangle.

Fig. 1031.

On pourrait construire un triangle rectangle AMH, car on connaît l'hypoténuse $AM = m$, le côté $AH = h$.

Le centre du cercle circonscrit doit se trouver sur la perpendiculaire MY élevée à la base par son point milieu M; donc, du sommet A avec $\dfrac{d}{2}$ pour rayon, il faut couper la perpendiculaire en O, décrire la circonférence qui fait connaître les sommets B et C.

Exercice 581

1659. Problème. *A une circonférence donnée, circonscrire un triangle isocèle tel que la somme des deux côtés égaux soit minima.*

Le triangle isocèle demandé doit être tel que la distance CE égale la projection BD de la moitié de la base; en effet, admettons que les tangentes CEB, CE'B' réalisent la condition rappelée, toute droite FE'G menée par le point de contact E' sera plus grande que CE'B' (n° 168); donc

$$CE'B' < GE'F$$

et par suite, à plus forte raison, on aura

$$CE'B' < \text{tangente IJ}$$

Fig. 1032.

Remarque. *Le point de contact E divise la tangente en moyenne et extrême raison.*

En effet, les triangles BAC, BDA sont semblables; donc

$$\frac{BC}{AB} = \frac{AB}{BD} \quad \text{d'où} \quad BC \cdot BD = AB^2$$

Mais $BD = CE$ par construction; la tangente $BA = BE$; donc

$$BC \cdot CE = BE^2 \qquad C. \ Q. \ F. \ D.$$

Construction. On ne sait pas mener géométriquement une tangente BEC qui soit divisée par le point de contact en moyenne et extrême raison, mais on peut construire une figure semblable à celle que l'on demande, et trouver celle-ci à l'aide de la méthode du problème contraire.

Ainsi, on prendrait une droite quelconque BC, par exemple, divisée au point E, on porterait CE de B en D. Au point D, on élèverait une perpendiculaire que l'on couperait en A par un arc de cercle décrit du centre B avec BE pour rayon. On obtiendrait ainsi un triangle rectangle BAC semblable à la moitié du triangle isocèle demandé. La perpendiculaire EO donnerait le rayon de la figure auxiliaire.

Division des figures *.

Exercice 582

1660. Problème. *Par un point D donné sur le périmètre d'un triangle ABC, mener une droite qui divise ce triangle en deux parties équivalentes.*

On mène DB et sa parallèle CE, et l'on joint le point D au point F, milieu de AE.

Les deux triangles BDC et BDE sont équivalents comme ayant même base BD, et même hauteur. Les triangles AED et ABC sont équivalents, et AFD est la moitié de l'un et de l'autre.

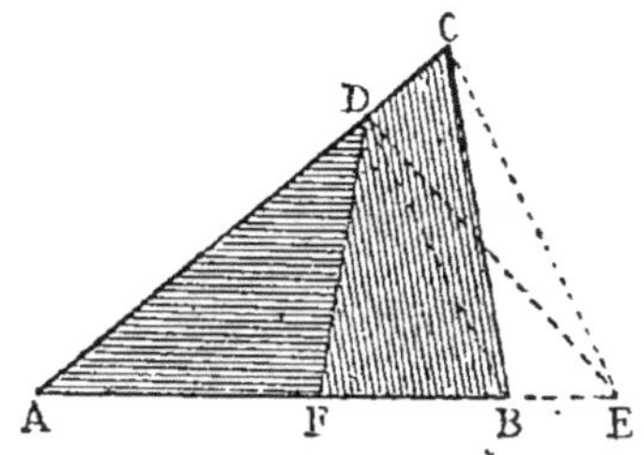

Fig. 1033.

Scolies. 1° Pour obtenir 3, 4... n parties équivalentes, on divise AE en 3, 4... n parties égales, et l'on joint le point D aux divers points de division. Si la droite AE est divisée dans un rapport quelconque, le triangle donné se trouve divisé dans le même rapport.

2° **Cas particulier.** Soit à diviser le triangle ABC en trois parties équivalentes. Le second point de division G ne se trouvant que sur le prolongement de la base AB, on mène GP parallèle à BD, et l'on remplace le triangle BGD par le triangle équivalent BPD; et, par suite, la droite DG est remplacée par DP.

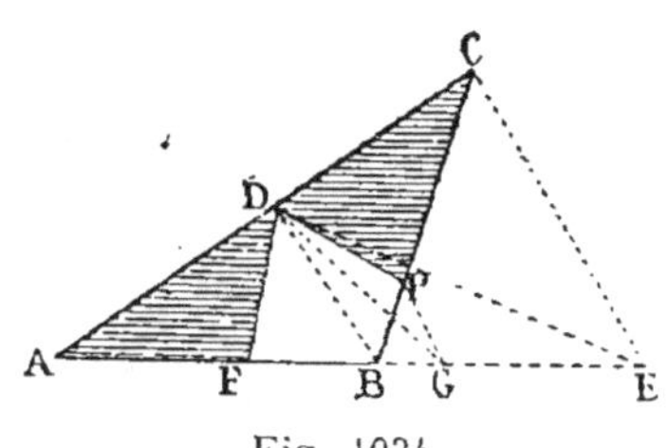

Fig. 1034.

---

* On trouve un assez grand nombre d'exemples de *division de polygones* dans l'ouvrage suivant : *Arpentage, Levé des plans, Nivellement*, F. I. C., 2e édition, pages 142 à 158; mais cet ouvrage ne se borne point à donner des solutions géométriques, il s'attache surtout à faire connaître les meilleures solutions pratiques.

1661. Problème. *Diviser un triangle ABC en trois parties équivalentes par des droites partant de deux points D et F donnés sur le périmètre.*

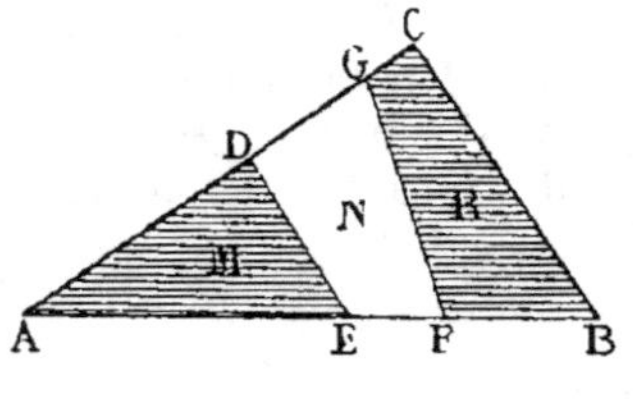

Fig. 1035.

On détermine un premier triangle ADE égal au $^1/_3$ du triangle total, et un second triangle AFG égal aux $^2/_3$ (problème précédent, n° 1660). Il en résulte que les trois parties M, N et R sont équivalentes.

Scolies. 1° Le triangle donné peut être divisé dans un rapport quelconque.

2° Dans les deux cas, le problème peut être résolu par le calcul.

Exercice 583

1662. Problème. *Par des parallèles à l'un des côtés d'un triangle, diviser ce triangle en trois parties qui soient entre elles comme les grandeurs m, n, p.*

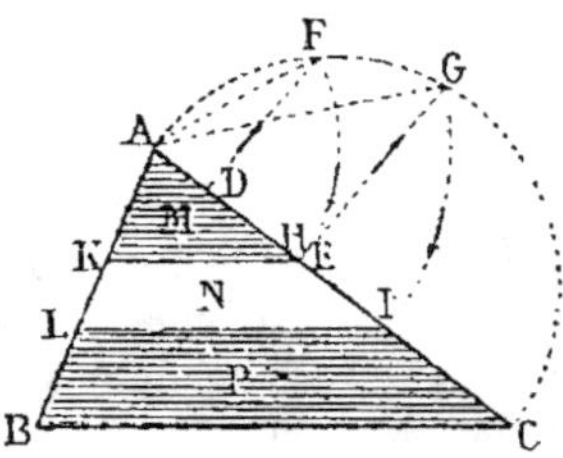

Fig. 1036.

Soient ABC le triangle donné, et BC le côté auquel on doit mener des parallèles.

On divise le côté AC en trois parties, AD, DE, EC, qui soient entre elles dans le rapport des grandeurs m, n, p; on décrit la demi-circonférence AGC; on mène au côté AC les perpendiculaires DF et EG; du point A, avec les distances AF et AG comme rayons, on décrit les arcs FH et GI; enfin on mène au côté BC les parallèles HK et IL.

Les triangles AKH et ABC étant semblables, on a :

$$\frac{AKH}{ABC} = \frac{AH^2 \text{ ou } AF^2}{AC^2} = \frac{AD}{AC} = \frac{m}{m+n+p}$$

De même $\quad \dfrac{ALI}{ABC} = \dfrac{AI^2 \text{ ou } AG^2}{AC^2} = \dfrac{AE}{AC} = \dfrac{m+n}{m+n+p}$

Ainsi le triangle AKH ou M est les $\dfrac{m}{m+n+p}$ du triangle total,

le triangle ALI est les $\dfrac{m+n}{m+n+p}$ du triangle total; d'où il suit

que le trapèze N est les $\dfrac{n}{m+n+p}$ du triangle total, et la partie restante P est les $\dfrac{p}{m+n+p}$ du triangle total. Les trois parties M, N, P sont donc entre elles comme les grandeurs m, n, p.

Exercice 584

1663. **Problème.** *Diviser un triangle ABC en deux parties équivalentes, par une droite EF perpendiculaire à la base.*

On doit avoir $EFC = \frac{1}{2}ABC$;

d'où $mk = \frac{1}{2}bh$

Or on a $\dfrac{m}{k} = \dfrac{CD}{h}$

Multipliées membre à membre, ces égalités donnent

$$m^2 = \tfrac{1}{2}b \cdot CD$$

Ainsi la distance CF est égale à la moyenne géométrique entre $\frac{1}{2}AC$ et CD...

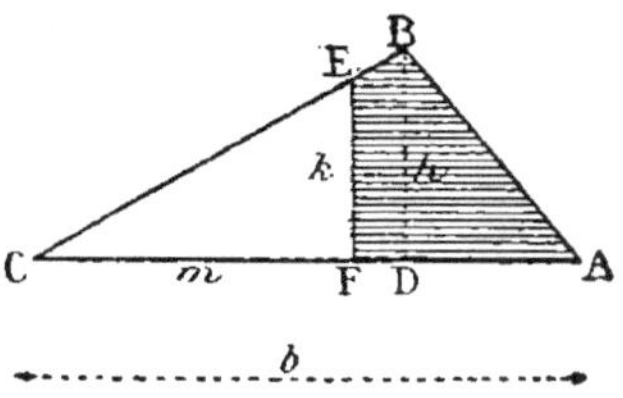

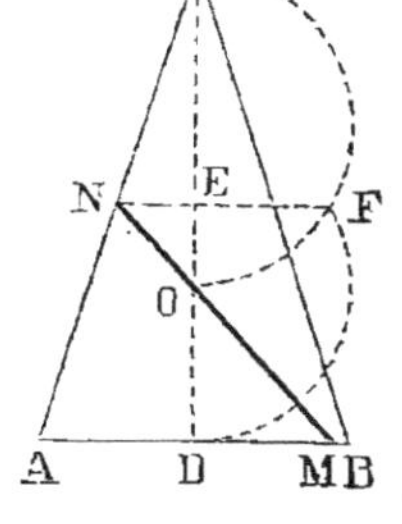

Fig. 1037.

Scolies. 1° Si les deux parties doivent être dans le rapport de p à r, la distance CF sera égale à la moyenne géométrique entre CD et $\dfrac{p}{p+r} \cdot AC$.

2° S'il fallait diviser le triangle en trois parties qui fussent entre elles comme les nombres m, n, p, on ferait deux constructions indépendantes : la première pour obtenir un triangle partiel qui fût les $\dfrac{m+n}{m+n+p}$ du triangle total, et la seconde pour obtenir un triangle qui fût les $\dfrac{m}{m+n}$ du triangle déjà obtenu, ou bien les $\dfrac{m}{m+n+p}$ du triangle total.

Exercice 585

1664. **Problème.** *Par un point O pris sur la hauteur d'un triangle isocèle, mener une droite, autre que la hauteur, qui divise le triangle en deux parties équivalentes.*

Soit MON la sécante demandée.

On doit avoir triangle DOM équivalent à ONC, car les deux surfaces équivalentes CBD, CBMN, ont une partie commune COMB.

d'où $OC \cdot NE = OD \cdot DM$ (1)

Mais $\dfrac{DM}{NE} = \dfrac{OD}{OE}$;

$DM \cdot OE = NE \cdot OD$ (2)

Fig. 1038.

En multipliant (1) par (2) et simplifiant, on trouve

$$OC.OE = OD^2 \qquad (3)$$

donc OE est une troisième proportionnelle facile à construire.

On peut prendre $OF = OD$ et abaisser FEN.

1665. Problème. *Même question pour un point O pris sur la médiane d'un triangle quelconque.*

Comme précédemment, on mène NE parallèle à DM ; les angles en D et E ne sont pas droits, mais les hauteurs qu'on abaisserait des points M, N sur COD seraient proportionnelles à MD et NE ; on pose donc encore

$$OC.NE = OD.DM$$

et l'on arrive à

$$OC.OE = OD^2$$

Exercice 586

1666. Problème. *Diviser en parties équivalentes un trapèze, par des droites joignant les deux bases.*

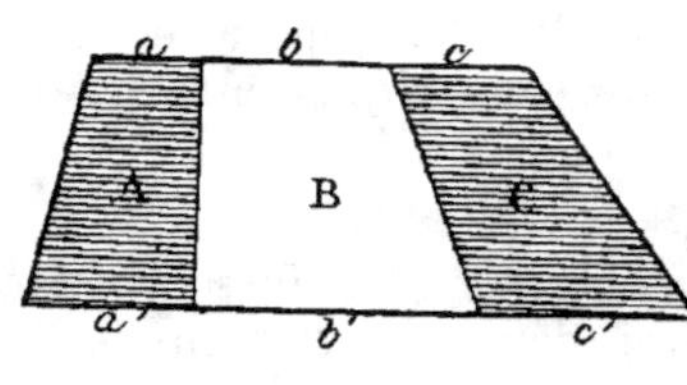

Fig. 1039.

1° On divise les deux bases du trapèze selon le rapport donné, et l'on joint deux à deux les points de division. On forme ainsi les trapèzes A, B, C, qui, ayant même hauteur, sont entre eux comme les demi-sommes des bases respectives ; ce qui est encore selon le rapport donné.

Car si l'on appelle a et a', b et b', c et c'... les bases respectives des divers trapèzes, on a, en vertu des propriétés des droites concourantes (G., n° 232) :

$$\frac{a}{b} = \frac{a'}{b'} = \frac{a+a'}{b+b'} = \frac{\frac{1}{2}(a+a')}{\frac{1}{2}(b+b')}$$

De même

$$\frac{b}{c} = \frac{b'}{c'} = \frac{b+b'}{c+c'} = \frac{\frac{1}{2}(b+b')}{\frac{1}{2}(c+c')}$$

Ainsi les trapèzes A, B, C sont entre eux comme les segments a, b, c.

Exercice 587

1667. Problème. *Diviser un trapèze donné ABCD en trois parties équivalentes, par des droites parallèles à l'un des côtés non parallèles : à AD, par exemple.*

On remplace le trapèze par un parallélogramme équivalent, en menant par le milieu F de CB une parallèle HG à AD. Il suffit alors de partager AH en trois parties égales, et de mener les parallèles RF', MN.

Scolie. La solution précédente ne convient plus lorsque l'une des lignes de division coupe le côté opposé à celui auquel on mène des parallèles; ici, par exemple, la droite MN (fig. 1401) doit être remplacée par une autre ST, dont la position sera déterminée par le calcul.

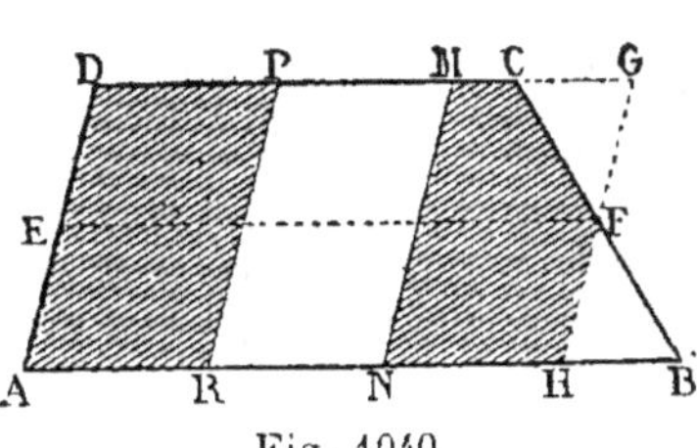

Fig. 1040.

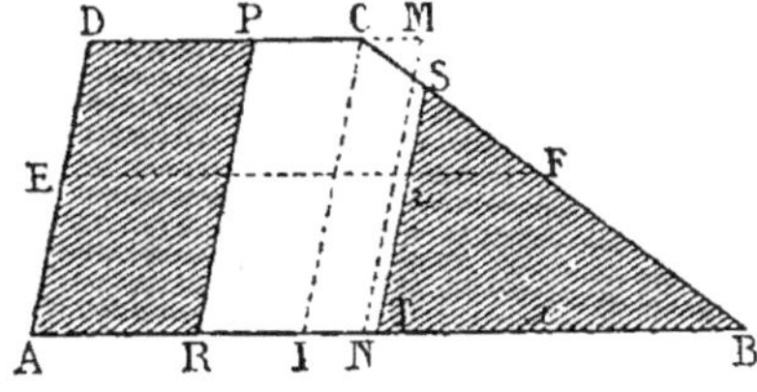

Fig. 1041.

Menons CI parallèle à AD.

Soit $\qquad AB = b; \quad DC = b'; \quad IC = c$

On a $\qquad IB = b - b'$

Appelons x la distance inconnue TB, et u le côté ST. La relation

$$\frac{u}{x} = \frac{CI}{IB}$$

donne $\qquad u = \frac{CI}{IB} x = \frac{c}{b - b'} \cdot x$

Si l'on appelle h la hauteur du trapèze, on a la relation

$$STB = {}^{1}/_{3} \cdot h \cdot {}^{1}/_{2}(b + b')$$

On a aussi $\qquad CIB = {}^{1}/_{2} h(b - b')$

Et comme ces triangles sont entre eux comme les carrés des côtés homologues TB ou x, et IB ou $b - b'$, on a

$$\frac{x^2}{(b - b')^2} = \frac{{}^{1}/_{3}(b + b')}{b - b'}; \quad \text{d'où} \quad x^2 = {}^{1}/_{3}(b + b')(b - b')$$

Aussi x est une moyenne géométrique entre la différence des bases et le $^1/_3$ de leur somme; on peut donc trouver x graphiquement.

Exercice 588

1668. Problème. *Aux bases d'un trapèze ABCD, mener une parallèle qui divise ce trapèze dans un rapport donné : $^3/_5$, par exemple.*

Achevons le triangle BCO; sur OC décrivons une demi-circonférence, puis, du point O, l'arc DE; abaissons sur OC la perpendiculaire EF; divisons la longueur FC dans le rapport de 8 à 5; par le point obtenu G, menons GH perpendiculaire sur OC; portons la distance OH en OI, et menons IJ parallèle aux bases du trapèze.

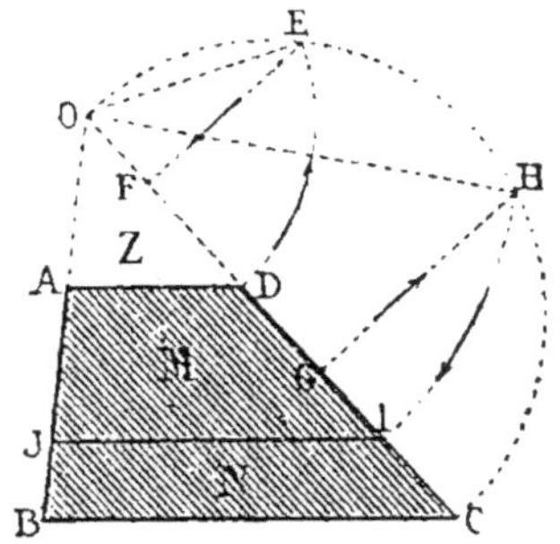

Fig. 1042.

Les trois triangles. . . . .   OAD   OIJ   OBC
sont entre eux comme. . . . .   OD²   OI²   OC²
ou comme. . . . .   OE²   OH²   OC²
ou enfin comme les lignes . . . . .   OF   OG   OC

Or la différence FG des deux premières lignes est à la différence GC des deux dernières comme 8 est à 5. Il en est donc de même de la différence M des deux premiers triangles à l'égard de la différence N des deux derniers.

Scolie. Voici une autre manière de justifier la construction ci-dessus. Prenons le triangle OAD ou Z comme unité de surface ; on peut poser

$$OAD = \frac{OF}{OF} \cdot Z$$

$$\frac{OIJ}{OAD} = \frac{OI^2}{OD^2} = \frac{OH^2}{OE^2} = \frac{OG}{OF} ; \quad \text{d'où} \quad OIJ = \frac{OG}{OF} \cdot Z$$

$$\frac{OBC}{OAD} = \frac{OC^2}{OD^2} = \frac{OC^2}{OE^2} = \frac{OC}{OF} ; \quad \text{d'où} \quad OBC = \frac{OC}{OF} \cdot Z$$

Si l'on fait la différence des deux premiers triangles et celle des deux derniers, on a $M = \frac{FG}{OF} \cdot Z$ et $N = \frac{GC}{OF} \cdot Z$

Ainsi les trapèzes M et N sont entre eux comme les lignes FG et CG, et par conséquent comme les nombres 8 et 5.

Exercice 589

1669. Problème. *Diviser un trapèze en deux parties équivalentes, par une droite menée par un point donné.*

Dans quelle région du plan doit se trouver le point donné, pour qu'il y ait trois solutions, deux, une seule ; pour que la droite de division rencontre les deux bases, les deux côtés non parallèles, une base et un des côtés non parallèles ?

(Voir *Méthodes*, n° 254.)

Exercice 590

1670. Problème. *Diviser un quadrilatère ABCD en deux parties équivalentes, par une droite partant d'un point E donné sur le périmètre.*

On transforme le quadrilatère ADCB en un triangle équivalent FEG (G., n° 336) ayant le point donné E pour sommet. On joint E au milieu H de la base FG. Donc EFH, moitié du triangle EFG, est aussi moitié du quadrilatère.

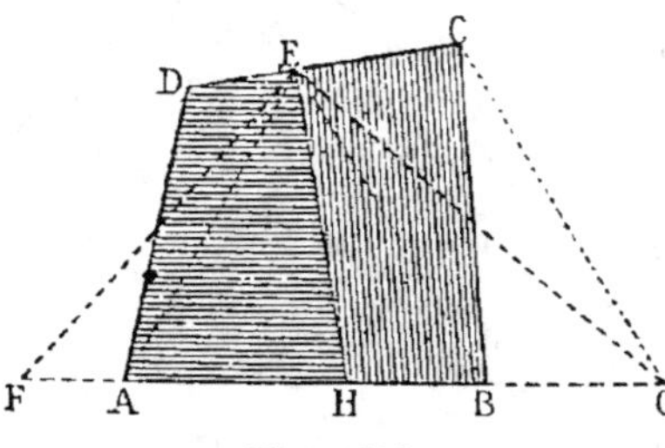

Fig. 1043.

Scolie. Si le point E n'est pas donné, on peut décomposer le quadrilatère en un trapèze ABFD et un triangle CDF.

On mène la ligne brisée CGH par les milieux des bases du trapèze, ce qui détermine un quadrilatère BCGH égal à la moitié du quadrilatère donné.

On transporte le sommet G en E, parallèlement au côté CH; et la droite EH opère la division demandée.

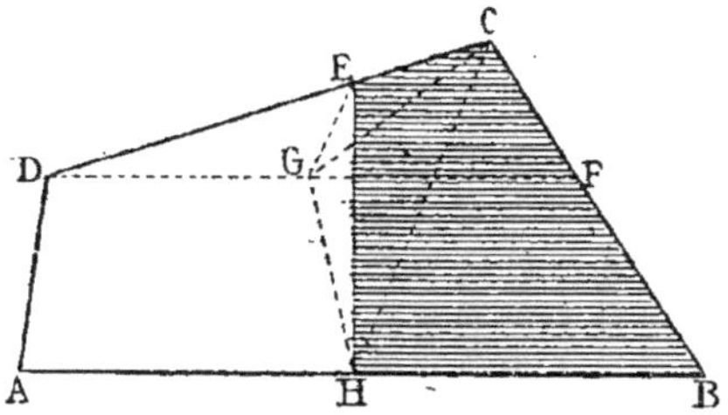

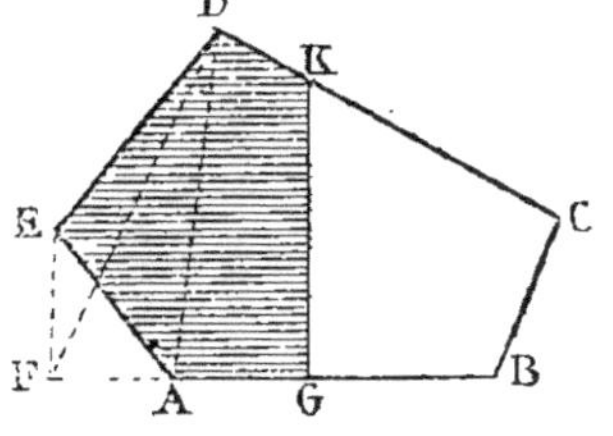

Fig. 1044.

Exercice 591

1671. Problème. *Diviser un polygone quelconque ABCDE en deux parties équivalentes, ou dans un rapport donné, par une droite partant d'un point K donné sur le périmètre.*

On peut ainsi ramener la figure à un quadrilatère, et même à un triangle ayant sa base sur la direction AB et son sommet en K. (G., n° 336.) On rentre ainsi dans les exercices précédents.

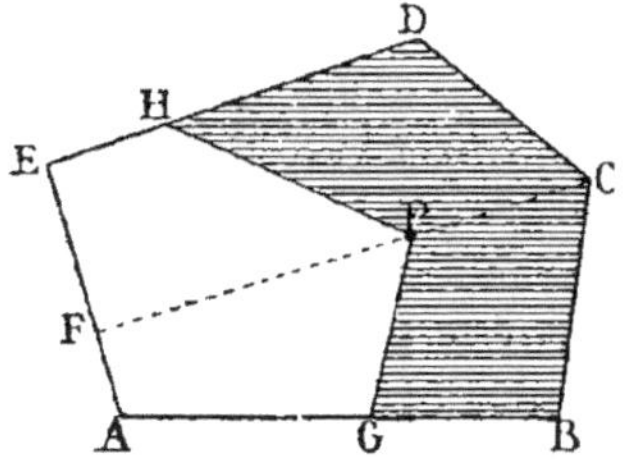

Fig. 1045.

Exercice 592

1672. Problème. *D'un point P donné dans une figure quelconque, mener des droites qui divisent cette figure en deux parties équivalentes, ou en deux parties qui soient dans un rapport donné.*

On mène, par le point donné, une sécante quelconque CPF; et la figure donnée se trouve ainsi décomposée en deux polygones, ABCF et CDEF. On est ramené à l'exercice précédent.

Dans chaque polygone, on opère la division demandée, et la ligne brisée GPH satisfait aux conditions.

Fig. 1046.

1673. Remarque. L'emploi du calcul, pour le partage des surfaces planes est le moyen par excellence lorsqu'il s'agit de la division des terrains; mais il convient de renvoyer ces problèmes aux ouvrages spéciaux.

(Voir *Arpentage, Levé des plans, Nivellement,* n°s 321 à 350.)

Exercice 593

1674. Problème. *Partager un polygone donné en parties proportion-nelles à des grandeurs données, en menant des droites par un point intérieur* O. (Solution d'Euzet, garde du génie, N. A., 1854, p. 114.)

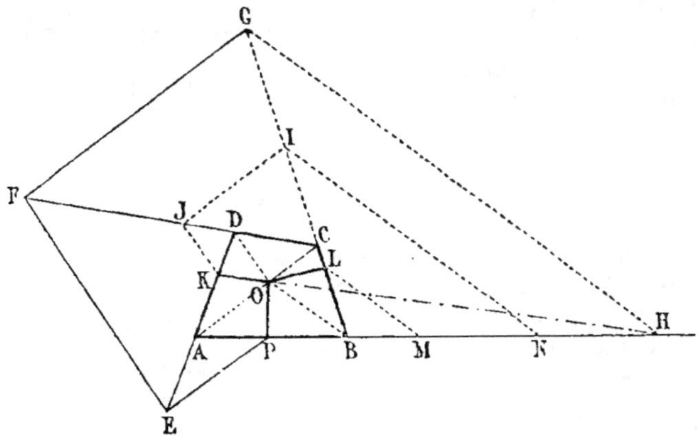

Fig. 1047.

Soit un quadrilatère ABCD, à partager en trois parties proportion-nelles à des longueurs l, m, n. On donne la droite OP.

1° Prolongeons chaque côté dans une même direction.

Par le point P, il faut mener une parallèle PE à la droite AO, puis EF parallèle à OD, FG parallèle à OC, et GH parallèle à OB.

Le triangle POH est équivalent au polygone donné.

En effet, le triangle OAE est équivalent à OAP; le triangle EOD peut être remplacé par son équivalent FOD; FOC est équivalent à GOC; GOB est équivalent à HOB; donc HOP est équivalent au poly-gone donné.

2° Divisons PH en trois parties PM, MN, NH respectivement pro-portionnelles aux grandeurs données l, m, n.

Par N menons NI parallèle à HG, puis menons IJ et enfin JK.

Dans l'exemple donné, la parallèle ML rencontre le côté BC.

Il faut prouver que les trois parties du quadrilatère sont équivalents aux triangles OPM, OMN et ONH.

Or le triangle OBL est équivalent à OBM;

donc   OPBL = OPM

De même   OBN = OBI;   OCI = OCJ;   ODJ = ODK

donc   OPBCDKO = OPN

et ainsi de suite, quel que soit le nombre de parties.

MAXIMA ET MINIMA

Polygones.

Exercice 594

1675. Problème. *Quel est le plus grand des triangles qui ont même base* b, *et même angle* B *opposé à cette base?*

Le sommet mobile B appartient à l'arc décrit sur la base AC, et capable de l'angle donné.

La base étant constante, l'aire dépend de la hauteur; et la hauteur BD est maximum lorsqu'elle est élevée au milieu de la corde AC, auquel cas *le triangle est isocèle...*

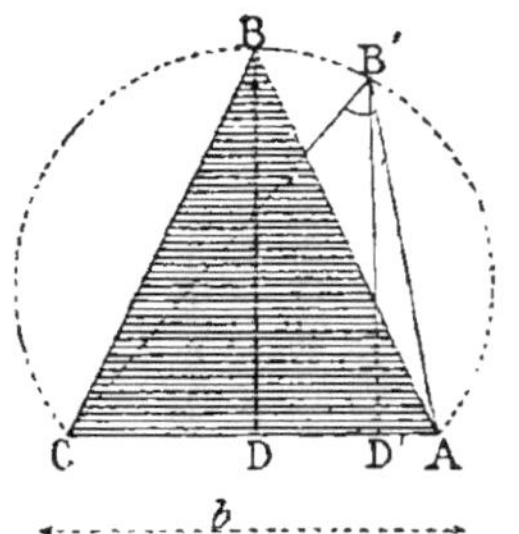

Fig. 1048.

Exercice 595

1676. Problème. *De tous les triangles qui ont même base et même périmètre, quel est celui dont la surface est maxima?*

Considérons deux triangles ABC et ABD; l'un quelconque et l'autre isocèle, et tels que

$$AD + DB = AC + CB$$

Par les sommets C et D, menons des parallèles CE, DF à la base du triangle.

Par rapport à CE, déterminons le symétrique M du point B; et par rapport à DF, le symétrique N du même point B.

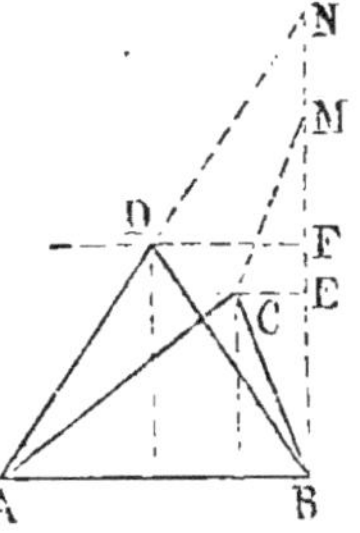

On a $\qquad AC + CM = AC + CB$;

la droite $ADN = AD + DB$;

d'où $\qquad AN = AC + CM$

Fig. 1049.

donc la ligne brisée $AC + CM$ qui égale la droite AN doit aboutir à un point M situé entre B et N, sans quoi elle serait plus grande que AN; donc BN, double de la hauteur du triangle isocèle, est plus grande que BM, double de la hauteur de l'autre triangle; *ainsi le triangle isocèle a la surface maxima.*

Exercice 596

1677. Problème. *De tous les triangles ayant même surface, quel est celui qui a le plus petit périmètre?*

Soit A un triangle quelconque. Soient B et C deux triangles équilatéraux : l'un isopérimètre avec A, et l'autre équivalent à A. Appelons $3p$ le périmètre commun aux deux triangles A et B, et $3p'$ le périmètre du triangle C.

Les deux triangles A et B étant isopérimètres, c'est le triangle équilatéral B qui est le plus grand. On a donc $A < B$; et, comme $A = C$ on a aussi $C < B$; d'où $3p' < 3p$.

Ainsi le triangle équilatéral C a un périmètre moindre que tout triangle irrégulier équivalent. Donc, *de tous les triangles ayant même surface, c'est le triangle équilatéral qui a le plus petit périmètre.*

Exercice 597

1678. Problème. *De tous les triangles isopérimètres, quel est le plus grand en surface?*

1re Démonstration. Soient x, y, z les trois côtés variables, $2p$ le périmètre constant, et S la surface variable. On a $x + y + z = 2p$, somme constante.

La surface $S = \sqrt{p(p-x)(p-y)(p-z)}$.

Supposons d'abord inégaux les quatre facteurs qui sont sous le radical. Si les côtés y et z étaient remplacés l'un et l'autre par leur demi-somme, rien ne serait changé au périmètre $2p$, et le produit des deux facteurs $(p-y)$ et $(p-z)$ serait remplacé par un produit plus grand; il en est de même pour les côtés x et y.

La maximum de la surface a donc lieu quand le triangle est équilatéral; alors chaque côté égale le $1/3$ du périmètre considéré, $2p$.

2e Démonstration. Admettons momentanément qu'un des côtés, x, par exemple, soit invariable. La somme des deux autres côtés $y + z$ serait constante; elle égalerait $2p - x$; donc le triangle devait être isocèle (n° 1676); d'où $y = z$. Mais lorsque x diffère de y, le triangle obtenu n'est pas le plus grand possible, puisque le triangle isocèle qui aurait z pour côté invariable et deux autres côtés égaux entre eux et égaux à $\dfrac{2p - z}{2}$ serait plus grand; donc il faut que les trois côtés soient égaux entre eux.

1679. Problème. *Couper les côtés d'un angle XOY par une droite BC parallèle à une ligne donnée MN, de manière que le triangle ABC, formé en joignant B et C à un point A fixe donné pour sommet, ait une aire maxima.*

Soit ABC le maximum demandé, en menant par le point A une

parallèle EF à MN, les triangles qui auront BC pour base et le sommet sur EG seront équivalents. Or le parallélogramme maximum inscrit DBOC s'obtient en menant par le point D milieu de DF des parallèles OX, OY, et le triangle CDB ou son équivalent ABC est la moitié du parallélogramme OBDC; donc, par le point A, il faut mener une parallèle à MN et joindre le sommet donné aux points B et C milieux de OE et de OF.

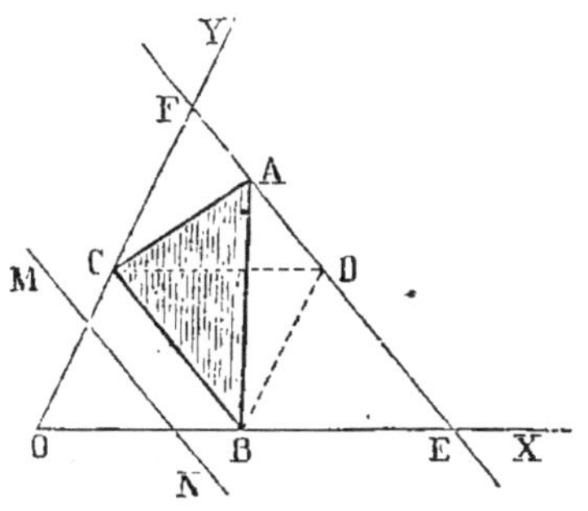

Fig. 1050.

1680. Problème. *D'un point O pris sur la base d'un triangle quelconque ABC, on abaisse des perpendiculaires OM, ON sur les côtés du triangle; pour quelle position du point O le triangle MON est-il maximum?*

1° Lorsque le point mobile est en A ou en B, le triangle est nul; il y a donc un maximum pour une des positions intermédiaires.

2° L'angle MON est constant, car il est le supplément de l'angle B; or les triangles qui ont un angle égal sont entre eux comme les produits des côtés qui comprennent cet angle (G., n° 329); il suffit donc d'étudier la variation du produit OM.ON.

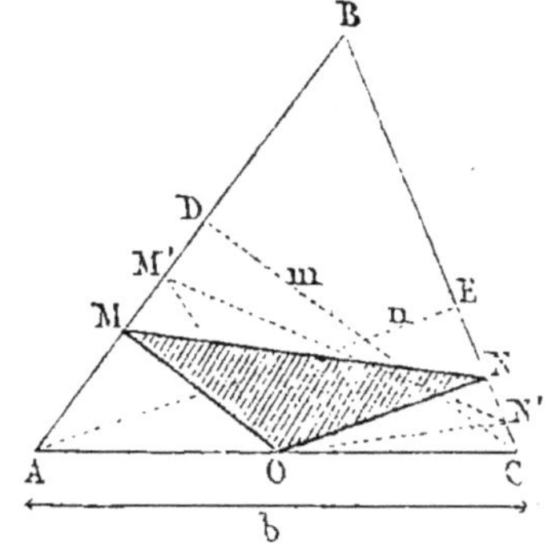

Fig. 1051.

3° Exprimons OM, ON en fonction de lignes connues, et des distances AO, CO. Pour cela, menons les perpendiculaires CD ou m et AE ou n.

On a
$$\frac{OM}{m} = \frac{AO}{b}; \quad OM = \frac{m}{b}.AO$$

$$\frac{ON}{n} = \frac{CO}{b}; \quad ON = \frac{n}{b}.CO$$

$$OM.ON = \frac{mn}{b^2}.AO.CO$$

La variation du produit OM.ON ne dépend que de AO.CO.
Le maximum a donc lieu lorsque AO = CO (n° 343).

Remarque. Le problème ci-dessus (n° 1680) est le complément d'un problème déjà résolu (n° 1625).

1681. Problème. *Pour un point fixe O donné sur* AC, *quel est le triangle minimum, lorsque l'angle* MON *pivote autour de son sommet (fig. 1051)?*

C'est le triangle MON formé par les perpendiculaires OM, ON; car, pour toute autre position M'ON', l'oblique OM' est > OM, et de même ON' > ON.

1682. Problème. *D'un point O pris sur la base d'un triangle quelconque, on mène des lignes* OM, ON *parallèles à deux droites données; pour quelle position du point O le triangle* MON *est-il maximum?*

Pour le point O milieu de la base, on mène des droites *m* et *n* parallèles aux deux droites données.

Exercice 598

1683. Problème. *De tous les rectangles dont le périmètre est constant, quel est celui dont la surface est maxima?*

Ou bien : *Quel est le maximum du produit de deux facteurs dont la somme est constante?*

(Voir *Méthodes*, n° 343.)

Exercice 599

1684. Problème. *De tous les rectangles dont la surface est constante, quel est celui dont le périmètre est minimum?*

Ou bien : *Quel est le minimum de la somme de deux facteurs dont le produit est constant?*

(Voir *Méthodes*, n° 344.)

Exercice 600

1685. Problème. *De tous les rectangles dont la somme des carrés de deux côtés adjacents est constante, quel est celui dont la surface est maxima?*

Ou bien : *Quel est le maximum du produit de deux facteurs dont la somme des carrés est constante?*

(Voir *Méthodes*, n° 345.)

Exercice 601

1686. Problème. *De tous les rectangles dont la surface est constante, quel est celui dont la somme des carrés de deux côtés adjacents est minima?*

Ou bien : *Quel est le minimum de la somme des carrés de deux facteurs dont le produit est constant?*

(Voir *Méthodes*, n° 346.)

1687. Problème. *Une droite de longueur donnée a est divisée en deux parties sur chacune desquelles on construit un carré; quelles sont les variations de la somme de ces carrés?*

Soient $AB = x$ et $BC = y$;

on a $x + y = a$

Sur AC construisons un carré; on a

$$a^2 = x^2 + y^2 + 2xy$$

d'où $x^2 + y^2 = a^2 - 2xy$

Donc la somme des carrés ou $a^2 - 2xy$ atteint son maximum lorsque $2xy$ est minimum, et réciproquement. Or, le minimum de xy a lieu lorsqu'un des facteurs est nul; dans ce cas $x = a$; $x^2 = a^2$.

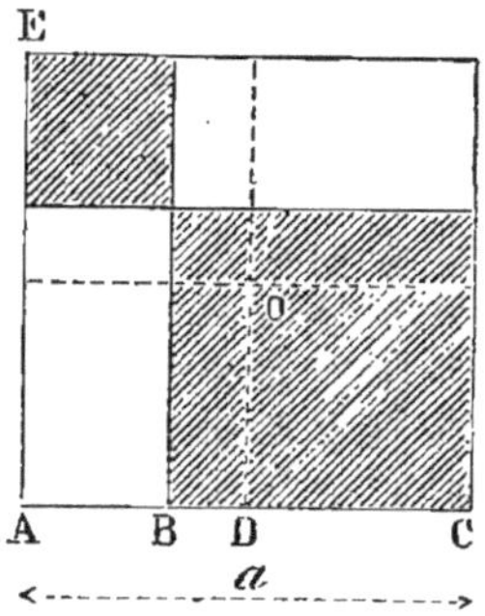

Le maximum de xy a lieu lorsque

$$x = y = \frac{a}{2} ; \quad \text{donc...}$$

$$x^2 + y^2 = a^2 - \frac{a^2}{2} = \frac{a^2}{2}$$

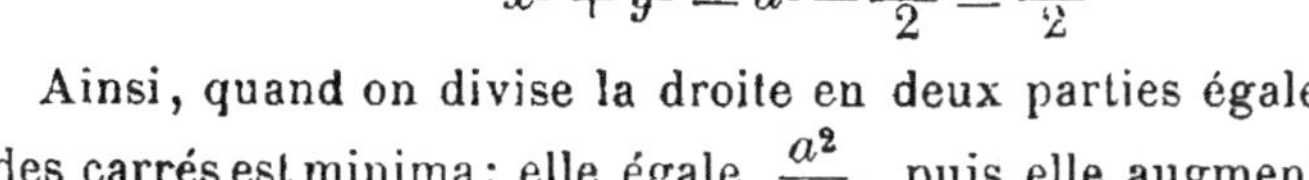

Fig. 1052.

Ainsi, quand on divise la droite en deux parties égales, la somme des carrés est minima; elle égale $\frac{a^2}{2}$, puis elle augmente, et, quand une des divisions est nulle, le carré restant égale a^2.

Remarque. Conformément à l'énoncé, on divise la droite AC en deux parties dont la somme égale a. Dans le cas où le point B serait pris sur le prolongement de la droite limitée AC, on aurait

$$a^2 = x^2 + y^2 - 2xy$$

d'où $x^2 + y^2 = a^2 + 2xy$

La somme $x^2 + y^2$ croît indéfiniment, car chaque quantité x et y croît indéfiniment.

Exercice 602

1688. Problème. *En menant des droites égales entre elles et parallèles aux diagonales d'un rectangle, on forme des parallélogrammes inscrits; quel est le parallélogramme maximum?*

Il suffit de considérer le quart ILJ du parallélogramme; le maximum a lieu pour le point F milieu de AB

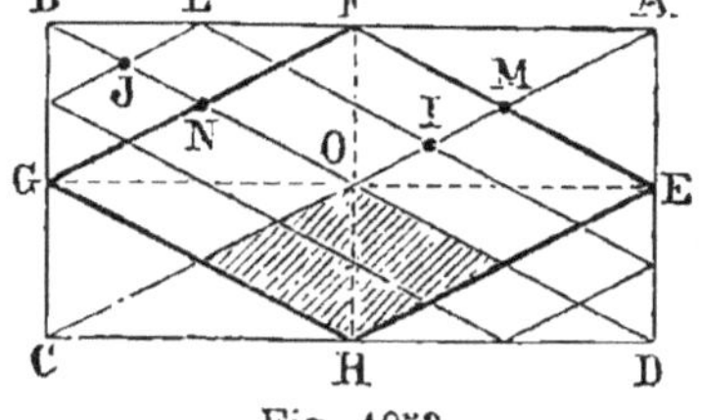

Fig. 1053.

(n°s 347 et 351). Le losange inscrit EFGH est donc maximum.

Exercice 603

1689. Problème. *Construire un rectangle maximum, connaissant la somme de trois côtés.*

Soit ABCD le rectangle demandé, tel que $AD + AB + BC = MN = l$, longueur donnée.

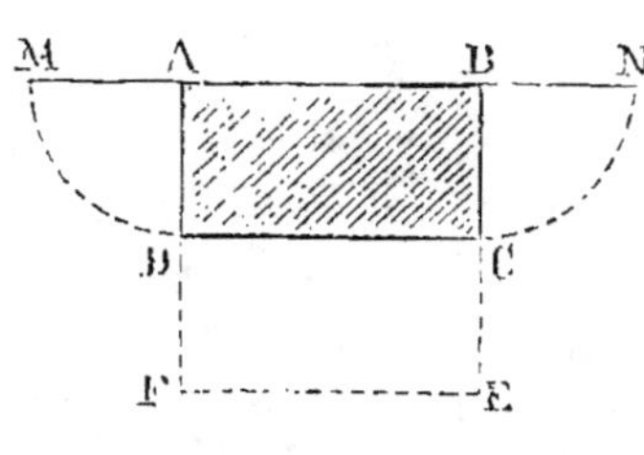

Fig. 1054.

En doublant le rectangle, on aura

$$2(AB + BE) = 2l$$

ou

$$AB + BE = l$$

On est ramené à construire le rectangle maximum ABEF, lorsqu'on connaît la somme de deux côtés adjacents; on sait que le *carré* répond à la question; donc

$$AB = BE = \frac{l}{2}$$

par suite,

$$BC = AD = \frac{1}{2}BE = \frac{l}{4}$$

Le maximum est la moitié d'un carré, et la somme $AD + BC$ des deux côtés opposés égale la base AB.

$$S = \frac{l}{2} \times \frac{l}{4} = \frac{l^2}{8}$$

Remarques. 1º En représentant BC par x, on a

$$AB = l - 2x$$

la surface égale

$$(l - 2x)x \tag{1}$$

Or le maximum a lieu lorsque $x = \frac{l}{4}$

alors

$$S = \left(l - \frac{l}{2}\right)\frac{l}{4} = \frac{l^2}{8}$$

2º Nous n'indiquons pas l'emploi de la *méthode algébrique*, car elle n'offre aucune difficulté; mais d'une solution purement géométrique nous déduisons la valeur du maximum.

Le problème que l'on vient de résoudre (nº 1689) a été traité en vue de l'exercice suivant (nº 1690).

Exercice 604

1690. Problème. *On a un rectangle ABCD; on en parcourt le périmètre en prenant, à partir de chaque sommet et dans le même sens, une même longueur; ainsi on prend* $AE = BF = CG = DH$; *dans quel cas le parallélogramme obtenu EFGH est-il minimum?*

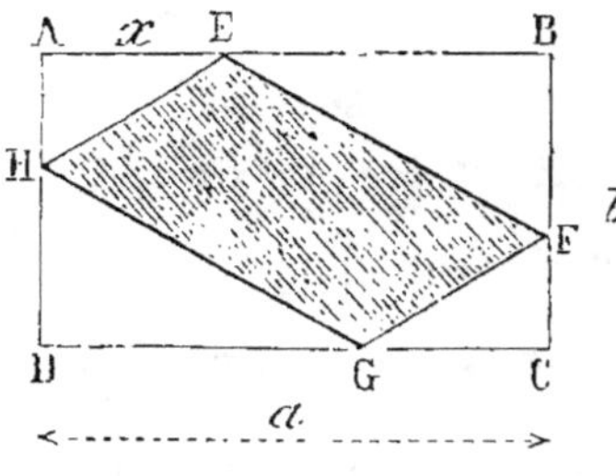

Fig. 1055.

Soient $AB = a$, $BC = b$ et $AE = BF$, etc $= x$.

Le minimum du parallélogramme a lieu quand la somme des quatre triangles retranchés atteint son maximum.

Or les deux triangles égaux EBF, GDH ont pour somme $(a - x)x$; les deux autres ont pour somme $(b - x)x$.

Les deux groupes réunis ont pour somme $(a + b - 2x)x$ (2)
et l'on obtient une équation analogue à l'équation connue (1).

Le double de (2) serait $(a + b - 2x) \times 2x$.

Or $a + b$ est encore une quantité constante; donc les deux facteurs $(a + b - 2x)$ et $2x$ ont une somme constante, et le maximum du produit a lieu quand $a + b - 2x = 2x$; d'où $x = \dfrac{a + b}{4}$; ainsi le maximum de la somme des quatre triangles a lieu lorsque $y = \dfrac{a + b}{4}$.

$$(a + b - 2x)x = \left(a + b - \frac{a + b}{2}\right)\frac{a + b}{4} = \frac{(a + b)^2}{8}$$

Le parallélogramme égale

$$ab - \frac{(a + b)^2}{8} = \frac{8ab - a^2 - 2ab - b^2}{8}$$

$$P = \frac{6ab - a^2 - b^2}{8} \quad \text{ou} \quad \frac{4ab - (a - b)^2}{8}$$

Discussion. Il y a trois cas à examiner :

1º Soit
$$\frac{a + b}{4} < b$$

On peut prendre sur les petits côtés du rectangle la longueur $\dfrac{a + b}{4}$ qui correspond au minimum.

2º Soit
$$\frac{a + b}{4} = b$$
on en déduit $a = 3b$.

On peut encore prendre sur BC la longueur $\dfrac{a + b}{4}$.

Le parallélogramme minimum a deux côtés sur AB et DC (fig. 1056).

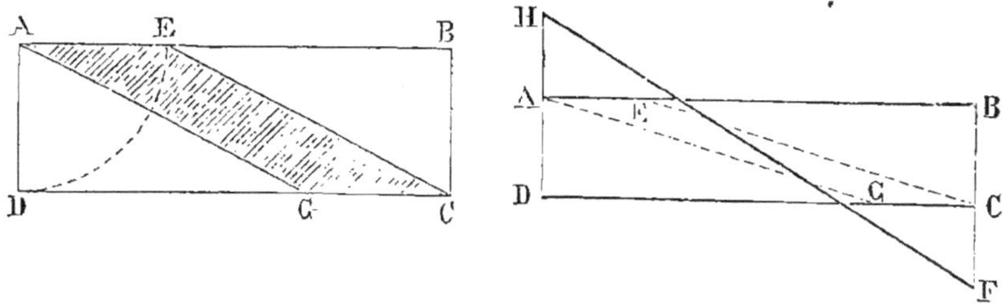

Fig. 1056.   Fig. 1057.

3º Soit
$$\frac{a + b}{4} > b.$$

Au point de vue géométrique, le minimum s'obtient encore en prenant
$$AE = CG = b;$$
mais la courbe qui représenterait la marche de la fonction n'aurait pas de

minimum en ce point; elle descendrait encore pour des valeurs de $x > b$; jusqu'à

$$x = \frac{a + b}{4} = BF.$$

On n'a plus alors qu'une droite FGEH, le parallélogramme intérieur est nul; en réalité, le triangle CFG est soustrait de BEF.

1691. Problème. *On donne un point B et une droite AC déterminée de longueur et de position; par le point B on mène une sécante, et sur cette droite, des points A et C, on abaisse des perpendiculaires AD, CE; quel est le trapèze maximum qu'on peut former ainsi?*

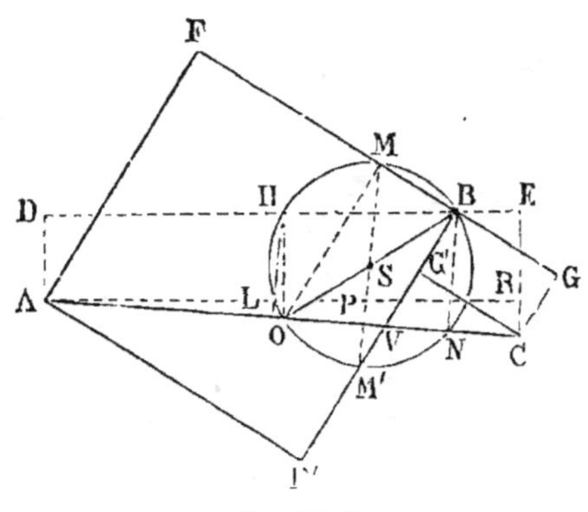

Fig. 1058.

Soit DE une sécante; du milieu de AC abaissons la perpendiculaire OH, ce sera la base moyenne; puis du point H abaissons HL perpendiculaire sur AC, et menons AR parallèle à DE.

L'aire est donnée par OH $\times$ DE ou par AC $\times$ LH (n° 1566); car les triangles semblables HOL, ACR donnent

$$\frac{OH}{HL} = \frac{AC}{DE}$$

d'où $AC \times HL = OH \times DE$

Or AC est constant; le maximum ne dépend donc que de la perpendiculaire HL abaissée sur AC du point milieu de la hauteur du trapèze.

Or le milieu H appartient à la circonférence décrite sur le diamètre OB.

La perpendiculaire PSM, menée par le centre S de cette circonférence, donne donc le maximum.

Le point B étant donné de position, les distances BN et ON sont connues; soient $BN = b$ et le diamètre $OB = a$; on trouve

$$PM = \frac{a + b}{2}$$

Soit $AC = 2d$; donc l'aire du trapèze égale $d(a + b)$.

Remarque. A PM′ correspond un autre maximum; BM′ coupe le diamètre, et le trapèze est remplacé par la différence des deux triangles AVF′ et VCG′. La différence égale

$$AC \times PM' = 2d\left(\frac{a - b}{2}\right) = d(a - b)$$

La somme des deux maxima égale $2da$.

On peut énoncer le problème suivant :

Par le point B on mène une corde qui coupe un diamètre fixe AB ; des extrémités du diamètre on abaisse des perpendiculaires sur la corde. Pour quelle position de la corde la différence des triangles formés est-elle maxima ?

Exercice 605

1692. Problème. *A un rectangle donné ABCD, circonscrire le rectangle maximum ; exprimer ce maximum en fonction des côtés* a *et* b *du rectangle primitif.*

Le problème revient à la question précédente (n° 1691).

Sur OB décrivons une circonférence ; par le centre L menons la perpendiculaire MN sur AC ; joignons le point B au point N ; des points A et C abaissons des perpendiculaires sur BN, et EBNF est le côté cherché, car le trapèze AEFC est maximum ; or le rectangle circonscrit en est le double.

En désignant par a et b les côtés du rectangle primitif, on a

$$AC = \sqrt{a^2 + b^2}$$

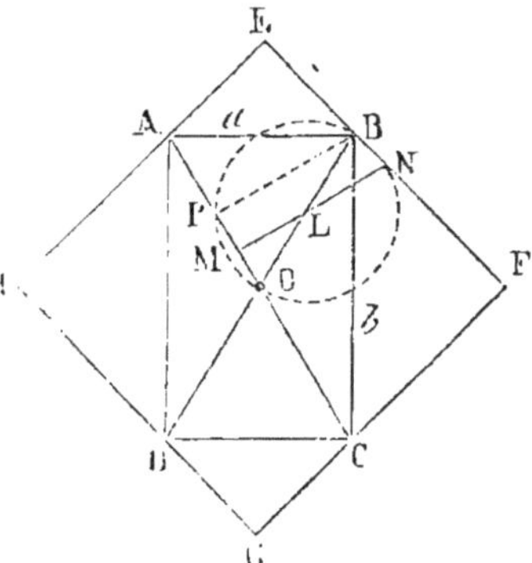

Fig. 1059.

Soit $AC = d, \quad BL = \dfrac{d}{4}$

$$BP \cdot d = ab; \quad \text{d'où} \quad BP = \frac{ab}{d}$$

d'ailleurs $MN = ML + LN = \dfrac{BP}{2} + LB = \dfrac{ab}{2d} + \dfrac{d}{4}$

L'aire du trapèze AEFC étant donnée par $AC \times MN$, celle du rectangle circonscrit étant le double sera

$$2d\left(\frac{ab}{2d} + \frac{d}{4}\right) \quad \text{ou} \quad d\left(\frac{2ab + d^2}{2d}\right) \quad \text{ou} \quad \frac{2ab + d^2}{2}$$

En remplaçant d^2 par sa valeur $a^2 + b^2$, on trouve

$$S = \frac{(a + b)^2}{2}$$

Réciproquement. *Un angle droit BAD pivote autour d'un point donné A (fig. 1053) ; ses côtés coupent deux parallèles EF, HG et donnent lieu à un triangle rectangle inscrit BAD. Pour quelle position de l'angle le triangle obtenu est-il minima ?*

En abaissant la perpendiculaire AEH sur les parallèles, il faut prendre $EB = AB$; alors aussi $HD = HA$.

Figures inscrites ou circonscrites au Cercle.

Exercice 606

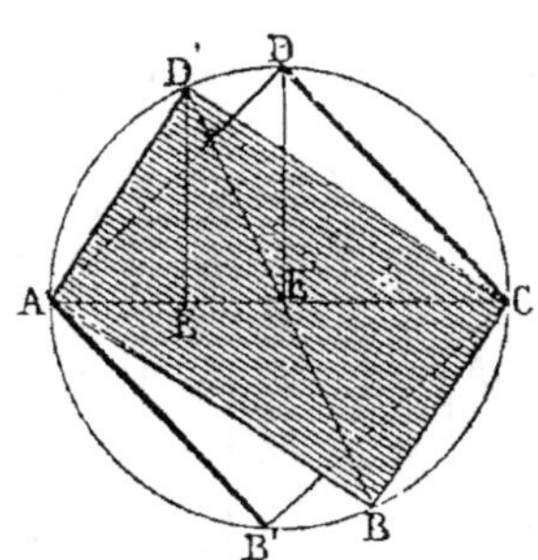

Fig. 1060.

1693. Problème. *Inscrire dans un cercle le rectangle maximum.*

1° La question dépend du troisième principe (n° 345).

2° La tangente donne une solution très simple (n° 348).

3° L'étude directe n'offre aucune difficulté.

En effet, il suffit de considérer la moitié AD'C du rectangle; or ce triangle est maximum quand le sommet est en D et que le triangle est isocèle; donc le rectangle maximum est le carré inscrit ADCB'.

Exercice 607

1694. Problème. *Aux extrémités A et B d'un diamètre, on élève deux perpendiculaires, et l'on mène une tangente DC limitée à ces deux lignes. Quel est le minimum du trapèze ABCD circonscrit au demi-cercle?*

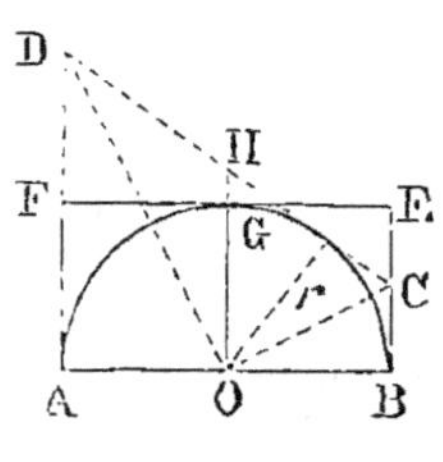

Fig. 1061.

Le rayon du point de contact et les droites OC, OD divisent le trapèze en quatre triangles égaux deux à deux; donc COD est la moitié du trapèze, et l'aire de la figure totale $= DC \cdot r$.

Donc le minimum de la surface a lieu pour le minimum de la tangente CD. Il suffit que cette dernière EF soit parallèle au diamètre. Le demi-carré circonscrit AFEB est le minimum.

Remarque. *De l'étude de la surface minima du trapèze circonscrit on déduit très facilement le périmètre minimum du trapèze circonscrit.*

En effet　　surface $ADCB = \dfrac{r}{2}(AD + DC + CB)$

surface $AFEB = \dfrac{r}{2}(AF + FE + BE)$

Or la surface AFEB est plus petite que ADCB; donc le périmètre (AF + FE + BE) est plus petit que (AD + DC + CB)

Ainsi le polygone circonscrit de surface minima est en même temps le polygone circonscrit de périmètre minimum.

Il en est de même dans les questions suivantes (n⁰ˢ 1695, 1699, 1707).

1695. Problème. *Étudier les variations de la surface d'un trapèze isocèle circonscrit à un cercle donné.* (Bacc. Paris, 1878.)

Cette question revient à la précédente; on peut la traiter très simplement, comme il suit :

La parallèle LP menée par le centre est la base moyenne; donc

$$\text{surface} = MN \cdot LP$$

PL ou $2.OL$ est la seule variable; donc l'aire augmente avec l'inclinaison du côté AB.

Le minimum a lieu quand le trapèze devient un carré.

Alors $\text{surface} = 4a^2.$

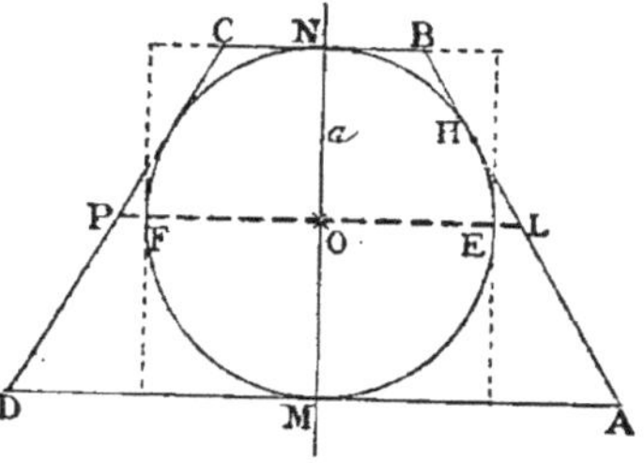

Fig. 1062.

Problème. *Construire un trapèze isocèle circonscriptible, connaissant le rayon du cercle inscrit et le périmètre.*

Soit $8p$ le périmètre.

On a $AH = AM$, $BH = BN$.

Donc $AM + BN = AB = \dfrac{8p}{4} = 2p$

Donc la base moyenne $OL = p$

Ainsi, on prend OL égal au huitième du périmètre, et par le point L on mène une tangente.

1696. Problème. *Par un point donné* A, *mener une sécante* ABC *telle que le triangle* BOC, *formé par la corde et ayant son sommet au centre, soit maximum.*

L'aire s'obtient en multipliant le rayon BO par la perpendiculaire CD; donc le maximum a lieu quand l'angle BOC est droit, car alors

$$CD = CO$$

Alors EF est le côté du carré inscrit; il faut mener une tangente

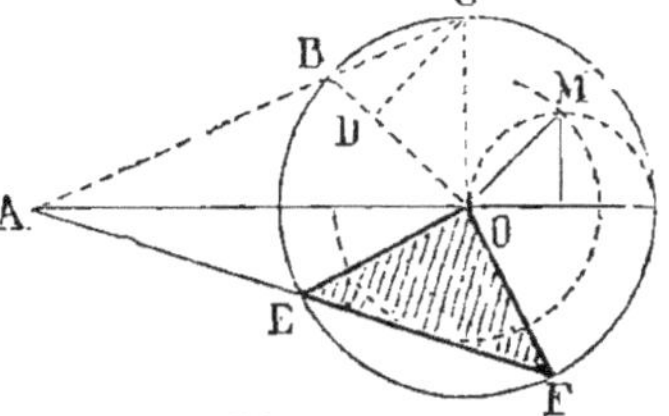

Fig. 1063.

AEF à la circonférence décrite du centre O avec $\dfrac{r}{\sqrt{2}}$ pour rayon.

1697. Problème. *Par un point donné* A, *mener une sécante* ABC *telle que le quadrilatère formé en joignant les extrémités de la corde* *aux extrémités du rayon OD qui lui est perpendiculaire, ait une aire maxima.*

Soient BC la corde interceptée par la sécante ABC, et OD le rayon qui lui est perpendiculaire.

La surface $= \dfrac{OD \times BC}{2}$ ou $\dfrac{r \times BC}{2}$;

donc elle sera maxima en même temps que la corde BC.

Il faut donc mener un diamètre, et le triangle obtenu $= \dfrac{r^2}{2}$.

Exercice 608

1698. Problème. *Sur les deux parties AB, BC du diamètre d'une demi-circonférence ADC, on décrit des demi-circonférences. Quel est le maximum de l'espace DEF compris entre les trois arcs?*

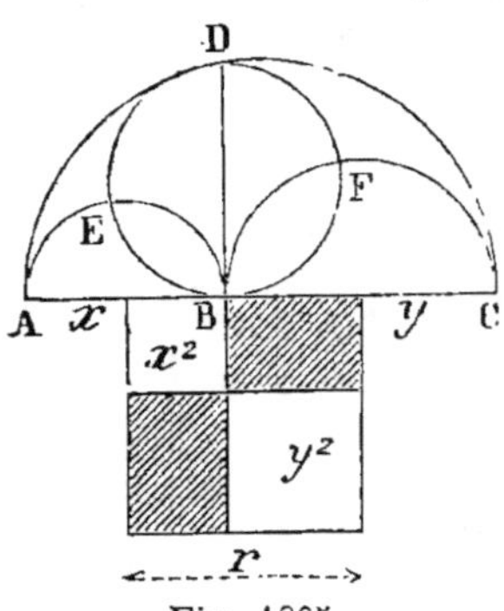

Fig. 1065.

1er Moyen. Les demi-cercles étant proportionnels aux carrés de leurs rayons, il suffit de comparer les carrés x^2, y^2 et r^2.

Le maximum de $r^2 - (x^2 + y^2)$ a lieu quand la somme $x^2 + y^2$ est minima; et comme $x + y = r$, il faut que $x = y$ (n° 1687).

Dans ce cas, $x^2 + y^2 = \dfrac{r^2}{2}$ et le reste $= r^2 - \dfrac{r^2}{2} = \dfrac{r^2}{2}$. L'espace DEF est équivalent à la somme des deux demi-cercles égaux décrits sur chaque moitié de AC.

2e Moyen. On sait que l'espace curviligne considérée, ou *arbelo d'Archimède*, est équivalent au cercle qui aurait pour diamètre la perpendiculaire BD (n° 1579); donc le maximum a lieu quand le point B coïncide avec le point O milieu de AC.

Extension. *Sur trois droites AC, AB, BC, prises pour lignes homologues, on construit trois figures semblables; le maximum de la surface AEBFCDA a lieu lorsque AB = BC.*

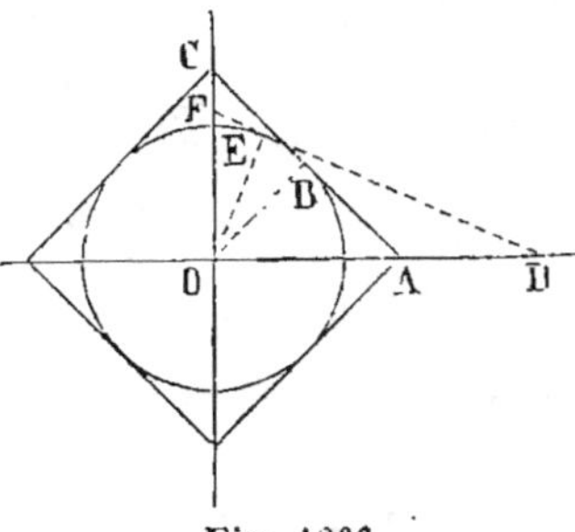

Fig. 1066.

1699. Problème. *Circonscrire à une circonférence un losange dont l'aire soit minima.*

1° Il suffit de s'occuper du quart du losange.

Or le minimum a lieu pour la tangente ABC divisée en deux parties égales par le point de contact. (*Méthodes,* n° 367.)

Le carré circonscrit est le losange minimum demandé.

2° On peut encore dire : l'aire du quart du losange égale $DF \times \dfrac{r}{2}$; elle varie donc avec DF. Or $DE \times EF = r^2$; donc le minimum de la somme DF des deux segments a lieu lorsqu'ils sont égaux entre eux.

Problème. *A un cercle donné, circonscrire un losange de surface donnée.*

Représentons par k^2 la moitié de la surface donnée, et par r le rayon, on aura
$$OE \cdot DF = k^2, \quad DF = \frac{k^2}{r}$$

Ainsi la longueur de la tangente DF est connue, et le problème est ramené au suivant :

Problème. *Construire un losange, connaissant le côté et le rayon du cercle inscrit ; ou bien : Construire un triangle rectangle, connaissant l'hypoténuse et la hauteur.*

Pour résoudre la question, on peut recourir au problème contraire, ou à la méthode algébrique.

1° Le problème contraire consiste à construire un triangle rectangle, connaissant l'hypoténuse DF et la hauteur OE (n° 214).

2° Par la méthode algébrique, on peut déterminer les segments DE, EF, et par suite OD et OF. En effet, on connaît la somme $\dfrac{k^2}{r}$ et le produit k^2 des deux segments.

3° Le *Problème de Gerbert* (n° 1722) fait connaître directement OD et OF.

Exercice 609

1700. Problème. *Une circonférence O et un point A étant donnés, mener par ce point deux droites rectangulaires telles que le quadrilatère inscrit qui aurait les deux cordes pour diagonales ait une aire maxima.*

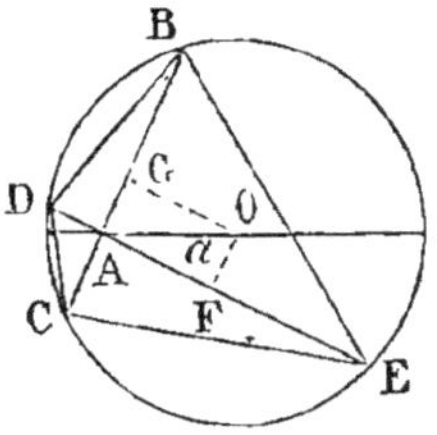

Soit le problème résolu ; l'aire du quadrilatère est donné par $\dfrac{BC \times DE}{2}$ ou par $2BG \times FE$.

Le maximum de l'aire a lieu pour le maximum du produit des carrés des facteurs variables BG et EF.

Il suffit donc d'étudier $\quad GB^2 \times FE^2$
ou $\quad\quad (r^2 - OG^2)(r^2 - OF^2)$

Fig. 1067.

Mais les deux facteurs ont une somme constante $2r^2 - a^2$, car $OG^2 + OF^2 = a^2$; donc le maximum a lieu lorsque ces facteurs sont égaux entre eux (n° 1685).

Ainsi OF^2 doit égaler $\quad OG^2 = \dfrac{a^2}{2}$

Les cordes sont également inclinées sur le diamètre AO.

Pour avoir l'aire, on a :

$$BG^2 = FE^2 = r^2 - \frac{a^2}{2}$$

or l'aire $2BG \times FE$ revient dans ce cas à $2BG^2 = 2r^2 - a^2$.

Exercice 610

1701. Problème. *Dans un demi-cercle, inscrire le quadrilatère d'aire maxima; le diamètre du demi-cercle doit être un des côtés du quadrilatère.*

On peut obtenir le maximum en regardant d'abord comme constant un des trois côtés inconnus. (*Méthodes*, n° 354.)

1702. Problème. *On donne une droite xy, une circonférence et un diamètre fixe AB. On mène une corde CD parallèle à* **xy**, *et on élève des perpendiculaires CE, DF à la corde. Quel est le trapèze maximum déterminé par la corde et les deux perpendiculaires limitées au diamètre fixe?*

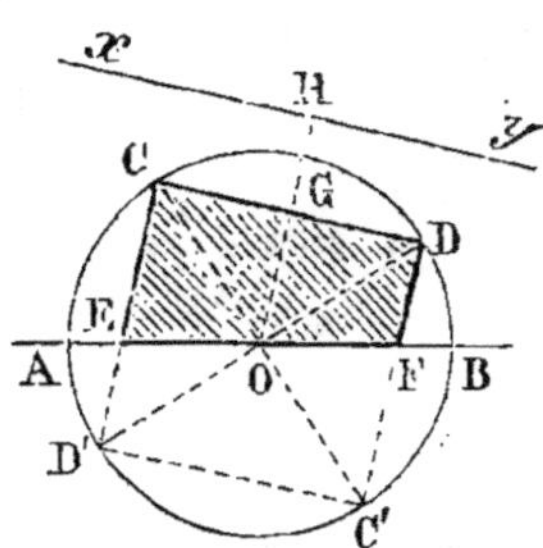
Fig. 1068.

Soit ECDF le trapèze maximum.

1er Moyen. En prolongeant CE, DF, on obtient un rectangle double de la surface considérée.

Le rectangle est maximum lorsqu'il est carré.

Alors $\quad OG = \dfrac{r}{\sqrt{2}}, \quad CD = \sqrt{2}$

2e Moyen. Le trapèze ECDF a pour aire $2 . CG \times OG$;

le maximum a donc l'aire quand les facteurs variables CG et OG sont égaux, car la somme de leurs carrés égale OC^2 (n° 1685).

Donc $\quad OG = CG = \dfrac{r}{\sqrt{2}}$

Construction. Sur la perpendiculaire OH, il faut prendre OG égal à $\dfrac{r}{\sqrt{2}}$.

Exercice 611

1703. Problème. *On donne une circonférence, un diamètre fixe AB et une direction xy, on mène une corde CD parallèle à* **xy**, *on projette les extrémités C et D sur le diamètre fixe. Quel est le trapèze maximum obtenu?* (Proposé dans le Journal de *Mathématiques élémentaires*, année 1877.)

Soit le problème résolu et CD la parallèle demandée. Du centre O, abaissons la perpendiculaire OM sur xy; elle passe au point G milieu de la corde CD; abaissons la perpendiculaire GH; on a

$$GH = \frac{CE + DF}{2}$$

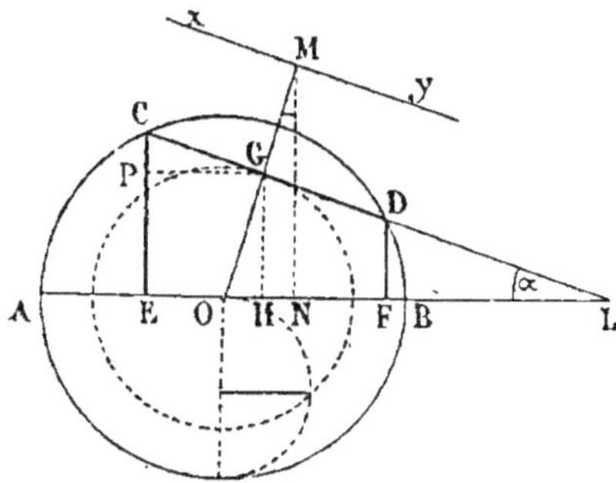

Fig. 1069.

Puis menons GP, cette ligne $= EH = \dfrac{EF}{2}$.

La moitié de l'aire du trapèze est donnée par $GP \times GH$; mais les triangles OGH, CGP sont semblables; donc

$$\frac{GH}{GP} = \frac{GO}{CG}$$

Par suite le maximum du produit $GP \times GH$ aura lieu en même temps que celui de $GC \times GO$.

Or le triangle OGC a le rayon pour hypoténuse constante; le produit des deux côtés est maximum lorsque ces côtés sont égaux entre eux; donc

$$OG = CG = \frac{r}{\sqrt{2}}$$

Par suite, il suffit de prendre sur OM une grandeur OG égale à $\dfrac{r}{\sqrt{2}}$.

Remarques : 1° L'aire du trapèze $= 2PG \times GH$

$$= 2CG \times OG \times \frac{MN^2}{MO^2} = 2\,\frac{r}{\sqrt{2}} \cdot \frac{r}{\sqrt{2}} \cdot \frac{MN^2}{MO^2} = r^2 \times \frac{MN^2}{MO^2}$$

2° Le rapport de réduction $\dfrac{MN}{MO}$ dépend de l'inclinaison α et n'est autre que $\cos \alpha$. On a donc pour surface $r^2 \cos^2 \alpha$.

En employant les formules trigonométriques, on arrive rapidement :

$$GH = OG \cos \alpha; \quad GP = CG \cos \alpha;$$

donc

$$2\,GH \cdot GP = 2 \cdot \frac{r}{\sqrt{2}} \cdot \frac{r}{\sqrt{2}} \cos^2 \alpha = r^2 \cos^2 \alpha.$$

3° Pour une direction donnée, la corde CD du maximum rencontre le diamètre en un point L qui ne dépend que de l'inclinaison de xy. En effet,

$$\frac{OL}{OG} = \frac{1}{\sin \alpha} \quad \text{ou} \quad \frac{OL}{\dfrac{r}{\sqrt{2}}} = \frac{r}{\sin \alpha}$$

d'où

$$OL = \frac{r}{\sin \alpha \sqrt{2}}$$

1704. Problème. *On donne deux cercles concentriques; inscrire un rectangle dont l'un des côtés soit une corde d'un des cercles, et le côté opposé, une corde de l'autre cercle; la surface du rectangle doit égaler un carré donné* k².

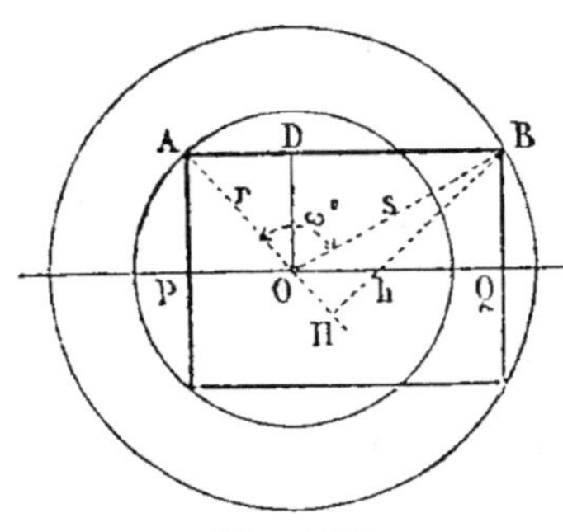

Fig. 1070.

Supposons le problème résolu, r, s les rayons des deux cercles.

Il suffit de considérer PABQ moitié du rectangle total, ou même le triangle AOB moitié de PABQ.

Ainsi $AOB = \dfrac{k^2}{4}$

Abaissons la hauteur BH ou h, on aura :

$$rh = \frac{k^2}{2}; \quad \text{d'où} \quad h = \frac{k^2}{2r}$$

Ainsi, on peut déterminer la longueur h à l'aide d'une troisième proportionnelle, puis construire un triangle, connaissant la base r, la hauteur h et un des côtés s.

La construction du triangle auxiliaire fera connaître la longueur de OD, et il suffira de mener AB à une distance du centre indiquée par OD.

Discussion. La variation du rectangle inscrit dépend de celle du triangle AOB. Or la surface AOB est nulle quand r et s coïncident.

La surface augmente avec l'angle ω jusqu'à ce que cet angle égale un droit, car alors $h = s$; puis l'angle continuant à croître, la surface diminue et devient nulle lorsque les rayons r et s sont dans le prolongement l'un de l'autre.

Maximum. r et s étant perpendiculaires, le double de l'aire

$$AOB = rs = \frac{k^2}{2}$$

Donc pour le maximum $k^2 = 2rs$

Alors $AB = \sqrt{r^2 + s^2}$ et $OD = \dfrac{k^2}{2\sqrt{r^2 + s^2}}$

Remarque. Il est plus expéditif d'employer la notation trigonométrique.
Le double de l'aire du triangle est donné par $rs \sin \omega$;

donc $rs \cdot \sin \omega = \dfrac{k^2}{2}$;   d'où $\sin \omega = \dfrac{k^2}{2rs}$

Exercice 612

1705. Problème. *Inscrire dans un cercle un triangle dont l'aire soit maxima.*

1er Moyen. Il faut que le triangle soit équilatéral. En effet, soit un triangle quelconque ABC. Par le point A, menons une parallèle à BC; si le triangle n'est pas isocèle, la droite AD sera une corde et non une tangente; donc le triangle OBC est plus grand que ABC.

Ainsi OB doit égaler OC.

Par un raisonnement analogue, on démontre que, par rapport à la base OB, il faut que OC = BC; ainsi le triangle maximum est équilatéral.

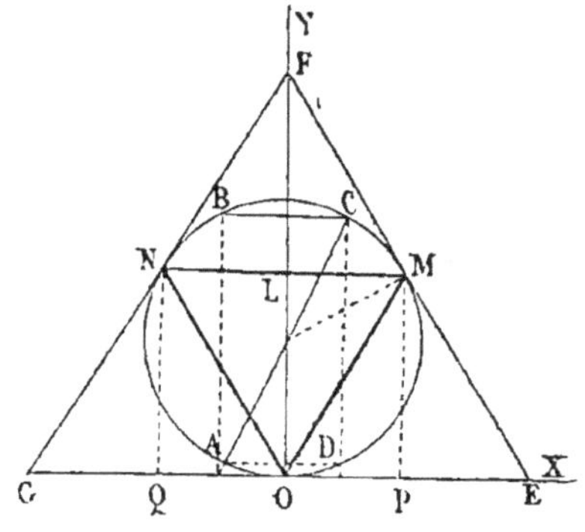

Fig. 1071.

2e Moyen. Soit MON le triangle maximum, il est équivalent au rectangle OPML.

Or pour avoir le rectangle maximum ayant un sommet sur l'arc ODMC, un côté sur OX et l'autre sur OY, il faut mener une tangente EMF telle que EM = MF. (*Méthodes*, n° 360.)

Or OE = EM; donc le triangle EFG est équilatéral; il en est donc de même de OMN, qu'on obtient en joignant deux à deux les milieux des côtés du premier; donc le triangle équilatéral inscrit est maximum.

1706. Problème. *Deux points A et O sont à une distance constante a; de l'un d'eux O, comme centre, décrire une circonférence telle que le triangle ABC, formé par les tangentes et la corde des contacts, soit maximum. Quel est le maximum du quadrilatère ABOC?*

1° Le triangle isocèle ABC est inscrit dans un cercle constant AO; donc il est maximum quand il est équilatéral (n°s 1588 et 1705).

Dans ce cas $OH = \frac{1}{2} OP = \frac{a}{4}$

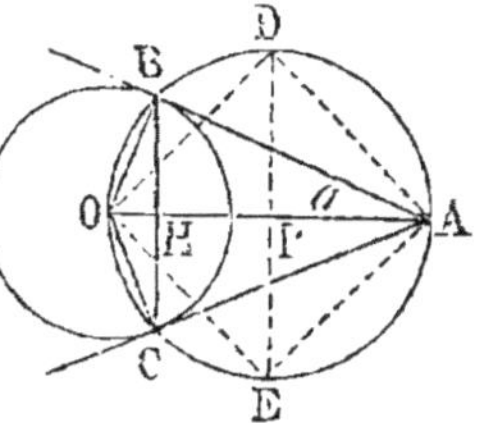

Fig. 1072.

2° Le quadrilatère ABOC est le double du triangle rectangle ABO inscrit dans une demi-circonférence. Le maximum a lieu quand il est rectangle isocèle, c'est-à-dire quand OD = AD. Le quadrilatère maximum est donc **carré**.

Exercice 613

1707. Problème. *Circonscrire à un cercle le triangle d'aire minima.*

Le triangle équilatéral répond à la question.

1er Moyen. La surface d'un polygone circonscrit s'obtient en multipliant le périmètre par le rayon; donc ces variations ne dépendent que du périmètre, lorsque le cercle inscrit est donné.

Or, pour une même base, le triangle isocèle a le périmètre minimum (n° 1080); ainsi les côtés doivent être égaux deux à deux, et le triangle minimum est équilatéral.

2e Moyen. Considérons la moitié BAG du triangle minimum.

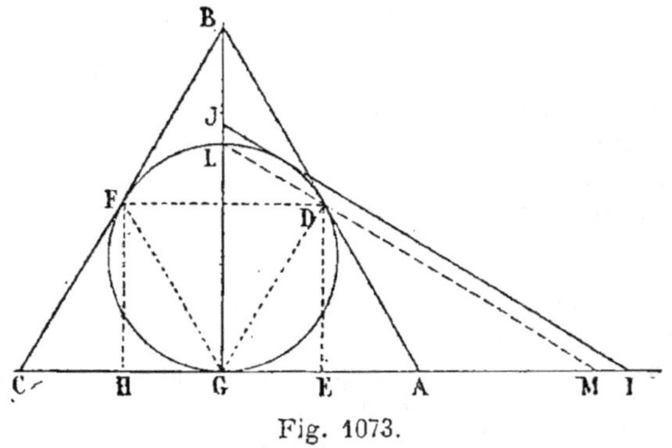

Fig. 1073.

Il faut mener la tangente ADB telle que D soit le milieu.

En effet, toute autre sécante LDM, menée par le point D milieu de AB, donne le triangle GML > GAB; donc, à plus forte raison, le triangle GIJ, déterminé par une tangente, est > GAB.

GA = AD = DB; ainsi le triangle ABC minimum est équilatéral.

Remarque. Au triangle inscrit maximum DFG correspond le circonscrit minimum ABC (n° 1705).

Il en est de même dans plusieurs autres problèmes posés précédemment.

Exercice 614

1708. Problème. *Dans un demi-cercle ABC, inscrire le trapèze de surface maxima.*

La solution générale est donnée aux *Méthodes* (n° 365); néanmoins il peut être utile d'appliquer directement cette solution à la question proposée.

Supposons le problème résolu, ABDC le trapèze demandé (fig. 1074): élevons la perpendiculaire AY, prolongeons DB.

Les triangles DCF, ABG sont égaux; donc le trapèze est équivalent au rectangle AFDG; or le maximum s'obtient en menant la tangente HDL de manière que $DH = DL$.

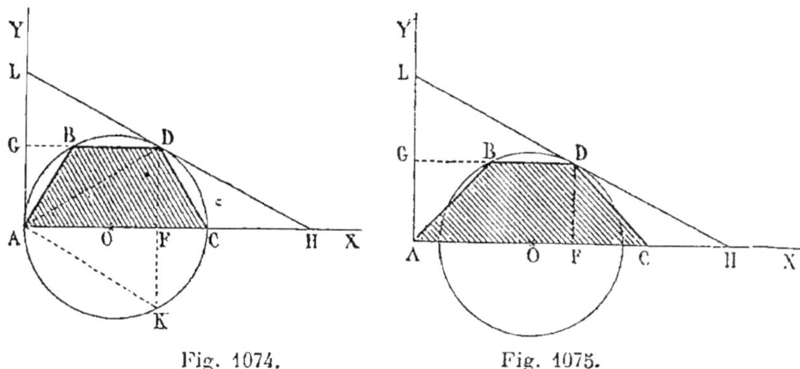

Fig. 1074.   Fig. 1075.

Le rectangle AFDG est d'ailleurs équivalent au triangle ADK; leur maximum a lieu en même temps; ainsi ADK est le triangle équilatéral inscrit; donc $DC = AB = r$ et, par suite, le trapèze ABDC est la moitié de l'hexagone régulier inscrit.

1709. Problème. *On donne deux points* A, C *sur un même diamètre et à égale distance du centre* (fig. 1075); *mener une corde parallèle* BD, *de manière que le trapèze inscrit soit maximum.*

On procède comme ci-dessus; on mène la tangente HDL telle que D en soit le milieu. (Voir n° 1712, *note.*)

1710. Problème. *On mène une corde* DE *parallèle au diamètre fixe* AC *d'une demi-circonférence* ABC, *on joint le point* B *milieu de l'arc aux extrémités de la corde; de ces points* D, E *on abaisse des perpendiculaires* DG, EF *sur le diamètre. Pour quelle position de la corde le pentagone* GDBEF *est-il maximum?*

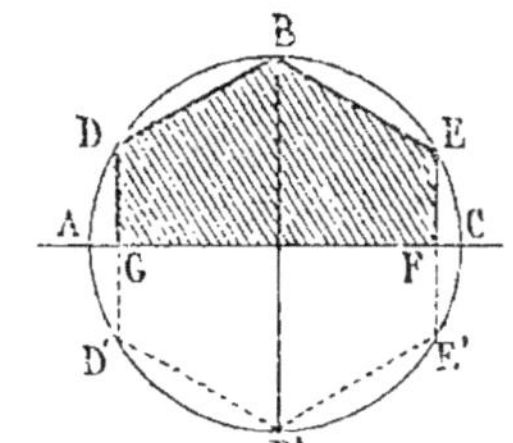

Fig. 1076.

Lorsque $BD = BE = R$.

En effet, dans ce cas, le pentagone est la moitié de l'hexagone régulier inscrit.

Remarque. On peut employer une démonstration analogue pour le trapèze inscrit dans une demi-circonférence, pourvu qu'on ait démontré préalablement que l'hexagone maximum est régulier. Réciproquement, du maximum du trapèze inscrit (n° 1708), on peut déduire que l'hexagone inscrit maximum doit être régulier.

1711. Problème. *Dans un demi-cercle, on prend deux cordes* $BD = BE = R$; *des extrémités* D *et* E, *on abaisse des perpendicu-*

laires DG, EF sur un diamètre fixe. Pour quelle position du point B le pentagone GDBEF est-il maximum ?

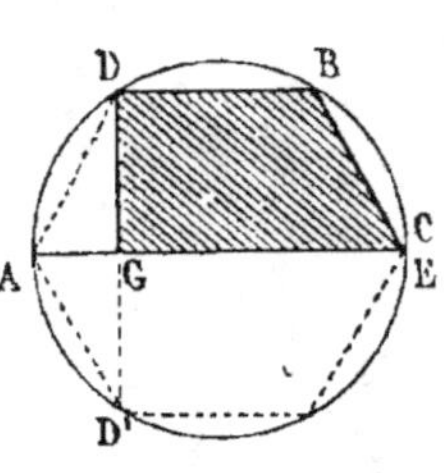

Fig. 1077.

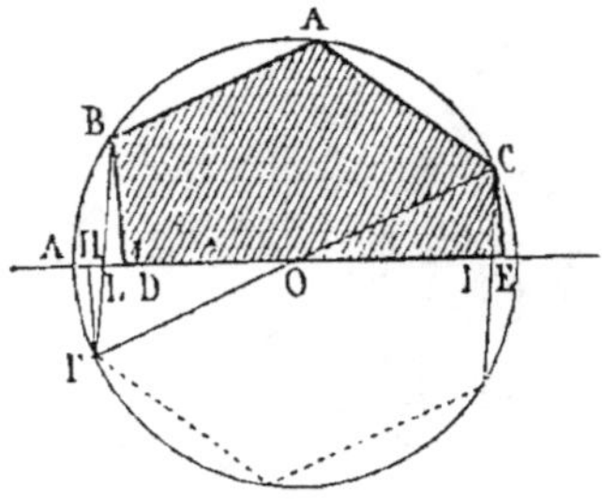

Fig. 1078.

Le maximum a lieu lorsque le point B est au milieu de la demi-circonférence (fig. 1076), car alors le pentagone GDBEF est la moitié de l'hexagone régulier inscrit.

Le minimum a lieu lorsque C (fig. 1077) appartient au diamètre; alors le pentagone égale la moitié de l'hexagone régulier, moins le triangle DAG.

La valeur est intermédiaire pour toute autre position (fig. 1078), puisque le pentagone égale le demi-hexagone diminué de la différence des triangles BDL et LFH.

Exercice 615

1712. Problème. *Quel est le trapèze isocèle maximum dont une des bases est donnée ainsi que les côtés égaux.*

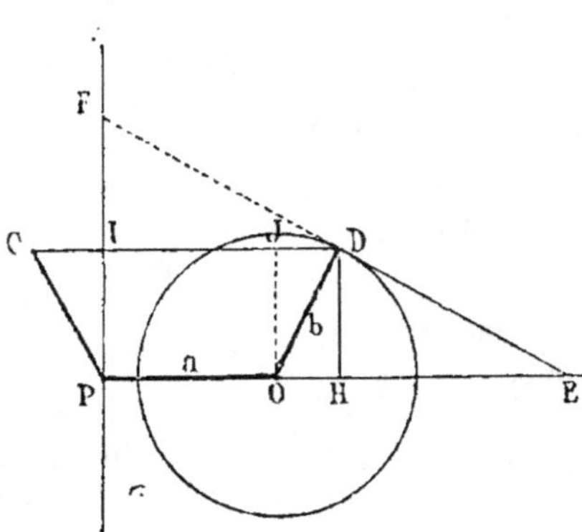

Fig. 1079.

Supposons le problème résolu; CPOD le trapèze demandé.

Le trapèze est équivalent au rectangle IDHP.

D'ailleurs le sommet est sur la circonférence décrite du centre O avec b pour rayon; donc il faut mener la tangente FDE telle que le point de contact en soit le milieu (n° 311).

On sait que lorsque $a > r$, c'est la seconde racine qui donne PE. On aurait donc, en prenant a et b avec leurs valeurs absolues,

$$\text{OE ou } x = +\frac{a}{2} + \sqrt{\frac{a^2}{4} + 2b^2}$$

Surface. Pour obtenir la surface, il faut calculer PH et DH.

$$PH = \frac{3a + \sqrt{a^2 + 8b^2}}{4} \qquad (n^o\ 312,\ \text{formule } 3).$$

$$DH^2 = \frac{-2a^2 + 8b^2 + 2a\sqrt{a^2 + 8b^2}}{16}$$

$$(n^o\ 312,\ \text{formule } 4).$$

$$PH.DH = \frac{3a + \sqrt{a^2 + 8b^2}}{4} \cdot \frac{\sqrt{-2a^2 + 8b^2 + 2a\sqrt{a^2 + 8b^2}}}{4}$$

Remarque. Quand $b = a$, on obtient le demi-hexagone régulier

$$x = \frac{a}{2} + \sqrt{\frac{a^2}{4} + \frac{8a^2}{4}} = \frac{a + 3a}{2} = 2a$$

Ainsi PEF est alors la moitié du triangle équilatéral circonscrit au cercle, car $\qquad OE = 2.OP = 2a$

$$PH.DH = \frac{6a}{4} \cdot \frac{\sqrt{12a^2}}{4} = \frac{3a^2\sqrt{3}}{4}$$

Note. Pour traiter cette question (n° 1712) par l'algèbre élémentaire, il faut recourir à l'emploi des coefficients indéterminés *. (Voir *Exercices d'Algèbre*, F. I. C., 1021; BURAT, *Traité d'Algèbre élémentaire*, n° 338, page 512.)

Une remarque analogue pourrait être faite pour le problème de géométrie du n° 1709 et pour quelques autres. Le problème n° 1713 exigerait l'emploi de la trigonométrie.

Ainsi que nous l'avons dit (n° 336), *la méthode la plus générale et la plus féconde pour déterminer le maximum ou le minimum d'une quantité consiste à traiter la question par l'algèbre, et à discuter le résultat d'après les règles connues*. Mais il faut avouer que la méthode géométrique offre de grands avantages dans un assez grand nombre de cas, et que rien n'approche de la merveilleuse simplicité et de l'élégance qui caractérisent plusieurs des solutions géométriques que nous avons données.

Exercice 616

1713. **Problème**. *On donne une circonférence, un point* A *et une droite* xy; *mener une corde* BC *parallèle à* xy *et telle que l'aire du triangle* ABC *soit maxima. Examiner les divers cas qui peuvent se présenter suivant la position du point.*

Par le point A, menons une parallèle à XY.
Le triangle ABC est la moitié du rectangle BCDE.

---

* La méthode d'élimination, connue sous le nom de *méthode des coefficients indéterminés*, est due à BEZOUT.

BEZOUT, né à Nemours en 1730, mort en 1783; connu par son *Cours complet de Mathématiques*, ouvrage remarquable par la clarté de l'exposition des principes. On doit au même auteur la *Théorie générale des équations*.

Le problème est donc ramené à trouver le rectangle maximum qui a deux sommets sur un arc donné et la base sur la droite X′Y′.

Menons la tangente GBH telle que B en soit le milieu.

ABC est le maximum demandé.

Discussion. Il suffit de déplacer X′Y′ parallèlement à elle-même depuis le centre O jusqu'en XY au delà de la circonférence.

(a) Quand X′Y′ passe par le centre, on a deux demi-circonférences ; à chacune d'elles correspond un maximum égal à la moitié du carré inscrit dans le cercle.

(b) Lorsque X′Y′ coupe le rayon OF′, on a deux segments ; à chacun d'eux correspond un maximum. Voici les variations que subit le triangle suivant la position de la corde BC.

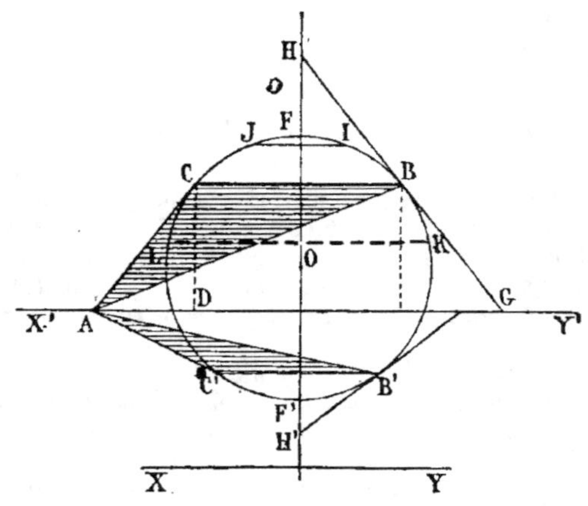

Fig. 1080.

1° Au point F la base est nulle, l'aire du triangle est nulle.

2° En venant en IJ, le triangle croît jusqu'au maximum donné par BC.

3° Au delà, en KL, il décroît.

4° Il est nul quand la corde est sur X′Y′.

5° Au delà il augmente jusqu'à un nouveau maximum AB′C′.

6° Puis il décroît.

7° Il s'annule en F′.

(c) Lorsque X′Y′ est tangente en F′, il n'y a qu'un maximum équivalent au triangle équilatéral inscrit F′BC (n° 1705).

(d) Au delà de F′ en XY, il n'y a plus qu'une seule solution.

En désignant OI par a et le rayon par r, on a

$$OH' = \frac{a + \sqrt{a^2 + 8r^2}}{2} \qquad (n° 311).$$

Exercice 617

1714. Problème. *Trouver le plus grand des triangles inscrits dans un cercle donné pour lesquels la différence des deux angles est constante. (Énoncé du Journal de Mathématiques élémentaires et spéciales, tome IV, p. 70.)*

Supposons le problème résolu; ABC le triangle demandé et A — C = différence donnée d.

On sait que la bissectrice BE fait avec la base des angles dont la différence égale A — C = d (n° 465); donc menons une tangente quelconque DT et une droite DB formant des angles tels que

$$BDV - BDT = d$$

La base du triangle doit être parallèle à DT et le sommet au point B.

La question est ainsi ramenée à un problème connu (n° 1713).

Menons BP perpendiculaire au diamètre DOD′, et une tangente FAG, telle que le point A soit le milieu de FG.

Discussion. La discussion est analogue à celle de la question rappelée (n° 1713), mais le sommet B, devant appartenir à la circonférence, la parallèle BP coupe le cercle, et il y a deux solutions.

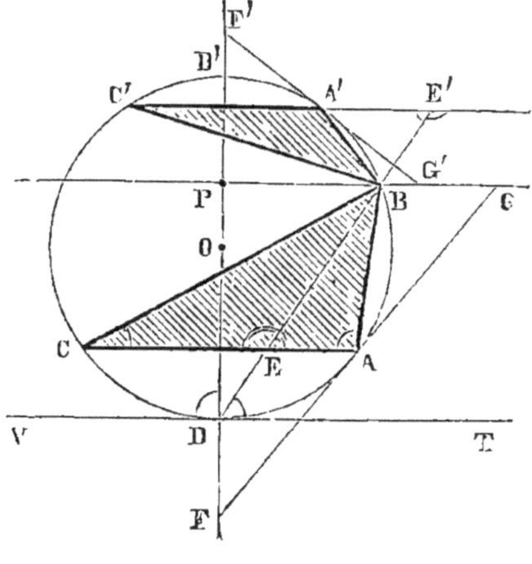

Fig. 1081.

Ainsi, pour une base très rapprochée du point D, le triangle est très petit; il augmente quand la base s'éloigne du point D. Il atteint le maximum par la position AC, puis il diminue; il est nul quand la base est sur BP, puis il augmente jusqu'en A′C′, où il atteint un second maximum; il décroît ensuite et devient nul quand la base passe par D′.

Exercice 618

1715. Problème. *Dans un secteur circulaire donné, inscrire le rectangle maximum.*

(Voir *Méthodes*, n° 364.)

1716. Problème. *Étudier les variations du rectangle maximum inscrit dans un secteur AOB, lorsque l'angle au centre varie.*

A un secteur donné AOB, correspond un autre secteur AOBD plus grand qu'un demi-cercle et tel que les deux secteurs ont pour somme le cercle entier. Quelle relation existe-t-il entre les rectangles maxima inscrits dans chacun de ces secteurs?

1° Il suffit de considérer la moitié des secteurs et la moitié de chaque maximum.

Pour l'angle HOV, le point T est le milieu de l'arc et donne une

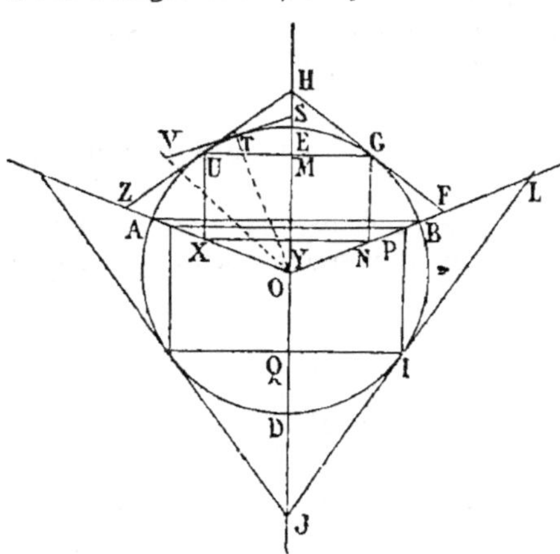

Fig. 1082.

tangente telle que TS. Pour un arc AE plus grand que le premier, le point U, milieu de l'arc, donne une tangente telle que UH; or le triangle UOH est équivalent au rectangle MUXY. En effet, le rectangle est la moitié du triangle HOZ (n° 352), et il en est de même du triangle UOH.

Or UOH est $>$ TOS; donc le maximum augmente quand l'angle au centre augmente. Généralement on s'arrête au demi-cercle, et on le considère comme donnant lieu au plus grand maximum; mais, si l'on admet des secteurs plus grands qu'un demi-cercle, le secteur ADB, par exemple, donne aussi un maximum, et l'angle au centre AOB doit varier de zéro à quatre droits.

Pour cette valeur limite, le quadrilatère OFHZ devient infini; il en est de même du maximum.

2° Le rectangle NGUX est équivalent au triangle FOH. De même le rectangle I est équivalent au triangle OIJ; il suffit donc d'étudier ces triangles. Le produit des deux triangles, ou celui des maxima, est constant, il égale R^4; en effet, $OG \times FG$ pour le premier, étant multiplié par $OI \times IL$ du second, donne $R^2 \times FG \times IL$; or les triangles semblables OGF et OIL donnent $GF \times IL = R^2$; donc le produit des deux maxima est constant, il égale R^4 quel que soit l'angle au centre considéré.

Exercice 619

1717. Problème. *Dans un segment circulaire, inscrire le rectangle maximum.*

(Voir *Méthodes*, n° 364.)

Exercice 620

1718. Problème. *Dans un demi-cercle, mener une corde parallèle à une ligne donnée, de manière que le quadrilatère qui aurait pour côtés opposés le diamètre et la corde menée, ait une aire maxima.*

(Voir *Méthodes*, n° 366.)

Exercice 621

1719. Problème. *Du point de contact d'une tangente, pris pour centre, on décrit une demi-circonférence qui coupe un cercle donné. On joint un des points d'intersection aux extrémités du diamètre. Inscrire un trapèze maximum dans chacun des segments circulaires déterminés par les droites rectangulaires ainsi menées.*

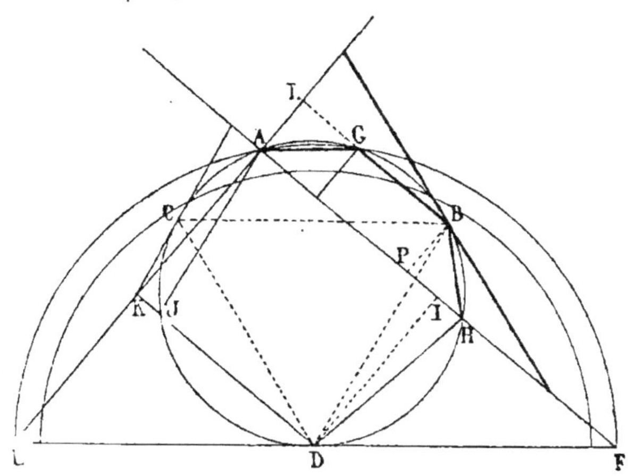

Fig. 1083.

Soient D le point de contact, A un des points d'intersection du cercle AD et de la demi-circonférence EAF.

EDF est une tangente divisée en deux parties égales; chacun des points inconnus B, C correspond à un rectangle maximum inscrit dans le segment correspondant; donc, d'après le *théorème de Pollock* (n° 668), les trois points B, C, D sont les sommets d'un triangle équilatéral inscrit; on détermine donc facilement B et C.

On sait d'ailleurs que le trapèze AGBH est équivalent au rectangle maximum BPAL (n°s 365 et 1708).

Remarques. 1° *Quelle que soit la position du point A sur le cercle donné, la demi-circonférence, dont AD est le rayon, détermine un segment ABH tel que le point B est le sommet commun à chaque trapèze maximum inscrit dans les divers segments ABH; de même pour C.*

2° Le rectangle DIAK est maximum; il en est de même du trapèze équivalent AHDJ.

3° Le problème général, d'inscrire le trapèze maximum dans un segment circulaire quelconque ABH, ne peut pas se résoudre en n'employant que la règle et le compas, car il y a trois segments : ABH, HAK, ACK, et par suite trois réponses données par les sommets B, C, D. Aussi la détermination de la tangente conduit à une équation du troisième degré.

M.   22

Relations à déterminer.

Exercice 622

1720. Problème. *Exprimer le côté et la surface du triangle équilatéral en fonction de la hauteur.*

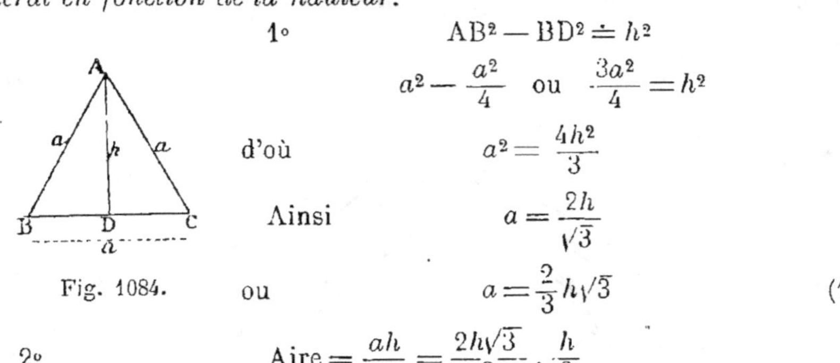

Fig. 1084.

$1°$
$$AB^2 - BD^2 = h^2$$
$$a^2 - \frac{a^2}{4} \quad \text{ou} \quad \frac{3a^2}{4} = h^2$$

d'où
$$a^2 = \frac{4h^2}{3}$$

Ainsi
$$a = \frac{2h}{\sqrt{3}}$$

ou
$$a = \frac{2}{3} h\sqrt{3} \tag{1}$$

$2°$
$$\text{Aire} = \frac{ah}{2} = \frac{2h\sqrt{3}}{3} \cdot \frac{h}{2}$$

donc
$$\text{l'aire} = \frac{h^2\sqrt{3}}{3} \quad \text{ou} \quad \frac{h^2}{\sqrt{3}} \tag{2}$$

1721. Remarques. $1°$ *L'aire de l'hexagone régulier en fonction de l'apothème h est donnée par* $S = 2h^2\sqrt{3}$.

$2°$ *L'aire du triangle équilatéral en fonction de la somme s du côté et de l'apothème est donnée par* $S = \dfrac{s^2\sqrt{3}}{7 + 4\sqrt{3}}$.

$3°$ *L'aire du triangle équilatéral en fonction de la différence d est donnée par*
$$S = \frac{d^2\sqrt{3}}{7 - 4\sqrt{3}}$$

Exercice 623

1722. Problème de Gerbert. *Exprimer la longueur des côtés de l'angle droit d'un triangle rectangle, en fonction de l'hypoténuse et de l'aire de ce triangle.*

En représentant l'hypoténuse par a, l'aire par s^2, on sait que le produit bc donne le double de l'aire; on a donc les relations suivantes :
$$b^2 + c^2 = a^2 \tag{1}$$
$$bc = 2s^2; \quad \text{d'où} \quad 2bc = 4s^2 \tag{2}$$

En ajoutant et retranchant successivement l'équation (2) de (1), on trouve :
$$b^2 + 2bc + c^2 = a^2 + 4s^2, \quad (b + c)^2 = a^2 + 4s^2$$
$$b^2 - 2bc + c^2 = a^2 - 4s^2, \quad (b - c)^2 = a^2 - 4s^2$$

d'où
$$b + c = \sqrt{a^2 + 4s^2} \quad \text{et} \quad b - c = \sqrt{a^2 - 4s^2}$$

$$\begin{cases} b = \dfrac{1}{2}\left(\sqrt{a^2 + 4s^2} + \sqrt{a^2 - 4s^2}\right) \\[2mm] c = \dfrac{1}{2}\left(\sqrt{a^2 + 4s^2} - \sqrt{a^2 - 4s^2}\right) \ \star \end{cases}$$

donc

1723. Problème. *Le côté d'un triangle équilatéral est* a. *Exprimer, en fonction de* a, *la surface du carré inscrit dans ce triangle.*

Dans une question précédente (n° 1490), on a indiqué le moyen d'inscrire le carré demandé et trouvé, que le demi-côté du carré égale le demi-côté du triangle multiplié par $(2\sqrt{3} - 3)$; donc, si l'on double de part et d'autre, et si l'on désigne maintenant par x et a les côtés respectifs du carré et du triangle, on aura

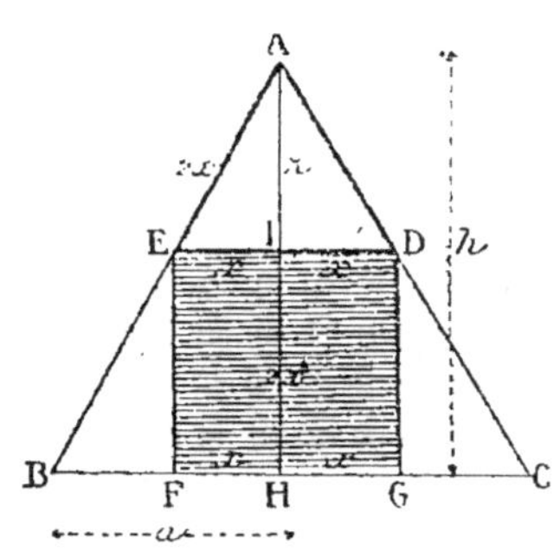

Fig. 1085.

$$x = a\left(2\sqrt{3} - 3\right)$$

D'où $\quad x^2 = a^2\left(4.3 + 9 - 2.2.3\sqrt{3}\right) = a^2\left(21 - 12\sqrt{3}\right)$

Exercice 624

1724. Problème. *Exprimer l'aire d'un triangle en fonction des trois hauteurs.*

Soient a, b, c les trois côtés, et a', b', c' les trois hauteurs correspondantes. Si l'on appelle S la surface, on a :

$$S = \tfrac{1}{2}aa' = \tfrac{1}{2}bb' = \tfrac{1}{2}cc'$$

Ainsi $\qquad aa' = bb'; \quad$ d'où $\quad \dfrac{a}{b} = \dfrac{b'}{a'} = \dfrac{b'c'}{a'c'}$

$$bb' = cc'; \quad \text{d'où} \quad \dfrac{b}{c} = \dfrac{c'}{b'} = \dfrac{a'c'}{a'b'}$$

Donc les trois côtés . . . . $\quad a \quad b \quad c$

sont proportionnels aux produits . . . . . . $\quad b'c' \quad a'c' \quad a'b'$

ou, en divisant par c' . . . . $\quad b' \quad a' \quad \dfrac{a'b'}{c'}$

Appelons c'' le quotient $\dfrac{a'b'}{c'}$. L'égalité $c'' = \dfrac{a'b'}{c'}$ donne $\dfrac{c''}{a'} = \dfrac{b'}{c'}$; ce qui montre que c'' est une quatrième proportionnelle aux trois droites c', b', a.

---

* La solution ci-dessus a été donnée par Gerbert; *le problème est remarquable pour l'époque*, ainsi que le fait remarquer M. Chasles, parce qu'il dépend d'une équation du second degré. (*Aperçu historique*, 2ᵉ édition, page 505.)

Gerbert, né à Aurillac vers 930, mort en 1003, fut un des hommes les plus savants de son temps. — Il fut pape de 999 à 1003, sous le nom de Sylvestre II.

Les trois droites, b', a', c'', étant dans le même rapport que les trois côtés inconnus a, b, c, il y a lieu de considérer deux triangles semblables.

Le triangle qui a pour côtés b', a', c'' a pour aire :

$$S' = \sqrt{p'(p'-a')(p'-b')(p'-c'')}$$

valeur que l'on peut calculer*. (G., nº 352.)

La hauteur h', qui tombe sur le côté b', a pour expression :

$$h' = \frac{2}{b'}\sqrt{p'(p'-a')(p'-b')(p'-c'')}$$

Cette hauteur a pour homologue celle qui, dans le triangle inconnu, tombe sur le côté a, et est désignée par a'.

Les deux triangles étant semblables sont entre eux comme les carré des dimensions homologues, et l'on a :

$$\frac{S}{S'} = \frac{a'^2}{h'^2} \quad \text{d'où} \quad S = \frac{a'^2 S'}{h'^2}$$

Ainsi
$$S = \frac{a'^2\sqrt{p'(p'-a')(p'-b')(p'-c'')}}{4 b'^2\left[\sqrt{p'(p'-a')(p'-b')(p'-c'')}\right]^2}$$

ou
$$S = \frac{a'^2 b'^2}{4\sqrt{p'(p'-a')(p'-b')(p'-c'')}}$$

Et si l'on veut remplacer c'' par sa valeur $\dfrac{a'b'}{c'}$ on a :

$$S = \frac{(a'b')^2}{4\sqrt{p'(p'-a')(p'-b')\left(p'-\dfrac{a'b'}{c'}\right)}}$$

Pour appliquer cette formule, on se rappellera que :

$$p' = \tfrac{1}{2}(a'+b'+c'') = \frac{1}{2}\left(a'+b'+\frac{a'b'}{c'}\right)$$

Scolie. On a vu, dans l'étude de cette question, que les côtés a, b, c sont entre eux comme les produits $b'c'$, $a'c'$, $a'b'$; donc : *Dans un triangle quelconque, les trois côtés sont entre eux comme les produits des hauteurs qui partent de leurs extrémités.*

---

* L'expression de la surface du triangle en fonction des trois côtés est due à HÉRON L'ANCIEN. Cette formule a été attribuée pendant longtemps à HÉRON LE JEUNE, qui l'avait donnée sans démonstration. (*Aperçu historique*, page 514. — *Nouvelles Annales*, 1861, page 432. Note de M. VINCENT, membre de l'Institut. — *Histoire des Mathématiques*, page 241.)

La démonstration géométrique (G., nº 352) est due à LÉONARD DE PISE (voir nº 1604).

HÉRON L'ANCIEN, ou HÉRON D'ALEXANDRIE, vivait dans le premier siècle avant l'ère chrétienne ; il est connu par l'appareil pneumatique nommé *fontaine de Héron* et par l'*éolipyle* ; on lui doit un *Traité de Géodésie* ou *Géométrie pratique*.

HÉRON LE JEUNE (610-641) vécut à Constantinople. Il a publié un *Traité de Géodésie*, où il cite fréquemment son homonyme et Archimède. C'est par son ouvrage que la formule du triangle s'est répandue en Grèce et en Occident.

Exercice 625

1725. Problème. *On donne un triangle par ses trois côtés et l'on demande l'expression du rapport de sa surface à celle du triangle qui aurait pour sommets les pieds des bissectrices des angles du triangle.* (Voir *Revue de l'Enseignement secondaire spécial**, 1879, p. 123, et *Exercices d'Algèbre*, n° 1261.)

Soient ABC le triangle proposé et les bissectrices AD, BH, CE.

Joignons HD, ED, HE.

Les triangles HCD et ABC, ayant un angle égal commun, donnent

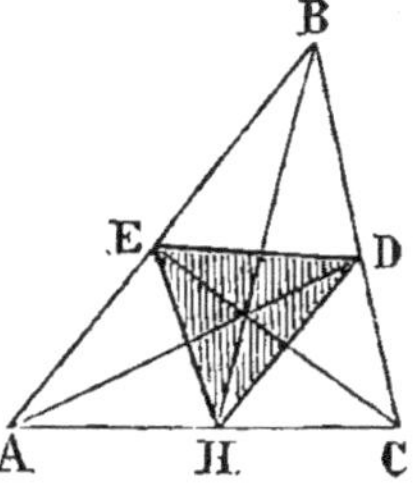
Fig. 1086.

$$\frac{HCD}{ACB} = \frac{HC \times CD}{ab} \qquad (1)$$

Mais

$$\frac{HC}{a} = \frac{HA}{c} = \frac{b}{a+c}$$

$$HC = \frac{ab}{a+c}$$

On aurait de même

$$CD = \frac{ab}{b+c}$$

Par suite, la relation (1) devient

$$\frac{HCD}{ACB} = \frac{ab}{(a+c)(b+c)} \qquad (2)$$

On trouverait de même

$$\frac{EBD}{ABC} = \frac{ac}{(a+b)(b+c)} \qquad (3)$$

$$\frac{HAE}{BAC} = \frac{bc}{(a+b)(a+c)} \qquad (4)$$

Ajoutons membre à membre les relations (2), (3), (4), nous aurons

$$\frac{ABC - HED}{ABC} = \frac{ab(a+b) + ac(a+c) + bc(b+c)}{(a+b)(a+c)(b+c)}$$

Retranchons chaque dénominateur de son numérateur, et changeons les signes;

$$\frac{HED}{ABC} = \frac{(a+b)(a+c)(b+c) - ab(a+b) - ac(a+c) - bc(b+c)}{(a+b)(a+c)(b+c)}$$

Simplifiant et renversant les rapports, il vient :

$$\frac{ABC}{HED} = \frac{(a+b)(a+c)(b+c)}{2abc}$$

Telle est la relation cherchée.

---

* Cette revue, *si utile à tous ceux qui s'occupent d'enseignement spécial*, a reproduit ou retrouvé les démonstrations élémentaires que nous avons données, dès 1873, dans nos *Éléments de Géométrie*, pour obtenir le volume des hyperboloïdes.

Remarque. Si $a = b$, ce rapport devient

$$\frac{\text{ABC}}{\text{HED}} = \frac{(a+c)^2}{ac}$$

Si $a = b = c$, on a $\qquad \dfrac{\text{ABC}}{\text{HED}} = 4$

Exercice 626

1726. Problème. *Calculer l'aire d'un trapèze en fonction des quatre côtés a, b, c, d.*

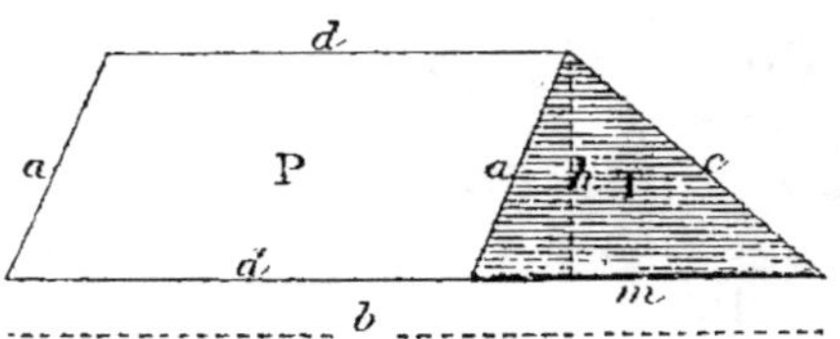

Fig. 1087.

Le trapèze est décomposable en un parallélogramme P, qui a d pour base et h pour hauteur, et un triangle T, qui a pour côtés a, c et m, cette dernière ligne étant égale à $b - d$.

On a $\frac{1}{2} mh = T$, d'où $h = \dfrac{2}{m} T$. Ainsi l'aire du parallélogramme P est dh ou $\dfrac{2d}{m} T$, et l'aire du trapèze est :

$$P + T = \frac{2d}{m} T + T = \frac{m + 2d}{m} T = \frac{b + d}{b - d} T$$

Il reste à exprimer T en fonction des côtés du trapèze. Appelons $2p$ le périmètre du trapèze, et $2p'$ le périmètre du triangle T. L'aire de ce triangle est $\sqrt{p'(p'-a)(p'-m)(p'-c)}$

Nous avons $\qquad 2p' = a + m + c = a + b + c - d = 2p - 2d$

d'où $\qquad\qquad p' = \frac{1}{2}(a + b + c - d) = p - d$

Si l'on retranche a, il vient $p' - a = \frac{1}{2}(-a + b + c - d) = p - (d + a)$

Si l'on retranche m, ou $b - d$,... $p' - m = \frac{1}{2}(a - b + c + d) = p - b$

Et si l'on retranche c... $\qquad p' - c = \frac{1}{2}(a + b - c - d) = p - (d + c)$

L'aire du trapèze sera donc :

$$\frac{b + d}{b - d} \sqrt{(p-b)(p-d)(p-d-a)(p-d-c)}$$

En appliquant cette formule aux données numériques suivantes :

$$a = 13, \quad b = 45, \quad c = 19, \quad d = 25 \text{ mètres}$$

on trouve pour l'aire $417^{\text{m2}} 01$.

Remarque. L'aire du quadrilatère inscriptible est donnée par la formule

$$S = \sqrt{(p-a)(p-b)(p-c)(p-d)}$$

(Voir *Exercices de Trigonométrie*, 2e édition, page 34, n° 29, 2°.)

Exercice 627

1727. Problème. *Trouver l'aire du trapèze formé par deux cordes parallèles situées d'un même côté du centre; l'une d'elles égale le rayon, et l'autre égale le côté du triangle équilatéral inscrit.*

1° Soient $AD = r\sqrt{3}$ (G., n° 277) et $BC = r$.

L'apothème OF est la hauteur d'un triangle équilatéral BOC, dont le côté égale le rayon; donc

$$OF = \frac{r}{2}\sqrt{3} \qquad \text{(G., n° 277.)}$$

d'ailleurs $\quad OE = \frac{r}{2}$;

donc $\quad FE = \frac{r}{2}(\sqrt{3} - 1) \qquad (1)$

La demi-somme des bases ou

$$AE + BF = \frac{r}{2}(\sqrt{3} + 1) \qquad (2)$$

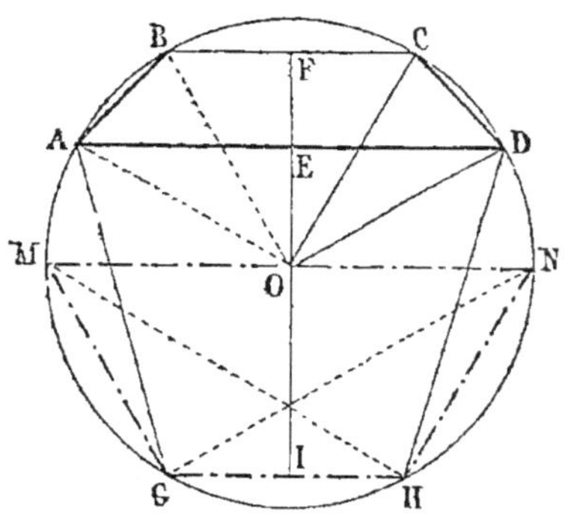

Fig. 1088.

La $\quad$ surface $= (1) \times (2) = \dfrac{r^2}{4}(3 - 1) = \dfrac{r^2}{2}$

La surface est la moitié du carré du rayon.

1728. Problème. *Les cordes* AD, GH *sont de part et d'autre du centre* (fig. 1088).

$$EI = \frac{r}{2}(\sqrt{3} + 1) \qquad\qquad (3)$$

La surface $= (3) \times (2) = \dfrac{r^2}{4}(\sqrt{3} + 1)^2 = \dfrac{r^2}{4}(4 + 2\sqrt{3}) = \dfrac{r^2}{2}(2 + \sqrt{3})$

1729. Problème. *GH ou r est la petite base; les diagonales égalent AD; exprimer l'aire du trapèze* (fig. 1088).

On obtient la moitié de l'hexagone régulier.

$$MO + GI = \frac{3}{2}r, \quad OI = \frac{r}{2}\sqrt{3}$$

$$\text{Aire} = \frac{3r^2}{2}\sqrt{3}$$

Exercice 628

1730. Problème. *Deux circonférences sont tangentes extérieurement; on mène les deux tangentes communes extérieures; exprimer la surface du trapèze formé par ces deux tangentes et les cordes de contact, en fonction des rayons des cercles donnés.*

Menons la tangente intérieure GOL et la perpendiculaire GH.

$$GF = GO = GE$$

Donc G est le point milieu de EF.

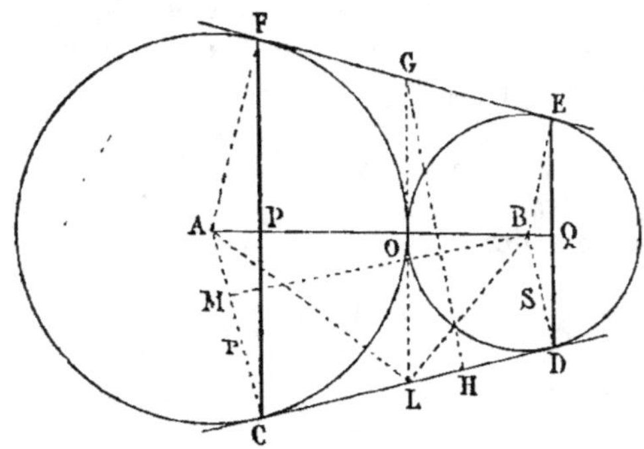

Fig. 1089.

Or l'aire du trapèze peut s'obtenir en multipliant un des côtés CD par la perpendiculaire GH.

Il suffit d'exprimer GH et CD en fonction des rayons donnés r, s.

1° La tangente extérieure égale la parallèle BM.

Or dans le triangle rectangle BMA,

$$AB = r + s, \quad AM = r - s$$

donc BM^2 ou $CD^2 = (r+s)^2 - (r-s)^2 = 4rs, \quad CD = 2\sqrt{rs}$

Les triangles rectangles BMA, GHL sont semblables, car ils ont les côtés respectivement perpendiculaires; d'ailleurs $GL = CD = BM$;

donc $$\frac{GH^2}{GL^2} = \frac{BM^2}{AB^2} \quad \text{ou} \quad \frac{GH^2}{4rs} = \frac{4rs}{(r+s)^2}$$

$$GH = \frac{4rs}{r+s}$$

$$CD \cdot GH = \frac{8rs\sqrt{rs}}{r+s}$$

Remarque. AL est bissectrice de l'angle CLO, BL de DLO; donc l'angle ALB est droit; donc

$$LO \quad \text{ou} \quad \tfrac{1}{2}CD = \sqrt{AO \cdot OB} \, ; \quad CD = 2\sqrt{rs}$$

ainsi qu'on l'a trouvé par un autre procédé.

1731. Problème. *Calculer les bases et la hauteur du trapèze proposé dans la question précédente.*

Les triangles APC, AMB sont semblables (fig. 1089); donc

$$\frac{CP}{r} = \frac{BM}{AB}; \quad CP = \frac{r \cdot BM}{AB}$$

$$CP = \frac{2r\sqrt{rs}}{r+s} \tag{1}$$

de même
$$DQ = \frac{2s\sqrt{rs}}{r+s} \qquad (2)$$

$$\frac{AP}{r} = \frac{AM}{AB}, \quad \frac{AP}{r} = \frac{r-s}{r+s}, \quad AP = \frac{r(r-s)}{r+s} \qquad (3)$$

et
$$BQ = \frac{s(r-s)}{r+s} \qquad (4)$$

$$PQ = AB - AP + BQ$$

or
$$AB = \frac{(r+s)^2}{r+s}$$

donc
$$PQ = \frac{r^2 + 2rs + s^2 - r^2 + rs + rs - s^2}{r+s} = \frac{4rs}{r+s} \qquad (5)$$

La demi-somme des bases ou $CP + DQ$, donne
$$\frac{2r\sqrt{rs} + 2s\sqrt{rs}}{r+s} = \frac{2(r+s)\sqrt{rs}}{r+s} = 2\sqrt{rs} \qquad (6)$$

L'aire du trapèze ou $(CP + DQ)PQ = $ donc $(5) \times (6)$.

$$\text{trapèze} = 2\sqrt{rs} \cdot \frac{4rs}{r+s} = \frac{8rs\sqrt{rs}}{r+s}$$

Et l'on obtient ainsi l'aire du trapèze par un second procédé.

1732. Problème. *Trouver l'aire du trapèze CLGF, et l'aire du trapèze LDEG* (fig. 1089).

$$PO = r - AP = \frac{r(r+s) - r(r-s)}{r+s} = \frac{2rs}{r+s}; \qquad \text{d'ailleurs,} \quad \text{on}$$

pourrait poser immédiatement ce résultat, car, à cause de $CL = LD$, on a aussi $PO = OQ$.

$$OL = \tfrac{1}{2}CD; \quad \text{or} \quad \tfrac{1}{2}CD = \sqrt{rs}$$

donc
$$(CP + OL)PO = \left(\frac{2r\sqrt{rs}}{r+s} + \sqrt{rs} \right) \times \frac{2rs}{r+s}$$

$$\text{trapèze } CLGF = \frac{2rs\sqrt{rs}\,(3r+s)}{(r+s)^2}; \quad LDEG = \frac{2rs\sqrt{rs}\,(r+3s)}{(r+s)^2}$$

Vérification. $\quad CLGF + LDEG = \dfrac{2rs\sqrt{rs}\,(4r+4s)}{(r+s)^2}$

donc
$$CDEF = \frac{8rs\sqrt{rs}}{r+s}$$

1733. Problème. *Deux circonférences se coupent orthogonalement; quelle est la surface du trapèze formé par les tangentes extérieures et leurs cordes de contact? Exprimer 'aire en fonction des rayons r, s des cercles donnés.*

L'angle ANB est droit; donc la distance des centres AB est connue,
représentons-la par d, on aura

$$d = \sqrt{r^2 + s^2}$$

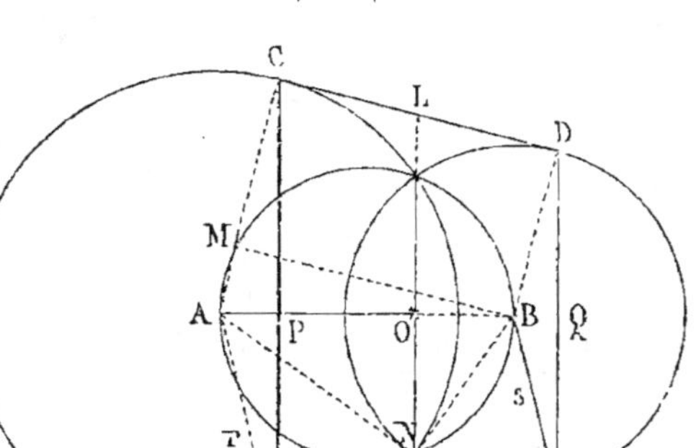

Fig. 1090.

Employons le second procédé (indiqué à la fin du n° 1731); calculons CP, DQ et PQ.

Dans les formules obtenues (1), (2), (3) et (4), il suffit de remplacer
la distance des centres $r + s$ par d ou par sa valeur $\sqrt{r^2 + s^2}$.

$$(1') \qquad CP = \frac{2r\sqrt{rs}}{d} \qquad\qquad (2') \qquad DQ = \frac{2s\sqrt{rs}}{d}$$

$$(3') \qquad CP = \frac{r(r-s)}{d} \qquad\qquad (4') \qquad BQ = \frac{s(r-s)}{d}$$

$$PQ = AB - AP + BQ$$

or

$$AB = \frac{d^2}{d} \quad \text{ou} \quad \frac{r^2 + s^2}{d}$$

$$PQ = \frac{r^2 + s^2 - r^2 + rs + rs - s^2}{d} = \frac{2rs}{d} \qquad (5')$$

$$CP + DQ = \frac{2(r+s)\sqrt{rs}}{d} \qquad (6')$$

$$(5') \times (6') = \frac{4rs\sqrt{rs}\,(r+s)}{d^2} \quad \text{ou} \quad \frac{4rs\sqrt{rs}\,(r+s)}{r^2 + s^2} \text{ aire demandée}$$

Exercice 629

1734. Problème. *On donne les rayons* r, s *de deux circonférences
extérieures, ainsi que la distance* d *de leurs centres; en fonction de
ces données, exprimer l'aire du trapèze formé par les deux tangentes
extérieures et les cordes des points de contact.*

Menons BM parallèle à CD; $BM^2 = d^2 - (r-s)^2 = l^2$.
Ainsi les trois côtés du triangle rectangle ABM sont connus.

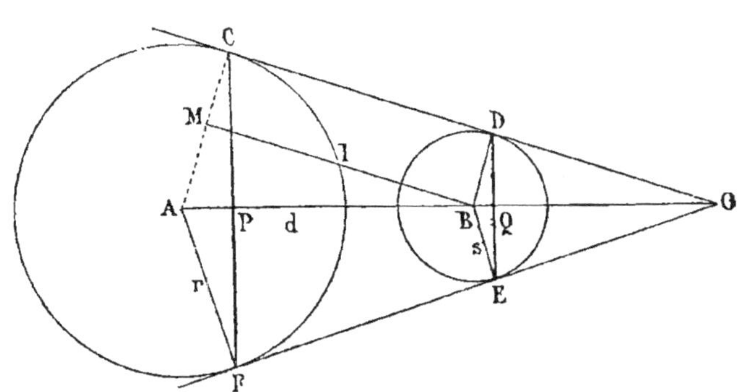

Fig. 1091.

On a encore

$$\frac{CP}{r} = \frac{MB}{d}, \quad CP = \frac{r \cdot MB}{d} = \frac{rl}{d}, \quad DQ = \frac{sl}{d}$$

donc

$$CP + DQ = \frac{(r+s)l}{d} \qquad (1)$$

$$\frac{AP}{r} = \frac{AM}{d}, \quad AP = \frac{r(r-s)}{d}, \quad BQ = \frac{s(r-s)}{d}$$

$$PQ = d - \frac{r^2 - rs}{d} + \frac{rs - s^2}{d} = \frac{d^2 - r^2 - s^2 + 2rs}{d} \qquad (2)$$

(1), (2) ou $CDEF = \dfrac{(r+s)l(d^2 - r^2 - s^2 + 2rs)}{d^2} = \dfrac{(r+s)\,l\left[d^2 - (r-s)^2\right]}{d^2}$

Ainsi $CDEF = \dfrac{(r+s)l^3}{d^2}$ ou $\dfrac{(r+s)\left(\sqrt{d^2 - (r-s)^2}\,\right)^3}{d^2}$.

Remarque. Les problèmes précédents ne sont que des cas particuliers de celui-ci.

Pour retrouver le n° 1730, il suffit de poser $d = r + s$ et de simplifier.

Exercice 630

1735. Problème. *Trouver les diagonales d'un quadrilatère inscriptible, connaissant les quatre côtés.*

Les *théorèmes de Ptolémée* (**n°** 1209 et 1212) donnent :

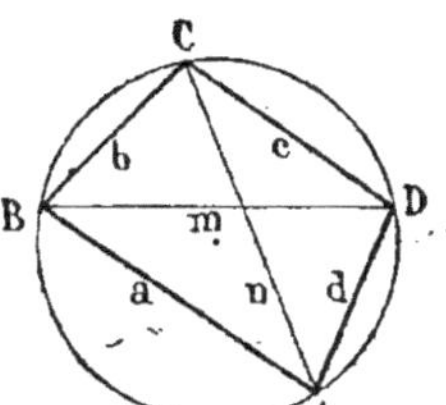

Fig. 1092.

$$mn = ac + bd \qquad (1)$$

$$\frac{m}{n} = \frac{ab + cd}{ad + bc} \qquad (2)$$

En multipliant (1) par (2), on trouve

$$m^2 = \frac{(ac+bd)(ab+cd)}{ad+bc}$$

En divisant (1) par (2), on trouve

$$n^2 = \frac{(ac+bd)(ad+bc)}{ab+cd}$$

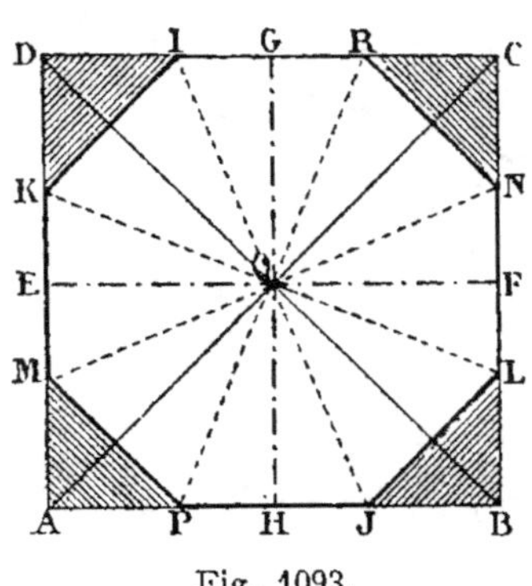

Fig. 1093.

1736. Problème. *Étant donné un carré ayant a pour côté, que faut-il enlever aux quatre côtés pour obtenir un octogone régulier?*

On trace les diagonales AC et BD, puis les droites EF et GH, bissectrices des angles formés par les premières droites, enfin de nouvelles bissectrices IJ, KL, MN, PR.

Les points déterminés sur le périmètre par ces dernières droites sont les sommets de l'octogone demandé; et pour l'obtenir il suffit d'enlever du carré les triangles APM, BJL, CNR et DIK.

Solution algébrique. Soit a le côté du carré donné. Le carré DEOG a pour côté $\frac{1}{2}a$; sa diagonale $OD = \frac{1}{2}a\sqrt{2}$.

Dans le triangle OGD, la bissectrice OI donne :

$$\frac{GI}{ID} = \frac{OG}{OD} \; ; \quad \text{d'où} \quad \frac{GI}{GI+ID} = \frac{OG}{OG+OD}$$

ou

$$\frac{GI}{\frac{1}{2}a} = \frac{\frac{1}{2}a}{\frac{1}{2}a + \frac{1}{2}a\sqrt{2}} = \frac{1}{1+\sqrt{2}}$$

d'où

$$GI = \frac{a}{2}\left(\frac{1}{1+\sqrt{2}}\right) = \frac{a}{2} \cdot \frac{\sqrt{2}-1}{2-1} = \frac{a}{2}(\sqrt{2}-1)$$

Ainsi $DI = DG - GI = \dfrac{a}{2} - \dfrac{a}{2}\left(\dfrac{1}{1+\sqrt{2}}\right) = \dfrac{a}{2}\left(1 - \dfrac{1}{1+\sqrt{2}}\right)$

$$= \frac{a}{2}\left(\frac{\sqrt{2}}{1+\sqrt{2}}\right) = \frac{a}{2}\left(\frac{2}{\sqrt{2}+2}\right) = a\left(\frac{1}{2+\sqrt{2}}\right) = a\left(\frac{1}{3,414\,21}\right)$$

La longueur à porter sur chaque coin égale a (0,292 893).

Exercice 631

1737. Problème. *Exprimer, en fonction du côté, les aires des polygones réguliers de 6, 12, 8, 10, 5 et 15 côtés.*

Hexagone régulier (voir G., n° 316, 1). La surface de l'hexagone

régulier se compose de six fois celle d'un triangle équilatéral. On a
donc
$$\text{surface} = \frac{a^2}{4}\sqrt{3} \times 6$$
ou
$$\frac{3a^2}{2}\sqrt{3}, \quad \text{ou} \quad a^2(2,598\,07)$$

2° Dodécagone régulier.

1738. En joignant les sommets deux à deux par des droites qui se croisent
perpendiculairement, on décompose le dodécagone régulier en 25 parties, dont
les dimensions ne sont autres que les côtés a, b, c de l'un des triangles rectangles formés par cette construction.

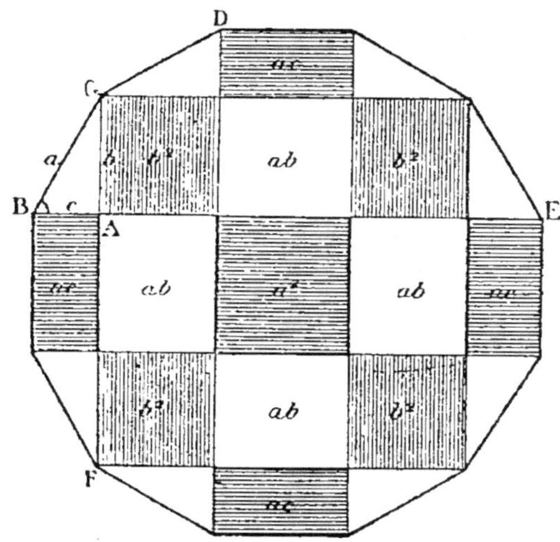

Fig. 1094.

Soit ABC l'un de ces triangles rectangles : l'hypoténuse a est le côté du polygone. Si la circonférence circonscrite était tracée, les angles B et C seraient
inscrits et comprendraient les $^4/_{12}$ et les $^2/_{12}$ de cette circonférence ; on a donc :
B $= 60°$, et C $= 30°$. Ce triangle rectangle est donc la moitié du triangle
équilatéral qui aurait a pour côté. Ainsi $c = {}^1/_2 a$, et b, hauteur de ce
triangle équilatéral, égale $^1/_2 a \sqrt{3}$.

Les 25 parties de la figure totale sont donc :

1 carré central ayant pour côté a et pour aire a^2 ;

4 rectangles ayant pour dimensions a et c, et pour aire ensemble $4ac$, ou
$4a \cdot {}^1/_2 a$, ou $2a^2$;

4 carrés ayant b pour côté, et pour aire totale $4b^2$, ou $4 \cdot {}^1/_4 a^2 \cdot 3$, ou $3a^2$;

4 rectangles ayant pour dimensions a et b, et pour aire totale $4ab$, ou
$4a \cdot {}^1/_2 a \sqrt{3}$, ou $2a^2 \sqrt{3}$;

8 triangles rectangles que l'on pourrait assembler deux à deux, de manière à
former 4 rectangles dont les dimensions seraient b et c, et l'aire totale $4bc$, ou
$4 \cdot {}^1/_2 a \sqrt{3} \cdot {}^1/_2 a$, ou $a^2 \sqrt{3}$.

L'aire du dodécagone régulier dont le côté est a, sera donc :
$$a^2(1 + 2 + 3 + 2\sqrt{3} + \sqrt{3}), \quad \text{ou} \quad a^2(6 + 3\sqrt{3}) ;$$
soit
$$a^2(11,196).$$

Remarque. Nous avons conservé la solution précédente, déjà donnée dans la 1re édition, mais les calculateurs estiment fort peu ce système de décomposition ; ils préfèrent calculer l'apothème a' du dodécagone (n° 1448) ; ainsi

$$a = r \sqrt{2 - \sqrt{3}} \; ; \quad \text{d'où} \quad r = \frac{a}{\sqrt{2 - \sqrt{3}}}$$

puis

$$a' = \frac{r}{2} \sqrt{2 + \sqrt{3}} \; ; \quad \text{d'où} \quad S = 6aa' = 3a^2 \left(2 + \sqrt{3} \right)$$

3° *Octogone régulier.*

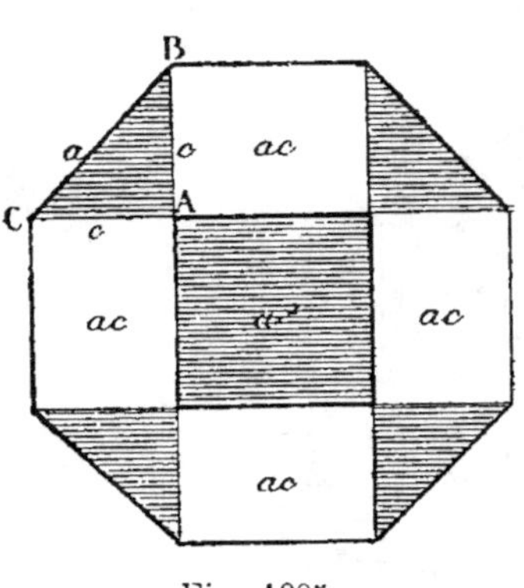

Fig. 1095.

1739. En joignant les sommets deux à deux par des droites qui se croisent perpendiculairement, on décompose l'octogone régulier en 9 parties, dont les dimensions se trouvent dans les côtés a et c de l'un des triangles rectangles formés par cette construction.

Le triangle ABC est isocèle. Ainsi l'on a :

$$2c^2 = a^2,$$

d'où

$$c^2 = \tfrac{1}{2} a^2 = \tfrac{2}{4} a^2$$

et

$$c = a \cdot \tfrac{1}{2} \sqrt{2}.$$

Les 9 parties de l'octogone sont ;

1 carré central ayant a pour côté et pour aire a^2 ;

4 rectangles ayant pour dimensions a et c, et pour aire totale $4ac$, ou $4a \cdot a \cdot \tfrac{1}{2} \sqrt{2}$, ou $2a^2 \sqrt{2}$;

4 triangles rectangles et isocèles, ayant a pour hypoténuse et pouvant être réunis par les côtés de l'angle droit, de manière à former un carré qui aurait a pour côté ; d'où l'aire... a^2.

L'aire de l'octogone régulier dont le côté est a, sera donc :

$$a^2 + 2a^2 \sqrt{2} + a^2, \quad \text{ou} \quad a^2 (2 + 2\sqrt{2}) ;$$
$$\text{soit} \qquad a^2 (4,8284).$$

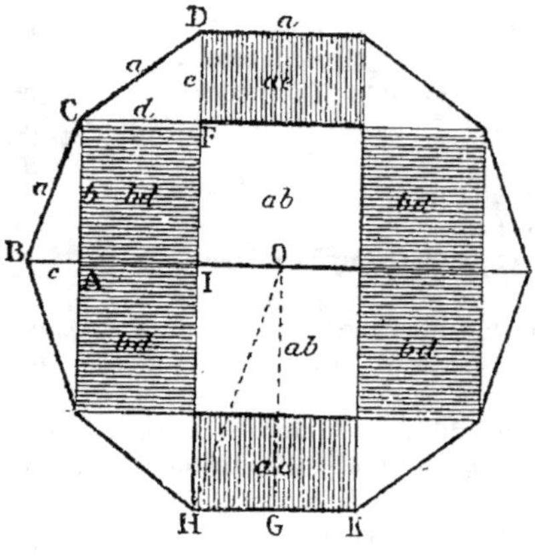

1740. **Décagone régulier.** En joignant les sommets deux à deux par des droites qui se croisent perpendiculairement, on décompose le décagone régulier en 16 parties, dont les dimensions se trouvent dans les côtés b, c, d, e des triangles rectangles ABC et CDF formés par cette construction.

Menons le rayon OH et l'apothème OG, et comparons les deux triangles rectangles OGH et CAB. L'angle O a le $\tfrac{1}{20}$ de 360 degrés ou 18 degrés ; si l'on traçait la circonférence circonscrite, l'angle C serait inscrit et aurait pour mesure la moitié du $\tfrac{1}{10}$ de la circonférence ; soit 18 degrés. Ainsi les deux triangles considérés

Fig. 1096.

soit semblables, et l'on a : $\dfrac{AB}{BC} = \dfrac{GH}{OH}$ ou $\dfrac{c}{a} = \dfrac{\frac{1}{2}a}{r}$; d'où $c = \dfrac{a^2}{2r}$

Or le côté du décagone régulier égale le grand segment du rayon divisé en moyenne et extrême raison (G., n° 278); on a donc (G., n° 267) :

$$\frac{r}{2}\left(\sqrt{5}-1\right) = a \quad \text{d'où} \quad r = \frac{2a}{\sqrt{5}-1} = a\,(1,6180)\ldots = ar'$$

En portant cette valeur de r dans l'expression de c ci-dessus, on a :

$$c = \frac{a^2}{2ar'} = \frac{a}{2r'} = a\,(0,80901)\ldots = ac'$$

Le triangle rectangle ABC donne :

$$b^2 = a^2 - c^2 = a^2 - a^2c'^2 = a^2(1 - c'^2)$$

d'où
$$b = a\sqrt{1 - c'^2} = a\,(0,95105)\ldots = ab'$$

Si du rayon OB on retranche OI et AB, on trouve :

$$AI \quad \text{ou} \quad d = a\,(0,80901)\ldots = ad'$$

Enfin, le triangle rectangle CDF donne :

$$e^2 = a^2 - d^2 = a^2 - a^2d'^2 = a^2(1 - d'^2)$$

d'où
$$e = a\sqrt{1 - d'^2} = a\,(0,58781)\ldots = ae'$$

Les 16 parties du décagone sont :

2 rectangles ab, faisant ensemble $2a \cdot ab'$ ou $2a^2b'$;

2 rectangles ae, faisant ensemble $2a \cdot ae'$ ou $2a^2e'$;

4 rectangles bd, faisant ensemble $4ab' \cdot ad'$ ou $4a^2b'd'$;

4 triangles rectangles valant ensemble 2 rectangles bc, soit $2ab' \cdot ac$ ou $2a^2b'c'$;

4 triangles rectangles valant ensemble 2 rectangles de, soit $2ad' \cdot ae$ ou $2a^2d'e'$.

L'aire totale du décagone régulier, en fonction de son côté a, est donc
$$a^2(2b' + 2e' + 4b'd' + 2b'c' + 2d'e')$$
soit
$$a^2(7\,6942)$$

$$\textit{Autre manière d'obtenir l'aire du décagone régulier}$$
$$\textit{en fonction du côté.}$$

Le côté du décagone régulier étant égal au grand segment du rayon divisé en moyenne et extrême raison, on a :

$$\frac{r}{a} = \frac{a}{r - a} \,, \quad \text{d'où} \quad r^2 - ar = a^2, \quad r^2 - ar - a^2 = 0$$

et
$$r = \tfrac{1}{2}a \pm \sqrt{\tfrac{1}{4}a^2 + a^2} = \tfrac{1}{2}a \pm \sqrt{\tfrac{5}{4}a^2} = \tfrac{1}{2}a(1 + \sqrt{5})$$
ou
$$r = a\,(1,61803)$$

Cherchons l'apothème h ; on a :

$$h^2 = r^2 - \tfrac{1}{4}a^2 = \tfrac{1}{4}a^2(6 + 2\sqrt{5}) - \tfrac{1}{4}a^2 = \tfrac{1}{4}a^2(5 + 2\sqrt{5})$$

d'où
$$h = \tfrac{1}{2}a\sqrt{5 + 2\sqrt{5}} = a\,(1,5388)$$

L'aire du décagone est le produit du demi-périmètre $5a$ par l'apothème h ; soit $5a \cdot \tfrac{1}{2}a\sqrt{5 + 2\sqrt{5}}$, ou $\tfrac{5}{2}a^2\sqrt{5 + 2\sqrt{5}}$, ou enfin, $a^2(7,6942)$.

5° *Pentagone régulier.*

1741. Pour le rayon r, le côté du décagone régulier est $a' = {}^1/_2 r (\sqrt{5} - 1)$, ou $r(0,618\,03)$. (G., n° 267.)

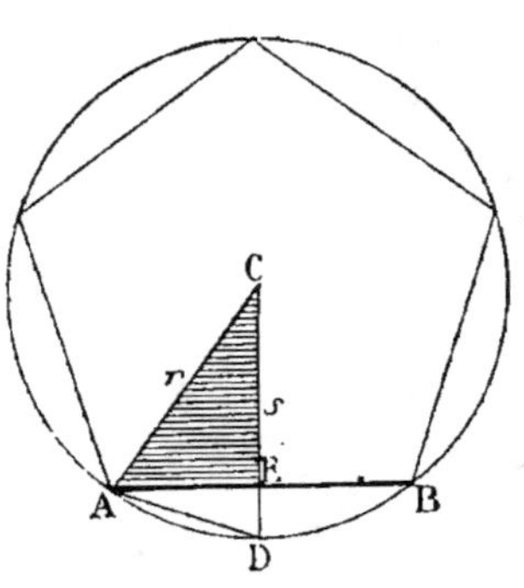

Fig. 1097.

Soient AD le côté a' du décagone, et AB ou a le côté du pentagone régulier. Dans le triangle ACD, l'angle C étant aigu, on a (G., n° 251) :

$$AD^2 = CD^2 + CA^2 - 2CD \cdot CE$$

ou

$$a'^2 = 2r^2 - 2rs$$

De là on tire $\quad 2rs = 2r^2 - a'^2$

et $\quad s = \dfrac{2r^2 - a'^2}{2r} = \dfrac{2r^2 - r^2(0,618\,03)^2}{2r}$

ou enfin

$$s = {}^1/_2 r (2 - 0,618\,03^2) = r(0,809\,02) = \dots rs'$$

Le triangle rectangle AEC donne :

$$AE^2 = r^2 - s^2 = r^2 - r^2 s'^2 = r^2(1 - s'^2);$$

d'où $\quad$ AE $\quad$ ou $\quad {}^1/_2 a = r\sqrt{1 - s'^2}$

Et $\quad$ AB ou $a = 2r\sqrt{1 - s'^2} = r(1,175\,54)$

Ainsi $\quad r = \dfrac{a}{1,175\,54} = a(0,850\,65)\dots = ar'$

$$s = rs' = ar's' = a(0,688\,21)\dots = as''$$

L'aire du pentagone est ${}^1/_2 \cdot 5as$, ou ${}^5/_2 a \cdot as''$, ou ${}^5/_2 a^2 s''$ ou enfin $a^2(1,720\,5)$.

6° *Pentédécagone régulier.*

1742. On obtient le côté du pentédécagone régulier en portant dans un même sens, à partir d'un même point A pris sur la circonférence, un arc AB égal au $^1/_6$ et un arc AC égal au $^1/_{10}$ de la circonférence. La corde BC est le côté du pentédécagone régulier. (G., n° 280.)

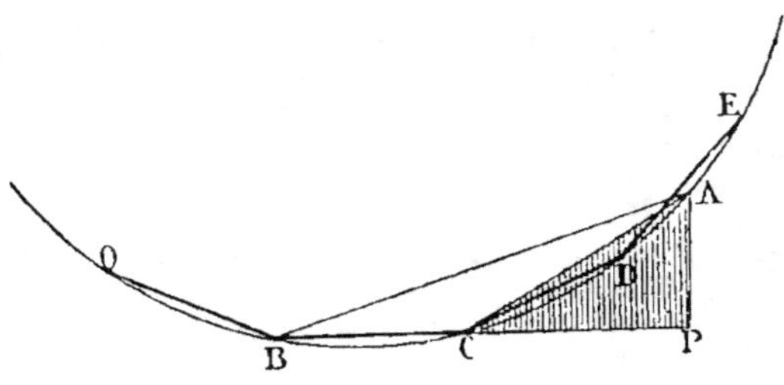

Fig. 1098.

La corde AB est égale au rayon r, et la corde AC est égale au grand segment du rayon divisé en moyenne et extrême raison.

Ainsi $\quad$ AC $= {}^1/_2 r (\sqrt{5} - 1) = r(0,618\,03)$.

Menons la droite AP perpendiculaire sur le côté BC prolongé convenablement. L'angle inscrit ABC ou B a pour mesure la moitié du $^1/_{10}$ de la circonférence, soit 18 degrés : cet angle est donc la moitié de l'angle central du décagone régulier ; et puisque la droite BA est égale au rayon du cercle, la droite AP est égale à la moitié du côté du décagone ; soit $\frac{1}{2}r(0,61803)$, ou $r(0,30901)$.

On a donc $\quad BP^2 = AB^2 - AP^2 = r^2 - r^2(0,30901)^2 = r^2(1 - 0,30901^2)$; d'où
$$BP = r\sqrt{1 - 0,30901^2} = r(0,95106).$$

Ainsi le triangle ACP est la moitié du triangle équilatéral qui aurait CA pour côté, et CP est la hauteur de ce triangle équilatéral ; de sorte que l'on a :
$$CP = \frac{1}{2}\overline{AC}\cdot\sqrt{3} = \frac{1}{2}r(0,61803)\sqrt{3} = r(0,53525)$$

Enfin on a, pour le côté a du pentédécagone régulier :
$$BC \quad \text{ou} \quad a = BP - CP = r(0,95106 - 0,53525) = r(0,41581)$$

Nous aurons r en fonction de a en posant :
$$r = \frac{a}{0,41581} = a(2,4050)... = ar'$$

L'apothème h se calcule par la formule :
$$h^2 = r^2 - \frac{1}{4}a^2 = a^2r'^2 - \frac{1}{4}a^2 = a^2(r'^2 - \frac{1}{4})$$
d'où
$$h = a\sqrt{r'^2 - \frac{1}{4}} = a(2,3524)... = ah'$$

Enfin, l'aire du pentédécagone dont le côté est a sera :
$$\frac{1}{2}\cdot15ah = \frac{15}{2}a\cdot ah' = \frac{15}{2}a^2h' = a^2(17,643)$$

1743. Scolie. Voici une formule applicable à un polygone régulier quelconque, et qui exprime la surface en fonction du côté :
$$S = \frac{1}{4}na^2\cdot\cot i$$

C'est-à-dire que *l'aire d'un polygone régulier quelconque égale le carré du côté, multiplié par le $\frac{1}{4}$ du nombre des côtés et par la cotangente du demi-angle au centre. (Trigonométrie, F. I. C.)*

Appliquée aux polygones réguliers dont il a été question ci-dessus, cette formule conduira immédiatement aux résultats déjà trouvés. Nous allons l'employer pour quelques polygones réguliers que la Géométrie ne traite par aucune formule directe.

Heptagone régulier.	$S = \frac{7}{4}a^2 \cot i$	$S = 3,6340\,a^2$
Ennéagone régulier.	$S = \frac{9}{4}a^2 \cot i$	$S = 6,1817\,a^2$
Polygone régulier de 11 côtés. .	$S = \frac{11}{4}a^2 \cot i$	$S = 9,3670\,a^2$

et ainsi de suite.

Voici un tableau qui donne la surface d'un assez grand nombre de polygones réguliers en fonction du côté a.

Nombre des côtés.	Aire.	Nombre des côtés.	Aire.
3	$0,4330\,a^2$	12	$11,196\,a^2$
4	$1,0000\,a^2$	13	$13,188\,a^2$
5	$1,7205\,a^2$	14	$15,335\,a^2$
6	$2,5981\,a^2$	15	$17,643\,a^2$
7	$3,6340\,a^2$	16	$20,140\,a^2$
8	$4,8284\,a^2$	17	$23,18\,a^2$
9	$6,1817\,a^2$	18	$25,53\,a^2$
10	$7,6942\,a^2$	19	$28,54\,a^2$
11	$9,3670\,a^2$	20	$31,57\,a^2$

Exercice 632

1744. Problème. *Exprimer, en fonction du rayon, les aires des polygones réguliers de 6, 12, 8, 10, 5 et 15 côtés.*

Hexagone régulier.

Le côté de l'hexagone régulier inscrit étant égal au rayon r du cercle circonscrit, l'aire en fonction du rayon r sera la même qu'en fonction du côté a, savoir : $\frac{3}{2}r^2\sqrt{3}$, ou $r^2(2,5981)$.

(Voir au problème précédent, n° 1737.)

Décagone régulier.

Si l'on appelle a le côté de l'hexagone régulier, r le rayon, et a' le côté du dodécagone régulier, on a la relation :

$$a' = \sqrt{2r^2 - r\sqrt{4r^2 - a^2}}$$

Dans le cas actuel, $a = r$, $a^2 = r^2$; $r\sqrt{4r^2 - a^2} = r\sqrt{3r^2} = r^2\sqrt{3}$

Donc $\qquad a' = \sqrt{2r^2 - r^2\sqrt{3}} = r\sqrt{2 - \sqrt{3}}$

L'apothème h se trouve par la relation : $h^2 = r^2 - (\frac{1}{2}a')^2$
$= r^2 - \frac{1}{4}r^2(2 - \sqrt{3}) = r^2(1 - \frac{1}{2} + \frac{1}{4}\sqrt{3}) = r^2(\frac{1}{2} + \frac{1}{4}\sqrt{3})$.

D'où $\qquad h = r\sqrt{\frac{1}{2} + \frac{1}{4}\sqrt{3}}$

Ainsi l'aire du dodécagone égale : $\frac{1}{2}r\sqrt{\frac{1}{2} + \frac{1}{4}\sqrt{3}} \cdot 12r\sqrt{2 - \sqrt{3}}$
$= 6r^2\sqrt{(\frac{1}{2} + \frac{1}{4}\sqrt{3})(2 - \sqrt{3})} = 6r^2\sqrt{\frac{1}{4}} = 3r^2$.

Octogone régulier.

Soient a le côté du carré, et a' le côté de l'octogone ; on a :

$$a^2 = r^2 + r^2 = 2r^2$$

$$a' = \sqrt{2r^2 - r\sqrt{4r^2 - 2r^2}} = \sqrt{2r^2 - r^2\sqrt{2}} = r\sqrt{2 - \sqrt{2}}$$

L'apothème se trouve par la relation : $h^2 = r^2 - (\frac{1}{2}a')^2$
$= r^2 - \frac{1}{4}r^2(2 - \sqrt{2}) = r^2(1 - \frac{1}{2} + \frac{1}{4}\sqrt{2}) = r^2(\frac{1}{2} + \frac{1}{4}\sqrt{2})$.

D'où $\qquad h = r\sqrt{\frac{1}{2} + \frac{1}{4}\sqrt{2}}$

L'aire du polygone est donc : $\frac{1}{2}r\sqrt{\frac{1}{2} + \frac{1}{4}\sqrt{2}} \cdot 8r\sqrt{2 - \sqrt{2}}$, ou
$4r^2\sqrt{(\frac{1}{2} + \frac{1}{4}\sqrt{2})(2 - \sqrt{2})}$; ou $4r^2\sqrt{\frac{1}{2}}$, ou enfin $r^2(2,8284)$.

Décagone régulier.

Le côté $\qquad a = \frac{1}{2}r(\sqrt{5} - 1) = r(0,61803)\ldots ra'$

Pour trouver l'apothème h, nous dirons :

$$h^2 = r^2 - (\frac{1}{2}a)^2 = r^2 - \frac{1}{4}r^2a'^2 = r^2(1 - \frac{1}{4}a'^2)$$

D'où $\qquad h = r\sqrt{1 - \tfrac{1}{4}a'^2} = r(0,94974)\ldots rh'$

L'aire du décagone régulier, en fonction du rayon, est donc :

$$\tfrac{1}{2}h\,.\,10a, \quad \text{ou} \quad \tfrac{1}{2}rh'\,.\,10ra', \quad \text{ou} \quad 5r^2a'h', \quad \text{ou} \quad r^2(2,9389)$$

Pentagone régulier.

Côté du pentagone régulier : $a = r(1,17554)\ldots ra'$ (Voir n° 1741).

Apothème : $h = \sqrt{r^2 - (\tfrac{1}{2}a)^2} = \sqrt{r^2 - \tfrac{1}{4}r^2a'^2} = r\sqrt{1 - \tfrac{1}{4}a'^2}$
$$= r(0,80902)\ldots rh'$$

Aire du pentagone régulier :

$$\tfrac{1}{2}h\,.\,5a = \tfrac{5}{2}rh'\,.\,ra' = \tfrac{5}{2}r^2a'h' = r^2(2,3776)$$

Pentédécagone régulier.

Côté : $\qquad a = r(0,41581)\ldots ra' \qquad$ (Voir n° 1742.)

Apothème : $h = \sqrt{r^2 - (\tfrac{1}{2}a)^2} = \sqrt{r^2 - \tfrac{1}{4}r^2a'^2} = r\sqrt{1 - \tfrac{1}{4}a'^2}$
$$= r(0,97815)\ldots rh'$$

Aire du pentédécagone régulier :

$$\tfrac{1}{2}h\,.\,15a = \tfrac{15}{2}rh'\,.\,ra' = \tfrac{15}{2}r^2a'h' = r^2(3,0504)$$

Scolie. Voici une formule applicable à un polygone régulier quelconque, et qui exprime *la surface en fonction du rayon* :

$S = \tfrac{1}{2}nr^2\,.\,\sin i$; c'est-à-dire que *l'aire d'un polygone régulier quelconque égale le carré du rayon multiplié par la moitié du nombre des côtés, puis par le sinus de l'angle au centre.*

Appliquée aux polygones réguliers dont il a été question ci-dessus, cette formule conduit immédiatement aux résultats déjà trouvés.

On peut l'employer pour d'autres polygones et former le tableau suivant :

Nombre des côtés.	Aire du polygone.	Nombre des côtés.	Aire du polygone.
3	$1,29904\,r^2$	12	$3,0000\,r^2$
4	$2,0000\,r^2$	13	$3,0206\,r^2$
5	$2,3776\,r^2$	14	$3,0372\,r^2$
6	$2,5981\,r^2$	15	$3,0504\,r^2$
7	$2,7364\,r^2$	16	$3,0615\,r^2$
8	$2,8284\,r^2$	17	$3,0706\,r^2$
9	$2,8925\,r^2$	18	$3,0781\,r^2$
10	$2,9349\,r^2$	19	$3,0846\,r^2$
11	$2,9735\,r^2$	20	$3,0901\,r^2$

1745. Problème. *Calculer la surface de l'octogone étoilé* ∗.

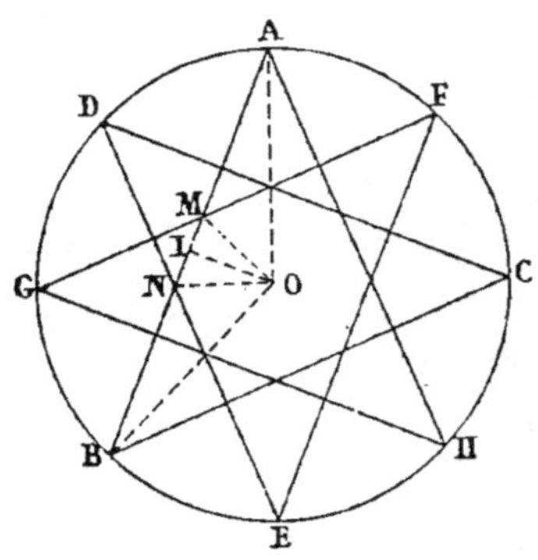

Fig. 1099.

Soit r le rayon du cercle, le côté de l'octogone étoilé où AB est donné par $AB = r\sqrt{2 + \sqrt{2}}$ (n° 733).

La surface se compose de huit triangles égaux au triangle AOB; mais ces triangles ont des parties communes, par suite l'octogone intérieur, dont MN est le côté, est pris trois fois; en effet le huitième, ou MON, se trouve dans les trois triangles DOE, AOB et FOG.

Donc la surface de l'octogone étoilé s'obtient en multipliant le demi-périmètre ou 4AB par l'apothème OI, et en retranchant du résultat deux fois l'octogone convexe dont OI est l'apothème et MN le côté.

$$OI^2 = r^2 - \frac{AB^2}{4}$$

$$OI^2 = \frac{4r^2 - r^2(2 + \sqrt{2})}{4} \quad \text{ou} \quad \frac{2r^2 - r^2\sqrt{2}}{4} = \frac{r^2}{4}(2 - \sqrt{2}) \quad (1)$$

$$OI = \frac{r}{2}\sqrt{2 - \sqrt{2}}$$

Le demi-périmètre XOI donne

$$4r\sqrt{2 + \sqrt{2}} \times \frac{r}{2}\sqrt{2 - \sqrt{2}} = 2r^2\sqrt{4 - 2} = 2r^2\sqrt{2} \quad (2)$$

Il faut calculer l'octogone convexe intérieur.

En admettant que OM soit connu, on a :

$$MN = OM\sqrt{2 - \sqrt{2}} \quad (\text{n° 733})$$

$$OI^2 = MO^2 - \frac{MN^2}{4} = \frac{4MO^2 - MO^2(2 - \sqrt{2})}{4} = \frac{MO^2(2 + \sqrt{2})}{4}$$

$$\text{d'où} \quad MO^2 = \frac{4 \cdot OI^2}{2 + \sqrt{2}} = \frac{4}{2 + \sqrt{2}} \cdot \frac{r^2(2 - \sqrt{2})}{4} = \frac{r^2(2 - \sqrt{2})}{2 + \sqrt{2}}$$

$$\text{D'ailleurs} \quad MI^2 = OM^2 - OI^2 = \frac{r^2(2 - \sqrt{2})}{2 + \sqrt{2}} - \frac{r^2(2 - \sqrt{2})}{4}$$

En réduisant et simplifiant, on trouve :

$$MI^2 = \frac{r^2(3 - 2\sqrt{2})}{4 + 2\sqrt{2}}; \quad MN = \frac{4r^2(3 - 2\sqrt{2})}{4 + 2\sqrt{2}} \quad (3)$$

∗ Les polygones étoilés ont été étudiés en premier lieu par KÉPLER, en 1619.

KÉPLER (1571-1630) est surtout connu comme astronome et par les *trois lois célèbres* qui portent son nom; néanmoins il a traité diverses questions géométriques.

On sait d'ailleurs que la surface de l'octogone régulier en fonction du côté MN est donnée par la formule

$$MN^2(2 + 2\sqrt{2}) \qquad (\text{n° } 1739)$$

Donc le double de l'octogone intérieur

$$= \frac{4r^2(3 - 2\sqrt{2})(2 + 2\sqrt{2})}{2 + \sqrt{2}} = \frac{4r^2(-2 + 2\sqrt{2})}{2 + \sqrt{2}} = \frac{8r^2(-1 + \sqrt{2})}{2 + \sqrt{2}}$$

$$\text{L'octogone étoilé} = 2r^2\sqrt{2} - \frac{8r^2(-1 + \sqrt{2})}{2 + \sqrt{2}} = \frac{4r^2(3 - \sqrt{2})}{2 + \sqrt{2}}$$

1746. Problème. *Étant donné le rayon OA ou r d'un cercle, et le côté AC ou a d'un polygone régulier de n côtés, exprimer l'aire de ce polygone, puis l'aire du polygone régulier inscrit de 2n côtés. Appliquer les formules au cas de n = 6.*

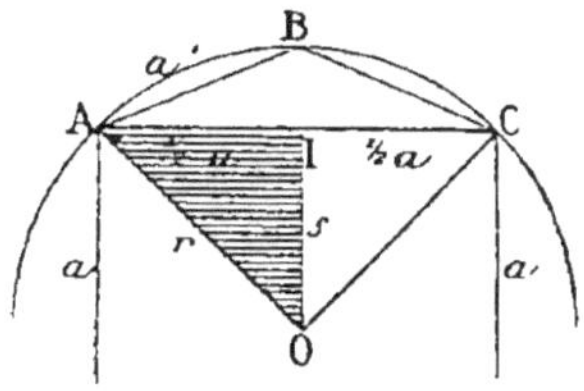

1° On calcule l'apothème OI ou s par le triangle rectangle OAI :

$$s^2 = r^2 - \tfrac{1}{4}a^2$$

d'où

$$s = \sqrt{r^2 - \tfrac{1}{4}a^2}$$

L'aire du triangle AOC est $\tfrac{1}{2}as$, et l'aire du polygone est

$$\tfrac{1}{2}na\sqrt{r^2 - \tfrac{1}{4}a^2}.$$

Fig. 1100.

S'il s'agit d'un hexagone régulier, on a :

$$n = 6, \quad a = r, \quad \sqrt{r^2 - \tfrac{1}{4}a^2} = \sqrt{\tfrac{3}{4}r^2} = \tfrac{1}{2}r\sqrt{3}$$

L'aire de l'hexagone régulier sera donc $\tfrac{3}{2}r^2\sqrt{3}$ ou $r^2(3{,}5981)$ (n° 1737).

2° Pour calculer le côté a' du polygone régulier de $2n$ côtés, on posera la formule connue. (G., n° 286.)

$$a' = \sqrt{2r^2 - r\sqrt{4r^2 - a^2}}$$

Si le polygone primitif est un hexagone régulier, on a : $a = r$, et

$$a' = \sqrt{2r^2 - r\sqrt{3r^2}} = \sqrt{2r^2 - r^2\sqrt{3}} = r\sqrt{2 - \sqrt{3}}.$$

L'apothème h se trouve par la relation

$$h^2 = r^2 - (\tfrac{1}{2}a')^2 = r^2 - \tfrac{1}{4}a'^2; \quad \text{d'où} \quad h = \sqrt{r^2 - \tfrac{1}{4}a'^2}$$

L'aire du polygone régulier de $2n$ côtés est donc :

$$\tfrac{1}{2} \cdot 2na'\sqrt{r^2 - \tfrac{1}{4}a'^2} \quad \text{ou} \quad na'\sqrt{r^2 - \tfrac{1}{4}a'^2}$$

Si le polygone primitif est un hexagone régulier, on a pour le dodécagone régulier :

$$6r\sqrt{2 - \sqrt{3}}\sqrt{r^2 - \tfrac{1}{4}r^2(2 - \sqrt{3})}, \text{ ou } 6r\sqrt{2 - \sqrt{3}} \cdot r\sqrt{1 - \tfrac{1}{2} + \tfrac{1}{4}\sqrt{3}},$$

$$\text{ou } 6r^2\sqrt{(2 - \sqrt{3})(\tfrac{1}{2} + \tfrac{1}{4}\sqrt{3})}, \text{ ou } 6r^2\sqrt{\tfrac{1}{4}}, \text{ ou } 6r^2 \cdot \tfrac{1}{2}, \text{ ou enfin } 3r^2.$$

1747. Problème. *Exprimer le côté, le périmètre et la surface de l'hexagone régulier inscrit à un cercle dont le rayon est r; puis le côté, le périmètre et la surface du dodécagone régulier circonscrit au même cercle.*

L'hexagone régulier inscrit a pour côté r, pour périmètre $6r$, et pour apothème $\sqrt{r^2 - \tfrac{1}{4}r^2}$ ou $\sqrt{\tfrac{3}{4}r^2}$, soit $\tfrac{1}{2}r\sqrt{3}$ ou r (0,86602).

L'aire est $3r . \tfrac{1}{2}r\sqrt{3}$, soit $\tfrac{3}{2}r^2\sqrt{3}$ ou r^2 (2,69808).

L'hexagone régulier circonscrit a pour apothème le rayon r du cercle. Les deux hexagones étant semblables (G., n° 237), le rapport des dimensions homologues est égal à celui des apothèmes, et le rapport des aires est égal au carré du rapport des apothèmes. On a donc :

Le rapport des apothèmes. . . . $\dfrac{r}{\frac{1}{2}r\sqrt{3}}$ ou $\dfrac{2}{\sqrt{3}}$

Côté de l'hexagone circonscrit . . $r . \dfrac{2}{\sqrt{3}}$ ou $\dfrac{2r}{\sqrt{3}}$

Périmètre . . . . $6r . \dfrac{2}{\sqrt{3}}$ ou $\dfrac{12r}{\sqrt{3}}$

Aire . . . $\dfrac{3r^2\sqrt{3}}{2}\left(\dfrac{2}{\sqrt{3}}\right)^2$ ou $\dfrac{3r^2\sqrt{3}}{2} . \dfrac{4}{3}$ ou $2r^2\sqrt{3}$

Scolie. L'hexagone régulier circonscrit égale $\tfrac{4}{3}$ de fois l'hexagone régulier inscrit; et par conséquent l'inscrit est les $\tfrac{3}{4}$ du circonscrit.

Exercice 633

1748. Problème. *Étant données les aires a et A de deux polygones réguliers semblables, l'un inscrit et l'autre circonscrit à un même cercle, exprimer les aires a' et A' des deux polygones réguliers inscrit et circonscrit d'un nombre double de côtés.*

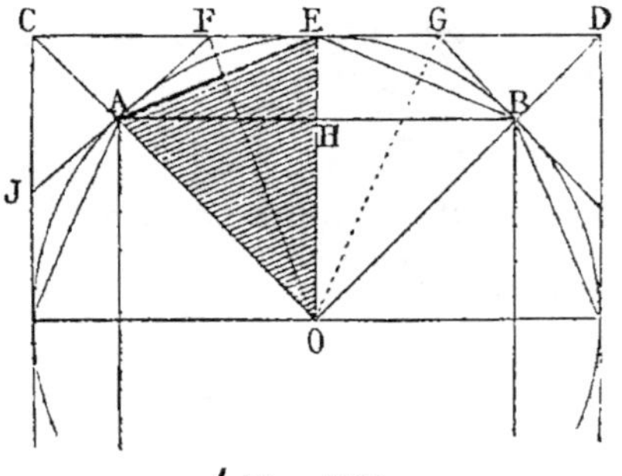

1° Les polygones proposés sont entre eux comme les triangles OAH et OAE; ces triangles ayant même hauteur AH, sont entre eux comme leurs bases OH et OE, et ces lignes sont entre elles comme OA et OC, à cause des parallèles AH et CE; or, ces lignes

Fig. 1101.

OA et OC sont entre elles comme les triangles OAE et OCE, qui ont même hauteur à partir du sommet E; on a donc :

$$\frac{a}{a'} = \frac{OAH}{OAE} = \frac{OH}{OE} = \frac{OA}{OC} = \frac{OAE}{OCE} = \frac{a'}{A}$$

De l'égalité des rapports extrêmes, on tire :

$$a'^2 = aA ; \quad \text{d'où} \quad a' = \sqrt{aA}$$

Ainsi *l'aire a' du nouveau polygone inscrit est une moyenne géométrique entre les deux polygones donnés.*

2° En reprenant le premier et le quatrième rapport de la suite précédente, on a :
$$\frac{a}{a'} = \frac{\text{OA ou OE}}{\text{OC}}$$

Or, dans l'octogone circonscrit, comme dans tout polygone régulier, les apothèmes et les rayons font, autour du centre, des angles égaux. Ainsi la droite OF est bissectrice de l'angle EOC, et l'on a : $\dfrac{\text{OE}}{\text{OC}} = \dfrac{\text{EF}}{\text{FC}}$. Ces dernières lignes sont entre elles comme les triangles EOF et FOC, qui ont même hauteur OE. En prenant les rapports extrêmes dont il vient d'être question, on a : $\dfrac{a}{a'} = \dfrac{\text{EOF}}{\text{FOC}}$.

Augmentons les dénominateurs de leurs numérateurs, et doublons ensuite les numérateurs, il vient : $\dfrac{2a}{a + a'} = \dfrac{\text{FOG}}{\text{EOC}}$.

Ces derniers triangles sont entre eux comme les polygones A′ et A, dont ils sont le $^1/_8$, et l'on a enfin :
$$\frac{2a}{a + a'} = \frac{\text{A}'}{\text{A}} ; \quad \text{d'où} \quad \text{A}' = \frac{2a\text{A}}{a + a'}$$

Remarques. 1° Pour l'application numérique des formules obtenues, on peut recourir à l'exercice 1027 (n° 2321).

2° Ces formules peuvent servir à la détermination de π.

1749. Note. Les méthodes élémentaires pour calculer le nombre π sont au nombre de quatre : deux sont fondées sur la formule $C = 2\pi R$, qui donne la longueur de la circonférence ; et deux sur la formule $S = \pi R^2$, qui donne l'aire du cercle.

La première méthode, due à ARCHIMÈDE, consiste à chercher la longueur de la circonférence ayant 1 pour diamètre, en la regardant comme limite commune des périmètres des polygones réguliers inscrits et circonscrits dont on double continuellement les côtés.

La seconde méthode, introduite par JACQUES GRÉGORY *, consiste à chercher la surface du cercle ayant 1 pour rayon, en regardant ce cercle comme la limite commune des polygones réguliers inscrits et circonscrits dont on double continuellement le nombre des côtés.

La troisième méthode, dite des *isopérimètres,* attribuée à SCHWAB, mais due à DESCARTES, consiste à chercher le rayon d'une circonférence de longueur connue comme limite commune des rayons et des apothèmes d'un périmètre régulier de longueur constante, dont on double continuellement le nombre de côtés.

La quatrième méthode, due à LEGENDRE (livre IV, prop. XVI), consiste à chercher le rayon d'un cercle de surface connue comme limite commune des rayons et des apothèmes d'un polygone régulier de surface constante dont on double continuellement le nombre de côtés. (N. A., 1844, page 582 ; note de M. ARMAND FARCY, ancien élève de l'École polytechnique.)

---

* GRÉGORY (1638-1675), géomètre anglais, auquel on doit le télescope qui porte son nom.

Exercice 634

1750. **Problème.** *Étant donnés l'apothème a et le rayon r d'un polygone régulier quelconque, exprimer l'apothème a' et le rayon r' du polygone régulier équivalent, qui a un nombre double de côtés.*

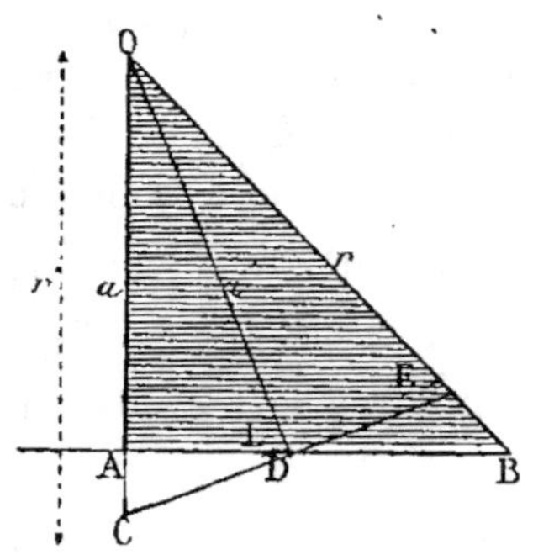

Fig. 1102.

Si a et r sont l'apothème et le rayon d'un polygone considéré, AB est le demi-côté de ce polygone, et OAB est le demi-triangle central.

Pour que ce polygone soit transformé en un polygone régulier équivalent, et d'un nombre double de côtés, il faut que le triangle AOB soit remplacé par un triangle isocèle équivalent COE, ayant même angle en O.

Ces deux triangles ayant même angle O, sont entre eux comme les produits des côtés qui comprennent l'angle égal; et, puisque les triangles sont équivalents, les produits des côtés qui comprennent l'angle O sont égaux, et l'on a :

$$OC . OE = OA . OB$$

ou
$$r'^2 = ar; \quad \text{d'où} \quad r' = \sqrt{ar}$$

Ainsi *le nouveau rayon est une moyenne géométrique entre l'apothème et le rayon du polygone précédent.*

1751. Pour trouver l'expression du nouvel apothème a', remarquons que les triangles rectangles et semblables ODC et OAL donnent :

$$\frac{OD}{OC} = \frac{OA}{OL} \quad \text{ou} \quad \frac{a'}{r'} = \frac{a}{OL}; \quad \text{d'où} \quad a' = \frac{ar'}{OL} \qquad (1)$$

Il s'agit d'exprimer OL en fonction de a et de r. Le triangle rectangle OAL donne :

$$OL^2 = OA^2 + AL^2 = a^2 + AL^2; \quad \text{d'où} \quad OL = \sqrt{a^2 + AL^2} \qquad (2)$$

AL est une partie de AB ; la bissectrice OL donne :

$$\frac{AL}{LB} = \frac{a}{r}; \quad \text{d'où} \quad \frac{AL}{AB} = \frac{a}{a+r} \quad \text{et} \quad AL = AB . \frac{a}{a+r} \qquad (3)$$

Cherchons AB ; on a :

$$AB^2 = r^2 - a^2 = (r+a)(r-a); \quad \text{d'où} \quad AB = \sqrt{r+a}\,\sqrt{r-a}$$

Remontons aux relations précédentes (3), (2), (1), il vient :

$$AL = \sqrt{r+a}\,\sqrt{r-a} . \frac{a}{r+a} = \frac{a\sqrt{r-a}}{\sqrt{r+a}} \quad \text{et} \quad AL^2 = \frac{a^2(r-a)}{r+a}$$

$$OL = \sqrt{a^2 + \frac{a^2(r-a)}{r+a}} = a\sqrt{1 + \frac{r-a}{r+a}} = a\sqrt{\frac{2r}{r+a}}$$

Et enfin $\qquad a' = ar' : a\sqrt{\dfrac{2r}{r+a}} = r'\sqrt{\dfrac{r+a}{2r}}$

Ainsi $\qquad r' = \sqrt{ar}$ et $a' = r'\sqrt{\dfrac{r+a}{2r}}$

Remarque. L'application numérique des formules obtenues se trouve à l'exercice 1028 (n° 2322).

Surfaces à périmètre curviligne.

Exercice 635

1752. Problème. *Exprimer, en fonction du rayon, la surface du segment qui a pour corde le côté des polygones réguliers inscrits suivants :*

1° *Hexagone;* 2° *triangle;* 3° *dodécagone.*

Soit $\qquad AB = BC = CD$;

puis $\qquad CE = ED$

AB est la corde de l'hexagone, AC celle du triangle, et DE celle du dodécagone.

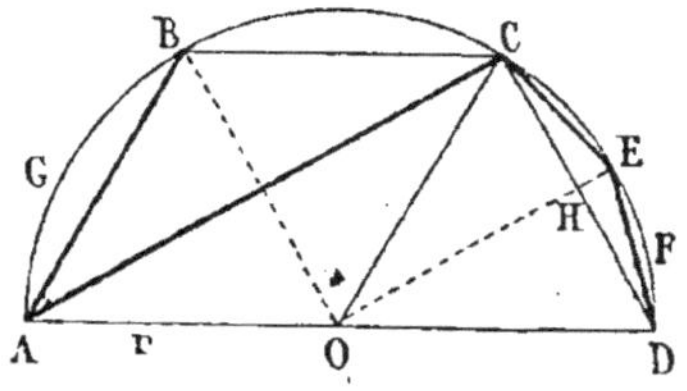

1° Secteur $AOB = \dfrac{\pi r^2}{6}$;

Fig. 1103.

triangle $AOB = \dfrac{r^2}{4}\sqrt{3}$ (G., n° 316, 1);

donc $\qquad$ segment $AGB = \dfrac{\pi r^2}{6} - \dfrac{r^2}{4}\sqrt{3} = r^2 \cdot \dfrac{2\pi - 3\sqrt{3}}{12}$ $\qquad$ (a)

2° $\qquad$ secteur $AOCB = 2AOBG = \dfrac{\pi r^2}{3}$

Le triangle AOC est équivalent à $AOB = \dfrac{r^2\sqrt{3}}{4}$; donc

segment $ABC = \dfrac{\pi r^2}{3} - \dfrac{r^2\sqrt{3}}{4} = r^2 \dfrac{4\pi - 3\sqrt{3}}{12}$ $\qquad$ (b)

3° $\qquad$ secteur $ODFE = \dfrac{\pi r^2}{12}$

Le triangle DOE a pour mesure $1/2\,OE \cdot DH$

ou $\qquad$ triangle $DOE = \dfrac{r^2}{4}$

donc $\qquad$ segment $DFE = \dfrac{\pi r^2}{12} - \dfrac{3r^2}{12} = r^2 \cdot \dfrac{\pi - 3}{12}$ $\qquad$ (c)

22*

1753. Problème. *Exprimer, en fonction du rayon, le segment dont la corde égale :*

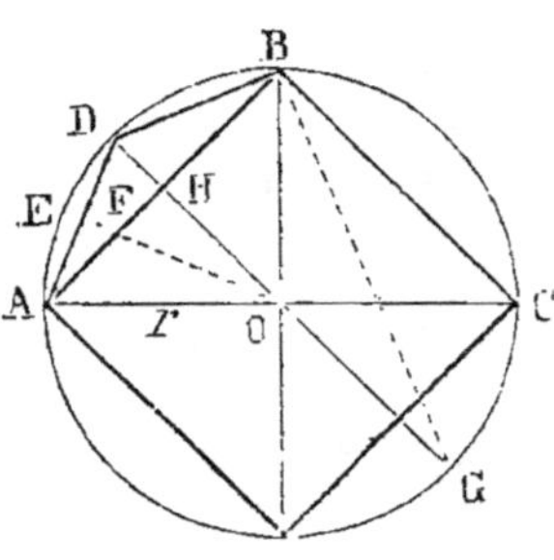

Fig. 1104.

1° *Le côté du carré inscrit ; 2° celui de l'octogone régulier.*

1° $\quad$ secteur $AOBD = \dfrac{\pi r^2}{4}$

triangle $AOB = \dfrac{r^2}{2}$ ou $\dfrac{2r^2}{4}$.

donc

$$\text{segm.}ADB = \frac{\pi r^2}{4} - \frac{2r^2}{4} = \frac{r^2}{4}(\pi - 2) \quad (d)$$

2° Soit $\quad AD = DB$

Sans recourir à la formule générale qui donne le côté BD du polygone inscrit d'un nombre double de côtés, connaissant AB et DO, on peut calculer BD à l'aide du triangle rectangle DBG.

$$OH = \frac{r\sqrt{2}}{2} \; ; \quad \text{donc} \quad DH = r - \frac{r}{2}\sqrt{2} = r\left(\frac{2-\sqrt{2}}{2}\right)$$

$$BD^2 = DH \cdot DG = 2r \cdot r\left(\frac{2-\sqrt{2}}{2}\right)$$

donc $$BD = r\sqrt{2 - \sqrt 2}$$

On pourrait ensuite calculer l'apothème OF ; mais il est plus simple de prendre pour aire du triangle AOD, le produit

$$\frac{DO \cdot AH}{2} \quad \text{ou} \quad \frac{r}{2} \times \frac{r}{2}\sqrt 2 = \frac{r^2}{4}\sqrt 2$$

$$\text{secteur } AODE = \frac{\pi r^2}{8}$$

$$\text{segment } AED = \frac{\pi r^2}{8} - \frac{2r^2}{8}\sqrt 2 = r^2 \cdot \frac{\pi - 2\sqrt 2}{8} \quad (e)$$

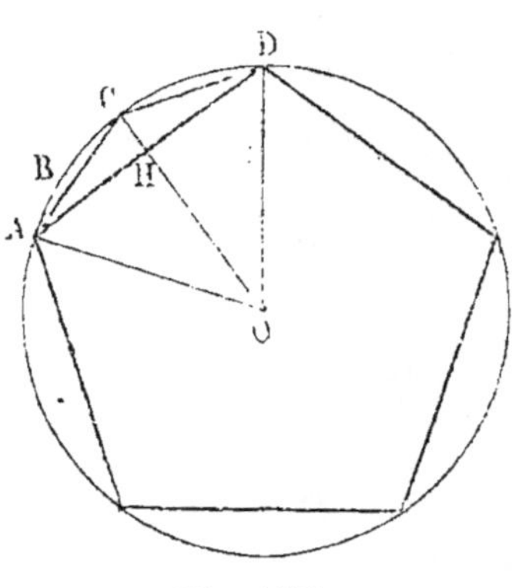

Fig. 1105.

1754. Problème. *Exprimer, en fonction du rayon, le segment dont la corde est le côté : 1° du décagone régulier inscrit ; 2° du pentagone régulier inscrit.*

1° **Décagone.** Le secteur

$$ABCO = \frac{\pi r^2}{10}.$$

Le triangle AOC à soustraire a pour base le rayon AO, et pour hauteur la moitié AH du côté du pentagone ; or ce côté

$$= \frac{r}{2}\sqrt{10 - 2\sqrt 5} \quad (G., n° 283.)$$

donc
$$\frac{AO.AH}{2} = \frac{r}{2} \cdot \frac{r}{4} \sqrt{10 - 2\sqrt{5}} = \frac{r^2}{8} \sqrt{10 - 2\sqrt{5}}$$

segment $ABC = \dfrac{\pi r^2}{10} - \dfrac{r^2}{8} \sqrt{10 - 2\sqrt{5}} = \dfrac{r^2}{40} \left(4\pi - 5\sqrt{10 - 2\sqrt{5}}\right)$ (f)

2° **Pentagone.**   Secteur $AODC = \dfrac{\pi r^2}{5}$

triangle $AOD = AH.HO$

Il faut donc calculer l'apothème.

$$HO^2 = r^2 - \frac{AD^2}{4} = r^2 - \frac{r^2}{16}\left(10 - 2\sqrt{5}\right) = \frac{r^2}{16}\left(16 - 10 + 2\sqrt{5}\right)$$

$$HO = \frac{r}{4}\sqrt{6 + 2\sqrt{5}}$$

$$AH.HO = \frac{r}{4}\sqrt{10 - 2\sqrt{5}} \times \frac{r}{4}\sqrt{6 + 2\sqrt{5}} = \frac{r^2}{8}\sqrt{10 + 2\sqrt{5}}$$

segment $ACD = \dfrac{\pi r^2}{5} - \dfrac{r^2}{8}\sqrt{10 + 2\sqrt{5}} = \dfrac{r^2}{40}\left(8\pi - 5\sqrt{10 + 2\sqrt{5}}\right)$ (g)

1755. Problème. *Aire du segment circulaire à deux bases, limité par un côté de l'hexagone inscrit et par un côté du triangle équilatéral inscrit.*

Le segment a deux bases, ABDE est la différence de deux segments à une base.

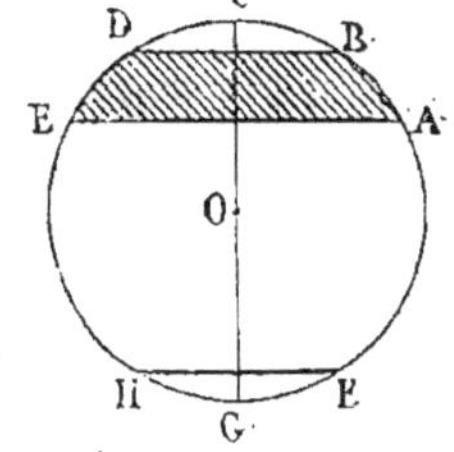

$ABCE = r^2 \dfrac{4\pi - 3\sqrt{3}}{12}$ (n° 1752, b).

$BCD = r^2 \dfrac{2\pi - 3\sqrt{3}}{12}$ (n° 1752, a).

$ABDE = r^2 . \dfrac{2\pi}{12} = \dfrac{\pi r^2}{6}$

Fig. 1106.

Pour avoir AFHE, du cercle entier, il faut retrancher ACE et FGH.

$$AFHE = \frac{12\pi r^2}{12} - r^2\frac{4\pi - 3\sqrt{3}}{12} - r^2\frac{2\pi - 3\sqrt{3}}{12} = r^2 . \frac{\pi + \sqrt{3}}{2}$$

$$AFHE = r^2 . \frac{\pi + \sqrt{3}}{2}$$

Remarque. Il est facile de proposer des questions analogues.

Exercice **636**

1756. Problème. *Quelle est la surface du cercle inscrit dans un secteur circulaire dont l'angle au centre égale 60 degrés?*

Pour inscrire un cercle dans un secteur circulaire, on mène une

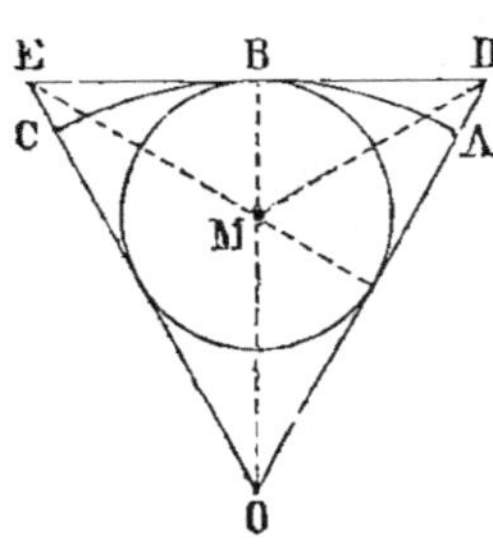

Fig. 1107.

tangente DBE par le point B, milieu de l'arc ABC, et l'on mène les bissectrices DM, EM, OM.

Pour le secteur de 60 degrés, le triangle est équilatéral, les bissectrices sont hauteurs et médianes.

Donc
$$BM = \frac{1}{3}BO = \frac{r}{3}$$

d'où
$$\text{cercle inscrit} = \frac{\pi r^2}{9}$$

1757. Problème. *Quelle est la surface du cercle inscrit dans un secteur de 90 degrés?*

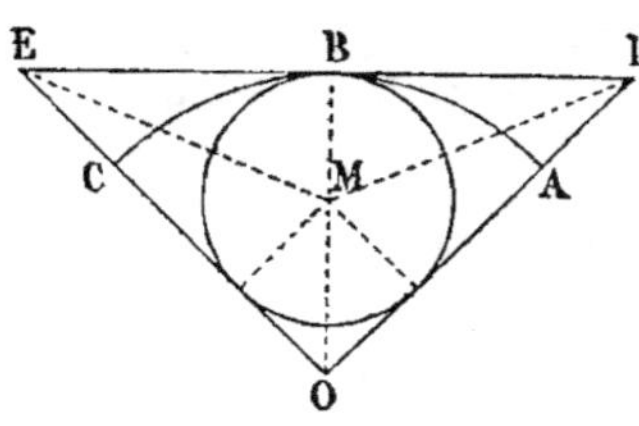

Fig. 1108.

$$DE = 2OB = 2r; \quad OD = OE = r\sqrt{2}$$

Or le cercle inscrit a pour diamètre la somme des côtés de l'angle droit, diminuée de l'hypoténuse,

ou
$$2r\sqrt{2} - 2r$$

d'où
$$BM = r(\sqrt{2} - 1)$$
$$\text{cercle} = r^2(\sqrt{2} - 1)^2 = r^2(3 - 2\sqrt{2})$$

1758. Problème. *Quelle est la surface du cercle inscrit dans un secteur de 120 degrés?*

L'angle LMN des rayons de contact égale 60 degrés; donc MO est le côté d'un triangle équilatéral dont MN est la hauteur.

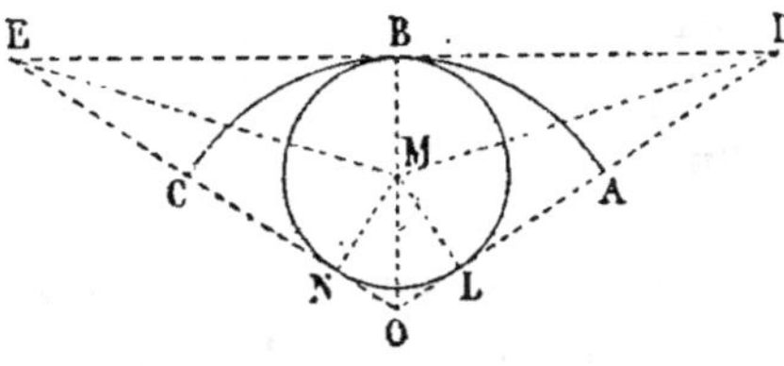

Fig. 1109.

Ainsi
$$MO = \frac{2MN}{\sqrt{3}} \qquad (\text{G., n° 316, I.})$$

OB   ou
$$r = MN + \frac{2MN}{\sqrt{3}} = MN \cdot \frac{2 + \sqrt{3}}{\sqrt{3}}$$

d'où
$$MN = \frac{r\sqrt{3}}{2 + \sqrt{3}}$$

$$\text{cercle } M = \pi r^2 \cdot \frac{3}{7 + 4\sqrt{3}} = \pi r^2 \frac{3(7 - 4\sqrt{3})}{(7 + 4\sqrt{3})(7 - 4\sqrt{3})}$$

$$\text{cercle } M = 3\pi r^2(7 - 4\sqrt{3})$$

Exercice 637

1759, Problème. *Pour construire l'ovale au tiers point on divise AA' ou 2a en trois parties égales; C est le centre de l'arc EF; D' est celui de EE'. Quelle est la surface de l'ovale en fonction de a?*

La surface se compose de deux secteurs de 60° ayant DF pour rayon, et de deux secteurs de 120° ayant CF pour rayon; le tout diminué de deux triangles équilatéraux ayant CD = CF pour côté.

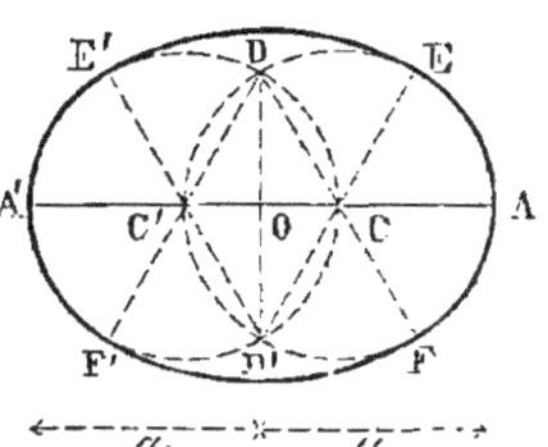

Fig. 1110.

$$S = \frac{1}{3}\pi DF^2 + \frac{2}{3}\pi CF^2 - CDC'D' \quad (1)$$

Or $\quad DF = 2d = \frac{4}{3}a; \quad CF = d = \frac{2}{3}a;$

$$CDC'D' = \frac{2d^2}{4}\sqrt{3}$$

$$S = \frac{1}{3}\pi \cdot 4d^2 + \frac{2}{3}\pi d^2 - \frac{1}{2}d^2\sqrt{3}$$

$$S = 2\pi d^2 - \frac{1}{2}d^2\sqrt{3} = d^2\left(2\pi - \frac{\sqrt{3}}{2}\right) \quad (2)$$

Mais $$d^2 = \frac{4}{9}a^2$$

donc $$S = \frac{4}{9}a^2\left(2\pi - \frac{\sqrt{3}}{2}\right) \quad (3)$$

Remarque. Le périmètre de l'ovale est donné par

$$\frac{1}{3}\pi DF + \frac{2}{3}\pi CF = \frac{4}{3}\pi d = \frac{16}{9}\pi a$$

1760. Problème. *Question analogue; le triangle CDC' est encore équilatéral, mais c n'est point la moitié de d.*

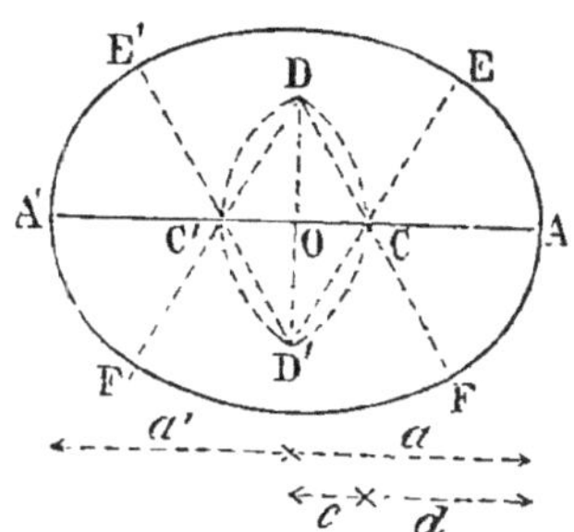

Fig. 1111.

La formule (1) est encore vraie, elle devient :

$$S = \tfrac{1}{3}\pi(2c + d)^2 + \tfrac{2}{3}\pi d^2 - 2c^2\sqrt{3} \quad (4)$$

car $DF = 2c + d$, et le côté du triangle équilatéral $= 2c$.

Exercice 638

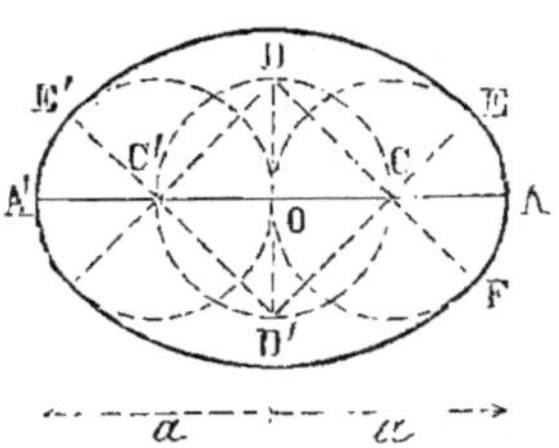

Fig. 1112.

1761. Problème. *Quelle est la surface de l'ovale obtenue en divisant AA' ou 2a en quatre parties égales ?*

La surface se compose de deux quarts de cercles ayant DF pour rayon, plus de deux quarts de cercle ayant AC pour rayon, moins le carré CDC'D'.

Soit
$$CO = CA = d = \frac{a}{2}$$

$$CD = d\sqrt{2} \;;\quad DF = d + d\sqrt{2} = d(1 + \sqrt{2})$$

$$S = \tfrac{1}{2}\pi DF^2 + \tfrac{1}{2}\pi CF^2 - DC^2 \tag{1}$$

$$S = \tfrac{1}{2}\pi d^2(1 + \sqrt{2})^2 + \tfrac{1}{2}\pi d^2 - 2d^2$$

$$S = \tfrac{1}{2}\pi(4d^2 + 2d^2\sqrt{2}) - 2d^2 = d^2\left[\pi(2 + \sqrt{2}) - 2\right] \tag{2}$$

ou
$$S = \frac{a^2}{4}\left[\pi(2 + \sqrt{2}) - 2\right] \tag{3}$$

Remarque. Le périmètre de l'ovale est donné par
$$\pi DF + \pi CF$$
$$p = \pi d(1 + \sqrt{2}) + \pi d = \pi d(2 + \sqrt{2})$$

1762. Problème. Question analogue. *La figure CDC'D' est encore un carré, mais c n'égale pas d.*

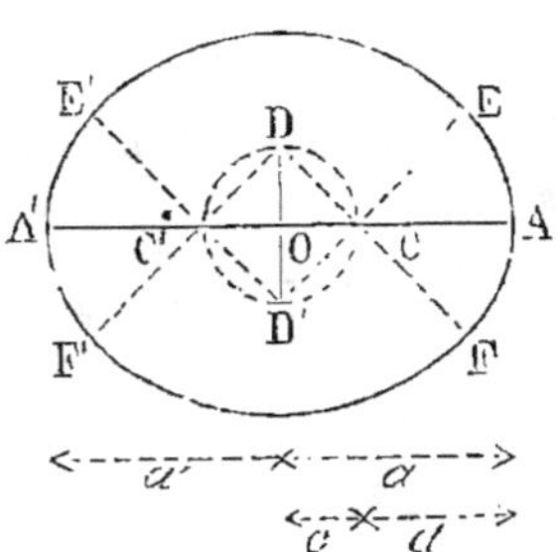

Fig. 1113.

La formule (1) devient :
$$S = \tfrac{1}{2}\pi(c\sqrt{2} + d)^2 + \tfrac{1}{2}\pi d^2 - 2c^2 \tag{4}$$

1763. Problème. *Quelle est la surface de l'anse de panier formé par trois arcs de 60° ?*

On connaît la corde AA' = 2a et la flèche OB = b.

Rappelons la construction de la courbe. (G., n° 1004.) On décrit une demi-circonférence ADA′; on inscrit un demi-hexagone régulier ANN′A′ et l'on joint D à N et N′.

Par le point B, on mène BM parallèle à DN et MCE parallèle à NO, etc. Les triangles AMC, MEM′, A′M′C′ sont équilatéraux. Les points C, E, C′ sont les centres respectifs des arcs AM, BM′ et M′A′.

La surface se compose de trois secteurs de 60°, moins le triangle équilatéral CEC′. Tout revient donc à calculer les rayons AC et EM en fonction des données a et b.

Supposons que AN soit prolongé jusqu'à la rencontre de OBD, soit L le point de concours; on a

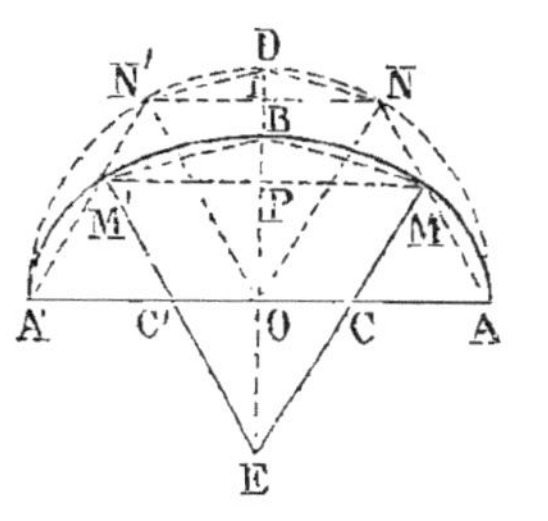

Fig. 1114.

$$BN = \frac{OA}{2} = \frac{a}{2}$$

donc

$$IL = \frac{1}{2} OL$$

ou

$$IL = OI = \frac{a}{2}\sqrt{3} \qquad (\text{G., n}^o\ 316.)$$

d'où

$$OL = a\sqrt{3}$$

DN est la corde d'un arc de 30°; donc DN est le côté du dodécagone inscrit.

Or

$$DN = a\sqrt{2 - \sqrt{3}} \qquad (\text{G., n}^o\ 734,\ \textit{formule } 1.)$$

Les triangles semblables LBM, LDN donnent :

$$\frac{BM}{DN} = \frac{LB}{LD} \quad \text{ou} \quad \frac{BM}{DN} = \frac{2 \cdot OI - b}{2 \cdot OI - a}$$

Mais

$$OI = \frac{a}{2}\sqrt{3}; \quad 2 \cdot OI = a\sqrt{3}$$

donc

$$\frac{BM}{BN} = \frac{a\sqrt{3} - b}{a\sqrt{3} - a} \qquad (1)$$

On a aussi

$$\frac{BM}{BN} = \frac{ME}{NO} = \frac{ME}{a}$$

donc

$$\frac{ME}{a} = \frac{a\sqrt{3} - b}{a\sqrt{3} - a}; \quad ME = \frac{a\sqrt{3} - b}{\sqrt{3} - 1} \qquad (2)$$

Pour déterminer AC ou AM, on peut calculer OP.

$$\frac{LP}{LI} = \frac{MP}{NB} = \frac{BM}{DN}; \quad \text{ainsi} \quad \frac{LP}{LI} = \frac{a\sqrt{3} - b}{a\sqrt{3} - a}$$

Mais

$$LI = OI = \frac{a\sqrt{3}}{2}$$

donc $$\mathrm{LP} = \frac{\sqrt{3}\,(a\sqrt{3} - b)}{2\,(\sqrt{3} - 1)} \qquad (3)$$

Donc OP ou OL — LP ou $a\sqrt{3}$.— LP peut être connu.

On en déduirait la longueur du côté MC du triangle équilatéral AMC, dont OP est la hauteur.

Le calcul est assez long mais n'offre pas de difficulté.

Exercice 639

1764. Problème. *On donne trois cercles égaux tangents deux à deux; exprimer l'aire de la surface curviligne comprise entre les trois cercles, en fonction du rayon* r *de ces cercles.*

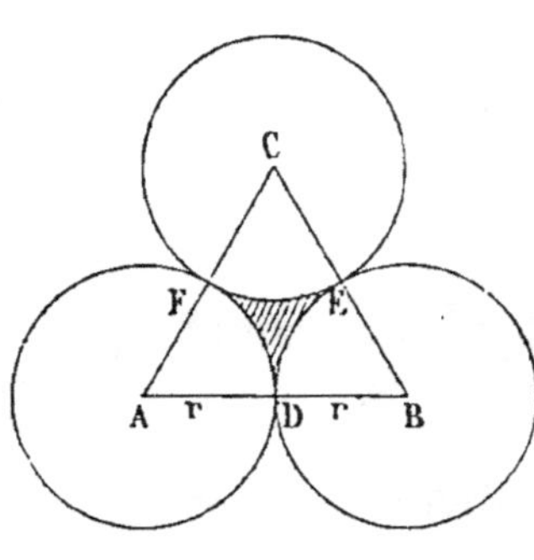

Fig. 1115.

La surface curviligne égale celle du triangle équilatéral ABC diminuée de trois secteurs, dont chacun d'eux est le sixième du cercle correspondant.

1° Le triangle équilatéral, dont a est la base, a pour surface

$$\frac{a^2}{4}\sqrt{3} \qquad (\text{G., n}^o\ 316, 1.)$$

La base égale $2r$; donc

$$\mathrm{ABC} = \frac{4r^2}{4}\sqrt{3} = r^2\sqrt{3}$$

2° Les trois secteurs égaux correspondent à un demi-cercle ou $\frac{\pi r^2}{2}$;

donc $$\mathrm{DEF} = r^2\left(\sqrt{3} - \frac{\pi}{2}\right)$$

1765. Problème. *Quelle est la surface curviligne comprise entre quatre cercles égaux tangents deux à deux et dont les centres sont les sommets d'un carré?*

Soit r le rayon. Le carré $= 4r^2$.

Il faut en soustraire quatre secteurs de 90° ou πr^2; donc

$$\text{aire curviligne} = r^2\,(4 - \pi)$$

1766. Problème. *Les centres de quatre cercles égaux, tangents deux à deux, sont les sommets d'un losange dont le côté égale une des diagonales; exprimer la surface curviligne comprise entre les quatre cercles, en fonction du rayon* r.

1° Le losange est formé par deux triangles équilatéraux dont le côté égale $2r$.

En fonction du côté a, le triangle équilatéral égale $\frac{a^2}{4}\sqrt{3}$; donc

$$\text{losange} = 2r^2\sqrt{3}$$

2° Il faut en soustraire deux secteurs de 60° et deux de 120°, soit en tout un cercle complet ou πr^2; donc

$$\text{surface curviligne} = r^2\left(2\sqrt{3} - \pi\right)$$

Exercice 640

1767. **Problème.** *Du point milieu de chaque côté d'un carré, avec la moitié de ce carré pour rayon, on décrit quatre demi-circonférences. Quelle est la surface des quatre feuilles ainsi obtenues?*

Soit r le rayon, le côté du carré sera $2r$.

La somme des quatre demi-circonférences égale le carré plus les quatre feuilles; donc l'espace curviligne demandé égale

$$2\pi r^2 - 4r^2 = 2r^2(\pi - 2)$$

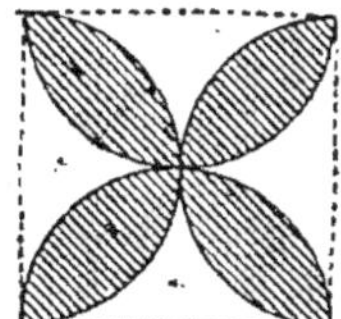

Remarque. L'espace curviligne, formant une *croix de Malte*, égale le carré diminué des quatre feuilles.

Soit $\qquad 4r^2 - (2\pi r^2 - 4r^2)\quad$ ou $\quad 2r^2(4 - \pi)$

Fig. 1116.

1768. **Problème.** *Un triangle rectangle isocèle MAN et un triangle équilatéral MBN ont même base, et le sommet A de l'angle droit est sur la hauteur OB du triangle équilatéral. Du point A, comme centre, avec AM pour rayon, et du point B avec BM, on décrit des circonférences. Exprimer les trois parties curvilignes obtenues 1° en fonction de BM, 2° en fonction de AM.*

Il suffit d'évaluer directement les segments MCN, MDN.

Or, en fonction du rayon b, le segment MCN qui correspond à 60° est donné par $\frac{b^2}{12}(2\pi - 3\sqrt{3})$ (1) (n° 1752, a).

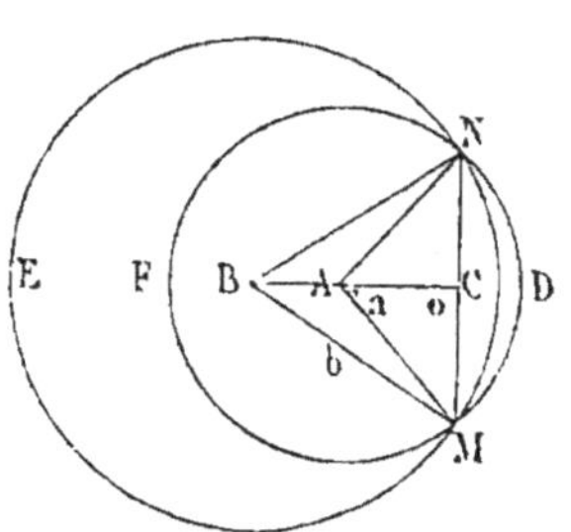

Calculons a; $\qquad MO = \dfrac{b}{2}$; $\quad a^2 = \dfrac{b^2}{2}$;

$$a = \frac{b}{\sqrt{2}}$$

Fig. 1117.

Or le segment MDN qui correspond à un angle droit est donné par

$$\frac{a^2}{4}(\pi - 2)\quad \text{ou}\quad \frac{b^2}{8}(\pi - 2) \tag{2}$$

donc la *lunule* MCND = (2) — (1).

$$MCND = \frac{3b^2}{24}(\pi - 2) - \frac{2b^2}{24}(2\pi - 3\sqrt{3})$$

$$MCND = \frac{b^2}{24}\left[-\pi + 6(-1 + \sqrt{3})\right] \tag{3}$$

ou $\qquad\qquad MCND = \dfrac{b^2}{24}(6\sqrt{3} - 9,1416)$

En fonction de a, le multiplicateur $\dfrac{b^2}{24}$ devient $\dfrac{a^2}{12}$.

2° La partie MCNF commune aux deux cercles $= \pi a^2 - (3)$.

3° La lunule MENF égale la différence des cercles $+ (3)$.

Exercice 641

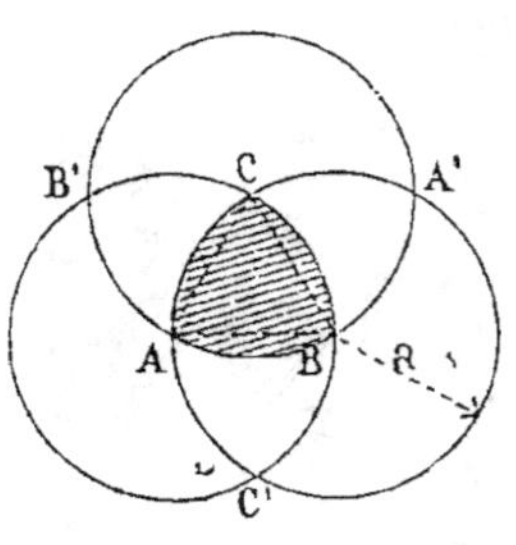

Fig. 1118.

1769. Problème. *Chaque sommet d'un triangle équilatéral étant pris pour centre et le côté étant le rayon, si l'on décrit trois arcs, on obtient un triangle équilatéral curviligne dont on demande d'exprimer l'aire en fonction du côté r du triangle équilatéral.*

1° La surface curviligne ABCD est composée d'un triangle équilatéral $\dfrac{a^2}{4}\sqrt{3}$ augmentée de trois segments de 60° (n° 1752).

$$\text{Donc} \quad ABC = \frac{a^2}{4}\sqrt{3} + a^2 \cdot \frac{2\pi - 3\sqrt{3}}{4} = \frac{a^2}{4}\left(2\pi - 3\sqrt{3} + \sqrt{3}\right)$$

$$ABC = \frac{a^2}{2}\left(\pi - \sqrt{3}\right)$$

2° On peut considérer la surface curviligne comme composée de trois secteurs de 60° moins deux fois le triangle équilatéral, ou d'un demi-cercle moins deux fois le triangle.

$$ABC = \frac{\pi a^2}{2} - \frac{a^2}{2}\sqrt{3} = \frac{a^2}{2}\left(\pi - \sqrt{3}\right) \tag{1}$$

1770. Problème. *Surface de l'étoile curviligne triangulaire*

$$AC'BA'CB'A \qquad \text{(fig. 1118)}$$

Cette surface égale trois fois le bi-segment ABA'C, moins deux fois le triangle curviligne ABC.

Mais le bi-segment ABA'C égale deux fois le segment qui correspond au triangle équilatéral; donc les trois bi-segments égalent six segments de 120°; ainsi la surface demandée égale (n° 1752, b).

$$\frac{a^2}{2}(4\pi - 3\sqrt{3}) - \frac{2a^2}{2}(\pi - \sqrt{3}) = \frac{a^2}{2}(2\pi - \sqrt{3}) \tag{2}$$

Exercice 642

1771. Problème. *De chaque sommet d'un carré comme centre, avec le côté r pour rayon, on décrit un quart de cercle. Quelle est la surface de l'espace quadrangulaire curviligne EFGH compris entre les quatre arcs se coupant deux à deux?*

On sait que par la construction effectuée, l'arc DGFB est divisé, en trois parties égales (n° 910).

Donc la figure curviligne se compose d'un carré ayant pour côté FG la corde du dodécagone inscrit, plus quatre segments circulaires tels que FOG ayant pour corde le côté du dodécagone.

Or le côté du dodécagone $= r\sqrt{2-\sqrt{3}}$ (n° 1744).

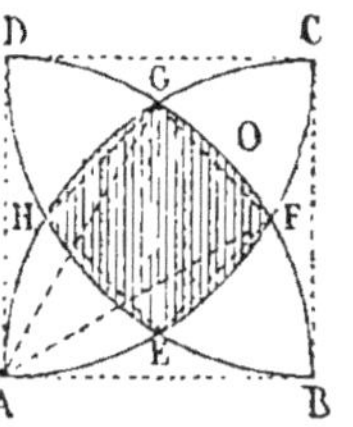

Fig. 1119.

$$\text{Carré} = r^2\left(2-\sqrt{3}\right)$$

Un segment $\text{FOG} = r^2 \cdot \dfrac{\pi-3}{12}$;   quatre segments $= r^2 \cdot \dfrac{\pi-3}{3}$

donc   figure curviligne $\text{EFGH} = \dfrac{3r^2\left(2-\sqrt{3}\right) + r^2(\pi-3)}{3}$

ou $\dfrac{r^2\left[\pi + 3\left(1-\sqrt{3}\right)\right]}{3}$ (1)

Remarque. Pour calculer CGOF, on emploierait AFCH.

$$\text{bi-segment} = r^2 \cdot \frac{\pi-2}{2}$$ (2)

(2) — (1) donnerait le double de l'aire de CGOF.

1772. Problème. *Un triangle équilatéral a pour côté 2 mètres. De chacun des sommets comme centre, et avec 1 mètre de rayon, on décrit un cercle. On a ainsi trois cercles égaux et tangents deux à deux. Il s'agit 1° de construire le cercle qui les enveloppe et celui qu'ils enveloppent tangentiellement; 2° d'évaluer les rayons de ces nouveaux cercles et de prendre leur moyenne géométrique; 3° de comparer ce rayon moyen avec le rayon du cercle inscrit au triangle. (Baccalauréat 1857.)*

Afin que la solution soit générale, représentons le côté du triangle équilatéral par a.

1° Il faut déterminer le centre O du triangle équilatéral (fig. 1120).

OD et OI sont les rayons demandés; OM est celui du cercle inscrit.

2° On sait que $\text{AM} = \dfrac{a}{2}\sqrt{3}$ (G., n° 316, I.)

Puis $\text{AO} = \dfrac{2}{3}\text{AM}$

donc $\text{AO} = \dfrac{a}{3}\sqrt{3}$

Or
$$OD = AO + \frac{a}{2} = \frac{a}{3}\sqrt{3} + \frac{a}{2} = \frac{a}{6}(2\sqrt{3} + 3) \qquad (1)$$

$$OI = AO - \frac{a}{2} = \qquad\qquad \frac{a}{6}(2\sqrt{3} - 3) \qquad (2)$$

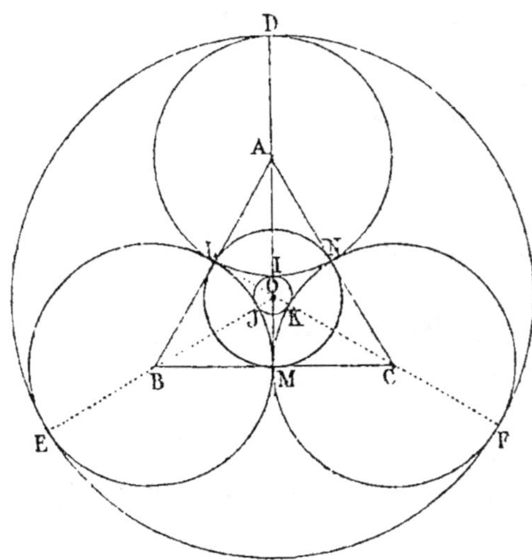

Fig. 1120.

Moyenne géométrique

$$\left[\frac{a}{6}(2\sqrt{3} + 3) \cdot \frac{a}{6}(2\sqrt{3} - 3) \right] = \frac{a}{6}$$

3°
$$OM = \frac{AM}{3} = \frac{a}{6}\sqrt{3}$$

Ainsi
$$OM = \sqrt{OA \cdot OI}$$

Remarque. Lorsque $a = 2$, on a :

$$AO = \frac{a}{3}(2\sqrt{3} + 3) \quad \text{et} \quad OI = \frac{a}{2}(2\sqrt{3} - 3)$$

1773. Lieu. 1° *Par les deux extrémités d'une droite AB et d'un même côté de cette droite, on lui élève deux perpendiculaires AC et BD telles que l'aire du trapèze ABCD ait une valeur constante donnée. Du milieu E de la droite AB, on abaisse une perpendiculaire EM sur la droite CD. Trouver le lieu décrit par le point M de cette perpendiculaire, quand on fait varier les longueurs des perpendiculaires AC et BD.*

2° *Même problème quand les lignes AC et BD, au lieu d'être perpendiculaires à AB, sont parallèles à une droite fixe donnée.* (Concours général de 1880, classe de troisième.)

Soit ABDC le trapèze ayant l'aire donnée k^2, et OE la base moyenne du trapèze.

L'aire égale AB.OE; donc $OE = \dfrac{k^2}{AB}$.

Donc le côté CD passe par un point fixe O, facile à déterminer.

Soit EM la perpendiculaire abaissée du point milieu E de AB sur CD.

Le lieu du point M est la circonférence décrite sur OE comme diamètre.

Remarques. 1° BAF est le trapèze limite, une des bases est nulle; ainsi, dans le sens direct de l'énoncé l'arc GMOH répond seul à la question.

Si on prenait les bases au-dessous de AB, il y aurait un second arc symétrique du premier par rapport à AB.

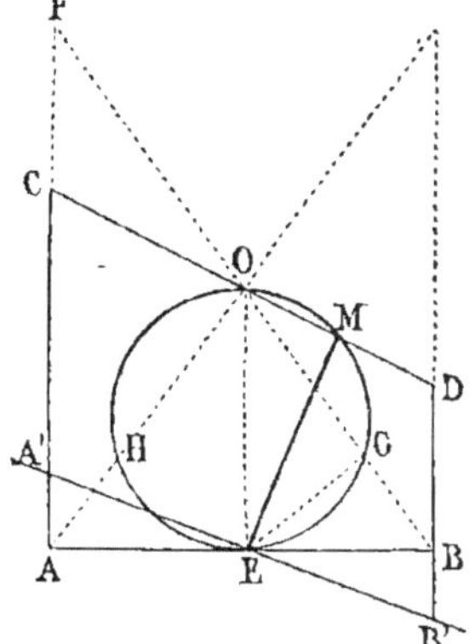

Fig. 1121.

2° Soit A'B' le côté donné et les bases A'C, B'D menées dans la direction voulue. Abaissons la perpendiculaire AEB sur les bases,

on aura $$AB.OE = k^2$$

d'où $$OE = \frac{k^2}{AB}.$$

et le lieu est encore la circonférence décrite sur OE comme diamètre.

3° Une des questions les plus intéressantes que l'on puisse proposer, relativement aux surfaces planes, est la recherche du lieu des points tels que si de chacun d'eux on abaisse des perpendiculaires sur les côtés d'un triangle donné et qu'on joigne deux à deux les pieds de ces perpendiculaires, le triangle obtenu ait une aire donnée.

Aux indications fournies par la *note* du n° 23, page 9, il convient d'ajouter la suivante : une solution analytique très élégante se trouve dans les *Leçons de Géométrie analytique* par MM. Briot et Bouquet, 10ᵉ édition n° 113.

LIVRE V

THÉORÈMES

Exercice 643

1774. Théorème. *Si une droite AB et un plan M sont parallèles, tout plan N perpendiculaire à la droite est aussi perpendiculaire au plan donné.*

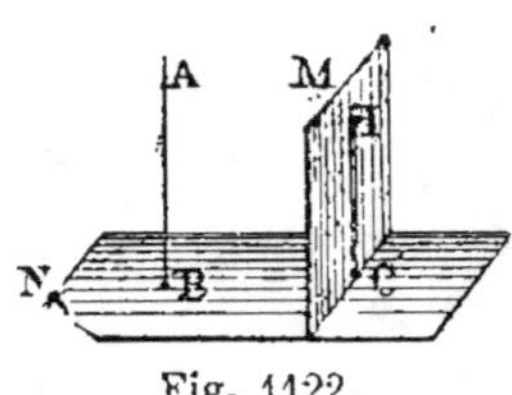

Fig. 1122.

1° Par un point quelconque I pris sur le plan M, menons une droite IC parallèle à AB; cette droite est contenue dans le plan M (G., n° 380), et, comme sa parallèle AB, elle est perpendiculaire au plan N (G., n° 392); donc le plan M, qui contient cette droite IC, est aussi perpendiculaire au plan N (G., n° 400).

2° **Réciproquement.** *Une droite AB et un plan M perpendiculaires à un même plan N sont parallèles.*

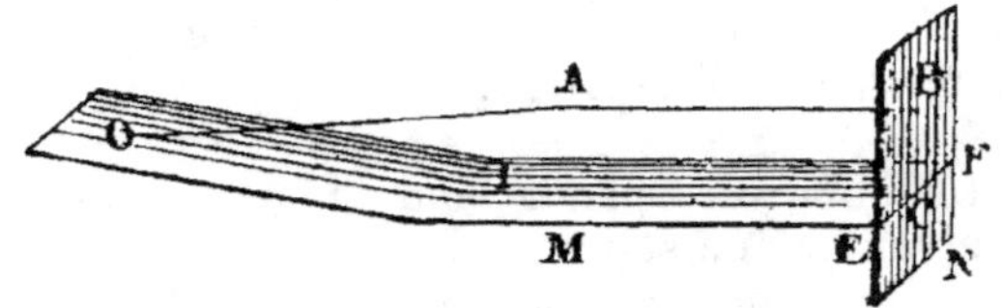

Fig. 1123.

En effet, si la droite AB et le plan M se rencontraient en un point quelconque, O, par exemple, on pourrait de ce point abaisser une droite OIC perpendiculaire à l'intersection EF; cette droite serait perpendiculaire au plan N (G., n° 402), et ainsi il y aurait deux perpendiculaires abaissées d'un même point sur un même plan, ce qui est impossible.

Donc la droite AB et le plan M sont parallèles.

Exercice 644

1775. Théorème. *Une droite AB et un plan M perpendiculaires à une même droite CD sont parallèles.*

En effet, si la droite AB et le plan M se rencontraient en un point quelconque, O, par exemple, on pourrait joindre ce point au point d'intersection E de la droite CD et du plan M.

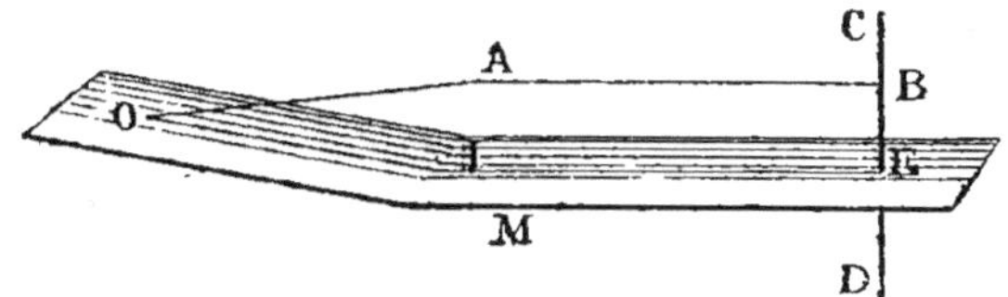

Fig. 1124.

La ligne CD étant donnée perpendiculaire au plan M, serait aussi perpendiculaire à OIE; et ainsi il y aurait d'un même point O deux perpendiculaires, OAB et OIE, abaissées sur une même droite, ce qui est impossible.

Donc la droite AB et le plan M sont parallèles.

Exercice 645

1776. **Théorème.** *Si deux plans sont respectivement parallèles à deux autres plans qui se coupent, les intersections sont parallèles.*

Soient les plans M et N, respectivement parallèles aux plans P et Q, qui se coupent suivant CD. Il faut prouver que l'intersection AB est parallèle à CD.

Les deux plans M et P étant parallèles, la droite AB, qui appartient au premier de ces plans, est parallèle au second (G., n° 376); de même, les plans N et Q étant parallèles, la droite AB, qui appartient au premier, est parallèle au second.

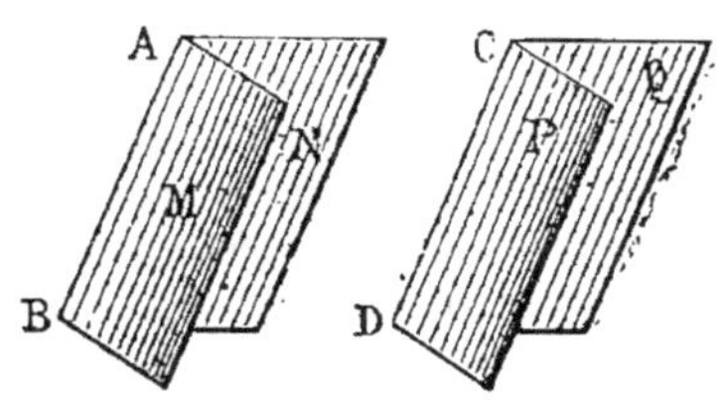

Fig. 1125.

Ainsi la droite AB, parallèle aux deux plans P et Q qui se coupent, est parallèle à leur intersection CD (G., n° 381). Donc...

Exercice 646

1777. **Théorème.** *Étant donnés un dièdre MIJN et une droite intérieure AB perpendiculaire à l'arête et oblique aux deux plans; si un plan se meut, en tournant autour de cette droite, et coupant les deux faces du dièdre, l'angle plan déterminé sur le plan mobile est minimum lorsque ce plan est perpendiculaire à l'arête.*

Soit CD la position du plan mobile lorsqu'il est perpendiculaire à l'arête IJ, et soit EF une autre position quelconque de ce même plan mobile.

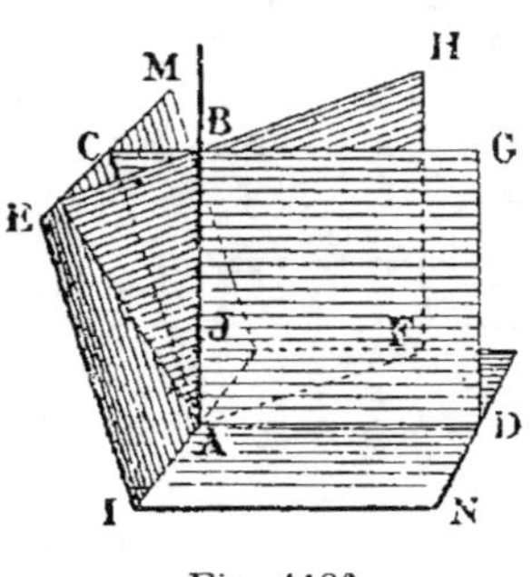

Fig. 1126.

L'arête IJ est perpendiculaire au plan CD, et par suite aux droites AC et AD qui sont dans ce plan. Ces droites AC et AD sont les projections de la droite AB sur les deux faces du dièdre.

Or l'angle que fait une droite avec sa projection sur un plan est moindre que l'angle qu'elle fait avec toute autre droite menée par son pied dans ce plan (G., n° 409); on a donc :

$$\text{Angle } BAC < BAE$$
$$BAD < BAF$$

d'où
$$CAD < EAF \quad C.\ Q.\ F.\ D.$$

Exercice 647

1778. **Théorème.** *Deux trièdres S et S' qui ont deux faces b et c, b' et c', respectivement égales, et le dièdre compris inégal, ont aussi la troisième face inégale, et réciproquement.*

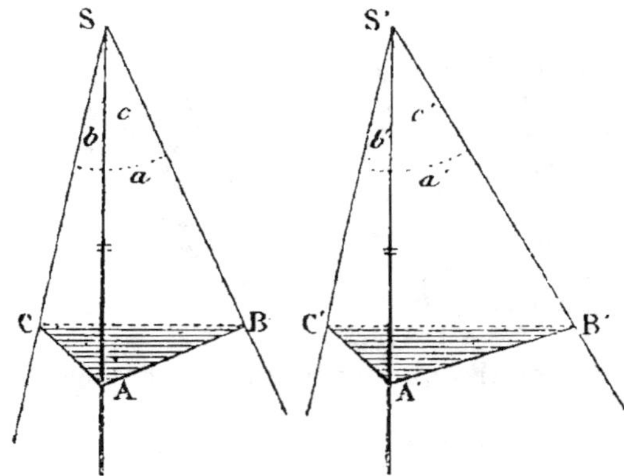

Fig. 1127.

Sur l'arête commune aux deux faces égales, portons des longueurs égales SA et S'A'; puis menons, perpendiculairement à ces mêmes arêtes, les plans ABC et A'B'C'. La droite SA sera perpendiculaire aux lignes AB et AC, et de même S'A' aux lignes A'B' et A'C'.

Les triangles SAC et S'A'C' sont égaux, comme ayant un côté égal (SA, S'A') adjacent à des angles respectivement égaux; donc
$$AC = A'C' \quad \text{et} \quad SC = S'C'$$

De même les triangles SAB et S'A'B' sont égaux, et l'on a :
$$AB = A'B' \quad \text{et} \quad SB = S'B'$$

1° Les dièdres SA et S'A' sont mesurés par les angles plans CAB et C'A'B'; de sorte que si l'on a SA < S'A', on a aussi
$$CAC < C'A'B'$$
Ainsi les triangles ABC et A'B'C' ont deux côtés respectivement égaux, et l'angle compris A < A'; donc CB < C'B'. (G., n° 56.)

Dès lors les triangles CBS et C'B'S' ont deux côtés respectivement égaux, et le troisième côté CB < C'B'; donc l'angle a est plus petit que a'.   C. Q. F. D.

2° **Réciproquement.** Supposons que l'on donne la face $a < a'$. Les triangles CBS et C'B'S' ont deux côtés respectivement égaux, et l'angle $a < a'$; donc CB < C'B'.

Dès lors les triangles ABC et A'B'C' ont deux côtés respectivement égaux, et le troisième côté CB < C'B'; donc l'angle CAB est plus petit que C'A'B', et le dièdre SA est plus petit que S'A'.   C. Q. F. D.

Exercice 648

1779. Théorème. *Si deux faces ASB et ASC d'un trièdre sont égales, les dièdres opposés SC et SB sont aussi égaux, et réciproquement.* (Ce trièdre est dit *isocèle* ou *isoèdre*.)

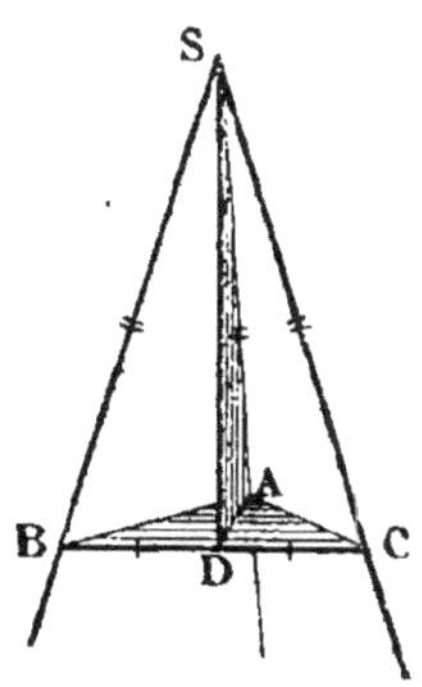

Fig. 1128.

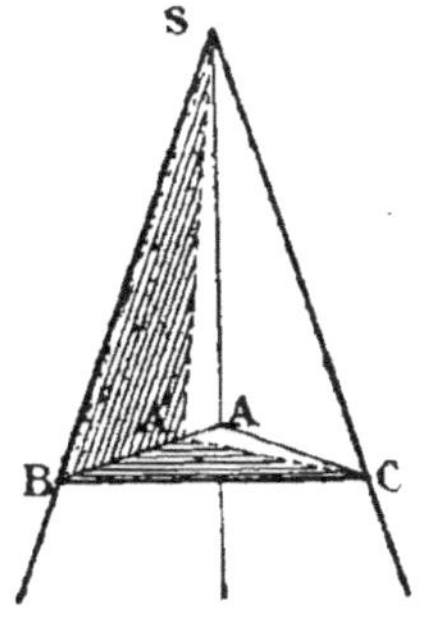

Fig. 1129.

1° Portons sur les arêtes (fig. 1128) trois longueurs égales SA, SB, SC; menons le plan ABC et un autre plan ASD par l'arête SA et par le milieu de BC.

Le triangle BSC est isocèle, et ce triangle est divisé en deux parties égales par la médiane SD.

Le plan ASD divise le trièdre donné en deux dièdres égaux, comme ayant les faces respectivement égales (G., n° 423); donc les dièdres homologues SB et SC sont égaux.   C. Q. F. D.

2° **Réciproquement.** Si les dièdres SB et SC sont donnés égaux, il s'agit de prouver que les faces opposées ASC et ASB sont égales.

Si l'on supposait la face ASC plus petite que ASB (fig. 1129), on porterait la valeur angulaire CSA en BSA', et l'on mènerait le plan CSA'. Les deux trièdres SABC et SA'BC auraient un dièdre égal compris entre des faces respectivement égales, et ces deux trièdres seraient égaux; ce qui est impossible, car le second n'est qu'une partie du premier.

Donc, on ne peut supposer inégales les faces ASB et ASC...

Corollaire. *Un trièdre équilatéral est équiangle, et réciproquement.* (G., n° 60.)

1780. Scolie. Dans le trièdre isocèle SABC (fig. 1128), le plan ASB est mené par l'arête *sommet* SA et par la bissectrice SD de la face opposée, laquelle face pourra être nommé *base*. Ce plan partage le trièdre total en deux trièdres partiels, égaux dans toutes leurs parties; donc les dièdres partiels formés en SA sont égaux. Il en est de même des dièdres formés en SD; et ces derniers sont droits.

Ainsi le plan ASD remplit quatre conditions, dont deux suffisent pour le déterminer. De là découlent quatre propositions qui se trouvent toutes démontrées par l'une quelconque d'entre elles, et que l'on pourrait d'ailleurs établir séparément. (G., n° 61.)

Dans tout trièdre isocèle:

1° Le plan mené par l'arête sommet et par la bissectrice de la face opposée est perpendiculaire à cette face, et est bissectrice du dièdre du sommet;

2° Le plan mené par l'arête sommet perpendiculairement à la face opposée passe par la bissectrice de cette face, et est bissecteur du dièdre du sommet;

3° Le plan bissecteur du dièdre-sommet est perpendiculaire à la face opposée, et passe par la bissectrice de cette face;

4° Le plan mené perpendiculairement à la face de base par la bissectrice de cette même face, divise le dièdre opposé en deux dièdres égaux.

Exercice 649

1781. Théorème. *Dans tout trièdre S, à un plus grand dièdre se trouve opposée une plus grande face, et réciproquement.* (G., n°ˢ 62, 63.)

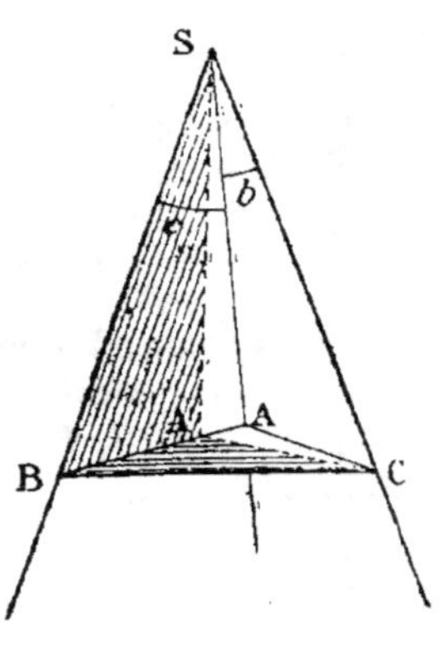

Fig. 1130.

1° Soit donné le dièdre $SB < SC$. Menons un plan SCA' qui détermine en SC, avec la face SCB, un dièdre égal à SB. Le trièdre SA'BC sera isocèle, et la face A'SB sera égale à A'SC (n° 1779, 2°).

Entre les faces du trièdre SACA' on a la relation (G., n° 417)

$$ASC < ASA' + A'SC$$

Remplaçons la face A'SC par son égale A'SB, il vient, tout étant réduit,

$$ASC < ASB \qquad C. Q. F. D.$$

2° Réciproquement. *A une plus grande face est opposé un plus grand dièdre.*

Soit, dans le trièdre SABC, la face *c* plus grande que *b*. Il faut prouver que le dièdre SC est plus grand que SB.

Si l'on supposait égaux ces deux dièdres, les faces opposées seraient égales (n° 1779, 2°); ce qui est contre l'hypothèse.

Si l'on supposait le dièdre SC plus petit que SB, on aurait, en vertu du théorème direct, $c < b$; ce qui est encore contraire à l'hypothèse.

Ainsi le dièdre SC est plus grand que SB.   *C. Q. F. D.*

Exercice 650

1782. Théorème. *Si un angle solide a toutes ses arêtes coupées par un plan quelconque, variable de position, la somme des angles plans déterminés sur les faces de l'angle solide d'un même côté du plan sécant est constante.*

Soit *n* le nombre des faces latérales de l'angle solide considéré. Tout plan M qui coupe toutes les arêtes d'un même côté du sommet, détermine sur les faces latérales *n* triangles, pour lesquels la somme totale des angles est un nombre d'angles droits exprimé par $2n$.

Cette somme se compose de deux parties : 1° la somme des valeurs angulaires qui forment les faces de l'angle solide, en S; 2° la somme des angles déterminés sur ces mêmes faces au-dessus du plan sécant. Or, quelle que soit la position du plan sécant, la première partie est constante; donc la deuxième l'est aussi.

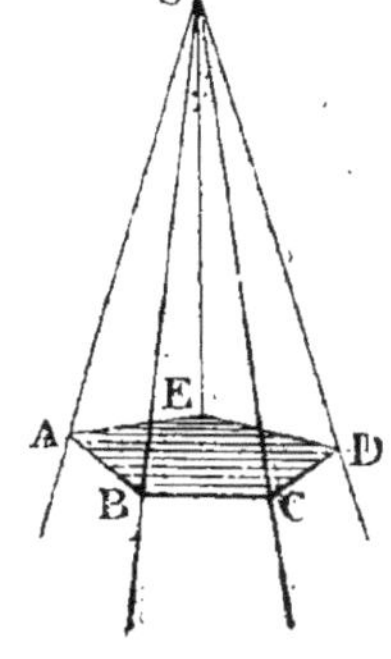

Fig. 1131.

Considérons, en second lieu, les angles qui sont déterminés sur les faces au-dessous du plan sécant. Chacun de ces angles est le supplément de l'angle adjacent qui se trouve au-dessus de ce même plan; à chaque arête il y a ainsi une somme de quatre angles droits : et la valeur totale des angles, tant supérieurs qu'inférieurs, est un nombre de droits exprimé par $4n$. Mais la somme des angles supérieurs est constante; donc la somme des angles inférieurs l'est aussi.

Exercice 651

1783. Théorème. *Pour qu'on puisse former un trièdre avec trois faces données a, b, c, il faut et il suffit que la somme des trois faces soit moindre que quatre droits, et que la plus grande face soit moindre que la somme des deux autres.*

1° La première condition résulte de ce qu'un trièdre est nécessairement convexe, et que, dans un tel angle, la somme des faces est inférieure à quatre droits. (G., n° 449.)

2° Soient *a* la plus grande face et *c* la plus petite. Assemblons les deux faces *b* et *c* par l'arête commune SA, et ouvrons-les de manière à les mettre dans un même plan MM.

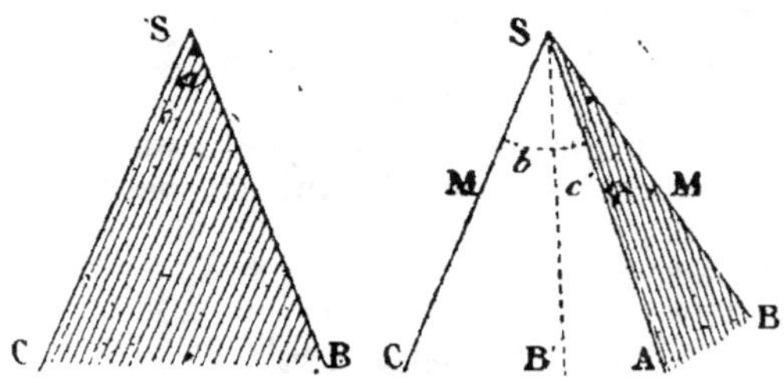

Fig. 1132.

Si l'on faisait tourner la face *c* autour de l'arête SA d'un demi-tour, l'arête SB se trouverait transportée en SB′ dans l'ouverture *b*.

L'angle total CSB est la somme des faces *b* et *c*, et l'angle CSB′ est la différence de ces mêmes faces.

La grande face *a* est donnée plus petite que la somme des deux autres; et comme elle est plus grande que chacune des deux autres, elle est, à plus forte raison, plus grande que leur différence.

Si donc on transportait la face *a* sur le plan CSB, cette face serait trop petite pour atteindre les deux arêtes SC et SB, et trop grande pour être contenue entre SC et SB′.

Or, dans le mouvement de rotation de SAB autour de SA, l'angle des deux arêtes SC et SB passe par toutes les valeurs intermédiaires de CSB à CSB′.

Il y a donc une position SB pour laquelle l'angle CSB est égal à la face *a*; ce qui montre que le trièdre est possible.

Exercice 652

1784. Théorème. *Pour que l'on puisse former un trièdre avec trois angles dièdres donnés* A, B, C, *il faut et il suffit que leur somme soit comprise entre deux et six droits, et que le plus petit dièdre, augmenté de deux droits, surpasse la somme des deux autres.*

Soit A le plus petit dièdre. Appelons a', b', c' les angles plans supplémentaires de A, B, C. L'angle a' sera le plus grand de ces trois suppléments.

1° Les conditions énoncées sont nécessaires, car ce sont des propriétés de tout trièdre. (G., n° 427.)

2° Les conditions données peuvent se résumer ainsi :

$$6 \text{ droits} > A + B + C > 2 \text{ droits}, \quad A + 2 \text{ droits} > B + C$$

De là résultent les relations ci-après entre les valeurs supplémentaires (on retranche de six droits les trois membres de la première relation, et de quatre droits les deux membres de la seconde) :

$$0 < a' + b' + c' < 4 \text{ droits}, \quad a' < b' + c'$$

Ainsi la somme des trois angles plans a', b', c' est inférieure à quatre angles droits, et le plus grand, a', est moindre que la somme des deux autres.

Donc un trièdre peut être construit avec trois faces égales respectivement à a', b', c'. Le trièdre supplémentaire de ce premier trièdre aura pour dièdres les suppléments de a', b', c', soit les dièdres donnés A, B, C. (G., n° 416.)

Donc, *pour que l'on puisse former...*

Exercice 653

1785. Théorème. *Les trois plans perpendiculaires aux faces d'un trièdre S, menés par les arêtes opposées à ces faces, se rencontrent suivant une même droite* (plans hauteurs).

Ces plans ne sont autre chose que les plans projetants des trois arêtes sur les faces opposées.

Considérons deux de ces plans, SBE et SCF (il faut supposer le sommet S en avant du plan ABC); soit SO l'intersection de ces deux plans. Coupons le trièdre S par un plan quelconque ABC perpendiculaire à SO; cette droite SO, perpendiculaire au plan ABC, sera aussi perpendiculaire aux intersections ou traces BE et CF situées dans ce plan.

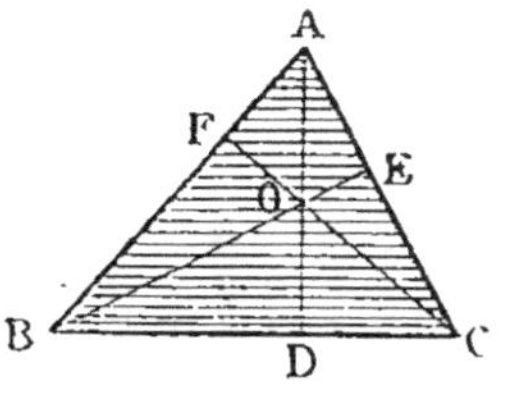

Fig. 1133.

Or le plan SBE, perpendiculaire aux deux plans ABC et SAC, est perpendiculaire à leur intersection AC; ainsi sa trace BE, perpendiculaire à AC, est l'une des hauteurs du triangle ABC.

Il en est de même de la trace CF, et aussi de la trace du troisième plan SAD. Or les trois hauteurs du triangle ABC se rencontrent en un même point O (n° 445); donc les trois *plans hauteurs* du trièdre S se rencontrent suivant une même droite SO.

C. Q. F. D.

Exercice 654

1786. Théorème. *Dans un trièdre quelconque S, les trois plans bissecteurs des dièdres se rencontrent suivant une même droite dont chaque point est équidistant des faces.*

(Supposez le sommet S en avant du plan ABC.)

Soit SO l'intersection de deux plans bissecteurs SBE et SCF.

La droite SO appartenant à chacun des plans bissecteurs SBE et SCF,

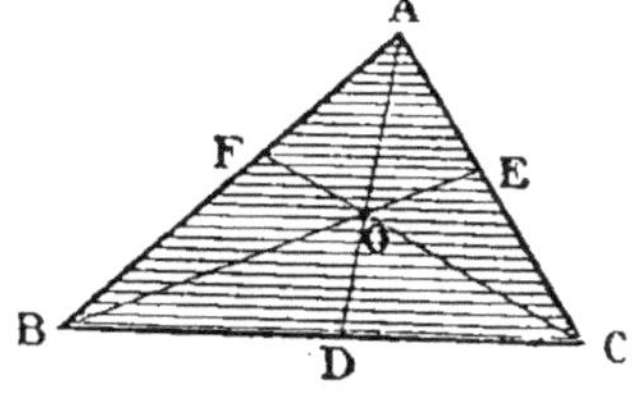

Fig. 1134.

chaque point de SO est équidistant des faces SBC, SCA et SBA. (G., n° 399, 4°.)

Donc chaque point de SO est équidistant des trois faces du trièdre, et en particulier des deux faces du dièdre SA ; d'où il suit que cette ligne SO appartient au plan bissecteur de ce même dièdre SA. Donc, *dans un trièdre quelconque...*

Exercice 655

1787. Théorème. *Dans tout trièdre S, les trois plans qui passent par les arêtes et par les bissectrices des faces opposées, se rencontrent suivant une même droite* (plans médians).

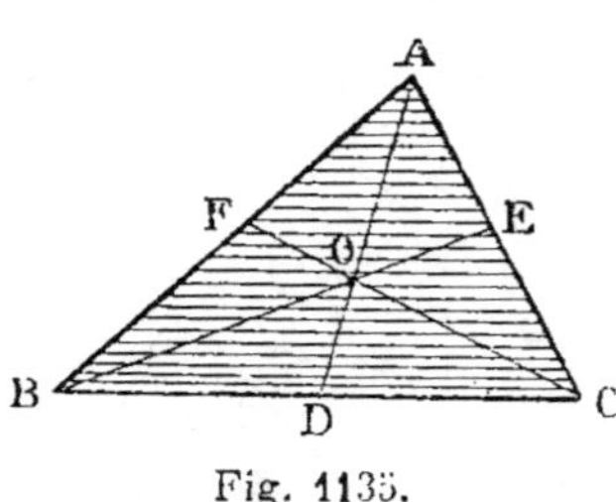

Fig. 1135.

(Supposez le sommet S en avant du plan ABC.)

Portons sur les arêtes des longueurs égales SA, SB, SC, et coupons le trièdre par le plan ABC.

Soient SBE et SCF deux des plans médians. Les distances SA et SC étant égales, le triangle ASC est isocèle ; donc la bissectrice SE tombe au milieu E de la base AC ; alors la trace BE est une médiane du triangle ABC ; il en sera de même de CF et de la troisième trace AD.

Or les trois médianes du triangle ABC se rencontrent en un même point O ; ce point est donc commun aux trois plans médians. Et comme ces plans passent aussi par le sommet S, on voit qu'ils se rencontrent suivant un même droite SO. *C. Q. F. D.*

1788. Théorème. *Le plan indéfini* P, *mené perpendiculairement au plan d'un angle* ASC, *par la bissectrice* SE *de ce même angle, est le lieu des points équidistants des côtés de l'angle* S.

Nous avons admis, dans ce qui précède, que le plan indéfini P,

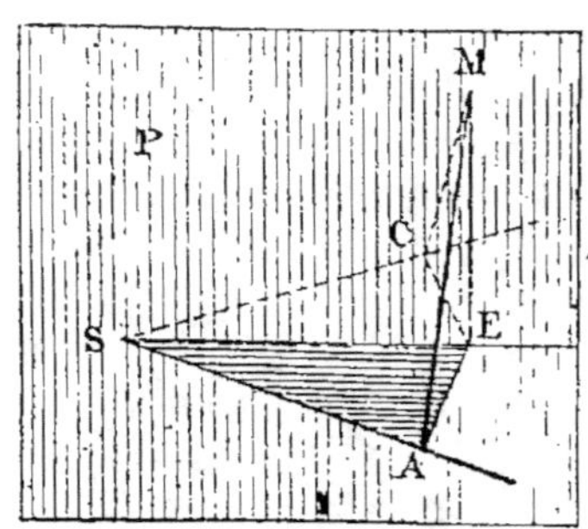

Fig. 1136.

mené perpendiculairement au plan d'un angle ASC par la bissectrice SE de ce même angle, est le lieu des points équidistants des côtés de l'angle S. Cette propriété est une conséquence du *théorème des trois perpendiculaires.* (G., n° 372.)

En effet, soit M un point quelconque du plan P. Menons ME perpendiculaire à SE, puis les droites EA et EC perpendiculaires aux côtés de l'angle S, et enfin MA et MC. On a EA = EC ; la droite ME est perpendiculaire au plan ASC ; MA et MC sont deux obliques qui s'écartent également de la perpendiculaire : ainsi ces lignes sont égales, et le point M est équidistant des côtés SA et SC.

Exercice 656

1789. Théorème. *Les trois plans menés perpendiculairement aux faces d'un trièdre S par les bissectrices de ces mêmes faces, se rencontrent suivant une même droite dont chaque point est équidistant des trois arêtes.*

(Supposez le sommet S en avant du plan ABC.)

Portons sur les arêtes des longueurs égales SA, SB, SC, et coupons le trièdre par le plan ABC.

Considérons deux des plans en question ; par exemple, SOE et SOF.

Les distances SA et SC étant égales, la droite AC est perpendiculaire à la bissectrice SE, et a le point E pour milieu.

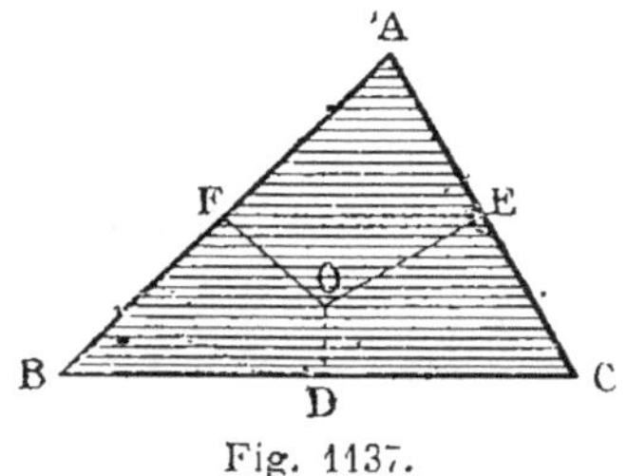

Fig. 1137.

Le plan indéfini SOE est le lieu des points équidistants des deux côtés de l'angle ASC ; ainsi le point O de ce plan est équidistant des arêtes SA et SC. De même le plan indéfini AOF est le lieu des points équidistants des côtés de l'angle ASB, et le point O de ce plan est équidistant des arêtes SA et SB.

Donc chaque point de SO est équidistant des trois arêtes du trièdre, et en particulier des deux arêtes de la face BSC ; d'où il suit que cette ligne SO appartient au plan mené perpendiculairement à la face BSC par la bissectrice de cette même face. Donc, *les trois plans...*

Exercice 657

1790. Théorème. *La projection d'une surface plane quelconque sur un plan égale le produit de cette surface par le cosinus de l'angle qu'elle fait avec le plan.*

1° Considérons d'abord un triangle ABC situé dans le plan M, et sa projection A'B'C' sur le plan N, et supposons que l'un des côtés, AC, par exemple, soit parallèle à l'intersection EF des deux plans. La projection A'C' sera parallèle à EF et égale à AC.

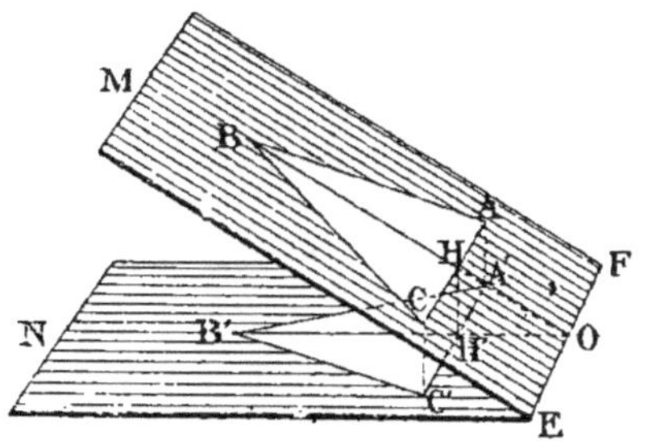

Fig. 1138.

Prenons ce côté AC pour base du triangle. La hauteur BH ou h, perpendiculaire sur AC, est aussi perpendiculaire sur EF, et sa projection B'H' ou h' sur le plan N sera également perpendiculaire à l'intersection EF; de sorte que l'angle BOB' est l'angle des deux plans.

Or dans le plan BOB' on a

$$h' = h \cdot \cos O$$

car on sait que la projection d'une droite sur un plan quelconque égale la droite donnée multipliée par le cosinus de l'angle que cette ligne fait avec sa projection. (Trig., n° 33.)

Multiplions le premier membre par $^1/_2$A'C' et le second par $^1/_2$AC, ce qui revient à multiplier les deux membres par $^1/_2 b$, il vient

$$^1/_2 bh' = {}^1/_2 bh \cdot \cos O$$

Or $^1/_2 bh'$ est l'aire de la projection A'B'C', et $^1/_2 bh$ est l'aire du triangle considéré ABC. Donc le théorème est déjà vrai dans ce cas.

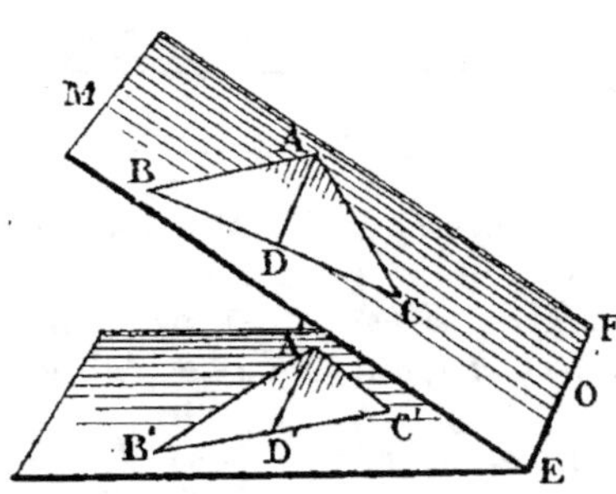

Fig. 1139.

2° Si le triangle considéré ABC n'a aucun côté parallèle à l'intersection EF des deux plans MN, on mène une droite AD parallèle à EF, et le triangle ABC se trouve ainsi décomposé en deux triangles ABD et ACD qui rentrent dans le premier cas considéré. On aura donc

$$A'B'D' = ABD \cdot \cos O$$
$$A'C'D' = ACB \cdot \cos O$$

d'où, en additionnant,

$$A'B'C' = ABC \cdot \cos O$$

3° Un polygone quelconque étant décomposable en triangles, la formule du théorème sera encore applicable. Il en sera de même des figures terminées en tout ou en partie par des lignes courbes; car ces figures sont des limites de polygones rectilignes, et on peut même les considérer comme des polygones d'une infinité de côtés.

Scolies. I. *Les projections, sur un même plan, de deux figures équivalentes situées dans un même plan donné, sont équivalentes entre elles.*

II. *Les projections, sur un même plan, de deux figures quelconques situées dans un même plan donné, sont dans le même rapport que les figures plans données.*

Exercice 658

1791. **Théorème.** *Par le sommet d'un trièdre, on mène dans le plan de chaque face une droite perpendiculaire à l'arête opposée; démontrer que ces trois perpendiculaires sont dans un même plan.*

Soient SAD, SBE, SCF les plans menés par chaque arête perpendi
culairement à la face opposée; on
sait que ces trois plans se coupen
suivant une droite SH (n° 1785)

Menons une section quelconque
ABC perpendiculaire à la droite
SH, et un plan P parallèle.

La droite BC, intersection des
plans CAB, CSB perpendiculaires
au troisième plan SAD, est elle-
même perpendiculaire à ce plan
SAD; donc, si SL est l'intersection de la face CSB et du plan P,
la droite SL sera perpendiculaire
au plan SAD et par suite à l'a-
rête SA contenue dans ce plan.

De même SM, parallèle à AC,
est une droite contenue dans la
face SAC et perpendiculaire à
l'arête opposée SB.

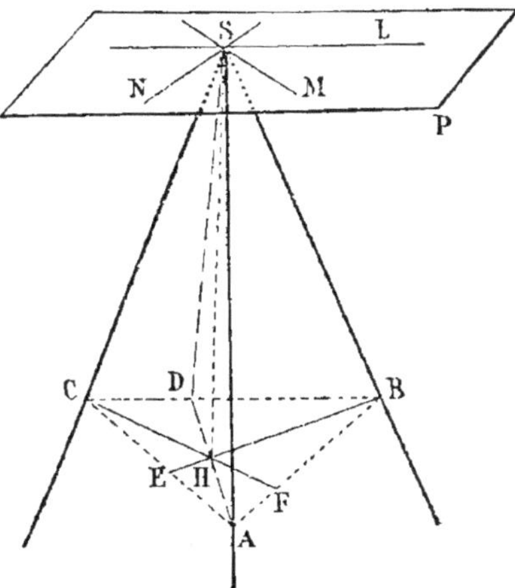

Fig. 1140.

SN parallèle à AB est perpendiculaire à SC.

Or, les trois perpendiculaires SL, CM, SN sont dans un même
plan.

Exercice 659

1792. Théorème. *Les milieux des côtés
d'un quadrilatère gauche sont les sommets
d'un parallélogramme.*

On sait qu'on nomme *quadrilatère gauche*
la figure ABCD formée par quatre droites
non situées dans un même plan. Les diagonales AC et BD ne se rencontrent pas.

La démonstration est identique à celle que
l'on donne en géométrie plane (n° 542).

EF est parallèle à BD et en égale la moitié.

GH est parallèle à BD et en égale la moitié.

Donc EF, GH sont des droites égales et

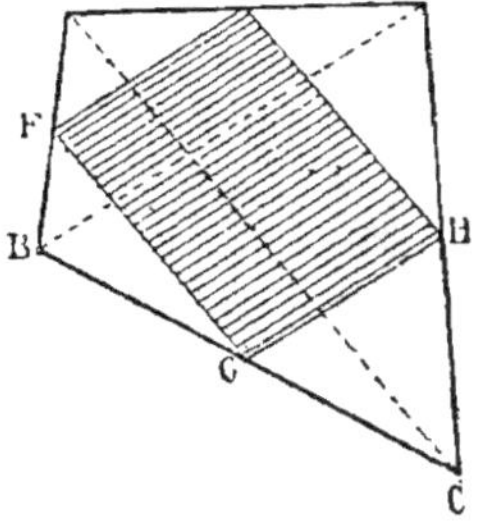

Fig. 1141.

parallèles; donc elles sont dans un même plan et forment les côtés
opposés d'un parallélogramme.

1793. Théorème. *Les droites qui joignent les milieux des côtés opposés d'un quadrilatère gauche se coupent en leurs milieux.*

En effet EG, FH sont les diagonales d'un parallélogramme.

1794. Théorème. *Le point de concours des droites qui joignent deux
à deux les milieux des côtés opposés d'un quadrilatère gauche, est
le point milieu de la droite qui joint les points milieux des diagonales.*

Comme en géométrie plane (n° 548).

Mais les trois droites qui joignent deux à deux les milieux des côtés opposés et les milieux des diagonales ne sont pas dans un même plan, sans quoi les quatre côtés donnés et les deux diagonales seraient aussi dans un même plan.

Exercice 660

1795. Théorème. *Dans tout quadrilatère gauche, la somme des carrés des côtés égale la somme des carrés des diagonales, plus quatre fois le carré de la droite qui joint les milieux des diagonales.*

Cette extension du *théorème d'Euler* est due à Carnot. Elle se démontre comme le théorème connu (n° 1205).

1796. Théorème. *Dans tout quadrilatère gauche, la somme des carrés des diagonales est double de la somme des carrés des deux droites qui joignent les milieux des côtés opposés.*

Comme en géométrie plane (n° 1204).

Exercice 661

1797. Théorème. *A partir de deux sommets opposés* A, C *d'un quadrilatère gauche, on divise les quatre côtés dans un même rapport donné* $\dfrac{m}{n}$; *les quatre points obtenus sont les sommets d'un parallélogramme inscrit.*

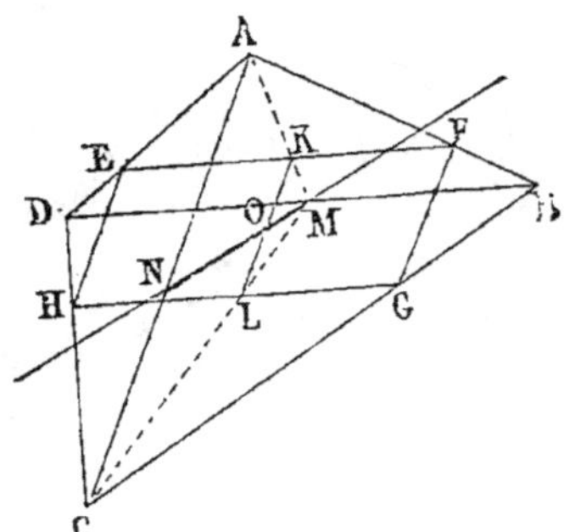

Fig. 1142.

Le théorème se démontre comme en géométrie plane.

Soit $\quad \dfrac{AE}{AD} = \dfrac{AF}{AB} = \dfrac{m}{n}$

La droite EF est parallèle à BD (G., n° 214); de plus $\dfrac{EF}{BD}$ égale aussi $\dfrac{m}{n}$; donc $EF = BD . \dfrac{m}{n}$.

De même GH est parallèle à BD et égale $BD . \dfrac{m}{n}$.

Donc la figure EFGH est un parallélogramme, car elle a deux côtés opposés EF, GH égaux et parallèles.

Remarques. 1° On peut prendre les points E, F sur le prolongement des côtés AD, AB ; on obtient encore des parallélogrammes.

2° Si l'on donnait $\qquad \dfrac{AE}{ED} = \dfrac{m}{n}$

on poserait $\dfrac{AE}{AD} = \dfrac{EF}{BD} = \dfrac{m}{m+n}$; d'où $EF = BD . \dfrac{m}{m+n}$

3° Quatre points non situés dans un même plan, donnent lieu à trois groupes de quatre droites qu'on peut prendre comme côtés d'un quadrilatère gauche : ABCDA, ABDCA, ADBCA.

Exercice 662

1798. Théorème. *Tout plan parallèle à deux côtés opposés d'un quadrilatère gauche, divise les deux autres côtés en parties directement proportionnelles.*

Soit ABCD un quadrilatère gauche.

Dans le plan BCD de deux côtés adjacents, menons Da parallèle à CB, et Ba parallèle à CD. Joignons Aa ; soit l la longueur de Aa.

La figure a BCD *est un parallélogramme,* car les côtés opposés sont parallèles.

Tout plan parallèle au plan ADa sera parallèle aux côtés opposés AD et BC ; car il sera parallèle à AD, à Da, et par suite à la parallèle BC.

Réciproquement. *Tout plan parallèle aux côtés opposés* AD, BC, *sera parallèle au plan* ADa ; car il sera parallèle aux deux droites DA, Da.

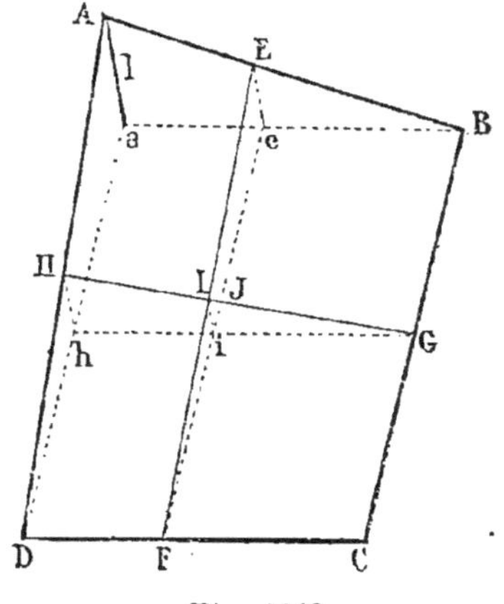

Fig. 1143.

Tout plan parallèle au plan ABa est parallèle aux côtés opposés AB, CD, et réciproquement.

Actuellement, soit EFc un plan parallèle aux côtés AD, BC ; ce plan sera parallèle à ADa, car les intersections de deux plans parallèles par un troisième sont parallèles (G., n° 383) ; donc Fc est parallèle à Da ; Ec est parallèle à Aa ; donc

$$\frac{BE}{AE} = \frac{Bc}{ac} = \frac{CF}{DF} \qquad C.\,Q.\,F.\,D.$$

Remarque. Soit

$$\frac{BE}{AE} = \frac{m}{n}$$

on aura

$$\frac{BE}{AE} = \frac{m}{m+n} = \frac{Ec}{l} ; \quad \text{d'où} \quad Ec = \frac{lm}{m+n} \qquad (1)$$

Exercice 663

1799. Théorème. *On mène un plan parallèle à deux côtés opposés d'un quadrilatère gauche, ce plan coupe les deux autres côtés en deux points* E, F ; *puis on mène un plan parallèle au second groupe de* *côtés opposés, il coupe les premiers en deux points* G, H; *prouver que les droites* EF, GH *sont dans un même plan* (fig. 1143).

Soit le plan EFe parallèle à ADa et HGh parallèle à ABa.

On sait que AB et DC sont divisés dans un même rapport.

De même CB et DA sont divisés dans un même rapport.

Les quatre plans parallèles deux à deux donnent quatre droites parallèles entre elles Aa, Ee, Hh, Ii.

Soit I le point où l'intersection des deux plans EFe et HGh rencontre EF, et J le point où la *même intersection* rencontre GH.

Il suffit de prouver que Ii = Ji; car si cette égalité a lieu, le point I se confondra avec J et appartiendra aux deux diagonales EF et GH.

$$\text{Soit}\quad \frac{BE}{AE}=\frac{m}{n}\ ;\quad \frac{BE}{AB}=\frac{m}{m+n}=\frac{Fe}{l}\ ;\quad \text{d'où}\quad Ee=\frac{lm}{m+n}\quad (1)$$

$$\text{Soit}\quad \frac{CG}{BG}=\frac{p}{q}\ ;\quad \frac{CG}{BC}=\frac{p}{p+q}=\frac{Hh}{l}\ ;\quad \text{d'où}\quad Hh=\frac{lp}{p+q}\quad (2)$$

Or,

$$\frac{Fi}{Fe}=\frac{CG}{CB}\ ;\quad \text{donc}\quad \frac{Ii}{Ee}=\frac{p}{p+q}\ ;\quad \text{d'où}\quad Ii=Ee.\frac{p}{p+q}=\frac{lmp}{(m+n)(p+q)}$$

$$\frac{Gi}{Gh}=\frac{CF}{CD}\ ;\quad \text{donc}\quad \frac{Ji}{Hh}=\frac{m}{m+n}\ ;\quad \text{d'où}\quad Ji=Hh.\frac{m}{m+n}=\frac{lmp}{(m+n)(p+q)}$$

Donc les points I, J se confondent; les droites EF, GH se coupent, et par suite sont dans un même plan.

1800. **Théorème réciproque.** *Tout plan* EFGH *mené par deux points* E, F *qui divisent dans un même rapport deux côtés opposés d'un quadrilatère gauche, divise les deux autres côtés en* G, H *dans un même rapport.*

Exercice 664

1801. **Théorème.** *Tout plan* EFGH *mené par les points milieux* G, H *de deux côtés opposés d'un quadrilatère gauche, divise les deux autres côtés aux points* E, F *en parties proportionnelles.*

Ce n'est qu'un corollaire du théorème réciproque ci-dessus (n° 1800); mais, comme on le rappelle assez fréquemment, il convient d'en donner une démonstration décrite.

Soit *abcd* le plan mené par les points E, F milieux de BC et AD, et *abcd* la figure obtenue en projetant sur ce plan le quadrilatère gauche.

Par construction,   BE = CE

donc bE = cE   et   Bb = Cc

de même aF = dF   et   Aa = Dd

Or les projetantes Aa, Bb, Cc, Dd sont parallèles; donc

$$\frac{AG}{BG} = \frac{aG}{bG} = \frac{Aa}{Bb} \quad \text{et} \quad \frac{DH}{CH} = \frac{dH}{cH} = \frac{Dd}{Cc}$$

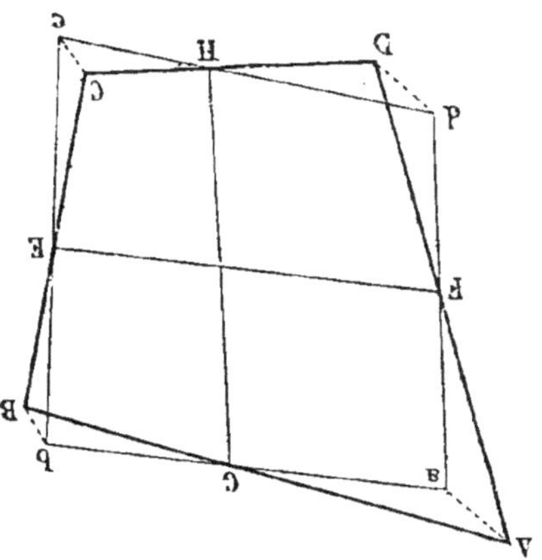

Fig. 1144.

Mais $\qquad \dfrac{Aa}{Bb} = \dfrac{Dd}{Cc}$; donc $\dfrac{AG}{BG} = \dfrac{DH}{CH}$ $\qquad$ *C. Q. F. D.*

Corollaire. Toute droite telle que GH est divisée en parties égales par EF.

Remarques. 1° En procédant d'une manière analogue, on démontrerait directement le théorème réciproque, dont celui-ci n'est qu'un cas particulier.

2° Le *quadrilatère gauche* se rencontre fréquemment dans les applications ∗.

Exercice 665

1802. Théorème. *Lorsqu'un polygone gauche est coupé par un plan, chaque côté est divisé en deux segments; le produit des segments qui n'ont pas d'extrémité commune égale le produit des autres segments.* (CARNOT, *Géométrie de position.*)

En projetant la figure sur un plan perpendiculaire au plan sécant, on retombe sur le théorème connu de la Géométrie plane (n°s 181 et 1229); car on trouve un polygone plan *abcd* ... coupé par une droite en l, m, n ...

Or, on a la relation $\quad \dfrac{al}{bl} \cdot \dfrac{bm}{cm} \cdot \dfrac{cn}{dn} \ldots = 1$

Mais $\qquad \dfrac{AL}{BL} = \dfrac{al}{bl}$; $\quad \dfrac{BM}{CM} = \dfrac{bm}{cm}$ etc.

donc $\qquad \dfrac{AL}{BL} \cdot \dfrac{DM}{CM} \cdot \dfrac{CN}{DN} \ldots = 1$ $\qquad$ *C. Q. F. D.*

∗ Voir *Éléments de Géométrie* (n°s 923 à 943) et *Arpentage, Levé des plans et nivellement* (n°s 542 à 549).

LIEUX GÉOMÉTRIQUES

Exercice 666

1803. Lieu. *Un plan M tourne autour d'une droite fixe XY (une girouette autour de son axe); d'un point fixe O, on abaisse des perpendiculaires sur le plan mobile en ses diverses positions. Quel est le lieu de ces perpendiculaires?*

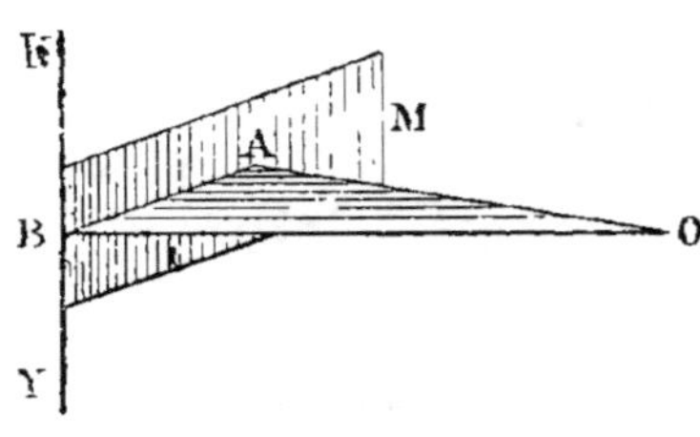

Fig. 1145.

Soit OA la perpendiculaire au plan M. Menons la droite AB perpendiculaire à l'axe XY, et traçons OB.

En vertu du théorème des trois perpendiculaires (G., n° 372), la droite OB est perpendiculaire à XY.

Ainsi l'axe XY est perpendiculaire aux deux droites OB et AB, et par suite à leur plan OAB.

Le lieu de la perpendiculaire OA est donc *le plan mené par le point donné O, perpendiculairement à l'axe donné XY.*

Scolie. Le triangle OAB est rectangle en A, et l'hypoténuse OB est immobile; donc le lieu du pied A de la perpendiculaire OA est la circonférence décrite sur OB dans le plan mené par le point O perpendiculairement à l'axe XY.

Exercice 667

1804. Lieu. *Étant données deux droites quelconques AB et CD, on fait mouvoir une troisième droite MN le long de la première et parallèlement à la seconde. Quel est le lieu décrit par la droite mobile?*

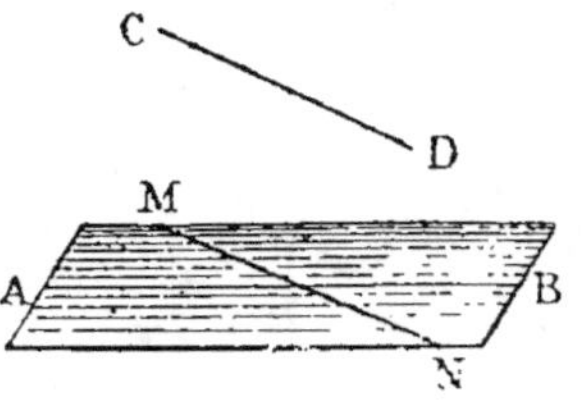

Fig. 1146.

Les deux droites MN et CD étant parallèles, tout plan mené par MN est parallèle à CD. (G., n° 376.) Or, en l'une quelconque de ses positions, la droite mobile MN détermine avec AB un plan parallèle à la droite CD. C'est donc ce plan qui est le lieu demandé.

Exercice 668

1805. Lieu. *Lieu des points équidistants de deux plans parallèles.*

C'est un troisième plan mené parallèlement aux deux plans donnés par le milieu d'une perpendiculaire commune à ces deux plans.

Car toutes les perpendiculaires menées entre ces trois plans seront divisées en deux parties égales. (G., n° 385.)

Exercice 669

1806. Lieu. *Lieu des points équidistants de deux plans quelconques.*

C'est l'ensemble des deux plans bissecteurs des dièdres formés par ces deux plans. Car le plan bissecteur d'un dièdre est le lieu des points équidistants des deux faces de ce dièdre. (G., n° 339, 4°.)

Exercice 670

1807. Lieu. *Lieu des parallèles menées à un plan donné A par un point donné O.*

C'est le plan M mené par le point donné parallèlement au plan donné. Car toute droite OM menée dans ce plan est parallèle au plan donné A... (G., n° 376.)

Exercice 671

1808. Lieu. *Lieu des points équidistants de deux droites AB et CD qui se coupent.*

Les droites données déterminent un plan PQ. Le lieu cherché comprend d'abord les bissectrices indéfinies EF et GH des angles que forment les droites données ; mais le lieu complet se compose des plans indéfinis M et N menés par les bissectrices EF et GH perpendiculairement au plan PQ. (Voir n° 1789.)

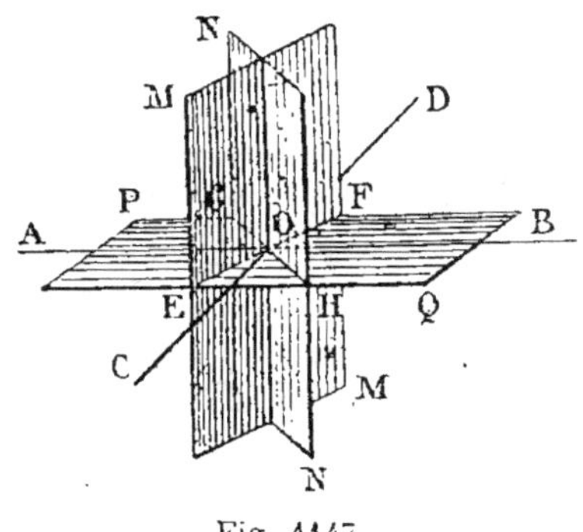

Fig. 1147.

Exercice 672

1809. Lieu. *Quel est le lieu des projections d'un point donné A de l'espace sur les droites menées dans un plan, par un même point B de ce plan.*

Abaissons la droite AC perpendiculaire sur le plan P.

Cette droite est perpendiculaire à BC; ainsi C est un point du lieu;

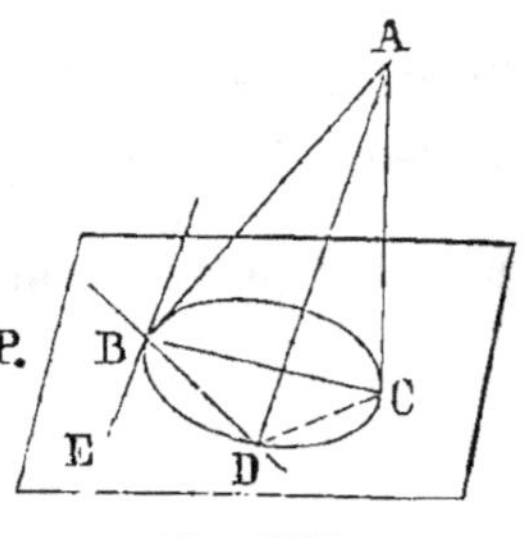
Fig. 1148.

il en est de même du point B; car, si nous menons dans le plan P la droite BF perpendiculaire à BC, la ligne AB est perpendiculaire à BE en vertu du théorème des trois perpendiculaires.

Pour toute autre droite AD perpendiculaire à BD, nous aurons BD perpendiculaire à DC en vertu du théorème réciproque de celui des trois perpendiculaires; ainsi l'angle BDC est droit; donc le lieu demandé est la circonférence décrite sur BC comme diamètre.

Exercice 673

1810. Lieu. *Lieu des milieux des droites menées entre deux droites données dans l'espace.*

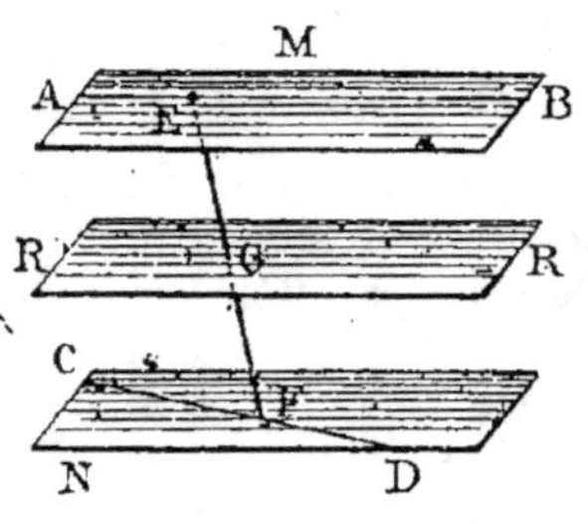
Fig. 1149.

Par la droite AB on peut mener un plan M parallèle à la droite CD, et par cette dernière un plan N parallèle à AB. (G., n°s 377 et 378.)

Le plan RR, mené à égale distance des plans M et N, est le lieu demandé. Car ce plan contient les milieux de toutes les droites menées de M à N.

Exercice 674

1811. Lieu. *Lieu des points équidistants de trois points A, B, C donnés en ligne brisée.*

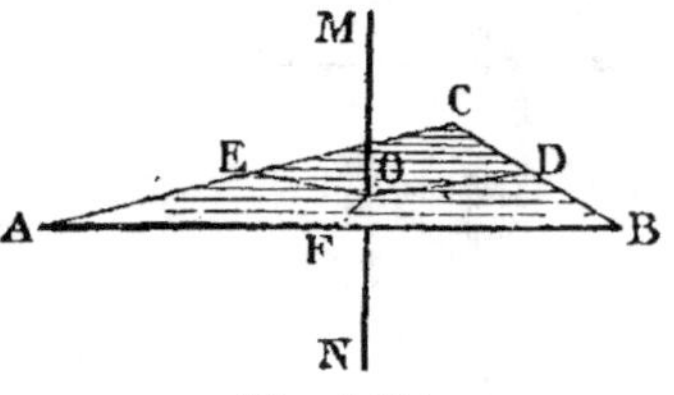
Fig. 1150.

Formons le triangle ABC, et sur les milieux des côtés menons les perpendiculaires DO, EO, FO. Le point O est équidistant des trois sommets.

Le lieu demandé sera la droite indéfinie MN menée par le point O perpendiculairement au plan du triangle ABC. Car, pour tout point M de cette droite, les distances MA, MB, MC sont égales, comme obliques dont les pieds s'écartent également du pied de la perpendiculaire. (G., n° 370.)

1812. Autre méthode. Par D, E, F, on mène des plans respectivement perpendiculaires aux côtés dont ces points sont les milieux, les trois plans se coupent suivant une droite MN, qui est le lieu demandé.

Exercice 675

1813. Lieu. *Quel est le lieu du point milieu d'une droite de longueur constante, dont les extrémités s'appuient sur deux droites rectangulaires non situées dans le même plan.*

Par deux droites non situées dans un même plan, on peut faire passer deux plans parallèles entre eux; car il suffit de mener, par un point d'une des droites, une parallèle à la seconde; le plan ainsi déterminé est parallèle à cette seconde ligne; puis, par cette dernière droite, on mène un plan parallèle à celui qu'on a obtenu.

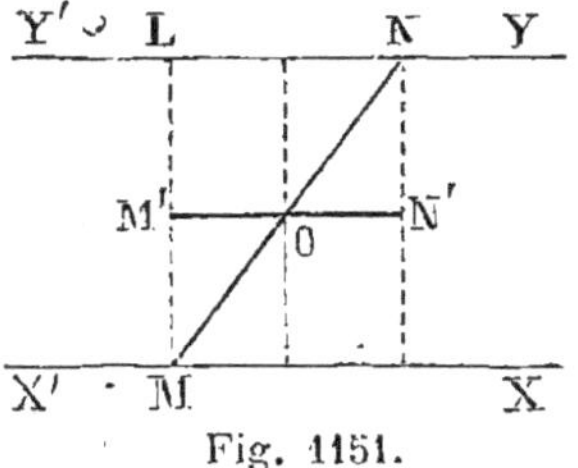

Fig. 1151.

Coupons les deux plans parallèles par un troisième plan qui leur soit perpendiculaire et qui passe par la droite MN, et soient sur ce troisième plan XX′, YY′ les traces des deux plans parallèles. On peut considérer ces mêmes lignes XX′ et YY′ comme étant les projections des deux droites données sur le troisième plan.

Soit ML la plus courte distance des deux droites rectangulaires; MN la droite de longueur constante; son point milieu O sera évidemment dans un plan parallèle aux deux droites données et équidistant de ces deux lignes.

La projection M′N′ de MN sur le plan équidistant est une longueur constante LN, car MN et ML ont des longueurs données. Ainsi le triangle rectangle MLN est déterminé et LM a une longueur invariable; donc le lieu du point O milieu de MN est le même que le lieu du point O milieu de M′N′, lorsque cette dernière longueur a ses extrémités sur deux droites rectangulaires obtenues en projetant les droites données sur le plan équidistant. *Le lieu est donc une circonférence ayant OM′ pour rayon.*

Exercice 676

1814. Lieu. *Quel est le lieu du point de concours des diagonales des parallélogrammes inscrits dans un quadrilatère gauche*?*

C'est la droite MN qui joint les points milieux des deux diagonales.

La démonstration ne diffère point de celle qui a été donnée pour le théorème correspondant de Géométrie plane, car les droites AB, AM

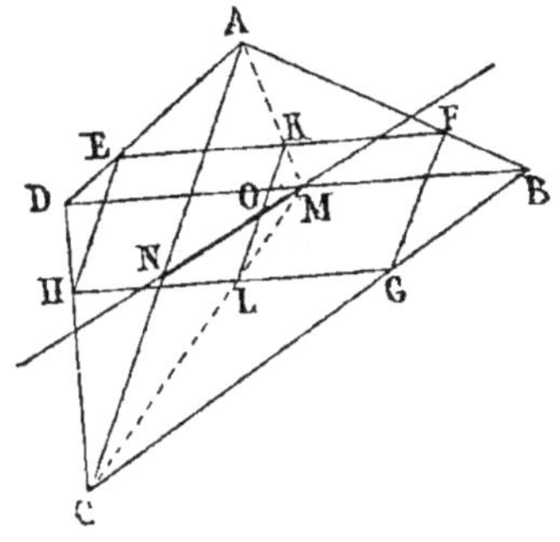

Fig. 1152.

---

* Le problème analogue de Géométrie plane (n° 1362) a été publié, en 1865 par M. A. LONGCHAMPT, alors directeur des études à l'institution polytechnique, et non par M. G. LONGCHAMPS.

AC, DB, EF sont dans un même plan. Ainsi la médiane AM passe au point K milieu de EF.

De même CM passe au point L milieu de GH. Puis, dans le triangle AMC, la médiane MN passe au point O milieu de LK; or, le point milieu O est le point de concours des diagonales du parallélogramme EFGH.

1815. Autre démonstration. Projetons la figure sur un plan perpendiculaire à MON.

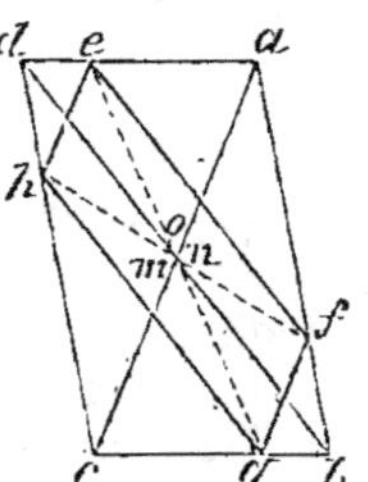

Fig. 1153.

Les trois points M, O, N auront même projection O.

Les projections des segments d'une même droite sont proportionnelles à ces segments; donc on obtient un parallélogramme $abcd$ car BM = DM;

donc $$bm = dn;$$

de même $$am = cn$$

d'ailleurs les droites EF, GH égales et parallèles ont des projections ef, gh égales et parallèles: mais les diagonales eg, fh se croisent au point commun o; donc EG, FH se coupent sur la droite MON.

1816. Remarque. La démonstration par les projections peut servir pour la question connue de Géométrie plane, où il s'agit de trouver le lieu des points de concours des parallélogrammes inscrits dans un quadrilatère plan.

En effet, le lieu une fois connu pour le quadrilatère gauche, il suffit de projeter la figure sur un plan non perpendiculaire à MON.

PROBLÈMES

Exercice 677

1817. Problème. *Trouver la distance d'un point donné M à un plan donné ABC.*

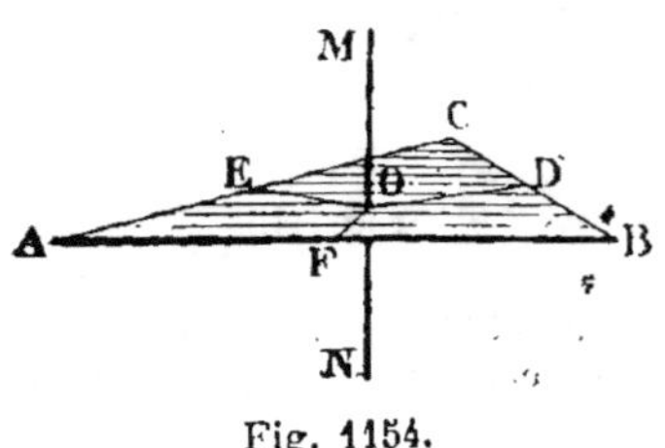

Fig. 1154.

Du point M, avec un cordon d'une longueur suffisante, on marque sur le plan trois points quelconques A, B, C, équidistants de M; on construit le triangle ABC, et on élève sur les milieux des côtés des perpendiculaires qui déterminent le point O équidistant des sommets.

La droite MO est la distance demandée. Car des obliques MA., NB et MC étant égales, leurs pieds s'écartent également du pied de la perpendiculaire. Or le point O est le seul point du plan pour lequel on ait $OA = OB = OC$. Ainsi MO est perpendiculaire au plan ABC., et représente la distance du point M à ce plan.

Exercice 678

1818. Problème. *La flèche d'un clocher forme un angle solide régulier à 8 faces, dont la somme est de 90 degrés. On demande la valeur de chacun des angles des faces latérales vers la base de la flèche.*

Angles des 8 triangles., ensemble. . .	8.2 ou	16 droits
Somme des 8 angles du sommet.		1 droit
Différence : les 16 angles vers la base. . .		15 droits
Valeur de l'un de ces angles.		$^{15}/_{16}$ de droit
Soit	$84°\,^3/_8$ ou $84°\,22'\,^1/_2$	

Exercice 679

1819. Problème. *La somme des 8 faces de l'angle solide de la flèche d'un clocher pouvant varier de 0 à 360 degrés, on demande entre quelles limites peut varier la somme des angles des faces latérales vers la base de la flèche.*

Somme totale des angles des 8 faces. . .	8.2 ou	16 droits
» des 8 angles du sommet. . . .	de 0 à	4 droits
» des 16 angles vers la base. . .	de 16 à	12 droits

Ainsi la somme demandée est variable de 12 à 16 droits, soit de 1080 à 1440 degrés.

Exercice 680

1820. Problème. *Que deviennent ces limites dans le cas général d'un angle solide de n faces?*

Somme totale des angles. . . .	$2n$ droits
Angles au sommet	de 0 à 4 droits
Angles vers la base.	de $2n$ à $(2n - 4)$ droits

1821. Problème. *Une salle a une hauteur représentée par h; on attache au plafond une corde de l mètres de longueur; l étant plus grand que h, on trace un cercle sur le plancher en tenant la corde tendue. On demande la surface de ce cercle?*

Le cordon tendu forme l'hypoténuse d'un triangle rectangle qui a pour côtés de l'angle droit h et r; donc $r^2 = l^2 - h^2$.

La surface du cercle, ou $\pi r^2 = \pi(l^2 - h)$.

Application. Lorsque $h = 3$ et $l = 4$, on a

$$l^2 - h^2 = 16 - 9 = 7$$

d'où

$$\pi r^2 = 3,1416 \times 7 = 21^{mq}\,9912$$

1822. Problème. *Une tige* AP *de hauteur* h *est perpendiculaire à un plan* M; *du pied de cette tige on décrit sur le plan une circonférence ayant* r *pour rayon. En un point* B *de cette circonférence on mène une tangente* BC *de longueur* t. *On demande la distance* AC *de l'extrémité de cette tangente à l'extrémité de la tige.*

(Supposez le point A en avant du plan M.)

La distance AC est l'hypoténuse d'un triangle APC, rectangle en P. Le côté PC ou d se trouvera par le triangle rectangle PBC. Appelons x la distance demandée AC.

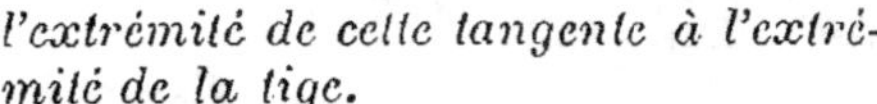

Fig. 1155.

On a $\qquad d^2 = r^2 + t^2$

$$AC^2 = h^2 + d^2 = h^2 + r^2 + t^2$$

Application. Soient $\quad h = 1^m 30; \quad r = 0^m 40; \quad t = 0^m 36$

$$x = 1^m 407$$

Exercice 681

1823. Problème. *Mener un plan qui coupe un trièdre trirectangle* S *de manière que la section* ABC *soit égale à un triangle donné.*

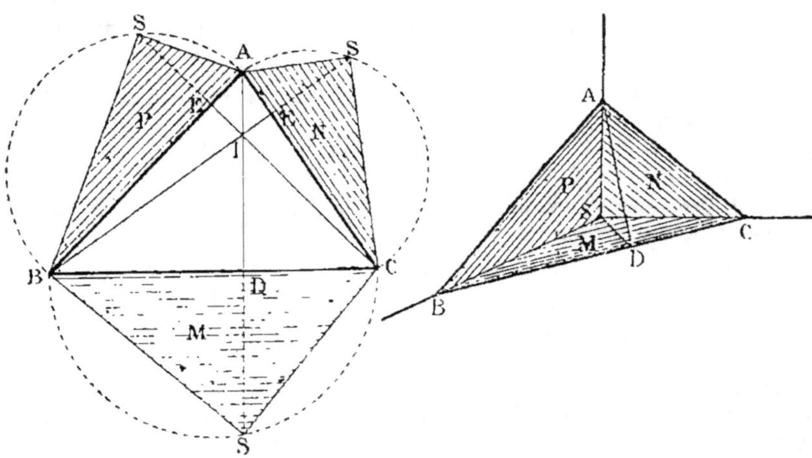

Fig. 1156.   Fig. 1157.

Un trièdre trirectangle est un trièdre dont chaque face est un angle droit.

Recourons au *problème contraire* (n° 213).

Sur la face M (fig. 1157), menons SD perpendiculaire à BC, et dans le triangle ABC menons AD. En vertu du théorème des trois perpendiculaires, AD est perpendiculaire à BC. Ainsi AD est une hauteur du triangle ABC, et SD la hauteur du triangle rectangle BSC.

Donc le triangle rectangle BSC peut être complètement déterminé, car on connaît son hypoténuse BC et le pied D de la hauteur correspondante (fig. 1156).

Ce triangle étant construit, on porte les distances SB et SC (fig. 1156) sur les arêtes correspondantes du trièdre; on détermine d'une manière analogue la longueur à porter sur l'arête SA, ce qui donne le troisième sommet du triangle demandé.

Remarque. Le *problème contraire*, qu'on a dû résoudre préalablement, offre un grand intérêt, car il est fondamental dans la théorie de la *perspective axonométrique*. (Voir *Géométrie descriptive*, n°s 601 et suivants.) Il n'y a que deux solutions symétriques par rapport au plan du triangle donné ABC. En effet, le lieu du point S, tel que l'angle ASB soit droit, est la sphère décrite sur le diamètre AB. De même le point S doit appartenir à la sphère décrite sur le diamètre AC et à celle qui aurait BC pour diamètre; or les trois sphères se coupent deux à deux suivant des cercles dont les plans se rencontrent suivant une même droite, et cette droite détermine sur les surfaces des sphères les deux points communs aux trois surfaces.

Il n'y a donc que deux points qui puissent servir de sommet au trièdre trirectangle.

Exercice 682

1824. Problème. *Étant données deux droites indéfinies quelconques AB et CD, mener un plan parallèle à chacune de ces droites, à égale distance de l'une et de l'autre.*

Par la droite AB, on peut mener un plan M parallèle à la droite CD, et par CD on peut mener un plan N parallèle à AB. (G., n°s 377 et 378.)

Les deux plans M et N sont parallèles. (G., n° 391.)

Si donc on mène un plan RR équidistant des deux plans M et N, ce plan sera parallèle à chacune des deux droites AB et CD et se trouvera à égale distance de chacune d'elles.

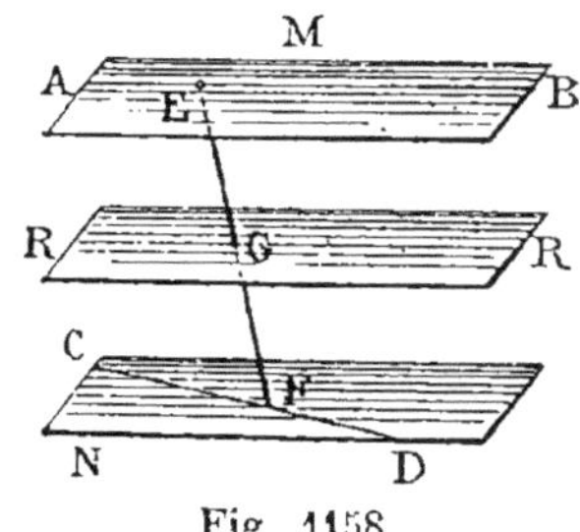

Fig. 1158.

Exercice 683

1825. Problème. *Par une droite donnée AB, mener un plan qui passe à égale distance de deux points donnés C et D.*

Soit M ce plan: les perpendiculaires CE et DF doivent être égales; ces droites sont parallèles, comme étant perpendiculaires à un même plan; donc les

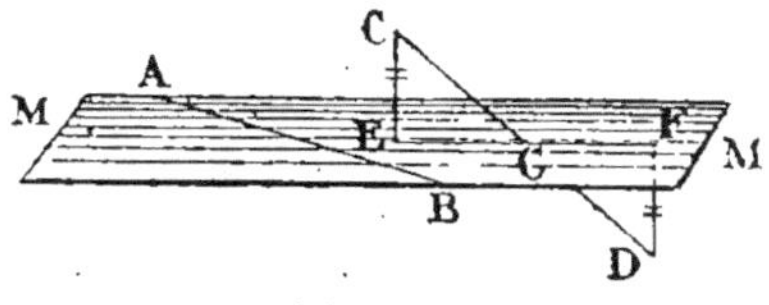

Fig. 1159.

triangles CEG et DFG sont égaux, comme ayant un côté égal adjacent à des angles respectivement égaux. Ainsi CG = GD.

Le plan M est donc déterminé par la droite donnée AB et le point G, milieu de la droite CD, qui joint les points donnés.

Exercice 684

1826. **Problème.** *Par un point donné O, mener un plan qui passe à égale distance de trois autres points donnés A, B, C.*

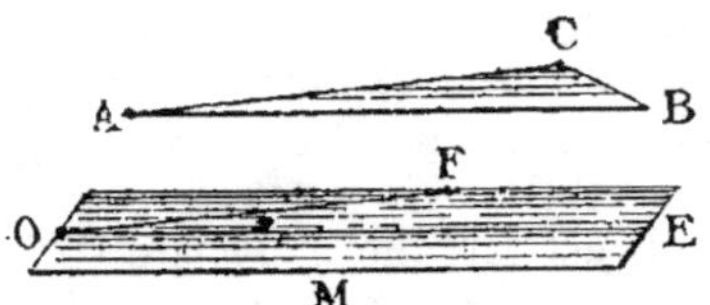

Fig. 1160.

Les trois points donnés A, B, C, déterminent un plan ABC.

Par le point O, on mènera un plan parallèle au plan ABC, et par suite équidistant des trois points donnés.

Exercice 685

1827. **Problème.** *On donne une droite XY et deux points quelconques A et B de l'espace; trouver sur la droite un point C tel que le chemin AC + BC soit minimum, et un point D tel que la différence AD — BD des chemins soit maxima.*

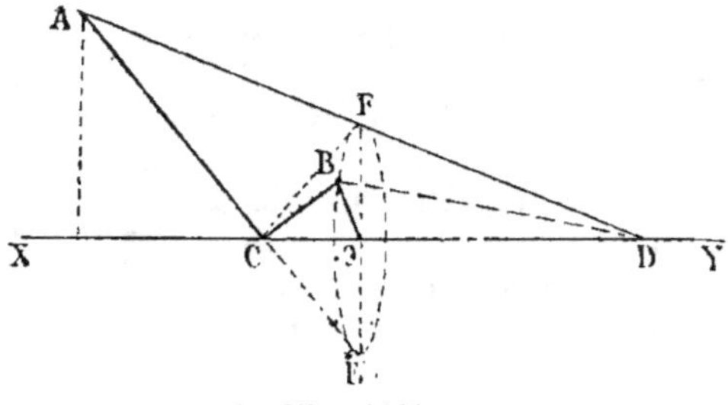

Fig. 1161.

Soient les points A, B et la droite XY non situés dans un même plan.

Par le point B, menons un plan perpendiculaire à XY et décrivons une circonférence avec le rayon OB.

Soit EF le diamètre situé dans le plan AXY.

En se reportant aux questions connues de Géométrie plane, on mènera ACE et AFD.

AC + CF ou AC + CB est le chemin minimum. (G., n° 176.)

AD—FD ou AD—BD donne la différence **AF** maxima, car cette différence $=$ AF; pour tout autre point T, on aurait un triangle ATF; donc AT—TF $<$ AF. (G., n° 42, 2°.)

1828. **Remarque.** On procéderait d'une manière analogue pour déterminer sur XY un point dont la somme des carrés ou la différence des carrés des distances égale k^2.

En général, il vaut mieux se borner à indiquer la solution des problèmes de l'espace et recourir à la Géométrie descriptive, pour effectuer réellement les constructions.

1829. **Problème.** *Deux droites AB, A'B'' sont perpendiculaires à un même plan M aux points donnés A et A'. On sait que la longueur de AB est double de celle de A'B'. Par le pied A de AB, on tire dans le plan M une droite AC, faisant avec AA' un angle donné. On demande de trouver sur la droite AC un point d'où l'on verrait les longueurs AB, A'B' sous des angles égaux. Discussion sommaire de la solution.* (Concours d'admission à l'école spéciale militaire, 1876.)

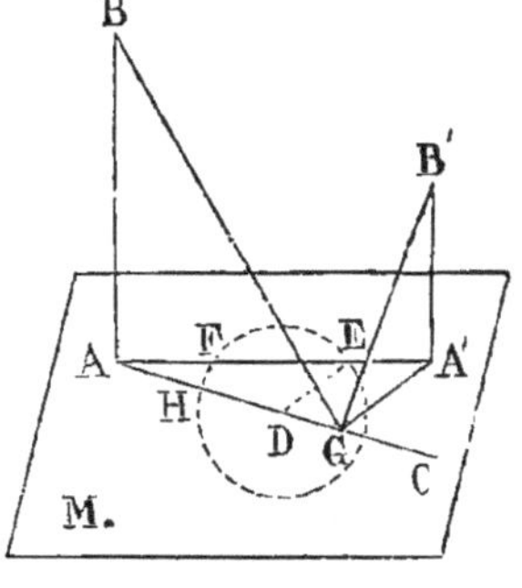

Fig. 1162.

D'un point quelconque D de AC avec un rayon égal à la moitié de AD, décrivons un arc dans le plan M. Il coupe AA' aux points E, F. Par A', menons A'G parallèle à ED, et G est le point demandé. En effet, puisque DE est la moitié de AD, de même A'G est la moitié de AG. Donc les deux triangles rectangles GA'B', GAB sont semblables, puisque l'angle droit est compris entre deux côtés homologues proportionnels, car A'B' $=\,^1/_2$AB; donc les angles A'GB', AGB sont égaux entre eux.

Discussion. La circonférence est tangente à AA' lorsque l'angle CAA' égale 30°; donc il y a deux solutions lorsque A $<$ 30°; une seule pour A $=$ 30°, et aucune pour A $>$ 30°.

Scolie. Si les hauteurs A'B' et AB étaient dans le rapport $\dfrac{m}{n}$, il faudrait prendre pour rayon AD $\times \dfrac{m}{n}$. Les deux triangles seraient encore semblables.

LIVRE VI

THÉORÈMES

Géométrie de position.

Exercice 686

1830. Théorème. *Dans un tétraèdre* SABC, *les trois droites qui joignent les milieux des arêtes opposées se rencontrent en un même point, qui est le milieu de chacun d'elles.*

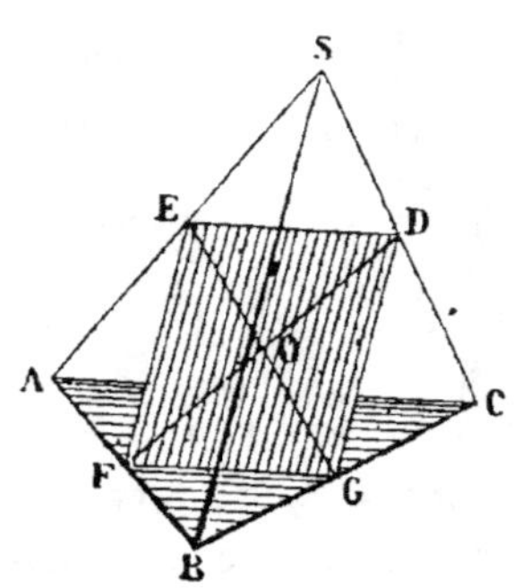
Fig. 1163.

Considérons d'abord deux de ces droites; par exemple, DF et EG. Menons les droites DE et FG.

Dans le triangle ASC, la droite DE est parallèle à AC, et en est la moitié; de même, dans le triangle ABC, la droite FG est parallèle à AC, et en est la moitié.

Ainsi la figure DEFG est un parallélogramme qui a pour diagonales les droites DF et EG; donc ces droites se coupent en leurs milieux.

La troisième droite, qui joindrait les milieux de SB et de AC, couperait aussi DF en son milieu; donc *les trois droites...*

Scolie. Les quatre droites AB, BC, CS et AS, qui ne sont pas dans un même plan, forment ensemble le périmètre d'un *quadrilatère gauche*. Nous avons déjà vu (n° 1792) que *les milieux des côtés sont les sommets d'un parallélogramme.*

Exercice 687

1831. Théorème. *Les milieux des arêtes d'un tétraèdre régulier* ABCD *sont les sommets d'un octaèdre régulier.*

En effet, toutes les lignes qui joignent un point milieu quelconque,

I par exemple, aux quatre points E, F, G, H sont égales comme moitié d'une arête. Donc tous les huit triangles formés sont équilatéraux entre eux.

Dont la figure EFGHIJ est un octaèdre régulier. *C. Q. F. D.*

1832. Théorèmes. 1° *Les milieux des arêtes d'un tétraèdre
quelconque sont les sommets
d'un octaèdre dont les arêtes
opposées sont égales et parallèles.*

2° *Le volume de l'octaèdre est
la moitié du volume du tétraèdre.*

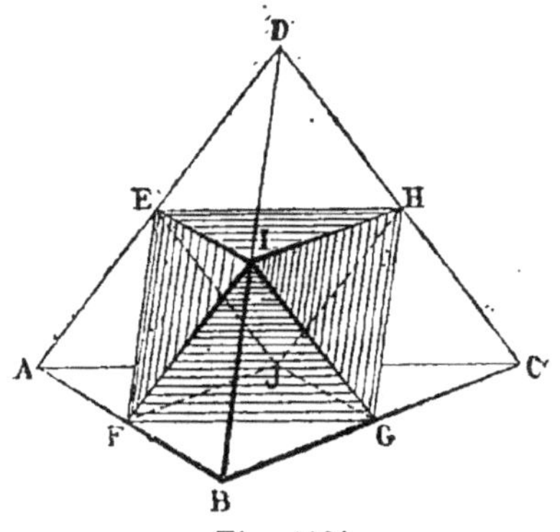

Fig. 1164.

En effet, la pyramide DEIH est le huitième de DABC, car ses arêtes sont respectivement la moitié des arêtes de DABC; or les volumes sont entre eux comme les cubes des dimensions homologues. (G., n° 487.) De même CGIH $= $ ¹/₈ CBAD, etc. ; donc octaèdre $=$ ⁴/₈ ABCD.

Note. Il n'y a que cinq polyèdres réguliers convexes (G., n° 429); mais il y a en outre *quatre polyèdres réguliers non convexes.* Ils ont été découverts par Poinsot*, étudiés par Cauchy et M. J. Bertrand. (Voir *Traité de Géométrie élémentaire,* par MM. Rouché et de Comberousse, n° 913.)

Exercice 688

1833. Théorème. *Dans un tétraèdre quelconque, les six plans bissecteurs des dièdres
se rencontrent en un même point équidistant des quatre faces.*

En effet, dans le trièdre D, les trois plans
bissecteurs se rencontrent suivant une droite
DX dont chaque point est équidistant des
faces a, b, c.

Dans le trièdre A, les trois plans bissecteurs
se rencontrent suivant une droite AY dont
chaque point est équidistant des faces b, c, d.

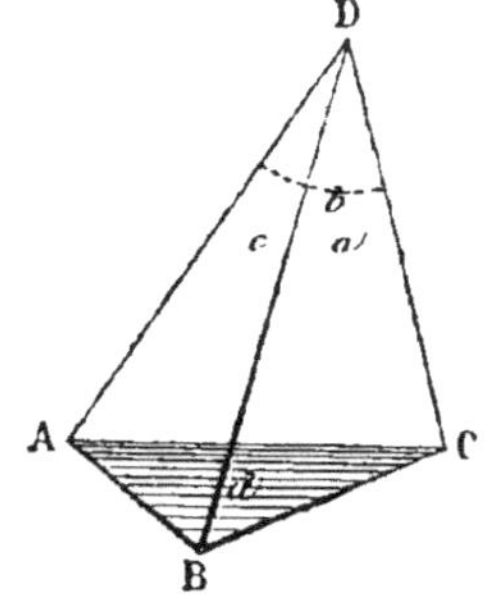

Fig. 1165.

Ainsi les deux droites DX et AY se trouvent l'une et l'autre sur le plan bissecteur du dièdre AD, commun aux deux trièdres considérés,

---

* Poinsot, né à Paris en 1777, mort en 1859, membre du bureau des Longitudes, auteur des *Éléments de statique,* où se trouve exposée pour la première
fois la *théorie des couples.*

Cauchy, né à Paris en 1789, mort en 1857, un des plus grands mathématiciens de notre siècle. Il a publié un grand nombre de mémoires sur toutes les
parties des mathématiques.

M. J. Bertrand, membre de l'Institut.

et le point de rencontre de ces deux droites est équidistant des quatre faces a, b, c, d. *C. Q. F. D.*

Exercice 689

1834. Théorème. *Les six plans menés perpendiculairement à chaque arête par le point milieu de la droite considérée, se coupent au même point.*

Tout point du plan perpendiculaire au milieu de AB est équidistant des points A et B; donc le point commun aux plans perpendiculaires AB, AC, BC est équidistant des quatre sommets du tétraèdre; donc il appartient aux plans respectivement perpendiculaires au milieu de AD, de BD et de CD.

Remarque. Le point de concours des six plans est le centre de la sphère circonscrite au tétraèdre.

Exercice 690

1835. Théorème de Commandino *. *Les quatre droites qui joignent chaque sommet d'un tétraèdre au point de concours des médianes de la face opposée se coupent au même point, et ce point est aux* $^3/_4$ *de la droite à partir du sommet.*

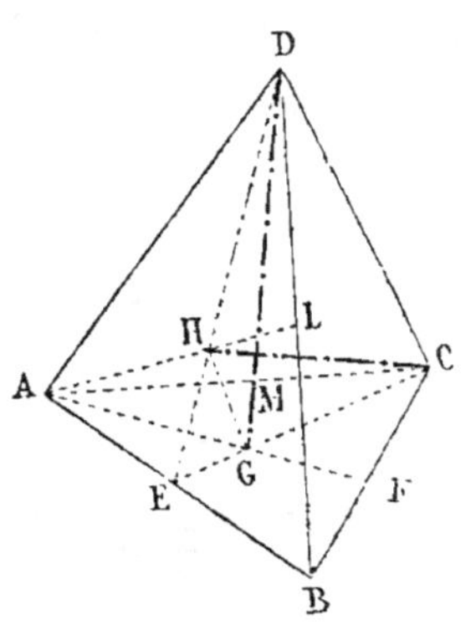

1° Considérons d'abord deux de ces droites DG, CH.

Soient G le point de concours des médianes AF, CE du triangle ABC, et H le point de concours des médianes DE, AL de la face ABD.

Les deux droites DG, CH se coupent en un certain point M, car elles sont dans un même plan DEC.

2° Les parallèles CD et GH donnent

$$\frac{GM}{MD} = \frac{HM}{MC} = \frac{GH}{CD} = \frac{1}{3}$$

car

$$\frac{EG}{CE} = \frac{1}{3}$$

Fig. 1166.

Ainsi GM est le tiers de MD, ou le quart de la ligne entière GD; donc DM est les $^3/_4$ de DG. De même $CM = {}^3/_4\,CH$.

Les quatre droites se coupent au même point, puisque la droite issue du sommet A, par exemple, doit aussi couper DG au point situé aux $^3/_4$ de sa longueur à partir de D.

Remarque. Le point M est le centre de gravité du tétraèdre.

---

* COMMANDINO (1509-1575) traduisit les œuvres d'ARCHIMÈDE, d'APOLLONIUS, de PTOLÉMÉE et d'EUCLIDE, et publia, en 1565, son traité *De Centro gravitatis.*

Exercice 691

1836. **Théorème.** *En prenant deux à deux les arêtes opposées d'un tétraèdre, on obtient trois groupes d'arêtes.*

1° Un tétraèdre peut avoir un, deux ou trois groupes d'arêtes égales.

2° Un tétraèdre peut avoir un seul groupe d'arêtes perpendiculaires l'une à l'autre, ou trois groupes d'arêtes perpendiculaires.

(Voir *Méthodes*, n° 160.)

Exercice 692

1837. **Théorème.** *Lorsque, dans un tétraèdre, deux hauteurs se rencontrent, il en est de même des deux autres.*

Soient les hauteurs AE, BF qui se coupent au point G.

Le plan AHB, qu'elles déterminent, est perpendiculaire à l'arête CD, puisque cette ligne est l'intersection des faces auxquelles les hauteurs sont respectivement perpendiculaires. (G., n° 405.)

Par CD, menons un plan CID perpendiculaire à AB. Ce plan sera perpendiculaire aux faces ABC, ABD; par conséquent il contiendra les hauteurs DL, CK; donc ces deux lignes se coupent.

Remarque. La droite HI, intersection des plans menés par AB et CD, passe par les points G, O; car elle est la troisième hauteur, soit du triangle AHB, soit du triangle CID.

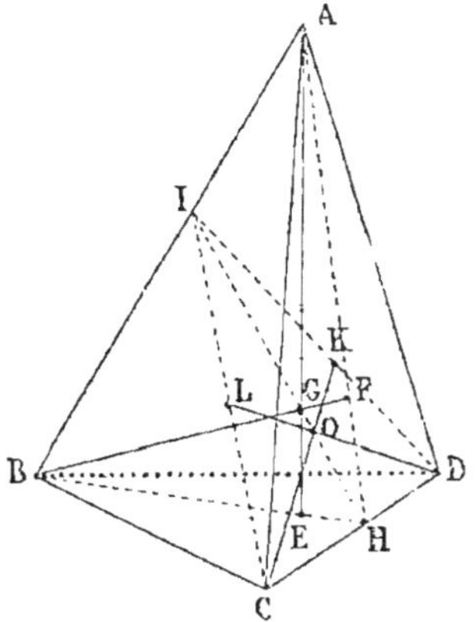

Fig. 1167.

Exercice 693

1838. **Théorème.** *Démontrer que les quatre perpendiculaires élevées aux faces d'un tétraèdre, par le point de concours des hauteurs de chaque face, se coupent en un même point.*

Soient L le point de concours des hauteurs du triangle BCD; M, celui de ACD; N, celui de ABC; O, celui de ABD.

Les hauteurs BE, AE peuvent être déterminées par un plan mené par AB perpendiculairement à CD; ce dernier plan est perpendiculaire aux faces qui ont CD pour arête commune.

La perpendiculaire au triangle ACD

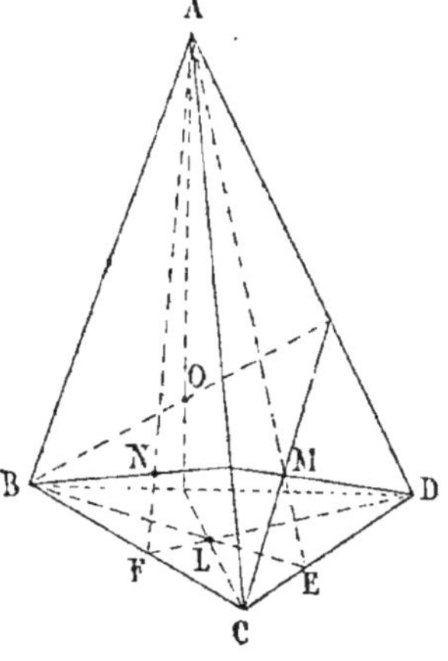

Fig. 1168.

par le point M, et la perpendiculaire menée au triangle BCD par le
point L, se coupent; car elles sont dans un même plan AEB.

Ainsi les perpendiculaires élevées aux faces par L, M, N, O sont
deux à deux dans un même plan; donc elles se coupent deux à deux.
D'ailleurs ces quatre droites ne sont pas dans un seul et même plan,
car AEB ne contient pas les points N, O; donc les quatre droites
passent par un même point.

Exercice 694

1839. Théorème. *Les diagonales d'un tronc de pyramide ayant pour
base un parallélogramme se coupent au même point.*

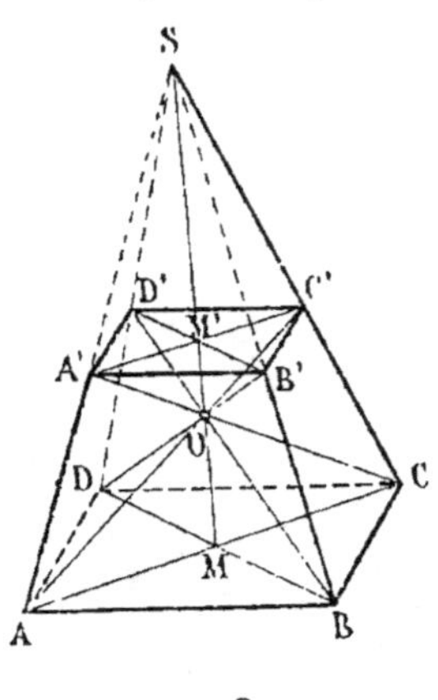

Fig. 1169.

Soit $\dfrac{m}{n}$ le rapport des côtés homologues et des diagonales homologues des deux
bases du tronc.

1° Les arêtes latérales opposées sont dans
un même plan, et ce plan coupe le tronc
suivant un trapèze ACC'A', dont les diagonales AC', CA' se coupent suivant la
droite MS d'intersection des deux plans
ASC, BSD.

D'ailleurs $\dfrac{AO}{OC'} = \dfrac{AC}{A'C'} = \dfrac{m}{n}$

(G., n° 213, 3°)

donc $\dfrac{MO}{OM'} = \dfrac{m}{n}$

Les diagonales BD', DB' diviseraient MM' dans le même rapport:
donc elles passent par le même point O.

Remarque. Le théorème est vrai pour tout tronc de pyramide ayant
pour base un *polygone à centre*, et composé par suite de droites
égales et parallèles deux à deux. (G., n° 159.)

1840. Théorème. *Lorsque les quatre diagonales d'un hexaèdre se
coupent au même point, les trois droites qui joignent deux à deux
les points de concours des diagonales des faces opposées se coupent
au même point.*

En effet, les plans ACC'A' et BDD'B' donnent les trois points M,
O, M' en ligne droite. De même les plans BCD'A', ADC'B' donneraient
une autre droite passant par le point O, etc.

Exercice 695

1841. Théorème. *Le plan qui passe par le point milieu de trois
arêtes non parallèles et non concourantes d'un cube coupe le solide
suivant un hexagone régulier.*

Considérons le plan mené par les points milieux I, J, K des trois arêtes non parallèles deux à deux et qui n'appartiennent pas à un même angle solide.

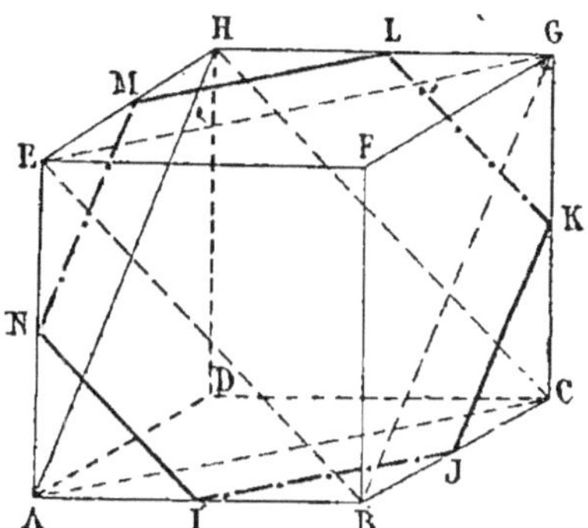

Fig. 1170.

Menons les diagonales BE, BG, GE des trois faces de l'angle solide F, et la diagonale AC.

La droite IJ, qui joint les points milieux de BA, CE, est parallèle à BC et en égale la moitié; donc elle est aussi parallèle à EG et en égale la moitié. De même JK est parallèle à BG et en égale la moitié.

Le plan IJK, mené par des droites parallèles à EG et à BG, est donc parallèle aux plans BEG et ACH.

Donc KL et CH sont parallèles comme intersections de deux plans parallèles IJKL et ACH, par un troisième plan CGH.

Mais K est le point milieu de CG; donc L est le milieu de GH et $KL = \frac{1}{2} CH$, etc. Ainsi le plan IJK passe par les points milieux L, M, N des côtés correspondants.

L'hexagone obtenu est régulier, car chaque côté est égal à la moitié du côté d'un triangle équilatéral, et les angles sont égaux comme étant les suppléments des angles d'un triangle équilatéral. En effet IJ est parallèle à EG; JK est parallèle à BG; donc l'angle IJK est le supplément de BGE.

Exercice 696

1842. **Théorème.** *On peut couper par un plan une pyramide quadrangulaire dont la base est un polygone convexe, de manière à obtenir pour section un parallélogramme.*

On sait que le plan doit être parallèle aux lignes d'intersection des faces opposées de la pyramide, car il coupera deux faces opposées suivant des parallèles à l'intersection de ces faces (G., n° 383); par suite, les deux droites d'intersection seront parallèles entre elles.

Il faut donc prolonger les côtés opposés jusqu'en leur rencontre, mener JE, JF ; tout plan parallèle à JEF donnera un parallélogramme *abcd*.

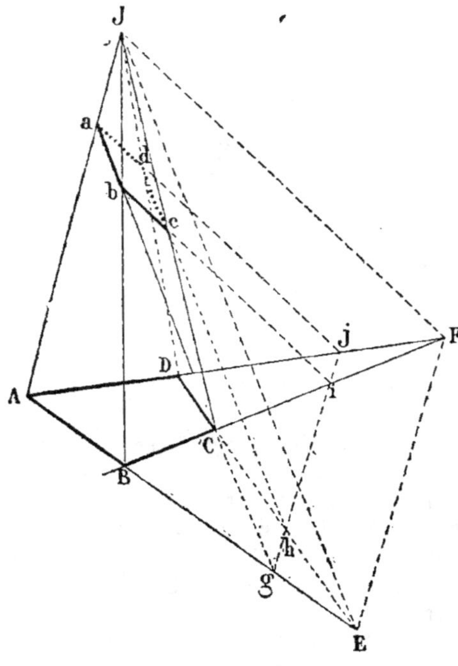

Fig. 1171.

Ainsi *gba* et ES sont parallèles comme intersections de deux plans parallèles par le plan SAB ; de même *cd* est parallèle à SE et par suite à *ab* ; de même *ab*, *cd* sont parallèles à SF. La figure *abcd* est donc un parallélogramme.

Remarques. 1° Au point de vue des opérations graphiques à effectuer, la construction indiquée dans les *Exercices de Géométrie descriptive* est préférable à celle que l'on vient de donner.

2° Le théorème précédent (n° 1842) peut s'énoncer comme il suit : *Il est toujours possible de projeter coniquement un quadrilatère quelconque* ABCD *suivant un parallélogramme* abcd.

On peut d'ailleurs disposer du centre J de projection de manière à obtenir pour projection un losange ou un rectangle ; pour cette dernière figure, il suffit que J appartienne à la sphère décrite sur EF comme diamètre.

Exercice 697

1843. Théorème. *On peut couper un prisme triangulaire donné de manière que la section soit semblable à un triangle donné.*

Soit ADS, A′D′S′ un prisme triangulaire quelconque.

Les sections parallèles étant égales, on peut supposer que la section demandée SBC est menée par un des sommets du prisme. En admettant que SBC soit semblable à un triangle donné, les angles BCS, CBS ont des grandeurs connues. Le théorème sera démontré si l'on peut résoudre le problème suivant.

1844. Problème. *Construire une pyramide quadrangulaire* SABCD *dont la base est un trapèze, connaissant la face* ADS, *l'inclinaison de* *cette face sur le plan de la base, la direction DD' AA' des côtés parallèles de cette base et les angles de la face SBC*.*

Supposons la construction effectuée ; du sommet S, abaissons la perpendiculaire SP sur le plan de la base, et la perpendiculaire PQ sur le côté BC ; dans la direction de BC prenons $QR = QS$ et joignons R au point P. La droite RP est dans le plan de la base, et SQ est perpendiculaire à BC.

A cause de l'angle droit SPQ, on a

$$QS^2 - QP^2 = SP^2$$

ou $\quad QR^2 - QP^2 = SP^2$

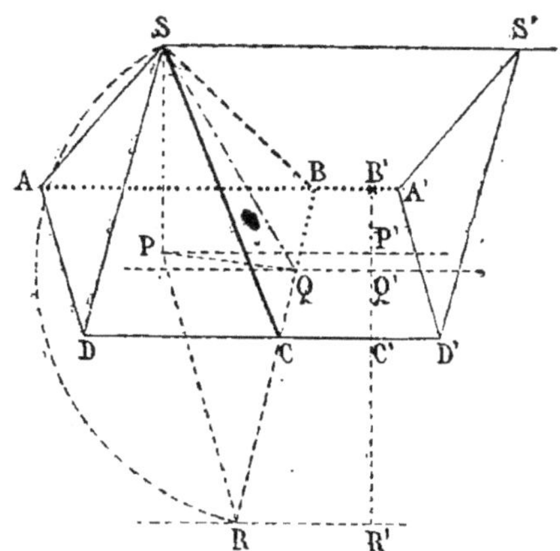

Fig. 1172.

Or les rapports $\dfrac{BQ}{CQ}$ et $\dfrac{SQ}{CQ}$ ou $\dfrac{RQ}{CQ}$ sont connus, car le triangle BCS est semblable à un triangle donné ; on peut déterminer, par rapport à B'C' et à P', les points Q' et R', et mener des parallèles à AA', et le problème est ramené au problème connu :

Construire un triangle rectangle PQR, tel que les sommets se trouvent sur des parallèles données ; on sait, en outre, que la différence $RQ^2 - PQ^2$ des côtés de l'angle droit a une valeur connue SP^2 (n° 1523).

Remarque. Voici les deux cas les plus importants :

1° *Couper le prisme triangulaire de manière que la section soit un triangle équilatéral.*

On peut l'énoncer comme il suit :

Projeter un triangle donné, de manière que sa projection soit un triangle équilatéral.

Cette transformation permet de résoudre un assez grand nombre de questions relatives au triangle quelconque, mais il ne s'agit que des questions de position, d'intersection, et non des relations numériques autres que les rapports. Nous l'appliquons à la seconde démonstration du théorème (n° 1201).

---

* La solution a été donnée par LHUILLIER, de Genève, dans les *Annales de Gergonne* en 1811.

2° *Couper le prisme triangulaire, de manière que la section soit un triangle rectangle isocèle.*

Ou bien, *projeter un parallélogramme de manière à obtenir un carré.*

GEORGES RITT, dans son *Recueil de problèmes de Géométrie*, a résolu le cas du triangle équilatéral à l'aide du calcul.

Exercice 698

1845. Théorème. *Deux droites* AB *et* A'B', *symétriques par rapport à un plan* MN, *font avec ce plan des angles égaux.*

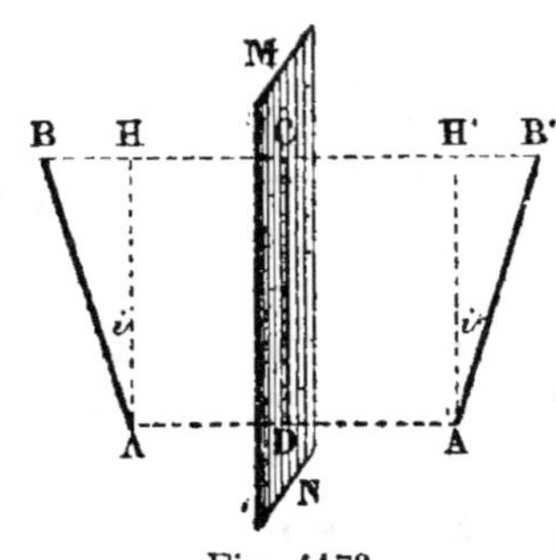

Fig. 1173.

La droite AA' est perpendiculaire au plan MN, et a son milieu en D; de même, BB' est perpendiculaire au plan MN, et a son milieu en C.

Donc CD est la projection commune des deux droites sur le plan MN; et si, dans le plan AB', on mène les droites AH et A'H' parallèles à CD, on a en i et i' les angles des deux droites avec le plan MN; et comme les deux trapèzes rectangles CDAB et CDA'B' pourraient coïncider, et il en résulte que l'angle $i = i'$.

Exercice 699

1846. Théorème. *Si deux plans* AB *et* A'B' *sont symétriques par rapport à un troisième* MN, *ce dernier plan est bissecteur de l'angle des deux premiers.*

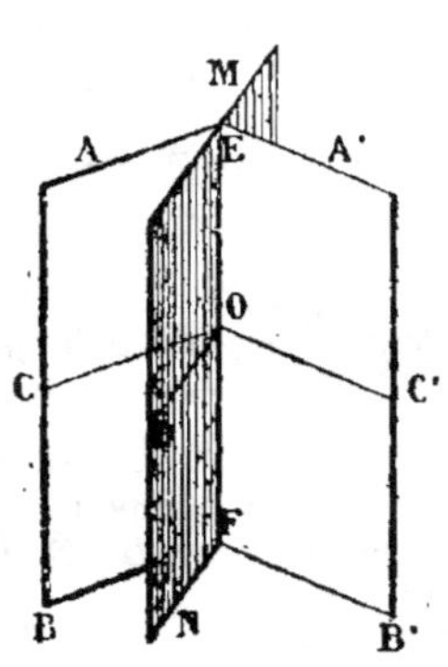

Fig. 1174.

Soit EF l'intersection des plans AB et MN. Tous les points de AB devant avoir leurs symétriques sur A'B', la droite EF doit appartenir aux deux plans AB et A'B'.

Si l'on mène les trois droites OC, OC' et OD perpendiculaires à l'intersection EF, ces droites sont dans un même plan perpendiculaire à EF. Ainsi OC et OC' sont symétriques par rapport au plan MN; ces lignes font des angles égaux avec ce plan (n° 1845). Et comme les angles DOC et DOC' mesurent les dièdres formés de part et d'autre, le plan MN est bissecteur de l'angle des deux plans AB et A'B'.

C. Q. F. D.

Volumes.

Exercice 700

1847. Théorème. *Le volume d'un prisme triangulaire ABCDEF égale le produit d'une face latérale quelconque ABCD par la moitié de la distance IJ de cette face à l'arête opposée.*

En effet, si l'on mène les plans AG et EG respectivement parallèles aux faces EC et AC, et si l'on prolonge les faces triangulaires du prisme, on détermine un parallélépipède AF qui est double du prisme considéré.

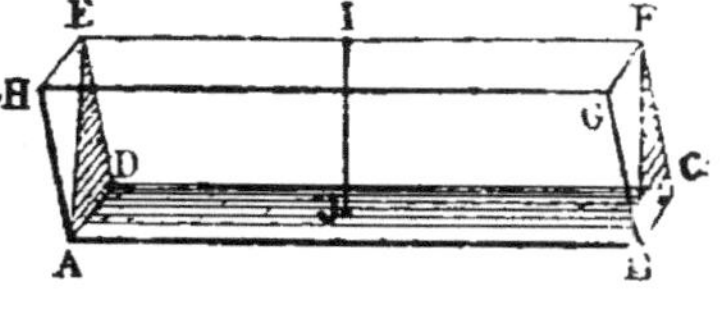

Fig. 1175.

Or, dans le parallélépipède total, on peut prendre pour base la face ABCD; la hauteur est la distance IJ des deux bases.

Le volume du parallélépipède égale le produit de la face ABCD par la distance IJ; donc le volume du prisme triangulaire ABCDEF égale la moitié de ce même produit.   *C. Q. F. D.*

Exercice 701

1848. Théorème. *Le volume d'un prisme régulier égale le produit de la surface latérale par la moitié de l'apothème de la base.*

En effet, dans un prisme régulier de n faces latérales, on peut, par des plans menés par l'axe et par les arêtes latérales, décomposer le solide en n prismes triangulaires égaux.

Appelons F l'aire de chaque face latérale du solide, et a l'apothème de la base.

Le volume d'un prisme partiel est . . . . $F \cdot \tfrac{1}{2} a$

Et le volume total est. . . . . $nF \cdot \tfrac{1}{2} a$

$$C. Q. F. D.$$

Exercice 702

1849. Théorème. *Le volume d'une pyramide régulière égale la surface latérale multipliée par le $\tfrac{1}{3}$ de la distance du centre de la base, a une face latérale.*

Soit n le nombre des faces latérales, F l'une de ces faces, et t la distance du centre de la base à chaque face latérale.

Par des plans menés par l'axe et par les arêtes latérales, on peut décomposer le solide en n pyramides triangulaires égales. Comme on peut prendre pour base d'une pyramide triangulaire telle face que l'on veut, on aura :

Volume d'une pyramide partielle. . . . $F . \frac{1}{3} t$

Volume total . . . . $n F . \frac{1}{3} t$

C. Q. F. D.

Exercice 703

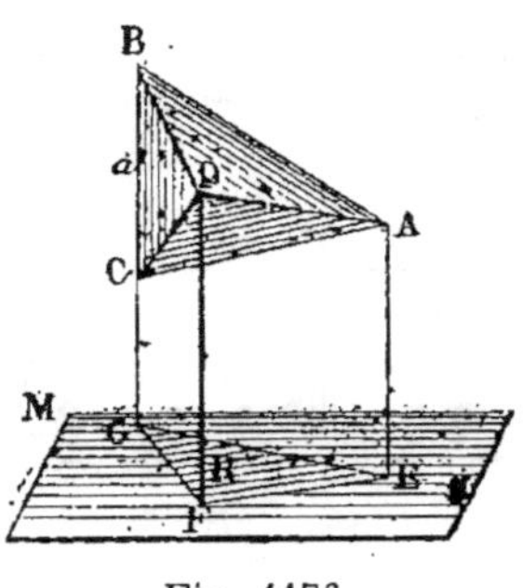

Fig. 1176.

1850. **Théorème.** *Le volume d'un tétraèdre égale le $\frac{1}{3}$ d'une arête quelconque a, multipliée par la projection R du solide sur un plan M perpendiculaire à cette arête.*

En effet, le tétraèdre ABCD égale le tronc de prisme triangulaire droit EFG BAD moins le tronc EFG CAD. Le volume est donc

$$\tfrac{1}{3} R (GB + FD + EA)$$

moins $\tfrac{1}{3} R (GC + FD + EA)$

soit $\tfrac{1}{3} R . BC$, ou $\tfrac{1}{3} a . R$

C. Q. F. D.

Exercice 704

1851. **Théorème.** *Si une pyramide a pour base un trapèze, le volume de cette pyramide égale le $\frac{1}{3}$ de la somme des bases a et b du trapèze multiplié par la projection R du solide sur un plan M perpendiculaire à ces mêmes bases.*

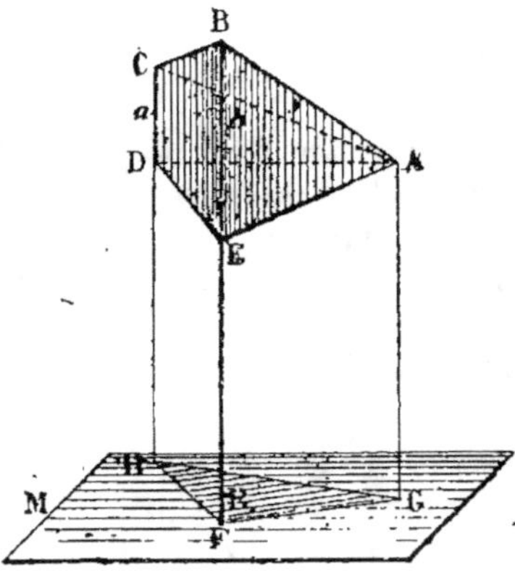

Fig. 1177.

En effet, la pyramide ABCDE égale le tronc du prisme triangulaire droit FGH ABC moins le tronc FGH ADE. Le volume est donc

$$\tfrac{1}{3} R (HC + FB + GA)$$

moins $\tfrac{1}{3} R (HD + FE + GA)$

ou $\tfrac{1}{3} R (CD + BE)$

ou $\tfrac{1}{3} (a + b) R$

C. Q. F. D.

Théorème. *Le volume d'un parallélépipède tronqué est égal au produit de la demi-somme de deux faces parallèles multipliée par leur distance.*

(FOURNIER *, *Éléments de Géométrie et de Trigonométrie*, 1846.)

Ce théorème n'est qu'un cas particulier d'une question bien connue. (G., n° 942.)

---

* C. F. FOURNIER, examinateur de la marine en 1846.

Exercice 705

1852. Théorème. *Si la hauteur d'un prisme triangulaire égale deux fois le diamètre du cercle circonscrit à la base, le prisme équivaut au parallélépipède qui aurait pour dimensions les trois côtés de cette même base.*

Soient a, b, c les trois côtés de la base; d le diamètre du cercle circonscrit à cette base : la hauteur du prisme sera $2d$.

On sait que le produit des trois côtés d'un triangle égale sa surface multipliée par le double du diamètre du cercle circonscrit. (G., n° 316, III.) Ainsi, en appelant S la surface du triangle, on a

$$abc = S.2d$$

Or, le second membre de cette égalité exprime le volume du prisme, et le premier membre exprime le volume du parallélépipède qui aurait pour dimensions les trois côtés a, b, c. Donc, *si la hauteur...*

Exercice 706

1853. Théorème. *Lorsque trois droites de longueurs données se coupent en un même point et sous des angles constants, l'octaèdre qui aurait pour sommet les extrémités des trois droites a un volume constant.*

(Voir *Méthodes*, n° 156.)

Exercice 707

1854. Théorème. *Tout plan mené par une arête d'un tétraèdre et par le milieu de l'arête opposée, divise le tétraèdre en deux parties équivalentes.*

Soit $CE = DE$.

Abaissons les perpendiculaires CM, DN sur la face commune ABE.

Les deux parties sont équivalentes comme ayant une base commune ABE et des hauteurs égales CM, DN.

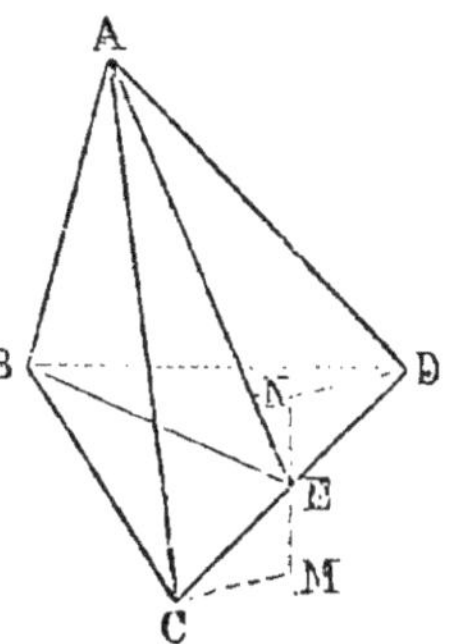

Fig. 1178.

1855. Théorème. *Tout plan mené par les milieux de deux arêtes opposées d'un tétraèdre divise ce solide en deux parties équivalentes.*

Soit E, F les points milieux par lesquels on mène la section FGEH.
Joignons le point A aux points F, H; menons aussi DF, DG.
Les deux solides à comparer se composent des pyramides quadrangulaires équivalentes A, FGEH; D, FGEH; car elles ont même

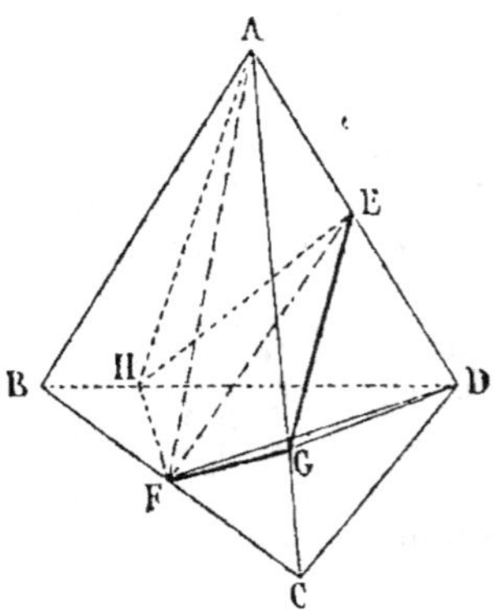

Fig. 1179.

base et les hauteurs abaissées des points A et D sur la section sont égales; car AE = DE.

Il ne reste plus qu'à comparer les pyramides triangulaires ABFH et DCFG. Pour cela, comparons chacune d'elles au tétraèdre donné. On sait que deux tétraèdres qui ont un même angle solide sont entre eux comme les produits des trois arêtes de cet angle solide (G., n° 477); donc

$$\frac{BAFH}{BACD} = \frac{BA \cdot BF \cdot BH}{BA \cdot BC \cdot BD} = \frac{BH}{2BD}$$

$$\frac{CDFG}{CDBA} = \frac{CD \cdot CF \cdot CG}{CD \cdot CB \cdot CA} = \frac{CG}{2CA}$$

Pour comparer les deux pyramides triangulaires partielles, il suffit donc de comparer les rapports $\frac{BH}{2BD}$ et $\frac{CG}{2CA}$, ou $\frac{BH}{BD}$ et $\frac{CG}{CA}$. Or, tout plan FHEG mené par les points milieux E, F de deux arêtes opposées d'un quadrilatère gauche ADBC, divise les deux autres côtés BD et AC en parties proportionnelles (n° 1801); donc

$$\frac{BH}{BD} = \frac{CG}{CA}; \quad \text{donc} \quad BAFH = CDFG$$

donc le tétraèdre est divisé en deux parties équivalentes.

Théorème. *Le plan qui divise deux arêtes opposées d'un tétraèdre dans un rapport donné divise le solide dans le même rapport.*

En effet (fig. 1179), si l'on a

$$\frac{AE}{ED} = \frac{BF}{FC} = \frac{m}{n}$$

On aura : 1° les pyramides quadrangulaires

$$\frac{A,FGEH}{D,FGEH} = \frac{AE}{ED} = \frac{m}{n}$$

2° Les pyramides triangulaires

$$\frac{BAFH}{CDFG} = \frac{BH}{BD} \cdot \frac{CG}{CA}$$

Or, $\quad \dfrac{BH}{BD} = \dfrac{m}{m+n}$ (n° 1800) et $\quad \dfrac{CG}{CA} = \dfrac{n}{m+n}$

donc $\qquad \dfrac{BAFH}{CDFG} = \dfrac{m}{n}$

donc les deux solides déterminés par le plan EHFG sont dans le rapport $\dfrac{m}{n}$.

Exercice 708

1856. Théorème de Steiner. *Sur deux droites non situées dans un même plan, on prend deux longueurs données AB, CD ; prouver que le tétraèdre qui aurait pour sommets les quatre points A, B, C, D, a un volume constant, quelle que soit la position des lignes AB, CD sur les droites données.*

(*Méthodes*, n° 158.)

Exercice 709

1857. Théorème. *Lorsqu'une droite glisse sur deux arêtes opposées d'un tétraèdre, en restant dans un plan parallèle à deux autres arêtes opposées, cette droite engendre un quadrilatère gauche qui divise le tétraèdre en deux parties équivalentes.*

Soit MN s'appuyant sur AB, CD et restant dans un plan parallèle à BC et AD.

On sait que la surface engendrée est le quadrilatère gauche (n° 1792), et que les côtés AB, DC sont constamment divisés en parties proportionnelles (n° 1798).

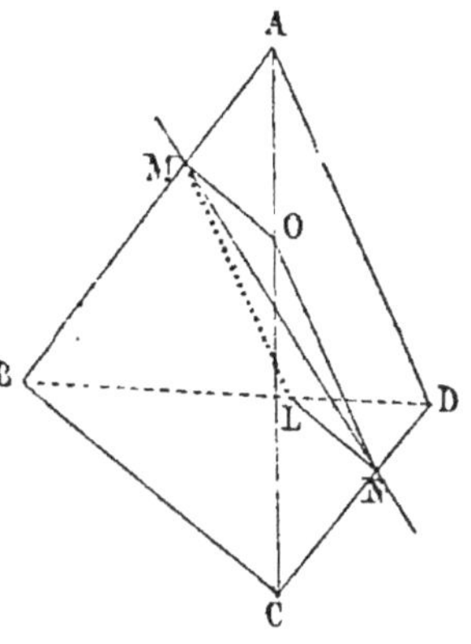

Fig. 1180.

Or, le plan sécant parallèle à la fois aux deux arêtes AD, BC, coupe les plans ABC, DBC suivant des droites MO, NL parallèles à BC, et les plans BAD, CAD suivant les droites LM, NO parallèles à AD (G., n° 379); donc la section est un parallélogramme LMON; la surface gauche, dont MN est la génératrice, divise donc ce parallélogramme en deux parties égales. Il en est de même pour toutes les sections analogues; donc le tétraèdre est divisé en deux parties équivalentes.

1858. Théorème. *Un tronc de parallélépipède a pour volume le produit de la section droite par la moyenne de deux arêtes opposées.*

On le démontre en menant une section droite par le centre du parallélogramme qui termine le tronc.

Exercice 710

1859. Théorème. *Le volume d'un tronc de parallélépipède droit, limité par un quadrilatère gauche, s'obtient en multipliant la section droite par la moyenne des quatre arêtes latérales.*

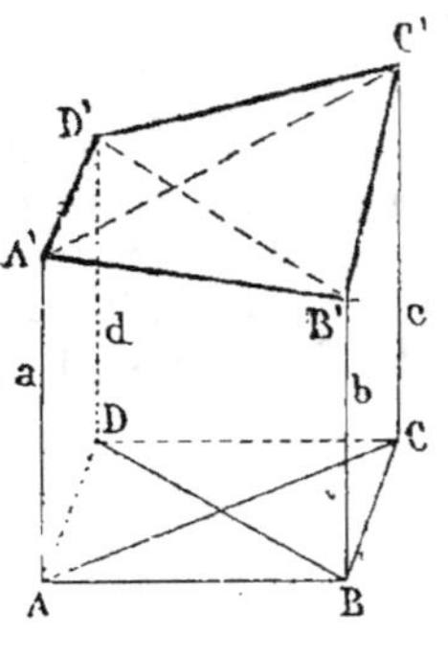

Fig. 1181.

Les droites A'C', B'D' ne sont pas dans un même plan; elles constituent les arêtes opposées d'un tétraèdre A'B'C'D', que la surface gauche qui termine le tronc divise en deux parties équivalentes (n° 1857); donc le solide est la demi-somme des quatre prismes triangulaires ABC, A'B'C'; ADC, A'D'C' et BAD, B'A'D'; BCD, B'C'D'.

Les sections droites de ces quatre prismes sont équivalentes entre elles; soit T la surface d'un triangle tel que ABC.

Le volume d'un tronc triangulaire égale la section droite multipliée par la moyenne des trois arêtes; donc

$$\text{tronc ABC, A'B'C'} = T \cdot \frac{a+b+c}{3}$$

$$\text{tronc ADC, A'D'C'} = T \cdot \frac{a+d+c}{3}$$

$$\text{tronc BAD, B'A'D'} = T \cdot \frac{b+a+d}{3}$$

$$\text{tronc BCD, B'C'D'} = T \cdot \frac{b+c+d}{3}$$

$$\text{La demi-somme} = T \cdot \frac{a+b+c+d}{2} = \text{ABCD} \cdot \frac{a+b+c+d}{4}$$

C. Q. F. D.

Exercice 711

1860. Théorème. *Par chaque sommet d'un tétraèdre quelconque, on mène un plan parallèle à la face opposée; prouver que le tétraèdre obtenu est 27 fois plus grand que le tétraèdre donné.*

Considérons un tétraèdre quelconque A'B'C'D'. Traçons sur les faces latérales les médianes qui partent du point D', et sur la base les médianes qui partent des points B' et C'.

Le point de rencontre D de ces dernières médianes est aux $\frac{2}{3}$ de leurs longueurs respectives; et de même, si l'on marque les points A, B, C aux $\frac{2}{3}$ des médianes qui partent du point D', on aura les points de rencontre des médianes des faces latérales.

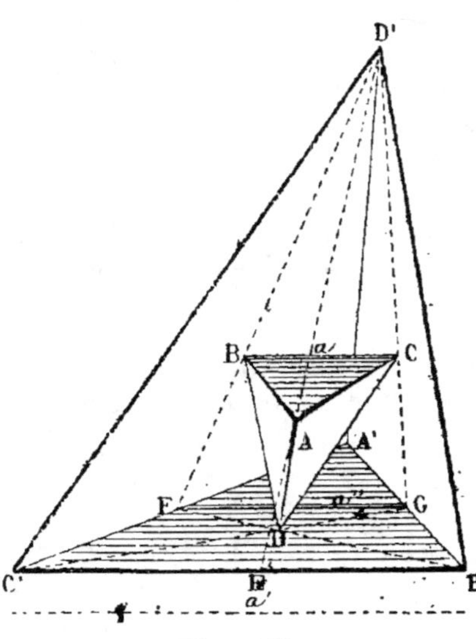

Fig. 1182.

Prenons les points A, B, C, D comme sommets d'un tétraèdre. Le plan ABC, coupant dans un même rapport les droites D'E, D'F, D'G, est parallèle à A'B'C' (G., n° 462); il en est de même des autres faces. Et ainsi les deux tétraèdres sont semblables, quoique les éléments soient disposés dans un *ordre inverse*.

Donc, si l'on se donnait d'abord le tétraèdre ABCD, et si l'on menait, par les sommets, des plans parallèles aux faces opposées, c'est le tétraèdre A'B'C'D' que l'on obtiendrait. Il reste à trouver le rapport des volumes.

Or, d'après les constructions, chacune des dimensions de DABC est le $\frac{1}{3}$ des dimensions homologues de D'A'B'C'; donc les volumes sont entre eux dans le rapport $\left(\frac{1}{3}\right)^3$ ou $\frac{1}{27}$. (G., n° 487.)

Donc le tétraèdre A'B'C'D' égale 27 fois le tétraèdre ABCD.

Exercice 712

1861. Théorème. *Sur les trois faces latérales d'une pyramide triangulaire, de sommet S, on construit des prismes triangulaires quelconques dont les bases supérieures, prolongées convenablement, se rencontrent en un point commun O.*

Sur la base de la pyramide primitive, on construit un prisme dont les arêtes latérales ont pour longueur et pour direction SO. Démontrer que ce dernier prisme égale la somme des trois autres.

Soit ABSLMN l'un des prismes latéraux. La base supérieure LMN peut être transportée parallèlement à elle-même, et dans son propre plan, en OGH; et le prisme obtenu est équivalent à ABSOGH.

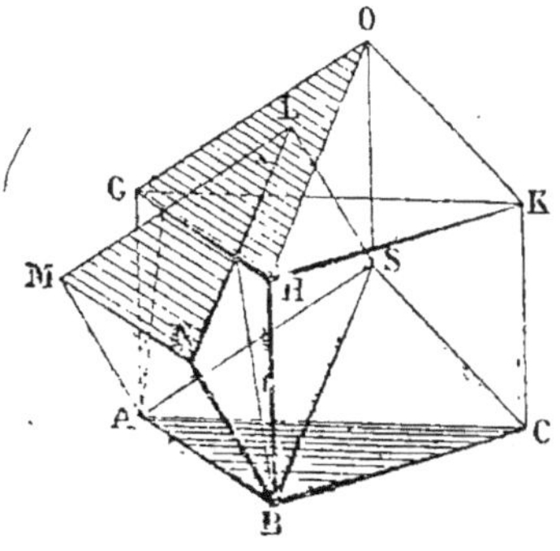

De même, quelle que soit la position des deux autres prismes latéraux, ils sont équivalents : l'un à BCSOHK, et l'autre à ACSOGK.

Les deux tétraèdres SABC et OGHK sont équivalents; car tous leurs éléments, faces et dièdres, sont respectivement égaux.

Or, si du solide ABCKOGH on enlève la pyramide OGHK, il reste un prisme triangulaire ABCKGH construit sur la base ABC, avec des arêtes latérales égales et parallèles à SO.

Si du même solide ABCKOGH on enlève la pyramide SABC, il reste l'ensemble des trois prismes latéraux.

Donc le volume du prisme construit sur la base égale la somme des volumes des prismes latéraux.   *C. Q. F. D.*

Fig. 1183.

Remarque. Le théorème est analogue à celui de *Clairault* (n° 1560).

Exercice 713

1862. Théorème. *Le volume d'un tronc de pyramide triangulaire peut s'obtenir en multipliant le $^1/_6$ de la hauteur par la somme des bases, augmentée de quatre fois la section équidistante de ces bases.*

$$V = {}^1/_6\, h\, (B + 4S + B')$$

Par EF, menons un plan ELMF parallèle à AD. On obtient un prisme triangulaire. Par FM, menons un plan FMN parallèle à ELB ; on obtient ainsi un prisme triangulaire ayant pour bases ELB, FMN ; il reste une pyramide FMNC.

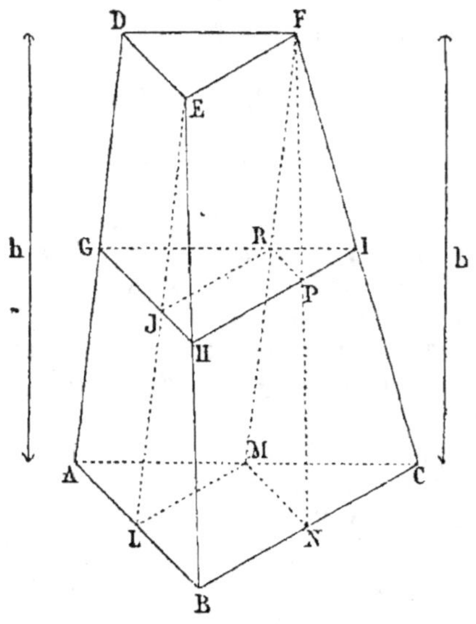

Fig. 1184.

En prenant pour bases respectives de ces solides les figures ALM, LBNM, MNC, la hauteur h est commune. On sait que le volume du prisme ELB, FMN peut s'obtenir en multipliant LBNM par $\dfrac{h}{2}$; donc

$$V = ALM.\,h + LBNM.\,\frac{h}{2} + MNC.\,\frac{h}{3}$$

réduisons au même dénominateur et mettons $\dfrac{h}{6}$ en facteur commun :

$$V = \frac{h}{6}\,[\,6ALM + 3LBNM + 2MNC\,]$$

$$V = \frac{h}{6}\,[\,(ALM + LBNM + MNC) + (4ALM + 2LBNM + MNC) + ALM\,]$$

Mais la seconde parenthèse donne 4GHI, car $2LBNM = 4JHPR$ et $MNC = 4RPI$; donc

$$V = \frac{h}{6}\,[\,ABC + 4GHI + DEF\,] \qquad C.\,Q.\,F.\,D.$$

Remarque. En représentant la base inférieure par B, la base supérieure par B' et la section équidistante par S, on écrit

$$V = \frac{h}{6}\,(B + 4S + B')$$

1863. Théorème. *Le volume limité par deux bases parallèles et dont toutes les faces latérales sont planes, a pour expression*

$$V = \frac{h}{6}\,(B + 4S + B')$$

On peut décomposer ce corps en pyramides, prismes ou tronc de pyramide, etc.

1864. Note. Le théorème (n° 1862) n'est qu'un cas particulier d'un théorème beaucoup plus général. (G., n° 985.)

La formule $\qquad\qquad V = \frac{h}{6}\cdot(B + 4\,S + B')\qquad$ **(a)**

a été appliquée à bien d'autres corps qu'à ceux que l'on considère ordinairement. (G., n° 990.) A l'exercice 104, n° 877 de l'*Appendice aux Exercices de Géométrie*, nous avons prouvé que cette même formule s'applique à tout corps dont la section y^2 est donnée par une fonction du troisième degré :

$$y^2 = ax^3 + bx^2 + cx + d$$

Pour les mêmes corps, nous avons trouvé que le volume peut s'exprimer par

$$V = \frac{h}{8}\,[B + 3(C + D) + B']\qquad \textbf{(b)}\qquad (\text{n}^\circ\ 879)$$

C et D étant les sections faites au premier tiers et au second tiers de la hauteur.

Nous avons été agréablement surpris de trouver dans MACLAURIN, *Traité des fluxions*, n° 848, une formule d'*interpolation* qui permet de vérifier les résultats que nous avons obtenus par une méthode directe. En représentant par A la somme des ordonnées extrêmes, par B la somme de toutes les ordonnées intermédiaires, par R la hauteur qu'on divise en n parties égales, et en se bornant au premier terme, on trouve pour formules réduites :

Pour trois ordonnées $\qquad\quad S = (A + 4B)\,\frac{R}{6}\qquad \textbf{(a}'\textbf{)}$

Pour quatre ordonnées $\qquad S = (A + 3B)\,\frac{R}{8}\cdot\qquad \textbf{(b}'\textbf{)}$

La première formule a été recommandée par NEWTON, et n'est autre chose que la formule (a), connue aussi sous le nom de *formule réduite de Simpson.*

La seconde (b') a été recommandée par COTES *, et c'est la formule (b). Mais ces illustres auteurs n'indiquent (a') et (b') que comme des formules approximatives ; néanmoins elles s'appliquent exactement lorsque la section est donnée par une fonction qui ne dépasse pas le troisième degré.

---

* COTES (1682-1796), professeur de physique expérimentale à Cambridge, ami et auxiliaire de Newton et de Maclaurin.

Remarque. Le théorème (n° 1863) et son extension, au cas où le solide est terminé par une surface du second degré, ont été donnés dans les *Nouvelles Annales* (1848, page 241); mais le *théorème de Sarrus* * (page 244), où il est dit que la formule (a) s'applique à tout corps dont la section est une fonction du second degré, n'est pas assez général, puisqu'il est vrai même lorsqu'on a :

$$y^2 = ax^3 + bx^2 + cx + d$$

On trouve une seconde étude dans le même recueil (année 1857, pages 331 et 312).

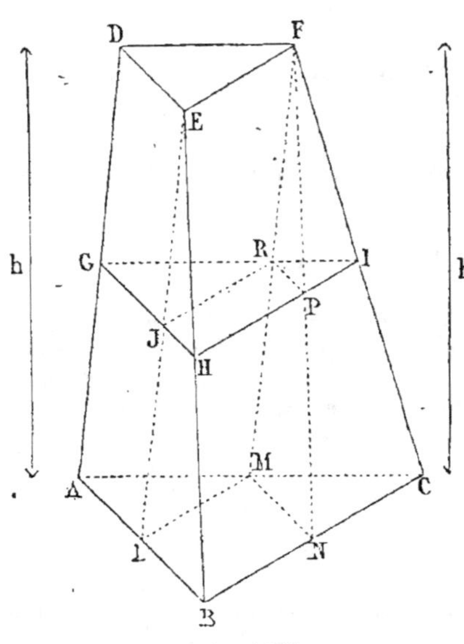

Fig. 1185.

1865. Théorème de Mascheroni. *L'excès du volume, limité par deux polygones équiangles et parallèles et dont les faces latérales sont des trapèzes, sur le volume prismatique de même hauteur qui aurait pour base la section équidistante, est le* 1/12 *du prisme de même hauteur qui aurait pour base un polygone équiangle aux bases données, et pour côtés les différences des côtés de ces deux bases.*

Il suffit de démontrer le théorème pour un tronc de pyramide triangulaire, car le solide donné peut se décomposer en troncs de pyramide et en prismes ayant la hauteur donnée.

Le volume V du tronc de pyramide est donné par la relation suivante :

$$V = ALM \cdot h + LBMN \cdot \frac{h}{2} + MNC \cdot \frac{h}{3}$$

Pour l'exprimer en fonction de la section GHI, on peut écrire, en ajoutant et retranchant RPI.h :

$$V = GJR \cdot h + JHPR \cdot h + MNC \cdot \frac{h}{3} + RPI \cdot h - RPI \cdot h$$

ou

$$V = GHI \cdot h + MNC \cdot \frac{h}{3} - RPI \cdot h$$

Or, GHI.h exprime le volume V' du prisme qui aurait la section médiane pour base; donc l'excès

$$V - V' = MNC \cdot \frac{h}{3} - RPI \cdot h \quad \text{ou} \quad MNC \cdot \frac{h}{3} - MNC \cdot \frac{h}{4}$$

$$V - V' = MCN \cdot \frac{h}{12} \qquad\qquad C. \, Q. \, F. \, D.$$

---

* SARRUS, ancien professeur à Strasbourg.

1866. Note. Nous nommons le théorème précédent *théorème de Mascheroni* [*], d'après M. HAILLÉCOURT, professeur à la faculté de Dijon.

Le recueil intitulé : *Problèmes de Géométrie pratique à l'usage des arpenteurs*, par Mascheroni, contient un grand nombre d'énoncés relatifs à la mesure des aires et des volumes ; mais il n'y a pas de démonstration.

Dans les *Nouvelles Annales* (année 1848, page 245), le théorème est attribué à CARL KOPPE, de Westphalie, qui ne l'a publié qu'en 1838, dans le *Journal de Crelle*. Une citation analogue se trouve dans un ouvrage déjà cité : *Lehrbuch der Geometrie*, von RUDOLF SONNDORFER [**], seconde partie, page 77. La démonstration donnée dans ce dernier traité, à la page 79, est suivie de plusieurs autres questions offrant un réel intérêt.

Nous devons citer deux études fort complètes relatives au volume des corps, limités latéralement par des surfaces gauches, et ayant pour bases deux figures planes parallèles.

Revue des Sociétés savantes (années 1868 et 1876), Mémoires de M. HAILLE-COURT. On y trouve tout ce qui rapporte à la formule (a) (n° 1864) ; le *théorème de Mascheroni* et les théorèmes suivants :

Th. *Si on tord d'un angle ω un cylindre, le volume qui en résulte a pour mesure :*

$$V = \frac{1}{3} HS\left(1 + 2\,\sigma\cos\frac{1}{2}\,\omega\right) = \frac{1}{3} HS\left(2 + \cos\omega\right)$$

H est la hauteur, S la base du cylindre et σ la section équidistante.

Théorème. *Si on tord un tronc de cône d'un angle ω, le rapport de similitude des bases étant q, on a :*

$$V = \frac{1}{\sigma} H\left(1 + 2q\cos\omega + q^2\right)S \qquad\qquad (\text{année } 1868, \text{ page } 40).$$

Relations numériques.

Exercice 714

1867. Théorème. *Lorsqu'un tétraèdre a trois faces égales, la somme des distances d'un point quelconque de la quatrième face à chacune des trois autres est constante.*

(Voir *Méthodes*, n° 170.)

1868. Théorème. *Les perpendiculaires abaissées d'un point quelconque de la base d'une pyramide régulière sur les faces latérales de cette pyramide ont une somme constante.*

---

[*] MASCHERONI, mathématicien italien, né en 1750, vint à Paris comme membre italien de la commission du système métrique ; il y mourut en 1800. Cet auteur est surtout connu par sa *Géométrie du Compas*.

[**] Le docteur SONNDORFER, *director der academischen handelsmittelschule*, à Vienne.

1869. Théorème. *La somme des perpendiculaires abaissées sur les faces d'un polyèdre régulier, d'un même point pris dans l'intérieur de ce polyèdre, est une quantité constante.*

(Voir *Méthodes*, n° 171.)

Exercice 715

1870. Théorème. *Le plan bissecteur de l'angle dièdre d'un tétraèdre divise l'arête opposée en segments proportionnels aux faces de ce dièdre.*

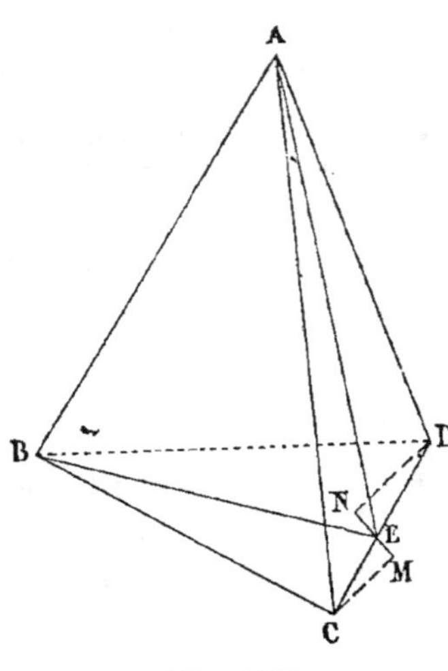

Fig. 1186.

Soit le plan ABE bissecteur du dièdre AB,

Il faut prouver qu'on a

$$\frac{CE}{DE} = \frac{ABC}{ABD}$$

Le point E, appartenant au plan bissecteur, est équidistant des deux faces du tétraèdre; soit h cette distance.

Le triple du volume du solide

$$ABCE = ABC \cdot h$$

Le triple du volume

$$ABDE = ABD \cdot h$$

Les volumes sont donc entre eux comme les faces ABC, ABD.

Or, si des points C, D on abaisse des perpendiculaires sur la face commune ABE, les deux volumes seront entre eux comme les hauteurs CM, DN, ou comme les grandeurs proportionnelles CE, DE;

donc $\qquad \dfrac{CE}{DE} = \dfrac{ABC}{ABD}$ $\qquad$ *C. Q. F. D.*

Exercice 716

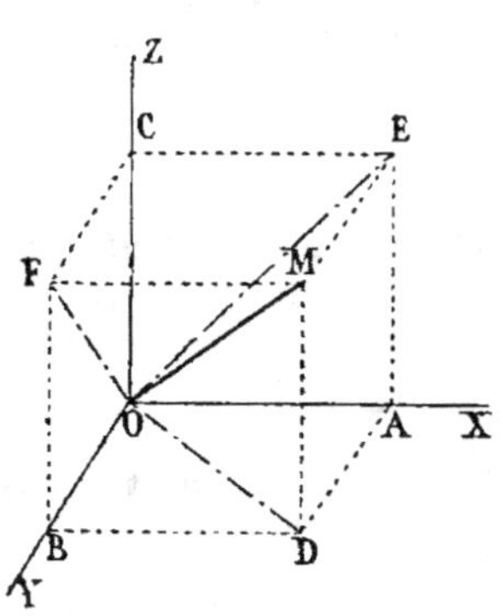

Fig. 1187.

1871. Théorème. *La somme des carrés des projections d'une droite sur trois axes rectangulaires deux à deux égale le carré de cette droite.*

Soit OM la droite donnée, et trois axes rectangulaires OX, OY, OZ. On peut admettre que la droite passe par le point de concours des axes, car les projections d'une droite sur des droites parallèles sont égales entre elles.

Pour avoir les projections de OM, il suffit de mener par le point M trois plans respectivement parallèles à XOY,

XOZ, YOZ. Nous formons ainsi un cube, dont les arêtes OA, OB, OC sont les projections de la droite donnée.

Or la droite MD, perpendiculaire au plan AOBD, est par suite perpendiculaire à OD; donc

$$OM^2 = OD^2 + MD^2; \quad \text{d'ailleurs} \quad OD^2 = OB^2 + OA^2$$

donc $$OM^2 = OA^2 + OB^2 + OC^2 \qquad\qquad C. \ Q. \ F. \ D.$$

1872. Théorème. *La somme des carrés des projections d'une droite OM sur trois plans rectangulaires deux à deux égale le double du carré de cette droite.*

OD, OE, OF sont les projections de la droite sur les trois plans menés par le point O; car, par exemple, ME est perpendiculaire au plan XOZ, etc.

$$OD^2 = OA^2 + OB^2; \quad OE^2 = OA^2 + OC^2; \quad OF^2 = OB^2 + OC^2$$

donc $$OD^2 + OE^2 + OF^2 = 2OA^2 + 2OB^2 + 2OC^2 = 2OM^2$$

Exercice 717

1873. Théorème. *En coupant par un plan quelconque, en* A, B, C, D, *les quatre arêtes d'un angle solide S d'un octaèdre régulier,*

on a $$\frac{1}{SA} + \frac{1}{SC} = \frac{1}{SB} + \frac{1}{SD}$$

(Levy*, N. A., 1842, page 375, n° 35.)

On sait que, pour un point fixe O pris sur la bissectrice d'un angle, toute sécante AOC donne une somme constante $\dfrac{1}{SA} + \dfrac{1}{SC}$ (n° 280).

Or les angles ASC; BSD sont égaux; et, pour un plan quelconque, le point O est le même pour les deux angles; donc

$$\frac{1}{SA} + \frac{1}{SC} = \frac{1}{SB} + \frac{1}{SD}$$

Remarque. La démonstration ci-dessus s'applique à une pyramide quadrangulaire ayant pour base un rectangle, pourvu que la hauteur de la pyramide tombe au point de concours des diagonales du rectangle.

---

* Lévy, célèbre cristallographe, bon géomètre, mort en 1841, professeur au collège Charlemagne.

La solution donnée dans les *Nouvelles Annales mathématiques*, en 1850, page 60, est de M. Dewulf, alors élève au lycée de Saint-Omer; cette solution est simple, mais celle que nous donnons l'est encore davantage.

On doit à M. Dewulf, aujourd'hui chef de bataillon du génie, la traduction des *Éléments de Géométrie projective de M. Cremona.*

Exercice 718

1874. Théorème. *Tout plan mené par le point de concours des diagonales d'un octaèdre régulier coupe les douze arêtes ou leur prolongement, et donne lieu à vingt-quatre segments dont la somme des inverses est constante.*

(Voir *Méthodes*, n° 284.)

Exercice 719

1875. Théorème. *Par un point fixe O pris sur la droite équidistante des arêtes d'un angle polyédrique régulier, on mène un plan quelconque; prouver que la somme des inverses des arêtes est constante.*

(Voir *Méthodes*, n° 286.)

Exercice 720

1876. Théorème. *Lorsque, par les arêtes opposées d'un tétraèdre, on mène des plans parallèles, on forme un parallélépipède circonscrit dont le volume est triple de celui du tétraèdre.*

(Voir *Méthodes*, n° 157.)

1877. Théorème de Gua [*]. *Lorsque l'angle au sommet d'une pyramide est un trièdre tri-rectangle, le carré de la base de cette pyramide égale la somme des carrés des trois autres faces.*

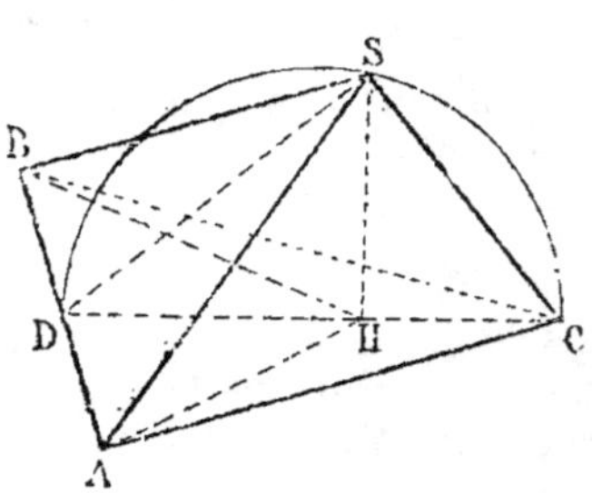

Fig. 1188.

Le théorème a déjà été démontré, mais avec un énoncé différent (n° 1556 et 1557), car les triangles rectangles construits sur les côtés du triangle acutangle donné ne sont que les rabattements des faces du trièdre tri-rectangle. Avec une figure dans l'espace, la démonstration est très simple.

Soit S le sommet du trièdre tri-rectangle, ABC la base de la pyramide.

L'arête CS est perpendiculaire à la face ASB; donc, si par CS on mène un plan perpendiculaire à AB, la droite CD sera perpendiculaire à AB; l'angle CSD sera droit, et la

---

[*] GUA DE MALVES, né à Carcassonne en 1712, mort en 1786, a publié l'*Usage de l'analyse de Descartes, pour découvrir, sans le secours du calcul différentiel, les propriétés des lignes géométriques.*

section, étant perpendiculaire au plan de base, contiendra la hauteur SH de la pyramide.

Or, le triangle ASB et sa projection AHB ayant même base, sont entre eux comme leurs hauteurs; il en est de même de ACB.

Mais $DS^2 = DH.DC$ à cause de l'angle droit DSC; donc

$$ASB^2 = ACB.AHB$$

de même
$$ASC^2 = ACB..AHC$$
$$BSC^2 = ACB.BHC$$

donc $\qquad ASB^2 + ASC^2 + BSC^2 = BHC^2 \qquad\qquad$ *C. Q. F. D.*

Remarque. On peut énoncer le théorème comme il suit : *Le carré du triangle ABC est la somme des carrés de ses projections sur trois plans rectangulaires menés par ses côtés.*

Exercice 721

1878. Théorème de Tinseau[*]. *Le carré d'une surface plane quelconque est égal à la somme des carrés des projections de cette surface sur trois plans rectangulaires deux à deux.*

Ce théorème est l'extension du théorème précédent.

1° Les projections d'une figure plane sur des plans parallèles sont égales entre elles.

2° Toute figure plane peut être considérée comme étant la somme algébrique de triangles, tel que le triangle acutangle ABS (n° 1877); donc, en général, *le carré d'une surface plane*, etc.

Note. Le *théorème de Tinseau* a été présenté à l'Académie des sciences en 1774, et imprimé, en 1780, dans le tome IX du *Recueil des Savants étrangers.*

Le *théorème de Gua* (n° 1877) n'est qu'un corollaire du *théorème de Tinseau;* néanmoins il est étudié directement dans les mémoires de 1783, et peut servir à démontrer le théorème général : c'est ainsi, d'ailleurs, que nous avons procédé.

La publication faite en 1859 des *Œuvres inédites de Descartes* montre que ce grand géomètre connaissait les propriétés du tétraèdre tri-rectangle. (N. A., 1859, *Bibliographie,* page 59.)

Exercice 722

1879. Théorème. *Lorsqu'une pyramide triangulaire SABC est coupée par un plan qui rencontre le plan de la base, et qu'on fait tourner la section A'B'C' autour de la droite MN d'intersection des deux plans, les droites AA', BB', CC' concourent en un même point, et le lieu de ce point est une circonférence dont le plan est perpendiculaire à MN.*

(Voir *Méthodes,* n° 182.)

---

[*] TINSEAU, né à Besançon, sortit en 1771 de l'école de Mézières, et se retira de l'armée en 1791.

PROBLÈMES

Maxima et minima.

Exercice 723

1880. Problème. *Quel est le parallélépipède de volume maximum dont la somme des trois arêtes égale une longueur donnée?*

(Voir *Méthodes*, n° 372.)

Exercice 724

1881. Problème. *De tous les parallélépipèdes droits qui ont pour base un carré et dont la somme du côté du carré et de la hauteur est constante, quel est celui dont le volume est maximum?*

(Voir *Méthodes*, n° 375.)

Exercice 725

1882. Problème. *Pour une même surface totale, quel est le parallélépipède de volume maximum?*

(Voir *Méthodes*, n° 378.)

Exercice 726

1883. Problème. *Quel est volume maximum d'une boîte creuse dont la surface des cinq faces a une valeur donnée?*

(Voir *Méthodes*, n° 379.)

Exercice 727

1884. Problème. *Quel est le parallélépipède rectangle, à base carrée, dont le volume est maximum, lorsque la somme d'une face latérale et du carré de base est constante?*

(*Méthodes*, n° 380.)

Exercice 728

1885. Problème. *À un carré de côté* a, *on enlève quatre carrés et l'on forme un parallélépipède rectangle; quel est le volume maximum?*

Soit AE, la demi-base $= x$; et ED, la hauteur $= y$.

Le volume $= 4x^2y$, et $x + y = \dfrac{a}{2}$.

On peut poser immédiatement

$$x = \frac{2}{3} \cdot \frac{a}{2} = \frac{a}{3}$$

et $\qquad y = \dfrac{1}{3} \cdot \dfrac{a}{2} = \dfrac{a}{6}$ $\quad$ (n° 376)

D'ailleurs, en considérant le quart ABCD de la surface donnée, le problème revient à construire le parallélépipède droit à base carrée BFGH, lorsqu'on connaît la somme $\dfrac{a}{2}$ du côté x et de la hauteur y.

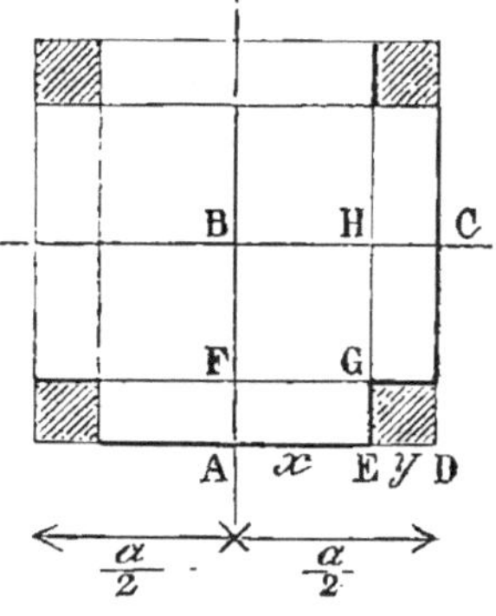

Fig. 1189.

La hauteur ED doit être la tiers de la somme constante $\dfrac{a}{2}$.

$$V \quad \text{ou} \quad 4x^2y = 4 \cdot \frac{a^2}{9} \cdot \frac{a}{6} = \frac{2}{27} a^3$$

Remarque. Ce problème ne diffère que par l'énoncé d'un problème précédent (n° 1831). Cet exemple, ainsi que plusieurs autres que nous avons donnés, montre bien le parti avantageux que l'on peut tirer des *Manières diverses d'envisager un problème.*

1886. Problème. *Dans un octaèdre à huit faces égales, inscrire le parallélépipède maximum.*

Les plans diagonaux divisent l'octaèdre en huit tétraèdres équivalents, il suffit d'en considérer un quelconque; le parallélépipède inscrit maximum doit avoir le sommet au centre de gravité de la face considérée, etc.; donc les arêtes du parallélépipède maximum inscrit dans l'octaèdre donné doivent joindre deux à deux les centres de gravité des faces adjacentes de l'octaèdre.

Remarques. 1° L'octaèdre circonscrit est minimum par rapport au parallélépipède dont les sommets sont aux centres de gravité des faces de cet octaèdre.

2° L'octaèdre formé par les plans menés par les centres de gravité des trois faces de chaque angle solide d'un parallélépipède, est l'octaèdre minimum de tous ceux que l'on peut inscrire dans le même parallélépipède.

Exercice 729

· **1887. Problème.** *Par un point quelconque de la base d'un tétraèdre dont l'angle au sommet est un tétraèdre tri-rectangle à trois arêtes égales, on mène des plans parallèles aux faces du dièdre et l'on forme* *un parallélépipède rectangle: pour quelle position du point pris sur la base ce parallélipipède est-il maximum?*

(Voir *Méthodes*, n° 381.)

Exercice 730

1888. Problème. *Même question pour le parallélépipède obtenu, lorsque le trièdre opposé à la base est quelconque et que les arêtes de ce trièdre ont des longueurs inégales.*

(Voir *Méthodes*, n° 382.)

Exercice 731

1889. Problème. *Par le sommet d'un parallélépipède, mener un plan qui coupe les trois faces opposées, de manière que le tétraèdre obtenu soit minimum.*

(Voir *Méthodes*, n° 383.)

Exercice 732

1890. Problème. *Couper une pyramide par un plan parallèle à la base, de manière que le prisme ayant la hauteur du tronc et la section pour base ait un volume maximum.*

(Voir *Méthodes*, n° 384.)

Exercice 733

1891. Problème. *On coupe un tétraèdre régulier par un plan parallèle à deux arêtes opposées AB, CD; étudier les variations de la section obtenue, lorsque le plan sécant se déplace, en restant parallèle aux mêmes arêtes.*

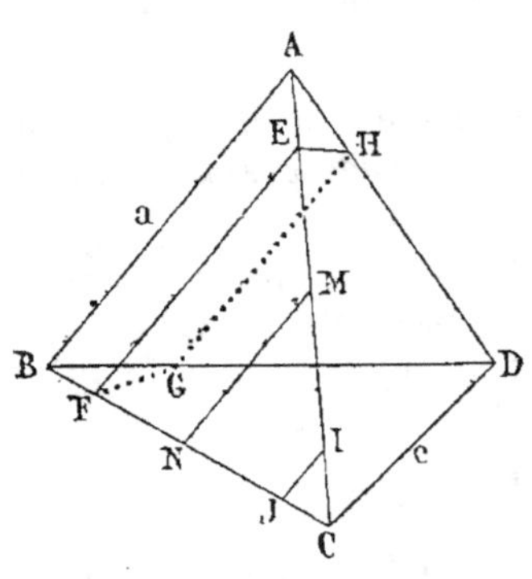

Fig. 1190.

Soit EFGH une section parallèle à AB et à CD.

Les droites EF, GH sont parallèles à AB; car FE, par exemple, est l'intersection du plan sécant par le plan ABC, conduit par une parallèle AB au plan sécant.

Pour une raison analogue, EH, FG sont parallèles à CD. Ainsi, pour un tétraèdre quelconque, la section est un parallélogramme.

Lorsque le tétraèdre est régulier, on obtient un rectangle, car les arêtes opposées AB et CD sont orthogonales (n° 461).

Le triangle ACD étant équilatéral, $AE = EH = AH = BF$.

Prenons $CI = CJ = AE$

nous aurons $IJ = EH$

Le rectangle dont il faut étudier les variations a donc pour côté une parallèle EF à la base d'un triangle équilatéral ACB, et pour hauteur la parallèle IJ, située à la même distance du sommet C que EF l'est de la base.

Donc la *somme des côtés du rectangle est constante* : elle égale deux fois la ligne MN qui joint les milieux des côtés; elle égale, en un mot, l'arête AB.

Le rectangle sera maximum lorsque les deux facteurs seront égaux entre eux. Ainsi le maximum est donné par la section équidistante des arêtes opposées. Cette section est un carré.

1892. Problème. *Même question pour un tétraèdre quelconque.*

La section est un parallélogramme dont les côtés se coupent sous un angle constant, quel que soit le plan sécant; car EF, GH sont parallèles à AB, et EH, FG sont parallèles à CD. La variation de la surface du parallélogramme ne dépend donc que du produit des côtés adjacents.

Pour un point E, soit $\dfrac{AE}{CE} = \dfrac{m}{n}$

Calculons les droites EF, EH :

$$\frac{EF}{a} = \frac{n}{m+n} ; \quad \text{d'où} \quad EF = \frac{an}{m+n}$$

$$\frac{EH}{c} = \frac{m}{m+n} ; \quad \text{d'où} \quad EH = \frac{cm}{m+n}$$

$$EF \cdot EH = \frac{ac\,mn}{(m+n)^2}$$

Or, $m+n$ a une somme constante AC; donc le maximum de mn, et par suite de EF.EH, aura lieu quand $m = n$. Ainsi la section équidistante des deux arêtes donne le maximum.

Le produit EF.EH égale alors $\dfrac{ac\,m^2}{(2m)^2} = \dfrac{ac}{4}$.

Recherche des formules.

Exercice 734

1893. Problème. *Les trois dimensions d'un parallélépipède rectangle étant a, b, c, exprimer le volume de ce parallélépipède, sa surface totale, la diagonale, la somme des arêtes, et enfin l'arête du cube équivalent.*

Volume	abc
Surface tototale	$2(ab + ac + bc)$
Diagonale	$\sqrt{a^2 + b^2 + c^2}$
Somme des arêtes.	$4(a + b + c)$
Arête du cube équivalent. . . .	$\sqrt[3]{abc}$

Exercice 735

1894. Problème. *L'arête d'un cube étant a, trouver l'expression de la diagonale de ce cube, et de la surface d'une section faite par deux arêtes opposées.*

La diagonale du cube est

$$\sqrt{a^2 + a^2 + a^2}, \quad \text{ou} \quad \sqrt{3a^2}, \quad \text{ou enfin} \quad a\sqrt{3}$$

La diagonale de l'une des faces est

$$\sqrt{a^2 + a^2}, \quad \text{ou} \quad \sqrt{2a^2}, \quad \text{ou enfin} \quad a\sqrt{2}$$

Le plan diagonal est un rectangle qui a pour dimensions $a\sqrt{2}$ et a; sa surface est donc $a^2\sqrt{2}$.

Exercice 736

1895. Problème. *Quel est le volume d'une pyramide triangulaire, ayant* a *pour arête de base et* b *pour arête latérale?*

La base est un triangle équilatéral ayant a pour côté, et dont la hauteur est donnée par $\dfrac{a}{2}\sqrt{3}$. (G., n° 316, I.)

Or, la hauteur du tétraèdre tombe au point de concours des trois hauteurs du triangle équilatéral de base, c'est-à-dire aux $^2/_3$ de leur longueur à partir du sommet.

Ainsi le rayon du cercle circonscrit à ce triangle égale

$$\frac{2}{3} \cdot \frac{a}{2}\sqrt{3} = \frac{a}{3}\sqrt{3}$$

Mais la hauteur de la pyramide est le côté de l'angle droit du triangle rectangle dont b est l'hypoténuse et $\dfrac{a}{3}\sqrt{3}$ l'autre côté: donc

$$h = \sqrt{b^2 - \frac{a^2}{3}}; \quad \text{car} \quad \left(\frac{a}{3}\sqrt{3}\right)^2 = \frac{a^2}{3}$$

Le volume de la pyramide est le $^1/_3$ du produit de la base par la hauteur; or, la base est un triangle équilatéral ayant a pour côté, et par suite $\dfrac{a^2}{4}\sqrt{3}$ pour surface; donc

$$V = \frac{a^2}{4}\sqrt{3} \times \frac{1}{3}\sqrt{b^2 - \frac{a^2}{3}} = \frac{a^2}{12}\sqrt{3b^2 - a^2}$$

Exercice 737

1896. Problème. *A quelle distance du sommet faut-il couper une pyramide parallèlement à la base, pour que les deux parties soient équivalentes?*

Soient P et P' les pyramides totale et partielle; h et h' les hauteurs respectives. On a la relation

$$\frac{h'^3}{h^3} = \frac{P'}{P} = \frac{1}{2} \qquad \frac{h'}{h} = \frac{1}{\sqrt[3]{2}}$$

Ainsi
$$h' = h\,(0,793\,7)$$

Remarque. On peut poser

$$\frac{h'}{h} = \frac{1}{\sqrt[3]{2}} = \frac{\sqrt[3]{2}\sqrt[3]{2}}{\sqrt[3]{2}\sqrt[3]{2}\sqrt[3]{2}} = \frac{\sqrt[3]{4}}{2} \quad \text{ou} \quad {}^1/_2\sqrt[3]{4}$$

Ainsi
$$h' = {}^1/_2\,h\sqrt[3]{4}$$

Exercice 738

1897. Problème. *Dans quel rapport faut-il couper la hauteur d'une pyramide parallèlement à la base, pour diviser cette pyramide en 3, 4... n parties équivalentes?*

S'il s'agit de diviser en 3 parties équivalentes, on détermine une première section qui donne une pyramide partielle égale au $1/_3$ de la pyramide totale; puis, sans tenir compte de cette première opération, on détermine une nouvelle section qui donne une pyramide partielle égale aux $2/_3$ de la pyramide totale.

De même, pour diviser en 4 parties équivalentes, on déterminera séparément, à partir du sommet, des pyramides égales respectivement à $1/_4$, $2/_4$, $3/_4$ de la pyramide totale. Et ainsi des autres cas.

S'il s'agit de 3 parties équivalentes, on considère 3 pyramides P', P'' et P, et l'on pose les nombres.

	$1/_3$	$2/_3$	1
exprimant le rapport des pyramides. . .	P'	P''	P
ou des cubes des hauteurs.	h'^3	h''^3	h^3
Ainsi les hauteurs.	h'	h''	h
sont comme les nombres.	$\sqrt[3]{1/_3}$	$\sqrt[3]{2/_3}$	$\sqrt[3]{1}$
dont les valeurs sont.	0,693	0,894	1

S'il s'agit de 4 parties équivalentes, on trouvera pareillement pour

les hauteurs.	h'	h''	h'''	h
les nombres.	$\sqrt[3]{1/_4}$	$\sqrt[3]{2/_4}$	$\sqrt[3]{3/_4}$	$\sqrt[3]{1}$
ou	0,630	0,794	0,909	1

S'il s'agissait de n parties équivalentes, on trouverait de même
pour les hauteurs. . . . . . . h' h'' h''' . . . . h

les nombres. . . . . $\sqrt[3]{1/n}$ $\sqrt[3]{2/n}$ $\sqrt[3]{3/n}$ 1

Exercice 739

1898. Problème. *A quelle distance du sommet faut-il couper une pyramide parallèlement à la base, pour que les deux parties du solide soient entre elles comme 5 est à 3 ?*

La pyramide partielle P$'$ sera les $5/8$ de la pyramide totale P ; on aura donc aussi

$$h'^3 = \tfrac{5}{8}h^3 ; \quad \text{d'où} \quad h' = h\sqrt[3]{5/8} = 0,855\,h$$

Exercice 740

1899. Problème. *Un solide, dont la forme rappelle celle de certains tas de pierres concassées, repose sur le sol par sa base ABCD, qui est un rectangle, et les plans des quatre autres faces forment, avec celui de la base des angles de 45°. On propose d'évaluer la surface latérale et le volume de ce solide, connaissant les dimensions de la base.* (Brevet facultatif de Lyon, juillet 1876.)

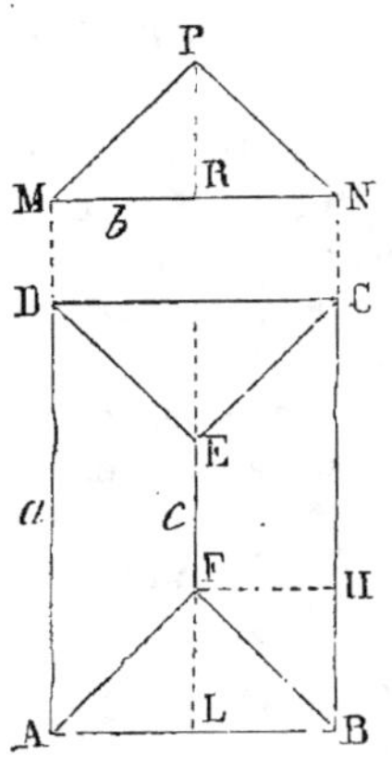
Fig. 1191.

Le solide n'est autre chose qu'un tronc de prisme. Pour obtenir son volume, il suffira donc de multiplier la section droite par la moyenne des arêtes.

Soit PMN la section droite, et AEFB la projection horizontale du solide.

Le triangle FHB est rectangle et isocèle ; donc

$$HB = FH = \frac{b}{2}$$

alors

$$c = a - \frac{2b}{2} = a - b$$

De même le triangle MPN est rectangle isocèle ; par suite

$$PR = RN = \frac{b}{2}$$

d'où   surf. $MNP = \dfrac{b}{2} \times \dfrac{b}{2} = \dfrac{b^2}{4}$

Le volume cherché est donc

$$V = \frac{2a + a - b}{3} \times \frac{b^2}{4} = \frac{(3a - b)b^2}{12}$$

La surface latérale se compose de deux trapèzes égaux et de deux triangles égaux.

La hauteur des triangles égale celle des trapèzes : c'est l'hypoténuse d'un triangle rectangle ayant pour côtés $\frac{b}{2}$; donc

$$h^2 = \frac{2b^2}{4} ; \quad \text{d'où} \quad h = \frac{b\sqrt{2}}{2}$$

Surf. des deux triangles $\qquad \frac{b^2}{2}\sqrt{2}$

Surf. des deux trapèzes $\quad 2\left(\frac{2a-b}{2}\right)\left(\frac{b\sqrt{2}}{2}\right) = (2a-b)\,\frac{b\sqrt{2}}{2}$

L'aire latérale du solide est donc

$$\frac{b^2}{2}\sqrt{2} + (2a-b)\frac{b\sqrt{2}}{2} = \frac{b^2}{2}\sqrt{2} + ab\sqrt{2} - \frac{b^2\sqrt{2}}{2} = ab\sqrt{2}$$

Exercice 741

1900. Problème. *Un tétraèdre a pour base un triangle à trois côtés inégaux* a, b, c; *les trois autres arêtes sont égales entre elles, leur longueur* d *est connue; exprimer le volume du tétraèdre en fonction des arêtes.*

D'après le *théorème de Héron d'Alexandrie*, l'aire de la base est donnée par $\qquad S = \sqrt{p(p-a)(p-b)(p-c)}$ $\quad$ (G., n° 352.)

Le rayon du cercle circonscrit ou R est donné par

$$R = \frac{abc}{4\sqrt{p(p-a)(p-b)(p-c)}} \quad \text{ou} \quad \frac{abc}{4S} \quad \text{(G., n° 354.)}$$

La hauteur est un des côtés d'un triangle rectangle dont d est l'hypoténuse et R l'autre côté de l'angle droit; donc

$$h = \sqrt{d^2 - R^2} = \sqrt{d^2 - \frac{a^2b^2c^2}{16S^2}}$$

$$V = \frac{S \cdot h}{3} = \frac{1}{3}S\sqrt{\frac{16S^2d^2 - a^2b^2c^2}{16S^2}} = \frac{1}{12}\sqrt{16S^2d^2 - a^2b^2c^2}$$

$$V = \frac{1}{12}\sqrt{16p(p-a)(p-b)(p-c)d^2 - a^2b^2c^2}$$

1900 a. Problème. *On a un prisme hexagonal régulier, ayant AA', BB'... FF' pour arêtes latérales. On mène les plans AB'C, CD'E EF'A et les plans B'CD', B'EF', F'AB' qui détachent du prisme six pyramides triangulaires; exprimer le volume du prisme ainsi tronqué : 1° en fonction du côté AB de l'hexagone; 2° en fonction du côté AC du triangle équilatéral. On sait que* h *est la hauteur du prisme.*

Du prisme $ABCDEF \times h$, il faut retrancher six pyramides triangulaires ayant h pour hauteur et dont la base égale le triangle ABC.

Or six fois ABC = l'hexagone; donc

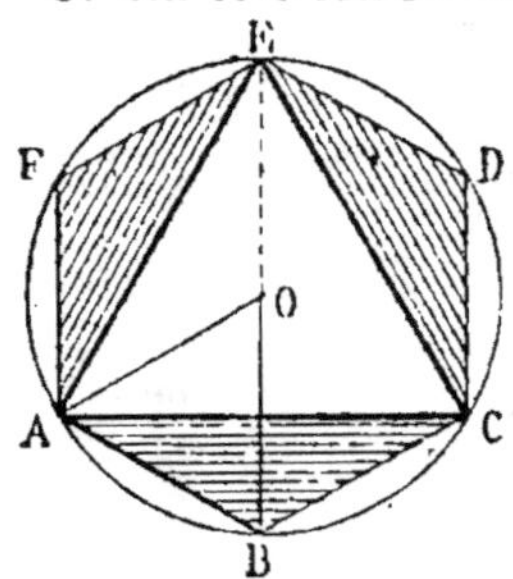

Fig. 1192.

$$V = AB...F\left(h - \frac{h}{3}\right) = AB...F \times \frac{2}{3}\,h$$

1º Soit AB $= a$; on sait que pour le triangle équilatéral on a :

$$AOB = \frac{a^2}{4}\sqrt{3}$$

donc $\quad$ hexagone $= \dfrac{3a^2\sqrt{3}}{2}$ $\quad$ (G., nº 316.)

$$V = \frac{3a^2\sqrt{3}}{2} \cdot \frac{2}{3}\,h = a^2 h\sqrt{3}$$

2º Soit $\qquad\qquad$ AE $= b$

on a : $\qquad\qquad$ AE $= a\sqrt{3}$ $\qquad$ (G., nº 277.)

ou $\qquad b = a\sqrt{3}$; $\quad$ d'où $\quad a = \dfrac{b}{\sqrt{3}}$

Ainsi $\qquad$ V $\quad$ on $\quad a^2 h\sqrt{3} = \dfrac{b^2}{3}\,h\sqrt{3}$

1900 b. Remarques. 1º La face supérieure du solide est le triangle équilatéral ACE; la face inférieure est le triangle B'D'F'. Toute section parallèle aux bases est un hexagone ayant trois côtés égaux entre eux et respectivement parallèles aux côtés de ACE; les trois autres côtés sont aussi égaux entre eux et parallèles à ceux de B'D'F'. La section de surface maxima est équidistante des bases, et c'est un hexagone régulier dont chaque égale la moitié de AC. La surface de cet hexagone est donc

$$6\left(\frac{b}{2}\right)^2 \cdot \frac{\sqrt{3}}{4} = \frac{3}{8}\,b^2\sqrt{3}$$

celle du triangle ACE $= \dfrac{b^2}{4}\sqrt{3}$ $\quad$ ou $\quad \dfrac{2b^2}{8}\sqrt{3}$.

Ainsi la section peut varier depuis $\dfrac{2b^2}{8}\sqrt{3}$ jusqu'à $\dfrac{3b^2}{8}\sqrt{3}$.

2º On peut poser diverses questions analogues au problème précédent : nous allons nous borner à parler du prisme carré et du prisme octogonal réguliers.

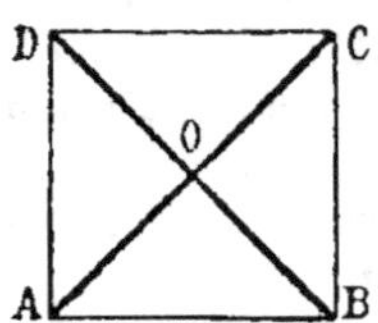

Fig. 1193.

1900 c. Prisme carré. Pour un prisme carré, ayant pour bases ABCD et A'B'C'D', on enlève les pyramides AB'C, CD'A et D'AB', B'CD'.

Il ne reste qu'un tétraèdre ayant pour sommets A, C, B', D'.

Soit a le côté du carré, le prisme $= a^2 h$.

Deux pyramides $= \text{ABCD} \cdot \dfrac{h}{3}$;   donc les quatre pyramides à sous-

traire $= a^2 \cdot \dfrac{2}{3} h$.

Donc $\qquad\qquad$ tétraèdre $= \dfrac{a^2 h}{3}$

Le tétraèdre est le tiers du prisme; or ce résultat est conforme à celui qu'on a déjà obtenu (n° 157).

1900 *d.* Pour un prisme octogonal régulier, le solide a pour bases le carré ABCD et le carré E'F'G'H'. Du volume du prisme octogonal il faut retrancher huit pyramides ayant ABE pour base.

Évaluons le solide, en fonction du côté a du carré.

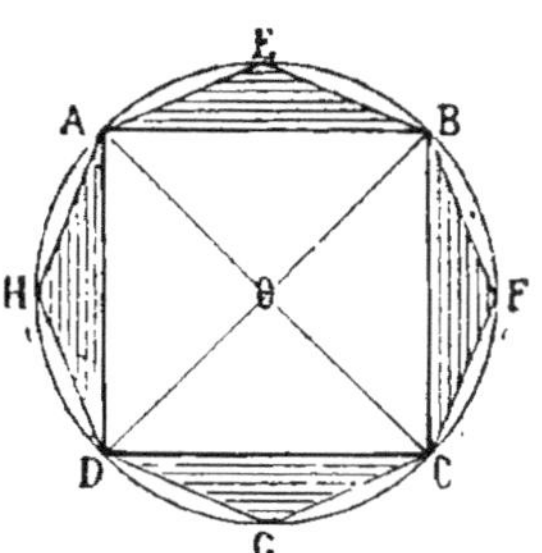

Fig. 1194.

$$\text{AO} \quad \text{ou} \quad r = \frac{a}{\sqrt{2}} = \frac{a}{2}\sqrt{2}$$

et la hauteur abaissée du sommet E sur AB

égale
$$r - \frac{a}{2} = \frac{a}{2}\sqrt{2} - \frac{a}{2} = \frac{a}{2}\left(\sqrt{2} - 1\right) \tag{1}$$

$$\text{L'octogone régulier} = 4\text{AOBE} = 4 \cdot \text{OE} \cdot \frac{\text{AB}}{2} = 4 \cdot \frac{a}{2}\sqrt{2} \cdot \frac{a}{2} = a^2\sqrt{2}$$

$$\text{Prisme octogonal} = a^2 h\sqrt{2} \tag{2}$$

$$\text{Triangle ABE} = \frac{a}{2} \cdot \frac{a}{2}\left(\sqrt{2} - 1\right) = \frac{a^2}{4}\left(\sqrt{2} - 1\right) \tag{3}$$

$$\text{Les huit pyramides} = 8 \cdot \frac{a^2}{4}\left(\sqrt{2} - 1\right)\frac{h}{3} = \frac{2}{3}a^2 h\left(\sqrt{2} - 1\right)$$

donc $\quad$ Volume demandé $= a^2 h\sqrt{2} - \dfrac{2}{3}a^2 h\left(\sqrt{2} - 1\right)$

$$V = \frac{3}{3}a^2 h\sqrt{2} - \frac{2}{3}a^2 h\sqrt{2} + \frac{2}{3}a^2 h$$

$$V = \frac{1}{3}a^2 h\left(2 + \sqrt{2}\right) \tag{4}$$

1900 *e.* **Problème.** *Deux carrés égaux sont situés dans deux plans parallèles, leurs centres sont sur une même perpendiculaire à leur plan, et les diagonales de l'un sont perpendiculaires aux côtés de l'autre. Par le côté d'un carré et le sommet correspondant du carré opposé, on mène un plan, de manière à limiter latéralement le solide par huit triangles égaux. On demande d'évaluer le volume compris entre les deux carrés et les huit faces latérales : on sait que le côté des* *carrés et la hauteur du solide sont respectivement représentés par* a *et par* h. (Diplôme de fin d'études. Besançon 1878.)

Cette question ne diffère point de celle que l'on vient de traiter (n° 1900, *d*). On a donc :

$$V = \frac{1}{3} a^2 h \left(2 + \sqrt{2}\right)$$

On peut arriver à ce résultat en procédant comme il suit :
Le prisme octogonal égale le prisme carré plus quatre prismes triangulaires ayant ABE pour base, et de cette somme il faut retrancher huit pyramides ayant pour base ABE; donc le volume demandé est exprimé par

$$V = a^2 h + 4\,\text{ABE}.\,h - 8\,\text{ABE}.\,\frac{h}{3}$$

$$V = a^2 h + \frac{4}{3}\,\text{ABE}.\,h = \frac{h}{3}\,(3a^2 + 4\,\text{ABE})$$

Or $4\,\text{ABE} = a^2\left(\sqrt{2} - 1\right)$ (Voir *formule* 3.)

donc $V = \frac{1}{3} a^2 h \left(3 + \sqrt{2} - 1\right)$ ou $V = \frac{1}{3} a^2 h \left(2 + \sqrt{2}\right)$ (3)

1900 *f*. Problème. *Un parallélépipède a pour faces six losanges, dont une des diagonales égale le côté* a *des losanges. Quel est le volume du solide ?*

Soit A le sommet d'un des trièdres formés par trois angles aigus BAC, CAD, DAB. Il en résulte $BC = CD = DB = AB = a$. Le tétraèdre ABCD est régulier.

Pour avoir le volume du parallélépipède, il faut multiplier le losange dont le triangle équilatéral BAC est la moitié, par la hauteur *h* abaissée du sommet D sur BAC.

Or le losange a pour superficie $\frac{a^2}{2}\sqrt{3}$.   (G., n° 316, I.)

$$h = a\,\frac{\sqrt{2}}{\sqrt{3}}   \text{(G., n° 233.)}$$

Donc $V = \frac{a^2}{2}\sqrt{3}.\,a\frac{\sqrt{2}}{\sqrt{3}} = \frac{a^3}{2}\sqrt{2}$

1900 *g*. Problème. *Les faces d'un parallélépipède sont des losanges égaux dont le côté est* a *et une des diagonales* b. *On demande l'expression du volume en fonction de* a *et de* b.
Discuter cette expression. (Diplôme d'études. Besançon 1878.)

Soit A le sommet d'un des trièdres formés par trois angles opposés à la diagonale *b*. Avec les mêmes indications que ci-dessus, on a un triangle équilatéral BCD ayant *b* pour côté, et trois triangles isocèles tels que BAC dont $AB = AC = a$, tandis que $BC = b$.

Le volume demandé s'obtient en multipliant 2BAC par la hauteur h abaissée du sommet D sur BAC.

Pour obtenir h, remarquons que le volume de la pyramide ABCD peut s'obtenir soit en multipliant BAC par $\dfrac{h}{3}$, soit en multipliant le triangle équilatéral BCD par le tiers de la perpendiculaire k, abaissée du sommet A sur BCD; donc

$$\text{BAC} . h = \text{BCD} . k ; \quad \text{d'où} \quad h = \frac{\text{BCD} . k}{\text{BAC}} \tag{1}$$

Or il est facile d'exprimer BCD et k en fonction des données.

Le triangle équilatéral BCD, ayant b pour côté $= \dfrac{b^2}{4}\sqrt{3}$ \hfill (2)

La hauteur k est un côté d'un triangle rectangle ayant a pour hypoténuse et les $^2/_3$ de la hauteur de BCD pour côté de l'angle droit.

Or les $^2/_3$ de la hauteur de BCD $= \dfrac{2}{3} . \dfrac{b}{2}\sqrt{3}$. (G., n° 316, *formule* 1.)

Donc $\qquad k^2 = a^2 - \dfrac{b^2}{3}, \quad k = \sqrt{\dfrac{3a^2 - b^2}{3}}$ \hfill (3)

(1) devient $\quad h = \dfrac{\dfrac{b^2}{4}\sqrt{3}\ \dfrac{\sqrt{3a^2 - b^2}}{\sqrt{3}}}{\text{BAC}} = \dfrac{b^2\sqrt{3a^2 - b^2}}{4\text{BAC}}$ \hfill (4)

Or le volume du parallélépipède $= 2\text{BAC} . h$; donc

$$V = \frac{b^2\sqrt{3a^2 - b^2}}{2} \tag{5}$$

Discussion. b ne peut varier que de 0 à $2a$.

Pour $b = a$, la formule (5) donne $\dfrac{a^3}{2}\sqrt{2}$, comme on l'a trouvé à la question précédente.

Lorsque le losange est un carré, $b = a\sqrt{2}$, et la formule (5) donne

$$V = \frac{2a^2}{2}\sqrt{3a^2 - 2a^2} = a^3$$

ainsi qu'il le fallait, car le parallélépipède est un cube ayant a pour côté.

Exercice 742

1901. Problème. *Tracer le développement de chacun des polyèdres réguliers convexes.*

Cette question est plutôt du ressort du dessin que de la géométrie proprement dite; on trouve ces développements dans les *Exercices de Géométrie descriptive*, Ex. 139, 139 *bis*, 140, 141 et 142.

LIVRE VII

Méthodes pour évaluer les volumes.

1902. La *Géométrie de la mesure* est due à Archimède, de même que la *Géométrie de position* a été surtout cultivée par Euclide, Apollonius.

Pour étudier l'aire des surfaces à périmètre curviligne et déterminer le volume des corps limités par des surfaces courbes, le grand géomètre de Syracuse inventa la méthode *d'exhaustion*, c'est-à-dire *d'épuisement*. Nous appliquerons cette méthode à l'évaluation de *l'aire parabolique* (n° 2145).

Cavalieri * généralisa la méthode d'exhaustion tout en la simplifiant, et créa, sous le nom de *méthode des indivisibles*, une méthode féconde, mais non à l'abri des objections. Pour cet auteur, un triangle, par exemple, est la somme des lignes droites juxtaposées et croissant en progression arithmétique ayant zéro pour premier terme et la base du triangle pour dernier. De même, deux tétraèdres de bases équivalentes et de même hauteur sont équivalents parce qu'ils sont composés d'une infinité de sections planes équivalentes deux à deux.

Au lieu des *lignes de Cavalieri* ayant une épaisseur infiniment petite, mais réelle, puisqu'une infinité de lignes juxtaposées devait donner une surface, on considère actuellement des rectangles construits sur des lignes parallèles équidistantes. A la limite, quand la hauteur de chaque rectangle devient infiniment petite, la surface est la limite vers laquelle tend la somme de ces rectangles élémentaires.

De même un cône peut être considéré comme étant la limite des cylindres construits sur les sections équidistantes qu'on mènerait parallèlement à la base et dont le nombre augmenterait indéfiniment.

Pour comparer deux volumes, il suffit de comparer les sections correspondantes; c'est ainsi que du volume de la sphère on peut déduire celui de l'ellipsoïde (G., n° 912); mais, pour évaluer directement le volume d'un corps, il faut déterminer la limite vers laquelle tend la somme des cylindres élémentaires construits sur les diverses sections : tel est l'objet de la *méthode de sommation*. (G., n° 943.)

L'algèbre élémentaire a suffi pour nous donner la sommation nécessaire pour évaluer le volume d'un assez grand nombre de corps et pour nous faire obtenir l'aire de plusieurs figures planes. Le problème général des sommations est l'objet principal de la partie du *calcul infinitésimal* connue sous le nom de *calcul intégral*. Mais, malgré les immenses ressources que fournissent les méthodes dues à Leibnitz et à Newton, on est obligé bien souvent de se borner à l'emploi d'intégrations approximatives.

---

* Cavalieri, né à Milan en 1598, mort à Bologne en 1647, doit sa célébrité à sa *méthode des indivisibles*, qu'il découvrit en 1629, mais qu'il ne publia qu'en 1635, ce qui permit à Roberval de contester la priorité de la découverte.

Roberval, né près de Senlis en 1602, mort en 1675, appliqua la *composition des mouvements* au tracé des *tangentes* aux courbes. On connaît la balance qui porte son nom.

Pour l'exposition de la méthode de Roberval, voir Paul Serret : *Des Méthodes en Géométrie*, page 53.

THÉORÈMES

Volumes et Relations.

Exercice 743

1903. Théorème. *Le volume d'un cylindre circulaire droit égale le produit de sa surface latérale par la moitié du rayon.*

Ce théorème n'est qu'une extension de la propriété analogue déjà établie pour un prisme régulier (n° 1848).

Le cylindre peut lui-même être considéré comme un prisme régulier d'une infinité de faces latérales.

Scolie. La surface latérale est exprimée par $2\pi rh$; le produit par la moitié du rayon sera $2\pi rh \cdot \frac{1}{2}r$ ou $\pi r^2 h$, expression conforme à celle que l'on connaît.

Exercice 744

1904. Théorème. *Le volume d'un cylindre circulaire droit égale la surface du rectangle générateur multipliée par la circonférence que décrit le point de concours des diagonales de ce même rectangle.*

Le rectangle générateur a pour dimensions r et h, et pour surface rh ; la circonférence dont il est question a pour rayon $\frac{1}{2}r$, et pour longueur $2\pi \cdot \frac{1}{2}r$ ou πr.

Le produit du rectangle par la circonférence est encore $\pi r^2 h$.

Scolie. *Le volume du cylindre creux (couronne ou anneau cylindrique) égale la surface du rectangle générateur multipliée par la circonférence que décrit le milieu de ce même rectangle.*

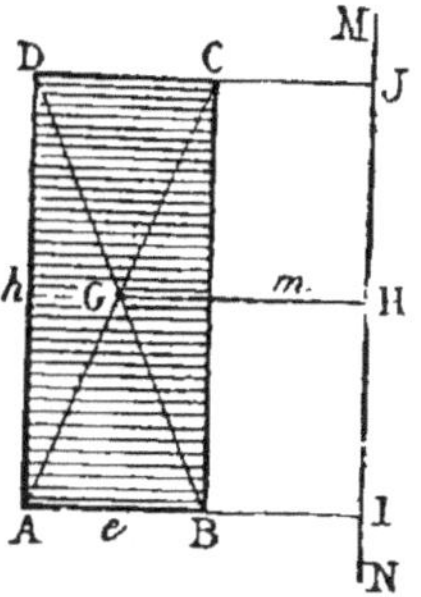

Fig. 1195.

En effet, ce solide est la différence de deux cylindres qui ont même hauteur h, de sorte qu'on a

$$V = \pi AI^2 \cdot h - \pi BI^2 \cdot h = \pi h (AI^2 - BI^2) = \pi h (AI - BI)(AI + BI)$$

$$V = \pi h \cdot AB \cdot 2GH = \pi h e \cdot 2m = he \cdot 2\pi m$$

Exercice 745

1905. Théorème. *Dans un cylindre circulaire droit, la surface latérale est à la somme des bases comme la hauteur est au rayon.*

On a, en effet, dans le cylindre :

$$\text{Volume} = \text{Base} \times \text{hauteur} = Bh$$
$$\text{Volume} = \text{Surface latérale} \times \tfrac{1}{2}\,\text{rayon} = \tfrac{1}{2}Sr$$

Donc
$$\tfrac{1}{2}Sr = Bh \quad \text{et} \quad Sr = 2Bh$$

d'où
$$\frac{S}{2B} = \frac{h}{r} \qquad\qquad C.\ Q.\ F.\ D.$$

Exercice 746

1906. Théorème. *Dans un cylindre circulaire droit, la section faite suivant l'axe est à la base comme la hauteur est au $\frac{1}{4}$ de la circonférence du cylindre.*

La section faite suivant l'axe est double du rectangle générateur du cylindre, soit 2R. On a, pour le volume V, les deux expressions ci-après :
$$V = Bh \quad \text{et} \quad V = R\,.\,2\pi\,.\,\tfrac{1}{2}r = \pi r R$$

On a donc
$$\pi r R = Bh \quad \text{et} \quad 2\pi r R = 2Bh$$

d'où
$$\frac{2R}{B} = \frac{2h}{\pi r} = \frac{h}{\tfrac{1}{2}\pi r} \qquad\qquad C.\ Q.\ F.\ D.$$

Exercice 747

1907. Théorème. *Si la hauteur d'un cylindre égale le diamètre, le volume égale la surface totale multipliée par le $\frac{1}{3}$ du rayon.*

Considérons une sphère inscrite à ce cylindre.

Ce cylindre peut se décomposer en deux parties :

1° Deux cônes ayant pour sommet commun le centre de la sphère, et pour bases les bases du cylindre; la hauteur est le rayon de la sphère inscrite, lequel est aussi le rayon du cylindre;

2° Une infinité de petits cônes latéraux ayant pour sommet commun le centre de la sphère inscrite, et pour somme des bases la surface latérale même du cylindre; leur hauteur est aussi le rayon de la sphère.

Donc le volume du cylindre égale la surface totale multipliée par le $\frac{1}{3}$ du rayon.   *C. Q. F. D.*

Exercice 748

1908. Théorème. *Le volume d'un cône circulaire droit égale la surface latérale, multipliée par le $\frac{1}{3}$ de la distance du centre de la base au côté du cône.*

Ce théorème n'est qu'une extension de la propriété analogue déjà établie pour une pyramide régulière (n° 1849), car ce cône peut être considéré comme une pyramide régulière d'une infinité de faces latérales.

Exercice 749

1909. Théorème. *Le volume d'un cône circonscrit à une sphère égale le produit de sa surface totale par le $1/3$ du rayon de la sphère.*

Comme précédemment (n° 1907), on peut considérer ce cône comme formé :

1° D'un cône ayant son sommet au centre de la sphère inscrite et pour base la base du cône donné ;

2° D'une infinité de petits cônes de même sommet et dont l'ensemble des bases formerait la surface latérale du cône.

Donc le volume proposé égale la surface totale, multipliée par le $1/3$ du rayon de la sphère inscrite.

Exercice 750

1910. Théorème. *Le volume d'un cône circulaire droit égale le $1/3$ de la surface du triangle générateur multipliée par la circonférence du cône.*

Le triangle générateur a pour aire $1/2\,rh$; la circonférence est $2\pi r$; le $1/3$ du produit de ces deux quantités est $1/3 \cdot 1/2\,rh \cdot 2\pi r$ ou $1/3\,\pi r^2 h$; donc...

Exercice 751

1911. Théorème. *Le volume d'un tronc conique circonscrit à une sphère égale le produit de sa surface totale par le $1/3$ du rayon de la sphère.*

Solution identique à celle du n° 1907 ; donc le volume du tronc égale la surface totale multipliée par le $1/3$ du rayon de la sphère inscrite.

C. Q. F. D.

Exercice 752

1912. Théorème. *Deux solides quelconques, A et A', circonscrits à des sphères égales, sont entre eux comme leurs surfaces totales S et S'.*

En effet, r étant le rayon des sphères inscrites, on a identiquement

$$\frac{A}{A'} = \frac{1/3\,Sr}{1/3\,S'r} \cdots = \frac{S}{S'} \qquad\qquad C.\ Q.\ F.\ D.$$

Exercice 753

1913. Théorème. *Si le côté l d'un tronc de cône égale la somme des rayons r et r' des bases, la hauteur h égale deux fois la moyenne*

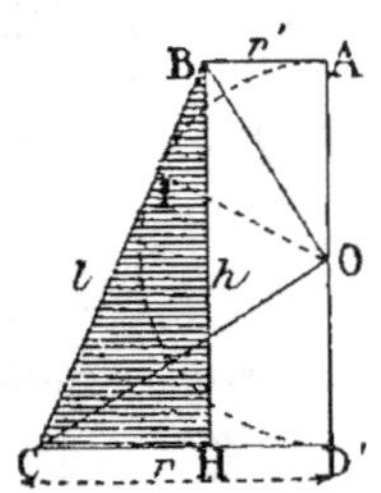

Fig. 1196.

géométrique de ces mêmes rayons, et le volume V égale la surface totale S multipliée par le $^1/_6$ de la hauteur.

1° Le côté l est l'hypoténuse d'un triangle rectangle qui a pour côtés de l'angle droit la hauteur h et la différence $r - r'$ des rayons. On a donc

$$h^2 = l^2 - (r - r')^2 = (r + r')^2 - (r - r')^2 =$$
$$= (r^2 + r'^2 + 2rr') - (r^2 + r'^2 - 2rr') = 4rr'$$

Donc $h = 2\sqrt{rr'}$, c'est-à-dire 2 fois la moyenne géométrique des rayons.

2° On a $V = {}^1/_3 h (B + B' + \sqrt{BB'}) = {}^1/_3 \pi h (r^2 + r'^2 + rr')$

D'autre part, les bases sont πr^2 et $\pi r'^2$; la surface latérale est ${}^1/_2 l (2\pi r + 2\pi r')$, ou $\pi l (r + r')$, ou $\pi (r + r')(r + r')$, ou enfin $\pi (r^2 + r'^2 + 2rr')$.

La surface totale sera donc $\pi (2r^2 + 2r'^2 + 2rr')$ ou $2\pi (r^2 + r'^2 + rr')$.

Le produit de cette expression par $^1/_6 h$ est ${}^1/_3 \pi h (r^2 + r'^2 + rr')$. ce qui est le volume V du tronc.

Scolie. 1° Dans tout tronc de cône circonscrit à une sphère, le côté, ou génératrice, est égal à la somme des rayons des bases. Réciproquement, à tout tronc de cône dans lequel le côté est égal à la somme des rayons, on peut inscrire une sphère; et le volume égale le produit de la surface totale par le $^1/_3$ du rayon, ou le $^1/_6$ de la hauteur (n° 1913).

2° On peut démontrer la seconde partie du théorème proposé en considérant le tronc de cône comme composé de trois parties : 1° le cône engendré par OCD, lequel a pour volume $^1/_3 \pi r^2 . OD$ ou $^1/_6 \pi r^2 h$; 2° le cône engendré par OAB, lequel a pour volume $^1/_3 \pi r'^2 . OA$ ou $^1/_6 \pi r'^2 h$; 3° le volume engendré par le triangle OBC, lequel volume a pour expression $^1/_3 OI .$ surface BC ou $^1/_6 h .$ surface BC. En additionnant, on obtient pour le volume total : $^1/_6 h (\pi r^2 + \pi r'^2 +$ surface latérale ou $^1/_6 h .$ surface totale.

Exercice 754

1914. **Théorème.** *Si la hauteur d'un tronc de cône égale 4 fois la différence des rayons des bases, le volume de ce tronc égale la différence des deux sphères qui auraient ces mêmes rayons.*

Pour démontrer ce théorème et ceux du même genre, on constate généralement l'identité des formules algébriques qui expriment les grandeurs que l'on compare.

On suppose ici $\quad h = 4(r - r')$

On a $\quad V = {}^1/_3 h (B + B' + \sqrt{BB'}) = {}^4/_3 (r - r')(\pi r^2 + \pi r'^2 + \pi rr') =$
$$= {}^4/_3 \pi r^3 - {}^4/_3 \pi r'^3 \qquad\qquad C. Q. F. D.$$

Exercice 755

1915. Théorème. *Dans un tétraèdre circonscriptible par les arêtes, la somme des deux arêtes opposées égale la somme de chaque autre groupe formé par deux arêtes opposées.*

En effet, les tangentes issues d'un même point sont égales, en désignant par *a* les tangentes issues du sommet A; par *b*, celles qui sont issues de B, etc.

On reconnaît que la somme de deux arêtes opposées se compose de $a + b + c + d$; donc...

1916. Théorème. *Lorsqu'un hexaèdre est circonscrit à une sphère par les arêtes; les douze arêtes se divisent en trois groupes de quatre droites, joignant deux à deux les sommets de deux faces opposées. La somme des arêtes d'un de ces groupes égale la somme des arêtes de chaque autre groupe.*

La somme des quatre arêtes d'un même groupe est composée de huit segments a, b, c, d, e, f, g, h.

Exercice 756

1917. Théorème. *On donne une sphère et un point fixe; par ce point on mène trois plans rectangulaires deux à deux et qui déterminent trois cercles; prouver que la somme de ces trois cercles est constante.*

(Voir *Méthodes*, n° 30.)

Remarque. Nous croyons devoir reproduire la démonstration donnée dans la première édition, afin qu'il soit possible de comparer les deux manières de procéder (n° 1036), et de constater que *les démonstrations les plus longues ne sont pas toujours les plus claires.*

1918. Théorème. *Si trois droites rectangulaires coupent une même sphère, la somme des carrés des cordes comprises est constante.*

1° Soit d'abord le point O donné dans la sphère, et soient AB, CD, EF, les trois droites rectangulaires données.

Les deux premières droites AB et CD déterminent un petit cercle qui a GOH pour diamètre; soit IJ la corde menée dans ce cercle par le point O, perpendiculairement à GH: cette corde est la plus courte que l'on puisse mener par le point O.

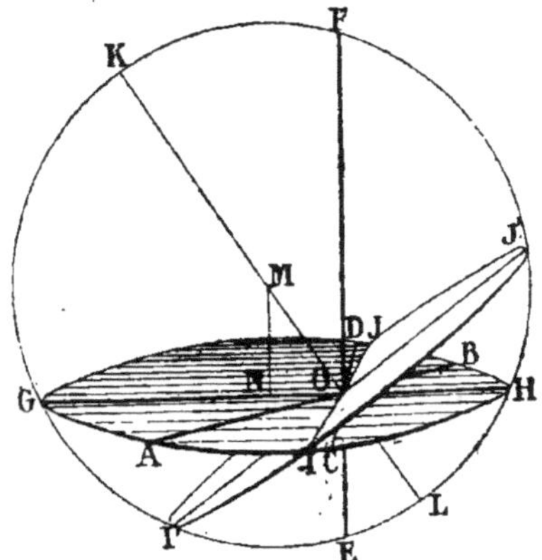

Fig. 1197.

On sait (n° 1325) que la somme des carrés des cordes AB et CD égale le carré du diamètre GH, plus le carré de la corde minimum IJ :

$$AB^2 + CD^2 = GH^2 + IJ^2 \qquad (1)$$

Menons dans la sphère, par le point O, le diamètre KL ; puis le petit cercle I'J' perpendiculaire à ce diamètre. On a MN perpendiculaire à GH, IJ perpendiculaire à GH ; et par suite, en vertu du théorème des trois perpendiculaires, MO perpendiculaire à IJ.

Donc cette droite IJ appartient au cercle I'J' aussi bien qu'au cercle GH : c'est une corde de ce dernier cercle, et c'est un diamètre du cercle I'J'. De sorte que l'on a $IJ = I'J'$, et $IJ^2 = I'J'^2$.

Dans le grand cercle qui contient les deux droites EF et KL, on a

$$GH^2 + EF^2 = KL^2 + I'J'^2 = KL^2 + IJ^2$$

Remplaçons GH^2 par sa valeur tirée de la relation précédente (1), il vient

$$AB^2 + CD^2 + EF^2 - IJ^2 = KL^2 + IJ^2$$

d'où

$$AB^2 + CD^2 + EF^2 = KL^2 + 2IJ^2, \quad \text{quantité constante.}$$

Donc, *si trois cordes rectangulaires se coupent à l'intérieur d'une sphère, la somme des carrés de ces cordes égale le carré du diamètre de la sphère, plus deux fois le carré de la corde minimum qui passe par le point de concours des premières cordes.*

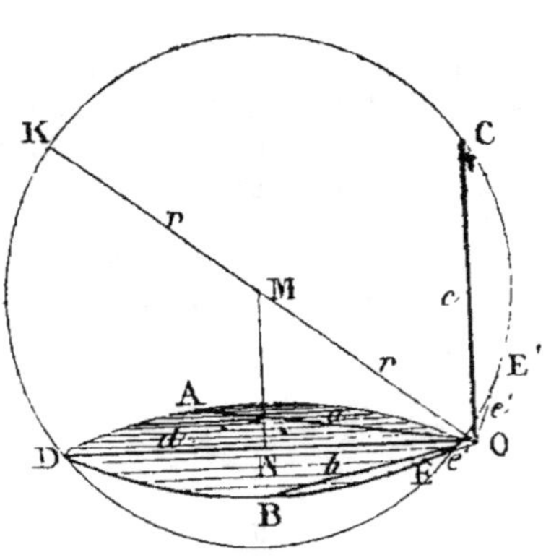

Fig. 1198.

2° Si le point O est donné hors de la sphère, on considère le petit cercle déterminé par a et b, deux des trois droites données. Dans ce petit cercle, *la somme des carrés des deux cordes égale le carré du diamètre d du petit cercle, moins quatre fois le carré de la tangente c menée du point O* (n° 1326). Cette tangente au petit cercle est en même temps tangente à la sphère :

$$a^2 + b^2 = d^2 - 4c^2 = d^2 - 4c'^2 \qquad (1)$$

Par le point O, par le centre M de la sphère et par le centre N du petit cercle qui contient les deux premières cordes, menons un plan KDO : la sphère sera coupée selon un grand cercle, et le petit cercle selon un de ses diamètres. Le plan ainsi mené sera perpendiculaire au petit cercle, et ainsi il contiendra la troisième corde c.

Dans le grand cercle de ce plan, on a, en remarquant que $c' = c$:

$$d^2 + c^2 = (2r)^2 - 4c^2$$

Remplaçons d^2 par sa valeur tirée de la relation précédente (1), il vient
$$a^2 + b^2 + c^2 + 4e^2 = (2r)^2 - 4e^2$$
d'où
$$a^2 + b^2 + c^2 = (2r)^2 - 8e^2$$
quantité constante.

Donc, *si trois cordes rectangulaires concourent en un même point situé hors d'une sphère, la somme des carrés de ces cordes égale le carré du diamètre de la sphère, moins huit fois le carré de la tangente menée de ce point à la sphère.*

Exercice 757

1919. Théorème. *Le volume compris entre deux sphères concentriques de rayons a et b, est équivalent à celui d'un tronc de cône qui a pour bases les grands cercles de ces sphères et pour hauteur le quadruple de la distance des deux surfaces sphériques.*
$$V = {}^4\!/_3\,\pi(a^3 - b^3)$$
On peut diviser $a^3 - b^3$ par $a - b$; on trouve pour quotient $a^2 + ab + b^2$; donc
$$V = {}^4\!/_3\,\pi(a^2 + ab + b^2)(a - b) = \pi(a^2 + ab + b^2) \times {}^4\!/_3(a - b)$$

Or, la première partie est la somme des bases πa^2, πb^2 et de la base moyenne πab. La seconde partie est le tiers de la hauteur; donc la hauteur du tronc de cône doit être $4(a - b)$.

Exercice 758

1920. Théorème. *Les volumes engendrés par un rectangle qui tourne successivement autour de deux côtés adjacents sont en rapport inverse avec ces côtés.*

Soit a et b les côtés adjacents.

Lorsque le rectangle tourne autour de AB, le côté a est le rayon de base, et b la hauteur; donc
$$V = \pi a^2 b$$

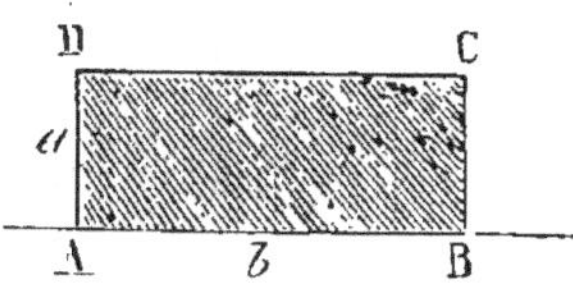

Fig. 1199.

Lorsque le rectangle tourne autour de AD, b est le rayon, a la hauteur; donc
$$V' = \pi b^2 a$$
$$\frac{V}{V'} = \frac{a}{b}$$

C. Q. F. D.

1921. Théorème. *Les volumes engendrés par un parallélogramme qui tourne successivement autour de deux côtés adjacents, sont en rapport inverse de ces côtés.*

Le volume engendré par le parallélogramme tournant autour de AB est équivalent au volume engendré par le rectangle HDCH, tournant autour de HH; d'ailleurs $HH = b$; donc

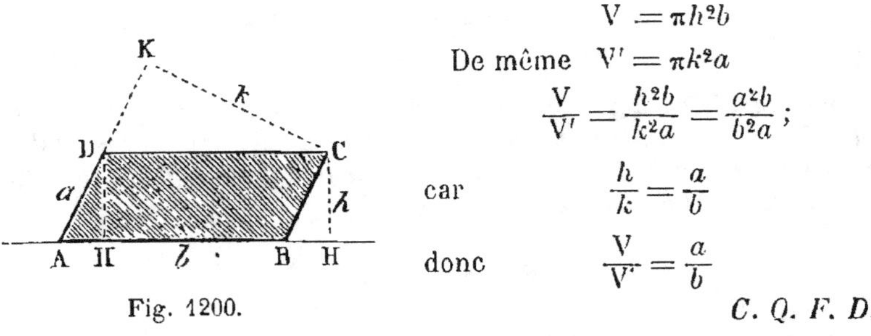

Fig. 1200.

$$V = \pi h^2 b$$

De même $\quad V' = \pi k^2 a$

$$\frac{V}{V'} = \frac{h^2 b}{k^2 a} = \frac{a^2 b}{b^2 a};$$

car $\qquad \dfrac{h}{k} = \dfrac{a}{b}$

donc $\qquad \dfrac{V}{V'} = \dfrac{a}{b}$

C. Q. F. D.

Exercice 759

1922. Théorème. *En représentant par* v, x, y *les volumes engendrés par la rotation d'un triangle rectangle tournant successivement autour de l'hypoténuse et autour de chaque côté de l'angle droit, on a*

$$\frac{1}{v^2} = \frac{1}{x^2} + \frac{1}{y^2}$$

Soient a, b, c, h, l'hypoténuse, les côtés de l'angle droit et la hauteur.

On a, pour le volume obtenu par la rotation autour de l'hypoténuse,

$$v = \frac{\pi h^2 a}{3}$$

et, pour chacun des deux autres côtés,

$$x = \frac{\pi c^2 b}{3} \quad \text{et} \quad y = \frac{\pi b^2 c}{3}$$

L'égalité hypothétique

$$\frac{1}{v^2} = \frac{1}{x^2} + \frac{1}{y^2} \quad \text{ou} \quad \frac{x^2 y^2}{v^2 x^2 y^2} = \frac{v^2 y^2 + v^2 x^2}{v^2 x^2 y^2}$$

revient à prouver qu'on a

$$x^2 y^2 = v^2 (x^2 + y^2)$$

Nous pouvons supprimer le facteur commun $\dfrac{\pi}{3}$.

Il faut donc qu'on ait

$$b^4 c^2 . c^4 b^2 = h^4 a^2 (b^4 c^2 + c^4 b^2)$$

Or, en remarquant que $ah = bc$ et que $b^2 + c^2 = a^2$, on obtient successivement :

$$a^6 h^2 = h^4 a^2 (b^2 h^2 a^2 + c^2 h^2 a^2) = h^4 a^2 . h^2 a^4 \quad \text{*C. Q. F. D.*}$$

Exercice 760

1923. **Théorème.** *Lorsqu'un cône est circonscrit à une sphère de rayon* a, *le rayon* r *et la hauteur* h *du cône sont liés au rayon de la sphère par la relation*
$$\frac{1}{a^2} - \frac{1}{r^2} = \frac{2}{ah}$$

(DOSTOR, *Archives de mathématiques et de physique*, 1877, p. 313.)

Lorsqu'un cône est circonscrit à une sphère, les surfaces totales des deux corps sont entre elles comme les volumes; or, la surface totale du cône est donnée par

$$\pi(gr + r^2)$$

on a donc, en prenant le triple des volumes

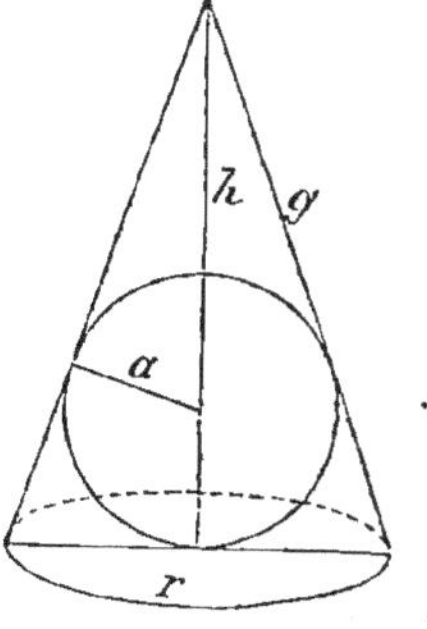
Fig. 1202.

$$\frac{\pi(gr+r^2)}{4\pi a^2} = \frac{\pi r^2 h}{4\pi a^3}$$

$$\frac{gr + r^2}{1} = \frac{r^2 h}{a}; \quad \frac{g + r}{r} = \frac{h}{a}$$

Il faut isoler g et l'élever au carré.

Or, la différence des deux premiers termes est au second comme la différence des deux derniers est au quatrième; donc

$$\frac{g}{r} = \frac{h - a}{a}; \quad \frac{h^2 + r^2}{r^2} = \frac{h^2 - 2ah + a^2}{a^2}$$

$$a^2 h^2 + a^2 r^2 = r^2 h^2 - 2ahr^2 + a^2 r^2$$

Supprimons le terme commun $a^2 r^2$, il reste

$$a^2 h^2 = r^2 h^2 - 2ahr^2$$

Divisons tout par $a^2 h^2 r^2$, on trouve

$$\frac{1}{r^2} = \frac{1}{a^2} - \frac{2}{ah} \quad \text{ou} \quad \frac{2}{ah} = \frac{1}{a^2} - \frac{1}{r^2} \qquad C.\ Q.\ F.\ D.$$

Exercice 761

1924. **Théorème.** *Dans le cylindre de révolution, en représentant le volume par* v, *la surface totale par* s, *et la surface latérale par* l, *on a la relation*
$$8\pi v^2 = l^2(s - l)$$

$$v = \pi r^2 h; \qquad \text{d'où} \qquad 8\pi v^2 = 8\pi^3 r^4 h^2$$
$$l = 2\pi rh; \qquad \text{d'où} \qquad l^2 = 4\pi^2 r^2 h^2$$
$$s = 2\pi rh + 2\pi r^2; \quad \text{d'où} \quad (s - l) = 2\pi r^2$$

donc $\qquad l^2(s - l) = 8\pi^3 r^4 h^2 = 8\pi v^2 \qquad C.\ Q.\ F.\ D.$

N.   25

Exercice 762

1925. Théorème. *Les mêmes hypothèses étant faites pour un cône de révolution, on a la relation*

$$9\pi v^2 = s(s-l)(2l-s) \qquad\qquad \text{(Dostor.)}$$

$$v = \frac{\pi r^2 h}{3}; \quad l = \pi r \sqrt{r^2 + h^2}; \quad s = \pi r \sqrt{r^2 + h^2} + \pi r^2$$

$$9\pi v^2 = \pi^3 r^4 h^2; \quad (s-l) = \pi r^2$$

$$2l - s = \pi r \sqrt{r^2 + h^2} - \pi r^2$$

$$s(s-l)(2l-s) = \left[\pi r\sqrt{r^2 + h^2} + \pi r^2\right]\pi r^2\left[\pi r\sqrt{r^2 + h^2} - \pi r^2\right] =$$

$$= \left[\pi^2 r^2(r^2 + h^2) - \pi^2 r^4\right]\pi r^2 = \pi^3 r^4 h^2 = \text{donc } 9\pi v^2$$

1926. Théorème. *Par un point donné sur l'axe d'un cône de révolution, on mène un plan quelconque; la somme des inverses des deux génératrices opposées est une quantité constante, quel que soit le couple de génératrices.*

(Voir *Méthodes*, n° 280.)

1927. Théorème. *Pour un couple donné de génératrices opposées d'un cône droit ayant une courbe à centre pour périmètre de base, la somme des inverses de ces génératrices est constante pour tout plan mené par un point fixe pris sur la hauteur; mais la constante varie suivant le couple considéré.*

Dans tout cône droit ayant une courbe à centre pour périmètre de la base, la hauteur est bissectrice d'un couple quelconque de génératrices opposées. Donc, pour un même point O, on aura, quel que soit

le plan sécant : $\qquad \dfrac{1}{SA} + \dfrac{1}{SC} = \text{constante}$

mais la constante dépend de l'angle α que forment entre elles les deux génératrices considérées.

Exercice 763

1928. Théorème. *La surface de la sphère est à la surface totale du cône équilatéral circonscrit dans le rapport de 4 à 9; les volumes sont dans le même rapport.* (Archimède.)

Le cône équilatéral est le cône dont la section, par l'axe, est un triangle équilatéral.

Soit a le rayon de la sphère.

Le rayon AB est la moitié du côté; il égale DE et correspond au côté du triangle équilatéral inscrit dans le cercle dont a est le rayon;

donc $\qquad\qquad\qquad AB = DE = a\sqrt{3} \qquad$ (G., n° 277)

car on sait d'ailleurs que CD^2 ou
$DE^2 = 3a^2$;

d'où $CO^2 = 4a^2$; $CO = 2a$, et $CA = 3a$

On a tous les éléments pour calculer la
surface du cône :

$$AB = a\sqrt{3} ; \quad AC = 3a ; \quad BC = 2a\sqrt{3}$$

Le cercle de base ou

$$\pi r^2 = \pi \times 3a^2 = 3\pi a^2$$

La surface convexe ou

$$\pi AB \cdot BC = \pi a\sqrt{3} \cdot 2a\sqrt{3} = 6\pi a^2$$

Surface totale $= 9\pi a^2$.

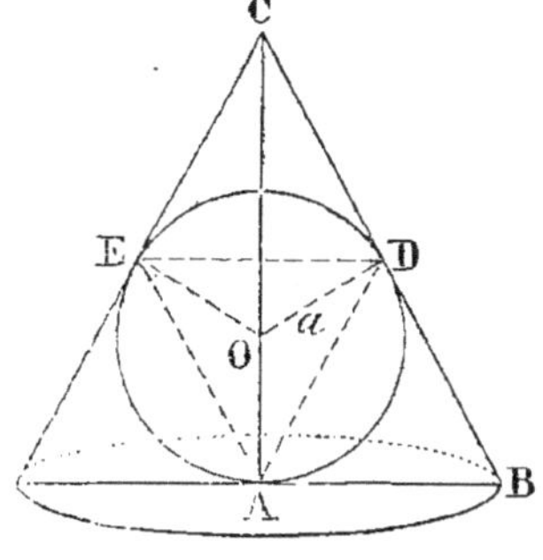

Fig. 1203.

La surface de la sphère $= 4\pi a^2$; donc le rapport des surfaces de la
sphère et du cône $= \dfrac{4}{9}$.

Volume du cône $= \pi AB^2 \times \dfrac{1}{3} AC = \pi (a\sqrt{3})^2 \times a = 3\pi a^3 = \dfrac{9}{3} \pi a^3$.

La sphère $= \dfrac{4}{3} \pi a^3$; donc le rapport des volumes $= \dfrac{4}{9}$.

Remarques. 1° Lorsqu'un polyèdre, un cône ou un cylindre est circonscrit à une sphère, les volumes sont entre eux dans le même rapport que les surfaces correspondantes.

2° *La surface du cylindre circonscrit à une sphère est moyenne
proportionnelle entre la surface de la sphère et la surface du cône
équilatéral circonscrit à cette même sphère. Il en est de même des
volumes.*

En effet, en représentant par 4 la surface de la sphère, celle du
cylindre est représentée par 6 et celle du cône par 9.

Or, $\quad\quad\quad \dfrac{4}{6} = \dfrac{6}{9} \quad$ donc...

3° *La surface du cylindre circonscrit à une sphère est moyenne
arithmétique entre la surface de la sphère inscrite et la surface de la
sphère circonscrite à ce même cylindre.*

Exercice 764

1929. Théorème. *Dans le tétraèdre régulier, le rayon de la sphère
tangente aux six arêtes est moyen proportionnel entre le rayon de la
sphère inscrite et celui de la sphère circonscrite.* (Dostor, N. A., 1874,
page 568.)

Dans le tétraèdre régulier, chaque face est un triangle équilatéral ;
les hauteurs DE, BF sont en même temps médianes. Ainsi OG est
le rayon de la sphère inscrite, AO celui de la sphère circonscrite, et
OE celui de la sphère tangente aux arêtes, car OE est perpendiculaire
au milieu de BC et de AD.

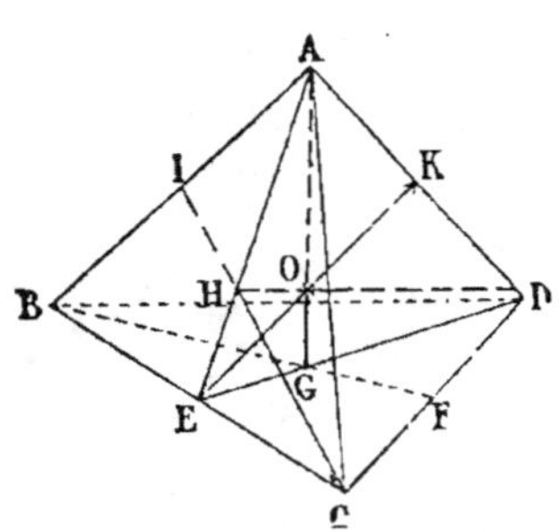

Fig. 1204.

En représentant par a l'arête du tétraèdre, la hauteur $AG = a\sqrt{\dfrac{2}{3}}$.
(G., n° 478.)

Or, les droites AG, DH se coupent
aux $^3/_4$ de leur longueur, à partir du
sommet (n° 1835); ainsi

$$AO = a\frac{3}{4}\sqrt{\frac{2}{3}}; \quad OG = \frac{a}{4}\sqrt{\frac{2}{3}}$$

AE, hauteur du triangle équilatéral

$$BAC = \frac{a}{2}\sqrt{3}. \quad (\text{G., n° 316.})$$

$$AK = \frac{a}{2}; \quad \text{d'ailleurs} \quad OE = \frac{EK}{2}$$

donc

$$4 \cdot OE^2 = AE^2 - AK^2 = \frac{3a^2}{4} - \frac{a^2}{4} = \frac{a^2}{2}.$$

Ainsi

$$OE^2 = \frac{a^2}{8} \tag{1}$$

Or,

$$AO \cdot OG = a\frac{3}{4}\sqrt{\frac{2}{3}} \cdot \frac{a}{4}\sqrt{\frac{2}{3}} = \frac{3a^2}{16} \cdot \frac{2}{3} = \frac{a^2}{8} \tag{2}$$

donc

$$OE^2 = AO \cdot OG \qquad C.\ Q.\ F.\ D.$$

Exercice 765

1930. Théorème. *Soient une première sphère donnée ayant O pour
centre, et une seconde sphère passant
par le centre O de la première; quel
que soit le rayon r de cette seconde
sphère, la zone de cette seconde sphère
interceptée par la première a une aire
constante.* (N. A., 1851.)

Soient a le rayon de la sphère donnée, C le centre de la seconde, et

$$OD = 2OC = 2r$$

Pour avoir la surface de la zone
sphérique qui correspond à l'arc AOB,
il faut calculer la hauteur OH de cette
zone, car la surface cherchée est donnée par surf. $= 2\pi r \cdot OH$ (G., n° 558.)

Or, le triangle rectangle OAD donne

$$OD \cdot OH = AO^2 \quad \text{ou} \quad 2r \cdot OH = a^2$$

donc   surf. $= \pi a^2$

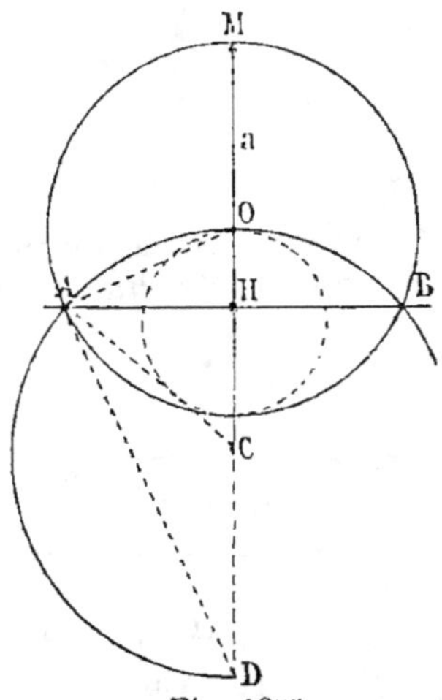

Fig. 1205.

*La zone interceptée est équivalente à un grand cercle. Elle est
équivalente à la surface de la sphère qui aurait a pour diamètre.*

1931. Théorème. *On a deux sphères de même centre et de rayons donnés. Une troisième sphère qui passe par le centre des deux premières donne lieu à une zone à deux bases dont la surface est constante, quel que soit le rayon de cette troisième sphère.*

Soient a et b les rayons des sphères concentriques et $a > b$.
La zone $= \pi(a^2 - b^2)$.

Exercice 766

1932. Théorème de Maclaurin. *Le volume d'un segment sphérique égale le cylindre de même hauteur qui aurait pour base la section équidistante des bases, moins la moitié de la sphère qui aurait la hauteur pour diamètre.*

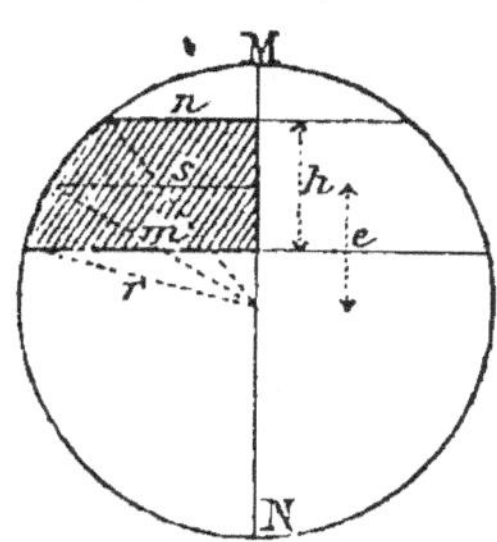

Fig. 1206.

Soient m et n les rayons des bases du segment considéré, s le rayon de la section équidistante des bases, et h la hauteur, r étant d'ailleurs le rayon de la sphère.

Entre les longueurs m, n, s et h, on a la relation (n° 1449)

$$m^2 + n^2 = 2s^2 - 2(\tfrac{1}{2}h)^2$$

La formule ordinaire du volume du segment (G., n° 580) donne

$$\begin{aligned}
V &= \tfrac{1}{6}\pi h^3 + \tfrac{1}{2}\pi h(m^2 + n^2) \\
&= \tfrac{1}{6}\pi h^3 + \tfrac{1}{2}\pi h(2s^2 - 2.\tfrac{1}{4}h^2) \\
&= \tfrac{1}{6}\pi h^3 + \pi h(s^2 - \tfrac{1}{4}h^2) \\
&= \tfrac{1}{6}\pi h^3 + \pi s^2 h - \tfrac{1}{4}\pi h^3 \\
&= \pi s^2 h - \tfrac{1}{12}\pi h^3
\end{aligned} \qquad C.\,Q.\,F.\,D.$$

Scolie. 1° *Dans des sphères quelconques, les segments de même hauteur et de même section médiane sont équivalents;* car la formule donnée plus haut est indépendante du rayon de la sphère.

2° Si les bases d'un segment sont équidistantes du centre de la sphère, on a $s = r$, et alors

$$V = \pi r^2 h - \tfrac{1}{12}\pi h^3$$

Et si, en même temps, la hauteur devient égale au diamètre $2r$ de la sphère, on aura

$$V = \pi r^2.2r - \tfrac{1}{12}\pi(2r)^3 = 2\pi r^3 - \tfrac{2}{3}\pi r^3 = \tfrac{4}{3}\pi r^3$$

formule ordinaire de la sphère.

1933. Note. Nous appelons la question ci-dessus *Théorème de Maclaurin*, parce qu'elle n'est qu'un cas particulier d'un théorème plus général dû à ce célèbre géomètre. (Voir *Traité des fluxions* par Maclaurin; traduit par le R. P. PÉZENAS *, 2 vol. in-4°, en 1749. Introduction, page XXV.)

---

* PÉZENAS, savant jésuite, né à Avignon (1692-1776), opéra le nivellement du canal de Craponne et traduisit plusieurs ouvrages anglais.

La priorité en faveur du géomètre anglais a été signalée par M. Desboves (N. A., 1877, page 278); mais, avant cette indication. en 1875 (Géométrie F. I. C., 2e édition), nous avons énoncé non seulement le théorème relatif aux segments engendrés par une conique tournant autour de l'axe focal, mais un théorème analogue pour les segments engendrés par une conique dans sa rotation autour de l'axe non focal. (Page 384, exercices 81, 82.)

La démonstration de ces théorèmes et de plusieurs autres se trouve dans l'*Appendice aux Exercices de Géométrie.*

Exercice 767

1934. Théorème. *Lorsqu'un triangle rectangle isocèle tourne autour d'une droite menée par le sommet de l'angle droit parallèlement à l'hypoténuse, il engendre un volume équivalent à la sphère qui aurait cette hypoténuse pour diamètre.*

1° C'est une simple conséquence du *théorème des trois corps ronds.* (G., n° 383, III.)

2° On peut le démontrer à l'aide du *théorème de Guldin.* (Voir *Appendice aux Exercices de Géométrie*, n° 771, 2°.)

3° Le volume engendré par le triangle n'est qu'un cas particulier du volume engendré par un segment d'hyperbole. (G., n° 978.)

1935. Note. La *méthode des sections comparées*, inaugurée en 1873 dans la première édition des *Éléments de Géométrie*, nos 595, 596, 597, appliquée actuellement aux nos 582 et 583, *théorèmes des trois corps ronds*, et exposée au § V, n° 971, nous semble avoir une origine toute récente comme procédé d'investigation et comme mode d'exposition; néanmoins, ainsi qu'il arrive souvent dans l'histoire de la plupart des méthodes, un des principaux théorèmes, celui qui est relatif à la sphère, se trouve avoir une origine assez ancienne.

Le docteur Sonndorfer, qui le donne dans son *Lehrbuch der Geometrie* (Wien, 1877, page 124), a bien voulu nous écrire qu'il a emprunté ce théorème au *Traité de Géométrie* du docteur Wittstein, 2e partie, page 121.

Ce dernier ouvrage a été publié à Hanovre en 1862.

Plus tard. M. Vautré, de Saint-Dié, l'a signalé dans le *Cours complet de Mathématiques pures* de Francœur, tome I, n° 313.

Enfin, tout récemment, nous l'avons trouvé dans les *Éléments d'Euclide*, du R. P. Deschalles et de M. Ozanam, par M. Audierne, 2e édition; Paris, 1753.

D'après la préface, on reconnaît que Deschalles et Ozanam [*] ne sont cités que comme prête-nom. La division de l'ouvrage est conforme à celle d'Euclide; mais on lit (pages 514 et 515, livre XII) : « Comme Euclide ne parle ni de la solidité de la sphère ni de la surface, nous substituons à ces deux propositions notre démonstration de cette solidité...

Proposition XVI (Page 541). « *La demi-sphère ALB est les deux tiers du cylindre dans lequel elle est inscrite.* »

---

[*] Ozanam (1640-1717), très connu par ses *Récréations mathématiques et physiques.*

Audierne publia plusieurs ouvrages de Mathématiques de 1746 à 1782, et commenta divers traités d'Ozanam.

Le R. P. Deschalles, né à Chambéry (1621 — 1678), auteur d'un *Cours complet de mathématiques.*

Audierne démontre la proposition en prouvant que la sphère augmentée du cône est équivalente au cylindre.

Enfin, Maclaurin, dans son *Traité des fluxions,* dont la traduction est de 1749, considère dans l'*Introduction,* page XXVII, une portion de sphéroïde (c'est-à-dire d'ellipsoïde) et le solide engendré par un trapèze rectangle; mais il n'en déduit pas une expression simple qui puisse servir d'énoncé de théorème et conduire à une véritable méthode.

Inscription et Position.

Exercice 768

1936. Théorème. *Dans tout prisme triangulaire droit on peut inscrire un cylindre; à ce même solide on peut circonscrire un cylindre.*

En effet, aux deux bases peuvent être inscrits et circonscrits des cercles respectivement égaux et parallèles, et une droite peut se mouvoir perpendiculairement aux bases en s'appuyant sur les cercles inscrits ou les cercles circonscrits; cette droite décrira les cylindres dont il est question. Donc, *dans tout prisme triangulaire droit...*

1937. Théorème. *A trois plans indéfinis, parallèles à une même droite, et qui se coupent deux à deux, on peut mener quatre cylindres circulaires tangents.*

En effet, les trois plans dont il est question ne sont autre chose que les faces latérales d'un prisme triangulaire prolongées indéfiniment.

Si l'on coupe le système de ces trois plans par un quatrième plan perpendiculaire aux intersections des premiers, on obtient un triangle dont les côtés sont prolongés indéfiniment.

Or, à trois droites indéfinies qui se rencontrent deux à deux on peut mener quatre cercles tangents. (G., n° 189.) Si une droite indéfinie se meut en s'appuyant sur les circonférences de ces cercles et en restant parallèle aux intersections des plans donnés, cette droite mobile décrira quatre surfaces cylindriques tangentes aux trois plans donnés.

Exercice 769

1938. Théorème. *A tout trièdre on peut inscrire et circonscrire un cône de révolution.*

Dans le premier cas, il faut inscrire un cercle dans le triangle obtenu, en coupant le trièdre par un plan perpendiculaire à la droite d'intersection des trois plans bissecteurs des dièdres du trièdre; dans le second cas, il suffit de prendre trois longueurs égales SA, SB, SC sur les arêtes, et de circonscrire une circonférence au triangle ABC.

Exercice 770

1939. Théorème. *Par trois droites non situées dans un même plan, et qui se coupent au même point, on peut faire passer quatre cônes de révolution à deux nappes.*

Les plans menés par les trois droites donnent lieu à huit trièdres égaux deux à deux et opposés par le sommet; chaque groupe donne lieu à un cône à deux nappes circonscrit aux deux trièdres égaux et opposés.

1940. Remarque. La plupart des théorèmes relatifs aux triangles peuvent en fournir d'analogues pour le trièdre. Ainsi le *cercle des neuf points* (n°ˢ 719 et 720) conduit à un cône qui passerait par neuf droites déterminées du trièdre considéré.

Exercice 771

1941. Théorème. *Par quatre points* A, B, C, D, *non situés dans un même plan, on peut faire passer une sphère, et une seule.*

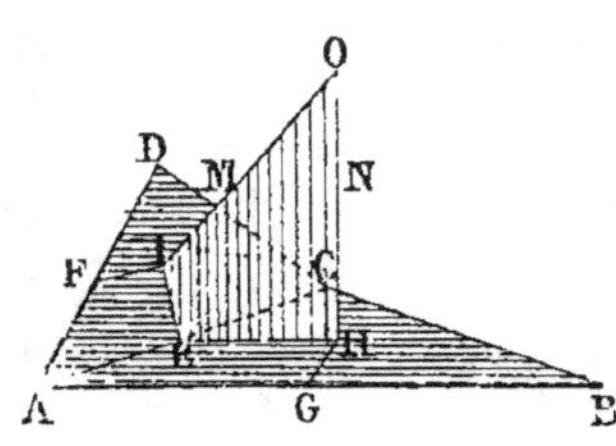

Fig. 1207.

1° Les points donnés déterminent deux triangles : ABC et ACD. Par les points E, F, G, milieux des côtés qui partent du point A, dans les plans des deux triangles, menons les perpendiculaires EI, EH, FI et GH; menons ensuite les droites IM et HN perpendiculaires aux plans ACD et ACB; les pieds I et H de ces perpendiculaires sont les centres des cercles circonscrits aux deux triangles; donc ces perpendiculaires sont les lieux des centres de toutes les sphères que l'on peut faire passer par ADC et ACB.

Ces deux lieux se rencontrent au point O ; en effet si, par les perpendiculaires EI et EH à AC, on mène le plan IEH, ce plan sera perpendiculaire à l'intersection AC des deux plans DAC et BAC, il l'est donc aussi à chacun d'eux (G., n° 406); donc ce plan IEH contient les deux perpendiculaires IM et HN (G., n° 403), et ces droites IM et HN se coupent (G., n° 77); donc leur intersection O est le centre de la sphère demandée.

2° La droite IM étant le lieu des points équidistants des points A, C, D, et la droite HN le lieu des points équidistants des points A, B, C, l'unique rencontre O de ces deux droites est le seul point de l'espace qui soit équidistant des quatres points donnés. Donc...

1942. Scolies. I. Les quatre points donnés peuvent servir de sommets à un tétraèdre ABCD; donc *à un tétraèdre quelconque on peut circonscrire une sphère, et une seule.*

II. Les lignes analogues à IO et HO, que l'on pourrait élever sur les deux autres faces du tétraèdre, passeraient au point O; or les points I et H sont les centres des cercles circonscrits aux faces ACD et ABC. Donc, *dans un tétraèdre quelconque, il y a un point de rencontre unique pour les perpendiculaires élevées sur les quatre faces par les centres des cercles circonscrits à ces mêmes faces.*

Exercice 772

1943. Théorème. *On peut inscrire une sphère à un tétraèdre quelconque.*

Car les six plans bissecteurs des dièdres se rencontrent en un même point, qui est équidistant des quatre faces (n° 1833). Ce point peut servir de centre à une sphère qui sera tangente à toutes les faces.

Exercice 773

1944. Théorème. *Deux sphères quelconques peuvent avoir, l'une par rapport à l'autre, cinq positions différentes; et les conditions relatives aux rayons et à la distance des centres sont les mêmes que pour les circonférences.* (G., n° 138.)

En effet, étant données deux circonférences dans l'une quelconque des cinq positions connues, si l'on fait tourner la figure totale autour de la ligne des centres, on produit deux sphères qui sont absolument dans les mêmes conditions que les deux circonférences...

Exercice 774

1945. Théorème. *Si trois sphères se coupent deux à deux, les plans d'intersection se coupent suivant une même droite perpendiculaire au plan des trois centres.*

En effet, le plan qui passe par les trois centres de ces sphères détermine trois cercles qui se coupent, et les trois cordes d'intersection se rencontrent en un même point (n° 1271).

Si, par ces cordes, on mène des plans perpendiculaires au plan des centres, on obtient les trois plans d'intersection des sphères; et leur intersection commune est la perpendiculaire menée au plan des centres par le point de concours des trois cordes.

Remarque. Le point de concours des trois cordes est le centre radical des trois cercles. Le théorème démontré (n° 1945) n'est qu'un cas particulier d'un théorème plus général. (G., n° 839, 4°.)

Exercice 775

1946. Théorème. *Une sphère et un plan étant donnés, démontrer que toutes les sphères décrites des différents points du plan comme centre, avec des rayons égaux aux tangentes menées de ces points à la sphère donnée, passent par un point fixe.* (N. A. 1868, p. 42.)

Il suffit d'étudier la section méridienne obtenue en coupant la sphère par un plan perpendiculaire au plan donné; car, si le théorème est vrai, le point commun ne peut se trouver, par raison de symétrie, que sur la perpendiculaire CP abaissée du centre C sur le plan PQ.

Prenons donc $PM = PB$, et prouvons que, pour une tangente quelconque AD, on a $AM = AD$

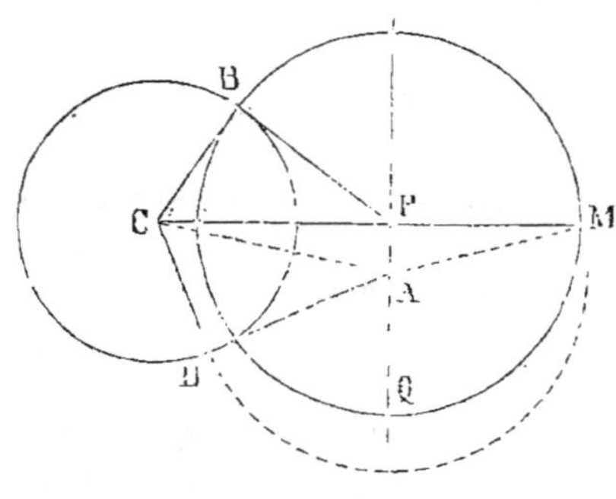

Fig. 1203.

Soient $CP = a$; $CB = r$

on aura

$$PM^2 = PB^2 = a^2 - r^2$$

Ajoutons AB^2 à chaque membre, on obtiendra :

$$PM^2 + PA^2 = a^2 + AP^2 - r^2$$

ou $AM^2 = AC^2 - r^2 = AD^2$

C. Q. F. D.

Ainsi la distance AM égale la tangente AD; donc la sphère décrite du point A comme centre avec AD pour rayon passe par le point fixe M.   C. Q. F. D.

Remarque. La droite AP est l'axe radical du point M et de la circonférence CDB. Le plan dont PQ est la section par un plan mené par CP, est le plan radical de la sphère C et du point M.

Exercice 776

1947. **Théorème.** *Un hexaèdre est inscriptible dans une sphère lorsque ses faces sont des quadrilatères inscriptibles.*

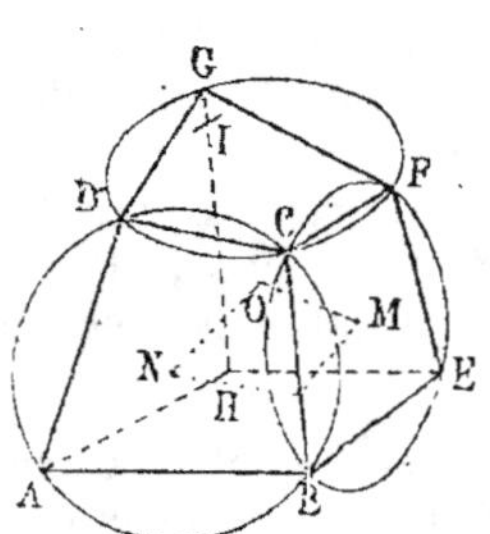

Fig. 1209.

Circonscrivons une circonférence au quadrilatère ABCD et une autre à BEFC.

Soient M, N leurs centres respectifs.

Dans un plan mené par MN perpendiculairement à la corde commune BC, on peut mener des perpendiculaires par les points M, N aux quadrilatères ABCD, BEFC. Soit O le point de rencontre des perpendiculaires. Ce point est le centre de la sphère qui passe par les deux cercles déjà tracés (n° 1941).

Or la section de cette sphère par le plan déterminé par les trois points D, C, F, doit contenir le quatrième sommet G de tout quadrilatère inscriptible ayant déjà D, C, F pour sommets ; donc la sphère passe par le sommet G ; et, pour une raison analogue, elle passe aussi par le sommet H. Donc...

Exercice 777

1948. **Théorème.** *Lorsqu'un polygone plan est inscrit dans une sphère, les plans tangents menés à la sphère par les sommets du polygone inscrit se coupent au même point.*

Soit le polygone ABCF inscrit dans un cercle ABCD ayant L pour centre.

Menons par le centre de la sphère la droite OL jusqu'à la rencontre du plan tangent mené par le point A.

La tangente AT est la section du plan tangent par le plan méridien AOL.

Le triangle rectangle OAT donne :

$$OT \cdot OL = AO^2; \quad OT = \frac{AO^2}{OL}$$

Donc la distance OT est constante, quel que soit le plan tangent. Ainsi tous les plans tangents passent par le même point T.

1949. Théorème. *Lorsqu'un polygone est circonscrit à une sphère, les plans tangents menés par les côtés de ce polygone passent par un même point.*

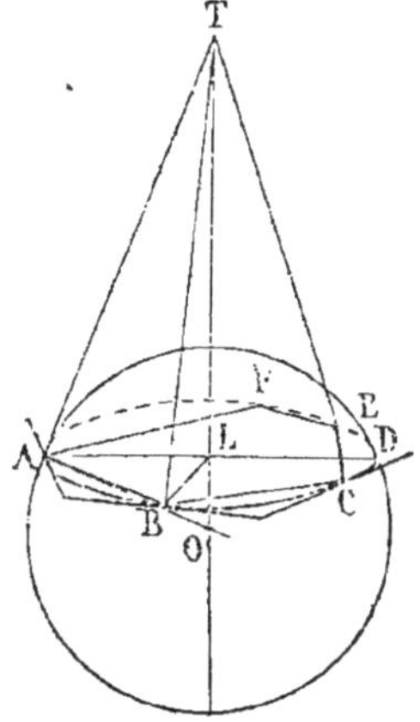

Fig. 1210.

Les plans tangents menés par les côtés sont les mêmes que ceux qui seraient menés par les sommets A, B, C d'un polygone inscrit.

Exercice 778

1950. Théorème. *Lorsque les arêtes opposées d'un octaèdre inscrit dans une sphère sont dans un même plan, les trois diagonales de l'octaèdre se coupent au même point.*

En menant un plan tangent à la sphère par chaque sommet de l'octaèdre, on forme un hexaèdre circonscrit dont les faces prises quatre à quatre concourent en un même point.

(Voir *Méthodes*, n° 32.)

1951. Théorème réciproque. *Lorsque, par un même point* T, *on mène des plans tangents à une sphère, les points de contact sont les sommets d'un polygone plan inscrit.*

1952. Théorème. *La courbe de contact d'une sphère et d'un cône circonscrit est une circonférence.*

Exercice 779

1953. Théorème. *Un cylindre qui entre dans une sphère par un cercle en sort par un cercle égal au premier.*

Représentons la sphère et le cylindre sur un plan parallèle aux génératrices du cylindre, et mené par le centre de la sphère et le centre du cercle d'entrée.

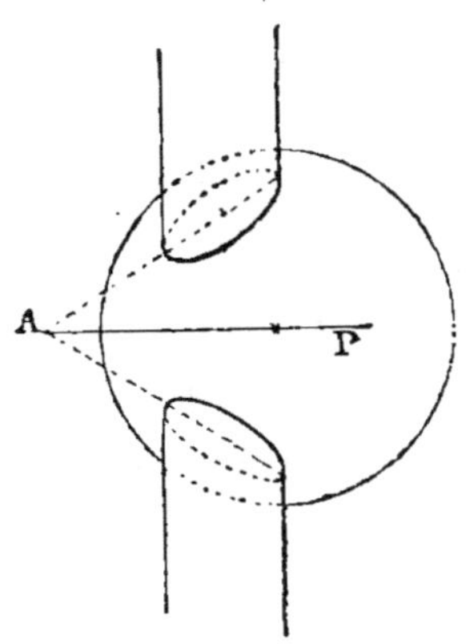

Fig. 1211.

Il est évident que la courbe d'entrée et celle de sortie sont symétriques par rapport au plan du grand cercle perpendiculaire au cylindre; donc les deux courbes sont égales.

Remarque. La démonstration si simple qui précède est plus générale que le théorème énoncé; on peut dire : *Lorsqu'un cylindre quelconque coupe une sphère, l'intersection est divisée en deux parties symétriques par le grand cercle qui est perpendiculaire aux génératrices du cylindre.*

Exercice 780

1954. Théorème. *La section antiparallèle d'un cône oblique à base circulaire est un cercle.*

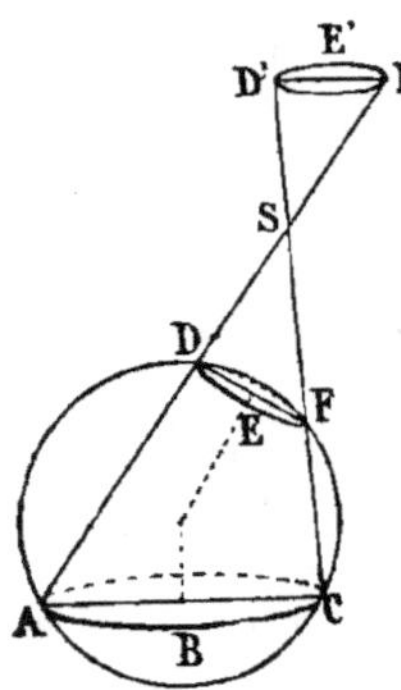

Fig. 1212.

Soit SABC un cône à base circulaire ABC. Soit DEF la section antiparallèle, l'angle ADF = ACF, SFD = A. En un mot, le quadrilatère ACFD est inscriptible, et l'on a

$$\frac{SA}{SC} = \frac{SF}{SD}$$

Sur la seconde nappe, prenons $SF' = SF$, $SD' = SD$.

On aura $\quad \dfrac{SA}{SC} = \dfrac{SF'}{SD'}$

Donc la section D'E'F' est parallèle à ABC; par suite elle est circulaire ainsi que ABC.

Or, par rapport au sommet S du cône, les sections DEF, D'E'F', sont symétriques et égales.

Donc la section antiparallèle DEF est circulaire.

Remarques. I. La base ABC et toute section antiparallèle DEF appartiennent à une même sphère.

II. Le théorème ci-dessus se démontre de plusieurs manières différentes*; on peut aussi le déduire du théorème suivant (n° 1955, *Remarque*); mais aucune démonstration n'est aussi simple que celle qu'on vient d'indiquer.

---

* *Cosmographie*, par F. I. C. (n° 70).

Exercice 781

1955. Théorème. *Lorsqu'un cône entre dans une sphère par un cercle, il en sort par un autre cercle.*

Soit le cône ABC ayant pour base le cercle AMB de la sphère donnée. Il faut prouver que la courbe de sortie DNE est un cercle.

Du sommet C, abaissons une perpendiculaire CP sur le plan de la base, et menons le diamètre ABP qui passe par le pied P.

Dans le plan ACP, menons EG perpendiculaire à CE. Enfin, soit CM une génératrice quelconque et N le point où elle coupe la sphère.

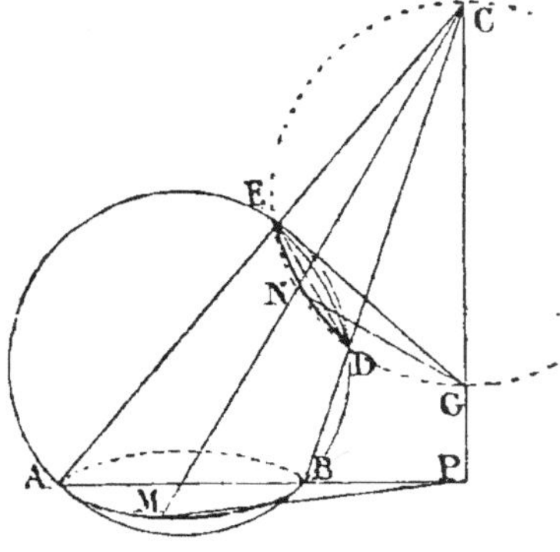

Fig. 1213.

1° Le théorème des sécantes issues d'un même point étant appliqué à la sphère donne

$$CM . CN = CA . CE$$

Mais les triangles rectangles semblables CAP, CGE donnent :

$$CA . CE = CP . CG$$

donc $$CM . CN = CP . CG$$

Donc les triangles CMP, CGN sont semblables comme ayant un angle égal compris entre côtés proportionnels; mais l'angle CPM est droit, car CP est perpendiculaire au plan de base; donc l'angle CNG est aussi droit.

2° Les points E, N, D appartiennent donc à la sphère décrite sur CG comme diamètre. Ainsi la courbe de sortie est la courbe d'intersection de deux sphères; *or cette courbe est un cercle* (G., n° 548); donc...

Remarque. On a aussi CE . CA = CB . CD; ainsi le cercle END est la section antiparallèle du cône CAMB; *donc la section antiparallèle du cône oblique à base circulaire est un cercle.*

Exercice 782

1956. Théorème. *Par deux cercles d'une même sphère, on peut faire passer deux cônes ayant ces cercles pour sections parallèles ou antiparallèles.*

Par les centres des deux cercles et par celui de la sphère on peut faire passer un plan ABCD, et ce plan est perpendiculaire à chaque

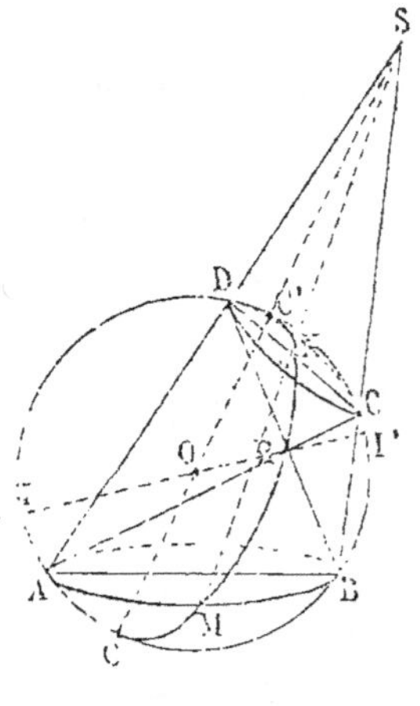

Fig. 1214.

cercle; car, en vertu des constructions faites pour la démonstration d'un théorème connu (G., nᵒ 543), la ligne qui joint le centre de la sphère au centre d'un petit cercle est perpendiculaire à ce petit cercle. Pour représenter plus facilement cette figure, prenons ABCD pour plan principal; AB et CD sont les diamètres des cercles donnés.

Menons ADS, BCS et ARC, BRD.

S et R sont les sommets des deux cônes.

En effet, pour S par exemple, le cône SAB doit sortir de la sphère par un cercle (1955) ayant pour diamètre DC, et dont le plan est perpendiculaire au plan SAB; donc la courbe de sortie ne diffère point du cercle donné CD.

1957. Remarque. Toute génératrice SNM donne des points correspondants, car les cordes AM, DN sont antiparallèles. On peut le démontrer directement, car on a : $SM \cdot SN = SA \cdot SD$ à cause de la sphère.

On peut encore dire : le plan ASM coupe la sphère suivant un cercle dans lequel le quadrilatère AMND est inscrit; donc AM et DN sont antiparallèles.

Ainsi, pour avoir des points antihomologues M, N, il suffit de mener une génératrice quelconque SNM. Pour l'étude des cercles tracés sur la sphère, on a recours aux *centres de similitude* C, C', et I, I". (Voir ci-après, nᵒ 1962.)

Exercice 783

1958. Théorème. *Lorsque la base d'une pyramide est inscriptible, toute sphère circonscrite à cette base coupe les arêtes de la pyramide en des points qui sont les sommets d'un polygone plan inscriptible.*

En effet, soit A, B, C, D... les sommets du polygone de base; A', B', C', D... les points où les arêtes SA, SB... sont coupées par la sphère; ces points appartiennent à la circonférence de la courbe de sortie du cône qui aurait S pour sommet et le cercle circonscrit à ABCD... pour base; donc les points A', B', C'... sont les sommets d'un polygone plan inscriptible.

Exercice 784

1959. Théorème. *Lorsque, par deux points A et B donnés sur une sphère, on fait passer une série de cercles qui coupent un cercle donné, tous les grands cercles qui passent par les deux points d'intersection*

*de chaque cercle variable avec le cercle fixe se coupent suivant un
même diamètre.*

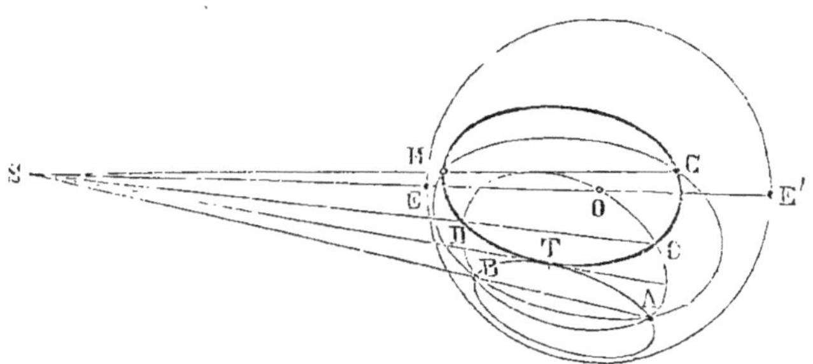

Fig. 1215.

Soit CDGH le cercle donné et CD la corde d'intersection d'un des
cercles décrits.

Les deux droites AB, CD situées dans le plan du cercle ABCD se
coupent en un certain point S.

1° Prouvons que toute autre corde commune GH passe par ce
même point.

A cause de la sphère, ou du cercle ABCD, on a :

$$SA . SB = SC . SD$$

Joignons le point S au point G ; soit H le point où SG rencontre
le cercle BAG et H′ celui où elle rencontre le cercle DCG, on aura :

$$SG . SH = SA . SB = \text{donc } SC . SD = SG . SH'$$

donc H et H′ se confondent.

2° Joignons S au centre O de la sphère ; les plans menés par SEE′
et par chaque corde commune donnent des grands cercles EBAE′,
EDCE′, EHGE′ qui passent par les points d'intersection et ont EE′
pour diamètre commun.

1960. Corollaire. *Lorsqu'un cercle ATB est tangent au cercle HTG,
la tangente commune passe par le point S d'intersection des cordes
communes, et le grand cercle ETE′ est tangent aux cercles ATB et CTD.*

1961. Théorème. *Même théorème (n° 1959), quand les deux points
A et B n'appartiennent pas à la surface sphérique.*

Soit S le point où la droite AB coupe le plan du cercle donné ;
tout plan mené par ABS coupe la sphère suivant un cercle, et l'intersection de ce plan par le plan du cercle donné passe par le point S,
commun aux deux plans, et n'est autre chose que la corde commune
aux deux cercles. Donc...

Exercice 785

1962. **Théorème**. *Deux cercles quelconques d'une même sphère admettent des centres de similitude, et tous les grands cercles menés par un des centres de similitude déterminent sur les cercles donnés des couples de points correspondants, tels que les droites qui les joignent deux à deux passent par un même point.*

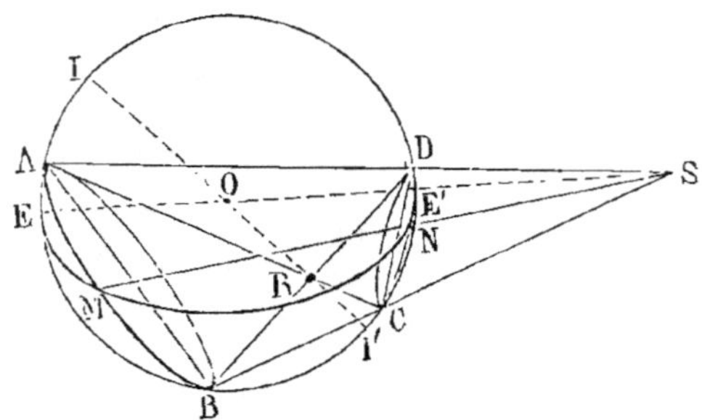

Fig. 1216.

Soit S le sommet extérieur du cône qui passe par les deux cercles. Joignons ce sommet S au centre O de la sphère. Par définition, les points E, E' sont les *centres externes* de similitude.

Tout grand cercle mené par EE' détermine des points correspondants.

En effet, si une génératrice quelconque SNM coupe les circonférences données en M et en N, on a, à cause de la sphère,

$$SM . SN = SE . SE'$$

donc les quatre points E, M, N, E' appartiennent à un même grand cercle.

Réciproquement. 1° Tout grand cercle EME' détermine deux points M, N tels que la droite MN passe par un point fixe S.

2° Les cordes AM, DN sont antiparallèles (n° 1957).

Si les génératrices SA, SM se rapprochent indéfiniment, les sécantes AM, DN, antiparallèles, auront pour limites les tangentes aux cercles donnés en M et N; donc ces tangentes aux deux cercles en M et N sont antiparallèles par rapport à SNM. On prouverait de même que les tangentes en M et N au grand cercle EMNE' sont antiparallèles; on sait d'ailleurs que cela a toujours lieu pour un même cercle par rapport à la corde MN des contacts.

3° L'angle des tangentes en M égale l'angle des tangentes en N (n° 241); *donc le grand cercle coupe les cercles donnés sous un même angle.*

Remarque. Le diamètre IORI' détermine les *centres internes* I et I' de similitude.

Triangles sphériques.

Exercice 786

1963. **Théorème.** *Dans tout triangle sphérique, à un plus grand côté est opposé un plus grand angle, et réciproquement.*

Considérons le trièdre central OABC. Si l'on a $a > c$, on a aussi la face $BOC > BOA$, et par suite (n° 1781) le dièdre $OA > OC$ ou l'angle $A > C$.

Pareillement, donner l'angle $A > C$, c'est donner le dièdre $OA > OC$. On en conclut la face $BOC > BOA$, d'où l'arc $BC > BA$...

Donc, *dans tout triangle sphérique...*

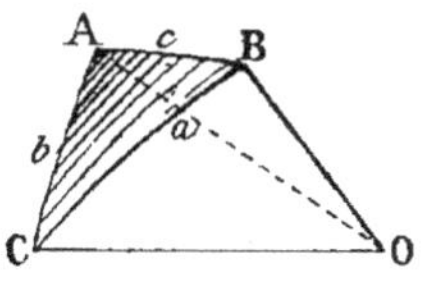

Fig. 1217.

Note. Le théorème relatif à l'aire du triangle sphérique a été énoncé par Albert Girard, d'Amsterdam, en 1629; mais la démonstration n'est pas rigoureuse; le théorème devrait être attribué, d'après Lagrange, à Cavalieri, qui l'a donné et démontré en 1632.

La considération du *triangle polaire* ou *triangle supplémentaire* d'un triangle sphérique donné est due à Snellius en 1627.

Avant lui, en 1626, Girard, et même Viète, mort en 1603, avaient déjà considéré un triangle ayant certaines relations avec le triangle donné; mais le *triangle réciproque* de Viète n'offre pas tous les avantages qu'on retire du *triangle polaire*. (*Aperçu historique*, pages 54 et 546, et N. A., 1855, page 152.)

1964. **Théorème.** *Dans tout quadrilatère sphérique circonscrit à un cercle, la somme de deux côtés opposés égale la somme des deux autres côtés.*

Le quadrilatère est formé par quatre arcs de grand cercle, et il est circonscrit à un petit cercle.

La démonstration est analogue à celle du théorème connu du quadrilatère rectiligne (n° 744), car les arcs de grand cercle, issus d'un même point et tangents au même petit cercle, sont égaux.

Exercice 787

1965. **Théorème de Gergonne.** *Un quadrilatère sphérique est circonscriptible lorsque la somme de deux côtés opposés égale celle des deux autres côtés.*

(*Annales de Mathématiques*, t. V, année 1814-1815, p. 384.)

Le théorème se démontre par la réduction à l'absurde, en procédant comme en géométrie plane (n° 745).

Remarque. Le *théorème de Gergonne* est le corrélatif du *théorème de Guéneau d'Aumont* (n° 1967). De l'un on passe à l'autre à l'aide du triangle polaire supplémentaire.

Ainsi, admettons qu'on ait un quadrilatère ayant pour côtés les arcs a, b, c, d tels que $a + c = b + d$. On en déduira pour le quadrilatère polaire supplémentaire $A' + C' = B' + D'$.

En effet

$$A' = 180° - a; \quad C' = 180° - c; \quad B' = 180° - b \quad \text{et} \quad D' = 180° - d$$

Or
$$180° - a + 180° - c = 180° - b + 180° - d$$

car
$$a + c = b + d$$

donc
$$A' + C' = B' + D'$$

Exercice 788

1966. Théorème de Fuss. *Quelle que soit la base* AB *d'un triangle sphérique* ABC, *le lieu du troisième sommet* C *est un grand cercle lorsque la somme des arcs latéraux est une demi-circonférence.*

On peut recourir à l'emploi des figures symétriques.
(Voir *Méthodes*, n° 148.)

Exercice 789

1967. Théorème de Guéneau d'Aumont. *Dans tout quadrilatère sphérique inscrit au cercle, la somme de deux angles opposés est égale à la somme des deux autres angles.*

(Voir *Méthodes*, n° 162.)

Exercice 790

1968. Théorème. *Lorsqu'un triangle sphérique* ABC *est inscrit dans un cercle, et que sa base* AB *est fixe, tandis que le troisième sommet* C *parcourt le petit cercle, la somme des angles à la base diminuée de l'angle du sommet est une quantité constante.*

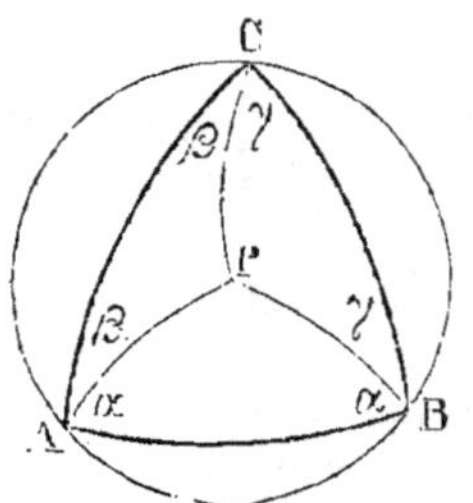

Fig. 1218.

Par le centre P du cercle circonscrit et par chaque sommet, faisons passer des arcs de grand cercle.

Le triangle donné se trouve divisé en trois triangles isocèles, car
$$AP = BP = CP$$

Or $A + B - C = \alpha + \beta + \alpha + \gamma - \beta - \gamma = 2\alpha$ quantité constante.

Réciproquement. *Lorsque* $A + B - C$ *est une quantité constante, et que la base* AB *est fixe, le lieu du sommet* C *est la circonférence circonscrite* ABC.

Exercice 791

1969. Théorème de Lexell [*]. *Lorsqu'un triangle sphérique* ABC,

---

* LEXELL, savant astronome russe du siècle dernier. Ses recherches sur les cercles de la sphère sont consignées dans le tome V (année 1787) des *Actes de Saint-Pétersbourg*. (*Aperçu historique*, page 236.)

dont la base AB est fixe et l'aire constante, tandis que le sommet C est mobile, le lieu du troisième sommet C est un petit cercle qui passe par les points A' et B' diamétralement opposés aux sommets fixes A et B.

Démonstration de Steiner. Soit $A + B + C - 2d = T$ quantité constante. (G., n° 606.)

Il suffit de démontrer que $A' + B' - C$ est une quantité constante, car on sait que dans ce cas le lieu du sommet est le petit cercle A'B'C (n° 1968).

Or les angles A et A' sont supplémentaires, de même $B + B' = 2d$; donc la formule donnée devient

$$2d - A' + 2d - B' + C - 2d = T$$

d'où $A' + B' - C = 2d - T$

quantité constante.

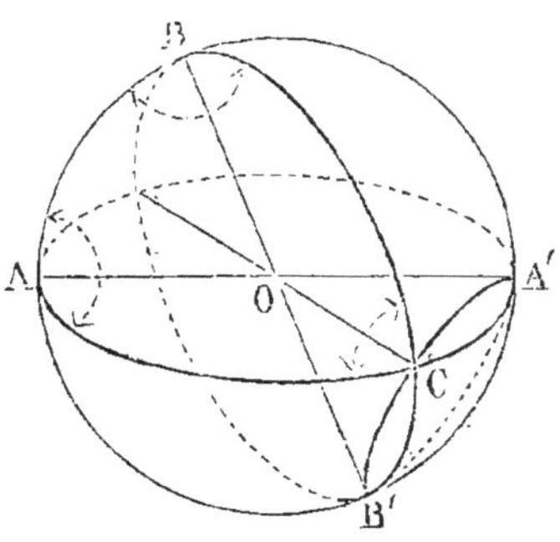

Fig. 1219.

Donc le lieu du sommet est le petit cercle A'B'C.

Remarques. 1° Le grand cercle qu'on mènerait parallèlement au petit cercle A'B'C passerait à égale distance de AB et de A'B'.

2° *Lorsqu'on a deux petits cercles égaux et parallèles, et que deux points A et B sont donnés sur l'un d'eux, tandis que le troisième point C est mobile sur l'autre petit cercle, les arcs de grand cercle AC, BC déterminent un triangle ACB dont l'aire est constante.*

En effet, si l'on prend sur le second petit cercle un arc CD égal à AB, le parallélogramme ABCD est évidemment constant, quelle que soit la position du point mobile C; or le triangle est la moitié du parallélogramme.

De cette remarque on peut déduire une seconde démonstration du *théorème de Lexell.*

Exercice 792

1970. Théorème. *Des sommets A, B, C, D d'un quadrilatère sphérique comme pôles, on décrit des arcs de grand cercle terminés aux côtés du quadrilatère, prolongés dans le même sens; l'aire de la figure ainsi obtenue correspond à la moitié de la surface de la sphère.* (N. A. 1864, p. 454.)

Soient A', B', C', D' les angles extérieurs et supplémentaires des angles donnés A, B, C, D; représentons par S l'aire du quadrilatère et par S' celle des quatre triangles obtenus en décrivant des arcs de grand cercle des sommets A, B, C, D pris pour pôles.

En prenant pour unité de surface le triangle sphérique tri-rectangle, on sait que la mesure de la surface d'un quadrilatère sphérique égale la somme des angles moins quatre droits; donc

$$S = A + B + C + D - 4 \quad \text{(G., n° 607, 3°.)} \tag{1}$$

Mais le triangle formé par l'arc décrit du sommet A pris pour pôle, par un côté du quadrilatère et par le prolongement d'un autre côté adjacent au premier, est bi-rectangle, puisque A est le pôle du côté opposé. L'angle au sommet est représenté par A' et il est le supplément de A.

L'aire du triangle est simplement représentée par A'.

Donc
$$S' = A' + B' + C' + D' \qquad (2)$$

En additionnant (1) et (2), on trouve :
$$S + S' = A + A' + B + B' + C + C' + D + D' - 4 \text{ droits}$$

Mais
$$A' = 2d - A; \quad B' = 2d - B, \text{ etc.}$$

donc
$$S + S' = 4 \text{ triangles tri-rectangles}$$

c'est la moitié de la sphère.

1971. Problème. *Même question pour un polygone sphérique d'un nombre quelconque de côtés.*

L'aire est encore exprimée par 4; elle égale donc $2\pi R^2$.

Inversion dans l'espace.

Exercice 793

1972. Théorème. *La figure inverse d'une sphère, par rapport à un point de cette surface pris pour origine, est un plan perpendiculaire au diamètre mené par l'origine.*

(Voir *Méthodes*, n° 240; il en est de même pour plusieurs des exercices suivants.)

Exercice 794

1973. Théorème. *La figure inverse d'un plan, par rapport à un point extérieur à ce plan, est une sphère qui passe par l'origine, et dont le diamètre correspondant est perpendiculaire au plan donné.*

Exercice 795

1974. Théorème. *La figure inverse d'une sphère, par rapport à un point non situé sur la surface, est une autre sphère, et l'origine est un centre de similitude pour les deux sphères.*

Exercice 796

1975. Théorème. *Dans deux figures inverses, les angles correspondants sont égaux.*

(Voir *Méthodes*, n° 241.)

Exercice 797

1976. Théorème. *L'inverse d'un cercle, par rapport à un point non situé dans son plan, est un cercle.*

(Voir *Méthodes*, n° 242.)

Exercice 798

1977. Théorème de Chasles. *Le centre de la circonférence obtenue par la projection stéréographique d'un cercle d'une sphère, est la projection stéréographique du sommet du cône circonscrit à la sphère, suivant le cercle donné.*

(Voir *Méthodes*, n° 245.)

Exercice 799

1978. Théorème. *Tout cercle de la sphère qui passe par l'origine a une droite pour inverse; tout autre cercle a un cercle pour projection stéréographique.*

Exercice 800

1979. Théorème de Dupuis *. *Lorsqu'une sphère de rayon variable est tangente à trois sphères fixes, le lieu des points de contact sur chaque sphère fixe est un cercle.* (*Correspondance de l'École polytechnique*, t. I, p. 19.)

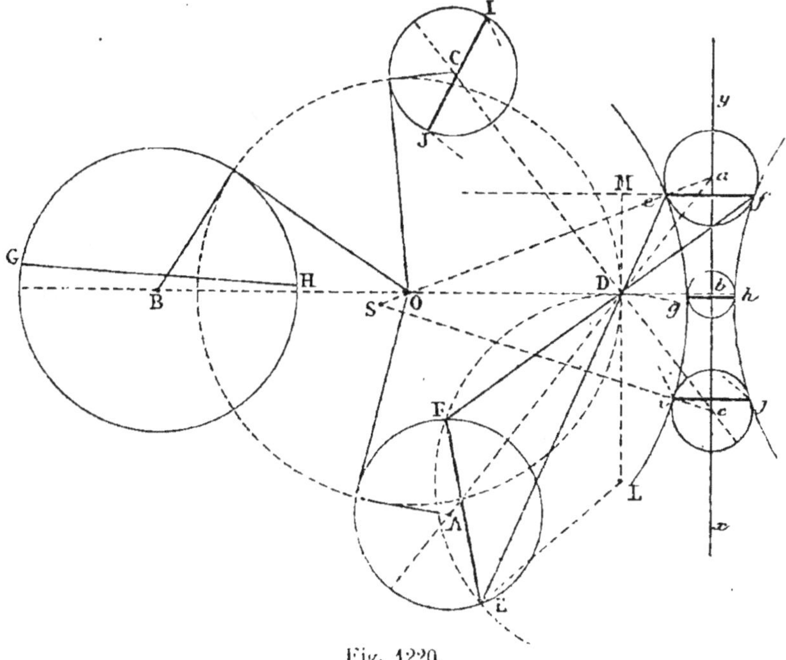

Fig. 1220.

Soient trois sphères et A, B, C les centres des grands cercles que déterminerait le plan mené par les centres de ces trois sphères.

Afin de rendre intuitive la détermination du lieu, transformons, par

---

* Dupuis, ancien élève de l'École polytechnique, mort au commencement de ce siècle. (D'après M. Catalan.)

inversion, les trois sphères données en trois sphères ayant leurs centres respectifs en ligne droite. Pour cela, déterminons le centre radical O des trois grands cercles A, B, C (G., n° 837, *Exercice* n° 1481), et décrivons le cercle O qui coupe orthogonalement les trois cercles donnés.

En prenant un point quelconque D sur le cercle auxiliaire et une puissance d'inversion quelconque k^2, la figure inverse du cercle O sera une droite xy perpendiculaire au rayon OD et telle que

$$Db . 2DO = k^2 \quad (\text{n° 1334.})$$

Les cercles A, B, C ont pour inverses des cercles a, b, c dont les centres sont sur xy, car la transformée du cercle orthogonal OD doit couper orthogonalement les trois cercles a, b, c, ce qui ne peut avoir lieu qu'autant que la droite xy passe par les centres respectifs de ces cercles.

En résumé, les sphères ayant pour centres respectifs A, B, C ont pour inverses trois sphères a, b, c ayant les centres en ligne droite.

Toute sphère tangente aux trois premières a pour inverse une sphère tangente aux trois dernières et réciproquement; or toutes les sphères tangentes extérieurement aux sphères a, b, c sont évidemment égales entre elles.

Pour chacune d'elles, les trois points de contact et la ligne des centres xy sont dans un même plan. — Dans le plan des centres, S est le centre du grand cercle egi d'une de ces sphères; l'enveloppe des sphères égales tangentes aux sphères a, b, c est un tore ayant xy pour axe.

La courbe de contact de ce tore et de la sphère a, ou bien le lieu géométrique sur la sphère a des points de contact des sphères tangentes aux sphères a, b, c, est un cercle dont ef est le diamètre et dont le plan est perpendiculaire à la ligne xy des centres.

Il en est de même pour b et c.

La figure inverse du cercle ef est un cercle EF de la sphère A. En effet, la figure inverse du plan mené par ef perpendiculairement au plan des centres A, B, C est une sphère passant par l'origine D et dont le rayon DL est donné par la relation $2DL . DM = k^2$, et l'intersection des sphères A, L est un cercle EF dont le plan est perpendiculaire au plan des centres A, B, C, L. La courbe inverse du cercle, dont ef est le diamètre, doit se trouver à la fois sur la sphère A, inverse de a, et sur la sphère L, inverse du plan mené par feM; donc le cercle projeté suivant le diamètre EF est l'inverse du cercle projeté suivant ef.

Il en est de même pour les sphères B et C.

Remarque. *Le lieu, sur chaque sphère, dans le cas le plus général, se compose de quatre cercles.* En effet, aux trois cercles a, b, c extérieurs l'un à l'autre, on peut mener quatre groupes de deux cercles égaux tangents aux cercles donnés, ce qui donne lieu à quatre tores comme surface enveloppe des sphères tangentes à a, b, c. Ainsi egi et fhj constituent le groupe de deux cercles égaux tangents extérieurement; deux autres cercles égaux peuvent être tangents extérieurement à a, c et intérieurement à b, etc.

Chaque groupe donne lieu à un cercle tel que cf et par suite au cercle EF.

Ainsi quand les trois sphères A, B, C sont extérieures deux à deux, *le lieu des points de contact sur chaque sphère se compose de quatre cercles dont les plans sont perpendiculaires au plan ABC.* Ces quatre plans se coupent suivant une même droite, car les quatre cercles tels que cf, dont les quatre cercles de la sphère A sont les inverses, sont perpendiculaires à xy.

Note. La démonstration du *théorème de Dupuis* par l'inversion est due à M. A. MANNHEIM. (N. A., 1860, page 67.)

Pour se rendre compte de la puissance de la méthode d'inversion comme moyen d'investigation, il suffit de lire quelques articles des *Nouvelles Annales mathématiques*, et, entre autres, celui que nous venons de citer. L'auteur de la *Géométrie cinématique* y traite de la *cyclide* ou surface enveloppe des sphères tangentes à trois sphères données. Chaque propriété du tore dont la première surface est la transformée par inversion fait connaître une propriété correspondante de la cyclide. Cette remarquable étude se lit avec facilité et se retient de même; non seulement à cause du mode heureux de l'exposition, mais aussi par suite des avantages inhérents à la méthode d'inversion.

La cyclide a d'abord été nommée et étudiée par DUPIN *. Les sections du tore ont été étudiées par M. VILLARCEAU et par M. DARBOUX.

LIEUX GÉOMÉTRIQUES

Exercice 801

1980. Lieu. *Quel est le lieu des points également éclairés par deux lumières A et B, dont les intensités sont i et i'. On sait que la quantité de lumière reçue par un point donné est en raison inverse du carré de la distance du point considéré au foyer lumineux.*

Soient A et B les points lumineux donnés.

Les intensités lumineuses i, i' sont représentées par des nombres, et on peut prendre des droites AB et BC directement proportionnelles à ces grandeurs; soit donc $\dfrac{AB}{BC} = \dfrac{i}{i'}$

---

* CH. DUPIN, membre de l'académie des sciences, auteur des *Développements de Géométrie*, ouvrage où se trouvent d'intéressants théorèmes relatifs au rayon de courbure de l'ellipse et l'étude de la cyclide (page 200).

YVON VILLARCEAU, astronome; on lui doit le théorème suivant : *Le plan bitangent au tore coupe cette surface suivant deux cercles.*

DARBOUX, professeur de mathématiques spéciales au lycée Descartes; annotateur de la *Géométrie analytique* de BOURDON.

Pour un point quelconque L du lieu, on doit avoir

$$\frac{i}{AL^2} = \frac{i'}{BL^2} \quad \text{ou} \quad \frac{AL^2}{BL^2} = \frac{i}{i'} ; \quad \text{d'où} \quad \frac{AL}{BL} = \frac{\sqrt{i}}{\sqrt{i'}}$$

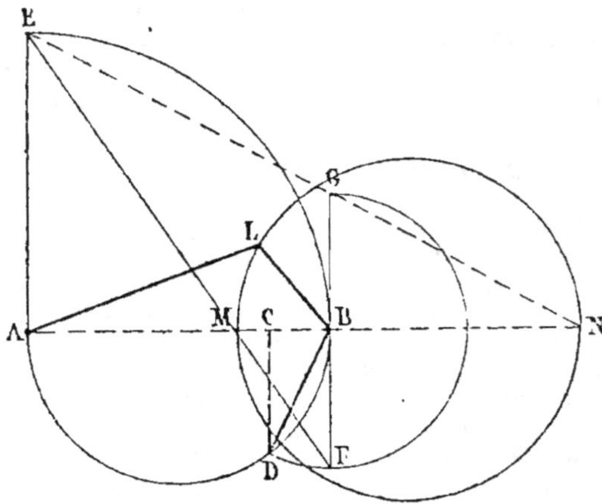

Fig. 1221.

donc, dans le plan, le lieu des points également éclairés est la circonférence MLN, lieu des points dont le rapport des distances à deux point fixes A et B égale le rapport connu $\dfrac{\sqrt{i}}{\sqrt{i'}}$.

Dans l'espace, le lieu demandé est la sphère engendrée par la rotation de la demi-circonférence MLN tournant autour de AB.

Construction. Il faut déterminer les points conjugués M, N, tels que

$$\frac{MA}{MB} = \frac{NA}{NB} = \frac{\sqrt{i}}{\sqrt{i'}} = \frac{\sqrt{AB}}{\sqrt{BC}}$$

Il faut chercher deux carrés qui soient entre eux dans le rapport $\dfrac{AB}{BC}$.

Décrivons la demi-circonférence ADB; élevons la perpendiculaire CD; on aura $\quad \dfrac{AB}{BC} = \dfrac{AB^2}{BD^2} ; \quad$ d'où $\quad \dfrac{\sqrt{AB}}{\sqrt{BC}} = \dfrac{AB}{BD}$

puis, portons AB de A en E; BD de B en F et en G, et menons EMF, EGN; on a (G., n° 304) les points demandés M et N.

Exercice 802

1981. Lieu. *Une pyramide a pour base un quadrilatère convexe dont les diagonales se coupent au point O. On joint le sommet S au point O. Quel est le lieu des sommets S, tel que toute section perpendiculaire à SO donne un parallélogramme.*

Si le problème est résolu, les diagonales de la section perpendiculaire

à SO[*] se coupent respectivement en parties égales;
c'est-à-dire que les segments
AO, CO d'une diagonale
doivent être vus sous des
angles égaux. Il faut donc
déterminer le lieu des
points dont le rapport des
distances aux points A et
C est constant. Ce lieu est
la circonférence OM; M
étant le point conjugué de
O par rapport aux points
A et C. (G., n° 304.)

Dans l'espace, le lieu
est la sphère dont OM est
le diamètre.

De même, N étant le
conjugué harmonique de O

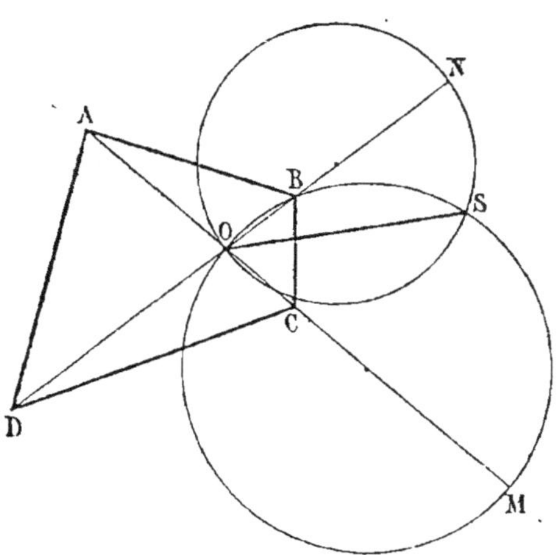

Fig. 1222.

par rapport aux points B et D, le lieu est la sphère de diamètre ON.

Les deux sphères se coupent suivant un cercle ayant OS pour diamètre; donc *le lieu des sommets S est la circonférence décrite sur OS
comme diamètre et située dans un plan perpendiculaire à celui du
quadrilatère donné.*

Remarque. Toute pyramide quadrangulaire dont la base est un
polygone convexe a une direction pour laquelle les sections sont des
parallélogrammes (n° 1842); mais, dans le cas actuel, on demande
que le parallélogramme ait son plan perpendiculaire à SO.

1982. Autre solution. On sait que tout plan parallèle au plan SEF,

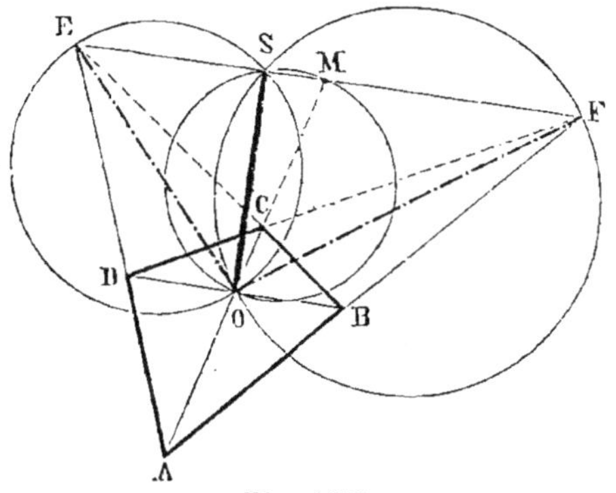

Fig. 1223.

déterminé par les droites qui joignent le sommet aux points de con-

---

[*] Nous désignons par S un point quelconque du lieu dans l'espace, et la même
lettre est affectée au point du lieu qui se trouve dans le plan même de la base ABCD.

cours E, F des côtés opposés, donne pour section un parallélogramme (n° 1842); donc, pour qu'un plan perpendiculaire à SO donne un parallélogramme, il suffit que SO soit perpendiculaire au plan SEF.

Lorsque cette condition est remplie, la droite OS est perpendiculaire à SE et à SF; donc le point S se trouve à la fois sur la sphère qui a OE pour diamètre et sur la sphère qui a OF pour diamètre.

Le lieu est donc la circonférence qui a OS pour diamètre et dont le plan est perpendiculaire au plan de la base de la pyramide.

1983. Remarques. 1° Les cercles décrits sur les diamètres OE, OF, se coupent au pied de la hauteur abaissée du point O sur la troisième diagonale EF du quadrilatère; donc, *pour avoir le diamètre OS du lieu demandé, il suffit d'abaisser une perpendiculaire du point O sur EF.*

2° Le lieu pouvant être obtenu de deux manières différentes, il en résulte le théorème suivant : *Dans tout quadrilatère ABCD, les circonférences décrites sur les diamètres OE, OF et les circonférences décrites sur OM, ON, lieux des points des distances à rapport constant, se coupent en un même point de la troisième diagonale du quadrilatère complet.*

Exercice 803

1984. Lieu. *Quel est lieu des sommets des pyramides quadrangulaires qu'on peut couper suivant un rectangle?*

C'est la sphère décrite sur la troisième diagonale EF prise pour diamètre, car alors les droites SE, SF, auxquelles les côtés de la section seront parallèles, sont perpendiculaires l'une à l'autre.

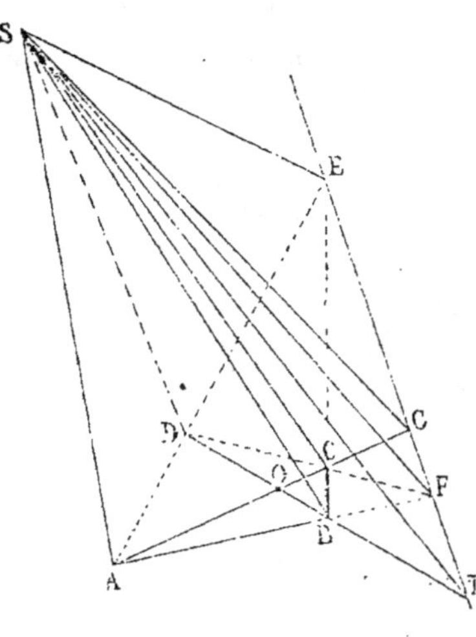

Fig. 1224.

Remarque. *Le point commun aux trois sphères décrites sur les côtes du triangle diagonal OEF (fig. 1223 et 1224), pris pour diamètres, est le sommet d'une pyramide qui peut donner des sections carrées.*

1985. Lieu. *Pour que la section soit un losange, un carré?*

1° Prolongeons les diagonales AC, BD jusqu'à la troisième diagonale EF (fig. 1224). Pour que la figure soit un losange, il faut que les diagonales du parallélogramme se coupent à angle droit; donc les droites SH, SG doivent être rectangulaires entre elles. Tout point de la sphère décrite sur le diamètre GH pourra servir de sommet, et tout plan parallèle à SEF donnera un losange; car les diagonales seront rectangulaires, et la figure est d'ailleurs un parallélogramme, puisque les côtés seront deux à deux parallèles à SE, SF.

2° Pour avoir un carré, il faut que le sommet appartienne à la circonférence commune aux sphères décrites sur les diamètres EF et GH.

Exercice 804

1986. **Lieu.** *Étant donnée une sphère de rayon* r, *trouver le lieu du sommet d'un trièdre dont les trois arêtes sont tangentes à cette sphère et dont les trois faces sont égales chacune à 60°. (Concours général de 1878, 1ʳᵉ partie de la question proposée en philosophie. N. A., 1878, page 215.)*

Soient SA, SB, SC les trois arêtes tangentes; le tétraèdre SABC est régulier; donc

$$AB = AS, \quad \text{etc.}$$

La droite SO est perpendiculaire au plan de la section et passe par le centre M du triangle équilatéral ABC.

Le rayon $AM = \dfrac{AB}{\sqrt{3}} = \dfrac{AS}{\sqrt{3}}$.

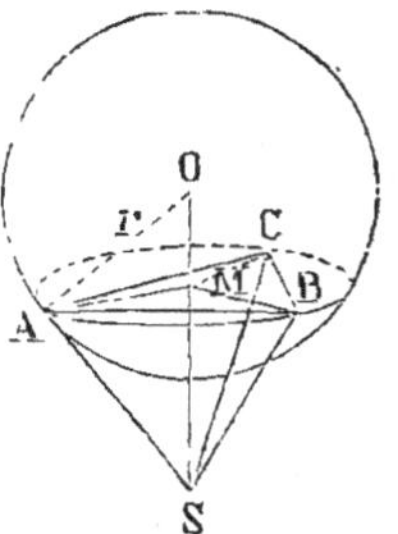

Le triangle rectangle OAS donne

$$AO \cdot AS = AM \cdot OS$$

$$r \cdot AS = \frac{AS}{\sqrt{3}} \cdot OS; \quad \text{d'où} \quad OS = r\sqrt{3}$$

Fig. 1225.

Le lieu du point S est une sphère concentrique à la première, et ayant $r\sqrt{3}$ pour rayon.

1987. **Lieu.** *Lieu du sommet du même trièdre, lorsque les trois faces sont tangentes à la sphère* (n° 1986).

Le triangle formé par les trois points de contact est équilatéral.

Soit S le trièdre. Prenons à volonté SD = SE, SF et les points milieux A, B, C du triangle équilatéral DEF peuvent représenter les points de contact. Soit SH la hauteur du tétraèdre régulier SDEF, tombant au centre des triangles équilatéraux ABC et DEF.

Dans le plan SAH, élevons la perpendiculaire AO. Cette droite représente le rayon de la sphère inscrite.

Il suffit d'exprimer SO, distance du centre O au sommet S du trièdre, en fonction du rayon AO de la sphère.

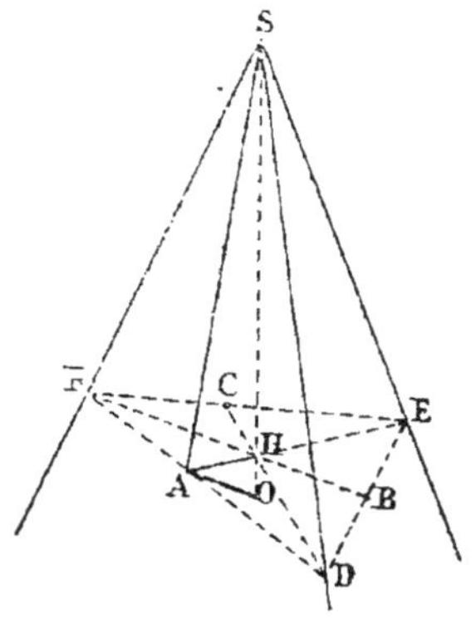

Fig. 1226.

Les triangles rectangles SAO, SHA sont semblables ; donc

$$\frac{SO}{AO} = \frac{SA}{AH} = \frac{AE}{AH} = \frac{3}{1}$$

car le triangle DEF est équilatéral ; donc la distance SO est le triple du rayon, et le lieu du point S est une sphère concentrique à la sphère donnée et ayant un rayon trois fois plus grand.

1988. Lieu. *On peut poser des questions analogues aux précédentes, (n*^os* 1196 et 1197) en prenant un trièdre tri-rectangle.*

Exercice 805

1989. Lieu. *Quel est le lieu géométrique des centres des sphères qui coupent orthogonalement trois sphères données?*

C'est une perpendiculaire au plan des trois centres des sphères données, et menée par le centre radical des trois grands cercles que ce plan détermine.

Exercice 806

1990. Lieu. *Quel est le lieu des centres des sphères qui coupent trois sphères suivant des grands cercles.*

C'est encore une perpendiculaire menée au plan des trois centres par le point de ce plan d'où l'on peut décrire un cercle qui coupe les trois grands cercles suivant un diamètre (n° 1482).

Exercice 807

1991. Lieu. *On a deux cercles fixes de position, un point M de l'espace est pris pour sommet de deux cônes qui ont respectivement*

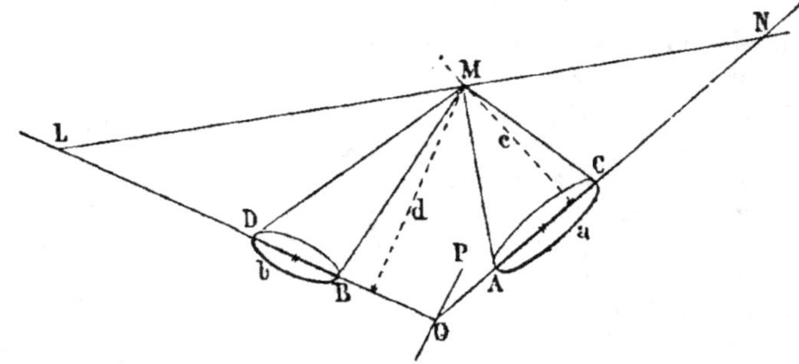

Fig. 1227.

pour base chacun des cercles donnés ; quel est le lieu des points M, lorsque la somme des volumes des cônes égale une quantité donnée $\dfrac{\pi k^3}{3}$?

Soient a, b les rayons des cônes, et c, h les hauteurs; on doit avoir

$$\frac{\pi a^2 c}{3} + \frac{\pi b^2 d}{3} = \frac{\pi k^3}{3}$$

ou simplement $\qquad a^2 c + b^2 d = k^3$

Le problème revient à la question connue : *Trouver le lieu des points M, tels que les perpendiculaires c et d, abaissées de ces points sur les côtés d'un angle, étant respectivement multipliées par des quantités connues a² et b², aient une somme constante k³.*

On sait que ce lieu est une droite LN facile à déterminer (n° 271). Le lieu dans l'espace est donc le plan mené par LMN, parallèlement à l'intersection OP des bases données.

PROBLÈMES

Constructions graphiques.

Exercice **808**

1992. Problème. *Tracer sur une sphère un arc de grand cercle passant par deux points donnés A et B?*

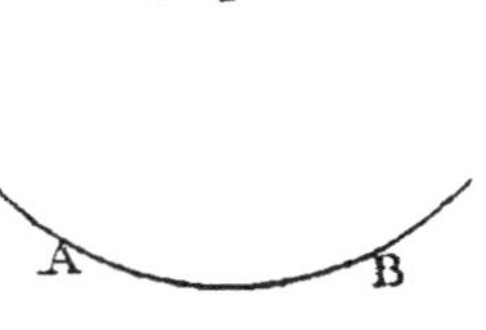

A l'aide du compas sphérique, et avec une ouverture égale à la corde d'un quadrant, ou à $r\sqrt{2}$, ou 1,414r, on décrit, des points A et B, des arcs qui déterminent en P le pôle de l'arc demandé AB.

Fig. 1228.

Exercice **809**

1993. Problème. *Par un point donné A sur la sphère, mener un arc de grand cercle perpendiculaire à un autre arc donné BC.*

Du point A, avec une ouverture égale à $r\sqrt{2}$, on coupe l'arc donné BC; et du point obtenu C, avec la même ouverture, on décrit l'arc demandé BAP.

Car, si O est le centre de la sphère, le point C étant d'ailleurs le pôle de l'arc BP, la droite CO est perpendiculaire au plan OBP, et par suite aux droites OB et OP; et si l'on prend l'arc BP égal à un quadrant, le point P, distant d'un quadrant des points

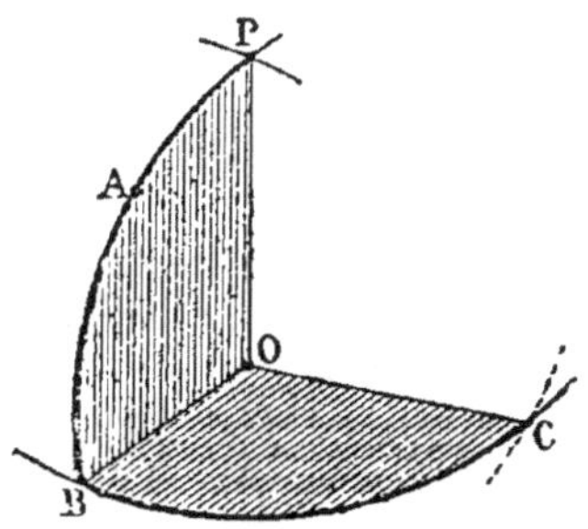

Fig. 1229.

B' et C, est le pôle de l'arc BC : ainsi la droite OP est perpendiculaire au plan OBC, et par suite aux droites OB et OC.

Donc l'angle POC est droit, les plans OBC et OBP sont perpendiculaires, aussi bien que les arcs BC et BP.

Exercice 810

1994. Problème. *Par une droite* AB, *mener un plan tangent à une sphère de centre* C.

Par le centre C, il faut mener un plan perpendiculaire à AB. Ce plan coupe la droite en un certain point D, et la sphère suivant un grand cercle EFG.

Dans le plan auxiliaire et par le point D, il faut mener une tangente DE au grand cercle; le plan conduit par ADB et DE répond à la question.

En effet, il est perpendiculaire au rayon OE du point de contact, car OE est perpendiculaire à la tangente ED et à la droite que l'on mènerait par le point E parallèlement à AB.

Remarque. Quand la droite AB ne rencontre pas la sphère, il y a deux solutions; il n'y en a qu'une seule lorsque la droite est tangente, et aucune quand la droite coupe la sphère.

Exercice 811

1995. Problème. *Par un point* A, *mener un plan qui soit tangent à deux sphères données* B *et* C.

La ligne des contacts est une tangente commune aux deux sphères; par suite, elle passe par un des centres de similitude; il en est donc de même du plan tangent.

Déterminons donc les centres E, I de similitude.

Le problème est ramené au précédent :

Par la droite AE, *mener un plan tangent à une sphère* B.

Il y a généralement quatre solutions, parce que chaque centre de similitude donne lieu à deux plans tangents.

Exercice 812

1996. Problème. *Mener un plan tangent à trois sphères* A, B, C.

En diminuant le rayon de chacune d'elles d'une longueur égale au rayon de la plus petite, on retomberait sur le problème précédent; mais il est plus simple de procéder comme il suit :

D'après le *théorème de d'Alembert* (n° 176), les six centres de similitude sont trois à trois en ligne droite et donnent lieu à quatre droites. Par chacune de ces droites il faudra mener un plan tangent à une sphère, et ce plan sera tangent aux trois sphères données.

Généralement on a huit solutions.

Exercice 813

1997. Problème. *Par un point donné A sur une sphère, faire passer un arc de grand cercle qui soit tangent à un petit cercle B donné sur cette même sphère.*

La solution est analogue à celle que nous avons donnée en géométrie plane (n° 623, *Remarque*).

Soient B le centre du cercle donné, r la corde du grand cercle qui sert de rayon rectiligne au petit cercle; on détermine la corde s qui, dans un grand cercle, sous-tend un arc double de l'arc sous-tendu par r; puis, du centre B avec le rayon S, on décrit un cercle et on le coupe par le cercle décrit du centre A avec AB pour rayon; soit D le point d'intersection. Enfin on mène un grand cercle perpendiculaire au milieu de BD.

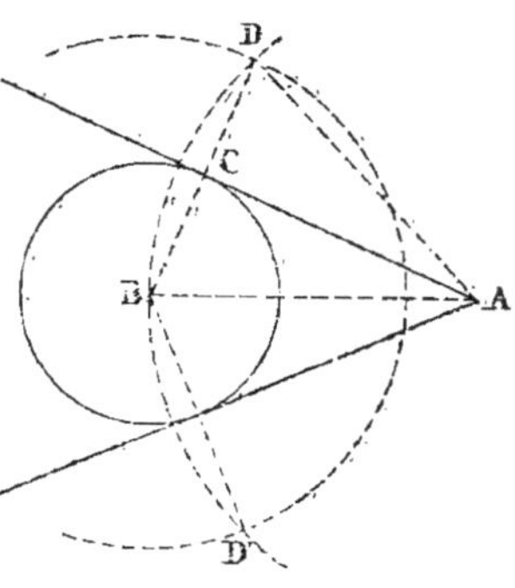

Fig. 1230.

Ce grand cercle partage en deux parties égales l'arc de grand cercle qu'on aurait mené par B et D; par suite des rapports de r à s, il est tangent au cercle donné.

Remarque. Le point de contact C serait déterminé par l'intersection du cercle donné et du grand cercle qui passerait par B et D.

Exercice 814

1998. Problème. *Décrire un arc de grand cercle qui soit tangent à deux petits cercles donnés.*

Il faut déterminer le centre de similitude des deux cercles (n° 1962). Par ce point, mener un grand cercle tangent à l'un des cercles donnés.

Remarque. Puisqu'il y a deux groupes de centres de similitude et que chacun d'eux détermine deux cercles tangents, on a quatre solutions lorsque les deux cercles donnés sont extérieurs l'un à l'autre.

Exercice 815

1999. Problème. *Par deux points donnés A et B sur une sphère, faire passer une circonférence qui soit tangente à un cercle C de cette sphère.*

On procède d'une manière analogue à celle qu'on emploie en géométrie plane.

Par A et B on fait passer un cercle D qui coupe le cercle C; soient E, F les points d'intersection des cercles C et D.

On détermine le point G où se coupent les deux grands cercles AB et EF. Par le point G on mène un grand cercle tangent au cercle C: soit H le point de contact. Enfin on fait passer un cercle par les trois points A, B, H.

Exercice 816

2000. Problème. *Par un point donné* A, *faire passer un cercle qui soit tangent à deux cercles donnés* B *et* C.

On procède comme en géométrie plane.

On détermine le centre de similitude S des cercles B et C.

Par S, on mène un grand cercle qui coupe les cercles B et C; soient E, F deux points antihomologues. Par E, F et le point A on fait passer un petit cercle; soit D le point où il coupe le grand cercle SA. Puis, par A et D, on fait passer un cercle qui soit tangent à un des cercles donnés.

Exercice 817

2001. Problème. *Décrire un cercle qui soit tangent à trois cercles donnés.*

Comme en géométrie plane, on ramène ce problème au précédent.

Problèmes littéraux. — Relations.

Exercice 818

2002. Problème. *A quelle distance du sommet faut-il faire une section* S *parallèle à la base* B *d'un cône, pour que cette section soit la moitié de la base?*

Soit h la hauteur, et x la distance demandée. Il faut qu'on ait :

$$\frac{x^2}{h^2} = \frac{S}{B} = \frac{1}{2}$$

d'où
$$\frac{x}{h} = \sqrt{\frac{1}{2}} \quad \text{et} \quad x = h\sqrt{1/2} = 0{,}707$$

Exercice 819

2003. Problème. *Dans un cône on fait deux sections* S *et* T *parallèles à la base* B, *de telle sorte que ces deux sections et la base soient dans le rapport des nombres* **1, 2, 3**. *Comment la hauteur a-t-elle été divisée?*

Appelons x, y et h les distances des trois plans au sommet du cône. On a :

$$\frac{x^2}{h^2} = \frac{S}{B} = \frac{1}{3}; \quad \text{d'où} \quad \frac{x}{h} = \sqrt{1/3} \quad \text{et} \quad x = h\sqrt{1/3} = 0{,}577\,h$$

$$\frac{y^2}{h^2} = \frac{T}{B} = \frac{2}{3}; \quad \text{d'où} \quad \frac{y}{h} = \sqrt{2/3} \quad \text{et} \quad y = h\sqrt{2/3} = 0{,}816\,h$$

Ainsi les sections S et T sont faites respectivement aux 577 millièmes et aux 816 millièmes de la hauteur.

Exercice 820

2004. Problème. *A quelle distance du sommet faut-il faire une section S parallèle à la base B d'un cône, pour que le rapport de cette section à la base soit égal à un nombre donné k?*

Il faut qu'on ait
$$\frac{x^2}{h^2} = \frac{S}{B} = k$$

d'où
$$\frac{x}{h} = \sqrt{k} \quad \text{et} \quad x = h\sqrt{k}$$

Exercice 821

2005. Problème. *Couper un cône par un plan, de manière que le cercle de section soit équivalent à la surface latérale du tronc de cône.*

Soient $\quad AB = l, \quad BH = h, \quad AH = b$
et $\quad BD = x$

On doit avoir

$$\pi MD^2 = \pi(AH + MD)AM \qquad (1)$$

Or $\quad MD = \dfrac{bx}{h}; \quad MB = \dfrac{lx}{h}$

d'où $\quad AM = \dfrac{lh}{h} - \dfrac{lx}{h} = \dfrac{l}{h}(h - x)$

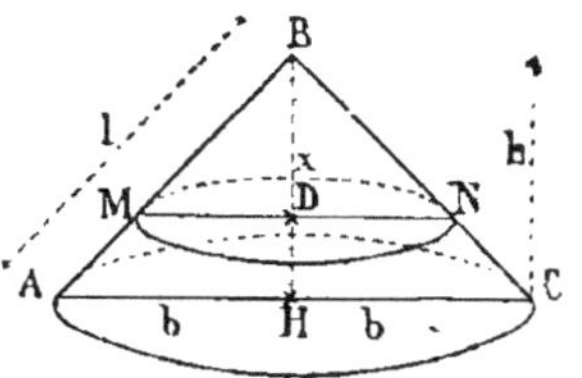

Fig. 1231.

$$AH + MD = \frac{bh}{h} + \frac{bx}{h} = \frac{b}{h}(h + x)$$

(1) devient $\quad \dfrac{b^2 x^2}{h^2} = \dfrac{b}{h}(h + x) \cdot \dfrac{l}{h}(h - x)$

Effectuant, et supprimant le facteur commun $\dfrac{b}{h^2}$, on trouve :

$$bx^2 = lh^2 - lx^2$$

d'où $\quad x^2 = \dfrac{lh^2}{b + l} \quad$ ou $\quad \dfrac{x^2}{h^2} = \dfrac{l}{b + l} \quad$ question connue. (G., n° 345.)

2006. Problème. *Dans un cône, on inscrit un cylindre de manière que la hauteur de ce cylindre égale la génératrice du cône partiel qui* *surmonte ce cylindre. Quelle est la surface totale et le volume de ce cylindre en fonction du rayon r et de la hauteur h du cône donné?*

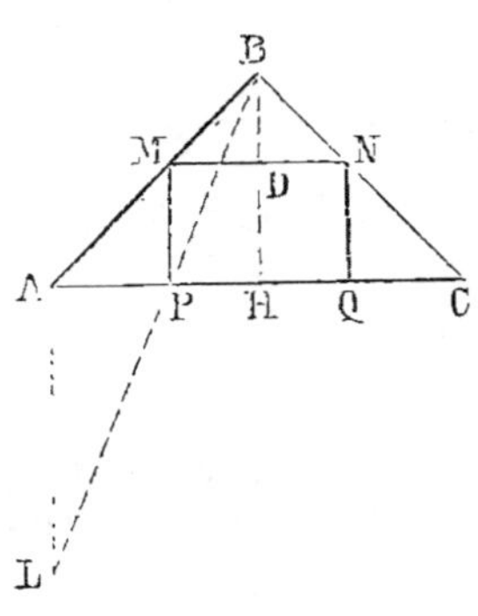

Fig. 1232.

Soit ABC et PMNQ la section du cône et du cylindre par un plan mené par l'axe commun aux deux corps.

On doit avoir $MP = BM$.

Pour déterminer le point P, on peut recourir aux figures semblables; il suffit de prendre une perpendiculaire AL égale à AB et de mener BL; on aura $MP = BM$.

Il faut évaluer le rayon PH et la hauteur MP; soit l la longueur connue de AB,

car $$l = \sqrt{r^2 + h^2}$$

On a :

$$\frac{PH}{PA} = \frac{BH}{AL} \quad \text{ou} \quad \frac{PH}{r - PH} = \frac{h}{l}$$

d'où $$PH . l = hr - PH . h; \quad PH = \frac{hr}{l + h} \tag{1}$$

$$\frac{MP}{BH} = \frac{AP}{AH} \quad \text{ou} \quad \frac{MP}{h} = \frac{r - PH}{r}; \quad MP = \frac{h}{r}(r - PH)$$

Remplaçons PH par sa valeur (1)

$$MP = \frac{h}{r} \cdot r - \frac{h}{r} \cdot \frac{hr}{l + h} = h - \frac{h^2}{l + h} = \frac{lh}{l + h} \tag{2}$$

Surface totale $= 2\pi PH . MP + 2\pi PH^2$

$$= 2\pi \frac{lrh^2}{(l + h)^2} + 2\pi \frac{r^2 h^2}{(l + h)^2} = 2\pi \frac{rh^2}{(l + h)^2}(l + r)$$

$$V = \pi PH^2 . MP = \pi \frac{h^2 r^2}{(l + h)^2} \cdot \frac{lh}{l + h} = \pi \frac{lr^2 h^3}{(l + h)^3}$$

Exercice 822

2007. **Problème.** *Quelle est la surface et quel est le volume d'une sphère circonscrite à un tétraèdre régulier dont l'arête égale a?*

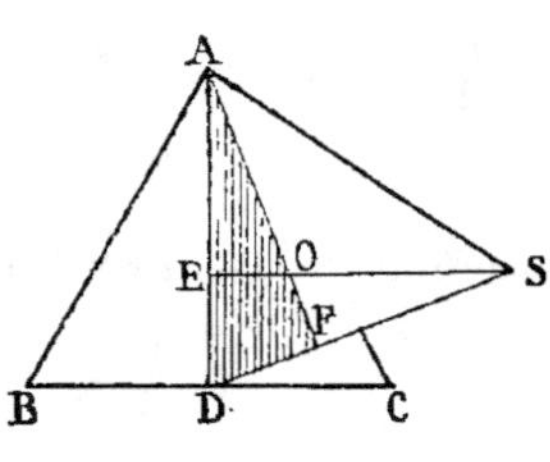

Fig. 1233.

Soit ABC la face que nous prenons comme base. Traçons sur cette base la droite AD, qui est à la fois, pour le triangle équilatéral ABC, bissectrice, médiane, hauteur et perpendiculaire au milieu de BC.

Le plan mené par cette droite AD et par le quatrième sommet S du tétraèdre est aussi, dans ce solide, plan bissecteur, plan médian, plan hauteur, plan perpendiculaire à la face ABC suivant la médiane AD. Ainsi les six plans analogues qui pourraient être menés dans ce tétraèdre se rencontrent en un même point (n° 1833).

Or, parmi ces six plans, les trois qui tombent sur la face ABC sont perpendiculaires à cette face; donc leur intersection commune est la hauteur SE du tétraèdre. (Supposons la section ASD rabattue sur le plan de la base.)

Cette hauteur SE tombe aux $^2/_3$ de la médiane AD; et de même, la hauteur qui partirait du sommet A tomberait aux $^2/_3$ de la médiane opposée SD. (Cette droite SD est la médiane de la face BSC.)

Il s'agit de calculer la position du point O sur la hauteur SE ou sur AF; car OS ou OA est le rayon de la sphère circonscrite.

L'arête $AB = a$, $BD = {}^1/_2 a$.

$$AD^2 = a^2 - \frac{a^2}{4} = \frac{3}{4}a^2; \quad AD = \frac{a}{2}\sqrt{3}$$

$$SF \quad \text{ou} \quad AE = \frac{2}{3}AD = \frac{2}{3}\cdot\frac{a}{2}\sqrt{3} = \frac{a}{3}\sqrt{3}$$

$$SE^2 = AS^2 - AE^2 = a^2 - \frac{a^2}{3} = \frac{2}{3}a^2$$

d'où
$$SE = a\sqrt{\frac{2}{3}} \quad \text{de même} \quad AF = a\sqrt{\frac{2}{3}}$$

Les triangles semblables AEO et AFD donnent :

$$\frac{AO}{AE} = \frac{AD}{AF}; \quad \text{d'où} \quad AO = \frac{AE \cdot AD}{AF}$$

Ainsi

$$OA \quad \text{ou} \quad OS = \frac{\frac{a}{3}\sqrt{3}\cdot\frac{a}{2}\sqrt{3}}{a\sqrt{\frac{2}{3}}} = \frac{\frac{a}{2}}{\sqrt{2}:\sqrt{3}} = \frac{\frac{1}{2}a\sqrt{3}}{\sqrt{2}} = \frac{a\sqrt{3}}{2\sqrt{2}} = \frac{a}{2}\sqrt{\frac{3}{2}}$$

donc
$$R = \frac{a}{2}\sqrt{\frac{3}{2}} \quad \text{ou} \quad \frac{a}{4}\sqrt{6}$$

Tel est le rayon R de la sphère circonscrite.

La surface de cette sphère sera :

$$S = 4\pi R^2 = 4\pi\frac{a^2}{4}\cdot\frac{3}{2} = \frac{3}{2}\pi a^2$$

$$V = \frac{4}{3}\pi R^3; \quad \text{or} \quad r = \frac{a}{2}\sqrt{\frac{3}{2}}$$

donc
$$V = \frac{4}{3}\pi\frac{a^3}{8}\cdot\frac{3}{2}\sqrt{\frac{3}{2}} = \frac{1}{4}\pi a^3\sqrt{\frac{3}{2}}$$

Exercice 823

2008. Problème. *Exprimez, en fonction du côté* a *d'un tétraèdre régulier, la surface et le volume de la sphère inscrite et de la sphère tangente aux arêtes du tétraèdre.*

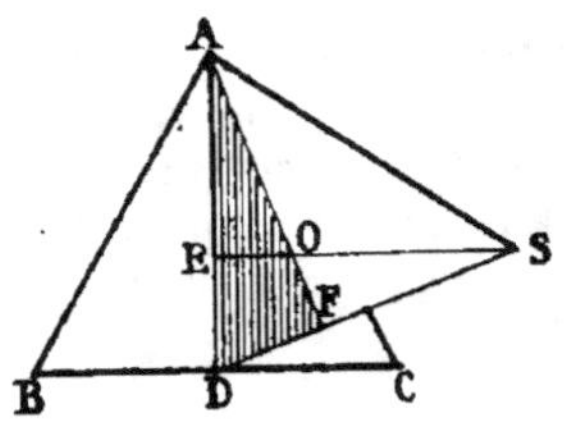

Fig. 1234.

Soit ABC l'une des faces que nous prenons comme base. Par la droite AD, médiane de cette base, et par le quatrième sommet S, menons le plan ASD, rabattu ici sur le plan de la base.

La hauteur SE du tétraèdre tombe sur la médiane AD; et comme elle doit aussi bien tomber sur une autre médiane quelconque, le point E ne peut être que le point de concours des médianes. Ainsi AE est les $^2/_3$ de AD.

La droite SD est une médiane de la face de devant BSC; la hauteur qui part du point A doit de même arriver en F, aux $^2/_3$ de SD.

Le point de rencontre O de ces hauteurs est équidistant des faces et équidistant des sommets. La distance aux faces est OE, OF ou r; c'est le *rayon de la sphère inscrite*. La distance aux sommets est OA, OS ou R; c'est le *rayon de la sphère circonscrite*.

$$R + r = SE = AF = h,\ \text{hauteur du tétraèdre}$$

Appelons m la médiane AD ou SD. Le triangle ADB donne :

$$AD^2 \ \text{ou}\ \ m^2 = a^2 - {}^1/_4 a^2 = {}^3/_4 a^2;\ \ \text{d'où}\ \ m = {}^1/_2 a\sqrt{3}$$
$$AE = {}^2/_3 m = {}^2/_3 \cdot {}^1/_2 a\sqrt{3} = {}^1/_3 a\sqrt{3}$$
$$DE = {}^1/_3 m = {}^1/_3 \cdot {}^1/_2 a\sqrt{3} = {}^1/_6 a\sqrt{3}$$

Le triangle SED donne :

$$h^2 = m^2 - {}^1/_9 m^2 = {}^8/_9 m^2 = {}^8/_9 \cdot {}^3/_4 a^2 = {}^2/_3 a^2 \ \text{et}\ h = a\sqrt{{}^2/_3} = {}^1/_3 a\sqrt{6}$$

Les triangles semblables AEO et AFD donnent :

$$\frac{AO}{AE} = \frac{AD}{AF};\ \ \text{d'où}\ \ AO = \frac{AE \cdot AD}{AF}$$

ou $\ \ \ R = \dfrac{{}^2/_3 m \cdot m}{h} = \dfrac{{}^2/_3 m^2}{{}^1/_3 a\sqrt{6}} = \dfrac{{}^2/_3 \cdot {}^3/_4 a^2}{{}^1/_3 a\sqrt{6}} = \dfrac{{}^1/_2 a}{{}^1/_3 \sqrt{6}} = {}^1/_4 a\sqrt{6}$

ainsi qu'on l'avait déjà trouvé (n° 2007).

Les mêmes triangles donnent :

$$\frac{OE}{AE} = \frac{DF}{AF};\ \ \text{d'où}\ \ OE = \frac{AE \cdot DF}{AF}$$

ou $\ \ \ r = \dfrac{{}^2/_3 m \cdot {}^1/_3 m}{h} = \dfrac{{}^2/_9 m^2}{{}^1/_3 a\sqrt{6}} = \dfrac{{}^2/_9 \cdot {}^3/_4 a^2}{{}^1/_3 a\sqrt{6}} = \dfrac{{}^1/_6 a^2}{{}^1/_3 a\sqrt{6}} = {}^1/_{12} a\sqrt{6}$

Désignons par ρ le rayon de la sphère tangente aux arêtes du tétraèdre; ce rayon est la perpendiculaire abaissée du point O sur AS,

elle tombe au milieu de cette arête, car le triangle ADB est isocèle;
donc
$$\rho^2 = AO^2 - BD^2$$

$$\rho^2 = \frac{6a^2}{16} - \frac{4a^2}{16} = \frac{2a^2}{16} \quad \text{et} \quad \rho = \frac{a}{4}\sqrt{2}$$

On a donc
$$r = \frac{a}{12}\sqrt{6} \quad \text{et} \quad \rho = \frac{a}{4}\sqrt{2}$$

$$\text{Surfaces} \quad 4\pi r^2 = \frac{\pi a^2}{6} \quad \text{et} \quad 4\pi\rho^2 = \frac{\pi a^2}{2}$$

$$\text{Volumes} \quad \frac{4}{3}\pi r^3 = \frac{\pi a^3\sqrt{6}}{216} \quad \text{et} \quad \frac{4}{3}\pi\rho^3 = \frac{\pi a^3\sqrt{2}}{24}$$

Remarques. 1° *La surface de la sphère tangente aux arêtes du té-traèdre est moyenne proportionnelle entre les surfaces des sphères inscrite et circonscrite. Il en est de même des volumes*

$$1° \quad \text{Surfaces} \quad \frac{\pi a^2}{6}; \quad \frac{\pi a^2}{2} \quad (\text{n}° 2008) \quad \text{et} \quad \frac{3}{2}\pi a^2 \quad (\text{n}° 2007)$$

$$\text{Or} \quad \frac{\pi a^2}{6} \cdot \frac{3}{2}\pi a^2 = \left(\frac{\pi a^2}{2}\right)^2 \cdot \frac{3}{3} = \left(\frac{\pi a^2}{2}\right)^2 \quad C.\ Q.\ F.\ D.$$

$$2° \quad \text{Volumes} \quad \frac{\pi a^3\sqrt{6}}{216}, \quad \frac{\pi a^3\sqrt{2}}{24} \quad (\text{n}° 2008) \quad \text{et} \quad \frac{\pi a^3}{4}\sqrt{\frac{3}{2}} \quad (\text{n}° 2007)$$

$$\text{Or} \quad \frac{\pi a^3\sqrt{6}}{216} \cdot \frac{\pi a^3}{4}\sqrt{\frac{3}{2}} = \frac{(\pi a^3)^2\sqrt{6}}{216 \cdot 4}\sqrt{\frac{3}{2}} = \frac{(\pi a^3)^2 \cdot 2}{24 \cdot 24 \cdot 3}\sqrt{\frac{6 \cdot 3}{2}}$$

$$\text{Le produit simplifié} = \left(\frac{\pi a^3\sqrt{2}}{24}\right)^2 \qquad C.\ Q.\ F.\ D.$$

2° *La relation des surfaces et celle des volumes ne dépendent que des rayons des trois sphères; il suffit donc de démontrer qu'on a :*

$$\rho^2 = Rr$$

$$\text{Or} \quad r = \frac{a\sqrt{6}}{12}, \quad \rho = \frac{a\sqrt{2}}{4} \quad \text{et} \quad R = \frac{a\sqrt{6}}{4}$$

$$Rr = \frac{a\sqrt{6}}{12} \cdot \frac{a\sqrt{6}}{4} = \frac{6a^2}{4 \cdot 3 \cdot 4} = \frac{2a^2}{4 \cdot 4} = \left(\frac{a\sqrt{2}}{4}\right)^2 = \rho^2 \quad C.\ Q.\ F.\ D.$$

Exercice 824

2009. Problème. *Un triangle équilatéral* ABC, *dont le côté est* a, *tourne autour de l'un de ses côtés* AC. *Quel est le volume engendré?*

Ce volume est la somme de deux cônes égaux engendrés par les deux moitiés BDC et BDA du triangle tournant.

M.   26

Le côté est a, la hauteur est $\frac{1}{2}a$, et le rayon est h. On a :

$$h^2 = a^2 - \frac{1}{4}a^2 = \frac{3}{4}a^2$$

Volume total. . . $V = \frac{2}{3}\pi h^2 . \frac{1}{2}a = \frac{2}{3}\pi . \frac{3}{4}a^2 . \frac{1}{2}a = \frac{1}{4}\pi a^3$

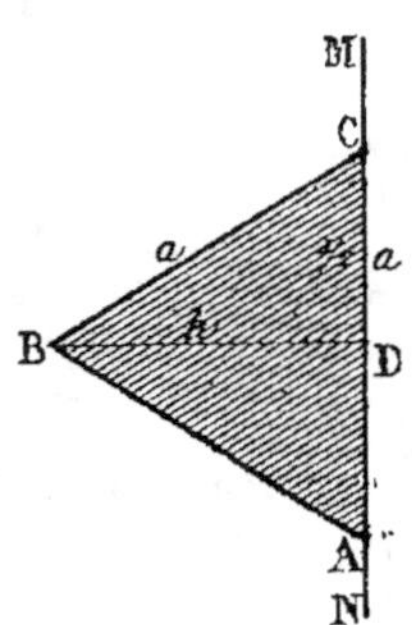

Fig. 1235.

Remarques. 1° On peut comparer le volume obtenu à la sphère $\frac{1}{6}\pi a^3$ qui aurait a pour diamètre :

$$\frac{V}{\text{Sphère}} = \frac{\frac{1}{4}\pi a^3}{\frac{1}{6}\pi a^3} = \frac{3}{2}$$

Ainsi le volume engendré égale 1 fois $\frac{1}{2}$ le volume de la sphère qui aurait pour diamètre le côté du triangle tournant.

2° Le triangle quelconque dont b est la base, et h la hauteur, et qui tourne autour de sa base, engendre un volume qui a pour expression

$$\frac{1}{3}\pi h^2 b$$

2010. Application des théorèmes de Guldin. Dans cette question et dans les problèmes analogues, nous appliquerons les théorèmes de Guldin (G., n°s 903 et 904), afin d'indiquer une seconde manière d'arriver au résultat et d'obtenir une vérification.

Nous désignerons par g le centre de gravité du périmètre, par G celui de la surface considérée et par d la distance du centre de gravité à l'axe.

Le centre de gravité du triangle est au $\frac{1}{3}$ de la médiane à partir de la base (G., n° 897); donc $\quad DG = \dfrac{h}{3}$

Mais $\qquad\qquad\qquad h = \dfrac{a}{2}\sqrt{3} \qquad$ (G., n° 316.)

donc $\qquad\qquad\qquad DG = \dfrac{a}{6}\sqrt{3}$

d'ailleurs la surface du triangle équilatéral égale $\dfrac{a^2}{4}\sqrt{3}$ (G., n° 316.)

Donc $\qquad V = S . 2\pi d = \dfrac{a^2}{4}\sqrt{3} . 2\pi \dfrac{a}{6}\sqrt{3} = \dfrac{\pi a^3}{4}$

Exercice 825

2011. Problème. *Exprimer le volume engendré par un triangle équilatéral qui tourne autour d'un axe mené par l'un des sommets parallèlement au côté opposé.*

Le volume considéré est le cylindre engendré par le rectangle

BCGD, moins les deux cônes égaux engendrés par les triangles ADB et AGC.

La hauteur du cylindre est a, et celle de chaque cône est $\tfrac{1}{2}a$; le rayon est la hauteur h du triangle tournant, et l'on a

$$h^2 = \tfrac{3}{4}a^2$$

Volume

$$V = \pi h^2 a - \tfrac{2}{3}\pi h^2.\tfrac{1}{2}a = \tfrac{2}{3}\pi h^2 a = \tfrac{2}{3}\pi.\tfrac{3}{4}a^2.a = \tfrac{1}{2}\pi a^3$$

Vérification (n° 2010).

$$d = \frac{2}{3}\,h = \frac{2}{3}\cdot\frac{a\sqrt{3}}{2} = \frac{a\sqrt{3}}{3}$$

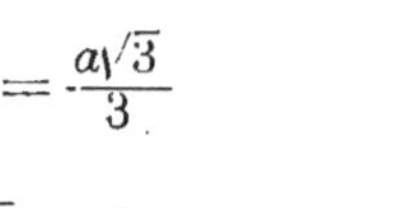

$$S = \frac{a^2}{4}\sqrt{3} \qquad (\text{G., n° 316.})$$

donc la formule de Guldin, ou $\quad V = S.2\pi d,\quad$ devient

$$\frac{a^2}{4}\sqrt{3}\cdot\frac{2a\sqrt{3}}{3} = \frac{\pi a^3}{2}$$

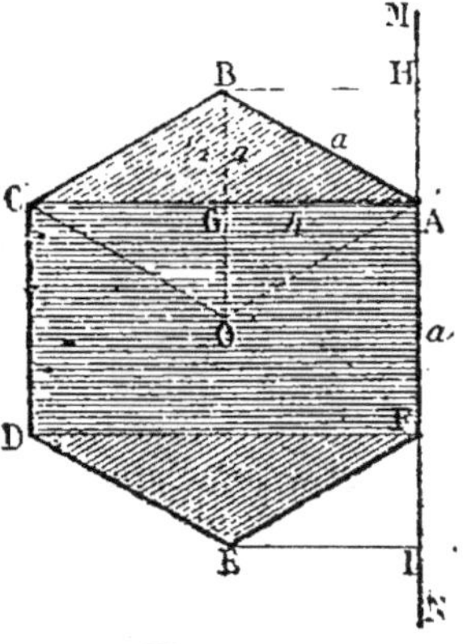

Fig. 1236.

Remarque. *Le triangle équilatéral ABC (fig. 1235 et 1236) tournant autour d'un axe MN, mené dans son plan par le sommet A, engendre un volume qui peut varier de* $\dfrac{\pi a^3}{4}$ *à* $\dfrac{\pi a^3}{2}$.

Le minimum a lieu lorsqu'un côté AC est sur l'axe (fig. 1235), et le maximum, quand un côté BC (fig. 1236) est parallèle à l'axe.

Exercice 826

2012. Problème. *Exprimer, en fonction du côté* a, *le volume engendré par un hexagone régulier tournant autour de l'un de ses côtés.*

Le volume égale le cylindre engendré par ACDF, plus deux troncs de cône égaux, engendrés par AHBC et FIED, moins deux cônes égaux, engendrés par AHB et FIE.

La hauteur AF du cylindre est a; celle des troncs de cône et des cônes est AH, qui égale BG ou $\tfrac{1}{2}a$; BH ou AG, ou h, est le rayon des cônes, et le petit rayon des troncs de cône; AC ou $2h$ est le rayon du cylindre, et le grand rayon des troncs de cône.

$$h^2 = a^2 - \tfrac{1}{4}a^2 = \tfrac{3}{4}a^2 \qquad h = \tfrac{1}{2}a\sqrt{3}$$

$$(2h)^2 = 4h^2 = 3a^2 \qquad 2h = a\sqrt{3}$$

Fig. 1237.

Le produit des deux rayons sera $2h \cdot h$ ou $\frac{3}{2}a^2$

V. du cylindre. . . . $\pi(2h)^2 a = \pi \cdot 3a^2 \cdot a = 3\pi a^3$

V. des troncs . . . . $\frac{2}{3}\pi \cdot \frac{1}{2}a\left(3a^2 + \frac{3}{4}a^2 + \frac{3}{2}a^2\right) = \frac{7}{4}\pi a^3$

V. total des cônes . $\frac{2}{3}\pi \cdot \frac{3}{4}a^2 \cdot \frac{1}{2}a = \frac{1}{4}\pi a^3$

V. demandé . . . . . $3\pi a^3 + \frac{7}{4}\pi a^3 - \frac{1}{4}\pi a^3 = \frac{9}{2}\pi a^3$

Vérification. L'hexagone a pour surface $6AOB = \dfrac{6a^2\sqrt{3}}{4}$ (G., n° 316.)

Or d est la distance du point O à $MN = h = \dfrac{a}{2}\sqrt{3}$; donc

$$V = s \cdot 2\pi d \qquad (\text{n° } 2010.)$$

$$V = \frac{6a^2\sqrt{3}}{4} \cdot \frac{2\pi a\sqrt{3}}{2} = \frac{9}{2}\,\pi a^3$$

Remarques. 1° Lorsque l'hexagone n'a qu'un sommet A sur l'axe, et que la diagonale AOD est perpendiculaire à MN, la distance d du centre de gravité à l'axe $= a$; donc

$$V = \frac{6a^2\sqrt{3}}{4} \cdot 2\pi a = 3\pi a^3\sqrt{3} \qquad (\text{Voir ci-après n° 2025.})$$

2° Quand l'hexagone pivote autour de son sommet A, mais en restant complètement d'un même côté de l'axe, le volume part du minimum $\dfrac{9\pi a^3}{2}$, puis croît, et atteint le maximum $3\pi a^3\sqrt{3}$.

Exercice 827

2013. Problème. *Un triangle tourne autour de la droite qui joint les milieux de deux de ses côtés; quel est le rapport des volumes engendrés par chaque partie du triangle.*

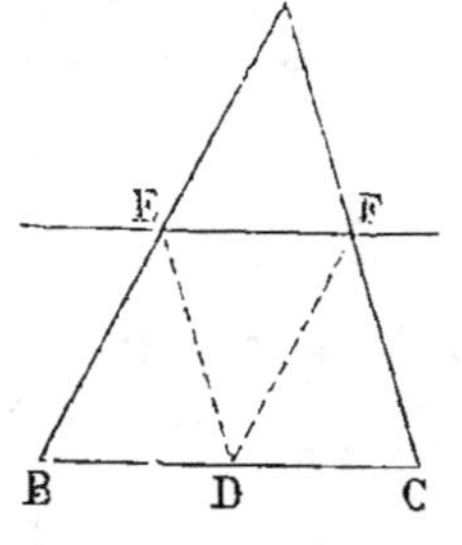

Fig. 1238.

En joignant deux à deux les trois milieux, on décompose le triangle donné en quatre triangles égaux.

On sait que le volume engendré par un triangle tel que BED est double du volume engendré par EDF (G., n° 566, 3°); donc, en désignant par v le volume engendré par AEF, on aura :

vol. EDF $= v$,   vol. EBD $= 2v$,   vol. DFC $= 2v$

donc   vol. EBCF $= 5v$

Problème. *Exprimer, en fonction du côté a d'un cube, la surface et le volume de la sphère inscrite et de la sphère circonscrite.*

Pour la sphère inscrite, le diamètre est a,

La surface est πa^2,

Et le volume $\frac{1}{6}\pi a^3$.

Pour la sphère circonscrite, le diamètre est la diagonale d du cube ; on a : $d^2 = 3a^2$ et $d = a\sqrt{3}$.

La surface est πd^2 ou $3\pi a^2$,

Et le volume $\frac{1}{6}\pi d^2$, ou $\frac{1}{6}\pi \cdot 3a^2 \cdot a\sqrt{3}$, ou $\frac{1}{2}\pi a^3\sqrt{3}$.

Exercice 828

2014. Problème. *On donne deux points* A *et* O ; *du point* O, *comme centre, décrire une circonférence* OB *telle qu'en menant la tangente* AB *et faisant tourner la figure autour de* AO, *la surface engendrée par* AB *soit égale à la surface de la sphère.*

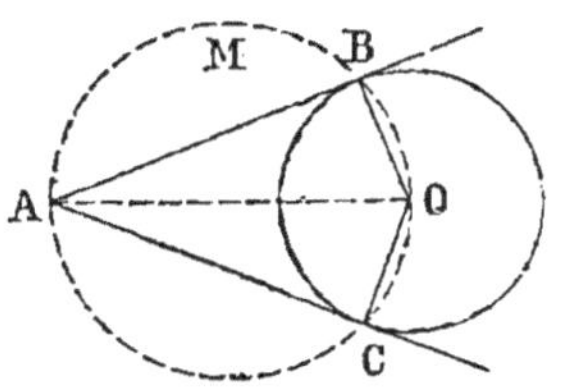

Mener BC et mettre D au point de rencontre de AO et de BC.

Fig. 1239.

Soit $\quad$ AO $= a$; $\quad$ OB $= r$

et $\qquad$ AB $= g$

La surface du cône est donnée par πBD . AB.

Or $\qquad$ DO $= \dfrac{\mathrm{BO}^2}{\mathrm{AO}} = \dfrac{r^2}{a}$; $\quad$ AD $= a - \dfrac{r^2}{a} = \dfrac{a^2 - r^2}{a}$

$$\mathrm{BD}^2 = \mathrm{AD} \cdot \mathrm{DO} = \frac{a^2 - r^2}{a} \cdot \frac{r^2}{a} = \frac{r^2(a^2 - r^2)}{a^2}$$

$$\mathrm{AB}^2 = \mathrm{AO}^2 - \mathrm{OB}^2 = a^2 - r^2$$

donc $\quad \pi\mathrm{BD} \cdot \mathrm{AB} = \pi \dfrac{r\sqrt{a^2 - r^2}}{a} \cdot \sqrt{a^2 - r^2} = \pi \dfrac{r(a^2 - r^2)}{a}$ $\qquad$ (1)

La surface de la sphère égale $\quad 4\pi r^2$ $\qquad\qquad$ (2)

donc $\qquad \dfrac{\pi r(a^2 - r^2)}{a} = 4\pi r^2$

En simplifiant, on trouve :

$$a^2 - r^2 - 4ar = 0 \quad \text{ou} \quad r^2 + 4ar - a^2 = 0$$

d'où $\qquad\qquad r = -2a \pm \sqrt{4a^2 + a^2}$

$$r = a(-2 \pm \sqrt{5})$$

Exercice 829

2015. Problème. *Un triangle équilatéral* T *tourne autour d'un axe* MN *situé dans son plan perpendiculairement à la base a : la distance de l'axe au triangle est égale au côté* a. *On demande le volume et la surface du solide engendré.*

Le volume demandé est la différence des troncs de cône engendrés par CDEF et CDEG ; les rayons sont $2a$, $\frac{3}{2}a$ et a ; la hauteur h est la hauteur d'un triangle équilatéral dont le côté est a

ou $\qquad\qquad\qquad h = \frac{1}{2}a\sqrt{3}$ $\qquad$ (G., n° 316.)

Les deux troncs de cône sont :

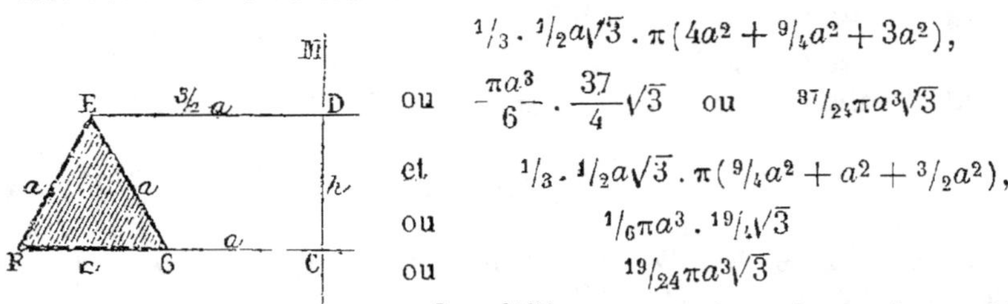

Fig. 1240.

$$\tfrac{1}{3} \cdot \tfrac{1}{2}a\sqrt{3} \cdot \pi\,(4a^2 + \tfrac{9}{4}a^2 + 3a^2),$$

ou $\dfrac{\pi a^3}{6} \cdot \dfrac{37}{4}\sqrt{3}$ ou $\tfrac{37}{24}\pi a^3\sqrt{3}$

et $\tfrac{1}{3} \cdot \tfrac{1}{2}a\sqrt{3} \cdot \pi\,(\tfrac{9}{4}a^2 + a^2 + \tfrac{3}{2}a^2),$

ou $\tfrac{1}{6}\pi a^3 \cdot \tfrac{19}{4}\sqrt{3}$

ou $\tfrac{19}{24}\pi a^3\sqrt{3}$

La différence ou le volume demandé est : $\tfrac{18}{24}\pi a^3\sqrt{3}$ ou $\tfrac{3}{4}\pi a^3\sqrt{3}$

Les surfaces latérales de ces troncs de cône sont :

$$\pi a\,(2a + \tfrac{3}{2}a) \quad \text{ou} \quad \tfrac{7}{2}\pi a^2, \quad \text{et} \quad \pi a\,(\tfrac{3}{2}a + a) \quad \text{ou} \quad \tfrac{5}{2}\pi a^2$$

La somme des deux surfaces latérales est $6\pi a^2$.

Il faut y ajouter l'aire de la couronne engendrée par la base FG du triangle tournant, savoir :

$$\pi\,(2a)^2 - \pi a^2, \quad \text{ou} \quad 4\pi a^2 - \pi a^2, \quad \text{ou} \quad 3\pi a^2$$

Et l'aire totale du solide est $9\pi a^2$, ou 9 fois l'aire du cercle qui aurait a pour rayon.

Vérification (n° 2010). Le centre de gravité du périmètre du triangle équilatéral est en même temps celui de la surface; ce point est sur la hauteur abaissée du point E; donc sa distance d à l'axe égale $\dfrac{3a}{2}$.

Or l'aire est donnée par : périmètre $\times 2\pi d$. (G., n° 903.)

Donc $\qquad A = 3a \cdot 2\pi\dfrac{3a}{2} = 9\pi a^2$

Le volume est donné par $\qquad S \cdot 2\pi d \qquad$ (G., n° 904.)

Or la surface S du triangle équilatéral égale $\dfrac{a^2\sqrt{3}}{4}$; donc

$$V = \dfrac{a^2\sqrt{3}}{4} \cdot 2\pi\,\dfrac{3a}{2} = \dfrac{3\pi a^3\sqrt{3}}{4}$$

Exercice 830

2016. **Problème.** *Un triangle a pour base une longueur* a *et pour hauteur* h; *on fait tourner ce triangle autour d'un axe mené parallèlement à la base par le point de concours des médianes. Quel est le volume engendré par chaque partie du triangle?*

Soit l'axe DE passant par les points D, E situés aux $\tfrac{2}{3}$ des côtés.

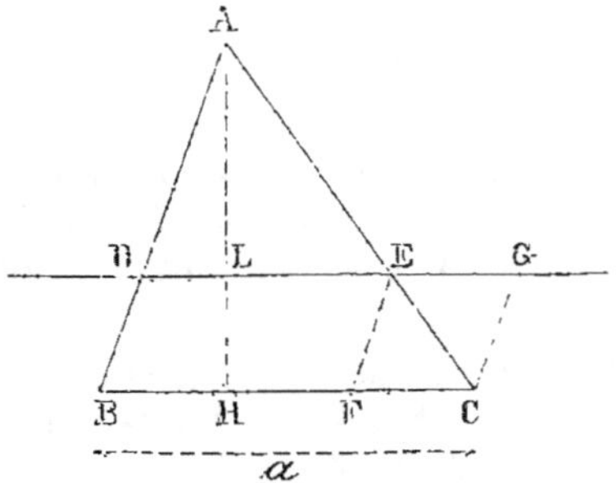

Fig. 1241.

$$AL = \frac{2h}{3}; \quad LH = \frac{h}{3} \quad \text{et} \quad DE = \frac{2a}{3}$$

Menons les parallèles EF, CG.

Le triangle DAE engendre des cônes ayant AL pour rayon de la base commune et DE pour somme des hauteurs; donc :

$$1° \quad V.\ ADE = \frac{\pi \cdot AL^2 \cdot DE}{3} = \frac{\pi}{3} \cdot \frac{4h^2}{9} \cdot \frac{2a}{3} = \frac{8\pi ah^2}{81} \qquad (1)$$

2° Le volume engendré par le parallélogramme DBFE est équivalent au volume engendré par le rectangle qui aurait DE pour base et LH pour hauteur.

$$V.\ DBEF = \pi LH^2 \cdot DE = \pi \cdot \frac{h^2}{9} \cdot \frac{2a}{3} = \frac{2\pi ah^2}{27} \qquad (2)$$

Le volume engendré par le triangle FEC, dont le côté $FC = EG = \frac{a}{3}$, est parallèle à l'axe, et double du volume engendré par ECG (G., n° 566, 3°); donc

$$V.\ EFC = \frac{2\pi}{3} LH^2 \cdot FC = \frac{2\pi}{3} \cdot \frac{h^2}{9} \cdot \frac{a}{3} = \frac{2\pi ah^2}{81} \qquad (3)$$

$$V.\ DBCE = (2) + (3) = \frac{6\pi ah^2 + 2\pi ah^2}{81} = \frac{8\pi ah^2}{81} \qquad (4)$$

Ainsi les volumes (1) et (4) sont équivalents, bien que les surfaces ADE ou $\frac{4}{18} ah$ et DBCE ou $\frac{5}{18} ah$ soient inégales.

Remarque. Lorsque l'axe mené par le point de concours des médianes coïncide avec une des médianes, le triangle est divisé en deux parties équivalentes; pour toute **autre** position de l'axe, les deux parties sont inégales, le maximum de la différence a lieu lorsque l'axe est parallèle à l'un des côtés; cette différence égale alors le neuvième de l'aire du triangle; mais *quelle que soit la position de l'axe, les volumes engendrés par chaque partie du triangle sont équivalents.*

Exercice 831

2017. Problème. *Inscrire un cylindre dans un cône, de manière que la surface latérale du cylindre soit égale à la surface latérale du cône partiel qui surmonte le cylindre.*

On doit avoir $\qquad\qquad \pi MD \cdot MB = 2\pi MD \cdot MP \qquad\qquad (1)$

d'où $\qquad\qquad\qquad\qquad MB = 2MP \qquad\qquad\qquad (2)$

Il faut déterminer un point M tel que la distance MB soit double de l'ordonnée MP.

Pour résoudre ce problème graphiquement, on peut recourir aux figures semblables.

Sur une perpendiculaire à AC, il faut prendre

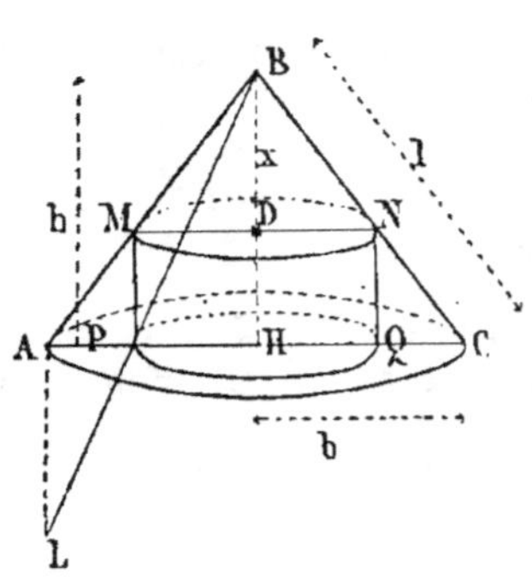

Fig. 1242.

$$AL = \frac{1}{2} AB \quad \text{et mener} \quad LPB$$

Par le calcul : Soient $\quad BH = h,$
$$AH = b, \quad AB = l \quad \text{et} \quad BD = x.$$

$$\frac{MB}{x} = \frac{l}{h} ; \quad MB = \frac{lx}{h}$$

d'ailleurs $\quad MP = h - x$

donc (2) devient $\quad \dfrac{lx}{h} = 2h - 2x$

$$lx = 2h^2 - 2hx$$

$$x = \frac{2h^2}{l + 2h}$$

2018. Problème. *La surface latérale du cône partiel doit être à celle du cylindre dans le rapport de* m *à* n *(fig. 1242).*

On doit avoir : $\qquad \dfrac{\pi \cdot MD \cdot MB}{2\pi \cdot MD \cdot MP} = \dfrac{m}{n}$

$$\frac{MB}{2MP} = \frac{m}{n}$$

d'où $\qquad MB \cdot n = 2MP \cdot m$

Mais $\qquad MB = \dfrac{lx}{h} ; \quad MP = h - x$

donc $\qquad \dfrac{lnx}{h} = 2mh - 2mx \quad \text{ou} \quad lnx + 2hmx = 2mh^2$

$$x = \frac{2mh^2}{ln + 2hm}$$

Exercice 832

2019. Problème. *Le volume du cône partiel doit égaler celui du cylindre (fig. 1242).*

Or $\qquad \dfrac{\pi MD^2 \cdot BD}{3} = \pi MD^2 \cdot MP$

d'où $\qquad \dfrac{BD}{3} = MP \quad \text{ou} \quad \dfrac{lx}{3h} = h - x$

$$lx = 3h^2 - 3hx; \quad \text{d'où} \quad x = \frac{3h^2}{l + 3h}$$

Remarque Il est facile d'imaginer des problèmes analogues; en voici encore deux autres (nᵒˢ 2020 et 2021); puis à un cylindre donné on pourrait circonscrire un cône, réalisant certaines conditions.

2020. Problème. *Inscrire un cylindre dans un cône donné, de manière que la surface latérale du cône partiel qui surmonte le cylindre égale la surface de la couronne comprise entre les circonférences de base du cylindre et du cône donné.*

$$\pi MD . MB = \pi (b^2 - MD^2)$$

On sait que $\quad MD = \dfrac{bx}{h}$;

$$MB = \frac{lx}{h} \quad (\text{n}^\circ 2017)$$

donc

$$\frac{blx^2}{h^2} = b^2 - \frac{b^2x^2}{h^2}$$

$$blx^2 + b^2x^2 = b^2h^2$$

$$x^2 = \frac{bh^2}{l+b} \quad \text{ou} \quad \frac{x^2}{h^2} = \frac{b}{b+l}$$

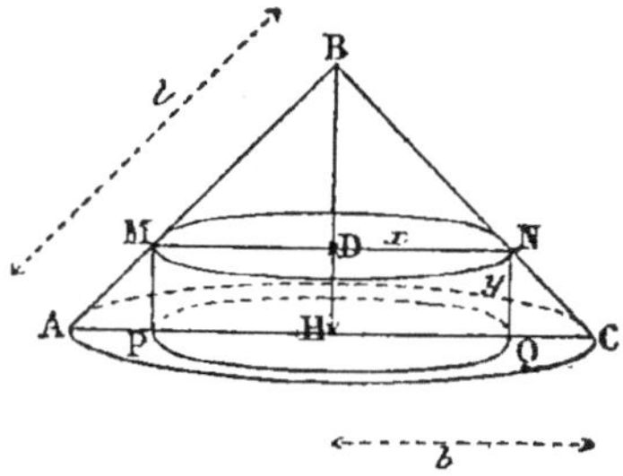

Fig. 1243.

Le problème revient à trouver le côté d'un carré x^2 qui soit à un carré donné h^2 dans le rapport de b à $b+l$. (G., n° 345.)

2021. Problème. *La surface totale du cône partiel doit être à celle du cylindre dans le rapport de* m *à* n.

$$\frac{\pi MD . MB + \pi MD^2}{2\pi MD . MP + 2\pi MD^2} = \frac{m}{n}$$

On sait que $\quad MB = \dfrac{lx}{h}$;

$$MD = \frac{bx}{h}; \quad MP = \frac{h^2 - hx}{h}$$

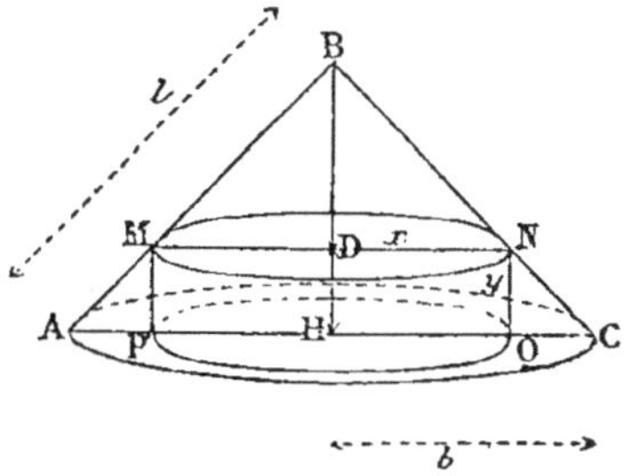

mais on peut supprimer les facteurs communs, et l'on a :

Fig. 1244.

$$\frac{bx . lx + b^2x^2}{bx(h^2 - hx) + b^2x^2} = \frac{2m}{n} \qquad \frac{lx + bx}{h^2 - hx + bx} = \frac{2m}{n}$$

$$nlx + nbx = 2mh^2 - 2mhx + 2mbx$$

$$x(2mh - 2mb + nl + nb) = 2mh^2$$

$$x = \frac{2mh^2}{2mh + nl + (n - 2m)b}$$

Quatrième proportionnelle à construire.

Exercice 833

2022. Problème. *Sur un côté d'un carré, on construit à l'extérieur un triangle équilatéral, et l'on fait tourner le pentagone ainsi obtenu autour de l'un des côtés extérieurs du triangle. On demande le volume engendré, en fonction du côté* a.

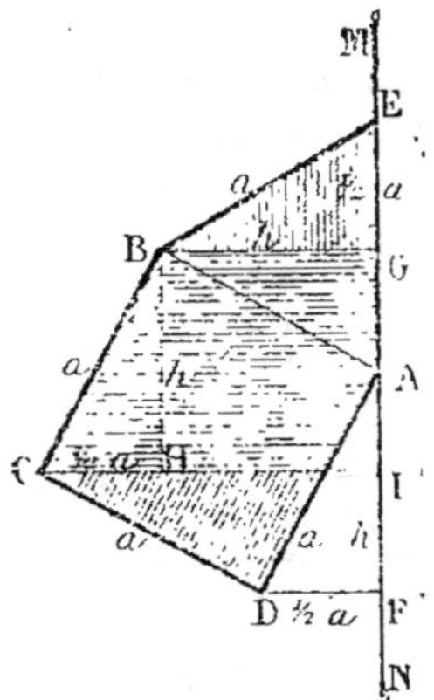

Fig. 1245.

Ce volume égale :

Le cône engendré par EGB,
Plus les troncs de cône engendrés par BCIG et CDFI,
Moins le cône engendré par ADF.

Le premier cône a pour hauteur $\frac{1}{2}a$, et pour rayon h, dont le carré $h^2 = \frac{3}{4}a^2$.

Volume. $\frac{1}{3}\pi h^2 . \frac{1}{2}a = \frac{1}{3}\pi . \frac{3}{4}a^2 . \frac{1}{2}a = \frac{1}{8}\pi a^3$

En enlevant la partie commune AI, il vient $IF = AG = \frac{1}{2}a$.

Le grand tronc de cône a pour hauteur h, et pour rayons h et $h + \frac{1}{2}a$; soit $\frac{1}{2}a\sqrt{3}$ et $\frac{1}{2}a(1 + \sqrt{3})$. Les carrés des rayons sont $\frac{3}{4}a^2$ et $\frac{1}{2}a^2(2 + \sqrt{3})$.

$$\text{Volume} \ldots \quad \frac{1}{3} . \frac{1}{2}a\sqrt{3} . \pi\left[\frac{1}{2}a^2(2 + \sqrt{3}) + \frac{3}{4}a^2 + \frac{1}{4}a^2(3 + \sqrt{3})\right]$$
$$= \frac{1}{6}\pi a^3\sqrt{3} \times \left(\frac{10}{4} + \frac{3}{4}\sqrt{3}\right) = \frac{1}{24}\pi a^3(9 + 10\sqrt{3})$$

Le petit tronc de cône a pour hauteur IF ou $\frac{1}{2}a$, et pour rayons $\frac{1}{2}a$ et $(h + \frac{1}{2}a)$; soit $\frac{1}{2}a$ et $\frac{1}{2}a(1 + \sqrt{3})$. Les carrés des rayons sont $\frac{1}{4}a^2$ et $\frac{1}{2}a^2(2 + \sqrt{3})$.

$$\text{Volume} \ldots \quad \frac{1}{3} . \frac{1}{2}a . \pi\left[\frac{1}{4}a^2 + \frac{1}{2}a^2(2 + \sqrt{3}) + \frac{1}{4}a^2(1 + \sqrt{3})\right]$$
$$= \frac{1}{6}\pi a^3 . \frac{1}{4}(1 + 4 + 2\sqrt{3} + 1 + \sqrt{3}) = \frac{1}{8}\pi a^3(2 + \sqrt{3})$$

Enfin le cône à retrancher a pour hauteur h ou $\frac{1}{2}a\sqrt{3}$, et pour rayon $\frac{1}{2}a$.

Son volume est $\frac{1}{3}\pi . \frac{1}{4}a^2 . \frac{1}{2}a\sqrt{3}$ ou $\frac{1}{24}\pi a^3\sqrt{3}$.

Volume demandé $\ldots \quad \frac{1}{24}\pi a^3(3 + 9 + 10\sqrt{3} + 6 + 3\sqrt{3} - \sqrt{3})$
$$= \frac{1}{24}\pi a^3(18 + 12\sqrt{3}) = \frac{1}{4}\pi a^3(3 + 2\sqrt{3})$$

Soit environ $\quad 5,08\,a^3$

Vérification (n° 2010). Le volume engendré par le triangle équilatéral ABE est donné par

$$\frac{a^2\sqrt{3}}{4} . 2\pi \frac{a\sqrt{3}}{6} = \frac{\pi a^3}{4} \qquad (1)$$

Pour le carré $d = \frac{1}{2}\left(h + \frac{a}{2}\right) = \frac{1}{2}\left(\frac{a\sqrt{3}}{2} + \frac{a}{2}\right) = \frac{a}{4}(\sqrt{3} + 1)$

$$V = a^2 . 2\pi d = a^2 . 2\pi \frac{a}{4}(\sqrt{3} + 1) = \frac{\pi a^3}{2}(\sqrt{3} + 1) \qquad (2)$$

V. ou $\quad (1) + (2) = \frac{\pi a^3}{4} + \frac{\pi a^3\sqrt{3}}{2} + \frac{\pi a^3}{2} = \frac{\pi a^3}{4}(3 + 2\sqrt{3})$

Résultat conforme à celui qu'on a obtenu précédemment, mais d'une manière trop laborieuse : il est donc utile de recourir aux *théorèmes de Guldin*.

Exercice 834

2023. Problème. *Un carré dont le côté est a tourne autour d'un axe MN mené dans son plan par l'un des sommets, perpendiculairement à la diagonale qui part de ce sommet. On demande le volume et la surface du solide engendré.*

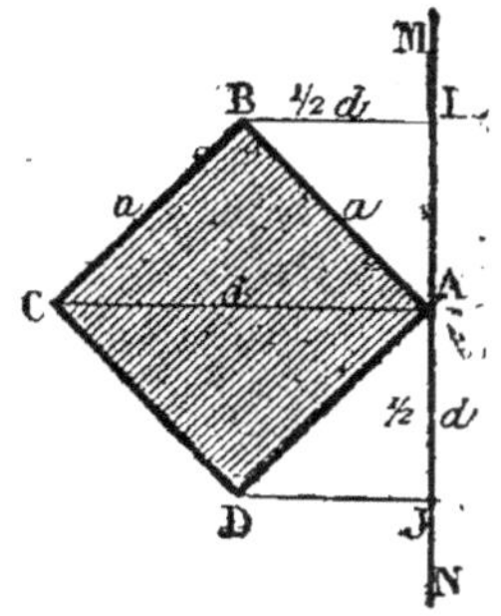

Le volume égale :

Deux troncs de cône égaux engendrés par AIBC et AJDC,

Moins deux cônes égaux engendrés par AIB et AJD.

Le côté est a ; la hauteur égale la moitié de la diagonale, soit $\frac{1}{2}d$; les rayons sont d et $\frac{1}{2}d$. On sait que $d^2 = 2a^2$, et $d = a\sqrt{2}$; ainsi $d^3 = 2a^3\sqrt{2}$

On a donc pour le volume :

$$V = \tfrac{2}{3}\cdot\tfrac{1}{2}d\pi\left(d^2 + \tfrac{1}{4}d^2 + \tfrac{1}{2}d^2\right) - \tfrac{2}{3}\pi\cdot\tfrac{1}{4}d^2\cdot\tfrac{1}{2}d$$
$$= \tfrac{1}{3}\pi d^3\left(1 + \tfrac{1}{4} + \tfrac{1}{2}\right) - \tfrac{1}{12}\pi d^3 = \tfrac{1}{2}\pi d^3 \quad \text{ou} \quad \pi a^3\sqrt{2}$$

La surface totale du solide égale la somme des surfaces latérales des deux troncs de cône et des deux cônes :

$$S = 2\pi a\left(d + \tfrac{1}{2}d\right) + 2\pi\cdot\tfrac{1}{2}da = 2\pi a\left(\tfrac{3}{2}d + \tfrac{1}{2}d\right)$$
$$= 4\pi ad = 4\pi a\cdot a\sqrt{2} = 4\pi a^2\sqrt{2}$$

Vérification. Avec les conventions faites précédemment (n° 2010), la distance du centre de gravité à l'axe est donnée par

$$\frac{d}{2} \quad \text{ou} \quad \frac{a\sqrt{2}}{2}.$$

$$V = a^2\cdot 2\pi BI = \frac{a^2\cdot 2\pi a\sqrt{2}}{2} = \pi a^3\sqrt{2}$$

$$A = 4a\cdot 2\pi BI = \frac{4a\cdot 2\pi a\sqrt{2}}{2} = 4\pi a^2\sqrt{2}$$

Fig. 1246.

Exercice 835

2024. Problème. *Un hexagone régulier a pour côté a ; on prolonge l'un des côtés BA d'une longueur AG égale à a, et par l'extrémité du prolongement on mène au côté une perpendiculaire MN qui sert d'axe de rotation à l'hexagone. On demande le volume et la surface du solide engendré.*

Le triangle AFG est équilatéral, ainsi que FGF'.

$$GA = a, \quad GB = 2a, \quad HF = \tfrac{1}{2}a,$$
$$HC = \tfrac{5}{2}a$$
$$GH \quad \text{ou} \quad h = \tfrac{1}{2}a\sqrt{3}$$

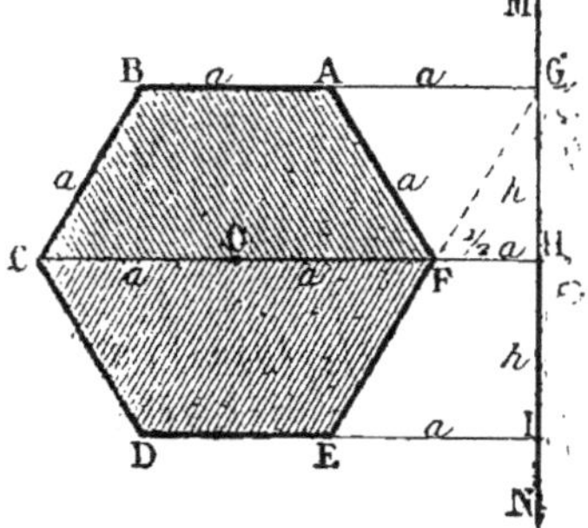

Fig. 1247.

Le volume demandé égale :
Deux troncs de cône égaux, engendrés par GHCB et IHCD,
Moins deux autres troncs égaux, engendrés par GHFA et IHFE.

$$V = {}^2/_3 . {}^1/_2 a\sqrt{3} . \pi(4a^2 + {}^{25}/_4 a^2 + 5a^2) - {}^2/_3 . {}^1/_2 a\sqrt{3} . \pi(a^2 + {}^1/_4 a^2 + {}^1/_2 a^2)$$

$$= {}^1/_3 \pi a^3 \sqrt{3} \left({}^{61}/_4 - {}^7/_4\right) = {}^{18}/_4 \pi a^3 \sqrt{3}$$

Soit environ $24,50\, a^3$

La surface du solide égale la somme des surfaces latérales des quatre troncs de cône, plus les deux couronnes engendrées par AB et DE.

$$A = 2\pi a (2a + {}^5/_2 a) + 2\pi a (a + {}^1/_2 a) + 2\pi (4a^2 - a^2)$$

$$= \pi a^2 (9 + 3 + 6) = 18\pi a^2$$

Vérification. $OH = \dfrac{3a}{2}$

d'ailleurs $S = \dfrac{3}{2} a^2 \sqrt{3}$ (n° 2012)

donc $V = \dfrac{3}{2} a\sqrt{3} . 2\pi OH = \dfrac{3a^2\sqrt{3}}{2} . \dfrac{2\pi . 3a}{2} = \dfrac{9\pi a^3\sqrt{3}}{2}$

$$A = 6a . 2\pi . OH = 6a . 2\pi . \dfrac{3a}{2} = 18\pi a^2$$

Exercice 836

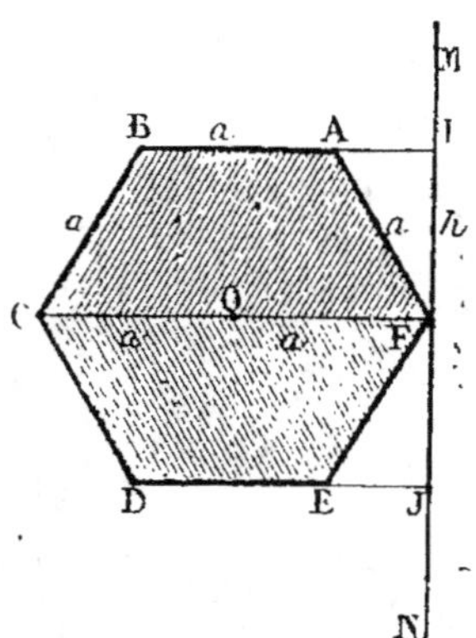

Fig. 1248.

2025. Problème. *Un hexagone régulier dont le côté est a tourne autour d'un axe MN mené dans son plan par l'un des sommets F, perpendiculairement au rayon OF qui aboutit à ce sommet. On demande le volume et la surface du solide engendré.*

Dans le triangle IAF, $IF = h = {}^1/_2 a\sqrt{3}$,

$$IA = {}^1/_2 a.$$

On a aussi $IB = {}^3/_2 a$, $FC = 2a$

Le volume engendré égale :
Deux troncs de cône égaux, engendrés par IFCB et JFCD,
Moins deux cônes égaux, engendrés par AFI et EFJ.

$$V = {}^2/_3 . {}^1/_2 a\sqrt{3} . \pi(4a^2 + {}^9/_4 a^2 + 3a^2) - {}^2/_3 \pi . {}^1/_4 a^2 . {}^1/_2 a\sqrt{3}$$

$$= {}^1/_3 \pi a^3 \sqrt{3} \left({}^{37}/_4 - {}^1/_4\right) = 3\pi a^3 \sqrt{3}$$

Soit environ $16,33\, a^3$

La surface engendrée égale :
La surface latérale des deux troncs de cône,

Plus la surface latérale des deux cônes,
Plus les deux couronnes engendrées par AB et DE.

$$A = 2\pi a\,(2a + {}^3/_2 a) + 2\pi \cdot {}^1/_2 a \cdot a + 2\pi\,({}^9/_4 a^2 - {}^1/_4 a^2)$$
$$= 2\pi a^2\,(7/_2 + 1/_2 + 2) = 12\pi a^2$$

Vérification.
$$V = \frac{3}{2}\,a^2\sqrt{3} \cdot 2\pi a = 3\pi a^3\sqrt{3}$$
$$A = 6a \cdot 2\pi a = 12\pi a^2$$

Exercice 837

2026. Problème. *Trouver le volume engendré par un demi-décagone régulier dont le côté est* a *, tournant autour du diamètre.*

Le volume en question comprend :

Un cylindre engendré par HCDI ;

Deux troncs de cône égaux, engendrés par GBCH et IDEJ ;

Deux cônes égaux, engendrés par ABG et JEF.

Le cylindre a pour volume $\pi m^2 a$.

Les deux troncs de cône. ${}^2/_3 \pi c\,(m^2 + b^2 + mb)$.

Et les deux cônes, ${}^2/_3 \pi b^2 c$.

Il s'agit d'exprimer, en fonction du côté a, les longueurs b, c, e, m. Menons le rayon DO ; cherchons d'abord toutes les valeurs en fonction du rayon r ; nous remplacerons ensuite r par sa valeur en fonction de a, tirée de la relation

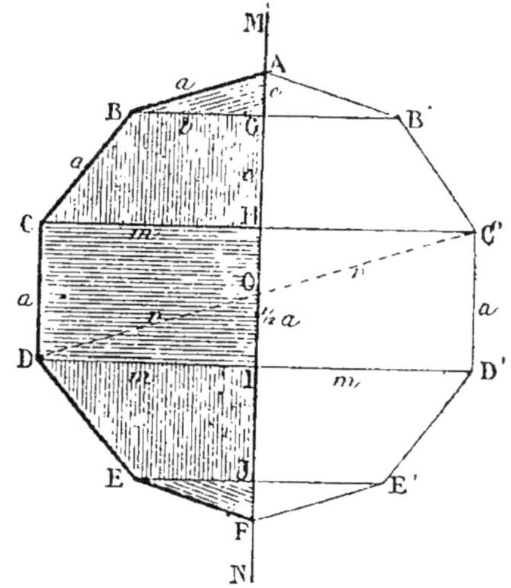

Fig. 1249.

$$a = {}^1/_2 r\,(\sqrt{5} - 1) \qquad \text{(G., n}^\text{o}\text{ 279, III.)}$$

d'où
$$r = \frac{2a}{\sqrt{5} - 1} \qquad r^2 = \frac{2a^2}{3 - \sqrt{5}} \qquad r^3 = \frac{a^2}{\sqrt{5} - 2}$$

Nous utiliserons aussi la relation $a^2 = {}^1/_2 r^2\,(3 - \sqrt{5})$.

Si l'on décrivait la circonférence circonscrite au décagone, l'angle B du triangle ABG comprendrait un arc égal au ${}^1/_{10}$ de la circonférence ; et il en serait de même de l'angle D du triangle DD'C' : ainsi ces deux triangles rectangles sont semblables.

Le triangle rectangle DD'C' donne :

$$(2m)^2 = (2r)^2 - a^2 \quad \text{ou} \quad 4m^2 = 4r^2 - \frac{1}{2}\,r^2\,(3 - \sqrt{5})$$

$$m^2 = {}^1/_8 r^2\,(5 + \sqrt{5}) \quad \text{et} \quad m = {}^1/_2 r\sqrt{{}^1/_2\,(5 + \sqrt{5})}$$

Les triangles semblables ABG et DD'C' donnent :

$$\frac{\text{AG}}{\text{AB}} = \frac{\text{C'D'}}{\text{DC'}} \quad \text{ou} \quad \frac{c}{a} = \frac{a}{2r}$$

Ainsi $\quad c = \dfrac{a^2}{2r} = \dfrac{{}^1\!/_2 r^2\left(3 - \sqrt{5}\right)}{2r} = {}^1\!/_4 r\left(3 - \sqrt{5}\right) \quad c^2 = {}^1\!/_8 r^2\left(7 - 3\sqrt{5}\right)$

Le triangle rectangle ABG donne :

$$b^2 = a^2 - c^2 = {}^1\!/_2 r^2\left(3 - \sqrt{5}\right) - {}^1\!/_8 r^2\left(7 - 3\sqrt{5}\right) = {}^1\!/_8 r^2\left(5 - \sqrt{5}\right)$$

d'où $\qquad\qquad\qquad b = {}^1\!/_2 r\sqrt{{}^1\!/_2\left(5 - \sqrt{5}\right)}$

La figure montre $\quad$ GH $=$ OA $-$ OH $-$ AG

ou $\qquad c = r - {}^1\!/_2 a - c = r - {}^1\!/_4 r\left(\sqrt{5} - 1\right) - {}^1\!/_4 r\left(3 - \sqrt{5}\right) = {}^1\!/_2 r$

Voici maintenant l'expression des volumes :

Un cylindre engendré par CDIH. . . . $\quad \pi m^2 a$
Deux troncs de cône BCHG . . . . . . $\quad {}^2\!/_3 \pi c\left(m^2 + b^2 + bm\right)$
Deux cônes ABG . . . . $\quad {}^2\!/_3 \pi b^2 e$

$\qquad$ Volume total. . . . $\quad \text{V} = {}^2\!/_3 \pi\left({}^3\!/_2 a m^2 + c m^2 + b^2 c + bcm + b^2 e\right.$

$\begin{aligned}
{}^3\!/_2 a m^2 &= {}^3\!/_4 r\left(\sqrt{5} - 1\right) \cdot {}^1\!/_8 r^2\left(5 + \sqrt{5}\right) \dots\dots\dots &&= {}^3\!/_8 r^3\sqrt{5}\\
c m^2 &= {}^1\!/_2 r \cdot {}^1\!/_2 r^2\left(5 + \sqrt{5}\right) \dots\dots\dots\dots &&= {}^1\!/_{16} r^3\left(5 + \sqrt{5}\right)\\
b^2 c &= {}^1\!/_8 r^2\left(5 - \sqrt{5}\right) \cdot {}^1\!/_2 r \dots\dots\dots\dots &&= {}^1\!/_{16} r^3\left(5 - \sqrt{5}\right)\\
bcm &= {}^1\!/_2 r\sqrt{{}^1\!/_2\left(5 - \sqrt{5}\right)} \cdot {}^1\!/_2 r \cdot {}^1\!/_2 r\sqrt{{}^1\!/_2\left(5 + \sqrt{5}\right)} &&= {}^1\!/_8 r^3\sqrt{5}
\end{aligned}$

$\qquad\qquad$ Volume total. . . $\quad \text{V} = {}^1\!/_{12}\pi r^3\left(5 + 4\sqrt{5}\right)$

Telle est l'expression du volume en fonction du rayon. Pour l'obtenir en fonction du côté a, il suffit de remplacer r^3 par sa valeur $\dfrac{a^3}{\sqrt{5} - 2}$.

$$\text{V} = {}^1\!/_{12}\pi a^3 \,\frac{5 + 4\sqrt{5}}{\sqrt{5} - 2}$$

Si l'on exécute les calculs des coefficients, on obtient, pour ces deux formules :

$$\text{V} = 3{,}652\, r^3 \qquad\qquad \text{V} = 15{,}475\, a^3$$

Exercice 838

2027. Problème. *Inscrire dans une sphère de rayon donné un cylindre circulaire droit dont le volume soit égal à celui des deux segments sphériques de mêmes bases que le cylindre, et indiquer les constructions géométriques qui donnent la solution du problème.* (Ens. sp. Douai, 1878.)

Désignons par x le rayon de la base du cylindre, par y la hauteur, et r le rayon de la sphère.

Le volume des deux segments est :

$$V = 2\left(\tfrac{1}{6}\pi y^3 + \tfrac{1}{2}\pi x^2 y\right)$$

et le volume du cylindre inscrit

$$2\pi x^2 (r - y)$$

d'où

$$\tfrac{1}{6}y^3 + \tfrac{1}{2}x^2 y = x^2 (r - y)$$

et

$$\tfrac{1}{6}y^2 = x^2 \left(r - \frac{3y}{2}\right) \qquad (1)$$

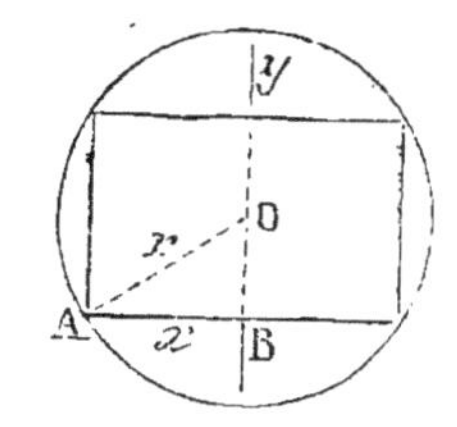

Fig. 1250.

Le triangle rectangle ABO donne :

$$x^2 = r^2 - (r - y)^2 = 2ry - y^2$$

Portons cette valeur dans l'équation (1), il vient après simplifications :

$$y^2 - \frac{3}{2}ry + \frac{3}{2}r^2 = 0$$

d'où

$$\begin{cases} y' = \dfrac{3}{2}r + \dfrac{r\sqrt{3}}{2} \\[2mm] y'' = \dfrac{3}{2}r - \dfrac{r\sqrt{3}}{2} \end{cases}$$

Remarque. La valeur y' est inadmissible, car on doit avoir

$$y < r \quad \text{et} \quad \frac{3}{2}r + \frac{r\sqrt{3}}{2} > r$$

Construction. La valeur $\dfrac{r\sqrt{3}}{2}$ est l'apothème de l'hexagone régulier, et $\dfrac{3r}{2}$ la hauteur du triangle équilatéral inscrit dans un grand cercle de la sphère. La construction est facile.

Exercice 839

2028. Problème. *De chaque sommet d'un cube pris pour centre, on décrit une sphère ayant pour rayon la moitié du côté du cube. Quelle est la valeur du solide compris entre les sphères, et quel serait le rayon de la sphère équivalente?*

$$\text{Cube} = a^3$$

Les huit parties de la sphère correspondent à une sphère de rayon $\dfrac{a}{2}$;

donc

$$\text{sphère} = \frac{4}{3}\pi\left(\frac{a}{2}\right)^3 \quad \text{ou} \quad \frac{1}{6}\pi a^3$$

$$\text{Différence} = a^3\left(1 - \frac{\pi}{6}\right)$$

Pour la sphère équivalente, on poserait :

$$\frac{4}{3}\pi x^3 = a^3\left(1 - \frac{\pi}{6}\right)$$

$$x^3 = a^3 \cdot \frac{6 - \pi}{8\pi}; \quad x = \frac{a}{2}\sqrt[3]{\frac{6 - \pi}{\pi}}$$

2029. Problème. *Deux sphères égales extérieures ont une longueur a pour plus courte distance. Quel est le volume compris entre les deux sphères et la surface cylindrique circonscrite?*

Soit r le rayon; la hauteur du cylindre $= a + 2r$.

Du cylindre, il faudra soustraire deux hémisphères; donc

$$V = \pi r^2 (2r + a) - \frac{4}{3}\pi r^3$$

Exercice 840

2030. Problème. *Une sphère est posée sur un plan horizontal; sur le même plan repose par sa base un cône droit, dont la hauteur est égale au diamètre de la sphère; on demande de couper ces deux corps par un plan horizontal de telle sorte que les sections soient entre elles comme deux nombres donnés.* (Concours général. 1875. Rhétorique. N. A.p. 88.)

Soient a le rayon de la sphère, b celui de la base du cône dont la hauteur égale $2a$; représentons par x la distance du sommet du cône au plan sécant.

Le rayon b' de la section du cône est donné par

$$\frac{b'}{b} = \frac{x}{2a}; \quad b' = \frac{bx}{2a}$$

d'où

$$\pi b'^2 = \frac{\pi b^2 x^2}{4a^2} \tag{1}$$

Le rayon a' de la section de la sphère est moyen proportionnel entre les deux segments x et $(2a - x)$ du diamètre; donc la

$$\text{section } \pi a'^2 = \pi x (2a - x) \tag{2}$$

Si la section conique doit être à la section sphérique dans le rapport $\dfrac{m}{n}$, on aura:

$$\frac{\pi b^2 x^2}{4a^2} : \pi x (2a - x) = \frac{m}{n}$$

ou

$$\frac{b^2 x}{4a^2 (2a - x)} = \frac{m}{n}; \quad \text{d'où} \quad x = \frac{8a^3 m}{bn^2 + 4a^2 m}$$

Remarque. Lorsque $m = n$, on a: $\quad x = \dfrac{8a^3}{b^2 + 4a^2}$.

Dans le cas particulier où la base du cône égale un grand cercle, $b = a$; on trouve $\quad x = \dfrac{8a}{5}$

Exercice 841

2031. Problème. *Un cône équilatéral est inscrit dans une sphère: couper les deux solides par un plan parallèle à la base du cône, de* *manière que la différence des sections obtenues ait une valeur donnée πa^2.*

Dans quel cas la différence est-elle maxima ?

BC est le côté du triangle équilatéral inscrit; donc sa moitié

$$DC = \frac{r}{2}\sqrt{3}\; ; \quad \text{et}\quad DO = \frac{r}{2}$$

Soit $\quad AE = x$

La surface annulaire étudiée égale

$$\pi\,(EG^2 - EF^2).$$

Dans le triangle équilatéral,

$$EF = \frac{AF}{2}$$

donc $\qquad EF^2 = \dfrac{x^2}{3}$

$$EG^2 = AE\,.\,EH = x\,(2r - x)$$

ou $\qquad 2rx - x^2$

donc $\quad 2rx - x^2 - \dfrac{x^2}{3} = a^2\,;$

$$2rx - \frac{4x^2}{3} = a^2$$

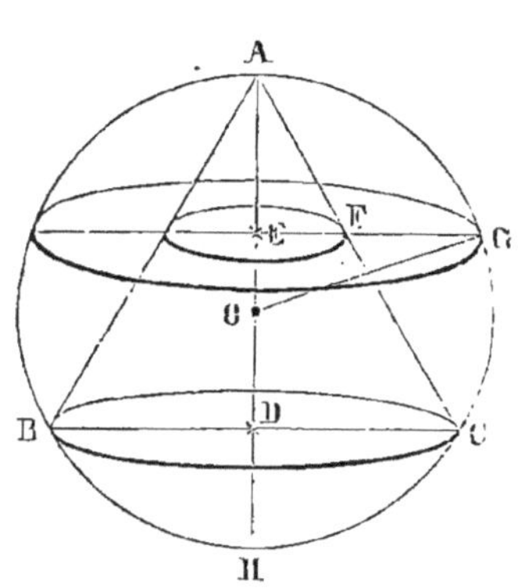

Fig. 1251.

Divisons tous les termes par $\dfrac{4}{3}$.

$$\frac{3}{2}\,rx - x^2 = \frac{3}{4}\,a^2\,; \quad \left(\frac{3}{2}\,r - x\right)x = \frac{3}{4}\,a^2$$

et le problème revient à construire un rectangle, connaissant la surface $\dfrac{3}{4}\,a^2$ et la somme $\dfrac{3}{2}\,r$ des côtés, x et $\left(\dfrac{3}{2}\,r - x\right)$.

Maximum. Le maximum de la surface a lieu quand les deux côtés du rectangle sont égaux à la moitié de la somme constante de ces côtés.

Dans ce cas, $\qquad\qquad x = \dfrac{3}{4}\,r$

2032. Problème. *Même question pour le cône inscrit dans un hémisphère* (fig. 1252).

$$EG^2 = 2rx - x^2\,; \quad EF^2 = x^2$$

$$EG^2 - EF^2 = 2rx - 2x^2 = a^2$$

$$(r - x)x = \frac{a^2}{2}$$

Maximum. Le produit $(r-x)x$ est maximum pour $r-x=x$;

d'où
$$x = \frac{r}{2}$$

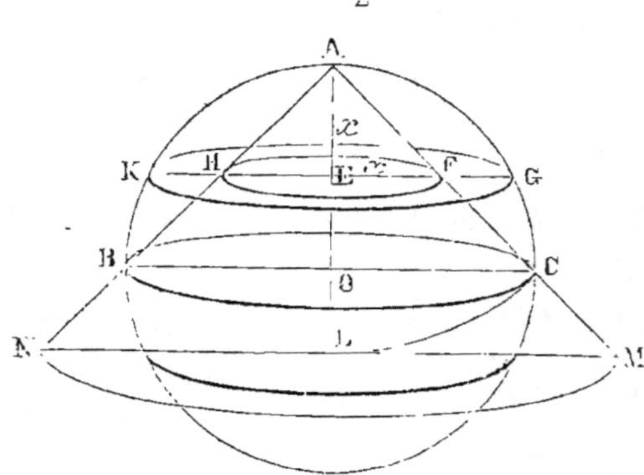

Fig. 1252.

Remarque. Lorsqu'on demande que les sections soient dans un rapport donné $\frac{m}{n}$, on a :

$$\frac{\text{EG}^2}{\text{EF}^2} = \frac{m}{n} = \frac{2rx - x^2}{x^2}.$$

Équation du second degré facile à résoudre et à construire.

2033. Problème. *La zone sphérique GAK et la surface latérale du cône FAH doivent être dans le rapport* $\frac{m}{n}$ (fig. 1252).

$$\text{Zone} = 2r\pi \cdot x \qquad (\text{G., n}^\circ 559.)$$

$$\text{Surface latérale du cône} = \pi\text{EF} \cdot \text{AF} = \pi x \cdot x\sqrt{2}$$

d'où
$$\frac{2r\pi x}{\pi x^2 \sqrt{2}} = \frac{m}{n} = \frac{2r}{x\sqrt{2}}$$

$$x = \frac{2r}{\sqrt{2}} \cdot \frac{n}{m}$$

Remarque. En prolongeant le cône, on peut demander que les surfaces soient égales.

Dans ce cas $\quad \dfrac{n}{m} = 1$; $\quad x = \dfrac{2r}{\sqrt{2}} = \dfrac{2r\sqrt{2}}{2} = r\sqrt{2}$

Il faut porter AC de A en L et mener NLM.

2034. Problème. *Couper une sphère par un plan de manière que la différence des zones obtenues soit équivalente à la section déterminée par le plan.* (*Diplôme de fin d'études. Clermont-Ferrand, août 1881.*)

Soit x la distance du centre de la sphère au plan mené.

Le rayon de la section est donné par $\sqrt{r^2 - x^2}$.

Les zones ont respectivement pour hauteur $r + x$ et $r - x$.

Les zones ont pour différence

$$2\pi r (r + x) - 2\pi r (r - x) \quad \text{ou} \quad 2\pi r . 2x = 4\pi r x$$

La section est donnée par $\pi (r^2 - x^2)$

Donc

$$4\pi r x = \pi (r^2 - x^2)$$

$$x^2 + 4r x = r^2$$

$$x = - 2r \pm \sqrt{4r^2 + r^2} = r \left(-2 \pm \sqrt{5} \right)$$

La solution positive, plus petite que 1, convient seule à la question, car x doit être moindre que r.

Exercice 842

2035. Problème. *Étant donné un demi-cercle O, on mène une parallèle AB au diamètre CD. Cette parallèle partage le demi-cercle en deux parties, un segment AMB et la figure CABD. On fait tourner le demi-cercle autour du diamètre CD, et on demande : 1° de trouver le volume du solide engendré par la figure CABD; 2° d'en déduire le volume du solide engendré par le segment, en retranchant le premier du volume de la sphère, et de faire la vérification en calculant directement ce dernier; 3° quelle est la relation qui doit exister entre AB et le diamètre CD, pour que le volume engendré par le segment soit la moitié du volume de la sphère.* (Brevet supérieur. Digne, 2ᵉ session 1876; Manuel général 1877, p. 294.)

$$OC = R \quad AB = 2l \quad AA' = m$$

$$A'C = h = R - l$$

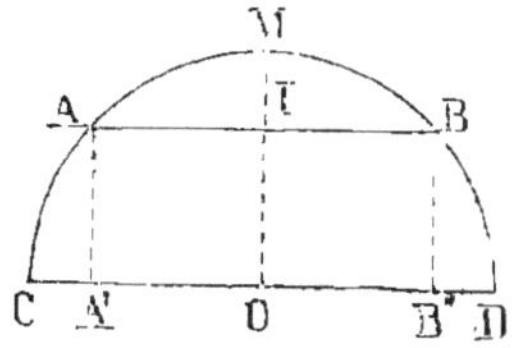

Le volume engendré par CABD se compose d'un cylindre et de deux segments sphériques à une base.

Volume du cylindre $= \pi m^2 \times 2l$

Fig. 1253.

$$\text{V. des deux segments} = 2\left[\frac{1}{6}\pi h^3 + \frac{1}{2}\pi m^2 h \right] = \pi \left[\frac{(R-l)^3}{3} + m^2(R-l) \right]$$

En additionnant, on obtient pour l'expression du volume engendré par CABD,

$$2\pi m^2 l + \pi \left[\frac{(R-l)^3}{3} + m^2(R-l) \right] = \pi \left\{ 2m^2 l + \frac{(R-l)^3}{3} + R m^2 - m^2 l \right\} =$$

$$= \pi \left[R m^2 + l m^2 + \frac{(R-l)^3}{3} \right]$$

comme

$$(R - l)^3 = R^3 - 3R^2 l + 3R l^2 - l^3$$

et

$$\frac{(R - l)^3}{3} = \frac{R^3 - l^3}{3} - R^2 l + R l^2$$

On peut écrire en substituant :

$$\text{Vol. ABDC} = \pi\left[\frac{R^3 - l^3}{3} + R(m^2 + l^2) - l(R^2 - m^2)\right]$$

mais $\qquad m^2 + l^2 = R^2, \quad R^2 - m^2 = l^2$

donc 1° $\text{Vol. ABCD} = \pi\left[\frac{R^3 - l^3}{3} + R^3 - l^3\right] = \frac{4}{3}\pi(R^3 - l^3)$

Le volume de la sphère égale $\frac{4}{3}\pi R^3$, par suite le volume engendré par le segment AMB est égal à

$$\frac{4}{3}\pi R^3 - \frac{4}{3}\pi(R^3 - l^3) = \frac{4}{3}\pi(R^3 - R^3 + l^3) = \frac{4}{3}\pi l^3$$

Pour le calcul direct du segment. (G., n° 578.)

2° $\qquad\qquad \text{Vol. AMB} = \frac{1}{6}\pi(2l)^2 \times 2l = \frac{4}{3}\pi l^3$

Pour que le volume engendré par le segment soit la moitié du volume de la sphère, il faut que l'on ait :

$$\frac{4}{3}\pi l^3 = {}^4\!/_3\pi(R^3 - l^3)$$

ou $\qquad\qquad\qquad l^3 = R^3 - l^3$

$$2l^3 = R^3$$

d'où on tire : 3° $\qquad l = \sqrt[3]{\frac{R^3}{2}} = \sqrt[3]{\frac{4R^3}{8}} = \frac{R}{2}\sqrt[3]{4}$

ou bien encore

$$AB \quad \text{ou} \quad 2l = R\sqrt[3]{4} = R \cdot 1{,}587$$

Exercice 843

2036. Problème. *Trouver l'angle dièdre de chacun des cinq polyèdres réguliers convexes* *.

Tétraèdre régulier. (a)

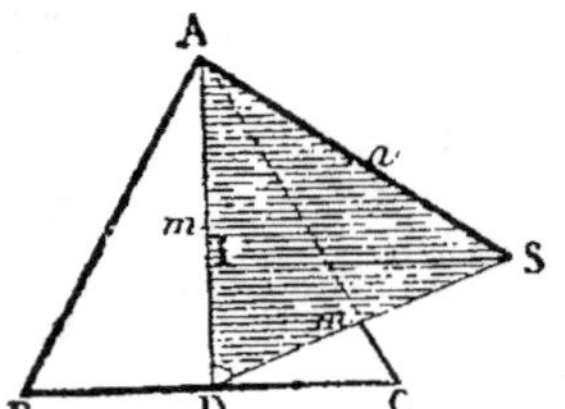

Fig. 1254.

Soit ABC la base d'un tétraèdre, et ADS le rabattement d'une section faite par le milieu de l'arête BC perpendiculairement à cette arête. Cette section passe nécessairement par les sommets A et S, puisque ces points sont équidistants des points B et C.

La perpendiculaire SI est la hauteur du tétraèdre; le point I se trouve sur la droite AD, médiane de la base. Ce même point

---

* Pour le *sinus* et le *cosinus*, voir *Trigonométrie*, F. I. C., 2ᵉ édition.

doit se trouver sur chaque médiane de la base ; et ainsi il est au point de concours des médianes, et par conséquent aux $^2/_3$ de la longueur AD. Donc

$$DI = {}^1/_3 m$$

La droite SD est une médiane de la face BSC ; on a donc :

$$SD = AD = m$$

L'angle dièdre que l'on cherche n'est autre chose que l'angle D du triangle rectangle DIS, et cet angle a pour cosinus DI : DS, ou $^1/_3 m : m$, ou simplement $^1/_3$: soit 0,333...

L'angle qui a $^1/_3$ pour cosinus est de 70°31'72 *.

Héxaèdre régulier.   (b)

Dans l'hexaèdre régulier ou cube, les faces sont perpendiculaires entre elles, et le dièdre est de 90°.

Octaèdre régulier.   (c)

2037. L'octaèdre régulier est décomposable en deux pyramides quadrangulaires régulières, ayant pour base commune un carré ABCD dont le côté est l'arête a du polyèdre.

La droite EF, qui joint les sommets de ces pyramides, est perpendiculaire au carré ABCD en son milieu O.

Par le point I, milieu de l'arête BC, menons un plan perpendiculaire à cette arête. Ce plan passe nécessairement par les points E et F, qui sont équidistants de B et de C.

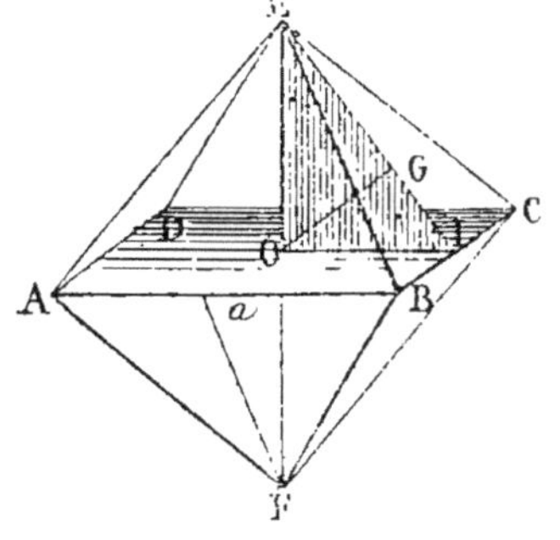

Fig. 1253.

L'angle OIE est la moitié du dièdre cherché ; et cet angle a pour cosinus IO : IE, soit $^1/_2 a$: $^1/_2 a \sqrt{3}$ ou $1 : \sqrt{3}$.

En effectuant le calcul, à l'aide des tables trigonométriques à cinq décimales, par exemple, on trouve que l'angle OIE = 54°44'12.

Donc l'angle dièdre de l'octaèdre = 109°28'24.

Dodécaèdre régulier.   (d)

2038. Soit H le milieu de l'arête BM. A cause des pentagones réguliers qui servent de faces au polyèdre, la droite KH est perpendiculaire à BM ; et il en est de même de XH : ainsi l'angle plan KHX est le dièdre demandé ; et KHZ, moitié de ce même angle, a pour sinus KZ : KH, valeur à trouver.

Dans le pentagone régulier ABMLK, l'angle L est de 108° ; donc. dans le triangle isocèle KLM, chacun des angles K et M est de 36°.

---

* L'angle est indiqué en degrés, minutes et centièmes de minutes.

Soit G le milieu de KM ; la droite GH = ½KB = ½KM = GM. Ainsi le triangle MGH est isocèle, et son angle H = M = 108° — 36° = 72° et G = 36°.

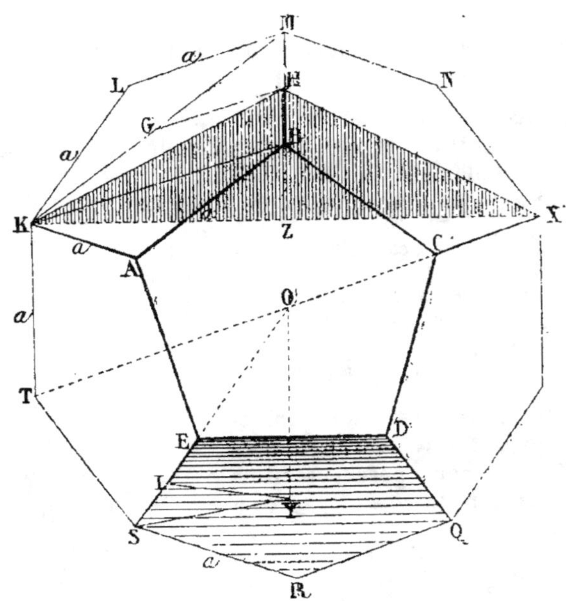

Fig. 1256.

Il suit de là que le triangle MGH est semblable au triangle central d'un décagone régulier ; donc :

$$MH \quad \text{ou} \quad \tfrac{1}{2}a = \tfrac{1}{2}GM(\sqrt{5}-1) = \tfrac{1}{4}KM(\sqrt{5}-1)$$

De là on tire $KM = \dfrac{2a}{\sqrt{5}-1}$. En multipliant numérateur et dénominateur par $\sqrt{5}+1$, on obtient :

$$KM = \tfrac{1}{2}a(\sqrt{5}+1) \quad \text{et} \quad KM^2 = \tfrac{1}{2}a^2(3+\sqrt{5})$$

On voit que *la diagonale d'un pentagone régulier égale la moitié du côté multiplié par $\sqrt{5}+1$.*

En appliquant cette formule au pentagone régulier qui aurait pour sommets les points K, M, X, Q, S, on posera :

$$KX = \tfrac{1}{2}KM(\sqrt{5}+1) = \tfrac{1}{4}a(\sqrt{5}+1)^2 = \tfrac{1}{2}a(3+\sqrt{5})$$
$$KX^2 = \tfrac{1}{2}a^2(7+3\sqrt{5})$$

$$KZ = \tfrac{1}{2}KX = \tfrac{1}{4}a(3+\sqrt{5}) \qquad KZ^2 = \tfrac{1}{8}a^2(7+3\sqrt{5})$$

Le triangle rectangle KHM donne :

$$KH^2 = KM^2 - MH^2 = a^2\left(\frac{3+\sqrt{5}}{2} - \frac{1}{4}\right) = \tfrac{1}{4}a^2(5+2\sqrt{5})$$

Enfin $\quad \sin KHZ = \dfrac{KZ}{KH} \quad$ et $\quad \sin^2 KHZ = \dfrac{KZ^2}{KH^2}$ *

ou $\quad \sin^2 KHZ = \dfrac{\frac{1}{8}a^2\left(7+3\sqrt{5}\right)}{\frac{1}{4}a^2\left(5+2\sqrt{5}\right)} = \dfrac{\frac{1}{2}\left(7+3\sqrt{5}\right)\left(5-2\sqrt{5}\right)}{\left(5+2\sqrt{5}\right)\left(5-2\sqrt{5}\right)} = \dfrac{5+\sqrt{5}}{10}$

$$\mathrm{Sin}\, KHZ = \sqrt{\tfrac{1}{10}\left(5+\sqrt{5}\right)} \quad **$$

L'angle $KHZ = 58°16'90$

Donc l'angle dièdre du dodécaèdre régulier égale $116°33'80$.

Icosaèdre régulier. (e)

2039. Les faces étant des triangles équilatéraux, les médianes BL et EL sont perpendiculaires à l'arête IA, et l'angle ELB est l'angle plan correspondant au dièdre cherché.

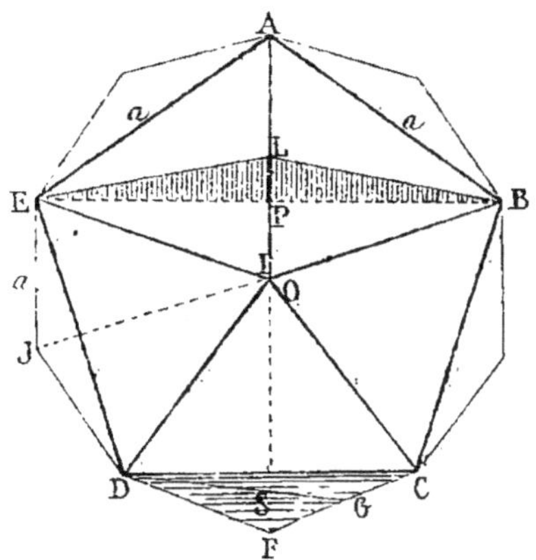

Fig. 1257.

Dans le pentagone régulier ABCDE, la diagonale $BE = \frac{1}{2}a\left(\sqrt{5}+1\right)$ et $BP = \frac{1}{2}BE = \frac{1}{4}a\left(\sqrt{5}+1\right)$.

Dans le triangle équilatéral ABI, la hauteur $BL = \frac{1}{2}a\sqrt{3}$.

On a donc $\quad \sin BLP = \dfrac{BP}{BL} = \dfrac{\frac{1}{4}a\left(\sqrt{5}+1\right)}{\frac{1}{2}a\sqrt{3}} = \dfrac{\sqrt{5}+1}{2\sqrt{3}}$

L'angle $BLP = 69°05'80$

Donc l'angle dièdre de l'icosaèdre régulier égale $138°11'60$.

---

* C'est pour éviter quelques radicaux que nous prenons le carré du sinus; toutes réductions faites, on indiquera une racine à extraire.

** Dans chaque polyèdre, on remarque que l'angle est une valeur indépendante de l'arête : cela doit être, puisqu'il y a similitude entre tous les tétraèdres réguliers, entre tous les cubes, entre tous les octaèdres réguliers, etc.

Exercice 844

2040. Problème. *Pour chacun des cinq polyèdres réguliers convexes, exprimer, en fonction de l'arête* a :

1° *Les rayons des sphères inscrite et circonscrite;*
2° *La surface et le volume de chacun de ces polyèdres.*

Tétraèdre régulier. (a)

Les rayons des sphères inscrite et circonscrite au tétraèdre régulier ont été calculés précédemment (n°s 2007 et 2008); on a trouvé :

$$r = \tfrac{1}{12}a\sqrt{6} \quad \text{et} \quad R = \tfrac{1}{3}a\sqrt{6}$$

ou
$$r = 0{,}204\,08a \quad \text{et} \quad R = 0{,}816\,31\,a$$

L'aire du triangle équilatéral est $\tfrac{1}{4}a^2\sqrt{3}$.

Donc la *surface* du tétraèdre régulier et $a^2\sqrt{3}$ ou $1{,}732\,05a^2$.

Le *volume* égale la surface totale multipliée par le $\tfrac{1}{3}$ du rayon de la sphère inscrite ; on a donc :

$$V = \tfrac{1}{3}a\sqrt{3} \cdot \tfrac{1}{12}a\sqrt{6} = \tfrac{1}{36}a^3\sqrt{18} = \tfrac{1}{36}a^3 \cdot 3\sqrt{2} = \tfrac{1}{12}a^3\sqrt{2}$$

ou
$$0{,}117\,85a^3$$

Héxaèdre régulier. (b)

Rayon de la sphère inscrite . . $\tfrac{1}{2}a$ ou $0{,}500\,00a$
» » » circonscrite. $\tfrac{1}{2}a\sqrt{3}$ ou $0{,}866\,02a$
Surface totale . . . . $6a^2$
Volume . . . . a^3

Octaèdre régulier. (c)

(Voir, à l'Exercice précédent, la figure et les préliminaires relatifs à l'octaèdre n° 2037.)

Le point O est le centre du polyèdre. La droite OG est le rayon de la sphère inscrite, et OE est le rayon de la sphère circonscrite : ces deux lignes appartiennent au triangle rectangle EOI.

$$OI = \tfrac{1}{2}AB = \tfrac{1}{2}a \qquad OI^2 = \tfrac{1}{4}a^2$$

Dans le triangle équilatéral BCE, on a :

$$EI = \tfrac{1}{2}a\sqrt{3} \quad \text{et} \quad EI^2 = \tfrac{3}{4}a^2$$

Le triangle rectangle EOI donne :

$$OE^2 = EI^2 - OI^2 = \tfrac{3}{4}a^2 - \tfrac{1}{4}a^2 = \tfrac{2}{4}a^2; \quad \text{d'où} \quad OE = \tfrac{1}{2}a\sqrt{2}$$

Rayon de la *sphère circonscrite*. . . . . . $\tfrac{1}{2}a\sqrt{2}$ ou $0{,}707\,10a$

Les triangles rectangles EGO et EOI sont semblables, à cause de l'angle commun en E; et l'on a :

$$\frac{OG}{OI} = \frac{OE}{EI}; \quad \text{d'où} \quad OG = \frac{OI \cdot OE}{EI}$$

ou
$$OG = \frac{\frac{1}{2}a \cdot \frac{1}{2}a\sqrt{2}}{\frac{1}{2}a\sqrt{3}} = \frac{1}{2}a\sqrt{\frac{2}{3}} \quad \text{ou} \quad 0,408\,24a$$

Tel est le rayon de la *sphère inscrite*.

La *surface* totale égale huit fois l'aire du triangle équilatéral dont le côté est a, soit $8 \cdot \frac{1}{4}a^2\sqrt{3}$, ou $2a^2\sqrt{3}$, ou $3,464\,10a^2$.

Le *volume* égale la surface totale multipliée par le $\frac{1}{3}$ du rayon de la sphère inscrite, soit $\frac{1}{3} \cdot 2a^2\sqrt{3} \cdot \frac{1}{2}a\sqrt{\frac{2}{3}}$, ou $\frac{1}{3}a^3\sqrt{2}$, ou $0,471\,40a^3$.

Dodécaèdre régulier. (d)

(Voir, à l'Exercice précédent, la figure et les préliminaires relatifs au dodécaèdre n° 2038.)

La sphère circonscrite passe par les points T, K, X; donc le triangle TKX est rectangle, et il donne :

$$TX^2 = TK^2 + KX^2 = a^2 + \frac{1}{2}a^2(7 + 3\sqrt{5}) = \frac{1}{2}a^2(9 + 3\sqrt{5})$$

De là
$$TX = a\sqrt{\frac{1}{2}(9 + 3\sqrt{5})}$$

et
$$OT = \frac{1}{2}a\sqrt{\frac{1}{2}(9 + 3\sqrt{5})} \quad \text{ou} \quad 2,802\,5a$$

Tel est le rayon de la *sphère circonscrite*.

Le rayon de la sphère inscrite est la perpendiculaire OY abaissée du centre sur l'une des faces. Cette perpendiculaire tombe au centre du pentagone SQ; on la calculera par le triangle rectangle OYS.

L'hypoténuse $OS = OT$, rayon de la sphère circonscrite; et l'on a :

$$OS^2 = \frac{1}{4}a^2 \cdot \frac{1}{2}(9 + 3\sqrt{5}) = \frac{1}{8}a^2(9 + 3\sqrt{5})$$

Le côté SY de l'angle droit est le rayon du pentagone. Désignons ce rayon par r, et appelons a' le côté du décagone qui aurait le même rayon r. On a (G., n° 286) :

$$a' = \sqrt{2r^2 - r\sqrt{4r^2 - a^2}}$$

Si l'on remplace a' par sa valeur (G., n° 279, III), il vient :

$$\frac{1}{2}r(\sqrt{5} - 1) = \sqrt{2r^2 - r\sqrt{4r^2 - a^2}}$$

En isolant a^2, on obtient $a^2 = \frac{1}{2}r^2(5 - \sqrt{5})$; d'où, en isolant r^2 :

$$r^2 \quad \text{ou} \quad SY^2 = \frac{2a^2}{5 - \sqrt{5}} = \frac{1}{10}a^2(5 + \sqrt{5})$$

On obtient cette dernière forme en multipliant numérateur et dénominateur par $5 + \sqrt{5}$.

26*

On a donc $$OY^2 = OS^2 - SY^2$$

ou $$OY^2 = a^2 \cdot \frac{9 + 3\sqrt{5}}{8} - a^2 \cdot \frac{5 + \sqrt{5}}{10} = \tfrac{1}{4}a^2 \frac{25 + 11\sqrt{5}}{10}$$

Enfin $$OY = \frac{a}{2}\sqrt{\frac{25 + 11\sqrt{5}}{10}} \quad \text{ou} \quad 1{,}1135a$$

Tel est le rayon de la *sphère inscrite*.

La surface du dodécaèdre égale douze fois celle du pentagone dont le côté est a. Nous avons déjà trouvé $SY^2 = \tfrac{1}{10}a^2(5 + \sqrt{5})$.

Le triangle rectangle SYI donne :

$$YI^2 = SY^2 - SI^2 \quad \text{ou} \quad YI^2 = a^2\frac{5 + \sqrt{5}}{10} - \frac{a^2}{4} = a^2\frac{5 + 2\sqrt{5}}{20}$$

d'où $$YI = \tfrac{1}{2}a\sqrt{\tfrac{1}{5}\left(5 + 2\sqrt{5}\right)}$$

L'aire du pentagone est donc :

$$\tfrac{1}{2} \cdot 5a \cdot \tfrac{1}{2}a\sqrt{\tfrac{1}{5}\left(5 + 2\sqrt{5}\right)} \quad \text{ou} \quad \tfrac{5}{4}a^2\sqrt{\tfrac{1}{5}\left(5 + 2\sqrt{5}\right)}$$

Et l'aire du dodécaèdre est :

$$15a^2\sqrt{\frac{5 + 2\sqrt{5}}{5}} \quad \text{ou} \quad 20{,}646a^2$$

Le *volume* égale le $\tfrac{1}{3}$ du produit de la surface par le rayon de la sphère inscrite, soit :

$$\tfrac{1}{3} \cdot 15a^2\sqrt{\frac{5 + 2\sqrt{5}}{5}} \cdot \tfrac{1}{2}a\sqrt{\frac{25 + 11\sqrt{5}}{10}} \quad \text{ou} \quad \tfrac{5}{2}a^3\sqrt{\frac{47 + 21\sqrt{5}}{10}}$$

ou $$7{,}6630a^3$$

Icosaèdre régulier. (e)

(Voir, à l'Exercice précédent, la figure et les préliminaires relatifs à l'icosaèdre n° 2039.)

Les sommets B, E, J appartiennent à la surface de la sphère circonscrite ; donc le triangle BEJ est rectangle en E, et l'on a :

$$BJ^2 = JE^2 + BE^2$$

ou, en appelant O le centre du polyèdre :

$$4OJ^2 = a^2 + \tfrac{1}{4}a^2\left(\sqrt{5} + 1\right)^2 = \tfrac{1}{2}a^2\left(5 + \sqrt{5}\right)$$

De là $OJ^2 = \tfrac{1}{8}a^2\left(5 + \sqrt{5}\right)$ et $OJ = \dfrac{a}{2}\sqrt{\dfrac{5 + \sqrt{5}}{2}}$ ou $0{,}9510a$

Tel est le rayon de la *sphère circonscrite*.

Le rayon de la *sphère inscrite* est la perpendiculaire OS abaissée du centre sur une face quelconque ; CDF, par exemple. Le point O étant équidistant des points C, D, F, le pied de la perpendiculaire OS est de même équidistant de ces points; et ainsi le point S est au centre du triangle équilatéral CDF, et par suite aux $^2/_3$ de la médiane ou hauteur DG.

Cette ligne $DG = ^1/_2 a\sqrt{3}$; donc $DS = ^2/_3 \cdot ^1/_2 a\sqrt{3} = ^1/_3 a\sqrt{3}$.

Le triangle rectangle OSD donne $OS^2 = OD^2 - DS^2$.

ou
$$OS^2 = a^2 \frac{5 + \sqrt{5}}{8} - a^2 \frac{1}{3} = a^2 \frac{7 + 3\sqrt{5}}{24}$$

d'où
$$OS = \frac{a}{2} \sqrt{\frac{7 + 3\sqrt{5}}{6}} \text{ ou } 0,755\,76a$$

Tel est le rayon de la *sphère inscrite*.

La *surface* du polyèdre égale vingt fois celle du triangle équilatéral, soit $\quad 20 \cdot ^1/_4 a^2\sqrt{3}$, ou $5a^2\sqrt{3}$, ou $8,660\,25a^2$

Enfin, le *volume* égale la surface multipliée par le $^1/_3$ du rayon de la sphère inscrite, soit :

$$^1/_3 \cdot 5a^2\sqrt{3} \cdot ^1/_2 a \sqrt{\frac{7 + 3\sqrt{5}}{6}} \quad \text{ou} \quad \frac{5a^3}{6} \sqrt{\frac{7 + 3\sqrt{5}}{12}}$$

2041. Note. Aux recherches précédentes pourrait s'ajouter celle du rayon ρ de la *sphère tangente à toutes les arêtes* du polyèdre. Dans les *Archives de Mathématiques et de Physique* (tome LIX, 1876), M. Georges Dostor, ingénieur, professeur à l'Institut catholique de Paris, a donné une étude très intéressante sur les trois sphères que l'on peut considérer dans chaque polyèdre régulier, et sur les relations qui existent entre leurs rayons respectifs R, r et ρ. On trouve, pour les cinq polyèdres, les valeurs suivantes de ρ :

$$^1/_4 a\sqrt{2} \quad ^1/_2 a\sqrt{2} \quad ^1/_2 a \quad ^1/_8 a(\sqrt{5} + 1)^2 \quad ^1/_4 a(\sqrt{5} + 1)$$

Et l'on obtient, entre les trois rayons de chaque polyèdre, les relations suivantes :

$$Rr = \rho^2 \quad Rr = \rho^2 \, ^1/_2\sqrt{3} \quad Rr = \rho^2 \cdot ^2/_3\sqrt{3}$$

$$Rr = \rho^2 \frac{6}{\sqrt{6(5 + \sqrt{5})}} \qquad Rr = \rho^2 \cdot \frac{\sqrt{6(5 + \sqrt{5})}}{6}$$

RÉSUMÉ DES ÉLÉMENTS DES 5 POLYÈDRES RÉGULIERS CONVEXES

	Faces	Angle	Rayon R	Apoth. r	Rayon ρ	Surface	Volume
(a)	4 triang.	70°32′	$0,612a$	$0,204a$	$0,354a$	$1,732a^2$	$1,118a^3$
(b)	6 carrés	90°00′	$0,866a$	$0,500a$	$0,707a$	$6,000a^2$	$1,000a^3$
(c)	8 triang.	109°28′	$0,707a$	$0,408a$	$0,500a$	$3,464a^2$	$0,471a^3$
(d)	12 pentag.	116°34′	$1,401a$	$1,114a$	$1,309a$	$20,646a^2$	$7,663a^3$
(e)	20 triang.	138°11′	$0,951a$	$0,756a$	$0,809a$	$8,660a^2$	$2,182a^3$

Maxima et Minima.

Exercice 845

2042. Problème. *Inscrire dans une sphère le parallélépipède de volume maximum.*

(Voir *Méthodes*, n° 388 *.)

Exercice 846

2043. Problème. *Dans un hémisphère, inscrire le parallélépipède rectangle maximum. Le solide doit avoir une de ses faces sur la base du segment.*

(Voir *Méthodes*, n°ˢ 390, 391.)

Le double du solide demandé est inscrit dans la sphère entière. Dans ce cas, le cube est le solide maximum; donc, pour l'hémisphère, c'est la moitié du cube : la hauteur est la moitié du côté du carré de base.

Exercice 847

2044. Problème. *Par un point donné A, mener un plan qui coupe une sphère suivant un cercle, de manière que le cône qui aurait ce cercle pour base et le sommet au centre O de la sphère soit maximum.*

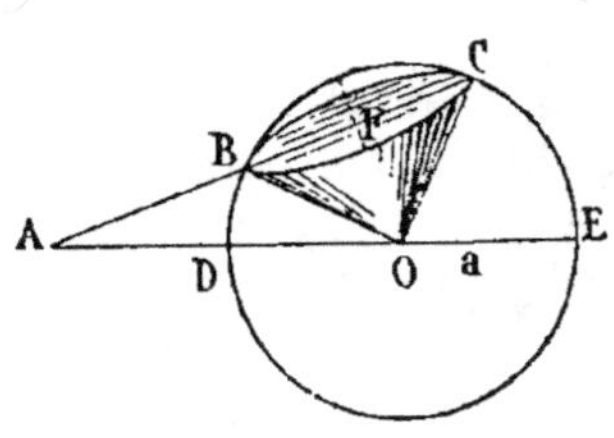

Fig. 1258.

Soit DBCE le grand cercle mené par le point A perpendiculairement à la section dont BC est le diamètre.

En représentant $FC = BF$ par x et OF par y, le volume du cône sera exprimé par $\dfrac{\pi}{3}\, x^2 y$.

D'ailleurs, $x^2 + y^2 = a^2$

donc le maximum du volume aura lieu (n° 392), pour les valeurs suivantes :

$$x^2 = \frac{2}{3}\, a^2 \quad \text{et} \quad y = \frac{a}{\sqrt{3}}$$

$$V = \frac{\pi}{3} \cdot \frac{2}{3}\, a^2 \cdot \frac{a}{\sqrt{3}} = \frac{2\pi}{9\sqrt{3}}\, a^3$$

---

* **Pour tous ces problèmes**, il est utile de consulter les *Éléments d'Algèbre* et les *Exercices d'Algèbre*, par F. I. C.

Exercice **848**

2045. Problème. *Quel est le cône de volume maximum dont la génératrice a une longueur donnée* ?

On a encore $x^2 + y^2 = l^2$ et $V = \dfrac{\pi x^2 y}{3}$

Exercice **849**

2046. Problème. *Couper un cône par un plan parallèle à la base, de manière que le cylindre qui aura cette section pour base et qui sera limité à la base du cône ait un volume maximum.* (Voir *Méthodes*, n° 384.)

D'après l'exercice rappelé, on peut poser les conclusions suivantes :

1° Le cylindre maximum est donné par la section DE faite au premier $1/3$ de la hauteur ou de la génératrice, à partir de la base.

En appelant x le rayon de la section, y la hauteur du cylindre, on a

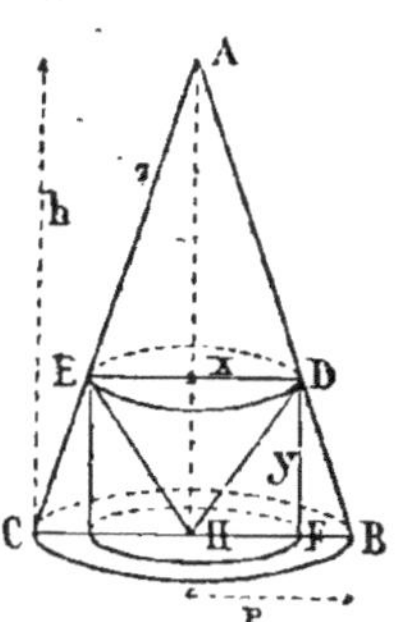
Fig. 1259.

$$x = \frac{2}{3}\,r; \quad y = \frac{h}{3}$$

$$V = \pi x^2 y = \frac{\pi 4}{9}\,r^2 \times \frac{h}{3} = \frac{4}{27}\,\pi r^2 h$$

$$\text{Le cône} = \frac{\pi r^2 h}{3} = \frac{9\pi}{27}\,r^2 h;$$

donc le cylindre est les $\dfrac{4}{9}$ du cône.

2° Le cône minimum circonscrit à un cylindre $\pi x^2 y$ est celui dont la hauteur $h = 3y$. Son volume est les $9/4$ de celui du cylindre.

3° La section ED, faite au premier $1/3$ de h à partir de la base, donne le cône inscrit maximum HED.

2047. Problème. *1° Deux points* A *et* O *sont à une distance constante* a; *de l'un d'eux comme centre, décrire une circonférence telle que le cône qui aura pour sommet le point* A *et pour base le cercle dont* BC *est le diamètre soit maximum;*

2° Quel est le maximum du double cône dont le cercle BC *serait la base commune, et les points* O *et* A *seraient les sommets ?*

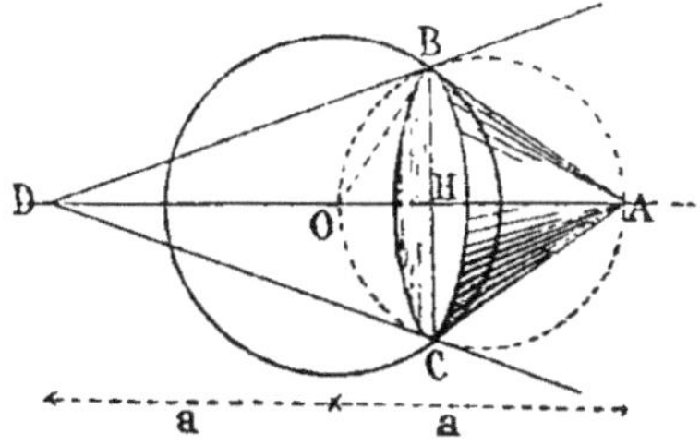
Fig. 1260.

1° La distance AO étant constante, le cône ABC est inscrit dans une sphère qui a pour rayon $\dfrac{a}{2}$.

Pour mener la tangente DBE qui donne le maximum, il suffit de prendre $DO = a = AO$; car alors $AH = {}^1/_3 AD$ (n° 2046; voir aussi, ci-après, n° 2052, *Remarque*).

Puis, du centre O avec OB pour rayon, on décrit la circonférence demandée.

Remarque. Soit $a = 2r$.

$$AH = \frac{4r}{3}; \quad OH = \frac{2r}{3}; \quad OH^2 = \frac{4r^2}{9}$$

mais
$$BH^2 = \frac{8r^2}{9}; \quad \text{donc} \quad OB^2 = \frac{12r^2}{9} = \frac{4r^2}{3}$$

$$OB = \frac{2r}{\sqrt{3}} = \frac{a}{\sqrt{3}}$$

$$V = \frac{32\pi r^3}{81} \quad \text{ou} \quad \frac{4\pi a^3}{81} \tag{1}$$

2° Le double cône a pour volume $\pi BH^2 \times \dfrac{a}{3}$.

BH est la seule variable; son maximum a lieu lorsqu'elle égale $\dfrac{a}{2}$; donc le volume maximum du double cône égale

$$\pi \frac{a^2}{4} \times \frac{a}{3} = \frac{\pi a^3}{12} \tag{2}$$

Le volume (1) est les ${}^{16}/_{27}$ du volume (2).

Exercice 850

2048. Problème. *Dans une sphère donnée, inscrire le cylindre de volume maximum.*

Soit x le rayon de base, y la moitié de la hauteur, a le rayon de la sphère :

$$V = \pi x^2 . 2y \quad \text{ou} \quad 2\pi x^2 y$$

d'ailleurs
$$x^2 + y^2 = a^2$$

donc (n° 392)
$$x^2 = \frac{2}{3} a^2 \quad \text{et} \quad y = \frac{a}{\sqrt{3}}$$

d'où
$$V = 2\pi . \frac{2}{3} a^2 . \frac{a}{\sqrt{3}} = \frac{4}{3\sqrt{3}} \pi a^3$$

Remarque. On peut proposer ce problème sous un énoncé bien différent, et en faire, en quelque sorte, une nouvelle question (n° 2049).

2049. Problème. *Une droite AB, de longueur constante, tourne autour d'un axe MN mené par le point A; elle engendre la surface latérale* *d'un cône de révolution; pour quelle position de AB le volume du cône engendré est-il maximum?*

1° $V = \dfrac{\pi x^2 y}{3}$ et $x^2 + y^2 = a^2$

donc la question est analogue à la précédente (n° 2048).

Le maximum a lieu lorsque

$$x^2 = \frac{2}{3} a^2 \quad \text{et} \quad y = \frac{a}{\sqrt{3}}$$

Dans ce cas

$$V = \frac{\pi}{3} \cdot \frac{2}{3} a^2 \cdot \frac{a}{\sqrt{3}} = \frac{2}{9\sqrt{3}} \pi a^3$$

2° Le maximum peut se déduire de la question précédente (n° 2048).

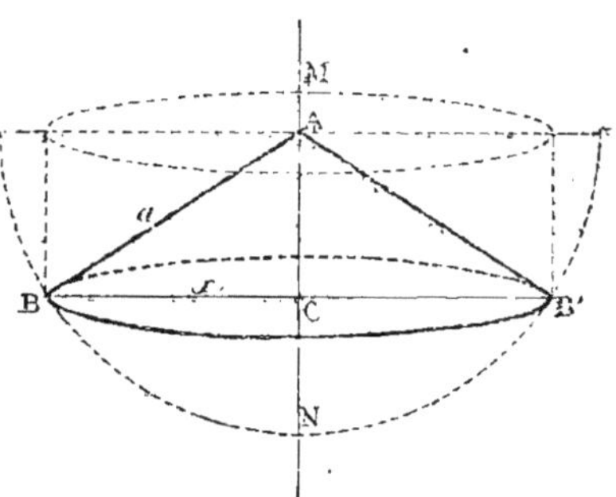

Fig. 1261.

Le cône maximum correspond au cylindre maximum inscrit dans un hémisphère dont a serait le rayon, car le cône est le $\tfrac{1}{3}$ du cylindre correspondant. Or, le cylindre maximum inscrit dans l'hémisphère a

pour volume $\qquad \dfrac{2}{3\sqrt{3}} \pi a^3$

donc le cône égale $\qquad \dfrac{2}{9\sqrt{3}} \pi a^3$

2050. Problème. *Un triangle isocèle MON, dans lequel OM = ON, a ses côtés égaux de longueur constante; étudier les variations du volume engendré par la révolution de ce triangle:*

1° Le triangle tourne autour de la hauteur;

2° Le triangle tourne autour d'une droite OY, menée par le sommet O parallèlement à la base MN.

1° Pour obtenir un cône de révolution en faisant tourner MON autour de OX, il ne faut opérer qu'une rotation de 180°; ou bien il faut se borner à considérer le corps engendré par une révolution complète de OMP autour de OP.

Le cône est nul lorsque OM est sur OX.

Il augmente jusqu'à un maximum donné par la question précédente, la hauteur OP doit égaler $\dfrac{a}{\sqrt{3}}$.

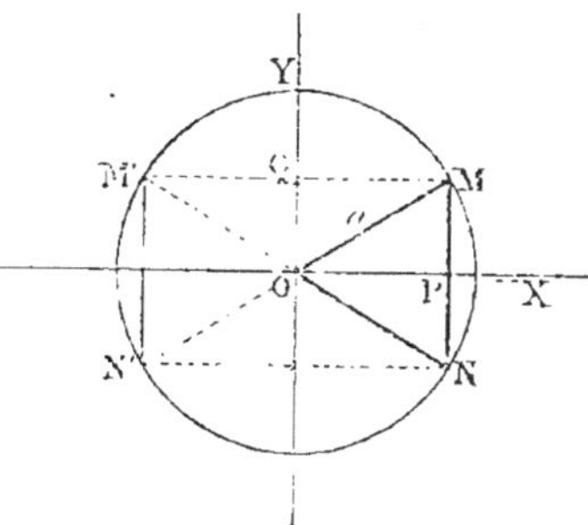

Fig. 1262.

Puis le volume décroît et s'annule quand OM vient s'appliquer sur OX.

2° Le volume engendré par le triangle MON, tournant autour de

OY, est les $^2/_3$ du cylindre inscrit qui a MN pour génératrice; car la somme des volumes des cônes qui correspondent aux triangles MOM', NON' égale $\pi OP^2 . \dfrac{MN}{3}$; donc le maximum du volume engendré par OMN a lieu lorsque le cylindre inscrit est maximum.

On sait que, dans ce cas, $OP^2 = {}^2/_3\, a^2$ (n° 2048).

Ainsi le volume est nul lorsque $OP = a$ et que MP est nul, puis il augmente lorsque OM s'éloigne de OX. Il atteint son maximum

lorsque $\qquad OP^2 = x^2 = \dfrac{2}{3} a^2$ et $MP = y = \dfrac{a}{\sqrt{3}}$

$$V = \dfrac{2}{3} \pi OP^2 . 2MP$$

$$V = \dfrac{2}{3} \pi . \dfrac{2}{3} a^3 . \dfrac{2a}{\sqrt{3}} = \dfrac{8}{9\sqrt{3}} a^3$$

Puis le volume décroît lorsque OM s'éloigne de plus en plus de OX. Il s'annule lorsque OM vient s'appliquer sur l'axe OY.

Exercice 851

2051. Problème. *On donne une sphère et un plan tangent; mener un plan sécant parallèle au plan donné, et tel que le cylindre qui aurait pour base le cercle obtenu et pour hauteur la distance des deux plans, soit maximum.*

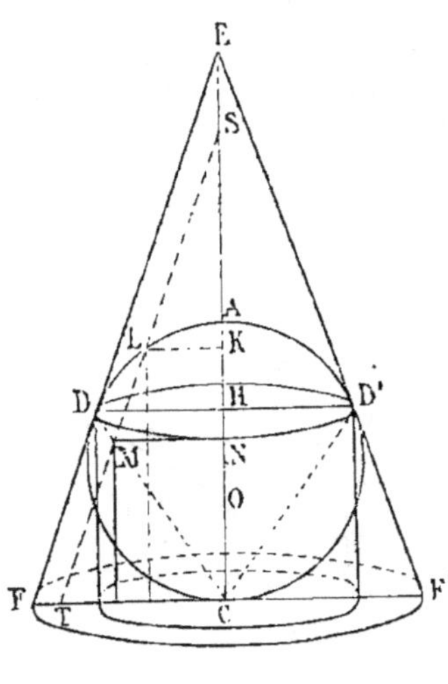

Fig. 1263.

On sait que le problème analogue, relatif à la pyramide (n°s 384 et 386), est résolu par la section faite au $^1/_3$ de la hauteur, à partir de la base; donc, par extension, on en conclut que le cylindre maximum inscrit dans un cône donné a pour hauteur le $^1/_3$ de la hauteur du cône.

On a déjà vu ce résultat (n° 2046, 3°).

Ainsi l'on doit mener une tangente EDF, telle que DE soit double de FD (n° 315).

Remarque. Le problème étant fondamental, il est utile de justifier directement la solution donnée.

Soit FEF' un cône circonscrit tel que $DF = \dfrac{FE}{3}$; il faut prouver que le cylindre qui aurait DH pour rayon et CH pour hauteur, est le plus grand de tous ceux dont la base inférieure est sur le plan de la base du cône et dont la base supérieure serait une section de la sphère.

En effet, pour une autre section quelconque ayant, par exemple, LK pour rayon, considérons le cône qu'engendrerait la droite SLT parallèle à la tangente. Menons CMD afin d'obtenir le point M situé au $1/3$ de TS; le cylindre de rayon LK est plus petit que le cylindre de rayon MN (n° 384, 386); donc, à plus forte raison, il est plus petit que le cylindre de rayon DH; donc le cylindre de rayon DH est maximum.

Volume maximum. $CE = 4r$; $FC = r\sqrt{2}$ (n° 316, g)

donc

$$HC = \frac{4r}{3}; \quad DH = \frac{2}{3} r\sqrt{2}$$

$$V = \pi DH^2 . CH = \pi . \frac{8}{9} r^2 . \frac{4r}{3}$$

$$V = \frac{32}{27} \pi r^3 \tag{a}$$

Vérification. On sait qu'en représentant la base du cône par B, la hauteur par h, le cylindre maximum a pour expression

$$V = \frac{4}{27} Bh \qquad \text{(n° 385)}$$

Le cylindre est donc les $4/9$ du cône circonscrit; or, le cône a pour volume V' : $V' = \frac{1}{3} \pi FC^2 . CE = \frac{1}{3} \pi . 2r^2 . 4r$; $V' = \frac{8}{3} \pi r^3$

Or, V égale bien les $4/9$ de V'.

Exercice 852

2052. Problème. *Inscrire dans une sphère le cône de volume maximum.*

Le cône CDD' sera maximum, en même temps que le cylindre qui en est le triple. Il faut donc prendre $CH = \frac{4}{3} r$.

D'après (a) ..... $V = \frac{32}{81} \pi r^2$ \tag{b}

Remarque. $HC = \frac{4r}{3}$;   donc $CE = 4r$;   ainsi $AE = 2r$

Exercice 853

2053. Problème. *A une sphère donnée, circonscrire le cône de volume minimum.*

D'après le n° 387, on est conduit à mener une tangente ABC telle que $$AB = \frac{BC}{2}$$

Le cône ACD est minimum (fig. 1263).

En effet, pour une génératrice tangente IJ d'un autre cône circonscrit, menons une parallèle MBN.

Soit L le point au premier tiers. Il suffit de prendre SC = SH (n° 2052, *Remarque*). Le cylindre LPHQ est plus grand que le cylindre dont BG est la hauteur et GH le rayon; donc ce dernier, à plus forte raison, est plus petit que le cylindre K qui correspondrait

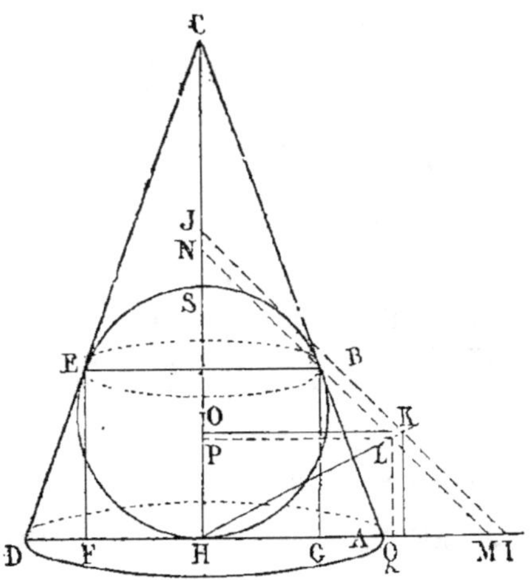

Fig. 1264.

au maximum du cône IJ; donc le cône ACD, qui est les $^9/_4$ du cylindre B (n° 2051, *Vérification*), est moindre que le cône IJ, qui est les $^9/_4$ du cylindre K.

Remarques. 1°   CS = SH = 2r;   CH = 4r;   AH² = 2r² (n° 2051, *Volume maximum*).

donc $$V = \frac{\pi AH^2 \times CH}{3} = \frac{\pi \times 2r^2 \times 4r}{3} = \frac{8\pi}{3} r^3$$

Le volume du cône minimum est double de celui de la sphère inscrite, et la surface totale de ce cône = $8\pi r^2$.

2° Le cône de volume minimum est aussi le cône dont la surface totale est minima; car, pour tout corps circonscrit à une sphère, le volume peut s'obtenir en multipliant la surface totale par le $^1/_3$ du rayon; par conséquent, le cône de volume minimum a une surface totale minima par rapport à celle des autres cônes circonscrits.

2054. Problème. *A une sphère donnée, circonscrire une pyramide triangulaire régulière dont le volume soit minimum; quel est le volume de cette pyramide (fig. 1264)?*

Comme pour le cône circonscrit, il faut que la hauteur $= 4r$ (n° 2051, 1°).

Pour obtenir le volume de la pyramide, déterminons la surface de la section triangulaire qui correspond aux points de contact des faces latérales; or cette section est quatre fois plus grande que le triangle équilatéral qui a pour sommets les trois points de contact. Le rayon r' du cercle circonscrit à ce triangle égale $\dfrac{AB}{2}$ (fig. 1264), il égale donc $\dfrac{2}{3} r\sqrt{2}$ (n° 2051, *Vol. maxim.*).

Or le côté du triangle équilatéral inscrit $= r'\sqrt{3}$ (G., n° 277); donc ce côté $= \dfrac{2}{3} r\sqrt{2}\,.\,\sqrt{3} = 2r\,\dfrac{\sqrt{2}}{\sqrt{3}}$.

La surface du triangle équilatéral en fonction du côté a est donné par $\dfrac{a^2}{4}\sqrt{3}$. (G., n° 316.)

Donc triangle $= 4r^2\,.\,\dfrac{2}{3}\,.\,\dfrac{\sqrt{3}}{4} = \dfrac{2}{3} r^2\sqrt{3}$.

La section étant 4 fois plus grande $= \dfrac{8}{3} r^2\sqrt{3}$.

La distance du sommet à la section en est les $^2/_3$ de la hauteur; donc la base de la pyramide est à la section dans le rapport de 1 à $\dfrac{4}{9}$; ainsi cette base $= \dfrac{9}{4} \times \dfrac{8}{3} r^2\sqrt{3}$.

$$\text{base} = 6r^2\sqrt{3}$$

La hauteur de la pyramide $= 4r$; le volume est donc

$$6r^2\sqrt{3}\,.\,\dfrac{4r}{3} = 8r^3\sqrt{3}$$

Remarque. Quel que soit le nombre de côtés de la pyramide minima à circonscrire, la hauteur doit égaler $4r$.

Exercice 854

2055. Problème. *Dans un secteur sphérique, inscrire le cylindre maximum.*

(Voir *Méthodes*, n° 398.)

Remarque. Pour calculer le volume du cylindre, il faut recourir à la trigonométrie.

On donne l'angle $AOB = \alpha$; par suite, on connaît $OB = r\cos\alpha$ et $AB = r\sin\alpha$.

Il faut diviser l'angle α en deux parties AOD, DOE, telles que tang. $DOE = 2$ tang. AOD.

Soit AOD DOE te $= \beta = \gamma$, on aura pour condition :
$$\text{Tang } \gamma = 2 \text{ tang } \beta \; ; \text{ puis } \alpha = \beta + \gamma$$

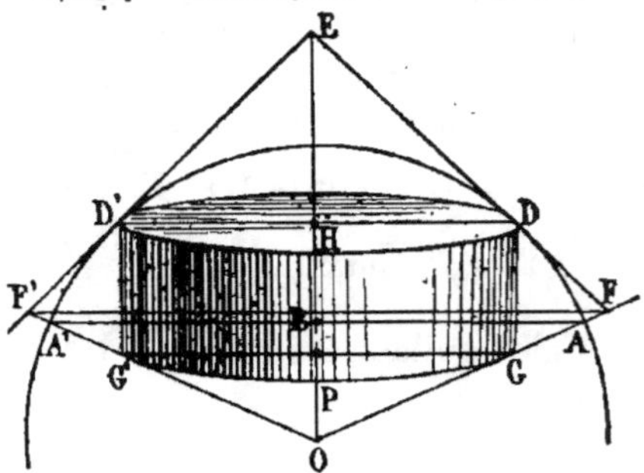

Fig. 1265.

On sait exprimer la tangente de la somme de deux arcs en fonction des tangentes de ces arcs. (*Trigonométrie*, n° 31.)

$$\text{Tang } \alpha = \frac{\text{tang } \beta + \text{tang } \gamma}{1 - \text{tang } \beta \text{ tang } \gamma} = \frac{3 \text{ tang } \beta}{1 - 2 \text{ tang}^2 \beta}$$

Or tang α est connue, puisque l'angle α est donné; représentons cette tangente par a et la tangente inconnue β par b, on obtient une équation du second degré en b :

$$a = \frac{3 b}{1 - 2 b^2} \; ; \quad 2 b^2 a + 3 b - a = o$$

$$b = \frac{-3 \pm \sqrt{9 + 8 a^2}}{4 a}$$

On détermine ainsi l'angle β par sa tangente; par suite, γ est aussi déterminé.

Puis $DH = r \sin \gamma$; $DG = HO - OP = r \cos \gamma - OP$.

La distance OP de la corde GG' est facile à déterminer, car on connaît GP ou DH et l'angle α. Ainsi $OP = GP \text{ cotang } \alpha$.

Exercice 855

2056. Problème. *Dans un segment sphérique à une base, inscrire le cylindre maximum.*

(Voir *Méthodes*, n° 393.)

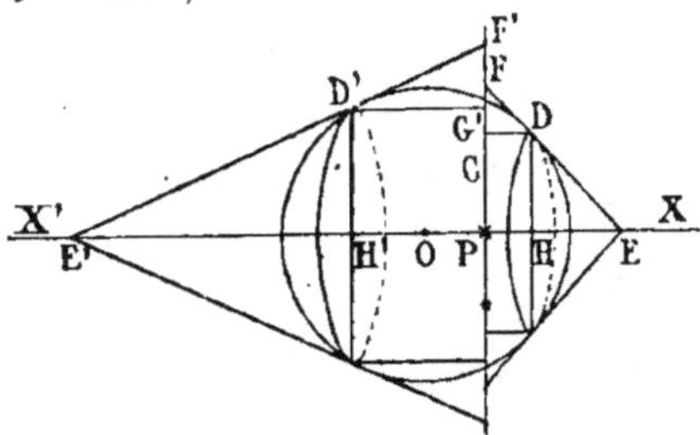

Fig. 1266.

Soit PF la trace de la base du segment sphérique.
Il faut mener une tangente DEF, telle que $DE = 2DF$.

Volume $\pi DH^2 . PH$ (n° 317; h, i),

$$V = \pi \frac{-2a^2 + 6r^2 - 2a\sqrt{a^2+3r^2}}{9} \cdot \frac{-2a + \sqrt{a^2+3r^2}}{3}$$

$$V = \frac{2}{27} \pi \left[a^3 - 9ar^2 + (a^2 + 3r^2)\sqrt{a^2+3r^2} \right]$$

Pour le segment inférieur,

$$V' = \pi \frac{-2a^2 + 6r^2 + 2a\sqrt{a^2+3r^2}}{9} \cdot \frac{2a + \sqrt{a^2+3r^2}}{3}$$

$$V' = \frac{2}{27} \pi \left[-a^3 + 9ar^2 + (a^2 + 3r^2)\sqrt{a^2+3r^2} \right]$$

2057. **Problème.** *A un segment sphérique donné circonscrire le cône minimum.*

(Voir *Méthodes*, n° 394.)

Comme cas particulier, on peut considérer l'hémisphère.

Alors $\qquad\qquad PE = OE = r\sqrt{3} \qquad\qquad$ (n° 316, a)

Ainsi la hauteur du cône minimum circonscrit à un hémisphère, égale le côté du triangle équilatéral inscrit dans un grand cercle de la sphère.

Exercice 856

2058. **Problème.** *Inscrire dans une sphère un prisme triangulaire régulier maximum.*

(Voir *Méthodes*, n° 397.)

2059. **Problème.** *Inscrire dans une sphère un prisme régulier maximum dont la base a un nombre quelconque de côtés.*

(Voir *Méthodes*, n° 399.)

Exercice 857

2060. **Problème.** *Inscrire dans une sphère un cylindre dont la surface latérale soit maxima.*

Soit x le rayon du cylindre et $2y$ la hauteur.

La surface latérale $= 2\pi x \times 2y = 4\pi xy$.

Puis on a $\qquad\qquad x^2 + y^2 = r^2$

Donc (n° 345) $\qquad\qquad x = y = \dfrac{r}{\sqrt{2}}$

Remarques. 1° Le problème est analogue à l'inscription du rectangle maximum dans un cercle donné, car la variation de la surface latérale ne dépend que de xy.

M. $\qquad\qquad\qquad\qquad\qquad\qquad\qquad\qquad\qquad$ 27

2° On résout de la même manière toutes les questions relatives à l'inscription d'un prisme régulier dont la surface latérale doit être maxima.

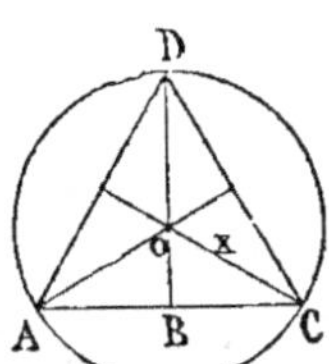

Fig. 1267.

Ainsi, pour le prisme triangulaire, désignons la hauteur par $2y$, et le rayon du cercle circonscrit à la base par x.

Exprimons le périmètre de la base en fonction de x :

$$OB = \frac{x}{2}; \quad AB^2 = \frac{3}{4}x^2;$$

$$AB = \frac{x}{2}\sqrt{3}; \quad 6 \cdot AB = 3x\sqrt{3}$$

donc la surface latérale $= 3x\sqrt{3} \times 2y = 6\sqrt{3} \times xy$.

Il faut encore poser $\quad x = y = \dfrac{r}{\sqrt{2}}$

Dans ce cas, la surface latérale $= 6\sqrt{3} \times \dfrac{r^2}{2} = 3r^2\sqrt{3}$.

3° Lorsqu'on demande un cylindre à surface latérale *maxima* et dont une des bases repose sur un plan donné, tandis que l'autre est déterminé par une section sphérique parallèle au plan considéré, le problème revient à inscrire dans un segment circulaire donné le rectangle de surface maxima (n° 364, 2°). On mène une tangente qui soit divisée en deux parties égales par le point de contact.

2061. Problème. *Dans un secteur sphérique, inscrire un cylindre dont la surface latérale soit maxima.*

1° Comme à l'exercice précédent (n° 2060, 3°). On mène une tangente MDN qui soit divisée en deux parties égales par le point de contact D.

2° Le produit des rectangles de surface maxima, inscrits dans deux secteurs dont la somme égale le cercle entier, est une quantité constante R^4. Or, comme on passe de chaque rectangle maximum à la surface latérale correspondante en multipliant la surface par la constante 2π, on voit que le produit des deux surfaces égale $4\pi^2 R^4$ ou $(2\pi R^2)^2$.

En d'autres termes : la surface de l'hémisphère est moyenne géométrique entre les surfaces latérales des deux cylindres.

Remarque. Pour inscrire dans un segment sphérique un cylindre dont la surface latérale soit maxima, on mène encore MDN, telle que

$$MD = DN$$

$$ON = \frac{a - \sqrt{a^2 + 8r^2}}{2}$$

Exercice 858

2062. Problème. *Quel est le maximum du cylindre engendré par la rotation d'un rectangle autour d'un de ses côtés? Le périmètre du rectangle est constant.*

Soient x le rayon de la base, y la hauteur, et $x + y = a$.
Le volume égale $\pi x^2 y$; donc (n° 376)

$$x = \frac{2a}{3} \quad \text{et} \quad y = \frac{a}{3}$$

$$V = \pi \frac{4a^2}{9} \cdot \frac{a}{3} = \frac{4}{27} \pi a^3$$

Il suffit de prendre $\quad DH = \frac{a}{3} \quad$ et $\quad DN = \frac{2}{3} a$

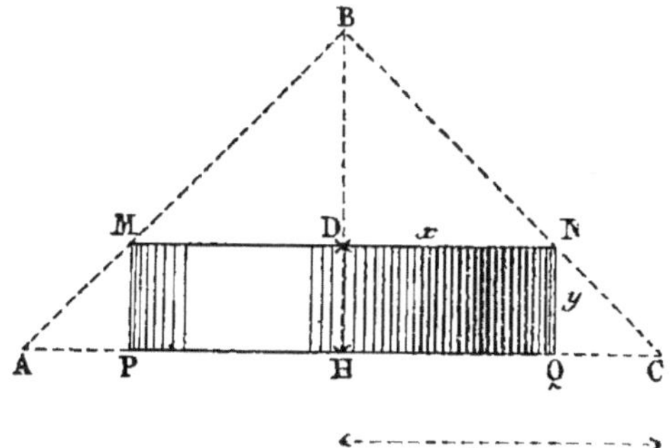

Fig. 1268.

Remarque. Le problème n'est qu'un cas particulier de l'inscription
d'un cylindre dans un cône. En effet, admettons qu'on ait un cône
ayant a pour rayon et a pour hauteur. La demi-section BHC serait
un triangle rectangle isocèle pour lequel on aurait $x + y = a$, quelle
que fût la position du point N.

Or, le cylindre maximum inscriptible dans le cône doit avoir pour
hauteur le $1/3$ de la hauteur du cône (n°s 384 et 386); donc

$$y = \frac{BH}{3} = \frac{a}{3}$$

2063. Problème. *Quel est le cône maximum dont la somme de la
hauteur et du rayon de base est constante?*

Le problème est identique à celui du cylindre engendré par un rectangle de périmètre constant; mais le volume est trois fois moindre
que celui du cylindre qui aurait la même constante pour somme de
la hauteur et du rayon.

Exercice 859

2064. Problème. *Quel est le cylindre de volume maximum qui a
pour surface totale $2\pi a^2$?*

Soient x le rayon de la base et y la hauteur.

La surface totale ou $\quad 2\pi a^2 = 2\pi x^2 + 2\pi xy$

d'où $\qquad\qquad x^2 + xy = a^2$

$$V = \pi x^2 y$$

Donc, d'après un principe connu (n° 380)

$$x^2 = \frac{a^2}{3} \quad \text{et} \quad y = \frac{2a}{\sqrt{3}}$$

$$V = \pi \frac{a^2}{3} \times \frac{2a}{\sqrt{3}} = \frac{2\pi a^3}{3 \times \sqrt{3}} \quad \text{ou} \quad \frac{2\pi a^3 \sqrt{3}}{9}$$

2065. Problème. *On donne un plan* P, *une sphère et un grand cercle fixe; mener une section parallèle au plan* P *et telle que le tronc cylindrique droit, qui aura cette section pour base et que le grand cercle limitera, ait un volume maximum.*

1° Soit x le rayon de la section et y la distance du centre de la sphère au centre de la section.

Le volume égale $\pi x^2 y$.

D'ailleurs $\qquad\qquad x^2 + y^2 = r^2$

donc il faut prendre (n°⁵ 376 et 392)

$$x^2 = \frac{2}{3} r^2; \quad y = \frac{r}{\sqrt{3}}$$

Avec cette valeur pour rayon, il faudra décrire une sphère concentrique à la première et mener un plan tangent parallèle au plan donné P.

2° En prolongeant le tronc cylindrique obtenu, on obtient le cylindre inscrit dans la sphère; donc il faut qu'il ait pour base une section égale à $^2/_3\,\pi r^2$.

Exercice 860

2066. Problème. *Quel est le cylindre de volume maximum inscrit dans un cône dont les génératrices sont inclinées à 45° et dont la surface totale est donnée?*

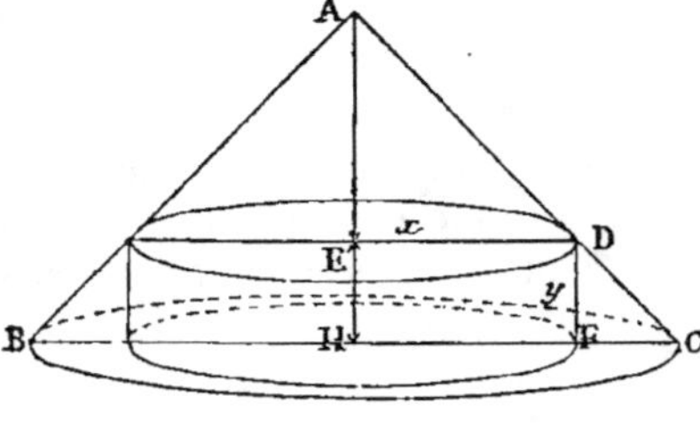

Fig. 1269.

Soient x le rayon du cylindre, y la hauteur de ce même cylindre et πa^2 la surface totale du cône.

La génératrice AC est l'hypoténuse d'un triangle isocèle rectangle; donc la somme $x + y$ est constante; elle égale $AH = HC$.

Il suffit d'exprimer AH en fonction de la surface totale donnée πa^2.

Or $\quad S = \pi.HC^2 + \pi HC \times AH\sqrt{2} = \pi.AH^2(1 + \sqrt{2}) = \pi a^2$

d'où $\qquad AH = \dfrac{a}{\sqrt{1 + \sqrt{2}}}; \quad$ donc $\quad x + y = \dfrac{a}{\sqrt{1 + \sqrt{2}}}$

D'ailleurs le volume $\dfrac{\pi x^2 y}{3}$ est maximum lorsque

$$x = {}^2/_3\,AH \quad\text{et}\quad y = {}^1/_3\,AH \qquad (n^o\ 376)$$

Donc $\qquad x^2 = \dfrac{4a^2}{9(1+\sqrt{2})} \quad\text{et}\quad y = \dfrac{a}{3\sqrt{1+\sqrt{2}}}$

$$V = \frac{\pi}{3}\cdot\frac{4a^2}{9(1+\sqrt{2})}\cdot\frac{a}{3\sqrt{1+\sqrt{2}}} = \frac{\pi}{3}\cdot\frac{4a^3}{27(\sqrt{1+\sqrt{2}})^3}$$

On peut écrire $\qquad V = \dfrac{\pi}{6}\left(\dfrac{2a}{3\sqrt{1+\sqrt{2}}}\right)^3$

2067. Problème. *Dans une sphère, on inscrit un cône équilatéral; mener un plan parallèle à la base, de telle sorte que la différence des sections faites dans la sphère et le cône soit maxima ou minima.*

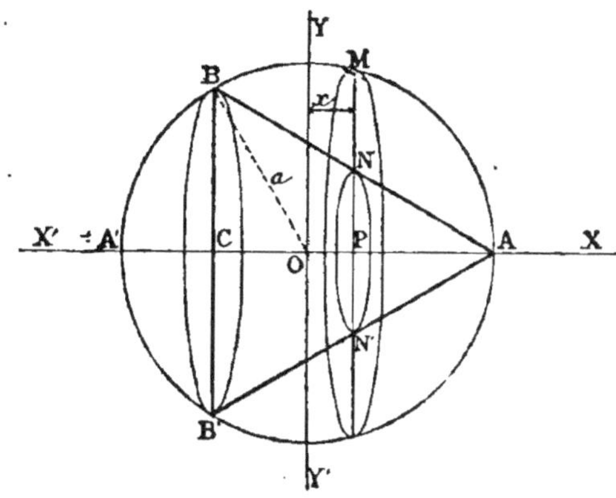

Fig. 1270.

Soit a le rayon de la sphère, A le sommet du cône, BB′ le diamètre de la base.

On sait que $BB' = AB$ et $OC = \dfrac{a}{2}$, car le triangle ABB′ est équilatéral.

La section menée par le point A ou par la base BB′ donne une différence nulle, tandis que toute section intermédiaire donne une certaine valeur pour la couronne

$$\pi(MP^2 - NP^2)$$

donc il y a un *maximum* entre A et C.

Au *point de vue géométrique*, dans le problème proposé il n'y a pas lieu d'étudier les sections faites de A vers X ou de C vers X′, puisque le cône inscrit ne dépasse pas les points A et C.

Pour avoir l'aire de la couronne qui correspond à MN, il suffit d'exprimer MP^2 et NP^2 en fonction de a et de x, ou OP.

1° $$MP^2 = a^2 - x^2$$

2° Le triangle ANN' est équilatéral; donc

$$AP = \frac{AN}{2}\sqrt{3} = PN\sqrt{3}$$

d'où $$PN = \frac{AP}{\sqrt{3}} = \frac{a-x}{\sqrt{3}}$$

ainsi $$PN^2 = \frac{a^2 - 2ax + x^2}{3} \tag{1}$$

$$MP^2 - PN^2 = \frac{3a^2 - 3x^2}{3} - \frac{a^2 - 2ax + x^2}{3} = \frac{2a^2 + 2ax - 4x^2}{3}$$

$$\pi(MP^2 - NP^2) = \frac{2}{3}\pi(a^2 + ax - 2x^2) \quad \text{ou} \quad \frac{4}{3}\pi\left(\frac{a^2}{2} + \frac{ax}{2} - x^2\right) \tag{2}$$

La variation ne peut dépendre que des termes $\frac{a}{2}x - x^2$, c'est-à-dire de

$$x\left(\frac{a}{2} - x\right)$$

Mais la somme des facteurs x et $\left(\frac{a}{2} - x\right)$ est constante; elle égale $\frac{r}{2}$; donc le produit est maximum lorsque les facteurs sont égaux (n° 343); donc

$$x = \frac{a}{2} - x; \quad \text{d'où} \quad x = \frac{a}{4}$$

Le maximum de $$\frac{2}{3}\pi(a^2 + ax - 2x^2)$$

est donc $$\frac{2}{3}\pi\left(a^2 + \frac{a^2}{4} - \frac{a^2}{8}\right)$$

$$\text{Maximum} = \frac{3}{4}\pi a^2$$

Remarques. 1° Pour avoir le maximum, on peut aussi procéder comme il suit, même sans résoudre l'équation :

$$\frac{a^2}{2} + \frac{ax}{2} - x^2 = 0$$

que l'on obtiendrait en égalant à 0 le trinôme du second degré (2).

En effet, on peut écrire

$$x^2 - \frac{ax}{2} - \frac{a^2}{2} = 0 \tag{3}$$

Or les racines de cette équation sont réelles, puisque la couronne est nulle pour les sections menées par le point A ou par le point C. On sait, d'ailleurs, que la demi-somme des racines réelles d'un tri-

nôme du second degré correspond à un maximum ou à un minimum; donc *le maximum est donné par la section équidistante de A et de C.*
Mais, en valeur absolue,

$$OC = \frac{a}{2}; \quad AC = \frac{3a}{2}$$

$$\frac{AC}{2} \quad \text{ou} \quad AP \text{ doit égaler} \quad \frac{3a}{4}$$

Ainsi le point P doit être aux $^3/_4$ du rayon, à partir du sommet A, ou bien au $^1/_4$, à partir du centre.

2°. **Conséquence.** *Quelle que soit la position du sommet A sur l'axe XX' et l'inclinaison de la génératrice, le maximum sera donné par la section équidistante des points-racines A et C, qui correspondent aux intersections de la circonférence et de la génératrice.*

3° On sait que la somme algébrique des racines de l'équation $x^2 + px + q$ égale le coefficient du second terme, mais changé de signe (Alg., n° 226); donc la demi-somme des racines de l'équation $x^2 - \frac{ax}{2} - \frac{a^2}{2} = 0$ donne $\frac{r}{4}$ pour la valeur de OP. Ce ré-ultat est conforme à celui qu'on a trouvé précédemment, mais il permet de généraliser la remarque 2°; car la somme des racines, *même imaginaires*, d'une équation à coefficients réels est une quantité réelle; donc

4° *Lorsque la génératrice du cône ne rencontre pas la circonférence, la couronne minima est donnée par la section menée par un point tel que OP est la moitié du coefficient changé de signe de l'équation qu'on obtient en retranchant la section sphérique de la section conique.*

2068. Considérations géométriques. Les considérations géométriques sont très utiles pour arriver à l'interprétation de certains résultats fournis par l'analyse algébrique.
Ainsi la couronne a pour expression

$$\frac{2}{3} \pi \left(a^2 + ax - 2x^2 \right)$$

ou
$$-\frac{4}{3} \pi \left(x^2 - \frac{a}{2} x - \frac{a^2}{2} \right)$$

Lorsque x varie de $-\infty$ à $+\infty$, ce trinôme est positif pour toute valeur de x comprise entre les racines, il s'annule pour les valeurs des racines, et reste négatif, en tendant vers l'infini, pour toute valeur de x non comprise entre les racines; mais dans tous les cas le trinôme a une valeur réelle. Or au delà du sommet A, vers AX, par exemple, que deviennent les sections du cône et de la sphère? — Voici la réponse :
Le cône doit être considéré comme formé par deux nappes illimitées dans le sens de AX et dans celui de AX'.
La sphère a pour analogue un hyperboloïde équilatère à deux nappes. En effet, la circonférence a pour équation :

$$x^2 + y^2 = a^2 \qquad\qquad \text{(G., n° 646.)}$$

L'hyperbole équilatère de mêmes sommets A et A' a pour équation :

$$x^2 - y^2 = a^2$$

Ainsi l'ordonnée MP du cercle est donnée par :

$$y^2 = a^2 - x^2$$

tandis que l'ordonnée SV de l'hyperbole est donnée par :

$$y^2 = a^2 - x^2$$

C'est une simple permutation de signes.

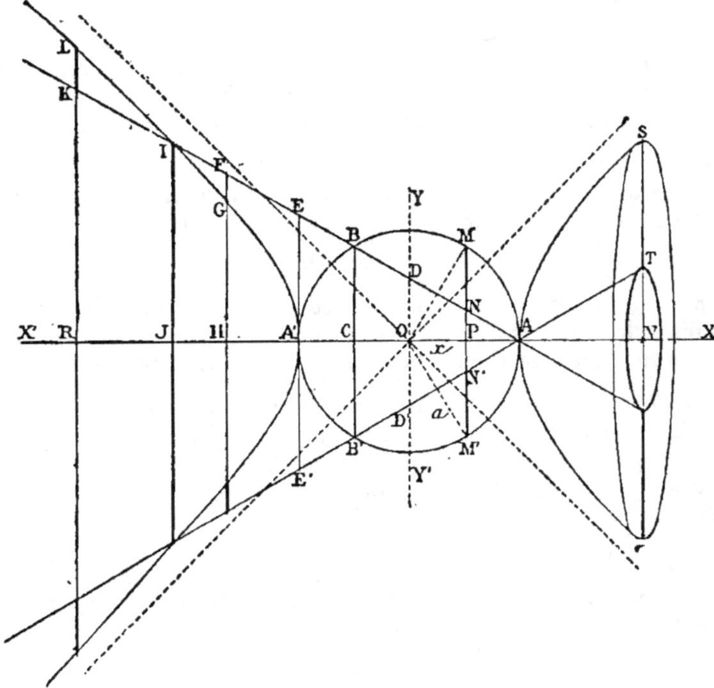

Fig. 1271.

Par suite, la sphère complétée par l'hyperboloïde équilatère et le cône à deux nappes donnent lieu à des sections circulaires correspondantes, quelle que soit la valeur attribuée à la variable x.

La somme ou la différence des sections correspondantes donne lieu à une question identique ou analogue au problème proposé.

Ainsi, en étudiant directement la couronne comprise entre l'hyperboloïde et le cône, on reconnaît que la surface annulaire change de signe, en passant par zéro, au point I, où la génératrice du cône coupe l'hyperbole.

L'étude complète conduirait à des questions déjà publiées (*Appendice aux exercices de Géométrie,* n° 819, page 92), il suffit d'indiquer le résultat.

Résumé. 1° En prenant en un point quelconque P de AC une ordonnée y telle que

$$y^2 = MP^2 - NP^2$$

on obtiendrait une ellipse, dont la rotation autour de AC engendrerait un ellipsoïde ayant A et C pour sommets, et dont le volume serait équivalent au volume engendré par le segment circulaire AMB tournant autour de XX'.

Le maximum de la couronne est donné par le plan mené à égale distance de A et C, parce que le plan passe par le centre de l'ellipsoïde.

Ce maximum égale $\dfrac{3}{4}\,\pi\,a^2$, donc b^2 de l'ellipsoïde est donné par :

$$b^2 = \frac{3}{4}\,a^2$$

L'ellipsoïde serait continué par un hyperboloïde de révolution à deux nappes ayant mêmes sommets A et C et mêmes axes que l'ellipsoïde.

2° Il en est de même pour tout cône dont la génératrice coupe la circonférence en deux points.

Les projections sur l'axe des deux points d'intersection sont les sommets communs à l'ellipsoïde et à l'hyperboloïde à deux nappes.

3° Lorsque la génératrice du cône est tangente à la circonférence, la projection du point de contact représente l'ellipsoïde ; l'hyperboloïde à deux nappes devient un cône à deux nappes ayant pour sommet la projection du point de contact.

4° Lorsque la génératrice du cône ne rencontre pas la circonférence, on obtient un hyperboloïde à une seule nappe, ayant XX' pour axe non transverse de l'hyperbole génératrice.

Le plan mené par le centre de l'hyperboloïde correspond à la couronne minima.

Nous rappelons l'énoncé d'un théorème beaucoup plus général que celui qui donne lieu au résumé précédent.

Théorème général. *On a des courbes du second degré ayant un de leurs axes sur une droite* OX *qui sert d'axe de rotation, les sommets des courbes sont d'ailleurs en des points quelconques de* OX ; *on a pareillement des droites dans une situation quelconque par rapport à* OX ; *toutes les lignes tournent autour de* OX *et engendrent des surfaces connues : cylindre, cône, hyperboloïde, paraboloïde ; la somme algébrique des volumes compris par ces surfaces exprime le volume d'un corps de révolution dont la méridienne est une courbe du second degré ayant* OX *pour axe.* (*Appendice aux Exercices de Géométrie*, n° 819.)

Il en résulte que la variation de la somme algébrique des sections faites dans ces corps par un plan perpendiculaire à l'axe, dépend du *corps de révolution* qui est la somme algébrique de tous les volumes engendrés par la rotation des lignes données.

1° Si le *corps de révolution* se compose d'un ellipsoïde et de l'hyperboloïde à deux nappes complémentaire, il y aura une section maxima à égale distance des sommets de l'ellipsoïde.

2° Si le *corps de révolution* est un hyperboloïde à une nappe, il y aura une section minima.

3° La section minima égalera zéro si le *corps de révolution* est un cône à deux nappes, ou si ce corps est formé par deux paraboloïdes de même sommet et dirigés respectivement vers OX et vers OX'.

LIVRE VIII

THÉORÈMES

Ellipse.

Exercice 861

2069. Théorème. *Les diamètres de l'ellipse sont des droites qui passent au centre.*

On appelle *diamètre rectiligne* une droite qui divise en deux parties égales une série de cordes parallèles. Deux diamètres sont dits *conjugués* lorsque chacun d'eux divise en deux parties égales les cordes parallèles à l'autre.

Dans le cercle dont la projection donne l'ellipse, considérons une série de cordes parallèles : les milieux de ces cordes sont sur un même diamètre du cercle, et ce diamètre se projette suivant une droite qui passe par le centre de l'ellipse.

Toutes les cordes parallèles du cercle donnent, par leurs projections, des cordes parallèles de l'ellipse; car tous les plans projetants sont parallèles.

Le milieu de chaque corde du cercle se projette au milieu de la corde correspondante de l'ellipse; car chaque partie de cette dernière corde égale la moitié de la corde du cercle multipliée par le cosinus de l'angle formé par la corde et par sa projection.

Ainsi la projection d'un diamètre quelconque du cercle donne un diamètre de l'ellipse, et toute droite menée par le centre d'une ellipse est un diamètre. Donc *les diamètres de l'ellipse...*

Exercice 862

2070. Théorème. *Deux diamètres rectangulaires du cercle principal ont pour projections deux diamètres conjugués de l'ellipse.*

Soient deux diamètres rectangulaires MM' et NN', et des cordes

EE′ et FF′ parallèles à l'un d'eux. Les lignes *nn′*, *ee′*, *ff′* sont parallèle (n° 2069); les projections *g* et *l* des points G et L, où les cordes sont coupées par MM′, sont au point de rencontre des cordes de l'ellipse et de *mm′* : ces points d'ailleurs sont au milieu de leurs cordes respectives (n° 2069). Donc *mm′* divise en deux parties égales

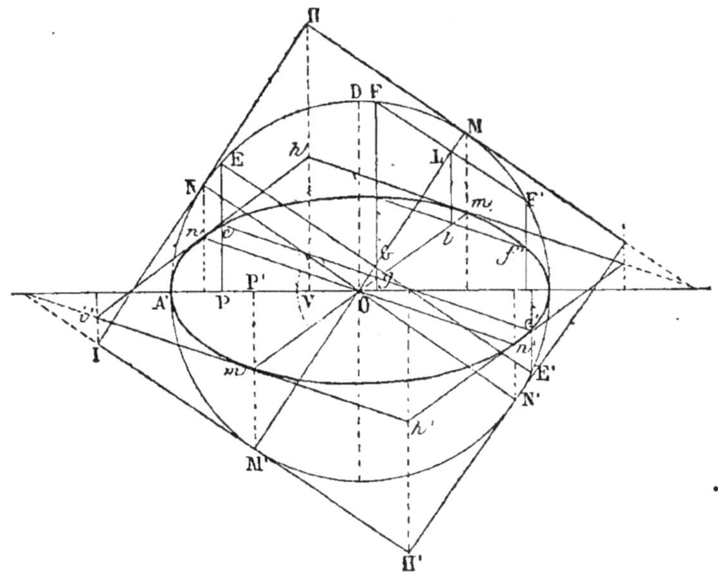

Fig. 1272.

les cordes *ee′* et *ff′* parallèles à *nn*; donc *mm′*, qui passe au centre, est un *diamètre*. De même *nn′* divise en deux parties les cordes parallèles à *mm′*; donc *mm′* et *nn′*, projections de deux diamètres rectangulaires du cercle principal, sont deux *diamètres conjugués* de l'ellipse.

Exercice 863

2071. **Théorème.** *Les parallèles* h'i′ *et* h′i, *menées à un diamètre* mm′ *par les extrémités de son conjugué, sont tangentes à l'ellipse; et réciproquement, la corde des contacts de deux tangentes parallèles a un diamètre donné* mm′ *est le conjugué de ce diamètre.*

1° Les parallèles HI′ et H′I, au diamètre MM′, sont perpendiculaires à NN′, et par suite sont tangentes au cercle; les projections *hi′* et *h′i* n'ont qu'un point commun avec l'ellipse, et elles sont tangentes à cette courbe, puisqu'elle est convexe. (G., n° 622.)

2° Réciproquement, la ligne des contacts NN', dans le cercle, est

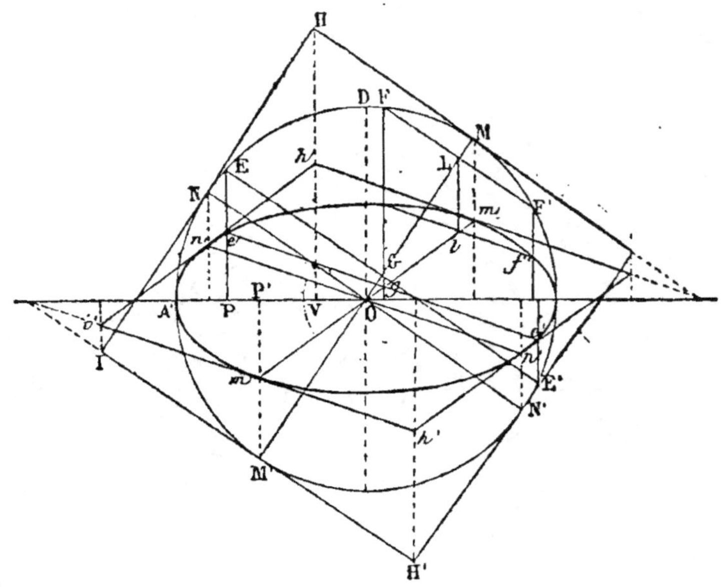

Fig. 1273.

perpendiculaire aux tangentes; donc sa projection nn' est le diamètre conjugué de mm', projection de MM'.

Exercice 864

2072. **1ᵉʳ Théorème d'Apollonius.** *Les parallélogrammes circonscrits à l'ellipse, et dont les côtés sont parallèles à deux diamètres conjugués, sont équivalents au rectangle construit sur les axes.*

Le cosinus d'inclinaison égale $\dfrac{b}{a}$ (nᵒˢ 1790 et 2069); donc le parallélogramme $hih'i' = \text{HIH'I'} . \dfrac{b}{a}$.

Or le carré circonscrit au cercle égale $2a \cdot 2a = 4a^2$; donc le parallélogramme égale $4a^2 . \dfrac{b}{a} = 4ab$, et ainsi il est équivalent au rectangle des axes.   *C. F. D. Q.*

On peut encore dire : le rectangle construit sur les axes et le parallélogramme construit sur deux diamètres conjugués, sont les projections sur un même plan de deux carrés égaux situés dans un même plan ; donc ces projections sont équivalentes (n° 1790, *scolie* 1).

Exercice 865

2073. *En désignant par a′ et b′ deux demi-diamètres conjugués, et par V l'angle qu'ils forment, on a la relation*

$$4a'b' . \sin V = 4ab$$

L'aire du parallélogramme s'obtient en multipliant le produit des diagonales par le sinus de l'angle qu'elles forment ; car on sait que l'aire du triangle qui a mêmes côtés a', b' et même angle V égale

$$\frac{a'b' \sin V}{2} . \quad (\textit{Trig.}, \text{n° 74.})$$

Donc $\qquad 4a'b' . \sin V = 4ab;$ d'où $\quad a'b' \sin V = ab \qquad C. Q. F. D.$

Exercice 866

2074. *La somme des carrés des projections de deux diamètres conjugués sur un axe quelconque égale le carré de cet axe.*

$$OP^2 + OP'^2 = a^2 \quad et \quad Pn^2 + P'm'^2 = b^2$$

En effet, les triangles rectangles ONP et OP'M' sont égaux ; car l'angle NOP est le complément de P'OM' : il égale donc l'angle M', et $ON = OM' = a$.

Donc $NP = OP'$; et, puisqu'on a $OP^2 + NP^2 = NO^2 = a^2$, on peut écrire $\qquad\qquad OP^2 + OP'^2 = a^2 \qquad\qquad\qquad (1)$

Les projections de a' et de b' sur le petit axe égalent Pn et $P'm'$.

Or $\dfrac{P'm'}{P'M'} = \dfrac{b}{a}$; $P'M'^2$ ou $PO^2 = \dfrac{a^2}{b^2} . P'm'^2$; $\dfrac{Pn}{PN} = \dfrac{b}{a}$; $PN^2 = \dfrac{a^2}{b^2} . Pn^2$

La relation $PO^2 + PN^2 = a^2$ devient $\dfrac{a^2}{b^2} . P'm'^2 + \dfrac{a^2}{b^2} . Pn^2 = a^2$;

d'où $\qquad\qquad Pm'^2 + Pn^2 = a^2 . \dfrac{b^2}{a^2} = b^2 \qquad\qquad (2)$

Exercice 867

2075. **2ᵉ Théorème d'Apollonius.** *La somme des carrés de deux diamètres conjugués égale la somme des carrés des axes.*

$$a'^2 + b'^2 = a^2 + b^2$$

En ajoutant les relations (1) et (2), on trouve

$$OP^2 + OP'^2 + Pm'^2 + Pn^2 = a^2 + b^2$$

Or $\qquad OP^2 + Pn^2 = a'^2 \quad et \quad OP'^2 + Pm'^2 = b'^2$

donc $\qquad\qquad a'^2 + b'^2 = a^2 + b^2 \qquad\qquad C. Q. F. D.$

Remarque. Les deux relations d'Apollonius

$$a'b' . \sin V = ab$$

$$a'^2 + b'^2 = a^2 + b^2$$

permettent de calculer les axes $2a$, $2b$, lorsqu'on connaît deux diamètres conjugués $2a'$, $2b'$, et l'angle V (n° 2188).

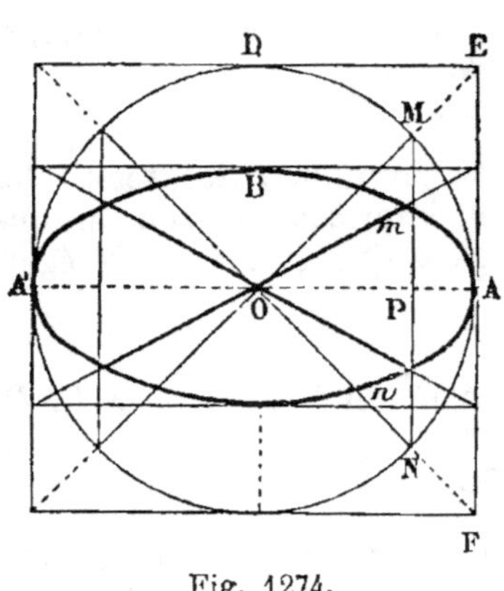

Fig. 1274.

Exercice 868

2076. Théorème. *L'ellipse a deux diamètres conjugués égaux ; ils correspondent aux diagonales du rectangle construit sur les axes.*

En nous bornant aux demi-diamètres, on reconnaît que les diagonales OE et OF du carré, dont les côtés sont parallèles aux axes, sont également inclinées sur AA' ; et, puisque PM = PN, on a

$$Pm = Pn ;$$

d'où $\qquad Om = On$

Exercice 869

2077. Théorème. *Pour une tangente quelconque à l'ellipse, le pro-*

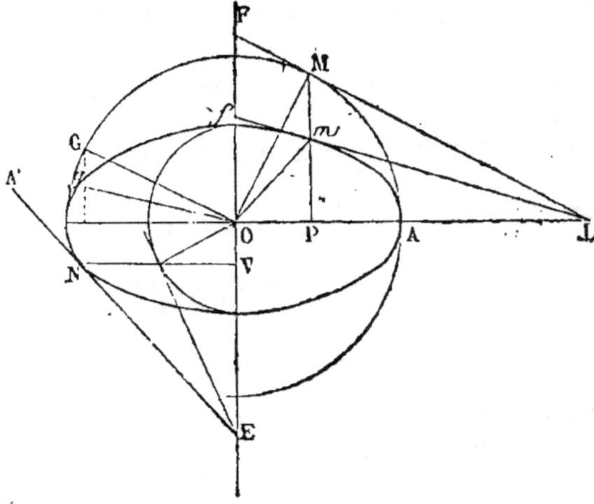

Fig. 1275.

duit de l'abscisse du point de contact par l'abscisse du point où cette tangente coupe le grand axe, égale le carré du demi-grand axe.

(Il y a un théorème analogue pour le petit axe.)

Soit la tangente mL, et soit ML la tangente correspondante du cercle principal (G., n° 626) ; le triangle rectangle OLM donne

$$OL.OP = OM^2 = a^2$$

De même
$$OE.OV = On^2 = b^2$$

Exercice 870

2078. Théorème. *Les axes d'une ellipse interceptent sur une tangente quelconque des segments dont le produit égale le carré du demi-diamètre conjugué au diamètre du point de contact.*

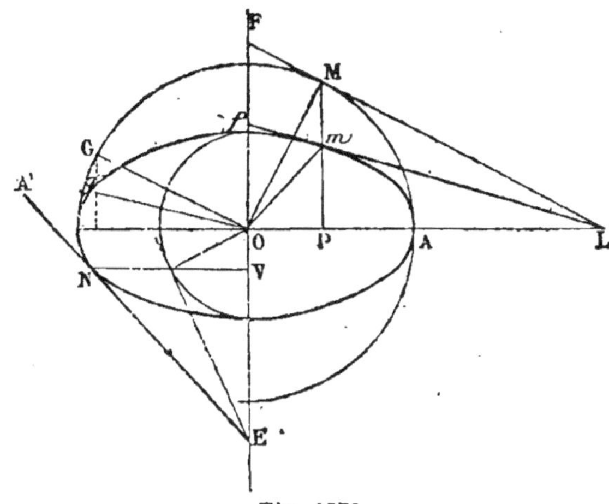

Fig. 1276.

Soient les tangentes Lmf et LMF à l'ellipse et au cercle principal. MO est perpendiculaire à la tangente au cercle et à sa parallèle GO ; MO et GO donnent deux demi-diamètres conjugués mO et gO ; gO est parallèle à Lf, puisque GO et LF sont parallèles (n° 2069).

On a donc
$$\frac{gO}{GO} = \frac{Lm}{LM} = \frac{mf}{MF}$$

Mais le triangle rectangle FOL donne

$$ML.MF = OM^2 \quad \text{ou} \quad ML.MF = OG^2$$

En réduisant toutes ces lignes dans un même rapport, on a

$$mL.mf = Og^2 \qquad\qquad C.Q.F.D.$$

Exercice 871

2079. Théorème. *Pour déterminer les axes d'une ellipse, connaissant deux demi-diamètres conjugués OM et ON, et leur angle MON ou V, il faut mener par M une parallèle à NO, élever la perpendiculaire MC égale à NO, faire passer par CO une circonférence qui ait son* *centre sur* DE. *Les points* D *et* E *font connaître la direction des axes* (n° 2078); *puis on décrit une demi-circonférence sur le diamètre* OE. *La perpendiculaire* MPA″ *donne* OA″ = a (n° 2077).

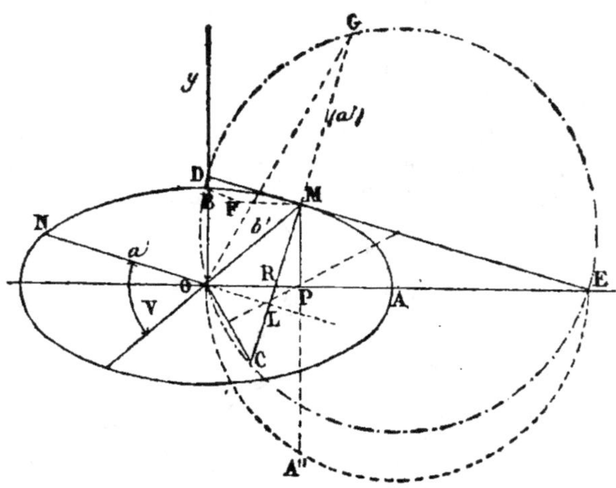

Fig. 1277.

La droite DME, parallèle à NO, est tangente à l'ellipse (n° 2071); la perpendiculaire élevée au milieu de OC détermine le centre de la circonférence auxiliaire. Si l'on joint le point O aux extrémités du diamètre, on a   DM . ME = MC² = NO²

Donc (n° 2078) les droites OD et OE font connaître la direction des axes.

Sur le diamètre OE, décrivons une circonférence, abaissons la perpendiculaire MPA″; nous aurons

$$OA''^2 = OP . OE$$

Donc (n° 2077) OA″ est la valeur du demi-grand axe.

On déterminerait d'une manière analogue le petit axe.

2080. **Remarques.** 1° Comme construction, ce procédé est médiocre; car O et C étant souvent très rapprochés, la circonférence est mal déterminée.

Le procédé suivant, dû à CHASLES, est bien préférable; mais la démonstration directe de la seconde partie est longue et assez difficile.

Du point M, abaissons une perpendiculaire sur NO ou a', prenons MG = MC = a', et menons OG et OC.

OG = $a + b$, OC = $a - b$, et le grand axe est la bissectrice de l'angle COG.

Le triangle OMG donne (G., n° 252)

$$OG^2 = a'^2 + b'^2 + 2a' . ML$$

Mais $ML = b'.\sin MOL = b'.\sin V.$ (Trig., n° 62.)

Donc $OG^2 = a'^2 + b'^2 + 2a'b'.\sin V = (a+b)^2$ (n° 2075).

De même, dans le triangle OMC, $OC^2 = MC^2 + b'^2 - 2MC.ML$;
mais $MC = a'$. Donc $OC^2 = a'^2 + b'^2 - 2a'b'.\sin V$; donc $OC^2 = (a-b)^2$.

En utilisant notre première construction, la deuxième partie se démontre plus facilement. Il suffit de remarquer que la circonférence qui a la tangente pour diamètre passe au point G, puisque $MG = MC$. Donc OE est bissectrice, car les angles COE et GOE ont pour mesure les arcs égaux GE et CE.

Enfin la droite MF, parallèle à la bissectrice, donne $OF = b$, $FG = a$; car $RG = a' + MR$, $RC = a' - MR$, $OG = a+b$, $OC = a-b$.

Et puisqu'on a, à cause de la bissectrice, $\dfrac{a' + MR}{a' - MR} = \dfrac{a+b}{a-b}$, et que, dans une proportion, la somme des deux premiers termes est à leur différence dans le rapport de la somme des deux derniers à leur différence, on a $\dfrac{2a'}{2MR} = \dfrac{2a}{2b}$ ou $\dfrac{a'}{MR} = \dfrac{a}{b}$. D'ailleurs, $\dfrac{a'}{MR} = \dfrac{GF}{FO}$; donc $GF = a$ et $FO = b$.

2° Le calcul des axes, indiqué ci-après (n° 2188), est parfois nécessaire. Par exemple, lorsque le mur de tête d'un pont biais est en talus, l'arc de tête est une demi-ellipse rapportée à deux diamètres conjugués; et il faut calculer les axes pour trouver, au moyen des tables connues, le développement de l'*arc de tête*. La détermination *géométrique* des axes est une question très intéressante, mais en réalité moins utile dans les applications; car, l'ellipse ne se déterminant que par points, il n'est guère plus difficile de déterminer les points lorsqu'on connaît en grandeur et en position deux diamètres conjugués, que lorsqu'on connaît les axes.

Exercice 872

2081. Théorème. *La droite qui joint le point de concours de deux tangentes au milieu de la corde des contacts passe au centre de l'ellipse.*

Soient PM et PN deux tangentes à l'ellipse, et soient P'M' et P'N' les tangentes correspondantes au cercle principal. P'O passe au milieu de la corde M'N'; donc sa projection PO passe au milieu de MN, et la droite PD passe au centre.

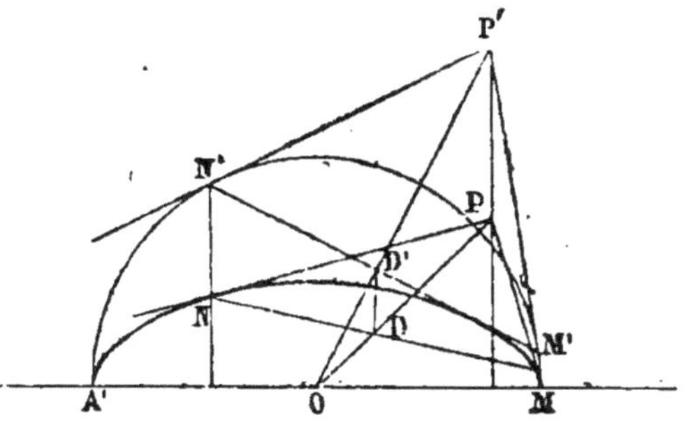

Fig. 1278.

Scolie. *La droite qui joint le point de concours de deux tangentes au point milieu de la corde des contacts et cette corde elle-même donnent lieu à un système de diamètres conjugués.*

Exercice 873

2082. Théorème. *On peut construire une ellipse par points lorsqu'on connaît deux diamètres conjugués et leur angle.*

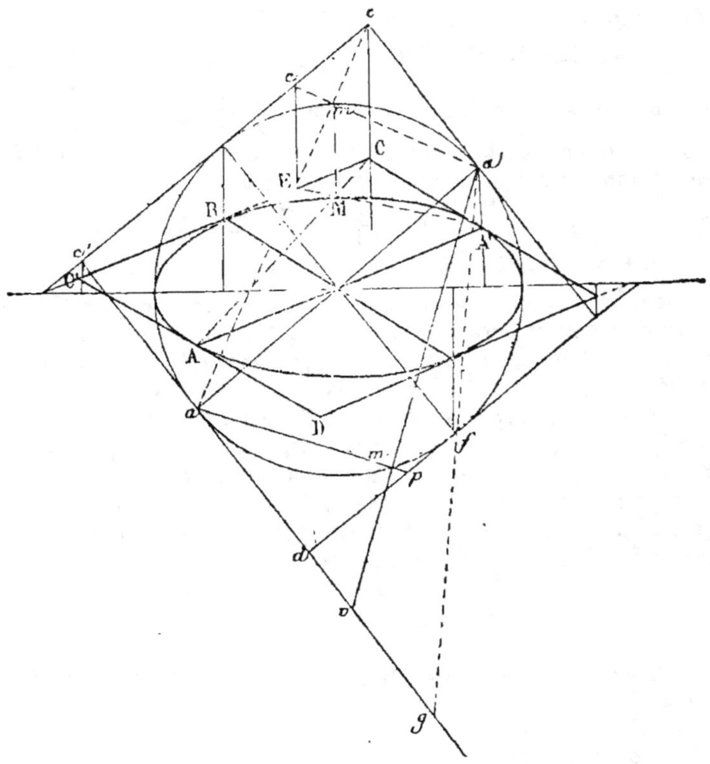

Fig. 1279.

Lorsqu'on connaît deux diamètres conjugués et leur angle, le parallélogramme circonscrit fait connaître quatre tangentes et leurs points de contact; on obtient quatre autres points en joignant A′ au point E, milieu de CB, et C au point A, etc. En prenant DG = AD,

il faut qu'on ait
$$\frac{DP}{DF} = \frac{AV}{AG}$$

Une droite divisée en parties égales a pour projection une droite divisée en un même nombre de parties égales; et généralement, puisque les projections de deux parallèles sont proportionnelles à ces lignes, si une droite est divisée dans un rapport donné, il en sera de même de sa projection. Il suffit donc d'établir pour la circonférence les propriétés énoncées ci-dessus, pour qu'on puisse les appliquer à l'ellipse : deux diamètres conjugués de cette dernière courbe remplacent deux diamètres rectangulaires du cercle, et réciproquement.

1° Prenons $ce = \frac{1}{2}bc$. Les triangles rectangles $a'ec$ et $ac'c$ sont semblables, car $ce = \frac{1}{2}ca'$ et $ac' = \frac{1}{2}aa'$. Donc l'angle $ca'e = a'ac$; donc l'angle $a'ac + aa'm = 1$ droit, et l'angle m est droit. Par suite, les droites $a'e$ et ac se coupent sur la circonférence; leurs projections A′E et AC se coupent sur l'ellipse. D'ailleurs, le point E est le milieu de CB...

Pour la seconde partie, bornons-nous à considérer le cercle. Prenons $dg = ad$ ou $ag = 2ad = aa'$. Si l'on a $\dfrac{dp}{df} = \dfrac{av}{ag}$, les triangles rectangles adp et $aa'v$ sont encore semblables; l'angle m est droit. Donc ce point appartient à la circonférence...

Exercice 874

2083. Théorème. *La projection d'une ellipse sur un plan quelconque est une ellipse.*

Toute propriété descriptive qui se conserve en projection conduit à ce résultat. Ainsi, dans la figure précédente, les points tels que M appartiennent à la courbe; mais en projetant cette ellipse et les lignes de construction, telles que AC et A′E, et le parallélogramme circonscrit, on obtient une figure analogue. Les projections des divers points de la courbe donnent donc une ellipse...

Exercice 875

2084. Théorème. *Le produit des distances des foyers à une tangente quelconque est constant.*

Les points M et M′, projections des foyers, sont sur le cercle principal (G., n° 626); prolongeons M′F′. Puisque OF = OF′, et que les lignes FM et F′M′ sont parallèles, on a

$$MF = NF'$$

Or $NF' \cdot F'M' = A'F' \cdot F'A$

Donc

$$FM \cdot F'M' = A'F' \cdot F'A =$$
$$= (a - c)(a + c) = a^2 - c^2$$
ou $\quad FM \cdot F'M' = b^2$

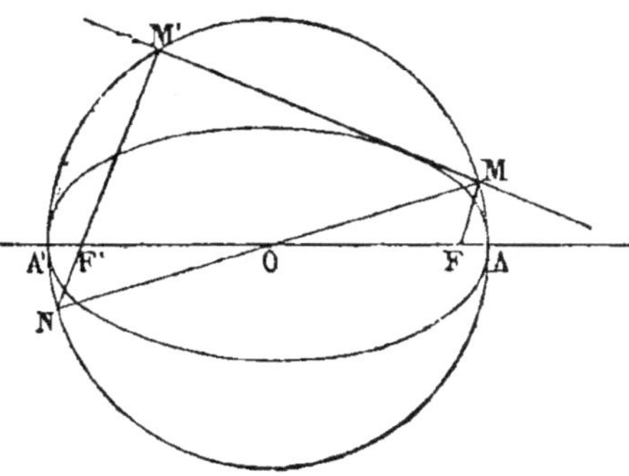

Fig. 1280.

Remarque. *La somme des distances de chaque foyer d'une ellipse à une tangente quelconque peut varier de 2b à 2b. Elle égale 2b lorsque la tangente est parallèle au grand axe; elle égale 2a lorsque la tangente est parallèle au petit axe.*

Exercice 876

2085. Théorème. *Dans l'ellipse, le cercle décrit sur un rayon vecteur quelconque pris pour diamètre est tangent au cercle principal.* (N. A., 1845, page 354.)

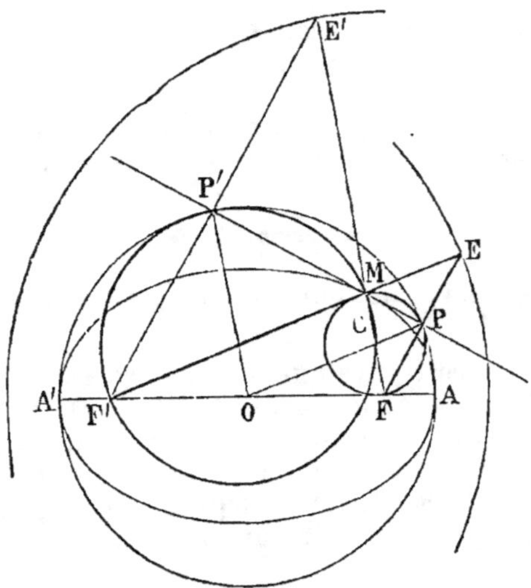

Fig. 1281.

Ce théorème a déjà été démontré (n° 1469).

Soit MF un rayon vecteur quelconque; menons la tangente PMP'. Projetons les foyers et prolongeons les projetantes et les rayons vecteurs jusqu'au cercle directeur relatif au foyer F.

On sait que le point E est le symétrique de F, et que la projection P est sur le cercle principal. (G., n°ˢ 624 et 626.) D'ailleurs OP est parallèle à F'E et en égale la moitié; donc C est le point milieu de FM; d'ailleurs CP = CF, car le triangle MPF est rectangle; donc le cercle décrit sur le diamètre MF est tangent au cercle principal, au point P.

2086. Théorème. *Dans l'hyperbole, le cercle décrit sur un rayon vecteur quelconque pris pour diamètre est tangent au cercle principal.*

2087. Théorème. *Dans la parabole, le cercle décrit sur un rayon vecteur quelconque est tangent à la tangente au sommet.*

2088. Théorème. *Dans l'ellipse, la somme des circonférences décrites sur les rayons vecteurs d'un même point M égale la circonférence du cercle principal.*

Exercice 877

2089. Théorème. *Soient MT, MT' deux tangentes menées à une ellipse par un point M. Si l'on prend sur ces tangentes des longueurs MO, MO' respectivement égales aux distances MF, MF', la droite OO' sera égale au grand axe 2a de l'ellipse.* (W. Roberts*. N. A., 1848, page 68.)

Soient $MO = MF$, $MO' = MF'$; il faut prouver que $OO' = 2a$.

Joignons le foyer F au point de contact T'. Prolongeons ce rayon vecteur jusqu'au cercle directeur, c'est-à-dire prenons $FE' = 2a$.

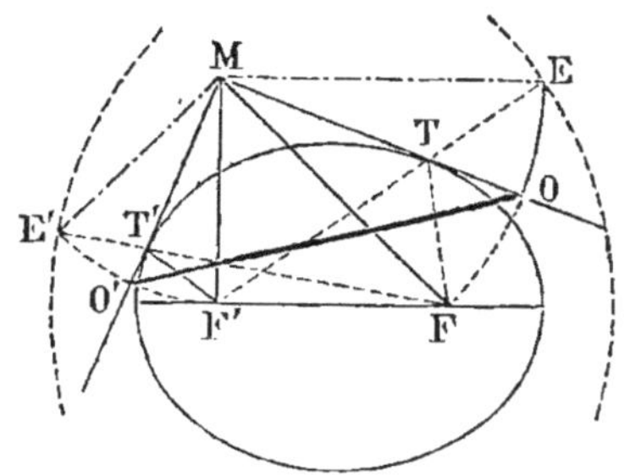

Fig. 1282.

Les triangles MT'E', MT'F' sont égaux comme ayant un angle égal compris entre deux côtés égaux; car $T'E' = TF'$ (n° 625) l'angle $E'T'O' = MT'F' = F'T'O'$; donc l'angle $E'MO' = O'MF'$ et $ME' = MF'$.

De même l'angle $EMO = OMF$ et $ME = MF$.

Les deux triangles E'MF et F'ME sont égaux comme ayant les trois côtés égaux; d'où l'on conclut le *théorème de Poncelet*. (G., n° 633.)

La droite MF' est bissectrice de l'angle TF'T' et les quatre angles sont égaux entre eux; donc l'angle $O'MO = E'MF$.

Les triangles E'MF, O'MO sont égaux comme ayant un angle égal compris entre deux côtés égaux; donc $O'O = E'F = 2a$.

Exercice 878

2090. Théorème. *Par un foyer d'une ellipse on mène une corde AFB; par le point de rencontre C des deux normales en A et B on mène une parallèle au grand axe; cette parallèle passe par le point milieu de AB.*

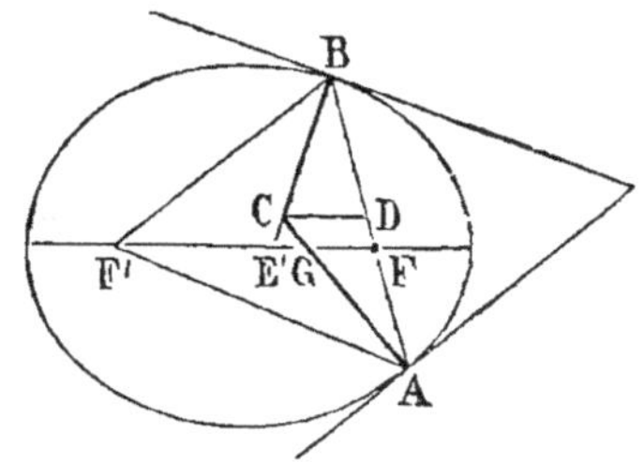

Fig. 1283.

Soient BC, AC les normales; il faut prouver que $DA = DB$.

Les triangles semblables ADC,

---

* William Roberts, célèbre géomètre irlandais, auteur de nombreux articles des *Nouvelles Annales*.

AFG, puis BDC, BFE donnent les rapports suivants :

$$\frac{AD}{DC} = \frac{AF}{FG} ; \quad \text{d'où} \quad AD = DC.\frac{AF}{FG}$$

$$\frac{BD}{DC} = \frac{BF}{FE} ; \quad \text{d'où} \quad BD = DC.\frac{BF}{FE}$$

Il suffit de prouver que les rapports $\dfrac{AF}{FG}$ et $\dfrac{BF}{FE}$ sont égaux.

Or les normales sont bissectrices des angles A et B du triangle ABF', et les bissectrices divisent la base en segments proportionnels aux côtés m et n du triangle ; donc

$$\frac{AF}{FG} = \frac{AF + AF'}{FF'} = \frac{2a}{2c} = \frac{a}{c}$$

de même
$$\frac{BF}{FE} = \frac{BF + BF'}{FF'} = \frac{a}{c} \qquad \text{donc...}$$

Exercice 879

2091. Théorème. *Dans l'ellipse, la normale en un point M de la courbe est divisée par les axes en deux segments MN, ML, dont le produit égale le carré du demi-diamètre conjugué à celui qui passe par le point donné M. (N. A., 1847, page 231.)*

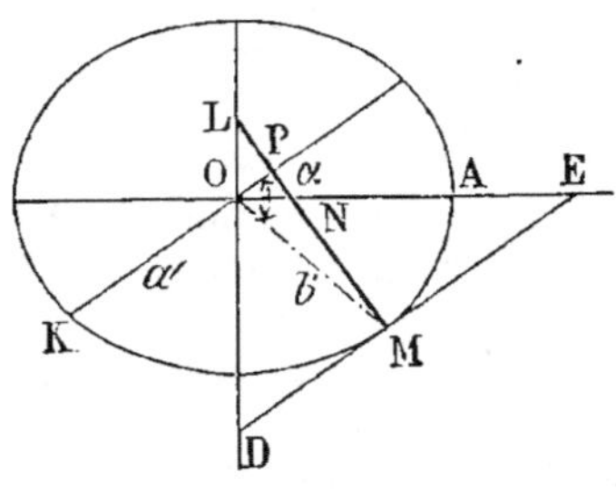

Fig. 1284.

Soit la normale MNL ; menons la tangente DME ; la parallèle OK à la tangente est le demi-diamètre conjugué à OM. Il faut prouver qu'on a

$$MN.ML = OK^2$$

Les triangles rectangles semblables DML, MNE donnent

$$\frac{DM}{ML} = \frac{MN}{ME} ; \quad \text{d'où} \quad MN.ML = MD.ME = OK^2 \quad (\text{n}^o\,2078)$$

2092. Théorème. *Le produit des segments déterminés sur la normale par un axe et par le diamètre conjugué égale le carré de l'autre demi-axe.*

Il faut prouver qu'on a

$$MP.ML = a^2 \quad \text{et} \quad MP.MN = b^2$$

Or, on vient de prouver que

$$MN.ML = OK^2$$

On peut donc écrire

$$MN.ML \times MP^2 = OK^2 \times MP^2$$

Mais $OK \times MP$ représente le $^1/_4$ de la surface du parallélogramme circonscrit à l'ellipse; ce produit égale ab (n° 2072). D'ailleurs, on pourrait remplacer la perpendiculaire MP par $b' \sin \alpha$; ainsi

$$OK \cdot MP = a'b' \sin \alpha = ab$$

donc
$$MN \cdot MP \times ML \cdot MP = a^2 b^2 \qquad (1)$$

D'ailleurs

$$a'^2 + MP^2 \text{ ou } MN \cdot ML + MP^2 = (MP - NP)ML + (MN + NP)MP =$$
$$= MP \cdot ML - NP \cdot ML + MP \cdot MN + MP \cdot NP$$

d'où $a'^2 + MP^2 = MP \cdot ML + MP \cdot MN - NP \cdot MP - NP \cdot PL + NP \cdot MP$

En simplifiant, remplaçant NP.PL par ON^2, on trouve

$$MP \cdot ML + MP \cdot MN = a'^2 + MP^2 + ON^2 = a'^2 + b'^2 \quad \text{ou} \quad = a^2 + b^2 \quad (2)$$

De la comparaison de (1) et (2) il résulte que

$$MP \cdot ML = a^2 \quad \text{et} \quad MP \cdot MN = b^2 \qquad C.\ Q.\ F.\ D.$$

Exercice 880

2093. Théorème. *Le carré de la distance du centre d'une ellipse à une tangente quelconque, diminué du carré de la distance du centre à la droite menée par un foyer parallèlement à cette tangente, égale le carré du demi-petit axe.*

Il faut prouver que

$$OM^2 - ON^2 = b^2$$

Décrivons le cercle principal; projetons les foyers sur la tangente. Les points P et P' appartiennent au cercle principal.

On sait d'ailleurs que

$$F'P' = FQ$$

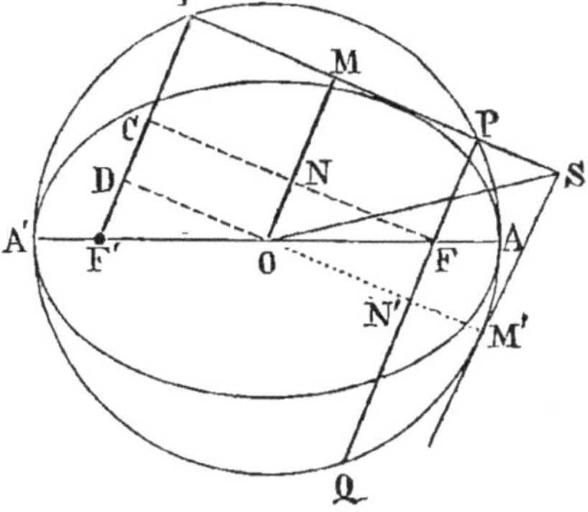

Fig. 1285.

et que $FP \cdot FQ$ ou $AF \cdot FA' = b^2$;

donc
$$FP \cdot F'P' = b^2 \qquad (\text{n}° 2084)$$

Ceci étant rappelé, il suffit de remplacer F'P' et FP par leurs valeurs en fonction de OM et de ON.

Or
$$F'P' = OM + ON \quad \text{et} \quad FP = OM - ON$$

donc
$$F'P' \cdot FP = (OM + ON)(OM - ON) = OM^2 - ON^2$$

ou
$$OM^2 - ON^2 = b^2 \qquad C.\ Q.\ F.\ D.$$

2094. Théorème. *Le lieu des sommets des rectangles circonscrits à une ellipse donnée est un cercle concentrique à cette ellipse.*

Soit M'S une tangente perpendiculaire à MS.

D'après le théorème précédent, on a

$$OM^2 - ON^2 = b^2; \quad OM'^2 - ON'^2 = b^2$$

d'où
$$OM^2 + OM'^2 = 2b^2 + (ON^2 + ON'^2)$$

Mais
$$OM^2 + OM'^2 = OS^2; \quad ON^2 + ON'^2 = OF^2 = c^2$$

donc
$$OS^2 = 2b^2 + c^2 \quad ou \quad = a^2 + b^2 \quad \text{quantité constante.}$$

Ainsi le lieu du sommet S est une circonférence décrite du centre O avec $\sqrt{a^2 + b^2}$ pour rayon.

Exercice 881

2095. Théorème. *Pour un point quelconque M d'une ellipse, en désignant par x la distance OP du centre de la courbe au pied P de la perpendiculaire MP abaissée sur le grand axe, les rayons vecteurs MF' et MF ont pour expression*

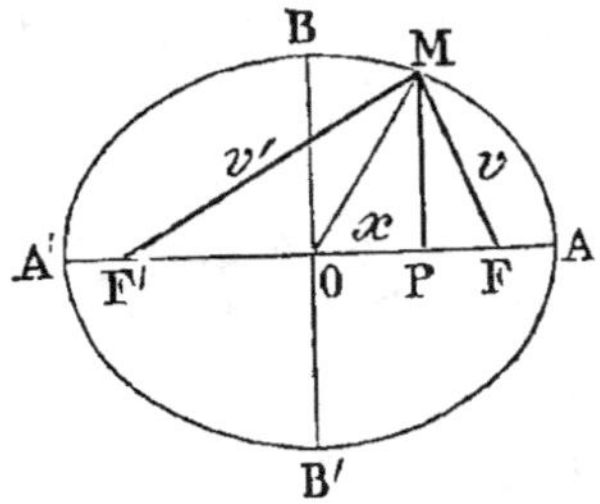

Fig. 1286.

$$a + \frac{cx}{a} \quad et \quad a - \frac{cx}{a}$$

Soient v et v' les rayons vecteurs; on sait que

$$OF = OF' = c$$

$$v'^2 - v^2 = PF'^2 - PF^2$$

$$v'^2 - v^2 = (PF' + PE)(PF' - PF) = 2c \times 2x$$

Or,
$$v'^2 - v^2 = (v' + v)(v' - v) = 2a(v' - v)$$

d'où
$$v' - v = \frac{2c \times 2x}{2a}; \quad d'où \quad \frac{v' - v}{2} = \frac{cx}{a}$$

On sait que la demi-somme de deux quantités, augmentée de la demi-différence, égale la plus grande de ces quantités; donc

$$\frac{v' + v}{2} + \frac{v' - v}{2} \quad ou \quad v' = a + \frac{cx}{a} \tag{1}$$

$$\frac{v' + v}{2} - \frac{v' - v}{2} \quad ou \quad v = a - \frac{cx}{a} \tag{2}$$

Exercice 882

2096. Théorème. *Les tangentes menées par les extrémités d'une corde focale d'une ellipse se coupent sur la directrice correspondante.*

Considérons le cercle principal.

A la corde focale MFN correspond, dans le cercle principal, la corde M'FN'.

Or, le lieu des points L' de concours des tangentes est une droite L'D perpendiculaire à OF. (G., n° 802, 2°.) Cette droite est la polaire du point F.

Il en est donc de même pour l'ellipse.

On a $\dfrac{DL}{DL'} = \dfrac{b}{a}$

(G., n° 640.)

La droite DL est la directrice relative au foyer F.

En effet, menons la perpendiculaire FC et la tangente CD; le triangle rectangle OCD donne

$$OD = \frac{OC^2}{OF} = \frac{a^2}{c}$$

(G., n° 846.)

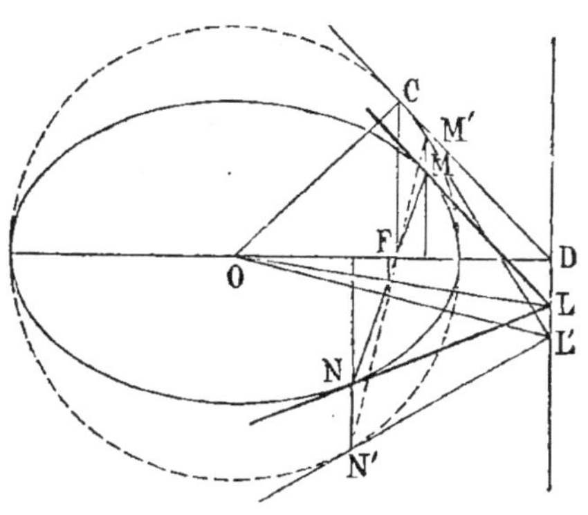

Fig. 1287.

Théorème. *La somme des inverses des segments d'une corde focale est une quantité constante.*

(Voir *Méthodes*, n° 287, *Remarque*.)

Exercice 883

2097. **Théorème de Chasles.** *Le lieu des sommets d'un angle droit dont les côtés sont respectivement tangents à deux ellipses homofocales est une circonférence concentrique à ces ellipses.* (N. A., 1849, page 214.)

Puisque les ellipses sont homofocales, elles ont les mêmes foyers; c^2 ne varie pas. Soit b^2 le carré du demi-petit axe de l'une d'elles et b'^2 celui de l'autre courbe.

La tangente à la première donne

$$OM^2 - ON^2 = b^2 \quad (1) \quad (n° 2093)$$

La tangente à la seconde donne

$$OM'^2 = ON'^2 = b'^2 \quad (2)$$

d'où $\quad OM^2 + OM'^2 \quad$ ou

$$OS^2 = b^2 + b'^2 + (ON^2 + ON'^2)$$

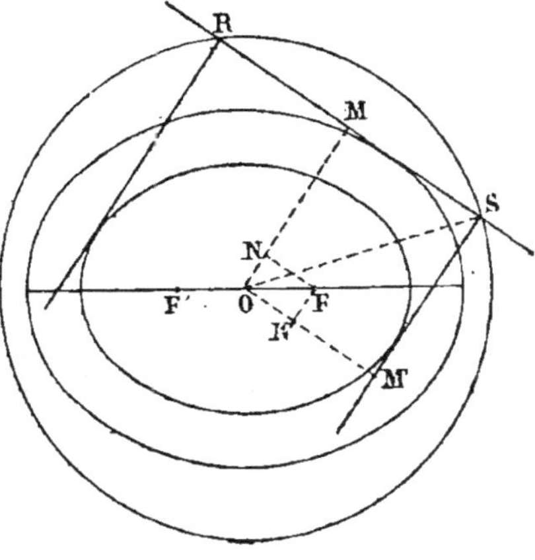

Fig. 1288.

27*

Mais $ON^2 + ON'^2$ égale la constante c^2; donc

$$OS^2 = b^2 + b'^2 + c^2 \quad \text{quantité constante.}$$

C. Q. F. D.

Remarque. On peut écrire $OS^2 = a^2 + b'^2$ ou $OS^2 = b^2 + a'^2$.

2098. Théorème de Maclaurin. *Étant données deux ellipses semblables, concentriques et semblablement placées, par un des sommets A de la plus petite on mène sa tangente MAN, qui rencontre l'autre ellipse en deux points M et N.*

Par l'un de ces points, on mène dans cette seconde ellipse deux cordes quelconques MP, MQ, mais également inclinées sur la tangente.

Par le point de contact de l'ellipse intérieure, on mène deux cordes AB, AC parallèles aux cordes de l'autre ellipse.

Prouver que la somme de ces deux cordes est égale à la somme des deux autres cordes. (MACLAURIN, *Traité des fluxions,* n° 648, p. 119.)

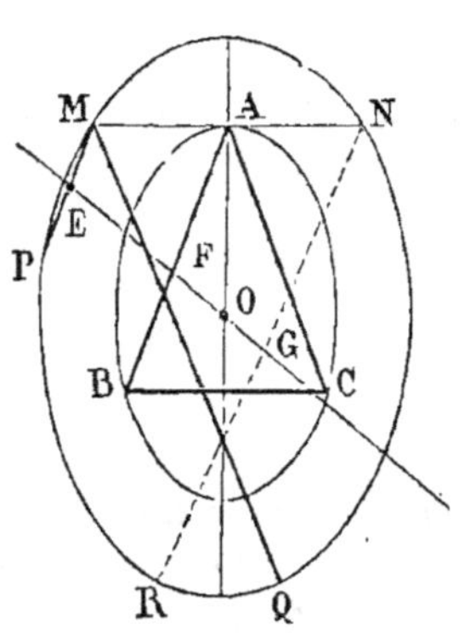

Fig. 1289.

Par le point N, menons NR parallèle à AB.

On aura $NR = MQ$

Les ellipses étant concentriques et homothétiques, les points milieux des cordes parallèles MP, AB, NR appartiennent à un même diamètre (n° 2070).

Dans le trapèze EMNG, AF est la base moyenne; car $AM = AN$;

donc $ME + NG = 2AF$

d'où $MP + NR = 2AB$

ou $MP + MQ = AB + AC$

C. Q. F. D.

Pour un autre système A'B', A'C', A'D' parallèle au premier, on aurait

$$\frac{A'C' + A'D'}{EG + EH} = \frac{A'B'}{EF}$$

donc on a, d'une manière générale,

$$\frac{AC + AD}{A'C' + A'D'} = \frac{AB}{A'B'}$$

Remarque. L'énoncé et la démonstration de Maclaurin, n° 625 du *Traité des fluxions* (tome II, page 103), correspondent à l'exercice suivant, que l'on peut proposer directement.

2099. Théorème. *Un triangle isocèle est inscrit dans un cercle; par un point de la circonférence on mène des parallèles aux côtés égaux du triangle isocèle et au diamètre bissecteur de l'angle du sommet;*

puis on projette les côtés des angles inscrits sur leurs bissectrices res-pectives. Prouver que la somme des projections des deux côtés égaux est au diamètre dans le même rapport que la somme des projections des côtés parallèles du second angle est à la corde qui sert de bissec-trice à ce dernier.

2100. Note. En considérant l'ellipse comme projection d'un cercle sur un plan parallèle au diamètre bissecteur du triangle isocèle, MACLAURIN prouve que le théorème est vrai pour l'ellipse ; puis il établit le théorème fondamental du nº 2098, que nous avons pu démontrer directement d'une manière très simple.

Le théorème du nº 2098 a suffi à Maclaurin pour démontrer l'importante proposition suivante : *Une masse fluide homogène tournant autour d'elle-même doit prendre la figure d'un ellipsoïde de révolution dans l'hypothèse de l'attraction en raison inverse du carré des distances.* Deux théorèmes relatifs aux ellipses décrites des mêmes foyers lui suffirent pour établir le calcul de l'attraction sur les points extérieurs à l'ellipsoïde. (*Aperçu historique*, pages 163, 167 et 394.)

Exercice 884

2101. Théorème de Carnot. *On donne une ellipse et un triangle* ABC *dont chaque côté coupe la courbe en deux points :* AB *la coupe en* D, D' ; BC *en* E, E' *et* CA *en* F, F' ; *démontrer que l'on a la relation*

$$\frac{AD.AD'}{BD.BD'} \cdot \frac{BE.BE'}{CE.CE'} \cdot \frac{CF.CF'}{AF.AF'} = 1$$

La propriété est évidente dans le cercle, car chaque produit placé au numérateur est directement égal à un des produits du dé-nominateur ; ainsi

$$AD.AD' = AF.AF' \qquad \text{etc.}$$

Le théorème est vrai pour l'ellipse ob-tenue en projetant le cercle et le triangle, car la fraction $\dfrac{AD.AD'}{BD.BD'}$ ne varie point

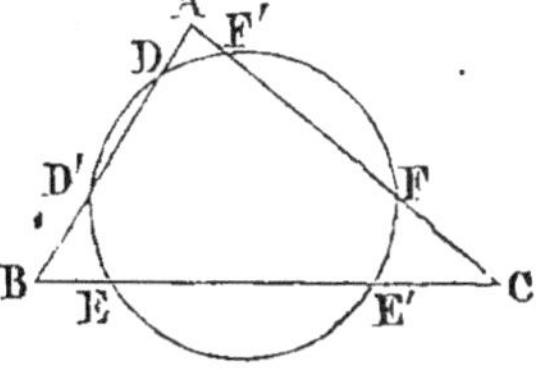

Fig. 1290.

chaque segment étant réduit dans un même rapport ; il en est de même des deux autres fractions ; donc la relation subsiste.

2102. Remarque. Le *théorème de Carnot* est vrai pour les deux autres coniques, et se démontre très simplement par la Géométrie analytique.

Comme le théorème de Newton (nº 2103) et l'hexagramme de Pascal (nº 2120), le théorème de Carnot permet de déterminer un sixième point d'une conique lorsqu'on en connaît cinq.

Soit D, D', E, E', E. On mène DD', EE' et une *ligne quelconque* par le point F. La relation fait connaître F' ; puis on peut mener une seconde ligne par F et déterminer un nouveau point, etc.

Deux points peuvent être remplacés par une tangente et son point de contact.

Exercice 885

2103. Théorème de Newton. *Par un point* M, *pris dans le plan d'une ellipse, on mène deux cordes quelconques; le rapport du produit des segments déterminés par la courbe sur une de ces cordes au produit des segments de l'autre corde est constant, quel que soit le point* M, *pourvu que la direction des cordes soit invariable.*

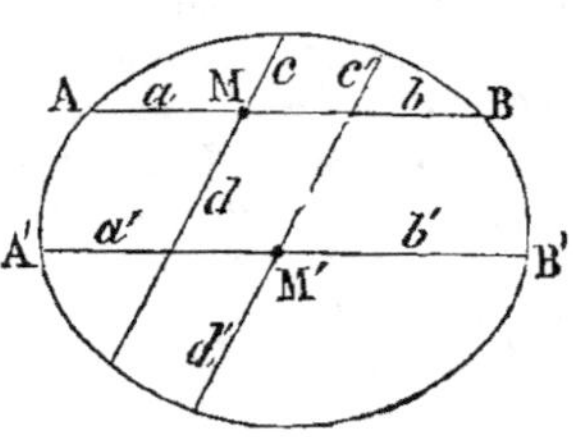

Fig. 1291.

Soient a, b les segments d'une corde; c, d ceux de la seconde.

Pour un autre point M', il faut qu'on ait

$$\frac{ab}{cd} = \frac{a'b'}{c'd'} \quad \text{ou} \quad \frac{ab}{a'b'} = \frac{cd}{c'd'}$$

Or, le théorème est évident pour le cercle, car

$$\frac{ab}{cd} = 1 = \frac{a'b'}{c'd'} \quad (\text{G., n}^\circ 259.)$$

Donc, pour le cercle, on a

$$\frac{ab}{a'b'} = \frac{cd}{c'd'} \tag{1}$$

Mais, en projetant le cercle sur un plan oblique, les droites AB, A'B' seront réduites dans un même rapport; les produits cd, $c'd'$ seront aussi réduits dans un rapport constant; donc, pour l'ellipse, on a la proportion (1), d'où l'on déduit

$$\frac{ab}{cd} = \frac{a'b'}{c'd'} = \text{constante.} \qquad C. \ Q. \ F. \ D.$$

Pour avoir la constante, on peut mener deux diamètres dans les directions données. Soient m et n la longueur des demi-diamètres;

on aura
$$\frac{ab}{cd} = \frac{a'b'}{c'd'} = \frac{m^2}{n^2}$$

Remarque. Le *théorème de Newton* est vrai pour une courbe algébrique quelconque. Le cas particulier relatif aux coniques est d'Apollonius. (N. A., 1844, page 510.)

Exercice 886

2104. Théorème. *Lorsqu'un cercle coupe une ellipse en quatre points, les bissectrices des angles formés par les cordes communes sont parallèles aux axes de la courbe.*

Par le centre O, menons des parallèles aux cordes ABC, AB'C'.
A cause du théorème de Newton, on a

$$\frac{AB \cdot AC}{AB' \cdot AC'} = \frac{OD^2}{OE^2}$$

Or,
$$\frac{AB.AC}{AB'.AC'} = 1$$

donc
$$\frac{OD^2}{OE^2} = 1; \quad \text{d'où} \quad OD = OE$$

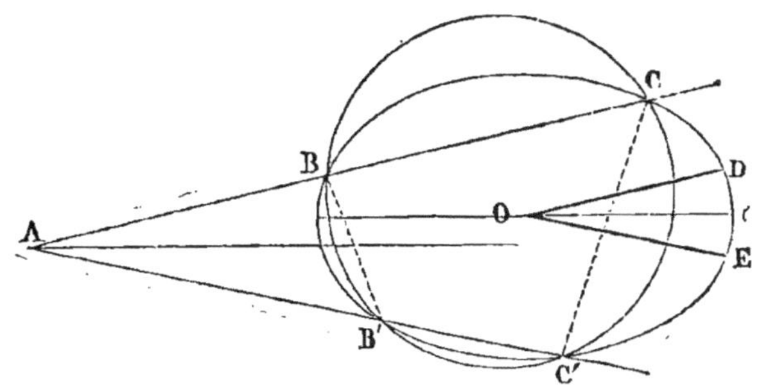

Fig. 1292.

Les deux demi-diamètres OD, OE étant égaux, sont également inclinés sur les axes de l'ellipse; donc la bissectrice de l'angle A est parallèle à l'un des axes.

La bissectrice de l'angle formé par BB' et CC' est parallèle à l'autre axe.

Exercice 887

2105. **Théorème.** *Si d'un point quelconque d'une ellipse on abaisse des perpendiculaires sur les quatre côtés d'un quadrilatère inscrit, le produit des perpendiculaires abaissées sur deux côtés opposés est au produit des deux autres perpendiculaires dans un rapport constant, quel que soit le point considéré.*

(Problème *ad quatuor lineas* de PAPPUS.)

Il faut prouver que le rapport $\dfrac{ME.MG}{MF.MH}$ est constant.

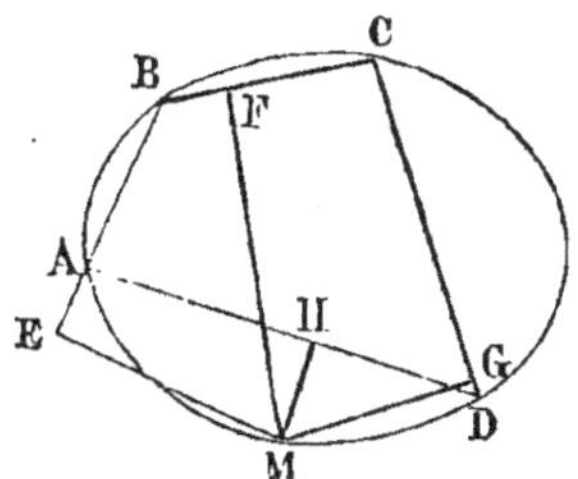

Fig. 1293.

Considérons un cercle qui aurait l'ellipse donnée pour projection, et menons le plan de ce cercle par le point M donné. Soient ME', MG', etc., les perpendiculaires abaissées du point M sur les côtés du quadrilatère A'B'C'D' qui se projette suivant ABCD.

On sait qu'on a

$$ME'.MG' = MF'.MH' \quad (n° 1214) \qquad (1)$$

Or, la perpendiculaire ME n'est pas la projection de la perpendiculaire ME'; mais, en joignant le point E' au point E, *on obtient un triangle MEE' qui reste semblable à lui-même, quel que soit le point* M *de l'ellipse; donc le rapport* $\dfrac{ME'}{MF}$ *est constant.*

Représentons ce rapport par e, par exemple; nous aurons

$$\frac{ME'}{ME} = e; \quad \text{d'où} \quad ME' = ME.e$$

De même, le triangle MFF' reste semblable à lui-même; le rapport $\dfrac{MF'}{MF}$ est ordinairement différent du rapport e, mais il est constant, quel que soit le point M. Soit donc f la valeur de ce rapport, on aura

$$\frac{MF'}{MF} = f; \quad \text{d'où} \quad MF' = MF.f$$

On aurait de même

$$MG' = MG.g \quad \text{et} \quad MH' = MH.h$$

Dans l'égalité (1), remplaçons ME'..... MH' par leurs valeurs ci-dessus. On a $\quad ME.e \times MG.g = MF.f \times MH.h$

d'où
$$\frac{ME.MG}{MF.MH} = \frac{f.h}{e.g} \tag{2}$$

Or, le membre de droite est constant; donc il en est de même du rapport des produits $ME.MG$ et $MF.MH$. $\qquad$ *C. Q. F. D.*

2106. **Théorème.** *Par un point M d'une ellipse, on mène une droite ME qui rencontre le côté AB d'un quadrilatère inscrit sous un angle donné α; une droite MF qui coupe BC sous un angle aussi donné β; une droite MG qui coupe CD sous l'angle γ, et une droite MH qui coupe DA sous l'angle δ.*

Le rapport des produits $ME.MG$, $MF.MH$ *est constant.*

La démonstration est identique à la précédente.

2107. **Note.** C'est sous la forme générale que nous venons d'indiquer (n° 2106) que le problème *ad quatuor lineas*, que Pappus nous a transmis, avait été étudié par Euclide et Apollonius. La question est connue sous le nom de *problème de Pappus*, depuis qu'elle a été ainsi désignée par Descartes.

Les anciens se proposaient le problème plus général de trouver le lieu des points M tels qu'en menant de ce point des droites rencontrant n droites données sous des angles donnés, le rapport du produit de $\dfrac{n}{2}$ distances au produit des $\dfrac{n}{2}$ autres distances eût une valeur donnée; ils reconnurent que pour quatre droites le lieu est une conique; le triangle n'est qu'un cas particulier où l'on prend le rapport du carré d'une distance au produit des deux autres. *Descartes* résolut le problème par la méthode des coordonnées, qu'il venait d'établir. *Newton* donna une démonstration purement géométrique pour le cas du quadrilatère. (*Aperçu historique,* page 37.)

Exercice 888

2108. **Théorème de Désargues.** *Lorsqu'une transversale coupe une ellipse et un quadrilatère inscrit, elle détermine deux points sur la courbe, tels que le rapport des produits des distances de l'un d'eux* *aux couples des points d'intersection de la transversale et des côtés opposés du quadrilatère, égale le rapport des produits des distances du second point aux mêmes couples de points d'intersection de la transversale et des côtés opposés.*

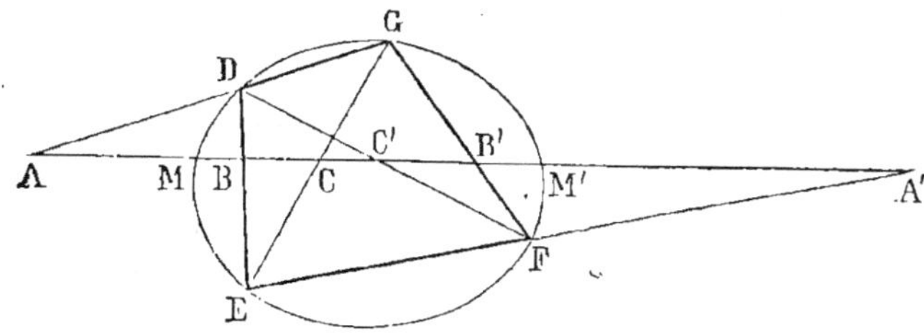

Fig. 1294.

En effet, d'après le théorème précédent (n° 2106), le rapport $\dfrac{MA . MA'}{MB . MB'}$ est constant, quelle que soit la position du point M sur la courbe; donc, pour un second point M' d'intersection, on aura

$$\frac{MA . MA'}{MB . MB'} = \frac{M'A . M'A'}{M'B . M'B'}$$

2109. Remarque. Le *théorème de Désargues* est fondamental dans le théorie de l'*involution*. L'énoncé sous lequel il est présenté est de PASCAL *. Il peut servir à déterminer un sixième point d'une conique, connaissant cinq points de cette courbe. Avec quatre des points donnés, D, E, F, G par exemple, on forme un quadrilatère; par le cinquième point M, on mène une transversale quelconque, et sur cette ligne on détermine M' à l'aide de la relation ci-dessus.

Exercice 889

2110. 1ᵉʳ Théorème de Poncelet. *L'angle sous lequel on voit de l'un des foyers d'une section conique la partie d'une tangente mobile, interceptée entre deux tangentes fixes, est constant pour toutes les positions de cette première tangente. (Traité des propriétés projectives des figures, tome I, n° 464.)*

1ʳᵉ Démonstration. Soient LC, LD les tangentes fixes; MN la tangente mobile. Il faut prouver que l'angle MFN est constant.

Joignons le foyer F aux trois points de contact et aux extrémités de la tangente

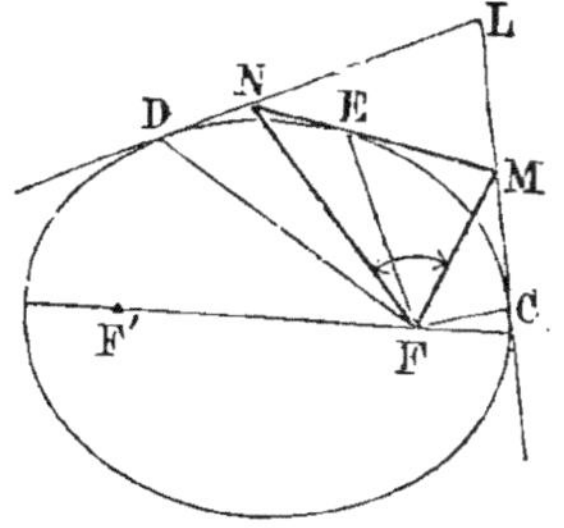

Fig. 1295.

---

* Voir *Introduction à l'étude de l'homographie*, page 50, par J.-B.-V. REYNAUD, professeur de mathématiques au lycée de Toulouse.

mobile MN. On sait que la droite qui joint le point de concours de deux tangentes à l'un des foyers est bissectrice de l'angle formé par les rayons vecteurs qui vont de ce foyer aux deux points de contact (G., n° 633); donc

$$\text{angle } MFC = MFE; \quad \text{angle } NFE = NFD$$

d'où
$$\text{angle } MFN = \tfrac{1}{2}\text{ angle } CFD$$

Ainsi, quelle que soit la position de MN, l'angle MFN est constant, car il est la moitié de l'angle invariable CFD.

Remarque. Le théorème ci-dessus peut être démontré directement, et l'on peut en déduire, comme simple corollaire, que la droite FL est bissectrice de l'angle CFD.

2111. 2ᵉ Démonstration. Décrivons le cercle principal et projetons le foyer sur chaque tangente. D'après le théorème de La Hire (G., n° 626), on sait que le sommet des angles droits FBC, FGN, FDE se trouve sur le cercle.

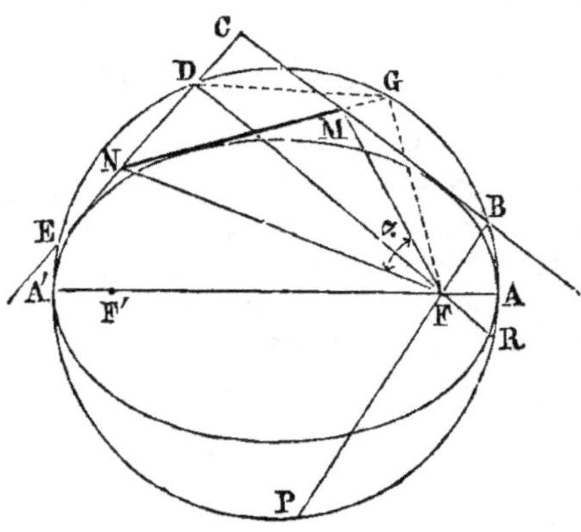

Fig. 1296.

Le quadrilatère FGDN est inscriptible dans le cercle qui aurait FN pour diamètre, car les angles FGN, FDN sont droits; donc

$$\text{angle } FNG = FDG = \tfrac{1}{2}\text{ arc } GBR$$

Le quadrilatère FBGM est aussi inscriptible; donc l'angle NMF égale FBM comme ayant le même supplément FMG; donc

$$\text{angle } FMN = FBG = \tfrac{1}{2}\text{ arc } GDP$$

Le troisième angle MFN du triangle MFN a pour mesure la moitié de ce qui reste de la circonférence, c'est-à-dire $\tfrac{1}{2}$ arc PR; donc l'angle MFN est constant. *C. Q. F. D.*

2112 Théorème. *Si, sur le plan d'un angle fixe donné BCE, on fait tourner autour d'un point fixe F choisi un angle α de grandeur constante, la corde MN, commune à l'angle fixe et à l'angle mobile,* *enveloppera une conique ayant le point* F *pour foyer.* (Poncelet, T. des P. P. des F., n° 472.)

Ce théorème est le réciproque du précédent.

2113. Théorème. *La droite qui joint un foyer au point de concours de deux tangentes est bissectrice de l'angle formé par les rayons vecteurs qui joignent ce foyer aux deux points de contact.* (Poncelet, n°ˢ 461, 469.)

La démonstration directe de ce théorème est connue (G., n° 633); mais on peut montrer qu'il n'est qu'un corollaire du théorème de Poncelet (n° 2110).

En effet, pour une tangente mobile MN, l'angle MFN est constant; or, quand MN tend vers la position limite HC, le point M vient au point de contact H et le point N vient en C; donc l'angle MFN = HFC.

De même MFN = CFL; donc FC est bissectrice de l'angle HFL.

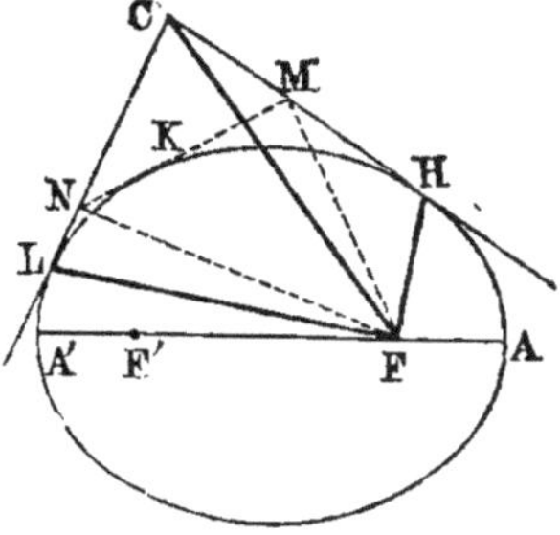

Fig. 1297.

2114. Définition. *L'angle vecteur qui correspond à une tangente mobile, limitée à deux tangentes fixes, est l'angle formé par les droites qui joignent le foyer considéré aux extrémités de la tangente mobile.*

A une tangente mobile MN correspondent deux angles vecteurs MFN, MF'N. Ces angles ne sont égaux entre eux que lorsque les tangentes fixes sont également inclinées sur les axes de la conique.

Exercice 890

2115. 2ᵉ Théorème de Poncelet. *Dans l'ellipse, la somme des angles vecteurs relatifs à une tangente mobile est constante; cette somme a pour supplément l'angle formé par les deux tangentes fixes.* (*Traité des P. P. des figures,* tome 1, n° 477. — *Applications d'Algèbre et de Géométrie,* tome 11, page 460.)

Il faut prouver qu'on a

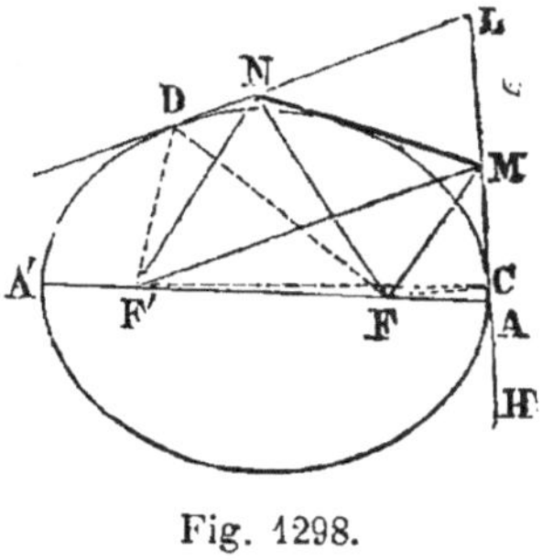

angle MFN + MF'N + L = 2 droits

Or   angle MFN = ¹/₂ CFD

angle MF'N = ¹/₂ CF'D

Dans chaque quadrilatère FCLD, F'CLD, les angles valent quatre droits; la somme totale vaut donc huit droits.

Cette somme peut se décomposer en deux groupes :

Fig. 1298.

$$CFD + L + CF'D + L \quad \text{ou} \quad 2(MFN + MF'N + L) \tag{1}$$
$$FCL + FDL + F'CL + F'DL \tag{2}$$

Mais   FCL + F'CL = 2 droits;   car   F'CL = FCH

De même   FDL + F'DL = 2 droits

Ainsi le groupe (2) égale 4 droits ; il en est donc de même du groupe (1) ; donc   MFN + MF'N + L = 2 droits   *C. Q. F. D.*

2116. Théorème. *Dans l'hyperbole, la différence des angles vecteurs est constante.*

Exercice 891

2117. Théorème. *Lorsqu'un quadrilatère circonscrit à une conique a pour points de contact les sommets d'un quadrilatère inscrit, les diagonales des deux quadrilatères passent par le même point.* (NEWTON.)

On peut placer une conique quelconque sur un cône de révolution (n° 2212). Par le sommet du cône et par chaque côté des deux quadrilatères, ainsi que par les diagonales, on mène des plans. Le quadrilatère circonscrit donne une pyramide quadrangulaire circonscrite. En coupant le cône par un plan perpendiculaire à l'axe, on obtient un cercle inscrit et circonscrit à deux quadrilatères ; or, les diagonales de ces deux quadrilatères passent par un même point ; il en est donc de même dans la section conique (n° 1274).

2118. Problème. *Connaissant cinq tangentes à une conique, déterminer les points de contact.*

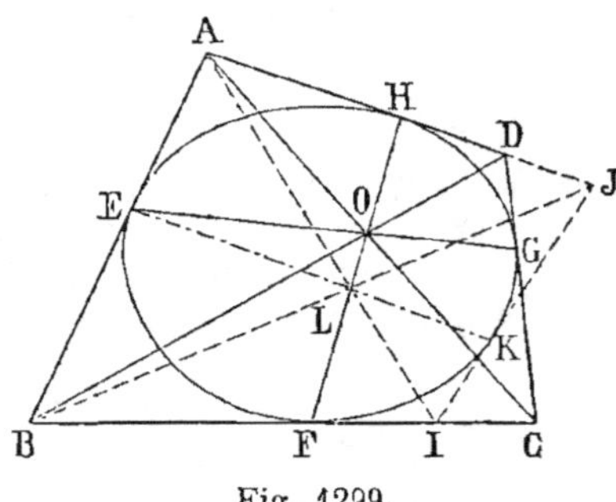

Fig. 1299.

C'est une application directe du *théorème de Newton* (n° 2117). Quatre tangentes donnent lieu à un quadrilatère ABCD circonscrit à la courbe ; les diagonales se coupent au point O, et les cordes de contact doivent aussi passer par ce point.

Soit IJ la cinquième tangente ; cette ligne et trois des premières tangentes donnent lieu à un quadrilatère circonscrit ABIJ, dont les diagonales se coupent au point L.

Or, les tangentes AD et BC appartiennent aux deux quadrilatères ; donc la ligne menée par les points L, O est la corde FH des contacts.

On détermine d'une manière analogue la corde EG ; il suffirait de considérer le quadrilatère formé par AB, BC, CD et IJ.

2119. Polaires dans les coniques. On peut placer une conique quelconque sur un cône de révolution (n° 2212) ; dès lors toutes les propriétés descriptives des polaires dans le cercle (G., n°ˢ 799 à 809)

donnent lieu à des propriétés correspondantes dans les coniques.
Nous devons nous borner à en énoncer quelques-unes.

Lorsqu'on mène des sécantes par un même point du plan d'une co-
nique, et qu'on mène des tangentes à la courbe par les divers points
d'intersection, les tangentes correspondantes se coupent sur une
même droite, et cette droite est la polaire du point fixe.

Les droites qui joignent deux à deux les points d'intersection des
sécantes menées par un point fixe se coupent sur la polaire de ce
point.

Le point de concours de deux tangentes est le pôle de la corde des
contacts.

Pour se rendre compte de la fécondité de la théorie des polaires
appliquées aux coniques, et de la *Méthode des polaires réciproques*
de Poncelet, il suffit de lire le *Traité des propriétés projectives des*
figures de cet illustre géomètre.

2120. Hexagramme de Pascal. *Dans tout hexagone inscrit à une*
conique, les trois points de concours des côtés opposés se trouvent en
ligne droite.

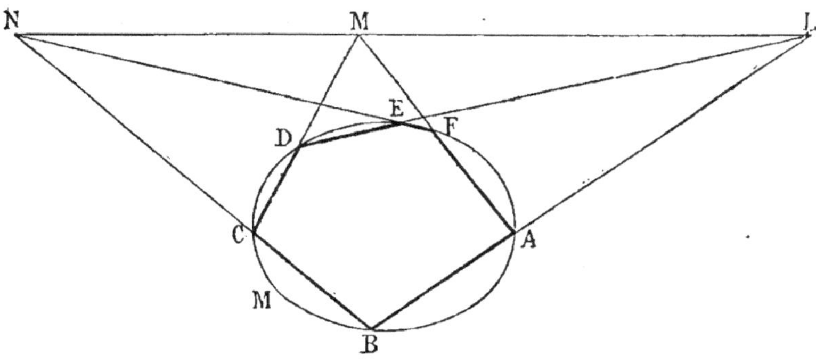

Fig. 1300.

1° La démonstration se déduit immédiatement du théorème connu
pour le cercle. (G., n° 747.) Il suffit de projeter le cercle et l'hexagone inscrit pour obtenir l'ellipse; donc...

On peut aussi placer la conique sur un cône de révolution; la
propriété établie pour l'hexagone inscrit dans le cercle s'étend à l'hexagone inscrit dans une conique quelconque.

2° En raisonnant sur la conique elle-même et l'hexagone inscrit,
on peut appliquer la théorie des transversales en procédant comme
il a été indiqué. (G., n° 747.)

3° On pourrait recourir aux faisceaux anharmoniques, en procédant
pour une conique quelconque, comme on le fait pour le cercle. (Voir
Traité de Géométrie, par MM. Rouché et de Comberousse, n° 332.)

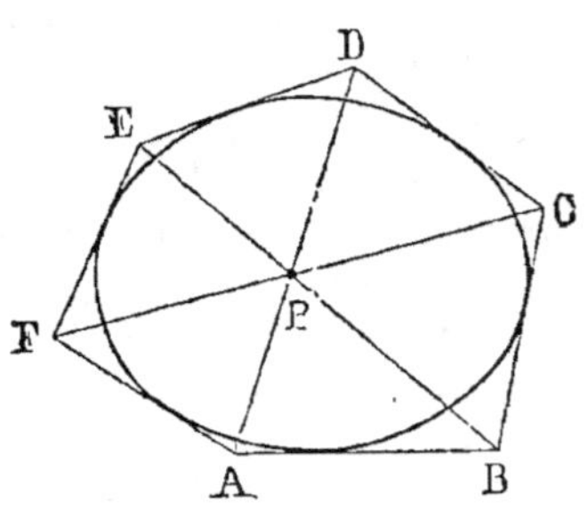

Fig. 1301.

2121. Théorème de Brianchon. *Les trois diagonales qui joignent les sommets opposés d'un hexagone circonscrit à une conique quelconque se coupent au même point.*

Tout ce qu'on a dit pour la démonstration de l'hexagone inscrit, 1° et 3°, est applicable à la démonstration de l'*hexagone de Brianchon*. Les polaires réciproques permettent de le déduire du théorème précédent (n° 2120).

2122. Applications des théorèmes de Pascal et de Brianchon. L'*hexagone inscrit* permet de déterminer une conique par points lorsqu'on connaît cinq de ces points; car, en joignant ces cinq points deux à deux de toutes les manières possibles et les considérant comme étant cinq sommets d'un hexagone, on détermine dans chaque cas le sixième sommet. Ces nouveaux points, combinés cinq à cinq, entre eux ou avec les premiers, donnent lieu à de nouveaux hexagones, et par suite à de nouveaux points.

L'*hexagone circonscrit* permet de déterminer une conique par les tangentes lorsqu'on en connaît cinq, d'une manière analogue à ce qui vient d'être dit pour les points.

Les *théorèmes de Pascal et de Brianchon* permettent de déterminer une conique dans tous les cas où l'on connaît cinq données; par exemple : cinq points, quatre points et une tangente, trois points et deux tangentes, etc., cinq tangentes. (Voir *Mémoire sur les lignes de second ordre*, par Brianchon, 1817.)

Exercice 892

2123. Théorème de Möbius *. *Une surface de révolution étant engendrée par la rotation d'une conique autour de l'axe focal, tout plan mené par un foyer F de la conique coupe la surface suivant une conique qui a le même point F pour foyer.* (N. A., 1857, p. 176.)

Soit une ellipse AHA' ayant F, F' pour foyers, a, b pour demi-axes, c pour distances focale, et DL pour directrice. (G., n° 845.)

On sait que cette droite est perpendiculaire à l'axe, et que le rapport des distances d'un point de la courbe au foyer et à la directrice est constant.

---

* Möbius, géomètre allemand; dans son traité *Der baricentriche Calcul* (1827), il a proposé la notation symbolique (ABCD) pour désigner le rapport anharmonique des quatre points A, B, C, D. On lui doit aussi l'expression des *six rapports* en fonction de l'un d'eux. (G., n° 758.) — (Cit. Cremona, pages 46 et 53.)

Ainsi $\dfrac{AF}{AD} = \dfrac{HF}{HK} = \dfrac{c}{a}$

Dans la rotation autour de AA', la courbe AHA' engendre un ellipsoïde de révolution, et la directrice engendre un plan P perpendiculaire à l'axe AA'.

Coupons la surface de révolution par un plan perpendiculaire au méridien principal AHA': soient GMH la courbe obtenue et LE l'intersection du plan directeur par le plan sécant.

Pour démontrer le théorème, il suffit de prouver que, pour un point quelconque M de la courbe, le rapport des distances MF et MR est constant; car si cela est prouvé, F sera le foyer et LE la directrice, et, par suite, la section sera une conique.

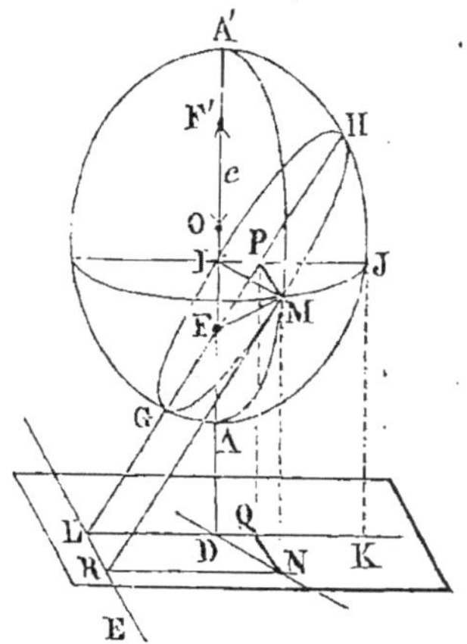

Fig. 1302.

Par le point M menons un plan méridien et un plan perpendiculaire à l'axe.

Le premier donne pour section un cercle IM = IJ.

PM, perpendiculaire au méridien principal AHA', est parallèle à LE.

Le plan conduit par l'axe donne le méridien AMA' et la directrice DN parallèle à IM comme intersections de deux plans parallèles par le plan méridien. En projetant le point M en N, on a

$$MN = PQ = ID = JK; \quad MR = PL$$

Le point M appartenant à l'ellipse AMA', dont DN est la directrice et $\dfrac{c}{a}$ le rapport constant, donne

$$\frac{MF}{ID} = \frac{c}{a} \tag{1}$$

Il suffit d'exprimer ID en fonction de PL, qu'il faut faire entrer dans le rapport, et en fonction de lignes connues.

Or les triangles LFD, IFP sont semblables; donc

$$\frac{ID}{PL} = \frac{FD}{FL} \tag{2}$$

Multiplions (1) par (2) afin d'éliminer ID; on obtient

$$\frac{MF}{PL} \quad \text{ou} \quad \frac{MF}{MR} = \frac{c}{a} \cdot \frac{FD}{FL}$$

Or le membre de droite est constant pour une section donnée; donc la courbe GMH est une conique ayant F pour foyer et LE pour directrice.

M.   28

Hyperbole. — Théorèmes.

Exercice 893

2124. Théorème. *Une droite ne peut rencontrer une hyperbole en plus de deux points.*

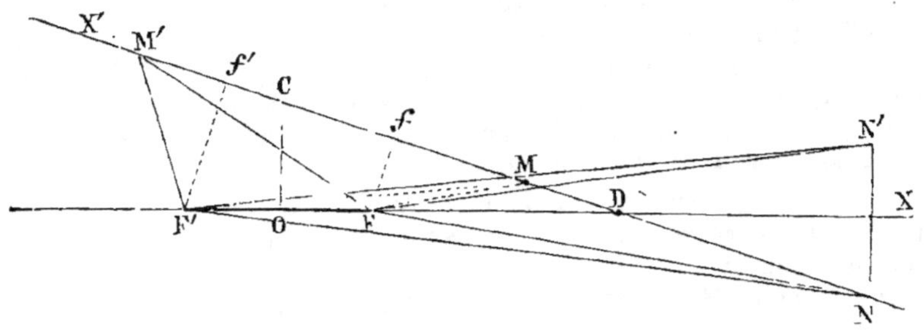

Fig. 1303.

La démonstration la plus rigoureuse et la plus complète résulte de l'étude de la variation de la différence des distances de deux points fixes à un point quelconque d'une droite donnée (n°ˢ 258 à 261); mais cette démonstration ne saurait trouver place dans les *Éléments de Géométrie.*

Remarque. Une difficulté analogue se présente quand XX' passe entre F et F' pour les points situés au delà du point d'intersection de XX' et de FF_1. — F_1 étant le point symétrique de F' par rapport à XX'.

La question omise (G., n° 651) est celle qui se rapporte à un point tel que N, situé au delà du point D, où la droite coupe XX'. — Lorsque le symétrique N' est tel que M se trouve dans l'angle FN'F', la démonstration donnée ne prouve pas que F'N' — FN' est essentiellement différent de F'M — FM, dès qu'on a déjà F'M' — M'F = 2a.

Il faut donc recourir à l'étude de la variation de la différence des distances (n° 258); mais la connaissance de cette variation suffit. En effet, de C à X', la différence varie de zéro à ff', projection de FF' sur XX'. Or toutes les valeurs données par les points de D à X sont plus grandes que ff'; donc le point N ne saurait donner une différence égale à celle des points donnés M et M'.

De même, si l'on prenait pour points donnés M et N, on en conclurait que la différence est plus grande que ff', et par suite, que CX' ne peut avoir aucun point donnant la différence voulue.

2125. Théorème. *L'hyperbole a pour asymptotes les droites menées par son centre, parallèlement aux génératrices que détermine dans* *le cône un plan mené par le sommet, parallèlement à la section qui donne la courbe.*

Soient le plan sécant MAM′ et son parallèle NSN′ perpendiculaires au méridien principal ; par le milieu O de AA′ menons des parallèles aux génératrices SN et SN′. Il faut prouver que OC et OC′ sont les asymptotes de l'hyperbole.

Coupons le cône par un plan BNB′N′ parallèle à OS, et en même temps perpendiculaire aux plans MAM′ et NSN′, ainsi qu'au méridien principal. La droite MM′ est perpendiculaire à BB′, à PO, et au plan BSB′. De même, NN′ est perpendiculaire à BB′, à SV, et au plan BSB′.

Le point O étant le milieu de AA′, la ligne SV, parallèle à AA′, divise en parties égales les lignes AE et BB′, parallèles à SO. Donc NN est le petit axe de l'ellipse BNB′, et MM′ est une corde parallèle à cet axe ; on a donc :

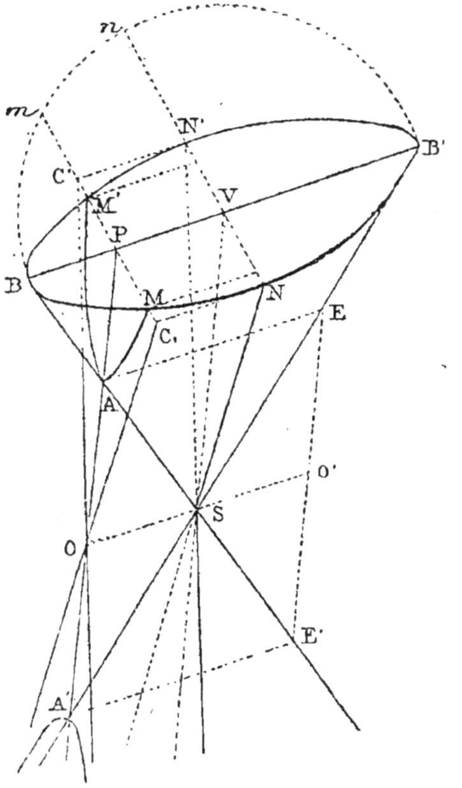

$$PM < VN, \quad \text{ou} \quad PM < PC$$

Fig. 1304.

Si le plan BNB′ s'éloigne du sommet, la différence MC diminue, car PV est une quantité constante, et en considérant le cercle décrit sur le grand axe, on a :

$$\frac{Pm}{Vn} = \frac{PM}{VN}$$

Or

$$Pm = \sqrt{Vn^2 - VP^2} = VN\sqrt{1 - \frac{VP^2}{Vn^2}}.$$

Ainsi, quand Vn augmente, le radical tend vers l'unité ; et par suite la différence de Vn à Pm diminue ; il en est donc de même de

$$VN - PM$$

Donc les droites OC et OC′ parallèles aux génératrices SN et SN′ sont les asymptotes de l'hyperbole. (G., n° 680.)

Remarque. L'angle des asymptotes égale l'angle des génératrices SN, SN′, déterminées par le plan mené par le sommet du cône parallèlement au plan de l'hyperbole.

Pour un cône donné, l'angle des asymptotes est maximum lorsque le plan sécant est parallèle à l'axe, car cet angle égale celui que forment entre elles deux génératrices diamétralement opposées.

Exercices 894 et 895

2126. Théorème. *Deux hyperboles sont dites conjuguées lorsqu'elles ont les mêmes asymptotes et les mêmes axes; mais l'axe transverse de l'une est l'axe non transverse de l'autre, et réciproquement.*

Dans l'hyperbole équilatère, tous les diamètres conjugués sont égaux; les parallélogrammes construits sur deux diamètres conjugués ont leurs sommets sur les asymptotes.

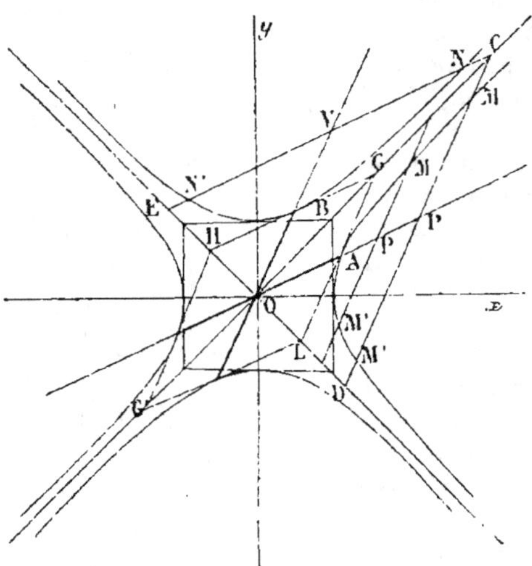

Fig. 1305.

En admettant que le lieu géométrique du point milieu P des cordes parallèles MM' soit une droite OP qui passe au centre, on voit, à cause de la symétrie de la figure par rapport à chaque asymptote, qu'en prenant OH = OL, la droite HG est tangente; le point de contact B est au milieu de HG, puisque A est au milieu de LG. Donc ces diamètres AO et OB sont parallèles aux côtés du losange GLG'H, et par suite aux cordes MM' ou NN' qu'ils divisent. D'ailleurs ils sont égaux entre eux, et les sommets du losange GLG'H sont sur les asymptotes. Par rapport à une hyperbole donnée, un diamètre est transverse et son conjugué est non transverse.

Exercice 896

2127. Théorème. *Le produit des distances des foyers à une tangente quelconque à l'hyperbole est constant.*

Joignons M au centre; soit N le point où cette ligne coupe F'M': les triangles FMO et F'NO sont égaux, car F'O = FO; les angles en O sont égaux ainsi que les angles en F et F', puisque les lignes MF et F'M' sont perpendiculaires à la tangente. Donc $F'N = MF$ et $NO = OM$. Ainsi N est le point où le cercle principal coupe F'M'.

Or $\qquad$ F'M' . MF

ou $\quad$ $F'M' \cdot F'N = F'G^2 = c^2 - a^2 = b^2$

donc $\qquad$ $FM \cdot F'M' = b^2$

Remarque. La plupart des théorèmes relatifs à l'ellipse ont leurs analogues par rapport à l'hyperbole : c'est ce qui a lieu notamment pour les théorèmes 2093 et 2094 ; mais pour ce dernier, le cercle n'est réel qu'autant qu'on a : $b < a$. Le cercle se réduit au point O lorsque l'hyperbole est équilatère, et lorsque b est $> a$, on ne peut pas mener à l'hyperbole deux tangentes qui soient perpendiculaires l'une à l'autre.

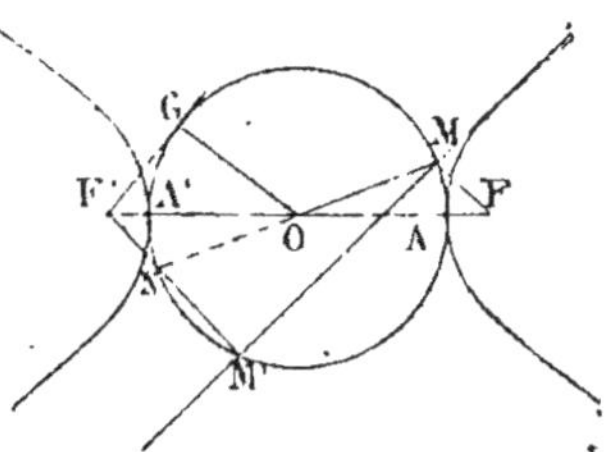

Fig. 1306.

Exercice 897

2128. Théorème. *Sur une sécante quelconque, l'hyperbole et ses asymptotes interceptent des segments égaux.*

(Voir *Méthodes*, n° 174.)

Exercice 898

2129. Théorème. *Toute tangente limitée aux asymptotes est divisée en deux parties égales par le point de contact.*

(Voir *Méthodes*, n° 175.)

Exercice 899

2130. Théorème. *Lorsqu'on projette en C un point M de l'hyperbole équilatère sur l'axe non transverse, la distance AC du sommet au point obtenu C égale l'abscisse MC du point considéré M.*

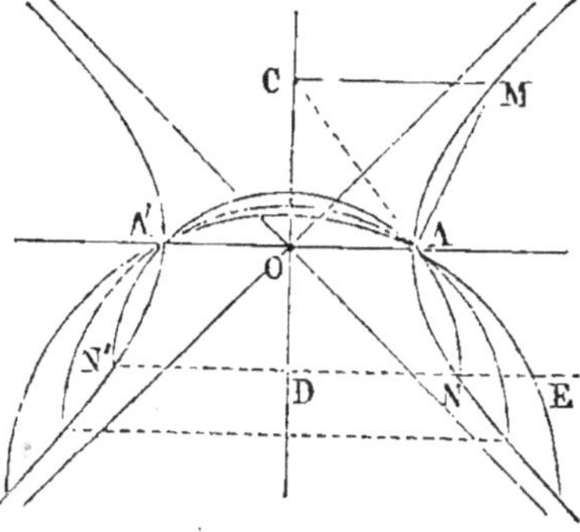

Fig. 1307.

En effet,

$$MC^2 \ \text{ou} \ \ x^2 = y^2 + a^2$$

$$MC^2 = OC^2 + OA^2$$

donc $\qquad$ $MC^2 = AC^2$

$$C. \ Q. \ F. \ D.$$

Remarque. On peut construire facilement l'hyperbole équilatère par points, en utilisant la propriété précédente. Ainsi, on mène une parallèle quelconque DE à l'axe transverse. Du point D comme centre, avec le rayon DA, on décrit une demi-circonférence; elle fait connaître les points N et N'.

Exercice 900

2131. Théorème. *Dans l'hyperbole équilatère, la droite qui joint le centre à un point quelconque de la courbe est moyenne proportionnelle entre les deux rayons vecteurs de ce point.* (N. A. 1842, p. 429.)

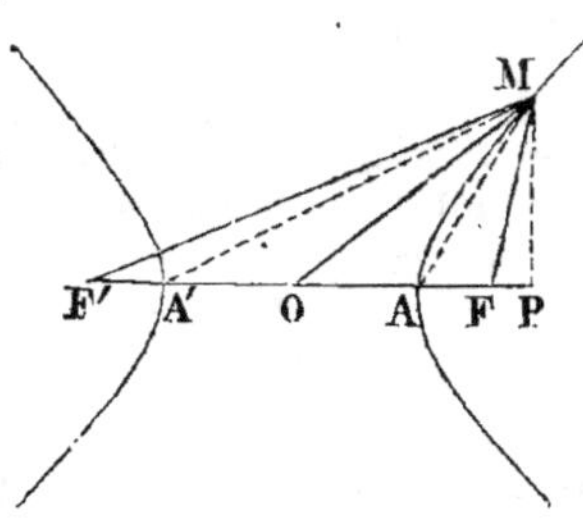

Fig. 1308.

Dans le triangle FMF', la droite MO est médiane; donc

$$2MO^2 + 2OF^2 = MF'^2 + MF^2$$

ou $\quad MF'^2 + MF^2 = 2MO^2 + 2C^2 \qquad (1)$

Mais on a: $\quad MF' - MF = 2a$

ou $\quad MF'^2 - 2MF \cdot MF' + MF'^2 = 4a^2$

$$MF'^2 + MF'^2 = 4a^2 + 2MF \cdot MF' \qquad (2)$$

En comparant (1) et (2), on trouve:

$$2MO^2 + 2C^2 = 4a^2 + 2MF \cdot MF'$$

Mais dans l'hyperbole équilatère $C^2 = 2a^2$; donc, en simplifiant et divisant par 2, on trouve:

$$MO^2 = MF \cdot MF' \qquad C. \ Q. \ F. \ D.$$

Exercice 901

2132. Problème. *Dans l'hyperbole équilatère, les angles à la base du triangle AMA' obtenu en joignant un point quelconque M de la courbe aux deux sommets A et A' ont un angle droit pour différence.*

L'équation de la courbe $x^2 - y^2 = a^2$, revient à

$$MF^2 = OF^2 - OA^2 = (OF - OA)(OF + OA')$$

donc $\qquad MF^2 = AF \cdot A'F \quad$ d'où $\quad \dfrac{AF}{MF} = \dfrac{MF}{A'F}$

Ainsi les triangles rectangles AFM, MFA' sont semblables; par suite, $\qquad$ l'angle $MA'F = AMF$

donc $\qquad MA'F + MAF = $ un droit

d'où $\qquad MAA' - MA'A = $ un droit $\qquad C. \ Q. \ F. \ D.$

Parabole. — Théorèmes.

Exercice 902

2133. Théorème. *Les tangentes menées à la parabole par un point extérieur font des angles égaux avec la ligne qui joint ce point au foyer, et avec la parallèle à l'axe menée par ce même point extérieur ;*

Et la droite qui joint ce point au foyer est bissectrice de l'angle des rayons vecteurs des points de contact.

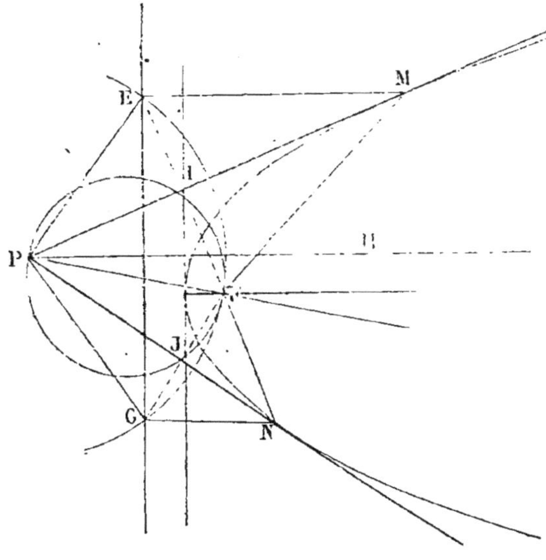

Fig. 1309.

Soient les tangentes PM et PN, et soit PH la parallèle à l'axe.

1° Il faut prouver que l'angle FPN = HPM.

Cherchons les symétriques E et G du foyer. Ces points appartiennent à la directrice (G., n° 695); les projections I et J du foyer sont sur la tangente, au sommet. (G , n° 697.)

La circonférence décrite sur PF, comme diamètre, passe aux points I et J, puisque les angles FIP et FJP sont droits.

Les angles inscrits FIJ et FPJ sont égaux ; mais FIJ et HPI sont égaux comme ayant les côtés respectivement perpendiculaires. Donc l'angle HPM = FPN.

2° Il faut prouver que la droite PF est bissectrice de l'angle MFN, ou que l'angle PFM = PFN.

Or PFM = PEM, PFN = PGN et PEM = PGN, puisque ces derniers égalent 1 droit plus PGE ou son égal PEG. Donc l'angle PFM = PFN.   *C. Q. F. D.*

Exercice 903

2134. Théorème. *Les tangentes à la parabole, menées d'un même point de la directrice, sont perpendiculaires l'une à l'autre; la corde des contacts passe au foyer; et la droite qui joint le point de concours des tangentes au foyer est perpendiculaire à la corde des contacts.*

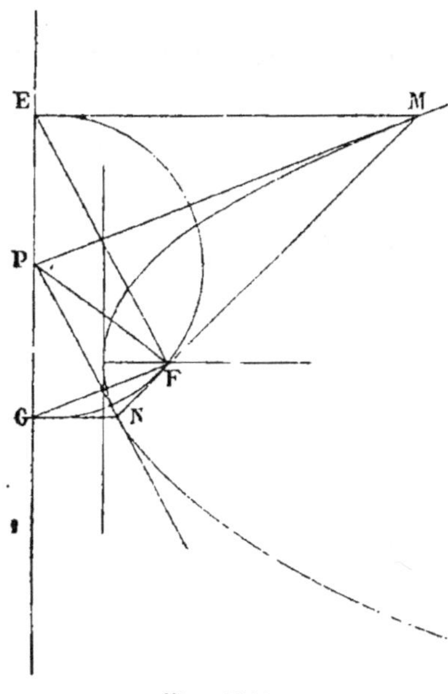

Fig. 1310.

Pour mener les tangentes à la parabole, du point P, comme centre, avec le rayon PF, il faut décrire une circonférence. (G., n° 703.) Les perpendiculaires EM et GN déterminent les points de contact. Joignons le foyer aux points M et N.

L'angle PFM = PEM = 1 droit; de même, l'angle PFN est droit. Donc les droites FM et FN sont dans le prolongement l'une de l'autre. Ainsi la corde des contacts MN passe au foyer, et PF est perpendiculaire à cette ligne.

Cela résulte aussi de la deuxième partie du Théorème de l'exercice précédent (n° 2133).

Les tangentes, étant perpendiculaires aux droites EF et GF, se coupent à angle droit, puisque l'angle EFG est inscrit dans une demi-circonférence.

Scolie. *La directrice est le lieu des points de concours des tangentes qui se coupent à angle droit;* autrement, la directrice est le lieu des points de concours des tangentes pour lesquelles la corde des contacts passe par le foyer.

Exercice 904

2135. Théorème. *La somme des inverses des segments d'une corde menée par le foyer d'une parabole est une quantité constante.*

Soit une corde focale MFN; il faut prouver que $\dfrac{1}{FM} + \dfrac{1}{FN}$ est une quantité constante.

Or $$\frac{1}{FM} + \frac{1}{FN} = \frac{FN + FM}{FM \cdot FN} = \frac{MN}{FM \cdot FN}$$

Menons les tangentes MG, NG; ces droites se coupent à angle droit; le point G se trouve sur la directrice (2134, *Scolie*); GF est perpendiculaire à MN, car les points F et C étant symétriques par rapport à GN et l'angle GCN étant droit, l'angle NFG l'est aussi.

Donc $\qquad FM \cdot FN = GF^2$

$$(G., \ n^o \ 247, \ 2^o.)$$

Il suffit de prouver que $\dfrac{MN}{FG^2}$ est une quantité constante.

On sait que $\qquad BG = GF = GC;$

donc $\qquad BC = 2GF.$

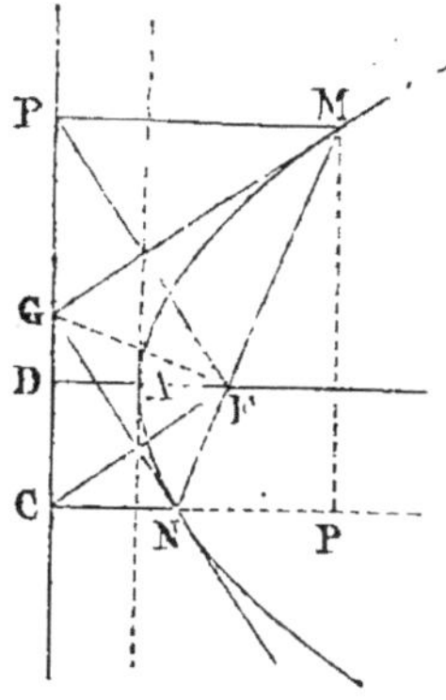

Fig. 1311.

Abaissons la perpendiculaire MP sur CN; MP = BC.

Les triangles rectangles DFG, MNP sont semblables comme ayant les côtés perpendiculaires; donc

$$\frac{MN}{GF} = \frac{MP}{FD}; \qquad \frac{MN}{GF} = \frac{2GF}{FD}$$

d'où $\qquad \dfrac{MN}{GF^2} = \dfrac{2}{FD}$ quantité constante $\qquad C. \ Q. \ F. \ D.$

2136. Remarque. $\qquad \dfrac{2}{FD} = \dfrac{2}{p}.$

Ainsi $\qquad \dfrac{1}{FM} + \dfrac{1}{FN} = \dfrac{2}{p}$

La somme des inverses des segments de la corde focale est le double de l'inverse du paramètre de la parabole.

Exercice 905

2137. Théorème. *Si, par le foyer d'une parabole, on élève une perpendiculaire à l'axe, et que sur cette droite on prenne des grandeurs égales FM, FN de part et d'autre de cet axe, le trapèze obtenu en projetant les points M et N sur une tangente est constant, quelle que soit la tangente menée.* (N. A. 1845, p. 363.)

Soit FM = FN.

Il faut prouver que le trapèze MCDN a une aire constante.

Or la surface peut s'obtenir en multipliant un des côtés non parallèles par la perpendiculaire abaissée du point milieu de l'autre côté, mais la projection B du foyer F sur une tangente quelconque DT se trouve sur la tangente au sommet.

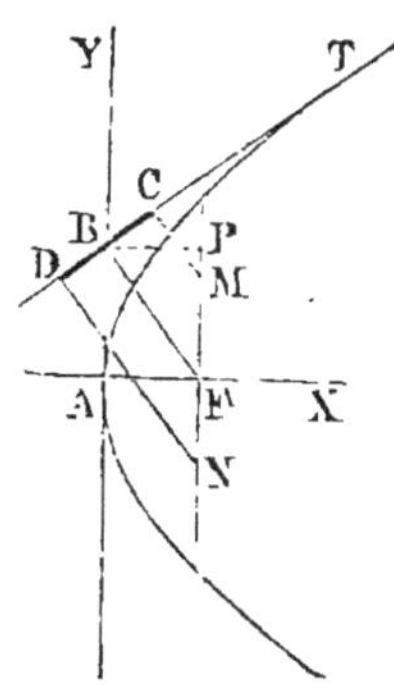

Fig. 1312.

Ainsi le point milieu de CD se trouve sur AY; BP est la hauteur, et l'on a $\qquad$ MCDN $=$ MN . BP $\qquad$ quantité constante.

2138. Problème. *Par le foyer* F *d'une ellipse, on élève une perpendiculaire sur le grand axe, on prend de part et d'autre de l'axe des grandeurs égales* FM , FN; *mener une tangente à l'ellipse de manière que le trapèze obtenu en projetant* M *et* N *sur la tangente ait une aire donnée* k^2.

La projection du foyer sur la tangente, c'est-à-dire le milieu du côté opposé à MN, est sur le cercle principal (G., n° 626); le problème revient donc à déterminer sur le cercle principal un point B dont la distance BP au grand axe soit telle qu'on ait

$$\text{MN . BP} = k^2$$

Il faut donc mener une parallèle au grand axe, à une distance donnée par

$$\text{BP} = \frac{k^2}{\text{MN}}$$

Exercice 906

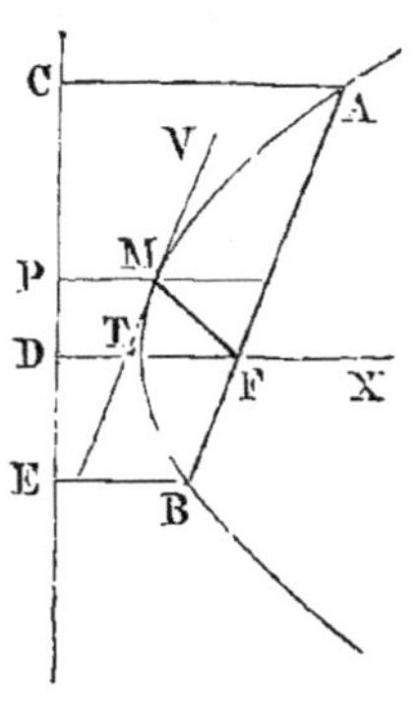

Fig. 1313.

2139. Théorème. *Toute corde menée par le foyer d'une parabole est égale au quadruple du rayon vecteur du point de contact de la tangente parallèle à cette corde.* (N. A. 1877, p. 335.)

Menons les perpendiculaires AC, MP, BE sur la directrice; PM prolongé passe par le point G milieu de la corde. (G., n° 706, 2°.)

Donc $\qquad$ 2 . GP $=$ AC $+$ BE $=$ AB

Mais le triangle FMT est isocèle, car l'angle FMT $=$ GMV $=$ FTM.

Donc $\qquad$ FM $=$ FT $=$ GM $=$ MP;

d'où $\qquad$ PG $=$ 2FM

d'où $\qquad$ 2GP ou 4FM $=$ AB $\qquad$ *C. Q. F. D.*

Exercice 907

2140. Théorème de Lambert [*]. *Dans une parabole, une tangente mobile limitée à deux tangentes fixes est vue du foyer sous un angle constant.* (*Traité des Propriétés projectives des figures*, t. I, n°s 466, 467.)

---

[*] LAMBERT, né en 1728 à Mulhouse, mort en 1777 à Berlin; publia un *Traité de perspective* et un *Traité des Comètes*, où l'auteur développe diverses propriétés des coniques.

La démonstration est analogue à celle qu'on a donnée pour l'ellipse
(n° 2110).

Projetons le foyer sur les trois tangentes.

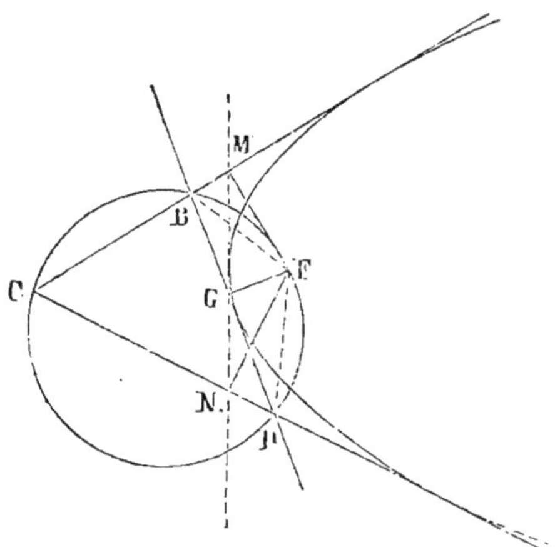

Fig. 1314.

Les points M, G, N se trouvent sur la tangente au sommet.
(G., n° 697.)

Le quadrilatère FGDN est inscriptible dans le cercle qui aurait FN
pour diamètre; donc

$$\text{angle } FNG = FDG = FNG$$

De même $\qquad$ angle $FBG = FMG$

d'où $\qquad$ angle $BFD = MFN$

Ainsi l'angle BFD *est constant, il est le supplément de l'angle* C,
car l'angle MFN est le supplément de l'angle formé par les tangentes
fixes.

2141. Théorème. *Le cercle circonscrit au triangle* BCD *formé par
trois tangentes à la parabole passe par le foyer.*

Les angles F et C sont supplémentaires.

2142. Remarque. De ces théorèmes on peut déduire un grand nombre de corollaires. (Voir Poncelet, *Traité des Propriétés projectives
des figures,* t. 1, n° 465 et suivants.)

Application d'Analyse et de Géométrie, t. 11, p. 461 et suivantes.

Exercice 908

2143. Théorème. *Pour trouver le balancier des machines à vapeur,
connaissant la demi-longueur* AP *et la demi-largeur* PM = PN, *on*

*divise MP et AP en un même nombre de parties égales; par les
points de division de MP on mène des parallèles à l'axe, et l'on
joint N à chaque point de division de l'axe.*

Prouver que l'on obtient un arc de parabole.

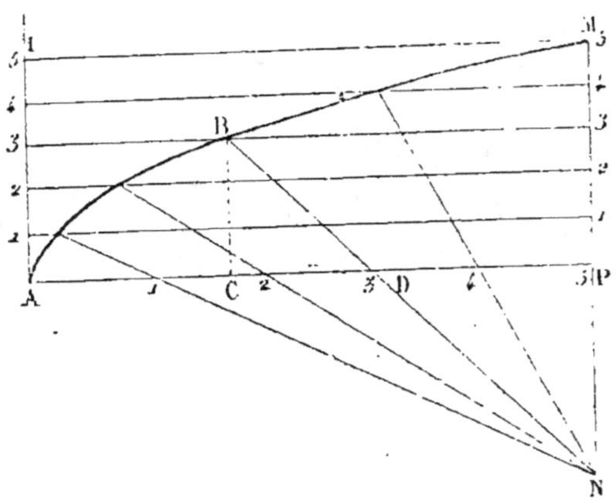

Fig. 1315.

Pour le point B, par exemple, on a : $BC = \dfrac{3}{5}MP$; et les triangles
semblables BCD et DPN donnent :

$$\frac{CD}{DP} = \frac{BC}{MP} = \frac{3}{5}$$

$$CD = {}^3/_5 DP = {}^3/_5 \cdot {}^2/_5 AP = {}^6/_{25} AP$$

Or $\qquad AC = \dfrac{3}{5} AP - CD = \dfrac{15}{25} AP - \dfrac{6}{25} AP = \dfrac{9}{25} AP$

et puisque $\qquad \dfrac{BC}{MP} = \dfrac{3}{5} \quad$ ou $\quad \dfrac{BC^2}{MP^2} = \dfrac{9}{25} = \dfrac{AC}{AP}$

le point B appartient à une parabole qui a la ligne AP pour axe, A
pour sommet, et MP pour ordonnée extrême considérée. (G., n° 700.)

2144. On emploie aussi le tracé suivant [*] :

Le sommet A est joint aux points 1', 2', etc.; les points où ces
lignes coupent les parallèles de même cote appartiennent à une parabole. (G., n° 700.)

La démonstration est analogue à la précédente :

$$\frac{BC}{MP} = \frac{3}{5}, \quad \frac{BC^2}{MP^2} = \frac{9}{25}$$

Or les triangles semblables ABC et ADE donnent :

$$\frac{AC}{ED} = \frac{BC}{AE} = \frac{3}{5}; \text{ mais } ED = \frac{3}{5}AP$$

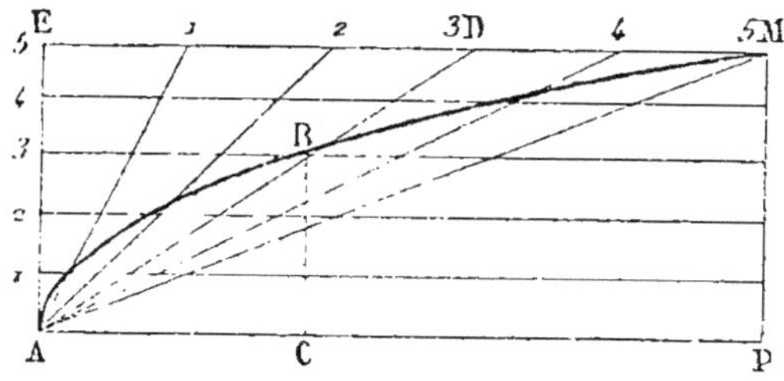

Fig. 1316.

Donc
$$\frac{AC}{\frac{3}{5}AP} = \frac{3}{5} \quad \text{ou} \quad \frac{AC}{AP} = \frac{9}{25} = \frac{BC^2}{MP^2}.$$

Les carrés des ordonnées sont dans le même rapport que les abscisses ; on a donc une parabole.

Exercice 909

2145. **Théorème.** *Démontrer directement que le triangle curviligne formé par un arc de parabole et les deux tangentes menées aux extrémités de cet arc est le tiers du parallélogramme construit sur la corde des contacts et le diamètre conjugué à cette corde. En déduire que l'aire du segment parabolique est les deux tiers de ce même parallélogramme.*

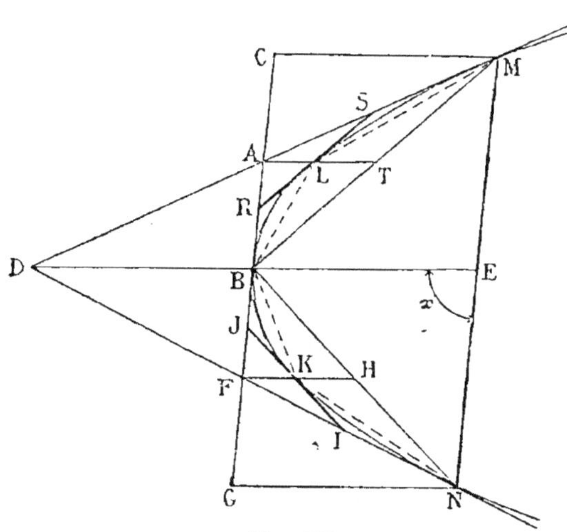

Fig. 1317.

Le triangle MDN est équivalent au parallélogramme CMNG.

Pour avoir la surface MBN, il suffit de retrancher du triangle total la surface comprise entre la courbe MBN et les tangentes DM, DN.

Menons la tangente AF parallèle à la corde MN, on aura $AF = \dfrac{MN}{2}$, car $DB = BE$.

Donc le triangle ADF est le quart du triangle MDN ou le quart du parallélogramme.

Menons des tangentes parallèles aux cordes BM, BN.

Le triangle IFJ est le quart de BFN.

Mais le triangle BFN est équivalent à DBF ; donc IFJ est le quart de DBF.

Donc $$\text{IFJ} + \text{ARS} = \frac{\text{ADF}}{4}$$

Des tangentes parallèles aux cordes BF, BN donnent lieu à deux triangles dont la somme est le quart de IFJ.

Les tangentes parallèles aux cordes BL, LM donneraient lieu à deux autres triangles analogues ; la somme des quatre nouveaux triangles est donc le quart de la somme IFJ + APQ ou le quart de $\dfrac{\text{ADF}}{4}$, etc.

Donc, en résumé, en représentant par P le parallélogramme, le triangle $$\text{ADF} = \frac{\text{P}}{4}$$

La somme des deux suivants ou $\text{IFJ} + \text{ARS} = \dfrac{\text{ADF}}{4} = \dfrac{\text{P}}{16}$.

La somme des quatre suivants est le quart du résultat précédent, etc.

Donc la somme des triangles formés entre la courbe et les tangentes DM, DN est donnée par la somme des termes d'une progression décroissante, dont $\dfrac{1}{4}$ est la raison et $\dfrac{\text{P}}{4}$ le premier terme.

Or la limite de la somme des termes d'une progression, dont a est le premier terme et q la raison, est donnée par

$$S = \frac{a}{1-q} \qquad \text{(Alg., n}^{\text{o}}\text{ 339.)}$$

$$S = \frac{\text{P}}{4} : \left(1 - \frac{1}{4}\right) = \frac{\text{P}}{3}$$

Donc l'aire parabolique $\text{MBN} = \dfrac{2}{3} \cdot \text{P}$.

Remarque. Cette démonstration est l'application de la *Méthode d'exhaustion* (n° 1902). Pour évaluer l'aire de la parabole, Archimède a considéré les triangles *intérieurs*, au lieu de faire la somme des triangles *extérieurs*. Le nom de *Méthode d'épuisement* vient de ce qu'on épuise, en quelque sorte, l'espace compris entre la courbe et les droites DM, DN.

LIEUX GÉOMÉTRIQUES ET ENVELOPPES

Exercice 910

2146. Lieu. *De tous les points d'une circonférence on abaisse des perpendiculaires sur une droite quelconque située dans le plan du cercle. Quel est le lieu du milieu de ces perpendiculaires ?*

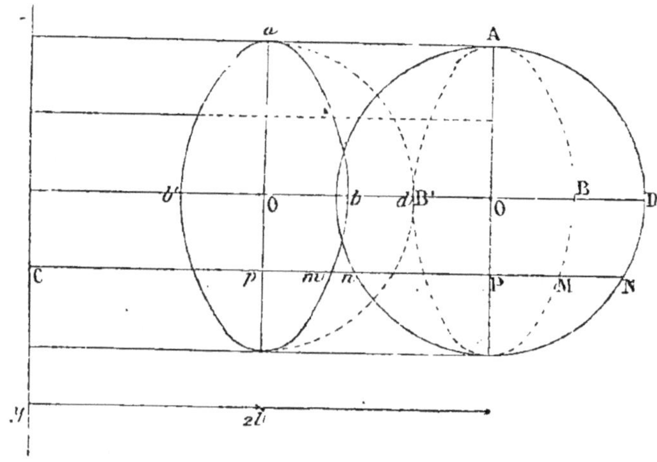

Fig. 1318.

Soient AA' et xy la droite et la circonférence données ; et $2l$ la distance du centre à la droite.

Pour un point N quelconque on a : $mC = \frac{1}{2}NC$. Or $NC = 2l + NP$; donc
$$Cm = l + \frac{1}{2}PN\ldots$$

Or, si nous divisons les ordonnées, telles que PN, en deux parties égales, nous obtenons l'ellipse ABA'B', dans laquelle $BB' = \frac{1}{2}AA'$; et, puisque la courbe $aba'b'$ est obtenue en prenant sur chaque parallèle une longueur constante Mm égale à l, nous obtenons une courbe égale à la première, car on a : $\dfrac{pm}{pn} = \dfrac{ob}{od}$, puisque $\dfrac{PM}{PN} = \dfrac{OB}{OD}$.

Donc $aba'b$ est une ellipse.

Exercice 911

2147. Lieu. *Lieu du centre des ellipses tangentes à deux droites en des points donnés, et lieu du centre et du foyer F des ellipses tangentes à deux droites et dont l'autre foyer F' est fixe.*

1° D'après l'Exercice 872 (n° 2981), le lieu du centre O des ellipses est sur la droite BP, qui joint E milieu de la corde MN des contacts au point P;

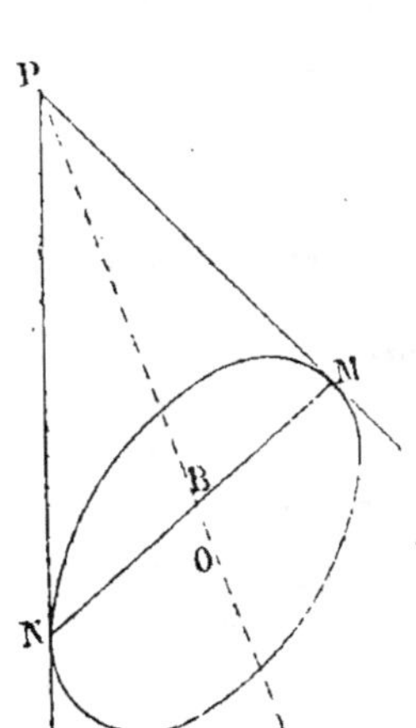

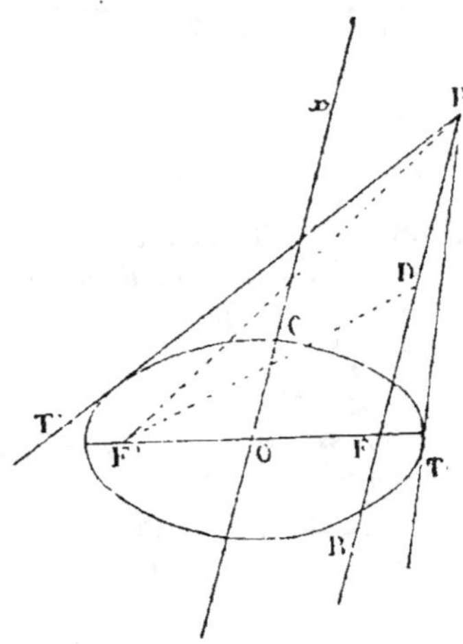

Fig. 1319.

2° Le lieu du foyer F est une droite BP qui fait, avec la tangente TP, un angle égal à F'PT' (G., n° 633); le lieu du centre est une parallèle Ox menée à égale distance de F' et de BP, car on a constamment F'C = CD.

Remarque. La droite F'P est la position extrême de l'axe focal des ellipses tangentes aux deux lignes données. Pour F'P, l'ellipse est réduite au grand axe F'P; jusqu'à cette limite extrême, les points de contact sur chaque droite se rapprochent de plus en plus du point P.

Au delà, pour F'B, on a donc une hyperbole dont les foyers sont F' et B; de même, pour F'F'', la droite F'DC donne le centre D sur la tangente T'. Cette ligne est donc une asymptote; et le point où OO' rencontrerait la tangente T serait le centre de l'hyperbole qui aurait TP pour asymptote. La droite F'y, parallèle à EP et à OO' correspond à une parabole. (G., n° 690.)

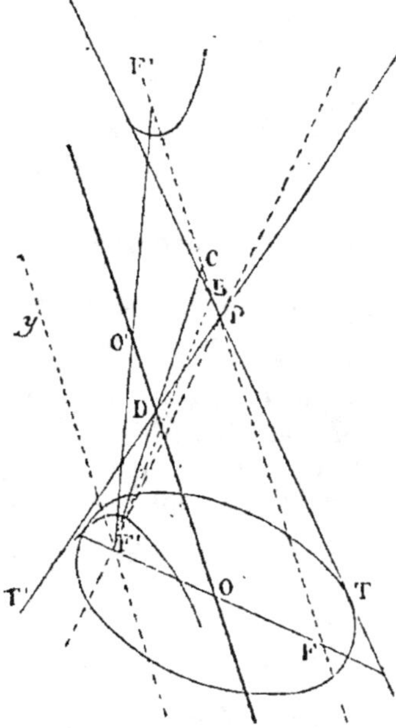

Fig. 1320.

Exercice 912

2148. Lieu. *Lieu des points également distants de deux circonfé-rences, ou d'une demi-circonférence et d'une droite.*

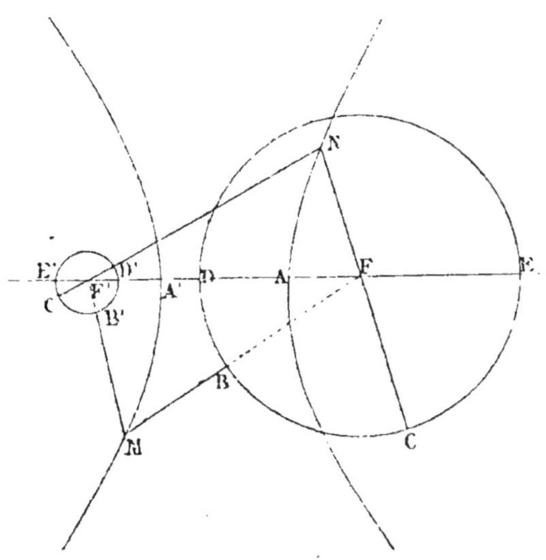

Fig. 1321.

1° *Cas de deux circonférences.* Soit le point M tel que l'on ait : $MB = MB'$; d'où $MF - MF' = BF - B'F' = (R - r)$, quantité cons-tante.

Le point M appartient à une hyperbole dans laquelle $2a = R - r$, et dont F et F' sont les foyers. Le point A', milieu de DD', est un des sommets, car $A'F - A'F'' = R - r$; il en est de même du point A, milieu de EE', car $AF' - AE = (AE' - E'F') - (AE - EF)$
$= AE' - E'F' - AE + EF = EF - E'F' = R - r$.

Lorsqu'on a $NC = N'C'$, le point N appartient à cette même branche.

Les points de l'hyperbole obtenue sont les centres des circonférences tangentes aux deux circonférences données : extérieurement à l'une, et intérieurement à l'autre.

En procédant d'une manière analogue, on voit que le lieu complet comprend une seconde hyperbole : A' est le milieu de DD', et A, celui de EE'. On a : $MB = MB'$, et par suite la valeur $2a$ ou $MF - MF' = (BM + R) - (MB' - r)$, $2a = (R + r)$; la circonfé-rence décrite de M, avec le rayon $MB = MB'$, est tangente inté-rieurement à la circonférence F', et extérieurement à la circonfé-rence F; le contraire a lieu pour les points de la branche de droite.

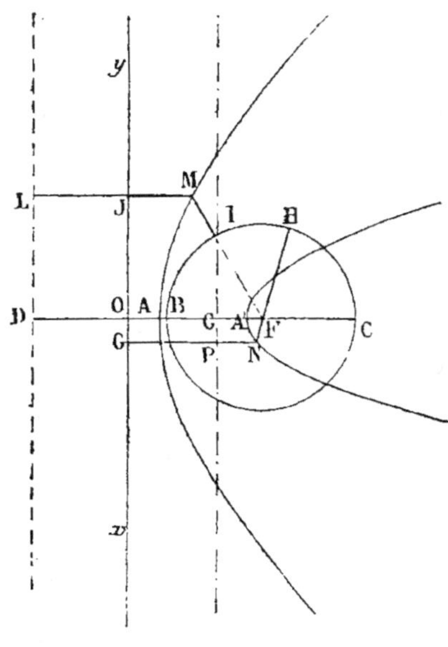

Fig. 1322.

Lorsque les circonférences sont intérieures, le lieu se compose de deux ellipses.

2° Pour une circonférence et une droite xy, le lieu se compose de deux paraboles : le milieu de OB est le sommet de l'une d'elles. On prend AD=AF ; puisque ML=MF, on a MI=MJ, car A est le milieu de OB et celui de FD.

Donc LJ=IF...

A′, milieu de OC, est le sommet de la seconde parabole.

NF=NP ; donc NH=NG

La discussion des divers cas que peuvent présenter deux circonférences, et une circonférence et une droite, est intéressante, mais n'offre aucune difficulté.

Exercice 913

2149. **Lieu.** *Lieu du centre des cercles qui passent par un point fixe, et qui sont tangents à une droite donnée ou à une circonférence donnée.*

Ce n'est qu'un cas particulier du lieu précédent : un cercle est réduit à son centre. D'ailleurs, suivant que le point donné est intérieur ou extérieur au cercle donné, on a une ellipse ou une hyperbole. (G., nᵒˢ 615 et 649.)

Exercice 914

2150. **Lieu.** *Par les points où une tangente mobile coupe deux droites fixes tangentes à une parabole, on mène des parallèles aux tangentes fixes : lieu du point de concours de ces parallèles.*

Pour une troisième tangente quelconque DE, on a (G., nᵒ 710) :
$\dfrac{EC}{EB} = \dfrac{DB}{AD}$. Or, si nous menons la parallèle DH jusqu'à la corde des contacts, puis, par le point H, une parallèle à AB jusqu'à la rencontre de la tangente BC, nous aurons les égalités :

$$\frac{EC}{EB} = \frac{CH}{AH} = \frac{EH \text{ ou } DB}{DA}$$

Donc la ligne DE ainsi déterminée divise les tangentes fixes en segments inversement proportionnels; et cette ligne DE n'est autre chose

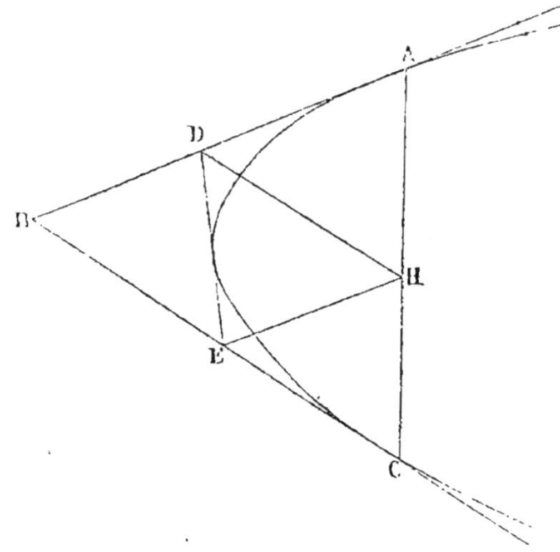

Fig. 1323.

que la tangente mobile. (G., n° 712.) Donc, si l'on construit le parallélogramme DBEH, le sommet H sera sur la corde des contacts.

Exercice 915

2151. Lieu. *Lieu du foyer des paraboles qui ont une directrice donnée et qui passent par un point donné, ou qui sont tangentes à une droite donnée;*

Lieu des sommets des mêmes paraboles.

1° Puisque le point M est à égale distance du foyer et de la directrice, le lieu du foyer est le cercle décrit de M comme centre tangentiellement à la directrice; car, pour un foyer quelconque F, on a : $MF = ML$.

Le sommet A est au milieu de la perpendiculaire FD; donc (Exercice 910) le lieu du sommet est une ellipse : le grand axe $aa' = 2LM$, et LM est le petit axe.

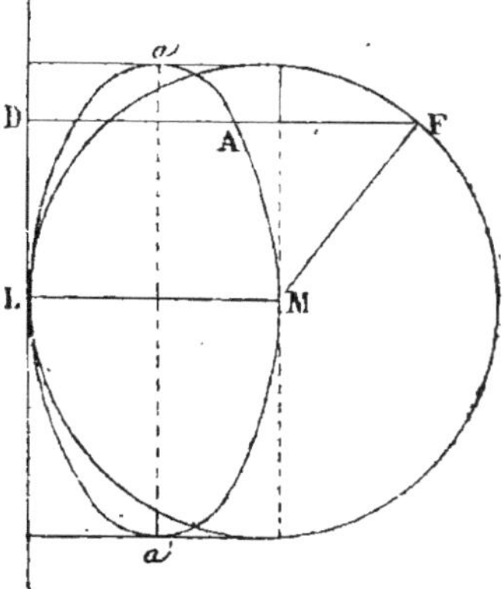

Fig. 1324.

2° Soient TP la tangente et LD la directrice données. Pour une parabole quelconque, remplissant les conditions imposées, N est le symétrique du foyer, et la tangente est perpendiculaire au milieu de

FN. (G., n° 693.) Donc l'angle FPM = NPM; et la ligne PR, qui fait, avec la tangente, un angle égal à celui que cette tangente fait avec la directrice, est le lieu des foyers.

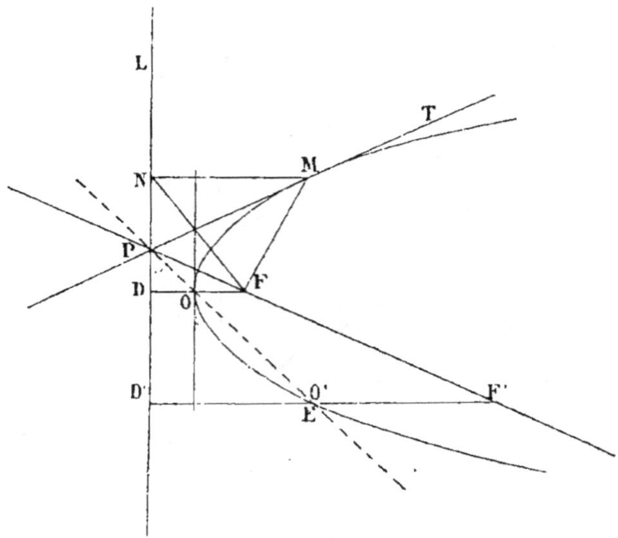

Fig. 1325.

3° Si d'un foyer quelconque F nous abaissons la perpendiculaire ED sur la directrice, le sommet correspondant est au milieu de DF; donc le lieu des sommets est la droite FOE ainsi menée, car on aura constamment $D'O' = O'F'$.

Exercice 916

2152. **Lieu.** *Lieu des points dont la somme ou la différence des distances à un point et à une droite donnés égale une ligne donnée.*

(Voir *Méthodes*, n° 76.)

Exercice 917

2153. *Lieu des points dont le produit des distances à deux droites rectangulaires égale un carré donné.*

(Voir *Méthodes*, n° 78.)

Lorsque les droites ne sont pas perpendiculaires l'une à l'autre, le lieu est une hyperbole ayant ces droites pour asymptotes; mais la détermination est analytique, car elle dépend de l'équation de l'hyperbole, et elle utilise diverses transformations de formules.

Exercice 918

2154. **Lieu.** *Dans un trapèze, la grande base est fixe, la petite base*

est donnée de longueur, et la somme des deux autres côtés est cons-
tante. Quel est le lieu du point de concours des diagonales ?

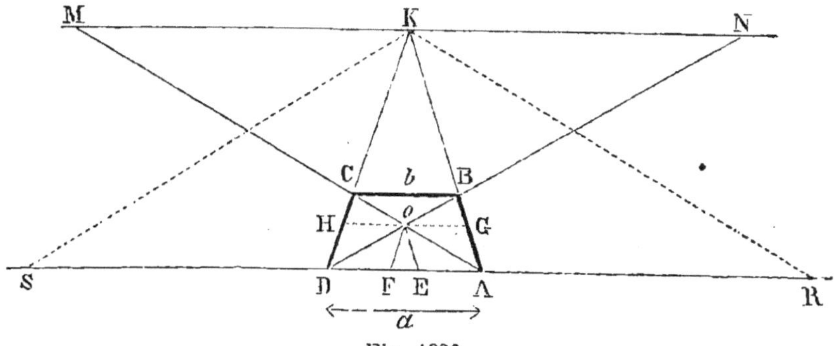

Fig. 1326.

Soient $\qquad$ $AD = a$, $BC = b$ et $AD + DC = l$

Par le point O, menons des parallèles aux côtés.

On a : $\qquad$ $AE = OG = OH = DF$

puis $\qquad$ $OE = AG$, $OF = DH$

1° La droite $HG = \dfrac{2ab}{a+b}$ $\quad$ (n° 1199.)

Donc $\qquad$ $AE = DF = \dfrac{ab}{a+b}$

Ainsi les points E, F sont fixes, quelle que soit la position du point O.

Mais on sait que $\dfrac{AG}{BG} = \dfrac{a}{b}$ $\quad$ ou $\quad$ $\dfrac{AG}{AB} = \dfrac{a}{a+b}$

d'où $\qquad$ $AG = AB \cdot \dfrac{a}{a+b}$

De même $\qquad$ $DH = DC \cdot \dfrac{a}{a+b}$

donc $\qquad$ $OF + OE = (AB + DC)\dfrac{a}{a+b} = \dfrac{al}{a+b}$

La somme des distances du point O aux points fixes E, F étant constante, le lieu du point O est une ellipse ayant E, F pour foyers et la longueur $\dfrac{al}{a+b}$ pour grand axe.

2155. Lieu. *Lieu du point K où se coupent les côtés non parallèles lorsque la somme l des diagonales est constante.*

$$AR = KM = KN = DS = \dfrac{ab}{a-b} \quad (n° 1199, 2°);$$

donc les points R et S sont fixes.

$$\frac{AM}{AC} = \frac{AK}{AB} = \frac{a}{a-b}$$

d'où
$$AM = AC \cdot \frac{a}{a-b}$$

de même
$$DN \text{ ou } SK = BD \cdot \frac{a}{a-b}$$

donc

$$RK + SK = (AC + BD) \cdot \frac{a}{a-b} = \frac{al}{a-b} \quad \text{quantité constante; donc...}$$

Remarque. On peut présenter les questions précédentes d'une manière très simple et très générale.

2156. Théorème. *On donne deux droites parallèles* AD, BC *de longueurs connues* a *et* b; *l'une* AD *est fixe de position, et elles sont réunies par deux droites* AB, AC *dont la somme* l *est constante. Un point quelconque* M *du plan est relié au système donné par une droite* MEG *de longueur constante, et dont le rapport* $\dfrac{m}{n}$ *distance aux bases est constant; or quel que soit le déplacement de* BC, *le lieu du point* M *est une ellipse dont le centre* O *et les foyers* F, F' *se déterminent en menant par ce point* M *des parallèles à la médiane* NP *et aux côtés* NA, ND.

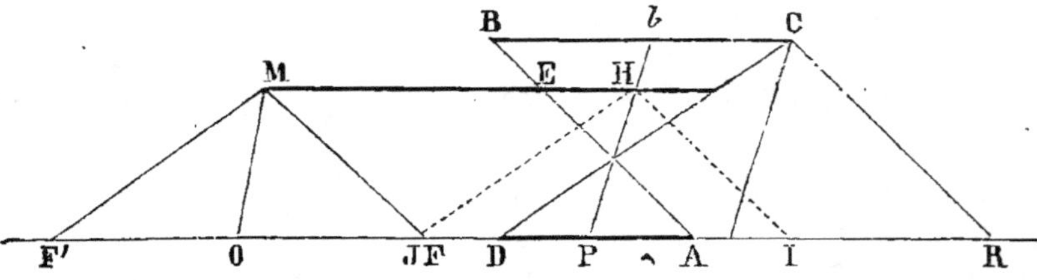

Fig. 1327.

En effet, chaque point du système mobile décrit une ellipse, et toutes les ellipses sont semblables.

Pour C, par exemple, on a :
$$DR = a + b \quad \text{et} \quad DC + CR = l$$

donc D et R sont les foyers et le grand axe $= l$

Pour N, on a :
$$\frac{AN}{NB} = \frac{DN}{NC} = \frac{a}{b}$$

donc la somme AN + DN est constante; elle égale d'ailleurs $\dfrac{al}{b-a}$.

A et D sont les foyers.

Par le point H, il faudrait mener des parallèles aux diagonales.

Il en est de même pour M, car OP = MH ligne de longueur donnée,
$$OF = OF' = PI = PJ$$

D'ailleurs le calcul de ces longueurs OF, OF' et de la somme MF + MF' est connu, car on a :

$$\frac{FF'}{DR} = \frac{OM}{AC} \quad \text{ou} \quad \frac{FF'}{a+b} = \frac{m}{m+n}$$

d'où
$$FF' = \frac{m(a+b)}{m+n}$$

De même
$$\frac{MF + MF'}{CR + CD} = \frac{m}{m+n}$$

d'où
$$MF + MF' = \frac{ml}{m+n} \quad \text{donc...}$$

Exercice 919

2157. Lieu. *Par un point M pris dans une ellipse, on mène une tangente MT qui coupe le petit axe au point T. Quel est le lieu de la projection du point T sur le rayon vecteur FM du point de contact?* (MANNHEIM, N. A., 1868, p. 316.)

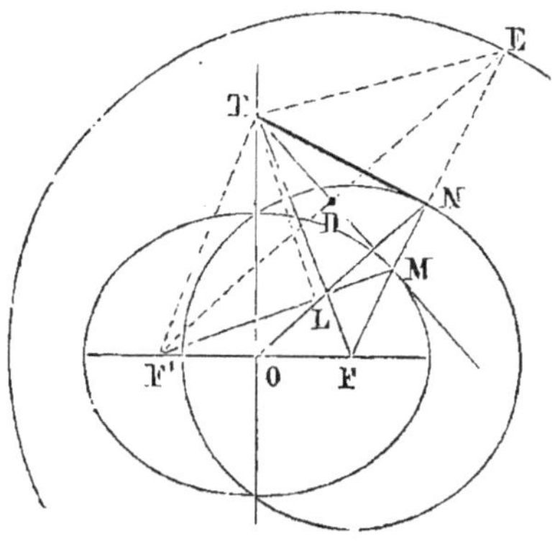

Fig. 1328.

Du foyer F' abaissons une perpendiculaire F'D sur la tangente; prolongeons-la jusqu'au cercle directeur du foyer F; on sait que DE = F'D et que FE = 2a passe par le point de contact M.

Mais FT = TF' égale donc TE; donc le triangle FTE est isocèle, et la perpendiculaire TN tombe au milieu de la base; donc FN = ½FE = a. Ainsi le lieu est le cercle décrit du foyer F comme centre avec le demi-grand axe pour rayon.

Remarque. *Si l'on projette le même point T sur l'autre rayon F'M, la droite NL passera par le centre de la courbe.*

2158. Théorème. *On mène une tangente MT à une parabole, cette droite coupe la tangente au sommet A en un point T; le lieu de la projection du point T sur le rayon vecteur FM du point de contact est une circonférence décrite du foyer comme centre, avec un rayon FA égal à la distance du foyer F au sommet A de la courbe.*

Exercice 920

2159. Lieu. *Les sommets A et B d'un triangle donné glissent res-*

pectivement sur deux droites fixes. Quel est le lieu décrit par le troisième sommet?

(Voir *Méthodes*, n° 144.)

On peut énoncer le théorème comme il suit :

2160. Théorème de Schooten [*]. *Lorsqu'un segment rectiligne AB, de longueur et de position donnée sur un plan M, se déplace de manière que ses extrémités A et B glissent respectivement sur deux droites concourantes tracées dans un plan P qui coïncide avec le premier, tout point du plan M décrit une ellipse sur le plan P.*

Corollaire. *Un point quelconque d'une droite, dont les extrémités glissent respectivement sur deux droites concourantes fixes, décrit une ellipse ayant pour centre le point de concours des deux droites fixes.*

L'importance de ce corollaire, que l'on énonce fréquemment comme théorème, nous conduit à le démontrer directement.

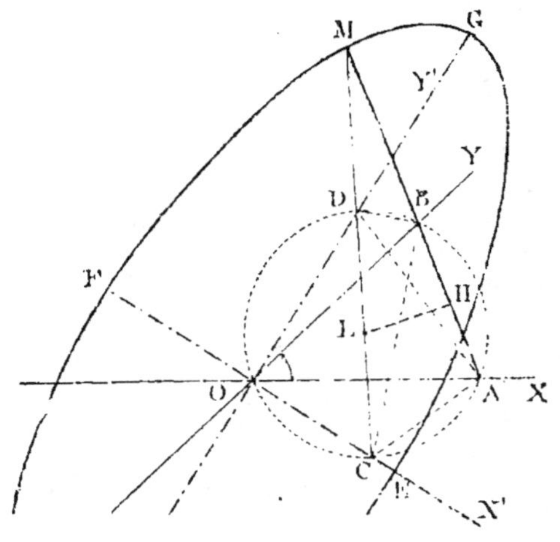

Fig. 1329.

Soient OX, OY les droites fixes, ABM la droite mobile, les longueurs AB, BM ne varient pas, le point A glisse sur OX, tandis que B glisse sur OY; il faut prouver que le point M décrit une ellipse, ayant le point O pour centre.

Circonscrivons une circonférence au triangle AOB

Joignons le point M au centre L, afin d'obtenir un diamètre CD; joignons aussi les points C et D aux points O, A et B.

La circonférence ne varie pas de grandeur : en effet ACOB est un arc de segment décrit sur une ligne donnée AB et capable d'un angle donné XOY.

Les triangles ACM et BDM ne varient pas de grandeur, car la droite MDC est déterminée par le centre L du cercle; or ce centre se trouve sur la perpendiculaire élevée au milieu de AB et à une dis-

---

[*] SCHOOTEN, géomètre hollandais du milieu du XVIIe siècle, fit de nombreuses applications de la méthode analytique de DESCARTES. On lui doit aussi le *théorème de la bissectrice.* (G., n° 268.)

tance LH qui ne varie point, car le rayon AL ne varie point, quelle que soit la position de la corde AB du segment décrit ACODB.

Dans le déplacement de AB, chaque point C et D décrit une droite qui passe par l'origine O.

En effet, l'angle AOC égale l'angle ABC, qui ne varie point; donc le point C est constamment sur une droite OX′ qui forme avec OX un angle XOX′ égal à CBA.

De même le point D se meut sur une droite OY′ qui forme avec OY un angle YOY′ égal à l'angle invariable BAD.

Le point M décrit une ellipse ayant O pour centre, et dont les demi-axes égalent MC et MD, car le mouvement de AB entraîne celui de la figure invariable ACDM; or CD est une droite de longueur constante, dont les extrémités C et D glissent respectivement sur deux droites rectangulaires fixes OX′, OY′; donc le point M décrit une ellipse, etc. (G., n° 643.)

2161. Scolie (théorème de Steiner). *L'aire de l'ellipse engendrée par un point donné M d'une droite AB de longueur invariable, dont les extrémités glissent respectivement sur deux droites concourantes OX, OY, est indépendante de l'angle XOY formé par ces deux droites.*

L'aire de l'ellipse ayant a et b pour demi-axes est donnée par πab. (G., n° 637.)

Ainsi l'aire de l'ellipse engendrée par le point M (fig. 1329) égale π MC . MD.

Or quel que soit l'angle XOY, on a :
$$MC . MD = MA . MB ; \quad \text{aire} = \pi MA . MB$$
donc l'aire est indépendante de l'angle O.

Exercice 921

2162. Lieu. *Une circonférence roule intérieurement dans une circonférence de rayon double. Quel est le lieu décrit par un point quelconque du plan de la première circonférence sur le plan de la seconde?*

D'après le *théorème de Cardan ou de La Hire* (n° 1285)[*], un point quelconque A de la circonférence M décrit un diamètre de la seconde P.

Soient donc deux points A et B situés aux extrémités d'un même diamètre de la petite circonférence; ils décriront deux diamètres rectangulaires de la grande circonférence; on est donc ramené à la question précédente, car les extrémités d'un segment rectiligne AB du plan M glissent respectivement sur deux droites concourantes du plan P; donc tout point du plan M décrit une ellipse sur le plan P.

Remarque. Les points A et B eux-mêmes et tous les autres points

---

[*] D'après LA HIRE lui-même, c'est à DESARGUES que l'on doit la considération des *Épicycloïdes*. (Pour ces courbes, voir G., n° 892.)

de la circonférence intérieure décrivent des segments rectilignes qu'on peut considérer comme des ellipses infiniment aplaties.

Exercice 922

2163. Lieu. *Quel est le lieu du centre des ellipses inscrites dans un quadrilatère convexe?* (NEWTON.)

C'est la droite qui joint les points milieux des diagonales du quadrilatère.

En effet, pour une ellipse donnée, on peut projeter la figure de manière que cette courbe soit un cercle.

Le quadrilatère ABCD, dont MN est la droite qui joint les milieux, se projette suivant un quadrilatère *abcd*, dont *mn*, ligne des milieux des diagonales, est la projection de MN. Or *mn* contient le centre *o* du cercle inscrit (n° 1614), et ce centre est la projection du centre O de l'ellipse dont O est sur la droite MN.   *C. Q. F. D.*

2164. Remarque. Ce *théorème de Newton* permet de déterminer le centre d'une ellipse dont on connaît cinq tangentes, car les lignes prises quatre à quatre donnent des quadrilatères circonscrits et des droites telles que MN, M'N', dont le point de concours est le centre cherché.

Exercice 923

2165. *Lieu du foyer des paraboles circonscrites à trois droites données.*

Soit ABC le triangle formé par les trois tangentes.

La projection du foyer F d'une parabole circonscrite sur chaque tangente à la courbe se trouve sur la tangente au sommet (G., n° 697); donc les projections obtenues D, E, G sont en ligne droite. Or la réciproque du théorème de *R. Simson* (n° 22) prouve que le point F appartient à la circonférence circonscrite au triangle ABC; donc cette circonférence est le lieu des foyers F.

2166. Remarque. La question précédente a de nombreuses conséquences : *Pour déterminer le foyer d'une parabole dont on connaît quatre tangentes, on circonscrit des circonférences à deux des triangles formés par ces lignes.*

Les circonférences circonscrites aux quatre triangles formés par des droites qui se coupent deux à deux passent par un même point F. Théorème démontré n° 21.

Exercice 924

2167. Problème. *Quelle est l'enveloppe d'un côté d'un angle droit dont l'autre côté passe par un point fixe, lorsque le sommet glisse :*

1° Sur une droite fixe;

2° Sur une circonférence.

(Voir *Méthodes*, n°ˢ 126 et 127.)

Exercice 925

2168. Problème. *On coupe les côtés de l'angle droit par une droite qui détermine un triangle d'une aire donnée. Quelle est l'enveloppe de l'hypoténuse de ce triangle ?*

(Voir *Méthodes*, n° 129.)

Exercice 926

2169. Problème. *Quelle est l'enveloppe d'une droite AC qui divise deux droites concourantes DM, DN données de longueur et de position en parties inversement proportionnelles ?*

(Voir *Méthodes*, n° 128.)

Exercice 927

2170. Problème. *Quelle est l'enveloppe de la base d'un triangle dont l'angle au sommet est donné de grandeur et de position, et dont la somme des côtés qui le comprennent est constante ?*

Pour revenir à la question précédente, il suffit de prendre ABA =AC, égale la somme constante.

Puisque AE + AD doit égaler AB, on a

$$EC = AD$$

Donc les droites AB, AC sont divisées en segments inversement proportionnels et l'enveloppe est une parabole tangente aux côtés de l'angle aux points B et C.

Le sommet G est au point milieu de AF.

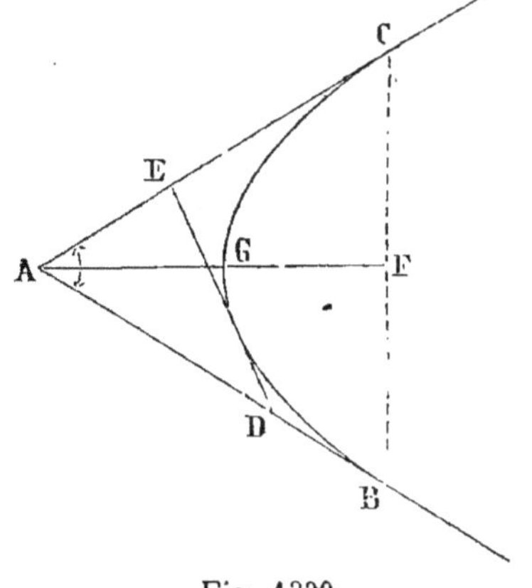

Fig. 1330.

2171. Remarques. 1° L'enveloppe de la base DE du triangle à périmètre constant est un arc de cercle tangent aux droites AB, AC, aux points B et C.

2° L'enveloppe de la base, lorsque la somme des côtés AD, AE est constante, est une parabole tangente en B et C.

3° L'enveloppe de DE, quand l'aire DAE est constante, est une hyperbole ayant AB, AC pour asymptotes.

Lorsque le triangle a l'aire constante, le produit AD . AE est constant.

On sait d'ailleurs que l'aire est donnée par $\dfrac{AD \cdot AE \cdot \sin A}{2}$.

Exercice 928

2173. Problème. *Quelle est l'enveloppe des cercles dont le centre est sur une parabole, et qui sont tangents à une corde perpendiculaire à l'axe de cette courbe?*

(Voir *Méthodes*, n° 132.)

2173. Problème. *Enveloppe des cercles dont le centre est sur une ellipse et qui sont tangents à une circonférence décrite d'un foyer comme centre.*

(Voir *Méthodes*, n° 133.)

Exercice 929

2174. Problème. *Les hauteurs d'un triangle ABC inscrit dans un cercle donné se coupent en un point H. Ce point peut servir de point de concours des hauteurs de triangles inscrits dans le même cercle. Quelle est l'enveloppe des côtés de tous ces triangles?* (Paul SERRET.)

(Voir *Méthodes*, n° 130.)

2175. Lieu. *Quel est le lieu du sommet M d'un angle constant α, dont un côté passe par le foyer F d'une ellipse tandis que l'autre côté est tangent à la courbe?*

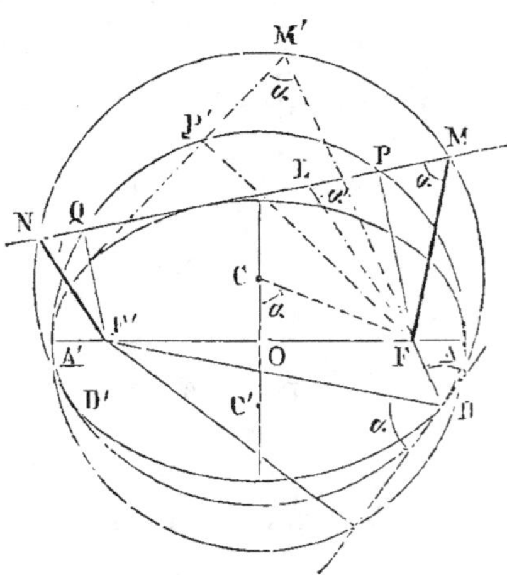

Fig. 1331.

Soient M et M' deux des positions du sommet de l'angle constant α.

On sait que la projection P du foyer F sur une tangente quelconque se trouve sur le cercle principal dont AA' est le diamètre. (G., n° 626.) D'ailleurs les triangles rectangles FPM, FP'M' sont semblables; donc, d'après une question connue (n° 1355), le lieu du point M est une circonférence dont le rayon est au rayon OA dans le rapport de FM à FP.

Pour déterminer la position du lieu, procédons comme à l'Exercice rappelé (n° 1355).

Au point F, menons FC formant l'angle OFC = PFM.

Les triangles OFC, PFM sont semblables; les distances FO, FC sont dans le rapport de FP à FM; donc C est le centre du lieu.

Soit *r* le rayon inconnu CM, on doit avoir :

$$\frac{r}{OA} = \frac{FM}{FP} \quad \text{ou} \quad \frac{r}{a} = \frac{FC}{FO}$$

2176. Remarques. 1° L'ellipse est bi-tangente au lieu demandé. Les deux points de contact D, D' correspondent aux positions pour lesquelles la tangente fait l'angle α avec le rayon vecteur du point de contact (voir ci-après, n° 2186).

2° Le point N du foyer F' donne le même lieu ; FL donne une circonférence égale au lieu des points M, mais le centre est en C'.

Exercice 930

2177. Problème. *Un angle α, de grandeur donnée, a un de ses côtés qui passe par un point fixe F, tandis que le sommet M glisse sur une circonférence donnée. Quelle est l'enveloppe de l'autre côté ?* (N. A. 1865, p. 546. Question traitée par *Poncelet* dès 1817. *Appl. d'A. et de G.*, t. II, p. 462.)

En se reportant au problème précédent (n° 2175), on peut dire que l'enveloppe est une ellipse lorsque le point F est dans le cercle, mais il est préférable de l'établir directement.

Du point F, abaissons une perpendiculaire FP. Le triangle FMP reste semblable à lui-même ; donc le point P décrit une circonférence (n° 1355), et l'enveloppe du second côté PM' de l'angle droit FPM est une ellipse (n° 127).

On peut déterminer facilement le lieu des points P.

La plus courte distance FN est sur la ligne CFN, qui passe par le centre C ; en faisant l'angle NFA = MFP et abaissant la perpendiculaire FA, on obtient la plus courte distance FA du sommet de l'angle droit au point fixe F.

Prolongeons AF jusqu'à la rencontre d'une droite CO parallèle à NA.

O est le centre, AO le rayon du cercle principal de l'ellipse.

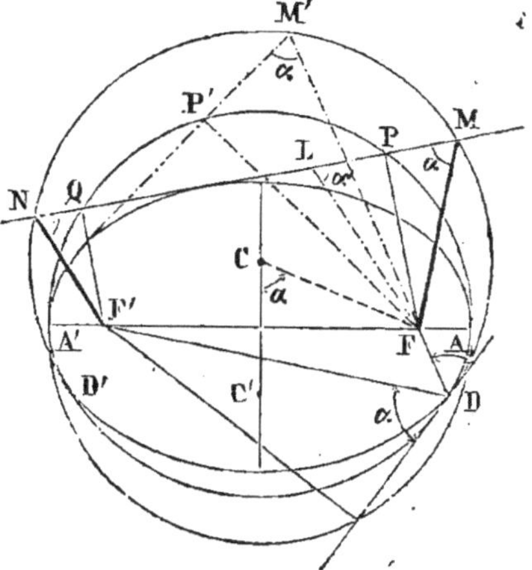

Fig. 1332.

Remarques. 1° L'ellipse est bi-tangente au cercle donné MNM' (n° 2176).

2° *Quand le point est extérieur au cercle, on obtient une hyperbole.*

2178. Théorème. *Pour un même cercle MNM' et un même point F, on obtient des ellipses semblables lorsqu'on fait varier l'angle α.*

En effet, quel que soit l'angle donné, $FO = c$, $AO = a$; or

$$\frac{c}{a} \quad \text{ou} \quad \frac{OF}{OA} = \frac{CF}{CN} \quad \text{quantité constante}$$

donc le rapport $\dfrac{b}{a}$ ou $\dfrac{\sqrt{a^2 - c^2}}{a}$ est aussi constant.

2179. Théorème. *Le lieu du second foyer* F' *des enveloppes, lorsque* α *varie, est un cercle concentrique au premier.*

$CF' = CF$ quantité invariable.

2180. Théorème. *L'enveloppe de toutes les ellipses semblables obtenues est le cercle donné.*

En effet, ce cercle est doublement tangent à chaque ellipse.

2181. Théorème. *Lorsque le cercle donné* NMM' *est remplacé par une droite, on obtient pour enveloppe une parabole, quel que soit l'angle* α, *dont un côté passe par le point fixe* F, *tandis que le sommet* M *glisse sur la droite donnée.*

Exercice 931

2182. Théorème. *Si une figure reste constamment semblable à elle-même et se meut dans son plan, de manière qu'une de ses droites* MF *tourne autour d'un point fixe* F, *tandis que le point* M *se meut sur une circonférence, tout autre point de la figure décrira une circonférence, et toute droite qui ne passe pas par* F *de cette figure enveloppera une conique.*

1° Soit un point quelconque N. Le triangle FMN reste semblable à lui-même; donc N se meut sur une circonférence (n° 1355).

2° La droite MN faisant un angle constant avec MF, et le point M restant sur une circonférence, l'enveloppe de MN est une conique à centre (n° 2177).

3° Une droite quelconque AB coupe MF en un certain point B, par exemple; B décrit une circonférence, mais l'angle ABF est constant; donc l'enveloppe de AB est une conique à centre.

Exercice 932

2183. Problème. *On donne deux droites rectangulaires* OX, OY. O *est le centre commun à des ellipses d'aire constante ayant les axes sur les droites données. Quelle est l'enveloppe de ces ellipses?*

L'aire de l'ellipse est donnée par πab.

Ainsi, on a : $OA . OB = \text{constante} = \text{par exemple } 2k^2$.

En se reportant à la figure 1334, on reconnaît immédiatement qu'en réduisant les ordonnées du cercle dans un rapport donné, on obtient la figure 1330 et les résultats suivants :

Le rectangle OPLQ est la moitié de OACB; il égale donc k^2. La

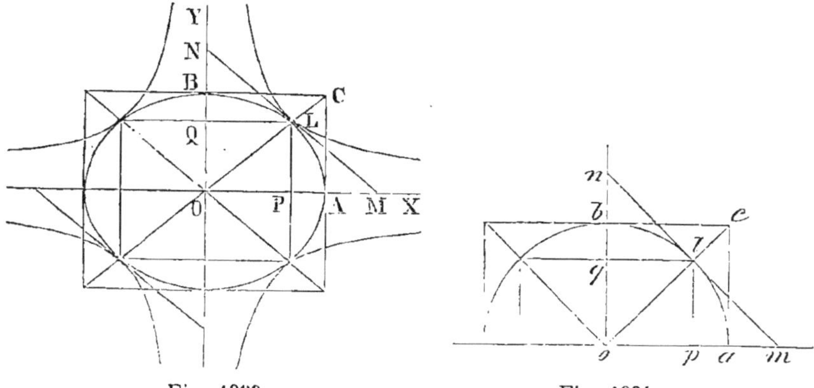

Fig. 1333.   Fig. 1334.

tangente MLN est divisée en deux parties égales par le point de contact, et le triangle MON a une aire constante, car il est double du rectangle OPLQ. Nous retombons donc sur une question connue (nᵒˢ 78 et 118).

L'hyperbole équilatère, ayant k^2 pour puissance, est tangente en L à la droite MLN, et par suite elle est tangente à l'ellipse considérée; donc *l'enveloppe des ellipses d'aire constante se compose de deux hyperboles équilatères ayant OX, OY pour asymptotes et k^2 pour puissance.*

PROBLÈMES

Ellipse et Hyperbole.

Exercice 933

2184. Problème. *Dans une ellipse, quelle est la distance du centre à une corde parallèle au grand axe, et dont la longueur est la moitié de ce grand axe?*

Cette distance $= \dfrac{b}{2}\sqrt{3}$ (nᵒ 50).

Exercice 934

2185. Problème. *Une ellipse est donnée par ses foyers et la longueur $2a$ du grand axe; sans construire la courbe, déterminer les points où cette ellipse est coupée par une circonférence dont le centre est sur le petit axe.*

(Voir *Méthodes*, nᵒ 116.)

Exercice 935

2186. Problème. *Mener à une ellipse une tangente qui fasse un angle donné α avec le rayon vecteur du point de contact.*

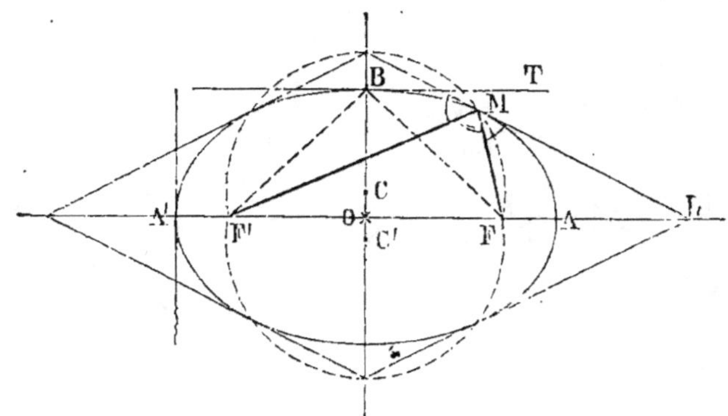

Fig. 1335.

Soit l'angle $FML = \alpha$.

La tangente est également inclinée sur les deux rayons vecteurs; donc l'angle FMF' égale deux droits moins 2α. Ainsi, sur FF', il faut décrire un segment $FMM'F'$ capable de l'angle $2d - 2\alpha$.

Il y a quatre tangentes formant un losange circonscrit.

Grandeurs limites. Le segment décrit sur FF' est capable d'un angle d'autant plus grand que le rayon de ce segment est plus petit. Ainsi, au point B, l'angle est le plus grand possible; par suite FBT est la plus petite valeur qu'on puisse attribuer à l'angle α.

La plus grande est 90°; elle correspond aux sommets A et A'.

Dans ce cas, en effet, l'angle FAF' est nul.

Exercice 936

2187. Problème. *Trouver l'aire de l'ellipse en considérant cette courbe comme la projection d'un cercle sur un plan.* (G., n° 634.)

Soit a le rayon du cercle.

Le diamètre mené parallèlement à l'intersection du plan donné avec le plan du cercle, se projette en vraie grandeur parallèlement à l'intersection, et donne le grand axe $2a$ de l'ellipse.

Le diamètre $2a$, mené dans le cercle perpendiculairement à l'intersection des deux plans, se projette en une ligne $2b$, qui est le petit axe de l'ellipse. (G., n° 634.) Ces deux lignes donnent l'angle I des deux plans, et cet angle a pour cosinus $\dfrac{b}{a}$.

Or la projection d'une surface plane quelconque sur un plan égale le produit de cette surface par le cosinus de l'angle qu'elle fait avec le plan (G., n° 1790, II); on a donc :

$$\text{Ellipse} = \text{cercle} \cdot \cos I = \pi a^2 \cdot \frac{b}{a} = \pi ab \qquad C.\,Q.\,F.\,D.$$

Exercice 937

2188. Problème. *Calculer les longueurs* a *et* b *des demi-axes, connaissant deux diamètres conjugués et leur angle.*

On a les deux relations : $a'^2 + b'^2 = a^2 + b^2$ et $a'b' . \sin V = ab$ (n°s 2073 et 2075).

Écrivons : $a^2 + b^2 = a'^2 + b'^2$ et $2ab = 2a'b' \sin V$

Successivement, ajoutons et retranchons membre à membre ces deux égalités; on trouve :

$$a^2 + 2ab + b^2 = a'^2 + b'^2 + 2a'b' . \sin V$$

ou
$$(a + b)^2 = a'^2 + b'^2 + 2a'b' . \sin V$$

$$a^2 - 2ab + b^2 = a'^2 + b'^2 - 2a'b' . \sin V$$

ou
$$(a - b)^2 = a'^2 + b'^2 - 2a'b' . \sin V$$

Donc
$$a + b = \pm \sqrt{a'^2 + b'^2 + 2a'b' . \sin V}$$

et
$$a - b = \pm \sqrt{a'^2 + b'^2 - 2a'b' . \sin V}$$

Connaissant la somme et la différence des demi-axes, on obtient facilement a et b :

$$a = \frac{1}{2}\sqrt{a'^2 + b'^2 + 2a'b' . \sin V} + \frac{1}{2}\sqrt{a'^2 + b'^2 - 2a'b' . \sin V}$$

$$b = \frac{1}{2}\sqrt{a'^2 + b'^2 + 2a'b' . \sin V} - \frac{1}{2}\sqrt{a'^2 + b'^2 - 2a'b' . \sin V}$$

Exercice 938

2189. Problème. *Sans recourir au procédé général, déterminer les axes lorsqu'on connaît les deux diamètres conjugués égaux et leur angle.*

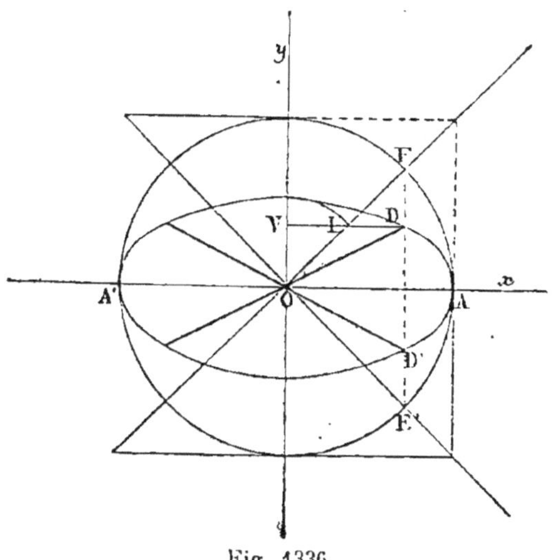

Fig. 1336.

Soit $OD = OD'$. Le grand axe est sur la bissectrice de l'angle DOD';

Oy est perpendiculaire à Ox. Menons la bissectrice de l'angle xOy : l'ordonnée DP fait connaître OE, rayon du cercle principal. D'ailleurs l'abscisse DV donne OL $= b$. (G., n° 635.)

Remarque. Le cas où l'on connaît les deux diamètres conjugués égaux et leur angle se présente souvent; par exemple, dans les *voûtes en décharge*, dans les avant-becs des ponts biais à plusieurs arches, etc. Dans ce cas, l'aire de l'ellipse égale $\pi DO^2 . \sin DOD'$, ou $\pi a'^2 . \sin V$; OP $=$ OD . cos DOP $= a' . \cos \frac{1}{2}V$. Or OE ou $a = OV\sqrt{2}$; donc $a = a'\sqrt{2} . \cos \frac{1}{2}V$.

De même OV $= a' \sin \frac{1}{2}V$; d'où $b = a'\sqrt{2} . \sin \frac{1}{2}V$.

Exercice 939

2190. Problème. *En considérant l'ellipse comme la projection du cercle principal, et sans construire la courbe,*

Mener une tangente : 1° *par un point donné sur la courbe;* 2° *par un point donné hors de la courbe;* 3° *parallèlement à une ligne donnée;*

Et mener une normale : 1° *par un point pris sur la courbe;* 2° *parallèlement à une ligne donnée.*

Tangente.

1° Soit N le point donné; l'ordonnée PN fait connaître le point M du cercle. On mène MT tangente au cercle, et puis TN. (G., n° 640.)

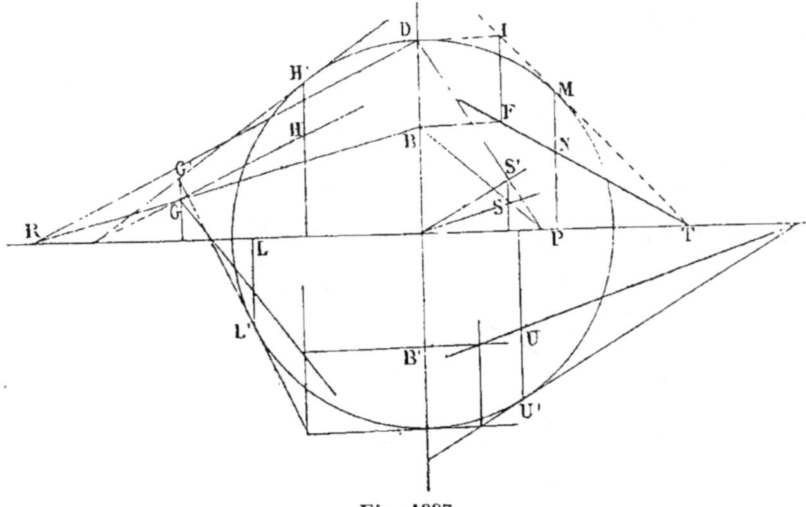

Fig. 1337.

Si le point T est trop éloigné, on mène DE et BF (G., n° 642), et puis FN. Une remarque analogue s'applique aux autres cas.

2° Soit G le point donné. On mène BGR; G' est le point correspondant par rapport au cercle principal. On mène les tangentes G'H' et G'L'; puis GL et GH, tangentes demandées.

3° Soit OS la direction donnée. On cherche la ligne correspondante OS', et l'on mène la tangente U' parallèle à OS', puis U parallèle à OS.

Normale.

2491. 1° Soit M le point donné. On mène la tangente MI et la perpendiculaire MN, qui est la normale demandée.

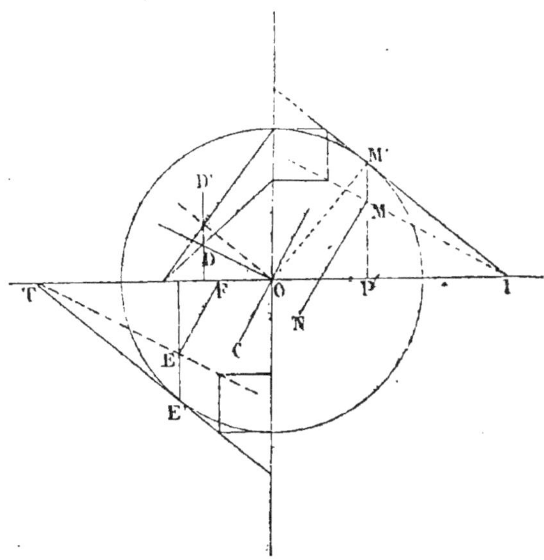

Fig. 1338.

Remarque. La normale MN n'est pas la projection de la normale OM' du point correspondant; aussi faut-il préalablement déterminer la tangente MI.

2° Soit OC la direction donnée, et OD une perpendiculaire à OC. On détermine OD' et la tangente TE', qui lui est parallèle : la tangente ET sera parallèle à DO, et par suite la normale EF le sera à CO.

2492. Scolie. Des constructions analogues permettent de résoudre les mêmes questions lorsqu'on connaît deux diamètres conjugués quelconques et leur angle; mais il faut s'appuyer sur quelques théorèmes non démontrés dans le VIIIe livre, et nous devons nous borner à citer ces théorèmes : *Si l'on incline d'une quantité constante les ordonnées d'une ellipse, on obtient une ellipse rapportée à deux diamètres conjugués. On peut toujours partir du cercle en inclinant les* *ordonnées et les réduisant toutes dans un même rapport. Les tangentes aux points correspondants M et M' rencontrent AA' au même point.*

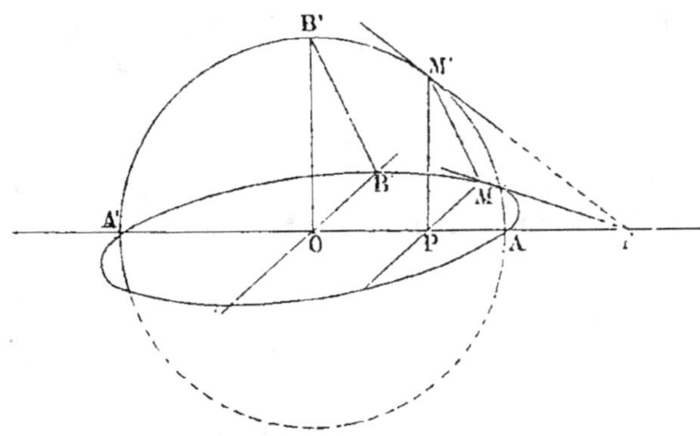

Fig. 1330.

Pour ces théorèmes et les constructions qu'on peut en déduire, il faut recourir à l'*Appendice aux Exercices de Géométrie,* ouvrage où toutes ces questions se trouvent traitées.

Exercice 940

2193. Problème. *Déterminer les points où une droite donnée coupe une hyperbole dont on connaît les foyers et la différence constante.*

(Voir *Méthodes*, n° 113, *b*.)

Remarque. On peut déterminer les points où une droite rencontre une hyperbole dont on connaît un point et les asymptotes, sans construire la courbe et même sans déterminer les foyers. (Voir *Exercices de Géométrie descriptive,* 2e édition. *Note; n°s* 1052 à 1055.)

Exercice 941

2194. Problème. *Une hyperbole équilatère étant donnée par ses asymptotes et sa puissance* k^2*, mener une tangente sans construire la courbe et de manière que la partie interceptée entre les asymptotes ait une longueur donnée.*

(Voir *Méthodes*, n° 118.)

Exercice 942

2195. Problème. *Construire une ellipse ou une hyperbole avec les données suivantes :*

1° *Le centre, la longueur du grand axe et deux tangentes.*

Du centre donné O, avec a pour rayon, on décrit le cercle principal; aux points C et C', D et D', où les tangentes sont coupées par le cercle, on élève aux tangentes des perpendiculaires qui se coupent deux à deux aux foyers. (G., n°s 626 et 667.) Si les foyers

sont dans le cercle (fig. 1340), on a une ellipse, et, dans le cas contraire (fig. 1341), une hyperbole.

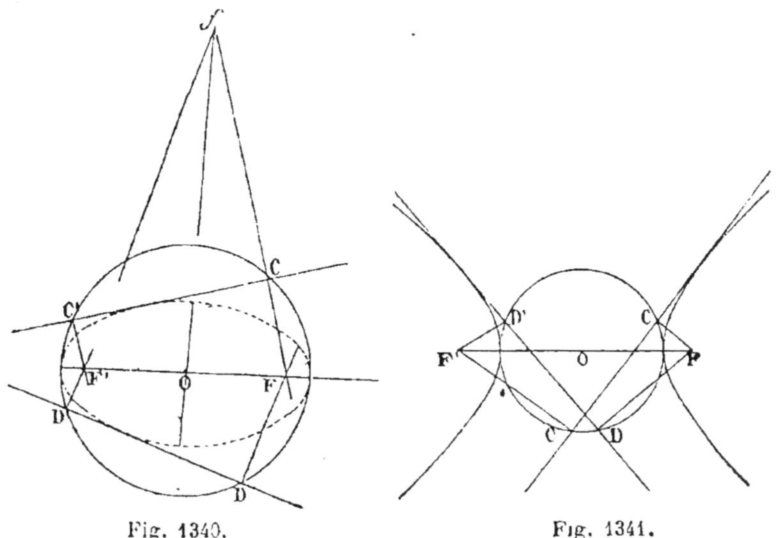

Fig. 1340.   Fig. 1341.

Généralement, il y a deux solutions; car on peut chercher le point f
où se coupent les perpendiculaires C et D'.... : ff' est la distance
focale d'une hyperbole...

2196. 2° *Le grand axe (position et longueur) et une tangente.*

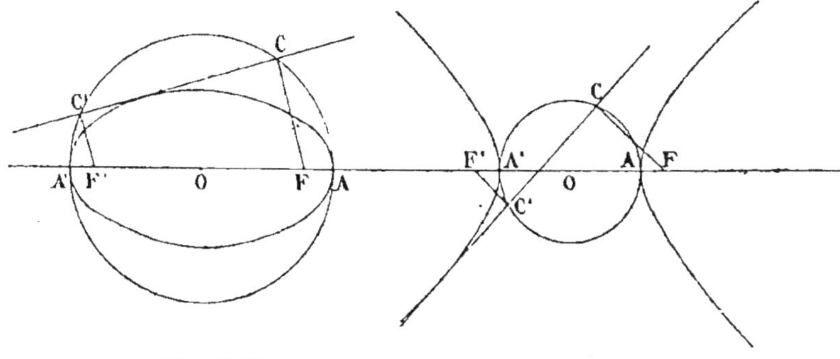

Fig. 1342.   Fig. 1343.

On décrit le cercle principal sur le grand axe donné AA'; les perpendiculaires élevées à la tangente en C et C' donnent les foyers.
On obtient, suivant le cas, une ellipse ou une hyperbole : une ellipse,
lorsque la tangente ne rencontre pas le grand axe entre les sommets
A et A' (fig. 1342); une hyperbole, dans le cas contraire (fig. 1343).

M.   **29**

2197. 3° *Un des foyers; une tangente, la direction du grand axe et sa longueur 2a.*

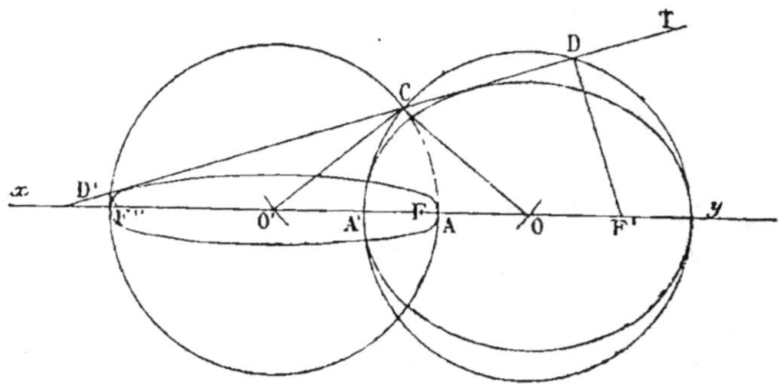

Du point F, abaisser la perpendiculaire FC.

Fig. 1344.

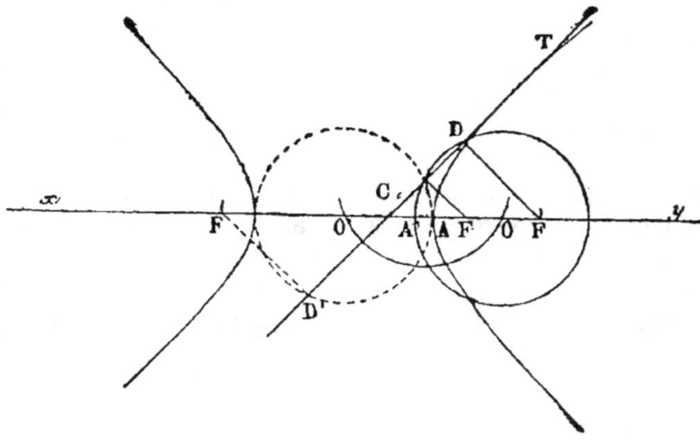

Fig. 1345.

Du foyer F on abaisse, sur la tangente T, la perpendiculaire FC; du point C, avec *a* pour rayon, on coupe *xy* en O et O'; du point O comme centre, avec *a* pour rayon, on décrit le cercle principal; au point D, on élève une seconde perpendiculaire à la tangente, et le second foyer est en F'.

Le cercle décrit de O' comme centre donne une seconde solution.

Quand les foyers sont dans le cercle (fig. 1344), la courbe est une ellipse; c'est une hyperbole quand ces points F et F" sont hors du cercle (fig. 1345).

La première figure donne deux ellipses; et la seconde, une hyperbole et une ellipse. On peut avoir deux hyperboles : il suffit que la tangente coupe *xy* entre A et A'.

2198. 4° *Les deux foyers et le rapport des axes* $\dfrac{b}{a}$.

1° Pour l'ellipse, le rapport est toujours < 1.

On prend OM et ON tels que l'on ait : $\dfrac{NM}{NO} = \dfrac{a}{b}$ (fig. 1346), et par le point F on mène une parallèle à NM.

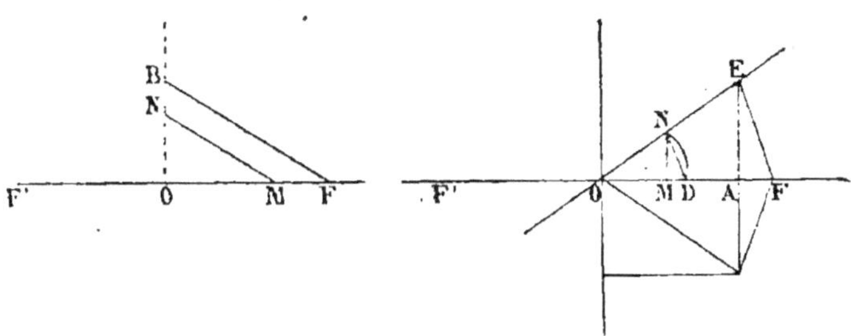

Fig. 1346.   Fig. 1347.

On a (G., n° 620) $\dfrac{BF}{OB} = \dfrac{a}{b}$; donc $BF = a$, $BO = b$.

2° Pour l'hyperbole (fig. 1347), on élève une perpendiculaire MN telle que l'on ait : $\dfrac{OM}{MN} = \dfrac{a}{b}$. Du centre O on décrit l'arc ND, et par le foyer F on mène FE parallèle à ND; on a : $\dfrac{OA}{AE} = \dfrac{a}{b}$.

Donc $OA = a$, $AE = b$; car $AO^2 + AE^2 = OE^2 = c^2$. (G., n° 655.) OE est une asymptote. (G., n° 663.)

2199. 5° *Un foyer, une tangente, le point de contact et la longueur 2a ou la longueur 2c.*

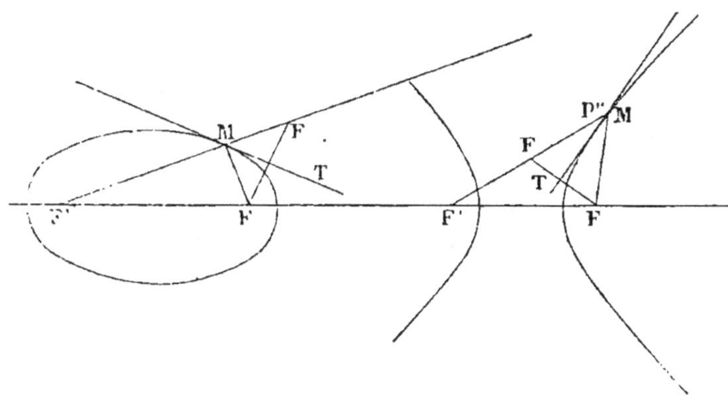

Fig. 1348.   Fig. 1349.

On détermine F_1 symétrique du foyer par rapport à la tangente donnée T; on joint F_1 au point de contact M et on prend $F_1F'' = 2a$. Le second foyer est F' (fig. 1348).

Quand FF' est moindre que 2a, et que les deux points sont du même côté de la tangente, **on** a une ellipse; quand FF' est $> 2a$, et que les points F et F' sont de part et d'autre de la tangente, la courbe est une hyperbole (fig. 1349). Dans la premier cas (fig. 1348), en prenant $F_1F'' = 2a$, comme FF'' ou $2c$ est $> F_1F''$ ou $2a$, on obtient aussi une hyperbole; dans le deuxième cas (fig. 1349), si $F_1F'' = 2a$, comme on a FF'' $= 2a$, on obtient une deuxième hyperbole.

En résumé, on obtient une ellipse et une hyperbole, ou bien deu hyperboles.

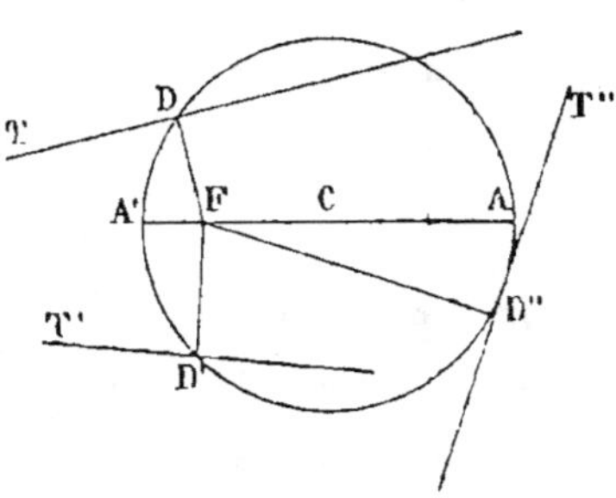

Fig. 1350.

2200. 6° *Un foyer et trois tangentes.*

Il faut projeter le foyer sur chaque tangente. Le cercle qui passe par D, D', D'' est le cercle principal; FC fait connaître le grand axe....

On obtient une ellipse lorsque le point F est dans le cercle (fig. 1350), et une hyperbole dans le cas contraire.

2201. 7° *Un foyer, deux tangentes et l'un des points de contact.*

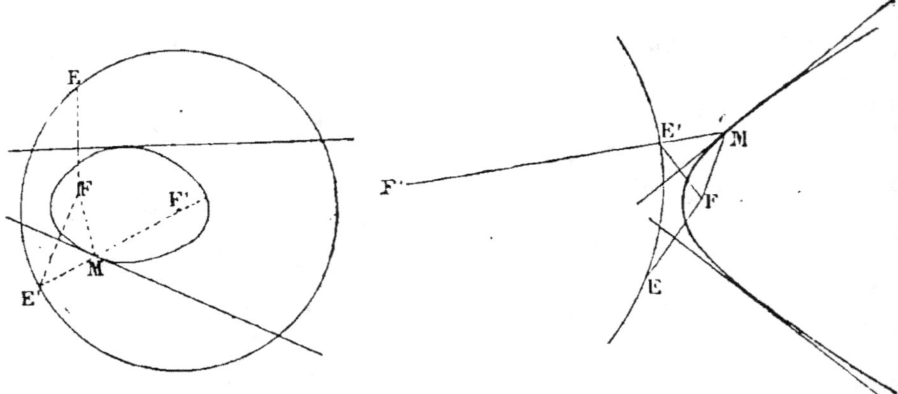

Fig. 1351.   Fig. 1352.

Cherchons les symétriques E et E' du foyer F; joignons E' au point de contact M. Le cercle directeur doit passer par les points E et E', et avoir son centre sur E'M. Ainsi le point où la perpendiculaire élevée au milieu de EE' coupe E'M est le second foyer.

La courbe est une ellipse lorsque le cercle décrit comprend le foyer F (fig. 1351), et une hyperbole si le point F est hors du cercle directeur (fig. 1352).

Exercice 943

2202. 8° *Construire une ellipse, connaissant deux tangentes, les points de contact et la droite sur laquelle doit se trouver le grand axe.*

Soient les tangentes RM et RM', les points de contact M et M', et xy la droite du grand axe.

La ligne RCO, qui joint R au milieu de la corde des contacts, passe au centre (n° 2081); puis $a^2 = OT . OP$ (n° 2077). Il faut donc décrire une circonférence sur le diamètre

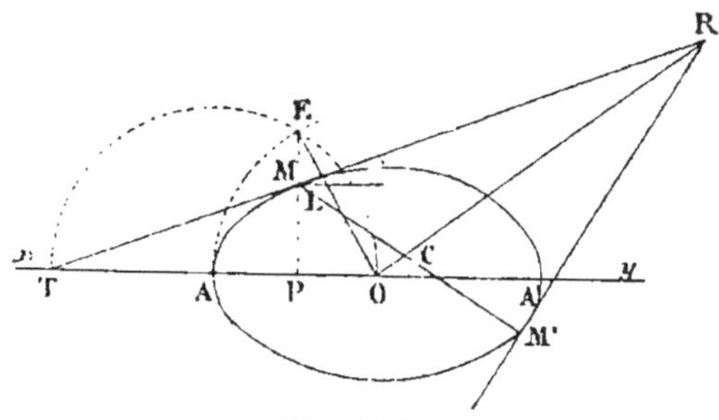

Fig. 1353.

OT. L'ordonnée MP donne $OE^2 = OP . OT$; donc $OE = a$. On peut décrire le cercle principal et achever l'ellipse.

La ligne ML, parallèle à xy, donne OL pour le demi-petit axe. (G., n° 635.)

Problèmes relatifs à la Parabole.

Exercice 944

2203. **Problème.** *Construire une parabole avec les données suivantes :*

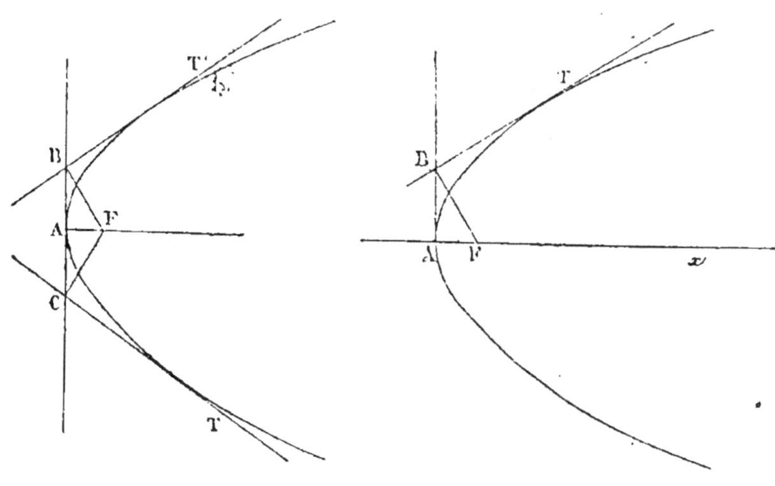

Fig. 1354.   Fig. 1355.

1° *Le foyer et deux tangentes.*

On projette le foyer sur les deux tangentes (fig. 1354). La droite BC est la tangente au sommet (G., n° 697), et la perpendiculaire FA est l'axe.

2204. *2° Le foyer, l'axe et une tangente.*

On projette le foyer sur la tangente (fig. 1355), et du point B on[n] abaisse la perpendiculaire BA sur l'axe *Fx* : le sommet A est ainsi[i] déterminé.

2205. *3° La directrice, une tangente et le point de contact.*

Projetons le point de contact M sur la directrice (fig. 1356), et le point B sur la tangente. Puisque B est le symétrique du foyer, il suffit de prendre $$CF = BC$$

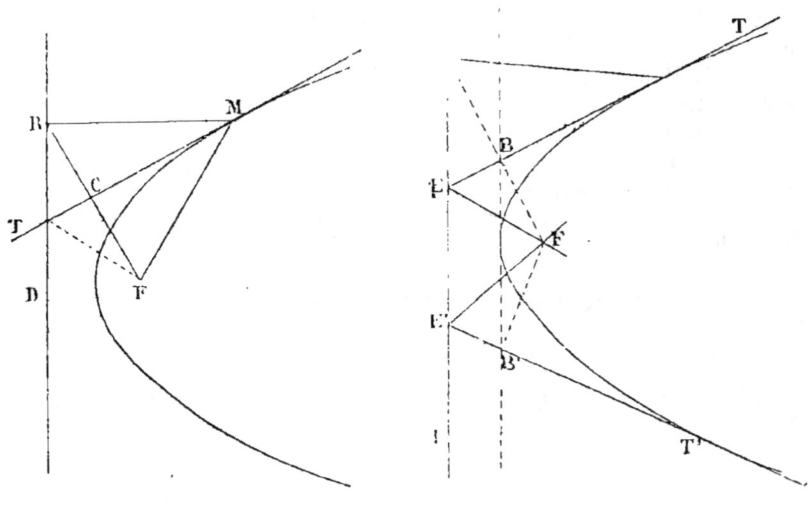

Fig. 1356.   Fig. 1357.

2206. *4° La directrice et deux tangentes, ou la tangente au sommet et deux autres tangentes.*

Dans le premier cas (fig. 1357), soient E et E′ les points où les tangentes données coupent la directrice. Faisons l'angle TEF = TEL, et T′E′F′ = T′E′L′. Le foyer est déterminé; car la tangente étant perpendiculaire au milieu de la droite qui joint le foyer à un point L de la directrice (G., n° 693), les angles TEF et TEL sont égaux.

Dans le deuxième cas, les perpendiculaires élevées aux tangentes aux points B et B′, où elles coupent la tangente au sommet, donnent le foyer. (G., n° 697.)

2207. *5° Le foyer ou la directrice, et deux points.*

Si le foyer F est donné (fig. 1358), ainsi que les points M et M′, il faut mener une tangente aux circonférences décrites des centres M et M′ avec les rayons MF et M′F. D est la directrice. Il y a deux solutions.

Si la directrice D est donnée, il faut décrire des circonférences tangentes à cette ligne. On a deux solutions, ou une seule, ou il n'y en a aucune, suivant que les circonférences se coupent en deux points, ou sont tangentes, ou ne se rencontrent pas.

Remarque. On peut prendre aussi les données suivantes :

5a. *Le foyer, un point et une tangente.*

5b. *La directrice, un point et une tangente.*

5c. *Le foyer, un point, la normale en ce point.*

2208. 6° *L'axe, une tangente et le point de contact.*

On peut prendre aussi les données suivantes :

6a. *L'axe, une normale et le paramètre.*

6b. *L'axe, un point et la longueur de la sous-tangente en ce point.*

6c. *Une tangente, le point de contact, la longueur de la sous-tangente correspondante et le paramètre.*

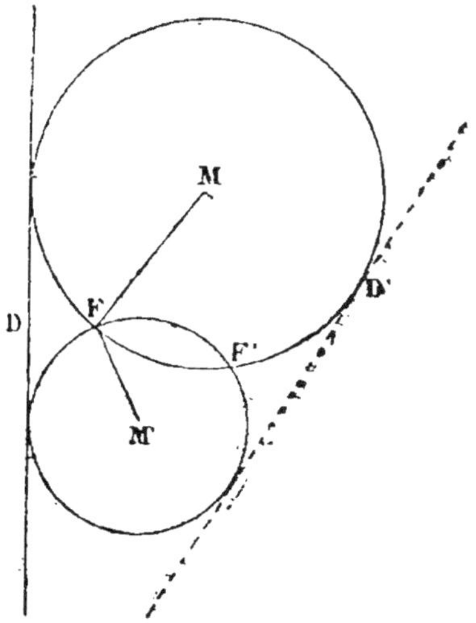

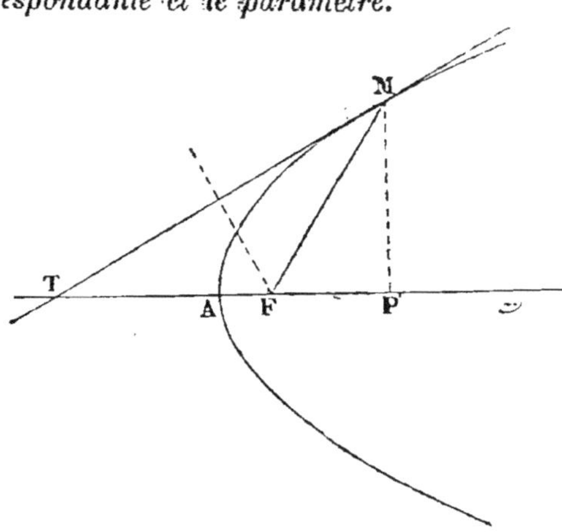

Fig. 1358.

Fig. 1359.

Pour la question proposée en premier lieu, il faut remarquer que la perpendiculaire élevée au milieu de MT passe au foyer, car on doit avoir FT = FM. (G., n° 699.)

Le point A, milieu de la sous-tangente TP, est le sommet de la parabole. (G., n° 699.)

2209. 7° *L'axe et deux points.*

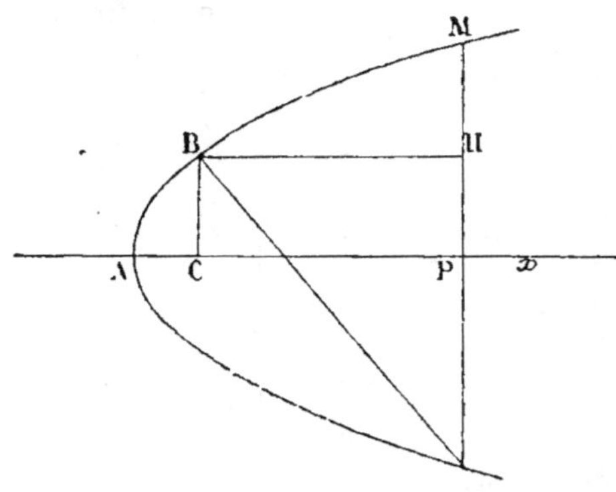

Fig. 1360.

Soient Ax, M et B, l'axe et les points donnés.

Si A est le sommet, on aura :

$$\frac{MP^2}{BC^2} = \frac{AP}{AC} \qquad (G., n^o\ 701.)$$

d'où
$$\frac{MP^2 - BC^2}{BC^2} = \frac{AP - AC}{AC} \text{ ou } CP$$

et
$$AC = \frac{CP \cdot BC^2}{MP^2 - BC^2} = \frac{CP \cdot BC^2}{(MP + BC)(MP - BC)}$$

ou
$$AC = \frac{CP \cdot BC^2}{HM' \cdot HM}, \quad \text{quantité facile à construire.}$$

Le point M' est le symétrique de M.

Remarque. On peut arriver à la solution plus rapidement en utili-

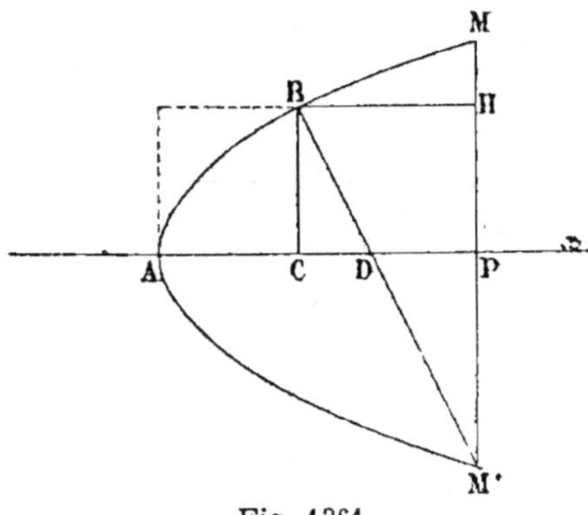

Fig. 1361.

sant l'*Exercice* 908 (n° 2143); car, en cherchant M', point symétrique

de M, on a : $\dfrac{AD}{DP} = \dfrac{PH}{HM}$; d'où $AD = \dfrac{DP \cdot HP}{HM}$

quatrième proportionnelle à construire.

2210. 8° *Deux tangentes et les points de contact.*

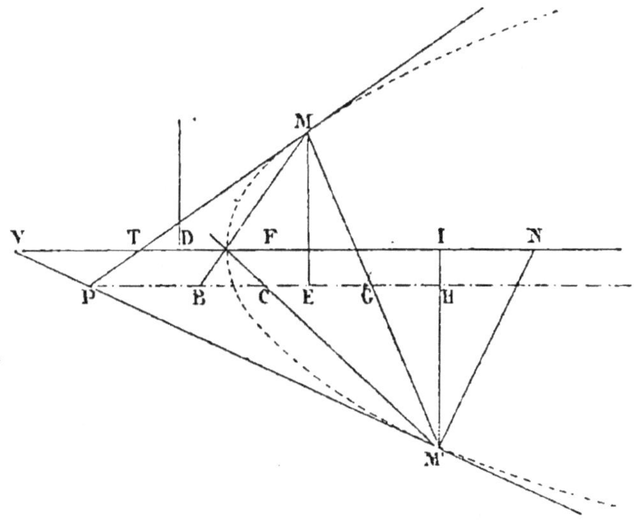

Fig. 1362.

Soient M et M′ les points de contact donnés sur les tangentes PM et PM′.
La droite PG, qui joint P au milieu de la corde des contacts, est parallèle à l'axe. (G., n° 705.) Projetons M et M′ sur PG; joignons M au point B, milieu de PE, et le point M′ au point C, milieu de PH. L'intersection des deux droites MB et M′C est le sommet A de la parabole; car on a : AT = AO, AV = AI, et les sous-tangentes sont divisées en deux parties égales par le sommet. (G., n° 699.)

Menons la normale M′N, et portons la moitié de la *sous-normale* IN de A en F et en D : on a ainsi le foyer et la directrice, ce qui permet de tracer la parabole.

Exercice 945

2211. Problème. *Un segment parabolique est limité par une corde perpendiculaire à l'axe; par une des extrémités de cette corde, on mène une parallèle à l'axe. Mener une tangente limitée aux côtés de l'angle droit et telle que le point de contact soit le milieu du segment intercepté.*

(Voir *Méthodes*, n° 318.)

Exercice 946

2212. Problème. *Couper un cône de révolution de manière que la section soit une ellipse, une parabole, ou une hyperbole données.*

D'après le *théorème de Dandelin* ∗ (G., n° 843) relatif aux sections

---

∗ Dandelin, géomètre belge de ce siècle; le théorème qui porte son nom a été publié dans le recueil périodique de Quételet, vers 1831.

d'un cône de révolution, on sait que toute section plane de ce cône est une *ellipse*, une *parabole*, ou une *hyperbole*; il s'agit de déterminer la section qui donne une courbe donnée.

Suivant le cas, on donne les axes $2a$, $2b$, ou le paramètre p. Soit 2α l'angle au sommet du cône considéré; α représente l'angle que forme l'axe du cône avec les génératrices. Nous considérerons trois cas, selon la nature de la courbe que l'on veut obtenir.

1° *Ellipse* (fig. 1363). Le problème revient à construire le triangle AVA' dans lequel on connaît $AA' = 2a$, $AV = 2c$ (G., n° 846, 2°), et l'angle V égal, en degrés, à $90 - \alpha$.

Il y a toujours une solution, et une seule, car AV est $< AA'$ et l'angle V est aigu. (G., n° 185.)

Le triangle construit, on fait l'angle VA'S égal à V; et sur deux génératrices opposées du cône donné, on porte des grandeurs égales à SA et SA'.

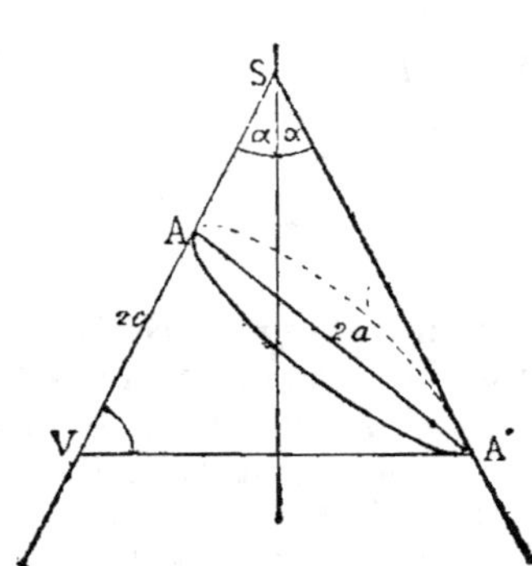

Fig. 1363.

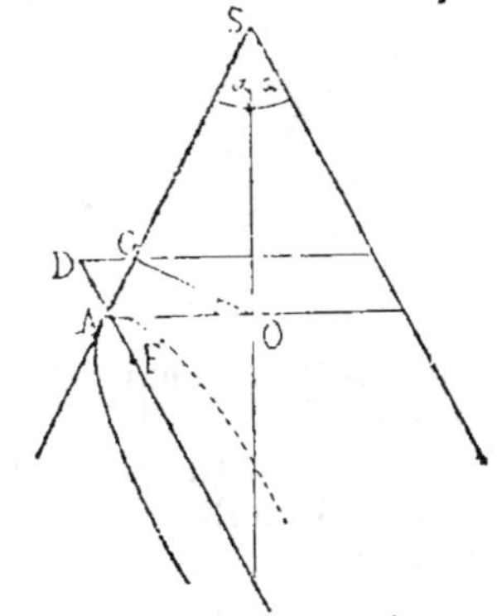

Fig. 1364.

2° *Parabole* (fig. 1364). Il faut construire un triangle rectangle AGO, connaissant l'angle aigu $O = \alpha$, et le côté $AG = \frac{1}{2}p$ (G., n° 848, 2°), problème toujours possible, et qui n'a qu'une seule solution.

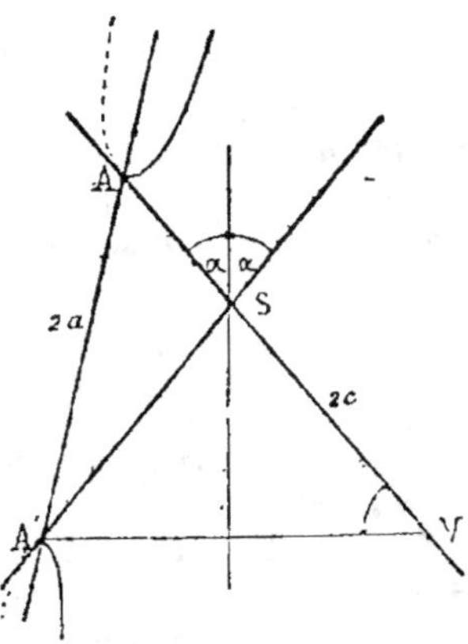

Fig. 1365.

2213. 3° *Hyperbole* (fig. 1365). Le problème revient à construire le triangle AVA', dans lequel on connaît $AA' = 2a$, $AV = 2c$, $V = 90 - \alpha$ (G., n° 851, 2°); mais comme le côté opposé à l'angle V est plus petit que AV, il peut y avoir deux solutions, une seule ou aucune. (G., n° 186). Il faut au moins que l'angle 2α égale celui des asymptotes (n° 2125); car lorsqu'il y a égalité, AA' est parallèle à l'axe, $VA' = 2b$. Il y a deux solutions lorsque l'angle 2α est plus petit que l'angle des asymptotes.

2214. Remarques. 1° Sur un cylindre dont le diamètre est $2b$, on peut facilement déterminer une section elliptique dont les axes soient $2a$ et $2b$.

Sur un cône donné, on peut toujours placer une ellipse donnée, ainsi qu'une parabole donnée. On peut y placer aussi toute hyperbole dans laquelle l'angle des asymptotes ne surpasse pas l'angle au sommet du cône; une hyperbole quelconque peut être placée sur tout cône dans lequel l'angle au sommet n'est pas inférieur à l'angle des asymptotes de la courbe.

Un cône quelconque contient toutes les ellipses et toutes les paraboles possibles.

2° Pour étudier les courbes du second degré, on peut toujours supposer que l'ellipse appartient à un cylindre ou à un cône de révolution, et que la parabole, ou l'hyperbole, appartiennent à un cône de révolution.

Hélice.

Exercice 947

2215. Problème. *Exprimer la longueur d'un arc d'hélice en fonction de sa projection horizontale et de l'une des quantités suivantes :*

1° *La différence des ordonnées de ses extrémités;*

2° *Le pas de l'hélice;*

3° *L'angle constant que forment les tangentes avec les génératrices.*

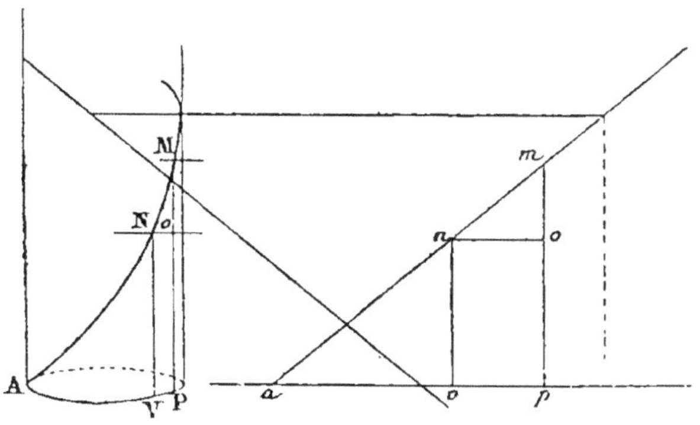

Fig. 1366.

On résout facilement le problème et le suivant en considérant l'angle plan dont l'enroulement sur le cylindre produit l'hélice.

1° D'après la définition de la courbe, l'arc $VP = vp$, $NM = nm$, etc.

Or
$$nm = \sqrt{nc^2 + (mp - nv)^2}$$

onc
$$MN = \sqrt{(\text{arc } VP)^2 + (MP - NV)^2}$$

2° Le pas, AB ou $a'b$, est ordinairement représenté par h.

On a :
$$\frac{mc}{h} = \frac{vp}{aa'}$$

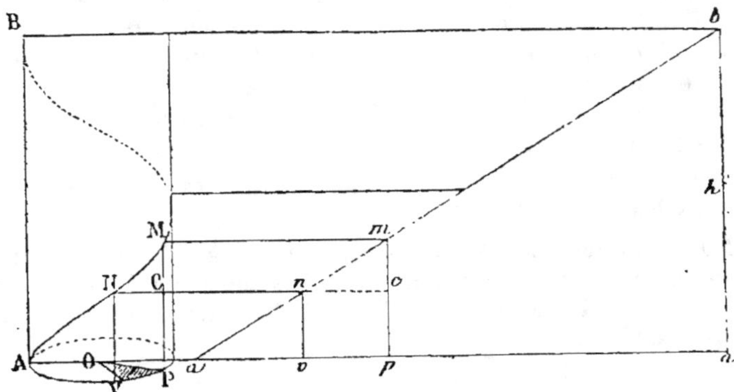

Fig. 1367.

Or mc est la différence des ordonnées, $aa' = 2R\pi$.

$$\frac{mc}{h} = \frac{vp}{2R\pi}$$

$$mc^2 = \frac{h^2 \cdot vp^2}{(2R\pi)^2}$$

Donc
$$NM = \sqrt{(arc\ VP)^2 + \frac{h^2 \cdot (arc\ VP)^2}{(2R\pi)^2}}$$

ou
$$NM = arc\ VP\sqrt{1 + \frac{h^2}{4R^2\pi^2}}$$

3° Soit α l'angle constant baa' :

$$\frac{nc}{nm} = \cos mnc = \cos \alpha \quad \text{ou} \quad nm = \frac{nc}{\cos \alpha}$$

donc
$$NM = \frac{arc\ VP}{\cosinus\ \alpha}$$

Exercice 948

2216. Problème. *Évaluer l'aire de la surface cylindrique comprise :*

1° Entre un arc d'hélice, les ordonnées extrêmes, et la projection horizontale de l'hélice ;

2° Entre deux arcs d'hélice de même pas, et les génératrices qui limitent ces arcs ;

3° Entre deux arcs d'hélices de même pas, et les arcs de deux nouvelles hélices normales aux premières.

$1°$
$$mpnv = \frac{(mp + nv)}{2} \cdot vp$$

donc
$$MPNV = \frac{MP + NV}{2} \cdot \text{arc } VP$$

$2°$ Les hélices de même pas sont parallèles, et proviennent de droites nm et $n'm'$ parallèles.

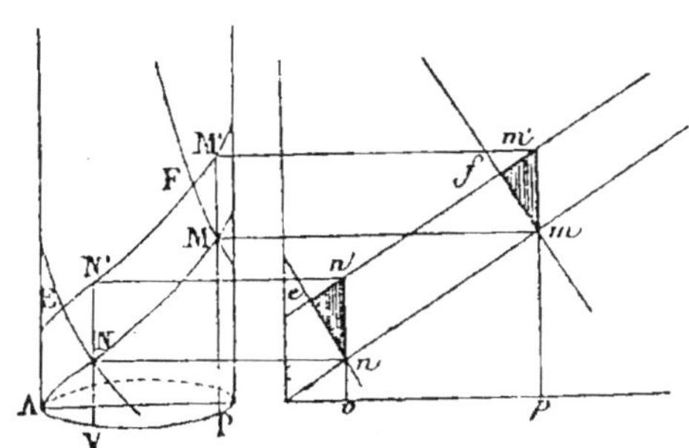

Fig. 1368.

Or, le parallélogramme $nn'mm' = vp \cdot mm'$

donc l'aire de $\qquad NN'MM' = \text{arc } VP \cdot MM'$

$3°$ Les hélices normales aux premières proviennent de droites en et fm perpendiculaires aux lignes nm et $n'm'$. On peut d'ailleurs prouver directement que la surface $ENN' = FMM'$.

Mais le rectangle $enmf = nm \cdot fm$ ou $vp \cdot mm'$

donc l'aire $\qquad ENFM = NM \cdot FM$ ou arc $VP \cdot MM'$

Ordinairement on multiplie l'arc projection, ou VP, par la distance MM' mesurée sur une génératrice.

L'*Appendice aux Exercices de Géométrie* (publié en 1877) contient quelques exercices relatifs à l'hélice (nᵒˢ 868 et 876).

Maximum et Minimum.

Exercice 949

2247. Problème. *Quel est le rectangle maximum qu'on puisse inscrire dans une ellipse donnée?*

La considération du cercle principal montre que le rectangle maximum a pour diagonales les deux diamètres conjugués égaux.

Rappelons qu'il suffit de mener une tangente FDL, telle que
$$DF = DL$$

Pour la mener, on peut aussi utiliser le cercle principal (G., n° 626);

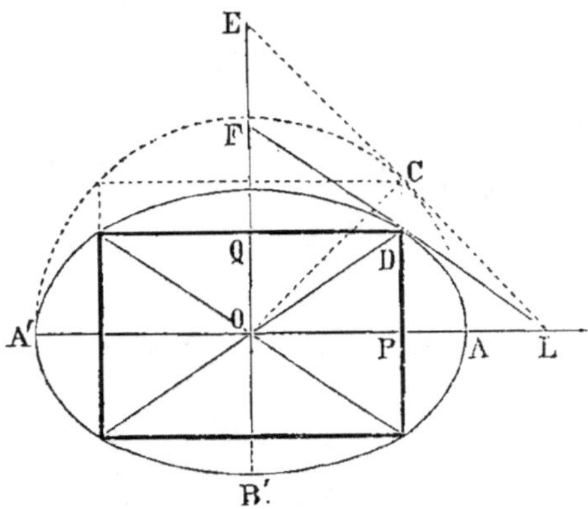

Fig. 1369.

d'ailleurs $\quad OL = a\sqrt{2}$; car $\quad CL = CE = OC = a$

donc aussi $\quad OF = b\sqrt{2}$

Exercice 950

2218. Problème. *Dans une ellipse, mener deux parallèles équidistantes d'un diamètre donné, de manière que le parallélogramme inscrit, qui aurait ces parallèles pour côtés opposés, ait le périmètre maximum.*

(Voir *Méthodes*, n° 339.)

Exercice 951

2219. Problème. *Quel est le minimum et le maximum du rectangle circonscrit à une ellipse?*

Le lieu du sommet d'un angle droit circonscrit à l'ellipse est une circonférence ayant même centre que l'ellipse et décrite avec $\sqrt{a^2 + b^2}$ pour rayon (n° 2094).

1° Or, le rectangle maximum inscrit dans le cercle a les côtés égaux ; donc le carré circonscrit à l'ellipse répond au maximum.

Les sommets de ce carré sont sur les prolongements des axes.

2° Le rectangle inscrit dans le cercle principal est d'autant plus petit que ses côtés diffèrent davantage l'un de l'autre, car la somme des carrés des côtés est constante; donc le rectangle minimum est celui qui est construit sur les axes de la courbe.

Maximum. La demi-diagonale du carré est égale au rayon $\sqrt{a^2 + b^2}$ indiqué ci-dessus. La surface de ce carré $= 2(a^2 + b^2)$.

Minimum. Le rectangle des axes $= 2a \cdot 2b = 4ab$.

Exercice 952

2220. **Problème.** *Dans un parallélogramme donné, inscrire l'ellipse de surface maxima.*

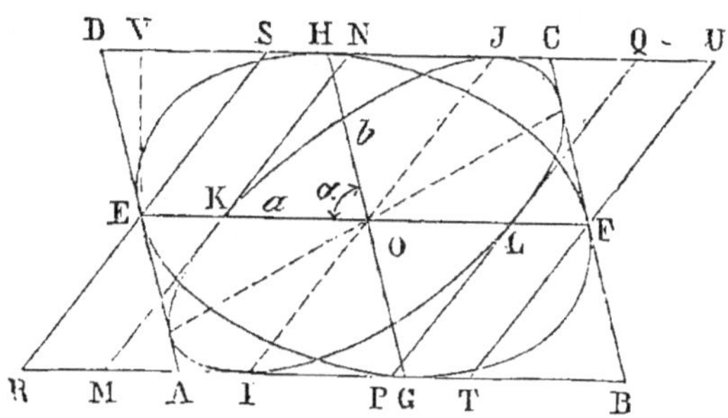

Fig. 1370.

Soit le parallélogramme ABCD; menons les droites EF, GH qui joignent deux à deux les milieux des côtés opposés. Soit une ellipse inscrite IJKL; les points de contact I, J, et le centre sont en ligne droite, car les tangentes AB et DC sont parallèles comme côtés opposés d'un parallélogramme. La ligne KOL est le diamètre conjugué de IJ, car les tangentes MN, PQ, menées parallèlement à IJ, doivent être divisées en deux parties égales par les points de contact (n° 681); donc EF, qui passe par le milieu de toutes les sécantes limitées aux parallèles AB, CD, passe par les points de contact et donne le diamètre KL conjugué de IJ.

Or, l'ellipse rapportée aux diamètres conjugués a pour aire $OK \times OJ \times \pi \times \sin \alpha$ (n° 2073), tandis que le parallélogramme circonscrit égale $4OK \times OJ \times \sin \alpha$. Le rapport de la surface elliptique au parallélogramme construit sur deux diamètres conjugués est constant, il égale $\dfrac{\pi}{4}$; donc l'ellipse maxima est celle qui aura EF et GH pour diamètres conjugués. En effet, elle sera à la surface ABCD dans le rapport $\dfrac{\pi}{4}$, tandis que, pour toute autre courbe, on a $\dfrac{\pi}{4}$ du parallélogramme MNPQ, moindre que RSTU, c'est-à-dire moindre que ABCD.

Remarque. L'ellipse maxima est tangente au point milieu de chaque côté du parallélogramme donné. En représentant les côtés de ce parallélogramme par $2a$ et $2b$, l'aire de l'ellipse $= \pi ab \sin \alpha$ (n° 2073). Si l'on abaisse une perpendiculaire EV, on a $\pi a \times EV$.

Exercice 953

2221. **Problème.** *Par un point A, donné sur un des axes d'une ellipse ou sur leur prolongement, mener une sécante ABC, telle que le* *triangle BOC formé en joignant les extrémités de la corde de l'ellipse au centre de la courbe soit maximum.*

Il suffit de se reporter à un *Exercice* déjà traité (n° 1696).

Décrire, du centre O, une circonférence avec $\dfrac{a}{\sqrt{2}}$ pour rayon; mener une tangente AB'C'; elle coupe le cercle principal en deux points B'C'; le triangle B'OC' est maximum pour le cercle principal; puis on détermine ABC, projection de AB'C'.

Remarque. Le triangle B'OC' étant rectangle en O, les côtés OB et OC du triangle correspondant BOC sont deux demi-diamètres conjugués, et tout triangle formé par deux demi-diamètres conjugués est équivalent à BOC, car on sait que $a'b' \sin V = ab$.

Exercice 954

2222. Problème. 1° *Inscrire dans une ellipse le triangle maximum; le sommet A' est donné sur la courbe.* 2° *Quel est le lieu du milieu de la base des triangles inscrits équivalents au maximum demandé?*

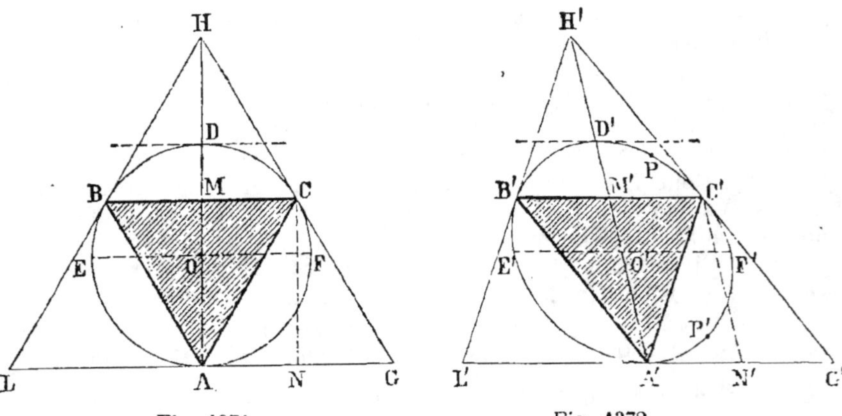

Fig. 1371.   Fig. 1372.

1° Lorsqu'on projette un cercle et un triangle équilatéral inscrit au cercle (fig. 1371), les deux surfaces sont réduites dans le même rapport $\dfrac{b}{a}$ (fig. 1372).

Or le triangle équilatéral inscrit dans le cercle de rayon a a pour superficie $\dfrac{3a^2\sqrt{3}}{4}$. La projection dans l'ellipse du triangle maximum aura pour aire $\dfrac{3ab\sqrt{3}}{4}$.

Le diamètre EF parallèle à BC et le diamètre perpendiculaire AD donneront deux diamètres conjugués A'D', E'F'. La corde B'C' et la tangente L'A'G' seront parallèles à E'F' (fig. 1372).

D'ailleurs,   O'M' = M'D'; car OM = MD (fig. 1371)

La tangente G'C'H' est aussi divisée en deux parties égales par le point de contact; donc il faut mener la tangente au point A' choisi pour sommet, mener le diamètre A'O'D', et tracer une tangente E'C'H' telle que le point de contact la divise en deux parties égales; on sait que le parallélogramme A'M'C'N' est maximum, car il égale $\dfrac{A'H'G'}{2}$ (n⁰ˢ 367 et 369), et tout autre point P' de la courbe donnerait un parallélogramme plus petit (n⁰ˢ 359 et 360); d'ailleurs A'B'C' est équivalent à A'M'C'N', etc.

Remarque. Dans le cas actuel, on peut se dispenser de mener la tangente G'C'H'. En effet, par le point M', milieu de O'D', il suffit de mener B'C' parallèle à la tangente L'C'.

2° *Le lieu du point milieu de chaque côté des triangles maxima inscrits à l'ellipse est une ellipse de même centre et homothétique de l'ellipse proposée.*

En effet (fig. 1372), le point M' milieu de B'C' est sur le diamètre A'D' et au milieu du rayon O'D'. Il en serait de même pour le point milieu de chacun des côtés de tous les triangles équivalents maxima, obtenus en projetant des triangles équilatéraux égaux inscrits au cercle (fig. 1371); donc le point milieu de chaque côté divisant le rayon correspondant, O'D' par exemple, en deux parties égales, le lieu des points tels que M' est une ellipse ayant O' pour centre et homothétique à l'ellipse proposée.

2223. Remarques. 1° Le triangle équilatéral G'H'L' est le triangle circonscrit minimum (n° 369); or,

$$AO = \tfrac{1}{3}AH; \quad \text{donc} \quad DH = OD \quad (\text{fig. 1371})$$

de même
$$D'H' = O'D' \quad (\text{fig. 1372})$$

donc le lieu des sommets H' des triangles minima circonscrits est une ellipse de même centre homothétique à l'ellipse proposée.

2° En considérant l'ellipse comme la projection du cercle, on résout facilement les problèmes de maximum et de minimum relatifs aux surfaces des figures inscrites ou circonscrites. On remplace deux diamètres rectangulaires du cercle par deux diamètres conjugués de l'ellipse, un diamètre et une perpendiculaire à ce diamètre (n° 2222) par un diamètre de l'ellipse, et une parallèle au diamètre conjugué de ce dernier.

Ainsi les divers triangles équilatéraux égaux entre eux, circonscrits à un cercle, deviennent, par projection, des triangles équivalents entre eux, circonscrits à une ellipse. Chaque côté est divisé en deux parties égales par le point de contact. La médiane qui aboutit à un côté donné est sur le diamètre conjugué au diamètre parallèle à la tangente considérée et à la corde des contacts des deux autres côtés.

3° Le secteur circulaire devient un secteur elliptique formé par deux demi-diamètres quelconques. Le rectangle inscrit dans le secteur circulaire se transforme en parallélogramme dont deux côtés sont parallèles à la corde du secteur elliptique, tandis que les autres sont parallèles au diamètre conjugué de cette corde, c'est-à-dire à la droite qui joint le centre au milieu de la corde.

Exercice 955

2224. Problème. *Dans un triangle quelconque, inscrire l'ellipse de surface maxima.*

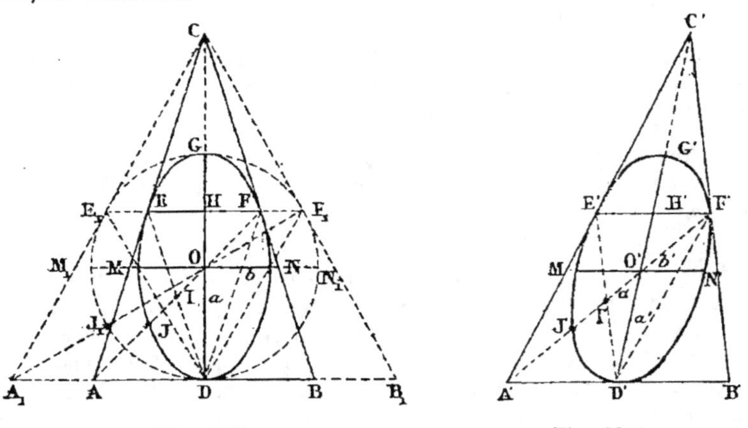

Fig. 1373. Fig. 1374.

Le problème inverse, *circonscrire le triangle minimum à une ellipse donnée,* fera connaître les relations de l'ellipse et du triangle qui répondent à la question.

1° Au cercle DE_1F_1 (fig. 1373) correspond un triangle équilatéral CA_1B_1.

2° A l'ellipse DEF (fig. 1373) correspond un triangle isocèle ABC, lorsqu'on veut que l'un des côtés du triangle soit perpendiculaire à l'un des axes.

Le rapport de l'ellipse au triangle ABC est le même que celui du cercle au triangle A_1B_1C (n° 200). D'ailleurs, le triangle minimum circonscrit correspond au triangle maximum inscrit EDF. On sait que $OH = HG$ (n° 2222), $DH = HC$; par suite, en fonction de OD, on a $DH = \dfrac{3a}{2}$; et le double, $DC = 3a$; donc $CG = GO$. On sait, de plus, que les médianes AF, DC se coupent aux $^2/_3$ de leur longueur; on pourrait donc en conclure immédiatement que $CO = 2a$: d'où $CG = a$.

3° Les mêmes relations existent quand on transforme la figure en inclinant CD sur la base AB. On peut donc en conclure les résultats suivants (fig. 1374) : Dans le triangle quelconque A'B'C', l'ellipse de surface maxima a pour un de ses diamètres les $^2/_3$ D'G' de la médiane C'D'. La droite E'F', qui joint les milieux des côtés A'C' et B'C', est une corde conjuguée au diamètre D'G'. Le centre O' est au $^1/_3$ de D'C'.

De même, les $^2/_3$ F'J' de la médiane A'F' donnent un autre diamètre. Or, de même que dans le triangle équilatéral A_1CB_1 inscrit au cercle (fig. 1373), on a $\qquad E_1F_1 = OM_1\sqrt{3} \qquad$ (G., n° 277);

de même $\qquad EF = OM\sqrt{3} \quad$ ou $\quad EF = b\sqrt{3}$

d'où
$$b = \frac{EF}{\sqrt{3}}$$

Ainsi on détermine facilement la longueur du diamètre MN conjugué de DG.

Il en est de même pour M'O' ou b' (fig. 1374).

On a
$$b' = \frac{E'F'}{\sqrt{3}}$$

L'angle α des diamètres conjugués est l'angle que forme la médiane C'D' avec la base A'B'.

Remarque. Comme vérification, on peut déterminer l'aire de l'ellipse et celle du triangle circonscrit; il faut que le rapport soit le même que celui du cercle au triangle équilatéral.

1° (Fig. 1373.) Le cercle égale πa^2; le triangle équilatéral a pour hauteur $3a$; or la surface du triangle équilatéral en fonction de la hauteur est donnée par $\dfrac{h^2}{\sqrt{3}}$ (n° 1720); donc

$$T = \frac{h^2}{\sqrt{3}} = \frac{9a^2}{\sqrt{3}}$$

d'où
$$\frac{C}{T} = \frac{\pi a^2\sqrt{3}}{9a^2} = \frac{\pi\sqrt{3}}{9} \qquad\qquad (1)$$

2° (Fig. 1374.) L'ellipse égale $\pi ab \sin \alpha$.

Or le triangle en fonction de la médiane D'C' et de la base A'B' égale $\dfrac{A'B' . D'C' . \sin \alpha}{2}$, car la hauteur du triangle égale D'C' $\sin \alpha$.

Ainsi $\qquad\qquad T' = A'D' . D'C' \sin \alpha$

ou $\qquad\qquad E'F' . D'C' \sin \alpha = E'F' . 3a' \sin \alpha$

mais $\qquad\qquad b = \dfrac{E'F'}{\sqrt{3}}$

donc
$$\frac{E}{T'} = \frac{\pi a' . E'F' . \sin \alpha}{3a' . E'F' . \sin \alpha \sqrt{3}} = \frac{\pi\sqrt{3}}{9}$$

Ainsi $\qquad\qquad \dfrac{C}{T} = \dfrac{E}{T'} \qquad\qquad$ *C. Q. F. D.*

Exercice 956

2225. Problème. *Dans un segment parabolique, inscrire le rectangle maximum. Le rectangle doit avoir deux sommets sur la courbe et les deux autres sur la corde.*

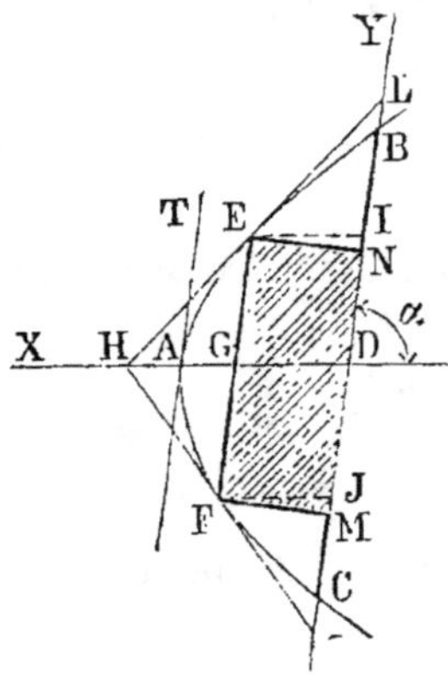

Fig. 1375.

Soit donné le segment ABC.

La tangente menée parallèlement à la corde fait connaître l'extrémité **A** du diamètre AD mené par le milieu de la corde; d'ailleurs, il suffit de mener une parallèle quelconque EF à BC, et de joindre les milieux D et G.

Pour avoir le parallélogramme maximum EFIJ, et par suite le rectangle maximum EFMN, il faut mener une tangente HEL, telle que $EH = EL$ (n° 360).

Pour cela, on sait que $AH = AG$ (n° 318); d'ailleurs $GH = GD$, car $EH = EL$; donc AG est le $1/3$ de AD; donc, pour avoir le rectangle maximum, il suffit de mener une corde EF parallèle à BC, en prenant le point G au premier $1/3$ de AD.

Remarque. $BAC = \dfrac{2}{3} AD \cdot BC \sin \alpha;\quad AG = \dfrac{AD}{3}$

donc EG^2 ou $JN^2 = \dfrac{DB^2}{3};$ d'où $IJ = \dfrac{BC}{\sqrt{3}}$

Le rectangle ou le parallélogramme maximum égale donc

$$\frac{2}{3} AD \times \frac{BC}{\sqrt{3}} \sin \alpha = \frac{2}{3\sqrt{3}} AD \cdot BC \sin \alpha$$

ainsi $$EFIJ = \frac{ABC}{\sqrt{3}}$$

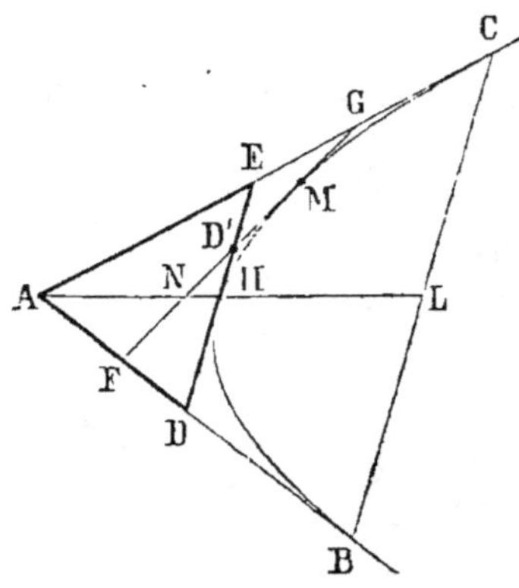

Fig. 1376.

Exercice 957

2226. Problème. *On donne une parabole et deux tangentes à cette courbe; mener une troisième tangente telle que le triangle formé par les trois droites soit maximum.*

1° Le triangle maximum est donné par la tangente DE, que le point de contact H divise en deux parties égales. Pour mener cette tangente, il suffit de joindre les points milieux D, E des côtés AB, AC.

Toute tangente FG est divisée en

parties égales au point O par la tangente DE parallèle à la corde des contacts; or, le triangle ADE, dont la base DE est menée par le milieu de FG, est plus grand que AFG; donc ADE est le triangle maximum.

2° D'un exercice connu (n° 369), on peut conclure immédiatement que le triangle maximum est donné par la tangente DHE, que le point de contact divise en deux parties égales.

Exercice 958

2227. Problème. *Dans un segment parabolique ABC, limité par la corde BC, inscrire un trapèze BCDE qui ait BC pour grande base et dont la surface soit maxima.*

Le trapèze BEDC est équivalent au rectangle JEHC; donc il faut mener une tangente FEG, telle que E en soit le milieu (n° 318).

En désignant AM par a, MB par b, on trouve que

$$LE = \frac{b}{3}; \quad AL = \frac{a}{9};$$

d'où $LM = \frac{8}{9}a;$ $JC = \frac{4}{3}b$

donc surface BEDC ou
$$JEHC = \frac{8a}{9} \cdot \frac{4b}{3} = \frac{32}{27}ab$$

Or, le segment parabolique
$= \frac{2}{3}BC.AM = \frac{4}{3}b.a = \frac{4}{3}ab.$

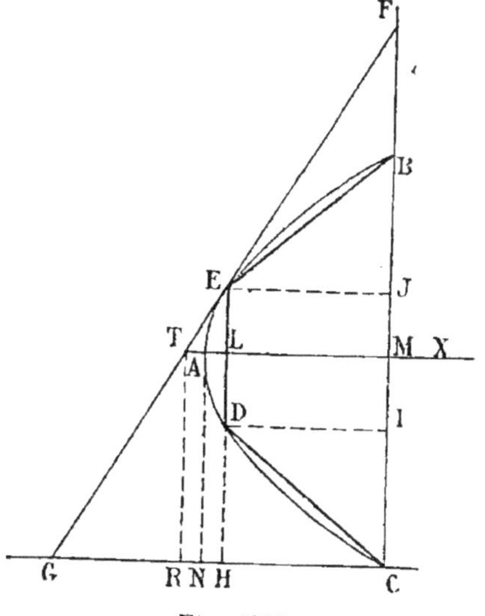

Fig. 1377.

Ainsi, le trapèze maximum est les $\frac{8}{9}$ du segment parabolique.

Remarque. Quelle que soit la valeur de l'angle α, que la corde BC peut former avec AM, la solution est la même; l'aire seule change : elle est exprimée par $\frac{32}{27}ab \sin \alpha$.

Exercice 959

2228. Problème. *Couper un cône droit par un plan, tel que le segment parabolique résultant soit maximum.*

$$S = \frac{4}{3}LP.MP = \frac{2}{3}LP.MN$$

Exprimons LP en fonction des lignes du cercle de base; on a

$$\frac{LP}{AP} = \frac{g}{2r} \; ; \quad \text{d'où} \quad LP = AP \cdot \frac{g}{2r} \quad (1)$$

donc

$$S = \frac{2}{3} AP \cdot \frac{g}{2r} \cdot MN$$

On peut écrire

$$S = \frac{2g}{3r} \cdot \frac{AP \cdot MN}{2}$$

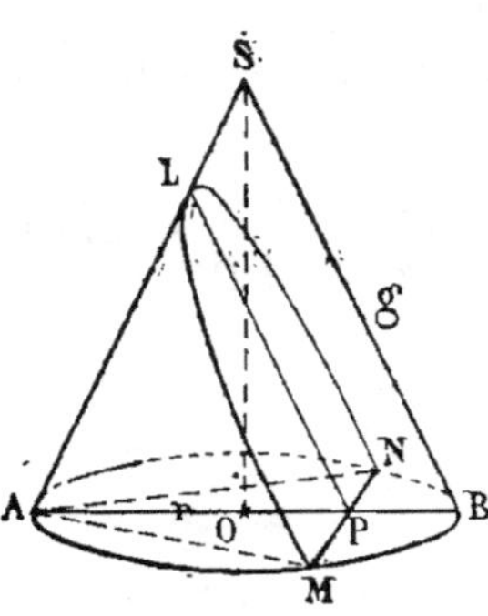

Fig. 1378.

Or $\dfrac{AP \cdot MN}{2}$ est l'aire du triangle inscrit AMN; les variations du segment parabolique ne dépendent que de cette variable; par suite, le maximum a lieu lorsque le triangle est maximum. On sait qu'il faut que le triangle AMN soit équilatéral; donc le maximum a lieu lorsque

$$AP = \frac{3r}{2}$$

2229. Valeur du maximum. Le triangle équilatéral a pour aire, en fonction du rayon,

$$A = \frac{3r^2}{2}\sqrt{3} \qquad (G., \text{n}^\circ 316, \text{I.})$$

donc

$$S = \frac{2g}{3r} \cdot \frac{3r^2}{2}\sqrt{3} = gr\sqrt{3} \qquad (2)$$

Exercice 960

2230. Problème. *Un solide est composé de deux cônes égaux ayant une base commune; couper ce solide par un plan parallèle aux génératrices SB et AT, de manière que la section soit maxima.*

La section se compose de deux segments paraboliques.

Si GH et MN sont les lignes principales de la section, on reconnaîtra comme précédemment que le segment parabolique MGN varie comme le triangle MAN, et que le segment MHN varie comme le triangle MBN; donc la section varie comme le quadrilatère AMBN; donc le maximum a lieu quand la section passe par le centre O, car le carré ACBD est le quadrilatère maximum.

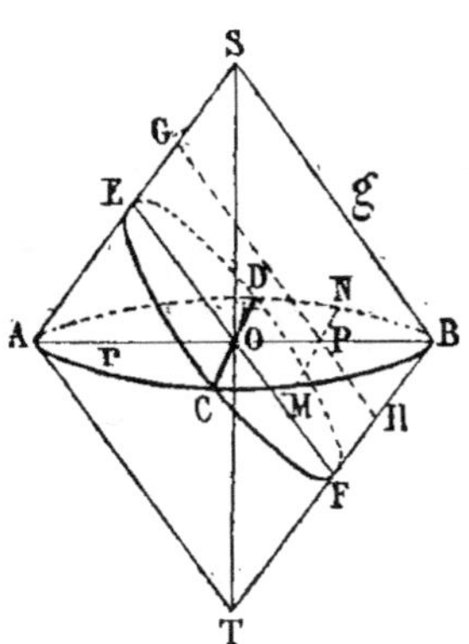

Fig. 1379.

2231. Valeur du maximum.

$$ECFD = {}^2/_3 CD \cdot EF \quad ECFD = {}^2/_3 \cdot 2r \cdot g = {}^4/_3 gr$$

2232. Remarques. 1° On peut arriver très rapidement à la détermination du maximum en procédant comme il suit :

La somme des aires paraboliques est donnée par $\frac{2}{3}$ GH . MN.

Or GH est une quantité constante, car $GH = BS = g$; donc la variation ne dépend que de MN. Ainsi le maximum a lieu, lorsque la section est menée par le centre O, car alors la corde MN devient le diamètre COD.

2° On pourrait étudier la variation de diverses sections qu'on pourrait produire dans un octaèdre régulier, ou même dans tout octaèdre, dont les trois diagonales AB, CD et ST se couperaient respectivement en parties égales.

Exercice 961

2233. Problème. *On donne une sphère, un grand cercle et un plan; mener un plan parallèle au plan donné, tel que le cylindre qu'on obtient en projetant la section sur le grand cercle fixe ait un volume maximum.*

(Voir *Méthodes*, n° 400.)

Exercice 962

2234. Problème. *Dans un segment à une base de paraboloïde de révolution, inscrire le cylindre de volume maximum.*

(Voir *Méthodes*, n° 395.)

Le cylindre est la moitié du paraboloïde.

Exercice 963

2235. Problème. *Circonscrire, au segment de paraboloïde, le cône minimum.*

(Voir *Méthodes*, n° 396, II.)

Le cône est les $\frac{9}{8}$ du paraboloïde.

PROBLÈMES NUMÉRIQUES

Indications générales.

2236. Les *problèmes numériques*, en Géométrie, ne sont le plus souvent que de simples applications du calcul à des formules connues.

Dans un problème numérique, on distingue : 1° la *solution* ou l'ensemble des considérations par lesquelles on trouve les opérations à effectuer ; 2° le *calcul* des opérations.

2237. Degré d'exactitude. 1° *Si les données sont des nombres exacts*, le résultat peut être obtenu avec tel degré d'approximation que l'on voudra.

2° *Si les données contiennent un nombre approximatif* qui n'ait que 3, 4... chiffres exacts, le résultat ne peut être donné qu'avec ce même nombre de chiffres.

D'après ces considérations, on fait choix du mode de calcul : calcul complet, calcul approché, calcul par logarithmes, soit avec les *petites tables*, soit avec les *grandes tables*, selon les cas.

2238. Observations principales. Il convient de tenir compte des observations suivantes :

1° Disposer les calculs avec beaucoup d'ordre[*].

2° Employer les logarithmes dès que les multiplications et les divisions deviennent nombreuses, et surtout lorsqu'il y a des racines à extraire.

3° Transformer les formules, afin d'obtenir l'expression de la valeur de l'inconnue en fonction des données, au lieu de faire dépendre une suite d'opérations d'un calcul approximatif qu'on aurait fait au début.

Voici quelques exemples :

1er Exemple.

2239. Problème. *Pour un diamètre de 1 mètre, quelles seraient les valeurs de la circonférence, de l'aire du cercle, de l'aire et du volume de la sphère ?* On demande huit décimales.

$$1° \text{ Circonférence} \qquad \pi d = \quad \pi = 3^{\text{m}}\,1415\,9265$$
$$2° \text{ Cercle} \qquad \tfrac{1}{4}\pi d^2 = \tfrac{1}{4}\pi = 0^{\text{mq}}\,7853\,9816$$
$$3° \text{ Surface de la sphère } 4.\tfrac{1}{4}\pi d^2 = \quad \pi = 3^{\text{mq}}\,1415\,9265$$
$$4° \text{ Volume de la sphère } \tfrac{1}{6}\pi d^3 = \tfrac{1}{6}\pi = 0^{\text{mc}}\,5235\,9878$$

---

[*] On peut tirer un bon parti de la *Table des Nombres usuels*. (G., p. 354.)

2e Exemple.

2240. Problème. *La rotonde du panorama des Champs-Élysées, à Paris, a 55 mètres de diamètre. Quelle est la surface occupée par cet édifice ?*

On a recours à la formule πr^2, ou mieux à la formule $\frac{1}{4}\pi d^2$.

$$
\begin{array}{ll}
\text{Log. } \frac{1}{4} \text{ ou } 0{,}25. & \overline{1}{,}397\,94 \\
\text{Log. } \pi. & 0{,}497\,15 \\
\text{Log. } 55. & 1{,}740\,36 \\
\text{''} & 1{,}740\,36 \\
\hline
& 3{,}375\,81 \quad \text{correspond à } 2\,375^{mq}\,80.
\end{array}
$$

Soit 23 ares 75 80.

3e Exemple.

2241. Problème. *Calculer le diamètre d'un boulet de fonte de 12 hectogrammes, la densité de la fonte étant 7,207.*

Prenons pour unités correspondantes le décimètre et le kilogramme.

Soient x le diamètre demandé, d la densité, p le poids. Le volume est donné par la formule $\quad v = \frac{1}{6}\pi x^3 \quad$ (G., n° 574.)

On sait que le poids égale le volume multiplié par la densité; donc

$$\tfrac{1}{6}\pi x^3 \cdot d = p$$

d'où

$$x^3 = \frac{p}{\frac{1}{6}\pi d}$$

$$
\begin{array}{lll}
\text{Log. } p. & 0{,}079\,18 & \text{Numérateur.} \\
\text{Log. } \frac{1}{6}\pi. \quad \overline{1}{,}719\,00 & \left.\begin{array}{l} \\ \end{array}\right\} 0{,}576\,75 & \text{Dénominateur.} \\
\text{Log. } d. \quad 0{,}857\,75 & & \\
\end{array}
$$

Différence. . . . . $\overline{1}{,}502\,43$

$\frac{1}{3}$ de la différence. . . . . $\overline{1}{,}834\,14$ correspond à 0,6825.

Soit $0^{dm}\,6825$.

4e Exemple.

2242. Problème. *Quelle est la surface d'une zone sphérique de 3 décimètres de hauteur, lorsque cette zone appartient à une sphère dont le volume égale 500^{dmc}. On demande la surface à 1 centimètre carré près.*

Soient r le rayon et v le volume de la sphère.

La zone est donnée par la formule

$$\text{zone} = 2\pi r h \qquad \text{(G., n° 559.)}$$

Le rayon dépend de la relation

$$\text{volume} = \tfrac{4}{3}\pi r^3$$

d'où

$$r^3 = \frac{3v}{4\pi}; \quad r = \sqrt[3]{\frac{v\,3}{4\pi}}$$

$$\text{zone} = 2\pi r h = 2\pi h \sqrt[3]{\frac{3v}{4\pi}} \qquad (1)$$

Calcul. 3 fois $500 = 1,500$;   4 fois $3,141\,6 = 12,566\,4$.

Log. 1,500 . . . . . . 3,176 09
Log. 12,566 4 . . . . . 1,099 21

Différence 2,076 88

$^1/_3$ de la différence . . . 0,692 29   Ainsi log. $r = 0,692\,29$
Log. h ou 3 . . . . 0,477 12
Log. 2π 0,798 23

                               1,967 64

Soit $92^{\text{dmq}}82$.

2243. Remarques. 1° La formule (1) donne un calcul facile; on pourrait néanmoins modifier cette formule avec quelque avantage (n° 2238).

En multipliant les deux termes de la fraction sous le radical par $2\pi^2$, le dénominateur devient un cube parfait, et l'on a successivement :

$$2\pi h\sqrt[3]{\frac{6v\pi^2}{8\pi^3}} = \frac{2\pi h}{2\pi}\sqrt[3]{6v\pi^2}$$

$$\text{zone} = h\sqrt[3]{6v\pi^2} \tag{2}$$

Log. 6×500 ou 3,000 . . . 3,477 12
Log. π 0,497 15
    » 0,497 15

                            4,471 42
$^1/_3$ . . . . 1,490 47 . . . 1,490 47
Log. 3 . . . . 0,477 12

$92^{\text{dmq}}81.$ 1,967 59

La première valeur obtenue est approchée par excès et la seconde par défaut.

2° Le calcul direct du rayon, si l'on se bornait au centimètre, conduirait à une réponse beaucoup trop faible. Ainsi on trouverait :

$$r = 4^{\text{dm}}9; \quad 2\pi r h = 92^{\text{dmq}}36$$

En prenant même quatre chiffres pour le rayon, ou $r = 4^{\text{dm}}923$, on ne trouve que $92^{\text{dmq}}796\,5$.

2244. Subdivision d'un problème. Dans les applications, les problèmes numériques se rapportent parfois à plusieurs figures géométriques; chaque problème donné se subdivise alors en plusieurs autres, auxquels on applique directement les formules connues.

5ᵉ Exemple.

2245. Problème. *La section droite d'une chaudière a $3^{\text{m}}142$ de circonférence extérieure; la partie cylindrique a 3^{m} de longueur; l'épaisseur de la tôle est de $0^{\text{m}}001\,5$; la chaudière se termine par deux hémi-*

sphères de même rayon que la partie cylindrique. On demande la capacité de la chaudière et son poids, la densité du fer étant 7,79. (Aix, brevet 1re série, 1877.)

La circonférence extérieure étant exprimée par la valeur approximative de π ou 3,142, le diamètre total est de 1 mètre; le diamètre intérieur égale 1 mètre moins deux fois 0^{m}0015; soit 1^m — 0,003 ou 0^{m}997. Le volume intérieur se compose d'un cylindre ayant 0^{m}997 de diamètre et 3^m de longueur, et d'une sphère ayant 0^{m}997 de diamètre. Le volume extérieur se compose aussi d'un *cylindre* et d'une *sphère.*

Volume total.

$$\text{Cylindre } \tfrac{1}{4}\pi 1^2 . 3 \quad \text{ou} \quad \tfrac{3}{4}\pi \quad \text{ou} \quad \tfrac{9}{12}\pi$$
$$\text{Sphère } \tfrac{1}{6}\pi 1^3 \quad \text{ou} \quad \tfrac{1}{6}\pi \quad \text{ou} \quad \tfrac{2}{12}\pi$$
$$\text{Volume total} \qquad\qquad\qquad \tfrac{11}{12}\pi$$

Calcul.

$$\pi \ . \ . \ . \ . \ . \ . \ 3,1416$$
$$\text{Le } 12^e \ . \ . \ . \ . \ . \ 0,2618$$

Différence . . . . 2,8798 $\qquad$ Volume total 2^{mc}8798

Volume intérieur ou capacité.

$$\text{Cylindre } \tfrac{1}{4}\pi d^2 h \quad \text{ou} \quad \tfrac{3}{12}\pi d^2 h \quad \text{ou} \quad \tfrac{1}{16}\pi d^2 . 3h \quad \text{ou} \quad \tfrac{1}{12}\pi d^2 . 9$$
$$\text{Sphère } \tfrac{1}{6}\pi d^3 \quad \text{ou} \quad \tfrac{2}{12}\pi d^2 d \quad \text{ou} \quad \tfrac{1}{12}\pi d^2 . 2d \quad \text{ou} \quad \tfrac{1}{12}\pi d^2 . 1,994$$
$$\text{Capacité totale } . \ . \ . \ . \ . \ . \ . \ . \ . \ . \ . \ \tfrac{1}{12}\pi d^2 . 10,994$$

Calcul.

$$\text{Log. } \tfrac{1}{12}\pi \text{ ou } 0,2618 \ . \ . \ . \ \overline{1},41797$$
$$\text{Log. } d \text{ ou } 0,997. \ . \ . \ . \ \overline{1},99870$$
$$\text{\textquotedbl} \ . \ . \ . \ . \ . \ . \ \overline{1},99870$$
$$\text{Log. } 10,944 \ . \ . \ . \ . \ . \ 1,04116$$

Somme. . . . . 0,45653 $\qquad$ Soit 2^{mc}8611 $\quad$ capacité.

Volume de la tôle.

$$\text{Volume total.} \ . \ . \ . \ . \ . \ . \ . \ 2,8798$$
$$\text{Volume intérieur} \ . \ . \ . \ . \ . \ . \ 2,8611$$

$$\text{Volume de la tôle.} \ . \ . \ . \ . \ . \ . \ 0,0187$$

Soit 18^{dmc}700.

6e Exemple.

2246. Problème. *Un corps se compose d'un cylindre terminé à chaque extrémité par une cône dont la base a le même diamètre que le cylindre. Ces deux cônes sont égaux entre eux, et le côté de chacun*

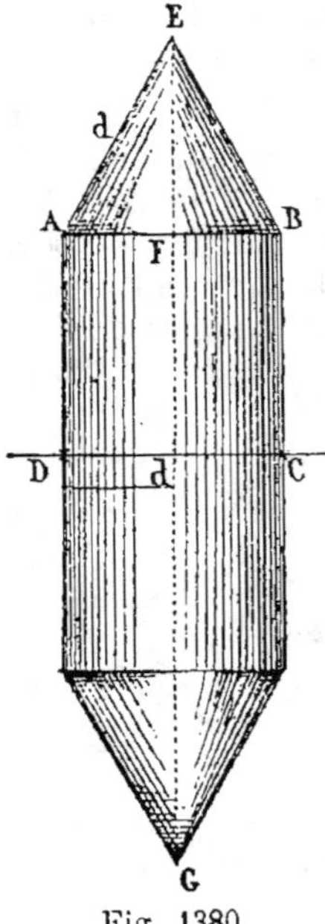

Fig. 1380.

d'eux est égal au diamètre de sa base, enfin la hauteur du cylindre est double de son diamètre.

On suppose que la surface latérale de ce corps soit égale à 28 mètres carrés, et on demande de calculer le diamètre du cylindre.

Le résultat s'obtenant par l'extraction d'une racine carrée, on extraira cette racine à un centième près, et l'on justifiera la règle que l'on aura employée.

On calculera aussi le volume du corps donné. (Brevet supérieur, 1881.)

Soit d le diamètre inconnu. La moitié du corps se compose d'un cylindre ayant d pour diamètre, AD ou d pour hauteur, et d'un cône dont la génératrice $AE = AB = d$.

$$\text{Surf. du cylindre} = 2\pi AF \cdot AD = \pi d^2$$
$$\text{Surf. du cône} \;\;\; = \pi AF \cdot AE = \frac{\pi d^2}{2} \;\;\Big\} \;\; 3/_2 \pi d^2$$

Double de la somme $\;\; 3\pi d^2 = 28^{mq}$ (1)

$$d^2 = \frac{28}{3\pi}; \;\; p = 1,72$$

En nous bornant à la question géométrique, il reste à calculer le volume du corps.

La hauteur EF du triangle équilatéral est donnée par :

$$EF = \frac{AB}{2}\sqrt{3}; \;\; \text{ou} \;\; EF = \frac{d}{2}\sqrt{3} = 0,86\sqrt{3}$$

Volume du cylindre $ABCD = \pi AF^2 \cdot d = {}^1/_4 \pi d^3$

Volume du cône $AEB = \pi AF^2 \cdot \dfrac{EF}{3} = \dfrac{1}{4}\pi d^2 \cdot \dfrac{d}{6}\sqrt{3}$

Le double de la somme, c'est-à-dire le volume total

$$V = \frac{1}{2}\pi d^3 \left(1 + \frac{\sqrt{3}}{6} \right)$$
$$V = \;\; \pi d^3 \left(\frac{6 + \sqrt{3}}{12} \right) \tag{2}$$

Or $\dfrac{6 + \sqrt{3}}{12}$ ou $\dfrac{7,732}{12} = 0,644$

à un millième près par défaut.

$$
\begin{array}{ll}
\text{Log. } \pi \;\; . \;\; . \;\; . & = 0,497\,15 \\
3 \text{ fois log. } 1,72 & = 0,706\,59 \\
\text{Log. } 0,644 \;\; . \;\; . & = \overline{1},808\,89 \\
\hline
& 1,012\,63 \;\;\;\; \text{correspond à } 10,29 \\
& V = 10^{mc}29
\end{array}
$$

2247. Remarque. D'après l'énoncé, il fallait d'abord calculer le diamètre à un centième près. On était donc conduit à se servir de la valeur obtenue d, pour calculer le volume du corps; mais, afin d'avoir le volume avec une certaine approximation, il eût fallu calculer d avec un plus grand nombre de décimales, ou, ce qui eût encore été plus exact, exprimer le volume en fonction de la surface donnée (n° 2238, 3°).

Segment circulaire.

2248. Aire du segment. Pour obtenir l'aire d'un segment circulaire

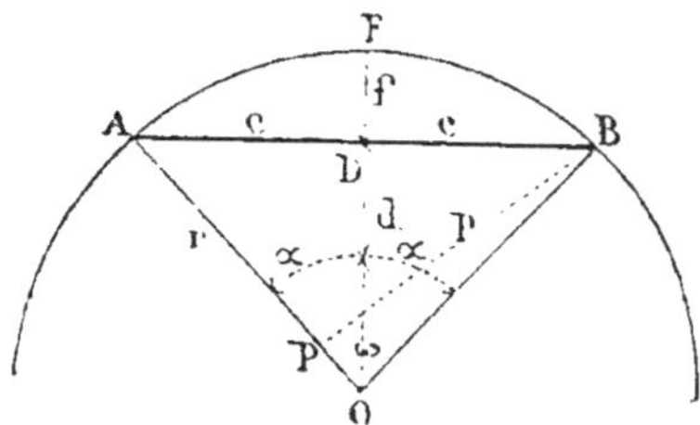

Fig. 1381.

AFB, il faut calculer l'aire du secteur AOBF et en retrancher l'aire du triangle AOB.

2249. Remarques. 1° Les éléments de géométrie permettent de calculer l'aire des segments circulaires ayant pour corde le côté d'un polygone régulier que l'on sait inscrire, en n'employant que la règle et le compas, car pour ces polygones on peut exprimer la corde AB, l'apothème OD en fonction du rayon, et l'on connaît l'angle au centre AOB (n°s 1752 à 1755).

Dans tous les autres cas, il faut recourir à la trigonométrie, afin de déterminer certains éléments.

2° Nous conviendrons de représenter la corde AB par $2c$, la distance OD par d, la flèche OF par f, le rayon par r, la perpendiculaire BP, abaissée sur AO, par p, et la longueur de l'arc AFB par l; puis le demi-angle au centre par α, et l'angle entier par ω.

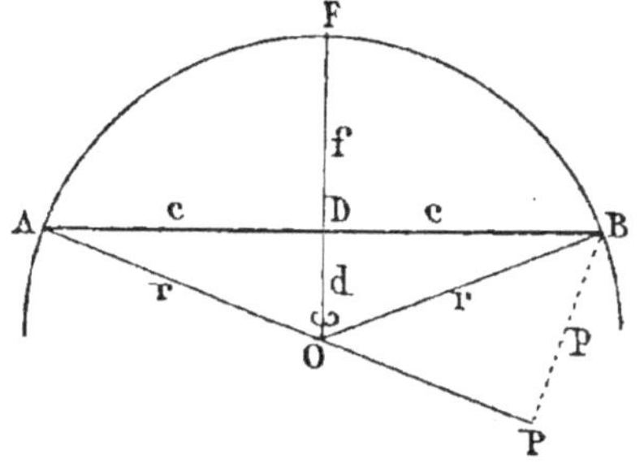

Fig. 1382.

2250. Données. Pour obtenir l'aire du segment, il faut connaître le rayon r et l'angle au centre ω, ou 2α; mais le segment est déterminé de grandeur, lorsqu'on donne deux quelconques des six quantités suivantes :
$$r, \omega, 2c, d, f, l$$

2251. Formules principales. On sait que dans le triangle rectangle AOD, dont l'angle $AOD = \alpha$, on a :

$$c = r \sin \alpha \qquad (1) \qquad\qquad d = r \cos \alpha \qquad (2)$$

$$r = \frac{c}{\sin \alpha} \qquad (3) \qquad\qquad r = \sqrt{c^2 + d^2} \qquad (4)$$

$$\sin \alpha = \frac{c}{r} \qquad (5) \qquad \text{tang. } \alpha = \frac{c}{d} \qquad (6)$$

Quel que soit l'angle ω, **aigu** ou **obtus**, le triangle rectangle BOP donne la relation $\qquad p = r \sin \omega \qquad\qquad (7)$

On sait aussi que la longueur l d'un arc AFB, ayant ω pour angle au centre, est donné par $\qquad l = \pi r \cdot \dfrac{\omega}{180} \qquad\qquad (8)$

d'où $\qquad\qquad\qquad r = \dfrac{l}{\pi} \cdot \dfrac{180}{\omega} \qquad\qquad (9)$

et $\qquad\qquad\qquad \omega = 180 \dfrac{l}{\pi r} \qquad\qquad (10)$

2252. Aire du secteur. L'aire du secteur s'obtient en multipliant la surface du cercle par le rapport $\dfrac{\omega}{360}$, ou en multipliant la longueur de l'arc par la moitié du rayon.

$$\text{Secteur} = \pi r^2 \cdot \frac{\omega}{360} \quad \text{ou} \quad \frac{lr}{2}$$

Aire du triangle. On peut abaisser la perpendiculaire OD ou la perpendiculaire CE.

$$\text{Triangle AOC} = cd \quad \text{ou} \quad \frac{rp}{2}$$

2253. Formules du segment. On peut écrire :

$$\text{segment} = \pi r^2 \cdot \frac{\omega}{360} - cd \qquad (11)$$

ou $\qquad\qquad \dfrac{lr}{2} - \dfrac{rp}{2} = \dfrac{(l-p)r}{2} \qquad (12)$

En remplaçant l et p par leur valeur en fonction de ω, la formule (12) devient :

$$\text{segment} = \frac{r}{2}\left(\pi r \cdot \frac{\omega}{180} - r \sin \omega\right) = \frac{r^2}{2}\left(\pi \cdot \frac{\omega}{180} - \sin \omega\right) \qquad (13)$$

D'ailleurs $\qquad\qquad \dfrac{\pi}{180} = 0,017\,45$

donc $\qquad\qquad \text{segment} = \dfrac{r^2}{2}(0,017\,45 \cdot \omega - \sin \omega) \qquad (14)$

Cette formule permet de calculer rapidement l'aire du segment circulaire. On doit se rappeler que ω est exprimé en degrés, et qu'on doit prendre le *sinus naturel* de ω, et non le logarithme de ce sinus. On peut recourir à la petite table placée à la fin des *Éléments de Géométrie*.

Application.

2254. Problème. *Dans le cercle qui a 12ᵐ50 de rayon, quelle est la surface du segment qui correspond à un angle au centre de 35°?*

$$0,017\,45 \times 35 = 0,610\,75$$
$$\sin 35 = 0,574$$
$$\overline{\text{différence} = 0,036\,75}$$
$$\frac{r^2}{2} = \frac{12,5 \times 12,5}{2} = 78,125$$
$$\text{segment} = 78,125 \times 0,036\,75 = 2^{mq}871$$

Métrés.

2255. Les métrés des ouvrages d'art, tels que ponts, aqueducs, etc., exigent de nombreux calculs, et présentent des cas fort variés; d'après les données, on calcule les lignes nécessaires pour évaluer les surfaces et les volumes.

Voici un exemple pris dans les cas que l'on rencontre le plus fréquemment :

Exemple. *Évaluer la surface de maçonnerie de la section droite d'un ponceau à plein cintre, d'après les cotes données au croquis ci-contre.*

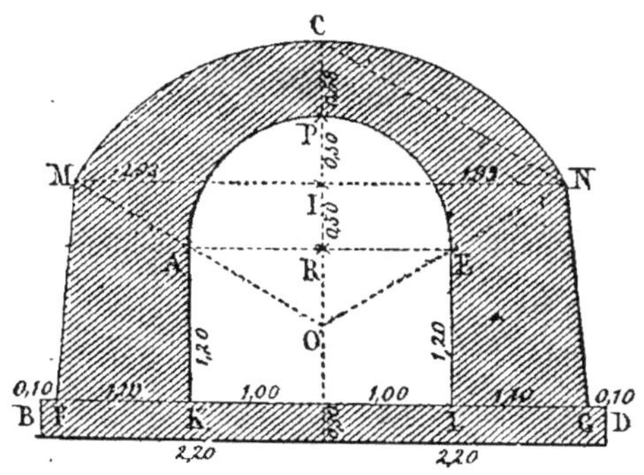

Fig. 1383.

L'intrados a pour section une demi-circonférence de 1 mètre de rayon, et la hauteur des pieds droits est de 1ᵐ20; l'*extrados* n'est point parallèle à l'intrados (G., n° 1006); sa section est un arc dont on calculera le rayon et la longueur. En appelant x la partie du diamètre qui est au-dessous de la corde MN; on a :

$$x \cdot IC = IN^2$$

d'où
$$x = \frac{\mathrm{IN}^2}{\mathrm{IC}} = \frac{3,72}{1,08} = 3^m44$$

diamètre : $3,44 + 1,08$ ou 4^m52 rayon $\mathrm{OC} = 2^m26$

$$\mathrm{OI} = \mathrm{OC} - \mathrm{IC} = 2,26 - 1,08 = 1^m18$$

$$\mathrm{tg}\ \mathrm{N} = \frac{\mathrm{IC}}{\mathrm{IN}} = \frac{1,08}{4,93} \dots = \mathrm{tg}\ {}^1/_2\mathrm{CM}$$

Log. 1,08 . . . . .   0,033 42
Log. 1,93 . . . . .   0,285 56
Différence. . . . . $\overline{1}$,747 86 . . . .   29° 13′ 49″ ${}^1/_2$ . . . . ${}^1/_2\mathrm{CM}$

Arc $\mathrm{MCN} = 4$ fois autant $= 116° 55′ 18″$ ou $116°922$

$$\text{Longueur absolue} = \frac{\pi \cdot 4,52 \cdot 116,922}{360} = 4^m61$$

Secteur MONC. . . . ${}^1/_2 \cdot 4,61 \cdot 2,26$ ou $5^{mq}209$
Triangle MON. . . . ${}^1/_2 \cdot 3,86 \cdot 1,18$ ou   2 277
Différence (segment MNC). 2 932

Relevé de la surface totale.

Rectangle BD . . . . $4^m40 \cdot 0^m30$ . . . . . ou $1^{mq}320$
Trapèze MNGF. . . . ${}^1/_2 \cdot 1^m70 (4^m20 + 3^m86)$ ou   6 851
Segment MNC 2 932

                            Total. . . . . . $11^{mq}103$

A déduire.

Rectangle AELK. . . . $2^m00, 1^m20$ ou $2^{mq}400$ $\Big\}$ $3^{mq}971$
Demi-cercle AEP. . . . ${}^1/_2 \pi \cdot 1^2$ ou   1 571 $\Big\}$

                        Surface demandée. . . . . $7^{mq}132$

Note.

2256. Aire du segment hyperbolique. (G., n° 995.) La formule qui a permis de contrôler les résultats donnés par les diverses méthodes approximatives n'est pas du ressort de la géométrie élémentaire.

Pour le demi-segment de l'hyperbole équilatère, lorsque $\mathrm{MP} = y$, $\mathrm{OP} = x$, $\mathrm{OA} = a$, on a :

$$\text{Aire} = \frac{xy}{2} - \frac{a^2}{2} l_n \left(\frac{x + y}{a} \right)$$

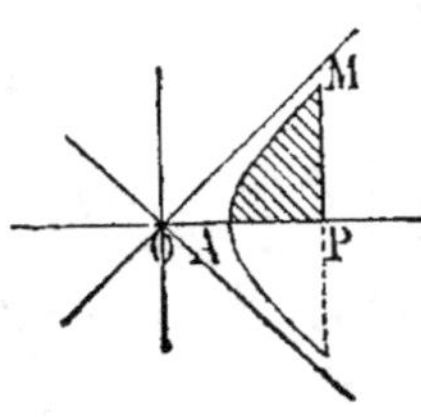

l_n indique le logarithme népérien ; pour l'obtenir on peut prendre le logarithme vulgaire de $\left(\dfrac{x + y}{a} \right)$, et multiplier le résultat par la constante $\dfrac{1}{\log. c} = 2,302\,59$.

Fig. 1384.

On a donc :

$$\text{Aire AMP} = \frac{1}{2}\left[xy - a^2 \log\left(\frac{x+y}{a}\right)2{,}302\,59\right]$$

$$y = \sqrt{x^2 - a^2}\,;\quad y = 17{,}320\,;\quad \frac{xy}{2} = 173{,}20$$

$$x + y = 37{,}32\,;\quad \frac{x+y}{a} = 3{,}732\,;\quad \log.\,3{,}732 = 0{,}571\,94$$

$$0{,}571\,94 \times 2{,}302\,59 = 1{,}316\,943\,;\quad \text{et, puisque}\ \frac{a^2}{2} = 50,\quad \text{on a :}$$

$$\frac{a^2}{2} \times \log.\left(\frac{x+y}{a}\right) \times 2{,}302\,59 = 50 \times 1{,}316\,943 = 65{,}847\,150$$

$$\text{Aire} = 173{,}20 - 65{,}847\,15 = 107{,}352\,85$$

2257. Longueur de l'ellipse. La longueur de l'ellipse n'est donnée que par une *série*[*]; des tables ont été calculées pour abréger les opérations. Dans celle que nous donnons, le petit axe est toujours égal à 1, et le grand axe varie par dixième.

Pour connaître le nombre de la table qui correspond à un cas donné, on divise le grand axe par le petit axe. On prend alors dans la première colonne le nombre qui égale le quotient; on lit à droite la longueur correspondante, et on multiplie cette valeur par le petit axe.

$\frac{a}{b}$	Longueur	Différences	$\frac{a}{b}$	Longueur	Différences	$\frac{a}{b}$	Longueur	Différences
1,00	3,1416		1,3	3,6279		2,5	5,7506	
		159			1677			1842
1,01	3,1575		1,4	3,7956		2,6	5,9348	
		159			1701			1851
1,02	3,1734		1,5	3,9657		2,7	6,1199	
		158			1721			1855
1,03	3,1802		1,6	4,1378		2,8	6,3054	
		159			1739			1862
1,04	3,2051		1,7	4,3117		2,9	6,4916	
		159			1756			1868
1,05	3,2210		1,8	4,4873		3,0	6,6784	
		159			1772			1874
1,06	3,2369		1,9	4,6645		3,1	6,8658	
		159			1782			1880
1,07	3,2528		2,0	4,8427		3,2	7,0538	
		159			1795			1884
1,08	3,2687		2,1	5,0222		3,3	7,2422	
		159			1807			1888
1,09	3,2846		2,2	5,2029		3,4	7,4310	
		159			1817			1892
1,10	3,3005		2,3	5,3846		3,5	7,6202	
		......			1826			1896
1,20	3,4627		2,4	5,5672		3,6	7,8098	
		1622			1834			
		1652						

[*] Voir la *Note*, ci-après, p. 1042.

Exemple. *Quelle est la longueur de l'ellipse qui a pour axes 3 mètres et 1^{m}20?*

$\dfrac{3}{1,20} = 2,50$; or à 2,50 correspond 5,7506, et cette valeur multipliée par 1,2 donne 6^{m}90072.

Exemple. *L'ellipse a pour axes 4^{m}62 et 3 mètres.*

$\dfrac{4,62}{3} = 1,54$; or 1,54 est compris entre 1,5 qui donne 3,9657, et 1,6 qui donne 4,1378. La différence de longueur égale 0,1721; il faut prendre les quatre dixièmes de cette longueur : 1721 $\times$ 0,4 $= 0,06884$ et 3,9657 $+ 0,06884 = 4,03454$. Il faut ensuite multiplier ce résultat par le petit axe 3; on trouve 12^{m}10362.

Note. On nomme *série* une suite illimitée de termes, telle que chacun de ces termes se déduit de ceux qui le précèdent d'après une loi connue. On peut voir à ce sujet la deuxième partie des *Traités d'Algèbre* de MM. BRIOT, GARCET* ou LAURENT**.

En représentant par e l'excentricité de l'ellipse, c'est-à-dire le rapport de la demi-distance focale c, au demi-grand axe a, la longueur l de la moitié de l'ellipse est donnée par la série

$$l = \pi a \left[1 - \frac{1}{1}\left(\frac{1}{2}c \right)^2 - \frac{1}{3}\left(\frac{1}{2} \cdot \frac{3}{4}e^2 \right)^2 - \frac{1}{5}\left(\frac{1}{2} \cdot \frac{3}{4} \cdot \frac{5}{6}e^3 \right)^2 \ldots \right]$$

ou
$$l = \pi a \left[1 - \frac{1}{4}e^2 - \frac{3}{64}c^4 - \frac{5}{256}c^6 \ldots \right]$$

ou bien $l = \pi a \left(1 - 0,25c^2 - 0,046\,875c^4 - 0,019\,531c^6 \ldots \right)$

Cette série converge très lentement lorsque l'*excentricité* est petite; il est donc utile de recourir aux *tables* fournies par divers ouvrages***.

---

* GARCET, ancien professeur au lycée Corneille, auteur d'une *Cosmographie* et d'une *Mécanique* bien connues, a revu le traité d'Algèbre de M. JOSEPH BERTRAND, membre de l'Institut.

** M. H. LAURENT, répétiteur d'Analyse à l'École polytechnique.

*** On peut voir les ouvrages pratiques de MM. SERGENT, VASSELON, CLAUDEL, etc.

LIVRE III

Triangle et quadrilatère.

Exercice 964

2258. **Problème.** *Une droite parallèle à un côté d'un triangle détermine sur un second côté deux segments de 18 et de 7 mètres. Quels sont les segments déterminés sur l'autre côté, dont la longueur totale est de 30 mètres?*

Il suffit de décomposer 30 en deux parties qui soient entre elles comme les nombres 19 et 7. Ces deux parties peuvent être représentées par $18x$ et $7x$. Leur somme donne $25x = 30$; d'où $x = \dfrac{6}{5}$, $18x = 21^{m}60$, et $7x = 8^{m}40$.

Exercice 965

2259. **Problème.** *Deux côtés d'un triangle ont respectivement 158 et 176 mètres; à partir du sommet commun, on porte 120 mètres sur le premier côté. Quelle longueur faut-il porter sur le second pour que la ligne menée par les deux points obtenus soit parallèle au troisième côté?*

Le second côté doit être divisé dans le même rapport que le premier. Si l'on appelle x la longueur demandée, on pose $\dfrac{x}{176} = \dfrac{120}{158}$;

d'où
$$x = \frac{120 \cdot 176}{158} = 133^{m}67$$

Exercice 966

2260. **Problème.** *Sur une droite indéfinie* AN, *on donne* AM $= 15$, *et* AB $= 23$. *Calculer un point* N *tel qu'on ait* $\dfrac{\text{NA}}{\text{NB}} = \dfrac{\text{MA}}{\text{MB}}$.

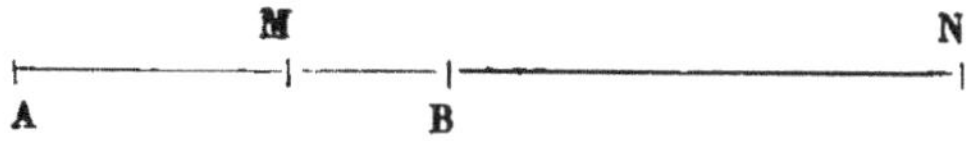

Fig. 1385.

La proportion ci-dessus donne, lorsqu'on diminue les numérateurs de leurs dénominateurs,
$$\frac{\text{AB}}{\text{NB}} = \frac{\text{MA} - \text{MB}}{\text{MB}} \quad \text{ou} \quad \frac{23}{x} = \frac{7}{8}$$
de là on tire $7x = 184$, et $x = 26^{m}29$, à un demi-centimètre près.

Exercice 967

2261. **Problème.** *Les trois côtés d'un triangle ont respectivement 18, 30 et 36 mètres. Calculer les segments déterminés sur ces côtés par les trois bissectrices.*

Chacun des côtés est divisé en deux segments qui sont entre eux comme les deux autres côtés. Les trois côtés 18, 30 et 36 sont d'ailleurs entre eux comme les nombres 3, 5 et 6.

Pour le côté de 18 mètres, les segments seront les $^5/_{11}$ et les $^6/_{11}$ de 18, soit 8m18 et 9m82.

Pour le côté de 30 mètres, les segments seront les $^3/_9$ et les $^6/_9$, ou le $^1/_3$ et les $^2/_3$ de 30, soit 10m et 20m.

Et pour le côté de 36 mètres, les segments seront les $^3/_8$ et les $^5/_8$ de 36, soit 13m50 et 22m50.

Exercice 968

2262. **Problème.** *Les trois côtés d'un triangle ont respectivement 8m50, 6m30 et 4m90. Calculer de combien il faut prolonger le grand côté pour arriver au pied de la bissectrice de l'angle extérieur.*

Les distances du point cherché aux extrémités du grand côté doivent être entre elles comme les deux autres côtés du triangle. Appelons a, b, c, les trois côtés, et x le prolongement du côté a. On doit avoir $\dfrac{x}{a+x}=\dfrac{c}{b}$; d'où, en diminuant les dénominateurs de leurs numérateurs, $\dfrac{x}{a}=\dfrac{c}{b-c}$; et, en multipliant les deux membres par a, $x=\dfrac{ac}{b-c}$.

Ainsi .
$$x=\frac{8,50\times 4,90}{1,40}=29\text{m}75$$

Exercice 969

2263. **Problème.** *Deux côtés a et b d'un triangle ont 17 et 21 mètres, et la projection n du troisième côté sur le second est de 11 mètres. Calculer le troisième côté c, et la hauteur h qui tombe sur le second.*

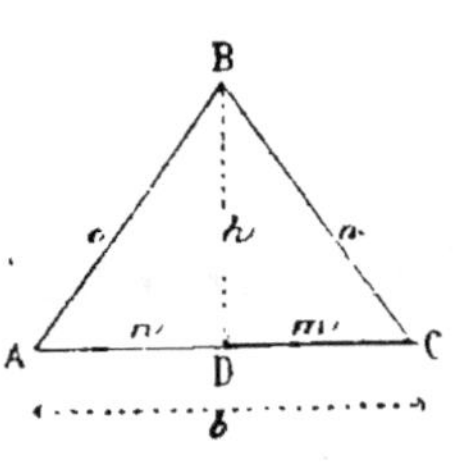

Fig. 1386.

1° On a, en vertu d'une propriété connue (G., n° 251) :
$$c^2 = a^2 + b^2 - 2bm$$

Or $\qquad m = b - n = 21 - 11 = 10$

L'égalité précédente devient donc

$c^2 = 289 + 441 - 420 = 310$;   d'où $c = 17\text{m}61$

2° Le triangle rectangle BCD donne

$h^2 = a^2 - m^2 = 289 - 100 = 189$ d'où $h = 13\text{m}75$

Exercice 970

2264. Problème. *Les trois côtés* a, b, c, *d'un triangle ont* 52, 51, *et* 25 *mètres. Calculer les projections* b' *et* c' *des côtés* b *et* c *sur* a. *Calculer ensuite la hauteur* h *qui tombe sur ce même côté* a.

On sait que la somme de deux côtés d'un triangle multipliée par leur différence égale la somme des projections de ces côtés sur le troisième multipliée par la différence de ces mêmes projections (n° 1163, *Scolie*); on peut donc écrire :

$$(b + c)(b - c) = (b' + c')(b' - c')$$

Ainsi on a $\quad 76 . 26 = 52(b' - c')$

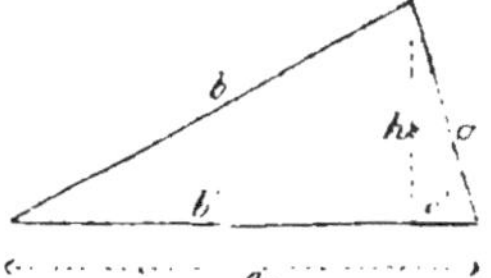

De là on tire $\quad b' - c' = 38$

La demi-somme des projections b' et c' est 26 et leur demi-différence est 19.

On a donc $\quad b' = 26 + 19 = 45$ mètres

Fig. 1387.

et $\quad\quad\quad c' = 26 - 19 = 7$ mètres

Pour trouver h on posera $\quad h^2 = c^2 - c'^2 = 625 - 49 = 576$

d'où $\quad\quad\quad h = 24$ mètres

Exercice 971

2265. Problème. *L'hypoténuse d'un triangle rectangle a* 30 *mètres, et l'un des segments déterminés par la hauteur sur l'hypoténuse a* 20 *mètres. Calculer cette hauteur et les deux côtés de l'angle droit.*

Appelons h la hauteur, a l'hypoténuse, b et c les deux autres côtés, m et n leurs projections sur l'hypoténuse. D'après les propriétés du triangle rectangle, on a :

$$1° \quad h^2 = mn = 20 . 10 = 200 \quad \text{d'où} \quad h = 14^m14$$
$$2° \quad b^2 = am = 30 . 20 = 600 \quad \text{d'où} \quad b = 24^m49$$
$$3° \quad c^2 = an = 30 . 10 = 300 \quad \text{d'où} \quad c = 17^m32$$

Exercice 972

2266. Problème. *A quelle hauteur une échelle de* 5 *mètres touche-t-elle un mur, si le pied est à* 2 *mètres du mur?*

La longueur de l'échelle, la hauteur cherchée et la distance du pied au mur forment un triangle rectangle, et l'on a :

$$x^2 = 5^2 - 2^2 = 25 - 4 = 21 ; \quad \text{d'où} \quad x = 4^m58$$

Exercice 973

2267. Problème. *Quel est le côté d'un carré, si la diagonale et le côté ont ensemble* 5^m80?

M.

30

Dans un carré de 1 mètre de côté, on sait que la diagonale a une longueur exprimée par $\sqrt{2}$ (G., n° 272); ainsi le côté et la diagonale ont ensemble pour longueur $1 + \sqrt{2}$.

Et puisque tous les carrés sont des figures semblables, leurs dimensions homologues sont dans un même rapport; on a donc, en appelant x le côté inconnu :

$$\frac{x}{1} = \frac{5{,}80}{1 + \sqrt{2}}$$

Le résultat sera d'une exactitude suffisante avec trois chiffres :

$$\sqrt{2} \ . \ . \ . \ . \ . \ . \ 1{,}414 \text{ à ajouter à } 1$$
$$2{,}414 \text{ dénominateur}$$
$$\text{Numérateur.} \ . \ . \ 5{,}80$$
$$\text{Quotient.} \ . \ . \ . \ 2^m 40 = x$$

Exercice 974

2268. Problème. *Quel est le côté d'un carré, si la différence entre le côté et la diagonale est $5^m 80$?*

Dans un carré de 1 mètre de côté, la diagonale est $\sqrt{2}$ (G., n° 272), et la différence est $\sqrt{2} - 1$; on aura donc la proportion

$$\frac{x}{1} = \frac{2{,}50}{\sqrt{2} - 1}$$
$$x = 14^m 003$$

Exercice 975

2269. Problème. *Deux côtés adjacents d'un parallélogramme ont respectivement 17 et 32 mètres, et l'une des diagonales en a 43. Calculer l'autre diagonale.*

On sait que la somme des carrés des côtés égale la somme des carrés des diagonales (n° 1190).

Donc, en désignant par x la diagonale inconnue, on a :

$$x^2 + 43^2 = 2(17^2 + 32^2)$$
$$x = 27^m 87$$

Exercice 976

2270. Problème. *Les deux diagonales d'un parallélogramme ont 25 et 40 mètres, et l'un des côtés 18. Quel est le périmètre de ce parallélogramme?*

On sait que la somme des carrés des diagonales égale la somme des carrés des quatre côtés; donc, en désignant par x le côté inconnu, on a :

$$2x^2 + 2 \cdot 18^2 = 25^2 + 40^2$$
$$x = 28^m 08$$

Le périmètre égale $2(18 + 28{,}08) = 92^m 16$.

Exercice 977

2271. Problème. *Les côtés d'un quadrilatère ont 20, 30, 35 et 8 mètres, et les diagonales 25 et 36 mètres. Calculer la droite qui joint les milieux des diagonales.*

On appliquera le *théorème d'Euler* (nº 1205).

La somme des carrés des quatre côtés d'un quadrilatère égale la somme des carrés des diagonales, plus quatre fois le carré de la droite qui joint les points milieux de ces diagonales.

Soit x la ligne qui joint les deux milieux, on aura :

$$4x^2 + 25^2 + 36^2 = 20^2 + 30^2 + 35^2 + 8^2$$

$$x = 12^m 92$$

Exercice 978

2272. Problème. *Les quatre côtés d'un quadrilatère ont 15, 18, 20 et 23 mètres ; l'une des diagonales a 30 mètres, et la droite qui joint les milieux des diagonales a $4^m 50$. Calculer l'autre diagonale.*

Soient a, b, c, d les côtés, f et x les diagonales, et e la droite qui joint leurs milieux. Le *théorème d'Euler* donne :

$$f^2 + x^2 + 4e^2 = a^2 + b^2 + c^2 + d^2$$

$$x^2 = a^2 + b^2 + c^2 + d^2 - f^2 - 4e^2$$

Les calculs donnent $x^2 = 497$; d'où $x = 22^m 29$

Cordes et Sécantes.

Exercice 979

2273. Problème. *Calculer la perpendiculaire abaissée d'un point de la circonférence sur le diamètre, si les segments qu'elle détermine sur ce diamètre sont respectivement de 7 et de 9 mètres.*

Soit x cette perpendiculaire ; on a $x^2 = 7.9 = 63$; d'où $x = 7^m 94$, à un demi-centimètre près.

Exercice 980

2274. Problème. *Dans un cercle de 8 mètres de rayon, on trace un diamètre, et par une de ses extrémités, une corde de 12 mètres. Calculer la projection de cette corde sur le diamètre.*

Appelons a le diamètre, b la corde, et m sa projection. On a (G., nº 258) $am = b^2$ ou $16m = 144$; d'où $m = 9$

Exercice 981

2275. Problème. *Deux sécantes partent d'un même point; les deux parties extérieure et intérieure de l'une ont 13 et 23 mètres, et la partie extérieure de la seconde 17 mètres. Calculer sa partie intérieure.*

Soit x la longueur demandée. Les sécantes entières sont représentées par les nombres $x + 17$ et 36 ;

et l'on a (G., n° 261).

ou

d'où

$$(x + 17)17 = 36.13$$
$$17x + 289 = 468$$
$$17x = 179$$
$$x = 10^m53$$

Exercice 982

2276. Problème. *Le diamètre d'un cercle a 32^m50, et on le prolonge de 4^m50. Calculer la longueur x de la tangente menée du point obtenu.*

On doit avoir (G., n° 263)

ou

d'où

$$x^2 = 32,50 \times 4,50$$
$$x^2 = 146,25$$
$$x = 12^m09$$

Exercice 983

2277. Problème. *A quelle distance du centre se trouve une corde de 2^m72 dans un cercle de 3^m65 de rayon?*

La distance demandée, et la moitié de la corde donnée, sont les côtés de l'angle droit d'un triangle rectangle qui a le rayon pour hypoténuse ; on fera donc le calcul ci-après :

$3,65^2$.	13,322 5
$1,36^2$.	1,849 6
Différence.	11,472 9
Racine carrée.	3^m387 Réponse.

Exercice 984

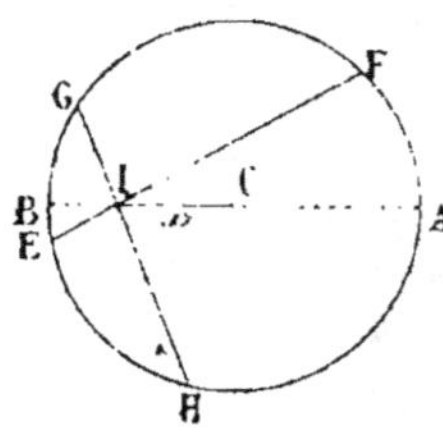

Fig. 1388.

2278. Problème. *Dans un cercle C de 17 mètres de rayon, deux cordes se coupent en 1. et le produit des deux segments de chacune d'elles est 145. Calculer la distance CI du centre au point d'intersection.*

Si l'on trace un diamètre AB par le point d'intersection, les deux segments de ce diamètre sont $17 + x$ et $17 - x$, et leur produit $17^2 - x^2$ égale aussi 145. (G., n° 259.)

On a donc
$$289 - x^2 = 145$$

Ajoutons x^2 et retranchons 145, il vient
$$x^2 = 144$$

d'où
$$x = 12$$

Exercice 985

2279. Problème. *Deux cordes se coupent; les deux segments de l'une ont 15 et 10 mètres. Calculer les deux segments de l'autre corde, dont la longueur totale est de 28 mètres.*

Les deux segments inconnus peuvent être représentés par x et $28 - x$; leur produit est $28x - x^2$; et l'on a (G., n° 259)
$$28x - x^2 = 150$$

ou, en changeant tous les signes,
$$x^2 - 28x = -150$$

Ajoutons une même quantité aux deux membres, $14^2 = 196$

il vient
$$x^2 - 28x + 14^2 = 46$$

ou
$$(x - 14)^2 = 46$$

En extrayant la racine, on trouve
$$x - 14 = 6,78$$

et en ajoutant 14 aux deux membres
$$x = 20^m78$$

L'autre segment est
$$7^m22$$

Remarque. La valeur 14 ou 196, que nous avons ajoutée aux deux membres de l'équation du second degré, n'est autre chose que le carré de la moitié du coefficient du terme du 1er degré. Le but de cette opération est de faire du premier membre de l'équation le *carré parfait* d'un binôme. (Voir Alg., n° 211.)

Dans les résultats des calculs, nous nous contentons des trois ou quatre premiers chiffres, ce qui est suffisant dans la plupart des cas vraiment pratiques.

Exercice 986

2280. Problème. *Une tangente et une sécante partent d'un même point; la tangente a 18 mètres et la partie intérieure de la sécante 23 mètres. Calculer la partie extérieure x de cette sécante.*

On a l'équation (G., n° 263)
$$(x + 23)x = 18^2$$

ou
$$x^2 + 23x = 324$$

Ajoutons aux deux membres
$$11,5^2 = 132,25$$

il vient
$$x^2 + 23x + 11,5^2 = 456,25$$

d'où, en prenant les racines carrées,
$$x + 11,5 = 21,36$$

et, en retranchant 11,5 aux deux membres,
$$x = 9^m86$$

Exercice 987

2281. Problème. *Le diamètre d'un cercle a 25^m40. De combien faut-il le prolonger pour que la tangente menée du point obtenu soit de 12 mètres?*

Le carré de la tangente sera 144; et ce même produit devra être obtenu en multipliant le prolongement x par la sécante entière $x + 25,40$.

On a donc $$x^2 + 25,40x = 144$$
Ajoutons $$12,70^2 = 161,29$$
il vient $$x^2 + 25,40x + 12,70^2 = 305,29$$
d'où, en prenant les racines carrées, $$x + 12,70 = 17,47$$
et, en retranchant 12,70, $$x = 4^m77$$

Exercice 988

2282. Problème. *Calculer directement le partage d'une ligne de 1 mètre en moyenne et extrême raison.*

Il faut que l'on ait (G., n° 266)

$$\frac{1}{x} = \frac{x}{1-x}$$

De là, on tire $$x^2 = 1 - x; \quad \text{d'où} \quad x^2 + x = 1$$
Ajoutons $$(1/_2)^2 = 1/_4$$
il vient $$x^2 + x + (1/_2)^2 = 5/_4$$
d'où, en prenant les racines carrées, $$x + 1/_2 = 1/_2\sqrt{5}$$
et, en retranchant $1/_2$, $$x = 1/_2(\sqrt{5} - 1) = 0^m618\,03$$
Le petit segment $$0^m381\,97$$

Circonférence et Polygones.

Exercice 989

2283. Problème. *Quel rayon faut-il prendre pour que la circonférence décrite ait un mètre de longueur?*

Soit x ce rayon. Il faut qu'on ait $2\pi x = 1$

d'où $x = \dfrac{1}{2\pi} = \dfrac{1}{6,283} = 0^m159$, à un demi-millimètre près.

Exercice 990

2284. Problème. *Quelle est la longueur d'un arc de 40 degrés $1/_2$ dans une circonférence de 14^m25 de rayon?*

La demi-circonférence est $14,25\,\pi$;

L'arc d'un degré, 180 fois moins,

Et l'arc de $40°1/_2$, $40 1/_2$ fois plus, soit $\dfrac{14,25\,\pi \cdot 40,5}{180}$.

Réponse : 10^m073.

Exercice 991

2285. **Problème.** *Combien y a-t-il de degrés dans l'arc qui aurait la même longueur que le rayon?*

Supposons le rayon de 1 mètre : l'arc en question aura aussi une longueur de 1 mètre.

La demi-circonférence est 1π, ou simplement π.

L'arc d'un degré est $\dfrac{\pi}{180}$; et autant de fois cette valeur est contenue dans 1, autant il y a de degrés dans l'arc considéré. Le nombre demandé sera donc $1 : \dfrac{\pi}{180}$ ou $1 . \dfrac{180}{\pi}$, soit $\dfrac{180}{\pi}$.

Réponse : 57°,296 ou 57° 17′ 44″,8.   (*Trigonométrie*, n° 2.)

Exercice 992

2286. **Problème.** *Dans un cercle de 2ᵐ25 de rayon, on donne une corde de 3 mètres. Calculer la corde qui sous-tend l'arc moitié, ainsi que la corde qui sous-tend l'arc double.*

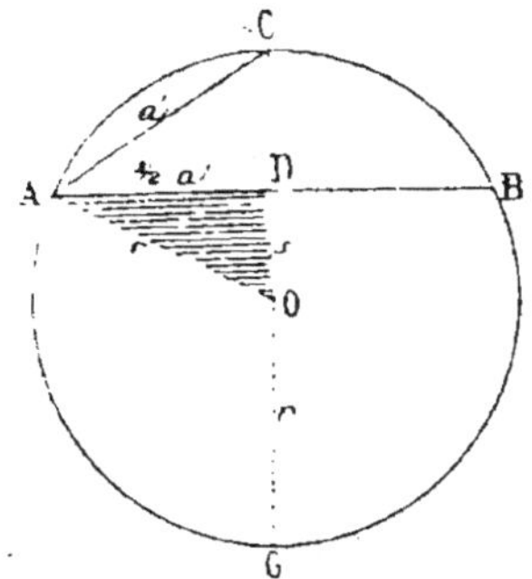

Fig. 1389.

1° Appelons a la corde donnée AB, r le rayon du cercle, et a' la corde demandée.

Le triangle rectangle ADO permet de calculer OD ou s, et par suite CD ou t; après quoi le triangle rectangle ADC donnera a'.

r^2	5,0624		Différence. . .	0,573. . . . . t
$(\tfrac{1}{2}a)^2$	2,2500		t^2	0,3283
Différence. . .	2,8124		$(\tfrac{1}{2}a)^2$	2,2500
Racine carrée.	1,677. . . . s		Somme	2,5783
Rayon.	2,250		Racine carrée.	1ᵐ606. . . a'

2° Supposons que a' soit une corde donnée, et qu'il faille calculer la corde AB ou a qui sous-tend un arc double.

Le carré de la corde a' égale la projection t de cette corde sur le diamètre, multipliée par le diamètre entier CG. (G., n° 258.) Cette propriété permettra de calculer t, puis s; et alors le triangle rectangle ADO donnera AD, qui est la moitié de la corde demandée.

Pour résoudre le problème sur les nombres donnés, nous poserons $r = 2^m25$,   et $a' = 3$ mètres.

On a $\qquad\qquad a'^2 = 2rt;$ d'où $\dfrac{a'^2}{2r} = t$

a'^2	9,00		r^2	5,0624
$2r$	4,50		s^2	0,0625
Quotient . . .	2,00 . . . . t		Différence. . .	4,9999
r	2,25		$\sqrt{\ }$	2,236
Différence. . .	0,25 . . . . s		2 fois	4^m472 . . . a

Exercice 993

2287. Problème. *Un arceau, en arc de cercle, a 3^m50 d'ouverture et 0^m70 de flèche. Trouver son rayon par une construction graphique, puis par le calcul.*

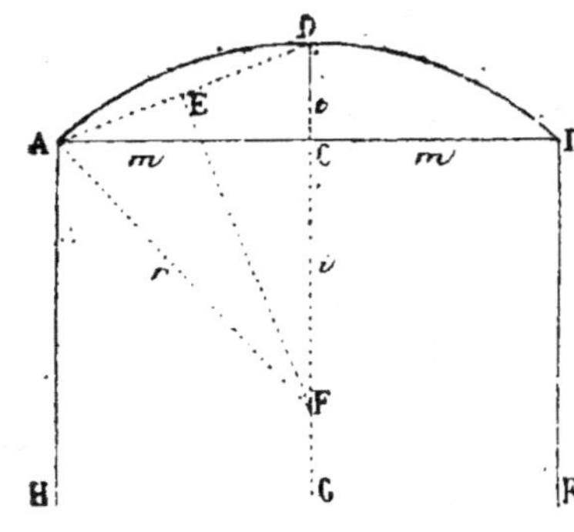

Fig. 1390.

1° *Solution graphique.* On trace, à une échelle quelconque (ici 1 centimètre pour mètre), la corde AB de 3^m50; en son milieu, on mène la perpendiculaire indéfinie DF, sur laquelle on porte CD de 0^m70 : la perpendiculaire EF élevée au milieu de la corde AD détermine le centre F.

Le rayon cherché est représenté par la longueur FD, qui, mesurée à l'échelle, donne 2^m53.

2° Appelons G la seconde extrémité du diamètre DFG; on a, en vertu de la propriété des cordes qui se coupent (G., n° 259) :

$$\frac{CG}{m} = \frac{m}{t};   \text{d'où}   CG = \frac{m^2}{t} = \frac{1,75^2}{0,70} = 4^m37$$

Le diamètre entier est donc $4,37 + 0,70$ ou 5^m07, et le rayon est 2^m53.

Exercice 994

2288. Problème. *Dans un hexagone régulier de 1 mètre de côté, le rayon est de 1 mètre, et l'apothème de $0^m866025$. Calculer le rayon et l'apothème des polygones réguliers isopérimètres de 12, 24, 48, 96... côtés, et déduire de ces calculs une valeur approchée du nombre π.*

Appelons a et r l'apothème et le rayon donnés, et a' et r' l'apothème et le rayon inconnus. Les *formules de Schwab* (G., n° 289) serviront de base aux calculs :

$$a' = \tfrac{1}{2}(a + r);   r' = \sqrt{a'r}$$

Voici les valeurs que le calcul fournit, en employant les tables de logarithmes à cinq décimales :

Côtés.	Apothème.	Rayon.
6	0,866 025	1,000 000
12	0,933 012	0,965 930
24	0,949 471	0,957 660
48	0,953 565	0,955 600
96	0,954 582	0,955 090
192	0,954 836	0,954 962
384	0,954 899	0,954 925
768	0,954 912	0,954 925

Le rayon du cercle isopérimètre est compris entre l'apothème et le rayon du dernier polygone; on peut donc dire que, pour une circonférence de 6 mètres, le rayon est $0^m 954\,918$.

La circonférence égale $2\pi r$, et la demi-circonférence πr.

On a donc $\pi (0,954\,918) = 3$; d'où $\pi = \dfrac{3}{0,954\,918} = 3{,}141\,57$

On peut compter sur cinq chiffres, et poser
$$\pi = 3{,}1416$$

Exercice 995

2289. Problème. *Appliquer au calcul du nombre π les formules* $P' = \dfrac{2pP}{p + P}$ *et* $p' = \sqrt{pP'}$, *en partant des carrés inscrit et circonscrit à un cercle de 1 mètre de rayon* (voir n° 1458).

La *méthode des périmètres*, due à ARCHIMÈDE, a conduit SAURIN aux formules que nous allons employer.

Le rayon étant 1, le côté du carré inscrit est exprimé par $\sqrt{2}$ (G., n° 274, 3°), et le périmètre est $4\sqrt{2}$. Le côté du carré circonscrit est 2, et le périmètre est 8. Ainsi, dans le premier calcul, on a
$$p = 4\sqrt{2} \quad \text{et} \quad P = 8$$

En faisant les calculs par logarithmes à cinq décimales, on trouve les résultats suivants :

Côtés.	P.	p.
4	8,000 00	$4\sqrt{2}$
8	6,627 42	6,123 00
16	6,365 14	6,242 86
32	6,303 36	6,273 00
64	6,283 21	6,283 14
128	6,284 36	2,282 57
256	6,283 43	6,283 00
512	6,283 29	6,283 14
1024	6,283 21	6,283 14

La circonférence étant comprise entre les deux derniers périmètres calculés, on peut poser :

Circonférence de 1 mètre de rayon. . . . 6^m283 18

En divisant par le diamètre . . . . . . 2^m000 00

On obtient le nombre π.. . . . . 3,141 59

Note. Archimède a donné $\dfrac{22}{7}$ pour valeur approchée de π ; Adrien Métius a fait connaître le rapport $\dfrac{113}{355}$; les calculateurs modernes, Sharps, Lagny, etc., ont obtenu la valeur de π à l'aide de séries et ont poussé l'approximation à un point tel que ce n'est plus, ce semble, qu'une spéculation assez stérile.

On peut consulter les *Nouvelles Annales mathématiques* (1850, page 12 ; 1851, page 198 ; 1854, page 418, et 1855, page 209).

Comme curiosité, nous donnons π avec quarante chiffres :

3,14159   26535   89793   23846   26433   83279   50288   41971

Voici le nombre de chiffres obtenu par divers calculateurs ; en réduisant en décimales les rapports fractionnaires donnés par les premiers géomètres :

Archimède (décimales exactes).	2
Les astronomes indiens.	3
Métius (né en 1571, mort en 1635).	8
Viète	11
Adrien Romanus.	16
Ludolf van Ceulen (mort en 1610).	35
Sharps	73
Lagny (en 1719)	127
Vega	140
Dahse, de Hambourg (en 1840, à Vienne). . .	200
Richter (en 1853).	333
Rutherford (en 1855).	440
Sangks (en 1855)	530

Les 330 premières décimales sont vérifiées par la concordance des résultats obtenus par les trois derniers calculateurs.

LIVRE IV

—

Polygones.

Exercice 996

2290. **Problème.** *Quel côté faut-il donner à une table carrée pour que sa surface soit égale à celle d'une autre table qui a 2ᵐ25 sur 0ᵐ80 ?*

Soit x le côté demandé ; on a :

$$x^2 = 2,25 \cdot 0,80 = 1,80 \quad \text{d'où} \quad x = 1^m342$$

Exercice 997

2291. **Problème.** *Le plan d'une propriété est dessiné à l'échelle de 1 millième pour mètre. Que sont les surfaces du dessin par rapport aux surfaces réelles ?*

Les dimensions homologues étant dans le rapport de 1 à 1 000, les surfaces homologues sont dans le rapport de 1^2 à $1\,000^2$, ou de 1 à 1 000 000.

Exercice 998

2292. **Problème.** *Deux carrés ont respectivement 3 mètres et 4 mètres de côté. Calculer le côté du carré égal à leur somme, et celui du carré égal à leur différence.*

Les aires des deux carrés sont respectivement 9 et 16 mètres carrés ; la somme est 25 mètres carrés, la différence 7 mètres carrés ; les côtés demandés sont les racines carrées des nombres 25 et 7, ou 5 mètres et 2ᵐ645.

Exercice 999

2293. **Problème.** *Calculer l'aire d'un terrain triangulaire dont les côtés ont respectivement 120, 98 et 75 mètres.*

On fera usage de la *formule de Héron d'Alexandrie.* (G., n° 352. E. de G., n° 1604 et page 760, renvoi.)

$$S = \sqrt{p(p-a)(p-b)(p-c)} \qquad \text{(G., n° 352.)}$$

a	120		$p-a$	26,50
b	98		$p-b$	48,50
c	75		$p-c$	71,50
Somme . .	293			
La $^1/_2$ . . .	146,50 . . p			

$$S = \sqrt{146,5 \times 26,5 \times 48,5 \times 71,5} = 3669^{m2} \quad \text{ou} \quad 36 \text{ ares } 69$$

Exercice 1000

2294. Problème. *Les trois hauteurs d'un triangle ont respective-ment 12, 15 et 20 mètres. Calculer l'aire de ce triangle.*

Appelons a, b, c les trois côtés, et a', b', c' les hauteurs corres-pondantes. Le double de la surface du triangle est exprimé par chacun des produits aa', bb', cc'. On a donc :

$$aa' = bb' \quad \text{d'où} \quad \frac{a}{b} = \frac{b'}{a'} = \frac{15}{12} = \frac{5}{4}$$

$$bb' = cc' \quad \text{d'où} \quad \frac{b}{c} = \frac{c'}{b'} = \frac{20}{15} = \frac{4}{3}$$

Ainsi les trois côtés a, b, c sont entre eux comme les nombres 5, 4, 3. C'est un triangle rectangle, ayant a pour hypoténuse, b et c pour côtés de l'angle droit. Or, dans un triangle rectangle, les hau-teurs qui partent des extrémités de l'hypoténuse se confondent avec les côtés de l'angle droit; donc b' et c', ou 15 et 20, ne sont autre chose que les côtés de l'angle droit.

L'un de ces côtés peut être pris comme base, et l'autre comme hauteur ; et ainsi l'aire du triangle est $^1/_2 \cdot 15 \cdot 20$, ou 150 mètres carrés.

Exercice 1001

2295. Problème. *Les deux dimensions d'un champ rectangulaire sont entre elles comme les nombres 2 et 5, et la surface est de 4 ares 225. Quelles sont ces dimensions?*

Les dimensions demandées peuvent être représentées par $2x$ et $5x$. L'aire sera $10x^2$, et l'on aura, en traduisant l'aire en mètres carrés :

$$10x^2 = 422{,}50$$
$$x^2 = 42{,}25 \quad \text{d'où} \quad x = 6^m 50$$

Les dimensions $2x$ et $5x$ sont 13^m et $32^m 50$.

Exercice 1002

2296. Problème. *L'aire d'un terrain rectangulaire est de 58 ares 835, et son périmètre est de 365 mètres. Quelles sont ses dimensions ?*

Traduite en mètres carrés, l'aire est exprimée par le nombre 5 883,5. Ce nombre est le *produit* des deux dimensions; la *somme* de ces mêmes dimensions est la moitié du périmètre, soit $182^m 50$.

D'après une propriété connue (*Algèbre*, n° 231), les deux nombres demandés sont les racines de l'équation du second degré :

$$x^2 - 182{,}50x + 5\,883{,}50 = 0$$

de laquelle on tire $\quad x = 91{,}25 \pm \sqrt{91{,}25^2 - 5\,883{,}50}$

$$8\,326{,}56 - 5\,883{,}50 \ldots \ 2\,443{,}06$$

$$x = 91{,}25 \pm 49{,}42 = \begin{cases} 140^m 67 \\ 41^m 83 \end{cases}$$

Telles sont les dimensions, à 1 centimètre près.

Exercice 1003

2297. Problème. *Construire un rectangle tel que la différence entre la base et la hauteur soit de 1 mètre, et la surface de 1 mètre carré.*

Les dimensions inconnues peuvent être représentées par x et $x + 1$. L'aire sera $x^2 + x$, et l'on aura :

$$x^2 + x = 1 \quad \text{d'où} \quad x^2 + x - 1 = 0$$

d'où $\qquad x = -\tfrac{1}{2} \pm \sqrt{\tfrac{1}{4} + 1} = -0{,}500 \pm 1{,}118 = \begin{cases} +0{,}618 \\ -1{,}618 \end{cases}$

L'autre dimension sera . . . . $\begin{cases} 1{,}618 \\ -0{,}618 \end{cases}$

Les réponses positives $1^{m}618$ et $0^{m}618$ s'appliquent évidemment seules à la question proposée.

Exercice 1004

2298. Problème. *Un terrain rectangulaire de 17 ares a 43 mètres de plus en longueur qu'en largeur. Quelles sont ses dimensions?*

Les dimensions peuvent être représentées par x et $x + 43$; la surface est de 1 700 mètres carrés. On a donc successivement :

$$x(x + 43) = 1\ 700$$
$$x^2 + 43x = 1\ 700$$
$$x^2 + 43x - 1\ 700 = 0$$

d'où $\qquad x = -21{,}5 \pm \sqrt{21{,}5^2 + 1\ 700}$

$$462{,}25 + 1\ 700 \ldots \ 2\ 162{,}25$$

$$x = -21{,}5 \pm 46{,}5 = \begin{cases} +25 \\ -68 \end{cases}$$

La valeur positive convient seule au problème, et les dimensions demandées sont 25 et 68 mètres.

Exercice 1005

2299. Problème. *L'aire d'un trapèze est de 144 mètres carrés; la hauteur est de 8 mètres, et la droite qui joint les milieux des diagonales a 2 mètres. Quelles sont les deux bases?*

L'aire égale le produit de la hauteur par la demi-somme des bases; donc le quotient $\dfrac{144}{8}$ ou 18 exprime la demi-somme des bases.

D'autre part, la droite qui joint les milieux des diagonales égale la demi-différence des bases.

La grande base égale donc $18 + 2$ ou 20 mètres, et la petite base égale $18 - 2$ ou 16 mètres.

Exercice 1006

2300. **Problème.** *Calculer l'aire d'un hexagone régulier de 1 mètre de côté.*

L'aire demandée égale 6 fois celle du triangle équilatéral qui a 1 mètre de côté. Si l'on appelle a le côté d'un triangle équilatéral, la hauteur a pour expression $h = \frac{1}{2}a^2\sqrt{3}$.   (G., n° 316.)

L'aire du triangle est donc $\frac{1}{4}a^2\sqrt{3}$.

Et l'aire de l'hexagone sera $\frac{3}{2}a^2\sqrt{3}$; et, comme on donne ici $a = 1$, l'aire se réduit à $\frac{3}{2}\sqrt{3}$.

Soit $1,5 \times 1,732$ ou $2^{mq}598$

Exercice 1007

2301. **Problème.** *Quel côté faut-il donner à un bassin hexagonal régulier pour que sa surface soit de 100 mètres carrés?*

Soit x le côté demandé; l'aire de l'hexagone a pour expression : $\frac{3}{2}x^2\sqrt{3}$ (n° 2300). On doit donc avoir $\frac{3}{2}x^2\sqrt{3} = 100$

d'où
$$x^2 = \frac{200}{3\sqrt{3}}$$

Le côté égale 6^m204.

Exercice 1008

2302. **Problème.** *Le côté d'un hexagone régulier est de 9 mètres. Quel sera le côté d'un autre hexagone régulier dont l'aire doit être les $\frac{4}{9}$ de l'aire du premier?*

Les deux figures, étant semblables, sont entre elles comme les carrés des dimensions homologues; on aura donc, en appelant x le côté inconnu :

$$\frac{x^2}{9^2} = \frac{4}{9}; \quad \text{d'où} \quad x^2 = 36 \quad \text{et} \quad x = 6$$

Exercice 1009

2303. **Problème.** *Quel est le côté d'un octogone régulier de 1 mètre carré de surface?*

L'octogone régulier peut être considéré comme dérivé d'un carré dont on enlève les coins; d'autre part, les rayons et les apothèmes forment, au centre de l'octogone régulier, 16 angles égaux.

Soit O le centre de ce polygone, et soit OGDE le quart de la figure totale; appelons x le côté IR ou IK. Les quatre triangles qu'il faut enlever au carré total, pour avoir l'octogone régulier, peuvent être réunis en un carré IUVK, qui a pour côté x et pour aire x^2 ; de sorte que l'aire de l'octogone égale l'aire du carré total diminuée de x^2.

Le côté CD du carré total égale $IR + 2ID = x + VI$. Or $VI^2 = VK^2 + KI^2 = 2x^2$, d'où $VI = x\sqrt{2}$; et $CD = x + x\sqrt{2} = x(1 + \sqrt{2})$.

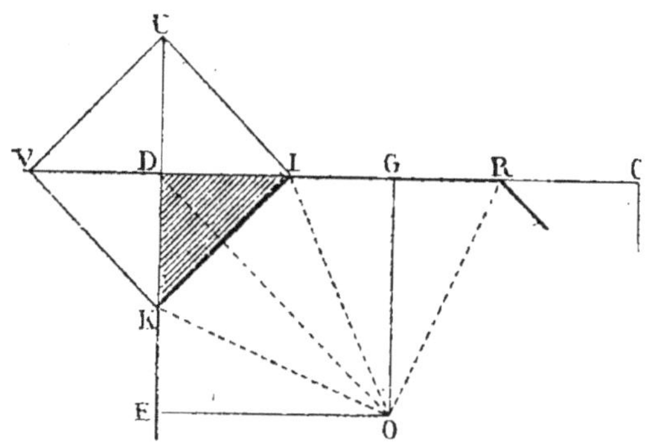

Fig. 1391.

L'aire du carré total est $CD^2 = x^2(1 + 2 + 2\sqrt{2}) = x^2(3 + 2\sqrt{2})$; et l'aire de l'octogone est $x^2(2 + 2\sqrt{2})$.

On a donc, d'après l'hypothèse : $x^2(2 + 2\sqrt{2}) = 1$

d'où
$$x^2 = \frac{1}{2 + 2\sqrt{2}}$$

$$x = 0^m455\ 08$$

Exercice 1010

2304. Problème. *La grande diagonale AC d'un losange a 1^m90, et la petite diagonale BD est égale au côté. On demande l'aire du losange.*

Appelons $2h$ la grande diagonale AC, et a le côté. Le triangle rectangle AOB permet de calculer a, qui est égal à BD, puis l'aire du triangle ABD, et enfin le losange.

On peut aussi indiquer les calculs sur des symboles.

On a $\qquad h^2 = a^2 - \tfrac{1}{4}a^2 = \tfrac{3}{4}a^2$

De là on tire $\qquad a^2 = \tfrac{4}{3}h^2$

L'aire du triangle ABD est $\tfrac{1}{2}ah$; pour le losange entier on aura :

$S = ah$ d'où $S^2 = a^2h^2 = \tfrac{4}{3}h^2h^2 = \tfrac{4}{3}h^4$

Donc $\qquad S = \dfrac{2h^2}{\sqrt{3}}$ ou $\tfrac{2}{3}h^2\sqrt{3}$

Réponse $\qquad 4^{mq}168\ 4$.

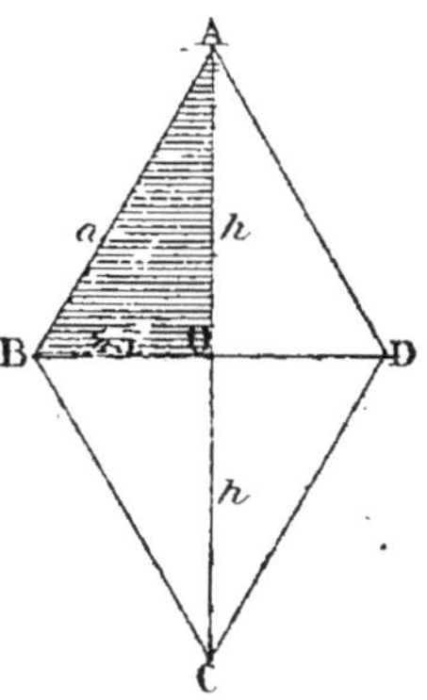

Fig. 1392.

Exercice 1011

2305. Problème. *Les trois côtés d'un triangle sont donnés :* $a = 20^m$, $b = 17^m$, $c = 12^m$. *Calculer l'aire du triangle qui aurait pour côtés les trois hauteurs de ce triangle, ou les trois médianes, ou les trois bissectrices, ou les trois distances des côtés au centre du cercle circonscrit.*

Avec les trois côtés a, b, c, on peut calculer les quatre systèmes de lignes dont il est question dans l'énoncé (n° 1453).

On calcule d'abord la surface du triangle considéré (G., n° 352),

par la formule
$$S = \sqrt{p(p-a)(p-b)(p-c)}$$

$$p = \frac{a+b+c}{2} = 24,5$$

$$p - a = 24,5 - 20 = 4,5$$
$$p - b = 24,5 - 17 = 7,5$$
$$p - c = 24,5 - 12 = 12,5$$
$$S = 101,66$$

Calcul des hauteurs.

On obtient chaque hauteur en divisant la surface par la moitié du côté que l'on prend comme base.

On trouve :
$$a' = 10^m167, \quad b' = 11^m961, \quad c' = 16^m945$$

Ayant les trois hauteurs, on s'assure si un triangle est possible avec ces trois lignes : il faut et il suffit que la plus grande, c', soit moindre que la somme des deux autres; ce qui a lieu. La surface se calcule par la formule rappelée plus haut.

Somme des trois lignes. . . .	39,073 . . .	$2p'$
p'	19,5365	
$p' - a'$. . .	9,3695	
$p' - b'$. . .	7,5755	
$p' - c'$. . .	2,5915	
Surface = $59^{mq}945$	1re réponse.	

Telle est l'aire du triangle qui aurait pour côtés les trois *hauteurs* du triangle donné.

Calcul des médianes.

La longueur de la médiane est donnée par la formule :
$$a'^2 = \frac{a^2 + b^2}{2} - \frac{c^2}{4} \qquad \text{(G., n° 255.)}$$

d'où
$$a' = \tfrac{1}{2}\sqrt{2b^2 + 2c^2 - a^2}$$

De même $b' = \frac{1}{2}\sqrt{2a^2 + 2c^2 - b^2}$

$$c' = \frac{1}{2}\sqrt{2a^2 + 2b^2 - c^2} \quad *$$

Voici les éléments de ces calculs :

$$a = 20 \qquad a^2 = 400 \qquad 2a^2 = 800$$
$$b = 17 \qquad b^2 = 289 \qquad 2b^2 = 578$$
$$c = 12 \qquad c^2 = 144 \qquad 2c^2 = 288$$

$$2b^2 + 2c^2 - a^2 = 466 \qquad k$$
$$2a^2 + 2c^2 - b^2 = 779 \qquad l$$
$$2a^2 + 2b^2 - c^2 = 1\,234 \qquad m$$

d'où $a' = 10^m 806, \quad b' = 14^m 133, \quad c' = 17^m 564$

Telles sont les longueurs des trois *médianes*. La plus grande étant moindre que la somme des deux autres, ces trois lignes peuvent former un triangle dont nous allons calculer la surface.

Somme des trois lignes. . . . 42,503 . . . $2p'$
$$p' \quad . \quad . \quad . \quad 21,251\,5$$
$$p' - a' . \quad . \quad . \quad 10,445\,5$$
$$p' - b' . \quad . \quad . \quad 7,118\,5$$
$$p' - b' . \quad . \quad . \quad 3,687\,5$$
$$\text{Surface} = 76_{mq} 334 \quad . \quad . \quad . \quad 2^e \text{ réponse.}$$

Telle est l'aire du triangle qui aurait pour côtés les trois *médianes* du triangle donné.

Calcul des bissectrices **.

La bissectrice de l'angle A a pour formule :

$$a' = \frac{2}{b+c}\sqrt{bcp(p-a)}$$

De même $b' = \frac{2}{a+c}\sqrt{acp(p-b)}$

$$c' = \frac{2}{a+b}\sqrt{abp(p-c)}$$

Voici les éléments de ces calculs :

$$2p = a + b + c = 49 \qquad p = 24,5$$
$$a = 20 \qquad p - a = 4,5 \qquad b + c = 29 \qquad bc = 204$$
$$b = 17 \qquad p - b = 7,5 \qquad a + c = 32 \qquad ac = 240$$
$$c = 12 \qquad p - c = 12,5 \qquad a + b = 37 \qquad ab = 340$$

d'où $a' = 10^m 343, \quad b' = 13^m 125, \quad c' = 17^m 442$

---

* Les formules données dans ce problème sont équivalentes à celles du n° 1453, comme on peut facilement le vérifier.

** Voir ci-après, p 1070, *Note*.

Telles sont les longueurs des trois *bissectrices*. La plus grande étant moindre que la somme des deux autres, ces trois lignes peuvent former un triangle dont nous allons calculer la surface.

$$\text{Somme des trois lignes.} \ldots \ 40{,}910 \ldots \ 2p'$$
$$p' \ldots \ 20{,}455$$
$$p' - a' \ldots \ 10{,}112$$
$$p' - b' \ldots \ 7{,}330$$
$$p' - c' \ldots \ 3{,}013$$
$$\text{Surface} = 67^{mq}588 \ldots \ 3^e \text{ réponse.}$$

Telle est l'aire du triangle qui aurait pour côtés les trois *bissectrices* du triangle donné.

Calcul des directrices.

On pourrait appeler *directrices* d'un triangle les distances des côtés au centre du cercle circonscrit. Le rayon du cercle circonscrit égale le produit des trois côtés, divisé par le quadruple de la surface du triangle. (G., n° 316, III.)

$$r = \frac{abc}{4S} = 10^m033$$

La distance de chaque côté au centre du cercle circonscrit se trouve par la considération d'un triangle rectangle qui a pour hypoténuse le rayon du cercle circonscrit, et pour l'autre côté de l'angle droit la moitié du côté.

On a, par exemple, en appelant a', b', c' les distances respectives des côtés a, b, c au centre du cercle circonscrit :

$$x'^2 = r^2 - {}^1/_4 a^2$$
$$b'^2 = r^2 - {}^1/_4 b^2$$
$$c'^2 = r^2 - {}^1/_4 c^2$$

On trouve : $a' = 0^m8124$, $b' = 5^m330$, $c' = 8^m041$

Telles sont les longueurs des trois *directrices* du triangle. La plus grande, c', étant plus longue que la somme des deux autres, il n'y a pas de triangle possible avec ces trois lignes.

Cercles et Polygones inscrits ou circonscrits.

Exercice 1012

2306. Problème. *Calculer l'aire du carré inscrit dans un carré de 1 mètre carré de surface.*

Appelons r le rayon du cercle; on a :

$$\pi r^2 = 1 \quad \text{d'où} \quad r^2 = \frac{1}{\pi}$$

Désignons par x le côté du carré inscrit : x^2 sera l'aire demandée.

On a :
$$x^2 = 2r^2 = \frac{2}{\pi}$$
$$\text{Surface} = 0^{mq}63\,66$$

Exercice 1013

2307. Problème. *Quel est le côté du carré inscrit dans un cercle de 1 mètre de circonférence?*

Appelons x le côté demandé, et r le rayon du cercle. On a :
$$2\pi r = 1 \quad \text{d'où} \quad r = \frac{1}{2\pi}$$

D'autre part, on a $\qquad x = r\sqrt{2} = \dfrac{\sqrt{2}}{2\pi}$

Donc le côté du carré égale $0^m225\,075$.

Exercice 1014

2308. Problème. *Quelle est la surface du cercle inscrit dans un triangle équilatéral ayant lui-même 1 mètre carré de surface?*

Le centre est au point de concours des trois droites qui sont à la fois bissectrices, hauteurs et médianes; ces droites se rencontrent aux $^2/_3$ de leurs longueurs. (G., n° 230.) Ainsi le rayon x égale le $^1/_3$ de la hauteur h; et celle-ci a pour expression $^1/_2 a\sqrt{3}$ (G., n° 316), a étant le côté du triangle.

L'aire du triangle est $^1/_2 ah$, ou $^1/_2 a \cdot ^1/_2 a\sqrt{3}$, ou $^1/_4 a^2\sqrt{3}$. On a donc, d'après les données du problème :
$$^1/_4 a^2\sqrt{3} = 1 \quad \text{d'où} \quad a^2 = \frac{4}{\sqrt{3}} = \frac{4\sqrt{3}}{3}$$

L'égalité $\qquad h = ^1/_2 a\sqrt{3} \quad$ donne $\quad h^2 = ^3/_4 a^2 = \sqrt{3}$

La relation $\qquad x = ^1/_3 h \qquad$ donne $\quad x^2 = ^1/_9 h^2 = ^1/_9\sqrt{3}$

Et le cercle inscrit est $\quad \pi x^2 \quad$ ou $\quad ^1/_9 \pi\sqrt{3}$

Donc le cercle inscrit égale $0^{mq}604\,6$.

Exercice 1015

2309. Problème. *La rotonde du Panorama des Champs-Élysées, à Paris, a 55 mètres de diamètre. Quelle est la surface occupée par cet édifice?* (Voir la solution déjà donnée n° 2240.)

On obtient la réponse en appliquant la formule : $^1/_4 \pi d^2$.

La surface égale $23\,75^{mq}80$.

ou $\qquad\qquad 23$ ares $75\,80$.

Exercice 1016

2310. Problème. *Quelle est la circonférence du cercle qui a 1 mètre carré de surface?*

La circonférence est $2\pi r$. D'après l'hypothèse, on a :

$$\pi r^2 = 1 \quad \text{d'où} \quad r^2 = \frac{1}{\pi}$$

Le carré de la circonférence serait $4\pi^2 r^2$, soit $4\pi^2 \cdot \frac{1}{\pi}$ ou 4π ; la circonférence sera donc $\qquad 2\sqrt{\pi} = 3^m 545$

Exercice 1017

2311. Problème. *Quelle est l'aire du cercle qui a 1 mètre de circon-férence?*

On a $\qquad 2\pi r = 1, \quad r = \frac{1}{2\pi}, \quad r^2 = \frac{1}{4\pi^2}$

L'aire demandée est

$$\pi r^2, \quad \text{ou} \quad \frac{\pi}{4\pi^2}, \quad \text{ou} \quad \frac{1}{4\pi} = 7^{dmq} 957\,2$$

Exercice 1018

2312. Problème. *Quelle est la surface d'un bassin circulaire qui a 42 mètres de tour?*

La circonférence étant de 42 mètres, le rayon est $\frac{42}{2\pi}$ ou $\frac{21}{\pi}$, et

l'aire du cercle est $\pi \cdot \frac{21^2}{\pi^2}$ ou simplement $\frac{21^2}{\pi} = 140^{mq} 37$.

Exercice 1019

2313. Problème. *Dans les débris d'une enceinte circulaire, on a mesuré une corde de $12^m 50$ et sa flèche de $2^m 75$. Quelle était la surface du cercle entier ?*

Appelons x la partie du diamètre qui forme le prolongement de la flèche. Le produit des deux segments du diamètre égale le carré de la moitié de la corde (G., n° 256); on a donc :

$$2,75\,x = 6,25^2 = 39,06$$

d'où $\qquad\qquad\qquad\qquad x = 14^m 204$

Le diamètre est donc $16^m 954$, et le rayon $8^m 477$.

L'aire du cercle est $\pi r^2 = 225^{mq} 75$.

Exercice 1020

2314. Problème. *Étant donné un cercle de 1 mètre de rayon, quel nouveau rayon faut-il prendre pour que la circonférence décrite du même centre divise le premier cercle en deux parties équivalentes? Quel rayon faudrait-il prendre si l'on voulait que le premier cercle fût divisé en moyenne et extrême raison ?*

1er Cas. Soit x le rayon demandé; il faut que l'on ait :

$$\pi x^2 = {}^1/_2\,\pi \cdot 1^2 \quad \text{d'où} \quad x^2 = {}^1/_2$$
$$x = 0^\mathrm{m}707\,1$$

2e Cas. Supposons que ce soit le petit cercle qui doive être une moyenne géométrique entre le cercle donné et la couronne comprise entre les deux. Si nous appelons z le rayon inconnu, nous poserons :

$$\frac{\pi \cdot 1^2}{\pi z^2} = \frac{\pi z^2}{\pi - \pi z^2} \quad \text{d'où} \quad \frac{1}{z^2} = \frac{z^2}{1 - z^2}$$

Ainsi
$$z^4 = 1 - z^2$$

En représentant z^2 par y (voir *Algèbre*, n° 253), on pose :

$$y^2 = 1 - y; \quad \text{d'où} \quad y^2 + y - 1 = 0$$

Et
$$y = -{}^1/_2 \pm \sqrt{{}^1/_4 + 1} = -0,5 \pm 1,118$$

$$y = \begin{cases} +\,0,618 \\ -\,1,618 \end{cases}$$

Le symbole y représentant un carré z^2, on ne peut admettre que la valeur positive 0,618, de laquelle on tire : $z = 0^\mathrm{m}787$.

Exercice 1021

2315. Problème. *Deux cercles concentriques ont respectivement pour rayons 6 et 10 mètres. Quelle est l'aire de la couronne comprise?*

L'aire demandée est

$$\pi \cdot 10^2 - \pi \cdot 6^2, \quad \text{ou} \quad \pi(100 - 36), \quad \text{ou} \quad 64\pi = 201^\mathrm{mq}06$$

Exercice 1022

2316. Problème. *La surface d'une couronne circulaire est de 1 mètre carré, et la distance des deux circonférences est de $0^\mathrm{m}25$. Quels sont les rayons des deux circonférences?*

Les deux rayons peuvent être représentés par x et $x + 0,25$. L'aire de la couronne est :

$$\pi(x + 0,25)^2 - \pi x^2 \quad \text{ou} \quad \pi(x^2 + 0,0625 + 0,50x - x^2)$$

ou simplement
$$\pi(0,50x + 0,0625)$$

On a donc $\qquad \pi\,(0{,}50x + 0{,}0625) = 1$

d'où $\qquad 0{,}50x + 0{,}0625 = \dfrac{1}{\pi}$

$$0{,}50x = \dfrac{1}{\pi} - 0{,}0625$$

Et en doublant $\qquad x = \dfrac{2}{N} - 0{,}135$

$$x = 0{,}637 - 0{,}135 = 0^{m}502$$

Le grand rayon est $\qquad x + 0{,}25 \quad$ ou $\quad 0^{m}752$

Exercice 1023

2317. Problème. *Quel est le rayon d'un secteur de 18°, si la surface est de 18 centimètres carrés ?*

D'après les données, le secteur d'un degré a une surface de 1 centimètre carré, et l'aire du cercle est de 360 centimètres carrés. En prenant le centimètre comme unité, et en appelant x le rayon demandé, nous dirons :

$$\pi x^2 = 360; \quad \text{d'où} \quad x^2 = \dfrac{360}{\pi}; \quad x = 0^{m}107\,05$$

Exercice 1024

2318. Problème. *L'aire d'un secteur est de 12 mètres carrés, et le rayon de 4^{m}60. On demande le nombre de degrés de l'arc.*

Soit x le nombre des degrés de l'arc. Le secteur est au cercle entier comme le nombre des degrés du secteur est à 360; on a donc :

$$\dfrac{x}{360} = \dfrac{12}{\pi r^2}; \quad \text{d'où} \quad x = \dfrac{12 \cdot 360}{\pi r^2} = 64°59'$$

Exercice 1025

2319. Problème. *Dans un cercle de 1 mètre de rayon, on dessine un secteur de 60 degrés. On veut transformer ce secteur en un triangle équivalent ayant 1 mètre de hauteur. Quelle sera la base de ce triangle ?*

La hauteur du triangle devant être la même que le rayon du cercle, la base du triangle sera égale à l'arc rectifié.

Le rayon est 1; la demi-circonférence est $\pi \cdot 1$ ou π; et l'arc de 60 degrés sera $\frac{1}{3}\pi$.

$$\pi \ldots \ldots \ldots \ldots 3{,}141\,6$$
$$\text{Le } \tfrac{1}{3} \ldots \ldots \ldots 1^{m}047\,2$$

Exercice 1026

2320. Problème. *Un terrain a la forme d'un trapèze ABCD; la grande base CD de ce trapèze a 64 mètres, la petite base 28 mètres;*

sur le côté CD se trouve un point P, à 24 mètres du sommet D; on demande de faire passer par ce point une droite PM qui partage le terrain en deux parties équivalentes, et de déterminer le point où elle aboutit sur le côté AB, sachant que la hauteur a 25 mètres. (B. complet Paris, 1re session 1876.)

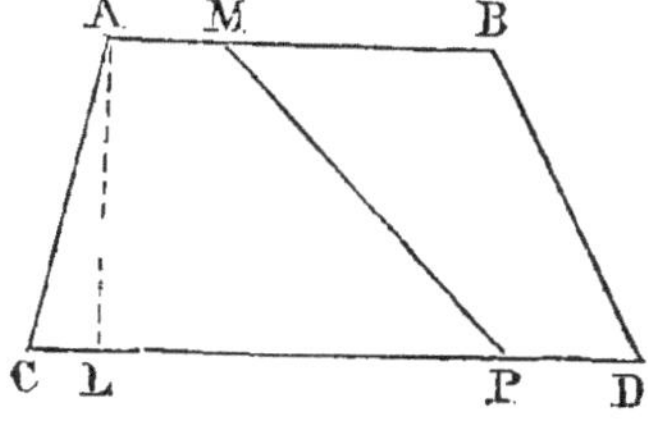

Fig. 1393.

AB. . . . . . . 28^m
CD. . . . . . . 64^m
PD. . . . . . . 24^m
AL. . . . . . . 25^m

$$\text{Surface ABCD} = \frac{28+64}{2} \times 25 = 1150^m$$

dont la moitié est de . . . . 575^m

On obtiendra la demi-somme des bases des trapèzes partiels en divisant la surface par la hauteur

$$\frac{575}{25} = 23^m$$

donc la somme des bases égale 46^m.

d'où
$$b' = 46 - 40 = 6^m$$
$$b'' = 46 - 24 = 22^m$$

Exercice 1027

2321. **Problème.** *Appliquer au calcul du nombre π les formules*

$$p' = \sqrt{pP} \quad \text{et} \quad P' = \frac{2pP}{p+p'}$$

(Exercice 633, n° 1748), en partant des carrés inscrit et circonscrit à un cercle de 1 mètre de rayon.

Les *formules de Gregory* (n° 1749), que nous venons de rappeler, permettent de calculer successivement les aires des polygones réguliers inscrits et circonscrits de 8, 16, 32... côtés. Or, à mesure que se multiplie le nombre des côtés, les polygones tendent vers le cercle; et par conséquent l'aire de ces polygones tend vers la valeur πr^2, qui exprime l'aire du cercle. Et comme ici on suppose $r = 1$, l'expression πr^2 se réduit à π.

Ainsi, en calculant les aires des polygones successifs, on pourra affirmer que π est une valeur intermédiaire entre les nombres qui expriment les aires des polygones inscrit et circonscrit d'un même nombre de côtés; et si ces nombres ont, sur la gauche, des chiffres communs, ces chiffres appartiendront nécessairement au nombre π.

Les formules trouvées ci-dessus sont analogues à celles que SAURIN a données pour le calcul des périmètres (n° 1458 et 2289). Le calcul logarithmique y est analogue aussi, et il présente dans les deux cas l'inconvénient de trop nombreux passages des nombres aux logarithmes et des logarithmes aux nombres.

On obvie à cet inconvénient en considérant, non les quantités elles-mêmes, mais leurs *inverses* ou *réciproques*.

On appelle *nombres inverses* deux nombres dont le produit est 1 ; tels sont : 3 et $^1/_3$, 4 et $^1/_4$, $^2/_3$ et $^3/_2$, 10 et 0,1, etc.

Deux nombres inverses ont 1 pour moyenne géométrique : $\dfrac{3}{1} = \dfrac{1}{^1/_3}$; d'où $3 \times {}^1/_3 = 1^2 = 1$. Connaissant l'un des deux nombres, on trouve facilement l'autre.

Soient A, B, C, D, quatre nombres tels que l'on ait les deux relations : $C = \sqrt{AB}$ et $D = \dfrac{2AB}{A + C}$.

Appelons a, b, c, d les inverses des nombres considérés. On aura :

$$A = \frac{1}{a}, \quad B = \frac{1}{b}, \quad C = \frac{1}{c}, \quad D = \frac{1}{d}$$

La première relation devient :

$$\frac{1}{c} = \sqrt{\frac{1}{a} \cdot \frac{1}{b}} = \sqrt{\frac{1}{ab}} = \frac{1}{\sqrt{ab}}.$$

Les deux expressions extrêmes ayant les numérateurs égaux, les dénominateurs le sont aussi ; et l'on a : $c = \sqrt{ab}$. Ainsi, *lorsque trois nombres sont tels que l'un d'eux est une moyenne géométrique entre les deux autres, la même relation existe entre les inverses de ces trois nombres.*

La seconde relation devient :

$$\frac{1}{d} = \frac{2 \cdot {}^1/a \cdot {}^1/b}{{}^1/a + {}^1/c} ; \quad \text{d'où, en renversant,} \quad d = \frac{{}^1/a + {}^1/c}{2 \cdot {}^1/ab}$$

Multiplions numérateur et dénominateur par ab, il vient :

$$d = \frac{b + ab/c}{2} = {}^1/_2 \left(b + \frac{ab}{c} \right)$$

Or, d'après la première relation, on a : $c^2 = ab$; donc $d = {}^1/_2(b + c)$. Ainsi d est une moyenne arithmétique entre b et c.

Les relations que nous venons de supposer entre les quatre nombres A, B, C, D, sont précisément celles qui existent entre les quatre symboles p, P, p', P' :

$$p' = \sqrt{pP} \qquad P' = \frac{2pP}{p + p'}.$$

Donc, *si nous convenons de désigner par ces quatre mêmes symboles les inverses des nombres primitifs,* nous poserons :

$$p' = \sqrt{pP} \quad \text{et} \quad P' = {}^1/_2(P + p')$$

Le calcul est ainsi ramené à des moyennes géométriques et arithmétiques, alternativement.

Il est évident que les valeurs que l'on trouvera pour p' et P' tendront vers le nombre inverse de π, ou 0,318 31.

RÉSULTATS OBTENUS

Nombres inverses des aires des polygones.

Côtés.	p.	P.
4	0,500 000	0,025 000
8	0,353 550	0,031 775
16	0,326 638	0,314 206
32	0,320 365	0,317 285
64	0,318 823	0,318 054
128	0,318 439	0,318 246
256	0,318 342	0,318 294
512	0,318 315	0,318 304
1024	0,318 308	0,318 306

Nous devons arrêter là ces calculs, car nous ne pouvons compter que sur les cinq premiers chiffres; on peut donc poser :

$$\frac{1}{\pi} = 0,318\,31 \quad \text{d'où} \quad \pi = 3,141\,57$$

La valeur de π, donnée avec cinq chiffres, sera donc : 3,1416.

Exercice 1028

2322. **Problème.** *Appliquer au calcul du nombre π les formules*

$$r' = \sqrt{ar} \quad \text{et} \quad a' = r'\sqrt{\frac{r+a}{2r}}$$

(*Exercice 634, n° 1750*), *en partant du carré qui a 1 mètre de côté.*

A mesure que grandit le nombre de côtés du polygone régulier de surface constante, la forme de ce polygone tend vers le cercle; ainsi le rayon et l'apothème tendent à se confondre en une valeur unique, qui est celle du rayon du cercle équivalent au polygone.

Le carré de 1 mètre de côté a 1 mètre carré de surface; telle sera aussi la surface de tous les polygones successifs et du cercle lui-même.

Et comme l'aire du cercle a pour formule πr^2, on posera :

$$\pi r^2 = 1; \quad \text{d'où} \quad \pi = \frac{1}{r^2}$$

Il faut donc calculer le rayon et l'apothème des polygones successifs jusqu'à ce que les décimales que l'on conservera soient communes. On aura alors, au même degré d'approximation, le rayon du cercle qui a 1 mètre carré de surface, et on déduira la valeur de π.

30*

L'emploi des *formules de Legendre,* que nous venons de rappeler (n° 1750), donne les résultats suivants :

Le rayon du carré est la moitié de la diagonale, et l'apothème est la moitié du côté : $r = \frac{1}{2}\sqrt{2}$,   et $a = \frac{1}{2}$

RÉSULTATS OBTENUS

Côtés.	r.	a.
4	0,707 108	0,500 000
8	0,594 612	0,549 344
16	0,571 529	0,560 543
32	0,566 014	0,563 294
64	0,564 650	0,563 962
128	0,564 312	0,564 150
256	0,564 225	0,564 186
512	0,564 206	0,564 193
1024	0,564 200	0,564 200

Dans le polygone régulier de 1024 côtés, le rayon et l'apothème ont la même expression numérique quant aux cinq premiers chiffres, les seuls sur lesquels nous puissions compter dans l'usage des tables logarithmiques à cinq décimales.

On peut donc poser aussi pour le cercle équivalent à ce polygone :

$$r = 0^{m}564\,20$$

Or l'aire de ce cercle est de 1 mètre carré, comme pour chacun des polygones sur lesquels ont porté les calculs. On a donc :

$$\pi r^2 = 1 ; \quad \text{d'où} \quad \pi = \frac{1}{r^2} = 3{,}141\,5$$

Note. La formule donnée pour calculer la longueur des bissectrices (n° 2305, p. 1061) se déduit d'une formule connue (n° 1453, p. 629). On a successivement :

$$a' = \sqrt{bc - \frac{a(abc)}{(b+c)^2}} = \sqrt{\frac{bc(b+c)^2 + a^2bc}{(b+c)^2}}$$

$$a' = \frac{1}{b+c}\sqrt{bc\left[(b+c)^2 - a^2\right]} = \frac{1}{b+c}\sqrt{bc(a+b+c)(b+c-a)}$$

$$a' = \frac{1}{b+c}\sqrt{4bc \cdot \frac{a+b+c}{2} \cdot \frac{b+c-a}{2}}$$

enfin $a' = \dfrac{2}{b+c}\sqrt{bcp(p-a)}$

LIVRE VI

Prismes et Pyramides.

Exercice 1029

2323. Problème. *Calculer la diagonale d'une caisse qui a la forme et les dimensions d'un mètre cube.*

On sait que, dans tout parallélépipède rectangle, le carré de la diagonale égale la somme des carrés des trois dimensions (G., n° 439); on a donc ici

$$x^2 = 1^2 + 1^2 + 1^2 = 3; \quad \text{d'où} \quad x = \sqrt{3} = 1^{\mathrm{m}}732$$

Exercice 1030

2324. Problème. *Calculer la diagonale d'un cube qui a un mètre carré de surface totale.*

Soit x la diagonale, et a l'arête du cube. On a pour la surface

$$6a^2 = 1, \quad a^2 = {}^1\!/_6$$
$$x^2 = 3a^2 = {}^3\!/_6 \quad \text{ou} \quad {}^1\!/_2$$
$$x = \frac{1}{\sqrt{2}} = {}^1\!/_2\sqrt{2} = 0^{\mathrm{m}}707$$

Exercice 1031

2325. Problème. *Une salle a la forme d'un parallélépipède rectangle; la diagonale a $14^{\mathrm{m}}50$, et les trois dimensions sont entre elles comme les nombres 3, 6 et 7. Quel est le volume d'air contenu dans cette salle?*

Les dimensions peuvent être représentées par $3x$, $6x$ et $7x$; et l'on a

$$14,50^2 = 9x^2 + 36x^2 + 49x^2 = 94x^2$$

De là résulte

$$x^2 = \frac{14,50^2}{94} \quad \text{et} \quad x = \frac{14,50}{\sqrt{94}}$$

Le volume demandé est

$$3x \cdot 6x \cdot 7x \quad \text{ou} \quad 126x^3 = 421^{\mathrm{mq}}486$$

Exercice 1032

2326. Problème. *Une caisse d'emballage a été garnie intérieurement d'une enveloppe de zinc présentant un développement superficiel de* $3^{mq}60$*; la longueur de la caisse est double de sa largeur, et les faces extrêmes sont des carrés égaux. On demande le volume intérieur.*

Les dimensions intérieures sont x, x et $2x$, et le volume a pour expression $2x^3$.

On trouvera x par la valeur donnée pour la surface totale, laquelle se compose de 6 faces, dont deux ont pour aire x^2, et les quatre autres ont pour aire $2x.x$ ou $2x^2$. L'aire totale est donc

$$2.x^2 + 4.2x^2 \quad \text{ou} \quad 10x^2$$

et l'on a $\qquad 10x^2 = 3,60;$ d'où $x^2 = 0,36$ et $x = 0,6$

De là on tire $x^2 = 0,216;$ et le volume $2x^3$ est $0^{mc}432$, soit 432 décimètres cubes, ou 432 litres.

Exercice 1033

2327. Problème. *Que coûtera la maçonnerie d'un pavillon octogonal régulier de 3 mètres de côté, 4 mètres de hauteur hors de terre, et 1 mètre de fondation, à raison de 5 francs le mètre carré extérieur de maçonnerie? (Les vides des portes et fenêtres étant comptés comme les parties pleines.)*

La surface développée égale un rectangle qui aurait 8 fois 3 mètres ou 24 mètres de base, et 5 mètres de hauteur. L'aire est 24.5 ou 120 mètres carrés; et le prix est 120 fois 5 francs ou 600 francs.

Exercice 1034

2328. Problème. *Une salle de classe a 8 mètres de longueur, 7 de largeur et 4 de hauteur; le plafond et les murs doivent être peints à la colle, à raison de 0 fr. 30 le mètre carré. Quelle sera la dépense?*

Le plafond donne une surface de 7 fois 8 ou 56 mètres carrés.

Les quatre murs développés forment un rectangle qui a pour hauteur 4 mètres, et pour base $8+8+7+7$ ou 30 mètres; l'aire est donc 4 fois 30 ou 120 mètres carrés.

La surface totale est 186 mètres carrés, et la dépense $0 \text{ fr}.30 \times 186$ ou 55 fr. 80.

Exercice 1035

2329. Problème. *La densité du plomb fondu étant 11,35, quelle arête faudrait-il donner à un cube de plomb pour que le poids fût de 1 kilogramme?*

La densité d'un corps est un nombre abstrait qui exprime :

En *grammes*, le poids de 1 *centimètre cube* de ce corps ;

En *kilogrammes*, » 1 *décimètre cube* »

En *tonnes*, » 1 *mètre cube* »

Soit x l'arête inconnue exprimée en *centimètres*. Le volume sera x^3, et le poids en *grammes* $11,35x^3$. On peut donc poser

$$11,35x^3 = 1000 ; \quad \text{d'où} \quad x^3 = \frac{1000}{11,35} = 4^{cm}450$$

Soit 44 millimètres $^1/_2$.

Exercice 1036

2330. Problème. *Un terrain rectangulaire de 130 mètres sur 65 est en contre-haut de 6 mètres par rapport à une route qui le longe.*

On veut mettre cet emplacement de niveau avec la route, et les terres enlevées seront employées à la construction d'un remblai de chemin de fer.

La coupe de ce remblai est un trapèze de 10 mètres de hauteur ; la largeur est de 10 mètres en haut et de 30 mètres en bas. Quelle longueur du remblai fournira le terrain ci-dessus ?

Le volume de la terre à enlever est $130.65.6$ ou $50\,700$ mètres cubes.

D'après les données, le trapèze que forme la coupe du terrain est décomposable en trois parties, savoir : un carré A de 10 mètres de côté, et deux triangles rectangles et isocèles B et C qui pourraient être réunis de manière à former un second carré de 10 mètres de côté.

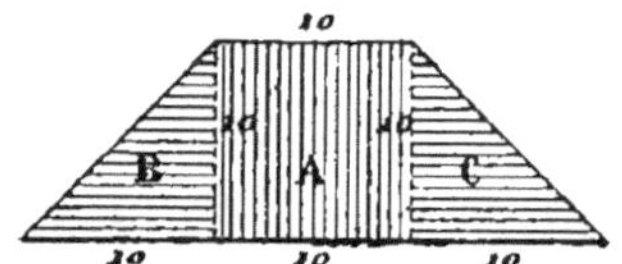

Fig. 1394.

L'aire du trapèze est donc de 200 mètres carrés. On aura donc, en appelant x la longueur du remblai :

$$200x = 50\,700 ; \quad \text{d'où} \quad x = 253^m50$$

Exercice 1037

2331. Problème. *La grande pyramide de Chéops, en Égypte, a pour base un carré de 230 mètres de côté, et les faces latérales sont des triangles équilatéraux. Quel est le volume ?*

Cette pyramide est la moitié d'un octaèdre régulier ; toutes les arêtes du polyèdre sont égales au côté AB ou a.

La pyramide étant régulière, la hauteur SH tombe au milieu du carré qui sert de base, et par conséquent au milieu de la diagonale AC.

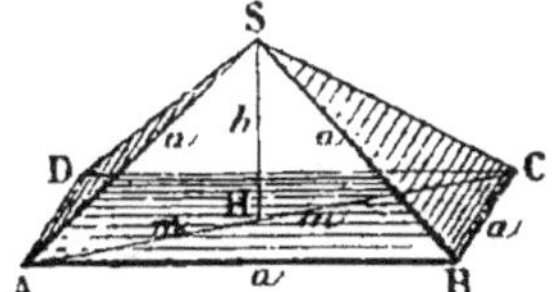

Fig. 1395.

On calculera AC par le triangle ABC, et SH par le triangle AHS.

$$(2m)^2 = a^2 + a^2; \quad 4m^2 = 2a^2; \quad m^2 = {}^1/_2 a^2$$

$$h^2 = a^2 - m^2 = a^2 - {}^1/_2 a^2 = {}^1/_2 a^2; \quad h = \frac{a}{\sqrt{2}}$$

Volume de la pyramide :

$${}^1/_3 a^2 \cdot \frac{a}{\sqrt{2}} \quad \text{ou} \quad \frac{a^3}{3\sqrt{2}} = 2868 \text{ décam. cubes} \quad \text{ou} \quad 2\,868\,000^{mc}$$

Exercice 1038

2332. **Problème.** *Les deux bases d'un tronc de pyramide ont : l'une 8 mètres carrés, l'autre 2 mètres carrés. On veut construire un prisme équivalent, ayant la même hauteur (qu'on ne donne pas) et ayant une base carrée. Quel sera le côté de cette base?*

Si l'on appelle B et B' les bases du tronc, h sa hauteur et V le volume, on a

$$V = {}^1/_3 h \left(B + B' + \sqrt{BB'} \right) = {}^1/_3 h (8 + 2 + 4) = {}^1/_3 h \cdot 14$$

Soit x le côté demandé, on aura $V = hx^2$. Et le volume étant le même de part et d'autre, on peut poser

$$hx^2 = {}^1/_3 h \cdot 14; \quad \text{d'où} \quad x^2 = {}^{14}/_3; \quad x = 2^m 160$$

Exercice 1039

2333. **Problème.** *L'obélisque de Louqsor, qu'on voit à Paris sur la place de la Concorde, est un monolithe en granit dont la partie principale est un tronc pyramidal à base carrée, ayant $21^m 60$ de hauteur. Les côtés des bases ont respectivement $2^m 42$ et $1^m 54$. On demande le poids de cette pierre, sachant que la densité du granit est 2,75.*

$$V = {}^1/_3 h \left(B + B' + \sqrt{BB'} \right) = 236^{tonnes} 70$$

Exercice 1040

2334. **Problème.** *Un tas de pierres menues est posé sur un rectangle de 4 mètres sur $1^m 50$; il s'élève à une hauteur de $0^m 60$; les faces latérales sont en talus, et le dessus est un rectangle de 3 mètres sur $0^m 50$.*
On demande le volume.

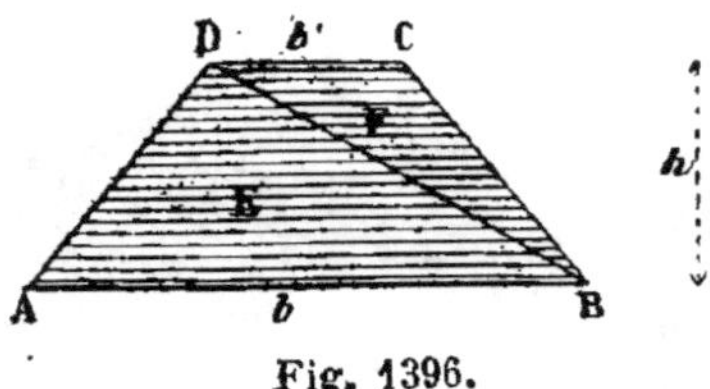

Fig. 1396.

Soit ABCD la coupe transversale de ce tas de pierres. Cette coupe est un trapèze dont les bases sont $b = 1^m 50$ et $b' = 0^m 50$; la hauteur h est $0^m 60$.

Perpendiculairement à la coupe existent les quatre arêtes longitudinales, savoir : deux grandes, passant en A et B, et ayant chacune

4 mètres, soit m; et deux petites, passant en C et D, et ayant chacune 3 mètres; soit n.

Par les arêtes longitudinales qui passent en B et en D, on peut mener un plan qui partagera le solide entier en deux troncs de prismes triangulaires, ayant respectivement pour sections droites les triangles E et F.

Les volumes seront respectivement (G., n° 475, 2°)

$$\tfrac{1}{3}\mathrm{E}(m + m + n) \quad \text{et} \quad \tfrac{1}{3}\mathrm{F}(m + n + n)$$

ou $\qquad\qquad\qquad\quad {}^{11}/_3\mathrm{E} \quad \text{et} \quad {}^{10}/_3\mathrm{F}$

Il reste à évaluer les triangles E et F. On a

$$\mathrm{E} = \tfrac{1}{2}.1{,}50.0{,}60 = 0^{mq}45$$

$$\mathrm{F} = \tfrac{1}{2}.0{,}50.0{,}60 = 0^{mq}15$$

Volume du premier tronc. . . ${}^{11}/_3.0{,}45$ ou $1^{mc}650$
Volume du deuxième tronc. . ${}^{10}/_3.0{,}15$ ou $2^{mc}50$
Volume total . . . . $3^{mc}150$

Exercice 1041

2335. Problème. *La densité de la fonte de fer est 7,20. Quel est le volume d'une masse de fonte pesant 25 kilogrammes?*

1 décimètre cube de fonte pèse $7^{kg}20$: autant de fois ce nombre est contenu dans 25 kilogrammes, autant il y a de décimètres cubes.

Le volume est donc $\qquad \dfrac{25}{7{,}2}$ ou $3^{dmc}472$

ou $\qquad\qquad\qquad 0^{mc}003\,472$

Exercice 1042

2336. Problème. *De 1795 à 1860, on a fabriqué en France une somme de 5 milliards en pièces d'or au titre de* $^9/_{10}$*. La densité de l'or fondu est 19,258, et celle du cuivre est 8,788. Si l'on faisait fondre toute cette monnaie d'or, et si l'on faisait un cube de tout l'or et un autre de tout le cuivre contenu, quelles seraient les arêtes de ces cubes?*

Poids de 1 franc   en argent   5 grammes.
»   1 000 francs   »   5 kilogrammes.
»   1 million   »   5 tonnes.
»   1 milliard   »   5 000   »
»   5 milliards   »   25 000   »

Le poids de la même somme en or sera 15 fois $^1/_2$ moindre, soit. . . . . 1 612 ^{tonnes} 90

Poids du cuivre. 161   29
Poids de l'or pur 1 451   61

1 mètre cube de cuivre pèserait 8 ^{tonnes} 788 : autant de fois ce nombre est contenu dans 161,29, autant de mètres cubes de cuivre il y a.

Le côté du cube de cuivre $= 2^m 644\,5$.

1 mètre cube d'or pèze 19 ^{tonnes} 258 : il y aura autant de mètres cubes que ce nombre sera contenu dans le poids de l'or pur, 1 451 ^{tonnes} 61.

Le côté du cube d'or pur $= 4^m 224\,3$.

Exercice 1043

2337. Problème. *Dans le cas où l'on fait les plans d'un bâtiment à l'échelle de 1 centimètre pour mètre, que sont les dimensions, surfaces et volumes représentés au plan, à l'égard des dimensions, surfaces et volumes réels?*

Le rapport des dimensions homologues est	1 : 100
Le rapport des surfaces	»	1 : 10 000
Et le rapport des volumes	»	1 : 1 000 000

Exercice 1044

2338. Problème. *Quel est le volume d'un tétraèdre régulier ayant 1 décimètre d'arête?*

On sait (G., n° 478) que le volume du tétraèdre régulier, en fonction de son arête a, est $^1\!/_{12} a^3 \sqrt{2}$; ici, $^1\!/_{12}\sqrt{2} = 0^{dmc} 117\,851$.

Soit $\qquad\qquad\qquad 117^{cmc} 851$

Exercice 1045

2339. Problème. *Quelle arête faut-il donner à un tétraèdre régulier pour que le volume soit de 1 décimètre cube?*

L'arête demandée étant représentée par x, on a

$$^1\!/_{12} x^3 \sqrt{2} = 1 ; \quad \text{d'où} \quad x^3 = 12 : \sqrt{2} ; \quad \text{d'où} \quad x = 2^{dm} 040$$

Soit $\qquad\qquad\qquad 0^m 2\,040$

Exercice 1046

2340. Problème. *Quelle est la hauteur d'un tétraèdre régulier ayant 1 mètre carré de surface totale?*

Soit h la hauteur cherchée, et a l'arête du tétraèdre.

Chacune des quatre faces a une surface de 25 décimètres carrés ; et comme chaque face est un triangle équilatéral, on a (G., n° 316, 1)

$$\frac{a^2 \sqrt{3}}{4} ; \quad \text{d'où} \quad \frac{100}{3} = a^2$$

On connaît la relation qui existe entre la hauteur et l'arête du tétraèdre (G., n° 478) :

$$h^2 = \frac{2a^2}{3} = \frac{2.4.25}{3\sqrt{3}} ; \quad \text{d'où} \quad h = \frac{2.5\sqrt{2}}{3\sqrt[4]{3}} = 6^{dm} 203$$

Soit $\qquad\qquad\qquad 0^m 6\,203$

Exercice 1047

2341. Problème. *Un dodécaèdre régulier a 0ᵐ12 d'arête. Quelle est l'arête d'un autre dodécaèdre régulier dont le volume est double du premier?*

Les deux solides étant semblables, leurs volumes sont entre eux comme les cubes des dimensions homologues; il faut donc que l'on ait

$$x^3 = 2.12^3; \quad \text{d'où} \quad x = 12\sqrt[3]{2} = 15^{cm}119$$

Exercice 1048

2342. Problème. *Un pyramide de 0ᵐ36 de hauteur a pour base un hexagone régulier de 0ᵐ12 de côté.*

1° *A quelle distance du sommet se trouve une section S parallèle à la base B, si la surface de cette section est de 1 décimètre carré?*

2° *A quelle distance est la section, si le volume du tronc restant est de 2 décimètres cubes?*

Prenons pour unités le décimètre, le décimètre carré et le décimètre cube. Appelons h la hauteur de la pyramide, et x la distance demandée.

1° L'aire de l'hexagone régulier est $\frac{3}{2}a^2\sqrt{3}$ (G., n° 316); on a donc ici
$$B = \frac{3}{2}.1,2^2\sqrt{3}$$

On a d'ailleurs :

$$\frac{x^2}{h^2} = \frac{S}{B}; \quad \text{d'où} \quad x^2 = \frac{h^2 S}{B} = \frac{3,6^2.1}{\frac{3}{2}.1,2^2\sqrt{3}}$$

d'où
$$x = 1^{dm}861\,2 \quad \text{ou} \quad x = 0^{m}186\,12$$

2° Le volume de la pyramide totale est $\frac{1}{3}BH$; soit

$$\frac{1}{3}.\frac{3}{2}.1,2^2\sqrt{3}.3,6 \quad \text{ou} \quad 1,8.7,44\sqrt{3}\ldots; \quad V = 4^{dmc}4894$$

    Volume du tronc. 2,000 0
    Pyramide partielle . . . . 2,489 4   V'

Les volumes V' et V sont entre eux comme les cubes des hauteurs x et h; on a donc

$$\frac{x^3}{h^3} = \frac{V'}{V}; \quad \text{d'où} \quad x^3 = \frac{h^3 V'}{V}; \quad \text{d'où} \quad x = 2^{dm}957\,5$$

Exercice 1049

2343. Problème. *Un tronc pyramidal a pour volume 1 décimètre cube, et pour hauteur 15 centimètres; l'une des bases est un carré de 6 centimètres de côté. Calculer le côté de l'autre base.*

Prenons pour unités le centimètre et ses dérivés ; posons : $V = 1\,000$, $h = 15$, $a = 6$, et appelons x le côté inconnu. En appliquant la formule qui exprime le volume du tronc de pyramide, on a

$$\tfrac{1}{3} h (a^2 + x^2 + \sqrt{a^2 x^2}) = V$$

ou $\qquad\qquad 5(36 + x^2 + 6x) = 1000$

d'où $\qquad\qquad\qquad x^2 + 6x + 36 = 200$

et $\qquad\qquad\qquad\qquad x^2 + 6x = 164$

Ajoutons aux deux membres 3^2 ou 9 $\quad x^2 + 6x + 3^2 = 173$

d'où . . . . $\qquad x + 3 = 13{,}153$

Donc $\qquad\qquad x = 10{,}153$, soit $\quad 0^m101\,53$

On voit que a était la longueur de la petite base.

Exercice 1050

2344. Problème. *Un tronc pyramidal a pour volume 1 décimètre cube, et pour bases des triangles équilatéraux de 12 et 7 décimètres de côté. Calculer la hauteur.*

L'aire du triangle équilatéral a pour expression $\tfrac{1}{4} a^2 \sqrt{3}$ (G., n° 316) ; on aura donc successivement :

$$\tfrac{1}{3} h (\tfrac{1}{4} . 12^2\sqrt{3} + \tfrac{1}{4} . 7^2\sqrt{3} + \tfrac{1}{4} . 12 . 7 . \sqrt{3}) = 1\,000$$
$$h . \tfrac{1}{4}\sqrt{3} (12^2 + 7^2 + 12 . 7) = 3\,000$$
$$h . \tfrac{1}{4} . 277\sqrt{3} = 3\,000$$

Et enfin $\qquad\qquad h = \dfrac{12\,000}{277\sqrt{3}} = 25^{cm}012$

Exercice 1051

2345. Problème. *Un plateau parallélépipède en bois de hêtre de 0^m20 d'épaisseur est mis en flottaison sur l'eau. On demande l'épaisseur de la partie qui surnage, si la densité de ce plateau est 0,80.*

Le poids du corps flottant est égal au poids de l'eau déplacée. Le volume du corps flottant et le volume de l'eau déplacée sont deux parallélépipèdes de même base B, et les hauteurs sont 20 et x centimètres ; ces volumes ont pour expression 20B et Bx.

Le poids du parallélépipède d'eau est d'autant de grammes qu'il s'y trouve de centimètres cubes, soit Bx grammes.

Chaque centimètre cube de hêtre pèse $0^{gr}80$; et ainsi le poids du plateau flottant est 30B.0,8 ou 16B.

Les deux poids étant égaux, on a

$$\mathrm{B}x = 16\mathrm{B} ; \quad \text{d'où} \quad x = 16$$

Ainsi la partie immergée a une épaisseur de 16 centimètres, et la partie qui surnage a 4 centimètres.

Exercice 1052

2346. Problème. *Un bassin de 0ᵐ75 de profondeur a la forme d'un prisme droit ; la base est un octogone régulier de 6 mètres de côté. Quelle est la contenance de ce bassin?*

On sait (nº 1739) que l'aire de l'octogone régulier, dont le côté est a, a pour expression $a^2(2 + 2\sqrt{2})$; on aura donc pour le volume demandé :

$$V = 6^2(2 + 2\sqrt{2})0,75 = 130^{mc}367$$

Exercice 1053

2347. Problème. *Un prisme droit hexagonal régulier a une hauteur de 1 décimètre, et une surface totale de 3 décimètres carrés ; ce prisme est en étain (densité 7,29). On demande le volume et le poids du solide.*

Soit x le côté de la base. Le périmètre de la base sera $6x$, et la surface latérale $6x.1$ ou $6x$.

L'aire des deux bases est (G., nº 316) $2.\frac{3}{2}x^2\sqrt{3}$ ou $3x^2\sqrt{3}$.

L'aire totale est $3x^2\sqrt{3} + 6x$, et l'on a

$$3x^2\sqrt{3} + 6x = 3; \quad \text{d'où} \quad x^2\sqrt{3} + 2x = 1$$

On divise par $\sqrt{3}$ ou 1,732 . . . . $\qquad x^2 + 1,154x = 0,577\,4$

On ajoute $(\frac{1}{2}.1,154)^2$ ou 0,333 3. $\quad x^2 + 1,154x + 0,577\,4^2 = 0,910\,7$

On extrait la racine carrée . . . . $\qquad x + 0,577\,4 = 0,954\,3$

On retranche 0,577 4, il vient. . . $\qquad x = 0^{dm}376\,9$

L'aire de la base est $\frac{3}{2}x^2\sqrt{3}$; et comme la hauteur est 1, le volume sera aussi exprimé par $\frac{3}{2}x^2\sqrt{3} = 0^{dmc}369\,1$.

Exercice 1054

2348. Problème. *Un parallélépipède rectangle a 1 décimètre de hauteur et 6 décimètres carrés de surface totale ; la longueur est double de la largeur. On demande le volume.*

Les trois dimensions sont : x, $2x$ et 1.

La surface totale est $2(x.2x + x.1 + 2x.1)$ ou $2(2x^2 + 3x)$; et l'on a $\qquad\qquad 2(2x^2 + 3x) = 6$

d'où $\qquad\qquad 2x^2 + 3x = 3$

et $\qquad\qquad 2x^2 + \frac{3}{2}x = \frac{3}{2}$

Ajoutons $(\frac{3}{4})^2$ ou $\frac{9}{16}$ . . . . $x^2 + \frac{3}{2}x + (\frac{3}{4})^2 = \frac{33}{16}$

Extrayons la racine carrée . . . $\qquad x + \frac{3}{4} = \frac{1}{4}\sqrt{33}$

Retranchons $\frac{3}{4}$ $\qquad\qquad\qquad x = \frac{1}{4}\sqrt{33} - 3)$

Le volume sera $\quad 2x.x.1$ ou $2x^2 = 0^{dmc}470\,8$

Exercice 1055

2349. Problème. *Une auge de maçon a une profondeur de 0^m32 ; les dimensions de la petite base, qui est rectangulaire, sont respectivement 0^m40 et 0^m25, et les faces latérales sont inclinées de 45° sur le plan de cette base. Trouver la capacité de l'auge.* (Brevet complet, Paris, 2e session, 1876.)

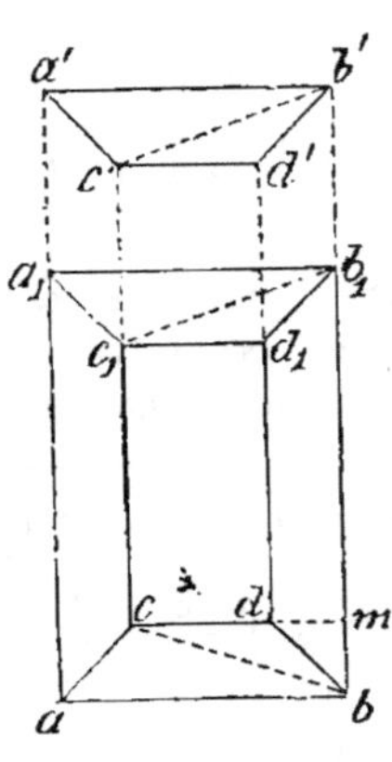

Fig. 1397.

$$cd = 0,25$$
$$dd_1 = 0,40$$
$$h = 0,32$$

Les faces latérales étant inclinées à 45°, les triangles dmb et $d'b'l$ sont rectangles isocèles ; donc

$$mb = dm = b'l = 0,32$$
$$bb_1 = 0,40 + 0,32 + 0,32 = 1^m04$$
$$ob = 0,25 + 0,32 + 0,32 = 0,89$$

Un plan mené par deux arêtes latérales opposées cc_1 et bb_1 décompose le solide en deux troncs de prisme. L'un d'eux a pour section droite le triangle $c'd'b'$ et pour arêtes c_1c, d_1d, b_1b. Le deuxième a pour section droite le triangle $a'c'b'$ et pour arêtes aa_1, bb_1 et cc_1.

Le volume du premier égale $\quad 0,25 \times \dfrac{0,32}{2}\left(\dfrac{0,40 + 0,40 + 1,04}{3}\right)$

Le volume du deuxième égale $\quad 0,89 \times \dfrac{0,32}{2}\left(\dfrac{1,04 + 1,04 + 0,40}{3}\right)$

Le volume total égale donc

$$\frac{0,32}{2}\left[\left(25 \times \frac{0,40 + 0,40 + 1,04}{3}\right) + 0,89\left(\frac{1,04 + 1,04 + 0,40}{3}\right)\right] = 142^{dmq}250^{cmq}$$

Réponse : $142^{litres}25$.

Remarque. On peut employer avec avantage la *formule réduite de Simpson* (G., n° 985),

ou $\qquad\qquad V = \dfrac{h}{6}(B + 4S + B')$

$$B = 0,25 \times 0,40 = 0,100 ; \quad B' = 0,89 \times 1,04 = 0,9256$$

S a pour dimensions $\dfrac{0,25 + 0,89}{2} = 0,57\quad$ et $\quad\dfrac{0,40 + 1,04}{2} = 0,72$

Ainsi $\qquad S = 0,57 \times 0,72 = 0,4104 ; \quad 4S = 1,6416$

donc $\qquad V = {}^1/_6 . 0,32(0,100 + 1,6416 + 0,9256)$

$$V = 0^{mc}142\,250$$

LIVRE VII

Cylindre et Cône.

Exercice 1056

2350. Problème. *L'hectolitre usité dans le commerce est un cylindre ayant 0^m503 de diamètre et de hauteur. Quelle en est la surface latérale?*

Appelons d le nombre donné 0,503. La circonférence est πd, et la surface latérale πdd ou πd^2.

$\pi d^2 = 0^{mq}7790$, à 10 centimètres carrés près.

Exercice 1057

2351. Problème. *Quel diamètre faut-il donner à un cylindre pour que sa surface totale soit de 1 mètre carré, si la hauteur doit égaler le diamètre?*

Soit x le diamètre et la hauteur. La circonférence est πx, et la surface latérale $\pi x \cdot x$ ou πx^2.

Chaque base est $1/4\,\pi x^2$; les deux bases donnent $1/2\,\pi x^2$; et la surface totale est $\pi x^2 + 1/2\,\pi x^2$ ou $3/2\,\pi x^2$.

On a donc

$$3/2\,\pi x^2 = 1 \quad \text{d'où} \quad x^2 = \frac{2}{3\pi}; \quad x = 0^m460\,66$$

Exercice 1058

2352. Problème. *Le diamètre d'un cylindre est à sa hauteur comme 3 est à 5, et la surface latérale est de 83 décimètres carrés. Quelles sont les dimensions?*

Le diamètre et la hauteur peuvent être appelés $3x$ et $5x$. La circonférence est $3\pi x$ et la surface latérale $3\pi x \cdot 5x$, soit $15\pi x^2$. On a donc $15\pi x^2 = 83$; d'où $x^2 = \dfrac{83}{15\pi}$.

Diamètre : $0^m398\,16$ Hauteur : $0^m663\,57$

Exercice 1059

2353. Problème. *Quelle est la hauteur d'un cylindre dont la base a 16 décimètres carrés, et la surface latérale 60 décimètres carrés?*

Soit x la hauteur, et d le diamètre. On a :

$$\tfrac{1}{4}\pi d^2 = 16, \quad d^2 = \frac{64}{\pi} \quad \text{et} \quad d = \frac{8}{\sqrt{\pi}}$$

Circonférence : $\pi d,$ ou $\dfrac{8\pi}{\sqrt{\pi}},$ ou $8\sqrt{\pi}$

Surface latérale : $8\sqrt{\pi}\,.\,x = 60$

d'où $$x = \frac{60}{8\sqrt{\pi}} = \frac{7,5}{\sqrt{\pi}} = 4^{\mathrm{dm}}231\,4$$

Exercice 1060

2354. Problème. *Quel est le rayon d'un cylindre dont la hauteur est de 25 centimètres, et la surface totale 25 décimètres carrés ?*

Prenons le décimètre comme unité, et appelons x le rayon.

Surface des bases . . . . $2\pi x^2$
— latérale . . . . $2\pi x\,.\,2,5$ ou $5\pi x$
— totale . . . . $2\pi x^2 + 5\pi x = 25$
Divisons par 2π . $\qquad x^2 + 2,5x = 3,979$
Ajoutons $(\tfrac{1}{2}\,.\,2,5)^2$ ou $1,562$ $\qquad x^2 + 2,5x + 1,25^2 = 5,541$
Extrayons la racine carrée $\qquad x + 1,25 = 2,354$
Ajoutons $1,25$ $\qquad\qquad\qquad x = 3^{\mathrm{dm}}604$
Soit $\qquad\qquad\qquad\qquad 0^{\mathrm{m}}360\,4$

Exercice 1061

2355. Problème. *Un tronc de cylindre circulaire droit a $0^{\mathrm{m}}18$ de diamètre, et les arêtes extrêmes ont respectivement $0^{\mathrm{m}}175$ et $0^{\mathrm{m}}295$. Quelle est la surface totale de ce solide, et quel en est le volume ?*

L'axe égale la demi-somme des arêtes extrêmes, soit $0^{\mathrm{m}}235$. La surface latérale et le volume sont les mêmes que s'il s'agissait d'un cylindre droit de $0^{\mathrm{m}}235$ de hauteur. (G., n°s 518 et 520.)

Prenons le décimètre comme unité.

Le volume est . . . . $\pi\,.\,0,9^2\,.\,2,35$ ou $\quad 5^{\mathrm{dmc}}980$
Surface de la base . . . $\pi\,.\,0,9^2$ $\qquad$ ou $\quad 2^{\mathrm{dmq}}54$
— latérale . . . . $\pi\,.\,1,8\,.\,2,35$ ou $13^{\mathrm{dmq}}30$

Il reste à trouver la surface de la coupe oblique S. La projection de cette section sur la base B est la base elle-même. Si l'on appelle a l'angle des deux plans, on a :

$$B = S\,.\,\cos a; \quad \text{d'où} \quad \frac{B}{\cos a} = S$$

Pour trouver l'angle a, nous remarquerons que sa tangente trigo…

nométrique est le quotient de la différence des arêtes extrêmes par le diamètre, soit $\frac{1,2}{1,8}$ ou 0,667; ce qui correspond, d'après la Table, à un angle de 33°,7. Le cosinus de cet angle est 0,832, et l'on a :

$$S = \frac{2,540}{0,832} = 3^{dmq}05$$

Base et côté. . . . . 15^{dmq}84
Surface totale . . . . 17^{dmq}91
Volume (déjà trouvé) . . . . . 5^{dmc}980

Exercice 1062

2356. Problème. *On veut faire un cuvier cylindrique dont la hauteur soit égale au diamètre, et dont la contenance soit de 1 000 litres. Quelle surface de bois ou de tôle faudra-t-il (surface latérale et un fond)?*

Soit x le diamètre et la hauteur.

Le volume est $\quad \frac{1}{4}\pi x^2 . x \quad$ ou $\quad \frac{1}{4}\pi x^3$

Et l'on a : $\quad \frac{1}{4}\pi x^3 = 1, \quad x^3 = \frac{4}{\pi}, \quad x = \left(\frac{4}{\pi}\right)^{1/3}$

L'aire de la base sera $\frac{1}{4}\pi x^2$, et la surface latérale sera $\pi x . x$ ou πx^2; de sorte que la surface demandée sera $\frac{5}{4}\pi x^2 = 4^{mq}61\ 32$.

Exercice 1063

2357. Problème. *La contenance d'un seau cylindrique est de 10 litres, et la surface latérale est de 18 décimètres carrés. Quel est le rayon?*

Prenons le décimètre comme unité; appelons x le rayon, et y la hauteur.

Volume. . . . . . . $\pi x^2 y = 10$

Surface latérale. . . $2\pi xy = 18$; d'où $y = \frac{9}{\pi x}$

L'équation du volume devient $\frac{9\pi x^2}{\pi x} = 10$, ou $9x = 10$ et $x = {}^{10}/_9 = 1^{dm}111$; d'où $R = 0^m111$.

Exercice 1064

2358. Problème. *Un vase cylindrique a 1^m25 de circonférence, et la section faite suivant l'axe est de 1^{mq}44. Quelle est la contenance de ce vase?*

Appelons r le rayon de la base. On a :

$$2\pi r = 1,25; \quad \text{d'où} \quad r = \frac{1,25}{2\pi} = 0^m199$$

La section faite suivant l'axe ayant $1^{mq}44$, le rectangle générateur du cylindre a une surface de $0^{mq}72$; et comme l'une des dimensions est 0^m199. L'autre est $0,72 : 0,199$ ou 0^m362 : telle est la hauteur h du cylindre.

La contenance sera $\pi r^2 h$ ou $0^{mc}450$.

Il est généralement préférable de se contenter de représenter les opérations successives, et de n'exécuter les calculs que sur une formule définitive, ramenée à sa plus simple expression; on évite ainsi plusieurs opérations inutiles.

Ici, par exemple, on appellera c la circonférence 1,25, r le rayon, h la hauteur, S la section 1,44, et V le volume; et l'on posera successivement :

$$2\pi r = c \qquad r = \frac{c}{2\pi} \qquad r^2 = \frac{c^2}{4\pi^2}$$

$$2rh = S \qquad h = \frac{S}{2r} = \frac{\pi S}{c}$$

$$V = \pi r^2 h = \pi \cdot \frac{c^2}{4\pi^2} \cdot \frac{\pi S}{c} = \frac{cS}{4} = 0^{mc}450$$

Exercice 1065

2359. Problème. *Dans un cône de 7 centimètres de hauteur, on fait une section parallèle à la base à 3 centimètres du sommet. Qu'est cette section par rapport à la base?*

Appelons B la base et S la section; on a : $\dfrac{S}{B} = \dfrac{3^2}{7^2} = \dfrac{9}{49}$. Ainsi la section est les $9/49$ de la base.

Exercice 1066

2360. Problème. *Un cône a 87 centimètres de diamètre et 1 décimètre de hauteur. Quelle est sa surface totale?*

Appelons r, h et l, le rayon, la hauteur et le côté du cône, et prenons le centimètre comme unité.

$$l^2 = h^2 + r^2 \quad \text{et} \quad l = \sqrt{h^2 + r^2}$$

Surface de la base. . . . . . πr^2 ou πrr
—   latérale. . . . . . . $\pi r l$
—   totale . . . . $\pi r(r + l) = 0^{mq}020\,8$

Exercice 1067

2361. Problème. *La base B d'un cône a 42 millimètres de diamètre, et la surface totale est de 2 décimètres carrés. Quelle est la hauteur?*

Prenons le centimètre comme unité. Le rayon r est $2^{cm}1$; la surface de la base est πr^2 ou $\pi \cdot 2,1^2$, soit $13^{cmq}85$.

La surface latérale est $200 - 13,85$, ou $186^{cmq}15$, ou S.

Appelons x la hauteur, et l le côté du cône. On a :

$$l^2 = r^2 + x^2 \qquad S = \pi r l \qquad S^2 = \pi^2 r^2 l^2 = \pi^2 r^2 (r^2 + x^2)$$

De là $r^2 + x^2 = \dfrac{S^2}{\pi^2 r^2}$ et $x^2 = \dfrac{S^2}{\pi^2 r^2} - r^2$; d'où $x = 28^{cm}12$

Exercice **1068**

2362. **Problème.** *Le côté d'un cône est de 14 centimètres, et la surface de la base est de 80 centimètres carrés. Quelle est la hauteur?*

Appelons r, x et l, le rayon, la hauteur et le côté. On a :

$$\pi r^2 = 80; \quad \text{d'où} \quad r^2 = \frac{80}{\pi} = 25,45 \quad \text{et} \quad r = 5^{cm}045$$

$$x^2 = l^2 - r^2 = 196 - 25,45 = 170,55$$

Donc
$$x = 13^{cm}05$$

Exercice **1069**

2363. **Problème.** *Le côté d'un cône est de 345 millimètres, et la surface latérale étant développée sur un plan forme un secteur de 54 degrés. Quelle est la hauteur du cône?*

Le côté l sert de rayon au secteur...

Demi-circonférence. . . . . . πl

Arc de $54°$. . . . . $\dfrac{54 \pi l}{180}$ ou $\dfrac{3 \pi l}{10}$

Cet arc n'est autre chose que la circonférence du cône, et l'on a :

$$2\pi r = \frac{3\pi l}{10}; \quad \text{d'où} \quad r = \frac{3l}{20}$$

Enfin, la hauteur s'obtient par la relation connue :

$$h^2 = l^2 - r^2 = l^2 - \frac{9l^2}{400} = \frac{391\, l^2}{400}$$

d'où
$$h = \frac{l}{20} \sqrt{391} = \frac{345}{20} \sqrt{391} = 341^{mm}10$$

Exercice **1070**

2364. **Problème.** *Quelles dimensions aura un cône circulaire droit de 1 décimètre cube de volume, si la hauteur égale le diamètre?*

Soit x le diamètre et la hauteur. On a :

$$\frac{1}{3} \cdot \frac{1}{4} \pi x^2 x = 1 ; \quad \text{d'où} \quad \pi x^3 = 12 \quad \text{et} \quad x^3 = \frac{12}{\pi}$$

d'où $\qquad\qquad\qquad x = 1^{dm}563 \quad \text{ou} \quad 0^m1563$

Exercice 1071

2365. Problème. *Un ferblantier doit faire un arrosoir conique de 2 litres de contenance, et la hauteur du cône doit être double du diamètre. Calculer le rayon et la corde du secteur circulaire qu'il doit découper préalablement sur le métal.*

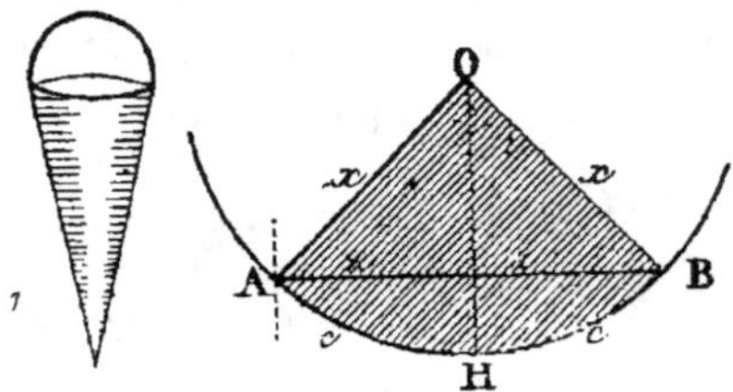

Fig. 1398.

Appelons r et h le rayon et la hauteur du cône, B la base, S la surface latérale, V le volume, $2c$ la circonférence, x le côté, et $2z$ la corde du secteur à décrire. On a : $\quad h = 4r$.

$$V = \tfrac{1}{3}\pi r^2 h = \tfrac{4}{3}\pi r^3$$

(Remarquons que le volume est égal à celui de la sphère qui aurait même rayon r.)

Nous poserons : $\quad \tfrac{4}{3} = \pi r^3 = 2 ; \quad$ d'où $\quad r^3 = \dfrac{3}{2\pi} \quad$ et $\quad r = \left(\dfrac{3}{2\pi}\right)^{1/3}{}^{\star}$

Hauteur $\quad . \; . \quad h = 4\left(\dfrac{3}{2\pi}\right)^{1/3} = \left(\dfrac{64 \cdot 3}{2\pi}\right)^{1/3} = \left(\dfrac{96}{\pi}\right)^{1/3}$

Circonférence $\quad 2c = 2\pi\left(\dfrac{3}{2\pi}\right)^{1/3} = \left(\dfrac{8\pi^3 \cdot 3}{2\pi}\right)^{1/3} = (12\pi^2)^{1/3}$

(Cette circonférence sera la longueur de l'arc à décrire.)

Côté du cône $\quad x^2 = h^2 + r^2 = 16r^2 + r^2 = 17r^2 \quad x = r\sqrt{17}$

Résultats : $\qquad\qquad r = 0^{dm}781\,6$

$\qquad\qquad\qquad\qquad 2c = 4^{dm}910\,9$

$\qquad\qquad\qquad\qquad x = 3^{dm}222\,5$

Le côté x du cône est le rayon de l'arc à décrire sur le métal pour découper l'arrosoir. La longueur absolue de l'arc est donnée par la

---

$\star$ Pour cette notation, voir ci-après, p. 1102, *renvoi*.

valeur $2c$; nous chercherons le nombre des degrés de cet arc, puis, par les Tables, la longueur $2z$ de la corde.

$$\text{Rayon du secteur.} \quad . \quad . \quad , \quad . \quad . \quad , \quad x$$
$$\text{Demi-circonférence} \quad . \quad , \quad , \quad . \quad . \quad \pi x$$
$$\text{Arc d'un degré} \quad . \quad , \quad . \quad . \quad . \quad . \quad \frac{\pi x}{180}$$

Nombre des degrés de l'arc c.

$$c : \frac{\pi x}{180}, \quad \text{ou} \quad \frac{180 c}{\pi x}, \quad \text{ou} \quad \frac{90 \cdot 2c}{\pi x} = 43°656 \quad \text{ou} \quad 43°39'36$$

On a, par définition, $\qquad \dfrac{z}{x} = \sin c$

De là résulte $\qquad\qquad z = x \cdot \sin c \quad \text{et} \quad 2z = 2x \cdot \sin c$

$$\text{Somme.} \quad . \quad . \quad . \quad . \quad 4^{dm}450\,3 \quad \text{ou} \quad 2z$$

Ainsi l'ouvrier décrira un arc avec un rayon de 0^m322, et déterminera la longueur de l'arc par une corde de 0^m445. Les rayons menés par les extrémités de l'arc donneront le secteur qui doit devenir la surface latérale du cône; l'ouvrier tracera parallèlement à l'un des rayons, et en dehors du secteur, une droite qui déterminera la bande de recouvrement pour la soudure.

Exercice 1072

2366. Problème. *Quel est le volume d'un cône dont la section par l'axe est un triangle équilatéral de 1 mètre carré d'étendue?*

Le côté l de ce cône est égal au diamètre $2r$.

On connaît l'aire du triangle équilatéral en fonction du côté :

$$\tfrac{1}{4} l^2 \sqrt{3}, \quad \text{soit} \quad \tfrac{1}{4} \cdot 4r^2 \sqrt{3} \quad \text{ou} \quad r^2 \sqrt{3}$$

On a donc ici $\quad r^2 \sqrt{3} = 1 \quad \text{et} \quad r^2 = \dfrac{1}{\sqrt{3}} \quad \text{ou} \quad \dfrac{1}{3^{1/2}}$

$$\text{Côté.} \quad . \quad . \quad . \quad l = 2r \qquad l^2 = 4r^2$$

$$\text{Hauteur} \quad . \quad . \quad h^2 = l^2 - r^2 = 4r^2 - r^2 = 3r^2 = \frac{3}{3^{1/2}} = 3^{1/2}$$

d'où $\qquad\qquad\qquad h = \sqrt{3^{1/2}} = 3^{1/4}$

$$\text{Volume} \quad . \quad . \quad V = \frac{1}{3} \pi r^2 h = \frac{\pi}{3} \cdot \frac{1}{3^{1/2}} \cdot 3^{1/4} = \frac{\pi}{3^{5/4}} = 0^{mc}795\,700$$

Exercice 1073

2367. Problème. *La surface totale d'un cône est $3^{mq}48$, et le triangle rectangle générateur est isocèle. On demande le volume.*

Soit r le rayon et la hauteur. Le côté l se trouvera par la relation :

$$l^2 = 2r^2; \quad \text{d'où} \quad l = r\sqrt{2}$$

La surface totale est :

$$\pi r(r + l) \quad \text{ou} \quad \pi r(r + r\sqrt{2}), \quad \text{ou} \quad \pi r^2(1 + \sqrt{2})$$

Et l'on peut poser :

$$\pi r^2(1 + \sqrt{2}) = 3,48 \quad \text{ou} \quad S; \quad \text{d'où} \quad r^2 = \frac{S}{\pi(1 + \sqrt{2})}$$

$$\text{Volume.} \quad V = {}^1/_3\pi r^2 \cdot r = {}^1/_3\pi r^3 = \frac{1}{3}\pi\,\frac{S^{3/2}{}^*}{\pi^{3/2}(1 + \sqrt{2})^{3/2}}$$

$$V = \frac{S^{3/2}}{3\pi^{1/2}(1 + \sqrt{2})^{3/2}} = 0^{mc}183\,625$$

Exercice 1074

2368. Problème. *Quelle est la surface totale d'un tronc de cône circulaire droit dont les diamètres ont 48 et 30 millimètres, et la hauteur 72 millimètres ?*

Prenons le centimètre comme unité, et posons :

$$r = 2^{cm}4, \quad r' = 1^{cm}5, \quad h = 7^{cm}2, \quad r'' = {}^1/_2(r + r') = 1^{cm}95$$

Côté l . . . . . . $l^2 = h^2 + (r - r')^2 = 51,84 + 0,81 = 52,65$

d'où $l = 7^{cm}25$

Base inférieure. . . . . $B = \pi r^2 \;=\; 18^{cmq}10$

Base supérieure . . . . $B' = \pi r'^2 \;=\; 7^{cmq}07$

Surface latérale. . . . $S = 2\pi r'' l = 88^{cmq}80$

Surface totale . . . . . $113^{cmq}97$,   soit $0^{mq}01\,14$

Exercice 1075

2369. Problème. *On veut construire un tronc de cône de 1 mètre carré de surface totale S; le diamètre de la grande base doit être égal à la hauteur, et celui de la petite base à la moitié de la hauteur. Quel est le volume de ce tronc de cône ?*

Soit $2x$ le diamètre de la petite base; $4x$ sera la valeur du grand diamètre et de la hauteur h; les deux rayons étant x et $2x$, le rayon moyen r'' sera ${}^3/_2x$; le côté l se trouve par la relation

$$l^2 = h^2 + (r - r')^2 = 16x^2 + x^2 = 17x^2$$

d'où l'on tire $l = x\sqrt{17}$

La surface totale est $\pi(2x)^2 + \pi x^2 + 2\pi \cdot {}^3/_2x \cdot x\sqrt{17}$

ou $4\pi x^2 + \pi x^2 + 3\pi x^2\sqrt{17}$,   ou $\pi x^2(5 + 3\sqrt{17})$

---

* Pour cette notation, **voir** p. 1102, *renvoi.*

Ainsi

$$\pi x^2 (5 + 3\sqrt{17}) = 100 \text{ décim. carrés}, \quad x^2 = \frac{100}{\pi(5 + 3\sqrt{17})}; \quad x = 1{,}3538$$

Volume . . $V = \frac{1}{3}h(B + B' + \sqrt{BB'}) = \frac{1}{3} \cdot 4x \cdot \pi(4x^2 + x^2 + 2x^2)$
$$= \frac{4}{3}\pi x \cdot 7x^2 = \frac{28}{3}\pi x^3 = 72^{dmc}747$$

Soit $0^{mc}072\,747$

Exercice 1076

2370. Problème. *S'il faut tracer sur un carton le développement de la surface latérale du tronc de cône dont il est question au problème précédent, on demande les rayons des arcs qu'il faut décrire pour découper cette surface latérale.*

D'après les données, la petite circonférence est moitié de la grande. Ainsi, lorsque la surface latérale sera développée, le petit arc sera moitié du grand; et comme ces deux arcs sont semblables, le petit rayon cherché sera moitié du grand. La différence des deux sera égale au petit rayon, et cette différence n'est autre chose que le côté du tronc de cône : $l = x\sqrt{17}$.

Log. $\sqrt{17}$ . . 0,615 22
Log. x . . . 0,131 54
Somme . . . 0,746 76 . . . $5^{dm}581\,7$ petit rayon
                          $11^{dm}163\,4$ grand rayon

Soit 0^m558 et 1^m116 pour les deux rayons.

Pour déterminer complètement le secteur à découper, on peut calculer l'une des deux cordes. On peut aussi se contenter de déterminer la valeur de l'angle au centre; car cet angle peut être construit à l'aide du *rapporteur*.

Proposons-nous de calculer l'angle par le petit arc. Cet arc n'est autre chose que la petite circonférence du tronc de cône, soit $2\pi x$, en longueur absolue.

La circonférence qui aurait l pour rayon, aurait pour longueur :

$$2\pi l \quad \text{ou} \quad 2\pi x\sqrt{17}$$

L'arc d'un degré serait $\quad \dfrac{2\pi x\sqrt{17}}{360}$

Et le nombre des degrés contenus dans l'arc $2\pi x$ serait :

$$2x\pi : \frac{2\pi x\sqrt{17}}{360} \quad \text{ou} \quad \frac{360}{\sqrt{17}} = 87^\circ,313$$

Tel est l'angle qu'il faut construire, et du sommet duquel on décrira les arcs de 0^m558 et 1^m116 de rayons.

Exercice 1077

2371. Problème. *Un abat-jour en papier a la forme de la surface latérale d'un tronc de cône; la petite ouverture a 55 millimètres de diamètre, et la grande en a 197; le côté du tronc est de 106 millimètres. Calculer les rayons des arcs à décrire sur un papier, pour découper un abat-jour pareil.*

Les circonférences $\pi d'$ et πd seront les arcs des secteurs semblables qu'il faut décrire, et qui auront pour rayons x et $x + l$. On a donc

$$\frac{x}{x+l} = \frac{\pi d'}{\pi d} = \frac{d'}{d}$$

De là on tire, en diminuant les dénominateurs de valeurs égales aux numérateurs respectifs :

$$\frac{x}{l} = \frac{d'}{d-d'} \; ; \quad \text{d'où} \quad x = \frac{d'l}{d-d'}$$

On peut donc trouver x, soit graphiquement comme 4e proportionnelle, soit par le calcul :

$$x = \frac{55 \cdot 106}{197 - 55} = \frac{5\,830}{142} = 41^{\mathrm{mm}}06 \quad \text{petit rayon}$$

Le grand rayon sera $41,06 + 106$ ou $147^{\mathrm{mm}}06$.

Détermination de l'angle du secteur.

Circonférence entière de rayon $x :$ $2\pi x$

Arc d'un degré . . . . $\dfrac{2\pi x}{360}$,   ou $\dfrac{\pi x}{180}$

Longueur du petit arc. . . . . $\pi d'$

Nombre des degrés. . . . . . $\pi d' : \dfrac{\pi x}{180}$, ou $\dfrac{180 d'}{x}$, ou $241^\circ,11$

On construira au contraire un angle de $118^\circ,86$; le restant du tour entier donnera le développement cherché, $241^\circ,11$.

Exercice 1078

2372. Problème. *Une cuvette a la forme d'un tronc de cône; le fond a un diamètre intérieur de 13 centimètres; au bord supérieur le diamètre est de 227 millimètres, et le talus intérieur a 9 centimètres. Quelle est la contenance de cette cuvette?*

Posons $d = 22^{\mathrm{cm}}7$, $d' = 13^{\mathrm{cm}}$, $l = 9^{\mathrm{cm}}$, et appelons h la hauteur. La différence des diamètres est $9^{\mathrm{cm}}7$, et celle des rayons est $4^{\mathrm{cm}}85$, valeur que nous nommerons c.

On a $\quad h^2 = l^2 - c^2 = 81 - 23,5 = 57,5;\quad$ d'où $\quad h = 7^{cm}58$

$$V = {}^1/_3 h \cdot {}^1/_4 \pi (d^2 + d'^2 + dd')$$

$$d^2 \quad . \quad . \quad . \quad 515$$
$$d'^2 \quad . \quad . \quad . \quad 169$$
$$dd' \quad . \quad . \quad . \quad 297$$
$$\text{Somme.} \quad . \quad . \quad . \quad 981 = f$$

$$V = {}^1/_{12} \pi h f = 1\,945^{cmc}, \quad \text{soit} \quad 1^{litre}945$$

Exercice 1079

2373. Problème. *Si l'on verse un litre d'eau dans cette cuvette (n° 2372), à quelle hauteur s'élèvera l'eau au-dessus du fond ?*

Dans les questions de ce genre, il est bon de considérer le cône enlevé ASB, puis un cône MSN ayant en plus le volume désigné, savoir 1 000 centimètres cubes.

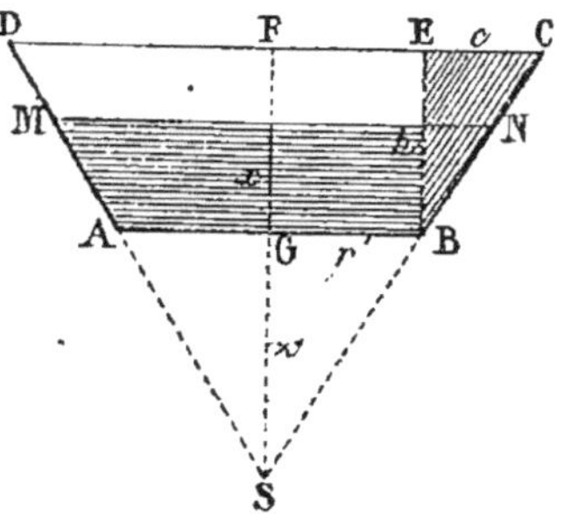

Fig. 1399.

On a $\qquad \dfrac{z}{r'} = \dfrac{h}{c};$

d'où $\quad z = \dfrac{hr'}{c} = \dfrac{7.58 \cdot 6,5}{4,85} = 10^{cm}14$

Le volume du cône dont la coupe est ASB égale :

$$^1/_3 \pi r'^2 z \quad \text{ou} \quad 449^{cmc}$$

Le volume du cône MSN sera de 1 449 centimètres cubes; et, comme ces deux cônes sont semblables, on a :

$$\frac{(z + x)^3}{z^3} = \frac{1\,449}{449}$$

D'où $\qquad (z + x)^3 = \dfrac{1\,449 z^3}{449} = 3\,375; \quad z + x = 15$

Et enfin $\qquad x = 4^{cm}86$

Exercice 1080

2374. Problème. *Calculer le volume de maçonnerie d'un puits de 9^m50 de profondeur et 1^m10 de diamètre intérieur, le mur ayant 0^m45 d'épaisseur.*

Le volume demandé est une couronne cylindrique qui aura pour formule $\qquad (\pi r^2 - \pi r'^2) h \quad \text{ou} \quad \pi h (r + r')(r - r')$

On a $\qquad h = 9,5 \quad r = 0,55 \quad r = 1$

$$r + r' = 1,55 \qquad r - r' = 0,45$$

Et $\qquad V = \pi \cdot 9,50 \cdot 1,55 \cdot 0,45 = 20^{mc}82$

Exercice 1081

2375. Problème. *Un cône en bois de noyer (densité 0,671) a 0^m145 de hauteur et 0^m095 de diamètre; il plonge dans l'eau par sa pointe. On demande la hauteur et le diamètre du petit cône immergé.*

Prenons le centimètre comme unité; on aura :

$$h = 14,5 \qquad d = 9,5$$

Volume. . . $V + \tfrac{1}{3} \cdot \tfrac{1}{4}\pi d^2 h = \tfrac{1}{12}\pi d^2 h = 342^{cmc}4$

Poids . . . $342,4 \cdot 0,671 = 229^{gr}7$

Ce poids est aussi le poids de l'eau déplacée; et ainsi le volume du cône immergé est $V' = 229^{cmc}7$.

Les deux cônes étant semblables, leurs dimensions homologues sont dans un même rapport, qui est égal à la racine cubique du rapport des volumes; soit $0,8747 = k$. On aura donc :

$$h' = hk = 14,5 \cdot 0,8747 = 12^{cm}68$$
$$d' = dk = 9,5 \cdot 0,8747 = 8^{cm}31$$

Exercice 1082

2376. Problème. *Un cône circulaire droit a 0^m20 de hauteur et 387 centimètres cubes de volume. A quelle distance du sommet faut-il faire une section parallèle à la base pour que le volume du cône partiel soit de 95 centimètres cubes?*

Soit x la hauteur demandée; on a :

$$\frac{x^3}{20^3} = \frac{95}{387}; \quad \text{d'où} \quad x^3 = \frac{95 \cdot 8\,000}{387}; \quad x = 12^{cm}523$$

Exercice 1083

2377. Problème. *Un verre à vin de Champagne est conique; il a 15 centimètres de profondeur, et 6 centimètres de diamètre au bord.*
On y verse du mercure (densité 13,596), de l'eau (densité 1) et de l'huile (densité 0,915); ces trois liquides remplissent le verre, et forment trois couches d'égale épaisseur. On demande les poids respectifs de mercure, d'eau et d'huile.

L'épaisseur de chaque couche est de 5 centimètres. Le mercure forme un cône; l'eau et l'huile, des troncs de cônes. La hauteur totale étant divisée en trois parties égales, les diamètres respectifs de la base et des sections sont 6, 4 et 2 centimètres, et les rayons, 3, 2, 1.

En partant chaque fois du fond du verre, on peut considérer trois cônes semblables, ayant respectivement pour hauteur 5, 10 et 15 centimètres. Les volumes respectifs de ces cônes sont :

$$\tfrac{1}{3}\pi . 3^2 . 15 \quad \text{ou} \quad 141^{cmc}3$$
$$\tfrac{1}{3}\pi . 2^2 . 10 \quad \text{ou} \quad 41^{cmc}88$$
$$\tfrac{1}{3}\pi . 1^2 . 5 \quad \text{ou} \quad 5^{cmc}236$$

Volume du cône de mercure. . . . $5^{cmc}236$
     » du tronc de cône d'eau . . 36,64
     » » d'huile . . 99,42

Il reste à calculer les poids.

Mercure . .	Volume	$5^{cmc}236$	Densité	13,596	Poids		$71^{gr}19$
Eau . . .	»	36,64	»	1	»	»	$36^{gr}64$
Huile . . .	»	99,42	»	0,915	»	»	$90^{gr}97$

Exercice 1084

2378. Problème. *Un verre à pied de forme conique a 0^m12 de diamètre à l'ouverture, et une contenance de $\tfrac{1}{2}$ litre; on l'emplit avec du mercure et de l'eau, à poids égaux de l'un et de l'autre liquide. Quelle est la hauteur de chaque couche liquide?*

Appelons r et h le rayon et la hauteur du cône, x la hauteur du cône de mercure, et prenons le centimètre comme unité; on a :

Volume total. . . . . . $\tfrac{1}{3}\pi . 6^2 h = 500$

d'où
$$h = \frac{1\,500}{36\pi} = 13^{cm}27$$

Le cône de mercure est au cône total comme x^3 est à h^3.

$$\frac{V'}{V} = \frac{x^3}{h^3} \; ; \quad \text{d'où} \quad V' = \frac{x^3}{h^3}\,V$$

Si l'on appelle d la densité 13,596 du mercure, le poids du cône de mercure sera
$$V'd \quad \text{ou} \quad \frac{x^3}{h^3}\,Vd$$

Le volume du tronc de cône d'eau est :

$$V'' = V - V' = V - \frac{x^3}{h^3}V = V\left(\frac{h^3 - x^3}{h^3}\right)$$

Ce nombre exprime aussi, en grammes, le poids du tronc de cône d'eau.

Posons maintenant la condition d'égalité des poids; ce sera l'équation qui permettra de calculer x.

$$\frac{x^3}{h^3}Vd = V\frac{h^3 - x^3}{h^3} \qquad x^3\frac{Vd}{h^3} = V - x^3\frac{V}{h^3} \qquad x^3\left(\frac{Vd}{h^3} + \frac{V}{h^3}\right) = V$$

d'où
$$x^3 = V\,\frac{h^3}{Vd + V} = \frac{h^3}{d + 1}$$

d'où enfin
$$x = \frac{h}{\sqrt[3]{d + 1}} = \frac{13{,}27}{\sqrt[3]{14{,}596}} = 13{,}27$$

Hauteur totale. 13,27

,, du tronc de cône d'eau   7,84

Ainsi les hauteurs du mercure et de l'eau sont :

0m0543 et 0m0784

Exercice 1085

2379. Problème. *Un réservoir a la forme d'un tronc de cône; le fond a 1 mètre de diamètre; on y a déjà versé une couche d'eau de 0m68, et le diamètre, à la surface de l'eau, est de 1m42.*

De combien montera le niveau de l'eau, si on laisse tomber dans le réservoir un bloc cubique de pierre ayant 0m40 de côté?

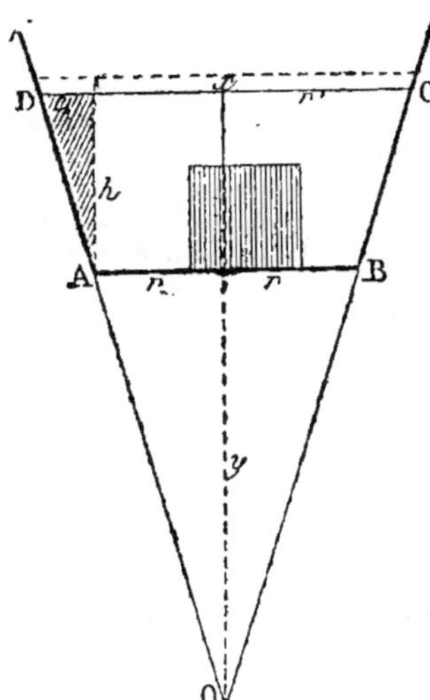

Fig. 1400.

Le bloc cubique a un volume de 64 décimètres cubes. Nous considérerons trois cônes : le cône qui serait obtenu sous le bassin par le prolongement de la surface latérale; un second cône formé du premier augmenté du tronc de cône d'eau; et un troisième cône analogue après l'immersion du bloc.

Calculons la hauteur y du premier cône :

$$\frac{y}{r} = \frac{h}{c}$$

d'où $$y = \frac{hr}{e} = \frac{6.8\,.\,5}{2,1} = 16^{dm}18$$

Le second cône OCD a pour hauteur $y + h$, soit 22dm98; et pour rayon r' ou 7dm1. Son volume V'' est :

$$\tfrac{1}{3}\pi r'^2 (h + y) \quad \text{ou} \quad 1\,212^{dmc}3$$

Le troisième cône a 64 décimètres cubes de plus que le second, soit 1 276dmc3. Si l'on appelle z sa hauteur et V''' son volume, on a, en le comparant au second :

$$\frac{z^3}{(h + y)^3} = \frac{V'''}{V''}; \quad \text{d'où} \quad z^3 = (h + y)^3\,\frac{V'''}{V''}$$

$$z = 23^{dm}378$$

A retrancher $(y + h)$ 22,980
Reste pour x 0dm398

Ainsi le niveau monte de 0m0398, soit 40 millimètres environ.

Exercice 1086

2380. Problème. *Un cylindre massif en fer laminé (densité 7,788) pèse 120 kilogrammes, et a une longueur de 3 mètres. Quel est son diamètre?*

Chaque décimètre cube de ce corps pèse $7^{k}788$; ainsi le nombre des décimètres cubes sera $120 : 7,788$ ou $15,42$.

Si l'on appelle d le diamètre, le volume a pour expression $^{1}/_{4}\pi d^{2}h$ ou $^{1}/_{4}\pi d^{2}.30$; et l'on peut poser $^{1}/_{4}d^{2}.30 = 15,42$.

D'où $\qquad d^{2} = \dfrac{4 \cdot 15,42}{30\pi}$ et $d = 0^{dm}655$, soit $0^{m}0655$

Exercice 1087

2381. Problème. *Un gramme de mercure pris à la température* 0° *(densité 13,596) est introduit dans un tube capillaire, et y occupe une longueur de* $0^{m}137$. *Calculer le diamètre du tube.*

Prenons pour unités le millimètre et le milligramme. Chaque millimètre cube de mercure pèse $13^{mg}596$; ainsi le nombre des millimètres cubes du petit cylindre sera $1\,000 : 13\,596$ ou $73,54$.

Le volume a pour expression $^{1}/_{4}\pi d^{2}h$ ou $^{1}/_{4}\pi d^{2}.137$; et l'on peut poser $^{1}/_{4}\pi d^{2}.137 = 73,54$.

D'où $\qquad d^{2} = \dfrac{4 \cdot 73,54}{137\pi}$ et $d = 0^{mm}6838$

Exercice 1088

2382. Problème. *Quel sera le prix d'une conduite en fonte (densité 7,200) ayant 100 mètres de longueur et* $0^{m}06$ *de diamètre intérieur, si l'épaisseur de la fonte est de 6 millimètres, et la valeur de* $0^{f}30$ *le kilogramme?*

Prenons pour unités le décimètre et le kilogramme.

Le rayon intérieur est $0^{dm}30$, et le rayon extérieur est $0^{dm}36$. La surface de la coupe transversale de la fonte est $\pi r^{2} - \pi r'^{2}$, ou $\pi(r^{2} - r'^{2})$, ou $\pi(r + r')(r - r')$; soit $\pi \cdot 0,66 \cdot 0,06 \ldots S$.

Le volume V est $1\,000S$; le poids P est $1\,000S \cdot 7,2$; et le prix est $P \cdot 0,30$, soit $1\,000\pi \cdot 0,66 \cdot 0,06 \cdot 7,2 \cdot 0,20$ ou $268^{f}30$.

Dans ce problème il n'a pas été tenu compte du surplus de fonte des emboîtures.

Exercice 1089

2383. Problème. *Les diamètres des bases d'un tronc de cône ont respectivement 22 et 4 centimètres. Quel diamètre devra avoir un cylindre,* *pour que, sous la même hauteur que le tronc, il ait aussi le même volume ?*

Soient r et r' les rayons des bases du tronc, x le rayon inconnu, et h la hauteur commune aux deux solides. Il faut qu'on ait :

$$\pi x^2 h = {}^1/_3 \pi h (r^2 + r'^2 + rr')$$

d'où
$$x^2 = {}^1/_3 (r^2 + r'^2 + rr')$$

Si l'on remplace r et r' par leurs valeurs, il vient :

$$x^2 = 49 \quad \text{et} \quad x = 7$$

Le diamètre demandé est de 14 centimètres.

Exercice 1090

2384. Problème. *Un cylindre de 0^m05 de rayon et un cône de 0^m08 de rayon reposent sur un même plan ; la hauteur commune est de 0^m20.*
A quelle hauteur faut-il mener un second plan parallèle au premier pour que les deux volumes inférieurs soient équidistants ?

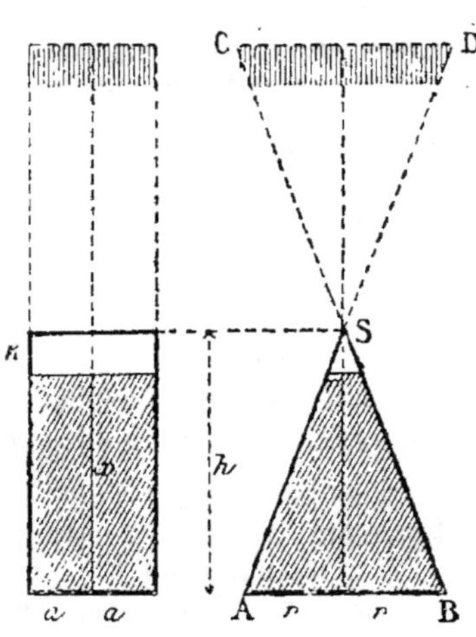

Fig. 1401.

Soit h la hauteur commune,
a le rayon du cylindre,
r le rayon du cône,
z la distance du plan sécant au sommet du cône,
x la partie restante de la hauteur,
Et r' le petit rayon du tronc de cône.

On a, en prenant le centimètre comme unité :

$$h = 20, \quad a = 5, \quad r = 8, \quad x = h = z$$

Le volume du cylindre inférieur est $\pi a^2 x$, et le volume du tronc de cône est ${}^1/_3 \pi x (r^2 + r'^2 + rr')$. On a donc pour l'équation des volumes :

$$\pi a^2 x = {}^1/_3 \pi x (r^2 + r'^2 + rr')$$

d'où
$$3a^2 = r'^2 + rr' + r^2$$

et
$$r'^2 + rr' - (3a^2 - r^2) = 0$$

On tire de là
$$r' = - {}^1/_2 r \pm \sqrt{ {}^1/_4 r^2 + 3a^2 - r^2 }$$
$$= - {}^1/_2 r \pm \sqrt{ 3a^2 - {}^3/_4 r^2 }$$

En mettant les valeurs numériques, il vient :

$$r' = - 4 \pm \sqrt{ 75 - 48 } = - 4 \pm 5{,}20$$

Et enfin
$$r' = \begin{cases} 1^{cm}20 \\ - 9^{cm}20 \end{cases}$$

Pour trouver à quelle distance du sommet du cône doit être la section, on pose la proportion :

$$\frac{z}{r'} = \frac{h}{r}; \quad \text{d'où} \quad z = \frac{r'h}{r} = \left\{ \begin{array}{l} 3 \\ -23 \end{array} \right.$$

On peut chercher aussi la distance de la base au plan sécant :

$$x = h - z = \left\{ \begin{array}{l} 17 \\ 43 \end{array} \right.$$

Il y a donc deux solutions ; la seconde suppose un prolongement des deux corps.

Vérification pour $x = 17$ et $r' = 1,20$:

Cylindre . . . . $\pi a^2 x = \pi . 5^2 . 17 = 1\,337^{cmc}$

Tronc de cône . . $\frac{1}{3}\pi . 17(8^2 + 1,2^2 + 8 . 1,2) = 1\,337^{cmc}$

Vérification pour $x = 43$ et $r' = -9,20$:

Cylindre . . . . $\pi a^2 x = \pi . 5^2 . 43 = 3\,378^{cmc}$

Tronc de cône . . $\frac{1}{3} . \pi 43(8 + 9,2^2 - 8 . 9,2) = 3\,378^{cmc}$

Remarque. Si l'on menait les lignes AC et BD, on aurait, entre les droites AB et CD, la coupe d'un tronc de cône ordinaire ou *direct* ; la coupe ABSCD correspond à un tronc de cône *inverse.*

Exercice 1091

2385. Problème. *Un tronc de cône a 0ᵐ12 de hauteur ; les diamètres des bases ont 0ᵐ08 et 0ᵐ05.*

On veut mener deux plans parallèles aux bases, de manière que la surface latérale soit divisée dans le rapport des nombres 4, 5, 3, en partant de la base.

A quelle hauteur sera chaque plan ?

Soit DEFG la coupe du tronc considéré. Appelons S le sommet du cône entier, et menons EI parallèle à l'axe AH. On a, en prenant le centimètre pour unité :

AH ou $h = 12$, AE ou $r' = 2\frac{1}{2}$, HF ou $r = 4$,
$$IF = 1\frac{1}{2}$$

$$\frac{SH}{HF} = \frac{EI}{IF}; \quad \text{d'où} \quad SH = \frac{hr}{r - r'} = 32$$

$$SA = 32 - 12 = 20$$

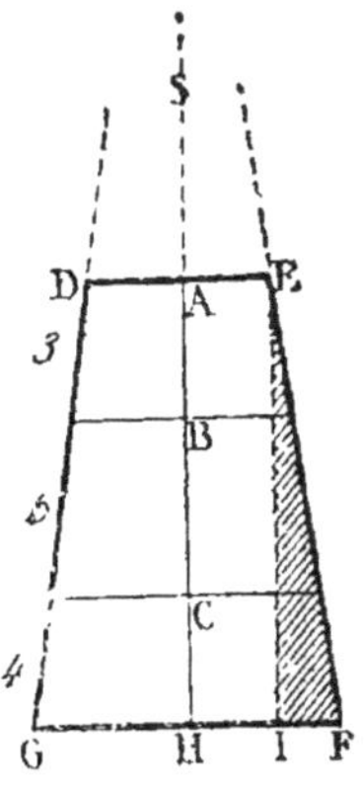

Fig. 1402.

$$SE^2 = SA^2 + AE^2 = 406,25; \quad \text{d'où} \quad SE = 20^{cm}155$$
$$EF^2 = EI^2 + IF^2 = 146,25; \quad \text{d'où} \quad EF = 12, 093$$
$$SF = 32, 248$$

Surface latérale du cône SDE . . . . $\pi . AE . SE = 158^{cmq}40$

$\quad$ »$\qquad$»$\qquad$»$\quad$SGF . . . . . . $\pi . HF . SF = 405, \ 36$

$\quad$ »$\qquad$»$\quad$du tronc de cône DEFG , . $\qquad$ 246, $\ $ 96

Le cône qui a pour hauteur SB a pour surface latérale :

$$158,40 + {}^3/_{12} . 246,96 \quad \text{ou} \quad 220^{cmq}14$$

Le cône qui a pour hauteur SC a pour surface latérale :

$$158,40 + {}^8/_{12} . 246,96 \quad \text{ou} \quad 323^{cmq}04$$

Les trois cônes qui ont pour hauteurs les droites SA, SB, SC, étant semblables, les surfaces latérales sont entre elles comme les carrés des hauteurs. On a donc :

$$\frac{SB^2}{20^2} = \frac{220,14}{158,40}, \quad \text{d'où} \quad SB = 23^{cm}59$$

$$\frac{SC^2}{20^2} = \frac{323,04}{158,40} : \quad \text{d'où} \quad SC = 28^{cm}57$$

$$\left.\begin{array}{l} AB = SB - SA = 3^{cm}59 \\ BC = SC - SB = 4^{cm}98 \\ CH = SH - SC = 3^{cm}43 \end{array}\right\} \quad \text{Somme} : 12^{cm}$$

Exercice 1092

2386. Problème. *Un tronc de cône a 0^m12 de hauteur; les diamètres des bases ont 0^m08 et 0^m05.*

On veut mener deux plans parallèles aux bases, de manière que le volume soit divisé dans le rapport des nombres 4, 5, 3, en partant de la grande base.

A quelle hauteur sera chaque plan? $\qquad$ (Figure 1402.)

Soit DEFG la coupe du tronc considéré. Appelons S le sommet du cône entier, et menons EI parallèle à l'axe AH. On a, en prenant le centimètre pour unité :

$$AH \ \text{ou} \ h = 12, \quad AE \ \text{ou} \ r' = 2^1/_2, \quad HF \ \text{ou} \ r = 4, \quad IF = 1^1/_2$$

$$\frac{SH}{HF} = \frac{EI}{IF} ; \quad \text{d'où} \quad SH = \frac{hr}{r - r'} = 32$$

$$SA = 32 - 12 = 20$$

Volume du cône SDE . . . . . . $^1/_3 \pi r'^2 . SA = 130^{cmc}900$

$\quad$ »$\qquad$»$\quad$SGF . . . . . $^1/_3 \pi r^2 . SH = 536, \ 163$

$\quad$ »$\quad$du tronc de cône DEFG . . $\qquad$ 405, 263

Volume du cône qui a pour hauteur SB :

$$130,900 + {}^3/_{12} . 405,263 \quad \text{ou} \quad 232^{cmc}210$$

Volume du cône qui a pour hauteur SC :

$$130,900 + {}^8/_{12} . 405,263 \quad \text{ou} \quad 401^{cmc}076$$

Les trois cônes qui ont pour hauteurs les droites SA, SB, SC, étant semblables, sont entre eux comme les cubes des hauteurs. On a donc :

$$\frac{SB^3}{20^3} = \frac{232,210}{130,900} ; \quad \text{d'où} \quad SB = 24^{cm}211$$

$$\frac{SC^3}{20^3} = \frac{401,076}{130,900} ; \quad \text{d'où} \quad SC = 29^{cm}048$$

$$\left.\begin{array}{l} AB = SB - SA = 4^{cm}21 \\ BC = SC - SB = 4^{cm}84 \\ CH = SH - SC = 2^{cm}95 \end{array}\right\} \quad \text{Somme} = 12^{cm}$$

Exercice 1093

2387. Problème. *Un tronc de cône et un cylindre ont 0^m15 de hauteur commune; la base inférieure a 0^m10 de diamètre dans l'un et dans l'autre.*

Quel doit être le diamètre de la base supérieure du tronc de cône pour que son volume soit les $^3/_5$ *du volume du cylindre?*

Le rayon donné est 5. Si l'on appelle x le rayon inconnu, on aura l'équation :

$$^1/_3\pi h(5^2 + x^2 + 5x) = {}^3/_5\pi . 5^2 . h$$

d'où $5^2 + x^2 + 5x = 45$

$$x^2 = 5x - 20 = 0$$

$$x = - {}^5/_{12} \pm \sqrt{^{25}/_4 + 20} = - {}^5/_2 \pm {}^1/_2 . 10,247 = \left\{\begin{array}{l} + 2^{cm}623 \\ - 7^{cm}623 \end{array}\right.$$

La première valeur de x correspond à un tronc de cône ordinaire, et la seconde à un tronc de cône inverse (analogue à ABSCD, *exercice* 1090 n° 2384).

Vérification.

Volume du cylindre : $V = \pi . 5^2 . 15 = 375\pi = 966^{cmc}040$

Les $^3/_5$ de ce volume égalent $225\pi = 579^{cmc}624$

Volume du tronc ordinaire $(x = 2,623)$:

$$V' = {}^1/_3\pi . 15(25 + 6,88 + 13,12) = 5\pi . 45 = 225\pi = 579^{cmc}624$$

Volume du tronc inverse $(x = -7,623)$:

$$V'' = {}^1/_3\pi . 15(25 + 58,11 - 38,11) = 5\pi . 45 = 225\pi = 579^{cmc}624$$

Exercice 1094

2388. Problème. *Étant donné un cône droit d'une hauteur de 8 décimètres, coupé par un plan parallèle à sa base à une distance du sommet égale à 3 décimètres, on inscrit dans le tronc de cône qui en résulte un tronc de pyramide à base hexagonale. Sachant que le rayon* *de la petite base du cône est égal à 1 décimètre, on demande de calculer le volume du tronc de pyramide inscrit et son poids, en supposant qu'il soit formé d'une matière sept fois plus dense que l'eau?* (Agen. Brevet complet, 1877.)

Soit SAB la section droite du cône.

$$SF = 8^{dm}, \quad SE = 3^{dm}$$

par suite, $\qquad FE = 5^{dm}$

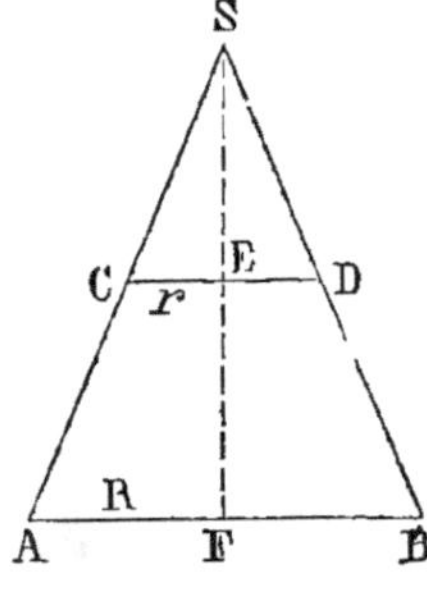

Fig. 1403.

Les bases du tronc de pyramide sont deux hexagones réguliers inscrits le premier dans le cercle de base du cône. Sa surface aura donc pour expression $\dfrac{3R^2}{2}\sqrt{3}$. Pour calculer R, remarquons que les triangles SED et SFB sont semblables; on peut donc écrire :

$$\frac{SE}{SF} = \frac{ED}{FB} \quad \text{ou} \quad \frac{3}{8} = \frac{1}{R} \quad \text{d'où} \quad R = \frac{8}{3}$$

En substituant cette valeur dans la formule précédente, on obtient pour la surface de la grande base du tronc

$$B = \frac{3}{2} \times \left(\frac{8}{3}\right)^2 \sqrt{3} = 18^{dmq}47\,52$$

Le rayon de la base supérieure est connu; la surface de l'hexagone sera $\qquad b = \dfrac{3}{2}\sqrt{3} = 2^{dmq}598\,07$

Le volume du tronc de pyramide a pour expression

$$V = \frac{H}{3}\left(B + b + \sqrt{Bb}\right)$$

en substituant, on aura

$$V = \frac{5}{3}\left(18,475\,2 + 2,598\,07 + \sqrt{18,475\,2 \times 2,598\,07}\right) = 46^{dmc}668$$

Puisque la densité de la matière qui forme le tronc de pyramide $= 7$, son poids sera $\qquad 46,668 \times 7 = 326^{kg}676$

Exercice 1095

2389. Problème. *On trace sur un terrain deux circonférences concentriques distantes de 3 mètres; la circonférence intérieure a 20 mètres de diamètre; entre les deux circonférences on creuse un fossé trapézoïde de 1ᵐ20 de profondeur, 3 mètres de largeur aux bords, et 1ᵐ50 au fond.*

La terre enlevée a été disposée autour du fossé en un remblai trapézoïde isocèle de 3 mètres de largeur inférieure et 1ᵐ50 de largeur supérieure. Quelle sera la hauteur de ce remblai, supposé que la terre y soit battue de manière à reprendre sa densité primitive?

Le volume du fossé ABCD égale le tronc de cône engendré par MCDN, moins le tronc MBAN.

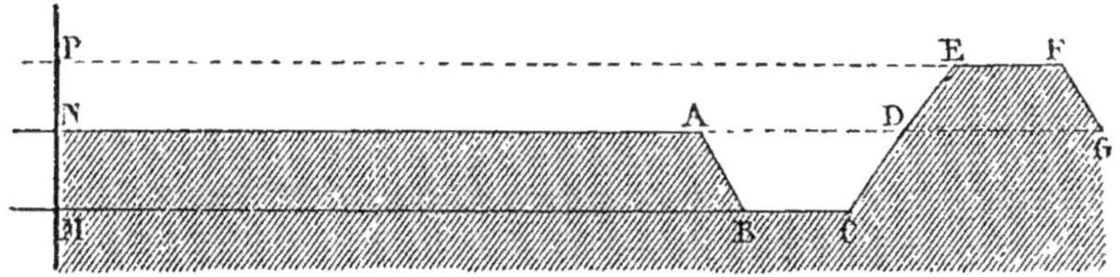

Fig. 1004.

Le volume du remblai CFDG égale le tronc PFGN, moins le tronc PNDE.

NA ou $a=10^{\mathrm{m}}$		PE ou $e=13^{\mathrm{m}}75$
MB ou $b=10^{\mathrm{m}}75$		PF ou $f=15^{\mathrm{m}}25$
MC ou $c=12^{\mathrm{m}}25$		NG ou $g=16^{\mathrm{m}}$
ND ou $d=13^{\mathrm{m}}$		MN ou $h=1^{\mathrm{m}}20$

$$\text{Tronc MCDN} = {}^1/_3\pi h\,(c^2 + d^2 + cd)$$
$$\text{Tronc MBAN} = {}^1/_3\pi h\,(a^2 + b^2 + ab)$$
$$\text{Tronc PFGN} = {}^1/_3\pi x\,(f^2 + g^2 + fg)$$
$$\text{Tronc PNDE} = {}^1/_3\pi x\,(d^2 + e^2 + de)$$

c^2 150,06		a^2 100
d^2 169		b^2 115,56
cd 159,25		ab 107,50
Somme . . 478,31		Somme . . 323,06

Fossé ABCD. . . . . . . $^1/_3\pi\,.\,1,20\,.\,155,25$

f^2 232,56		d^2 169
g^2 256		e^2 189,06
fg 244		de 178,75
Somme . . 732,56		Somme . . 536,81

Remblai DEFG. . . . . . $^1/_3\pi x\,.\,195,75$

Équation des volumes . . . . . $^1/_3\pi x\,.\,195,75 = {}^1/_3\pi\,.\,1,20\,.\,155,25$

d'où $x = 186,30 : 195,75 = 0^{\mathrm{m}}953$

Remarque. L'emploi du *théorème de Guldin* (G., n° 904) donnerait des calculs plus simples.

Volume de la Sphère.

Exercice **1096**

2390. Problème. *Quel est le volume d'une sphère circonscrite à un cube de 1 décimètre de côté?*

Le diamètre de cette sphère est la diagonale d du cube.

$$d^2 = 1^2 + 1^2 + 1^2 = 3, \quad d = 3^{1/2} *$$

$$\text{Sphère} = {}^1/_6 \pi d^3 = {}^1/_6 \pi \cdot 3^{3/2} = {}^1/_2 \pi \cdot 3^{1/2} = 2^{dmc}720\,7$$

Exercice 1097

2391. Problème. *Quel doit être le diamètre d'une boule dont la surface égale 1 mètre carré?*

Le diamètre étant x, l'aire d'un grand cercle est ${}^1/_4 \pi x^2$, et l'aire de la sphère est πx^2. On a donc :

$$\pi x^2 = 1; \quad \text{d'où} \quad x^2 = \frac{1}{\pi} \quad \text{et} \quad x = \sqrt{\frac{1}{\pi}} = 0^m 564\,2$$

Exercice 1098

2392. Problème. *Avec trois masses égales et homogènes de terre glaise, on construit une sphère, un cône et un cylindre; dans les trois corps le diamètre est de 1 décimètre. On demande la hauteur du cône et celle du cylindre.*

Dans les trois corps, le volume V est celui de la sphère, soit ${}^1/_6 \pi d^3$ ou ${}^1/_6 \pi$; soit $0^{dmc}523\,716$.

Appelons x la hauteur du cylindre; celle du cône sera $3x$. Dans les deux solides le diamètre est 1, et par suite le rayon ${}^1/_2$.

Base B des deux solides. . ${}^1/_4 \pi d^2$ ou ${}^1/_4 \pi$.

Hauteur x du cylindre . . V : B, soit ${}^1/_6 \pi : {}^1/_4 \pi$ ou ${}^2/_3$;

ce qui donne . . . . $x = 0^{dm}666\,66\ldots$ et $3h = 2$ décimètres.

Telles sont les hauteurs demandées.

Exercice 1099

2393. Problème. *Quel est le volume d'une sphère dont la surface est égale à celle d'un cube de 25 centimètres de côté?*

Le côté du cube est le ${}^1/_4$ du mètre; l'aire d'une face est ${}^1/_{16}$ de mètre carré, et l'aire totale ${}^6/_{16}$ ou ${}^3/_8$ de mètre carré. Telle est aussi l'aire de la sphère.

On a donc, en appelant d le diamètre :

$$\pi d^2 = \frac{3}{8} \qquad d^2 = \frac{3}{8\pi} \qquad d = \left(\frac{3}{8\pi}\right)^{1/2}$$

$$\text{Volume.} \quad \ldots \quad V = \frac{1}{6}\pi d^2 = \frac{1}{6}\pi \left(\frac{3}{8\pi}\right)^{3/2} = 0^{mc}054\,240$$

---

* Cette notation, avantageuse dans certains cas, est l'équivalent de la suivante $\sqrt{}$; ainsi $3^{1/2}$ ou $\sqrt[2]{3}$; $a^{1/3}$ ou $\sqrt[3]{a}$, signifient la même chose.

Exercice 1100

2394. Problème. *Sur le prolongement du diamètre* DI *d'un cercle donné par son rayon* r, *on marque un point* O *duquel on trace une tangente* OT *ou* t. *On suppose que la figure tourne autour de* OD, *et on demande quelle doit être la distance* IO *pour que la surface engendrée par la tangente* OT *soit à la zone engendrée par l'arc* IT *comme 3 est à 2.*

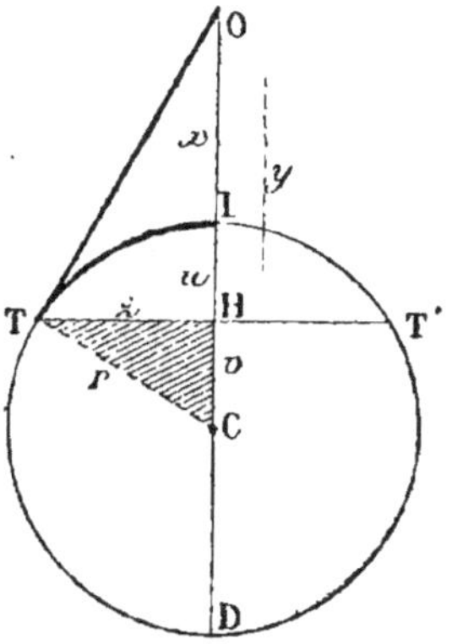

Menons le rayon CT ou r; posons:

$$CH = v, \quad HT = z, \quad HI = u, \quad IO = x,$$
$$OH = y.$$

La surface conique est $\pi z t$, et la zone est $2\pi r u$. Il faut que l'on ait :

$$\frac{\pi z t}{2\pi r u} = \frac{3}{2}$$

ou $z t = 3 r u$, ou $z^2 t^2 = 9 r^2 u^2$

Proposons-nous de tout évaluer en fonction de r et de v. On a :

$$z^2 = r^2 - v^2 = (r + v)(r - v)$$
$$u = r - v$$

Fig. 1405.

$$\frac{t^2}{z^2} = \frac{r^2}{v^2}; \quad \text{d'où} \quad t^2 = \frac{r^2 z^2}{v^2} \quad \text{et} \quad t = \frac{r z}{v}$$
$$y^2 = t^2 - z^2$$
$$x = y - u$$

La condition du problème est

$$z^2 t^2 = 9 r^2 u^2 \quad \text{ou} \quad \frac{r^2 z^4}{v^2} = 9 r^2 (r - v)^2; \quad \text{d'où} \quad z^4 = 9 v^2 (r - v)^2$$

ou $(r + v)^2 (r - v)^2 = 9 v^2 (r - v)^2$, ou $(r + v)^2 = 9 v^2$

Cette équation du second degré en v est facile à résoudre :

$$v^2 + 2 r v + r^2 = 9 v^2; \quad \text{d'où} \quad 8 v^2 - 2 r v - r^2 = 0$$

Et, en divisant par 8, $v^2 - {}^2/_8 r v - {}^1/_8 r^2 = 0$

De là on tire $v = \dfrac{r}{8} \pm \sqrt{\dfrac{r^2}{8^2} + \dfrac{r^2}{8}} = \dfrac{r}{8} \pm \sqrt{\dfrac{9 r^2}{8^2}}$

$$v = \frac{r}{8} \pm \frac{3r}{8} = \begin{cases} {}^1/_2 r \\ -{}^1/_4 r \end{cases}$$

Ainsi la distance v ou GH doit être la moitié du rayon. Il en résulte pour les autres lignes les valeurs suivantes :

$$u = {}^1/_2 r$$
$$z = {}^1/_2 r\sqrt{3} \quad = 0{,}867\,r$$
$$t = 2z = r\sqrt{3} = 1{,}732\,r$$
$$y = {}^3/_2 r \quad\quad = 1{,}500\,r$$
$$x = y - u \quad = \quad\quad r \quad\quad\quad \text{Réponse.}$$

Vérification. Surface conique. . . . $\quad \pi z l = {}^3/_2 \pi r^2$

Surface de la zone. . . $2\pi r u = \pi r^2$

Exercice 1101

2395. Problème. *Suez est à 30° 16′ et Calcutta à 86° de longitude orientale. Quel est l'angle formé par les méridiens de ces deux villes ?*

Les longitudes étant dans le même sens, l'angle demandé est exprimé par la différence des deux nombres donnés, soit :

$$85° 60′ - 30° 16′ = 55° 44′$$

Exercice 1102

2396. Problème. *Quelle est la surface du triangle sphérique compris entre ces méridiens et l'équateur ?*

On supposera la Terre sphérique, et on se basera sur la définition du mètre.

Prenons le kilomètre comme unité. La demi-circonférence

$$\pi r = 20\,000, \quad r = \frac{1}{\pi} . 20\,000, \quad r^2 = \frac{1}{\pi^2} . 400\,000\,000$$

L'aire de l'hémisphère est $\quad 2\pi r^2 \quad$ soit $\quad \dfrac{1}{\pi} . 800\,000\,000$

Cet hémisphère contient 360 demi-fuseaux d'un degré ; un demi-fuseau a donc une surface 300 fois moindre, et 55 demi-fuseaux $^{11}/_{15}$ ont 55 $^{11}/_{15}$ fois plus : soit environ 39 400 000 kilomètres carrés.

Remarque. La difficulté que nous rencontrons à nous faire une idée d'un si grand nombre de kilomètres carrés doit nous faire conclure que l'unité employée est trop petite, et il serait à souhaiter que, dans la nomenclature des *unités de longueur,* on fît mention du *kilomètre,* du *myriamètre* et du *grade terrestre.* Le grade est la centième partie du $^1/_4$ du méridien, et il égale 10 myriamètres ou 100 kilomètres ; le *grade carré* égale 100 myriamètres carrés ou 10 000 kilomètres carrés. L'aire donnée plus haut est de 3 940 *grades carrés.*

Le *grade carré* constituerait une très bonne unité pour les surfaces géographiques : les nombres seraient plus faciles à retenir et à comparer. Voici, par exemple, les étendues respectives des principaux États de l'Europe :

	grades carrés			grades carrés
1. Russie d'Europe . .	587	9. Italie	30
2. Suède et Norwège .	74	10. Portugal . . .	9
3. Autriche-Hongrie .	62	11. Grèce	5
4. Allemagne	55	12. Suisse	4
5. Turquie d'Europe .	53	13. Danemark. . .	4
6. France	53	14. Hollande . . .	3
7. Espagne.	47	15. Belgique . . .	3
8. Angleterre	30		

Pour les États moindres, comme pour les provinces ou départements, on pourrait employer le *myriamètre carré*, qui est la 100ᵉ partie du *grade carré*, et qui égale 100 *kilomètres carrés*.

Exercice 1103

2397. Problème. *Quel est le nombre des degrés d'un fuseau qui est les* $^3/_{16}$ *de la surface entière de la sphère?*

La sphère entière comprend 360 fuseaux d'un degré; le nombre demandé sera donc les $^3/_{16}$ de 360, soit $67° ^1/_2$.

Exercice 1104

2398. Problème. *Une boule a 1 mètre de circonférence. Quel est le nombre des degrés d'un fuseau de 4 décimètres carrés tracé sur cette boule?*

Nous pouvons poser, en prenant le décimètre comme unité :

$$2\pi r = 10; \quad \text{d'où} \quad r = \frac{10}{2\pi}$$

Surface de la sphère. . . . $S = 4\pi r^2 = \dfrac{4\pi \cdot 100}{4\pi^2} = \dfrac{100}{\pi}$

Fuseau d'un degré. . . . . $\dfrac{100}{360\pi}$ ou $\dfrac{5}{18\pi}$

Nombre des degrés du fuseau considéré :

$$4 : \frac{5}{18\pi} = \frac{4 \cdot 18\pi}{5} = 14{,}4\pi = 45° ^1/_4$$

Exercice 1105

2399. Problème. *Calculer le diamètre d'un boulet de fonte de 12 hectogrammes, la densité de la fonte étant 7,207.*

Nous prendrons pour unités le décimètre et le kilogramme. Soient x le diamètre, d la densité, et P les poids $1^{kg}2$. On a

$$^1/_6 \pi x^3 d = \text{P}. \quad \text{d'où} \quad x^3 = \frac{\text{P}}{^1/_6 \pi d}; \quad x = 0^{dm}6825$$

31*

Exercice **1106**

2400. Problème. *Le diamètre de la Lune est les 273 millièmes de celui de la Terre. Qu'est le volume de la Lune par rapport à celui de la Terre?*

Les deux corps sont supposés sphériques, et par conséquent semblables; ainsi le rapport des volumes est égal au cube du rapport des dimensions.

$$\frac{\text{Lune}}{\text{Terre}} = \frac{273^3}{1\,000^3} = \frac{20\,350\,000}{1\,000\,000\,000}, \quad \text{soit} \quad 0{,}020\,35, \text{ environ } 1/_{49}$$

Exercice **1107**

2401. Problème. *Trouver le volume d'un segment sphérique à une base dans une sphère de 9 centimètres de rayon, l'épaisseur du segment étant de 4 centimètres.*

Appelons r le rayon de la sphère, h la hauteur du segment, et m le rayon de la base de ce segment. On a

$$m^2 = h\,(2r - h)$$

Et le volume demandé a pour expression (G., n⁰ 580)

$$V = {}^1/_6\pi h^3 + {}^1/_2\pi m^2 h = {}^1/_6\pi h^3 + {}^1/_2\pi h\,(2r - h)\,h =$$
$$= {}^1/_6\pi h^3 + \pi h^2 r - {}^1/_2\pi h^3 = \pi h^2 r - {}^1/_3\pi h^3 = \pi h^2\,(r - {}^1/_3 h)$$

En effectuant les calculs, on trouve $V = 385^{\text{cmc}}\,3$.

Exercice **1108**

2402. Problème. *De 1795 à 1860, on a frappé en France pour 5 milliards de monnaie d'or au titre 0,900. Quels seraient les diamètres des deux sphères de cuivre et d'or pur que l'on pourrait fondre avec tout ce métal?*

Densité de l'or fondu. 19,26
   »   *du cuivre fondu.* . . . 8,85

Poids de 1 franc	en argent.		5 grammes
» 1 000 francs	»	. . . . . .	5 kilogrammes
» 1 000 000 francs	»	. . . . . .	5 tonnes
» 1 milliard	»	. . . . . .	5 000 »
» 5 milliards	»	. . . . . .	25 000 »
Poids de 5 milliards en or.			1 612ᵗᵒⁿ·903

Comme la loi tolère, en plus ou en moins, une différence de plusieurs millièmes du poids des pièces, le poids ci-dessus ne peut être compté comme exact au delà des tonnes, et il faut poser ici :

Poids de 5 milliards en or. . . . . . . 1 613 tonnes
 » de cuivre 161ton.3
 » de l'or pur. 1 451ton.7
Volume de l'or pur . . . 1 451,7 : 19,26 ou 75mc32
 » du cuivre. . . . 161,3 : 8,84 ou 18mc22

Pour terminer le problème, il suffit de savoir calculer le diamètre d d'une sphère, connaissant son volume V. On a

$$\tfrac{1}{6}\pi d^3 = V; \quad \text{d'où} \quad d = \sqrt[3]{\frac{6V}{\pi}}$$

En appliquant cette formule aux deux cas ci-dessus, on obtient :

    Pour la sphère en or   5m240
     »   » en cuivre 3m266

Exercice 1109

2403. Problème. *On demande le rayon du cercle équivalent à une zone de 4 centimètres de hauteur appartenant à une sphère de 9 centimètres de rayon.*

Appelons x le rayon inconnu, r le rayon de la sphère, et h la hauteur de la zone; et posons

$$\pi x^2 = 2\pi r h; \quad \text{d'où} \quad x^2 = 2rh = 72$$

et
$$x = 8^{cm}49, \quad \text{ou} \quad 0^m0849$$

Exercice 1110

2404. Problème. *Une zone de 1 décimètre carré appartient à une sphère de 13 centimètres de rayon; l'une des bases de la zone est à 5 centimètres du centre. On demande la surface du cercle qui forme la seconde base.*

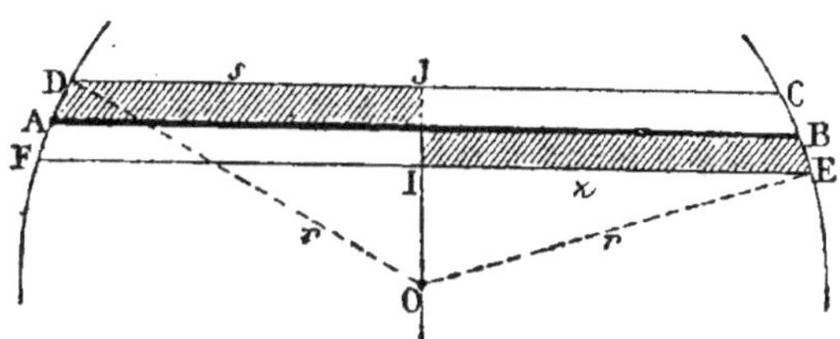

Fig. 1406.

Soit x la hauteur de la zone; on a la relation

$$2\pi r x = 100; \quad \text{d'où} \quad x = \frac{100}{2\pi . 13} = 1^{cm}117$$

L'aire de la zone est la même, que l'on prenne la seconde base au–dessus ou au-dessous de AB. La distance du centre à cette seconde base sera donc

$$5 \pm 1,117, \quad \text{soit} \quad \begin{cases} 6^{cm}117. \ldots \ldots OJ \\ 3^{cm}883. \ldots \ldots OI \end{cases}$$

r^2 169			r^2 169		
OJ^2 37,40			OI^2 15,07		
Différence. . 131,60	s^2		Différence. . 153,93	z^2	
π 3,142			π 3,142		
Produit. . . $413^{cmq}50$			Produit. . . $480^{cmq}35$		
Réponse : $0^{mq}041350$			Réponse : $0^{mq}048035$		

Exercice 1111

2405. Problème. *Le demi-cercle générateur d'une sphère a 0^m40 de diamètre; dans ce demi-cercle on a tracé, parallèlement à l'axe, une corde de 0^m20. Quelle est la surface engendrée par cette corde?*

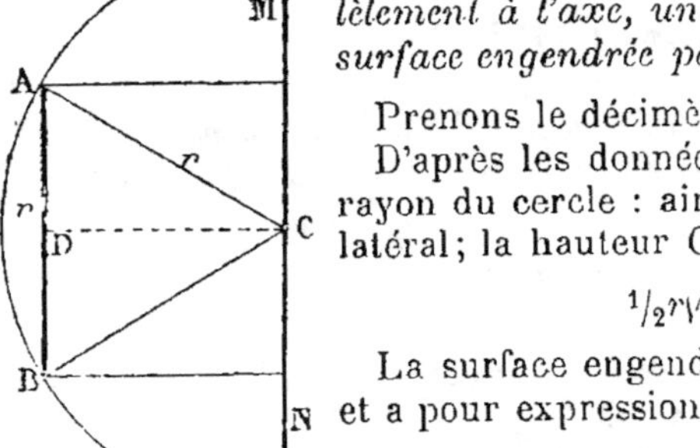

Fig. 1407.

Prenons le décimètre pour unité.

D'après les données, la corde AB est égale au rayon du cercle : ainsi le triangle ABC est équilatéral; la hauteur CD égale

$$\tfrac{1}{2}r\sqrt{2} = 0,7071\ r$$

La surface engendrée par AB est cylindrique et a pour expression

$$2\pi . CD . AB = 2\pi . \tfrac{1}{2}r\sqrt{2} . r = \pi r^2\sqrt{2} = 17^{dmq}771$$

Remarques. 1° Il est utile de résoudre le problème d'une manière générale :

Soit $2c$ la longueur de la corde parallèle au diamètre et d la distance CD du diamètre à la corde donnée.

On a :
$$d = \sqrt{r^2 - c^2}$$

Or
$$S = 2\pi d . 2c$$

donc
$$S = 4\pi c\sqrt{r^2 - c^2}$$

2° On pourrait demander aussi la surface totale du solide engendré par le triangle ABC.

Exercice 1112

2406. Problème. *Une chaudière est formée d'un cylindre terminé par deux demi-sphères de même rayon que le cylindre.*

Le rapport de la longueur du cylindre à celle du rayon des sphères est 4.

Déterminer la longueur intérieure totale de cette chaudière, qui doit avoir une capacité de 15 hectolitres. (Brevet supérieur, Nîmes, 1876.)

Soit R le rayon du cylindre, 4R sera sa longueur ; par suite, l'expression du volume de la chaudière sera

$$4\pi R^3 + \tfrac{4}{3}\pi R^3 = 4\pi R^3(1 + \tfrac{4}{3}) = \tfrac{16}{3}\pi R^3$$

d'où

$$\tfrac{16}{3}\pi R^3 = 1500$$

$$R^3 = \frac{375}{\tfrac{4}{3}\pi} = \frac{375}{4,1888} = 89,524$$

d'où

$$R = \sqrt[3]{89,524} = 4^{dm}473$$

La longueur intérieure de la chaudière sera

$$4^{dm}473 \times 6 = 26^{dm}838 = 2^{m}684$$

Exercice 1113

2407. Problème. *La circonférence extérieure de la section droite d'une chaudière est de 3m142. La longueur de la partie cylindrique est de 3 mètres, et l'épaisseur de 0m0015. Elle est terminée par deux hémisphères dont le rayon est égal à celui de la chaudière. On demande le volume de cette chaudière et son poids, sachant que la densité du fer est 7,79. (Brevet complet, Aix, 1876.)*

Rayon extérieur du cylindre. . $\dfrac{3^{m}142}{2\pi} = 0^{m}5$

Rayon intérieur . . . . . . $0^{m}5 - 0,0015 = 0^{m}4985$

Capacité du cylindre. . . . . $\pi \times 0,4985 \times 3 = 2^{mc}3421$

Capacité des deux hémisphères. $\tfrac{4}{3}\pi \times 0,4985^2 = 0^{mc}51891$

Le volume d'eau que peut renfermer la chaudière,

$$V = 2^{mc}3421 + 0^{mc}51891 = 2\,861 \text{ litres}$$

Pour calculer le poids de la tôle qui forme les parois de la chaudière, il suffit de multiplier son volume exprimé en décimètres cubes par la densité.

Volume de la couronne cylindrique. . . $\pi(5^2 - 4,985^2) \times 30$

Volume des parois des deux hémisphères. $\tfrac{4}{3}\pi(5^3 - 4,985^3)$

Volume total $(5^3 - 4,985^3)\pi(30 + \tfrac{4}{3}) = 18^{dmc}835$

P ou Poids de la chaudière $= 7,79 \times 18,835 = 146^{kg}725$

Exercice 1114

2408. Problème. *Un aérostat sphérique a 4 mètres de diamètre; on l'emplit avec de l'hydrogène impur pesant 100 grammes par mètre cube; le taffetas verni qui forme l'enveloppe pèse 150 grammes par mètre carré.*

Quel poids pourra enlever ce ballon si l'air atmosphérique pèse

1 293 *gammes par mètre cube, et si l'on réserve 5 kilogrammes de force ascensionnelle?*

$$\text{Volume du ballon . .} \quad V = {}^1/_6\pi \cdot 4^3 = {}^{32}/_3\pi = 33^{mc}500$$

$$\text{Poids de l'air déplacé .} \quad P = V \cdot 0{,}001\,293 = 0^{ton} \cdot 043\,33$$

$$\text{Surface du taffetas. . .} \quad S = \pi d^2 = 50^{mq}25$$

$$\text{Poids de l'enveloppe . . . . . .} \quad P' = S \cdot 0{,}000\,15 = 0^{ton} \cdot 000\,753\,7$$

$$\text{» du gaz contenu . . . . . .} \quad P'' = V \cdot 0{,}000\,1 = 0{,}\ 033\,50$$

$$\text{Force ascensionnelle . . . .} \quad 5$$

$$\text{Total. . . . . .} \quad 39^{kg}25$$

$$\text{Rappel du poids de l'air. . . . .} \quad 43{,}\,33$$

$$\text{Différence (poids qui pourra être enlevé). . . .} \quad 4^{kg}08$$

Exercice 1115

2409. Problème. *Un aérostat vide et plié pèse* $63^{kg}45$; *le taffetas pèse* $0^{kg}150$ *par mètre carré. On demande le poids que pourra enlever ce ballon, l'hydrogène et l'air étant dans les conditions données au problème précédent:*

$$\text{Surface du ballon. . . .} \quad S = 63{,}45 : 0{,}15 = 423^{mq}$$

$$\text{Diamètre. . . . . . .} \quad d = \sqrt{S : \pi} = 11^{m}605$$

$$\text{Volume . . . .} \quad V = {}^1/_6\pi d^3 = 818^{mc}0$$

$$\text{Poids de l'air déplacé. .} \quad P = V \cdot 0{,}001\,293 = 1^{ton} \cdot 057\,5$$

$$\text{Poids de l'enveloppe. . . . . .} \quad P' = S \cdot 0^{ton} \cdot 000\,15 = 0^{ton} \cdot 006\,345$$

$$\text{» du gaz contenu . . . . .} \quad P'' = V \cdot 0\ 000\,1 = 0{,}\ 081\,80$$

$$\text{Total. . . . .} \quad 0{,}\ 088\,1$$

$$\text{Rappel du poids de l'air. . . . .} \quad 1{,}\ 057\,5$$

$$\text{Différence . . . .} \quad 0^{ton} \cdot 969\,4$$

Réponse :   969 kilogrammes.

Exercice 1116

2410. Problème. *Un cube de cuivre (densité 8,85) pesant* $1^{kg}75$ *est placé sur un tour et réduit à une sphère dont le diamètre est les* $^3/_4$ *de l'arête du cube primitif. On demande le poids de la tournure de cuivre obtenue.*

Nous prendrons pour unités le centimètre et le gramme.

$$\text{Poids de 1 centimètre cube de cuivre.} \quad d = 8^{gr}85$$

$$\text{Volume du cube . . . .} \quad V = P : d = 197^{cmc}\,75$$

$$\text{Arête du cube . . . .} \quad a = \sqrt[3]{V} = 5^{cm}826$$

$$\text{Diamètre de la sphère . . . . .} \quad d' = {}^3/_4 a = 4^{cm}370$$

$$\text{Volume de la sphère. . . . . .} \quad V' = {}^1/_6\pi d'^3 = 43^{cmc}70$$

$$\text{Rappel du volume du cube . . .} \quad V = 197{,}\ 75$$

$$\text{Différence (tournure enlevée) . .} \quad V'' = 154{,}\ 05$$

$$\text{Poids de la tournure, ou } P''. \text{ . .} \quad 154{,}05 \cdot 8{,}85 \text{ ou } 1\,362^{gr}5 \quad P''$$

Remarque. Si l'on voulait exprimer P″ en fonction des données, il suffirait de reprendre la même suite d'idées en se contentant d'indiquer les opérations.

On peut aussi partir de la fin, et remonter jusqu'aux données par des substitutions successives :

$$P'' = V''d = (V - V')d = (V - {}^1/_6\pi d'^3)d$$
$$= (V - {}^9/_{128}a^3\pi)d = (V - {}^9/_{128}\pi V)d$$
$$= Vd(1 - {}^9/_{128}\pi) = P(1 - {}^9/_{128}\pi)$$

Exercice 1117

2411. Problème. *Un boulet de fonte (densité 7,200) pèse 12 kilogrammes. Quel poids d'or faudrait-il pour former autour de ce boulet une couche de 0^m0006 d'épaisseur, la densité de l'or étant 19,26?*

Volume du boulet. . . $V = P : d$

Calcul du rayon . . . $^4/_3\pi r^3 = V$; $r^3 = V : {}^4/_3\pi$

Rayon total . . . . . $R = r + e$ (e épaisseur de l'or)

Volume de l'or. . . . $V' = {}^4/_3\pi(R^3 - r^3)$

Poids de l'or. . . . . $P' = V'd'$

On trouve $r^2 = 397^{cmc}891$; d'où $r = 7^{cm}3551$

Poids de l'or : $792^{gr}82$.

Exercice 1118

2412. Problème. *Un creuset a la forme d'un tronc de cône; le fond a un diamètre de 0^m04, et le bord supérieur un diamètre de 0^m07; la hauteur est de 0^m10. Il contient du métal en fusion; à la surface, ce métal a 0^m06 de diamètre.*

Quel devra être le diamètre d'un moule sphérique que le métal fondu doit remplir exactement ?

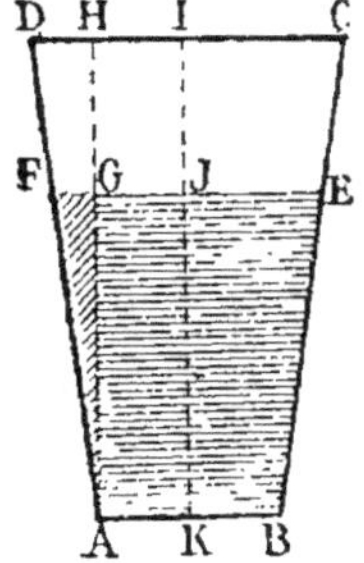

Fig. 1408.

On a $AK = 2$, $EJ = 3$, $DI = 3^1/_2$.

Donc $FG = 1$, et $DH = 1^1/_2$.

Ainsi, dans le triangle AFG, les dimensions sont les $^2/_3$ de celles du triangle semblable ADH; par exemple, la hauteur $AG = {}^2/_3 AH$ ou $^2/_3$ de $10 = 6^2/_3$.

Dès lors, on peut calculer le volume V de la partie ABEF occupée par le métal fondu; après cela on calculera le diamètre de la sphère équivalente.

$$EJ = r = 3,\quad AK = r' = 2,\quad h = AG = 6^2/_3$$
$$V = {}^1/_3\pi h(r^2 + r'^2 + rr')$$
$$^1/_6\pi x^3 = V = {}^1/_3\pi h(r^2 + r'^2 + rr')$$
$$x^3 = 2h(r^2 + r'^2 + rr') = 13^1/_3 . 19$$

d'où $x = 6^{cm}3274$

Exercice 1119

2413. Problème. *Une sphère de platine de 0ᵐ03 de diamètre est enve-*
loppée d'une couche de cuivre de 2 centimètres d'épaisseur.
On demande le poids total, les densités étant 21,15 et 8,85.

La sphère totale a 7 centimètres de diamètre, et son volume est
$V = \frac{1}{6}\pi \cdot 7^3$.

La sphère de platine a pour volume $V' = \frac{1}{6}\pi \cdot 3^3$, et pour poids
$\frac{1}{6}\pi \cdot 27 \cdot 21,15$.

La couche de cuivre a pour volume $\frac{1}{6}\pi(7^3 - 3^2)$, et pour poids
$\frac{1}{6}\pi(7^3 - 3^3)8,85$ ou $\frac{1}{6}\pi \cdot 316 \cdot 8,85$.

Poids total $= 299^{gr} + 1\,464^{gr}30 = 1763^{gr}30$.

Exercice 1120

2414. Problème. *Les pièces de dix centimes pèsent 10 grammes, et ren-*
ferment en poids 95 centièmes de cuivre, 4 d'étain et 1 de zinc; les
densités respectives sont 8,85, 7,29 et 7,19.
Combien faudrait-il de ces pièces pour fondre un boulet sphérique
de 25 centimètres de diamètre?

Le nombre demandé est égal au quotient du volume du boulet,
$\frac{1}{6}\pi \cdot 25^3$ ou V, par le volume de la pièce de 10 centimes.

Poids de la pièce de 10 centimes. . . . 10 grammes
Le $\frac{1}{100}$ . . . . . . (zinc) . . . . $0^{gr}1$
Les $\frac{4}{100}$ . . . . . . (étain) . . . . $0^{gr}4$
Les $\frac{95}{100}$ . . . . (cuivre). . . . $9^{gr}5$

Chaque centimètre cube de cuivre pèze $8^{gr}85$; le volume du
cuivre est donc exprimé par le quotient de 9,50 par 8,85 : ce qui
fait . . . . $1^{cmc}0734$

Volume de l'étain . . . . 0,4 : 7,29   ou   0, 5487
   »   du zinc. . . . . 0,1 : 7,19   ou   0, 0139
Total (volume de la pièce), ou V' . . . . . $1^{cmc}6360$

Il y aura 5 001 pièces.

Exercice 1121

2415. Problèmes. *Un octaèdre régulier a une surface totale de 1 mètre*
carré. Calculer la surface de la sphère circonscrite.

Si l'on appelle a l'arête de l'octaèdre régulier, l'aire du triangle
équilatéral qui sert de face est $\frac{1}{4}a^2\sqrt{3}$, et l'aire totale est $2a^2\sqrt{3}$.

D'après l'énoncé, on a $2a^2\sqrt{3} = 1$;   d'où $a^2 = \dfrac{1}{2\sqrt{3}} = \dfrac{\sqrt{3}}{6}$.

Lorsqu'on coupe le tétraèdre régulier par deux arêtes opposées, la section est un carré dont le côté est a; la sphère circonscrite a pour diamètre la diagonale d de ce carré. On a $d^2 = 2a^2 = \frac{1}{3}\sqrt{3}$.

La surface de la sphère est πd^2 ou $\frac{1}{3}\pi\sqrt{3} = 1^{\text{mq}}81\,38$.

Exercice 1122

2416. Problème. *Un cône circonscrit à une sphère de 0^m08 de rayon a une suface totale de 50 décimètres carrés. Quelles sont ses dimensions?*

Prenons le centimètre pour unité, et posons $r = 8$ et $S = 5\,000$.

Soient BH le diamètre de la sphère donnée, et AB une droite indéfinie servant d'axe à un cône circonscrit.

Supposons le sommet A mobile sur AB. Si le sommet A s'élève indéfiniment, le cône tend vers un cylindre de même diamètre que la sphère, avec une hauteur qui tend vers l'infini : ainsi la surface totale de ce cône tend aussi vers l'infini.

Si le sommet A se rapproche indéfiniment du point H, la hauteur BA tend vers BH, le rayon BC tend vers l'infini, et la surface totale tend aussi vers l'infini.

On voit par là : 1° qu'il doit y avoir une position du point A pour laquelle la surface totale du cône sera un *minimum*; 2° qu'il doit y avoir deux positions du même point A pour lesquelles la surface totale sera égale à la valeur donnée S. Les deux positions pourront être données par une équation du second degré.

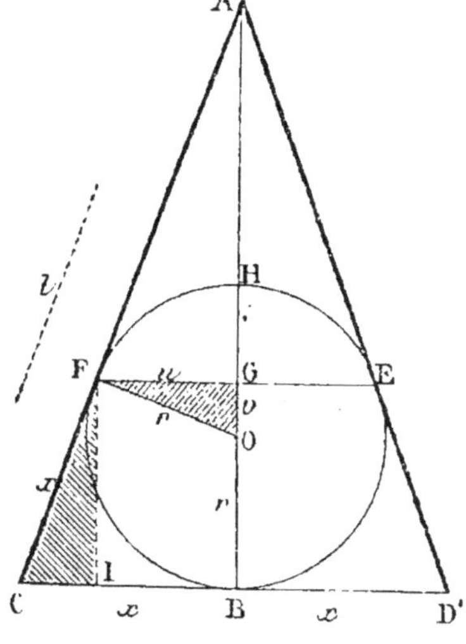

Fig. 1409.

Appelons x le rayon de la base du cône, l le côté, $2u$ la corde EF des contacts, et v la distance OG de cette corde au centre de la sphère.

Prenons cette distance v pour inconnue principale.

La surface totale du cône est $\pi x^2 + \pi xl$ ou $\pi x(x+l)$. Il s'agit d'exprimer cette surface en fonction de v.

Si l'on mène FI parallèle à AB, le triangle rectangle FIC est semblable à ABC; ce dernier est semblable à AFO, à cause de l'angle commun en A: à son tour, le triangle AFO est semblable à FGO, à cause de l'angle commun en O.

Le triangle OGF donne $u^2 = r^2 - v^2 = (r+v)(r-v)$
$$u = \sqrt{r+v}\sqrt{r-v}$$

Le triangle FIC donne $\quad CF^2 = FI^2 + CI^2$

ou $\qquad x^2 = (r+v)^2 + (x-u)^2 = (r+v)^2 + x^2 + u^2 - 2xu$

De là $\qquad 2xu = (r+v)^2 + u^2 \quad$ et $\quad x = \dfrac{(r+v)^2 + u^2}{2u}$

ou $\quad x = \dfrac{(r+v)(r+v) + (r+v)(r-v)}{2\sqrt{r+v}\sqrt{r-v}} = \dfrac{(r+v)(r+v+r-v)}{2\sqrt{r+v}\sqrt{r-v}} = \dfrac{2r(r+v)}{2\sqrt{r+v}\sqrt{r-v}}$

ou $\quad x = \dfrac{r\sqrt{r+v}\sqrt{r+v}}{\sqrt{r+v}\sqrt{r-v}} = \dfrac{r\sqrt{r+v}}{\sqrt{r-v}} = r\sqrt{\dfrac{r+v}{r-v}}$

De là $\qquad\qquad\qquad x^2 = r^2 \cdot \dfrac{r+v}{r-v}$

Les triangles semblables ABC et FGO donnent

$$\frac{CA}{CB} = \frac{OF}{OG} \quad \text{ou} \quad \frac{l}{x} = \frac{r}{v}$$

d'où $\qquad\qquad l = \dfrac{r}{v} x = \dfrac{r^2}{v}\sqrt{\dfrac{r+v}{r-v}}$

Surface totale du cône. . . . . . $S = \pi x^2 + \pi x l$

ou $\qquad S = \pi r^2 \dfrac{r+v}{r-v} + \pi r\sqrt{\dfrac{r+v}{r-v}} \cdot \dfrac{r^2}{v}\sqrt{\dfrac{r+v}{r-v}}$

$\qquad\qquad S = \pi r^2 \cdot \dfrac{r+v}{r-v} + \dfrac{\pi r^3}{v} \cdot \dfrac{r+v}{r-v} = \pi r^2 \cdot \dfrac{r+v}{r-v}\left(1 + \dfrac{r}{v}\right)$

$\qquad\qquad S = \pi r^2 \cdot \dfrac{r+v}{r-v} \cdot \dfrac{r+v}{v} = \pi r^2 \cdot \dfrac{(r+v)^2}{(r-v)v}$

Les symboles r **et** S **ayant une valeur connue, il reste à résoudre, par rapport à** v, **l'équation**

$$S = \pi r^2 \cdot \frac{(r+v)^2}{(r-v)v}; \quad \text{d'où} \quad \frac{S}{\pi r^2} = \frac{r^2 + v^2 + 2rv}{rv - v^2}$$

On a successivement, en appelant m le quotient de S par πr^2 :

$$mrv - mv^2 = r^2 + v^2 + 2rv$$

$$v^2(1+m) + v(2r - mr) + r^2 = 0$$

$$v^2 + \frac{2r - mr}{1+m}v + \frac{r^2}{1+m} = 0$$

Cherchons les valeurs numériques.

$$
\begin{aligned}
&\text{S.} \ . \ . \ . \ . \ . \ . \quad 5\,000 \\
&\pi r^2 \ \text{ou} \ 64\pi. \ . \ . \quad 201{,}06 \\
&\text{Quotient} \ . \ . \ . \ . \quad 24{,}868 \ . \ . \ . \ . \ \cdot m \\
&mr \ . \ . \ . \ . \ . \ . \quad 198{,}94
\end{aligned}
$$

$$\text{Équation.} \quad \dots \quad v^2 + \frac{16-198,94}{25,868}\, v + \frac{64}{25,868} = 0$$

$$v^2 - 7,0721\, v + 2,4723 \quad = 0$$

$$v = 3,536 \pm \sqrt{12,503 - 2,472} = 3,536 \pm \sqrt{10,031}$$

$$v = 3,536 \pm 3,167 = \begin{cases} 6^{cm}703 & 1^{re}\ \text{valeur} \\ 0^{cm}369 & 2^{e}\ \text{valeur} \end{cases}$$

Calculons les dimensions pour la première valeur de v.

$$\text{Rayon.} \quad \dots \quad x = r\sqrt{\frac{r+v}{r-v}} = 8\sqrt{\frac{14,703}{1,297}} = 26^{cm}935$$

$$\text{Côté} \quad \dots \quad l = \frac{r}{v}\, x = \frac{8}{6,703} \cdot 26,935 \quad = 32^{cm}154$$

$$\text{Hauteur} \quad \dots \quad h = \sqrt{l^2 - x^2} \qquad\qquad = 17^{cm}645$$

$$\text{Surface totale} \quad \pi x(x+l) = 3,1416 \cdot 26,935 \cdot 59,089 = 5\,000$$

à 1 unité près.

Calcul des dimensions pour $v = 0^{cm}369$:

$$\text{Rayon.} \quad \dots \quad x = 8\sqrt{\frac{8,369}{7,631}} \quad = \quad 8^{cm}38$$

$$\text{Côté} \quad \dots \quad l = \frac{8}{0,369} \cdot 8,38 = 181^{cm}7$$

$$\text{Hauteur} \quad \dots \quad h = \sqrt{l^2 - x^2} \quad = 181^{cm}5$$

$$\text{Surface totale} \quad . \quad \pi x(x+l) = 3,1416 \cdot 8,38 \cdot 190,08 = 5\,000$$

Exercice 1123

2417. Problème. *Dans une sphère de 0^m12 de diamètre, on considère un segment à une base, dont la surface totale est de 1 décimètre carré. Quelle est l'épaisseur de ce segment ?*

Appelons h l'épaisseur du segment, m le rayon de sa base, s la distance de cette base au centre, et r le rayon de la sphère.

L'aire totale du segment se compose du cercle πm^2 et de la zone $2\pi r h$. Nous allons chercher à exprimer ces valeurs en fonction de s.

On a

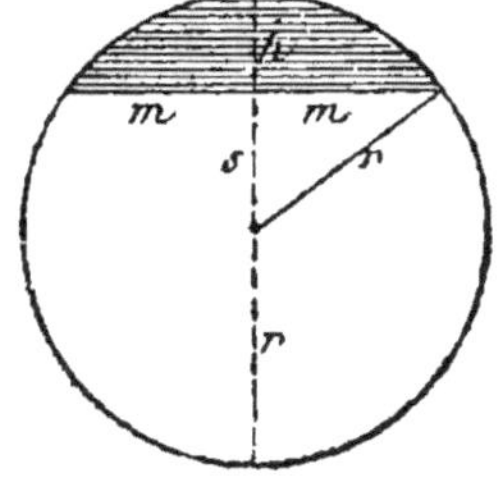

Fig. 1410.

$$m^2 = r^2 - s^2 = (r+s)(r-s) \quad \text{et} \quad h = r - s$$

Donc
$$\pi m^2 + 2\pi r h = \pi(r+s)(r-s) + 2\pi r(r-s)$$
$$= \pi(r-s)(r+s+2r) = \pi(r-s)(3r+s)$$
$$= \pi(3r^2 - 2rs - s^2)$$

Équation, le centimètre étant pris pour unité :

$$\pi(108-12s-s^2)=100; \quad 108-12s-s^2=\frac{100}{\pi}$$

$$s^2+12s-108+\frac{100}{\pi}=0$$

$$s=-6\pm\sqrt{36+108-100:\pi}$$

$$s=-6\pm10,59=\begin{cases}-\ 4^{cm}59\\ 16^{cm}59\end{cases}$$

Réponse : $h=r-s=6-4,59=1^{cm}41.$

Exercice 1124

2418. Problème. *Une carafe étant considérée comme formée de deux troncs de cône et d'un cylindre dont les hauteurs sont* 0m12, 0m04 *et* 0m07 *et dont les circonférences des bases sont égales à* 0m37, 0m32 *et* 0m13, *trouver :* 1° *la quantité d'eau que la carafe peut contenir;* 2° *le poids de liquide qui s'en écoule quand on y introduit* 10 *petites billes de* 0m02 *de diamètre.* (Grenoble, brevet complet, 1877.)

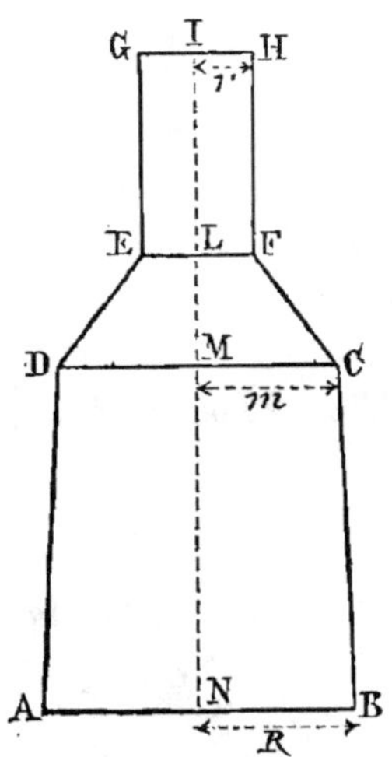

Fig. 1411.

$$MN=0^m12; \quad LM=0^m04; \quad LI=0^m07$$

Prenons le centimètre pour unité de longueur; alors

$$r=\frac{13}{2\pi}\ =2^{cm}07$$

$$m=\frac{16^{cm}}{\pi}\ =5^{cm}093$$

$$R=\frac{37}{2\pi}\ =5^{cm}89$$

Le volume de la carafe se compose d'un cylindre et de deux troncs de cône. La hauteur et le rayon de base pour chacun d'eux étant connus, on peut écrire :

Vol. du cylindre $=\pi\times 2^{cm}07^2\times 0^m07$ $\qquad\qquad= 94^{cmc}143$

Vol. du 1er tronc $=\pi\times\dfrac{0^m04}{3}(2^{cm}07^2+5^{cm}093^2+2^{cm}07\times5,093)= 170^{cmc}606$

Vol. du 2e tronc $=\pi\dfrac{0,12}{3}(5,093^2+5,89^2+5,093\times5,89)=1135^{cmc}46$

Le volume total de la carafe est donc égal à la somme

$$94^{cmc}143+170^{cmc}606+1135^{cmc}46=1\,400^{cmc}21$$

1re Réponse : Elle contient donc 1 litre 4 décilitres à très peu près.

Le volume des 10 billes est égal à

$$10 \times {}^4/_3\pi \cdot 1^3 = 41^{cmc}09$$

Quand on les introduira dans la carafe pleine d'eau, il s'écoulera donc un poids de liquide égal à

2ᵉ Réponse :   41^{gr}89

Exercice 1125

2419. Problème. *Une sphère en argent pur est mise dans un vase cylindrique de 0ᵐ25 de rayon et contenant une certaine quantité d'eau. Le niveau du liquide s'élève alors à 0ᵐ05 au-dessus du niveau primitif, et la sphère est entièrement recouverte par le liquide. On demande quel est le rayon de la sphère et quelle somme en argent monnayé on pourrait fabriquer après l'avoir fondue avec une quantité convenable de cuivre. On sait que la densité de l'argent est 10,4743.* (Brevet complet, Bordeaux, août, 1876.)

Le volume de la sphère est égal au volume d'eau déplacé, c'est-à-dire, en prenant le centimètre pour unité, est égal à

$$1^{cmc} \times \pi \times 25^2 \times 5$$

En désignant par x le rayon de la sphère, on peut écrire

$${}^4/_3\pi x^3 = \pi \times 25^2 \times 5$$

d'où
$$x^3 = {}^3/_4 \times 5^3$$

Donc

rayon ou $x = 5\sqrt[3]{\dfrac{3 \times 25}{4}} = 5\sqrt[3]{\dfrac{3 \times 25 \times 2}{8}} = \dfrac{5}{2}\sqrt[3]{150} = 13^{cm}283$

Son poids est égal à

$$\pi \times 25^2 \times 5 \times 10,4743 = 102^{kg}831$$

Le poids de l'alliage sera

$$\frac{102\,831^{gr} \times 10}{9}$$

La valeur de la somme

$$S = \frac{102\,831^{gr} \times 10}{9 \times 5} = 22\,851 \text{ francs.}$$

2420. Remarque. Nous croyons devoir rappeler une indication déjà donnée (n° 2235, 3°). Dans la plupart des cas, *il est utile de transformer les formules, afin d'obtenir l'expression de la valeur de l'inconnue en fonction des données,* au lieu de faire dépendre une suite d'opérations d'un calcul approximatif qu'on aurait fait au début.

INDEX BIOGRAPHIQUE

R

Retsin, **358**.
Reynaud, 526, **967**, 1124.
Riccati, XIV, **671**.
Richter, 1054.
Ritt, **22**, 399, 448, 828, 1124.
Robert (S), 515.
Roberts (W), **957**.
Roberval, XII, 220, **856**.
Rolle, XIV.
Romanus (Adrien), 1054.
Rouché, **115**, 526, 821, 971, 1125.
Rutherford, 1054.

S

Salmon, XVII, 359, 360, 361, 503.
Sangks, 1054.
Sarrus, **838**.
Saurin, **636**, 1053.
Schooten, 370, **996**.
Schwab, **560**, 779, 1052.
Sergent, **634**, 689, 1042, 1125.
Serret (Paul), **70**, 83, 198, 448, 457, 653, 856, 1000, 1123.
Servois, **88**, 550.
Sharps, 1054.
Simpson (Th.), **8**, 358, 672, 837, 1080.
Simson (Robert), XIV, **8**, 9, 358, 360, 531, 542, 671.
Snellius, **409**, 881.
Sonndorfer, **679**, 839, 870, 1124.
Steiner, XVI, **76**, 91, 105, 336, 349, 350, 360, 573, 883, 883, 997.

Stewart, **601**.
Stubs, XVII, 120.
Sturm, 63, **72**, 665.
Sylvester, 516.

T

Taylor, XIV.
Terquem, **13**, 25, 479, 538.
Thalès, IX, **100**, 484, 491.
Thomson, XVII, **120**.
Tinseau, **843**.
Todunther, 16.
Torricelli, 693.
Transon, 178.

V

Vau Aubel, 664.
Van den Broeck, **221**, 1124.
Varignon, **267**.
Vasselon, 1042.
Vautré, 870.
Véga, 1054.
Viète, XII, **21**, 881, 1054.
Villarceau, 887.
Vincent, 760.
Viviani, XIII, **693**.
Vuibert, **239**, 374, 571, 1124.

W

Wallis, XIII.
Wittstein, 870.

INDEX BIBLIOGRAPHIQUE

Annales mathématiques de Gergonne, **76,** 78, 88, 122, 229, 336, 484, 827, 881.

Aperçu historique sur l'origine et le développement des méthodes en Géométrie, par Chasles, 59, **71,** 78, 96, 117, 120, 185, 519, 544, 601, 671, 759, 760, 881, 964, 967.

Appendice aux Exercices de Géométrie, par F. I. C., 84, **97,** 176, 220, 837, 870, 944, 945, 1008.

Application de l'Algèbre à la Géométrie, par Bourdon, **66,** 887.

Applications d'Analyse et de Géométrie, par Poncelet, 88, 112, 531, 646, 609, 970, 983, 1001.

Applications de Blanchet, par Néel, **37,** 487.

Archives de Mathématiques et de Physique, 865, 927.

Arpentage, Levé des Plans et Nivellement, par F. I. C., 424, 725, 809.

Cours de Géométrie, par Bobilier, 122, **245,** 550, 605.

Cours complet de Mathématiques pures, par Francœur, 176, 445, 667, 870.

Cours de Mathématiques à l'usage des candidats à l'École centrale, par Ch. de Comberousse, 412, 448, 467, 660.

De la Corrélation dans les figures de Géométrie, par Carnot, **89,** 149, 320.

Die Elemente der Mathematick, von Baltzer, **115,** 245, 311, 329, 336, 349, 358, 360, 457, 479, 490, 530.

Des Méthodes dans les Sciences de Raisonnement, par Duhamel, 5, 17.

Des Méthodes en Géométrie, par Paul Serret, 70, 83, 198, 448, 457, 653, 856.

Elementi di Matematica, del Dr Riccardo Baltzer, tradotti dal Luigi Cremona, **115,** 245, 311, etc.

Éléments d'Algèbre, par F. I. C., 3e édition, **36,** 928, etc.

Éléments de Cosmographie, par F. I. C., 469, 876, 986.

Éléments d'Euclide du R. P. Deschalles et de M. Ozanam, par M. Audierne, 870.

Éléments de Géométrie, par Euclide, **16,** 870.

Éléments de Géométrie de Legendre, revus par Blanchet, **37,** 52, 57, 240.

Éléments de Géométrie, par A. Legendre, **16,** 779.

Éléments de Géométrie descriptive, par F. I. C., 2e édition, 817.

Éléments de Géométrie, par F. I. C., 4e édition, **1,** et tous les renvois indiqués par (G., n° ...).

12089. — Tours, impr. Mame.